PHYSIKALISCHES WÖRTERBUCH

HERAUSGEGEBEN VON

WILHELM H. WESTPHAL

BERLIN

ZWEI TEILE IN EINEM BAND

MIT ETWA 10 500 STICHWÖRTERN
UND 1595 TEXTFIGUREN

SPRINGER-VERLAG BERLIN HEIDELBERG GMBH 1952

ISBN 978-3-662-12707-0   ISBN 978-3-662-12706-3 (eBook)
DOI 10.1007/978-3-662-12706-3

MITARBEITER

BARTELS, JULIUS, Prof. Dr., Göttingen.
BARTHOLOMEYCZYK, WILHELM, Dozent Dr.,
  Wolfenbüttel.
BEHR, ALFRED, Dr., Freiburg i. Br.-Schauinsland.
BOCK, HERBERT, Dr., Weida (Thür.).
BOPP, FRITZ, Prof. Dr., München.
BRENNECKE, ERICH, Prof. Dr., Berlin.

DESSAUER, FRIEDRICH, Prof. Dr., Freiburg
  (Schweiz).
DIEMINGER, WALTER, Privatdozent Dr. rer. techn.,
  Lindau (Harz).
DÖRING, WERNER, Prof. Dr.-Ing., Gießen.
DRECHSLER, MICHAEL, Dr., Berlin.
DRESLER, ALBERT, Dr.-Ing., Melbourne (Austra-
  lien).

EBERT, HERMANN, Oberregierungsrat Dr., Braun-
  schweig.
EBERT, MICHAEL, Dr., Mainz.
EHMERT, ALFRED, Dr.-Ing. Weißenau (Württ.).
ENGELHARD, ERNST, Dr., Braunschweig.
EWALD, HEINZ, Dr., Mainz.

FLAMMERSFELD, ARNOLD, Dozent Dr., Mainz.
FLÜGGE, JOHANNES, Dr., Göttingen.
FRANZ, WALTER, Prof. Dr., Münster (Westf.).

GOBRECHT, HEINRICH, Prof. Dr.-Ing., Berlin.
GÖTTE, HANS, Dr., Mainz.
GRASSMANN, PETER, Prof. Dr., Zürich.
GROTH, WILHELM, Prof. Dr., Bonn.

HANLE, WILHELM, Prof. Dr., Gießen.
HAUL, ROBERT, Dozent Dr., Pretoria (Südafrika).
HELWIG, HANS JOACHIM, Dr.-Ing., Berlin.
HERR, WILFRIED, Dr., Mainz.
HERRMANN, HEINRICH, Dr., Berlin.
HEUSE, WILHELM, Oberregierungsrat Dr., Berlin.
HINTENBERGER, HEINRICH, Privatdozent Dr.,
  Mainz.

ISRAËL, HANS, Prof. Dr., Buchau a. Federsee
  (Württ.).
JAECKEL, RUDOLF, Prof. Dr.-Ing., Köln.
JORDAN, PASCUAL, Prof. Dr., Hamburg.

KAPLAN, REINHARD, Dr., Voldagsen über Elze.
KLUGE, WERNER, Prof. Dr.-Ing., Stuttgart.
KOCHENDÖRFER, ALBERT, Prof. Dr. rer. techn.,
  Düsseldorf.
KOHLER, MAX, Prof. Dr., Braunschweig.
KORTH, KARL, Dr., Kiel.
KRÖNERT, JOSEF, Privatdozent Dr., Erlangen.

LINCKH, HANS, Dr.-Ing., Berlin.

LORENZ, HANS, Dr.-Ing., Heidelberg.
LUDWIG, GÜNTHER, Prof. Dr., Berlin.

MACKE, WILHELM, Dr., Göttingen.
MAHL, HANS, Dr.-Ing., Wildsteig bei Weilheim
  (Obb.).
MANN, PAUL, Dr., Neu-Ulm.
MENZER, GEORG, Prof. Dr., München.
MEYER-EPPLER, WERNER, Dozent Dr., Bonn.
VON MEYEREN, WILHELM, Prof. Dr., Gehrden bei
  Hannover.
MÖLLER, FRITZ, Prof. Dr., Mainz.
MÜLLER, ERWIN, Prof. Dr., Berlin.

NAGEL, KURT, Dozent Dr., Erlangen.

OTTO, JOSEF, Oberregierungsrat Dr., Braunschweig.

PÄSLER, MAX, Prof. Dr., Berlin.
PREUSS, EKKEHARD, Privatdozent Dr., München.

RAJEWSKY, BORIS, Prof. Dr., Frankfurt a. M.
REINECKE, LUDOLF, Dipl.-Phys., Braunschweig.
RICHTER, MANFRED, Privatdozent Dr.-Ing., Berlin.
RIEDEL, OSWALD, Dr., Mainz.
RITSCHL, RUDOLF, Prof. Dr., Berlin.
ROSENHAUER, KURT, Dipl.-Ing., Braunschweig.

SCHIMANK, HANS, Prof. Dr., Hamburg.
SCHRAMM, GERHARD, Dozent Dr., Tübingen.
SCHULER, MAX, Prof. Dr.-Ing., Göttingen.
SEELMANN-EGGEBERT, WALTER, Prof. Dr., Tucu-
  man (Argentinien).
SIEDENTOPF, HEINRICH, Prof. Dr., Tübingen.
VON SIMSON, CLARA, Privatdozent Dr., Berlin.
STEIN, WERNER, Dr., Berlin.
STEINKE, WERNER, Prof. Dr., Santa Fé (Argen-
  tinien).
STILLE, ULRICH, Privatdozent Dr., Braunschweig.
STINTZING, HUGO, Prof. Dr., Darmstadt.
STUART, HERBERT, Prof. Dr., Hannover.
VON STUDNITZ, GOTTHILFT, Prof. Dr., Bad
  Schwartau bei Lübeck.

THIENHAUS, ERICH, Dozent Dr.-Ing., Hamburg.
TINGWALDT, CARL, Regierungsrat Dr., Braunschweig.

VOGT, HEINRICH, Prof. Dr., Heidelberg.

WALDMANN, LUDWIG, Prof. Dr., Mainz.
WERNET, JOSEF, Dozent Dr., Freiburg i. Br.
WESTPHAL, WILHELM, Prof. Dr., Berlin.
WIRTZ, KARL, Prof. Dr., Göttingen.
WISSHAK, FRITZ, Dr. rer. techn., Heidenheim
  a. d. Brenz.

VORWORT

Seit dem Erscheinen der 2. Auflage des Physikalischen Handwörterbuchs von ARNOLD BERLINER und KARL SCHEEL sind fast 20 Jahre verflossen, in denen die Physik ihren schnellen Erkenntnisfortschritt in unvermindertem Tempo fortgesetzt hat. Es sei — um nur eines zu erwähnen — daran erinnert, daß die eigentliche Kernphysik erst im Laufe dieser 20 Jahre entstanden ist. So wurde das Bedürfnis nach einem diesem Fortschritt entsprechenden Nachschlagewerk immer stärker fühlbar. Der seither eingetretene Zuwachs an neuen Erkenntnissen und Begriffen ist aber so groß, daß eine einfache Neubearbeitung des alten Handwörterbuchs nicht mehr tunlich schien. Deshalb haben Verlag und Herausgeber sich entschlossen, ein völlig neues Werk zu schaffen. Es sollte aber im gleichen Geiste gehalten sein wie das Handwörterbuch, dem Benutzer eine schnelle erste Belehrung geben, ihm in vielen Fällen den zeitraubenden Umweg über Lehrbücher und Spezialwerke ersparen, aber auch auf weiterführende Literatur hinweisen.

Gegenüber dem Handwörterbuch sollten die Physikalische Chemie und die Astrophysik, die heute integrierende Teile der Physik bilden, gleichberechtigt neben die übrigen Gebiete der Physik treten, und auch die Geophysik und die Biophysik sollten in einem gewissen Umfange berücksichtigt werden. Ferner schien es erwünscht, aus der Mathematik dasjenige aufzunehmen, was der Physiker bei seiner Arbeit laufend braucht. Auch die Aufnahme eines kurzen Abrisses der Geschichte der Physik sowie einer Liste der Lebensdaten von etwa 875 Physikern dürfte einem Bedürfnis entsprechen. Ein Nachtrag zum alphabetischen Teil enthält eine Anzahl von Stichwörtern, die erst während der Drucklegung aufgenommen wurden, bzw. Ergänzungen zu den Stichwörtern des Hauptteils.

Die Fülle des gegenüber dem Handwörterbuch neu hinzugekommenen Stoffes zwang aber zu einer wesentlichen Beschränkung, wenn das Werk sich in Umfang und Preis in heute tragbaren Grenzen halten sollte. Der behandelte Stoff wurde deshalb im wesentlichen auf den Bereich dessen beschränkt, was man als Grundlagenforschung zu bezeichnen pflegt, und die angewandte Physik nur am Rande bzw. in dem Umfange berücksichtigt, wie es ihrer Bedeutung für die reine Forschungsarbeit entspricht.

Gedacht ist das Werk in erster Linie für den Physiker, der sich über eine Frage, in der er nicht Spezialist ist, unterrichten will, aber auch für den Ingenieur, den Chemiker, den Biologen, den Mediziner usw., kurz für jeden, der einer Information über Begriffe und Probleme der Physik bedarf und zumindest eine gewisse physikalische Vorbildung hat.

Das neue Wörterbuch ist eine Gemeinschaftsarbeit von 80 Mitarbeitern. Um es — soweit das überhaupt möglich ist — einigermaßen einheitlich zu gestalten, bedurfte es zahlreicher redaktioneller Maßnahmen, vor allem der Beseitigung von Überschneidungen, der Zusammenfassung von Artikeln zu einem Ganzen, der möglichsten Vereinheitlichung der verwandten Symbole, ganz zu schweigen von dem Problem der Maßsysteme. Selbstverständlich haben alle Mitarbeiter ihre Korrekturen gelesen, und ihren etwaigen berechtigten

Wünschen wurde Rechnung getragen. Dennoch fühle ich mich verpflichtet, der Öffentlichkeit gegenüber die letzte Verantwortung für den Inhalt dieses Werkes zu übernehmen.

Die Freuden und Leiden des Herausgebers eines Wörterbuchs haben die Herausgeber des Physikalischen Handwörterbuchs im Vorwort zu dessen 1. Auflage in drastischer Weise geschildert, und auch mir ist manches nicht erspart geblieben. Ich darf aber doch sagen, daß die Fälle, in denen ich völlig im Stich gelassen wurde, nur ganz vereinzelt waren. Ich bin im Gegenteil den Mitarbeitern zu größtem Dank dafür verpflichtet, daß Manuskripte und Korrekturen fast immer pünktlich eingegangen sind, und daß sie auf meine zahlreichen Wünsche und Rückfragen stets willig eingegangen sind. Mein ganz besonderer Dank gebührt Herrn Privatdozent Dr. ULRICH STILLE in Braunschweig, der alle Korrekturen mitgelesen und mich vor allem auch in der heute so überaus heiklen Frage der Maßsysteme und Einheiten beraten hat. Nur dieser verständnisvollen Mitarbeit ist es zu danken, daß das Werk nach fast 5 Jahren, allerdings sehr mühevoller Arbeit, der Öffentlichkeit übergeben werden kann.

Berlin, im Januar 1952.

WILHELM H. WESTPHAL

Hinweise zur Benutzung des Wörterbuchs.

1. ä, ö, ü sind wie a, o, u (nicht wie ae, oe, ue) eingeordnet, also z.B. „Kräfte" wie „Kraft". (Aber nicht Stichwörter wie Aërosol, Oersted usw.)

2. Stichwörter mit griechischen Buchstaben stehen am Schluß des entsprechenden deutschen Buchstabens, z.B. „β-Strahlen" am Ende des Buchstabens B, „Ψ-Funktion" am Ende des Buchstabens P.

3. Wenn mehrere Stichwörter mit dem gleichen Hauptwort oder Adjektiv beginnen, denen noch ein Hauptwort oder Adjektiv folgt, so entspricht die Reihenfolge dem Anfangsbuchstaben des letzteren, z.B. „Rekombination in der Ionosphäre" vor „Rekombination der Luftionen", „Radioaktives Isotop" vor „Radioaktive Meßmethoden".

4. Hauptwörter mit Adjektiv sind nur dann unter dem Anfangsbuchstaben des Adjektivs eingeordnet, wenn diesem in dem vorliegenden Zusammenhang die größere Bedeutung zukommt.

5. Ein Pfeil ($\rightarrow$) weist auf ein anderes Stichwort hin, wo entweder (bei bloßen Hinweisstichworten evtl. unter einem Synonym) das betreffende Stichwort behandelt oder mitbehandelt ist oder wo sich weiteres zu diesem Thema findet.

6. Auf Artikel im Nachtrag ist, wenn es noch möglich war, im Hauptteil hingewiesen worden. In manchen Fällen war das aber nicht mehr möglich, so daß der Leser u. U. ein im Hauptteil vermißtes Stichwort noch im Nachtrag finden wird.

INHALTSVERZEICHNIS

ERSTER TEIL

ZWEITER TEIL

Berichtigung

zu „Größen, elektrische und magnetische".

S. 509. Gl. (3′) lies: $K_m = c_0\, p_1'\, p_2'/r^2$. — In der vorhergehenden Zeile statt m_1' und m_2' lies: p_1' und p_2'.

S. 510. Gl. (3 b) lies: $K_m = p_1\, p_2/(4\,\pi\,\mu_0\, r^2)$.

S. 511. In den Gl. (5*) und (6*) statt μ_0 lies: μ_0^*.

ERSTER TEIL

Stichwörter A—L

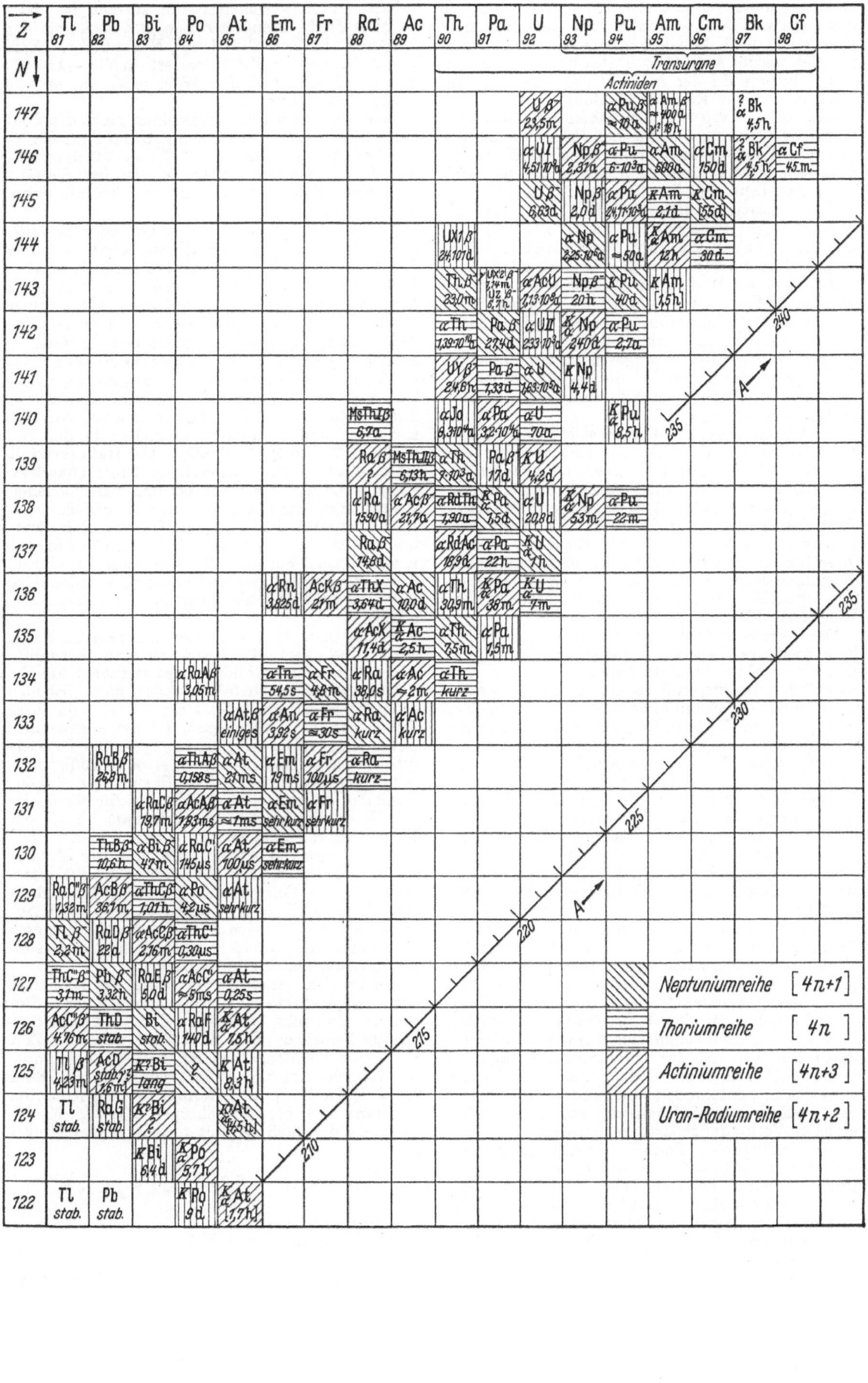

Chart of the radioactive decay series (isotope / half-life per cell). Column heads give element symbol with atomic number Z; rows are labelled by neutron number N. Corner: Z →, N ↓. Spanning brackets at the top: **Transurane** (Np 93 – Cf 98) and **Actiniden** (Th 90 – Cf 98). Diagonal lines mark the mass number A (A →) with ticks at 210, 215, 220, 225, 230, 235, 240.

Columns Tl–Ra (Z 81–88)

N	Tl 81	Pb 82	Bi 83	Po 84	At 85	Em 86	Fr 87	Ra 88
147								
146								
145								
144								
143								
142								
141								
140								MsThI β⁻ 6,7a
139								Ra β⁻ ?
138								α Ra 1590a
137								Ra β⁻ 14,8d
136						α Rn 3,825d	AcK β⁻ 21m	α ThX 3,64d
135								α AcX 11,4d
134				α RaA β⁻ 3,05m		α Tn 54,5s	α Fr 4,8m	α Ra 38,0s
133					α At β⁻ einiges	α An 3,92s	α Fr ≈30s	α Ra kurz
132		RaB β⁻ 26,8m		α ThA β⁻ 0,158s	α At 21ms	α Em 19ms	α Fr 100μs	α Ra kurz
131			α RaC β⁻ 19,7m	α AcA β⁻ 1,83ms	α At ≈1ms	α Em sehr kurz	α Fr sehr kurz	
130		ThB β⁻ 10,6h	α Bi β⁻ 47m	α RaC' 145μs	α At 100μs	α Em sehr kurz		
129	RaC'' β⁻ 1,32m	AcB β⁻ 36,1m	α ThC β⁻ 1,01h	α Po 4,2μs	α At sehr kurz			
128	Tl β⁻ 2,2m	RaD β⁻ 22a	α AcC β⁻ 2,16m	α ThC' 0,30μs				
127	ThC'' β⁻ 3,1m	Pb β⁻ 3,32h	RaE β⁻ 5,0d	α AcC' ≈5ms	α At 0,25s			
126	AcC'' β⁻ 4,76m	ThD stab.	Bi stab.	α RaF 140d	κ/α At 7,5h			
125	Tl β⁻ 4,23m	AcD stab.? 1,6m	κ? Bi lang	?	κ At 8,3h			
124	Tl stab.	RaG stab.	κ? Bi ?		κ/α At 8,5h			
123			κ Bi 6,4d	κ Po 5,7h				
122	Tl stab.	Pb stab.		κ Po 9d	κ At 1,7h			

Columns Ac–U (Z 89–92)

N	Ac 89	Th 90	Pa 91	U 92
147				U β⁻ 23,5m
146				α UI 4,51·10⁹a
145				U β⁻ 6,63d
144		UX1 β⁻ 24,1d		
143		Th β⁻ 23,0m	UX2 β⁻ 1,14m; UZ β⁻ 6,7h	α AcU 7,13·10⁸a
142		α Th 1,39·10¹⁰a	Pa β⁻ 27,4d	α UII 233·10³a
141		UY β⁻ 24,6h	Pa β⁻ 1,33d	α U 1,63·10⁵a
140		α Jo 8,3·10⁴a	α Pa 3,2·10⁴a	α U 70a
139	MsThII β⁻ 6,13h	α Th 7·10³a	Pa β⁻ 17d	κ U 4,2d
138	α Ac β⁻ 21,7a	α RdTh 1,90a	κ/α Pa 1,5d	α U 20,8d
137		α RdAc 18,9d	α Pa 22h	κ/α U 1h
136	α Ac 10,0d	α Th 30,9m	κ/α Pa 38m	κ/α U 7m
135	κ/α Ac 2,5h	α Th 7,5m	α Pa 1,5m	
134	α Ac ≈2m	α Th kurz		
133	α Ac kurz			
132				

Columns Np–Cf (Z 93–98)

N	Np 93	Pu 94	Am 95	Cm 96	Bk 97	Cf 98
147		α Pu β⁻ ≈10a	α Am β⁻ ≈400a; γ? 18h		? α Bk 4,5h	
146	Np β⁻ 2,3d	α Pu 6·10³a	α Am 500a	α Cm 150d	?/α Bk 4,5h	α Cf 45m
145	Np β⁻ 2,0d	α Pu 24,1·10³a	κ Am 2,1d	κ/α Cm 55d		
144	α Np 2,25·10⁶a	α Pu ≈50a	κ/α Am 12h	α Cm 30d		
143	Np β⁻ 20h	κ Pu 40d	κ Am [1,5h]			
142	κ/α Np 240d	α Pu 2,7a				
141	κ Np 4,4d					
140		κ/α Pu 8,5h				
138	κ/α Np 53m					

Legend (hatching):
- Neptuniumreihe [4n+1]
- Thoriumreihe [4n]
- Actiniumreihe [4n+3]
- Uran-Radiumreihe [4n+2]

haben auch die Sekundärelektronen diskrete Energien. Die von den γ-Quanten herausgeschlagenen Elektronen der K-Schale werden dann aus höheren Schalen wieder aufgefüllt. Dabei entsteht die für das Folgeprodukt der radioaktiven Umwandlung charakteristische Röntgenstrahlung.

Die radioaktiven Strahlen haben die Fähigkeit, mehr oder weniger dicke Schichten zu durchdringen, Gase zu ionisieren, Leuchtstoffe, z. B. Sidotsche Blende, zum Leuchten anzuregen und die photographische Platte zu schwärzen.

Die Ionisationsfähigkeiten der α-, β- und γ-Strahlen verhalten sich etwa wie $10^4 : 10^2 : 1$; umgekehrt verhalten sich ihre Durchdringungsfähigkeiten. Die schweren, doppelt geladenen α-Teilchen treten auf dem Weg durch Materie mit viel mehr Atomen in Wechselwirkung als die leichten Elektronen oder die elektromagnetische γ-Strahlung; sie ionisieren daher stärker und geben dabei ihre Energie infolge der häufigeren Zusammenstöße schneller wieder ab, so daß die Reichweite gering ist. Energiereiche Strahlen bezeichnet man als hart, energiearme als weich.

Die radioaktiven Atomarten werden durch den radioaktiven Zerfall in Isotope anderer Elemente umgewandelt ($\rightarrow$Verschiebungssatz). So gehört das sich aus dem Uran bildende Radium in die zweite Gruppe des Periodischen Systems, sein Folgeprodukt, die Emanation, in die nullte. Die chemischen Eigenschaften der entstehenden Elemente fordern diese Zuordnung: Radium ist ein Erdalkalimetall, die Emanation ein Edelgas. Das beweisen auch ihre optischen Spektren und beim Radium das Röntgenspektrum.

Das Zerfallsprodukt einer radioaktiven Substanz kann wieder radioaktiv sein und so fort, bis schließlich eine stabile Atomart auftritt. Von den drei natürlich radioaktiven Reihen zerfallen die $\rightarrow$Actinium- und $\rightarrow$Thoriumreihe über je zehn aktive und die $\rightarrow$Uran-Radium-Reihe über vierzehn aktive Folgeprodukte in je ein inaktives Bleiisotop.

Verläßt ein α-Teilchen einen radioaktiven Kern, so bleibt das neue Atom als doppelt negativ geladenes Ion zurück, da die Zahl der positiven Kernladungen um zwei vermindert wurde. Handelt es sich um einen β-Zerfall, so ist entsprechend das neu entstandene Ion einfach positiv geladen. Doch neutralisiert sich das jeweils neu gebildete Atom alsbald durch Elektronenaufnahme oder -abgabe.

Ähnliches gilt von den mit den zerfallenden Atomen etwa in chemischer Bindung stehenden Elementen, denen nach Zerfall ihres Verbindungspartners ein Ion eines anderen chemischen Elements gegenübersteht. Nach der Umwandlung eines Radiumatoms, das als Radiumbromid, $RaBr_2$, vorliegt, in Radiumemanation werden zwei Bromionen frei, die mit der nullwertigen Emanation keine Verbindung eingehen können. Außerdem wird das neu entstandene Emanationsatom durch den radioaktiven $\rightarrow$Rückstoß von seinen ehemaligen Verbindungspartnern getrennt.

Der radioaktive Zerfall verläuft nach rein *statistischen Gesetzen*. Er stellt, kinetisch betrachtet, eine *monomolekulare Reaktion* dar. Welche Atome einer Anzahl radioaktiver Atome in einem Zeitelement zerfallen werden, läßt sich nicht voraussagen. Hingegen zerfällt in der Zeiteinheit stets der gleiche, der vorhandenen Gesamtmenge proportionale Bruchteil. Ist zu einer Zeit t

die Menge N vorhanden und zerfällt im Zeitelement dt die Menge dN, so gilt, weil mit der Zunahme der Zeit die Menge N abnimmt, $dN/N = -\lambda\, dt$. Das ergibt integriert $\ln N = -\lambda t + C$. Für $t = 0$ nimmt C den Wert $\ln N_0$ an, und es folgt: $N = N_0\, e^{-\lambda t}$.

Beobachtet wird im allgemeinen nicht die Zahl der vorhandenen Atome, sondern die Zahl der in der Zeiteinheit zerfallenden. Diese ist $A = \lambda N$. Man bezeichnet diese Größe als *Aktivität*. Sie fällt entsprechend dem vorher Gesagten ebenfalls exponentiell ab.

Die Größe λ heißt *Abklingungs-* oder *Zerfallskonstante*. Sie gibt die *Zerfallswahrscheinlichkeit* in der Zeiteinheit an. Ihr Kehrwert wird als *mittlere Lebensdauer* bezeichnet. Es ist dies die Zeit, nach der von einer vorgegebenen Menge radioaktiver Atome noch der Bruchteil $1/e$ vorhanden ist. Um die Geschwindigkeit des radioaktiven Zerfalls zu kennzeichnen, bedient man sich aber einer anderen Größe, der Halbwertszeit T. Diese gibt an, innerhalb welches Zeitraums eine gegebene radioaktive Substanz auf die Hälfte abgeklungen ist. Zerfallskonstante und Halbwertszeit stehen in der Beziehung: $T = \ln 2/\lambda = 0{,}693/\lambda$. Die Halbwertszeit ist eine für jeden radioaktiven Stoff charakteristische Größe. Sie weist bei den verschiedenen radioaktiven Atomarten außerordentliche Abstufungen auf. Für Thorium-C', ein Poloniumisotop, hat sie sich zu 10^{-9} Sekunden bestimmen lassen; beim Thorium 232 beträgt sie 10^{10} Jahre. — Nach zehn Halbwertszeiten ist eine radioaktive Substanz auf $0{,}1\%$, also praktisch vollständig zerfallen.

Trennt man innerhalb einer radioaktiven Reihe durch eine chemische Operation eine bestimmte Atomart heraus, so bildet diese sämtliche aus ihr entstehende *Folgeprodukte* wieder nach. Ebenso wird die abgetrennte Substanz selber von ihrer *Muttersubstanz* nachgebildet. Ist die abgetrennte Ausgangssubstanz viel längerlebig als die Tochtersubstanzen, so stellt sich nach etwa 10 Halbwertszeiten der längstlebigen Tochtersubstanz ein Zustand des stationären $\rightarrow$*radioaktiven Gleichgewichts* ein. Es ist durch folgendes bestimmt: Von jedem Folgeprodukt entstehen und zerfallen in der Zeiteinheit ebensoviel Atome, wie von der Muttersubstanz zerfallen. Die Aktivitäten von Muttersubstanz und Folgeprodukt stimmen dann überein. Es ist $\lambda_1 N_1 = \lambda_2 N_2 = \lambda_3 N_3 = \cdots$. Die Anzahlen der vorhandenen Atome verhalten sich also umgekehrt wie die Zerfallskonstanten, d. h. sie sind proportional den Halbwertszeiten.

Der zeitliche Anstieg oder Abfall der Aktivität der Folgeprodukte nach Abtrennung einer radioaktiven Substanz läßt sich durch Differentialansätze berechnen. Eine Substanz 1 werde zur Zeit $t = 0$ in einer Menge von N_1^0 Atomen abgetrennt, so daß sie frei von Folgeprodukten ist. Sind $\lambda_1, \lambda_2, \lambda_3$ die Zerfallskonstanten der abgetrennten Substanz und ihrer Folgekörper, N_1, N_2, N_3 die Anzahlen der nach der Zeit t vorhandenen Atome, so gilt

$$\frac{dN_1}{dt} = \lambda_1 N_1, \qquad \frac{dN_2}{dt} = -\lambda_2 N_2 + \lambda_1 N_1,$$

$$\frac{dN_3}{dt} = -\lambda_3 N_3 + \lambda_2 N_2.$$

Daraus folgt durch Integration unter Berücksichtigung der Randbedingungen

$$N_1 = N_1^0 \, e^{-\lambda t}, \quad N_2 = N_1^0 \frac{\lambda_1}{\lambda_2 - \lambda_1} (e^{-\lambda_1 t} - e^{-\lambda_2 t}),$$

$$N_3 = N_1^0 \frac{\lambda_1 \lambda_2}{(\lambda_1 - \lambda_2)(\lambda_2 - \lambda_3)(\lambda_3 - \lambda_1)} \times$$

$$\times [\lambda_3 - \lambda_2) \, e^{-\lambda_1 t} + (\lambda_1 - \lambda_3) \, e^{-\lambda_2 t} + (\lambda_2 - \lambda_1) \, e^{-\lambda_3 t}].$$

Die Halbwertszeit erweist sich meist als das bestgeeignete Mittel, um ein Radioisotop zu *identifizieren*. Daneben dient aber auch die Bestimmung der Strahlungsenergie diesem Zweck. Diese Energie ist, abgesehen von evtl. vorhandener γ-Strahlung beim β-Zerfall, gleich der oberen Grenzenergie der Zerfallselektronen zu setzen. Man bestimmt sie aus der Reichweite der Elektronenstrahlung in meist aus Aluminium gefertigten Absorptionsfolien nach empirischen Formeln. Diese lauten für Energien größer als 700 keV: $E = 1{,}75\,R + 0{,}282$ und für kleinere β-Energien $E = 1{,}92\,R^2 + 0{,}22\,R$, wobei E in MeV und R in g cm^{-2} gerechnet werden.

Zwischen der *Reichweite* der α-Strahlen und der Zerfallskonstante der α-Strahler besteht die →*Geiger-Nutallsche Beziehung*, die empirisch aufgefunden wurde und später durch das Gamowsche →*Kernmodell* ihre Deutung fand. Für den α-Zerfall ist die Zerfallsenergie nicht einfach gleich der kinetischen Energie des emittierten α-Teilchens, wie sie sich aus der Reichweite errechnen läßt. Man muß noch den Energiebetrag berücksichtigen, der dem Ausgangskern durch den Rückstoß übertragen wird. Man kann die Kenntnis der Zerfallsenergien bei den schweren Kernen benutzen, um die →*Massendefekte* mit großer Genauigkeit zu berechnen.

Die bei radioaktiven Vorgängen je Elementarprozeß umgesetzten Energien sind etwa 10^6 mal größer als bei gewöhnlichen chemischen Reaktionen, wie etwa einer Oxydation oder einer Dissoziation, wo sie nur einige eV betragen; z. B. zerfallen in 1 g Radium im Gleichgewicht mit seinen Folgeprodukten im Jahr etwa $5{,}5 \cdot 10^{18}$ Atome; dabei werden etwa 1000 kcal frei. Dieselbe Energie erhält man beim Verbrennen von 130 g oder $6{,}6 \cdot 10^{24}$ Atomen Kohlenstoff. Die ungeheure Energie, die beim radioaktiven Zerfall frei wird, veranschaulicht sich auch in folgendem: Die Geschwindigkeit eines α-Teilchens von Thor C mit einer Energie von $6{,}6 \cdot 10^6$ eV, im Sinne der kinetischen Gastheorie als mittlere thermische Energie aufgefaßt, entspricht einer Temperatur von $5 \cdot 10^{10}$ °K.

Die Geschwindigkeit der α-Teilchen beträgt größenordnungsmäßig etwa 5% der Lichtgeschwindigkeit, während β-Teilchen aus radioaktiven Vorgängen bis nahe an die Lichtgeschwindigkeit herankommen können.

Diese ungeheuren Energien stammen entsprechend der →Einstein-Gleichung $E = m c_0^2$ zwischen Masse und Energie aus dem Atomkern. Tatsächlich läßt sich der errechnete Massenverlust auch nachweisen. Beim radioaktiven Abbau des Urans zum radioaktiven Bleiisotop Ra-G verringert sich die Masse um acht α-Teilchen. Das Atomgewicht des Urans ist 238,1; davon 32 abgezogen, sollte 206,1 für das Atomgewicht des entstehenden Bleis geben, während 206,0 gefunden werden. Die Differenz von 0,1 Masseneinheit entspricht $9 \cdot 10^{10}$ erg, und diese Energie wird auch etwa beim Zerfall

eines Grammatoms Uran in Blei frei, wie sich aus kalorimetrischen Messungen ergeben hat.

Infolge des verhältnismäßig häufigen Vorkommens der radioaktiven Stoffe (1 g Primärgestein der Erdoberfläche enthält im Durchschnitt etwa $6 \cdot 10^{-6}$ g Uran und $2 \cdot 10^{-5}$ g Thorium) sind Spuren radioaktiver Substanzen überall vorhanden. Die radioaktive Strahlung trägt wesentlich zum Wärmehaushalt der Erde bei. Wäre die Konzentration der radioaktiven Substanzen im Erdinnern gleich der an der Erdoberfläche, so müßte die entwickelte Wärmemenge größer sein, als sie tatsächlich ist. In tieferen Erdschichten ab 1000 m rechnet man mit einem Urangehalt von $3 \cdot 10^{-7}$ g und einem Thoriumgehalt von $6 \cdot 10^{-7}$ g je Gramm Gestein. Diese Konzentrationen genügen aber, um, zusammen mit dem weniger, aber auch merklich, zur Wärmeentwicklung beitragenden Kalium, $4 \cdot 10^{-7}$ cal je Gramm Gestein im Jahr zu entwickeln. Diese Energie reicht — zusammen mit der Einstrahlung von der Sonne — aus, um die durch Strahlung von der Erde an den Weltenraum abgegebene Energie zu ersetzen.

Durch Bestimmung der aus radioaktiven Mineralien entstandenen stabilen Endprodukte lassen sich verläßliche Schlüsse auf das geologische Alter der sie enthaltenden Gesteine ziehen, →geologische Altersbestimmung.

Radioaktive Substanzen werden durch ihre Strahlung nachgewiesen. Liegen genügend große Aktivitäten vor, so dient als Meßgerät das →Elektroskop oder die →Ionisationskammer, in der ein durch die Ionisationswirkung der radioaktiven Strahlen fließender Strom, durch eine Verstärkereinrichtung verstärkt, als Maß für die Aktivität dient. Schwache Aktivitäten werden mit dem →Zählrohr gemessen. Auch ein älteres Nachweisverfahren für einzelne Teilchen, die →Szintillationsmethode, bei der die Lichtblitze visuell gezählt wurden, die α-Teilchen beim Auftreffen auf Leuchtstoffe hervorrufen, gewinnt jetzt in abgewandelter Form (→Leuchtstoffzähler) erneut Bedeutung. β- und γ-Strahlen rufen ähnliche Lichterscheinungen an Anthracen oder Naphthalinkristallen hervor. Diese Lichteffekte werden benutzt, um Photoelektronen in geeigneten →Photozellen zu erzeugen, die dann über Photoelektronenvervielfacher zu meßbaren Stromstößen verstärkt werden.

Die chemischen und physiologischen Wirkungen der radioaktiven Substanzen beruhen auf Ionisationswirkungen ihrer Strahlung. Unter dem Einfluß der Strahlung tritt Zersetzung der meisten chemischen Verbindungen ein. Wasser wird in Knallgas zerlegt; $RaBr_2$ wandelt sich an der Luft langsam in $RaCO_3$ um, da die Bromionen durch erzeugtes Ozon oxydiert werden. — Unter der Einwirkung radioaktiver Strahlung treten in lebenden Geweben starke Veränderungen auf. Ähnlich wie nach Röntgenbestrahlungen bilden sich bei zu hoher Dosis Entzündungen, das Blutbild wird verändert, und ein „Röntgenkater" kann sich einstellen. Es ist also beim Arbeiten mit stärkeren Präparaten Vorsicht geboten. Auf der anderen Seite wird die Strahlung des Radiums oder Mesothors und seiner Folgeprodukte in der Heilkunde mit Erfolg zur Zerstörung bösartiger Geschwülste (Krebs, Lupus usw.) angewandt. →Biophysik, →Quantenbiologie.

2. Die *künstlichen* oder, besser gesagt, die im Laboratorium erzeugten radioaktiven Atomarten

kommen in der Natur nicht vor, weil ihre Halbwertszeiten so klein sind, daß sie, falls sie zufällig einmal entstehen, sehr schnell wieder zerfallen und in stabile Isotope übergehen. Man kann aber durch geeignete →Kernprozesse natürlich vorkommende Radioelemente, die als →Tochtersubstanzen langlebiger Muttersubstanzen auch in der Natur vorkommen, künstlich erzeugen. Die Einteilung in künstliche oder natürliche Radioaktivität ist also willkürlich. Künstliche radioaktive Atomarten werden durch Einwirkung energiereicher Korpuskularstrahlen, wie Protonen, Deuteronen und α-Teilchen, schnelle oder langsame Neutronen, sowie durch sehr harte γ-Strahlung auf inaktive, d. h. stabile Isotope aller Elemente des Periodischen Systems gewonnen. Die für diese Prozesse nötigen energiereichen Teilchen finden sich einmal in den Strahlen der natürlichen radioaktiven Substanzen, die man als Strahlungsquellen benutzen kann. In größerem Umfang erzeugt man sie in verschiedenen →Hochspannungsgeräten nach *Greinacher* oder *van de Graaff*, besonders aber im →Cyclotron. Die ergiebigste Strahlenquelle zur Erzeugung radioaktiver Präparate bietet heute der →pile. Die in ihm bei der Uranspaltung frei werdenden Neutronen können zur Aktivierung der meisten Atomarten verwendet werden.

Im allgemeinen entstehen bei diesen Bestrahlungen aktive Isotope des bestrahlten Elements oder seiner unmittelbaren Nachbarn (→Kernprozesse). Ein anderer Weg zur künstlichen Erzeugung radioaktiver Isotope führt über die →Kernspaltung. Unter den →Spaltprodukten des Urans findet sich eine große Anzahl von aktiven Isotopen der Ordnungszahlen 30 Zink bis 63 Europium. Diese Spaltprodukte sind fast ausschließlich β^--Strahler. Es treten hier, ähnlich wie bei der natürlichen Radioaktivität, Zerfallsreihen auf, die bis zu vier und mehr Glieder umfassen. Mit den heute zur Verfügung stehenden Mitteln des piles lassen sich diese Isotope teilweise in erheblichen Mengen gewinnen.

Unter den künstlich radioaktiven Elementen sind besonders die →Transurane hervorzuheben. Sie sind alle radioaktiv, entstehen durch Kernreaktionen des Thoriums oder Urans und haben Kernladungszahlen >92. Bis jetzt beträgt die Zahl der Transurane sechs. Es handelt sich dabei um künstlich erzeugte Isotope der Elemente 93 bis 98 (→Neptunium, →Plutonium, →Americium →Curium, →Berkelium und →Californium). Plutonium ist in Uranerzen zu $10^{-12}\%$ nachgewiesen worden; die anderen Transurane kommen wegen ihrer kurzen Halbwertszeiten in der Natur nicht in nachweisbaren Mengen vor. Unter den Transuranen befinden sich Isotope, deren Massenzahlen sich durch den Ausdruck $4n+1$ darstellen lassen. Eines der schwersten dieser Atomarten ist das $^{241}_{96}\mathrm{Cm}$. Mit ihm beginnt die in der natürlichen Radioaktivität fehlende →radioaktive Zerfallsreihe, die nach ihrem längstlebigen Isotop Neptuniumreihe genannt wird. Von mehreren Transuranen lassen sich wägbare Mengen herstellen. Berkelium und Californium sind vom Am und Cm ausgehend hergestellt worden.

Auch die im Periodischen System früher unbesetzten Plätze 43 und 61, an denen nach der →Mattauchschen Regel keine stabilen Isotope zu erwarten sind, wurden durch radioaktive Isotope diese Kernladungszahlen ausgefüllt. Mit ihrer Hilfe hat man die chemischen Eigenschaften dieser Elemente (→Technetium, →Promethium) feststellen können. Ebenso wurde das Element 85, das →Astatin, auf künstlichem Wege hergestellt.

Durch die künstliche Radioaktivität ist eine Reihe von Kernumwandlungen bekanntgeworden, die man bei den in der Natur vorkommenden Radioelementen nicht beobachten konnte. Je nach den zur Herstellung künstlicher Radioisotope verwendeten Kernprozessen entstehen solche mit Protonen- oder Neutronenüberschuß. Im Fall des Neutronenüberschusses wird dieser durch β^--Strahlung ausgeglichen. Besteht dagegen Protonenüberschuß, so wird ein Positron β^+ ausgesandt, z. B.

$$^{59}_{27}\mathrm{Co}\;(dp)\;^{60}_{27}\mathrm{Co}\xrightarrow{\;\beta^-\;}{}^{60}_{29}\mathrm{Ni}\,,\quad {}^{56}_{26}\mathrm{Fe}\;(dn)\;^{57}_{27}\mathrm{Co}\xrightarrow{\;\beta^+\;}{}^{57}_{26}\mathrm{Fe}\,.$$

Die Entstehung der Elektronen bzw. Positronen im Kern hat man sich etwa so vorzustellen, daß spontan ein Proton unter Aussendung eines Positrons in ein Neutron übergeht bzw. ein Neutron sich unter Aussendung eines Elektrons in ein Proton umwandelt. Weder Elektron noch Positron sind im Kern vorhanden, sondern werden erst im Augenblick des Übergangs Proton-Neutron oder Neutron-Proton aus der Energie des Kernfeldes gebildet, ähnlich wie ein Lichtquant erst im Augenblick des Elektronensprungs aus der Energie des elektrischen Feldes entsteht, ohne vorher ein Bestandteil der Elektronenhülle zu sein.

In einzelnen Atomkernen kann sowohl der eine als auch der andere Vorgang stattfinden. Es gibt Radioisotope, bei denen die Lage im Energietal es möglich macht, daß sie entweder Positronen oder Elektronen aussenden können; z. B. kann das $^{65}_{29}\mathrm{Cu}$ durch Positronenaussendung in $^{65}_{28}\mathrm{Ni}$ oder durch Elektronenstrahlung in $^{65}_{30}\mathrm{Zn}$ übergehen.

Eine andere Umwandlung ist der →K-Einfang, der ebenfalls bei Isotopen mit Protonenüberschuß auftritt. Hierbei wird aus der dem Atomkern nächsten Elektronenschale ein Elektron vom Kern eingefangen und dabei eine positive Kernladung neutralisiert. Als einzige nachweisbare Strahlung tritt die K-Röntgenstrahlung des Folgeproduktes auf. K-Einfang und Positronenstrahlung können sich bei vielen Isotopen ersetzen, so daß sich z. B. das $^{48}_{23}\mathrm{V}$ sowohl durch K-Einfang als auch durch Positronenemission in $^{48}_{22}\mathrm{Ti}$ verwandelt. Reine K-Strahler kommen auch in der Natur vor. Entdeckt wurde der K-Einfang jedoch an künstlich hergestellten Atomarten.

Meyer, St., u. *E. Schweidler:* Radioaktivität. Leipzig 1927. — *Pzribram, K.:* Radioaktivität. Samml. Göschen 317. Berlin 1932. — *Riezler, W.:* Einf. in d. Kernphysik. Leipzig 1944. — *Mattauch, J.*, u. *S. Flügge:* Kernphysikal. Tabellen. Berlin 1942.

Radioaktivität der Atmosphäre. Die radioaktiven Stoffe in der Atmosphäre entstammen dem Erdboden. Die gasförmigen Glieder der Zerfallsreihen, die Emanationen →Radon, →Thoron und →Actinon — vom Gestein und Erdreich an der Erdoberfläche bzw. in den Bodenkapillaren an die Luft abgegeben — werden durch den vertikalen atmosphärischen Massenaustausch in die Höhe verfrachtet. Im Zusammenwirken zwischen Austausch und Zerfallsgeschwindigkeit der Emanationen und ihrer Folgeprodukte ist eine für jedes Element charakteristische Höhenverteilung zu erwarten, die auch im Mittel experimentell bestätigt wird. In atmosphärischen Sperrschichten (Inversionen) werden Anreicherungen der radioaktiven Stoffe beobachtet; die Abnahme erfolgt an solchen Stellen im allgemeinen sprunghaft nach oben.

Mittlere Werte in Bodennähe: Radon über dem Festland (Ozean) 0,6 bis $5 \cdot 10^{-16}$ Curie cm^{-3} ($2,7 \cdot 10^{-18}$ Curie cm^{-3}), entsprechend 300 bis 2500 (15) Radon-Atomen je Liter Luft. In Gebirgen, vor allem bei Urgesteinsuntergrund — z. B. in den Alpen — ist der Radon-Gehalt der Luft im allgemeinen vergrößert. In den (oberflächennahen) Bodenkapillaren sind — stark vom Wetter und den Bodenarten abhängig — im Mittel 2 bis $4 \cdot 10^{-13}$ Curie cm^{-3} vorhanden, die in Einzelfällen örtlich bis auf 10^{-10} Curie cm^{-3} ansteigen können. Die Abgabe von Radon an die Luft, auch als *Exhalation* oder *Bodenatmung* bezeichnet, ist stark wetterabhängig. Zur Aufrechterhaltung des atmosphärischen Aktivitätsgehaltes ist ein auch experimentell bestätigter Zustrom von (im Mittel) 40 bis $80 \cdot 10^{-18}$ Curie cm^{-2} s^{-1} erforderlich.

Thoron-Bestimmungen in der bodennahen Atmosphäre ergeben für das Mengenverhältnis N(Radon)/N(Thoron) stark schwankende Werte — zwischen 3500 und 50000 —. Da das Verhältnis der Zerfallskonstanten von Thoron und Radon gleich 6060 ist, so ergibt sich als Wert für das Verhältnis der Produkte aus Gehalt und Zerfallskonstante — das für die ionisierende Wirkung einer Substanz maßgeblich ist — von Radon und Thoron in der Atmosphäre größenordnungsmäßig der Wert 1. Man wird also im Mittel die ionisierende Wirkung beider Emanationen als ungefähr gleich annehmen dürfen. In 100 m Höhe sind nur noch 2% des bodennahen Thoron-Gehaltes möglich.

Actiniumprodukte wurden ebenfalls in der Atmosphäre nachgewiesen, doch liegt kein genügend sicheres Zahlenmaterial vor. Bei dem raschen Zerfall der Actinon und der Folgekörper können diese Produkte nur bis zu 20 m Höhe reichen.

Niederschläge zeigen merkliche Radioaktivität infolge Auswaschens der radioaktiven Stoffe aus der durchfallenen Luft, ebenso Reif und Tau.

Radioaktivität von Gesteinen. Spuren von Radioaktivität lassen sich, dank der Empfindlichkeit der Meßmethoden, in jeder Boden- und Gesteinsprobe nachweisen. Der Radiumgehalt ist im allgemeinen in sauren (kieselsäurereichen) Gesteinen größer als in basischen, in Eruptivgesteinen im allgemeinen größer als in Sedimentgesteinen. Der durchschnittliche Radiumgehalt der zugänglichen Erdrinde kann auf etwa $2,0 \cdot 10^{-12}$ g Ra je Gramm Substanz geschätzt werden (*Joly*). Dies entspricht einem Urangehalt von $\sim 6 \cdot 10^{-6}$ g Uran je Gramm Substanz. Der Thoriumgehalt zahlreicher Gesteinsproben ergibt im Durchschnitt einen Wert der Größenordnung 10^{-5} g Thorium je Gramm Substanz. Der Kaliumgehalt liegt bei etwa $3 \cdot 10^{-2}$ g je Gramm Gestein. Bei Mineralien, die sich wie Pechblende, Carnotit usw. in Salpetersäure lösen, ist durch Auskochen der Emanation und Messung der nach einiger Zeit nachgebildeten Emanation der Radiumgehalt ohne Schwierigkeiten zu bestimmen. Unlösliche Mineralien bedürfen erst eines chemischen Aufschlusses.

Radioaktivität der Gewässer und Quellen. Aus der Erdrinde gelangen die radioaktiven Stoffe in die Gewässer. Der mittlere Radiumgehalt großer Flüsse und des Meerwassers ist von der Größenordnung 10^{-15} g Ra je cm^3, in aktiven Quellwässern erreicht er die Größenordnung 10^{-13} g Ra je cm^3. Bedeutungsvoller als der Ra- (Th-, Ac-) Gehalt ist für die Quellwässer ihr Radon-(Thoron-, Actinon-)Gehalt, der meist die Gleichgewichtsmenge zum gelösten Radium um viele Größenordnungen übertrifft. Dies rührt von der geringen Löslichkeit der Radiumverbindungen her. Die höchste Radonkonzentration ist in den Quellen von Oberschlema und Brambach festgestellt worden (etwa 2000 Mache-Einheiten, d. h. $7 \cdot 10^{-10}$ Curie cm^{-3}). Die Bestimmung des Emanationsgehaltes bzw. des Radiumgehaltes eines Wassers geschieht im →Fontaktometer und →Emanometer. Unter Umständen ist der Aufschluß eines Sedimentes sowie dessen getrennte Untersuchung notwendig. Bewährt hat sich die Zirkulationsmethode, bei der ein Kreisluftstrom durch die Waschflasche und das Ionisiergefäß getrieben wird.

Radiochemie, die sich durch die Besonderheiten der radioaktiven Elemente ergebende *chemische Arbeitsweise*. Die Bedeutung des Wortes weicht also von anderen entsprechenden Wortbildungen wie Elektro- oder Photochemie ab, unter denen Teilgebiete der Chemie verstanden werden, die sich aus der Wirkung des elektrischen Stromes oder des Lichtes auf chemische Reaktionen ergeben. Die Radiochemie beschreibt also nicht die sich aus der Wirkung der radioaktiven Strahlung ergebenden chemischen Reaktionen, sondern umfaßt die besonderen chemischen Verfahren zur Herstellung, Abtrennung und zum Nachweis radioaktiver Atomarten. Sie hat auch nichts mit →Atomumwandlung (→Kernchemie) zu tun. Es handelt sich bei der Radiochemie also im Grunde um Reaktionen der normalen analytischen, organischen, präparativen oder Elektrochemie, d. h. um solche, die ihre Ursache in den Wechselwirkungen der Hüllenelektronen haben; nur sind die reagierenden Atome radioaktiv.

Die Besonderheit der Radiochemie ist durch vier Faktoren gegeben: 1. durch die spezielle Art der Nachweismethode, 2. durch die meist unwägbaren Mengen der Reaktionspartner, 3. durch die Notwendigkeit von Strahlenschutzanordnungen bei stärkeren Präparaten, 4. durch die in vielen Fällen durch die kurze Halbwertszeit äußerst beschränkte Arbeitszeit.

Während man in der gewöhnlichen Chemie mit der Gesamtheit der an einer chemischen Reaktion beteiligten Atome zu tun hat, wenn man sie quantitiv oder qualitativ nachweisen will, ist in der Radiochemie nur der gerade zerfallende Teil der Atome durch ihre Strahlung nachweisbar. Die Nachweismethoden sind also nicht auf die Bestimmung der absoluten Anzahl der Atome abgestellt, sondern es bedarf einer besonderen Meßmethode, die nur die Zerfallsstrahlung registriert. An Stelle der sonst in der Chemie üblichen Wägung, volumetrischen Bestimmung oder des qualitativen visuellen Nachweises tritt die Messung von α-, β- und γ-Strahlen mit Geiger-Müller-Zählrohren, wenn geringe Aktivitäten vorliegen, mit Ionisationskammern oder Elektroskopen bei starken Präparaten. Die verschiedene Durchdringungsfähigkeit der Strahlen verlangt, auf die Schichtdicke der zu messenden Präparate zu achten.

Die in der Radiochemie gehandhabten Mengen der radioaktiven Elemente sind in den meisten Fällen äußerst gering. Handelt es sich darum, sie für den Laboratoriumsgebrauch rein darzustellen, so liegen die Mengen meist unterhalb der Meßbarkeitsgrenze durch jede sonst gebräuchliche Methode.

Man spricht dann von *unwägbaren Mengen*. So entspricht z. B. 1 Millicurie des bei der Uranspaltung auftretenden 8-Tage-Jods $7{,}91 \cdot 10^{-9}$ g oder $3{,}65 \cdot 10^{13}$ Atomen. Diese geringen Mengen lassen sich natürlich schlecht erfassen. Ein Silberjodidniederschlag dieser Jodmenge wiegt $1{,}42 \cdot 10^{-8}$ g. Die Löslichkeit des Silberjodids beträgt bei 18 °C in 100 cm³ Wasser $3{,}5 \cdot 10^{-8}$ g. Derartige Substanzmengen werden daher mit einem sog. *Träger* abgeschieden. Dieser kann aus gewichtsmäßigen Mengen von inaktiven Isotopen des gleichen Elements bestehen. So kann man z. B. aktives Jod mit einer wägbaren Menge natürlichen Jods zusammen als Silberjodid fällen und messen. Kommt es darauf an, das radioaktive Isotop frei von anderen Isotopen zu erhalten, so mischt man es mit einem anderen Element, das unter den gewählten Reaktionsbedingungen gleiche Reaktionen zeigt, und scheidet dann das in wägbarer Menge zugegebene Fremdelement mit Hilfe einer Reaktion, die das Radioelement nicht zeigt, wieder ab. So kann man z. B. in stark oxydierendem Medium des Elements Np 93 in sechswertiger Form zusammen mit dem Uran als Natriumuranylacetat abscheiden und so von allen anderen Elementen trennen. Nach Auflösen des Natriumuranylacetats geht die unbeständige sechswertige Form des Elements 93 in die vierwertige über, und man kann dann das Uran leicht abscheiden, so daß nur das Np 93 in Lösung bleibt.

Derartige Spuren radioaktiver Elemente können durch Adsorption oder durch Eintrocknen von Lösungsresten an Apparateteilen hängenbleiben, ohne daß sie als Verunreinigungen visuell wahrgenommen werden können. Diese unerwünschten Aktivitäten können Geräte, Meßapparaturen und Räume infizieren, wenn sie verschleppt werden, und weitere Messungen stören (insbesondere Folgeprodukte der gasförmigen Emanationen). Es ist also peinliche Sauberkeit und ständige Überwachung der Geräte auf Inaktivität erforderlich.

Des weiteren wird die Art der Arbeit wesentlich durch die Tatsache bedingt, daß bei Isotopen mit kurzer Halbwertszeit nur beschränkte Zeit für die Durchführung chemischer Operationen zur Verfügung steht. In solchen Fällen, z. B. wenn es gilt, neue Radioisotope zu finden, muß auf quantitative Abscheidung verzichtet und mit Hilfe spezifischer Reaktionen ein Teil der Aktivität möglichst schnell und sauber abgeschieden werden, um ihn messen zu können. Bei Abscheidung kurzlebiger Körper aus der Uranspaltung müssen u. U. zwei bis vier chemische Reaktionen in 1 bis 2 Minuten beendet sein.

Schließlich wird die radioaktive Arbeitsweise beeinflußt durch die Tatsache, daß starke Aktivitäten gesundheitsschädlich sind. Schon Präparate von 1 Millicurie sind bei dauernder Einwirkung nicht harmlos. Es gilt daher, solche Präparate so zu handhaben, daß die experimentierenden Personen vor der radioaktiven Strahlung geschützt sind. Das bedeutet Abschirmung des Reaktionsgefäßes und u. U. Mechanisierung der Reaktion, z. B. Filtrieren, Ausschütteln usw. Bei den außerordentlich hohen Aktivitäten der →Pile und ihrer Reaktionsprodukte sind solche Maßnahmen unbedingt erforderlich.

Hahn, Otto: Applied Radiochemistry. Cornell University Press 1936. — *Cork, J. M.:* Radioactivity and Nuclear Physics. New York 1947. — *Riezler, W.:* Einf. in d. Kernphysik. Leipzig 1944. — *Broda, E.:* Advances in Radiochemistry. Cambridge 1950.

Radioelemente, die radioaktiven Elemente, →Radioaktivität.

Radiogramme von Massenspektren →Kontaktverfahren.

Radiographie, Autophotographie radioaktiver Körper durch Auflegen auf eine photographische Schicht. Anwendung: z. B. Schnitte radioaktiv indizierter Pflanzen- oder Gewebsteile.

Radiohelioskopie, die Erforschung der Sonne mit Hilfe ihrer →Kurzwellenstrahlung.

Radiokolloide entstehen durch Adsorption radioaktiver Substanzen an Kolloidteilchen, die in jeder Lösung als Staub, Kieselsäurepartikel usw. vorliegen können, vornehmlich wenn die radioaktive Substanz als schwerlösliche Verbindung auftritt. Die Entstehung der Radiokolloide ist sehr abhängig vom p_H-Wert der Lösung.

Radiolumineszenz, die →Lumineszenz infolge Erregung durch radioaktive Strahlen. Von diesen wirken in unmittelbarer Nähe des Leuchtstoffes besonders die α-Teilchen, welche einzeln sichtbare Leuchterscheinungen (→Szintillationen) hervorrufen. Ist die radioaktive Substanz direkt mit dem Leuchtstoff vermischt, so erhält man radioaktive Leuchtfarben, welche bekannte Anwendungen für →Leuchtzifferblätter usw. gefunden haben. Die β-Teilchen rufen ein homogenes Leuchten hervor; ihre Eindringtiefe ist, wie die der α-Teilchen, nur sehr gering. Dagegen durchsetzen die γ-Strahlen den ganzen Leuchtstoff. Sie können z. B. beim Flußspat eine Erregung hervorrufen, die ein stundenlanges Nachleuchten zur Folge hat. Ein unbeobachtbarer Rest solcher Erregung hält sich im Flußspat viele Monate; er kann aber durch Temperaturerhöhung ausgetrieben und sichtbar gemacht werden. →Leuchtstoffe.

Radiometer. *Fresnel* (1825) hat zuerst bemerkt, daß ein in einem verdünnten Gase aufgehängter Körper bei Bestrahlung mit Licht zurückweicht, also eine Kraft erfährt (die aber nichts mit dem →Strahlungsdruck zu tun hat). *Crookes* hat diese Erscheinung näher untersucht und das erste *Radiometer* in Gestalt der *Lichtmühle* gebaut. In einem auf einen Druck von der Größenordnung 10^{-1} bis 10^{-2} Torr evakuierten Glaskolben befindet sich ein leicht drehbares Flügelrädchen mit einseitig geschwärzten Flügeln, das sich bei Bestrahlung so dreht, daß die geschwärzten Flächen vor dem Licht zurückweichen. Quantitative Messungen der Radiometerkräfte haben vor allem *Gerlach* und *Westphal*, sowie *Hettner* angestellt. Sie benutzten dabei ein aus zwei leichten Flügeln bestehendes, an einem Quarzfaden aufgehängtes und mit einem Drehspiegelchen versehenes System. Der eine Flügel ist einseitig geschwärzt; der andere dient nur als Gegengewicht. Der als Funktion des Logarithmus des Gasdrucks aufgetragene Ausschlag ergibt eine sehr weitgehend symmetrische Kurve mit einem Maximum zwischen 10^{-1} und 10^{-2} Torr. Unter Umständen kann auch ein dem Licht entgegengerichteter Ausschlag eintreten, was zur Deutung der negativen →Photophorese herangezogen wurde. Die auftretenden Kräfte hängen von der Gestalt und dem Schwärzungsgrad des Flügels, sowie von der Art der Gasfüllung ab. *Westphal* gab auch ein Radiometer an, das aus einem in einer geeignet evakuierten Glasröhre aufgehängten, mit einem Mikroskop beobachtbaren Quarzfaden besteht.

Einen ersten Deutungsversuch gab *Maxwell* (1880), indem er höhere Näherungen für die Verteilungsfunktion der Gasmoleküle bestimmte. Es ergaben sich Normaldrucke, die von den zweiten räumlichen Differentialquotienten der Temperatur abhängen. Außerdem ist die thermische →Gleitung zu berücksichtigen. Die neuere Theorie des Radiometers stammt im wesentlichen von *Hettner*.

Bei der Verwendung des Radiometers als *Strahlungsmeßgerät* erreicht man eine höhere Empfindlichkeit, wenn man dem bestrahlten Flügel in sehr geringem Abstand eine feste Platte gegenüberstellt (Zweiplattenradiometer). Der Abstand zwischen beweglicher und fester Fläche vergrößert sich bei der Bestrahlung. Auf der bestrahlten Flügelfläche bildet sich ein Temperaturgefälle von der Mitte zum Rand hin aus. Dieses Temperaturgefälle läßt nach der Radiometertheorie von *Hettner* in dem engen Raum zwischen fester und beweglicher Platte eine Strömung der Gasteilchen entstehen, die längs der bestrahlten Fläche vom Rande zur Mitte, an der festen Platte in umgekehrter Richtung verläuft und die beiden Platten auseinandertreibt.

Hettner, O.: Erg. d. exakt. Naturwiss. 7 (1928).— Handb. d. Physik XIX. Berlin 1929.— *Kohlrausch, F.:* Prakt. Physik I. Leipzig 1950.

Radiometer, akustisches, →Schallradiometer.

Radiometer-Vakuummmeter. Abb. 1 zeigt den grundsätzlichen Aufbau dieser Vakuummeter. Eine bewegliche Platte B mit der Temperatur T_1 befindet sich zwischen zwei festen Platten A und C (C mit der gleichen Temperatur T_1 und A mit der höheren Temperatur T_2). Ist der Druck so niedrig, daß die mittlere freie Weglänge der Gasmoleküle gleich oder größer ist als der Abstand zwischen den Platten, so haben die von oben auf die Platte B auftreffenden Gasmoleküle ihren letzten Zusam-

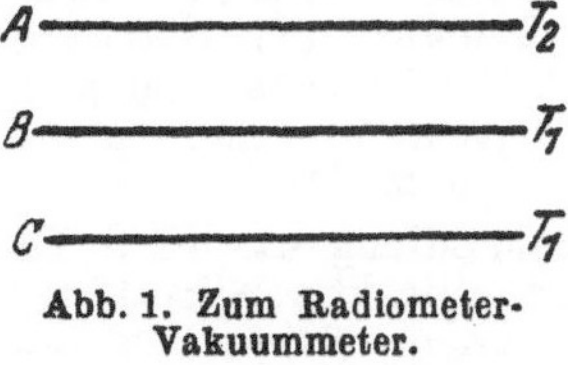

Abb. 1. Zum Radiometer-Vakuummmeter.

menstoß auf der wärmeren Platte A und die von unten auftreffenden Gasmoleküle auf der kälteren Platte C erlitten. Infolge der größeren Geschwindigkeit der Moleküle, die von A kommen, gegenüber denen, die von C kommen, erfährt B also eine von oben nach unten gerichtete Druckkraft. Der hierdurch erzeugte zusätzliche Druck auf B

beträgt $\Delta p = \dfrac{p}{2}\left(\dfrac{\sqrt{T_2}}{\sqrt{T_1}} - 1\right)$ (p Gasdruck). Wird die Platte B derart beweglich angebracht, daß sie durch eine elastische Kraft in ihre natürliche Gleichgewichtslage zurückgetrieben wird, so ist ihre Verschiebung aus der Ruhelage ein Maß für den Gasdruck.

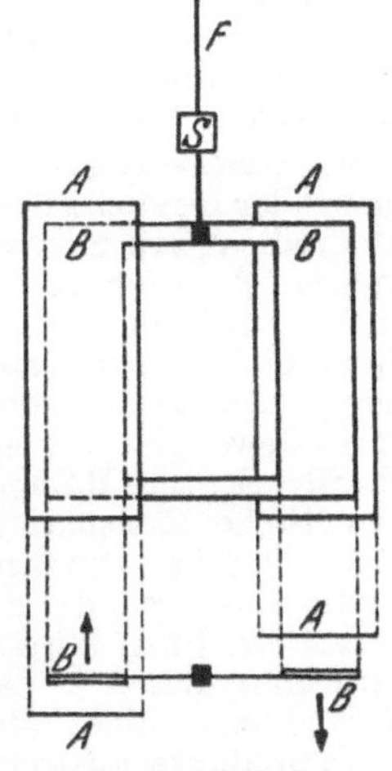

Abb. 2. Radiometer-Vakuummmeter.

Abb. 2 zeigt die gebräuchliche Form der Radiometer-Vakuummeter. Ein Rahmen B ist an einem Torsionsfaden F drehbar aufgehängt. Gegenüber B befinden sich auf entgegengesetzten Seiten die beheizten Bänder A. Die von diesen entsprechend ihrer höheren Temperatur ausgehenden Gasmoleküle üben auf den Rahmen B einen Druck aus, so daß sich dieser so lange dreht, bis das von diesen Druckkräften herrührende Drehmoment mit dem Torsionsmoment des Fadens im Gleichgewicht ist. Der Ausschlag des Lichtanzeigers über den Spiegel S ist also ein Maß für den Druck. — Da beim Radiometer-Vakuummeter aus der Temperatur der einander gegenüberstehenden Platten, den Abmessungen und den Rückstellkräften der Druck berechnet werden kann, ohne daß eine Eichung mittels eines anderen Vakuummeters erforderlich ist, wurde ihm von *Knudsen* der Name *absolutes Vakuummeter* gegeben.

Der Meßbereich der Radiometer-Vakuummeter reicht von den niedrigsten Drucken bis etwa 10^{-3} Torr. Ihre Anzeige ist im Gegensatz zu dem Wärmeleitungsmanometer, dem Reibungsmanometer, dem Alphatron und dem Ionisationsmanometer unabhängig von der Gasart.

Du Mond, J. W. M., u. *W. M. Pickels:* Rev. Sc. Instr. 6, 362 (1935). *Knudsen, M.:* Ann. d. Phys. 44, 525 (1914).

Radiomikrometer, älterer Name des →Mikroradiometers.

Radiosonde (Aerosonde), →Meteorographen für Luftdruck-, Temperatur- und Feuchtigkeitsmessung, die die Meßergebnisse über einen eingebauten elektrischen Sender ausstrahlen. Sie werden mit frei fliegenden Wasserstoffballonen bis in Höhen von 30 km in die Atmosphäre getragen. Eine große Zahl verschiedener Konstruktionen ist angegeben worden. Als Meßgeräte für den Druck finden Aneroidbarometer, für die Temperatur Bimetall-, Widerstands- oder Flüssigkeitsthermometer, für die Feuchtigkeit Haar- oder Widerstandshygrometer oder auch Psychrometer Verwendung. Die elektrische Übertragung erfolgt entweder durch einfache Abfühlung der Zeigerstellung, wobei der Zeitabstand von Kontakten gemeldet wird, oder durch Frequenzänderungen der Senderwelle. Durch Anpeilung des Ballons kann gleichzeitig eine Windmessung gewonnen werden (→Pilotballone).

Handb. d. meteorol. Instrumente. Berlin 1935. Meteorolog. Taschenbuch V. Leipzig 1939. — *Sittel, K.,* u. *E. Menzer:* Bull. Am. Met. Soc. 31, 341 (1950).

Radiosterne, Bezeichnung sehr kleiner Bereiche der Milchstraße, von denen eine sehr intensive kosmische →Kurzwellenstrahlung ausgeht.

Reber, G.: Funk-Astronomie. Phys. Bl. 6, 122 (1950).

Radiothor, RdTh, radioaktives Glied der →Thoriumreihe, Isotop $^{228}_{90}$Th des Thoriums, 1908 von *O. Hahn* aufgefunden. Seine Muttersubstanz ist das Mesothor 2. Es zerfällt unter Aussendung von α-Strahlen mit einer Maximalenergie von 5,4 MeV und einer Halbwertszeit von 1,9 Jahren in Thorium-X.

Literatur →Radium.

Radium, Ra, Element mit der Kernladungszahl 88. Mit Radium schlechthin wird das 1899 von *P.* und *M. Curie* als erstes aufgefundene Radiumisotop $^{226}_{88}$Ra bezeichnet. Es gehört der →Uran-Radium-Reihe an. Seine Halbwertszeit ist 1590 Jahre. In Uranerzen steht es in radioaktivem Gleichgewicht mit Uran I und wird daher in ge-

17*

wichtsmäßigen Mengen in Uranerzen gefunden. Es zerfällt unter Aussendung von α-Strahlen mit einer Energie von etwa 4,8 MeV in →Radon, während seine direkte Muttersubstanz das Jonium ist. Alle bis März 1949 bekannten Radiumisotope sind in dem Diagramm bei dem Stichwort →radioaktive Zerfallsreihen aufgeführt. Chemisch gehört Radium in die Gruppe der Erdalkalimetalle und ist das höchste Homologe dieser Gruppe. Seine Eigenschaften sind denen des Bariums sehr ähnlich.

Die folgenden, ebenfalls als „Radium" bezeichneten (*weil der Uran-Radium-Reihe angehörigen*) Atomarten sind *keine Isotope des Radiums*.

Radium-A, RaA, Isotop $^{218}_{84}$Po des *Poloniums*, 1905 von *Rutherford* entdeckt; Muttersubstanz →Radon. Es zerfällt unter α-Strahlung von etwa 6 MeV in RaB und nur zu einem ganz kleinen Bruchteil unter β-Strahlung in ein kurzlebiges Isotop des Astatin; Halbwertszeit 3,05 min.

Radium-B, RaB, Isotop $^{214}_{82}$Pb des *Bleis*, 1905 von *Rutherford* entdeckt; Muttersubstanz RaA. Es geht durch β-Strahlung mit der Maximalenergie 0,5 MeV in RaC über; Halbwertszeit 26,8 min.

Radium-C, RaC, Isotop $^{214}_{83}$Bi des *Wismut*, 1905 von *Rutherford* entdeckt; Muttersubstanz RaB. Es zerfällt unter β-Strahlung mit der Maximalenergie 3,15 MeV in RaC' und zu einem kleinen Bruchteil unter α-Strahlung von 5,4 MeV in RaC''; Halbwertszeit 19,7 min.

Radium-C', RaC', Isotop $^{214}_{84}$Po des *Poloniums*, 1903 von *P.* und *M. Curie* entdeckt, 1904 von *Giesel* und von *Rutherford* genauer untersucht; Muttersubstanz RaC. Es zerfällt unter α-Strahlung von 7,68 MeV in RaD; Halbwertszeit 145 μs.

Radium-C'', RaC'', Isotop $^{210}_{81}$Tl des *Thalliums*, 1903 von *Giesel* beobachtet, 1904 von *Rutherford* bestätigt; Muttersubstanz RaC. Es zerfällt unter β-Strahlung mit der Maximalenergie 1,8 MeV in RaD; Halbwertszeit 1,23 min.

Radium-D, RaD, Isotop $^{210}_{82}$Pb des *Bleis*, 1903 von *P.* und *M. Curie* beobachtet, 1904 von *Giesel* und von *Rutherford* genauer untersucht; Muttersubstanzen RaC' und RaC''. Es zerfällt unter β-Strahlung mit der Maximalenergie 0,025 MeV in RaE und sendet γ-Quanten verschiedener Energie aus; Halbwertszeit 22 Jahre.

Radium-E, RaE, Isotop $^{210}_{83}$Bi des *Wismuts*, 1903 von *P.* und *M. Curie* beobachtet, 1904 von *Rutherford* und von *Giesel* genauer untersucht. Es zerfällt unter β-Strahlung mit der Maximalenergie 1,17 MeV in RaF und zu einem geringfügigen Bruchteil unter α-Strahlung in das Isotop $^{206}_{81}$Tl des Thalliums; Halbwertszeit 5 Tage.

Radium-F, RaF, Isotop $^{206}_{84}$Po des *Poloniums*, 1903 von *P.* und *M. Curie* entdeckt, 1904 von *Giesel* bestätigt; Muttersubstanz RaE. Es zerfällt unter α-Strahlung von 5,298 MeV in RaG; Halbwertszeit 140 Tage. Unter „Polonium" schlechthin wird stets dieses Isotop verstanden.

Radium-G, RaG, Isotop $^{206}_{82}$Pb des *Bleis* (*Radium-Blei*); Muttersubstanz RaF. Stabiles Endprodukt der Uran-Radium-Reihe.

Meyer-Schweidler: Radioaktivität. Berlin u. Leipzig 1927.— *Przibram, K.:* Radioaktivität. Samml. Göschen 317. Berlin u. Leipzig 1932.

Radium-Beryllium-Neutronenquelle →Neutronenquellen.

Radium-Emanation = →Radon.

Radium-Normale. Mit einer bestimmten Menge Ra-Salz in Lösung kann man →Emanoskope und →Fontaktometer eichen, indem man die Emanationsmenge, die mit einer bekannten Radiummenge im Gleichgewicht steht, in diese einführt. Die früheren von der PTR nach γ-Strahlenmethoden geeichten Radium-„Normallösungen" enthalten etwa $4 \cdot 10^{-9}$ g Ra. *Normallösungen* kann man herstellen, indem man z. B. ein Stück alter Pechblende bekannten Urangehaltes quantitativ aufschließt. 1 g U steht im Gleichgewicht mit $3,4 \cdot 10^{-7}$ Ra.

Radiumpräparate →Radium-Standard.

Radiumreihe →Uran-Radium-Reihe.

Radium-Standard, dient zur Eichung anderer Radiumpräparate nach der Methode der γ-Strahlenvergleichung. Auf Beschluß der internationalen Radium-Standardkommission wurde 1911 von *M. Curie* ein Präparat von 21,99 g reinstem RaCl$_2$ hergestellt, das im Bureau International des Poids et Mesures in Paris in einem Glasröhrchen von der Wandstärke 0,27 mm, 1,45 mm Weite und 32 mm Länge aufbewahrt wird. Gleichzeitig wurde durch *O. Hönigschmid* ein zweiter primärer Standard hergestellt, der in Wien aufbewahrt wird. Die Präparate wurden aus Pechblende isoliert und sind praktisch frei von Thorium. Der alte Curiesche Standard wurde 1934 durch ein von *O. Hönigschmid* hergestelltes Präparat ersetzt, das 22,23 mg reinstes RaCl$_2$ enthält. Dieses ist im Bureau International des Poids et Mesures deponiert und gilt als *internationaler Standard*. γ-strahlende Stoffe anderer radioaktiver Familien zu vergleichen, ist nur unter Angabe der Absorptionsverhältnisse möglich (verschiedene Absorptionskoeffizienten!). Gemäß Übereinkommen vergleicht man Thoriumpräparate durch 5 mm Blei. (→Standard, radioaktiver, →Radium-Normale.) Neuerdings werden auch einige langlebige, künstlich radioaktive Körper für Standard-Meßzwecke empfohlen, z. B. $^{60}_{27}$Co.

Einwände gegen die Reinheit der Standardpräparate wurden von *O. Hönigschmidt* sehr sorgfältig geprüft und widerlegt. Er bestimmte ferner das Atomgewicht des Ra zu 225,97.

Radiumtherapie, die Behandlung erkrankter Organe oder Gewebsteile mit radioaktiver Strahlung. Die radioaktive Substanz kann injiziert bzw. oral verabreicht werden, oder sie wird je nach Zweck in dünnen Hohlnadeln, auf dünnen Folien oder als Radium-Emanation appliziert. α-Strahlen, die nur einige Zehntelmillimeter Eindringtiefe in biologisches Gewebe haben, beeinflussen das Blutbild, den Blutdruck, die Hämolyse, die kolloide und die osmotische Resistenz der Erythrozyten. β- und γ-Strahlen beeinflussen auch Oxydations- und Assimilationsvorgänge in lebenden Zellen.

Radium-Uhr. Wird ein β-Strahler isoliert im luftleeren Raum so aufgehängt, daß wohl die β-Strahlung, nicht aber die α-Strahlung seiner Folgeprodukte austreten kann, so lädt er sich so lange auf, bis die Ionisation des Wandmaterials der Aufladung eine Grenze setzt. Nach diesem Prinzip konstruierte *R. J. Strutt* die Radium-Uhr. Ein isoliert im Vakuum befindliches Radiumpräparat bewirkt die Aufladung zweier Elektroskopblättchen. Die Berührung der Blättchen mit der geerdeten Gefäßwand bewirkt deren Zusammenfall und führt zur periodischen Wiederholung des Vorganges.

Radiumvergiftung →Biophysik.

radius vector = →Fahrstrahl.

Radius des Weltalls →Expansion des Weltalls.

Radon, Rn, radioaktives Edelgas, Glied der Uran-Radium-Reihe, Isotop $^{222}_{86}$Em der Emanation, 1900 von *Owens* und *Rutherford* entdeckt; Muttersubstanz: Radium. Es zerfällt unter Aussendung von α-Strahlen von 5,486 MeV (Halbwertszeit 3,825 Tage) in Radium-A.

Literatur →Radium.

Rahmenantenne, ein im allgemeinen um eine vertikale Achse drehbarer Rahmen mit ein oder mehreren Windungen (Abb. 1). Sind seine Abmessungen klein gegen die Wellenlänge der elektrischen Schwingungen, so entspricht er bezüglich seiner Fernwirkungscharakteristik in der Horizontalebene (Zenitdistanz $\vartheta = 90°$) zwei Vertikalantennen im Abstand d, die vom gleichen Strom, aber in entgegengesetzter Richtung durchflossen werden. Die Strahlungsenergie der horizontalen Teile in dieser Ebene ist Null. Die Beziehung für die elektrische Feldstärke $\mathfrak{E}_\varphi$ in der Horizontalebene lautet daher:

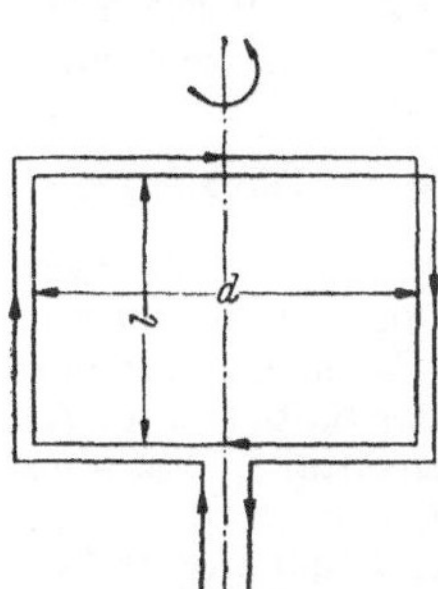

Abb. 1. Rahmenantenne.

$$\mathfrak{E}_\varphi = \sqrt{\frac{\mu_0}{\varepsilon_0}} \, \frac{i_0 l w}{r \lambda} \sin\left(\frac{\pi d}{\lambda} \cos\varphi\right)$$

bzw. für $\dfrac{d}{\lambda} \ll 1$

$$\mathfrak{E}_\varphi = \sqrt{\frac{\mu_0}{\varepsilon_0}} \, \frac{\pi w F i_0}{r \lambda^2} \cos\varphi$$

($F = d l$ Rahmenfläche, i_0 Scheitelwert des Rahmenstromes, r Entfernung). Die Richtcharakteristik ist ein Doppelkreis (Abb. 2), in der Rahmenebene hat die elektrische Feldstärke ihr Maximum. Die Vertikalcharakteristik in der Rahmenebene ist ein Kreis.

Bei Änderung der Zenitdistanz ϑ nach kleineren Werten nimmt die Wirkung der vertikalen Teile des Rahmens mit $\sin^2\vartheta$ ab, die der horizontalen mit $\cos^2\vartheta$ zu. Da ihre Summe für jeden Winkel gleich ist, liefert der Rahmen in seiner Ebene für alle Richtungen eine konstante elektrische Feldstärke.

Der →Strahlungswiderstand in der Rahmenebene $\varphi = 0$ ist

$$R_s = \sqrt{\frac{\mu_0}{\varepsilon_0}} \, \frac{2\pi}{3} \left(\frac{h}{\lambda} \cdot 2\pi w \frac{d}{\lambda}\right)^2,$$

wo $\dfrac{2\pi w d}{\lambda}$, der „Schwächungsfaktor" des Rahmens, sich aus dem Verhältnis der Feldstärken für

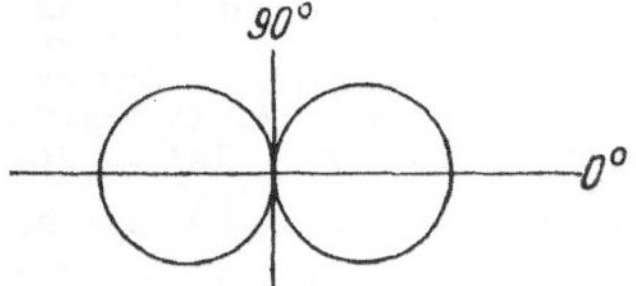

Abb. 2. Horizontale Strahlungscharakteristik einer Rahmenantenne ($d/\lambda \ll 1$).

Dipol und Rahmen bei gleicher Entfernung r und gleicher Antennenstromstärke i_0 bestimmt. Für einen in geringer Entfernung über der Erde befindlichen Rahmen ist dieser Wert noch durch 2 zu dividieren. Da sich bei einer Rahmenantenne die Verlustwiderstände R_v meist wesentlich kleiner halten lassen als bei einer Dipolantenne gleicher Höhe, kann der Wirkungsgrad $\eta = \dfrac{R_s}{R_s + R_v}$ bei beiden durchaus der gleiche sein.

Liegen die Abmessungen des Rahmens in der Größenordnung der Wellenlänge oder ist letztere wesentlich kleiner, so ergeben sich infolge der nicht mehr stationären Stromverteilung längs der Rahmenwindungen wesentlich andere Verhältnisse, insbesondere ändern sich auch die Formen der Richtcharakteristiken.

Durch Kombination von mehreren Rahmenantennen oder einer Rahmenantenne mit einer Dipolantenne erhält man Anordnungen mit einseitiger Richtcharakteristik.

Bergmann, W., u. *H. Lassen:* Ausstrahlung, Ausbreitung u. Aufnahme elektromagnet. Wellen. Berlin 1940.

Raketensonden für astrophysikalische Zwecke. Die Fortschritte der Raketentechnik ermöglichen es, physikalische Meßgeräte bis in solche Höhen der Atmosphäre zu senden, daß die Einflüsse der →Absorption in der Erdatmosphäre zum größten Teil verschwinden. Die Beobachtungen in dem von der Erdoberfläche aus unzugänglichen ultravioletten Spektralbereich unterhalb 3000 Å dürften namentlich für die Sonnenphysik von großer Bedeutung werden. Ein ultraviolettes Sonnenspektrum, das mit einem in die Spitze einer Rakete eingebauten Gitterspektrographen in einer Höhe von etwa 120 km erhalten wurde, ist in der Abb. wiedergegeben. Ergänzung →im *Nachtrag*.

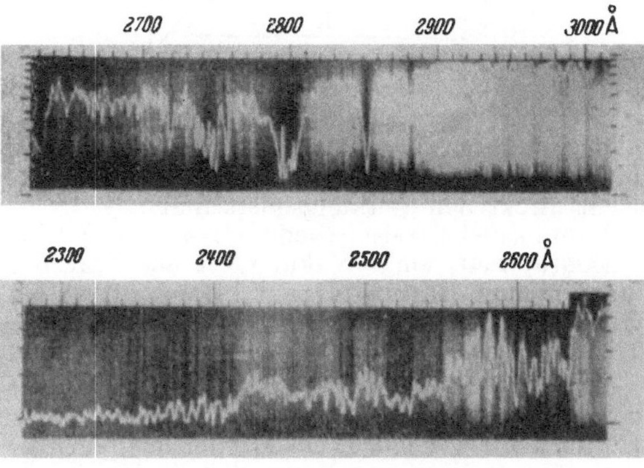

Ultraviolettes Sonnenspektrum mit einkopierter Registrierkurve zwischen 2200 und 2900 Å nach einer Aufnahme von *J. J. Hopfield* und *H. E. Clearman* aus 120 km Höhe.

Raman-Effekt = →Smekal-Raman-Effekt.

Ramsauer-Effekt. Der Wirkungsquerschnitt von Edelgasen für die Streuung von Elektronen zeigt für niedrige Energien (um etwa 1 eV) ein sehr tiefes Minimum, wie es in Abb. 1 sichtbar ist. Argon wird bei etwa 0,4 eV fast vollkommen durchlässig für Elektronen. Es tritt auch praktisch keine Diffusion der Elektronen ein.

Diesen Effekt konnte *Ramsauer* mit der Kreismethode entdecken (*Ramsauersche Kreismethode*). Ein Metallkasten (Abb. 2) enthält eine Zinkplatte, aus der durch Belichtung Elektronen austreten. Ein Magnetfeld bewirkt die Kreisbahnen der Elektronen. Die Blenden und das Magnetfeld bestimmen die Geschwindigkeit der Elektronen. V und H sind zwei gegen das Gehäuse isolierte Kästen. In V kann das zu untersuchende Gas eingefüllt

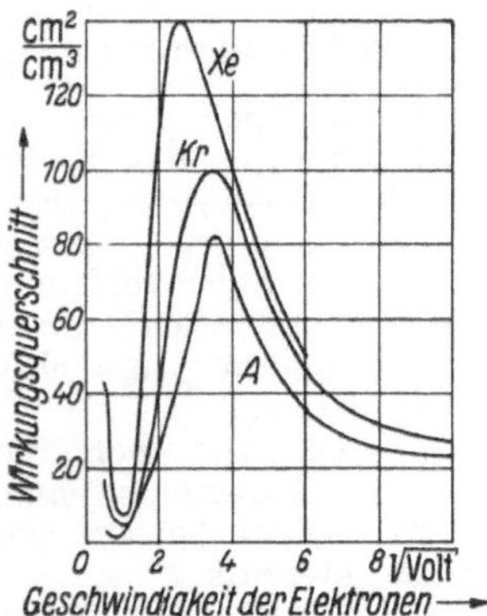

Abb. 1. Zum Ramsauer-Effekt.

werden. $V + H$ verbunden, geben alle durch Blende 6 hindurchtretenden Elektronen. H allein

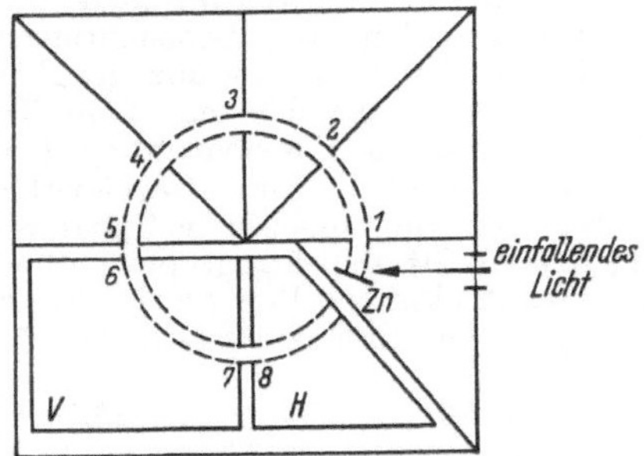

Abb. 2. Ramsauersche Kreismethode.

gibt die durch V ohne Geschwindigkeitsverlust hindurchtretenden Elektronen. So findet man leicht direkt den Wirkungsquerschnitt.

Ramsauersche Kreismethode →Ramsauer-Effekt.

Ramsay-Fett, ein →Vakuumfett aus Paraffin, Vaseline und Naturkautschuk. Dampfdruck bei Zimmertemperatur etwa 10^{-4} Torr, maximale Betriebstemperatur 25 bis 30 °C.

Ramsay-Youngsches Gesetz, liefert eine Beziehung zwischen den Dampfdruckkurven zweier Stoffe. Bei jeweils gleichem Dampfdruck seien die absoluten Siedetemperaturen der beiden Stoffe T_i und T_i'. Dann gilt bei zwei verschiedenen Dampfdrucken (Index 1 und 2):

$$T_2/T_2' = T_1/T_1' + c(T_2' - T_1').$$

Das 2. Glied mit dem empirischen Faktor c ist meist sehr klein gegen das erste. $c = 0$ führt zum Gesetz von *Düring*:

$$(T_2 - T_1)/(T_2' - T_1') = T_1/T_1'.$$

Ramsden-Okular →Okular.

Randbedingungen. Es sei u eine physikalische Größe (z. B. Temperatur, elektrische Feldstärke od. ä.), die einer gewissen partiellen Differentialgleichung $D(u) = 0$ genüge, also von mindestens zwei Variablen abhängt. Physikalisch ist im allgemeinen eine von ihnen eine Ortskoordinate, eine die Zeit. Durch die Lösung der Differentialgleichung wird nun u keineswegs eindeutig bestimmt, da bei der Integration willkürliche Funktionen auftreten.

Zur eindeutigen Festlegung von u ist es daher erforderlich, noch zusätzliche Bedingungen vorzugeben. Betreffen diese das Verhalten von u an bestimmten Stellen im Raum, das für alle Zeiten gelten soll, so heißt die vorliegende zu erfüllende Bedingung eine Randbedingung. Die Bezeichnung rührt daher, daß bei den meisten Problemen die fraglichen Raumstellen gerade den „Rand" des Gebietes der Ortsvariablen darstellen.

Beispiel: Eine Saite von der Länge L sei beidseitig eingespannt. Sie liege in Richtung der x-Achse eines Koordinatensystems. Ihre Auslenkung aus dieser Gleichgewichtslage ist eine Funktion des Ortes und der Zeit. Bezeichnet man die Auslenkung mit u, dann genügen hinreichend kleine $u = u(x, t)$ der Differentialgleichung $\dfrac{\partial^2 u}{\partial t^2} = v^2 \dfrac{\partial^2 u}{\partial x^2}$ $(v = \text{const})$. Die zur Festlegung der Saitenschwingung zu erfüllenden Randbedingungen ergeben sich aus der Forderung der zu jeder Zeit bestehenden Einspannung der Saite, die, wenn das eine Ende der Saite (Länge L) mit der Stelle $x = 0$ zusammenfällt, lauten: $u(x, t)_{x=0} = u(0, t) = 0$, $u(x, t)_{x=L} = u(L, t) = 0$. Die Stellen $x = 0$ und $x = L$ sind hier in der Tat die „Ränder" des Intervalls $0 \leq x \leq L$ (*Grundgebiet*), in dem die Ortsvariable x sich verändern kann. Die Werte, die die Funktion u oder deren Ableitung, die oft auch eingeht, auf dem Rand des Grundgebietes annehmen, heißen *Randwerte*. Die Aufgabe, eine Funktion u zu finden, die einer partiellen Differentialgleichung $D(u) = 0$ genügt und gleichzeitig vorgegebene Randwerte erfüllt, nennt man ein →*Randwertproblem*. Beispiel: →Randwertproblem der Potentialtheorie.

Neben den Randbedingungen gibt es noch *Anfangsbedingungen*, d. s. Bedingungen, denen die Funktion u zu einem bestimmten *Zeitpunkt* $t = t_0$ (der meistens mit dem Beginn des Ablaufs des raumzeitlichen Vorganges zusammenfällt, daher die Bezeichnung) genügen muß. Statt für u kann auch eine Anfangsbedingung für deren zeitliche Ableitung $\partial u/\partial t$ (Geschwindigkeit) oder für eine Kombination von u und $\dot{u}$ vorgegeben sein. Im Fall der oben angeführten Saitenschwingung stellen die Anfangsbedingungen $u(x, t)_{t=0} = u(x, 0) = f(x)$ und $\left(\dfrac{\partial u}{\partial t}\right)_{t=0} = \dot{u}(x, 0) = g(x)$ Aussagen über die anfängliche Gestalt der Saite und die Anfangsgeschwindigkeit dar.

Zur eindeutigen Festlegung einer durch eine Differentialgleichung bestimmten physikalischen Größe bedarf es so vieler Rand- bzw. Anfangsbedingungen, wie willkürliche Funktionen bei der Integration der Differentialgleichung auftreten. — →Randwertproblem, ferner →Beugungstheorie, →Randbedingungen (elektrische, magnetische).

Webster-Szegö: Partielle Differentialgleichungen d. math. Physik. Leipzig 1930. — *Courant-Hilbert:* Methoden d. math. Physik. Berlin 1937. — *Sommerfeld, A.:* Vorl. über theor. Physik VI. Leipzig 1947. — *Sauter, F.:* Differentialgleichungen d. Physik. Samml. Göschen 1070. Berlin 1942.

Randbedingungen, elektrische, magnetische. An der Grenze zweier Medien müssen für die elektrischen und magnetischen Größen gewisse →Randbedingungen (Grenzbedingungen) bestehen, die die Felder der beiden Medien miteinander verbinden, und die aus den Maxwellschen Gleichungen entspringen: Es müssen die Tangentialkomponenten von $\mathfrak{E}$ und $\mathfrak{H}$ stetig verlaufen, ferner muß die Normalkomponente von $\mathfrak{B}$ beim Durchgang durch die Grenzschicht stetig sein. Für die Normalkomponente von $\mathfrak{D}$ gilt, daß die Differenz $\mathfrak{D}_{\text{außen}} - \mathfrak{D}_{\text{innen}}$ gleich der Oberflächenladung sein muß.

Aus diesen Bedingungen folgen die Brechungsgesetze für elektrische und magnetische Feldlinien im verlustfreien Medium (Oberflächenladung = 0) (Abb. 1 und 2):

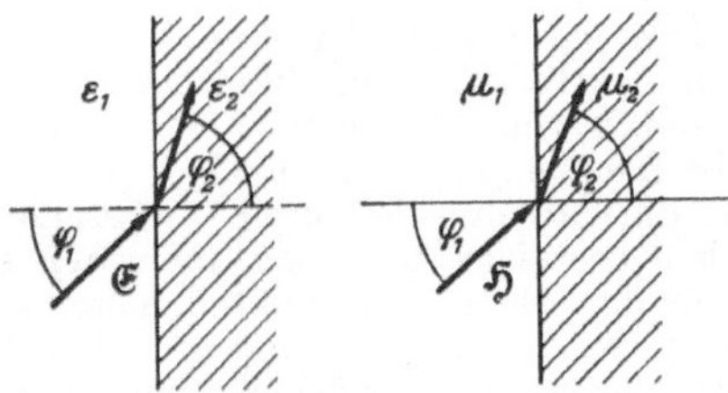

Abb. 1. Brechung   Abb. 2. Brechung
elektrischer Feldlinien. magnetischer Feldlinien.

für elektrische Feldlinien: $\varepsilon_1/\varepsilon_2 = \operatorname{tg}\varphi_1/\operatorname{tg}\varphi_2$,
für magnetische Feldlinien: $\mu_1/\mu_2 = \operatorname{tg}\varphi_1/\operatorname{tg}\varphi_2$.

Rändern →Determinanten.

Randintegral, ein Linienintegral, das über eine geschlossene Kurve oder Fläche erstreckt wird, die den „Rand" eines ebenen oder räumlichen Gebietes darstellt. Ein Beispiel für das Auftreten eines Randintegrals liefert der Stokessche Satz, der ein über eine gewisse Fläche zu nehmendes Integral in ein Randintegral verwandelt, das über die die Fläche berandende Kurve zu erstrecken ist.

Randkorrektion. Viele physikalische, im besonderen elektrostatische Probleme lassen sich nur für unendlich ausgedehnte Körper in einfacher Weise theoretisch behandeln. Für räumlich begrenzte Körper, mit denen man es in der Praxis zu tun hat, müssen Korrektionen für die Begrenzungszone angebracht werden. Ein bekanntes Beispiel dieser Art ist die Kapazität des →Plattenkondensators. Für eine Plattenfläche F, einen Plattenabstand s und ein Zwischenmedium der D.K. ε wäre für unendlich ausgedehnte Platten ($F \to \infty$, idealer Plattenkondensator) die Kapazität $C = \varepsilon\varepsilon_0 F/s$. Für endliche Platten gilt diese Formel nicht, da die elektrischen Feldlinien am Rande „streuen". Aus diesem Grunde ist eine Randkorrektion anzubringen, die zuerst von *Kirchhoff* berechnet wurde. Die korrigierte Kapazitätsformel für den Kreisplattenkondensator (Plattenradius r, Plattendicke d) lautet:

$$C = 4\pi\varepsilon\varepsilon_0 r^2/s + \varepsilon\varepsilon_0 r[\ln(16\pi r/s) + 1 + f(d/s)].$$

Die die endliche Plattendicke berücksichtigende Funktion $f(d/s) = f(x)$ hat die Gestalt

$$f(x) = (1 + x)\ln(1 + x) - x\ln x.$$

Randschicht. 1. *Hydrodynamik.* In der turbulenten →Grenzschicht einer Strömung kann sich der Impulsaustausch größerer (molarer) Flüssigkeitsteilchen nicht bis in die äußersten Schichten an der Wand fortsetzen; vielmehr verbleibt dort eine laminare Randschicht, in der lediglich die molekularen Schwankungen vorherrschen. Dieser Bereich entspricht Werten $0 < v^* y/\nu < 10$, worin y den Wandabstand bedeutet. Die Schubspannungsgeschwindigkeit $v^* = \sqrt{|\overline{u'v'}|} = \sqrt{\tau/\varrho}$ kann hierin durch den Wert der Schubspannung an der Wand τ_0 angenähert werden $v^* \sim \sqrt{\tau_0/\varrho}$. In der

Randschicht, die nach dem Innern des Flüssigkeitsgebietes in die turbulente Form der Grenzschicht übergeht, ist die Reibung nur durch die kinematische Zähigkeit ν, der Wärmeaustausch nur durch die Wärmeleitung λ bedingt. Sie ist daher für den Wärmeübergang zwischen der Flüssigkeit und der Wand von besonderem Einfluß. →Turbulenz.

2. →Sperrschichteffekt.

Randspannung, elektrische →Induktionsgesetz; magnetische →magnetische Spannung.

Randverdunklung der Sonne →Photosphäre.

Randwerte →Randbedingungen, →Randwertprobleme.

Randwertprobleme (allg.). Es sei $F(y'', y', y, z) = 0$ eine gewöhnliche →Differentialgleichung 2. Ordnung für die Funktion y. Die allgemeine Lösung von $F = 0$ hat die Form $y = y(x, c_1, c_2)$, wobei x die unabhängige Variable und c_1 und c_2 zwei willkürliche Konstanten sind. Die Aussonderung einer bestimmten (partikularen) Lösung aus der ∞^2-fachen Schar $y = y(x, c_1, c_2)$ kann durch Vorgabe der Werte der Funktion $y(a)$ und ihrer Ableitung $y'(a)$ für einen bestimmten Wert $x = a$ des Argumentes geschehen (*Anfangsbedingungen*). Man kann aber auch statt des Wertes $y'(a)$ den Funktionswert an einer zweiten Stelle $x = b$ innerhalb des Definitionsbereiches von y vorgeben, also verlangen, daß y für $x = a$ den Wert $y(a)$ und für $x = b$ den Wert $y(b)$ annimmt. Da in vielen Fällen die Stellen $x = a$ und $x = b$ die Enden (den „Rand") des Definitionsintervalls von y darstellen, so nennt man derartige Aufgaben *Randwertprobleme*. Genauer spricht man im eben genannten Fall von einer Randwertaufgabe 1. Art. Gibt man statt der Funktionswerte an den Rändern $x = a$, $x = b$ die Werte der Ableitungen $y'(a)$, $y'(b)$ vor, so liegt ein Randwertproblem 2. Art vor. Schließlich führt die Kombination beider zu Randwertaufgaben 3. Art, bei denen die gesuchte Lösung die „gemischten" Bedingungen

$$p\,y(a) + q\,y'(a) = A \qquad (1)$$
$$r\,y(b) + s\,y'(b) = B \qquad (2)$$

genügen muß. Darin bedeuten p, q, r, s Konstanten, von denen verlangt wird, daß

$$p^2 + q^2 \neq 0 \qquad (3)$$
$$r^2 + s^2 \neq 0 \qquad (4)$$

Im Gegensatz zu Anfangswertproblemen, die bei Erfüllung gewisser Stetigkeitsbedingungen immer eine Lösung haben, braucht ein Randwertproblem nicht lösbar zu sein, wie folgendes Beispiel erkennen läßt. Zu lösen sei die Differentialgleichung $y'' + y = 0$ mit den Randwerten $y(0) = 0$, $y(2\pi) = +1$. Die allgemeine Lösung lautet: $y = C_1\sin x + C_2\cos x$. Aus der ersten Bedingung folgt $C_2 = 0$, während die zweite $C_2 = 1$ verlangt. Die geforderten Randbedingungen können also nicht erfüllt werden, die Aufgabe ist nicht lösbar. (→Sturm-Liouvillesches Problem.)

Bieberbach, L.: Differentialgleichungen. Berlin 1930. — *Courant, R.,* u. *D. Hilbert:* Methoden d. math. Physik I. Berlin 1931. — *Kamcke, E.:* Differentialgleichungen. Leipzig 1942.

Randwertproblem der Potentialtheorie, die Aufgabe, eine Lösung u der Laplaceschen →Differentialgleichung

$$\Delta u(x, y, z) \equiv \frac{\partial^2 u}{\partial x^2} + \frac{\partial^2 u}{\partial y^2} + \frac{\partial^2 u}{\partial z^2} = 0 \qquad (1)$$

zu suchen, die innerhalb eines vorgegebenen räumlichen Gebietes $\mathfrak{G}$ regulär, in $\mathfrak{G}$ und seiner Berandung $\mathfrak{F}$ stetig ist und auf $\mathfrak{F}$ gewisse vorgeschriebene Werte u_0 annimmt, wobei u_0 eine für alle Punkte der Berandung $\mathfrak{F}$ definierte stetige Ortsfunktion ist. Die Berandung wird als eine geschlossene, stetig gekrümmte Fläche angesehen, die jedoch auch eine endliche Anzahl von Kanten besitzen darf. Die *Randbedingung*, u soll auf $\mathfrak{F}$ gleich u_0 werden, ist so zu verstehen, daß u bei Annäherung an den das Gebiet $\mathfrak{G}$ einschließenden Rand für jeden Punkt desselben gegen u_0 konvergieren soll. Genauer bezeichnet man diese Aufgabe als *erste* Randwertaufgabe der Potentialtheorie und unterscheidet noch zwischen dem *inneren* und *äußeren* Problem, je nachdem, ob $\mathfrak{G}$ das Innere oder das Außengebiet der Berandung $\mathfrak{F}$ ist. Die erste Randwertaufgabe heißt auch *Dirichlet-Problem*. Man kann das innere und äußere Randwertproblem zu einer *allgemeinen ersten* Randwertaufgabe zusammenfassen, das jene als Spezialfälle enthält. Hierzu betrachtet man den *gesamten* Raum, der durch die geschlossene Fläche $\mathfrak{F}$ in ein innerhalb von $\mathfrak{F}$ gelegenes Gebiet $\mathfrak{G}_i$ und in ein Außengebiet $\mathfrak{G}_a$ geteilt wird. Die allgemeine Randwertaufgabe besteht darin, eine sowohl in $\mathfrak{G}_i$ als auch in $\mathfrak{G}_a$ (aber nicht auf $\mathfrak{F}$) der Laplaceschen Gl. (1) genügende Ortsfunkton $u = u(x, y, z)$ zu finden, die der *allgemeinen* Randwertbedingung

$$a u_i + b u_a = g \tag{2}$$

für jeden Punkt von $\mathfrak{F}$ genügt. In Gl. (2) bedeutet u_i den Wert, den u bei Annäherung an $\mathfrak{F}$ von innen her annimmt, entsprechend ist u_a der Grenzwert, den die Potentialfunktion annimmt, wenn man sich einem Randpunkt (d. i. ein auf $\mathfrak{F}$ liegender Punkt) von $\mathfrak{G}_a$ aus nähert. Ferner bedeuten in Gl. (2) die Größen a und b zwei vorgegebene Konstanten und schließlich $g = g(x, y, z)$ eine für alle Punkte von $\mathfrak{F}$ definierte, stetige, vorgeschriebene Funktion. Man erkennt, daß sich für $a = 1$, $b = 0$ das innere, für $a = 0$, $b = 1$ das äußere Randwertproblem als Sonderfälle ergeben.

Verlangt man nicht, daß die gesuchte Potentialfunktion u selbst, sondern ihre Normalableitungen, d. i. der Differentialquotient $\partial u / \partial n$, auf $\mathfrak{F}$ vorgeschriebene Werte annimmt, wobei n die (nach außen gerichtete) Flächennormale ist, so gelangt man zu der *zweiten* Randwertaufgabe der Potentialtheorie, bei der man analog zu oben ein inneres, ein äußeres und das beide zusammenfassende allgemeine Problem unterscheidet. Wir formulieren gleich letzteres, wobei die Bezeichnungen und Begriffe mit derselben Bedeutung wie vorstehend benutzt werden. Es ist eine überall in $\mathfrak{G}_i$ und $\mathfrak{G}_a$ (aber nicht auf $\mathfrak{F}$) der Gl. (1) genügende Ortsfunktion u zu ermitteln, deren innere und äußere Normalableitungen auf der Berandung $\mathfrak{F}$ der Bedingung

$$a \left(\frac{\partial u}{\partial n} \right)_i + b \left(\frac{\partial u}{\partial n} \right)_a = g \tag{3}$$

genügen. Für $a = 1$, $b = 0$ liegt das innere, für $a = 0$, $b = 1$ das äußere 2. Randwertproblem vor.

Schließlich gibt es in der Potentialtheorie eine *dritte* Randwertaufgabe, die (mit geringer Einschränkung) als Zusammenfassung der ersten und der zweiten angesehen werden kann. Hier wird nämlich als Randbedingung die Erfüllung der Beziehung

$$k \frac{\partial u}{\partial n} + h u = g \tag{4}$$

gefordert, wobei k, h und g bekannte stetige Ortsfunktionen sind, von denen jedoch k und h stets > 0 sein müssen. Mit $k = 0$ bzw. $h = 0$ ergibt sich jeweils das 1. bzw. 2. Randwertproblem.

Die genannten Randwertprobleme spielen in der Physik eine wesentliche Rolle, weil die theoretische Formulierung vieler, und zwar grundlegender Fragestellungen mit ihnen identisch ist. So verlangt z. B. eine Hauptaufgabe der →Elektrostatik die Bestimmung des der Laplaceschen Gl. (1) genügenden elektrostatischen Potentials, das auf — ihren geometrischen Formen nach bekannten — Leiteroberflächen (sie entsprechen der Berandung $\mathfrak{F}$, die ggf. aus mehreren, n, geschlossenen Teilflächen bestehen kann, sog. mehrfach zusammenhängende Gebiete) bestimmte konstante Werte $V_0^{(i)}$ ($i = 1, 2, \ldots, n$) annehmen soll. Desgleichen führt die Theorie der →Wärmeleitung bei der Behandlung stationärer, d. h. zeitunabhängiger Vorgänge auf das erste Randwertproblem. Denn dann geht die →Wärmeleitungsgleichung (u Temperatur, t Zeit)

$$\Delta u = \text{const} \, \frac{\partial u}{\partial t} \tag{5}$$

in die Laplacesche Gl. (1) über, so daß u eine *Potentialfunktion* wird. [Als solche bezeichnet man allgemein jede Funktion, die der Gl. (1) genügt, unabhängig von ihrer sonstigen Bedeutung.] Die Bestimmung der stationären Temperaturverteilung im Innern eines Körpers ist mit der 1. Randwertaufgabe gleichwertig, wenn die Temperatur auf seiner Oberfläche als Ortsfunktion bekannt ist.

Die 2. Randwertaufgabe tritt in der Theorie der →Strömung inkompressibler Flüssigkeiten auf, wo es sich darum handelt, im Falle stationärer Strömung ein *Geschwindigkeitspotential* zu ermitteln, d. i. eine Funktion, deren Gradient an jeder Stelle die Komponenten der Geschwindigkeit eines dort befindlichen Flüssigkeitsteilchens liefert. Das Geschwindigkeitspotential genügt, wie die Hydrodynamik lehrt, ebenfalls der Gl. (1) und wird am Rande des Strömungsfeldes durch seine Normalableitung $\partial u / \partial n$ festgelegt. Physikalisch bedeutet dies die Angabe der durch die Oberfläche ein- bzw. austretenden Flüssigkeitsmenge. Sie kann eine willkürliche Funktion sein, muß aber im Fall stationärer Strömung der *Nebenbedingung*

$$\iint_F \frac{\partial u}{\partial n} \, df = 0 \tag{6}$$

genügen, die bedeutet, daß durch die geschlossene Berandung in jedem Augenblick gleich viel Flüssigkeit ein- und ausströmt.

Die 3. Randwertaufgabe tritt (u. a.) wieder in der Theorie der Wärmeleitung auf, wenn man auch die Abstrahlung an die Umgebung berücksichtigt. Setzt man die Wärmeabgabe nach *Newton* proportional der Temperaturdifferenz zwischen dem Körper und seiner Umgebung, so gelangt man zu einer Randbedingung Gl. (4), wobei dann k das innere und h das äußere Wärmeleitvermögen bedeuten. Bezüglich der Lösung der Randwertaufgaben, die existieren und eindeutig sind (*Dirichlet, C. Neumann, Poincaré, H. Schwarz* u. a.), muß auf die Literatur verwiesen werden.

Sternberg, W.: Die Randwertaufgaben d. Potentialtheorie. Samml. Göschen 944. Berlin 1926. — *Wiarda, G.:* Integralgleichungen. Leipzig 1930. — *Frank* u. v. *Mises:* Differentialgleichungen d. Physik I. Braunschweig 1927. — *Sommerfeld, A.:* Vorl. über theoret. Physik VI. Leipzig 1948.

Randwiderstand. Die in der Strömungsrichtung verlaufenden Ränder umströmter Flächen und Körper von endlicher Breite verursachen einen Zusatzwiderstand, der als Randwiderstand bezeichnet wird. →Kantenwiderstand, →induzierter Widerstand.

Randwinkel (*Kontaktwinkel*), der an der Randlinie eines Tropfens zwischen der Flüssigkeitsoberfläche und der festen Grenzfläche gebildete Winkel. Er ist ein Maß für den Grad der →Benetzung. Meßverfahren: direkte Ausmessung an optischen Abbildungen liegender Tropfen, →Steighöhe von Flüssigkeiten in Kapillaren, Änderung der Neigung einer eingetauchten Platte, bis der Flüssigkeitsspiegel auf der einen Seite genau horizontal einmündet. Meßergebnisse: z. B. Glas/Wasser 0°, Glas/Quecksilber 140°, Paraffin/Wasser 105°. Randwinkelmessungen werden durch Hystereseerscheinungen und vor allem durch die Schwierigkeit behindert, definierte Festflächen zu erhalten.

Adam, N. K.: The Physics and Chemistry of Surfaces. Oxford 1938.

Rang →bilineare Form.

°Rank, Symbol für den Temperaturgrad in der absoluten →Rankine-Skala.

Rankine-Clausius-Prozeß, Kreisprozeß, der die Zustandsänderungen, die beim Betrieb von Dampfmaschinen (Kolben- und Turbinenmaschinen) tatsächlich durchgeführt werden, idealisiert darstellt und daher der ideale Vergleichsprozeß für derartige Kraftmaschinen ist. Die einzelnen Zustandsänderungen sind, ausgehend vom flüssigen Wasser bei Druck und Temperatur des Kondensators: adiabatische Kompression bis zum Kesseldruck, isobare Erwärmung im Kessel (Erwärmung des Wassers bis zur Siedetemperatur, isotherm-isobare Verdampfung und isobare Überhitzung des Dampfes), adiabatische Expansion im Zylinder bis zum Kondensatordruck und isobare bzw. isobar-isotherme Kondensation.

Rankine-Skala, thermodynamische oder absolute Temperaturskala in angelsächsischer Teilung (→Temperaturskalen). Der Rankine-Grad wird als °Rank abgekürzt. Die Skala wird in den angelsächsischen Ländern als thermodynamische Skala benutzt und unterscheidet sich von der →Kelvin-Skala durch den Betrag ihres Skalenmaßes: $1°\text{Rank} = \frac{5}{9}°\text{K}$. Der →Eispunkt T_0 liegt in dieser Skala bei 491,69 °Rank. Umrechnungsbeziehungen: $x °\text{Rank} = \frac{5}{9} x °\text{K} = 5 (x - 491,69)°\text{C} = (x - 459,69)°\text{F}$.

Ranque-Effekt →Wirbelrohr.

Raoultsches Gesetz →Dampfdruckerniedrigung.

Rarikonstantentheorie →Cauchy-Relationen.

Rarita-Schwingersche Theorie des Deuterons, Zurückführung des experimentell bekannten Quadrupolmoments des Deuterons $q = 0,00273 \cdot e \cdot 10^{-24}$ cm² auf eine →Tensorkraft zwischen Proton und Neutron, deren Größe um einen Faktor $\gamma = 0,775$ kleiner ist als die gewöhnliche →Kernkraft.

Rasse von Termen →Termrasse.

Rastermikroskop, ein →Elektronenmikroskop, bei dem das Bild durch zeilenweise Abtastung des Objektes mit einer feinen →Elektronensonde auf dem Weg über eine synchron dazu laufende Registriereinrichtung erzeugt wird. Das Rastermikroskop erlaubt die Abbildung von Oberflächen, wobei die durch die Elektronensonde ausgelösten Sekundärelektronen nach einer entsprechenden Verstärkung zur Steuerung des Schreibstiftes des Registriergerätes ausgenutzt werden. Das Auflösungsvermögen des Rastermikroskops ist durch den Durchmesser der Elektronensonde gegeben und beträgt maximal etwa 100 I.A.

von Ardenne, M.: Z. techn. Phys. **19**, 407 (1938). — *Zworykin, V. K., J. Hillier* u. *R. L. Snyder:* ASTH Bull. **117**, 15 (1942).

Rastpolkegel = Herpolhodiekegel, →Kreisel.

Rationale, nichtrationale Schreibweise von Gleichungen →Größen, elektrische und magnetische.

Rationalitätsgesetz →Grundgesetz der Kristallographie.

Rauch →Aerosol.

Rauhfrost →Hydrometeore.

Rauhigkeit. Die Rauhigkeit einer Oberfläche erhöht die Schubspannungen τ_0, die von einer strömenden Flüssigkeit auf die Wand übertragen werden. Sie ändert die Geschwindigkeitsverteilung in der Wandnähe und vergrößert den Druckabfall gegenüber einer Strömung an glatten Wänden bei sonst gleichartigen Strömungszuständen. Eine genaue geometrische Definition der Rauhigkeit ist schwierig. Am einfachsten wird der Einfluß der Rauhigkeit durch eine für die Erhebungen aus der Wand charakteristische Länge k bzw. durch das Verhältnis dieser Länge zu einer die Strömung kennzeichnenden Länge $k\bigg/\dfrac{v}{\sqrt{\tau_0/\varrho}} = \dfrac{k v^*}{v}$ wiedergegeben (v kinematische Zähigkeit, ϱ Dichte). Diese Darstellung setzt eine gleichmäßige Aufrauhung voraus, die zumeist nur künstlich erreicht werden kann. Aus Versuchen hierüber ergibt sich, daß Rohre mit Werten bis zu $\dfrac{k v^*}{v} < 4$ als glatt angesehen werden können, während für $\dfrac{k v^*}{v} > 80$ der Einfluß der Zähigkeit verschwindet, d. h. die Schubspannungen dem Quadrat der Strömungsgeschwindigkeit proportional sind. Bei technischen Leitungen sind die Unebenheiten der Oberfläche verschieden groß, verschieden gestaltet und angeordnet. In diesen Fällen kann man aus Versuchen eine gleichwertige „Sandrauhigkeit" ermitteln.

Rauhigkeit, molekulare, →Oberflächenstruktur.

Rauhreif →Hydrometeore.

Raum. Meist versteht man darunter den dreidimensionalen Raum unserer Anschauung. Der Mathematiker läßt bei der Raumdefinition zunächst einmal beliebig viele Dimensionen zu; außerdem unterscheidet er zwei wesentliche Raumarten: den *vektoriellen* und den *metrischen* Raum. Im vektoriellen Raum von r Dimensionen bezieht man sich auf r Koordinatenachsen. Auf jeder gebe es einen Einheitsvektor e_j ($j = 1, 2, 3, \ldots, r$). Ein beliebiger Vektor ist dann gegeben durch $\mathfrak{v} = \sum\limits_{j=1}^{r} v_j e_j$, wo v_j die Vektorkomponenten sind. Diese Definition ist die Grundlage der *vektoriellen Geometrie*. Was dieser Geometrie fehlt, ist die Möglichkeit, die Einheiten längs verschiedener Achsen zu vergleichen. Daher kann die Länge eines Vektors und auch der Winkel zwischen zwei Vektoren nicht definiert werden. Im *metrischen* Raum fügt man Bedingungen (*Metrik*) hinzu, welche die Länge eines Vektors zu definieren gestatten. Die Annahme einer Metrik führt allgemein zur →*Riemannschen Geometrie*.

Raumakustik = Lehre von den Schallerscheinungen, die sich in geschlossenen Räumen abspielen. Drei verschiedene Behandlungsarten der raumakustischen Probleme: A geometrisch, B statistisch, C wellentheoretisch.

A. Geometrische Raumakustik, untersucht die Schallausbreitung in Form von Schallwellen, entsprechend den Gesetzen der geometrischen Optik (Reflexion an ebenen und gekrümmten Flächen). Geltungsbereich: $d > \lambda > \delta$ (d charakteristisches Längenmaß der reflektierenden Fläche, λ Wellenlänge, δ mittlere Größe der Unebenheiten bzw. Profilierung der Fläche). Konstruktion des Strahlenverlaufes durch Spiegelung des Sendepunktes.

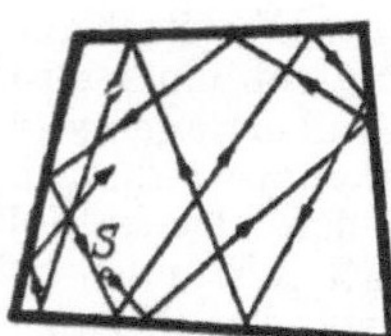

Abb. 1. Verlauf der Schallstrahlen im schiefwinkligen Raum. Nach *Cremer.*

In allen von *großen ebenen* Flächen begrenzten Räumen verteilt sich die Schallenergie nach wenigen Reflexionen gleichmäßig über den ganzen Raum. Bei schiefwinkligen Räumen verteilt sie sich darüber hinaus noch gleichmäßig auf sämtliche Richtungen (Abb. 1).

An konkav gekrümmten Begrenzungsflächen (Krümmungsradius $\varrho > \lambda$) tritt *Brennpunktwirkung* auf, wodurch die gleichmäßige Energieverteilung gestört wird (Abb. 2). Eine solche Fläche ist in

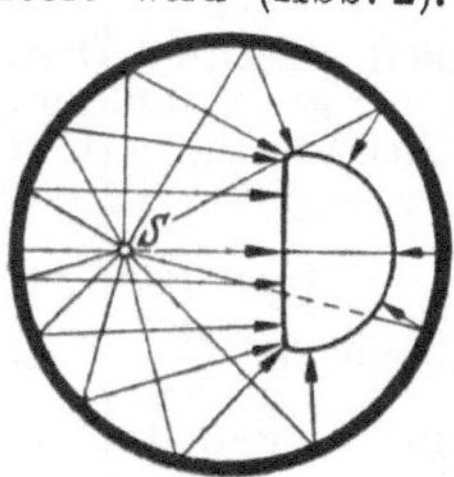

Abb. 2. Strahlengang und Wellenfront im Kreis. Nach *Cremer.*

bezug auf die Reflexionseigenschaften als Ellipsoid, Paraboloid oder Hyperboloid zu bewerten, je nachdem ob ϱ kleiner, gleich oder größer als der doppelte Senderabstand ist. Eine *Flüstergalerie* (einander gegenüberliegende konkave Flächen) ist nach *Sabine* „ein Raum von solcher Form, daß leiser Schall in ungewöhnlich großen Entfernungen auch gehört werden kann". Eine *Kuppel* ist raumakustisch stets ungünstig; nur wenn ihr Mittelpunkt höher liegt als die halbe Gesamthöhe des Raumes, kann ihr störender Einfluß in bezug auf die am Boden befindlichen Schallsender und Hörer vernachlässigt werden.

Ein einfaches *Echo* entsteht durch eine selektive Reflexion mit Laufzeitdifferenzen von rund $5 \cdot 10^{-2}$ s oder mehr (entsprechend Laufwegdifferenzen von 17 m oder mehr). Zwischen zwei gegenüberliegenden, parallelen und gut reflektierenden Flächen mit größerem Abstand bildet sich ein *Mehrfachecho,* indem ein Schallimpuls den Hörer wiederholt abwechselnd aus beiden Richtungen trifft. Sind bei geringerem Wandabstand (einige m) die Echoimpulse nicht mehr einzeln unterscheidbar, so spricht man von einem *Flatterecho* (z. B. Grundfrequenz 100 Hz bei 3,4 m Wandabstand, Beobachtungspunkt in der Mitte zwischen beiden Flächen). *Schallreflektor* (insbesondere in großen Kirchen) zur Bündelung und damit Vergrößerung des Verständlichkeitsradius. Günstigste Form: Horizontalschnitt = Hyperbel, Vertikalschnitt = Parabel. Dadurch Umwandlung der normalerweise vom Sprecher ausgehenden Kugelwelle in eine schwach divergierende Kreiszylinderwelle.

Die *räumliche* Konstruktion des Schallstrahlenverlaufs wird sehr kompliziert, insbesondere für mehrfache Reflexionen bzw. gekrümmte Flächen. Zweckmäßiger: Modellversuche (vier Möglich-

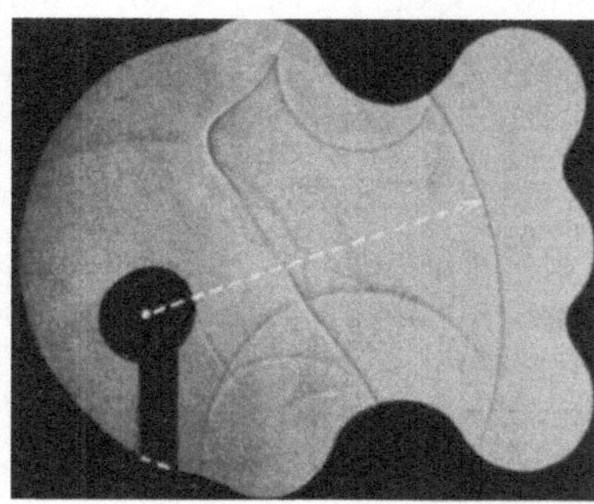

Abb. 3. Schlierenaufnahme der Wellenausbreitung in einem raumakustischen Modell. Nach *Osswald.*

keiten: Lichtstrahlen, Wasserwellen, Schlieren, Modellfrequenz). Abb. 3 zeigt eine Schlierenaufnahme von *F. M. Osswald.*

B. Statistische Raumakustik. Voraussetzungen: Schallenergie gleichmäßig über den Raum verteilt, Absorptionskoeffizient (Schluckgrad) des Wandmaterials über die gesamte Raumoberfläche und für sämtliche Einfallswinkel konstant, Schallwellen treffen die Wände gleichmäßig unter allen denkbaren Winkeln.

Bei jeder Reflexion wird ein bestimmter, konstanter Anteil (J_1) der auftreffenden Schallenergie J_0 absorbiert und nur die Differenz $J_r = J_0 - J_1$ reflektiert. Dadurch nimmt die mittlere Schallenergie des Raumes exponentiell ab. Der Absorptionskoeffizient ist $a = J_1/J_0 = 1 - J_r/J_0$. Nach n Reflexionen sei die Schallenergie auf $10^{-6} J_0$ abgeklungen: $(1 - a)^n = 10^{-6}$. Die dabei verstrichene Zeit ist die *Nachhallzeit* T. Ist c [m/s] die Schallgeschwindigkeit, V [m³] das Volumen, F [m²] die gesamte Oberfläche des Raumes und $w = 4V/F$ [m] die mittlere freie Weglänge eines Schallstrahles, so gilt

$$T = \frac{nw}{c} = -\frac{6}{\log(1-a)}\frac{w}{c} = -\frac{0,162\,V}{F\ln(1-a)}$$

(*Eyring*). Für $a < 0,2$ ist $-\ln(1-a) \approx a$, so daß sich die Nachhallformel vereinfachen läßt:

$$T = \frac{0,162\,V}{aF}$$

(*Jäger-Sabine*). Sind — wie in der Praxis — mehrere Flächen mit verschiedenen Absorptionskoeffizienten zu berücksichtigen, so ist als Nenner der genannten Formeln

$$\sum_{r=1}^{r=r} F_r \ln(1-a_r) \quad \text{bzw.} \quad \sum_{r=1}^{r=r} F_r a_r$$

zu setzen. Diese Ausdrücke geben die Gesamtabsorption an, gemessen in der Einheit „m² offenes Fenster", wobei für eine offene Fensterfläche eine Absorption von 100% angenommen wird. Nach *Millington* gibt die Nachhallformel genauere Werte, wenn die Absorptionsanteile geometrisch addiert werden:

$$T = \frac{0,162\,V}{\sqrt{(a_1 F_1)^2 + (a_2 F_2)^2 + \cdots}}.$$

Der Absorptionskoeffizient a, und damit auch die Nachhallzeit, ist im allgemeinen von der Frequenz abhängig. Messung von a

1. im Kundtschen Rohr (bei senkrechtem Schalleinfall,
2. im Hallraum (Einfallswinkel statistisch verteilt).

Zu 1. Ausmessung der stehenden Wellen ergibt ein Maß für den Anteil des reflektierten Schalles. Sind p_{max} bzw. p_{min} die Schalldrucke am Schwingungsbauch bzw. -knoten, so wird

$$a = 1 - \frac{(p_{max} - p_{min})^2}{(p_{max} + p_{min})^2} .$$

Zu 2. Ist T_0 die Nachhallzeit im leeren Hallraum mit dem Volumen V und der Gesamtfläche F, T_1 die Nachhallzeit nach Einbringen einer Materialprobe mit der Fläche F_p, die möglichst auf drei zueinander senkrecht stehende Wandflächen zu verteilen ist, so wird

$$a = \frac{0{,}162 V}{F_p} \left(\frac{1}{T_1} - \frac{(F - F_p)}{T_0 F} \right) \approx \frac{0{,}162 V}{F_p} \left(\frac{1}{T_1} - \frac{1}{T_0} \right),$$

sofern $F_p \ll F$ ist.

Poröse Materialien absorbieren vorwiegend im höheren Frequenzgebiet. Von maßgebendem Einfluß ist der Strömungswiderstand, der wiederum von der Struktur des Materials und von der Schichtdicke abhängt. Mitschwingende Flächen absorbieren vorwiegend im tieferen Frequenzgebiet. Das Maximum der Absorption liegt bei der Resonanzfrequenz

$$f = \frac{c \sqrt{\varrho}}{2 \pi \sqrt{lm}},$$

wenn l der Wandabstand der schwingenden Schicht, m die Flächendichte der Schicht, c die Schallgeschwindigkeit und ϱ die Luftdichte ist. Starke Absorptionswirkungen lassen sich auch durch gedämpfte Resonatoren erzielen. Abb. 4 zeigt eine solche Anordnung nebst den daran ge-

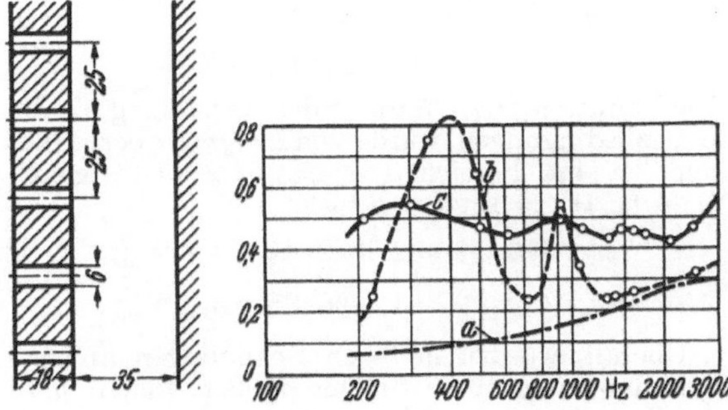

Abb. 4. Anordnung und Schallabsorption einer 18 mm dicken Faserstoffplatte. Nach *Wintergerst* und *Klupp*.

messenen Absorptionswerten in Abhängigkeit von der Frequenz. Dabei gilt Kurve a für die ungelochte Faserstoffplatte, Kurve b für die dargestellte Anordnung, Kurve c für die gleiche Anordnung, wobei jedoch der Hohlraum zwischen Wand und Platte mit porösem Material ausgefüllt ist.

C. Wellentheoretische Raumakustik. Der Raum wird als schwingendes Kontinuum betrachtet: Untersuchung der Eigenfrequenzen und des Interferenzfeldes unter Berücksichtigung der Rand-

bedingungen. Für die Eigenfrequenzen des rechtwinkligen Raumes mit den Seiten a, b und h gilt (c Schallgeschwindigkeit)

$$f_{q, r, s} = \frac{c}{2} \sqrt{\left(\frac{q}{a} \right)^2 + \left(\frac{r}{b} \right)^2 + \left(\frac{s}{h} \right)^2}$$
$$q, r, s = 0, 1, 2, \dots$$

Die Anzahl der Eigenfrequenzen eines Raumes beliebiger Form mit dem Volumen V wächst mit $V f^3$ (f Frequenz), also bei großen Räumen und höheren Frequenzen außerordentlich stark.

Um den störenden Einfluß der Interferenzen bei raumakustischen Messungen (insbesondere Nachhallmessungen) auszuschalten, benutzt man entweder frequenzmodulierte Meßstöne (Heultöne) oder Schallvorgänge mit kontinuierlichen Spektren (Geräusch, Knall).

Näheres bei *H. u. L. Cremer:* Akust. Z. 2, 225, 296 (1937). — *Cremer, L.:* Akust. Z. 5, 57 (1940); dort auch weitere Literaturangaben. — *Cremer, L.:* Die wiss. Grundl. d. Raumakustik. Stuttgart 1948/50.

Raumapertur →Lichttechnik, optische.

Raumartige Vektoren →Vektoren, raum- und zeitartige.

Raumbewegung der Sterne, setzt sich zusammen aus ihrer tangentialen →Eigenbewegung an der Sphäre und ihrer Bewegung in der Sichtlinie (→Radialgeschwindigkeit).

Raumdichte, elektrische →Raumladungsdichte.

Raumecho →Kurzwellen.

Raumgitter, jede dreifach-periodische Wiederholung einer Punktanordnung oder eines einzelnen Punktes. Es läßt sich auch auffassen als eine Anzahl ineinander gestellter oder gegeneinander verschobener gleicher Translationsgitter. Die Translationsgitter sind die einfachsten Sonderfälle der Raumgitter. Häufig wird der Ausdruck Raumgitter oder *Raumgittertyp* als Synonym für das Translationsgitter gebraucht.

Raumgitterinterferenzen →dynamische Theorie usw.

Raumgittertyp →Translationsgruppe.

Raumgruppen oder *Raumsymmetriegruppen* sind die von *E. S. Fedorow* und *A. Schoenflies* 1891 unabhängig voneinander abgeleiteten 230 Gruppen (im mathematischen Sinn) von Symmetrieoperationen, durch welche Raumgitter mit sich selbst zur Deckung gebracht werden können. Zu den Symmetrieoperationen der Kristallklassen (Punktgruppen), den Drehungen, Drehspiegelungen, Drehinversionen, der Spiegelung und der Inversion treten hier noch die Translationen, die, gleichzeitig mit Drehungen oder der Spiegelung ausgeführt, zu Schraubungen oder Gleitspiegelungen führen. Dazu kommt, daß die Symmetrieelemente, die sich bei den Punktgruppen in einem Punkt schneiden, bei den Raumgruppen auch in verschiedener Weise aneinander vorbeigehen können.

Weil der Begriff der Raumgruppe der Gruppentheorie entnommen ist und sich auf Symmetrieoperationen bezieht, hat man dem den Kristallklassen analogen Begriff der Kombination von Symmetrieelementen die Bezeichnung *Raumsystem* verliehen, die sich jedoch nicht durchgesetzt hat. Es hat sich vielmehr auch für diesen Begriff der alte Name „Raumgruppe" eingebürgert, der nun zwei Begriffe umfaßt. Das führt zu keinen Mißverständnissen, weil sich die Begriffe im Ergebnis decken und weil der gruppentheoretische Begriff in der Strukturanalyse und auch in der Gittertheorie nur geringe Verwendung findet.

Von einer Raumgruppe gelangt man zur Kristallklasse, wenn man alle Schraubungsachsen und Gleitspiegelebenen durch Drehungsachsen und Spiegelebenen ersetzt, wobei beim Vorhandensein paralleler Symmetrieachsen verschiedener Zähligkeit in der Raumgruppe die höchstzählige zu nehmen ist. Auf die meisten Klassen entfallen dadurch mehrere, bis zu 28, Raumgruppen.

Die ältesten Symbole der 230 Raumgruppen stammen von *Schoenflies* (→Schoenfliessche Symbole). Er hat ihnen die gleichen Ausdrücke verliehen wie den Kristallklassen und die Raumgruppen einer Klasse nur durch fortlaufende Numerierung unterschieden. Ein anderer Weg ist nach Vorarbeiten von *Ch. Mauguin* und *C. Hermann* in den „Internationalen Tabellen" eingeschlagen worden, in denen die Raumgruppen durch die Symbole der Translationsgitter und einiger charakteristischer Symmetrieelemente bezeichnet werden. Es bedeutet z. B. $P\,2\,2\,2$ die Raumgruppe mit drei aufeinander senkrechten 2zähligen Achsen und einem einfachen (primitiven) Translationsgitter (P) oder $I\,4/mmm$ die Raumgruppe mit 4zähliger Drehungsachse, einer Hauptspiegelebene $(/m)$, einer Neben- und einer Zwischenspiegelebene. Als Symbole der Translationsgitter werden unabhängig vom Koordinatensystem die Buchstaben A, B, C für flächenzentrierte Gitter entsprechend der Zentrierung der YZ-, ZX-Ebene und der Basis XY, F für allseitigflächenzentrierte, I für innen- oder raumzentrierte, P für einfache oder primitive Gitter und R für das rhomboëdrische Gitter im hexagonalen Koordinatensystem verwendet. Konsequenter als das System der Mauguin-Hermannschen Symbole wäre jedoch ein System, das sich auf den Symbolen der →Kristallklassen (Tabelle I) aufbaut.

Schoenflies, A.: Kristallsysteme u. Kristallstruktur. Leipzig 1891. — Theorie d. Kristallstruktur. Berlin 1923. — Internat. Tabellen z. Bestimmung von Kristallstrukturen I. Berlin 1935.

Raumhelligkeit. Während die →Beleuchtungsstärke ein Maß für die auf einem ebenen Flächenelement vorhandene Lichtstromdichte ist, versteht man unter der Raumhelligkeit nach *W. Arndt* die mittlere Lichtstromdichte auf einer geschlossenen Kugeloberfläche. Die Raumhelligkeit kann als skalare Ortsfunktion im Lichtfeld aufgefaßt werden. Gemessen wird sie mit Hilfe einer kleinen Opalkugel als „Lichtauffangfläche", die mit einem langarmigen Ansatz an einem der üblichen tragbaren Photometer, wie z. B. dem →Tubusphotometer, befestigt wird. Die Raumhelligkeit wird in Raumlux gemessen; die Dimension des Raumlux stimmt mit der des Lux (Lumen/m²) überein.

Arndt, W.: Raumbeleuchtungstechnik. Berlin 1931.

Raumkrümmung, ein Begriff der →Riemannschen Geometrie. Man erhält den Skalar der Raumkrümmung durch Verjüngung des symmetrischen Riemannschen Krümmungstensors 2. Stufe. In der hyperbolischen →nichteuklidischen Geometrie ist diese Größe konstant und negativ, in der elliptischen nichteuklidischen Geometrie ist sie konstant und positiv. Daher spricht man in diesen Fällen auch von Räumen konstanter negativer oder positiver Krümmung. →sphärische Welt, →geschlossene Welt, →Expansion des Weltalls, →Kosmologie, →Weltmodelle.

Raumkurve →begleitendes Dreibein.

Raumladung. Während bei festen und flüssigen Körpern die elektrischen Ladungen sich praktisch stets auf der Oberfläche befinden, kommen bei der Entladung in Gasen und bei der elektrischen Strömung im Vakuum durch das Überwiegen elektrischer Ladungen eines Vorzeichens vielfach räumlich verteilte Ladungen, sog. Raumladungen, vor. Am schärfsten ausgeprägt sind sie in den →Elektronenröhren, in denen nur Elektronen, also nur negative Ladungen, strömen. Da sich Ladungen gleichen Vorzeichens gegenseitig abstoßen, so erfordert das Hineinpressen weiterer Elektronen in den die Kathode umgebenden Raum eine um so größere Kraft, d. h. um so mehr Spannung, je mehr Elektronen sich bereits in dem Raum befinden, während andererseits die im Raum bereits befindlichen Elektronen durch diese Spannung von der Kathode weg beschleunigt werden. Mit anderen Worten: Die in einem Raum vorhandenen Ladungen erzeugen im Raum ein elektrisches Raumladungsfeld, das durch ein äußeres Feld übertroffen werden muß, wenn der Strom aufrechterhalten werden soll. Also besteht der wichtigste Effekt der Raumladung in einer starken Erhöhung der zu einer bestimmten Stromstärke erforderlichen Spannung.

Solange die Anodenspannung in einem Elektronenrohr unter der Sättigungsspannung liegt, gilt unter Vernachlässigung der Anfangsgeschwindigkeit der Elektronen bei einer Diode in erster Näherung das *Raumladungsgesetz* $I_a = c\,U_a^{3/2}$, welches den Zusammenhang zwischen Anodenstrom I_a und Anodenspannung U_a im Raumladungsgebiet der Kennlinien wiedergibt. Die Konstante c hängt von der Geometrie der Kathoden-Anoden-Anordnung ab und enthält außer reinen Zahlen weiter die →Influenzkonstante ε_0 und die spezifische →Elektronenladung e/m_0; sie beträgt für plattenförmige Elektroden der Fläche F und vom Abstand s

$$c = 4\varepsilon_0 \sqrt{2\,e/m_0}\, F/9\,s^2,$$

für konzentrische Zylinder der Radien r_a und r_k (Heizdraht: Radius r_k, Länge l)

$$c = 8\pi\varepsilon_0 \sqrt{2\,e/m_0}\, l/9\,r_a f(r_k/r_a)^2.$$

Die Funktion $f(r_k/r_a)^2$ dient der Anpassung an die Grenzbedingungen, wurde von *Langmuir* berechnet und ist im Bereich $1 < r_a/r_k < 2$ etwa gleich $(1 - r_a/r_k)^2$ zu setzen. Es ist

$$4\varepsilon_0 \sqrt{2\,e/m_0}/9 = 2{,}3342 \cdot 10^{-6}\,\mathrm{A_{abs}}/\mathrm{V_{abs}^{3/2}};$$

$$8\pi\varepsilon_0 \sqrt{2\,e/m_0}/9 = 1{,}4666 \cdot 10^{-5}\,\mathrm{A_{abs}}/\mathrm{V_{abs}^{3/2}}.$$

Überall, wo bei mäßigen Spannungen in Gasentladungen größere Ströme fließen sollen, muß die Raumladung durch Erzeugung von Ionen entgegengesetzten Vorzeichens beseitigt werden. Sowohl bei der →Glimmentladung als auch bei der →Lichtbogenentladung oder dem →Funken erzeugen die Elektronen durch Stoß gegen die Moleküle selbst die erforderlichen Ionen. Nur an den Grenzen der Entladung, an den Elektroden, müssen sich größere Raumladungen ausbilden, an der Kathode, um den zur Ionisierung wenig befähigten positiven Ionen die beim Ablösen von Elektronen aus der Kathode erforderliche Energie zu geben (→Kathodenfall), an der Anode, um die hier nötige konstante Erzeugung positiver Ionen durch Elektronenstoß zu ermöglichen (→Anodenfall).

Raumladung der Atmosphäre, definiert als die Überschußladung eines Vorzeichens in einem Luftvolumen von 1 cm³ Inhalt; als Maßeinheit dient vielfach die Anzahl der Elementarladungen. Nach der →Poissonschen Gleichung der Potentialtheorie gilt für kugelsymmetrische Feldanordnung, wie man sie in der Atmosphäre in erste Näherung anzusetzen pflegt:

$$\Delta U = \frac{d^2 U}{dh^2} = -\varrho/\varepsilon_0$$

(U Potential, h Höhe, ϱ Raumladung, ε_0 elektrische →Feldkonstante).

Die rasche Feldabnahme mit der Höhe (→luftelektrisches Feld) besagt also, daß die Erdatmosphäre Raumladungen in nach oben abnehmender Konzentration besitzen muß, die entsprechend dem mittleren Feld-Höhen-Verlauf durch die angenäherte Zahlenwertgleichung

$$\varrho = 20{,}4\,e^{-4{,}52\,h} + 0{,}8\,e^{-0{,}375\,h} + 0{,}069\,e^{-0{,}121\,h}$$

(h Höhe in km; ϱ in Elementarladungen e/cm^3) dargestellt werden kann.

Messungen der Raumladung sind leider nicht sehr häufig. Die bisherigen Werte streuen zwischen etwa $+6000$ und -5000 Elementarladungen cm⁻³ in Bodennähe. Winterwerte sind im allgemeinen höher als Sommerwerte.

Den jährlichen und täglichen Gang der Raumladung in zwei verschiedenen Höhen über dem Boden (1 m und 15 m) nach einjährigen Registrierungen in Stanford (Californien) zeigt die Abb.

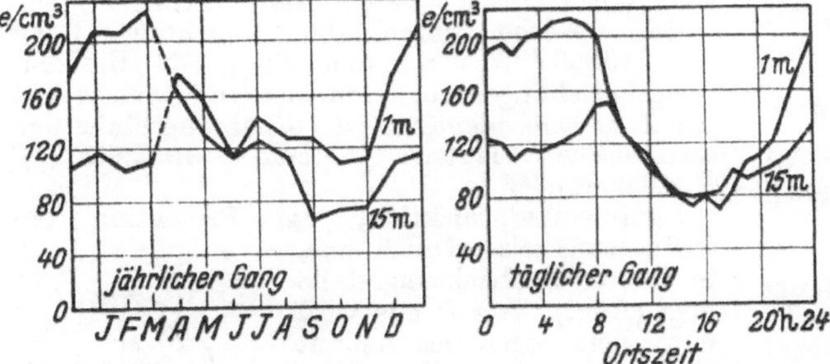

Jahres- und Tagesgang der Raumladung in 1 und 15 m Höhe in Stanford, Cal. Nach *J. G. Brown:* Terr. Magn. **35,** 1 (1930); **38,** 161 (1933).

Besondere Beachtung verdienen die Raumladungsmessungen von *H. Norinder* in Schweden, die sich auf Schichten bis zu 10 m über dem Boden erstrecken. Nach diesen liegt im Sommer unmittelbar am Boden eine positive Raumladung, darüber eine negative, während im Winter das Umgekehrte der Fall ist.

Raumladungsdichte, elektrische, auch elektrische *Raumdichte,* definiert als der Grenzwert des Quotienten Ladung ΔQ im Raumteil $\Delta\tau$ eines mit räumlich verteilter Ladung angefüllten Volumens, dividiert durch den Raumteil $\Delta\tau$: $\eta = \lim \Delta Q/\Delta\tau = dQ/d\tau$.

Raumladungsgesetz →Raumladung.

Raumladungsgitter, ein dicht vor der Kathode liegendes, auf positiver Gleichspannung befindliches Gitter, das dazu dient, die in der Umgebung der Kathode befindliche negative →Raumladung zu kompensieren und die durch sie hervorgerufene Begrenzung des Elektronenstromes und der Steilheit aufzuheben.

Rothe, H., u. *W. Kleen:* Grundl. u. Kennlinien d. Elektronenröhren. Leipzig 1948.

Raumladungslinse, eine →Elektronenlinse, bei der die Linsenwirkung durch eine positive oder negative →Raumladung hervorgerufen wird. In der Praxis spielen diese Linsen keine wesentliche Rolle, wenigstens nicht als selbständige Linsenformen, da die Erzeugung einer konstanten Raumladung große Schwierigkeiten bereitet. Dagegen können die Abbildungseigenschaften anderer Elektronenlinsen durch Raumladungen geändert werden. Es besteht auch die grundsätzliche Möglichkeit, durch Raumladungen Linsenfehler zu korrigieren. In der Elektronenmikroskopie treten gelegentlich partielle, meist zeitlich veränderliche Bildverzerrungen auf, die auf Aufladungen von isolierenden Objektpartien oder auch von verschmutzten Blenden zurückzuführen sind und in gewissem Sinne kleine Raumladungslinsen darstellen.

Raumladungsröhren haben zwischen Kathode und Steuergitter ein auf positiver Spannung befindliches Gitter (→*Raumladungsgitter*), um den Kathodenemissionsstrom unter Verwendung relativ niedriger Spannungen von der Kathode fortzuführen und dann ohne Mitwirkung von Raumladungseinflüssen zu steuern. Gegenüber den anderen →Mehrgitterröhren haben sie nur den Vorteil, mit Spannungen von 10 bis 20 V Steilheiten und Verstärkungsfaktoren zu ergeben, die bei direkter Steuerung des Kathodenstromes unter gleichen Betriebsbedingungen nicht zu erreichen sind. Bei Betriebsspannungen von mehr als 40 bis 50 V sind Schutzgitterröhren und Pentoden den Raumladungsgitterröhren überlegen.

Rothe, H., u. *W. Kleen:* Grundl. u. Kennlinien d. Elektronenröhren. Leipzig 1948.

Räumlicher Winkel →Raumwinkel; ganzer →Raumwinkeleinheiten.

Raummaße. Bei den Raummaßen ist zwischen allgemeinen geometrischen Volumeneinheiten und speziellen Hohlmaßen für feste Substanzen und Flüssigkeiten zu unterscheiden. Die Hohlmaße, welche vor allem für den wirtschaftlichen Verkehr Bedeutung besaßen und teilweise noch besitzen, wurden ursprünglich von Gegenständen des täglichen Lebens hergeleitet: Kanne, Flasche, Metze, Faß, Scheffel usw. Heute werden die Raumeinheiten im allgemeinen als Kuben von Längeneinheiten gebildet. Als Hohlmaß wird international das →Liter benutzt, im englischen Sprachraum speziell das →gallon.

Raummessung (*Volummessung*). Das Volumen eines Körpers von einfacher geometrischer Gestalt kann durch Messung seiner linearen Abmessungen und Berechnung erfolgen. Doch ist dieses Verfahren schon deshalb nicht allzu genau, weil es schwierig ist, die geometrische Genauigkeit der Gestalt zu prüfen. — Das Volumen eines unregelmäßigen, nicht porösen Körpers kann man ermitteln, indem man ihn in ein teilweise mit einer Flüssigkeit gefülltes, kalibriertes Meßgefäß bringt und das Volumen aus dem Anstieg der Flüssigkeitsoberfläche berechnet, auch indem man ihn in ein geeignetes, bis zum Überlaufen mit Flüssigkeit bekannter Dichte ϱ [g cm⁻³] gefülltes Gefäß bringt und die dabei überlaufende Flüssigkeit wägt. Wiegt sie m [g], so beträgt das Volumen $V = m/\varrho$ [cm³]. Für das erste dieser beiden Verfahren, das meist nur bei kleinen Körpern verwendet wird, benutzt man ein pyknometerartiges Gefäß

(→Dichte) mit eingeschliffenem Stopfen, durch den eine geteilte Kapillare nach oben führt. Es wird mit einer Flüssigkeit gefüllt, die beim Eindrücken des Stopfens bis zu einem bestimmten Teilstrich der Kapillare emporsteigt. Nach Einbringen des Körpers wiederholt man das Verfahren. Die Flüssigkeit erfüllt jetzt einen um das Volumen des Körpers größeren Raum in der Kapillaren, deren Kalibrierung durch Auswägen (s. u.) mit Quecksilber erfolgt. — In den allermeisten Fällen benutzt man jedoch zu solchen Messungen die Tatsache, daß der Auftrieb eines Körpers in einer Flüssigkeit seinem Volumen V proportional ist, $k_a = \varrho V g$ (ϱ [g cm^{-3}] Dichte der Flüssigkeit, g Fallbeschleunigung). Seine Masse ergibt sich also bei Wägung in der Flüssigkeit scheinbar um $\varDelta m = \varrho V$ [g] kleiner als bei Wägung in Luft. Es ist also $V = \varDelta m/\varrho$ [cm^3]. — Ein weiteres Verfahren ist dasjenige mit dem →Volumenometer.

Das *innere* Volumen von Hohlkörpern und Kapillaren ermittelt man stets durch *Auswägen* mit Wasser oder noch besser mit Quecksilber. Erfüllt eine Flüssigkeit von der Dichte ϱ [g cm^{-3}] das Volumen V [cm^3], so beträgt ihre — durch Wägung zu ermittelnde — Masse $m = \varrho V$ [g], also ihr Volumen $V = m/\varrho$ [cm^3]. Bei einer Kapillaren wird ihr Querschnitt und daraus (unter Voraussetzung genau kreisförmigen Querschnitts) ihr Radius ermittelt, indem man das durch Auswägen mit einem Quecksilberfaden ermittelte Volumen desselben durch seine Länge dividiert. Bei genauen Messungen ist die Krümmung der beiden Menisken zu berücksichtigen, die meist genügend genau als halbkugelförmig angenommen werden können.

Scheel, K.: Prakt. Metronomie. Braunschweig 1911.— *Kohlrausch, F.:* Prakt. Physik I. Leipzig u. Berlin 1950.

Raummeter, Raummaß für Holz, definiert als 1 Kubikmeter geschichteten Holzes einschließlich der Luftzwischenräume.

Raummetrik →Raum.

Raumresonanzen. In einem rechteckigen Raum mit den Kantenlängen a, b und c tritt akustische Resonanz (Raumresonanz) auf bei den Eigenfrequenzen

$$\nu = \frac{v}{2} \sqrt{\frac{p^2}{a^2} + \frac{q^2}{b^2} + \frac{r^2}{c^2}}$$

(v Schallgeschwindigkeit, p, q und r die Reihe der positiven ganzen Zahlen). Voraussetzung für die Gültigkeit der Formel ist, daß die Schwingungsamplitude klein ist und die Wände des Raumes den Schall vollständig reflektieren. Die Zahl der zwischen den Frequenzen 0 und ν liegenden Eigenfrequenzen geht asymptotisch gegen den Wert

$$z(\nu) = \frac{4\pi V \nu^3}{3 v^3}$$

(V Raumvolumen), unabhängig von der speziellen Raumform.

Wagner, K. W.: Einf. in d. Lehre von den Schwingungen u. Wellen. Wiesbaden 1947.

Raumsehen, die räumliche Ordnung der Gesichtsempfindungen und ihre Relation zu den Orten der gesehenen Dinge im Außenraum, an der die Bildpunktlagen auf der Netzhaut, die Ortswerte ihrer zentralen Projektionen, die →Tiefenwahrnehmung und die Erfahrung Anteil nehmen (→Binokularsehen, →Blickfeld, →Gesichtsfeld, →Horopter, →Stereoskopie).

Trendelenburg, W.: Der Gesichtssinn. Berlin 1943.

Raumsysteme →Raumgruppen.

Raumwelle, die an der Ionosphäre reflektierte Welle im Gegensatz zur Bodenwelle, die längs der Erdoberfläche vom Sender zum Empfänger läuft. Sie ist auf ihrem Ausbreitungsweg dem dämpfenden Einfluß des Erdbodens entzogen und ergibt daher bei günstigen Reflexionsbedingungen in der Ionosphäre sehr große Reichweiten. →Ausbreitung elektrischer Wellen.

Raumwinkel. Der Raumwinkel Ω, unter dem ein Gegenstand von einer Stelle aus erscheint, ist gleich der Zentralprojektion dieses Gegenstandes auf eine um die Beobachtungsstelle gelegte Kugel, dividiert durch das Quadrat des Kugelradius. →Raumwinkeleinheiten.

Raumwinkeleinheiten. Der räumliche Winkel Ω, welcher einen Kegel vom Öffnungswinkel 2φ ausfüllt, ist mit dem ebenen halben Öffnungswinkel φ des Kegels durch die Beziehung

$$\Omega(\varphi) = 2\pi(1 - \cos\varphi)\,[\cong \pi\varphi^2 \text{ für } \varphi \ll 1 \text{ rad}]$$

verknüpft. Die dem rad für den ebenen Winkel (→Winkeleinheiten) entsprechende Einheit des räumlichen Winkels heißt Steradiant oder steradian (sterad); der räumliche Winkel 1 sterad schneidet aus einer Kugeloberfläche (Kugelradius r) ein Flächenstück der Größe r^2 aus, ist also gleich dem 4π-ten Teil des „ganzen räumlichen Winkels" (englisch als sphere bezeichnet). Dem ° für den ebenen Winkel entspricht als Raumwinkeleinheit der Quadrat-Altgrad [(°)^2; englisch square degree, französisch degré carré], dem ^{g} der Quadrat-Neugrad [(^{g})^2; englisch square grade, französisch grade carré], welche durch die Gleichung 1 (^{g})^2 = 0,810000 (°)^2 verbunden sind. Die Umrechnungsbeziehungen zur Einheit sterad, welche mit der Zahl Eins identisch ist (→Zählungseinheiten, arithmetische), lauten: 1 sterad = 3282,806 (°)^2 = 4052,847 (^{g})^2.

Raumwinkelprojektion, die Projektion des →Raumwinkels auf die Ebene, in der die Beobachtungsstelle liegt (Abb.). Von P aus wird unter dem gegen den Azimut um $\sphericalangle \varphi$ geneigten Raumwinkel Ω eine mit der Leuchtdichte B strahlende Fläche gesehen. Ω_{pr} Projektion des Raumwinkels Ω. — →Lichttechnik.

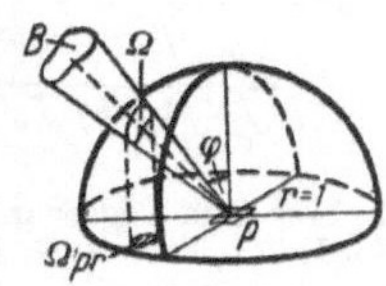

Raumwinkel und Raumwinkelprojektion.

Raum-Zeit-Welt, die vierdimensionale Raum-Zeit-Mannigfaltigkeit der →Relativitätstheorie.

Raumzentriertes Gitter →Translationsgitter.

Rauschen, ursprünglich der durch unselektive statistische Schwankungen des Luftdrucks hervorgerufene Schalleindruck. Man pflegt jedoch jetzt diesen Begriff auf alle Arten von statistisch ablaufenden Schwingungserscheinungen zu übertragen und bezeichnet vornehmlich elektromagnetische Schwankungseffekte als Rauschen. Breitbandiges Rauschen mit Gaußscher Amplitudenverteilung wird „weißes Rauschen" (in Analogie zum „weißen Licht") genannt. — →Nyquist-Formel, →Kontaktrauschen, →Photozellenrauschen, →Röhrenrauschen, →Temperaturrauschen; galaktisches Rauschen →Kurzwellenstrahlung, kosmische.

Strutt, M. J. O.: Verstärker u. Empfänger. Berlin 1943.— *Beranek, L. L.:* Acoustic Measurements. New York u. London 1949.

Rauschfaktor →Rauschzahl.

Rauschpegel, auf →Rauschen beruhender →Störpegel.

Rauschtemperatur →Kurzwellenstrahlung, kosmische, →Temperaturrauschen.

Rauschwiderstand von Röhren, eingeführt, um die Rauscheigenschaften von Röhren vergleichsweise beurteilen zu können (→Röhrenrauschen). Es ist derjenige Widerstand (bei Zimmertemperatur), der bei Anschluß an das Gitter einer idealen rauschfreien Röhre im Anodenkreis die gleichen Stromschwankungen hervorruft, welche bei kurzgeschlossenem Eingang durch das Eigenrauschen der Röhre entstehen würden.

Die Rauschspannung eines Widerstandes R bei Zimmertemperatur T_s für einen Frequenzbereich Δf ist

$$\overline{U_R^2} = 4\,k\,T_s\,R\,\Delta f$$

(k Boltzmann-Konstante). Für die Gitterrauschspannung einer Triode gilt die Beziehung

$$\overline{U_g^2} = \frac{2\,e\,i_a}{S_a^2}\,\Delta f \cdot F_K^2 = \frac{2\,e\,i_a}{S_a^2}\,\Delta f\,\frac{1{,}25\,S_a\,k\,T_K}{\sigma\,i_a\,e},$$

wobei $F_K^2 = \dfrac{1{,}25\,S_a\,k\,T_K}{\sigma\,e\,i_a}$ der sogenannte Schwächungsfaktor ist. Die Gitterrauschspannung einer Schirmgitterröhre, bei der kein Austausch von Sekundärelektronen erfolgt, oder einer Pentode, bei der dieser durch das Bremsgitter unterdrückt wird, ist entsprechend

$$\overline{U_g^2} = \frac{2\,e\,i_a\,\Delta f}{S_a^2}\left(\frac{i_a}{i_K}\,F_K^2 + \frac{i_{sg}}{i_K}\right).$$

S_a Anodenstromsteilheit, i_a Anodenstrom, i_K Kathodenstrom, i_{sg} Schirmgitterstrom, σ Steuerschärfe, e elektrische Elementarladung, T_K Kathodentemperatur.

Durch Gleichsetzen von $\overline{U_R^2}$ und $\overline{U_g^2}$ ergibt sich bei normalen Kathodentemperaturen von 1100 bis 1200 °K der äquivalente Rauschwiderstand einer Triode zu

$$R_{\ddot a} = \frac{2{,}5}{\sigma\,S_a}\,\Delta f\,\frac{k\,T_K}{4\,k\,T_s\,\Delta f} = \frac{2{,}5}{\sigma\,S_a}$$

einer Schirmgitterröhre entsprechend zu

$$R_{\ddot a} = \frac{2{,}5}{\sigma\,S_a}\,\frac{i_a}{i_K} + \frac{2\,e\,\Delta f}{4\,k\,T_s\,\Delta f}\,\frac{i_a}{S_a^2}\,\frac{i_{sg}}{i_K}$$
$$= \frac{2{,}5}{\sigma\,S_a}\,\frac{i_a}{i_K} + 20\,\frac{i_a}{S_a^2}\,\frac{i_{sg}}{i_K}\,.$$

Für moderne Pentoden, bei denen $i_{sg}/i_k < 0{,}1$ ist und entsprechend die Näherung

$$R_{\ddot a} = \left(\frac{2{,}5}{S_a\,\sigma} + 20\,\frac{i_{sg}}{S_a^2}\right)$$

gilt, liegt der Rauschwiderstand in der Größenordnung von einigen kΩ.

Rothe, H., u.*W. Kleen:* Elektronenröhren als Anfangsstufenverstärker. Leipzig 1948.

Rauschzahl (-faktor), der Zahlenfaktor, um den die →Empfindlichkeit eines Empfängers größer als $k\,T_0$ ist (k Boltzmann-Konstante, T_0 Zimmertemperatur in °K). Durch Angabe dieses Zahlenfaktors, der auch in db oder Neper ausgedrückt werden kann, wird die kleinste Signalstärke bestimmt, die noch mit dem vom Gerät erzeugten Rauschen verträglich ist.

Rayleigh-Gleichung →Anomaloskop.

Rayleighsches Gesetz. In einem ferromagnetischen Material besteht in Feldern, die sehr klein gegen die Koerzitivkraft sind, die →Hystereseschleife aus Parabelbögen (*Lord Rayleigh* 1887). Wenn nach einer Verminderung des Feldes die Induktion bei der Feldstärke H_0 den Wert B_0 erreicht hat, lautet der Zusammenhang zwischen B und H bei einer erneuten Erhöhung des Feldes

$$B - B_0 = \mu_a(H - H_0) + \frac{\alpha}{2}\,(H - H_0)^2$$

(magnetostatische Einheiten). μ_a ist die Anfangspermeabilität. α heißt Rayleigh-Konstante. Wenn die Feldstärke periodisch zwischen den Maximalwerten H_1 und $-H_1$ variiert, so genügt die Hystereseschleife der Gleichung

$$B = (\mu_a + \alpha\,H_1)H \mp \frac{\alpha}{2}\,(H_1^2 - H^2)$$

(oberes Vorzeichen für den aufsteigenden, unteres für den absteigenden Ast). Die mittlere Neigung der Schleife steigt also linear mit der Feldamplitude, was beweist, daß in Spulen mit ferromagnetischem Kern die Induktivität ebenfalls linear mit der Feldamplitude ansteigt. Das $1/4\pi$-fache der Fläche der Schleife bzw. die →Hystereseerwärmung je Volumeinheit beim einmaligen Durchlaufen der Schleife beträgt

$$\frac{1}{4\pi}\oint B\,dH = \oint H\,dJ = \frac{\alpha}{3\pi}\,H_1^3\,.$$

Daraus folgt, daß der Beitrag der Hysterese zum Verlustwiderstand (→Eisenverluste) proportional zu αH_1 und zur Frequenz ist. Aus der Fourier-Analyse der Induktion B bei zeitlich periodischem Feld ergibt sich aus dem Rayleighschen Gesetz die Größe des →Klirrfaktors, welcher ebenfalls proportional zu αH_1 ist.

Becker, R., u. *W. Döring:* Ferromagnetismus. Berlin 1939.

Rayleigh-Jeansches Strahlungsgesetz →Strahlungsgesetze.

Rayleighsches (λ/4)-Kriterium. Ist ein optisches Instrument nicht absolut fehlerfrei korrigiert (→Abbildungsfehler) oder steht die →Mattscheibenebene nicht genau im Bildpunkt, so beantwortet das Rayleighsche (λ/4)-Kriterium die Frage, welcher Fehlerbetrag die Bildqualität nicht wesentlich verschlechtert. Das ist dann der Fall, wenn die Differenz zwischen dem längsten und dem kürzesten →Lichtweg von einer →Wellenfläche bis zum Aufpunkt der Mattscheibenebene nicht größer als eine Viertelwellenlänge ist. Aus dem Rayleighschen (λ/4)-Kriterium lassen sich Toleranzbedingungen für die Korrektion der optischen Abbildungsfehler und für die Genauigkeit lichtbrechender und spiegelnder Flächen ableiten (→Planfläche).

Conrady, A. E.: Applied Optics and Optical Design. London 1929.

Rayleigh-Scheibe, eine an einem dünnen Torsionsfaden aufgehängte leichte Scheibe (Glimmerblättchen), die in einem Schallfeld ein Drehmoment erfährt, das die Scheibe parallel zur Wellenfront auszurichten sucht (→Schallkräfte). Die Ablenkung aus der Ruhelage wächst mit dem Quadrat der Schallschnelle, also linear mit der Schallstärke. Man verwendet deshalb eine solche Scheibe zu Energiemessungen in Schallfeldern. Auch kleine scheibenförmige Körper (Flitter), die in Flüssigkeiten suspendiert sind, richten sich in manchen Fällen parallel zur Wellenfront aus (→Abbildung durch Ultraschall).

Rayleigh-Streuung →Streuung von Licht an dielektrischen Kugeln (→Dielektrikum), deren Durchmesser klein gegen die →Wellenlänge ist. Nach der von *Lord Rayleigh* gegebenen Theorie ist das Verhältnis von gestreuter und primärer Intensität für linear polarisiertes Primärlicht

$$\frac{J}{J_0} = \frac{\pi^2 \sin^2 \vartheta}{r^2} (\varepsilon - 1)^2 \frac{V^2}{\lambda^4}.$$

Darin ist ϑ der Winkel zwischen der Beobachtungsrichtung und dem elektrischen Vektor der Primärstrahlung, r der Abstand des Beobachters vom streuenden Teilchen, ε die Dielektrizitätskonstante des Teilchens relativ zur Umgebung, V das Teilchenvolumen und λ die Wellenlänge. Die starke Abhängigkeit von der Wellenlänge nach dem „$1/\lambda^4$-Gesetz" bedingt eine starke Bevorzugung der kurzen Wellen und erklärt die blaue Farbe des Himmels (→Himmelsstrahlung) und der Gewässer (→Farbe der Gewässer). Der Faktor V^2 zeigt, daß die Streuintensität mit dem Teilchenvolumen sehr stark abnimmt und dieselbe Menge streuender Substanz um so weniger Licht zerstreut (→Zerstreuung), je feiner sie verteilt ist. Der Faktor $\sin^2 \vartheta$ schließlich bedeutet, daß in Richtung der primären elektrischen Schwingung nichts gestreut wird und daß die Streuung nach entgegengesetzten Richtungen gleich groß ist, insbesondere also nach vorwärts und nach rückwärts.

Ist das Primärlicht nicht linear polarisiert, sondern natürliches Licht, so tritt statt $\sin^2 \vartheta$ in der Formel $(1 + \cos^2 \Theta)/2$ auf, worin Θ der Winkel zwischen primärer und Streurichtung ist. Bei Beobachtung senkrecht zur Primärrichtung ist das Streulicht linear polarisiert.

Sind die streuenden Kugeln nicht klein gegen die Wellenlänge, so ist die Rayleighsche Theorie durch die Miesche zu ersetzen.

Im weiteren Sinne bezeichnet man als Rayleighsche Streuung jede Streuung ohne Änderung der Frequenz, im Gegensatz zur Raman- oder Compton-Streuung (→Smekal-Raman-Effekt, →Compton-Effekt).

Rayleigh-Wellen, an der Oberfläche elastischer Medien (z. B. der Erdoberfläche) verlaufende, senkrecht zur Oberfläche schwingende Scherungswellen, die von tangential schwingenden Kompressionswellen begleitet sind. Ihre Fortpflanzungsgeschwindigkeit hängt vom Verhältnis der Laméschen Elastizitätskoeffizienten λ und μ ab.

Müller-Pouillet: Lehrb. d. Physik V/1. Braunschweig 1928.

Razemat →Racemat.

R-C-Generator →Rückkopplungssender.

rd, Symbol für 1. das Aktivitätsmaß →Rutherford, 2. das britische Volumenmaß →rood.

Re, 1. Abk. der →Reynoldsschen Zahl, 2. →Residuum.

Reactor, neuere englische Bezeichnung für eine →Pile.

Reaktanz = Blindwiderstand. →Wechselstromwiderstand.

Reaktion, chemische, monomolekulare, unimolekulare bimolekulare, trimolekulare Reaktion 0., 1., 2. usw. Ordnung →Reaktionsgeschwindigkeit.

Reaktionsbeschleunigung →Katalyse.

Reaktionsgesetz, das 3. Newtonsche Axiom oder →Wechselwirkungsgesetz.

Reaktionsgeschwindigkeit. Der zeitliche Verlauf chemischer Reaktionen wird durch die Reaktionsgeschwindigkeit gemessen, d. h. durch die zeitliche Mengenzunahme dc/dt eines Reaktionsproduktes oder die zeitliche Mengenabnahme $-dc'/dt$ eines Ausgangsstoffes, wo c und c' Konzentrationen, t die Zeit bedeuten. Damit sind auf Grund der stöchiometrischen Reaktionsgleichung auch die Mengenänderungen aller übrigen Reaktionsteilnehmer gegeben. Die Reaktionsgeschwindigkeit hängt immer nur vom augenblicklichen Zustand des Systems ab, läßt sich aber nur in einfachen Fällen in geschlossener Form angeben. Wir kennen Reaktionen, deren Geschwindigkeit unsere Meßmöglichkeiten übersteigen; zu ihnen gehören z. B. Ionenreaktionen. Auch das Gasgleichgewicht zwischen NO_2 und N_2O_4 stellt sich bei Zimmertemperatur außerordentlich rasch ein. Dagegen ist die Reaktionsgeschwindigkeit des Knallgases bei Zimmertemperatur unmeßbar langsam. Wir können also in dem uns zur Verfügung stehenden Druck- und Temperaturbereich nur eine Auswahl von Reaktionen messend verfolgen.

In *homogenen Systemen* ist die Reaktionsgeschwindigkeit eine Funktion der Temperatur, sowie in einfacherer oder komplizierterer Form der Konzentrationen der an der Reaktion beteiligten Stoffe. Die Form dieser Abhängigkeit ist nur in *dem* Sonderfall durch die Umsatzgleichung gegeben, in dem diese den zwischen den einzelnen Molekülen ablaufenden Vorgang wirklich darstellt. So ist die Reaktionsgeschwindigkeit der Jodwasserstoffbildung aus Wasserstoff und gasförmigem Jod nach der Gleichung $H_2 + J_2 = 2HJ$ zu Beginn der Reaktion proportional den Konzentrationen von H_2 und J_2, also $-dc_{H_2}/dt = k c_{H_2} c_{J_2}$. Dagegen ist die Reaktionsgeschwindigkeit der Bromwasserstoffbildung aus den gasförmigen Elementen eine komplizierte Funktion der Wasserstoff-, Brom- und Bromwasserstoffkonzentration (→Kettenreaktionen). Das liegt daran, daß die Jodwasserstoffbildung im Zusammenstoß von einem Wasserstoffmolekül mit einem Jodmolekül geschieht; die Bromwasserstoffbildung geht dagegen nicht in *einer* Reaktion, sondern in einer Reihe hintereinandergeschalteter Reaktionen — einer Reaktionsfolge — vor sich. Dabei wird die gemessene Reaktionsgeschwindigkeit durch die Geschwindigkeiten der verschiedenen Einzelreaktionen bestimmt, wobei die langsamste ausschlaggebend ist. Man nennt die Einzelreaktionen *uni-* oder *mono-, bi-* und *trimolekular,* je nachdem die Reaktion durch Zerfall oder Umlagerung einzelner Moleküle, im Zweierstoß oder im Dreierstoß vor sich geht. Andere Möglichkeiten brauchen wegen der großen Seltenheit von Viererstößen und der dadurch bedingten Kleinheit der entsprechenden Reaktionsgeschwindigkeit nicht in Betracht gezogen zu werden. Experimentell läßt sich die Abhängigkeit der Reaktionsgeschwindigkeit von den einzelnen Konzentrationen und damit die durch die Summe aller Konzentrationsexponenten gegebene Ordnung der Reaktion feststellen. Für eine bimolekulare Reaktion gilt $-dc_1/dt = k c_1 c_2$, wo c_1 und c_2 die Konzentrationen der Ausgangsstoffe bedeuten. Sie verläuft also immer nach der 2. Ordnung. Dagegen ist eine experimentell gefundene quadratische Abhängigkeit der Reaktionsgeschwindigkeit von der Konzentration noch kein Beweis dafür, daß es sich um eine einfache bimolekulare Reaktion handelt.

Im allgemeinen wird sich der Reaktionsgeschwindigkeit in der einen Richtung die Geschwindigkeit der Rückbildung überlagern, und zwar so, daß im Gleichgewicht Hin- und Rückgeschwindigkeit einander gleich sind. So gilt für die Reaktionsgeschwindigkeit der Jodwasserstoffbildung nach $H_2 + J_2 = 2HJ$: $-dc_{H_2}/dt = k_1 c_{H_2} c_{J_2}$ und für die Jodwasserstoffzersetzung nach der umgekehrten Gleichung: $dc_{H_2}/dt = k_2 c_{HJ}^2$. Dann gilt für die Gleichgewichtskonzentrationen

$$k_1 c_{H_2} c_{J_2} = k_2 c_{HJ}^2.$$

Daraus ergibt sich für die Geschwindigkeitskonstanten k_1 und k_2 auf Grund des →Massenwirkungsgesetzes, nach dem

$$\frac{c_{HJ}^2}{c_{H_2} c_{J_2}} = K$$

ist,

$$K = k_1/k_2.$$

Befindet sich das System nicht im Gleichgewicht, so ist die beobachtete Reaktionsgeschwindigkeit gleich der Differenz der beiden Umsetzungsgeschwindigkeiten, also

$$-dc_{H_2}/dt = k_1 c_{H_2} c_{J_2} - k_2 c_{HJ}^2.$$

Aus diesem Ansatz läßt sich leicht übersehen, unter welchen Konzentrationsbedingungen bei der Messung einer Reaktionsgeschwindigkeit die Gegenreaktion vernachlässigt werden kann. Im allgemeinen Fall hat man neben den Reaktionsfolgen und den Rückreaktionen noch parallel verlaufende Reaktionen zu erwarten. In diesem Falle ist die beobachtbare Reaktionsgeschwindigkeit durch die schnellste Teilreaktion gegeben. Einen besonders interessanten Sonderfall der Reaktionsfolgen bilden die →Kettenreaktionen.

Die *Reaktionsordnung* stellt man dadurch fest, daß man die Reaktionsgeschwindigkeit in Abhängigkeit von der Konzentration jedes einzelnen Reaktionsteilnehmers untersucht, während die übrigen Reaktionsteilnehmer entweder in sehr starkem Überschuß oder in konstanter Konzentration vorhanden sind. Man ermittelt auf diese Weise die Geschwindigkeitskonstante k. Zur Untersuchung der *Temperaturabhängigkeit* der Reaktionsgeschwindigkeit stellt man, um von den Konzentrationen unabhängig zu sein, die Temperaturabhängigkeit der Geschwindigkeitskonstanten k fest. Schon *van't Hoff* hat die Regel aufgestellt, daß unter normalen Bedingungen eine Temperaturerhöhung um 10° meist eine Steigerung der Reaktionsgeschwindigkeit um das 2- bis 4fache zur Folge hat. Für die Temperaturabhängigkeit von k wurde von *Arrhenius* die Beziehung aufgestellt:

$$k = C e^{-E/(RT)}$$

(→Arrheniussche Formel).

Die Reaktionsbeschleunigung durch Zusatz eines Katalysators im homogenen System läßt sich durch Herabsetzung der Aktivierungsenergie deuten (→Arrheniussche Formel). Wohl läßt sich in diesen Fällen durch Messung der Temperaturabhängigkeit von k die Aktivierungsenergie bestimmen; eine andere, in den seltensten Fällen gelöste Frage ist die nach dem zugehörigen Reaktionsmechanismus.

In *heterogenen Systemen*, in denen die Reaktionen an den Phasengrenzen verlaufen, spielen

dieselben Erwägungen eine Rolle. Hier kommen aber die Erscheinungen der Diffusion zur und von der Phasengrenze und Erscheinungen, die mit der Neubildung von Phasen verknüpft sind, komplizierend hinzu.

Man kann die Reaktionsgeschwindigkeit in Abhängigkeit von Druck, Temperatur, Konzentrationen, Fremdzusätzen, äußeren Bedingungen (z.B. Gefäßformen) grundsätzlich auf zwei verschiedene Arten messen:

a) durch laufende Analysenproben entweder durch Abzapfen oder durch Parallelversuche in einzelnen Gefäßen, die nacheinander analysiert werden. Bei schnell verlaufenden Reaktionen muß man durch entsprechende Änderung der Versuchsbedingungen dafür sorgen, daß die Reaktion in einem bestimmten Augenblick zum Stillstand kommt.

b) durch Messung physikalischer Eigenschaften, die sich mit fortschreitender Umsetzung ändern, z. B. elektrische Leitfähigkeit, Lichtabsorption, Polarisation des Lichtes, Volumenänderung bei konstantem Druck, Druckänderung bei konstantem Volumen. Man vermeidet hierbei den Eingriff in das reagierende System, wie es unter a) notwendig ist.

Reaktionsgeschwindigkeit-Temperaturregel→Reaktionsgeschwindigkeit, →Arrheniussche Formel.

Reaktionsgleichung →chemisches Gleichgewicht, →Massenwirkungsgesetz.

Reaktionsisobare, -isochore. Die Differentialbeziehungen zwischen den →thermodynamischen Funktionen führen bei konstanter Zusammensetzung des thermodynamischen Systems zu der folgenden Gleichung zwischen der freien Energie F, der inneren Energie U, der Temperatur T und dem Volumen v:

$$F = U + T \left(\frac{\partial F}{\partial T} \right)_v.$$

Entsprechend gilt für das thermodynamische Potential G und die Enthalpie I:

$$G = I + T \left(\frac{\partial G}{\partial T} \right)_p.$$

Beide Gleichungen lassen sich umformen in

$$\left(\frac{\partial F/T}{\partial T} \right)_v = -\frac{U}{T^2} \quad \text{und} \quad \left(\frac{\partial G/T}{\partial T} \right)_p = -\frac{I}{T^2}.$$

Die Anwendung dieser Beziehungen auf endliche, isotherme Vorgänge, z. B. chemische Umsetzungen, die mit der Energieänderung ΔU usw. verbunden sind, ergibt die *Reaktionsisochore*

$$\Delta F = \Delta U + T \left(\frac{\partial \Delta F}{\partial T} \right)_v \quad \text{oder} \quad \left(\frac{\partial \Delta F/T}{\partial T} \right)_v = -\frac{\Delta U}{T^2}$$

und die *Reaktionsisobare*

$$\Delta G = \Delta I + T \left(\frac{\partial \Delta G}{\partial T} \right)_p \quad \text{oder} \quad \left(\frac{\partial \Delta G/T}{\partial T} \right)_p = -\frac{\Delta I}{T^2},$$

die auch als *Gibbs-Helmholtzsche Gleichungen* bezeichnet werden. Führt man in diese Gleichungen die bei reversibler, isothermer Führung einer chemischen Reaktion gewinnbare →maximale Arbeit A_m und die →Wärmetönung $W_v = -\Delta U$ bzw. $W_p = -\Delta I$ ein, so erhält man diese Gleichungen in einer dem Chemiker gewohnten Form:

$$\left(\frac{\partial A_m/T}{\partial T} \right)_v = -\frac{W_v}{T^2} \quad \text{und} \quad \left(\frac{\partial A_m/T}{\partial T} \right)_v = -\frac{W_p}{T^2}.$$

Für den Fall, daß man ein·Reaktionsgemisch vor sich hat, das dem idealen Gasgesetz gehorcht, liefern die beiden Gleichungen für die Massenwirkungskonstanten (→Massenwirkungsgesetz) die Beziehungen

$$\frac{d \ln K_c}{dT} = -\frac{W_v}{R T^2} \quad \text{und} \quad \frac{d \ln K_p}{dT} = -\frac{W_p}{R T^2} \cdot$$

Diese Gleichungen werden im allgemeinen als *van't Hoffsche Gleichungen* bezeichnet.

Reaktionsisotherme →Massenwirkungsgesetz.

Reaktionskinetik, Lehre von der Geschwindigkeit chemischer Reaktionen. →Reaktionsgeschwindigkeit.

Reaktionskräfte →Lagrangesche Bewegungsgleichungen, →Zwangskräfte.

Reaktionsmechanismus, -ordnung →Reaktionsgeschwindigkeit.

Reaktionswärme →Wärmetönung.

Reaktionszeit, die vom Reizbeginn bis zum Reaktionsbeginn verstreichende Zeit (→ auch Empfindungszeit), im Bereiche des Lichtsinns die →minimale Expositions- und die →Latenzzeit umschließend. Erstere bewirkt die (gleichartige) Abhängigkeit der Reaktionszeit von Intensität und Wellenlänge des Reizlichts und dem Adaptationszustand des Auges.

v. Studnitz, G.: Physiologie des Sehens — Retinale Primärprozesse. Leipzig 1940.

Realkristall →Mosaikkristall.

Realteil $\Re\{z\}$ einer komplexen Größe $z = a + ib$ ist die Größe a. Unter ihrem *Imaginärteil* $\Im\{z\}$ versteht man in der Regel die (reelle) Größe b, gelegentlich auch die (imaginäre) Größe ib.

Réaumur-Skala, von *Réaumur* (1730) begründete empirische →Temperaturskala, welche hauptsächlich in Frankreich benutzt wurde. Der Réaumur-Grad wird als °R abgekürzt. Als Fundamentalpunkte dienen der Eisschmelzpunkt mit 0 °R und der Wassersiedepunkt mit 80 °R. Umrechnungsbeziehungen: $x \,°\mathrm{R} = \tfrac{5}{4}x \,°\mathrm{C} = (\tfrac{9}{4}x + 32) \,°\mathrm{F}$.

Rechteckschleife bei ferromagnetischen Materialien. Wenn in allen Teilen eines ferromagnetischen Materials eine bestimmte Richtung und ihre Gegenrichtung Vorzugsrichtungen der spontanen Magnetisierung sind, so wird die →Hystereseschleife bei Magnetisierung in dieser Richtung rechteckig. Nach Ausschalten eines zur Sättigung ausreichenden Feldes bleibt die Magnetisierung, falls das entmagnetisierende Feld verschwindend klein ist, mit unverminderter Stärke einfach in der alten Richtung. Die Remanenz ist also gleich der Sättigungsmagnetisierung. In einem Gegenfeld geeigneter Größe springt die Magnetisierung in *einem* großen →Barkhausen-Sprung im ganzen Material auf einmal in die Gegenrichtung um. Am vollständigsten kann man solche Rechteckschleifen an Fe-Ni-Legierungen mit positiver Magnetostriktion realisieren, also bei einem Nickelgehalt zwischen 40 und 75% Ni, und zwar durch eine starke Zugspannung in Feldrichtung. Angenähert rechteckig wird die Schleife auch nach Tempern im Magnetfeld in der gleichen Richtung, in der nachher die Schleife aufgenommen wird.

Becker, R., u. W. Döring: Ferromagnetismus. Berlin 1939.

Rechter, Zeichen ∟, →Winkeleinheiten.

Rechtsablenkung →Relativbewegungen.

Rechtssystem, ein rechtwinkliges Koordinatensystem x, y, z, bei dem sich die Richtung der z-Achse nach der →Schraubenregel als diejenige

Richtung ergibt, in der eine rechtsgängige Schraube fortschreitet, wenn man sie im Sinne einer Drehung der x-Achse in die Richtung der y-Achse auf dem kürzesten Wege dreht. Die drei Achsen entsprechen dann in gleicher Reihenfolge dem ausgespreizten Daumen, Zeige- und Mittelfinger der *rechten* Hand. Ersetzt man die rechtsgängige durch eine links-

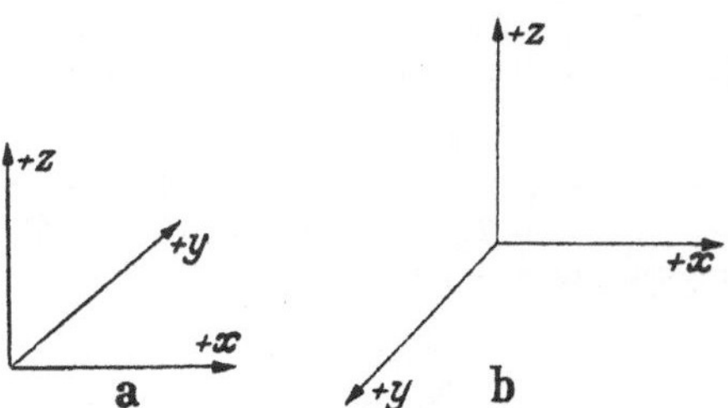

a Rechtssystem, *b* Linkssystem.

gängige Schraube bzw. die rechte durch die *linke* Hand oder kehrt man die Richtung einer der drei Achsen um, so entsteht ein *Linkssystem* (Abb.). In der Physik wird in der Regel ein Rechtssystem benutzt.

Redox-Elektrode →Oxydations-Reduktions-Potential.

Reduktion →Oxydation.

Reduktionsfaktor, der Kehrwert der Empfindlichkeit eines Meßgeräts.

Reduktionsmaß = →Dämmzahl.

Reduzible Darstellung. Eine →Darstellung heißt reduzibel, wenn es in dem →Darstellungsraum $\Re$ einen invarianten →Teilraum $\mathfrak{r}$ gibt, so daß für alle Vektoren u aus $\mathfrak{r}$ auch $A u$ für alle dargestellten Operatoren A in $\mathfrak{r}$ liegt.

Reduzierte Masse. Bei manchen Problemen, bei denen es sich um die Wechselwirkung zweier Massen m und M (z. B. beim Stoß, →Carnotscher Energieverlust) handelt, tritt die Summe ihrer Kehrwerte $1/m + 1/M = 1/\mu$ auf. Die Größe $\mu = mM/(m + M)$ bezeichnet man als ihre *reduzierte* (auch *effektive*) *Masse*. Sie ist stets kleiner als die kleinere der beiden Massen, und für $m = M$ ist $\mu = m/2 = M/2$. Die reduzierte Masse nähert sich um so mehr derjenigen der kleineren der beiden Massen, je größer die andere ist.

Reduzierte Pendellänge →Pendel.

Reduzierter Weg = →optische Weglänge.

Reduzierte Zustandsgrößen nennt man die Quotienten p/p_{krit}, V/V_{krit}, T/T_{krit} aus Druck p, Volumen V und absoluter Temperatur T und ihren Werten bei der kritischen Temperatur. →Zustandsgrößen.

Reelle Bilder. Schneiden sich die Strahlen eines konvergenten Bündels wirklich in einem Punkte, so ist dort ein durch das optische System entworfenes Bild auf einem Schirm auffangbar. Im Gegensatz zu einem virtuellen Bild wird es als reelles Bild bezeichnet. →Bildpunkt.

Referenzellipsoid, Internationales →Erdfigur.

Reflektor = →Tamper.

Reflexion, die Rückstrahlung an Grenzflächen des Mittels, in dem sich eine Strahlung (Welle) ausbreitet. Man unterscheidet zwischen diffuser und regelmäßiger Reflexion. *Diffuse* Reflexion liegt vor, wenn eine gerichtete Strahlung in alle oder mindestens sehr viele Richtungen zerstreut zurückgestrahlt wird, und entsteht durch Rauhigkeiten der Grenzfläche, die nicht viel kleiner als die vorhandenen Wellenlängen sind. Sind die Rauhigkeiten der Grenzflächen klein gegen die Wellenlänge, so ist die Reflexion *regelmäßig* und befolgt das →Reflexionsgesetz. Setzt sich die Strahlung aus einem Gemisch von Wellen verschiedener Länge zusammen, so kann die Reflexion entweder für alle Wellenlängen gleich stark oder für die verschiedenen Wellenlängen verschieden stark (*selektiv*) sein.

Periodische Wellen erleiden bei der Reflexion an einer festen Grenze einen →Phasensprung. — Durch Überlagerung der einfallenden und der reflektierten Welle entsteht ein Gemisch von →stehenden und fortschreitenden Wellen, bei vollständiger Reflexion eine reine stehende Welle.

Der →Reflexionsgrad hängt bei zwei unvermittelt aneinander angrenzenden Medien vom Verhältnis zweier für die beiden Medien charakteristischer Eigenschaftswerte (z. B. der →Wellenwiderstände oder der →Brechzahlen) ab (→ auch *Totalreflexion*). Reflektierte Transversalwellen sind polarisiert. Räumliche Punktgitter reflektieren nur unter einigen scharf begrenzten →*Glanzwinkeln*, wenn die Gitterkonstante mit der Wellenlänge vergleichbar ist.

Reflexion elastischer Wellen. Eine ebene elastische Welle wird an der Grenzfläche zwischen zwei Medien I und II gebrochen und reflektiert. Der Reflexionsgrad hängt vom Verhältnis der Wellenwiderstände der beiden Medien ab; der Wellenwiderstand ist dabei definiert als Produkt aus Dichte ϱ und Ausbreitungsgeschwindigkeit c. Bei senkrechter Inzidenz tritt nur dann keine Reflexion ein, wenn die Wellenwiderstände der beiden Medien übereinstimmen: $\varrho_I c_I = \varrho_{II} c_{II}$. Bei schräger Inzidenz muß dagegen die dem Brewsterschen Gesetz der Optik analoge Relation $(\varrho_I c_I)/(\varrho_{II} c_{II}) = \cos\alpha/\cos\beta$ erfüllt sein, wenn die reflektierte Welle verschwinden soll (α Winkel des einfallenden, β Winkel des gebrochenen Strahls zum Lot auf die Grenzfläche). Läuft die Welle gegen die Grenzfläche zu einem Medium mit höherer Ausbreitungsgeschwindigkeit, dann erhält man im Falle $\sin\alpha \gtreqless c_I/c_{II}$ →Totalreflexion.

Besondere Verhältnisse treten bei transversalen elastischen Wellen auf, z. B. in Festkörpern. Ist die Welle nämlich in der Einfallsebene linear polarisiert, so entstehen *zwei* reflektierte Wellen, eine transversale, die dem regulären Reflexionsgesetz gehorcht, und eine longitudinale, deren Austrittswinkel γ mit dem Einfallswinkel α durch die Relation $\sin\alpha/\sin\gamma = c_t/c_l$ verknüpft ist (c_t Geschwindigkeit der Transversalwellen, c_l Geschwindigkeit der Longitudinalwellen). Eine longitudinale Komponente tritt jedoch nicht auf, wenn die einfallende Welle senkrecht zur Einfallsebene polarisiert ist. Umgekehrt entsteht in Festkörpern auch bei der Reflexion einer longitudinalen Welle eine transversale Komponente.

Reflexion des Lichtes. Die Theorie der Reflexion des Lichtes ist in die Theorie der →Brechung mit einbegriffen. Für den Bruchteil des an schwach absorbierenden Körpern regelmäßig reflektierten Lichtes gelten die Fresnelschen Formeln (→Reflexionskoeffizienten). Die regelmäßige Reflexion an einer Grenzfläche kann dadurch vermindert werden, daß man entweder die Oberfläche so verändert, daß eine inhomogene Schicht

entsteht, deren Brechungszahl vom Wert des Mittels vor der Grenzfläche zum Wert hinter der Grenzfläche stetig übergeht, oder indem man auf die Oberfläche eine oder mehrere Fremdschichten aufbringt, an deren Grenzflächen Teilreflexionen auftreten, die sich durch Interferenz auslöschen (→reflexvermindernde Schichten). — An stark absorbierenden Körpern, z. B. Metallen, wird die Reflexion nicht nur von der Brechungszahl bestimmt, sondern außerdem vom →Absorptionskoeffizienten. Formell wird die reelle Brechungszahl n durch die komplexe $n' = n(1 - i\varkappa)$ ersetzt, wobei $(n\varkappa)^2$ für Metalle gegenüber n^2 oft so stark überwiegt, daß die Reflexion praktisch hundertprozentig wird.

In der Technik bedient man sich häufig teildurchlässiger reflektierender Schichten. Durch Auswahl geeigneter Materialien gelang es, die dabei auftretenden Verluste durch Absorption weitgehend zu vermeiden (ZnS, Sb_2S_3, TiO_2, Fe_2O_3 u. a.).

Bei der Reflexion wird die →Polarisation in bestimmter Weise beeinflußt (→Reflexionskoeffizienten, →Totalreflexion).

Im weißen Licht erscheint eine das Licht völlig verschluckende Fläche schwarz, eine von Licht jeder Wellenlänge den gleichen Bruchteil reflektierende Fläche grau, eine selektiv reflektierende Fläche farbig.

Pohl, R. W.: Einführung in die Optik. Berlin 1948.

Reflexion, metallische, →Metallreflexion.

Reflexion der Röntgenstrahlen. Die Versuche von *W. H.* und *W. L. Bragg* (1913) zur Beugung der Röntgenstrahlen an Kristallgittern zeigten, daß jeder gebeugte Strahl als der an einer Netzebene *reflektierte* Primärstrahl aufgefaßt werden kann (→Braggsche Gleichung). Deshalb wird die Beugung und Interferenz der Röntgenstrahlen häufig auch als *Reflexion* und der gebeugte Strahl als *Reflex* bezeichnet. Doch gibt es auch eine auf Totalreflexion beruhende *echte* Reflexion, die mit einem rechtwinkligen Kristallprisma nachgewiesen werden kann. (→Brechung der Röntgenstrahlen.)

Reflexion des Schalls →Schallreflexion.

Reflexionsgesetz: Einfallswinkel = Reflexionswinkel. Normale der einfallenden Welle, Normale der reflektierten Welle und Einfallslot liegen in *einer* Ebene, die beiden erstgenannten auf verschiedenen Seiten des Einfallslots.

Reflexionsgitter, ein Beugungsgitter, bei welchem im reflektierten Licht beobachtet wird. Es besteht entweder aus einer auf der Vorderseite geritzten Glasplatte, deren Rückseite zur Vermeidung unerwünschter Reflexion geschwärzt ist, oder aus einer Spiegelmetallfläche, auf welche die Gitterstriche eingeritzt sind. Von der letzten Art sind die →Rowland-Gitter. (→ auch Konkavgitter.)

Reflexionsgoniometer, ein von *Wollaston* 1809 entwickeltes und seitdem erheblich verbessertes Instrument zur Messung von Winkeln zwischen Kristallflächen (Abb.). Es beruht auf dem Prinzip, daß ein Lichtstrahl an zwei Kristallflächen, die nacheinander durch Drehung in die gleiche Lage gebracht werden, in die gleiche Richtung reflektiert wird. Der Kristall K wird mit einem Teilkreis T so verbunden, daß die Schnittkante der zwei Flächen, deren Winkel gemessen werden soll, mit der Achse des Kreises zusammenfällt. Senkrecht zur Kreisachse stehen, in einer zu dieser

Achse senkrechten Ebene, zwei um die Achse schwenkbare Fernrohre: der Kollimator L, welcher das durch eine Blende eintretende Licht parallelisiert, und das Fernrohr F für die Beobachtung des Reflexes. Im Fernrohr sieht man das Bild der Kollimatorblende, das man durch Drehen des Kristalls bei feststehenden Fernrohren mit einem im Fernrohr angebrachten Fadenkreuz zusammenfallen lassen kann. Als Blendenöffnung wird entweder ein ausgeschnittenes Kreuz gewählt

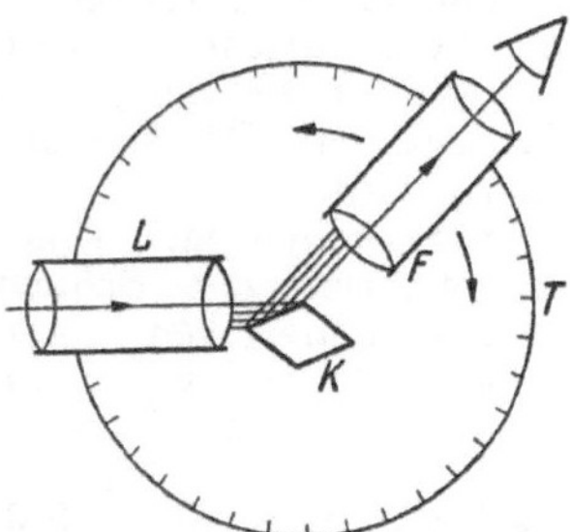

Reflexionsgoniometer.

oder der Raum zwischen zwei sich tangential berührenden Kreisscheiben, deren gemeinsame Tangente parallel zur Teilkreisachse verläuft (*Webskyscher Spalt*). Die Drehung des Teilkreises, der gewöhnlich in $^1/_4{}^\circ$ eingeteilt ist, wird mit einem $^{28}/_{30}$-Nonius gemessen; es sind am Teilkreis die vollen Viertelgrad und am Nonius die darüber hinausgehenden halben Minuten abzulesen. Der gemessene Winkel ist der *Außenwinkel*, der Winkel zwischen den Flächennormalen. Am Kristall kann man, ohne ihn umzusetzen, eine ganze Zone, aber nicht mehr durchmessen. Zur bequemeren Einstellung des Kristalls in den Strahlengang (Justierung und Zentrierung) wird er auf einem *Goniometerkopf* befestigt, der aus einem Kreuzschlitten und der Kippvorrichtung um zwei den Schlittenrichtungen parallele Achsen besteht.

Ersetzt man den Goniometerkopf durch eine zweite Achse mit Teilkreis und Goniometerkopf, die senkrecht zur ersten verläuft, so ist es möglich, durch Drehung der beiden Achsen und ihrer Teilkreise die Polarkoordinaten (Poldistanz und Azimut) fast aller Flächen des Kristalls zu messen (*zweikreisiges* oder *Theodolit-Goniometer*).

Reflexionsgrad oder *Rückwurfgrad* 1. einer *schall*reflektierenden Fläche: das Verhältnis der reflektierten zur auftreffenden Schallstärke; 2. einer *licht*reflektierenden Fläche: das Verhältnis des reflektierten zum auftreffenden Lichtstrom. Die Reflexion kann gerichtet (regulär), zerstreut (diffus) oder gemischt erfolgen.

Reflexionshöhe elektrischer Wellen. Die Höhe über dem Erdboden, in der die elektrischen Wellen an der Ionosphäre reflektiert werden, bestimmt man heute allgemein durch Messung der *Laufzeit von kurzen Wellengruppen* (→Echolotung). Liegen Sender und Empfänger dicht beieinander, so ist die Reflexionshöhe $h = c_0\tau/2$ (τ Laufzeit der Wellengruppe, c_0 Vakuumlichtgeschwindigkeit), vorausgesetzt, daß die Wellen sich auf der ganzen Strecke mit Vakuumlichtgeschwindigkeit ausbreiten. Im ionisierten Medium ist aber die Brechzahl $n < 1$ und deshalb die →Phasengeschwindigkeit $v_\varphi = c_0/n$ in der Ionosphäre $> c_0$ (anomale Dispersion). Was

man tatsächlich beobachtet, ist aber die →Gruppengeschwindigkeit

$$v_g = v_\varphi - \lambda\,\frac{d\,v_\varphi}{d\,\lambda} = \frac{1}{d\left(\dfrac{v}{v_\varphi}\right)\Big/d\,v} = c_0 n.$$

Die Wellengruppe breitet sich also im ionisierten Medium mit einer Geschwindigkeit $v_g < c_0$ aus. Sie erfährt in der Ionosphäre eine Laufzeitverzögerung. Die gemessene *scheinbare* Reflexionshöhe ist daher größer als die *wahre* (effektive) Reflexionshöhe $h_w = \tfrac12 \int v_g\,dt$. Die Differenz zwischen beiden wird um so größer, je länger die Welle in einem Gebiet läuft, in dem $n \ll 1$ ist. Bei der Grenzfrequenz für senkrechten Einfall wird die scheinbare Höhe (wegen $n = 0$) theoretisch unendlich. Tatsächlich erhält man auch in diesem Fall wegen der Dämpfung endliche, aber doch sehr große Höhen. Auch beim Durchgang durch eine Schicht, deren Elektronenkonzentration zur Reflexion nicht ausreicht, entsteht eine Laufzeitverzögerung, die um so größer ist, je näher die verwendete Frequenz der Grenzfrequenz der durchlaufenen Schicht ist. Man erhält daher auch für die darüberliegende reflektierende Schicht eine zu große Höhe.

Die Bestimmung der wahren aus der scheinbaren Höhe läuft im Prinzip darauf hinaus, daß man zunächst die Trägerdichte als Funktion der scheinbaren Höhe aus einem Frequenzdurchlauf ermittelt, dann für jeden Punkt dieser Kurve aus dem Verhältnis Lotungsfrequenz/Grenzfrequenz die Brechungszahl n und die Gruppengeschwindigkeit $v_g = n c_0$ ableitet und durch Integration über sämtliche Wegelemente die wahren Höhen $h_w = \tfrac12 \int (c/v_g)\,ds$ bestimmt. Dabei treten Unsicherheiten auf, sobald mehrere Schichten übereinander vorhanden sind, zwischen denen der Verlauf der Trägerdichte nicht durch Echolotung festgestellt werden kann. Das Verfahren ist — auch bei Anwendung von Näherungslösungen — zeitraubend, so daß man sich meist mit der Auswertung der scheinbaren Höhe begnügt. Für viele Probleme der Ausbreitung kann man die wahre Höhe durch die scheinbare ersetzen (→Äquivalenztheorem). Bei Übermittlung von Ionosphärendaten benutzt man meist die „minimale scheinbare Höhe", d. i. die geringste Höhe, die für eine Schicht gemessen wird, und die — abgesehen von Laufzeitverzögerungen in tiefer liegenden Schichten — nicht wesentlich von der wahren Höhe der Schichtunterkante abweicht.

Reflexionskoeffizienten, in der Optik die Bruchteile der einfallenden Strahlungsenergie, die an der Grenzfläche eines Körpers gespiegelt werden. Sie betragen nach den Fresnelschen Formeln für Strahlung:

a) die in der Einfallsebene schwingt
$$r_{\|} = \mathrm{tg}^2(\varepsilon - \varepsilon')/\mathrm{tg}^2(\varepsilon + \varepsilon'),$$

b) die senkrecht zur Einfallsebene schwingt
$$r_{\perp} = \sin^2(\varepsilon - \varepsilon')/\sin^2(\varepsilon + \varepsilon')$$

(ε Einfallswinkel, ε' Brechungswinkel). Für senkrecht einfallendes Licht ($n\varepsilon = n'\varepsilon' = 0$) wird
$$r_{\|} = r_{\perp} = (n' - n)^2/(n' + n)^2$$

(n, n' Brechungszahlen beiderseits der Grenzfläche). Unter dem →Polarisationswinkel wird wegen $\varepsilon + \varepsilon' = 90°$ und daher $\mathrm{tg}\,\varepsilon = n'/n$:
$$r_{\|} = 0, \quad r_{\perp} = (n'^2 - n^2)/(n'^2 + n^2).$$

Bei absorbierenden Körpern tritt an Stelle von n die komplexe Brechungszahl $n' = n(1 - i\varkappa)$ ($n\varkappa$ →Absorptionskoeffizient). Für senkrechten Einfall wird dann

$$r_\perp = r_{||} = [(n - 1)^2 + (n\varkappa)^2]/[(n + 1)^2 + (n\varkappa)^2]$$

(Beersche Formel). Die Reflexionskoeffizienten optischer Grenzflächen (Brechungszahl n_g) gegen Luft können durch Aufbringen einer oder mehrerer Schichten von der Dicke $\lambda/4$ mit den Brechungszahlen n_1, n_2, n_3, n_4 usw. zu Null gemacht werden. Damit dies bei senkrechtem Lichteinfall eintritt, muß sein:

für 1 Schicht:	$n_1 = \sqrt{n_g}$
für 2 Schichten:	$n_2/n_1 = \sqrt{n_g}$
für 3 Schichten:	$n_3 n_1/n_2 = \sqrt{n_g}$
für 4 Schichten:	$(n_4 n_2)/(n_3 n_1) = \sqrt{n_g}$

(Entspiegelung, →reflexvermindernde Schichten).

Reflexionskoeffizient, molekularer, eine wesentliche Größe in der kinetischen Theorie der Verdampfungsgeschwindigkeit einer Flüssigkeit. Die flüssige Phase eines Stoffes grenze an seine Gasphase. Auf die Grenzfläche der Flüssigkeit stoßen vom Gasraum her ständig Gasmoleküle. Es sei α der Bruchteil dieser Moleküle, die in die flüssige Phase übergehen, und $1 - \alpha$ der reflektierte Bruchteil. Der Reflexionskoeffizient $1 - \alpha$ kann aus Messungen der Verdampfungsgeschwindigkeit berechnet werden.

Volmer, M.: Die chem. Reaktion IV, Kinetik d. Phasenbildung. Dresden u. Leipzig 1939.

Reflexionsnebel sind diffuse, leuchtende Nebel in der Milchstraße, die ein vorwiegend kontinuierliches Spektrum aussenden. Das Leuchten der Nebel entsteht durch wellenlängenunabhängige Streuung des Lichtes eines benachbarten hellen Sterns, dessen →Spektraltyp nicht heißer als *BO* sein darf, an den gröberen Partikeln ($>1\,\mu$ Durchmesser) einer Dunkelwolke. Der Polarisationsgrad des Streulichts ist daher gering. Die Intensitätsverteilung im Nebelspektrum stimmt mit der im Spektrum des beleuchtenden Sterns überein; zwischen der scheinbaren Helligkeit des Sterns und dem Winkeldurchmesser des leuchtenden Nebels besteht eine enge Korrelation. Typische Reflexionsnebel sind die Nebel in den Plejaden.

Becker, W.: Sterne u. Sternsysteme. Dresden u. Leipzig 1950.

Reflexionsprisma →Prisma, totalreflektierendes, →Umkehrlinse, -prismen, -systeme, →Wendeprisma.

Reflexionsverluste treten an lichtbrechenden polierten Flächen auf, da nach der Theorie der →Brechung ein Teil der einfallenden Energie zurückgeworfen wird. Für ihre Größe gelten die Fresnelschen Formeln (→Reflexionskoeffizienten). Wenn die Einfallswinkel nicht außergewöhnlich groß sind, kann man sich auf die Berechnung des Reflexionsverlustes optischer Systeme im →fadenförmigen Raum beschränken. Bei senkrechtem Einfall ist der Reflexionsverlust $(n' - n)^2/(n' + n)^2$. Bei optischen Geräten mit zahlreichen brechenden Flächen, die an Luft angrenzen, sind die Reflexionsverluste beträchtlich (Prismenfeldstecher z. B. 50%). Zur Verminderung der Reflexionsverluste verwendet man in neuerer Zeit dünnschichtige Belegungen der brechenden Flächen (z. B. →T-Schutz von Zeiss).

Reflexvermindernde Schichten. Grenzt eine Glasfläche an ein Medium mit vom Glase abweichender Brechzahl, so wird ein Teil des hindurchtretenden Lichtes entsprechend der Fresnelschen Formel reflektiert (→Reflexionsvermögen, →Lichtverluste in optischen Geräten, →Reflexionsverluste). Diese Reflexionsverluste können durch Anbringen einer oder mehrerer dünner Schichten anderer Brechzahl auf der Glasoberfläche klein oder gar verschwindend klein gemacht werden. Im Prinzip beruht dieses Verfahren auf den gleichen Grundtatsachen der Interferenz wie die Farben dünner Blättchen.

Die Intensität des an den Grenzflächen Luft-Schicht und Schicht-Glas reflektierten Lichtanteils muß gleich sein. Hieraus folgt für die Brechzahl n_s der Schicht, wenn n die des Glases ist, die *Amplitudenbedingung* $n_s = \sqrt{n}$. Die reflektierten Anteile sollen sich durch Interferenz vernichten. Da die Schicht praktisch frei von Absorption und Streuung ist, steigt somit die Lichtdurchlässigkeit. Hieraus folgt für die Schichtdicke d die *Phasenbedingung*. Wenn a eine ungerade ganze Zahl, λ die Wellenlänge und α der Einfallswinkel des Lichtes sind, so ist $d = (a\lambda)/4\sqrt{n_s^2 - \sin^2\alpha}$. Die Reflexionsminderung läßt sich für *eine* Wellenlänge vollständig oder nahezu vollständig erzielen. Bei kleiner Schichtdicke ist jedoch das Reflexionsvermögen für die benachbarten Spektralgebiete ebenfalls erheblich vermindert. Auch die Abhängigkeit vom Einfallswinkel ist nicht wesentlich. Für visuell benutzte Geräte wird das Maximum der Reflexionsminderung in das grüne Spektralgebiet gelegt; in der Aufsicht sehen die Schichten dann violett bis hellpurpur aus. Die Schichten aus Lithiumfluorid, Flußspat, Magnesiumfluorid, Kryolith usw. können durch Aufdampfen im Hochvakuum aufgebracht werden. Infolge der molekularen Zerklüftung ist ihre Brechzahl kleiner als die des kompakten Materials. Durch geeignete Verfahren gelingt es, mehr oder weniger wischfeste Schichten zu erzeugen. Andere Verfahren bringen Schichten aus Siliziumverbindungen usw. durch Aufschleudern, Aufspritzen, Eintauchen oder Ätzen auf. Auch die Erzeugung von dünnen Schichten aus der Gasphase ist in Gebrauch. Vielfach werden auch Doppel- oder Mehrfachschichten verschiedenen Materials angewandt.

Außer durch Interferenz kann die Reflexion auch dadurch vermindert werden, daß man Schichten mit einem stetig von der Brechzahl der Luft auf den des Glases ansteigenden Brechzahlwert benutzt.

Man erreicht praktisch für zwei mit reflexvermindernden Schichten versehene Glas-Luft-Flächen Lichtdurchlässigkeiten bis ~99,8%. Während für manche optische Zwecke die Steigerung der Lichtdurchlässigkeit wesentlich ist (Nachtferngläser), ist für andere die Kontraststeigerung und Erhöhung der Brillanz der erzeugten Bilder durch Verminderung des Streulichtes oder der Blendenflecken der Hauptvorteil (Photoobjektive). Das Verfahren der Reflexionsminderung wird von den optischen Firmen →T-Schutz, Antiflex, B-Optik usw. genannt.

Smakula, A.: Phys. Z. **43**, 217 (1942). — *Schröder, H.:* Glastechn. Ber. **20**, 161 (1942). — *Hiesinger, L.:* Optik **3** 485 (1948).

Reflexionsvermögen eines Körpers, der Bruchteil des auf ihn treffenden Strahlungsstromes, der von seiner Oberfläche reflektiert wird. Das Reflexionsvermögen eines Körpers mit glatter Oberfläche läßt sich für einen vorgegebenen Einfallswinkel aus den Fresnelschen Formeln berechnen (→Reflexionskoeffizienten). Bei senkrechtem Einfall des Lichtes ist das Reflexionsvermögen ϱ eines durchsichtigen Stoffes der Brechzahl n gegeben durch $\varrho = (n-1)^2/(n+1)^2$. Nach den DINormen führt ϱ die Bezeichnung *Reflexionszahl* oder *Reflexionsgrad*. — Reflexionsvermögen für Röntgenstrahlen →integrales Reflexionsvermögen.

Reflexionswinkel, der Winkel zwischen der Normale der reflektierten Welle und dem →Einfallslot der spiegelnden Fläche.

Reflexionszahl →Reflexionsvermögen.

Refraktion = →Brechung. *Refraktionsvermögen* →Molekularrefraktion.

Refraktion, atmosphärische (*astronomische Strahlenbrechung*), die Ablenkung R, welche ein von einem Himmelskörper einfallender Lichtstrahl beim Durchgang durch die Erdatmosphäre erfährt. Der Lichtstrahl beschreibt bei seinem Eindringen in Schichten mit wachsender Brechzahl eine zur Erdoberfläche konvexe Kurve. Da der Himmelskörper in Richtung der Tangente im Endpunkt der Kurve beobachtet wird, so ist die scheinbare Zenitdistanz ζ kleiner als die wahre Zenitdistanz $z = \zeta + R$. Eine erste Näherung für R folgt aus der Annahme einer eben geschichteten Atmosphäre. In diesem Fall ergibt die Konstanz von $n \sin i$ (n Brechzahl, i Einfallswinkel gegen die Normale zur Schichtgrenze) an den Schichtgrenzen einen Refraktionsbetrag

$$R_{1.\,\text{Näher.}} = (n_0 - 1)\,\operatorname{tg}\zeta$$

(n_0 Brechzahl am Beobachtungsort). Diese Formel stellt die Refraktion bis zu Zenitdistanzen von $45°$ bis auf $\pm 0{,}''1$ dar. Für größere Zenitdistanzen muß die Krümmung der Luftschichten berücksichtigt werden. Sind die Flächen gleicher Brechzahl konzentrische Kugeln, so ist längs des Strahls die Größe $nr \sin i$ eine Konstante (r Abstand vom Erdmittelpunkt). R folgt aus dem Refraktionsintegral (a Erdradius)

$$R = \int\limits_1^{n_0} \frac{n_0 a \sin\zeta}{\sqrt{n^2 r^2 - n_0^2 a^2 \sin^2\zeta}}\,\frac{dn}{n}\,.$$

Zur Auswertung des Integrals muß n als Funktion der Höhe $h = r - a$ über dem Erdboden bekannt sein. Die verschiedenen Refraktionsmethoden unterscheiden sich durch die hierfür gemachten Ansätze. Nach dem Satz von *Oriani* ist aber bis zu Zenitdistanzen von etwa $75°$ die Refraktion von jeder Annahme über die Konstitution der Atmosphäre innerhalb $\pm 0{,}''1$ unabhängig und darstellbar durch den Ausdruck

$$R_{2.\,\text{Näher.}} = 60{,}''4\,\operatorname{tg}\zeta - 0{,}''064\,\operatorname{tg}^3\zeta\,,$$

wenn für n_0 der Normalwert $1{,}000293$ angenommen wird. Lediglich in den untersten $15°$ über dem Horizont gewinnt der vertikale Aufbau der Atmosphäre, wie er vor allem durch die Temperaturschichtung bedingt ist, Einfluß. Die folgende Tabelle gibt die Refraktion für verschiedene konstant angenommene Temperaturgradienten bei großen Zenitdistanzen unter Normalbedingungen ($0°C$ und 760 Torr am Beobachtungsort).

Die Frage, mit welcher Genauigkeit die Refraktionstheorien bzw. Refraktionstafeln die tatsächlichen Verhältnisse darstellen, wird durch die Diskussion langer Beobachtungsreihen an Meridian-

$\Delta T/100$ m	70°	80°	85°	90°
3,°42	2′ 44,″0	5′ 29,″0	10′ 6,″1	21′ 22″
1,71	44,0	30,0	17,3	30 9
0,85	44,0	30,9	25,3	35 17
0,57	44,1	31,2	28,1	37 2
0,31	44,1	31,5	31,1	38 37
0,00	44,2	31,8	34,3	40,34

kreisen beantwortet. Danach beträgt die mittlere Unsicherheit, die durch Unkenntnis der Temperaturschichtung, Schichtenneigungen, Temperaturanomalien in der Nähe des Beobachtungsinstruments und ähnliche Störungen bewirkt wird, bis $85°$ Zenitdistanz rund $\pm 0{,}5\%$ des Refraktionsbetrages und steigt dann rasch an, um am Horizont etwa $\pm 5\%$ zu erreichen. Nahe dem Horizont sind also keine zuverlässigen Richtungsmessungen möglich.

Durch die Abhängigkeit der Brechzahl von der Wellenlänge werden die Bilder der Sterne in kurze Spektren auseinandergezogen. Die Länge der durch die *atmosphärische Dispersion* entstehenden Spektren beträgt zwischen 4200 und 7600 Å rund 2% des Refraktionsbetrages.

Zum Schluß seien noch die mittleren Refraktionswerte nach der Besselschen Tafel für $+10°C$ und 760 Torr angegeben.

ζ	R	ζ	R
0°	0	60°	1′ 41″
10	0′ 10″	65	2 4
20	0 21	70	2 39
30	0 34	75	3 34
40	0 49	80	5 19
45	0 58	85	9 52
50	1 9	88	18 18
55	1 23	90	35 24

Handb. d. Experimentalphysik XXV/1. Leipzig 1928. — *Perntner, J. M., u. F. M. Exner:* Meteorol. Optik. Wien 1922.

Refraktionsanomalien des Auges, die häufigsten Augenfehler, in Gestalt von Abweichungen entweder der Form des Auges oder der Brechungszahlen (z. B. der Linse) oder der Krümmungsradien (z. B. der Hornhaut) von der Norm, so daß die →Emmetropie gestört ist (→Aphakie, →Astigmatismus, →Hyperopie, →Myopie). Korrektur durch →Brillen.

Refraktionsvermögen →Molekularrefraktion.

Refraktometer (*Brechzahlmesser*) sind Geräte, die zur Bestimmung der Brechzahlen fester Stoffe oder von Flüssigkeiten dienen. Im Prinzip kann jede Methode zur Anwendung kommen, der eine Beziehung zugrunde liegt, in der die Brechzahl vorkommt. Im allgemeinen, z. B. mit Hilfe des Spektrometers, führt man Brechzahlmessungen an festen Körpern aus, die in Form genügend großer Prismen vorliegen, oder an Flüssigkeiten, die man in geeignete Hohlprismen mit planparallelen, nicht ablenkenden Fenstern einfüllt. Hierbei wird dann die Brechzahl mit Hilfe des Snelliusschen Brechungsgesetzes ermittelt.

Die speziellen Refraktometer hingegen wenden meist die Methode der Einstellung auf die Grenzlinie der Totalreflexion an, die ein Prisma von bekannter Brechzahl zu Hilfe nimmt. An die zu messenden Substanzen werden hierbei im allgemeinen nur geringe Anforderungen hinsichtlich Form und Menge gestellt. Meist genügt es, wenn der feste Körper *eine* ebene Fläche hat oder wenn die Flüssigkeit in Mengen von einigen Tropfen bis zu einigen cm³ zur Verfügung steht. Die Grenzlinie der Totalreflexion wird entweder durch streifend einfallendes bzw. durchgehendes Licht oder durch reflektiertes Licht erzeugt.

Abb. 1 zeigt das Schema für streifend einfallendes bzw. durchgehendes einfarbiges Licht. Der gerade noch streifend einfallende Strahl *3* bildet den Grenzstrahl und tritt in das Hilfsprisma mit der höheren Brechzahl n_0 gerade noch unter dem Grenzwinkel der Totalreflexion als Strahl *3'* ein. Hierdurch ist das Gesichtsfeld in einen hellen und einen vollkommen dunklen Teil zerlegt.

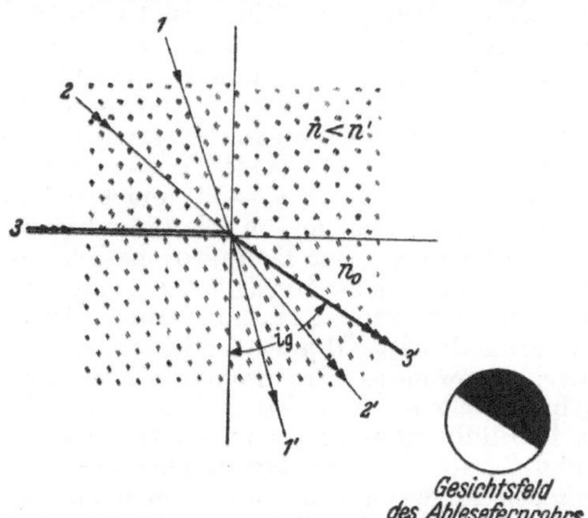

Abb. 1. Entstehung des hellen und des vollkommen dunklen Teils des Fernrohrgesichtsfeldes an der Grenze der Totalreflexion bei streifendem bzw. durchtretendem Licht von der Seite des schwächer brechenden Mittels bei Refraktometern. Nach Handb. d. Physik XVIII.

Abb. 2 zeigt das Schema für die Entstehung der Grenzlinie der Totalreflexion im reflektierten Licht. Der Grenzstrahl wird hierbei durch die Linie *3* gebildet, da dieser Strahl als *3'* gerade noch streifend austreten kann, während die Strahlen *4* und *5*

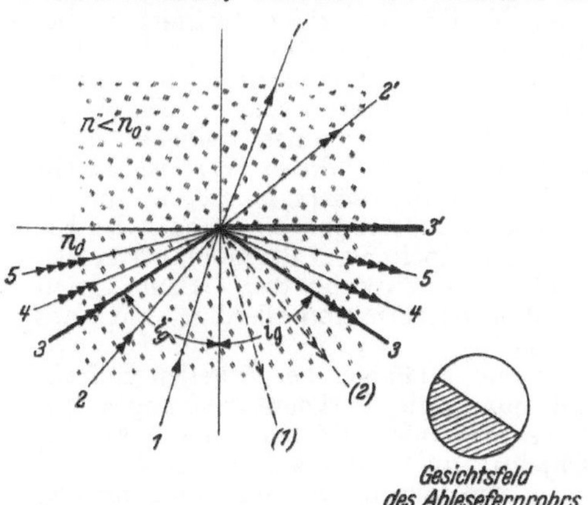

Abb. 2. Entstehung des hellen und des etwas dunkleren Teils des Fernrohrgesichtsfeldes an der Grenze der Totalreflexion bei reflektiertem Licht von der Seite des stärker brechenden Mittels bei Refraktometern. Nach Handb. d. Physik XVIII.

totalreflektiert werden. Da aber die Strahlen *1* bis *3* entsprechend der Fresnelschen Formel zum Teil auch an der Grenze der beiden Medien reflektiert werden, ist das Gesichtsfeld nur in einen hellen und einen weniger hellen Teil zerlegt.

Bei Messungen wird man deshalb aus Gründen

einer besseren Einstellmöglichkeit und damit erhöhten Meßgenauigkeit den Fall der Abb. 1 anstreben. Wesentlich ist aber, daß Totalreflexion nur entsteht, wenn das mit der Probe optisch durch eine Zwischenflüssigkeit verbundene Hilfsprisma eine höhere Brechzahl als diese besitzt. Hierdurch ist bei solchen Geräten die praktisch größte meßbare Brechzahl auf ~1,8 begrenzt. Die Kontaktflüssigkeit soll eine Brechzahl haben, die zwischen der der Probe und der des Hilfsprismas liegt. Bei genauen Messungen muß sie planparallel sein, was durch Auftreten einer einzigen Interferenzfarbe an dieser Schicht beobachtet werden kann. Als klare Kontaktflüssigkeiten stehen Monobromnaphthalin $n_D = 1,66$, Kalium-Quecksilberjodid-Lösung (spez. 3,1) $n_D = 1,72$, Barium-Quecksilberjodid-Lösung (spez. 3,6) $n_D = 1,79$ usw. zur Verfügung.

Nachstehend können die wichtigsten Refraktometer, die nach ihrem Hauptverwendungszweck, ihrem Erfinder oder der Form des Hilfsprismas benannt werden, nur kurz angedeutet werden. Es wird auf die am Schluß genannte Literatur hingewiesen.

a) *Kristallrefraktometer.* Das Hilfsprisma besteht aus einer Halbkugel. Das Fernrohr mit Fadenkreuz und vor dem Fernrohrobjektiv befindlicher Kompensationslinse zum Ausgleich der Linsenwirkung der Halbkugel ist um eine waagerechte Achse drehbar, die durch den Kugelmittelpunkt geht. Am Teilkreis kann der Grenzwinkel der Totalreflexion unmittelbar abgelesen werden. Es dient hauptsächlich zur Bestimmung der Brechzahl von Kristallen, wobei die Probe nur 0,5 bis 1 mm² groß zu sein braucht. Zur Dispersionsbestimmung oder zu Differenzmessungen ist eine Mikrometerschraube angebracht. Die Genauigkeit kann bis auf 2 bis 4 Einheiten der 4. Dezimalen gebracht werden.

b) *Abbesches Refraktometer* mit Doppelprisma. Wenige Tropfen der zu untersuchenden Flüssigkeit werden in den planparallelen Zwischenraum von 0,1 mm Dicke zwischen Meßprisma *MP*, das das eigentliche Hilfsprisma zur Brechzahlmessung ist, und Beleuchtungsprisma *BP* gebracht (Abb. 3). Dieses läßt durch eine mattierte Fläche, die mit der Probe in Berührung ist und als sekundäre

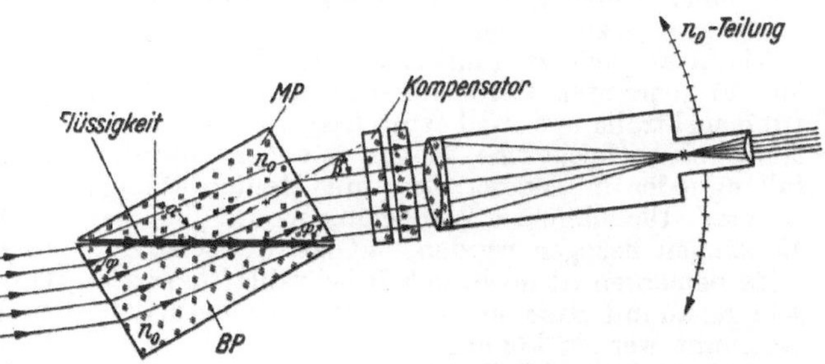

Abb. 3. Schematischer Aufbau des Abbe-Refraktometers mit Doppelprisma. Kompensator angedeutet. Nach Handb. d. Physik XVIII.

Lichtquelle wirkt, unter anderen Strahlen auch solche in die Flüssigkeitsschicht eintreten, die streifend sind und dann im drehbaren Fernrohr die Grenzlinie der Totalreflexion bilden. Die Teilung zur Ablesung der Fernrohrdrehung ist unmittelbar in Brechzahlen ablesbar und gestattet, eine Genauigkeit von ~2 Einheiten der 4. Dezimalen zu erzielen. Für den praktischen Gebrauch ist wichtig, daß für dieses Gerät keine einfarbige Lichtquelle erforderlich ist, sondern daß durch Einbau eines Kompensators Tageslicht oder Glühlampenlicht benutzt werden kann. Der Kompensator besteht aus zwei um die optische Achse des Fernrohrs in entgegengesetztem Sinn drehbaren, für die D-Linie geradsichtigen Amici-Prismen (→Prisma, geradsichtiges). Eine solche Prismenkombination verhält sich wie ein einziges, für die D-Linie geradsichtiges Prisma mit veränderlicher Dispersion. Hierdurch kann die bei Brechzahlmessungen mit weißem Licht an der Grenzlinie entstehende Dispersion aufgehoben werden, und die Grenzlinie erscheint dann gerade für die D-Linie farblos, wodurch die n_D-Bestimmung auch mit weißem Licht möglich ist. Das Gerät gestattet auch Beobachtung in reflektiertem Licht und ist weiterhin zur Untersuchung fester, plastischer Körper oder stark gefärbter Flüssigkeiten eingerichtet.

c) *Eintauchrefraktometer*, dient zur Brechzahlmessung an Flüssigkeiten. Das Hilfsprisma taucht unmittelbar in die Flüssigkeit ein. Ablesung erfolgt an einer im Okular des Fernrohrs befindlichen Teilung. Zur Erweiterung des Meßbereichs sind die Prismen auswechselbar. Auch dieses Refraktometer erlaubt n_D-Bestimmungen bei weißem Licht, da es mit einem Kompensator wie unter b) ausgerüstet ist. Die Genauigkeit beträgt 2 bis 4 Einheiten der 5. Dezimalen. Durch ein zusätzlich anbringbares Beleuchtungsprisma wie unter b) können auch Brechzahlen von sehr kleinen Flüssigkeitsmengen gemessen werden.

d) *Pulfrich-Refraktometer*. Das auswechselbare und gegebenenfalls heizbare Hilfsprisma hat einen brechenden Winkel von 90°, und das Refraktometer ist mit einer besonderen, fest eingebauten Beleuchtungseinrichtung versehen, wodurch es sehr handlich ist. Es wird auch als Refraktometer für Chemiker bezeichnet. Das mit dem Teilkreis fest verbundene Fernrohr ist um eine waagerechte Achse drehbar. Er erlaubt mit Hilfe einer Mikrometerschraube auch sehr einfache Dispersionsbestimmungen und ist für Flüssigkeiten und feste Körper geeignet. Der Apparat erlaubt Brechzahlen mit einer Genauigkeit von etwa 1 Einheit der 4. Dezimalen zu messen.

Als Lichtquelle wird mit Ausnahme der unter b) und c) genannten Refraktometer meist eine Natriumspektrallampe und zur Dispersionsbestimmung eine Geislersche Röhre mit Wasserstofffüllung oder in neuerer Zeit mit Heliumfüllung benutzt. Die üblichen Wellenlängen, auf die die Messungen bezogen werden, →Glas, optisches.

Zu bemerken ist noch, daß Brechzahl*differenzen* sehr genau mit Hilfe interferometrischer Methoden bestimmt werden können.

Handb. d. Physik XVIII. Berlin 1927.

Refraktometrie →Interferometrie, →Refraktometer.

Refraktometrische Analyse, chemisch-analytisches Spezialverfahren, bei dem aus der Brechungszahl einer Substanz auf den Gehalt der Lösung an einer bestimmten Komponente geschlossen wird. Der Zusammenhang zwischen der Lichtbrechung und der Zusammensetzung muß für jeden einzelnen Fall empirisch bestimmt werden, weshalb das Verfahren im allgemeinen nur für Serienanalysen ganz einfacher Systeme in Frage kommt. Die erreichbare Genauigkeit ist meist geringer als bei den maß- oder gewichtsanalytischen Methoden. Jedoch gibt die besondere Einfachheit und Schnelligkeit, mit der die Bestimmung der Brechungszahl ausgeführt werden kann, dem Verfahren in vielen Fällen einen Wert. Für Flüssigkeiten verwendet man meist das für analytische Zwecke eigens konstruierte Eintauchrefraktometer oder auch das Pulfrich-Refraktometer. →Refraktometer.

Refraktor, Himmelsfernrohr (→astronomisches Fernrohr) mit Linsenoptik. Ein *visueller* Refraktor (*photographischer* Refraktor →Astrograph) dient zur direkten Beobachtung von Himmelskörpern (z. B. Planetenoberflächen), als Leitrohr bei photographischen Aufnahmen, zur absoluten Richtungs- und Zeitmessung im Meridiankreis, Vertikalkreis oder Passageninstrument, zur Messung von kleinen Richtungsunterschieden (z. B. Abstände von Doppelsternen) in Verbindung mit →Mikrometern, zur Photometrie der Gestirne in Verbindung mit →Sternphotometern. Der Refraktor besteht aus einem im allgemeinen zweilinsigen achromatischen Objektiv, das durch eine Rohrmontierung mit dem Okular verbunden ist. Objektiv und Okular, deren einander zugewandte Brennpunkte zusammenfallen, bilden eine brennpunktlose Linsenfolge. Betragen die Bildbrennweiten von Objektiv und Okular f_1' und f_2', so erscheint dem hinter dem Okular befindlichen Auge ein entfernter Gegenstand mit der Vergrößerung $\Gamma' = -f_1'/f_2'$, man erhält wegen $f_1' > f_2'$ ein vergrößertes, umgekehrtes Bild. Durch das Okular wird die Objektivöffnung (Eintrittspupille vom Durchmesser D) in der Nähe seines hinteren Brennpunktes abgebildet. Durch diese Austrittspupille vom Durchmesser $d = D/|\Gamma'|$, an deren Ort das Auge bringt, beobachtet man das Bild. Die Vergrößerung, bei der der Durchmesser der Austrittspupille gleich dem der Augenpupille (6 bis 7 mm für das dunkeladaptierte Auge) ist, bezeichnet man als *Normalvergrößerung*. Diese Vergrößerung ergibt die größte Lichtstärke bei Beobachtung flächenhafter Objekte (Nebel, Kometen usw.). Bei Sternbeobachtungen benutzt man meist stärkere Vergrößerungen. Sterne erscheinen als kleine Beugungsscheibchen vom Durchmesser $13''/D\,[\mathrm{cm}]$; dieser Wert ist gleichzeitig die *Grenze des Auflösungsvermögens* für die Trennung enger Doppelsternsysteme oder die Erkennung von Einzelheiten auf Planetenoberflächen u. dgl. Infolge der Wirkung der →Szintillation wird das Auflösungsvermögen allerdings auf etwa $0{,}''5$ beschränkt.

Der störendste Bildfehler bei visuellen Refraktoren wird durch die Farbenabweichungen der Objektive hervorgerufen. Da bei einem achromatischen Objektiv die Schnittweiten nur für zwei Wellenlängen (im allgemeinen 4861 und 6563 Å) gleich sind, verbleiben restliche Abweichungen, die als *sekundäres Spektrum* bezeichnet werden und je nach der Fokusstellung gelbe oder blaue Säume der Bilder hervorrufen. Bei einem normalen Achromaten betragen die Farbenlängsabweichungen etwa $^6/_{10\,000}$ der Brennweite, bei Objektiven aus Spezialgläsern mit vermindertem sekundärem Spektrum etwa $^3/_{10\,000}$ der Brennweite.

Regelation. Da der Schmelzpunkt des Eises mit wachsendem Druck sinkt, so schmilzt es unter genügend hohem Druck. Bei Nachlassen des

Druckes gefriert es wieder (Regelation). Hierauf beruht das Zusammenbacken von Schnee unter Druck (Schneeball) und wenigstens teilweise das plastische Fließen der Gletscher, sowie die besondere Glätte des Eises, indem es unter dem Druck einer Sohle, einer Kufe usw. örtlich schmilzt. Das Schmelzwasser wirkt als Schmiermittel.

Regelphotozelle, hat die Aufgabe, in Regelkreisen als *Regelbefehlsglied* zu wirken, um irgendeine Größe auf einem vorher einstellbaren Sollwert dauernd konstant zu halten. Auf diese Art sind z. B. Temperaturregler von höchster Genauigkeit zu verwirklichen.

Briebrecher, H.: Z. techn. Phys. 18, 431 (1937). — *Oppelt, W.:* Grundgesetze d. Regelung. Wolfenbüttel 1947.

Regelrechtes Multiplett. Ein Multiplettermsystem heißt *regelrecht* (oder *normal*), wenn die Komponenten energetisch in der Reihenfolge der J-Werte liegen, also die mit kleinstem J am tiefsten. Im umgekehrten Fall heißt das System ein *verkehrtes* Multiplett.

Regelröhren sind Verstärkerröhren, bei denen der Durchgriff infolge variabler Steigung der Drähte des Steuergitters stark variiert und entsprechend Steilheit und Verstärkungsfaktor als Funktion der Gitterspannung wesentlich langsamer als bei einer normalen Verstärkerröhre auf Null absinken (angenähert nach einer Exponentialfunktion). Durch Verlagerung des Arbeitspunktes der Röhren läßt sich die Verstärkung in weiten Grenzen (1 : 500 bis 1000) stetig ändern, wovon bei der Fading-Regelung Gebrauch gemacht wird.

Rothe, H., u. *W. Kleen:* Grundl. u. Kennlinien d. Elektronenröhren. Leipzig 1948.

Regelwiderstände dienen zum Einstellen von Strömen oder Spannungen bei elektrischen Maschinen, Meßgeräten oder Schaltungen. Man verlangt von ihnen einen sicheren Kontakt der Regelorgane und eine geringe Änderung des eingestellten Widerstandswertes. Praktisch winkelfreie Schiebewiderstände können durch Verwendung einer Kreuzwicklung gebaut werden, bei der zwei gegenläufige Wicklungen sich bei jeder Windung zweimal kreuzen.

Regen →Niederschlagsbildung.

Regen, künstlicher. Die natürliche →Niederschlagsbildung erfolgt nur, wenn die in den höher gelegenen Teilen der Wolke vorhandenen unterkühlten Tropfen durch Wirkung von Kristallkeimen in →Eiskristalle übergegangen sind. Die Kristalle wachsen schneller als die Tropfen, indem sie unterkühlte Tröpfchen anlagern, und fallen als Schnee oder Regen aus. Die Kristallbildung setzt erst bei etwa −12 °C ein und kann bis −39 °C verzögert sein. Um sie eher beginnen zu lassen, versucht man die Wolke zu impfen, indem man Trockeneis dicht oberhalb der 0°-Höhe in die Wolke einschließt oder Silberjodid (mit Eis nahezu isomorph) in die Aufwindströmung der Wolke einführt. Die vorzeitige Kristallbildung soll zum vorzeitigen Ausregnen führen. Die bisherigen Versuche ergaben entweder Auflösung der vorhandenen Wolken ohne Regenfall am Boden, oder sie ließen keinen Entscheid darüber zu, ob der Regen auch ohne künstliche Hilfe gefallen wäre. Fast alle Autoren berichten daher von negativen Ergebnissen; nur *I. Langmuir* meint, daß die Dosierung der Impfung für den Erfolg ausschlaggebend sein kann. — Auf jeden Fall ist künstliche Regen-

erzeugung nicht möglich, wenn keine hinreichend wasserhaltigen Wolken vorhanden sind.

Houghton, H. G.: Bull. Amer. Meteor. Soc. 32, 29 (1951). — *Langmuir, I.:* Phys. Bl. 7, 56 (1951).

Regenbogen. Der Hauptregenbogen (Halbmesser 42°) entsteht durch zweimalige Brechung und einmalige Spiegelung an der Innenwand der Regentropfen, der Nebenregenbogen (Halbmesser 51°) bei zweimaliger innerer Spiegelung; einfache Theorie von *Descartes.* Die Farbenfolge, die mit der Tropfengröße veränderlich ist, kann nur durch Mitberücksichtigung der Beugung in den Tröpfchen erklärt werden. Bei großen Tropfen ist der Bogen schmal und leuchtend farbig; auf der Innenseite des Haupt- und der Außenseite des Nebenregenbogens schließen sich zwei oder mehr schwachgefärbte sekundäre Bögen (Interferenzstreifen) an. Je kleiner die Tropfen, desto breiter und matter wird die Farbenverteilung; der *Nebelbogen* bei Tropfendurchmessern von 0,05 mm ist breit und weiß.

Handb. d. Experimentalphysik XXV/1. Leipzig 1928. — *Pernter, J. M.,* u. *F. M. Exner:* Meteorol. Optik. Wien 1922. — *Buchwald, E.:* Optik 3, 4 (1948).

Regenbogenhaut = →Iris.

Regeneratoren. An Stelle von →Wärmeaustauschern können zur Wärmeübertragung zwischen Gasen auch Regeneratoren verwendet werden. Das sind paarweise angeordnete Behälter oder Kammern, die mit einer Füllung — z. B. Steinausmauerung bei metallurgischen Prozessen, geriffelten Blechhorden bei der →Luftzerlegung — so ausgefüllt sind, daß die Gase die Füllkörper möglichst allseitig bespülen. Jedes Gas wird durch eine der Kammern geleitet, jedoch wird jeweils nach einer gewissen Zeit umgeschaltet, so daß die zunächst durch das wärmeabgebende Gas erwärmte Füllung durch das wärmeaufnehmende Gas wieder abgekühlt wird. Im Gegensatz zu den Wärmeaustauschern erfolgt hierbei also die Übertragung der Wärme nicht durch eine feste Wand hindurch, sondern durch Wärmeaufnahme, Speicherung und Wärmeabgabe der Füllung. Der Vorteil der Regeneratoren besteht in ihrer billigen Herstellung sowie den wesentlich geringeren Anforderungen an das Material, so daß sie z. B. auch für sehr hohe Temperaturen brauchbar sind, jedoch läßt sich eine Vermischung der beiden Gase beim Umschalten nicht vermeiden.

Schack, A.: Der industr. Wärmeübergang. Düsseldorf 1948. — *Hausen, M.:* Wärmeübertragung im Gegenstrom, Gleichstrom u. Kreuzstrom. Berlin-Göttingen-Heidelberg 1950.

Regenmesser →Niederschlagsmesser.

Register. Der Tonbereich vieler Musikinstrumente läßt sich mehr oder weniger zwanglos in einzelne klangfarben- und lautstärkemäßig unterscheidbare Gebiete aufteilen, die als *Register* bezeichnet werden. Holzblasinstrumente besitzen meist drei Register, z. B. die Klarinette ein Schalmei-, Mittel- und Klarinregister. Bei der menschlichen Singstimme unterscheidet sich die Bruststimme, bei der die Muskel- und Knorpelteile der →Stimmlippen mit vollem Glottisverschluß schwingen, von der durch Schwingungen der Muskelteile allein bei unvollständigem Glottisverschluß charakterisierten Kopfstimme.

Manche Tasteninstrumente (Cembalo, Harmonium, →Orgel) können jeden Ton in verschiedener Registrierung erklingen lassen. So pflegt man z. B.

die Orgelregister einzuteilen nach der Pfeifen*art* (offene und gedackte Lippenpfeifen, aufschlagende und durchschlagende Rohrpfeifen), der Pfeifen*form* (eng, weit, konisch, trichterförmig) und dem Pfeifen*material* (Metall, Holz). Eigene Register entstehen ferner durch Kombination von weiten (d. h. obertonarmen) Lippenpfeifen, deren Frequenzen ganzzahlige Vielfache des angeschlagenen Tones (Aliquotstimmen) sind, und schließlich auch durch gleichzeitiges Erklingenlassen von an sich bereits obertonreichen Pfeifen, die ebenfalls auf Harmonische des Grundtons abgestimmt sind (gemischte Stimmen: Instrumentalimitatoren und Mixturen).

Koch, W.: Abriß d. Instrumentenkde. Kempten u. München 1912. — *Smets, P.:* Die Orgelregister. Mainz 1943.

register ton, abgek. reg.tn, in den englisch sprechenden Ländern übliche Volumeneinheit, definiert als 10^2 cu.ft (→cubic foot): 1 reg.tn (Brit) = 2,831 68 m³, 1 reg.tn (USA) = 2,831 70 m³.

Registriergeräte, Meßgeräte zur fortlaufenden oder unterbrochenen selbsttätigen Aufzeichnung von Vorgängen, die zu rasch oder zu langsam für die unmittelbare Beobachtung erfolgen. *Registriergeräte mit Schreibeinrichtung* als Tintenschreiber oder Fallbügelregistriergeräte (Punktschreiber) haben einen senkrecht zum Ausschlag des Meßgerätes ablaufenden Papierstreifen; Registriergeräte als Impulsregistriergeräte haben ein sich während der Registrierperiode kreisförmig einmal umdrehendes, druckempfindliches Registrierblatt, auf dem sich radial ein von der Meßgröße gesteuerter Schreibstift bewegt. *Photographische Registrierung* verwendet man bei Meßgeräten mit Lichtzeigern, bei denen das Drehmoment für eine mechanische Registrierung nicht ausreicht oder bei dem der Meßvorgang sehr rasch verläuft (→Oszillographen). Der Lichtpunktlinienschreiber benutzt ein für kurzwelliges ultraviolettes Licht empfindliches Spezialpapier mit einer kleinen Höchstdruck-Quecksilberdampflampe als Lichtquelle und vermeidet damit photographische Entwicklung und Fixierung.

Registrierphotometer, ein →Mikrophotometer zur automatischen Ausmessung und Registrierung des Schwärzungs- bzw. Durchlässigkeitsverlaufes photographischer Spektralaufnahmen. Über die optische Einrichtung →Mikrophotometer. Die Registrierung der Ausschläge des Anzeigeinstrumentes erfolgt auf einer bewegten photographischen Platte oder auf bewegtem lichtempfindlichem Papier. Beim *Moll*schen Registrier-Mikrophotometer wird als Meßgerät für die von der geschwärzten Platte hindurchgelassene Strahlung eine empfindliche Thermosäule geringer Trägheit benutzt, als Anzeigeinstrument ein Spiegelgalvanometer, dessen Lichtzeiger die Galvanometerausschläge auf ein synchron mit der Platte bewegtes lichtempfindliches Papier aufzeichnet. Bei den Registrierphotometern von *Rosenberg*, von *Koch-Goos* und von *Hansen* wird an Stelle der Thermosäule eine Vakuumphotozelle verwendet, als Anzeigeinstrument ein Einfadenelektrometer in Aufladeschaltung. Der beleuchtete Elektrometerfaden wird auf das Registrierpapier oder die Registrierplatte abgebildet und schreibt die Ausschläge auf.

Ornstein, Moll u. *Burger:* Objektive Spektralphotometrie. Braunschweig 1932. Handb. d. Physik XIX. Berlin 1929.

Regler →Spannungs-, →Stromkonstanthaltung.

Regressionsgerade. Trägt man die Beobachtungswerte zweier Erscheinungen, zwischen denen irgendein Zusammenhang vermutet wird, in einem Schaubild mit zwei rechtwinkligen Achsen auf, dann bezeichnet man in der →Korrelationsrechnung (KR.) als Regressionsgerade (RG.) diejenige →ausgleichende Gerade durch die erhaltenen Punkte, die den Zusammenhang am besten darstellt. Wegen der Schwankungen in den Beobachtungsreihen infolge „zufälliger" Einflüsse (→Zufall), zu denen hier im Gegensatz zu den →Beobachtungsfehlern im Sinne der →Ausgleichungsrechnung (AR.) neben den überhaupt nicht erfaßbaren auch die in der angewandten Methode nicht erfaßten zählen, erhält man zwei verschiedene RG., je nachdem welcher Reihe man die Zufälligkeit zuschreibt. In Anlehnung an die „Biometrik" (nach *H. With*), das ursprüngliche Anwendungsgebiet der KR., führt man zur eindeutigen Erfassung der Beziehung zwischen beiden Reihen die mittlere RG. ein. Als Maß der „Sicherheit" für Werteentnahmen aus der RG. dient die „(mittlere) Schwankung", die formal dem mittleren Fehler in der AR. entspricht. Ein treffendes Beispiel ist der Zusammenhang zwischen der Länge von Fichtenzapfen und der Sommertemperatur, bei dem im Gegensatz zur Beziehung zwischen Länge und Temperatur eines Metallstabes noch andere nicht erfaßte physikalische, chemische und biologische Ursachen mitwirken.

Hugershoff, R.: Die Ausgleichsrechnung, Kollektivmaßlehre u. Korrelationsrechnung im Dienste von Technik, Wissenschaft u. Wirtschaft. Samml. Wichmann 10. Berlin 1948.

reg.tn, Symbol für die Volumeneinheit →register ton.

Regula falsi, dient dazu, eine reelle Wurzel ξ einer algebraischen oder transzendenten Gleichung $f(x) = 0$ angenähert zu berechnen, wenn man ein Intervall $a_1 < \xi < a_2$ kennt, in dem ξ liegt. Ein solches findet man etwa, indem man zwei benachbarte Werte a_1 und a_2 aufsucht, für die $f(a_1)$ und $f(a_2)$ entgegengesetzte Vorzeichen haben. Dann liegt zwischen a_1 und a_2 (mindestens) eine reelle Wurzel x_0 (Abb.). Die angenäherte Berechnung von x_0 geschieht derart, daß man den Schnittpunkt $P(\xi, 0)$ der die Punkte $P_1(a_1 f(a_1))$ und $P_2(a_2 f(a_2))$ verbindenden Geraden (Sehne $P_1 P_2$) mit der x-Achse bestimmt. Die Abszisse von P berechnet sich aus den bekannten Daten nach der als regula falsi bezeichneten Formel:

$$\xi = a_1 - \frac{a_1 - a_2}{f(a_1) - f(a_2)}\, f(a_1).$$

Sieht man a_1 und a_2 als erste grobe Näherung der

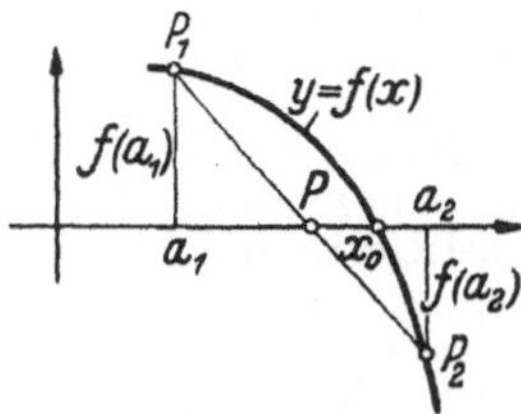

Regula falsi.

gesuchten Wurzeln an, so stellt ξ eine bessere Näherung dar. Mit dem neuen Wert ξ und einem geeigneten alten läßt sich das Verfahren fortsetzen und führt bald zu Werten hinreichender numerischer Genauigkeit. Ein anderes Verfahren, Näherungslösungen für $f(x) = 0$ zu finden, ist das →Newtonsche Näherungsverfahren.

Reguläres Kristallsystem = kubisches Kristallsystem, →Kristallklassen.

Reibelaute →Sprache.

Reibschwingungen, durch Reibung erzeugte Schwingungen fester Körper. Ein bekanntes Beispiel ist die angestrichene Violinsaite. Diese ist mit dem Bogen, der die zur Aufrechterhaltung der Schwingungen notwendige Energie liefert, durch trockene (Coulombsche) Reibung gekoppelt. Die trockene Reibung unterscheidet sich von der Flüssigkeitsreibung dadurch, daß eine Relativbewegung der beiden aneinander reibenden Körper nicht bei beliebig kleinen verschiebenden Kräften erfolgt; eine Bewegung findet vielmehr nur statt, wenn die Kraft die →Haftreibungskraft überschreitet. So wird die Violinsaite vom Bogen zunächst mitgenommen, bis die zunehmende Saitenspannung die Haftreibung überwindet und die Saite entgegen der Streichrichtung über die Ruhelage hinaus zurückschnellt und eine Zeitlang frei ausschwingt; schließlich wird sie vom Bogen wieder erfaßt, und der Vorgang der Mitnahme und des Loslassens wiederholt sich (Abb.). Unter günstigen Umständen (passende Stelle des Anstrichs, richtige Bogenführung) wird die Saite in ihrer tiefsten Eigenfrequenz erregt, doch ist die Schwingung, wie die Abb. zeigt, infolge ihrer Sägezahnform sehr obertonreich.

Reibschwingungen können überall auftreten, wo trockene Reibung vorhanden ist. Hierher gehören z. B. die durch Reiben eines Stabes mit einem feuchten Lappen erzeugten Töne, das Quietschen schlecht geschmierter Angeln und eines Griffels

Schwingungen einer angestrichenen Saite.

auf einer Tafel, die Schwingungen der Radsätze von Schienenfahrzeugen, die beim Durchfahren von Kurven infolge der festen Verbindung der auf der Achse sitzenden Räder auf den Schienen gleiten, usw.

Die Reibschwingungen gehören zur Gruppe der selbstgesteuerten Schwingungen (→Selbststeuerung von Schwingungen).

Reibung, Sammelname für alle Erscheinungen, bei denen eine Relativbewegung zweier sich berührender Flächen durch eine in den Flächen wirkende Kraft gehemmt wird.

I. Reibung zwischen festen Flächen.

1. *Gleitreibung* tritt auf beim Aufeinandergleiten zweier fester Flächen. Nach dem →Coulombschen Reibungsgesetz ist die Reibungskraft $k_r = f k_n$ nur vom Reibungskoeffizienten f und der Normalkraft k_n, mit der die Flächen aufeinander drücken, aber (näherungsweise) nicht von der Größe der sich berührenden Flächen abhängig.

2. *Rollreibung* tritt ein, wenn mindestens eine von zwei sich berührenden Flächen gekrümmt ist und gleitungsfrei auf der anderen abrollt. Sie beruht auf einer asymmetrischen Verformung an der Berührungsstelle und wird durch die dabei auftretende innere Reibung (s. u.) verursacht. Rollt

z. B. eine gekrümmte Fläche auf einer weicheren ebenen Fläche ab, so wird vor allem die letztere verformt (Abb.). Bei kurzzeitiger Belastung ist diese Verformung zwar reversibel „elastisch". Infolge der elastischen Nachwirkung (Relaxation) hinkt aber die erzeugte Spannung hinter der Scherung nach, so daß nicht sofort die ganze

Zur Rollreibung.

Kraft der Verformung wirksam wird. Dadurch entsteht ein dem Wälzsinn des Körpers entgegengerichtetes Drehmoment N_r, das die Rollbewegung hemmt. Die theoretische Behandlung der Rollreibung ist erst in jüngster Zeit gelungen (*Föppl*). Man verhindert die Rollreibung am wirksamsten durch Härtung der Flächen.

3. *Haftreibung,* der Schwellenwert k_h der Kraft, die erforderlich ist, um das Gleiten fester Flächen aufeinander einzuleiten. Sie gehorcht ebenfalls dem →Coulombschen Reibungsgesetz $k_h = f_h k_n$. Der Haftreibungskoeffizient ist von der Größe der sich berührenden Flächen (näherungsweise) unabhängig, und in der Regel ist $f_h > f$. →Gleitwinkel.

II. Innere Reibung tritt auf, wenn ein fester, flüssiger oder gasförmiger Körper durch Schubkräfte ohne Volumänderung deformiert wird bzw. wenn sich zwei aneinander grenzende Schichten des Stoffes verschieden schnell bewegen, wenn also in ihm eine →Gleitgeschwindigkeit besteht. Die innere Reibung erzeugt eine Schubkraft, welche die Geschwindigkeiten auszugleichen sucht, und die dem Newtonschen Reibungsgesetz (→Viskosität) gehorcht, also der Größe F der Gleitfläche, der Gleitgeschwindigkeit c und der Viskosität η des Stoffes proportional ist, $k = \eta F c$. Die Viskosität ist nur bei sehr kleiner →Relaxationsdauer konstant, sonst aber von der Zeit und der Verformungsgeschwindigkeit abhängig. Man unterscheidet daher die Grenzfälle der inneren Reibung der Ruhe und der Bewegung. Bei formbeständigen Stoffen (→Fließfestigkeit) ist erstere unendlich groß. Ferner →Gasreibung, →Nachwirkungserscheinungen, elastische.

Reibungsvorgänge (mit Ausnahme der Haftreibung) sind eine der Hauptursachen für die Entwertung mechanischer Energie durch Verwandlung in Wärme (Übergang der Bewegungsenergie makroskopischer Körper in ungeordnete Molekularenergie). Die Haftreibung sichert u. a. den festen Halt von Nägeln, Schrauben usw. und verhindert das Ausgleiten beim Gehen oder Fahren auf ebener oder geneigter Bahn. Auch liefert die an den Rädern angreifende Haftreibungskraft die eigentliche, äußere Antriebskraft für motorisierte Fahrzeuge.

Sommerfeld, A.: Vorl. über theoret. Physik I u. II. Leipzig 1948/49. Handb. d. Physik V u. VI. Berlin 1927. — *Müller-Pouillet:* Lehrb. d. Physik I/2. Braunschweig 1929.

Reibung, innere →Viskosität.

Reibung in der Atmosphäre. Die Beobachtungen zeigen, daß der Wind in Bodennähe nicht, wie es dem Gleichgewicht des geostrophischen →Windes entspricht, parallel den Isobaren weht, sondern einen Winkel $<90°$ mit dem horizontalen Druckgefälle einschließt und gegenüber der geostrophischen Geschwindigkeit verlangsamt ist. Für einfache Untersuchungen kann dieser Sachverhalt als Folge einer Reibungskraft, die proportional der Geschwindigkeit ist, mit ihr aber einen Winkel $\neq 180°$ einschließt, formuliert werden. Korrekter ist es, einen Ansatz zu wählen, der dem für innere Reibung entspricht, jedoch einen 10^5- bis 10^6-fachen Reibungskoeffizienten, den Austauschkoeffizienten verwendet ($\to$Massenaustausch in der Atmosphäre). Das ist erforderlich, weil die Schubspannungen im turbulenten Strömungszustand der Atmosphäre nicht durch Molekülbewegungen, sondern durch turbulente Querbewegungen von Luftballen erzeugt werden. Im Gleichgewicht zwischen dieser „Scheinreibung", dem horizontalen Druckgradienten und der ablenkenden Kraft der Erddrehung (Coriolis-Kraft, $\to$Relativbewegungen) ergibt sich eine mit zunehmender Höhe spiralig erfolgende Annäherung des Windvektors an den geostrophischen Wind. Die Geschwindigkeit nimmt zunächst rasch, später langsam mit der Höhe zu; der Winkel zwischen Bodenwind und Druckgefälle ist bei Zunahme des Austausches mit der Höhe etwa 65° und nimmt langsam zu. Die Geschwindigkeit des Windes in Bodennähe zeigt entsprechend den Gesetzen der Strömung an rauhen Flächen eine Zunahme proportional dem Logarithmus der Höhe. Bei stabiler Luftschichtung ist die Verteilung besser durch Potenzgesetze der Form $v \sim z^{1/p}$ darstellbar. In beiden Formeln variieren die Konstanten mit der Rauhigkeit der Unterlage.

Lettau, H.: Atmosphär. Turbulenz. Leipzig 1939. — *Prandtl, L.:* Strömungslehre. Braunschweig 1949.

Reibungselektrizität (*Triboelektrizität*), ist identisch mit der $\to$Berührungsspannung. Die Reibung vermittelt lediglich einen besonders engen Kontakt der Flächen.

Reibungsgesetze. Feste Flächen $\to$Coulombsches Reibungsgesetz; innere Reibung $\to$Viskosität (Newtonsches Reibungsgesetz), $\to$Stokessches Reibungsgesetz; $\to$Reibung, $\to$Gasreibung.

Reibungskegel $\to$Gleitwinkel.

Reibungskoeffizient $\to$Coulombsches Reibungsgesetz.

Reibungslumineszenz tritt beim Mörsern von Phosphoren vielfach auf. Sie ist nichts anderes als $\to$Tribolumineszenz oder Trennungsleuchten, welches durch elektrische Entladungen beim Reiben oder Auseinanderbrechen von Kristallen auftritt. Die Erscheinung kann auch an vielen anderen Stoffen, wie z. B. Zucker, beobachtet werden. Die Lichtemission zeigt u. a. das gleiche Spektrum wie eine elektrische Entladung in Luft.

Reibungsmanometer. Die innere Reibung der Gase, die bei höheren Drucken vom Gasdruck unabhängig ist, wird bei niedrigeren Drucken druckabhängig, sobald die mittlere freie Weglänge der Gasmoleküle vergleichbar mit dem Abstand der gegeneinander bewegten Teile oder den Dimensionen der frei schwingenden Teile wird. So wird z. B. ein Reibungsmanometer so aufgebaut, daß eine etwa an einem Torsionsfaden drehbar aufgehängte Scheibe einer rotierenden Scheibe gegenübersteht. Auf erstere wird dann von letzterer ein vom Gasdruck abhängiges Drehmoment übertragen, so daß ihr Ausschlag ein Maß für den Druck ist. Andere übliche Formen sind das $\to$Schwingungsmano-

meter und das $\to$Quarzfadenpendel. Allen Reibungsmanometern gemeinsam ist der Vorteil, daß sie ohne gasabgebende Metallteile im Vakuum aufgebaut und ihre wesentlichen Teile aus Glas oder Quarz hergestellt werden können, wodurch eine erhebliche Korrosionsbeständigkeit gegeben ist.— Ein Nachteil der Reibungsmanometer ist, daß alle Reibungsmanometer zu Oberschwingungen neigen.

Wetterer, G.: Z. Physik **20**, 281 (1939).

Reibungswiderstand (hydrodynamisch) W_R im allgemeinen Sinne heißt jede Übertragung von Schubspannungen τ_0 bei Relativbewegungen zwischen strömenden Medien und festen Wänden. Er ist von der Größe (Breite b, Länge l) und Form der Oberfläche, von der Zähigkeit η der Flüssigkeit, von der Gleitgeschwindigkeit $\partial u/\partial y$ senkrecht zu dem Oberflächenelement sowie von dessen Rauhigkeit abhängig. Die Reibung spielt eine Hauptrolle bei der Strömung entlang einer ebenen Platte. Sie ergibt sich aus der Schubspan-

$$\text{nung } \tau_0 = \eta \left(\frac{\partial u}{\partial y} \right)_{y=0} = C_f \frac{\varrho\, v_0^2}{2} \text{ zu } W_R = b \int_0^l \tau_0\, dx$$

$$= bl\, C_f \frac{\varrho\, v_0^2}{2} \,. \quad \text{Für laminare Strömung gilt}$$

$C_f = 1{,}328/\sqrt{Re}$, für turbulente Strömung (nach *v. Karman-Schönherr*) $\sqrt{C_f} = 0{,}242/\log_{10} (Re\, C_f)$. ($Re$ Reynolds-Zahl.) Der Reibungswiderstand umströmter Körper ist vielfach von der Formgebung abhängig und kann daher nur angenähert aus dem Widerstand ebener Flächen bei gleichen Strömungsbedingungen ermittelt werden. Er ergibt sich genauer aus dem Unterschied zwischen dem Gesamtwiderstand und dem Druckwiderstand oder durch Messen der Geschwindigkeit in unmittelbarer Nähe der Oberflächenelemente. Über den Reibungswiderstand in geschlossenen Leitungen $\to$Druckabfall.

Reibungswinkel $\to$Gleitwinkel.

Reichweite elektrischer Wellen. Die Reichweite elektrischer Wellen hängt von den Ausbreitungsbedingungen an der Erdoberfläche und in der $\to$Ionosphäre ab, die beide eine starke Wellenlängenabhängigkeit aufweisen ($\to$Ausbreitung elektrischer Wellen). Für die $\to$*Bodenwelle* ist sie durch den Absorptionskoeffizienten bedingt, der eine Funktion der elektrischen Leitfähigkeit der Erdoberfläche und der Wellenlänge ist. Für Seewasser hat dieser seinen kleinsten Wert und nimmt bei schlecht leitendem Boden stark zu. Mit wachsender Wellenlänge nähert er sich asymptotisch einem unteren Grenzwert ($\lambda > 5000$ m). Daher ist bei langen Wellen und genügender Sendeleistung mittels der Bodenwelle ein Empfang über die ganze Erde möglich. Für ultrakurze Wellen dagegen liegt die Reichweite der Bodenwelle in der Größenordnung der optischen Sichtweite. Für die Reichweite der *Raumwelle* ist der Einfluß der Ionosphäre maßgebend. Im Mittel- und Langwellenbereich sind die Reflexionsbedingungen der Ionosphäre nur nachts optimal, da am Tage die dämpfende Wirkung von Zwischenschichten (D-Schicht) zu groß ist. Daher ist für Mittelwellen nur nachts Fernempfang möglich. Im Kurzwellenbereich finden sich zu allen Tageszeiten Frequenzbereiche mit optimalen Reflexionsbedingungen in der Ionosphäre und daher geeignete Ausbreitungsbedingungen über große Entfernungen. Allerdings ist ein mehrfacher tageszeitlicher Wellenwechsel notwendig. Ultrakurze Wellen werden in der Ionosphäre nicht zur Erde zurückgebrochen; die Raumwelle liefert daher keinen Beitrag zur Empfangsfeldstärke. Es ist also nur Nahempfang möglich.

Neben dem Absolutwert der Empfangsfeldstärke ist für die Reichweite das Verhältnis von Nutz- zu Störpegel maßgebend. Da der Störpegel im Langwellenbereich wesentlich größer als bei kurzen Wellen ist, sind letztere für große Entfernungen den langen Wellen überlegen.

Vilbig, F.: Lehrb. d. Hochfrequenztechnik. Leipzig 1945.— *Vilbig, F.,* u. *J. Zenneck:* Fortschr. d. Hochfrequenztechnik I u. II. Leipzig 1941/43.

Reichweite molekularer Kräfte →van der Waals-Kräfte.

Reichweite von Schallsignalen. In einer ebenen Schallwelle nimmt die Schallintensität infolge der Absorptionseigenschaften des Mediums nach einem Exponentialgesetz ab. Als Reichweite bezeichnet man konventionell diejenige Strecke, längs derer die Intensität einer ebenen Welle auf die Hälfte sinkt. Bei einer Schallfrequenz von 10 kHz erhält man in Luft eine Reichweite von 220 m, in Wasser von 400 km; bei 1000 kHz (Ultraschallgebiet) verringert sich die Reichweite auf 2,2 cm in Luft und 40 m in Wasser. Die Reichweite von Luftschall wird durch Wasserdampf und Nebeltröpfchen erheblich vermindert.

Die *Schallausbreitung in der Atmosphäre* wird geregelt durch die Veränderung der Temperatur (von der die Schallgeschwindigkeit allein abhängt) mit der Höhe. Eine Temperaturabnahme nach oben hin bedingt gemäß dem Brechungsgesetz eine Krümmung der Schallstrahlen nach oben, sie werden vom Erdboden abgelenkt, wodurch die Reichweite (geometrisch) verringert wird. Dies tritt tagsüber bei der starken Temperaturabnahme mit der Höhe ein. Außerdem ist wegen der größeren Windgeschwindigkeit der Störspiegel hoch, die Hörbarkeit schlecht. Unter dem Einfluß der nächtlichen Temperaturzunahme mit der Höhe (→Inversion) ergibt sich eine Krümmung der Schallstrahlen nach unten hin; die Reichweite wird groß, der Störspiegel ist wegen des bei Nacht geringen Windeinflusses niedrig, die Hörbarkeit gut. — Der Donner ist etwa 10 km weit, starke Explosionen sind bis 30 km auf direktem Wege hörbar.

In der Stratosphäre nimmt die Temperatur mit der Höhe zu, so daß dort die Schallgeschwindigkeit größer wird als am Boden. In einer Höhe von 40 bis 50 km kann so eine *Krümmung der Schallstrahlen* nach unten eintreten und der Schall in einer Entfernung von 100 bis 150 km wieder zur Erde zurückgelangen. Dann besteht zwischen der Schallquelle P_1 (Abb.) und den Punkten P_2 eines gewissen Bereichs der die Schallquelle ringförmig umgebenden *Zone des Schweigens* kein möglicher Weg für Schallstrahlen. Der Schall (Geschützdonner usw.) wird in diesem Bereich nicht, wohl aber wieder in größerer Entfernung gehört. — Wenn die Windgeschwindigkeit mit der Höhe zunimmt, so wird *mit* dem Wind gehender Schall nach unten, *gegen* den Wind gehender Schall nach oben gekrümmt; die Reichweite ist also, wie jeder aus Erfahrung weiß, im ersten Fall größer als im zweiten.

Für die *Schallausbreitung im freien Ozean* ist der Temperaturgradient entscheidend. Im Winter, wenn die Wassertemperatur mit wachsender Tiefe zunimmt, erhält man Reichweiten, die bis zu dreimal so groß wie im Sommer sein können. Bei Wassertiefen von mehr als etwa 1400 m wird der Einfluß einer ungünstigen Temperaturverteilung jedoch durch die Zunahme des Kompressibilitäts-

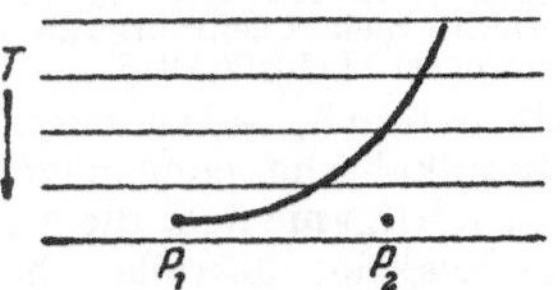

Schallausbreitung in Luft bei mit der Höhe abnehmender Temperatur.

koeffizienten kompensiert, und es findet schließlich immer eine Ablenkung der Schallstrahlen gegen die Wasseroberfläche hin statt. Die größte beobachtete Reichweite liegt bei 6000 km.

Müller-Pouillet: Lehrb. d. Physik V/1. Braunschweig 1928. — *Aigner, F.:* Unterwasserschalltechnik. Berlin 1922.

Reichweite von α-Strahlen →Energie-Reichweite-Beziehung.

Reichweite von β-Strahlen. Die Messung der Reichweite von →β-Strahlen ist dadurch kompliziert, daß diese eine kontinuierliche Energieverteilung besitzen und jeder β-Energie eine besondere Reichweite entspricht. Bei der Messung der Reichweite der β-Strahlen eines einheitlichen radioaktiven Stoffes erhält man daher eine maximale Reichweite, die der maximalen β-Energie entspricht.

Reif →Hydrometeore.

Reifung →Emulsion, photographische.

Reihen →alternierende R.; beständig konvergente →Potenzreihe; →binomische, →Fouriersche, →hypergeometrische, →Laurentsche R.; Maclaurinsche →Taylorsche R.; oszillierende →Konvergenz; →Potenzreihe, →Taylorsche R.; uneigentlich divergente, konvergente →Konvergenz; →unendliche R.

Reihenschaltung von Widerständen →Stromverzweigung, von Kondensatoren →Kondensator, von Stromquellen →Parallel- und Reihenschaltung.

Reinabsorptionsgrad →Durchsichtigkeitsgrad.

Reinelement (*monobares* Element), ein Element, von dem es nur ein einziges stabiles Isotop gibt; Gegensatz →Mischelement.

Reiner Fall →statistische Deutung. Der reine Fall ist charakterisiert durch eine Erwartungsfunktion (→statistische Deutung), für die aus $Erw(R) = a\,Erw^{(1)}(R) + b\,Erw^{(2)}(R)$ folgt, daß $Erw^{(1)}(R) = Erw(R)$ ist. In der Quantenmechanik bezeichnet man den reinen Fall als Zustand.

Reinstoffphosphore sind →Phosphore, welche im reinen Zustand ohne Zusatz besonderer →Aktivatoren phosphoreszenzfähig sind. Es gibt nur sehr wenig Reinstoffphosphore; unter den anorganischen Substanzen sind es die Erdalkaliwolframate und -molybdate und die Zink- und Cadmiumwolframate, unter den organischen Substanzen die Carbazolprodukte. Im Gegensatz zu den Reinstoffphosphoren stehen die →Fremdstoffphosphore.

Reinviskose Flüssigkeiten sind solche, die dem Newtonschen Reibungsgesetz gehorchen. →Viskosität.

Reißdiagramm, Darstellung des Zusammenhanges von Schwingungsamplitude und Betriebsbedingungen beim rückgekoppelten Röhrengenerator. Im Diagramm ist als Ordinate der Anodenwechselstrom oder Schwingkreisstrom, als Abszisse die zugehörige Gittergleichspannung aufgetragen. Parameter ist die Rückkopplung. Es vermittelt einen Überblick über die Gebiete labiler und stabiler Schwingungszustände.

Barkhausen, H.: Elektronenröhren III. Leipzig 1949. — *Rothe, H.,* u.*W. Kleen:* Elektronenröhren als Schwingungserzeuger u. Gleichrichter. Leipzig 1948.

Reißfestigkeit →Bruch, →Dehnungskurve.

Reiz, eine physikalische oder chemische Einwirkung auf einen Organismus, die eine Empfindung oder eine Reaktion desselben hervorruft.

Reizart, jetzt →Farbart.

Reizgesetz von Nernst. Die Schmerzhaftigkeit beim Durchgang elektrischer Ströme durch Gewebe kommt von den Veränderungen der Ionenkonzentration, insbesondere an Membranen. Wechselströme sind besonders schmerzerregend, wenn sie geringe Frequenzen haben. Werden aber die Frequenzen sehr gesteigert, so kommen die Ionenbewegungen in immer geringerem Maße zustande. Bei ungefähr 10^6 Hz gehen Wechselströme ohne Schmerzerregung durch die Gewebe. Als erste rohe Näherung für die Abhängigkeit des Schmerzreizes von der Frequenz hat *Nernst* vorgeschlagen: Der Reiz ist annähernd proportional dem reziproken Wert der Wurzel aus der Frequenz $R \sim \sqrt{1/\nu}$.

Reizschwelle →Hörschwelle, →Schwelle, optische.

Reizsumme, jetzt Farbwertsumme.

Reizwerte, optische, der Reizwirkungsgrad einer Lichtstrahlung, der — neben der Energie der Strahlung — wesentlich von der Durchlässigkeit der dioptrischen Medien (→Auge), dem Absorptionsvermögen der →Sehstoffe für ihre Wellenlänge und dem Adaptationszustand des Auges (→Adaptation) abhängig ist. →Lichtsinn.

Reizzeit, allgemein die Darbietungszeit eines Reizes; speziell die zur Erzeugung einer Empfindung oder Reaktion mindestens erforderliche Einwirkungszeit. →minimale Expositionszeit, →Nutzzeit.

Rekombination (*Wiedervereinigung*) von ungleichnamigen Ladungsträgern erfolgt beim Zusammenstoß durch Austausch eines Elektrons ($A^+ + B^- \to A + B$ bzw. $A^+ + A^- \to 2\,A$) bzw. bei der Neutralisation eines positiven Ions durch ein freies Elektron ($A^+ + e \to A$). Für die Abnahme der Trägerkonzentrationen n^+ und n^- gilt $dn^+/dt = dn^-/dt = -\alpha n_+ n_-$ bzw. wenn $n^+ = n^- = n$ (quasineutrales Plasma) $dn/dt = -\alpha n^2$. Der *Rekombinationskoeffizient* α [cm³/s] hängt von Druck, Temperatur und den Trägerarten ab. Bei der Rekombination von Ionen wird die Ionisierungsarbeit von A^+ abzüglich der Elektronenaffinität von B^- frei; die Differenz tritt als kinetische Energie der neutralen Moleküle in Erscheinung oder wird einem dritten Molekül übertragen (*Dreierstoß*). Die bei der Rekombination von Ion und Elektron frei werdende Ionisierungsarbeit und die kinetische Energie des Elektrons werden entweder als Quant abgestrahlt, wobei das entstandene Atom angeregt zurückbleiben kann (Seriengrenzkontinua, Rekombinationsleuchten), oder einem dritten Atom oder Elektron als kinetische Energie übertragen (strahlungslose Rekombination, Rekombination im Dreierstoß).

Bei der Ionenrekombination wirkt der elektrischen Anziehung die thermische Molekularbewegung entgegen. In Gebieten hohen Druckes

erfolgt die Annäherung infolge der Reibung im widerstehenden Mittel mit so geringer Geschwindigkeit, daß jedes Zusammentreffen auch zur Vereinigung führt. α ist dann durch die Trägerbeweglichkeiten bestimmt: $\alpha = e\,[\varepsilon_0\,(b^+ + b^-)]$ (ε_0 elektrische →Feldkonstante). Für niedrige Drucke ist die Geschwindigkeit, mit der die Träger aufeinander zu fliegen, so groß, daß Rekombination nur erfolgt,

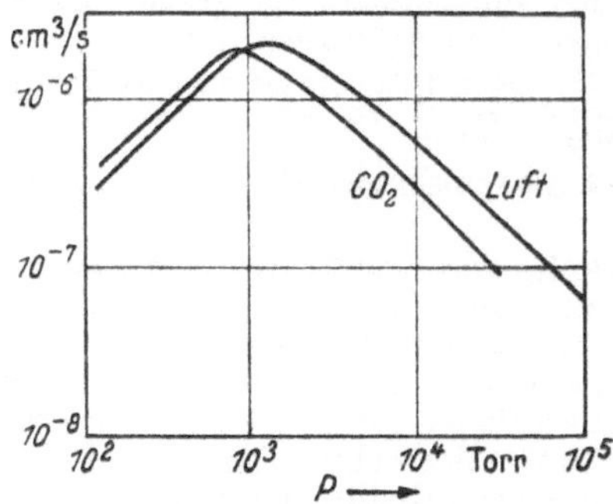

Abb. 1. Druckabhängigkeit des Rekombinationskoeffizienten in Luft und CO₂.

wenn innerhalb der *Rekombinationssphäre* durch einen Zusammenstoß mit einem Atom die überschüssige Energie abgeführt werden kann (*Thomson*). Der Radius r der Sphäre ist dadurch bestimmt, daß die potentielle Energie der Anziehung $e^2/(4\,\pi\,\varepsilon_0\,r)$ gleich ist der mittleren thermischen Energie $\tfrac{3}{2}kT$, nämlich $r = e^2/(6\,\pi\,\varepsilon_0\,kT)$. Es ergibt sich dann $\alpha = \eta\,\pi d^2 v$ (v Relativgeschwindigkeit der Ionen). Die *Dreierstoßwahrscheinlichkeit* η hängt von $d = 2r$ und der freien Weglänge ab. Beide Formeln geben in ihren Gültigkeitsbereichen den Verlauf des Rekombinationskoeffizienten annähernd richtig wieder (Abb. 1).

Genauere Überlegungen berücksichtigen die Art der Entstehung der Ionen. So ist bei hohem Druck die wahre Wiedervereinigung zweier ursprünglich demselben Molekül angehörenden Ladungen sehr wahrscheinlich; z. B. erfolgt sie bei der Kolonnenionisation durch α-Strahlen unmittelbar nach dem Entstehen der Ionenkolonne wesentlich schneller als einige Zeit danach (*Initialrekombination*).

Die Tabelle gibt Zahlenwerte des Rekombinationskoeffizienten von positiven und negativen Ionen bei 760 Torr und 20 °C.

	α [cm³ s⁻¹]
Luft	$1{,}60 \cdot 10^{-6}$
H₂	$0{,}3$ bis $1{,}44 \cdot 10^{-6}$
O₂	$1{,}61 \cdot 10^{-6}$
CO₂	$1{,}65 \cdot 10^{-6}$

Die Elektronenrekombination im Zweierstoß ist der inverse Vorgang zur Photoionisation. Der Einfangquerschnitt nimmt mit wachsender Elektronengeschwindigkeit rasch ab und hängt auch noch von dem Energieniveau ab, in dem der Einfang erfolgt (Tabelle). Die Einfangquerschnitte sind, verglichen mit dem gaskinetischen

Term	Cs⁺
$1S$	$0{,}015 \cdot 10^{-21}$ cm²
$2P$	$6{,}0 \cdot 10^{-21}$,,
$3D$	$6{,}0 \cdot 10^{-21}$,,

Querschnitt ($\sim 10^{-16}$ cm²), sehr klein. Abb. 2 gibt nach *Mohler* die Elektronenrekombination in den $2P$-Zustand für Cs, berechnet aus dem Wiedervereinigungsleuchten, in Abhängigkeit von der Elektronentemperatur.

In selbständigen Gasentladungen spielt die Rekombination praktisch nur dann eine Rolle, wenn

Elektronen niedriger Temperatur in großen Konzentrationen vorhanden sind, so im negativen Glimmlicht und der elektrodenlosen Ringentladung, wo auch die typischen Rekombinationsspektren zu beobachten sind. Rekombination

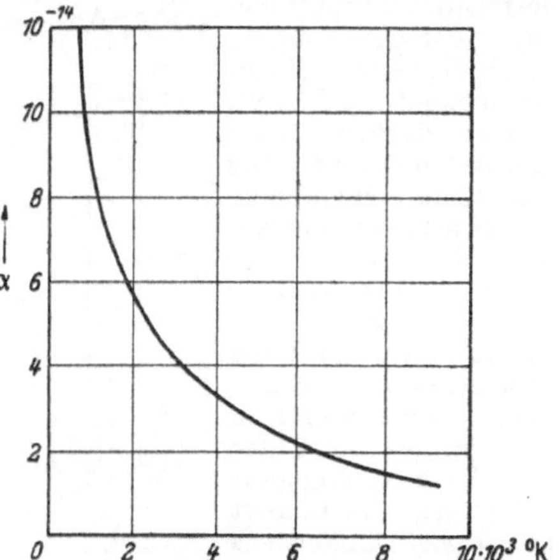

Abb. 2. Elektronenrekombination in den 2 *P*-Zustand für Cs-Ionen nach *Mohler*. α in cm³ s⁻¹.

findet ferner an isolierenden Grenzflächen statt (*Wandrekombination*), an welche die Träger durch Diffusion gelangen und wo sie bis zur Neutralisation durch die elektrische Bildkraft festgehalten werden. Die Rekombinationsenergie wird der Wand als Wärme zugeführt.

Seeliger, R.: Z. Phys. **30**, 329 (1924). Handb. d. Physik XIV. Berlin 1927.

Rekombination der Luftionen (→Rekombination). Enthält 1 cm³ Luft n_1 positive und n_2 negative Ionen, so ist die Wahrscheinlichkeit, daß in der Zeit dt eine Begegnung eines n_1-Ions mit einem der n_2-Ionen stattfindet, proportional zu n_2 und dt, also gleich $\alpha\, n_2\, dt$. α ist ein Proportionalitätsfaktor. Zwischen den n_1 positiven und den n_2 negativen Ionen werden also $\alpha\, n_1\, n_2\, dt$ Begegnungen stattfinden. Führt jede Begegnung zur gegenseitigen Neutralisation oder werden, was auf das gleiche herauskommt, nur solche gezählt, so folgt, da dabei n_1 und n_2 je um den gleichen Betrag dn abnehmen, wenn gleichzeitig noch ein Ionisator der Ionisierungsstärke q wirksam ist, das Wiedervereinigungsgesetz $dn/dt = q - \alpha\, n_1\, n_2$, also für den Fall, daß $n_1 = n_2 = n$ ist, $dn/dt = q - \alpha n^2$. α [cm³ s⁻¹] ist der Rekombinationskoeffizient.

Sind neben Kleinionen noch Großionen und ungeladene Kondensationskerne vorhanden (→Aerosol), so gelten für die Wiedervereinigungsbeziehungen die gleichen Überlegungen. Es ergeben sich folgende Beziehungen:

$$\frac{dn_1}{dt} = q - \alpha\, n_1\, n_2 - \eta_{10}\, n_1\, N_0 - \eta_{12}\, n_1\, N_2,$$

$$\frac{dn_2}{dt} = q - \alpha\, n_1\, n_1 - \eta_{20}\, n_2\, N_0 - \eta_{21}\, n_2\, N_1,$$

$$\frac{dN_1}{dt} = Q_1 + \eta_{10}\, n_1\, N_0 - \eta_{21}\, n_2\, N_1 - \gamma\, N_1\, N_2,$$

$$\frac{dN_2}{dt} = Q_2 + \eta_{20}\, n_2\, N_0 - \eta_{12}\, n_1\, N_2 - \gamma\, N_1\, N_2,$$

$$\frac{dN_0}{dt} = Q_0 + \eta_{21}\, n_2\, N_1 +$$
$$+\, \eta_{12}\, n_1\, N_2 + \gamma\, N_1\, N_2 - \eta_{10}\, n_1\, N_0 - \eta_{20}\, n_2\, N_0.$$

Q_1, Q_2 und Q_0 sind Großionen- bzw. Kernänderungen durch andere als Wiedervereinigungsprozesse (Advektion, Austausch, Ausfall u. ä.). α, η und γ sind die entsprechenden Rekombinationskoeffizienten.

In Strenge müßte den verschiedenen Ionengattungen (Mittel-, Groß- und Ultragroßionen) gesondert Rechnung getragen werden; indes bereitet bereits die Behandlung des obigen vereinfachten Problems größte Schwierigkeiten.

Im Gleichgewicht ($d/dt = 0$) und unter gewissen Vernachlässigungen ($Q_1 = Q_2 = Q_0 = 0$ und $\gamma = 0$, da sehr klein gegen η) ergeben sich folgende für die Meßpraxis wichtigen Beziehungen:

$$N_0/N_1 = 1/(az);\quad N_0/N_2 = z/b;\quad N_1/N_2 = az^2/b;$$
$$R = N_0/\tfrac{1}{2}(N_1 + N_2) = 2/(az + b/z),$$

wo $a = \eta_{10}/\eta_{21}$; $b = \eta_{20}/\eta_{12}$; $z = n_1/n_2$ gesetzt ist.

Integration der Ausgangsgleichungen unter den gleichen Vereinfachungen ergibt, daß sich bei Änderungen des Aerosolcharakters die Kleinionen sehr rasch (Größenordnung 10 s) ins neue Gleichgewicht einspielen, während die Großionen dazu 1 Stunde und mehr benötigen. Dies gibt die Erklärung dafür, daß die Ergebnisse atmosphärischer Wiedervereinigungsmessungen sehr widersprechende Ergebnisse liefern (Anwendung der Wiedervereinigungsbeziehungen bei nicht realisiertem Gleichgewicht). Beträge der Wiedervereinigungskonstanten: $\alpha = 1{,}6 \cdot 10^{-6}$ (bei 0 °C und 760 Torr); η-Werte stark differierend, Größenordnung 10^{-5}; γ-Werte etwa 10^{-9}.

Rekombination in der Ionensphäre. Die durch Photoionisation in der Ionosphäre gebildeten freien Elektronen verschwinden wahrscheinlich durch Wiedervereinigung mit positiven Ionen. Der Rekombinationskoeffizient wird für die E-Schicht auf $\approx 10^{-8}$, für die F_1-Schicht auf $\approx 10^{-10}$ und für die F_2-Schicht auf $\approx 10^{-11}$ cm³ s⁻¹ geschätzt. Seine Bestimmung für die E-Schicht erfolgt aus dem Abfall der Ionisierung bei →Sonnenfinsternissen, für die F_2-Schicht aus dem Abfall nach Sonnenuntergang.

Rekombinationsleuchten →Rekombinationsprozesse.

Rekombinationsprozesse. Ebenso wie ein Lichtquant ein Atom ionisieren kann, indem es einen Übergang von einem diskreten Energiezustand ins Kontinuum hervorruft, wobei es selbst absorbiert wird, so kann umgekehrt ein freies Elektron unter Emission eines Lichtquants vom Ion eingefangen werden. Die Wahrscheinlichkeit für diese Rekombinationsprozesse ist

$$J_0\, \frac{4\,\pi^2\, e^2}{c^3\, m_e}\, \omega\, |k_1^0|^{-1}\, (k_1^0,\, e)\, |a(k_1^0 - k)|^2\, d\Omega,$$

wobei J_0 die Stromdichte der einfallenden Elektronen, e die Elektronenladung, m_e die Elektronenmasse, $\hbar k_1^0$ der Impuls der einfallenden Elektronen, $\hbar k$ (mit $|k| = \omega/c$) der Impuls des in den Raumwinkel $d\Omega$ emittierten Lichtquants und e dessen Polarisationsrichtung sind. $a(k)$ erhält man als Fourier-Koeffizienten bei der Entwicklung der zum gebundenen diskreten Zustand gehörigen Eigenfunktion $\varphi(\mathfrak{r}) = (2\pi)^{-3/2} \int a(k)\, e^{i(k,\, \mathfrak{r})}\, dk$.

Rekombinationsspektrum →kontinuierliche Molekülspektren.

Rekristallisation, Umgestaltung des Gefüges von plastisch verformten kristallinen Stoffen (Ein- und Vielkristallen) bei hinreichend hohen Temperaturen durch Neubildung von Körnern, wobei die Stoffe wieder in den weichen Ausgangszustand versetzt werden, aus einem Einkristall jedoch ein Vielkristall entsteht. Die Rekristallisation findet um so rascher statt, je höher die Temperatur ist, merklich jedoch erst oberhalb eines bestimmten Temperaturintervalls, des *Rekristallisationsintervalls.* Unterhalb desselben findet →*Erholung* statt. Die entstehende Korngröße hängt vom Verformungsgrad und von der Temperatur ab und nimmt im allgemeinen mit zunehmendem Verformungsgrad und mit abnehmender Temperatur ab; es können jedoch auch bedeutende Abweichungen von dieser Regel auftreten, so daß der Zusammenhang zwischen diesen drei Größen, der graphisch in dem *Rekristallisationsdiagramm* dargestellt wird, sehr mannigfaltig ist. Von Einfluß sind ferner die Erhitzungsgeschwindigkeit und die Rekristallisationsdauer. Nach kleinen Verformungen und bei geeigneter Wärmebehandlung kann aus einem Vielkristall ein einziges großes Korn, also ein →Einkristall entstehen; auf diese Weise werden Einkristalle häufig hergestellt.

Die Orientierung der neugebildeten Körner ist teilweise regellos von Korn zu Korn veränderlich, teilweise mehr oder weniger regelmäßig (→Textur).

Theoretisch sind diese Vorgänge bei der Rekristallisation trotz zahlreicher Untersuchungen noch nicht vollständig geklärt. Die Grundvorgänge bestehen in der Bildung kleinster stabiler Grundeinheiten des neuen Gitters, den Keimen, und dem anschließenden Wachstum dieser Keime zu den Körnern, bis das ganze Gefüge neu gebildet ist.

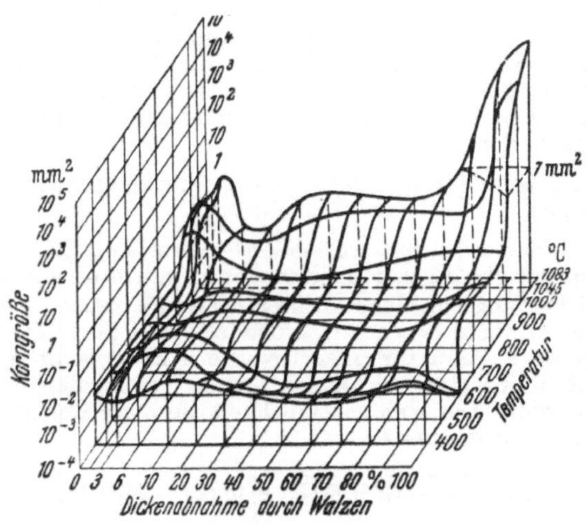

Rekristallisationsdiagramm von Kupfer nach Verformung durch Walzen.

Grundfragen sind z. B., ob die Keimbildung ein stetiger oder ein unstetiger Vorgang ist, an welchen Stellen des verformten Gefüges (verzerrte oder unverzerrte) die Keime entstehen, und wie ihre Orientierung mit der der Bildungsstellen zusammenhängt.

Burgers, W. G.: Rekristallisation, verformter Zustand u. Erholung. Hdb. d. Metallphysik. Leipzig 1941. — *Masing, G.:* Lehrb. d. Metallkde. Berlin-Göttingen-Heidelberg 1951.

Rektifikation, die Zerlegung flüssiger oder dampfförmiger Gemische dadurch, daß ihr in einer Kolonne aufsteigender Dampf und daraus kondensierte herablaufende Flüssigkeit in möglichst innige Berührung gebracht werden, wobei sich die leichter flüchtige Komponente im Dampf, die schwerer flüchtige in der Flüssigkeit anreichert. Die durch Z (Abb.) zulaufende Flüssigkeit sammelt sich zunächst in der Blase B und wird durch Wärmezufuhr teilweise verdampft. Die Dämpfe gelangen, durch die Rektifiziersäule S oder Kolonne nach oben steigend, in den Kondensator K, in dem sie durch Wärmeentzug ganz oder teilweise verflüssigt werden, wobei mindestens ein Teil der gebildeten Flüssigkeit als Rücklauf durch die Säule S wieder abwärts

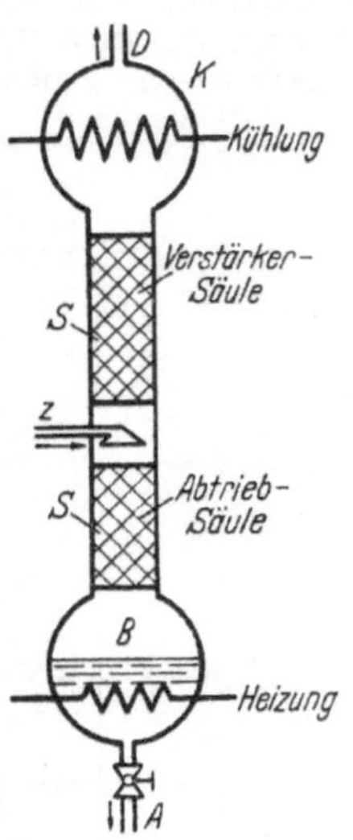

Zur Rektifikation.

läuft. Um die geforderte innige Berührung zwischen Dampf und Flüssigkeit zu erzwingen, wird die Säule entweder — was besonders für kleinere Geräte im Laboratorium zu empfehlen ist — mit Füllkörpern, z. B. Drahtspiralen, kleinen Blech-, Glasoder Keramikzylindern oder anderen flächenreichen Körpern, gefüllt, oder — was für die großtechnische Anwendung meist bevorzugt wird — es werden Austauschböden in die Kolonne eingebaut. Auf ihnen wird die herablaufende Flüssigkeit durch besondere Wehre um die Ablaufrohre einige mm bis einige cm hoch aufgestaut, und die Dämpfe treten entweder durch Löcher in den Böden (Siebböden) oder durch Glocken (Glockenböden) durch die Flüssigkeit hindurch. Der an den zahlreichen Grenzflächen stattfindende Stoffaustausch führt unter entsprechenden Verhältnissen dazu, daß der oben in den Kondensator eintretende Dampf fast nur noch aus der leichter flüchtigen, die in die Blase B einlaufende Flüssigkeit fast nur noch aus der schwerer flüchtigen Komponente besteht. Das Destillat wird bei D abgenommen und je nach Bedarf in einem nachfolgenden Kühler verflüssigt. Der Ablauf, d. h. die mit der schwerer flüchtigen Komponente angereicherte Flüssigkeit, wird bei A abgeführt. Die erzielte Reinheit ist im allgemeinen um so größer, je größer der Unterschied der Siedepunkte der zu trennenden Komponenten (vgl. jedoch →Azeotropie), je größer die in der Säule vorhandene Austauschfläche, also z. B. die Bodenzahl, und je größer der Rücklauf im Verhältnis zur aufsteigenden Dampfmenge ist. Das Rücklaufverhältnis, d. h. das Verhältnis der Rücklaufmenge zur abgenommenen Destillatmenge, muß dabei immer größer sein als das von der Natur der zu trennenden Komponente und den zu erzielenden Reinheiten abhängige Mindestrücklaufverhältnis. Ähnlich wie die →Destillation kann auch die Rektifikation stetig oder unstetig durchgeführt werden.

Zur Zerlegung eines Gemisches in n Komponenten sind $n - 1$ Rektifikationssäulen notwendig, wobei z. B. in der ersten Säule die leichtest flüchtige Komponente abgedampft und das verbleibende Gemisch aus $n-1$ Komponenten der folgenden Säule zugeführt wird.

Die wichtigsten Anwendungsgebiete sind außer der Reindarstellung der verschiedensten chemischen Körper die Zerlegung des Erdöls, die Alkoholherstellung, ferner die Luft- und Gaszerlegung.

Kirschbaum, E.: Destillier- u. Rektifiziertechnik. Berlin 1949. — *Bošnjaković, Fr:* Techn. Thermodynamik II. Dresden 1937. — *Carney, Th. P.:* Laboratory Fractional Destillation. New York 1949.

Rektifizierbarkeit →Bogenlänge.

Rektifizierende Ebene →begleitendes Dreibein.

Relais, Einrichtungen zum Übertragen von elektrischen Impulsen von einem Stromkreis auf einen anderen meist zum Zwecke der Verstärkung der Impulse (Telegraphenrelais). Elektromagnetische Relais sind so gebaut, daß sie in dem zweiten Stromkreis Kontakte betätigen; bei Verwendung von vormagnetisierten Eisenkernen erreicht man, daß die Relais nur in einer Stromrichtung ansprechen. Röhrenrelais benutzen die Steuereigenschaften von Elektronenröhren oder die Zündeigenschaften von Gasentladungsröhren. Bei thermischen Relais wird durch einen stromdurchflossenen Bimetallstreifen ein Kontakt geöffnet oder geschlossen oder durch die mittels einer Heizwicklung erzeugte Wärmeausdehnung eines Gases der Quecksilberspiegel in einer Kapillare verschoben, so daß das Quecksilber einen Metallkontakt berührt.

Relative Extrema →Extremwerte.

Relativbewegung von Bezugsystemen. Wirkt auf einen Massenpunkt m die Kraft $\mathfrak{K}$, so führt er eine Bewegung $\mathfrak{r}(t)$ aus, die aus der Newtonschen Bewegungsgleichung $\mathfrak{K} = m\ddot{\mathfrak{r}}$ ermittelt werden kann. $\mathfrak{r}$ ist der Ortsvektor, der vom Nullpunkt S_0 eines Koordinatensystems, welches ein →Inertial-

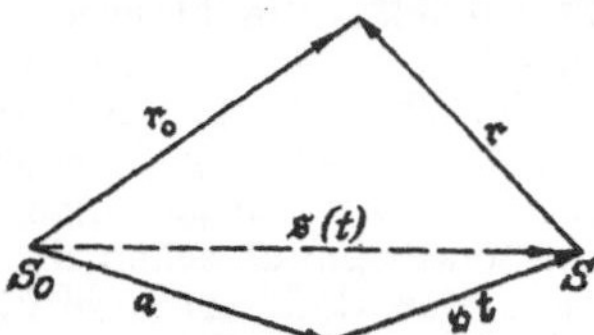

Beziehung zwischen den Ortsvektoren $\mathfrak{r}$ und $\mathfrak{r}_0$.

system sei, nach m weist. Beschreibt man nun die Bewegung in einem anderen Koordinatensystem S, das sich relativ zu S_0 bewegt, so muß die Beschleunigung, die m erhält, offenbar im allgemeinen anders werden. Eine Ausnahme bildet der Fall, daß sich S relativ zu S_0 in gleichförmiger geradliniger Bewegung befindet, also auch ein Inertialsystem ist. Bezeichnet man den Vektor vom Ursprung von S_0 nach dem von S zur Zeit $t = 0$ mit $\mathfrak{a}$ (Abb.) und die Geschwindigkeit, mit der sich S relativ zu S_0 bewegt, mit $\mathfrak{v}$, so gilt für den Ortsvektor $\mathfrak{r}_0$ (bezogen auf S_0) nach dem Massenpunkt $\mathfrak{r}_0 = \mathfrak{a} + \mathfrak{v}t + \mathfrak{r}$ ($\mathfrak{a}$, $\mathfrak{v} =$ const). Daraus folgt durch zweimalige Differentiation nach der Zeit $\ddot{\mathfrak{r}}_0 = \ddot{\mathfrak{r}}$, d. h. m erfährt in beiden Bezugsystemen die gleiche Beschleunigung, und die Bewegungsgleichung hat in beiden Systemen dieselbe Form.

Liegt jedoch eine ungleichförmige Bewegung von S relativ zu S_0 vor, so gilt $\mathfrak{r}_0 = \mathfrak{r} + \hat{\mathfrak{s}}(t)$ [$\hat{\mathfrak{s}}(t) =$ Entfernungsvektor $S_0 S$ zur Zeit t, Abb.], daher für die Beschleunigungen $\ddot{\mathfrak{r}}_0 = \ddot{\mathfrak{r}} + \ddot{\hat{\mathfrak{s}}}$. Da sich die mit dem Index $_0$ versehenen Größen auf das

Inertialsystem S_0 beziehen, kann $\ddot{\mathfrak{r}}_0$ als die „wahre" Beschleunigung angesehen werden, welche sich demnach additiv aus der Beschleunigung $\ddot{\mathfrak{r}}$ bezüglich S und der „Führungsbeschleunigung" $\ddot{\hat{\mathfrak{s}}}$ zusammensetzt. In dem neuen Bezugsystem S ist die Beschleunigung $\ddot{\mathfrak{r}} = \ddot{\mathfrak{r}}_0 - \ddot{\hat{\mathfrak{s}}}$, also nicht gleich der „wahren" Beschleunigung. Zu ihr tritt die *Scheinbeschleunigung* $-\ddot{\hat{\mathfrak{s}}}$. Diese ist die Ursache des Auftretens von →*Trägheitskräften* in beschleunigten Bezugsystemen.

Ähnlich liegen die Verhältnisse, wenn S relativ zu S_0 rotiert. Sei der Einfachheit angenommen, daß die Drehachse die gemeinsame z-Achse beider Systeme ist, so gilt, wenn man ebene Polarkoordinaten r, φ einführt: $\varphi_0 = \varphi + \vartheta(t)$, $r_0 = r$, $z_0 = z$. Nun sind die Komponenten der Beschleunigung $\mathfrak{b}$ in Polarkoordinaten (→Beschleunigung) $\mathfrak{b}_r = \ddot{r} - r\dot{\varphi}^2$, $\mathfrak{b}_\varphi = 2\dot{r}\dot{\varphi} + r\ddot{\varphi}$, also $\mathfrak{b}_r = \ddot{\mathfrak{r}}_{0_r} = \ddot{r}_0 - r_0\dot{\varphi}_0^2 = \ddot{r} - r\dot{\varphi}^2 - (r\dot{\vartheta}^2 + 2r\dot{\varphi}\dot{\vartheta})$ und $\mathfrak{b}_\varphi = \ddot{\mathfrak{r}}_{0_\varphi} = 2\dot{r}_0\dot{\varphi}_0 + r_0\ddot{\varphi}_0 = 2\dot{r}\dot{\varphi} + r\ddot{\varphi} + (2r\dot{\vartheta} + r\ddot{\vartheta})$. Von S aus beobachtet, werden also folgende zu der „wahren" Beschleunigung hinzutretende Scheinbeschleunigungen festgestellt: in radialer Richtung die Beschleunigung $(r\dot{\vartheta}^2 + 2r\dot{\varphi}\dot{\vartheta})$, in azimutaler Richtung $-(r\ddot{\vartheta} + 2\dot{r}\dot{\vartheta})$. Den Anteil $r\dot{\vartheta}^2$ nennt man *Zentrifugalbeschleunigung.* Er bildet die einzige zusätzliche Scheinbeschleunigung im System S in radialer Richtung, wenn $\dot{\varphi} = 0$ ist, und ist die Ursache des Auftretens von *Fliehkräften* in *rotierenden Bezugsystemen.* Die durch die radiale Komponente $2r\dot{\varphi}\dot{\vartheta}$ und die azimutale Komponente $-2\dot{r}\dot{\vartheta}$ bestimmte Beschleunigung heißt die *Coriolis-Beschleunigung.* Sie steht senkrecht zu der durch $\dot{r}$ und $\dot{\varphi}r$ gegebenen Geschwindigkeit $\dot{\mathfrak{r}}$. Die durch die radiale Komponente $r\dot{\varphi}^2$ und die azimutale $-r\ddot{\vartheta}$ definierte Beschleunigung schließlich ist die negative *Führungsbeschleunigung.* Für den Sonderfall, daß $\vartheta(t) = \omega t$ ($\omega =$ const), das System sich also gleichförmig gegen das Inertialsystem dreht, beobachtet man in S eine Scheinbeschleunigung $\mathfrak{b}_s$, deren Komponenten $\mathfrak{b}_{s_r} = \omega^2 r + 2\omega r\dot{\varphi}$ und $\mathfrak{b}_{s_\varphi} = -2\omega\dot{r}$ sind. Der Anteil $\omega^2 r$ ist die radial gerichtete Zentrifugalbeschleunigung, während die Coriolis-Beschleunigung $\mathfrak{b}_c$ durch die Komponenten $\mathfrak{b}_{c_r} = 2\omega r\dot{\varphi}$, $\mathfrak{b}_{c_\varphi} = -2\omega\dot{r}$ gegeben ist. Sie ist gleich dem 2ω-fachen der Geschwindigkeit $\dot{\mathfrak{r}}(\dot{r}, r\dot{\varphi})$ und steht senkrecht auf dieser. Für den Sonderfall, daß der Massenpunkt m in S ruht, also $\dot{\varphi} = \dot{r} = 0$ wird, reduziert sich die Scheinbeschleunigung auf den Ausdruck $\omega^2 r$; d. h. als einziges zusätzliches Glied tritt die radial gerichtete Zentrifugalbeschleunigung in Erscheinung.

Der allgemeinste Fall einer Relativbewegung setzt sich aus Translation plus Rotation von S gegenüber S_0 zusammen. Sei $\mathfrak{w}$ der Vektor der Drehgeschwindigkeit (eine Verallgemeinerung des obigen ω, das konstanten Betrag und Richtung hatte), so gilt $\dot{\mathfrak{r}}_0 = \dot{\mathfrak{r}} + \dot{\hat{\mathfrak{s}}} + [\mathfrak{w}\mathfrak{r}]$, woraus sich durch abermalige zeitliche Differentiation für die Beschleunigung in S ergibt: $\ddot{\mathfrak{r}} = \ddot{\mathfrak{r}}_0 - \ddot{\hat{\mathfrak{s}}} - [\dot{\mathfrak{w}}\mathfrak{r}] - [\mathfrak{w}[\mathfrak{w}\mathfrak{r}]] - 2[\mathfrak{w}\dot{\mathfrak{r}}]$. Sie unterscheidet sich also von der „wahren" Beschleunigung $\ddot{\mathfrak{r}}_0$ um vier zusätzliche Glieder, von denen das erste $(-\ddot{\hat{\mathfrak{s}}})$ die Führungsbeschleunigung infolge der Translation, das zweite $-[\dot{\mathfrak{w}}\mathfrak{r}]$ die infolge der Rotation ist. (Letzteres Glied ist die Verallgemeinerung von

$-r\ddot{\vartheta}$, vgl. oben.) Das dritte Glied $-[\mathfrak{w}[\mathfrak{w}\mathfrak{r}]]$ hat den absoluten Betrag $|[\mathfrak{w}[\mathfrak{w}\mathfrak{r}]]| = \mathfrak{w}^2\varrho$ (ϱ = senkrechter Abstand von der Drehachse) und steht senkrecht auf $\mathfrak{w}$. Es ist die Zentrifugalbeschleunigung. Schließlich ist $+[\mathfrak{t}\,\mathfrak{w}]$ die Coriolis-Beschleunigung, die senkrecht auf der durch den Geschwindigkeitsvektor $\dot{\mathfrak{r}}$ (bezüglich S) und den Drehgeschwindigkeitsvektor $\mathfrak{w}$ steht. Die Coriolis-Beschleunigung tritt offenbar nur dann auf, wenn sich der Massenpunkt im System S relativ zu diesem bewegt ($\dot{\mathfrak{r}} \neq 0$).

Multipliziert man die zuletzt hergeleitete Beziehung zwischen den „wahren" und den Scheinbeschleunigungen mit m, so erhält man das Bewegungsgesetz für einen Massenpunkt m in bezug auf das zum Inertialsystem S_0 bewegte System S. In S_0 lautet die Newtonsche Gleichung $m\ddot{\mathfrak{r}}_0 = \mathfrak{K}$ ($\mathfrak{K}$ = „wahre" wirkende Kraft). Im System S dagegen treten zu $\mathfrak{K}$ Trägheitskräfte $\mathfrak{K}_s$ hinzu, so daß die Bewegungsgleichung die Form $m\ddot{\mathfrak{r}} = \mathfrak{K} + \mathfrak{K}_s$ annimmt, wobei $\mathfrak{K}_s = -\{m\ddot{\mathfrak{s}} + m[\dot{\mathfrak{w}}\mathfrak{r}] + m[\mathfrak{w}[\mathfrak{w}\mathfrak{r}]] + 2m[\mathfrak{w}\dot{\mathfrak{r}}]\}$ ist. Die Zusatzkräfte heißen ebenso wie die Beschleunigungen. Es ist $-m\ddot{\mathfrak{s}}$ bzw. $-m[\dot{\mathfrak{w}}\mathfrak{r}]$ die *Führungskraft* infolge der Translation (bzw. Rotation), $-m[\mathfrak{w}[\mathfrak{w}\mathfrak{r}]]$ die *Zentrifugalkraft (Fliehkraft)*, schließlich $-2m[\mathfrak{w}\dot{\mathfrak{r}}]$ die *Coriolis-Kraft*. Letztere wirkt auf m nur, wenn sich dieser in bezug auf S bewegt.

Die genannten Trägheitskräfte machen sich bemerkbar, wenn man, wie wir das bei allen irdischen Beobachtungen tun, die Erde als Bezugsystem wählt, da diese sich gegen das im Fixsternsystem (Fundamentalsystem) aufgespannte Bezugsystem in rotierender Bewegung befindet. Wegen der verhältnismäßig kleinen Umdrehungsgeschwindigkeit sind indessen die Trägheitskräfte relativ, d. h. verglichen mit der Schwerkraft, klein, so daß ihr Einfluß erst bei genauerer Beobachtung festgestellt werden kann (z. B. →Eötvös-Effekt). Ein frei auf die Erdoberfläche herabfallender Körper unterliegt nicht allein der Anziehungskraft des Erdschwerefeldes, sondern auch der Zentrifugalkraft infolge der Erddrehung und der Coriolis-Kraft infolge seiner Relativbewegung zur Erde. Jene hat zur Folge, daß (ideale Kugelgestalt der Erde vorausgesetzt) der Stein nicht genau in Richtung auf den Erdmittelpunkt fällt, während die Coriolis-Kraft eine Abweichung der Bahn des frei fallenden Körpers in der Ostrichtung bewirkt. Ähnliche Abweichungen erfahren alle relativ zur Erdoberfläche bewegte Massen (Luft, also Winde, Wasser, also Flüsse usw.), und zwar ist die Abweichung auf der nördlichen Halbkugel nach rechts (Rechtsablenkung, ausgewaschene Flußufer auf der rechten Seite), auf der südlichen nach links gerichtet. Ferner → Foucault-Pendel, → Buys-Ballotsches Gesetz (im *Nachtrag*).

Relativistisch = im Sinne der →Relativitätstheorie.

Relativistische Quantenmechanik →Quantenmechanik, →Quantenelektrodynamik, →Dirac-Gleichung.

Relativität der *Längen* →Lorentz-Kontraktion; der *Zeit* →Relativierung der Zeit.

Relativierung der Zeit. In der Relativitätstheorie läuft die Zeit nur im Grenzfall unendlich groß angenommener Vakuumlichtgeschwindigkeit c absolut ab, während sie bei endlichem c vom Bewegungszustand des Beobachters abhängt. Eine relativ zu einem Beobachter bewegte Uhr zeigt eine andere Zeit als eine relativ zu ihm ruhende Uhr (Einsteinsche →Zeitdilatation).

Relativitätselektrodynamik. Die Erweiterung der Maxwellschen Theorie der Elektrodynamik von ruhenden auf bewegte Medien war ein viel umstrittenes Problem der älteren Elektrodynamik. *H. Hertz* war nicht zum Ziele gekommen, da er auf dem Boden des klassischen →Relativitätsprinzips (der Galilei-Transformation) stand. Auch *H. A. Lorentz* kam in seiner Theorie des absolut ruhenden Äthers in Widerspruch zur Erfahrung. Erst *Einstein* schuf 1905 mit seiner Relativitätstheorie die Basis der Elektrodynamik bewegter Körper. Er ging aber in seiner berühmten Arbeit nicht auf die Gleichungen in ponderabler Materie ein. Erst *Minkowski* hat 1908, im Vollbesitz des Relativitätsprinzips der Lorentz-Transformation, das Problem weitgehend gelöst. Dabei benutzte er erstmalig die vierdimensionale Raum-Zeit-Welt, in der die Zeit als vierte, den drei Raumkoordinaten gleichberechtigte Koordinate betrachtet wird. Doch handelt es sich dabei nur um einen sehr wertvollen mathematischen Kunstgriff. Tieferes steckt dahinter nicht. *Minkowski* gelang es, die Elektrodynamik allgemein mit Hilfe von Weltvektoren und Welttensoren der vierdimensionalen Raum-Zeit-Welt zu formulieren. Dabei werden die magnetische Feldstärke $\mathfrak{H}$ und die elektrische Verschiebung $\mathfrak{D}$, sowie die magnetische Induktion $\mathfrak{B}$ und die elektrische Feldstärke $\mathfrak{E}$ je zu einem Sechservektor (einer Größe mit 6 Komponenten) zusammengefaßt.

v. Laue, M.: Relativitätstheorie I. Braunschweig 1951. – *Sommerfeld, A.:* Vorl. über theoret. Physik III. Leipzig 1949. Handb. d. Physik XII. Berlin 1927.

Relativitätsmechanik. Die klassische Mechanik mußte einschneidenden Änderungen unterworfen werden (*Einstein, Planck*), um mit den Forderungen der speziellen Relativitätstheorie in Einklang zu kommen. Diese Änderungen betreffen beim einzelnen Massenpunkt schon die Definition seines Impulses. Man definiert den Vierervektor des Impulses (mit drei räumlichen und einer zeitartigen Komponente), indem man seine räumlichen Komponenten

$$(\mathfrak{G})_{\text{räumlich}} = \frac{m_0\mathfrak{v}}{\sqrt{1 - v^2/c^2}}$$

setzt (wo $\mathfrak{v}$ die Komponenten dx/dt, dy/dt, dz/dt hat und m_0 die Ruhmasse, c die Vakuumlichtgeschwindigkeit ist) und

$$(\mathfrak{G})_4 = \frac{m_0 ic}{\sqrt{1 - v^2/c^2}},$$

wo i die imaginäre Einheit und $x_4 = ict$ die vierte Koordinate bedeutet. Die Größe $m = m_0/\sqrt{1 - v^2/c^2}$ nennt man die Masse der Bewegung. Sie ist nicht, wie in der klassischen Mechanik, eine Konstante, sondern wächst mit $v \to c$ gegen ∞. Die Masse ist also eine vom Bezugsystem abhängige Größe.

Die relativistische Bewegungsgleichung für den Massenpunkt lautet:

$$\mathfrak{K} = \frac{d}{dt}\left(\frac{m_0\mathfrak{v}}{\sqrt{1 - v^2/c^2}}\right),$$

wo $\mathfrak{K}$ die auf den Massenpunkt wirkende Kraft ist. Der Energiesatz lautet:

$$(\mathfrak{K}, \mathfrak{v}) = \frac{d}{dt}\left(\frac{m_0 c^2}{\sqrt{1 - v^2/c^2}}\right).$$

Die rechte Seite dieser Gleichung ist die an dem bewegten Massenpunkt je s von der Kraft $\mathfrak{K}$ geleistete Arbeit. Die linke Seite der Energiegleichung ist daher nichts anderes als die von der Kraft $\mathfrak{K}$ bewirkte Änderung der kinetischen Energie T des Massenpunktes. Wir haben also

$$T = \frac{m_0 c^2}{\sqrt{1 - v^2/c^2}} + \text{const}.$$

Da T für $v \to 0$ definitionsgemäß verschwinden soll, ist const $= -m_0 c^2$, daher wird

$$T = m_0 c^2 \left(\frac{1}{\sqrt{1 - v^2/c^2}} - 1\right).$$

Der klassische Ausdruck $T = m_0 v^2/2$ ergibt sich daraus durch den Grenzübergang $c \to \infty$. Neben der kinetischen Energie T der Bewegung kann man eine Gesamtenergie E und eine Ruhenergie E_0 einführen, indem man setzt: $T = E - E_0$, wo

$$E = mc^2 = \frac{m_0 c^2}{\sqrt{1 - v^2/c^2}} \quad \text{und} \quad E_0 = m_0 c^2. \quad \text{Man}$$

kommt so zum Satz von der →Äquivalenz von Energie und Masse.

In der klassischen Mechanik sind die Impulskomponenten Ableitungen der kinetischen Energie nach den Komponenten der Geschwindigkeit. So folgt beim einzelnen Massenpunkt in rechtwinkligen Koordinaten aus

$$T = \frac{m_0}{2}(\dot{x}^2 + \dot{y}^2 + z)$$

die Gleichung

$$\mathfrak{G}_x = \partial T/\partial \dot{x} = m\dot{x} \quad \text{usw}.$$

Dieser einfache Zusammenhang besteht in der relativistischen Mechanik nicht mehr. Die relativistischen Impulskomponenten sind aber die Ableitungen der Größe

$$K = m_0 c^2 (1 - \sqrt{1 - v^2/c^2})$$

nach den Geschwindigkeitskomponenten. Eine solche Funktion nennt man nach $H.\ v.\ Helmholtz$ kinetisches Potential. Mit $c \to \infty$ geht K in T über.

Sowohl das d'Alembertsche als auch das Hamiltonsche Prinzip der klassischen Mechanik lassen sich auf die relativistische Mechanik übertragen. Das letztere lautet für Kräfte, die sich aus einem Potential V ableiten lassen

$$\delta \int_{t_1}^{t_2} (K - V)\, dt = 0.$$

In diesem Variationsprinzip werden die Lagekoordinaten variiert, die Endpunkte der Bahn und die Zeit beim Durchlaufen derselben bleiben fest. Wenn $V = \text{const}$ ist, also keine äußeren Kräfte wirken, kann man das Variationsprinzip in der Form schreiben

$$\delta \int_{t_1}^{t_2} \sqrt{1 - v^2/c^2}\, dt = \int_{t_1}^{t_2} d\tau = 0.$$

Dies ist das Prinzip der kürzesten Ankunft, das sich aber nicht auf die Zeit t, sondern auf die Lorentz-invariante →Eigenzeit $d\tau$ bezieht. Nun stimmt $d\tau$ bis auf den Faktor ic mit dem vier-

dimensionalen Linienelement ds überein. Daher kann man auch schreiben: $\delta \int_{P_1}^{P_2} ds = 0$. Das ist das Prinzip des kürzesten Weges in der vierdimensionalen Raum-Zeit-Welt zwischen zwei Punkten P_1 und P_2 und bestimmt die geodätische Linie der Raum-Zeit-Welt, welche die beiden Punkte P_1 und P_2 miteinander verbindet. Das Hamiltonsche Prinzip läßt sich auch dann formulieren, wenn die äußere Kraft $\mathfrak{K}$ nicht aus einem skalaren Potential abzuleiten ist, z. B. wenn auf ein geladenes Teilchen magnetische Kräfte wirken (Schwarzschildsches Prinzip der kleinsten Wirkung).

$Pauli, W.$: Enzyklopädie d. math. Wiss. V/2. - $v.\ Laue, M.$: Relativitätstheorie I. Braunschweig 1951. Handb. d. Physik XII. Berlin 1927.

Relativitätsprinzip. Das Relativitätsprinzip der $klassischen\ Mechanik$ besagt, daß die Bewegungsgleichungen der Mechanik invariant sind gegenüber der →Galilei-Transformation, und daß daher gleichförmig gegeneinander bewegte Bezugsysteme in mechanischer Hinsicht gleichwertig sind. Dieses klassische Relativitätsprinzip wurde von $Einstein$ 1905 in seiner speziellen Relativitätstheorie dadurch verbessert, daß er an die Stelle der Galilei-Transformation die →Lorentz-Transformation setzte. Außerdem soll dieses Relativitätsprinzip (Äquivalenz aller durch Lorentz-Transformationen auseinander hervorgehender Bezugsysteme) nicht nur für die Mechanik, sondern für $alle$ physikalischen Erscheinungen gelten. Diese Invarianz der physikalischen Gesetze gegenüber Lorentz-Transformationen spricht die Isotropie der vierdimensionalen Raum-Zeit-Mannigfaltigkeit aus. $Einstein$ ist es in seiner allgemeinen Relativitätstheorie auch gelungen, das Relativitätsprinzip nicht nur für gleichförmige Bewegungen, sondern für beliebige Bewegungen zu formulieren.

$v.\ Laue, M.$: Relativitätstheorie I. Braunschweig 1951. - $Eddington, A.\ S.$: Relativitätstheorie in math. Behandlung. Berlin 1925. Handb. d. Physik XII. Berlin 1927.

Relativitätstheorie, allgemeine, von $A\ Einstein$ in den Jahren von 1913 an entwickelt. Sie ist eine natürliche Weiterentwicklung der speziellen →Relativitätstheorie. Letztere beruht auf dem Relativitätsprinzip der Lorentz-Transformation, das die Gleichberechtigung aller gegeneinander gleichförmig bewegter Koordinatensysteme ausspricht. Mathematisch entspricht diese Gleichwertigkeit der Isotropie der vierdimensionalen Raum-Zeit-Welt. Zur allgemeinen Relativitätstheorie wird man geführt, wenn man alle möglichen Bezugsysteme als gleichberechtigt ansieht, nicht nur solche, die sich mit konstanter Geschwindigkeit $v < c$ gegeneinander bewegen. Raum und Zeit verlieren dadurch jeden Rest ihres von $Newton$ postulierten absoluten Charakters. Mathematisch gesprochen ist die allgemeine Relativitätstheorie die Invarianten- und Kovariantentheorie aller Punkttransformationen der vierdimensionalen Raum-Zeit-Welt. Eine solche Punkttransformation lautet:

$$x_k = f_k(x_1, x_2, x_3, x_4) \quad \text{mit } k = 1, 2, 3, 4,$$

wo f_k Funktionen der drei Raumkoordinaten x_1, x_2, x_3 und der Zeitkoordinate $x_4 = ct$ sind. Eine allgemeine Punkttransformation bedeutet nicht nur den Übergang von einem rechtwinkligen Koordinatensystem zu einem anderen dagegen irgendwie bewegten rechtwinkligen Bezugsystem, sondern auch den Übergang zu beliebigen krummlinigen Koordinaten. Die mathematischen Grundlagen dieser Theorie gehen teilweise schon auf *Gauß*, hauptsächlich aber auf *Riemann* zurück. In der Riemannschen Geometrie des n-dimensionalen Raumes besitzt das Linienelement

$$ds^2 = \sum_{i,\,k=1}^{n} g_{ik}\, dx^i\, dx^k,$$

das den Abstand zweier unendlich benachbarter Punkte mit den Koordinaten x_i und $x_i + dx^i$ ($i = 1, 2, \ldots, n$) angibt, grundlegende Bedeutung. Die Größen g_{ik} ($i, k = 1, 2, \ldots, n$) sind die Komponenten des metrischen Fundamentaltensors. Sie sind Funktionen der allgemeinen Koordinaten $x_1, x_2, x_3, \ldots, x_n$. *Riemann* untersuchte die inneren (kovarianten oder kontravarianten) Eigenschaften eines solchen n-dimensionalen Raumes. Dazu gehören insbesondere dessen Krümmungseigenschaften. *Riemann* gab die Verallgemeinerung des Gaußschen Krümmungsbegriffes auf den n-dimensionalen Raum. Hierbei treten die Christoffelschen Dreiindizes-Symbole ($\to$ Fundamentalgrößen) $\Gamma^{\alpha}_{\beta\gamma}$ ($\alpha, \beta, \gamma = 1, 2, \ldots, n$) auf. Sie hängen nur von den Komponenten g_{ik} des metrischen Fundamentaltensors ab. Aus den Γ-Symbolen berechnet sich dann der Riemannsche Krümmungstensor 4. Stufe mit den Komponenten R^i_{klm}. Das Verschwinden der Komponenten dieses Tensors ist die notwendige und hinreichende Bedingung für einen Euklidischen (ebenen) Raum. In Einsteins Theorie ist jedoch nicht dieser Tensor 4. Stufe, sondern der daraus durch einen einfachen mathematischen Prozeß berechenbare symmetrische Krümmungstensor 2. Stufe R_{kl} (wo $R_{kl} = R_{lk}$) von besonderer Bedeutung. Zu den inneren Eigenschaften eines Raumes gehört auch die Minimaleigenschaft der geodätischen (kürzesten oder auch geradesten) Linien. Es zeigt sich, daß man einen beliebig gekrümmten vierdimensionalen Raum stets in einen zehndimensionalen Euklidischen Raum (mit verschwindender Krümmung) einbetten kann. In dem uns geläufigen Gaußschen Falle einer zweidimensionalen gekrümmten Fläche benötigt man einen dreidimensionalen Euklidischen Raum zur Einbettung.

In jedem Punkt des n-dimensionalen Raumes kann man einen ebenen Berührungsraum konstruieren, welcher, aus jenem heraustretend, dieselbe Rolle spielt wie die Tangentialebene an eine Fläche im dreidimensionalen Euklidischen Raum.

Der physikalische Ausgangspunkt von Einsteins Lehre der Schwerkraft war das *Äquivalenzprinzip von schwerer und träger Masse*. In einem mit konstanter Erdbeschleunigung g nach unten fallenden Kasten ist danach von dem Schwerefeld der Erde nichts mehr zu spüren. Ein solcher frei fallender Kasten realisiert also einen schwerelosen Zustand. Umgekehrt kann man ein „Schwerefeld" in einem beschleunigten Kasten erzeugen. Voraussetzung für diese Äquivalenz von Schwerefeld und den bei Beschleunigungen auftretenden Trägheitskräften ist die erwähnte Gleichheit von schwerer und träger Masse. Unter träger Masse versteht man die im Newtonschen Bewegungsgesetz der klassischen Mechanik: Kraft = Masse $\times$ Beschleunigung auftretende Masse und unter schwerer Masse die im Newtonschen Anziehungsgesetz zweier Massen auftretende Größe. Daß diese beiden Massen nicht notwendig einander gleich sein

müssen, hatte schon *Bessel* (1830) erkannt. Mit großer Genauigkeit hatte dann aber *Eötvös* mit der Drehwaage die Gleichheit von träger und schwerer Masse experimentell bewiesen.

Einstein sah nun in der Krümmung der vierdimensionalen Raum-Zeit-Mannigfaltigkeit den Ursprung der Schwerkraft. In der ebenen Raum-Zeit-Welt der speziellen Relativitätstheorie (Minkowski-Welt) verschwindet die Krümmung. Daher erscheint die spezielle Relativitätstheorie als Sonderfall, indem sie einer schwerefeldfreien Welt entspricht. Der Krümmungstensor R_{kl} ($k, l = 1, 2, 3, 4$) der vierdimensionalen Raum-Zeit-Welt ist nun nach *Einstein* mit dem Energie-Spannungstensor T_{kl} verknüpft durch die 10 Beziehungen:

$$R_{kl} - \tfrac{1}{2} R g_{kl} + \lambda g_{kl} = -\varkappa T_{kl}.$$

Der Proportionalitätsfaktor $\varkappa$ ist im wesentlichen die Gravitationskonstante f von *Newton*: $\varkappa = \dfrac{8\pi}{c^4}\, f$ (c Vakuumlichtgeschwindigkeit). Weiter ist R der Skalar der Krümmung und λ die $\to$ kosmologische Konstante. Bei bekanntem Materietensor liefert dieses Gleichungssystem, das man als Einsteinsche Feldgleichungen des Schwerefeldes bezeichnet, 10 partielle Differentialgleichungen 2. Ordnung für die 10 Komponenten g_{kl} des metrischen Fundamentaltensors der Raum-Zeit-Welt. *Einstein* konnte zeigen, daß das Newtonsche *Gravitationsgesetz* als Näherungsgesetz in den obigen Gleichungen enthalten ist. Die Einsteinschen Feldgleichungen sind also eine Verallgemeinerung dieses Gesetzes. Weiter konnte *Einstein* zeigen, daß ein Massenpunkt in einem Gravitationsfelde eine geodätische Linie beschreibt. Die geodätischen Linien der Raum-Zeit-Welt bilden danach die möglichen Weltlinien eines Massenpunktes. Die Einsteinschen Feldgleichungen enthalten damit nicht nur das Gravitationsgesetz, sondern auch die gesamte Dynamik des Massenpunktes. Die Lichtstrahlen (Bahnen von Lichtquanten, das sind Partikeln der Ruhmasse Null) sind darunter als Spezialfälle enthalten. Diese sind die geodätischen Nullinien. Es konnte gezeigt werden (*Lanczos*), daß bei Fehlen von Materie und Strahlung (d. h. wenn $T_{kl} = 0$) eindeutig das pseudoeuklidische Linienelement der speziellen Relativitätstheorie folgt. Abweichungen von der pseudoeuklidischen Geometrie sind (bei verschwindender kosmologischer Konstante λ) danach durch die Materie induziert. Im Falle eines ruhenden Massenpunktes der Masse m erhält man als zentralsymmetrisches Linienelement die Schwarzschildsche Lösung:

$$ds^2 = \left(1 + \frac{L}{2r}\right)^4 (dx^2 + dy^2 + dz^2) -$$
$$-\;\frac{(1 - L/2r)^2}{(1 + L/2r)^2}\, c^2\, dt^2,$$

wo $L = f m/c^2$ und $r^2 = x^2 + y^2 + z^2$.

Aus dieser strengen Lösung der Einsteinschen Feldgleichungen erhält man folgende beobachtbaren Resultate: 1. die säkulare $\to$ Perihelbewegung des Merkur um 43''; 2. die $\to$ Lichtablenkung von Strahlen, die hart am Sonnenrande vorbeigehen, um 1,75''. Beide Ergebnisse stehen in ausreichender Übereinstimmung mit der Beobachtung. Ein weiteres beobachtbares Ergebnis betrifft die Rotverschiebung der Spektrallinien im Gravitationsfelde. Ein im Gravitationsfelde schwingendes Atom sendet Licht kleinerer Frequenz aus als dasselbe Atom im schwerefeldfreien Zustande. Die relative Verschiebung der Frequenz ist gleich $-\Delta \nu/\nu = |V|/c^2$, wo $|V|$ der Absolutwert des Gravitationspotentials am Ort des strahlenden Atoms ist. Auch dieses Ergebnis ist durch Beobachtungen an Sternen mit extrem hoher Dichte, den →Weißen Zwergen (z. B. am Sirius B), experimentell bestätigt.

Von *Einstein* wurde nachgewiesen, daß es Lösungen der Feldgleichungen gibt, die man als *Gravitationswellen* bezeichnen kann. Diese entsprechen räumlichen Ausbreitungsvorgängen von Schwerefeldern. Die Ausbreitungsgeschwindigkeit ist die Lichtgeschwindigkeit c des Vakuums. Nach *Einstein* ist jedoch die Energie dieser Gravitationswellen äußerst gering, so daß deren experimenteller Nachweis äußerst schwierig und noch nicht gelungen ist.

Das *kosmologische Problem* (Struktur des Weltraumes im Großen) erhielt durch die allgemeine Relativitätstheorie einen starken Anreiz. Zuerst konnte *Einstein* (1917) zeigen, daß seine Feldgleichungen unter der Annahme gleichförmiger Massenverteilung im Weltraum eine *statische* Lösung besitzen, die einer *endlichen räumlichen Welt* entspricht. Der dreidimensionale Raum ist ein Kugelraum vom Radius $P = \sqrt{2/(\varkappa c^2 \varrho)}$, wo ϱ die druckfreie Massendichte ist (Einsteinsche *Zylinderwelt*). Diese Lösung existiert aber nur bei Annahme einer von Null verschiedenen kosmologischen Konstanten λ in den Einsteinschen Feldgleichungen. Bei einer geschätzten Massendichte von 10^{-28} g je cm³ erhält man für den Weltradius P den Wert $3,2 \cdot 10^{27}$ cm ($3,4 \cdot 10^9$ Lichtjahre). Ein weiteres Modell des Weltalls ist die *de Sittersche Welt*. Das Quadrat ihres Linienelements beträgt

$$ds^2 = \exp(2ct/a) \cdot (dx^2 + dy^2 + dz^2) - c^2 dt^2,$$

wo $\lambda = 3/a^2$. Der dreidimensionale Streckenraum ist euklidisch, seine Metrik aber zeitabhängig. Das vierdimensionale Linienelement entspricht einem *Raum konstanter Krümmung*. Die de Sittersche Welt ist *materiefrei*. Das von einem entfernten Nebel (Entfernung L vom Beobachter) ankommende Licht erfährt eine *Rotverschiebung* der Größe

$$-\frac{\Delta \nu}{\nu} = L/a$$

(ν die Frequenz des Lichtes). In de Sitters Welt ist der dreidimensionale Streckenraum unendlich, aber Raumpunkte, deren Entfernung größer als a ist, sind vollständig isoliert von einem im Nullpunkt sitzenden Beobachter, da das Licht von diesen Raumpunkten den Beobachter niemals erreicht. In diesem Sinne hat die Welt de Sitters einen scheinbaren *Radius* der Größe a. Von *Eddington* wurde nachgewiesen, daß Einsteins statische Lösung (die Zylinderwelt) nicht stabil ist; d. h. eine kleine Störung führt zu einer zunehmenden Expansion oder Kontraktion des dreidimensionalen Kugelraumes. Die insbesondere von *Hubble* beobachteten ungeheuren Radialgeschwindigkeiten der extragalaktischen Nebel führten zu der Annahme eines *nichtstatischen Weltalls*. Die ersten derartigen Lösungen der Einsteinschen Feldgleichungen wurden von *Friedmann* und *Lemaître* betrachtet. Das Quadrat des Linienelements lautet in diesen Fällen

$$ds^2 = R^2(t) \cdot d\sigma^2 - c^2 dt^2,$$

wo $d\sigma^2$ das Linienelement eines dreidimensionalen Raumes räumlich konstanter Krümmung $+1$, 0 oder -1 ist. Die Größe R ist eine Funktion der Zeit t und bedeutet im Falle, wo $d\sigma^2$ einen Kugelraum der Krümmung $+1$ definiert, den Radius des den dreidimensionalen Streckenraum bildenden Kugelraumes. In diesem Falle ist der *Weltraum endlich*. Die Massendichte im Weltall kann von Null verschieden sein, ebenso der Druck der Materie und der Strahlung. Diese nichtstatischen Lösungen geben eine einfache Deutung der großen beobachteten Radialgeschwindigkeiten der extragalaktischen Nebel (→Expansion des Weltalls).

Eine Reihe von Autoren versuchte nicht nur die Gravitation als ein Attribut der Geometrie der Raum-Zeit-Mannigfaltigkeit anzusehen, sondern auch den Elektromagnetismus. Diese Betrachtungen faßt man unter dem Namen →*einheitliche Feldtheorie* (*Weyl, Eddington, Einstein, Schrödinger* u. a.) zusammen.

v. Laue, M.: Relativitätstheorie II. Braunschweig, in Vorbereitung. – *Eddington, A. S.:* Relativitätstheorie in math. Behandlung. Berlin 1925. – *Heckmann, O.:* Theorien d. Kosmologie. Berlin 1942. – Handb. d. Physik IV. Berlin 1929. – *Weyl, H.:* Naturwiss. **38**, 73 (1951).

Relativitätstheorie, fünfdimensionale →Relativitätstheorie, projektive.

Relativitätstheorie, projektive, eine fünfdimensionale Formulierung der allgemeinen Relativitätstheorie. Sie geht auf *Kaluza* (1921) zurück und wurde später von einer Reihe von Autoren weiterentwickelt (*O. Klein, Veblen* und *Hoffmann, Einstein* und *W. Mayer, van Dantzig, Schouten, W. Pauli, P. Jordan, G. Ludwig*). In dieser Theorie treten 5 Koordinaten auf, und dementsprechend gibt es einen Materietensor mit 15 Komponenten (gegenüber 10 in der vierdimensionalen Relativitätstheorie). Von ihnen gehören 10 zum Gravitationsfeld und 4 zum elektromagnetischen Feld.

Die Bedeutung der 15. Komponente blieb ursprünglich unverstanden. In einer Erweiterung dieser Theorie wird diese Komponente mit der veränderlichen Gravitationskonstanten in Zusammenhang gebracht (*P. Jordan* 1947). Die Auffassung einer zeitlich veränderlichen Gravitationskonstanten geht auf *Dirac* zurück. Die vier Weltkoordinaten werden als Funktionen der Verhältnisse von fünf projektiven Koordinaten betrachtet. Im Raume der projektiven Koordinaten wird die Riemannsche Geometrie analogisiert. Es wird dabei aber nicht Invarianz gegen alle Koordinatentransformationen des fünfdimensionalen Raumes gefordert, sondern nur gegen homogene Transformationen. Die Gruppe dieser Transformationen ist isomorph mit der Gruppe aller vierdimensionalen Koordinaten- und →Eichtransformationen. Man findet so verallgemeinerte Feldgleichungen des Vakuums, die im Falle reiner Gravitationsfelder mit den Einsteinschen Feldgleichungen (→Relativitätstheorie, allgemeine) übereinstimmen. Bei Vorhandensein von elektromagnetischen Feldern ist aber immer mit einer gewissen Veränderlichkeit der Gravitationskonstanten zu rechnen. Diese Ergebnisse wurden von *P. Jordan* zu bemerkenswerten kosmologischen Betrachtungen herangezogen.

Veblen, O.: Projektive Relativitätstheorie. Ergebn. d. Mathematik u. ihrer Grenzgebiete. Berlin 1933. – *Jordan, P.:* Z. Naturf. **22**, 1 (1947). – *Ludwig, G.:* Fortschr. d. projektiven Relativitätstheorie. Braunschweig 1951.

Relativitätstheorie, spezielle, 1905 von *A. Einstein* veröffentlicht. Sie bildet eine der großartigsten Leistungen der modernen Physik und gehört zu deren experimentell gesichertem Bestand. Die Entdeckung Einsteins führte zu einer tiefgehenden Analyse des Zeit- und Raumbegriffes. Die wesentliche Grundlage dieser Theorie bildet das →Relativitätsprinzip der Lorentz-Transformation, das an die Stelle des klassischen Relativitätsprinzips der Galilei-Transformation tritt. Nach der Lorentz-Transformation, die den Übergang von einem Bezugsystem zu einem anderen, relativ zu ihm mit gleichförmiger Geschwindigkeit bewegten Bezugsystem vermittelt, ist der Ablauf der Zeit nicht universell, sondern vom Bewegungszustand abhängig (→Relativierung der Zeit). Die absolute Zeit Newtons wird damit durch eine relativistische ersetzt. Eine bewegte Uhr geht gegenüber einer genau gleichen, aber ruhenden Uhr langsamer (Einsteins →Zeitdilatation, →Doppler-Effekt). Ähnliches gilt für die räumlichen Abmessungen eines Körpers. Auch diese sind nicht absolut, sondern vom Bewegungszustand des Körpers gegenüber dem Beobachter abhängig. Die Körperdimension in Bewegungsrichtung wird verkürzt (→Lorentz-Kontraktion). Die Ausbreitungsgeschwindigkeit des Lichtes im Vakuum ist dagegen, unabhängig vom Bewegungszustand der Lichtquelle oder des Beobachters, allgemein gleich c (→Konstanz der Lichtgeschwindigkeit). Die Relativitätstheorie war ursprünglich geschaffen worden, um einige Erscheinungen in der →Optik bewegter Körper (z. B. →Michelson-Versuch) zu deuten. Sie hat darüber hinaus, infolge der *Revision der Grundbegriffe Raum und Zeit*, zu einer tiefgreifenden Modifikation der übrigen klassischen Physik geführt. Es entstand so die →Relativitätsmechanik (allgemein formuliert von *M. Planck* 1906), deren wichtigste Ergebnisse sind: 1. *Trägheit der Energie*, 2. *Äquivalenz von Energie und Masse*. Der Satz von der Äquivalenz von Energie und Masse ist nach *Einstein* das wichtigste Ergebnis der speziellen Relativitätstheorie. Er hat in der Kernphysik seine umfassende experimentelle Bestätigung erfahren (→Massendefekt). Der Satz von der Trägheit der Energie (allgemein von *Planck* 1908 formuliert) besagt, daß jede Energie eine träge Masse besitzt, jede bewegte Energie also einen Impuls. Man erhält die Impulsdichte (Impuls je Volumeinheit) durch Division der Energiestromdichte durch das Quadrat der Lichtgeschwindigkeit im Vakuum. Die Masse eines Massenpunktes nimmt mit wachsender Geschwindigkeit des Massenpunktes zu gemäß $m = m_0/\sqrt{1 - v^2/c^2}$, wo m_0 die →Ruhmasse, v die Geschwindigkeit des Massenpunktes ist. Die Lichtgeschwindigkeit c des Vakuums erscheint danach als Grenzgeschwindigkeit eines Massenpunktes, die nicht überschritten werden kann, da m für $v = c$ unendlich groß würde. Diese von der Relativitätstheorie gelieferte Formel für die Geschwindigkeitsabhängigkeit der Masse ist durch umfangreiche Versuche über die Ablenkung schneller Elektronen bewiesen (*Kaufmann, Bucherer, Guye* und *Ratnowski, Hupka*). Die Überlagerung zweier gleichgerichteter Geschwindigkeiten v_1 und v_2 erfolgt nicht mehr additiv wie in der klassischen Mechanik, wo $v_r = v_1 + v_2$, sondern es gilt das relativistische →Additionstheorem der Geschwindigkeiten, wonach

$$v_r = (v_1 + v_2)\Big/\left(1 + \frac{v_1 v_2}{c^2}\right).$$

Dieses Additionstheorem hat die besondere Eigenschaft, daß die Addition einer beliebigen Geschwindigkeit $v \leqq c$ zur Lichtgeschwindigkeit c stets wiederum c ergibt. Dieses Ergebnis bildet die Grundlage für eine Art von Wiederauferstehen der Newtonschen Emissionstheorie des Lichtes in der Form der →Lichtquantentheorie (*Einstein* 1906). Die Lichtquanten sind im Rahmen dieser Theorie Partikeln der Ruhmasse $m_0 = 0$, während ihre Energie durch $h\nu$ gegeben ist (h Plancksches Wirkungsquantum, ν Frequenz des Lichtes). Partikeln der Ruhmasse Null mit endlicher Energie und endlichem Impuls sind möglich, wenn sie sich mit Lichtgeschwindigkeit c bewegen, denn die Energie einer mit der Geschwindigkeit v bewegten Partikel ist gegeben durch $E = m_0 c^2/\sqrt{1 - v^2/c^2}$ und der Absolutwert des Impulses durch $p = m_0 v/\sqrt{1 - v^2/c^2}$. Im Grenzfalle $m_0 \to 0$ und $v \to c$ können E und p in der Tat endlich bleiben.

Eine weitere wichtige Folgerung der Relativitätstheorie ist das Prinzip der Konstanz der elektrischen Ladung. Letztere ist danach unabhängig vom Bewegungszustand des Ladungsträgers und daher in einem höheren Sinne eine Konstante als etwa die Masse.

Die große Bedeutung der speziellen Relativitätstheorie besteht nicht nur in der Deutung spezieller Erscheinungen verschiedener Teilgebiete der Physik, sondern hauptsächlich darin, daß das Relativitätsprinzip der Lorentz-Transformation ein universell gültiges physikalisches Prinzip darstellt, dem *alle* physikalischen Gesetze genügen *müssen*. So leistete die spezielle Relativitätstheorie *de Broglie* (1924) wertvolle Dienste beim Auffinden eines Zusammenhanges zwischen der Wellenlänge λ einer Materiewelle und dem Impuls p des zugeordneten Massenpunktes (er lautet $\lambda = h/p$). Außerdem bildet die spezielle Relativitätstheorie die Grundlage von Diracs Theorie des Spin-Elektrons (1928), welche z. B. das Verständnis für die Feinstruktur der Spektrallinien der Atome liefert. Eine Theorie schneller Teilchen (z. B. der kosmischen Strahlung) ist ohne die spezielle Relativitätstheorie nicht mehr denkbar.

Die Relativitätstheorie hat auch eine Revision der Grundbegriffe der klassischen Thermodynamik notwendig gemacht (→Relativitätsthermodynamik). Vom Bewegungszustand unabhängig sind: die Entropie eines Körpers und der allseitige Druck. Dagegen ist die absolute Temperatur T von der Geschwindigkeit v des Körpers gegenüber dem Beobachter abhängig. Es ist $T = T_0\sqrt{1 - v^2/c^2}$, wo T_0 die von einem gegenüber dem Körper ruhenden Beobachter gemessene Temperatur ist. Die thermodynamischen Folgen der Relativitätstheorie sind aber praktisch meist von untergeordneter Bedeutung.

Die spezielle Relativitätstheorie beschränkt sich auf die Betrachtung gleichförmig bewegter Koordinatensysteme. Beschleunigte Bezugsysteme sind ausgeschlossen. Daher ist das Relativitätsprinzip der Lorentz-Transformation nur auf solche Bewegungen anwendbar, bei denen die Beschleunigung klein ist. Die Betrachtung beliebig beschleunigter Bewegungen führt auf die allgemeine →Relativitätstheorie.

v. Laue, M.: Relativitätstheorie I. Braunschweig 1951. — *Eddington, A. S.:* Relativitätstheorie in math. Behandlung. Berlin 1925. Handb. d. Physik IV. Berlin 1929. XII, Berlin 1927. — *Weyl, H.:* Naturwiss. 38, 73 (1951).

Relativitätstheorie, vierdimensionale →Relativitätstheorie, allgemeine; fünfdimensionale →Relativitätstheorie, projektive.

Relativitätsthermodynamik. Die Thermodynamik erfuhr durch die Relativitätstheorie wesentliche Änderungen (*Planck, Einstein, Tolman*). Die konsequente Übertragung der Grundsätze der speziellen Relativitätstheorie liefert folgende Resultate: 1. Die Entropie eines Körpers ist invariant gegenüber Lorentz-Transformationen, also unabhängig vom Bewegungszustand des Körpers; 2. gilt dasselbe für das Verhältnis dQ/T, wenn dQ die einem Körper bei der absoluten Temperatur T zugeführte Wärmemenge ist; 3. ändert sich die absolute Temperatur T eines Körpers mit dem Bewegungszustand des Beobachters gemäß $T = T_0\sqrt{1 - v^2/c^2}$ (wo v die Geschwindigkeit des Beobachters gegenüber dem Körper und T_0 die Temperatur bezogen auf einen ruhenden Beobachter bedeutet); 4. der Druck p ist unabhängig vom Bewegungszustand des Beobachters.

Auch die allgemeine Relativitätstheorie brachte einige neue thermodynamische Gesichtspunkte. Während nach der klassischen Thermodynamik Temperaturinhomogenitäten stets irreversible Effekte zur Folge haben (Wärmeleitung), ist dies nach der allgemeinen Relativitätstheorie nicht immer der Fall. Im Schwerefeld ist die Temperatur eines im thermodynamischen Gleichgewicht befindlichen Körpers räumlich verschieden. Es gilt: $\mathrm{grad}\ln T_0 = -\mathrm{grad}(\varPhi/c^2)$, wo $\varPhi$ das Gravitationspotential und c die Vakuumlichtgeschwindigkeit ist. T_0 ist die vom lokalen, ruhenden Beobachter aus gemessene Temperatur. Diese ist demnach um so höher, je kleiner das Gravitationspotential ist. Infolge des Faktors c^2 im Nenner ist der Effekt jedoch extrem klein.

Die relativistisch verallgemeinerte Thermodynamik spielt in der Astrophysik eine gewisse Rolle, seitdem man dem Universum eine zeitlich veränderliche Metrik zugrunde legt. (→Kosmologie.)

v. Laue, M.: Relativitätstheorie I. Braunschweig 1951. — *Tolman, R. C.:* Bull. of the Am. Math. Soc. Febr. 1933. — *Kohler, M.:* Ann. d. Phys. 16, 129 (1933).

Relativzahlen →Sonnenflecken.

Relaxation, allgemeine Bezeichnung für Nachwirkungserscheinungen, die dadurch gekennzeichnet sind, daß ein Körper auf eine Änderung der auf ihn wirkenden äußeren (deformierenden, elektrischen, magnetischen usw.) Kräfte nicht momentan, sondern nur mehr oder weniger langsam reagiert, indem er sich einem neuen inneren Gleichgewichtszustand nur asymptotisch nähert, z. B. seinem natürlichen Zustand nach einer vorhergegangenen elastischen Verformung (→Nachwirkung, elastische). Im allgemeinen verläuft die Änderung der betreffenden Zustandsgröße x nach einem Exponentialgesetz, etwa $x = x_0\exp(-\lambda t)$. Die Konstante λ heißt *Relaxations-* oder *Abklingkonstante*, ihr Kehrwert, die Zeit $T = 1/\lambda$, in der x_0 auf x_0/e abklingt, die *Relaxationszeit*. Die Relaxation spielt u. a. eine sehr wichtige Rolle in der →Rheologie. →Nachwirkungserscheinungen, elastische, →Relaxation, dielektrische, →Relaxationstheorem.

Relaxation, dielektrische. In einem aus Dipolmolekülen bestehenden polaren Dielektrikum verschwindet die durch ein äußeres elektrisches Feld erzeugte Polarisation nach Abschalten des Feldes nicht momentan, sondern klingt nach einem Exponentialgesetz ab:

$$\mathfrak{P}_t = \mathfrak{P}_0\, e^{-t/T}.$$

$\mathfrak{P}_0$ ist die elektrische Polarisation im Augenblick des Abschaltens des äußeren Feldes, $\mathfrak{P}_t$ die Polarisation nach der Zeit t. Die Größe T ist die *Relaxationszeit*, d. h. die Zeitspanne, innerhalb welcher die Polarisation nach Abschalten des Feldes auf $1/e$ des Anfangswertes $\mathfrak{P}_0$ abklingt. T ist temperaturabhängig; je höher die Temperatur, um so kleiner ist T, da die thermische Bewegung das Verschwinden der Polarisation begünstigt.

Die Relaxation macht sich vor allem bei polaren Dielektriken in elektrischen Wechselfeldern bemerkbar. Schnellen Wechseln des Feldes können die molekularen Dipole nicht folgen. Dabei nehmen die Moleküldipole Energie aus dem elektrischen Wechselfeld auf, welche in Wärme umgesetzt wird und sich in einer Temperaturerhöhung des Dielektrikums bemerkbar macht. →dielektrische Verluste.

Besonders bemerkenswert sind die dielektrischen Relaxationserscheinungen in einigen kristallinen Dielektriken, z. B. im Seignettesalz ($\mathrm{KOOC\cdot CHOH\cdot CHOH\cdot COONa} + 24\,\mathrm{H_2O}$). Für dieses hat in Richtung der Kristallachse die elektrische Suszeptibilität (→Polarisation, elektrische) sehr hohe Werte. Bei elektrischer Polarisation in dieser Richtung treten deshalb Erscheinungen auf, die denen in ferromagnetischen Stoffen analog sind. So ist bereits bei Feldstärken von wenigen 100 $\mathrm{V\,cm^{-1}}$ *dielektrische Sättigung* erreicht. Nach Abschalten des elektrischen Feldes wird dann *dielektrische Remanenz*, also eine typische →*Hystereseerscheinung* beobachtet. Bei tiefen Temperaturen werden den →Barkhausen-Sprüngen ähnliche Umklappprozesse mit Relaxationszeiten von der Größe einer Minute feststellbar. Daher werden die betreffenden Stoffe neuerdings auch als *Ferroelektrika* bezeichnet. Die genannten Eigenschaften des Seignettesalzes und anderer Stoffe sind wahrscheinlich auf die Existenz von →Wasserstoffbrücken zurückzuführen.

Gemant, A.: Elektrophysik d. Isolierstoffe. Berlin 1930. Handb. d. Experimentalphysik X. Leipzig 1930. — *v. Harlem, J.:* Phys. Bl. 7, 271 (1951).

Relaxationsschwingungen →Kippschwingungen.

Relaxationstheorem, Maxwellsches. Für den Fall einer konstanten →Gleitgeschwindigkeit $c = du/dy$ würde sich in einem ideal elastischen Stoff eine mit der Zeit t unbegrenzt wachsende Schubspannung $\tau = Gct$ ausbilden (G Scherungsmodul). *Maxwell* trug der Zähigkeit der Flüssigkeiten dadurch Rechnung, daß er zu der Gleichung $d\tau/dt = Gc$ ein die →Relaxation darstellendes Glied $-\tau/T$ hinzufügte (T *Relaxationszeit*), also: $d\tau/dt = Gc - \tau/T$. Ist für $t = 0$ auch $\tau = 0$, so folgt

$$\tau = GTc\,(1 - \exp(-t/T)).$$

Bei gewöhnlichen, auch recht zähen Flüssigkeiten ist T sehr klein. Daher geht die obige Gleichung schon nach sehr kurzer Zeit in $\tau = GcT = \eta c$ über, was mit $Gc = \eta$, der →Viskosität, mit dem Newtonschen →Reibungsgesetz identisch ist. →Rheologie.

Relaxationszeit →Relaxation.

Reluktanz, ältere Bezeichnung für den magnetischen Widerstand, →Ohmsches Gesetz, magnetisches.

Reluktivität, ältere Bezeichnung der →Resistenz, des Kehrwerts der Permeabilität.

Remanenz, *Restmagnetisierung* oder *remanenter Magnetismus,* die nach einer bis zur magnetischen Sättigung durchgeführten Magnetisierung und nachfolgender Beseitigung des magnetisierenden Feldes in einem ferromagnetischen Material zurückbleibende Magnetisierung. Befindet sich der Körper in einem geschlossenen magnetischen Kreis, in dem kein entmagnetisierendes Feld vorhanden ist, so bezeichnet man sie als *wahre* Remanenz. Sie ist eine Materialeigenschaft. Ist dagegen ein entmagnetisierendes Feld (→ Entmagnetisierung) wirksam, so ist nach Abschalten des äußeren Feldes das innere Feld der remanenten Magnetisierung entgegen gerichtet. Sie wird dadurch vermindert auf den Wert der *scheinbaren* Remanenz, welche außer vom Material auch noch vom Entmagnetisierungsfaktor abhängt. Bei großem Entmagnetisierungsfaktor ist die scheinbare Remanenz nahezu gleich dem Quotienten aus Koerzitivkraft und Entmagnetisierungsfaktor, hängt also von der wahren Remanenz des Materials gar nicht mehr ab. Die remanente Magnetisierung wird bei den permanenten Magneten praktisch ausgenutzt.

Becker, R., u. *W. Döring:* Ferromagnetismus. Berlin 1939.

Remanenzverschiebung durch Zug. Bei einem ferromagnetischen Material bewirkt eine kleine Zugspannung in Richtung der remanenten Magnetisierung eine Änderung ihrer Größe, und zwar tritt bei positiver → Magnetostriktion eine Erhöhung, bei negativer eine Erniedrigung auf. Der Effekt beruht auf der Änderung der Richtungsverteilung der spontanen Magnetisierung der → Weißschen Bezirke durch die Zugspannung. Er kann zur magnetischen Messung der inneren Spannungen ausgenutzt werden. Technisch benutzt man den Effekt, um durch elastische Schwingungen mit Hilfe der Induktionswirkung in einer Spule, die den schwingenden Körper umgibt, elektrische Schwingungen zu erzeugen. Wenn man diese nach Verstärkung wiederum zur Anregung der mechanischen Schwingungen benutzt, erhält man ungedämpfte elektrische Schwingungen, die durch die mechanischen Schwingungen des ferromagnetischen Körpers gesteuert werden, ähnlich wie mit einem → Schwingquarz.

Becker, R., u. *W. Döring:* Ferromagnetismus. Berlin 1939.

Remissionsgrad → Farbmessung, → Helligkeit, → Spektralfarben.

rep = roentgen-equivalent-physical, ein in der amerikanischen biophysikalischen Literatur gebräuchliches Maß für die Bestrahlungsdosis einer ionisierenden Teilchenstrahlung, aber nicht international anerkanntes. Eine Strahlung von 1 rep erleidet in 1 g Gewebe einen Energieverlust von 83,8 erg, wobei $1{,}61 \cdot 10^{12}$ Ionenpaare gebildet werden.

Repetition. 1) Schnelle Wiederholung des Anschlags der gleichen Taste beim Klavier (Flügel), ohne dabei die Taste loszulassen; wird ermöglicht durch eine besondere Konstruktion innerhalb des Mechanismus (Repetitionsmechanik des Flügels, *Erard* 1822).

2) Zurückspringen hoher Pfeifenreihen in gemischten Orgelregistern (z. B. Mixtur, Scharf) in die nächst tiefere Quint- oder Oktavreihe bei Erreichen der oberen Hörgrenze. Aus klanglichen Gründen läßt man die betr. Pfeifenreihen im allgemeinen schon rund 1 Oktave unterhalb der eigentlichen Hörgrenze, d. h. zwischen 6000 und 9000 Hz, repetieren.

Repulsivkraft bei Kometenschweifen, die Ursache dafür, daß die Kometenschweife von der Sonne weg gekehrt sind. Der → Strahlungsdruck allein scheint zur Erklärung nicht auszureichen.

Residuum. Es sei $w = f(z)$ eine Funktion der komplexen Veränderlichen $z = x + iy$ (x, y reell, $i = \sqrt{-1}$), die an der Stelle $z = z_0$ und in ihrer Umgebung regulär ist. Dann gilt nach dem → Cauchyschen Satz $\oint_{\mathfrak{C}} f(z)\, dz = 0$, wenn der Integrationsweg eine in der Nähe von $z = z_0$ verlaufende, diese Stelle einschließende Kurve $\mathfrak{C}$ ist. Für den Fall aber, daß $z = z_0$ eine isolierte singuläre Stelle von $f(z)$ ist, wird $\oint f(z)\, dz \neq 0$. Den $(1/2\pi i)$-fachen Wert dieses Integrals nennt man das Residuum von $f(z)$ in z_0 (welche Stelle nicht im Unendlichen liegen soll). Das Residuum $Re(f(z_0))$ läßt sich durch Entwicklung von $f(z)$ nach Potenzen von $(z - z_0)$ berechnen, denn die Funktionentheorie zeigt, daß $Re(f(z_0))$ gleich dem Koeffizienten a_{-1} der Potenz $1/(z - z_0) = (z - z_0)^{-1}$ ist, also $\oint f(z)\, dz = 2\pi i a_{-1}$.

Allgemein gilt, wenn $\mathfrak{C}$ nicht nur eine, sondern endlich viele Singularitäten einschließt, der *Residuensatz:* Ist $f(z)$ innerhalb eines Gebietes $\mathfrak{G}$ eine eindeutige und analytische Funktion von $z = x + iy$ und $\mathfrak{C}$ eine in $\mathfrak{G}$ liegende, doppelpunktfreie geschlossene Kurve, die n singuläre Stellen z_ν ($\nu = 1, 2, \ldots, n$) von $f(z)$ einschließt, so ist $\dfrac{1}{2\pi i} \oint f(z)\, dz = \sum\limits_{\nu=1}^{n} Re(f(z_\nu))$. Legt man $\mathfrak{C}$ so, daß sie *alle* im Endlichen liegenden Singularitäten von $f(z)$ einschließt, so liegt außerhalb $\mathfrak{C}$ nur noch die Unendlichkeitsstelle, woraus folgt, daß das Residuum von $f(z)$ für den Unendlichkeitspunkt gleich der negativen Summe der Residuen der im Endlichen liegenden singulären Stellen ist. Daß das Vorzeichen von $\sum\limits_{\nu=1}^{n} Re(f(z_\nu))$ für $z = \infty$ umgekehrt werden muß, folgt daraus, daß $\mathfrak{C}$, von der Unendlichkeitsstelle aus gesehen, den entgegengesetzten Umlaufssinn hat wie von dem die Singularitäten enthaltenden Bereich $\mathfrak{G}$ aus betrachtet. Man kann obigen Satz auch so formulieren, daß die Summe *aller* Residuen, einschließlich der der Unendlichkeitsstelle, stets verschwindet.

Bei gebrochenen Funktionen $f(z) = \dfrac{g(z)}{h(z)}$, für die Singularitäten für die Wurzeln z_ν ($\nu = 1, 2, \ldots, n$) von $h(z) = 0$ eintreten, für die $g(z_\nu) \neq 0$ ist, läßt sich das Residuum leicht berechnen, da nach der Methode der Partialbruchzerlegung $f(z) = \sum\limits_{\nu=1}^{n} \dfrac{A_\nu}{z - z_\nu}$ der Koeffizient $A_\nu = \dfrac{g(z_\nu)}{h'(z_\nu)}$ ist.

Beispiel: $f(z) = \dfrac{1}{(z-1)(z-2)(z-3)}$. Singuläre Stellen $z_1 = 1$, $z_2 = 2$, $z_3 = 3$. Partialbruchzerlegung liefert $f(z) = \dfrac{A_1}{z-1} + \dfrac{A_2}{z-2} + \dfrac{A_3}{z-3}$ mit

$$A_1 = \left[\frac{1}{(z-2)(z-3)} \right]_{z=1} = \frac{1}{2},$$

$$A_2 = \left[\frac{1}{(z-1)(z-3)} \right]_{z=2} = -1,$$

$$A_3 = \left[\frac{1}{(z-1)(z-2)} \right]_{z=3} = \frac{1}{2}.$$

Es ist also $Re(f(1)) = \frac{1}{3}$, $Re(f(2)) = -1$, $Re(f(3))$ $= \frac{1}{3}$. Da $\sum\limits_{\nu=1}^{3} Re(f(z_\nu)) = 0$ ist, so folgt, daß das Residuum des unendlich fernen Punktes verschwindet.

Knopp, K.: Funktionentheorie u. Aufgaben dazu. Samml. Göschen 1109, 668, 703, 877, 878. Berlin 1944. – *Bieberbach, L.:* Lehrb. d. Funktionentheorie. Leipzig 1923/27. – *Hurwitz-Courant:* Funktionentheorie. Berlin 1929. – *Baule, B.:* Mathematik d. Naturf. u. Ingenieurs VI. Leipzig 1944. – *Whittaker, E. T.,* u. *G. N. Watson:* A Course of Modern Analysis. Cambridge 1935.

Residuum, elektrisches = dielektrischer →Rückstand.

Resistenz, der Kehrwert der →Permeabilität, spielt im magnetischen →Ohmschen Gesetz die gleiche Rolle wie der spezifische elektrische Widerstand im elektrischen Ohmschen Gesetz.

Resonanz (→erzwungene Schwingung). Das Verhalten eines einwelligen Schwingers mit gerader Kennlinie wird durch die Differentialgleichung

$$a\ddot{q} + b\dot{q} + cq = P\sin\omega t$$

beschrieben. Hierin ist q der Augenblickswert des erzwungenen Ausschlags, P die unveränderliche Amplitude der Erregerkraft, ω die Kreisfrequenz der Erregung und t die Zeit. a, b und c sind konstante Beiwerte vom Charakter einer Masse, Dämpfung und Federung. Nach Abklingen der →Einschwingvorgänge verläuft die erzwungene Schwingung mit der Kreisfrequenz ω der Erregung, jedoch mit frequenzabhängiger Amplitude

$$Q = \frac{P}{\sqrt{(c - a\omega^2)^2 + b^2\omega^2}};$$

sie eilt der Erregung um den Winkel

$$\varepsilon = \operatorname{arc tg} \frac{b\omega}{c - a\omega^2}$$

nach.

Häufig ist nicht die Erregerkraft P gegeben, sondern der Erregerausschlag U. Je nach der Art der Erregung hat man zwischen P und U folgenden Zusammenhang:

1. Massenkrafterregung: $P = a_1\omega^2 U$;
2. Dämpfungserregung: $P = b_1\omega U$;
3. Federkrafterregung: $P = c_1 U$.

Um zu einer von der Erregeramplitude unabhängigen Beschreibung des Verhaltens eines Schwingers zu kommen, bezieht man den erzwungenen Ausschlag Q auf den statischen Ausschlag und erhält so drei *Vergrößerungsfunktionen* (*Resonanzfunktionen*)

1. Massenkrafterregung: $V_1 = \dfrac{\eta^2}{\sqrt{(1-\eta^2)^2 + 4\delta^2\eta^2}}$;

2. Dämpfungserregung: $V_2 = \dfrac{2\delta\eta}{\sqrt{(1-\eta^2)^2 + 4\delta^2\eta^2}}$;

3. Federkrafterregung: $V_3 = \dfrac{1}{\sqrt{(1-\eta^2)^2 + 4\delta^2\eta^2}}$;

ferner drei Nacheilwinkel

$$\varepsilon_1 = \varepsilon_3 = \operatorname{arc tg} \frac{2\delta\eta}{1-\eta^2},$$

$$\varepsilon_2 = \varepsilon_3 - \frac{\pi}{2}.$$

Diese Gleichungen enthalten nur dimensionslose Größen, nämlich die Dämpfungszahl $\delta = \dfrac{b}{2\sqrt{ac}}$ und das Verhältnis $\eta = \omega/\omega_0$ der Erregerkreisfrequenz zur Eigenkreisfrequenz $\omega_0 = \sqrt{c/a}$ des

Schwingers. V_1 geht aus V_3 durch Übergang zum reziproken Argument hervor, denn es ist $V_1(\eta) = V_3(1/\eta)$. Man kann deshalb beide Vergrößerungsfunktionen für verschiedene Werte der Dämpfung δ in einem Diagramm (Abb. 1) ver-

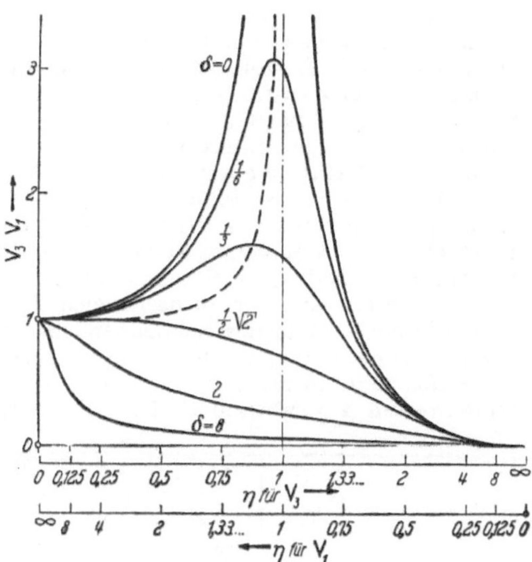

Abb. 1. Vergrößerungsfunktionen $V_1(\eta)$ und $V_3(\eta)$.

einigen, wenn man die Abszisse einmal von links nach rechts und einmal von rechts nach links beziffert. Bei Massenkrafterregung verschwindet der erzwungene Ausschlag mit $\eta \to 0$, bei Federkrafterregung mit $\eta \to \infty$. Das Maximum η_0 des erzwungenen Ausschlages rückt mit abnehmender Dämpfung asymptotisch gegen die Resonanzstelle $\eta = 1$, an der die Erregerfrequenz mit der Eigenfrequenz des Schwingers übereinstimmt (gestrichelte Linie in Abb. 1). Es ist $\eta_0^2 = 1 - 2\delta^2$. Im aperiodischen Grenzfall $\delta_0 = \frac{1}{2}\sqrt{2}$ erreicht η_0 den Wert Null. Die zugehörige Vergrößerungsfunktion zeigt keine Resonanzerhöhung mehr. Bei weiter zunehmender Dämpfung verliert die Resonanzkurve ihren eigentlichen Charakter, um im Falle V_1 einen hochpaßähnlichen, im Falle V_3 einen tiefpaßähnlichen Verlauf zu nehmen. Der

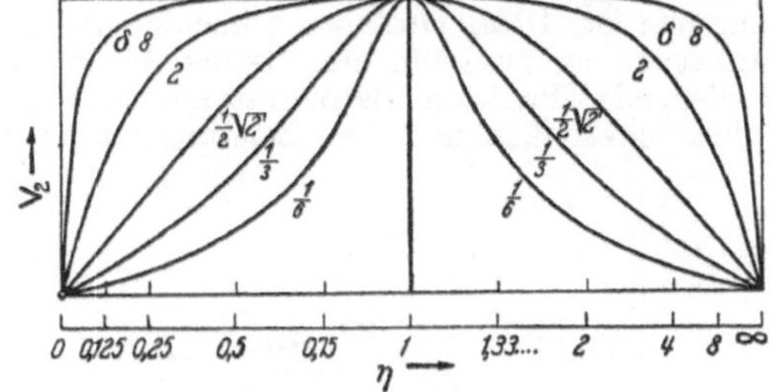

Abb. 2. Vergrößerungsfunktion $V_2(\eta)$.

aperiodische Grenzfall ist für registrierende Meßgeräte von großer Bedeutung. Er gewährleistet die höchste mit dem Meßgerät überhaupt zu erzielende Freiheit von Formverzerrungen.

Die bei Dämpfungserregung auftretenden Resonanzkurven sind in Abb. 2 wiedergegeben. Hier tritt keine Verschiebung des Maximums bei einer

Änderung der Dämpfung ein. Der erzwungene Ausschlag geht sowohl mit $\eta \to 0$ wie mit $\eta \to \infty$ gegen Null. Die Vergrößerungsfunktion V_2 gibt nicht nur Aufschluß über den Zusammenhang zwischen dem erzwungenen Ausschlag Q und dem Erregerausschlag U bei Antrieb über einen Dämpfer, sondern auch über den Zusammenhang zwischen der erzwungenen Schnelle (d. h. der zeitlichen Ableitung des Ausschlags) $S = \omega U$ und der frequenzunabhängigen Erregerkraft P bei Antrieb über eine Feder. Je nach der Größe, für deren Amplitude man sich interessiert (Ausschlag, Schnelle oder Beschleunigung), erhält man bei gleicher Antriebsart des Schwingers ganz verschiedene Resonanzfunktionen und, insbesondere ganz verschiedene Resonanzmaxima. Es ist deshalb nur schwer möglich, die Resonanzfrequenz ω_0 aus dem Resonanzmaximum zu bestimmen. Hierzu ist häufig der Verlauf des Nacheilwinkels ε geeigneter, der für ε_1 und ε_3 in Abb. 3 wiedergegeben ist. ε_2 erhält man hieraus, wenn man von den Ordinatenwerten $\pi/2$ subtrahiert. Man sieht, daß

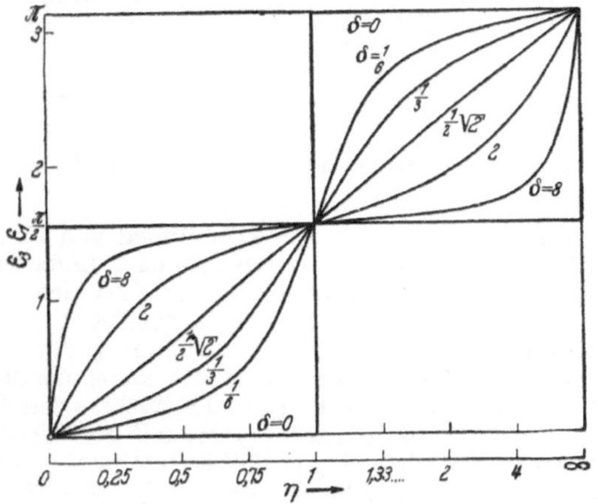

Abb. 3. Nacheilwinkel $\varepsilon_1(\eta) = \varepsilon_3(\eta)$.

die Wendetangente von ε unabhängig von der Größe der Dämpfung immer an der Resonanzstelle $\eta = 1$ liegt.

Die Dämpfungszahl δ läßt sich aus der Breite der Resonanzkurve bei derjenigen Ordinate bestimmen, die gleich 70,7% ($= 1/\sqrt{2}$) des Resonanzmaximums ist. Diese Ordinate schneidet die Resonanzkurve an zwei um den Betrag 2δ auseinanderliegenden Punkten. Betrachtet man statt der Amplitudenresonanzkurve die Leistungsresonanz-

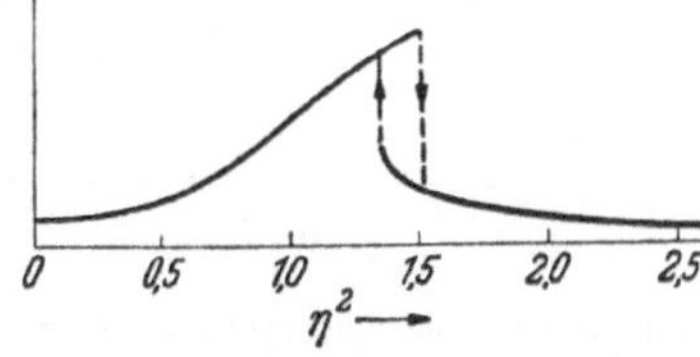

Abb. 4. Erzwungene Ausschläge eines gedämpften Schwingers mit nichtlinearer Federcharakteristik.

kurve, dann erhält man die Abszissendifferenz 2δ bei 50% des Resonanzmaximums ($\to$Halbwertsbreite).

Bei Schwingern mit nichtlinearer Charakteristik gilt die amplitudenunabhängige Darstellung durch

Vergrößerungsfunktionen nicht mehr. Man muß dann vielmehr die Resonanzkurve für jede Erregeramplitude gesondert ermitteln. Abb. 4 gibt ein Beispiel für die erzwungenen Ausschläge eines gedämpften Schwingers mit nichtlinearer Federcharakteristik; man entnimmt ihr, daß die Resonanzkurve bei zunehmender Frequenz auf einem anderen Wege durchlaufen wird als bei abnehmender Frequenz; es treten Kippstellen mit sprunghafter Änderung des Ausschlags ein.

Klotter, K.: Einf. in d. techn. Schwingungslehre I. Berlin 1951.

Resonanz, elektrische. Bei einem elektrischen Schwingungskreis spricht man von Resonanz, wenn die Eigenkreisfrequenz ω_0 des Schwingungskreises mit der Kreisfrequenz ω_{err} der angelegten äußeren Wechselspannung übereinstimmt. Bei einem Reihenschwingkreis spricht man von *Reihenresonanz* ($\to$*Spannungsresonanz*), bei einem Parallelschwingkreis von *Parallelresonanz* ($\to$*Stromresonanz*). Im Resonanzfall erreichen die Schwingungsamplituden im Kreis ihren Maximalwert; ihre Abhängigkeit von der Erregerfrequenz ergibt die *Resonanzkurve*, deren Verlauf durch die $\to$Dämpfung maßgebend beeinflußt wird. *Resonanzüberhöhung* (*Resonanzschärfe*) nennt man das Verhältnis der Blindspannung zur Gesamtspannung

$$\left(\frac{U_L}{U}\right)_{\omega_0} = \left(\frac{U_\sigma}{U}\right)_{\omega_0}$$

bzw. des Blindstromes zum Gesamtstrom des Kreises

$$\left(\frac{i_L}{i}\right)_{res} = \left(\frac{i_\sigma}{i}\right)_{res}$$

bei der Resonanzfrequenz. Es kennzeichnet die Güte des Schwingungskreises und wird auch als *Gütezahl* (-faktor) g bezeichnet. Im Resonanzpunkt ist der Wechselstromwiderstand des Schwingungskreises reell, die Phasenverschiebung zwischen Strom und Spannung also Null. Oberhalb und unterhalb dieser Frequenz ist die Phasenverschiebung positiv bzw. negativ.

Die Resonanz ist eines der wichtigsten Mittel, um aus einem Frequenzgemisch schmale Frequenzbereiche auszusieben (Rundfunk).

Vilbig, F.: Lehrb. d. Hochfrequenztechnik. Leipzig 1945. – *Möller, H. G.:* Grundl. u. math. Hilfsmittel d. Hochfrequenztechnik. Berlin 1940.

Resonanz entarteter Systeme. Ein Eigenwert E_0 der Energie H_0 sei zweifach entartet, d. h. es gibt zwei linearunabhängige Eigenfunktionen φ_1 und φ_2 zum Eigenwert E_0 von H_0. Ist V eine kleine Störung, so gilt für $\psi(t) = a(t)\varphi_1 + b(t)\varphi_2$ die Differentialgleichung $-\frac{\hbar}{i}\,\dot{\psi} = (H_0 + V)\,\psi$. Sind E_1 und E_2 die beiden Eigenwerte, in die E_0 durch die Störung aufspaltet, so folgt

$$a(t) = x_{11}\exp\left(-\frac{i}{\hbar}E_1 t\right) + x_{12}\exp\left(-\frac{i}{\hbar}E_2 t\right)$$

und entsprechend für $b(t)$. $|a(t)|^2$, das die Wahrscheinlichkeit für den Zustand φ_1 darstellt, schwankt zeitlich mit der sehr kleinen Schwebungsfrequenz $\frac{1}{\hbar}(E_1 - E_2)$ auf und ab. Entsprechend schwankt auch $|b(t)|^2$, so daß $|a(t)|^2 + |b(t)|^2 = 1$ bleibt. Dieses Hin- und Herpendeln zwischen den beiden Zuständen bezeichnet man in Analogie zu klassischen Resonanzphänomenen als Resonanz der beiden entarteten Zustände.

Dieser Begriff wurde 1926 von *Heisenberg* zuerst bei der Behandlung des Heliumatoms eingeführt. →Resonanz, quantenmechanische, und chemische Bindung.

Resonanz, quantenmechanische, und chemische Bindung (→Resonanz entarteter Systeme). Der Begriff der quantenmechanischen Resonanz wurde später in der Theorie der *chemischen Bindung* auch dann verwendet, wenn die Elektronen nicht zwischen verschiedenen Energiezuständen, sondern zwischen gleichen Zuständen verschiedener Atomkerne hin und her wechseln. Wie im Helium wird durch diesen „Austausch" die Energie des Systems vermindert, das System also stabilisiert. Diese *Resonanzenergie* ist die Ursache der →kovalenten (= homöopolaren) Bindung. Allgemein spricht man heute in der Quantenmechanik dann von Resonanz, wenn die Eigenfunktion eines Zustandes eines Systems eine Linearkombination zweier oder mehrerer gleichberechtigter „Elektronenkonfigurationen" oder „Elektronenstrukturen" ist, die durch Vertauschen oder Verschieben von Elektronen auseinander hervorgehen. Im Ausdruck für die Energie treten in solchen Fällen „Austauschintegrale" auf (→Austauscheffekt). Falls, z. B. im Benzolring, der Elektronenaustausch zwischen benachbarten Atomen im Valenzstrichschema durch eine Verlagerung der Doppelbindung dargestellt werden

kann ⬡ → ⬡ , bezeichnet man die Resonanz eines Moleküls zwischen verschiedenen Valenzbindungsstrukturen auch als *Mesomerie*, die verschiedenen Valenzschemata auch als *kanonische* oder als kanonisch konjugierte Valenzstrukturen und die verschiebbaren Valenzstriche als *nicht lokalisierbare Bindungen* (Ursache des „aromatischen Charakters" zyklischer Verbindungen). Bei komplizierteren ungesättigten Molekülen kann eine große Anzahl kanonischer Strukturen zum Grundzustand des Moleküls beitragen. Unter diesen können sich auch polare Strukturen befinden. Benzol als Beispiel:

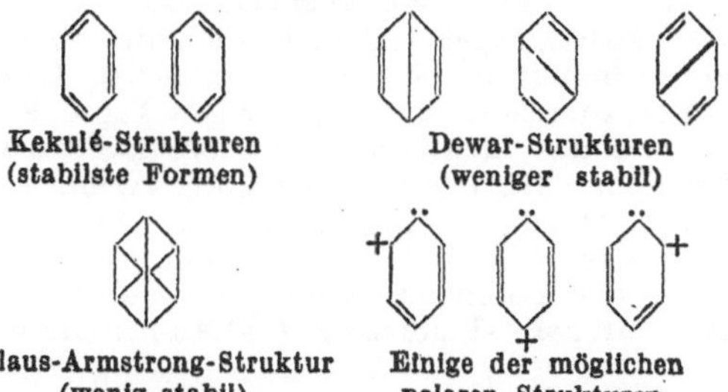

Empirische Resonanzenergien nach *Pauling* in kcal/mol.

Benzol	39	Carbazol	91
Naphthalin	75	Furan	23
Anthrazen	105	Thiophen	31
Phenanthren	110	Kohlenoxyd	58
Biphenyl	47	Carboxylgruppe	28
1,3,5-Triphenyl-benzol	181	Amidgruppe	21
		Harnstoff	37
Benzoesäure	71	Phenol	46
Pyridin	43	Anilin	45
Chinolin	69	Benzaldehyd	43
Pyrrol	31	Kohlendioxyd	33

Resonanz zwischen kanonischen, z. T. polaren Valenzstrukturen ist bei allen Kohlenwasserstoffen und verwandten Verbindungen möglich, die *konjugierte Doppelbindungen* enthalten.

Die Resonanzenergie läßt sich in empirischer Weise definieren als die Differenz der wirklichen Energie des Moleküls, verglichen mit derjenigen, die es haben würde, wenn nur *eine* kanonische Struktur vorhanden wäre.

Pauling, L.: Nature of Chemical Bond. Ithaca 1940. — *Wheeland, G.:* Theory of Resonance. New York 1944.

Resonanzboden, größere ebene oder schwach gewölbte dünne Platte (meist aus Holz bestehend und durch Rippen verstärkt) bei Tasten-Saiten-Instrumenten, die die von den Saiten erzeugten Schwingungen durch den Steg übernimmt und an die Luft abstrahlt. Ohne Resonanzboden wäre eine nennenswerte Abstrahlung der in den Saiten enthaltenen Schwingungsenergien wegen der schlechten Anpassung an die Luft nicht möglich. Der Resonanzboden soll eine große Anzahl möglichst gleichmäßig verteilter und nicht zu schwach gedämpfter Eigenfrequenzen besitzen. Seine Eigenschaften bestimmen die Klangqualität des Instrumentes. Bei den Streich- und Zupfinstrumenten übernimmt der ganze Körper einschließlich des eingeschlossenen Luftvolumens die Funktion der Schallabstrahlung.

Resonanzbreite, derjenige Frequenzbereich in der unmittelbaren Umgebung einer Resonanzfrequenz, in dem noch ein „merkliches" Mitschwingen des in Resonanz gebrachten Systems vorliegt (→Resonanz). Die (beliebig zu wählende) exakte Festlegung des qualitativen Begriffs „merkliches Mitschwingen" wird meistens dahingehend getroffen, daß von diesem gesprochen wird, wenn die *Energie* E_s des erregten Schwingers ≥ die Hälfte der Resonanzenergie E_r ist. Die Resonanzbreite wird also durch den Abstand derjenigen beidseitig zu einer Resonanzstelle liegenden Frequenzen gegeben, in denen $E_s = E_r/2$ ist. Bezüglich der *Schwingeramplitude* A_s bedeutet dies, daß A_s das $1/\sqrt{2} \approx 0{,}7$-fache der Resonanzamplitude beträgt.

Resonanzeinfang, -energie →Kernreaktionen, →Breit-Wigner-Formel, →kovalente Bindung, →Neutronenresonanzen, →Resonanz, quantenmechanische.

Resonanzfluoreszenz, der einfachste Fall der →Fluoreszenz, ist dann vorhanden, wenn die Fluoreszenzstrahlung die direkte Umkehr der erregenden Lichtabsorption ist. Daher ist die Wellenlänge des Fluoreszenzlichtes gleich der Wellenlänge des erregenden Lichtes. Handelt es sich um eine Spektrallinie, so spricht man von der *Resonanzlinie*. Wird jedes absorbierte, erregende Lichtquant in der Fluoreszenzstrahlung wieder ausgesendet, so hat die Resonanzfluoreszenz die Quantenausbeute 1. Dieser hohe Wert wird jedoch nur bei stark verdünnten Gasen und Dämpfen erreicht, da bei diesen die Wahrscheinlichkeit einer Störung in der Zeit zwischen der Lichtabsorption und der Emission gering ist. Die Zeit zwischen Absorption und Emission beträgt etwa 10^{-8} s. Erfolgt während dieser Zeit eine Störung, z. B. ein Zusammenstoß mit einem anderen Atom, so kann die Anregungsenergie für die Fluoreszenzstrahlung verloren gehen. Das angeregte Atom kann aber auch weitere Anregungsenergie durch den Stoß übernehmen, so daß energiereicheres Licht zur Aussendung gelangt. Solche Spektrallinien heißen →antistokessche Linien. Ferner →Resonanzstrahlung, →Oberflächenresonanz.

Resonanzgeräte haben schwingungsfähige Anzeigesysteme, deren Eigenfrequenz innerhalb des Meßbereiches liegt und die elektromagnetisch oder elektrostatisch in Resonanzschwingungen versetzt werden. Beim *Zungenfrequenzmesser* werden Stahlzungen, die auf bestimmte Frequenzen abgestimmt sind, elektromagnetisch oder elektrostatisch erregt, und es wird beobachtet, welche Zunge in Schwingung gerät. Bei rein mechanischer Erregung durch die Erschütterungen von Maschinen können Zungenfrequenzmesser auch als Tachometer benutzt werden. Selektive Nullinstrumente für Wechselstrommessungen → *Vibrationsgalvanometer*.

Resonanzlampe. Eine natriumreiche Flamme vermag, obwohl sie viel helleres Licht aussendet als eine natriumarme Flamme, keine kräftigere Resonanzlinie auszustrahlen. Die größere Menge an Natrium *verbreitert* nur die Resonanzlinie, verstärkt aber nicht die Intensität in der Mitte der Linie. Bogenentladungen werden besonders gekühlt, um durch geringen Druck schmale Emissionslinien zu erhalten. Es kommt aber vor, daß mit solchen Mitteln die erforderliche Linienschärfe nicht zu erreichen ist. (Man bedenke, daß die Quecksilberlinie bei 5461 Å einer vollbelasteten Bogenlampe nicht weniger als neun Jodabsorptionslinien überdeckt!) Um die erforderliche Schärfe und absolute Konstanz der Breite einer Linie zu erhalten, benutzt man als Lichtquelle eine Resonanzlampe, ein evakuiertes Glasgefäß, das einen Metalldampf bei konstanter Temperatur enthält. Dieser wird mit einer außen stehenden Lichtquelle bestrahlt, die denselben Dampf enthält. Die Resonanzstrahlung des Metalldampfes im Glasgefäß wird dann als Lichtquelle benutzt.

Resonanzlinie heißt eine Spektrallinie, welche sowohl als Absorptionslinie als auch als Emissionslinie vorkommt. Ein Atom kann also das Licht seiner Resonanzlinie absorbieren und anschließend gleich wieder emittieren. Dieser einfachste Fall der Fluoreszenz heißt auch →*Resonanzstrahlung*. Ein Atom kann durchaus mehrere Resonanzlinien haben, z. B. die gelben *D*-Linien des Natriums. Eine andere sehr bekannte Resonanzlinie ist die ultraviolette Quecksilberlinie 2537 Å.

Resonanzmethoden. Elektrische Resonanz einer aus Kapazität C, Induktivität L und Widerstand R bestehenden Reihenschaltung tritt ein, wenn die Bedingung $\omega^2 LC = 1$ erfüllt ist (ω Kreisfrequenz des Wechselstroms). Die Schaltung hat dann den rein Ohmschen Widerstand R; infolgedessen kann man sie mit drei anderen Ohmschen Widerständen zu einer Vierzweigbrücke zusammenfügen und im Nullverfahren abgleichen. Diese Resonanzbrücke hat gegenüber anderen Methoden zur Messung der Induktivität den Vorteil, daß sie sich bis zu hohen Frequenzen gut anwenden läßt, da man mit kleinen Widerständen auskommt, so daß die Erdkapazitätsstörungen gering bleiben.

Der dielektrische Verlustfaktor und die Dielektrizitätskonstante von Isoliermaterialien können ebenfalls mittels Resonanzkreisabstimmung gemessen werden. Man benutzt dazu einen regelbaren, verlustfreien Kondensator und einen regelbaren Ohmschen Widerstand, die man mit dem Prüfling im Substitutionsverfahren vergleicht. Weitere Verfahren benutzen die bei Verstimmung des Resonanzkreises oder bei Abschaltung des Prüflings auftretende Spannungsänderung am Resonanzkondensator zur Messung von Verlustfaktor und Dielektrizitätskonstante.

Krassowsky, W.: Elektr. Prüfung von Kunststoffen. Normenheft 14. Beuthvertrieb Berlin.

Resonanzneutronen →Neutronenresonanzen.

Resonanzquarz = →Schwingquarz.

Resonanzschärfe →Resonanz, elektrische.

Resonanzserie →Bandenfluoreszenz.

Resonanzspannung →Anregungsspannung.

Resonanzspektren. Die →Resonanzstrahlung ist der einfachste Fall der →Fluoreszenz. Sie entsteht, wenn die Lichtemission die direkte Umkehr des Absorptionsprozesses ist. Handelt es sich um eine Spektrallinie, so spricht man auch von der →Resonanzlinie. Erfolgt die Lichtemission jedoch über Zwischenniveaus, so spricht man von Resonanzspektren (→Resonanzstrahlung). Diese treten besonders bei Molekülen auf, da hier die Energieniveaus stets in mehrere unterteilt sind, indem die Atome verschiedene quantenmäßig festgelegte Schwingungsenergien und die Moleküle noch Rotationsenergie besitzen. Bestrahlt man z. B. Joddampf (leicht herstellbar durch ein paar Körnchen Jod im evakuierten Glasgefäß) mit dem konzentrierten Licht einer Bogenlampe, so erhält man eine sehr helle, gelblichgrüne Fluoreszenz des Dampfes, welche aus einer sehr großen Anzahl dicht beieinander liegender Spektrallinien besteht. Bestrahlt man mit monochromatischem Licht, etwa der Quecksilberlinie 5461 Å, so erhält man genau die eingestrahlte Wellenlänge als Fluoreszenzlicht des Joddampfes wieder, darüber hinaus aber in regelmäßigen Abständen eine ganze Reihe von Linien, ein ganzes Resonanzspektrum. Die Hg-Linie einer vollbelasteten Lampe überdeckt neun Jodabsorptionslinien; nur bei einer gekühlten Hg-Lampe kann erreicht werden, daß die Hg-Linie nur mit *einer* Jodlinie koinzidiert.

Resonanzstrahlung. Ähnlich wie eine schwingende Stimmgabel eine zweite gleicher Eigenfrequenz zum Mitschwingen erregen kann, kann ein Atom, das Licht aussendet, ein zweites zur Aussendung einer Resonanzstrahlung veranlassen. Dabei absorbiert das zweite Atom das Licht und sendet es ohne Energieverlust wieder aus. Dieser Vorgang der Resonanzstrahlung ist also der einfachste Fall der →Fluoreszenz (→Resonanzfluoreszenz).

Das Auftreten der Resonanzstrahlung hängt von den folgenden Bedingungen ab: 1) Genaueste Übereinstimmung der Frequenzen; beim Licht am einfachsten zu erreichen durch Anwendung der gleichen Atomart. 2) Das zweite Atom muß die erregende Strahlung auch absorbieren können. Das ist dann möglich, wenn die erregende Strahlung durch Übergang der gleichen Atomart zum Grundterm entsteht. Der Emissionsprozeß muß also die direkte Umkehr des Absorptionsprozesses sein. 3) Das Atom muß die absorbierte Energie ohne Störung (etwa Stoß) wieder emittieren können; deshalb zweckmäßig Anwendung verdünnter Gase. 4) Schließlich muß die Resonanzstrahlung durch direkten Übergang aus dem erregten in den Grundzustand und nicht über Zwischenniveaus erfolgen.

Erfolgt dies dennoch, so spricht man von →*Resonanzspektren*. Erfolgt dies nicht, so spricht man von der →*Resonanzlinie*.

Schickt man das gelbe Licht der beiden Na-*D*-Linien, einfach hergestellt durch eine mit einem Na-Salz gefärbte Bunsenflamme, auf ein Gefäß, das Natriumdampf enthält, so beobachtet man ein helles Leuchten des Strahlenganges im Na-Dampf. Dieser absorbiert die Strahlung und sendet sie als Resonanzstrahlung wieder aus. Befindet sich im Gefäß noch ein Vorrat an festem Natrium, so kann man durch Erhitzen des Gefäßes den Dampfdruck des Natriums erhöhen. Man beobachtet dann das Leuchten nur noch an der Oberfläche an der Stelle des Lichteintritts. Aus der *Volumresonanz* ist eine *Oberflächenresonanz* geworden. Die Oberfläche leuchtet ebenso hell wie ein daraufgelegtes weißes Blatt Papier. Die Ausbeute ist fast 100%. Allerdings wird diese hohe Ausbeute nur dann erreicht, wenn die Bunsenflamme nur wenig Na enthält, die Linien also scharf und nicht durch Stoß verbreitert sind.

Resonanzstreuung →Kernreaktionen, →Breit-Wigner-Formel, →Resonanzstrahlung.

Resonanztheorie →Hörtheorien.

Resonanzüberhöhung →Resonanz, elektrische.

Resonanzwiderstand, der Widerstand eines elektrischen Schwingungskreises bei Übereinstimmung der äußeren Erregerfrequenz ω_{err} mit seiner Eigenfrequenz ω_0 bei →Resonanz. Für einen Reihenschwingkreis (→Spannungsresonanz) ist der Wechselstromwiderstand $\Re = R_r + j(\omega L - 1/(C\omega))$, der Resonanzwiderstand $\Re_0 = R_r$, gleich dem Verlustwiderstand des Kreises.

Für einen Stromkreis mit L und R_r in Reihe und parallel zu beiden geschalteter Kapazität C (Parallelschwingkreis) ist der Wechselstromwiderstand

$$\Re = \frac{(R_r + j\omega L)\left(-j\dfrac{1}{\omega C}\right)}{R_r + j\left(\omega L - \dfrac{1}{\omega C}\right)},$$

der Resonanzwiderstand

$$\Re_0 = \frac{1}{\omega_0^2 C^2 R_r} = \frac{L}{C R_r}.$$

Liegt der Verlustwiderstand nicht in Reihe mit L, sondern parallel zu L und C (R_p), so ist der Resonanzwiderstand $\Re_0 = R_p$.

Der mit L in Reihe liegende kleine Widerstand R_r läßt sich für gleiche Dämpfung des Kreises umrechnen in einen großen Widerstand R_p parallel zu L und C, da $R_p = g^2 R_r$ ist, wo g die Resonanzüberhöhung (→Resonanz, elektrische) bedeutet. Der Resonanzwiderstand R_p ist also $R_p = L/(C R_r)$.

Vilbig, F.: Lehrb. d. Hochfrequenztechnik. Leipzig 1945. – *Zinke, O.:* Hochfrequenzmeßtechnik. Leipzig 1947.

Resonator, ein im allgemeinen dreidimensionales schwingungsfähiges System, das bei sinusförmiger äußerer Erregung auf eine bestimmte Frequenz, die *Resonanzfrequenz*, mit maximaler Schwingungsamplitude reagiert (→Resonanz). Bei impulsartigem Anstoß klingt eine gedämpfte Schwingung von eben dieser Frequenz ab. Die Resonanzschärfe wächst mit abnehmender Dämpfung (→Halbwertsbreite). Man verwendet deshalb schwach gedämpfte Resonatoren (→Helmholtz-Resonator) zur Spektralanalyse von Schwingungsvorgängen.

Restaktivität, die nach dem Zerfall des RaC noch vorhandene, langsam veränderliche Radioaktivität des RaD, RaE und RaF. Die bei der Verarbeitung der Uranerze auf Radium abgetrennten Bleimengen enthalten das mit dem Ra im Gleichgewicht befindliche Bleiisotop RaD und dessen Folgeprodukte als Träger der Aktivität.

Restatome sind beim radioaktiven Zerfall entstehende →Rückstoßstrahlen. Ihre Reichweite (nach α-Emission) beträgt in Luft von Atmosphärendruck etwa 0,1 bis 0,2 mm. Sie haben also schon in unmittelbarer Nähe des zerfallenden Körpers ihren Charakter als Strahlung verloren. Da sie meist einfach positive Ladung tragen, können sie, wie radioaktive Ionen, durch ein elektrisches Feld an der Kathode aufgefangen werden (→Rückstoßmethode).

Restgang bei Strahlungsmessungen, der Eigengang der Meßapparatur ohne Einwirkung der zu untersuchenden Strahlung. Bei Meßanordnungen für die kosmische Strahlung, z. B. bei Ionisationskammern, wird er nach Abschirmung sonstiger äußerer Einflüsse (z. B. der radioaktiven Strahlung der Umgebung vermittels eines genügend dicken Bleipanzers) durch die aus dem Material der Kammer kommenden α-Teilchen hervorgerufen. Füllt man die Kammer mit Gas von höherem Druck, evtl. auch nur von höherer Dichte, so wird die von der kosmischen Strahlung hervorgerufene Ionisation entsprechend der Gesamtdichte verstärkt, während die des α-Teilchen-Restganges wegen der begrenzten Reichweite der α-Teilchen konstant bleibt. Von diesen ursprünglich gebildeten Ionenmengen geht durch Rekombination nur ein geringer Anteil des von der kosmischen Strahlung gebildeten Betrages verloren, während von dem durch die α-Teilchen gebildeten Anteil wegen der hohen Ionendichte und der dadurch bedingten starken →Rekombination in den Kolonnen überhaupt nur ein kleiner Bruchteil zur Abscheidung kommt. Hierdurch wird erreicht, daß der störende Restgang stark herabgedrückt wird und z. B. bei Messungen im Meeresniveau nur noch einige % der dort zu messenden Ionisation durch kosmische Strahlung beträgt.

Bei Auslösezählrohren rufen die von den Wänden kommenden α-Teilchen die gleichen Impulse hervor wie durchfliegende Elektronen oder Mesonen. Bei Verwendung von mindestens zwei Zählrohren in Koinzidenzschaltung kann dieser Anteil, weil er keine Koinzidenzen erzeugt, völlig unterdrückt werden. Auch der Anteil der von der Umgebung kommenden radioaktiven Strahlung, der bei Ionisationsmessungen ohne Panzer sehr stört, kann völlig unterdrückt werden, wenn die Zählrohrwände genügend dick sind, um das gleichzeitige Durchsetzen von zwei Zählrohren durch ein β-Teilchen zu verhindern. Zählrohrkoinzidenzanordnungen arbeiten also praktisch ohne Restgang. Dafür spielt das Auflösungsvermögen bei ihnen eine große Rolle.

Steinke, E.: Erg. d. ex. Naturwiss. **93**, 89 (1934).

Restitution der biologischen Strahlenwirkung →Strahlungsschädigung, →Zeitfaktor.

Restlinien →Emissionsspektralanalyse.

Restmagnetisierung = →Remanenz.

Reststrahlenmethode (*H. Rubens* u. *E. F. Nichols*), Methode, um aus einer zusammengesetzten Strahlung ein enges, langwelliges ultrarotes Spektralgebiet auszufiltern; beruht darauf, daß eine Substanz an einer Stelle anomaler Dispersion selektiv absorbiert und metallisch reflektiert. Das Reflexionsvermögen erreicht an solchen Stellen Werte bis 0,9. Fällt also auf eine solche Substanz eine zusammengesetzte Strahlung, so besteht das reflektierte Licht bevorzugt aus Strahlung des selektiv

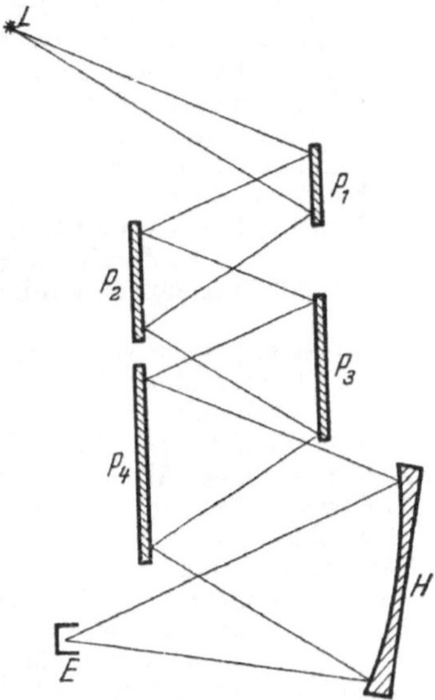

Reststrahlenmethode.
L Ultrarot-Strahlungsquelle, P_1, P_2, P_3, P_4 selektiv reflektierende Kristallplatten, *H* Hohlspiegel, *E* Strahlungsempfänger.

reflektierten Wellenlängenbereichs. Durch mehrfache Reflexion an ebenen Flächen der selektiv reflektierenden Substanz (Abb.) erhält man diese Strahlung sehr rein. →ultrarotes Spektrum.

Maxima der Reststrahlung für verschiedene Substanzen:

Substanz	Kalkspat	Flußspat	NaCl	KCl	KBr	AgBr
$\lambda\,[\mu]$	27	33	52	62	83	116

Schaefer Cl., u. *F. Matossi:* Das ultrarote Spektrum. Berlin 1930.

Reststrom, der bei vorgegebener →Polarisation an einem elektrochemischen Zweiphasensystem, insbesondere am System Metall/Lösung, nach Abklingen des Stromes sich *stationär* einstellende restliche Strom.

Handb. d. Physik XIII. Berlin 1928.

Restwiderstand, elektrischer, der Grenzwert des elektrischen Widerstandes eines metallischen Normalleiters bei $T \cong 0\,°\mathrm{K}$. Er ist nicht immer genau bestimmbar, da nicht selten (besonders bei Metallproben mäßiger Reinheit) im Gebiet der bisher herstellbaren Temperaturen ein solcher Grenzwert noch nicht genügend genau erreicht wird. In →Supraleitern verschwindet der gesamte elektrische Widerstand unterhalb der →Sprungtemperatur. Trotzdem kann man auch in diesen Fällen noch von einem Restwiderstand sprechen, indem man die Supraleitfähigkeit durch ein äußeres Magnetfeld aufhebt und den so in der Nähe von $T \cong 0\,°\mathrm{K}$ auftretenden Widerstand mißt (*Kamerlingh-Onnes, W. Meissner*).

Der Restwiderstand ist nach der →Elektronentheorie der Metalle bedingt durch die Streuung der Elektronenwellen an den Gitterstörungen, die durch Verunreinigungen oder durch mechanische Deformation verursacht sein können.

Resultante, 1. die sich als Ergebnis einer →*Addition* vektorieller Größen ergebende Einzelgröße; 2. in der *Algebra* eine Determinante, deren Elemente die Koeffizienten zweier algebraischer Gleichungen in bestimmter Anordnung sind. Heißen die beiden Gleichungen

$$f(x) = \sum_{i=0}^{n} a_i x^i = 0 \quad \text{und} \quad g(x) = \sum_{j=0}^{m} b_j x^j = 0,$$

so ist die Resultante dieser beiden Gleichungen die $(n+m)$-reihige Determinante

$$R = \left. \begin{vmatrix} a_n & a_{n-1} & \ldots\ldots & a_1 & a_0 & 0 & 0 & \ldots & 0 \\ 0 & a_n & a_{n-1} & \ldots & a_2 & a_1 & a_0 & 0 & \ldots & 0 \\ \ldots\ldots\ldots\ldots\ldots\ldots\ldots\ldots\ldots\ldots \\ 0 & \ldots\ldots\ldots\ldots\ldots\ldots\ldots & 0 \\ b_m & b_{m-1} & \ldots\ldots\ldots\ldots & 0 \\ 0 & b_m & \ldots\ldots\ldots\ldots\ldots & a_0 \\ \ldots\ldots\ldots\ldots\ldots\ldots\ldots\ldots\ldots \\ 0 & 0 & \ldots\ldots\ldots\ldots\ldots & b_0 \end{vmatrix} \right\} \begin{matrix} n\text{-Zeilen} \\ \\ m\text{-Zeilen} \end{matrix}$$

Das Verschwinden der Resultante: $R = 0$, ist eine Bedingung dafür, daß die beiden Gleichungen $f(x) = 0$ und $g(x) = 0$ mindestens *eine* gemeinsame Wurzel $x = x_0$ besitzen.

Perron, O.: Algebra. Berlin 1932/33.

Resultatfunktion →Operator.

Resultierende = →Resultante (1).

Resultierender Bahndrehimpuls. Die Addition von zwei →Drehimpulsen j und j' in der Quantenmechanik erfolgt entsprechend der Ausreduktion der Darstellung $D_j \times D_{j'}$ der Drehgruppe nach

$$D_j \times D_{j'} = \sum_{\mathfrak{J}=|j-j'|}^{j+j'} D_{\mathfrak{J}}.$$

Die möglichen Werte für die Summe der beiden Drehimpulse sind also $\mathfrak{J} = (j + j')$, $(j + j' - 1)$, $\ldots$, $|j - j'|$. Die Addition der Bahndrehimpulse der einzelnen Elektronen (→Aufbauprinzip) führt auf diese Art zu einem Gesamtdrehimpuls L (→Vektormodell). L gibt gleichzeitig die Darstellung der Drehgruppe an, die die zugehörigen $(2L+1)$ Schrödinger-Funktionen erzeugen. →Termsymbole.

Resultierender Spindrehimpuls. Die Addition von zwei →Drehimpulsen in der Quantenmechanik erfolgt entsprechend der Ausreduktion der Darstellung $D_j \times D_{j'}$ der Drehgruppe nach der Formel:

$$D_j \times D_{j'} = \sum_{\mathfrak{J}=|j-j'|}^{j+j'} \mathfrak{D}_{\mathfrak{J}}.$$

Die möglichen Werte für die Summe sind also $\mathfrak{J} = j + j'$, $j + j' - 1$, $\ldots$, $|j - j'|$. Die Addition zweier Spindrehimpulse $j = 1/2$, $j' = 1/2$ ergibt also $\mathfrak{J} = 1, 0$. Addiert man hierzu noch einen weiteren Spinimpuls $1/2$, so erhält man die möglichen resultierenden Werte $3/1$, $1/2$ (2), wobei die eingeklammerte 2 andeuten soll, daß dieser Wert zweimal auftritt, d. h. nicht nur $(2S + 1) = (2 \cdot 1/2 + 1) = 2$-fach, sondern sogar $2(2S+1) = 4$-fach entartet ist. Fährt man so fort, so sieht man, daß für n Elektronen mit dem Spin $1/2$ der gesamte Spindrehimpuls die Werte $S = \dfrac{n}{2}, \dfrac{n}{2} - 1, \ldots$ annehmen kann. →Termsymbole, →Aufbauprinzip, →Vektormodell.

Retardierung (= Verspätung). Der Zustand des elektromagnetischen Feldes an einem Raumpunkte ist bestimmt durch die elektrodynamischen Potentiale aller im Raume verteilten Ladungen und

Ströme. Wenn sich nun an einer bestimmten Stelle Ladungen oder Ströme, die vom Beobachtungsort den Abstand r haben, zeitlich ändern, so dauert es einige Zeit, bis die Wirkung zum Beobachtungspunkt gelangt. Die dazu erforderliche Zeit τ heißt *Latenzzeit*, ihre Größe ist $\tau = r/c = $ Weg/Geschwindigkeit. Um den Zustand des Feldes in einem Zeitpunkt zu beschreiben, muß man die Potentiale aller Ladungs- und Stromelemente um ihre Latenzzeit zurückverlegen. Man nennt diesen Vorgang Retardierung. →Potentiale, retardierte.

Sommerfeld, A.: Vorl. über theoret. Physik III. Leipzig 1949.

Retigraph, neuere Bezeichnung für das →Röntgengoniometer nach *de Jong* und *Bouman.*

Retina = →Netzhaut. *Retinula* →Facettenauge.

Reuschsche Glimmerkombination. Durch Übereinanderlegen vieler dünner Spaltblättchen des optisch zweiachsigen hellen Glimmers [Muskowit $KAl_3Si_3O_{10}(OH, F)_2$, spitze Bisektrix annähernd senkrecht zur Spaltfläche] derart, daß jedes folgende Blättchen gegenüber dem darunter liegenden um einen Winkel von 120° im gleichen Sinn gedreht wurde, gelang es *E. Reusch* 1869, ein scheinbar optisch einachsiges Aggregat zu erzeugen, das optisch aktiv ist und die Polarisationsebene im Sinne der Blättchenfolge dreht.

Reversible und irreversible Vorgänge. Ein Prozeß, der zwischen einem Anfangszustand A und einem Endzustand B verläuft, heißt *irreversibel,* wenn es auf keine Weise möglich ist, das System, welches jenen Prozeß durchlaufen hat, vom Zustand B zum Zustand A zurückzuführen, ohne daß in Körpern außerhalb des Systems neue Veränderungen auftreten. Ist eine solche Zurückführung möglich, so heißt der Vorgang *reversibel.* Reversibel ist die Bewegung eines reibungslosen Pendels, wie alle rein mechanischen Vorgänge. Irreversibel sind z. B. Diffusionsvorgänge, ferner solche Vorgänge, bei denen Wärmeleitung oder Reibung eine Rolle spielen. Da dieses oder ähnliches bei allen wirklichen Prozessen der Natur der Fall ist, so gibt es, abgesehen von gewissen idealen Grenzfällen, überhaupt keine reversiblen Prozesse.

In der Thermodynamik werden die reversiblen und irreversiblen Vorgänge dadurch charakterisiert, daß bei reversiblen Vorgängen je nach den vorgegebenen Versuchsbedingungen eine der →charakteristischen Funktionen konstant bleibt, während sie sich bei irreversiblen Vorgängen ändert.

Planck, M.: Thermodynamik. Leipzig 1927.

Reversibilität, mikroskopische →Gleichgewicht, kinetisches.

Reversionspendel, besteht aus einer Pendelstange mit zwei einander zugekehrten Schneiden A und A' und zwei verschiebbaren Massen M und M'. Diese werden so lange verschoben, bis die Schwingungsdauer des Pendels unverändert bleibt, wenn man das Pendel in A oder A' aufhängt. Dann ist der Abstand l der Schneiden gleich der reduzierten Pendellänge (= Länge eines mathematischen Pendels gleicher Schwingungsdauer T). Messung von l und T gestattet, die Fallbeschleunigung g zu berechnen gemäß $T = 2\pi\sqrt{l/g}$.

Reversionsprisma →Wendeprisma.

Revolution = →Exzenterbewegung.

Reynoldssche Zahl (→Ähnlichkeitsgesetze). Die Strömung einer Flüssigkeit oder eines Gases in geometrisch ähnlichen Kanälen oder um geometrisch ähnliche Körper ist auch mechanisch ähnlich, wenn bei den betrachteten Anordnungen das Verhältnis der an entsprechenden Stellen in der Flüssigkeit auftretenden Kräfte, der Trägheitskraft, der Reibungskraft und des Druckgefälles, gleich ist. Wie auch aus den Grundgleichungen für die Bewegung zäher Flüssigkeiten (→Navier-Stokessche Gleichungen) hervorgeht, lassen sich die Trägheitskräfte $\left(\varrho\dfrac{du}{dt},\ \varrho u\dfrac{\partial u}{\partial x}\ \text{usf.}\right)$ durch ein Produkt $\varrho v^2/l$, die Zähigkeitskräfte $\left(\eta\dfrac{\partial^2 u}{\partial y^2}\ \text{usf.}\right)$ durch eine Produkt $\eta v/l^2$ wiedergeben. Die Ähnlichkeit zweier Strömungsvorgänge in bezug auf diese Kräfte erfordert demnach, daß ihr Verhältnis einen bestimmten Zahlenwert annimmt,

$$Re = \frac{\varrho v l}{\eta} = \frac{vl}{\nu}\left(\nu = \frac{\eta}{\varrho}\ \text{kinematische Zähigkeit}\right).$$

Kleine Re-Zahlen bedeuten überwiegende Zähigkeitskräfte, große Re-Zahlen überwiegende Trägheitskräfte. Bei kleinen Abmessungen des Modells sind für die Nachbildung größerer Re-Zahlen große Geschwindigkeiten oder eine Flüssigkeit mit geringerer kinematischer Zähigkeit erforderlich (für Wasser $\nu \sim 0,01$, für Luft $\nu \sim 0,13\ cm^2 s^{-1}$). Durch die Annäherung an die Schallgeschwindigkeit, infolge →Kavitation oder auch durch Modellungenauigkeit, treten neben der Abhängigkeit von der Re-Zahl zusätzlich andere Einflüsse auf, welche die Meßbereiche, innerhalb deren eine unmittelbare Übertragung des Versuchsergebnisses oder auch eine Extrapolation möglich ist, beschränken. Eine Extrapolation ist ebenfalls nicht möglich, wenn in diesem Bereich der laminare Strömungszustand in den turbulenten Zustand übergeht. Die diesem Umschlag entsprechenden Re-Zahlen heißen kritische Re-Zahlen (→Turbulenz). *Reynolds* (1883) hat als erster diese Erscheinung eingehender an Strömungen in glatten Rohren untersucht. Er fand für den Umschlag einen unteren Grenzwert von $Re_{kr} = ud/\nu > 2800$ (u mittlere Geschwindigkeit über den Querschnitt). Unter günstigen Voraussetzungen, guter Abrundung des Einlaufes und ruhiger Einlaufströmung, kann dieser Wert bis zu einer oberen Grenze von $Re_{kr} < 40000$ heraufgesetzt werden. Für die Strömung entlang einer ebenen Platte, bei der die Grenzschicht zunächst sehr dünn ist, wurde bei abgerundeter Eintrittskante und bei störungsfreier Anströmung eine obere kritische Kennziffer von $Re_{kr} = u_1 l/\nu < 3 \cdot 10^6$ (u_1 Geschwindigkeit außerhalb der Grenzschicht) erreicht. Bezieht man diesen Strömungszustand auf die Grenzschichtdicke δ, so ergibt sich mit der Beziehung $\dfrac{\delta}{l} = \dfrac{3}{\sqrt{Re}}$ ein Wert von $Re_{kr} \lesssim 5200$. Bei umströmten Körpern wird als kritische Kennzahl die desjenigen Strömungszustandes bezeichnet, bei dem die ursprünglich laminare Grenzschicht noch vor der Ablösung in eine turbulente Schicht übergeht. Die Ablösung der Strömung von der Körperoberfläche erfolgt dann weiter stromabwärts, so daß bei stärker gewölbten Körpern das Gebiet des Totwassers und damit der Widerstand sprunghaft kleiner werden. Dieser Umschlag liegt im Bereich der Kennzahlen $5 \cdot 10^4 < Re_{kr} = ud/\nu < 5 \cdot 10^5$, wobei die kleineren Werte für länglichere Körper gelten.

Prandtl, L.: Führer durch die Strömungslehre. Braunschweig 1948. – *Blasius, H.:* VDI-Forsch.-Heft Nr. 131.

Rezipient (veraltet), in der Vakuumtechnik der Raum, in dem durch eine Vakuumpumpe ein niedriger Gasdruck erzeugt wird.

Reziprokes Gitter, eine von *P. P. Ewald* für orthogonale Kristalle und von *M. v. Laue* für alle Kristallsysteme 1913 eingeführte und von ersterem 1921 entwickelte Hilfskonstruktion für Untersuchungen auf den Gebieten der Raumgittertheorie und der Kristallgitterbestimmung. Sind X_1, X_2, X_3 die Koordinatenachsen eines Raumgitters und d_1, d_2, d_3 die Abstände der den Koordinatenebenen $X_2 X_3$, $X_3 X_1$, $X_1 X_2$ parallelen, aufeinanderfolgenden, identischen Netzebenen (100), (010), (001), so ist das reziproke Gitter definiert durch die drei Koordinatenachsen $X_1^* \perp X_2 X_3$, $X_2^* \perp X_3 X_1$, $X_3^* \perp X_1 X_2$ und ihre Identitätsperioden (Gitterkonstanten) $a_i^* = 1/d_i$, $i = 1, 2, 3$. Gibt man die Identitätsstrecken des Raumgitters in der Vektorform $\mathfrak{a}_i$ an und diejenigen des reziproken Gitters als $\mathfrak{a}^*_i$, so gilt $(\mathfrak{a}_i, \mathfrak{a}_i^*) = 1$ und $(\mathfrak{a}_i, \mathfrak{a}_{j \neq i}^*) = 0$.

Der Netzebenenabstand einer beliebigen Netzebene $(h_1 h_2 h_3)$ sei d. Dann führt die Netzebenennormale vom Ursprung des reziproken Gitters zu dessen Punkt $(h_1 h_2 h_3)$, dessen Koordinaten, in den $\mathfrak{a}_i^*$ als Einheiten ausgedrückt, die gleichen sind wie die Indizes der Netzebene. Der Fahrstrahl vom Ursprung zum Punkt $(h_1 h_2 h_3)$ hat die Länge $1/d$. Besondere Bedeutung erhält das reziproke Gitter im Zusammenhang mit der →Ewaldschen Konstruktion. Die Koordinatenachsen des reziproken Gitters sind eine durch die Wahl der $\mathfrak{a}_i^*$ als Maßeinheiten spezialisierte Form der bereits früher in der Kristallographie benutzten *polaren* Koordinatenachsen.

Reziproke Gleichungen sind Gleichungen $f(x) = 0$, bei denen gleichzeitig mit $x = x_0$ auch $x = 1/x_0$ eine Wurzel ist, also $f(x_0) = f(1/x_0) = 0$ wird. Ist $f(x)$ von n-tem Grade: $f(x) = a_n x^n + a_{n-1} x^{n-1} + \cdots + a_2 x^2 + a_1 x + a_0 = 0$, so ist bei ungeradem n mindestens *eine* Wurzel immer $x = \pm 1$. Das jeweils gültige Vorzeichen hängt von dem der Koeffizienten a_i ($i = 1, 2, \ldots, n$) ab. Diese erfüllen bei reziproken Gleichungen stets die Bedingungen $a_i = a_{n-i}$ oder $a_i = -a_{n-i}$. Bei ungeradem $n = 2m + 1$ ist die reziproke Gleichung $f(x)$ durch $(x \mp 1)$ teilbar. Dies führt zu einer reziproken Gleichung von nunmehr geradem Grad $n = 2m$. Nach Division durch x^m lassen sich wegen der Koeffizientenbedingung paarweise das erste und letzte, zweite und vorletzte usw. Glied zusammenfassen, so daß die Gleichung die Form $a_0 \left(x^m + \dfrac{1}{x^m} \right) + a_1 \left(x^{m-1} + \dfrac{1}{x^{m-1}} \right) + \cdots + a_m = 0$ annimmt. Die Substitutiou $x + 1/x = y$ führt dann auf eine Gleichung vom Grade m: $\varphi(y) = \beta_m y^m + \beta_{m-1} y^{m-1} + \cdots + \beta_0 = 0$. Ist $y = y_i$ eine ihrer Wurzeln, so findet man zwei Lösungen der vorgelegten reziproken Gleichung aus $x^2 - y_i x + 1 = 0$.

Beispiel: Die zu lösende Gleichung laute: $f(x) = 6 x^5 - 41 x^4 + 97 x^3 - 97 x^2 + 41 x - 6 = 0$. Sie ist wegen der Symmetrie der Koeffizienten eine reziproke Gleichung von 5. Grade und besitzt wegen der entgegengesetzten Vorzeichen entsprechender Koeffizienten die erste Lösung $x_1 = +1$. Division von $f(x)$ durch $(x - 1)$ führt zu $f(x)/(x - 1) = g(x) = 6 x^4 - 35 x^3 + 62 x^2 - 35 x + 6 = 0$, eine wiederum reziproke Gleichung von 4. Grade. Nach Division durch x^2 kann wie folgt zusammengefaßt werden: $h(x) = 6 \left(x^2 + \dfrac{1}{x^2} \right) - 35 \left(x + \dfrac{1}{x} \right) + 62 = 0$. Mit $x + \dfrac{1}{x} = y$ gibt dies die quadratische Gleichung: $6 y^2 - 35 y + 50 = 0$, deren Wurzeln $y_1 = \tfrac{10}{3}$ und $y_2 = \tfrac{5}{2}$ sind. Es gelten daher zur Bestimmung der restlichen vier Wurzeln die beiden quadratischen Gleichungen $3 x^2 - 10 x + 3 = 0$ und $2 x^2 - 5 x + 2 = 0$. Ihre Wurzeln sind, wie elementares Ausrechnen zeigt, $x_2 = 2$, $x_3 = \tfrac{1}{2}$, $x_4 = 3$, $x_5 = \tfrac{1}{3}$. Mit $x_1 = 1$ stellen diese Werte die 5 Lösungen der ursprünglichen reziproken Gleichung dar.

Reziproke Matrix (Operator). Ist A eine →Matrix, so nennt man die Matrix B, für die $BA = 1$ (1 = Einheitsmatrix) gilt, die reziproke von A und schreibt $B = A^{-1}$. Wenn es zu A eine reziproke gibt, so nennt man A nicht singulär.

Reziprozitätsbeziehungen →Onsagersche Reziprozitätsbeziehungen.

Reziprozitätsgesetz, elektrostatisches. Gegeben seien n Leiter, die einmal auf die Potentiale φ_i durch Aufladung mit den Ladungen Q_i gebracht werden, das andere Mal mit den Ladungen Q_i' die Potentiale φ_i' erhalten. Dann gilt ein Reziprozitätssatz, der nach *Gauß* in folgender Form geschrieben werden kann: $\sum_{i=1}^{n} Q_i \varphi_i' = \sum_{i=1}^{n} Q_i' \varphi_i$. Als Folge dieses Reziprozitätsgesetzes ergibt sich beispielsweise, daß die →Potentialkoeffizienten K_{ik}, die →Influenzierungs- und →Kapazitätskoeffizienten α_{ik} und die →Teilkapazitäten γ_{ik} ($k \neq i$; $k \neq 0$) je eine symmetrische Matrix bilden: $K_{ik} = K_{ki}$, $\alpha_{ik} = \alpha_{ki}$, $\gamma_{ik} = \gamma_{ki}$.

Reziprozitätsgesetz, photochemisches →Bunsen-Roscoe-Gesetz.

Reziprozitätsgesetz der Wahrscheinlichkeiten →statistische Deutung.

Reziprozitätssatz der Optik. Befinden sich zwei punktförmige Lichtquellen gleicher Stärke im gleichen Medium in den Punkten P_1 und P_2, und schwingt die elektrische Feldstärke der ersten in der Richtung r_1, die der zweiten in der Richtung r_2, so gilt der Satz:

$$(D_{r_1}^{(2)})_{P_1} = (D_{r_2}^{(1)})_{P_2},$$

wo $(D_{r_1}^{(2)})_{P_1}$ die von der Strahlungsquelle 2 am Orte P_1 in der Richtung r_1 erzeugte dielektrische Verschiebung ist. Entsprechende Bedeutung hat $(D_{r_2}^{(1)})_{P_2}$. Diese Gleichung sagt Phasengleichheit für die Schwingungen aus, die von der Strahlungsquelle 2 am Orte P_1 und von der Strahlungsquelle 1 am Orte P_2 erzeugt werden, also Gleichheit der optischen Wege $\overrightarrow{P_1 P_2}$ und $\overrightarrow{P_2 P_1}$. Außerdem enthält die Gleichung aber auch eine wichtige Aussage über die Intensitäten. Dieser Satz wurde in neuerer Zeit von *M. v. Laue* dazu benutzt, um den →Kossel-Effekt mit Röntgenstrahlen an Kristallen theoretisch zu behandeln.

v. Laue, M.: Röntgenstrahlinterferenzen. Leipzig 1948.

rhe, die CGS-Einheit der →Fluidität: 1 rhe $= 1$ cm g^{-1}s $= 1$ P^{-1} (→Poise).

Rheogramm, die graphische Darstellung einer rheologischen Gesetzmäßigkeit, z. B. bei einem Kriechvorgang die Darstellung der Verformung bei konstanter verformender Kraft als Funktion der Zeit.

Rheolineare Systeme →im *Nachtrag.*

Rheologie (*Fließkunde*, begründet von *Bingham*) im ganz allgemeinen Sinne ist die Lehre vom mechanischen Verhalten der deformierbaren Körper, und zwar in der weiten Spanne zwischen den nahezu festen und den nahezu flüssigen Stoffen, sowohl homogenen als auch solchen mit Strukturen. Ihre experimentellen Verfahren beruhen in der Hauptsache auf der Messung der durch gegebene Kräfte hervorgerufenen Deformationen und der dazu benötigten Zeiten, sowie der Einflüsse der Temperatur. Ihr Ziel ist die Aufstellung eines alle einschlägigen Erscheinungen umfassenden allgemeinen Reibungsgesetzes und eine einwandfreie Definition von Begriffen wie Plastizität, Schlüpfrigkeit, Sprödigkeit, Härte usw.

Die Fließfähigkeit von Stoffen beruht auf ihrer Fähigkeit zu nicht umkehrbaren Formänderungen, die durch →*Platzwechsel* von einander benachbarten Molekülen ermöglicht werden. Den Grenzfall, in dem solche Platzwechsel fehlen, bildet das umkehrbare elastische Verhalten. Platzwechsel erfolgen schon infolge der thermischen Bewegung der Moleküle (Selbstdiffusion), können aber auch durch von äußeren Kräften hervorgerufene Spannungen veranlaßt werden. Nach *Prandtl* kann man die rheologischen Erscheinungen in folgende — natürlich keineswegs scharf getrennte — Gruppen einteilen:

I. Wenn die Platzwechsel infolge von Spannungen diejenigen infolge Selbstdiffusion weit überwiegen, so ist der Zusammenhang zwischen Spannungen und Deformationen lediglich durch die Reihenfolge ihrer Werte, aber nicht durch deren zeitlichen Ablauf bestimmt. Besonders kennzeichnend für diesen Bereich ist das Auftreten von →*Hysterese*. — Überwiegt der Einfluß der Selbstdiffusion, so kann man folgende Grunderscheinungen unterscheiden:

II. 1. Bei *konstanter Deformation* die Beziehung zwischen Spannung und Zeit, gekennzeichnet durch die *Relaxationszeit*. →Relaxationstheorem.

2. Bei *konstanter Spannung* die Beziehung zwischen Deformation und Zeit, gekennzeichnet durch die →*Nachwirkung*.

3. Bei *gegebener Deformationsgeschwindigkeit* die Beziehung zwischen dieser und der Spannung, das *Fließverhalten* (Rheologie im engeren Sinne).

Die Grenze des Bereichs I gegen die umkehrbaren elastischen Vorgänge wird durch die →Elastizitätsgrenze gebildet; die →Fließgrenze liegt bereits innerhalb des Bereichs I.

Besondere Erscheinungen ergeben sich bei strukturierten Stoffen, wie Kolloiden, insbesondere aber bei mehr oder weniger groben Gemengen (Salben, Moor u. dgl.), sowie bei Kristallhaufwerken (→Verfestigung). Doch wird die Kristallplastizität im allgemeinen nicht zur Rheologie gerechnet (→Plastizität).

Der Anwendungsbereich der Rheologie ist sehr breit und erstreckt sich auch auf wichtige Probleme der Technik, insbesondere auch der Werkstoffprüfung, der Geophysik und der Biologie.

Prandtl, L.: Physikal. Blätter **5**, 161 (1949). – *Houwink, R.:* Elastizität, Plastizität u. Struktur der Materie. Dresden u. Leipzig 1941.

Rheonom →Bedingungsgleichung.

Rheonomes System, eine Flüssigkeit oder ein fließfähiges System, behandelt als eine Gesamtheit in sich starrer (skleronomer), durch Gleitbewegungen gegeneinander verschiebbarer Strukturelemente.

Rheopexie →Verfestigung.

Rheostat, veraltete Bezeichnung für Widerstandssätze und Regulierwiderstände.

Rheotron = →Elektronenschleuder.

rhm, gelegentlich benutzte, aber nicht international anerkannte Abkürzung für →Röntgen je Stunde (r/h) in 1 m Entfernung von einem γ-Strahl-Präparat.

Meyer-Schützenmeister, L.: Naturwiss. **37**, 501 (1950).

Rhodopsin = →Sehpurpur.

Rhombendodekaeder, die spezielle Form $\{110\}$ aller kubischen Kristallklassen. Sie besteht aus zwölf Rhomben mit den stumpfen Winkeln von 109° 28', die zu dritt mit den stumpfen und zu viert mit den spitzen Winkeln aneinanderstoßen (Abb.).

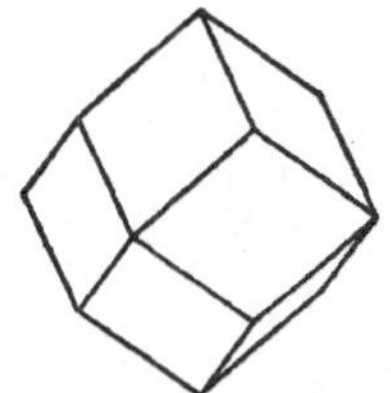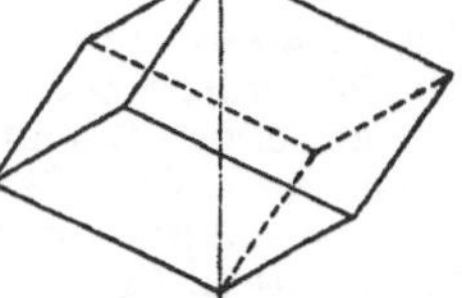

Rhombendodekaeder. Rhomboeder.

Rhomboeder, ein von sechs gleichen, paarweise parallelen Rhomben begrenztes Polyeder (Abb.). Es kann als ein Würfel, der in Richtung einer seiner Raumdiagonalen homogen deformiert (dilatiert oder komprimiert) ist, aufgefaßt werden. An den Enden dieser Raumdiagonalen stoßen je drei Rhomben, die sich in den sog. *Polkanten* schneiden, mit ihren gleichen Winkeln, den *Polkantenwinkeln*, zusammen, während von den drei Winkeln der Rhomben, die sich an den Enden der drei übrigen Raumdiagonalen treffen, der eine von der bisherigen Art ist und die beiden anderen Supplemente dazu bilden.

Das Rhomboeder ist eine Kristallform des rhomboedrischen Systems. Es tritt als allgemeine Form $\{hkl\}$ in rhomboedrischer oder $\{hkil\}$ in hexagonaler Aufstellung in der Klasse $3i$ auf (Rhomboeder 3. Stellung oder 3. Art), sowie als spezielle Form $\{hhl\}$ oder $\{h\bar{h}0l\}$ der Klassen $3i$, 32, $32i$ (Rhomboeder 1. Stellung oder 1. Art) und $\{hkl\}$, $h+k=2l$ oder $\{hh\overline{2h}l\}$ der Klasse $3i$ (Rhomboeder 2. Stellung oder 2. Art).

Man unterscheidet *positive* und *negative* Rhomboeder, je nachdem, ob der Index l der hexagonalen Symbole positiv oder negativ ist. Die positiven und negativen Formen haben in rhomboedrischer Aufstellung verschiedene Indizes.

Ri, Symbol der →Richardson-Zahl.

Riccatische Differentialgleichung, hat die Form $y' = \varphi(x)y^2 + \psi(x)y + \chi(x)$. In ihr sind $\varphi(x)$, $\psi(x)$, $\chi(x)$ bekannte Funktionen, y ist zu ermitteln. Ist y_1 *ein* partikuläres Integral der vorgegebenen Gleichung, so kann deren allgemeine Lösung gefunden werden, indem man die neue Unbekannte $\eta = y - y_1$ einführt. Durch diese Transformation geht die Riccatische Differentialgleichung in eine →Bernoullische über, von der man durch eine weitere Transformation zu einer linearen Differentialgleichung 1. Ordnung gelangt. Der Umweg über die Bernoullische Gleichung ist nicht erforderlich, da man mit Hilfe der Transformation $y = y_1 + \dfrac{1}{u}$ sofort zu der inhomogenen linearen Differentialgleichung 1. Ordnung

$$u' + [\psi(x) + 2\varphi(x)\,y_1]\,u = -\varphi(x)$$

gelangt, deren Lösung sofort angegeben werden kann (→lineare Differentialgleichungen). Kennt man *zwei* partikuläre Lösungen y_1 und y_2 der ursprünglichen Riccatischen Gleichung, so kann man deren allgemeine Lösung durch *eine Integration* geschlossen darstellen. Es ist $y = y_1 + \dfrac{y_2 - y_1}{w}$ mit $w = 1 + \text{const} \, e^{\int \varphi(x)\,[y_2 - y_1]\,dx}$. Schließlich kann man bei Kenntnis von *drei* partikulären Lösungen y_1, y_2, y_3 sofort das allgemeine Integral der Riccatischen Differentialgleichung konstruieren. Diese ist gegeben durch $(y - y_1)(y_2 - y_3) = \text{const}\,(y - y_2)(y_3 - y_1)$.

Literatur →gewöhnliche Differentialgleichungen.

Ricci-Kalkül →Riemannsche Geometrie.

Riccóscher Satz, die Beziehung zwischen Schwellenleuchtdichte (J) und retinaler Reizfläche (Fl) im Bereiche kleiner Sehwinkel (0,1′ bis 10′) und der Dunkeladaptation, in der →Fovea auch der Helladaptation. Es ergibt sich, daß $J \cdot Fl = \text{const}$. Bei größeren Sehwinkeln Übergang zum *Piperschen* Satz, $J \cdot \sqrt{Fl} = \text{const}$, der zwischen 2° und 7° für außerhalb der Fovea liegende dunkeladaptierte Areale gilt. Bei Sehwinkeln $> 7°$ erfolgt rascheres Anwachsen des Schwellenwertes. Für die helladaptierte Netzhautperipherie ist die Lichtschwelle von der Feldgröße weitgehend unabhängig.

Trendelenburg, W.: Der Gesichtssinn. Berlin 1943.

Richardson-Banden, Gruppe von Singulett-Bandensystemen des Moleküls H_2 zwischen 11030 und 3653 I. A., die z. T. zum →Viellinienspektrum des Wasserstoffs gehören.

Richardson-Effekt, der Austritt von Elektronen (*Glühelektronen*) aus der Oberfläche glühender Metalle, ist eine der Verdampfung des in dem Metall eingeschlossenen →Elektronengases sehr weitgehend analoge Erscheinung. Bei normalen Temperaturen ist eine solche nicht möglich, weil die thermische kinetische Energie der Elektronen nicht zur Aufbringung der →*Austrittsarbeit*,

Zur Glühemission.
φ Austrittsarbeit, ζ Grenzenergie der Fermi-Verteilung (Fermi-Kante).

also zur Überwindung bestimmter, in der Oberfläche wirksamer Kräfte, ausreicht (Abb.). Das wird erst bei Glühtemperaturen möglich. Aus der Temperaturabhängigkeit der Fermi-Verteilung der Elektronen im Metall oder aus thermodynamischen Ansätzen läßt sich die Stromdichte der Emission berechnen. Sie beträgt

$$j = A T^2 \cdot \exp\left(-\frac{e\varphi}{kT}\right)$$

(*Richardsonsches Gesetz*). A ist eine für alle Metalle nahezu gleiche Konstante zwischen 50 und 100 A cm^{-2} grad^{-2}.

Die Austrittsarbeit φ zeigt bei den einzelnen Metallen beträchtliche Unterschiede und ist zudem in hohem Maße von auf der Metalloberfläche adsorbierten Fremdschichten abhängig. Die Fremdatome sind meist als Ionen adsorbiert. Elektropositive Elemente (z. B. Cs auf W) geben ihr Valenzelektron an das Trägermetall ab, während elektronegative Atome (z. B. Sauerstoff) dem Träger ein Elektron entreißen und als negative Ionen angelagert werden. Neutral adsorbierte Atome werden durch die Gitterkräfte polarisiert. Die auf diese Weise gebildeten Doppelschichten erniedrigen oder erhöhen je nach ihrer Polarität die Austrittsarbeit des reinen Metalls um den Potentialsprung μ/ε_0 der Doppelschicht (μ elektrisches Moment je Flächeneinheit der Doppelschicht, ε_0 elektrische Feldkonstante). Wesentlich für die hier interessierende Herabsetzung der Austrittsarbeit ist noch der *Bedeckungsgrad*, d. h. die auf die vollständige monoatomare Bedeckung bezogene Anzahl der adsorbierten Fremdatome. Als Funktion des Bedeckungsgrades durchläuft die Austrittsarbeit ein Minimum (optimale Bedeckung). So wird durch eine Cs- oder Th-Schicht bei optimaler Bedeckung die Austrittsarbeit des reinen Wolframs von 4,52 eV auf 1,7 bzw. 3,0 eV erniedrigt, während eine Sauerstoffschicht sie auf 9,2 eV erhöht (→Adsorption, aktivierte und sensibilisierte →Photokathoden). Durch geeignete, bei der Emissionstemperatur noch festhaftende Fremdschichten kann demnach die Elektronenemission von Glühkathoden erheblich gesteigert werden. Praktische Bedeutung hat die in Senderöhren viel verwandte thorierte Wolframkathode und die Oxydkathode gewonnen (→Glühkathoden).

Handb. d. Physik XIV. Berlin 1927. – *Müller-Pouillet:* Lehrb. d. Physik IV/4. Braunschweig 1934.

Richardson-Gleichung für Kernverdampfung, Anwendung des Richardsonschen Gesetzes (→Richardson-Effekt) auf die Atomkerne. →Kernverdampfung, →Kernreaktionen, →Thermodynamik im Atomkern.

Richardson-Zahl, Ri, eine dimensionslose Zahl zur Kennzeichnung des Energieaufwandes, den die turbulenten Zusatzbewegungen in einer Strömung benötigen, um eine stabile Schichtung zu überwinden. Es ist $Ri = \dfrac{g}{\varrho} \dfrac{\partial \varrho}{\partial z} : \left(\dfrac{\partial u}{\partial z}\right)^2$ oder in der Atmosphäre $Ri = \dfrac{g}{T} \dfrac{\partial \Theta}{\partial z} : \left(\dfrac{\partial u}{\partial z}\right)^2$ (g Fallbeschleunigung, ϱ Dichte, T wahre, Θ →potentielle Temperatur, u Geschwindigkeit der ausgeglichenen Strömung). $Ri \gtrless 0$ bedeutet stabile oder labile Schichtung.

Prandtl, L.: Führer durch die Strömungslehre. Braunschweig 1942.

Richardssches Gesetz →Schmelzwärme.

Richtcharakteristik. Bei akustischen und elektromagnetischen Strahlern unterscheidet man das *Nah*feld, das sich auf mit den Strahlerdimensionen vergleichbare Abstände vom Strahler erstreckt, von dem in großem Abstand beginnenden *Fern*feld. Nur im Fernfeld läßt sich von den Feldgrößen (z. B. dem Schalldruck oder der elektrischen Feldstärke) der entfernungsabhängige Anteil abspalten; der übrigbleibende, nur noch winkelabhängige Anteil heißt die Richtcharakteristik des Strahlers. Gleichphasig schwingende Strahler, deren Abmessungen klein gegen die Wellenlänge sind, haben eine kugelförmige Charakteristik, Dipole eine Charakteristik in Form einer 8 (Achtercharakteristik), Kombinationen von Kugelstrahlern 0. und 1. Ordnung eine nierenförmige Charakteristik mit den gleichen Sym-

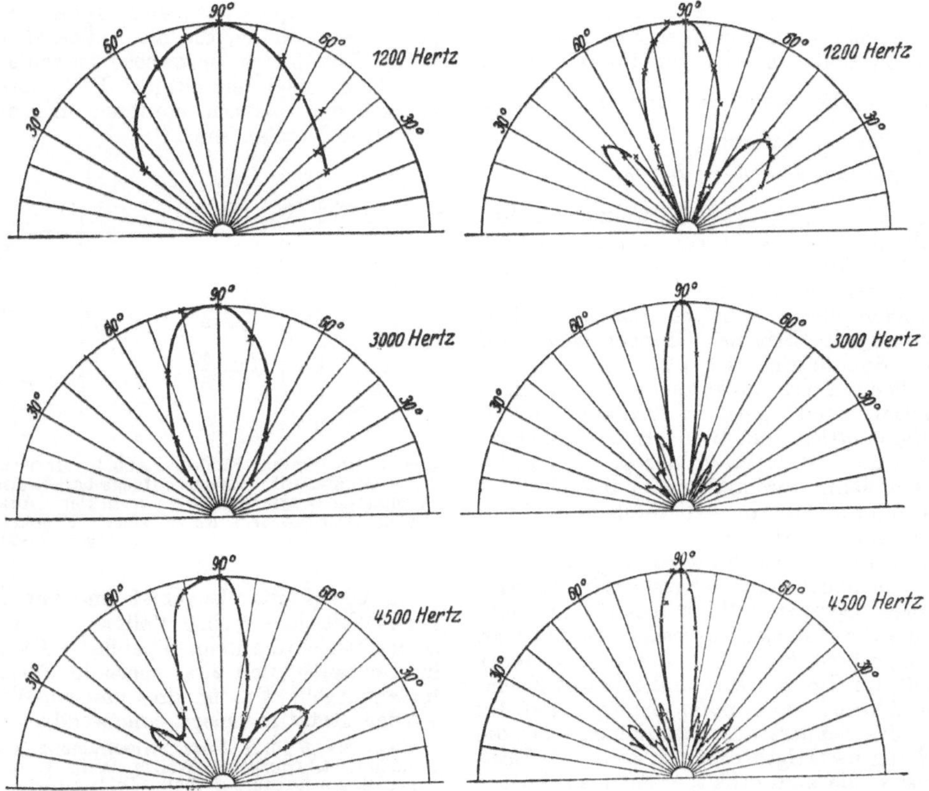

Richtcharakteristik einer Kolbenmembran bei verschiedenen Frequenzen (Membrangröße links 20×20 cm, rechts 50×50 cm). (Nach *H. Backhaus* u. *F. Trendelenburg*.)

metrieeigenschaften wie der Strahler. Linien- und flächenhafte Strahler mit Abmessungen, die groß gegen die Wellenlänge sind, erzeugen eine keulenförmige Charakteristik mit scharfer Bündelung der Energie in bestimmten Richtungen (*Richtstrahler*). Die Richtwirkung ist um so ausgeprägter, je größer die Strahlerabmessungen gegenüber der Wellenlänge sind (Abb.).

Stenzel, H.: Leitf. z. Berechnung von Schallvorgängen. Berlin 1939.

Richtempfang. 1. Beim Empfang *elektrischer Wellen* ist das wirksamste Mittel gegen atmosphärische Störungen und Störsender auf dicht benachbarten Wellen die Benutzung von Empfangsantennen für einen begrenzten Winkelbereich, wovon der drahtlose Nachrichtenverkehr weitestgehend Gebrauch macht. Die analog den Richtstrahleranordnungen aus einer Kombination von mehreren festen Einzelantennen aufgebauten Richtempfangssysteme sind im allgemeinen nur für ein oder zwei Empfangsrichtungen und für fest vorgegebene Wellenlängen verwendbar. Demgegenüber kann die →Rahmenantenne in die jeweilig gewünschte Richtung gedreht werden. Ihre Horizontalcharakteristik, zwei sich berührende Kreise, läßt sich durch Kombination mit einer ungerichteten Antenne in eine Kardioidenform bringen, also in eine Empfangsanordnung für einseitig gerichteten Empfang. Das gleiche kann man mit zwei gekreuzten Empfangsrahmen erzielen, die mit einem Goniometer verbunden sind.

2. *Akustischer* Richtempfang →Richtwirkung, akustische.

Bergmann, L., u. *H. Lassen:* Ausstrahlung, Ausbreitung u. Aufnahme elektromagnet. Wellen. Berlin 1940.

Richtfernrohr →Zielfernrohr.

Richtgröße, Richtkraft, Richtmoment. Tritt bei einer Auslenkung eines Körpers aus einer stabilen Gleichgewichtslage um die *Strecke r* eine der Auslenkung proportionale rücktreibende *Kraft* $\Re = -cr$ auf, so bezeichnet man die Konstante c als die *Richtkraft, Rückstellkraft* oder *Direktionskraft* des Systems. Ihre Dimension ist also Kraft/Länge, ihre Einheit 1 dyn cm^{-1} bzw. 1 N m^{-1}.

Tritt bei einer Drehung eines Körpers aus einer stabilen Gleichgewichtslage um den *Winkel* φ ein diesem Winkel proportionales rücktreibendes *Drehmoment* vom Betrage $M = -D\varphi$ auf, so bezeichnet man die Konstante D als das *Richtmoment* oder *Direktionsmoment* (manchmal fälschlich auch als *Richtkraft*) des Systems. Ihre Dimension ist also diejenige eines Drehmoments, nämlich Kraft × Länge, ihre Einheit 1 dyn cm bzw. 1 N m.

Systeme mit konstanter Richtkraft bzw. konstantem Richtmoment sind fähig, harmonische →Schwingungen bzw. harmonische Drehschwingungen auszuführen.

Der Ausdruck *Richtgröße* ist eine Sammelbezeichnung der beiden vorgenannten Größen, die aber wegen ihrer Zweideutigkeit besser nicht benutzt wird.

Richtige Linearkombinationen. Der Eigenwert E_0 des Operators H_0 sei n-fach entartet, d. h. zu E_0 gibt es n linienunabhängige Eigenfunktionen $\varphi_1, \ldots, \varphi_n$. Durch eine „kleine Störung" V spaltet dieser Eigenwert evtl. in mehrere auf, die sich in 1. Näherung aus der →Säkulargleichung

$$\|V_{ik} + (E_0 - E)\,\delta_{ik}\| = 0$$

20*

ergeben, wobei $V_{ik} = (\varphi_i, V\varphi_k)$ ist. Die sich zu den verschiedenen Lösungen E_ν ergebenden Eigenfunktionen ψ_ν sind Linearkombinationen der φ_η:

$\psi_\nu = \sum\limits_{\mu=1}^{n} \varphi_\eta u_{\eta\nu}$. Die Zahlen $u_{\eta\nu}$ sind die Lösungen der homogenen Gleichungen:

$$\sum\limits_{\mu} V_{\varrho\mu} u_{\mu\nu} = (E_\nu - E_0)\, u_{\varrho\nu}.$$

Es ist dann $E_\nu - E_0 = (\psi_\nu, V\psi_\nu)$. Gelingt es, ohne die Säkulargleichung zu lösen, die „richtigen" Linearkombinationen ψ_ν zu finden, so hat man nach der letzten Beziehung auch die Werte E_ν. Das Auffinden dieser richtigen Linearkombinationen ist oft mit Hilfe der Gruppentheorie auf Grund der Symmetrien des physikalischen Systems möglich, da sich die zu einem E_ν gehörigen Eigenfunktionen nach einer irreduziblen Darstellung der Symmetriegruppe transformieren müssen, so daß man nur die im Raum der $\varphi_1, \ldots, \varphi_n$ erzeugte Darstellung auszureduzieren braucht.

Richtstrahler, akustischer →Richtcharakteristik, →Richtwirkung, akustische.

Richtstrahler, elektrischer. Wird die gesamte von einer Antennenanordnung abgestrahlte Energie nur in einen begrenzten Winkelbereich in Richtung auf die Gegenstation ausgesandt, so hat man den Vorteil größerer Feldstärke und somit größerer Störfreiheit am Empfangsort und schaltet gleichzeitig den Einfluß auf Empfangsanlagen auf der Rückseite des Senders aus. Bestimmend für die Richtwirkung derartiger Anlagen ist die →*Richtcharakteristik*, die man erhält, wenn man die absoluten Werte der elektrischen oder magnetischen Feldstärke $\mathfrak{E}$ bzw. $\mathfrak{H} = f(\varphi, \vartheta)$ als Fahrstrahlen für jede Richtung φ und ϑ (Azimut und Zenitdistanz) aufträgt und durch die Endpunkte der Vektoren eine Fläche legt. Für $\varphi = $ const bzw. $\vartheta = $ const erhält man die Vertikal- bzw. Horizontalcharakteristik. Als *Richtschärfe* gilt die Größe $\partial\mathfrak{E}/\partial\varphi$ bzw. $\partial\mathfrak{E}/\partial\vartheta$.

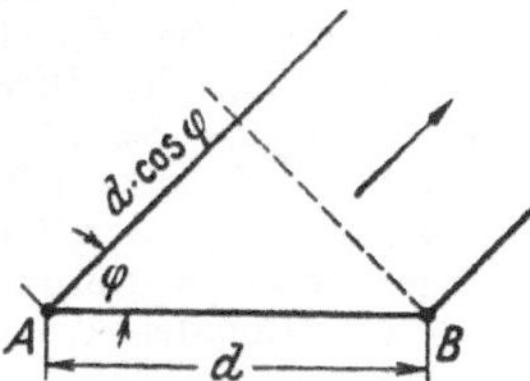

Abb. 1. Strahlung zweier Antennen in der Strahlrichtung φ.

Für zwei Vertikalantennen im Abstand d (Abb. 1 bis 3), deren Ströme gleich sind, aber eine Phasendifferenz ψ haben, ist analog den Interferenzerscheinungen in der Optik die Horizontalcharakteristik gegeben durch den Faktor $\cos\left(\dfrac{\pi d \cos\varphi}{\lambda} - \dfrac{\psi}{2}\right)$. Eine einseitige Charakteristik erzielt man für eine Phasenverschiebung der Ströme $\psi = \pi \pm 2\pi d/\lambda$.

Auch eine in Oberwellen erregte Antenne, die als Reihenschaltung mehrerer Dipole aufgefaßt werden kann, hat eine ausgesprochene Richtwirkung. Durch Anordnung einer großen Anzahl von Dipolen in Reihe oder parallel zueinander in konstanten Abständen, die sich miteinander wieder in einer Ebene (Dipolebene) kombinieren lassen (das Analogon in der Optik ist das Kreuzgitter), erhält man Richtcharakteristiken großer Richtschärfe. Die Zweiseitigkeit der Strahlung senk-

recht zur Dipolebene wird durch eine zweite gleiche Anordnung, die als Reflektor wirkt, beseitigt. Für Navigationszwecke verwendet man zur Erzielung einer einseitigen Richtcharakteristik vielfach eine →Rahmenantenne in Kombination mit einer Dipolantenne.

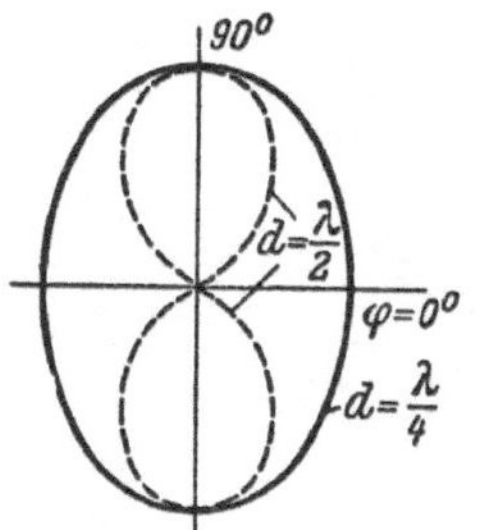

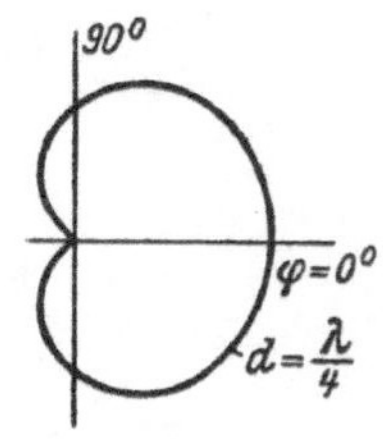

Abb. 2. Horizontale Strahlungscharakteristik zweier gleichphasig erregter Antennen in verschiedenem Abstand d.

Abb. 3. Horizontale Strahlungscharakteristik zweier vertikaler Antennen bei einer Phasenverschiebung $\psi = \pi - 2\pi d/\lambda$.

Im Ultrakurzwellengebiet sind zur Bündelung der elektrischen Wellen Vollmetall- oder aus einzelnen Reflektorantennen gebildete Parabolspiegel im Gebrauch, und zwar meist in Form von Zylinderspiegeln. Nur im dm- und cm-Wellengebiet werden Rotationsspiegel angewandt.

Bergmann, L., u. *H. Lassen:* Ausstrahlung, Ausbreitung u. Aufnahme elektromagnet. Wellen. Berlin 1940. – *Vilbig, F.:* Lehrb. d. Hochfrequenztechnik. Leipzig 1945.

Richtstrom. Wird an einen Gleichrichter eine Gleichspannung U gelegt, so fließt ein Gleichstrom i, wobei die Abhängigkeit $i = f(U)$ die Gleichrichterkennlinie ergibt. Bei zusätzlichem Anlegen einer Wechselspannung ändern sich sowohl der Gleichstrom i als auch die Gleichspannung U. Die durch die Wechselspannung hervorgerufene Änderung des Gleichstromes wird als *Richtstrom* Δi bezeichnet und entsprechend die Änderung der Gleichspannung als *Richtspannung* ΔU. Den Zusammenhang zwischen Richtspannung oder Richtstrom und Eingangswechselspannung gibt die Gleichrichterkennlinie an. Die Größe des Richtstromes hängt von dem Kennlinienverlauf des Gleichrichters, dem Arbeitspunkt auf der Gleichrichterkennlinie und der Amplitude der Eingangswechselspannung ab.

Rothe, H., u. *W. Kleen:* Elektronenröhren als Schwingungserzeuger u. Gleichrichter. Leipzig 1948.

Richtung des elektrischen Stromes →Stromrichtung, elektrische.

Richtungseffekt der Netzhaut →Stiles-Crawford-Effekt.

Richtungsentartung. Da für ein Atom ohne äußere Felder alle Richtungen des Raumes gleichwertig sind, sind die Atomterme $(2J + 1)$-fach entartet, wobei J die Quantenzahl des Gesamtdrehimpulses ist. →Drehgruppe.

Richtungsfokussierung, die Vereinigung der von einem Punkt nach verschiedenen Richtungen ausgehenden geladenen Teilchen in *einen* Bildpunkt; dient zur Intensitätssteigerung in Elektronen- und Ionengeräten.

1. *Elektronen.* Eine dreidimensionale Richtungsfokussierung gelingt durch elektrostatische oder magnetische →Elektronenlinsen, eine zweidimensionale, also die Fokussierung der von einem Spalt

ausgehenden Elektronen, sowohl mit einem homogenen transversalen magnetischen als auch in einem radialen elektrostatischen Feld. In einem homogenen Magnetfeld (Kraftflußdichte B) beschreiben Elektronen der Geschwindigkeit v einen Kreis mit dem Radius $r = mv/(eB)$. Die Kreisbahnen der von einer Schlitzblende unter verschiedenem Winkel in das transversale Magnetfeld eintretenden Elektronen schneiden sich in einem Punkt, der in der

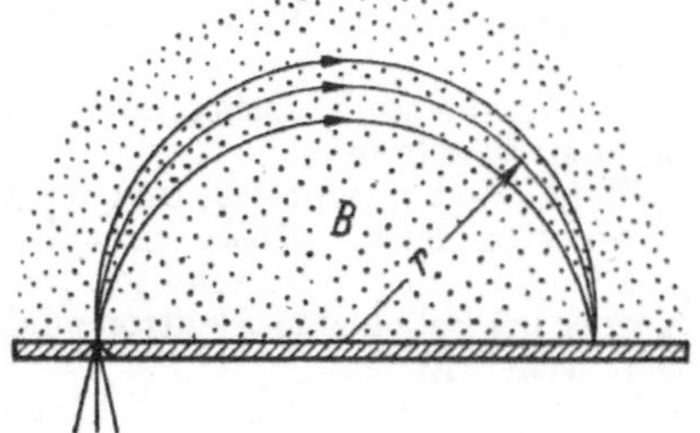

Abb. 1. Magnetische Halbkreismethode.

Ebene liegt, die senkrecht zur mittleren Einfallsrichtung und durch die Schlitzblende verläuft (magnetische Halbkreismethode, Abb. 1). In einem radialen elektrostatischen Felde, das zwischen konzentrischen Zylinderelektroden erzeugt werden kann, werden Elektronen einheitlicher Geschwindigkeit nach Durchlaufen eines Ablenkwinkels $\pi/\sqrt{2} = 127° 17'$ fokussiert (Abb. 2). Da Elek-

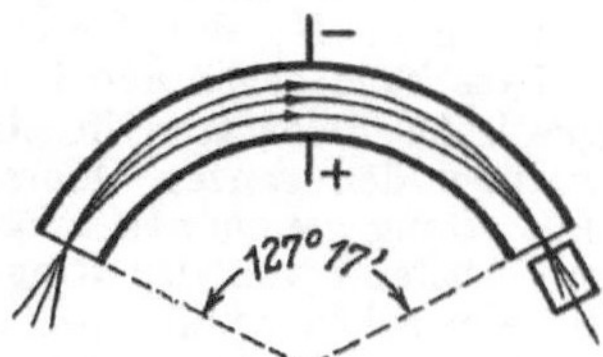

Abb. 2. Elektrische Zylinderkondensatormethode.

tronen verschiedener Geschwindigkeit bei beiden Methoden an verschiedenen Orten fokussiert werden, lassen sich damit Geschwindigkeitsspektren von Elektronen aufnehmen.

2. *Ionen.* →Massenspektroskopie.

Richtungshören →Richtwirkung, akustische.

Richtungsquantelung. Ein Atom ist ohne äußere Felder kugelsymmetrisch. Daher ist ein Term $(2J+1)$-fach entartet, wenn er zum Gesamtdrehimpuls J gehört. Wird die Kugelsymmetrie aufgehoben, indem man eine Richtung durch ein äußeres Feld (z. B. Magnetfeld beim Zeeman-Effekt) auszeichnet, so ist das System nur noch invariant gegenüber Drehungen um diese ausgezeichnete Richtung. Der $(2J+1)$-fach entartete Term spaltet in $(2J+1)$ Terme mit den magnetischen Quantenzahlen $m = J, J-1, \ldots, -J$ auf. Da m die Quantenzahl der Drehimpulskomponente um die ausgezeichnete Richtung ist, so sagt man, daß im stationären Fall der Drehimpuls in die Richtung einquantelt. →Larmor-Präzession, →Zeeman-Effekt.

Richtungssehen, die visuelle Richtungsempfindung, an der neben den das →Raumsehen bedingenden Faktoren insbesondere auch die Augenbewegungen beteiligt sind. Bei den primitiven Augen niederer Organismen wird ein Richtungs-

sehen schon durch die Lage der Augenöffnung und dessen sonst weitgehende Abschirmung durch Pigmente ermöglicht.

Richtungsverteilung der kosmischen Strahlung. Mißt man bei der kosmischen Strahlung mit einem Zählrohrteleskop die jeweilige Korpuskelhäufigkeit in Abhängigkeit vom Zenitwinkel, so erhält man die Richtungsverteilung der Korpuskeldichte (Zahl der Impulse je cm², s und Raumwinkeleinheit). Die Abhängigkeit der Impulshäufigkeit I vom Neigungswinkel beruht auf der veränderten Dicke der durchsetzten Lufthülle als Absorptionsschicht und läßt sich in 1. Näherung durch den Zusammenhang darstellen: $I_\vartheta = I_0 \cos^2 \vartheta$. Abweichungen von diesem mittleren Verlauf werden durch magnetische Effekte gedeutet und als *Feinstruktur* der Richtungsverteilung bezeichnet. Die Integration der Korpuskelhäufigkeiten über die gesamte Halbkugel ergibt im Meeresniveau eine Impulshäufigkeit von 0,02 Korpuskeln je cm² und s.

Literatur →kosmische Strahlung.

Richtverstärkung, die Demodulation einer modulierten Trägerwelle mit anschließender Verstärkung der Modulationsfrequenzen. Bei Verstärkerröhren in Gitter- oder Anodengleichrichterschaltung erfolgen beide Vorgänge in der gleichen Röhre.

Richtwirkung, akustische. Die →Richtcharakteristik akustischer Strahler und Empfänger, deren Abmessungen groß gegen die Wellenlänge des gesendeten oder empfangenen Schalles sind, ist nicht kugelförmig, sondern zeigt in bestimmten Richtungen Maxima und Minima. So kann man durch linien- oder flächenhafte Anordnung gleichabständiger akustischer Strahler (*Strahlergruppen*) den Schallstrahl in jeder beliebigen Richtung durch Interferenzwirkungen scharf *bündeln*. Eine entsprechende Anordnung von akustischen Empfängern macht es möglich, nur *den* Schall aufzunehmen, der aus einem begrenzten Winkelraum einfällt (*Richtempfang*). Die Richtcharakteristik eines flächenhaften Schallempfängers ist um so schärfer, je höher die Schallfrequenz ist. Beim Ohr wird dieser Effekt durch die bei hohen Frequenzen merklich werdende Schattenwirkung des Kopfes für Schall aus der dem Ohr abgewandten Seite noch verstärkt. Beim beidohrigen Hören tritt durch physiologische Vorgänge eine so ausgeprägte Richtwirkung ein, daß man in mittleren Frequenzbereichen Schallvorgänge mit einer Genauigkeit von $\pm 3°$ von der Medianebene zu lokalisieren vermag. Die Richtwirkung beruht hierbei auf der Laufzeitdifferenz der die beiden Ohren nacheinander treffenden Schallsignale (→stereoakustisches Hören).

Trendelenburg, F.: Klänge u. Geräusche. Berlin 1935.

Riefler-Uhr →Uhren.

Riemannsche Geometrie, die Differentialgeometrie in Räumen beliebiger Dimensionszahl n, die eine Metrik besitzen. Dabei bedeutet die Metrik die Existenz eines Linienelementes

$$ds^2 = \sum_{i,k=1}^{n} g_{ik}\, dx^i\, dx^k,$$

das den Abstand zweier benachbarter Punkte mit den Koordinaten $x^1, x^2, x^3, \ldots, x^n$ bzw. $x^1 + dx^1, x^2 + dx^2, x^3 + dx^3, \ldots, x^n + dx^n$ angibt. Die Größen g_{ik} sind die Komponenten eines symmetrischen Tensors 2. Stufe (des *Fundamentaltensors*) und im allgemeinen Funktionen der Koordinaten $x^1, x^2,$

$x^3, \ldots, x^n$. Im Falle eines Euklidischen Raumes läßt sich das Linienelement mit Hilfe einer Koordinatentransformation auf die Form bringen:
$$d s^2 = (d x^1)^2 + (d x^2)^2 + (d x^3)^2 + \cdots + (d x^n)^2.$$

In jedem Punkt der n-dimensionalen Mannigfaltigkeit kann man eine ebene (Euklidische) Mannigfaltigkeit konstruieren, welche, aus jener heraustretend, dieselbe Rolle spielt wie die Tangentialebene im dreidimensionalen Euklidischen Raume. Zu den inneren Eigenschaften der n-dimensionalen Mannigfaltigkeit gehört die Minimaleigenschaft der geodätischen (geradesten oder kürzesten) Linien. Riemanns Verdienst besteht vor allen Dingen in der Verallgemeinerung des Gaußschen Krümmungsbegriffes auf die n-dimensionale Mannigfaltigkeit. Die Komponenten des Riemannschen Krümmungstensors hängen nur von den Komponenten g_{ik} des Fundamentaltensors und dessen Differentialquotienten nach den Koordinaten ab. Das Verschwinden des Riemannschen Krümmungstensors (Tensor 4. Stufe) liefert die notwendige und hinreichende Bedingung dafür, daß die Mannigfaltigkeit eine Euklidische ist. Durch Verjüngung bekommt man aus dem Krümmungstensor 4. Stufe den symmetrischen Riemannschen Krümmungsfaktor 2. Stufe, welcher in der allgemeinen Relativitätstheorie Einsteins eine so fundamentale Rolle spielt.

Die Riemannsche Geometrie hat ihre größte physikalische Bedeutung in der Gravitationstheorie Einsteins. Außerdem findet sie aber Anwendung in der allgemeinen Formulierung der klassischen Punktmechanik. Zur rationellen Behandlung der differentialgeometrischen Probleme in Riemannschen Räumen wurde ein besonderer Tensorkalkül, der *Ricci-Kalkül*, entwickelt.

Schouten, A.: Der Ricci-Kalkül. Berlin 1924.

Riemannsche Stoßwelle →Knallwelle.

Riemannsche Zetafunktion, die durch die unendliche Reihe $\zeta(z) = \sum\limits_{n=1}^{\infty} \dfrac{1}{n^z} = 1 + \dfrac{1}{2^z} + \dfrac{1}{3^z} + \cdots$ in ihrem Konvergenzbereich definierte Funktion der komplexen Veränderlichen $z = x + i y\ (i = \sqrt{-1})$. Die Konvergenzkriterien zeigen, daß $\zeta(z)$ für $\Re(z) \geqq 1 + \delta$ mit beliebigen kleinen $\delta > 0$ konvergiert, d. h. also, daß die Zetafunktion in der Halbebene $\Re(z) > 1$ eine reguläre Funktion ist. Mit Hilfe funktionentheoretischer Hilfsmittel ist es möglich, $\zeta(z)$ über dieses Gebiet hinaus analytisch fortzusetzen. Sie erweist sich als eine meromorphe Funktion, die nur einen einzigen Pol 1. Ordnung an der Stelle $z = 1$ besitzt. Ihr Residuum ist dort $+1$. Außer durch eine unendliche Reihe läßt sich $\zeta(z)$ noch in anderer Weise darstellen. Genannt sei die Integralform

$$\zeta(z) = \frac{1}{\Gamma(z)} \int\limits_0^{\infty} \frac{t^{z-1}}{e^t - 1}\, dt \quad (t \geqq 0)$$

und die Eulersche Produktdarstellung $1/\zeta(z) = \Pi(1 - p^{-z})$, wobei das Produkt über alle Primzahlen p zu erstrecken ist. Es muß dabei $\Re(z) > 1$ sein. Die Funktion genügt der als Riemannsche Funktionalgleichung bezeichneten Beziehung

$$\zeta(1 - z) = \frac{2}{(2\pi)^z} \cos \frac{\pi z}{2}\, \Gamma(z)\, \zeta(z).$$

Bieberbach, L.: Lehrb. d. Funktionentheorie. Leipzig 1923/27. – *Knopp, K.:* Funktionentheorie II. Samml. Göschen 703. Berlin 1944. – *Hurwitz-Courant:* Funktionentheorie. Berlin 1929.

Riesenast, der die →Riesensterne enthaltende Ast im →Hertzsprung-Russell-Diagramm.

Riesenmoleküle = Makromoleküle, →Eukolloide.

Riesensterne sind Sterne der →Spektralklassen F bis M mit relativ großen Radien und großer Leuchtkraft, die eine geschlossene Gruppe im →Hertzsprung-Russell-Diagramm bilden.

Riffeln (*Kapillarwellen, Kräuselwellen*) →Oberflächenwellen.

Righeit = Schubmodul, insbesondere im geophysikalischen Schrifttum.

Righi-Effekt. Fast gleichzeitig und unabhängig von *Hallwachs* entdeckte *Righi* im Jahre 1888, daß ungeladene, negativ oder schwach positiv geladene Körper bei Belichtung Elektronen abgeben. →lichtelektrischer Effekt.

Ringentladung →elektrodenlose Entladung.

Ringlinse →Fresnel-Linsen.

Ringmodulator →Modulator.

Ringphotozelle, hat die Form eines geschlossenen flachen Glasringes und ist speziell bestimmt für die punktweise Abtastung reflektierender planer Oberflächen. Durch das in der Mitte befindliche Loch wird der zur punktförmigen Beleuchtung dienende Lichtstrahl geschickt.

Ringspannung, magnetische →magnetische Spannung.

Ringspule, eine gleichmäßig dicht bewickelte, kreisförmig in sich zurücklaufende Spule mit konstantem Querschnitt. Ist der Durchmesser des Ringquerschnittes klein gegen den Ringradius, so ist die magnetische Feldstärke in einer solchen Spule nahezu über den ganzen Querschnitt konstant. Sie fällt streng genommen umgekehrt proportional dem Abstand von der Ringachse nach außen ab. Hat eine solche Spule einen ferromagnetischen Kern mit konstantem Querschnitt ohne Luftspalt, so tritt kein entmagnetisierendes Feld und keine Streuung auf. Diese Anordnung wird deshalb oft bei Materialuntersuchungen mit Wechselstrom, sowie technisch bei Pupinspulen und Induktionsspulen angewandt.

Kohlrausch, F.: Prakt. Physik II. Leipzig u. Berlin 1950.

Rinnenfehler, die meridionale Komponente des Asymmetriefehlers der im Sagittalschnitt verfolgten Strahlen. →Abbildungsfehler.

Ritz-Paschen-Serie →Wasserstoffspektrum.

Ritzsches Kombinationsprinzip →Kombinationsprinzip.

Ritzsche Variationsmethode. Nach den Extremaleigenschaften der Eigenwerte läßt sich der niedrigste Energieeigenwert E_1 eines Systems berechnen als $E_1 = \mathrm{Min}(\varphi, H\varphi)$ unter der Nebenbedingung $(\varphi, \varphi) = 1$. In der →Schrödinger-Darstellung hat (etwa für ein Teilchen) $(\varphi, H\varphi)$ die Form:

$$\int \overline{\varphi}(x, y, z) \left(-\frac{\hbar^2}{2m} \Delta + v(xyz) \right) \varphi(xyz)\, dx\, dy\, dz.$$

Die Ritzsche Variationsmethode besteht nun darin, dieses Minimumproblem nicht streng, aber näherungsweise dadurch zu lösen, daß man für φ einen Ansatz mit einigen frei wählbaren Parametern $p_1 \ldots p_r$ macht: $\varphi = \varphi_{p_1 \ldots p_r}$. Dann wird $(\varphi, H\varphi) = F(p_1 \ldots p_r)$ eine Funktion von $p_1 \ldots p_r$ wie $(\varphi, \varphi) = G(p_1 \ldots p_r)$. Es ist dann die normale Minimumaufgabe zu lösen: das Minimum von $F(p_1 \ldots p_r)$ unter der Nebenbedingung $G(p_1 \ldots p_r) = 1$ zu bestimmen. Die Methode wird sehr häufig mit sehr gutem Erfolg verwandt, wenn man eine ungefähre qualitative Vorstellung von φ hat. Wichtig ist, daß die so erhaltenen Werte von E_1 *immer* größer als der genaue Wert sind.

R_0 °K, Symbol für das molekularphysikalische Energiemaß →Gaskonstante × Grad.

Roberval-Waage, die gewöhnliche Tafelwaage (Küchenwaage älterer Bauart).

Rochelle-Salz = →Seignette-Salz.

Roche-Modell →Gleichgewichtsfiguren.

Roche-Radius. Befindet sich ein Körper im Gravitationsfelde eines anderen, wie z. B. der Mond in demjenigen der Erde, so bezeichnet man als Roche-Radius denjenigen Abstand von seinem Schwerpunkt, in dem sich die Gravitationskräfte der beiden Körper auf der Verbindungslinie ihrer Schwerpunkte genau aufheben.

Rochon-Prisma →Polarisationsprismen.

rod (= *Rute*), in den englisch sprechenden Ländern übliche Längeneinheit, definiert als 16,5 ft (→foot): 1 rod (Brit) = 5,029 20 m, 1 rod (USA) = 5,029 21 m.

Roguet-Spirale, ein einfachster selbsttätiger Stromunterbrecher; sie besteht aus einer an einem Stativ aufgehängten wendelförmigen Feder, deren unteres Ende in Quecksilber taucht. Wird sie von einem Strom durchflossen, so tritt, da sich parallel fließende Ströme anziehen (→Ampèresches Gesetz), zwischen den einzelnen Windungen eine die Spirale verkürzende Kraft auf. Die Federspitze verliert den Kontakt mit dem Quecksilber, dann dehnt sich die Spirale wieder aus, und das Spiel beginnt von neuem.

Mie, G.: Lehrb. d. Elektrizität u. d. Magnetismus. Stuttgart 1948.

Röhrengalvanometer →Gleichstromverstärker.

Röhrenmeßgeräte, Sammelname für Meßgeräte, deren wesentlichstes Bauelement Elektronenröhren sind. Sie finden als →Gleichstromverstärker (Röhrengalvanometer) und mehrstufige →Gleichspannungsverstärker zur Messung kleiner Gleichströme (bis 10^{-13} A), Gleichspannungen und Gleichspannungsimpulse Verwendung und dienen als →Röhrenvoltmeter und mehrstufige Wechselspannungsverstärker zur Messung von Wechselspannungen in allen Frequenzbereichen. Sie verbinden den Vorteil eines hohen Eingangswiderstandes mit demjenigen großer Empfindlichkeit. Den Röhrenmeßgeräten können auch Dämpfungs-, Geräusch-, Aussteuerungs- und Modulationsgrad-Meßeinrichtungen, ferner Meßsender und Oszillographen zugerechnet werden.

Schintlmeister, J.: Die Elektronenröhre als physikal. Meßgerät. Wien 1943. – *Zinke, O.:* Hochfrequenzmeßtechnik. Leipzig 1947.

Röhrenrauschen, bei Elektronenröhren das mittlere Schwankungsquadrat $\overline{i^2}$ des Anodenstromes, verursacht durch Vorgänge, die innerhalb der Röhren ausgelöst werden. Seine wesentlichsten Ursachen sind:

der →*Schrot-Effekt*, der auf der Schwankung von Intensität und Austrittsgeschwindigkeit des von einer Glühkathode emittierten Elektronenstromes beruht;

der →*Funkeleffekt*, dessen Ursache spontane Änderungen der Oberflächeneigenschaften der Kathode sind;

das *Stromverteilungsrauschen* infolge statistischer Schwankungen der Stromverteilung in Röhren mit mehr als einer auf positivem Potential befindlichen Elektrode;

das *Ionenrauschen* infolge von Schwankungen des durch Wechselwirkung zwischen Elektronen- und Gasmolekülen oder infolge Ionenemission der Kathode entstehenden Ionenstromes;

das *Isolationsrauschen* infolge statistisch schwankender Isolationswiderstände zwischen den Elektroden;

das *Influenzrauschen* infolge Influenz von Schwankungsladungen auf dem Steuergitter bei langen Elektronenlaufzeiten.

Unter diesen ist der Schrot-Effekt der wichtigste.

Rothe, H., u.*W.Kleen:* Elektronenröhren als Anfangsstufenverstärker. Leipzig 1948.

Röhrensender. Zur Erzeugung elektrischer Schwingungen werden fast ausschließlich Elektronenröhrenanordnungen benutzt. Mit Ausnahme des Ultrakurzwellengebietes mit seinen speziellen, die Elektronenträgheit ausnutzenden Erzeugungsmethoden (→Laufzeitröhren) besteht ein Röhrensender im allgemeinen aus der eigentlichen *Erreger-* oder *Steuerstufe* und einer oder mehreren anschließenden *Verstärkerstufen.*

Die Steuerstufe, meist in normaler →Dreipunktschaltung aufgebaut, dient zur Erzeugung der Schwingung und trägt dabei im wesentlichen der Forderung nach möglichst großer zeitlicher Frequenzkonstanz Rechnung; frequenzbestimmende Teile, Betriebsbedingungen, Ankopplung und Energieentnahme sind dem angepaßt. Für technische Sendeanlagen mit festen Frequenzen dienen vielfach →Schwingquarze als frequenzbestimmende Teile, während für Meßsender mit kontinuierlich veränderlichen Frequenzen über ein breites Frequenzband Schwingspulen und Drehkondensatoren verwandt werden, die bei fester Spuleninduktivität Frequenzänderungen im Verhältnis 1:3 gestatten. Wesentlich größere Frequenzänderungen kann man bei gleicher Kapazitätsänderung mittels →Überlagerung (Schwebungssummer) erhalten.

Die in der Steuerstufe erzeugte Frequenz wird in den Verstärkerstufen verstärkt, die bei Sendern mit fester Frequenz als abgestimmte Verstärkerstufen ausgebildet sind. In der Endstufe erfolgt die Umformung in Wechselstromleistung, die für Meßsender in der Größenordnung von 1 W, für kleinere Sendeanlagen in der Größenordnung von 100 W und bei Großsendern bis zu mehreren 100 kW beträgt. Die Modulation erfolgt in einer Verstärkerstufe oder der Endstufe.

Vilbig, F.: Lehrb. d. Hochfrequenztechnik. Leipzig 1945.– *Vilbig, F.,* u. *J. Zenneck:* Fortschritte der Hochfrequenztechnik I. Leipzig 1943.

Röhrensummer, heute weniger gebräuchliche Bezeichnungsweise für →Röhrensender kleiner Ausgangsleistung ($\sim$1 W) für Meßzwecke im Nieder- und Hochfrequenzgebiet, deren wesentlichste Eigenschaften Frequenzkonstanz, geringer Klirrfaktor und weitgehende Unabhängigkeit von äußeren Einflüssen wie Netzspannungsschwankungen usw. sind.

Röhrenvoltmeter sind Wechselspannungsmeßgeräte, bei denen der nichtlineare Teil der Strom-Spannungs-Kennlinie von Elektronenröhren für

Meßzwecke ausgenutzt wird. Sie haben den Vorteil hohen Eingangswiderstandes und weitgehender Frequenzunabhängigkeit der Anzeige. Die zu messende Wechselspannung steuert die nichtlineare Kennlinie aus und läßt einen →Richtstrom (Gleichstromkomponente) entstehen, der an einem Gleichstrominstrument abgelesen wird. Für die Art der Gleichrichtung, ob quadratische (die Anzeige ist dann dem Quadrat des Effektivwertes proportional) oder Flächengleichrichtung (für die Anzeige ist der arithmetische Mittelwert der aussteuernden Spannungshalbwelle maßgebend) oder Spitzengleichrichtung (der Ausschlag entspricht der Maximalamplitude), sind der gewählte Arbeitspunkt auf der Röhrenkennlinie und die Größe der Wechselspannung maßgebend.

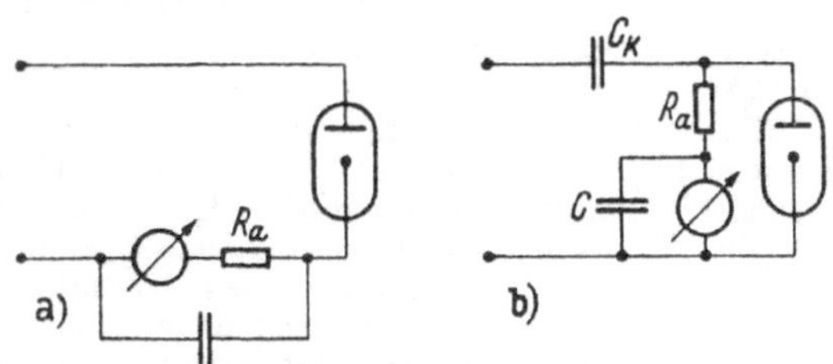

Dioden-Röhrenvoltmeter.
a) Reihenschaltung, b) Parallelschaltung.

Als Elektronenröhren werden Dioden und Verstärkerröhren in Audion- oder Anodengleichrichterschaltung benutzt (Abb). Bei Dioden-Voltmetern ist der Mindestwert der meßbaren Wechselspannungsamplitude $\approx 0,2$ V~. Bei Verstärkerröhren in Audionschaltung lassen sich noch Spannungswerte von $\approx 0,04$ V~ messen. Dabei muß der Anodengleichstrom kompensiert werden. Für kleinere Spannungen werden eichbare Vorverstärker benutzt, mit denen noch Spannungswerte $< 10\,\mu$V gemessen werden können.

Zinke, O.: Hochfrequenzmeßtechnik. Leipzig 1947.

Rohrwellen. Elektromagnetische Wellen lassen sich nicht nur über Kabel, sondern auch im Innern von Hohlzylindern fortleiten (Rohrwellen), wobei das Rohr einen Durchmesser haben muß, der größer als die Wellenlänge der zu übertragenden Strahlung im freien Raum ist. Man bezeichnet solche Rohrleitungen auch als dielektrische Leitungen. Bei der Übertragung von Wellen in ihnen treten zwei Hauptschwingungsformen auf, die elektrischen oder E-Wellen (Longitudinalwellen) und die magnetischen oder H-Wellen (Transversalwellen). Bei ersteren sind in axialer Richtung nur elektrische Komponenten vorhanden, und zwar in der Grenzform E_0 und als Oberwellen E_{01}, E_{10} usw. (→Hohlraumresonatoren), während die magnetischen Feldlinien die Achse des Rohres kreisförmig umschließen (Abb.). Bei den H-Wellen treten in axialer Richtung nur magnetische, jedoch keine elektrischen Komponenten auf. Auch bei ihnen gibt es eine Vielzahl von Oberwellen. Die Dämpfungswerte für E_0-, E_1- und H_1-Wellen haben ein Minimum bei jeweils einer bestimmten Frequenz. Nach kleineren Frequenzen zu steigt die Dämpfung sehr rasch gegen ∞.

Der zur Übertragung einer elektromagnetischen Welle erforderliche Mindestdurchmesser des Rohres ist $d_{er} = \dfrac{\lambda\,x}{\pi\sqrt{\varepsilon}}$, wo λ die Wellenlänge, x die Wurzel

aus der jeweiligen Bessel-Funktion und ε die Dielektrizitätskonstante des Rohrinnern ist. Eine sehr große praktische Bedeutung haben die Hohlleiter heute als →Hohlraumresonatoren bei der Erzeugung kürzester Wellen und zur Abstrahlung von Wellen am Rohrende gefunden.

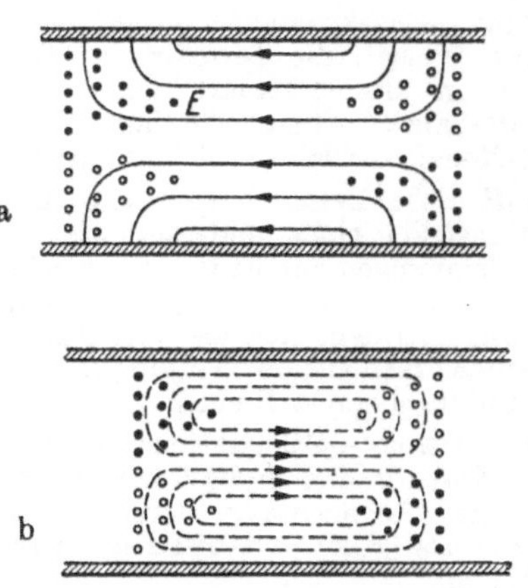

Feldlinienverlauf
a) der Grundwelle E_0, b) der Grundwelle H_0.

Meinke, H. H.: Felder und Wellen in Hohlleitern. München 1949. — *Sommerfeld, A.:* Vorl. über Theoret. Physik III. Leipzig 1949.

Rollbewegung. Ein Körper bewege sich auf einer ruhenden Fläche, welche der Einfachheit halber als Ebene angenommen werde. Zeichnet man sowohl auf dem Körper als auch auf der Ebene die Lagen des jeweiligen Berührungspunktes P auf, so erhält man auf der Ebene und dem Körper je eine Kurve. Sind zu allen Zeiten der Bewegung die Bogenlängen beider Kurven gleich, so nennt man diese Art der Bewegung des Körpers auf der Ebene *Rollen* (auch *Wälzen*). Beispiel: Die Rollbewegung einer Kugel oder eines Zylinders auf einer Ebene. Die Bedingung des Rollens wird also durch die Beziehung $\delta s = R\,\delta\varphi$ ausgedrückt, wenn δs der in Richtung der Fortbewegung zurückgelegte Weg, R der Krümmungsradius und $\delta\varphi$ der Winkel ist, um den sich der zum Berührungspunkt P weisende Radius R gedreht hat (Abb.). Ist $\delta s \neq R\,\delta\varphi$, so ist die Rollbewegung mit einer →*Gleitung* verbunden, z. B. beim Schleifen der Antriebsräder eines

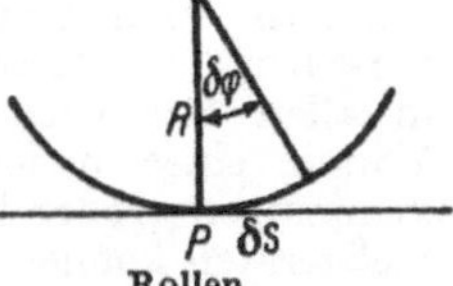

Rollen.

Fahrzeugs auf glatter Bahn, $\delta s < R\,\delta\varphi$. Reine Gleitung erfolgt, wenn P nur in der Ebene seine Lage verändert, dagegen *nicht* auf dem gleitenden Körper, $\delta\varphi = 0$, z. B. beim Gleiten der Antriebsräder eines Fahrzeugs bei zu festem Anziehen der Bremse. Behält P sowohl auf dem Körper als auch in der Ebene stets seine Lage unverändert bei und dreht sich der Körper um die durch P gehende Achse R auf der Ebene, so nennt man das *Bohren.*

Rolle →einfache Maschinen.

Rollescher Satz, Spezialfall des →Mittelwertsatzes der Differentialrechnung: Ist $f(x) \neq$ const eine im Intervall $a \leq x \leq b$ differenzierbare Funktion, die an den Intervallenden gleiche Werte hat, $f(a) = f(b)$, so gibt es (mindestens) einen zwischen

a und b liegenden Wert x_0, für den $f'(x_0) = 0$ ist. Geometrisch besagt das Rollesche Theorem, daß zwischen a und b ein Extremum (Maximum oder Minimum) liegen *muß*.

Rothe, R.: HöhereMathematik I. Leipzig 1948. – *Courant, R.:* Vorl. über Differential- u. Integralrechnung I. Berlin 1948.

Rollinfilm →Helium flüssig und fest.

Rollkurve, die Bahn, die ein Punkt P einer beweglichen Kurve $\mathfrak{C}_1$ beschreibt, die (ohne zu gleiten) auf einer festen Kurve $\mathfrak{C}_0$ rollt. Letztere nennt man auch *Polbahn.* Da sowohl für $\mathfrak{C}_1$ als auch für $\mathfrak{C}_0$ jede Kurve gewählt werden kann, läßt sich jede beliebige Kurve als Rollkurve darstellen. Daher schränkt man diesen Begriff insbesondere auf

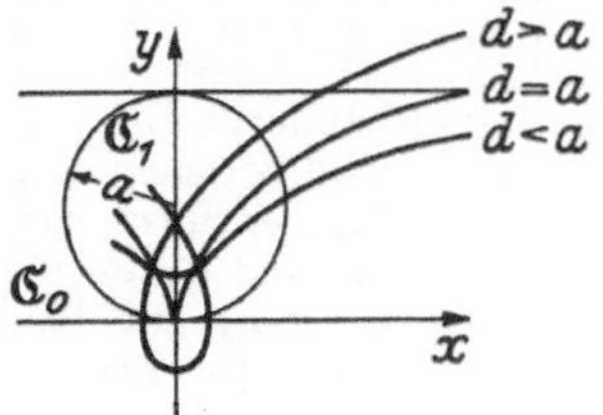

Abb. 1. Zykloiden.

diejenigen Fälle ein, in denen $\mathfrak{C}_1$ und $\mathfrak{C}_0$ besonders einfache Formen besitzen. Wichtige Rollkurven ergeben sich für folgende Fälle:

$\mathfrak{C}_0$ ist eine *Gerade*, die auf ihr abrollende Kurve $\mathfrak{C}_1$ ein *Kreis* vom Radius a. Ein Punkt auf der Peripherie desselben beschreibt dann eine (gemeine) *Zykloide* (Abb. 1). Ihre Gleichung lautet, wenn α der Winkel ist, um den der Kreis aus der Anfangslage gedreht wurde, und die Gerade $\mathfrak{C}_0$ als x-Achse eines rechtwinkligen Koordinatensystems gewählt wird, in bezug auf dieses in Parameterdarstellung: $x = a(\alpha - \sin\alpha)$, $y = a(1 - \cos\alpha)$. Betrachtet man statt eines Peripheriepunktes einen Punkt, der innerhalb oder außerhalb des Kreises in der mit ihm fest verbundenen Ebene liegt, so beschreiben diese Punkte beim Abrollen Bahnen, die ebenfalls als Zykloiden bezeichnet werden, und zwar als *verschlungene* bzw. *verkürzte* Zykloiden, je nachdem, ob der Abstand d des Punktes vom Mittelpunkt des Kreises $\mathfrak{C}_1$ $d \gtrless a$ ist (Abb. 1). Die Parameterdarstellung dieser Zykloiden (die die gemeine für $d = a$ enthält) lautet:

$$x = a\alpha - d\sin\alpha, \quad y = a - d\cos\alpha.$$

Läßt man einen *Kreis* ($\mathfrak{C}_1$) auf einem anderen *Kreis* ($\mathfrak{C}_0$) abrollen, so heißen die von den Punkten der mit $\mathfrak{C}_1$ fest verbundenen Ebene zurückgelegten Bahnen *Epizykloiden*, sofern der Kreis $\mathfrak{C}_1$ *außerhalb* von $\mathfrak{C}_0$ abrollt. Auch hier sind wieder drei Fälle möglich, je nachdem, ob der betrachtete Punkt P vom Mittelpunkt M des abrollenden Kreises $\mathfrak{C}_1$ (dessen Radius wieder a sei) einen Abstand $d \gtrless a$ hat. Man spricht wieder von einer *verschlungenen, gemeinen* oder *verkürzten* Epizykloide, da ihre Formen denen der drei entsprechenden Zykloiden ähneln. Die Parameterdarstellung der Epizykloide heißt, wenn wieder der Wälzwinkel α verwendet wird und der feste Kreis (d. i. $\mathfrak{C}_0$) den Radius a_0 hat:

$$x = (a_0 + a)\cos\frac{a}{a_0}\alpha - d\cos\frac{a_0 + a}{a_0}\alpha,$$

$$y = (a_0 + a)\sin\frac{a}{a_0}\alpha - d\sin\frac{a_0 + a}{a_0}\alpha.$$

Hieraus läßt sich eine Vielzahl von besonderen Epizykloiden herleiten, indem man für a_0, a, d geeignete spezielle Werte annimmt. Erwähnt sei lediglich der Sonderfall: $a_0 = a = d$, d. h. der feste und der auf ihm (außen) abrollende Kreis besitzen gleich große Radien, und betrachtet wird ein Peripheriepunkt. Dann spezialisieren sich obige Gleichungen zu $x = a_0(2\cos\alpha - \cos 2\alpha)$, $y = a_0(2\sin\alpha - \sin 2\alpha)$, was nach Elimination des Parameters zu $(x^2 + y^2 - a_0^2)^2 = 4a_0^2[(x - a_0)^2 + y^2]$ führt. Diese spezielle Rollkurve heißt ihrer Form wegen *Kardioide* (*Herzkurve*, Abb. 2).

Rollt der Kreis $\mathfrak{C}_1$ auf $\mathfrak{C}_0$ ab, indem er diesen *innen* berührt, so heißen die dann entstehenden

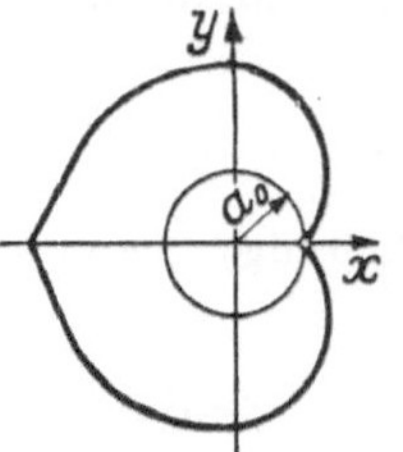

Abb. 2. Kardioide.

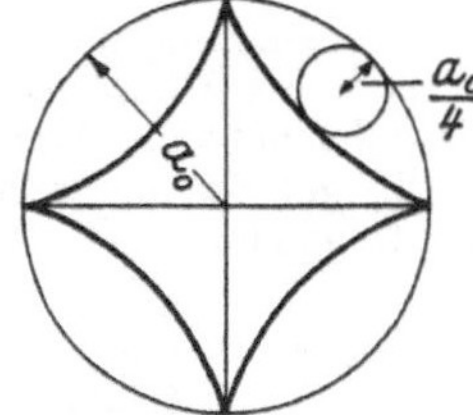

Abb. 3. Astroide.

Rollkurven *Hypozykloiden*. Unter Beibehaltung der bisherigen Bezeichnungen lautet deren Parameterdarstellung

$$x = (a_0 - a)\cos\frac{a}{a_0}\alpha + d\cos\frac{a_0 - a}{a_0}\alpha,$$

$$y = (a_0 - a)\sin\frac{a}{a_0}\alpha - d\sin\frac{a_0 - a}{a_0}\alpha.$$

Sonderfälle: Ist $a = a_0/2$, so wird

$$x = \left(\frac{a_0}{2} + d\right)\cos\frac{\alpha}{2}, \qquad y = \left(\frac{a_0}{2} - d\right)\sin\frac{\alpha}{2},$$

d. h. die Rollkurve ist in diesem speziellen Falle eine *Ellipse*. Ist $a = d = \dfrac{a_0}{4}$, so erhält man nach Elimination der vereinfachten Parametergleichungen als implizite Darstellung $x^{2/3} + y^{2/3} = a_0^{2/3}$, deren graphische Darstellung wegen ihrer Form →*Astroide* (*Sternkurve*, Abb. 3) genannt wird.

Rollpendel →Pendel.

Rollreibung →Reibung.

Röntgen, abgek. r, Dosiseinheit für Röntgen- und γ-Strahlung. Das r ist international definiert als diejenige Strahlenmenge, die unter Ausschaltung der Wandeinflüsse der Ionisationskammer und unter voller Ausnutzung aller sekundären Strahlen in 1,293 mg Luft eine Ionenmenge beiderlei Vorzeichens von je 1 esE ($\hat{=}$3,3357·10^{-10} C$_{abs}$) hervorruft. In die Definition der Dosis von 1 r gehen Wellenlänge und Intensität der benutzten Strahlung, sowie die Zeitdauer ihrer Einwirkung nicht ein. Als Umrechnungsbeziehung auf die je Masse absorbierender Luftschicht erzeugte Ionengesamtladung eines Vorzeichens ergibt sich die Relation: 1 r $\hat{=}$ 3,3357 · 10^{-10} C$_{abs}$/1.293 · 10^{-6} kg = 2,580 · 10^{-4} C$_{abs}$/kg. — Das r ist die Dosiseinheit für medizinische und biologische Zwecke; in der praktischen Anwendung auf die Wirkung von Röntgenstrahlen im Gewebe wird das r unterschiedlich ausgelegt. — Die effektive Intensität (Leistung) der Strahlung kann in r/h, r/min oder r/s ausgedrückt werden.

Röntgenanalyse von Kristallen →Kristallgitterbestimmung.

Röntgenapparate bestehen in der Hauptsache aus einer →*Röntgenröhre* und der für deren Betrieb erforderlichen *Hochspannungsquelle*. Für letzteres werden neuerdings durchweg nur noch Transformatoren verwendet, deren Wechselspannung durch Gleichrichter in pulsierende Gleichspannung verwandelt werden kann. Als Gleichrichter dienen heute nur noch Glühventilröhren. Die pulsierende Gleichspannung kann bei sämtlichen Schaltungen der untenstehenden Tabelle durch Kondensatoren und, bei besonders hohen Ansprüchen, durch zusätzliche Niederfrequenz-*Drosseln* geglättet werden. Um allzu große Transformatoren zu vermeiden, verwendet man zur Erzeugung höherer Spannungen Vervielfachungsschaltungen (Greinacher-Schaltung, →Kaskadenschaltung usw.). Zur Erzeugung des Heizstromes für die Glühkathode der Röhre (∼15 V) dienen offene (Streu-) Transformatoren (Heizwandler).

Die gebräuchlichsten Schaltungen (Abb.) sind die folgenden:

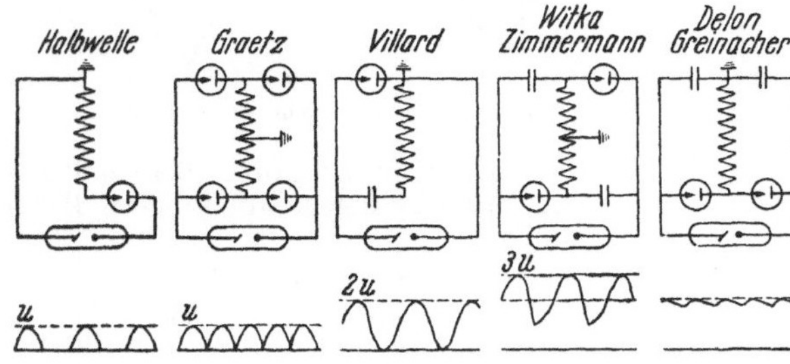

	Halb-wellen	Graetz	Villard	Witka Zimmermann	Delon Greinacher
Ventile	0 bis 1	4	1	2	2
Kondensatoren	0	0	1	2	2
Spannungskurve	sinusförm. Halbwelle		sinusförm. Ganzwelle		geglättete Kurve
Spannungswerte	0 bis U	0 bis U	0 bis $2U$	U bis $3U$	$2U$

Zwischen den medizinischen und den zur →Werkstoffprüfung verwendeten Röntgenapparaten besteht kein grundsätzlicher Unterschied. Für den Betrieb in Krankenhäusern sind sie meist vollautomatisiert (automatische Einstellung von Stromstärke, Spannung und Zeit durch mechanische Schalt- und Uhrwerke) zwecks Schonung der Patienten und Röhren.

Widemann, M.: Röntgen-Werkstoffprüfung. Berlin 1944. – *Berthold, R.:* Atlas der zerstörungsfreien Werkstoff-Prüfung. Leipzig 1938.

Röntgenaufnahmen →Röntgenmedizin, →Werkstoffprüfung.

Röntgendosis, internationale →Röntgen.

Röntgen-Eichenwald-Versuch. *Röntgen* ließ 1888 in einem geladenen Zylinderkondensator ein Dielektrikum rotieren. Die Frage, ob auch die an der Oberfläche des Dielektrikums sitzenden „freien" Ladungen — genauer gesagt die Flächendivergenzen des Feldes — bei Rotation eine magnetische Wirkung haben, konnte er damit bejahend beantworten. *Lorentz* nannte den der Bewegung äquivalenten Strom *Röntgenstrom*, dessen Oberflächenstromdichte sich als $\mathfrak{R}_\mathfrak{P} = \mathfrak{v}\,|\,\mathfrak{P}\,|$ ergibt. $\mathfrak{P}$ ist die Polarisation des Dielektrikums, die Ladungsdichte an seiner Oberfläche. Der Rönt-

genstrom ist, wie wegen des entgegengesetzten Vorzeichens der Polarisationsladung zu erwarten, dem Rowland-Strom (→Rowland-Effekt) entgegengesetzt und stets kleiner als dieser. Die Differenz

$$|\mathfrak{R}_\mathfrak{D}| - |\mathfrak{R}_\mathfrak{P}| = \mathfrak{v}\,|\mathfrak{D} - \mathfrak{P}| = \mathfrak{v}\,|\mathfrak{E}|$$

muß vom Dielektrikum unabhängig sein. Dies konnte *Eichenwald* auch direkt zeigen und damit Vorstellungen der älteren Hertzschen Theorie widerlegen. Indem er die ganze Versuchsanordnung rotieren ließ, kompensierten sich die vom $\mathfrak{D}$-Feld und der Polarisation hervorgerufenen Ströme; was resultierte, entsprach der Wirkung des $\mathfrak{E}$-Feldes.

Sommerfeld, A.: Vorl. über theoret. Physik III. Leipzig 1949. – *Mie, G.:* Lehrb. d. Elektrizität u. d. Magnetismus. Stuttgart 1948. – *Pohl, R.W.:* Elektrizitätslehre. Berlin 1948.

Röntgenemissionsbänder. Die Emission von Röntgenstrahlen geht so vor sich, daß ein Elektron aus einer inneren Schale entfernt wird, worauf ein äußeres Elektron, z. B. ein Valenzelektron, unter Emission von Strahlung auf das freie Niveau fällt. Nach der →Elektronentheorie der Metalle haben nun die Energieniveaus der Valenzelektronen eine Bandstruktur, deren Breite von der Größenordnung von einigen eV ist. Daher haben die Röntgenemissionslinien eine entsprechende spektrale Breite. Durch Messung dieser Breite und der spektralen Intensitätsverteilung in den Emissionsbändern kann man Rückschlüsse ziehen auf die Breite des von den Valenzelektronen eingenommenen Energiegebietes sowie auf die Funktion $N(E)$, wenn $N(E)\,dE$ die Zahl der Valenzelektronen ergibt, die sich im Energiebereich E, $E + dE$ befinden. Die Abb. gibt Meßergebnisse (Photometerkurven) des Al-K-Bandes von *Yoshida*. Die

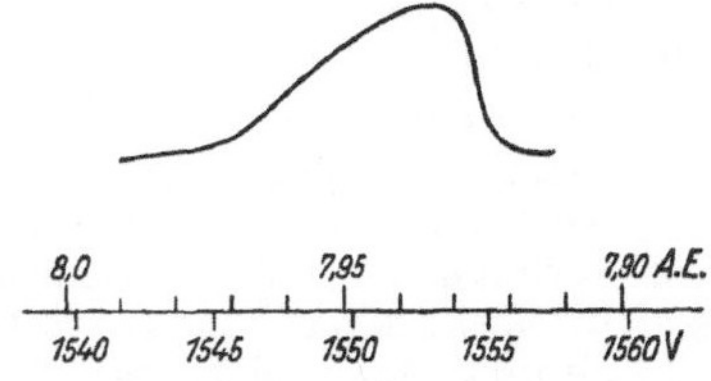

Röntgenemissionsband.
Photometerkurve des Al-K-Bandes nach *Yoshida*.

Abszisse gibt sowohl die Wellenlänge der Röntgenstrahlung in A.E. als auch die Energie in eV.

Yoshida: Sci. Pap. Inst. phys. chem. Res., Tokio, 1935, S. 243. – *Jones, H., N.F.Mott* u. *H.W.B. Skinner:* Phys. Rev. 45, 379 (1934).

Röntgenblitze mit einer Dauer von der Größenordnung 1 μs sind zu einem sehr brauchbaren Mittel zur Untersuchung sehr schnell ablaufender Vorgänge, z. B. der Ausbildung der Druckwelle um einen elektrischen Durchschlag (*Schaafs*), entwickelt worden, die mit gewöhnlichem Licht nicht untersucht werden können.

Röntgenfluoreszenzstrahlung wird analog der Fluoreszenz in der Optik als Sekundärstrahlung oder *Eigenstrahlung* der Elemente durch eine härtere Primärstrahlung angeregt. Ihr Spektrum ist ein Linienspektrum. Sie wurde zuerst von *Barkla* und *Sadler* nachgewiesen. Beim Durchgang von Röntgenstrahlen durch Materie wird ein Teil der absorbierten Energie (→Absorption der Röntgenstrahlen) in Anregungsenergie verwandelt. Ist die Energie der primären Lichtquanten größer als die der K-Absorption entsprechende Energie (→Absorptionskanten), so werden sämtliche Serien der Eigenstrahlung angeregt. Liegt die Energie zwischen der K- und L-Absorption, so werden alle Serien außer der K-Serie angeregt. Entsprechendes gilt für die Anregung der anderen Serien. Da die Fluoreszenzstrahlung von der Art der Anregung abhängig ist, besteht kein Zusammenhang zwischen anregender und angeregter Strahlung. Die Fluoreszenzstrahlung ist daher unpolarisiert. Auch ihre Intensität ist unabhängig von der Richtung. Über die Ausbeute an Fluoreszenzstrahlung wurden von *Barkla* und *Sadler* Messungen gemacht. Sie steigt mit wachsender Ordnungszahl Z. Für $Z = 32$ hat die K-Fluoreszenzstrahlung den Ausbeutewert 0,5. — Ferner →Kossel-Effekt.

Handb. d. Physik XXIII/2. Berlin 1933. – *Barkla, C. G.*, u. *Ch. A. Sadler:* Phil. Mag. **16**, 550 (1908).

Röntgenfunkenlinien →charakteristische Röntgenstrahlung.

Röntgengoniometer. Wird während der Röntgenstrahlbeugung an einem Kristall nicht nur dieser gedreht, sondern auch das Aufnahmegerät, gewöhnlich ein Röntgenfilm, bewegt, so ist es möglich, jedem Beugungsmaximum die Lage des Kristalls im Moment der Beugung und somit die Lage der beugenden Netzebene (hkl) auf Grund der Lage des Interferenzflecks zuzuordnen. Die Geräte, die eine gleichzeitige Drehung des Kristalls und Bewegung des Films zulassen, werden als *Röntgengoniometer* bezeichnet. Im weiteren Sinne gehört hierher auch das *Bragg-Spektrometer* (→Bragg-Methode). Meist werden jedoch darunter nur die Weißenberg-, Sauter-Schiebold- und die de Jong-Bouman-Kammer verstanden.

Die *Weißenberg-Methode*, von *K. Weißenberg* 1924 vorgeschlagen und von *J. Böhm* 1926 technisch entwickelt, ist eine Schwenkmethode (→Drehkristallmethode), bei welcher der Kristall um 180° hin und her geschwenkt wird und der Filmzylinder in Richtung seiner Achse synchron von einem Ende zum anderen hin und her gleitet. Zwischen Kristall und Filmzylinder befindet sich ein zu letzterem koaxialer Metallzylinder, der als Blende dient und durch einen längs des Umfangs verlaufenden, ringförmigen Spalt nur die Reflexe einer einzigen Schichtlinie hindurchläßt (*Schichtlinienblende*). Der Film wird daher, ähnlich wie hinter einem photographischen Schlitzverschluß, in parallelen Streifen, die senkrecht auf der Erzeugenden des Filmzylinders stehen, nacheinander belichtet. Die parallel zur Erzeugenden gemessene Koordinate eines Interferenzflecks gibt somit die Lage des Kristalls im Augenblick der Aussendung des Interferenzstrahls an. Die Indizierung der Interferenzflecke erfolgt am besten mittels der →Ewaldschen Konstruktion, die unmittelbar die der Schichtlinie entsprechende Netzebene des reziproken Gitters liefert.

Die Weißenberg-Methode wird in drei Varianten angewendet:

I. Der Primärstrahl fällt senkrecht auf die Drehachse des Kristalls; die nullte Schichtlinie wird von Interferenzstrahlen gebildet, welche in der zur Drehachse senkrechten Ebene durch den Primärstrahl (Äquatorebene) liegen. Die Interferenzstrahlen der n-ten Schichtlinien befinden sich auf koaxialen Laue-Kegeln (→Laue-Gleichung). Die Schichtlinienblende muß zur Aufnahme solcher Strahlen verschiebbar sein.

II. Der Primärstrahl fällt in Richtung der Erzeugenden des Laue-Kegels der n-ten Schichtlinie für die Anordnung I ein. Dann liegen die Interferenzstrahlen dieser Schichtlinie in der Äquatorebene. Die Schichtlinienblende kann fest eingebaut sein; die Primärstrahlblende muß sich in der durch die Drehachse des Kristalls gehenden Ebene unter verschiedenen Winkeln einstellen lassen.

III. Primärstrahl und Interferenzstrahlen bilden den gleichen Winkel mit der Drehachse des Kristalls (*equi-inclination*-Methode); die angeblichen Vorzüge dieser Anordnung sind überschätzt worden.

Bei der *Sauter-Schiebold-Methode* ist der Film eine Kreisscheibe, die sich synchron mit dem Kristall um ihren Mittelpunkt dreht. Bei der älteren Abart (*E. Sauter*, 1933) fällt für Aufnahmen der nullten Schichtlinie der Primärstrahl senkrecht zur Drehachse und zur Ebene des Films ein, der um den Primärstrahl als Achse rotiert. Höhere Schichtlinien können nach dem Prinzip des II. Verfahrens der Weißenberg-Methode aufgenommen werden. Nach der neueren Abart (*E. Schiebold*, 1933) ist die Filmscheibe nicht eben, sondern durch Anlegen an den Zylinder der Schichtlinienblende gekrümmt, auf dem sie, um ihren eigenen Mittelpunkt rotierend, gleitet.

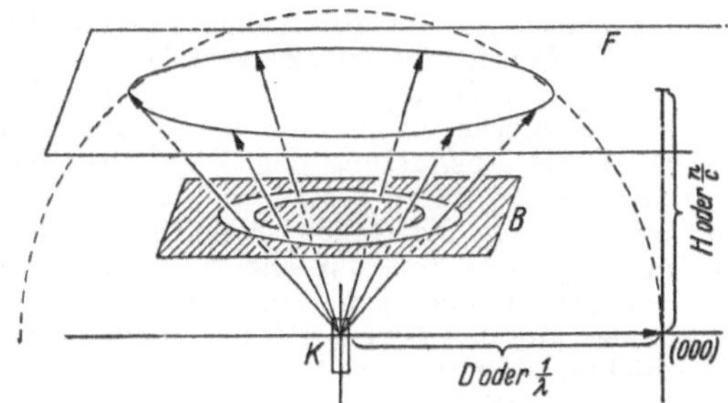

Röntgengoniometer nach *de Jong* und *Bouman*.

Bei der *Methode nach W. F. de Jong und J. Bouman* (1938, Abb.) steht ein ebener photographischer Film F senkrecht zur Drehachse des Kristalls und dreht sich mit der gleichen Winkelgeschwindigkeit und im gleichen Sinn wie der Kristall K um eine zu dessen Drehachse parallele Richtung. Aufgenommen werden wiederum nur die Interferenzstrahlen einer, etwa der n-ten Schichtlinie, was hier durch eine ebene, zur Drehachse senkrechte Blende B mit ringförmiger Aussparung im Kreis um diese Achse erreicht wird. Ist die Drehachse eine Gittergerade, z. B. die Z-Achse des Gitters mit der Identitätsperiode c, und fällt der Primärstrahl senkrecht auf diese Achse, so ist der nullte Laue-Kegel die X^*Y^*-Ebene des reziproken Gitters und n/c der Abstand zwischen dieser und der dazu parallelen Ebene, welche die Interferenzen des n-ten Laue-Kegels enthält. Die n-te Ebene bildet sich nach der →Ewaldschen Konstruktion direkt auf dem Film ab, wenn das Verhältnis des Abstandes H des Films vom Kristall zum Abstand D der Drehachse des Kristalls von der Drehachse des Films $H : D = n/c : 1/\lambda = n\lambda/c$ und λ die Wellenlänge der Röntgenstrahlung ist. Dann ist nämlich das System: Film, seine Drehachse und die Kugel vom Radius D, eine direkte und parallele Abbildung des Systems: n-te Schichtebene und Drehachse des reziproken Gitters und Ausbreitungskugel zu jeder Zeit und mit gleichem Mittelpunkt. Geht ein Gitterpunkt durch die Ausbreitungskugel, so schwärzt der gebeugte Strahl den Film an der dem Gitterpunkt entsprechenden Stelle.

Fällt der Primärstrahl entgegen der bisherigen Anordnung schräg unter einem Winkel δ gegen die Drehachse auf den Kristall, so wird $H : D = n\lambda/(c \sin\delta)$; bei schrägem Einfall ist es möglich, auch die nullte Ebene des reziproken Gitters aufzunehmen.

Röntgeninterferenzmaxima, sekundäre. Die den →Laue-Gleichungen oder der →Braggschen Reflexionsbedingung gehorchenden Interferenzmaxima werden als primäre Maxima bezeichnet. Die →Wärmestreustrahlung von Kristallen liefert die sekundären Maxima, die weniger scharf sind und aus größeren, diffusen Flecken bestehen. Das Auftreten dieser sekundären Maxima ist nicht an die primären Maxima gebunden. Ihre Intensität nimmt mit der Temperatur stark zu, ist aber sehr viel geringer als die der primären Maxima. Daraus erklärt es sich, daß sie erst verhältnismäßig spät experimentell gefunden wurden (*Preston*, 1939).

v. Laue, M.: Röntgenstrahlinterferenzen. Leipzig 1948.

Röntgenkinematographie →Röntgenmedizin.

Röntgenlicht = →Röntgenstrahlen.

Röntgenlinse. Da im Röntgengebiet die Brechungszahl aller Stoffe nahezu den Wert 1 hat (→Brechung der Röntgenstrahlen), ist die Herstellung von Linsen im gewöhnlichen Sinne nicht möglich. Unter Ausnutzung der Braggschen Kristallreflexion und durch geeignete Züchtung oder Deformierung von Kristallen lassen sich jedoch Abbildungssysteme mit Linseneigenschaften für Röntgenstrahlen herstellen. Man kann hohle Rotationskörper auf der Innenseite mit dünnen Kristallschichten (Fettsäuren) überziehen oder dünne Kristallplatten (Steinsalz, Glimmer) an rotationssymmetrisch gekrümmte Flächen in der Wärme anpressen und gelangt dadurch zu besseren Abbildungseigenschaften, als sie einfach gebogene Kristalle aufweisen. Der Strahlengang ist für Achsenpunkte rotationssymmetrisch. Die Linse ist nur für monochromatische Röntgenstrahlen zu verwenden. Die Lichtstärke ist klein, da von einem Strahlenbündel nur ein auf einem Kegelmantel liegender Teil ausgenutzt werden kann. Im übrigen ist nur der Fehler der Bildfeldwölbung vorhanden. Für die Abbildung selbstleuchtender Objekte gewinnt die Röntgenlinse eine gewisse Bedeutung. →*Röntgenmikroskop.*

Hoppe, W., u. *H. J. Trurnit:* Z. Naturf. 2a, 608 (1947). - *Wilsdorf, H.:* Naturwiss. 35, 313 (1948); 38, 250 (1951).

Röntgenmedizin. I. *Röntgendiagnostik,* beruht grundsätzlich auf den gleichen Verfahren wie die →Werkstoffprüfung mit Röntgenstrahlen. Doch erfordert die Photographie bewegter Organe Momentaufnahmen bis herab zu 10^{-3} s bei 50 bis 100 kV und bis zu 1000 mA unter Verwendung

von Drehanoden (→Röntgenröhren) und →Verstärkerfolien. Für Leuchtschirmbetrachtung verwendet man Spannungen bis zu 100 kV und Stromstärken bis zu 5 mA. Die bereits durch die Verstärkerfolie erzeugte Unschärfe wird bei manchen Organen durch deren Bewegung erhöht. Es muß angestrebt werden, entgegen diesen und weiteren Unschärfefaktoren (Größe des Brennflecks, Körnung der Emulsion, Streuung) den optimalen Effekt zu erreichen. Das Ziel besteht in einer 10^{-3} s-Aufnahme bei kleinstem Brennfleck ohne Verstärkerfolie, erreichbar mit Drehanodenröhren mit einer Belastbarkeit von über 100 kW (*Stintzing*).

Stereoskopische Aufnahmen zur Lokalisierung von Fremdkörpern, Krankheitsherden usw. erfolgen mittels zweier nacheinander gemachter Aufnahmen unter Verschiebung der Röhre. — Als *Tomographie* bezeichnet man die sukzessive Aufnahme verschiedener Tiefenschichten zwecks Vermeidung von Überlagerungen in einer einzigen Aufnahme. — *Kinematographische* Röntgenaufnahmen sind vorerst nur für Forschung und Lehre von Bedeutung. Die Hauptschwierigkeit liegt in der Bewegung der großen Filme und der genügend schnellen Betätigung der Bleiblenden.

Bei Massen-(Reihen-)Untersuchungen werden zwecks Materialersparnis *Schirmbildphotographien* in Leica-Format hergestellt.

II. *Röntgentherapie,* verwendet die zerstörende Wirkung der Röntgenstrahlung zur Erzielung heilender Wirkungen (Krebs, Lupus usw.). Hierfür müssen, jedenfalls bei der Tiefentherapie, sehr harte Röntgenstrahlen verwendet werden. Die dabei auftretenden Hautschädigungen und sonstige Belästigungen des Patienten (Röntgenkater usw.) können auf ein erträgliches Maß beschränkt bzw. durch kurze Bestrahlungszeiten fast völlig beseitigt werden. — Wenn sich auch nicht alle auf die Röntgentherapie gesetzten Hoffnungen erfüllt haben, so kann doch bei zahlreichen Erkrankungen — vor allem auch in der Gynäkologie — in vielen Fällen eine günstige Wirkung erreicht werden.

Hänisch-Holthusen: Lehrb. d. Röntgendiagnostik. Stuttgart 1947.

Röntgenmikroskop. Die Röntgenmikroskopie nach optischem Vorbild, d. h. die Abbildung durch Linsen (→Röntgenlinse), stößt auf große Schwierigkeiten, da die Brechungszahl der meisten Stoffe für Röntgenstrahlen erst in der 5. Dezimale von 1 abweicht (→Brechung der Röntgenstrahlen). Folgende Abschätzung zeigt die Größe dieser Schwierigkeiten: Der Zusammenhang zwischen der Brennweite f einer brechenden Fläche vom Radius r und der Brechungszahl n ist

$$\frac{1}{f} = \frac{1-n}{r}.$$

$(1-n)$ ist für Röntgenstrahlen positiv und hat z. B. für Glas und die Wellenlänge 1,75 Å ($\mathrm{FeK}\beta_1$-Linie) die Größe 10^{-5}. Die Brennweite einer plankonkaven Linse beträgt demnach das 10^5-fache des Krümmungsradius. Bei Verwendung mehrerer Flächen ist

$$\frac{1}{f} = (1-n)\left(\frac{1}{r_1} + \frac{1}{r_2} + \cdots\right).$$

Infolge der störenden Absorption lassen sich jedoch durch eine Häufung von brechenden Flächen keine Vorteile erzielen. Auch der Übergang zu längeren Wellen und damit zu größeren Werten für $(1 - n)$ bringt keinen Gewinn, da der Absorptionskoeffizient proportional λ^3 ist.

Für die Strahlablenkung bleibt daher praktisch nur die Braggsche Kristallreflexion und die Totalreflexion übrig. Über die Verwendung der Kristallreflexion für die Erzielung einer Abbildung →*Röntgenlinse*. *P. Kirkpatrick* und *A. V. Baez* nutzen die Totalreflexion bei streifendem Einfall auf einen Hohlspiegel zur Erzielung einer Abbildung aus. Totalreflexion tritt ein bei einem Einfallswinkel φ, dessen Größe unterhalb derjenigen eines Grenzwinkels $\varphi_g = \sqrt{2(1 - n)}$ liegt.

φ_g ist von der Größenordnung 0,01. Der Astigmatismus bei diesem streifenden Einfall ist sehr groß. Das Verhältnis der sagittalen zur meridionalen Brennweite ist 10000 bei $\varphi = 0,01$, unabhängig vom Krümmungsradius des Spiegels. Der sphärische Spiegel wirkt also praktisch wie ein Zylinderspiegel. Nach *Kirkpatrick* und *Baez* ist das theoretische Auflösungsvermögen unter diesen Bedingungen etwa 70 Å. Mit zwei gekreuzten, mit Platin bedampften Hohlspiegeln von 21,9 m Krümmungsradius ist mit Hilfe von Chrommstrahlung ($\lambda = 2,3$ Å) die Abbildung eines Metallnetzes von 140 Maschen je cm im Verhältnis 1:1 gelungen. Mit einer später gebauten Anordnung wurde eine 50- bis 100fache Vergrößerung erreicht, was als Anfang einer Mikroskopie mit Röntgenstrahlen angesehen werden kann.

Kirkpatrick, P., u. *A. V. Baez: J.* Opt. Soc. Amer. **38**, 766 (1948).

Röntgenographische Dichte →Dichte aus Strukturdaten.

Röntgenoptik →im *Nachtrag.*

Röntgenperiode. Gleichbelastete Netzebenen in einem Kristallgitter wiederholen sich häufig nicht erst nach einer Identitätsperiode oder dem Netzebenenabstand d, sondern infolge der möglichen Symmetrieoperationen schon nach einem echten Bruchteil d/n des letzteren (*Röntgen-* oder *Belastungsperiode*). Die um eine Röntgenperiode voneinander entfernten parallelen Netzebenen können auch um Winkel von 60, 90, 120 oder 180° um ihre Normale gegeneinander gedreht sein.

Auf den Röntgenperioden beruhen alle systematischen Auslöschungen von Interferenzen; n ist dabei der größte gemeinschaftliche Teiler der Ordnungen aller Interferenzen an der betrachteten Netzebenenschar.

Röntgenplatte →Emulsion, photographische.

Röntgenröhren. Die ursprünglichen gasgefüllten (Ionen-) Röhren haben heute nur noch historisches Interesse. Die notwendige unabhängige Regelung der Intensität und der Härte, also von Stromstärke (durch den Heizstrom der Kathode) und Spannung, wird nur mit den modernen, hochevakuierten Röhren mit Glühkathode (*Coolidge-Röhre*, Abb. 1) erreicht. Man unterscheidet:

1. *Abgeschmolzene Röhren*, fabrikmäßig, hochevakuierte ($< 10^{-6}$ Torr) verschlossene Glaskolben.
2. *Offene Röhren*, im Laboratorium an der Pumpe betriebene Glas- oder Metallröhren.

Ferner besteht ein Unterschied zwischen Röhren für Therapie, Diagnostik, Grobstrukturuntersuchung (Bremsstrahlung, meist von Wolframanode), Feinstrukturuntersuchungen und Spektroskopie (Eigenstrahlung, meist von einer Kupferanode).

Hochleistungsröhren sind Spezialkonstruktionen für hohe Belastung bei möglichst kleinem Brennfleck auf der Anode. Außer möglichst guter

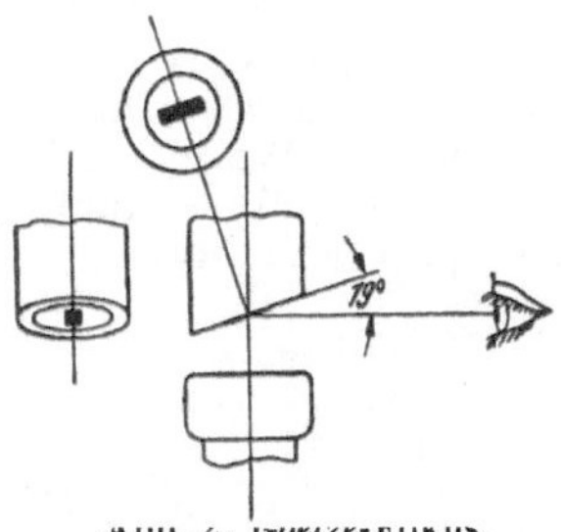
Abb. 2. Goetze-Fokus.

Anodenkühlung dienen zur Erhöhung der Leistung die folgenden Konstruktionen:

1. *Goetze-Fokus* (Abb. 2). Von einem langen Glühfaden fallen die Elektronen durch eine zu ihm parallele Blende als feiner Strich auf die

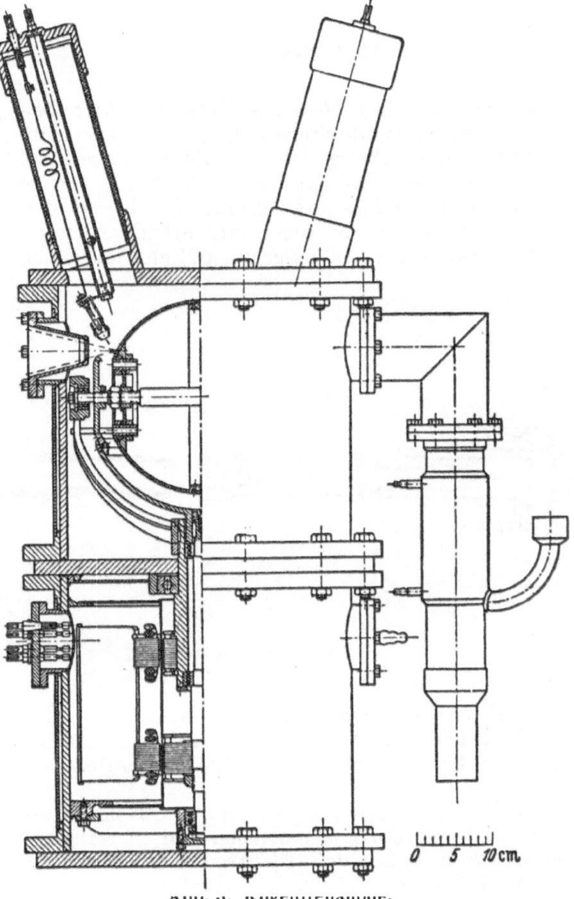

Abb. 3. Kugeldrehanode.

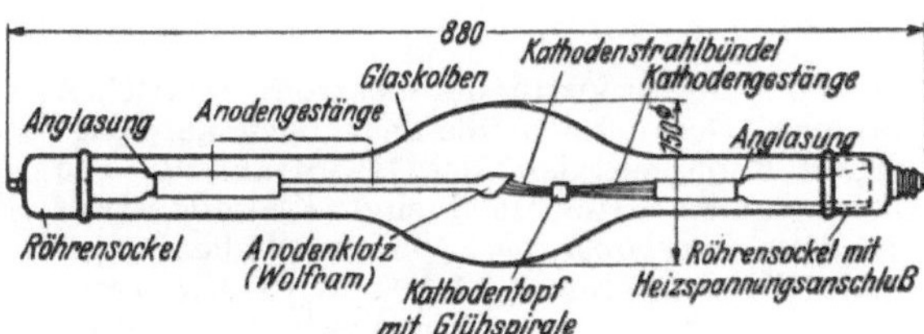

Abb. 1. Schema einer Röntgenröhre.

Anode, der nahezu streifend zur Anodenfläche ein feines Bündel von Röntgenstrahlen (Querschnitt optimal 1 mm²) aussendet, also praktisch punktförmig wirkt.

2. *Drehanoden*, bestehen aus einer rotierenden Scheibe oder einem rotierenden Zylinder oder Kegel, welche die Belastbarkeit durch Verringerung der örtlichen Erwärmung erhöhen. Mit *Kugeldrehanoden* (*Stintzing*, Abb. 3) und ähnlichen Konstruktionen, welche die Wärme durch mehrdimensionale Bewegung über eine noch größere Fläche verteilen, wird außer einer hohen momentanen Belastbarkeit eine Dauerbelastbarkeit auf das 10- bis 100fache des sonst möglichen erreicht.

3. *Pantix-Röhre* (*Ungelenk*, Wolframscheibe auf Weißglut, Abb. 4) und *Rotalix-Röhre* (*Bouwers*, Ringanode mit günstiger Wärmeableitung), beide abgeschmolzen; sind bei Momentaufnahmen mit 50 kW während $^1/_{100}$ s belastbar.

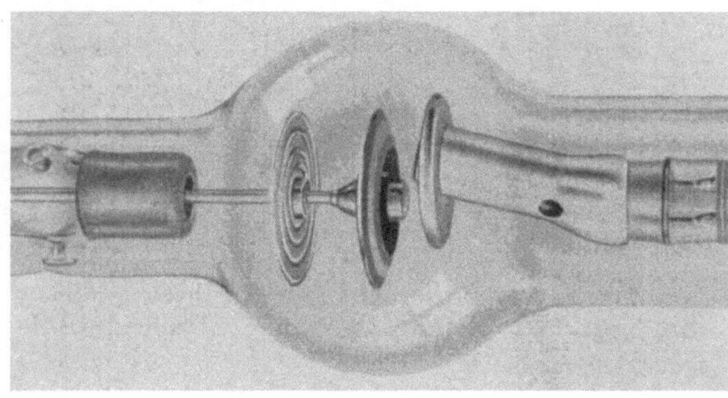

Abb. 4. *Pantix*-Röhre.

4. *Einpol- und Hohlanodenröhren* (Abb. 5), haben lange, herausragende Stielanoden, welche zur Grobstrukturuntersuchung in Hohlkörper eingeführt werden können. Die geerdete, sehr dünnwandige Anode ist besonders gut gekühlt. Die Elektroden treffen auf die innere, die Röntgenstrahlen treten aus der äußeren, von Wasser umspülten Fläche aus.

Das technische Hauptproblem bleibt heute immer noch die Erzielung eines möglichst feinen Brennflecks bei hoher Belastbarkeit.

Diagnostik- und Therapieröhren unterscheiden sich lediglich dadurch, daß erstere mit kleinerem Brennfleck und niedrigerer Spannung arbeiten als letztere.

Stintzing, H., u. Mitarbeiter: Stromstarke Röntgenröhren. Metallwirtsch. 1940—1943.

Röntgenserien, -spektren →charakteristische Röntgenstrahlung.

Röntgenspektren und chemische Bindung. Der Einfluß der chemischen Bindung (Art des gebundenen Atoms, Valenz) eines Elementes auf seine Röntgenspektren ist im Gegensatz zum Einfluß auf die optischen Spektren gering, da bei der Entstehung der Röntgenspektren die inneren Elektronen und nicht die Valenzelektronen maßgebend sind. Bei den leichten Elementen, bei denen sich der Unterschied zwischen inneren und äußeren Elektronen verwischt, ist ein kleiner Einfluß vorhanden. So wurde z. B. von *Lindh* und *Lundquist* 1924 bei Schwefel beobachtet, daß die relative Lage und Intensität benachbarter K-Linien davon abhängt, ob er an Kupfer, Eisen oder Aluminium gebunden ist. Bei Chlor, Schwefel und Phosphor wird eine Abhängigkeit der *Absorptionsspektren* von der Valenz beobachtet. Die Absorptionskante von Chlor zeigt z. B. eine Feinstruktur, die um so komplizierter und um so mehr zu kurzen Wellen hin verschoben ist, je höher die Wertigkeit ist. Bei kristallwasserhaltigen Chloriden ist die Lage der Absorptionskante anders als bei wasserfreien Chloriden. Zeigen sich zwei Kanten, so deutet dies auf eine teilweise Wasserabgabe während der Bestrahlung hin. Die Aufspaltungen sind energetisch alle von der Größenordnung einiger eV.

Handb. d. Physik XXIV/2. Berlin 1933. – *Siegbahn*, M.: Spektroskopie d. Röntgenstrahlen. Berlin 1931.

Röntgenspektrometrie (*Röntgenspektroskopie*), umfaßt den Wellenlängenbereich von 0,1 Å bis

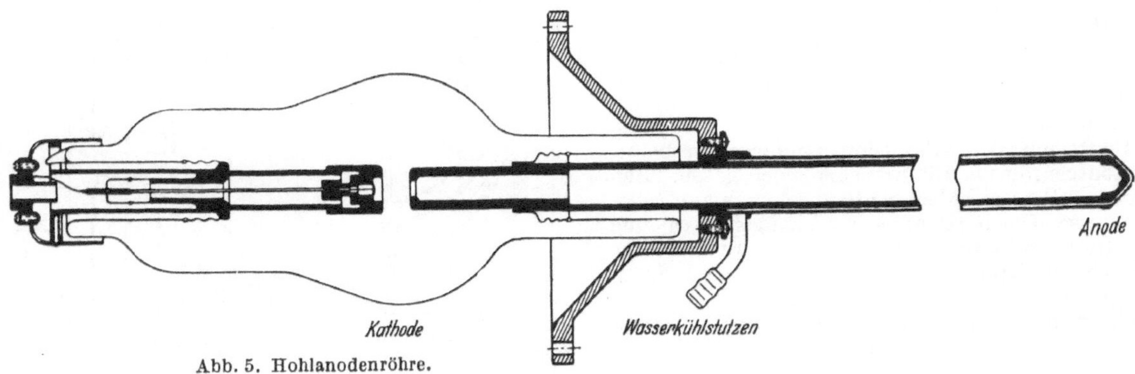

Abb. 5. Hohlanodenröhre.

5. *Feinfokusröhren*, Einpolröhren, die einen besonders feinen Brennfleck durch Konzentration der Elektronen mit einer →Elektronenlinse erzielen.

6. *Metalix-Röhren*, abgeschmolzene Röhren, die zur Erhöhung der mechanischen und thermischen Haltbarkeit außer den Elektroden noch weitere eingeschmolzene Metallteile enthalten.

etwa 300 Å im Spektrum der elektromagnetischen Strahlung. Der Bereich überdeckt sich am langwelligen Ende mit dem der UV-Strahlung. Die experimentellen Hilfsmittel sind *Kristallspektrometer* bzw. *-spektrographen* bis zu Wellenlängen von der Größenordnung 20 Å, und Spektrometer bzw. Spektrographen mit mechanisch hergestellten Liniengittern bei langen Wellen. Bis zu Wellenlängen von etwa 3 Å kann der Strahlengang in Luft verlaufen; bei längeren Wellen müssen Vakuumspektrometer verwendet werden, weil Luft von Atmosphärendruck die langwellige Strahlung stark absorbiert (→Absorption der Röntgenstrahlen). Nach der →*Braggschen Beziehung* für den Zusammenhang von →Netzebenenabstand d, →Glanzwinkel α und Wellenlänge λ der Strahlung

$$2\,d\sin\alpha = n\lambda$$

mit der kleinen ganzen Zahl n, welche die Ordnung des Spektrums angibt, läßt sich ein Röntgenspektrum entweder mit *weitgeöffnetem* Strahlenbündel und *feststehendem* Kristall erzeugen oder

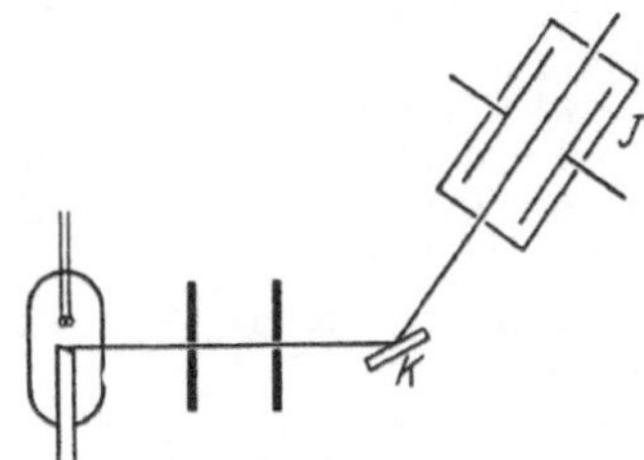

Abb. 1. Ionisationsspektrometer.
K Kristall, I Ionisationskammer.

mit *eng ausgeblendetem* Strahlenbündel, also einheitlicher Strahlrichtung, und *drehbarem* Kristall (→Drehkristallmethode). Die erste der beiden Methoden hat nur noch historische Bedeutung. Die zweite Methode, bei der sich auch bei Beachtung der *Fokussierungsbedingung* divergente Strahlenbündel verwenden lassen, ist die eigentliche Grundlage der von *W. H. und W. L. Bragg* begründeten *Kristallgitterspektroskopie*. Die Fokussierungsbedingung verlangt die Gleichheit der Abstände *Drehachse—Spalt* und *Drehachse—Photoplatte* (oder Ionisationskammerspalt). Abb. 1 gibt das Schema eines Ionisationsspektrometers für enge Bündel. Beim Durchmessen eines Spektrums wird der Kristall schrittweise gedreht und bei jedem Schritt die Ionisationskammer um den doppelten Winkel geschwenkt.

Gitterkonstanten einiger für röntgenspektrographische Zwecke verwendbarer Kristalle in X.E. bei 18°C: Steinsalz 2813,7, Kalkspat 3029,45, Sylvin 3140, Gips 7577,6, Ferrocyankali 8408, Glimmer 10000, Palmitinsäure 35500, Stearinsäure 29500, Cerotin-

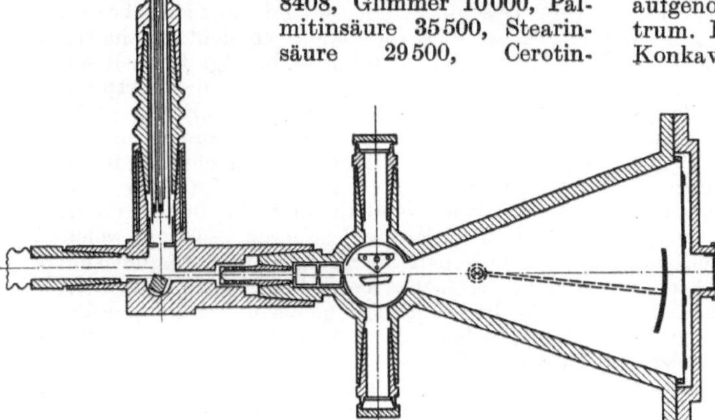

Abb. 2. Vakuum-Plangitterspektrograph nach *Siegbahn* und *Magnussen* mit angebauter Röntgenröhre.

säure 70200. (Vgl. hierzu →Kalkspatgitterkonstante.)

Die letzte Entwicklungsstufe in der Kristallgitterspektroskopie ist die Methode der *gebogenen Kristalle* (→Röntgenlinse), bei welcher, wie in der Konkavgitterspektroskopie im Bereiche optischer Wellenlängen, eine reguläre Abbildung des Eintrittsspaltes oder des Brennflecks der Röhre auf den Empfänger möglich ist. Dadurch lassen sich Lichtstärke und Definition der Spektrallinien wesentlich erhöhen. Die Lichtstärke kann die nach der Braggschen Methode erreichte um den Faktor 100 übertreffen.

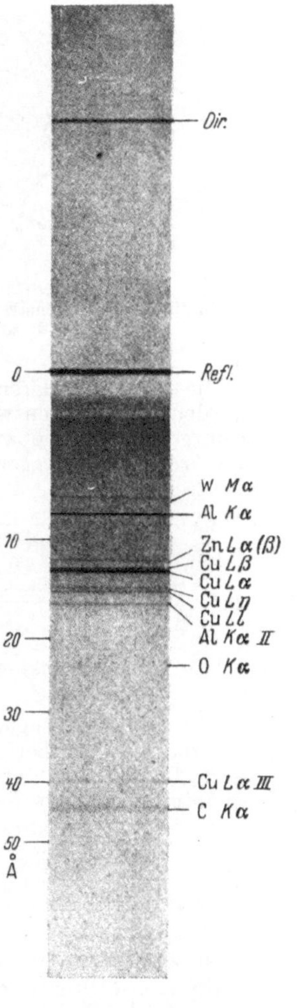

Mechanisch hergestellte Gitter wurden in der Röntgenspektroskopie zum erstenmal von *A. H. Compton* und *R. L. Doan* 1925 verwendet, wobei die im Verhältnis zur Röntgenwellenlänge große Gitterkonstante durch streifenden Eintritt ausgeglichen und die →Totalreflexion der Röntgenstrahlen bei sehr kleinen Winkeln ausgenutzt wurde. Mit einem Gitter auf Spiegelmetall mit 50 Strichen je mm konnte von *Compton* und *Doan* die Molybdän K_α-Linie ($\lambda = 0{,}708$ Å) in mehreren Ordnungen aufgenommen werden. Abb. 2 zeigt einen Vakuum-Plangitterspektrographen, der durch einen Metallschliff mit der Röntgenröhre unmittelbar verbunden ist, im Schnitt. Das in ihm verwendete Gitter gegenüber einem als Blende wirkenden Keil hat 600 Striche je mm. Abb. 3 zeigt ein mit diesem Spektrographen aufgenommenes Linienspektrum. Lichtstärker sind die Konkavgitterspektrographen. Abb. 4 zeigt schematisch den Strahlengang. Die Spektren sind scharf auf einem Kreis, dessen Durchmesser gleich dem Krümmungsradius des Gitters ist. Abb. 5 gibt einen Schnitt durch einen Vakuum-Konkavgitterspektrographen mit angebauter Röntgenröhre.

Von großer Bedeutung bei der Spektroskopie mit geritzten Gittern ist der Umstand, daß sich die Wellenlänge rein aus geometrisch meßbaren Größen ergibt (*Absolutmessung der Wellenlänge*), so daß durch Vergleich von Kristallspektren und Gitterspektren die bei den ersteren relativ ungenau bekannte, da indirekt er-

Abb. 3. Gitterspektrum, aufgenommen mit dem Vakuum-Plangitterspektrographen nach Abb. 2. Rechts stehen die Bezeichnungen der Linien, links die zugehörigen Wellenlängen in Å.

schlossene Gitterkonstante korrigiert werden kann. Mit den Gitterspektrographen wurde der Anschluß des Röntgengebietes an das Gebiet der ultravioletten Strahlung erzielt.

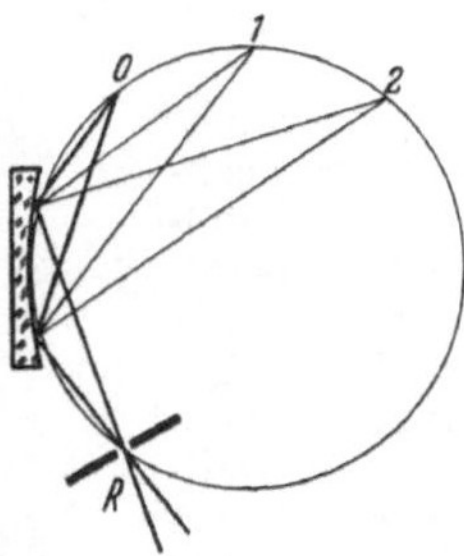

Abb. 4. Konkavgittermethode.
R einfallender Röntgenstrahl, *0*, *1* und *2* Beugungsspektren 0., 1. und 2. Ordnung.

Die Substanz, deren Strahlung spektral zerlegt werden soll, wird entweder als Antikathode in die Röntgenröhre eingebaut oder auf die Antikathode als Träger aufgetragen und durch die Kathoden-

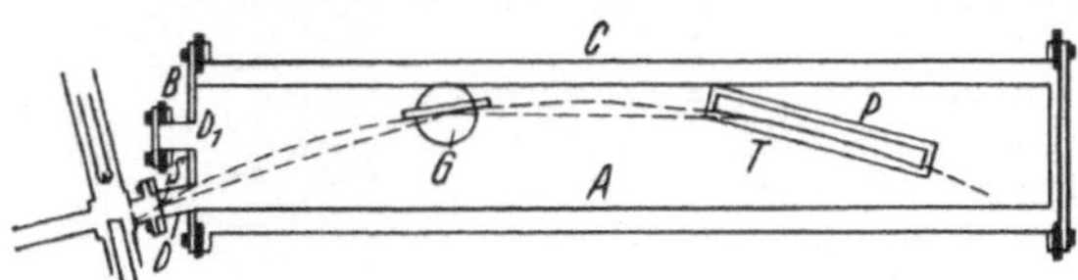

Abb. 5. Vakuum-Konkavgitterspektrograph nach *Osgood*.

strahlen direkt angeregt. Sie kann aber auch innerhalb oder außerhalb der Röntgenröhre durch harte Röntgenstrahlung als →Röntgenfluoreszenzstrahlung angeregt werden.

Siegbahn, M.: Spektroskopie d. Röntgenstrahlen. Berlin 1931. — *Siegbahn, M.:* Messung d. Röntgenwellen mit opt. Gittern. Ergebn. exakt. Naturw. 16, 104 (1937). — *v. Laue, M.:* Röntgenstrahl-Interferenzen. Leipzig 1941. — *Johann, H. H.:* Die Erzeugung lichtstarker Röntgenspektren mit Hilfe von Konkavkristallen. Z. Phys. 69, 185 (1931). — *Johannsen, T.:* Über ein neuartiges, genau fokussierendes Röntgenspektrometer. Z. Phys. 82, 507 (1933).

Röntgenstrahlen (*Röntgenlicht*), diejenige elektromagnetische Wellenstrahlung, deren Wellenlängen den Bereich von etwa 10^{-11} bis 10^{-6} cm umfassen. An den Grenzen überdeckt sich der Bereich einerseits mit dem der γ-Strahlen und andererseits mit dem des ultravioletten Lichtes. Die Röntgenstrahlen wurden 1895 von *Wilhelm Conrad Röntgen* entdeckt und von ihm *X-Strahlen* genannt. Sie haben große atomphysikalische, chemische, technische und medizinische Bedeutung. Ihre Ausbreitungsgeschwindigkeit im Vakuum ist gleich der Vakuumlichtgeschwindigkeit. Ihre Wellennatur wurde von 1903 an wahrscheinlich. Genaue Wellenlängenmessungen wurden erst von 1912 an nach der Entdeckung der Kristallinterferenzen durch *v. Laue, Friedrich* und *Knipping* möglich. Im Gebiet der langen Wellen (10^{-7} bis 10^{-6} cm) wird die Wellenlänge mit mechanisch hergestellten Strichgittern absolut gemessen (→Röntgenspektrometrie). Man unterscheidet im Hinblick auf die Entstehungsbedingungen und die Art des Spektrums die *kontinuierliche Röntgenstrahlung* oder →*Bremsstrahlung* und die *monochromatische Röntgenstrahlung* oder die →*charakteristische Röntgenstrahlung*. Die →Polarisation der Röntgenstrahlen wurde 1905 von *Barkla* zum erstenmal nach-

gewiesen. → die weiteren Artikel unter „Röntgen"-, ferner →Absorption, →Durchdringungsvermögen, →Interferenz, →Polarisation, →Schwächung, →Streuung der Röntgenstrahlen.

Röntgen, W. C.: Über eine neue Art von Strahlen. Ann. d. Phys. 64, 1 (1898). — *Kirchner, F.:* Allg. Physik d. Röntgenstrahlen. Handb. d. Physik XXIII/2. Berlin 1933. Handb. d. Experimentalphysik XXIV/1. Leipzig 1930. — *Müller-Pouillet:* Lehrb. d. Physik II/2. 2. Teil. Braunschweig 1929.

Röntgenstrahlen, homogenisierte, eine gefilterte Röntgenstrahlung; →Röntgenstrahlenfilter.

Röntgenstrahlenabsorption →Absorption der Röntgenstrahlen.

Röntgenstrahlenfilter dienen zur Auswahl bestimmter erwünschter spektraler Anteile durch Unterdrückung der übrigen Anteile mittels spezifischer spektraler Absorption. So wird z. B. in der Spektroskopie fast stets die $Cu_{K\beta}$-Linie durch ein Nickelfilter beseitigt, um allein die stärkere $Cu_{K\alpha}$-Linie zu erhalten.

Röntgenstrahleninterferenz →Interferenz von Röntgenstrahlen.

Röntgenstrahlennachweis. Zum qualitativen Nachweis lassen sich alle Wechselwirkungen der Strahlung mit der Materie heranziehen. Das älteste Nachweismittel ist der →*Leuchtschirm.* Verschiedene Substanzen, z. B. Bariumplatinzyanür, Calciumwolframat, Zinksilikat, Cadmiumwolframat, senden sichtbares Fluoreszenzlicht aus, wenn sie von Röntgenstrahlen getroffen werden. Zu einem wesentlich empfindlicheren und für quantitatives Messen geeigneten Nachweismittel kann die ionisierende Wirkung der Röntgenstrahlen in Luft und anderen Gasen verwendet werden (→Intensitätsmessung im Röntgengebiet).

Für langwellige Röntgenstrahlung sind der →*Spitzenzähler* und das →*Zählrohr* besonders geeignet. Zu den auf der ionisierenden Wirkung beruhenden Nachweismitteln gehört auch die →*Nebelkammer.* Ein sehr bequemes und wegen seiner akkumulierenden Wirkung empfindliches Nachweismittel ist die *photographische Schicht.*

Röntgenstrahlenschutz. Auf Grund der biologischen Wirkung der Röntgenstrahlen auf den menschlichen Körper sind im ersten Dezennium der Röntgenforschung zahlreiche Opfer zu beklagen gewesen. Heute vermögen wir für absolut vollkommenen Strahlenschutz zu sorgen, falls die entsprechenden Vorschriften eingehalten werden.

Wegen der vermutbaren gefährlichen Wirkungen auf die Geschlechtsorgane sind die Schutzbestimmungen für diese besonders vorsichtig gehalten. Die allgemeine *Toleranzdosis* beträgt für den sonstigen Körper höchstens 0,25 r, für die Fortpflanzungsorgane 0,025 r je Tag (r = →Röntgen).

Für den örtlichen Schutz in Räumen und an Geräten bestehen weitgehende Vorschriften in den Deutschen Normen DIN Röntgen 2 (1935). Dort finden sich insbesondere auch die Schichtdicken von Blei-, Bleiglas- und anderen Wänden, welche bei verschiedenen Spannungen anzuwenden sind.

Als *Bleiäquivalent* bezeichnet man die Schichtdicke in Blei, die den gleichen Schutz gewährt wie die vorliegende Schichtdicke eines anderen (Schutz-) Stoffes.

Ernst, H. W.: Über die neuen Unfallverhütungsvorschriften für die Anwendung von Röntgenstrahlen. Leipzig 1940.

Röntgenstrahlenschwächung →Schwächung der Röntgenstrahlen.

Röntgenstrahlenstreuung, Konstanten (→Streuung der Röntgenstrahlen). Der Streuquerschnitt σ_{str} des einzelnen Elektrons für Röntgenstrahlung ist definiert als das Verhältnis: vom einzelnen Elektron gestreute Röntgenstrahlleistung/auf das Elektron auftreffende primäre Röntgenstrahlleistungsdichte, hat also die Dimension einer Fläche und berechnet sich nach der klassischen Theorie zu $\sigma_{str} = \mu_0^2 (e/m_0)^2 e^2/6\pi$. Das Produkt aus σ_{str} und der Zahl der Elektronen je Volumeneinheit ergibt den Absorptionskoeffizienten s durch Zerstreuung gegenüber Röntgenstrahlen, der die Dimension einer reziproken Länge besitzt. Der Quotient s/ϱ (ϱ Dichte der betrachteten Substanz) heißt *Massenabsorptionskoeffizient* durch Zerstreuung gegenüber Röntgenstrahlen, hat die Dimension Fläche/Masse und berechnet sich zu $s/\varrho = \mu_0^2 (e/m_0)^2 e^2 Z N_L/6\pi = KZ/(M)$ [Z →Kernladungszahl der betrachteten Atomsorte, (M) →Molekulargewicht der Atomsorte, N_L →Loschmidtsche Konstante]. Die Konstante K ist eine universelle Konstante der Röntgenstreuung und ist mit der Konstanten σ_{str} durch die Beziehung $K = \sigma_{str} Lg^{-1}$ (L →Loschmidtsche Zahl, g allgemeine physikalische Masseneinheit Gramm) verknüpft. Aus dem Satz der hier zugrunde gelegten atomaren Ausgangskonstanten (→Atomkonstanten) ergibt sich

$$\sigma_{str} = \mu_0^2 (e/m_0)^2 F^2/6\pi N_L^2 = (6{,}65_4 \pm 0{,}01) \cdot 10^{-25}\,\text{cm}^2$$

und, bezogen auf die chemische →Atomgewichtsskala, $K = 0{,}4008 \pm 0{,}0005$ cm²/g.

Röntgenstrahlintensität →Intensitätsmessungen im Röntgengebiet.

Röntgen-Strom →Röntgen-Eichenwald-Versuch.

Röntgenterme →Termschema der Röntgenstrahlen.

rood, 1. britisches Flächenmaß (Viertelmorgen): 1 rood (Brit) = 1210 sq.yd ($\to$ square yard) = 10,11712 a. 2. abgek. rd, britische Volumeneinheit, definiert als 10^3 cu.ft ($\to$cubic foot): 1 rd (Brit) = 28,3168 m³.

Rosesches Metall, bei 94 °C schmelzende Legierung aus 50% Wismut, 25% Blei und 25% Zinn.

Rossi-Kurve, die Auslösekurve für Elektronenschauer mit zunehmender Dicke des Materials (Abb.). Sie wird mit Zählrohrkoinzidenzen in Dreiecksschaltung °° aufgenommen. Die Anordnung spricht demnach nur auf mindestens zwei gleichzeitig hindurchgehende Korpuskeln an (Elek-

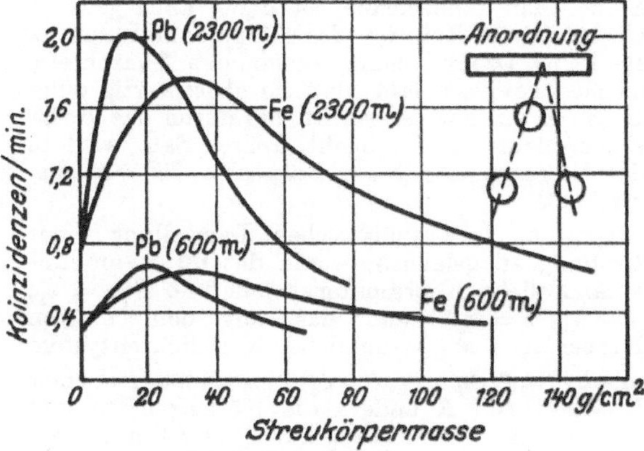

Rossi-Kurve (Schauerauslösekurve) für Blei und Eisen in 600 und 2300 m Höhe (nach *Priebsch*).

tronenpaare, Garben, Schauer, Kaskaden). Das schnelle Ansteigen bis zu einem Maximum und der allmähliche Abfall wird durch das Ausbilden von Elektronenkaskaden und ihre Absorption erklärt. Die Rossi-Kurve stellt eine wesentliche und prinzipiell neuartige Weiterführung der →Übergangseffekte dar.

Literatur →kosmische Strahlung.

Rossini-Kalorie, abgek. cal_{thermochem}, →Kalorie.

rot (mathem.) →Rotation (math.); Rot →Flächenrotation.

Rot I. Ordnung →Interferenzfarben.

Rotalix-Röhre, eine →Röntgenröhre.

Rotation (mathem.). In das Feld eines Vektors $\mathfrak{A}$ werde eine geschlossene ebene Kurve $\mathfrak{C}$ gelegt und das über diese genommene Integral $\oint \mathfrak{A}\, d\mathfrak{s}$ gebildet, dessen Integrand das skalare Produkt aus $\mathfrak{A}$ und dem Linienelement $d\mathfrak{s}$ der Kurve $\mathfrak{C}$ ist. Diese schließt ein Flächenstück f ein, das, wenn man $\mathfrak{C}$ genügend eng zusammenzieht, in ein Flächenelement Δf übergeht, welches von 2. Ordnung wird. Von derselben Größenordnung wird dann aber auch das Kurvenintegral $\oint \mathfrak{A}_\bullet ds$, so daß (unter gewissen Stetigkeitsvoraussetzungen) ein endlicher Grenzwert für den Quotienten aus beiden Größen besteht, wenn man zu beliebig kleinen Δf übergeht. Diesen Grenzwert nennt man die Rotation des Vektors $\mathfrak{A}$, für die also die Definitionsgleichung $\operatorname{rot}\mathfrak{A} = \lim\limits_{\Delta f \to 0} \dfrac{1}{\Delta f} \oint \mathfrak{A}_\bullet ds$ gilt. Statt Rotation sind auch die Bezeichnungen *Rotor*, *Wirbel* und (insbesondere in der älteren Literatur) auch *curl* gebräuchlich.

Die Rotation eines Vektors ist ein schiefsymmetrischer →Tensor, der also (im dreidimensionalen Raum) $n = 3^2 - 3 = 6$ Komponenten besitzt, von denen je zwei sich nur durch das Vorzeichen unterscheiden, so daß $\operatorname{rot}\mathfrak{A}$ nur drei voneinander unabhängige Komponenten besitzt. Diese Tatsache benutzt man, um $\operatorname{rot}\mathfrak{A}$ durch einen Vektor darzustellen, dessen Komponenten mit den drei unabhängigen Tensorkomponenten übereinstimmen. Daß man $\operatorname{rot}\mathfrak{A}$ als einen Vektor anspricht, ist eine Ungenauigkeit, die den Tensorcharakter der Rotation vollkommen verdeckt. Jedoch ist die Angabe: „die Rotation ist ein Vektor" in fast der gesamten Literatur zu finden, was dazu führte, daß diese Auffassung sich allgemein verbreitet hat. Indessen ist der Rotations-„vektor" nur eine Hilfsvorstellung, von der auch nachstehend Gebrauch gemacht werden soll, wobei jener Begriff jedoch dahingehend verstanden werden soll, daß die Komponenten des „Vektors" $\operatorname{rot}\mathfrak{A}$ nur die drei unabhängigen der in Wirklichkeit tensoriellen Größe „$\operatorname{rot}\mathfrak{A}$" sind. Diese sind, wenn man ein rechtwinkliges Koordinatensystem zugrunde legt, in bezug auf welches $\mathfrak{A}$ die Komponenten A_x, A_y, A_z besitzt, durch folgende Ausdrücke gegeben: $\operatorname{rot}_x\mathfrak{A} = \dfrac{\partial A_z}{\partial y} - \dfrac{\partial A_y}{\partial z}$, $\operatorname{rot}_y\mathfrak{A} = \dfrac{\partial A_x}{\partial z} - \dfrac{\partial A_z}{\partial x}$, $\operatorname{rot}_z\mathfrak{A} = \dfrac{\partial A_y}{\partial x} - \dfrac{\partial A_x}{\partial y}$. Formal lassen sich daher die Komponenten von $\operatorname{rot}\mathfrak{A}$ als die Unterdeterminanten der Determinante

$$\operatorname{rot}\mathfrak{A} = \begin{vmatrix} \mathfrak{i} & \mathfrak{j} & \mathfrak{k} \\ \dfrac{\partial}{\partial x} & \dfrac{\partial}{\partial y} & \dfrac{\partial}{\partial z} \\ A_x & A_y & A_z \end{vmatrix}$$

darstellen. Unter Benutzung des Operatorenvektors →Nabla kann $\mathrm{rot}\,\mathfrak{A}$ als das Vektorprodukt aus ∇ und $\mathfrak{A}$ dargestellt werden, denn es ist

$$[\nabla\mathfrak{A}] = \left[\left(\mathfrak{i}\,\frac{\partial}{\partial x} + \mathfrak{j}\,\frac{\partial}{\partial y} + \mathfrak{k}\,\frac{\partial}{\partial z}\right)(A_x\mathfrak{i} + A_y\mathfrak{j} + A_z\mathfrak{k})\right]$$

$$= \begin{vmatrix} \mathfrak{i} & \mathfrak{j} & \mathfrak{k} \\ \dfrac{\partial}{\partial x} & \dfrac{\partial}{\partial y} & \dfrac{\partial}{\partial z} \\ A_x & A_y & A_z \end{vmatrix} = \mathrm{rot}\,\mathfrak{A}.$$

Bei Benutzung anderer Koordinaten ändern sich die Ausdrücke für die Komponenten, und zwar ist für

1. *Zylinderkoordinaten* r, φ, z:

$$\mathrm{rot}_r\,\mathfrak{A} = \frac{1}{r}\,\frac{\partial A_z}{\partial\varphi} - \frac{\partial A_\varphi}{\partial z}, \quad \mathrm{rot}_\varphi\,\mathfrak{A} = \frac{\partial A_r}{\partial z} - \frac{\partial A_z}{\partial r},$$

$$\mathrm{rot}_z\,\mathfrak{A} = \frac{1}{r}\,\frac{\partial(rA_\varphi)}{\partial r} - \frac{1}{r}\,\frac{\partial A_r}{\partial\varphi}.$$

2. *sphärische Polarkoordinaten* r, ϑ, φ:

$$\mathrm{rot}_r\,\mathfrak{A} = \frac{1}{r\sin\vartheta}\left[\frac{\partial A_\vartheta}{\partial\varphi} - \frac{\partial}{\partial\vartheta}(\sin\vartheta A_\varphi)\right],$$

$$\mathrm{rot}\,\mathfrak{A} = \frac{1}{r}\left[\frac{\partial}{\partial r}(rA_\varphi) - \frac{1}{\sin\vartheta}\,\frac{\partial A_r}{\partial\varphi}\right],$$

$$\mathrm{rot}_\varphi\,\mathfrak{A} = \frac{1}{r}\,\frac{\partial A}{\partial\vartheta} - \frac{1}{r}\,\frac{\partial(rA\vartheta)}{r}.$$

Ein Beispiel einer Größe, die eine Rotation ist, ist der aus der Mechanik des starren Körpers bekannte Begriff der Winkelgeschwindigkeit $\mathfrak{u}$, für die die Beziehung $\mathrm{rot}\,\mathfrak{v} = 2\mathfrak{u}$ gilt, wobei $\mathfrak{v}$ der Geschwindigkeitsvektor ist.

Für das Rechnen mit der Rotation gelten folgende Regeln:

$$\mathrm{rot}(\mathfrak{A} + \mathfrak{B}) = \mathrm{rot}\,\mathfrak{A} + \mathrm{rot}\,\mathfrak{B},$$
$$\mathrm{rot}\,a\mathfrak{A} = a\,\mathrm{rot}\,\mathfrak{A} \quad (a = \mathrm{const}),$$
$$\mathrm{rot}\,\lambda\mathfrak{A} = \lambda\,\mathrm{rot}\,\mathfrak{A} + [\mathrm{grad}\,\lambda, \mathfrak{A}]$$

$[\lambda = \lambda(x, y, z) = \text{skalare Ortsfunktion}]$. Ist der Vektor $\mathfrak{A}$, dessen rot zu bilden ist, selbst die Rotation eines anderen Vektors $\mathfrak{B}$, so gilt $\mathrm{rot}\,\mathrm{rot}\,\mathfrak{B} = \mathrm{grad}\,\mathrm{div}\,\mathfrak{B} - \Delta\mathfrak{B}$. Ist $\mathfrak{A}$ jedoch als Gradient einer skalaren Ortsfunktion $\varphi(x, y, z)$ darstellbar, so wird $\mathrm{rot}\,\mathfrak{A} = \mathrm{rot}\,\mathrm{grad}\,\varphi = 0$.

Das Feld eines Vektors $\mathfrak{A}$, für dessen sämtliche Punkte $\mathrm{rot}\,\mathfrak{A} = 0$ gilt, nennt man ein *wirbelfreies Feld*. Notwendige und hinreichende Bedingung dafür ist, daß $\mathfrak{A}$ der Gradient einer Skalarfunktion φ ist. Ist $\mathrm{rot}\,\mathfrak{A} \neq 0$, so liegt ein *Wirbelfeld* vor. Den Betrag von $\mathrm{rot}\,\mathfrak{A}$ bezeichnet man (manchmal bis auf einen Faktor) als die *Wirbelstärke*. Über die Verwendung des Begriffes Rotation bei gewissen Integraltransformationen →Stokesscher Satz. Ein Sonderfall ist die →Flächenrotation.

Lagally, M.: Vektorrechnung. Leipzig 1934. — *Valentiner, S.:* Vektoranalysis. Samml. Göschen 354. Berlin 1944. — *Hopf, L.:* Differentialgleichungen d. Physik. Samml. Göschen 1070. Berlin 1933. — *Sommerfeld, A.:* Vorl. über theoret. Physik II. Leipzig 1945. — *Radakovic-Lense:* Handb. d. Physik II. Berlin 1928. — *Gans, R.:* Vektoranalysis. Leipzig 1924. — *Schouten, J. A.:* Vektor- u. Affinorechnung. Leipzig 1928.

Rotation (kinematisch) oder *Drehbewegung*, Begriff der Kinematik der →starren Körper, eine Bewegung, bei der sich alle Punkte eines solchen auf konzentrischen Kreisen um die gleiche, beliebig (also innerhalb oder außerhalb des Körpers) gelegene *Achse* drehen, demnach auch sämtlich die gleiche Winkelgeschwindigkeit haben. Die Orientierung des Körpers, die durch die 9 Winkel ge-

geben ist, welche die 3 Achsen eines in ihm fest verankerten Koordinatensystems mit den Achsen eines raumfesten Koordinatensystems bilden, ändert sich also mit der gleichen Winkelgeschwindigkeit, mit der seine einzelnen Massenpunkte umlaufen (Abb.). Hieraus ergibt sich, daß die sehr übliche Bezeichnung „Rotation eines Massenpunktes" sinnlos ist, da bei einem solchen eine Orientierung im Raum nicht definiert werden kann. Die Kreisbewegung eines Massenpunktes ist eine reine Translation auf kreisförmiger Bahn.

Die Radien der bei der Rotation eines Körpers von dessen einzelnen Punkten beschriebenen Kreise überstreichen in identischen Zeitspannen t gleiche Drehwinkel $\varphi = \varphi(t)$, die im allgemeinen eine (stetige) Funktion der Zeit sind.

Ein im Abstand r von der Drehachse befindlicher Punkt legt in der Zeit t den Weg $s = r\varphi(t)$ zurück.

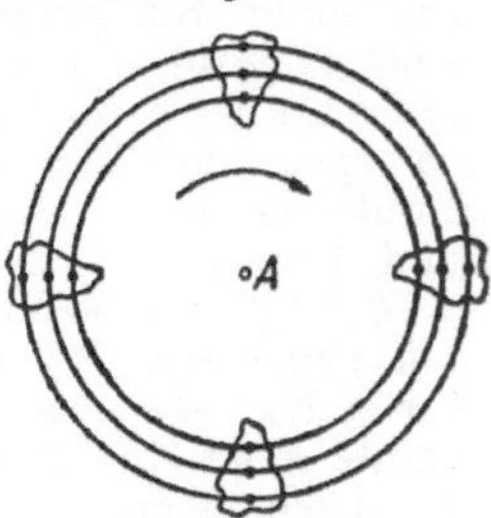

Zur Rotation eines starren Körpers.

Seine Geschwindigkeit ist $v = r\dot\varphi = ru$. Die Größe $\dot\varphi = u$ heißt die *Winkelgeschwindigkeit* der Rotation. Die *Maßzahl* der Winkelgeschwindigkeit ist gleich der Maßzahl der Geschwindigkeit eines auf dem Einheitskreis umlaufenden Punktes. Ist $u = \mathrm{const}$, so liegt eine *gleichförmige* Rotation um eine (raumfeste) Achse vor. Ein anderer Sonderfall ist die gleichförmig *beschleunigte* Rotation, bei der u je Zeiteinheit um gleiche Beträge zu- bzw. abnimmt. Es ist dann $\dot u = \mathrm{const}$.

Die Beschreibung des Bewegungszustandes (vom Raumsystem aus gesehen) wird verwickelt, wenn sich die Drehachse relativ zum raumfesten System bewegt, indem ihre Richtung gegen dieses sich ändert (→Kreisel).

Eine allgemeinere Bewegung als die Rotation um eine Achse ist ferner die Drehung eines starren Körpers um einen seiner *Punkte*, der als einziger Punkt des Körpers seine Lage unverändert beibehält, während sich alle anderen Punkte auf konzentrischen Kugelflächen um das *Rotationszentrum* bewegen. Da die obige Definition die Rotation als Bewegung eines Körpers festlegte, bei der die Bahnen seiner Punkte konzentrische Kreise sind, so ist die Drehbewegung um einen festen Punkt keine Rotation in diesem Sinne. Man kennzeichnet sie daher auch genauer als *sphärische* Rotation des Körpers. Indessen ist sie keine Drehbewegung besonderen Charakters, da sich beweisen läßt, daß sie gleichwertig einer Drehung um eine Achse ist, die durch das Rotationszentrum hindurchgeht. Dieser Satz wird in der Stereomechanik als *Eulersches Theorem* bezeichnet.

Um zu einer analytischen Darstellung einer Drehung zu gelangen, werde das im Raum unveränderliche Koordinatensystem mit $S(x = x_1, y = x_2, z = x_3)$ und das mit dem Körper K fest verbundene Koordinatensystem mit $\bar S(\xi = \xi_1, \eta = \xi_2, \zeta = \xi_3)$ bezeichnet. Bei einer Rotation von K ändern die Körperpunkte ihre Koordinaten nur in bezug auf S. Der Einfachheit halber sei angenommen, daß die Ursprünge von S und $\bar S$ zusammenfallen. Ist P ein beliebiger Punkt von K und ist seine Lage in bezug auf S bzw. $\bar{S}$ durch die Koordinatentripel x_i bzw. ξ_i $(i = 1, 2, 3)$ gegeben, so bestehen zwischen diesen die Beziehungen

$$x_i = \sum_{k=1}^{3} \alpha_{ik} \, \xi_k, \tag{1}$$

wobei die α_{ik} die Richtungscosinus der Winkel sind, die die x_i- und die ξ_k-Achse einschließen. (Sie legen die Orientierung von K gegen S fest.) Führt man eine infinitesimale Rotation aus, so erfährt P in bezug auf das raumfeste System S eine Lagenänderung, die durch

$$\delta x_i = \sum_{k=1}^{3} \xi_k \, \delta \alpha_{ik} \tag{2}$$

gegeben ist. Berechnet man die ξ_k aus Gl. (1) und setzt in Gl. (2) ein, so erhält man

$$\delta x_i = \sum_{k=1}^{3} \left(\sum_{j=1}^{3} \alpha_{jk} \, x_j \right) \delta \alpha_{ik}, \tag{3}$$

$$= \sum_{j=1}^{3} x_j \sum_{k=1}^{3} \alpha_{jk} \, \delta \alpha_{ik}. \tag{4}$$

Beachtet man weiter, daß aus den Orthogonalitätsbedingungen

$$\sum_{i=1}^{3} \alpha_{ik} \alpha_{im} = \delta_{km} = \begin{cases} 1 & \text{für} \quad k = m \\ 0 & \quad k \neq m, \end{cases} \tag{5}$$

$$\sum_{r=1}^{3} \alpha_{pr} \alpha_{qr} = \delta_{pq} = \begin{cases} 1 & \text{für} \quad p = q \\ 0 & \quad p \neq q, \end{cases} \tag{6}$$

die die α_{ik} erfüllen, die Beziehungen

$$\sum_{k=1}^{3} \alpha_{ij} \, \delta \alpha_{ik} = -\sum_{k=1}^{3} \alpha_{ik} \, \delta \alpha_{jk}, \quad i \neq j, \tag{7}$$

$$\sum_{k=1}^{3} \alpha_{ik} \, \delta \alpha_{ik} = 0 \tag{8}$$

folgen, so erhält man aus Gl. (4) für die einzelnen Koordinatenvariationen explizit:

$$\delta x_1 = \delta x = \qquad - y \, \delta' r + z \, \delta' q, \tag{9}$$
$$\delta x_2 = \delta y = \quad x \, \delta' r \qquad - z \, \delta' p, \tag{10}$$
$$\delta x_3 = \delta z = -x \, \delta' q + y \, \delta' p, \tag{11}$$

wobei $\delta' p$, $\delta' q$, $\delta' r$ durch folgende Gleichungen definiert sind:

$$\delta' p = \alpha_{21} \, \delta \alpha_{31} + \alpha_{22} \, \delta \alpha_{32} + \alpha_{23} \, \delta \alpha_{33}, \tag{12}$$
$$\delta' q = \alpha_{31} \, \delta \alpha_{11} + \alpha_{32} \, \delta \alpha_{12} + \alpha_{33} \, \delta \alpha_{13}, \tag{13}$$
$$\delta' r = \alpha_{11} \, \delta \alpha_{21} + \alpha_{12} \, \delta \alpha_{22} + \alpha_{13} \, \delta \alpha_{23}. \tag{14}$$

Man kann zeigen, daß die durch Gl. (9) bis (11) dargestellte infinitesimale Änderung der Lagekoordinaten eines Punktes des Körpers einer Drehung desselben um den Winkel

$$\delta \varphi = +\sqrt{(\delta' p)^2 + (\delta' q)^2 + (\delta' r)^2} \tag{15}$$

um eine Gerade entspricht, deren Gleichung durch

$$x : y : z = \delta' p : \delta' q : \delta' r \tag{16}$$

gegeben ist. Ihre Richtungscosinus sind also $\delta' p$, $\delta' q$, $\delta' r$ proportional. Alle Punkte, deren Koordinaten Gl. (16) erfüllen, erfahren, wie aus Gl. (9) bis (11) folgt, keine Lageänderung ($\delta x_i = 0$), d. h. bleiben in Ruhe. Ihre Gesamtheit bildet die Drehachse.

Man kann zeigen, daß die durch Gl. (9) bis (11) dargestellte infinitesimale Drehung um $\delta \varphi$ um die durch Gl. (16) festgelegte Achse gleichwertig mit

drei einzelnen Drehungen um die x-, y-, z-Achse um die Winkel $\delta' p$, $\delta' q$, $\delta' r$ ist. Daher können die letzten drei Größen im übertragenen Sinne als die „Komponenten" des Gesamtdrehwinkels $\delta \varphi$ angesehen werden. Indessen sind sie keine →exakten Differentiale, d. h. die sie definierenden Gl. (12) bis (14) sind nicht integrabel (nichtholonome Koordinaten); „ganze" Koordinaten p, q, r existieren nicht. Aus diesem Grunde wurden die Differentiale mit einem $'$ versehen.

Da von den neun Größen α_{ik}, durch die und deren Differentiale die Drehwinkel $\delta' p$, $\delta' q$, $\delta' r$ nach Gl. (12) bis (14) erklärt wurden, gemäß den Orthogonalitätsbedingungen Gl. (5) und (6) nur drei voneinander unabhängig sind, ist es möglich, drei andere geeignete unabhängige Bestimmungsgrößen anzugeben, durch welche die $\delta' p$, $\delta' q$, $\delta' r$ ausgedrückt werden können. Dazu wählt man die →Eulerschen Winkel.

Aus der analytischen Darstellung Gl. (9) bis (11) einer infinitesimalen Rotation ist ersichtlich, daß die Komponenten δx, δy, δz des Verschiebungsvektors $\delta \mathfrak{s}$, der von der ursprünglichen Lage des Punktes $P(x_i)$ nach der neuen $P(x_i + \delta x_i)$ weist, die P nach erfolgter Drehung einnimmt, eine (spezielle) lineare Vektorfunktion mit der schiefsymmetrischen Koeffizientenmatrix

$$\begin{pmatrix} 0 & -\delta' r & \delta' q \\ \delta' r & 0 & -\delta' p \\ -\delta' q & \delta' p & 0 \end{pmatrix} \tag{17}$$

sind. Diese ist für eine Rotation kennzeichnend. Geht man zu den Geschwindigkeiten über, indem man durch das Zeitelement δt, das zur Ausführung der Rotation erforderlich ist, dividiert, so wird aus Gl. (9) bis (11)

$$c_x = \frac{dx}{dt} = \qquad - y \overset{*}{r} + z \overset{*}{q}, \tag{18}$$

$$c_y = \frac{dy}{dt} = \quad x \overset{*}{r} \qquad - z \overset{*}{p}, \tag{19}$$

$$c_z = \frac{dz}{dt} = -x \overset{*}{q} + y \overset{*}{p}, \tag{20}$$

wobei statt des üblichen Punktes ein Stern $*$ über p, q, r gesetzt wurde, um anzudeuten, daß es sich um zeitliche Ableitungen nichtholonomer Koordinaten handelt. Die Größen $\overset{*}{p}$, $\overset{*}{q}$, $\overset{*}{r}$ sind die Komponenten des „Vektors" der Winkelgeschwindigkeit $\mathfrak{u}$, der in Richtung der Drehachse liegt. Formal lassen sich die letzten drei Gleichungen in das Vektorprodukt

$$\mathfrak{c} = [\mathfrak{u} \mathfrak{r}] \tag{21}$$

zusammenfassen ($\mathfrak{r}$ Ortsvektor nach dem Punkt P). Indessen ist $\mathfrak{u}$ kein Vektor, wie aus der Matrix Gl. (17) hervorgeht, sondern ein schiefsymmetrischer →Tensor, der den Ortsvektor $\mathfrak{r}$ nach einem Punkte P mit dem Vektor der durch die Rotation bedingten Geschwindigkeit $\mathfrak{c}$ linear verknüpft.

Weitere, insbesondere zusammengesetzte Rotationsbewegungen starrer Körper →Kreisel.

Schaefer, Cl.: Theor. Physik I. Berlin 1944. — *Whittaker, E. T.:* Analyt. Dynamik. Berlin 1924.

Rotation, dielektrische. Wird ein Rotationskörper, welcher aus zwei verschiedenen, um die Rotationsachse konzentrisch angeordneten Dielektriken mit verschiedenen Leitfähigkeiten besteht — etwa eine Kugel, die im zentralen Gebiet ein Dielektrikum I, in der Mantelzone das an I anschließende Dielektrikum II enthält —, in ein elektrisches Drehfeld gebracht, so beginnt er um seine Achse zu rotieren. Die Erklärung dieser Erscheinung ist darin zu suchen, daß sich infolge der verschiedenen Leitfähigkeiten der beiden Dielektrika elektrische Ladungen auf der Trennungsfläche zwischen I und II ansammeln. Das Drehfeld übt auf diese Flächenladungen ein Drehmoment aus. Je nach dem Verhältnis der Leitfähigkeiten von I und II erfolgt die Rotation im gleichen oder im entgegengesetzten Sinne wie die des Drehfeldes.

Handb. d. Experimentalphysik X. Leipzig 1930.

Rotation, freie, im Kristallgitter. Im gasförmigen Orthowasserstoff befinden sich nach der Quantentheorie die Moleküle bei sehr tiefen Temperaturen ($< 30\ °K$) noch im 1. Rotationszustand und haben daher eine Rotationsenergie von $N_L\, 2h^2/(8\pi^2 J)$ $= 330$ cal/mol (N_L Loschmidt-Konstante, J Trägheitsmoment des H_2-Moleküls). Beim Parawasserstoff ist in diesem Temperaturgebiet keine merkliche Rotation mehr angeregt. Die hier gemessene Verdampfungs- bzw. Sublimationswärme ist jedoch für beide Wasserstoffmodifikationen praktisch dieselbe, was wohl nur so zu deuten ist, daß der Orthowasserstoff im kondensierten Zustande auch bereits eine Rotationsenergie von etwa 330 cal/mol besitzt.

Rotation der Milchstraße →Milchstraße.

Rotation der Nebel. Steht die Rotationsachse eines rotierenden →außergalaktischen Nebels (→Spiralnebel) senkrecht oder nahezu senkrecht zur Sichtlinie, so müssen die Spektrallinien an der auf die Erde zueilenden Seite infolge des Doppler-Effekts eine Violettverschiebung, auf der entgegengesetzten Seite eine Rotverschiebung zeigen. Richtet man also den Spalt eines Spektrographen längs der großen Achse des Nebels, so ändert sich die Wellenlänge längs jeder Spektrallinie stetig von $\lambda - \Delta\lambda$ über λ bis $\lambda + \Delta\lambda$ (λ Wellenlänge der „ruhenden" Linie, $\Delta\lambda = \lambda\,\dfrac{v}{c}$, v lineare Rotationsgeschwindigkeit am Ende der großen Achse). Die Spektrallinien erscheinen also um einen von v und der Dispersion des Gerätes abhängigen Winkel geneigt. Auf diese Weise konnte bei einer Reihe von Spiralnebeln die Rotation festgestellt werden. Beim Andromedanebel und dem Nebel M 33 z.B. kam man zu dem Ergebnis, daß ihr Kern wie ein starrer Körper mit einheitlicher Winkelgeschwindigkeit rotiert, ihre äußeren Teile dagegen nach planetarischer Art, wie letzteres auch in den unserer Beobachtung zugänglichen äußeren Bereichen der Milchstraße der Fall ist. Für den Kern des Andromedanebels beträgt die Rotationsdauer ungefähr $16 \cdot 10^6$ Jahre. Die Rotationsgeschwindigkeit bietet wie bei dem Milchstraßensystem auch bei den außergalaktischen Nebeln eine Handhabe, deren Gesamtmasse abzuschätzen, wenn es sich dabei auch nur um die allgemeine Größenordnung handeln kann. Nach *Hubble* scheint die Rotation so zu erfolgen, daß die Spiralarme mit ihrer konvexen Seite vorauseilen.

Hubble, E.: Das Reich d. Nebel. Braunschweig 1938. — *Vogt, H.:* Die Spiralnebel. Hedelberg 1946.

Rotation, optische →Drehung der Polarisationsebene.

Rotation der Sterne. Es gibt zwei Methoden, die Rotation von Fixsternen zu ermitteln. Die erste Methode bestimmt sie aus der durch die Rotation verursachten Verbreiterung der Absorptionslinien eines Sternes. Infolge der Rotation bewegt sich die eine Hälfte der sichtbaren Oberfläche des Sternes auf uns zu, während sich die andere Hälfte von uns entfernt. Die größte auf uns zu bzw. von uns weg gerichtete Geschwindigkeit besitzen dabei die äquatorialen Randstellen. Es entsteht eine Überlagerung zahlloser „Elementarspektren", von denen jedes die seiner Ursprungsstelle auf der Sternoberfläche entsprechende Doppler-Verschiebung zeigt, und die Folge ist ein „Integralspektrum" mit verbreiterten Absorptionslinien. Die Wirkung ist natürlich am größten, wenn die Rotationsachse senkrecht zur Sichtlinie steht, und sie verschwindet, wenn die Achse genau in der Richtung der Sichtlinie liegt. Im ersten Fall ist die Verbreiterung der Absorptionslinien gleich $2\Delta\lambda$ $=\dfrac{2v}{c}\lambda$, wobei λ die Wellenlänge der „ruhenden Linie" und v die lineare Rotationsgeschwindigkeit am Sternäquator bedeutet. Eine zweite Möglichkeit der Beobachtung von Sternrotationen bieten die Bedeckungsveränderlichen. Während des Ablaufs der Bedeckung verdeckt bei diesen Doppelsternen die lichtschwächere Komponente vorübergehend die hellere Komponente bis auf die Randpartien, deren Radialgeschwindigkeit dann für sich allein gemessen und in Rotationsgeschwindigkeit umgerechnet werden kann.

Es gelang auf diese Weise, bei manchen Sternen sehr rasche Rotationen nachzuweisen. Es gibt Sterne, die hundertmal rascher rotieren als die Sonne. Der Stern Atair im Adler z. B. hat am Äquator eine Rotationsgeschwindigkeit von mindestens 250 km s^{-1}, während die Sonne nur mit einer Geschwindigkeit von 2 km s^{-1} rotiert. Die Theorie der →Gleichgewichtsfiguren ergibt, daß Sterne mit so großer Rotationsgeschwindigkeit wahrscheinlich nicht stabil sein können, sondern am Äquator Gasmassen, evtl. in Form von Ringen oder Spiralarmen, abblasen müssen. Nach *O. Struve* ist hierin die Erklärung dafür zu suchen, daß in den Spektren mancher Sterne bisher nicht anders erklärbare Emissionslinien auftreten. Er nimmt an, daß diese Sterne in ihrer Äquatorebene von mächtigen Ringen leuchtender Gasmassen umgeben sind, die über die scheinbare Sternscheibe hinausragen und ein Emissionsspektrum aussenden, das sich dem von Absorptionslinien durchzogenen Spektrum der Sternscheibe überlagert.

Rotationsbanden, die im fernen Ultrarot gelegenen Spektralbanden von Molekülen, die durch reine Änderung der →Rotationsenergie zustande kommen (→Bandenspektren, Abb. 3). Infolge der →Auswahlregel für die Rotationsquantenzahl J kombinieren immer nur benachbarte Energieniveaus miteinander. Die Lage der Linien ergibt sich aus der Formel für die Wellenzahl $\tilde{\nu} = 2B_e$ $(J + 1) - 4D_e(J + 1)^3$. (Wegen der Bedeutung von B_e, D_e und J →Rotationsenergie von Molekülen.) Rotationsbanden zeigen nur Moleküle mit einem permanenten elektrischen Dipolmoment; sie fehlen bei Molekülen, die aus zwei gleichen Atomen bestehen.

Rotationsbanden sind bisher nur bei den Halogenwasserstoffmolekülen beobachtet worden. Sie liegen oberhalb $30\,\mu$ und können daher nicht mehr mit Prismenspektrometern beobachtet werden, sondern nur mit Ultrarotgittern bei geeigneter Vorzerlegung der Strahlung durch Filter. Die Banden wurden in Absorption gemessen.

Rotationsbehinderung in Flüssigkeiten. Während im Gaszustand mehratomige Moleküle frei rotieren, haben die Moleküle im flüssigen Zustand im allgemeinen infolge Raummangels nur beschränkte Möglichkeiten der Rotation, ähnlich wie im festen Zustande (→Desorientierungsumwandlungen), die sich z. B. im Verhalten der Dielektrizitätskonstanten und in der Molwärme äußern. Die Rotationsbehinderung erfolgt durch die Nachbaratome.

Eucken, A.: Lehrb. d. Chem. Physik II/1. Leipzig 1944.

Rotationsdispersion →Drehung der Polarisationsebene.

Rotationsenergie, der auf die →Rotation eines Körper entfallende Teil der →Bewegungsenergie eines Körpers. Sie beträgt

$$T_r = \tfrac{1}{2}u^2 \sum (m_i \mathfrak{r}_i{}^2) = \tfrac{1}{2}J u^2,$$

wobei u die Winkelgeschwindigkeit, J das →Trägheitsmoment des Körpers bezüglich der Rotationsachse und $\mathfrak{r}_i$ die Abstände der Massenelemente m_i des Körpers von dieser sind. Die Rotationsenergie T_r hängt also von J und u in ganz analoger Weise ab wie die kinetische Energie $T_k = \tfrac{1}{2}mv^2$ der Translation von der Masse m und der Geschwindigkeit v. →Rotation.

Rotationsenergie von Molekülen. Das zur Beschreibung der Rotationsbewegung der Moleküle, wie sie sich aus den Molekülspektren ermitteln läßt, geeignete Modell ist der unstarre symmetrische Kreisel (für gewisse 3- und mehratomige Moleküle muß der →asymmetrische Kreisel zugrunde gelegt werden), d. i. ein →Hantelmodell, bei dem zwei Hauptträgheitsmomente gleich sind (Kernrotation um die durch den Schwerpunkt gehenden, senkrecht zur Figurenachse stehenden Achsen), das dritte Hauptträgheitsmoment davon verschieden ist (bei 2 atomigen Molekülen: Drehimpuls der Elektronenbewegung um die Kernverbindungslinie), bei dem aber der mittlere Atomabstand mit steigender Rotationsgeschwindigkeit zunimmt. Sind gleichzeitig Atomschwingungen angeregt, so erhöht sich der mittlere Kernabstand um einen weiteren Betrag. Der Ausdruck für die Rotationsenergie lautet nach der Theorie dieses Modells

$$E_{\text{rot}} = h c_0 [B_v J(J+1) + (A - B_v)\Lambda^2 - D_v J^2 (J+1)^2].$$

Darin ist h das Plancksche Wirkungsquantum, c_0 die Vakuumlichtgeschwindigkeit; $B_v = B_e - \alpha_e(v + \tfrac{1}{2})$, $B_e = h/(8\pi^2 c_0 I_e)$ (der Index e bezieht sich auf den Gleichgewichtsabstand r_e der Atome), $\Theta_e = \mu r_e^2$ ist das Trägheitsmoment des Moleküls (Kernrotation); α_e ist eine gegen B_e kleine Konstante, v die Schwingungsquantenzahl; $A = h/(8\pi^2 c_0 \Theta_A)$. Θ_A ist das Trägheitsmoment der Elektronen um die Kernverbindungslinie; Λ die Quantenzahl des Drehimpulses der Elektronen um die Kernverbindungslinie; $D_v = D_e + \beta_e(v + \tfrac{1}{2})$; $D_e = 4 B_e^3/\omega_e^2$; ω_e ist die Schwingungskreisfrequenz der Atome im Gleichgewichtsabstand; J ist die Rotationsquantenzahl (0, 1, 2, ...); β_e ist eine gegen D_e kleine Konstante.

Rotationsmagnetismus. 1. *Wirbelstromeffekte,* →Aragosche Versuche; 2. *Magnetisierungseffekte* durch Rotation (→Barnett-Effekt, →gyromagne-

tische Effekte, →magnetisches Feld von Himmelskörpern) und *Erzeugung von Rotation* durch Magnetisierung (→Einstein-de Hass-Effekt).

Rotationspolarisation. Der Ausdruck wird sowohl für elliptische Polarisation einschließlich der Zirkularpolarisation (→Polarisation des Lichtes) als auch für die →Drehung der Polarisationsebene gebraucht.

Rotationsquantenzahl →Drehimpuls, quantenmechanischer, →Drehgruppe.

Rotations-Schwingungsbanden, im nahen Ultrarot gelegene Spektralbanden von Molekülen, die durch gleichzeitige Änderung der →Schwingungsenergie und der →Rotationsenergie zustande kommen. Jedem Sprung der Schwingungsenergie, bei dem die Änderung der Schwingungsquantenzahl keiner Auswahlregel unterworfen ist, überlagert sich die Folge der Sprünge der Rotationsenergie, für die die →Auswahlregel der Rotationsquantenzahl gilt. Je nachdem, ob der Drehimpuls der Elektronen um die Kernverbindungslinie Null ($\Lambda = 0$) oder $\Lambda \neq 0$ ist, besteht die Rotations-Schwingungsbande aus P- und R-Zweig oder aus P-, Q- und R-Zweig. Alle Linien des Q-Zweiges fallen nahezu zusammen, an seiner Stelle befindet sich für $\Lambda = 0$ die Nullücke (→Bandenspektren, Abb. 4).

Das Modell zur Beschreibung der Rotations-Schwingungsbande ist der schwingende Rotator. Rotations-Schwingungsbanden zeigen nur Moleküle mit einem festen elektrischen Dipolmoment; sie fehlen bei Molekülen, die aus zwei gleichen Atomen bestehen.

Rotationsspektren →Anregung von Molekülspektren.

Rotationsumwandlungen →Desorientierungsumwandlungen.

Rotator, ein um eine freie Achse umlaufender Körper. Das Trägheitsmoment des Rotators $\Theta = \int r^2 \, dm$ kann entweder einen von der Rotation unabhängigen festen Wert haben (starrer Rotator); oder Θ wird durch die Rotation unwesentlich verändert (→Hantelmodell der Moleküle). Die Quantelung des molekularen Rotators erfolgt nach Impulsen: $P_n = \Theta \omega = n h / 2\pi$ (ω Winkelgeschwindigkeit, h Wirkungsquantum).

Rotblindheit →Farbenblindheit.

Rote Grenze →spektrale Empfindlichkeit.

Rotgrünblindheit →Farbenblindheit.

Rotierender Sektor. Eine streng neutrale, nicht selektive, d. h. für Strahlen aller Wellenlängen in gleicher Weise wirksame Lichtschwächung wird durch den rotierenden Sektor bewirkt. In seiner einfachsten Form besteht er aus zwei mit je zwei symmetrischen Sektorausschnitten von je 90° versehenen Kreisscheiben, die eng nebeneinander auf derselben Achse gelagert sind und gegeneinander gedreht werden können. Dadurch lassen sich beliebige Winkel zwischen 0° und 2·90° einstellen, die auf einem Teilkreis abgelesen werden können. Wird das Gerät mit auf α° eingestellten Sektorenöffnungen in den Strahlengang eines in das Auge gelangenden Lichtstromes gestellt und in genügend schnelle Rotation versetzt, so daß kein Flimmern mehr wahrzunehmen ist, so wird der Lichtstrom nach dem →Talbotschen Gesetz im Verhältnis $\alpha/180$ geschwächt. Bei einem verstellbaren Sektor lassen sich mit etwa 1% Genauigkeit Schwächungen bis $^1/_{50}$ erreichen. Für größere Schwächungen verwendet man feste, genau ausgemessene Sektoren. Die Einstellung der Öffnung ist im allgemeinen nur am ruhenden Sektor möglich. Doch sind auch rotierende Sektoren konstruiert worden, bei denen die Einstellung der Öffnung und ihre Ablesung während der Rotation vorgenommen werden kann. Diese Geräte sind kompliziert und wenig im Gebrauch. Eine einfachere Lösung mittels rotierenden Prismen und ruhendem Sektor hat *Brodhun* angegeben (Abb.). Die von der leuch-

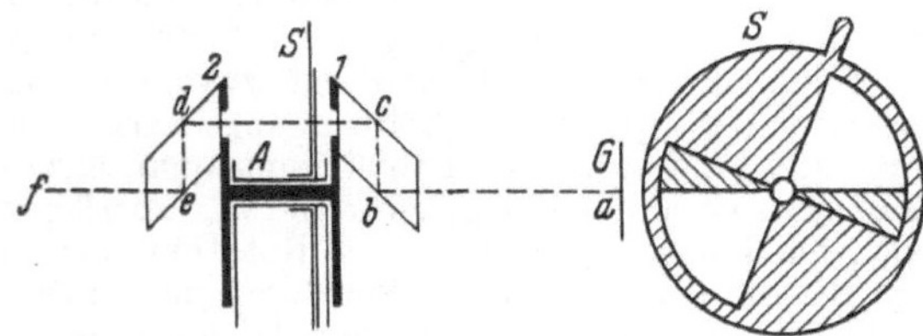

Lichtschwächung durch rotierende Prismen nach *Brodhun*.

tenden Fläche G in Richtung ab ausgehenden Strahlen werden durch ein Fresnelsches Prisma *1* in die zu ab parallele Richtung cd abgelenkt und durch das Prisma *2* in die mit ab zusammenfallende Richtung ef zurückgeführt. Die beiden miteinander fest verbundenen Prismen werden um die in Richtung ab liegende Achse A in Rotation versetzt, so daß der Lichtstrahl cd mitrotiert. Zwischen den Prismen befindet sich der nichtrotierende verstellbare Sektor S.

Rotor →Rotation (mathematisch).

Rotschwäche →Anomalien des Farbensinns.

Rotverschiebung, die Verschiebung von Spektrallinien nach längeren Wellen, also nach Rot. Sie kann verursacht werden 1. durch →*Doppler-Effekt* (→Radialgeschwindigkeiten der Sterne, →Rotverschiebung in den Nebelspektren), 2. durch ein starkes *Gravitationsfeld* am Ort der Lichtemission (→Rotverschiebung im Schwerefeld).

Rotverschiebung in den Nebelspektren. Die Erforschung der →außergalaktischen Nebel bekam ihren eigentlichen Anstoß durch *de Sitters* aus der allgemeinen Relativitätstheorie gezogenen Schluß, daß das Weltall nicht statisch sein könne, sondern sich mit seinem gesamten Inhalt entweder ständig ausdehnen oder zusammenziehen müsse (→Expansion des Weltalls, →Weltmodelle),

was sich in einem proportional der Entfernung zunehmenden Doppler-Effekt an den Spektrallinien der Nebel — einer Rot- oder einer Violettverschiebung $\Delta\lambda/\lambda = v/c$ — bemerkbar mache (λ Wellenlänge der „ruhenden" Linie, $\Delta\lambda$ Wellenlängenänderung durch Doppler-Effekt, v Nebelgeschwindigkeit, c Lichtgeschwindigkeit). Die Nachprüfung dieser Voraussage führte tatsächlich zur Entdeckung einer der Entfernung proportionalen Rotverschiebung der Spektrallinien durch *Humason* und *Hubble* (Abb.), und zwar ist $\Delta\lambda/\lambda = \alpha r/c_0$ (α Expansionskonstante, c_0 Vakuumlichtgeschwindigkeit, r Nebelentfernung, $|\alpha/c_0| \approx 6 . 10^{-10}$, wenn c_0 in km s^{-1} und r in lj gemessen wird). Dies kann als ein allgemeines Auseinanderstreben aller Nebel mit einer ihren gegenseitigen Abständen proportionalen Geschwindigkeit im Sinne einer Expansion des Weltalls gedeutet werden. Die Zunahme der Fluchtgeschwindigkeit je 10^6 Lichtjahre Entfernung beträgt rund 180 km s^{-1}. Die größte Fluchtgeschwindigkeit von mehr als $4 \cdot 10^4$ km s^{-1} wurde bisher an einem ganz schwachen Nebel 18. Größe im Nebelhaufen Ursa Major II beobachtet.

Die Deutung der Rotverschiebung als Doppler-Effekt wird z. Zt. im allgemeinen als die überwiegend wahrscheinliche angesehen, da andern-

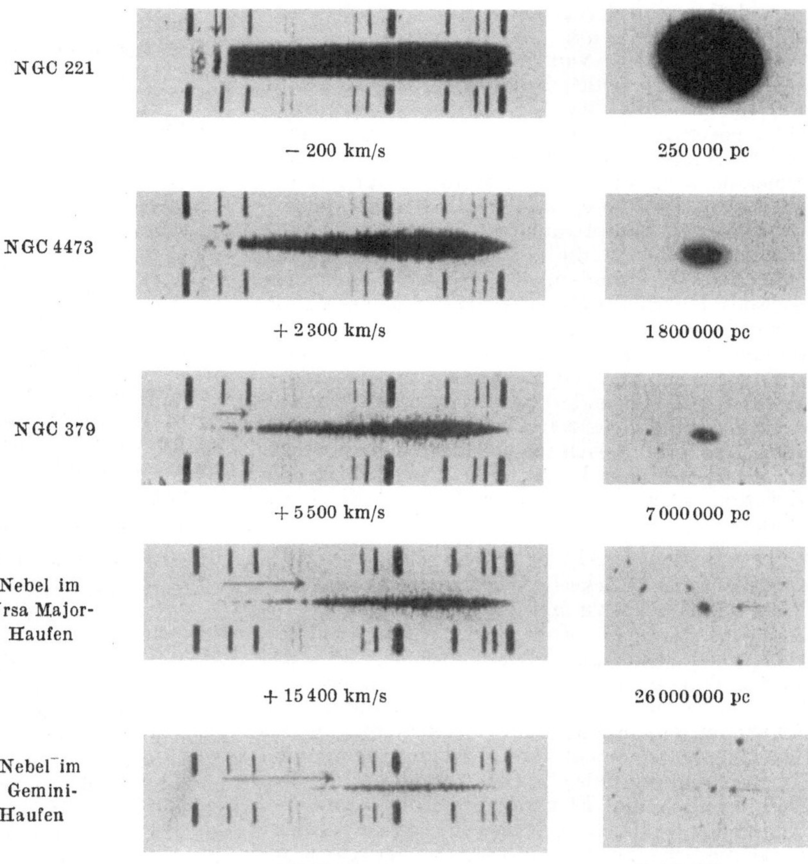

Spektren von außergalaktischen Nebeln, nach zunehmender Rotverschiebung geordnet (Länge der Originale etwa 2,5 mm). Die Pfeile weisen auf die H- und K-Linie des Kalziums hin und zeigen den Betrag an, um den diese nach Rot verschoben sind. Vergleichsspektrum: Helium. Die Bilder rechts sind unmittelbare Aufnahmen der betreffenden Nebel (Maßstab und Belichtungszeit für alle ungefähr gleich). Nach *M. L. Humason*.

falls ein völlig neues physikalisches Phänomen vorliegen würde, zu dessen Annahme sonst kein Grund besteht. Eine grundsätzliche, aber mit den bisher verfügbaren Beobachtungsmitteln noch nicht durchführbar gewesene Entscheidung der Frage, ob es sich wirklich um einen echten, also auf einer Bewegung beruhenden Doppler-Effekt handelt, ergibt sich aus folgender Überlegung (*Hubble*). Man denke sich zwei völlig gleiche Nebel in gleicher Entfernung, von denen der eine relativ zu uns ruht, der andere sich mit der Geschwindigkeit v von uns weg bewegt. Dann wird uns der letztere trotz tatsächlich gleicher absoluter Helligkeit aus zwei Gründen weniger hell erscheinen. Erstens verteilen sich bei ihm die Lichtquanten über eine längere Strecke, kommen also in kleinerer Anzahl je s beim Beobachter an (*Anzahl-* oder *Verdünnungseffekt*). Zweitens bewirkt auch der Doppler-Effekt infolge der mit der Frequenzverkleinerung verknüpften Energieverminderung der Lichtquanten $h\nu$ eine Abnahme der Helligkeit (*Energieeffekt*). Die Berechnung ergibt, daß die scheinbare Größenklasse des bewegten Nebels durch beide Effekte (unter Vernachlässigung einer durch die Umstände der Beobachtung bedingten Korrektur) um gleich große Beträge $\Delta\lambda/\lambda$ verkleinert wird. Ist nun dementsprechend die Abnahme der auf die Entfernungseinheit reduzierten scheinbaren Helligkeit der Nebel mit der Entfernung zur Hälfte ein Verdünnungseffekt, zur anderen Hälfte ein Energieeffekt, so muß sich das unter der plausiblen Annahme einer räumlich durchschnittlich gleichen Verteilung der Nebel durch statistische Untersuchung ihrer scheinbaren räumlichen Verteilung nachweisen lassen. Ist nämlich die Rotverschiebung ein echter Doppler-Effekt, so muß die auf die Flächeneinheit der Sphäre entfallende Zahl der Nebel mit der Entfernung langsamer zunehmen, als wenn sie es nicht ist. Doch ist es dafür nötig, daß man sich der Grenze $v \to c$ noch mehr nähert, als es bisher möglich war ($v/c \approx 0{,}25$).

An anderen Deutungsmöglichkeiten ist u. a. die (auch von *Hubble* vertretene) Annahme zu erwähnen, daß die Lichtquanten auf ihrem Wege zum Beobachter „altern", d. h. daß ihre Energie $h\nu$ im Laufe der Zeit abnimmt.

So einfach es im Prinzip zu sein scheint, durch Beobachtung zu entscheiden, wie die Rotverschiebung zu deuten ist, so schwer ist es bei den heutigen Beobachtungsmöglichkeiten in der Praxis. Ganz abgesehen davon, daß noch einer etwaigen „Raumkrümmung" Rechnung getragen werden muß, weiß man auch, daß kleine systematische Fehler in der Skala der scheinbaren Nebelhelligkeiten, die heute noch möglich sind, die Schlußfolgerungen in das Gegenteil verkehren können. Wir sind noch immer nicht weit genug in den Weltraum vorgestoßen. Doch hofft man, mit dem neuen 5 m-Spiegel des Mt. Palomar-Observatoriums, mit dem man bis in eine Entfernung von etwa 10^9 Lichtjahren vorzustoßen erwarten kann, auch das Problem der Rotverschiebung lösen zu können.

Hubble, E.: Das Reich d. Nebel. Braunschweig 1938. — *Vogt, H.*: Die Spiralnebel. Heidelberg 1946.

Rotverschiebung im Schwerefeld. Nach den Ergebnissen der allgemeinen Relativitätstheorie zeigt eine Spektrallinie, welche auf der Sonne oder einem ähnlich großen Körper emittiert wird, eine kleinere Schwingungszahl, als wenn sie auf der Erde entsteht. Ist r der Abstand vom Mittelpunkt des anziehenden Körpers (z. B. der Sonne), so ist die relative Frequenzänderung nach Rot gegeben durch die Formel $\Delta\nu/\nu = -\beta/r$, wo $\beta = fM/c_0^2$ (f Gravitationskonstante, M Masse des anziehenden Körpers, c_0 Vakuumlichtgeschwindigkeit). Die Rotverschiebung ist im allgemeinen sehr gering. Für ein an der Oberfläche der Sonne strahlendes Atom ist $\Delta\nu/\nu$ von der Größenordnung 10^{-6}. Experimentell bestätigt ist die Rotverschiebung im Spektrum des Sirius B und anderer Weißer Zwerge und der Supernova von 1937.

Rousseau-Diagramm. Die gemessenen Lichtstärken J werden in rechtwinkligen Koordinaten aufgetragen (Abb.), wobei die Abszisse im cos des Ausstrahlungswinkels α, die Ordinate linear im Lichtstärkenmaßstab a in cm/cd geteilt wird. Die Teilung der Abszissenachse erfolgt, indem man entweder unter Zugrundelegung eines Maßstabes r in cm die Strecke $r\cos\alpha$ direkt aufträgt, oder so, daß man die Halbmesser des Polardiagramms, auf

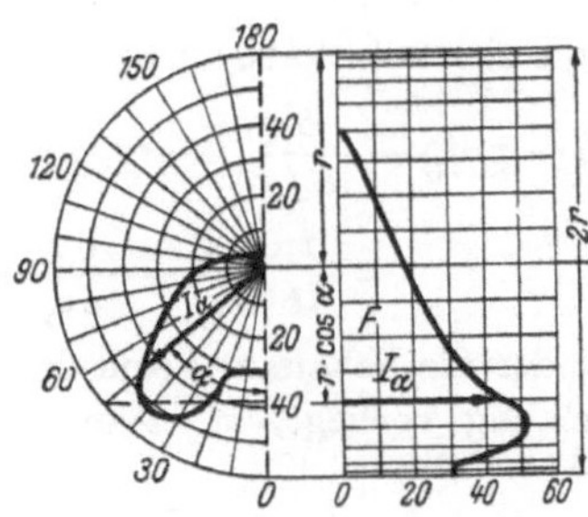

Rousseau-Diagramm.

denen die gemessenen Lichtstärkewerte liegen, bis zum Schnittpunkt mit einem Hilfskreis um den Nullpunkt des Polardiagramms (Halbmesser r) verlängert und die Schnittpunkte auf eine als Abszisse dienende Parallele zur Nullachse des Polardiagramms projiziert. Die Fläche F in cm² zwischen Abszisse ($2r$), der Verbindungslinie aller Lichtstärkewerte (Ordinaten) und beiden Endordinaten ist ein Maß für den Lichtstrom Φ gemäß $\Phi = \dfrac{F}{2ar}\,4\pi$.

Routhsche Funktion. Tritt in der →Lagrange-Funktion $L(\dot{q}_k, q_k)$ ($k = 1, 2, \ldots, f$) eines Systems eine →generalisierte Koordinate, die etwa mit q_i benannt werde, *nicht* auf (q_i heißt dann →zyklische Koordinate), so folgt aus der für sie gültigen Lagrange-Gleichung

$$\frac{d}{dt}\frac{\partial L}{\partial \dot{q}_i} - \frac{\partial L}{\partial q_i} = \frac{d}{dt}\frac{\partial L}{\partial \dot{q}_i} = 0, \qquad (1)$$

daß

$$\frac{\partial L}{\partial \dot{q}_i} = p_i = \text{const} \qquad (2)$$

sein muß. Durch die Beziehung (2) wird die generalisierte Geschwindigkeit $\dot{q}_i$ mit allen anderen $\dot{q}_k$ und q_k ($k \neq i$) in bestimmter Weise verknüpft, und es kann nach $\dot{q}_i$ in der Form

$$\dot{q}_i = \dot{q}_i(\dot{q}_1 \cdots \dot{q}_{i-1}, \dot{q}_{i+1} \cdots \dot{q}_f, q_1 \cdots \qquad (3)$$
$$\cdots q_{i-1}, q_{i+1} \cdots q_f)$$

aufgelöst werden.

Man könnte nun glauben, daß man, indem $\dot{q}_i$ in L eingesetzt wird, eine neue, $\dot{q}_i$ nun *nicht* mehr enthaltende Lagrange-Funktion $\bar{L}$ erhält, aus der sich weitere Lagrangesche Gleichungen für die anderen Koordinaten q_k $(k \neq i)$ nach dem bekannten Formalismus aufstellen lassen. Diese Annahme ist aber ein Irrtum, wie nachstehende Betrachtung zeigt. Bildet man nämlich

$$\frac{\partial \bar{L}}{\partial \dot{q}_k} = \frac{\partial L}{\partial \dot{q}_k} + \frac{\partial L}{\partial \dot{q}_i}\frac{\partial \dot{q}_i}{\partial \dot{q}_k} \qquad (4)$$

$$\frac{\partial \bar{L}}{\partial q_k} = \frac{\partial L}{\partial q_k} + \frac{\partial L}{\partial \dot{q}_i}\frac{\partial \dot{q}_i}{\partial q_k}, \qquad (5)$$

so folgt daraus unter Beachtung von (2) und wegen der Gültigkeit der Lagrange-Gleichung für die Koordinate q_k:

$$\frac{d}{dt}\frac{\partial \bar{L}}{\partial \dot{q}_k} - \frac{\partial \bar{L}}{\partial q_k} = p_i\left(\frac{d}{dt}\frac{\partial \dot{q}_i}{\partial \dot{q}_k} - \frac{\partial \dot{q}_i}{\partial q_k}\right) \qquad (6)$$

$$\text{also} \neq 0.$$

Es ergibt sich aber sofort aus dieser Beziehung, daß

$$\frac{d}{dt}\frac{\partial}{\partial \dot{q}_k}(\bar{L} - p_i\dot{q}_i) - \frac{\partial}{\partial q_k}(\bar{L} - p_i\dot{q}_i)$$
$$= \frac{d}{dt}\frac{\partial R}{\partial \dot{q}_k} - \frac{\partial R}{\partial q_k} = 0 \qquad (7)$$

ist, also wieder die bekannte Form der Lagrangeschen Gleichung vorliegt, wenn an Stelle von $\bar{L}$ jetzt der Ausdruck

$$(\pm) R = \bar{L} - p_i\dot{q}_i = \bar{L} - \dot{q}_i\frac{\partial L}{\partial \dot{q}_i} \qquad (8)$$

gesetzt wird. Diese Funktion heißt die (zu L gehörige) *Routhsche Funktion*. Ihre Definition ist insofern nicht ganz eindeutig, als manchmal die rechte Seite von (8) mit positiven, gelegentlich auch mit negativen Vorzeichen gleich R gesetzt wird. Tritt nicht nur *eine* zyklische Koordinate auf, sondern sind ihrer mehrere vorhanden, etwa v: $q_{i_1}, q_{i_2}, \ldots, q_{i_r}$, so ist allgemeiner für

$$(\pm) R = L - \sum_{\varkappa=1}^{r} p_\varkappa \dot{q}_\varkappa \qquad (9)$$

zu setzen.

Beispiel: Bei der Bewegung eines Massenpunktes m in einem Zentralfeld (Kepler-Problem) ist, wenn Polarkoordinaten r und φ verwendet werden und der Nullpunkt des Bezugssystems in das (anziehende oder abstoßende) Kraftzentrum gelegt wird, die kinetische Energie von m durch

$$T = \frac{m}{2}(\dot{r}^2 + r^2\dot{\varphi}^2) \qquad (10)$$

gegeben, während die (anziehende oder abstoßende) Kraft $\Re = \Re(r)$ nur eine radiale Komponente K_r hat. Es existiert also ein zugehöriges Potential $V = V(r)$. Damit wird

$$L = \frac{m}{2}(\dot{r}^2 + r^2\dot{\varphi}^2) - V(r), \qquad (11)$$

woraus ersichtlich ist, daß φ zyklische Koordinate ist, also

$$\frac{\partial L}{\partial \dot{\varphi}} = mr^2\dot{\varphi} = p_\varphi = \text{const.} \qquad (12)$$

Um die „radiale" Bewegungsgleichung, d. h. die Differentialgleichung für $r(t)$ zu finden, hat man

nach vorstehender Bemerkung die Routh-Funktion

$$(\pm) R = L - \dot{\varphi}\frac{\partial L}{\partial \dot{\varphi}} \qquad (13)$$

zu bilden, indem man das aus (12) folgende

$$\dot{\varphi} = \frac{p_\varphi}{mr^2} \qquad (14)$$

in (13) einsetzt, woraus für

$$R = \frac{m}{2}\left(\dot{r}^2 + \frac{p_\varphi^2}{m^2r^2}\right) - V(r) - \frac{p_\varphi^2}{mr^2} \qquad (15)$$

$$= \frac{m}{2}\left(\dot{r}^2 - \frac{p_\varphi^2}{m^2 r^2}\right) - V(r) \qquad (16)$$

folgt. Demnach lautet die für r gültige Differentialgleichung

$$\frac{d}{dt}\frac{\partial R}{\partial \dot{r}} - \frac{\partial R}{\partial r} = m\left(\ddot{r} - \frac{p_\varphi^2}{m^2r^3}\right) + \frac{\partial V}{\partial r} = 0, \quad (17)$$

und das ist die aus der elementaren Behandlung der Bewegung eines Massenpunktes in einem Zentralfeld bekannte Gleichung für $r(t)$. →Routhsche Gleichungen.

Pöschl, T.: Analyt. Mechanik, Karlsruhe, 1949.

Routhsche Gleichungen, eine besondere Form von Bewegungsgleichungen, die „zwischen" denen von *Lagrange* und von *Hamilton* stehen und bei Spezialisierung in die einen oder die anderen übergehen. Sie werden zur Behandlung komplizierter dynamischer Probleme (Körperketten usw.) verwendet. Zu ihrer Herleitung werde ein mechanisches System von f Freiheitsgraden betrachtet. Ein Teil von ihnen, etwa m, möge (wie bei *Lagrange*) durch generalisierte Lage- und Geschwindigkeitskoordinaten $q_i, \dot{q}_i$ $(i = 1, 2, \ldots, m)$, die übrigen $n = f - m$ (wie bei *Hamilton*) durch Lage- und Impulskoordinaten q_k, p_k $(k = m + 1, m + 2, \ldots, f - 1, f)$ beschrieben werden. Entsprechend der Lagrangeschen bzw. Hamiltonschen Funktion L bzw. H wird nun eine Routhsche Funktion der obigen Koordinaten folgendermaßen

definiert: $R(q_i, \dot{q}_i, p_k, t) = \sum\limits_{k=m+1}^{f} p_k\dot{q}_k - L(q_i,\dot{q}_i, t)$
$= H(q_i, p_i, t) - \sum\limits_{i=1}^{m} p_i\dot{q}_i$ mit $(j = 1, 2, \ldots, f)$. Der Allgemeinheit halber sind L, H und damit auch R als zeitabhängig angenommen. Aus

$$dR = \sum_j \frac{\partial R}{\partial q_j}dq_j + \sum_{i=1}^{m}\frac{\partial R}{\partial \dot{q}_i}d\dot{q}_i + \sum_{k=m+1}^{f}\frac{\partial R}{\partial p_k}dp_k +$$
$$+ \frac{\partial R}{\partial t} = \sum_{k=m+1}^{f}\dot{q}_k\,dp_k + \sum_{k=m+1}^{f} p_k\,d\dot{q}_k - dL$$

findet man, da

$$dL = \sum_{j=1}^{f}\dot{p}_j\,dq_j + \sum_{i=1}^{m} p_i\,d\dot{q}_i + \sum_{k=m+1}^{f} p_k\,dq_k + \frac{\partial L}{\partial t}\,dt,$$

durch Einsetzen dieses Ausdruckes

$$dR = \sum_{k=m+1}^{f}\dot{q}_k\,dp_k - \sum_{i=1}^{m} p_i\,d\dot{q}_i - \sum_{j=1}^{f}\dot{p}_j\,dq_j - \frac{\partial L}{\partial t}\,dt$$

und durch Vergleich der beiden Seiten einmal $\dfrac{\partial R}{\partial t} = -\dfrac{\partial L}{\partial t}$ und andererseits die Routhschen Gleichungen

$$\dot{p}_i = -\frac{\partial R}{\partial q_i}, \qquad p_i = -\frac{\partial R}{\partial \dot{q}_i} \; (i = 1, 2, \ldots, m)$$

und

$$\dot{p}_k = -\frac{\partial R}{\partial q_k}, \qquad \dot{q}_k = \frac{\partial R}{\partial p_k}$$

$$(k = m + 1, m + 2, \ldots, f - 1, f).$$

Die m ersten von ihnen können geschrieben werden $\dfrac{d}{dt}\dfrac{\partial R}{\partial \dot{q}_i} - \dfrac{\partial R}{\partial q_i} = 0\ (i = 1, 2, \ldots, m)$, sind also vom „Lagrangeschen Typ" mit $L = -R$. Die übrigen sind vom „Hamiltonschen Typ", wobei die Hamiltonsche Funktion durch die Routhsche ersetzt ist.

Routh, E. J.: On the Stability of a given State of Motion. London 1876. Dynamik I. Leipzig 1898. Handb. d. Physik V. Berlin 1927.

Routhsches Kriterium, eine Aussage, nach der sich die (dynamische) Stabilität einer stationären Bewegung wie folgt ermitteln läßt: Man bilde den Ausdruck für die gesamte Energie E als Summe von kinetischer und potentieller Energie als Funktion der Geschwindigkeiten $\dot{q}_k$ und Lagekoordinaten q_k, also $E = T(\dot{q}_k) + V(q_k)$. In T drücke man alle diejenigen Geschwindigkeiten $\dot{q}_j$, die zu →zyklischen Koordinaten q_j gehören [d. s. solche, die in dem Ausdruck $E = E(\dot{q}_k, q_k)$ nicht explizit auftreten], durch die den einzelnen q_j entsprechenden Integrale aus und setze alle Geschwindigkeiten $\dot{q}_k$ nichtzyklischer Koordinaten gleich Null. Je nachdem, ob der dann verbleibende Ausdruck für E als Funktion seiner Koordinaten ein Maximum, Minimum oder Sattelwert ist, liegt eine labile, stabile oder indifferente Bewegung vor.

Beispiel: Man untersuche, für welchen Exponenten n in dem durch $\mathfrak{K} = -\mathrm{const}\, r^n\, r^0$ (const>0) festgelegten zentralen Kraftfeld für einen Massenpunkt m eine stabile gleichförmige Kreisbewegung möglich ist. — Lösung: Bei Einführung von Polarkoordinaten r, φ mit dem Anziehungszentrum als Mittelpunkt, wird

$$T = \frac{m}{2}\, v^2 = \frac{m}{2}\,(\dot{r}^2 + r^2\,\dot{\varphi}^2), \qquad (1)$$

$$V = -\int \mathfrak{K}\, d\mathfrak{s} = \mathrm{const}\,\frac{r^{n+1}}{n+1}, \qquad (2)$$

also $\quad E = \dfrac{m}{2}\,(\dot{r}^2 + r^2\,\dot{\varphi}^2) + \mathrm{const}\,\dfrac{r^{n+1}}{n+1}, \qquad (3)$

d. h. es ist (wie bei jeder Zentralbewegung) φ zyklische Koordinate.

Das ihr entsprechende Integral heißt

$$r^2\,\dot{\varphi}^2 = C\left(= \frac{p_\varphi}{m} = \mathrm{const}\right) \qquad (4)$$

(→Flächensatz), woraus

$$\dot{\varphi} = \frac{C}{r^2} \qquad (5)$$

folgt. Geht man damit in E ein und setzt gemäß dem Kriterium $\dot{r} = 0$, so verbleibt

$$E_{\dot{r}=0} = \varepsilon(r) = \frac{m}{2}\cdot\frac{C^2}{r^2} + \mathrm{const}\,\frac{r^{n+1}}{n+1}, \qquad (6)$$

d. h. ε ist nur noch Funktion von r. Ein Extremwert liegt vor, wenn

$$\frac{\partial \varepsilon}{\partial r} = -m\,C^2\cdot\frac{1}{r^3} + \mathrm{const}\,r^n = 0 \qquad (7)$$

ist. Die Art des Extremums ergibt sich aus

$$\frac{\partial^2 \varepsilon}{\partial^2 r} = 3\,m\,C^2\,\frac{1}{r^4} + n\cdot\mathrm{const}\,r^{n-1}. \qquad (8)$$

Soll die geforderte stabile Bewegung eintreten, so muß $\varepsilon(r)$ ein Minimum, d. h. (8) >0 sein, oder, indem (8) mit (7) kombiniert wird, $\mathrm{const}(3 + n)r^{n-1} > 0$. Da voraussetzungsgemäß const > 0 war, muß $n + 3 > 0$ oder $n > -3$ sein, d. h. aber, daß eine gleichförmige Kreisbewegung unter dem Einfluß eines zentralen (Anziehungs-)Kraftfeldes $|\mathfrak{K}| \sim r^n$ nur für $n > -3$ stabil ist. Beispiel: Das Gravitationsfeld der Sonne, für das $n = -2$ ist.

Rowland-Effekt. *H. A. Rowland* (1876) ließ die kreisförmige Scheibe eines geladenen Kondensators rotieren und beobachtete die Ablenkung einer in der Nähe befindlichen Magnetnadel. Die bewegten Ladungen bilden einen →Konvektionsstrom, der dieselbe Wirkung hat wie ein Leitungsstrom, welcher in der Zeiteinheit die gleiche Elektrizitätsmenge befördert. Die erzeugte Oberflächenstromdichte ist beim Rowland-Effekt

$$\mathfrak{RD} = \mathfrak{v}\,|\mathfrak{D}|.$$

Der Gesamtstrom ergibt sich durch Integration über alle Radien.

Sommerfeld, A.: Vorl. über theoret. Physik III. Leipzig 1949. — *Mie, G.* Lehrb. d. Elektrizität u. d. Magnetismus. Stuttgart 1948. — *Pohl, R. W.:* Elektrizitätslehre. Berlin 1948.

Rowlandsche Gitteraufstellung (*Rowland-Kreis*), ein →Konkavgitterspektrograph (Abb.). Auf zwei zueinander senkrechten Schienenbahnen *I* und *II* bewegen sich zwei Wagen, die durch eine Führungsschiene der Länge R (Krümmungsradius des Gitters) miteinander gekoppelt sind. Auf dem Wagen *1* steht das Gitter G, auf dem Wagen *2* die gebogene photographische Platte Pl (Krümmungsradius $R/2$). Der Spalt Sp steht am Schnittpunkt der beiden Schienenwege. Je größer der

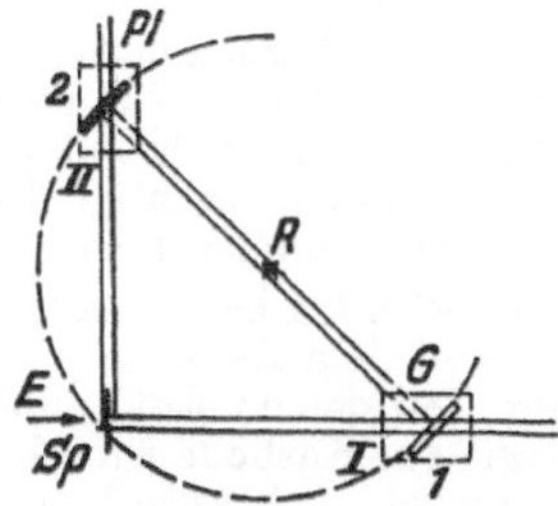

Rowlandsche Gitteraufstellung.
I, II zwei zueinander senkrechte Laufschienen, *1, 2* zwei verschiebbare Rollwagen, G Konkavgitter, Sp Spalt, Pl Photographische Platte, R Führungsschiene, E Einfallsrichtung der zu untersuchenden Strahlung.

Einfallswinkel gewählt wird (Verschiebung von G gegen Sp hin), um so höhere Ordnungen fallen auf die Platte.

Handb. d. Physik XVIII. Berlin 1929.

Rowlandsches Wellenlängensystem →Ångström-Einheit.

RR Lyrae-Sterne, benannt nach einem ihrer Vertreter, sind periodische →Veränderliche mit einer Lichtwechselperiode unter einem Tag. Sie zeigen eine gewisse Verwandtschaft mit den →δ Cephei-Veränderlichen, und man nimmt auch von ihnen an, daß sie pulsieren. Ihre mittlere absolute Helligkeit hängt aber im Gegensatz zu der der δ Cephei-Veränderlichen nicht von der Helligkeitsperiode ab, sondern hat einen festen Wert (ungefähr 0. Größe). Sie werden auch als Cluster-

Typus-Veränderliche bezeichnet, weil sie besonders häufig in →Kugelsternhaufen auftreten. Es kommen aber auch sonst RR Lyrae-Sterne vor. Sie besitzen im allgemeinen große Geschwindigkeiten und sind weit über den Himmel verstreut, während die typischen δ Cephei-Veränderlichen (mit Perioden länger als ein Tag) kleine Geschwindigkeiten zeigen und stark gegen die Ebene der Milchstraße hin konzentriert sind.

Rubidium. Das natürliche Alkalielement Rb besteht aus den Isotopen $^{85}_{37}$Rb (72,8%) und $^{87}_{37}$Rb (27,2%). Letzteres ist instabil und verwandelt sich mit einer Halbwertzeit von $69 \cdot 10^9$ Jahren unter Aussendung von β^--Strahlen mit einer Maximalenergie von 0,132 MeV in das stabile Strontiumisotop $^{87}_{38}$Sr. Hierauf gründet sich die Strontiummethode zur →geologischen Altersbestimmung.

Rubin, kristallisiertes Aluminiumoxyd, Al_2O_3, durch isomorph eingelagertes Chromoxyd rot gefärbt; physikalisch besonders interessant wegen seiner tiefroten Fluoreszenz bei Bestrahlung mit kurzwelligem Licht. Diese wird durch das Chromion hervorgerufen, welches weitgehend störungsfrei eingelagert ist. Das Fluoreszenzspektrum besteht aus zwei sehr intensiven, scharfen Linien und einer Reihe schwächerer Linien, welche durch Überlagerung des Elektronenüberganges mit den Gitterschwingungen zustande kommen. Die Entstehung des Hauptdubletts wird erklärt als Elektronenübergang beim Chromion mit Aufspaltung durch das innere elektrische Feld des Kristalls.

Rubinglas →Gold, kolloidales.

Ruck, die zeitliche Änderung der Beschleunigung $\mathfrak{b}$, also

$$\dot{\mathfrak{z}}(t) = \dot{\mathfrak{b}}(t) = \ddot{\mathfrak{v}}(t) = \dddot{\mathfrak{r}}(t).$$

So ist z. B. bei einer harmonischen Schwingung $x = x_0 \sin \omega t$ der Ruck $\mathfrak{z} = - \omega^3 x_0 \cos \omega t = - \omega^2 v$. Die Bezeichnung „Ruck" rührt daher, daß die Größe $\mathfrak{z}(t)$ eine besonders wichtige Rolle bei der Wirkung *sehr plötzlich* veränderlicher Kräfte spielt.

Rückführung, -wirkung bei Gasentladungen. Bei der →Zündung und dem Brennen einer →Gasentladung wird ein Teil der im Entladungsraum umgesetzten Energie zur Kathode zurückgeführt oder wirkt auf sie zurück und veranlaßt Elektronenauslösung, wodurch stationär brennende Entladungen überhaupt erst ermöglicht werden. Rückwirkende Prozesse sind Elektronenauslösung 1. durch aufprallende, im Kathodenfall beschleunigte Ionen (γ-Effekt), 2. durch im Entladungsraum erzeugte Lichtquanten (lichtelektrische Rückwirkung), 3. durch herandiffundierte metastabile Atome (→Elektronenauslösung aus Grenzflächen). Ferner 4. Aufheizung der Kathode durch Ionenaufprall auf zur Glühelektronenemission ausreichende Temperatur, 5. →Feldemission infolge hoher, durch die positive Raumladung erzeugter Feldstärke vor der Kathode.

Die Rückwirkungskonstante Γ (auch γ) wird definiert als die je einfallendes Ion an der Kathode ausgelöste Zahl von Elektronen, Fall 2 und 3 mit eingerechnet, und ist gleich dem Verhältnis der Elektronen- zur Ionenstromdichte an der Kathode.

Rückführung bei Reglern bewirkt beim Einsetzen des Regelvorganges zwangsläufig eine elastische, der eingeleiteten Bewegungsrichtung des Reglers entgegenwirkende Verstellung des Regelorgans. Dadurch wird vorübergehend die Empfindlichkeit herabgesetzt und das Überregeln und Schwingen des Reglers verhindert. Die elastische Rückführung ermöglicht aber gleichzeitig auch die vollständige Astasierung des Reglers, die man sonst nicht erreichen könnte, da der Regler ohne Rückführung instabil werden würde.

Rückkopplung, bei einer Verstärkeranordnung ganz allgemein die Rückführung eines Teiles der verstärkten Ausgangsleistung in den Eingangskreis. Ist die in den Eingangskreis rückgeführte Spannung (Strom) proportional dem Strom im Ausgangskreis, so spricht man von *Strom*rückkopplung, ist sie proportional der Spannung im Ausgangskreis, von *Spannungs*rückkopplung. Verstärkt die Rückkopplung die Wirkung der Eingangsspannung einer Verstärkeranordnung und vergrößert sie damit den Absolutbetrag der Verstärkung, so spricht man von *positiver* Rückkopplung oder *Mit*kopplung, wirkt sie der Eingangsspannung entgegen, verringert sie also den Absolutbetrag der Verstärkung, von *Gegen*kopplung. Die Änderung des Verstärkungsgrades $\mathfrak{B} = \mathfrak{U}_a/\mathfrak{U}_g$ durch Rückkopplung entspricht dem Faktor $1/(1 - \mathfrak{K}\mathfrak{B})$, wo $\mathfrak{K}$ der Rückkopplungsfaktor ist. Letzterer ist definiert als der negative Wert des Spannungsverhältnisses der rückgeführten Spannung $\mathfrak{U}_k$ zur Ausgangsspannung $\mathfrak{U}_a$, also $\mathfrak{K} = - \mathfrak{U}_k/\mathfrak{U}_a$. Er ist ein dimensionsloser Zeiger, dessen Realteil bei Mitkopplung positiv, bei Gegenkopplung negativ ist. Die Mitkopplung wird zur Selbsterregung und Entdämpfung von Schwingungskreisen, die Gegenkopplung zur Verringerung der Frequenzabhängigkeit und der nichtlinearen Verzerrungen angewendet.

Vilbig, F., u. *J. Zenneck:* Fortschr. d. Hochfrequenztechnik II. Leipzig 1943.

Rückkopplungssender. Bei der →Selbsterregung von Röhrenanordnungen durch positive →Rückkopplung wird meist die Anoden„spannungs"mitkopplung angewandt. Eine derart rückgekoppelte Röhre hat eine →Dynatronkennlinie und wird in Verbindung mit Parallelschwingkreisen zu stabilen Schwingungen erregt. Aus der Selbsterregungsbedingung (*Barkhausen*) $\mathfrak{K}\mathfrak{B} \geqq 1$ und der Beziehung $1/\mathfrak{B} = 1/\mu + 1/(S\mathfrak{R}_a)$ ergibt sich, daß der Rückkopplungsfaktor $\mathfrak{K}$ um so kleiner, die Rückkopplung also um so loser sein kann, je größer die Steilheit S und der Verstärkungsfaktor μ der Röhre und je größer der Außenwiderstand $\mathfrak{R}_a$ ist. Dem Anwachsen der Schwingungsamplituden zu beliebig großen

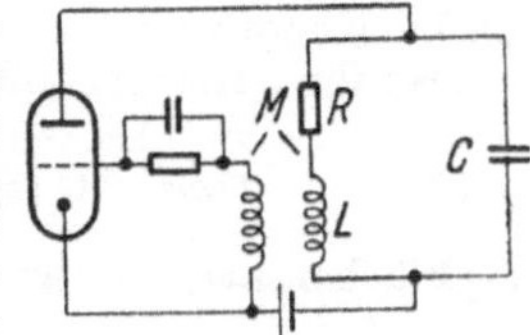

Abb. 1. Induktive Rückkopplungsschaltung mit Amplitudenbegrenzung.

Werten für $\mathfrak{K}\mathfrak{B} > 1$ ist durch die Nichtlinearität der Kennlinienfelder eine Grenze gesetzt. Als Rückkopplungsschaltung ist jede →Dreipunktschaltung anwendbar, wobei Amplitude und Phase der Barkhausen-Bedingung genügen müssen.

Bei einer induktiven Rückkopplungsschaltung (Abb. 1), der ersten von *A. Meißner* stammenden Selbsterregungsanordnung dieser Art, ist die sich erregende Frequenz gegeben durch

$$\omega = \omega_0 \left(1 + \frac{1}{2} \frac{R}{\mathfrak{R}_0} \frac{1}{\frac{M}{L}\mu - 1} \right),$$

wobei $\Re_0 = L/(C\,R_r)$ der Resonanzwiderstand und $\omega_0 = 1/\sqrt{LC}$ die Eigenkreisfrequenz des ungedämpften Kreises ist. Sie ist also stets größer als ω_0 ($\sim 1\%$). Von den Röhrenwerten geht nur der Verstärkungsfaktor ein. Eine Stabilisierung der Amplitude auf einen bestimmten, von Röhrenstreuungen möglichst unabhängigen Wert erzielt man durch Gitterspannungsbegrenzung in der Audionschal-

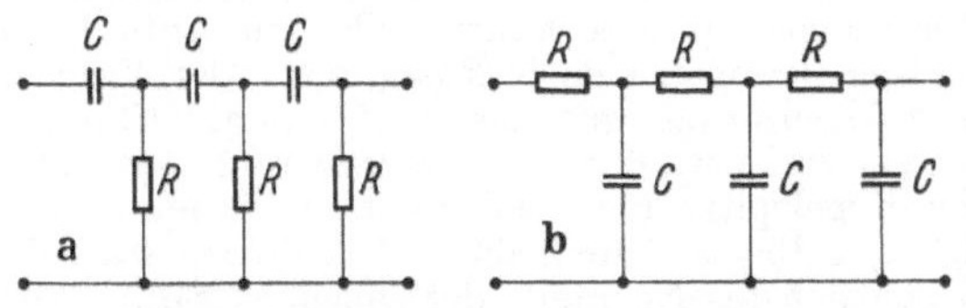

Abb. 2. R-C-Glieder, a) 1. Art, b) 2. Art.

tung. Zur Erzielung hoher Frequenzstabilität sind die Verwendung möglichst schwach gedämpfter Kreise, möglichst lose Kopplung, möglichst kleine Belastung und möglichst konstante Betriebsverhältnisse erforderlich.

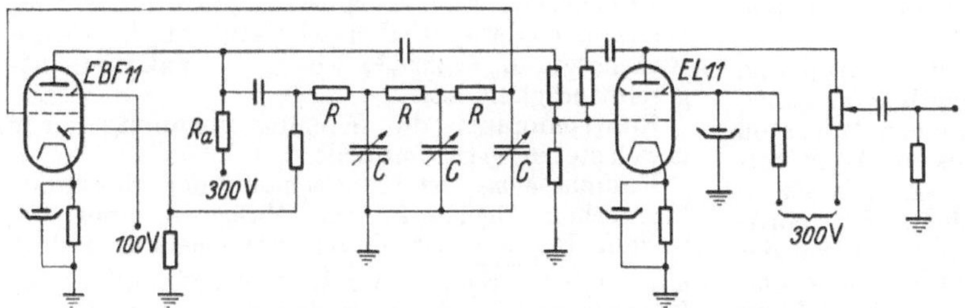

Abb. 3. Schaltbild eines R-C-Generators.

Neben diese Rückkopplungssender mit Schwingkreisen treten in steigendem Maße sog. R-C-Generatoren (Abb. 2, 3), die keine Induktivität, sondern nur Ohmsche Widerstände und Kapazitäten enthalten. Die zur Erfüllung der Barkhausen-Beziehung notwendige Phasendrehung erfolgt durch drei R-C-Glieder. Da bei diesen infolge Fehlens der Schwingkreise Oberwellen voll zur Geltung kommen (die Aussteuerung der Kennlinie also nur im linearen Bereich erfolgen darf), ist zur Erzielung einer sinusförmigen Spannung eine Amplitudenbegrenzung erforderlich.

Die Kreisfrequenz ergibt sich für R-C-Glieder 1. Art (Abb. 2) zu $\omega = \dfrac{1}{\sqrt{6}\,RC}$, für R-C-Glieder 2. Art zu $\omega = \dfrac{\sqrt{6}}{RC}$. Die Verstärkung $\mathfrak{V}$ muß in beiden Fällen $\mathfrak{V} \gtreqless 29$ sein.

Die R-C-Generatoren haben gegenüber anderen entsprechenden Geräten den Vorteil größerer zeitlicher Konstanz und besonders bei niedrigen Frequenzen eines wesentlich geringeren Aufwandes.

Rothe, H., u. *W. Kleen:* Elektronenröhren als Schwingungserzeuger u. Gleichrichter. Leipzig 1941. — *Bucher, K.:* Telegraphen-, Fernsprech-, Funk- und Fernsehtechnik, Bd.31, 1942.

Rückstand, dielektrischer. Legt man an einen Plattenkondensator, dessen Plattenzwischenraum mit einem festen Dielektrikum ausgefüllt ist, eine elektrische Gleichspannung, so fließt ein kurzzeitiger, stoßartiger Ladestrom. Dieser klingt theoretisch nach einem Exponentialgesetz sehr schnell ab: $i_l = (U/R)\exp[-t/(RC)]$. Hierin bedeuten U die Ladespannung, R den Widerstand der Zuleitung von der Stromquelle zum Kondensator, C dessen Kapazität und t die Zeit vom Moment des Anlegens der Spannung an gerechnet. Die Größe $T = 1/(RC)$ heißt die *Zeitkonstante*. Nach Abklingen des Ladestromes fließt ein konstanter Leitungsstrom durch das Dielektrikum infolge seiner endlichen, wenn auch kleinen Leitfähigkeit (Abb., Kurve a). Wird dann der Kondensator über einen Widerstand R entladen, so fließt ein kurzzeitiger, exponentiell abklingender Entladestrom i_e; er wird durch den gleichen Ausdruck wiedergegeben wie i_l, nur hat er das entgegengesetzte Vorzeichen.

Die Erfahrung zeigt aber, daß das exponentielle Abklingen des Lade- und Entladestromes viel langsamer erfolgt als nach der Formel für i_l. Dies bedeutet, daß die wirkliche Zeitkonstante wesentlich größer ist als die theoretische $T = 1/(RC)$ (Kurve b der Abb.).

Die Erklärung für diese Diskrepanz zwischen Theorie und Erfahrung hat *K. W. Wagner* gegeben. Sie rührt von der Ausbildung des „dielektrischen Rückstandes" her: Ein Isolator hat niemals an allen Stellen die gleiche Leitfähigkeit. Vielmehr bestehen örtlich erhebliche Leitfähigkeitsunterschiede. Dies hat zur Folge, daß nach Anlegen einer Spannung an den Kondensator allmählich lokale Anhäufungen von elektrischen Ladungen an den Grenzen zwischen besser und schlechter leitenden Gebieten des Isolators entstehen. Beim Entladen des Kondensators verschwinden diese Rückstandsladungen ebenfalls nur allmählich, sie verursachen also eine *dielektrische Nachwirkung.*

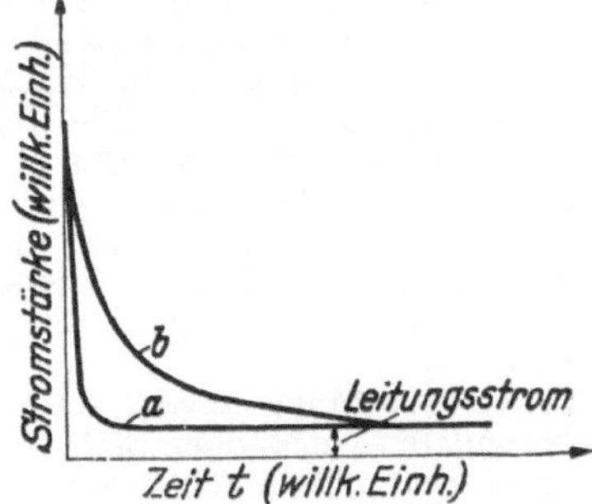

Zum dielektrischen Rückstand; Ladevorgang in einem Kondensator mit Dielektrikum.
a theoretischer Stromverlauf, b Stromverlauf bei Ausbildung des Rückstandes.

Die dielektrischen Rückstände sind auch die Ursache für die dielektrischen →Verluste des Isolators im Wechselstromkreis.

Gemant, A.: Elektrophysik der Isolierstoffe. Berlin 1930.

Rückstellkraft = →Richtkraft.

Rückstoß. Werden zwei anfänglich zusammenhängende und ruhende Körper mit den Massen m_1, m_2 durch eine zwischen ihnen wirkende Kraft auseinandergetrieben, so gilt nach dem Impulssatz für ihre Bewegungsgrößen in jedem Augenblick $m_1\mathfrak{v}_1 + m_2\mathfrak{v}_2 = 0$. Die Geschwindigkeiten $\mathfrak{v}_1$, $\mathfrak{v}_2$ sind also einander entgegengerichtet, und ihre Beträge verhalten sich umgekehrt wie die betreffenden Massen: $v_1/v_2 = m_2/m_1$. Die Körper erfahren also *beide* einen „Rückstoß". Im allgemeinen spricht man von einem solchen aber besonders dann, wenn es sich um die Abschleuderung eines erheblich leichteren Körpers von einem schwereren handelt, und man meint dann damit den dem letzteren erteilten Impuls. Auch bei der Emission eines Lichtquants erfährt das emittierende Atom einen Rückstoß, wobei die Bewegungsgröße des Lichtquants mit $h\nu/c_0$ anzusetzen ist. →Strahlungsrückstoß.

Rückstoßelektronen →Compton-Effekt.

Rückstoßmethode, eine elegante Abtrennmethode radioaktiver Elemente, welche besonders vorteilhaft die Thoriumisotope ThC″ und AcC″ in saubester Weise gewinnen läßt. Sie beruht auf der Ausnutzung des radioaktiven Rückstoßes (→Rückstoßstrahlung). Einer mit →aktivem Niederschlag versehenen Metallplatte wird in kleinem Abstand eine zweite negativ aufgeladene Metallplatte als Auffänger gegenübergestellt. Eine Potentialdifferenz von 100 bis 200 V genügt bei einem Abstand von 1 bis 2 mm. Die →Restatome sind bis auf einen geringen Bruchteil einfach positiv geladen. →Szilard-Chalmers-Verfahren.

Rückstoßstrahlung, allgemein eine Strahlung, die dadurch entsteht, daß ein Atom bei der Emission eines Teilchens oder Quants einen Rückstoß erleidet. — Ein α-Teilchen, welches ein Atom verläßt, wirft letzteres gemäß dem →Impulssatz in entgegengesetzter Richtung zurück. Ein RaA-Atom sendet z. B. α-Strahlen (Masse m_1) von der Geschwindigkeit $v_1 = 1{,}69 \cdot 10^9$ cm s^{-1} aus und wandelt sich gleichzeitig in ein RaB-Atom (Masse m_2) um, das zufolge des Rückstoßes mit der Geschwindigkeit v_2 fortgeschleudert wird. Dann ist:

$$v_2 = v_1\, m_1/m_2 = 1{,}69 \cdot 10^9 \cdot 4/214 = 3{,}16 \cdot 10^7 \text{ cm s}^{-1}$$

(Massenzahl des α-Teilchens 4, des RaB 214.) Die Geschwindigkeit v_2 des Restatoms (RaB) ist groß genug, um auf die photographische Platte einzuwirken und die Luft zu ionisieren. Die Reichweite in Luft ergibt sich zu 0,14 mm. Das Rückstoßatom trägt eine elektrische Ladung. Die Möglichkeit, einzelne Radioelemente mittels dieser Erscheinung in reinem Zustande zu gewinnen, spielt in der Radioaktivität eine wichtige Rolle (→Rückstoßmethode).

Auch bei der Aussendung eines β-Teilchens läßt sich unter besonderen Umständen (hohes Vakuum, Niederschlagen auf einer gekühlten, polierten Oberfläche) das Rückstoßteilchen auffangen.

Beim Polonium beobachtet man noch eine besondere Art des Rückstoßes. Ein in die Nähe von Polonium gebrachter Gegenstand wird nach einiger Zeit radioaktiv. Man bezeichnet diesen Vorgang als *Aggregatrückstoß*. Beim α-Zerfall reißt hier das entstandene RaG-Atom durch Rückstoß auch einzelne noch nicht zerfallene Poloniumatome mit. (→Infektion, radioaktive.)

Dem sehr wichtigen → Szilard-Chalmers-Verfahren zur Anreicherung künstlich radioaktiver Stoffe liegt der (n, γ)-Rückstoß zugrunde.

Rückstrahlaufnahmen. Werden bei der Interferenz von Röntgenstrahlen an einer Kristallplatte oder einer Platte aus einem Kristallaggregat nur solche Interferenzstrahlen auf einer photographischen Schicht aufgenommen, welche die Platte durch dieselbe Oberfläche verlassen, durch die der Primärstrahl in sie einfällt, so spricht man von *Rückstrahlaufnahmen*. Sie werden häufig in der Metallographie angewandt, sowohl bei der Laue- wie bei der Pulvermethode, und haben den Vorteil, Strukturuntersuchungen an großen Metallteilen zu ermöglichen. Als Aufnahmematerial dient meist ein ebener photographischer Film, der sich zwischen der Röntgenröhre und dem Aufnahmeobjekt befindet und zum Durchlaß des Primärstrahls durchbohrt ist. Eine Abart stellen die Aufnahmen in Kegelkammern nach *Regler* dar. Der Film ist hier kegelförmig gebogen, mit einem Öffnungswinkel von etwa 60°. Der Primärstrahl fällt durch die Kegelspitze ein, das Objekt befindet sich in der Kegelbasis. Durch diese Anordnung wird der wesentlichste Nachteil des ebenen Films vermieden, der sehr große Unterschied der Strahlenwege vom Objekt zur photographischen Schicht in Abhängigkeit vom Beugungswinkel.

Ruckstufen →Gleitentladung.

Rückwurfgrad →Reflexionsgrad.

Ruhende Linien →interstellare Absorptionslinien.

Ruhenergie. Eine Korpuskel der Ruhmasse m_0 besitzt nach der speziellen →Relativitätstheorie die Ruhenergie $E_0 = m_0 c_0{}^2$, wo c_0 die Vakuumlichtgeschwindigkeit ist.

Ruhespannung, die Klemmenspannung einer unbelasteten →Stromquelle.

Ruhmasse m_0, ist identisch mit der Masse der klassischen Mechanik. Die Masse m eines bewegten Körpers ist davon verschieden, indem $m = m_0/\sqrt{1 - v^2/c_0{}^2}$, wo v die Geschwindigkeit des Körpers und c_0 die Vakuumlichtgeschwindigkeit ist. Partikeln der Ruhmasse **Null** sind die Lichtquanten und wahrscheinlich auch das Neutrino.

Ruhreibung = Haftreibung; →Coulombsches Reibungsgesetz, →Reibung.

Rührpyrheliometer →Pyrheliometer.

Rumpf des Atoms →Atomrumpf.

Run. Bei Benutzung eines Okularschraubenmikrometers (→Mikrometer) zur Ablesung von Teilungen soll der Abstand zweier Teilstriche der Teilung einer oder einer ganzen Zahl von Umdrehungen der Mikrometerschraube entsprechen. Die möglicherweise bestehende Abweichung wird Run genannt.

Runge-Paschen-Gitteraufstellung, ein →Konkavgitterspektrograph (Abb.). Das Konkavgitter G

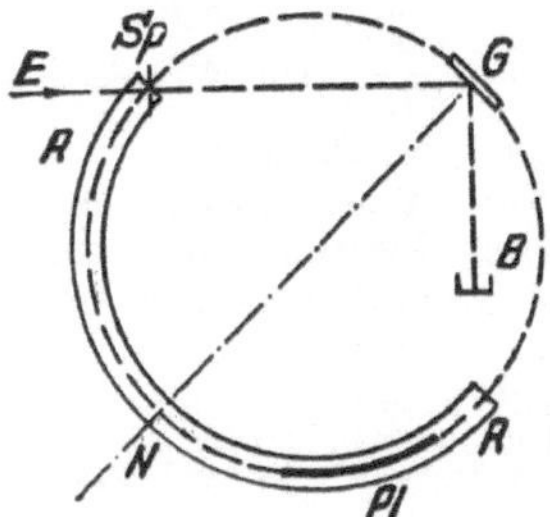

Runge-Paschen-Gitteraufstellung.
RR gemauerter Kreisbogen, G Konkavgitter, Pl photographische Platte, Sp Spalt, B Blende zum Abfangen der 0. Ordnung, E Einfallsrichtung der zu untersuchenden Strahlung.

steht auf einem festen, schweren Sockel, der möglichst keine Verbindung mit den Gebäudefundamenten hat. RR ist ein gemauerter Kreisbogen;

sein mittlerer Radius ist der des Rowland-Kreises (→Rowlandsche Gitteraufstellung). Bei Sp steht der Spalt. Die gebogene Kamera mit den photographischen Platten Pl ist auf RR verschiebbar angeordnet. Die Blende B beseitigt das Spektrum 0. Ordnung. GN ist die Gitternormale. Diese Aufstellung ist die am meisten benutzte. Sie ist sehr stabil, erfordert aber viel Raum. Die zu untersuchende Strahlungsquelle wird stets in einem vom Gitterraum getrennten Zimmer untergebracht, um die Temperaturkonstanz des ersteren zu wahren.

Handb. d. Physik XVIII. Berlin 1929.

Rungesche Regel: Die Aufspaltung der Spektralterme und damit auch der Spektrallinien beim →Zeeman-Effekt ist ein einfaches rationales Vielfaches der Lorentz-Aufspaltung.

Runge-Schumann-Bande →Absorption des Lichtes in der Erdatmosphäre.

Russell-Diagramm = → Hertzsprung-Russell-Diagramm.

Russell-Saunders-Kopplung, ist identisch mit den →„normalen Kopplungsverhältnissen". →Aufbauprinzip, →Hartree-Modell, →Multiplettstruktur im Kern.

Rute, in Deutschland nicht mehr gebräuchliches Längenmaß; englisch →rod.

Rutherford, abgek. rd, Aktivitätseinheit für radioaktive Präparate. Das rd wurde definiert als diejenige Menge einer beliebigen radioaktiven Substanz, welche 10^6 Zerfallsakte/s liefert, und ist in seiner Anwendung nicht, wie das (alte) →Curie (C), auf die Radiumfamilie beschränkt: 1 rd = 10^6 Zerfallsakte/s = 2,72 . 10^{-5} C. Das rd würde die geeignete Einheit für alle mit Zählvorrichtungen durchgeführten Aktivitätsbestimmungen darstellen. 1950 hat die Joint Commission of Standards, Units and Constants of Radioactivity die internationale Einführung des rd abgelehnt und statt dessen ein *neues* Curie (c) als radioaktive Einheit definiert (→Curie, →Nuklid).

Rutherford-Prisma, weitverbreitete falsche Schreibung für das →Ruther*furd*-Prisma.

Rutherfordsches Atommodell →Lenard-Rutherfordsches Atommodell.

Rutherfordsche Streuformel. Für die Streuung von Elektronen an einem Atomkern der Ladung Z gilt für das Verhältnis dQ der Anzahl der je Zeiteinheit um den Winkel ϑ in den Raumwinkel $d\omega$ gestreuten Elektronen zur Anzahl der je Zeiteinheit durch die Flächeneinheit einfallenden Teilchen die Rutherfordsche Streuformel

$$dQ = \frac{e^4 Z^2 d\omega}{64\pi^2 \varepsilon_0^2 E^2 \sin^4 \vartheta/2}$$

mit E als Energie der einfallenden Elektronen. Diese Formel ergibt sich klassisch wie auch quantenmechanisch. Ihre experimentell erwiesene Gültigkeit bis zu ziemlich großen Energien E zeigt, daß der Kern eine Ausdehnung $< 10^{-12}$ cm hat, was zur Aufstellung des Rutherfordschen Atommodells führte.

Rutherfurd-Prisma, ein dreiteiliges Dispersionsprisma; richtiger *Browning-Prisma*, da das eigentliche Rutherford-Prisma ein fünfteiliges Dispersionsprisma ist. Das sog. Rutherfurd-Prisma entsteht durch Anfügen zweier Kronglasprismen

an ein Flintglasprisma (Abb.). In Luft würde das Flintglasprisma für sich allein undurchsichtig sein, weil sein brechender Winkel so groß ist, daß bei der Brechzahl des Flintglases der

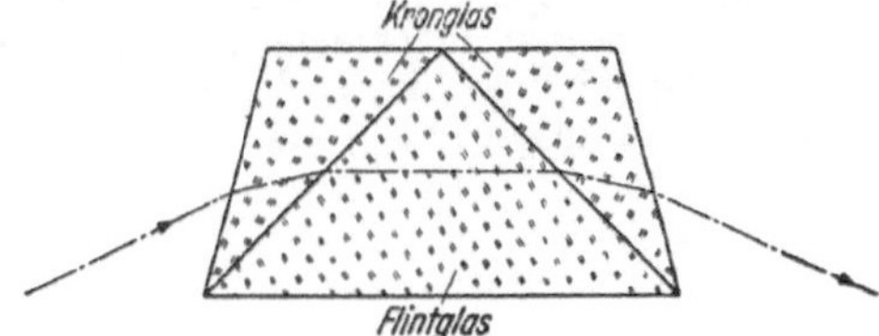

Dreiteiliges, verkittetes Dispersionsprisma (Rutherfurd-Prisma).

durch die erste Fläche eintretende Lichtstrahl infolge Totalreflexion aus der zweiten Fläche nicht austreten könnte. Beim Rutherfurd-Prisma werden die Winkel der Kronglasprismen so gewählt, daß die Gesamtdispersion möglichst groß ist und daß Licht jeder Wellenlänge, durch das dreiteilige Prisma abgelenkt wird, doch an der letzten Fläche in Luft austreten kann. Bei anderer Wahl der Winkel der Kronglasprismen entstehen geradsichtige →Prismen.

Ry, Symbol für das atomphysikalische Energiemaß →Rydberg. *Stille.*

Rydberg, abgek. Ry, in der Atomphysik gebräuchliches Energiemaß. Es ist definiert als die Ionisierungsenergie des leichten Wasserstoffatoms. Diese wird gegeben als das Produkt aus dem Wirkungsquantum h und der mit der Vakuumlichtgeschwindigkeit c_0 multiplizierten →Rydberg-Zahl R_H für leichten Wasserstoff: 1 Ry = $2{,}178_2$. 10^{-18} J$_{abs}$.

Rydberg-Frequenz →Rydberg-Konstante.

Rydberg-Konstante. Die Energie des für die Deutung der Atomspektren wichtigen (nichtrelativistischen) →Balmer-Terms für ein Leuchtelektron der →Hauptquantenzahl n eines Atoms der →Kernladungszahl Z wird durch die Relation $W = hc_0 R_X Z^2/n^2$ gegeben (h Plancksches Wirkungsquantum, c_0 Vakuumlichtgeschwindigkeit). Dabei ist R_X die →Rydberg-Zahl des betreffenden Atomkerns, welche außer von atomaren Konstanten von der Masse des Kerns abhängt. Der obere Grenzwert der Rydberg-Zahlen R_X für die einzelnen Atome X ist die Rydberg-Zahl eines hypothetischen Atoms mit unendlicher Kernmasse entsprechend der Beziehung $R_\infty = R_X(1 + m_0/m_{X^+})$ (m_0 →Elektronenruhmasse, m_{X^+} Masse des einfach ionisierten Atoms X). R_∞ ist die *universelle* Rydberg-Konstante: $R_\infty = m_0 e^4/(8\varepsilon_0^2 c_0^2 h^3)$ (→Atomkonstanten). R_∞ wird aus der Messung der Feinstruktur von Wasserstofflinien und Heliumfunkenlinien unter Auswertung nach der relativistischen Theorie der Feinstruktur mit großer Präzision bestimmt. Die genauesten Messungen führten zu dem Resultat $R_\infty = (109737{,}31 \pm 0{,}07)$ cm^{-1}. Die allgemeine *Rydberg-Frequenz* R'_∞ ergibt sich aus der Beziehung $R'_\infty = c_0 R_\infty$ zu $R'_\infty = (3{,}28981 \pm 0{,}00006) \cdot 10^{15}$ s^{-1}.

Rydberg-Korrektion. Die Terme der Alkalien (→Alkalispektren) lassen sich in der Form $R/(m+p)^2$ (m ganzzahlig) darstellen. Hierbei heißt p die Rydberg-Korrektion. R ist die →*Rydberg-Zahl* des Alkaliatoms.

Rydberg-Zahlen R_X, treten in den Ausdrücken für den →Balmer-Term auf. Die Produkte $R_X Z_X^2/n^2$ stellen die in der energetischen Einheit →Zentimeter^{-1} der Atomphysik zu messenden Termenergien der Atomsysteme X mit *einem* Leuchtelektron dar. Die Rydberg-Zahlen sind aus der →Rydberg-Konstanten zu berechnen, mit der sie durch die Beziehung $R_\infty = R_X(1 + m_0/m_{X^+})$ (m_0 Elektronenruhmasse, m_{X^+} Masse des einfach

ionisierten Atoms X) zusammenhängen. Mit der Protonen-, Deuteronen- und α-Teilchen-Masse ergibt sich aus R_∞ für die Rydberg-Zahlen R_H, R_D und R_{He^+} des leichten und schweren Wasserstoffs und des einfach ionisierten Heliums: $R_H = (109\,677,5_8 \pm 0,1)$ cm^{-1}, $R_D = (109\,707,4_2 \pm 0,1)$ cm^{-1} und $R_{He^+} = 109\,722,2_7 \pm 0,1$ cm^{-1}. R_H, R_D und R_{He^+} wurden auch aus Feinstrukturuntersuchungen bestimmt.

S

s oder **sec**, Symbol für das →Zeitmaß Sekunde.

s, Symbol für die Masseneinheit scruple (→pound).

S, 1. Symbol für die Einheit →Siemens des elektrischen Leitwerts. 2. →S-Terme.

S, Quantenzahl. Der gesamte Spindrehimpuls aller Elektronen eines Atoms wird durch die Quantenzahl S charakterisiert. Da der Spindrehimpuls eindeutig mit der Symmetrie der Ortseigenfunktion (ohne Spin) gegenüber Vertauschung der Elektronen verknüpft ist (→Aufbauprinzip), so kennzeichnet die als *Multiplizität* bezeichnete Zahl $2S + 1$ auch die Darstellung der symmetrischen Gruppe (der Permutationen der Elektronen) durch die Ortsfunktionen.

s^{-1}, Symbol für 1. das Frequenzmaß Sekunde^{-1} = →Hertz, 2. das atomphysikalische Energiemaß →Sekunde^{-1}.

^{0}S, Abkürzung für →Grad Sugar.

Saccharimetrie, die Ermittlung des Zuckergehalts einer Lösung aus der →Drehung der Polarisationsebene. →Polarimeter, →Ventzke-Skala.

Sackur-Tetrode-Konstante →Entropiekonstante.

Sägezahnschwingung →Kippschwingungen.

Sagittaler Bildpunkt, Sagittalschnitt →Abbildungsfehler, →Hauptschnitt.

Sagnac-Versuch. Hatte der Michelson-Versuch die Annahme eines ruhenden Äthers widerlegt, so blieb die Möglichkeit einer Mitnahme des Äthers durch bewegte Körper bei einer Translation. Der Sagnac-Versuch ergibt aber keinerlei Mitnahme des Äthers durch einen rotierenden Körper.

Ein Lichtstrahl wird durch eine Teilungsplatte in zwei Teilstrahlen zerlegt, die in entgegengesetztem Sinn umlaufen (Abb.). Bei einer Rotation

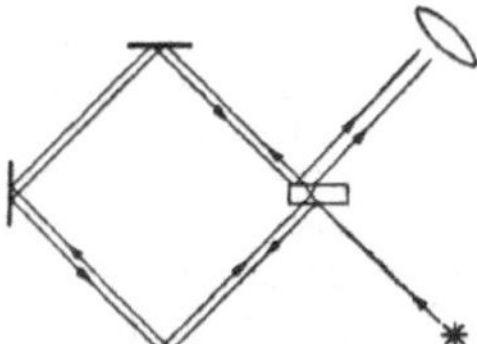

Zum Sagnac-Versuch.

der ganzen Versuchsanordnung sollte im Falle der Mitnahme eine Phasenänderung des Lichts eintreten, die dem Produkt aus der Winkelgeschwindigkeit ω und der umlaufenen Fläche F proportional ist. Der Versuch wurde von *Sagnac* mit einer rasch rotierenden Scheibe von 1 m Durch-

messer, von *Michelson* und *Gale* mit einem mehrere km langen Lichtweg unter Benutzung der Erddrehungskomponente ausgeführt und ergab gerade *den* Effekt, der sich aus der Annahme eines ruhenden Äthers errechnen ließ.

Der Widerspruch, der in einer Mitnahme des Äthers bei Translation und einer Ruhe des Äthers bei Rotation liegt, entzog der Äthervorstellung jede Berechtigung und wurde in der Relativitätstheorie gelöst.

Joos, G.: Lehrb. d. theoret. Physik. Leipzig 1945. — *von Laue, M.:* Relativitätstheorie. Braunschweig 1951.

Sahasche Theorie, Anwendung des →Massenwirkungsgesetzes und der van't Hoffschen Gleichung (→Reaktionsisochore) auf das Ionisierungsgleichgewicht in Sternatmosphären. →thermische Ionisation. Der Gedanke geht auf *J. Eggert* zurück.

Rosseland, S.: Astrophysik auf atomtheoret. Grundlage. Berlin 1931.

Saigerung (Seigerung). Die Zusammensetzung der sich aus einer Legierungsschmelze zuerst ausscheidenden Kristalle weicht in der Regel von der der Schmelze ab. Infolgedessen können sich makroskopische, z. B. durch chemische Analyse nachweisbare Konzentrationsunterschiede zwischen der Schmelze und den zuerst ausgeschiedenen Kristallen, sowie bei fortschreitender Erstarrung zwischen den verschiedenen Teilen eines erstarrten Metallstückes entwickeln, die als Saigerung bezeichnet werden. Wenn ein erheblicher Unterschied zwischen der Dichte der Schmelze und der zuerst ausgeschiedenen Kristalle besteht, besteht die Saigerung in der Anreicherung dieser Kristalle im oberen oder unteren Teil des Metallstücks. Diese Art der Saigerung wird durch schnelles Erstarrenlassen bekämpft. Auf der anderen Seite benutzt man die Erscheinung zur Anreicherung oder Reingewinnung eines Metalles, z. B. bei der Silbergewinnung aus Bleierzen. Ferner →Zustandsdiagramm.

Saint-Venant-Methode, ein Verfahren zur Integration der elastischen Grundgleichungen bei der Behandlung der →Biegung. *Saint-Venant* verwendet funktionentheoretische Hilfsmittel und liefert damit eine strengere Biegungstheorie ohne Anwendung gewisser in der technischen →Biegungslehre üblicher vereinfachender Voraussetzungen und Vernachlässigungen.

Timpe-Love: Lehrb. d. Elastizitätslehre. Leipzig 1907.

Saitengalvanometer →Galvanometer.

Saitenschwingungen. Eine zwischen zwei festen Punkten mit einer Spannung p (Kraft je Querschnittseinheit) ausgespannte, nicht biegungssteife

Saite der Länge l und Dichte ϱ kann freie Eigenschwingungen mit den Frequenzen

$$v_n = \frac{n}{2l} \sqrt{\frac{p}{\varrho}}$$

ausführen (n eine positive ganze Zahl); die Eigenfrequenzen der Saite liegen also harmonisch zueinander. Die Schwingungsform der Saite im Augenblick der größten Auslenkung y wird beschrieben durch die Eigenfunktionen $y = y_0 \sin(n \pi x/l)$ (x ist die Koordinate in Saitenlängsrichtung, y die dazu senkrechte Koordinate); d. h. bei der Grundschwingung ($n = 1$) fallen die Knotenstellen mit den Einspannpunkten zusammen, bei der Oktave ($n = 2$) wird die Saite in zwei gegenphasig schwingende Hälften unterteilt, bei der Duodezime ($n = 3$) in drei Drittel usw. Ganz allgemein treten bei der Oberschwingung n-ter Ordnung $n + 2$ Schwingungsknoten (wenn die Einspannstellen mitgerechnet werden) und $n + 1$ Schwingungsbäuche auf. Ist zur Zeit $t = 0$ eine beliebige Anfangslage $F(x)$ und Anfangsgeschwindigkeit $G(x)$ vorgegeben, dann wird die Saitenschwingung für $t \geqq 0$ dargestellt durch

$$u(x, t) = \sum_{n=1}^{\infty} \sin \frac{n \pi x}{l} \times$$

$$\times \left(A_n \cos \frac{n \pi}{l} \sqrt{\frac{p}{\varrho}}\, t + B_n \sin \frac{n \pi}{l} \sqrt{\frac{p}{\varrho}}\, t \right);$$

die Koeffizienten A_n und B_n sind durch Entwicklung der Funktionen $F(x)$ und $G(x)$ nach den Eigenfunktionen der Saite (→Fourier-Entwicklung) zu gewinnen:

$$A_n = \frac{2}{l} \int_0^l F(x) \sin \frac{n \pi x}{l}\, dx,$$

$$B_n = \frac{2}{l} \int_0^l G(x) \sin \frac{n \pi x}{l}\, dx.$$

Ferner →Musikinstrumente.

Courant, R., u. *D. Hilbert:* Methoden d. mathem. Physik I. Berlin 1931. — *Wagner, K. W.* Einf. in d. Lehre v. d. Schwingungen u. Wellen. Wiesbaden 1947.

Säkulargleichung. In der →Störungstheorie eines n-fach entarteten Eigenwertes tritt die Gleichung

$$\begin{vmatrix} H_{11} - E & H_{12} & \cdots & H_{1n} \\ H_{21} & H_{22} - E & \cdots & H_{2n} \\ \vdots & & & \\ H_{n1} & H_{n2} & \cdots & H_{nn} - E \end{vmatrix} = 0$$

für die Bestimmung der Energiewerte E (in 1. Näherung) auf, in die der n-fach entartete Term aufspaltet. H_{ik} sind die Matrixelemente des Energieoperators H in bezug auf ein System φ_ν von n orthogonal normierten Eigenfunktionen zu dem ungestört entarteten Eigenwert, d. h. $H_{ik} = (\varphi_i, H\varphi_k)$. Die obige Gleichung heißt die Säkulargleichung.

Salinger-Bedingung. Zur spektralen Analyse einer stationären Schwingung mit Hilfe eines kontinuierlich abstimmbaren →Resonators oder nach dem →Suchtonverfahren benötigt man stets eine endliche Zeit, weil die Analyse nur dann fehlerfrei auszuführen ist, wenn hinsichtlich der maximalen Geschwindigkeit der Frequenzänderung dv/dt die von *Salinger* abgeleitete Bedingung $dv/dt < c(\varDelta v)^2$ eingehalten wird. $\varDelta v$ ist die Bandbreite des Filters und c eine von den Genauigkeitsansprüchen und der Art des Filters abhängige Zahlenkonstante.

Samarium, Sm, Element aus der Gruppe der Lanthaniden; Kernladungszahl 62. Das $^{152}_{62}$Sm ist instabil und zerfällt unter Aussendung von α-Strahlen mit einer Energie von 2,4 MeV und einer Halbwertszeit von $320 \cdot 10^9$ Jahren in stabiles $^{148}_{60}$Nd. Es kommt im natürlichen Samarium mit einer Häufigkeit von 27,34% vor.

Sammellinse, eine Linse, die auf ein einfallendes paralleles Lichtbündel →sammelnd wirkt. Sie ist in der Mitte dicker als am Rande.

Sammelnd nennt man lichtbrechende oder spiegelnde Flächen und Linsen, die konvergente →Strahlenbündel stärker konvergent und divergente Strahlenbündel weniger divergent machen. Es ist nicht allgemein zutreffend, daß z. B. →konvexe Linsenflächen gegen Luft stets sammelnd sind; sobald nämlich der Strahlenschnittpunkt zwischen dem Scheitelpunkt und dem Krümmungsmittelpunkt liegt, wirkt die konvexe Fläche nicht sammelnd, sondern →zerstreuend.

Sammelspiegel, *Konkav-* oder *Hohlspiegel* →Spiegel, gewölbte.

Sammler = →Akkumulator.

Sandhose →Trombe.

Sargent-Diagramm. Beim →β-Zerfall wurde von *Sargent* ein Zusammenhang zwischen der Maximalenergie E der austretenden β-Teilchen und der mittleren Zerfallszeit τ des β-labilen Kerns festgestellt, wonach für einzelne Gruppen $1/\tau \sim E^5$ gelten soll, eine Beziehung, die durch die →Fermische Theorie des β-Zerfalls nahegelegt wird. In der Abb. sind künstliche β-Strahler in der Ebene (τ, E) wiedergegeben. Die ein-

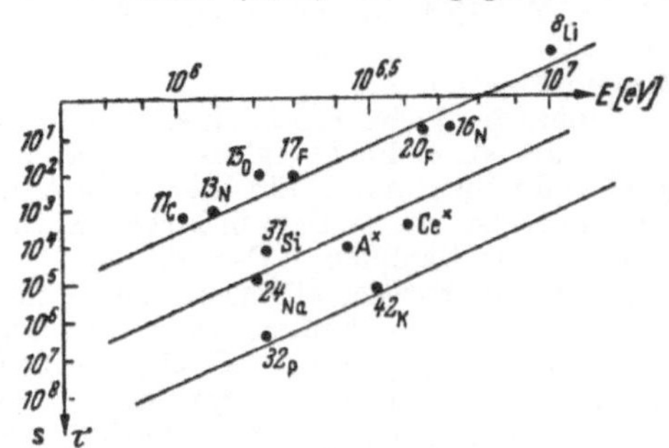

Sargent-Diagramm.
Eingetragen sind die künstlichen β-Strahler nach Zerfallskonstante $1/\tau$ und maximaler Austrittsenergie E. Die einzelnen Punkte liegen im wesentlichen auf 3 Geraden.

zelnen β-Strahler liegen im wesentlichen auf 3 Geraden, die verschiedenen Proportionalitätsfaktoren in der obigen Beziehung entsprechen. Es ist anzunehmen, daß die verschiedenen Geraden verschiedenen Typen von Übergängen entsprechen. Die obere mit kürzester Zerfallszeit entspräche danach der normalen Dipolstrahlung, die mit einer Spinänderung des Kerns um $\varDelta I = 1$ verbunden ist. Die tieferen Übergänge sind die weniger wahrscheinlichen mit Spinänderungen $\varDelta I = 2, 3, \ldots$ und entsprechen Quadrupol- und höheren Multipolstrahlungen. Diese Begriffe beziehen sich natürlich nicht auf elektrische Multipole, sondern auf die Multipole des Elektronenfeldes bzw. des Mesonenfeldes.

Gamow-Critschfield: Theory of Atomic Nucleus and Nuclear Energy-Sources. Oxford 1949.

Sarrussche Regel, gestattet, die 6 Produkte einer gegebenen dreireihigen Determinante aufzuschreiben, ohne vom Laplaceschen Entwicklungssatz

Gebrauch zu machen. Das Bildungsgesetz geht aus folgendem Schema hervor:

$$\begin{vmatrix} a & b & c \\ d & e & f \\ g & h & i \end{vmatrix}\ \begin{matrix} a & b \\ d & e \\ g & h \end{matrix} = \begin{matrix} aei + bfg + cdh \\[4pt] -gec - hfa - idb \end{matrix}$$

Man schreibe die beiden ersten Spalten anschließend an die Determinante und multipliziere die je drei Elemente, welche auf einer unter 45° gegen eine Horizontale geneigten Gerade liegen. Versieht man die Produkte, die sich durch Multiplikation der auf den ausgezogenen (punktierten) Geraden liegen, mit dem positiven (negativen) Vorzeichen, so stellt ihre Summe den Wert der Determinante dar.

Satelliten. Von den Planeten unseres Sonnensystems haben Merkur, Venus und Pluto keine uns bekannten Satelliten (Monde). Dagegen hat nach unserer jetzigen Kenntnis die Erde einen, Mars zwei, Jupiter elf, Saturn neun, Uranus fünf und Neptun zwei Satelliten. Außerdem besitzt der Saturn ein Ringsystem, bestehend aus einer außerordentlich großen Zahl kleiner und kleinster Satelliten, eine Art Planetoidenring in Miniatur. →Sonnensystem, →Mars, →Jupiter, →Saturn, →Uranus, →Neptun, →Erdmond.

Newcomb-Engelmann: Populäre Astronomie. Leipzig 1948.

Satellit, künstlicher. Die schnellen Fortschritte der Raketentechnik machen es für die Zukunft denkbar, einen Körper auf eine Bahn zu bringen, auf der er die Erde als künstlicher Satellit umkreist. →Weltraumforschung.

Sattdampf →Dampf.

Sattelpunktsmethode, eine Methode, um komplizierte Integrationen im komplexen Gebiet näherungsweise durchzuführen. Ein bekanntes Anwendungsbeispiel ist die →Darwin-Fowler-Methode.

Sättigung von Dämpfen →Dampf.

Sättigung von Farben, allgemein der Grad der Verschiedenheit einer bunten Farbe von gleich hellem Unbunt (Gegensatz: Weißlichkeit). Übliches Maß in der niederen →Farbmetrik: spektraler Farbanteil p_e oder spektrale Farbdichte p_e. Ersterer wird aus der →Farbtafel als Verhältnis der Strecken Farbpunkt bis Weißpunkt zu farbtongleichem Spektralpunkt bis Weißpunkt gewonnen. Auf die der höheren Farbmetrik angehörende Frage, ob Farben gleichen spektralen Farbanteils oder eines anderen reizmetrischen Sättigungsmaßes auch als gleich gesättigt (gleich weißlich) *empfunden* werden, kann nur durch psychologische Versuche eine Antwort gefunden werden. Sicher ist bis jetzt nur, daß keines der bekannten valenzmetrischen Sättigungsmaße als empfindungsgemäß gelten kann. Übrigens kann die von einer Farbe ausgelöste Sättigungsempfindung durch passendes Umfeld oder durch Ermüdung mittels einer →Gegenfarbe wesentlich gesteigert werden.

Sättigung von Lösungen →Löslichkeit.

Sättigung, magnetische. In ferromagnetischen Materialien wächst die Magnetisierung bei Temperaturen wesentlich unterhalb des →Curie-Punktes mit wachsendem Feld nur bis zu einem endlichen Grenzwert, der *Sättigungsmagnetisierung*. Sie ist von der Temperatur abhängig und sinkt mit wachsender Temperatur erst langsam, mit Annäherung an den →Curie-Punkt immer rascher. Die Sättigung beim absoluten Nullpunkt heißt *absolute* Sättigung, da sie nach der Weißschen Theorie einer vollständigen Ausrichtung aller atomaren Magnete in Feldrichtung entspricht. Die Sättigungsmagnetisierung ist mit der spontanen Magnetisierung identisch. Bei tiefen Temperaturen wächst die Differenz zwischen der Sättigungsmagnetisierung J_s und der absoluten Sättigung nach Theorie und Experiment proportional mit $T^{3/2}$. Bei höheren Temperaturen entspricht Proportionalität mit T^2 den Erfahrungen besser. In der Nähe des Curie-Punktes scheint J_s^2 etwa linear mit der Differenz zwischen Temperatur und Curie-Temperatur abzunehmen. Dann macht sich jedoch in zunehmendem Maße bemerkbar, daß in starken Feldern die Magnetisierung noch weiter ansteigt, so daß keine Sättigung im eigentlichen Sinne erreicht wird.

Sättigungsdruck →Dampf.

Sättigungseffekt wird bei der biologischen Wirkung von Strahlen beobachtet, deren Elementarteilchen (z. B. Röntgensekundärelektronen, Rückstoßprotonen bei Neutronen) einen so geringen mittleren Abstand b zwischen den Ionisationen entlang der Teilchenbahn ergeben, daß auf der mittleren Weglänge a im Treffbereich vom Volum V (→Treffertheorie) eine größere Anzahl wirksamer Ionisationen i stattfindet, als benötigt wird. Die überschüssigen treffenden Ionisationen vermindern die Wirkung gegenüber denjenigen Strahlen, die dank größerer b weniger überschüssige Ionisationen erzeugen. Sind die Ionisationen statistisch auf der Teilchenbahn angeordnet und werden deren J je cm³ und →Röntgeneinheit erzeugt, ist ferner p die Ionenausbeute (→Treffbereich) und genügt *eine* wirksame Ionisation zur Auslösung der Reaktion, so ergibt sich die Treffwahrscheinlichkeit (→Treffertheorie) zu $w_b = JV\dfrac{b}{a}\left[1 - \exp\left(-p\,\dfrac{a}{b}\right)\right]$. Setzt man $pa/b = i$, so wird $w_b = JVp\,f(i)$ mit dem Sättigungsfaktor $f(i) = [1 - \exp(-i)]/i$. Für große b (z. B. kurze Röntgenwellenlängen), also $i \ll 1$, wird $w_b = JVp = w_\infty$ und dadurch $f(i) = w_b/w_\infty$, woraus sich $f(i)$ und also i, die mittlere Zahl in V treffender, wirksamer Ionisationen, experimentell bestimmen läßt. Ist andererseits $i > 5$, so wird $f \approx 1/i$ und $w_b = JVb/a = w_0$, d. h. bei sehr dicht ionisierenden Strahlen (z. B. α-Strahlen) wird die Treffwahrscheinlichkeit unabhängig von der Ionenausbeute p proportional $V/a = q$, dem *Wirkungsquerschnitt* des realen Treffbereichs. Mit solchen Strahlen läßt sich also dieser Querschnitt ausmessen („statistische Ultramikrometrie", z. B. bei Virusteilchen). Aus dem Sättigungsfaktor $w_b/w_\infty = f$ von weniger dicht ionisierenden Strahlen läßt sich i berechnen (Tabelle) und, da b bekannt ist (→Ionisationsdichte), die Größe $ib = pa$. (Der von *Lea* verwendete „Überlappungsfaktor" ist praktisch umgekehrt proportional zu f und gilt für kugelige Volumina und $p = 1$.)

Nun ist a priori nicht sicher, ob das in $w_\infty = JVp$ gegebene Treffvolumen einem zusammenhängenden Treffbereich oder mehreren (m) Teilberei-

f	i
1	0
0,952	0,10
0,865	0,30
0,788	0,50
0,719	0,70
0,632	1
0,433	2
0,317	3
0,235	4
0,198	5
<0,198	1/f

chen V_T angehört, also $V = m\,V_T$ gilt. Zwar kann immer wegen $w_\infty/J = m\,V\,p_T$ nach $m\,V_T\,p/pa = m\,q_T = w_{\infty T}(Jbi)$ ein realer „Gesamtquerschnitt" $m\,q_T$ aus den Versuchsdaten berechnet werden, aber sowohl m als p bleiben unbestimmt. Im Falle der →Genmutationen im X-Chromosom von Drosophila konnte nun m dadurch bestimmt werden, daß außer dem Wirkungsvolum $v = w_\infty/J = 17700\ \mathrm{m}\mu^3$ für alle erkennbaren Mutationen zusammen auch das mittlere Wirkvolum $v_T = 11{,}3\ \mathrm{m}\mu^3$ für ein Einzelgen gegenüber Röntgenstrahlen bekannt ist, woraus $m = v/v_T = pV/(pV_T) = 1575$ folgt. Der Vergleich der Wirkung von Neutronen mit der von Röntgenstrahlen ergibt $f = 0{,}407$, also $i = 2{,}15$ wirksame Ionisationen je Protonentreffer und $ib = pa = 1{,}96\ \mathrm{m}\mu$. Nimmt man kugeliges Treffvolum (Radius $r = 3a/4$) an, so kann $p = (3/4)\sqrt[3]{J(ib)^3\pi/w_{T\infty}} = 1{,}09 \approx 1$ berechnet werden ($w_{T\infty} = $ Treffwahrscheinlichkeit für ein Gen bei $b \gg a$), d. h. jede treffende Ionisation ist auch wirksam. Mit der somit bewiesenen Wirkungswahrscheinlichkeit $p \approx 1$ ergibt sich aus

$$m = \frac{16}{9}\,\frac{w_\infty\,p^2}{J(bi)^3}$$

(wobei w_∞ für die Gesamtmutabilität gilt) $m = 1330$. Der Radius eines kugeligen Einzelgentrefferbereichs wäre dann auf Grund des Sättigungseffektes der totalen Mutabilität $1{,}47\ \mathrm{m}\mu$, auf Grund der Mutabilität einzelner Gene $1{,}39\ \mathrm{m}\mu$.

Timofeeff-Ressovsky, N. W., u. *K. G. Zimmer:* Das Trefferprinzip in d. Biologie. Leipzig 1947. — *Sommermeyer, K.:* Strahlentherapie 69, 715 (1941). — *Lea, D. E.:* Brit. J. Radiol. 11, 489 (1938).

Sättigungskonzentration →Löslichkeit.

Sättigungsstrom. 1. *elektrochemischer* →Grenzstrom. 2. *lichtelektrischer* →lichtelektrischer Sättigungsstrom. 3. Sättigungsstrom bei *Gasentladungen*. Bei unselbständiger, von Fremdionisation gespeister Entladung — etwa im Plattenkondensator — nähert sich der Strom mit wachsender Spannung nach einem linearen Anfangsteil (Ohmsche →Anfangsleitfähigkeit) einem konstanten Wert, der erreicht wird, wenn sämtliche Träger ohne Verluste durch →Rekombination usw. die Elektroden erreichen (Abb.). Stoßionisation darf

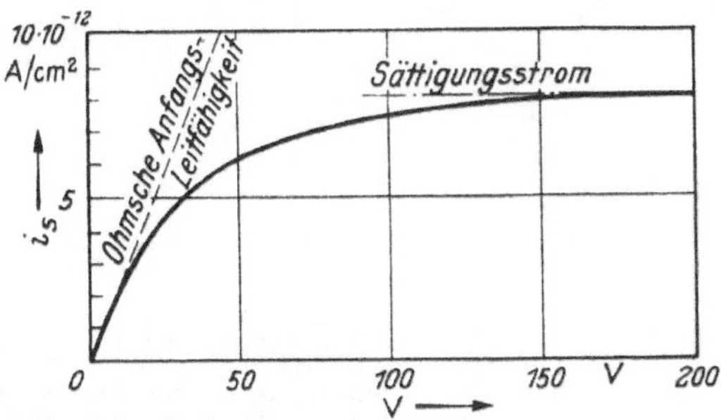

Anfangsleitfähigkeit und Sättigungsstrom im volumionisierten Plattenkondensator.

noch nicht auftreten und würde zu einem Ansteigen des Stromes über den Sättigungswert führen. Anwendung zur Strahlungsmessung in der →Ionisationskammer, da die Sättigungsstromdichte i_s der Volumionisierung durch Strahlung proportional ist.

Bei Elektronenauslösung an der Kathode (Grenzflächenionisation) erreicht der Strom infolge Raumladungsbegrenzung erst bei einer gewissen, durch die Elektrodenkonfiguration gegebenen Spannung den durch die Emission bedingten

Sättigungswert (→Glühkathode, →Raumladungskennlinie von Elektronenröhren).

Saturn, der zweitgrößte Planet, sowohl hinsichtlich des Volumens als auch der Masse; Äquatordurchmesser 120 000 km, Masse gleich 95 Erdmassen, mittlere Dichte nur $0{,}71\ \mathrm{g\ cm^{-3}}$, mittlerer Abstand von der Sonne $1428 \cdot 10^6$ km, Umlaufszeit 29,46 Jahre. Seine scheinbare Helligkeit in der mittleren Oppositionsentfernung ist von der 1. Größe.

Saturn ist in vieler Hinsicht dem mächtigen Jupiter gleich. Seine Albedo hat auch den hohen Wert 0,6, was wie beim Jupiter darauf zurückzuführen ist, daß das Licht der Sonne nicht bis zur eigentlichen Oberfläche des Planeten durchdringt, sondern von seiner dichten Wolkenhülle reflektiert wird. Die Scheibe des Saturn zeigt ebenfalls, wenn auch weniger ausgeprägt als beim Jupiter, eine Anzahl dem Äquator parallel laufender dunkler Streifen. Die Oberflächentemperatur ist nur wenig niedriger und die Beschaffenheit der Atmosphäre anscheinend ungefähr die gleiche wie bei Jupiter. Das Spektrum zeigt noch ausgeprägter die Methan- und Ammoniakbanden. Die Rotationszeit des Saturn ist gleich $10^\mathrm{h}\,24^\mathrm{m}$, also nahezu gleich der des Jupiter, die Abplattung 1/11.

Was den Saturn zu einer der prachtvollsten Erscheinungen am Himmel macht, ist sein *Ring* oder vielmehr sein *Ringsystem*. Als erster stellte *Huygens* im Jahre 1654 fest, daß „Saturn von einem freischwebenden dünnen, gegen die Ekliptik geneigten Ringe umgeben sei". 1675 bemerkte dann *Cassini* die Trennungslinie (*Cassinische Teilung*) zwischen einem schmalen äußeren Ring A, der etwa die Hälfte des auftreffenden Lichtes zerstreut, und einem breiteren inneren Ring B, der fast undurchsichtig ist. Innerhalb des A-Ringes gibt es eine weitere feine Trennungslinie, die nur in guten Fernrohren sichtbar ist (*Enckesche Trennungslinie*). Erst im Jahre 1850 entdeckte *Bond* einen dritten Ring C, den dunklen, braunen *Florring*, der fast durchsichtig ist und sich von der inneren Kante des B-Ringes bis dicht an die Oberfläche des Planeten erstreckt. Wir wissen heute, daß die Ringe nichts anderes sind als eine ungeheure Menge kleiner und kleinster, den Saturnkörper umkreisender Satelliten, die so klein sind und so dicht beieinander stehen, daß sie selbst in unseren stärksten Teleskopen nur als eine zusammenhängende Masse erscheinen. Während der äußere Durchmesser des Ringsystems gleich 278 500 km ist, dürfte die größte Dicke der Ringe kaum 100 bis 200 km überschreiten. Von der Gesamtmasse des Saturn-Ringsystems nimmt man an, daß sie $^1/_{25\,000}$ des Saturnkörpers nicht überschreitet, da ein Einfluß auf die Bewegungen der Saturn-Satelliten bis jetzt nicht feststellbar ist.

Saturn hat 9 Satelliten. Der größte von ihnen ist Titan, der 1655 von *Huygens* entdeckt wurde und schon in einem kleinen Fernrohr als Stern 8. Größe sichtbar ist. Seine Masse ist ungefähr doppelt so groß wie die des Erdmondes. Er ist bisher der einzige Satellit, bei dem mit Sicherheit die Existenz einer Atmosphäre festgestellt worden ist. Sie verrät sich im Spektrum durch die Methanbanden. Der äußerste der neun Satelliten ist rückläufig, d. h. er bewegt sich in entgegengesetzter Richtung um den Planeten, wie dieser rotiert.

Newcomb-Engelmann: Populäre Astronomie. Leipzig 1949.

Satz vom kleinsten Moment →Moment.

Sauerstoffisotope. Der Sauerstoff ist die Bezugssubstanz der →Atomgewichtsskalen. Es sind heute 5 Isotope des Sauerstoffs bekannt. Von diesen kommen drei ($^{16}_{8}$O, $^{17}_{8}$O, $^{18}_{8}$O) als stabile Isotope in der Natur vor, während die beiden anderen unter β-Strahlung zerfallen ($^{15}_{8}$O $\xrightarrow[132\,\text{s}]{\beta+}$ $^{15}_{7}$N; $^{19}_{8}$O $\xrightarrow[27\,\text{s}]{\beta-}$ $^{19}_{9}$F) und nur als Zwischenprodukte bei Kernreaktionen auftreten.

Über die Häufigkeitsverteilung der stabilen Isotope liegen zahlreiche Untersuchungen vor. Die Ergebnisse der letzten Messungen sind in der Tabelle 1 zusammengefaßt. In der letzten Spalte

Tabelle 1. Relative Häufigkeiten der Sauerstoffisotope.

M	Relative Häufigkeit c_ν in % nach		$(I - M)\,10^3$
	Thode (1944, 1947)	*Nier* (1905)	
16	99,7575̄	99,7587	0,000 $\pm$ 0,000
17	0,0392	0,0374	4,53 $\pm$ 0,06
18	0,2033	0,2039	4,91 $\pm$ 0,16

ist die Differenz Isotopengewicht I minus Massenzahl M eingetragen. Aus den relativen Häufigkeiten und den Isotopengewichten ergibt sich das →*Atomgewicht* $(A_{\bar{0}})_{\text{Ph.Sk.}}$ des „natürlichen" Sauerstoffisotopengemisches in der physikalischen →Atomgewichtsskala nach der Beziehung $100 \cdot (A_{\bar{0}})_{\text{Ph.Sk.}} = \sum c_\nu I_\nu$ ($\nu = 16, 17, 18$) und der *Smythe-Faktor* $k_A = (A)_{\text{Ph.Sk.}}/(A)_{\text{Ch.Sk.}}$ als Umrechnungsfaktor zur chemischen Atomgewichtsskala $[(A_{\bar{0}})_{\text{Ch.Sk.}} \equiv 16,000000]$. Die aus den Meßergebnissen von *Thode* und *Nier* folgenden Zahlenwerte, sowie ihr Mittelwert sind in der Tabelle 2 zusammengestellt.

Tabelle 2. Zahlenwerte für $(A_{\bar{0}})_{\text{Ph.Sk.}}$ und k_A.

	$(A_{\bar{0}})_{\text{Ph.Sk.}}$	k_A
Nach *Thode* (1944, 1947)	16,00447$_1$ $\pm$ 0,00009	1,000279$_4$ $\pm$ 0,000006
Nach *Nier* (1950)	16,00446$_4$ $\pm$ 0,00003	1,000279$_0$ $\pm$ 0,000002
Mittelwert	16,00446$_6$ $\pm$ 0,00005	1,000279$_1$ $\pm$ 0,000003

Das Häufigkeitsverhältnis der stabilen Isotope ist stark von der Herkunft der untersuchten Proben abhängig. So ist beispielsweise das Verhältnis $c_{18\text{O}}/c_{16\text{O}}$ für Sauerstoff, der aus Wasser oder Eisenerzen gewonnen wird, um etwa 4% geringer als für aus Kalkgestein stammenden Sauerstoff (→Atomgewichtsskala). Die obengenannten Mittelwerte sind etwa für „Luft"-Sauerstoff richtig.

Sauerstofflinien, grüne, rote →Sauerstofflinien, verbotene.

Sauerstofflinien, verbotene. Das neutrale Sauerstoffatom O I hat bei seiner einfachsten Elektronenkonfiguration $1s^2\,2s^2\,2p^4$ die drei niedrigsten Energiezustände: den Grundterm $^3P_{2,1,0}$ und die beiden metastabilen Terme $^1D_2$ (Anregungsenergie 1,96 eV) und $^1S_0$ (Anregungsenergie 4,17 eV). Die Übergänge zwischen ihnen sind verboten (→Stickstofflinien, verbotene) und nur unter be-

sonderen Bedingungen beobachtbar. Es wurden die Interkombinationen

Übergangs-
wahrscheinlichkeit

		Übergangswahrscheinlichkeit
$^1D_2 - ^1S_0$:	5577,345 I. A.	2,0 s^{-1}
$^3P_2 - ^1D_2$:	6300,300 I. A.	7,5 $\cdot$ 10^{-3} s^{-1}
$^3P_1 - ^1D_2$:	6363,85 I. A.	2,5 $\cdot$ 10^{-3} s^{-1}

mit verhältnismäßig hoher Intensität im Spektrum des →Nordlichts und des →Nachthimmelleuchtens entdeckt. Daher werden sie in der Literatur vielfach als *grüne* und *rote Nordlichtlinien* gekennzeichnet. Für die Emission günstige Verhältnisse (große freie Weglängen) hat man auch in Sternnebeln und den hohen Atmosphärenschichten der Sonne. So wird die grüne Nordlichtlinie des O I im Absorptionsspektrum der Sonne gefunden, während die roten Linien als Nebellinien im Spektrum kosmischer →Emissionsnebel beobachtet wurden.

Weitere Nebellinien konnten als verbotene Übergänge zwischen den tiefen Termen des einfach ionisierten Sauerstoffatoms O II ($^4S_{3/_2}$, $^2D_{5/_2, 3/_2}$, $^2P_{3/_2, 1/_2}$) und des zweifach ionisierten O III ($^3P_{0,1,2}$, $^1D_2$, $^1S_0$) identifiziert werden (Abb.).

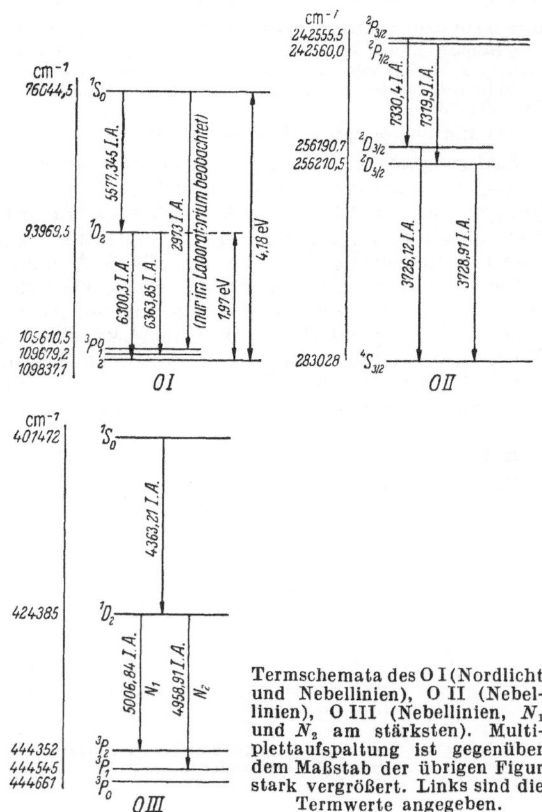

Termschemata des O I (Nordlicht und Nebellinien), O II (Nebellinien), O III (Nebellinien, N_1 und N_2 am stärksten). Multiplettaufspaltung ist gegenüber dem Maßstab der übrigen Figur stark vergrößert. Links sind die Termwerte angegeben.

Die Nordlichtlinien hat man auch im Laboratorium bei Verwendung von Argon mit geringem Sauerstoffzusatz anregen können. Das Argon vermag die Energie der metastabilen O I-Atome nur sehr schwer aufzunehmen, da seine ersten Anregungsstufen wesentlich höher liegen, und vermindert durch seine Anwesenheit den Verlust von Anregungsenergie durch unelastische Stöße mit der Wand. So konnte der Zeeman-Effekt der grünen Linie untersucht und eindeutig festgestellt werden, daß es sich bei diesem Übergang um einen Quadrupolübergang handelt.

Sauerstoff-Elektrode. *Stofflicher Aufbau:* Platin oder ein anderes „unangreifbares" Metall, von Sauerstoff umspült, taucht in eine H^+-Ionen enthaltende wäßrige Lösung ein, z. B. in Schwefelsäure.

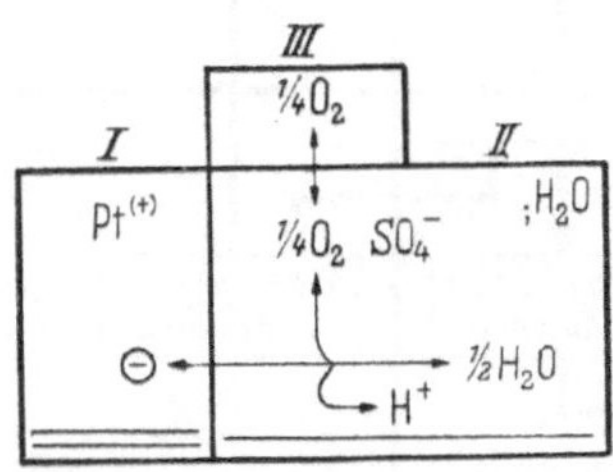

Phasenschema der Sauerstoff-Elektrode.
(Die feste Phase ist durch zweimaliges, die Lösungsphase durch einmaliges Unterstreichen gekennzeichnet.)

Potentialbestimmend: Elektronen ($\ominus$) mit Reaktionsbindung (→einfache Elektrode) nach $\ominus + H^+ + \frac{1}{4}O_2 \to \frac{1}{2}H_2O$; Me^+-Übergang gesperrt.

Die →*Galvani-Spannung* g hängt von der Aktivität der H^+-Ionen und dem Druck des Sauerstoffs ab:

$$g = g + \frac{RT}{F} \ln \frac{a_{H^+}\, p_{O_2}^{1/4}}{a_{H^+}\, p_{O_2}^{1/4}}.$$

Abhängigkeit vom a_{HO^-}-Wert bei alkalischen Lösungen:

$$g = g + \frac{RT}{F} \ln \left(\frac{p_{O_2}^{1/4}}{a_{OH^-}} \cdot \frac{a_{OH^-}}{p_{O_2}^{1/4}} \right).$$

g: Grundwert der Galvani-Spannung bei a_{H^+} bzw. $a_{OH^-} = 1\ \text{mol} \cdot l^{-1}$ und $p_{O_2} = 1$ atm.

Wird g in V gemessen, so ist R in $J \cdot grad^{-1} \cdot mol^{-1}$ einzusetzen.

Die Einstellung des theoretisch geforderten Gleichgewichtswertes $E_{h,0} = 1{,}23$ V bei $a_{H^+} = 1\ \text{mol} \cdot l^{-1}$ (→Spannungsreihe) wird durch starke Hemmungen für den potentialbestimmenden Elektronenübergang verhindert. Im Stromfluß kommt es zu beträchtlichen Abweichungen zwischen Gleichgewichtswert und Stromwert der Galvani-Spannung g; d. h. zu einer großen →*Überspannung*.
Handb. d. allg. Chemie VIII. Teil 1 u. 2. Leipzig 1931.

Sauerstoffnormdichte $\varrho_n(O_2)$, definiert als die Dichte des molekularen Sauerstoffs im physikalischen →Normzustand, d. h. bei $p_0 = 1$ atm und $t_0 = 0\ °\text{C}$: $\varrho_n(O_2) \equiv \varrho_{t_0}^{p_0}(O_2)$. $\varrho_n(O_2)$ ist eine physikalische Hilfskonstante, die bei der Bestimmung des →*Molnormvolumens* idealer Gase eine Rolle spielt, in das die Normdichte $\varrho_0(O_2)$ des Sauerstoffs, reduziert auf →idealen Gaszustand, eingeht, und die gleichfalls für das →*Silberatomgewicht* von Bedeutung ist. Als Mittelwert aus den vorliegenden Gasdichtebestimmungen für Sauerstoff resultiert $\varrho_n(O_2) = 1{,}4290\overline{5} \pm 0{,}00007$ g/l $= (1{,}42901 \pm 0{,}00008) \cdot 10^{-3}$ g/cm³. Für den Reduktionsfaktor $1 - \alpha_{O_2}$ zur Reduzierung des molekularen Sauerstoffs als realen Gases auf den idealen Gaszustand ergibt sich aus den vorliegenden Messungen im Mittel $1 - \alpha_{O_2} = 1{,}000954 \pm 0{,}000009$, womit für die auf den idealen Gaszustand reduzierte Sauerstoffnormdichte $\varrho_0(O_2) = \varrho_n(O_2)/(1 - \alpha_{O_2})$ $= (1{,}4276\overline{5} \pm 0{,}00008) \cdot 10^{-3}$ g/cm³ folgt (→Molnormvolumen idealer Gase).

Sauerstoffpunkt, Gleichgewichtstemperatur zwischen reinem flüssigem Sauerstoff und seinem Dampf bei $p_0 = 760$ Torr. Der Sauerstoffpunkt t_{O_2} ist primärer Fixpunkt der Internationalen →Temperaturskala: $t_{O_2} = -182{,}970\ °\text{C}$ (Int. 1948). Die Gleichgewichtstemperatur t_p bei einem Druck 660 Torr $< p <$ 860 Torr folgt der Zahlenwertgleichung

$$t_p = -182{,}970 + 9{,}530 \left(\frac{p}{p_0} - 1 \right) +$$
$$+ 3{,}72 \left(\frac{p}{p_0} - 1 \right)^2 + 2{,}2 \left(\frac{p}{p_0} - 1 \right)^3$$

oder

$$t_{p_0} = -182{,}970 + 21{,}94 \lg \frac{p}{p_0} \bigg/ \left(1 - 0{,}261 \lg \frac{p}{p_0} \right).$$

t_{O_2} ist auf etwa $\pm 0{,}01°$ reproduzierbar. In der thermodynamischen →Temperaturskala ergibt sich für den Sauerstoffpunkt T_{O_2} über den →Eispunkt T_0: $T_{O_2} = (273{,}16 - 182{,}97)\ °\text{K} = (90{,}19 \pm 0{,}04)\ °\text{K}$.

Sauggeschwindigkeit, die von einer →Vakuumpumpe je Zeiteinheit geförderte Gasmenge. Sie ist abhängig von dem Druck an der Saugseite und wird üblicherweise gemessen in $l\ s^{-1}$ (gemessen unter dem Druck an der Saugseite) oder in $g\ s^{-1}$. Die wirksame Sauggeschwindigkeit (oder Förderleistung) einer Vakuumpumpe kann sehr stark herabgesetzt sein, wenn die Verbindung zwischen Pumpe und Rezipient nicht weit genug ist.

Saugschaltung, Anordnung zur Unterdrückung der Oberwellen einer Wechselspannung mit Hilfe von Resonanzkreisen, die auf die zu unterdrückenden Oberwellen abgestimmt sind.

Säule, positive, der Teil der →Glimm- und →Bogenentladung, der zwischen dem Kathodenund Anodengebiet die Entladungsbahn ausfüllt (→Gasentladungen, Abb. 1). Er ist in axialer Richtung homogen, unter besonderen Bedingungen geschichtet (→geschichtete Säule, positive, →wandernde Schichten), bei hohen Stromdichten und Drucken Ablösung von der Rohrwand und Kontraktion (→kontrahierte Entladung).

Die Säule ist ein quasineutrales →Plasma, d. h. die Konzentrationen positiver und negativer Träger sind näherungsweise gleich. In ihr herrscht eine konstante Längsfeldstärke (Gradient), so daß der Spannungsabfall bei gleichem Druck und Strom ihrer Länge proportional ist. Wegen der Quasineutralität verteilt sich der Säulenstrom auf Elektronen und Ionen im Verhältnis ihrer Beweglichkeiten; er wird also praktisch allein von den Elektronen getragen. Der Gradient E stellt sich so ein, daß die Trägerverluste durch Diffusion an die Rohrwand mit anschließender Rekombination oder bei der frei brennenden Bogensäule in die Umgebung, sowie die Energieverluste durch Strahlung, Wärmeableitung und Konvektion von der je cm aufgenommenen Leistung Ei gedeckt werden. Eine Übersicht über die sich hierbei abspielenden nutzbringenden und energieverzehrenden Prozesse gibt Abb. 1.

Bezüglich der energetischen Verhältnisse und des Ionisationsmechanismus sind die Grenzfälle der *Niederdruck-* und *Hochdrucksäule* zu unterscheiden. Die Lage des Übergangsgebiets ist für verschiedene Gase verschieden und hängt auch noch von der Stromdichte ab. Die Hochdrucksäule ist ein isothermes Plasma (Elektronentemperatur

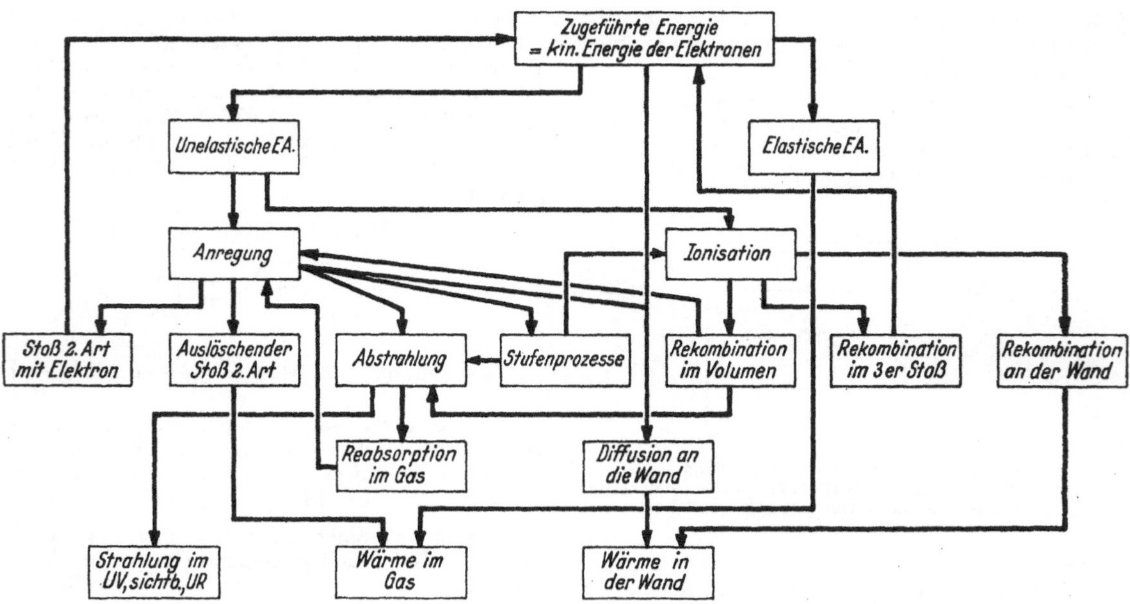

Abb. 1. Schema des Energieumsatzes in der positiven Säule (Niederdruck). *EA* Energieabgabe.

praktisch gleich Gastemperatur); im nichtisothermen Plasma der Niederdrucksäule liegt die Elektronentemperatur weit über der Gastemperatur. Angleichung beider Temperaturen beim Übergang vom Nieder- ins Hochdruckgebiet (→Hochdruckentladung). Das Elektronengas wird im Längsfeld der Säule aufgeheizt (→Bewegung von Ladungsträgern im Gas) und gibt durch unelastische Stöße Energie an das Neutralgas ab. Wegen der geringen Energieübertragung je Einzelstoß ist nur bei hohem Druck der Wärmekontakt zwischen Elektronen- und Neutralgas infolge der größeren Stoßzahl ausreichend, um Temperaturgleichgewicht herzustellen.

Die Ionisation der Niederdrucksäule erfolgt durch Stoßionisation derjenigen Elektronen der Maxwell-Verteilung, deren Energie über der Ionisierungsarbeit liegt. Sie läßt sich bei bekannter Ionisierungsausbeute als Funktion der Elektronentemperatur berechnen. Die Trägerverluste erfolgen hauptsächlich durch ambipolare Diffusion in einem durch eine negative Wandladung erzeugten Radialfeld längs eines radialen Konzentrationsgefälles. Aus der Trägerbilanz (Verluste gleich Neuerzeugung) läßt sich die Elektronentemperatur in Abhängigkeit von dem die Diffusion bestimmenden Produkt Rohrradius mal Druck (Rp) berechnen (Abb. 2): Schottkysche Diffusionstheorie der Säule [Phys. Z. **25**, 342, 625 (1924)]. Der Gradient ergibt sich aus der Diskussion der Vorgänge bei der Aufheizung des Elektronengases.

In der *Niederdrucksäule*, wie sie in den meisten langgestreckten Glimm- oder Glühkathodenladungen bei tieferem Druck vorliegt, nimmt der Gradient mit wachsendem Rohrradius ab (→Normalgradient), geht bezüglich des Druckes durch ein Minimum und fällt mit wachsender Stromstärke (fallende Säulencharakteristik; Zahlenangaben s. Abb. 3).

Die Ionisation der *Hochdrucksäule* ist thermisch durch die Eggert-Saha-Gleichung (→thermische Ionisation) als Funktion von Temperatur und Druck bestimmt. Die Aufstellung der Energiebilanz (Energieverluste durch Strahlung und Wärmeleitung im Gas gleich elektrische Leistung) führt auf eine Differentialgleichung für den radialen Temperaturverlauf. Mit Hilfe von Ansätzen über die Elektronenbeweglichkeit oder die Leitfähigkeit des Plasmas läßt sich der

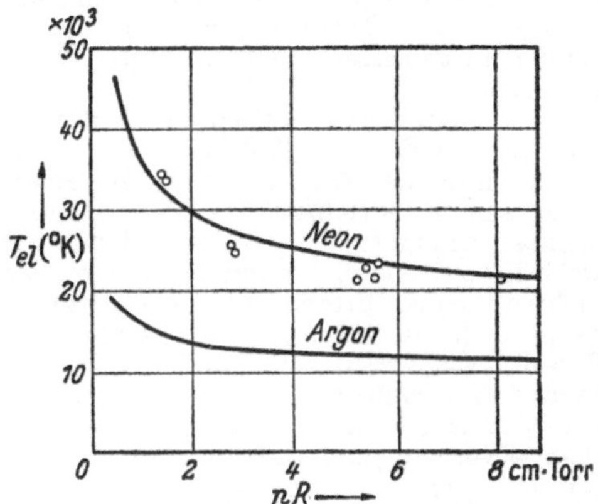

Abb. 2. Elektronentemperatur in der positiven Säule für Neon und Argon.

Gradient berechnen: Elenbaas-Hellersche Theorie der Bogensäule [*Elenbaas*, Physica, Haag **1**, 673 (1934); *Heller*, ebenda **6**, 389 (1935), s. a. *Rompe, Thouret* u. *Weizel*, Z. f. Phys. **122**, 1 (1944)]. Bei der Wärmeleitung ist zusätzlich der Transport von Ionisierungsenergie durch Elektronen und Ionen und von Dissoziationsenergie durch thermische Dissoziationsprodukte des Bogengases in die Randzone zu berücksichtigen. Durch Anwendung von →Ähnlichkeitsbetrachtungen, bei denen als ähnlich solche Hochdrucksäulen betrachtet werden, die an homologen Stellen gleiche Temperaturen haben, lassen sich nach

Elenbaas [Physica, Haag 2, 169 (1935)] allgemeine Aussagen gewinnen, z. B. daß in der Quecksilberhochdruckentladung $E d^{3/2}$ (E Gradient, d Rohrweite) nur eine Funktion der Bogenleistung und der je cm Säulenlänge vorhandenen Atome ist.

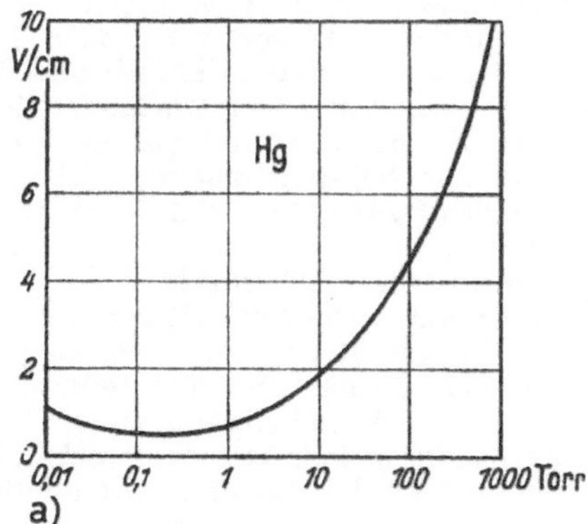

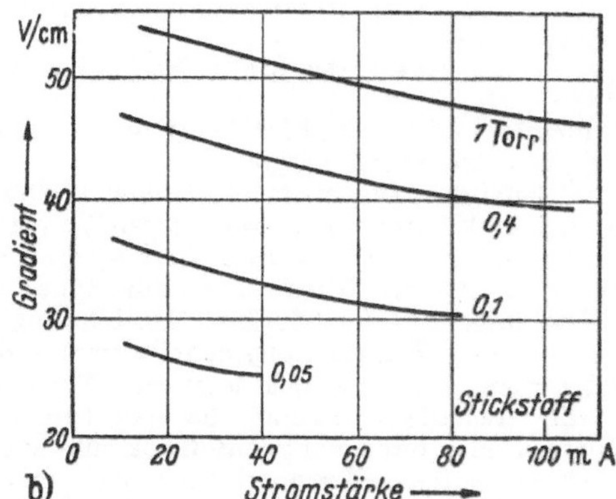

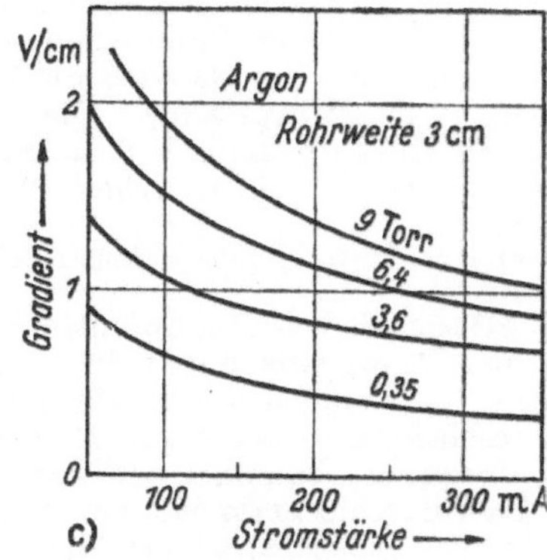

Abb. 3. Gradient der positiven Säule, a) Hg, $\varnothing = 27$ mm, 4 A nach *Krefft*, b) Stickstoff nach *Gehlhoff*, c) Argon nach *Lompe*.

Angaben über den Gradienten der Hochdrucksäule s. Abb. 4. Die Achsentemperatur erreicht einige Tausend Grad: Säule des Kohlelichtbogens in Luft bei einigen A etwa 6000 °K, Hg-Hochdruckentladung bei 1 atm Hg-Dampfdruck und 40 W cm⁻¹ Säulenleistung 6400 °K. Die höchsten Temperaturen finden wir in der Achse des Hochstrombogens mit etwa 11 000 °K und im →Gerdien-Bogen mit etwa 50 000 °K.

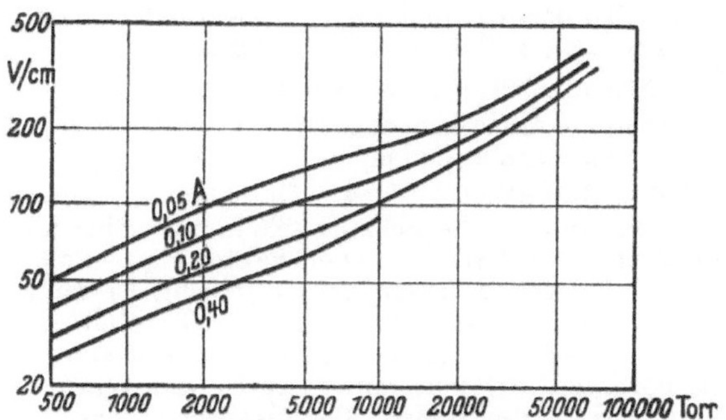

Abb. 4. Gradient der Quecksilberhochdrucksäule, $\varnothing = 2$ mm.

Über Strahlung der Säule →Entladungslichtquellen, →Quecksilberdampflampe.

Engel-Steenbeck: Elektr. Gasentladungen II. Berlin 1934. –
Seeliger, R.: Physik d. Gasentladungen. Leipzg 1934. –
Uyterhoeven, W.: Elektr. Gasentladungslampen. Berlin 1934.

Sauter-Schiebold-Methode →Röntgengoniometer.

Savart-Doppelplatte, besteht aus zwei je etwa 2 mm dicken Kalkspatplatten, die unter 45° gegen die Achse geschnitten und so übereinandergekittet sind, daß sich ihre Hauptschnitte (Ebenen durch Plattennormale und optische Achse) rechtwinklig kreuzen. Die Doppelplatte wird in der →Polarimetrie verwendet. Die Hauptschnitte bilden mit den Schwingungsrichtungen der Polarisationsprismen Winkel von 45°. Zwischen gekreuzten Polarisationsprismen zeigt die Platte in einfarbigem Licht ein System heller und dunkler Streifen.

sb, Symbol für die allgemeine Leuchtdichteeinheit →Stilb.

Schabelektrode →Nullpotential.

Schädigungskurve oder *Dosiseffektkurve* (quantenbiol.) →Treffertheorie.

Schädliche Fläche. Einen anschaulichen Vergleich des Widerstandes von Körpern verschiedener Gestalt erhält man, wenn man ihre „schädliche" Fläche nach der Beziehung $F_W = \dfrac{W}{\varrho\, v^2/2} = c_W F$ berechnet (F charakteristische Bezugsfläche, z. B. Spant- oder Grundfläche). Da der Widerstandsbeiwert einer quer zur Strömung gestellten runden Scheibe angenähert gleich 1 ist ($c_W = 1{,}12$ für $Re > 10^3$), kann man sich die „schädliche" Fläche durch eine Kreisfläche von etwa gleichem Querschnitt ersetzt denken. Die einem Luftschiffkörper äquivalente schädliche Fläche entspricht einer Fläche von etwa $^1/_{28}$ des größten Spantquerschnittes.

Schädlicher Raum. 1. Der schädliche Raum einer mechanischen →*Vakuumpumpe* kommt dadurch zustande, daß sich nicht der gesamte Gasraum (→Schöpfraum) der Pumpe periodisch verkleinert, sondern daß bei der Kompression Räume (z. B. Ventilkanäle) übrigbleiben, die an der periodischen Volumänderung nicht teilhaben, so daß das in ihnen komprimierte Gas nach Beendigung der Kompressionsperiode in den Vakuumraum zurückschlagen kann.

2. Schädlicher Raum eines *Temperaturmeßgeräts* ist das von der Meßsubstanz angefüllte Volumen, das sich nicht auf der zu messenden Temperatur befindet (→Gasthermometer), daher der Sicherheit des Meßergebnisses schaden kann.

Schalen der Atomhülle →K-Schale, →L-Schale, →Periodisches System der Elemente.

Schalenmodell →im *Nachtrag*.

Schall →Akustik; anomaler Schall →Reichweite von Schallsignalen.

Schallabsorption. Nach Durchlaufen einer Strecke x nimmt die Schallstärke in einer ebenen, fortschreitenden Welle um den Faktor $\exp(-2\alpha x)$ ab. α ist der *Schallabsorptionskoeffizient*. Er setzt sich zusammen aus dem (Stokesschen) Anteil der inneren Reibung, der der Zähigkeit des Mediums proportional ist, und einem durch die Wärmeleitung bedingten Anteil. Der klassischen Theorie zufolge sollte der auf das Quadrat der Schallfrequenz bezogene Absorptionskoeffizient frequenzunabhängig sein (*klassische* Schallabsorption). Tatsächlich wird jedoch bei mehratomigen Gasen eine wesentlich größere „*molekulare*" Absorption beobachtet, die durch Anregung innerer Molekülschwingungen bedingt ist und bei hohen Frequenzen (Ultraschall) wirksam wird (*Kneser*). Auch Flüssigkeiten zeigen erhebliche Abweichungen vom klassischen Verhalten, für die Streuungen an thermischen Dichteschwankungen und Anisotropieeffekte der Kompressibilität verantwortlich gemacht werden. Die molekulare Absorption in Gasen ist sehr empfindlich gegen Beimischungen; aus diesem Grunde hängt die Schallreichweite in Luft stark vom Wasserdampfgehalt ab. Die absorbierende Wirkung von porösen Festkörpern (*Dämmstoffen*) spielt in der Raumakustik eine große Rolle.

Bergmann, L.: Der Ultraschall. Stuttgart 1949. – *Kneser, H.O.:* Molekulare Schallabsorption u.- dispersion. Erg. exakt. Naturwiss. 22. Berlin 1949.

Schallaufzeichnung. Man unterscheidet: 1. Verfahren zur Aufzeichnung des zeitlichen Verlaufs von Schalldruck und -schnelle in Kurvenform, 2. Aufzeichnung zwecks späterer Wiedergabe.

Zu 1.: Die mechanischen Methoden, die Membranmanometer mit Schreibstift und Kymographion verwenden, haben wegen ihres beschränkten Frequenzumfangs keine praktische Bedeutung mehr. Zur verzerrungsfreien Aufzeichnung von Schallvorgängen verwendet man ausschließlich elektrische Hilfsmittel, z. B. Kondensatormikrophone, Verstärker und photographisch registrierende Oszillographen. In Sonderfällen kann es zweckmäßig sein, die Bewegung kleiner materieller Teilchen im Schallfeld optisch festzuhalten oder die Druckschwankungen interferenzoptisch aufzuzeichnen.

Zu 2.: Die Aufzeichnung erfolgt entweder in Glyphenschrift (Schallplatte, Schallfolie) oder in optisch abtastbarer Dichte- oder Zackenschrift (Tonfilm, Philips-Miller-Verfahren) oder schließlich auf Magnetophonband.

v.Braunmühl, H. J., u. *W. Weber:* Einf. in d. angew. Akustik. Leipzig 1936. – *Lichte, H.,* u. *A. Narath:* Physik u. Technik d. Tonfilms. Leipzig 1943. – *Frayne, J. G.,* u. *H. Wolfe:* Elements of Sound Recording. New York u. London 1949.

Schallausbreitung, Oberbegriff für alle Erscheinungen, die bei der Übertragung von Schallenergie von einem Schallsender zu einem Schallempfänger eine Rolle spielen, insbesondere die →Schallgeschwindigkeit, →Schallabsorption, →Brechung des Schalls, →Schallreflexion und →Schallbeugung, ferner Effekte, die durch Bewegung, Inhomogenität oder Anisotropie des schallführenden Mediums entstehen. →Reichweite von Schallsignalen, →Wasserschall.

Schallausschlag, Auslenkung eines in einer Schallwelle schwingenden Teilchens aus der Ruhelage.

Schallbeugung →Beugung des Schalls.

Schallbildertheorie →Hörtheorien.

Schallbrechung →Brechung des Schalls.

Schalldämmung. Störender Schall kann auf zwei verschiedenen Wegen von außen in einen Raum eindringen: 1. durch die Luft und 2. durch unmittelbare Erregung von Gebäudeteilen. Das Verhältnis der Schalleistung auf der störenden Außenseite zur Schalleistung auf der gestörten Innenseite des Raumes bezeichnet man als Schalldämmung.

Schalldämmzahl →Dämmzahl.

Schalldämmung. Die Ausbreitung von Schall in gas- oder luftgefüllten Rohren (Kanälen) kann durch folgende Mittel ganz oder teilweise unterbunden werden: 1. Schallschluckung, 2. Schallreflexion, 3. Interferenz. Absorptionsschalldämpfer enthalten poröse Schluckstoffe, während die durch Schallreflexion wirksamen Dämpfer akustische Filter, d. h. Gebilde aus Hohlräumen (akustischen Kapazitäten) und Rohrstutzen (akustischen Induktivitäten), sind.

Lübcke, E.: Schallabwehr im Bau- u. Maschinenwesen. Berlin 1940.

Schalldichte, zeitlicher Mittelwert der räumlichen Dichte der Schallenergie.

Schalldispersion →Dispersion elastischer Wellen.

Schalldruck. Während man im älteren Schrifttum unter dem Schalldruck den *Gleich*druck infolge der quadratischen Glieder der hydrodynamischen Gleichungen, in der heutigen Bezeichnungsweise also den Schall*strahlungs*druck, verstand, verwendet man den Ausdruck jetzt nur für den durch die Schallschwingung hervorgerufenen *Wechsel*druck. Man mißt den Schalldruck entweder mit einem geeichten Mikrophon oder nach einer Vergleichsmethode, z. B. mit dem →Thermophon. Die mit dem Druck verknüpften Dichteschwankungen können optisch oder lichtelektrisch gemessen werden, z. B. mit dem Jaminschen →Interferometer oder mit Hilfe des Debye-Sears-Effekts (→Lichtbeugung an Ultraschall). Die untere Grenze der Schallwahrnehmbarkeit durch das menschliche Ohr liegt bei einem Schalldruck von $2 \cdot 10^{-4}$ Mikrobar.

Trendelenburg, F.: Akustik. Berlin-Göttingen-Heidelberg 1950.

Schalldurchlässigkeit von Trennwänden, wird in der Raum- und Bauakustik durch die →Dämmzahl gemessen. Ganz allgemein gilt der Satz, daß die Schalldurchlässigkeit beliebiger Medien mit wachsender Frequenz abnimmt; das gilt sowohl für massive oder durchlöcherte oder poröse Wände als auch für die Atmosphäre oder das Wasser (→Reichweite von Schallsignalen).

Schalleistung einer Schallquelle, die in der Zeiteinheit durch eine beliebige, die Quelle einhüllende Fläche strömende Schallenergie. Man berechnet sie durch Integration der Schallstärke über die Fläche. Dieses Verfahren wird praktisch in *der* Weise zur Messung der Schalleistung angewandt, daß man entweder den Schalldruck (und damit die Schallstärke) an allen Stellen der Hüllfläche mißt oder daß man die Schallquelle mit einem stark hallenden Raum (dem akustischen Analogon der →Ulbrichtschen Kugel) umgibt; im letzteren Fall genügt eine einzige Schalldruckmessung. Schallleistungen im Hörfrequenzgebiet: Unterhaltungssprache 10^{-5} W, Pauke (ff) 10 W, Luftstrahlgenerator 650 W, Sirene 2 kW.

Lübcke, E.: Schallabwehr im Bau- u. Maschinenwesen. Berlin 1940.

Schallempfänger dienen dazu, den zeitlichen Verlauf der Schallfeldgrößen oder ihre Mittelwerte (Effektivwerte) anzuzeigen oder die Schallschwingungen in mechanische oder elektrische Schwingungen umzuwandeln; im letzteren Fall bezeichnet man die Empfänger auch als *Wandler*. Eine unmittelbare Messung im Schallfeld ist möglich 1. durch Beobachtung der Bewegung frei schwebender Teilchen, 2. mit dem auf den Schallstrahlungsdruck ansprechenden →Schallradiometer und 3. mit der →Rayleigh-Scheibe. Als mechanische Wandler finden Manometerkapseln mit Schreibhebel, die manometrische Steuerung eines Leuchtgasstromes (→Königsche Flammenkapseln) oder →schallempfindliche Flammen Anwendung. Elektrische Wandler sind die verschiedenen Arten von →Mikrophonen.

Schallempfindliche Flamme, eine ruhig brennende Leuchtgasflamme, die aus einer konisch verjüngten Düse gespeist wird und die auf die Schnelleamplitude einer Schallwelle anspricht, wenn der Schall

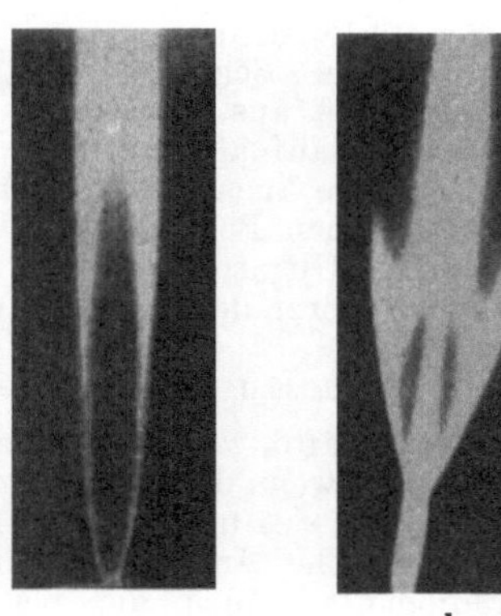

a   b

Schallempfindliche Flamme. *a* ohne, *b* bei Schalleinwirkung.

die Flamme dicht über der Düse trifft. Der Gasstrahl wird dann turbulent, und die Flamme verkürzt sich beträchtlich.

Schallerzeuger. Jedes in Schwingungen versetzte feste, flüssige oder gasförmige Medium kann als Schallerzeuger dienen. Dem Frequenzbereich ist weder nach oben noch nach unten eine physikalische Grenze gesetzt. Schallerzeuger findet man deshalb außer im Hörschallbereich auch im Gebiet der Infra- und Ultraschallwellen. Die zur Erregung der Schallschwingungen dienende Energiequelle ist meist mechanischer, elektrischer oder magnetischer, seltener thermischer Natur. Beispiele für mechanisch erregte Schallerzeuger sind: 1. →Pfeifen (Zungen-, Lippen- und →Polsterpfeifen, →Galton-Pfeife), der →Hartmannsche Gasstromgenerator, →Sirenen und Luftschrauben; 2. gestrichene Saiten, Stäbe und Platten; 3. geschlagene und gezupfte Saiten, Stäbe, Membranen, Platten und Glocken. Elektrische oder elektromagnetische Erregung findet man bei den verschiedenen Arten von Lautsprechern und Kopfhörern, sowie bei den als Ultraschallgeneratoren verwendeten piezoelektrischen und magnetostrik-

tiven Schwingern. Wärmeenergie wird in Schallenergie umgewandelt beim →Thermophon und im Knallfunken. Ferner →Musikinstrumente.

Beranek,L.L. : Acoustic Measurements. NewYork u.London 1949.

Schallfeld. Das von einem Schallstrahler in einem Medium erzeugte Schallfeld wird mathematisch durch die Angabe des örtlichen →Geschwindigkeitspotentials beschrieben, aus dem sich durch einfache Differentialoperationen eine vektorielle und eine skalare Schallfeldgröße, die →Schallschnelle und der →Schalldruck, ableiten lassen. Der zeitliche Mittelwert des Produkts der beiden Größen heißt →Schallstärke.

Schallfluß, das Produkt aus →Schallschnelle und Strömungsquerschnitt. Ferner →akustischer Widerstand.

Schallgeschwindigkeit. Schallwellen (→Longitudinalwellen) breiten sich in elastischen, allseitig unbegrenzten isotropen Festkörpern mit der Geschwindigkeit

$$c_l = \sqrt{\frac{\lambda^* + 2\,G}{\varrho}} = \sqrt{\frac{M + \frac{4}{3}\,G}{\varrho}}$$

aus. Hierin ist λ^* die Lamésche →Elastizitätskonstante, G der Scherungsmodul, M der Kompressionsmodul und ϱ die Dichte des Mediums. Führt man statt λ^*, G und M den Elastizitätsmodul E und die Querkontraktion ν^* ein, dann wird

$$c_l = \sqrt{\frac{E}{\varrho}\,\frac{1 - \nu^*}{(1 + \nu^*)\,(1 - 2\nu^*)}}\,.$$

Die Fortpflanzungsgeschwindigkeit von elastischen →Transversalwellen hängt nur vom Scherungsmodul G ab:

$$c_t = \sqrt{G/\varrho}\,.$$

Statt der zwei für die Schallgeschwindigkeit im isotropen Festkörper maßgebenden elastischen Konstanten können in Kristallen (im allgemeinsten Fall des triklinen Systems) bis zu 21 voneinander unabhängige Konstanten auftreten.

Für langgestreckte Stäbe, deren Dicke gegenüber der Wellenlänge vernachlässigt werden kann, erhält man im Falle der Ausbreitung longitudinaler Wellen in Richtung der Stabachse

$$c_l = \sqrt{E/\varrho}\,,$$

während die Gleichung für Transversalwellen (Torsionswellen) unverändert bleibt. Bei Stäben mit endlichem Querschnitt ist an c_l eine von *Rayleigh* angegebene Korrektur anzubringen; es wird dann

$$c_l = \sqrt{\frac{E}{\varrho}\,\frac{1}{(1 + \gamma)^2}}\quad \text{mit}\quad \gamma = \frac{\pi^2\,\nu^{*2}\,z^2\,r^2}{4\,l^2}$$

(r Stabradius, l Stablänge, z Anzahl der elastischen Halbwellenlängen längs des ganzen Stabes). Weitere Abweichungen entstehen infolge von Kopplungserscheinungen zwischen den elastischen Längsschwingungen und den gleichzeitig auftretenden Radialschwingungen. Die innere Reibung läßt die Schallgeschwindigkeit auf

$$c_l = \sqrt{\frac{E}{\varrho} - \left(\frac{4}{3}(1 + \nu^*)\,\frac{\eta}{\varrho}\right)^2 \frac{\pi^2}{\lambda^2}}$$

(η Viskosität, λ Schallwellenlänge) abnehmen.

In Stäben und Platten können →Biegungswellen auftreten, deren Ausbreitungsgeschwindigkeit

$$c_b = \frac{2\pi}{\lambda}\,\sqrt{\frac{E}{\varrho}\,\frac{J}{q}}$$

22 a

(q Querschnitt, J Flächenträgheitsmoment) von der Frequenz (Wellenlänge) abhängt, also →Dispersion zeigt.

In Flüssigkeiten und Gasen sind — abgesehen von Transversalwellen sehr geringer Reichweite ($\approx \lambda/2\pi$) infolge der Zähigkeit, deren Ausbreitungsgeschwindigkeit

$$c_z = \sqrt{4\pi\nu\bar{\nu}}$$

(ν Frequenz, $\bar{\nu}$ kinematische Viskosität) ebenfalls frequenzabhängig ist — nur Longitudinalwellen möglich. Ihre Geschwindigkeit berechnet sich in Flüssigkeiten zu

$$c_l = \sqrt{1/(K\varrho)}\,,$$

wo K die adiabatische Kompressibilität bezeichnet. In Gasen gilt bei adiabatischer Ausbreitung, die bis zu Frequenzen der Größenordnung 10^9 Hz wirksam bleibt, die Laplacesche Gleichung

$$c_l = \sqrt{\varkappa p/\varrho}$$

(p Druck, $\varkappa = c_p/c_v$ Verhältnis der spezifischen Wärmen). Mit der universellen Gaskonstanten R, der absoluten Temperatur T und der Masse M je Mol erhält man in idealen Gasen

$$c = \sqrt{\varkappa RT/M}\,;$$

die Schallgeschwindigkeit hängt hier nicht vom Druck ab. Bei isothermer Ausbreitung wird

$$c = \sqrt{p/\varrho}\,.$$

Mehratomige Gase zeigen bei Ultraschallfrequenzen eine auf molekulare Absorption zurückzuführende Zunahme der Schallgeschwindigkeit (→Dispersion elastischer Wellen); auf das Vorhandensein von Dispersionsgebieten bei sehr hohen Frequenzen weisen Bruchbeobachtungen an Silikatgläsern hin.

Man mißt Schallgeschwindigkeiten mit dem →Kundtschen Rohr, dem → Quinckeschen Rohr, dem →Schallinterferometer, dem →Echolot sowie auf optischem Wege (→Schlierenmethode, →Lichtbeugung an Ultraschallwellen), wobei man Gebrauch macht von dem zwischen der Schallgeschwindigkeit c, der Schallfrequenz ν und der Schallwellenlänge λ bestehenden Zusammenhang $c = \lambda\nu$.

In Gasen stellt die Schallgeschwindigkeit eine aerodynamisch wichtige Grenze dar; überschreitet die Geschwindigkeit, mit der ein fester Körper sich relativ zu seiner gasförmigen Umgebung bewegt, die Schallgeschwindigkeit, so ändern sich fast unvermittelt das Aussehen des Strömungsfeldes und die Größe des Widerstandsbeiwertes (→Überschallgeschwindigkeit).

Einige Werte der Schallgeschwindigkeit bei Zimmertemperatur: Kautschuk 50 m s^{-1}, Luft 340 m s^{-1}, Wasserstoff 1300 m s^{-1}, Wasser 1440 m s^{-1}, Aluminium 5102 m s^{-1}.

D'Ans, J., u. *E. Lax:* Taschenb. f. Chemiker u. Physiker. Berlin 1949. — *Bergmann, L.:* Der Ultraschall. Stuttgart 1949.

Schallgitterspektroskop →Gitter, akustisches.

Schallhärte, das komplexe Verhältnis des Schalldrucks zum Schallausschlag, dient zur Kennzeichnung des Verhaltens eines Empfängers oder Mediums gegenüber einer Schallerregung. In einem Medium der Dichte ϱ ist sie bei einer Schallgeschwindigkeit c und der Kreisfrequenz ω definiert als $H = \varrho c \omega$. Demgemäß werden Medien

mit großem →Schallwellenwiderstand ϱc (feste Körper) als *schallhart*, solche mit kleinem Schallwellenwiderstand (Luft) als *schallweich* bezeichnet.

Schallintensität →Schallstärke.

Schallinterferometer, dient zur Messung der Schallgeschwindigkeit, vornehmlich im Ultraschallgebiet. Das zu untersuchende Medium (Flüssigkeit oder Gas) befindet sich in einem Rohr R, dessen Bodenfläche durch einen mit bekannter Frequenz schwingenden Quarz Q oder einen sonstigen Schallerzeuger gebildet wird (Abb.). Parallel zur Oberfläche von Q ist ein in der Höhe verschiebbarer Reflektor S (z. B. eine Metallplatte) angeordnet. Die von dem Reflektor zurückgeworfenen Wellen üben auf den Quarz eine an der elektrischen Leistungsaufnahme erkennbare Rückwirkung aus, deren Größe von der Phasenlage der rückkehrenden Welle abhängt und mithin bei stetiger Vergrößerung des Abstandes Reflektor— Quarz periodisch schwankt. Die Periodenlänge ist gleich der Wellenlänge des Schalls in dem betreffenden Medium; Multiplikation mit der Schwingungsfrequenz ergibt die Schallgeschwindigkeit. Außer aus der elektrischen Leistungsaufnahme

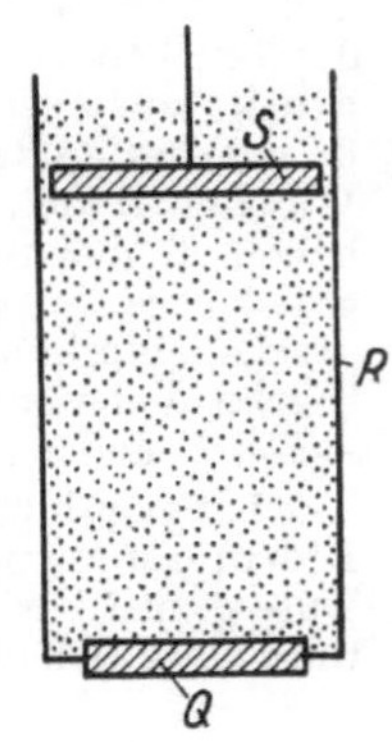

Schallinterferometer.

kann die Periodenlänge auch durch Beobachtung der maximalen optischen Beugungserscheinungen (→Lichtbeugung an Ultraschallwellen) oder im Hörbereich durch Abhören der Intensitätsmaxima bestimmt werden.

Bergmann, L.: Der Ultraschall. Stuttgart 1949.

Schallkräfte sind Kräfte, welche in Schallfeldern an Körpern auftreten, wenn deren Schallgeschwindigkeit von derjenigen des umgebenden Mediums abweicht. Meßtechnische Anwendung finden sie im →Schallradiometer. Auch die bei starken Ultraschallwellen an der Grenze zwischen einer Flüssigkeit und einem Gas oder einer anderen Flüssigkeit auftretenden *Flüssigkeitssprudel* werden zum Teil durch sie hervorgerufen. Körper mit einer von der Umgebung abweichenden Dichte erfahren im Schallfeld hydrodynamische Kräfte (*Bjerknes*), die sowohl zur Anziehung wie zur Abstoßung gleichartiger Teilchen führen können und die auch für das auf eine →Rayleighsche Scheibe ausgeübte Drehmoment verantwortlich sind. Anziehungs- und Abstoßungskräfte treten ferner im Nahfeld von Schallgebern auf; außerdem werden durch die Zähigkeit des flüssigen oder gasförmigen Mediums stationäre Strömungen erzeugt, die sich z. B. vor schwingenden Quarzen als →Quarzwind bemerkbar machen. →Schallstrahlungsdruck.

Bjerknes, V.: Die Kraftfelder. Braunschweig 1909. — *Prandtl, L.:* Führer durch die Strömungslehre. Braunschweig 1949. — *Bergmann, L.:* Der Ultraschall. Stuttgart 1949.

Schallplatte →Schallaufzeichnung.

Schallradiometer. Bringt man eine leichte Scheibe (z. B. ein Glimmerplättchen), deren Durchmesser groß gegenüber der Wellenlänge ist, in ein Schallfeld, so treten infolge des →Schallstrahlungsdruckes Kräfte in Richtung der Wellennormalen auf, die in einfachen Fällen der Schallstärke vor der Scheibe proportional sind. Zur

Messung der Schallstärke ergänzt man die Scheibe S durch ein Gegengewicht G und ein Spiegelchen Sp zu einer an einem dünnen Faden aufgehängten Torsionswaage (Schallradiometer). Statt einer

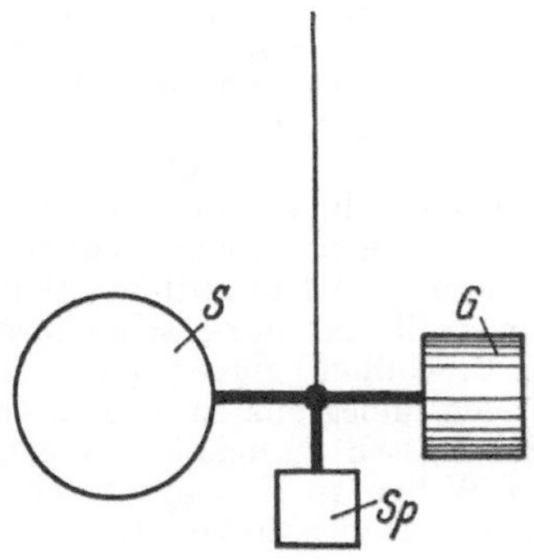

Schallradiometer.

Scheibe findet man gelegentlich auch die theoretisch leichter zu behandelnde Kugel.

Hartmann, J., u. *T. Mortensen:* Ingeniorvidenskabelige Skrifter d. Akad. d. techn. Wiss. Kopenhagen 1948, Nr. 2.

Schallreflexion. Schallwellen werden an der Grenzschicht zweier Medien reflektiert, wenn die beiden Medien verschiedene →Schallwellenwiderstände haben. Insbesondere wird eine in Luft laufende Schallwelle an der Oberfläche einer Flüssigkeit oder eines festen Körpers reflektiert, wie umgekehrt eine in Flüssigkeiten oder festen Körpern laufende Schallwelle an der Grenze gegen Luft reflektiert wird. Zur Reflexion ist außerdem erforderlich, daß das reflektierende Hindernis groß gegen die Schallwellenlänge ist; andernfalls tritt →Beugung ein. Im allgemeinen wird nur ein Teil der Schallenergie reflektiert; der andere Teil dringt in das zweite Medium ein (→Schallbrechung). An der Grenze zwischen einem Medium von geringer Schallgeschwindigkeit c_1 und einem solchen von größerer Schallgeschwindigkeit c_2 tritt jedoch →Totalreflexion ein, wenn der Einfallswinkel α die Bedingung $\sin\alpha = c_1/c_2$ überschreitet. So ergibt sich z. B. für die Totalreflexion von Luftschall an einer Wasseroberfläche ein Grenzwinkel von 13°. Nur Schall, der unter einem kleineren Einfallswinkel auftrifft, vermag in das Wasser einzudringen.

Schallschluckung, die Vernichtung der in einem Raum vorhandenen Schallenergie durch Absorption, d. h. Umwandlung in Wärme. Als Schallschluckstoffe zur künstlichen Beeinflussung raumakustischer Eigenschaften verwendet man entweder poröse (Filz, Glaswolle) oder gedämpft mitschwingende Stoffe (Holzplatten, Tuch, Papier).

Lübcke, E.: Schallabwehr im Bau- u. Maschinenwesen. Berlin 1940.

Schallschnelle, die Wechselgeschwindigkeit der schwingenden Teilchen (→Schnelle), dient neben dem Schalldruck p zur Kennzeichnung eines Schallfeldes. Bei sinusförmigen Schwingungen ist die Schnelle s gleich dem Produkt aus Schwingungsamplitude a und Kreisfrequenz ω, also $s = a\omega$. Zwischen ihr und dem Schalldruck kann eine Phasenverschiebung φ bestehen, die z. B. bei stehenden Wellen den Wert 90° hat; für Kugelwellen der Wellenlänge λ wird in einer Entfernung r von der Quelle $\mathrm{tg}\,\varphi = \lambda/(2\pi r)$. In

ebenen fortschreitenden Wellen ist $\varphi = 0$, solange die Schallabsorption infolge innerer Reibung zu vernachlässigen ist. In schallabsorbierenden Medien dagegen hat φ einen endlichen Wert, weshalb der zur Kennzeichnung schalleitender Medien verwendete →Schallwellenwiderstand $Z = p/s$ im allgemeinen komplex ist. Das mit dem Schallwellenwiderstand multiplizierte Quadrat des Effektivwerts der Schnelle ($s_{\mathrm{eff}}^2 |Z|$) wird als →Schallstärke bezeichnet. Eine Messung der Schallschnelle, die mit dem Bändchenmikrophon oder der →Rayleigh-Scheibe erfolgen kann, liefert bei bekanntem Schallwellenwiderstand zugleich die Schallstärke. Qualitative Untersuchungen lassen sich mit der →schallempfindlichen Flamme ausführen.

Schallspektroskopie. Von den in der Optik üblichen Verfahren der Spektralanalyse, die auf Interferenz, Beugung oder Dispersion beruhen, lassen sich die beiden ersten auch auf Schallwellen übertragen; man hat sowohl akustische Plattenspektroskope (Interferometer) als auch akustische Beugungsgitter (→Gitter, akustisches) gebaut. Die gleichzeitige Aufnahme eines großen Spektralbereichs gelingt jedoch nur mit Verfahren, die ähnlich wie das Ohr eine große Zahl gleichzeitig wirksamer Resonatoren (Filter) anwenden; diese können sowohl mechanischer (schwingende Saiten, Zungen) als auch elektrischer Art sein (→Tonfrequenz-Spektrometer, →sichtbare Sprache). Ferner lassen sich stroboskopische Effekte zur Analyse heranziehen (→Stroboskop, →Imahori-Gerät). Zur Analyse stationärer Klänge und Geräusche ist das →Suchtonverfahren sehr geeignet. Schließlich hat man auch die Möglichkeit, den Schallvorgang optisch zu registrieren und die Tonspur als Beugungsgitter zu benutzen (→Fourier-Analyse von Klängen) oder mit Hilfe eines →Periodographen zu analysieren (→Periodogramm).

Meyer-Eppler, W.: Exp. Schwingungsanalyse. Erg. exakt. Naturwiss. **23** (1950).

Schallstärke oder *Schallintensität* J, die eine Fläche von 1 cm² in 1 s durchsetzende Schallenergie. Es ist $J = p_{\mathrm{eff}} s_{\mathrm{eff}} \cos\varphi$, worin p_{eff} und s_{eff} die Effektivwerte von →Schalldruck und →Schallschnelle und φ die Phasenverschiebung zwischen beiden sind. Zur Bestimmung der Schallstärke genügt die Messung des Schalldrucks *oder* der Schallschnelle, da beide miteinander über den →Schallwellenwiderstand des Mediums zusammenhängen. Das Ohr ist im Gebiet seiner maximalen Empfindlichkeit imstande, eine Schallstärke von 10^{-16} W/cm² wahrzunehmen; eine Schallstärke von 10^{-4} W/cm² ist eben noch ertragbar. Größenordnung von Schallstärken: Unterhaltungssprache 10^{-9} W/cm², Ultraschall bis zu 10 W/cm².

Schallstrahlen, zur vereinfachenden Beschreibung von Schallausbreitungsvorgängen benutzte geometrische Darstellung des Verlaufs der →Wellennormalen. Die Achse eines Parallelwellenbündels wird als *Hauptstrahl* bezeichnet.

Schallstrahlungsdruck. Körper, deren Dichte von der des umgebenden flüssigen oder gasförmigen Mediums abweicht, erfahren in stehenden oder fortschreitenden Schallwellenfeldern einen Schallstrahlungsdruck, d. h. Kräfte in Richtung der Wellennormalen, die der Energiedichte im schallführenden Medium proportional sind. In stehenden Wellen werden kleine Körper, die dichter als ihre Umgebung sind, zu den Wellenbäuchen, dagegen solche, die weniger dicht als ihre Umgebung sind, zu den Wellenknoten hin getrieben (→Kundtsche Röhre). Bei Ultraschallwellen kann der Strahlungsdruck so groß werden, daß aus der Oberfläche von beschallten Flüssigkeiten dezimeterhohe Sprudel aufsteigen. Zur Messung des Schallstrahlungsdrucks ist das →Schallradiometer geeignet.

King, L. V.: Proc. roy. Soc., Lond. (A) **147**, 212 (1934).

Schallstrahlungswiderstand. Die gesamte von einer Schallquelle abgestrahlte akustische Leistung N läßt sich aus dem Effektivwert der Schnelle s der Strahleroberfläche mittels der Gleichung $N = R s_{eff}^2$ berechnen. R ist der Schallstrahlungswiderstand der Quelle; er hängt außer vom →Schallwellenwiderstand des Mediums auch von der Wellenlänge ab. Bei →Kugelstrahlern, deren Durchmesser groß gegen die Wellenlänge ist, erhält man ihn als Produkt aus Kugeloberfläche und Schallwellenwiderstand. Zwingt man den Schall durch einen vor die Schallquelle gesetzten langen Trichter mit dem räumlichen Öffnungswinkel χ in eine bestimmte Richtung, so erhöht sich der Schallstrahlungswiderstand auf das $4\pi/\chi$-fache.

Schallübergang durch eine Trennfläche zwischen zwei verschiedenen Medien ist um so schlechter, je mehr Schall in der Trennfläche reflektiert wird. Ist q das Verhältnis der →Schallwellenwiderstände der beiden aneinandergrenzenden Medien, so besteht zwischen der →Schallstärke J_e der auf die Trennfläche zu laufenden und der Schallstärke J_d der sie durchdringenden Welle die Beziehung $J_d = J_e \, 4q/(1 + q)^2$.

Berger, R.: Die Schalltechnik. Braunschweig 1926.

Schallübertragung. Die Treue der Schallübertragung durch ein akustisches oder elektroakustisches System hängt von der Art und Größe der →linearen und →nichtlinearen Verzerrungen ab, dazu von der spektralen Zusammensetzung des zu übertragenden Schallvorgangs. Erfahrungsgemäß wird ein Übertragungsfrequenzband von gegebener Breite dann am günstigsten ausgenutzt, wenn das Produkt aus unterer und oberer Grenzfrequenz bei 10^6 Hz² liegt. Geringen Bandbreiten entspricht eine geringe Übertragungsqualität, bei Sprache eine geringe →Silbenverständlichkeit. Der infolge von nichtlinearen Verzerrungen entstehende →Klirrfaktor darf bei Musik 5% nicht überschreiten, während bei Anlagen zur bloßen Nachrichtenübermittlung Werte von 50% zulässig sind.

Lichte, H., u. *A. Narath:* Physik u. Technik d. Tonfilms. Leipzig 1943.

Schallwellen im engeren Sinne sind elastische Wellen in festen, flüssigen und gasförmigen Medien, deren Frequenz zwischen etwa 20 und 20000 Hz (→Hörbarkeit) liegt. Elastische Wellen geringerer Frequenz werden als →Infraschallwellen, solche höherer Frequenz als →Ultraschallwellen bezeichnet. Schallwellen breiten sich in Flüssigkeiten und Gasen nur als →Longitudinalwellen (Kompressionswellen) aus; in festen Stoffen sind auch elastische →Transversalwellen (Scherungswellen) möglich. Die Fortpflanzungsgeschwindigkeit der Schallwellen (→Schallgeschwindigkeit) liegt zwischen 50 und 5000 m s⁻¹ und zeigt bei mehratomigen Gasen und einigen Festkörpern im Ultraschallgebiet →Dispersionserscheinungen. Inhomogenitäten im schallführenden Medium rufen Störungen der geradlinigen Ausbreitung in Form von Schallbrechung, -reflexion und -beugung hervor. Für Schallwellen mit sehr hoher Druck-

amplitude (→Knallwellen) gilt das Gesetz der ungestörten Superposition nicht, da bei ihnen die Wellenberge — als Stellen hoher Dichte — rascher fortschreiten als die Täler. — Ferner →Sichtbarmachung von Luftschallwellen im *Nachtrag.*

Handb. d. Physik VIII. Berlin 1927. Handb. d. Experimentalphysik XVII/1. Leipzig 1943. — *Müller-Pouillet:* Lehrb. d. Physik I/3. Braunschweig 1929.

Schallwellenwiderstand oder *Schallwiderstand,* das Verhältnis von Schalldruck zu Schallschnelle, dient zur Kennzeichnung der akustischen Eigenschaften homogener elastischer Medien. Der Schallwellenwiderstand Z ist in Luft bei nicht zu hohen Frequenzen reell, in stark schallabsorbierenden Medien (z. B. Gummi) dagegen komplex. In absorptionsfreien unbegrenzten Medien der Dichte ϱ und der Schallgeschwindigkeit c berechnet er sich bei ebenen Wellen zu $Z = \varrho c$. Seine Einheit ist 1 g s⁻¹ cm⁻² $= 1$ *akustisches Ohm.* Zum Beispiel beträgt der Schallwellenwiderstand von Luft 41,5, von Wasser $1,5 \cdot 10^5$ und von Stahl $4 \cdot 10^6$ ak. Ohm.

Scharfe oder 2. Nebenserie der Alkalien, entspricht dem Übergang $2P - mS$ ($m = 2, 3, \ldots$). →Alkalispektren.

Schatten. Ein undurchsichtiger Körper wirft, wenn er von einer Lichtquelle beleuchtet wird, nach der abgewandten Seite einen Schatten. Das Schattengebiet wird durch die Gestalt des Körpers und die Gestalt der Lichtquelle bedingt und dadurch gefunden, daß man alle Randpunkte der Lichtquelle mit allen Randpunkten des Körpers geradlinig verbindet (weil die Lichtstrahlen geradlinig sind). Ins Gebiet des *Kernschattens* fällt gar kein Licht, weil, von jedem Punkt des Kernschattenraumes aus gesehen, der schattenwerfende Körper die Lichtquelle völlig zudeckt. Ins *Halbschatten*gebiet fällt Licht von den Teilen der Lichtquelle, die durch den schattenwerfenden Körper nicht zugedeckt werden. Bei verfeinerter Beobachtung sind mannigfache Strukturen im Schattenbereich festzustellen, weil die mit Strahlen gezeichneten Grenzen durch →Beugung überschritten werden.

Schattenmikroskop. Das Bild eines Gegenstandes wird durch Schattenprojektion von einer möglichst kleinen Strahlenquelle aus auf einen Schirm geworfen. In der Lichtoptik hat dieses Prinzip keine Bedeutung erlangt, da hier die Beugungserscheinungen schon bei verhältnismäßig großen Objekten die Schärfe des Bildes beeinträchtigen. Beim Elektronen-Schattenmikroskop nach *Börsch* wird eine kleine Glühkathode mit Hilfe zweier →Elektronenlinsen stark verkleinert abgebildet, wodurch sich sehr kleine „Elektronenquellen" in der Größenordnung von 10^{-5} mm herstellen lassen. Diese Strahlungsquelle entwirft von einem davor angebrachten Objekt ein vergrößertes Schattenbild auf einem Leuchtschirm oder einer Photoplatte, wobei bei gegebenem Leuchtschirmabstand die Vergrößerung um so höher ist, je kleiner der Abstand Objekt—Strahlenquelle ist. Bei sehr kleinen Objektabständen treten starke Bildverzeichnungen auf, als Folge der durch den Öffnungsfehler der Elektronenlinsen bedingten nicht idealen Abbildung der Elektronenquelle. Das maximale Auflösungsvermögen beträgt etwa 250 Å. Bei kristallinen Objekten erscheint außer dem Schattenbild ein überlagertes Beugungsdiagramm des Objekts, was für Elektronen-Beugungsuntersuchungen vorteilhaft ausgenützt werden kann, da gleichzeitig das Durchstrahlungsbild und das Beugungsbild eines Objekts erzeugt werden kann. Das Prinzip des Schattenmikroskops ist grundsätzlich auch bei Röntgenstrahlen anwendbar. Jedoch sind die Schwierigkeiten zur Erzeugung einer genügend intensiven kleinen Röntgenstrahlquelle sehr groß.

Börsch, H.: Z. techn. Phys. **20**, 346 (1939).

Schattenphotometer, die einfachste, jederzeit ohne weiteres improvisierbare Form eines →Gleichheitsphotometers für ganz grobe Messungen oder Schauversuche. Die zu vergleichenden Lichtquellen L_1, L_2 und ein Stab A (Bunsen-Stativ) werden so vor einer weißen Wand angeordnet, daß die

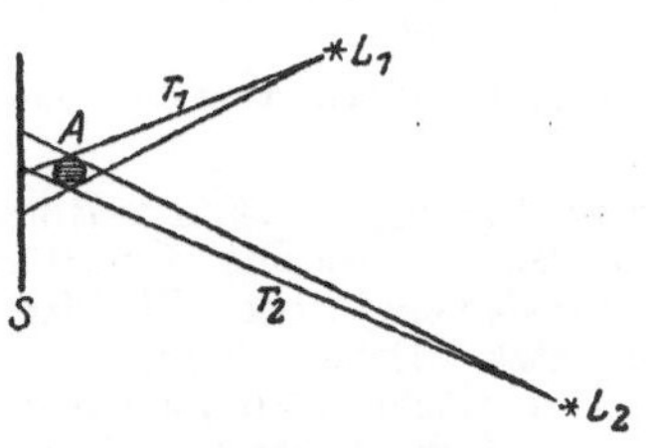

Schattenphotometer.

beiden vom Stab geworfenen Schatten, die je nur von einer der beiden Lichtquellen Licht empfangen, unmittelbar aneinandergrenzen und gleich hell beleuchtet erscheinen. Dann verhalten sich nach dem →Entfernungsgesetz die Lichtstärken der beiden Lichtquellen wie die Quadrate ihrer Abstände von der beschatteten Stelle der Wand.

Schattenreihe →Reizwert.

Schattigkeit, der Quotient aus der abgeschatteten und der ohne Abschattung vorhandenen Beleuchtungsstärke. Geschieht die Beleuchtung an einem Meßpunkt durch mehrere Lichtquellen, so muß man zwischen der Teil- und der Gesamtschattigkeit des Meßpunktes unterscheiden. Nach DIN 5035 soll die Schattigkeit in Beleuchtungsanlagen nicht kleiner als 0,2 und nicht größer als 0,8 sein.

Schätzmikroskop →Ablesemikroskop.

Schauer oder *Garben,* das gleichzeitige Auftreten von mehreren oder sogar sehr vielen Elektronen in der kosmischen Strahlung, die aus einer gemeinsamen Ursache entstanden sind. Man unterscheidet *Kaskadenschauer,* die durch Multiplikation nach den Gesetzen der Kaskadentheorie (→Schwächungsprozesse) entstehen, und *Explosionsschauer,* bei denen die einzelnen Elektronen nicht unmittelbar nacheinander, sondern gleichzeitig in *einem* Elementarakt entstanden sind und von einem gemeinsamen Zentrum ausgehen. Wenn die Energie der primären auslösenden Korpuskel genügend groß ist und der Anfang eines solchen Schauers genügend hoch über dem Beobachtungsort liegt, kann er aus vielen tausend Teilchen bestehen und sich über große Flächen auf dem Erdboden erstrecken (ausgedehnte Luftschauer nach *Auger*).

Neben Schauern aus Elektronen beobachtet man auch solche aus durchdringenden Teilchen (Mesonen), über deren Entstehungsvorgang man noch nicht genügend Bescheid weiß. Es scheinen ähnliche Prozesse der Mesonenpaarerzeugung wie bei der Elektronenpaarerzeugung möglich zu sein; aber es treten auch explosionsartige Prozesse auf. Auch werden Elektronenschauer aus dicken Materialschichten beobachtet, die ebenfalls nicht durch die weiche Elektronenkomponente der kosmischen

Strahlung, sondern durch die harte Mesonenkomponente erzeugt sein müssen.

Schauer werden meist mit Zählrohren oder Nebelkammern beobachtet. Schauer mit genügend großer Korpuskelzahl können wegen der großen von ihnen erzeugten Ionenmengen auch mit empfindlichen Ionisationskammeranordnungen nachgewiesen werden und werden dann als →*Stöße* bezeichnet.

Literatur →kosmische Strahlung.

Schaufelvervielfacher → Photoelektronen-Vervielfacher.

Schaum, ein →kolloides System, bei dem Gasblasen verschiedenster Größe durch dünne zusammenhängende Flüssigkeitshäutchen voneinander getrennt sind. Besonders zum Schäumen neigen wäßrige Lösungen →kapillaraktiver Stoffe, wie höhere Alkohole, Fettsäuren, Seifen, Saponine. Das Schaumvermögen, etwa durch die Schaumdauer oder die Höhe der Schaumsäule gekennzeichnet, kann durch Zusatz feinverteilter, schlecht benetzbarer fester Stoffe (Stabilisatoren) erhöht werden. Außer bei Reinigungsvorgängen spielen Schäume technisch u. a. eine Rolle bei der Flotation von Erzen, bei Feuerlöschern, bei der Anreicherung von Naturstoffen durch Zerschäumungstrennverfahren. Auch die Zerstörung von Schäumen durch mechanische Vorrichtungen oder Chemikalien ist technisch wichtig.

Scheibengenerator, ein Hochspannungsgenerator nach dem Prinzip des →Bandgenerators, bei dem das Band durch zwei rotierende Scheiben ersetzt ist. Das von *Kossel* u. Mitarb. entwickelte, etwa 1 m hohe Gerät liefert bei 1850 U/min einen Strom von 500 μA bei einer Spannung von 410 kV.

Kossel, W., u. *W. Herchenbach,* Z. Naturf. **6 a**, 166 (1951).

Scheinbare Höhe der Ionosphäre →Reflexionshöhe.

Scheinbeschleunigung, Scheinkraft, häufig benutzte Bezeichnungen für die zusätzlichen Beschleunigungen und die →Trägheitskräfte, die beim Übergang von der Beschreibung eines Vorganges in einem Inertialsystem zur Beschreibung in einem beschleunigten (also auch einem rotierenden) Bezugssystem auftreten. Diese Bezeichnungen sind jedoch nicht zu empfehlen. Denn es handelt sich von dem physikalisch durchaus berechtigten Standpunkt eines mitbeschleunigten Beobachters aus um echte Beschleunigungen und Kräfte, welche sämtliche Eigenschaften haben, die diesen Größen gemäß ihrer Definition zukommen.

Scheinbewegungen, Urteilstäuschungen über die Lageveränderungen von Objekten. Vorwiegend psychologisch bestimmt („ichbezogene Beurteilung der Wahrnehmung") sind die im Rahmen von Relativbewegungen erfolgenden Scheinbewegungen (Horizontverschiebungen, -drehungen und -schwankungen bei Eigenbewegung usw.), ferner die im Anschluß an ein →Bewegungssehen auftretenden und entgegengesetzt verlaufenden scheinbaren Nachbewegungen von Objekten. Eine physiologische Komponente haben die Scheinbewegungen ruhender kleinerer Objekte bei Bewegung von größeren Bezugssystemen (z. B. des Mondes hinter ziehenden Wolken) und die beim Fixieren ruhender Objekte vor bewegtem Hintergrund auftretenden Scheinbewegungen (z. B. einer Landschaft in Fahrtrichtung, des Betrachters entgegen der Bewegung fallender Schneeflocken, fließender Flüsse), indem die zum Fixieren aufgewendete Innervationsenergie

ein der Bewegung entgegengesetztes Richtungs-
vorzeichen annimmt und damit Bewegung in dieser
Richtung vortäuscht. Rein physiologisch bedingt
sind die stroboskopisch erzeugten Bewegungs-
empfindungen (→Bewegungssehen).

Bei der Stroboskopie gleichartiger Objekte (z. B.
Radspeichen) wird die Richtung der empfundenen
Bewegung von der Höhe der Reizfrequenz bestimmt. Übertrifft diese die zu einer erneuten
Reizung jedes Netzhautortes durch einen (gleichartigen) Folgereiz erforderliche Zeit, so läuft die
Scheinbewegung des Gesamtsystems dem Folgereiz
entgegen, während sie ihm im umgekehrten Falle
folgt; entspricht die Reizfrequenz der Reizbewe-
gung, so erfolgt Scheinstillstand des Systems.

Trendelenburg, W.: Der Gesichtssinn. Berlin 1943.

Scheindiffusion →Massenaustausch.

Scheiner-Grad, früher zur Kennzeichnung der
Empfindlichkeit photographischer Schichten verwendet. Heute wird statt dessen durchweg nach
°DIN (→Grad DIN) bewertet. Eine Umrechnung
ist wegen der grundsätzlichen Verschiedenartig-
keit der Ermittlungsverfahren nicht streng möglich.

Scheinleistung eines Wechselstromes, das Produkt aus effektiver Spannung und Stromstärke
ohne Rücksicht auf die Phasenverschiebung zwischen beiden, $N_s = U_{eff}\, i_{eff}$. Sie wird also in V A
gemessen und stellt zahlenmäßig den höchsten
Wert der Leistung dar, entspricht also dem Grenzfall, daß die Phasenverschiebung den Wert Null
hat. Bei Leistungsangaben von Maschinen und
Geräten wird immer die Scheinleistung angegeben,
da die Belastungsfähigkeit durch die Temperaturerhöhung bedingt ist, die nicht vom Phasenwinkel
abhängt.

Scheinleitung →Massenaustausch.

Scheinleitwert oder *Admittanz,* der Kehrwert
des Scheinwiderstandes $|\Re|$, also $|\mathfrak{G}| = 1/|\Re|$.
→Wechselstromwiderstand.

Scheinreibung →Reibung in der Atmosphäre.

Scheinwerfer sind Geräte, die durch Zusammen-
bau eines sammelnden Systems (Hohlspiegel oder
Linse) und einer Lichtquelle entstehen. Sie bilden
die Lichtquelle in großer Entfernung, meist im
Unendlichen, ab und dienen zur Fernbeleuchtung.
Die Lichtquelle steht dann im Brennpunkt des
optischen Systems. Dieses soll möglichst frei von
sphärischer Aberration sein, geringe Lichtverluste
zeigen und möglichst frei von störenden Reflexbildern zur Vermeidung unerwünschter Vorfeld-
beleuchtung sein. Linsenscheinwerfer dienen hauptsächlich für Signalzwecke (Abb. 1 bis 4). Auch

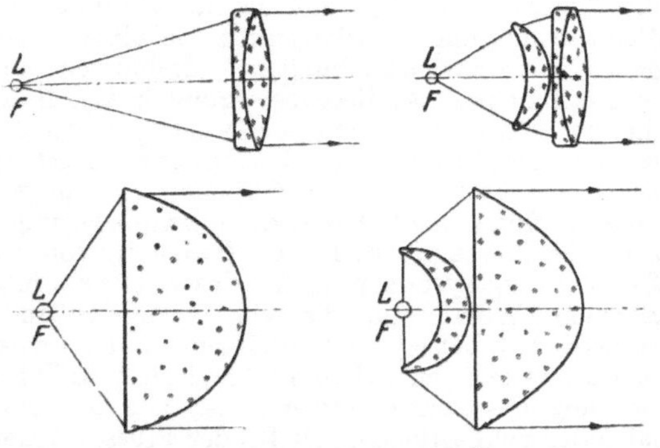

Abb. 1—4. Linsenscheinwerfer verschiedenen Öffnungswinkels.

Spiegel, die mit Linsensystemen kombiniert sind
(Mangin-Spiegel), finden Verwendung (Abb. 5). Die
günstigste Form eines zur Fernbeleuchtung dienen-

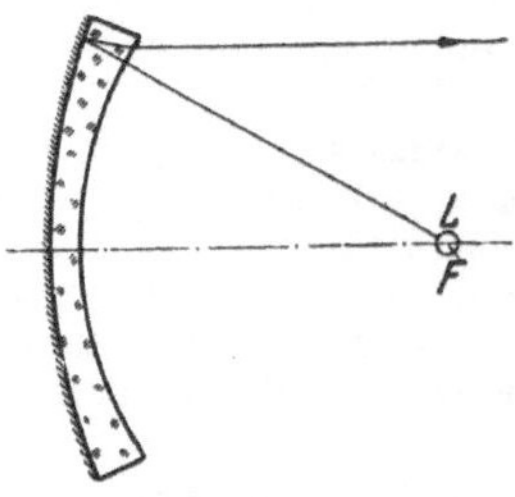

Abb. 5. Spiegellinsenscheinwerfer (Mangin-Spiegel).

den Scheinwerferspiegels ist ein Rotationspara-
boloid (Abb. 6). Es werden Oberflächenspiegel
(Abb. 6), vorwiegend aber Rückflächenspiegel
(Abb. 7) benutzt. Hierbei können Vorder- und
spiegelnde Rückfläche Paraboloide sein, wobei
dann die dazwischenliegende Glasschicht brechende Wirkung hat und geringe zusätzliche sphärische Aberration hervorruft. Dieser Fehler läßt
sich beheben, wenn man der spiegelnden Rückfläche eine vom Paraboloid abweichende asphärische Form gibt (Abb. 7).

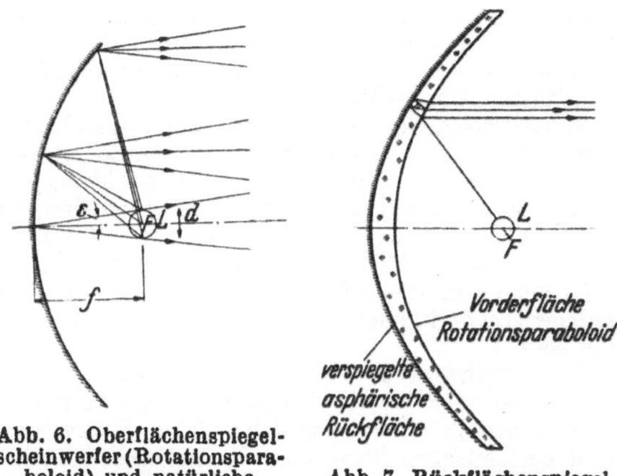

Abb. 6. Oberflächenspiegel-
scheinwerfer (Rotationspara-
boloid) und natürliche
Streuung.

Abb. 7. Rückflächenspiegel-
scheinwerfer.

Die endliche Größe der Lichtquelle bedingt eine
„natürliche Streuung" eines Scheinwerfers (Abb. 6).
Der Streuwinkel 2ε hängt von der Brennweite f
des Spiegels und dem Durchmesser d der kugelförmig angenommenen Lichtquelle ab und ist
$\mathrm{tg}\,\varepsilon = d/2f$. Bei unscharf begrenzter Abbildung
bezeichnet man als Streuung den Winkel, inner-
halb dessen der auf der Achse gelegene maximale
Wert der Lichtstärke auf die Hälfte oder auf ein
Zehntel abgefallen ist.

Die Wirkung der Scheinwerfer beruht darauf,
daß die kleine Leuchtfläche der im Brennpunkt
angebrachten Lichtquelle durch die bedeutend
größere Spiegelfläche ersetzt wird, die nahezu mit
der gleichen Leuchtdichte strahlt. Dabei wird der
Raumwinkel, in den die Strahlung erfolgt, auf die
„natürliche Streuung" des Scheinwerfers verkleinert. Von einer bestimmten Entfernung an
sieht ein Beobachter die gesamte freie Spiegelfläche vollständig ausgeleuchtet (photometrische
Grenzentfernung). Von dieser Entfernung an gilt

für die Beleuchtungsstärke das quadratische Entfernungsgesetz. Die Lichtstärke J ergibt sich aus der Fläche F, der Leuchtdichte der Lichtquelle B und dem Reflexionsvermögen ϱ des Spiegels. Gegebenenfalls ist dabei die Lichtdurchlässigkeit des optischen Systems zu beachten. Es ergibt sich $J = \varrho F B$. Man hat mit Hochstrombogenlampen mit Beck-Effekt und Spiegeln von 3 m Durchmesser Lichtstärken von $8 \cdot 10^9$ cd erreicht.

Sewig, R.: Handb. d. Lichttechnik. Berlin 1938.

Scheinwiderstand oder *Impedanz*, der Absolutwert des →Wechselstromwiderstandes $|\Re|$.

Scheitelbrechwert (-kraft) einer Linse, der Kehrwert der in Meter gemessenen →Schnittweite des bildseitigen →Brennpunkts; wird in Dioptrien gemessen. Er ist bei →Brillengläsern das gebräuchliche Maß für die Stärke des Brillenglases, indem man nach zweckmäßiger Übereinkunft den augenseitigen Brillenglasscheitel in 12 mm Entfernung vom Hornhautscheitel des Auges annimmt und somit einen festen Bezugspunkt für die Lage des →Fernpunkts des Auges (der mit dem Brennpunkt des Brillenglases zusammenfallen muß) zum Brillenglas hat, der sich mit der →Durchbiegung des Brillenglases in kontrollierbarer Weise ändert.

Scheitelfaktor und *Formfaktor* einer Wechselstromgröße geben Aufschluß über deren Kurvenform, die nicht nur von dem Oberwellenanteil, sondern auch von deren Phasenlage abhängt. Der Scheitelfaktor ist das Verhältnis Scheitelwert : Effektivwert einer Wechselstromgröße A_{max}/A_{eff}, der Formfaktor das Verhältnis Effektivwert : arithmetischem Mittelwert A_{eff}/A_{ar}. Die Zahlenwerte betragen für die

	Formfaktor	Scheitelfaktor
Rechteckkurve .	1,000	1,000
Sinuskurve . .	1,111	1,414
Dreieckkurve . .	1,155	1,732

Weitere Funktionen vgl. ATM V 3620-2.

Scheitelspannungsmesser. Für die Erfassung bestimmter physikalischer Effekte, wie z. B. der Durchschlagsfestigkeit bei Wechselspannungsbeanspruchungen, ist die Messung des während einer Periode auftretenden momentanen Maximalwertes der Spannung (Scheitelspannung) notwendig.

a) In der *Kugelfunkenstrecke* hat man ein Meßgerät, bei dem die elektrischen Messungen auf Längenmessungen (Kugeldurchmesser und Kugelabstand) zurückgeführt sind. Temperatur und Barometerstand sind allerdings bei den für die Überschlagspannung aufgestellten Tabellen zu berücksichtigen (Regeln für die Messung mit der Kugelfunkenstrecke VDE 0430).

b) Durch *Gleichrichtung* mittels Ventilröhren wird entweder der Ladestrom eines Hochspannungskondensators oder die Ladespannung eines Meßkondensators der Messung an einem Ausschlagsinstrument zugänglich gemacht.

c) Durch einen *regelbaren Spannungsteiler* (z. B. kapazitiver Hochspannungsteiler) kann der Scheitelwert mit einer auf einen bestimmten Spannungswert ansprechenden Meßeinrichtung (Glimmröhre oder Stromtor) abgetastet werden.

d) Man kann auch durch Kompensation der Wechselspannung gegen ihre mittels eines *Resonanzkreises* herausgesiebte Grundwelle die Oberwellen für sich z. B. auf dem Leuchtschirm einer Braunschen Röhre in Abhängigkeit von der Grundwellenspannung darstellen und aus der Kurvenformabweichung den Scheitelwert bestimmen.

e) Beim *rotierenden Hochspannungsvoltmeter* läßt man zwei mit einem Kollektor verbundene metallische Halbzylinder zwischen zwei Hochspannungselektroden umlaufen und mißt den Ausschlag eines an den Kollektor angelegten Gleichstrominstruments; bei Wechselspannungsmessungen entspricht bei synchronem Antrieb der Maximalausschlag dem Scheitelspannungswert.

f) Ein absolutes Verfahren stellt die Bestimmung der maximalen Wellenlänge λ [Å] eines *Röntgenspektrogramms* dar, da der Maximalzahlenwert der Spannung $U = 12{,}37/\lambda$ [kV] ist (→Duane-Huntsches Gesetz).

Scheitelwert = →Amplitude.

Scherspannungen →Spannungen, elastische.

Scherung →Deformation, →Schiebung.

Scherung der Magnetisierungskurve. Bei einem Ellipsoid in einem homogenen äußeren Magnetfeld H_a ist die Feldstärke H_i im Innern um den Betrag des entmagnetisierenden Feldes NJ (N Entmagnetisierungsfaktor, J Magnetisierung) kleiner als das äußere Feld, also $H_i = H_a - NJ$. Bei Messungen erhält man unmittelbar nur den Zusammenhang zwischen der Magnetisierung und dem äußeren Feld H_a (Abb. 1). Um den für die Eigen-

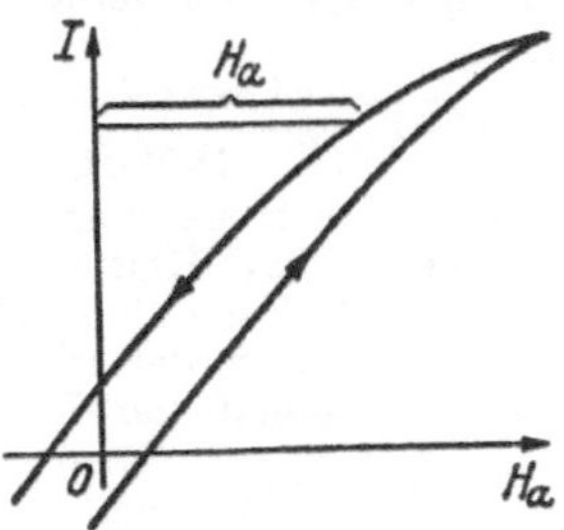

Abb. 1. Ungescherte Magnetisierungskurve.

schaften des Materials charakteristischen Zusammenhang zwischen der Magnetisierung und der inneren Feldstärke H_i zu erhalten, muß man die gemessene Magnetisierungskurve „scheren". Man zeichnet zu diesem Zweck in ein rechtwinkliges Koordinatensystem die Gerade mit der Gleichung $H = -NJ$. (Gerade OS in Abb. 2.) Hat man bei

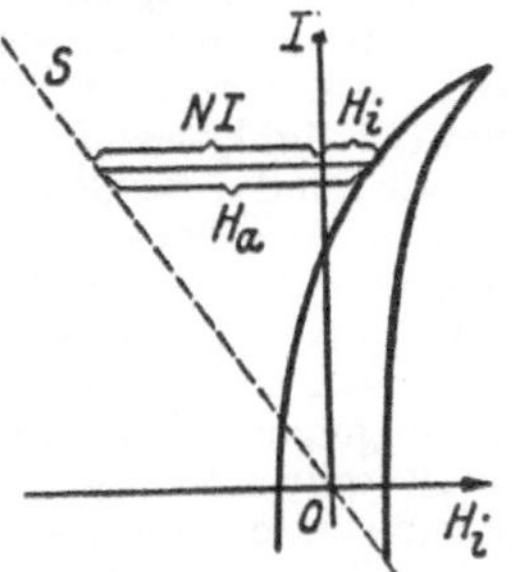

Abb. 2. Die Kurve der Abb. 1 nach Scherung.

einem äußeren Feld H_a die Magnetisierung J gemessen, so trägt man in der Höhe J das Feld H_a von dieser Linie aus parallel zur H-Achse ab. Dann wird die Abszisse gleich der inneren Feldstärke H_i. Die so gezeichnete Magnetisierungskurve bezeichnet man als die *gescherte Kurve*, die Kurve von J gegen H_a als die *ungescherte Kurve*.

Würschmidt, J.: Theorie d. Entmagnetisierungsfaktors u. d. Scherung. Braunschweig 1925.

Scherungsmodul →Elastizitätskonstanten.

Scherungsreibung →Gasreibung.

Scherungswellen →Transversalwellen.

Schichtaufgang, Wiedereinsetzen der Reflexionen an der Ionosphäre infolge der Zunahme der Elektronendichte um Sonnenaufgang (→Durchgehen der Reflexionen).

Schichten in Gasentladungen → geschichtete Säule. In der positiven Säule reiner Edelgase treten unterhalb einer Grenzstromstärke von Anode zu Kathode *laufende Schichten* auf, die nur bei stroboskopischer Beobachtung als solche erkannt werden. Die Geschwindigkeit der Schichten ist etwa gleich der Wanderungsgeschwindigkeit der positiven Ionen.

Pupp, E.: Phys. Z. **36**, 61 (1935); Z. techn. Phys. **15**, 257 (1934).

Schichten der Ionosphäre →Ionosphäre, →*E*-Schicht, →*F*-Schicht, →Ionisation der Ionosphäre.

Schichtenströmung →Laminarbewegung.

Schichtform. Die Form der →Ionosphärenschichten ist gegeben durch die Verteilung der Elektronendichte mit der Höhe. Auf Grund des Ionisierungsvorganges erhält man als wahrscheinlichste Schichtform eine →Chapman-Schicht, die in guter Näherung dargestellt werden kann durch die Gleichung

$$N(z) = N \, \frac{4 \exp(z/z_0)}{[1 + \exp(z/z_0)]^2}$$

(N Elektronendichte, z Höhe vom Schichtmaximum aus gerechnet, $2z_0$ Halbwertsbreite der Schicht). Eine ebenfalls brauchbare Näherung ist die *parabolische Schicht*, in der die Elektronendichte von der Höhe gemäß der Gleichung

$$N(z) = N \left(1 - \frac{z^2}{z_0^2} \right)$$

($2z_0$ Schichtbreite an der Stelle $N = 0$) abhängt. Sie hat den wesentlichen Vorteil, daß sie mathematisch einfach zu behandeln ist. Man betrachtet die Schichten durchweg als symmetrisch, d. h. mit dem gleichen Abfall nach unten und oben. Der Beobachtung zugänglich ist lediglich die Schichtunterseite. Die tatsächliche Schichtform ist oft wesentlich komplizierter, als den Gleichungen entspricht (Stufen, sekundäre Maxima).

Schichtgitter sind Kristallgitter, deren gleichartige Atome oder Ionen in parallelen Netzebenen angeordnet sind, z. B. Graphit C, Molybdänglanz MoS_2, Cadmiumjodid CdJ_2 usw. Bei mehratomigen Verbindungen, wie MoS_2, werden meist die von Kationen besetzten Netzebenen beiderseits durch Anionnetzebenen umgeben, so daß Schichten resultieren, innerhalb derer die Ionen durch elektrostatische Kräfte stark aneinander gebunden sind. Die aufeinanderfolgenden Schichten werden dagegen nur durch schwache van der Waalssche Kräfte zusammengehalten. Zu den Schichtgittern gehören auch die Glimmer und glimmerähnlichen Mineralien, in denen die Schichten auf zweidimensionalen Netzverbänden von SiO_4-Tetraedern beruhen. Die benachbarten Schichten werden durch eine verhältnismäßig geringe Anzahl von Kationen geringer Ladung miteinander verbunden. Daher ist die Schichtebene meist eine gute Spaltfläche. Schichtgitter sind fast ausschließlich hexagonal oder pseudohexagonal.

Schichtlinie →Drehkristallmethoden.

Schichtneigung. Entsprechend der Abhängigkeit der →Elektronendichte und der Schichthöhe von der geogr. Länge und Breite besteht in der →Ionosphäre neben dem vertikalen auch ein horizontaler Gradient der Ionisierung. Die Flächen gleicher Elektronendichte (*Isoionen*) liegen daher nicht parallel, sondern geneigt zur Erdoberfläche. Die Neigung in ostwestlicher Richtung ist am stärksten gegen Sonnenaufgang, wenn sich von Osten her die Schichten neu aufbauen, und zwar liegen die Isoionen im Osten niedriger als im Westen. Die Neigung kann in der F_2-Schicht mehrere Grad betragen. Nachmittags kehrt sich die Neigung um und ist nur gering ($^1/_2$°). Längs der Meridiane liegen die Isoionen im allgemeinen äquatorwärts etwas niedriger. Sehr beträchtliche Neigungen können bei →Ionosphärenstürmen auftreten. Durch die Schichtneigung tritt eine Abweichung der Ausbreitungswege vom Großkreis auf (→Großkreisabweichung).

Schichtstruktur = →Schichtgitter.

Schichtuntergang →Durchgehen der Reflexionen.

Schiebung, einfache, oder *Scherung* ist eine plastische Deformation eines Kristalls, die ihn in eine Zwillingsstellung zur ursprünglichen Lage bringt. Dabei gleitet ein Teil des Kristalls unter der Einwirkung eines einseitigen Druckes parallel der Grenzebene gegen den undeformiert bleibenden Rest derart, daß die Verschiebung eines jeden Punktes proportional seiner Entfernung von der Grenzebene ist. Ein kugelförmiger Ausschnitt aus dem Kristall wird zu einem dreiachsigen Ellipsoid (Deformationsellipsoid), von dessen beiden Kreisschnittebenen die *erste*, k_1, parallel der Grenzebene verläuft und *Gleitfläche der einfachen Schiebung* oder *Scherung* ist (Abb.). Die Ebene parallel der *Gleitrichtung* η_1 und senkrecht zur ersten Kreisschnittebene heißt die *Ebene der Schiebung*; sie enthält die größte (a) und kleinste (c) Hauptachse des

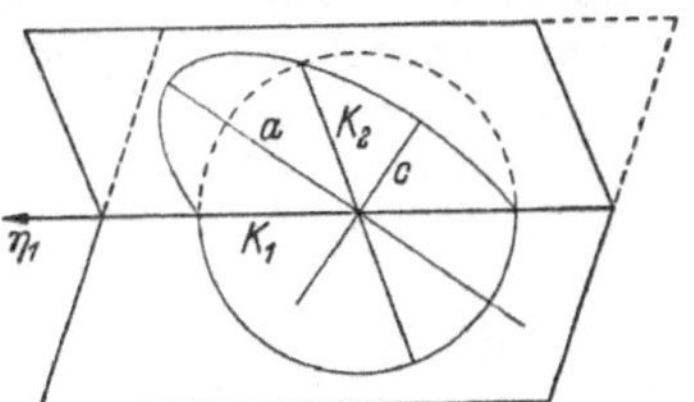

Einfache Schiebung.

Deformationsellipsoids. Die *zweite Kreisschnittebene* k_2 ist diejenige Ebene des Kristalls, die durch die Deformation die größte Drehung erleidet. Sie ist das Spiegelbild ihrer ursprünglichen Lage in bezug auf die Gleitfläche.

Die Erfahrung zeigt, daß die Gleitfläche k_1 eine Netzebene (rationale Fläche) und daß die Gleitrichtung η_1 eine Gittergerade (rationale Kante) des Kristalls ist. Eine Zwillingsbildung durch einfache Schiebung entsteht u. a. beim →Baumhauerschen Versuch.

Schiefe Ebene →einfache Maschinen.

Schielen, die Unfähigkeit zur Vereinigung der Blicklinien beider Augen auf einen gemeinsamen Blickpunkt. Außer durch Lähmung von Augenmuskeln als *Begleitschielen* bei sehr starker →Akkommodation (z. B. bei hochgradiger →Hyperopie bei Akkommodation zum Fernsehen), die reflektorisch mit einer Konvergenz der Augenachsen verbunden ist („Einwärtsschielen"). Ihm gegenüber das *Auswärts*schielen bei →Myopie.

Schießen und Strömen. Bei stationärem, gleichförmigem Abfluß einer Flüssigkeitsmenge Q in einem offenen Gerinne von der Breite b ist die verfügbare Summe der →Geschwindigkeitshöhe und der Ortshöhe

$$H_0 = \frac{v^2}{2g} + y = \frac{Q^2}{2g\,b^2\,y^2} + y = \frac{q^2}{2g}\,\frac{1}{y^2} + y = \text{const}$$

oder $y^3 - H_0 y^2 + q/2g = 0$. Da die negative Wurzel keine physikalische Bedeutung hat, kann eine Wassermenge Q bei gleicher Höhe der Energielinie H_0 bei zwei verschiedenen Wassertiefen y_1 und y_2 abfließen. Beide Lösungen fallen zusammen, wenn die Geschwindigkeit v gleich der →Schwallgeschwindigkeit c ist: $y_1 = y_2 = y_{kr}$ für $v = c = \sqrt{g\,y_{kr}}$. In diesem Falle, für den $\dfrac{v_{kr}^2}{2g} = \dfrac{1}{3}\,H_0$ und $y_{kr} = \dfrac{2}{3}\,H_0$ gelten, fließt bei gegebenem H_0 eine größtmögliche Menge Q bzw. ein gegebenes Q bei einem Kleinstwert H_0 min ab. Wenn $y_1 > y_{kr} > y_2$, fließt das Wasser bei einer Wassertiefe y_1 „*strömend*" (Fluß) mit der Unterschwallgeschwindigkeit $v_1 < v_{kr}$, bei einer Wassertiefe y_2 hingegen „*schießend*" (Wildbach) mit einer Überschwallgeschwindigkeit $v_2 > v_{kr}$ ab. In dem letzteren Falle können Störungen sich nicht stromaufwärts fortpflanzen. Berücksichtigt man den Einfluß der Reibung, so liegt je nach der →Rauhigkeit des Fließbettes die Grenze zwischen den beiden Fließzuständen bei einem Sohlengefälle $0,01 > i_0 > 0,001$, im allgemeinen bei etwa $0,004$. Von einem Überfall abstürzendes oder aus einer Schleuse austretendes Wasser hat meist Überschwallgeschwindigkeit, während die Bedingungen für den weiteren Abfluß nur dem langsameren „Strömen" entsprechen. Es wird auf kurzer Wegstrecke gebremst und geht in einem →Wassersprung in den Zustand des Strömens über.

Schiffskreisel →Stabilisierungskreisel.

Schirmbildphotographie →Röntgenmedizin.

Schirmgitterröhre oder Schutzgitterröhre (Tetrode), Elektronensteuerröhre mit einem auf hohem positivem Potential befindlichen Gitter zwischen Steuergitter und Anode. Die Bezeichnung entstammt der Bedeutung dieses Gitters als kapazitiver Abschirmung der Anode bei Hochfrequenz bzw. als Schutz vor Anodenrückwirkungen bei Endröhren. Der von der Kathode fortgeführte Elektronenstrom verteilt sich auf die beiden positiven Elektroden. Da bei Auftreffen der Primärelektronen auf diese Sekundärelektronen ausgelöst werden, die je nach den Potentialverhältnissen Sekundärströme zwischen den Elektroden zur Folge haben, so ergeben sich komplizierte Strom-Spannungskennlinien mit Gebieten negativen Widerstandes. Tetroden werden daher hauptsächlich noch als End- und Senderöhren verwendet, bei denen man durch geeignete Konstruktion den Einfluß der Sekundärelektronen auf ein Minimum herabzusetzen versucht.

Rothe, H., u.*W. Kleen:* Grundl. u. Kennlinien d. Elektronenröhren. Leipzig 1948.

Schirmwirkung, elektrische →Faraday-Käfig.

Schirmwirkung, magnetische. Befindet sich eine geschlossene Hülle aus einem magnetisch sehr weichen Material in einem äußeren Magnetfeld, so ist im Innern die magnetische Feldstärke viel kleiner als außen, weil das entmagnetisierende Feld der magnetischen Hülle das äußere Feld weitgehend kompensiert. Infolge der hohen Permea-

bilität der Hülle werden die Induktionslinien gleichsam in die Hülle hineingesaugt und lassen das Innere fast feldfrei. Zur Abschirmung gegen störende Magnetfelder umgibt man deshalb manche Geräte mit einem *magnetischen Panzerschutz* aus →Permalloy, →Mu-Metall oder ähnlichem hochpermeablem Material. Die Abb. 1 und 2 zeigen

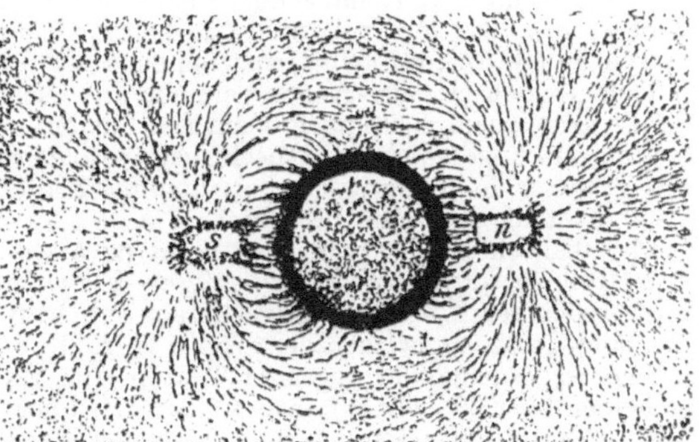

Abb. 1. Eisenring im magnetischen Felde.

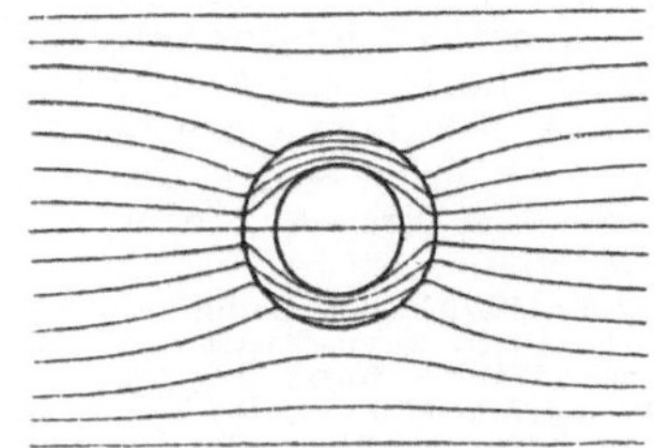

Abb. 2. Feldverlauf der Abb. 1, schematisch.

dies an einem zweidimensionalen Modell. Eine entsprechende, allerdings sehr viel geringere Schirmwirkung tritt bei den Feldern hochfrequenter Wechselströme infolge des Hauteffekts auch bei nicht ferromagnetischen Stoffen auf.

Schiasma →Tonsysteme.

Schlagfigur. Führt man einen kurzen Schlag auf eine spitze Nadel aus, die mit ihrer Spitze senkrecht auf eine Kristallfläche gesetzt ist, so bildet sich auf der Fläche eine sternförmige *Schlagfigur* (Abb.), deren Strahlen parallel rationalen

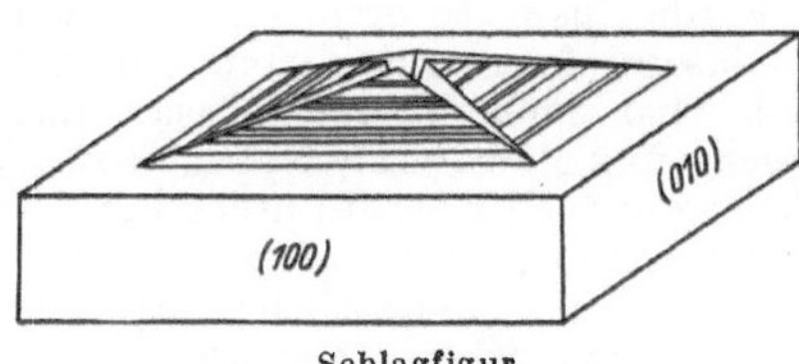

Schlagfigur.

Kristallflächen verlaufen, entsprechend der Kristallsymmetrie angeordnet und durch eine feine parallele Streifung miteinander verbunden sind. Die Streifen sind die Grenzen von Schichten, die durch die Nadel zum Herausgleiten gebracht werden. Durch das Ausweichen der gleitenden Schichten bilden sich Risse, die Strahlen der Figur. In der Abb. ist die Schlagfigur des Steinsalzes NaCl dargestellt, das eine Gleitung nach den Flächen $\{110\}$ zuläßt. Auf der Würfelfläche sieht man die Schichtköpfe der nach (011), $(01\bar{1})$, (101) und $(10\bar{1})$ herausgleitenden Pakete. Dabei entstehen Risse parallel den Flächen (110) und $(1\bar{1}0)$.

Eine ähnliche Erscheinung sind die *Druckfiguren*, die man durch Drücken mit einer kleinen Kugel, stumpfen Nadel od. dgl. erhält. Die Strahlen der Schlag- und Druckfiguren brauchen in ihren Richtungen nicht übereinzustimmen.

Schlagton. Die musikalische Bewertung einer →Glocke bezüglich der Tonhöhe erfolgt nicht nach einem ihrer Teiltöne, sondern nach dem sog. Schlagton. Dieser fällt bei guten Glocken mit dem 2. Teilton (Hauptton, Prime) zusammen. Er kann jedoch auch bis zu einer großen Sekunde und mehr davon abweichen, meist nach oben. Der Schlagton ist nur im Augenblick des Anschlages, besonders aus größerer Entfernung, hörbar, dominiert aber so, daß er die Tonhöhe bestimmt.

Physikalisch ist der Schlagton nicht nachweisbar (Resonanzerregung, Klanganalyse). Vielmehr bildet sich der Tonhöheneindruck rein subjektiv aus dem Zusammenwirken der großen Anzahl unharmonisch zueinander liegender Teiltöne (im allgemeinen über 20 meßbar), insbesondere der höheren, rasch abklingenden. Ob und in welcher Weise die Frequenz des Schlagtones aus den Frequenz- und Dämpfungswerten der Teiltöne eindeutig abzuleiten ist, konnte noch nicht aufgeklärt werden.

Eine ideale Glocke besitzt die folgenden Teiltöne (relative Schwingungszahlen, Prime = 1): Unteroktave $\sim\frac{1}{2}$, Prime ~ 1, 1. Terz $\sim\frac{6}{5}$, 1. Quinte $\sim\frac{3}{2}$, Oktave ~ 2, 2. Terz $\sim\frac{5}{4}\cdot 2$ (oder $\frac{6}{5}\cdot 2$), 2. Quinte $\sim\frac{3}{2}\cdot 2$, usw.

Trendelenburg, F.: Akustik. Berlin 1950. – *Stüber, C.,* u. *W. Kallenbach:* Akust. Eigenschaften v. Glocken. Physik. Blätter **5**, 268 (1949). – *Mahrenholz, Chr.:* Glockenkunde, Kassel 1948. – *Schouten, J. F.:* Die Tonhöhenempfindung. Philips Techn. Rdsch. **5**, 294 (1940).

Schlagweite, Elektrodenabstand von Entladungsstrecken, besonders bei Funkenstrecken.

Schlämmanalyse →Suspension.

Schlauchentladung →Fadenstrahlen, →kontrahierte Entladung.

Schleppkurve →Traktrix.

Schleudermoment →Zentrifugalmoment.

Schlieren entstehen dadurch, daß ein Stoff nichtkristallin in einem ähnlichen anderen verteilt ist, so daß sein einheitliches Verhalten und Aussehen gestört wird, z. B. wenn warme Luft in kalter aufsteigt, wenn sich Gase und Luft vereinigen, wenn Salzlösungen oder anderes mit Wasser zusammengegeben werden usw. In erstarrten Flüssigkeiten, z. B. in Gläsern, frieren Schlieren ein. Schlieren werden sichtbar gemacht, indem man mit einer einseitig scharf und kontrastreich begrenzten Lichtquelle den schlierigen Körper durchstrahlt und ein Schattenbild auffängt. Sie sind in Gläsern nur chemischer Natur; ihre gelegentliche Unterscheidung gegenüber physikalischen (thermischen) Schlieren ist unklar und wenig glücklich. Schlieren in Glas mindern die mechanische Festigkeit und stören den geregelten Lichtstrahlenverlauf. Sie sind in jedem Glas, außer dem optischen, vorhanden, bei dem sie durch Rühren der Schmelze möglichst beseitigt werden. Man unterscheidet folgende Arten: lange, scharfe Fadenschlieren, kurze, dünne Faserschlieren, knollenförmige Knotenschlieren und lange, breite Bandschlieren.

Jebsen-Marwedel, H.: Glastechn. Fabrikationsfehler. Berlin 1936.

Schlierenmethode, ein von *A. Toepler* angegebenes Verfahren zur Sichtbarmachung von →Schlieren. Das Verfahren wurde wesentlich von *C. Cranz* und *H. Schardin* ausgebaut und für quantitative

Anwendungen ausgestaltet. Wesentlich für das Verfahren ist eine Blende (Schlierenblende), die gerade das ideal entstehende Bild der Lichtquelle abfängt. Je besser diese Forderung erfüllt ist und je kleiner Lichtquellenbild und Schlierenblende im Verhältnis zu den anderen Abmessungen der Anordnungen sind, um so empfindlicher ist das Verfahren. Es wird als Foucaultsches Messerschneidenverfahren zur Prüfung von Objektiven und Hohlspiegeln auf Fehlerfreiheit angewandt. Auch Prüfung von Glasplatten auf Parallelität (Keilfehler) und Ebenheit der Oberflächen ist möglich. Weiterhin ist das Verfahren zur Sichtbarmachung kleinster Brechungsunterschiede, also zur Untersuchung von Dichteänderungen, Konzentrationsänderungen, Druckwellen, Strömungsvorgängen, akustischen Vorgängen (Ultraschall) usw. in Gasen und Flüssigkeiten geeignet. Beispiele zeigt die Abb. 1, sowie u. a. die Abb. unter →Gasstrahlen, →Machscher Winkel, →Überschallgeschwindigkeit, →Ultraschall.

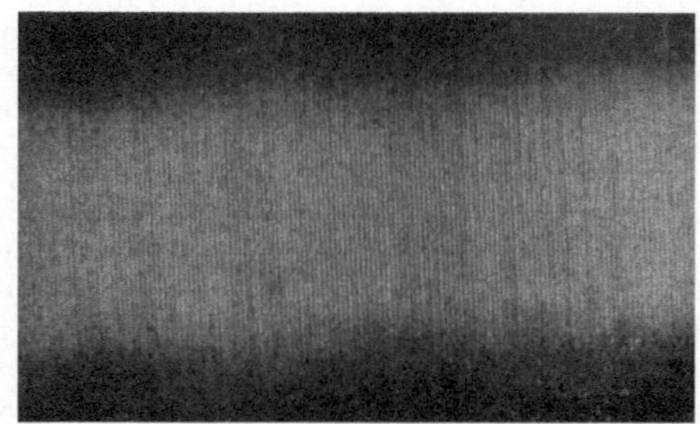

Abb. 1. Schlierenaufnahme einer Schallwelle in Luft.

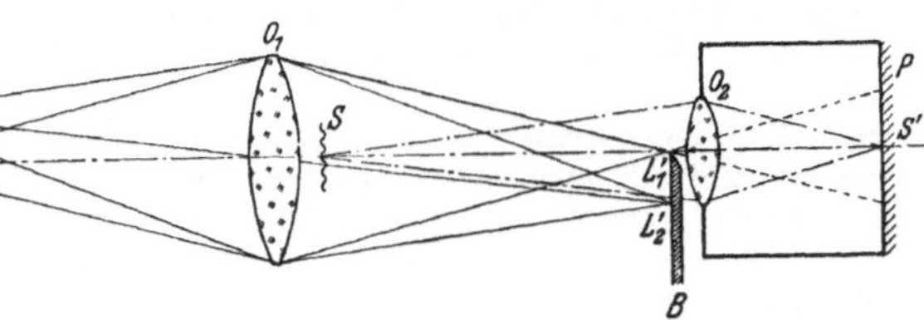

Abb. 2. Toeplersches Schlierenverfahren.

Abb. 2 zeigt das grundsätzliche Verfahren. Die Punkte L_1 und L_2 der bei L_1 scharf begrenzten rechteckförmigen Lichtquelle werden durch die Linse O_1 in die Punkte L'_1 und L'_2 abgebildet. B ist eine Blende, deren scharfe Kante bei L'_1 liegt und die gerade das ganze Bild von L'_1 bis L'_2 abdeckt. Diese Schlierenblende soll möglichst genau bis an L'_1 heranreichen. Befindet sich in S eine Schliere oder zeigt das Objektiv optische Fehler, z. B. sphärische Aberration oder Polierfehler, so werden die von diesen Stellen abgelenkten Lichtstrahlen an der Schlierenblende B vorbeigehen und durch das abbildende Photoobjektiv O_2 hindurchtreten. Dieses erzeugt dann auf der lichtempfindlichen Platte P ein Bild S' der Schliere, das um so heller oder dunkler ist, je nachdem das durch die Schliere hindurchtretende Licht mehr oder weniger von der Schlierenblendenkante weg oder auf sie hinaufgebrochen wird. An die Stelle des Objektivs O_2 kann zur visuellen Beobachtung das Auge gebracht werden. Statt der Linse O_1 können auch Hohlspiegel oder Hohlspiegelanordnungen benutzt werden. Dieses Objektiv oder die Objektivanordnung, in deren Nähe die Schliere selbst liegt, wird als Schlierenkopf bezeichnet. Das Schlierenverfahren ist dem →Phasenkontrastverfahren verwandt. — Ferner →*elektronenoptische Schlierenabbildung.*

Schardin, H.: Das Toeplersche Schlierenverfahren. VDI-Forsch.-Heft 367. Berlin 1934. — *Cranz, C.:* Lehrb. d. Ballistik. Berlin 1925/27. — *Schardin, H.:* Erg. exakt. Naturwiss. 20. Berlin 1942.

Schliffverbindungen. Zur Herstellung von lösbaren Vakuumverbindungen verwendet man Schliffverbindungen, bestehend aus einer Hülse und einem Kern, die ineinander passend geschliffen sind, und zwar am besten Normschliffe, bei denen beliebige Hülsen und Kerne derselben Art zueinander passen. Zur Abdichtung zwischen Hülse und Kern wird →Vakuumfett verwendet. Schliffverbindungen werden aus Glas oder Metall hergestellt. Für schwenkbare Verbindungen verwendet man Kugelschliffe.

Normblatt DIN 12243.

Schluckgrad. Die Wirksamkeit von schallabsorbierenden Schluckstoffen wird durch das Verhältnis des nichtreflektierten zum auffallenden Schallanteil bestimmt. Der so definierte Schluckgrad setzt sich aus dem →Durchlaßgrad und dem →Verwärmgrad zusammen und nimmt bei porösen Schluckstoffen mit der Frequenz zu, während er bei plattenförmigen, mitschwingenden Schluckstoffen ein selektives Maximum besitzt.

Lübcke, E.: Schallabwehr im Bau- u. Maschinenwesen. Berlin 1940.

Schlüpfrigkeit (*Lubrizität*), der Quotient aus der totalen dynamischen →Viskosität $\tau/c = GT = \eta$ und der differentiellen dynamischen Viskosität $d\tau/dc$:

$$\sigma = \frac{d\ln c}{d\ln \tau} = \frac{\tau/c}{d\tau/dc}$$

(c Gleitgeschwindigkeit, τ Schubspannung, G Schubmodul, T Relaxationszeit, →Fließgesetze). Bei den reinviskosen Flüssigkeiten ist $\sigma = 1$, da $\tau \sim c$. Bei strukturviskosen Flüssigkeiten erreicht σ Werte bis 4 und darüber.

Schlüssellochbeobachtung. Beim Sehen durch enge Öffnungen (Schlüsselloch) ergibt sich für die Größe des übersehbaren Blickfeldes der in Abb. 1

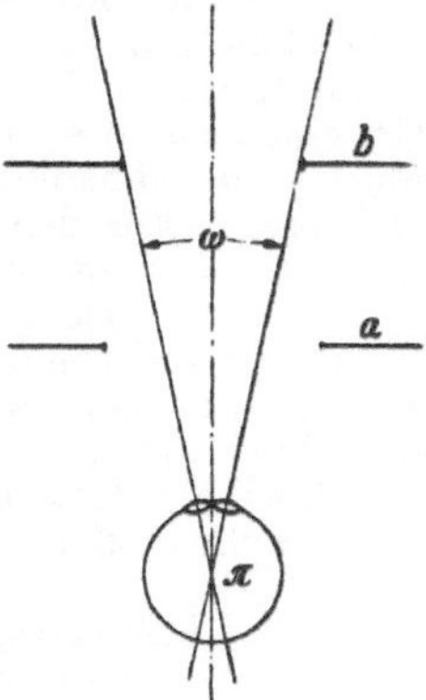

Abb. 1. Gesichtsfeld beim Blicken durch enge Öffnungen bei bewegtem Auge und ruhendem Kopfe.

(Sehen durch enge Öffnungen bei ruhiger Kopfhaltung) dargestellte Fall, falls der Augendrehpunkt π bei ruhiger Kopfhaltung möglichst nahe an die dem Auge nächste Öffnung (Blende a) gebracht wird. Das Blickfeld wird durch den Rand

der ferneren Öffnung (Blende b) begrenzt. Um ein größeres Feld zu überblicken, geht man in solchen Fällen von selbst zur Beobachtungsart nach Abb. 2

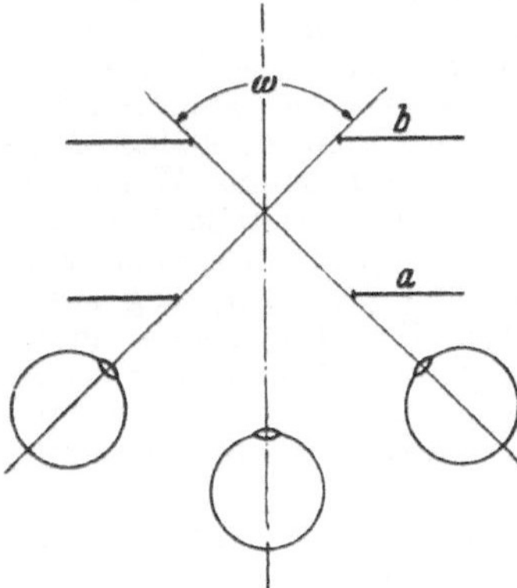

Abb. 2. Gesichtsfeld beim Blicken durch enge Öffnungen bei bewegtem Auge und bewegtem Kopfe (Schlüssellochbeobachtung).

[Sehen durch enge Öffnungen bei bewegtem Kopf (Schlüssellochbeobachtung)] über, indem Augendrehungen mit gleichzeitigen Kopfbewegungen verbunden werden. Diese Beobachtungsart heißt Schlüssellochbeobachtung. Bei Abb. 1 ist das perspektivische Zentrum der Augendrehpunkt, bei Abb. 2 hingegen der Schnittpunkt der durch beide Blenden festgelegten Randstrahlen. Die Beobachtung der verschiedenen Gesichtsfeldteile erfolgt dabei zeitlich nacheinander.

Schlüssellochbeobachtung tritt bei optischen Geräten für visuellen Gebrauch (astronomischem Fernrohr, stärkeren Mikroskopen) auf, wenn Austrittspupille und Augenpupille des Beobachters zwar zusammenfallen, aber der Durchmesser der Austrittspupille klein im Verhältnis zur Augenpupille ist. Das für deutliches Sehen brauchbare Gesichtsfeld des Auges ist nur sehr klein. Es wird daher bei Beobachtung der Augapfel gedreht und Kopf und Gerät gegeneinander verschoben. Auch wenn Austrittspupille des Gerätes und Augenpupille nicht zusammenfallen, tritt Schlüssellochbeobachtung ein, falls die Austrittspupille des Gerätes für sich betrachtet nicht merklich größer als die Augenpupille ist (starke Lupe, starke holländische Fernrohre). Da in diesem Falle die Augenpupille der begrenzenden Blende a entspricht, so hängt das Gesichtsfeld vom Durchmesser der Augenpupille, also von der Adaptationshelligkeit des Auges ab. →astronomisches Fernrohr.

Schlußjoch →Jochmethode.

Schmelzdiagramm. Die Schmelztemperatur von Gemischen, vor allem Metallegierungen bei normalem Druck, wird in Zustandsschaubildern, den Schmelzdiagrammen, übersichtlich dargestellt. Sie enthalten über der Konzentration — in Gewichts- oder Mol-% — die Schmelztemperaturen. Es ergeben sich im allgemeinen zwei Kurven, die das Gebiet der Koexistenz von Schmelze und Kristallen bzw. Mischkristallen einschließen. Das Gebiet des festen Zustandes wird beim Vorkommen mehrerer Modifikationen noch durch Umwandlungskurven in die Existenzgebiete der einzelnen Modifikationen, einzeln oder je zwei nebeneinander, unterteilt. →Zustandsdiagramm.

Zahlreiche Diagramme bei *D'Ans-Lax:* Taschenb. f. Chemiker u. Physiker. Berlin 1949.

Schmelzdruck →Schmelzen.

Schmelze, unterkühlte. Der Eintritt des Erstarrens (Kristallisierens) einer Flüssigkeit ist an das Vorhandensein von →*Kristallisationskeimen* gebunden. Der Mechanismus des Vorganges ist noch nicht restlos geklärt; es gelingt jedoch bei Anwendung von Vorsichtsmaßnahmen, Flüssigkeiten erheblich unter ihren normalen Schmelzpunkt abzukühlen; *Regener* konnte Wasser bis −72 °C unterkühlen. Dieser instabile Zustand wird als unterkühlte Flüssigkeit oder Schmelze bezeichnet. Eine solche geht nach Anregung des Erstarrens — z. B. durch Erschütterung — in sehr kurzer Zeit in den stabilen Zustand der koexistierenden Phasen über. Unterkühlte Regentropfen führen zur Bildung von Glatteis und Vereisung von Flugzeugen.

Schmelzelektrolyse. Bei der Schmelzelektrolyse handelt es sich um →Strom-Stoff-Umsätze an den Phasengrenzen elektrochemischer Mehrphasensysteme, welche *schmelzflüssige Elektrolytphasen* enthalten. Gegenüber Stoffsystemen mit gelösten Elektrolyten bestehen keine grundsätzlichen Unterschiede (→Elektrolyse). Die Erfüllung der →Faraday-Gesetze ist oft durch Nebenreaktionen gestört. So kann z. B. das kathodisch abgeschiedene Metall durch die Schmelze hindurch zur Anode diffundieren.

Drossbach, P.: Elektrochemie geschmolzener Salze. Berlin 1938. Handb. d. techn. Elektrochemie III. Leipzig 1934.

Schmelzen, die isotherme Zustandsänderung, bei der ein Körper von dem festen in den flüssigen Aggregatzustand übergeht. Der umgekehrte Vorgang heißt *Erstarren.* Der Körper nimmt beim Schmelzen die *Schmelzwärme* auf und verändert sein Volumen; die meisten Stoffe vergrößern ihr Volumen beim Schmelzen (Ausnahmen Wasser, Wismut, Gallium). Da bei dieser Zustandsänderung die feste und flüssige Phase koexistent sind, hat das System nur noch *einen* Freiheitsgrad; d. h. die zusammengehörigen Wertepaare von Schmelzdruck und Schmelztemperatur bilden eine eindimensionale Mannigfaltigkeit, die *Schmelzkurve.*

Die Schmelzkurve verläuft im Druck-Temperatur-Diagramm sehr steil; im allgemeinen entspricht einer Änderung der Schmelztemperatur um 1 °C eine Änderung des Schmelzdruckes um 10^2 bis 10^3 kp cm^{-2}. →Clapeyron-Clausius-Gleichung.

Die Theorie des Schmelzens von *M. Born* beschreibt dieses als ein Reißen unter der Wirkung der thermischen Schwingungen (→Bruch).

Literatur →Schmelzpunkt.

Schmelzkurve →Schmelzen.

Schmelzmittel werden häufig bei der Herstellung von →Kristallphosphoren angewendet. Sie können nach der Präparation wieder ausgewaschen werden, spielen also kaum eine Rolle bei der Wirksamkeit des Phosphors selbst, sondern hauptsächlich nur bei der Präparation. Offenbar können die Aktivatoratome in Gegenwart eines Schmelzmittels leichter in das Kristallgitter hineinwandern, denn man benötigt bei Anwendung von Schmelzmitteln keine so hohe Temperatur beim →Glühprozeß. Als Schmelzmittel dienen: Natriumchlorid, Calciumfluorid, Natrium- und Magnesiumfluorid, vor allem auch die niedrig schmelzenden Lithiumsalze. Besonders empfiehlt sich die Anwendung von Schmelzmitteln bei der Präparation von Phosphoren mit langen Nachleuchtzeiten.

Schmelzpunkt, Schmelztemperatur, normalerweise die Temperatur, bei der ein Stoff unter dem atmosphärischen Luftdruck schmilzt. Genauer ist es ein spezieller Punkt der →Schmelzkurve. Die Schmelzpunkte reiner Stoffe sind als thermometrische Fixpunkte geeignet; sie sind mit großer Genauigkeit reproduzierbar. Für höchste Genauigkeitsansprüche wird allerdings der →Tripelpunkt bevorzugt.

Der Schmelzpunkt von Lösungen, Legierungen und Gemischen liegt im allgemeinen tiefer als der der reinen Komponenten; die tiefste Schmelztemperatur hat das eutektische Gemisch (→Zustandsdiagramm). Bei verdünnten Lösungen ist die Gefrierpunktserniedrigung der molaren Konzentration proportional; der damit definierte Gefrierpunkt gibt jedoch nur die Temperatur an, bei der das Lösungsmittel beginnt, sich in fester Form auszuscheiden. Durch diese Ausscheidung steigt die Konzentration des gelösten Stoffes in dem flüssig gebliebenen Rest des Lösungsmittels, bis schließlich am Schmelzpunkt des Eutektikums der ganze Rest bei konstanter Temperatur erstarrt. Beim Schmelzen ist der Vorgang umgekehrt; ein Gemisch von Eis und Kochsalz z. B. kühlt sich bis zur Temperatur des Eutektikums ab und hält diese Temperatur, solange noch ungelöstes Salz und Eis vorhanden sind. Die Vorgänge werden kompliziert durch die Bildung von Mischkristallen, die sich wieder wie neue Komponenten verhalten: Es gibt je ein Eutektikum zwischen Stoff 1 und Mischkristall 12 und zwischen diesem und Stoff 2. Man stellt die Zusammenhänge übersichtlich in Schmelzdiagrammen dar — vor allem für Metallegierungen —, worin die Schmelztemperatur über der Konzentration aufgetragen wird. →Zustandsdiagramm.

Handb. d. Physik X. Berlin 1926. — *Müller-Pouillet:* Lehrb. d. Physik III/1. Braunschweig 1926.

Schmelztheorie von Born, beschreibt das Schmelzen als ein Reißen unter dem Einfluß der thermischen Schwingungen (→Bruch).

Schmelzwärme, die Wärmemenge L, die erforderlich ist, um die Masseneinheit bzw. 1 mol eines Stoffes isotherm vom festen in den flüssigen Aggregatzustand zu verwandeln. Ihre Einheit ist also 1 cal g^{-1} = 1 kcal kg^{-1} bzw. 1 cal mol^{-1} = kcal kmol^{-1}. Die Schmelzwärme erhöht die innere Energie des Stoffes und leistet eine meist positive Volumarbeit. Sie ist vom Schmelzpunkt abhängig (→Clapeyron-Clausiussche Gleichung). Für den Vergleich verschiedener Stoffe gilt näherungsweise das *Gesetz von Richards:* $LM/T = 1 \ldots 5$ kcal kmol^{-1}grad^{-1}, worin M das Molekulargewicht und T die Schmelztemperatur bedeuten. Für Metalle liegt die Konstante meist bei 2. Beim Erstarren oder Gefrieren gibt der Körper dieselbe Wärmemenge, nun *Erstarrungswärme* genannt, wieder ab.

Literatur →Schmelzpunkt.

Schmerzschwelle. Das Ohr erträgt einen Schall nur dann, wenn seine Stärke unter etwa 10^{-4} Wcm^{-2}, d. h. unter 120 Phon liegt. Bei Schallstärken, die diese Schmerzschwelle überschreiten, tritt zu der Schallempfindung ein Gefühl des Unbehagens und bei weiterer Steigerung ein physischer Schmerz. (Abb. bei →Hörbereich.)

Schmidt-Spiegel. Der 1931 von dem Optiker *B. Schmidt* an der Bergedorfer Sternwarte angegebene komafreie Spiegel hat seither in der Astrophotographie weiteste Verbreitung gefunden.

Ein Kugelspiegel Sp, in dessen Öffnungsblende B der Krümmungsmittelpunkt der Spiegelfläche liegt, gibt ein von Koma und Astigmatismus völlig freies Bild auf einer zum Krümmungsmittelpunkt des Spiegels konzentrischen Kugelfläche F, deren Radius gleich der Brennweite f, dem halben Krümmungsradius R des Spiegels ist; denn jede

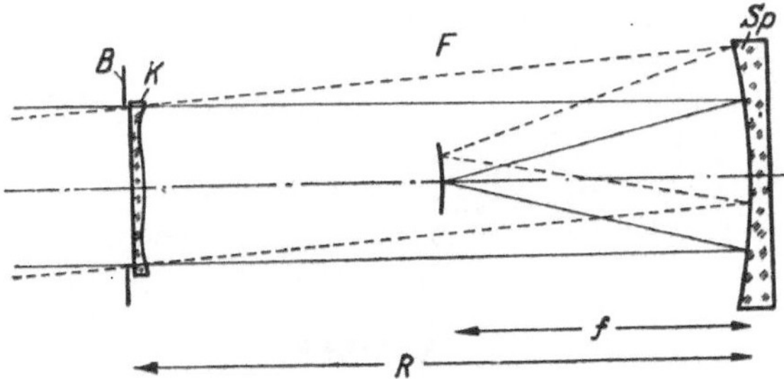

Abb. 1. Anordnung eines komafreien Spiegels nach *Schmidt*.

Einfallsrichtung durch den Krümmungsmittelpunkt ist gleichberechtigt. Die beim Kugelspiegel vorhandene sphärische Abweichung wird durch eine Korrektionsplatte K in der Öffnungsblende behoben, welche die Schnittweite der Randstrahlen relativ zu denen der Zentralstrahlen verlängert. Unter der Folge asphärischer Flächen, die zur Aufhebung der sphärischen Abweichung des Kugelspiegels geeignet sind, wählt man diejenige, die die kleinsten chromatischen Fehler hervorbringt. Eine Ebnung des Bildfeldes läßt sich durch Einführung einer Plankonvexlinse unmittelbar vor der Fokalfläche erreichen, ohne daß dadurch neue störende Bildfehler auftreten.

Die für astronomische Photographie gebauten Schmidt-Spiegel haben im allgemeinen Öffnungsverhältnisse 1 : 2 bis 1 : 3; sie geben eine nahezu ideale Strahlenvereinigung in einem Gesichtsfeld von etwa 10° $\varnothing$ bei einem Verhältnis 1,5 : 1 von Spiegel- und Korrektionsplattendurchmesser. Die Dimensionen betragen bis zu etwa 1 m $\varnothing$ der Korrektionsplatte (Mt. Palomar). Besonders hohe Lichtstärken lassen sich erreichen, wenn der Lichtweg ganz im Glas verläuft (Abb. 2). Man hat auf diese Weise z. B. Spektrographenkameras mit Öffnungsverhältnissen 1 : 1 bis 1 : 0,3 hergestellt.

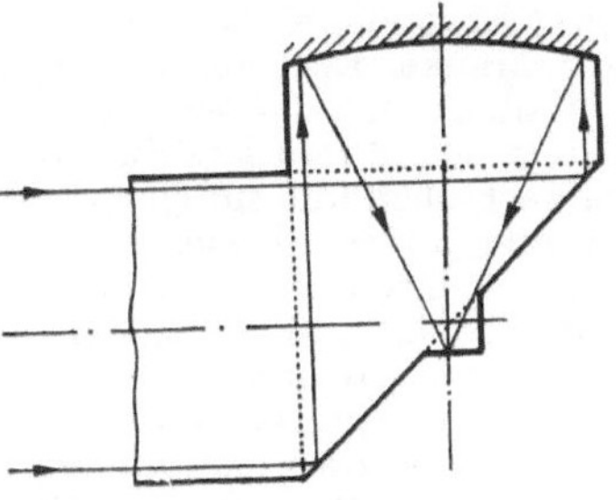

Abb. 2. Schmidt-Spiegel mit Lichtweg ganz im Glas.

Es sind verschiedene Änderungen des „orthodoxen" Schmidt-Systems angegeben worden, die unter Verwendung von zwei Spiegeln und Korrektionsplatte eine Verkürzung der Baulänge bei gleichzeitiger Bildfeldebnung ermöglichen. Ferner läßt sich nach *Maksutow* die in der Herstellung schwierige asphärische Korrektionsplatte ersetzen

durch eine stark durchgebogene Meniskuslinse mit sphärischen Flächen.

Schmiegebene, Schmiegungskreis →Krümmung, →begleitendes Dreibein.

Schnalze →Sprache.

Schnecke →Ohr.

Schnee →Niederschlagsbildung, →Hydrometeore.

Schneiden von Feldlinien →Induktionsgesetz.

Schneidenmethode →Drehkristallmethode.

Schneidentöne entstehen, wenn ein Luftstrahl gegen eine scharfe Kante gerichtet wird. Ihre Frequenz wächst mit der Luftstrahlgeschwindigkeit. Bekannte Beispiele liefern die verschiedenen Arten von Flöten und Lippenpfeifen. →Musikinstrumente.

Schnelläufer sind Sterne, deren Geschwindigkeit relativ zur Sonne größer als 65 km s^{-1} ist, und zwar in der der Rotationsrichtung des Milchstraßensystems entgegengesetzten Richtung. (In der Rotationsrichtung des Milchstraßensystems kann die Geschwindigkeit eines Sternes relativ zur Sonne nicht größer als 65 km s^{-1} sein, da die Rotationsgeschwindigkeit der Sonne $+65$ km s^{-1}, d. h. $285 + 65 = 350$ km s^{-1}, gleich der Entweichungsgeschwindigkeit — der parabolischen Geschwindigkeit — ist, die ein Stern nicht überschreiten kann, ohne daß er dann aus dem System entweicht.) Die Schnelläufer sind also Sterne, die sich in Wirklichkeit besonders langsam in der Rotationsrichtung des Systems bewegen. Man nimmt an, daß es Sterne sind, die, in Bahnen mit starker radialer Geschwindigkeitskomponente aus zentralen Gebieten des Milchstraßensystems kommend, als Fremdsterne in die Umgebung der Sonne eindringen.

Schnelle, bei einer mechanischen Schwingung die Maximalgeschwindigkeit des schwingenden Körpers, die „Amplitude" seiner Geschwindigkeit, also diejenige beim Durchgang durch seine Gleichgewichtslage. Für einen nach der Gleichung $x = x_0 \sin \omega t$ schwingenden Körper beträgt sie $x_0 \omega$. Betrachtet man eine gleichförmige Kreisbewegung mit der Winkelgeschwindigkeit u auf einem Kreise vom Radius r als die Superposition zweier zueinander senkrechter, in Phase um $\pi/2$ verschobener harmonischer Schwingungen mit der Kreisfrequenz u, so beträgt die Schnelle der Schwingungen ru, ist also identisch mit der Bahngeschwindigkeit des Körpers (*Drehschnelle*). →Schallschnelle.

Schnelleempfänger, ein Schallempfänger, der auf die →Schallschnelle anspricht und daher in stehenden Wellen maximale Erregung zeigt, wenn er sich in einem Geschwindigkeitsbauch (Druckknoten) befindet.

Schnellvergleicher →Interferenzlängenmessung.

Schnittlinien →isogonale Trajektorien.

Schnittweite (dingseitige bzw. bildseitige), die Entfernung vom Scheitelpunkt einer brechenden oder spiegelnden Fläche bis zum Ding- bzw. Bildpunkt auf der optischen Achse, positiv, wenn der angegebene Richtungssinn mit der Richtung der Lichtfortpflanzung gleich ist. Schnittweiten auf schrägen Strahlen (→Hauptstrahlen) rechnen vom Durchstoßpunkt des Strahls durch die Fläche. →Abbildungsgesetze.

Schoenflies-Symbole. Zur Charakterisierung der 32 Punktgruppen (Kristallklassen) und der 230 Raumgruppen führte *Schoenflies* kurze Symbole ein, die sich auf bestimmte Gruppen von Symmetrieoperationen der Punktgruppen beziehen. Jede Klasse wird mit einem der großen lateinischen Buchstaben S, C, D, V, T oder O bezeichnet, denen die Indizes h, v, d, i (rechts oben) und 1, 2, 3, 4, 6 rechts unten angehängt werden. Die Bedeutung dieser Indizes ist:

S_2, S_4, S_6 Gruppe aus 2, 4, 6 Punkten; Symmetrieelemente: 2-, 4-, 6zählige Drehspiegelungsachse.

C_1, C_2, ... Zyklische Gruppe; 1-, 2-, 3-, 4-, 6-zählige Drehungsachse.

D_2, D_3, ... Diedergruppe; 2-, 3-, 4-, 6zählige Drehungsachse mit dazu senkrechter 2zähliger Achse.

V Vierergruppe; drei aufeinander senkrechte 2zählige Drehungsachsen.

T Tetraedergruppe; die Symmetrieachsen der Klasse 23.

O Oktaedergruppe; die Symmetrieachsen der Klasse 43.

h horizontale Hauptspiegelebene.

v vertikale Nebenspiegelebene.

d diagonale Zwischenspiegelebene.

i Inversionszentrum.

Die Symbole der 32 Klassen sind unter →Kristallklassen in der Tabelle 3 zusammengestellt.

Die Raumgruppen werden nach *Schoenflies* mit den entsprechenden Frakturbuchstaben, die inzwischen durch Buchstaben in Antiqua ersetzt sind, bezeichnet. Die Indizes sind die gleichen wie bei den Klassensymbolen, werden jedoch sämtlich rechts unten geschrieben, zuerst die Ziffer, dann h, v, d, i. Die einzelnen Raumgruppen, die einer Kristallklasse angehören, sind durch eine im Symbol rechts oben vermerkte Ordnungszahl unterschieden, welche die Numerierung der Raumgruppe in der Reihenfolge der Schoenfliesschen Ableitung darstellt, z. B.

$$V_h^1,\ V_h^2, \dots,\ V_h^{28}\quad \text{oder}\quad D_{4h}^1,\ L_{4h}^2, \dots,\ L_{4h}^{20}.$$

Schöpfraum einer mechanischen →Vakuumpumpe ist ihr sich periodisch verkleinernder und vergrößernder Gasraum.

Schottky-Effekt, Erhöhung der thermischen Elektronenemissionsstromdichte durch Herabsetzung der Austrittsarbeit infolge hoher elektrischer Feldstärke E vor Kathoden. Die Herabsetzung der Austrittsarbeit beträgt $\Delta\varphi = \sqrt{eE/\varepsilon_0}$ [V] und macht sich an dünnen Kathodendrähten wegen hoher Feldstärke und an Oxydkathoden wegen schon an sich niedriger Austrittsarbeit bemerkbar. Ferner →lichtelektrische Charakteristik.

Schräg-Reflexionsverfahren (*von Borries*), dient zur übermikroskopischen Oberflächenabbildung. Die Objektoberfläche, die mit der Mikroskopachse einen sehr kleinen Winkel, z. B. 4°, einschließt, wird unter dem gleichen Winkel von einem nahezu parallelen Elektronenstrahl getroffen (Abb.). Bei dieser Objektanordnung gelangen spiegelnd reflektierte Elektronen einheitlicher Energie in das Elektronenobjektiv und liefern ein übermikro-

skopisches Bild der Oberfläche in schräger Projektion. Die Oberfläche erscheint darum in einer Richtung sehr stark verkürzt. Das Verfahren ist besonders zum empfindlichen Nachweis kleinster Oberflächenunebenheiten geeignet, die ausgeprägte Schlagschatten werfen, aus deren Breite die Höhe der Unebenheiten berechnet werden kann. Eine

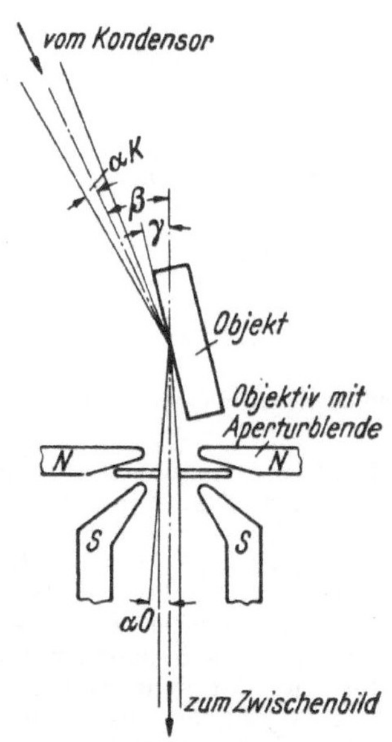

Schräg-Reflexionsverfahren.

Oberflächenabbildung nach dem Reflexionsverfahren in normaler Objektlage analog der lichtmikroskopischen Oberflächenabbildung ist elektronenoptisch zwar auch möglich. Es läßt sich damit aber kein übermikroskopisches Auflösungsvermögen erzielen, da die hier zur Bilderzeugung dienenden, diffus reflektierten Elektronen größere Energieunterschiede aufweisen und darum einen starken chromatischen Bildfehler ergeben.

von Borries, B.: Z. Phys. 116, 370 (1940).

Schranke, jede Zahl M, die von einer variablen Größe, etwa von den Werten einer Funktion $y = f(x)$, nicht über- oder unterschritten wird. Gibt es eine Zahl M_1, so daß für alle x, für die $f(x)$ definiert ist, stets $M_1 > f(x)$ ist, so heißt M_1 eine *obere* Schranke. Entsprechend heißt M_2 eine *untere* Schranke, wenn im gesamten Definitionsintervall stets $M_2 < f(x)$ ist. Funktionen, deren Werte $f(x)$ nach oben und unten durch Schranken begrenzt werden können, heißen *beschränkte Funktionen*. Ersichtlich kann man jede obere (untere) Schranke durch eine größere (kleinere) ersetzen. Die kleinste obere Schranke nennt man auch *obere Grenze G*, entsprechend die größte untere Schranke *untere Grenze g*. G und g entsprechen dem Maximum bzw. Minimum der Funktion. Die Differenz $G - g = s > 0$ heißt *Schwankung* der Funktion.

Schraube →einfache Maschinen.

Schraubenbewegung (auch *Bewegungsschraube*), eine Bewegung, die aus einer Translation und einer Rotation besteht, wenn die Rotationsachse in Richtung der Translation fällt. Es läßt sich beweisen, daß man jede Verschiebung eines Körpers aus einer Anfangslage 1 in eine (beliebige) Endlage 2 stets als Schraubenbewegung darstellen kann (*Chaslessches Theorem*). Das ist eine weitergehende Aussage als der kinematische Satz, daß man von 1 nach 2 stets durch eine Translation und eine Drehung gelangen kann. Der Chaslessche Satz gilt sowohl für endliche als auch für infinitesimale Verschiebungen starrer Körper.

Schraubenlehre, -mikrometer →Längenmessung, →Mikrometerschraube.

Schraubenregel, auch *Korkzieherregel,* eine allgemeine Regel zur Ermittlung der Richtung eines auf irgendeine Weise einer Drehung zugeordneten Vektors. Sie lautet allgemein: *Der gesuchte Vektor hat diejenige Richtung, in der eine rechtsgängige Schraube fortschreitet, wenn man sie im Sinne der vorgegebenen Drehung dreht.* Alle gewöhnlichen Schrauben, Bohrer, Korkzieher usw. sind rechtsgängig. Man findet also die Richtung des Vektors sehr einfach, indem man eine jedermann sehr geläufige Handbewegung in Gedanken oder tatsächlich ausführt. Wegen ihrer Allgemeingültigkeit und Einfachheit ist die Schraubenregel allen anderen, den gleichen Zwecken dienenden Regeln (Schwimmerregel, Rechte- und Linke-Hand-Regel, Daumenregel usw.) vorzuziehen.

Beispiele: 1. *Winkelgeschwindigkeit.* Der Winkelgeschwindigkeitsvektor u einer Kreisbewegung weist in diejenige Richtung, in der sich eine rechtsgängige Schraube verschiebt, wenn man sie im Sinne der Kreisbewegung dreht (Abb. 1).

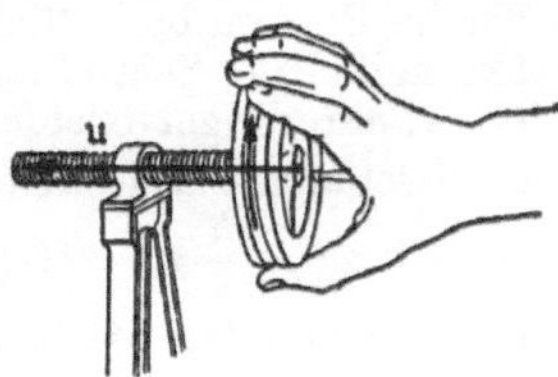

Abb. 1. Schraubenregel für den Vektor der Winkelgeschwindigkeit.

2. *Vektorprodukt.* Der das Vektorprodukt [$\mathfrak{ab}$] darstellende Vektor weist in diejenige Richtung, in der eine rechtsgängige Schraube fortschreitet, wenn man sie in dem Sinne dreht, der einer Drehung des Vektors $\mathfrak{a}$ auf dem kürzesten Wege in die Richtung des Vektors $\mathfrak{b}$ entspricht (Abb. 2).

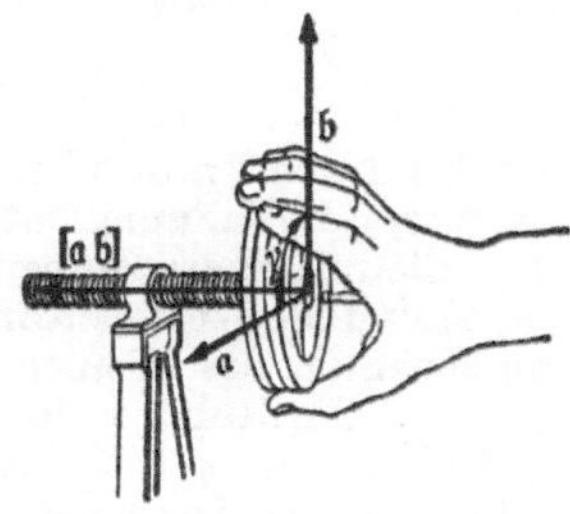

Abb. 2. Schraubenregel für Vektorprodukte.

3. *Magnetisches Feld eines geradlinigen Stromes.* Die magnetischen Feldlinien umlaufen den Strom in dem Sinne, in dem man eine rechtsgängige Schraube drehen muß, damit sie in Richtung des (positiven) Stromes fortschreitet (Abb. 3).

4. *Magnetisches Feld einer Spule.* Das Feld hat diejenige Richtung, in der sich eine rechtsgängige

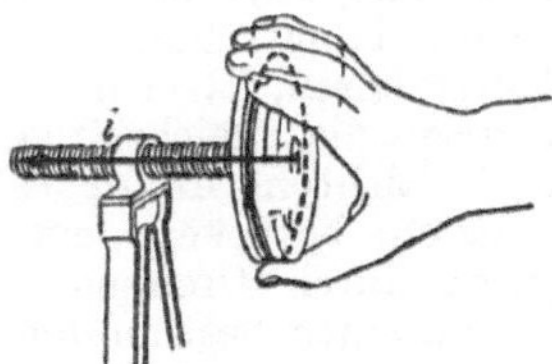

Abb. 3. Schraubenregel für das magnetische Feld eines geradlinigen Stromes.

Schraube verschiebt, wenn man sie in dem Sinne dreht, der dem Umlaufsinn des (positiven) Stromes entspricht (Abb. 4).

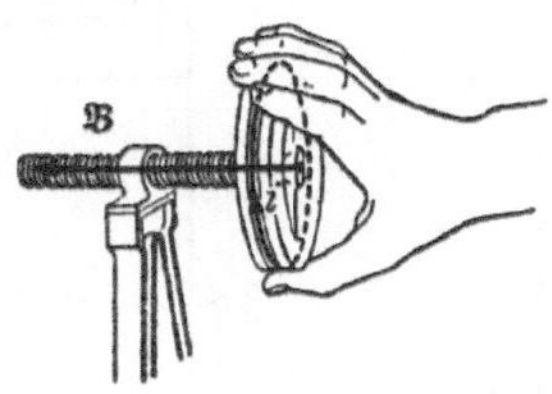

Abb. 4. Schraubenregel für das magnetische Feld einer Spule.

5. *Kraft auf einen bewegten Ladungsträger im magnetischen Felde.* Die Kraft ist das Vektorprodukt $\mathfrak{k} = e[\mathfrak{v}_{\bullet}\mathfrak{B}]$, und ihre Richtung ergibt sich demnach unmittelbar nach Ziff. 2 (Abb. 5, posi

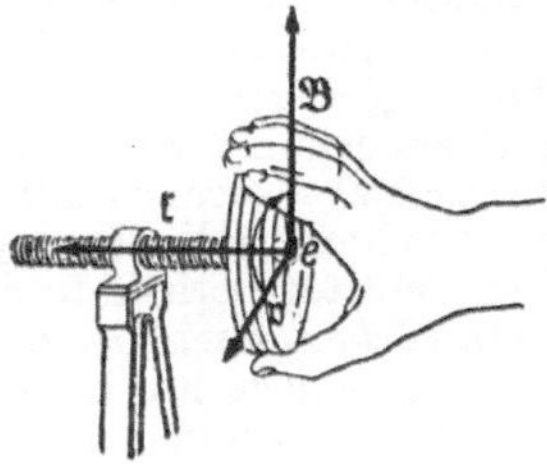

Abb. 5. Schraubenregel für die Kraft auf einen im magnetischen Felde bewegten Ladungsträger.

tiver Ladungsträger; für einen negativen Ladungsträger ist die Kraft umgekehrt gerichtet). Hieraus folgt ohne weiteres die Schraubenregel für die im magnetischen Felde auf einen Strom wirkende Kraft (Abb. 6).

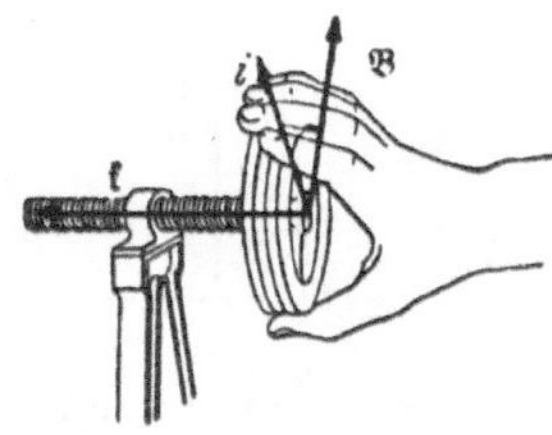

Abb. 6. Schraubenregel für die im magnetischen Felde auf einen Strom wirkende Kraft.

6. *Lenzsches Gesetz.* Die Richtung eines Induktionsstromes findet man durch Umkehrung der Schraubenregeln zu Ziff. 3 bzw. 4, indem man mit Hilfe derselben *die* Richtung des magnetischen Feldes des Induktionsstromes ermittelt, bei der das Feld der Ursache der Induktion entgegenwirkt.

Schraubung, Symmetrieoperation der Raum- und Kristallgitter, die sich aus →Drehung und →Translation zusammensetzt. Symmetrieelement ist die →Schraubungsachse.

Schraubungsachsen, Elemente zusammengesetzter Symmetrie, die gleichzeitige Drehung und Translation in Richtung der Achse, um die sich die Drehung vollzieht, bewirken. Jeder Gitterpunkt P_1 (Abb. 1) wird durch Drehung um die Schraubungsachse um einen bestimmten Winkel an den

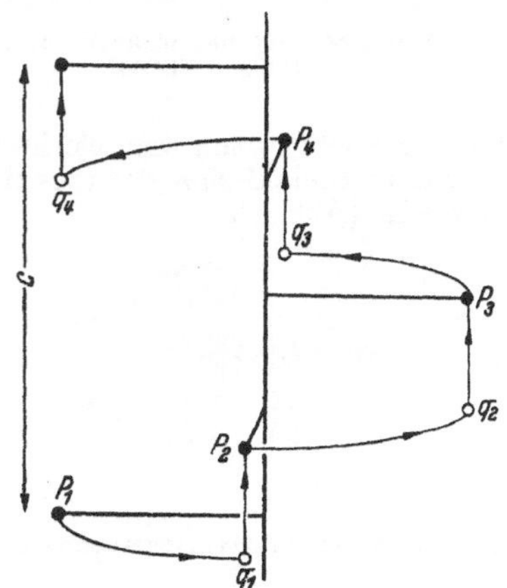

Abb. 1. Vierzählige Schraubungsachse 4_1.

Ort q_1 gebracht und durch Translation um eine bestimmte Strecke parallel zur Schraubungsachse nach P_2 versetzt. Nach einigen Wiederholungen dieser Schritte muß man zu einem zu P_1 identischen Punkt gelangen. Deshalb kann der Drehungswinkel nur wie bei den Drehungsachsen 60°, 90°, 120° oder 180° betragen und muß die Translation ein Bruchteil n/N (N und $n < N$ ganze Zahlen) der Identitätsperiode in der Translationsrichtung sein (*Schraubungskomponente*). Das Symbol einer Schraubungsachse besteht aus zwei Ziffern N_n, worin N das Symbol der entsprechenden Drehungsachse, d. h. deren Zähligkeit, und der Index n der Zähler der Schraubungskomponente ist, wenn man deren Nenner gleich N setzt. Es gibt nur die Schraubungsachsen 2_1, 3_1, 3_2, 4_1, 4_2, 4_3, 6_1, 6_2, 6_3, 6_4, 6_5, wobei der Schraubungssinn

immer der einer Rechtsschraube ist (Abb. 2). Bei einer vollen Umdrehung erstreckt sich die Schraubung über n Identitätsperioden in Richtung der Schraubungsachse. Ein Gitterpunkt wird daher erst mit dem n-ten identischen auf einer zur Schraubungsachse parallelen Gittergeraden zur Deckung gebracht. Eine Schraubungsachse mit der Komponente n/N ist zugleich eine *Links*-schraubungsachse mit der Komponente $1 - n/N$. So ist 6_5 eine Linksschraubungsachse mit $1/6$ der Identitätsperiode als Schraubungskomponente. Ebenso sind 3_2, 4_3 und 6_4 die den Achsen 3_1, 4_1 und 6_2 spiegelbildlichen Linksschraubungsachsen. Die Schraubungsachsen $N_{N/2}$ (2_1, 4_2, 6_3) haben keinen charakteristischen Schraubungssinn. 4_2 ist zugleich eine Drehungsachse 2, 6_2 Schraubungsachse 3_2 und Drehungsachse 2, 6_3 ist 3 und 2_1, 6_4 läßt sich auffassen als 3_1 und 2.

Schrödinger-Darstellung eines →Hilbert-Raumes. Sie ist diejenige Darstellung, bei der die Operatoren der Teilchenorte auf Diagonalform sind. Der Hilbert-Raum wird durch komplexwertige Funktionen $\psi(x_1, \ldots)$ der Teilchenorte dargestellt mit $(\psi, \varphi) = \int \bar\psi \varphi \, dx_1 \ldots$ Der Operator der Ortskoordinate x_1 ist einfach Multiplikation mit x_1, der Operator des zugehörigen Impulses $-\dfrac{\hbar}{i}\dfrac{\partial}{\partial x_1}$. Die Schrödingersche Darstellung heißt daher auch →*Ortsdarstellung*.

Schrödinger-Funktion. In der →Ortsdarstellung wird der →Zustand eines Systems beschrieben durch eine komplexwertige Funktion der Ortskoordinaten der im System befindlichen Teilchen. Diese Funktion heißt die Schrödinger-Funktion. Sie genügt der →Schrödinger-Gleichung.

Schrödinger-Gleichung. 1. *Nichtrelativistisch.* Die →Bewegungsgleichung $-\dfrac{\hbar}{i}\dot\psi = H(p_j q_j)\psi$ nimmt in der Schrödingerschen oder →Ortsdarstellung die Form

$$-\frac{\hbar}{i}\frac{\partial}{\partial t}\psi(q_j, t) = H\left(-\frac{\hbar}{i}\frac{\partial}{\partial q_j}, q_j\right)\psi(q_j, t)$$

an, die als Schrödinger-Gleichung bezeichnet wird. p_j, q_j sind die Impuls- und Ortskoordinaten. Für *ein* Teilchen im Potentialfeld $V(x, y, z)$ lautet sie:

$$-\frac{\hbar}{i}\frac{\partial}{\partial t}\psi(x, y, z, t) = -\frac{\hbar^2}{2m}\Delta\psi + V\psi.$$

2. *Relativistisch.* Die relativistisch invariante Schrödinger-Gleichung ohne Berücksichtigung des Spins lautet für ein Teilchen der elektrischen Ladung e

$$\left\{\hbar^2 c^2 \sum_{\beta=1}^{4}\left(\frac{\partial}{\partial x_\beta} - \frac{ie}{\hbar c}\Phi_\beta\right)^2 - E_0^2\right\}\psi = 0.$$

$\hbar$ ist das durch 2π dividierte Wirkungsquantum, c die Vakuumlichtgeschwindigkeit, i die imaginäre Einheit, x_β ($\beta = 1$, 2, 3, 4) sind die Weltkoordinaten, Φ_β die Komponenten des Viererpotentials und $E_0 = m_0 c^2$ die Ruhenergie des Teilchens (m_0 Ruhmasse), ψ die Schrödingersche Wellenfunktion. Diese Gleichung ist von 2. Ordnung in bezug auf die Differentiation nach der Zeit. Um ψ für alle Zeiten berechnen zu können, genügt es nicht, ψ zur Zeit $t = 0$ vorzugeben, sondern es muß z. B. noch $\partial\psi/\partial t$ zur Zeit $t = 0$ vorgegeben sein. Diese Gleichung führt bei Anwendung auf das Wasserstoffatom

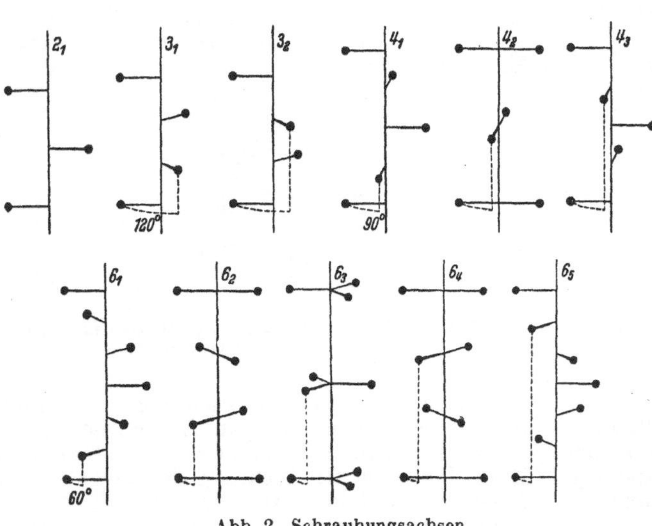

Abb. 2. Schraubungsachsen.

zu Widersprüchen mit der Erfahrung, da der Elektronenspin vernachlässigt ist.

Schroteffekt. Da der Austritt von Elektronen aus einer Glühkathode nach statistischen Gesetzen erfolgt, so müssen in angeschlossenen Stromkreisen Stromschwankungen auftreten, die zuerst von *Schottky* rechnerisch untersucht und als Schroteffekt bezeichnet wurden. Um die Wirkung des mittleren Stromschwankungsquadrates $\overline{i^2}$ in den elektrischen Schaltelementen zu erhalten, wird der Schwankungsvorgang mittels der Fourier-Analyse zerlegt und das mittlere spektrale Amplitudenquadrat des Schwankungsstromes für ein Frequenzintervall Δf im ganzen Frequenzgebiet von $f = 0$ bis $f = \infty$ ermittelt.

Im Sättigungsfall ergibt sich der effektive Wert des Schrotstromes für Schwingungen mit einer Periode $\ll$ Laufzeit $\overline{i^2_{\text{Schr}}} = 2 e i_a \Delta f$ (e Elementarladung, i_a Anodengleichstrom). Für höhere Frequenzen kommt ein frequenzabhängiger Schwächungsfaktor $F < 1$ hinzu. Bei Raumladungsbegrenzung des Elektronenstromes ist der Schroteffekt wesentlich kleiner, da durch die Raumladung eine Geschwindigkeits- und Mengenbeeinflussung stattfindet. In diesem Fall muß die Gleichung für den Schrotstrom mit einem Schwächungsfaktor $F_k^2 < 1$ multipliziert werden $\overline{i^2} = 2 e i_a F_k^2 \Delta f$, wo $F_k^2 = 1{,}3\, U_0/(i_a R_i)$. Daraus ergibt sich

$$\overline{i^2} = \frac{2{,}6\, e\, U_0}{R_i}\, \Delta f$$

(R_i Innenwiderstand der Entladungsstrecke, $e U_0$ mittlere thermische Energie der Elektronen). Letztere Beziehung hat im allgemeinen für Verstärkerröhren Gültigkeit, da diese praktisch im Raumladungsgebiet benutzt werden. Schroteffekt an Photozellen →Photozellenrauschen.

Rothe, H., u. *W. Kleen:* Elektronenröhren als Anfangsstufenverstärker. Leipzig 1948.

Schrumpfen. Vertikalabwärtsbewegungen in der Atmosphäre verlaufen in Annäherung →adiabatisch, d. h. die Temperaturen ändern sich um rund $1°$ je 100 m. Bei der seitlichen Ausbreitung einer Luftmasse verringert sich ihre vertikale Mächtigkeit, und hierdurch wird die normalerweise vorhandene unteradiabatische Temperaturabnahme ($-\partial T/\partial z < 10^{-4}$ grad cm^{-1}) der Isothermie angenähert oder führt zur Entstehung einer →Inversion. Der Vorgang wird als Schrumpfen, das Ergebnis als Schrumpfungsinversion bezeichnet.

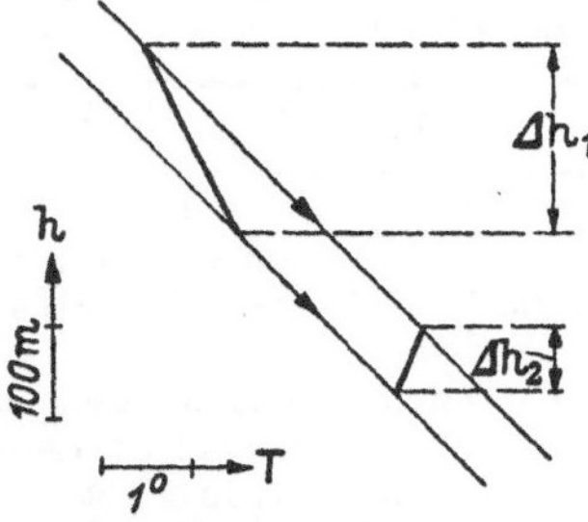

Änderung der vertikalen geometrischen Temperaturabnahme (dicke Linie) in einer Luftschicht, wenn sie trockenadiabatisch unter seitlicher Ausbreitung und Schrumpfung ihrer vertikalen Mächtigkeit von Δh_1 auf Δh_2 absinkt.

Der entgegengesetzte Vorgang einer Annäherung an den adiabatischen Temperaturgradienten durch Schwellen und seitliche Kontraktion einer Schicht

heißt Strecken. Die großen, bis zu 10 °C betragenden Inversionen, die sich, horizontal weit ausgedehnt, in Hochdruckgebieten in 1 bis 3 km Höhe befinden, sind Schrumpfungsinversionen. Ebenso spielen Schrumpfen und Strecken eine Rolle bei den Höhenveränderungen der →Tropopause von Tag zu Tag.

Handb. d. Physik XI. Berlin 1926.

Schub = Scherung, →Deformation.

Schublehre →Längenmessung.

Schubmodul = Scherungsmodul, →Elastizitätskonstanten.

Schubspannung →Spannungen, elastische; kritische Schubspannung →Schubspannungsgesetz.

Schubspannungsgesetz (*E. Schmid*), bezeichnet ursprünglich die Tatsache, daß die plastische Verformung von Einkristallen unabhängig von ihrer Orientierung und von der Art der Beanspruchung mit merklicher Geschwindigkeit (→Streckgrenze) bei einem ganz bestimmten Wert der Schubspannung in der Gleitebene und Gleitrichtung, der *kritischen Schubspannung*, einsetzt, andere Spannungskomponenten also ganz ohne Einfluß auf den Beginn der plastischen Verformung sind. Da ein solcher Einfluß auch im weiteren Verlauf der Verformung nicht vorhanden ist, so ist das Gesetz dahin zu erweitern, daß das plastische Verhalten von Einkristallen unabhängig von ihrer Orientierung und der Art der Beanspruchung durch den Verlauf der Schubspannung als Funktion der Abgleitung, die →*Verfestigungskurve*, dargestellt werden kann. Sie ist nur abhängig von der Temperatur und (in geringerem Maße) von der Gleitgeschwindigkeit. →Plastizität.

Schubweg lichtelektrischer Elektronen, freie, ziemlich unbehinderte Bewegungskomponente der Photoelektronen in Richtung auf die Anode durch das Kristallgitter bei der →lichtelektrischen Leitung. Streng genommen muß man von einem „mittleren" Schubweg sprechen. Bei den verfärbten Alkalihalogeniden bilden die F-Zentren (→Farbzentren) den Beginn und die F'-Zentren das Ende der Schubwege. Sie sind meist klein gegenüber dem Abstand der Elektroden. Am gelben Steinsalz beträgt z. B. bei Feldstärken von 2000 Vcm^{-1} die Länge der Schubwege größenordnungsgemäß 10^{-4} cm. Sie hängt von der Temperatur ab.

Pohl, R. W.: Phys. Z. **39,** 36 (1938).

Schubwellen →Transversalwellen.

Schuler-Kreiselpendel, das →Vierundachtzig-Minuten-Pendel.

Schuler-Uhr →Uhren.

Schulze-Hardysche Regel →Koagulation.

Schumann-Platte, photographische Spezialplatten für spektroskopische Untersuchungen im kurzwelligen ultravioletten Spektralgebiet (Vakuum-UV). Die normale photographische Schicht ist für kurzwelliges ultraviolettes Licht unempfindlich, weil die Gelatine es vollständig absorbiert. Die lichtempfindliche Schicht der Schumann-Platte enthält deshalb nur sehr wenig oder gar keine Gelatine. Aus gewöhnlichen photographischen Platten lassen sich Schumann-Platten durch Herauslösen der Gelatine mit verdünnter Schwefelsäure herstellen.

Handb. d. Physik XIX. Berlin 1929.

Schumann-Runge-Banden, Triplettbandensystem des Moleküls O_2 zwischen 1760 und 4500 Å, Kombination mit dem Molekülgrundzustand.

Schumann-Ultraviolett, das Wellenlängengebiet zwischen 1850 und etwa 1250 Å, erfordert die Verwendung von Flußspatfenstern, den Ausschluß der Absorption der Luft bei photochemischen Untersuchungen und die Verwendung geeigneter Lichtquellen (Metallfunken, Wasserstoffentladung, Xenonlampe). Dieses Gebiet ist für die Photochemie der einfachen Stoffe wichtig, weil anorganische Stoffe wie Sauerstoff, Stickstoff, Kohlenmonoxyd, Kohlendioxyd, Wasserdampf usw. und die einfachsten Kohlenwasserstoffe wie Methan, Äthan usw. erst in diesem Gebiet zu absorbieren beginnen. Auch für das Ozongleichgewicht und die Entstehung des freien Sauerstoffs in der Erdatmosphäre spielt dieses Wellenlängengebiet der Sonnenstrahlung eine ausschlaggebende Rolle.

Groth, W.: Z. Elektrochem. **43,** 262 (1939).

Schuster-Brücke →Brücke, akustische.

Schustersche Dynamotheorie →Dynamotheorie.

Schutzgitterröhre →Schirmgitterröhre.

Schutzkäfig, elektrostatischer →Faraday-Käfig.

Schutzkolloid. Zusätze von Schutzkolloiden bewirken Stabilisierung lyophober Sole (z. B. Metallhydrosole), indem deren →Koagulation durch Elektrolyte oder Temperaturänderungen weitgehend verhindert wird. Bei den Schutzkolloiden handelt es sich allgemein um lyophile Sole, die selbst relativ unempfindlich gegen Koagulation sind, z. B. Eiweißkörper aller Art, höhere Kohlehydrate, Seifen, aber auch anorganische Stoffe wie Zinnsäure, Aluminiumoxydhyhrat u. a. Als Maß für die Schutzwirkung dient die →Goldzahl. Die katalytische Wirkung z. B. von Metallhydrosolen wird durch Schutzkolloide herabgesetzt. Nach *Zsigmondy* ist der Mechanismus der Schutzwirkung folgender: Entweder werden die Kolloidteilchen von einer Schicht der kleineren Schutzkolloidteilchen umgeben (Umhüllungsschutz), oder die Solteilchen lagern sich an größere Schutzkolloidpartikeln an und werden auf deren Oberflächen fixiert (Haftschutz). In beiden Fällen können sich die geschützten Solteilchen nicht mehr so weit nähern, daß Koagulation erfolgt, und somit entspricht die Beständigkeit der kolloiden Lösung etwa der des schützenden, lyophilen Sols. Diese Auffassung wurde durch elektronenmikroskopische Untersuchung in vollem Umfang bestätigt. Ferner →Ionenfilter, feste.

Thiessen, P. A.: Kolloid-Z. **101,** 246 (1942).

Schutzring. Um bei genaueren Messungen an →Kondensatoren und →Spannungswaagen der Randstreuung (→Randkorrektion) der Feldlinien infolge der endlichen Plattenflächen auszuschalten, bedient man sich der Schutzringanordnung: Gegenüber einer großen Kondensatorkreisplatte wird in geringem Abstand koaxial eine kleinere Kreisplatte angeordnet, die unter Belassung eines schmalen Luftringes von einer weiteren kreisringförmigen Platte, dem Schutzring, umgeben ist. Die kleine Kreisplatte und die sie umgebende Schutzringplatte werden auf gleichem Potential gehalten. Der Berechnung und Auswertung der Meßwerte liegt nur die auf der kleinen Kreisplatte befindliche Ladung zugrunde. Die durch die endliche Schlitzbreite zwischen Schutzring und Kreisplatte verbleibende Ungleichmäßigkeit im Feldlinienverlauf kann durch entsprechende Korrektionsformeln eliminiert werden.

Schwächung der kosmischen Strahlung. Ein geladenes Teilchen, welches ein Stück Materie durchsetzt, erfährt eine mehr oder minder starke Ablenkung aus seiner Flugrichtung unter gleichzeitiger Übertragung von Energie an die ablenkenden Teilchen. Bei Elektronen von geringer Geschwindigkeit gegenüber der Lichtgeschwindigkeit erfolgt die Energieübertragung im wesentlichen an die Hüllenelektronen der Atome und führt dort meist zur Ionisation des Atoms. Dann handelt es sich einfach um eine gewöhnliche *Ionisation.* Bei Elektronen hoher Geschwindigkeit (vergleichbar mit der Lichtgeschwindigkeit) ist mit der Änderung der Flugrichtung des Elektrons eine Änderung des elektromagnetischen Feldes verbunden, und das Elektron wird dadurch zum Ausgangspunkt einer elektromagnetischen Welle; es sendet ein Lichtquant aus, es *strahlt.* Den Energieverlust durch diesen Prozeß bezeichnet man im Gegensatz zu dem durch Ionisation als *Verlust durch Strahlung.* Die Wahrscheinlichkeit für diesen Effekt wächst mit dem Quadrat der Ordnungszahl des durchsetzten Materials und ist dem Quadrat der Masse des stoßenden Teilchens umgekehrt proportional. Mesonen oder gar Protonen strahlen also bei gleicher Energie wegen ihrer größeren Masse viel weniger als Elektronen und erleiden infolgedessen auch viel geringere Bremsverluste. Der durch Strahlung entstehende Energieverlust ist der primären Energie proportional, während er bei der Ionisation in 1. Näherung unabhängig von der Energie ist. Bei sehr großen Energien ($> 10^9$ eV) übersteigt der Verlust durch Strahlung den durch Ionisation bei weitem und ist allein zu berücksichtigen. Erst wenn durch raschen Abbau der primären Energie infolge dieser Strahlungsverluste die Energie des stoßenden Teilchens so klein geworden ist, daß nunmehr der Verlust durch Ionisation erheblich kleiner wird als der durch Strahlung, kann man nunmehr den Strahlungsprozeß vernachlässigen und nur noch mit normaler Ionisation rechnen. Von einem energiereichen Elektron können also in einigen wenigen großen Schritten Lichtquanten von abnehmender Energie erzeugt werden.

Die Materialdicke, welche ausreicht, um die anfängliche Energie des stoßenden Teilchens im Mittel auf den *e*-ten Teil herabzusetzen, wird die *Strahlungslänge* oder *Strahlungseinheit* genannt. Die Energie des stoßenden Teilchens, bei der in dem Material der Verlust durch Ionisation ebenso groß wird wie der durch Strahlung, nennt man *Grenzenergie.* Die Tabelle zeigt einige Werte:

	Luft	Wasser	Aluminium	Eisen	Blei
Strahlungslänge ..	34200	43,4	9,8	1,84	0,525 cm
Grenzenergie	103	114,6	55,56	25,88	6,927 MeV

Ähnliche Schwächungseinflüsse erleiden auch *Lichtquanten.* Bei energiearmen Lichtquanten bestehen sie hauptsächlich in Photo- und Compton-Streuprozessen. Bei energiereichen Lichtquanten dagegen (> 1 MeV) tritt als neuer Prozeß der der →Paarbildung hinzu. Das Lichtquant verwandelt sich in einen Elektronenzwilling. Ist die Energie des Lichtquants sehr groß und damit auch die kinetische Energie der beiden Elektronen auch noch genügend groß, so können auch diese ihrerseits wieder Bremsstrahlungslichtquanten erzeugen, die dann erneut zur Elektronenpaarbildung führen. So entsteht in ständigem Wechselspiel zwischen Bremsstrahlungserzeugung und Paarbildung aus einem primären Elektron eine *Elektronenkaskade*. Die Elektronenzahl in einer solchen Kaskade wächst so lange an, bis die Energie der erzeugten Lichtquanten und Korpuskeln nicht mehr zur Paarbildung bzw. Strahlung ausreicht. Dann fällt sie wieder. Im Anfang der Kaskade sind etwa ebensoviel Lichtquanten wie Elektronen vorhanden. Nach Überschreiten des Maximums überwiegen die Lichtquanten mehr und mehr. Auf diese Weise entstehen bei der kosmischen Strahlung die →Schauer und →Stöße. Nebelkammeraufnahmen machen den schrittweisen Aufbau einer solchen Kaskade sehr schön anschaulich. Durch diese Art der Schwächung ist es Elektronen selbst von großer Energie nicht möglich, größere Schichten Material (z. B. mehr als 10 cm Blei) zu durchdringen. Dagegen ist dieses den Teilchen von größerer Masse wegen des bei ihnen wesentlich geringeren Strahlungsverlustes möglich, z. B. den Mesonen.

Literatur →kosmische Strahlung.

Schwächung der Röntgenstrahlen. Einer Röntgenstrahlung wird beim Durchgang durch Materie Energie entzogen. Das Schwächungsgesetz lautet in integraler Form:

$$I = I_0 e^{-\mu x}.$$

In ihm bedeuten I_0 die Intensität der Strahlung beim Auftreffen auf eine Materieschicht von der Dicke x, I die Intensität der Strahlung beim Verlassen dieser Schicht, μ den *Schwächungskoeffizienten*, d. h. eine Konstante, die nur von der Wellenlänge der Strahlung und vom Material der durchstrahlten Schicht abhängt. In differentieller Form lautet das Schwächungsgesetz

$$dI = -I\mu\,dx,$$

wobei dI die Änderung der Intensität I beim Durchstrahlen einer Materieschicht von der Dicke dx bedeutet.

Die Schwächung ist einerseits eine Folge der wahren, lichtelektrischen *Absorption*, bei welcher die Energie der Strahlung in andere Energieformen umgewandelt wird (kinetische Energie der Photoelektronen und Anregungsenergie), und andererseits eine Folge der →*Streuung*. Man teilt daher zweckmäßig den Schwächungskoeffizienten μ in den Absorptionskoeffizienten τ und den Streukoeffizienten σ durch die Beziehung $\mu = \tau + \sigma$. Damit geht das Schwächungsgesetz über in die Form

$$I = I_0 e^{-\tau x} \cdot e^{-\sigma x},$$

entsprechend dem durch Absorption und dem durch Streuung aus dem primären Bündel verschwindenden Anteil der Strahlung. Bezieht man die Schwächung nicht auf die durchstrahlte Schichtdicke, sondern auf die durchstrahlte Masse je Flächeneinheit des Bündelquerschnittes, so ergibt sich durch Division von μ, τ und σ durch die Dichte ϱ der *Massenschwächungskoeffizient* μ/ϱ, der *Massenabsorptionskoeffizient* τ/ϱ und der *Massenstreukoeffizient* σ/ϱ (→Röntgenstrahlenstreuung, Konstanten). Schließlich wurde zur Charakterisierung der Intensitätsabnahme bei der Durchstrahlung chemisch definierter Substanzen der *atomare* Schwächungskoeffizient $\mu_a = \dfrac{\mu A}{\varrho L}$ mit dem Atomgewicht A

des durchstrahlten Elementes und der Loschmidtschen Zahl L eingeführt. Der *atomare* Absorptions- und Streukoeffizient sind entsprechend definiert.

Bei chemischen Verbindungen ist $\mu_\nu = \varrho_\nu \sum p\mu/(\varrho V)$, summiert über alle Atomarten. p ist das Verhältnis des Gewichts jeder Atomart zum Gewicht der ganzen Verbindung.

Bei kurzwelliger Röntgenstrahlung spielt die Schwächung durch die bei der Compton-Streuung auftretenden *Rückstoßelektronen* (→Compton-Effekt) eine Rolle. Dieser Teil gibt eine zusätzliche *wahre* Absorption (→Absorption der Röntgenstrahlen), weil die Energie nicht wieder als Röntgenstrahlung in Erscheinung tritt. Die bei der Schwächung aus dem primären Bündel verschwindende Energie teilt sich also im Endeffekt in die Energie der *Photoelektronen* und der *Rückstoßelektronen*, die *Fluoreszenzstrahlung* (als Folge der Anregung der Atome) und die *Streustrahlung*.

Handb. d. Physik XXIII/2. Berlin 1933. Handb. d. Experimentalphysik XXIV/1. Leipzig 1930. Internat. Tabellen z. Bestimmung von Kristallstrukturen II, 575 (1935). — *Bragg*, W. H. u. W. L.: The Cristalline State. 1933.

Schwall und Sunk (*Hebungs-* und *Senkungswellen*) sind Erscheinungen an Strömungen in offenen Gerinnen, die auftreten, wenn die Durchflußmenge Q_0 sich auf $Q_1 \gtrless Q_0$ ändert. Bei plötzlicher Änderung bildet sich eine Stufe, bei Regelvorgängen eine entsprechende Form der Welle. Verstärkter Zufluß bedeutet einen Füllschwall, verminderter Abfluß einen Stauschwall, verminderter Zufluß einen Absperrsunk und vermehrter Abfluß einen Entnahmesunk. Diese Strömungsformen überlagern sich den stationären Strömungsbildern, die zumeist einer ungleichförmigen Strömung (→Stau) entsprechen. Durch diese Abhängigkeit der Strömung von Ort und Zeit ist die Berechnung erschwert. Kleine Störungen des Spiegels werden in flachem Wasser mit der Grundwellengeschwindigkeit $c = \sqrt{g y}$ fortgepflanzt, die von der Gestalt der Welle unabhängig ist. Ist die Höhe der Welle $\varDelta y$ gegenüber der Wassertiefe y nicht zu vernachlässigen, so wächst auch die Wellengeschwindigkeit $c = \sqrt{g y}(1 + \varDelta y/y)^{1/2}$. Nähert sich $\varDelta y/y$ dem Wert 1, so bricht die Welle. Bei einer plötzlichen Vergrößerung des Durchflusses schwingt der Wasserspiegel um die größere Tiefe y_2. Ist der Unterschied der Wassertiefen größer als die ursprüngliche Tiefe $\varDelta y > y_1$, so wird durch das Brechen der ersten Welle ein →Wassersprung eingeleitet.

Schwankung einer Funktion $y = f(x)$ heißt die Differenz $s = G - g$, wo G bzw. g die obere bzw. untere Grenze von $f(x)$ ist (→Schranke). Da bei beschränkten Funktionen, d. h. solchen, deren

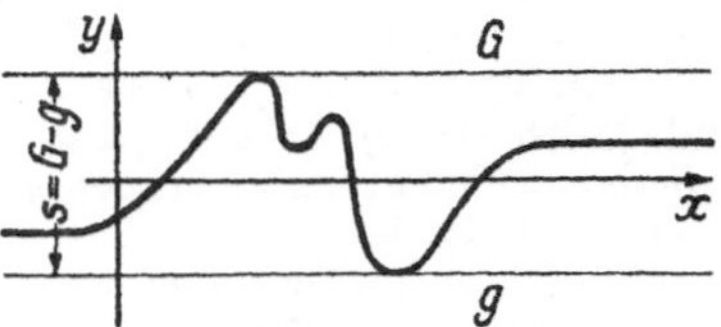

Schwankung einer Funktion.

Werte $f(x)$ eine gewisse Zahl M_1 (obere Schranke) nie überschreiten und eine andere M_2 (untere Schranke) nie unterschreiten, für die also gilt $M_1 > f(x) > M_2$, die obere Grenze G (d. i. die kleinste obere Schranke) mit dem Maximum und g mit dem Minimum von $f(x)$ zusammenfällt, gibt die Schwankung der Funktion $y = f(x)$ geometrisch das Intervall auf der y-Achse an, in dem die Funktionswerte $f(x)$ liegen (Abb.). — *Mittlere Schwankung* →Regressionsgerade.

Schwankungen der kosmischen Strahlung. Die Intensität der kosmischen Strahlung unterliegt zahlreichen periodischen und unperiodischen Schwankungen. Als *periodische* Schwankungen seien besonders der →Tagesgang und der →Jahresgang genannt; auch zeigt sich eine 27tägige Periode, entsprechend der Sonnenrotation. Neben diesen periodischen Schwankungen sind als *unperiodische* Schwankungen besonders der →Barometereffekt und der →Temperatureffekt zu nennen. Ferner treten bei magnetischen Stürmen spontane Änderungen der Strahlungsintensität auf. Im allgemeinen laufen Strahlungsintensität und magnetische Horizontalintensität gleichsinnig. Die Größe der Effekte ist stark schwankend. Bei solchen Stürzen sind Änderungen bis zu 5 und 10% gemessen. Sie erstrecken sich über mehrere Stunden und sogar Tage. Lang andauernde geringfügige Intensitätsabweichungen gegenüber dem normalen Jahresgang sind in mehreren Stationen über die ganze Erde verteilt gleichzeitig beobachtet worden und werden als *weltweite Schwankungen* bezeichnet (Ursachen wahrscheinlich magnetische Effekte). Änderungen der Intensität um 50 bis 100%, aber nur während einer Stunde, sind im Zusammenhang mit Sonneneruptionen beobachtet (*Forbush, Ehmert*) und deuten auf Vorgänge auf der Sonne als mögliche Ursache für die Erzeugung von energiereichen Korpuskeln (→kosmische Strahlung).

von Roka, E. G.: Z. Naturf. 5a, 517 (1950). Ferner →kosmische Strahlung.

Schwankungen, radioaktive →radioaktive Schwankungen.

Schwankungserscheinungen, statistische. Unter diesem Namen pflegt man in der Physik mannigfache Vorgänge zusammenzufassen, bei denen das Augenmerk darauf gerichtet wird, daß gewisse Beobachtungsreihen innerhalb gewisser Grenzen scheinbar ungesetzmäßige Schwankungen der Ergebnisse aufweisen. Die Schwankungserscheinungen bestätigen in einwandfreier Weise den statistischen Charakter der Molekulartheorie der Materie.

Als Schwankungserscheinung wurde historisch zuerst die →Brownsche Molekularbewegung kleiner suspendierter Teilchen in Gasen und Flüssigkeiten erkannt, nachdem *Einstein* und *v. Smoluchowski* zu Beginn des 20. Jahrhunderts eine quantitative Theorie der beobachtbaren Ortsveränderung auf Grund des →Äquipartitionsprinzips aufgestellt hatten, die sich an den Versuchen von *Perrin* (1908 bis 1911), *Svedberg* und *Inoye* (1909), *Przibram* (1912) und *Fürth* (1919) so gut bestätigte, daß man aus diesen Beobachtungen brauchbare Werte für die →Loschmidtsche Zahl ableiten konnte. Einsteins Formel gibt für den über viele Teilchen gebildeten quadratischen Mittelwert der in der Zeit τ eintretenden Ortsveränderung kugelförmiger Teilchen:

$$\overline{\xi^2} = \frac{kT}{3\pi\eta a}\,\tau,$$

wo k die Boltzmannsche Konstante, a der Radius des Teilchens und η die dynamische Viskosität des Suspensionsmittels. Es ist charakteristisch, daß die Verschiebung $\sqrt{\overline{\xi^2}}$ proportional zu $\sqrt{\tau}$ zu erwarten ist. Das steht im engen Zusammenhang mit dem Ergebnis der Wahrscheinlichkeitsrechnung über die Summe von n Zahlen, die nach Zufall $+1$ oder -1 sind. Der wahrscheinlichste Summenwert ist proportional $\sqrt{n}$. Die Formel enthält ferner (abgesehen vom Radius a) kein kennzeichnendes Merkmal des suspendierten Teilchens. Weitere Beispiele von Schwankungserscheinungen sind: die →Rayleighsche Streustrahlung in Gasen und Flüssigkeiten (Theorie des Himmelsblau), die kritische →Opaleszenz infolge →Dichteschwankungen, die →radioaktiven Schwankungen, das →Rauschen in Elektronenröhren, der →Schroteffekt, die Stromschwankungen in jedem elektrischen Leiter, die Empfindlichkeitsgrenze von Galvanometern. Letzterer Effekt kommt dadurch zustande, daß sich thermische Bewegung auch bei Drehbarkeit eines Körpers um eine Achse äußert. Diese Bewegung setzt der nutzbaren Empfindlichkeit aller Galvanometer eine natürliche Grenze, denn um einen den thermischen Störpegel merklich überschreitenden Ausschlag zu erhalten, muß die dem Galvanometer während einer Schwingungsdauer durch den Strom zugeführte Energie beträchtlich größer als kT sein (*Ising, Czerny, Kappler, Lehrer*). Die Bewegung des Instrumentes ist wegen der Bindung an eine Ruhelage nicht unregelmäßig tanzend wie bei der Brownschen Bewegung suspendierter Teilchen, sondern eine Schwingung von langsam unregelmäßig veränderlicher Amplitude und Phase.

Schwarm →kristallinische Flüssigkeiten.

Schwarzer Fleck, zeigt sich bei der Reflexion des Lichtes an sehr dünnen Schichten, wenn der Lichtweg zwischen ihrer Vorder- und Hinterfläche klein gegen die Wellenlänge ist. Da entweder das an der Vorderfläche oder das an der Hinterfläche reflektierte Licht einen Phasensprung π erfährt, je nachdem die Schicht eine größere oder eine kleinere Brechungszahl hat als ihre Umgebung, so besteht zwischen den an den beiden Flächen reflektierten Anteilen in jedem Fall ein Gangunterschied von nahezu einer halben Wellenlänge, so daß sie sich praktisch gegenseitig durch Interferenz auslöschen. Der schwarze Fleck zeigt sich u. a. im Zentrum der →Newtonschen Ringe und bei sehr dünnen Seifenlamellen (→Farben dünner Blättchen), wie man sie durch Zentrifugieren einer solchen herstellen kann. Solche sehr dünnen Stellen einer Lamelle zeigen auch noch nach dem Zentrifugieren eine bemerkenswerte Beständigkeit.

Schwarzer Körper, ein Strahlung aller Wellenlängen vollständig absorbierender Körper. Über die Gesetze seiner Strahlung →Strahlungsgesetze.

Der schwarze Körper läßt sich zwar nicht durch einen realen Körper, wohl aber durch einen Hohlraumstrahler in praktisch beliebiger Annäherung verwirklichen. Im Innern eines Hohlraumes, der von undurchsichtigen und auf konstanter Temperatur T gehaltenen Wänden umgeben ist, besteht der *schwarze Strahlung* genannte Gleichgewichtszustand. Bringt man an diesem Hohlraum eine so enge Öffnung an, daß dadurch die Beschaffenheit der Strahlung im Innern nicht merklich geändert wird, so wirkt diese Öffnung nach außen wie eine vollkommen schwarze Fläche von der

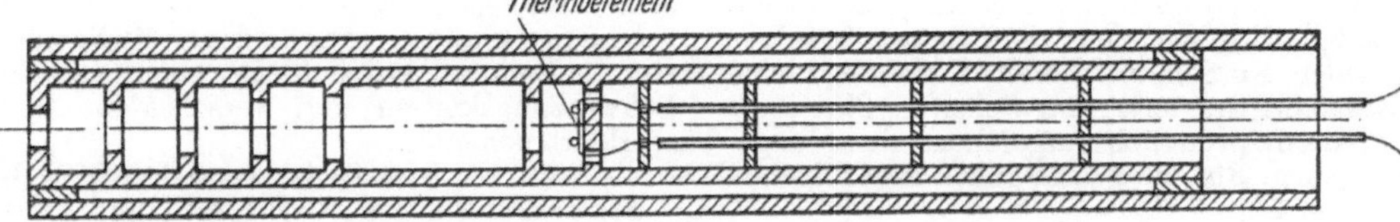

Abb. 1. Schwarzer Körper nach *Holborn* und *Kurlbaum*.

Temperatur T. Die Öffnung muß also im Verhältnis zur inneren Oberfläche des Hohlraumes so klein sein, daß der Ausfall der Reflexion an ihrer Oberfläche die innen herrschende Strahlung nicht beeinträchtigt. Das erreicht man um so eher, je mehr die Anzahl der Reflexionen im Innern durch Schwärzung der Wände herabgesetzt wird. Bei einem Reflexionsvermögen von 10% (Absorptionsvermögen 90%) strahlt die Öffnung schon bis auf 0,1% schwarz, wenn jeder Strahl, der von irgendeinem Flächenelement ausgeht, vor seinem Austritt nur zweimal reflektiert wird. Für niedrige Temperaturen bis etwa 500 °C kann der schwarze Körper durch einen metallischen Hohlkörper verwirklicht werden, der mit Platinschwarz oder Eisenoxyduloxyd ausgekleidet ist und durch Bäder konstanter Temperatur gleichmäßig geheizt wird. Schwarze Körper für höhere Temperaturen werden aus zylindrischen Rohren aus feuerfester Masse (Porzellan, Marquardt-Masse, Magnesia) hergestellt, die in der Mitte durch eine Querwand in zwei Hälften unterteilt und außen mit einer Heizwicklung oder mit Platinfolie überzogen sind (Abb. 1). In dem zylindrischen Hohlraum sind Blenden angebracht, die den Austritt direkter Strahlung der Seitenwände durch die Öffnung verhindern. Die Temperatur wird meist mit in den Hohlraum eingeführten Thermoelementen gemessen. Für noch höhere Temperaturen werden Öfen mit Heizrohren aus Kohle, Graphit oder Wolfram verwendet, die in ein Mantelgefäß eingebaut sind, welches die Füllung mit indifferenten Gasen oder Evakuierung gestattet. Die beste Temperaturkonstanz läßt sich erreichen, wenn man den Hohlraumstrahler in ein schmelzendes Metall eintaucht und die Messungen während des Haltepunktes beim Schmelzen und Erstarren ausführt (Abb. 2). Auf diese Weise hat man die schwarze Strahlung bei den Schmelzpunkten von Gold, Nickel, Palladium, Platin, Rhodium und Iridium untersucht. Der schwarze Körper dient zur Prüfung der Strahlungsgesetze (→Strahlungsmessungen), als Strahlungsnormal für die Prüfung von Pyrometern (→Strahlungspyrometer) und in der zuletzt erwähnten Form auch als Normal für die →Lichteinheit.

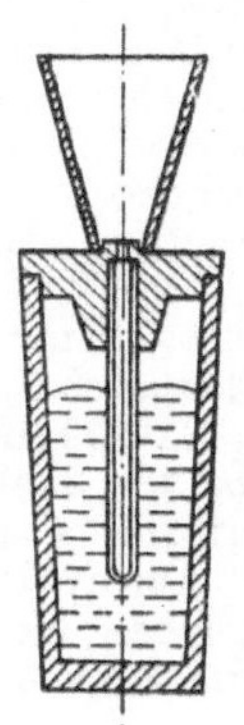

Abb. 2. Schwarzer Körper beim Platinschmelzpunkt.

Schwarze Strahlung, die von einem →schwarzen Körper ausgesandte Strahlung. Ob eine vorliegende Strahlung schwarz ist oder nicht, kann man entscheiden, indem man sie spektral zerlegt und die zu den spektralen Strahldichten gehörenden schwarzen Temperaturen (→Strahlungstemperatur) $T_{s\lambda}$ bestimmt. Sind die $T_{s\lambda}$ unabhängig von der Wellenlänge konstant, also $T_{s\lambda} = T_s$, so ist die Strahlung schwarz und entstammt einem schwarzen Körper der Temperatur $T = T_s$. Man nennt die Strahlung grau, wenn zwar die schwarzen Temperaturen von der Wellenlänge abhängig sind, aber der Strahlung eine vom Wellenlängenbereich unabhängige →Farbtemperatur T_f zugeordnet werden kann. In diesem Falle entstammt sie entweder einem →grauen Körper, dessen wahre Temperatur gleich T_f ist, oder einem →selektiven Strahler, dem die Farbtemperatur T_f zukommt.

Schwarze Temperatur →Strahlungstemperatur.

Schwärzlichkeit, Eigenschaft von →Körperfarben geringerer →Helligkeit. Sie kann durch helles Umfeld besonders augenfällig gemacht werden. Im valenzmetrischen Maßsystem (→Farbmessung) kann sie durch den Ostwaldschen Schwarzanteil oder durch die Ergänzung der Relativhelligkeit zur Einheit gemessen werden.

Schwarzsche Ungleichheit nennt man die zu Abschätzungen viel verwendete, von *H. A. Schwarz* aufgestellte Ungleichung

$$\left(\sum_{i=1}^{n} u_i v_i \right)^2 \leqq \sum_{i=1}^{n} u_i^2 \sum_{i=1}^{n} v_i^2,$$

die für $2n$ beliebige reelle Zahlen $u_1, u_2, \ldots, u_n$, $v_1, v_2, \ldots, v_n$ gilt. Das Gleichheitszeichen gilt nur dann, wenn die u den v proportional sind. (Über eine Abart dieser Ungleichheit →Höldersche Ungleichung.) Die Schwarzsche Ungleichung ist nicht nur auf Zahlen beschränkt, sondern gilt auch für in einem gewissen Intervall $a \leqq x \leqq b$ definierte Funktionen $f(x)$ und $g(x)$. Sie lautet dann

$$\left[\int_a^b f(x)\, g(x)\, dx \right]^2 \leqq \int_a^b f^2(x)\, dx \int_a^b g^2(x)\, dx$$

und verlangt, daß f und g entsprechende Integrabilitätseigenschaften im Intervall $a \leqq x \leqq b$ besitzt. Ganz analog lautet die Schwarzsche Ungleichheit für Funktionen mit mehr als einer Veränderlichen, z. B. für Funktionen $u(x, y)$ und $v(x, y)$ zweier Veränderlicher im Bereich $a \leqq x \leqq b$, $a \leqq y \leqq b$:

$$\left[\iint_a^b u\, v\, dx\, dy \right]^2 \leqq \iint_a^b u^2\, dx \iint_a^b v^2\, dx\, dy \quad \text{usw.}$$

Das Gleichheitszeichen gilt wiederum nur bei Proportionalität zwischen u und v.

Schwarzschild-Exponent, Schwarzschildsches Gesetz →Schwärzung, photographische.

Schwarzschildsche Theorie der Spaltbeugung →Beugung des Lichtes am Spalt.

Schwärzung, photographische. Bei der →Entwicklung einer photographischen Schicht scheidet sich in dieser kolloidales Silber ab. Die Dichte der Silberabscheidung ist um so größer, je größer die zur Belichtung verwendete Strahlungsenergie gewesen ist. Eine belichtete, entwickelte und fixierte photographische Platte hat deshalb auch an verschiedenen Stellen eine verschieden große Lichtdurchlässigkeit, je nachdem viel oder wenig Silber abgeschieden worden ist. Somit kann die Lichtdurchlässigkeit der fertig entwickelten Platte als Maß für die ursprünglich aufgefallene Strahlungsenergie dienen. Für die Praxis führt man folgende Definitionen ein:

Auf die entwickelte Schicht falle die Strahlungsintensität J_a (je s und Flächeneinheit auffallende Energie) senkrecht auf. An einer Stelle mit abgeschiedenem Silber werde aber nur die Intensität J_a hindurchgelassen. Dann heißt $T = J_d/J_a$ die *Transparenz*, $O = 1/T = J_a/J_d$ die *Opazität* und $S = \log O = \log(1/T) = \log(J_a/J_d)$ die *Dichte* oder *Schwärzung* der Schicht. Trägt man nun die Schwärzung S als Funktion der sie erzeugenden Belichtung (Jt, also Belichtungsintensität J mal Belichtungszeit t) auf, so erhält man den in der Abb. dargestellten Zusammenhang, die *Schwärzungskurve* oder *Gradationskurve* der Schicht. Sie

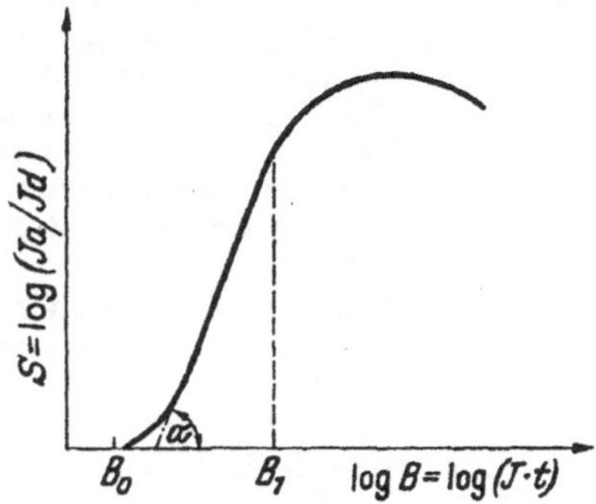

Schwärzungskurve einer photographischen Schicht.
Abszisse: Belichtung B (logarithmischer Maßstab), Ordinate: Schwärzung. B_0 ist der Schwellenwert der Belichtung, für welchen eine gerade wahrnehmbare Schwärzung eintritt.

beginnt nicht im Nullpunkt der B-Skala, sondern erst bei einem endlichen Wert B_0. Dieser definiert die *Reizschwelle* der Schicht, d. h. die kleinste Belichtungsenergie, welche eine eben wahrnehmbare Schwärzung hervorruft ($\rightarrow$ Sensitometrie). Der mittlere Teil der Schwärzungskurve verläuft praktisch geradlinig. Die Steigung $\mathrm{tg}\,\alpha = \mathrm{d}S/\mathrm{d}\log B$ für diesen Kurvenabschnitt nennt man den *Kontrast* der Schicht. Von einem Wert B_1 ab beginnt die Schwärzungskurve flacher zu verlaufen, erreicht ein Maximum, um dann sogar wieder zu fallen. Das rechts von B_1 liegende Gebiet ist das der *Überexposition*. Die Tatsache, daß für sehr große Belichtungswerte die Schwärzung wieder abnimmt, wenn B wächst, bezeichnet man als *Solarisation*. Eine einwandfreie Deutung dieser Erscheinung steht noch aus. Wahrscheinlich handelt es sich um die Rückbildung von AgBr aus abgeschiedenem, metallischem Ag und freiem Br.

Der Schwarzschild-Exponent p. Die genauere Untersuchung zeigt, daß kein eindeutiger Zusammenhang zwischen der Schwärzung S und der Belichtung $B = Jt$ besteht, daß also das Gesetz von $\rightarrow$ Bunsen-Roscoe nicht gilt, wonach S nicht von J und t einzeln abhängt, sondern nur von ihrem Produkt. *Schwarzschild* hat gefunden, daß S eine Funktion von Jt^p ist. p ist der *Schwarzschild-Exponent*. Für die meisten photographischen Emulsionen hat er Werte zwischen 0,8 und 1,1. Infolge der spektralen Empfindlichkeitsverteilung der photographi-

schen Schicht ($\rightarrow$ Emulsion, photographische) ergeben Strahlungen verschiedener Wellenlänge bei ein und derselben Schicht auch verschiedene Schwärzungskurven und verschiedene Schwarzschild-Exponenten.

v. Angerer, *E.*: Wiss. Photographie. Leipzig 1931.

Schwärzungskurve $\rightarrow$ Schwärzung, photographische.

Schwärzungsmittel. Der Empfänger eines Meßgerätes für Wärmestrahlen muß innerhalb eines weiten Spektralbereiches alle auftreffenden Strahlen möglichst vollständig absorbieren, d. h. schwarz sein. Zu dem Zweck überzieht man ihn mit einem Schwärzungsmittel, das ein möglichst hohes, von der Wellenlänge unabhängiges Absorptionsvermögen hat. Bei metallischen Empfängern wird außerdem gutes Wärmeleitvermögen verlangt, damit die in der Schwärzungsschicht entstehende Wärme leicht an den Empfänger abgegeben werden kann. Ruß, z. B. aus brennendem Kampfer niedergeschlagen, ist als Schwärzungsmittel nur für das sichtbare und kurzwellige ultrarote Spektralgebiet brauchbar. Es hat zwar ein niedriges Reflexionsvermögen, doch ist die Durchlässigkeit schon oberhalb $3\,\mu$ merklich. Platinmohr ist wegen seiner geringeren Durchlässigkeit und seines besseren Wärmeleitvermögens günstiger. Im Gebiet sehr langer Wellen wird auch Platinmohr durchsichtig. Ein Gemisch von Ruß und Natronwasserglas leitet die Wärme gut und ist auch im langwelligen Ultrarot noch wenig selektiv. Auch die Schwärzung mit Aquadag (kolloidales Graphit) wird empfohlen. Nach *Pfund* kann man durch Verdampfen von Metallen (z. B. Wismut, Antimon, Zink) unter einem Gasdruck von etwa 0,25 Torr dünne Schwärzungsschichten herstellen, die sich auch auf den feinsten Folien gefahrlos anbringen lassen. Infolge der Feinkörnigkeit der Metallteilchen glänzt die Oberfläche bei Betrachtung unter streifender Inzidenz. Um die schwarze Oberfläche mehr aufzurauhen, beruußt man zunächst mit Kampfer und dampft dann darauf die metallische Schwärzungsschicht. Zinkschwarz absorbiert bis $14\,\mu$ etwa 98% der einfallenden Strahlung. Bei $51\,\mu$ beträgt die Absorption 85%.

Für Messungen im langwelligen Ultrarot ($\lambda > 50\,\mu$) können die Empfängerflächen auch mit dünnen Schichten aus Gemischen von NaCl, KBr, TlCl überzogen werden. Man nutzt dabei die Beobachtung aus, daß Stoffe in Pulverform, z. B. Quarzpulver, im Gebiet selektiver Absorption intensiv schwarz sind, sofern die Teilchen klein im Verhältnis zur Wellenlänge sind. Solche Schwärzungsschichten bieten noch den Vorteil, daß sie kurzwelliges Streulicht nicht absorbieren.

v. Angerer, *E.*: Techn. Kunstgriffe bei physikal. Untersuchungen. Braunschweig 1944.

Schwebekondensator, Elektrometer größter Ladungsempfindlichkeit nach *Ehrenhaft* und *Millikan*. Kleine feste oder flüssige Teilchen von 10^{-4} bis 10^{-5} cm Durchmesser werden in einem vertikalen homogenen elektrischen Feld entgegen dem Schwerefeld zum Schweben oder zum langsamen Steigen oder Fallen gebracht. Dann können an diesen Teilchen Ladungsänderungen um einzelne Elementarladungen messend verfolgt werden. Bei Bestrahlung mit ultraviolettem Licht hinreichend kurzer Wellenlänge gelingt es, eine lichtelektrische Wirkung festzustellen: Es wird eine Verminderung negativer bzw. Vergrößerung positiver Ladungen der Teilchen beobachtet. Das Schwebegleichgewicht ist daher gestört. Auf diese Weise hat *Millikan* den bisher zuverlässigsten Wert der →Elementarladung gemessen.

Handb. d. Physik XXII/1. Berlin 1933. Handb. d. Experimentalphysik XXIV/1. Leipzig 1930.

Schwebemethode, Verfahren zur Messung der Dichte fein verteilter fester Stoffe (Pulver). Man bringt sie in eine Flüssigkeit und versetzt diese so lange mit einer geeigneten anderen Flüssigkeit (z. B. reines Wasser mit einer konzentrierten wäßrigen Lösung), bis der Stoff schwebt. Dann ist die Dichte des Stoffes gleich derjenigen der Mischung, die auf eine der üblichen Weisen (z. B. →Aräometer, →Mohrsche Waage) bestimmt wird. Gegebenenfalls genügt Mittelung zweier Messungen, bei denen der Stoff einmal ganz langsam fällt, dann etwa ebenso langsam steigt. Wenn Wasser nicht verwendet werden kann, so benutzt man z. B. Mischungen von Chloroform (Dichte 1,49), Bromoform (2,9) oder Methylenjodid (3,3) mit Benzol (0,88), Toluol (0,89), Xylol (0,87) oder Azetylentetrabromid (3,3). Empfohlen werden ferner wäßrige Lösungen von Kaliumquecksilberjodid (Thouretsche Lösung, bis 3,20).

Kohlrausch, F.: Prakt. Physik I. Leipzig u. Berlin 1950.

Schweben kleiner Teilchen in einer Flüssigkeit oder einem Gase ist tatsächlich nur ein überaus langsames Fallen (oder Steigen) mit konstanter Geschwindigkeit, wobei die Reibungskraft die Schwerkraft weitgehend kompensiert (Wassertröpfchen, Staubteilchen usw. in Luft, feste Schwebstoffe in Wasser u. dgl.).

In Wasser überschreitet das spezifische Gewicht des Geschiebes kaum das Verhältnis 3 : 1. Feineres Geschiebe kann, in die Höhe gewirbelt, bis zum Wasserspiegel aufsteigen. Da in den unteren Schichten mehr Teilchen in der Volumeneinheit enthalten sind, befördert die Turbulenz des Wassers im Mittel mehr Teilchen nach oben, als sie wieder abwärts führt, so daß die Teilchen zum Schwebestoff werden. Sehr feine, also sehr langsam fallende Teilchen sind daher nahezu gleichmäßig über die Wassertiefe verteilt, während die gröberen Geschiebeteilchen sich nur nahe am Grunde befinden.

Schwebungen. Durch Überlagerung zweier Sinusschwingungen von verschiedener Frequenz, $A_1 \sin 2\pi\nu_1 t$ und $A_2 \sin 2\pi\nu_2 t$, entsteht eine Schwingung

$$\sqrt{A_1^2 + A_2^2 - 2A_1 A_2 \cos 2\pi(\nu_2 - \nu_1)t}\, \sin\Big(2\pi\nu_1 t + \arctan\frac{A_2 \sin 2\pi(\nu_2 - \nu_1)t}{A_1 - A_2 \cos 2\pi(\nu_2 - \nu_1)t}\Big), \qquad (1)$$

deren Amplitude periodisch mit einer Frequenz schwankt, die gleich der Differenz der beiden ursprünglichen Schwingungsfrequenzen ν_1 und ν_2 ist (Abb. 1). Diese amplitudenmodulierte Schwingung oder auch nur ihre Hüllkurve $\sqrt{A_2^2 + A_1^2 - 2A_1 A_2 \cos 2\pi(\nu_2 - \nu_1)t}$ heißt *Schwebung*. Der Verlauf der Hüllkurve ist annähernd sinusförmig, wenn die Amplituden der beiden miteinander schwebenden Schwingungen sehr verschieden sind. Macht man jedoch beide Amplituden gleich groß ($A_1 = A_2 = A$), dann setzt sich die Hüllkurve $2A_1 \left| \cos 2\pi \dfrac{\nu_2 - \nu_1}{2} t \right|$ aus sinusförmigen Halbwellen der halben Schwebungsfrequenz zusammen; das Ergebnis ist wiederum eine Schwebung mit der Frequenz $\nu_2 - \nu_1$, deren Gesamthüllkurve jedoch nicht mehr sinusförmig ist (Abb. 1 u. 2). Die →Phasenfrequenz der Summenschwingung (1), d. h. der Kehrwert des Abstandes zweier Nulldurchgänge in der gleichen Richtung, schwankt periodisch mit der Schwebungsfrequenz; im Falle gleich großer Amplituden reduziert sich die Schwankung auf einen Phasensprung im Schwebungsminimum.

Objektiv ist die Schwebungsfrequenz in dem Gemisch der beiden Schwingungen nicht enthalten. Sie tritt meßbar erst dann in Erscheinung, wenn die Schwingung durch ein nichtlinear verzerrendes Glied (z. B. einen Gleichrichter) demoduliert wird. Die gleiche Wirkung hat der Ersatz der bloßen Überlagerung der beiden Schwingungen

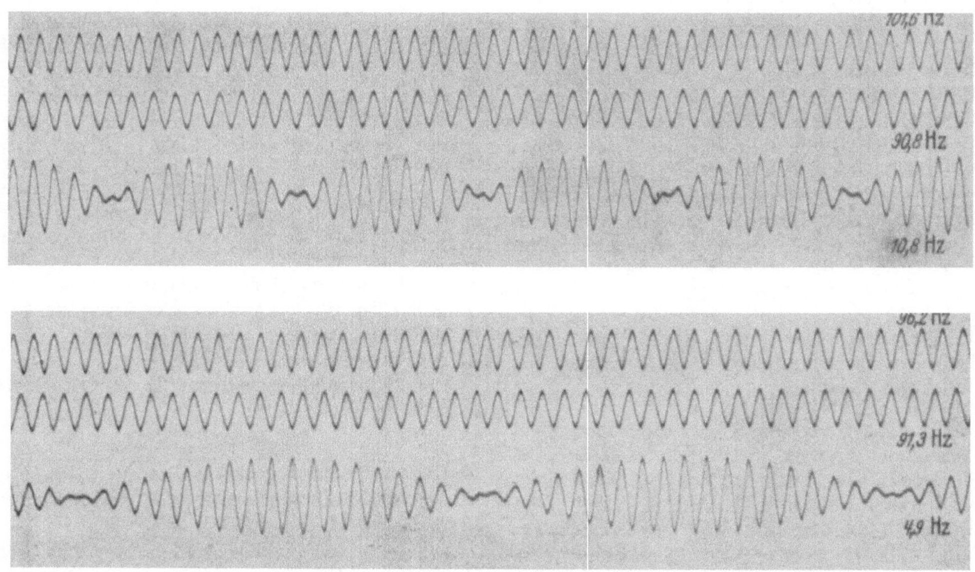

Abb. 1. Schwebungen.

durch eine multiplikative Mischung. Nichtlinearitäten im Übertragungsweg des Mittelohres haben zur Folge, daß man Schwebungsfrequenzen, die in den Hörbereich fallen, als →Differenztöne hören kann. Langsame Schwebungen machen sich

Abb. 2. Schwebungs-Hüllkurven für verschiedene Amplitudenverhältnisse.

akustisch als Lautstärkeschwankungen bemerkbar. Mit ihrer Hilfe kann man die Frequenz von Schallgeneratoren auf Bruchteile eines Hz genau in Übereinstimmung bringen. Durch Verstimmung absichtlich hervorgerufene Schwebungen finden als musikalisches Ausdrucksmittel bei der Orgel (Kinoorgel) Verwendung. Im →Schwebungssummer erzeugt man durch Überlagerung zweier frequenzbenachbarter Hochfrequenzschwingungen niederfrequente Schwebungen.

Schwebungen des Lichtes →Lichtschwebungen.

Schwebungsempfang. Werden die von einem Sender ausgestrahlten ungedämpften elektrischen Schwingungen der Frequenz f_1 am Empfangsort mit ungedämpften Schwingungen eines Hilfssenders der Frequenz f_2 überlagert, die von f_1 nur wenig verschieden ist, so entstehen Schwebungen der Frequenz $f_1 - f_2$. Dieser Schwebungsempfang wurde zuerst zum Abhören ungedämpfter Telegraphiesender angewandt (Heterodyn-Empfänger), wo die Schwebungsfrequenz in den Hörbereich — 800 und 2000 Hz — gelegt wurde. Auf diese Weise war es ohne größere Selektionsmittel möglich, dicht benachbarte Sender akustisch zu unterscheiden. Diese Methode spielt bei der Frequenzmessung und beim Frequenzvergleich von Sendern eine wichtige Rolle.

Zenneck, J., u. *H. Rukop:* Drahtlose Telegraphie. Stuttgart 1925. — *Vilbig, F.:* Lehrb. d. Hochfrequenztechnik. Leipzig 1945.

Schwebungssummer, dient zur Erzeugung sinusförmiger Wechselspannungen über einen großen Frequenzbereich (viele Oktaven) und wird daher besonders im Tonfrequenzgebiet häufig angewandt. Eine elektrische Hochfrequenzschwingung fester Frequenz v_1 wird mit einer zweiten Hochfrequenzschwingung variabler Frequenz v_2 gemischt (moduliert) und die dabei entstehende Differenzfrequenz $|v_1 - v_2|$, die →,,Schwebung‘‘, mittels elektrischer Schaltelemente ausgesiebt. Durch stetige Änderung von v_2 erhält man eine stetig veränderliche Schwebungsfrequenz $|v_1 - v_2|$ mit nahezu gleichbleibender Amplitude innerhalb des gesamten Frequenzbereichs.

Schwefelpunkt, Gleichgewichtstemperatur zwischen flüssigem reinem Schwefel und seinem Dampf bei $p_0 = 760$ Torr, die bei der Kondensation des Schwefeldampfes bestimmt wird. Der Schwefelpunkt t_s ist primärer Fixpunkt der Internationalen →Temperaturskala: $t_s = 444,600$ °C (Int. 1948). Die Gleichgewichtstemperatur t_p bei einem Druck 660 Torr $< p < 860$ Torr folgt der

Zahlenwertgleichung $t_p = 444,6 + 69,010 \left(\dfrac{p}{p_0} - 1 \right)$
$-27,48 \left(\dfrac{p}{p_0} - 1 \right)^2 + 19,14 \left(\dfrac{p}{p_0} - 1 \right)^3$ oder $t_p = 444,6$
$+ 158,92 \lg \dfrac{p}{p_0} \bigg/ \left(1 - 0,234 \lg \dfrac{p}{p_0} \right)$. Der benutzte Schwefel darf nicht mehr als 0,005% Verunreinigungen (vor allem Selen und Arsen) enthalten. t_s ist heute auf etwa $\pm 0,005°$ reproduzierbar. In der thermodynamischen →Temperaturskala ergibt sich über den →Eispunkt T_0 für den Schwefelpunkt: $T_s = (273,16 + 444,600)$ °K $= (717,8 \pm 0,1)$ °K; neuere Messungen des Massachusetts Institute of Technology (MIT) mit zwei Stickstoff-Gasthermometern führten zu dem Wert $T_s = T_0 + 444,74$ °K $= (717,9 \pm 0,1)$ °K, wobei die Abweichungen der beiden Gasthermometer untereinander etwa 0,05° betrugen.

Schweidlersche Schwankungen = →radioaktive Schwankungen.

Schwellen, optische, die für die Erzeugung einer Empfindung oder Reaktion mindestens erforderliche Leuchtdichte. Die Höhe der absoluten Schwelle ist eine Funktion der Wellenlänge (→Dämmerungssehen, →Tagessehen), des Stadiums der Dunkeladaptation (→Adaptation), der Lage und Größe der gereizten Netzhautfläche (→Riccòscher Satz, →Farbenfeldschwelle) und der Dauer der Reizeinwirkung (→minimale Expositionszeit, →Farbenzeitschwelle). Optimale Schwellen (Moment-Grünbelichtung, fortgeschrittene Dunkeladaptation, extrafoveale Reizung) werden mit $2 \cdot 10^{-10}$ erg s^{-1} angegeben (→ auch Adaptation). Betreffs der relativen Schwellen (bei Helladaptation) →Unterschiedsschwelle.

Schwellenwert, magnetischer. *Kamerlingh Onnes* beobachtete 1911, daß die →Supraleitung durch ein äußeres Magnetfeld aufgehoben werden kann oder doch zumindest die Sprungtemperatur nach tieferen Temperaturen verschoben wird. Unter magnetischem Schwellenwert versteht man diejenige Längsfeldstärke (d. h. magnetische Feldlinien parallel zur Stromrichtung), die bei T [°K] den halben Ohmschen Widerstand wiedererstehen läßt. Trägt man diesen Schwellenwert H_k als Funktion der Temperatur T in einem Diagramm auf, so erhält man die Schwellenwertkurve. Sie beginnt mit $H_k = 0$ bei der normalen, feldfreien Sprungtemperatur und steigt mit abnehmendem T verzögert an, um bei $T \cong 0$ mit horizontaler Tangente einen charakteristischen Grenzwert zu erreichen, der für reine Metalle zwischen etwa 100 und 3000 Oe liegt. Legierungen und Verbindungen weisen meist bedeutend höhere Schwellenwerte auf. So wird z. B. die Supraleitung einer Pb-Bi-Legierung, deren normaler Sprungpunkt bei $T = 8,7$ °K liegt, nach *de Haas* und *de Voogd* bei 3 °K erst durch ein Magnetfeld von etwa 23 000 Oe zerstört.

Die Schwellenwertkurve kann oft durch eine Funktion der Form:

$$H_k = a(T_k^2 - T^2)$$

dargestellt werden, wo a eine Konstante und T_k die normale Sprungtemperatur bei verschwindendem äußerem Magnetfeld ist.

Schwellenwert eines Meßgerätes (*Reizschwelle*), der kleinste Wert einer Meßgröße, der gerade noch mit ihm wahrgenommen werden kann. Er wird manchmal fälschlich auch als →Empfindlichkeit oder Ansprechempfindlichkeit bezeichnet. Bei sehr empfindlichen Meßgeräten kann die →Brownsche Bewegung des beweglichen Systems — verursacht durch die umgebende Luft, durch statistische Stromschwankungen u. dgl. — bewirken, daß das Gerät nicht bis zu seinem eigentlichen Schwellenwert ausgenutzt werden kann (→Schwankungserscheinungen, →Rauschen).

Bei Meßgeräten mit beweglichem Anzeigeorgan (Zeigermeßgeräten, Waagen, Zählern) wird statt des Schwellenwertes auch der Begriff der *Beweglichkeit* verwendet.

Schwenkmethode →Drehkristallmethode.

Schwere. Die Schwerkraft, die auf eine ruhende Masse an der Erdoberfläche wirkt, wird in der Geophysik definiert als die vektorielle Resultierende aus der Newtonschen Gravitationsanziehung der gesamten Erde und der Zentrifugalkraft, die durch die Erddrehung entsteht. Am Erdäquator z. B. ist im Meeresniveau

die beobachtete Fallbeschleunigung . . . . $g = 978{,}05$ cm/s^2
die Zentrifugalbeschleunigung . $\quad$ 3,38 „
also die reine Gravitationsbeschleunigung . . . . . . $\quad$ 981,43 „

Aus zahlreichen Pendelmessungen wurde folgende *internationale Schwereformel* angenommen (B geographische Breite; →Fallbeschleunigung):
$$g = 978{,}049(1 + 0{,}0052884 \sin^2 B - 0{,}0000059 \sin^2 2B)$$
Demnach ist g in 45° Breite im Meeresniveau (Normalschwere) 980,629 cm/s^2. Am Pol ist $g = 983{,}221$ cm/s^2, also 5,172 cm/s^2 oder rund $^1/_{200}$ größer als am Äquator, zum Teil wegen des Fehlens der Zentrifugalbeschleunigung, zum Teil wegen der Abplattung des Erdkörpers. Die normale Abnahme der Fallbeschleunigung bei Erhebung um 1 m über das Meeresniveau ist $0{,}309 \cdot 10^{-3}$ cm/s^2, also rund $3 \cdot 10^{-7}$ des ganzen Wertes. Schwerewerte, die auf dem Lande in verschiedener Höhe beobachtet werden, werden auf ein einheitliches Bezugsniveau reduziert; diese Niveau- und Massenreduktionen zielen auf die rechnerische Beseitigung von Wirkungen, die für die Diskussion der Beobachtungswerte störend sind, und legen je nach dem Ziel der Untersuchung verschiedene Modellvorstellungen (z. B. →Isostasie) zugrunde.

Schwereanomalien sind die Abweichungen der beobachteten und reduzierten Fallbeschleunigung von den Werten der Schwereformel. Außerhalb des Bogens der Sunda-Inseln beobachtete *Vening-Meinesz* im U-Boot Werte, die bis 200 milligal = 0,2 cm/s^2 unternormal sind, während auf einigen Inseln (Hawaii) bis zu 0,3 cm/s^2 Überschwere herrscht.

Ob die Schwere nach der Tiefe zu- oder abnimmt, hängt davon ab, wie stark die Erdmasse nach innen konzentriert ist. Bei den beiden Grenzverteilungen der →Dichte der Erde, die *Haalck* angibt, ist die Schwere in 60 km 980 cm/s^2, aber am Erdkern, in 2900 km Tiefe, verschieden, im Fall A 1,22 cm/s^2, im Fall B 0,89 cm/s^2. Von da zum Erdmittelpunkt nimmt die Schwere auf Null ab.

Handb. d. Experimentalphysik XXV/2. Leipzig 1931. Handb. d. Physik II. Berlin 1926.— *Müller-Pouillet:* Lehrb. d. Physik V/1. Braunschweig 1928.

Schwerebeschleunigung, der nur von der Gravitation herrührende Anteil der →Fallbeschleunigung.

Schwereschwankungen durch Sonne und Mond. Die wechselnden Stellungen von Sonne und Mond relativ zur Erde erzeugen sehr kleine Schwankungen der irdischen Schwerkraft, die bei Präzisions-Pendeluhren Standschwankungen bis zu $\pm 0{,}001$ s hervorrufen, die durch Vergleich mit einer Quarzuhr gemessen werden können. →Gezeiten des Erdkörpers.

Hoffrogge, Chr.: Naturwiss. 36, 312 (1949).

Schweres Elektron, ursprüngliche Bezeichnung für das →Meson, speziell für Mesonen mit dem Spin 1/2. Das μ-Meson könnte als schweres Elektron angesprochen werden, ebenso die Austauschquanten zwischen Nukleonen im Falle der →Paartheorie. Letztere müßten wegen ihrer starken Wechselwirkung mit den Nukleonen von den μ-Mesonen verschieden sein. Erst bei genauerer Kenntnis und Zuordnung der →Wellengleichungen der Elementarteilchen wird man beurteilen können, ob sich die synonymen Namen schweres Elektron oder →Barytron bewähren.

Schwerer Kreisel, ein Kreisel im Schwerefeld der Erde, bei dem Schwerpunkt und Unterstützungspunkt nicht zusammenfallen. →Präzession des Kreisels.

Schwere Masse →Masse.

Schwereformel, internationale →Fallbeschleunigung, absolute, →Schwere.

Schweresystem, Potsdamer, →Fallbeschleunigung, absolute; →Gravimetrie.

Schwerewellen sind lediglich durch die Schwerkraft als Richtkraft bedingte →Oberflächenwellen oder →Grenzflächenwellen.

Schwerhörigkeit. Die →Hörschwelle des Schwerhörigen liegt bei höheren Schallstärken als diejenige des Normalhörigen. Dagegen können seine →Kingsbury-Kurven für größere Lautstärken ganz oder teilweise mit denen des Normalhörigen übereinstimmen, wodurch der Schwerhörige für Lautstärkeunterschiede besonders empfindlich wird. Sofern die Schwerhörigkeit auf einer Schall-*leitungs*störung, d. h. einer herabgesetzten Beweglichkeit der zur Schalleitung dienenden Organe des Mittelohres beruht, wie sie z. B. durch Otosklerose hervorgerufen wird, ist die Hörschwelle im ganzen Hörbereich gleichmäßig angehoben. Doch ist es möglich, den Schall unmittelbar durch die Schädelknochen hindurch auf die Labyrinthflüssigkeit einwirken zu lassen und so das Cortische Organ zu erregen. Bei peripheren oder zentralen Schall*empfindungs*störungen dagegen treten partielle, auf bestimmte Frequenzgebiete beschränkte Ausfälle auf, die auch durch Ausnutzung der Knochenleitung nicht zu beheben sind.

Schwerkraft →Schwere, →Gravitation, →Fallbeschleunigung.

Schwerlinie →Schwerpunkt.

Schwerpunkt. Es seien m_1 und m_2 zwei verschiedene Massenpunkte, deren Lagen in bezug auf einen willkürlich gewählten Anfangspunkt O durch die Ortsvektoren $\mathfrak{r}_1$ und $\mathfrak{r}_2$ gegeben seien (Abb. 1). Das durch die Gewichte $\mathfrak{G}_1 = m_1 g \mathfrak{g}^0$ und $\mathfrak{G}_2 = m_2 g \mathfrak{g}^0$ ($\mathfrak{g}^0$ Einheitsvektor in Richtung der Erdbeschleunigung) der beiden Massen m_1 und m_2 bezüglich O hervorgerufene →Moment $\mathfrak{M}$ ist dann

$$\mathfrak{M} = m_1 g [\mathfrak{r}_1 \mathfrak{g}^0] + m_2 g [\mathfrak{r}_2 \mathfrak{g}^0] \tag{1}$$
$$= [(m_1 \mathfrak{r}_1 + m_2 \mathfrak{r}_2) g^0 \mathfrak{g}]. \tag{2}$$

Die beiden Massen denke man sich durch einen masselosen Stab verbunden. Dann gibt es einen auf dieser Verbindungsgeraden liegenden Punkt S mit der Eigenschaft, daß man in bezug auf O das gleiche wie durch Gl. (2) gegebene „Gewichts"-moment erhält, wenn man in S die beiden Gewichte $\mathfrak{G} = \mathfrak{G}_1 + \mathfrak{G}_2$ angreifend, d. h. die Masse $M = m_1 + m_2$ dort angebracht denkt. Der Ortsvektor $\mathfrak{r}_0$ nach dem so definierten Punkt S in bezug auf O ist dann gemäß der Definition von S durch

$$[(m_1 + m_2)\mathfrak{r}_0,\, g\,\mathfrak{g}^0] = [(m_1\mathfrak{r}_1 + m_2\mathfrak{r}_2),\, g\,\mathfrak{g}^0] \quad (3)$$

gegeben, woraus folgt

$$\mathfrak{r}_0 = \frac{m_1\mathfrak{r}_1 + m_2\mathfrak{r}_2}{m_1 + m_2}. \quad (4)$$

Der Endpunkt S des von O ausgehenden Vektors $\mathfrak{r}_0$ hat gemäß seiner Definition die Eigenschaft, daß das aus den beiden Massen m_1 und m_2 bestehende System, wenn nur das Schwerefeld auf dieses wirkt, im Gleichgewicht bleibt, wenn man es in S unterstützt. Dies folgt unmittelbar aus der

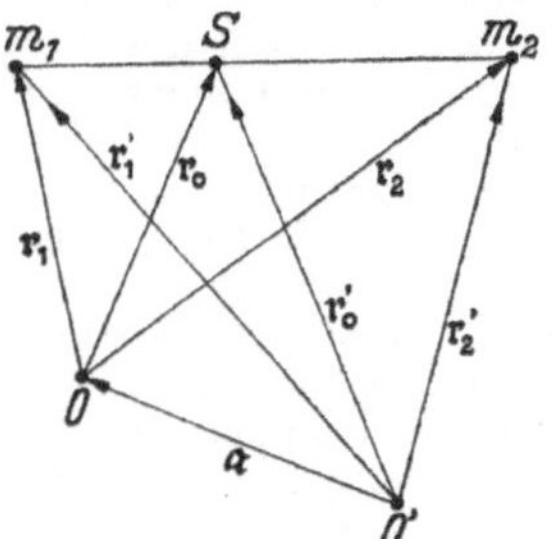

Abb. 1. Zum Schwerpunkt.

Gleichheit der „Gewichtsmomente". Aus diesem Grunde heißt S der *Schwerpunkt* der beiden Massen m_1 und m_2 oder auch deren *Massenmittelpunkt*. Es läßt sich leicht beweisen, daß die durch Gl. (4) gegebene Lage von S unabhängig von der Lage des Bezugspunktes O ist. Denn der Übergang zu einem anderen O' ergibt als neuen Lagevektor $\mathfrak{r}_0'$ von S (Abb. 1)

$$\mathfrak{r}_0' = \frac{m_1\mathfrak{r}_1' + m_2\mathfrak{r}_2'}{m_1 + m_2} \quad (5)$$

$$= \frac{m_1(\mathfrak{r}_1 + \mathfrak{a}) + m_2(\mathfrak{r}_2 + \mathfrak{a})}{m_1 + m_2} \quad (6)$$

$$= \mathfrak{r}_0 + \mathfrak{a}, \quad (7)$$

d. h. aber, $\mathfrak{r}_0'$ weist nach derselben Stelle S wie $\mathfrak{r}_0$.

Um die Lage von S zu bestimmen, macht man zweckmäßigerweise Gebrauch von der beliebigen Wahl von O und läßt O mit S zusammenfallen. Dann gelten nach Abb. 2 zur Bestimmung von S,

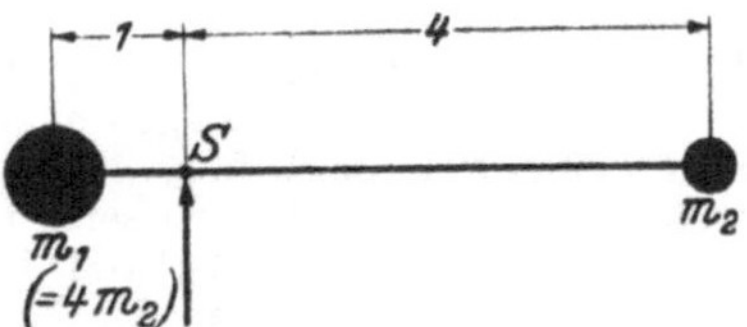

Abb. 2. Zur Schwerpunktsbestimmung.

wenn d der Abstand der beiden Massenpunkte ist, die Gleichungen

$$|\, r_1\mathfrak{r}_1^0 - r_2\mathfrak{r}_2^0\,| = r_1 + r_2 = d, \quad (8)$$

$$m_1 r_1\mathfrak{r}_1^0 + m_2 r_2\mathfrak{r}_2^0 = m_1 r_1 - m_2 r_2 = 0. \quad (9)$$

Aus Gl. (9) folgt

$$\frac{r_1}{r_2} = \frac{m_2}{m_1}, \quad (10)$$

d. h. der Schwerpunkt zweier Massenpunkte teilt deren Verbindungsgerade im umgekehrten Verhältnis der beiden Massen (Abb. 3). Für die Abstände von S von m_1 und m_2 findet man

$$r_1 = \frac{m_2}{m_1 + m_2}\,d, \quad r_2 = \frac{m_1}{m_1 + m_2}\,d. \quad (11)$$

Bei einem System von mehreren Massenpunkten m_1, m_2, $\ldots$, m_n findet man den Schwerpunkt durch entsprechende Verallgemeinerung der oben

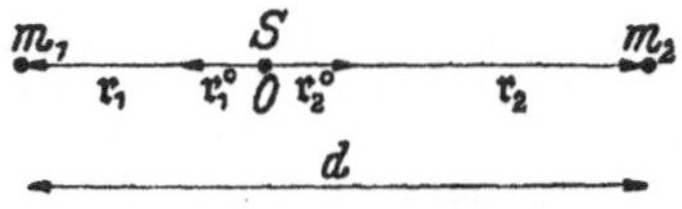

Abb. 3. Schwerpunkt zweier verschiedener Massen.

gegebenen Definition als denjenigen Punkt S, in dem das Moment aller Gewichte $\mathfrak{G} = \sum\limits_{i=1}^{n} \mathfrak{G}_i$ in bezug auf einen Punkt O gleich der Summe der Momente der Einzelgewichte $\mathfrak{G}_i = m_i\,g^0$ der Einzelmassen m_i ist. Der Ortsvektor $\mathfrak{r}_0$ des Schwerpunktes eines Systems von n Massenpunkten m $(i = 1, 2, \ldots, n)$ ist demnach durch

$$\mathfrak{r}_0 = \frac{\sum\limits_{i=1}^{n} m_i\,\mathfrak{r}_i}{\sum\limits_{i=1}^{n} m_i} \quad (12)$$

gegeben. Auch hier beweist man wie vorstehend, daß man stets zum gleichen Punkt gelangt, wie man auch den Bezugspunkt O wählt. Um den Schwerpunkt eines Systems von n Punkten etwa geometrisch zu finden, betrachte man zunächst zwei beliebige der vorgegebenen Massenpunkte und bestimme deren Schwerpunkt gemäß Gl. (11) bzw. (12). Den gefundenen Punkt verknüpfe man mit einem dritten der verbleibenden $n - 2$ Massenpunkte zu einem neuen Zweimassenpunktsystem und bestimme wiederum nach dem gleichen Verfahren dessen Schwerpunkt. Bildet man mit diesem und einem vierten des ursprünglichen Systems ein weiteres Zweipunktsystem und fährt so fort, bis alle n Punkte einbezogen sind, so ist der zuletzt gefundene Schwerpunkt derjenige des vorgegebenen n-Punktsystems. Es ist dabei gleichgültig, in welcher Reihenfolge man die n Massenpunkte zu den jeweiligen Zwischenkonstruktionen heranzieht.

Liegt statt eines Systems von einzelnen Massenpunkten eine kontinuierliche Massenverteilung (Körper) vor, so geht die die Lage $\mathfrak{r}_0$ des Schwerpunktes bestimmende Gl. (12) in einem über den gesamten Raum, der von Masse [deren Dichte $\varrho = \varrho(x, y, z)$ sei] erfüllt ist, über in:

$$\mathfrak{r}_0 = \frac{\iiint \varrho\,\mathfrak{r}\,d\tau}{\iiint \varrho\,d\tau}, \quad (13)$$

wobei $\mathfrak{r}$ der die Lage des Volumenelementes $d\tau$ kennzeichnende Ortsvektor ist. Die Vektorgleichung (13) ist drei skalaren Gleichungen für die drei Koordinaten von S gleichwertig. Bei Verwendung rechtwinkliger Koordinaten wird, wenn $\mathfrak{r}_0$ die Komponenten x_0, y_0, z_0 hat,

$$x_0 = \frac{\iiint \varrho\, x\, dx\, dy\, dz}{\iiint \varrho\, dx\, dy\, dz} = \frac{1}{M} \iiint \varrho\, x\, dx\, dy\, dz, \quad (14)$$

$$y_0 = \frac{1}{M} \iiint \varrho\, y\, dx\, dy\, dz, \quad (15)$$

$$z_0 = \frac{1}{M} \iiint \varrho\, z\, dx\, dy\, dz, \quad (16)$$

wenn M die Gesamtmasse ist. Handelt es sich um eine flächenhaft verteilte Masse (Flächendichte η), so tritt an Stelle von Gl. (13) das über die massenerfüllte Fläche F zu entstehende Integral

$$\mathfrak{r}_0 = \frac{\iint \eta\, \mathfrak{r}\, df}{\iint \eta\, df}, \quad (17)$$

das im Falle rechtwinkliger Koordinaten die Form

$$x_0 = \frac{1}{M} \iint x\, \varrho\, dx\, dy, \quad (18)$$

$$y_0 = \frac{1}{M} \iint y\, \varrho\, dx\, dy \quad (19)$$

annimmt. Im Fall einer kontinuierlichen linienhaften Massenverteilung (Liniendichte $\varkappa$) ist die Lage von S durch

$$x_0 = \frac{1}{M} \int \varkappa\, x\, dx \quad (20)$$

gegeben.

Der Schwerpunkt ist aber nicht nur der Angriffspunkt der Resultierenden der an den Massenelementen eines Körpers angreifenden Schwerkräfte, sondern auch der an ihm bei drehungsfreier Beschleunigung auftretenden *Trägheitskräfte*. Ersetzt man nämlich in Gl. (1) g durch die Beschleunigung b, so hebt sich b ebenso wie g aus den Gleichungen heraus, und die Folgerungen bleiben die gleichen. Aus diesem Grunde wird der Schwerpunkt nach *Sommerfeld* auch als →*Trägheitsmittelpunkt* bezeichnet.

Bei regulären Körpern kann man deren Schwerpunkt oft durch Symmetriebetrachtungen finden. Experimentell ist S etwa als Schnittpunkt zweier bzw. mehrerer Schwerlinien $s_1, s_2, \ldots$ (in Abb. 4

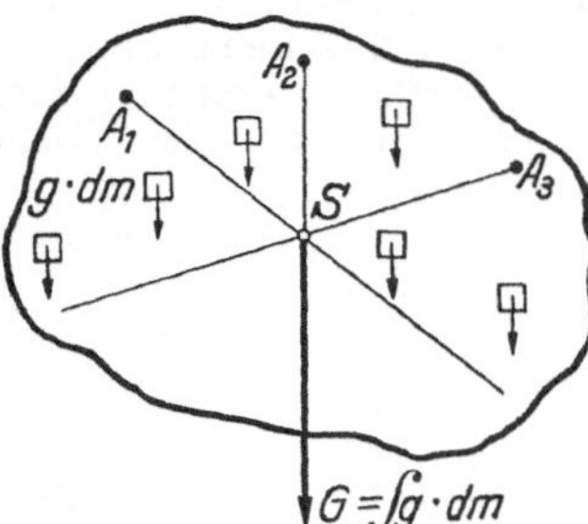

Abb. 4. Schwerlinien.

die gestrichelten Linien) zu ermitteln. Dabei versteht man unter letzteren diejenigen Linien, die man erhält, wenn man den Körper in irgendwelchen Punkten $A_1, A_2, \ldots$ frei beweglich aufhängt und durch $A_1, A_2, \ldots$, nachdem der Körper seine Ruhelage erreicht hat, Lote legt. Sie gehen immer durch den Schwerpunkt. — Über eine Eigenschaft des Schwerpunktes von rotationssymmetrischen Körpern →Guldinsche Regeln. →Schwerpunktsatz.

Physikalisches Wörterbuch II.

Schwerpunktachse eines Körpers ist jede durch dessen Schwerpunkt gehende Achse.

Schwerpunktsatz, folgt aus dem →Wechselwirkungsgesetz bzw. dem →Impulssatz und besagt, daß der Schwerpunkt eines kräftefreien Körpers bzw. eines →abgeschlossenen Systems sich geradlinig und gleichförmig bewegt bzw. in Ruhe verharrt. Wirken auf ein (keinen Nebenbedingungen unterworfenes) mechanisches System äußere Kräfte, so bewegt sein Schwerpunkt sich wie ein Massenpunkt, in dem die Gesamtmasse des Systems vereinigt ist, unter der Wirkung der an ihm angreifend gedachten vektoriellen Summe der an den Massenelementen des Systems tatsächlich angreifenden Kräfte. (Beispiel: Der Schwerpunkt der Sprengstücke eines geplatzten Schrapnells würde bei Ausschluß der Luftreibung die parabolische Bahn des Schwerpunktes des unversehrten Geschosses fortsetzen.) →Integrale der Bewegungsgleichungen.

Schwimmen. Je nachdem die Dichte eines festen Körpers größer, ebenso groß oder kleiner als die Dichte der Flüssigkeit ist, in der er eingetaucht ist, wird er darin untersinken, schweben oder an ihrer Oberfläche schwimmen. Der Zustand des Schwebens (Luftschiff, Unterseeboot) ist im allgemeinen schwer zu verwirklichen (→Cartesianischer Taucher). Wenn der Körper an der Oberfläche schwimmt, also teilweise eingetaucht ist, hält der Auftrieb der verdrängten Flüssigkeitsmenge dem Gesamtgewicht des schwimmenden Körpers das Gleichgewicht. →statischer Auftrieb, →hydrostatischer Druck.

Schwimmerregel →Ampèresche Regel.

Schwingende Strahlen, Tropfen. Beim Ausströmen einer Flüssigkeit aus einer nicht kreisförmigen, z. B. elliptischen Öffnung zeigt der Flüssigkeitsstrahl periodische Einschnürungen und Ausbauchungen, da die Oberflächenspannung bestrebt ist, einen kreiszylindrischen Strahl auszubilden. Nach der von *Rayleigh* (1882) abgeleiteten Formel kann diese Erscheinung zur Bestimmung der dynamischen →Oberflächenspannung (σ) dienen.

$$\sigma = \frac{4\,\pi\, r^3}{v^3 - v} \cdot \frac{\varrho\, v^2}{\lambda^2}.$$

r Radius des Gleichgewichtskreises, v eine von der Form des Öffnungsquerschnittes abhängige Maßzahl (für elliptische Öffnung 2), v Geschwindigkeit der fallenden Flüssigkeit, λ Wellenlänge. Bei photographischer Abbildung des Flüssigkeitsstrahls stellt diese Methode ein sehr zweckmäßiges Verfahren dar, um Relativwerte der dynamischen Oberflächenspannung von Flüssigkeiten zu erhalten.

Ähnlich ist die Methode der schwingenden Tropfen (*Lenard* 1887). Ein fallender Tropfen hat infolge des Einflusses der Schwere ellipsoide Gestalt, wobei er um die Gleichgewichtsform der Kugel hin und her schwingt.

$$\sigma = \frac{3}{8} \cdot \frac{m}{\tau^2}.$$

m Masse des Tropfens, τ Schwingungsdauer.

Freundlich, H.: Kapillarchemie. Leipzig 1932. — *Buchwald, E.,* u. *H. König:* Ann. d. Phys. (5) **26**, 659 (1936).

Schwinger, ein schwingungsfähiges System (→Schwingungen). Je nach der Zahl seiner Freiheitsgrade unterscheidet man eindimensionale (einläufige) Schwinger (z. B. ein ebenes Pendel), zweidimensionale (zweiläufige) Schwinger (z. B. ein Kugelpendel) usw. Ein mehrdimensionaler Schwinger ist im allgemeinen Fall (verschiedene Frequenzen seiner Freiheitsgrade, z. B. →Lissajou-Kurven) ein →mehrfach periodisches System. →Schwingquarz, →magnetostriktiver Schwinger.

Schwingkreis = →Schwingungskreis.

Schwingquarz. Die →Piezoelektrizität ist für die Hochfrequenz- und Ultraschalltechnik von großer Bedeutung geworden. Bringt man z. B. eine Quarzplatte, welche in geeigneter Weise aus einem piezoelektrischen Quarzkristall herausgeschnitten ist, in ein elektrisches Wechselfeld, so wird der Quarz zu intensiven Deformationsschwingungen angeregt, sobald die Frequenz des Wechselfeldes mit der Eigenfrequenz der Platte übereinstimmt (*Resonanzquarz*). Die Abb. 1 zeigt, wie aus einem Quarzeinkristall mit der polaren Achse Z und den beiden

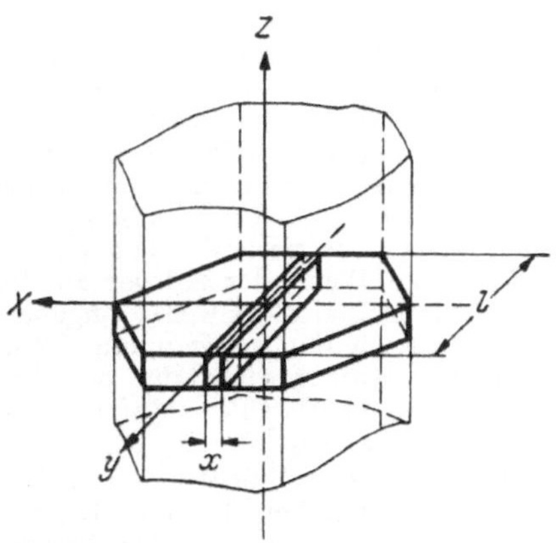

Abb. 1. Gewinnung einer als Steuerquarz geeigneten planparallelen Platte aus einem natürlichen Quarzkristall. Z polare Kristallachse.

Nebenachsen X und Y eine stabförmige, planparallele Platte zur Gewinnung eines *Steuerquarzes* herauszuschneiden ist. An die zur Y-Achse senkrechten Flächen wird die elektrische Wechselspannung angelegt. X ist also zugleich die Feldrichtung. Der Quarzstab erfährt dann in Richtung der Y-Achse abwechselnd Verkürzungen und Verlängerungen. Stimmt die Eigenfrequenz dieser Longitudinalschwingungen mit der Frequenz des elektrischen Wechselfeldes überein, so führt der Quarz Resonanzschwingungen mit sehr großer Amplitude aus, da seine Dämpfung nur gering ist (Dämpfungsdekrement in Luft $\approx 10^{-5}$). Die Resonanzfrequenz des Quarzstabes ist umgekehrt proportional seiner Länge l [cm]; $v_0 = 2{,}76 \cdot 10^5/l$ [Hz]. Außer Longitudinalschwingungen kann der Quarz neben Drillungsschwingungen auch Biegungsschwingungen (z. B. in Richtung des elektrischen Wechselfeldes) ausführen (d. h. also in Richtung der X-Achse, Abb. 1). Die Resonanzfrequenz für diese Schwingungen ist proportional der Dicke x [cm] des Stabes und umgekehrt proportional zum Quadrat der Stablänge l [cm];

$$v_0 = x \cdot 2{,}84 \cdot 10^5/l^2 \ [\text{Hz}].$$

Derartige Schwingquarze werden in der Technik zur Frequenzstabilisierung selbsterregter Röhrensender verwendet. Durch die Deformationsschwingungen der Quarzplatte wird in ihr eine piezoelektrische Polarisation gleicher Frequenz erzeugt.

Diese Polarisationswechselspannung dient als Steuerspannung. Die Quarzplatte ist auf beiden Seiten mit Metallelektroden versehen. Die Frequenz eines Quarzsenders kann sehr konstant gehalten werden. Bei bestimmten Schnittwinkeln ist die Temperaturabhängigkeit der Eigenfrequenz eines Schwingquarzes sehr klein.

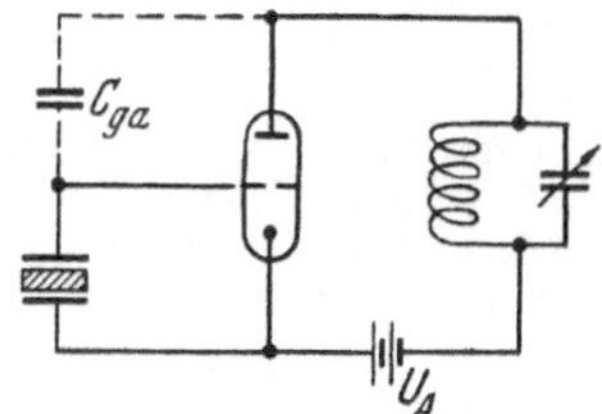

Abb. 2. Pierce-Schaltung.

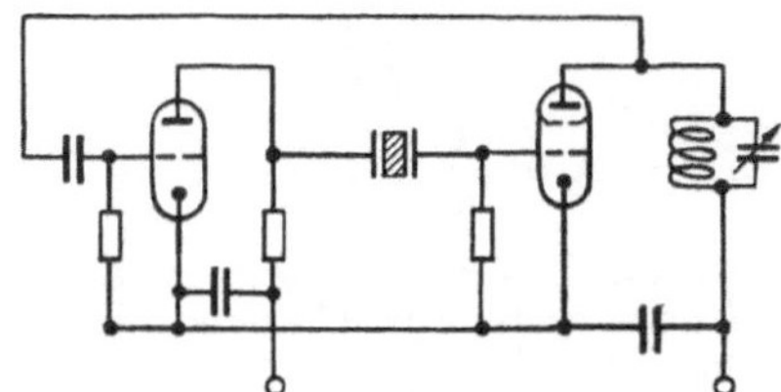

Abb. 3. Heegner-Schaltung.

Quarzgesteuerte Hochfrequenzkreise werden auch zum Bau sehr genau gehender →*Quarzuhren* ($\Delta v/v \approx 1 \cdot 10^{-8}$) verwendet. Weiter werden durch elektrische Wechselfelder zu Deformationsschwingungen angeregte Piezoquarze als →*Ultraschallsender* benutzt.

Im wesentlichen werden zwei Arten von Schaltungen mit entsprechenden Abwandlungen benutzt, die Pierce-Schaltung (Abb. 2) und die Heegner-Schaltung (Abb. 3). Die erstere, der Huth-Kühn-Schaltung entsprechend, benutzt zur Rückkopplung die Gitter-Anodenkapazität der Röhre, der Schwingquarz liegt parallel zu ihrer Gitter-Kathodenstrecke. Da bei dieser Schaltung Gitter- wie Anodenkreis induktiv sein müssen, ergibt sich aus dem elektrischen Ersatzschaltbild des Schwingquarzes (Abb. 4) und seinem Blindwiderstandsverlauf mit den beiden Resonanzstellen ω_{r_1}, der Parallelresonanz, und ω_{r_2}, der Serienresonanz

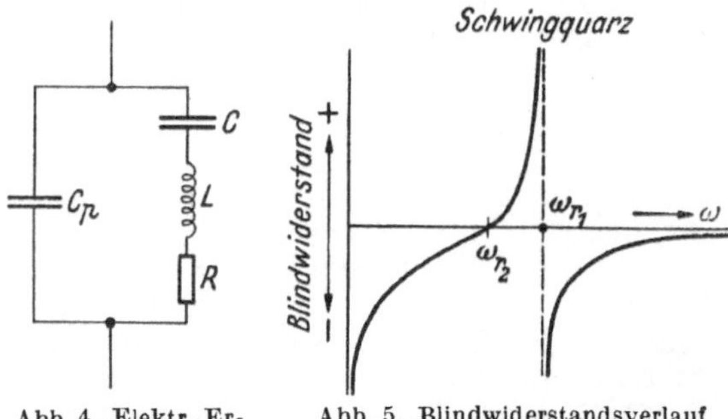

Abb. 4. Elektr. Ersatzschaltbild eines Schwingquarzes.　　Abb. 5. Blindwiderstandsverlauf eines Schwingquarzes.

(Abb. 5), daß sich nur eine Frequenz erregen kann, die zwischen der Serien- und Parallelresonanz des Quarzes liegt. Sie liegt um so näher an der Serienresonanzfrequenz, je größer die Gitter-Anodenkapazität ist. Dabei sind die parallel zum Kristall liegenden Kapazitäten und die Abstimmung des Anodenkreises von gewissem Einfluß.

Bei Benutzung der Heegner-Schaltung (Abb. 3) dagegen erregt sich mit großer Genauigkeit die Serienresonanzfrequenz, bei der der Quarzwiderstand sein Minimum hat. Der Anodenkreis wird auf diese abgestimmt. Während die zum Quarz parallel liegenden Kapazitäten auf die Oszillatorfrequenz ohne Einfluß sind, hat eine Verstimmung des Anodenkreises eine, wenn auch geringe, Frequenzänderung zur Folge. Auch mit einer einzigen Röhre ist eine Heegner-Schaltung, bei der der Quarz in seiner Serienresonanzfrequenz schwingt, ausführbar.

Scheibe, G.: Piezoelektrizität d. Quarzes. Dresden 1938. Handb. d. Experimentalphysik X. Leipzig 1930. — *Bergmann, L.:* Der Ultraschall. Berlin 1944. — *Rothe, H.,* u. *W. Kleen:* Elektronenröhren als Schwingungserzeuger u. Gleichrichter. Leipzig 1948.

Schwingungen nennt man alle Zustandsänderungen einer Größe, die eine periodische Funktion der Zeit t ist. Im einfachsten Fall wird also eine schwingende Größe $\varphi(t)$ durch den Ausdruck $\varphi(t) = A\sin(\omega t + \psi)$ dargestellt. Im Fall einer *mechanischen* Schwingung kann dabei $\varphi(t)$ der Abstand von einem Punkt (*lineare Schwingung*) oder ein Drehwinkel, gerechnet von einer beliebig gewählten Nullage (*Drehschwingung*), sein. Aber $\varphi(t)$ kann auch irgendeine andere (elektrische, magnetische usw.) „schwingende" Größe darstellen. Die Größe A heißt die *Amplitude*, ω die *Kreisfrequenz* und ψ die *Phasenkonstante* der Schwingung. Die Amplitude kann eine Funktion irgendwelcher Variablen sein, z. B. von der Zeit t, der Kreisfrequenz ω und anderen Größen abhängen. Ist insbesondere A eine mit der Zeit t monoton abnehmende Größe, z. B. $A(t) = \varphi_0 e^{-\delta}(\delta < 0)$, so nennt man die Schwingung eine →*gedämpfte* (Abb. b); bei konstantem $A = \varphi_0$ spricht man von einer →*ungedämpften* Schwingung (Abb. a). Die Kreisfrequenz $\omega = 2\pi\nu$ ist das 2π-fache der *Frequenz* ν (*Schwingungszahl*), der Anzahl der Schwingungen je Zeiteinheit. Daher braucht der Vorgang die Zeit $T = 1/\nu$ (*Schwingungsdauer* oder *Periode*), um alle Schwingungsphasen einmal zu durchlaufen. Denn es ist

$$\sin[\omega(t + T) + \psi] = \sin[2\pi\nu(t + 1/\nu) + \psi]$$
$$= \sin[2\pi\nu t + 2\pi + \psi] = \sin(\omega t + \psi).$$

Es besteht also die Beziehung

$$T = 1/\nu = 2\pi/\omega.$$

Die Phasenkonstante ψ gibt an, in welcher Phase sich das System zur Zeit $t = 0$ befindet. Durch Verschiebung des Nullpunktes der Zeitskala, $t' = t + \psi/\omega$, kann man eine Phasenkonstante stets zum Verschwinden bringen. Statt einen Schwingungsvorgang durch eine sin-Funktion zu beschreiben, kann man natürlich auch die cos-Funktion verwenden. Dann ist die Phasenkonstante um $\pi/2$ zu verkleinern.

Eine besonders elegante Darstellung von Schwingungen erlaubt die Verwendung der →Eulerschen Formel $e^{ix} = \cos x + i\sin x$. Der eingangs angegebene Schwingungsvorgang schreibt sich dann $\varphi(t) = \Im\{A e^{i(\omega t + \psi)}\}$, wobei $\Im\{z\}$ wie üblich den imaginären Teil der komplexen Größe z bedeutet: $\Im\{e^{iz}\} = \sin z$. Durch die komplexe Schreibweise wird die Rechnung oftmals bedeutend vereinfacht. Sie gestattet auch eine anschauliche Darstellung des Schwingungsvorganges in der *komplexen* Ebene durch einen mit der Winkelgeschwindigkeit ω rotierenden „Speer" vom Betrage A.

Als zeitabhängige Funktion verläuft eine Schwingung mit einer gewissen Geschwindigkeit, die sich durch Differentiation von $\varphi(t)$ zu $\dot\varphi(t) = \omega\cos(\omega t + \psi) = \Im\{i\omega A e^{i(\omega t + \psi)}\}$ ergibt. Hierbei ist die Amplitude als zeitlich unabhängig angenommen (ungedämpfte Schwingung). Es ist also die Geschwindigkeit einer ungedämpften Schwingung selbst eine schwingende Größe, die gegenüber $\varphi(t)$ eine Phasenverschiebung $\pi/2$ und den ω-fachen Betrag der Amplitude hat. Entsprechend erhält man als Beschleunigung

$$\ddot\varphi(t) = -\omega^2 A\sin(\omega t + \psi) = -\omega^2\varphi.$$

Eine Schwingung ist demnach ein ungleichförmig beschleunigter Bewegungszustand, der der Differentialgleichung $\ddot\varphi(t) + \omega^2\varphi(t) = 0$ genügt. Daher wird diese als *Schwingungsgleichung* schlechthin bezeichnet. (Sie gilt nur für ungedämpfte Schwingungen.)

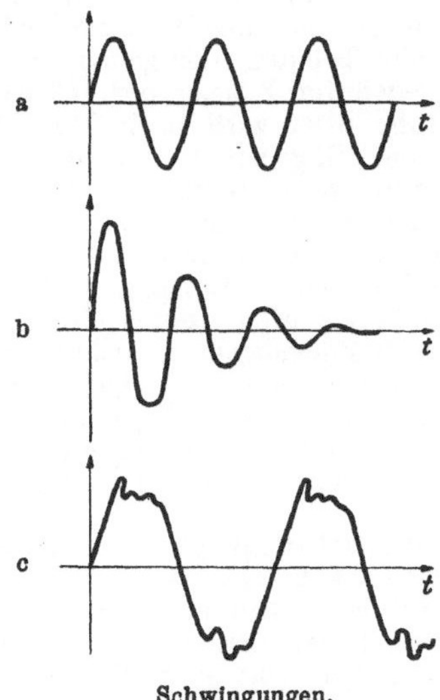

Schwingungen.

Ein System mit einem →Freiheitsgrad, dessen (einzige) Koordinate $\varphi(t)$ dieser Gleichung genügt, nennt man *schwingendes System*, eindimensionalen oder *einläufigen Schwinger*. Entsprechend sagt man, ein System von mehreren (aber nicht unendlich vielen) Freiheitsgeraden, etwa n, führe Schwingungen aus, wenn jede der den n Freiheitsgraden entsprechenden Koordinaten $x_i(t)$ ($i = 1, 2, \ldots, n$) eine periodische Funktion der Zeit ist, im allgemeinen verschiedenen Frequenzen ist. Es liegt dann ein →*mehrfach periodisches System* vor. Obgleich also jede Koordinate eines solchen für sich zeitlich periodisch ist, braucht die gesamte Systembewegung dies keineswegs zu sein.

Der eingangs angeführte Schwingungszustand $\varphi(t) = A\sin(\omega t + \psi)$ wurde schon dort als die *einfachste* Form einer Schwingung gekennzeichnet, denn eine solche muß nicht unbedingt harmonisch, sondern definitionsgemäß lediglich periodisch sein. So ist z. B. der in der Abb. c wiedergegebene Vorgang ebenfalls als Schwingung zu bezeichnen. Jede nichtharmonische Schwingung läßt sich indessen nach dem →Fourierschen Theorem stets in eine im allgemeinen unendliche Summe von harmonischen Schwingungen auflösen, deren Frequenzen ganze Vielfache einer *Grundfrequenz* sind. Die mit dieser Frequenz schwingende Komponente nennt man die *Grundschwingung*, die anderen die *Oberschwingungen*. Die einzelnen Komponenten nennt man auch *Partialschwingungen*. →elliptische, →erzwungene, →freie, →gedämpfte, →ungedämpfte Schwingung.

Wagner, K. W.: Schwingungen u. Wellen. Wiesbaden 1947.

Schwingung der Atmosphäre. Die Erdatmosphäre wird durch den täglichen Temperaturgang nahezu in Resonanz zu Schwingungen erregt, was eine rund 100 fache Verstärkung bewirkt. Die Druckamplitude beträgt für die Zwölfstundenwelle in mittleren Breiten ~0,3 Torr, am Äquator ~ 3 Torr. Der Nachweis erfolgt mit Hilfe des Ganges der kosmischen Strahlung.

Bothe-Flügge: Kernphysik u. kosmische Strahlen. Naturw. u. Med. i. Deutschland 1939/46 Wiesbaden 1949.

Schwingungen, elastische, sind von den Schwingungen von Massenpunkten oder als solche idealisierten Körpern (Pendelschwingungen usw.) streng zu unterscheiden. Während bei diesen der Schwerpunkt jeder einzelnen Masse selbst Schwingungen vollführt, bleibt bei den hier gemeinten Schwingungen ausgedehnter Körper der Körperschwerpunkt in Ruhe bzw. wird nach Möglichkeit in Ruhe gehalten. Dagegen führen die einzelnen Massenelemente des Körpers Schwingungen von gleicher Frequenz aus, deren Amplituden und Phasen in bestimmten, insbesondere auch durch die Grenzbedingungen (Einspannung oder Begrenzung an bestimmten Stellen, freie oder unfreie Enden usw.) gegebenen Beziehungen stehen. Derartige Körperschwingungen sind ihrem eigentlichen Wesen nach *Wellenvorgänge* und werden am einfachsten als in dem Körper verlaufende und an seinen Begrenzungen reflektierte →*stehende Wellen* beschrieben.

Während die Schwingungen von Massen oder Massenpunkten mathematisch durch ein System von gewöhnlichen Differentialgleichungen beschrieben werden, hat man es im Falle elastischer Körperschwingungen mit partiellen Differentialgleichungen zu tun. Praktisch werden auch die Schwingungen von ausgedehnten Aggregaten von Massenpunkten als Körperschwingungen behandelt.

Die Art der Körperschwingungen hängt davon ab, welche Wellenarten in dem betreffenden Medium möglich sind. So führen z. B. Gasvolumina Kompressions- und Dilatationsschwingungen, Flüssigkeitsvolumina außerdem Oberflächenschwingungen aus (→schwingende Strahlen). Feste Körper von endlicher Ausdehnung können Longitudinal-, Transversal-, Torsions- und Biegungsschwingungen ausführen, deren Frequenz sowohl von den elastischen Eigenschaften des Materials als auch von der Körperform und der Art der Schwingungsanregung abhängt. Nur in Sonderfällen ist es hierbei möglich, eine bestimmte Schwingungsart rein zu erzeugen, ohne daß durch Kopplung (z. B. infolge der Querkontraktion) weitere Schwingungsarten mitangeregt werden.

Schaefer, Cl.: Einf. in d. theoret. Physik I. Berlin 1929.

Schwingungen, elektrische. Von elektrischen Schwingungen spricht man, wenn elektrische Größen (Strom, Spannung) ihren Absolutwert und ihre Richtung periodisch ändern. Physikalisch sind also die elektrische Schwingung und der Wechselstrom identische Begriffe. Die Bezeichnung Wechselstrom ist gebräuchlich, wenn es sich um niedrige technische Frequenzen handelt und die Erzeugung mit Maschinen erfolgt, während der Begriff der elektrischen Schwingung bei der Erzeugung von Wechselströmen mittels Schwingungskreisen üblich ist.

Mathematisch ist eine elektrische Schwingung durch die Beziehung gegeben

$$s = S_0 e^{-\delta t} \sin(\omega t + \varphi).$$

Ist $\delta > 0$, so nimmt die Amplitude S_0 der Schwingung mit der Zeit ab, die Schwingungen sind *gedämpft*; für $\delta = 0$ bleiben die Amplituden konstant, die Schwingungen sind *ungedämpft*, und für $\delta < 0$ nehmen die Amplituden mit der Zeit zu. Gedämpfte Schwingungen erhält man, wenn ein Schwingungskreis nach kurzzeitiger Energiezufuhr sich selbst überlassen wird und in seiner Eigenfrequenz ausschwingt. Ungedämpfte Schwingungen liefert (abgesehen von der Hochfrequenzmaschine) ein Schwingungskreis dann, wenn ein Steuerorgan mit negativem Widerstand ständig die durch Verluste im Schwingkreis verbrauchte Energie nachliefert (Lichtbogen, Dynatron). Die Erzeugung elektrischer Schwingungen mittels elektrischer →Schwingungskreise umfaßt heute den Frequenzbereich von 0 bis 10^{12} Hz.

Vilbig, F.: Lehrb. d. Hochfrequenztechnik. Leipzig 1945.—
Pohl, R. W.: Elektrizitätslehre. Berlin-Göttingen-Heidelberg 1949.

Schwingung und Dämpfung von Meßgeräten. Für drehbar gelagerte Meßgeräte gelten die allgemeinen, für gedämpfte schwingungsfähige Systeme aufgestellten Bewegungsgleichungen (→gedämpfte Schwingungen). Man erstrebt im allgemeinen den aperiodischen oder den halb aperiodischen Grenzzustand, d. h. man wünscht, daß das Meßgerät ohne Schwingungen oder nur mit einem einmaligen gedämpften Überschwingen von einer Lage in die andere übergeht. Die bei Bewegung im Meßsystem eines elektrischen Meßgerätes induzierten Spannungen bewirken, daß über den äußeren Schließungskreis Ströme fließen, die dämpfend auf das System wirken. Das Meßgerät ist dann richtig gedämpft, wenn der Widerstand des äußeren Schließungskreises etwa gleich dem äußeren →Grenzwiderstand des Geräts ist.

Meßtechnische Anwendungen der besonderen Schwingungseigenschaften von Meßgeräten beim →ballistischen Galvanometer, bei dem der z. B. einer bestimmten Elektrizitätsmenge entsprechende maximale Ausschlag gemessen wird, sowie beim →Kriechgalvanometer, das so stark gedämpft ist, daß es seine Ruhelage nur asymptotisch erreicht.

Schwingungsanalyse. Die Verfahren zur Schwingungsanalyse lassen sich einteilen in *unmittelbare*, die sich mit der ursprünglichen Schwingung befassen, und *mittelbare*, bei denen eine Aufzeichnung der Schwingung (Registrierkurve, Lichttonstreifen usw.) analysiert wird. Bei den mittelbaren Verfahren unterscheidet man wiederum solche, die sich nur auf periodische Schwingungen anwenden lassen (→harmonische Analyse), von den →Periodographen, die eine Analyse beliebiger Schwingungszüge ermöglichen (Abb. 1). Eine unmittelbare Analyse läßt sich sowohl bei mechanisch-akustischen als auch bei elektromagnetischen Schwingungen durchführen, wobei man entweder von frequenzabhängigen Systemen (Resonatoren, dispergierenden Medien) (→Helmholtz-Resonator, →Oktav-

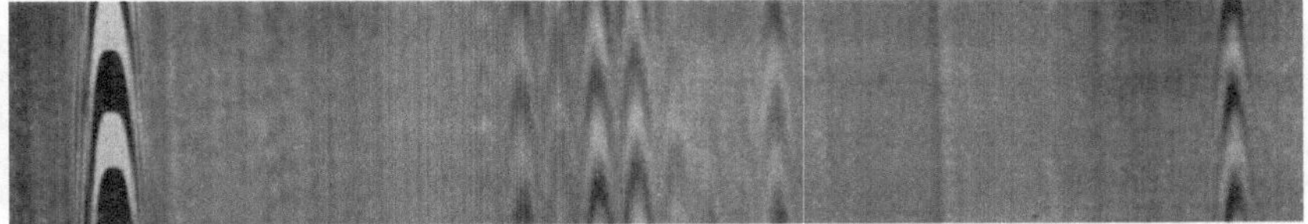

Abb. 1. Periodogramm (nach *Stumpff*).

Frequenz→

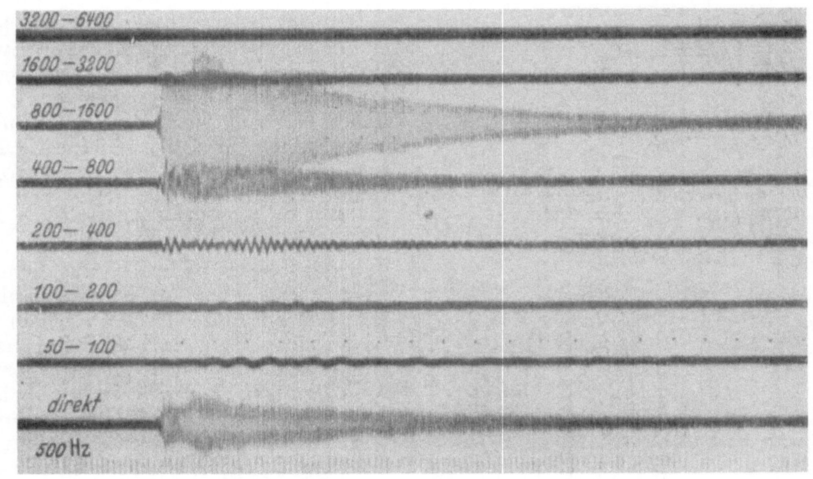

Abb. 2. Oktavsieboszillogramm eines Klavierklanges (nach *F. Trendelenburg*). Zeit→

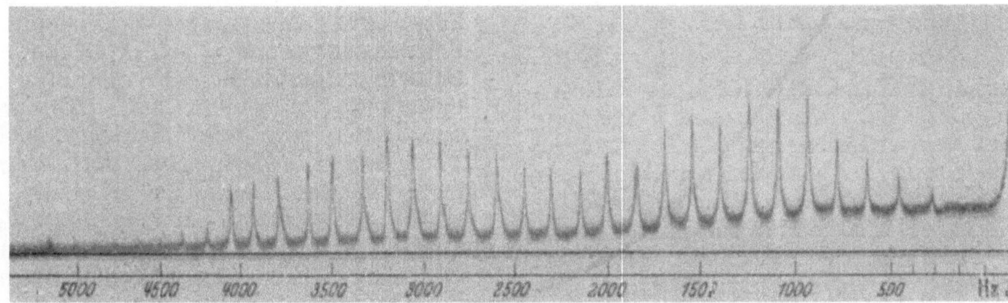

Abb. 3. Suchtonspektrum des Schalles einer Lochsirene. ←Frequenz

sieb (Abb. 2), →Tonfrequenzspektrometer), von Beugungsgittern oder Interferenz-Spektroskopen (→Gitter, akustisches), von →Stroboskopen oder schließlich von Hilfsschwingungen bekannter Frequenz (Abb. 3) (→Suchtonverfahren) Gebrauch gemacht. Eine besondere Art von Analysatoren sind die nur den tiefsten Differenzton eines Tongemisches aufzeichnenden →Tonhöhenschreiber. Ferner →Exhaustions-Schwingungsanalyse im *Nachtrag*.

Meyer-Eppler, W.: Experimentelle Schwingungsanalyse. Erg. exakt. Naturwiss. 23 (1950).

Schwingungsbauch →Bäuche.

Schwingungsdauer (*Periode*) T oder τ, die Zeit, in der ein (einfach harmonisch) schwingendes System seine sämtlichen Schwingungsphasen einmal durchläuft. Sie wird bei mechanischen Systemen experimentell am zuverlässigsten als die Zeit zwischen zwei gleichsinnigen Durchgängen des Systems (z. B. eines Pendels) durch seine Gleichgewichtslage gemessen. →Schwingung.

Schwingungsebene, -richtung →Polarisation, optische.

Schwingungsenergie von Molekülen. Ist die potentielle Energie zweier Atome, die durch die Bindungskräfte zwischen ihnen in einem bestimmten Abstand gehalten worden, gegeben durch $V = -(Z_1 Z_2 e^2/r)(1 + c_1/r + c_2/r^2 + \cdots)$, so erfolgt bei einer Auslenkung in Richtung des Atomabstandes r aus der Ruhelage eine *anharmonische Atomschwingung*. Ihr Beitrag zur Gesamtenergie des Moleküls ist $E(osc) = hc(\tilde{\nu}_e(v + 1/2) - \tilde{\nu}_e x_e(v + 1/2)^2)$. Darin ist $\tilde{\nu}_e$ die Wellenzahl der Molekülschwingung im Minimum der potentiellen Energie, $v = 0, 1, 2, \ldots$ die Schwingungsquantenzahl; $x_e \ll 1$ ist ein Maß für die Anharmonizität der Bindung. Diese bewirkt, daß neben der Grundschwingung ($\Delta v = \pm 1$) auch Oberschwingungen (Δv beliebig) beobachtet werden.

Schwingungsfreiheitsgrad →Freiheitsgrade.

Schwingungsgleichung →Schwingung, →Wellengleichung.

Schwingungsknoten →Knoten.

Schwingungskreis, ein elektrischer Stromkreis mit Kapazität C, Induktivität L und Ohmschem Widerstand R_r (Abb.). Der Energieaustausch erfolgt in Form von Schwingungen, wenn $R_r < 2\,L/C$ ist. Aus der Differentialgleichung eines derartigen Schwingungskreises

$$L\,\frac{d^2 i}{dt^2} + R_r\,\frac{di}{dt} + \frac{i}{C} = 0$$

ergibt sich seine Eigenkreisfrequenz zu

$$\omega_0 = \sqrt{\frac{1}{LC} - \frac{R^2}{4\,L^2}}$$

oder

$$\omega_0 \cong \frac{1}{\sqrt{LC}}$$

(*Thomsonsche Gleichung*), wenn $R_r/2\,L \ll 1/\sqrt{LC}$ ist. Bei dieser Kreisfrequenz hat der Wechselstromwiderstand des Schwingungskreises sein Minimum.

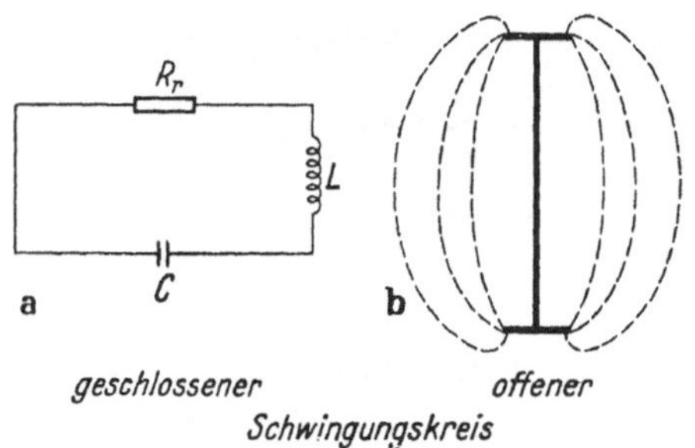

Schwingungskreis.

Sind Kapazität und Induktivität eines Schwingungskreises praktisch im Kondensator und in der Spule vereinigt und entfallen auf die Zuleitungen nur Bruchteile davon, so bezeichnet man ihn als *geschlossenen* Schwingungskreis. Die elektrischen und magnetischen Feldlinien verlaufen dann im wesentlichen zwischen den Kondensatorplatten bzw. innerhalb der Spule und nur zu einem geringen Bruchteil als Streulinien im Raum. Die Schwingungsenergie wird im Ohmschen Widerstand des Kreises verbraucht.

Vergrößert man die Abmessungen des Schwingungskreises immer mehr, so daß Kapazität und Induktivität des Kreises schließlich längs des Leiters verteilt sind, so spricht man von einem *offenen* Schwingungskreis. Bei diesem verlaufen die elektrischen und magnetischen Feldlinien hauptsächlich frei im Raum. Bei der Energiependelung wird ein großer Teil der Energie als elektromagnetische Welle in den Raum abgestrahlt. Die im offenen Schwingungskreis auftretenden Verluste werden durch *Ohmsche* und durch *Strahlungsverluste* verursacht.

Zur Erzeugung elektrischer Schwingungen benutzt man wegen ihrer geringeren Dämpfung geschlossene Kreise, während zur Abstrahlung elektromagnetischer Wellen offene Schwingungskreise (→Antenne) erforderlich sind.

Vilbig, F.: Lehrb. d. Hochfrequenztechnik. Leipzig 1945.— *Pohl, R. W.:* Elektrizitätslehre. Berlin 1949.— *Sommerfeld, A.:* Vorl. über theoret. Physik III. Leipzig 1949.

Schwingungsmanometer, Vakuummeter nach dem Prinzip des →Reibungsmanometers. In dem Druckbereich, in dem die innere Reibung der Gase vom Druck abhängt, ist damit auch die Dämpfung von schwingungsfähigen Gebilden, die in einem verdünnten Gasraum aufgehängt sind, druckabhängig. Eine gebräuchliche Form besteht darin, daß eine Scheibe zwischen zwei feststehenden Scheiben drehbar aufgehängt und zu Drehschwingungen angestoßen und deren Halbwertzeit bestimmt wird. Eine andere Form des Schwingungsmanometers ist das →Quarzfadenpendel.

Schwingungsmittelpunkt →Pendel.

Schwingungssynthese. Zur zeichnerischen Zusammensetzung periodischer Schwingungen aus ihren Harmonischen dienen *Schwingungsüberlagerer* (z. B. die sog. Wellenmaschinen), deren wesentliches Element ein Satz von Schubkurbeltrieben ist. Ihre Erweiterung auf zwei Dimensionen ermöglicht z. B. die Gewinnung von Bildern der räumlichen Elektronendichte von Kristallen aus den mit Röntgenlicht erhaltenen →Laue-Diagrammen. Akustische und elektrische Schwingungen von gegebener spektraler Zusammensetzung sind auf mechanischem, elektromechanischem, photoelektrischem und rein elektrischem Wege darstellbar, wobei man entweder die nach Frequenz, Amplitude und Phasenwinkel vorgegebenen Teilschwingungen einzeln erzeugt und dann zusammenfügt (*additives* Verfahren) oder dominierende Gruppen benachbarter Oberschwingungen aus einer Schwingung mit starkem Oberwellengehalt mittels elektrischer Filter (Formantfilter) heraussiebt (*multiplikatives* Verfahren).

Meyer zur Capellen, W.: Mathemat. Instrumente. Leipzig 1944. — *Lertes, P.:* Elektr. Musik. Dresden u. Leipzig 1933. — *Meyer-Eppler, W.:* Elektr. Klangerzeugung. Bonn 1949.

Schwingungsüberlagerer →Schwingungssynthese.

Schwingungsweite = →Amplitude.

Schwingungszahl = →Frequenz.

Schwüle, ein durch hohe Temperatur und Feuchtigkeit gegebener Zustand, bei dem der Organismus Schwierigkeiten hat, den Ausgleich der Wärmeregulierung des Körpers durch verstärkte Transpiration zu erreichen. Verschiedene empirisch ermittelte Schwülemaße sind angegeben worden, z. B. die →Äquivalenttemperatur 56 °C, der Dampfdruck 14,08 Torr oder 21,2 Torr u. a.

Büttner, K.: Physikal. Bioklimatologie. Leipzig 1938.

Schwund, Schwundausgleich →Fading.

Schwung, in der Technik gelegentlich = →Drehimpuls.

Schwungbahn, die Bahn der Spitze des Kreiselimpulsvektors. →Kreisel.

Schwungellipsoid = Impulsellipsoid; →Poinsot-Bewegung.

Schwungradkreis, ein Parallelschwingkreis.

sec oder s, Symbol für das →Zeitmaß Sekunde.

Sechservektoren, mathematische Gebilde der vierdimensionalen Raum-Zeit-Mannigfaltigkeit der Relativitätstheorie, die im allgemeinen sechs voneinander verschiedene Komponenten haben. Im mathematischen Sinne sind es keine Vektoren, sondern antisymmetrische Tensoren 2. Stufe. Die Komponenten sind aber zweifach indiziert: F_{12}, F_{13}, F_{14}, F_{23}, F_{24}, F_{34}, wobei der Index 4 sich auf die Zeitdimension und die Indizes 1, 2, 3 auf die drei Raumdimensionen beziehen. Alle übrigen Komponenten des Sechservektors sind negativ gleich einer der erwähnten Komponenten oder Null. Letzteres gilt für die Komponenten F_{11}, F_{22}, F_{33} und F_{44}. Dem Sechservektor des vierdimensionalen Raumes entspricht in drei

Dimensionen der axiale Vektor. Die Sechservektoren spielen in der →Relativitätselektrodynamik eine hervorragende Rolle. Ein Beispiel eines solchen Vektors ist die vierdimensionale Rotation eines →Vierervektors $\mathfrak{A}$ mit den Komponenten A_k ($k = 1, 2, 3, 4$)

$$(\mathrm{Rot}\,\mathfrak{A})_{ik} = \frac{\partial A_k}{\partial x_i} - \frac{\partial A_i}{\partial x_k} \quad (i, k = 1, 2, 3, 4).$$

Second sound →Helium flüssig und fest.

Sedimentation, die Absetzung in einer Flüssigkeit schwebender fester Teilchen unter der Wirkung der Schwerkraft oder der gleich dieser massenproportionalen Zentrifugalkraft.

Sedimentationskonstante, das Verhältnis der Sedimentationsgeschwindigkeit zur Zentrifugalbeschleunigung in einer →Ultrazentrifuge, gemessen in der Einheit 1 *Svedberg* $= 10^{-13}$ s.

Seebeck-Effekt $=$ →Thermokraft.

Seemann-Bohlin-Methode, eine von *H. Seemann* (1919) und *H. Bohlin* (1920) entwickelte →Pulvermethode der Kristallstrukturbestimmung, bei der das Kristallpulver K einen Teil der gleichen Zylinderfläche bedeckt wie der photographische Film (Abb.). Die primären Röntgenstrahlen P fallen

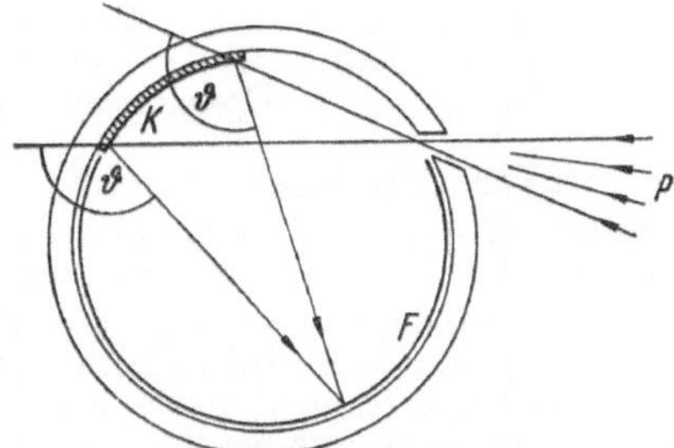

Seemann-Bohlin-Methode.

als divergentes Bündel durch einen kurzen, zur Zylinderachse parallelen Spalt, der ebenfalls in der Zylinderfläche liegt, auf die Pulverschicht. Alle Strahlen, die in der zur Zylinderachse senkrechten Ebene (Äquatorebene) einfallen und in ihr unter dem Beugungswinkel ϑ reflektiert werden, vereinigen sich wieder auf dem Film: die Seemann-Bohlin-Methode ist ein *Fokussierungsverfahren.* Vorteil der Methode ist die daraus folgende kurze Belichtungszeit, Nachteil der schräge Einfall der gebeugten Strahlen auf den Film, besonders bei kleinen Beugungswinkeln.

Seemann-Spektrometer →Drehkristallmethode.

Seemeile →Meile, →mile.

Seewind →thermische Winde.

Segregat →Zustandsdiagramm.

Sehgelb, bei der Lichtbleiche bzw. Zersetzung des →Sehpurpurs auftretendes, thermolabiles Abbauprodukt von gelber Farbe mit Maximalabsorption kurzwelliger Bereiche.

Sehloch $=$ →Pupille.

Sehnerv $=$ →Nervus opticus.

Sehorange, erstes, nur unter bestimmten p_H-Bedingungen zur Beobachtung gelangendes photochemisches Zersetzungsprodukt des →Sehpurpurs mit Maximalabsorption um 4700 Å. →Sehgelb.

Sehproben dienen zur Ermittlung der →Sehschärfe. Dafür werden Sehzeichen („Optotypen") verwendet, die nach *Snellen* so entworfen sind, daß sie aus jeweils auf den Tafeln vermerkter Entfernung dem Prüfling unter einem →Sehwinkel von 5′, die Einzelheiten des Sehzeichens unter 1′ erscheinen. Besonders gebräuchlich sind die E-förmigen „Snellenschen Haken", Buchstaben oder Zahlen sowie die →„Landoltschen Ringe", deren äußerer Durchmesser 5′ und deren Breite 1′ beträgt und die eine 1′ große Öffnung haben, deren Lage erkannt werden muß.

Sehpurpur, der →Sehstoff der →Stäbchen der Wirbeltiernetzhaut. An dem Aufbau des Sehpurpurs sind neben Proteinen Carotinoide, speziell Vitamin A und Lutein beteiligt. Löslichkeit in wäßrigen Lösungen zellauflösender Mittel (Digitonin, gallensaure Salze). Die Spektralabsorption des Sehpurpurs (Maximum bei 5100 Å) ist mit der Verteilung der relativen Helligkeiten im Bereiche des →Dämmerungssehens identisch (→Duplizitätstheorie). Der photochemisch zersetzte Sehpurpur regeneriert bei Wiederverdunklung in Netzhaut und Lösung; Regenerationsverlauf und -geschwindigkeit entsprechen der Dunkeladaptation (→Adaptation). →Sehgelb, →Sehorange, →Sehpurpur.

v. Studnitz, G.: Physiologie des Sehens — Retinale Primärprozesse. Leipzig 1951. — *Trendelenburg, W.:* Der Gesichtssinn. Berlin 1943.

Sehraum →Blickfeld, →Gesichtsfeld, →Horopter.

Sehrot, ursprüngliche Bezeichnung für den →Sehpurpur.

Sehschärfe des Auges, wird definiert als der Kehrwert des kleinsten →Sehwinkels, unter dem der Abstand zweier Objektpunkte erscheint, wenn das Auge sie eben noch getrennt wahrnimmt. Diese (physiologische) Sehschärfe ist wohl zu unterscheiden vom morphologischen →Auflösungsvermögen, da die beiden Bildpunkte zur getrennten Wahrnehmung auf zwei Seheinheiten fallen müssen, die mindestens durch eine nicht erregte getrennt sind, da sie sonst nur als ein einziger Punkt wahrgenommen werden. Als Maß der Sehschärfe (*Visus*) dient der Kehrwert des durch →Sehproben ermittelten Sehwinkels in Bogenminuten, unter dem das Auge zwei getrennte Punkte noch eben unterscheidet (z. B. Sehwinkel 2′, Visus $\frac{1}{2}$).

Die Sehschärfe nimmt von der Fovea (→Area) zur Netzhautperipherie (→Stäbchen) und unterhalb 1000 lx mit fallender Beleuchtungsstärke ab und hängt ferner von der Wellenlänge des Lichtes, vom Kontrast, vom Pupillendurchmesser des Auges, von der Ausdehnung der retinalen Reizfläche und von physiologischen Bedingungen des Beobachters ab. Optimale Sehschärfe bei fovealer Fixierung und weißem Licht von mehr als 1000 lx etwa 20″ (*minimum separabile*). Nach *Arnulf* besteht unter gewissen Voraussetzungen (genügend großer Kontrast und ausreichende Leuchtdichte) der folgende Zusammenhang zwischen Pupillendurchmesser $2p$ (in mm) und Sehschärfenwinkel α (in Bogenminuten):

$2p$	6	5	4	3	2	1
$2p\alpha$	10	8,4	6,8	5,2	3,6	2,1
$2p$	0,9	0,8	0,7	0,6	0,5	0,4
$2p\alpha$	1,95	1,82	1,75	1,75	1,82	1,93

Von der Sehschärfe des Beobachters hängt das →Auflösungsvermögen eines optischen Gerätes ab. Der wahre Auflösungswinkel wird unter den Bedingungen der obigen Tabelle am kleinsten, wenn man die Vergrößerung so wählt, daß die →Austrittspupille zwischen 0,6 und 0,7 mm Durchmesser erhält.

Arnulf, A.: La vision dans les instruments. Paris 1937. — *Guillery, H.:* Hdb. norm. u. path. Physiol. XII, 1. Berlin 1929.

Sehsphäre, das im Hinterhauptlappen der Großhirnrinde gelegene nervöse Zentrum des Gesichtssinnes, speziell die zentralen Projektionen der beiden Netzhäute, in der die einzelnen Netzhautquadranten in Gestalt bestimmter Felder vertreten sind. →Binokularsehen.

Boller, E., D. Brinkmann u. *E. Walter:* Einf. i. d. Farbenlehre. Berlin 1947. — *v. Tschermak-Seysenegg, A.:* Einf. i. d. physiol. Optik. Berlin-München-Wien 1942.

Sehstoffe, lichtempfindliche, bei Intensitätsverminderung wieder regenerierende Substanzen in den →Sehzellen (→Farbsubstanzen, →Sehpurpur), die nach der herrschenden Auffassung den Sehvorgang einleiten. →Adaptation, →minimale Expositionszeit.

Sehweiß, das bislang nur durch seine Farblosigkeit charakterisierbare Endprodukt der Zersetzung des →Sehpurpurs.

Sehweite, deutliche. Das normale menschliche Durchschnittsauge kann akkommodieren. Die Akkommodationsbreite nimmt mit zunehmendem Alter ab, und der Nahpunkt entfernt sich weiter und weiter vom Auge (→Alterssichtigkeit). Die Entfernung, in der Gegenstände beim freien Sehen scharf (deutlich) gesehen werden können (Sehweite), ist also veränderlich. Für manche Zwecke der geometrischen Optik und für Angaben über die Leistungsfähigkeit optischer Geräte ist aber die konventionelle Einführung einer bestimmten deutlichen Sehweite erforderlich. Man hat dafür die Entfernung 250 mm gewählt, weil ein normalsichtiges Auge bei diesem Abstand auch noch feinere Strukturen (z. B. gewöhnliche Druckschrift) lange Zeit betrachten kann, ohne durch die dann noch erforderliche Akkommodation merklich zu ermüden. Diese Entfernung wird als „deutliche Sehweite" bezeichnet. Besser wäre die Bezeichnung „konventionelle Sehweite" oder „Normsehweite".

Sehwinkel, der Winkel zwischen den Sehstrahlen, die vom vorderen Knotenpunkt des Auges (etwa 6,5 mm hinter dem Hornhautscheitel) nach den Grenzen des Sehobjekts gezogen werden; dieser Winkel wiederholt sich im Augeninnern zwischen den vom hinteren Knotenpunkt (rund 6,9 mm hinter dem Hornhautscheitel) nach den Grenzen des Netzhautbildes gezogenen Strahlen. Unter diesem Winkel wird also das Sehobjekt gesehen.

Sehzellen, für die Transformation von Lichtenergie in →Erregung spezialisierte Sinneszellen (→Lichtsinn); in der Netzhaut der Wirbeltiere die →Stäbchen und →Zapfen. Ferner→ Sehstoffe.

v. Studnitz, G.: Physiologie des Sehens. Leipzig 1940.

Seiches. An einigen Binnenseen und geschlossenen Meeresteilen beobachtet man gelegentlich Schaukelbewegungen des Seespiegels, Seiche genannt (vom Genfer See übertragen, wo sie häufig auftreten und 1 m Amplitude übersteigen können). Als anregende Kräfte wirken Luftdruckänderungen, Winde, Bewegungen des Untergrundes und (bei sehr großen Seen) auch Gezeitenkräfte. Zu großen Bewegungen kommt es, wenn die Frequenz der erregenden Kraft in Resonanz mit einer Eigenschwingung des Sees ist. Längsschwingungen mit n Knoten eines rechteckigen Sees der Länge L und der Tiefe h haben die Periode $T = 2L/(n\sqrt{gh})$ (g Fallbeschleunigung). Schematisches Beispiel (wie Genfer See) $L = 73$ km, $h = 110$ m, $n = 1$, $T = 4,40 \cdot 10^3$ s $= 73$ min.

Seidelscher Raum, der Bereich um den →fadenförmigen Raum eines abbildenden Systems, innerhalb dessen die Potenzreihen für die Sinus- und die Tangensfunktionen ohne Einbuße an Genauigkeit nach dem zweiten Gliede abgebrochen werden dürfen. Die Theorie der →Abbildungsfehler 3. Ordnung gilt demnach für den Seidelschen Raum.

Seidelsche Summen →Abbildungsfehler.

Seidelsche Teilkoeffizienten →Flächenteilkoeffizienten.

Seifenlösungen. Für Versuche aller Art mit Seifenlamellen eignet sich besonders eine wäßrige Lösung von $C_{12}H_{25}O—CO—CH=CH—COO—Na^+$, ferner eine bei 40 °C konzentrierte, filtrierte und abgeschäumte Lösung von Mersolat (Emulgator 30 des Chemiewerks Leuna), die 5% Triäthanolamin und einige Tropfen Ammoniak enthält.

Seigerung = →Saigerung.

Seignette-Elektrizität →Relaxation, dielektrische.

Seignette-Salz, auch *Rochelle-Salz,* das Kalium-Natrium-Weinsäure-Salz $KOOC \cdot CHOH \cdot CHOH \cdot COONa + 24\,H_2O$. — →Relaxation, dielektrische.

Seil →einfache Maschinen.

Seilwellen. Längs eines gespannten Seils (z. B. einer Stahlsaite) pflanzen sich Transversalwellen mit der Geschwindigkeit $c = \sqrt{p/\varrho}$ fort (p Spannung = Kraft je Flächeneinheit, ϱ Dichte des Seils), wenn die Biegungssteifigkeit des Seils zu vernachlässigen ist. Sobald Biegungswellen auftreten, wird die Ausbreitungsgeschwindigkeit wellenlängenabhängig.

Seismik →Erdbeben, →Geophysik, angewandte.

Seismometer, Instrument zur Messung oder Registrierung (*Seismograph*) von Bodenerschütterungen, insbesondere von Erdbeben. Jedes Seismometer besteht aus einer Masse, die durch schwache Richtmomente in einer Ruhelage gehalten wird. Infolge ihrer Trägheit bleibt die Masse bei einsetzender Bodenbewegung anfänglich in Ruhe, führt also gegenüber dem Boden eine Relativbewegung aus, die vergrößert und zur Anzeige benutzt wird. Dazu werden mechanische, optische oder elektrische Hilfsmittel verwendet. Da die Masse durch das Richtmoment mit dem Boden verbunden ist, führt sie unter dem Einfluß der Bodenbewegung Schwingungen aus, deren Amplitude durch das Verhältnis von Eigenfrequenz und Erregungsfrequenz sowie durch die Dämpfung des Systems bestimmt wird. (→Wiechert-Pendel, →Horizontalpendel.)

Seitenbänder →Seitenfrequenzen.

Seitenfrequenzen, -schwingungen, die bei der →Modulation einer hochfrequenten Trägerschwingung $U_h \cos\omega_h t$ mit einer niederfrequenten Modulierfrequenz $U_n \cos\omega_n t$ beiderseits des Trägers auftretenden Kombinationsfrequenzen $m\omega_h \pm n\omega_n$ ($m = 0, 1, 2, \ldots;\ n = 0, 1, 2, \ldots$). →Amplitudenmodulation, →Trägerschwingung.

Sektorenphotometer haben als Lichtschwächungsmittel einen →rotierenden Sektor.

Sektorfeldspektrometer, richtungsfokussierendes Massenspektrometer mit einem sektorförmig begrenzten homogenen Magnetfeld, dessen Scheitelwinkel zwischen $0°$ und $180°$ betragen kann. ($\rightarrow$Massenspektroskopie, $\rightarrow$Nierscher Apparat.)

Sekundäres Spektrum. Achromatische Systeme oder Linsen werden so berechnet, daß die Farbenlängsabweichung (chromatische Aberration) für zwei Spektralfarben beseitigt ist, daß also die $\rightarrow$ Schnittweiten für zwei Wellenlängen gleich sind. Infolge des ungleichen Verlaufs des Brechungsvermögens der verschiedenen Glasarten für gleiche Teile des Spektrums ist dann die Schnittweite nicht für alle Farben gleich; ihre Abweichung gegen die Schnittweite der Grundfarben wird als sekundäres Spektrum bezeichnet. Es wird graphisch dargestellt, indem man die Wellenlängen als Abszisse und die Schnittweiten als Ordinaten aufträgt. Für neuere zweilinsige Fernrohrobjektive beträgt der maximale Wert des sekundären Spektrums für eine zwischen den beiden Grundfarben liegende Wellenlänge ≈ 1 bis $5 \cdot 10^{-4}$ der Brennweite. In analoger Weise spricht man bei Apochromaten von einem tertiären Spektrum für eine vierte Wellenlänge ($\rightarrow$Abbildungsfehler).

Sekundäre β-Strahlen. Die eigentlichen β-Strahlen, d. h. die energiereichen Elektronen, die bei der Umwandlung eines Neutrons in ein Proton in einem radioaktiven Atomkern entstehen und die eine kontinuierliche Energieverteilung haben, werden oft als *primäre* β-Strahlen bezeichnet. Zum Unterschied von diesen werden als *sekundäre* β-Strahlen diejenigen energiereichen Elektronen bezeichnet, die nicht im Atomkern gebildet werden, sondern aus der Elektronenhülle stammen und ihre Energie einem γ-Quant verdanken, das, aus dem Kern stammend, in der Elektronenhülle einen ·Photoeffekt verursacht. Wegen der definierten Energie des γ-Quants und der definierten Ablösearbeiten der Elektronen haben die sekundären β-Strahlen wohldefinierte Energie; im β-Spektrographen erhält man Linienspektren ($\rightarrow\beta$-Spektrum).

Da die Bezeichnung „β-Strahlen" den bei den radioaktiven Umwandlungen im Atomkern gebildeten Elektronen vorbehalten bleiben soll, haben sich an Stelle der Ausdrücke „sekundäre β-Strahlen" und „sekundäre β-Spektren" die Bezeichnungen „*Umwandlungs-Elektronen*" und „*Elektronen-Linien-Spektren*" eingebürgert.

Sekundärelektronen, Elektronen, welche aus Materie infolge Beschuß mit Primärelektronen austreten. Jede Substanz, ob Leiter oder Isolator, sendet bei genügender Geschwindigkeit der Primärelektronen Sekundärelektronen aus. Die Ausbeute an Sekundärelektronen je eingestrahltes Primärelektron hängt von dem bestrahlten Material und von der Geschwindigkeit der Primärelektronen ab. Sie zeigt bei allen Stoffen ein Maximum bei einer Primärelektronengeschwindigkeit entsprechend etwa 800 V. Bei größeren Geschwindigkeiten dringen die Primärelektronen so tief in den Stoff ein, daß die Sekundärelektronen nicht mehr heraustreten können.

Bei etwa 800 V entsprechender Geschwindigkeit der Primärelektronen haben die meisten Metalle eine Ausbeute (Sekundäremissionsfaktor) von 1 bis 1,5. Bei besonders hergestellten Schichten (z. B. Cäsium auf oxydierter Silberunterlage mit Wärmebehandlung um 200 °C) kann dieser Faktor etwa

10 betragen. Solche Schichten finden heute eine bedeutsame Anwendung bei den $\rightarrow$Photoelektronenvervielfachern (Multipliern), also den Photozellen mit nachgeschalteter Sekundärelektronenvervielfachung. Bei diesen werden etwa zehn sekundäremissionsfähige Schichten hintereinander geschaltet und dadurch eine etwa millionenfache Verstärkung des Photostromes erwirkt.

Auch in den normalen Verstärkerröhren treten Sekundärelektronen auf und rufen erhebliche Störungen hervor, was bei den Penthoden zur Einführung des Fanggitters führte.

Bruining, H.: Die Sekundärelektronenemission. Berlin 1942.

Sekundärelektronen-Vervielfacher $\rightarrow$Photoelektronen-Vervielfacher.

Sekundärelemente, die aufladbaren $\rightarrow$Akkumulatoren (Sammler), im Gegensatz zu den nur zur einmaligen Entladung bestimmten galvanischen $\rightarrow$Elementen (Primärelementen).

Sekundärnormallampen, an Hauptnormallampen geeichte $\rightarrow$Normallampen für den laufenden Gebrauch.

Sekundärreaktion, photochemische. Die sich im allgemeinen an *photochemische* $\rightarrow$*Primärreaktionen* anschließenden Sekundärreaktionen unterscheiden sich nicht von normalen chemischen Dunkelreaktionen. Da primär entweder eine Dissoziation der absorbierenden Moleküle oder seltener (speziell bei $\rightarrow$Sensibilisierungen) eine Anregung der absorbierenden Atome bzw. Moleküle erfolgt, bestehen die Sekundärreaktionen in einer Abreaktion entweder der Dissoziationsprodukte (normale oder angeregte Atome bzw. Radikale) oder der primär angeregten Atome bzw. Moleküle mit den Molekülen des Ausgangsstoffes oder untereinander. Beispiel: Die Ozonbildung aus belichtetem Sauerstoff findet bei Licht, das langwelliger als 2420 Å ist, über angeregte Sauerstoffmoleküle statt; bei kurzwelligem Licht ist auch eine Dissoziation des Sauerstoffs in normale und angeregte Atome möglich. Die Sauerstoffatome bilden dann mit den Sauerstoffmolekülen im Dreierstoß Ozon; bei Atmosphärendruck führt etwa je einer von 10^3 bis 10^4 Zusammenstößen zwischen O und O_2 zur Molekülbildung.

Bonhoeffer, K. F., u. *P. Harteck:* Grundl. d. Photochemie. Dresden 1933.

Sekundärstrahlen, allgemeine Bezeichnung für eine Strahlung, die durch eine Strahlung gleicher Art (Primärstrahlen) ausgelöst wird. $\rightarrow$Sekundärelektronen.

Sekundärströme $\rightarrow$lichtelektrische Sekundärströme, $\rightarrow$lichtelektrische Leitung.

Sekunde, 1. Zeichen ", $\rightarrow$Winkeleinheiten; 2. abgek. s oder sec, $\rightarrow$Zeitmaße.

Sekunde^{-1}, abgek. s^{-1}, in der Atomphysik zur Angabe von Termenergien benutztes energetisches Maß. Die s^{-1} repräsentiert diejenige Energie, welche ein Lichtquant der Frequenz $1\ s^{-1}$ ($\rightarrow$Hertz) besitzt: $1\ s^{-1} \triangleq 6{,}62\overline{5} \cdot 10^{-34}\ J_{abs}$.

Sekundenpendel, ein Pendel, dessen *halbe* Schwingungsdauer $T/2 = 1$ s beträgt. Für ein mathematisches $\rightarrow$Pendel ergibt sich aus $T = 2\pi\sqrt{l/g}$ mit dem guten Näherungswert $g = 981$ cm s^{-2} als Länge des Sekundenpendels

$$l = g\,T^2/4\pi^2 = 99{,}7 \text{ cm},$$

also nahezu 1 m. (Die Einführung der Längeneinheit 1 m geht historisch auf den Vorschlag von *Huygens* zurück, die Länge des mathematischen Sekundenpendels als Längeneinheit zu wählen.)

Sekuritglas →Glas, optisches.

Selbstadjungierter Operator →Hermitescher Operator.

Selbstaktivierung oder *Eigenaktivierung* eines Phosphors bedeutet, daß sich ein Stoff ohne Zusatz eines Fremdstoffes oder Aktivators aktivieren, d. h. ein Phosphor werden kann. Dies ist z. B. beim Zinksulfid der Fall, welches durch Glühen und ohne Zusatz eines Metalles leuchtfähig wird. Es wird angenommen, daß das Zink des Zinksulfids die Rolle des Aktivators übernimmt. Wird ein Fremdmetall zugesetzt, so verschwindet die charakteristische blaue Bande des aktivatorfreien Zinksulfids, und die für den Aktivator charakteristische Bande erscheint.

Selbstauslöschung oder*Konzentrationsauslöschung* bei der Fluoreszenz bedeutet, daß das Fluoreszenzvermögen mit Erhöhung der Konzentration des fluoreszierenden Stoffes abnimmt und schließlich verschwindet. Dies ist bei fast allen fluoreszierenden organischen Substanzen der Fall. Die Intensität der Fluoreszenz ist also abhängig vom Grad der Verdünnung. Sie nimmt mit zunehmender Verdünnung bis zu einem Grenzwert zu, um dann wieder abzunehmen. Daneben gibt es entsprechend auch eine Fremdauslöschung, also Auslöschung der Fluoreszenz durch Zugabe eines fremden Stoffes.

Selbstdiffusion in festen Stoffen →Platzwechsel; in Flüssigkeiten →kinetische Theorie der Flüssigkeiten; in Gasen →Selbstdiffusionskoeffizient.

Selbstdiffusionskoeffizient. Läßt man bei der Betrachtung der Diffusion zweier Gase ineinander die beiden Molekülarten einander gleich werden, so geht der Diffusionskoeffizient in den Koeffizienten der Selbstdiffusion über. Der Selbstdiffusionskoeffizient D_{11} ist in guter Näherung gleich dem Diffusionskoeffizienten von Isotopen des gleichen Stoffes ineinander. Für starre Kugelmoleküle gilt die Formel $D_{11} = 1{,}20\,\eta/\varrho$ (η Viskosität, ϱ Dichte des Gases).

Selbstenergie. Die Energie eines ruhenden Teilchens ist durch seine Ruhmasse bestimmt. In der Mechanik wird diese nicht weiter analysiert. In der Feldtheorie ist das Teilchen von irgendwelchen Feldern umgeben, die es selbst als Quelle hervorbringt und die ihrerseits zur Ruhmasse beitragen. Ihren Anteil bezeichnet man als Selbstenergie des Teilchenfeldes (zum Unterschied von der Energie etwaiger emittierter Quanten, also von Energiebeträgen, die sich vom Teilchen gelöst haben, und von Beiträgen, die von anderen Teilchen herrühren). Es ist eine alte Vorstellung, daß die Gesamtmasse des Teilchens durch Selbstenergiebeiträge bestimmt sei, mögen diese von einem einzigen, etwa dem elektromagnetischen Feld oder von mehreren Feldern herrühren. Da man niemals sicher ist, ob man alle zur Energie beitragenden Felder erfaßt hat oder überhaupt erfassen kann, ist es angemessen, einen nichtanalytischen Beitrag abzuspalten und ihn wie gewöhnlich in der Mechanik zu behandeln. Man spricht in diesem Fall von →eingeprägter Masse (intrinsic mass) oder auch von Masse im eigentlichen Sinne.

Die Berechnung der Selbstenergie ist gegenwärtig noch problematisch, weil einerseits die Energiebeiträge punktförmiger Teilchen divergieren und weil andererseits die Annahme endlicher Teilchenstrukturen auf grundsätzliche Bedenken stößt. Da Elementarteilchen unzerlegbar

sind, ist nicht leicht zu sehen, welchen experimentell verifizierbaren Sinn Strukturhypothesen haben könnten. Man neigt darum gegenwärtig zu der Annahme, das Strukturproblem im Sinne des puristischen →Positivismus für ein Scheinproblem zu halten und die Lösung des Singularitätenproblems der Selbstenergie von einer Art Überquantenmechanik zu erwarten, in der der Begriff der →kleinsten Länge eine fundamentale Rolle spielt. Bisher liegen nur tastende Versuche vor, diesen Begriff mathematisch zu fassen.

Es ist aber nicht ausgeschlossen und gewinnt heute durch die große Mannigfaltigkeit der →Elementarteilchen zunehmend an Bedeutung, daß sich schließlich doch noch Strukturhypothesen als wahr erweisen könnten und daß gerade die verschiedenartigen Beziehungen der Elementarteilchen untereinander empirisch erfaßbarer Ausdruck dieser Struktur sind, Ausdruck einer eingeprägten Dynamik des Bornschen →Apeiron, dessen verschiedene Zustände die beobachteten Elementarteilchen und Quanten beschreiben.

Der Versuch von *Dirac* und *Heitler*, das Selbstenergieproblem dadurch zu negieren, daß man den Beitrag der Felder zur Masse von der Gesamtenergie vollständig abzieht, ist — obgleich mathematisch durchführbar — heute überholt. Die Deutung der Mikrofeinstruktur des Wellenfeldes als Selbstenergieeffekt beweist die reale Bedeutung der Selbstenergie. Auch die Behauptung, daß die Hypothese finiter Strukturen nicht Lorentz-invariant formuliert werden könne, ist heute widerlegt. Dagegen läßt sich eine Anzahl früher divergenter Ergebnisse in der →kovarianten Quantenelektrodynamik behandeln, weil typisch quantentheoretische Singularitäten (→Singularitätenproblem) eliminiert werden können. →elektromagnetische Masse, → Quantenelektrodynamik.

Wentzel, G.: Quantentheorie d. Wellenfelder. Wien 1943.

Selbstentzündungstemperatur, diejenige Temperatur in einem Gasgemisch, oberhalb welcher bei konstantem Druck Selbstentzündung einsetzt. Sie ist keine Stoffkonstante, aber von praktischem Nutzen.

Selbsterregung →Selbststeuerung.

Selbstinduktion →Induktivität.

Selbstinduktion, veränderbare, →Induktivitätsspulen.

Selbstinduktionskoeffizient →Induktivität.

Selbstleuchter, Objekte, bei denen jedes Flächenelement →kohärente, also interferenzfähige Wellen aussendet. →Abbildung, optische.

Selbststeuerung von Schwingungen. Dauerschwingungen können dadurch unterhalten werden, daß einem Schwinger zwecks Konstanthaltung seiner Eigenschwingungsamplitude die zur Deckung der Arbeitsverluste erforderliche Leistung mit Hilfe eines von dem Schwinger selbst betätigten Steuerorgans aus einem Energiespeicher zugeführt wird. Die Energie muß im richtigen Augenblick („phasenrein") und in der richtigen Dosierung zugeführt werden. Diese beiden, durch die Phasen- und Amplitudenbilanz zu erfüllenden Forderungen werden durch die vektorielle Barkhausensche Selbsterregungsformel $\Re\mathfrak{B} = 1$ erfaßt, in der $\mathfrak{B}$ den komplexen (d. h. eine Amplituden- und Phasenveränderung beschreibenden) Verstärkungsfaktor und $\Re$ den ebenfalls komplexen Rückkopplungsfaktor bezeichnet. Damit die selbsterregten Schwingungen überall anklingen, muß zunächst $\Re\mathfrak{B} > 1$ sein; in einem streng linearen System (d. h. einem System, das durch lineare Differentialgleichungen beschrieben wird) würde die Schwingungsamplitude dann jedoch dauernd exponentiell anwachsen und zum „Kurzschluß", zur Zerstörung des Geräts, führen. Tatsächlich wird die Amplitude durch Nichtlinearwerden der Differentialgleichungen (z. B. die endliche Ergiebigkeit des Energiespeichers) immer in der Weise begrenzt, daß die Barkhausensche Forderung streng gilt. Die Form der selbsterregten Schwingungen hängt davon ab, wie stark die Amplitudenbegrenzung ist. Falls zu Beginn der Schwingungserregung das Produkt $\Re\mathfrak{B}$ nur wenig über 1 liegt, wird die Schwingungsform nahezu sinusförmig; ist es dagegen viel größer als 1, dann entstehen →Relaxationsschwingungen (Kippschwingungen) mit einem von der Sinusform stark abweichenden Verlauf. Bei selbsterregten sinusförmigen Schwingungen, deren Frequenz durch ein Resonanzsystem bestimmt ist, wird die Amplitude, bei selbsterregten Kippschwingungen dagegen die Frequenz durch eine Änderung der Betriebsbedingungen (Spannung, Temperatur usw.) stark beeinflußt.

Beispiele für selbsterregte Schwingungen sind: der Wagnersche Hammer, die aus Steigrad, Anker und Unruh bestehende Uhrhemmung, die Röhren- und Glimmröhrengeneratoren, die Pendelungen von Gleichstrommaschinen, die Reglerschwingungen, die →Reibschwingungen und die durch Anblasen von Zungen, Rohrblättern und Polsterlippen erzeugten Schallschwingungen.

Von besonderer praktischer Bedeutung sind die selbsterregten elektrischen Schwingungen, deren Frequenz durch ein Resonanzsystem (Schwingungskreis) bestimmt ist. Da ein Schwingungskreis stets Verluste hat, die Dämpfung also >0 ist, so ist ein Schwingungszustand mit konstanten oder zunehmenden Amplituden nur durch Hinzuschalten eines Steuerorganes mit fallender Kennlinie $dU/di = R_i < 0$, das die Verluste kompensiert, zu erzielen. Der negative Widerstand liefert an den Schwingungskreis die von diesem verbrauchte Wirkleistung, und es stellt sich automatisch eine solche Amplitude ein, daß die vom Steuerorgan gelieferte und vom Schwingungskreis verbrauchte Wirkleistung Null ist. Zu stabilen Schwingungen wird ein Serienkreis durch ein Steuerorgan mit Lichtbogencharakter, ein Parallelschwingkreis (Schwungradkreis) durch ein Organ mit Dynatroncharakter erregt.

Bei Steuerorganen mit fallender Kennlinie unterscheidet man:

1. Echte negative Widerstände, die durch den statischen Entladungsvorgang der Entladungsstrecke selbst bedingt sind. Dazu gehören u. a. der Kohlelichtbogen und das Dynatron von *Hull*.

2. Negative Widerstände, die durch schaltungsmäßige Beeinflussung eines Entladungsvorganges durch eine positive Rückkopplung (Mitkopplung) entstehen.

3. Negative Widerstände, die bedingt sind durch die endlichen Laufzeiten der Elektronen im Entladungsweg (Barkhausen - Kurz - Schwingung, Schlitzanoden-Magnetron).

Die technisch wichtigste Methode der Selbsterregung von elektrischen Schwingungen ist diejenige mittels Röhrenrückkopplungsschaltungen. Die Barkhausen-Beziehung besagt in diesem Fall,

daß die Anodenwechselspannung auf dem Weg über das Rückkopplungselement und den Steuermechanismus in der Röhre wieder eine Anodenwechselspannung hervorrufen muß, die gleich oder größer ist als die sie erzeugende. Bei großen Verstärkungsgraden ist eine geringe Rückkopplung zur Schwingungserzeugung ausreichend. Verstärker mit großen Verstärkungsgraden neigen daher leicht zu Selbsterregung.

Barkhausen, H.: Elektronen-Röhren III. Leipzig 1943. — *Barkhausen, H.:* Einf. i. d. Schwingungslehre. Leipzig 1951. — *Rothe, H.,* u. *W. Kleen:* Elektronenröhren als Schwingungserzeuger u. Gleichrichter. Leipzig 1948.

Selbstumkehr von Spektrallinien (→Umkehrung von Spektrallinien). Die Form einer Spektrallinie (→Linienform) kann stark beeinflußt werden, wenn die betreffende Strahlung von den erzeugenden Atomen auch absorbiert werden kann und wenn in dem Gas ein Dichte- oder Temperaturgefälle herrscht. Die Emission ist dann an den Orten hoher Temperatur und Dichte sehr stark, die Linien sind aber entsprechend den erwähnten Einflüssen sehr breit. Durchsetzt nun die Strahlung die dünneren und kälteren Teile des von gleichen Atomen erfüllten Raumes, so wird sie absorbiert. Da aber die Absorptionslinien in diesen Gebieten entsprechend der kleineren Dichte und niederen Temperatur (→Doppler-Breite, →Druckeinfluß auf Spektrallinien) schmal sind, so wird

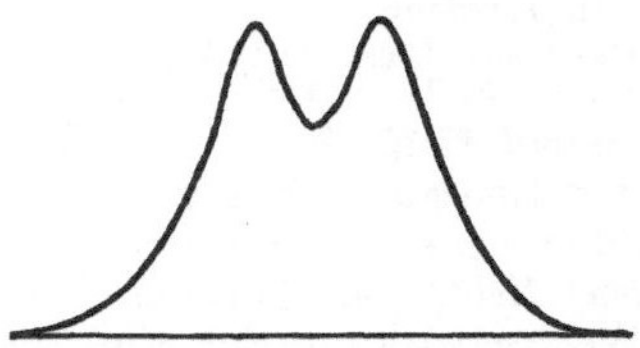

Zur Selbstumkehr von Spektrallinien.

von den breiten Emissionslinien nur der mittlere Teil absorbiert, so daß man eine Linienform erhält, die man als Selbstumkehr bezeichnet (Abb.).

Selbstvermehrung in der Biologie →Autosynthese.

Selected Areas = →Kapteynsche Eichfelder.

Selektiv, soviel wie *auswählend,* z. B. die selektive Emission oder Absorption einer Strahlung durch einen Stoff, also die Tatsache, daß Strahlungen verschiedener Wellenlänge von dem Stoff verschieden stark emittiert oder absorbiert werden oder daß dies gar nur bei einigen wenigen Wellenlängen überhaupt stattfindet. Selektiv wirken u. a. auch die Abstimmkreise der Empfänger elektrischer Wellen, indem sie aus der Vielheit der von der Antenne aufgefangenen Schwingungen nur einen ganz eng begrenzten Wellenlängenbereich auswählen und im Empfangsgerät zur Wirkung kommen lassen. In der Akustik werden die →Resonatoren wegen ihrer selektiven Eigenschaft zur Klanganalyse benutzt.

Selektive Strahler. Temperaturstrahler kann man nach dem spektralen Verhalten ihres →Emissionsvermögens in graue Strahler (→grauer Körper) und selektive Strahler einteilen. Der selektive Strahler hat ein mit der Wellenlänge veränderliches Emissionsvermögen, während für den grauen Körper das Emissionsvermögen im ganzen Spektralbereich oder in größeren Gebieten konstant ist. Die meisten lichttechnisch verwerteten Metalle und der Nernststift sind bei Glühtemperaturen selektive Strahler, denen eine →Farbtemperatur zukommt. Gold, Kupfer und dem Auerstrumpf kann im Glühzustand keine Farbtemperatur zugeordnet werden. — →Ultraviolettlichtquellen.

s-Elektronen haben den Bahndrehimpuls $l = 0$. →Aufbauprinzip, →Elektronenkonfiguration.

Selengleichrichter →Sperrschichtgleichrichter.

Selenzelle, ältester bekannter lichtempfindlicher Widerstand (→Halbleiterphotowiderstand). Es wird die schlecht leitende schwarzgraue Modifikation des Selens benutzt. In der Regel wird das Selen zwischen zwei auf einem Porzellankörper aufgespulte Drahtelektroden gebracht. Die Lichtempfindlichkeit dieser Selenzellen beruht auf der inneren →lichtelektrischen Wirkung. Das zeigen die Untersuchungen von *Gudden* und *Pohl* an roten isolierenden Selenkristallen. Diese gehören zu den →idiochromatischen Kristallen und besitzen die Brechzahl $n = 3,5$. Bei allen technischen Selenzellen überwiegt weitaus der →lichtelektrische Sekundärstrom. Der eigentliche, durch Lichtquantenabsorption gebildete Elektronenstrom, der →lichtelektrische Primärstrom, ist um viele Größenordnungen kleiner (→Verstärkung, innere). Die Selenzellen haben durch die an →Photozellen erzielten Fortschritte an praktischer Bedeutung verloren. An Ultrarotempfindlichkeit werden sie heute von anderen Halbleiterphotowiderständen wesentlich übertroffen.

Ries, C.: Das Selen. Diessen vor München 1918. — *Gudden* u. *Pohl:* Z. Phys. 35, 243 (1925).

Self consistent field. Zur näherungsweisen Berechnung der Energieeigenzustände von Atomen und Molekülen benutzt *Hartree* die Methode des *self consistent field*. Man berücksichtigt die Coulombsche Wechselwirkung der Elektronen untereinander durch folgenden näherungsweisen Ansatz: Die Eigenfunktion setzt man als Produkt $\psi_1(\mathfrak{r}_1)\,\psi_2(\mathfrak{r}_2)\ldots\psi_n(\mathfrak{r}_n)$ von Funktionen je eines Elektrons an und löst die Gleichungen:

$$-\frac{\hbar^2}{2m}\,\varDelta_\nu\,\psi_\nu(\mathfrak{r}_\nu) + V(\mathfrak{r}_\nu)\,\psi_\nu(\mathfrak{r}_\nu) = E_\nu\,\psi_\nu(\mathfrak{r}_\nu)$$

$$(\nu = 1, 2, \ldots, n), \quad (1)$$

wobei

$$V(\mathfrak{r}_\nu) = e^2 \int \sum_{\substack{\mu \\ (\mu \neq \nu)}} |\psi_\mu(\mathfrak{r}_\mu)|^2 \frac{1}{|\mathfrak{r}_\mu - \mathfrak{r}_\nu|}\, d\mathfrak{r}_\mu \qquad (2)$$

ist, d. h. gleich der Coulombschen Energie der „verschmiert" gedachten Elektronendichte der restlichen Elektronen (außer der des ν-ten Elektrons). Die Gl. (1) erhält man nach der →Ritzschen Variationsmethode, wenn man den Ansatz $\psi_1(\mathfrak{r}_1)\,\psi_2(\mathfrak{r}_2)\ldots$ $\psi_n(\mathfrak{r}_n)$ für $\psi(\mathfrak{r}_1, \mathfrak{r}_2, \ldots, \mathfrak{r}_n)$ macht. Die Gl. (1) löst *Hartree* wieder näherungsweise, indem er von einem Ansatz für die $\psi(\mathfrak{r}_\nu)$ ausgeht, mit Hilfe dieser $V(\mathfrak{r}_\nu)$ berechnet und dann die neuen Werte der $\psi_\nu(\mathfrak{r}_\nu)$ nach Gl. (1) findet. Mit diesen neuen Werten wird das Verfahren wiederholt, bis keine Änderung der $\psi_\nu(\mathfrak{r}_\nu)$ eintritt, d. h. wenn der Zustand des self consistent field erreicht ist.

Seltene Erden, die basischen Oxyde der Elemente 57 (La) bis 71 (Lu), heute oft auch diese Elemente selbst, die aber außer La in zunehmendem Maße jetzt als →Lanthaniden bezeichnet werden.

Semidefinite Form →Form.

Semikolloide nehmen eine Mittelstellung zwischen den molekular- und kolloiddispersen Zerteilungen ein. Hierzu gehören Seifenlösungen, viele Farbstoffe, Dextrine u. a. Sie dialysieren, wenn auch langsam, und zeigen eine meßbare Gefrierpunktserniedrigung, andererseits sind ihre Lösungen viskos, ausflockbar, oder sie können zu hornartigen Massen eingetrocknet werden. Das verschiedenartige Verhalten der Semikolloide beruht darauf, daß in ihren Lösungen kolloide bzw. hochmolekulare Teilchen neben niedrigmolekularen vorhanden sind, die miteinander im Gleichgewicht stehen. (→Hemikolloide.)

Semipermeable Wand →Osmose.

Semipolare Bindung. Eine Verbindung, die im Valenzschema die Formel I hat

$$
\begin{array}{ccc}
\mathrm{R} & \qquad & \mathrm{R} \\
| & & \ddot{} \quad\;\; \ddot{} \\
\mathrm{R}\!-\!\mathrm{N}\!=\!\mathrm{O} & & \mathrm{R} : \overset{..}{\mathrm{N}} : \overset{..}{\mathrm{O}} : \\
| & & \ddot{} \quad\;\; \ddot{} \\
\mathrm{R} & & \mathrm{R} \\
\mathrm{I} & & \mathrm{II}
\end{array}
$$

mit $\mathrm{R}=\mathrm{CH_3}$, hat die Elektronenstruktur II. Zwischen N und O ist also nur *eine* →kovalente Bindung wirksam. Setzt man voraus, daß das Elektronenpaar einer kovalenten Bindung zwischen den beiden Atomen aufgeteilt ist, dann findet man beim Abzählen der Elektronen der Formel II, daß der Stickstoff die „*formale* Ladung" $+1$ und der Sauerstoff die formale Ladung -1 hat. Die Bindung N:O ist danach eine Art „Doppelbindung", die aus einer kovalenten und einer überlagerten Ionenbindung besteht. Man nennt dies eine „*semipolare*" Doppelbindung, oder „*semipolare Bindung*", oder auch gelegentlich „*Koordinationsbindung*".

Sénarmont-Kompensator, ein $\lambda/4$-Blättchen aus Glimmer, Gips oder parallel zur optischen Achse geschnittenem Quarz. Die Schwingungsrichtungen sind parallel und senkrecht zur Schwingungsrichtung des Polarisators. Der Analysator ist drehbar.

Sénarmont-Prisma →Polarisationsprismen.

Senderöhren haben wie Endröhren die Aufgabe, eine möglichst große Wechselstromleistung bei optimalem Wirkungsgrad an die äußeren Schaltelemente abzugeben. Physikalisch gelten also die gleichen Bedingungen wie bei diesen. Ihr Aufbau unterscheidet sich von dem der Verstärker- und Endröhren bis zu Leistungen von 100 W kaum. Für große Leistungen, die heute bis 800 kW betragen, sind wesentliche Änderungen notwendig. An die Stelle der Oxydkathode, die nur bis zu Gleichspannungen von etwa 2000 V anwendbar ist, tritt als Kathodenmaterial Thorium-Wolfram, Wolfram, Tantal oder Niob. Die Anodenkühlung durch Strahlung ist nur anwendbar für Röhren bis etwa 1,5 kW Anodenverlustleistung. Für Röhren größerer Leistung bildet die Anode einen Teil der Gefäßwand, die dann durch Luft oder Wasser gekühlt werden kann. Heizungs- und Kathodenzuführungen sind bei großen Leistungen zusätzlich zu kühlen.

Rothe, H., u. *W. Kleen:* Grundl. u. Kennlinien d. Elektronenröhren. Leipzig 1948.

Sendeschaltungen (*Modulationsschaltungen*). Den von einem Hochfrequenzsender erzeugten Schwingungen müssen die zur Nachrichtenübermittlung erforderlichen Zeichen (Telegraphie oder Telephonie) aufgeprägt werden. Diese *Modulation* kann grundsätzlich in jeder Sendestufe erfolgen. Um aber die Verzerrungen möglichst klein zu halten, moduliert man möglichst in der letzten oder den letzten Stufen. In kleinen Sendeanlagen und bei geringen Modulationsgraden macht man von der *Raumlade-*, *Schirm-* oder *Bremsgittermodulation* Gebrauch, während bei großen Sendeanlagen und großen Modulationsgraden nur die *Gitter-* und *Anodenmodulation* praktische Bedeutung gewonnen haben; hinzu kommen einige leistungssparende Schaltungen, wie die B-Modulation, die Trägersteuerung und Einseitenbandmodulation.

Bei der Gittermodulation unterscheidet man die Gitter*gleichstrom*modulation, bei der der Innenwiderstand der im Gitterkreis der Senderöhre liegenden Modulationsröhre durch die Modulation geändert wird, ein Verfahren, das heute nicht mehr angewandt wird, und die Gitter*spannungs*modulation (Abb. 1), die bei den meisten deutschen Rundfunksendern benutzt wird. Hierbei wird dem Hochfrequenz führenden Gitter der Senderöhre, deren Arbeitspunkt in dem unteren Kennlinienknick oder unterhalb desselben liegt, die niederfrequente Wechselspannung überlagert (Abb. 2). Der hoch-

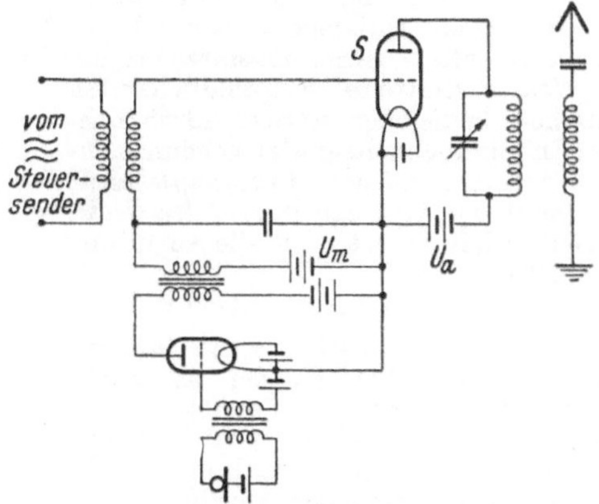

Abb. 1. Gitterspannungsmodulation.

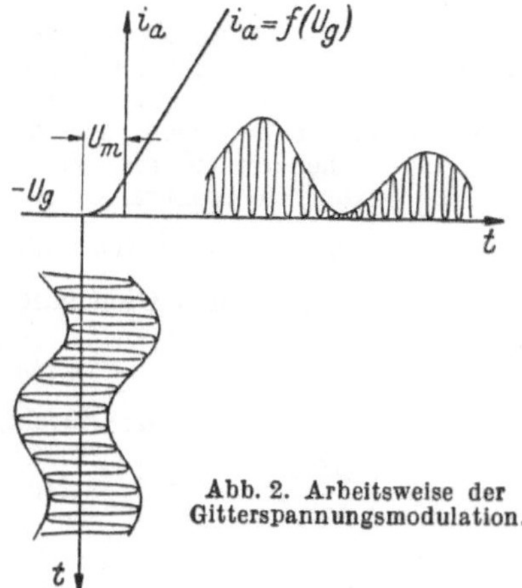

Abb. 2. Arbeitsweise der Gitterspannungsmodulation.

frequente Anodenwechselstrom schwankt dann im Rhythmus dieser Modulationsfrequenz.

Wird der Anodengleichspannung einer Senderöhre die modulierende Spannung überlagert, so spricht man von Anodenspannungsmodulation

(Abb. 3), mit der man einen Modulationsgrad von nahezu 100% erreichen kann. Dabei ist allerdings die aufzuwendende Niederfrequenzleistung sehr

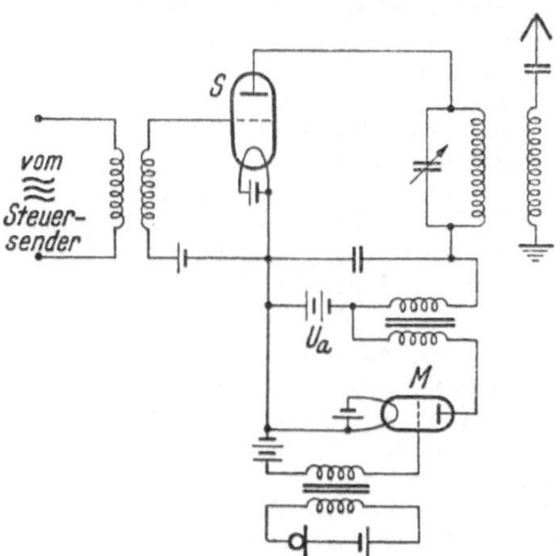

Abb. 3. Anodenspannungsmodulation.

groß, wenn man den Vorteil der Verzerrungsfreiheit ausnutzt und in der Endstufe moduliert. Eine Abart ist die B-Modulation, bei der zur Erhöhung des Wirkungsgrades die Modulationsstufe als Gegentaktverstärker arbeitet.

Bei der normalen →Amplitudenmodulation ist die Größe des Trägerstromes unabhängig von der Amplitude der Modulationsfrequenz. Da der Nachrichteninhalt nur in den Seitenbändern enthalten ist und der Träger nur übertragen wird, um Empfänger einfach und billig zu bauen, kann man zur besseren Ausnutzung der Trägerleistung die Amplitude der Trägerwelle im Rhythmus der Modulation ändern. Dabei kann man prinzipiell sogar einen konstanten Modulationsgrad erhalten.

Eine wesentliche Leistungssteigerung erzielt man bei der Einseitenbandmodulation, wobei auf der Empfängerseite der Träger wieder zugesetzt werden muß. Dieses Verfahren ist beim kommerziellen Betrieb üblich. Zur Unterdrückung des Trägers wird die Modulation in einer Gegentaktschaltung vorgenommen. →Modulator.

Prokott, E.: Modulation in d. elektr. Nachrichtentechnik. Leipzig 1943.— *Vilbig, F.:* Lehrb. d. Hochfrequenztechnik II. Leipzig 1945.

Sendust, ferromagnetische Legierung aus 9,5% Al, 5,5% Si, 85% Fe, durch den hohen Wert $\mu_a \approx 30000$ der Anfangspermeabilität und die kleine Koerzitivkraft $H_e = 0,05$ Oe ausgezeichnet.

Senke (mathem.) →Divergenz, (hydrodyn.) → Quelle und Senke.

Senkrechtbanden →Biegungsschwingung eines Moleküls.

Senkungswellen →Schwall und Sunk.

Senkwaage (*Aräometer*) →Dichte.

Sensibilisatoren →Sensibilisierung, photochemische.

Sensibilisierte Fluoreszenz. Ein durch Licht angeregtes Atom kann seine Energie durch Stoß einem anderen Atom übertragen; dieses kann die Anregungsenergie als Licht ausstrahlen. So hat das erste Atom den Absorptionsprozeß, das zweite Atom den Emissionsprozeß dieser Fluoreszenz übernommen. Handelt es sich um verschiedenartige Atome, so kann man durch Einstrahlung von Licht bestimmter Wellenlänge erreichen, daß nur die eine Atomart angeregt wird. Die Übertragung von Energie auf das andere Atom erkennt man dann an dem Auftreten charakteristischer Spektrallinien dieses Atoms. Daß tatsächlich die Energie von dem ersten Atom stammt, erkennt man daran, daß die Spektrallinien des zweiten Atoms verschwinden, wenn man dafür sorgt, daß die erste Atomart etwa durch Einfrieren beseitigt wird. Diese sensibilisierte Fluoreszenz ist entdeckt worden bei der Bestrahlung von Hg-Dampf und Thalliumdampf mit der Hg-Linie 2537 Å. Nur der Hg-Dampf kann dieses Licht absorbieren, es treten aber auch Spektrallinien des Thalliums auf (*Cario* 1922).

Sensibilisierte Phosphoreszenz. Bei →Kristallphosphoren mit mehreren →Aktivatoren ist folgende merkwürdige Erscheinung beobachtet worden: Die Lichtemission, für welche *ein* Aktivator verantwortlich gemacht werden muß, kann durch die Anwesenheit eines zweiten Aktivators wesentlich verstärkt werden. So ist z. B. die Lichtemission des Samariums kenntlich an einem Linienspektrum. Wird es als Aktivator dem CaO zugesetzt, so erhält man einen CaOSm-Phosphor mit den charakteristischen Samarium-Linien. Setzt man als zweiten Aktivator Blei hinzu, so ist die Emission des Samariums wesentlich verstärkt. Eine breite, nicht linienhafte Emission, welche dem Blei zugeschrieben werden müßte, ist weder im CaOSmPb noch im CaOPb vorhanden. Das Blei muß also sensibilisierend wirken. Es sind viele solcher Fälle bekanntgeworden.

Auch die entgegengesetzte Wirkung, also die Abschwächung der Emission durch Zusatz eines weiteren Aktivators, ist bekannt (→Killer).

Sensibilisierung. 1. (*biologisch*) →photodynamische Wirkung; 2. →*lichtelektrische* Sensibilisierung; 3. →sensibilisierte *Fluoreszenz, 4. photochemische* Sensibilisierung. Bei photochemischen Reaktionen ist es nicht immer erforderlich, daß das wirksame Licht von einer der reagierenden Stoffkomponenten absorbiert wird; die Lichtabsorption kann auch durch einen an der chemischen Reaktion nicht beteiligten Stoff, einen „Sensibilisator", erfolgen; die von ihm absorbierte Energie wird nachträglich zur Dissoziation oder zur Anregung der untersuchten Moleküle verwendet. Beispiele: a) Quecksilberdampf, der im Gemisch mit mehratomigen Molekülen mit einer Quecksilberdampflampe bestrahlt wird (Absorption der Wellenlänge 2537 Å), vermag Atome u. a. aus Wasserstoff, Sauerstoff, Wasserdampf, Ammoniak, Äthylen, Methylalkohol, Äthylalkohol usw. zu bilden. b) Der Spektralbereich der Empfindlichkeit photographischer Platten stimmt im allgemeinen mit dem Absorptionsgebiet des Halogensilbers überein, das bei etwa 4600 Å unmerklich wird; um photographische →Emulsionen auch für längerwelliges Licht als 4600 Å empfindlich zu machen, werden nach *Vogel* (1873) organische Farbstoffe an die Halogensilberkörner adsorbiert, so daß die von ihnen absorbierte Lichtenergie an das Halogensilber übertragen wird und dieses spalten kann.

Bonhoeffer, K. F., u. *P. Harteck:* Grundl. d. Photochemie. Dresden 1933. – *Geib, K. H.:* Atomreaktionen. Erg. d. exakt. Naturw. 15, 44 (1936).

Sensitometer-Normal. Als sensitometrische Normallichtquelle (→Sensitometrie) dient die Strahlung einer mit Gleichstrom gespeisten Wolfram-Glühlampe mit geraddrähtigem Glühfaden der Farbtemperatur $T_f = 2360\ °K$ nach Durchgang durch ein →Davis-Gibson-Filter, welches der Sensitometerstrahlung eine Farbtemperatur von ungefähr 5000 °K verleiht. Sie wird in Verbindung mit einem bestimmten Graukeil nach einem ebenfalls fest vereinbarten Verfahren zur Bestimmung der Empfindlichkeit von photographischem Negativmaterial in °DIN (→Grad DIN) benutzt.

Sensitometrie, die Messung der Empfindlichkeit photographischer Schichten. Als Maß wird diejenige auf die lichtempfindliche Schicht auffallende Strahlungsenergie benutzt, welche eine gerade noch wahrnehmbare Schwärzung ergibt, also die Energie, welche den Schwellenwert B_0 der Schwärzungskurve darstellt (→Schwärzung, photographische). Geräte zur Messung dieser Schwellenwerte heißen *Sensitometer* und bestehen im Prinzip aus einer Lichtquelle bekannter Strahlungsstärke (→Sensitometer-Normal) und einer Abschwächvorrichtung (Graukeil, rotierender Sektor) zur Herstellung abgestufter Strahlungsintensitäten. Auf diese Weise ermittelte Empfindlichkeiten photographischer Emulsionen werden durch Zahlenangaben (Empfindlichkeitsgrade) gekennzeichnet. Es gibt mehrere solcher *Abstufungsskalen*; gebräuchlich sind die von *Scheiner, Eder-Hecht, Hurter* und *Driffield,* in neuester Zeit die Abstufung nach →Grad DIN.

v. Angerer, E.: Wiss. Photographie. Leipzig 1931.

Separation der Variablen, Verfahren zur Integration partieller Differentialgleichungen, das darin besteht, für die zu bestimmende Funktion einen solchen Ansatz zu machen, daß die partielle Differentialgleichung in eine der Anzahl der unabhängigen Variablen entsprechende Anzahl von gewöhnlichen Differentialgleichungen zerfällt. Eine partielle Differentialgleichung, bei der dies möglich ist, heißt *separierbar*. Die Methode der Separation der Variablen spielt in der theoretischen Physik bei der Integration der →Hamilton-Jacobischen Differentialgleichung

$$H\left(q_1, q_2, \ldots, q_f, \frac{\partial S}{\partial q_1}, \frac{\partial S}{\partial q_2}, \ldots, \frac{\partial S}{\partial q_f}\right) = E \quad (1)$$

insofern eine ausschlaggebende Rolle, als eine *allgemeine* Integration von Gl. (1) bisher nicht gelungen ist, sondern nur durch Anwendung dieses Verfahrens gewisse Lösungen gefunden werden können (*Stäkel*). In Gl. (1) bedeutet H die →Hamiltonsche Funktion, in der die generalisierten Impulse p_k durch $\frac{\partial}{\partial q_k} S(q_1, q_2, \ldots, q_f)$ ersetzt sind. Die Lösung der Hamilton-Jacobischen Gleichung verlangt, die „Wirkungsfunktion"

$$S = S(q_1, q_2, \ldots, q_f) \quad (2)$$

zu bestimmen, aus der sich die Impulse durch Differentiation

$$p_k = \frac{\partial S}{\partial q_k} \quad (3)$$

ergeben. Die Integration von Gl. (1) gelingt in manchen Fällen durch Separierung, indem man S als Summe von f Funktionen

$$S(q_1, q_2, \ldots, q_f) = \sum_{i=1}^{f} S_i(q_i) \quad (4)$$

ansetzt, wobei der i-te Summand nur von einer, und zwar der i-ten Koordinate q_i abhängt. Mit dem „Separationsansatz" (4) zerfällt die partielle

Differentialgleichung (1) in f gewöhnliche Differentialgleichungen

$$\Phi_i\left(\frac{dS_i}{dq_i},\, q_k\right) = a_i \qquad i = 1,\, 2,\, \ldots,\, f \qquad (5)$$

($a_i =$ Integrationskonstanten), aus denen durch Auflösung

$$\frac{dS_i}{dq_i} = p_i(q_i,\, a_i) \qquad (6)$$

folgt. Ein anderes, besonders einfaches „separierbares System" liegt dann vor, wenn bereits $H = H(p_k,\, q_k)$ die Form

$$H = \sum_{i=1}^{f} H_i(p_i q_i) \qquad (7)$$

hat, also aus Anteilen besteht, die nur von dem Variablenpaar $(p_i,\, q_i)$ abhängt. In diesem Fall separiert man durch den Ansatz

$$H_i\left(q_i,\, \frac{\partial S_i}{\partial q_i}\right) = E_i, \qquad (8)$$

womit nach Gl. (1) die E_i der Bedingung

$$\Sigma E_i = E \qquad (9)$$

unterworfen werden. — →Abseparieren.

Born, M.: Atommechanik. Berlin 1925. — *Sommerfeld, A.:* Atombau u. Spektrallinien I. Braunschweig 1944.

Separierbare Systeme →Abseparieren, →Separation der Variablen.

Serber-Kraft, eine →Kernkraft, welche auf der Annahme beruht, daß der Anteil von ordentlichen und Austauschkräften (bezüglich der Ortsvertauschung) in der Wechselwirkung zweier Nukleonen miteinander gerade je $^1/_2$ beträgt. Sie ist demnach ein Wechselwirkungspotential vom Typ

$$V(1,\, 2) \sim \frac{1 + P}{2}.$$

P ist dabei der Austauschoperator des Orts.

Serien →Alkalispektren, →Balmer-Formel, →Linienspektrum, →Serienformel, →charakteristische Röntgenstrahlung.

Serienformel. Eine Serie von Spektrallinien entspricht dem Übergang von Termen $T_m = \dfrac{R}{(m+p)^2}$, die zu verschiedenen Hauptquantenzahlen m des Leuchtelektrons gehören, zu einem festen Term T, so daß sich die Wellenzahlen durch die Serienformel $\tilde{v} = T - T_m$ darstellen lassen. →Alkalispektren.

Seriengrenzen, -kontinua. Eine Linienserie entsteht durch Übergänge von einer Termreihe, bei denen ein Leuchtelektron (bei festem Bahndrehimpuls) verschiedene Hauptquantenzahlen n annimmt (→Alkalispektren). Für $n \to \infty$ erhält man die Seriengrenze, die der Ionisierungsenergie entspricht. Jenseits der Seriengrenze ist das Spektrum kontinuierlich. →Grenzkontinua.

Serienschaltung = Reihenschaltung, →Parallelund Reihenschaltung.

Sextett, ein Term mit der gesamten Spindrehimpulsquantenzahl $S = 5/2$. Durch die Spinwechselwirkung spaltet ein Term mit der Bahndrehimpulsquantenzahl L in die Komponenten $J = L + 5/2,\, L + 3/2,\, \ldots,\, |L - 5/2|$, also für $L > 5/2$ in 6 Komponenten, auf. →Aufbauprinzip.

s. f. e. = →solar flare effect.

sgn x (spr. signum von x) ist eine das Vorzeichen der Zahl x angebende Funktion, definiert durch $y = \operatorname{sgn} x = x : |x|$. Es ist $\operatorname{sgn} x = +1$ für alle $x > 0$, $\operatorname{sgn} x = -1$ für alle $x < 0$ und $\operatorname{sgn} 0 = 0$

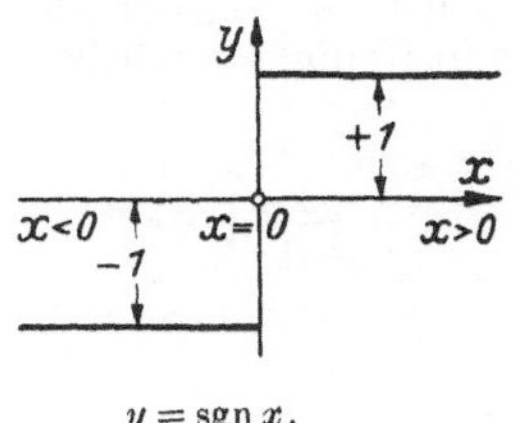

$y = \operatorname{sgn} x.$

(Abb.). Bei $x = 0$ hat $y = \operatorname{sgn} x$ eine unhebbare Unstetigkeit.

shipping ton, in den USA benutzte Volumeneinheit, definiert als 40 cu.ft (USA) (→cubic foot): 1 shipping ton (USA) = 1,13268 m³.

short ton, abgek. tn.sh. (oder sh.tn.), angelsächsische Masseneinheit (→ pound): 1 tn.sh. $= 2000$ lb.av. $= 0,90718$ t. *Short ton weight,* abgek. tn.sh.wt., Gewicht einer tn.sh. bei der Normfallbeschleunigung $g_n = 9,80665$ m/s² $= 32,1741$ ft/s²: 1 tn. sh. wt. $= 907,18$ kp $= 8896,4$ N.

Shortt-Uhr →Uhren.

Shunt, ein →Nebenwiderstand zur Änderung der Empfindlichkeit eines Strommessers.

Sicherheitsparabel. Nach der Lehre vom schiefen →Wurf ist die Bahn eines mit der Anfangsgeschwindigkeit v_0 unter dem Erhebungswinkel α geworfenen Körpers bei Ausschluß von Reibungskräften eine Parabel, deren Gleichung

$$F = y - \frac{g}{2v_0^2 \cos^2 \alpha}\, x^2 + x\, \operatorname{tg} \alpha = 0$$

ist, wobei ein Koordinatensystem zugrunde gelegt wurde, dessen Mittelpunkt mit der Anfangslage zusammenfällt, und dessen y-Achse entgegengesetzt der Erdbeschleunigung g gerichtet ist. Variiert man unter sonst gleichen Verhältnissen nur den Erhebungswinkel α, so hat je nach dem Wert des „Parameters" α die jeweils entstehende Wurfparabel eine andere Gestalt. Obige Gleichung stellt also eine einparametrige Schar von Parabeln dar, die einen gewissen Bereich bedecken. Dieser wird durch die →Enveloppe der Kurvenschar abgegrenzt, welche man nach be-

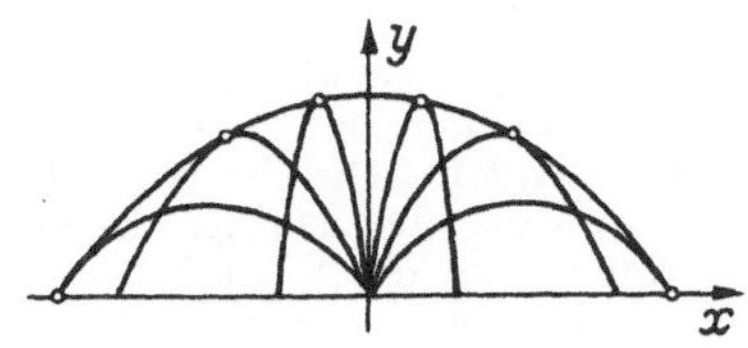

Sicherheitsparabel.

kannten Regeln der Differentialgeometrie aus $F = 0$ und $\partial F/\partial x = 0$ findet. Es ergibt sich als Gleichung der Hüllkurve $y = -\dfrac{g}{2v_0^2}x^2 + \dfrac{v_0^2}{2g}$, also wiederum eine Parabel, die man als Sicherheitsparabel bezeichnet (Abb.). Die Bezeichnung stammt aus der Ballistik und ist ohne weiteres verständlich. Zieht man alle Azimute in Betracht, so kommt man zum Begriff des Sicherheitsparaboloids.

Sichtbare Sprache, *„visible speech“*, ein Verfahren zur fortlaufenden Sichtbarmachung des spektralen Aufbaus von gesprochener Sprache, Gesang und sonstigen Schallvorgängen, bei dem das Spektrum in Helligkeitsschrift auf dem Schirm

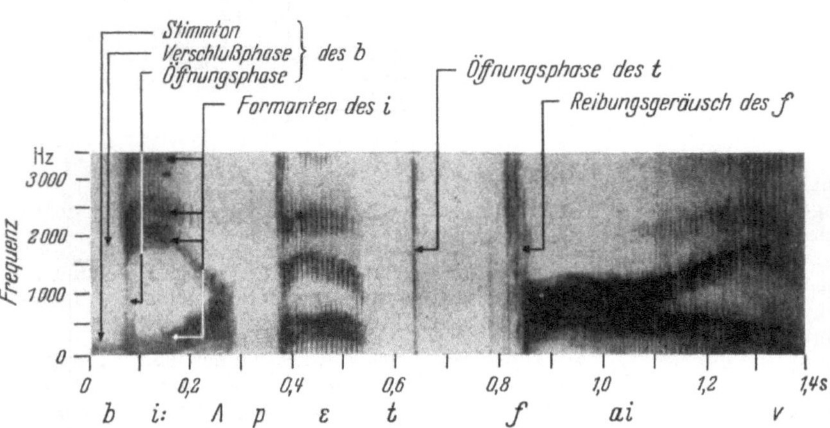

Visible-Speech-Spektrogramm des Satzes „Be up at five“.

einer rotierenden Braunschen Röhre oder auf einem bewegten Leuchtstoffband erscheint (Abb.).

Potter, R. K., G. A. Kopp u. *H. C. Green:* Visible Speech. New York 1947. — *Meyer-Eppler, W.:* Die Sprache als Gegenstand physikal. Forschung. Phys. Bl. 5, 538 (1949); Elektr. Klangerzeugung. Bonn 1949.

Sichtbarkeitsgrenzen im Spektrum →Lichtsinn.

Sichtlinie (*Visionsradius*), die Richtung von einem Beobachter nach dem beobachteten Gegenstand.

Sichtweite, diejenige Entfernung, in der ein großes, flächenhaft gesehenes dunkles Ziel noch gegen den hellen Hintergrund des Horizontes gesehen werden kann (Horizontsicht). Sie ist groß, wenn die zwischen Auge und Ziel befindliche Luft nur wenig Dunst oder Staub und keinen Nebel enthält, also nur das Rayleighsche Streulicht der reinen Luft eine geringe Aufhellung des Zieles bewirkt. Bei großen →Extinktionskoeffizienten a in getrübter Luft wird das gestreute „Luftlicht“ so stark, daß der Leuchtdichtekontrast zwischen Ziel und Horizont klein wird. Liegt er unter dem vom Auge wahrnehmbaren relativen Schwellenwert $\varepsilon = 0{,}02 = 2\%$, so befindet sich das Ziel außerhalb der Sichtweite. Die Horizontsicht ist $S = (\ln 1/\varepsilon)/a = 3{,}912/a$, woraus mit dem Transmissionsfaktor $q = e^{-a}$ wird $S = \log\varepsilon/\log q = -1{,}700/\log q$. Die Abnahme des Schwellenwertes ε mit zunehmender Umfeldleuchtdichte und mit abnehmender Zielgröße bedingt, daß die „Detailsicht“ (ebenso die Schrägsicht vom Flugzeug nach unten) und die Sicht bei Dämmerung und in der Nacht wesentlich kleiner sind als die Horizontsicht bei Tage. Die Feuersicht bei Nacht folgt wegen der quadratischen Abnahme der Lichtstärke mit der Entfernung anderen Gesetzen als die Horizontsicht.

Hdb. d. Geophysik VIII. Berlin 1943.

SID = sudden ionospheric disturbance = →Mögel-Dellinger-Effekt.

Siderophile Elemente (*V. M. Goldschmidt* 1923) sammeln sich bei Stoffsonderung der Erde in der Nickeleisenschmelze (Siderosphäre) an. Ähnliches Verhalten wird bei metallurgischen Prozessen beobachtet. Es sind insbesondere Fe, Ni, Co, P, C, Edelmetalle, Ge, Sn, Mo. →Geochemie.

Siderostat →Coelostat.

Sidot-Blende, älterer Zinksulfidphosphor (*Sidot* 1866), enthält Kupfer und zeigt daher grünes Leuchten bzw. Nachleuchten. Die Sidot-Blende, nach neuerer Bezeichnungsweise der ZnSCu-Phosphor, besteht also aus ZnS als Grundsubstanz und Cu als →Aktivator. Wegen der Übereinstimmung ihrer spektralen Emissionsverteilung mit der spektralen Empfindlichkeitsverteilung des Auges erscheint ihr Leuchten besonders hell. Die Sidot-Blende wird daher sehr viel verwendet, so bei der Beobachtung von →Szintillationen, zur Herstellung radioaktiver Leuchtfarben für Leuchtzifferblätter usw. →Lumineszenz, →Leuchtstoffe.

Siebketten oder *Wellensiebe* sind →Kettenleiter, deren einzelne Glieder aus möglichst verlustfreien Spulen und Kondensatoren bestehen. Sind die Ohmschen Verluste zu vernachlässigen, so ist auch für beliebige Zusammenschaltungen von Spulen und Kondensatoren der Widerstand immer rein imaginär. Die Beziehung für das Übertragungsmaß g eines Vierpols $\mathfrak{Cof}\, g = 1 + \mathfrak{RG}/2$, die nach Umformung

$$\mathfrak{Sin}\,\frac{g}{2} = \mathfrak{Sin}\left(\frac{\beta}{2} + j\,\frac{\alpha}{2}\right) = \pm j\,\sqrt{\frac{\mathfrak{RG}}{4}}$$

lautet, ergibt zwei scharf gegeneinander abgegrenzte Lösungen. Für $|\mathfrak{R}\,\mathfrak{G}/4| < 1$ ist $\beta = 0$; dieser

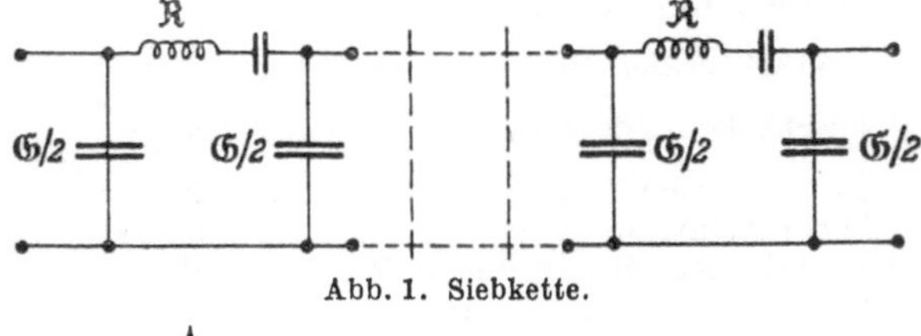

Abb. 1. Siebkette.

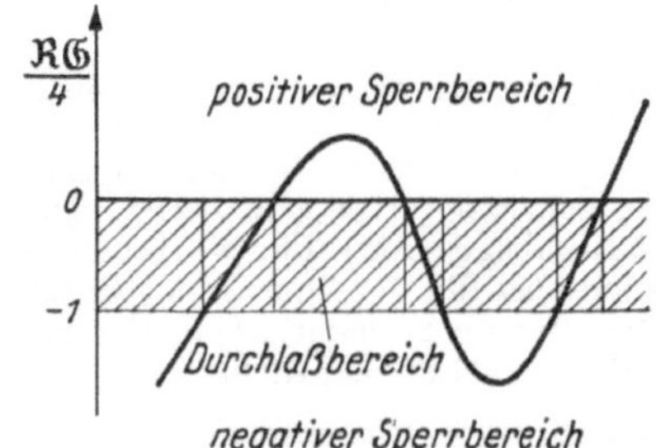

Abb. 2. Sperr- und Durchlaßbereich einer Siebkette.

Frequenzbereich ist der *Durchlaß-* oder *Loch*bereich des Wellensiebes. Innerhalb des Durchlaßbereichs nimmt das Winkelmaß mit $\sqrt{|\mathfrak{R}\mathfrak{G}/4|}$ zu. Der Wert $|\mathfrak{R}\mathfrak{G}/4| = 1$ ergibt die *Lochgrenze*. Für

Werte $|\Re\mathfrak{G}/4| > 1$ wächst die Dämpfung mit $\sqrt{|\Re\mathfrak{G}/4|}$ nach der $\mathfrak{Cof}$-Funktion. Dieses ist der *Sperrbereich*. Im Sperrbereich behält das Winkelmaß den Wert, den es an der Lochgrenze erreicht hat. Der Durchlaß- und Sperrbereich kann entsprechend dem Aufbau des Filters mehrfach durchlaufen werden.

Vilbig, F.: Lehrb. d. Hochfrequenztechnik. Leipzig 1945. — *Feldtkeller, R.:* Einführung i. d. Siebschaltungstheorie d. elektr. Nachrichtentechnik. Leipzig 1950.

Sieden. Die Verdampfung einer Flüssigkeit geht als Verdunsten an der Oberfläche vor sich, solange der Dampfdruck kleiner ist als der Gesamtdruck der Gasphase. Sieden tritt ein, wenn der Dampfdruck den Gesamtdruck erreicht (→Siedepunkt). Die Verdampfung geht dann unter Bildung von Dampfblasen im Innern der Flüssigkeit, vor allem an den wärmezuführenden Gefäßwänden, vor sich. Die Bezeichnung des Siedens als „Kochen" ist im wissenschaftlichen Sprachgebrauch nicht üblich, dieser Ausdruck wird vielmehr nur für die Behandlung von Gegenständen mit siedendem Wasser verwendet (Auskochen u. dgl.).

Hand. d. Physik X. Berlin 1926. — *Müller-Pouillet:* Lehrb. d. Physik III/1. Braunschweig 1926.

Siedepunkt, ein Punkt der Dampfdruckkurve, ein Wertepaar von Druck und Temperatur, das den Zustand bezeichnet, bei dem sich der Stoff unter →Sieden von dem flüssigen in den gasförmigen Aggregatzustand verwandelt. Als *normalen* Siedepunkt bezeichnet man die Temperatur, bei der der Stoff unter normalem Luftdruck (760 Torr) siedet. Die Siedetemperatur ist stark abhängig vom Druck (→Clapeyron-Clausiussche Gleichung). Bei Berücksichtigung der Druckkorrektur ist er aber als thermometrischer Fixpunkt geeignet; infolge der Verdampfungswärme bleibt die Temperatur einer siedenden Flüssigkeit bei Wärmezufuhr konstant (jedoch →Siedeverzug).

Der Siedepunkt eines *Gemisches* liegt meist zwischen den Siedepunkten der Komponenten; in verdünnten Lösungen ist die Erhöhung der Siedetemperatur der molaren Konzentration des gelösten Stoffs proportional.

Literatur →Sieden.

Siedepunktserhöhung. Für verdünnte Lösungen liegt der Siedepunkt T höher als der des reinen Lösungsmittels T_0. Kann man den Dampfdruck des gelösten Stoffes über der Lösung vernachlässigen, so ist die Siedepunktserhöhung $T - T_0$ einer verdünnten Lösung proportional der molaren Konzentration des gelösten Stoffes in der Lösung. Die Proportionalitätskonstante hängt also nur noch von der Natur des Lösungsmittels ab.

Die thermodynamische Berechnung der Siedepunktserhöhung geht davon aus, daß der Dampfdruck des Lösungsmittels über der Lösung immer niedriger ist als über dem reinen Lösungsmittel, wobei die beiden Dampfdruckkurven der →Clausius-Clapeyronschen Gleichung folgen. Unter Zuhilfenahme des Raoultschen Gesetzes für den Dampfdruck idealer Lösungen gelangt man zu der Beziehung

$$T - T_0 = \frac{n\,RT_0^2}{N\,L},$$

wo n/N das Verhältnis der Molzahlen von gelöstem Stoff und Lösungsmittel, L die molare Verdampfungswärme des reinen Lösungsmittels und R die universelle Gaskonstante bedeuten. Ist c die Mo-

Physikalisches Wörterbuch II.

lalität des gelösten Stoffes (Anzahl Mole je 1000 g Lösungsmittel), so ist $n/N = cM_0/1000$, wo M_0 das Molekulargewicht des Lösungsmittels bedeutet. Dann gelten die Zahlenwertgleichungen

$$T - T_0 = c\,\frac{RT_0^2}{1000\,L/M_0} = Ec.$$

$E = \dfrac{RT_0^2}{1000\,L/M_0}$ wird die molare Siedepunktserhöhung (*ebullioskopische Konstante*) des Lösungsmittels genannt; sie kann aus der Gaskonstanten R, dem Siedepunkt T_0 und der auf 1 g bezogenen spezifischen Verdampfungswärme L/M_0 des Lösungsmittels berechnet werden. Für Wasser beträgt sie z. B. 0,515.

Da die molale Konzentration c gleich der in 1000 g Lösungsmittel enthaltenen Einwaage m des gelösten Stoffes, geteilt durch sein Molekulargewicht M, ist, bietet sich durch Messung der Siedepunktserhöhung die Möglichkeit, das Molekulargewicht des gelösten Stoffes festzustellen:

$$M = \frac{mE}{T - T_0}.$$

Dissoziiert ein Stoff bei seiner Auflösung (z. B. elektrolytische Dissoziation), so steigt die molale Konzentration, und das auf diese Weise gefundene scheinbare Molekulargewicht ist kleiner als das der undissoziierten Substanz.

Siedethermometer oder *Hypsometer*, dient zur Messung der Siedetemperatur reinen Wassers zwecks Ermittlung des Luftdrucks und damit zur Höhenmessung auf Grund der Barometerformel. Es hat einen Meßbereich zwischen 90 und 102 °C, ist aber heute meist unmittelbar in Torr oder mb geeicht. Die Genauigkeit erreicht etwa $\pm 10^{-3}$ °C, entsprechend $\pm 0{,}02$ bis $0{,}025$ Torr.

Handb. d. meteorol. Instrumente. Berlin 1935. Handb. d. Physik II u. IX. Berlin 1926.

Siedeverzug. In reinen Gefäßen lassen sich gasfreie und von schwebenden Teilchen freie Flüssigkeiten über ihre Siedetemperatur erwärmen, ohne daß Sieden eintritt. Die Erscheinung wird Siedeverzug genannt und ist meist unerwünscht, da das Sieden schließlich mit explosionsartiger Heftigkeit einsetzt, wobei die Temperatur alsbald auf die normale Siedetemperatur absinkt. Siedeverzug wird verhindert durch Gasentwicklung in der Flüssigkeit, durch örtliche Überhitzung, durch Metallschnitzel u. dgl.

Siegb. XE., Symbol für die Siegbahnsche →X-Einheit.

Siegellack, weißer, ein bei Zimmertemperatur fester →Vakuumkitt, der zur Erweichung und Herstellung der Verbindung auf 100 °C erwärmt wird. Dampfdruck bei Zimmertemperatur 10^{-3} Torr.

Siemens, abgek. S, Einheit des elektrischen Leitwertes (reziproker Widerstand). Das S wurde von der Internationalen Elektrotechnischen Kommission 1935 in Scheveningen als der Reziprokwert des →Ohm festgelegt. Es ist eine abkürzende Bezeichnung für Ampere/Volt (A/V), und es ist zwischen absolutem (S_{abs}) und internationalem Siemens (S_{int}) zu unterscheiden (→Ampere, →Volt), zwischen denen die Relation $1\,S_{int} = p^{-1}\,S_{abs} = 0{,}99951\,S_{abs}$ besteht (→Anhang III, Tabelle 8). Seit dem 1. 1. 1948 ist das S_{abs} die international gültige Einheit für den Leitwert.

25

Siemens-Einheit, abgek. S.E., von *W. v. Siemens* 1860 vorgeschlagene Einheit für den elektrischen Widerstand. Sie wird definiert als der Widerstand einer Quecksilbersäule von 1 mm² Querschnitt und 1 m Länge bei 0 °C und wurde später vom internationalen →Ohm (Ω_{int}) abgelöst: $1\,\Omega_{int} = 1,063$ Siemens-Einheiten (→Widerstandnormale).

Sigmaphänomen, die Erscheinung, daß Flüssigkeiten trotz wohldefinierter →Viskosität, also trotz bestehender Proportionalität zwischen Schubspannung und Gleitgeschwindigkeit, in verschiedenen Kapillaren verschiedene Viskositätswerte ergeben. Sie beruht auf einer Abhängigkeit der Schubspannungen und daher auch des Strömungswiderstandes von der Verweilzeit der Flüssigkeit in der Scherzone und hängt daher u. a. von der Länge der Kapillaren ab (*Abrose* und *Loomis*). →Thixotropie. Eine →Fließfestigkeit (Formbeständigkeit) ist für das Auftreten des Phänomens nicht erforderlich.
Scott Blair, W.: Einf. in d. techn. Fließkde. Dresden u. Leipzig 1940.

Signal, Signalgeschwindigkeit. Damit ein „Signal", d. h. allgemein eine physikalisch nachweisbare Wirkung, von einem Ort nach einem anderen übertragen wird, muß Energie von dem einen nach dem anderen Ort übertragen werden. Daher kann nach der speziellen →Relativitätstheorie die Ausbreitungsgeschwindigkeit eines Signals (Signalgeschwindigkeit) nie größer als die Vakuumlichtgeschwindigkeit sein. Eine absolut monochromatische Welle — wenn es eine solche gäbe (→Linienbreite, natürliche) — würde kein Signal zu liefern vermögen, da sie unendlich lang sein würde, also keinen Anfang und kein Ende hätte, das als Merkmal des Signals dienen könnte. →Gruppengeschwindigkeit.

signum →sgn.

Silbenverständlichkeit. Um die Eignung von Übertragungssystemen für die Übermittlung von Sprache zu prüfen, stellt man den Prozentsatz richtig verstandener sinnloser Silben (→Logatom) fest, den geschulte Sprecher und Hörer über das System austauschen. Die so gewonnene Silbenverständlichkeit steht in einer festen Beziehung zu der Wort- bzw. Satzverständlichkeit derjenigen Sprache, der die Silben entnommen wurden. Wegen der Hilfe, die der Wort- und Satzzusammenhang für die Auffassung auch von nicht richtig verstandenen Silben bietet, liegt die Wort- und Satzverständlichkeit stets über der Silbenverständlichkeit.
Beranek, L. L.: Acoustic Measurements. New York u. London 1949.

Silberatomgewicht (M_{Ag}) in der chemischen →Atomgewichtsskala, stellt den Grund- und Bezugswert für die quantitative Analyse in der Chemie dar. Die Grundlage der Festlegung von (M_{Ag}) bildet das mit sehr großer Präzision ermittelte Verhältnis (M_{AgNO_3})/(M_{Ag}) $= 1,574\,790 \pm 0,000005$, aus dem mit den Atomgewichten (M_N) und (M_O) des atomaren Stickstoffs und Sauerstoffs das Silberatomgewicht entsprechend der Relation (M_{Ag}) $= \{(M_N) + 3\,(M_O)\}/\{(M_{AgNO_3})/(M_{Ag})-1\}$ folgt. (M_O) ist in der chemischen Atomgewichtsskala per definitionem gleich $16,000000$; (M_N) ergibt sich aus Gasdichtebestimmungen am molekularen Sauerstoff und Stickstoff über die auf idealen Gaszustand reduzierte →Sauerstoffnormdichte $\varrho_0(O_2)$ und →Stickstoffnormdichte $\varrho_0(N_2)$ zu

(M_N) $= (M_O)\,\varrho_0(N_2)/\varrho_0(O_2) = 14,0081 \pm 0,0008$, während aus massenspektrographischen Meßergebnissen (*Nier* 1950) unter Umrechnung von der physikalischen auf die chemische Atomgewichtsskala (M_N) $= 14,0072_7 \pm 0,0002$ folgt. Dann resultiert für das Silberatomgewicht in der chemischen Atomgewichtsskala mit (M_N) aus Gasdichtebestimmungen: (M_{Ag}) $= 107.879_6 \pm 0,002$, und mit dem massenspektrometrisch ermittelten (M_N): (M_{Ag}) $= 107,878_1 \pm 0,002$. Die direkte massenspektrographische Bestimmung von (M_{Ag}) über die gemessenen relativen Häufigkeiten von ^{107}Ag und ^{109}Ag (*Paul* 1948) und die Packungsanteile ergibt nach Umrechnung auf die chemische Atomgewichtsskala (M_{Ag}) $= 107,87_6 \pm 0,01$. Es wird heute beim Silber im allgemeinen den rein chemischen Atomgewichtsbestimmungen, deren Resultate durch spätere Kontrolluntersuchungen von *Hönigschmid* und Mitarbeitern bestätigt wurden, der Vorzug gegeben und das Silberatomgewicht zu (M_{Ag}) $= 107,880 \pm 0,001$ angenommen.

Silberpunkt, Gleichgewichtstemperatur zwischen reinem festem und flüssigem Silber, die beim Erstarren des flüssigen Silbers bestimmt wird (Silbererstarrungspunkt). Der Silberpunkt t_{Ag} ist primärer Fixpunkt der Internationalen →Temperaturskala: $t_{Ag} = 960,8$ °C (Int. 1948). Zur Realisierung des Silberpunktes sind etwa 900 g reinen Silbers (Verunreinigungen $< 0,01\%$) erforderlich; die Thermospannung E_{Ag} eines eingetauchten Platin-Platinrhodium-Elementes soll während 5 Minuten innerhalb $\pm 1\,\mu$V konstant bleiben. Lösung von Sauerstoff im flüssigen Silber muß vermieden werden. t_{Ag} ist auf $\pm 0,05 \ldots 0,1°$ reproduzierbar. In der thermodynamischen →Temperaturskala ist der Silberpunkt T_{Ag} auf etwa $\pm 0,5°$ realisierbar und ergibt sich über den →Eispunkt T_0 zu $T_{Ag} = (273,16 + 960,8)$ °K $= (1234,0 \pm 0,5)$ °K.

Silberscheiben-Pyrheliometer →Aktinometer.

Silbervoltameter, diente zur Realisierung der Stromeinheit des int. →Ampere. Die Bau- und Betriebsvorschriften wurden international vereinbart und gesetzlich festgelegt (Internationaler Kongreß für elektrische Einheiten und Normale, London 1908; Ausführungsbestimmungen vom Jahre 1901 zum elektrischen Einheitengesetz vom Jahre 1898). Die eintauchende Anode soll aus Silber, die Kathode aus Platin bestehen, der Elektrolyt aus 20 bis 30 Gew.-% reinen $AgNO_3$ in chlorfreiem destilliertem Wasser; die Stromdichte soll an der Anode 0,2 A cm^{-2} und an der Kathode 0,02 A cm^{-2} nicht überschreiten. Waschen, Trocknen, Wägen, Benutzungsdauer des Elektrolyten u. a. unterliegen gleichfalls bestimmten Vorschriften.

Das Silbervoltameter wurde genau wie das Quecksilber-Ohmnormal (→Ohm) nur zu gelegentlichen Anschlüssen von →Normalelement und →Normalwiderstand in den großen Staatsinstituten herangezogen. Messungen mit Silber- und Jodvoltameter weisen bis heute nicht restlos aufgeklärte, außerhalb der Unsicherheitsgrenzen liegende Abweichungen voneinander auf (→Faraday-Konstante). Mit Einführung der absoluten elektrischen Einheiten hat das Silbervoltameter seine Bedeutung als primäre Realisierungsanordnung für die Stromeinheit verloren.
Handb. d. Physik XVI. Berlin 1927. — *Kohlrausch, F.:* Prakt. Physik II. Leipzig u. Berlin 1950.

Silber-Zink-Sammler, ein neuer, von *André* entwickelter Leichtakkumulator, der bei gleicher Leistung nur $^1/_3$ des Gewichts des Bleisammlers und $^1/_5$ des Nickel-Eisen-Sammlers und wesentlich kleinere Abmessungen haben soll; Anfangsspannung 1,7 bis 1,8 V, dann mehr oder weniger lange konstant bei $\sim$1,5 V. Es sollen demnächst 60 Ah-Typen hergestellt werden. Näheres ist noch nicht bekannt.

Elektrotechniker **1**, 26 (1949).

Silicone →Silikone.

Silikagel entsteht durch Entwässerung von Kieselsäuregelen, die sich aus Alkalisilikatlösung durch Zersetzung mit Säuren oder durch Hydrolyse von Siliciumhalogeniden und Kieselsäureestern bilden. Wesentlich für das Adsorptionsvermögen ist der Trocknungsvorgang (zuerst langsam auf 120 bis 160 °C, dann auf 300 bis 350 °C erhitzt). Neuerdings wird durch Verbrennen siliciumorganischer Verbindungen feinst verteiltes Siliciumdioxyd hergestellt. Spezifische Oberfläche etwa 500 m² g⁻¹ (→Adsorbentien). Silikagel enthält weniger Stellen unterschiedlichen Adsorptionsvermögens als →Aktivkohle und hat eine bessere Wärmeleitfähigkeit. Vorteilhaft ist ferner seine Unbrennbarkeit. Es ist ein hydrophiles Adsorbens und daher für Adsorptionen aus wäßrigen Lösungen weniger geeignet.

Kausch, O.: Das Kieselsäuregel u. d. Bleicherden. Berlin 1927.

Silikone (Silicone), halborganische Verbindungen des Siliciums (Eukolloide). Ihre grundsätzliche Zusammensetzung ist:

$$\cdots - O - \underset{\underset{R}{|}}{\overset{\overset{R}{|}}{Si}} - O - \underset{\underset{R}{|}}{\overset{\overset{R}{|}}{Si}} - O - \cdots$$

Silikonefette sind →Silikone mit Konsistenzeigenschaften gemäß den für →Vakuumfette festgelegten Forderungen. Dampfdruck bei Zimmertemperatur $<10^{-5}$ Torr, maximale Betriebstemperatur 200 °C.

Silikonöle sind flüssige Silikone etwa vom Molekulargewicht 570; dienen als Treibmittel für →Öldiffusionspumpen.

Brown, G. P.: Rev. sci. Instrum. **16**, 316 (1945). – *Collings, W. R.:* Trans. Amer. Inst. chem. Engrs. **42**, 455 (1946).

Silitwiderstand →Hochohmwiderstände.

Silsbeesche Hypothese. Die →Sprungkurve eines Supraleiters hängt nach *Kamerlingh-Onnes* von der Stromstärke ab. Je größer diese ist, bei um so tieferer Temperatur tritt Supraleitung ein. Nach *Silsbee* (1916) ist diese Verschiebung des Sprungpunktes auf die Wirkung des eigenen Magnetfeldes des Stromes zurückzuführen. Die bisherigen Erfahrungen widersprechen zumindest dieser Annahme nicht. Gälte sie nicht, so bedeutete das nach *v. Laue* ein Versagen derjenigen →Maxwellschen Gleichung, die den Wirbel des Magnetfeldes rot $\mathfrak{H}$ mit der Stromdichte verknüpft.

Simmerringe →Bunamanschetten.

Simon-Unterbrecher →Wehnelt-Unterbrecher.

Simultankontrast →Kontraste.

sin ampl →elliptische Integrale.

Singuläres Integral →gewöhnliche Differentialgleichung.

Singuläre Punkte einer durch die (implizite) Funktion $F(x, y) = 0$ gegebenen ebenen Kurve nennt man diejenigen Kurvenpunkte, deren Koordinaten gleichzeitig die Bedingungen $F = 0$, $\partial F/\partial x = 0$, $\partial F/\partial y = 0$ erfüllen. Je nachdem, welchen Wert der Ausdruck $D = \left(\dfrac{\partial^2 F}{\partial x \, \partial y}\right)^2 - \dfrac{\partial^2 F}{\partial x^2} \dfrac{\partial^2 F}{\partial y^2}$ mit den Koordinaten der singulären Punkte annimmt, unterscheidet man folgende (einfachste) Arten: Ist $D > 0$, so spricht man von einem *Doppelpunkt*, in welchem zwei verschiedene reelle Tangenten existieren. Wird $D = 0$, so hat man einen *Selbstberührungspunkt* oder eine *Spitze*, d. i. eine Stelle, an der zwei zusammenfallende Kurventangenten vorkommen. Bei $D < 0$ schließlich spricht man von einem *isolierten* oder *Einsiedlerpunkt*, in dem nur eine imaginäre Tangente möglich ist. Die Koordinaten eines isolierten Punktes erfüllen die Kurvengleichung; indessen liegt in seiner Umgebung kein weiterer Kurvenpunkt (ein Beispiel →sgn x). Auch solche Stellen, an denen $y = \infty$ wird, werden als Singularität bezeichnet. Nichtsinguläre Stellen heißen *reguläre* Punkte. In der Theorie der Funktion einer komplexen Veränderlichen $w = f(z) = u(x, y) + iv(x, y)$, $z = x + iy$ $(x, y \text{ reell}, i = \sqrt{-1})$ spricht man von einer singulären Stelle, wenn u und v nicht den →Cauchy-Riemannschen Gleichungen genügt.

Rothe, R.: Höhere Mathematik. Leipzig 1948. – *Courant, R.:* Differential- u. Integralrechnung. Berlin 1948. – *Knopp, K.:* Funktionentheorie. Samml. Göschen 1109, 668, 703. Berlin 1944.

Singularität, außerwesentliche, unwesentliche, wesentliche →Laurent-Reihe.

Singularitätsproblem. In der Quantentheorie der Felder wird die Wechselwirkung zwischen Quanten verschiedener Art (z. B. zwischen Elektronen und Lichtquanten) durch Störungsrechnung berücksichtigt. Im allgemeinen divergieren alle Störungsglieder von dem zweiten nicht verschwindenden an, während das erste in vielen Fällen eine gute Näherung gibt.

Es gibt zwei verschiedene Arten von Divergenzen. Die von der →Selbstenergie herrührende ist schon in der klassischen Theorie vorhanden. Eine typisch quantentheoretische Divergenz wird in der →kovarianten Quantenelektrodynamik in praktisch wichtigen Fällen beseitigt.

Wentzel, G.: Quantentheorie d. Wellenfelder. Wien 1943.

Singulett, eine nur aus einer einzigen Komponente bestehende Spektrallinie. Ferner →Zeeman-Effekt.

Singulett-Term, ein Term mit dem gesamten Spindrehimpuls $S = 0$. →Aufbauprinzip.

Singulettzustand im Kern, Zustand eines Atomkerns ohne Bahndrehimpuls der Nukleonen. →Multiplettstruktur der Kerne.

Sinkgeschwindigkeit, die Komponente der Geschwindigkeit in Richtung der Erdschwere bei der Bewegung fester oder flüssiger Körper in einem flüssigen oder gasförmigen Medium, zumal wenn diese bei bestimmten physikalischen Erscheinungen wesentlich geringer als die Fallgeschwindigkeit im leeren Raum ist. Die in diesen Fällen der Erdschwere entgegengerichteten Kräfte sind zumeist durch einen statischen Auftrieb (Tauchkörper wie U-Boot, Ballon), durch einen dynamischen Auftrieb (Flugzeug), durch Zähigkeitskräfte (Nebeltropfen) oder durch einen turbulenten Impulsaustausch (Schwebestoff) bedingt.

Sinnesenergien →spezifische Sinnesenergien.

25*

Sinusbedingung, die wichtige, von *E. Abbe* aufgestellte, notwendige und mit gewissen Einschränkungen hinreichende Bedingung dafür, daß für achsensymmetrische Systeme bei korrigiertem Öffnungsfehler (→Abbildungsfehler) die optische →Abbildung der Nachbarpunkte eines achsensenkrechten Flächenelements im Dingraum durch endlich geöffnete Strahlenbündel scharf erfolgt und wieder ein achsensenkrechtes Flächenelement im →Abbildungsmaßstab β' im Bildraum liefert. Sie lautet $\tilde{\beta}' = \beta'$, wo $\tilde{\beta}'$ der durch

$$\tilde{\beta}' = \frac{n \sin \sigma}{n' \sin \sigma'}$$

definierte →Abbildungsmaßstab für endlichen Öffnungswinkel σ im Dingraum, σ' im Bildraum ist und n, n' die →Brechungszahlen in Ding- und Bildraum sind. Die Erfüllung der Sinusbedingung ist eine grundlegende Korrektionsforderung aller optischen Systeme von höherer →Apertur, z. B. der Mikroskopobjektive. Im Spezialfall der Abbildung des unendlich fernen Flächenelements des Dingraumes in der Brennebene des Bildraumes ($\beta' = 0$) lautet die Sinusbedingung

$$\tilde{f} = f,$$

wo f die auf Luft reduzierte →Brennweite im fadenförmigen Raum, $\tilde{f} = \tilde{h}_1/(n' \sin \sigma')$ die auf Luft reduzierte Brennweite für endliche Strahleneinfallshöhe $\tilde{h}_1$ sind.

Im weiteren Spezialfall →afokaler Systeme lautet die Sinusbedingung $n \tilde{p}/(n' \tilde{p}') = \gamma'$, wo $\tilde{p}$, $\tilde{p}'$ die Halbmesser von →Eintritts- bzw. →Austrittspupille sind und γ' das →Winkelverhältnis des afokalen Systems im fadenförmigen Raum bedeutet. →Isoplanasiebedingung, →Kosinusrelation, →Homöoplanasiebedingung.

Czapski-Eppenstein: Grundzüge d. Theorie d. opt. Instrumente. Leipzig 1924. Handb. d. Physik XVIII. Berlin 1927.

Sirene, Gerät zur Erzeugung starker Luftschallwellen durch periodische Unterbrechung eines Luftstromes, etwa mittels einer Lochscheibe, die vor einer Luftaustrittsdüse rotiert. Sirenen mit mehreren kW akustischer Leistung und Frequenzen im unteren →Ultraschallbereich sind zur Entnebelung von Flugplätzen (→Koagulation durch Schallwellen) entwickelt worden. Mit solchen Anlagen können auch Industriegase (bis zu 2000 m³ je Stunde) entstaubt werden. Bringt man in die Nähe einer Hochleistungssirene einen brennbaren schallabsorbierenden Stoff (Watte), so tritt augenblickliche Entflammung durch Schallabsorption ein. Münzen und Glaskugeln können infolge der →Schallkräfte in den Geschwindigkeitsbäuchen der Schallwelle freischwebende Ketten bilden.

Allen, C. H., u. *I. Rudnick:* J. acoust. Soc. Amer **19**, 857 (1947).

Sire-Kreisel = →Kurvenkreisel.

Siriometer, astronomisches Längenmaß, gleich 10^6 →astronomischen Einheiten.

Siriusweite, astronomisches Längenmaß, gleich 5 →Parsec: 1 Siriusweite = 5 pc = 1 031 324 →astron. Einh.

Sirutor Firmenbezeichnung eines Gleichrichters mit kleiner Kapazität.

de Sitter-Welt →Relativitätstheorie, allgemeine.

sk, Symbol für die Einheit →Skot der Dunkelleuchtdichte.

Sk, Abk. für Skalenteil, insbesondere bei der Angabe des Ausschlags von Meßgeräten, deren Skala nicht in einer Längeneinheit des metrischen Systems geteilt ist, wie z. B. bei den meisten Analysenwaagen.

Skalar nennt man eine physikalische oder geometrische Größe, die durch Angabe von Maßzahl und Maßeinheit vollständig bestimmt ist, deren Wert sich also beim Übergang von einem Koordinatensystem zu einem anderen nicht ändert. Beispiele: der Abstand zweier Punkte im Raume, die Dichte einer Mengenverteilung, die Energie usw. Ist ein Skalar φ von gewissen „Koordinaten" $a, b, c, \ldots$ abhängig, so nennt man $\varphi = \varphi(a, b, c)$ eine skalare Funktion. Die $a, b, c, \ldots$ können Ortskoordinaten, die Zeit, die Temperatur u. a. Veränderliche sein. Ist ein Skalar φ nur von den Stellen eines gewissen Raumgebietes (gegebenenfalls des unendlichen Raumes) abhängig, $\varphi = \varphi(x, y, z)$, so daß jeder Stelle im Raum ein gewisser skalarer Wert zugeordnet ist, so spricht man von dem Feld des Skalars φ (*Skalarfeld*). Ein solches stellt etwa eine stationäre Temperaturverteilung, ein durch ein Potential darstellbares Feld usw. dar. (→Pseudoskalar.)

Skalare Dichte →Dichte.

Skalares Produkt oder *inneres Produkt* aus zwei Vektoren $\mathfrak{A}$ und $\mathfrak{B}$ ist der Skalar, der sich aus dem Produkt der absoluten Beträge $|\mathfrak{A}|$ und $|\mathfrak{B}|$ und dem cos des Winkels zwischen ihren Richtungen ergibt, in Zeichen $(\mathfrak{A}\,\mathfrak{B}) = |\mathfrak{A}| \cdot |\mathfrak{B}| \cos(\mathfrak{A}, \mathfrak{B})$. Da $|\mathfrak{A}| \cos(\mathfrak{A}, \mathfrak{B})$ die Projektion des Vektors $\mathfrak{A}$ auf $\mathfrak{B}$ bzw. $|\mathfrak{B}| \cos(\mathfrak{A}, \mathfrak{B})$ die Projektion von $\mathfrak{B}$ auf $\mathfrak{A}$ ist, kann das skalare Produkt auch als das Produkt aus dem Betrag eines Vektors und der Projektion des anderen auf jenen angesehen werden. Für die skalare Multiplikation gelten das distributive und kommutative Gesetz der gewöhnlichen Multiplikation: $(\mathfrak{A} + \mathfrak{B})\,\mathfrak{C} = \mathfrak{A}\,\mathfrak{C} + \mathfrak{B}\,\mathfrak{C}$ bzw. $(\mathfrak{A}\,\mathfrak{B}) = (\mathfrak{B}\,\mathfrak{A})$. Doch darf nicht ohne weiteres aus dem Verschwinden von $(\mathfrak{A}\,\mathfrak{B})$ geschlossen werden, daß notwendig einer der Faktoren selbst Null sein muß. Vielmehr wird auch dann $(\mathfrak{A}\,\mathfrak{B}) = 0$, wenn beide Vektoren $\neq 0$ sind, sofern $\mathfrak{A} \perp \mathfrak{B}$. Man nennt daher $(\mathfrak{A}\,\mathfrak{B}) = 0$ auch die *Orthogonalitätsbedingung* für die beiden Vektoren $\mathfrak{A}$ und $\mathfrak{B}$.

In Komponentendarstellung, bezogen auf ein rechtwinkliges Koordinatensystem, ist, wenn der Vektor $\mathfrak{A}$ die Komponenten A_x, A_y, A_z und $\mathfrak{B}$ die Komponenten B_x, B_y, B_z hat, das skalare Produkt gegeben durch $(\mathfrak{A}\,\mathfrak{B}) = A_x B_x + A_y B_y + A_z B_z$. Hieraus ergibt sich für das skalare Produkt eines Vektors $\mathfrak{A}$ mit sich selbst $\mathfrak{A}^2 = A_x^2 + A_y^2 + A_z^2$ und daher für den *Betrag*, auch *Norm* des Vektors genannt, $|\mathfrak{A}| = \sqrt{\mathfrak{A}^2} = \sqrt{A_x^2 + A_y^2 + A_z^2}$. Ergibt sich für einen Vektor $\mathfrak{A}$ als Norm $\sqrt{\mathfrak{A}^2} = 1$, so nennt man ihn *Einheitsvektor*. Für die drei Einheitsvektoren $\mathfrak{i}$, $\mathfrak{j}$, $\mathfrak{k}$, die parallel der x, y, z-Achse eines rechtwinkligen Koordinatensystems gerichtet sind, gelten folgende Formeln: $(\mathfrak{i}\,\mathfrak{i}) = i^2 = (\mathfrak{j}\,\mathfrak{j}) = j^2 = (\mathfrak{k}\,\mathfrak{k}) = k^2 = 1$, $(\mathfrak{i}\,\mathfrak{j}) = (\mathfrak{j}\,\mathfrak{k}) = (\mathfrak{k}\,\mathfrak{i}) = 0$. Für den Winkel ϑ, den zwei Vektoren $\mathfrak{A}$ und $\mathfrak{B}$ miteinander bilden, gilt nach Definition des skalaren Produktes $\cos(\mathfrak{A}\,\mathfrak{B})$

$$= \cos \vartheta = \frac{(\mathfrak{A}\,\mathfrak{B})}{|\mathfrak{A}| \cdot |\mathfrak{B}|},$$

also in Komponentendarstellung

$$\cos \vartheta = \frac{A_x B_x + A_y B_y + A_z B_z}{\sqrt{A_x^2 + A_y^2 + A_z^2}\,\sqrt{B_x^2 + B_y^2 + B_z^2}}.$$

Lagally, M.: Vektorrechnung. Leipzig 1934. — *Valentiner,* S.: Vektorrechnung. Samml. Göschen 354. Berlin 1944. — *Bieberbach,* L.: Analyt. Geometrie. Leipzig 1944. — *Rothe,* R.: Höhere Mathematik II. Leipzig 1948.

Skalarfeld →Skalar.

Skalenäquivalente sind →Umrechnungsfaktoren von einer Einheitenskala für eine beliebige Größe zu einer für diese Größe allgemein benutzten Standardskala. Beispiele: Skalenäquivalent zwischen Liter- und Kubikmeterskala (→Liter)

$$k_l = \frac{1\,l}{1\,m^3} = (1,000028 \pm 0,000003) \cdot 10^{-3},$$

Skalenäquivalent zwischen Siegbahnscher XE-Skale (→X-Einheit) und Meterskala

$$k = \frac{1\,Siegb.\,XE}{1\,m} = (1,00202 \pm 0,00003) \cdot 10^{-13}.$$

Skalenoeder. 1. *Ditrigonales* Skalenoeder, die allgemeine Form $\{hkl\}$ oder $\{hkil\}$ der Kristallklasse $32i$. Sie besteht aus den sechs Flächen einer ditrigonalen Pyramide und den dazu inversen Flächen (Abb. 1). Charakteristisch ist die auf- und absteigende Folge (Skala) von Kanten, in denen sich die beiden inversen Pyramiden schneiden. Von den 12 ungleichseitig-dreieckigen Flächen der Form sind 6 den übrigen 6 spiegelbildlich gleich.

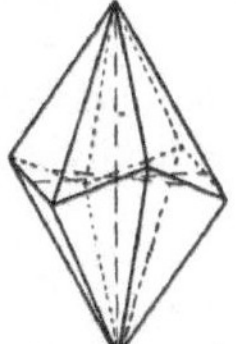 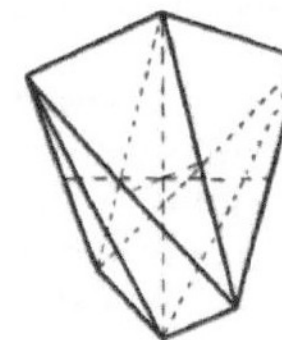

Abb. 1.   Abb. 2.
Ditrigonales Skalenoeder.   Tetragonales Skalenoeder.

2. *Tetragonales* Skalenoeder, die allgemeine Form $\{hkl\}$ der Kristallklasse $\bar{4}2$. Sie besteht aus acht Flächen von der Form ungleichseitiger Dreiecke, von denen je vier spiegelbildlich zueinander sind (Abb. 2). Die Form mit lauter positiven Indizes wird als *positives*, die dazu inverse, $\{\bar{h}\bar{k}\bar{l}\}$ oder $\{hk\bar{l}\}$, als *negatives* Skalenoeder bezeichnet.

Skelettfilm →Oberflächenfilme.

Skineffekt →Hauteffekt.

Skiodrom →Interferenzbilder in konvergentem Licht.

Skipdistanz →Sprungentfernung.

Skleronom. 1. →Bedingungsgleichung; 2. →rheonomes System.

Skot, abgek. sk, Einheit für die →Dunkelleuchtdichte, welche für zahlenmäßige Angaben und zum Anschluß der Dunkelleuchtdichte an die normale →Leuchtdichte 1940 von der Deutschen Lichttechnischen Gesellschaft geschaffen wurde. Für diesen Anschluß wurde die Strahlung des schwarzen Körpers bei $T = 2360\,°K$, d. h. eine Strahlung der Farbtemperatur $T_f = 2360\,°K$ vereinbart. Eine Lichtquelle strahlt mit der Dunkelleuchtdichte 1 sk, wenn sie photometrisch gleich einer Strahlung der Farbtemperatur $T_f = 2360\,°K$ und der Leuchtdichte von 10^{-3} asb (→Apostilb) ist. Bei der Farbtemperatur $T_f = 2360\,°K$ gilt also die Relation: $1\,sk = 10^{-3}\,asb = 10^{-7}/\pi\,sb$. Ist die physikalische →Strahlungsleistung S_λ einer beliebigen Lichtquelle als Funktion der Wellenlänge *bekannt*, so läßt sich zwischen den Zahlenwerten ihrer Leuchtdichte B, gemessen in 10^{-3} asb, und ihrer Dunkelleuchtdichte $\bar{B}$, gemessen in sk, die Verknüpfungsbeziehung $\{\bar{B}\}_{sk} = (2,161 \pm 0,001)\,\{B\}_{10^{-3}\,asb}\int S_\lambda V_{\lambda,W}\,d\lambda \, / \int S_\lambda V_\lambda\,d\lambda$

angeben, wobei V_λ die relative spektrale →Hellempfindlichkeit und $V_{\lambda,W}$ die relative spektrale →Dämmerungsempfindlichkeit nach *Weaver* bedeuten.

Skotom →Area centralis.

Slater-Determinante →Ausschließungsprinzip.

Slater-Methode →Aufbauprinzip.

slug, Masseneinheit des slug-foot-second-Systems (→Maßsysteme, mechanische), welches in England noch üblich ist. 1 slug ist diejenige Masse, welche unter der Einwirkung einer Kraft von 1 →pound weight (lb.wt. →) die Beschleunigung von 1 ft/s² erhält; dabei ist bei dem Bezug des lb.wt. auf das lb nicht die →Normfallbeschleunigung $g_n = 9,80665\,m/s² = 32,1741\,ft/s²$, sondern der abgerundete Wert $g = 32,2\,ft/s²$ einzusetzen: 1 slug $\approx 32,2\,lb.av. = 14,6057\,kg$.

slug metric, englische Bezeichnung der technischen Masseneinheit: 1 slug metric $= 1\,m^{-1}kp\,s^2 = 9,80665\,kg$.

S-Matrix-Theorie. Ein beliebiger Vorgang in der Quantenmechanik wird durch eine unitäre Matrix S beschrieben, die die Wahrscheinlichkeitsamplitude ψ zur statistischen Beschreibung des Zustands des Systems in eine neue Amplitude ψ' überführt. Der gewöhnlich betrachtete Hamilton-Operator H bestimmt die infinitesimale Transformation, welche zwischen zwei zeitlich benachbarten Zuständen vermittelt.

Heisenberg diskutiert die Frage, was bei einem beliebig komplizierten physikalischen System beobachtbar sei, und nennt die stationären Zustände der Teilchen einschließlich ihrer Ruhmasse und die Wirkungsquerschnitte bei Streu-, Einfang- u. dgl. Prozessen. Es zeigt sich, daß man beides auch ohne Kenntnis der infinitesimalen Transformation erfassen kann allein durch die Transformation S, die zwischen Zuständen vor und nach der Wechselwirkung vermittelt. Irgendwelche Konvergenzprobleme treten bei einer Beschreibung eines Vorgangs durch seine S-Matrix nicht auf, da diese im Grunde nur eine Niederschrift der Ergebnisse der fertigen Prozesse gibt und auf eine Schilderung der Zwischenstufen verzichtet. An einer Reihe von Rechenbeispielen wird deutlich gemacht, welcher Art die zu erwartenden Aussagen sein können und daß sich darunter speziell solche über bisher indiskutable Probleme, wie Vielfachprozesse, finden. Einen systematischen Weg zur Berechnung der S-Matrix gibt es noch nicht, so daß sich die Methode zunächst auf eine phänomenologische Beschreibung der Vorgänge beschränkt, bei der jede einzelne Versuchsanordnung ein neues Problem darstellt. Es ist z. B. nicht möglich, aus der S-Matrix für die Streuung an einem festen Zentrum diejenige für die Streuung an zwei gleichartigen Zentren zu berechnen. Einstweilen kann man sich nur unmittelbar an der Erfahrung oder an den doch gerade problematischen Ergebnissen der Quantentheorie der Wellenfelder orientieren. →S-Operator.

Heisenberg, W.: Z. Naturf. 1, 608 (1946).

Smekal-Gleichung →Ionenleiter, fester.

Smekal-Raman-Effekt, auch *Raman-Effekt*. Bei der Streuung von monochromatischem Licht durch Materie beobachtet man, wie von *Smekal* auf Grund theoretischer Überlegungen vorhergesagt wurde, außer dem gestreuten Licht der gleichen Wellenlänge (Rayleigh-Linie) noch schwache Spektralkomponenten veränderter Wellenlänge, das

Raman-Spektrum (Abb. 1 u. 2). Es besteht im wesentlichen aus einer weit verschobenen Komponente auf der langwelligen Seite der Rayleigh-Linie und (bei Gasen) aus einer Reihe äquidistanter Komponenten beiderseits derselben in geringem Abstand. Der Frequenzabstand der weit ver-

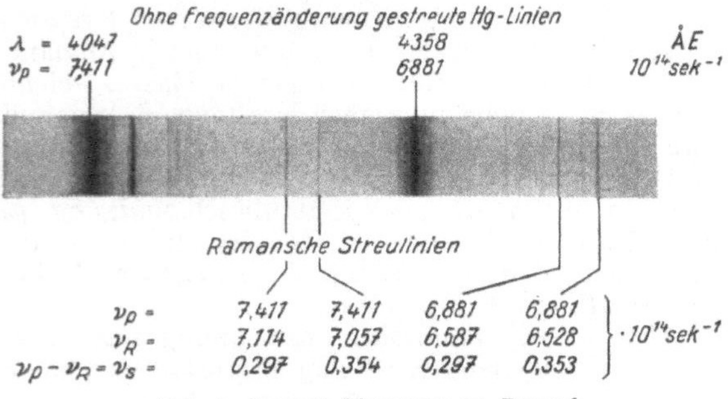

Abb. 1. Raman-Streuung an Benzol.

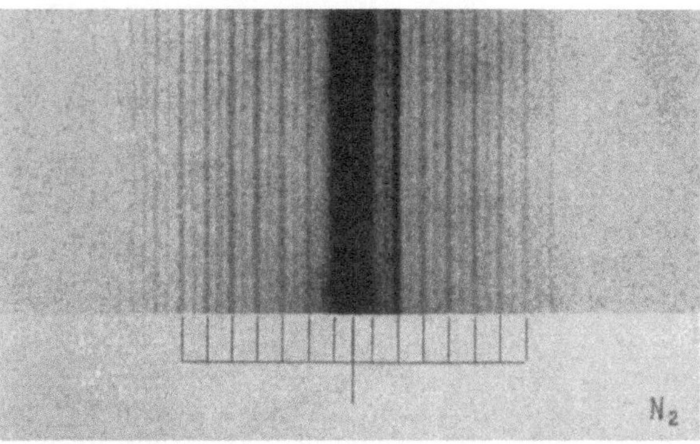

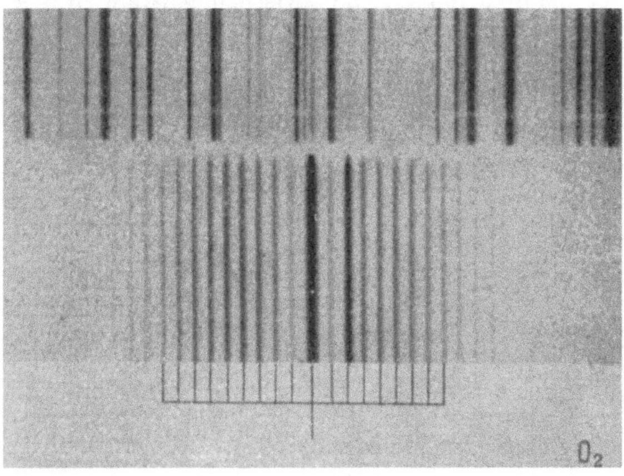

Abb. 2. Raman-Rotationsspektrum des N_2 und O_2.

schobenen Komponente von der Grundlinie ist gleich der der →Grundschwingung der streuenden Teilchen entsprechenden Spektralfrequenz; bei den wenig verschobenen Komponenten ist ihr gegenseitiger Abstand im Frequenzmaß doppelt so groß wie der Linienabstand der →Rotationsbanden des Moleküls.

Der Effekt ist eine Folge der inkohärenten →Streustrahlung der Moleküle. Er läßt sich auffassen als unelastischer Stoß zwischen Lichtquant und Molekül, bei dem ein Energieaustausch zwischen beiden stattfindet. Nach dem Zusammen-

stoß besitzt das Lichtquant eine um ein Rotations- oder Schwingungsquant vermehrte (→anti-Stokessche Glieder) oder verminderte (Stokessche Glieder) Energie $h\nu$.

Die Auswahlregel beim Smekal-Raman-Effekt ist für die Änderung von Schwingungsenergie dieselbe wie für Emission und Absorption. (Die Schwingungsquantenzahl v kann sich um beliebige Beträge ändern; Übergänge mit $\Delta v > 1$ sind aber aus Intensitätsgründen kaum beobachtbar. Auch werden wegen der im Vergleich zur thermischen Energie großen Schwingungsenergie keine anti-Stokesschen Schwingungskomponenten beobachtet.) Für die Änderung der Rotationsquantenzahl J beim Raman-Effekt gilt $\Delta J = 0, \pm 2$, im Unterschied zu Emission und Absorption, wo $\Delta J = 0, \pm 1$ ist. Die Raman-Feinstruktur besteht daher aus drei Zweigen, die mit S- oder RR-Zweig ($\Delta J = +2$), Q-Zweig ($\Delta J = 0$) und O- oder PP-Zweig ($\Delta J = \pm 2$) bezeichnet werden. Der Q-Zweig ist meist nicht aufgelöst.

Der Effekt ist nicht, wie Emission und Absorption, an das Vorhandensein eines permanenten elektrischen Dipolmomentes geknüpft, sondern an die Änderung der Polarisierbarkeit des Moleküls. Er stellt ein Mittel dar, Rotations- und Schwingungsfrequenzen im photographisch zugänglichen Spektralgebiet zu untersuchen.

Bei symmetrisch gebauten Molekülen tritt, je nach dem Kernmoment der Atome, Intensitätswechsel benachbarter Rotations-Raman-Linien bzw. Ausfall jeder zweiten Linie auf.

In Flüssigkeiten und Gasen ist die Rayleigh-Linie stark (Dichteschwankungen!), das Raman-Spektrum schwach; bei Kristallen ist es umgekehrt (Auslöschung der Rayleigh-Streuung durch Phasenbeziehungen der gestreuten Wellen). Die Intensität der Streustrahlung ist proportional der Dichte und proportional der 4. Potenz der erregenden Lichtfrequenz.

Zur Erregung des Smekal-Raman-Effektes benutzt man intensive, scharfe Spektrallinien, die im Spektrum genügend isoliert liegen, um den Effekt beobachten zu können, hauptsächlich Linien des Quecksilber- und des Heliumspektrums. Es können mittlere und kleine Spektrographen benutzt werden (50 bis 70 Å mm^{-1}); nur für den Raman-Effekt an Gasen ist besondere Lichtstärke erforderlich.

Kohlrausch, K. W. F.: Der Smekal-Raman-Effekt I, II. Berlin 1931/1937.

Smektisch →kristalline Flüssigkeiten.

Smythe-Faktor →Atomgewichtsskala.

sn, Symbol für die Krafteinheit →sthène.

Snelliussches Gesetz, das →Brechungsgesetz.

Sol, der Zustand eines →dispersen Systems, bei dem die Kolloidteilchen verhältnismäßig weit voneinander entfernt und daher unabhängig voneinander beweglich sind, z. B. Goldhydrosol, →Aerosol (Nebel, Rauch). Sole besitzen die mechanischen Eigenschaften des Dispersionsmittels, also der Flüssigkeiten oder der Gase. Sie können durch Einflüsse, welche unter Verminderung der Abstände die gegenseitige Ordnung der Kolloidteilchen erhöhen, in →Gele übergehen.

solar flare effect (s.f.e.), charakteristische Störung des erdmagnetischen Feldes, bei der sich in einigen Minuten die Deklination bis zu 10′ und die Horizontalintensität bis zu 50 γ ändert und anschließend etwas langsamer zum Normalwert zurückkehrt. Häufig gleichzeitig mit →Mögel-Dellinger-Effekt. Wird erklärt als Wirkung von Strömen in der D-Schicht.

Solarimeter, ein →Pyranometer.

Solarisation →Schwärzung, photographische. — Die vielfach vertretene Auffassung, es gebe bei *Röntgenstrahlen* keine Solarisation, ist nach *Köhl* und *Stintzing* (noch unveröffentlichte Diplomarbeit *Köhl* 1944) irrig. Sie kann sogar dazu verwendet werden, bei der →Werkstoffprüfung mit allerdings sehr großer Belichtungsdauer in dicken Körpern noch auf gewöhnliche Weise nicht erkennbare Einzelheiten sichtbar zu machen.

Solarkonstante S, die Energie, die die Sonne 1 cm² der Erdoberfläche bei senkrechtem Einfall im mittleren Abstand der Erde je Zeiteinheit zustrahlen würde, wenn die Absorption durch die Atmosphäre fehlte. Ihre Messung erfolgt mit dem →Pyrheliometer oder →Aktinometer. Absorption und Extinktion der Atmosphäre werden durch Ausmessung der atmosphärischen Absorptionsbanden im kontinuierlichen Sonnenspektrum in verschiedenen Höhen und unter verschiedenen Zenitwinkeln eleminiert. Als Mittelwert ergibt sich $S = (1,90 \pm 0,02)$ ly · min⁻¹ $= (0,133 \pm 0,001)$ W$_{abs}$ cm⁻² (ly = →langley = cal · cm⁻²). Daraus ergibt sich eine Ausstrahlung der Sonne je cm² ihrer Oberfläche von $6,13 \cdot 10^3$ W$_{abs}$ cm⁻² s⁻¹ und eine effektive Temperatur der Sonnenoberfläche von 5713 °K.

Soleil-Babinet-Kompensator →Kompensatoren, optische.

Soleil-Doppelplatte, *Biquarz* oder *Doppelquarz,* Quarzplatte, die je zur Hälfte aus einem Rechts- und einem Linksquarz besteht (Abb.). Die Grenzfläche und die optischen Achsen beider Kristalle stehen senkrecht zur Plattenfläche. Bei 3,75 mm Dicke wird gelbes Licht um 90° gedreht. Die Doppelplatte findet in der Polarimetrie Verwendung, ist jedoch nur für kleine Drehungswinkel α der Polarisationsebene brauchbar. Durch Vierteilung der Platte wurde von *E. Bertrand* größere Genauigkeit erreicht. *Soleil-Kompensator* →Kompensator.

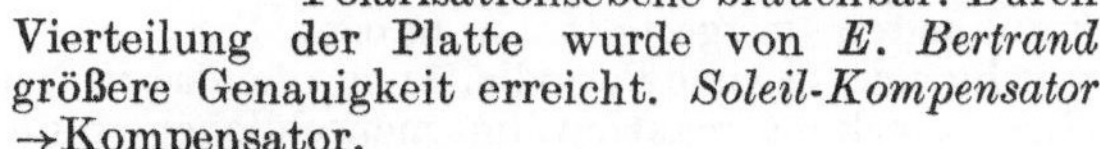

Soleil-Doppelplatte.

Solenoid, eine ideale, einlagige Spule mit kreisförmigem Querschnitt und unendlich nahe beieinanderliegenden Windungen; praktisch nur angenähert zu verwirklichen.

Soliduskurve →Zustandsdiagramm.

Solstitien →Ekliptik.

Solvatation, die gerichtete Anlagerung von Lösungsmittelmolekeln an Ionen, Moleküle, →Makromoleküle oder →Kolloidteilchen unter Bildung von Solvatkomplexen. Speziell bei Anlagerung von Wassermolekeln spricht man von →Hydratation. Die Bindung der Lösungsmittelmolekeln erfolgt durch elektrostatische Kraftwirkungen zwischen Ionen und permanenten oder induzierten Dipolen bzw. Multipolen, ferner durch →Wasserstoffbindung. Die bei der Solvatation frei werdenden Energiebeträge sind zum Teil sehr erheblich, z. B. bei Ionenhydratation von der Größenordnung 100 kcal/mol. Für die Stabilität →lyophiler Kolloide spielt die Solvatation eine entscheidende Rolle; ebenso wird die Viskosität von Lösungen hochmolekularer Stoffe durch Solvatation beeinflußt.

Sommerfeldsche Beugungstheorie →Beugung des Lichtes an der Halbebene.

Sommerfeldsche Feinstrukturkonstante →Feinstrukturkonstante.

Sonden in Gasentladungen dienen zur Bestimmung der charakteristischen Größen, besonders der Potentialverteilung. Es sind meist in die Entladung eintauchende dünne, isoliert herausgeführte Drähte oder Spitzen, deren Potential man elektrometrisch gegen ein festes Potential (etwa Kathodenpotential) mißt: statisches Sondenpotential. Es stimmt wegen der Aufladung der Sonde durch die schnellen Elektronen nicht mit dem Raumpotential am Ort der Sonde überein, und zwar um so weniger, je schneller die Elektronen auftreffen. Gelegentlich werden Glühsonden zu Vermeidung des statischen Sondenfehlers benutzt. Feldkraftsonden: Messung der Ablenkung eines quer durch die Entladung geschickten feinen Kathodenstrahls. „Optische" Sonden: Stark-Effekt, allerdings nur für hohe Felder verwendbar. Die Fehler der statischen Sondenmessung vermeidet die →Langmuir-Sonde, mit der aus dem Sondenstrom Raumpotential, Trägerkonzentration und -temperatur bestimmt werden.

Seeliger, R.: Physik d. Gasentladungen. Leipzig 1934.

Sondereinheitszeichen. Unter dieser Bezeichnung faßt man eine Reihe von „Einheiten" zusammen, die nicht den Charakter selbständiger Einheiten besitzen, sondern nur Bezeichnungen darstellen, durch die auf eine besondere Eigenschaft der in ihnen gemessenen Größen hingewiesen werden soll. Als Beispiele seien genannt: atü, Normkubikmeter (Nm³), Normliter (Nl), Blindwatt (bW) oder Voltampere réactif (Var), Volt-effektiv (V$_{eff}$), Hertz (Hz). Allen diesen „Einheiten", die in der Technik gern angewendet werden, ist eines gemeinsam: Man versucht, durch diese Wortbildungen einen Tatbestand in den *Einheiten* zum Ausdruck zu bringen, der zur Definition oder Bezeichnung der *Größen* gehört. Im Zuge der allgemeinen Entwicklung, die dahin geht, in *Größen,* anstatt in Einheiten zu denken und zu reden, sollte man diese Sondereinheitszeichen weitgehendst vermeiden.

Beim „atü" handelt es sich um die unterschiedliche Definition der beiden Größen Druck p und *Über*druck (definiert als Druck minus 1 technische →Atmosphäre) $p_{ü} = p - 1$ at. Die Einheit „atü" existiert überhaupt nicht.

„Nm³" und „Nl" dienen zur Kennzeichnung von Volumenangaben, sofern sich die Substanz im physikalischen →Normzustand befindet, werden also zur Kennzeichnung eines Volumens als *Norm*volumen benutzt. Selbstverständlich gilt 1 „Nm³" = 1 m³ und 1 „Nl" = 1 l.

Das „bW" oder „Var" soll zur Kennzeichnung von →Blindleistungen in der Elektrotechnik angewendet werden. Die Frage, wie das „Blindwatt" im Gegensatz zum →Watt definiert sei, wird wohl kein Elektrotechniker eindeutig beantworten können. Selbstverständlich ist auch die Blindleistung, ebenso wie die →Scheinleistung, eine Leistung im Sinne der allgemeinen physikalischen Definition „Leistung = zeitliche Energieänderung" und demnach in der gleichen Einheit Watt zu messen wie die →Wirkleistung und Scheinleistung. Der Vorsatz „Blind" gehört also nicht an die allen Leistungen gemeinsame Einheit Watt, sondern an die spezielle Bezeichnung *Blind*leistung, die zur Unterscheidung dieser Blindleistung von anderen Leistungsgrößen dient.

Das gleiche gilt für das „V_{eff}". Gemeint ist hier der Wert der speziell definierten Größe →„*effektive Spannung*" U_{eff}, gemessen in der allgemeinen Spannungseinheit →Volt. Ebensowenig wie ein besonders definiertes „bW" bekannt ist, gibt es etwa ein selbständiges „V_{eff}", das nicht genau wie das Volt selbst an das Normalelement angeschlossen würde.

Auf ähnliche Beispiele aus dem täglichen und behördlichen Leben, wie „Bahnkilometer", „Luftkilometer", „Straßenkilometer" usw., sei hier nur hingewiesen.

Sonne. In der mittleren Entfernung von $149,5 \cdot 10^6$ km erscheint uns der Halbmesser der Sonne, dessen linearer Wert 695300 km beträgt, unter einem Winkel von annähernd 16'. Im →Perihel sehen wir den Halbmesser der Sonnenscheibe unter einem Winkel von 16'17",9, im →Aphel unter einem Winkel von 15'45",7. Das Verhältnis der Sonnenmasse zur Erdmasse, das sich nach dem 3. Keplerschen Gesetz aus den großen Halbachsen und den Umlaufszeiten der Erd- und Mondbahn ableiten läßt, hat den Wert 331950:1, woraus eine Sonnenmasse von $1,983 \cdot 10^{33}$ g folgt. Damit ergibt sich eine mittlere Dichte der Sonne von 1,41 g cm^{-3} und eine Schwerebeschleunigung an der Sonnenoberfläche von $2,736 \cdot 10^4$ cm s^{-2}, d. h. dem 27,9fachen der terrestrischen Schwerebeschleunigung.

Die im Inneren der Sonne durch Kernumwandlungen (→Energiehaushalt der Sterne) erzeugte, zur Oberfläche transportierte und von dieser ausgestrahlte Energie beträgt $3,72 \cdot 10^{33}$ erg s^{-1}; dieser Wert folgt aus der Bestimmung der →Solarkonstanten. Je Oberflächeneinheit der Sonne beträgt der Strahlungsstrom $6,13 \cdot 10^{10}$ erg cm^{-2} s^{-1}; daraus folgt nach dem →Stefan-Boltzmannschen Gesetz die *effektive Temperatur* der Sonne zu 5713 °K.

Im astronomischen Größenklassensystem hat die Sonne die *scheinbare visuelle Helligkeit* -26^m72; daraus folgt eine *absolute visuelle Helligkeit* von $+4^m73$, die in Verbindung mit ihrem Spektraltyp G 2 die Sonne als einen *normalen Zwergstern* auf der Hauptreihe des →Hertzsprung-Russell-Diagramms kennzeichnet. In lichttechnischen Einheiten ist die Lichtstärke der Sonne gleich $3,1 \cdot 10^{27}$ HK und ihre Flächenhelligkeit gleich $2,1 \cdot 10^5$ Hsb; die Beleuchtung der Erde durch die Sonne beträgt außerhalb der Erdatmosphäre 140000 Hlx.

Als einziger Fixstern, bei dem sich alle Einzelheiten der Oberfläche beobachten lassen, nimmt die Sonne eine Sonderstellung innerhalb der Astrophysik ein. Die *Sonnenphysik* hat sich, namentlich in den beiden letzten Jahrzehnten, zu einem umfangreichen selbständigen Forschungsgebiet entwickelt, das sich in seinen Beobachtungsverfahren (→Turmteleskop, →Koronograph, →Spektroheliograph, →Spektrohelioskop) von der übrigen Astrophysik wesentlich unterscheidet. Die Untersuchung der unsichtbaren Strahlungen der Sonne (→Korpuskularstrahlung, →Ultraviolettstrahlung, →Kurzwellenstrahlung der Sonne), die hauptsächlich durch die von ihnen in der Erdatmosphäre ausgelösten Sekundäreffekte nachgewiesen werden, macht eine enge Zusammenarbeit mit der Geophysik (→ Ionosphärenforschung, →Polarlichter, →Erdmagnetismus) erforderlich.

Der unmittelbaren Beobachtung zugänglich sind nur die Oberflächengebiete der Sonne. Die Schicht, von der die Licht- und Wärmestrahlung der Sonne emittiert wird, heißt →Photosphäre. In ihr erscheinen auch die →Sonnenflecken, deren eigentliche Ursache allerdings in tieferen Schichten zu suchen ist. In dem oberen Teil der Photosphäre entstehen die Fraunhofer-Linien des →Sonnenspektrums. Über der Photosphäre liegt die →Chromosphäre mit den →Protuberanzen, eine Zone in chaotischem Bewegungszustand, die durch Stoßwellen auf eine weit über Photosphärentemperatur liegende Temperatur aufgeheizt wird. Den äußersten Teil der Sonnenatmosphäre bildet die →Sonnenkorona, eine extrem verdünnte, hoch ionisierte Gashülle, die sich bis zu einem Abstand von etwa zwei Sonnenradien von der Chromosphäre erstreckt. Ihre hohe Temperatur von rund 1 Million Grad und die von ihr emittierte Kurzwellenstrahlung, die ein äußerst empfindlicher Indikator für die →Sonnentätigkeit ist, machen die *Koronaforschung* zu einem besonders wichtigen Teilgebiet der Sonnenphysik.

Von der Sonne gehen auch bis jetzt noch nicht geklärte Wirkungen aus, die in das meteorologische und biologische Geschehen auf der Erde eingreifen und sehr wahrscheinlich auch beim Menschen physiologische und möglicherweise pathologische Wirkungen erzeugen. →Sonneneinflüsse.

Unsöld, A.: Physikd. Sternatmosphären. Berlin 1938. — *Waldmeier, M.:* Ergebnisse u. Probleme d. Sonnenforschung. Leipzig 1941; Sonne u. Erde. Zürich 1947. — *Siedentopf, H.:* Grundriß d. Astrophysik. Stuttgart 1950.

Sonnenatmosphäre, die →Chromosphäre.

Sonneneinflüsse auf Lebensvorgänge. Eine Korrelation zwischen der Aktivität der Sonne und einer Reihe von Lebensvorgängen ist heute mit einiger Wahrscheinlichkeit nachgewiesen. Besonders bekannt ist die etwa mit der Sonnenfleckenperiode gehende Breite der Jahresringe mancher Baumarten (bei Sequoia bis etwa zum Jahre 1000 v. Chr. zurückverfolgt). Eine ähnliche Periode glaubt man auch bei einigen Infektionskrankheiten festgestellt zu haben. Sehr merkwürdig sind gewisse Periodizitäten, die *Takata* bei einer Flockungsreaktion im menschlichen Blutserum beobachtete (→kosmoterrestrischer Effekt). Eine Deutung dieser Erscheinungen steht noch aus.

Siedentopf, H.: Phys. Bl. **6**, 539 (1950).

Sonnenfackeln sind Störgebiete der →Photosphäre und →Chromosphäre, die größtenteils in der Umgebung von Sonnenfleckengruppen auftreten. Sie erscheinen im weißen Licht als ein Netzwerk von hellen Lichtadern und Lichtflecken, die aus einzelnen Granulen von gleicher Größe, aber mindestens 10fach größerer Lebensdauer bestehen wie die →Granulation der ungestörten Photosphäre. Die Fackeln sind nur am Rande, nicht aber auf der Mitte der Sonnenscheibe sichtbar. Zum Verständnis des Fackelphänomens muß man eine Überhitzung in den äußersten Schichten der Photosphäre in optischen Tiefen um 0,05 um mehrere tausend Grad annehmen. Auf →Spektroheliogrammen, besonders im Ca$^+$-Licht, die ein Bild der höchsten Schichten der Sonnenatmosphäre geben, erscheinen die Fackelgebiete hell, auch in der Mitte der Scheibe. Die hohe Temperatur der Fackelgebiete ist mit Abweichungen vom thermischen Gleichgewicht und einem starken Überschuß an UV-Strahlung verbunden, der wahrscheinlich am Zustandekommen der ionosphärischen Schichten in der Erdatmosphäre mit beteiligt ist.

ten Bruggencate, P.: Astronomie, Astrophysik u. Kosmogenie. Natuiw. u. Med. i. Deutschland 1939/46, Bd. 20. Wiesbaden 1948.

Sonnenfinsternis-Beobachtungen liefern die Möglichkeit zu einer Reihe von wichtigen Feststellungen und Messungen, die aber vielfach mit ungewöhnlichen Schwierigkeiten und mit sehr großen Kosten (Reise in den Bereich der Totalität, Spezialgeräte) verknüpft sind. Die Gefahr des Mißlingens ist sehr groß, zunächst schon wegen möglicher Ungunst des Wetters, aber auch wegen der sehr kurzen Dauer der Totalität, die bei den letzten 15 totalen Sonnenfinsternissen im Mittel nur etwa 3 Minuten betrug, mit den Grenzwerten 0,1 und 7,1 Minuten. Bis zur Konstruktion des →Koronographen durch *Lyot* lieferten die totalen Sonnenfinsternisse die einzige Möglichkeit für photographische Aufnahmen der Sonnenkorone und der Protuberanzen sowie der Sonnenkorona. Mehrere in den Jahren nach dem ersten Weltkrieg veranstaltete Expeditionen lieferten den bisher nur bei verdunkelter Sonne möglichen Nachweis der Lichtablenkung im Schwerefeld der Sonne.

Einen anderen wichtigen Problemkreis bildet die Beobachtung aller Veränderungen, die das Verschwinden und Wiederauftreten der Sonnstrahlung in der Atmosphäre hervorruft. Von besonderer Wichtigkeit sind hier Beobachtungen der Ionosphäre, weil sie eine Entscheidung über die Ionisierungsursache in den verschiedenen Schichten derselben ermöglichen. Tritt eine Änderung der Ionisierung gleichzeitig mit der optischen Finsternis auf, so rührt die Ionisierung offenbar von einer Wellenstrahlung her. Sind dagegen Teilchen die Ionisierungsursache, so verschiebt sich die Wirkung zeitlich und örtlich wegen der längeren Laufzeit der Teilchen von der Sonne zur Erde. Für die E- und F_1-Schicht ist das Ergebnis eindeutig; die Elektronendichte zeigt zur Zeit der Totalität ein Minimum. Aus dem Abfall der Elektronendichte während der Finsternis kann der Rekombinationskoeffizient bestimmt werden. Aus Unregelmäßigkeiten des Abfalls bei der allmählichen Abdeckung der Sonne schließt man, daß nicht die ganze Sonnenscheibe gleichmäßig ionisierende Strahlung aussendet. Für die F_2-Schicht sind die Ergebnisse nicht eindeutig. Manche Beobachter berichten von einer Abnahme während der optischen Finsternis, andere finden keinen Effekt. Übereinstimmend finden sie keinen Einfluß einer Teilchenstrahlung.

Sonnenflecken sind Störgebiete in und unterhalb der →Photosphäre, die in Abständen von etwa 5 bis 40° vom Sonnenäquator in stark wechselnder Häufigkeit auftreten. Ein größerer Einzelfleck besteht aus einem dunklen Zentralgebiet, der *Umbra*, die von einer mit radialer Struktur versehenen, weniger dunklen Zone, der *Penumbra*, umgeben ist. Die Gesamtintensität der aus der Umbra je Flächeneinheit austretenden Strahlung beträgt im Mittel 42% der Strahlung der ungestörten Photosphäre. Dem entspricht eine effektive Temperatur der Fleckenkerne von 4600 °K. Infolge der geringeren Temperatur zeigt das Absorptionslinienspektrum über dem Fleck eine Verstärkung von Atomlinien kleinerer Anregungsspannung und von Molekülbanden. Die Durchmesser der Flecken liegen zwischen einigen 1000 km und über 100000 km. Die Flecken zeigen eine starke Tendenz zur *Gruppenbildung*, besonders häufig treten *Doppelflecken* auf. Die Lebensdauer eines Flecks kann zwischen Stunden und einigen Monaten schwanken, einzelne Flecken oder kleine Gruppen mit einer Lebensdauer von einem Tag sind etwa 100mal häufiger als große Gruppen mit 2 Monaten Lebensdauer. Die Neubildungen treten bevorzugt in bestimmten langlebigen Herdgebieten auf, die oft viele Sonnenrotationen zu überdauern vermögen. Die Entwicklung einer großen Gruppe bis zu ihrem Höhepunkt, wo sie aus etwa 40 Einzelflecken besteht und eine Längsausdehnung von $^1/_4$ Sonnenradius besitzt, erfordert rund 10 Tage. In diesem Zustand kann die Gruppe weitere 2 Wochen bleiben. Der Zerfall und die Auflösung der Gruppe dauert gewöhnlich ein Mehrfaches der Aufbauzeit.

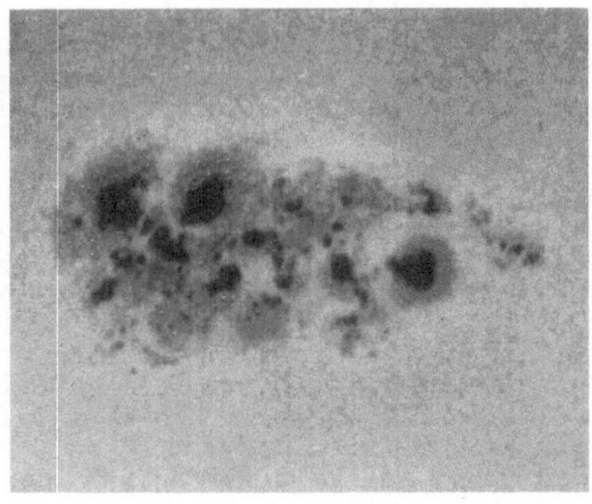

Abb. 1. Große Sonnenfleckengruppe 1946 Juli 25 (Aufnahme des Fraunhofer-Instituts Freiburg). Die Längsausdehnung der Gruppe beträgt 227000 km.

Als Maß für die Fleckenhäufigkeit dient die Sonnenfleckenrelativzahl R. Dabei werden die Fleckengruppen mit dem Gewicht 10 und die Einzelflecken mit dem Gewicht 1 bewertet. Bei g Fleckengruppen mit insgesamt f Einzelflecken ist die Relativzahl $R = 10\,g + f$. Die Sammlung, Reduktion und laufende Veröffentlichung der Relativzahlen erfolgen durch die Eidgenössische Sternwarte Zürich im Quarterly Bulletin on Solar Activity und durch das Fraunhofer-Institut Freiburg i. Br., das in seinem monatlichen Sonnenzirkular ausführliche Fleckenentwicklungstabellen veröffentlicht. Die Relativzahlen unterliegen starken Schwankungen. Bei den Tageswerten hebt sich infolge der Herdgebiete die 27tägige Rotationsperiode der Sonne oft deutlich heraus, bei den Monats- oder Rotationsmitteln ist eine etwa 11jährige Periode ausgeprägt. Seit 1749 liegen laufende Beobachtungen der Relativzahlen vor; in diesem Zeitraum sind je 18 Minima und Maxima aufgetreten. Die Abstände von Minimum zu Minimum schwanken zwischen etwa 9 und 14 Jahren. Die Zeit des Anstiegs zum Maximum beträgt etwa die Hälfte der Abklingzeit; sie liegt zwischen 2,9 und 6,6 Jahren. Je kürzer die Anstiegszeit ist, um so größer ist die Relativzahl im Maximum; aus der Steilheit des Anstiegs nach einem Minimum lassen sich daher Zeitpunkt und Höhe des nächsten Maximums vorhersagen. Die starken Schwankungen der Abstände und Höhen der Maxima zeigen,

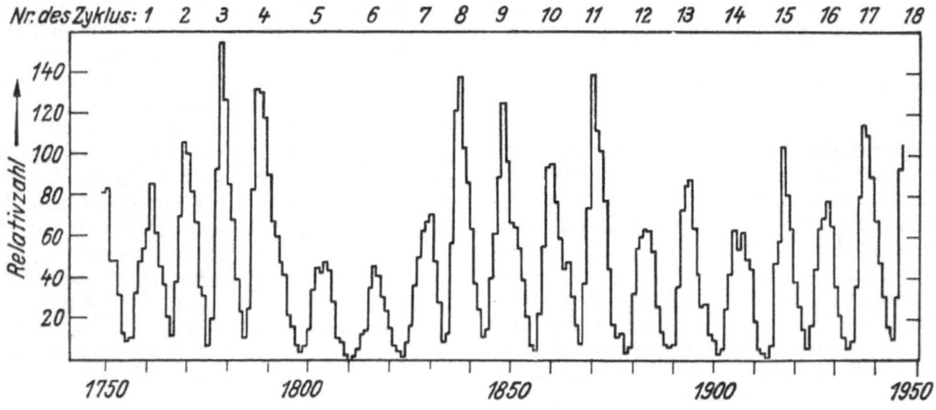

Abb. 2. Jahresmittel der Sonnenfleckenrelativzahlen 1749 bis 1946.

daß die Fleckentätigkeit kein periodischer Vorgang ist, sondern daß es sich um eine Folge von Ausbrüchen handelt, die jeweils einsetzen, wenn der vorige Ausbruch nahezu abgeklungen ist. Die ersten Flecken eines neuen Zyklus tauchen in Breiten um 30° auf; im weiteren Verlauf des Zyklus verbreitert sich die Fleckenzone und rückt gleichzeitig näher zum Äquator (*Spörersches Gesetz*). Da die Rotationsgeschwindigkeit der äußeren Schichten der Sonne mit dem Abstand vom Sonnenäquator abnimmt, beträgt die mittlere Wiederkehrzeit von Gruppen im Anfang eines Fleckenzyklus fast 28 Tage, am Ende des Zyklus etwa 27 Tage. Die letzten Flecken eines Zyklus liegen in einer mittleren Breite von 8°, während gleichzeitig bereits die ersten Flecken des folgenden Zyklus in hohen Breiten erscheinen.

Mit den Sonnenflecken sind starke *Magnetfelder* verbunden, die sich durch den →Zeeman-Effekt an den Fraunhofer-Linien nachweisen lassen. Die Größenordnung der Aufspaltung der Linie beträgt maximal etwa 0,05 I.A. je 1000 Oe; es ist daher ein erheblicher instrumenteller Aufwand zur Ausmessung der Magnetfelder erforderlich. Jeder Sonnenfleck hat ein Magnetfeld, dessen Feldstärke in Fleckmitte am größten ist und außerhalb der Penumbra verschwindet. Die Feldstärke wächst mit der Größe der Flecken; die höchsten gemessenen Werte liegen bei 4500 Oe. Die meisten Fleckengruppen sind bipolar, d. h. von den beiden Hauptflecken der Gruppe hat der eine außen einen magnetischen Nordpol, der andere einen magnetischen Südpol. In einem Fleckenzyklus bleibt in bipolaren Gruppen die Polarität des im Rotationssinne vorangehenden Flecks die gleiche, wobei sich Nord- und Südhalbkugel im Vorzeichen unterscheiden. Ist auf der Nordhalbkugel der vorangehende Fleck mit einem magnetischen Nordpol verbunden, so zeigt auf der Südhalbkugel ein vorangehender Fleck einen magnetischen Südpol. Nach einem Fleckenminimum tritt jeweils ein Wechsel in der Polarität der vorangehenden Flecke ein, so daß hinsichtlich des magnetischen Charakters der Flecken eine etwa 22jährige Periode vorliegt. Laufende Messungen der Zentralfeldstärken und der Polarität von Flecken werden am Mt. Wilson-Observatorium durchgeführt und in den Publications of the Astronomical Society of the Pacific veröffentlicht.

Für die Ursache der Sonnenflecken, für ihre Periodizität und für die mit den Flecken ver-

bundenen Magnetfelder hat sich bis jetzt noch keine befriedigende theoretische Deutung geben lassen. Eine rein hydrodynamische Wirbeltheorie, wie sie von *Bjerknes* (1926) versucht wurde, kann die verwickelten Erscheinungen nicht darstellen. Wesentlich sind die Wechselwirkungen zwischen den Bewegungen der ionisierten Gasmassen mit den variablen Magnetfeldern (Plasmatheorie). →hydrodynamisch-elektromagnetischer Effekt.

Handb. d. Astrophysik IV. Berlin 1929. – *Waldmeier, M.:* Ergebnisse u. Probleme d. Sonnenforschung. Leipzig 1941. – *Alfvén, H.:* Cosmical Electrodynamics. Oxford 1950.

Sonnenfleckeneinfluß auf die Ionosphäre. Zwischen einzelnen Sonnenflecken und dem Zustand der Ionosphäre besteht im allgemeinen kein Zusammenhang, wenn auch gelegentlich Ionosphärenstürme mit dem Durchgang eines großen Sonnenflecks durch den Hauptmeridian der Sonne koinzidieren. Dagegen erhält man einen engen Zusammenhang zwischen der Fleckenrelativzahl und der →Grenzfrequenz der einzelnen Schichten, wenn man über längere Zeiten mittelt. Zwischen der Grenzfrequenz einer Schicht und dem 12 Monate übergreifenden Mittel der Fleckenrelativzahl besteht ein linearer Zusammenhang von der Form

$$f° = G(t) + H(t)\,S,$$

wobei $f°$ die Grenzfrequenz, S die ausgeglichene Relativzahl und G und H Funktionen der Tageszeit t sind, die sich mit der geographischen Lage und der Jahreszeit ändern. Die Strahlung, welche für die Ionisierung der Ionosphäre verantwortlich ist, ändert sich im Gegensatz zum sichtbaren Spektrum mit der Fleckenrelativzahl beträchtlich, und zwar für die E-Schicht etwa 1 : 2,25, für die F_1-Schicht 1 : 2,5 und für die F_2-Schicht 1 : 16 zwischen Minimum und Maximum. Es ist jedoch sicher, daß nicht die Sonnenflecken selbst die Quellen der Strahlung sind, sondern andere Erscheinungen, wie Fackeln und Korona, die ihrerseits eine hohe Korrelation zu den Fleckenrelativzahlen haben. Entsprechend den Grenzfrequenzen verschieben sich auch die zur Nachrichtenübermittlung brauchbaren Frequenzbereiche der Radiowellen etwa im Verhältnis 1 : 2 mit der Sonnenfleckenaktivität. Da jeder Sonnenfleckenzyklus individuell verläuft und der Wert des erreichten Maximums erheblich schwankt, lassen sich die günstigsten Frequenzbereiche nicht für beliebig lange Zeit voraussagen, sondern nur für so lange, wie sich die Aktivität im voraus abschätzen läßt.

Sonnenhof →Kränze.

Sonnenkorona. Bei totalen Sonnenfinsternissen erscheint die Korona um den dunklen Kreis der die Sonne verdeckenden Mondscheibe als mattweiß leuchtender Schleier mit strahlenförmiger Struktur; die längsten Strahlen reichen bis zu Abständen von zehn Sonnendurchmessern. Die Gesamthelligkeit der Korona beträgt etwa 10^{-6} der Sonnenhelligkeit; ihre Form ist von Finsternis zu Finsternis verschieden und zeigt eine deutliche Korrelation mit der →Sonnentätigkeit. Seit der Einführung der Beobachtungen mit dem →Koronographen durch *B. Lyot* konnte eine laufende Überwachung der inneren Korona im Lichte der →Koronalinien durchgeführt werden, die interessante Aufschlüsse über die Zusammenhänge zwischen der Struktur der inneren Korona und den Vorgängen an der Sonnenoberfläche erbracht hat.

Das weiße Licht der Korona, das die gleiche spektrale Intensitätsverteilung zeigt wie die Sonnenstrahlung, kommt zustande durch wellenlängenunabhängige Streuung der Sonnenstrahlung an den freien Elektronen der Koronamaterie. Aus dem Abfall der Flächenhelligkeit der Korona mit dem Abstand vom Sonnenrand läßt sich daher die Zahl N der freien Elektronen je cm³ als Funktion des Abstands r vom Sonnenmittelpunkt bestimmen. Man findet angenähert (r in Einheiten des Sonnenradius)

$$N(r) = 10^8 \left(\frac{1{,}5}{r^6} + \frac{3{,}0}{r^{16}} \right).$$

In den äußersten Teilen der Korona tragen, wie sich aus der Polarisation des Koronalichts ergibt, auch Partikel der die Sonne umgebenden Zodiakallichtmaterie zum Streulicht der Korona bei.

Faßt man die Korona als isotherme Atmosphäre der Sonne auf und bestimmt aus dem Dichteabfall die Temperatur, so wird man auf einen Wert von etwa 10^6 grad geführt. Dieser hohe Wert findet seine Bestätigung in der Doppler-Verbreiterung der →Koronalinien und dem hohen Ionisationsgrad der die Emissionslinien liefernden Fe-, Ni- und Ca-Atome sowie in der von den Koronaelektronen emittierten →Kurzwellenstrahlung der Sonne im Bereich der dm- und m-Wellen.

Die Aufrechterhaltung der hohen Temperatur der Koronamaterie erfordert wegen des geringen Energievorrates der Korona, der bereits in wenigen Stunden ausgestrahlt sein würde, eine ständige und gleichmäßige Energiezufuhr. Der Hauptbeitrag wird wahrscheinlich von Atomen und Partikeln der interstellaren Materie geliefert, die, von allen Seiten her einfallend, im Schwerefeld der Sonne bis maximal 600 km s⁻¹ beschleunigt und in der Korona abgebremst werden. Für die Energiezufuhr in die innere Korona kommen auch die Stoßwellen in Betracht, die von der Oberfläche der Photosphäre ausgehen und die Spiculastruktur und die Aufheizung der →Chromosphäre hervorrufen. Der Zusammenhang zwischen der variablen Struktur der inneren Korona und der Sonnentätigkeit dürfte durch die mit den →Sonnenflecken verbundenen Magnetfelder bewirkt werden.

Die Strahlenstruktur der äußeren Korona kann nicht im Rahmen einer statischen Theorie verstanden werden. Es handelt sich um Ströme von ionisierter Materie, die mit Geschwindigkeiten um 500 km s⁻¹ von den →Protuberanzen ausgehen und unter Umständen auch die Erde treffen können (→Korpuskularstrahlung der Sonne).

H. Siedentopf, Die Sonnenkorona. Ergebn. exakt. Naturw. **23** (1950).

Sonnenkraftmaschine →Energiequellen der Erde.

Sonnenmagnetismus →Magnetismus der Sonne, →magnetisches Feld der Himmelskörper.

Sonnenmaterie, entspricht grundsätzlich derjenigen der meisten übrigen Sterne. →Sternaufbau.

Sonnenokular, dient zur direkten visuellen Beobachtung der Sonne am Fernrohr. Um sich vor Blendung zu schützen und die Helligkeit auf ein erträgliches Maß herabzusetzen, benutzt man zur Lichtschwächung entweder eine Polarisationseinrichtung mit wiederholter Reflexion an Glasflächen oder (nach *Colzi*) eine Reflexion an der Grenzfläche zweier Medien von wenig verschiedenen Brechungszahlen (Glas und geeignete Flüssigkeit).

Sonnenparallaxe. Als tägliche Sonnenparallaxe $\pi_\odot$ wird der Winkel bezeichnet, unter dem der äquatoriale Radius oder die große Halbachse a_δ der Erde (→äquatorialer Erdradius) von der Sonne in mittlerer Entfernung, d. h. im Abstand der →astronomischen Einheit a, aus erscheint: $a = a_\delta / \sin \pi_\odot \cong a_\delta / \pi_\odot$. $\pi_\odot$ geht also in den Umrechnungsfaktor zwischen astron. Einh. und der metrischen Längeneinheit ein. Auf einer internationalen Konferenz wurde 1896 in Paris für die Sonnenparallaxe als Normwert $\pi_\odot = 8{,}80''$ vereinbart. Die Auswertung der 1931 unter günstigen Bedingungen am Planeten Eros in Erdnähe gewonnenen Meßresultate ergab $\pi_\odot = 8{,}790 \pm 0{,}001''$.

Sonnenprotuberanzen →Protuberanzen.

Sonnenreaktion →Kernreaktionen in Sternen.

Sonnenring →Halo.

Sonnenrotation. Die Sonne rotiert, wie die Bewegung von Flecken, Fackeln, Protuberanzen usw. und die Messung der Radialgeschwindigkeiten am Sonnenrand zeigen, in rund 25 Tagen um eine Achse, die um $7{,}^\circ15$ gegen die Normale zur Erdbahnebene geneigt ist. Die Rotation erfolgt im gleichen Sinn wie der Umlauf der Planeten und die Rotation der Erde. Der Umlauf eines Sonnenflecks relativ zur Erde braucht daher etwa 27 Tage.

Die Sonne rotiert nicht wie ein starrer Körper; die Winkelgeschwindigkeit ist am Sonnenäquator größer als in höheren heliographischen Breiten, sie nimmt außerdem mit der Höhe in der Sonnenatmosphäre zu. Für die Flecken läßt sich die Beziehung zwischen siderischem Drehwinkel ω je Tag und heliographischer Breite B darstellen durch die Formel

$$\omega = 14{,}^\circ 4 - 2{,}^\circ 9 \sin^2 B.$$

Zur Festlegung von Vorgängen an der Sonnenoberfläche benutzt man eine durchlaufende Zählung der Rotation. Die in der Astronomie früher übliche Zählung nach *Carrington* beginnt am 9. November 1835 und benutzt eine Rotationsperiode in bezug auf die Erde von 27,2753 Tagen. In der Geophysik hat man nach *J. Bartels* eine Rotationsperiode von genau 27 Tagen angenommen und als ersten Tag der 1. Rotation den 8. Februar 1832 gewählt. Rotation 1001 beginnt am 11. Januar 1906. Diese nicht mit Tagesbruchteilen rechnende Zählung ist zweckmäßiger und wird daher jetzt auch in der Sonnenphysik verwandt. (Ferner →heliographische Karte).

Handb. d. Astrophysik IV. Berlin 1929.

Sonnensekunde, mittlere, abgek. s oder sec, internationale Zeiteinheit, →Zeitmaße.

Sonnenspektrum. Das Spektrum der Sonnenscheibe ist ein kontinuierliches Spektrum, dem eine große Zahl von Absorptionslinien, die *Fraunhoferschen Linien*, überlagert ist. Das kontinuierliche Spektrum der Sonne erstreckt sich sehr wahrscheinlich von den Röntgenstrahlen bei 1 Å bis zu den längsten elektrischen Wellen von vielen 1000 km Wellenlänge über einen Wellenlängenbereich von rund 18 Zehnerpotenzen oder 60 Oktaven. In dem hauptsächlich untersuchten Gebiet zwischen 3000 und 20000 Å ähnelt die Intensitätsverteilung der eines schwarzen Strahlers von rund 6000 °K, doch zeigen sich merkliche Abweichungen.

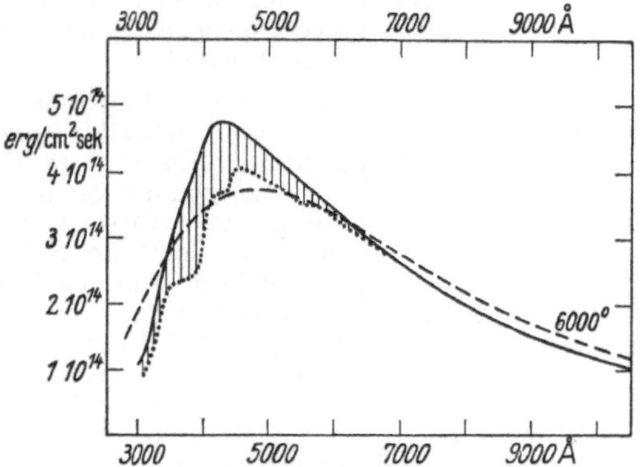

Abb. 1. Die spektrale Energieverteilung im Sonnenspektrum. Schraffiert: durch Fraunhofer-Linien absorbierte Energie, gestrichelt: schwarzer Körper von 6000 °K.

Im kurzwelligen Ultraviolett ist ein starker Strahlungsüberschuß gegenüber einem schwarzen Körper von 6000 °K vorhanden (→Ultraviolettstrahlung der Sonne). Eine Aufnahme des ultravioletten Sonnenspektrums →Raketensonden.

Die stärksten Absorptionslinien wurden von *Fraunhofer*, der 1814 ein Verzeichnis von 567 Linien gab, mit großen lateinischen Buchstaben bezeichnet, die noch jetzt vielfach benutzt werden. Ein Teil der Linien entsteht durch Absorption in der Erdatmosphäre (vor allem durch O_2, O_3, CO_2 und H_2O); diese *terrestrischen Linien* liegen vorwiegend im roten und infraroten Gebiet. Eine sichere Unterscheidung zwischen solaren und terrestrischen

Tabelle der stärksten Fraunhofer-Linien im sichtbaren Sonnenspektrum.

Bezeichnung	Wellenlänge	Element
A	7593 I.A.	O_2 ⎫
a	7183	H_2O ⎬ irdisch
B	6867	O_2 ⎭
C (H_α)	6563	H
D_1	5896	Na
D_2	5890	Na
E	5270	Ca, Fe
	5269	Fe
b_1	5183	Mg
b_2	5173	Mg
b_3	5169	Fe
b_4	5167	Mg
F (H_β)	4861	H
f (H_γ)	4340	H
G	4308	Fe, Ti
g	4227	Ca
h (H_δ)	4102	H
H	3968	Ca+
K	3933	Ca+

Linien ist durch die Beobachtung des Doppler-Effektes infolge Rotation der Sonne möglich: die solaren Linien am Ost- und Westrand der Sonne zeigen eine Doppler-Verschiebung um $+2$ km s^{-1} bzw. -2 km s^{-1}.

Das umfangreichste Tafelwerk über die Absorptionslinien ist der Rowland-Atlas; der Band Revision of Rowlands preliminary table (1928) enthält die Wellenlängen, Intensitäten und Identifikationen von 21385 Fraunhofer-Linien zwischen 2975 und 10218 I.A. Nach der ultraroten Seite liegen Ergänzungen vor von *Babcock* (5000 Linien zwischen 7100 und 12425 I.A.) und in dem Atlas von *Baumann* und *Mecke* (3297 Linien zwischen 7600 und 10000 I.A.). Ein weiteres Standardwerk ist der Utrechter Photometrische Sonnenatlas (1940), in dem intensitätsproportionale Registrierungen des Sonnenspektrums zwischen 3332 und 8771 I.A. im Maßstab 2 cm/I.A. wiedergegeben sind. Aus diesem Atlas lassen sich die Wellenlängen auf 0,01 I.A. sowie die Intensitäten und Konturen der Fraunhofer-Linien entnehmen.

Etwa 60% der Fraunhofer-Linien konnten bisher identifiziert werden; bei den nichtidentifizierten handelt es sich durchweg um sehr schwache. Mit den zahlreichsten Linien sind die Metalle der Eisengruppe vertreten: Fe, Ti, Cr, Co, Ni, V und Mn mit insgesamt fast 8000 Linien. Nicht aufgefunden wurden die Edelgase Ne, Ar, Kr, X, die Halogene Fl, Cl, Br, J und eine Anzahl schwerer Metalle wie Os, Ir, Pt, Ta, Au, Hg und Bi; bei diesen Elementen sind aber auch keine nachweisbaren Linien im sichtbaren Spektralbereich zu erwarten. Neben den Linien neutraler und ionisierter Atome sind Bandensysteme folgender Moleküle vorhanden: CN, C_2, CH, NH, OH, CaH, MgH, AlH, SiH, H_2, SiF, BO, AlO, TiO, FeO, ZrO. Diese Verbindungen sind nur bei hohen Temperaturen beständig.

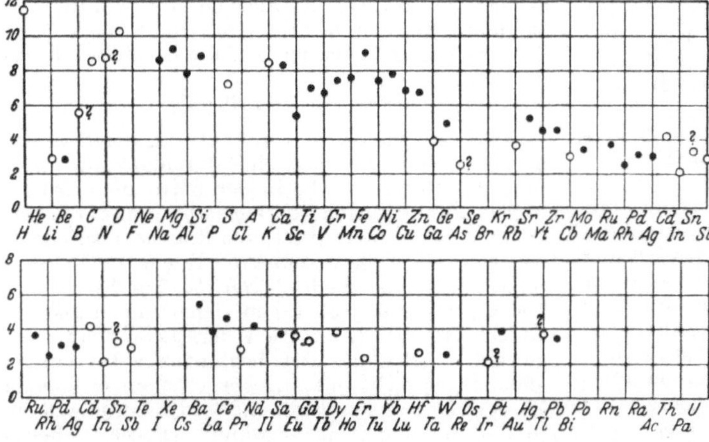

Abb. 2. Häufigkeitsverteilung der Elemente in der Sonnenatmosphäre nach *Russell.*

Die quantitative Spektralanalyse des Sonnenspektrums hat die Aufgabe, die relative Häufigkeit der chemischen Elemente in der Sonnenatmosphäre aus der Intensität der Fraunhofer-Linien zu bestimmen. Dazu ist die Kenntnis des Aufbaus der →Photosphäre, des Absorptionskoeffizienten, der Übergangswahrscheinlichkeiten, des Ionisationsgleichgewichts und des Zusammenhangs zwischen Linienintensität und Zahl der absorbierenden Atome (Wachstumskurve) erforderlich. Die Ergebnisse verschiedener Untersuchungen bestätigen die große Häufigkeit der Wasserstoffatome, die um einen Faktor $10^{3,8}$ häufiger sind als die Zahl aller Metallatome. Nach *B. Strömgren* (1940) ist das Verhältnis H : Mg : Ca : Na : K = 8000 : 0,3 : 0,013 : 0,007 : 0,0016. Die relative Häufigkeit der schwereren Elemente ist aus einer älteren Untersuchung von *H. N. Russell* (1929) ziemlich gut bekannt. Sie nimmt mit wachsendem Atomgewicht rasch ab und stimmt nahe überein mit der relativen Häufigkeit der Elemente in der Erdkruste und in Meteoriten. Da infolge turbulenter Strömungsvorgänge innerhalb der Sonne wahrscheinlich eine ständige, sehr gründliche Durchmischung der Sonnenmaterie stattfindet, so dürfte die Zusammensetzung der Sonnenmaterie überhaupt der hier beschriebenen recht genau entsprechen, besonders auch bezüglich des hohen Gehalts an atomarem Wasserstoff (Protonen).

Weitere Untersuchungen über das Absorptionsspektrum befassen sich mit der Doppler-Verbreiterung der schwachen Fraunhofer-Linien durch Turbulenz, der Diskussion der Restintensitäten der Linien und mit dem Zeeman-Effekt, der durch die Magnetfelder der →Sonnenflecken hervorgerufen wird.

Vgl. auch →Flash-Spektrum, →Spektroheliogramm und →Koronalinien.

Unsöld, A.: Physik d. Sternatmosphären. Berlin 1938. — *Waldmeier, M.:* Ergebnisse u. Probleme d. Sonnenforschung. Leipzig 1941.

Sonnenstrahlung →Solarkonstante, →Sonnenspektrum.

Sonnensystem. Das Sonnensystem bildet im Weltenraum eine kleine Kolonie für sich, deren Ausdehnung, verglichen mit irdischen Dimensionen, zwar sehr groß, aber schon im Vergleich zu der Entfernung des nächsten Fixsternes außerordentlich klein ist. Den Weg von der Sonne bis zum sonnenfernsten →Planeten, dem Pluto, legt das Licht in rund $5\frac{1}{2}$ Stunden zurück, während es für den Weg von der Sonne bis zum nächsten Fixstern über 4 Jahre benötigt.

Das Sonnensystem besteht aus der Sonne, den großen Planeten, von denen einer unsere Erde ist und von denen die Mehrzahl ihrerseits wieder von →Satelliten begleitet wird, und aus den sog. kleinen Planeten oder →Planetoiden, von denen wir bis heute rund 1600 kennen und die vorwiegend zwischen der Mars- und der Jupiterbahn um die Sonne laufen. Dazu kommen noch Kometen und Meteorschwärme, die sich ebenfalls, wenn auch im allgemeinen in langgestreckteren Bahnen, um die Sonne bewegen und mit ihr durch den Weltenraum ziehen.

Die Namen der Planeten (Abb.) in der Reihenfolge ihrer Entfernung von der Sonne sind:

Untere Planeten { Merkur, Venus, Erde } Innere Planeten

Obere Planeten { Mars, Planetoiden, Jupiter, Saturn, Uranus, Neptun, Pluto } { Äußere Planeten: Jupiter, Saturn, Uranus, Neptun, Pluto }

Die Planeten werden klassifiziert in *untere* und *obere* und auch in *innere* und *äußere* Planeten. Die Bahnen der unteren Planeten liegen innerhalb der Erdbahn, die der oberen Planeten außerhalb der Erdbahn. Die Gruppe der inneren Planeten ist von der der äußeren getrennt durch eine deutliche räumliche Lücke in der Anordnung der großen Planeten, die aber von einer großen Schar von Planetoiden, also von Zwergplaneten, bevölkert ist. Die äußeren Planeten sind — mit Ausnahme des Pluto — wesentlich größer und massiger als die inneren. Von Merkur, Venus und Pluto sind uns keine Satelliten bekannt. Dagegen hat nach unserer jetzigen Kenntnis die Erde einen, Mars zwei, Jupiter elf, Saturn neun, Uranus fünf und Neptun zwei Satelliten. Außerdem hat der Saturn ein Ringsystem — im Fernrohr eine der prächtigsten Erscheinungen am Himmel —, aus einer Unmenge kleiner und kleinster Satelliten bestehend, eine Art von Planetoidenring in Miniatur.

Die Sonne ist ein Fixstern, eine riesige Gasmasse von sehr hoher Temperatur, die beständig eine gewaltige Energie als Strahlung in den Weltenraum aussendet. Sie zeichnet sich durch nichts Besonderes vor der großen Menge der anderen Fixsterne aus. Näheres →Sonne.

Die Planeten sind im Vergleich zur Sonne sehr kleine Körper mit verhältnismäßig niedriger Oberflächentemperatur, die lediglich im reflektierten Sonnenlicht leuchten. Man nimmt an, daß sie alle eine feste Oberfläche haben, über der bei allen großen Planeten, wohl nur mit Ausnahme des Merkur, eine mehr oder weniger ausgedehnte, mehr oder weniger dichte und mehr oder weniger wolkenbeladene Atmosphäre lagert.

Im folgenden und in der Tabelle sind die für den Bau des Sonnensystems wichtigsten Daten zusammengestellt:

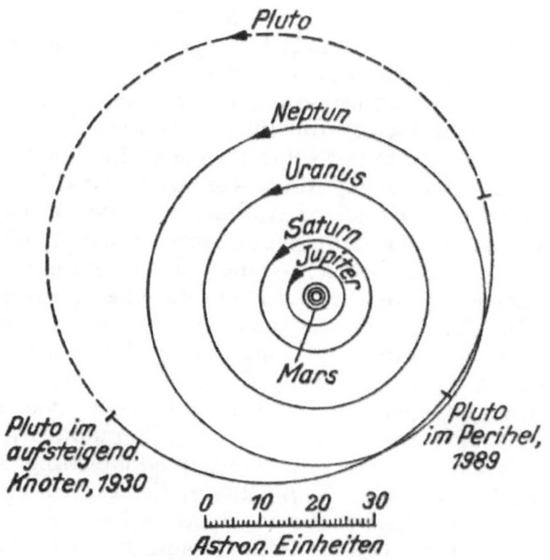

Angenäherte Bahnen der großen Planeten.

Die großen Planeten und ihre Bahnen.

Name	Mittlere Entfernung von der Sonne in Mill. km	Umlaufszeit in Jahren	Exzentrizität der Bahn	Neigung gegen die Erdbahn	Masse (Erde = 1)	Äquatordurchmesser in km	Dichte in g cm^{-3}	Anzahl der Monde
Merkur	58	0,24	0,206	7° 0′	0,04	4770	3,8	0
Venus	108	0,62	0,007	3 24	0,81	12420	4,86	0
Erde	149	1,00	0,017	0 0	1,00	12755	5,52	1
Mars	228	1,88	0,093	1 51	0,11	6780	3,96	2
Jupiter	778	11,86	0,048	1 18	316,94	144600	1,34	11
Saturn	1428	29,46	0,056	2 29	94,9	120000	0,71	9
Uranus	2873	84,02	0,047	0 46	14,7	50000	1,27	5
Neptun	4501	164,79	0,009	1 47	17,2	55500	1,58	2
Pluto	5906	247,70	0,249	17 9	?	8000?	?	?
Sonne	—	—	—	—	331950	1390000	1,41	—

A. Die *Sonne*.

1. Sie vereinigt in sich die Hauptmasse des Systems. Nur ungefähr $^1/_{700}$ der Gesamtmasse entfällt auf die Planeten und deren Satelliten.

2. Sie dreht sich in der Bewegungsrichtung der Planeten um ihre Achse.

3. Ihre Äquatorebene zeigt, auch wenn man von der Plutobahn absieht, gegen die mittlere Lage der Planetenbahnebenen eine Abweichung von etwa 6°.

4. Ihr Rotationsmoment beträgt nur einen kleinen Bruchteil des Umlaufsmomentes der Planeten.

B. Die *großen Planeten*.

1. Sie bewegen sich alle in der gleichen Richtung um die Sonne.

2. Ihre Bahnen sind Ellipsen mit geringer Exzentrizität. Nur die Merkur- und die Plutobahn zeigen eine stärkere Abweichung.

3. Ihre Bahnebenen sind nur wenig gegen die Erdbahnebene geneigt, und noch enger gruppieren sie sich um die Ebene der Jupiterbahn.

4. Ihre Rotation erfolgt in demselben Sinne wie die Umlaufsbewegung. Nur Uranus rotiert in entgegengesetzter Richtung, wobei seine Rotationsachse fast in der Bahnebene liegt.

C. Die *kleinen Planeten*.

1. Sie bewegen sich alle in derselben Richtung um die Sonne wie die großen Planeten. Ihre Bahnneigungen und Bahnexzentrizitäten haben aber zum Teil wesentlich größere Werte.

2. Ihre Gesamtmasse dürfte jedenfalls kleiner als 1% der Erdmasse sein.

D. Die *Satelliten*.

1. Die Mehrzahl der Satelliten bewegt sich in fast kreisförmigen Bahnen in der Äquatorebene ihres Planeten in der gleichen Richtung, in der dieser rotiert. Doch gibt es auch einige, die sich in entgegengesetzter Richtung bewegen, und auch solche, deren Bahnebene stärker gegen den Planetenäquator geneigt ist.

2. Die Satelliten umkreisen ihren Planeten langsamer, als dieser rotiert. Ausnahmen bilden nur die inneren Teile des Saturnringsystems und der innerste Marsmond Phobos.

3. Das Umlaufsmoment der Satelliten ist, außer beim Erdmond, kleiner als das Rotationsmoment ihres Planeten.

4. Die Saturnringe liegen innerhalb der Rocheschen Grenze, d. h. ihre Entfernung vom Planeten ist kleiner als die kritische Grenzentfernung, in der sich ein Satellit mindestens befinden muß, wenn er nicht durch die vom Planeten ausgehenden Gezeitenkräfte gefährdet sein soll.

E. Die zum Sonnensystem gehörenden *Kometen* und *Meteorschwärme*.

1. Ihre Bahnen sind elliptisch oder parabolisch, und die Bahnneigungen haben alle möglichen Werte.

2. Die Kometen sind wenig beständige, locker gebaute Weltkörper. Kometen und Meteorschwärme scheinen in enger Beziehung zueinander zu stehen, und man vermutet, daß Kometen unter der Einwirkung störender Kräfte in Meteorschwärme zerfallen können.

Newcomb-Engelmann: Populäre Astronomie. Leipzig 1949. — *Schoenberg, E.:* Z. Naturf. 6 a, 222 (1951).

Sonnentag, mittlerer →Zeitmaße, →Tageslänge.

Sonnentätigkeit. Neben den →Sonnenflecken zeigen zahlreiche andere Störungen an der Sonnenoberfläche, z. B. die →Sonnenfackeln, die →Eruptionen, die →Protuberanzen, und verschiedene Vorgänge in der →Sonnenkorona die gleiche, etwa 11 jährige Häufigkeitsperiode. Die Gesamtheit dieser Erscheinungen bezeichnet man als Sonnentätigkeit oder Aktivität der Sonne. Als einfachstes Maß dafür dient gewöhnlich die Sonnenfleckenrelativzahl R. Da aber die einzelnen Störeffekte nur verhältnismäßig lose miteinander korreliert sind und zum Teil ganz unabhängig voneinander ablaufen, wird durch die Angabe von R die Sonnenaktivität nicht erschöpfend dargestellt. Die von den Störungen ausgehenden Wirkungen, die zeitlich variablen Anteile der →Korpuskular-, →Ultraviolett- und →Kurzwellenstrahlung der Sonne, können ebenso wie die von ihnen in der Erdatmosphäre ausgelösten Sekundäreffekte als Maßzahlen für einzelne Komponenten der Sonnentätigkeit gelten.

Sonnenüberwachung. Die variablen Erscheinungen an der Sonnenoberfläche (Flecken, Fackeln, Eruptionen, Protuberanzen, Korona, dm- und m-Wellenemission), die für die Sonnenphysik und für das Studium der solar-terrestrischen Beziehungen von Bedeutung sind, werden von zahlreichen Observatorien laufend beobachtet. Die Reduktion der Einzelbeobachtungen und ihre Veröffentlichung erfolgt durch verschiedene Zentralstellen. Die wichtigsten sind die Eidgenössische Sternwarte in Zürich, die das „Quarterly Bulletin on Solar Activity" herausgibt, welches u. a. die vollständigsten Angaben über Eruptionen und Koronabeobachtungen enthält, das Fraunhofer-Institut Freiburg i. Br., dessen monatlich erscheinendes „Sonnenzirkular" neben den Sonnenbeobachtungen der Bergobservatorien Kanzelhöhe, Schauinsland und Wendelstein und mehrerer weiterer Beobachtungsstellen auch Daten über kosmische Strahlung, Ionosphäre usw. enthält, und das US Department of Commerce, National Bureau of Standards, Central Radio Propagation Laboratory Washington, D. C., dessen „Ionospheric Data" auch die amerikanischen Sonnenfleckenbeobachtungen und die Koronabeobachtungen des Höhenobservatoriums Climax Col. enthalten.

Die Überwachung der Sonne auf Flecken, photosphärische Fackeln und Protuberanzen ist praktisch lückenlos; von den kurzlebigen chromosphärischen Eruptionen werden dagegen nur etwa 35% erfaßt (Liste der Beobachtungsstunden im „Quarterly Bulletin"). Auch bei den Koronographenbeobachtungen und der Registrierung der dm- und m-Wellen gibt es noch beträchtliche Lücken, deren allmähliche Ausfüllung durch internationale Zusammenarbeit angestrebt wird.

Sonnenumgebung. Die der Beobachtung zugänglichen Zustands- und Bewegungsgrößen der Fixsterne sind um so ungenauer bekannt, je größer ihre Entfernung ist. Lediglich in der nächsten Sonnenumgebung sind sie weitgehend gesichert. Die folgende Tabelle gibt eine Übersicht der wich-

Die Spalten geben der Reihe nach: Stern = Name oder Bezeichnung des Sternes, R.A = Rektaszension, Dekl. = Deklination, Hell. = Scheinbare Helligkeit in Größenklassen, Sp. = Spektrum, Parallaxe = Trigonometrische und spektroskopische Parallaxe, μ = Eigenbewegung je Jahr, V = Radialgeschwindigkeit, M = absolute Helligkeit in Größenklassen.

Stern	R.A	Dekl.	Hell.	Sp.	Parallaxe Trig.	Parallaxe Sp.	μ	V km/s	M
Prox Cen . . .	$14^\mathrm{h}\,22^\mathrm{m}8$	$-62°\ 15'$	11^m	M	0",762		3",85		$+15^\mathrm{m}4$
α Cen A	14 32,8	−60 25	0,33	Go	0,756	0",78	3,68	− 22,2	4,7
α Cen B			1,70	K1					6,1
CC 1069	17 52,9	+ 4 25	9,7	M4	0,545	0,40	10,30	−110	13,7
Wolf 359*) . . .	10 51,6	+ 7 36	13,5	M6e	0,407		4,84	− 90	16,5
L 726-8 A . . .	1 34,0	−18 28	12,5	M5e	0,410		3,35	+ 30	15,6
L 726-8 B . . .			13,0	M6e					16,1
Lal 21185 . . .	10 57,9	+36 38	7,60	M2	0,388	0,42	4,78	− 86,6	10,5
α C Ma A . . .	6 40,7	−16 35	−1,58	A0	0,373	0,40	1,32	− 7,5	1,3
α C Ma B . . .			8,5	A5					11,4
Ross 154 . . .	18 43,6	−23 56	10,5	M5	0,350	0,29	0,67		13,2
L 789-6	22 33,0	−15 52	12,3	M6	0,328	0,23	3,27		14,9
CC 1445	23 37,0	+43 40	12	M6	0,314	0,24	1,82		14,5
ε Eri	3 28,2	− 9 48	3,81	K1	0,305	0,29	0,92	+ 15,4	6,2
τ Cet	1 39,4	−16 28	3,65	G7	0,301	0,29	1,92	− 16,2	6,0
61 Cyg A . . .	21 02,4	+38 15	5,57	K7	0,299	0,30	5,20	− 65,1	8,0
61 Cyg B . . .			6,28	M0				− 63,4	8,7
Ross 128 . . .	11 42,5	+1 23	11,1	M5	0,292	0,23	1,40		13,4
α C Mi A	7 34,1	+ 5 29	0,48	F5	0,291	0,34	1,24	− 3,0	2,8
α C Mi B			10,8	F					13,1
ε Ind	21 55,7	−57 12	4,74	K5	0,288	0,28	4,70	− 40,4	7,0
Cin 25 A	0 12,7	+43 27	8,2	M2	0,284	0,23	2,89	+ 7,6	10,5
Cin 25 B			10,6	M5				+ 0,2	12,9
Cin 2456 A . . .	18 41,7	+59 29	9,2	M4	0,282	0,28	2,31	+ 7,2	11,5
Cin 2456 B . . .			9,7	M5					12,0
Lac 9352	22 59,4	−36 26	7,44	M2	0,278	0,26	6,90	+ 10,1	9,7
Cin 675	5 07,7	−44 59	9,2	K2	0,262		8,75	+242	11,3
+5° 1668 . . .	7 22,0	+ 5 32	10,0	M4	0,262	0,24	3,75	+ 22	12,1
Ross 614 . . .	6 24,3	− 2 44	11,3	M6	0,260	0,36	1,01		13,4
Krueger 60 A . .	22 24,4	+57 12	9,3	M3	0,258	0,20	0,87	− 24,4	11,4
Krueger 60 B . .			11	M4					13,1
Lac 8760	21 11,4	−39 15	6,65	M1	0,257	0,24	3,53	+ 22	8,7
CC 995	16 24,7	−12 25	9,5	M5	0,255	0,25	1,21		11,5
CC 58	0 43,9	+ 4 55	12,3	F3	0,243		2,98	+238	14,2
CC 1387	22 47,9	−14 47	9,5	M5	0,231	0,25	1,12		11,3
CC 1038	17 21,1	−46 47	9,4	M3	0,225	0,19	1,15		11,2
Wolf 424 A . . .	12 28,4	+ 9 34	12,7	M7	0,225	0,25	1,84		14,5
Wolf 424 B . .			12,7						14,5
+20° 2465 . .	10 14,2	+20 22	9,5	M3e	0,224	0,33	0,49		11,1
Cin 3161	23 59,5	−37 51	8,3	M3	0,222	0,22	6,11	+ 24,0	10,0
Grmbr 1618 . .	10 05,3	+49 58	6,82	M0	0,220	0,18	1,45	− 27,2	8,5
CC 658	11 40,2	−64 17	11		0,219		2,69		12,7
Cin 2354	17 37,0	+68 26	9,5	M4	0,213	0,17	1,33	− 17	11,1
CC 1046	17 29,8	−44 14	10,0	M5	0,208	0,19	1,14		11,6
α Aql	19 45,9	+ 8 36	0,89	A5	0,208	0,16	0,66	− 26,1	2,5
CC 1382	22 42,5	+43 49	10,2	M5e	0,207	0,24	0,84	+ 2	11,8
CC 1290	21 26,9	−49 26	8,6	Ma	0,207		0,78		10,2
o² Eri A	4 10,7	− 7 49	4,48	K0	0,202	0,22	4,08	− 42,4	6,0
o² Eri B			8,9	A					10,4
o² Eri C			10,8	M6e					12,3
AC 79° 3888 . .	11 41,3	+79 14	11,0	M4	0,201	0,15	0,87		12,5

*) Radialgeschwindigkeit nur aus Emissionslinien.

tigsten Beobachtungsergebnisse der nächsten Fixsterne bis zu Entfernungen von 5 pc. Auffällig ist das völlige Fehlen von Riesen, der hohe Anteil absolut schwacher Sterne, sowie ein hoher Prozentsatz (8%) weißer Zwerge.

Sonnenzeit, mittlere, wahre → Zeitmaße.

Sonogramm. Durchstrahlt man einen Werkstoff zum Zwecke der Untersuchung auf Hohlräume, Risse und sonstige Inhomogenitäten mit Ultraschallwellen, so kann die Verteilung und Stärke der durch den Werkstoff hindurchgehenden Wellen an der Kräuselung einer auf seine Oberfläche gebrachten Ölschicht festgestellt werden. Das Bild der gewellten Öloberfläche heißt Sonogramm.

S-Operator. Zur Überwindung der in der Quantentheorie der Wellenfelder auftretenden Schwierigkeiten schlug *Heisenberg* eine Beschreibung der beobachtbaren Größen durch einen *Streuoperator* (S-Operator) vor. Statt der üblichen Beschreibung der Wechselwirkung von Teilchen durch eine Hamilton-Funktion wird in der Theorie des S-Operators nur noch das asymptotische Verhalten (für große Teilchenabstände) durch den S-Operator beschrieben. Liegt ein Zustand φ der *freien* Teilchen vor, etwa ebene Wellen, so ist $S\varphi = \psi$ derjenige Zustand, der nach der Wechselwirkung durch Streuung entstanden ist, aber ψ ist wieder Zustand der *freien* Teilchen. S ist ein unitärer Operator. Man kann daher $S = e^{i\eta}$ mit einem Hermiteschen Operator η schreiben. Die Eigenzustände φ_l von S($S\varphi_l = e^{i\varepsilon_l}\varphi_l$) sind diejenigen, bei denen die einlaufende Welle φ_l bis auf die Phase $e^{i\varepsilon_l}$ mit der auslaufenden $e^{i\varepsilon_l}\varphi_l$ übereinstimmt. Aus den Eigenwerten ε_l von η läßt sich der Wirkungsquerschnitt für Streuung

$$Q = \frac{4\pi}{k^2} \sum_l (2l+1)\sin^2\frac{\varepsilon_l}{2}$$

berechnen.

Heisenberg, W.: Z. Phys. 120, 513, 673 (1943); Z. Naturf. 1, 608 (1946).

Soret-Phänomen, die →Thermodiffusion in Flüssigkeiten.

Soret-Banden, charakteristische Absorptionsbanden von Salpetersäure und Kalium- und Natriumnitrat im Ultraviolett.

Sorption →Adsorption.

Spallation, ein Kernprozeß, bei dem durch ein energiereiches Teilchen eine beträchtliche Zahl von Protonen und Neutronen aus einem Kern herausgeschlagen wird. Der ergiebigste heute bekannte Prozeß dieser Art ist die Umwandlung

$$^{238}_{92}U(\alpha;\ 20p,\ 35n)^{187}_{74}W$$

durch Alphateilchen von 380 MeV, bei dem nicht weniger als 55 Nukleonen frei werden. Prozesse ähnlicher Art sind die →*Zertrümmerungssterne* in photographischen Platten.

Mattauch, J., u. *A. Flammersfeld*: Isotopenbericht. Wiesbaden 1949. – *O'Connor* u. *Seaborg*: Phys. Rev. 74, 347 (1948).

Spalt. Spalte werden in der Optik als Blenden zur definierten Begrenzung von Strahlenbündeln benutzt. Die Spaltbreite ist im allgemeinen klein gegen die Spalthöhe und durch Verschiebung der Spaltbacken einstellbar, meist von ∼0,01 mm an ablesbar. Bei der Verschiebung kann eine Spaltbacke festbleiben oder es können beide verschoben werden (Bilateralspalte). Bei guten Spalten müssen die Spaltbacken selbst bei kleinsten Spaltbreiten parallel bleiben, gut poliert und frei von Verunreinigungen sein.

Spaltbarkeit von Atomkernen, die Eigenschaft, daß an ihnen eine →Kernspaltung ausgelöst werden kann. Spaltbar sind *alle* Atomarten, sofern ihnen genügend Energie zugeführt wird (→Spallation). Besonders wichtig, auch in technischer Hinsicht, ist die Spaltbarkeit von Uran, Plutonium und Thorium, die durch Neutronen leicht gespalten oder in leicht spaltbare Isotope umgewandelt werden können. Der Uranspaltung analoge Kernspaltungen haben sich bei den Elementen vom Tantal aufwärts nachweisen lassen.

Spaltbarkeit von Kristallen, die Fähigkeit vieler Kristalle, sich derart teilen oder *spalten* zu lassen, daß die neugebildeten Grenzflächen, die *Spaltflächen*, rationale Flächen sind. Vollkommene Spaltbarkeit haben Glimmer (z. B. Muskowit $KAl_2(OH)_2AlSi_3O_{10}$) nach der Ebene (001), Gips $CaSO_4 \cdot 2 H_2O$ nach (010), Steinsalz nach der Würfelfläche (100), Kalkspat $CaCO_3$ nach dem Spaltungsrhomboeder (100) usw. In allen diesen Fällen lassen sich vollkommen ebene, spiegelblanke Spaltflächen erzeugen, dagegen ist die Ausführung der Spaltung nicht gleich leicht. Während beim Glimmer und auch beim Gips schon das Hineinschieben eines Messers die Spaltung bewirkt, erfolgt beim Steinsalz und Kalkspat die Spaltung erst durch einen Schlag mit einem Hammer auf ein Messer, dessen Schneide so auf eine Kristallkante aufgesetzt wird, daß die Messerfläche die Richtung der Spaltfläche hat. Viele Kristalle weisen auch weniger vollkommene, unvollkommene oder gar keine Spaltbarkeit auf. Bei manchen Kristallarten fungieren auch zwei oder drei Flächen ungleichwertiger Lage als Spaltflächen.

Spaltflächen verlaufen häufig parallel Netzebenen, die einen großen Netzebenenabstand voneinander haben oder zwischen denen nur schwache Bindungskräfte wirken, wie bei den Schichtgittern zwischen den einzelnen Schichten. Eine befriedigende Deutung des Spaltungsvorgangs gibt es noch nicht. Am wahrscheinlichsten ist die Hypothese von *J. Stark*, wonach während der Spaltung durch Verschiebung eines Teils des Kristalls gegen den Rest Ionen gleichen Vorzeichens einander gegenüber zu liegen kommen und durch ihre Abstoßung den Kristall längs der Grenzebene beider Teile explosionsartig zerreißen.

Auf der Spaltbarkeit beruht *Bergman-Haüys* Dekreszenztheorie, die zur Aufstellung des Haüyschen Gesetzes führte (→Grundgesetz der Kristallographie).

Spaltbeleuchtung. Spalte, insbesondere von Spektralapparaten, stehen meist in der vorderen Brennebene eines Kollimatorobjektivs. Dieses wird nur dann voll ausgenutzt, wenn die Lichtquelle in den ganzen von Spalt und Objektivfassung bzw. Eintrittspupille gebildeten Raumwinkel Strahlen aussendet. Die strahlende Fläche muß deshalb genügend groß sein. Da die meisten Lichtquellen annähernd punktförmig sind oder aus wärmetechnischen oder chemischen Gründen nicht in unmittelbarer Nähe des Spaltes stehen dürfen, werden die Lichtquellen durch Kondensorlinsen, deren Öffnungswinkel gleich dem des Kollimators sein muß, auf dem Spalt abgebildet. Hierdurch kann man einzelne Teile der Lichtquelle untersuchen, aber die Struktur der Lichtquelle ist oft sichtbar, da die Abbildung des Spaltes meist in der Bildebene erfolgt. Um strukturlose Spaltbeleuchtung zu erzielen, muß man das →Köhlersche Beleuchtungsverfahren oder gleichmäßig leuchtende Lichtquellen (z. B. Bandlampen) anwenden. Oft kann man annähernd gleichmäßige Spaltbeleuchtung auch durch unscharfe Abbildung (z. B. durch Streugläser, Ausgleich durch mechanische Bewegung optischer Teile usw.) erreichen. Die Anwendung von →Zylinderlinsen bringt oft Vorteile.

Spaltelemente →Spaltprodukte.

Spaltflügel (*Handley-Page, Lachmann*), eine praktische Anwendung der Erkenntnis, daß eine verzögerte Grenzschicht bei Druckanstieg zur →Ablösung der Strömung führt. Unterteilt man den Tragflügel und beseitigt man die auf seinem vorderen Teil, dem Vorflügel, gebildete Grenzschicht, so daß sie in die Hauptströmung abwandert, während auf dem Hauptflügel eine neue Grenzschicht beginnt, so kann die letztere einen größeren Druckanstieg auf dem sich in der Strömungsrichtung wieder verjüngenden Teil des Flügels überwinden. Auf diese Weise kann die Ablösung zu größeren Anstellwinkeln verlagert bzw. der Höchstauftrieb der Tragfläche beträchtlich erhöht werden.

Spaltisotope, bei der →Kernspaltung auftretende isotope Atomarten der →Spaltprodukte. Die 33 verschiedenen auftretenden →Spaltelemente weisen ganz verschiedene Anzahlen von →Isotopen auf. Bei den als Spaltprodukte auftretenden →Edelgasen und den ihnen benachbarten Elementen ist ihre Zahl am größten.

Spaltprodukte nennt man die Reaktionsprodukte der →Kernspaltung. Am genauesten untersucht sind die bei der Uranspaltung auftretenden Bruchstücke. Bisher haben sich etwa 200 verschiedene Uranspaltprodukte nachweisen lassen, die den Elementen Zn (30) bis Eu (63) angehören. Die Verteilung der Bruchstücke über die auftretenden Massen von 70 bis 160 ist nicht gleichmäßig. Sie zeigt bei den Massenzahlen um 90 und 135 ein Maximum (Tabelle S. 402). Bei anderen Kernspaltungen (→Spaltbarkeit der Atomkerne) konnten die gleichen Spaltisotope nachgewiesen werden wie beim Uran. Die Massenverteilung ist aber schon bei ^{233}U und ^{235}U ein wenig verschieden.

Die bisher nachgewiesenen Spaltprodukte sind wegen ihres Neutronenüberschusses β-aktiv. Lediglich die in geringer Menge auftretenden Isotope des Rubidiums und Cäsiums mit den Massenzahlen 86 und 136 könnten, infolge ihrer Möglichkeit, sowohl Positronen als auch Elektronen auszusenden, eine Ausnahme bilden.

Riezler, H.: Einf. i. d. Kernphysik. Berlin 1950.

Spaltspektrograph →Spektrometrie der Gestirne.

Spalttöne →Musikinstrumente.

Spaltultramiskroskopie, die älteste, technisch durchgebildete Art einseitiger mikroskopischer Dunkelfeldbeleuchtung. Hierbei wird ein einstellbarer Spalt durch eine Linse und ein Mikroobjektiv, d. h. im Prinzip durch ein umgekehrt benutztes Mikroskop, in etwa 15—50facher Verkleinerung scharf in dem zu untersuchenden Objekt abgebildet. Hierdurch wird eine Schicht von wenigen μ Dicke seitlich sehr intensiv beleuchtet. Dieser Lichtstreifen stellt die Objektebene, also einen optischen „Dünnschliff", dar, der verschiedene Objektebenen zu untersuchen gestattet.

Die Beobachtung erfolgt senkrecht zur Ebene dieses Lichtstreifens durch ein Mikroskop. →Dunkelfeldbeleuchtung.

Siedentopf, H., u. *R. Zsigmondy:* Ann. d. Phys. **10**, 4 (1903).

Spaltung →Kernspaltung.

Spaltungsneutronen →Kernspaltung.

Spaltungspunkt (→Staupunkt). Wird ein in eine Flüssigkeit getauchter Körper umströmt, so verschwindet an einem Punkte der Anströmseite die Relativgeschwindigkeit zwischen dem Körper und der Strömung, die sich hier verzweigt. Sofern die Strömung sich nicht vom Körper ablöst, entsteht in der →idealen Flüssigkeit ein weiterer Spaltungspunkt auf der Rückseite des Körpers. Nach der Potentialtheorie können auch im Innern einer Strömung Spaltungspunkte vorhanden sein, wenn z. B. eine schwächere Translationsströmung um einen Kreiszylinder einer stärkeren →Zirkulation überlagert ist.

Spannung →die folgenden Artikel; Spannungen, innere →Eigenspannungen; magnetische →magnetische Spannung, →Potential, magnetisches; Maxwellsche →Maxwellsche Spannungen, wahre →wahre Spannung.

Spannungen, elastische, nennt man die bei der Beanspruchung elastischer (fester) Körper durch äußere Kräfte in seinem Inneren oder in ihrer Oberfläche auftretenden Reaktionskräfte, bezogen auf die Flächeneinheit. Spannungen sind Oberflächenkräfte, d. h. solche, die nur durch Vermittlung einer Fläche auf den Körper wirken und jener proportional sind. Sie haben also die Dimension Kraft/Länge^2.

Es sei P ein Punkt im Inneren des Körpers; seine rechtwinkligen Koordinaten seien x, y, z. Durch P seien drei den Koordinatenebenen parallele Flächenelemente gelegt (Abb.), deren jedes

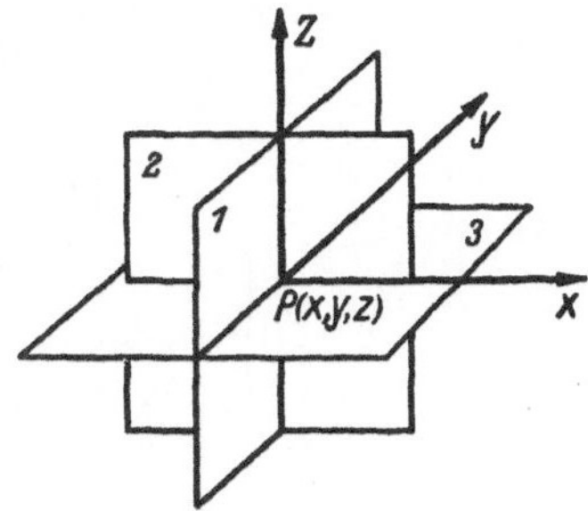

Zum Spannungsbegriff.

durch seine in positiver Achsenrichtung weisende Normale n gekennzeichnet ist. (Bei Fläche 1 ist $n = x$ usw.) Wirkt nun auf irgendein Flächenelement df die Kraft $d\Re$, so ist definitionsgemäß $\mathfrak{t}_n = d\Re/df$ der zu der durch n gekennzeichneten Fläche gehörige Spannungsvektor. Der in P herrschende Spannungszustand wird also durch die drei Vektoren $\mathfrak{t}_x, \mathfrak{t}_y, \mathfrak{t}_z$ gekennzeichnet. Da sie je drei Komponenten $\mathfrak{t}_n(\sigma_{nx}, \sigma_{ny}, \sigma_{nz})$ haben, so wird der Spannungszustand durch die neun Größen σ_{ik} ($i, k = x, y, z$) beschrieben. Es kann bewiesen werden, daß sie Tensorkomponenten sind, weshalb man den Inbegriff der σ_{ik} den *Spannungstensor* nennt. Die in die Richtung der Flächennormalen fallenden Komponenten σ_{xx}, σ_{yy}, σ_{zz} sind die *Normalspannungen*, die in der

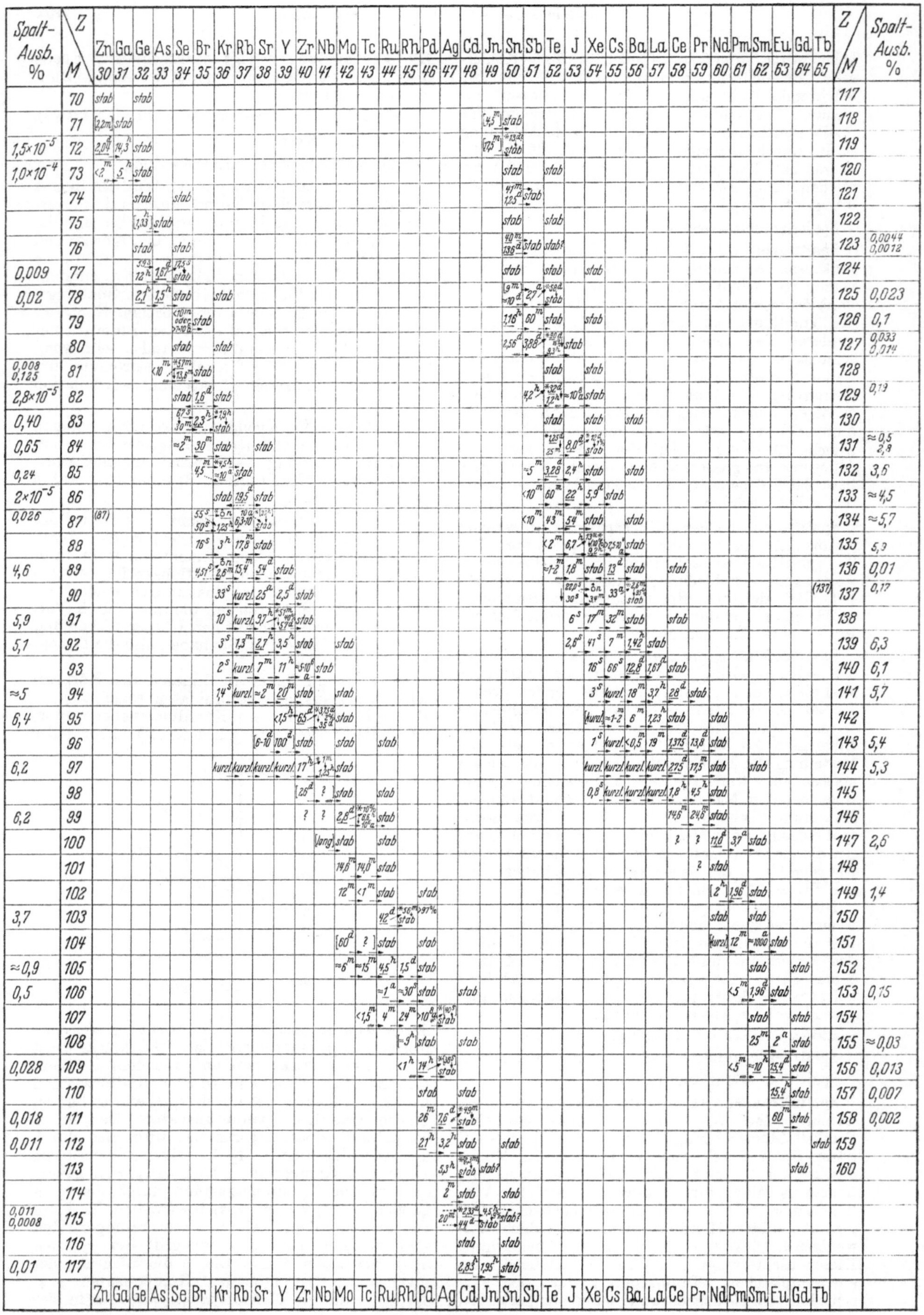

Spaltprodukte-Karte — Ordnungszahl Z (Spaltenkopf) und Massenzahl M (Zeilen). Links die leichten, rechts die schweren Spaltbruchstücke; "stab" = stabil, "kurzl." = kurzlebig, "lang" = langlebig. Halbwertszeiten mit Einheit im Exponenten: s (Sek.), m (Min.), h (Std.), d (Tage), a (Jahre), n ≈ sehr kurz.

Leichte Spaltprodukte ($Z=30$–49)

Spalt-Ausb. %	M	Zn 30	Ga 31	Ge 32	As 33	Se 34	Br 35	Kr 36	Rb 37	Sr 38	Y 39	Zr 40	Nb 41	Mo 42	Tc 43	Ru 44	Rh 45	Pd 46	Ag 47	Cd 48	Jn 49
	70	stab		stab																	
	71	[$3,2^m$]	stab																		
$1,5\times10^{-5}$	72	$2,04^d$	$14,3^h$	stab																	
$1,0\times10^{-4}$	73	$<2^m$	5^h	stab																	
	74			stab		stab															
	75			[$1,33^h$]	stab																
	76			stab		stab															
0,009	77			12^h	$1,67^d$	stab															
0,02	78			$2,1^h$	$1,5^h$	stab	stab														
	79					$<10^m$ oder $>7{\cdot}10$	stab														
	80					stab	stab														
0,008 / 0,125	81				$<10^m$	$13,8^m$	stab														
$2,8\times10^{-5}$	82					stab	$1,6^d$	stab													
0,40	83					30^m	$2,3^h$	stab													
0,65	84					$\approx2^m$	30^m	stab		stab											
0,24	85						$4,5^m$	$\approx10^a$	stab												
2×10^{-5}	86							stab	$19,5^d$	stab											
0,026	87	(87)					55^s	5^n	10^a	[13,1]											
	88						16^s	3^h	$17,8^m$	stab											
4,6	89						$4,5^s$	$15,4^m$	54^d	stab											
	90						33^s	kurzl.	25^m	$2,5^h$	stab										
5,9	91						10^s	kurzl.	37^m	stab											
5,1	92						3^s	$1,3$	$2,1$	$3,5$	stab										
	93						2^s	kurzl.	7^m	11^h	stab										
≈5	94						14^s	kurzl.	$\approx2^m$	20^m	stab	stab									
6,4	95									$<1,5^h$	65^d	stab									
	96										[6-10]	100^d	stab	stab							
6,2	97						kurzl.	kurzl.	kurzl.	kurzl.	17^h	$1,1^m$									
	98										[26^d ?]	stab	stab								
6,2	99										?	?	$2,8^d$	stab							
	100												[lang]	stab							
	101													$14,6^m$	$14,0^m$	stab					
	102													12^m	$<1^m$	stab		stab			
3,7	103														42^d	stab					
	104														[60^d ?]	stab		stab			
$\approx0,9$	105															$\approx6^m$	$\approx15^m$	$4,5^h$	$1,5^d$	stab	
0,5	106																$\approx1^a$	$\approx30^s$	stab	stab	
	107																	$<1,5^m$	4^m	24^m	$>10^8a$
	108																		[$\approx9^h$]	stab	stab
0,028	109																		$<1^h$	14^h	stab
	110																			stab	
0,018	111																			26^m	$7,6^d$
0,011	112																				21^h
	113																				$5,3^h$
	114																				2^m
0,011 / 0,0008	115																				20^m
	116																				
0,01	117																				

Schwere Spaltprodukte ($Z=50$–65)

M	Sn 50	Sb 51	Te 52	J 53	Xe 54	Cs 55	Ba 56	La 57	Ce 58	Pr 59	Nd 60	Pm 61	Sm 62	Eu 63	Gd 64	Tb 65	M	Spalt-Ausb. %
70																	117	
71	[$4,5^m$]	stab															118	
72	[$17,5^m$]	$13,2^d$ stab															119	
73	stab		stab														120	
74	47^m / $1,25^d$	stab															121	
75	stab		stab														122	
76	40^m / 136^d	stab	stab?														123	0,0044 / 0,0012
77	stab		stab		stab												124	
78	[9^m] / $\approx10^d$	$2,7^a$	stab														125	0,023
79	$1,16^h$	60^m	stab		stab												126	0,1
80	$2,56^d$	$3,88^d$	stab														127	0,033 / 0,014
81			stab	stab	stab												128	
82		$4,2^h$	$1,2^h$	$\approx10^8a$	stab												129	0,19
83			stab		stab	stab											130	
84			25^m	$8,0^d$	stab												131	≈0,5 / 2,8
85		$\approx5^m$	$3,28^d$	$2,4^h$	stab		stab										132	3,6
86		$<10^m$	60^m	22^h	$5,9^d$	stab											133	≈4,5
87			$<10^m$	43^m	54^m	stab	stab										134	≈5,7
88				$<2^m$	$6,7^h$	stab	stab										135	5,3
89				$\approx1-2$	$1,8$	stab	13^d	stab	stab								136	0,01
90					22^s / 30^s	34^m	33^a	stab								(137)	137	0,17
91				6^s	17^m	32^m	stab	stab									138	
92				$2,6^s$	41^s	7^m	$1,42^h$	stab									139	6,3
93					16^s	66^s	$12,8^d$	$1,67^d$	stab								140	6,1
94					3^s	kurzl.	18^m	$3,7^h$	28^d	stab							141	5,7
95						[kurzl.]	$\approx1-2$	6^m	$1,23^h$	stab	stab						142	
96					1^s	kurzl.	$<0,5^m$	19^m	$1,375^d$	$13,8^d$	stab						143	5,4
97					kurzl.	kurzl.	kurzl.	kurzl.	275^d	$17,5^m$	stab		stab				144	5,3
98					$0,8^s$	kurzl.	kurzl.	kurzl.	$1,8^h$	$4,5^h$	stab						145	
99									$14,6^m$	$24,6^m$	stab						146	
100											?	?	$11,6^d$	37^a	stab		147	2,6
101												?	stab				148	
102											[2^h]	$1,96^d$	stab				149	1,4
103											stab		stab				150	
104											[kurzl.]	12^m	$\approx1000^a$	stab			151	
105													stab		stab		152	
106												$<5^m$	$1,96^d$	stab			153	0,75
107	stab												stab		stab		154	
108													25^m	2^a	stab		155	≈0,03
109												$<5^m$	$\approx10^h$	$15,4^d$	stab		156	0,013
110	stab													$15,4^h$	stab		157	0,007
111	stab													60^m	stab		158	0,002
112	$3,2^h$	stab	stab													stab	159	
113	stab	stab?													stab		160	
114	stab	stab																
115	$2,33^d$ / 44^d	$4,5^h$ stab?																
116	stab	stab																
117	$2,83^h$	$1,95^h$	stab															

Spaltprodukte und deren Ausbeute.

Ebene der Flächenelemente df_n wirkenden Komponenten die *Schub-* oder *Scherspannungen*, z. B. für eine Fläche, deren Normale in Richtung der x-Achse fällt, die Komponenten σ_{xy} und σ_{xz}. Allgemein haben also die Schubspannungen gemischte, die Normalspannungen zwei gleiche Indizes.

Es läßt sich nachweisen (→elastisches Gleichgewicht), daß der Spannungstensor ein *symmetrischer* Tensor ist, d. h. daß $\sigma_{ik} = \sigma_{ik}$ gilt. Er hat also nur sechs — im allgemeinen verschiedene — Komponenten. Diese beschreiben den Spannungszustand in einem festen Körper vollkommen; d. h. bei Kenntnis der σ_{ik} in einem Punkte P kann der Spannungszustand für eine in beliebiger Richtung n durch P gelegte Ebene angegeben werden, und zwar nach den Gleichungen $k_n = k_x \cos(nx) + k_y \cos(ny) + k_z \cos(nz)$. Diese gestatten die Beantwortung der Frage, ob es Ebenen gibt, *deren Normalen* mit der Richtung der Resultante

$$k = \sqrt{k_{nx}^2 + k_{ny}^2 + k_{nz}^2}$$

zusammenfallen. Die Untersuchung zeigt, daß es drei solche ausgezeichnete Richtungen, die *Hauptspannungsrichtungen*, gibt. Sie stehen paarweise senkrecht aufeinander, bilden also ein orthogonales →Dreibein. Auf Flächenelemente, deren Normalen in die Hauptspannungsrichtungen fallen, wirken definitionsgemäß keine Schubspannungen, sondern nur Normalspannungen, die *Hauptspannungen* heißen und allgemein mit $\sigma_1, \sigma_2, \sigma_3$ bezeichnet werden. Zwei von ihnen stellen den größten bzw. den kleinsten Wert der Normalspannungen dar, den diese haben können. Die Werte von $\sigma_1, \sigma_2, \sigma_3$ sind — da das neue Dreibein gegen das beliebig gewählte Koordinatensystem x, y, z im allgemeinen gedreht ist — natürlich verschieden von denen der $\sigma_{xx}, \sigma_{yy}, \sigma_{zz}$. Es gilt aber stets $\sigma_1 + \sigma_2 + \sigma_3 = \sigma_{xx} + \sigma_{yy} + \sigma_{zz}$, da nach einem allgemeinen Satz der Tensorrechnung die „Spur" eines Tensors *eine* (und zwar die sog. lineare) seiner drei Invarianten ist (→Tensorinvarianten). Da in bezug auf die Hauptspannungsrichtungen der Spannungstensor nur durch die drei Komponenten σ_j ($j = 1, 2, 3$) gegeben wird, ist es bequem, die σ_{ik} ($i, k = x, y, z$) nach einer beliebigen Richtung n durch die σ_j auszudrücken. Dies geschieht durch die Beziehungen

$$\sigma_{xx} = \sum_{j=1}^{n} \sigma_j \cos^2(x, j) \text{ usw.}$$

und

$$\sigma_{xy} = \sum \sigma_j \cos(x, j) \cos(y, j) \text{ usw.}$$

Hierbei bedeutet (x, j) den Winkel zwischen der neuen x-Achse und der j-ten Hauptspannungsrichtung.

Spannung, elektrische, zwischen zwei Punkten ist gleich der Differenz der →Potentiale der beiden Punkte. Die international angenommene Einheit der Spannung ist das absolute →Volt (V$_{abs}$). Man unterscheidet zwischen →Gleichspannung und →Wechselspannung, ferner in der Technik zwischen Niederspannung bis 250 V und Hochspannung über 250 V. — →Strom, elektrischer, →Stromquellen; induzierte Spannung →Induktionsgesetz.

Spannungen in optischen Gläsern. Nur in Schichten von wenigen 10^{-1} mm Dicke ist Glas als wirklich isotrop anzusehen. Große Stücke weisen immer gewisse Eigenspannungen auf, die vom Erkaltungsvorgang herrühren, die aber auch durch Biegung, einseitigen Druck oder Zug, schlechten Temperaturausgleich usw. hervorgerufen werden können. Durch die Spannungen wird die Isotropie des Glases gestört, und es tritt →Spannungsdoppelbrechung des Lichtes auf.

Ein nahezu senkrecht auftreffender linear polarisierter Lichtstrahl wird in solcher Platte in zwei zueinander senkrecht schwingende Komponenten zerlegt, die in Richtung der beiden an dieser Stelle der Platte vorhandenen Hauptspannungen (→Spannungen, elastische) schwingen. Die den beiden Hauptspannungen proportionalen verschiedenen Fortpflanzungsgeschwindigkeiten bewirken bei Austritt des Lichtes eine Phasenverschiebung, wodurch elliptisch polarisiertes Licht entsteht. Der Gangunterschied soll bei präzisionsgekühlten Objektivscheibengläsern an keiner Stelle mehr als 10 mμ/cm betragen, bzw. der Unterschied der Brechzahlen für den ordentlichen und außerordentlichen Strahl soll für sichtbares Licht an keiner Stelle den Betrag von $1 \cdot 10^{-6}$ überschreiten. In gut gekühlten runden Glasplatten zeigen die Eigenspannungen in der Regel völlige radiale Symmetrie. Die Hauptspannungsrichtungen sind radial und tangential, und der Betrag der Doppelbrechung ist in der Plattenmitte Null und nimmt zum Rande zu. Die Verbindungslinien aller Punkte einer Glasplatte, in denen die Hauptspannungen und daher auch die Schwingungsrichtungen der Komponenten parallel sind, heißen Isoklinen. Die durch Spannung hervorgerufene Doppelbrechung kann durch teilweise Aufhellung des Gesichtsfeldes beobachtet werden, wenn die Platte zwischen gekreuzten Polarisatoren beobachtet wird.

Kohlrausch, F.: Prakt. Physik I. Leipzig u. Berlin 1950.

Spannungs-Dehnungs-Beziehungen, die quantitative Formulierung des →Hookeschen Gesetzes, das eine lineare Beziehung zwischen den in einem elastischen Körper herrschenden Spannungen σ_{ik} und den durch sie hervorgerufenen Dehnungen ε_{ik} ausspricht: $\sigma_{ik} = f(\varepsilon_{ik})$, insbesondere für den Fall eines isotropen Körpers. Die durch Umkehrung dieser Gleichungen sich ergebenden Relationen $\varepsilon_{ik} = \varphi(\sigma_{ik})$ heißen entsprechend *Dehnungs-Spannungs-Beziehungen.* →Dehnungskurve, →Hookesches Gesetz.

Spannungsdoppelbrechung, eine Doppelbrechung von normalerweise optisch isotropen Körpern. Rasch abgekühlte Gläser, die infolgedessen starke mechanische Spannungen aufweisen, sind meist recht kräftig spannungsdoppelbrechend. Viele kubische Kristalle (z. B. Diamant C, synthetischer Spinell MgAl$_2$O$_4$) zeigen beträchtliche unregelmäßige Spannungsdoppelbrechung. Häufig besitzen auch doppelbrechende Kristalle eine zusätzliche Spannungsdoppelbrechung, die z. B. optisch einachsigen Kristallen einen zweiachsigen Charakter mit meist von Ort zu Ort verschieden großem Achsenwinkel verleiht und die man gewöhnlich nur an Störungen des optischen Achsenbildes erkennt. Bei einer Reihe von Kristallarten ist die Spannungsdoppelbrechung über größere Bereiche sehr gleichmäßig. Sie ist dann von der äußeren Begrenzung der Kristalle abhängig. So scheinen z. B. in Rhombendodekaedern kristallisierende Kalkgranate Ca$_3$(Al, Fe)$_2$Si$_3$O$_{12}$ aus zwölf doppelbrechenden, optisch zweiachsigen Pyramiden von rhombischer Symmetrie zu bestehen, mit je einer Rhombenfläche als Basis und dem Kristallmittelpunkt als Spitze. Kristallisiert jedoch der Granat in Ikositetraedern, so bildet jede Pyramide über einer der 24 deltoidförmigen Flächen ein optisch einheitliches Gebiet, das ebenfalls optisch zweiachsig ist, jedoch optisch der monoklinen Symmetrie angehört und ganz andere Lagen der optischen Achsen aufweist als beim Rhombendodekaeder. Im Dünnschliff unter dem Mikroskop erscheinen die aneinanderstoßenden Pyramiden zwischen gekreuzten Nicols als verschieden helle Felder deutlich voneinander abgegrenzt (Felderteilung).

Die Erscheinung hat noch keine befriedigende Erklärung gefunden. Die maximale Spannungsdoppelbrechung, d. h. die größte Differenz der Brechungszahlen der beiden senkrecht zueinander schwingenden Wellen derselben Fortpflanzungsrichtung, ist gering. Sie liegt meist um 0,001 bis 0,002 und erreicht oder übersteigt nur in Ausnahmefällen die Stärke einer schwachen normalen Doppelbrechung um 0,005.

Eine leichte Spannungsdoppelbrechung zeigen auch organische Gewebe, z. B. Zellenwände, Haare. Hier kann die Ursache allerdings auch eine Parallellagerung der großen organischen Moleküle sein, ähnlich wie bei der Strömungsdoppelbrechung organischer Flüssigkeiten.

Spannungsenergie bei einem ferromagnetischen Material, die Arbeit je Volumeneinheit, die bei der Drehung der spontanen Magnetisierung gegen die elastischen Spannungen zu leisten ist. Ist der Sättigungswert λ_s der →Magnetostriktion für alle Kristallrichtungen gleich, so hat sie für eine einfache Zugspannung σ den Wert $= \frac{3}{2}\lambda_s\,\sigma\sin^2\vartheta$, wobei ϑ der Winkel zwischen der spontanen Magnetisierung und der Zugrichtung ist. Wählt man als Nullpunkt der Spannungsenergie stets die Vorzugsrichtung der spontanen Magnetisierung, also das Minimum der Spannungsenergie, so gilt bei negativer Magnetostriktion statt dessen $\frac{3}{2}|\lambda_s|\,\sigma\cos^2\vartheta$. Der allgemeine und ziemlich komplizierte Ausdruck bei beliebiger Richtungsabhängigkeit der Magnetostriktion und einem beliebigen Spannungstensor ergibt sich aus Symmetriebetrachtungen und thermodynamischen Überlegungen. Die Vorzugsrichtungen der spontanen Magnetisierung entsprechen im allgemeinen den Minima der Summe aus Kristallenergie und Spannungsenergie, wozu bei manchen kaltgewalzten oder im Magnetfeld getemperten Legierungen noch ein weiterer Anisotropieanteil hinzutritt (→Walzanisotropie, →Tempern im Magnetfeld).

Becker, R., u. *W. Döring:* Ferromagnetismus. Berlin 1939.

Spannungs-Energie-Tensor →Maxwellsche Spannungen.

Spannungskoeffizient →Druckkoeffizient.

Spannungskonstanthaltung bei elektrischen Spannungsquellen erfolgt entweder durch mechanische Regler oder durch rein elektrische Steueranordnungen. Bei den *mechanischen* Reglern unterscheidet man nach der Regelgeschwindigkeit *Trägregler*, welche beim Einsetzen des Regelvorganges den neuen Zustand nur asymptotisch herstellen, da infolge der magnetischen Trägheit der Erregerwicklung ein Überregeln vermieden werden muß, *Eilregler*, bei denen größere Regelgeschwindigkeit durch Anwendung einer →Rückführung zulässig ist (z. B. Thoma-Regler mit Ölservomotor) und *Schnellregler*, bei denen die magnetische Träg-

heit der Erregerwicklung durch starke Spannungserhöhung oder -erniedrigung während des Regelvorgangs überwunden und Überregeln durch eine der Selbstinduktion der Erregung angepaßte Dämpfung verhütet wird (Tirrillregler). Die mechanischen Regler benutzen die elektromagnetischen Kräfte einer an der zu regelnden Spannung liegenden Fühlspule zur Verstellung eines Regelorganes, das als druckempfindlicher Widerstand (Kohledruckregler), als Stufenwiderstand (Stufenregler, Wälzregler), als mechanisch zu verstellender magnetischer Körper (Schubtransformator, Drehregler) oder als elektrischer Spannungsteiler (Ringkernregler) ausgebildet sein kann und vielfach unter Zwischenschaltung eines Servomotors betätigt wird. Die Regelung kann auch dadurch erfolgen, daß die relative Stellung von periodisch bewegten Regelkontakten beeinflußt wird, die einen im Feldkreis der zu regelnden Maschine liegenden Vorwiderstand kurz schließen (Tirrillprinzip).

In neuerer Zeit haben die *Röhrenregler* größere Bedeutung gewonnen, bei denen parallel zu einem im Erregerkreis liegenden Vorwiderstand die Anodenkreise mehrerer parallel geschalteter Elektronenröhren liegen, deren Anodenstrom durch Gittersteuerung verändert werden kann. Die zu regelnde Generatorspannung wird gleichgerichtet und gegen eine Trockenbatterie oder gegen den Spannungsabfall an einer Glimmröhre (→Stabilivoltröhre) kompensiert. Die auftretenden Spannungsänderungen bewirken Gitterspannungsänderungen an einer Verstärkeranordnung, die ihrerseits die im Erregerkreis liegenden Elektronenröhren steuert. Durch Kaskadenschaltung von zwei Stabilivoltstufen kann man Spannungsänderungen von ±10 auf ±0,01% ausregeln.

Auch durch meist in Brückenschaltungen verwendete, mit spannungsabhängigen Widerständen (z. B. Eisenwasserstoffwiderständen) oder mit gesättigten und ungesättigten magnetischen Kernen arbeitende Anordnungen lassen sich brauchbare Regler herstellen.

Spannungsmesser, elektrische →Spannungsmessung, elektrische.

Spannungsmesser, magnetischer (*Rogowsky*), eine langgestreckte, auf einem biegsamen Träger

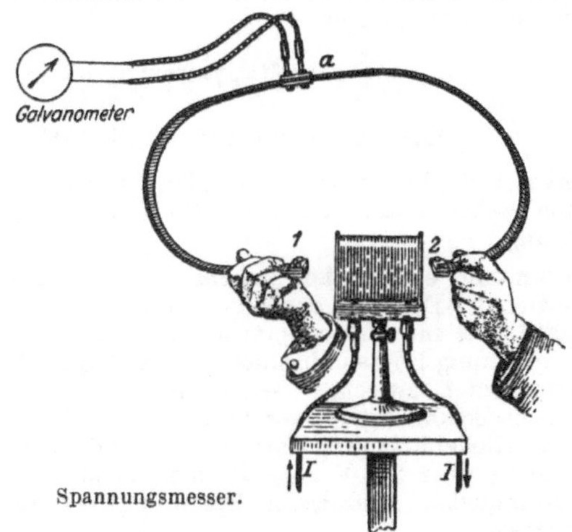

Spannungsmesser.

(Riemen) gewickelte Induktionsspule mit konstantem Querschnitt und konstanter Windungszahl je Längeneinheit (Abb.). Sie ist in zwei gleichsinnige Lagen gewickelt und trägt die Zuleitungen in der Mitte der oberen Lage. Zur Messung der magnetischen Spannung zwischen zwei Punkten *1* und *2* bringt man die Enden des Spannungsmessers an diese, schließt ihn an ein ballistisches Galvanometer an und mißt den Spannungsstoß bei Ein- oder Ausschalten des Magnetfeldes. Man kann statt dessen auch den Spannungsstoß beim raschen Zusammenbiegen des Spannungsmesser zu einem geschlossenen Kreis oder beim Herausziehen aus dem magnetischen Feld messen. Zur Eichung mißt man den Spannungsstoß in einem bekannten Feld oder beim Umschließen eines bekannten Stromes. — *Spannungsmesserjoch* →Jochmethode.

Kohlrausch, F.: Prakt. Physik II. Berlin u. Leipzig 1950.— *Neumann, H.:* ATM J 64-1 (1934).

Spannungsmessung, elektrische. Die genaueste Methode der Spannungsmessung ist die der Kompensation gegenüber einem Normalelement (→Kompensatoren, elektrische). Der dem Prüfling zugeführte Strom wird hierbei nicht durch den →Eigenverbrauch der Meßeinrichtung verändert, wie dies bei allen anzeigenden Spannungsmessern (mit Ausnahme der elektrostatischen Spannungsmesser für Gleichspannung) der Fall ist. Als Spannungsmesser für Gleichspannung werden vorzugsweise Instrumente mit →Drehspulmeßwerk und hohem Eigenwiderstand verwendet; durch Einbau eines Gleichrichters können diese Instrumente auch für Wechselspannungsmessungen eingerichtet werden. Sie zeigen aber den Effektivwert der Wechselspannung nur bei sinusförmigem Verlauf richtig an. →Dynamometrische Spannungsmesser für Wechselspannungsmessungen haben einen hohen Eigenverbrauch; sie sind in neuerer Zeit weitgehend durch →Dreheisenmeßgeräte ersetzt, die auch in astatischer Ausführung als Präzisionsmeßgeräte gebaut werden. Für höhere Spannungen kann bei Wechselspannung der Meßbereich durch →Spannungswandler erweitert werden. Den Scheitelwert von Wechselspannungen mißt man mit →Scheitelspannungsmessern. Für Hochfrequenzmessungen eignen sich →Hitzdrahtinstrumente, →Thermokreuzumformer in Verbindung mit Drehspulmeßgeräten oder elektrostatische Voltmeter.

Spannungsnormale, Normale, durch die wissenschaftliche oder gesetzliche Spannungseinheiten reproduziert und aufbewahrt werden. Praktische Bedeutung hatten oder haben das *Clark-Element* (Urspannung bei 15 °C: 1,4324 int. Volt) und das *Weston-Element* (Urspannung bei 20 °C: 1,01830 int. Volt = 1,01865 abs. Volt). Die Clark-Standardzelle stellte von 1894 bis 1910 in den USA die gesetzliche Reproduktion der Spannungseinheit dar; seit 1911 dient das Weston-→Normalelement zur Darstellung der gesetzlichen Spannungseinheit. In Deutschland wurde das Weston-Normalelement als Subnormal zur Realisierung der internationalen elektrischen Einheiten benutzt, welche durch int. →Ohm und int. →Ampere definiert und gesetzlich festgelegt worden sind. Das Weston-Element dient heute auch wieder zur Realisierung des abs. Volt (→Normalelement).

Spannungsoptik →Photoelastische Verfahren.

Spannungsreihe, elektrochemische. Die $E_{h,\,0}$-Werte oder elektromotorischen Grundkräfte (→Normalpotential) der verschiedenen →einfachen Elektroden Metall/Lösung unter Grundbedingungen (Aktivität der →potential- und mitpotentialbestimmenden Ionen oder Moleküle $a = 1$,

Druck der potentialbestimmenden Gase $p = 1$ atm) lassen sich in eine Reihe ordnen, welche als Spannungsreihe bezeichnet wird (Abb.).

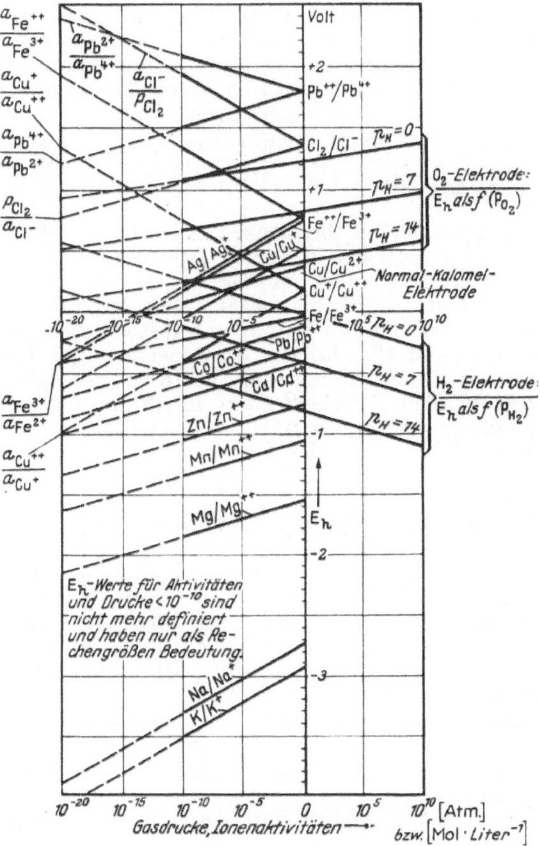

Spannungsreihe.

Elektromotorische Grundkräfte $E_{h,\,0}$ (elektrochemische Spannungsreihe). Abhängigkeit der E_h-Werte von der Aktivität potentialbestimmender Ionen und vom Druck potentialbestimmender Gase.

Beispiele für $t = 25$ °C als Standardtemperatur.

Me/Me^+	Volt	$Redox\text{-}Elektroden:$	V_{int}
Li/Li+	—3,01	(→Oxydations-Reduktions-Potential)	
K/K+	—2,92		
Na/Na+	—2,713	Cr^{3+}/Cr^{2+}	—0,410
Mn/Mn++	—1,05	Cu^{2+}/Cu^{+}	+0,159
Zn/Zn++	—0,763	Fe^{3+}/Fe^{2+}	+0,783
Fe/Fe++	—0,44	Hg^{++}/Hg_2^{++}	+0,906
Co/Co++	—0,27	Chinon/Hydrochinon	+0,6994
Ni/Ni++	—0,23	(→Chinhydron-Elektrode)	
Sn/Sn++	—0,14		
Pb/Pb++	—0,126	→*Elektroden 2. Art:*	
		Ag/AgCl/Cl⁻	+0,222
		$Hg/Hg_2Cl_2/Cl^-$	+0,268
		$Hg/Hg_2SO_4/SO_4^{--}$	+0,615
Cu/Cu++	+0,34	*Halogene:*	
Cu/Cu+	+0,52	J_{fest}/J^-	+0,536
Ag/Ag+	+0,799	Cl_2/Cl^-	+1,358
Hg/Hg++₂	+0,798	$Br_{fl.}/Br^-$	+1,066
Hg/Hg++	+0,861	→*Sauerstoff-Elektrode:*	
		O_2/H^+	+1,229
		O_2/OH^-	+0,398

Negative E_h-Werte der Metallelektroden Me/Me+ kennzeichnen die *unedlen* Metalle, welche sich als zweifache →Elektroden unter Wasserstoffentwicklung auflösen würden, wenn die im allgemeinen bestehenden großen Hemmungen für den Elektronenübergang $e + H^+ \rightarrow \frac{1}{2} H_2$ aufgehoben würden.

In der graphischen Darstellung ist neben den $E_{h,0}$-Werten der verschiedenen Elektroden auch die *Abhängigkeit von der Aktivität* der potentialbestimmenden Ionen und vom Druck der potentialbestimmenden Gase eingetragen.

Kortüm, G.: Lehrb. d. Elektrochemie. Wiesbaden 1948. — *Bockris, J. O'M.,* u. *J. F. Herringshaw:* Discuss. Farad. Soc. **1**, 328/34 (1947).— *Lewis, G. N.,* u. *M. Randall:* Thermodynamik. Wien 1927.

Spannungsreihe, thermoelektrische. Es ist üblich, die →differentiellen Thermokräfte der verschiedenen Metalle bei 0 °C miteinander zu vergleichen. Man erhält so die thermoelektrische Spannungsreihe, wenn man alle Metalle auf dasselbe Bezugsmetall, meist Pb, Cu oder Pt, bezieht. In der Tabelle ist die Spannungsreihe geordnet nach den differentiellen Thermokräften in μV grad^{-1} der Metalle gegen Cu bei 0 °C.

Metall	Sb	Fe	Li	Ce	Mo	Zn	Cd
Thermokraft	+32	+13,4	+8,7	+4,4	+3,3	+0,3	+0,2

Metall	Au	Cu	Rh	Ag	Ir	In	Tl
Thermokraft	+0,1	0	−0,1	−0,2	−0,4	−0,4	−0,8

Metall	W	Cs	Sn	Pb	Mg	Al	Ta
Thermokraft	−1,1	−2,4	−2,6	−2,8	−3,0	−3,2	−3,6

Metall	Pt	Hg	Na	Pd	Ca	Rb
Thermokraft	−5,9	−6,0	−7,0	−8,3	−10,8	−10,8

Metall	K	Co	Ni	Bi
Thermokraft	−14,3	−20,1	−20,4	−72,8

Bei einigen nebeneinanderstehenden Elementen ist, infolge der Kleinheit des Unterschiedes, die Reihenfolge nicht völlig sicher, da die Thermokräfte sehr vom Reinheitsgrad abhängen. Bei einer anderen Wahl der Temperatur (statt 0 °C) würde die Spannungsreihe wesentlich anders aussehen. Man erhält die differentielle Thermokraft bei 0 °C zwischen zwei *beliebigen* Metallen b und a, indem man den Wert des Metalles a der obigen Tabelle von demjenigen des Metalles b abzieht.

Spannungsreihe, Voltasche. Haben drei auf *gleicher Temperatur* befindliche Metalle a, b, c die Kontaktpotentiale P_{ab}, P_{bc}, P_{ca}, so gilt das Voltasche Spannungsgesetz: $P_{ab} + P_{bc} + P_{ca} = 0$. Auf Grund dieser Beziehung kann man die Metalle in eine Reihe ordnen, in der jedes Metall in Berührung mit einem folgenden positiv und mit einem vorhergehenden negativ elektrisch wird. Dies ist die Voltasche Spannungsreihe in Analogie zur thermoelektrischen →Spannungsreihe. Je weiter die Metalle in dieser Reihe auseinander stehen, um so größer ist nach *Volta* ihr Spannungsunterschied.

Spannungsrelaxation →Nachwirkungserscheinungen, elastische.

Spannungsresonanz. Für einen elektrischen Reihenschwingkreis mit der äußeren Wechselspannung $\mathfrak{U}$ gilt die Beziehung

$$i = \frac{\mathfrak{U}}{\mathfrak{R}} = \frac{\mathfrak{U}}{R_r + j\left(\omega L - \dfrac{1}{\omega C}\right)}.$$

Wechselstromwiderstand $\mathfrak{R}$ und Phasenwinkel

$$\varphi = \operatorname{arc tg} \frac{\omega L - \dfrac{1}{\omega C}}{R_r}$$

sind eine Funktion der Erregerkreisfrequenz. Stimmen Erregerfrequenz ω und Eigenkreisfrequenz $\omega_0 = 1/\sqrt{LC}$ des Kreises überein, herrscht also →Resonanz, so wird die imaginäre Widerstandskomponente Null, und $\mathfrak{R}$ hat seinen kleinsten Wert $\mathfrak{R}_0 = R_r$. Für Erregerkreisfrequenzen $\omega \lesseqgtr \omega_0$ nimmt der Widerstand zu, die Phase φ wechselt für $\omega < \omega_0 < \omega$ von $-\dfrac{\pi}{2}$ über den Wert 0 nach $+\dfrac{\pi}{2}$, der Wechselstromwiderstand also von kapazitiven zu induktiven Werten. Bei Resonanz hat der Strom im Kreis seinen Maximalwert; die Spannungen an Spule und Kondensator können dann den mehrfachen Wert der äußeren Spannung $\mathfrak{U}$ erreichen, daher die Bezeichnung Spannungsresonanz. Als *Spannungs-* oder *Resonanzüberhöhung* bezeichnet man das Verhältnis

$$\frac{U_L}{U} = \frac{U_C}{U} = \frac{\omega_0 L}{R_r} = g = \frac{\pi}{b} = \frac{1}{d}$$

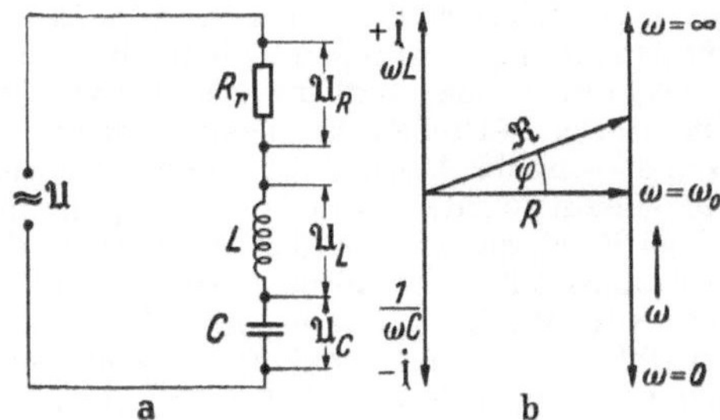

Abb. 1. Reihenschwingkreis.

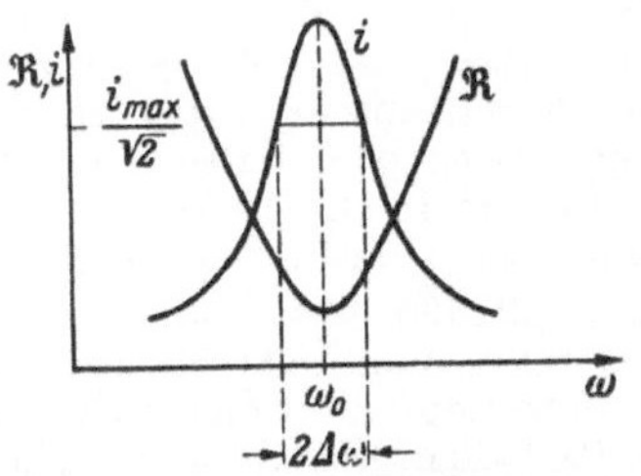

Abb. 2. Ortskurve des Reihenschwingkreises.

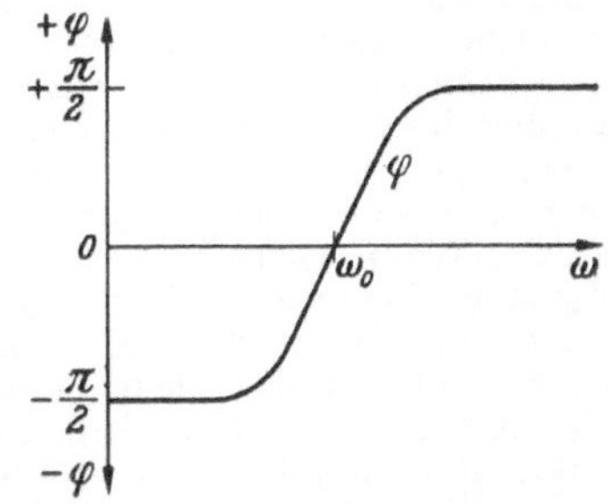

Abb. 3. $\mathfrak{R}$, i und $\varphi = f(\omega)$ beim Reihenschwingkreis.

[d = Dämpfung, $\mathfrak{d}$ = log. Dämpfungsdekrement, g = Gütezahl (-faktor)]. Die Bandbreite der Resonanzkurve, definiert durch die Abnahme der Amplitude auf den $1/\sqrt{2}$fachen Wert, ist $2\Delta\,\omega/\omega_0 = 1/g$. Für diese Amplitude ist $\varphi = \pm 45°$, die induktive bzw. kapazitive Widerstandskomponente also gleich der Ohmschen Komponente des Kreises (Abb. 1 bis 3).

Vilbig, F.: Lehrb. d. Hochfrequenztechnik. Leipzig 1945. — *Zinke, O.:* Hochfrequenzmeßtechnik. Leipzig 1947. — *Möller, H. G.:* Grundl. u. math. Hilfsmittel der Hochfrequenztechnik. Berlin 1940.

Spannungsstabilisator, Spannungsgleichhalter →Spannungskonstanthaltung, →Stabilivoltröhren.

Spannungsstoß →Selbstinduktion.

Spannungsteilung, Anordnung zur Herstellung beliebiger Bruchteile einer gegebenen elektrischen Spannung U. Sie besteht aus einem Widerstand R (Abb.), zwischen dessen Enden 1 und 2 die gegebene Spannung U angelegt wird. Mit Hilfe eines

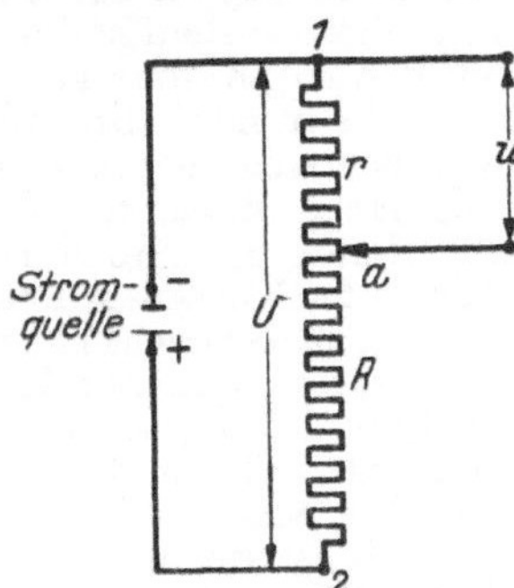

Schema einer Spannungsteiler-Anordnung (Potentiometer).

verschiebbaren Kontaktes a (Abgriff) läßt sich zwischen den Punkten 1 und a jeder zwischen 0 und U liegende Spannungswert herstellen. Diese Vorrichtung wird auch als *Potentiometer* bezeichnet. Die Größe der zwischen 1 und a liegenden Spannung u ergibt sich aus der Proportion $u : U = r : R$, wobei r der zwischen 1 und a liegende Teilwiderstand von R ist.

Handb. d. Experimentalphysik XI. Leipzig 1932.

Spannungstensor, 1. elastischer, → elastische Spannungen; 2. elektrischer, →Maxwellsche Spannungen.

Spannungsthermometer, →Dampfdruckthermometer (Stock-Thermometer).

Spannungsverstärkung oder *Verstärkungsgrad* eines →Verstärkers ist das Verhältnis der an einem Außenwiderstand $\mathfrak{R}_a$ auftretenden Anodenwechselspannung zur angelegten Gitterwechselspannung, also $\mathfrak{V} = -\mathfrak{U}_a/\mathfrak{U}_g$. Aus der Beziehung

$$i_a = S(\mathfrak{U}_g + \mathfrak{U}_a/\mu)$$

ergibt sich die Anodenwechselspannung zu

$$\mathfrak{U}_a = -\mathfrak{U}_g\,\mu\,\frac{\mathfrak{R}_a}{R_i + \mathfrak{R}_a}$$

(S →Steilheit, μ →Verstärkungsfaktor, R_i Innenwiderstand der Röhre). Für die Spannungsverstärkung $\mathfrak{V}$ erhält man daher die Beziehung

$$\mathfrak{V} = \mu\,\frac{\mathfrak{R}_a}{R_i + \mathfrak{R}_a}\,.$$

$\mathfrak{V}$ ist also abhängig vom Verhältnis $\mathfrak{R}_a/R_i$. Für $\mathfrak{R}_a/R_i = 1$ ist $\mathfrak{V} = \mu/2$, für $\mathfrak{R}_a/R_i \to \infty$ wird

$\mathfrak{V} = \mu$, also gleich dem Verstärkungsfaktor der Röhre. Letzterer stellt also die mit einer Röhre maximal zu erzielende Verstärkung dar.

Rothe, H., u. W. Kleen: Elektronenröhren als Anfangsstufenverstärker. Leipzig 1948.

Spannungswaage (*absolutes Elektrometer*), stellt eine Anwendung des Schutzringkondensators (→Schutzring) dar. Die innerhalb des Schutzringes befindliche kleine Kreisplatte ist als Waagschale an einer Waage befestigt. Mit dem Schutzring ist sie durch ein dünnes bewegliches Metallbändchen leitend verbunden und mitsamt dem Gehäuse geerdet. Bei Nullstellung der Waage liegt die Kreisplatte in der Ebene des Schutzringes; ein Anschlag an der zweiten Waagschale schützt sie vor Berührung mit der ihr gegenüber befindlichen festen größeren Kreisplatte. Wird diese auf das zu messende Potential U (gegen Erde) gebracht, so tritt eine elektrische Anziehungskraft zwischen den beiden Kreisplatten auf, die durch das Gewicht G der auf die zweite Waagschale gelegten Gewichtstücke ausgeglichen wird: $U = c_1\sqrt{G}$. Vielfach wird das Gleichgewicht durch Einregulierung eines Stromes i eingestellt, der eine an der zweiten Waagschale befestigte und eine dieser gegenüberstehende feste Spule durchfließt: $U = c_2\,i$.

Handb. d. Physik XVI. Berlin 1927. — *Müller-Pouillet:* Lehrb. d. Physik IV/1. Braunschweig 1932.

Spannungswandler sind →Meßwandler für die Übersetzung von Spannungen, meist von hohen Spannungen auf niedrige transformierend. Ihre Fehler (→Meßgeräte, Klassifizierung) sind abhängig von ihrem primären Leerlaufstrom, ihrer sekundären Außenbürde und dem inneren Ohmschen und Streuwiderstand ihrer primären und sekundären Wicklung (innere Bürde). Über Fehlermessung →Wandlerprüfeinrichtungen.

Spannungszustand →ebener Spannungszustand.

Spatprodukt, das skalare Produkt V aus zwei Vektoren $\mathfrak{A}$ und $\mathfrak{D}$, von denen der eine, etwa $\mathfrak{D}$, das vektorielle Produkt aus zwei anderen Vektoren $\mathfrak{B}$ und $\mathfrak{C}$ ist, also

$$V = \mathfrak{A}\,[\mathfrak{B}\,\mathfrak{C}]\,.$$

Dies ist unter Berücksichtigung von für das skalare und äußere Produkt (→Vektorprodukt) gültigen Rechenregeln gleich

$$\mathfrak{A}\,\mathfrak{B}\,\mathfrak{C} = \begin{vmatrix} A_x & A_y & A_z \\ B_x & B_y & B_z \\ C_x & C_y & C_z \end{vmatrix}$$

Geometrisch stellt es den Inhalt des von den drei Vektoren $\mathfrak{A}$, $\mathfrak{B}$, $\mathfrak{C}$ aufgespannten Parallelelipipeds

Spatprodukt.

(Spat) dar (Abb.). Je nachdem, ob die drei Vektoren in der Reihenfolge $\mathfrak{A}$, $\mathfrak{B}$, $\mathfrak{C}$ ein Rechts- bzw. Linkssystem bilden, ist $\mathfrak{A}\,[\mathfrak{B}\,\mathfrak{C}] \gtrless 0$. Verschwindet dies, ist also $\mathfrak{A}\,[\mathfrak{B}\,\mathfrak{C}] = 0$, so ist das notwendige und hinreichende Bedingung dafür, daß die drei Vektoren, sofern sie alle $\neq 0$ sind, in einer Ebene liegen.

Lagally, M.: Vektorrechnung. Leipzig 1934. — *Valentiner, S.:* Vektoranalysis. Samml. Göschen 354. Berlin 1945.

Spektralanalyse, Methode zum Nachweis bestimmter Bestandteile in einem Stoff von unbekannter Zusammensetzung mit Hilfe des Spektrums dieses Stoffes. Man benutzt dazu entweder das Emissionsspektrum des in Gas- oder Dampfform übergeführten und zum Leuchten angeregten Stoffes (→*Emissionsspektralanalyse*), oder man untersucht sein Absorptionsspektrum (*Absorptionsspektralanalyse*), oder schließlich man regt den unbekannten Stoff — sofern er dazu geeignet ist — durch Einstrahlung von meist ultraviolettem Licht zur Fluoreszenz an und beobachtet das Fluoreszenzspektrum (→*Fluoreszenzanalyse*).

Die *Absorptionsspektralanalyse* wird hauptsächlich bei organischen Stoffen verwendet, z. B. in der Form, daß die unbekannte Substanz in einem geeigneten Lösungsmittel gelöst und diese Lösung in den Strahlengang einer Lichtquelle mit kontinuierlichem Spektrum bekannter Intensitätsverteilung gebracht wird. Die gelöste Substanz absorbiert aus dem Kontinuum die verschiedenen Wellenlängengebiete mehr oder weniger stark. Schickt man die durch die Lösung hindurchgegangene Strahlung in einen Spektrographen, so zeichnet dieser auf der photographischen Platte ein Absorptionsspektrum der unbekannten Substanz. Aus gewissen charakteristischen Einzelheiten dieses Spektrums läßt sich das Vorhandensein bestimmter Stoffe, Elemente und chemischer Bindungsarten in der Substanz erkennen.

Die *Fluoreszenzanalyse* ist nur bei der Untersuchung organischer Stoffe, welche ein charakteristisches Fluoreszenzspektrum haben, gebräuchlich.

Die größte Bedeutung kommt der →*Emissionsspektralanalyse* zu. Sie wird hauptsächlich zum Nachweis von metallischen und metallähnlichen chemischen Elementen benutzt. Entweder wird der Nachweis erbracht, daß in einem unbekannten Stoff bestimmte Elemente überhaupt enthalten sind (*qualitative* Spektralanalyse), oder man zieht aus den Intensitäten der beobachteten Emissionsspektren Schlüsse auf die Konzentration der einzelnen Elemente in dem Stoff unbekannter Zusammensetzung (*quantitative* Spektralanalyse).

Die Emissionsspektren werden auf verschiedene Arten erzeugt.

Flammenspektren. Die Anregung zum Leuchten ist eine rein thermische. Man bringt den zu analysierenden Stoff in eine Bunsenflamme (Leuchtgas-Luft-Gemisch) oder in eine Knallgasflamme (Azetylen-Sauerstoff-Gemisch). Die Bunsenflamme eignet sich nur für Stoffe mit Elementen sehr kleiner Anregungsenergie. Die zu untersuchende Substanz wird entweder in pulverisierter Form der Flamme zugeführt, oder man löst den Stoff in einem geeigneten Lösungsmittel. Die Lösung wird dann in die Flamme mit Hilfe eines Zerstäubers eingeblasen. Flammenspektren wendet man zum Nachweis von Alkali- und Erdalkalimetallen an (niedere Anregungsenergien). Man beobachtet in Flammen stets das →Bogenspektrum dieser Elemente.

Lichtbogenspektren. In den positiven Krater eines Reinkohle-Gleichstromlichtbogens wird die zu untersuchende Substanz eingeführt. Auch auf die Anode eines Bogens zwischen reinen Kupferelektroden wird die Substanz gebracht. Die Anregung erfolgt vorwiegend thermisch; man beobachtet hauptsächlich Bogenlinien der Elemente. Analysiert man Metalle, so werden die Elektroden einfach aus der Metallprobe selbst hergestellt. Im Lichtbogen sind bereits geringe Spuren eines Elements nachweisbar.

Funkenentladungsspektren. Den zu untersuchenden, meist metallischen Stoff verwendet man als Elektroden der Funkenstrecke. Die kondensierte Funkenentladung wird bevorzugt. Außer den Bogenspektren werden die →Funkenspektren verschiedener Ordnungen beobachtet. — →Spektralanalyse mit Röntgenstrahlen.

Gerlach, Schweitzer u. *Riedl:* Die chem. Emissionsspektralanalyse. Leipzig 1930/36.

Spektralanalyse mit Röntgenstrahlen. Mit Röntgenstrahlen lassen sich nur feste Stoffe analysieren. Außerdem sind Elemente mit Ordnungszahlen < 19 (Kalium) praktisch nicht mehr zu erfassen, weil ihre Eigenstrahlung zu langwellig ist. Die Probe wird nach Möglichkeit auf die Antikathode aufgelötet oder in diese eingerieben. Für die Analyse wird vorzugsweise die K-Serie (→charakteristische Röntgenstrahlung) herangezogen, da sie linienarm und übersichtlich ist. Bei schweren Elementen ist auch noch die L-Serie mit ihrer relativ niedrigen Anregungsspannung geeignet. Zur Erzeugung der Spektren dienen die Methoden der →Röntgenspektroskopie.

Hat man eine Erhitzung der Probe zu vermeiden, so kann auch ihre →Röntgenfluoreszenzstrahlung angeregt werden (Kalterregung). Die Probe wird in diesem Falle in möglichst großer Nähe der Antikathode in der Röntgenröhre untergebracht, um übermäßig lange Belichtungszeiten zu vermeiden. Dabei kann der Probe ein bekanntes Element in bekannter Konzentration, letzteres bei *quantitativer* Analyse, beigemischt werden.

Auch das Absorptionsspektrum kann zur Röntgenspektralanalyse herangezogen werden. Die Probe wird dann als Filter in die Bremsstrahlung einer Röntgenröhre eingeschaltet. Die Lage der →Absorptionskante ist für das gesuchte Element charakteristisch. Mit der K-Absorptionskante ist z. B. die eben noch nachweisbare Menge bei Molybdän 0,7 mg/cm² und bei Wolfram 6,3 mg/cm²

Handb. d. Experimentalphysik XXIV/2. Leipzig 1930. — *Glocker, R.:* Materialprüfung mit Röntgenstrahlen. Berlin 1936. — *v. Hevesy, G.:* Chemical Analysis by X-Rays and Applications. New York 1932.

Spektralbolometer, ein schmales →Bolometer zur Energiemessung in Spektren, insbesondere im Ultrarot.

Spektrale Intensitätsmessung → Spektralphotometrie.

Spektrale Lichtquellen →Spektrallampen.

Spektralfarben. *Reine* Spektralfarben (*monochromatisches Licht*) im strengen Sinne bestehen aus Licht einheitlicher Wellenlänge, werden also nur durch einzelne Spektrallinien verwirklicht, wobei u. U. noch deren →Feinstruktur und →Linienbreite zu berücksichtigen ist. Im *farbmetrischen Sinne* versteht man unter Spektralfarben schmale Bereiche des sichtbaren kontinuierlichen Spektrums, innerhalb derer das Auge noch keine Farbunterschiede bemerkt. Ihre →Farbvalenzen bilden in der →Farbtafel den *Spektralfarbenzug*. Jede reelle Farbvalenz kann als additive →Farbmischung einer Folge von Spektralfarben betrachtet werden.

Spektralfarbenzug →Farbtafel.

Spektralfilter →Farbfilter.

Spektralkataloge →Sternkataloge.

Spektralklassen der Sterne →Spektraltypen.

Spektrallampen, kleine Gasentladungslampen mit von der Entladung aufgeheizten Oxydelektroden zur Erzeugung der Spektren von Gasen und Metalldämpfen. Das eigentliche Entladungsrohr ist zur Wärmeisolation in einem Kolben eingeschmolzen. Die Metalldampflampen (Na, K,

Rb, Cs, Zn, Cd, Hg, Tl) haben eine Grundfüllung von einigen Torr Edelgas zur Zündung. Die K-, Rb- und Cs-Lampen arbeiten bei 1 A im Niederdruckgebiet und eignen sich zur Eichung im Ultrarot bis $3,6\,\mu$. Bei 3 A erfolgt der Übergang zur Hochdruckentladung mit eingeschnürter Säule und starker Emission der Nebenserien und eines kontinuierlichen Rekombinationsspektrums. Die Hg-, Cd-, Zn- und Tl-Lampen sind bei Verwendung von UV-Gläsern oder Quarz auch im UV-Gebiet, die Cd-Lampe an der unteren Grenze des zulässigen Stromstärkebereichs als Wellenlängennormal für interferometrische Messungen geeignet.

Spektrallinien, ursprünglich die in einem Spektrometer entstehenden monochromatischen Spaltbilder. Heute spricht man von den Spektrallinien oder meist kurz *Linien* eines Atoms oder Moleküls im Sinne der diskreten Wellenlängen des von ihnen emittierten oder absorbierten Lichtes; z. B. die Hg-Linie 2536, d. h. das vom Hg-Atom emittierte Licht von der Wellenlänge 2536 Å. →Linienspektrum.

Spektralphotometrie. *I. Allgemeines.* Die Spektralphotometrie hat die Aufgabe, die Intensitätsverteilung im Spektrum einer Strahlungsquelle zu ermitteln. Die Messung der Intensitäten geschieht entweder visuell (subjektive Methode) oder unter Benutzung eines Strahlungsmeßgerätes (objektive Methode). Die visuelle Methode beschränkt sich natürlich auf das sichtbare Spektralgebiet.

Visuelle Spektralphotometrie. Man vergleicht mit dem Auge die zu messende Strahlung mit der einer konstanten Lichtquelle von bekannter spektraler Energieverteilung. Dieser Vergleich wird für enge Spektralbereiche oder einzelne Wellenlängen vorgenommen. Als Vergleichsstrahlungsquellen dienen die Temperaturstrahler, in erster Linie der schwarze Körper (Hohlraumstrahlung), die Wolframbandlampe und normale Metalldrahtglühlampen. Die spektrale Intensitätsverteilung des schwarzen Körpers kann mit Hilfe des Planckschen Strahlungsgesetzes berechnet werden. Für nicht zu hohe Temperaturen genügt auch das Wiensche Gesetz. Die spektrale Intensitätsverteilung der Wolframbandlampe und der normalen Glühlampen muß experimentell bestimmt werden. Die von ihnen emittierte Strahlung wird mit Hilfe eines →Monochromators, am besten eines Doppelmonochromators, in ein Spektrum zerlegt. Aus diesem werden durch einen Spalt enge Spektralbezirke ausgesondert und deren Energie mit einer empfindlichen Thermosäule gemessen.

Die Apparate, welche speziell zum visuellen Vergleichen der Strahlungen zweier verschiedener Lichtquellen in gleichen, engen Spektralbezirken entwickelt worden sind, heißen *visuelle* Spektralphotometer. Durch Blenden, rotierende Sektoren, durch meßbare Veränderung der Breite des Eintrittsspaltes oder durch sonstige Vorrichtungen zur Abschwächung werden die beiden Strahlungen in dem interessierenden Spektralbezirk auf gleiche Helligkeit gebracht. Dann läßt sich das Intensitätsverhältnis für die beiden Strahlungen aus dem Betrage der Abschwächung berechnen. Nach diesem Prinzip arbeiten die visuellen Spektralphotometer von *Hüfner, Lummer-Brodhun* und *König-Martens.* In der Spektrometrie und Spektroskopie werden die visuellen Methoden jedoch nur selten benutzt.

Objektive Spektralphotometrie. Alle Methoden der objektiven Spektralphotometrie beruhen darauf, daß die zu messende Strahlungsenergie in eine andere, leicht und genau zu messende Energieform umgewandelt wird. Bevorzugt werden angewendet: die lichtelektrische, die thermoelektrische und die photographische Spektralphotometrie.

Die zusammengesetzte Strahlung muß zunächst spektral zerlegt werden. Dies erfolgt durch einen →Monochromator (→Ultrarotmonochromator), besser durch einen Doppelmonochromator, da letzterer nur sehr wenig störendes Streulicht ergibt. Häufig modifiziert der Spektralapparat die in seinen Eintrittsspalt gelangende Strahlung, so daß deren spektrale Zusammensetzung am Austrittsspalt verändert ist. Die Messungen der Intensitätsverteilung sind dann verfälscht. Diese Eigenschaft des Spektralapparats eliminiert man, indem man mit ihm die Intensitätsverteilung einer Strahlungsquelle von bekannter Strahlungszusammensetzung, z. B. eines schwarzen Körpers oder einer geeichten Wolframbandlampe mißt. Aus einer solchen Messung kann dann für jede Wellenlänge ein Korrekturfaktor ermittelt werden.

II. Lichtelektrische Spektralphotometrie. Als Strahlungsempfänger wird eine →lichtelektrische Zelle verwendet. Diese arbeitet trägheitslos, hat aber den Nachteil einer selektiven, spektralen Empfindlichkeit, deren Verteilung genau bekannt sein muß, um eine einwandfreie spektrale Photometrierung durchzuführen.

Man verwendet Photozellen mit äußerem und solche mit innerem photoelektrischem Effekt. Die ersteren sind nur für das sichtbare und ultraviolette Spektralgebiet geeignet. Gebräuchlich sind Vakuumzellen mit Cs-, K-, Na- und Cd-Photokathoden. Im Gebiet der Sättigung ist für eine bestimmte Wellenlänge der Photostrom streng proportional der auffallenden Strahlungsintensität. Gut geeignet sind auch die auf dem inneren Photoeffekt beruhenden und ohne merkliche Trägheit arbeitenden →Halbleiterphotoelemente. Proportionalität zwischen auffallender Strahlungsintensität und Photostrom besteht bei ihnen jedoch nur für kleine Strahlungsintensitäten. Auch die Photoelemente haben eine selektive, spektrale Empfindlichkeitsverteilung, welche für Zwecke der spektralen Photometrierung ermittelt werden muß. Im sichtbaren Spektralgebiet eignen sich Cu_2O- und Selenphotoelemente. Die Thallofidzelle ist bis etwa $1\,\mu$ brauchbar, die Bleisulfidzelle bis $3\,\mu$, die Bleiselenidzelle bis $4,5\,\mu$.

III. Thermoelektrische Spektralphotometrie. Die zu messende Strahlung wird auf die geschwärzten Lötstellen einer →Thermosäule oder eines →Thermoelements konzentriert, wo sie absorbiert und vollständig in elektrische Energie umgesetzt wird. Es besteht dann weitgehende Proportionalität zwischen auffallender Strahlungsintensität und resultierender Thermokraft. Der Thermostrom wird mit einem empfindlichen Spiegelgalvanometer gemessen. Darüber hinaus sind Methoden entwickelt worden, um die bei sehr geringer auffallender Strahlungsintensität entstehenden kleinen und schlecht meßbaren Galvanometerausschläge zu verstärken, z. B. durch ein →*Thermorelais.*

Es sind Anordnungen entwickelt worden, um die Intensitätsverteilung durch das gesamte Spektrum einer Strahlungsquelle thermoelektrisch kontinuierlich zu messen und zu registrieren. Letzteres erfolgt durch den Lichtzeiger des Anzeigegalvanometers auf gleichförmig vorbeibewegtem lichtempfindlichem Papier oder auf einer photographischen Platte. Hierzu sind Thermoelemente mit sehr geringer Trägheit erforderlich.

IV. Photographische Spektralphotometrie, die meist benutzte Methode der objektiven Spektralphotometrie. Sie beruht auf der Abhängigkeit der →Schwärzung einer lichtempfindlichen photographischen Schicht von der absorbierten Strahlungsenergie. Das vom Spektrographen auf der photographischen Platte erzeugte Bild des Spektrums einer Strahlung besteht nach Entwicklung und Fixierung der Platte aus Gebieten mehr oder weniger starker Schwärzung. Für jede Wellenlänge muß die Schwärzungskurve der photographischen Platte bestimmt werden, um die Intensität der Strahlung, welche in einer bestimmten Zeit eine gewisse Schwärzung hervorruft, angeben zu können. Hierbei interessieren meist nur relative Intensitäten, also die Verhältnisse der Intensitäten für verschiedene diskrete Wellenlängen der Strahlung. Aber auch absolute Intensitätsmessungen sind photographisch durchführbar.

Bei der photographischen Spektralphotometrie verfährt man folgendermaßen: Mit dem Spektrographen nimmt man auf einer photographischen Platte ein gut durchbelichtetes Spektrum der zu untersuchenden Strahlung auf. Auf der gleichen Platte und mit demselben Spektrographen stellt man dann Schwärzungsmarken, auch Intensitätsmarken genannt, her. Man verwendet für diese das Spektrum einer Strahlungsquelle von bekannter spektraler Intensitätsverteilung, am besten eines Temperaturstrahlers mit kontinuierlichem Spektrum, etwa eines schwarzen Körpers oder einer geeichten Wolframbandlampe (Normallampe). Im ultravioletten Spektralgebiet ist das Wasserstoffkontinuum (→Wasserstofflampe) sehr geeignet. Auch das Linienspektrum der Quecksilberlampe von *Krefft* und *Rüttenauer* (Hg-Normal) ist für das sichtbare und ultraviolette Gebiet geeignet. Die Schwärzungsmarken werden gewonnen, indem man die Strahlung von bekannter Intensitätsverteilung schrittweise auf bekannte Bruchteile der ursprünglichen Intensität schwächt und jedesmal ein Spektrum mit gleicher Belichtungsdauer auf die Platte druckt. Die Abschwächung der Vergleichsstrahlung läßt sich auf verschiedene Weisen durchführen. Dabei ist vor allem zu beachten, daß alle Spektralgebiete in gleicher Weise geschwächt werden. Hat man eine punktförmige Lichtquelle, so kann die Abschwächung in einwandfreier Weise durch Änderung des Abstandes zwischen Lichtquelle und Spalt erfolgen ($1/r^2$-Abstandsgesetz). Bei einer Lichtquelle mit kontinuierlichem Spektrum läßt sich die Intensitätsänderung durch Verändern der Breite des symmetrischen Spektrographenspaltes erreichen. Ferner sind zur Abschwächung gebräuchlich der →Stufenabschwächer, der →Graukeil, oft auch in den Strahlengang geeignet eingebrachte Lochblenden.

Erschwert wird die photographische Spektralphotometrie durch den Umstand, daß photographische Platten selbst der gleichen Sorte, ja sogar der gleichen Emulsionsnummer, merkliche Schwankungen ihrer spektralen Empfindlichkeit aufweisen. Auch an verschiedenen Stellen ein und derselben Platte sind diese Schwankungen mit-

unter zu verzeichnen. Aus diesem Grunde müssen das zu untersuchende Spektrum und die Intensitätsmarken stets auf der gleichen Platte, am besten mehrfach an verschiedenen Stellen derselben aufgenommen werden.

Die Messung der Schwärzungen der photographischen Platte für die interessierenden Spektralbereiche erfolgt mit dem →Mikrophotometer oder dem →Registrierphotometer.

Handb. d. Physik XIX. Berlin 1929. — *Kohlrausch, F.:* Prakt. Physik I. Leipzig u. Berlin 1950. — *Ornstein, Moll* u. *Burger:* Objektive Spektralphotometrie. Braunschweig 1932.

Spektralpyrometer →Strahlungspyrometer.

Spektralröhren, Entladungsröhren (*Geißlersche Röhren*) zur Untersuchung der Spektren von Gasentladungen, die in ihrer Mitte zu einer Kapillaren verengt sind.

Spektralschar →Spektrum eines Operators.

Spektralterm →Term.

Spektraltypen der Fixsterne. Die jetzt gebräuchliche Klassifikation der Sternspektren geht auf Arbeiten der Harvard-Sternwarte zurück (→Draper-Katalog). Die Spektralreihe P—O—B—A—F—G—K—M stellt eine Skala abnehmender Oberflächentemperatur dar. Die einzelnen Spektralklassen, deren wichtigste in der Abbildung dargestellt sind, werden noch durch hinzugefügte Ziffern 0 bis 9 dezimal unterteilt. Die Hauptkennzeichen der einzelnen Typen sind:

Q: Neue Sterne (stark veränderliches Spektrum),

P: Planetarische Nebel (Emissionsspektrum),

W: Stark verbreiterte Emissionslinien auf kontinuierlichem Untergrund (Wolf-Rayet-Sterne),

O: Absorptionslinien des ionisierten Heliums,

B: Linien des neutralen He, von H (Balmer-Serie), O+, Si++,

A: Balmer-Serie vorherrschend, Linien ionisierter Metalle (Mg+, Ca+),

F: Zunahme der Ca+- und der Metallinien, Auftreten des G-Bandes (CH) bei 4308 Å,

G: G2 = Sonnenspektrum, stärkste Linien sind H und K von Ca+, äußerst zahlreiche Metallinien, Balmer-Serie noch deutlich,

K: die Linien H und K, das G-Band (CH) und die Ca-Linie 4227 A in stärkster Ausprägung, Auftreten von TiO-Banden, Kontinuum im UV äußerst schwach,

M: zahlreiche Absorptionsbanden, vorwiegend von TiO,

R: Banden von Zyan (CN) und Kohlenoxyd (CO) vorherrschend,

N: wie R, aber besonders schwaches Kontinuum im Violett, tiefrote Farbe,

S: ähnlich M und N, aber Banden von Zirkonoxyd vorherrschend.

Für die Bezeichnung von Besonderheiten im Spektrum sind noch Zusatzbuchstaben gebräuchlich, so bedeuten

n: diffuse Absorptionslinien, z. B. A2n,

s: scharfe Absorptionslinien, z. B. B8s,

c: extrem scharfe Absorptionslinien, Übergigantencharakter, z. B. cG3,

e: im Spektrum treten Emissionslinien auf, z. B. BOe,

p: das Spektrum zeigt sonstige Besonderheiten (peculiar), z. B. BOp.

Die praktische Durchführung der Klassifikation geschieht auf Grund der Intensitätsverhältnisse von bestimmten Linienpaaren; man benutzt dazu

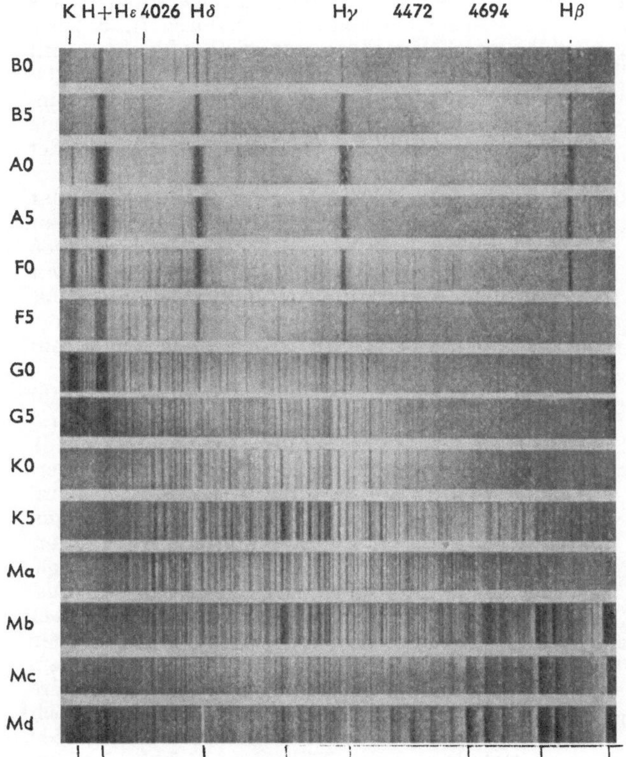

Typische Spektren der Spektralklassen von B8—M8 (Detroit).

Spektren kleiner Dispersion, die mit →Objektivprisma aufgenommen sind. Die Genauigkeit einer solchen Klassifikation beträgt etwa ±0,2 Spektralklassen oder ±3% des Bereiches von B0 bis M10.

Spektralwertbestimmung, Feststellung der Farbmaßzahlen (→Farbmessung) für die Farbvalenzen der monochromatischen Strahlungen (spektrale Breite meist 5 mμ). Bei der Durchführung einer Spektralwertbestimmung, für die man am besten spezielle spektrale Farbmischapparate (Helmholtz-König, Wright) benutzt, werden die spektralen Farbvalenzen zunächst stets auf drei reelle Primärvalenzen bezogen. Später werden sie aus theoretischen oder aus Zweckmäßigkeitsgründen auf virtuelle Primärvalenzen umgerechnet, um alle Spektralwerte positiv werden zu lassen. Besonders berühmte Spektralwertbestimmung von A. König

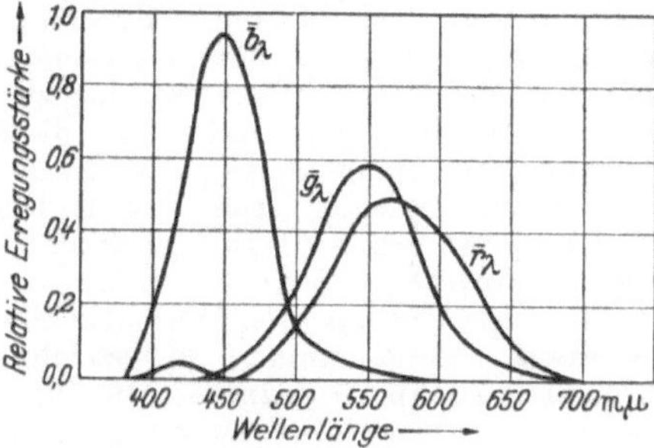

Abb. 1. Spektralwertkurven nach König in der Modifikation von Ives.

und C. Dieterici (1892); jetzt international benutzte Werte von W. D. Wright (1928/29) und J. Guild (1931). Abb. 1 zeigt die Ergebnisse von König, modifiziert von H. Ives; die Werte sind auf physiologische Grundvalenzen $\mathfrak{R}$, $\mathfrak{G}$, $\mathfrak{B}$ (Fehlfarben der Dichromaten) bezogen; in Abb. 2 sind

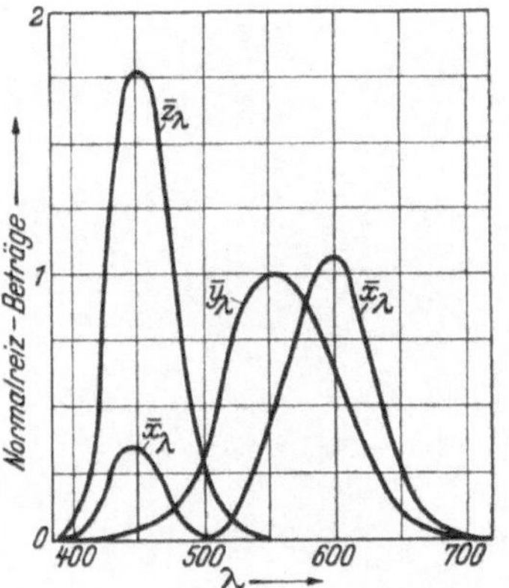

Abb. 2. Norm-Spektralwertkurven (IBK 1931).

die auf den →Normalbeobachter und die auf die virtuellen Normalvalenzen $\mathfrak{X}$, $\mathfrak{Y}$, $\mathfrak{Z}$ bezogenen Norm-Spektralwertkurven der Internationalen Beleuchtungskommission 1931 dargestellt.

König, A., u. C. Dieterici: Die Grundempfindungen in normalen u. anomalen Farbensystemen u. ihre Intensitätsverteilung im Spektrum. Z. Psychol. 4, 241 (1892). — Richter, M.: Grundriß d. Farbenlehre d. Gegenwart. Dresden 1940. — Wright, W. D.: Researches of Normal and Defective Colour Vision. London 1946.

Spektroheliogramm, monochromatisches Bild der Sonnenscheibe im Lichte einer bestimmten Spektrallinie. Im allgemeinen wird im Kern der Ca+-Linie K = 3969 Å oder der Wasserstofflinie H_α = 6563 Å beobachtet (Kalzium- und Wasserstoff-Spektroheliogramme). →Spektroheliograph

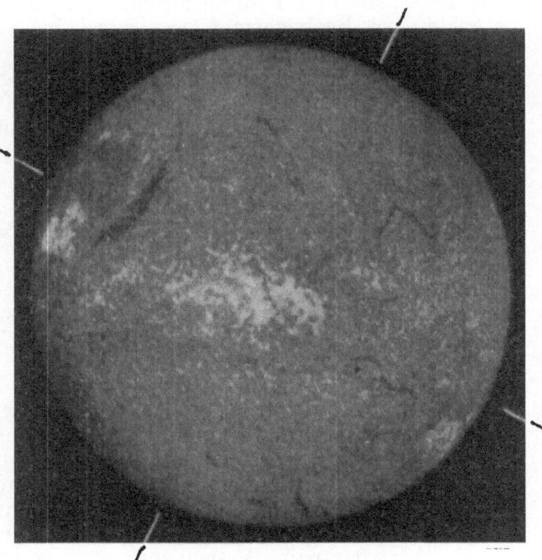

Abb. 1. Kalzium-Spektroheliogramm, aufgenommen am 29. März 1910 von Deslandres (Observatoire de Meudon).

Die großen hellen Gebiete, die namentlich auf den Ca+-Bildern (Abb. 1) hervortreten, sind die chromosphärischen Fackeln, die in engem Zusammenhang

mit den →Sonnenfackeln in der →Photosphäre
stehen. Die hellen Elemente der grobkörnigen
Struktur der Spektroheliogramme werden als
→Flocculi bezeichnet. Die dunklen, meist langgestreckten Absorptionsgebiete, die →Filamente,
die auf H_α-Bildern (Abb. 2) besonders deutlich er-

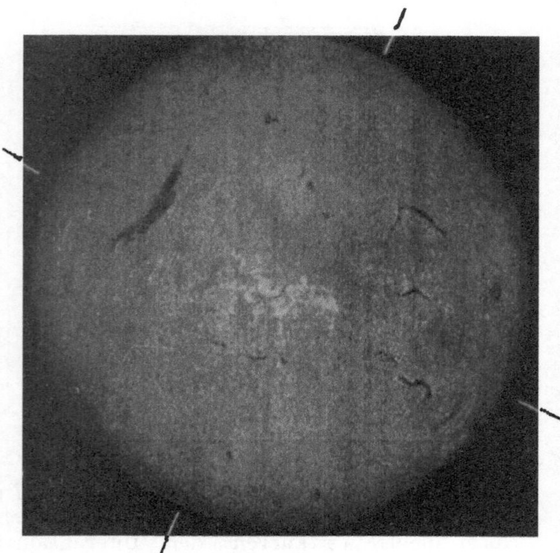

Abb. 2. Wasserstoff-Spektroheliogramm, aufgenommen am
29. März 1910 von *Deslandres* (Observatoire de Meudon).

scheinen, sind identisch mit den →Protuberanzen
der Sonne.

Spektroheliograph, Instrument zur photographischen Aufnahme der Sonnenoberfläche in einem
engen Wellenlängenbereich von 0,1 Å Breite, gewöhnlich dem Lichte des Zentrums einer einzelnen
Fraunhofer-Linie. →Spektroheliogramm.

Die Sonne wird durch eine Linse L auf den
Eintrittsspalt S eines Monochromators hoher Dispersion (bei Beobachtung im grünen bis roten
Spektralbereich gewöhnlich Zerlegung durch Gitter, im violetten und blauen Bereich Zerlegung
durch mehrere Prismen mit insgesamt etwa 50 cm
Basislänge) abgebildet (Abb.). Unmittelbar hinter

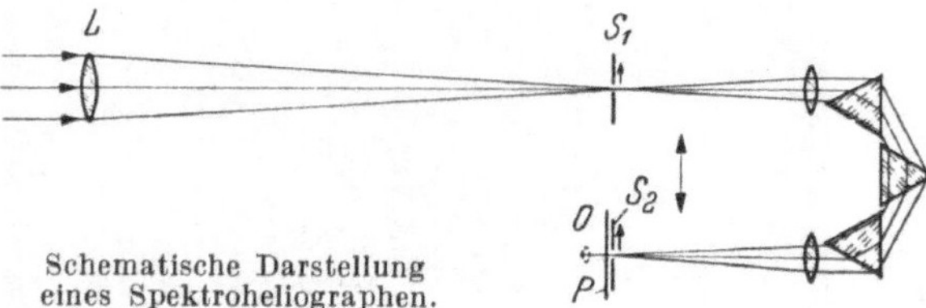

Schematische Darstellung
eines Spektroheliographen.

dem Austrittsspalt S_2 befindet sich die photographische Platte P. Bewegt man bei feststehendem Sonnenbild den ganzen Spektralapparat, so
daß der Einspalt das Sonnenbild überstreicht, so
entsteht auf der Platte das gewünschte monochromatische Sonnenbild. Je nach der Lage des
vom Austrittsspalt ausgeblendeten Spektralbereichs innerhalb einer intensiven Fraunhofer-
Linie, z. B. der Linie K von Ca^+ (3969 Å), erhält
man →Spektroheliogramme von verschiedenen
Schichten der Sonnenatmosphäre. Je näher der
Linienmitte man beobachtet, um so höhere
Schichten werden abgebildet.

Spektrohelioskop nach *Hale,* Anordnung zur
visuellen Beobachtung der Sonnenoberfläche im
monochromatischen Licht einer Spektrallinie,
meist der Wasserstofflinie H_α. Es entsteht aus
dem →Spektroheliographen dadurch, daß man,
z. B. durch synchron rotierende Prismen mit
quadratischer Grundfläche vor Ein- und Austrittsspalt, das primäre Sonnenbild rasch über den Eintrittsspalt hin und her bewegt und im gleichen
Rhythmus die Bilder des Austrittsspaltes wieder
zu einem monochromatischen Sonnenbild zusammenfügt, das vom Beobachter durch ein Okular
betrachtet wird. Das Spektrohelioskop dient zur
Beobachtung rasch veränderlicher Erscheinungen
in der →Chromosphäre und am Sonnenrand, vor
allem des Auftretens von →Eruptionen, wobei
durch internationale Zusammenarbeit eine möglichst lückenlose Sonnenüberwachung angestrebt
wird.

Spektrokomparator, Längenmeßgerät speziell für
die Bestimmung von Wellenlängen aus photographischen Spektralaufnahmen (→Spektrometrie).
Der Abbe-Komparator besteht aus einem verschiebbaren Schlitten, auf welchem nebeneinander ein sehr guter, auf Glas oder Quarz ge-
teilter Maßstab (mm-Teilung) und die zu ver-
messende Spektralaufnahme liegen. Die Längsrichtung des Maßstabes fällt genau mit der Dis-
persionsrichtung des Spektrums zusammen. Über
dem Maßstab und über der photographischen
Platte befindet sich in unveränderlichem gegen-
seitigem Abstand je ein Mikroskop. Das erstere
enthält ein Okularmikrometer, welches noch
0,001 mm genau zu messen, 0,0001 mm zu schätzen
gestattet. Das andere Mikroskop enthält ein Oku-
larfadenkreuz. Durch Verschieben des Schlittens
werden die Schwerpunkte der zu vermessenden
Spektrallinien genau mit dem Fadenkreuz zur
Deckung gebracht. Mit dem Okularmikrometer
des anderen Mikroskops wird die Lage der Linien-
schwerpunkte am Glasmaßstab gemessen. In
gleicher Weise werden die Lagen bekannter Wellenlängen eines auf der gleichen photographischen
Platte und mit derselben Dispersion aufgenommenen Vergleichsspektrums (→Spektrometrie) gemessen. Die unbekannten Wellenlängen lassen sich
dann durch einfache Interpolation genau berechnen. Die Metallteile des Komparators werden zum
Teil aus Invar (sehr geringer Ausdehnungskoeffizient) hergestellt.

Spektrometermethode   →Bragg-Methode,
→Drehkristallmethode.

Spektrometrie (*Spektroskopie*) hat die Aufgabe,
die in einer elektromagnetischen Strahlung enthaltenen Frequenzen bzw. Wellenlängen und die
auf diese entfallenden Intensitäten möglichst genau zu ermitteln. Die für diese Untersuchungen
konstruierten Apparate heißen *Spektralapparate.*
Sie nehmen eine Fourier-Analyse der zu untersuchenden Strahlung vor, indem sie diese nach
Frequenzen (Wellenzahlen) bzw. Wellenlängen in
ein Spektrum zerlegen. Die Spektralapparate
lassen sich in drei große Klassen einteilen: →*Pris-
menspektralapparate,* →*Gitterspektralapparate* und
→*Interferenzspektralapparate.* Wird das Spektrum
photographisch aufgenommen, so bezeichnet man
die Apparate als *Spektrographen.* Die für visuelle
Beobachtung und die für Verwendung von Strahlungsempfängern (Thermosäule, Thermoelement,
Radiometer, Mikroradiometer, Bolometer) ein-

gerichteten Spektralapparate heißen *Spektrometer*. Die Spektralapparate weisen besondere Konstruktionsmerkmale auf, je nachdem sie für das sichtbare, das ultraviolette oder das ultrarote Spektralgebiet bestimmt sind.

Spektralapparate werden ferner zur Herstellung monochromatischen Lichts von bestimmter Wellenlänge benutzt. Sie heißen dann →Monochromatoren.

Außer der Messung der →Wellenlänge einzelner Spektrallinien werden deren Intensität, Form und Struktur bestimmt. Bei kontinuierlichen Spektren werden die spektrale Lage und der Intensitätsverlauf innerhalb des Kontinuums gemessen. Die Spektren werden teils in *Emission*, teils in *Absorption* untersucht.

Die Messung der *Wellenlänge* einer Linie kann direkt oder indirekt erfolgen. Die erstere Methode (*absolute* Wellenlängenmessung) beruht auf der Wellenlängenabhängigkeit der Beugungs- und Interferenzerscheinungen (→Beugung des Lichtes am Gitter, →Interferenzspektralapparat). Die *indirekte* Wellenlängenmessung erfolgt durch den Vergleich der Lage der unbekannten Linie mit der Lage von Linien bekannter Wellenlänge (*Liniennormalen*). Als solche verwendet man neben Edelgasatomlinien die Linien des Eisenlichtbogens (→Pfundbogen). Als *Grundnormal*, auf welches die genannten Liniennormalen bezogen werden, dient die rote Cd-Linie. Ihre Wellenlänge in trockener Luft bei 15 °C und 760 Torr beträgt $6{,}4384696 \cdot 10^{-7}$ m. In neuester Zeit wird auch die gelbgrüne Kr-Linie (im Vakuum $\lambda = 5{,}6511289 \cdot 10^{-7}$ m) als Grundnormal benutzt.

Die Intensität, Form und Struktur einer Linie erhält man am genauesten mit Hilfe der photographischen Photometrie (→Spektralphotometrie IV). Auch der Intensitätsverlauf innerhalb eines Kontinuums wird mit dieser Methode bestimmt. Die Strahlung sehr intensiver Linien und enger Spektralbezirke kann auch absolut mit Hilfe geeichter Strahlungsempfänger gemessen werden.

Handb. d. Physik XVIII. Berlin 1929. — *Kohlrausch, F.*: Prakt. Physik I. Leipzig u. Berlin 1950.

Spektrometrie der Gestirne, neben der Photometrie das wichtigste Beobachtungsverfahren der Astrophysik. Aus dem Sternspektrum lassen sich unter anderem die →Sterntemperaturen, die chemische Zusammensetzung der Sternatmosphären, der Ionisationsgrad und Druck in den Atmosphären, die Rotation und das Magnetfeld, die Geschwindigkeit des Sterns im Visionsradius (Radialgeschwindigkeit) und ihre zeitlichen Änderungen durch Bahnbewegung (→Doppelsterne) oder Pulsation (→Veränderliche Sterne) ableiten. Bei der →interstellaren Materie ergibt die Spektroskopie Aufschlüsse über die chemische Zusammensetzung, die Dichte, den Ionisationsgrad und die Bewegungen der interstellaren Gasmassen und über die Teilchengrößen des →kosmischen Staubes. Die Spektroskopie der →Spiralnebel führte zur Kenntnis ihrer →Rotation und zur Entdeckung der →Expansion des Weltalls.

Zur Erzeugung der Sternspektren, deren Beobachtung fast ausschließlich photographisch erfolgt, dienen entweder →Objektivprismen, spaltlose oder Spaltspektrographen. Das Objektivprisma wird in der Hauptsache zur Klassifizierung von Spektren (→Spektralklassen) und neben dem spaltlosen Spektrographen zur Untersuchung der Intensitätsverteilung im kontinuierlichen Sternspektrum zum Zwecke der Bestimmung von →Sterntemperaturen benutzt. Der Spaltspektrograph, meist im Cassegrain-Fokus großer →Spiegelteleskope angebracht, erlaubt die Messung genauer Wellenlängen und die Bestimmung von Linienintensitäten und Linienkonturen. Da die Spaltweite kleiner ist als der Durchmesser des durch die →Szintillation hervorgerufenen Zerstreuungsscheibchens, tritt ein erheblicher Lichtverlust am Spalt ein; doch werden im Gegensatz zum Objektivprisma und spaltlosen Spektrographen die Linienkonturen nicht durch die Szintillation gestört. Die Sternspektrographen sind gewöhnlich mit 1 bis 3 Prismen und auswechselbaren Kameras verschiedener Brennweite ausgerüstet. Das Öffnungsverhältnis des Kollimators muß gleich dem Öffnungsverhältnis des Spiegels sein. Es ist nötig, die Spektrographen sehr kompakt und stabil aufzubauen, damit bei den verschiedenen Lagen keine Biegungsstörungen auftreten. Die Spektrographen werden mit einem Heizkasten mit automatischer Temperaturregelung umgeben, damit die Aufnahmen bei konstanter Temperatur erfolgen. Zur Erzeugung des für Wellenlängenmessungen erforderlichen Vergleichsspektrums dient meist ein Eisenbogen; die Elektroden sind in der Nähe des Spaltes fest eingebaut, und das Licht wird so auf den Spalt gespiegelt, daß die Vergleichsspektren zu beiden Seiten des Sternspektrums erscheinen. Die Auswertung der Spektren erfolgt im Meßmikroskop oder Komparator bzw. für Intensitätsmessungen im registrierenden →Mikrophotometer. Zur Spektroskopie der Sonne dienen besondere Verfahren, da die große Strahlungsintensität die Verwendung größter Dispersionen zuläßt (→Spektroheliograph, →Spektrohelioskop, →Turmteleskop).

Handb. d. Experimentalphysik XXVI. Leipzig 1937. Handb. d. Astrophysik I, VII. Berlin 1933/1936.

Spektrometrie von γ-Strahlen. Die ersten direkten Spektren im Wellenlängenbereich der γ-Strahlen wurden mit den Methoden der Röntgenspektroskopie schon 1914 von *Rutherford* und *Andrade* aufgenommen. Nach denselben Methoden untersuchten später *Thibaud* und *Frilley* die γ-Strahlung der Radiumfamilie bis herunter zu 16 X.E. Da es für dieses Gebiet keine Spektrometerkristalle mit einer genügend kleinen Gitterkonstanten gibt und da außerdem die Durchdringungsfähigkeit der Strahlung sehr groß ist, lassen sich nach den gewöhnlichen Methoden mit *ebenen* Kristallen nicht gleichzeitig hohe Intensität und hohes Auflösungsvermögen erreichen. *Du Mond* und seine Mitarbeiter entwickelten daher ein neues Spektrometer mit *gebogenem* Kristall. Mit ihm lassen sich Präzisions-Wellenlängenmessungen an γ-Linien durchführen. Als Spektrometerkristall dient eine gebogene, 1 mm dicke Platte aus kristallinem Quarz von $70 \cdot 80$ mm, die unter Ausnutzung der (310)-Ebenen (Gitterkonstante $d = 1{,}175$ Å) in Durchstrahlung verwendet wird. Der Krümmungsradius und damit die Brennweite des gebogenen Kristalles, welcher wie ein Rowlandsches Konkavgitter fokussierend wirkt, ist 2 m. Die Braggschen Reflexionswinkel sind von der Größenordnung 10 bis 100'. Die mit diesem Kristall erreichte große Apertur macht die Vereinigung großer Intensität und hohen Auflösungsvermögens möglich. Mit Hilfe einer Präzisionsschraube lassen sich Absolutmessungen der Wellenlänge im Bereich zwischen etwa 500 und 7 X.E. durchführen. Bei den kleinen Wellenlängen ist die Dispersion des Instruments 1,186 X.E./mm. Als Nachweismittel für die γ-Strahlung dient ein Multizellular-Geiger-Müller-Zähler mit Bleischeidewänden. Das Auflösungsvermögen ist so groß, daß sich photographisch das Wolfram- und Silber-$K_{\beta_1 \beta_2}$-Dublett einwandfrei trennen läßt. Die gemessene Linienbreite ist etwa gleich der natürlichen Linienbreite. Folgende Tabelle zeigt die Genauigkeit, mit welcher die Wellenlänge einer γ-Linie des künstlich radioaktiven Goldisotops Au[198] (Halbwertszeit 2,7 Tage) gemessen wurde.

λ_s	λ_a	Energie des Lichtquants
30,095 X. E.	$30{,}156 \cdot 10^{-11}$ cm	0,41100 MeV
30,080	30,141	0,41121
30,065	30,126	0,41141
30,085	30,146	0,41114
30,083	30,144	0,41116
$30{,}082 \pm 0{,}004$	$30{,}143 \pm 0{,}004$	$0{,}41118 \pm 0{,}00005$

λ_s ist die Wellenlänge in der Siegbahn-Skala, λ_a die absolut gemessene Wellenlänge. Als wahrscheinlichster Wert für die Energie des Lichtquants wird angegeben

$$h\nu = (0{,}4112 \pm 0{,}0001) \text{ MeV.}$$

Die Meßgenauigkeit im γ-Strahlengebiet ist dank dieser neuen Methode ebenso groß wie diejenige im Röntgengebiet. Die an dieser Linie gemessene Halbwertsbreite ist 0,125 X.E. Die Stärke der γ-Strahlenquelle bei diesen Messungen betrug 1 Curie. Der hohe Wert war erforderlich, da bei dieser Wellenlänge nur 0,3% der auf die 310-Ebene des Quarzes auffallenden Intensität reflektiert werden.

Messungen an γ-Linien von J[131] ergaben die folgenden Wellenlängen und zu ihnen gehörenden Energien:

λ_a [cm]	Energie des Lichtquants [MeV]
$(34{,}033 \pm 0{,}01) \cdot 10^{-11}$	$364{,}18 \pm 0{,}1$
$(154{,}671 \pm 0{,}01) \cdot 10^{-11}$	$80{,}133 \pm 0{,}005$
$(43{,}622 \pm 0{,}02) \cdot 10^{-11}$	$284{,}13 \pm 0{,}1$

Die Summe der letzten beiden Energien ist mit einer Genauigkeit von $^1/_{4500}$ gleich der ersten Energie, was von *Du Mond* und seinen Mitarbeitern als erste einwandfreie Bestätigung des →Ritzschen Kombinationsprinzips im Spektrum einer Kern-γ-Strahlung angesehen wird. Gleichzeitig ist es eine Prüfung für die Wellenlängenskala des Spektrometers.

Neuerdings ist es auch gelungen, die Wellenlänge der *Vernichtungsstrahlung* (→Zerstrahlung) bei der Vereinigung eines Positrons und eines Elektrons in ausgezeichneter Übereinstimmung mit dem theoretischen Wert zu messen.

Du Mond, J. W. M.: A High Resolving Power Curved-Crystal Focusing Spektrometer for Short Wave-Length X-Rays and Gamma-Rays. Rev. sci. Instrum. 18, 626 (1947). — *Du Mond, J. W. M., David A. Lind* u. *Bernard B. Watson:* Precision Wave-Length and Energy Measurements of Gamma-Rays from Au[198] with a Focusing Quartz Crystal Spectrometer. — *Lind, D. A., J. Brown, D. Klein, D. Müller* u. *J. W. M. Du Mond:* Precision Measurements of Gamma-Rays from J[131] with the 2-Meter Focusing Curved Crystal Spektrometer. Phys. Rev. 75, 1544—1545 (1949).

Spektrometrie der Röntgenstrahlen →Röntgenspektrometrie.

Spektroskop, kleiner Prismenspektralapparat zur raschen Überprüfung eines Spektrums im sichtbaren Spektralgebiet. Man verwendet ein Prisma mit geringer Dispersion, so daß vom Okulargesichtsfeld das gesamte sichtbare Spektralgebiet erfaßt wird. Häufig wird das *Amici-Prisma* (Abb.)

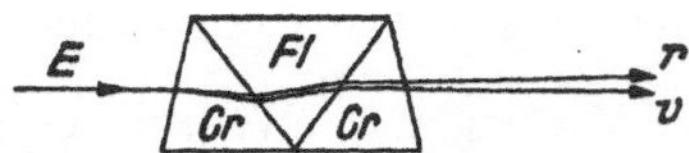

Dreiteiliges Amici-Prisma.
Cr zwei gleiche Kronglasprismen, *F* Flintglasprisma, *E* Richtung des einfallenden, unzerlegten Lichtes, *r* Richtung des roten, *v* Richtung des violetten Strahlenbündels.

benutzt. Es besteht aus einem Flintglasprisma und zwei kleineren Kronglasprismen, die auf das erstere aufgekittet sind, oft auch aus zwei Flint- und drei Kronglasprismen. Durch geeignete Wahl der brechenden Winkel erreicht man die spektrale Zerlegung des einfallenden Lichtes ohne wesentliche Ablenkung aus der Einfallsrichtung (*Geradsicht-Spektroskop*). Mit Hilfe eines besonderen Strahlenganges wird eine Wellenlängenskala in das Okulargesichtsfeld projiziert, um eine ungefähre Wellenlängenabschätzung zu ermöglichen.

Spektroskopie →Spektrometrie.

Spektroskopische Hauptkonstanten →Atomkonstanten.

Spektrum, ursprünglich nur die (kontinuierliche oder diskontinuierliche) Farb- bzw. Wellenlängenfolge im zerlegten Licht einer Lichtquelle; heute aber auf verschiedene andere Erscheinungen übertragen (Tonspektrum eines Klanges, Geschwindigkeitsspektrum von β-Strahlen usw.). →Bandenspektren, →kontinuierliche Spektren, →Linienspektren.

Spektrum, energiegleiches, übereinkommensgemäß ein Spektrum, in dem die Strahldichte S_λ in jedem gleich breiten *Wellenlängen*bereich $d\lambda$ die gleiche ist. Die Kurve der spektralen Energieverteilung ist also bei Darstellung im Wellenlängenmaßstab eine Parallele zur λ-Achse, aber im Frequenzmaßstab ($\nu = c/\lambda$) eine Kurve 2. Ordnung.

In der Farbenlehre spielt die Farbvalenz $\mathfrak{E}$ des energiegleichen Spektrums eine besondere Rolle (→Farbmessung). Es ist vereinbart, sie als →Unbunt anzusehen.

Spektrum, magnetisches, von β-Strahlen →β-Spektrum.

Spektrum eines Operators. Ist für zwei →Projektionsoperatoren P und Q für alle f $(Pf, f) \geqq (Qf, f)$, so schreibt man kurz $P \geqq Q$. Eine einparametrige Schar von Projektionen

$$E_\lambda \ (-\infty < \lambda < +\infty)$$

heißt eine *Spektralschar*, wenn $E_\lambda \leqq E_\mu$ für $\lambda < \mu$, $E_{\lambda+0} = E_\lambda$ (d. h. $E_{\lambda+\varepsilon}f \to E_\lambda f$ für $\varepsilon > 0$ und $\varepsilon \to 0$), $\lim\limits_{\lambda \to -\infty} E_\lambda = 0$ und $\lim\limits_{\lambda \to +\infty} E_\lambda = 1$ (dem →Einheitsoperator).

Jeder selbstadjungierte Operator A läßt sich dann mit einer geeigneten Spektralschar darstellen durch das Stieltjessche Integral

$$A = \int\limits_{-\infty}^{+\infty} \lambda \, dE_\lambda .$$

Jeder unitäre Operator U entsprechend durch

$$U = \int\limits_{0}^{2\pi} e^{i\varphi} \, dE_\varphi .$$

Für einen abgeschlossenen linearen Operator B und eine komplexe Zahl z bezeichnen wir die Gesamtheit der Lösungen f der Gleichung $Bf = zf$ mit $\mathfrak{E}_z$. $\mathfrak{E}_z$ ist ein Unterraum des →Hilbert-Raumes. Enthält $\mathfrak{E}_z$ nicht nur den Nullvektor, so heißt z ein Eigenwert von B und $\mathfrak{E}_z$ der zu z gehörige Eigenraum, und die Elemente $f \neq 0$ von $\mathfrak{E}_z$ heißen Eigenvektoren (Eigenfunktionen) von B zum Eigenwert z. Die Dimension von $\mathfrak{E}_z$ heißt die Vielfachheit oder der Entartungsgrad von z.

Für einen selbstadjungierten Operator A sind alle Eigenwerte reell und E_λ der Raum, der zu dem Projektionsoperator $E(\lambda) = E_\lambda - E_{\lambda-0}$ gehört, d. h. die Eigenwerte sind die Sprungstellen von E_λ. Sie bilden das *Punktspektrum* von A. Die Werte λ, für die es ein ε mit $E_{\lambda-\varepsilon} = E_{\lambda+\varepsilon}$ gibt, heißen *spektralfrei*. Die restlichen Werte von λ (die also weder spektralfrei sind, noch zum Punktspektrum gehören) bilden das kontinuierliche Spektrum von A. Die Eigenräume $\mathfrak{E}_{\lambda_1}$ und $\mathfrak{E}_{\lambda_2}$ sind für $\lambda_1 \neq \lambda_2$ orthogonal aufeinander, wie überhaupt die zu zwei Intervallen $\lambda_1 < \lambda_2$ und $\mu_1 < \mu_2$ (mit $\lambda_1 < \mu_2$) gehörigen Projektionsoperatoren $E_{\lambda_2} - E_{\lambda_1}$ und $E_{\mu_2} - E_{\mu_1}$ zwei aufeinander orthogonale Unterräume bestimmen. Wird der Hilbert-Raum durch Funktionen, z.B. $\varphi(x, y, z)$, gebildet, so kommt es häufig vor, daß die Gleichung

$$A\varphi = \lambda\varphi$$

neben den richtigen Lösungen φ_ν zu den Eigenwerten λ_ν mit $\int |\varphi_\nu|^2 \, dx \, dy \, dz = 1$ noch Lösungen $\varphi_\lambda(x, y, z)$ besitzt, für die $\int |\varphi|^2 \, dx \, dy \, dz$ nicht existiert. Es läßt sich dann oft schreiben

$$E_\lambda f = \sum_{\nu \text{ mit } \lambda_\nu \leqq \lambda} \varphi_\nu (\varphi_\nu, f) + \int_{-\infty}^{\lambda} \varphi_\lambda \left(\int \overline{\varphi}_\lambda f \, dx \, dy \, dz \right) d\lambda.$$

Für einen unitären Operator gilt Entsprechendes wie für einen selbstadjungierten, nur daß die Eigenwerte nicht reell, sondern von der Form $e^{i\varphi}$, d. h. vom absoluten Betrage 1 sind.

Spektrumseichung, frühere Bezeichnung für →Spektralwertbestimmung.

Spektrumsvariable sind Sterne mit periodischen oder unregelmäßigen Intensitätsänderungen verschiedener Absorptions- und Emissionslinien. Dabei treten im allgemeinen keine merklichen Änderungen der Gesamthelligkeit der Sterne auf. Vor allem Sterne des →Spektraltyps A mit ungewöhnlich starken Metallinien gehören zu den Spektrumsvariablen, ihre Perioden liegen meist zwischen 1 und 20 Tagen. Bei dem Stern BD−18°3789 vom Typ Aop sind mit den in einer Periode von 9,3 Tagen erfolgenden Intensitätsänderungen bestimmter Metallinien (Cr II und Eu II) Feldstärkeänderungen eines zum Stern gehörigen Magnetfeldes zwischen 7000 und 6000 Oe mit Polwechsel verbunden.

Deutsch, A. J.: Astrophys. J. **105**, 283 (1947). — *Babcock, H. W.:* Publ. Astronom. Soc. Pac. **59**, 260 (1947).

sperm candle →Spermazeti-Kerze.

Spermazeti-Kerze (sperm candle), auch London Standard Spermazeti Candle genannt, Einheit für die →Lichtstärke, welche in England von 1860 bis 1898 als primäre Lichteinheit diente (→photometrische Einheiten). Die sperm candle war definiert als die Lichtstärke der Spermazeti-Walrat-Kerze, ihr Verhältnis zur →Hefner-Kerze (HK) wurde 1893 von der Physikalisch-Technischen Reichsanstalt mit dem Ergebnis 1 sperm candle = 1,14 HK bestimmt. 1898 wurde die sperm candle

in England von der pentane candle (→Pentan-Kerze) abgelöst.

Sperrdrossel = →Drosselspule.

Sperrkondensator, ein Kondensator, der dazu dient, in Wechselstromkreisen einer Gleichspannung den Weg zu verriegeln. Ferner → Blockkondensator.

Sperrkreis, eine Drosselspule mit parallel liegendem Kondensator (Parallelschwingkreis). Für die Resonanzfrequenz $\omega_0 = 1/\sqrt{LC}$ wirkt der Kreis als hoher Widerstand, während außerhalb der Resonanz nur der induktive oder kapazitive Widerstand maßgebend ist. Im Rundfunkempfang wird ein Sperrkreis häufig in die Antennenzuleitung gelegt, um einen starken Sender so zu schwächen, daß er den Empfang der übrigen Sender nicht mehr stört.

Barkhausen, H.: Elektronenröhren IV. Leipzig 1950. — *Möller, H. G.:* Grundl. u. math. Hilfsmittel d. Hochfrequenztechnik. Berlin 1940.

Sperrschicht →Sperrschichteffekt; atmosphärische →Inversion.

Sperrschichteffekt →Halbleiter, Allgemeines, →Überschußhalbleitung, →Mangelhalbleitung. Ein Störstellenhalbleiter grenze unmittelbar an ein Metall (Abb. 1). Legt man diese Kombination in einen Stromkreis, so beobachtet man, daß für viele Metalle der elektrische Strom bevorzugt nur in einer Richtung durch die Grenze zwischen Metall und Halbleiter hindurchgelassen wird. Es tritt also eine *Gleichrichterwirkung* auf. Es bildet sich im Gebiet der Berührungsfläche zwischen Metall und Halbleiter

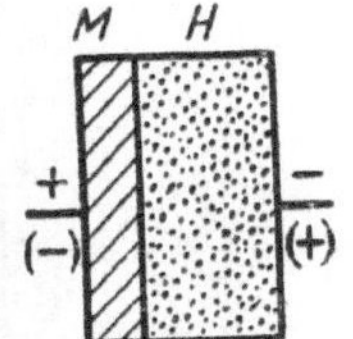

Abb. 1. Sperrschichteffekt.

im letzteren eine *Sperrschicht* aus. Nicht bei allen Metall-Halbleiter-Kombinationen ist dies der Fall.

Die Deutung der Sperrwirkung an der Grenze zwischen Metall und Halbleiter hat *W. Schottky* gegeben. Er zeigt, daß sich im Halbleiter unmittelbar an der Grenze zum Metall eine Randschicht ausbildet, deren elektrischer Widerstand von der Stromrichtung abhängt. In einem Störstellenhalbleiter mit überall gleicher Störstellenkonzentration — zunächst sei die Betrachtung nur auf Überschußhalbleiter beschränkt — befinden sich im zeitlichen Mittel stets einige frei bewegliche Elektronen im Leitungsband (→Halbleitung, Mechanismus). Sie werden durch Zufuhr thermischer Energie aus den Störstellen (Elektronenspender) in das Leitfähigkeitsband angehoben. Ein Teil der Störstellen ist also dissoziiert, so daß im Halbleiterinnern eine bestimmte, zunächst konstante Elektronendichte N_H vorhanden ist. Um aus dem angrenzenden Metall ein Elektron zu entfernen, muß die Elektronenaustrittsarbeit des Metalles geleistet werden (einige eV). Umgekehrt können aber aus dem Halbleiter Elektronen in das Metall übertreten, und zwar zieht das Metall um so leichter Elektronen aus dem angrenzenden Halbleitergebiet heraus, je größer seine Austrittsarbeit ist. So entsteht in der Halbleitergrenzschicht eine Elektronenverarmungszone, welche zugleich ein Gebiet positiver Raumladung ist. Deshalb stellt sich in diesem Gebiet ein ganz bestimmter Verlauf der Elektronenkonzentration ein; die Elektronendichte N nimmt mit Annäherung an die Grenze gegen das Metall monoton ab (Kurve 1, Abb. 2). Legt man nun ein äußeres elektrisches Feld von solcher Richtung an, daß der Halbleiter negativ gegen das Metall geladen ist, so werden Elektronen aus dem Halbleiterinnern zum Metall hin getrieben, also in die Verarmungszone hinein. Die Elektronenverarmung wird mithin gemildert und das Gebiet abnehmender Elektronenkonzentration an der Grenze Metall—Halbleiter stark zusammengedrängt (Kurve 2, Abb. 2). Dies bedeutet aber, daß der elektrische Widerstand der Randverarmungszone abnimmt, um so mehr, je stärker das äußere Feld ist (Ungültigkeit des Ohmschen Gesetzes). Die Richtung des Elektronenstromes vom Halbleiter zum Metall bezeichnet man deshalb als *Flußrichtung*.

Wird das äußere Feld nun umgepolt, so fließt der Elektronenstrom vom Metall in den Halbleiter. Die Elektronen müssen aus der Verarmungszone in das Halbleiterinnere geliefert werden; die Verarmungszone verarmt somit noch stärker und dehnt sich weiter in das Halbleiterinnere aus (Kurve 3, Abb. 2). Sie bietet dem vom Metall zum

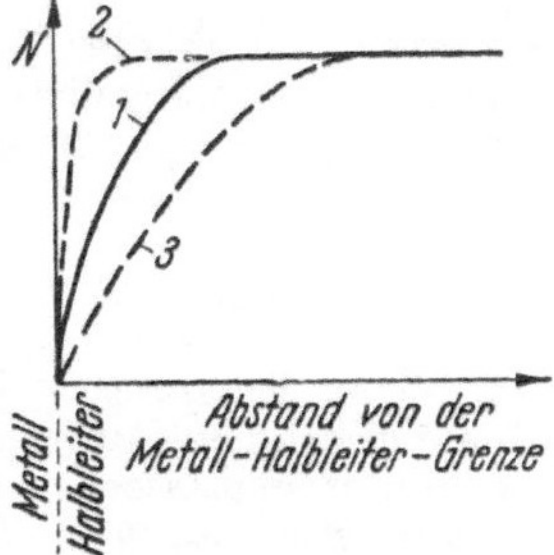

Abb. 2. Verlauf der Elektronendichte N im Halbleiter nahe der Sperrschicht.

Halbleiter gerichteten Elektronenstrom nun einen sehr hohen Widerstand; es tritt eine *Sperrwirkung* auf. Die Richtung des Elektronenstromes vom Metall zum Halbleiter heißt deshalb *Sperrichtung*.

Die Dicke der Verarmungsrandschicht liegt nach der Schottkyschen Theorie zwischen 10^{-3} und 10^{-6} cm. Dies stimmt mit den aus Kapazitätsmessungen der Randschicht erhaltenen Werten überein. Der Widerstand der Randverarmungszone für die Sperrichtung muß um so höher sein, je größer die Elektronenaustrittsarbeit des Metalles ist, weil die Elektronenverarmung dann um so ausgeprägter wird. Dieser Zusammenhang ist experimentell bestätigt worden.

Ist der Halbleiter ein Mangelhalbleiter, so wird der Strom in ihm von Defektelektronen getragen. Jetzt gelten genau die gleichen Überlegungen wie für den Überschußhalbleiter; nur ergibt sich, daß Flußrichtung und Sperrichtung vertauscht sind. Ferner ist beim Defekthalbleiter der Randschichtwiderstand in Sperrichtung um so größer, je kleiner die Elektronenaustrittsarbeit des Metalles ist. Es gilt die allgemeine Regel: Elektronen und Defektelektronen fließen lieber aus dem Halbleiter in das Metall als umgekehrt.

Schottky hat die vorstehend in großen Zügen wiedergegebene Theorie weiter verfeinert. Die bei den technisch wichtigen Halbleitern Se (hexagonale Modifikation) und Cu_2O gemachten experimentellen Erfahrungen stimmen sehr gut mit den Ergebnissen der Theorie überein, wenn eine vollständige Dissoziation aller Störstellen in der Randschicht angenommen wird, wenn diese also eine *Erschöpfungsrandschicht* ist.

Die an der Grenze Halbleiter—Metall infolge Absaugens von Elektronen durch das Metall entstandene Sperrschicht wird als *physikalische* Sperrschicht bezeichnet. In neuerer Zeit ist es gelungen, Sperrschichten künstlich herzustellen, z. B. durch chemische Beeinflussung der Oberflächenschicht des Halbleiters in dem Sinne, daß die Konzentration der elektronenspendenden Störstellen in dieser Randschicht abnimmt. Solche Sperrschichten heißen *chemische* Sperrschichten. Auch bringt man zwischen Metall und Halbleiter dünne Lackschichten. Der Mechanismus dieser *Lacksperrschichten* dürfte aber mehr dem der →Kristalldetektoren entsprechen, da nachgewiesen ist, daß kleine Poren in den Lackschichten für die Gleichrichterwirkung maßgebend sind. Danach ist der Gleichrichter mit Lacksperrschicht als ein System aus zahlreichen, parallel geschalteten Spitzengleichrichtern aufzufassen. Mit chemischen und Lacksperrschichten sind wesentlich bessere Gleichrichterwirkungen zu erzielen als mit physikalischen Sperrschichten.

Justi, E.: Leitfähigkeit u. Leitungsmechanismus fester Stoffe. Göttingen 1948. — Naturf. u. Medizin in Deutschland 1939/46, Bd. 9, Physik d. Festkörper, Teil II. Wiesbaden 1948.

Sperrschichtgleichrichter, Metall-Halbleiter-Kombination mit →Sperrschichteffekt. Als Halbleitersubstanz werden hauptsächlich graues, hexagonales Selen und Kupferoxydul verwendet.

Selen-Gleichrichter (Abb. 1). Auf einer Nickelplatte wird Se mit sehr geringem Halogengehalt (Erzeugung von Störstellen) zu einer etwa $50\,\mu$ dicken Schicht aufgestrichen oder aufgeschmolzen oder durch Verdampfung niedergeschlagen. Die Schicht wird bis dicht unter den Selenschmelzpunkt erhitzt (Temperung). Hierdurch wird das Se in die halbleitende, hexagonale Modifikation übergeführt. Danach wird eine Deckelektrode aus Woodschem Metall oder aus Sn-Cd-Eutektikum auf die Se-Schicht gespritzt. Zum Schluß wird das Gleichrichterelement durch Anlegen einer Wechselspannung von etwa 20 V formiert. Die Sperrschicht befindet sich zwischen dem Se und der Deckelektrode. Für ein solches Se-Gleichrichterelement beträgt der zulässige Höchstwert der Sperrspannung etwa 18 V. Bei höheren Sperrspannungswerten wird die Sperrschicht zerstört, und die Gleichrichterwirkung unterbleibt. Neuerdings hat man durch Verwendung künstlicher Sperrschichten Sperrspannungen bis 200 V erreicht.

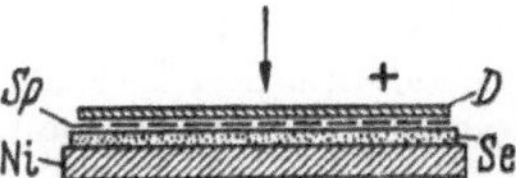

Abb. 1. Se-Gleichrichter. *Ni* Nickel-Trägerplatte, *Se* Selenschicht, *D* Deckelektrode, *Sp* Sperrschicht, → Sperrichtung für den Strom.

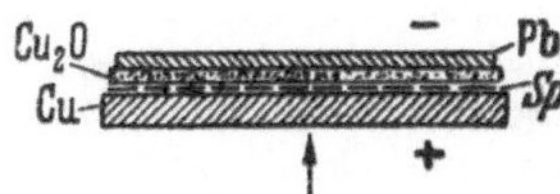

Abb. 2. Cu_2O-Gleichrichter. *Cu* Kupfer-Trägerplatte, Cu_2O Kupferoxydulschicht, *Pb* Deckelektrode aus Blei, *Sp* Sperrschicht, → Sperrichtung für den Strom.

Kupferoxydul-Gleichrichter (Abb. 2). Eine Kupferplatte wird bei etwa 1000 °C oberflächlich oxydiert; es bildet sich Cu_2O. Auf einer Seite der

Platte wird die Cu_2O-Schicht völlig entfernt, damit das blanke Cu zutage tritt. Es dient als Elektrode. Auf der anderen Plattenseite wird in der äußersten Schicht gebildetes CuO abgeschliffen, so daß reines Cu_2O frei liegt. Auf dieses wird eine zweite Elektrodenplatte, z. B. aus Blei, aufgepreßt. Das Gleichrichterelement wird durch Anlegen einer Wechselspannung kurzzeitig formiert. Der Höchstwert der Sperrspannung im Betrieb beträgt etwa 5 V. Die Sperrschicht liegt zwischen dem Cu und dem Cu_2O. Die Abb. 3 zeigt die Strom-

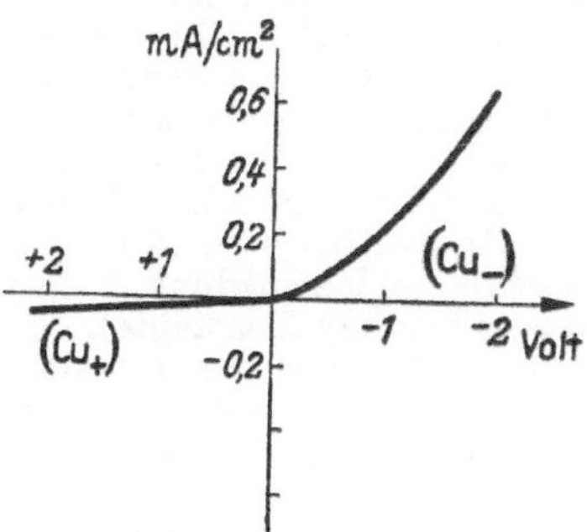

Abb. 3. Stromspannungskennlinie eines Cu_2O-Gleichrichters. (Bei positiv geladener Cu-Trägerplatte wird der Strom gesperrt.)

spannungskennlinie eines Cu_2O-Gleichrichterelementes; als Abszisse ist das Potential der Sperrelektrode aufgetragen, als Ordinate die Stromdichte.

Die Abb. 4 bis 6 zeigen die wichtigsten Schaltungsmöglichkeiten zur Gleichrichtung mit Sperrschichtgleichrichtern. Das Symbol ⊥ bedeutet das

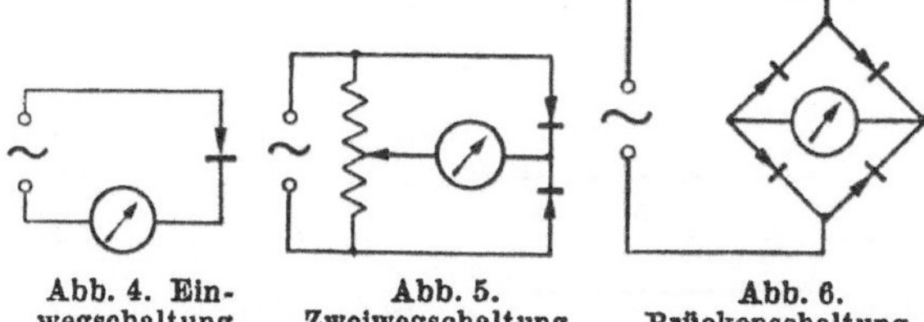

Abb. 4. Einwegschaltung.   Abb. 5. Zweiwegschaltung.   Abb. 6. Brückenschaltung.

Gleichrichterelement oder mehrere in Serie geschaltete derartige Elemente, wenn es sich um die Gleichrichtung höherer Wechselspannungen handelt.

Sperrschichtphotozelle→Halbleiterphotoelement.
Sperrtopf, ein auf $\lambda/4$ abgestimmter Topfkreis (Abb. 1), auch als $\lambda/4$-Rohrkreis bezeichnet, dessen Ersatzschaltbild einem aus einer konzentrierten

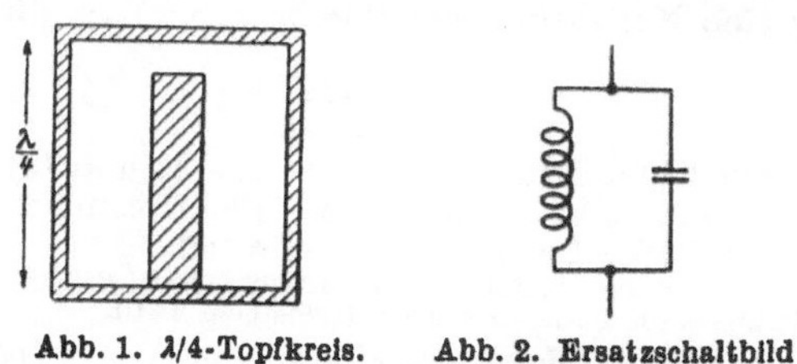

Abb. 1. $\lambda/4$-Topfkreis.   Abb. 2. Ersatzschaltbild des $\lambda/4$-Topfkreises.

Induktivität und Kapazität gebildeten Sperrkreis (Abb. 2) äquivalent ist. Infolge der hohen Kreisgüte hat sein Resonanzwiderstand sehr große

Werte. Er wird bei der Erzeugung von dm-Wellen als Schwingkreis (Abb. 3) benutzt und dient in der Kabeltechnik beim Übergang von unsymmetrischen Leitungen (konzentrisches Kabel) auf

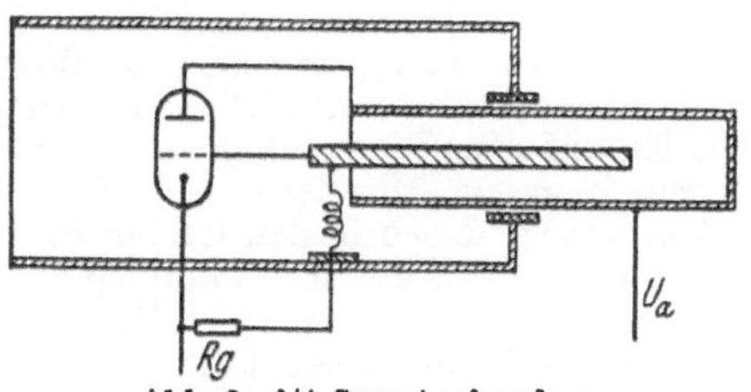

Abb. 3. $\lambda/4$-Sperrtopfsender.

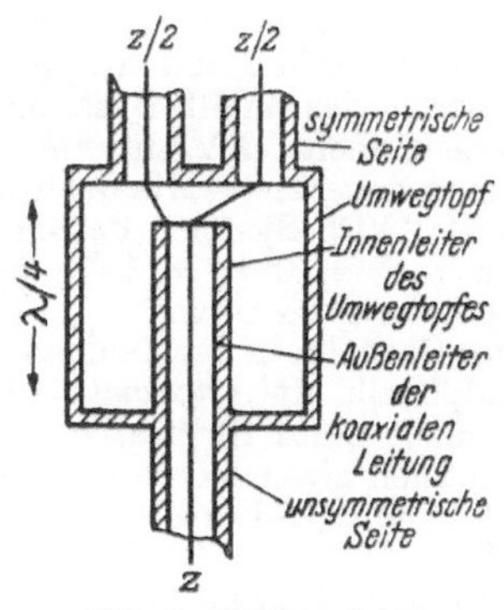

Abb. 4. $\lambda/4$-Sperrtopf.

symmetrische Objekte (Dipol) als Symmetrierglied (Abb. 4).

Lindenblad, N. E.: Comm. phys. Lab. Univ. Leiden **20**, 13 (1940). – *Meinke, H. H.:* Fernmeldetechn. Z. **1**, 193 (1948). – *Meinke, H. H.:* Felder u. Wellen in Hohlleitern. München 1949. – *Gundlach, F. W.:* Grundl. d. Höchstfrequenztechnik. Berlin 1950.

Spezifische Elektronenladung. Die Methoden, nach denen experimentelle Werte für die spezifische Elektronenladung, d. h. das Verhältnis e/m_0 von Elektronenladung zu Elektronenruhmasse, ermittelt worden sind, werden gewöhnlich in zwei Gruppen eingeteilt: e/m_0-Bestimmungen an freien Elektronen (aus direkter Geschwindigkeitsmessung, aus magnetischer Ablenkung, mit longitudinalem Magnetfeld, mit gekreuztem elektrischem und magnetischem Feld, aus der Brechung von Röntgenstrahlen) und e/m_0-Bestimmungen an gebundenen Elektronen (aus Zeeman-Effekt-Messungen und aus Feinstrukturbestimmungen). Diese Aufteilung ist jedoch ohne Belang für das Gesamtergebnis. Eine Unterscheidung zwischen einem „e/m_0-Wert des freien Elektrons" und einem „spektroskopischen e/m_0-Wert", wie sie früher zeitweise angenommen wurde, ist nach unserer heutigen Kenntnis des experimentellen Materials weder gerechtfertigt noch etwa erforderlich. — Zu den gerade genannten experimentellen Methoden tritt neuerdings die Bestimmung von e/m_0 aus der Messung des →gyromagnetischen Verhältnisses γ_p des Protons und des im gleichen Magnetfeld gemessenen Verhältnisses v_{kp}/v_{c0} der →Kernresonanzfrequenz des Protons zur Cyclotronfrequenz des Elektrons.

Unter diesen verschiedenen Meßverfahren liefert nur die e/m_0-Bestimmung über eine unmittelbare Messung der Elektronengeschwindigkeit direkte e/m_0-Werte, während nach allen übrigen Methoden

Größen gemessen werden, die erst indirekt nach Auswertung über andere allgemeine physikalische Konstanten — wie magnetische Feldkonstante μ_0, Vakuumlichtgeschwindigkeit c_0, Faradaysche Konstante F — zu einem e/m_0-Wert führen. Die einzelnen tatsächlich gemessenen Größen müssen unter Benutzung einheitlicher Werte für die bei der Auswertung erforderlichen Konstanten gleichmäßig auf e/m_0-Werte umgerechnet werden, aus denen dann ein Mittelwert gebildet werden kann. Aus verschiedenen in den letzten 20 Jahren veröffentlichten Präzisionsbestimmungen erhält man als Gesamtmittel $e/m_0 = (1{,}7591 \pm 0{,}0008) \cdot 10^{11}$ C_{abs}/kg (→Atomkonstanten).

Man beachte aber, daß man bei Zahlenrechnungen mit diesem Zahlenwert (mit dem Faktor 10^{11}) nur dann rechnen darf, wenn man für die weiteren elektrischen und magnetischen Größen die Einheiten des AVMS-Systems verwendet, dessen Masseneinheit $1\ \mathrm{VA\,m^{-2}\,s^3} = 1$ kg ist. Verwendet man dagegen — wie noch überwiegend üblich — das AVCS-System, dessen Masseneinheit $1\ \mathrm{VA\,cm^{-2}\,s^3} = 10^4$ kg $= 10^7$ g ist, ist $e/m_0 = 1{,}7591 \cdot 10^8\ C_{abs}$/g zu setzen.

Spezifisches Gewicht, in der Technik auch *Wichte* (in der Schulphysik oft *Artgewicht*), das Gewicht der Volumeinheit eines Stoffes: $\sigma = k/V$ (k Gewicht, V Volumen eines Körpers aus dem Stoff). Demnach ist seine CGS-Einheit 1 dyn cm⁻³, seine MKS-Einheit $1\ \mathrm{N\,m^{-3}} = 10^{-1}$ dyn cm⁻³, seine technische Einheit 1 kp m⁻³. Doch wird es in Tabellen durchweg in der Einheit $1\ \mathrm{p\,cm^{-3}} = 10^3$ kp m⁻³ $= 1$ kp dm⁻³ ≈ 1 kp Liter⁻¹ angegeben. (Wegen des kleinen Unterschiedes der beiden letzten Einheiten →Liter.) Wegen der Abhängigkeit des Gewichtes von der örtlichen Schwerkraft ist auch das spezifische Gewicht von dieser abhängig. Doch sind die sehr kleinen örtlichen Unterschiede fast durchweg praktisch belanglos. Sieht man von ihnen ab, so ist das in der technischen Einheit 1 p cm⁻³ gemessene spezifische Gewicht *maßzahl*gleich mit der in der CGS-Einheit 1 g cm⁻³ gemessenen →*Dichte*. Die Messung der einen dieser Größen ergibt also ohne weiteres auch die andere.

Da das Gewicht eines Körpers $k = \sigma V$ bzw. gemäß der Definition der →Dichte auch $k = mg = \varrho V g$ beträgt, so ist *innerhalb des gleichen Maßsystems* $\sigma = \varrho g$ (g Fallbeschleunigung). Seine Maßzahl ist also im CGS-System 981mal, im MKS-System und im Technischen Maßsystem 9,81mal größer als die Maßzahl seiner Dichte.

Wegen der Maßzahlgleichheit des in p cm⁻³ gemessenen spezifischen Gewichtes und der in g cm⁻³ gemessenen Dichte (zwei verschiedene Maßsysteme!) werden diese beiden Größen oft verwechselt. Es wird daher neuerdings angestrebt, auf die Benutzung des durchaus entbehrlichen Begriffs des spezifischen Gewichts überhaupt zu verzichten und statt σ in Gleichungen stets ϱg zu setzen.

Spezifische Größen. Als spezifisch (= den Stoff kennzeichnend) bezeichnet man zahlreiche Materialkonstanten, welche auf eine zweckmäßige, von Fall zu Fall verschiedene Einheit bezogen sind, so vor allem auf die Volumeinheit (z. B. das spezifische Gewicht) oder die Masseneinheit (z. B. spezifische Wärme), auch auf 1 Mol oder Grammatom oder Äquivalent, aber z. B. auch auf die Flächeneinheit, auf die Einheit des Verhältnisses

Länge/Querschnitt (Formfaktor, z. B. spezifischer elektrischer Widerstand) usw. Eine spezifische Größe ist also nicht die betreffende Größe selbst, sondern ihr Verhältnis zu einer anderen Körpergröße, die so gewählt ist, daß das Verhältnis, also die spezifische Größe, eine den Stoff (und nicht den zufälligen Körper) kennzeichnende Größe ergibt. Neuerdings bürgert sich auch der Gebrauch ein, auf eine Einheit bezogene Größen, die *keine* Materialkonstanten sind, als „spezifisch" zu bezeichnen; z. B. die elektrische Stromdichte (= Stromstärke je Querschnittseinheit) als spezifische Stromstärke. Doch bleibt diese Bezeichnung wohl besser den Materialkonstanten vorbehalten.

Spezifische Ionenladung (→spezifische Ladung), die Ladung von Ionen je Masseneinheit. Unter Benutzung der individuellen elektrochemischen Masseneinheit →Äquivalent bzw. Kiloäquivalent erhält die spezifische Ionenladung F einen universellen Wert (→Faraday-Konstante).

Spezifische Ladung e/m, das Verhältnis von Ladung e zu Masse m eines atomaren Teilchens (Ion, Elektron usw.), also seine Ladung je Masseneinheit. Sie wird gemessen durch die Ablenkung in homogenen elektrischen und magnetischen Feldern.

1. *Elektrische Ablenkung.* Tritt ein Ladungsträger mit der Geschwindigkeit v parallel zu den Platten eines Kondensators in diesen ein, und ist l die Länge der Kondensatorplatten, E die im Kondensator herrschende Feldstärke, so hat der Ladungsträger beim Austritt aus dem Kondensator eine solche Ablenkung x erfahren, daß er von dem in der Mitte seines Weges im Kondensator liegenden Punkt P herzukommen scheint (Abb.). Dann gilt

$$\frac{m v^2}{e} = \frac{E l^2}{2 x}. \qquad (1)$$

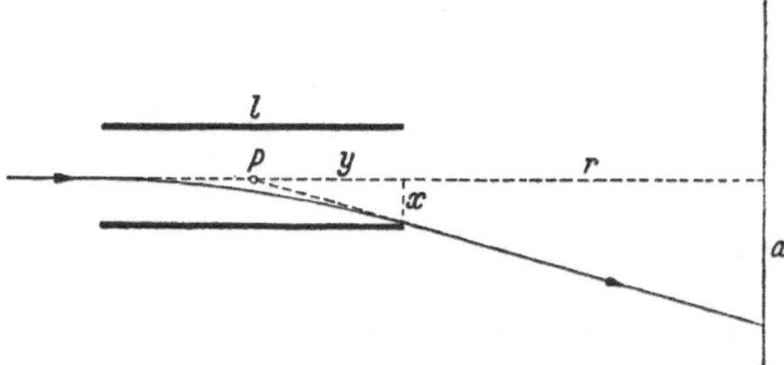

Elektrische Ablenkung eines bewegten Ladungsträgers.

2. *Magnetische Ablenkung.* Bewegt sich der Ladungsträger mit der gleichen Geschwindigkeit v senkrecht zur Richtung eines homogenen magnetischen Feldes von der Feldstärke H, so beschreibt er eine Kreisbahn vom Radius r, und es gilt

$$\frac{m v}{e} = \mu_0 r H. \qquad (2)$$

Durch Eliminierung von v aus Gl. (1) und (2) ergibt sich e/m. →spezifische Elektronenladung, →spezifische Ionenladung, →Proton.

Handb. d. Physik XXII/1. Berlin 1933.—*Pohl, R.W.:* Elektrizitätslehre. Berlin-Göttingen-Heidelberg 1949.

Spezifische Lichtausstrahlung (auch spezifische *Leuchtstärke*), der von einem Flächenelement abgestrahlte Lichtstrom dividiert durch die Größe des Flächenelementes. Symbol R, Einheit Phot (ph) = Lumen je cm².

Spezifische Masse, konsequente, aber kaum benutzte Bezeichnung der →Dichte.

Spezifische Molekülzahl, die Zahl der Moleküle je Masseneinheit. Unter Benutzung der individuellen chemischen Masseneinheit mol (→Mol) bzw. kmol erhält die spezifische Molekülzahl einen universellen Wert (→Loschmidt-Konstante).

Spezifische Protonenladung →Proton.

Spezifische Sinnesenergien, die den Zellen der nervösen Sinneszentren eigene Eigenschaft, eine *beliebige* →Erregung nur mit der für sie typischen Empfindung zu beantworten.

Spezifische Stromstärke, neuerdings verwendete andere Bezeichnung der elektrischen Stromdichte. →spezifische Größen.

Spezifisches Volumen, das Volumen der Masseneinheit eines Stoffes, also der Kehrwert der →Dichte; CGS-Einheit $1\ cm^3 g^{-1}$, MKS-Einheit $1\ m^3 kg^{-1}$. Manche Autoren bezeichnen auch das →Molvolumen als spez. Volumen, indem sie das →Mol als individuelle Masseneinheit verwenden.

Spezifische Wärme (genauer: spez. Wärmekapazität) eines Stoffes ist die Wärmemenge, welche die Masseneinheit des Stoffes unter Ausschluß latenter Wärme bei Erwärmung bzw. Abkühlung um 1° aufnimmt bzw. abgibt. Ihre Einheit ist also $1\ cal\ grad^{-1}\ g^{-1}$ ($=1\ kcal\ grad^{-1}\ kg^{-1}$). (Manche Autoren bezeichnen auch die →*Molwärme* als spezifische Wärme, indem sie statt 1 g das Mol als Mengeneinheit benutzen. Gelegentlich tritt auch das Produkt von c mit der Dichte ϱ, $\sigma = c\varrho$, also die auf die Volumeinheit statt auf die Masseneinheit bezogene spezifische Wärme auf.) Bedeutet Q die Wärmemenge, die ein Körper von der Masse m bei einer Erwärmung von ϑ_a auf ϑ_e aufnimmt, so ist $c = Q/[m(\vartheta_e - \vartheta_a)]$. Ist die Temperaturänderung $\vartheta_e - \vartheta_a$ sehr klein, so liefert die Gleichung die *wahre spezifische* Wärme c bei der Temperatur $\vartheta = (\vartheta_a + \vartheta_e)/2$. Ist jedoch $\vartheta_e - \vartheta_a$ verhältnismäßig groß, so gewinnt man mit der Formel für c nur die *mittlere spezifische Wärme c* zwischen ϑ_a und ϑ_e.

Führt man einem Körper Wärme zu, so wird in der Regel nicht die gesamte zugeführte Wärmemenge dazu verwendet, um die Temperatur des Körpers zu erhöhen; ein Teil der Wärmemenge dient vielmehr dazu, das Volumen des Körpers zu vergrößern, also Arbeit gegen den äußeren Druck oder gegen innere Kräfte zu leisten. Wäre es irgendwie möglich, diese Ausdehnung des Körpers zu verhindern, so würde die gesamte zugeführte Wärmemenge nur zur Temperaturerhöhung des Körpers verwendet werden. Um im ersten Falle der ungehinderten Volumausdehnung eine gleiche Temperaturerhöhung zu erreichen, müßte eine größere Wärmemenge zugeführt werden als im zweiten Falle, bei dem das Volum konstant gehalten wird. Man unterscheidet deshalb zwei Sonderfälle spezifischer Wärmen: c_p *bei konstantem Druck* und c_v *bei konstantem Volum,* von denen $c_p > c_v$ ist.

Bei *festen Körpern* und *Flüssigkeiten* ist die Wärmeausdehnung verhältnismäßig klein. Daher ist auch der Unterschied zwischen c_p und c_v nur gering. Es gilt allgemein die Beziehung $c_p = c_v + \gamma^2 T M/\varrho$, worin ϱ die Dichte, γ der thermische (kubische) Ausdehnungskoeffizient, M der Kompressionsmodul und T die absolute Temperatur sind. Der Messung ist bei festen Körpern und Flüssigkeiten fast ausschließlich c_p zugänglich.

Bei den *Gasen* wird dagegen der bei ungehinderter Ausdehnung zur Leistung äußerer Arbeit verbrauchte Teil der zugeführten Wärmemenge von derselben Größenordnung wie die zugeführte Wärmemenge selbst. Deshalb sind auch hier c_p und c_v wesentlich voneinander verschieden. Sie lassen sich beide experimentell ermitteln (→spezifische Wärme der Gase).

Die spezifischen Wärmen sind *abhängig vom Druck und von der Temperatur.* Die Temperaturabhängigkeit der spezifischen Wärme ist aus theoretischen Gründen besonders bei tiefen Temperaturen in neuerer Zeit vielfach Gegenstand experimenteller Untersuchungen gewesen. So sinkt z. B. die spezifische Wärme des Kupfers in der Nähe des Siedepunktes von Wasserstoff auf etwa $^1/_{25}$ ihres Wertes bei Zimmertemperatur.

Für die *experimentelle Bestimmung der spezifischen Wärmen* gibt es zahlreiche Methoden, von denen die →Mischungsmethoden die gebräuchlichsten sind. In neuerer Zeit verwendet man in zunehmendem Maße elektrische Methoden, bei denen man das Temperaturintervall klein wählen und damit leicht die wahre spezifische Wärme ermitteln kann. →Kalorimetrie, →Dampfkalorimeter, →Eiskalorimeter, →Kalorifer, →Austauschkalorimeter, →Differentialkalorimeter.

Theorie der spezifischen Wärme. Aus der →*kinetischen Wärmetheorie* ergibt sich, daß die spezifische Wärme eines Körpers bei konstantem Volum von der Zahl der Freiheitsgrade des Moleküls abhängt. So hat ein einzelnes Atom, das nach den drei Koordinatenrichtungen hin frei beweglich ist, drei translatorische Freiheitsgrade. Ein zweiatomiges Molekül gestattet außer der fortschreitenden Bewegung nach den drei Richtungen des Raumes noch zwei rotatorische Bewegungen um die beiden Achsen, die auf einer Symmetrieachse senkrecht stehen. Es hat demnach fünf Freiheitsgrade. Für ein Molekül mit mehr als zwei Atomen, dessen Atome nicht in einer geraden Linie angeordnet sind, kommt noch eine dritte Achse im Raum als Rotationsachse hinzu, so daß es im ganzen sechs Freiheitsgrade hat. Nach der kinetischen Theorie entfällt auf jeden Freiheitsgrad der Energiebetrag $kT/2 = RT/(2N_L)$, wobei R die auf das Mol bezogene Gaskonstante, k die Boltzmannsche Konstante und N_L die Loschmidt-Konstante bedeuten. Die molekulare spezifische Wärme bei konstantem Volumen (→Molwärme C_v) beträgt für jeden voll erregten Freiheitsgrad des einzelnen Moleküls $R/2$. Dementsprechend folgt für ein einatomiges ideales Gas $C_v = 3R/2$, für ein zweiatomiges $C_v = 5R/2$ und für ein mehratomiges im allgemeinen $C_v = 6R/2 = 3R$. Bei den Molekülen der festen Körper kommt zu der Energie der translatorischen Bewegung noch ein gleich großer Betrag an potentieller Energie. Für einen einatomigen festen Körper ergibt sich demnach die Molwärme $C_v = 6R/2$ und, da $R = 1,9864_7\ cal_{15°}/(grad\ mol)$ ist, C_v sehr nahe $6\ cal/(grad\ mol)$. (→Dulong-Petitsche Regel.)

Ein Vergleich der experimentell ermittelten C_v-Werte mit den von der klassischen kinetischen Wärmetheorie geforderten Werten ergibt, daß eine Übereinstimmung sowohl bei Gasen als auch bei festen Körpern nur bei bestimmten Temperaturen vorhanden ist. Die klassische Theorie ist nicht in der Lage, für die starke Temperaturabhängigkeit der Molwärme, besonders im Bereich tiefer Temperaturen, eine Erklärung zu liefern. Die Lösung dieses Problems brachte die *Quantentheorie*. Sie fordert bei periodischen Bewegungsformen (Rotation, Schwingung), daß die Energie nicht in beliebig kleinen Beträgen, sondern nur in ganzen Vielfachen eines Elementarquantums E_0 aufgenommen oder abgegeben werden kann. Die Größe dieser Elementarquanten ist proportional der Frequenz v der Bewegung, $E_0 = h v$, wo h das Plancksche Wirkungsquantum bedeutet. Ist nun das Energiequantum E_0 groß gegenüber der für einen Freiheitsgrad zur Verfügung stehenden Energie $kT/2$, so reicht die letztere nicht aus, um das Molekül aus dem Zustand kleinster Energie in den nächst höheren Energiezustand zu bringen. Dieser Freiheitsgrad wird demnach nicht erregt, er bleibt „eingefroren" und liefert keinen Beitrag zur Molwärme. Damit ist bei Gasen der Abfall der Molwärme im Bereich tiefer Temperaturen erklärt. Ein Vergleich der nach der Quantentheorie berechneten Werte der Molwärme mit den experimentell gefundenen Werten zeigt, daß die Quantentheorie das wirkliche Verhalten der Molwärme von Gasen zufriedenstellend darzustellen vermag.

Weiteres → die folgenden Artikel; ferner →Zustandsgleichung, kalorische.

Anomalien der spezifischen Wärme. Wenn auch der Verlauf der spezifischen Wärme in Abhängigkeit von der Temperatur im allgemeinen stetig ist und qualitativ durch Folgerungen aus der kinetischen Wärmetheorie, bei sehr tiefen und sehr hohen Temperaturen unter Zuhilfenahme quantentheoretischer Überlegungen, dargestellt werden kann, so treten doch einige bemerkenswerte Anomalien auf. 1. *Unterhalb des Schmelzpunktes* wird häufig ein ungewöhnlich starker Anstieg der spezifischen Wärme beobachtet. Er läßt sich empirisch durch eine Funktion der Form $a \cdot \exp[(T - T_0)/b]$ darstellen, in der a und b Konstante und T_0 eine 20 bis 50° unter dem Schmelzpunkt liegende Temperatur bedeuten. Diese Erscheinung ist noch nicht befriedigend geklärt. Zum größten Teil ist sie auf das Vorhandensein geringfügiger Verunreinigungen, die in der festen Substanz nicht löslich sind und zu einer sich über ein großes Intervall erstreckenden Schmelzpunktserniedrigung Anlaß geben, zurückzuführen. Bei völlig reinen Stoffen dürfte demnach diese Anomalie nicht auftreten. 2. Auch *unterhalb anderer Umwandlungspunkte* tritt zuweilen ein anomaler, teilweise beträchtlicher Anstieg der spezifischen Wärme ein, der sich über 10 bis 20° ausdehnt. Hier werden intermolekulare Umlagerungen zur Erklärung herangezogen. 3. Sehr bedeutende Abweichungen, welche ferromagnetische Metalle *in der Nähe des* →*Curie-Punktes* im Verlauf ihrer spezifischen Wärme aufweisen, finden eine vollkommen befriedigende Erklärung in der Langevin-Weißschen Theorie des Ferromagnetismus. → die folgenden Artikel.

Kohlrausch, F.: Prakt. Physik I. Leipzig 1950. Handb. d. Physik X. Berlin 1926. Handb. d. Experimentalphysik VII/1. Leipzig 1929.

Spezifische Wärme der Festkörper. *I. Einsteinsche Theorie.* Zur Erklärung des experimentell gefundenen Abfalles der spezifischen Wärme fester Körper bei tiefen Temperaturen zog 1907 erstmalig *A. Einstein* die Quantentheorie heran. Er betrachtete die Wärmeschwingungen der Einzelatome eines Gitters als unabhängig voneinander. Jedes Atom führt danach harmonische Schwin-

gungen um eine feste Ruhelage aus. Die Quantentheorie liefert unter dieser Annahme für die Atomwärme folgenden Ausdruck:

$$C_v = 3 R (\Theta/T)^2 \exp(\Theta/T)/[\exp(\Theta/T) - 1]^2,$$

wo $\Theta = h v/k$ und v die klassische Frequenz der harmonischen Schwingungen der Atome und R die universelle Gaskonstante ist.

Für sehr tiefe Temperaturen ($T \ll \Theta$) erhält man:

$$C_v = 3 R (\Theta/T)^2 \exp(-\Theta/T),$$

also einen exponentiellen Abfall von C_v mit T, was der Erfahrung widerspricht. Qualitativ erhält man aber, in Übereinstimmung mit der bisherigen Erfahrung, ein verschwindendes C_v mit $T \to 0$. Bei höheren Temperaturen ($T \gg 0$) geht obige Formel in das →Dulong-Petitsche Gesetz $C_v = 3 R$ über.

Die obige Formel für C_v nennt man auch *Einstein-Funktion*. Diese hat auch noch heute eine gewisse Bedeutung für die Theorie der spezifischen Wärme von mehratomigen festen Körpern, wo die Temperaturabhängigkeit der Molwärme sich in manchen Fällen genügend genau durch eine Linearkombination der Debye-Funktion mit Einstein-Funktionen verschiedener Temperaturen Θ ($j = 1, 2, 3$ usw.) darstellen läßt.

II. Debyesche Theorie. Diese ist eine in mancher Hinsicht ausreichende Näherung für die →Gittertheorie der spezifischen Wärme der Festkörper. Die Gitterschwingungen des Festkörpers werden als Schallwellen des elastischen Kontinuums betrachtet. Die Berechnung der elastischen Eigenschwingungen läßt sich in weitgehender Analogie zu derjenigen der elektromagnetischen Eigenschwingungen der Hohlraumstrahlung durchführen. Die Endlichkeit der Anzahl von Eigenschwingungen eines betrachteten Volumens wird etwas künstlich erzwungen, durch Abbrechen des Schwingungsspektrums bei einer Grenzfrequenz v_g, die gegeben ist durch

$$v_g = u \sqrt[3]{\frac{3n}{4\pi}},$$

wo u eine mittlere Schallgeschwindigkeit und n die Anzahl von Atomen je cm^3 angibt. Mit dieser Grenzfrequenz hängt die →charakteristische Temperatur Θ zusammen: $\Theta = h v_g/k$ (k Boltzmann-Konstante). Jede Eigenschwingung kann als harmonischer Oszillator betrachtet werden. Die →Quantentheorie liefert als Energieeigenwerte eines solchen Oszillators der Frequenz v die Werte $E_r = (r + 1/2) h v$, wo $r = 0, 1, 2, 3$ usw. Damit erhält man für die Atomwärme bei konstantem Volumen

$$C_v = 3 R D(\Theta/T),$$

wo R die universelle Gaskonstante und D die *Debyesche Funktion* ist, definiert durch

$$D(x) = \frac{12}{x^3} \int\limits_0^x \xi^3 \, d\xi/[\exp(\xi) - 1] - 3 x/[\exp(x) - 1].$$

Die Abb. gibt C_v in Abhängigkeit vom Argument T/Θ. Im Grenzfall hoher Temperaturen ($T/\Theta \gg 1$) erhält man $C_v = 3 R$, was mit dem →Dulong-Petitschen Gesetz übereinstimmt, und im Grenzfalle tiefer Temperaturen ($T/\Theta \ll 1$) folgt: $C_v = 12 \pi^4/5 \cdot R (T/\Theta)^3$ (*Debyesches T^3-Gesetz*). Dieses Gesetz hat sich experimentell näherungsweise bestätigt. Die zunehmende Meßgenauigkeit hat jedoch charakteristische Abweichungen von diesem Gesetz aufgezeigt, die man formal durch eine Debye-Funktion mit temperaturabhängigem Θ beschreiben kann. So zeigen

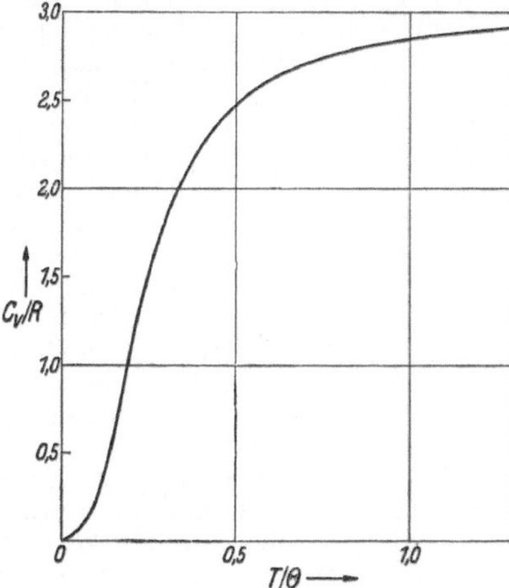

Zur *Debyeschen* Theorie der spezifischen Wärme.

die Alkalihalogenide (z. B. NaCl, KCl, LiF), daß die so ermittelten Θ-Werte in Abhängigkeit von der Temperatur ein Minimum durchlaufen (NaCl bei etwa 40 °K, KCl bei 15 °K, LiF bei etwa 75 °K). In der Gegend dieses Minimums wird dann in der spezifischen Wärme ein *Pseudo-T^3-Gesetz* vorgetäuscht. Das wahre T^3-Gebiet, in dem die Debyesche Kontinuumsauffassung berechtigt ist (da nur langwellige Schwingungen angeregt sind), liegt wesentlich tiefer (NaCl unter 10 °K, KCl unter 4 °K, LiF unter 18 °K). Diese Abweichungen von Debyes Gesetz werden erst im Rahmen einer strengen →Gittertheorie der spezifischen Wärme verständlich.

In Metallen wird bei tiefen Temperaturen der Beitrag der Metallelektronen zur spezifischen Wärme (→Elektronenwärme) mit abnehmender Temperatur immer größer im Verhältnis zu der hier betrachteten Gitterwärme.

III. →*Gittertheorie* der spezifischen Wärme. — Ferner →Zustandsgleichung, kalorische.

Handb. d. Experimentalphysik VIII/1. Leipzig 1929. — *Eucken, A.:* Lehrb. d. Chem. Physik II/2. Leipzig 1944.

Spezifische Wärme der Gase. Die klassische Statistik lieferte infolge des →Äquipartitionsprinzips temperaturunabhängige spezifische Wärmen, eine Aussage, die nur im Falle einatomiger Gase bei nicht zu hohen Temperaturen (d. h. solange keine Ionisation eintritt) mit der Erfahrung übereinstimmt. Die Erklärung der Temperaturabhängigkeit der Molwärmen der Gase und das Verständnis für das Fehlen der Beiträge gewisser Freiheitsgrade (z. B. der rotatorischen Freiheitsgrade bei den einatomigen Gasen) zu den Molwärmen lieferte in vollkommener Weise erst die moderne Entwicklung der Quantentheorie der Moleküle. Die spektroskopischen Erfahrungen an Molekülen erlauben es, Struktureigenschaften dieser Moleküle und daraus das thermodynamische Verhalten der Gase zu finden (aus den Rotationsspektren, den Rotations-Schwingu. gsspektren, den Bandenspektren mit Elektronensprung und den Raman-Spektren).

Ausgangspunkt der statistischen Betrachtungen ist die →Plancksche Zustandssumme:

$$Z = \sum_n g_n \exp[-\varepsilon_n/(kT)]$$

für eine Gesamtheit von Molekülen, die der Eigenwerte $\varepsilon_0, \varepsilon_1, \ldots, \varepsilon_n$ fähig sind. Die Größen g_n werden statistische Gewichte genannt und sind gleich dem Entartungsgrad des n-ten Energieeigenwertes ε_n. Aus der Zustandssumme erhält man die Entropie (je Mol) und die Molenergie:

$$S = R\left(\ln Z + T\,\frac{\partial \ln Z}{\partial T}\right); \quad U - U_0 = RT^2\frac{\partial \ln Z}{\partial T},$$

wo U_0 die →Nullpunktsenergie bedeutet.

Die Bedeutung dieser Ansätze liegt darin, daß man nach gelungener experimenteller Ermittlung der ε_n und g_n die Entropie und Energie der Gase im idealen Gaszustand und damit auch die übrigen kalorischen Größen für beliebige Temperaturen berechnen kann. Die praktische Bedeutung dieses Verfahrens wird dadurch vergrößert, daß die Wärmekapazität eines Gases bei höheren Temperaturen (infolge der abnehmenden Dichte bei konstant gehaltenem Druck) klein ist gegen die Wärmekapazität der Apparatur und damit genaue Messungen erschwert sind.

In guter Näherung kann man nun die Translationsbewegung der Molekülschwerpunkte, die Rotationsbewegung, die Schwingungsbewegung und Elektronenbewegung als unabhängig voneinander betrachten und daher setzen: $Z = Z_{\text{tr}} Z_{\text{rot}} Z_{\text{osz}} Z_{\text{El}}$.

I. Einatomige Gase besitzen weder Rotations- noch Schwingungsenergie. Für die Zustandssumme folgt:

$$Z = \frac{(2\pi m kT)^{3/2} e V}{h^3 N} Z_i,$$

wo Z_i die Zustandssumme aller inneren Freiheitsgrade und e die Basis der natürlichen Logarithmen ist. Mit $Z_i = 1$ entspricht diese Gleichung der Formel von *Sackur* und *Tetrode*. Die Annahme $Z_i = 1$ ist erlaubt, solange keine höheren Elektronenzustände in merklicher Weise thermisch angeregt sind, wie z. B. bei den Atomen von He, Ar, Ne, Kr, Hg, Zn usw. bei nicht zu hoher Temperatur. Die Molwärme ist konstant gleich $3R/2$.

II. Zweiatomige Gase. Gegenüber den einatomigen Gasen kommen hier die Rotations- und Schwingungsfreiheitsgrade dazu. Der rotatorische Anteil der Molwärme steigt von $C_{\text{rot}} = 0$ mit steigender Temperatur auf R an, und der Grenzwert R wird fast immer schon beim Eispunkt genügend vollständig erreicht, so daß man für Temperaturen oberhalb des Eispunktes einfach $C_{\text{transl}} + C_{\text{rot}} = 5R/2$ setzen kann. Eine Ausnahme bildet das H_2-Molekül mit seinem extrem kleinen Trägheitsmoment und dementsprechend großen Rotationsquanten, das erst bei höheren Temperaturen den konstanten C_{rot}-Wert (gleich R) erreicht. Die Rotationsniveaus eines hantelförmigen Moleküls (Rotator) ohne Wechselwirkung zwischen rotatorischer und elektronischer Energie lauten:

$$\varepsilon_{\text{rot}} = m(m + 1)\frac{h^2}{8\pi^2 \Theta},$$

wo Θ das Trägheitsmoment um eine zur Molekülachse senkrechte Schwerpunktachse und $m = 1, 2, \ldots$ ist. Mit dem statistischen Gewicht

$g_m = 2m + 1$ wird dann die rotatorische Zustandssumme:

$$Z_{\text{rot}} = \sum_{m=0}^{\infty} \{(2m + 1) \exp[-\sigma m(m + 1)]\},$$

wo

$$\sigma = \frac{h^2}{8\pi^2 \Theta k T}.$$

Für $\sigma \ll 1$ (höhere Temperaturen) gibt es einen einfachen Näherungsausdruck von *Mulholland*:

$$Z_{\text{rot}} = \frac{1}{\sigma} + \frac{1}{12} + \frac{7}{480}\sigma + \cdots.$$

Im Falle zweiatomiger Moleküle mit zwei gleichen Atomen ohne Kernspin gilt dieselbe Formel, nur ist an Stelle von σ der Wert 2σ einzusetzen. Der Faktor 2 berücksichtigt die →Symmetriezahl des Moleküls.

Besitzen die beiden Atome noch einen Kernspin, so tritt eine Modifikation der Betrachtungen ein. Die Zustandssumme Z_{rot} setzt sich dann additiv zusammen aus zwei Anteilen, von denen der eine nur über die geradzahligen, der andere nur über die ungeradzahligen Laufzahlen m erstreckt wird. Es ist

$$Z_{\text{rot}} = g_a \sum_{m=0,2,4}^{\infty} \{(2m + 1) \exp[-\sigma m(m + 1)]\} +$$
$$+ g_s \sum_{m=1,3,5}^{\infty} \{(2m + 1) \exp[-\sigma m(m + 1)]\},$$

wo g_a und g_s statistische Gewichte sind. Bei Atomen mit gerader →Massenzahl ist

$$g_a = (i + 1)(2i + 1), \quad g_s = i(2i + 1).$$

Für Atome mit ungerader Massenzahl wird:

$$g_a = i(2i + 1), \quad g_s = (i + 1)(2i + 1),$$

wo $ih/2\pi$ das mechanische Kernspinmoment bedeutet. Im Falle von H_2 mit $i = 1/2$ folgt für das statistische Gewicht der Orthozustände $g_s = 3$ und für die Parazustände $g_a = 1$. Für das schwere Wasserstoffisotop D_2 und für N_2 folgt aber mit $i = 1$ für die Zustände mit ungeraden Laufzahlen $g_s = 3$ und für die Zustände mit geraden Laufzahlen $g_a = 6$.

Eine weitere Modifikation der bisherigen Betrachtungen über Z_{rot} ist notwendig in dem Fall, wo ein zweiatomiges Molekül eine Aufspaltung seiner Rotationslinien in ein Dublett von mäßigem Energieunterschied zeigt, wie es z. B. bei NO der Fall ist.

Der Anteil Z_{osz} der Schwingungsfreiheitsgrade an der Zustandssumme ist in 1. Näherung identisch mit derjenigen eines harmonischen Oszillators mit den Energiewerten $\varepsilon_{\text{osz}} = h\nu_0 (n + 1/2)$, $n = 0, 1, 2, \ldots$ Es wird $Z_{\text{osz}} = 1/[\exp(\Theta_{\text{osz}}/T) - 1]$, wo $\Theta_{\text{osz}} = h\nu_0/k$ eine charakteristische Temperatur ist. Für die Molwärme folgt daraus

$$C_{\text{osz}} = R\left(\frac{\Theta_{\text{osz}}}{T}\right)^2 \frac{\exp(\Theta_{\text{osz}}/T)}{[\exp(\Theta_{\text{osz}}/T) - 1]^2} = P(\Theta_{\text{osz}}/T).$$

Die Funktion P wird *Planck-Funktion* genannt. In untenstehender Tabelle findet man die charakteristischen Temperaturen Θ_{osz} einiger zweiatomiger Moleküle:

Gas . .	H_2	N_2	O_2	HO	CO	NO
Θ_{osz} [°K]	6130	3350	2224	5110	3085	2705

Der Schwingungsanteil der Molwärme geht gegen Null für $\Theta_{\text{osz}}/T \gg 1$ (tiefe Temperaturen) und gegen R für $\Theta_{\text{osz}}/T \approx 0$, d. h. bei hohen Temperaturen.

Bisher wurde so gerechnet, als ob zwischen Rotation und Schwingungsbewegung keine Wechselwirkung bestünde. Die tatsächlich vorhandene Wechselwirkung bedingt hinsichtlich der spezifischen Wärme den sog. *Streckungseffekt*, der sich bei der spezifischen Wärme von H_2 bei hohen Temperaturen bemerkbar macht. Eine weitere Korrektur am einfachen Oszillatormodell bildet die Berücksichtigung der Anharmonizität der Schwingungen, wie sie sich spektroskopisch ergibt.

III. Mehratomige Moleküle. Durch die große Zahl von Eigenschwingungen ($3N - 6$ bei einem N-atomigen Molekül) und deren Wechselwirkung mit der Rotationsbewegung wird die Berechnung der kalorischen Daten nicht nur umständlicher, sondern meist auch ungenauer. Der einfachste Fall ist derjenige, wo die Rotationsfreiheitsgrade voll angeregt sind und wo man den elektronischen Anteil bis auf die Vielfachheit des Grundzustandes unberücksichtigt lassen kann. Außerdem sollen keine verschiedenen Molekülmodifikationen (infolge Kernspin) auftreten und die Schwingungen der Atome als harmonisch betrachtet werden. Unter diesen Annahmen wird die Molwärme:

$$C_v = C_{\text{trans}} + C_{\text{rot}} + C_{\text{osz}} = 3R/2 + fR/2 + \sum_i [P(\Theta_i/T)],$$

wo bei gestreckten Molekülen (Atome liegen alle auf einer geraden Verbindungslinie, wie bei CO_2 und N_2O) $f = 2$ und sonst $f = 3$ ist. Die Größe Θ_i ist die charakteristische Temperatur für die i-te Eigenschwingung. In untenstehender Tabelle sind für einige einfachere Moleküle die charakteristischen Temperaturen und deren Vielfachheit q und außerdem die Zahl f der rotatorischen Freiheitsgrade eingetragen:

Gas	q	Θ_i [°K]	f	Gas	q	Θ_i [°K]	f
CO_2	2	960	2	H_2O	1	2290	3
	1	1830			1	5370	
	1	3280			1	5510	
N_2O	2	844	2	NH_3	1	1357	3
	1	1842			2	2336	
	1	3185			3	4776	

Ferner →Zustandsgleichung, kalorische.

IV. Einfluß der Dissoziation und Ionisation auf die Molwärme. Die Molwärme C_v ist als diejenige Wärmemenge definiert, die ein Mol bei konstantem Volumen unter Ausschluß chemischer Veränderungen zur Temperaturerhöhung um $1°$ benötigt. Tatsächlich zerfallen (dissoziieren) aber viele Moleküle bei höheren Temperaturen schon merklich, und der Energiebedarf dieser Dissoziation vermehrt die eigentliche spezifische Wärme unter Umständen erheblich, da die Dissoziationsenergie meist groß ist. Dasselbe gilt bei noch höheren Temperaturen für die Ionisation. Die Dissoziations- und Ionisationsgleichgewichte lassen sich thermodynamisch berechnen. Kennt man z. B. im Falle des Dissoziationsgleichgewichtes den Dissoziationsgrad α bei einem Reaktionsschema $X_2 \rightleftarrows 2X$ in Abhängigkeit von der Temperatur, so setzt sich die Molwärme der Gasmischung C_p bei konstantem Druck zusammen aus der Wärmekapazität von $(1 - \alpha)$ Molen des undissoziierten Gases, der Wärmekapazität von 2α Molen des dissoziierten Gases und der Dissoziationswärme, die auf jene Moleküle entfällt, die bei der Temperatursteigerung zerfallen. Es wird so:

$$C_p = (1 - \alpha)\, C_p^{(u)} + 2\alpha\, C_p^{(d)} + \left(\frac{\partial \alpha}{\partial T}\right)_p W_p,$$

wo W_p die Dissoziationsenergie bei konstantem Druck ist und $C_p^{(u)}$, $C_p^{(d)}$ bzw. die Molwärmen des undissoziierten und dissoziierten Gases sind. Benutzt man die van't Hoffsche Gleichung für die Temperaturabhängigkeit der Konstanten des Massenwirkungsgesetzes, so folgt schließlich:

$$C_p - C_p^{(u)} = \alpha(1 - \alpha^2)\,\frac{W_p}{2\,R T^2}.$$

Die numerische Ausrechnung ergibt, daß bei etwa 50% Dissoziation ein Maximum der zusätzlichen Molwärme auftritt, das im Falle von N_2, O_2 und H_2 ein Mehrfaches der eigentlichen Molwärme ausmacht. Ähnliches gilt für die Beiträge zur Ionisation zur Molwärme.

Sphärische Aberration (Abweichung), Öffnungsfehler, →Abbildungsfehler.

Sphärische Welt, eine in sich geschlossene, „gekrümmte" Welt mit nichteuklidischer Metrik, das dreidimensionale Analogon der zweidimensionalen Kugelfläche. Wie diese ist sie *unbegrenzt*, hat ein *endliches Volumen* $V = 2\,\pi^2 R^3$ und einen *endlichen Krümmungsradius R* (→Weltradius). Entsprechendes gilt für eine *elliptische* Welt, von der die sphärische Welt ein Spezialfall ist. Eine *hyperbolische* Welt ist auch gekrümmt, aber unendlich und unbegrenzt. Die Euklidische Welt ist der Grenzfall für $R \to \infty$. In genügend kleinen Bereichen kann die Metrik einer gekrümmten Welt durch die Euklidische Metrik ersetzt werden. Der „Mittelpunkt" einer sphärischen Welt gehört ihr ebensowenig an, wie der Mittelpunkt einer Kugelfläche dieser angehört, und ebenso erstrecken sich ihre „Radien" nicht in ihr.

Triftige Gründe sprechen dafür, daß das *Weltall* als ein sphärischer Raum aufzufassen ist. →Kosmologie.

Sphärokolloide →disperse Systeme.

Sphärolith →Kristallaggregat.

Sphärometer sind Geräte zur Bestimmung des Krümmungsradius einer Kugelfläche, z. B. einer Linsenfläche. Es sind mechanische und optische Verfahren zur Krümmungsmessung in Gebrauch.

Die mechanischen Verfahren beruhen auf der Ausmessung der Pfeilhöhe und des Radius der Grundfläche einer Kugelkalotte, woraus sich durch Rechnung der Kugelradius ergibt. Die Pfeilhöhe wird mit Meßuhr, Meßschraube oder Maßstab mit Ablesemikroskop bestimmt. Der Radius der Kalottengrundfläche ergibt sich aus dem Radius von Ringen oder ist durch den Abstand der Spitzen eines Dreiecks bestimmbar, auf die die zu messende Kugelfläche aufgelegt wird. Ist k der Radius der Auflageringe und h die Pfeilhöhe, so ist der Kugelradius $r = (k^2/h + h)/2$. Viel in Benutzung ist das Brillenglassphärometer, das in vereinfachender Weise nur die Pfeilhöhe eines Kreisbogens über einer vorgegebenen festen Sehne bestimmt und unter Zugrundelegung einer Brechzahl von $n = 1{,}52$ für das benutzte optische Glas unmittelbar die Stärke (→Dioptrie) φ der gemessenen Fläche anzeigt, woraus sich $r = 0{,}52/\varphi$ ergibt.

Bei den optischen Verfahren werden Größen oder Lagen von Gegenstand und an der zu messenden Fläche erzeugtem Spiegelbild bestimmt und

daraus mit Hilfe der für den Kugelspiegel gültigen optischen Abbildungsformeln der Krümmungsradius der Fläche berechnet. (→Abbildung, optische.)

Kohlrausch, F.: Prakt. Physik. Leipzig u. Berlin 1950.

Sphärometerwert (in Dioptrien, →Brechkraft) einer lichtbrechenden →konvexen oder →konkaven Fläche vom Krümmungsradius r [mm] ist der Wert $1000\,\dfrac{n-1}{r}$ [dptr], positiv für konvexe, negativ für konkave Flächen. Bei einer genügend dünnen, z. B. bikonvexen, Linse mit den beiden Krümmungsradien r_1 und r_2 mm ist die →Brechkraft F gleich der Summe der Sphärometerwerte:

$$F = \frac{1000(n-1)}{r_1} + \frac{1000(n-1)}{r_2}\,[\text{dptr}].$$

(Im allgemeinen $n = 1{,}523$.) Die einfache Summation der Sphärometerwerte führt aber nicht zur Brechkraft, wenn die Linse merkliche Dicke hat. Nur bei schwächeren Brillengläsern ist die einfache Summation praktisch ausreichend.

Sphenoid. Zwei Flächen, die durch eine 2zählige Drehungsachse miteinander zur Deckung gebracht werden, bilden eine offene Kristallform, das *Sphenoid* (Abb.). Die beiden Flächen schneiden

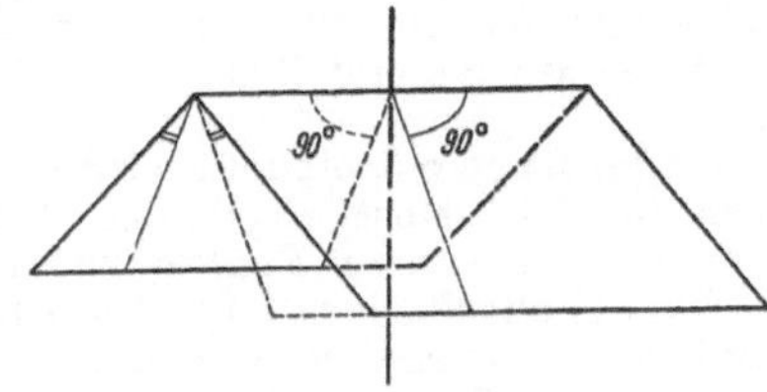

Sphenoid.

sich in einer zur Drehungsachse senkrechten Kante. Das Sphenoid ist die allgemeine Flächenform $\{h\,k\,l\}$ der Kristallklasse 2 (Sphenoid 4. Art). Die Formen $\{0\,k\,l\}$ und $\{h\,k\,0\}$ derselben Klasse werden als Sphenoide 1. und 3. Art bezeichnet.

sphere →Raumwinkeleinheiten.

Spicula →Chromosphäre.

Spiegel sind Körper mit großem Reflexionsvermögen. Man unterscheidet nach der Form ebene und gewölbte Spiegel und nach der Lage der spiegelnden Fläche Oberflächen- und Rückflächenspiegel.

Der *ebene Spiegel* wirft das Licht so zurück, daß ein gleich großes virtuelles Bild des Gegenstandes genau so weit hinter dem Spiegel entsteht, wie der Gegenstand vor dem Spiegel liegt, wobei jedoch die Seiten vertauscht sind. Die Abbildung der Objekte in entsprechende Bildpunkte der →teleskopischen Folge „ebener Spiegel" erfolgt völlig frei von Abbildungsfehlern. In optischen Strahlengängen wird durch eine einzelne oder durch eine ungerade Anzahl von Spiegelungen eine Seiten- oder Höhenvertauschung herbeigeführt. Das Bild ist, in Lichtrichtung gesehen, „rückwendig". Bei einer geraden Anzahl von Spiegelungen entsteht ein seitenrichtiges und aufrechtes oder völlig umgekehrtes (seiten- oder höhenvertauschtes) Bild. Das Bild ist, in Lichtrichtung gesehen, „rechtwendig". Je größer der Einfallswinkel der Strahlen ist, um so besser muß der Spiegel eben sein. Als Spiegelflächen benutzt man Metallflächen, die heute meist aus Aluminium oder Silber bestehen und die vorn oder auf der Rückseite der Glasplatte als dünne Schichten angebracht werden (→Lichtverluste in optischen Geräten). Verläuft der Strahl in einem Medium, das an ein anderes mit einer geringeren Brechzahl grenzt, so versucht man die Spiegelung durch Totalreflexion zu erreichen (→Prisma, totalreflektierendes).

Der *gewölbte Spiegel* ist meist ein Stück einer Kugelfläche (sphärischer Spiegel), seltener ein asphärischer Rotationskörper (Paraboloid, Ellipsoid, Hyperboloid). Wendet ein Spiegel die hohle Seite dem Lichte zu, so spricht man vom Hohl- oder Konkavspiegel, andernfalls vom Wölb- oder Konvexspiegel. Die Abbildungsformel für Kugelspiegel erhält man aus der für die Linsen gültigen (→Abbildung), wenn man formal $n' = -n$ setzt, da dann das Brechungsgesetz $n \sin i = n' \sin i'$ in das Reflexionsgesetz $i = -i'$ übergeht. Bei einem Kugelspiegel ist, wenn der Radius r und die Brennweite f' ist: $f' = r/2$. Die Abbildungsgleichung für den Kugelspiegel ist $1/s' + 1/s = 2/r$. Hierbei bedeuten s und s' den Abstand des Gegenstandes bzw. des Bildes vom Scheitelpunkt S des Kugelspiegels. Da das Licht immer als von rechts kommend angenommen wird und S der Nullpunkt des Koordinatensystems ist (→Vorzeichensystem, optisches), ist bei einem Konkavspiegel r negativ und bei einem Konvexspiegel r positiv zu zählen. s und s' werden auf die einfallende Lichtrichtung bezogen.

Ein Punkt im Kugelmittelpunkt wird ohne Abweichungen in sich selbst abgebildet. Um Abbildungsfreiheit für andere Punkte zu erzielen, muß man Umdrehungsflächen 2. Grades benutzen, für Abbildung des unendlich fernen Punktes in den Brennpunkt z. B. parabolische Spiegel. Die Abweichungsfreiheit besteht hierbei streng nur für den Punkt auf der optischen Achse.

Spiegelablesung (→ Ablesung), dient zur Erhöhung der Genauigkeit der Messung kleiner Drehungen an Meßgeräten (Galvanometer usw.). Als *Lichtzeiger* dient ein an dem am drehbaren Meßwerk angebrachten Spiegelchen reflektierter Lichtstrahl. Entweder wird ein beleuchteter Spalt oder Faden bzw. ein Glühlampenfaden über den Spiegel auf einer Skala abgebildet, oder es wird noch besser eine Skala auf dem Wege über den Spiegel mittels eines Fernrohrs mit Fadenkreuz anvisiert. Die Spiegelablesung bietet folgende Vorteile: Trägheitslosigkeit des Lichtzeigers und seine (gegenüber einem materiellen Zeiger) große Länge, die nur durch die mehr oder minder große Störungsfreiheit des Meßwerks praktisch begrenzt ist. →Ablesung mit Drehspiegel.

Spiegelebene, Symmetrieelement der →Spiegelung.

Spiegelkondensator →Dunkelfeldbeleuchtung.

Spiegelteleskop, astronomisches Beobachtungsinstrument mit einem Parabolspiegel als Strahlungssammler. Alle astronomischen Fernrohre mit Öffnungen über 1 m sind Spiegelteleskope, da sich Objektivscheiben dieser Größe nicht mehr herstellen lassen. Die Belegung der Glasspiegel, die früher ausschließlich durch chemische Versilberung erfolgte, geschieht heute meist durch Aufdampfen einer Aluminiumschicht im Hochvakuum. Diese kann durch Aufbringen einer dünnen Schicht von SiO_2 vor atmosphärischen Einflüssen weitgehend geschützt werden. Der Parabolspiegel ist frei von Farbenabweichungen, er gibt aber vollkommene

Strahlenvereinigung nur in der optischen Achse und ihrer nächsten Umgebung, so daß sein Gesichtsfeld sehr klein ist. Ein Parabolspiegel ist daher nur für die Untersuchung von Einzelsternen oder Objekten geringer Ausdehnung geeignet (vgl. dagegen den →Schmidt-Spiegel). Er dient hauptsächlich in Verbindung mit einem →Sternspektrographen zur detaillierten Untersuchung von Sternspektren (Radialgeschwindigkeiten, Linienintensitäten, Linienkonturen). Auch für Beobachtungen mit einem lichtelektrischen oder thermoelektrischen Sternphotometer wird er oft benutzt, ebenso für photographische Aufnahmen von Objekten kleinen Winkeldurchmessers wie Kugelhaufen und Spiralnebel.

Spiegelteleskope sind gewöhnlich zur Benutzung in drei verschiedenen optischen Anordnungen eingerichtet: 1. im *primären* oder *Newton-Fokus* mit

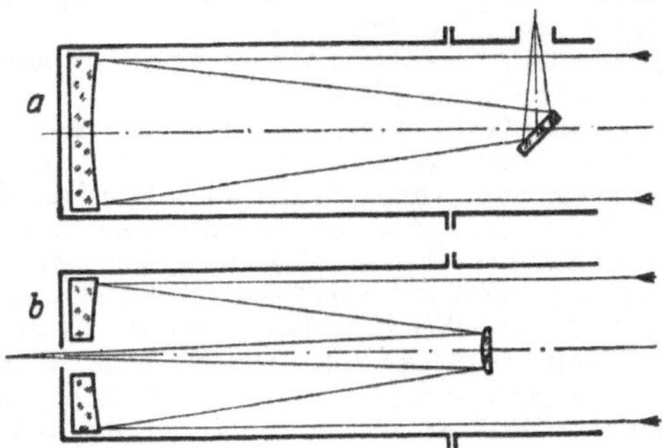

Abb. 1. Spiegelteleskop.
a Newton-Anordnung, *b* Cassegrain-Anordnung.

einem Öffnungsverhältnis 1:3 bis 1:5; 2. im *Cassegrain-Fokus*, wobei durch einen deformierten konvexen Hilfsspiegel die Brennweite um einen Faktor 3 bis 5 vergrößert wird; hinter dem durchbohrten Hauptspiegel werden im allgemeinen die Sternspektrographen angebracht; 3. im *Coudé-Fokus*, wobei durch einen im Schnittpunkt von Rektaszensions- und Deklinationsachse der Montierung befindlichen drehbaren ebenen Hilfsspiegel

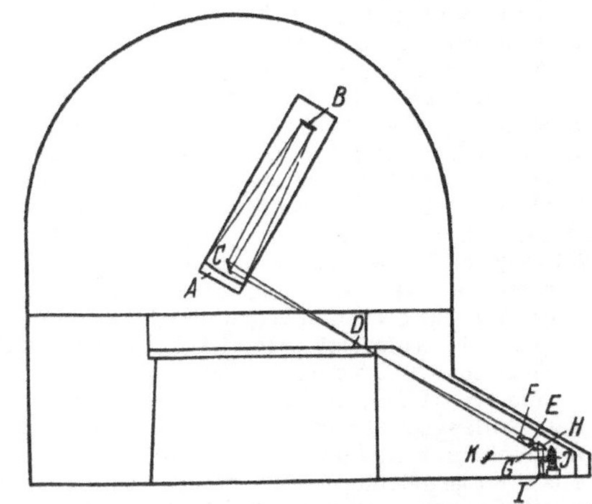

Abb. 2. Strahlengang im Coudé-Fokus des 250 cm-Spiegels von Mt. Wilson. [Nach *C. G. Abbot*, Astrophys. J. 69, 299 (1929).]

die vom Cassegrain-Spiegel kommende Strahlung durch die hohle Rektaszensionsachse in einen Raum unterhalb der Beobachtungskuppel gelenkt wird, wo empfindliche Strahlungsmeßinstrumente fest aufgestellt werden können. Beim 5 m-Spiegel des Mt. Palomar-Observatoriums beträgt die Brennweite im Newton-Fokus 16,7 m, im Cassegrain-Fokus 80 m und im Coudé-Fokus 150 m. Es sind gegenwärtig etwa 20 Spiegelteleskope mit Öffnungen von 1 m und darüber in Benutzung. Die fünf größten sind:

Observatorium	Jahr der Fertigstellung	Öffnung cm	Öffnungsverhältnis im Newton-Fokus
Mt. Palomar	1948	500	1 : 3,3
Mt. Wilson	1918	250	1 : 5,1
McDonald	1939	206	1 : 4,0
Dunlap	1933	186	1 : 4,9
Victoria	1919	184	1 : 5,0

Spiegelung. Man unterscheidet die Spiegelung an einer Ebene, etwa der (x, y)-Ebene, d. h. die Transformation $x' = x$, $y' = y$, $z' = -z$, und die Spiegelung am Koordinatenursprungsort, die →*Inversion*, für die also $x' = -x$, $y' = -y$, $z' = -z$ ist. Kristallographisch ist die Spiegelung eine Symmetrieoperation, die jeden Punkt des Raumes in einen anderen überführt, derart, daß die zwei Punkte beiderseits einer Ebene (*Spiegelebene*) in gleichen Abständen von ihr und auf einer gemeinsamen, zur Ebene senkrechten Geraden liegen.

Spiegelung des Lichtes →Reflexion.

Spiegelungsgruppe. Die Spiegelungsgruppen bestehen aus der Gruppeneinheit e und einer Spiegelung s mit $s^2 = e$. Die bekanntesten beiden Spiegelungsgruppen sind: 1. s ist die Spiegelung an einer Ebene, etwa an der xy-Ebene: $x' = x$, $y' = y$, $z' = -z$; 2. s ist die →Inversion: $x' = -x$, $y' = -y$, $z' = -z$.

Spiegelsymmetrie →Spiegelung.

Spiegelversuch, Fresnelscher, ältester reiner Interferenzversuch (→Interferenz). Durch zwei ganz wenig gegeneinander geneigte Spiegel (Abb.)

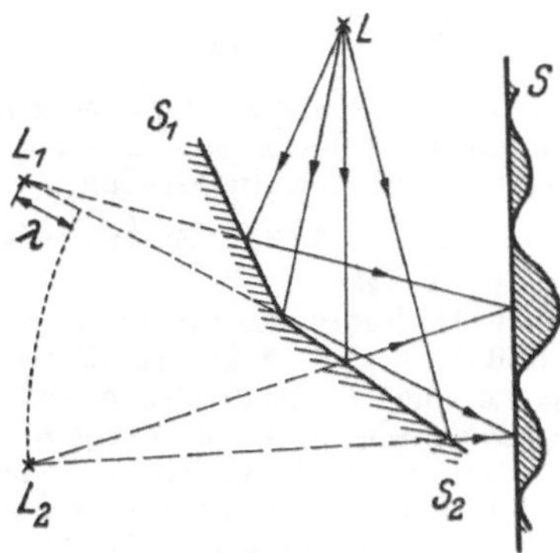

Fresnelscher Spiegelversuch.
L Lichtquelle, L_1, L_2 Spiegelbilder, S_1, S_2 Spiegel, S Schirm mit Schwärzungskurve, λ Wellenlänge.

werden zwei Bilder L_1 und L_2 einer punktförmigen Lichtquelle L erzeugt, welche ganz nahe beisammen liegen und daher zwei nahezu parallele, →kohärente Lichtstrahlensysteme erzeugen. Auf einem Schirm S entstehen dadurch ziemlich breite, abwechselnd helle und dunkle Streifen, deren Zentrum dort liegt, wo die Gangdifferenz der beiden Strahlen ein ganzes bzw. halbes Vielfaches der

Wellenlänge ist. — Nahe verwandt ist das *Fresnelsche Biprisma*, bei welchem an Stelle des Doppelspiegels ein Biprisma mit ganz flachem Prismenwinkel verwandt wird, um nahezu parallele kohärente Strahlen zu erzeugen; es vermeidet die Justierungsschwierigkeiten des Doppelspiegels.

Spielkreisel →Kreiselstabilisierung.

Spin der Atomkerne →Kernspin.

Spin der Detonation, erstmals von *Campbell* und *Woodhead* (1927) beobachtet. Bei manchen detonierenden Gasmischungen, z. B. $2 CO + O_2$, beobachtet man eine Leuchterscheinung, die mit großer Frequenz um die Längsachse des Rohres rotiert. Die Frequenz ist z. B. bei Detonationen von $2 CO + O_2$ in einem Rohr von 2,54 cm Durchmesser 23900 Hz. Sie ist umgekehrt proportional zum Rohrdurchmesser. Neuerdings ist gezeigt worden (*Manson* 1946), daß es sich dabei um akustische Rohreigenschwingungen in den Verbrennungsgasen handelt. Die Frequenz v des Spins läßt sich auf Grund dieser Vorstellung recht genau berechnen. Es wird: $v = 1,841 \, a/(2 \pi R)$, wo a die Schallgeschwindigkeit in den Verbrennungsgasen und R der Rohrradius ist.

Jost, W.: Explosions- u. Verbrennungsersch. in Gasen. Berlin 1939. — *Manson, N.*: C. R. Acad. Sci., Paris **222**, 46 (1946).

Spin der Elementarteilchen, ihr innerer Drehimpuls und das daraus resultierende magnetische Moment. Der Spin wurde zuerst beim Elektron entdeckt. Früher hat man ihn als Ausdruck einer inneren Rotation betrachtet (*Goudsmit, Uhlenbeck*). Doch hat man diese Vorstellung quantitativ nicht durchführen können. Die →Dirac-Gleichung weist nach *Schrödinger* darauf hin, daß der Spin von einer Zitterbewegung des punktförmig gedachten Teilchens um ein virtuelles Zentrum herrührt. Man kann diese als Folge der Wechselwirkung des Teilchens mit seinem Strahlungsfeld verstehen, speziell als Folge der Emissions-Reabsorptionsprozesse (Lichtquanten und vor allem Elektronenpaare). Bei Berücksichtigung der Strahlungswechselwirkung hängt die Masse eines Teilchens in erster Näherung auch von der Beschleunigung ab, so daß die Lagrange-Funktion folgende Gestalt annimmt:

$$L = -m_0 c^2 F(Q) \sqrt{1 - \beta^2} + e\varphi - \frac{e}{c} (\mathfrak{v}\mathfrak{A}),$$

$$Q = \frac{\text{const}}{\sqrt{1 - \beta^4}} \left\{ \dot{\mathfrak{v}}^2 + \left(\frac{\mathfrak{v}\dot{\mathfrak{v}}}{c\sqrt{1 - \beta^2}} \right)^2 \right\}.$$

Die unbestimmte Funktion $F(Q)$ beschreibt die spezielle Gestalt der Strahlungswechselwirkung. Das Argument Q ist durch die →Lorentz-Invarianz festgelegt. Die Quantisierung führt zu folgender Wellengleichung, die Teilchen mit verschiedenem Spin umfaßt:

$$\left\{ \left(\beta_\mu, \frac{\hbar}{i} \frac{\partial}{\partial x_\mu} + \frac{e}{c} A_\mu \right) + i m_0 c \, G(-i\beta_5) \right\} \psi = 0.$$

Darin sind β_α ($\alpha = 1 \ldots 5$) Matrizen, die den Vertauschungsrelationen

$$[\beta_\alpha, \beta_\beta] = -i\beta_{\alpha\beta}, \quad [\beta_{\alpha\beta}, \beta_\gamma] = -i(\beta_\alpha \delta_{\beta\gamma} - \beta_\beta \delta_{\alpha\gamma})$$

genügen. Die Funktion $G(-i\beta_5)$ ist durch $F(Q)$ bestimmt. Mit dem speziellen Ansatz $G = 1$ erhält man die durch Verallgemeinerung der Dirac-Gleichung gewonnene Form der →Wellengleichungen der Elementarteilchen. Von der Wahl der Funktion G hängt das →Massenspektrum der Elementarteilchen ab. Man kann umgekehrt G und damit die Wechselwirkung der Teilchen mit dem Strahlungsfeld aus dem beobachteten Massenspektrum empirisch bestimmen. Allgemeine Gesichtspunkte zur Bestimmung von G gibt es noch nicht.

Das Vorhandensein eines Spins der Teilchen in einem zusammengesetzten System kommt darin zum Ausdruck, daß nur für die Summe aus Eigendrehimpuls + Bahndrehimpuls der Drehimpulserhaltungssatz gilt. Die Operatoren des Spindrehimpulses sind die des →Drehimpulses mit einer bestimmten Spinquantenzahl j. Die Zustände eines Teilchens mit Spin lassen sich dann durch →Spinfunktionen und →Spinkoordinaten beschreiben, etwa wie z. B. der Elektronenspin im Atom: →Aufbauprinzip.

Pauli, W., u. *M. Fierz:* Helv. phys. Acta **37**, 1380 (1931). — *Kramers, H. A., F. J. Lubanski* u. *J. K. Belinfante:* Physica (Haag) **8**, 597 (1941). — *Bopp, F.:* Z. Naturf. 4a, 611 (1949).

Spinabsättigung →kovalente Bindung.

Spinbahnkopplung im Kern, Wechselwirkung zwischen Spin- und Bahndrehimpuls eines Teilchens, hervorgerufen durch magnetische Kopplung sowie durch →Thomas-Kräfte, von denen die letzteren im Kern das Übergewicht haben. →Oszillatormodell, →Kernmomente.

Spindelnebel →Spiralnebel.

Spindublett. Ist der Spindrehimpuls eines Atoms durch die Quantenzahl $S = 1/2$ gegeben (z. B. bei einem einzigen Leuchtelektron), so sind die Terme durch die energetische Wechselwirkung von Spin und Bahn für $L \neq 0$ in zwei Komponenten aufgespalten. →Dublett.

Spinfunktionen. Will man den Zustand eines Teilchens nur in bezug auf seinen Spin beschreiben, so kann man dies durch eine Funktion $\psi(m_j)$ der →Spinkoordinaten allein tun, wobei $|\psi(m_j)|^2$ die Wahrscheinlichkeit dafür ist, den Wert $\hbar m_j$ der Spindrehimpulskomponente (etwa in z-Richtung) zu messen. Für mehrere Teilchen hängt ψ entsprechend von den Spinkoordinaten aller Teilchen ab.

Spinkoordinaten. Für ein Teilchen mit der Spinquantenzahl j sind die Operatoren des Ortes und einer Spindrehimpulskomponente (etwa M_z in z-Richtung) vertauschbar, so daß man die Operatoren x, y, z und M_z gleichzeitig diagonal darstellen kann; d. h. man kann den Zustand durch eine Funktion $\psi(x, y, z, m_j)$ beschreiben, wobei m_j die diskreten Werte $j, j-1, \ldots, -j$ annehmen kann. m_j heißt die Spinkoordinate. $|\psi(x, y, z, m_j)|^2 \, dx \, dy \, dz$ ist z. B. die Wahrscheinlichkeit dafür, im Zustand ψ das Teilchen im Volumenelement $dx \, dy \, dz$ mit der Drehimpulskomponente $\hbar m_j$ zu finden. Für Elementarteilchen (z. B. Elektronen) kann m_j nur die beiden Werte $\pm 1/2$ annehmen.

Spinmatrizen →Spinoperator.

Spinmoment, der Drehimpuls eines Teilchens, den dieses an sich (ohne jede Bahnbewegung) besitzt. Nach der Quantentheorie ist der Drehimpuls durch eine Quantenzahl j gekennzeichnet, wobei $j = 0, \frac{1}{2}, 1, 1\frac{1}{2}, \ldots$ sein kann. Das Quadrat des Drehimpulses ist $\hbar^2 j(j+1)$ und der maximalmögliche Wert einer Komponente des Drehimpulses $\hbar j$. Die Elementarteilchen haben alle das Spinmoment $\hbar/2$, d. h. $j = 1/2$.

Spinnlinie →Cornu-Spirale.

Spinoperator, der zu dem Eigendrehimpuls des Teilchens gehörige Operator. Ist der Eigendrehimpuls (Spin) durch die Quantenzahl s gekenn-

zeichnet (→Drehgruppe), so werden die Spinzustände beschrieben durch einen Vektorraum der Darstellung D_j der Drehgruppe mit der Dimension $2j + 1$. Für die Komponenten des Spins M_x, M_y, M_z (die Spinoperatoren) gilt dann für eine geeignete Basis v_m:

$$(M_x + iM_y)v_m = \hbar \sqrt{(j-m)(j+m+1)} \, v_{m+1};$$

$$(M_x - iM_y)v_m = \hbar \sqrt{(j+m)(j-m+1)} \, v_{m-1};$$

$$M_z \psi_m = \hbar m \psi_m; \quad (M_x^2 + M_y^2 + M_z^2)\psi_m = \hbar^2 j(j+1)\psi_m.$$

Für den Fall des Spins $j = 1/2$ (Elektronen) sind M_x, M_y, M_z durch die Matrizen $\frac{\hbar}{2}\begin{pmatrix} 0 & 1 \\ 1 & 0 \end{pmatrix}$, $\frac{\hbar}{2}\begin{pmatrix} 0 & -i \\ i & 0 \end{pmatrix}$, $\frac{\hbar}{2}\begin{pmatrix} 1 & 0 \\ 0 & -1 \end{pmatrix}$ dargestellt.

$$\sigma_x = \begin{pmatrix} 0 & 1 \\ 1 & 0 \end{pmatrix}, \quad \sigma_y = \begin{pmatrix} 0 & -i \\ i & 0 \end{pmatrix}, \quad \sigma_z = \begin{pmatrix} 1 & 0 \\ 0 & -1 \end{pmatrix}$$

heißen die Paulischen *Spinmatrizen*.

Spinor. Ein →Vektor ist eine durch mehrere Komponenten gekennzeichnete physikalische Größe, welche sich bei Drehungen des Koordinatensystems im Raum oder bei →Lorentz-Transformationen in Raum-Zeit genau wie die Koordinaten eines Punktes transformieren. Ein →Tensor hat Komponenten, die sich wie Produkte von Koordinaten transformieren. Jedes solche Gebilde liefert eine Darstellung der Drehgruppe, d. h. ein System von linearen Transformationen, derart, daß sich bei Hintereinanderausführung entsprechender Transformationen und Drehungen stets wieder entsprechende Transformationen und Drehungen ergeben. In der Mathematik wird gezeigt, daß es neben den von Vektoren und Tensoren erzeugten Darstellungen der Drehgruppe noch andere gibt, die auf folgender Basis aufbauen. Seien ξ_1 und ξ_2 komplexe Koordinaten in einem zweidimensionalen Darstellungsraum, die in keinem gewöhnlichen Zusammenhang mit den Koordinaten im Anschauungsraum oder mit denen in Raum-Zeit stehen, so bilden die reellen linearen Transformationen mit der Determinante $+1$

$$\begin{aligned} \xi_1 \to \xi_1' &= \alpha \xi_1 + \beta \xi_2, \\ \xi_2 \to \xi_2' &= \gamma \xi_1 + \delta \xi_2, \end{aligned} \qquad (\alpha\delta - \beta\gamma = +1)$$

eine dreiparametrige Schar von Transformationen, die den Drehungen im Raum eindeutig zugeordnet werden können, weil sich die Größen

$$x = \xi_1^* \xi_2 + \xi_2^* \xi_1, \quad y = -i(\xi_1^* \xi_2 - \xi_2^* \xi_1),$$
$$z = (\xi_1^* \xi_1 - \xi_2^* \xi_2)$$

wie bei einer Drehung transformieren, nämlich linear so, daß $x^2 + y^2 + z^2$ invariant bleibt. Die Transformation der ξ liefert also ebenfalls eine Darstellung der Drehgruppe, die übrigens aus der Theorie des Kreisels geläufig ist, in welcher die Koordinaten ξ_1 und ξ_2 als Cayleysche Parameter an die Stelle der →Eulerschen Winkel treten. Betrachtet man statt der reellen Transformationen mit der Determinante $+1$ die entsprechenden komplexen, so erhält man eine Darstellung der eigentlichen Lorentz-Gruppe, die Gruppe der Drehungen in Raum-Zeit oder Spiegelung. Es ist nämlich $(\xi_1^* \xi_2 + \xi_2^* \xi_1)^2 - (\xi_1^* \xi_2 - \xi_2^* \xi_1)^2 + \cdots + (\xi_1^* \xi_1 - \xi_2^* \xi_2)^2 - (\xi_1^* \xi_1 + \xi_2^* \xi_2)^2 = 0$. Da die Cayleyschen Parameter in der Quantenmechanik erst durch ihre Bedeutung für den Spin bekanntgeworden sind, bezeichnet man sie heute als Spinoren, speziell als Spinoren *erster Stufe*. Allgemeine Spinoren, Spinoren *höherer Stufe*, sind Gebilde, die sich wie Produkte einfacher Spinorkomponenten transformieren. Zur Darstellung der vollen Lorentz-Gruppe unter Einschluß der Spiegelungen und der Zeitumkehr braucht man neben den gewöhnlichen Spinoren noch die sich konjugiert komplex transformierenden, die man mit punktierten Komponenten bezeichnet gemäß $\xi_{\dot{1}}$, $\xi_{\dot{2}}$. Es ist z. B. $\xi_{\mu\dot{\nu}}$ ein gemischter Spinor 2. Stufe, der sich bezüglich des ersten Index wie ein gewöhnlicher, bezüglich des zweiten wie ein konjugierter komplexer Spinor transformiert. Da man Vektoren als gemischte Spinoren 2. Stufe darstellen kann gemäß den Gleichungen

$$x = \xi_{1\dot{2}} + \xi_{2\dot{1}}, \qquad y = i(\xi_{1\dot{2}} - \xi_{2\dot{1}}),$$
$$z = (\xi_{1\dot{1}} - \xi_{2\dot{2}}), \qquad t = 1/c(\xi_{1\dot{1}} + \xi_{2\dot{2}}),$$

so ist es stets möglich, Tensorgleichungen durch äquivalente Spinorgleichungen zu ersetzen. Die Spinorrechnung ist aber umfassender. Sie liefert alle Darstellungen der Dreh- bzw. Lorentz-Gruppe, worauf ihre allgemeine Bedeutung für die Physik beruht.

Laporte, O., u. *G. E. Uhlenbeck:* Phys. Rev. **37**. 1380 (1931). — *van der Waarden, L.:* Gruppentheoret. Methode in d. Quantenmechanik. Berlin 1932.

Spinordarstellung von Wellengleichungen. Die Wellenfunktionen der →Materiewellen der →Elementarteilchen sind im allgemeinen mehrkomponentige Gebilde, die bestimmten Transformationsgesetzen gehorchen. In speziellen Fällen kann man sie als Vektor- oder Tensorgleichungen schreiben. Die Maxwellschen Gleichungen sind dafür ein Beispiel. →Spinoren sind ganz allgemein geeignet zur Beschreibung von Vorgängen in einem isotropen Raum, bzw. in isotroper Raum-Zeit. Die →Diracsche Wellengleichung liefert ein bekanntes Beispiel für eine spinorielle Wellengleichung. Aber auch Vektor-Tensorgleichungen kann man mit Spinoren schreiben, z. B. das System der Maxwellschen Gleichungen. Neben der vektoriell-tensoriellen und der spinoriellen Schreibweise gibt es noch die allgemeinere, beide umfassende →Operatordarstellung.

Laporte, O., u. *G. E. Uhlenbeck:* Phys. Rev. **37**, 1380 (1931). — *Pauli, K.,* u. *M. Fierz:* Proc.Roy.Soc.**173**,211(1939).

Spinraum →Isotopenspin.

Spinthariskop, Gerät zur Beobachtung der von einzelnen α-Strahlen auf einem Zinksulfidschirm erzeugten Lichtblitze (→Szintillation) mittels einer Lupe oder eines Mikroskops. Eine Verfeinerung dieses Prinzips (u. a. Verwendung eines Diamants statt des Zinksulfids) benutzten *E. Meyer* und *E. Regener* zur ersten quantitativen Zählung von α-Teilchen und zur Berechnung der Elementarladung aus ihrer Gesamtladung. (Hauptfehlerquelle: Ausfälle durch Augenblinzeln.)

Spinvalenz →kovalente Bindung.

Spinwechselwirkung. Durch die Existenz des Elektronenspins kommen in dem Hamilton-Operator zu den Termen der kinetischen Energie und Coulomb-Wechselwirkung noch weitere Terme hinzu, die in erster Näherung betragen:

$$H_s = \sum_i \frac{e}{mc}\left(\mathfrak{S}_i, \mathfrak{H}_i + \frac{1}{2mc}[\mathfrak{E}_i, \mathfrak{p}_i]\right) +$$
$$+ \sum_{i\neq j} \frac{e}{m^2 c^2}\left(\mathfrak{S}_i, \frac{[\mathfrak{p}_j - \frac{1}{2}\mathfrak{p}_i, \mathfrak{r}_{ij}]}{\mathfrak{r}_i^3}\right) +$$
$$+ \sum_{i\neq j} \frac{e^2}{mc^2} \frac{r_{ij}^2(\mathfrak{S}_i, \mathfrak{S}_j) - 3(\mathfrak{r}_{ij}, \mathfrak{S}_i)(\mathfrak{r}_{ij}, \mathfrak{S}_j)}{2 r_{ij}^5},$$

wobei i, j die verschiedenen Elektronen numeriert und $\mathfrak{S}$ der Spinvektor (als Operator) und $\mathfrak{p}$ der

Impulsvektor (als Operator) sind. Eine exakte Berechnung der Wechselwirkung ist bisher wegen der noch unüberwundenen Schwierigkeiten der Quantenelektrodynamik nicht möglich.

Spiralen. 1. *Archimedische Spirale* (Abb. 1). Sie ist eine aus zwei zueinander spiegelbildlichen Teilen bestehende Kurve, deren Gleichung in Polarkoordinaten $r = a\varphi$ ($a = $ const) lautet.

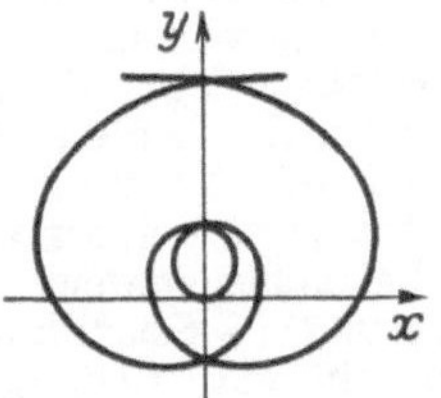

Abb. 1. Archimedische Spirale.

2. *Hyperbolische Spirale* (Abb. 2), deren Gleichung sich ergibt, wenn man in der archimedischen Spirale φ durch $1/\varphi$ ersetzt: $r = a/\varphi$. Auch die hyperbolische Spirale besteht aus zwei Ästen, die sich (für $\varphi \to 0$) der Geraden $y = a$ asymptotisch nähern.

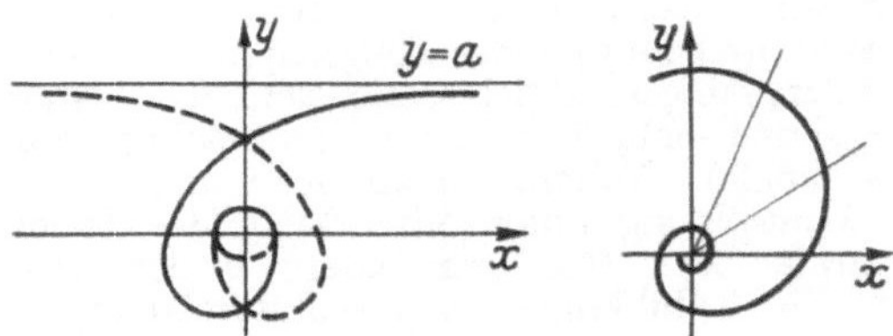

Abb. 2. Hyperbolische Spirale.　　Abb. 3. Logarithmische Spirale.

3. *Logarithmische Spirale* (Abb. 3) heißt die durch $r = e^{a\varphi}$ ($a < 0$) definierte Kurve. Eine ihrer besonderen Eigenschaften ist die, daß sie alle vom Nullpunkt ausgehenden Radienvektoren unter dem gleichen Winkel $\alpha = \operatorname{arc\,ctg} a$ schneidet.

4. →*Cornusche Spirale.*

Spiralfasertextur →Textur.

Spiralmikrometer →Mikrometer.

Spiralnebel. Die Spiralnebel (→außergalaktische Nebel) werden in zwei verschiedene, aber gleichlaufende Folgen eingeteilt: in *normale Spiralen* (S) und *geschlossene oder Balkenspiralen* (SB) (→außergalaktische Nebel, Abb. 1). Die beiden Folgen unter-

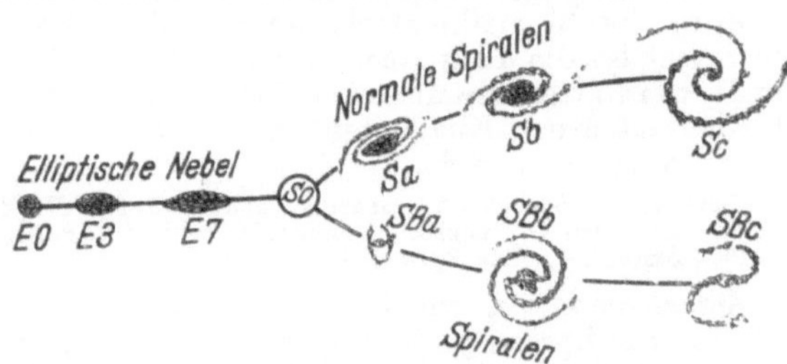

Abb. 1. Die Folge der Nebeltypen. Nach *E. Hubble.*

scheiden sich hauptsächlich durch die Art des Ansatzes der Spiralarme an den Nebelkern. Mischformen kommen anscheinend nur selten vor.

Bei den normalen Spiralen entspringen einem zentralen, linsenförmigen Kern an gegenüberliegenden Stellen zwei Arme, die sich unmittelbar

Atomkerne höherer Ordnungszahl als die des Urans zeigen vermutlich in größerem Ausmaß Spontanspaltung. Diese Erscheinung dürfte mit ein Grund dafür sein, daß höhere Elemente als das Uran in der Natur nicht vorkommen.

Riezler, W.: Einführ. in d. Kernphysik. Berlin 1950.

Spörersches Gesetz →Sonnenflecken.

Sprache, in naturwissenschaftlicher Betrachtungsweise eine Folge von unterscheidbaren Zeichen, den *Sprachlauten.* Man erhält zwei verschiedene Einteilungsprinzipien dieser Sprachlaute, je nachdem, ob man die Art ihrer *Erzeugung* oder ihren *Klang* betrachtet. Bei der ersten, der *artikulatorischen* Betrachtungsweise, ist die Bewegungsverflechtung (→Koartikulation) wesentlich; außerdem gibt man diejenigen Stellen des Stimmapparates (→Stimme) und des →Ansatzrohres an, die an der Bildung des Lautes beteiligt sind. Man unterscheidet demnach u. a. folgende Bildungsmöglichkeiten: laryngale (in der Kehle), pharyngale (im Rachen), uvulare (mit dem Zäpfchen), velare (mit dem Gaumensegel), kakuminale oder zerebrale (mit dem Hochgaumen), palatale (mit dem Vordergaumen), alveolare (gegen die Zahnschneiden), dentale (gegen die Zähne), labiale (mit den Lippen); bzw. dorsale (mit dem Zungenrücken), apikale (mit der Zungenspitze), koronale (mit dem Zungenrand), laterale (seitlich der Mittelzunge) und schließlich nasale (mit Beteiligung der Nasenhöhle). Weiterhin kann man angeben, ob die Lautbildung unter Mitwirkung des Stimmapparates vor sich geht oder ob der Schall durch Wirbelbildung an Querschnittsverengungen (Reibelaute) oder durch Sprengung eines unter Druck bzw. Unterdruck stehenden Verschlusses (Plosivlaute, Schnalze) erzeugt wird. Die *akustischen* Unterscheidungsmerkmale decken sich nur zum Teil mit den artikulatorischen, denn zwei gleichklingende Laute können auf vielfach verschiedene Weise artikuliert worden sein (Steuerung). Die mit Stimmlippenschwingungen hervorgebrachten Laute heißen *stimmhafte (vokalähnliche),* die ohne solche Schwingungen hervorgebrachten *stimmlose (geräuschhafte).* Das Schallspektrum weist im ersten Fall eine Reihe von gleichabständigen Teiltönen (Harmonischen) auf, während es im zweiten Fall eine kontinuierliche Struktur hat. Es sind außerdem beliebige Mischungen von stimmhaften mit stimmlosen Komponenten möglich (stimmhafte Konsonanten). Ein zweites sowohl artikulatorisches wie akustisches Merkmal ist die Lautdauer, die eine Unterscheidung von stationären und nichtstationären Lauten (Dauerlauten und Knallauten) ermöglicht. Ferner →synthetische Sprache.

Fletcher, H.: Speech and Hearing. London u. New York 1929. – *Jespersen, O.:* Lehrb. d. Phonetik. Leipzig u. Berlin 1926. – *Stumpf, C.:* Die Sprachlaute. Berlin 1926.

Sprachgenerator, wichtigster Bestandteil aller Geräte zur Sprachsynthese (→synthetische Sprache, →Voder, →Vocoder, →Analysis-Synthesis-Telephonie). Ein Sprachgenerator besteht aus einem Impulsgenerator für den unteren Tonfrequenzbereich von etwa 50 bis 500 Hz und einem Rauschgenerator, die wahlweise einzeln oder gemeinsam mit einem Satz von parallelgeschalteten Filtern verbunden werden können (Abb.). Die Durchlaßbereiche der Filter schließen lückenlos aneinander an. Ein Modulator hinter jedem Filter

ermöglicht es, die spektrale Zusammensetzung der Impuls- oder Rauschspannung nach Belieben zu wählen und insbesondere die Klangfarbe von

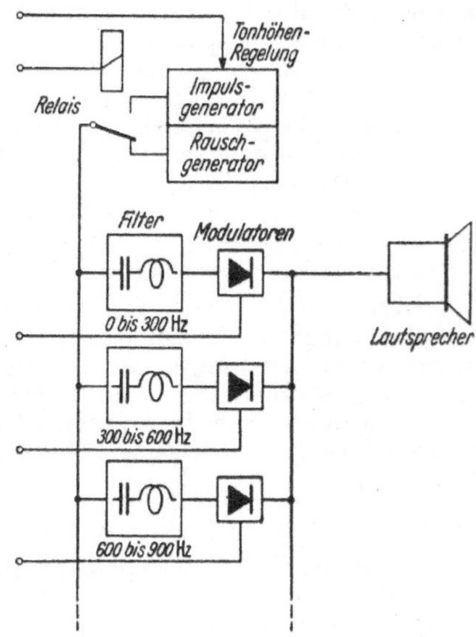

Sprachgenerator.

Sprachlauten einzustellen, die dann durch einen Lautsprecher hörbar gemacht werden.

Meyer-Eppler, W.: Elektr. Klangerzeugung. Bonn 1949.

Sprechtonlage →Stimmlippen.

Spreitung →Ausbreitung von Flüssigkeiten, →Oberflächenfilme.

Spritzkathodenentladung (*Spritzentladung*), Glimmentladung ohne Kathodendunkelraum; das negative Glimmlicht sitzt direkt auf der Kathode auf; bildet sich an Kathoden, die mit feinem isolierendem Pulver (Al_2O_3) oder porösen Oxydhäuten bedeckt sind. Der Kathodenfall ist viel kleiner als der normale. Durch Aufladung der Isolierschicht durch die positiven Ionen entsteht ein für →Feldemission ausreichendes Feld an der Kathode (*Malter-Effekt*).

Sprödigkeit, Gegenbegriff zu →Plastizität und wie diese auch ein qualitativer Begriff. Er bezeichnet die Eigenschaft fester Körper, zu brechen, ehe eine merkliche plastische Verformung (→Plastizität) eingetreten ist. Das ist dann der Fall, wenn die →Streckgrenze höher liegt als die →Bruchfestigkeit. Da erstere mit der Geschwindigkeit rascher ansteigt als letztere, so kann bei hinreichend kleiner, lang dauernder Beanspruchung ein Körper bedeutende plastische Formänderungen erfahren, während er bei stärkerer, rascher (schlagartiger) Beanspruchung spröde bricht. Da nur sehr große Unterschiede in der Geschwindigkeit ein so unterschiedliches Verhalten ein und desselben Stoffes bewirken, so kann man unter normalen Bedingungen von spröden (z. B. Glas) und plastisch verformbaren (z. B. Kupfer) Stoffen schlechthin sprechen. Bei hohen Temperaturen (→Plastizität, →Viskosität) und unter hohen Drucken (*P. Bridgman*) verlieren die Stoffe weitgehend ihre Sprödigkeit. Ferner →Versprödung.

Sprudeleffekt. 1. = →Wasserfallelektrizität, 2. = →fountain-Effekt.

Sprühen →Korona.

Sprühregen →Niederschlagsbildung.

Sprungentfernung. Aus dem Brechungsgesetz, angewandt auf die Ionosphäre, ergibt sich, daß um so höhere Frequenzen bei einer bestimmten →Elektronendichte reflektiert werden, je flacher die Wellen auf die ionisierte Schicht auffallen. Man erhält deshalb für Frequenzen, die senkrecht nicht mehr reflektiert werden, von einem bestimmten Winkel ab wieder Reflexion und damit Empfang von reflektierter Strahlung an der Erdoberfläche. Die Entfernung, von der ab dies auftritt, ist die Sprungentfernung. Ihre Größe ist in erster Näherung (ebene Erde und Ionosphäre) $D = 2h\sqrt{f/f_g - 1}$ (h Schichthöhe, f Betriebsfrequenz, f_g Grenzfrequenz). Bei größeren Entfernungen muß die Erdkrümmung und die Eindringtiefe in die Schicht berücksichtigt werden. Für die Praxis benutzt man Kurven, die D als Funktion von f/f_g mit verschiedenen Schichthöhen und -formen als Parameter darstellen. Die Sprungentfernung wird unendlich, wenn der Strahl, der die Erde tangential verläßt, nicht mehr reflektiert wird. Dies tritt ein bei einer Schichthöhe von 100 km (E-Schicht) für $f/f_g \approx 5$, bei 300 km (F-Schicht) für $f/f_g \approx 3$. Der Bereich zwischen der Reichweite der Bodenwelle und der Sprungentfernung ist die *Tote Zone*. Auch innerhalb derselben ist schwacher Empfang durch →Streustrahlung möglich.

Sprungfunktion →δ-Funktion.

Sprungkennlinie. Die Eigenschaften eines frequenzabhängigen linearen Schwingungssystems lassen sich außer durch die Angabe des Frequenzganges auch durch die *Sprungkennlinie* oder *Übergangsfunktion* beschreiben. Das ist der Ausgleichsvorgang, der sich einstellt, wenn das System einer einmaligen sprungartigen Erregung (z. B. durch plötzliches Anlegen einer Gleichspannung, wenn es sich um ein elektrisches System handelt) unterworfen wird. Der zeitliche Differentialquotient der Sprungkennlinie, der das System ebenfalls charakterisiert, heißt *Apparatefunktion*.
Haantjes, J.: Philips techn. Rdsch. **6**, 194 (1941).

Sprungkurve eines Supraleiters, die graphische Darstellung seines elektrischen Widerstandes im Übergangsgebiet normalleitend-supraleitend als Funktion der Temperatur.

Sprungpunkt, -temperatur eines Supraleiters. Der Übergang Normalleitung-Supraleitung erfolgt unter günstigsten Bedingungen (größte Reinheit und einkristalline Struktur) in einem sehr kleinen Temperaturintervall beinahe unstetig. Unter der Übergangstemperatur versteht man nach Übereinkunft diejenige Temperatur, bei welcher der elektrische Widerstand auf die Hälfte gesunken ist. Sie ist abhängig von der Stromstärke (je größer die Stromstärke, um so breiter das Übergangsgebiet). Unter Sprungpunkt im engeren Sinne versteht man den Grenzwert der Übergangstemperatur im Falle verschwindender Stromstärke.

Spulenfluß, der eine Spule durchsetzende magnetische Fluß.

Spulenkette = →Drosselkette.

Spulenwellen. In Drahtspulen können sich, ähnlich wie in Hohlröhren, Wellen ausbilden (→Hohlrohrwellen). Das wesentliche Kennzeichen dieser Spulenwellen ist, daß ihre Fortpflanzungsgeschwindigkeit gegenüber der Lichtgeschwindigkeit im Verhältnis der Steigung der Windungen herabgesetzt ist. Man hat sich dazu vorzustellen, daß eine Drahtwelle längs des Spulendrahtes mit Lichtgeschwindigkeit fortschreitet, wodurch sich der Feldzustand z. B. auf der Spulenachse gerade mit der besagten Geschwindigkeit verändert. Das elektromagnetische Feld hat eine elektrische Komponente in Richtung der Spulenachse und wird neuerdings zur Beschleunigung von Elektronen in Ultrahochfrequenzröhren verwendet

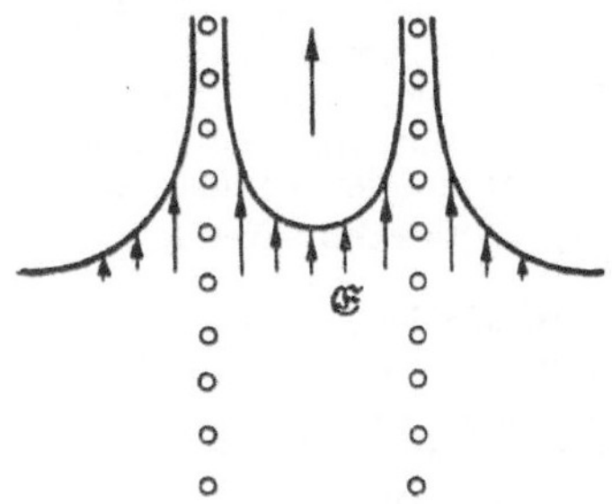

Spulenwellen.

(traveling-wave-Röhren). Die Abb. zeigt die Anregungsstärke des elektrischen Kraftfeldes in einer Spule. Es ist in der Nähe der Windungen am stärksten und nimmt nach innen weniger stark, nach außen exponentiell ab (Abb.).
Ollendorf, F.: Die Grundlagen der Hochfrequenztechnik. Berlin 1926. - *Pierce, J. R.:* Proc. J. R. E. **35**, 111 (1947).

Spur eines →Operators A nennt man die Summe: Spur $(A) = \sum_{\nu=1} (\varphi_\nu, A\varphi_\nu)$, wobei die φ_ν ein vollständiges normiertes Orthogonalsystem bilden. Spur (A) ist unabhängig von der Wahl der φ_ν. In einem endlich-dimensionalen Raum existiert die Summe immer. Ist A durch die Matrix $(a_{\nu\mu})$ dargestellt, so ist also Spur $(A) = \sum_\nu a_{\nu\nu}$.

Spurbahn, Spurkegel = Herpolhodie und Herpolhodiekegel; →Kreisel, →Poinsot-Bewegung.

Spurenelemente nennt man solche Elemente, die, z. B. in biogenem Material, nur in ganz geringen Mengen auftreten.

square. *square degree, grade* →Raumwinkeleinheiten.

square foot, abgek. sq. ft oder ft² (→foot): 1 sq. ft (Brit) = 9,29029 dm², 1 sq. ft (USA) = 9,29034 dm².

square inch, abgek. sq. in. oder in.² (→inch); 1 sq. in. (Brit) = 6,45159 cm², 1 sq. in. (USA) = 6,45163 cm³.

square mile, abgek. sq. mi oder mi², Quadrat der statute →mile: 1 sq. mi (Brit) = 2,589984 km², 1 sq. mi (USA) = 2,589998 km².

square yard, abgek. sq. yd oder yd² (→yard): 1 sq. yd (Brit) = 0,836126 m², 1 sq. yd (USA) = 0,836131 m².

st, Symbol der Volumeneinheit → stère bzw. stere.

St, Symbol für die CGS-Einheit →Stokes der kinematischen Zähigkeit.

Stäbchen, der nach der →Duplizitätstheorie dem →Dämmerungssehen zugrunde liegende Sehzellentyp des Wirbeltierauges. Die Koppelung mehrerer Stäbchen an eine Faser des Augennerven vermindert das →Auflösungsvermögen und die

→Sehschärfe mit Stäbchen versehener Netzhautteile. Die Stäbchen fehlen in der →Area und nehmen nach der Netzhautperipherie bis zu einer Dichte von etwa 160000 je mm² zu.

v. Studnitz, G.: Physiologie des Sehens — Retinale Primärprozesse. Leipzig 1951.

Stäbchendoppelbrechung→Formdoppelbrechung.

Stabile Atomarten sind solche, welche sich nicht radioaktiv umwandeln. →Stabilität von Kernen.

Stabilisierung des Fahrrades. Ein Radfahrer hält leichter bei schnellem als bei langsamem Fahren das Gleichgewicht, so daß bei größeren Geschwindigkeiten auch freihändiges Fahren möglich ist. Dies kommt von den Kreiselkräften des Vorderrades, die an der Lenkstange angreifen.

Klein, F., u. *A. Sommerfeld:* Über d. Theorie d. Kreisels. Leipzig 1951.

Stabilisierungskreisel. *I. Einschienenbahn.* Ein Eisenbahnwagen, der nur durch eine einzige Schiene unterstützt wird, und dessen Schwerpunkt oberhalb der Schiene liegt, ist um seine Längsachse labil. Man kann einen solchen Wagen durch Kreisel stabilisieren. Um eine gute Ausnutzung der Kreiselkräfte zu bekommen, muß man die Kreiselachse senkrecht zur Längsachse des Wagens legen und dem Kreisel die Präzession um eine Achse ermöglichen, die senkrecht zur Kreiselachse und der Wagenlängsachse steht. Dies ist offenbar in zwei verschiedenen Anordnungen möglich. *Scherl* und *Schilowsky* haben den Kreisel mit seinem Impuls ($\mathfrak{B}$) vertikal gelegt und die Präzessionsachse (z) horizontal (Abb. 1). *Brennan* dagegen hat die Kreiselachse mit dem Impuls ($\mathfrak{B}$) horizontal und die Präzessionsachse (z) vertikal gelegt (Abb. 2). In beiden Fällen hat man ein Kreiselpendel, dessen Bewegungen man nach den Föpplschen →Kreiselgleichungen berechnen kann.

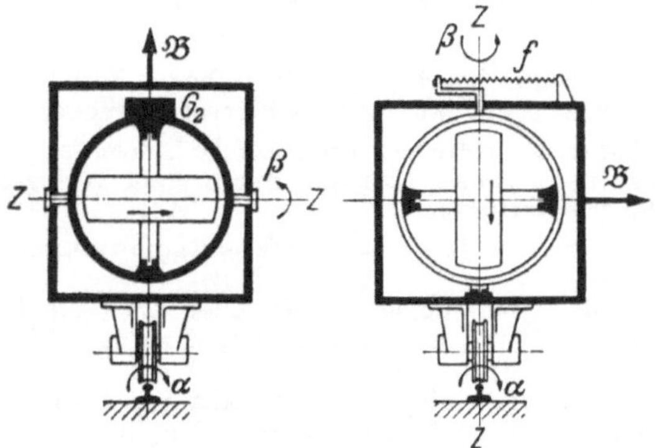

Abb. 1. Einschienenbahn   Abb. 2. Einschienenbahn
nach *Scherl.*   nach *Brennan.*

II. Schiffskreisel. Er soll dazu dienen, die Schlingerbewegungen eines Schiffes bei Seegang zu verringern. Der erste Gedanke dazu stammt von *O. Schlick* (Schlickscher Schiffskreisel, Abb. 3). Der Kreisel *K* ist mit lotrechter Achse in einem Rahmen *r* eingesetzt, der um die querschiffs liegenden Zapfen *z* schwingen kann. Ein Gewicht *g* hält den Kreisel mit Rahmen um die *z*-Achse in stabiler lotrechter Lage. Der Schiffskörper mit dem eingebauten Kreisel bildet ein Kreiselpendel. Durch den Kreisel wird die Schwingungszeit des Schiffes verlängert. Dabei kann das Schiff um seine Längsachse nur schwingen, wenn gleichzeitig der Kreisel

um die *z*-Achse schwingt. Auf der *z*-Achse ist eine Bremse *b* angebracht, mit der man Energie zerstreuen kann, die den Schiffsschwingungen ent-

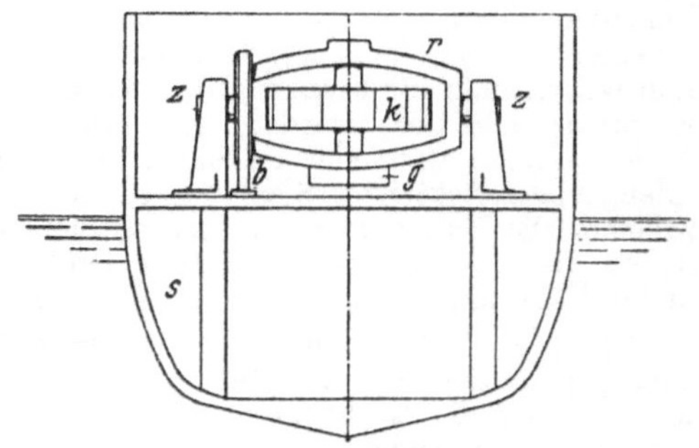

Abb. 3. Schiffskreisel.

zogen wird. Dadurch erhält man eine Beruhigung der Schiffsschwingungen.

Föppl, A.: Vorl. über techn. Mechanik VI. Leipzig 1909. — *Grammel, R.:* Der Kreisel. Berlin 1950. — *Klein, F.,* u. *A. Sommerfeld:* Über d. Theorie d. Kreisels. Leipzig 1910. — *Schuler, M.:* Z. VDI 68, 1224 (1924).

Stabilität, allg. ein (statischer oder dynamischer) →Gleichgewichtszustand. →Standfestigkeit.

Stabilität von Atomkernen. Ein Atomkern ist dann stabil, wenn seine →Bindungsenergie größer (d. h. negativer) ist als die Summe der Bindungsenergien seiner Bestandteile, wie auch immer diese kombiniert gedacht sein mögen. Es können daher auf der Energiefläche stabile Kerne nur in der Nähe von Extremalwerten dieser Fläche (Talsohle) zu suchen sein. Näheres →Bindungsenergie.

Stabilität der Atmosphäre, statische →Gleichgewicht, atmosphärisches.

Stabilität eines Bewegungszustandes. Der ursprünglich nur für den Ruhezustand eines Körpers definierte Begriff der Stabilität oder des →Gleichgewichts läßt sich auch auf den Bewegungszustand eines Körpers übertragen, indem man sein Verhalten unter dem Einfluß einer kleinen Störung verfolgt. Bewirkt diese keine wesentliche Änderung der Bewegung, so sagt man, der Bewegungszustand sei *stabil*. Eine Möglichkeit, zu entscheiden, ob ein Bewegungszustand stabil ist oder nicht, liefert etwa folgendes Verfahren: Der ungestörte Bewegungszustand sei durch die generalisierten Koordinaten $q_k^0(t)$ bzw. Geschwindigkeiten $\dot{q}_k(t)$ festgelegt ($k = 1, 2, \ldots, n$). Infolge der Störung gehe q_k^0 über in $q_k = q_k^0 + r_k$ bzw. $\dot{q}_k = \dot{q}_k^0 + \dot{r}_k$. Mit den neuen Werten geht man in die Lagrangeschen Bewegungsgleichungen ein, die, falls man die Änderungen r_k bzw. $\dot{r}_k$ als hinreichend klein ansieht, in erster Näherung ein System von linearen Differentialgleichungen für die Koordinatenzuwächse r_k liefern. Die Differentialgleichungen sind von 2. Ordnung. Sie enthalten, insbesondere wenn die q_k^0 und $\dot{q}_k^0$ zyklische Koordinaten sind (also in die Lagrangesche Funktion $L = T - U$ nicht als zeitabhängige Größen eingehen), konstante Koeffizienten, so daß jede der Differentialgleichungen für r_k von der Form

$$\ddot{r}_k + \sum_{m=1}^{n} \alpha_{km}\, \dot{r}_m + \sum_{m=1}^{n} \beta_{km}\, r_m = 0 \quad (k = 1, 2, \ldots, m)$$

wird. Sie ist vom Typ der →Schwingungsgleichung und kann wie diese durch den Ansatz $r_k = A_k e^{\lambda t}$ integriert werden. Wenn $\lambda < 0$ ist oder $\lambda = \lambda_1 + j\lambda_2$

mit reellem λ_1 und λ_2, aber $\lambda_1 < 0$, so klingen die Störungen r_k im Laufe der Zeit ab, und die Bewegung geht dann in die ursprüngliche zurück. Der Bewegungszustand ist stabil. Über den instabilen Zustand lassen sich keine allgemeinen Aussagen machen. Eine andere Möglichkeit, die Stabilität einer Bewegung zu bestimmen, liefert das →Routhsche Kriterium.

Klein, F., u. *A. Sommerfeld:* Theorie d. Kreisels II. Leipzig 1910.

Stabilität von Gasentladungen. In einem aus Spannungsquelle U_0, Vorwiderstand R und einer Entladungsstrecke mit der statischen Kennlinie $U = f(i)$ bestehenden Stromkreis bestimmt sich der Arbeitspunkt (Brennspannung U, Entladungsstromstärke i) aus der Gleichung $U_0 = f(i) + iR$ bzw. graphisch durch den Schnitt der Kennlinie $U = f(i)$ mit der Widerstandsgeraden $U = U_0 - iR$ (Abb.). Als Stabilitätsbedingung ergibt sich nach *Kaufmann* $R + dU/di > 0$, d. h. die Widerstandsgerade muß von oben kommend die Kennlinie schneiden. Der

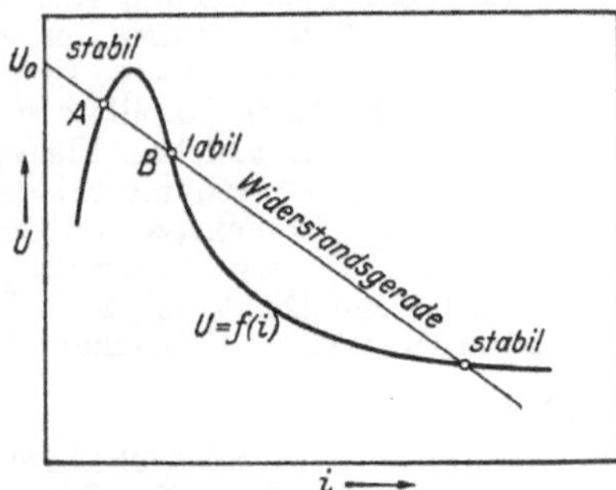

Stabile und labile Arbeitspunkte auf fallender Charakteristik.

Entladungszustand B läßt sich durch eine entsprechend steile Widerstandsgerade, d. h. durch hohen Vorwiderstand und hohe Treibspannung U_0, realisieren. Doch geht dies nur bis zu einer gewissen Grenze, von der ab sich die Elektrodenkapazität bemerkbar macht. An Stelle einer stationären Entladung erhält man eine *intermittierende Entladung*, die aus einer Aufeinanderfolge von Entladungen der Elektrodenkapazität und evtl. noch weiterer Kapazitäten im Stromkreis durch die Entladungsstrecke und Wiederaufladungen der Kapazitäten über den Vorwiderstand aus der Spannungsquelle besteht. Bedingung hierfür ist, daß die Zeitkonstante des Entladungsaufbaus kleiner ist als die Zeitkonstante RC der Kondensatoraufladung. Der Spannungsverlauf derartiger →Kippschwingungen ist eine →Sägezahnkurve zwischen Zünd- und Löschspannung. Induktivität L in Serie mit der Entladungsstrecke gibt bei fallender Kennlinie Anlaß zu Schwingungen, wenn $RC > L/|dU/di|$ ist. Auf diese Weise erzeugte Lichtbogenschwingungen (*Duddell-Schaltung*) fanden in den Anfängen der drahtlosen Telegraphie im Poulsen-Generator Anwendung.

Dällenbach, W.: Phys. Z. **27**, 101 (1926). — *van Geel, A.:* Physica, Haag **6**, 806 (1939).

Stabilität von Kernen. „Stabil" gegen spontanen, d. h. radioaktiven Zerfall wird eine Atomart genannt, wenn sie für einen Zeitraum beständig ist, der groß ist gegen alle denkbaren Beobachtungsdauern. Für jedes Atomgewicht gibt es ein ganz bestimmtes Verhältnis von Neutronen

zu Protonen, für das der Energieinhalt des Kerns ein Minimum wird; je geringer der Energieinhalt, um so stabiler ist der Kern. Die leichteren Kerne enthalten ungefähr gleichviel Protonen und Neutronen; je schwerer die Kerne aber sind, desto größer wird der Neutronenüberschuß. Das kommt daher, daß Neutronen dem Kern anziehende Kernkräfte hinzufügen, welche der elektrostatischen Abstoßung der Protonen entgegenwirken, so daß ein stabiler Kern entsteht. Trägt man den Energieinhalt der Kerne auf als Funktion des Neutronenüberschusses $N - Z$ bei konstant gehaltener Massenzahl $A = N + Z$, so hat diese Funktion für einen bestimmten Neutronenüberschuß ein Minimum. Für gerade Massenzahlen dagegen spaltet die Energiefunktion in zwei Funktionen auf (deren jede ein Minimum besitzt); das kommt daher, daß Kerne, die unpaarige Protonen oder Neutronen enthalten, energetisch ungünstiger sind als solche Kerne, die eine gerade Anzahl Protonen und eine gerade Anzahl Neutronen enthalten (gg-Typ). Die (gg)-Kerne sind daher energetisch günstiger als die nur für ungerade Massenzahlen möglichen Typen (gu) und (ug) oder gar der Typ (uu). Die Aufspaltung der Energiefunktion für gerade Massenzahlen hat zur Folge, daß mehrere isobare (gg)-Kerne existieren können, die stabil sind. Die nähere Diskussion zeigt, daß sich nach *Mattauch* bestimmte Regeln für die Existenz stabiler Kerne aufstellen lassen (→Existenzregeln). Sind diese Regeln nicht erfüllt, dann erfolgt der Übergang in das Minimum der Energie durch β-Emission, K-Einfang oder Positronenemission. Wenn der Kern Energie dabei gewinnt, emittiert er ein α-Teilchen, vorausgesetzt, daß die gewonnene Energie ausreicht, das α-Teilchen den Potentialwall mit merklicher Wahrscheinlichkeit durchdringen zu lassen. Gerade α-Teilchen werden deshalb emittiert, weil der Massendefekt des ^{4}He-Kerns besonders groß ist, der Emission noch schwererer Teilchen mit noch größerem Massendefekt jedoch der Potentialwall im Wege steht.

Stabiler als benachbarte Kerne sind solche Kerne, deren Protonen- oder Neutronenzahl eine Zahl aus der Reihe der „magischen Nukleonenzahlen" ist (→magic numbers), worauf zuerst *W. Elsasser* 1934 hinwies. Die Bindungsenergie ist — jedenfalls bei schwereren Kernen dieser Art — schätzungsweise nur um 1 bis 2 MeV größer (*M. G. Mayer*). Die größere Stabilität von Kernen mit magischen Zahlen äußert sich z. B. in ihren Absolut- und Isotopenhäufigkeiten, bei der unsymmetrischen Spaltung, in den Wirkungsquerschnitten für Neutronenabsorption, bei der verzögerten Neutronenemission und in der Anzahl von Isotonen.

Da der relative Massendefekt $\Delta M/A$ (d. h. die Bindungsenergie je Nukleon) für die schweren Kerne — wie Uran — kleiner ist als für leichtere Kerne, so kann auch durch die Spaltung des schweren Kerns in zwei ungefähr gleich große Kerne Energie abgegeben werden, die den Spaltstücken als kinetische Energie mitgegeben wird. Diese energetisch mögliche *Spontanspaltung* ist sehr unwahrscheinlich, wenn der Kern sich nicht in einem bestimmten kritischen Mindestanregungszustand befindet. Die Halbwertszeit von im Grundzustand befindlichen schweren Kernen für spontane Spaltung liegt in der Größenordnung von 10^{14} bis 10^{22} Jahren. Der kritische Anregungszustand ist am besten durch Beschuß mit Neutronen zu erreichen; geladene Teilchen müssen sehr energiereich sein, um gegen das starke Coulomb-Feld anlaufen zu können. Die Anregung mit Lichtquanten hat, wie alle Kernphotoeffekte, einen sehr geringen Wirkungsquerschnitt.

Die Stabilität schwerer Kerne gegen Spaltung hängt ab von den relativen Größen der Kernkräfte $n-n$, $p-p$ und $n-p$, die verantwortlich sind für die wirksame Oberflächenspannung und infolge ihrer kurzen Reichweite die elektrostatische Abstoßung der Protonen nicht verhindern. Da das Volumen des Kerns proportional ist zur Massenzahl A, ist die von den Kernkräften herrührende Oberflächenspannung des kugelförmig gedachten Kerns proportional zu $A^{2/3}$. Wegen der gleichmäßigen Verteilung der Ladung Ze ist die elektrostatische Energie proportional zu $Z^2 A^{-1/3}$, sie nimmt also mit der Kerngröße schneller zu als die Kernkräfte. Der kritische Wert des Verhältnisses Z^2/A der beiden Energien wird mit zunehmender Kerngröße erreicht, nämlich ein kritischer Wert des Verhältnisses von abstoßender elektrostatischer Energie zu anziehender Kernbindungsenergie; die Massendefektkurve (Massendefekt als Funktion der Massenzahl) krümmt sich zu hohen Massenzahlen hin etwas nach oben. Der durch die Spaltung des Kerns erzielbare Energiegewinn — das Verhältnis der beiden Energien ist für jedes der Spaltstücke kleiner als für den Ausgangskern — ist für den kritischen Wert Z^2/A so groß, daß der Kern schon im Grundzustand instabil ist gegen spontane Spaltung. Nach einer halbempirischen Rechnung von *Bohr* und *Wheeler* tritt das ein für $Z^2/A = 47{,}8$. Kerne mit nur wenig (rund 15%) kleinerem Verhältnis Z^2/A sind zwar in ihrem Grundzustand stabil, doch tritt eine Spaltung leicht ein, wenn durch äußere Anregung die Kugelgestalt des Kerns deformiert wird. Die hierzu erforderliche Mindestenergie ist gleich dem Unterschied zwischen der Energie des Feldes der anziehenden Kernkräfte und der Energie des abstoßend wirkenden elektrischen Feldes. Der Unterschied dieser beiden Energien nimmt ab mit zunehmendem Z^2/A und wird Null für den kritischen Wert 47,8.

Bohr, N., u. *J. A. Wheeler:* Phys. Rev. **56**, 426 (1939). — *Göppert-Mayer, M.:* Phys. Rev. **74**, 235 (1948).

Stabilovoltröhre, Glimmröhre aus mehreren miteinander in Serie geschalteten Glimmentladungsstrecken, die als Regelorgan für die selbsttätige Konstanthaltung von Spannungen verwendet wird. Die Stabilovoltröhren sind mit einem Edelgasgemisch von geringem Druck gefüllt. Durch geeignete Konstruktion wird erreicht, daß von etwa 5 mA Querstrom zwischen den Elektroden aufwärts bis zur je nach der Röhrentype verschiedenen Höchstbelastbarkeit von 60 bis 220 mA die Spannung praktisch unabhängig von der Stromstärke ist.

Stabmagnet, ein permanenter Magnet von der Gestalt eines langgestreckten prismatischen Stabes. Bei einer solchen Form sind wegen des kleinen Entmagnetisierungsfaktors zur Erzielung eines hohen magnetischen Momentes die älteren →Magnetstähle wegen ihrer hohen remanenten Magnetisierung besonders günstig. Bei sehr langgestreckten dünnen Stäben (Stricknadeln) ist das Feld in der Umgebung des einen Endes nahezu gleich dem einer einzelnen magnetischen Ladung.

Mit ihnen kann man daher bei qualitativen Experimenten eine solche angenähert realisieren.

Stabschwingungen. Stäbe lassen sich sowohl zu longitudinalen Dehnungsschwingungen als auch zu transversalen Biegungs- und Drehschwingungen anregen. Die Eigenfrequenzen der Dehnungs- und Drehschwingungen liegen harmonisch, die der Biegungsschwingungen unharmonisch zueinander. Stimmgabeln lassen sich mathematisch als gebogene, transversal schwingende Stäbe behandeln. →Musikinstrumente.

Hort, W., u. *A. Thoma:* Die Differentialgleichungen d. Technik u. Physik. Leipzig 1944. — *Wagner, K.W.:* Einf. in d. Lehre v. d. Schwingungen u. Wellen. Wiesbaden 1947.

Stabthermometer, Flüssigkeitsthermometer, deren Kapillare stabförmig und so dickwandig ist, daß sie keines Schutzrohres bedarf. Die Teilung wird unmittelbar auf der Kapillare angebracht.

Stahl →Eisen.

Stahlmaß, besondere Bezeichnung für das →Zollmaß in Technik und Feinmechanik.

Stalagmometer, dient nach *Traube* (1887) zur raschen, orientierenden Bestimmung von →Oberflächenspannungen nach dem Prinzip der →Tropfengewichtsmethode. Aus einer Pipette, deren Ausfluß mit einer abgeschliffenen Kapillare versehen ist, läßt man jeweils ein gleiches Flüssigkeitsvolumen austropfen. Man bestimmt bei der gleichen Temperatur die Tropfenzahl (z) für eine Vergleichsflüssigkeit (1) von bekannter Oberflächenspannung (σ) und Dichte (ϱ), z. B. Wasser, und für die zu messende Flüssigkeit (2): $\sigma_2 = \sigma_1 z_1 \varrho_2/(z_2 \varrho_1)$.

Standard = →Normal.

standard candle, in den USA früher gebräuchliche Einheit der →Lichtstärke. Der Lichtstärkewert der sperm candle (→Spermazeti-Kerze), der damaligen englischen primären Lichteinheit, sollte vom amerikanischen Staatsinstitut durch einen Satz von Kohlefadenlampen, welcher in der Physikalisch-Technischen Reichsanstalt an die →Hefner-Kerze (HK) angeschlossen war, aufrechterhalten werden. Dieser Kohlefadenlampensatz diente zunächst als Realisierung der als US-standard candle bezeichneten Lichteinheit in den USA. Als in England 1898 die von der Harcourtschen 10-Kerzen-Pentandocht-Lampe abgeleitete pentane candle (→Pentan-Kerze) eingeführt wurde, die etwas kleiner als die sperm candle ausfiel, ergaben sich Differenzen zwischen den Lichteinheiten in Großbritannien und den USA, welche nach den 1906 und 1908 ausgeführten Vergleichsmessungen sich durch die Relation 1 pentane candle = $0{,}98_4$ US-standard candle ausdrücken ließen. 1909 entschloß sich das National Bureau of Standards, sein US-standard candle um 1,6% zu verkleinern und dadurch seine Lichteinheit den in Frankreich und Großbritannien üblichen Lichteinheiten →bougie décimale und →pentane candle anzugleichen. Diese gemeinsame Lichtstärkeeinheit diente dann unter dem Namen →International Candle Power (I. C. P.) als Grundeinheit des Systems der Internationalen →Lichteinheiten und wurde in den drei Ländern 1948 durch die →Candela (cd), die Lichtstärkeeinheit im System der neuen Lichteinheiten, ersetzt.

Standard, radioaktiver. Zum Vergleich radioaktiver Präparate verwendet man kalibrierte, auf eine bestimmte Gewichtsmenge bezogene Radiumpräparate (→Radium-Standard, →Radium-Normale). Für Zählrohrmessungen und beim Arbeiten mit sehr schwachen Aktivitäten verwendet man zur Eichung der Meßgeräte mit Vorteil U_3O_8-Standards.

Standardbedingungen $=$ →Normalbedingungen.

Standard-EMK, die unter Standardbedingungen gemessene EMK einer Kette. *Standardbedingungen* sind: Temperatur 25 °C, Druck der am potential-bestimmenden Mechanismus teilnehmenden Gase 1 atm, Aktivität der potentialbestimmenden Ionen oder Moleküle $a = 1$. Die Standard-EMK ist danach eine bei 25 °C gemessene elektromotorische Grundkraft. →Normalpotential.

Standardlampen →Normallampen.

Standardlösungen, die in der →Maßanalyse benutzten reagierenden Lösungen bekannter Konzentration.

Standardmassen, kernphysikalische →Dublettmethode.

Standfestigkeit (mechanische *Stabilität*) eines auf einer festen Unterlage im stabilen Gleichgewicht befindlichen festen Körpers, allgemeine Bezeichnung für den Grad seiner Fähigkeit, entgegen der Wirkung eines kippenden Drehmoments in dieser Lage zu verharren und nicht über eine benachbarte labile Gleichgewichtslage in eine andere stabile Gleichgewichtslage überzugehen. Als quantitatives Maß der Standfestigkeit kann die Arbeit dienen, welche erforderlich ist, um den Körper durch Kippung in die nächstbenachbarte labile Gleichgewichtslage zu überführen. Je größer diese Arbeit ist, um so größer ist sein Widerstand gegen Störungen seiner Gleichgewichtslage.

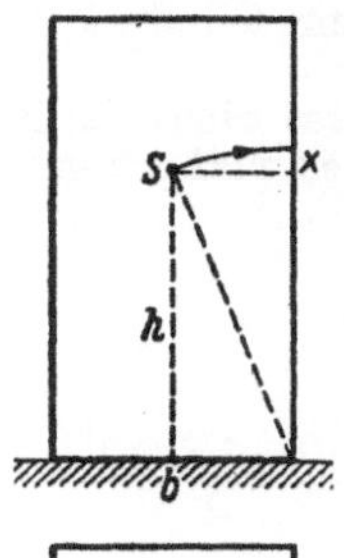

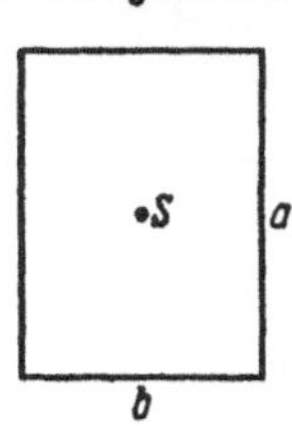

Zur Standfestigkeit.

Beispiel: Ein quaderförmiger Klotz ruhe auf einer horizontalen Fläche (Abb.). Sein Schwerpunkt S befinde sich -in der Höhe h senkrecht über der Mitte seiner Grundfläche (Kantenlängen a, b, $a > b$). Die nächstbenachbarte labile Gleichgewichtslage ist diejenige, bei der sich S senkrecht über der längeren Kante a befindet. Damit der Körper in diese Lage gelangt — aus der er dann von selbst vollends umkippen kann —, muß sein Schwerpunkt um den Betrag $x = \sqrt{h^2 + b^2/4} - h = h\left(\sqrt{1 + b^2/(4h^2)} - 1\right)$ gehoben, also die Arbeit $A = mgx = mgh\left(\sqrt{1 + b^2/(4h^2)} - 1\right)$ geleistet werden (m Masse des Körpers, g Fallbeschleunigung). Seine Standfestigkeit ist also um so größer, je größer b/h ist. Sie ist aber bezüglich Kippungen um die Kante $b < a$ größer als bezüglich Kippungen um die Kante a. Ist $b^2 \ll h^2$ (schmales Brett), so ist in 1. Näherung $A \approx mgb^2/(8h)$, und die Standfestigkeit ist sehr gering. Eine solche, einer labilen Gleichgewichtslage sehr nahe benachbarte Gleichgewichtslage bezeichnet man auch als *metastabil*. Der Körper kippt schon bei einer sehr kleinen Störung in eine Gleichgewichtslage von größerer Stabilität um. Bei beliebig gestalteter Grundfläche ist die Standfestigkeit bezüglich Kippungen nach verschiedenen Seiten verschieden groß.

Stark-Doppler-Effekt (auch Stark-Effekt), der optische →Doppler-Effekt in dem von schnell bewegten Atomen ausgesandten Licht, zuerst von *J. Stark* an →Kanalstrahlen beobachtet. Er wird auch durch die thermische Bewegung lichtemittierender Atome hervorgerufen und äußert sich in einer Verbreiterung der Spektrallinien. →Doppler-Breite.

Handb. d. Physik XXI. Berlin 1929.

Stärke einer Linse oder *Brechkraft* ist der auf Luft bezogene Kehrwert ihrer Bildbrennweite. Wird f' in Metern ausgedrückt, so ist die Einheit der Brechkraft $1\,\mathrm{m}^{-1} = 1$ →Dioptrie.

Stark-Effekt, die *Aufspaltung der Spektrallinien im elektrischen Feld* (*J. Stark* 1913).

I. Allgemeines. Zum Nachweis sind elektrische Feldstärken von mindestens $10\,000$ V cm^{-1} nötig. Am besten erfolgt die Beobachtung hinter der durchbohrten Kathode eines Gasentladungsrohres (Geißler-Rohres), durch welches die leuchtenden Ionen und Atome, die →Kanalstrahlen, hindurchgehen, und deren Verhalten im elektrischen Feld zwischen den Platten eines hinter der Kathode angebrachten geladenen Kondensators beobachtet werden kann. Größere Lichtstärke und Feldstärken erhält man mit der Methode von →*Lo Surdo*, bei welcher die Aufspaltung der Spektrallinien direkt an der Kathode eines Entladungsrohres beobachtet wird, wo die elektrischen Feldstärken sehr hoch, das Feld allerdings inhomogen ist.

Im Gegensatz zur magnetischen Aufspaltung, dem →Zeeman-Effekt, der für alle Spektrallinien immer von der gleichen Größenordnung ist, ist die elektrische Aufspaltung je nach Atom und Linie außerordentlich verschieden. Nur die Wasserstofflinien und die Heliumfunkenlinien geben eine größere Aufspaltung, wesentlich größer sogar als die Zeeman-Aufspaltung, während die Aufspaltung anderer Linien im allgemeinen sehr klein ist.

II. Atome mit einem Elektron. Jede Balmer-Linie des Wasserstoffs wird in eine mit der Seriennummer anwachsende Zahl von parallel und senkrecht zum Feld schwingenden Komponenten (als π- und σ-Komponenten bezeichnet) aufgespalten. Bei transversaler Beobachtung (senkrecht zum elektrischen Feld) nimmt man beide Polarisationsarten wahr. Bei longitudinaler Beobachtung (parallel zum elektrischen Feld) erscheinen die π-Komponenten naturgemäß nicht; die σ-Komponenten sind dann unpolarisiert (im Gegensatz zur magnetischen Beeinflussung, wobei die σ-Komponenten bei longitudinaler Beobachtung links- und rechtszirkular polarisiert sind). Die Komponenten liegen symmetrisch zu beiden Seiten der ursprünglichen Linie; ihre Abstände von der Mitte sind ganze Vielfache eines kleinsten Linienabstandes, der, in Schwingungszahlen gemessen, für die verschiedenen Linien gleich ist. In Wellenlängen gemessen, nimmt der Abstand der Aufspaltungskomponenten mit wachsender Gliednummer zu. Die Intensitäten der Komponenten sind sehr verschieden; die starken π-Komponenten liegen im allgemeinen außen, die starken σ-Komponenten innen. Die Abstände sind für nicht zu starke Felder der Feldstärke proportional. Der Abstand der äußersten Komponenten voneinander beträgt bei H_γ (Wellenlänge 4341 Å) in einem Feld von $74\,000$ V cm^{-1} etwa 33 Å. Das Aufspaltungsbild läßt sich aus der Quantentheorie in

28*

436   Stark-Effekt.

bester Übereinstimmung mit dem Experiment berechnen. Für die Frequenzaufspaltung ergibt sich

$$\Delta \nu = \frac{3\,h\,\varepsilon_0}{2\,\pi\,Z\,e\,m} E\,(n'n'_F - n''n''_F).$$

Hierin sind h das Wirkungsquantum, ε_0 die elektrische Feldkonstante, e und m Ladung und Masse des Elektrons, E die elektrische Feldstärke, Z die Kernladungszahl (bei Wasserstoff also gleich 1, bei Helium+ gleich 2). n ist die Hauptquantenzahl, n_F eine neue, die Stark-Effekt-Quantenzahl, welche der Bedingung $n_F < n$ unterworfen ist, n' und n'_F beziehen sich auf die Anfangsbahn, n'' und n''_F auf die Endbahn. Nach Einsetzen der Konstanten ergibt sich für die Aufspaltung der Wellenzahl die Zahlenwertgleichung

$$\Delta\left(\frac{1}{\lambda}\right) = \frac{0,0639}{Z} E\,(n'\,n'_F - n''\,n''_F),$$

worin E die elektrische Feldstärke, in kV cm^{-1} gemessen, ist.

Für die Polarisation der Linien läßt sich auf Grund des Korrespondenzprinzips folgende *Auswahlregel* ableiten: Gibt die Änderung von $n + n_F$ eine gerade Zahl, so erhält man eine π-Komponente, sonst eine σ-Komponente. Die Intensitäten sind durch die Länge der Striche in der Abb. gegeben. Allerdings tritt unter Umständen eine von der Art der Beobachtung abhängige Verschiebung oder Intensitätsdisymmetrie auf.

Bei sehr hohen Feldstärken kommt zu dem oben beschriebenen, der Feldstärke direkt proportionalen linearen Stark-Effekt noch ein Stark-Effekt 2. Ordnung, ein dem Quadrat der Feldstärke proportionales Glied. Bei extrem hohen Feldstärken von der Größenordnung 1 000 000 V cm^{-1} zeigt sich, daß jede Aufspaltungskomponente der einzelnen Balmer-Linien nur bis zu einer gewissen Feldstärke existiert und dann verschwindet.

III. Atome mit mehreren Elektronen. Die elektrische Beeinflussung der Linien von Atomen mit mehreren Elektronen zeigt weit mehr Details als die der Wasserstofflinien. Bei den meisten Linien höherer Atome ist die elektrische Beeinflussung wesentlich schwächer als bei den Wasserstofflinien, und die Wellenlängenänderung ist nicht einfach proportional der Feldstärke. Dies gilt speziell für die Linien der Hauptserie ($1\,S - mP$, $m = 2, 3, \ldots$) und der scharfen Nebenserie ($2\,P - mS$, $m = 3, 4, \ldots$). Nur die Linien der diffusen Nebenserie ($2\,P - mD$, $m = 3, 4, \ldots$), speziell die der leichtesten Elemente Helium und Lithium, zeigen einen mit dem Effekt an den Balmer-Linien vergleichbaren Effekt, nämlich eine der ersten Potenz der Feldstärke proportionale Aufspaltung in viele Teillinien. Im allgemeinen ist jedoch die Wellenlängenänderung eine Überlagerung zweier Wirkungen des elektrischen Feldes, von denen die eine proportional der Feldstärke, die andere proportional ihrem Quadrat ist ($\Delta \lambda = a\,E + b\,E^2$).

Für die Größe des Stark-Effektes einer Linie ist die Aufspaltung des Lauftermes maßgebend,

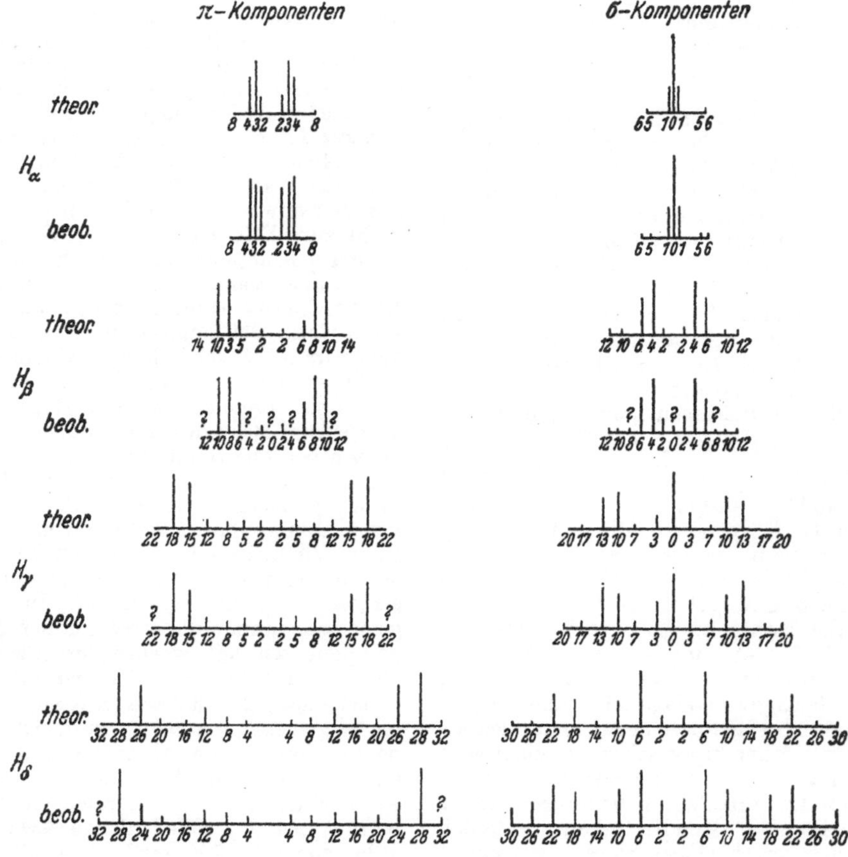

Abb. 1. Stark-Effekt an den Wasserstofflinien H$_\alpha$, H$_\beta$, H$_\gamma$, H$_\delta$.

während die Aufspaltung des konstanten Terms erst in zweiter Näherung in Betracht kommt, da diese in der Regel wesentlich kleiner ist als die des Laufterms. Für die Linien der Hauptserie z. B. ist die Aufspaltung nur durch die elektrische Beeinflußbarkeit des P-Terms gegeben.

Man kann die Größe der Aufspaltung eines Terms abschätzen, wenn man ihn mit dem Wasserstoffterm gleicher Hauptquantenzahl vergleicht. Ist die Abweichung wie in den D-Termen des Heliums und Lithiums sehr gering, so sind die Elektronenbahnen einander ziemlich ähnlich und erleiden im elektrischen Feld ähnliche Änderungen. Die Aufspaltung der D-Terme entspricht also der Aufspaltung der Wasserstoffterme. Daher zeigen die Linien der diffusen Nebenserie eine große Aufspaltung im elektrischen Feld.

Je größer der Unterschied des Laufterms einer Linie von dem entsprechenden Wasserstoffterm gleicher Hauptquantenzahl ist, desto verschiedener ist auch die Elektronenbahn. Beim Wasserstoffatom ist sie eine einfache Kepler-Ellipse, welche in erster Näherung im Raume ruht. Bei komplizierteren Atomen beschreibt die Ellipsenbahn des Leuchtelektrons infolge der Störung durch die anderen Elektronen eine Perihelbewegung. Unter Umständen taucht ein Teil ihrer Bahn in den Elektronenrumpf hinein. Die Bahn ist also starken inneratomaren elektrischen Kräften unterworfen, so daß ein äußeres Feld viel weniger leicht angreifen kann. Infolge der Periheldrehung der Kepler-Ellipse fällt der elektrische Schwerpunkt der Bahn des Leuchtelektrons mit dem Kern zusammen; das Atom hat zunächst kein Dipolmoment mehr, und die mittlere Energieänderung im elektrischen Feld wird Null. Ein linearer Stark-Effekt existiert also nicht. Das elektrische Feld bewirkt jedoch eine der Feldstärke proportionale Polarisation der Bahn. Dies ergibt eine dem Quadrat der Feldstärke proportionale Energieänderung, welche um so größer ist, je langsamer die Periheldrehung ist, je weniger also die Bahnenergie (und damit der Term) von derjenigen der entsprechenden Wasserstoffbahn gleicher Hauptquantenzahl (bzw. dem entsprechenden Wasserstoffterm) abweicht.

Im Bereich des quadratischen Stark-Effektes gilt für die Änderung der Wellenzahl eines Terms im elektrischen Feld die Zahlenwertgleichung

$$\Delta \frac{1}{\lambda} = 6{,}19 \cdot 10^{-9} \frac{E^2 \, n^6}{\delta} \, B,$$

worin E die elektrische Feldstärke in kV cm^{-1}, n die Laufquantenzahl, B eine Kombination aus Laufquantenzahl, azimutaler Quantenzahl und äquatorialer Quantenzahl (der Projektion der azimutalen Quantenzahl auf die Feldrichtung) und δ der sog. Termdefekt (die Abweichung des betrachtenden Terms von dem entsprechenden Wasserstoffterm) ist. Die elektrische Aufspaltung nimmt also wegen des Faktors n^6 sehr schnell mit der Laufzahl zu. Daher erfährt der Laufterm einer Serienlinie einen weitaus größeren Effekt als der Grundterm. Längs einer Serie nimmt die Aufspaltung mit wachsender Gliednummer proportional n^6 zu. Sie hat für alle Glieder einer Serie mit Ausnahme von evtl. dem ersten Glied das gleiche Vorzeichen. Die Aufspaltung ist um so größer, je kleiner δ ist, d. h. je kleiner der Termdefekt, je wasserstoffähnlicher die Bahn ist. Das

Vorzeichen der Verschiebung der Linien ist durch die Vorzeichen von B und δ gegeben. Für alle Terme mit Ausnahme von $2\,P, 3\,D, 4\,F \ldots$ ist der B-Wert positiv. Die Wellenlängenänderung hat also das entgegengesetzte Vorzeichen des Termdefektes, und da dieser meist negativ ist, resultiert eine Verschiebung nach langen Wellen. Nur bei $2\,P, D, 4\,F$ als Laufterm oder wenn der Termdefekt positiv ist, erfolgt eine Verschiebung nach kurzen Wellen, z. B. bei den Parheliumlinien.

Für die Polarisation der Aufspaltungslinien gilt die Auswahlregel für die äquatoriale Quantenzahl m: Übergänge, bei denen sich m nicht ändert, geben π-Komponenten (parallel dem äußeren Feld schwingend); ändert sich m um $+1$ oder -1, so ergeben sich σ-Komponenten (senkrecht zum äußeren Feld schwingend).

Im elektrischen Felde fallen die Niveaus mit positivem und negativem m zusammen. Zum Beispiel spaltet das obere Niveau der D_1-Linien ($2\,^2P_{1/2}$-Niveau) im magnetischen Felde in zwei Niveaus mit der magnetischen Quantenzahl $m = 1/2$ und $-1/2$ auf, ebenso das untere Niveau $2\,^2S_{1/2}$, während das obere $2\,^2P_{3/2}$-Niveau der D_2-Linie in vier Niveaus mit $m = 3/2, 1/2, -1/2$ und $-3/2$ aufspaltet. Im elektrischen Feld fallen je zwei Aufspaltskomponenten zusammen. Es ergibt sich folgendes Bild (Abb. 2). Die D_1-Linie erfährt im

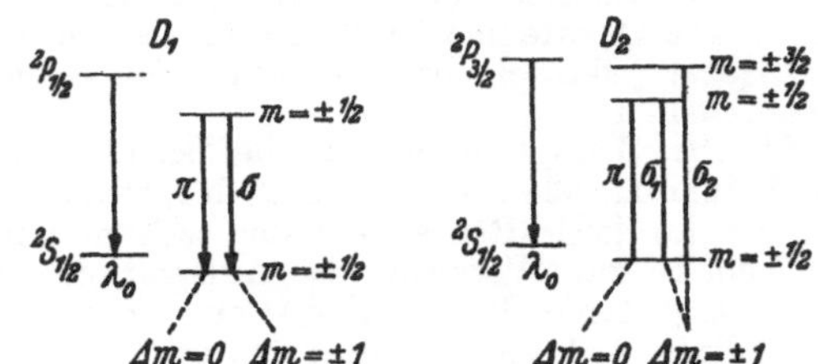

Abb. 2. Elektrische Aufspaltung der Terme $^2P_{1/2}$, $^2P_{3/2}$ und $^2S_{1/2}$ des Na und Stark-Effekt der D-Linien.

elektrischen Feld nur eine Verschiebung, keine Aufspaltung, die D_2-Linie eine Aufspaltung in eine π- und zwei σ-Komponenten, und zwar hat die eine σ-Komponente die gleiche Verschiebung wie die π-Komponente.

Man erhält also für jede Serienart eine charakteristische Aufspaltung in eine bestimmte Anzahl von π- und σ-Komponenten, also ein Analogon zur →Prestonschen Regel beim Zeeman-Effekt.

Wenn die Feldstärke und damit die Verschiebung der Spektrallinien immer mehr wächst, oder wenn der Termdefekt δ relativ klein ist, der Term sich also vom Wasserstoffterm gleicher Hauptquantenzahl nur wenig unterscheidet, so wird die Bahn des Leuchtelektrons vollständig abgeändert, und es entsteht ein linearer Effekt, wie er bei den Balmer-Linien sowie an den Linien der diffusen Nebenserie $2\,P - mD$ des Heliums und anderer Atome beobachtet wird. Wächst die Feldstärke immer mehr, so treten außerdem kleine Zusatzeffekte proportional der zweiten Potenz der Feldstärke auf.

Auftreten neuer Linien. Außer den Verschiebungen bzw. Aufspaltungen der bekannten Serienlinien treten im elektrischen Feld neue Linien auf, die sich als Kombinationslinien bekannter Terme erweisen. Es sind dies Linien vom Typ $P - mP$,

$S-mS$, $S-mD$, bei dem sich die Nebenquantenzahl nicht um $+1$ oder -1 ändert, sondern um 0, $+2$ oder -2, welche also nach der Auswahlregel der Atomtheorie für die Nebenquantenzahl $l = \pm 1$ verboten sind. Es wird demnach durch das elektrische Feld das für das ungestörte Atom geltende Auswahlprinzip, nach dem nur Kombinationen von Termen entstehen, deren Nebenquantenzahl sich um $+$ oder -1 unterscheidet, durchbrochen. Mit wachsender Feldstärke nimmt die Intensität dieser „verbotenen" Linien rasch zu. Zugleich verschiebt sich ihre Lage nach kürzeren oder längeren Wellenlängen. Einige Linien spalten auch in verschieden polarisierte Komponenten auf. Beides entspricht dem eigentlichen Stark-Effekt, den natürlich auch diese erst im elektrischen Feld entstehenden Linien zeigen müssen.

Das Auftreten neuer Kombinationslinien in einem äußeren elektrischen Feld folgt zwangsläufig aus der Bohrschen Atomtheorie. Durch ein störendes äußeres elektrisches Feld entstehen neue Frequenzen, die als Summe oder Differenz der Frequenzen der harmonischen Komponenten der ungestörten Bewegung aufzufassen sind, und deren Amplituden der störenden Kraft, also in unserem Falle der Feldstärke, proportional sind. Mit Hilfe des Korrespondenzprinzips läßt sich daraus ableiten, daß im elektrischen Feld neue Linien auftreten müssen, bei denen sich die azimutale Quantenzahl um 0, $+2$ oder -2 ändert. Die Quantenmechanik läßt im elektrischen Feld sogar jede beliebige Änderung der Nebenquantenzahl zu.

Die Abb. 3 zeigt die elektrische Beeinflussung der Heliumlinie 4388 Å ($2\,P-5\,D$) des Parheliums in einer Lo Surdo-Röhre. Auf der rechten Seite der Abb. ist zum Vergleich das Aufspaltungsbild der Balmer-Linie H_γ (4340 Å) zu sehen. Die Heliumlinie $2\,P-5\,D$ spaltet in zwei Komponenten auf; es erscheinen zusätzlich die „verbotenen" Linien $2\,P-5\,F$, $2\,P-5\,G$ und $2\,P-5\,P$; letztere spaltet dabei gleichzeitig in zwei Komponenten auf. Diese Verschiebung der

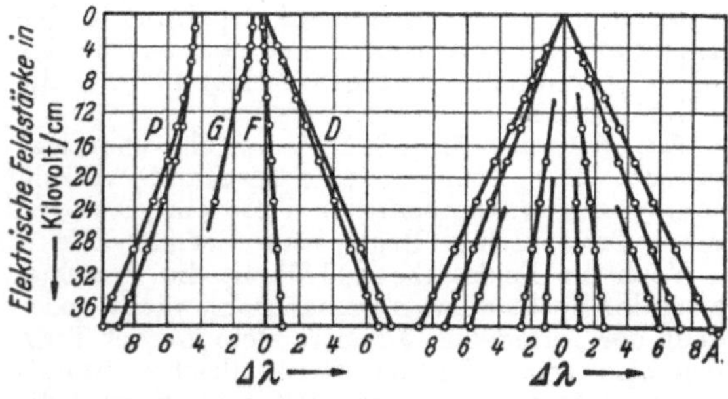

Abb. 3. Stark-Effekt an der Linie 4388 Å (links) und 4340 Å (H_γ, rechts).

einen Linien nach kurzen, der anderen nach langen Wellen, die Aufspaltung in polarisierte Komponenten und der Übergang in den linearen Effekt bei hohen Feldern gibt ein schließlich nahezu symmetrisches Gesamtbild der Aufspaltung, welches dem bei den Balmer-Linien ziemlich ähnlich sieht.

IV. Moleküle. Eine merkliche Beeinflussung von *Bandenlinien* durch ein elektrisches Feld ist nur beim H_2-Spektrum beobachtet worden. Sehr viele Linien zeigen Verschiebungen sowie Aufspaltungen in polarisierte Komponenten, auch treten neue Linien auf. Es gibt Linien, welche in mehrere π- und σ-Komponenten zerlegt werden. Die Mehrzahl zeigt indessen nur eine Verschiebung oder eine mit einer Verschiebung verbundene Aufspaltung in eine π- und σ-Komponente; sie liegen auf der gleichen Seite der feldlosen Linie oder auf entgegengesetzten Seiten. Die Frequenzänderung scheint rascher als linear mit der Feldstärke zu wachsen.

Im Gegensatz zu den Bandenlinien spielt der Stark-Effekt an den *Rotationslinien* der Moleküle, also in den →Mikrowellenspektren, heute eine wichtige Rolle. Aus der Aufspaltung kann das Dipolmoment des Moleküls berechnet werden.

V. Elektrodynamische Aufspaltung. Bewegen sich elektrisch geladene Teilchen der Ladung e und Geschwindigkeit v durch ein Magnetfeld der Stärke H, so wird auf sie eine elektrische Kraft von der Größe $\mu_0 e\,[\mathfrak{v}\,\mathfrak{H}]$ ausgeübt, wobei μ_0 die magnetische Feldkonstante ist. Dies gibt für Kanalstrahlen von 10^8 cm s^{-1} Geschwindigkeit in einem senkrecht zu ihrer Bewegungsrichtung angelegten Magnetfeld von 20 000 Oe (1 Oe $\triangleq 10/4\,\pi$ A cm^{-1}) ein elektrisches Feld von 20 000 V cm^{-1}. Die Wasserstofflinien verbreitern sich unter solchen Bedingungen und spalten auf, wie es der Stark-Effekt fordert.

VI. Inverser Stark-Effekt. Elektrische Aufspaltung von *Absorptionslinien* wird beim Durchgang von Licht durch einatomige Gase und Dämpfe im elektrischen Feld beobachtet. Zum Beispiel spalten die Absorptionslinien von Quecksilberdampf (2537 Å) im elektrischen Feld in zwei Komponenten auf, welche parallel und senkrecht zur Feldrichtung polarisiert sind.

Handb. d. Physik XXI. Berlin 1929. — *Müller-Pouillet:* Lehrb. d. Physik II/1. Braunschweig 1929.

Stark-Effekt-Verbreiterung →Druckeinfluß auf Spektrallinien.

Starre Bindung nennt man die Bedingung, daß der Abstand zweier Massenpunkte m_i und m_k eines Punktsystems während einer Zustandsänderung unverändert bleibt. Haben m_i und m_k die Lagekoordinaten $x_i\,y_i\,z_i$ bzw. $x_k,\,y_k,\,z_k$, so wird die Forderung der starren Bindung durch die Bedingungsgleichung

$$r_{ik} = \sqrt{(x_i-x_k)^2 + (y_i-y_k)^2 + (z_i-z_k)^2} = \text{const}$$

ausgedrückt. Das Bestehen von n solchen Bedingungen verringert die Anzahl der Freiheitsgrade des Systems um n. Eine große Rolle spielt der Begriff der starren Bindung beim →starren Körper, der als ein System von starr miteinander verbundenen Massenpunkten definiert werden kann.

Starre einer Feder, ihre →Richtkraft.

Starrer Körper. Streng genommen erleidet jeder Körper bei Einwirkung von Kräften eine mehr oder minder große, von seiner materiellen Beschaffenheit abhängige Gestaltsveränderung. Interessieren aber diese (oft nur sehr geringen) Deformationen gegenüber anderen zu betrachtenden Zustandsänderungen nicht, so daß sie nicht beachtet zu werden brauchen, so idealisiert man den Körper als einen *starren* Körper, indem man ihn als ein System von Massenpunkten ansieht, deren *gegenseitige Abstände unveränderlich* sind. Besteht das System etwa aus n Massenpunkten m_l ($l = 1, 2, \ldots, n$), deren Lagen in bezug auf ein Koordinatensystem durch x_i, y_i, z_i gegeben sei, so muß für je zwei Massenpunkte m_i und m_k die Bedingungsgleichung

$$r_{ik} = \sqrt{(x_i - x_k)^2 + (y_i - y_k)^2 + (z_i - z_k)^2}$$

gelten. Es existieren $\binom{n}{2} = \dfrac{n(n-1)}{2}$ derartige starre Bindungen. Sie sind aber nicht voneinander unabhängig. Denn betrachtet man einen beliebigen, völlig frei beweglichen Punkt P_1 des Körpers, so hat dieser drei Freiheitsgrade, während ein weiterer Punkt P_2 wegen des Bestehens der starren Bindung zu P_1 nur noch zwei Freiheitsgrade und ein dritter Punkt P_3 wegen des Bestehens *zweier* Bedingungsgleichungen bezüglich P_1 *und* P_2 nur noch einen Freiheitsgrad hat. Jeder weitere Punkt P bildet mit P_1, P_2, P_3 ein Tetraeder, ist also infolge seiner drei Bindungen durch die Lage von P_1, P_2 und P_3 schon festgelegt. Daher hat ein starrer Körper (bestehend aus $n \geqq 3$ Massenpunkten) im ganzen sechs Freiheitsgrade, d. h. zur eindeutigen Beschreibung der Lage *aller* seiner Punkte ist die Angabe von sechs Bestimmungsstücken erforderlich. Als solche wählt man aus Zweckmäßigkeitsgründen nicht die gewöhnlichen Koordinaten der n Massenpunkte (eben weil sie nicht voneinander unabhängig sind, sog. unfreie Koordinaten), sondern sechs unabhängige Größen, und zwar die drei rechtwinkligen *Lage*koordinaten *eines* Punktes des Körpers und drei Winkel, die die räumliche *Orientierung* des Körpers in bezug auf diesen Punkt festlegen. Es sind dies die →Eulerschen Winkel.

Das einfachste Beispiel eines starren Körpers ist das „Hantelmodell": zwei Massenpunkte m_1 und m_2 in festem Abstande. Es hat fünf Freiheitsgrade.

Der Teil der Physik, der sich mit den Bewegungen starrer Körper beschäftigt, heißt *Stereomechanik*. Sie behandelt — in Erweiterung der Punktmechanik — die Kinematik, Statik und Dynamik des starren Körpers. Die *Kinematik* beschäftigt sich mit den möglichen *Bewegungszuständen* eines starren Körpers und zeigt insbesondere, daß die sechs Freiheitsgrade desselben in je drei der →Translation und der →Rotation aufgeteilt werden können. Denn es gilt der *Satz von Chasles*: Ein starrer Körper kann stets aus einer vorgegebenen Anfangslage in eine (beliebig) vorgegebene Endlage derart durch eine Translation plus einer Rotation gebracht werden, daß die Translation in die Richtung der Rotationsachse fällt (→Bewegungsschraube).

Die *Gleichgewichtsbedingungen* für den starren Körper liefert die *Statik* durch die Forderungen $\sum \Re_i = 0$, $\sum \mathfrak{M}_i = 0$, wobei $\Re_i$ die am i-ten Massenpunkt des Körpers angreifende Kraft und $\mathfrak{M}_i$ das Moment der Kraft $\Re_i$ bezüglich eines (zwar beliebigen, aber für alle $\Re_i$ gleichen) Bezugspunkts ist. Die beiden Bedingungen besagen geometrisch, daß das Polygon der Kräfte (→Kräftepolygon) sowie der Momente im Falle des Gleichgewichts geschlossen sein muß.

Die *Stereodynamik* des starren Körpers liefert die *Bewegungsgleichungen*. Ist der starre Körper frei beweglich, so lauten sie (bezogen auf den Schwerpunkt) $\dot{\mathfrak{G}} = \Re$ und $\dot{\mathfrak{R}} = \mathfrak{M}$, wenn $\mathfrak{G}$ der Impuls des starren Körpers, $\Re$ die Resultierende der an ihm angreifenden Kräfte, $\mathfrak{M}$ das Moment von $\Re$ und $\mathfrak{R}$ der Drehimpuls des Körpers ist.

Für spezielle Fälle (kräftefreier →Kreisel) lassen sich diese Gleichungen integrieren. Ist die Bewegung des starren Körpers insofern eingeschränkt, als sie um einen festen Punkt geschieht, so liegt das Kreiselproblem vor. Seine Behandlung geschieht am zweckmäßigsten mit Hilfe der →Eulerschen Gleichungen der Rotation. Verläuft schließlich die Drehung des Körpers um eine feste Achse, so liegt eine gewöhnliche →Rotation mit einem Freiheitsgrad vor.

Sommerfeld, A.: Vorl. über theoret. Physik I. Leipzig 1948. — *Föppl, A.:* Techn. Mechanik I u. IV. München 1940 u. 1933. — *Klein, F.,* u. *A. Sommerfeld:* Theorie d. Kreisels. Leipzig 1910. — *Routh, E. J.:* Dynamik d. starren Körpers. Leipzig 1898.

Stat →radioaktive Einheiten.

Statik, die Lehre vom Gleichgewicht, ist ein Teilgebiet der Mechanik, das sich mit der Frage beschäftigt, unter welchen Bedingungen mehrere auf einen Körper wirkende Kräfte sich das Gleichgewicht halten. Die Statik ist daher auch als Sonderfall der →Dynamik anzusehen. Statische Probleme lassen sich sowohl auf analytischem als auch auf geometrischem Wege lösen. Den Teil der Statik, der graphische Methoden verwendet, nennt man *Graphostatik*. Sie spielt vor allem in der technischen Mechanik eine sehr große Rolle.

Stationäre Felder sind zeitlich unveränderliche Felder. Sie können im Gegensatz zu *statischen* Feldern auch von elektrischen Strömen herrühren.

Stationärer Zustand, Bezeichnung eines *Dauerzustandes* eines Systems, bei dem sich entweder zumindest die makroskopischen Zustandsgrößen desselben nicht ändern (z. B. ein Gas bei konstantem Druck und konstanter Temperatur) oder bei dem sich die gleiche Zustandsfolge periodisch identisch wiederholt (z. B. eine ungedämpfte harmonische Schwingung). →stationäre Zustände in der Quantenmechanik.

Stationäre Zustände in der Quantenmechanik. Ein →Zustand ist gegeben durch einen Vektor φ im Hilbert-Raum bzw. durch den Projektionsoperator P_φ. Die zeitliche Änderung kann durch die →Bewegungsgleichung

$$-\frac{\hbar}{i}\frac{d}{dt}P_\varphi = HP_\varphi - P_\varphi H$$

beschrieben werden, bzw. auch durch die Gleichung

$$-\frac{\hbar}{i}\dot{\varphi} = H\varphi.$$

Wenn sich der Zustand zeitlich nicht ändert, so heißt er stationär. Dazu ist notwendig und hinreichend, daß $\dfrac{d}{dt}P_\varphi = 0$ (bzw. $-\dfrac{\hbar}{i}\dot{\varphi} = \lambda\varphi$; denn φ und $e^{i\alpha}\varphi$ bestimmen denselben Zustand!) ist, woraus $HP_\varphi = P_\varphi H$ folgt. Dann ist aber φ ein Eigenvektor zum Operator H, denn $H\varphi = HP_\varphi\varphi = P_\varphi H\varphi = \varphi(\varphi, H\varphi) = \lambda\varphi$; und ist $H\varphi = \lambda\varphi$, so folgt $HP_\varphi f = H\varphi(\varphi, f) = \lambda\varphi(\varphi, f) = \varphi(\varphi, f) = \varphi(H\varphi, f) = \varphi(\varphi, Hf) = P_\varphi Hf$. Die stationären Zustände sind also mit den Eigenzuständen des Energieoperators identisch. Die →Erwartungswerte *aller* Observablen sind zeitlich konstant für die stationären Zustände wie überhaupt für jeden statistischen Operator W (→statistische Deutung), der mit dem Hamilton-Operator H vertauschbar ist.

Statische Grundgleichung der Atmosphäre. Die Abnahme des Luftdrucks mit der Höhe ist bei einer Höhenzunahme dz gleich dem Gewicht $\varrho g\, dz$

eines Luftvolumens von der Höhe dz und der Grundfläche 1 cm, also $dp = -g\varrho\,dz$ (ϱ Luftdichte, g Fallbeschleunigung). Führt man das →Geopotential $h = gz$ ein, mißt man also die Höhe in der Einheit $1\,m^2\,s^{-2} = 10^{-1}$ dynamische Meter, so ergibt sich $dp = -\varrho\,dh$. Dies ist die statische Grundgleichung. Legt man die Normdichte $\varrho = 1{,}293 \cdot 10^{-3}\,g\,cm^{-3}$ zugrunde, so ergibt sich daraus, daß der Luftdruck auf je $77{,}4\,m^2\,s^{-2} = 7{,}74$ dynamische Meter (→Geopotential) um je 1 mb, auf je 10,52 m Höhe (in der Nähe des Meeresniveaus) um je 1 Torr abnimmt (*barometrische Höhenstufe*).

Mit der Gasgleichung $p = \varrho R_L T_v$ ($R_L = R/M$ Gaskonstante der Luft, T_v die →virtuelle Temperatur) ergibt sich $dp/p = -dh/(R_L T_v)$ oder nach Integration die *barometrische Höhenformel*:
$$\ln(p_1/p_2) = (h_2 - h_1)/(R_L T_v)$$ oder
$$p_2 = p_1\, e^{-(h_2 - h_1)/(R_L T_v)}$$
oder $h_2 - h_1 = R_L T_v \ln(p_1/p_2)$. Nach Einsetzen des Zahlenwertes von R_L und Einführung Briggsscher Logarithmen und der Temperatur in °C folgt die Zahlenwertgleichung in dynamischen Metern
$$h_2 - h_1 = 18044\,(1 + \alpha\, t_{vm})\log^{10}(p_1/p_2)\,[\text{dyn.Meter}].$$

Dabei ist $\alpha = 1/273\,\text{grad}^{-1}$ der Ausdehnungskoeffizient der Luft und t_{vm} die nach der Gleichung
$$t_{vm} = \frac{h_2 - h_1}{\int (dh/t_v)}$$
berechnete Mitteltemperatur in °C. Man beachte, daß h_1 und h_2 keine Höhen, sondern Geopotentiale (gemessen in der Einheit 1 dynam. Meter) bedeuten. Will man die Höhen z in der Einheit 1 m ausdrücken und keine virtuellen Temperaturen verwenden, so kommen Korrektionen wegen der Änderung der Schwerkraft mit der Höhe und der Breite φ und wegen des Dampfdrucks ε hinzu:
$$z_2 - z_1 = 18400\,(1 + \alpha t_m)\,(1 + 0{,}377\,\varepsilon_m/p_m) \times$$
$$\times (1 + \beta \cos 2\varphi)(1 + 2z/R_e)\log p_1/p_2\,[m],$$
$$\alpha = 3{,}665 \cdot 10^{-3}\,\text{grad}^{-1}; \quad \beta = 2{,}643 \cdot 10^{-3};$$
$$R_e\ \text{Erdradius};\ 2/R_e = 3{,}147 \cdot 10^{-7}\,m^{-1}.$$

Bjerknes, V.: Dynam. Meteorologie I. Braunschweig 1912. — *Koschmieder, H.*: Dynam. Meteorologie. Leipzig 1941.

Statistik →Statistik, allgemeine und physikalische, →Boltzmann-, →Bose-Einstein-, →Fermi-Dirac-, →Quanten-Statistik, →Gibbssche Statistik.

Statistik, allgemeine und physikalische. Ursprünglich bedeutete nach *Czuber* Statistik (St.), vom lat. status (Zustand, Lage), soviel wie Staatenkunde. Infolge der Erfassung alles dabei zahlenmäßig Darstellbaren ging dieser zunächst auf das Beschreibende gerichtete Wortsinn allmählich in seine heutige Bedeutung über, die nach *E. Wagemann* so formuliert werden kann: „Statistik ist die Wissenschaft der empirischen Zahl gegenüber der Mathematik als der Wissenschaft von der reinen Zahl." Eine ungeahnte Vertiefung und Erweiterung erhielt der Begriff besonders durch die Darstellung von Erscheinungen, bei denen eine Trennung der verschieden wirksamen Ursachen weder im natürlichen Geschehen noch im Experiment möglich ist, so daß für sie nur eine „statistische Erfassung" in Frage kommen kann. Diese gilt in weit höherem Maße für die Natur- als für die Geisteswissenschaften, bei denen z. B. „die Statistik eine stillstehende Geschichte und

die Geschichte eine fortlaufende Statistik ist" (*A. L. Schlözer*). Erst mit den statistischen Methoden konnte und kann man unter Verzicht auf eine Kausalitätsdarstellung des Naturgeschehens in weite Gebiete der Naturwissenschaften eindringen. So entwickelte sich insbesondere die allgemeine physikalische St. (vgl. *E. Czuber*, „Die statistischen Forschungsmethoden").

Um Bedeutung und Wert der statistischen Methode bzw. der methodischen St. im besonderen für die physikalische Erkenntnis sowie deren Stellung im Bereich der exakten Wissenschaften mit ihren Angrenzgebieten voll zu erfassen, muß zunächst einiges von den wertenden Auffassungen aus diesen Gebieten mitgeteilt werden. Ein leuchtendes Vorbild für die Gewinnung eines erkenntnistheoretisch fest fundierten und wissenschaftstheoretisch einwurfsfreien Forschungsstandpunktes in der Gegenüberstellung der „sozialstatistischen" Erhebungstechnik zu den physikalisch-meßtechnischen statistischen Methoden gibt die Riemannsche Kritik unserer Raumvorstellungen. Sie stellt sich im Gegensatz zu der bisher allgemein (1854) vertretenen Meinung, „daß die Metrik des Raumes *unabhängig* von den in ihm sich abspielenden physischen Vorgängen festgelegt sei und das Reale in diesen metrischen Raum wie in eine fertige Mietskaserne einziehe". Sie „behauptet vielmehr, daß der Raum an sich nur eine formlose dreidimensionale Mannigfaltigkeit … ist und erst der den Raum erfüllende materielle Gehalt ihn gestaltet und seine Maßverhältnisse bestimmt" (*H. Weyl*). Dementsprechend muß die physikalisch-meßtechnische Forschungsmethode in dem begrifflichen Spannungsfeld zwischen der dynamischen (kausalen) und der statistischen Gesetzmäßigkeit zunächst eine Auflockerung dieser Begriffe in mehr oder weniger große *Abhängigkeiten* bzw. Unabhängigkeiten vornehmen. Dabei stellt die „Kausalität" das Maximum und die „Statistik" das Minimum der Abhängigkeiten dar.

Die erste Herstellung der Beziehung zu diesen physikalischen Abhängigkeitsbereichen geschieht durch die Zählung und Messung von Einzelerscheinungen, die dann eine rechentechnische Zusammenfassung auf Grund bestimmter mathematischer Begriffe erfahren müssen. Von der kritischen Sichtung aus müssen auf Grund bestimmter physikalischer Vorstellungen induktive und deduktive Schlüsse auf Einzel- oder gegeneinander abzugrenzende Gruppenerscheinungen der Beobachtungen gezogen werden. Es liegt also bei diesen Schlüssen stets ein „Umkehrprozeß" vor. Wie beim Umkehrprozeß im Zahlenreich, wo durch „Umkehr" der Addition (Subtraktion) die körperlich nicht zu veranschaulichenden Größen der Null (nullum non est numerus, *J. Wallis* 1657) und der negativen Zahlen, durch „Umkehr" der Multiplikation (Division) der Begriff der Brüche, die zum Teil gleichwertig sein können, und der unanschauliche Begriff Unendlich (Division durch Null) sowie durch „Umkehr" der Potenzierung irrationale und transzendente Zahlen entstehen — wobei es aber als Wesenszug der gesamten Mathematik auf die Gewinnung möglichst eineindeutiger Beziehungen ankommt —, so ist auch in der Physik mit dem von der Meßtechnik aus vorzunehmenden Umkehrprozeß „schicksalsmäßig" eine Mehrdeutigkeit und eine verminderte Anschaulichkeit unvermeidbar verbunden. Die letzten Erkenntnisse in der Physik können, da eine Physik ohne mathematisches Knochengerüst undenkbar ist, nur aus der Spannung zwischen dem Anschaulichen und dem Unanschaulichen gewonnen werden. In erhöhtem Maße gilt hier der Ausspruch von *C. F. Gauß* über die Geometrie höherer Räume, „daß man sich in ihr nicht bewegen kann, ohne eine von räumlichen Bildern entlehnte Sprache zu benutzen". In gleicher Richtung liegt das Plancksche Wort, daß unsere Formeln sich nicht nach unseren Anschauungen, sondern unsere Anschauungen nach unseren Formeln zu richten haben.

Da der Wille zur Voraussage das Ethos des Physikers ausmacht, indem nach *Planck* „ein Ereignis dann kausal bedingt ist, wenn es mit Sicherheit vorausgesagt werden kann", so muß aus den Einzelwerten ein Begriff derartig gebildet werden, daß ihm eine Zahlen- und Richtungsgröße zugeordnet werden kann, die ihm den Charakter einer Einzelerscheinung als Repräsentanten von Kollektiverscheinungen (→Kollektivmaßlehre) verleihen. Dies ist aber nur durch Verwendung von Mittelwerten möglich. Zunächst kommen hierfür das arithmetische, das geometrische und das harmonische →Mittel in Betracht. Zeigen die Beobachtungsergebnisse keine besonderen Ausreißer, dann stimmen die drei Mittelwerte aus mathematischen Gründen fast überein, so daß schon aus rechentechnischen Gründen dem arithmetischen Mittel der Vorzug zu geben ist. Für sozialstatistische Zwecke dagegen kann das arithmetische Mittel oft ein sehr schlechter Repräsentant sein, wie das treffende Beispiel des Millionärs beweist, der sich in einer armen Arbeitergemeinde als 500ster Einwohner niederließe. Das mittlere Vermögen der Einwohner würde dadurch etwa 2000 M. betragen, obgleich keiner der übrigen 499 Einwohner diesen Betrag erreicht (vgl. *E. Wagemann*, Narrenspiegel der Statistik). Deshalb wird in der Sozialstatistik nach dem Vorgang von *Th. Fechner* der →Zentralwert als Mittelwert eingesetzt. Am besten kennzeichnet aber der →dichteste oder häufigste Wert die in einem Kollektiv vereinigten Exemplare. Er ist ebenso wie der Zentralwert von den extremen Fällen völlig unabhängig und ist vor allem dann der beste Repräsentant eines Kollektivs, wenn nur „einige Fälle aus der Reihe tanzen" (*E. Wagemann*).

In der physikalischen Methodik handelt es sich im Hinblick auf ihren meßtechnischen Charakter aber gerade darum, den Einfluß der Ausreißer genügend stark zu erfassen, um der Voraussage des Einzelfalles die hinreichende Sicherheit zu geben und den Grad dieses Hinreichenden durch ein zutreffendes Wertmaß zu charakterisieren. Deshalb findet das arithmetische Mittel mit dem mittleren Fehler der Einzelbeobachtung und dem des arithmetischen Mittels in der physikalischen St. fast alleinige Verwendung. Als Abschluß der sozialen St. und als Übergang zu statistischen Mechanik sei „ein Werturteil über die Statistik" von *E. Wagemann* angeführt: „Wir aber wollen hier klar bekennen, daß die Statistik nichts weiter aufzeigt als den Dualismus individueller Freiheit und kollektiven Zwanges, der in allen Bereichen, in der mechanischen und organischen Natur ebenso wie im Gesellschafts- und Staatsleben auftritt, sobald sich Einzelerscheinungen zu Massen vereinigen. Unter dieser Perspektive sind die Moleküle so frei und so gebunden wie unsere Seelen. Es sei aber ferne von uns, Theologie und Physik miteinander verknüpfen zu wollen."

Vom physikalisch-meßtechnischen Standpunkt aus ist die →„Wahrscheinlichkeit", die die Grundlage jeder St. bildet, ein mathematisch-physikalischer Begriff, der die Unbestimmtheit und Vieldeutigkeit innerhalb hinreichender Grenzen durch eine Zahl möglichst mildern soll. „Die zunehmende Durchsetzung nahezu aller physikalischen Begriffe mit statistischen Elementen und die wachsende Bedeutung des statistischen Experimentes als eines physikalischen Forschungsmittels verschaffen jenen Fragen nun auch für die Physiker die Dringlichkeit, die sie schon seit geraumer Zeit für die Theoretiker der Bevölkerungsstatistik, biologischen Statistik usw. besitzen. *Schon jetzt führt jede Untersuchung über die Struktur einer physikalischen Theorie unvermeidlich auf die Frage nach der Natur der Wahrscheinlichkeitshypothese*", die darin besteht, daß „den unverfolgbar komplizierten Bewegungen der Moleküle Gesetzmäßigkeiten zugeschrieben werden in Form von Behauptungen über die relative Häufigkeit der verschiedenen Konfigurationen und Bewegungen der Moleküle" (vgl. *P.* u. *T. Ehrenfest*, Begriffliche Grundlagen der statistischen Auffassung in der Mechanik, Enzyklopädie der mathematischen Wissenschaften, Bd. IV, 4).

Bei dem Gebrauch des Wortes „statistische Mechanik" (st. M.) muß man nach *Weber-Gans* (Repertorium der Physik) unterscheiden:

„1. die st. M. als rein mechanische Disziplin;

2. die st. M. in ihrer Anwendung auf dasjenige an physikalischen Vorgängen, was mechanisch ist, oder sollte es nicht mechanisch sein, doch in der gleichen Weise wie die mechanischen Vorgänge einer Statistik unterworfen werden kann;

3. die st. M. als Behauptung, daß die physikalischen Vorgänge sämtlich oder zum großen Teil mechanischer Natur sind."

Wer in diesem letzten Sinne st. M. treibt, ist Anhänger der mechanischen Naturauffassung, unter der die Ansicht verstanden wird, „daß allen physikalischen Prozessen durch mechanische Gesetze zu beschreibende elementare Vorgänge zugrunde liegen", wobei die allgemeinen Gesetze der Dynamik Gültigkeit haben.

Am besten läßt sich wohl die Methode der st. M. an einem Beispiel aus der „Einführung in die theoretische Physik" von *Cl. Schäfer* erläutern. Unter der allgemeinen Vorstellung der molekularkinetischen Theorie wird eine sehr große Menge von Molekülen in einem abgeschlossenen endlichen Gasvolumen angenommen, die voneinander unabhängig sich auf Bahnen bewegen, die sich aus lauter geradlinigen unter bestimmten Winkeln liegenden Stücken zusammensetzen, solange sie nicht miteinander oder mit der Wand zusammenstoßen. „Man hat dann 2 Methoden vor sich, die Mittelwerte der kinetischen Energie zu bilden: Einmal verfolgt man *ein* Molekül durch eine sehr lange Zeit τ hindurch und bildet das Zeitmittel

$$\frac{m}{2}\,\overline{v^2}\,t = \frac{1}{\tau}\int_0^\tau \frac{m}{2}\,v^2\,dt \text{ (wobei } m \text{ die Masse und } v \text{ die}$$

Geschwindigkeit bedeuten). Ein zweites Mal betrachtet man eine sehr große Zahl von Molekülen (das Gas) in einem bestimmten Zeitmoment und bildet — mit Hilfe der aus dem Maxwellschen Verteilungsgesetz her bekannten Verteilungsfunktion φ — das Scharmittel

$$\frac{m}{2}\,\overline{v^2} = \frac{\displaystyle\int \frac{m}{2}\,v^2\,\varphi\,dv}{\displaystyle\int \varphi\,dv}.$$

Daß beide Mittelwerte sich als gleich ergeben, ist keineswegs selbstverständlich, sondern hat folgenden Grund. Ein Gasmolekül nimmt bei Betrachtung über einen sehr langen Zeitraum hinweg infolge der Zusammenstöße alle möglichen Geschwindigkeiten an, über deren Quadrat dann gemittelt wird". Dabei hängt der Mittelwert natürlich davon ab, wie häufig die einzelnen sich innerhalb dieser Zeit einstellenden Geschwindigkeitswerte sind. „Ebenso sind bei einer großen Zahl von Molekülen, die in einem Moment betrachtet werden, alle möglichen Geschwindigkeiten vorhanden, über deren Quadrat dann das ‚Scharmittel' gebildet wird." Dieses wird dann dasselbe wie das Zeitmittel sein, „wenn die zeitliche Verteilung der Geschwindigkeiten bei *einem* Molekül dieselbe ist, wie die räumliche Anordnung der bei einer ganzen Schar von Molekülen gleichzeitig vorhandenen Geschwindigkeitswerte". Dazu müssen natürlich ganz bestimmte Bedingungen erfüllt sein, die im einzelnen stets besonders festzulegen sind. Diese Gedanken lassen sich weitgehend verallgemeinern, wobei selbstverständlich die Art der Bedingungen, unter denen das geschehen kann, jedesmal neu bestimmt werden muß. Der methodische Apparat der st. M. beruht also auf „der Vertauschung zeitlicher Mittelwerte in einem System mit Scharmittelwerten einer geeignet gebildeten Gesamtheit von Systemen; es wird über *alle* Systeme einer Gesamtheit gewissermaßen eine ‚Statistik' aufgenommen, und diese statistischen Aussagen treten an Stelle der Wahrscheinlichkeitsaussagen bei *einem* System. In diesem Sinne wurden statistische Betrachtungen zuerst von *Boltzmann* gelegentlich und von *Maxwell* systematisch angestellt (von letzterem rührt auch der Name für derartige Untersuchungen her); zu einem vollständigen System hat *J. Gibbs* die statistische Mechanik ausgebildet".

Czuber, E.: Die statist. Forschungsmethoden. Wien 1939.—
Schäfer, Cl.: Theoret. Physik II. Berlin u. Leipzig 1929, S. 476.

Statistische Deutung. Aus der Zuordnung der →Observablen und →Hermiteschen Operatoren durch die Quantenmechanik erhält man die statistische Deutung durch die Forderungen:

1. Es gibt eine Erwartungswertfunktion $\mathrm{Erw}\,(R)$, wobei R der die Observable charakterisierende Operator ist.

2. Wenn die Observable ihrer Natur nach nie negative Meßergebnisse liefern kann, z. B. das Quadrat einer anderen Observablen S ist, so ist $\mathrm{Erw}\,(R) \geqq 0$.

3. Mit den reellen Zahlen a, b ist $\mathrm{Erw}\,(aR + bS)$

$$= a\,\mathrm{Erw}\,(R) + b\,\mathrm{Erw}\,(S).$$

Eine Erwartungswertfunktion heißt *streuungslos*, wenn $\mathrm{Erw}\,(1)$ endlich ist (1 der →Einheitsoperator), so daß wir $\mathrm{Erw}\,(1) = 1$ annehmen können, und wenn dann

$$\mathrm{Erw}\,(R^2) = [\mathrm{Erw}\,(R)]^2$$

für jede Observable R ist.

Eine Erwartungswertfunktion heißt *rein* oder *optimal*, wenn aus $\mathrm{Erw}\,(R) = \mathrm{Erw}'\,(R) + \mathrm{Erw}''\,(R)$

folgt: $\mathrm{Erw}'\,(R) = c'\,\mathrm{Erw}\,(R)$, wobei c' eine Konstante ist.

Während in der klassischen Mechanik, wo die Observablen R Funktionen der kanonischen Variablen p, q sind, aus 1., 2. und 3. folgt, daß

$$\mathrm{Erw}\,(R) = \int R(p, q)\,dm(p, q),$$

wobei m ein Maß im Phasenraum p, q ist, und daß nur die $\mathrm{Erw}\,(R)$ rein sind, für die das Maß $m(p, q)$ für alle Mengen $= 0$ ist, falls diese einen festen Punkt p', q' nicht enthalten, und $= 1$ ist, falls diese den Punkt p', q' enthalten, und daß diese reinen Erwartungswertfunktionen auch streuungslos sind, folgt in der Quantenmechanik aus 1., 2. und 3., daß

$$\mathrm{Erw}\,(R) = \mathrm{Spur}\,(WR)$$

(→Spur), wobei W ein Hermitescher, positiv semidefiniter Operator ist, d. h. es gilt $(f,\,Wf) \geqq 0$.

Aus der weiteren Bedingung, daß jede Wiederholung einer Messung dasselbe Resultat wie die ursprüngliche Messung liefern muß, folgt: Ist die Spektralschar der Observablen A (→Spektrum eines Operators) durch E_λ gegeben und hat man A gemessen mit dem Ergebnis, daß (wegen der endlichen Meßgenauigkeit jeder Apparatur) der Meßwert im Intervall λ_1 bis λ_2 liegt, so ist nach der Messung von A für W einzusetzen:

$$W = E_{\lambda_2} - E_{\lambda_1}.$$

W charakterisiert also die Kenntnisse des Beobachters über das physikalische System. Ändert sich die Kenntnis (durch eine Messung), so ändert sich W.

Es gibt *reine* oder *optimale* Erwartungswertfunktionen. Sie sind gegeben durch $W = P_\varphi$, wobei P_φ der →Projektionsoperator auf den von dem Vektor φ aufgespannten, eindimensionalen Teilraum ist. Dann ist

$$\mathrm{Erw}\,(R) = \mathrm{Spur}\,(P_\varphi R) = (\varphi,\,R\varphi).$$

Man nennt deshalb φ auch den *Zustand* des Systems, obwohl eigentlich φ nicht nur vom System, sondern auch vom Beobachter abhängt (→Beobachtung). Es gibt aber in der Quantenmechanik *keine streuungslosen* Erwartungsfunktionen.

Aus diesen Formeln folgt: Die in der →Transformationstheorie auftretenden Größen (r/s) haben folgende physikalische Bedeutung: Sind die Spektren von R und S diskret, so ist $|(r/s)|^2$ die Wahrscheinlichkeit, r als Resultat bei einer Messung von R zu erhalten, wenn man eben für S den Wert s gemessen hat, und auch gleich der Wahrscheinlichkeit für den Meßwert s für S, wenn man vorher für R den Wert r gemessen hatte (*Reziprozitätsgesetz der Wahrscheinlichkeiten*). Ist aber z. B. r diskret und s kontinuierlich, so ist

$$\int_{s_1}^{s_2} |(r/s)|^2\,ds$$

die Wahrscheinlichkeit dafür, daß bei einer Messung von S das Ergebnis im Intervall s_1 bis s_2 liegt, wenn vorher gerade R mit dem Ergebnis r gemessen wurde, und umgekehrt auch gleich der Wahrscheinlichkeit, den Wert r für R zu messen, wenn man vorher gerade S mit der Genauigkeit $s_2 - s_1$ in diesem Intervall gemessen hat. Ähnliches gilt, falls R und S ein kontinuierliches Spektrum haben.

Allgemein ist in der S-Darstellung $|(s/\varphi)|^2$ die Wahrscheinlichkeit, s im Zustand φ zu messen, falls s diskret, bzw. $\int_{s_1}^{s_2} |(s/\varphi)|^2 ds$ die Wahrscheinlichkeit, einen Wert aus dem Intervall s_1 bis s_2 zu messen, falls s kontinuierlich. Ist S speziell der →Ortsoperator Q, so erhält man die am meisten gebrauchte Beziehung, daß für die Schrödinger-Funktionen (q/φ) der Ausdruck $|(q/\varphi)|^2$ die Ortswahrscheinlichkeitsdichte ist.

Statistisches Gewicht von Molekülzuständen ist die Zahl der Einstellungsmöglichkeiten des den betreffenden Zustand charakterisierenden Impulsvektors in einem äußeren Feld (→Richtungsquantelung). Für einen Drehimpulsvektor der Größe J beträgt diese $G = 2J + 1$. Durch das statistische Gewicht des Ausgangszustandes eines Spektralüberganges wird die Intensität der bei dem Übergang emittierten oder absorbierten Strahlung bestimmt, sie ist cet. par. diesem proportional.

Statistische Mechanik umfaßt folgende Teilgebiete: 1. →statistische Thermodynamik, 2. →kinetische Gastheorie; ferner →Statistik, allgemeine und physikalische.

Statistische Theorie der Flüssigkeiten. Die Flüssigkeit nimmt eine eigenartige Zwischenstellung zwischen den Gasen und den Festkörpern ein. Hinsichtlich der Dichte steht sie dem Festkörper nahe und hinsichtlich des Fehlens einer Formelastizität dem Gase. Die bisherigen Molekulartheorien faßten daher meist die Flüssigkeit entweder als komprimiertes Gas (*van der Waals*) auf oder als einen in bezug auf den Ordnungszustand stark gestörten Kristall. Die erstere Theorie konnte als Stütze die Möglichkeit eines kontinuierlichen Überganges vom gasförmigen in den flüssigen Zustand anführen. In neuerer Zeit standen die Versuche, die Flüssigkeit als einen kristallinen Festkörper mit starker Fehlordnung anzusehen, im Vordergrund (→Löchertheorie der Flüssigkeiten). Diese Vorstellung wurde besonders bei der Behandlung kinetischer Erscheinungen (Reibung, Selbstdiffusion) und des Schmelzvorganges (*Lennard-Jones* 1937) benutzt. Bei manchen Problemen (z. B. der spezifischen Wärme) hat sich die Vorstellung als erfolgreich erwiesen, daß die einzelne Flüssigkeitspartikel eine Wärmebewegung ausführt, die im wesentlichen aus unregelmäßigen, aber stark anharmonischen Schwingungen besteht. Infolge der dichten Packung der Partikeln in der Flüssigkeit tritt während der Dauer einer Schwingung nur verhältnismäßig selten der Fall ein, daß eine Partikel ihren Platz wechselt und sich ein kleines Stück vorwärts bewegt. In der Regel bewegt sich die Partikel wie in einem Käfig, in einem kleinen, von den Nachbarpartikeln frei gelassenen Raum. Die Anharmonizität dieser Schwingungen führt zu einem Verständnis für das mit wachsender Temperatur kontinuierliche Absinken der Molwärme C_v bei konstantem Volumen unter den aus dem Gesetz von *Dulong-Petit* folgenden Wert von $3R$ (R Gaskonstante), indem der Anteil der potentiellen Energie gegenüber dem Fall harmonischer Schwingungen (wo kinetische und potentielle Energie im Mittel dieselbe Energie besitzen) kleiner ist (*Lenard-Jones* und *Devonshire*). Im Falle der leichten Gase H_2, D_2 und He nimmt im Gegensatz dazu, als Folge der Quantisierung der Molekülschwingungen, die Molwärme mit abnehmender Temperatur ab. In neuerer Zeit hat *M. Born* die Grundlagen zu einer allgemeinen Flüssigkeitstheorie geschaffen. Wesentlich sind Verteilungsfunktionen höherer Ordnung für die Moleküle, zu deren Bestimmung ein System von Integro-Differentialgleichungen angegeben wird. Die formuliert vorliegenden statistischen Theorien beziehen sich fast ausnahmslos auf einatomige Flüssigkeiten. In mehratomigen, insbesondere in polaren Flüssigkeiten (wo die Moleküle ein elektrisches Dipolmoment besitzen) liegen die Verhältnisse in mancher Hinsicht wesentlich komplizierter, weil die Annahme von Zentralkräften zwischen den Molekülen nicht mehr allgemein zulässig ist. Die vorliegenden Theorien der Flüssigkeiten bringen in manche Probleme Klarheit, sie reichen jedoch nicht aus zu einem quantitativen Verständnis der wesentlichen Flüssigkeitseigenschaften. — →Wasserstruktur.

Born, M., u. *H. S. Green:* Proc. Roy. Soc., Lond. (A) **188**, 10 (1946); **189**, 103 (1947); **190**, 455 (1947); **192**, 166 (1948). — *Eucken, A.:* Lehrb. d. Chem. Physik II/2. Leipzig 1944.

Statistische Thermodynamik, umfaßt die statistische Theorie der allgemeinen Gleichgewichte von Materie und Strahlung.

Status nascendi, der Zustand einer Substanz im Augenblick ihres Entstehens oder ihrer Lösung aus einer Bindung. Die Stoffe sind in diesem Zustand oft besonders reaktionsfähig. Diese Reaktionsfähigkeit kann verschiedene Ursachen haben. Zuweilen befinden sich die Moleküle in einem energetisch angeregten Zustand; zuweilen ist auch nur die sehr feine Verteilung für ihre vermehrte Reaktionsfähigkeit verantwortlich.

Stau. Das Problem des Staues in einer stationären Flüssigkeitsströmung bedeutet die Ermittlung des ungleichförmigen Abflusses einer Flüssigkeitsmenge in einem offenen Gerinne. Als charakteristisches Merkmal des Staues werden die Veränderungen des Flüssigkeitsspiegels (Staukurven und Senkungskurven) in Abhängigkeit von der Durchflußmenge Q bzw. der Wassertiefe y, dem Sohlengefälle i_0 sowie von dem Einfluß der Reibung an der Berandung und dem Einfluß von Hindernissen, z. B. von Schleusen, Wehren u. dgl., berechnet. Die durch die Krümmung der Stromfäden bedingten zusätzlichen Beschleunigungen werden zumeist vernachlässigt. Die Reibungswiderstände werden entsprechend den Werten bei gleichförmigem Abfluß berücksichtigt. Nach der →Bernoullischen Gleichung ist

$$H = \frac{Q^2}{2gF^2} + y + z_0 = \frac{q^2}{2gy^2} + y + z_0 = H_0 + z_0 \quad (1)$$

bzw.

$$\frac{dH}{dx} = -\frac{q^2}{gy^3}\frac{dy}{dx} + \frac{dy}{dx} + \frac{dz_0}{dx}. \quad (1a)$$

Für eine qualitative Beurteilung kann man von der für die gleichförmige Strömung von *Chezy* angegebenen Beziehung

$$v = C\sqrt{r_h i} \quad (2)$$

bzw.

$$i = -\frac{v^2}{C^2 r_h} = -\frac{dH}{dx} \quad (2a)$$

ausgehen. Für weite Gerinne mit einem hydraulischen Radius $r_h \approx y$ ist der Chezy-Koeffizient C proportional $r^{1/6} \approx y^{1/6}$ und die mittlere Geschwindigkeit $v = \dfrac{Q}{F} = \dfrac{q}{y}$, so daß das Spiegelgefälle i proportional $y^{-10/3}$ und das Sohlengefälle $\dfrac{dz_0}{dx}$ gleich dem Spiegelgefälle bei gleichförmigem Abfluß $i_0 \sim y_0^{-10/3}$ ist. Somit ändert sich die Wassertiefe gemäß

$$\frac{dy}{dx} = \frac{i_0 - i}{1 - q^2/(g\,y^3)}. \tag{3}$$

Für eine bestimmte Durchflußmenge ($q = \text{const}$) wird

$$H_0 = \frac{q^2}{2g\,y^2} + y \tag{4}$$

ein Minimum, wenn

$$\frac{dH_0}{dy} = -\frac{q^2}{g\,y^3} + 1 = 0 \tag{5}$$

ist, demnach bei einer charakteristischen Grenzgeschwindigkeit

$$v_{kr} = \frac{q}{y_{kr}}, \tag{6}$$

entsprechend einer kritischen Wassertiefe

$$y_{kr} = \sqrt[3]{\frac{q^2}{g}}. \tag{6a}$$

Damit erhält Gl. (3) die Form

$$\frac{dy}{dx} = i_0 \, \frac{1 - (y_0/y)^{10/3}}{1 - (y_{kr}/y)^3}.$$

Die Änderung der Wassertiefe in der Strömungsrichtung hängt demnach von drei dimensionslosen Größen ab, 1. von dem Sohlengefälle i_0, 2. von dem Verhältnis der Wassertiefe bei gleichförmiger Strömung y_0 zur wirklichen Tiefe y, 3. von dem Verhältnis der kritischen Wassertiefe y_{kr} zur wirklichen Tiefe y. Für Werte von $i_0 > 0$, d. h. Gefälle in der Strömungsrichtung, sind in der Abb. 1 die verschiedenen Profile der Wasser-

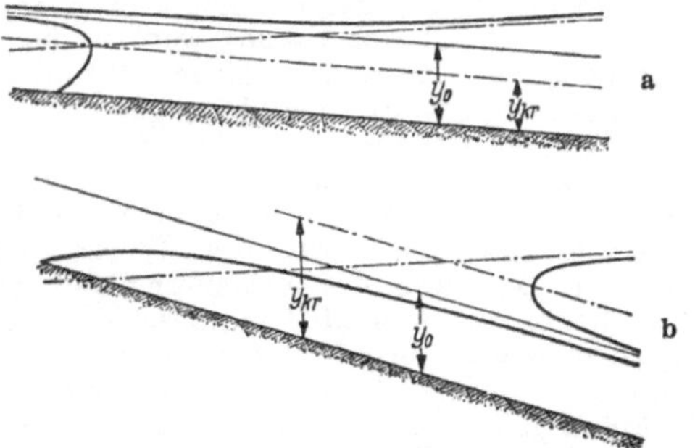

Abb. 1. Vollständige Staukurven.
a) für $y_0 > y_{kr}$ (Strömen). b) für $y_0 < y_{kr}$ (Schießen).

tiefe y eingezeichnet, je nachdem die Wassertiefe des gleichförmigen Ablaufes $y_0 > y_{kr}$ (Strömen) oder $y_0 < y_{kr}$ (Schießen) ist. Aus den einzelnen Skizzen der Abb. 2 geht hervor, durch welche

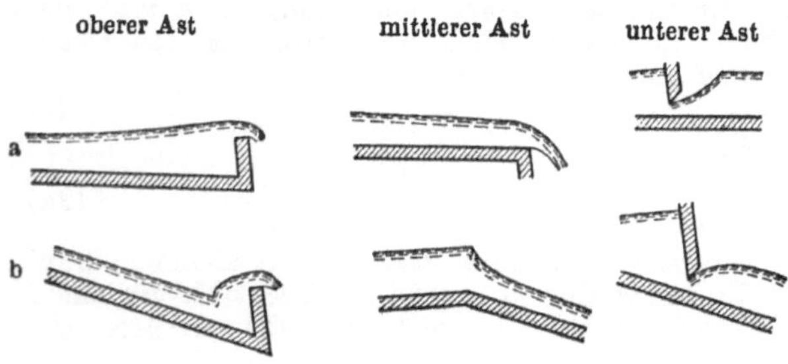

Abb. 2. Stau und Senkung bei a) Strömen und b) Schießen.

Änderung im Fließbett die einzelnen Profile des Spiegels, die in der Abb. 1 für die beiden Fließzustände zusammengefaßt sind, jeweils hervorgerufen werden. Eine Störung kann sich stromaufwärts nur ausbreiten, wenn ihre Geschwindigkeit größer als die Strömungsgeschwindigkeit ist, wenn also die Tiefe y größer ist als die kritische Tiefe y_{kr}, d. h. beim Strömen $y_0 < y_{kr}$. In diesem Falle wird der Fließzustand von den stromabwärts gelegenen Kontrollflächen (Schleuse, Wehr, Absenkung) beeinflußt, während die Ausbildung des Profils beim Schießen von den stromaufwärts gelegenen Fließbedingungen abhängt. Wenn die Wassertiefe zwischen zwei Kontrollflächen so weit ansteigt, daß die kritische Tiefe ohne eine gleichzeitige Änderung des Fließbettes durchschritten werden müßte, so findet ein →Wassersprung statt.

Prandtl, L.: Führer durch die Strömungslehre. Braunschweig 1949.

Staub gelangt als →Aerosol in die Atmosphäre in erster Linie vom Erdboden her durch die Aufwirbelung bei Tage. Er besteht aus Gesteinstrümmern und Humusteilchen, Asche und Ruß, aber auch organischen Resten, Bakterien usw. in Größen von etwa 0,5 bis 500 μ. Mit →Staubzählern verschiedener Konstruktion sind in Großstädten bis 200000 Teilchen im cm³ gemessen, in reiner Landluft etwa 200, im Hochgebirge 1 und weniger. Schon kleine Grünflächen innerhalb von Städten wirken durch Sedimentation stark reinigend auf die Luft. Die Aufwirbelung durch Stürme über unbewachsenem Gelände, Steppen und Wüsten kann Mengen von 10^6 t in 1 bis 2 Tagen abtransportieren; Saharastaub, der, bis Mitteleuropa verfrachtet, hier mit Regen- oder Schneefällen herabkommt, verursacht die Erscheinung des „Blutregens" und roten Schnees. Das „Dunkelmeer" hat seinen Namen von dem weit auf den Atlantik getragenen Saharastaub. Ähnlich wirken Wald- und Savannenbrände.

In hohe Schichten bis 80 km gelangen Staubmassen durch Lockerausbrüche von Vulkanen (z. B. 1883 Krakatau, 1912 Katmai), die die →leuchtenden Nachtwolken, den →Bishopschen Ring und Sonnenstrahlungsschwächungen von 10 bis 20%, zum Teil noch 1 bis 2 Jahre danach hervorrufen können. Sternschnuppenschwärme führen den obersten Atmosphärenschichten ständig kosmischen Staub zu, der sich im →Nachthimmelslicht bemerkbar macht und in sonst staublosen Gegenden, wie den Polargebieten, aufgefunden wird.

Handb. d. Klimatologie I. Berlin 1936.

Staubzähler (*Konimeter*). Die staubhaltige Luft wird durch Ansaugen in eine Unterdruckkammer aus einer feinen Düse gegen eine Glasplatte geschleudert; dadurch werden die Staubteilchen abgelagert und können unter dem Mikroskop gezählt werden (→Staub).

Handb. d. meteorol. Instrumente. Berlin 1935. — Heymann, B.: Zbl. ges. Hyg. 24, 1 (1931).

Staudesche Bewegung, eine Sonderbewegung des unsymmetrischen schweren Kreisels bei bestimmten Anfangsbedingungen →Präzession des Kreisels.

Staudruck. Wenn in der idealen strömenden Flüssigkeit die Änderungen der Ortshöhe gegenüber denjenigen der Geschwindigkeits- und der Druckhöhe vernachlässigt werden können, lautet die hydrodynamische Druckgleichung ($\rightarrow$Bernoullische Gleichung)

$$p + \frac{\varrho\,c^2}{2} = p_0 = \text{const}$$

($p = p_0$ für $c = 0$). Über die Länge eines Stromfadens ist jeweils $p = p_{st}$ der Anteil des statischen Druckes, $\varrho c^2/2 = p_d$ der Anteil des dynamischen oder *Staudruckes* an dem gleichbleibenden Gesamtdruck $p_0 = p_g = p_{st} + p_d$. (Gelegentlich wird auch der Gesamtdruck als Staudruck bezeichnet.) Wenn die Strömungsrichtung bekannt ist, gestattet das Prandtlsche Staurohr, diese Größen zu messen. $\rightarrow$Flüssigkeitsdruck.

Staupunkt. Vor einem Hindernis oder in einer Ecke der Begrenzung des Flüssigkeitsbereiches kommt die Strömung an einem Punkt, dem Staupunkt, völlig zur Ruhe. An dieser Stelle kann der Gesamtdruck des durch den Staupunkt gedachten Stromfadens durch eine Anbohrung ermittelt werden. Staupunkte sind vielfach zugleich $\rightarrow$Spaltungspunkte.

Staurand (*Drosselscheibe, Meßblende*), dient zumeist wie die Meßdüse und das Venturi-Rohr zur Ermittlung der Geschwindigkeit bzw. der Durchflußmenge in Rohrleitungen. Er verengt die Strombahnen auf kürzestem Weg, wobei der entsprechende Druckabfall unmittelbar vor und hinter der Blende gemessen wird. Er hat daher eine geringe Baulänge und ist einfach herzustellen. Die Abmessungen sind nach den VDI-Durchfluß-Meßregeln in DIN 1952, Berlin VDI-Verlag 1943, festgelegt. Die Durchflußzahl dieser Normblenden μ ändert sich für das Öffnungsverhältnis $0{,}05 < m <$ $< 0{,}70$ im Bereich $0{,}598 < \mu < 0{,}802$. $\rightarrow$Düse.

Staurohr, dient zur Messung der Geschwindigkeit eines strömenden Mediums oder eines in einem ruhenden Medium bewegten Körpers. Nach der $\rightarrow$Bernoullischen Gleichung ist der Staudruck p_d gleich der Druckdifferenz aus dem Gesamt- oder Ruhedruck p_g und dem örtlichen statischen Druck p_{st}, $p_d = p_g - p_{st} = \varrho c^2/2$. Der Gesamtdruck kann in jedem $\rightarrow$Staupunkt vor einem Hindernis durch eine Anbohrung, z. B. an dem vorderen, offenen Ende eines der Strömung entgegengerichteten Hakenrohres ($\rightarrow$Pitot-Rohr), entnommen werden. Es empfiehlt sich, bei den Messungen die absoluten Drucke (mit Hilfe eines Barometers) zu beachten.

Das Staurohr nach *Prandtl* vereinigt die Messung des Gesamtdruckes mit der des statischen

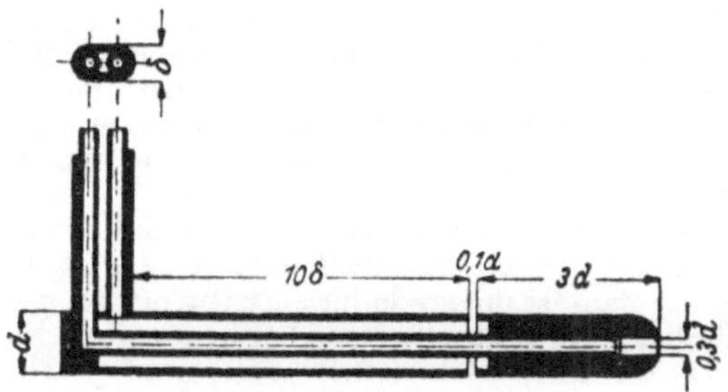

Genormte Maße des Prandtlschen Staurohres.

Druckes, so daß aus der Differenz der Geschwindigkeitsdruck und daraus die Geschwindigkeit selbst in einem Anzeigegerät ermittelt werden

kann. Wenn die Strömungsrichtung angenähert bekannt ist, wie z. B. in einer Leitung, dient das Gerät auch zum Vermessen des Strömungsfeldes und damit zur Bestimmung der Durchflußmenge.

Stauscheibe. Wenn man eine runde Scheibe quer in eine Strömung stellt, so kann man im $\rightarrow$Staupunkt in der Mitte der der Strömung zugewandten Seite den Gesamtdruck durch eine Anbohrung entnehmen und daraus, sofern der örtliche statische Druck bekannt ist, die Geschwindigkeit ermitteln. Der Druck auf der stromabwärts gelegenen Seite der Scheibe weicht von dem örtlichen statischen Druck der ungestörten Strömung beträchtlich ab. Benutzt man daher die Druckdifferenz zwischen der Vorder- und Rückseite der Scheibe zur Anzeige des Geschwindigkeitsdruckes (Krellsche Stauscheibe), so ist eine Eichung des Gerätes erforderlich. Der Korrekturfaktor für die Geschwindigkeit ist $\beta = c/\sqrt{2\,(p_g - p_{st})/\varrho} \sim 1{,}4$ gegenüber dem Faktor $\beta \sim 1{,}0$ des Staurohres nach *Prandtl*. Da die Stauscheibe die Strömung stört und ihre Anzeige gegen eine geringe Neigung gegenüber der Strömungsrichtung sehr empfindlich ist, wird sie kaum noch angewendet, sondern durch das Staurohr nach *Prandtl*, durch eine Meßdüse oder Meßblende oder durch ein Venturi-Rohr ersetzt.

Stefan-Boltzmann-Konstante $\rightarrow$Strahlungskonstanten.

Stefan-Boltzmannsches Gesetz: Die Gesamtstrahlung eines $\rightarrow$schwarzen Körpers ist der 4. Potenz seiner absoluten Temperatur proportional. $\rightarrow$Strahlungsgesetze.

Stefanscher Satz (1886): Das Verhältnis zwischen molarer innerer Verdampfungswärme λ_i und gesamter molarer $\rightarrow$Grenzflächenenergie Σ_M einer Flüssigkeit ist gleich 2. Hierbei wird angenommen, daß auf eine Molekel in der Grenzfläche gerade halb so viele Molekel-Nachbarn einwirken wie im Phaseninnern. Experimentell findet man jedoch stets Werte > 2, im allgemeinen etwa 3 bis 4, bei Metallschmelzen 6.

$$\frac{\lambda_i}{\Sigma_M} = \frac{\lambda - p_s\,V_M}{\left(\sigma - T\,\dfrac{d\sigma}{dT}\right) V_M^{2/3}\,L^{1/3}} > 2$$

(λ molare Verdampfungswärme, σ Oberflächenspannung, V_M Volumen von 1 Mol, p_s Sättigungsdruck, L Loschmidt-Zahl). Dies ergeben auch neuere theoretische Überlegungen unter Berücksichtigung der Größe und Anordnung der Molekeln sowie der verhältnismäßig geringen Reichweite zwischenmolekularer Kräfte.

Dunken, Klapproth u. *Wolff:* Kolloid-Z. **91**, 232 (1940).

Stehende Wellen unterscheiden sich von den fortschreitenden Wellen dadurch, daß bei ihnen die Wellenbäuche und -knoten ihre räumliche Lage für alle Zeiten beibehalten, daß also z. B. die Schwingungsamplitude in einem Knoten (bzw. einer Knotenlinie oder -fläche) dauernd den Wert Null hat, während bei einer fortschreitenden Welle die Maxima und Minima mit ihrer Ausbreitungsgeschwindigkeit wandern. Knotenpunkte, -linien und -flächen trennen Gebiete voneinander, in denen die Schwingungen gegenphasig zueinander verlaufen. Die $\rightarrow$Eigenschwingungen abgeschlossener kontinuierlicher Systeme (Saiten-, Stab-, Membran-, Plattenschwingungen; schwingende Luftsäule) sind stehende Wellen. Man stellt ihre orts- und zeitabhängige Verrückung u dar durch ein Produkt aus einer nur ortsabhängigen Funktion $f(x, y, z)$ (der „Eigenfunktion") und einer nur zeitabhängigen Funktion $g(t)$: $u(x, y, z, t) = f(x, y, z)\,g(t)$. Die Knotenpunkte, -linien und -flächen werden dann durch die Forderung $f(x, y, z) = 0$ gekennzeichnet.

Auf eine von irgendwelchen Randbedingungen unabhängige Weise entstehen stehende Wellen durch Überlagerung zweier gleichfrequenter fortschreitender Wellen mit entgegengesetzter Ausbreitungsrichtung (Abb.); die resultierende Welle

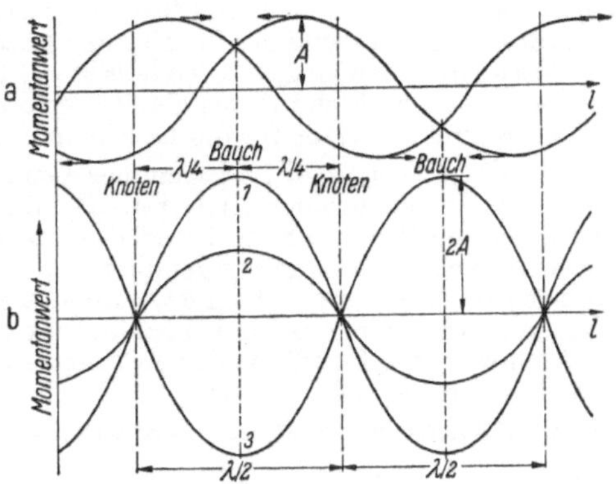

Überlagerung gleicher gegenläufiger Wellen zu stehenden Wellen

ist frei von fortschreitenden Anteilen, wenn die Amplituden der beiden Teilwellen gleich groß sind. Der beobachtete Wellenzustand an jedem Ort ist die Summe der Momentanwerte der Einzelwellen, den die Kurven 1 bis 3 in der Abb. für verschiedene Zeitpunkte zeigen. Bezeichnet nämlich A die Wellenamplitude, ω die Kreisfrequenz, t die Zeit, x die Koordinate in der Fortpflanzungsrichtung, λ die Wellenlänge und c die Ausbreitungsgeschwindigkeit, dann gilt

$$A \cos\omega\left(t - \frac{x}{c}\right) + A \cos\omega\left(t + \frac{x}{c}\right)$$

$$= 2A \cos\frac{\omega x}{c}\cos\omega t = 2A \cos\frac{2\pi x}{\lambda}\cos\omega t.$$

An einem Ort x ergibt sich eine Schwingung mit der reellen Amplitude $2A\cos 2\pi x/\lambda$, deren Wert eine Funktion des Ortes x ist. Aber alle Punkte schwingen in gleicher Phase. Die Orte x, wo $\cos 2\pi x/\lambda = 0$, also dauernd keine Schwingung besteht, heißen Knoten, die Punkte maximaler Amplitude, wo $\cos(2\pi x/\lambda) = 1$ ist, Bäuche der stehenden Welle. Der Abstand zweier Bäuche bzw. Knoten ist $\lambda/2$.

Stehende elektrische Wellen. Eine auf einer Leitung fortschreitende elektrische Welle wird am Leitungsende je nach der Art des Abschlusses mehr oder weniger stark reflektiert. An den Stellen der Leitung, wo sich infolge Interferenz der hin- und rücklaufenden Welle Strombäuche und damit Maxima der magnetischen Energie befinden, liegen Knoten der Spannung und Nullstellen der elektrischen Energie und umgekehrt. Die beiden Energiezustände sind aber um $\pi/2$ gegeneinander phasenverschoben. Wenn also Strom und magne-

tische Energie ihr Maximum haben, sind Spannung und elektrische Energie Null. Nach $^1/_4$ Periode hat sich der Zustand umgekehrt (Abb. 1).

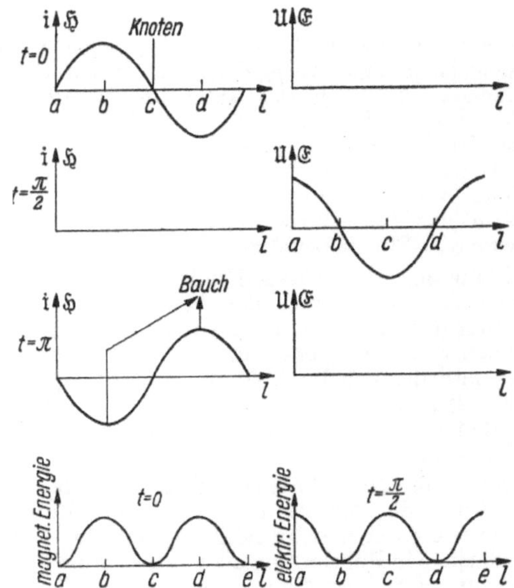

Abb. 1. Strom-, Spannungs- und Energieverlauf bei stehenden elektrischen Wellen zu verschiedenen Zeiten.

Bei einer einseitig kurzgeschlossenen Leitung (Abb. 2) hat im Falle stehender Wellen der Strom im Kurzschlußpunkt sein Maximum, die Spannung ihren Knoten. Dieser Zustand wiederholt

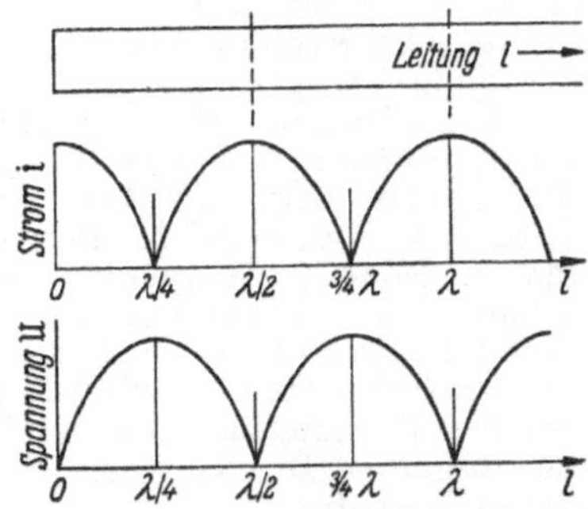

Abb. 2. Strom und Spannung auf der am Ende kurzgeschlossenen Leitung.

sich nach jeweils $\lambda/2$. Im Spannungsknoten lassen sich ohne Änderung des Gesamtzustandes die beiden Leiter miteinander verbinden. Bei einer am Ende offenen Leitung hat die Spannung am Ende ihr Maximum und der Strom seinen Nullwert.

Stehende Wellen treten auf, wenn die Leitungslänge ein ganzzahliges Vielfaches von $\lambda/4$ ist. Diese ganze Zahl ist ungerade für einseitig offene, gerade für beiderseitig geschlossene Leitungen. Zum Nachweis stehender elektrischer Wellen auf parallelen Leitungen (→Lecher-Leitungen) benutzt man Glimmröhren oder Detektoren bzw. Thermokreuze in Verbindung mit einem Meßinstrument. Aus dem Abstand der Knoten bzw. Bäuche bestimmt man die Wellenlänge der Schwingung. Der Abstand der Knotenpunkte ändert sich, wenn sich das Lecher-System statt in Luft in einem Medium mit der Dielektrizitätskonstanten ε befindet: $\lambda_\varepsilon = \lambda_L/\sqrt{\varepsilon}$. Darauf beruht eine Methode zur Bestimmung der Dielektrizitätskonstanten von Flüssigkeiten und Gasen (*Drude*).

Ebenso wie auf Leitungen bilden sich stehende elektrische Wellen infolge von Reflexionen auch im Raum aus und sind besonders im Kurzwellengebiet oft schwer zu vermeiden.

Ferner →Hohlraumresonatoren.

Möller, H. G.: Grundl. u. math. Hilfsmittel d. Hochfrequenztechnik. Berlin 1940. — *Meinke, H. H.:* Felder u. Wellen in Hohlleitern. München 1949.

Stehende Lichtwellen. Während an der Oberfläche von Wasser und in der Akustik →stehende Wellen verhältnismäßig leicht zu beobachten sind, macht dies bei Licht wegen der außerordentlich kleinen Wellenlänge große Schwierigkeiten. Verwirklicht werden stehende Lichtwellen in den →Wienerschen Interferenzen und den →Zenkerschen Schichten, welche bei der Lippmannschen Farbphotographie Verwendung fanden.

Steigbügel →Ohr.

Steighöhe in Kapillaren. Beim Eintauchen von Kapillaren in Flüssigkeiten steigen diese darin entweder spontan auf oder werden darin herabgedrückt, je nachdem die Wandung des Rohres vollkommen benetzbar ist oder nicht (→Kapillaraszension bzw. -depression). Hierbei besteht Gleichgewicht zwischen der Vertikalkomponente der an der Peripherie des Rohrquerschnittes angreifenden →Oberflächenspannung σ und dem Gewicht der Flüssigkeitssäule: $2\pi r\,\sigma\,\cos\vartheta = \pi r^2 h \varrho g$, also

$$h = \frac{2\sigma\cos\vartheta}{r\varrho g}$$

(r Radius der Kapillare, ϱ Dichte der Flüssigkeit, g Fallbeschleunigung). Die →Benetzung hat also eine ausschlaggebende Bedeutung für den Flüssigkeitsstand in Kapillaren. Ist der →Randwinkel $\vartheta = 0°$ (vollkommene Benetzbarkeit), so hat h positive Werte, d. h. die Flüssigkeit steigt auf; bei Randwinkeln über 90° wird h negativ; es erfolgt Kapillardepression. Aus der Steighöhe von Flüssigkeiten in Kapillaren kann daher entweder unter der Voraussetzung vollkommener Benetzbarkeit die Oberflächenspannung oder bei deren Kenntnis der Randwinkel ermittelt werden. Zweckmäßig erfolgt dies durch Messung der Niveaudifferenz der betreffenden Flüssigkeit in zwei kommunizierenden Kapillaren verschiedener, bekannter Weite. Um bei Messungen der Oberflächenspannung zuverlässig Benetzung zu gewährleisten, werden die Kapillaren zunächst tiefer eingetaucht und dann etwas herausgezogen.

Steighöhenmethode, magnetische, Verfahren zur Messung der magnetischen Suszeptibilität von paramagnetischen oder diamagnetischen Flüssigkeiten. Man bringt diese in ein U-Rohr, dessen einer Schenkel zwischen den Polschuhen eines kräftigen Elektromagneten steht. Beim Einschalten des Magnetfeldes stellt sich ein Niveauunterschied zwischen den Oberflächen in den beiden Schenkeln ein, welcher proportional dem Quadrat des Magnetfeldes an der Oberfläche der Flüssigkeit und der Differenz zwischen der Suszeptibilität der Flüssigkeit und des umgebenden Gases ist. In der Regel macht man den Querschnitt des U-Rohrschenkels außerhalb des Magnetfeldes sehr groß gegen den anderen. Dann ist der Anstieg des Flüssigkeitsspiegels beim Einschalten des Magnetfeldes unmittelbar gleich der Höhendifferenz der Oberflächen.

Stoner, E. C.: Magnetism and Matter. London 1934.

Steigung einer Kurve →Differentialquotient.

Steilheit bei Elektronenröhren, im allgemeinen die statische *Anodenstromsteilheit* $S = (\partial i_a/\partial U_g)_{U_a=\text{const}}$. Sie gibt die Änderung des Anodenstromes bei Änderung der Gitterspannung um die Einheit an, wobei die Anodenspannung konstant gehalten wird, und kann aus der Steigung der Kennlinien im (i_a, U_g)-Kennlinienfeld unmittelbar abgelesen werden. Von dieser statischen Steilheit zu unterscheiden ist die dynamische oder Arbeitssteilheit, die weitgehend von den äußeren Schaltelementen der Röhre abhängt: $S_d = SR_i/(R_i + \mathfrak{R}_a)$ ($\mathfrak{R}_a$ Außenwiderstand, R_i Innenwiderstand). Die dynamische Steilheit ist der Proportionalitätsfaktor zwischen Gitterwechselspannung und Anodenwechselstrom $i_a = S_d\,U_g$. Außer der Anodenstromsteilheit wird häufig auch noch die *Gitterstromsteilheit* $S_g = (\partial i_g/\partial U_a)_{U_g=\text{const}}$ benötigt. Sie gibt analog die Änderung des Gitterstromes bei Änderung der Anodenspannung um die Einheit an, wenn die Gitterspannung konstant gehalten wird.

Rothe, H., u. *W. Kleen:* Grundl. u. Kennlinien d. Elektronenröhren. Leipzig 1948.

Steinerscher Satz, die Beziehung zwischen dem →Trägheitsmoment Θ eines Körpers bezüglich einer beliebigen Achse und seinem Trägheitsmoment Θ_0 bezüglich der zu jener Achse parallelen Schwerpunktachse:

$$\Theta = \Theta_0 + m a^2$$

(m Masse des Körpers, a Abstand der beiden Achsen). Demnach ist das Trägheitsmoment eines Körpers bezüglich einer beliebigen Achse gleich der Summe aus seinem Trägheitsmoment bezüglich der parallelen Schwerpunktachse und dem Trägheitsmoment des als Massenpunkt im Schwerpunkt gedachten Körpers bezüglich der vorgegebenen Achse. Hieraus folgt, daß (bei gegebener Achsenrichtung) das Trägheitsmoment für $a = 0$, also bezüglich der betreffenden Schwerpunktachse ein Minimum ist.

Stellarstatistik, Forschungsrichtung, die den Aufbau des Sternsystems untersucht. Sie bedient sich vorwiegend statistischer Methoden, die bis auf *J. Herschel* und *W. Struve* zurückgehen und vor allem von *Seeliger*, *Schwarzschild*, *Charlier*, *Kapteyn* u. a. entwickelt wurden. Das Ausgangsmaterial bilden Sternzählungen, Positionen, Bewegungen, Parallaxen, Helligkeiten, Farben und Spektren der Sterne, wie sie besonders in den →Kapteynschen Eichfeldern vorliegen. Das Grundproblem der Stellarstatistik ist die Bestimmung der räumlichen Dichte $D(r)$, d. h. der Anzahl der Sterne je Kubikparsec im Abstande r von der Sonne. Der Beobachtung unmittelbar zugänglich ist dagegen nur die Anzahl $A(m)$ der Sterne je Quadratgrad im scheinbaren Helligkeitsintervall von m bis $m + dm$. Die Lösung des Problems setzt die Kenntnis der Leuchtkraftfunktion $\varphi(M)$, d. h. der Anzahl der Sterne je Kubikparsec im absoluten Helligkeitsintervall $M + dM$, voraus, die vor allem von *Kapteyn* und *van Rhijn* aus Sternen der Sonnenumgebung mit bekannter Parallaxe abgeleitet wurde. Die Anzahl der

Sterne $a(m, r)$ je Quadratgrad im scheinbaren Helligkeitsintervall von m bis $m + dm$ und im Abstandsintervall von r bis $r + dr$ wird dann

$$a(m, r) \, dm \, dr = \frac{4\pi}{41,25} \, r^2 D(r) \, \varphi(M) \, dm \, dr.$$

$A(m)$ enthält jedoch Sterne der verschiedensten Entfernungen, so daß

$$A(m) \, dm = dm \int_0^\infty a(m, r) \, dr$$

wird. Aus beiden Gleichungen folgt

$$A(m) = \frac{4\pi}{41,25} \int_0^\infty r^2 D(r) \, \varphi(M) \, dr,$$

das von *Schwarzschild* stammende Grundgesetz der Stellarstatistik. Die drei Funktionen $A(m)$, $\varphi(M)$, $D(r)$ lassen sich darstellen durch

$$A(m) = e^{a+bm+cm^2},$$
$$\varphi(M) = e^{p+qM+tM^2},$$
$$D(r) = e^{h+k \log r + l(\log r)^2},$$

wobei die Konstanten a, b, c, p, q, t aus dem Beobachtungsmaterial entnommen werden.

Die Anwendung dieser rein analytischen Methode führte zum Modell eines *schematischen Sternsystems*, in dem keinerlei Rücksicht auf die ungleichförmige Verteilung der Sterne an der Sphäre genommen ist. Die Berücksichtigung einer Konzentration der Sterne zur galaktischen Ebene (→Milchstraße) ergab das Modell des *typischen Sternsystems*, eines stark abgeplatteten Gebildes mit der Milchstraße als Symmetrieebene, in dessen Mittelpunkt die Sonne steht und in dem die Sterndichte monoton nach außen abnimmt. Unberücksichtigt bei dieser Methode bleibt die Tatsache, daß die Leuchtkraftfunktion keine universelle Gültigkeit hat, daß die interstellare Absorption die Sternzählungen weitgehend verfälscht, und daß auch in galaktischer Länge keine gleichförmige Sternverteilung besteht. *Kapteyn* (*Schouten*, On the Determination of the Principal Laws of Statistical Astronomy, Groningen 1918) hat eine numerische Methode (Kapteynsches Schema) entwickelt, die diese Schwierigkeiten weitgehend berücksichtigt und heute vielfach angewendet wird. Sie führte zur heutigen Vorstellung vom Aufbau des Milchstraßensystems.

Untersuchungen über die Kinematik des Sternsystems begründen sich vor allem auf Beobachtungen von Sterngeschwindigkeiten. Bei der →Apexbewegung der Sonne zeigte sich, daß die →Pekuliarbewegungen der Sterne keinesfalls regellos verteilt sind, sondern zwei entgegengesetzte Vorzugsrichtungen aufweisen. Dieses Bild zweier sich durchdringender Sternströme wurde von *Kapteyn* und später von *Eddington* zur *Zweistromtheorie* ausgebaut. Die Vertices (→Vertex) der beiden Sternströme lagen dabei auffälligerweise in der Milchstraßenebene. *Schwarzschild* konnte zeigen, daß diese Erscheinung auch gedeutet werden kann durch eine ellipsoidische Geschwindigkeitsverteilung der Sterne im Geschwindigkeitsraum. Die große Achse dieses Geschwindigkeitsellipsoides fällt zusammen mit der Vertexrichtung der beiden Kapteynschen Sternströme. Die Schwarzschildsche Vorstellung wurde später von *Lindblad* durch Einführung eines dreiachsigen Ellipsoides erweitert.

Alle diese Modellanschauungen mußten weitgehend aufgegeben werden, da sie nur auf der Beobachtung von Sternen bis etwa zur 12. Größenklasse beruhten und die interstellare Absorption größtenteils unberücksichtigt ließen. Sie können allenfalls die Bewegungen in einem „lokalen Sternsystem", einer wahrscheinlich nur zufälligen Anhäufung von Sternen in der Umgebung der Sonne, deuten. Das Problem wurde zu seiner heutigen Lösung erst durch die Betrachtung des gesamten Milchstraßensystems gebracht und führte dann zur Theorie der Rotation der →Milchstraße von *Oort* und *Lindblad*.

von der Pahlen, E.: Lehrb. d. Stellarstatistik. Leipzig 1937.

St. Elmsfeuer →Gewitter.

Stenosche Regel. *Niels Stensen* (*Nikolaus Steno*) fand 1669, daß die Winkel zwischen analogen Flächen des Bergkristalls trotz beliebiger Verzerrungen der Wachstumsformen stets die gleiche Größe haben (*Stenos Gesetz* oder *Gesetz der Winkelkonstanz*). Dasselbe fand er bei einigen anderen Kristallarten. Die Aufstellung des Gesetzes wird als Beginn der kristallographischen Wissenschaft bezeichnet.

Ster = →Festmeter, →stère.

sterad, Symbol für die →Raumwinkeleinheit Steradiant.

Steradiant (steradian), abgek. sterad, →Raumwinkeleinheiten.

stère bzw. stere, abgek. st, französische bzw. englische Bezeichnung für das →Festmeter als Raumeinheit im Holzhandel (in Süddeutschland: Ster). Das stère wurde bereits von der französischen Nationalversammlung im Gesetz vom 7. 4. 1795 festgelegt und eingeführt.

Stereoakustisches Hören. Ein plastischer Eindruck von der räumlichen Verteilung mehrerer Schallquellen (z. B. der Instrumente eines Orchesters) ist nur bei →zweiohrigem Hören zu gewinnen (→Richtwirkung, akustische). Dieses stereoakustische Hören ist eine psychologische Erscheinung und beruht auf der Wirkung von Schallvorgängen, die nicht gleichzeitig und nicht mit gleicher Stärke auf die beiden Ohren einwirken. Wenn außer der Richtung auch die Entfernung einer Schallquelle richtig geschätzt werden soll, so ist eine gewisse Kenntnis der Klangfarbe dieser Schallquelle erforderlich, welche sich wegen der verschieden starken Absorption der Teiltöne mit der Entfernung ändert. →Stereophonie.

Lichte, H., u. A. Narath: Physik u. Technik d. Tonfilms. Leipzig 1945.

Stereochemie, die Wissenschaft von der räumlichen Anordnung der Atome in den Molekülen. Sie erwuchs aus experimentellen Befunden besonders der organischen Chemie; man fand größere Anzahlen verschiedener Substitutionsprodukte, als die Anzahl möglicher Anordnungen in der Zeichenebene erwarten ließ. Eine Bestätigung fanden diese Überlegungen, als die röntgenographische Ermittlung der Elektronenverteilung in Kristallen und Molekülen die gegenseitige Anordnung der einzelnen Atome oder Ionen festzustellen erlaubte.

Stereographische Projektion, die in der Kristallographie am häufigsten angewandte Zentralprojektion (Abb.). Um einen Punkt M im Innern eines Kristalls wird eine Kugel geschlagen und auf jede Kristallfläche von M aus das Lot gefällt und bis zur Kugel verlängert. Die Schnittpunkte der

Lote mit der Kugel sind die Pole F' der Kristallflächen auf der Kugeloberfläche. Diese Pole werden durch eine zweite Zentralprojektion auf eine Ebene durch M, die *Projektionsebene*, abgebildet.

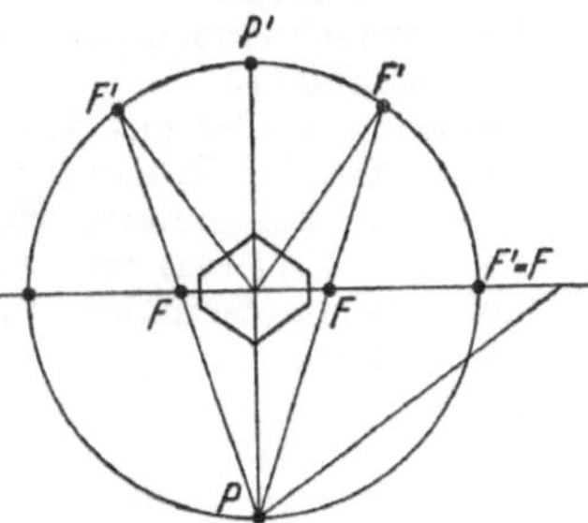

Stereographische Projektion.

Als *Projektionspol* P dient der auf der Kugel liegende Pol der Projektionsebene. Die Durchstoßpunkte der Geraden PF' mit der Projektionsebene sind die eigentlichen *Flächenpole* F der stereographischen Projektion. Der Schnittkreis der Projektionsebene mit der Projektionskugel, der *Grundkreis*, ist mit seiner Projektion identisch. Alle Punkte F', die von P durch die Projektionsebene getrennt sind, werden auf dieser innerhalb des Grundkreises abgebildet. Die mit P auf der gleichen Seite der Projektionsebene liegenden Punkte F' würden außerhalb des Grundkreises erscheinen. Es ist jedoch üblich, die Projektion nur innerhalb des Grundkreises auszuführen. Sollen sämtliche Flächen eines Kristalls in die Projektion aufgenommen werden, so projiziert man zuerst die eine der durch die Projektionsebene getrennten Halbkugeln von P aus, dann die andere von dem diesem Punkt diametral gegenüberliegenden P' aus. Das ist besonders einfach, wenn der Kristall ein Inversionszentrum besitzt: die Projektion aller Flächenpole der zweiten Halbkugel erhält man durch Drehung derjenigen der ersten um 180° um den Mittelpunkt der Projektionsebene.

Die Ausführung der stereographischen Projektion wird wesentlich erleichtert durch das →*Wulffsche Netz*.

 Boeke, H. E.: Die Anwendung d. stereograph. Projektion bei kristallograph. Untersuchungen. Berlin 1911.

Stereomechanik, der Teil der Mechanik, der die Gesetze der Bewegungen →starrer Körper behandelt. Das erfordert eine Verallgemeinerung der Gesetze der →Punktmechanik auf ein System von n Punkten, zwischen denen $3n$—6 Bindungen bestehen.

Stereophonie, Verfahren zur Übertragung der besonderen räumlichen Kennzeichen von Schallvorgängen, insbesondere der Hörperspektive, mit Hilfe der Mehrkanalübertragung (→stereoakustisches Hören). Stereophonische *Kopfhörerübertragung* (Zuhörer wird in den Aufnahmeraum versetzt) ist eine genaue Nachbildung des natürlichen binauralen Hörvorganges (Abb. 1). Stereophonische *Lautsprecherübertragung* (Schallquelle wird in den Wiedergaberaum versetzt) ist nach dem Greenschen Satz theoretisch exakt durchführbar: Wird die skalare Zeitfunktion des Schalldruckes längs einer *Fläche* des Aufnahmeraumes an den entsprechenden Ort des Wiedergaberaumes bei gleichen Randbedingungen übertragen (d. h. unendlich viele, unendlich kleine, auf einer be-

stimmten Fläche im Aufnahmeraum angeordnete Mikrophone, jedes für sich verbunden mit einem entsprechenden der unendlich vielen, unendlich kleinen, auf einer analogen Fläche des Wiedergaberaumes verteilten Lautsprecher), so ergibt sich eine räumlich genaue Wiedergabe des ursprünglichen Schallfeldes.

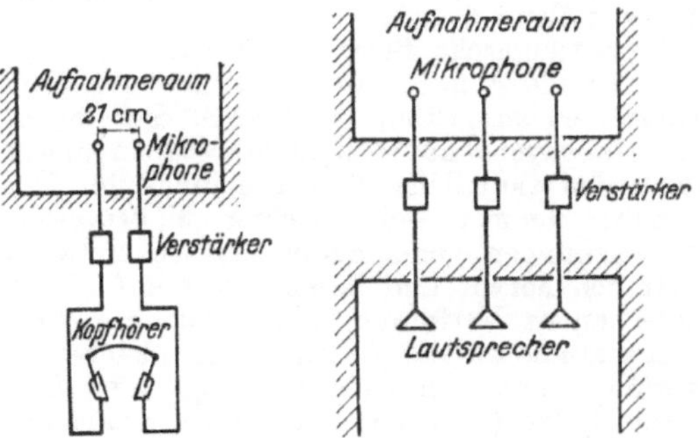

Abb. 1. Stereophonische Kopfhörerübertragung.

Abb. 2. Stereophonische Lautsprecherübertragung.

Praktisch werden bei der stereophonischen Lautsprecherübertragung nur 2 bis 3 Kanäle benutzt (Abb. 2). Drei besondere Merkmale der Stereophonie:

1. Übertragung der Richtung (Lokalisierung).
2. Übertragung einer allgemeinen, von spezifischen Richtungseindrücken unabhängigen akustischen Raumwirkung (Plastik).
3. Scheinbare Qualitätsverbesserung.

 v. Helmholtz, H.: Vorl. über d. math. Prinzipien d. Akustik. Leipzig 1925.—*Thienhaus, E.:* Stereophon. Schallübertragung. In Vorbereitung.

Stereoskop. Stellt man von einem Gegenstand zwei Bilder (z. B. durch photographische Aufnahmen) her, wie sie sich von zwei verschiedenen Standpunkten ergeben, die um den Augenabstand voneinander entfernt sind, so sind die Perspektiven beider Bilder verschieden. Betrachtet man solche Bilder durch eine Einrichtung (Stereoskop) aus den Zentren der Perspektive derart, daß das vom rechten Standpunkt aufgenommene Bild (besser Halbbild genannt) nur dem rechten Auge und das vom linken Standpunkt aufgenommene nur dem linken Auge dargeboten wird, so ergibt sich bei geeigneter Ausführung durch scheinbare Verschmelzung der beiden Halbbilder zu einem Bild ein deutlicher räumlicher Eindruck des dargestellten Gegenstandes. Bei richtigem Abstand scheinen sich die beiden Halbbilder teilweise zu überdecken, und die Optik des Stereoskops erzeugt von ihnen an richtiger Stelle gelegene virtuelle Bilder.

Man unterscheidet je nach den hauptsächlich für ihren Bau benutzten optischen Einzelteilen *Linsen-* und *Spiegel*stereoskope. Linsenstereoskope enthalten zwei prismatische Linsen (Linsen, deren Mittellinie nicht mit ihrer optischen Achse zusammenfällt) und werden auch *Brewstersche* Stereoskope genannt. Spiegel enthaltende Stereoskope heißen *Wheatstonesche* Stereoskope.

Werden die Halbbilder dem Auge so dargeboten, daß ein tiefenrichtiger Eindruck entsteht, so spricht man von *orthoskopischer Abbildung.* Werden die Bilder z. B. durch Vertauschung des rechten und linken Halbbildes so dargeboten, daß ein tiefenverkehrter Eindruck entsteht, so spricht man von *pseudoskopischer Abbildung.*

Stereoskopische Vorlagen werden gezeichnet oder für photographische Zwecke durch eine Zwillingskamera mit parallelen Achsen aufgenommen. Man kann auch die Aufnahmen zeitlich nacheinander von den beiden verschiedenen Aufnahmepunkten machen oder den Strahlengang einer photographischen Kamera in geeigneter Weise teilen.

Stereoskopische Betrachtung wird benutzt, um zwei Abbilder, z. B. zwei Maßstabsteilungen, auf Gleichheit zu prüfen. Sind z. B. die Lagen der Maßstabstriche auf beiden Maßstäben gleich, so liegt das räumliche Bild scheinbar im Unendlichen; kommen bei einzelnen Maßstabstrichen Abweichungen voneinander vor, so treten diese räumlich hervor und fallen sofort auf. (Ein entsprechendes Verfahren dient auch zur Prüfung von Banknoten auf Echtheit.) In gleicher Weise verfährt man, um Ortsänderungen von Sternen festzustellen (z. B. Aufnahmen von Planetoiden). Hierbei werden zwei zu verschiedenen Zeiten mit dem gleichen Fernrohr gemachte Aufnahmen verglichen, wobei dann der ortsveränderliche Stern räumlich hervortritt. Dieser Vergleich wird noch empfindlicher, wenn man zur Betrachtung der Halbbilder eine Lupen- oder Mikroskopvergrößerung einführt (*Pulfrichs Stereokomparator*). Größere Empfindlichkeit der Tiefenwahrnehmung erreicht man auch durch Vergrößerung des Aufnahmeabstandes der beiden Teilbilder. Ein Gerät dieser Art für subjektive Betrachtung irdischer Gegenstände ist das *Telestereoskop* von *Helmholtz*, das aus zwei Paaren paralleler Spiegel besteht, die den beiden Eintrittspupillen einen großen räumlichen Abstand verleihen (→binokulare Fernrohre, →Plastik).

Weiterhin ist es möglich, dem durch Verschmelzung der beiden Halbbilder entstandenen Raumbild durch Anbringung geeigneter Marken in einer Bildebene einen räumlichen Meßraum zu überlagern. Man kann z. B. im Strahlengang eines jeden Auges eine Anordnung von Marken so treffen, daß die Lage jeder Marke im Gesichtsfeld des linken Auges sich um einen geringen Betrag (Parallaxe) von der des rechten Auges unterscheidet. Hierdurch entsteht der Eindruck, daß dem Raumbild des Gegenstandes ein Raumbild einer Markenreihe überlagert ist, und man kann bei bekannten Marken die Entfernung damit zusammenfallender Gegenstandspunkte unmittelbar ablesen (Stereokomparator von *Pulfrich* für Vermessungszwecke).

Gesonderte Darbietung der beiden Halbbilder ist nicht nur, wie beim Brewsterschen oder Wheatstonschen Stereoskop, durch räumliche Trennung möglich, sondern auch durch Anwendung komplementärer Farben (*Anaglyphen-Verfahren*), durch Verwendung polarisierten Lichtes (insbesondere bei stereoskopischer Projektion), durch verschiedene Beobachtungszeit oder verschiedenen Strahlengang. →elektronenoptische Stereoskopie.

Sterische Hinderung →Arrhenius-Formel.

S-Terme. Terme, die zur Bahndrehimpulsquantenzahl $L = 0$ gehören, bezeichnet man mit dem Symbol S. Ohne Spin sind die S-Terme nicht entartet. →Termsymbole, →Aufbauprinzip.

Sternaufbau und Sternentwicklung. Über das Innere der Sterne etwas auszusagen, erscheint uns auf den ersten Blick unmöglich. Denn mit keinem

Beobachtungsmittel sind wir imstande, durch die äußeren Schichten eines Sternes in dessen tieferes Inneres vorzudringen. Selbst bei der Sonne vermögen wir nur bis zur Photosphäre hindurchzublicken, durch die dünnen äußersten Schichten, die einen fast verschwindenden Bruchteil der Sonnenmasse ausmachen.

Was wir beobachten oder aus den Beobachtungen, insbesondere aus der Beschaffenheit der von den Sternen zu uns kommenden Strahlung, ableiten können, sind zunächst nur Eigenschaften, die sich auf die oberflächennahen Sternschichten beziehen. Dazu kommen noch gewisse Integralwerte, die aber nur in sehr beschränktem Umfang der Beobachtung zugänglich sind, nämlich die Massen der Sterne, ihre Radien, ihre mittlerer Dichten und ihre Leuchtkräfte oder die von ihner in der Sekunde ausgestrahlte Energie. Dabei ergibt sich, daß die Sterne eine sehr große Mannigfaltigkeit zeigen in bezug auf ihre Größe, ihre mittlere Dichte und ihre Leuchtkraft. Bedeutend weniger weichen dagegen anscheinend ihre Massen voneinander ab, wenigstens wenn man von den ausgefallensten Objekten (z. B. den →Trümplerschen Sternen) absieht.

Nach den vorliegenden Beobachtungen liegen die Massen der weitaus meisten Sterne zwischen $^1/_{10}$ und 30 Sonnenmassen (Sonnenmasse $= 2 \cdot 10^{33}$ g), ihre Radien zwischen $^1/_{100}$ und 300 Sonnenradien (Sonnenradius $= 7 \cdot 10^{10}$ cm), ihre mittleren Dichten zwischen 10^{-7} und 10^5 g cm^{-3}, ihre Leuchtkräfte zwischen 10^{30} und 10^{38} erg s^{-1}, ihre effektiven Temperaturen zwischen 2000 und 50000 Grad.

Von diesen Daten ausgehend, kann man, wie es zuerst *Lane* und *Ritter*, dann *Emden*, *Schwarzschild*, *Eddington* und andere getan haben, durch Anwendung der Gesetze der Hydrodynamik, der Thermodynamik, der Quantentheorie und der Physik der Atomkerne eine Reihe von mehr oder weniger zuverlässigen Schlüssen über die Beschaffenheit und den Mechanismus des Sterninneren ziehen.

Drei Grundprinzipien stehen von vornherein für das Studium des inneren Aufbaues eines Sternes zur Verfügung. Das erste ist die Bedingung des mechanischen Gleichgewichtes, das zweite die Zustandsgleichung der Sternmaterie und das dritte die Bedingung der Stationarität des im Stern nach außen fließenden Energiestromes.

Die Bedingung des mechanischen Gleichgewichtes, welche verlangt, daß im Inneren eines Sternes der Druck in jedem Punkte dem Gewicht der darüberliegenden Massen das Gleichgewicht hält, läßt sich für kugelsymmetrische Sterne ausdrücken durch die bekannte hydrostatische Gleichung

$$\frac{dP}{dr} = -\frac{f\varrho}{r^2} \int_0^r 4\pi \varrho\, r^2\, dr \qquad (1)$$

(P Gesamtdruck und ϱ Dichte im Abstand r vom Sternzentrum, f Gravitationskonstante).

Wegen der hohen Temperatur im Sterninneren sind die Atome des Gasgemisches, aus dem die Sternmaterie besteht, ganz oder doch nahezu ganz ionisiert. Die leichteren Atome sind nackte Kerne, die schwereren haben nur die dem Kern näheren, fester gebundenen Elektronen behalten. Wir haben es infolgedessen im Sterninneren zu tun mit einem Gemisch von Ionen (ionisierten Atomen), abgesprengten freien Elektronen und Energiequanten.

Der Gesamtdruck P setzt sich daher zusammen aus dem Gasdruck und dem Strahlungsdruck. Der Gasdruck rührt in erster Linie von den freien Elektronen her, die wegen der nahezu völligen Ionisation der Atome sehr viel zahlreicher sind als die Ionen, und zwar fast um den Faktor $\overline{N}$ zahlreicher, wenn $\overline{N}$ die mittlere Ordnungszahl der Elemente bedeutet, aus denen sich die Sternmaterie zusammensetzt. Der Strahlungsdruck, der im Inneren der Sterne die Größenordnung des Gasdruckes erreichen kann, hat seine Ursache darin, daß das Sterninnere in allen Richtungen von energiereicher Strahlung durchlaufen wird, die bei ihrer Absorption auf jedes auf dem Wege ihrer Ausbreitung liegende Hindernis einen Impuls ausübt und auf diese Weise den Stern gegen die Wirkung der Schwere auszudehnen versucht.

Das zweite erwähnte Prinzip, die *Zustandsgleichung der Sternmaterie*

$$p = p(T, \varrho, \mu), \qquad (2)$$

gibt eine Beziehung zwischen dem Gasdruck p, der Temperatur T und der Dichte ϱ, in die aber auch noch die chemische Zusammensetzung oder das mittlere effektive Molekulargewicht μ der Sternmaterie eingeht.

Im allgemeinen wird für die Sternmaterie die Zustandsgleichung idealer Gase

$$p = \frac{R\varrho T}{\mu}$$

angesetzt werden können (R Gaskonstante). Denn infolge der starken Ionisation ist die effektive Größe der Atome im Sterninneren außerordentlich viel kleiner als die neutraler Atome, und es verhält sich deshalb die Sternmaterie in einem viel weiteren Dichte- und Druckbereich wie ein ideales Gas als Materie unter irdischen Verhältnissen. Selbst bei Dichten, die 100mal größer als die des Wassers sind, dürften noch keine wesentlichen Abweichungen von der Zustandsgleichung idealer Gase auftreten. Vielleicht sind die sog. →Weißen Zwerge und die →Neutronensterne überhaupt die einzigen Sterne, deren Materie in ihrem Verhalten von idealen Gasen merklich abweicht.

Das mittlere Molekulargewicht μ der Sternmaterie, das in die Zustandsgleichung eingeht, läßt sich innerhalb verhältnismäßig enger Grenzen angeben, und zwar infolge des erwähnten günstigen Umstandes, daß bei den hohen Temperaturen im Sterninneren die Atome der einzelnen Elemente ganz oder doch nahezu ganz ionisiert und daß die abgesprengten Elektronen bei der Berechnung von μ als selbständige Moleküle anzusehen sind. Ist A das Atomgewicht und N die Ordnungszahl eines Elementes, und ist die Ionisation vollständig, d. h. sind alle Elektronen abgesprengt, so verteilt sich die Masse A auf $N + 1$ selbständige, frei bewegliche Teilchen, so daß dann das mittlere Molekulargewicht gleich $A/(N + 1)$ ist. Die Größe $A/(N + 1)$ hat aber bekanntlich für alle Elemente mit Ausnahme des Wasserstoffs und des Heliums ungefähr den Wert 2. Für ionisierten Wasserstoff ist μ gleich $^1/_2$ und für ionisiertes Helium gleich $^4/_3$. Auf Grund ihres sehr hohen Wasserstoffgehaltes berechnet sich für die Haupt-

reihensterne das mittlere Molekulargewicht nur zu ungefähr 0,7.

Unter gewissen Voraussetzungen können zwar die Bedingung des mechanischen Gleichgewichtes und die Zustandsgleichung der Sternmaterie schon hinreichend sein, um den Aufbau eines Sternes, d. h. wenigstens den Druck- und Dichteverlauf in seinem Inneren, zu bestimmen, nämlich wenn z. B. — wie es für die soeben erwähnten Weißen Zwerge angenähert zutreffen dürfte — der Stern als vollkommen entartetes Gebilde angesehen werden kann. In diesem Fall ist nämlich der Gesamtdruck P in erster Näherung nur eine Funktion der Dichte ϱ. Es kann dann die Zustandsgleichung in der Form $P = P(\varrho)$ angesetzt werden, und wir haben nun zwei Gleichungen, die Zustandsgleichung und die Bedingung des mechanischen Gleichgewichtes, in denen außer r nur P und ϱ vorkommen und aus denen man also P und ϱ als Funktionen des Abstandes r vom Sternzentrum erhalten kann.

Im allgemeinen genügen aber natürlich die Bedingung des mechanischen Gleichgewichtes und die Zustandsgleichung der Sternmaterie noch nicht, um den inneren Aufbau eines Sternes, d. h. den Druck-, Dichte- und Temperaturverlauf in seinem Inneren zu bestimmen. Es ist hierzu mindestens noch eine dritte unabhängige Fundamentalbeziehung zwischen den drei Zustandsgrößen Druck, Temperatur und Dichte nötig, selbst wenn man das mittlere Molekulargewicht μ der Sternmaterie als bekannt voraussetzt. Diese dritte Fundamentalbeziehung drückt die Bedingung der Stationarität des im Stern nach außen fließenden Energiestromes aus, d. h. sie drückt aus, daß der Nettostrom an Energie, welcher durch Strahlung, durch Wärmeleitung und durch Konvektionsströme in der Zeiteinheit durch irgendeine Niveaufläche des Sternes nach außen fließt, gleich der Energie ist, die in der Zeiteinheit innerhalb der von der Niveaufläche eingeschlossenen Masse erzeugt wird. Sie läßt sich wiedergeben durch die Gleichung

$$L_r = 4\,\pi \int\limits_0^r \varepsilon \varrho\, r^2 dr. \qquad (3)$$

L_r bedeutet dabei den Nettostrom an Energie, der im Abstand r vom Sternzentrum in der Zeiteinheit durch eine Niveaufläche nach außen fließt, und ε die je Massen- und Zeiteinheit im Abstand r vom Sternzentrum frei werdende Energie.

Die Quelle der im Sterninneren frei werdenden Energie sind Kernreaktionen, und zwar der Hauptsache nach eine Kettenreaktion, in deren Verlauf unter katalytischer Mitwirkung von Kohlenstoff und Stickstoff Wasserstoff in Helium umgewandelt wird (→Energiehaushalt der Sterne). Die Ergiebigkeit dieser Kettenreaktion ist bei einer Mittelpunktstemperatur von rund 20 Millionen Grad für die Hauptreihensterne ungefähr gerade von der Größe, daß sie die Ausstrahlung dieser Sterne bestreiten kann. Und tatsächlich ergibt auch die Theorie des Sternaufbaues, ohne daß man eine Voraussetzung über die Natur der Energiequellen macht, für die Hauptreihensterne eine Mittelpunktstemperatur, die bei 20 Millionen Grad liegt.

Der Energietransport (L_r) aus dem Inneren der Sterne an deren Oberfläche erfolgt zum Teil durch Energiequanten, zum Teil durch materielle Konvektionsströmungen. Molekulare Leitung dürfte nur im Inneren der „Weißen Zwerge" eine wesentliche Rolle spielen. Konvektionsströmungen treten auf, wenn der Temperaturgradient (z. B. infolge eines großen Absorptionskoeffizienten oder infolge einer starken Konzentration der Energiequellen) in einem Gebiet des Sterninneren einen bestimmten Grenzwert, den adiabatischen Temperaturgradienten — der sich im Stern herausbilden muß, wenn dieser durch Strömungen durchmischt wird und bei der Durchmischung die einzelnen Massenelemente adiabatische Zustandsänderungen erfahren — überschreitet. Für den Fall, daß der Energietransport im Sterninneren durch Energiequanten erfolgt bzw. daß im Stern Strahlungsgleichgewicht herrscht (eine Annahme, die z. B. der Eddingtonschen Theorie zugrunde liegt), ist

$$L_r = -\frac{4\pi c r^2}{\varkappa \varrho}\, \frac{d\left(\frac{\sigma T^4}{3}\right)}{dr} \qquad (4)$$

wobei σ die Stefan-Boltzmannsche Konstante, c die Lichtgeschwindigkeit und $\varkappa$ den Opazitätskoeffizienten bedeuten. Man sieht, daß dann der Aufbau eines Sternes außer von der Art der Energiequellen (ε) vor allem davon abhängt, welche Funktion der Opazitätskoeffizient $\varkappa$ von der chemischen Zusammensetzung und den Zustandsgrößen der Sternmaterie ist. Bei dem Opazitätskoeffizienten handelt es sich um einen harmonischen Mittelwert über den von der Frequenz ν abhängigen Absorptionskoeffizienten der Sternmaterie, wobei dieser aber, um der „induzierten Strahlung" Rechnung zu tragen, in bestimmter Weise gewichtet ist.

In den drei Grundgleichungen (1), (2) und (3), welche den Aufbau eines Sternes bestimmen, treten außer Temperatur, Druck und Dichte nur Größen auf, die bei gegebener chemischer Zusammensetzung der Sternmaterie direkte oder indirekte, aber ganz bestimmte Funktionen von Temperatur, Druck und Dichte sind. Diese Grundgleichungen bestimmen den Aufbau eines Sternes, der die notwendigen Oberflächen- und Zentrumsbedingungen erfüllt, eindeutig, sobald die Gesamtmasse des Sternes und die chemische Zusammensetzung der Sternmaterie vorgegeben sind (Zentrumsbedingungen: $M_r = 0$ und $L_r = 0$ für $r = 0$. Oberflächenbedingungen: $M_r = M$ und $\varrho = 0$ für $r = R$; außerdem muß für $r \to R$ noch T so gegen einen Grenzwert T_0 gehen, daß $4\pi R^2 \frac{1}{4}\sigma c T_e^4$

$$= \int_0^R 4\pi \varrho \varepsilon\, r^2\, dr$$ wird. M_r bedeutet die Masse innerhalb der Kugel mit dem Radius r, M die Gesamtmasse des Sternes, R seinen Radius und T_e seine effektive Temperatur). Der gesamte Aufbau (d. h. Druck-, Dichte- und Temperaturverteilung) und damit auch Leuchtkraft, effektive Temperatur, mittlere Dichte usw. eines Sternes im stationären Zustand hängen nur ab von dessen Gesamtmasse und chemischer Zusammensetzung (*Vogt-Russellsches Theorem*). Diese Tatsache ist insofern von großer Wichtigkeit, als sie ermöglicht, auf verhältnismäßig sehr einfache Weise festzustellen, ob die chemische Zusammensetzung der Sterne einheitlich ist oder ob sie von Stern zu Stern variiert. Man braucht nur eine Zustandsgröße der Sterne, z. B. deren Leuchtkraft, als Funktion der Sternmasse in einem Diagramm aufzutragen, und

kann dann aus der Streuung der Werte sofort schließen, inwieweit die chemische Zusammensetzung von Stern zu Stern variiert. Hierbei ist allerdings vorausgesetzt, daß es sich bei der Energieerzeugung im Sterninneren um Prozesse handelt, deren Ergiebigkeit von der chemischen Zusammensetzung und von Temperatur, Druck und Dichte der Sternmaterie abhängt. Es gilt also das Theorem nicht mehr, wenn es sich z. B. um Sterne handelt, die infolge Fehlens anderer Energiequellen einen wesentlichen Teil ihrer Ausstrahlung aus Kontraktionsenergie bestreiten.

Da in die Beziehung zwischen den Leuchtkräften und den Massen der Sterne die chemische Zusammensetzung der Sternmaterie eingeht, so bietet der Vergleich zwischen Beobachtung und Theorie hinsichtlich der Leuchtkraft-Masse-Beziehung eine Möglichkeit, auch über die chemische Zusammensetzung (wenigstens über das Verhältnis von Wasserstoff : Helium : übrige Elemente) der inneren Sternschichten etwas zu erfahren. Aufschluß über die chemische Zusammensetzung der oberflächennahen Sternschichten liefern die Spektren der Sterne. Das Ergebnis der bis jetzt vorliegenden Untersuchungen ist, daß das in den Sternen am häufigsten vorkommende Element der Wasserstoff ist und an zweiter Stelle das Helium folgt und daß die chemische Zusammensetzung der inneren Sternschichten von der der oberflächennahen Schichten nicht wesentlich verschieden sein dürfte (wohl schon infolge der Durchmischung durch Konvektionsströmungen). Nach *Unsöld* ist für die Hauptreihensterne das Massenverhältnis von Wasserstoff : Helium : übrige Elemente in Masse ungefähr 57 : 40 : 3, Atomzahlverhältnis 85 : 15 : 0,24.

Die Dichte-, Temperatur- und Druckverteilung im Inneren eines Sternes kann man an Hand der Grundgleichungen durch mechanische Quadratur bestimmen, vorausgesetzt, daß die chemische Zusammensetzung der Sterne sowie die Energieerzeugung und der Opazitätskoeffizient in ihrer Abhängigkeit von den Zustandsgrößen der Sternmaterie genügend bekannt sind. Die zur Zeit wohl zuverlässigsten Werte für Mittelpunktsdichte, -temperatur und -druck der Hauptreihensterne sind (nach *Chandrasekhar* und *Harrison*)

$$\varrho_e = 195\, \frac{M}{R^3}\ \text{g cm}^{-3}; \qquad T_e = 19{,}9 \cdot 10^6\, \frac{M}{R}\ \text{Grad};$$

$$P_e = 4{,}7 \cdot 10^{17}\, \frac{M^2}{R^4}\ \text{dyn cm}^{-2},$$

wobei die Masse M und der Radius R des Sternes in Sonneneinheiten auszudrücken sind.

Was die Entwicklung der Sterne betrifft, so tastet man noch sehr im Dunkeln. Es ist sogar zweifelhaft, ob man bei der großen Mehrzahl der Sterne überhaupt von einer wesentlichen Weiterentwicklung seit ihrer Entstehung sprechen kann. Denn der Aufbau eines Sternes ist im Gleichgewichtszustand vollständig bestimmt durch seine Masse und seine chemische Zusammensetzung, die sich aber während des Zeitraumes, den man für das Alter unseres Universums anzunehmen pflegt, wenigstens bei den Sternen der Hauptreihe nur um geringfügige Beträge geändert haben können. (Eine Ausnahme dürften nur die frühen Hauptreihensterne machen, die anscheinend mit Nebelwolken, in denen sie stehen, in Materieaustausch stehen.) Das räumliche bunte Nebeneinander der jetzt existierenden Sternzustände dürfte deshalb nicht, wie man früher annahm, der Hauptsache nach auf verschiedene Entwicklungsstadien, sondern auf Unterschiede in der Masse und der chemischen Zusammensetzung der Sterne bei der Entstehung zurückzuführen sein. →Herkunft der Sterne.

Eddington, A. S.: Der innere Aufbau d. Sterne. Berlin 1928; Die Naturwissenschaft auf neuen Bahnen. Braunschweig 1935. — *Gamow, G.:* Geburt u. Tod d. Sonne. Basel 1947. — *Chandrasekhar, S.:* An Introduction to the Study of Stellar Structure. Chicago 1939. — *Vogt, H.:* Aufbau u. Entwicklung d. Sterne. Leipzig 1943.

Sterne in photographischen Platten →Zertrümmerungssterne.

Sternentfernungen →Parallaxen.

Stern-Gerlach-Versuch. Ist ein Magnetfeld H in Richtung der z-Achse mit der Inhomogenität $\partial H/\partial z$ vorhanden, so erfährt ein Atom mit dem magnetischen Moment μ_z in z-Richtung die Kraft $\mu_z \partial H/\partial z$. Diese kann dazu benutzt werden, um einen Atomstrahl abzulenken und so das magnetische Moment zu messen. Dieser Versuch wurde zuerst von *Stern* und *Gerlach* durchgeführt und bewies eindeutig die Richtigkeit der Quantisierung des magnetischen Momentes nach der Formel (für Elektronen im Atom) $\mu_z = g\,\mu_B m$ (Raumquantelung), wobei g der →Landésche g-Faktor, μ_B das Bohrsche →Magneton und m die →magnetische Quantenzahl sind.

Handb. d. Physik XXIV/1. Berlin 1933.

Sterngeschwindigkeiten →Geschwindigkeiten der Sterne, →Eigenbewegungen, →Radialgeschwindigkeiten.

Sterngröße →Helligkeit der Sterne.

Sternhaufen, Gruppen von Sternen, die einen begrenzten Raum im Sternsystem einnehmen und gleiche Raumbewegung zeigen. Man unterscheidet je nach der Konzentration der Einzelsterne nach dem Haufenzentrum *offene Sternhaufen* und *Kugelhaufen*. Auch die offenen Sternhaufen werden in verschiedene Klassen geringerer und stärkerer Konzentration unterteilt. Die räumliche Verteilung der bisher bekannten 335 offenen Haufen zeigt eine ausgesprochene Bevorzugung der galaktischen Ebene (→Milchstraße). Ihre Radialgeschwindigkeiten liegen alle zwischen $\pm 40\ \mathrm{km \cdot s^{-1}}$. Die bekanntesten, mit bloßem Auge sichtbaren Sternhaufen sind die Plejaden, die Hyaden und die Praesepe. Die Durchmesser der offenen Haufen variieren zwischen 1,5 und 15 pc mit einem ausgesprochenen Häufigkeitsmaximum bei 3,5 pc. Die Sterndichten mit 0,2 bis 83 Sternen je kpc (Umgebung der Sonne 0,01 je kpc) geben eine Vorstellung von der Massendichte.

Gezeitenwirkung durch die Rotation der Milchstraße und Gravitationseinfluß der umgebenden Sterne bewirken eine Auflösung der Sternhaufen. Die Auflösungszeit hängt stark von der Konzentration der Haufen ab und wurde zu 10^9 bis 10^{10} Jahren bestimmt. Eine besondere Klasse von Sternhaufen stellen die *Bewegungshaufen* dar, Gruppen von weit über die Sphäre verteilten Sternen mit gleicher Raumbewegung, z. B. der Ursa Major-Haufen, in dessen Mitte die Sonne steht, ohne ihm selbst anzugehören. Die Sterndichte der Bewegungshaufen ist bedeutend geringer (Ursa Major-Haufen 0,0001 Sterne je kpc). Für Mitglieder der Bewegungshaufen lassen sich sehr gute Entfernungen ableiten (→Parallaxen). Die Bewegungsrichtung der Sternhaufen zeigt eine starke Bevorzugung der galaktischen Ebene.

Sternhaufen bieten eine ausgezeichnete Möglichkeit, den Zusammenhang der Leuchtkraft der Einzelsterne mit der Farbe zu untersuchen. Das Farben-Helligkeitsdiagramm der Praesepe nach *Haffner* und *Heckmann* (Abb. 1) zeigt einen klaren Zusammenhang zwischen Helligkeit und Farbe.

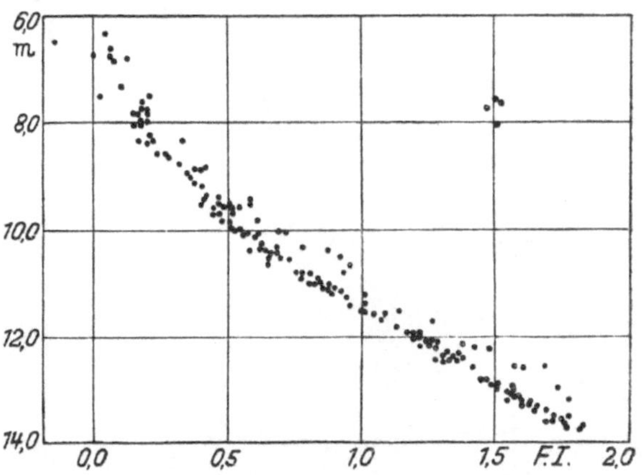

Abb. 1. Farben-Helligkeitsdiagramm der Praesepe. (Nach *Haffner* und *Heckmann*.)

Die überwiegende Mehrzahl der Sterne liegt auf dem Hauptast (→Hertzsprung-Russell-Diagramm), ein geringer Prozentsatz zeigt eine Streuung nach oben, die notwendig auftreten muß, wenn diese Sterne Doppelsternsysteme sind, deren Komponenten selbst auf der Hauptreihe liegen. Nur vier Sterne gehören dem Riesenast an. Ein ähnliches Farben-Helligkeitsdiagramm zeigen die Plejaden, während andere Sternhaufen zum Teil abweichende Verteilung der Häufigkeit der Spektraltypen (Farben) aufweisen. Die offenen Sternhaufen sind typische Vertreter der →Population I.

Eine Sonderstellung unter den Sternhaufen nehmen die bisher etwa 96 bekannten *Kugelhaufen* ein. Von offenen Sternhaufen sind sie durch ihre kugelsymmetrische Form, die starke Konzentration der Haufenmitglieder nach dem Mittelpunkt und ihren außerordentlich großen Sternreichtum unterschieden. Im Gegensatz zu diesen *meiden sie die galaktische Ebene* ganz. Ihre Durchmesser sind mit durchschnittlich 70 pc erheblich größer als die der offenen Haufen. In einigen Kugelhaufen wurden mit Ausschluß des nichtauflösbaren Kernes bis zu 70000 Einzelsterne gezählt. Berücksichtigt man, daß wegen ihrer großen Entfernung nur die hellsten Sterne der Beobachtung zugänglich sind, so folgen daraus Sterndichten, die die der offenen Haufen um mehrere Zehnerpotenzen übertreffen. Die Entfernungen der Kugelhaufen, die im wesentlichen aus der Perioden-Helligkeitsbeziehung zahlreicher Veränderlicher, vor allem RR Lyrae-Sterne, bestimmt wurden, liegen zwischen 8000 und 16000 pc. Die Kugelhaufen stellen also Gebilde dar, die nur in den äußersten Teilen des →Milchstraßensystems auftreten. Auch in den nächsten →Spiralnebeln konnten Kugelhaufen und offene Sternhaufen beobachtet werden. Eine Besonderheit der Kugelhaufen — die der →Population II angehören — zeigt das Farben-Helligkeitsdiagramm (Abb. 2). Abgesehen von den Zwergsternen, deren scheinbare Helligkeit unter der Grenze der Beobachtbarkeit liegt, sind die Riesen in allen Farben und Spektraltypen vorhanden.

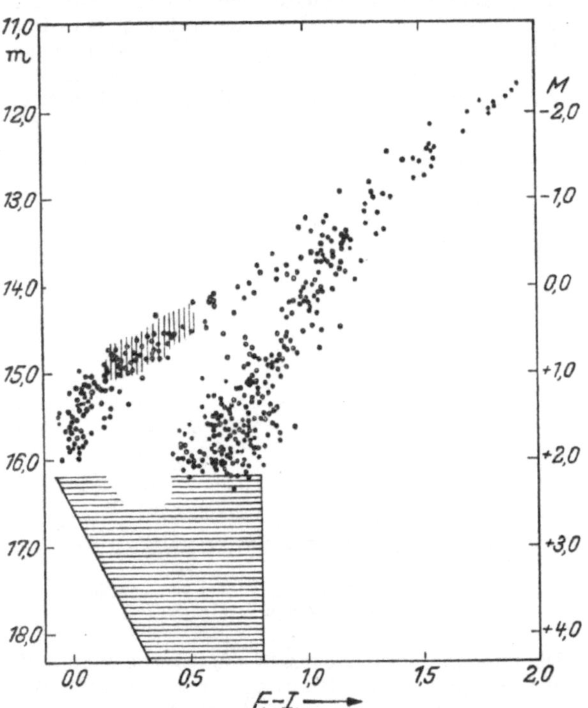

Abb. 2. Farben-Helligkeitsdiagramm der kugelförmigen Sternhaufen Messier 92. (Nach *Hachenberg*.)

Der Riesenast zeigt jedoch eine erheblich größere Neigung und eine bei anderen Systemen nicht beobachtete Aufspaltung in der Gegend von $M = 0{,}6$. Auffällig ist, daß alle Veränderlichen im oberen Riesenast (schraffiert) liegen.

Becker, W.: Sterne u. Sternsysteme. Dresden 1950. – *ten Bruggencate, P.:* Sternhaufen. Berlin 1927. – *Shapley, H.:* Star Clusters. Harvard Monograph. 1930.

Sternhaufen-Veränderliche →RR Lyrae-Sterne.

Sterninterferometer nach *Michelson*, dient zur Messung der Abstände eng benachbarter Doppelsternkomponenten und des Winkeldurchmessers von Sternen (Abb.). Zwei Spalte im Abstand d^* vor einem Objektiv erzeugen von einer einfallenden ebenen Lichtwelle der Wellenlänge λ in der Brennebene des Objektivs ein System von Interferenzstreifen mit der Periode λ/d^*. Eine zweite ebene Welle, die unter dem Winkel δ^* gegen die erste Welle einfällt, ergibt ein um den Betrag δ^* verschobenes Streifensystem der gleichen Periode. Bei $\delta^* = \lambda/2\,d^*$ $= 0{,}''103 \cdot 10^6\ \lambda/d^*$ verwischen sich die beiden Interferenzsysteme. Ein Winkelabstand $\delta^* = 0{,}''01$ erfordert daher bei $\lambda = 5300$ Å einen Abstand der Eintrittsspalte von 5,5 m. Solch große Abstände erreicht man durch Ersatz der Eintrittsspalte durch zwei verschiebbare Spiegel, die über zwei feste Hilfsspiegel die beiden Lichtbündel in die Eintrittspupille des Fernrohrs reflektieren. Die Messung von δ^* erfolgt durch Änderung des Spiegelabstands d^*. Bei der Bestimmung von Sterndurchmessern hat man nicht eine Überlagerung von zwei diskreten Interferenzsystemen, sondern von einer kontinuierlichen Folge, die den einzelnen

Punkten des Sternscheibchens entspricht. Auch hierbei läßt sich der Durchmesser δ^* des Sternscheibchens aus dem Abstand d^* der interferierenden Lichtbündel, bei dem die Interferenzstreifen gerade verschwinden, bestimmen. Es wird δ^* $= 0{,}252 \cdot 10^6\ \lambda/d^*$ für eine gleichförmig leuchtende Scheibe und $\delta^* = 0{,}295 \cdot 10^6\ \lambda/d^*$ für eine Scheibe

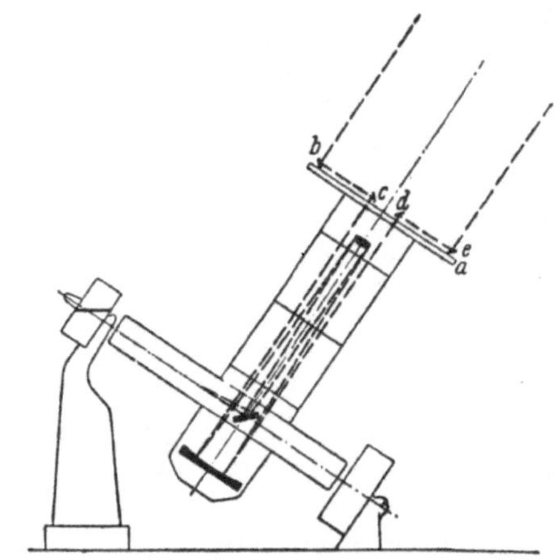

Interferometeranordnung am 250 cm-Spiegel von Mt. Wilson. (Nach *F. G. Pease*.)

mit gleicher Randverdunklung, wie sie die Sonnenscheibe zeigt. Die Hauptfehlerquelle beim Sterninterferometer liegt in der atmosphärischen →Szintillation, durch die die beiden interferierenden Bündel verschiedenartig gestört werden.

Sternkataloge sind Verzeichnisse von Sternen, die neben der Position an der Sphäre je nach dem Verwendungszweck Angaben über Eigenbewegungen, Radialgeschwindigkeiten, →Parallaxen, →Größenklassen, →Spektraltypen oder sonstige Bestimmungsgrößen enthalten. Man unterscheidet. *Fundamentalkataloge*, die die auf der Bearbeitung einer großen Zahl von Einzelbeobachtungen beruhenden genauen Örter und Eigenbewegungen einer ausgewählten Folge von Sternen enthalten und die zur Festlegung des astronomischen Koordinatensystems dienen (z. B. der Katalog FK3 des vom Astronomischen Recheninstitut herausgegebenen Astronomischen Jahrbuchs), *Durchmusterungskataloge*, die alle Sterne bis herab zu einer bestimmten Größenklasse erfassen (z. B. die Bonner Durchmusterung), sowie Kataloge für bestimmte Zwecke, wie *photometrische Kataloge* (z. B. die Göttinger Aktinometrie), *Spektralkataloge* (→Draper-Katalog), *Parallaxen-Kataloge* (Yale-Katalog) usw.

Sternkurve = →Astroide.

Sternleeren, sternarme Gebiete in der →Milchstraße, in denen die Zahl der erkennbaren schwächeren Sterne je Flächeneinheit bedeutend geringer ist als in ihrem Umfeld. Den Sternleeren entspricht nicht etwa eine geringe räumliche Sterndichte in der betreffenden Richtung; sie werden vielmehr durch →Dunkelwolken absorbierender Materie hervorgerufen.

Sternmaterie →Sternaufbau.

Sternmodulator →Modulator.

Sternphotometer →Photometrie der Gestirne.

Sternschaltung, entsteht durch Verkettung der Anfänge der drei Phasenwicklungen eines Drehstromgenerators (Abb.). Der vom Verkettungspunkt ausgehende vierte Leiter ist der *Nulleiter*. Die Spannung zwischen diesem und einem Außenleiter ist gleich der Phasenspannung. Die Spannung zwischen zwei Außenleitern, die *verkettete Spannung*, ist gleich dem $\sqrt{3}$-fachen der Phasenspannung (Abb.).

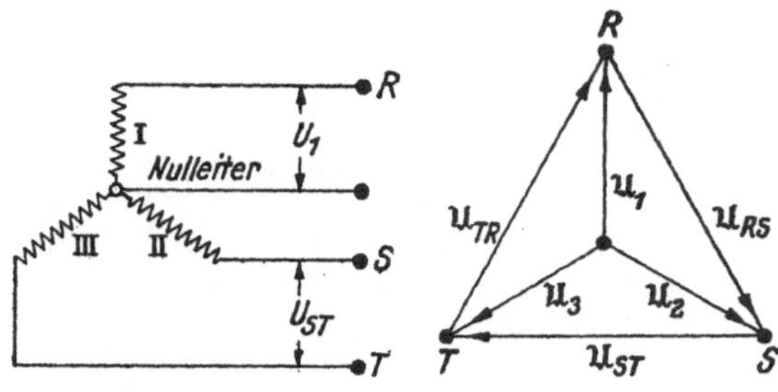

Sternschaltung.

Bei einer Phasenspannung von 220 V beträgt die verkettete Spannung 380 V. Die in der Praxis übliche Bezeichnung 3 × 220/380 V wird damit verständlich. Bei Stromentnahme ist der Strom in den abgehenden Leitungen gleich demjenigen in der Phasenwicklung. Da bei gleicher Belastung der Phasen der Gesamtstrom in jedem Zeitpunkt Null ist, läßt man bei Hochspannungsleitungen den Nulleiter vielfach fort. In Niedervoltnetzen ist der Nulleiter meist mitverlegt, um die Phasenspannung zu erhalten.

Vidmar, M.: Vorl. über d. wiss. Grundl. d. Elektrotechnik. Berlin 1928. – *Oberdorfer, G.:* Lehrb. d. Elektrotechnik I. München 1948.

Sternschnuppen →Meteore.

Sternsekunde →Zeitmaße.

Sternspektra →Spektraltypen.

Sternspektrograph →Spektrometrie der Gestirne.

Sternströme →Stellarstatistik, →Parallaxen.

Sternsystem, lokales, schematisches, typisches →Stellarstatistik.

Sterntag = 86164,09 s = 23 h 56 m 4,09 s oder 365,25/366,25 des mittleren Sonnentages. →Erdrotation, →Zeitmaße.

Sterntemperaturen. Die Temperaturen der Sternoberflächen, d. h. der Schichten, in denen die beobachtete Sternstrahlung emittiert wird, lassen sich aus der Beobachtung der Intensitätsverteilung im kontinuierlichen Sternspektrum, aus der Ausstrahlung je Flächeneinheit und aus dem Studium der Intensitäten von Spektrallinien ableiten; die Temperaturen im Sterninneren können dagegen nur theoretisch gefunden werden (→Sternaufbau). Da die Sternstrahlung merkliche Abweichungen von schwarzer Strahlung zeigt, bedeutet die Ableitung von Oberflächentemperaturen mit Hilfe der Gesetze der schwarzen Strahlung nur eine erste Näherung, die mit Hilfe einer Theorie der Sternatmosphären ergänzt werden muß. Dabei ist vor allem die Kenntnis der Wellenlängenabhängigkeit des Absorptionsvermögens in den äußeren Schichten erforderlich, die aber noch nicht restlos geklärt werden konnte.

Man definiert als *effektive Temperatur* T_e des Sterns die Temperatur des schwarzen Körpers, der je Flächeneinheit die gleiche Ausstrahlung besitzt wie der Stern. Die Bestimmung der effektiven Temperatur nach dem →Stefan-Boltzmannschen Strahlungsgesetz ist nur bei den wenigen Sternen möglich, bei denen Gesamtstrahlung und Oberfläche, d. h. Leuchtkraft und Radius, bekannt sind. Das sind außer der Sonne nur einige →Bedeckungsveränderliche und Sterne, deren Radien mit dem →Sterninterferometer bestimmt wurden.

→*Farbtemperaturen*, für die nur die Kenntnis der relativen Intensitätsverteilung im Spektrum erforderlich ist, sind bei einer größeren Zahl von Sternen gemessen. Dabei wird gewöhnlich die *Gradationstemperatur* T_g benutzt, d. h. die Temperatur des schwarzen Strahlers, der in dem betrachteten Wellenlängenbereich den gleichen Gradienten der Energiekurve zeigt wie der Stern. Im kurzwelligen Spektralbereich (3900 bis 4900 Å) erhält man andere Werte für T_g als im langwelligen Bereich (4900 bis 6500 Å). Die Tabelle gibt die Farbtemperaturen für diese beiden Bereiche und die effektiven Temperaturen für die verschiedenen →Spektralklassen. Dabei ist bei den Spektralklassen F bis M zwischen Riesen- (g) und Zwergsternen (d) zu unterscheiden. Bei gleichem Spektraltyp haben die Riesensterne die kleinere Temperatur; denn der Spektraltyp ist im wesentlichen ein Maß für den Ionisationsgrad in der Sternatmosphäre, und dieser hängt außer von der Temperatur noch von der Dichte ab. Da nach der Eggert-Sahaschen Formel (→thermische Ionisation) bei gleicher Temperatur der Ionisationsgrad mit abnehmender Dichte wächst, haben die Riesensterne in ihren weniger dichten Atmosphären einen höheren Ionisationsgrad als die Zwerge gleicher Temperatur bzw. bei gleichem Ionisationsgrad, d. h. gleichem Spektraltyp, eine geringere Temperatur.

Auch aus dem Ionisationsgrad, der aus den Linienintensitäten von Atomen in aufeinanderfolgenden Ionisierungszuständen abgeleitet werden kann, lassen sich Schlüsse auf die Temperaturen der Sternatmosphären ziehen. Die erhaltenen *Ionisationstemperaturen* beziehen sich zwar auf eine etwas andere Schicht, da die Absorptionslinien weiter außen entstehen als das kontinuierliche Spektrum; sie stimmen aber ziemlich gut mit den effektiven Temperaturen überein.

Sterntemperaturen und Spektraltypen
nach W. Becker

Spektraltyp	Farbtemperatur		Effektive Temperatur
	4900/6500 Å	3900/4800 Å	
BO	23 500 °K	33 000 °K	25 000 °K
AO	13 650	15 950	10 700
dFO	8 050	8 700	7 500
dGO	6 450	5 700	6 000
dKO	5 050	3 700	4 910
dMO			3 500
gFO	8 050	8 700	7 500
gGO	5 800	4 850	5 200
gKO	4 600	3 100	4 230
gMO	3 400		3 400

Becker, W.: Sterne u. Sternsysteme. Dresden u. Leipzig 1950. – *Siedentopf, H.:* Grundriß d. Astrophysik. Stuttgart 1950.

Sternweite →Parsec.

Sternwolken →Milchstraße.

Sternzeit →Zeitmaße.

Stetigkeit. Ist $y = f(x)$ eine Funktion, die für Werte von x innerhalb des Intervalls $a \leqq x \leqq b$

definiert ist, und ist $x = x_0$ ein Punkt von $[a, b]$, so nennt man $f(x)$ an der Stelle $x = x_0$ stetig, wenn $f(x_0)$ einen bestimmten Wert hat und der Grenzwert von $f(x)$ für $x \to x_0$ mit ihm übereinstimmt: $\lim_{x \to x_0} f(x) = f(x_0)$. Nach Definition des Grenzwertes muß also bei Vorgabe einer beliebig kleinen Zahl $\varepsilon > 0$ eine Zahl $\delta(\varepsilon) > 0$ angebbar sein, so daß für *alle* x gilt $|f(x) - f(x_0)| < \varepsilon$, wenn nur $|x - x_0| < \delta(\varepsilon)$ ist. Erfüllt eine Funktion für alle Stellen eines Intervalls diese Bedingung, so heißt sie im ganzen Intervall *stetig*. Eine Funktion heißt in einem Intervall *gleichmäßig stetig*, wenn zu jedem vorgegebenen beliebig kleinen $\varepsilon > 0$ ein $\delta(\varepsilon) > 0$ gefunden werden kann, so daß stets $|f(x_1) - f(x_2)| < \varepsilon$ für beliebige Wertepaare x_1 und x_2 des Intervalls, die ihrerseits die Bedingung $|x_1 - x_2| < \delta$ erfüllen. Jede in einem abgeschlossenen Intervall stetige Funktion ist dort auch gleichmäßig stetig. Ist für irgendeinen Wert $x = \bar{x}$ des Intervalls $f(x)$ nicht stetig (unstetig), so heißt $\bar{x}$ eine *Unstetigkeitsstelle*. Geometrisch äußert sie sich darin, daß die durch $y = f(x)$ dargestellte Kurve an der Stelle $\bar{x}$ sprunghaft ihren Wert ändert, unendlich viele Schwankungen ausführt oder eine Lücke aufweist. Letzteres bedeutet, daß $f(x)$ keinen Wert besitzt. Existiert aber $\lim_{x \to \bar{x}} f(x)$, so kann man diesen Grenzwert als Funktionswert definieren und durch diese Festlegung die Unstetigkeit beheben (*hebbare Unstetigkeit*). Unstetigkeiten, wie etwa die Sprünge, die durch derartige Zuordnungen nicht zu „beseitigen" sind, heißen *nichthebbare Unstetigkeiten*. Besitzt eine Funktion $y = f(x)$ in einem beiderseits abgeschlossenen Intervall $[a, b]$ eine endliche Anzahl von Unstetigkeiten, etwa an den Stellen $\alpha_1, \alpha_2, \ldots, \alpha_n$, so ist $f(x)$ in den Teilintervallen $[a\,\alpha_1)\,(\alpha_1\,\alpha_2)\ldots(\alpha_n\,b)]$ mit Ausnahme von deren jeweiligen Enden stetig. Eine solche Funktion nennt man in $[a, b]$ *stückweise stetig*.

Die bisher gegebenen Definitionen über Stetigkeit von Funktionen beziehen sich auf solche von nur einer Abhängigen. Bei Funktionen mit mehreren Variablen sind die Begriffe entsprechend zu erweitern. So versteht man unter der Stetigkeit einer von den zwei Veränderlichen x und y abhängigen Funktion $z = f(x, y)$ an der Stelle x_0, y_0, daß $f(x_0, y_0)$ einen bestimmten Wert besitzt und $\lim_{(x, y) \to (x_0, y_0)} f(x, y) = f(x_0, y_0)$ ist, d.h. zu jeder beliebig kleinen Zahl $\varepsilon > 0$ ein $\delta(\varepsilon) > 0$ angebbar ist, so daß $|f(x, y) - f(x_0, y_0)| < \varepsilon$ wird für alle Argumentwerte, die den Ungleichungen $|x - x_0| < \delta$, $|y - y_0| < \delta$ genügen.

Rothe, R.: Höhere Mathematik. Leipzig 1948. – *Courant, R.:* Vorl. über Differential- u. Integralrechnung. Berlin 1948. – *v. Mangold-Knopp:* Höhere Mathematik. Leipzig 1948.

Steuerquarz →Schwingquarz.

Steuerspannung. Liegt am Gitter einer Verstärkerröhre eine Wechselspannung $\mathfrak{U}_g$, so hat der Anodenwechselstrom die Größe $i_a = S(\mathfrak{U}_g + \mathfrak{U}_a/\mu) = S\,\mathfrak{U}_{st}$ (S Steilheit, μ Verstärkungsfaktor der Röhre). Der Anodenwechselstrom hängt also von Gitter- und Anodenwechselspannung ab, wobei aber die steuernde Wirkung der Anodenwechselspannung $1/\mu$-fach kleiner ist als die der Gitterwechselspannung. Die Größe $\mathfrak{U}_a/\mu$ heißt *Anodenrückwirkung*, $\mathfrak{U}_g + \mathfrak{U}_a/\mu = \mathfrak{U}_{st}$ *Steuerwechselspannung* oder *Steuerspannung*. Da Anoden- und Gitterwechselspannung um 180° gegeneinander phasen-

verschoben sind, so ist die Steuerspannung $\mathfrak{U}_s$ um den Betrag $\mathfrak{U}_a/\mu$ kleiner als die Gitterwechselspannung $\mathfrak{U}_g$.

Rothe, H., u. *W. Kleen:* Elektronenröhren als Anfangsstufenverstärker. Leipzig 1948.

Steuerumformer, Anordnung nach *Schwenkhagen* (Abb.), macht die Messung sehr kleiner thermoelektrischer und lichtelektrischer Ströme

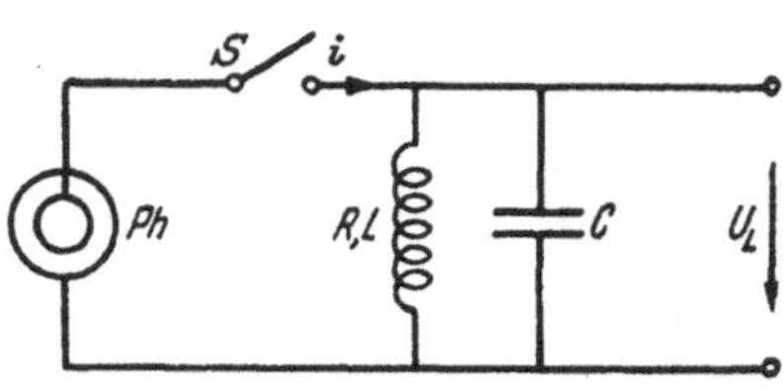

Steuerumformer.

unabhängig von den mechanisch hochempfindlichen Spiegelgalvanometern. In einem lichtelektrischen Kreis fließt der zu messende Photostrom z. B. durch eine Drosselspule (Speicherspule). Beim Öffnen des Schalters S entsteht in bekannter Weise an den Enden der Speicherspule eine Spannung U_L, die unter Nachschaltung eines →Thyratrons bequem verstärkt werden kann. Das Öffnen und Schließen des Schalters erfolgt periodisch. Bei zweckmäßiger Durchbildung der Schaltung entsteht eine Anordnung, die hinsichtlich der elektrischen Empfindlichkeit dem Galvanometer gleichwertig, hinsichtlich der mechanischen Unempfindlichkeit ihm weit überlegen ist. Die Lageunabhängigkeit und die Erschütterungssicherheit des Steuerumformers erlauben die Messung sehr kleiner Gleichströme in Fahrzeugen, Schiffen und Flugzeugen. Die Grenzempfindlichkeit liegt in der Größenordnung von 10^{-18} W.

Steuerung, atmosphärische, die Beobachtungstatsache, daß die Gebiete mit Luftdruckfall oder -anstieg sich in der Richtung der großzügigen Strömungen der Atmosphäre verlagern. Besonders klar zeigt sich der Zusammenhang der Steuerungsrichtung mit der Höhenströmung an der →Tropopause oder in 5000 m Höhe. Als Folge der wandernden Druckänderungen nehmen häufig auch die →Hoch- und →Tiefdruckgebiete selbst an der gleichen Fortbewegung teil. Die Wichtigkeit dieser Beziehungen für die →Wettervorhersage ergibt sich aus der engen Koppelung der Druckänderung mit dem Wettergeschehen. Außer der normalen Westdrift oder Weststeuerung der gemäßigten Breiten sind besonders klare Typen: die Steuerung um große stationäre Hochdruckgebiete herum oder die „Trogsteuerung" (NNW-Drift und östlich benachbart SSW-Drift) um Tiefdrucktröge mit etwa nordsüdlich verlaufender Achse.

Hann, J., u. *R. Süring:* Lehrb. d. Meteorologie, 7. Teil Leipzig 1939. – *Scherhag, R.:* Wetteranalyse u. Wetterprognose Berlin 1948.

Steuerung, lichtelektrische →lichtelektrische Steuerung.

Steuerung, phonetische, die Tatsache, daß die Artikulation eines jeden Lautes durch den vorhergehenden und den folgenden Laut variiert wird.

Menzerath, P., u. *A. de Lacerda:* Koartikulation, Steuerung u. Lautabgrenzung. Berlin u. Bonn 1933.

Sthen, von *G. Mie* benutzte Bezeichnung für die →Krafteinheit im internationalen elektrischen cm s V_{int} A_{int}-System (→Miesches Maßsystem): $1\,\text{Sthen} = 1\,J_{int}\,cm^{-1} = 1{,}00019\,J_{abs}\,cm^{-1} = 100{,}019\,N$.

sthène abgek. sn, physikalische →Krafteinheit des in Frankreich üblichen →MTS-Systems: $1\,\text{sn} = 1\,\text{m}\,\text{t}\,\text{s}^{-2} = 10^3\,\text{N}$. (Also nicht identisch mit →Sthen!)

Stia-Zähler →Coulometer.

Stickstoff →Luftstickstoff, →Stickstoff, aktiver.

Stickstoff, aktiver. Bei der Anregung von Stickstoff in elektrodenlosen Ringentladungen (Druck $\sim 0,2$ Torr) sowie auch in kondensierten Entladungen (Druck ~ 2 Torr) entsteht aktiver Stickstoff, wobei die Ausbeute sehr stark von der Art und Stärke der Entladung abhängt. Er zeichnet sich durch ein intensives gelbgrünes Nachleuchten und große chemische Reaktionsfähigkeit aus. Sind auch in der erzeugenden Entladung das Auftreten der 2. und 4. positiven Bandengruppe des N_2-Moleküls (→Stickstoffbanden) sowie einiger roter und ultraroter Bogenlinien des N-Atoms Vorbedingung, so beobachtet man im Nachleuchten doch in wesentlichen nur eine Auswahl von Banden des 1. positiven Systems des N_2 in einer charakteristischen Intensitätsverteilung. Aus dem höchsten angeregten Schwingungsquant des nachleuchtenden Moleküls (oberer Molekülterm $B^3\Pi_g$, $v' = 12$) sowie den anregenden und ionisierenden Wirkungen auf zugemischte Dämpfe anderer Elemente ermittelt man einen Energieinhalt von $\sim 9,8$ eV.

Die Dauer des Stickstoffnachleuchtens hängt in starkem Maße vom Druck sowie von Art und Temperatur der Gefäßwandungen ab. Es wurden Nachleuchtzeiten von wenigen Sekunden bis zu 5 Stunden (*Lord Rayleigh* 1935, bei besonders präparierten Wänden) beobachtet.

Der Reaktionsablauf während des Nachleuchtens ist noch nicht ganz geklärt. Es liegt fest, daß während der anregenden Entladung die Stickstoffmoleküle zu einem Teil in normale und angeregte, metastabile Atome im ^2D- oder ^2P-Zustand (→Stickstofflinien, verbotene) dissoziiert werden. Weiterhin ist das Vorhandensein von N_2-Molekülen im metastabilen $A^3\Sigma$-Zustand (Anregungsenergie 6,17 eV) im Nachleuchten erwiesen. Es ist aber nicht so, daß das nachleuchtende Molekül in der Entladung selbst seine Anregungsenergie bekommt. Vielmehr muß angenommen werden, daß

1. bei der →Rekombination zweier N-Atome an einem N_2-Molekül als drittem Stoßpartner,

2. bei →Stößen 2. Art von metastabilen N-Atomen in ^2D- (Anregungsenergie 2,384 eV) oder ^2P-Zuständen (Anregungsenergie 3,575 eV) mit metastabilen $A^3\Sigma$-Molekülen und

3. bei der Rekombination zweier N-Atome über eine →Prädissoziationsstelle direkt im Zweierstoß Stickstoffmoleküle der nötigen Anregungsenergie gebildet werden. Welche Stoßprozesse am wirksamsten sind, hängt in starkem Maße von der zur Verfügung stehenden →Dissoziationsenergie des N_2-Moleküls ab, die nach neueren Untersuchungen wahrscheinlich 9,76 eV statt, wie bisher angenommen, 7,38 eV beträgt.

Bei Messungen des zeitlichen Abklingens des Nachleuchtens stellte man einen sehr starken Einfluß der Gefäßwände fest, die bei vorherigem Ausheizen bzw. bei höheren Temperaturen anscheinend katalytisch die Rekombination der N-Atome begünstigen und damit ein vorzeitiges Auslöschen des Nachleuchtens herbeiführen (*Lord Rayleigh* 1935, *Cario* u. *Stille* 1936). Wird dieser Einfluß der Wände so stark wie möglich reduziert, so findet man aus der beobachteten Druckabhängig-keit, daß der Abklingmechanismus zur Hauptsache einen →Dreierstoßprozeß enthalten muß. Dafür spricht auch die lange Dauer des Nachleuchtens. Die Beobachtung, daß das Nachleuchten bei Anregung vollkommen reinen Stickstoffs in keinem Fall erzielt wurde und erst bei Zusatz einer sehr geringen Fremdgasmenge wieder auftrat, konnte noch nicht befriedigend gedeutet werden.

Eine besondere Art stellt offensichtlich das von *Kaplan* (1934) gefundene und von ihm *auroral afterglow* genannte Nachleuchten dar. Dieses versucht er mit den Leuchterscheinungen im Nordlicht und am Nachthimmel zu identifizieren und sieht es als deren Nachbildung im Laboratorium an. Er findet bei Anregung von Stickstoff mit geringem Sauerstoffzusatz (Gesamtdruck bis 130 Torr) nach mehrtägiger, starker, nichtkondensierter Entladung das Auftreten eines Stickstoffnachleuchtens, das in zeitlichem Nacheinander zunächst die 1. negativen, dann die 1. positiven und 2. positiven →Stickstoffbanden und zum Schluß die →Vegard-Kaplan-Banden sowie die verbotene →Stickstofflinie 3467 Å mit starker Intensität aufweist. Die Gesamtdauer dieses Nachleuchtens beträgt etwa 9 s. Bisher konnte die Kaplansche Beobachtung des Auftretens der 1. negativen Banden im normalen Nachleuchten von anderen Experimentatoren (*Cario* u. *Stille* 1936, 1937) nicht bestätigt werden, die übrigens auch bei *Kaplan* nur im ersten Stadium seines auroral afterglow intensiv erscheinen. Es handelt sich hier um aus der Entladung zurückgebliebene langlebige Molekülionen und einen speziellen Anregungsmechanismus im auroral afterglow (*Stille* 1938, 1951).

Die große Reaktionsfähigkeit des aktiven Stickstoffs wird dadurch gekennzeichnet, daß er mit den verdampften Metallen: Na, K, Mg, Zn, Cd, Al, Tl, Sn, Pb und Fe sowie mit Ca, Hg, B, As und S sogar in fester bzw. flüssiger Form Nitride bildet. Mit organischen Substanzen reagiert er meist unter HCN-Bildung. Viele feste Körper werden durch ihn zur Lumineszenz angeregt. Die Oberflächen einer Anzahl von Metallen (Cu, Fe, Zn, Ag, Pt, W und Mo) vernichten das Nachleuchten katalytisch. Dabei tritt bei Pt, Cu und Zn eine Oberflächenschichtbildung auf. Diese chemische Agressivität hat man sich bei der Oberflächenhärtung von Metallen zunutze gemacht. Durch Einwirkung von aktivem Stickstoff bei geeignetem Druck und höherer Temperatur auf Metalloberflächen konnte eine direkte Nitrierung erzielt werden.

Stickstoffbanden. Das Termschema des neutralen Stickstoffmoleküls N_2 zeigt zwei getrennte Folgen von Elektronentermen, zwischen denen Übergänge verboten sind.

a) *Banden des Singulettsystems.* Zu ihnen gehört der $X^1\Sigma_g^+$-Grundzustand, das $a^1\Pi$-Niveau sowie eine große Anzahl höher gelegener Terme, deren Kombination mit dem Grundzustand die Emission der →Lyman-Birge-Hopfield-Banden (rotabschattiert, 1805 bis 1205 Å), der verschiedenen →Birge-Hopfield-Banden (Ultraviolett) sowie von Worleys und Hopfields Rydberg-Serien (Ultraviolett) hervorruft.

Nach *Herzberg* (1946) ist das a-Niveau ein $^1\Pi_g$-Term, und damit metastabil. Ein Übergang zum Grundzustand (Lyman-Birge-Hopfield-Banden) kann als magnetische Dipolstrahlung erklärt werden. Die 5. positiven und die →Kaplan-Banden sollen Übergänge zwischen bisher noch unbekannten Singulettzuständen darstellen. In Absorption ist der Stickstoff bis weit ins Ultraviolett hinein durchsichtig und beginnt erst bei 1449,9 Å in einer Gruppe von Banden des Lyman-Birge-Hopfield-Systems (vom 0. Schwingungsquant des X-Grundzustandes ausgehend) zu absorbieren.

b) *Banden des Triplettsystems.* Zu ihnen gehören:

1. die 1. positive Gruppe, Übergang $B^3\Pi_g \rightarrow A^3\Sigma_u^+$ (violettabschattiert, Spektralgebiet 5029 bis 14700 Å),

2. die 2. positive Gruppe, Übergang $C^3\Pi_u \rightarrow B^3\Pi_g$ (violettabschattiert, Spektralgebiet 2692 bis 5438 Å),

3. die Goldstein-Kaplan-Banden, Übergang $C' \rightarrow B^3\Pi_g$,

4. die 4. positive Gruppe, Übergang $D^3\Sigma_u^+ \rightarrow B^3\Pi_g$ (violettabschattiert, Spektralgebiet 2256 bis 2904 Å).

Der unterste Term $A^3\Sigma_u^+$ des Triplettsystems ist metastabil. In den Spektren des →Nachthimmelleuchtens und des →Nordlichts werden auch die von diesem Niveau ausgehenden verbotenen →Vegard-Kaplan-Banden (Übergang $A^3\Sigma \rightarrow X^1\Sigma$-Grundzustand) gefunden, da bei den niedrigen Drucken der oberen Atmosphäre die freien Weglängen groß genug sind, um diese Ausstrahlung zu ermöglichen. Sie liegt im Wellenlängengebiet 2300 bis 6125 Å.

Die negativen Stickstoffbanden werden vom Molekülion N_2^+ ausgesandt und entstehen beim Übergang vom $B^2\Sigma_u^+$-Term zum $X^2\Sigma_g$-Grundzustand des N_2^+. Ihren Namen erhielten sie von →*Deslandres*, der sie im Gegensatz zur 1. bis 4. positiven Gruppe, die vornehmlich in der positiven Säule einer luftgefüllten Geißler-Röhre auftreten, im negativen Glimmlicht dieser Röhre fand. Besonders intensiv sind die Banden der Schwingungsübergänge $0 \rightarrow 0$ (3914 Å), $0 \rightarrow 1$ (4278 Å) und $0 \rightarrow 2$ (4709 Å). Sie gehören zu den charakteristischen Nordlichtlinien, werden aber auch in Stickstoffentladungen bei höheren Anregungsspannungen sehr leicht gefunden.

Stickstofflinien, verbotene, stellen Übergänge zwischen den drei tiefsten Termen des neutralen Stickstoffatoms, den beiden metastabilen ^2P- und ^2D-Zuständen und dem ^4S-Grundzustand, dar. Diese drei Terme besitzen die gleiche Elektronenkonfiguration $1s^2\,2s^2\,2p^3$, so daß nach der Laporteschen Auswahlregel für Dipolstrahlung eine Kombination verboten ist. Emission kann nur als Quadrupolstrahlung oder magnetische Dipolstrahlung erfolgen, deren Übergangswahrscheinlichkeiten sehr klein sind. Die angeregten, metastabilen Zustände, d. h. Endzustände von Emissionsserien, von denen keine weiteren erlaubten Übergänge mehr erfolgen können, haben daher große Lebensdauern (von ~ 1 bis $\sim 10^5$ s). Bevor aber ein metastabiles Atom zur spontanen Ausstrahlung kommt, hat es in gewöhnlichen Lichtquellen Gelegenheit, sehr viele Male zusammenzustoßen und dabei die Anregungsenergie strahlungslos zu verlieren. Um solche →verbotenen Linien zu bekommen, muß man zu extrem niedrigen Drucken ($< 10^{-4}$ Torr) und damit niedrigen

Stoßzahlen übergehen sowie Stöße mit irgendwelchen Wänden ausschließen können. Derartige Verhältnisse sind im Laboratorium schwer zu erhalten, dagegen in der oberen Erdatmosphäre und bei außerirdischen Strahlungsquellen häufig vorhanden.

So wurden die Übergänge des Stickstoffatoms

	Vakuum-Wellenlänge	Übergangs-wahrscheinlichkeit
$^2D_{3/2} - {}^4S_{3/2}$:	5199,94 I.A.	$2,1 \cdot 10^{-5}$ s⁻¹
$^2D_{5/2} - {}^4S_{3/2}$:	5202,10 I.A.	$3,2 \cdot 10^{-5}$ s⁻¹
$^2P_{3/2} - {}^4S_{3/2}$:	3467,41 I.A.	$9,0 \cdot 10^{-3}$ s⁻¹

im Nordlicht und im Absorptionsspektrum der Sonnenatmosphäre beobachtet. Im Spektrum der Sonne konnte sogar die Aufspaltung der einzelnen Komponenten gemessen werden.

Die ultraroten Linien, welche den Übergängen

	Vakuum-Wellenlänge	Übergangs-wahrscheinlichkeit
$^2P_{1/2}, {}_{3/2} - {}^2D_{3/2}$:	10398,25 I.A.	
$^2P_{1/2}, {}_{3/2} - {}^2D_{5/2}$:	10406,91 I.A.	$\Big\}\ 2,5 \cdot 10^{-1}$ s⁻¹

entsprechen, sind im Sonnenspektrum ebenfalls sichtbar und müssen unter Umständen zur Deutung einer kürzlich im →Nachthimmelleuchten entdeckten starken Ultrarotstrahlung mit herangezogen werden.

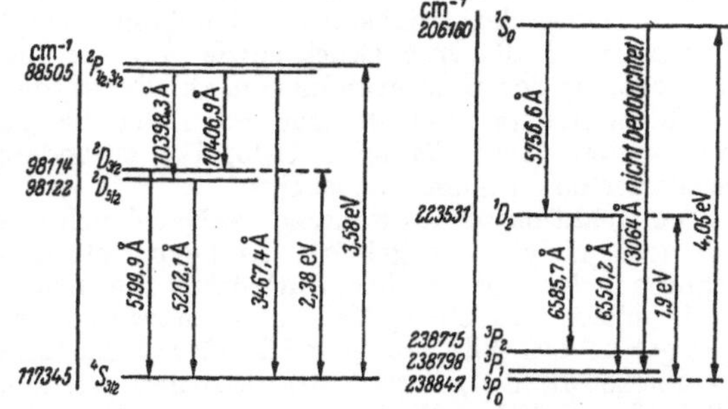

Termschema des N I und N II (niedere Terme); Multiplettaufspaltungen nicht maßstäblich.

Die verbotenen Übergänge innerhalb der niedrigsten Terme des ionisierten Stickstoffatoms N II

	Vakuum-Wellenlänge	Übergangs-wahrscheinlichkeit
$^1D_2 - {}^3P_2$:	6585,71 I.A.	$24 \cdot 10^{-4}$ s⁻¹
$^1D_2 - {}^3P_1$:	6550,25 I.A.	$81 \cdot 10^{-4}$ s⁻¹
$^1S_0 - {}^1D_2$:	5756,59 I.A.	$1,7$ s⁻¹

konnten einem Teil der Nebuliumlinien zugeschrieben werden, die man im Spektrum vieler →Emissionsnebel beobachtet.

Die Interkombination

		Übergangs-wahrscheinlichkeit
$^1S_0 - {}^3P_1$:	3063,91 I.A.	$660 \cdot 10^{-4}$ s⁻¹

ist bisher noch nicht entdeckt worden.

Stickstoffnachleuchten →Stickstoff, aktiver.

Stickstoffnormdichte $\varrho_n(N_2)$, definiert als die Dichte des molekularen Stickstoffs im physikalischen →Normzustand, d. h. bei $p_0 = 1$ atm und $t_0 = 0\ °C$: $\varrho_n(N_2) \equiv \varrho_{T_0}^{p_0}(N_2)$. $\varrho_n(N_2)$ ist eine physikalische Hilfskonstante, die bei der Bestimmung des →Silberatomgewichts (M_{Ag}) eine Rolle spielt. Als Mittelwert aus den vorliegenden Gasdichtebestimmungen für Stickstoff resultiert $\varrho_n(N_2) = 1,25052 \pm 0,00005$ g/l $= (1,25049 \pm 0,00006) \cdot 10^{-3}$ g/cm³. Für den Reduktionsfaktor $1 - \alpha_{N_2}$ zur Reduktion des molekularen Stickstoffs als realen Gases auf den →idealen Gaszustand ergibt sich aus den vorliegenden Messungen im Mittel

$1 - \alpha_{N_2} = 1,000456_2 \pm 0,000003$, womit für die auf den idealen Gaszustand reduzierte Stickstoffnormdichte $\varrho_0(N_2) = \varrho_n(N_2)/(1 - \alpha_{N_2}) = (1,24992 \pm \pm 0,00006) \cdot 10^{-3}$ g/cm³ folgt.

Stiefelpumpen, die ursprüngliche, zuerst von *Otto von Guericke* angegebene Form der mechanischen Vakuumpumpen. →Kolbenpumpen.

Stielbüschel →Büschelentladung.

Stieltjes-Integral, eine Erweiterung des Integralbegriffs im Riemannschen Sinne (→bestimmtes Integral). Dieses definiert als bestimmtes Integral einer im Intervall $a \leq x \leq b$ stetigen Funktion $f(x)$ den Ausdruck

$$\int_a^b f(x)\,dx = \lim_{n\to\infty} \sum_{i=1}^{n} f(\xi_i)(x_i - x_{i-1}), \qquad (1)$$

wobei die Werte ξ_i beliebig zwischen x_{i-1} und x_i gewählt werden können: $x_{i-1} \leq \xi_i \leq x_i$, und $x_0 = a$, $x_n = b$ den Anfang bzw. das Ende des Intervalls $a \ldots b$ darstellen. Es sei nun $g(x)$ eine in $a \leq x \leq b$ beschränkte Funktion. Sie ordnet („belegt") jedem auf der Strecke $a \ldots b$ liegenden Punkt x einen gewissen Wert $g(x)$ zu, weshalb man $g(x)$ auch *Belegungsfunktion* nennt. Ersetzt man in (1) das i-te durch die Zerlegung von $a \ldots b$ entstandene Teilintervall $x_i - x_{i-1}$ durch den Zuwachs, den die Belegungsfunktion $g(x)$ dort erhält, also durch $g(x_i) - g(x_{i-1}) = \Delta_i g$, so erhält man die Summe

$$\sum_{i=1}^{n} f(\xi_i)\,\Delta_i g = \sum_{i=1}^{n} f(\xi_i)\,[g(x_i) - g(x_{i-1})]$$
$$= f(\xi_1)\,[g(x_1) - g(a)] + $$
$$+ f(\xi_2)\,g(x_2) - g(x_1) + \cdots\cdots\cdots$$
$$+ f(\xi_n)\,[g(b) - g(x_{n-1})] \qquad (2)$$

Von dieser Summe existiert, ebenso wie von der rechten Seite von (1), ein Grenzwert, wenn die Teilintervalle $|x_i - x_{i-1}| \to 0$ gehen, und man nennt jenen das *Stieltjes-Integral* von $f(x)$ bezüglich der Belegungsfunktion $g(x)$, symbolisch

$$\lim_{u\to\infty} \sum_{i=1}^{n} f(\xi_i)\,\Delta_i g = S\,f(x)\,dg(x) = \int_a^b f(x)\,dg(x).\,(3)$$

Hat $g(x)$ innerhalb $a \ldots b$ eine stetige Ableitung, so geht (3) in ein Integral im Riemannschen Sinne über, wie man leicht durch Anwendung des →Mittelwertsatzes auf (2) erkennt. Denn dieser liefert

$$\sum_{i=1}^{n} f(\xi_i)\,[g(x_i) - g(x_{i-1})] = \sum_{i=1}^{n} f(\xi_i)\,g'(\bar{\xi})\,(x_i - x_{i-1}), \quad (4)$$

wobei $\bar{\xi}_i$ innerhalb des Intervalls $x_{i-1} \ldots x_i$ liegt. Der Grenzwert der rechten Seite von (4) für $n \to \infty$ gibt dann

$$\lim_{n\to\infty} \sum_{i=1}^{\infty} f(\xi_i)\,g'(\bar{\xi}_i)\,(x_i - x_{i-1}) = \int_a^b f(x)\,\frac{dg(x)}{dx}\,dx, \quad (5)$$

und dies ist ein gewöhnliches Riemannsches Integral. Im allgemeinen wird jedoch die Belegungsfunktion nicht stetig differenzierbar sein. Um ein einfaches Beispiel anzuführen, werde $g(x)$ etwa innerhalb $a \ldots b$ abteilungsweise konstant angenommen:

$$g(x) = \begin{cases} c_1 & a \leq x \leq a_1 \\ c_2 & a \leq x \leq a_2 \\ \ldots & \cdots\cdots\cdots \\ c_{m+1} & a_m \leq x \leq b. \end{cases} \quad (6)$$

Die Anzahl $m + 1$ der Unstetigkeitsstellen a_1, $a_2, \ldots, a_{m+1}$ sei endlich, ferner seien die Sprünge $c_{j+1} - c_j = \Delta c_j$ $(j = 1, 2, \ldots, m)$ nicht unendlich groß (Abb.). Ist das bestimmte Integral einer in

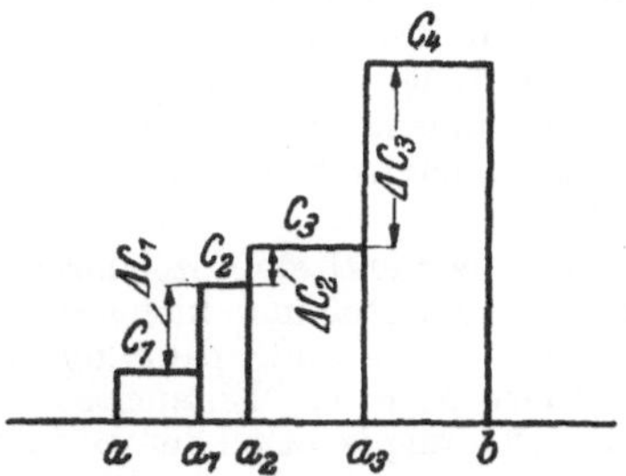

Stückweise konstante Belegungsfunktion (zum Stieltjes-Integral).

$a \ldots b$ definierten stetigen Funktion im Stieltjesschen Sinne in bezug auf die durch (6) gegebene Belegung zu bilden, so findet man unmittelbar aus der Definitionsgleichung (3), daß

$$\int_a^b f(x)\,dg(x) = \Delta c_1\,f(a_1) + \Delta c_2\,f(a_2) + \cdots$$
$$= \sum_{j=1}^{m} \Delta c_j\,f(a_j) \qquad (7)$$

wird, da $dg(x) = 0$ ist, außer an den Sprungstellen a_j $(j = 1, 2, \ldots, m)$.

Die vorstehend nur für eine Dimension angedeuteten Verhältnisse lassen sich auf die Ebene und den Raum sinngemäß erweitern. Als Belegungsfunktion dient dann eine von den drei Raumkoordinaten x, y, z abhängige (beschränkte) „Dichte"funktion $g = g(x, y, z)$, die jedem Raumelement v einen gewissen Wert $g(v)$ zuordnet (mit einer gewissen „Dichte belegt"). Ferner sei f eine stetige Funktion der Ortskoordinaten innerhalb eines gewissen räumlichen Gebietes $\mathfrak{G}$. Dieses denke man sich in „Elementarzellen" v zerlegt, denen vermöge der Zuordnung durch g eine gewisse „Dichte" $g(v)$ zukommt. Multipliziert man diese mit dem Wert der Ortsfunktion f, die diese für einen innerhalb v liegenden Punkt annimmt, und bildet die Summe aller Produkte, so erhält man $\sum f_v\,g(v)$. Diese Summe strebt dann (bei Erfüllung gewisser Voraussetzungen), wenn man die Elementarbereiche beliebig klein werden läßt, gegen das dreidimensionale Integral von f bezüglich der Belegung g im Stieltjesschen Sinne.

Schmeidler, W.: Integralgleichungen. Leipzig 1950.

Stigmatisch →Abbildungsfehler.

Stilb, abgek. sb, allgemeine Bezeichnung für die Einheit der →Leuchtdichte. Zusammenhang mit der →Kerze (K): 1 sb = 1 K cm⁻². Im System der Hefner-→Lichteinheiten heißt sie Hefner-Stilb (Hsb), im System der Internationalen Lichteinheiten Internationales Stilb (Isb) und im System der heute üblichen neuen Lichteinheiten Stilb (sb). Bei einer →Farbtemperatur von 2043 °K (Temperatur des erstarrenden Platins) gilt die Umrechnungsbeziehung: 60 sb = 58,88 Isb = 66,42 Hsb.

Stiles-Crawford-Effekt. Enge Lichtbündel bewirken verschieden starke Helligkeitsempfindungen, wenn sie auf verschiedene Stellen der Pupille treffen. Am hellsten erscheinen sie bei zentralem Auftreffen und verlieren stark an Wirkung mit zunehmendem Abstand der Auftreffstelle von der Pupillenmitte. Auch die Farbempfindung ist von der Auftreffstelle auf der Pupille abhängig.

Wegen dieses Effektes muß bei der Photometrie eng begrenzter Lichtbündel (Photometrie mit Maxwellscher Abbildung) darauf geachtet werden, daß die Lichtbündel stets die gleiche Stelle der Pupille durchdringen, was bei manchen handelsüblichen Photometern nur ungenügend berücksichtigt wird.

Stille Entladung, veraltete Bezeichnung (*E. Warburg*) für Entladungen mit kleinem „Leitwert“ (Verhältnis von Strom und Spannung) an dünnen Drähten, Spitzen usw. Entspricht etwa der Townsend-Entladung (speziell der →Korona), zum Teil auch der unternormalen →Glimmentladung.

Stimme. Als Schallquelle zur Hervorbringung stimmhafter Laute (Sprache und Gesang) dienen die im Inneren des Kehlkopfes befindlichen muskulösen →Stimmlippen, die durch den Atemluftstrom in selbsterregte Kippschwingungen versetzt werden. Die Frequenz dieser Kippschwingungen kann durch den Grad der Anspannung der Stimmlippen willkürlich verändert werden. Je nach den hieran beteiligten Muskelgruppen entstehen mehr oder weniger obertonreiche Tongemische, die sich in einzelne klangfarbenmäßig zusammengehörige Frequenzbereiche oder →„Register“ einteilen lassen. Die Übergangsstellen von einem Register in das benachbarte, die Registerbruchstellen, sind jedoch nicht immer eindeutig zu erkennen. Normalerweise wird der von den Stimmlippen durch Modulation des von den Lungen gelieferten Luftgleichstromes erzeugte *primäre Ton* nicht in seiner ursprünglichen spektralen Zusammensetzung vernehmbar. Vielmehr bevorzugt die oberhalb der Stimmlippen gelegene, als Ansatzrohr bezeichnete Gruppe von Hohlräumen (Pharynx, Rachen-, Mund- und Nasenraum), die wie ein akustisches Filter wirken, ganz bestimmte Frequenzgebiete (*Formantgebiete*), die infolgedessen in dem hervorgebrachten Laut dominieren. Diese Formanten, deren Lage nur von der willkürlich veränderbaren Größe der Hohlräume des Ansatzrohres abhängt, sind für die charakteristische Klangfarbe der *stimmhaften* Sprachlaute, insbesondere der Vokale, verantwortlich (→Sprache). Die gleiche Filterwirkung tritt auch bei den geflüsterten (*stimmlosen*) Vokalen ein. Hierbei ist die Lippenritze (→Stimmlippen) fest geschlossen; der ganze Atemluftstrom wird durch die geöffnete Knorpelritze gepreßt, wird turbulent und erzeugt ein breitbandiges Geräusch, dessen Spektrum wie bei den stimmhaften Lauten durch das Ansatzrohr auf gewisse Formantbereiche beschränkt wird. Bei den stimmlosen Dauerkonsonanten dagegen ist die ganze Stimmritze weit geöffnet und der Kehlkopf an der Lautbildung nicht beteiligt: hier wirken Engen im Rachenraum, im Mundraum, zwischen Zunge und Zähnen oder zwischen den Lippen wirbelbildend.

Barth, E.: Physiologie, Pathologie u. Hygiene d. menschl. Stimme. Leipzig 1911. – *Gutzmann, H.:* Physiologie d. Stimme u. Sprache. Braunschweig 1928. – *Schweinsberg, F.:* Stimml. Ausdrucksgestaltung im Dienste d. Kirche. Heidelberg 1946.

Stimmgabel, ein gabelförmiger Schwinger, dessen Schwingungsknoten im Fußpunkt der Gabel liegt, so daß sie hier ohne Störung der Schwingung gehalten werden kann. Auf den →Kammerton a' (440 Hz) geeichte Stimmgabeln dienen zum Stimmen von Musikinstrumenten. Genaue Stimmung wird durch Verschwinden der Schwebungen angezeigt. In Physik und Technik benutzt man meist elektrisch selbsterregte Stimmgabeln zur Erzeugung von Normalfrequenzen.

Stimmgabelsender. Zwischen Anoden- und Gitterkreis einer Verstärkerröhre liegt als Koppelglied eine Stimmgabel, die über Magnetspulen, welche den Stimmgabelzinken gegenüberstehen, vom Anodenkreis aus erregt wird. Die Frequenz des Senders ist durch die Eigenfrequenz der Gabel bestimmt; diese hängt in geringem Maße von der Amplitude und den Aufspannungsbedingungen, von der Temperatur und dem Luftdruck und von der Röhre und ihren Betriebsbedingungen ab. Bei besonderer Sorgfalt im Aufbau und beim Betrieb ist bei Verwendung eines Stimmgabelmaterials mit kleinem Temperaturkoeffizienten eine Frequenzkonstanz bis zu $2 \cdot 10^{-7}$ zu erreichen.

Stimmgabelsummer, verwenden eine elektromagnetisch erregte Stimmgabel als Schwingungserzeuger, ähnlich dem →Stimmgabelsender, jedoch ohne Verwendung eines Röhrenschwingkreises. Sie dienen als einfache Wechselstromerzeuger für Brückenmessungen bei Tonfrequenzen.

Stimmlage. Umfang der menschlichen Stimme im Kunstgesang:

Sopran	etwa	$e^1 - e^3$
Mezzosopran	„	$b^0 - c^3$
Alt	„	$g^0 - b^2$
Tenor	„	$c^0 - c^2$
Bariton	„	$G - g^1$
Baß	„	$D(C) - f^1$

Stimmlippen. Innerhalb des →Kehlkopfes befindet sich, geschützt durch den Schildknorpel (Adamsapfel), der durch die beiden Stimmlippen (labia vocalia) und die beiden Gießbeckenknorpel (Stellknorpel) gebildete Stimmapparat (Glottis). Die Stimmlippen (frühere Bezeichnung: Stimmbänder) sind zwei von vorn nach hinten sich hinziehende muskulöse, mit Bindegewebe und Schleimhaut bedeckte Falten. Die beiden Stellknorpel ermöglichen es, den Zwischenraum zwischen den Stimmlippen, die *Stimmritze*, willkürlich zu öffnen und zu schließen, wobei der knorpelnahe Teil der Stimmritze, die *Knorpelritze*, unabhängig von dem knorpelfernen Teil, der *Lippenritze*, geöffnet oder geschlossen werden kann.

Bei der Hervorbringung stimmhafter Laute ist die Stimmritze in ihrer ganzen Länge geschlossen. Der hindurchdrängende Atemluftstrom versetzt die Stimmlippen in selbsterregte Kippschwingungen, deren Frequenz durch Spannung der Stimmlippen willkürlich und kontinuierlich verändert werden kann. Je nach dem Verschlußgrad der Stimmlippen und den an der Spannung beteiligten Muskeln unterscheidet man bei der Singstimme verschiedene →Register. Die mittlere Schwingungsfrequenz der Stimmlippen (Sprechtonlage) liegt beim Manne zwischen 90 und 160 Hz und bei der Frau zwischen 190 und 330 Hz; Extremwerte der Singstimme sind 60 Hz (Baß) und 2000 Hz (Sopran). Der Unterschied von etwa einer Oktave zwischen der Männer- und der Frauenstimme ist durch die Größe der Stimmlippen bedingt, die beim Manne um etwa $^1/_3$ länger sind als bei der Frau.

Gutzmann, H.: Physiologie d. Stimme u. Sprache. Braunschweig 1928.

Stimmritze →Stimmlippen.

Stimmton →Normstimmton, →Normtöne.

Stimmung, gleichschwebend temperierte, physikalische, reine →Tonskalen.

Stirling-Formel. In der Theorie der Reihen beweist man die Existenz des Grenzwertes

$$\lim_{n\to\infty} \frac{n!}{(\sqrt{2\pi n})\, n^n\, e^{-n}} = 1.$$ Asymptotisch kann man dafür auch für große Werte von n schreiben: $n! \approx \sqrt{2\pi n}\, n^n\, e^{-n}$. Diese Stirlingsche Formel findet in der theoretischen Physik insbesondere bei statistischen Rechnungen Anwendung, wo man häufig auf den Ausdruck $\ln n!$ stößt. Dafür ergibt sich aus der Stirling-Formel $\ln n! \sim n \ln n - n + \frac{1}{2} \ln(2\pi n)$. Für hinreichend große n bleibt diese Formel auch noch sehr genau, wenn man das letzte Glied vernachlässigt, so daß angenähert gilt $\ln n! \sim n \ln n - n$.

Knopp, K.: Theorie u. Anwendung d. unendl. Reihen. Grundlehren d. math. Wiss. II. Berlin 1948.

st. mi., Symbol für die Längeneinheit statute →mile.

Stochastik, Inbegriff der Lehre von der Wahrscheinlichkeitsrechnung einschließlich der mathematischen Statistik sowie ihrer Anwendungen. Mit Hilfe von Lehrsätzen, die in diesen Disziplinen bewiesen werden, lassen sich Rechenverfahren entwickeln (stochastische Methoden), die erfolgreich zur Behandlung von einer Reihe von Fragen verwendet werden können, die insbesondere verschiedenen Zweigen der beschreibenden Naturwissenschaften entspringen. So werden neuerdings in stets steigendem Maße stochastische Methoden in der Biologie (Biomathematik) und Medizin angewendet. Desgleichen finden sie in der Wirtschaftswissenschaft und Soziologie Anwendung (Wirtschafts- und soziologische Statistik).

Stöchiometrie, die Lehre von den Massenverhältnissen, mit denen sich die Elemente untereinander verbinden. Bei allen chemischen Reaktionen vereinigen sich die Elemente in bestimmten Massenverhältnissen, die durch ihre →Wertigkeiten bestimmt werden. Dabei bleibt insgesamt die Menge des wägbaren Stoffes ungeändert.

Stockpunkt, die Temperatur, bei welcher eine Flüssigkeit unter der Einwirkung ihrer eigenen Schwere nicht mehr sichtbar fließt. Er wird (neben anderen Kennwerten) insbesondere zur Kennzeichnung von Schmierstoffen verwendet und liegt z. B. bei Auto-Sommerölen bei oder etwas unterhalb 0 °C, bei Winterölen bei −10 bis −30 °C.

Stock-Thermometer, ein →Dampfdruckthermometer.

Stoffketten →Kettenexplosion.

Stoffkonstanten = →Materialkonstanten.

Stoffmenge →Äquivalent, →Mol.

Stoffwechseluntersuchungen →Indikatoren.

Stokes, abgek. St, Name für die CGS-Einheit der kinematischen Zähigkeit (→Viskosität): 1 St $= 1$ cm² s⁻¹.

Stokessches Fluoreszenzgesetz →Stokessche Regel.

Stokesscher Integralsatz. Es sei $\mathfrak{A}$ ein Vektor, dessen Komponenten $X = X(x, y, z)$, $Y = Y(x, y, z)$, $Z = Z(x, y, z)$ stetig differenzierbare Funktionen der drei Raumkoordinaten x, y, z seien, die auf einer im Raum liegenden endlichen Fläche F definiert seien. Diese werde von einer geschlossenen, stückweise glatten Kurve $\mathfrak{C}$ umrandet, die einen bestimmten Umlaufsinn besitze. Das Flächenstück F möge eine stückweise stetige Normale $\mathfrak{n}$ haben, die so orientiert werde, daß sie mit dem Umlaufsinn von $\mathfrak{C}$ eine Rechtsschraube bildet. Unter diesen Voraussetzungen gilt die als Stokesscher Integralsatz bezeichnete Beziehung

$$\iint\limits_{F}\left[\left(\frac{\partial Z}{\partial y} - \frac{\partial Y}{\partial z}\right) dy\, dz + \left(\frac{\partial X}{\partial z} - \frac{\partial Z}{\partial x}\right) dx\, dz + \left(\frac{\partial Y}{\partial x} - \frac{\partial X}{\partial y}\right) dx\, dy\right] = \oint\limits_{\mathfrak{C}} (X\, dx + Y\, dy + Z\, dz).$$

Sie gestattet eine Umformung des über die Fläche F erstreckten Oberflächenintegrals in ein Kurvenintegral, das über den F begrenzenden Rand $\mathfrak{C}$ zu nehmen ist. Das Kurvenintegral $\oint$ heißt daher auch *Randintegral.* (Eine entsprechende Integraltransformation, die ein Raumintegral in ein Oberflächenintegral verwandelt, ist der →Gaußsche Integralsatz.) Mit Hilfe der in der Vektoranalysis gebräuchlichen Bezeichnungen kann das Stokessche Theorem auch in der Form $\iint\limits_{F} \mathrm{rot}_n \mathfrak{A}\, dF = \oint\limits_{\mathfrak{C}} A_s\, ds$ geschrieben werden und besagt dann, daß das über eine Fläche zu erstreckende Integral der Normalkomponente der Rotation eines Vektors gleich dem Linienintegral seiner Tangentialkomponente über den die Fläche begrenzenden Rand ist. Man kann beweisen, daß diese Aussage auch ihre Richtigkeit behält, wenn die Fläche F aus mehreren, sich nicht berührenden Teilen besteht.

Für den Fall, daß das Flächenstück F eben ist, kann das Bezugssystem so orientiert werden, daß eine seiner Koordinatenebenen mit F zusammenfällt. Dann liegt ein zweidimensionales Problem vor, da dann $\mathfrak{A}$ von der Koordinate, deren Achse senkrecht auf F steht, unabhängig ist. Wählt man als diese etwa die z-Achse, so lautet die zweidimensionale Stokessche Formel

$$\iint (\mathrm{rot}\,\mathfrak{A})_z\, dx\, dy = \oint A_s\, ds.$$

Der Stokessche Satz ist nicht nur für zwei- bzw. dreidimensionale Mannigfaltigkeiten gültig, sondern kann auf $(n + 1)$-dimensionale Räume verallgemeinert werden. Er gestattet dann, ein $(n + 1)$-faches Integral über eine M_{n+1} in ein n-faches über dessen „Berandung" M_n überzuführen. Die verallgemeinerte Stokessche Formel liefert als Spezialfall für $n = 3$ nicht nur den oben angegebenen räumlichen Stokesschen Satz, sondern auch den dreidimensionalen Gaußschen Satz.

Courant, R.: Vorl. über Differential- u. Integralrechnung II. Berlin 1948. – *Webster-Szegö:* Partielle Differentialgleichungen d. math. Physik. Leipzig 1930. – *Lagally, M.:* Vektorrechnung. Leipzig 1934.– *Schouten, J. A.:* Der Ricci-Kalkül. Berlin 1924.– *Levi-Civita:* Der absolute Differentialkalkül. Berlin 1928. – *Eddington, A. S.:* Relativitätstheorie. Berlin 1925.

Stokessche Regel (1852): Bei fast allen Fluoreszenz- und Phosphoreszenzvorgängen wird nur solches Licht ausgesandt, das längerwellig als oder höchstens gleichwellig mit der erregenden Strahlung ist; $\nu_e \leqq \nu_a$, wenn ν_a die absorbierte und ν_e die emittierte Frequenz ist. Nur selten wird die Stokessche Regel ein wenig verletzt, nämlich dann, wenn zu der eingestrahlten Energie Schwingungsenergie der Atome kommt. Man spricht dann von

→antistokesschen Linien, die etwas kürzerwellig sind als die erregende Strahlung.

Die Stokessche Regel findet ihre Erklärung darin, daß die Energie $h\nu_e$ nach dem Energieprinzip nur $\leq h\nu_a$ sein kann, es sei denn, daß ein Energiezuschuß aus anderer Quelle erfolgt.

Bei mittleren Temperaturen sind diese Zuschüsse aus der Schwingungsenergie der Atome nur gering.

Gleichheit der erregenden und der emittierten Wellenlänge tritt bei der →Resonanzstrahlung auf.

Stokessches Reibungsgesetz. Nach *Stokes* erfährt eine Kugel oder Blase vom Radius r, die sich in einer unendlich ausgedehnten Flüssigkeit von der →Viskosität η mit der Geschwindigkeit v bewegt, infolge der inneren Reibung einen Widerstand

$$k = 6\pi\eta\, rv, \qquad (1\,\text{a})$$

so daß

$$v = \frac{k}{6\pi\eta\, r}. \qquad (1\,\text{b})$$

Fällt oder steigt sie unter der vereinigten Wirkung von Schwerkraft und Auftrieb, so beträgt die konstante Geschwindigkeit, die sie nach Durchlaufen einer genügend langen Anlaufstrecke erlangt,

$$v = \frac{2(\varrho - \varrho_0)\, r^2 g}{9\,\eta}. \qquad (2)$$

(r Radius der Kugel oder Blase, ϱ, ϱ_0 Dichte der Kugel und der Flüssigkeit). Die Gleichungen sind aber nur für →Reynoldssche Zahlen $R < 0{,}1$ genügend streng richtig und setzen voraus, daß die Trägheitskräfte gegenüber den Kräften der inneren Reibung vernachlässigt werden können, gelten also genau nur für sehr kleine Geschwindigkeiten und sehr kleine Kugeln bzw. bei großer Viskosität. Zur Berücksichtigung der Trägheitskräfte ist nach *Oseen* die rechte Seite der Gl. (1) mit dem Faktor $(1 + 3\,R/8)$ zu multiplizieren (R →Reynoldssche Zahl). Erfolgt die Bewegung längs der Achse einer zylindrischen Röhre vom Radius r_r, so ist an der Gl. (2) nach *Ladenburg* der Korrektionsfaktor $(1 + 2{,}1\; r/r_r)$ anzubringen (der in der Literatur meist angegebene Faktor 2,4 beruht auf einem Druckfehler), bei endlicher Fallstrecke h nach *Altrichter* und *Lustig* der Faktor $(1 + 3{,}3\; r/h)$.

In einem Gase gelten aber die Gl. (1a, b) nur, wenn der Kugelradius r groß gegen die mittlere freie Weglänge der Gasmoleküle ist. Ist er von der gleichen Größenordnung, so ist statt der Gl. (1b) das *Stokes-Cunningham-Gesetz*

$$v = \frac{k}{6\pi\eta\, r} \; \frac{1 + 3\eta/(\eta_a r)}{1 + 2\eta/(\eta_a r)} \qquad (3)$$

zu verwenden. Dabei ist η/η_a der Gleitungskoeffizient (→Gleitung an Grenzflächen). Die Gl. (3) versagt, wenn die mittlere freie Weglänge $\gg r$ ist.

Handb. d. Physik VII. Berlin 1927. — *Müller, W.:* Math. Theorie d. Viskosität. Leipzig 1932.

Stoletow-Kurve (-Effekt), Abhängigkeit des Photostromes in einer gasgefüllten Photozelle vom Gasdruck bei konstanter Spannung und konstanter Belichtung. Mit dem schrittweisen Einlassen von Edelgas in eine Vakuumzelle steigt zunächst der Photostrom, da mit wachsendem Druck die Zahl der ionisierenden Stöße von Elektronen auf Atome wächst. Beim Überschreiten eines gewissen Druckes (Stoletow-Maximum) nimmt der Photo-

strom wieder ab, weil wegen der dann abnehmenden mittleren freien Weglänge der Elektronen die Ionisation ebenfalls abnimmt.

Stolt-Bogen (*wandernder Bogen*), →Bogenentladung mit künstlich durch Rotation oder ein Magnetfeld erzwungener Bewegung der Brennflecke. Bei zu hoher Wanderungsgeschwindigkeit des kathodischen Brennflecks reißt der Bogen ab (Kohle einige cm s^{-1}, Cu ~ 10 m s^{-1}, Hg ~ 600 m s^{-1}).

Stolt, H.: Z. Physik **31**, 240 (1925).

Stoppuhr →Uhren.

Stöpselrheostat, Widerstandssatz, der dekadisch oder nach Art der Gewichtssätze gestaffelt ist. Die Enden der einzelnen Widerstände sind zu Kontaktklötzen aus Messing geführt, die durch einen konischen Stöpsel kurzgeschlossen oder mit einer Messingschaltschiene verbunden werden. Die Stöpselverbindungen sollen nur einen sehr kleinen Widerstand haben ($< 10^{-4}\,\Omega$), der aber bei genaueren Messungen berücksichtigt werden muß. Die Stöpsel und Stöpsellöcher müssen stets metallisch blank gehalten werden; zweckmäßig ist ein häufigeres Abreiben derselben mittels eines mit Petroleum befeuchteten Lappens. Der Kontakt zwischen Stöpsel und Passung muß möglichst innig sein, und der Stöpsel muß gegen Verschmutzen und Verletzungen und vor allem vor Quecksilber geschützt werden. Bei Nichtbenutzung sind die Stöpsel zu lockern.

Störabstand bei elektrischen Verstärker- und Empfangsgeräten, das Verhältnis von Signal- zu Störspannung, das für die jeweilige Empfangsart erforderlich ist. Der auf Erfahrungswerten beruhende notwendige Störabstand beträgt bei guter Musikübertragung 10^3, bei reiner Sprachübertragung 10^2, bei Telegraphiebetrieb 2.

Störleitfähigkeit →Halbleiter.

Störmersche Theorie →Nordlichttheorien.

Störpegel, -spiegel. Zahlreiche physikalische Beobachtungen werden durch die Tatsache beeinträchtigt, daß sich dem zu beobachtenden Effekt andere störende, oft statistisch schwankende Effekte überlagern. Beispiele: Störgeräusche bei der Beobachtung eines akustischen Effekts, thermische Schwankungen des Leitungsstromes bei einer Strommessung. Die Stärke solcher Störeffekte nennt man *Störpegel* oder *Störspiegel*. Besonders wichtige Beispiele sind die verschiedenen Arten des →*Rauschens* (*Rauschpegel*). Durch den Störpegel wird der Beobachtbarkeit des untersuchten Effektes eine untere Grenze gesetzt, da seine Messung um so ungenauer wird, je mehr seine Intensität sich dem Störpegel nähert.

Störspiegel von Photozellen. Wenn man die Belichtung einer Photozelle unter Beobachtung des Photostromes schrittweise schwächt, so kommt man schließlich auf einen Photostrom, der in derselben Größenordnung liegt wie der Dunkelstrom der Zelle, der Störspiegel oder Störpegel. Eine Verwendung der Zelle unterhalb dieser Grenze ist sinnlos. Bei Belichtung der Photozelle mit Wechsellicht bei nachgeschaltetem Verstärker und Schallsender ist der Störspiegel durch das →Photozellenrauschen gegeben. Fällt dort die zu verstärkende lichtelektrische Eingangsleistung in die Größenordnung des Störspiegels, so taucht sie trotz beliebigen Verstärkungsgrades auch an der Ausgangsseite des Verstärkers im Störspiegel unter.

Störstellen. Als solche bezeichnet man alle Arten von Abweichungen im Aufbau eines Kristalls von der genauen stöchiometrischen Zusammensetzung, insbesondere die Besetzung von Gitterplätzen oder Zwischengitterplätzen durch Fremdatome (Überschuß an Metall oder an Metalloid usw.; →Fehlstellen). Durch die Störstellen werden die periodischen Energiestufen der Elektronen im Gitter verändert, und im Schema der →Energiebänder entstehen *Störterme*. Diese liegen entweder dicht über dem Grundband oder dicht unterhalb des Leitfähigkeitsbandes (Abb. →Halbleitung, →Leuchtmechanismus).

Bei den *Kristallphosphoren* werden Störstellen durch den Einbau von fremden Aktivatoratomen in das Kristallgitter hervorgerufen. Durch diesen Einbau erhalten die Kristalle erst ihre Leuchtfähigkeit. Es gibt jedoch auch eine →Selbstaktivierung, bei welcher Atome des eigenen Kristallgitters (z. B. durch Reduktion) ausgeschieden werden und die Aktivatoratome und damit die Störstellen bilden. Absorption an diesen Störstellen findet im langwelligen Ausläufer der Grundgitterabsorptionsbanden statt und führt zu intensivem →Spontanleuchten und zu intensiver →Phosphoreszenz.

Die Störterme spielen eine sehr wichtige Rolle beim →Leuchtmechanismus; denn die Lichtemission der Kristallphosphore erfolgt stets durch Übergang vom Leitfähigkeitsband zu den Störtermen.

Störstellenhalbleiter →Halbleiter.

Störterme →Störstellen.

Störungen in Banden →Bandenstörungen.

Störungen der Ionosphäre, alle erheblichen Abweichungen von deren durchschnittlichem Zustand: 1. →Mögel-Dellinger-Effekt, 2. →Ionosphärensturm, 3. sporadische →E-Schicht, 4. →Streuechos. Durch die Störungen wird auch die Ausbreitung der Radiowellen oft erheblich beeinflußt.

Störungsempfindliche Eigenschaften = →strukturempfindliche Eigenschaften.

Störungsoperator. Läßt sich der Operator A einer Observablen (in den Anwendungen meist der Energieoperator) aufspalten: $A = A_0 + A_1$, wobei $A_1 \ll A_0$ ist und wobei man das Eigenwertproblem zu A_0 leichter behandeln kann, so nennt man A_1 den Störungsoperator. A_1 heißt klein gegenüber A_0, wenn die Matrixelemente von A_1 in der A_0-Darstellung (→Darstellung) klein gegenüber den Differenzen der Eigenwerte von A_0 sind. →Störungstheorie, quantenmechanische.

Störungstheorie, astronomische. Da in unserem Sonnensystem die Sonne die Planeten an Masse weit übertrifft und die gegenseitigen Entfernungen der einzelnen Planeten sehr groß sind, kann man die Bahn eines Planeten so bestimmen, daß man in erster Näherung nur die von der Sonne ausgehende Gravitationswirkung berücksichtigt (wobei sich eine elliptische Bahn des Planeten ergibt) und dann in zweiter Näherung die durch die Gravitationswirkungen der übrigen Planeten hervorgerufenen Abweichungen von der einfachen elliptischen Bewegung, die Störungen, feststellt und anbringt. Die Störungen in Abhängigkeit von den Bahnelementen des gestörten Planeten für irgendeine Epoche und von den Massen und Bahnelementen der störenden Planeten in analytischer Form auszudrücken, ist eines der wichtigsten, aber auch schwierigsten Probleme der Himmelsmechanik, dessen Behandlung zwar noch zu keiner vollständig befriedigenden Lösung, aber doch dahin geführt hat, daß man auf dem Wege fortgesetzter Annäherungen die selbst im Verlauf mehrerer Jahrhunderte angewachsenen Störungen noch mit erheblicher Genauigkeit bestimmen kann (→Perihelbewegung).

Störungstheorie, quantenmechanische. Ist $H = H_0 + \varepsilon V$ ein →Hermitescher Operator, dessen Eigenwerte gesucht sind, und sind die Eigenwerte und Eigenvektoren von H_0 bekannt: $H_0 \varphi_n = E_n^{(0)} \varphi_n$, so kann man zur H_0-Darstellung übergehen. In ihr lautet die Gleichung $H \psi_k = E_k \psi_k$:

$$\sum_n (m \mid H \mid n)(n \mid S \mid k) = E_k (m \mid S \mid k).$$

Hierbei sind die $(n \mid S \mid k)$ definiert durch $(n \mid S \mid k) = (\varphi_n, \psi_k)$ und $(m \mid H \mid n) = E_n \delta_{mn} + (m \mid V \mid n)$ mit $(m \mid V \mid n) = (\varphi_m, V \varphi_n)$. Man entwickelt nun nach Potenzen von ε:

$$E_k = E_k^{(0)} + \varepsilon E_k^{(1)} + \varepsilon^2 E_k^{(2)} + \cdots$$
$$(n \mid S \mid k) = \delta_{nk} + \varepsilon (n \mid S^{(1)} \mid k) + \varepsilon^2 (n \mid S^{(2)} \mid k) + \cdots$$

Ist $E_k^{(0)}$ nicht entartet, so folgt

$$E_k^{(1)} = (k \mid V \mid k); \qquad E_k^{(2)} = - \sum_{n \neq k} \frac{|(k \mid V \mid n)|^2}{E_n^{(0)} - E_k^{(0)}};$$

$$(m \mid S^{(1)} \mid k) = - \frac{(m \mid V \mid k)}{E_m^{(0)} - E_k^{(0)}} \quad \text{für } m \neq k; \quad (k \mid S^{(1)} \mid k) = 0 \cdot$$

$$(m \mid S^{(2)} \mid k) = \frac{[(m \mid V \mid m) - (k \mid V \mid k)](m \mid V \mid k)}{(E_m^{(0)} - E_k^{(0)})^2} +$$
$$+ \sum_{\substack{n \neq k \\ n \neq m}} \frac{(m \mid V \mid n)(n \mid V \mid k)}{(E_m^{(0)} - E_n^{(0)})(E_n^{(0)} - E_k^{(0)})}$$

für $m \neq k$ und

$$(k \mid S^{(2)} \mid k) + \overline{(k \mid S^{(2)} \mid k)} + \sum_n |(n \mid S^{(1)} \mid k)|^2 = 0.$$

Ist der Eigenwert $E_k^{(0)}$ g-fach entartet, so muß man erst das Eigenwertproblem in dem zu $E_k^{(0)}$ gehörigen Eigenraum lösen:

$$\begin{vmatrix} (k_1 \mid H \mid k_1) - E & (k_1 \mid H \mid k_2) & \cdots & (k_1 \mid H \mid k_g) \\ (k_2 \mid H \mid k_1) & (k_2 \mid H \mid k_2) - E & \cdots & \\ \vdots & & & \\ (k_g \mid H \mid k_1) & \cdots & & (k_g \mid H \mid k_g) - E \end{vmatrix} = 0,$$

wobei $E_{k_1}^{(0)} = E_{k_2}^{(0)} = \cdots = E_{k_g}^{(0)}$ ist.

Ist H speziell der Energieoperator, so tritt oft neben der Bestimmung der gestörten Eigenwerte auch das Problem auf, die Zeitabhängigkeit eines Zustandes ψ unter dem Einfluß der Störung zu bestimmen. In der H_0-Darstellung ist ψ gegeben durch die c_n mit $\psi = \sum_n \varphi_n c_n$. Die Bewegungsgleichung lautet:

$$- \frac{\hbar}{i} c_n = \sum_n (m \mid H \mid n) c_n.$$

Die „ungestörte" Lösung lautet

$$c_n^{(0)}(t) = c_n^{(0)}(0) e^{\frac{i}{\hbar} E_n^{(0)} t}.$$

Man setzt daher zweckmäßig

$$c_m(t) = a_m(t) e^{-\frac{i}{\hbar} E_m^{(0)} t}$$

und weiterhin $a_m(t) = a_m^{(0)} + \varepsilon a_m^{(1)}(t) + \varepsilon^2 a_m^{(2)}(t) \cdots$

Dann wird:

$$a_m^{(1)}(t) = -\frac{i}{\hbar} \sum_n a_n^{(0)} \int_0^t (m|V|n)\, e^{\frac{i}{\hbar}(E_m^{(0)}-E_n^{(0)})t}\, dt,$$

$$a_m^{(2)}(t) = -\frac{1}{\hbar^2} \sum_n a_n^{(0)} \sum_l \int_0^t (m|V|l) \times$$

$$\times e^{\frac{i}{\hbar}(E_m^{(0)}-E_n^{(0)})\tau}\, d\tau \int_0^\tau (l|V|n)\, e^{\frac{i}{\hbar}(E_l^{(0)}-E_n^{(0)})\tau}\, d\tau.$$

Hierbei kann V als Operator noch explizit von der Zeit abhängen.

Stoß. Zwei kräftefreie Körper mit den Massen m_1 und m_2 sollen sich so bewegen, daß sie irgendwann zusammenstoßen. Sie werden dann Energie und Impuls austauschen; im allgemeinen wird ein mehr oder weniger großer Bruchteil ihrer kinetischen Energie in andere Energieformen (bleibende Verformungsarbeit, Wärme, Schall) verwandelt werden, während die Summe ihrer Bewegungsgrößen immer konstant bleibt ($\rightarrow$Impulssatz). Nach dem Stoß bewegen sich die Körper im allgemeinen mit veränderten Beträgen und Richtungen ihrer Geschwindigkeiten wieder auseinander.

Wir beschreiben diesen Vorgang zunächst in einem Bezugsystem, in dem der gemeinsame Schwerpunkt der beiden Massen ruht. Dann bewegen sich ihre Schwerpunkte auf parallelen Geraden (von deren Abstand es abhängt, ob überhaupt Zusammenstoß erfolgt), und die Körper stoßen am Ort ihres gemeinsamen Schwerpunktes zusammen. Nach dem Stoß werden die Schwerpunkte der beiden Körper sich im allgemeinen wiederum auf parallelen Geraden, aber im allgemeinen in anderen Richtungen als vorher und mit veränderten Geschwindigkeitsbeträgen wieder voneinander entfernen. Fallen die parallelen Schwerpunktsbahnen der beiden Körper zusammen, so erfolgt *zentraler Stoß*. Anderenfalls erhalten die Körper auf Kosten ihrer kinetischen Energie beim Stoß entgegengesetzte, gleich große Drehimpulse.

Als einfachstes Beispiel betrachten wir den Stoß zweier Kugeln, die vor dem Stoß in dem genannten Bezugsystem, also relativ zu ihrem gemeinsamen Schwerpunkt S, die Geschwindigkeiten $\mathfrak{v}_1, \mathfrak{v}_2$ haben (Abb. 1). Tritt beim Stoß kein Verlust an kinetischer Energie ein, so heißt der Stoß *vollkommen elastisch*; in der Regel wird aber ein Energieverlust ε eintreten. Er erreicht seinen Höchstwert, wenn die während des Stoßvorganges mehr oder weniger deformierten Körper — etwa zwei

plastische Körper — die an ihnen geleistete Deformationsarbeit nicht wieder als kinetische Energie zurückgeben. Die Körper verharren dann in unserem speziellen Bezugsystem nach dem Stoß am Ort ihres Schwerpunkts in Ruhe. In einem beliebigen Bezugsystem bewegen sie sich mit der Geschwindigkeit ihres Schwerpunkts gemeinsam weiter. Es liegt ein *vollkommen unelastischer Stoß* vor.

Der $\rightarrow$Impulssatz und der $\rightarrow$Schwerpunktsatz einerseits und das $\rightarrow$Energieprinzip andererseits liefern nun in unserem speziellen Bezugsystem für den Impuls $\mathfrak{G}$ und die Energie E der Körper die folgenden Beziehungen ($\mathfrak{v}_1, \mathfrak{v}_2$ Geschwindigkeiten vor dem Stoß, $\mathfrak{v}_1', \mathfrak{v}_2'$ nach dem Stoß):

$$\mathfrak{G} = m_1 \mathfrak{v}_1 + m_2 \mathfrak{v}_2 = m_1 \mathfrak{v}_1' + m_2 \mathfrak{v}_2' = 0, \tag{1}$$

$$E = \tfrac{1}{2} m_1 \mathfrak{v}_1^2 + \tfrac{1}{2} m_2 \mathfrak{v}_2^2 = \tfrac{1}{2} m_1 \mathfrak{v}_1'^2 + \tfrac{1}{2} m_2 \mathfrak{v}_2'^2 + \varepsilon = E' + \varepsilon, \tag{2}$$

wenn $E' = E - \varepsilon$ die Summe der kinetischen Energien der Körper nach dem Stoß ist. Hieraus folgt

$$\mathfrak{v}_1'^2 = \mathfrak{v}_1^2 \left(1 - \frac{2\varepsilon}{m_1 \mathfrak{v}_1^2 + m_2 \mathfrak{v}_2^2}\right) = \mathfrak{v}_1^2 \left(1 - \frac{\varepsilon}{E}\right), \tag{3a}$$

$$\mathfrak{v}_1'^2 = \mathfrak{v}_2^2 \left(1 - \frac{2\varepsilon}{m_1 \mathfrak{v}_1^2 + m_2 \mathfrak{v}_2^2}\right) = \mathfrak{v}_2^2 \left(1 - \frac{\varepsilon}{E}\right). \tag{3b}$$

Da $\mathfrak{v}_1'^2, \mathfrak{v}_2'^2$ skalare Produkte sind, so sagen sie nur etwas über die Beträge v_1', v_2', aber nichts über die Richtungen der Geschwindigkeiten nach dem Stoß aus, die von der Art des Zusammenstoßes (zentral oder mehr oder weniger davon abweichend) abhängen. Aus den Gl. (3a, b) ergeben sich folgende Grenzfälle (immer noch in unserem speziellen Bezugsystem):

1. *Vollkommen elastischer Stoß*, $\varepsilon = 0$, also $v_1' = v_1$, $v_2' = v_2$. Die Beträge der Geschwindigkeiten (relativ zum Schwerpunkt) der beiden

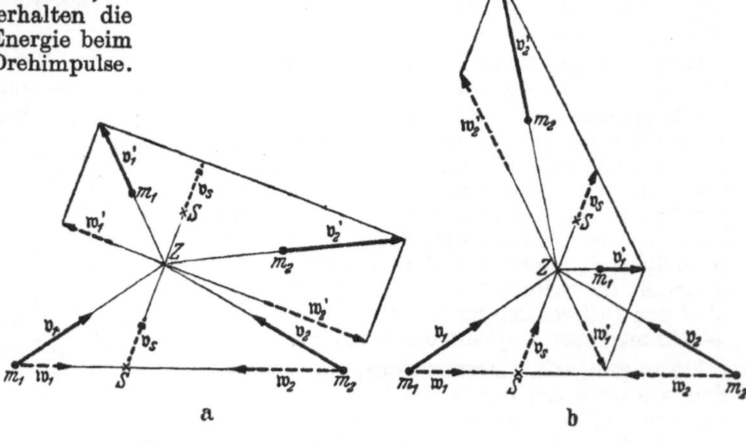

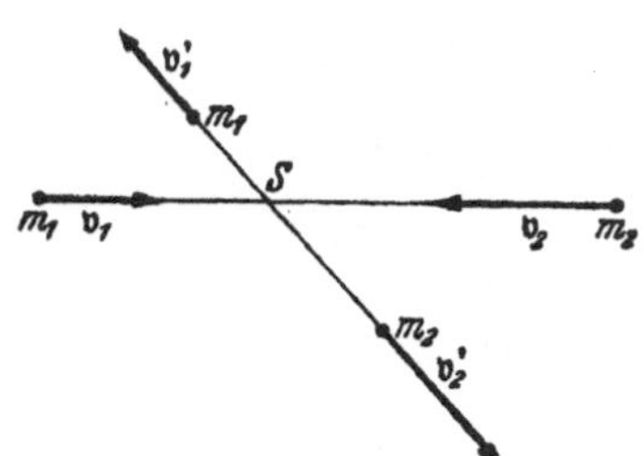

Abb. 1. Vollkommen elastischer Stoß bei ruhendem Schwerpunkt.

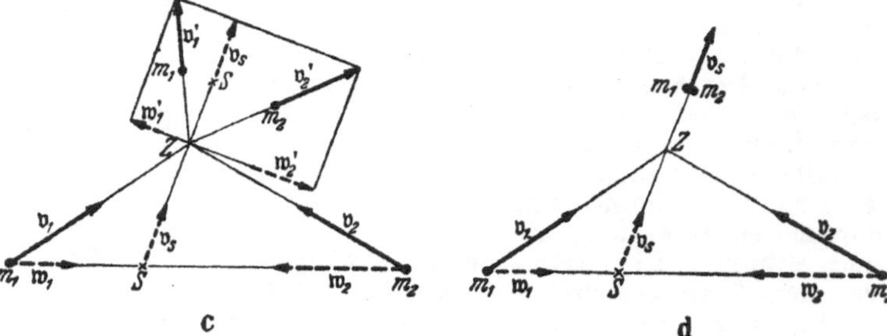

Abb. 2. a) und b) vollkommen elastischer, c) unvollkommen elastischer d) vollkommen unelastischer Stoß.

Massen ändern sich nicht, höchstens (bei nicht-zentralem Stoß) ihre Richtungen (Abb. 1).

2. *Vollkommen unelastischer Stoß,* $\varepsilon = E$, also $v_1' = v_2' = 0$. Ein vollkommen unelastischer Stoß entspricht genau der ersten Phase eines vollkommen elastischen Stoßes bis zum Eintreten der maximalen elastischen Deformationen der beiden Körper. Während aber dann beim elastischen Stoß eine elastische Kraft auftritt, welche die Körper wieder auseinandertreibt, entfällt diese beim vollkommen unelastischen Stoß, und die Körper bleiben beieinander.

Von dem relativ zum Schwerpunkt ruhenden Bezugsystem kann man nun ohne weiteres zu jedem beliebigen Bezugsystem übergehen, indem man zu den in den Gl. (3a, b) auftretenden Geschwindigkeiten die Schwerpunktsgeschwindigkeit v_s relativ zum neuen Bezugsystem vektoriell addiert. Die Abb. 2 zeigt dies für einige Fälle graphisch. w_1, w_2 sind die Geschwindigkeiten relativ zum Schwerpunkt.

Die allgemeine Lösung bei beliebigem (unbeschleunigtem) Bezugsystem lautet

$$v_1' = \frac{m_1 v_1 + m_2 v_2}{m_1 + m_2} - \frac{m_2(v_1 - v_2)}{m_1 + m_2} \sqrt{1 - \frac{2\varepsilon}{\mu(v_1 - v_2)^2}} , \quad (4a)$$

$$v_2' = \frac{m_1 v_1 + m_2 v_2}{m + m_2} - \frac{m_1(v_2 - v_1)}{m_1 + m_2} \sqrt{1 - \frac{2\varepsilon}{\mu(v_1 - v_2)^2}} . \quad (4b)$$

Dabei ist $\mu = m_1 m_2/(m_1 + m_2)$ die →reduzierte Masse der beiden Körper. Beim vollkommen unelastischen Stoß verschwindet, wie leicht ersichtlich, die Wurzel in den Gl. (4a, b). Daraus folgt für diesen Fall $\varepsilon = \frac{1}{2}\mu(v_1 - v_2)^2$; der Energieverlust ist gleich der kinetischen Energie der mit der Relativgeschwindigkeit $v_1 - v_2$ bewegten reduzierten Masse der stoßenden Körper (*Carnotscher Energieverlust*).

Ein besonders einfaches Beispiel ist der vollkommen elastische zentrale Stoß zweier gleich schwerer Kugeln (Masse m). In diesem Fall ergibt sich leicht $v_1' = v_2$, $v_2' = v_1$. Die Kugeln tauschen beim Stoß einfach ihre Geschwindigkeiten aus. Das läßt sich leicht mit den Stahlkugeln des in der Abb. 3 dargestellten Apparates zeigen. Hübsch ist auch folgender Versuch. Hebt man auf der einen Seite n gleiche Kugeln ab und läßt sie zurückfallen, so fliegt an der anderen Seite die gleiche Zahl von Kugeln ab; die übrigen verharren in Ruhe. Denn es muß (bei vollkommen elastischem Stoß) sein: $n\frac{1}{2}mv^2 = n'\frac{1}{2}mv'^2$ und $nmv = n'mv'$. Daraus folgt $n' = n$ und $v' = v$.

Die Stoßgesetze gelten nicht nur für materielle Körper, sondern z. B. auch für den Stoß zwischen einem Lichtquant und einem Elektron (→Compton-Effekt), dann aber in relativistischer Form. — Ferner →Stoßtheorie, quantenmechanische.

Sommerfeld, A.: Vorl. über theoret. Physik I. Leipzig 1948. — *Westphal, W. H.:* Physik. Berlin-Göttingen-Heidelberg 1950.

Stöße 1. und 2. Art. Bei den Stößen (→Stoßtheorie) von Korpuskeln auf angeregte Atome ist es nicht nur möglich, daß das Atom in einen höheren Zustand gehoben wird unter Verlust von kinetischer Energie des stoßenden Teilchens (Stöße 1. Art), sondern auch, daß das Atom in einen tieferen Zustand übergeht unter Zunahme der kinetischen Energie des stoßenden Teilchens (Stöße 2. Art). →Ionisation (IV).

Die Bezeichnung Stoß 2. Art wird darüber hinaus auch auf alle Vorgänge angewandt, bei

denen Anregungs- oder Ionisierungsenergie umgesetzt wird, auch wenn damit kein Umsatz an kinetischer Energie verknüpft ist.

Stöße, Hoffmannsche, →Hoffmannsche Stöße.

Stöße von Molekülen. *Elastische* Stöße (→Stoß) zwischen Molekülen sind Wechselwirkungen zweier Moleküle infolge zwischenmolekularer Kräfte, durch welche die Summe ihrer Translationsenergien *nicht* geändert wird, *unelastische* solche, bei denen diese ganz oder teilweise in andere Energieformen übergeht (Energie innerer Freiheitsgrade, chemische Prozesse, Strahlung).

Stoßanregung →Elektronenstoß, →Franck-Hertz-Versuch.

Stoßausschlag = →ballistischer Ausschlag.

Stoßdämpfung. Die Stoßverbreiterung der Spektrallinien ist in ihrer Wirkung einer Dämpfung des Emissionsprozesses (→Strahlungsdämpfung) ähnlich. →Druckeinfluß auf Spektrallinien.

Stoßdruck. 1. Die →Bernoulli-Gleichung für die wirbelfreie instationäre Strömung mit dem Geschwindigkeitspotential φ lautet

$$\varrho\frac{\partial\varphi}{\partial t} - \frac{\varrho v^2}{2} = p + \text{const.} \quad (1)$$

Für große Werte $\varrho\,\partial\varphi/\partial t$ kann das Glied $\varrho v^2/2$ vernachlässigt werden, so daß

$$\varrho\frac{\partial\varphi}{\partial t} = p \quad (2)$$

wird. Wenn die Strömung in sehr kurzer Zeit aus der Ruhe heraus mit großer und konstanter Änderungsgeschwindigkeit entsteht (Initialströmung), so kann die Gl. (2) über die Zeit t integriert werden, woraus

$$\int_0^t p\,dt = \varrho\varphi \quad (3)$$

folgt. Die physikalische Bedeutung des Geschwindigkeitspotentials ergibt sich demnach daraus, daß sein Betrag, multipliziert mit der Dichte ϱ des strömenden Mediums, dem Impuls (Stoßdruck) entspricht, der erforderlich ist, um die Strömung aus der Ruhe heraus entstehen zu lassen.

2. →Stoßheber.

Stoßerregung. Unterliegt ein physikalisches System der Einwirkung einer äußeren Störung S, die in einem gewissen Zeitpunkt $t = t_0$ in das System eingreift, so ist für alle $t < t_0$ die Störung Null, für $t > t_0$ verläuft sie nach irgendeiner, von den jeweiligen Verhältnissen abhängigen Funktion. Ist die Störung S für $t = t_0$ unstetig, d. h. setzt sie mit einem endlichen Wert $S \neq 0$ ein, so nennt man das System stoßerregt. Der einfachste Fall einer Stoßerregung ist die →Sprungfunktion, die für alle $t < t_0$ verschwindet, für alle $t > t_0$ einen endlichen Wert S_0 hat und für $t = t_0$ von Null auf S_0 springt.

Stoßerregung, elektrische, die Erregung eines Schwingungskreises zu Schwingungen in seiner Eigenfrequenz durch einen kurzzeitigen Stromstoß. Eine besondere Art der Stoßerregung bei gekoppelten Kreisen stellt die Methode des →Löschfunkens dar. Hier wird der die Funkenstrecke enthaltende primäre Stromkreis durch Verlöschen des Funkens in dem Augenblick unterbrochen, wo er seine Energie zum größten Teil an den Sekundärkreis abgegeben hat, der dann in seiner Eigenfrequenz ausschwingen kann. →Funkensender.

Zenneck, J., u. *H. Rukop:* Drahtlose Telegraphie. Stuttgart 1925.

Stoßfunktion (nach *Townsend*), →Ionisierungszahlen als Funktionen von E/p.

Stoßgalvanometer = →ballistisches Galvanometer.

Stoßheber (*hydraulischer Widder*), fördert eine kleinere Flüssigkeitsmenge stoßweise auf ein höheres Niveau, indem abwechselnd eine andere, größere Flüssigkeitsmenge, das Treibwasser, auf ein niederes Niveau absinkt und dabei die zur Arbeitsleistung erforderliche Energie abgibt. Das Treibwasser fließt durch ein Sperrventil ab, das durch sein Eigengewicht oder durch Federkraft so lange offen gehalten wird, bis der mit der zunehmenden Strömung in der Leitung anwachsende dynamische Druck es schließt. Die alsdann beim Abbremsen der in der Leitung befindlichen Flüssigkeitsmasse entstehende Drucksteigerung öffnet ein Druckventil, durch das die Fördermenge — zumeist über einen Ausgleichsbehälter (Windkessel) — in die Förderleitung gelangen kann. Hierbei sinkt der Druck in der Leitung wieder, so daß das Spiel von neuem beginnen kann. Für größere Steighöhen der Fördermenge, etwa bis zur 20fachen Fallhöhe des Treibwassers, sind gemäß dem Energieprinzip entsprechend große Treibwassermengen nötig.

Stoßintegral. Wenn irgendeine physikalische Größe G vom Augenblick $t = t_0$ ab dem Einfluß einer mit der Zeit t veränderlichen Wirkung (Störung) $S(t)$ unterliegt, so wird G in bestimmter, von $S(t)$ abhängiger Weise eine Funktion der Zeit t werden. Die Abhängigkeit $G(t)$ läßt sich, wie die Theorie der linearen Systeme zeigt, in Form des →*Duhamelschen Integrals*

$$G(t) = \frac{d}{dt} \int_0^t G_{E_0}(\tau)\, S(t - \tau)\, d\tau \qquad (1)$$

darstellen, wenn $t_0 = 0$ gewählt wird. Die in dem Integranden auftretende, noch nicht erklärte Funktion G_{E_0} bedeutet dabei diejenige spezielle Zeitabhängigkeit, die die Größe G unter dem Einfluß einer im Augenblick $t_0 = 0$ einsetzenden Störung vom Charakter einer →Einheitssprungfunktion E_0 (auch Einheitsstoß genannt) annimmt. Der wesentliche Inhalt des Duhamelschen Integralausdruckes ist es also, daß der Einfluß einer beliebig veränderlichen Störung (durch →Faltung) angegeben werden kann, wenn die Wirkung eines Einheitsstoßes bekannt ist. Man nennt daher auch den Ausdruck Gl. (1) vielfach *Stoßintegral*. Kürzlich wurde gezeigt, daß die Berechnung von $G(t)$ auch möglich ist, wenn nicht die Wirkung G_{E_0} des Einheitsstoßes E_0, sondern diejenige von dessen Ableitung E_1 bekannt ist. Dann gilt für $G(t)$ die Darstellung (*Päsler*)

$$G(t) = \int_0^t G_{E_1}(\tau)\, S(t - \tau)\, d\tau, \qquad (2)$$

wobei G_{E_1} die Zeitabhängigkeit ist, die von E_1 der Größe G aufgezwungen wird. Da E_1 mit der *Dirac*schen →δ-Funktion identisch ist, d. h. immer $= 0$ ist und nur für das einzige Argument 0 nicht verschwindet (dort ist $\delta = \infty$), wird dafür auch die Bezeichnung *Nadelimpuls* benutzt. In Anlehnung an diesen Begriff und als Analogon zum Stoßintegral Gl. (1) wurde daher für (2) die Bezeichnung *Impulsintegral* vorgeschlagen.

Wagner, K. W.: Operatorenrechnung u. Laplace-Transformation Leipzig 1950. — *Lueg, R., M. Päsler* u. *W. Reichardt:* Ann. Phys. 1951.

Stoßionisation. Bei dem Stoß eines Teilchens auf ein Atom oder Molekül kann das stoßende Teilchen bei genügend hoher Energie ein Elektron aus dem Atom oder Molekül abspalten, d. h. es ionisieren (→Ionisation). In der Stoßtheorie entspricht dies einem unelastischen Stoß, bei dem das Atom oder Molekül in einen Zustand des kontinuierlichen Energiespektrums angeregt wird. Genauere Formeln des Wirkungsquerschnittes für Stoßionisierung →Literatur.

Durch Stoßionisation kann ein Elektron sich zu einer →Elektronenlawine vervielfachen. Zahlenmäßige Beschreibung durch die →Ionisierungszahlen α, β. Den Einsatz der Stoßionisation in einem Plattenkondensator mit homogener Volumionisierung durch Bestrahlung erkennt man an dem erneuten Anstieg des Stromes nach Erreichen des Sättigungswertes beim Überschreiten einer gewissen Feldstärke (→Sättigungsstrom). Zur Messung des Stoßionisationskoeffizienten α löst man an der negativen Platte lichtelektrisch Elektronen aus (*Townsend*). Der primär ausgelöste Photostrom i_0 verstärkt sich beim Plattenabstand d auf $i = i_0 \exp(\alpha d)$ (gasverstärkter Photostrom). Wenn bei höheren Feldern die Stoßionisation durch Ionen (Ionisierungszahl β) einsetzt, ergänzt sich der Ausdruck zu

$$i = i_0 \frac{(1 - \beta/\alpha)\, e^{(\alpha - \beta)\, d}}{1 - \beta/\alpha\, e^{(\alpha - \beta)\, d}}.$$

Wenn aber eine Auslösung von Elektronen durch Ionenstoß an der negativen Platte mit der Ausbeute γ stattfindet, so ergibt sich

$$i = i_0 \frac{e^{\alpha d}}{1 - \gamma\, (e^{\alpha d} - 1)}.$$

Saubere Messungen der Stoßionisationskoeffizienten sind schwierig.

Mit zunehmender Energie der stoßenden Teilchen steigt die Zahl der je Wegeinheit entstehenden Ladungsträger an, durchläuft ein Maximum und fällt bei höherer Energie wieder ab. Für Elektronen liegt diese Mindestenergie in Gasen ungefähr in der Größenordnung 10 eV (→Appearance-Potential) und das Maximum der ionisierenden Wirkung ungefähr zwischen 100 eV. Bei der Stoßionisation durch schwere Teilchen liegen diese Werte wesentlich höher.

Handb. d. Physik XXIV/1. Berlin 1933.

Stoßleuchten. Durch den Stoß von Teilchen kann ein Atom in einen höheren Zustand angeregt werden, falls die kinetische Energie des Teilchens dazu ausreicht (→Stoßtheorie, →Franck-Hertz-Versuch). Dadurch, daß das Atom wieder in den Grundzustand zurückkehrt, sendet es Licht aus, das man als Stoßleuchten bezeichnet.

Stoßpolaren-Diagramm (→Verdichtungsstoß), stellt die geometrischen und physikalischen Größen des Verdichtungsstoßes dar (*Busemann*, 1928). In

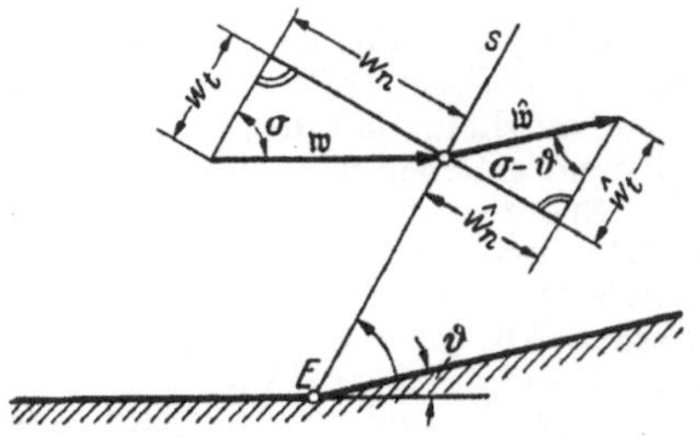

Abb. 1. Allgemeiner (schiefer) Verdichtungsstoß.

Ergänzung zu dem →Charakteristiken-Diagramm gestattet es, die Reflexion, das Durchkreuzen und Einholen von Stoßlinien, demnach der wichtigsten unstetigen gasdynamischen Vorgänge zu ermitteln.

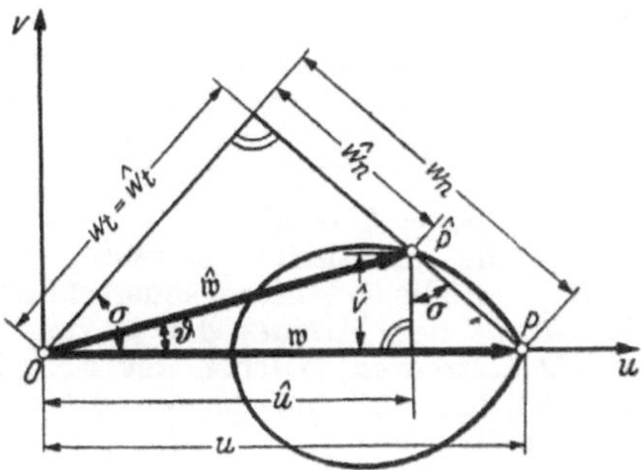

Abb. 2. Stoßpolare.

Mit Hilfe der Geschwindigkeitskomponenten u und v werden zu einem bestimmten Geschwindigkeitsvektor w vor dem Stoß die von dem Winkel σ zwischen der Stoßebene und der Richtung der Geschwindigkeit vor dem Stoß sowie von dem Ablenkungswinkel ϑ der Strömung abhängigen Geschwindigkeitsvektoren hinter dem Stoß von einem festen Anfangspunkt aus aufgetragen. Die von den Endpunkten erzeugten Kurven heißen Stoßpolaren. Sie enthalten als Grenzwerte die Richtungen der kleinsten Störungen, die →Machschen Winkel α sowie die Richtungen der größten Ablenkung ϑ_{max}. Der Energieverlust bei der Verdichtung wird durch Kurven gleicher Verhältnisse des Ruhedruckes nach dem Stoß zu demjenigen vor dem Stoß gekennzeichnet.

Stoßquerschnitt →Wirkungsquerschnitt, →Stoßtheorie.

Stoßtheorie, quantenmechanische. Der Stoß zweier Punktladungen, deren Wechselwirkung also durch das Coulomb-Potential $V(r) = e_1 e_2/r$ gegeben ist, läßt sich quantenmechanisch exakt lösen, indem man im Schwerpunktsystem der beiden Teilchen die Schrödinger-Gleichung

$$\left\{ \frac{\hbar^2}{2m}\,(\Delta + k^2) - V \right\} u(\mathfrak{r}) = 0 \qquad (1)$$

löst, wobei $\mathfrak{r}$ die Relativkoordinate der beiden Teilchen ist und $k = m \left| \dfrac{1}{m_2}\,k_2^0 - \dfrac{1}{m_1}\,k_1^0 \right|$ mit $\hbar k_1^0$ und $\hbar k_2^0$ als Impulse der ankommenden Teilchen.

Das Ergebnis der Rechnung ist dann die →Rutherfordsche Streuformel, die sich genau so nach der klassischen Rechnung ergibt.

Eine Besonderheit tritt auf, wenn es sich um den Stoß zweier gleicher Teilchen handelt, etwa zweier Elektronen. Dann tritt das Paulische →Ausschließungsprinzip in Kraft. Der differentielle Wirkungsquerschnitt für die Streuung in den Raumwinkel $d\Omega$ wird dann

$$dQ = d\Omega \left(\frac{e^2}{T} \right)^2 \times$$

$$\times \left\{ \frac{1}{\sin^4\Theta} + \frac{1}{\cos^4\Theta} \pm \frac{2}{\sin^2\Theta \cos^2\Theta}\, \cos\,(2\gamma \log \operatorname{tg}\Theta) \right\} \times$$

$$\times \cos\Theta, \qquad (2)$$

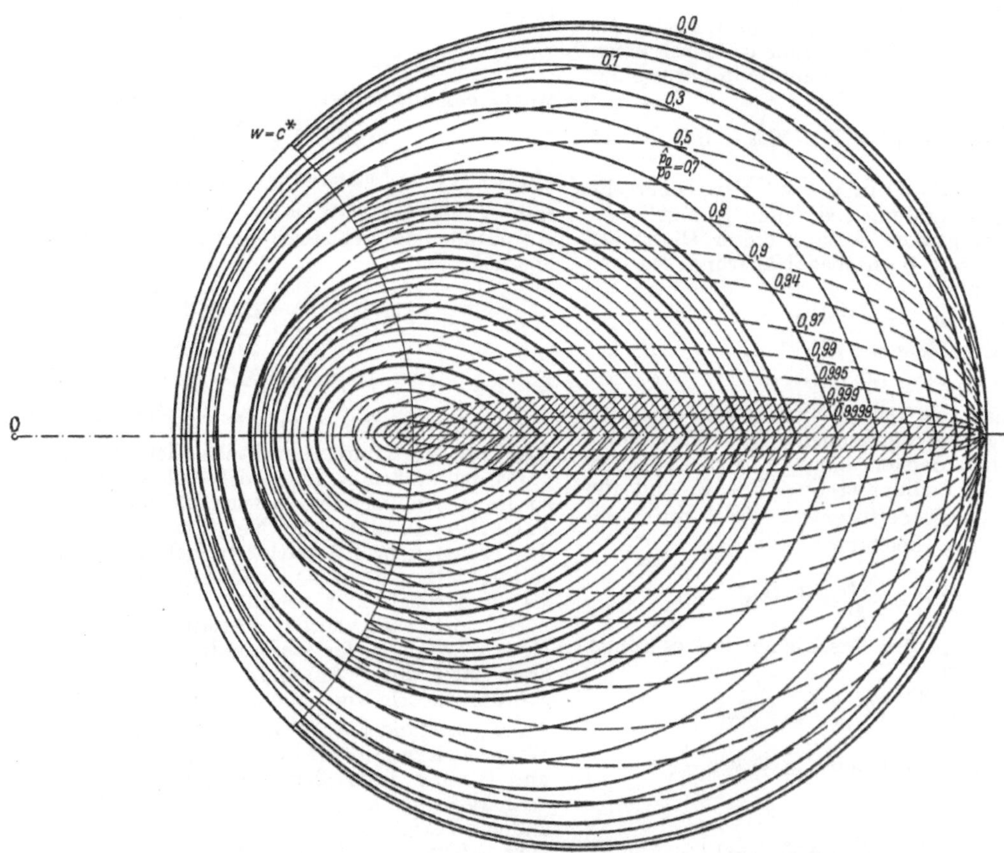

Abb. 3. Stoßpolarendiagramm für Luft ($K = 1,405$) (nach *Busemann*).

wobei Θ der Streuwinkel ist und $\gamma = e^3/(\hbar v)$ mit v als Geschwindigkeit und T als kinetischer Energie der einfallenden Teilchen. Das obere Vorzeichen steht für entgegengesetzt gerichtete, das untere für gleichgerichtete Spins der beiden Teilchen. Das Glied mit γ fällt für zwei verschiedenartige Teilchen fort.

Ist die potentielle Energie der stoßenden Teilchen nicht die Coulomb-Energie $\sim 1/r$, so ist eine exakte Rechnung im allgemeinen nicht mehr möglich.

Ist $V(r)$ in Gl. (1) beliebig, und zwar so, daß $V(r) \to 0$, falls $r \to \infty$ geht, so läßt sich der →Wirkungsquerschnitt nach der Formel

$$Q = \frac{4\pi}{k^2} \sum_{l=0}^{\infty} (2l+1) \sin^2 \delta_l \qquad (3)$$

berechnen, wobei k dieselbe Bedeutung wie in Gl. (1) hat und δ_l die „Phasenwinkel" derart darstellen, daß die Lösung $P_l(\cos\vartheta)\,\chi_l(r)$ (P_l = Kugelfunktion) von Gl. (1) sich für große Werte von r wie

$$\chi_l(r) \sim \frac{1}{r}\sin\left(kr - \frac{l}{2}\pi + \delta_l\right) \qquad (4)$$

verhält. Im allgemeinen kann die Berechnung von δ_l numerisch geschehen.

Der nächst komplizierte Fall ist der Zusammenstoß eines Massenpunktes mit einem dynamischen System, etwa einem Atom. Es sei H der Hamilton-Operator des „Streuers", d. h. des gestoßenen dynamischen Systems, E_n und u_n seine Energieeigenwerte bzw. Eigenfunktionen. e sei die Ladung, m die Masse des stoßenden Elementarteilchens, x, y, z seine Koordinaten, $\hbar k^0$ sein Anfangsimpuls und $T = \hbar |k^0|^2/2m$ seine kinetische Energie. Die Wechselwirkung mit dem Streuer ist durch einen Operator V gegeben. Es ist dann eine Lösung der Gleichung

$$-\frac{\hbar^2}{2m}\Delta + H + V - E\,\psi = 0 \qquad (5$$

gesucht, die für $V \to 0$ in $\psi \to e^{i(\mathfrak{k}^0, \mathfrak{r})} u_n$ übergeht und der →Ausstrahlungsbedingung genügt.

Eine näherungsweise Lösung dieser Gleichung erhält man in der Bornschen Näherung:

Man setzt mit

$$\psi^{(0)} = e^{i(\mathfrak{k}^0, \mathfrak{r})} u_n$$

als Lösung eine Reihenentwicklung

$$\psi = \psi^{(0)} + \psi^{(1)} + \psi^{(2)} + \cdots$$

an, wobei man sich etwa $\psi^{(2)}$ als das in einem in der Störung vorkommenden Parameter quadratische Glied denken kann. Durch Einsetzen erhält man die Bedingung $E = T + E_n$ und für die Entwicklungskoeffizienten $f_n^{(1)}$ von $\psi^{(1)} = \sum_n f_n^{(1)}(\mathfrak{r}) u_n$ die Gleichung:

$$(\Delta + k_{nm}^2) f_m^{(1)}(\mathfrak{r}) = \frac{2m}{\hbar^2} e^{i(\mathfrak{k}^0, \mathfrak{r})} (u_m, V u_n),$$

die sich mit Hilfe des Greenschen Satzes sofort lösen läßt, wobei

$$k_{nm}^2 = \frac{2m}{\hbar^2}(T + E_n - E_m)$$

ist. Für große $|\mathfrak{r}|$ gilt mit $\mathfrak{k}_{nm} = k_{nm}\dfrac{\mathfrak{r}}{|\mathfrak{r}|}$:

$$f_m^{(1)}(\mathfrak{r}) = -\frac{e^{i k_{nm}|\mathfrak{r}|}}{|\mathfrak{r}|}\frac{m}{2\pi\hbar^2}\int d\mathfrak{r}'\, e^{i(\mathfrak{k}^0 - \mathfrak{k}_{nm},\,\mathfrak{r}')}(u_m, V u_n),$$

so daß also ψ selbst in erster Näherung für große $|\mathfrak{r}|$ die Gestalt

$$\psi = e^{i(\mathfrak{k}^0,\,\mathfrak{r})} u_n + \sum_m c_{nm}\frac{e^{i k_{nm}|\mathfrak{r}|}}{|\mathfrak{r}|} u_m + \cdots \qquad (6)$$

hat. Jedes Glied der Reihe entspricht dabei einer Streuwelle des stoßenden Teilchens, wobei der Streuer vom Zustand n in den Zustand m übergeht und wobei mit $T_{nm} = \dfrac{\hbar^2}{2m} k_{nm}^2$ der Energiesatz wegen $T_{nm} + E_m = T + E_n$ erfüllt ist. Für $n = m$ erhält man die „elastisch" gestreuten Teilchen.

Der differentielle →Wirkungsquerschnitt, d. h. das Verhältnis des Stromes der in den Raumwinkel $d\Omega$ gestreuten Teilchen der Energie T_{nm} zur Stromdichte der einfallenden Teilchen, ist gegeben durch

$$dQ_m = d\Omega\,\frac{k_{nm}}{|\mathfrak{k}^0|}\,|c_{nm}|^2 \qquad (T_{nm} > 0) \qquad (7)$$

und der gesamte Wirkungsquerschnitt durch

$$Q = \sum_{\substack{m \\ T_{nm} > 0)}} \frac{k_{nm}}{|\mathfrak{k}^0|}\int d\Omega\,|c_{nm}|^2. \qquad (9)$$

Die Zahlen c_{nm} haben nach Gl. (6) also die Werte

$$c_{nm} = -\frac{m}{2\pi\hbar^2}\int d\mathfrak{r}\, e^{i(\mathfrak{k}^0 - \mathfrak{k}_{nm},\,\mathfrak{r})} V_{nm}(\mathfrak{r}) \qquad (8)$$

mit

$$V_{nm}(\mathfrak{r}) = (u_m, V u_n).$$

Ist der Streuer ein Atom mit der Kernladung $Z\varepsilon$, so erhält man (Elektronenladung $= -\varepsilon$):

$$c_{nm} = -\frac{2m e\varepsilon}{\hbar^2}\frac{1}{|\mathfrak{k}_{nm} - \mathfrak{k}^0|^2} \times$$
$$\times \left[Z\,\delta_{nm} - \int d\mathfrak{r}\,\varrho_{nm}(\mathfrak{r})\, e^{i(\mathfrak{k}^0 - \mathfrak{k}_{nm},\,\mathfrak{r})}\right], \qquad (10)$$

wobei ϱ_{nm} die Matrix der Elektronendichte ist:

$$\varrho_{nm}(\mathfrak{r}) = \sum_k \varrho_{nm}^k(\mathfrak{r});$$

$$\varrho_{nm}^k(\mathfrak{r}_k) = \int \cdots \int u_m^* u_n\, d\mathfrak{r}_1 d\mathfrak{r}_2 \ldots d\mathfrak{r}_{k-1}\, d\mathfrak{r}_{k+1} \cdots \qquad (11)$$

mit $\mathfrak{r}_n$ als Ort des n-ten Atomelektrons. Die Amplitude der elastisch gestreuten Welle ist speziell:

$$c_{nn} = -\frac{e\varepsilon}{2m(v^0)^2}\frac{1}{\sin^2\dfrac{\Theta}{2}}[Z - F_{nn}(\Theta)] \qquad (12)$$

mit $(\mathfrak{k}_{nm}, \mathfrak{k}^0) = |\mathfrak{k}^0|^2 \cos\Theta$ (Θ = Streuwinkel) und

$$F_{nn}(\Theta) = \int d\mathfrak{r}\,\varrho_{nn}(\mathfrak{r})\, e^{i(k^0 - k_{nn},\,\mathfrak{r})}. \qquad (13)$$

F_{nn} heißt →Atomformamplitude oder Atomfaktor.

Ist das stoßende Teilchen selbst ein Elektron, so ist gegenüber dem Vorhergehenden auf das Pauli-Prinzip, d. h. die Nichtunterscheidbarkeit der Elektronen, Rücksicht zu nehmen. Die Resultate zeigen dann ähnliche Abweichungen, wie sie die Formel (2) wiedergibt.

Die bisher skizzierten Verfahren suchen stationäre Lösungen des Stoßproblems. Mathematisch kann man unter Anwendung der →Diracschen Störungstheorie auch die zeitliche Änderung des Anfangszustandes $e^{i(\mathfrak{k}^0, \mathfrak{r})} u_n$ unter dem Einfluß der Wechselwirkung V zwischen stoßendem Teilchen und Streuer feststellen. Die physikalischen Ergebnisse sind natürlich dieselben wie bei den anderen Verfahren. Weitere Einzelheiten: →Ramsauer-Effekt. →Stöße 1. und 2. Art.

Stoßverbreiterung →Druckeinfluß auf Spektrallinien.

Stoßwelle. Unstetige Gasbewegungen wurden erstmals von *B. Riemann* (1860) und *Hugoniot* (1887) behandelt. Der einfachste und praktisch sehr wichtige Fall ist die ebene Stoßwelle. Hier erfolgt die Gasbewegung nur in einer Dimension (etwa in der x-Richtung). Der Druck ändert sich innerhalb der Front der Stoßwelle vom Druck p_1 vor der Front auf den Wert p_2 hinter der Front ($p_2 > p_1$). Nur im Grenzfall verschwindender Reibung und Wärmeleitung ist die Breite der Front verschwindend klein, und man hat es dann mit einem streng unstetigen Bewegungsvorgang zu tun. Bei endlichem Reibungskoeffizienten wird die Frontbreite von der Größenordnung der mittleren freien Weglänge im Gas, also bei Normaldruck sehr klein (10^{-4} bis 10^{-5} cm). Eine Stoßwelle wird zu einem stationären Gebilde, wenn man sie auf einen Beobachter bezieht, der sich mit der Stoßwellenfront mitbewegt. Bezogen auf einen solchen Beobachter seien u_1 und u_2 die Geschwindigkeiten, v_1, T_1 und v_2, T_2 das spezifische Volumen und die abs. Temperatur vor bzw. hinter der Front

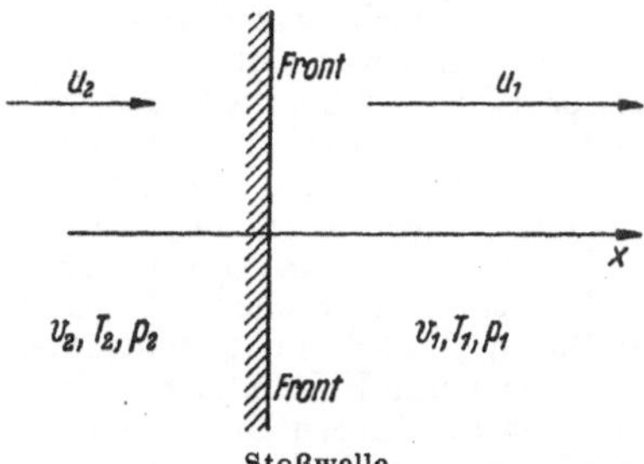

Stoßwelle.

(Abb.). Dann liefern die Erhaltungssätze der Masse, des Impulses und der Energie nach *Hugoniot* die Gleichungen:

$$u_1^2 = v_1^2 \frac{p_2 - p_1}{v_1 - v_2}, \quad u_2^2 = v_2^2 \frac{p_2 - p_1}{v_1 - v_2},$$

$$\bar{c}_v (T_2 - T_1) = \frac{1}{2}(p_1 + p_2)(v_1 - v_2),$$

wo $\bar{c}_v$ die mittlere spezifische Wärme bei konstantem Volumen zwischen T_2 und T_1 ist. Die Fortpflanzungsgeschwindigkeit D der Stoßwelle ist dann: $D = v_1 \sqrt{\dfrac{p_2 - p_1}{v_1 - v_2}}$ und die Nachströmgeschwindigkeit W des Gases hinter der Stoßwellenfront: $W = (v_1 - v_2)\sqrt{\dfrac{p_2 - p_1}{v_1 - v_2}}$. Die Ausbreitungsgeschwindigkeit D der Stoßwelle in das ruhende Gas 1 geht im Falle unendlich kleinen Druckunterschiedes $p_2 - p_1$ in die gewöhnliche Schallgeschwindigkeit über. Für endliche Druckunterschiede ist sie stets größer als die normale Schallgeschwindigkeit im Ausgangszustand 1 des Gases. Die Tabelle gibt D, das Volumverhältnis v_1/v_2 und T_2 in Abhängigkeit vom Druckverhältnis p_2/p_1 für Stoßwellen, die sich in ruhender Luft von $T_1 = 273\,°K$ ausbreiten (nach *R. Becker*):

p_2/p_1	v_1/v_2	$T_2\,[°K]$	$T_2(\text{ad.})[°K]$	$D\,[\mathrm{m\,s^{-1}}]$
2	1,63	336	330	452
5	2,84	482	426	698
10	3,88	705	515	978
50	6,04	2260	794	2150

Die 4. Spalte enthält die Temperatur $T_2(\text{ad.})$, die sich bei adiabatischer Kompression von p_1 auf p_2 ergeben würde. Sie ist stets erheblich kleiner als T_2. Bei stärkeren Stoßwellen ist die Vergrößerung der spez. Wärme durch Dissoziation und Ionisation der Luftmoleküle zu berücksichtigen.

In analoger Weise sind auch Stoßwellen in Flüssigkeiten und festen Körpern möglich. Zur Berechnung der Ausbreitungsgeschwindigkeit können dieselben Gleichungen wie oben benutzt werden; nur ist der Zusammenhang zwischen Druck, Temperatur und Volumen (Zustandsgleichung) ein anderer.

Die Stoßwellen haben eine große Bedeutung in der Theorie der Überschallströmungen um Profile sowie der →Detonation.

Prandtl, L.: Abriß d. Strömungslehre. Braunschweig 1947. — *Jost, W.:* Explosions- u. Verbrennungsvorgänge in Gasen. Berlin 1939.

Stoßzahl der Moleküle. Betrachtet man eine Mischung zweier Gase 1 und 2, so erleidet jedes Molekül des Gases 1 mit Molekülen des Gases 2 je s die mittlere Zahl von Zusammenstößen:

$$N_{12} = 2\,n_2\,\sigma_{12}^2 \sqrt{\frac{2\,\pi\,kT\,(m_1 + m_2)}{m_1 m_2}},$$

wo n_2 die Zahl von Molekülen des Gases 2 je cm³ ist, σ_{12} der Stoßdurchmesser zweier Moleküle 1 und 2 und m_1, m_2 die beiden Molekülmassen sind. Im Falle eines einfachen Gases wird die mittlere Stoßzahl eines Moleküls:

$$N = 4\,n\,\sigma^2 \sqrt{\pi\,kT/m}.$$

Stoßzahlansatz von Boltzmann, eine der Grundvoraussetzungen bei der Ableitung des Boltzmannschen →H-Theorems. Die Zahl von Zusammenstößen in der Zeiteinheit zwischen verschiedenen Molekülen wird unter Benutzung der Hypothese der molekularen →Unordnung berechnet.

Strahlapparat (Strahlpumpe, →Düse). Die in einer allmählich oder plötzlich erweiterten Leitung auftretende Drucksteigerung kann man dazu benutzen, andere Flüssigkeitsmengen anzusaugen und fortzuschaffen, wenn man an der Stelle niederen Druckes einen Zulauf hierfür vorsieht. Dieses Verfahren wird zumeist für je zwei verschiedenartige Medien als Treibmittel bzw. als Fördermittel wie bei Dampfstrahl-Wasserinjektoren, bei Wasserstrahl-Luftpumpen, gelegentlich auch für dasselbe Medium wie bei Wasserstrahlpumpen zur Förderung von kleinen Wassermengen mit Hilfe eines Wasserstrahles angewendet. Auch der Multiplikator des →Venturirohres beruht auf diesem Verfahren. Die Strahlapparate sind einfache Geräte, ihr Wirkungsgrad ist jedoch gering.

Strahldichte →Strahlungsgrößen.

Strahlen. 1. Strahlen *zusammenhängender Materie* →Ausfluß, →Flüssigkeitsstrahl, →Gasstrahl. 2. Strahlen *diskreter Teilchen* →Korpuskularstrahlung. 3. →Strahlen bei *Wellenvorgängen* heißen bestimmte Richtungen (Vektoren) für den Wellenverlauf einer Strahlung. In →isotropen Medien steht der Strahl senkrecht auf der Wellenfläche. In →anisotropen Medien jedoch stimmen Strahl und →Wellennormale nur bei der →ordentlichen Welle überein, nicht jedoch bei der →außerordentlichen Welle.

Strahlenachsen →Strahlenfläche.

Strahlenbegrenzung. Bei allen optischen Strahlengängen sind die mitwirkenden Strahlenbündel durch Linsenfassungen oder besondere →Blenden begrenzt, und irgendein flächenhaft ausgedehnter Auffangschirm (z. B. Mattscheibe, Platte, Film in einer photographischen Kamera oder Netzhaut des Auges) ist vorhanden, auf dem eine Darstellung des meist räumlich ausgedehnten Gegenstandes entworfen wird.

Die Blenden lassen nur bestimmte Strahlenbündel zur Wirksamkeit kommen, die keinesfalls die zur Bildfindung benutzten Strahlen enthalten müssen. Die Blenden begrenzen sowohl die Öffnung der wirksamen Bündel als auch die Ausdehnung des abgebildeten Gegenstandes.

Betrachtet man (Abb. 1) den auf der optischen Achse liegenden Punkt O eines flächenhaften Gegenstandes, so werden von diesem ausgehende Strahlen durch das optische System im Bildpunkt O' vereinigt. Das von O ausgehende wirksame Strahlenbündel wird immer irgendwo im Strahlengang durch eine reelle Blende oder Fassung begrenzt. Diese Blende heißt *Öffnungsblende* oder *Aperturblende*. Sie wird durch die zwischen ihr und dem Gegenstand liegenden Teile des optischen Systems entgegen der Lichtrichtung abgebildet und als Eintrittspupille EP bezeichnet.

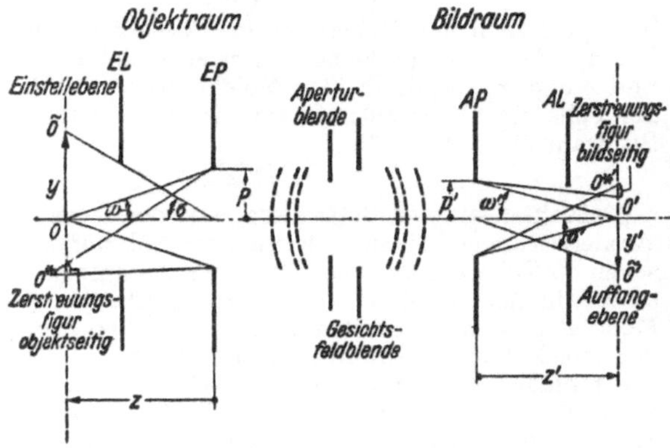

Abb. 1. Strahlenbegrenzung in optischen Geräten.

Ist z der Abstand des Gegenstandpunktes O von der Mitte der EP, der Durchmesser der $EP = 2p$ und der wirksame objektseitige Öffnungswinkel 2ω, so gilt $\operatorname{tg}\omega = p/z$. [In Abb. 1 würde nach der Vorzeichenvereinbarung ($\rightarrow$Vorzeichensystem) ω negativ sein, was mit der Formel übereinstimmt, da z entgegen der vereinbarten Lichtrichtung zählt, also auch negativ zu rechnen ist.] Befindet sich die Aperturblende vor der ersten Linsenfläche (Vorderblende) oder ist sie der Fassungsrand der ersten Linse, so fallen EP und Aperturblende zusammen. Allgemein kann sie aber jede Lage einnehmen und sowohl reell als auch virtuell abgebildet werden.

Des weiteren wird die Aperturblende auch durch die zwischen ihr und dem Bild liegenden Teile des optischen Systems abgebildet und ihr so entstehendes Bild als Austrittspupille AP bezeichnet. Bezeichnet $2\omega'$ den wirksamen bildseitigen Öffnungswinkel, ist $2p'$ der Durchmesser der AP und z' der Abstand der Mitte der AP vom Bildpunkt O', so gilt $\operatorname{tg}\omega' = p'/z'$. Da 2ω und $2\omega'$ die scheinbaren Größen der EP und AP von O bzw. O' aus sind und da die AP das Bild der EP ist, so ist $\operatorname{tg}\omega'/\operatorname{tg}\omega$ die Winkelvergrößerung der Pupillen, die sich bei fehlerfreier Abbildung durch

die Abbildungsformeln ausrechnen läßt oder durch trigonometrische Durchrechnung gewonnen werden kann.

Für ein Bündel, das von einem außeraxialen Objektpunkt $\tilde{O}$ ausgeht, wird der durch die Mitte der Aperturblende gehende Strahl als Hauptstrahl bezeichnet. Dieser wird bei fehlerfreier Pupillenabbildung, die nicht immer in aller Strenge vorausgesetzt werden kann, auch durch die Mitte der EP und AP gehen und nach $\tilde{O}'$ zielen.

Es kommt vor, daß Gegenstände, die nicht selbst Lichtstrahlen aussenden, von einer begrenzten Lichtquelle beleuchtet werden und daß dann an Stelle der im optischen System vorhandenen Blenden die Lage und Größe der Lichtquelle für die Öffnung der abbildenden Strahlenbündel maßgebend wird ($\rightarrow$Projektionsapparat), d. h. die Lichtquelle ist dann EP des optischen Systems.

Bei visuell benutzten Geräten befindet sich auf der Bildseite das Auge des Beobachters, dessen Pupille oft in Wettbewerb mit den Blenden des Gerätes tritt. Man strebt an und hat es bei den meisten Geräten verwirklicht, daß Augenpupille des ruhenden Auges und AP der Lage nach zusammenfallen. Jedoch kann die Augenpupille einen vom Durchmesser der AP abweichenden Durchmesser haben, so daß die Öffnungsblende des Gerätes oder die Iris des Auges je nach Größe als Aperturblende wirken. Da das brauchbare Gesichtsfeld des Auges klein ist, wird man bei größeren Gesichtsfeldern des Gerätes zur $\rightarrow$Schlüssellochbeobachtung übergehen. Kann man aber Augenpupille und AP nicht zusammenbringen, wenn z. B. wie beim Holländischen Fernrohr die AP vor der letzten Linsenfläche liegt, so tritt die Augenpupille des ruhenden Auges, falls keine Blende des Gerätes öffnungsbeschränkend ist, an Stelle der AP. Bei bewegtem Auge bestimmt hierbei aber der Augendrehpunkt den bildseitigen Schnittpunkt der Hauptstrahlen, die zu zwei nacheinander erzeugten Teilbildern der einzelnen Dingpunkte gehören, für deren Öffnung jedoch die Augenpupille maßgebend ist. Das Nacheinander kommt bei der Schnelligkeit der Augendrehung (des Blickens) nicht zum Bewußtsein.

Betrachtet man einen Hauptstrahl, der von $\tilde{O}$ ausgeht, so bildet dieser mit der optischen Achse den Winkel σ. Ist $O\tilde{O} = y$ die Objektgröße und z der Abstand des Objekts von der Mitte der EP, so ist $\operatorname{tg}\sigma = -y/z$. (Nach der Vorzeichenvereinbarung wird in Abb. 1 σ positiv gerechnet. Da z entgegen der Lichtrichtung, also negativ ist, so wird in vorstehender Formel das negative Vorzeichen nötig.) In entsprechender Weise wird auf der Bildseite der zu $\tilde{O}$ gehörende Hauptstrahl nach dem Durchtritt durch das optische System die Achse in der Nähe der Mitte des AP unter dem Winkel σ' schneiden. Da das Bild auf einer achsensenkrechten Ebene aufgefangen wird, durchstößt der Hauptstrahl diese, und der Durchstoßungspunkt wird mit $\tilde{O}'$ bezeichnet. Setzt man $O'\tilde{O}' = y'$ und den Abstand der Mitte der AP und O' gleich z', so gilt unter Beachtung der Vorzeichenvereinbarung $\operatorname{tg}\sigma' = -y'/z'$. Da aber $\tilde{O}'$ als Bild von $\tilde{O}$ angesehen werden kann, so ist $y'/y = z'\operatorname{tg}\sigma'/z\operatorname{tg}\sigma = \tilde{\beta}'$ der Abbildungsmaßstab (Lateralvergrößerung). Dieser geht bei aberrationsfreier Pupillenabbildung in die Gaußsche Lateralvergrößerung β_0' über. Die Differenz $\beta'/\beta_0' - 1$ ist dann ein Maß für die Verzeichnung.

Durch die Blenden werden aber nicht nur die Öffnungswinkel der abbildenden Strahlenbündel begrenzt, sondern auch die Seitenausdehnung des Abbildungsbereiches (Gesichtsfeldgrenze) festgelegt. Denkt man sich die *EP* unendlich klein, so wird das Bündel der hindurchgehenden Hauptstrahlen irgendwo durch Blenden oder Fassungen begrenzt, und man kann die Blende feststellen, die dieses Bündel am meisten einschnürt. Diese Blende heißt *Gesichtsfeldblende*. Ihr gegebenenfalls durch davorliegende Teile des optischen Systems entworfenes Bild heißt *Eintrittsluke EL*. Ihr gegebenenfalls durch dahinterliegende Teile des optischen Systems entworfenes Bild heißt *Austrittsluke AL*. Die scheinbare Größe der *EL* von der Mitte der *EP* heißt der objektseitige oder wahre Gesichtsfeldwinkel, und die scheinbare Größe der *AL*, von der Mitte der *AP* aus gesehen, heißt der bildseitige oder scheinbare Gesichtsfeldwinkel.

Auf der Bildseite des Strahlengangs befindet sich weiterhin immer eine Fläche zum Auffangen der hindurchgetretenen Strahlen (Mattscheibe, Photoplatte, Netzhaut des Auges). Dieser Auffangebene (*Mattscheibenebene*) auf der Bildseite entspricht auf der Objektseite eine Ebene, die nach *M. v. Rohr* als *Einstellebene* bezeichnet wird. Da die abzubildenden Gegenstände meist räumlicher Natur sind, kann man sich die einzelnen Objektpunkte durch Strahlen, die durch die Mitte der *EP* gehen, auf die Einstellebene projiziert denken. Diese Projektion wird dann durch das optische System auf der Auffangebene als Bild abgebildet, wobei die →Abbildungsfehler zu beachten sind. Jeder nicht in der Einstellebene liegende Objektpunkt wird dann mit Zerstreuungsfiguren behaftet sein, die mit abgebildet werden.

Durch Gesichtsfeldblende und Öffnungsblende oder durch *EL* und *EP* oder durch *AL* und *AP* wird ein Strahlenraum begrenzt, der auch als *Lichtröhre* bezeichnet wird. Zeichnet man z. B. im Objektraum die möglichen Strahlen, so entstehen nachfolgende Gebiete (Abb. 2). Die von

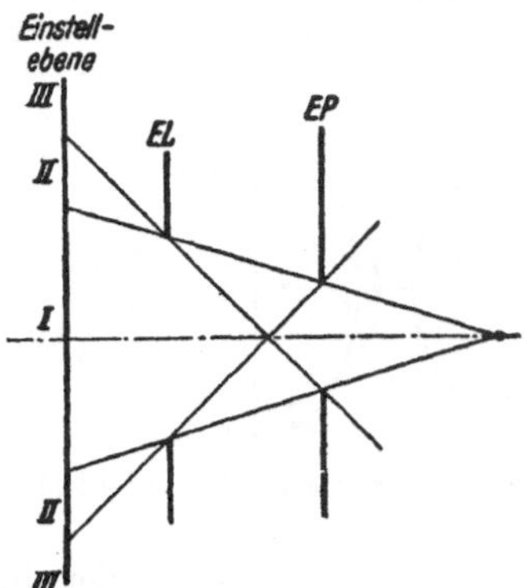

Abb. 2. Strahlenbegrenzung und Vignettierung.

Objektpunkten im Bereich *I* auf der Einstellebene kommenden Strahlenbündel füllen die volle Öffnung der *EP* aus. Die von Objektpunkten aus *II* kommenden Strahlenbündel füllen je nach Lage nur einen Teil der *EP* aus, da sie einerseits von der *EL* und andererseits von der *EP* begrenzt

werden. Die aus *III* kommenden Strahlen können das Blendenpaar nicht mehr' durchsetzen. Da die wirksame Öffnung der *EP* für die verschiedener Gesichtsfeldbereiche verschieden ist, wird nur der Bereich *I* mit voller Leuchtdichte abgebildet, während im Bereich *II* die Leuchtdichte vom maximalen Wert bis auf Null abnimmt. Man bezeichnet diese Erscheinung als *Vignettierung* oder *Abschattung*. Ist die Größe der Pupillen nicht zu vernachlässigen, so wird die Vignettierung vermieden, wenn die *EL* mit der Einstellebene zusammenfällt, was sich oft erreichen läßt.

Für die Perspektive ist die Lage der *EP* zur Einstellebene maßgebend. Liegt die *EP* in Lichtrichtung hinter dem Gegenstand (wie beim Sehen mit dem Auge), so spricht man von natürlicher oder entozentrischer Perspektive. Liegt die *EP* im Unendlichen, so spricht man von telezentrischer Perspektive. Hierbei fehlt die perspektivische Verkürzung entfernt liegender Strecken. Liegt die *EP* in Lichtrichtung vor dem Objekt, so erscheinen fernere Strecken größer als näher gelegene, und man spricht von hyperzentrischer Perspektive.

Czapski-Eppstein: Grundzüge d. Theorie d. opt. Instrumente. Leipzig 1924.

Strahlenbrechung. →Brechung.

Strahlenbündel, die räumliche Gesamtheit der durch Blenden endlicher Größe hindurchtretenden Strahlen, die zu einem Dingpunkt oder Bildpunkt gehören.

Strahlenbüschel, die ebene Gesamtheit der durch eine Spaltblende endlicher Länge hindurchtretenden Strahlen, die zu einem Dingpunkt oder Bildpunkt gehören.

Strahlendosis →Strahlenempfindlichkeit biologischer Objekte, →Strahlenwirkung, biologische, →Strahlenschutz, →Toleranzdosis.

Strahlenempfindlichkeit biologischer Objekte. Die Strahlenwirkung auf biologische Objekte wird im allgemeinen beschrieben durch die *Dosiseffektkurve* (→Treffertheorie), wobei als Maß des Effektes der Bruchteil der in einem bestimmten Grade beeinflußten biologischen Einheiten (z. B. Zellen, Individuen) gewählt wird, um eine treffertheoretische Analyse zu ermöglichen (→Treffertheorie). Bei einer Reaktion, die durch Zusammenwirken vieler Zellen zustande kommt (z. B. Wachstumshemmung, Entzündungen), wird natürlich die Reaktionsstärke anders gemessen, was eine Trefferanalyse jedoch nicht immer zu verhindern braucht. Die Strahlenempfindlichkeit als Charakteristikum verschiedener Objekte wird durch die Parameter der mit der Dosiseffektkurve identischen Trefferfunktion (→Treffertheorie) definiert, also durch Treffwahrscheinlichkeit w und →Trefferzahl n. Da für die gewöhnliche Mehrtrefferfunktion die Beziehung $wD_{1/2} = n - 1/3$ gilt, wird oft auch die →Halbwertsdosis $D_{1/2}$ neben der Trefferzahl n als Empfindlichkeitsmaß verwendet. Für Eintrefferprozesse (→Treffertheorie, →Trefferzahl) wird bisweilen die mittlere Dosis je Treffer D_m („mittlere Letaldosis" bei Strahlentötung) angegeben, wobei $D_m = 1/w$ und wegen $D_{1/2} = 0,69/w$ der Zusammenhang $D_{1/2} = 0,69\,D_m$ besteht. Die Treffwahrscheinlichkeit w kann bei Eintreffervorgängen leicht aus $w = -[\ln(1 - y)]/D$ bestimmt werden, was für kleine Getroffenenbruchteile $y (< 0,1)$ in $w \approx y/D$ übergeht. D ist dabei die die Getroffenenrate y erzeugende Dosis. Bei den S-förmig gekrümmten Mehrtrefferkurven kann die Treffwahrscheinlichkeit auf Grund der Formel $w = (n - 1/3)/D_{1/2}$ aus Trefferzahl n und Halbwertsdosis $D_{1/2}$ erhalten werden.

Strahlenerzeugung. Zur Erzeugung der für die kernchemische und kernphysikalische Forschung benötigten Korpuskular- und elektromagnetischen Wellenstrahlen kann man sich verschiedener Methoden bedienen. In den natürlichen radioaktiven Substanzen liegen Strahlenquellen vor, die, einmal hergestellt, ohne großen apparativen Aufwand verwendet werden können. Dabei benutzt man entweder die von den Präparaten selbst ausgehenden Strahlen, oder man erzeugt mit ihrer Hilfe durch Kernprozesse andere Strahlenarten. Das bekannteste Beispiel sind die Ra-Be-Neutronenquellen. Hier werden mit den α-Teilchen des Ra durch einen Kernprozeß Neutronen (n) erzeugt:

$$\mathrm{{}^{9}_{4}Be}\,(\alpha;\,n)\,\mathrm{{}^{12}_{6}C}.$$

Die Präparate bestehen aus einem fein pulverisierten Gemisch von reinstem und völlig trockenem $RaBr_2 + BeO$ in zugeschmolzenen Glasröhrchen. Häufig verwendet man auch Ra-Emanation und BeO. Neuerdings stellt man die einheitliche (kristallwasserfreie) Verbindung $Ra[BeF_4]$ her, die höhere Neutronenausbeute infolge der völlig homogenen Durchdringung der Reaktionspartner garantiert und außerdem keinerlei störenden chemischen Veränderungen durch die Strahlung selbst unterliegt ($\rightarrow$Radioaktivität). — Ähnlich entstehen Positronen mit Hilfe der natürlich radioaktiven Substanzen durch geeignete Kernprozesse.

Neutronenquellen größten Ausmaßes stehen heute im $\rightarrow$Pile zur Verfügung. Dabei wird der in diesen Anlagen dauernd fließende Neutronenstrom ausgenutzt.

Im übrigen dienen der Strahlenerzeugung Apparaturen, die ausnahmslos auf dem Prinzip der Beschleunigung von geladenen Teilchen im elektrischen Feld beruhen. In einem Ionenrohr werden die zu beschleunigenden Atome zunächst ionisiert. Dann durchlaufen sie das vorgesehene Spannungsgefälle im Beschleunigungsrohr und erhalten dabei die für die Kernreaktion benötigte kinetische Energie. Die Erzeugung der Spannung erfolgt auf verschiedene Weise; im $\rightarrow$Kaskadengenerator durch geeignete Schaltung, im $\rightarrow$Bandgenerator nach *van de Graaff* durch Aufsprühen der Ladung auf Bänder. Bei diesen beiden Apparaturen erfolgt die Beschleunigung der Teilchen über eine gerade Strecke (Linearbeschleuniger). Im Gegensatz dazu werden im $\rightarrow$Zyklotron die Teilchen mit Hilfe eines konstanten Magnetfeldes auf eine spiralförmige Bahn gezwungen. Ein periodisches Wechselfeld von nur 50 000 V ändert sein Vorzeichen immer dann, wenn die Teilchen einen Halbkreis beschrieben haben, und beschleunigt sie so von neuem. Mit dieser Methode hat man Deuteronen bereits bis auf 180 MeV beschleunigen können, α-Teilchen sogar auf 380 MeV. Wichtig für das Verfahren ist, daß die Umlaufzeit der Teilchen mit der Frequenz des Wechselfeldes im gleichen Takt bleibt. Das ist nur möglich, wenn die Masse der Teilchen sich nicht ändert. Sehr energiereiche Teilchen stellt man nach einem ähnlichen Prinzip mittels der $\rightarrow$Elektronenschleuder her. Die Beschleunigung erfolgt auch hier auf Kreisbahnen, jedoch wird durch ein sich änderndes Magnetfeld der relativistischen Massenzunahme der Elektronen bei so hohen Geschwindigkeiten Rechnung getragen, so daß sie mit dem elek-

trischen Wechselfeld im gleichen Rhythmus bleiben. Mit der Elektronenschleuder hat man Elektronen eine Energie von 300 MeV erteilen können.

Das $\rightarrow$Synchrotron liefert noch schnellere Elektronen. Hier wird auch das elektrische Feld variiert, um die sich aus der relativistischen Zunahme der Massen ergebenden Effekte zu korrigieren. Mit dem größten derartigen Instrument will man Elektronen von 1000 MeV erzeugen.

Bremst man Elektronen solcher Energien an schweren Atomkernen ab, z. B. an Wolframblechen, so enthält die entstehende Bremsstrahlung γ-Quanten, die die gesamte Energie der Teilchen übernommen haben.

Riezler, W.: Einf. in d. Kernpysik. Berlin. — *Vogt, A. H.*: Atomenergie u. Atomumwandlung. Darmstadt 1948.

Strahlenfläche oder *Strahlungsgeschwindigkeitsfläche.* Läßt man in einem Gedankenexperiment von einem Punkt im Innern eines Kristalls nach allen Richtungen Strahlen ausgehen, so bilden die Punkte, bis zu denen die Strahlen in der Zeiteinheit gelangen, eine geschlossene, im allgemeinen zweischalige Fläche, die *Strahlenfläche.* Sie ist eine Fläche konstanter Schwingungsphase. Man gewinnt sie aus der Lösung $\psi = a(x, y, z, t) \cdot e^{i\varphi(x, y, z, t)}$ einer Wellengleichung, wenn man die Phasenfunktion $\varphi = $ const setzt. Man kann sie auch aus der Indikatrix ($\rightarrow$Kristalloptik) ableiten.

Die Strahlenfläche optisch zweiachsiger Kristalle hat die Symmetrie der rhombischen Holoedrie 22i. Auf den drei zweiachsigen Drehungsachsen werden die *Hauptgeschwindigkeiten* $a = c_0/n_\alpha$, $b = c_0/n_\beta$, $c = c_0/n_\gamma$ paarweise (Abb. 1) abgetragen (n_α, n_β, n_γ sind die Hauptbrechungszahlen, c_0 die Lichtgeschwindigkeit im Vakuum). Die Schnittkurven der Strahlenfläche mit ihren drei Symmetrieebenen, den *Hauptschnitten*, sind je ein Kreis und eine Ellipse (Abb. 2). Der Hauptschnitt, der den Kreis mit dem Radius b enthält, ist die *optische Achsenebene.* Die diametral gegenüberliegenden Schnittpunkte des Kreises und der Ellipse in dieser Ebene werden durch die *Strahlenachsen*, *Biradialen* oder *sekundären optischen Achsen* verbunden.

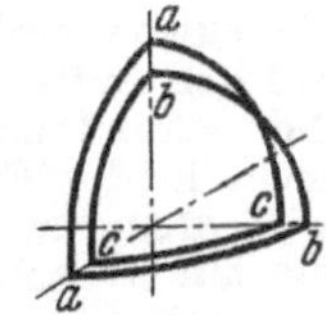

Abb. 1. Ein Oktant der Strahlenfläche.

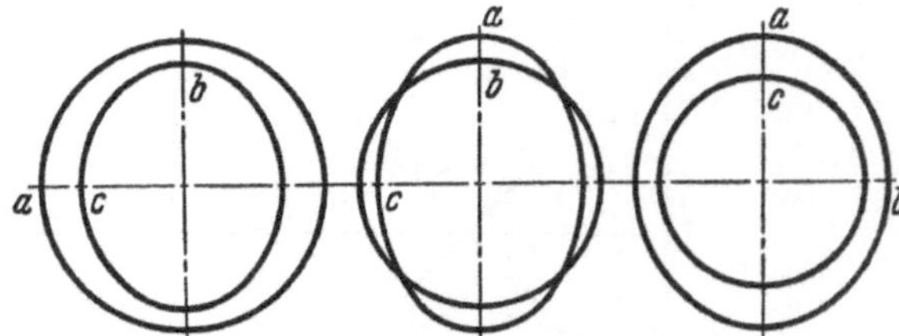

Abb. 2. Die drei Hauptschnitte der Strahlenfläche.

Bei optisch einachsigen Kristallen besteht die Strahlenfläche aus einem Rotationsellipsoid mit der Rotationshalbachse $o = c_0/n_\omega$ und dem darauf senkrechten Halbmesser $e = c_0/n_\varepsilon$ und einer Kugel mit dem Radius o. Ellipsoid und Kugel berühren sich auf der Rotationsachse. Bei optisch positiven Kristallen liegt das Ellipsoid innerhalb, bei optisch negativen außerhalb der Kugel. Mit o und n_ω sind Geschwindigkeit und Brechungszahl des ordentlichen, mit e und n_ε die entsprechenden Größen des senkrecht zur optischen Achse verlaufenden außerordentlichen Strahls bezeichnet.

Nur die optisch isotropen Körper (kubische Kristalle, Gläser, Flüssigkeiten, Gase) haben einschalige Strahlenflächen, nämlich Kugeln.

Nach *Fresnel* wird die Strahlenfläche auch *Wellenfläche* genannt. Diese Bezeichnung führt jedoch zur Verwechslung mit der *Normalen-* oder *Wellengeschwindigkeitsfläche,* die ebenfalls als Wellenfläche bezeichnet wird, und ist deshalb zu vermeiden.

Strahlengang, verflochtener. Jedes optische Gerät besorgt zwei →Abbildungen: 1. des Objekts in das Ding; 2. der →Eintrittspupille *EP* in die →Austrittspupille *AP.* Zu jeder Abbildung gehört ein Strahlengang mit folgender Begrenzung: 1. vom Achsendingpunkt durch den Rand der *EP* nach dem Bilddingpunkt durch den Rand der *AP;* 2. vom Gesichtsfeldrand des Dings durch die Mitte der *EP* nach dem Gesichtsfeldrand des Bildes durch die Mitte der *AP.* Diese beiden Strahlengänge durchdringen sich und ergeben den verflochtenen Strahlengang, aus dem der Konstrukteur optischer Geräte die notwendige Größe der Linsenöffnungen, Blenden u. a. entnimmt.

Strahlengenetik. Seit *Muller* 1928 die mutationsauslösende Wirkung der Röntgenstrahlen entdeckte, wurde die experimentelle und theoretische Aufklärung des Mechanismus der →Mutationen unter treffertheoretischen (→Treffertheorie) Gesichtspunkten vorangetrieben und zu einem wichtigen Sondergebiet der Vererbungswissenschaft entwickelt. Wegen der als mutagene Agenzien meist verwendeten Strahlen (Röntgen-, radioaktive, Ultraviolett-, Neutronenstrahlen) wird das Gebiet der Mutationsforschung oft als Strahlengenetik bezeichnet, obwohl wesentliche Beiträge zur treffertheoretischen Aufklärung der Natur der Mutationen auch z. B. aus der Temperatur- und Zeitabhängigkeit der spontanen Mutabilität gewonnen und auch Chemikalien (neuerdings Senfgas, Urethane u. a.) als mutagene Faktoren verwendet werden.

Strahlengeschwindigkeitsfläche →Strahlenfläche.

Strahlenoptik, dasselbe wie →geometrische Optik. Durch die grundlegenden Arbeiten *W. R. Hamiltons* (→Hamiltonsche Funktion) ab 1824 und ihre Wiederaufnahme, besonders durch *M. Herzberger* 1931, grenzt sich der Begriff Strahlenoptik mehr auf *die* Behandlungsweise der geometrischen Optik ein, die sich der mathematischen Theorie der →Strahlensysteme bedient.

Herzberger, M.: Strahlenoptik. Berlin 1931.

Strahlenschädigung, biologische. Die Reaktionen biologischer Objekte auf die verschiedenen Strahlen sind so mannigfacher Art, daß praktisch alle Lebensvorgänge irgendwie beeinflußt werden können. Für viele Organismen gehört die wenigstens zeitweise Belichtung zu den Bedingungen normaler Entwicklung und Funktion. Andere Strahlen verursachen dagegen meistens Veränderungen, die zu einer Herabsetzung der Lebensfähigkeit im normalen Milieu, d. h. zu Schädigungen, unter Umständen zum Tode, führen. Ultraviolett ruft z. B. u. a. auf der menschlichen Haut bzw. im Auge Entzündung und Verbrennung hervor. Eine wichtige, wenn auch nicht bei jedem Objekt auffällige Eigenart, insbesondere der durchdringenden, ionisierenden Strahlen, aber auch von

UV und sichtbarem Licht, ist die statistische Wirksamkeit auf biologische Einheiten, wie Zellen des Gewebes, Einzeller, Vielzeller: Von einer größeren Anzahl bestrahlter Einheiten zeigen bei kleinen Dosen nicht alle, sondern nur ein mit der Dosis wachsender Bruchteil eine Strahlenreaktion. Im Gewebe gilt dies meist auch für die primären Wirkungen (z. B. Mitoseschädigung); der statistische Effekt wird aber dann oft durch die gegenseitige Beeinflussung (z. B. durch diffundierende Stoffe) der Zellen verwischt. Eine naheliegende Erklärung dafür ist die Annahme individuell verschiedener Strahlenempfindlichkeit der biologischen Einheiten. Die quantitative Analyse, insbesondere der Strahlentötung von vielen Einzellern, der Mutationsauslösung bei höheren Lebewesen usw., liefert aber Dosiseffektkurven von einfach exponentiellem Verlauf (Eintrefferfunktion, →Treffertheorie), der jener Erklärung widerspricht. Hier muß die Wirksamkeit der Strahlen auf Grund ihrer Unterteilung in mikrophysikalische Elementarteilchen bzw. -effekte (Photonen, Ionisationen, Elektronen usw.) verstanden werden (→Quantenbiologie, →Verstärkertheorie, →Treffertheorie). Die Strahlenschädigungen werden also ausgelöst durch einzelne oder wenige solcher atomphysikalischer Elementarakte in sensiblen Zentren der Zellen. Je nach Art des getroffenen Zentrums und der Rolle der Zelle im Organismus beschränken sich die Wirkungen des „Treffers" auf das bestrahlte Individuum (*physiologische Schädigung,* z. B. Semipermeabilitätsverlust, Wuchshemmung, Vermehrung der weißen Blutkörper, Entzündung) oder werden auf die folgenden Generationen übertragen (*genetische Schädigung,* →Mutation). Die physiologische Schädigung wird oft nach einiger Zeit wieder ausgeheilt, während die genetische keine Erholung zeigt, irreparabel ist (→Zeitfaktoreffekt). Das besagt aber nicht, daß jene nicht auch durch Veränderung des genetischen Systems der Zelle, z. B. durch Chromosomenmutationen, entstehen können. Die Erholung kann bei Vielzellern, z. B. durch Überwuchern geschädigter durch intakte Zellen, stattfinden. Nach verbreiteter Ansicht ist der größte Teil der durch kleine Dosen hervorgerufenen Schädigungseffekte durch „Treffer" in Steuerungszentren mikrophysikalischer Feinheit zu verstehen, wobei natürlich bei der statistischen Verteilung auf die Individuen auch nebenher deren Empfindlichkeitsschwankungen mitspielen können. Die mikrophysikalische Erklärung der Auslösung der Effekte, insbesondere durch die ionisierenden Strahlen, ist naheliegend auf Grund folgender Überlegung: Eine Zelle von einigen μ^3 Inhalt enthält bei 80% Wassergehalt einige 10^{10} H_2O-Moleküle und bei 10% Gehalt an sonstigen niedermolekularen Stoffen einige 10^8 solcher kleinerer Moleküle, bei 10% Gehalt an Hochmolekularen einige 10^5 Makromoleküle. Durch 1000 Röntgeneinheiten, d. h. etwa 10^4 Ionisationen in der Zelle, würde nur etwa jedes 10^7-te H_2O-Molekül, jedes 10^5-te kleine Molekül und jedes 200-te Makromolekül ionisiert werden und möglicherweise für den Lebensprozeß ausfallen. Die erhebliche biologische Wirksamkeit dieser Dosis kann also nur zustande kommen, wenn einige der 10^3 „getroffenen" Makromoleküle oder der 10^3 „getroffenen" kleinen Moleküle so ins Zellgeschehen eingreifen, daß Schäden entstehen. Dies kann aber wieder nur für sehr wenige dieser 2000 beliebigen Moleküle zutreffen; d. h. diese wenigen müssen mikrophysikalische „Steuerzentren" des Lebensgetriebes (z. B. Enzyme) sein. Erst bei sehr hohen Dosen ($> 10^6$ r) sind Zerstörungen von größeren Stoffmengen oder Bildung größerer Giftmengen zu erwarten, ohne daß ihre Auslösung durch Treffer in solchen Zentren geschieht. Stoffzerfall, Koagulation, Bildung diffusibler Gifte usw. kann natürlich bei kleinen Dosen auch als Folgereaktion von Trefferereignissen auftreten.

Wegen der gesundheitlichen Gefahr beim Arbeiten mit durchdringenden Strahlen sind gesetzlich *Schutzeinrichtungen* vorgeschrieben. → Strahlenschutz.

Rajewsky, B., u. *M. Schön*: Biophysik I. Naturwiss. u. Medizin in Deutschland 1939—1946. Wiesbaden 1948.

Strahlenschutz. Die ionisierenden Strahlungen (Röntgen-, γ- und Korpuskularstrahlungen) üben im biologischen Gewebe und dementsprechend auch in den Organismen starke destruktive Wirkungen aus (→ Strahlenschädigung, biologische). Ganz generell gesehen führen diese Wirkungen zu einer Schädigung des Organismus bzw. des Gewebes. Es zeigen sich dabei Zerstörungen von Zellen oder deren Untereinheiten, in anderen Fällen wesentliche Veränderungen der Zellelemente, die zu erheblichen Reaktionen im Organismus führen; zu letzteren gehören vor allem die genetischen Wirkungen ionisierender Strahlungen. Auch die Grundsubstanzen des Gewebes, sowie wahrscheinlich die das funktionelle System des Organismus steuernden Enzyme, Fermente und Hormone werden dabei in Mitleidenschaft gezogen.

Die zellzerstörende Wirkung der ionisierenden Strahlen hat eine ausgedehnte und segensreiche Anwendung in der Medizin gefunden. Dabei handelt es sich im allgemeinen um eine bewußt vorgenommene örtliche „Strahlenoperation", deren Zweck es ist, die pathologischen Zellen (z. B. einen Tumor) zu zerstören. Hierbei wurden aus der klinischen Erfahrung, sowie aus den Ergebnissen der wissenschaftlichen Untersuchungen heraus gewisse Normen bezüglich der jeweils zulässigen Dosierung abgeleitet und für die verschiedenen Organe des Körpers, z. B. für die Haut, die höchstzulässigen Dosen festgelegt. Man könnte hier in physikalisch-technischem Sinne von „Toleranzdosen" sprechen. Diese Bezeichnung hat sich jedoch auf einem anderen Gebiet eingebürgert, während man hier nicht von einer Toleranzdosis, sondern von einer *Verträglichkeitsdosis* spricht, wobei an einmalige oder auch je nach der therapeutischen Notwendigkeit wiederholte Bestrahlungen einzelner Körperteile (Lokalbestrahlungen) gedacht wird.

Im Laufe der praktischen Anwendungen von ionisierenden Strahlungen entstand indessen ein anderes Problem. Bei dem überwiegenden Teil ihrer medizinischen Anwendungen erleiden sowohl die zu behandelnden Personen als auch das behandelnde Personal ungewollt (unvermeidlich wegen mangelhafter Beschaffenheit der Bestrahlungsanordnung oder deren Besonderheiten) oder aber durch Fahrlässigkeit Strahleneinwirkungen, sei es durch die direkte Strahlung von der Strahlenquelle her, sei es durch Streustrahlen. Solche Strahlenwirkungen erstrecken sich meistens auf den gesamten Körper oder seinen wesentlichen Teil. Sie wiederholen sich im Laufe der Arbeitszeit mehrfach und können sich hinsichtlich des biologischen Effektes in gewissen Fällen voll, in anderen zum Teil summieren. So können, auf die Dauer gesehen, schwere Schädigungen des Organismus entstehen. Die Sachlage in den technischen und wissenschaftlichen Betrieben, z. B. bei Materialprüfung mit Röntgen- und Radiumstrahlen, ist grundsätzlich die gleiche.

Die seit der Entdeckung der Röntgenstrahlen und der Radioaktivität vorliegenden praktischen und experimentell-wissenschaftlichen Erfahrungen zeigen, daß solche Schädigungen (zum Teil schwerster Art, vor allem Krebsbildung) in der Tat vorkommen, und zwar auch dann, wenn die jeweils einwirkenden Dosisleistungen der Strahlung nur sehr gering sind. So ergab sich das Problem des *Strahlenschutzes* beim Umgang mit ionisierenden Strahlungen. Die Zahl der Todesopfer durch Strahlenschädigungen, die im Laufe der Zeit bekannt geworden sind, ist nicht gering. Namhafte Forscher und Ärzte befinden sich darunter.

So entstand die Notwendigkeit, diejenige Strahlendosis (bzw. Strahlendosisleistung) festzulegen, die, dem Gesamtorganismus wiederholt oder lange Zeit hindurch zugeführt, keine nennenswerten Schädigungen hervorruft und demnach als „unschädlich" angesehen werden kann. Maßgebend ist dabei die von der strahlenbiologischen Forschung gesicherte Tatsache, daß die „biologische" Wirkung der ionisierenden Strahlungen zu einem großen Teil den sogenannten → Zeitfaktor aufweist. Dieser Faktor bedeutet, daß eine Strahlendosis, kurzzeitig verabreicht, eine stärkere Wirkung ausübt, als dieselbe Dosis, auf längere Zeit verteilt oder fraktioniert in gewissen Zeitabständen verabreicht. Wirksam sind dabei sowohl physikalische und chemisch-physiologische als auch rein biologische Komponenten der Erholung des Gewebes von den gesetzten Teilschädigungen.

Aus dieser Feststellung heraus ergab sich die Überlegung, daß vielleicht eine Dosisleistung existiert, die bei dauernder Verabreichung vom Organismus bzw. vom Gewebe ohne Schaden ertragen werden kann. Eine solche Grenze der Dosisleistung wäre als ideale „Toleranzdosis" anzusehen. Das heute vorliegende strahlenbiologische Erfahrungsmaterial zeigt jedoch, daß ein solcher Begriff kaum berechtigt ist. Auf dem erbbiologischen Gebiet besteht diese Möglichkeit jedenfalls nicht. Dort summieren sich die kleinsten Dosen im Laufe der Zeit vollkommen. Es ist aber nicht ohne weiteres zu entscheiden, ob auch auf dem Gebiete der sonstigen biologischen Reaktionen auf Bestrahlung wirklich eine andere Situation besteht. Insbesondere gilt dies für alle Arten der Zellschädigungen.

Somit bleibt zur Zeit nichts anderes übrig, als eine formal gewählte „höchstzulässige Dosisleistung" festzulegen, von der auf Grund der vorliegenden Erfahrung und vernünftiger Überlegungen für den Rest des Lebens der betroffenen Person keine wesentlichen Gesundheitsschäden zu erwarten sind (→ Toleranzdosis). Erst nach Aufstellung solcher Normen für die verschiedenen Strahlenarten ist die technische Lösung des Problems des Strahlenschutzes möglich.

Die grundsätzlichen Richtlinien für die Verwirklichung des Strahlenschutzes sind folgende:

1. Die Strahlenerzeuger müssen in strahlenundurchlässigen Behältern derart eingeschlossen sein, daß die Strahlung nur in der gewünschten Richtung austreten kann. Dies bedeutet, daß bei

entsprechend verschlossener Austrittsöffnung nirgends im umgebenden Raum, in dem sich Menschen befinden, Dosisleistungen vorhanden sind, welche die festgelegte „höchstzulässige Dosisleistung" (Toleranzdosis) überschreiten. Technisch betrachtet ist dies nur bis zu einem gewissen Grade möglich, ohne unwirtschaftliche oder störende Maßnahmen zu ergreifen. Man behilft sich, indem man die Einhaltung eines bestimmten Abstandes von der Strahlungsquelle zu Hilfe fordert.

2. Bei der Gestaltung der Bestrahlungsanordnung muß Vorsorge getroffen werden, daß das Nutzstrahlenbündel nirgends das arbeitende Personal trifft und daß die von dem zu bestrahlenden Objekt (und ebenso von den Teilen der Bestrahlungsanordnung selbst) ausgehende Sekundärstrahlung (Streustrahlung, Fluoreszenzstrahlung, Korpuskularstrahlung) abgeschirmt wird.

Die Lösung dieser Aufgaben liegt in der Verwendung von strahlenschwächenden Materialschichten, die für verschiedene Strahlenarten verschieden sind (Schutzwände und Schutzkleidung, deren Wirkung durch ihre Pb-Äquivalenz angegeben und gemessen wird), und in der Benutzung von mechanischen Vorrichtungen, welche Mindestabstände zwischen Strahlungsquelle und arbeitenden Personen bewirken. Besonders betrifft die letztere Maßnahme das Arbeiten mit radioaktiven Präparaten, die z. B. bei medizinischen Anwendungen in die unmittelbare Nähe des pathologischen Gewebes gebracht, meistens in die Körperhöhlen eingeführt werden müssen. Gerade hier tritt die nur relative Wirksamkeit, aber auch die große Bedeutung des Strahlenschutzes, besonders klar zutage. Eine gewisse Strahlenbelastung des arbeitenden Personals ist hier überhaupt unvermeidlich. Daraus ergibt sich die dritte unerläßliche Maßnahme des Strahlenschutzes, nämlich:

3. Die laufende Kontrolle der Strahlendosen, die trotz aller Strahlenschutz-Maßnahmen das Personal erhält, und die Kontrolle des Gesundheitszustandes des Personals hinsichtlich etwa sich ankündigender Strahlenschäden. Zur Feststellung der Strahlenbelastung dienen Messungen, einerseits der in der Umgebung der Strahlenquellen, besonders der Streustrahlenquellen, auftretenden („Ortsdosis"), andererseits der vom betroffenen Personal empfangenen („Körper"- oder „Personendosis") Strahlenmenge. Die Messungen werden durchgeführt sowohl mit direkt die Dosisleistung anzeigenden Meßgeräten (Momentan-Dosismesser) als auch mit anderen Geräten (Integral-Dosismesser) oder nach Methoden, welche die in längerer Zeit aufgenommene Strahlenmenge (Tages- oder Wochendosis) summieren, und arbeiten auf der Grundlage der Luftionisation, der Filmschwärzung oder von Zählrohrmessungen.

Die Überwachung des Gesundheitszustandes des gefährdeten Personals geschieht durch regelmäßige Bestimmung des Blutbildes in kürzeren (3- bis 6 monatlichen) und einer Generaluntersuchung in längeren (etwa jährlichen) Zeitabständen.

Hierzu kommt als vierte und wichtigste Maßnahme:

4. Eine hinreichende Aufklärung des gesamten Arbeitspersonals über die Gefahren, die beim Umgang mit ionisierenden Strahlen bestehen.

5. In der neuesten Zeit hat die wissenschaftliche Forschung noch eine weitere Möglichkeit für den Strahlenschutz angedeutet. Sie liegt darin, daß gewisse Substanzen bei ihrer Einführung in den Körper den komplizierten Ablauf der biologischen Strahlenreaktionen beeinflussen und den Endeffekt herabzumindern vermögen. Doch befindet sich diese Schutzmethode erst im Anfangsstadium ihrer Entwicklung.

Seit etwa zwei Dezennien sind in der radiologischen Praxis die Probleme des Strahlenschutzes verhältnismäßig intensiv bearbeitet worden mit dem Ziele, die Regeln für die Durchführung eines wirksamen Strahlenschutzes auszuarbeiten. In Deutschland sind diese in Zusammenarbeit mit der Deutschen Röntgen-Gesellschaft durch den Deutschen Normenausschuß und die zuständigen Behörden sowie durch verschiedene Berufsgenossenschaften aufgestellt worden und können dort bezogen werden. Sie geben für die verschiedenen Strahlenerzeugungsbedingungen die anzuwendenden Strahlenschutz-Maßnahmen an, legen die einzuhaltenden Höchstdosen fest und ordnen die notwendigen Überwachungs- und Personal-Unterweisungs-Maßnahmen.

Dorneich, M., u. *R. Jaeger:* Stand u. Entwicklung d. Strahlenschutzes, Strahlentherapie 78, 569 (1949). (Ausführl. Verz. aller Deutschen Vorschr. u. Normen.) — *Meyer-Schützmeister, L.:* Naturw. 37, 501 (1950).

Strahlensystem, die Gesamtheit der von einer punktförmigen Strahlungsquelle ausgehenden Strahlen, die im besonderen, aber häufigeren Falle des *allgemeinen* Strahlensystems ein *Normalensystem* bilden, d. h. auf der konzentrischen Wellenflächenschar senkrecht stehen. Für letztere gilt der →Malussche Satz. Normalensysteme lassen sich nach den Begriffen der Flächentheorie behandeln. Die Rückkehrkanten nach dieser Theorie heißen in der geometrischen Optik *Brennlinien* oder *Kaustiken,* die Zentrafläche *Brennfläche* oder *kaustische Fläche.* Die allgemeine Theorie der Abbildung der Strahlensysteme führt auf die astigmatischen Hauptschnitte (→Abbildungsfehler). Während diese bei achsensymmetrischen Abbildungsvorrichtungen stets senkrecht aufeinander stehen, wobei der meridionale Schnitt die optische →Achse enthält, sind sie im allgemeinen Fall nicht senkrecht.

Gullstrand, A.: Die reelle opt. Abbildung. Svensk Vetensk. Handl. 41, Nr. 3 (1906); Arch. Opt. 1, 1—41, 81—97 (1907).

Strahler nullter Ordnung →Kugelstrahler.

Strahlkontraktion →Kontraktionsziffer.

Strahlstärke →Strahlungsgrößen.

Strahlung. 1. *Wellenstrahlung.* Jeder physikalische Schwingungsvorgang, der mit Energieabgabe (Ausstrahlung eines Senders) oder Energietransport (Strahlungsausbreitung) verknüpft ist, wird als Strahlung bezeichnet. Man unterscheidet mechanische (akustische) und elektromagnetische Strahlung. Bei dem mechanischen Vorgang sind die Träger der Wellen materielle Teilchen, die Moleküle des Stoffes, in dem der Vorgang stattfindet, bei dem elektromagnetischen das elektromagnetische Feld.

2. *Teilchenstrahlung.* Eine solche besteht aus atomaren Teilchen (Atomen, Ionen, Elektronen, Neutronen, Mesonen usw.), wie z. B. die α- und β-Strahlung.

Nach neuerer Erkenntnis hat jede elektromagnetische Strahlung auch einen korpuskularen Charakter (→Lichtquanten) und jede Teilchenstrahlung auch einen Wellencharakter (→Materiewellen).

Strahlungsäquivalent →photometrisches Strahlungsäquivalent.

Strahlungsbilanz der Erde, die Differenz Einstrahlung durch →Sonne und →Himmel minus Ausstrahlung durch →terrestrische Strahlung (Abb.). Setzt man die von außen kommende Zustrahlung durch die Sonne = 100, so gelten im Jahresdurchschnitt der Nordhalbkugel folgende Posten: 42 Teile werden durch Reflexion an Wolken und an der Erdoberfläche sowie durch Rückstreuung in der Atmosphäre wirkungslos wieder an den Weltraum zurückgegeben (→Albedo der Erde).

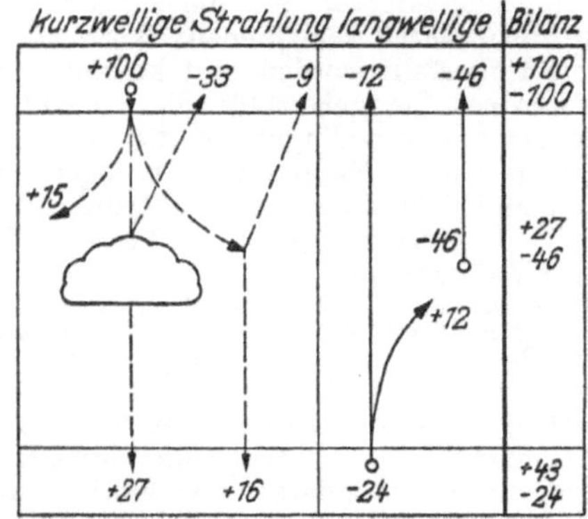

Strahlungsbilanz des Erdbodens und der Atmosphäre.

15 Teile werden von der Atmosphäre absorbiert, 43 Teile von der Erdoberfläche. Die Strahlungsabgabe der Erdoberfläche durch effektive Ausstrahlung beträgt 24 Teile, davon je die Hälfte an die Atmosphäre als Empfänger und an den Weltraum. Die freie Atmosphäre selbst gibt 46 Teile an den Weltraum ab, empfängt von der Erdoberfläche 12 Teile, verliert also insgesamt nur 34 Teile. Die Bilanz der Erdoberfläche ist daher mit $43 - 24 = +19$ Teilen positiv, die der Atmosphäre mit $15 - 34 = -19$ Teilen negativ. Diese Differenz ist der Antriebsmotor für wesentliche Teile des Wettergeschehens, denn sie findet ihren Ausgleich nur durch Verdampfung und Wärmekonvektion am Erdboden, durch Kondensation mit ausfallendem Niederschlag in der freien Atmosphäre. Regional unterliegen die angegebenen Zahlenwerte zahlreichen Abänderungen. Die Sonneneinstrahlung ist in niederen Breiten groß, in hohen gering; die Reflexionsverluste sind über dem Meere kleiner als über dem festen Land, in stärker bewölkten Gebieten anders als in heiteren. Als Folge hiervon nimmt besonders im Winter die Strahlungsbilanz von den Tropen zum Polargebiet von positiven zu immer stärker negativen Werten ab. Das verlangt einen Ausgleich durch horizontale Transporte in Gestalt der allgemeinen →Zirkulation, der Luftströmungen zwischen Hoch und Tief, der Meeresströmungen usw., welche alle daher als Folge der Strahlungsbilanz und als ihre Kompensation anzusehen sind.

Linke, F., u. *F. Möller:* Handb. d. Geophysik VIII. Berlin 1950.

Strahlungsdämpfung. Ein schwingender Dipol (→Antenne) strahlt auf Kosten seiner Schwingungsenergie laufend elektromagnetische Energie in den Raum ab. Die dadurch bedingte Dämpfung des Dipols wird als Strahlungsdämpfung bezeich-

net; ihre Größe wird durch den →Strahlungswiderstand gekennzeichnet.

Strahlungsdämpfung von Atomen und Molekülen. Die Atome und Moleküle mit den Energiestufen E_n senden durch Übergang von einer Energiestufe E_n nach E_m Licht der Kreisfrequenz ω_{nm} mit $\hbar \omega_{nm} = E_n - E_m$ aus (→Diracsche Strahlungstheorie). Diese Beschreibung ist in der Weise zu verfeinern, daß durch die Ausstrahlung selbst die Energieniveaus eine Unschärfe ΔE erhalten, die grob durch die Ungenauigkeitsrelation $\Delta t \Delta E \approx \hbar$ gegeben ist, wobei Δt die Zeitdauer der Emission ist, d. h. $\Delta t = 1/A_{nm}$ mit A_{nm} als →Einsteinscher Übergangswahrscheinlichkeit. Der angeregte Zustand klingt, wie die genauere Rechnung zeigt, nach einer Exponentialfunktion ab (Strahlungsdämpfung), deren Zeitkonstante durch den Kehrwert der Summe aller Übergangswahrscheinlichkeiten von diesem Zustand zu tieferen Zuständen gegeben ist. Die Form einer Spektrallinie, wie sie allein durch die Strahlungsdämpfung bedingt ist, lautet im einfachsten Fall

$$J(\omega) = \frac{a^2}{\left| \omega_{nm} - \omega + i\,\dfrac{A_{nm}}{2} \right|^2}$$

Sie ist ganz ähnlich der Formel für die Stoßdämpfung.

Strahlungsdichte, *Strahldichte, spezifische Intensität* der Strahlung oder *spezifische Flächenhelle.* →Strahlungsgrößen.

Strahlungsdiffusion →Stufenionisation.

Strahlungsdruck. Eine auf die Oberfläche eines Körpers treffende elektromagnetische Strahlung übt in der Strahlungsrichtung einen Druck aus, der als Lichtdruck oder Strahlungsdruck bezeichnet wird. Ist b die Lichtstromdichte, ϱ das Reflexionsvermögen der Fläche und c die Lichtgeschwindigkeit, so beträgt der Strahlungsdruck $p = (1 + \varrho)b/c$ (*Maxwell-Bartoli*). Diese Beziehung läßt sich aus der Maxwellschen Theorie ableiten. Einfacher führt nach der Lichtquantenvorstellung die Überlegung zum Ziel, daß jedes Photon bei seiner Absorption in einer schwarzen Fläche seinen Impuls $h\nu/c$, bei der Reflexion an einer vollkommen spiegelnden Fläche den Impuls $2h\nu/c$ überträgt. Die Größe des Strahlungsdruckes wurde zuerst qualitativ von *Lebedew* (1901) sowie von *Nichols* und *Hull* (1903), später auch quantitativ durch Beobachtungen von *Gerlach* und *Golsen* (1924) als mit der Theorie übereinstimmend gefunden. Die Sonnenstrahlung übt auf einen Spiegel auf der Erdoberfläche einen Druck der Größe 10^{-3} p/m² aus. Der Strahlungsdruck hat bei der Ableitung der Gesetze der Temperaturstrahlung eine große Rolle gespielt. In der Astrophysik ist er für den Aufbau und die Dichteverteilung im Innern der Sterne ebenso wichtig wie der Gasdruck und die Gravitation.

Westphal, W. H.: Bericht über d. Druckkräfte elektromagnet. Strahlung. Jb. Radioakt. u. Elektronik 18, 81 (1921).

Strahlungsdruck, akustischer →Schallstrahlungsdruck.

Strahlungsdruck im interstellaren Raum. Die Sternstrahlung übt auf die Partikel der staubförmigen interstellaren Materie eine →Strahlungsdruckkraft aus, die in vielen Fällen die Gravitationsanziehung übersteigt. Bei einer Intensität I in erg·cm⁻²·s⁻¹ der auffallenden Strahlung hat die Strahlungsdruckkraft D in dyn auf ein Teilchen vom Radius r in cm den Wert (c Lichtgeschwindigkeit)

$$D = \frac{I}{c}\,\pi\,r^2\,V(\alpha),$$

wobei die (dimensionslose) Funktion $V(\alpha)$, die vom Verhältnis Teilchenradius zu Wellenlänge λ abhängt ($\alpha = 2\pi r/\lambda$), den Einfluß der Richtungsverteilung der gestreuten Strahlung und das Absorptionsvermögen der Partikelsubstanz berücksichtigt. Für große α wird $V(\alpha) = $ const, bei $\alpha < 0,3$ ist $V(\alpha)$ bei absorbierenden, metallischen Partikeln proportional α, bei nur streuenden, dielektrischen Partikeln proportional α^4. Für das Verhältnis Strahlungsdruckkraft D zu Gravitationsanziehung S in dyn in der Umgebung eines Sternes mit der Masse $\mathfrak{M}$ in g und der Leuchtkraft L in erg $\cdot$ s^{-1} gilt die genäherte Beziehung (f Gravitationskonstante, ϱ Dichte der Partikel)

$$\frac{D}{S} = \frac{3V(\alpha)}{4\,c\,f\,r\,\varrho}\,\frac{L}{\mathfrak{M}}.$$

Daraus folgt, daß für einen bestimmten Stern jeweils eine Grenze für r existiert, oberhalb derer die Anziehung überwiegt. Bei kleinen dielektrischen Partikeln ist wegen $V(\alpha) \sim r^4$ auch eine untere Grenze für r vorhanden, unterhalb derer die Anziehung auf jeden Fall überwiegen muß, bei metallischen Partikeln wegen $V(\alpha) \sim r$ dagegen nicht. Eine genaue Berechnung von D/S, die die Intensitätsverteilung im Spektrum der Sternstrahlung und die Wellenlängenabhängigkeit von $V(\alpha)$ berücksichtigt, zeigt, daß bei den Sternen der heißen →Spektraltypen O, B und A die Strahlungsdruckkraft die Anziehung für einen breiten Bereich von Partikelradien (bei metallischen Partikeln für alle Radien unterhalb 10^{-3} bis 10^{-2} cm) stark übersteigt; diese Sterne werden daher einen großen Einfluß auf die Verteilung der diffusen Materie haben, da sich in ihrer Nähe keine Teilchen aufhalten können und vorbeifliegende bis zu Abständen von 10 pc nach außen abgelenkt werden. Auch bei der Sonne überwiegt die Abstoßung bei Partikeln von mittleren Dimensionen (10^{-6} bis 10^{-4} cm). Für das Milchstraßensystem als Ganzes überwiegt dagegen die Anziehung beträchtlich, da infolge der interstellaren Absorption der Strahlungsdruck mit wachsendem Abstand rascher abfällt als die Gravitationsanziehung. Die staubförmigen Partikel laufen also ihre Bahnen in der Milchstraße im wesentlichen unter der Gravitationswirkung des ganzen Systems, allerdings lokal stark gestört in der Nähe von Sternen der heißen Spektraltypen.

Strahlungsempfänger. Man unterscheidet Strahlungsempfänger, welche elektromagnetische Strahlung aller Wellenlängen in gleicher Weise messend anzeigen, und selektive Empfänger, welche nur in begrenzten Spektralbereichen empfindlich sind. Zu den ersteren gehören →Thermoelement, →Bolometer, →Radiometer, →Mikroradiometer, für die Beobachtung starker Strahlung auch →Aktinometer und →Pyrheliometer.

Selektive Empfänger für den ultravioletten Bereich: Die *photographische Platte.* Unterhalb 2400 Å beginnt die Gelatine in der photographischen Schicht zu absorbieren. In diesem Bereich sensibilisiert man die Platten mit Öl, dessen Fluoreszenz an der bestrahlten Stelle eine Schwärzung hervorruft. Für noch kleinere Wellenlängen verwendet man →Schumann-Platten, die durch Herauslösen der Gelatine aus gewöhnlichen Platten hergestellt werden. Die →*lichtelektrische Zelle:* Vom Sichtbaren bis etwa 3000 Å ist die Kaliumzelle mit Quarzglas brauchbar. Auf das ultraviolette Gebiet beschränkt sind die Natriumzelle, die Cadmiumzelle und verschiedene andere mit Kathoden aus Platin, Titan, Lithium usw. Besonders empfindlich für den Bereich von 2000 bis 4000 Å und auch für das sichtbare Gebiet sind Zellen mit Sb-Cs-Kathoden. Für den Nachweis sehr schwacher Strahlung im ultravioletten und sichtbaren Gebiet eignet sich das zum *Lichtzähler* umgebaute Geiger-Müllersche →*Zählrohr.*

Selektive Empfänger für den sichtbaren Bereich: Das menschliche *Auge.* Die *photographische Platte.* Die *Photozelle:* Kalium-, Rubidium-, Cäsiumzelle. Durch geeignete Filter läßt sich die spektrale Empfindlichkeit der des menschlichen Auges angleichen. Die engste Annäherung an die Augenempfindlichkeit ohne Verwendung eines Filters liefert die Zelle mit Bi-O-Ag-Cs-Kathode. Auf den roten Teil des Spektrums ist die Ag-O-Cs-Zelle abgestimmt. Die →*Sperrschichtphotozelle:* Vorspannung und Verstärkung sind hier unnötig. Der Photostrom ist mit Zeigerinstrumenten bzw. Spiegelgalvanometer meßbar.

Selektive Empfänger für den ultraroten Bereich: Für kurzwelliges Ultrarot die →Bildwandler. Die *photographische Platte* ist durch Sensibilisation bis $1,3\,\mu$ brauchbar. Etwas weiter reichen die Methoden der →*Phosphoreszenzerregung* und *-auslöschung.* Bei mit Kupfer aktiviertem Zink-Kadmiumsulfid, das durch flüssige Luft gekühlt wird, kann Auslöschung bis $2,7\,\mu$ beobachtet werden. Photozellen in Form von *Halbleiterzellen* und von *Sperrschichtzellen:* Thallofidzelle bis $1,4\,\mu$, Bleisulfidzelle bis $3,5\,\mu$, Bleiselenidzelle bis $5\,\mu$, Bleitelluridzelle bis $7\,\mu$. Bis etwa $10\,\mu$ läßt sich das Verfahren der →*Evaporographie* durchführen. Die Strahlung fällt auf eine äußerst dünne Paraffinschicht und verursacht an den bestrahlten Stellen durch Verdampfung Dickenänderungen, die durch optische Mittel sichtbar gemacht werden.

Strahlungsfeld →Hertzscher Oszillator.

Strahlungsfluß →Strahlungsgrößen.

Strahlungsgesetze, die Beziehungen zwischen der Temperatur des strahlenden Körpers und der von ihm in bestimmten Spektralbereichen oder insgesamt ausgesandten Strahlungsleistung. Theoretisch und praktisch besonders wichtig sind die Strahlungsgesetze des →schwarzen Körpers, weil dessen Strahlung nicht von Materialeigenschaften, sondern bei gegebener Wellenlänge nur von der Temperatur des Strahlers abhängt. Für alle →Temperaturstrahler gilt das *Kirchhoffsche Gesetz,* welches aussagt, daß das Verhältnis von Strahlungsdichte (→Strahlungsgrößen, physikalische) und →Absorptionsvermögen für eine vorgegebene Wellenlänge unabhängig von den speziellen Materialeigenschaften lediglich eine Funktion der Temperatur ist. Da das Absorptionsvermögen des schwarzen Körpers definitionsgemäß gleich 1 ist, folgt, daß das Verhältnis von Strahlungsdichte und Absorptionsvermögen eines beliebigen Temperaturstrahlers gleich der Strahlungsdichte des schwarzen Körpers für die gleiche Temperatur und die gleiche Wellenlänge ist. Die von der Flächeneinheit des schwarzen Körpers in den Halbraum ausgehende Gesamtstrahlung ist nach dem

Stefan-Boltzmannschen Gesetz proportional der 4. Potenz der absoluten Temperatur: $G = \sigma T^4$. Theoretisch läßt sich dieses Gesetz rein thermodynamisch ableiten. Für den Zahlenwert der Konstanten kann nach Messungen von *Müller* $\sigma = 5{,}77 \cdot 10^{-12}$ W cm^{-2} grad^{-4} gesetzt werden. Die Gesamtstrahlung eines beliebigen Temperaturstrahlers läßt sich in vielen Fällen durch ein ähnliches Potenzgesetz darstellen. Der Exponent der Temperatur bedeutet dabei eine für jeden Körper charakteristische Konstante.

Das *Wiensche Verschiebungsgesetz*, gleichfalls thermodynamisch abgeleitet, gibt eine Beziehung zwischen der Temperatur des schwarzen Körpers und derjenigen Wellenlänge, bei der die Strahlungsleistung ein Maximum wird. Für diese Wellenlänge λ_m ist das Produkt $\lambda_m T$ eine Konstante. Die Messungen liefern $\lambda_m T = a = 0{,}289$ cm grad. Mit steigender Temperatur verschiebt sich das Strahlungsmaximum daher nach kleineren Wellenlängen.

Von der Flächeneinheit des schwarzen Körpers der Temperatur T [°K] wird innerhalb des Wellenlängenbereiches zwischen λ und $\lambda + d\lambda$ senkrecht in den räumlichen Winkel $d\Omega$ die Strahlungsleistung $B_{\lambda T}\, d\Omega\, d\lambda$ ausgesandt. Für die Strahlungsdichte $B_{\lambda T}$ fand *Planck* 1900 auf Grund der Energiequantenhypothese das nach ihm benannte *Strahlungsgesetz*

$$B_{\lambda T} = \frac{2\,c_1}{\lambda^5} \; \frac{1}{e^{c_2/\lambda T} - 1} \, .$$

Die Konstanten c_1 und c_2 ($\rightarrow$Strahlungskonstanten) stehen mit dem Planckschen $\rightarrow$Wirkungsquantum h und der $\rightarrow$Boltzmannschen Konstanten k sowie der Lichtgeschwindigkeit c in der Beziehung: $c_1 = c^2 h$ und $c_2 = c\,h/k$. Es ist ($\rightarrow$Strahlungskonstanten):

$$c_1 = 5{,}954 \cdot 10^{-13}\ \text{W}_{\text{abs}}\ \text{cm}^2, \quad c_2 = 1{,}4388\ \text{cm grad}.$$

Unter Berücksichtigung experimenteller und aus den Atomkonstanten abgeleiteter Werte ist durch Beschluß der 9. Generalkonferenz für Maß und Gewicht $c_2 = 1{,}438$ cm grad (optische $\rightarrow$Temperaturskala) festgelegt worden. Das Integral $\pi \int_0^\infty B_{\lambda T}\, d\lambda$ liefert das Stefan-Boltzmannsche Gesetz und führt zu dem theoretischen Wert $\sigma = 2\pi^5\, k^4/(15\, c^2 h^3)$.

$B_{\lambda T}$ wird bei einer vorgegebenen Temperatur T entsprechend dem Wienschen Verschiebungsgesetz ein Maximum, wenn $\lambda T = a = ch/(\beta k) = c_2/\beta$ ist. β ist ein reiner Zahlenwert 4,9651. Die maximale Strahldichte B_m ist proportional T^5: $B_m = 2\,c_1\, c_2^{-5}\, \beta^5 (e^\beta - 1)^{-1}\, T^5$. Für Werte $\lambda T \ll c_2$ geht das Plancksche Strahlungsgesetz in die *Wiensche*

Formel über: $B_{\lambda T} = 2\,c_1\, \lambda^{-5}\, e^{\frac{-c_2}{\lambda T}}$. Die Abweichung der Wienschen Formel von der Planckschen bleibt für $\lambda T \leqq 0{,}2$ cm grad unter 0,1% und für $\lambda T \leqq 0{,}3$ cm grad unter 1%. Im sichtbaren Gebiet kann für die irdischen Temperaturen in meistens ausreichender Näherung die Wiensche Formel benutzt werden. Für Werte $\lambda T \gg c_2$ erhält man das aus der klassischen Physik folgende

Rayleigh-Jeansche Strahlungsgesetz $B_{\lambda T} = 2\,\dfrac{c_1}{c_2}\, \dfrac{T}{\lambda^4}$.

Für $\lambda T \geqq 77$ cm grad bleibt der Unterschied gegenüber der Planckschen Formel unter 1%. Der experimentelle Nachweis der Gültigkeit des Planckschen Strahlungsgesetzes für weiteste Temperatur- und Wellenlängenbereiche stammt von *H. Rubens* und *H. Michel* (Berl. Ber. 1921). Eine Ableitung der Strahlungsformel im Sinne der Bohrschen Theorie gab *A. Einstein* (Phys. Z. 1917).

Bei der graphischen Darstellung der Planckschen Formel in der Ebene des Koordinatenpapiers muß eine der beiden Veränderlichen λ oder T konstant gehalten werden. Zeichnet man $B_{\lambda T}$ bei konstantem λ als Funktion von T, so erhält man als *Isochromaten* bezeichnete Kurven. Hält man T fest, so wird $B_{\lambda T}$ eine Funktion von λ. Diese Kurven heißen *Isothermen*. Sie stellen die spektrale Energieverteilung des schwarzen Körpers bei der Temperatur T dar. Die Abb. gibt einen Überblick über den Verlauf der Isothermen des schwarzen Körpers. Auf der Abszisse ist die Wellenlänge in μ, auf der Ordinate die Strahldichte in W/cm³ aufgetragen. Die gestrichelt gezeichneten

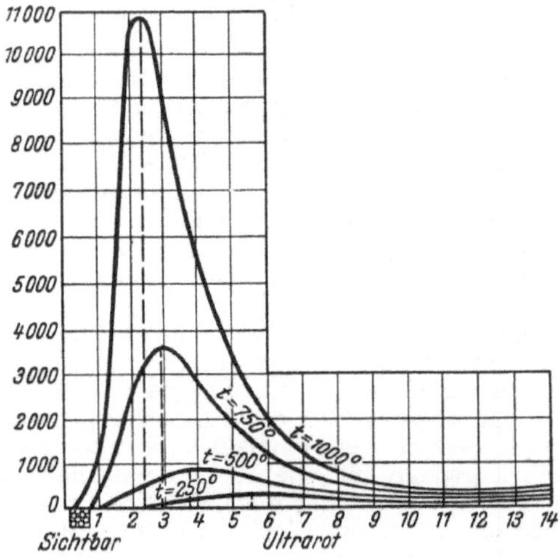

Energieverteilung im Spektrum des schwarzen Körpers.

Ordinaten bedeuten die Maximalwerte der Strahldichten. Nur ein kleiner Teil der Energie wird in dem besonders gekennzeichneten Bereich als sichtbare Strahlung emittiert.

Für numerische Rechnungen eignet sich die *reduzierte Strahlungsformel*. Darunter versteht man das Verhältnis $B_{\lambda T}/B_m = c_2^5\, \beta^{-5} (e^\beta - 1)(\lambda T)^{-5}/(e^{c_2/\lambda T} - 1) = (e^\beta - 1)(\lambda_m/\lambda)^5/(e^{\beta\,\lambda_m/\lambda} - 1)$. Diese Beziehungen enthalten nur eine unabhängige Veränderliche, nämlich λT bzw. λ_m/λ. Aus einer hieraus berechneten Tabelle oder Kurve lassen sich die relativen Strahldichten für beliebige Wellenlängen und Temperaturen durch Interpolation und dann ihre absoluten Werte durch Multiplikation mit E_m ermitteln. Zahlenwerte der Planckfunktionen findet man in den Tabellen von *Coblentz, Frehafer* und *Snow, Skogland, Moon*.

Planck, M.: Vorl. über d. Theorie d. Wärmestrahlung. Leipzig 1923.

Strahlungsgleichgewicht. Ein System von Körpern, die ihre Energie nur durch Strahlungsaustausch unter sich ändern können und dabei gleiche, konstante Temperaturen annehmen, befindet sich im Strahlungsgleichgewicht. Dieser Zustand läßt sich verwirklichen, wenn Körper gleicher Temperatur mit einer für Strahlung undurchlässigen Hülle umgeben werden. Die von einem jeden Körper emittierte Strahlungsleistung wird dann durch die in ihn eingestrahlte absorbierte Leistung gerade kompensiert. In dem von der Hülle umgebenen Raum bildet sich ein Strahlungszustand aus, der als Hohlraumstrahlung oder →schwarze Strahlung bezeichnet wird und nicht von den Materialeigenschaften der Körper, sondern lediglich von ihrer Temperatur abhängt.

Strahlungsgleichgewicht der Atmosphäre. *R. Emden* berechnete 1914 das Strahlungsgleichgewicht für ein Medium, welches die →Sonnenstrahlung mit einem einheitlichen Absorptionskoeffizienten, die →terrestrische Strahlung mit einem anderen, ebenfalls wellenlängenunabhängigen, absorbiert, aber die gleiche vertikale Verteilung besitzt wie der Wasserdampf in der Atmosphäre. Er fand oberhalb 10 km Höhe eine Isothermie von $-60\,°C$, was als Beweis angesehen wurde, daß die beobachtete Isothermie der →Stratosphäre auf das Strahlungsgleichgewicht des Wasserdampfes zurückzuführen sei. Bessere Berücksichtigung der Absorptionseigenschaften von H_2O führt in 10 km auf $-100\,°C$ und weitere Abnahme darüber. Die Emdensche Schlußfolgerung ist in ihrer Form daher nicht berechtigt. Dagegen ist anzunehmen, daß die Temperaturverteilung der Stratosphäre (→Atmosphäre) durch die Strahlungsvorgänge an CO_2 und O_3 geregelt wird. Quantitative Untersuchungen fehlen.

Handb. d. Geophysik VIII. Berlin 1943.

Strahlungsgrößen. Durch den Querschnitt jedes aus elektromagnetischen Wellen bestehenden Strahlenbündels fließt in der Zeiteinheit ein Energiebetrag, der als *Strahlungsleistung* oder *Strahlungsfluß* bezeichnet wird. Von dem Oberflächenelement df einer Strahlungsquelle, etwa eines erhitzten Metalles, möge ein Strahlenbündel ausgehen und einen kleinen räumlichen Winkel $d\omega$ ausfüllen, dessen Achsenrichtung durch den Neigungswinkel ϑ $(0 \leq \vartheta \leq \pi/2)$ gegen die Normale des Flächenelementes und das Azimut φ $(0 \leq \varphi \leq 2\pi)$ festgelegt ist. Die Strahlungsleistung $d\Phi$ der Lichtquelle innerhalb dieses Kegels ist proportional df und $d\omega$ und kann dargestellt werden durch $d\Phi = df \cos \vartheta B d\omega$. Ihre übliche Einheit ist das Watt. Die Größe B wird mit *Strahlungsdichte* oder *Strahldichte* bezeichnet. Eine endliche Strahlungsleistung kann nicht von einem Punkt, sondern muß von einem endlichen Flächenelement df ausgehen und muß innerhalb eines Kegels endlicher Öffnung $d\omega$ stattfinden. Die Proportionalität von $d\Phi$ mit $\cos\vartheta$ entspricht dem Lambertschen →Kosinusgesetz. Es gilt streng nur für den schwarzen Körper, während es für alle übrigen Strahler nur näherungsweise erfüllt ist. Für diese ist also B von der Ausstrahlungsrichtung abhängig. Die Form der Abhängigkeit muß im allgemeinen durch den Versuch bestimmt werden. Das Verhältnis $J = d\Phi/d\omega =$ Strahlungsleistung/Raumwinkel ist für die von einer Strahlungsquelle der Größe df nach einer bestimmten Richtung ausgesandten Strahlung charakteristisch und heißt *Strahlungsstärke* oder *Strahlstärke*. Ihre Einheit ist Watt/Raumwinkeleinheit. Unabhängig von der Größe der Quelle kennzeichnet die Strahldichte B die Strahlungseigenschaften. In älterer Bezeichnungsweise heißt B spezifische Intensität der Strahlung oder Strahlungsintensität oder spezifische Flächenhelle. Ihre Einheit ist Watt/(Raumwinkeleinheit cm²). Aus einem im Abstand r von df senkrecht in den Strahlengang gestellten Flächen-

stück schneidet das Bündel ein Flächenelement df' aus, auf das dann die Strahlungsleistung $d\Phi' = df \cos\vartheta\, B\, df'/r^2$ trifft. Das Verhältnis $E = d\Phi'/df'$ = einfallende Strahlungsleistung/Empfängerfläche $= J/r^2$ heißt *Bestrahlungsstärke*. Die Einheit ist Watt/cm². Die von df in einen größeren räumlichen Winkel des Halbraumes ausgesandte Strahlungsleistung findet man durch Integration von $d\Phi$ über ω zu $\Phi = df \int B \cos\vartheta\, d\omega$. Ist das Lambertsche Gesetz erfüllt, also B unabhängig von ϑ und φ, so läßt sich die Integration ausführen. Die Strahlungsleistung in den ganzen Halbraum wird $\Phi = df \pi B$. Man bezeichnet die von dem strahlenden Körper je Oberflächeneinheit in den Halbraum emittierte Leistung als *spezifische Ausstrahlung*. Die Einheit ist W/cm².

Die von df ausgehende Strahlung hat eine bestimmte *spektrale Energieverteilung*, so daß auf ein Wellenlängenintervall von λ' bis λ ein Strahlungsanteil entfällt, dem eine Strahlungsdichte E zukommt. Wenn der Quotient $B/(\lambda - \lambda')$ sich bei Annäherung von λ' an λ einem von der Größe des Intervalles unabhängigen Grenzwert B_λ nähert, heißt B_λ die *monochromatische Strahlungsdichte* für die Wellenlänge λ. In gleicher Weise definiert man die monochromatische Strahlungsdichte B_ν für eine Frequenz ν. Die Strahlungsdichte B läßt sich daher spektral zerlegen: $B = \int\limits_0^\infty B_\lambda\, d\lambda = \int\limits_0^\infty B_\nu\, d\nu$.

Für den Übergang von B_ν zu B_λ gilt $B_\lambda = B_\nu \left| \dfrac{d\nu}{d\lambda} \right|$
$= B_\nu\, c/(n\lambda^2)$. n ist die Brechzahl des Mediums für die Wellenlänge λ. B_λ und B_ν haben also verschiedene Dimensionen, und die Maxima von B_λ und B_ν liegen an verschiedenen Stellen des Spektrums. Während bei experimentellen Beobachtungen die Strahlungsdichte die Meßgröße darstellt, wird bei theoretischen Untersuchungen die räumliche Energiedichte der Strahlung berechnet. Da durch jedes Bündel Strahlungsenergie mit endlicher Geschwindigkeit hindurchströmt, befindet sich in jedem Volumelement des Bündels ein bestimmter Betrag von elektromagnetischer Energie. Der auf die Volumeneinheit entfallende Anteil u heißt *räumliche Energiedichte* der Strahlung. Auch u läßt sich spektral zerlegen: $u = \int\limits_0^\infty u_\nu\, d\nu$.

In einem von wärmeundurchlässigen Wänden begrenzten Hohlraum, in dem sich verschiedene Körper von gleicher Temperatur im Strahlungsgleichgewicht befinden, besteht zwischen der räumlichen monochromatischen Energiedichte u_ν und der Strahlungsdichte B_ν die Beziehung $u_\nu = 4\pi B_\nu\, n/c$

Nach neueren DIN-Normen werden die Bezeichnungen für die Strahlungsgrößen zum Unterschied von denen der entsprechenden photometrischen Größen mit dem Index s oder e versehen, also z. B. der Strahlungsfluß mit Φ_s oder Φ_e, die Strahlungsdichte mit B_s oder B_e bezeichnet usw.

Strahlungsintensität, spezifische Intensität der Strahlung, spezifische Flächenhelle oder Strahldichte. →Strahlungsgrößen.

Strahlungskonstanten. Als Strahlungskonstanten faßt man die beiden Konstanten c_1 und c_2 des Planckschen Strahlungsgesetzes in der Form $B_{\lambda\,T} = 2\,c_1\lambda^{-5}\,[\exp{(c_2/\lambda T)} - 1]^{-1}$, die Stefan-Boltzmannsche Strahlungskonstante σ des Stefan-Boltzmannschen Gesetzes für die Gesamtstrahlung $E = \sigma T^4$ und die Konstante des Wienschen Verschiebungsgesetzes $A = \lambda_{max} T = c_2/4{,}965114$ zusammen. ($\rightarrow$Strahlungsgesetze.)

Von den Strahlungskonstanten sind σ, c_2 und A einer direkten experimentellen Bestimmung mit makroskopischen Meßmethoden zugänglich, und zwar σ durch Messung der schwarzen Gesamtstrahlung, c_2 aus der optisch-pyrometrischen Bestimmung einer Isochromate, d. h. aus der Messung des monochromatischen Intensitätsverhältnisses bei zwei bekannten bzw. zu messenden Temperaturen eines schwarzen Körpers, A aus der Bestimmung der Wellenlänge λ_{max}, bei der die schwarze Strahlung je Wellenlängenintervall bei verschiedenen Temperaturen T ihre maximalen Werte erreicht. Da dieses Maximum der Planckschen Funktion sehr flach ist, liefert diese Methode wenig zuverlässige Werte für A bzw. c_2. Die letzten in der Physikalisch-Technischen Reichsanstalt (1929) mit großer Sorgfalt durchgeführten Messungen der schwarzen Gesamtstrahlung am $\rightarrow$Goldpunkt führten zu dem Ergebnis $\sigma = (5{,}77_4 \pm 0{,}03) \cdot 10^{-8} \, W_{int}/(m^2 \, grad^4)$. Als Mittelwert der bis 1939 durchgeführten c_2-Bestimmungen nach der optisch-pyrometrischen Methode folgt ein Wert von etwa $c_2 = 1{,}436 \, cm \, grad$. Mit diesen beiden Resultaten für σ und c_2 aus Strahlungsmessungen ergibt sich die erste Strahlungskonstante $c_1 = 15 \, \sigma \, c_2^4/2\pi^5$ zu etwa $6{,}02 \cdot 10^{-17} \, J_{int} \times m^2/s$ ($\rightarrow$Strahlungsgesetze). 1947 wurde im National Bureau of Standards aus verschiedenen neuen Meßreihen der Wert $c_2 = 1{,}438_2 \, cm \, grad$ ermittelt. In all diese Resultate gehen die Unsicherheiten in der Festlegung der Temperatur der zur Fixierung der schwarzen Strahlung benutzten Metallerstarrungspunkte ein.

Die bislang durchgeführten makroskopischen Strahlungsmessungen sind mit wesentlich größeren Unsicherheiten behaftet als die Präzisionsbestimmungen für $\rightarrow$Atomkonstanten, aus denen die Strahlungskonstanten über die Relationen $c_1 = c_0^2 h$, $c_2 = c_0 h/k$, $\sigma = 2\pi^5 k^4/15 c_0^2 h^3$, $A = c_0 h/(4{,}965114 \, k)$ abzuleiten sind. Aus dem Satz der hier zugrunde gelegten atomaren Ausgangskonstanten ($\rightarrow$Atomkonstanten) folgt

$$c_1 = [c_0^9 \mu_0^2 F^5/(8 N_L^5 (e/m_0) R_\infty]^{1/3}$$
$$= (5{,}953_8 \pm 0{,}004) \cdot 10^{-17} \, W_{abs} \, m^2,$$

$$c_2 = [c_0^6 \mu_0^2 F^5/(8 R_0 N_L (e/m_0) \, R_\infty)]^{1/3}$$
$$= 1{,}4388 \pm 0{,}0008 \, cm \, grad,$$

$$\sigma = 16 \, \pi^5 \, R_0^4 \, N_L \, (e/m_0) \cdot R_\infty/(15 \, c_0^5 \mu_0^2 \, F^5)$$
$$= (5{,}662 \pm 0{,}008) \cdot 10^{-8} \, W_{abs}/(m^2 \, grad^4),$$

$$A = c_2/4{,}965114 = 0{,}2897_8 \pm 0{,}0002 \, cm \, grad.$$

In Hinblick auf die Ergebnisse der Atomkonstantenbestimmungen setzte die 9. Generalkonferenz für Maß und Gewicht 1948 die in die Definition der Internationalen $\rightarrow$Temperaturskala von 1948 eingehende zweite Strahlungskonstante zu $c_2 = 1{,}438 \, cm \, grad$ fest.

Strahlungslänge $\rightarrow$Schwächung der kosmischen Strahlung.

Strahlungsleistung oder Strahlungsfluß $\rightarrow$Strahlungsgrößen.

Strahlungsmessungen verfolgen das Ziel, die Gesetze festzustellen, denen die elektromagnetische Strahlung unterliegt. Im Gebiet der Wärmestrahlung umfaßt die experimentelle Prüfung der Strahlungsgesetze sowohl Absolutmessungen der Gesamtstrahlung, um die Konstante σ im Stefan-Boltzmannschen Gesetz zu bestimmen, wie auch spektrale Messungen, um die Form der Planckschen Strahlungsformel sicherzustellen und ihre Konstanten festzulegen. Für Präzisionsbestimmungen von σ sind zwei Verfahren ausgebildet worden. Bei dem ersten wird dem schwarzen Körper bekannter Temperatur eine geschwärzte Metallfläche gegenübergestellt, die die Strahlen absorbiert und sich dadurch erwärmt. Der Betrag der absorbierten Strahlung wird in der Weise ermittelt, daß der Empfängerfläche elektrische Energie zugeführt wird, die so bemessen ist, daß sie die gleiche Erwärmung hervorruft wie die Strahlung. Bei dem zweiten Verfahren wird an dem Strahler selbst die Wärmemenge gemessen, die er in der Zeiteinheit durch Ausstrahlung abgibt. Die erste Methode erfordert einen Empfänger, dessen Wärmekapazität und thermische Trägheit sehr gering sind und dessen Absorptionsvermögen (für die Gesamtstrahlung) genau bekannt sein muß. Bei Benutzung eines $\rightarrow$Bolometers werden die geschwärzten Streifen durch Stromheizung auf den gleichen Widerstandswert gebracht, den sie vorher durch die Temperaturzunahme infolge der Bestrahlung erreicht haben. Bei gleichem Widerstandswert sollen die elektrisch zugeführte Energie und die absorbierte Strahlungsenergie einander äquivalent sein. Diese Beziehung gilt nicht mehr, wenn Ungleichmäßigkeiten in der Dicke der Empfängerfläche vorhanden sind, da dann die elektrische Energiezufuhr eine ungleichförmige Erwärmung hervorruft. Um solche Fehlerquellen auszuschließen, hat man die experimentellen Kriterien für die „gleiche" Erwärmung mehrfach geändert. So hat man dicht hinter dem aus dünner, geschwärzter Metallfolie bestehenden Empfänger eine Thermosäule angeordnet (*Paschen, Gerlach*), die die Temperaturen der verschiedenen Teile des Streifens integrierend mißt. Eine andere Anordnung (*Kußmann*) konzentriert die Strahlung der erwärmten Folie durch eine Steinsalzlinse auf ein $\rightarrow$Mikroradiometer. Bei der zweiten Methode (*Westphal*) hängt ein Metallzylinder an dünnen Drähten im Innern eines großen Glasballons, der auf der Innenseite geschwärzt ist und durch ein Temperaturbad (schmelzendes Eis) auf der konstanten Temperatur $T_0 = 273 \, °K$ gehalten wird. Der Metallzylinder kann elektrisch auf eine Temperatur T geheizt werden. Im stationären Zustand gibt der Körper von der Oberfläche f und dem Absorptionsvermögen α (für Gesamtstrahlung) die ihm elektrisch zugeführte Energie $U i$ in Form von Strahlung vom Betrage $\alpha \sigma f(T^4 - T_0^4)$ sowie durch Konvektion und Wärmeleitung ab. Es gilt $U i = \alpha \sigma f(T^4 - T_0^4) + Q$. Hier bedeutet Q den Energieanteil infolge Konvektion und Wärmeleitung. Der Versuch läßt sich so leiten, daß Q konstant bleibt, während der Strahlungsanteil dadurch geändert wird, daß die Messungen einmal mit einem berußten Metallzylinder (Absorptionsvermögen α_1) und sodann mit einem blank polierten Metallkörper (Absorptionsvermögen α_2) durchgeführt werden. Für σ gilt die Bestimmungsgleichung $\sigma = (U_1 i_1 - U_2 i_2)/[f \alpha_1 - \alpha_2) (T^4 - T_0^4)]$. Aus Beobachtungen der Gesamtstrahlung erhält man im Mittel den Wert

$$\sigma = 5{,}77 \cdot 10^{-12} \, W cm^{-2} \, grad^{-4}.$$

Die Messungen zur Prüfung der Planckschen Strahlungsformel lassen sich in zwei Gruppen einteilen, je nachdem man Isochromaten oder Isothermen aufnimmt. Bei der *Isochromatenmethode* beobachtet man in einem festen Wellenlängenbereich die Änderung der Strahlungsdichte mit der Temperatur des schwarzen Körpers. Unter der Voraussetzung, daß die Temperaturen hinreichend bekannt sind, läßt sich diese Methode mit großer Genauigkeit durchführen, da die meisten Fehlerquellen bei gleichbleibender Wellenlänge einen konstanten Betrag annehmen, der für die Relativmessungen ohne Einfluß ist. Da die Wellenlängenabhängigkeit keine Rolle spielt, können selektive Empfänger benutzt werden, z. B. im sichtbaren Gebiet das Auge. Besonders übersichtlich läßt sich die Bestimmung der Strahlungskonstanten c_2 im Bereich der Wienschen Formel $(c_2/\lambda T \gg 1)$ durchführen, wo die Strahlungsdichten proportional $\exp(-c_2/\lambda T)$ sind. Die Anzeige Z des Empfanginstrumentes liefert $Z = C \exp[-c_2/(\lambda T)]$, wo C einen Proportionalitätsfaktor bedeutet. Durch Logarithmieren erhält man $\ln Z = \ln C - c_2/(\lambda T)$. In einem Koordinatensystem mit $\ln Z$ als Ordinate und $1/T$ als Abszisse müssen die beobachteten Werte auf einer Geraden liegen, aus deren Neigung c_2 zu bestimmen ist. Durch entsprechende Beobachtungen im Bereich der Rayleigh-Jeansschen Formel $(c_2/(\lambda T) \ll 1)$ läßt sich dagegen c_2 nicht ermitteln. Der Ausdruck für die Strahlungsdichte lautet jetzt $B_{\lambda T} = 2(c_1/c_2)\lambda^{-4} T$. Die aus c_1 und c_2 zusammengesetzte Konstante in diesem Ausdruck kann durch relative Messungen nicht bestimmt werden. Die heutigen Bestwerte von c_1, c_2 und σ →Strahlungskonstanten.

Die *Isothermenmethode* ist dadurch charakterisiert, daß die Temperatur des schwarzen Körpers konstant bleibt und die Beobachtungen in Abhängigkeit von der Wellenlänge angestellt werden. Das Verfahren läßt eine Prüfung des Strahlungsgesetzes seiner ganzen Form nach zu. Doch sind die experimentellen Schwierigkeiten gerade bei dieser Methode besonders groß, da sie die genaue Kenntnis zahlreicher einzelner Meßgrößen verlangt, die in die Beobachtungen mit vollem Gewicht eingehen, wie z. B. die Empfindlichkeit des Empfängers als Funktion der Wellenlänge, die Durchlässigkeit der spektralen Anordnung, die Breite des ausgesonderten Spektralbereiches, die Verluste der Strahlung durch Absorption in der Zimmerluft usf. Beschränkt man sich auf die Ermittlung der zum Maximum der Strahlungsdichte gehörenden Wellenlänge λ_m, so kann man c_2 aus dem Wienschen Verschiebungsgesetz $\lambda_m T = c_2/4{,}965$ berechnen.

Handb. d. Physik XIX. Berlin 1928.

Strahlungsprozesse. Die Emission und Absorption von Strahlung durch Atome läßt sich nur nach der Quantenmechanik beschreiben, wie es die →Diracsche Strahlungstheorie zeigt. Die Strahlungsprozesse bestehen aus Emission oder Absorption von →Lichtquanten der Frequenz ν und Energie $h\nu$, wobei das Atom die entsprechende Energie abgibt bzw. aufnimmt. Da die Atome (in stabiler Konfiguration) nur diskrete Energiewerte E_n besitzen, so sind die Frequenzen der Strahlung durch $h\nu = E_n - E_m$ (Bohrsche →Frequenzbedingung) gegeben. Die Emission erfolgt spontan oder infolge von Einstrahlung. Die Absorption kann nur bei Einstrahlung von Licht zustande kommen. →Übergangswahrscheinlichkeit.

Strahlungspyrometer sind optische Thermometer, welche die Temperatur eines glühenden Körpers aus der von ihm ausgesandten Wärmestrahlung messen. Bei dieser Art der Temperaturmessung wird eine Berührung des glühenden Körpers vermieden. Der Anwendungsbereich der Methode läßt sich auf das Gebiet hoher und höchster Temperaturen ausdehnen, ohne daß ihr durch die Hitzebeständigkeit der benutzten Werkstoffe eine Grenze gesetzt ist. Die optische Temperaturmessung beruht auf einer Anwendung der für den schwarzen Körper abgeleiteten →Strahlungsgesetze.

Die Temperatur eines schwarzen Körpers läßt sich aus seiner Gesamtstrahlung, die durch das Stefan-Boltzmannsche Gesetz bestimmt ist, oder durch Messung der auf kleine Intervalle seines Spektrums entfallenden Energiebeträge ermitteln. Im ersten Fall erfolgt die Temperaturmessung mit →*Gesamtstrahlungspyrometern*. Geräte, welche aus dem ausgestrahlten Spektrum nur einen engbegrenzten Teil für die Temperaturmessung ausnützen, werden *Teilstrahlungspyrometer* genannt. Sie sind ihrem Wesen nach Photometer, die meist nur im sichtbaren Bereich verwendet werden. Die Temperatur T in °K eines schwarzen Körpers wird mit einem Teilstrahlungspyrometer in der Weise gemessen, daß man seine Strahlungsdichte $B_{\lambda T}$ für die Wellenlänge λ in dem ausgesonderten Bereich mit der Strahlungsdichte $B_{\lambda T_0}$ eines schwarzen Körpers bekannter Temperatur T_0 in °K bei derselben Wellenlänge photometrisch vergleicht. Nach den Vorschriften der Internationalen Temperaturskala (optische →Temperaturskala) wird als Bezugstemperatur die des Goldschmelzpunktes ($T_0 = 1336$ °K) genommen. Setzt man für die Strahlungsdichten die Ausdrücke nach der Wienschen Strahlungsformel ein, was für die auf der Erde vorkommenden Temperaturen meistens mit hinreichender Genauigkeit gestattet ist, so ergibt sich die gesuchte Temperatur aus $\ln(B_{\lambda T}/B_{\lambda T_0}) = c_2/\lambda \cdot (1/T_0 - 1/T)$. Die Konstante c_2 ist durch Beschluß der Internationalen Generalkonferenz für das Maß- und Gewichtswesen im Jahre 1948 zu $c_2 = 1{,}438$ cm grad festgesetzt worden. Die Temperatur eines nichtschwarzen Körpers kann optisch nur dann bestimmt werden, wenn sein Absorptionsvermögen bekannt ist (→Strahlungstemperatur).

Unter den Teilstrahlungspyrometern unterscheidet man zwei Hauptformen: das Glühfadenpyrometer nach *Holborn* und *Kurlbaum* (Abb. 1)

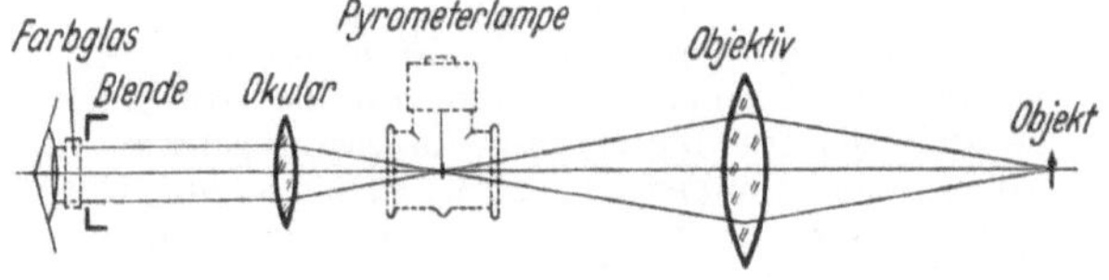

Abb. 1. Strahlengang im Glühfadenpyrometer.

und das Pyrometer nach *Wanner*. Bei dem Glühfadenpyrometer wird der Strahler durch eine Objektivlinse auf den bügelförmigen Faden einer Glühlampe abgebildet. Bild und Faden werden durch ein Okular betrachtet, das zur Monochromatisierung der Strahlung mit einem oder mehreren

Physikalisches Wörterbuch II.

Farbfiltern, meist aus Schottschem Rotglas RG 2, bisweilen aus grünem oder blauem Glase, ausgerüstet ist. Um die unregelmäßige Ablenkung der Lichtstrahlen durch die Glashülle gewöhnlicher Glühlampen zu vermeiden, kann man Glühlampen mit planparallelen Flächen benutzen. Die Lampe ist über einen regelbaren Widerstand und einen Strommesser an eine Batterie angeschlossen. Durch Widerstandsänderung wird die Helligkeit der Lampe so einreguliert, daß die Spitze des Bügels auf der zu photometrierenden glühenden Fläche verschwindet. Bei der Eichung vor dem schwarzen Körper ordnet man den Temperaturen des schwarzen Körpers diejenigen Stromstärken der Glühlampe zu, bei denen das Verschwinden des Fadens beobachtet wird. Der Meßbereich des Gerätes umfaßt ohne Lichtschwächung das Gebiet zwischen 700 und 1500 °C. Darüber hinaus wird die Glühlampe meistens nicht erhitzt, weil sich dann auch leicht dauernde Änderungen der Pyrometerlampe einstellen. Von technischen Ausführungsformen seien genannt die Pyrometer von Schmidt & Haensch, von Hase, von Siemens & Halske, das Pyropto von Hartmann & Braun und das →Kreuzfadenpyrometer von Siemens & Halske.

Das Wanner-Pyrometer ist ein vereinfachtes Polarisationsphotometer nach *König-Martens* (→Photometer) mit einem Spektroskop für gerade Durchsicht. Die Okularblende wird meistens auf eine Wellenlänge im roten Spektralbereich, z. B. auf die rote Wasserstofflinie $\lambda = 6563$ Å, eingestellt. Zwei aneinandergrenzende Felder, von denen das eine Licht von dem zu untersuchenden Strahler, das andere von einer konstanten Lichtquelle erhält, werden durch eine Polarisationsschwächung auf gleiche Helligkeit gebracht. Die konstante Lichtquelle besteht aus einer durch eine Glühlampe beleuchteten mattierten Prismenfläche. Ein Nicolsches Prisma am Okular bildet die Polarisationsschwächung. Durch Drehen des Okularnicols stellt man bei der Messung auf gleiche Helligkeit ein. Bei dem abgelesenen Winkel φ verhalten sich die Strahlungsdichten von Strahler und Vergleichslichtquelle wie $\mathrm{tg}^2\varphi$. Führt man den Versuch vor dem schwarzen Körper bei zwei verschiedenen Temperaturen T und T_0 durch, wobei die Winkel φ und φ_0 ermittelt werden, so verhalten sich die diesen Temperaturen zugeordneten Strahlungsdichten wie $\mathrm{tg}^2\varphi : \mathrm{tg}^2\varphi_0$. Es wird demnach $\ln (\mathrm{tg}^2\varphi/\mathrm{tg}^2\varphi_0) = c_2/\lambda \cdot (1/T_0 - 1/T)$. Ist T_0 bekannt, so läßt sich die unbekannte Temperatur T aus dieser Gleichung berechnen. Die Skala des Wanner-Pyrometers ist also vollkommen bestimmt, und zwar in einem theoretisch unbegrenzten Bereich, wenn außer der Wellenlänge λ die Temperatur T_0 eines schwarzen Körpers festgelegt wird, die der Einstellung φ_0 entspricht. Gewöhnlich regelt man die Belastung der Vergleichslampe derart, daß vor einem schwarzen Körper der Temperatur $T_0 = 1473$ °K der Einstellwinkel $\varphi_0 = 45°$ erhalten wird. Dadurch vereinfacht sich die obige Gleichung auf $1/T = 1/T_0 - 2\lambda/c_2 \cdot \ln \mathrm{tg}\varphi$. Da die kleine, stark belastete Vergleichslampe bei längerer Brenndauer leicht Änderungen erleidet, wird den Pyrometern eine Amylacetatlampe (Hefnerlampe) mit Mattscheibe beigegeben, auf welche von Zeit zu Zeit einzustellen ist. Der hierbei sich ergebende Einstellwinkel, der, als „Normalzahl" bezeichnet, bei der Prüfung zugleich mit T_0 bestimmt wird, bietet

die Möglichkeit, die Stromstärke der Vergleichslampe nachzuregeln.

Von dem Wanner-Pyrometer gibt es auch Formen, bei denen die Aussonderung der Wellenlänge wie beim Glühfadenpyrometer durch ein meist rotes Farbfilter erfolgt. Zum Unterschied von dem Glühfadenpyrometer hat man bei der Messung mit dem Wanner-Pyrometer nicht den Strahler in seinen Einzelheiten vor Augen. Dieser Mangel ist bei Veränderungen des Objektes, wie z. B. Oberflächenoxydation, Auftreten von Sprüngen u. dgl., von Bedeutung. Besondere Vorsicht ist auch geboten, wenn die zu messende Strahlung teilweise polarisiert ist. Das ist beispielsweise der Fall bei der Strahlung der Metalle unter schrägem Austritt. Die ermittelte schwarze Temperatur wird hier stark vom Beobachtungswinkel abhängig.

Außer durch Farbfilter läßt sich der Spektralbereich des Glühfadenpyrometers auch durch einen Monochromator begrenzen. Das hat den Vorteil, daß man den Farbbereich für die Messungen beliebig wählen kann. Man unterscheidet zwei Anordnungen des Spektralpyrometers. In der einfacheren Form (Abb. 2) bildet die Okularlinse des Glühfadenpyrometers das Bild des Gegenstandes und den horizontalen Teil des Glühfadens auf den vertikal stehenden Eintrittsspalt des Monochromators ab. Mit einer scharf auf den Austrittsspalt eingestellten Lupe erkennt der Beobachter das von dem Pyrometerfaden herrührende schmale Band, welches oben und unten von dem Spektrum des anvisierten Gegenstandes umgeben ist. Die zweite von *Henning* angegebene Ausführungsform des Spektralpyrometers (Abb. 3) gibt die Möglichkeit, den Gegenstand in der eingestellten Farbe wie in einem gewöhnlichen Glühfadenpyrometer deutlich zu erkennen. Hier bildet die Okularlinse den Pyrometerfaden und den Strahler nicht auf den Eintrittsspalt, sondern in oder in unmittelbarer Nachbarschaft der Kollimatorlinse des Monochromators ab. Das Auge des Beobachters hinter dem Austrittsspalt des Monochromators erblickt durch die als Okular dienende Linse zwischen Austrittsspalt und Prisma den Strahler und den Vergleichsfaden in der durch die Prismenstellung und die Spaltbreiten bestimmten Farbe. Das Spektralpyrometer nach *Henning* läßt sich auch als gewöhnliches Farbglaspyrometer verwenden, wenn hinter dem Pyrometerfaden, wie in Abb. 3 punktiert angedeutet, ein total reflektierendes Prisma eingeschaltet wird, welches die Strahlen seitlich in ein mit einem Farbglas ausgerüstetes Okular lenkt. Beide Anordnungen des Spektralpyrometers sind in einer technischen Ausführungsform von Schmidt & Haensch zu einem Gerät vereinigt.

Für wissenschaftliche Untersuchungen, und wenn die Wellenlänge oder Farbe, in der beobachtet wird, veränderlich und genau einstellbar sein soll, ist das →Spektralphotometer nach *König-Martens* dem Wanner-Pyrometer vorzuziehen.

Bei allen pyrometrischen Messungen ist zu berücksichtigen, daß das bei der Beobachtung wirksame Licht nicht streng monochromatisch ist, sondern stets, auch wenn die Aussonderung der Farbe durch einen Monochromator mit engen Spalten erfolgt, einen mehr oder minder ausgedehnten Bereich benachbarter Wellenlängen umfaßt. Nur in erster Annäherung darf man von der Breite des Wellenlängenbereiches absehen, mithin monochromatisches Licht voraussetzen. Bei strengeren

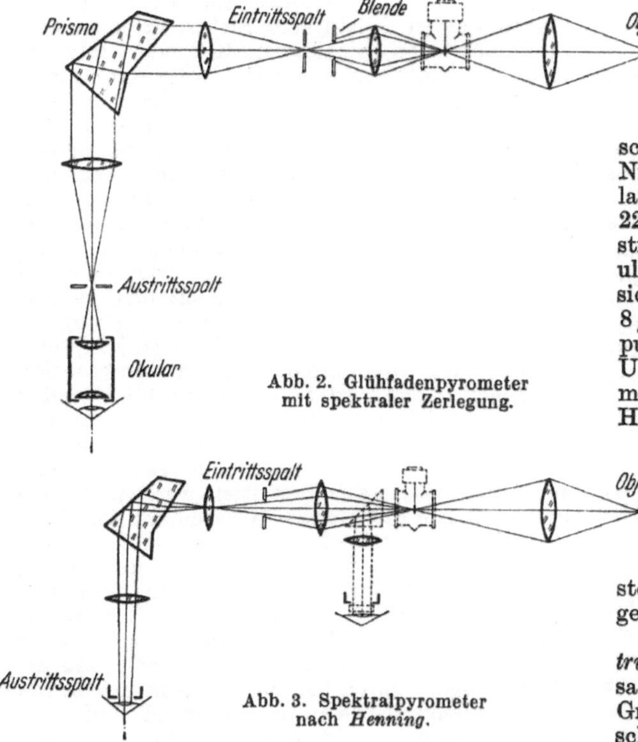

Abb. 2. Glühfadenpyrometer
mit spektraler Zerlegung.

Abb. 3. Spektralpyrometer
nach *Henning*.

Anforderungen ist die Abweichung von der Monochromasie durch die Einführung der „wirksamen" oder →„effektiven" Wellenlänge zu berücksichtigen.

Der Meßbereich eines Glühfadenpyrometers ist nach oben durch die zulässige Glühtemperatur der Vergleichslampe (1500 °C) begrenzt. Obwohl der Skala des Wanner-Pyrometers nach oben theoretisch keine Grenze gesetzt ist, wächst die Zahl der Temperaturgrade, die einem Winkelgrad der Nicoleinstellung entsprechen, für Winkel >75° stark an, so daß die Messungen dann ungenau werden. In dem Gebiet höherer Temperaturen hilft man sich dadurch, daß man die Strahlung vor Eintritt in das Meßgerät in einem bekannten Verhältnis schwächt (→lichtschwächende Medien), welches so gewählt wird, daß die Beobachtungen bei bequem einstellbaren Strahlungsdichten ausgeführt werden können. Eine für Strahlen aller Wellenlängen in gleicher Weise wirksame Schwächung liefert der →rotierende Sektor, der im allgemeinen bis zu Durchlässigkeiten der Größenordnung 1/100 verwendet wird. In der praktischen Pyrometrie werden als Lichtschwächungsmittel vorwiegend Rauchgläser oder Neutralgläser benutzt, deren Durchlässigkeiten vorher durch Vergleich mit dem rotierenden Sektor bestimmt sind. Eine zwischen Strahler und Pyrometer eingeschaltete neutrale Lichtschwächung der Durchlässigkeit D erniedrigt die Temperatur T in °K, die ohne Schwächung gemessen wäre, auf den Wert T_1 nach der Beziehung $1/T = 1/T_1 + (\lambda/c_2) \ln D$.

Hoffmann, F., u. *C. Tingwaldt:* Opt. Pyrometrie. Braunschweig 1938.

Strahlungsquellen. 1. *Strahlungsquellen mit kontinuierlichem Spektrum:* Der schwarze Körper; die Sonne mit einem kontinuierlichen Spektrum zwischen 0,29 und 2,5 μ; der Krater des nicht-

überlasteten und des Hochstromkohlebogens; die Wolfram-Punktlampe; Glühlampen in verschiedenen Ausführungsformen mit oder ohne ebene Fenster aus Glas oder Quarz, z. B. Wolfram-Bandlampe, Azolampe mit gerader und zylindrischer Leuchtspirale, Autolampe, Projektionslampe, Nitralampe, Nitraphotlampe usw.; die Thoriumlampe mit kontinuierlichem Spektrum zwischen 2200 und 6000 Å, fast ohne Rot- und Ultrarotstrahlung; der Nernst-Stift für sichtbare und ultrarote Strahlung bis 25 μ; der Auerbrenner für sichtbare Strahlung und für Ultrarot oberhalb 8 μ; der Globar für Ultrarot; erhitzte Kristallpulvergemische in den Gebieten ihrer selektiven Ultrarotabsorption; leuchtende Kohlenstoff-Flammen, z. B. die Kerze, die Azetylenflamme, die Hefnerlampe; die Magnesiumflamme in Luft und in Sauerstoff; die Blitzlichtlampe; die nichtleuchtende Bunsenflamme für kurzwelliges Ultrarot; elektrische Entladungen mit im wesentlichen kontinuierlichen Ultraviolettspektren, z. B. Unterwasserfunken, konzentrierte Entladungen durch Wasserstoff bei 1 bis 2 Torr; durch Kondensatorentladungen zerspratzende Metalldrähte.

2. *Strahlungsquellen mit dikontinuierlichem Spektrum*: Nichtleuchtende Gasflammen mit Metallsalzdämpfen; der elektrische Bogen an Kohle, Graphit, Effektkohle oder Metallen bei verschiedenen Stromstärken, auch als mit Hochspannung betriebener Flammenbogen; die Quecksilberlampe in Form der Niederdrucklampe und der Hochdrucklampe; der elektrische Funken zur Erzeugung von Spektren ionisierter Atome, als Hochfrequenzfunken zur Prüfung organischer Stoffe; Gasentladungslampen als Reklameröhren, Leuchtröhren, Geißler-Röhren, Spektrallampen, Metalldampflampen, Lichtspritzen, Hohlkathoden-Glimmlampen, elektrodenlose Entladungsröhren; explodierende Drähte im Vakuum.

Strahlungsrückwirkung. Veränderliche Ströme, hervorgerufen durch beschleunigte Ladungen, erzeugen eine Ausstrahlung in Form elektromagnetischer Wellen. Das Strahlungsfeld hat am Ort der beschleunigten Ladungen eine der beschleunigenden Feldstärke entgegengesetzt gerichtete elektrische Komponente (Strahlungskraft). Das wirkt sich so aus, als ob die beschleunigte Ladung der Beschleunigung eine erhöhte Trägheit entgegensetzte (Strahlungsrückwirkung, Strahlungsdämpfung).

Für ein beschleunigtes Elektron ist daher die gesamte Trägheitskraft von der Größe

$$\Re = m\dot{\mathfrak{v}} + \frac{e^2}{6\pi\,\varepsilon_0\,c^3}\,\ddot{\mathfrak{v}}.$$

Sommerfeld, A.: Vorl. über theoret. Physik III. Leipzig 1949.

Strahlungsrückstoß. Da ein Lichtquant der Energie $h\nu$ einen Impuls $h\nu/c$ hat, so erfährt ein Atom bei der Emission eines solchen einen →Rückstoß. Es erhält also einen Impuls von gleicher Größe wie derjenige des Lichtquants, aber von entgegengesetzter Richtung.

Strahlungsstärke oder *Strahlstärke* →Strahlungsgrößen.

Strahlungstemperatur. Ein theoretischer Zusammenhang zwischen der Temperatur eines Strahlers und seiner Strahlungsdichte besteht nur für den →schwarzen Körper. Für einige wenige nichtschwarze Körper, wie z. B. Wolfram, Molybdän, Tantal, Kohle, Nickel, Platin, gelten empirische Beziehungen. Die Messung der Strahlungsdichte eines glühenden Körpers in einem bestimmten Wellenlängenbereich mit einem Meßgerät, das vor dem schwarzen Körper geeicht ist, d. h. dessen Anzeige die Temperatur des schwarzen Körpers liefert, ergibt einen Wert, der als *schwarze Temperatur* des Strahlers bezeichnet wird. Die schwarze Temperatur T_{s_λ} eines beliebigen Strahlers bei der Wellenlänge λ ist demnach gleich der Temperatur eines schwarzen Körpers, der bei dieser Wellenlänge die gleiche Strahlungsdichte hat wie der zu untersuchende Strahler. Die wahre Temperatur T des nichtschwarzen Strahlers läßt sich aus T_{s_λ} errechnen, wenn noch das spektrale Absorptionsvermögen $a(\lambda)$ bekannt ist. Es gilt $1/T = 1/T_{s_\lambda} + (\lambda/c_2) \ln a(\lambda)$ mit $c_2 = 1{,}438$ cm grad. Die schwarze Temperatur ist für einen beliebigen Körper stets niedriger als die wahre Temperatur. Über die Messung schwarzer Temperaturen →Strahlungspyrometer. Ist das Meßgerät geeignet, die Gesamtstrahlung des schwarzen Körpers zu messen, so kann aus seiner Anzeige wiederum die Temperatur ermittelt werden. Vor einem beliebigen Strahler wird eine Größe erhalten, die als *Gesamtstrahlungstemperatur* bezeichnet wird. Sie ist gleich der Temperatur eines schwarzen Körpers, der die gleiche Gesamtleistung ausstrahlt wie der nichtschwarze Strahler. Ist das Gesamtemissionsvermögen ε_G des Strahlers bekannt, d. h. das Verhältnis seiner Gesamtstrahlung zu der eines schwarzen Körpers gleicher Temperatur, dann läßt sich aus der Gesamtstrahlungstemperatur T_G die wahre aus $T = T_G \, \varepsilon_G^{-1/4}$ errechnen. Auch die Gesamtstrahlungstemperatur ist stets kleiner als die wahre Temperatur. Ihre Messung kann leicht mit Fehlern behaftet sein, wenn in dem Meßgerät (→Ardometer) zwischen dem Strahler und dem Empfängerelement durchlässige Medien angeordnet sind, da diese die Strahlung des schwarzen Körpers und die des nichtschwarzen Strahlers in verschiedener Weise schwächen. →Farbtemperatur.

Hoffmann, F., u. *C. Tingwaldt:* Opt. Pyrometrie. Braunschweig 1938.

Strahlungstheorie, quantenmechanische →Diracsche Strahlungstheorie, →Quantenelektrodynamik.

Strahlungsthermoelement. Thermoelemente für den Nachweis von Wärmestrahlen dürfen nur eine kleine Wärmekapazität haben, damit die bei der Absorption der Strahlung entstehenden Wärmemengen eine große Temperaturerhöhung der Lötstelle und damit eine hohe Thermospannung hervorrufen. Außerdem soll sich das thermische Gleichgewicht nach kurzer Bestrahlungszeit einstellen, d. h. die Einstelldauer kurz sein. Um eine hohe Thermospannung zu erreichen, wird man vorteilhaft Elemente von hoher Thermokraft wählen. Geeignet ist die von *Hutchins* empfohlene Legierungskombination aus 97 Teilen Bi + 3 Teilen Sb gegen 95 Teile Bi + 5 Teile Sn, die eine Spannung von $120 \, \mu$V je Grad Temperaturerhöhung liefert. Die beiden dünnen Thermodrähte werden mit einem kleinen Stück sehr dünner Silber- oder Goldfolie metallisch verbunden, die auf der bestrahlten Seite mit Lampenruß oder durch aufgedampftes Metall (→Schwärzungsmittel) geschwärzt wird und den eigentlichen Strahlungs-

empfänger bildet. Die freien Enden der Thermodrähte werden an stärkere Elektroden angelötet (kalte Lötstellen), die mit dem Meßgerät (Galvanometer) in Verbindung stehen. Stoffe mit extrem hoher Thermokraft, wie z. B. Tellur in dem Element Tellur-Wismut, das eine Thermokraft von 500 bis $550 \, \mu$V je Grad liefert, sind sehr spröde und brüchig, so daß sich daraus keine geeigneten Drähte herstellen lassen. In solchen Fällen kann man die thermoelektrischen Metalle durch Verdampfung oder Kathodenzerstäubung auf dünne Trägerflächen aus Glimmer, Glas oder Celluloid niederschlagen. In der Praxis zieht man es vor, leichter zu bearbeitende Stoffe mit geringerer Thermokraft zu wählen und die hohe Empfindlichkeit durch eine Verfeinerung der Konstruktion zu erreichen. Die bei der Herstellung zu wählenden günstigsten Dimensionen sind durch Arbeiten von *Johansen* (1910), *Firestone* (1930), *Cartwright* (1934), *Pfund* (1937) und *Strong* (1939) rechnerisch und experimentell ermittelt worden. Bei den empfindlichen Strahlungselementen hat der Empfänger eine Oberfläche von nur wenigen mm². Man erreicht eine stärkere Temperaturerhöhung der warmen Lötstelle, wenn man die Strahlung durch Linsen oder Hohlspiegel auf die Empfängerfläche konzentriert. Durch Einbau der Elemente in ein evakuiertes Gefäß wird erreicht, daß die Wärmeabgabe durch Leitung und Konvektion von der Empfängerfläche an die umgebende Luft fortfällt. Dadurch erhöht sich die Empfindlichkeit, und gleichzeitig werden die Thermoelemente unabhängiger gegen äußere Störungen. Vakuumthermoelemente müssen mit einem für die Strahlung durchlässigen Fenster ausgerüstet sein. Als Fenstermaterial eignet sich für den sichtbaren Bereich bis $1{,}5 \, \mu$ Glas, bis $3 \, \mu$ Quarz, bis $6 \, \mu$ Lithiumfluorid, bis $9 \, \mu$ Flußspat, bis $17 \, \mu$ Steinsalz, bis $32 \, \mu$ Kaliumbromid.

In den Thermosäulen und Vakuumthermoelementen nach *Moll* (Abb.), werden Elemente aus Konstantan-Manganin zu dünnen Streifen von 0,5 bis $1 \, \mu$ Dicke ausgewalzt, so daß sich die Anbringung einer besonderen Empfängerfläche erübrigt. Eine Einstrahlung von $100 \, \mu$W cm^{-2} erzeugt eine Spannung von $4{,}6 \, \mu$V. Die Einstelldauer

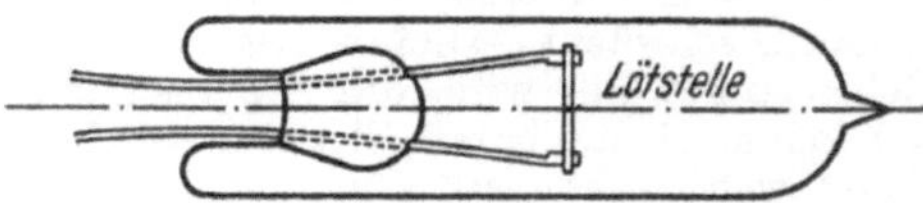

Vakuumthermoelement nach *Moll* in Glashülle.

beträgt 0,2 s. In Deutschland werden sehr empfindliche Geräte mit kürzerer Einstellzeit nach dem Verfahren von *C. Müller* mit Elementen aus Chromnickel-Konstantan-Streifen angefertigt, die nur $0{,}1 \, \mu$ dick sind. In den besten amerikanischen Strahlungsthermoelementen nach *Pfund-Weyrich* verursacht eine Einstrahlung von $100 \, \mu$W cm^{-2} eine Thermospannung von $15 \, \mu$V. Die Einstellzeit beträgt 3 s. Noch empfindlicher ist das Thermoelement von *Schwarz*, welches von der Fa. Adam Hilger, London, hergestellt wird. Es liefert eine Spannung von $20 \, \mu$V bei einer Einstrahlung von $100 \, \mu$W cm^{-2} und hat eine Einstellzeit von nur 0,2 s.

Eine Steigerung der Empfindlichkeit läßt sich erzielen, wenn man das Thermoelement durch ein Kältebad auf eine tiefe Temperatur bringt, da dann die Ausstrahlungsverluste der Empfängerfläche abnehmen. Bei Abkühlung durch flüssige Luft (-183 °C) sinkt die Ausstrahlung der geschwärzten Lötstelle auf rund $^1/_{30}$ des Wertes bei Zimmertemperatur.

Vielfach sind Verfahren entwickelt worden, die gestatten, den Ausschlag des Meßgerätes sehr erheblich zu verstärken. Erwähnt sei das →Thermorelais nach *Moll* und *Burger* sowie das Photorelais von *Matossi*. In neuerer Zeit werden die elektrischen Verstärkermethoden bevorzugt. Günstiger als Gleichstromverstärker sind die Methoden der Wechselstromverstärkung. Man „zerhackt" die auf das Thermoelement fallende Strahlung in bestimmtem Rhythmus und verwendet einen Röhrenverstärker, der auf die „Zerhackungsfrequenz" abgestimmt ist. Der Vergrößerung ist eine natürliche Grenze gesetzt, die bestimmt wird durch die statistischenTemperaturschwankungen des Empfangssystems und die Schwankungen im Verstärkerteil und im Anzeigesystem. Der durch das Lichtsignal hervorgerufene Ausschlag darf nicht kleiner sein als der Schwankungsausschlag.

Handb. d. Physik XIX. Berlin 1928.

Strahlungsthermometer →Pyrometer.

Strahlungswiderstand, akustischer →Schallwellenwiderstand.

Strahlungswiderstand, elektrischer (→Hertzscher Oszillator). Die Strahlungsleistung einer →Antenne ist proportional dem Quadrat des Antennenstromes, $N_s = R_s i_{eff}^2$. Der Proportionalitätsfaktor R_s, dessen Wert von der Art der Antenne abhängig ist, wird Strahlungswiderstand genannt. Man denkt sich diesen Widerstand gewissermaßen als Arbeitswiderstand, der die Strahlungsleistung verbraucht, in den Strombauch der Antenne geschaltet. Das Verhältnis von Strahlungswiderstand zu Gesamtwiderstand der Antenne gibt den Wirkungsgrad der Antenne an $\eta_A = R_s/R_a$. Für eine geerdete Vertikalantenne der Höhe h, die klein gegen die Wellenlänge λ ist (gleichmäßige Stromverteilung längs der Antenne), beträgt der Strahlungswiderstand

$$R_s = \frac{4\pi}{3\,c\,\varepsilon_0}\left(\frac{h}{\lambda}\right)^2.$$

Für eine in der Grundschwingung $\lambda = 2\,l$ erregte Stabantenne (Dipol) ist

$$R_s = \frac{1{,}222}{2\,\pi\,c\,\varepsilon_0} = 73{,}2\,\Omega,$$

entsprechend für eine geerdete senkrechte Antenne der Höhe $h = \lambda/4$ $R_s = 36{,}6\,\Omega$.

Bergmann, L., u. *H. Lassen:* Ausstrahlung, Ausbreitung u. Aufnahme elektromagnet. Wellen. Berlin 1940.

Stratosphäre →Atmosphäre, Aufbau.

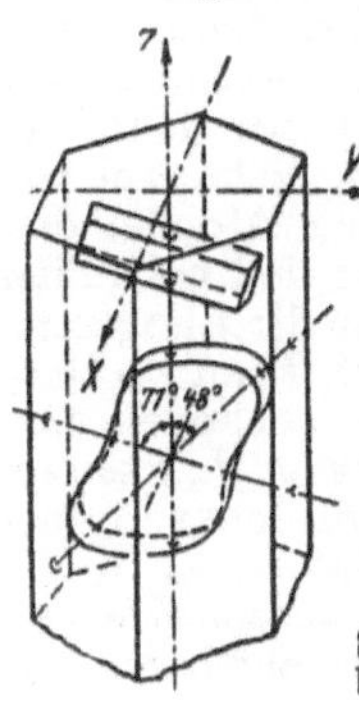

Straubel-Quarz, Quarzscheibe zur Schwingungserzeugung, die so geschnitten ist, daß ihre Berandung in der *YZ*-Ebene (Abb.) der Wurzel aus dem richtungsabhängigen Elastizitätsmodul folgt. Durch diesen Schnitt wird erreicht, daß die Quarzoberfläche einheitlich schwingt.

Bergmann, L.: Der Ultraschall. Stuttgart 1949.

Schnittlage von Quarzstäben und Platten bei der 71°-Orientierung nach *Straubel.*

Straubelscher Satz. Von einem Flächenelement df im Dingraum mit der Brechungszahl n gehe unter dem Winkel ε gegen die Flächennormale ein dünnes Strahlenbündel mit dem räumlichen Winkel $d\omega$ aus. Im Bildraum gelten die entsprechenden gestrichenen Größen. Dann ist

$$n^2\cos\varepsilon\,d\omega\,df = n'^2\cos\varepsilon'\,d\omega'\,df'.$$

Die Integrale über diese Größen heißen *optischer Fluß* (→Lichttechnik, optische). Der Satz führt also auf die Invarianz des optischen Flusses bei der Abbildung. →Invarianten der optischen Abbildung.

Straumanis-Methode →Präzisionsbestimmung von Gitterkonstanten.

Streckbarkeit oder *Duktilität,* gemäß Übereinkunft definiert durch die Länge des Fadens, zu dem sich ein Stoff ausziehen läßt, ohne zu zerreißen, wenn er in einer bestimmten Form der Prüfung unterworfen und mit einer bestimmten Geschwindigkeit gedehnt wird. Zur Messung dient das *Duktilometer* von *Dow.*

Streckenkompensator →Interferenz-Längenmessung.

Streckgrenze. Bei den kristallinen und bei vielen kolloid-dispersen (→Fließgrenze) Stoffen setzt die plastische Verformung (→Plastizität) mit nachweisbarer Geschwindigkeit erst bei einer bestimmten Spannung, der Streckgrenze, ein. Bei kleineren Spannungen ist die Fließgeschwindigkeit unmeßbar klein, die Verformung also praktisch elastisch, bei größeren Spannungen nimmt sie rasch sehr große Werte an. In nicht ganz exakter Ausdrucksweise wird daher die Streckgrenze oft als Elastizitätsgrenze bezeichnet. Mit genauen Meßverfahren und bei hinreichend langer Versuchsdauer läßt sich auch noch unterhalb der normalen Streckgrenze plastisches Fließen nachweisen, so daß sie keine von den Versuchsbedingungen unabhängige Materialkonstante darstellt. Technisch wird sie vereinbarungsgemäß bei 0,2% bleibender Verformung bestimmt (nach festgelegter Versuchsdauer) und als $\sigma_{0,2}$-Grenze bezeichnet. Unter bestimmten Anforderungen muß sie bei kleineren bleibenden Verformungen gemessen werden, nähert sich also mehr der wirklichen Elastizitätsgrenze. Bei kurz dauernden starken (schlagartigen) Beanspruchungen kann die Streckgrenze über die →Bruchfestigkeit ansteigen, ein unter normalen Bedingungen plastisch verformbarer Körper bricht dann spröde (→Sprödigkeit).

Bei →Einkristallen ist die Streckgrenze von der Orientierung abhängig. Ein von der Orientierung unabhängiges Maß für den Beginn der plastischen Verformung stellt bei ihnen die kritische →Schubspannung dar. Beide Größen zeigen qualitativ dieselbe Temperaturabhängigkeit (→Plastizität).

Bei weichen, niedrig legierten Kohlenstoffstählen bestehen zwei Streckgrenzen. Bis zur ersten, der oberen Streckgrenze, ist die Verformung fast vollkommen elastisch, danach fällt die Spannung praktisch unstetig auf die untere Streckgrenze ab, von der an die plastische Verformung beginnt. Letztere entspricht der üblichen einfachen Streckgrenze.

Kochendörfer, A.: Plast. Eigenschaften von Kristallen u. metall. Werkstoffen. Berlin 1941.

Streckungseffekt →spezifische Wärme der Gase II.

Streuechos. Neben den relativ stabilen Echos, die durch Reflexion an definierten Schichten der →Ionosphäre zustande kommen, beobachtet man

Echos, deren Amplitude und scheinbare Reflexionshöhe raschen Schwankungen unterworfen sind. Diese Streuechos werden zum Teil durch Unstetigkeiten in der Verteilung der →Elektronendichte in der E- und F-Schicht, zum Teil durch die Unebenheiten des Erdbodens verursacht. Ihre Intensität ist wesentlich geringer als die der normalen Reflexionen. Sie treten auch noch oberhalb der Grenzfrequenz auf und ermöglichen einen Empfang innerhalb der →Sprungentfernung, allerdings mit wesentlich verringerter Feldstärke und sehr raschem →Fading.

Streuformel, die Ausdrücke für den →Wirkungsquerschnitt bei den verschiedenen Streuversuchen. →Bornsche, →Rutherfordsche Streuformel, →Stoßtheorie.

Streukoeffizient 1. →Kopplung, 2. →Schwächung der Röntgenstrahlen.

Streulicht, Licht, welches durch Zerstreuung hervorgerufen ist, also insbesondere das vom Tyndall-Kegel (→Tyndall-Phänomen) seitlich ausgestrahlte Licht. Anwendung in der →Ultramikroskopie als →Dunkelfeldbeleuchtung.

Streumatrix →S-Matrix.

Streuoperator →S-Operator.

Streuquerschnitt →Wirkungsquerschnitt.

Streustrahlenblenden →Werkstoffprüfung mit Röntgenstrahlen.

Streustrahlung →die folgenden Artikel, →Compton-Effekt, →Rayleigh-Streuung, →Smekal-Raman-Effekt, →Streulicht.

Streustrahlung von Molekülen. Ein quasielastisch gebundenes Elektron, das als klassisches Modell eines strahlenden Moleküls dienen kann, führt unter dem Einfluß einer Lichtstrahlung erzwungene Schwingungen aus. Dabei emittiert es eine Kugelwelle, die Streustrahlung. Diese ist mit der erregenden Strahlung kohärent, d. h. es existieren feste Phasenbeziehungen zwischen den beiden Lichtwellen. Die Frequenz des gestreuten Lichtes ist dieselbe wie die des eingestrahlten (→*Rayleigh-Streuung*). Befinden sich die streuenden Zentren in regelmäßiger räumlicher Anordnung und ist die Lichtwellenlänge größer als die Gitterkonstante, so heben sich durch Interferenz die Streuwellen geänderter Richtung auf. Erst durch thermische Bewegung oder durch Dichteschwankungen wird die Intensität des unter einem endlichen Winkel gestreuten Lichtes groß. Die Intensität der Streustrahlung ist proportional der 4. Potenz der Lichtfrequenz, solange die streuenden Teilchen kugelförmig und kleiner als die Wellenlänge sind.

Neben der kohärenten gibt es noch eine inkohärente Streustrahlung, bei der zwischen dem Erregungsprozeß und der Reemission unbestimmte Zeiten eingeschoben sind, so daß keine festen Phasenbeziehungen zwischen einfallender und gestreuter Welle bestehen. Diese Streuung beruht auf der Änderung der elektrischen Polarisierbarkeit der Moleküle mit dem Kernabstand und ist der Dichte des streuenden Körpers proportional. Sie ist gekennzeichnet durch eine Frequenzänderung bei der Streuung, deren Größe gegeben ist durch die diskreten Energieniveaus der Schwingung und der Rotation, deren das streuende Molekül fähig ist (→Smekal-Raman-Effekt).

Streuung an Atomkernen. Eine *elastische* Streuung von Teilchen an Kernen besteht darin, daß das Teilchen infolge seiner Energie den Potential-

wall des Kerns überwindet und ein →Zwischenkern entsteht. Dieser emittiert aber sofort dasselbe oder ein gleichartiges Teilchen, ohne angeregt zurückzubleiben; er erfährt dabei einen Rückstoß. Elastische Stöße dieser Art sind in der Nebelkammer zu beobachten. Durch die von der →Rutherfordschen Streuformel abweichende Winkelverteilung der gestreuten Teilchen ist diese „anomale" Streuung von der durch das elektrostatische Feld bewirkten Streuung zu unterscheiden. Elastisch gestreut werden Teilchen immer dann, wenn ihre Energie nicht in eines der mehr oder weniger breiten angeregten Niveaus des Zwischenkerns fällt. Ist das jedoch der Fall, so wird das Teilchen oder Quant *unelastisch* gestreut: Es verläßt den Zwischenkern mit anderer Energie oder der Kern emittiert überhaupt Teilchen ganz anderer Art. →Kernstreuung, →Stoßtheorie, quantenmechanische, →α-Strahlen.

Streuung des Lichtes, Ablenkung des Lichtes durch kleine Teilchen. Durch Zusammenwirken sehr vieler in eine durchsichtige Substanz eingelagerter streuender Teilchen kommt es zur →Zerstreuung. Man unterscheidet Einfachstreuung und Mehrfachstreuung, je nachdem das Licht nach dem ersten Streuprozeß direkt zum Beobachter gelangt oder noch an einem oder mehreren weiteren Teilchen gestreut wird.

Sofern man das streuende Teilchen nach dem klassischen Bild als ein bestimmtes substanzerfülltes Volumen ansehen kann, ist die Streuung ein Problem der →Beugungstheorie. Hat man dagegen auf die innermolekulare Struktur sehr kleiner streuender Teilchen Rücksicht zu nehmen, dann hat die Berechnung nach den Methoden der →Quantentheorie oder →Wellenmechanik zu erfolgen. →Streustrahlung von Molekülen.

Auf dem Boden der klassischen Beugungstheorie wurde für dielektrische Kugeln, deren Radius klein gegen die Wellenlänge ist, die Theorie durch *Lord Rayleigh* gegeben (→Rayleigh-Streuung). Sie wird durch das Experiment bestätigt. Sind jedoch die Teilchen zu groß, dann muß sie durch die →Miesche Theorie ersetzt werden. Abweichung der Teilchen von der Kugelgestalt verändert die gestreute Strahlung, insbesondere die Färbung, wesentlich (*Gans*).

Während bei der *klassischen* Streuung die Frequenz stets ungeändert bleibt, tritt, insbesondere bei kurzen Wellen, neben der Streustrahlung gleicher Frequenz (Rayleigh-Streuung im weiteren Sinne) solche von geänderter Frequenz, die →Smekal-Raman- und die →Compton-Streuung, auf.

Streuung, magnetische →magnetischer Kreis.

Streuung der Röntgenstrahlen. Ein Teil der →*Schwächung* der Röntgenstrahlen beim Durchgang durch Materie beruht auf *Streuung*. Bei der Streuung bleibt, wie in der Optik des sichtbaren Lichtes, die Strahlungsenergie als solche erhalten. Sie wird nur von den streuenden Atomen dem primären Strahlenbündel entzogen und nach allen Seiten ausgestrahlt. Soweit bei der Streuung keine Änderung der Wellenlänge eintritt, kann sie theoretisch mit klassischen Methoden behandelt werden (→Rayleigh-Streuung). Nach *J. J. Thomson* werden die Atomelektronen zu erzwungenen Schwingungen angeregt und bilden so die Quelle der Streustrahlung. Unter der vereinfachenden Annahme polarisierter Röntgenstrahlen im primären Bündel ist nach der Theorie von *Thomson* die Streuintensität I in der Ebene, die den elektrischen Vektor und die ursprüngliche Ausbreitungsrichtung enthält, gegeben durch die Gleichung (e in es E)

$$I = I_0 \, \frac{e^4}{m^2\, c^4\, r^2} \cos^2 \varphi.$$

Dabei sind φ der Winkel zwischen der Beobachtungsrichtung und der ursprünglichen Ausbreitungsrichtung, I_0 die Primärintensität, r der Abstand vom Streuzentrum, e und m Ladung und Masse des Elektrons und c die Lichtgeschwindigkeit. Abb. 1 zeigt diese Verteilung, die in allen

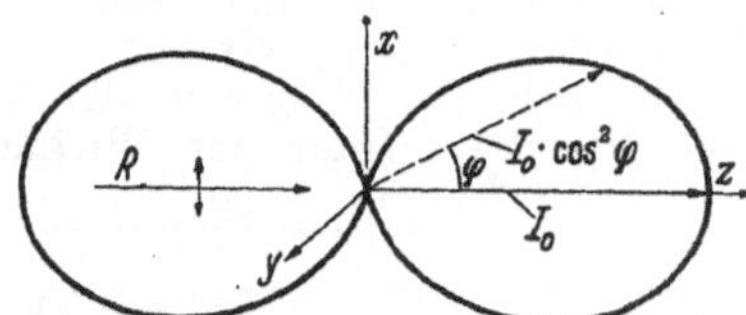

Abb. 1. Verteilung der Streuintensität bei linear polarisierter Einstrahlung.

Ebenen durch die Achse x des elektrischen Vektors dieselbe ist. Ist die primäre Röntgenstrahlung unpolarisiert, so ist die Verteilung gegeben durch

$$I = I_0 \, \frac{e^4}{m^2\, c^4\, r^2} \, \frac{1 + \cos^2 \varphi}{2},$$

dargestellt in Abb. 2.

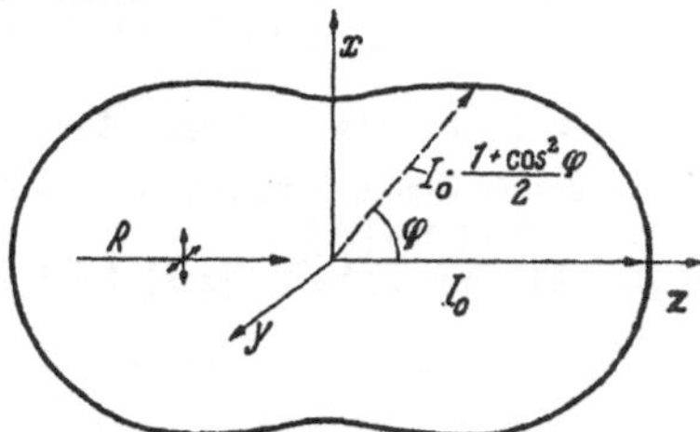

Abb. 2. Verteilung der Streuintensität bei unpolarisierter Einstrahlung.

Bei n Streuelektronen im cm³ ergibt sich durch Summation über den ganzen Raum die gesamte Streuintensität aus einem cm³ zu

$$S = n \int_0^\pi I \, 2\pi\, r^2 \sin\varphi \, d\varphi = I_0 \, \frac{8\pi}{3} \, \frac{e^4}{m^2\, c^4} \, n.$$

Damit wird der *Streukoeffizient*

$$\sigma = \frac{S}{I} = \frac{8\pi}{3} \, \frac{e^4}{m^2\, c^4} \, n = 6,60 \cdot 10^{-25}\, n \; [\text{cm}^{-1}].$$

Er ist eine nur vom durchstrahlten Material abhängige Konstante, welche nach der Beziehung

$$I = I_0\, e^{-\sigma x}$$

angibt, wieviel Energie aus einer primären Röntgenstrahlung je cm Wegstrecke durch Streuung verschwindet, wenn die Intensität der einfallenden Strahlung die Größe I_0 und die Intensität nach dem Durchdringen einer Schicht von der Dicke x die Größe I hat. Der *Massenstreukoeffizient* σ/ϱ (ϱ Dichte der Substanz) gibt ein Maß für den je g cm⁻² durchstrahlter Materie durch Streuung verschwindenden Intensitätsbruchteil. Der

atomare *Streukoeffizient* $\sigma_a = \dfrac{\sigma}{\varrho} \, \dfrac{A}{N_L}$ mit dem Atomgewicht A und der Loschmidt-Konstante N_L gibt an, wieviel der Intensitätsverlust, bezogen auf ein einzelnes Atom, beträgt. Er ist nach der angeführten Gleichung für σ gegeben durch

$$\sigma_a = \frac{8\pi}{3} \, \frac{e^4}{m^2\, c^4}\, Z = 6,60 \cdot 10^{-25}\, Z \; [\text{cm}^2 \cdot \text{g-atom} \cdot \text{g}^{-1}]$$

(Z Ordnungszahl). Der Massenstreukoeffizient wird damit

$$\frac{\sigma}{\varrho} = \frac{8\pi}{3} \, \frac{e^4}{m^2\, c^4} \, \frac{N_L Z}{A} = 0,40 \, \frac{Z}{A} \; [\text{cm}^2\, \text{g}^{-1}].$$

Da für die meisten Elemente außer Wasserstoff näherungsweise $Z \approx \dfrac{A}{2}$ ist, gilt unabhängig vom Element und von der Wellenlänge

$$\frac{\sigma}{\varrho} \approx 0,2 \, [\text{cm}^2\, \text{g}^{-1}].$$

Bei der kurzwelligen Röntgenstrahlung spielt die Streuung durch den →*Compton-Effekt* oder die *Quantenstreuung* eine wesentliche Rolle. Die Wellenlänge der durch den Compton-Effekt gestreuten Strahlung ist größer als die Wellenlänge der primären Strahlung. Der Betrag der Wellenlängenänderung ist außerdem richtungsabhängig, jedoch unabhängig von der Wellenlänge und vom Material des Streukörpers. Der Betrag der Wellenlängenänderung bei Streuung unter einem Winkel von 90° beträgt 0,024 Å. Ferner →Röntgenstrahlenstreuung, Konstanten.

Handb. d. Physik XXIII/2. Berlin 1933. — *Kirchner, F.*: Allg. Physik d. Röntgenstrahlen. Leipzig 1930.

Streuung, statistische, Streuungsmaß →Mittelwerte in der Kollektivmaßlehre und Statistik.

Streuvermögen, kennzeichnet den von einer Oberfläche zerstreut reflektierten bzw. durchgelassenen Lichtstrom relativ zum gerichtet reflektierten oder durchgelassenen Lichtstrom. Meßtechnisch macht eine exakte Trennung des zerstreuten Anteils vom gerichteten erhebliche Schwierigkeit. Man muß davon ausgehen, daß für den gerichtet durchgelassenen Anteil das quadratische →Entfernungsgesetz von der Lichtquelle, dagegen für den zerstreut durchgelassenen Anteil erst von der untersuchten Probe an gilt. Vielfach begnügt man sich zur Kennzeichnung des Streuvermögens mit der Messung der Leuchtdichten unter 20° und 70° Ausstrahlungswinkel, bildet deren Summe und dividiert diese durch den doppelten Betrag der für 5° Ausstrahlungswinkel ermittelten Leuchtdichte. Das so definierte Streuvermögen wird beispielsweise bei Beleuchtungsgläsern nach DIN 5037 angewendet.

Helwig, H. J.: Systematik d. Trennung u. Bewertung von gerichteter u. zerstreuter Reflexion u. Transmission, Licht 13, 142—146 (1943).

Strichfokus (Götze-Fokus) →Röntgenröhren.

Strichgitter →Gitterteilung.

Strichmaße →Längenmessung.

Strichsymbol →Valenzstrich, →kovalente Bindung.

Striktionsstrahlen (entdeckt von *Goldstein*) entstehen an Verengungsstellen der Strombahn von Gasentladungen durch Beschleunigung der Elektronen (*Striktionskathodenstrahlen*) und Ionen

(*Striktionsanodenstrahlen*) in dem sich dort ausbildenden hohen Potentialgefälle (Abb.). Andrücken der Entladung an die Gefäßwand durch

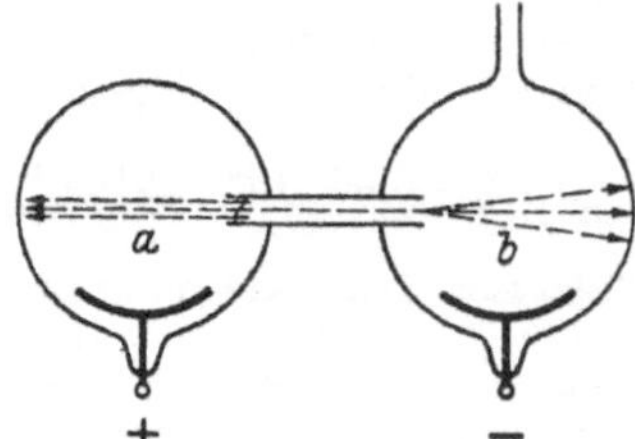

Rohr zur Erzeugung von Striktionsstrahlen.
a Striktionskathodenstrahlen, *b* Striktionsanodenstrahlen.

ein Magnetfeld erleichtert die Bildung der Striktionsanodenstrahlen (*Magnetostriktionsstrahlen*).

Stroboskop, eine Vorrichtung zur periodischen Unterbrechung eines Lichtbündels (z. B. eine rotierende Lochscheibe, eine Scheibe mit schwarzen und weißen Sektoren, eine mit Wechselstrom gespeiste Glimm- oder Quecksilberlampe), die zur Untersuchung des Bewegungsablaufs schneller periodischer Vorgänge dient. Je nachdem die Unterbrechungsfrequenz des Stroboskops mit der zu untersuchenden Bewegungsfrequenz übereinstimmt oder nicht, sieht man eine Phase des Vorgangs im scheinbaren Stillstand oder in beliebig zu verlangsamender Bewegung. So verfolgt man beispielsweise in der Phonetik die Bewegung der Stimmlippen mit dem Laryngostroboskop. Das Stroboskop ist außerdem zur Spektralanalyse von Schwingungsvorgängen verwendbar. →Bewegungssehen, →Scheinbewegung.
Panconcelli-Calzia, G.: Ann. d. Phys. (5) **10**, 673 (1931). — *Drewell, P.:* ATM V 145-1.

Strom, elektrischer. Erteilt man elektrischen Ladungsträgern eine Bewegung in einer Vorzugsrichtung, so bilden sie einen elektrischen Strom, und zwar einen *Leitungsstrom*. Hier seien nur die Leitungsgleichströme behandelt. Beim →Wechselstrom führen die Ladungsträger unter der Wirkung eines periodisch seine Richtung ändernden elektrischen Feldes (Wechselfeld) schwingende Bewegungen aus.

Beim elektrischen Strom können die Ladungen entweder *nur* positiv oder *nur* negativ sein, oder es können *beide* Arten zugleich vorliegen. Die Bewegungen der Träger erfolgen in festen, flüssigen oder in gasförmigen Körpern oder auch im materiefreien Raum.

In festen und flüssigen Metallen erfolgt die Stromleitung ausschließlich durch die Bewegung von negativen Elektronen (*Leitungselektronen*). Auch andere Festkörper zeigen häufig reine Elektronenleitung (→Halbleiter). In vielen Fällen liegt neben Elektronenleitung auch Leitung durch Ionen vor (*Mischleiter*), oft auch reine *Ionenleitung* (z. B. Halogenide bei höheren Temperaturen).

In leitenden Flüssigkeiten (→*Elektrolyten*) sind die Ladungsträger positive und negative Atom- und Molekülionen beiderlei Vorzeichens. In Gasen wird der Strom durch freie Elektronen und durch Ionen getragen.

Im *Hochvakuum* ist die reine Elektronenleitung von großer Wichtigkeit. Die Elektronen müssen durch eine Elektronenquelle (z. B. Glühkathode oder Photokathode) in den leeren Raum hinein-

gebracht werden. Derartige Anordnungen werden bei Röntgenröhren, Elektronenröhren, Gleichrichtern, Oszillographenröhren, ferner bei Photozellen viel benutzt.

Neben dem Leitungsstrom gibt es auch den →*Verschiebungsstrom*. Dieser beruht nicht auf dem Transport beweglicher Ladungsträger; er wird durch die zeitliche Änderung elektrischer Felder $(\partial \, \mathfrak{E}/\partial t)$ verursacht.

Stromstärke. Es werde das Giorgische Maßsystem zugrunde gelegt. Wir betrachten einen Teil einer Strombahn in einem leitenden Medium, z. B. einem Metall, von der Länge l[m] und vom Querschnitt f[m²] (Abb. 1). Der Leitungsstrom werde durch Träger nur eines Vorzeichens (in Abb. 1 für positive Träger) mit der Ladung q[C] getragen. Die Zahl der Träger in der Volumeneinheit sei N[m⁻³]. Unter der Wirkung eines

Abb. 1. Zur Definition der Stromstärke *i* eines Leitungsstromes.

elektrischen Feldes der Stärke $\mathfrak{E}$[V m⁻¹] erhält jeder Ladungsträger im Mittel die Geschwindigkeitskomponente u[m s⁻¹] in Richtung des Feldes. Dann ist die Zahl der je s durch einen beliebigen Querschnitt f[m²] der Strombahn hindurchtretenden Träger:

$$i = N f q u \,[\text{C s}^{-1} \text{ oder A}]. \qquad (1)$$

i heißt *Stromstärke* des Leitungsstromes. Ihre Einheit ist das →Ampere [A].

Durch die Flächeneinheit 1[m²] tritt also je s die Ladung

$$j = i/f = N q u \,[\text{A m}^{-2}]. \qquad (2)$$

j heißt *Stromdichte*.

Sind am Leitungsstrom nun positive und negative Ladungsträger (Ladungen q_+ und q_- [C]) beteiligt, so bewegen sich die q_+ in Richtung von $\mathfrak{E}$ mit der Geschwindigkeit u_+ [ms⁻¹], die q_- in entgegengesetzter Richtung mit der Geschwindigkeit u_- [m s⁻¹]. Die Trägerkonzentrationen seien N_+ und N_- [m⁻³]. Für die Stromstärke folgt dann in Analogie zur Gl. (1):

$$i = f(N_+ q_+ u_+ + N_- q_- u_-) \,[\text{A}], \qquad (3)$$

für die Stromdichte

$$j = N_+ q_+ u_+ + N_- q_- u_- \,[\text{A m}^{-2}]. \qquad (4)$$

Das Gesetz von Ohm. In die Gl. (3) führen wir die elektrische Feldstärke $\mathfrak{E}$ durch die Beziehung $|\mathfrak{E}| = U/l$ [Vm⁻¹] ein. Hierbei ist U [V] die Spannung zwischen den Enden des Leiterstücks der Länge l [m]. Dann folgt

$$\frac{i}{U} = \frac{f}{l} \; \frac{N_+ q_+ u_+ + N_- q_- u_-}{|\mathfrak{E}|}.$$

Hierin definiert man die Größen $v_+ = u_+/|\mathfrak{E}|$ und $v_- = u_-/|\mathfrak{E}|$ [m² s⁻¹ V⁻¹] als *Trägerbeweglichkeiten*. Dann wird

$$i/U = (N q_+ v_+ + N q_- v_-) \, f/l \,[\text{A V}^{-1}]. \qquad (5)$$

Die rechte Seite dieser Gleichung wird nun eine Konstante, wenn die folgenden zwei Bedingungen erfüllt sind:

1. die Trägerkonzentrationen N_+ und N_- sind konstant;

2. die Trägerbeweglichkeiten v_+ und v_- sind konstant.

Dann ist der Quotient i/U und damit auch sein Kehrwert $R = U/i$ eine Konstante. Dieses ist der Inhalt des *Ohmschen Gesetzes*:

$$R = U/i = \text{const} \qquad (6)$$

(*G. S. Ohm*, 1826/27). $R\,[\text{V A}^{-1} = \to \text{Ohm }(\Omega)]$ heißt der *Widerstand* der Strombahn.

Auf die Ladungsträger im Leiter wirkt die beschleunigende Kraft $\mathfrak{K} = q\,\mathfrak{E}$ ein. Trotzdem kann eine konstante Trägerbeweglichkeit v und damit eine konstante Trägergeschwindigkeit u resultieren. Denn mit zunehmender Geschwindigkeit der Träger wächst auch der Reibungswiderstand, welchen sie im Leitermaterial erfahren, bis beschleunigende Kraft und Reibungswiderstand einander entgegengesetzt gleich geworden sind. Von da ab bleibt dann die Trägergeschwindigkeit konstant.

Das Ohmsche Gesetz Gl. (6) kann in eine etwas andere Form gebracht werden. Dazu führt man [Gl. (5)]

$$\varkappa = N_+\,q_+\,v_+ + N_-\,q_-\,v_-$$

als *spezifische Leitfähigkeit*, den Kehrwert

$$1/\varkappa = \sigma\,[\Omega\,\text{m}]$$

als *spezifischen Widerstand* ein. Damit wird Gl. (6):

$$i = \frac{U}{R} = \varkappa f\,\frac{U}{l} \qquad (7)$$

und mit $U = |\mathfrak{E}|\,l$ und $|\mathfrak{j}| = i/f$ die Stromdichte

$$\mathfrak{j} = \varkappa\,\mathfrak{E}. \qquad (8)$$

Die Stromdichte wird hier also als ein zur Feldstärke $\mathfrak{E}$ paralleler Vektor $\mathfrak{j}$ aufgefaßt.

Kennzeichen des elektrischen Stromes. Jeder elektrische Strom erzeugt ein Magnetfeld. Dieses besteht aus geschlossenen Feldlinien, welche die Strombahn umgeben. Für eine geradlinige Strombahn von kreisförmigem Querschnitt sind die magnetischen Feldlinien Kreise, konzentrisch zur Strombahnachse (Abb. 2). Die Richtung des Magnetfeldes ist die des Uhrzeigersinnes, wenn man in die Stromrichtung blickt. Dabei bezeichnet man als Richtung des Stromes die der positiven Ladungsträger, also die Richtung der Geschwindigkeit u_+.

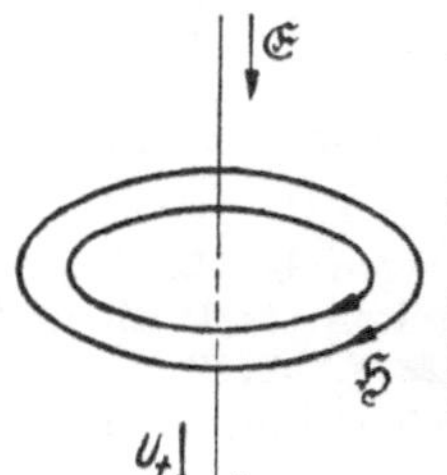

Abb. 2. Das Magnetfeld eines geraden Leiters von kreisförmigem Querschnitt.

i bezeichnet die Stromrichtung, d. h. die Richtung der Trägergeschwindigkeit u_+; diese ist auch die Richtung der elektrischen Feldstärke $\mathfrak{E}$.

Das Magnetfeld ist stets mit dem elektrischen Strom gekoppelt. Auch der →Verschiebungsstrom ist immer von einem Magnetfeld begleitet. Dieses ist das fundamentale Kennzeichen für den elektrischen Strom. Die Kraftwirkungen des Magnetfeldes dienen deshalb auch zum Nachweis und zur Messung von elektrischen Strömen.

Außer dem Magnetfeld gibt es noch einige weitere Kennzeichen des elektrischen Stromes,

die jedoch nicht notwendig vorhanden und daher keine grundsätzlichen Charakteristika desselben sind: a) Die *Wärmewirkung* (→Stromarbeit in der Strombahn); sie entfällt bei fehlendem Widerstand, also insbesondere bei Entladungen im Hochvakuum und bei Supraleitern. b) *Anregungs-, Ionisierungs-* und *Dissoziationsvorgänge* bei den →Gasentladungen und die mit ihnen verbundenen *Lichterscheinungen.* c) *Chemische Prozesse* (→Strom-Stoff-Umsatz) bei der →Elektrolyse.

Pohl, R. W.: Elektrizitätslehre. Berlin, Göttingen u. Heidelberg 1949. — *Joos, G.:* Lehrb. d. theoret. Physik. Leipzig 1945. Handb. d. Experimentalphysik XI/1. Leipzig 1932.

Stromarbeit, elektrische →Strom, elektrischer. Durch einen homogenen Leiter der Länge $l\,[\text{m}]$ von überall gleichem Querschnitt fließe ein elektrischer Strom $i\,[\text{A}]$. Die elektrische Spannung zwischen den Enden von l sei $U\,[\text{V}]$. Im Leiter herrscht dann eine elektrische Feldstärke vom Betrage $|\mathfrak{E}| = U/l\,[\text{V m}^{-1}]$. Unter der Wirkung dieses Feldes bewegen sich die den Strom i bildenden Ladungsträger durch den Leiter. Das elektrische Feld $\mathfrak{E}$ leistet dabei eine Arbeit gegen die Reibungswiderstände, welche die Ladungsträger bei ihrer Bewegung von seiten der Leitermaterie erfahren. Die Größe dieser *Stromarbeit* ergibt sich durch folgende einfache Betrachtung:

Bei einer Stromstärke $i\,[\text{A}]$ tritt je s durch jeden Querschnitt f der Strombahn die Ladung i $[\text{A s} = \text{C}]$ hindurch. Die mittlere Geschwindigkeit der Ladungsträger in der Stromrichtung sei $u\,[\text{m s}^{-1}]$. Dann befindet sich also die Ladung $i\,[\text{C}]$ in einem zylindrischen Volumen der Strombahn von der Länge $u\,[\text{m}]$ (Abb.). Auf die ganze Länge l des Leiters entfallen somit l/u derartige Zylinder

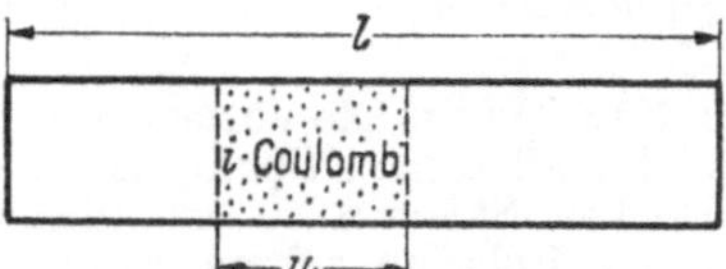

Zur Herleitung der Stromarbeit.

mit der Gesamtladung $q = i\,l/u\,[\text{C}]$. Beim Fließen des Stromes i wird diese Ladung q je s um die Wegstrecke u verschoben. Dabei leistet das elektrische Feld im Leiter die sekundliche Arbeit $L = q\,|\mathfrak{E}|\,u = i\,l\,|\mathfrak{E}|$ und (mit $U = |\mathfrak{E}|\,l$):

$$L = i\,U\,[\text{A V} = \text{W}].$$

L ist also die *Stromleistung* im betrachteten Leiter.

Fließt der Strom $i\,[\text{A}]$ während $t\,[\text{s}]$, so wird die *Stromarbeit*

$$A = i\,U\,t\,[\text{A V s} = \text{W s oder Joule}]$$

geleistet (*Gesetz von Joule*). Führt man in die letzte Gleichung die Beziehung $i = U/R$ ein, in welcher R den Widerstand des Leiters bedeutet, so folgt für die Stromarbeit

$$A = \frac{U^2}{R}\,t = i^2\,R\,t\,[\text{W s}].$$

Diese von der Stromquelle aufzubringende Arbeit wird vollständig in Wärmeenergie umgesetzt und verursacht bei nicht genügender Wärmeableitung eine Temperaturerhöhung des Leiters. Es entsteht also *Stromwärme* oder *Joulesche Wärme.* Wegen der Umrechnung in die Einheit 1 cal →Wärmeäquivalent.

Handb. d. Experimentalphysik XI/1. Leipzig 1932.— *Pohl, R. W.:* Elektrizitätslehre. Berlin, Göttingen u. Heidelberg 1949.

Strombelag →Amperewindungszahl.

Strömberg-Gleichung →Apex.

Stromdichte, elektrische →Strom, elektrischer.

Ströme in der Ionosphäre →Leitfähigkeit der Ionosphäre.

Strömen →Schießen und Strömen.

Stromfaden →Strömungsfeld.

Stromfunktion. Für die inkompressible (ideale) Flüssigkeit gilt die →Kontinuitätsgleichung $\mathrm{div}\,v = 0$, die sich für ebene Strömungen auf $\dfrac{du}{dx} + \dfrac{dv}{dy} = 0$ reduziert. Mit einer Hilfsfunktion $\psi(x, y)$ oder bei nichtstationären Vorgängen $\psi(x, y, t)$ kann diese integriert werden, wenn $u = \partial\psi/\partial y$ und $v = -\partial\psi/\partial x$ gesetzt wird, so daß

$$d\psi = \frac{\partial \psi}{\partial x}\,dx + \frac{\partial \psi}{\partial y}\,dy = -v\,dx + u\,dy$$

wird. Aus der Differentialgleichung der Stromlinien (→Strömungsfeld) $u/v = dx/dy$ folgt sodann $d\psi = 0$ bzw. $\psi = \mathrm{const}$ als Gleichung der Stromlinien. Die Funktion ψ wird als Stromfunktion bezeichnet. Sie erleichtert insbesondere die Darstellung der zweidimensionalen Strömungsvorgänge. In ebenen Potentialströmungen tritt die Stromfunktion als komplexes Glied einer komplexen Funktion (→komplexes Potential) zu dem →Geschwindigkeitspotential hinzu.

Stromkonstanthaltung. Es können grundsätzlich dieselben Mittel wie bei der →Spannungskonstanthaltung verwendet werden, wenn man die konstant zu haltende Stromstärke über einen Meßwiderstand führt und die Spannungen an dessen Klemmen konstant hält oder wenn man die Fühlspule des Reglers von dem zu regelnden Strom durchfließen läßt.

Stromkraft in Spulen. Die einzelnen Windungen einer stromdurchflossenen Spule ziehen sich an, was bei starken Strömen zu merklicher Beanspruchung der Isolation führen kann. Die einander gegenüberliegenden Hälften der Windungen stoßen sich ab, so daß bei starken Strömen die Gefahr einer Sprengung der Spule bestehen kann.

Stromleistung →Stromarbeit, elektrische.

Stromlinie →Strömungsfeld.

Strommenge, eine vor allem in der Elektrochemie gebräuchliche, nicht sehr glückliche Bezeichnung für das Zeitintegral $\int_0^t i\,dt = Q$ eines Stromes i, also für die in der Zeit t durch jeden Querschnitt der Strombahn fließende Elektrizitätsmenge Q. →Stromstoß.

Strommesser. Als Strommesser für Gleichstrom werden vorzugsweise Meßgeräte mit Drehspulmeßwerk, bei höheren Stromstärken in Verbindung mit Nebenwiderständen (Shunts), verwendet. Durch Einbau eines Gleichrichters sind diese Strommesser auch für Wechselstrom verwendbar; jedoch ist der →Kurvenformeinfluß bei Meßgeräten zu beachten. Für Wechselstrommessungen werden meist →Dreheisenmeßgeräte, bei höheren Stromstärken in Verbindung mit →Stromwandlern, oder →Hitzdrahtmeßgeräte verwendet; die letzteren sowie Thermokreuzumformer in Verbindung mit Drehspulmeßgeräten eignen sich auch für Messungen bei Hochfrequenz. Ferner →Eigenverbrauch von Meßgeräten.

Strommessung, absolute. Genaueste Messungen erfolgen mit der Stromwaage, bei der die Schwerkraft als Vergleichsmaß benutzt wird und die bewegliche Spule entweder an einem Waagebalken aufgehängt (Rayleighsche Stromwaage) oder um eine horizontale Achse drehbar angeordnet ist (Helmholtzsche Stromwaage). Weniger Bedeutung haben Messungen mit dem Elektrodynamometer, bei dem als Vergleichskraft die Torsion der Aufhängung dient. Eine kalorimetrische Methode zur absoluten Messung der Stromwärme hat in neuerer Zeit v. *Steinwehr* vorgeschlagen. Dabei wird die Temperaturerhöhung eines stromdurchflossenen Widerstandes mit der durch den Fall eines Körpers erzeugten Temperaturerhöhung verglichen.

Stromprofil, die graphische Darstellung der Abhängigkeit der Geschwindigkeit einer Flüssigkeit als Funktion einer Querschnittskoordinate. In einer Kapillaren ist das Stromprofil einer →reinviskosen Flüssigkeit eine Parabel, in einem Spalt eine Gerade, dasjenige einer →strukturviskosen Flüssigkeit in einer Kapillaren eine Kettenlinie, in einem Spalt eine Hyperbelsinuslinie (Abb. 1 u. 2). Bei →Turbulenz plattet sich das Strom-

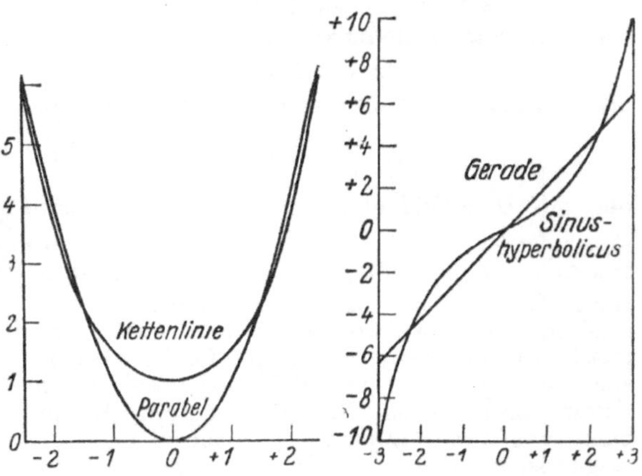

Abb. 1. Stromprofile in einer Kapillaren.　　Abb. 2. Stromprofile im Spalt.

Abb. 3. *a* Laminarprofil, *b* Turbulenzprofil im Rohr.

profil, verglichen mit demjenigen bei laminarer Strömung, bei allen Flüssigkeiten stark ab und schmiegt sich der Wandung an (Abb. 3).

Prandtl, L.: Führer durch d. Strömungslehre. Braunschweig 1948.

Stromquellen →Strom, elektrischer. Stromquellen oder Generatoren dienen zur Erzeugung elektrischer Ströme. Der Grundvorgang in jeder Stromquelle ist folgender: Jede Materie enthält gleich viel positive und negative elektrische Ladungen, welche sich nach außen hin kompensieren, so daß die Materie für gewöhnlich elektrisch neutral ist. In jeder Stromquelle sind nun ladungstrennende Kräfte wirksam. Diese Kräfte faßt man unter der Bezeichnung *elektromotorische Kraft* (EMK) zusammen. Die EMK einer Stromquelle bewirkt eine teilweise Trennung der entgegengesetzten Ladungen innerhalb der Materie der Quelle und die Anreicherung positiver Ladungen auf der einen, negativer Ladungen auf der anderen Elektrode. Dadurch entsteht zwischen diesen Elektroden eine elektrische Spannung und ein elektrisches Feld. (Die sehr gebräuchliche Bezeichnung der positiven Elektrode als Anode, der negativen als Kathode ist irreführend und insofern falsch, als bei Stromentnahme gerade umgekehrt jene die Kathode, diese die Anode des durch die Stromquelle fließenden Stromes ist. Man spricht besser vom positiven und negativen Pol der Stromquelle.)

Zur Trennung der positiven und negativen Ladungen muß die EMK eine Trennungsarbeit leisten. Die Ladungstrennung erfolgt nun so lange, bis die Spannung zwischen den Elektroden einen bestimmten Wert U_0 erreicht, bei welchem die EMK durch die elektrische Feldstärke zwischen den Elektroden gerade kompensiert wird. Eine weitere Ladungstrennung erfolgt dann nicht mehr. Diese Grenzspannung U_0 heißt die *Urspannung* (bisher meist EMK) der Stromquelle.

Die Trennungsarbeit in einer Stromquelle wird entweder durch mechanische Arbeit geleistet (z. B. bei der Dynamomaschine) oder durch thermische Energie (Thermoelement) oder durch chemische Energie (galvanische Elemente, Bleiakkumulator).

Verbindet man die Elektroden einer Stromquelle durch einen Leiter vom Widerstand R_a (Abb.), so fließt durch den Leiter ein elektrischer Strom i. Der positive und der negative Ladungsüberschuß der Elektroden gleichen sich teilweise durch den Leiter aus; die Spannung zwischen Anode und Kathode sinkt dadurch unter die Urspannung U_0 auf einen Wert U_k ab. Damit

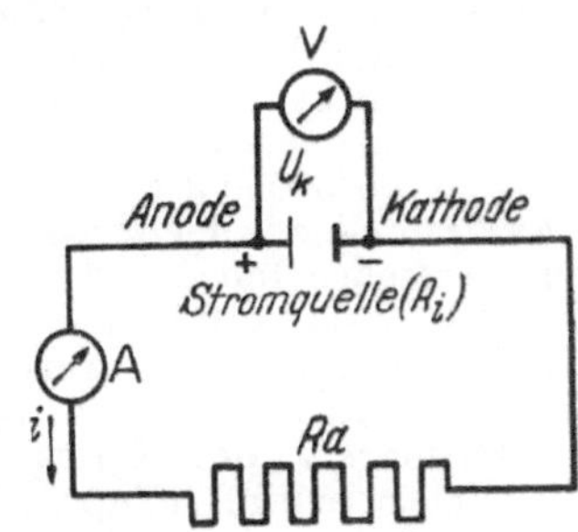

Zur Erläuterung der Vorgänge in Stromquellen. *A* Strommesser, *V* Spannungsmesser.

wird auch die elektrische Feldstärke zwischen Anode und Kathode geringer, die EMK kann jetzt wieder positive und negative Ladungen auf die Elektroden bringen, bis ein Gleichgewicht zwischen Abfluß und Zufluß von Ladungen erreicht ist. Das bedeutet aber, daß in der Stromquelle der gleiche Strom i fließt wie im Leiter R_a. Stromquelle und R_a bilden also einen geschlossenen Stromkreis. Die beim Fließen eines Stromes i zwischen den Elektroden gemessene Spannung U_k heißt die *Arbeits-* oder *Klemmenspannung* der belasteten Stromquelle. Da beim Fließen eines Stromes i die Teilspannung $U_i = i R_i$ der Urspannung U_0 am *inneren Widerstand* R_i der Stromquelle liegt, so ist

$$U_k = U_0 - i R_i,$$

also um so kleiner, je höher die Strombelastung ist. Ist R_a der Widerstand des äußeren Schließungskreises, so ist $i = U_k/R_a$ oder

$$i = \frac{U_0}{R_i + R_a}.$$

Bei *Kurzschluß* ($R_a = 0$) ist $i = i_k = U_0/R_i$. Eine größere Stromstärke kann die Stromquelle nicht liefern. →Arbeitsspannung, →elektromotorische Kraft einer elektrochemischen Kette, →Akkumulatoren, →Elemente, galvanische.

Handb. d. Physik XIII, XVI, XVII. Berlin 1929. Handb. d. Experimentalphysik XII/1 u. 2. Leipzig 1932.

Stromresonanz. Der Wechselstromwiderstand eines Parallelschwingungskreises, dessen Verluste in einem Widerstand R_r in Reihe mit L zusammengefaßt sind (Abb. 1), ist

$$\Re = \frac{(R_r + j\omega L)\left(-j\dfrac{1}{\omega C}\right)}{R_r + j\left(\omega L - \dfrac{1}{\omega C}\right)}$$

$$= \frac{R_r \dfrac{1}{\omega^2 C^2} - j\dfrac{1}{\omega C}\left(R_r^2 + \omega^2 L^2 - \dfrac{L}{C}\right)}{R_r^2 + \left(\omega L - \dfrac{1}{\omega C}\right)^2}.$$

Im Resonanzfall $\Re = \Re_0$ ist die imaginäre Komponente Null, also

$$R_r^2 + \omega^2 L^2 - \frac{L}{C} = 0;$$

daraus ergibt sich

$$\omega_0 = \frac{1}{\sqrt{LC}}\sqrt{1 - R_r^2\frac{C}{L}} \approx \frac{1}{\sqrt{LC}}$$

und für den Resonanzwiderstand

$$\Re_0 = \frac{1}{\omega_0^2 C^2 R_r} = \frac{L}{C R_r}.$$

$\Re$ und der Strom im Schwingungskreis haben bei der Resonanzfrequenz Maximalwerte (Stromresonanz, Abb. 2). Für $\omega \gtrless \omega_0$ fällt $\Re$ je nach der Dämpfung des Kreises mehr oder weniger schnell ab. Dabei ändert sich die Phase für $\omega < \omega_0 < \omega$ von $+\pi/2$ über Null nach $-\pi/2$.

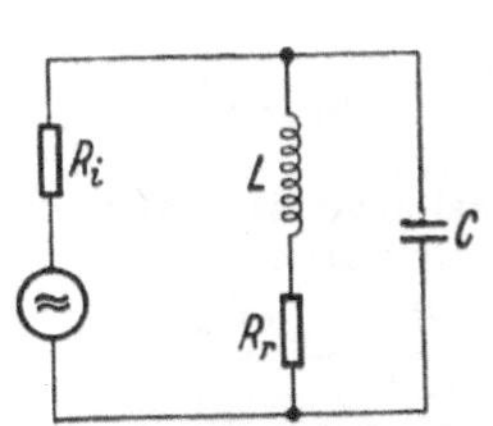
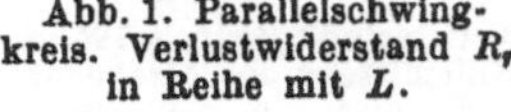

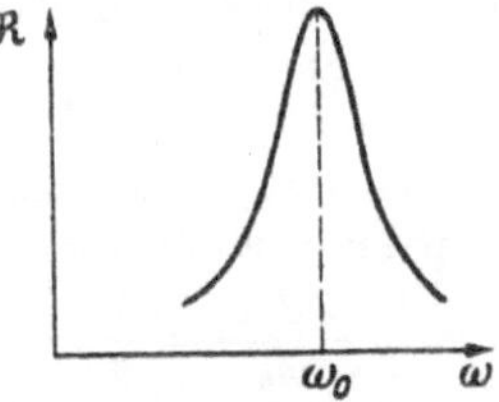

Abb. 1. Parallelschwingkreis. Verlustwiderstand R_r in Reihe mit L.

Abb. 2. $\Re = f(\omega)$ für Stromresonanz.

Bei einer äußeren Spannungsquelle mit kleinem Innenwiderstand $\Re_i \sim 0$ hat der Gesamtstrom des Kreises dann seinen Minimalwert, während die Spannung am Schwingungskreis annähernd konstant ist. Das Verhältnis

$$\frac{i_L}{i} = \frac{i_c}{i} = \frac{\omega_0 L}{R_r} = g$$

kennzeichnet die Resonanzüberhöhung bzw. Güte des Kreises.

Hat die äußere Spannungsquelle dagegen einen hohen Innenwiderstand $\Re_i \to \infty$, so bleibt der Gesamtstrom im Kreis praktisch konstant, während die Spannung am Schwingungskreis bei Resonanz ihren Maximalwert erreicht.

Statt die Verluste des Schwingungskreises in einem Widerstand R_r in Reihe mit L zusammenzufassen, kann man sie auch in einen Widerstand R_p parallel zu L und C verlegen (Abb. 3).

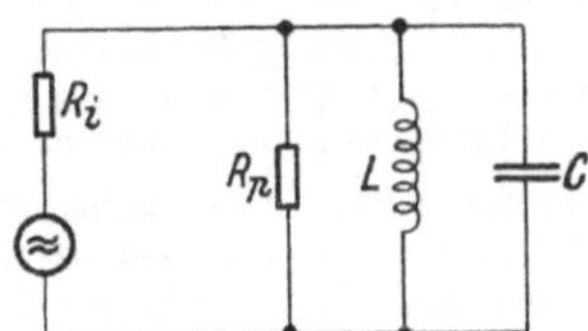

Abb. 3. Parallelschwingkreis.
Verlustwiderstand R_p parallel zu L und C.

Für diesen Kreis ist der Leitwert

$$\mathfrak{G} = \frac{1}{R_p} + j\left(\omega C - \frac{1}{\omega L}\right),$$

seine Ortskurve als Funktion von ω also eine Gerade im Abstand $1/R_p$ parallel zur imaginären Achse. Der Wechselstromwiderstand $\Re$ entsteht daraus durch Spiegelung, seine Ortskurve ist ein Kreis durch den Nullpunkt mit dem Durchmesser R_p. Seinen Maximalwert, den Resonanzwiderstand $\Re_0 = R_p$, hat $\Re$ im Punkte A (Abb. 4).

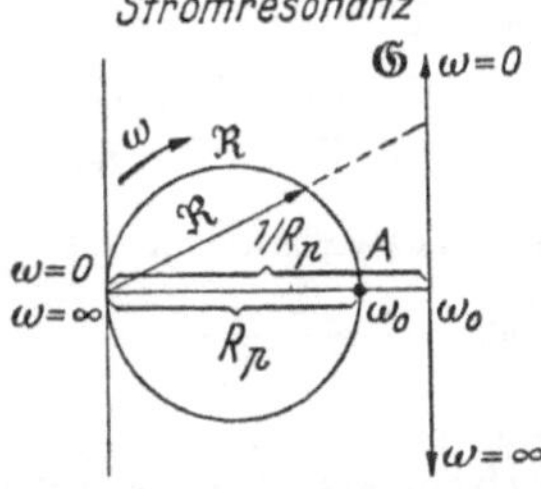

Abb. 4. Ortskurve des Wechselstromwiderstandes eines Parallelschwingkreises für Verlustwiderstand R_p parallel zu L und C.

Die Resonanzüberhöhung oder die Gütezahl dieses Kreises entspricht

$$\frac{i_L}{i} = \frac{i_o}{i} = g = \frac{R_p}{\omega_0 L} = R_p \,\omega_0\, C.$$

Die Bandbreite der Resonanzkurve ist analog zur →Spannungsresonanz gegeben durch

$$\frac{2\varDelta\omega}{\omega_0} = \frac{1}{g} = d = \frac{R_r}{\omega_0 L} = \frac{\omega_0 L}{R_p}$$

(d Verlustzahl oder →Dämpfung des Kreises).

Vilbig, F.: Lehrb. d. Hochfrequenztechnik. Leipzig 1945.- *Möller, H. G.:* Grundl. u. math. Hilfsmittel d. Hochfrequenztechnik. Berlin 1940. - *Zinke, O.:* Hochfrequenzmeßtechnik. Leipzig 1947.- *Kammerloher, J.:* Hochfrequenztechnik I. Leipzig 1949.

Stromrichtung, elektrische. Als die Richtung eines elektrischen Stromes definiert man diejenige Richtung, in der sich die *positiven* Ladungsträger bewegen oder, falls solche nicht vorhanden, bewegen würden, also z. B. im äußeren Schließungskreis einer Stromquelle die Richtung vom positiven zum negativen Pol, innerhalb derselben vom negativen zum positiven Pol, in einer elektrolytischen Zelle die Richtung von der Anode zur Kathode. In den metallischen Leitern, welche reine Elektronenleiter sind, ist daher die so definierte Stromrichtung der Bewegung der Elektronen entgegengerichtet.

Stromröhre →Strömungsfeld.

Strom-Spannungskurve, die Darstellung $i = i(U)$ bzw. $U = U(i)$ eines elektrischen Stromes i als Funktion der Spannung U bzw. umgekehrt, also die →Charakteristik des Stromleiters. →Charakteristik einer elektrochemischen Elektrode, →Charakteristik einer Gasentladung, →lichtelektrische Charakteristik, →Richtcharakteristik, →Verstärkerröhren, →Widerstand, elektrischer.

Stromstärke bei bewegter Ladung. Vergleicht man die Ausdrücke für die auf eine bewegte Ladung Q wirkende Lorentz-Kraft und für die Kraft, die ein vom Strom i durchflossener Leiter der Länge l erfährt

$$\Re = Q\,[\mathfrak{v}, \mathfrak{B}] \quad \text{und} \quad \Re = i\,[\mathfrak{l}, \mathfrak{B}],$$

so ergibt sich, daß die mit der Geschwindigkeit $\mathfrak{v}$ bewegte Ladung durch eine Stromstärke i ersetzt werden kann, die längs eines geraden Leiters der Länge l wirkt und die Größe

$$i = v\,\frac{Q}{l}$$

hat (→Konvektionsstrom).

Der Vergleich der entsprechenden Ausdrücke für die Kraftdichte

$$\mathfrak{k} = \varrho\,[\mathfrak{v}, \mathfrak{B}] \quad (\varrho \text{ Ladungsdichte}),$$
$$\mathfrak{k} = [\mathfrak{j}, \mathfrak{B}] \quad (\mathfrak{j} \text{ Stromdichte})$$

läßt erkennen, daß die Stromdichte $\mathfrak{j}$ stets durch eine mit der Geschwindigkeit $\mathfrak{v}$ bewegte Ladungswolke von der Ladungsdichte ϱ ausgedrückt werden kann, und liefert eine Grundlage für die Elektronentheorie.

Strom-Stoff-Umsatz, elektrochemischer, tritt an den der Phasengrenze anliegenden Phasenenden gewisser elektrochemischer Zweiphasensysteme, z. B. des Systems Metall/Lösung, auf. Zur *quantitativen* Kennzeichnung kann man die Zahl τ der durch 1 Faraday umgesetzten Äquivalente angeben. Die Art und die Größe des Umsatzes hängt von den *Durchtritts*anteilen m der durch die Phasengrenze hindurchtretenden Ionen und von den *Beweglichkeits*anteilen = →Überführungszahlen n der innerhalb der Phasen wandernden Ionen ab. Bei einer →einfachen Elektrode ist für die →potentialbestimmende Ionenart i der Durchtrittsanteil $m_i = 1$, für die nichtpotentialbestimmenden Ionen ist $m = 0$.

Bezüglich der Größe von τ lassen sich *drei Fälle* unterscheiden:

1. $\tau = 0$, kein Stoffumsatz, unangreifbare Elektrode: In der betrachteten Phase ist nur *eine* Ionenart beweglich und gleichzeitig übergangsfähig. Beispiel: Metallphase, wenn die Elektronen potentialbestimmend sind („Ion" im allgemeinen Sinne = Ladungsträger, also einschließlich Elektronen).

2. $\tau = 1$, Erfüllung der →Faradayschen Gesetze, Grundlage der →Coulometer: Innerhalb der betrachteten Phase ist nur *eine* Ionenart beweglich, eine andere ist übergangsfähig. Beispiel: Metallphase, wenn die Me$^+$-Ionen potentialbestimmend sind. Anodische Auflösung, kathodische Abscheidung von Metall. Auch wenn bei Reaktionsbindung (→einfache Elektrode) neutrale Stoffe am potentialbestimmenden Mechanismus teilnehmen, beträgt der Strom-Stoff-Umsatz 1 Äquivalent je

Faraday. Beispiel: Kathodische Entwicklung oder anodische Auflösung von Wasserstoff bei der stromdurchflossenen →Wasserstoffelektrode.

3. $0 < \tau < 1$: In der betrachteten Phase sind mehrere Ionen beweglich. Beispiel: Der in Form einer Konzentrationsänderung auftretende Strom-Stoff-Umsatz am Ende der Lösungsphase eines Zweiphasensystems Metall/Lösung (→Überführungszahlen).

Verwickeltere Formen nimmt der Strom-Stoff-Umsatz bei stromdurchflossenen *zwei- und →mehrfachen Elektroden* an. Die Durchtrittsanteile der übergangsfähigen Ionen liegen dann zwischen 0 und 1.

Die Strom-Stoff-Umsätze in elektrochemischen *Drei- und Mehrphasensystemen* bauen sich aus den Phasenendumsätzen an den einzelnen Phasengrenzen auf. Vgl. z. B. die Stoffumsätze in den galvanischen Elementen (→Daniell-Element, →Leclanché-Element) und den elektrochemischen Akkumulatoren (→Blei-Sammler, →Edison-Akkumulator).

Lange, E., u. K. Nagel: Z. Elektrochemie 41, 575 (1935).

Stromstoß, elektrischer →Strom, elektrischer. In elektrischen Stromkreisen treten häufig kurz dauernde Ströme mit zumeist zeitlich veränderlicher Stromstärke i auf. Dann bezeichnet man das Zeitintegral der Stromstärke $\int i\, dt$, integriert über die ganze Dauer des Vorganges, als *Stromstoß*. Dieser ist also eine elektrische Ladung und wird — bei Zugrundelegung internationaler Maßeinheiten — in $A\,s = C$ gemessen. Stromstöße treten bei Ein- und Ausschaltvorgängen, ferner bei Induktionsvorgängen auf. Die Abb. zeigt drei

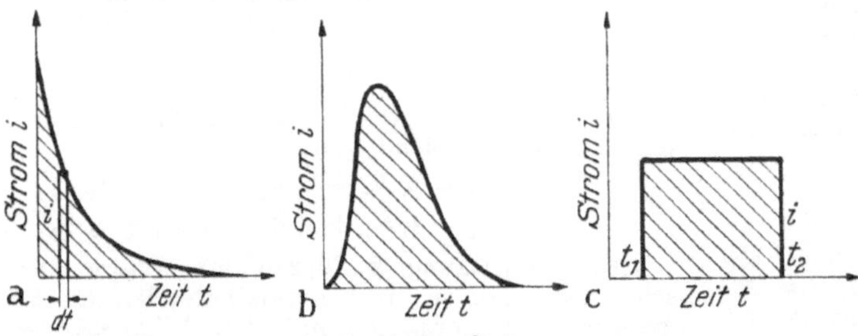

Stromstoß $\int i\, dt$.

Die schraffierten Flächen geben das Zeitintegral des Stromes i wieder. Im Fall c (Stromstoß mit konstanter Stromstärke i) ist einfach $\int i\, dt = i\,(t_2 - t_1)$.

Beispiele für Stromstöße. Gemessen werden Stromstöße mit geeigneten (ballistischen) Strommessern (Stoßgalvanometer). Ein solcher ist zur Messung von Stromstößen brauchbar, wenn er die folgenden beiden Bedingungen erfüllt: 1. Es muß Proportionalität zwischen der Stromstärke i und dem durch diese verursachten Ausschlag des Instruments bestehen. 2. Die Schwingungsdauer des Instruments (z. B. der Drehspule beim Drehspulgalvanometer) muß sehr groß gegenüber der Dauer des Stromstoßes sein. Sind diese beiden Bedingungen erfüllt, so ist der durch einen Stromstoß verursachte *Stoßausschlag* des Instruments streng proportional $\int i\, dt$.

Häufig dämpft man das System des Stoßgalvanometers sehr stark. Das Meßsystem kehrt dann nur sehr langsam und erst nach sehr langer Zeit in seine Ruhelage zurück, nachdem es durch einen Stromstoß abgelenkt worden ist (Kriechgalvano-

meter). Ein solches stark gedämpftes Stoßgalvanometer hat die Eigenschaft, eine größere Zahl kurz aufeinanderfolgender Stromstöße zu summieren.

Pohl, R. W.: Elektrizitätslehre. Berlin, Göttingen u. Heidelberg 1949. Handb. d. Experimentalphysik XI/2. Leipzig 1932.

Stromteilung →Stromverzweigung.

Stromtor →Gasentladungsröhren für Meß- und Regelzwecke.

Strömungsdoppelbrechung, die Doppelbrechung des Lichts in strömenden organischen Flüssigkeiten, deren Moleküle eine ausgeprägte Kettenform besitzen und sich mit den Längsachsen parallel der Strömungsrichtung orientieren. Die Flüssigkeit wird dadurch anisotrop.

Staudinger, H.: Organ. Kolloidchemie. Braunschweig 1950.

Strömungsfeld, die Darstellung des augenblicklichen Strömungszustandes, d. h. der jeweiligen Verteilung der Geschwindigkeit, des *Geschwindigkeitsfeldes*, in dem von Flüssigkeit erfüllten Gebiet. Analog den Feldlinien der Kraftfelder ist in der Strömungslehre das Strömungsfeld durch *Stromlinien* gekennzeichnet. Die Tangenten dieser Linien zeigen an allen Punkten in Richtung des jeweiligen Geschwindigkeitsvektors. Im rechtwinkligen Koordinatensystem x, y, z gilt für den Geschwindigkeitsvektor $|\mathfrak{v}| = \sqrt{u^2 + v^2 + w^2}$ das simultane System $dx : dy : dz = u : v : w$ als Differentialgleichung der Stromlinien für einen bestimmten Zeitpunkt t. Die Bahnkurven sind die Integralkurven des simultanen Systems $dx/dt = u$, $dy/dt = v$, $dz/dt = w$. Bei stationären Bewegungen stimmen die Stromlinien mit den Bahnlinien der Flüssigkeitsteilchen überein. Stromlinien, die durch eine kleine geschlossene Kurve hindurchgehen, bilden zusammen eine *Stromröhre*. Die darin enthaltene Flüssigkeit heißt der *Stromfaden*. Die in der Zeiteinheit durch den Querschnitt einer Stromröhre fließende Flüssigkeitsmenge wird als *Fluß* bezeichnet. Für Druck und Geschwindigkeit eines Stromfadens gilt die →Bernoullische Gleichung. Im allgemeinen Falle ist dem Strömungsfeld auch ein →Wirbelfeld zugeordnet.

Strömungspotential, entsteht als *Umkehrung der →Elektroendosmose*, wenn Flüssigkeit durch eine Kapillare hindurchgepreßt wird. Wie bei allen →elektrokinetischen Erscheinungen spielt eine wesentliche Rolle die Aufteilung der an der Phasengrenze fest/flüssig befindlichen elektrochemischen →Doppelschicht in einen fest haftenden, starren und einen diffusen Anteil, der als ζ-Potential bezeichnet wird. Die durch die strömende Flüssigkeit mitgenommenen Ladungen erzeugen an den Enden der Kapillaren eine Potentialdifferenz $\Delta\varphi$, die sich durch Ionenwanderung wieder auszugleichen sucht. Für das sich nach einiger Zeit einstellende *stationäre* Strömungspotential gilt

$$\Delta\varphi = \frac{\zeta \varepsilon p}{4\pi \eta \varkappa} \left(\text{bzw. } \frac{\zeta \varepsilon \varepsilon_0 p}{\eta \varkappa}\right)$$

($\varkappa$ spezifische Leitfähigkeit, p Druck, η Viskosität, ε Dielektrizitätskonstante).

Handb. d. Experimentalphysik XII/2. Leipzig 1933. — *Freundlich, H.:* Kapillarchemie I. Leipzig 1930. Neuartige Gesichtspunkte für die Ableitung elektrokinetischer Gleichungen gibt *G. Schmid:* Zur Elektrochemie feinporiger Kapillarsysteme, Z. Elektrochem. 54 (1950) 424. Daselbst auch weitere Literaturangaben.

Strömungspyrheliometer →Pyrheliometer.

Strömungsströme oder *Diaphragmenströme,* die durch *Umkehrung der* →*Elektroendosmose* erzeugten Ströme.

Stromverdrängung an die Oberfläche massiver Leiter, tritt ein 1. infolge von Wirbelstromeffekten beim →*Hauteffekt,* 2. bei der →*Supraleitung.* Die Stromleitung ist auf eine dünne Schicht an der Oberfläche des Leiters beschränkt; das Innere ist stromlos.

Stromverteilungsrauschen →Röhrenrauschen.

Stromverzweigung →Strom, elektrischer. In einem geschlossenen Stromkreis (Abb. 1) sei U die Stromquelle. Zwischen den Punkten *1* und *2* liege eine Stromverzweigung: Der Strom i teilt sich hier; ein Teil i_1 fließt durch einen Leiter mit dem Widerstand R_1, der andere Teil i_2 durch den Leiter mit dem Widerstand R_2. Man sagt, die Widerstände R_1 und R_2 sind *parallel geschaltet.* Dann muß sein

$$i_1 + i_2 = i.$$

Sind mehrere Leiter mit den Widerständen R_1, $R_2, \ldots, R_n$ parallel geschaltet, so gilt entsprechend:

$$i = \sum_{m=1}^{n} i_m.$$

Diese Aussage ist ein Spezialfall der

1. Kirchhoffschen Regel: An jedem Verzweigungspunkt in einem Stromkreis ist die Summe der zufließenden gleich der Summe der abfließenden Ströme.

Eine weitere allgemeine Gesetzmäßigkeit für beliebige geschlossene Stromkreise mit beliebigen Stromverzweigungen gibt die

2. Kirchhoffsche Regel: In jedem beliebigen, geschlossenen Stromkreis ist die Summe der in diesem Stromkreis enthaltenen Urspannungen gleich der Summe der Produkte aus den einzelnen Widerständen und den diese durchfließenden Strömen:

$$\sum_{r=1}^{m} U_r = \sum_{s=1}^{n} R_s i_s.$$

Diese Regel ist ebenso trivial wie die 1. Kirchhoffsche Regel. Man bedenke nur, daß $R_s i_s$ der Spannungsabfall über dem Widerstand R_s ist (→Widerstand, elektrischer).

Die 2. Kirchhoffsche Regel sei an zwei Beispielen erläutert.

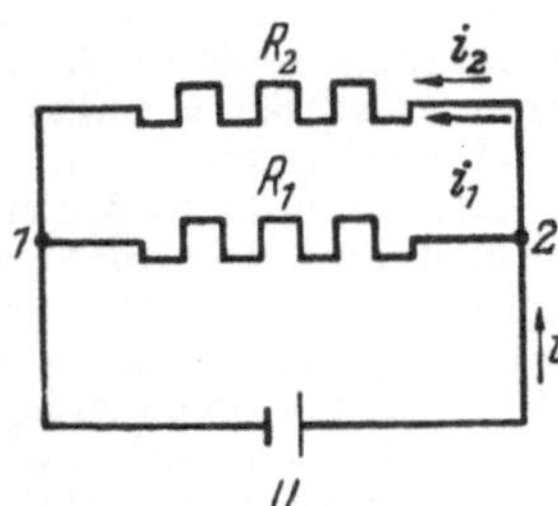

Abb. 1. Zur 1. Kirchhoffschen Regel.
Parallelschaltung zweier Leiter mit den Widerständen R_1 und R_2. U Stromquelle.

a) Abb. 1. Der innere Widerstand der Stromquelle U sei R_i, ihre Urspannung sei gleich U_0. Dann ist:

$$U_0 = R_i i + R_1 i_1$$

und

$$U_0 = R_i i + R_2 i_2.$$

b) Abb. 2. Ein Generator (Urspannung U_1, innerer Widerstand R_1) lädt eine Akkumulatorenbatterie (Urspannung U_2, innerer Widerstand R_2). Im Ladestromkreis liegen ferner ein Ladewiderstand R_3, ein Strommesser A (innerer Widerstand R_4) zur Messung des Ladestromes i_1 sowie ein Spannungsmesser V (innerer Widerstand R_5) zur Messung der Batteriespannung. Hierbei sind R_3, A und die Batterie U_2 *hintereinander geschaltet.*

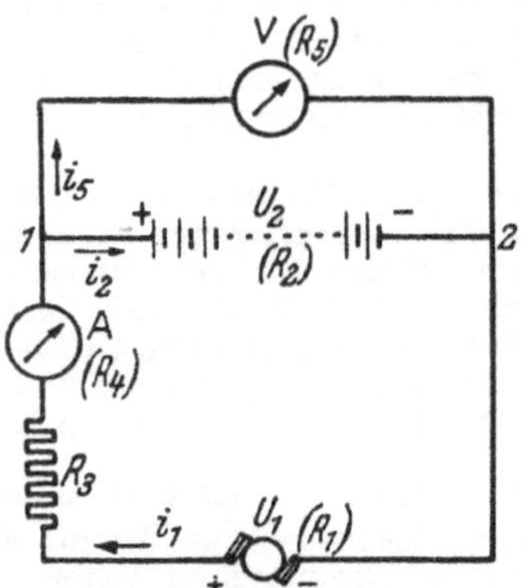

Abb. 2. Zur 2. Kirchhoffschen Regel.
Schaltschema für die Aufladung einer Akkumulatorenbatterie (U_2) durch einen Generator (U_1).

Diese Schaltung heißt auch *Reihenschaltung* oder *Serienschaltung.* Der Spannungsmesser V ist dagegen zur Batterie U_2 parallel geschaltet. Man sagt auch: V liegt im *Nebenschluß* zu U_2. An den Punkten *1* und *2* findet eine Stromverzweigung statt: durch U_2 fließt der Strom i_2, durch V der Strom i_5. Dann ist zunächst nach der 1. Kirchhoffschen Regel:

$$i_1 = i_2 + i_5.$$

Ferner gelten nach der 2. Kirchhoffschen Regel die folgenden Gleichungen:

$$U_1 - U_2 = i_1 R_1 + i_1 R_3 + i_1 R_4 + i_2 R_2,$$
$$U_1 = i_1 R_1 + i_1 R_3 + i_1 R_4 + i_5 R_5.$$

Stromverzweigung in Supraleitern. Liegen zwischen zwei Stellen eines normalleitenden Leitersystems n Leiterzweige mit den Widerständen R_1, R_2, $R_3, \ldots, R_n$, so verteilt sich der Gesamtstrom (für Gleichstrom) des Systems auf die einzelnen Zweige nach der Kirchhoffschen Regel, wonach $i_1 : i_2 : i_3 : \ldots : i_n = R_1^{-1} : R_2^{-1} : R_3^{-1} : \ldots : R_n^{-1}$ (dabei sind $i_1, i_2, i_3, \ldots, i_n$ die Stromstärken in den einzelnen Zweigen). Diese Regel läßt sich nicht mehr anwenden, wenn alle Zweige supraleitend sind (d. h. $R_1 = R_2 = R_3 = \cdots = R_n = 0$). Die Stromverteilung auf die Zweige geht in diesem Fall auf den Akt der Einschaltung des Stromes zurück. Dieser Vorgang wird durch die Induktionsgleichungen beschrieben. Allgemein läßt sich zeigen, daß die Stromverteilung in einer supraleitenden Stromverzweigung sich auf das Minimum der magnetischen Energie einstellt (*M. v. Laue* 1932). Im einfachsten Falle $n = 2$ erhält man für die Stromstärken i_1 und i_2 in den beiden Zweigen:

$$i_1 = \frac{L_{22} - M}{L_{11} + L_{22} - 2M} \, i,$$

$$i_2 = \frac{L_{11} - M}{L_{11} + L_{22} - 2M} \, i,$$

wo i die gesamte Stromstärke, L_{11}, L_{22} die Selbstinduktionskoeffizienten der beiden Stromzweige und M der Koeffizient der gegenseitigen Induktion sind. Der Nenner in den Ausdrücken für i_1 und i_2 ist stets positiv; es kann aber $L_{22} - M$ ein anderes Vorzeichen als $L_{11} - M$ haben. In diesem Falle haben i_1 und i_2 entgegengesetztes Vorzeichen. Dies bedeutet, daß der Strom in den beiden Zweigen verschiedene Richtung hat, ein bei normaler Leitung unmögliches Vorkommnis. Diese Folgerung ist von *Justi* und *Zickner* 1941 experimentell bestätigt worden. Die Versuche beweisen das völlige Verschwinden der Widerstände R_1 und R_2 in den Zweigen und zeigen, daß zur magnetischen Energie keine weitere von den Strömen abhängige Energie in merklichem Betrage hinzukommt.

v. Laue, M.; Theorie d. Supraleitung. Berlin u. Göttingen 1950.

Stromwaage →Strommessung, absolute.

Stromwandler sind →Meßwandler für die Übersetzung von Stromstärken; sie transformieren meist von großen Stromstärken auf kleine. Ihre Fehler (→Meßgeräte, Klassifizierung) sind abhängig von der Größe ihrer inneren und äußeren *Bürde*, d. h. von dem Scheinwiderstand (Ohmschem Widerstand und Streuwiderstand) ihrer sekundären Wicklung und dem Scheinwiderstand des an ihre Sekundärklemmen angeschlossenen äußeren Stromkreises, nicht aber von dem Widerstand ihrer primären Wicklung. Die Bürde der Stromwandler erzwingt einen magnetischen Fluß im Eisenkern, dem ein bestimmter Leerlaufstrom entspricht, um den der Primärstrom größer ist als der mit dem Übersetzungsverhältnis umgerechnete Sekundärstrom und der also ein Maß für den Fehler des Wandlers darstellt. Stromwandler dürfen nicht mit offener Sekundärwicklung betrieben werden, da hierbei gefährliche Überspannungen entstehen können. Die Fehlermessung von Stromwandlern erfolgt mit einer →Wandlerprüfeinrichtung. Stromwandler für Hochfrequenz sind meist Lufttransformatoren. Über Gleichstromwandler →Meßwandler.

Stromwärme →Stromarbeit, elektrische.

Stromwirkungsgrad eines Akkumulators →Ladungskapazität.

Strontiummethode →Rubidium, →geologische Altersbestimmung.

Strudel, ein Flüssigkeitswirbel, dessen äußerer Bereich etwa einem Potentialwirbel (→Wirbelbewegung) entspricht, während der Kern entweder aus einer sich als Ganzes drehenden Flüssigkeitsmenge oder aus einem trichterförmigen Luftraum (*Hohlwirbel*) besteht.

Struktur der Elementarteilchen →Elementarteilchen.

Strukturamplitude, die Quadratwurzel aus dem →Strukturfaktor. Sie wird in gittertheoretischen Untersuchungen gewöhnlich in der Form der komplexen e-Funktion

$$F_{hkl} = \sum_j f_j e^{-2\pi i (h m_j + k n_j + l p_j)}$$

geschrieben, worin f_j die Atomformamplitude des j-ten Atoms und m_j, n_j, p_j seine Koordinaten sind. Für den Fall, daß das Gitter ein Inversionszentrum besitzt, verschwindet der imaginäre Teil, und F_{hkl} geht über in das Glied A_{hkl} des Strukturfaktors, während B_{hkl} gleich Null wird.

Strukturanalyse von Kristallen →Kristallgitterbestimmung.

Strukturelemente, in der Rheologie = →Mizelle.

Strukturempfindliche Eigenschaften sind nach *Smekal* solche Eigenschaften der Kristalle, die starke Änderungen erfahren, wenn sich das Gitter selbst nur wenig ändert, etwa durch Leerstellen, Fehlstellen oder Einbau von Fremdatomen. Zu den strukturempfindlichen Eigenschaften gehören die thermische Diffusion, das Ionenleitvermögen bei tieferen Temperaturen und insbesondere die Festigkeitseigenschaften (Kohäsion, Gleitvermögen, Härte usw.). *Strukturunempfindlich,* d. h. von geringen Gitteränderungen fast unabhängig, sind die Gitterstruktur selbst (Gitterkonstanten, Parameter der Atome, Verteilung und Intensität der Interferenzstrahlen, Dichte), optische Dispersion und Absorption, Elastizität, Elektronenleitung in Metallen usw. Strukturempfindliche Halbleitung →Halbleiter.

Handb. d. Physik XXIV/2. Berlin 1933.

Strukturfaktor ist die Intensität eines an einer Elementarzelle (oder „Basis") gebeugten Röntgenstrahls, gemessen am Beugungsvermögen eines Elektrons als Einheit und ohne Berücksichtigung der sog. →Intensitätsfaktoren. Seine zahlenmäßige Größe ist für ein Interferenzmaximum (hkl)

$$I_{hkl} = A_{hkl}^2 + B_{hkl}^2,$$

worin

$$A_{hkl} = \sum_j f_j \cos 2\pi (h m_j + k n_j + l p_j),$$

$$B_{hkl} = \sum_j f_j \sin 2\pi (h m_j + k n_j + l p_j),$$

summiert über alle Atome oder Ionen der Zelle.

Die Bedeutung von f_j, m_j, n_j, p_j ist die gleiche wie bei der →Strukturamplitude.

Strukturmechanik, die Lehre von den Beziehungen zwischen der übermolekularen Struktur der Stoffe und ihrem mechanischen Verhalten; geht von der Erfahrung aus, daß zwischen dem letzteren und der chemischen Konstitution kein unmittelbarer Zusammenhang besteht, sondern daß dafür übermolekulare Strukturelemente (→Mizelle) verantwortlich sind. Die Strukturmechanik umfaßt also im wesentlichen die →Rheologie, begnügt sich aber nicht mit einer formalmathematischen Beschreibung der fließfähigen Systeme, sondern erstrebt vor allem die Erforschung der Struktur der →rheonomen Systeme. Wichtig sind die Viskositätsminima, aus denen Schlüsse auf die Größe und das dynamische Verhalten der Strukturelemente gezogen werden können. Bei polydispersen Stoffen mit verschieden großen Strukturelementen erstreckt sich ein solches Minimum über einen breiten Bereich der Gleitgeschwindigkeit, und man kann daraus die Verteilung der Teilchengrößen erkennen. Die Hauptaufgabe der Strukturmechanik besteht daher in der Erforschung und Deutung der Relaxationsspektren der Stoffe mit Viskosimetern verschiedener Bauart, mit denen man Gleitgeschwindigkeiten über einen Bereich von 4 bis 6 Zehnerpotenzen herstellen und die dabei auftretenden Schubspannungen messen kann.

Strukturtypen →Kristallgittertypen.

Strukturviskosität, nach *Wo. Ostwald* die Abnahme der Viskosität mit wachsender Gleitgeschwindigkeit infolge einer Veränderung der Struktur der Flüssigkeit durch starke Schubkräfte.

Es kann sich dabei um eine Abscherung von Solvathüllen (*E. Hatschek*) oder um eine Mobilisierung von Lösungsmittelschwärmen oder um die Zerstörung einer feinen Wabenstruktur handeln.

Stufenabschwächer, Vorrichtung zur stufenweisen, meßbaren Schwächung der Intensität einer Strahlung für spektralphotometrische Zwecke (→Spektralphotometrie, photographische). Sie besteht aus einer Glas- oder Quarzplatte, welche nebeneinander angeordnete Felder verschiedener optischer Durchlässigkeit trägt. Diese Felder werden z. B. durch Aufdampfen dünner Metallschichten (Pt) verschiedener Dicken hergestellt (Abb.). Man legt den Stufenabschwächer entweder

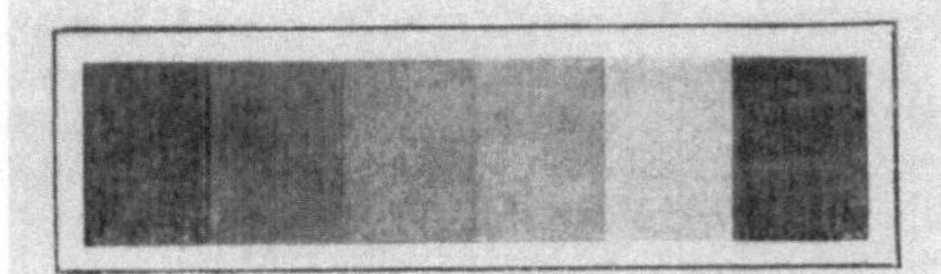

Stufenabschwächer.

direkt auf die Schicht der zu belichtenden photographischen Platte, oder man bringt ihn in den Strahlengang zwischen Lichtquelle und Spektrographenspalt derart ein, daß er verkleinert auf dem Spektrographenspalt abgebildet wird. Dadurch erhält man auf der photographischen Platte eine Reihe übereinanderliegender, mit verschiedenen Intensitäten aufgenommener Spektren, welche als Intensitätsmarken dienen.

Ornstein, Moll u. *Burger:* Objektive Spektralphotometrie. Braunschweig 1932.

Stufenblende, Vorrichtung zur Herstellung von Intensitätsmarken für spektralphotometrische Zwecke (→Spektralphotometrie, photographische). Die Stufenblende nach *Hansen* besteht aus einer Reihe übereinander angeordneter rechteckiger Blenden verschiedener Breite (Abb.). Sie wird

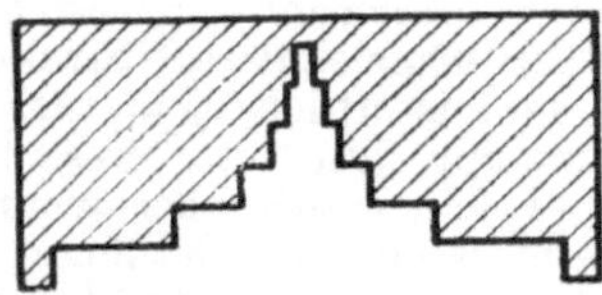

Stufenblende nach *Hansen.*

zwischen die Lichtquelle und den Spalt des Prismenspektrographen gesetzt. Durch Verwendung einer Zylinderlinse werden von der Strahlungsquelle Bilder mit verschiedener relativer Helligkeit übereinander auf den Spektrographenspalt erzeugt. Die Stufenblende nach *Frerichs* ist eine ähnliche, zum speziellen Gebrauch für Konkavgitterspektrographen entwickelte Anordnung.

Ornstein, Moll u. *Burger:* Objektive Spektralphotometrie. Braunschweig 1932.

Stufengitter, Beugungsgitter mit sehr großem →Auflösungsvermögen.   →Interferenzspektralapparat.

Das Transmissionsgitter. Es besteht aus einer größeren Zahl (meist 36) aufeinandergepreßter Platten aus Glas oder Quarz, die alle genau gleiche Dicke d haben und vollkommen planparallel sind. Die Dicke variiert zwischen 5 und 10 mm. Die Platten sind treppenförmig übereinandergelegt (Abb. 1), so daß Stufen der Breite b und der

Höhe d entstehen. b wird gleich 1 mm gewählt. Das Licht eines parallel zu den Stufen (senkrecht zur Zeichenebene) stehenden Spaltes wird durch ein Objektiv parallel gemacht und fällt senkrecht auf die oberste Platte. An den Stufen tritt dann Beugung des Lichtes auf.

Die einfallende Strahlung sei monochromatisch. Die unter einem kleinen Winkel α abgebeugten Lichtbündel haben gegeneinander große Gangunterschiede. Er beträgt für zwei von benachbarten Stufen kommende Bündel (Abb. 2): $\Delta s = nd - \delta$ (n Brechzahl der Platten gegen Luft). Unter Vernachlässigung von kleinen Größen höherer Ordnung ist $\delta = d \cos \alpha - b \sin \alpha$, somit $\Delta s = nd - d \cos \alpha + b \sin \alpha$.

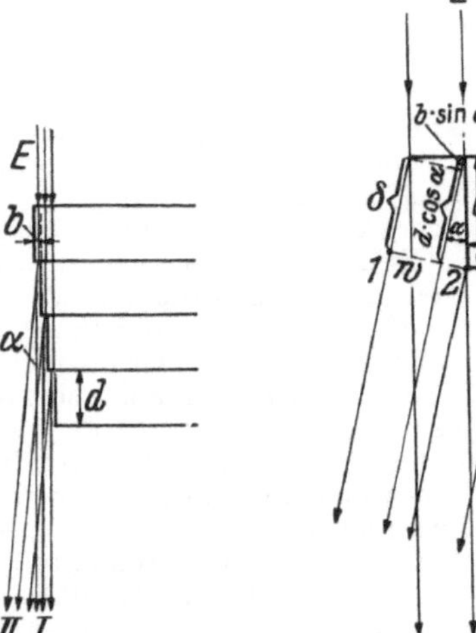

Abb. 1. Prinzip des Stufengitters.
E einfallendes Parallellichtbündel, *d* Plattendicke, *b* Stufenbreite, *I* unabgelenktes Licht (0. Ordnung), *II* abgelenktes Licht.

Abb. 2. Berechnung des Gangunterschiedes zwischen zwei benachbarten, abgelenkten Parallellichtbündeln.
E Einfallsrichtung der Strahlung. Der Gangunterschied zwischen den Punkten *1* und *2* der Wellenfront *w* ist $(n-1)d$.

Für sehr kleine Winkel α, d. h. bei senkrechter Inzidenz, ist $\Delta s \approx (n-1)d$. Maximale Helligkeit für eine bestimmte Wellenlänge λ tritt dann bei allen sehr kleinen Winkeln α auf, für welche gilt: $\Delta s = m\lambda = nd - d \cos \alpha + b \sin \alpha \approx (n-1)d$. In einem auf ∞ eingestellten, dem senkrecht einfallenden Licht entgegengerichteten Fernrohr erblickt man eine Reihe äquidistanter, heller Interferenzstreifen (Kurven gleicher Neigung). Zur photographischen Fixierung ersetzt man das Fernrohr durch eine Kamera mit Objektivlinse und photographischer Platte. Da die Beugungswinkel sehr klein sind, muß das Kameraobjektiv eine sehr große Brennweite (1 bis 2 m) haben.

Das Transmissionsgitter zeigt falsche Linien (Geister) infolge unvermeidlicher Inhomogenitäten des Plattenmaterials.

Reflexionsgitter. Werden die Stufen des Gitters undurchlässig verspiegelt und läßt man die zu untersuchende Strahlung von unten einfallen (Abb. 1), so finden Reflexionen nur in Luft statt, und die einzelnen, reflektierten Teilbündel haben sehr hohe Gangunterschiede gegeneinander. Das Material des Plattensatzes, d. h. seine Brechzahl, hat jetzt keinen Einfluß auf die Interferenzerscheinungen. Derartige Reflexionsgitter haben ein besonders hohes Auflösungsvermögen, weil die Gangunterschiede der Teilbündel wesentlich größer sind als beim Transmissionsgitter.

Das Stufengitter eignet sich besonders zur Messung kleiner Wellenlängenunterschiede, z. B. von Linienfeinstrukturen. Aus den gemessenen Abständen der Interferenzstreifen lassen sich die Wellenlängenunterschiede berechnen.

Das Stufengitter muß während der Messungen vor Temperatur- und Luftdruckänderungen sehr gut geschützt werden (Änderung der Brechzahl!). Man bringt es deshalb oft in einer hermetisch abgeschlossenen Kammer (Druckkammer) unter.
Kohlrausch, F.: Prakt. Physik I. Leipzig u. Berlin 1950. Handb. d. Physik XVIII. Berlin 1929.

Stufenionisation, die Ionisierung eines Atoms oder Moleküls, bei der die Ionisierungsarbeit dem Atom oder Molekül über einen angeregten Zustand in zwei Stufen zugeführt wird. Es können dabei alle zur Anregung und Ionisierung führenden Elementarprozesse, wie Elektronen-, Ionen-, Atomstoß, Strahlungsquantabsorption, in beliebiger Kombination und Reihenfolge mitwirken. In Gasentladungen findet Stufenionisation hauptsächlich bei großer Stromdichte oder bei Anwesenheit von Atomen mit metastabilen Anregungszuständen statt. Bei großer Stromdichte reichern sich die Resonanzniveaus an, da die nach einem Elektronenstoß emittierte Resonanzstrahlung von einem Nachbaratom absorbiert wird und zu dessen Anregung führt (imprisoned radiation, Strahlungsdiffusion). Die Bedeutung der Metastabilen für die Stufenionisation ist in ihrer langen Lebensdauer begründet, die gegenüber der Lebensdauer normal angeregter Atome $\sim 10^{-8}$ s bis zu einige s betragen kann.

Stufenkompensatoren sind vereinfachte handliche →Kompensatoren für Zeigermeßgeräte. Sie enthalten an Stelle der Kurbeldekaden einen einzigen Stufenteiler, der entsprechend den zu prüfenden Teilstrichen des zu untersuchenden Meßgerätes (Strommesser, Spannungsmesser, Leistungsmesser) ausgelegt und beziffert ist. Der Fehler des zu untersuchenden Meßgerätes in Skalenteilen kann unmittelbar an dem eingebauten Galvanometer abgelesen werden. Der Stufenkompensator ist im übrigen ebenso aufgebaut wie die großen Dekadenkompensatoren. Für die Anpassung des Stufenkompensators an die verschiedenen Meßbereiche der Meßgeräte dienen →Stufennormalwiderstände und Stufenspannungsteiler.

Stufennormalwiderstände sind →Präzisionswiderstände für →Stufenkompensatoren. Sie enthalten eine Reihe hintereinandergeschalteter Widerstände für verschiedene Nennstromstärken, die so abgeglichen sind, daß bei Nennstrom an den →Potentialklemmen stets die gleiche, für den Stufenkompensator passende Sollspannung (z. B. 0,5 V) auftritt.

Stufenphotometer →Pulfrich-Photometer.
Stufenregel →Ostwaldsche Stufenregel.

Stunαe, abgek. h, →Zeitmaße.

Sturm-Liouvillesche Differentialgleichung, eine lineare Differentialgleichung 2. Ordnung von der Form $p(x)\,y'' + p'(x)\,y' + [\lambda q(x) - r(x)]\,y = s(x)$. Kennzeichnend für die Sturm-Liouvillesche Gleichung ist, daß der Koeffizient des Gliedes y' gleich der Ableitung des Koeffizienten von y''

ist. Diese Koeffizienten sind Funktionen der unabhängigen Variablen x, die ebenso wie die Funktionen $q(x)$, $r(x)$ und $s(x)$ in einem gewissen Grundintervall stetig sein müssen. Von $q(x)$ wird noch verlangt, daß es in diesem >0 ist. λ ist eine Konstante und heißt der *Parameter* der Differentialgleichung. Die beiden ersten Glieder können in $(p\,y')'$ zusammengefaßt werden. Führt man den linearen Differentialausdruck $L[y] = (p\,y')' - r\,y$ ein, so gelangt man zur üblichen Darstellung der *inhomogenen* Sturm-Liouvilleschen Gleichung: $L[y] + \lambda\,q(x)\,y = s(x)$. Ist $s(x) \equiv 0$, so liegt eine *homogene* Gleichung vor.

Das Sturm-Liouvillesche Problem besteht darin, eine Lösung dieser Gleichung zu finden, die gewissen Randbedingungen genügt. In der theoretischen Physik handelt es sich bei diesen meistens um in der gesuchten Funktion y und ihrer Ableitung y' lineare und homogene Bedingungen. Nennt man die Grenzen des Intervalls, für die die vorkommenden Funktionen definiert sind, a und b, ist also $a \leq x \leq b$, so sind die physikalisch wichtigen Fälle in den allgemeinen Bedingungen $R_1(a, b) = \alpha_1\,y(a) + \alpha_2\,y'(a) + \alpha_3\,y(b) + \alpha_4\,y'(b) = 0$ und $R_2(a, b) = \beta_1\,y(a) + \beta_2\,y'(a) + \beta_3\,y(b) + \beta_4\,y'(b) = 0$ für spezielle Werte der α_i, β_i enthalten. Genannt seien etwa folgende Sonderfälle:

1. Mit $L[y] = y''$, $q(x) = 1$, $s(x) = 0$ ergibt sich die Differentialgleichung $y'' + \lambda\,y = 0$ (Schwingungsgleichung). Legt man das Grundgebiet durch $a = -1$ und $b = +1$ fest, also $-1 \leq x \leq 1$ und lauten die eine Periodizität ausdrückenden Randbedingungen $y(+1) = y(-1)$, $y'(+1) = y'(-1)$, so hat die Differentialgleichung nur Lösungen für die Eigenwerte $\lambda_0 = 0$, $\lambda_{2n-1} = \lambda_{2n} = n^2\pi^2$ ($n = 1, 2, \ldots$). Die Eigenfunktionen sind die trigonometrischen Funktionen $y_{2n-1} = \cos n\pi x$, $y_{2n} = \sin n\pi x$.

2. Mit $p(x) = x$, $r(x) = 0$, also $L[y] = (x\,y')'$, $q(x) = x$, $s(x) = 0$, $a = 0 \leq x \leq +1 = b$ gelangt man zu der *Besselschen Differentialgleichung* $x\,y'' + y' + \lambda\,x\,y = 0$. Verlangt man als Randbedingung etwa $y(0) = $ const, $y(1) = 0$, so wird die Gleichung durch $y_n(x) = J_0\left(x\sqrt{\lambda_n}\right)$ gelöst, wobei die Eigenwerte die Nullstellen der Gleichung $J_0\left(\sqrt{\lambda}\right) = 0$ sind.

3. Mit $L[y] = y'' - (1 + x^2)\,y'$, $q(x) = 1$, gelangt man zu der Differentialgleichung $y'' - (1 + x^2)\,y' + \lambda\,x = 0$, für die sich als Lösung für $\lambda = 2n + 2$ ($n = 0, 1, 2, \ldots$) die im Intervall $-\infty < x < +\infty$ definierten →*Hermite-Funktionen* $y_n(x) = e^{-\frac{x}{2}}\,H_n(x)$ als Lösungen ergeben, die den Randbedingungen $\lim\limits_{x \to \pm\infty} y(x) = 0$ genügen.

Ebenso lassen sich durch weitere geeignete Wahl von $L[x]$, $q(x)$, usw. die Differentialgleichungen der zonalen Kugelfunktionen, der Laguerreschen Funktionen u. a. finden.

Die Lösung des Sturm-Liouville-Problems geschieht mit Hilfe der *Green-Funktion* $G(x, \xi)$, worunter man eine bei festem ξ stetige, der Differentialgleichung $L[G] = [p(x) \cdot G'(x, \xi)]' - r(x)\,G(x, \xi) = 0$ genügende und die Randbedingungen $R_1 = 0$, $R_2 = 0$ erfüllende Funktion versteht, deren Ableitung nach x an der Stelle ξ unstetig vom Betrag $1/p(\xi)$ ist. Die Greensche Funktion muß also noch die Bedingung

$$\left(\frac{\partial G}{\partial x}\right)_{x=\xi-0} - \left(\frac{\partial G}{\partial x}\right)_{x=\xi+0} = \frac{1}{p(\xi)}$$

befriedigen. Die Theorie der Differentialgleichungen zeigt, daß bei Verwendung der Green-Funktion das Sturm-Liouville-Problem der Integralgleichung

$$y(x) - \lambda \int_a^b G(x, \xi)\, q(\xi)\, y(\xi)\, d\xi = - \int_a^b G(x, \xi)\, s(\xi)\, d\xi$$

gleichwertig ist. Sie kann durch Multiplikation mit $\sqrt{q(x)}$ auf die Normalform einer Integralgleichung 2. Art mit symmetrischem Kern $K(x, \xi) = G(x, \xi) \sqrt{q(\xi)\, q(x)}$ für die Funktion $z(x) = y(x) \sqrt{q(x)}$ gebracht werden: $f(x) = z(x) - \lambda \int_a^b K(x, \xi)\, z(\xi)\, d\xi$, wobei die „*Störungsfunktion*" $f(x) = - \sqrt{q(x)} \int_a^b G(x, \xi)\, s(\xi)\, d\xi$ ist.

Courant, R., u. *D. Hilbert:* Methoden d. math. Physik I. Berlin 1931. — *v. Mises, R.*, u. *Ph. Frank:* Differential- u. Integralgleichungen d. Mechanik u. Physik. Braunschweig 1925/27. — *Wiarda, G.:* Integralgleichungen. Leipzig 1943. — *Hoheisel, G.:* Gewöhnl. Differentialgleichungen. Samml. Göschen 920. Berlin 1938. — *Bieberbach, L.:* Differentialgleichungen. Berlin 1930.

Stüve-Diagramm →Adiabatenpapier.

Subelektronen, von *Ehrenhaft* vermutete, aber nicht bestätigte Teilchen mit kleineren Ladungen als die Elementarladung.

Subharmonische Resonanz →Unterschwingungen.

Sublimation, die isotherm-isobare Zustandsänderung (Verdampfung) vom festen *unmittelbar* in den gasförmigen Aggregatzustand. Die Umkehrung des Vorganges wird *Kondensation* genannt. (Die weitverbreitete Gewohnheit, diese Art der Kondensation auch als Sublimation zu bezeichnen, ist nicht zu empfehlen.) Sublimation tritt auf unterhalb der Temperatur des Tripelpunkts; die zusammengehörigen Wertepaare von Sublimations*druck* und *-temperatur* bilden die Sublimationskurve. Bei der Zustandsänderung nimmt der sublimierende Stoff die *Sublimationswärme* auf; für den Zusammenhang der Größen gilt die →Clapeyron-Clausius-Gleichung.

Sublimationskerne. Nach einer auf *A. Wegener* zurückgehenden Hypothese entsteht die Eisphase in der Atmosphäre nicht durch Gefrieren von Tröpfchen (sekundäre Eisteilchenbildung), sondern durch *unmittelbare* Kondensation des Dampfes zu Eis an besonderen Kernen, die für Kondensation flüssigen Wassers nicht geeignet sind (primäre Eisteilchenbildung). Die Annahme ist theoretisch nicht begründet und erscheint daher entbehrlich. Auch sind alle Beobachtungstatsachen durch sekundäre Eisteilchenbildung erklärbar (→Eiskristalle). (Die Bezeichnung als „Sublimations"-kerne beruht auf der nicht empfehlenswerten doppelsinnigen Verwendung des Begriffs →Sublimation.)

Sublimationsadiabate →Feuchtadiabate.

Submikroskopisch nennt man Teilchen, die wegen ihrer Kleinheit im Lichtmikroskop nicht mehr erkennbar gemacht werden können.

Substitutionsgitter, ein Atomgitter einer nicht-stöchiometrischen chemischen Verbindung oder Legierung, in dem die im Vergleich zu einer stöchiometrischen Formel überschüssigen Atome des einen chemischen Elements einzelne Punkte der Gitterkomplexe der anderen Elemente besetzen.

Substitutionsmethoden, 1. *mathematisch* →Integrationsmethoden; 2. *meßtechnisch*, verschiedene Verfahren, bei denen eine unbekannte Größe dadurch ermittelt wird, daß man sie in der Meßanordnung durch ein Normal ersetzt (substituiert) und die Wirkungen beider vergleicht bzw. einander gleich macht.

Substitutionsmethode, elektrische, einfaches Verfahren zur Widerstandsmessung. Der zu messende Widerstand wird in Reihe mit einem zunächst kurzgeschlossenen Stöpselwiderstand, einer Stromquelle und einem Strommesser geschaltet und die Stromstärke gemessen. Dann wird der Widerstand kurzgeschaltet und der Stöpselwiderstand so geregelt, daß wieder der gleiche Strom fließt. Eventuell Verfeinerung durch Interpolation. Mehrfache wechselweise Wiederholung (ungerade Zahl) zur Eliminierung des Einflusses eines etwaigen Spannungsabfalls der Stromquelle ist zu empfehlen.

Substitutionsmethode, photometrische. Bei diesem Verfahren wird eine Seite des Photometerfeldes zunächst zwecks Eichung mit einer →Normallampe, dann mit den zu messenden Lichtquellen beleuchtet, während die andere Seite des Photometerfeldes dauernd mit einer Vergleichslampe konstant aufgehellt wird. Die Lichtstärke der Vergleichslampe kann beliebig, muß jedoch während der Meßzeit konstant sein. Die Vergleichslampe kann fest mit dem Photometeraufsatz verbunden sein. Diese Methode wird namentlich bei tragbaren Photometern angewendet.

Subtraktionsformalismen treten hauptsächlich in der →Löchertheorie auf. Alle in der Quantentheorie der Wellenfelder eingeführten Subtraktionsvorschriften haben das Ziel, alle unendlichen (eigentlich also sinnlosen) Terme von vornherein aus der Theorie zu eliminieren. Dieses Ziel ist aber bisher noch nicht erreicht worden.

Subtraktionsgitter, ein Atomgitter einer nicht-stöchiometrischen chemischen Verbindung oder Legierung, in dem ein Teil der Gitterpunkte der einen Atomart nicht von Atomen besetzt ist, d. h. Leerstellen aufweist.

Subtraktionslage →Interferenzerscheinungen in parallelstrahligem Licht.

Sucherfernrohr →Zielfernrohr.

Suchtonanalyse. Ein Klang kann in seine Spektralkomponenten zerlegt werden, indem man ihn mit einem sinusförmigen Ton von langsam veränderlicher Frequenz (*Suchton*) mischt und die nacheinander auftretenden Summen- oder Differenztöne zwischen dem Suchton und den Teiltönen des Klanges durch ein Filter heraussiebt. Das Verfahren ist nur bei stationären oder quasistationären Klängen anwendbar, weil die Suchgeschwindigkeit die durch die →Salinger-Bedingung gesetzte Grenze nicht überschreiten darf.

Meyer-Eppler, W.: Arch. elektr. Übertragg. **4**, 331 (1950).

sudden ionospheric disturbance (SID) = →Mögel-Dellinger-Effekt.

Sukzessivkontrast →Kontraste, →Nachbilder.

Summationstöne →Kombinationstöne.

Summenkurve →dichtester Wert.

Summenregel für Multipletts →Burger-Dorgelo-Ornsteinsche Summenregel.

Summensatz von Thomas-Reiche-Kuhn →*f*-Summensatz.

Summensatz von Wigner. Sind n, l Haupt- und Bahndrehimpulsquantenzahlen des Leuchtelektrons, so gelten für die →Oszillatorstärken die Wignerschen Summensätze:

$$\sum_{n'} f_{nl}^{n'l-1} = -\frac{1}{3}\,\frac{l(2l-1)}{3l+1}\,;$$

$$\sum_{n'} f_{nl}^{n'l+1} = \frac{1}{3}\,\frac{(l+1)(2l+3)}{2l+1}\,.$$

Addition beider Gleichungen liefert den →f-Summensatz.

Verallgemeinerungen bei *E. Wigner:* Phys. Z. **32**, 450 (1931).

Summer, elektrische Geräte zur Erzeugung von Wechselströmen von Hörfrequenz. Die älteren, mechanisch arbeitenden Formen sind heute fast ganz durch den →Röhrensummer verdrängt.

Sunk →Schwall und Sunk.

Superaerodynamik, ein in den USA geprägtes Wort für die Aerodynamik der hohen Atmosphäre, wo die mittlere freie Weglänge der Moleküle nicht mehr notwendig unendlich klein gegenüber den Körperdimensionen ist.

Hsue-Shen-Tsien: J. aeronaut. Sci., Dec. 1946.

Super-emitron, englische Bezeichnung des →Superikonoskops.

Superheterodynempfänger →Überlagerung.

Superikonoskop, eine Kombination von →Bildwandler und →Braunscher Röhre dergestalt, daß das vom Bildwandler erzeugte Elektronenbild auf einen Mosaikschirm, der z. B. aus feinen isolierenden Rasterkörnern besteht, geworfen wird. Auf diesem Schirm entsteht ein latentes Ladungsbild, hervorgerufen durch die Sekundärelektronenemission der Bildwandler-Elektronenstrahlen. Die Abtastung des Schirmes erfolgt ähnlich wie beim →Ikonoskop.

Brüche, E., u. *R. Recknagel:* Elektronengeräte. Berlin 1941. — *Schröter, F.:* Gedanken über d. Fernsehen. Phys. Bl. **5**, 505 (1949).

Superleak →Helium flüssig und fest.

Supermalloy, Firmenbezeichnung für die Legierung mit der Zusammensetzung 79% Ni, 5% Mo, 15% Fe, $\approx 1\%$ Mn, welche die zur Zeit höchste gemessene Anfangspermeabilität besitzt. Bei dünnen Blechen sind bei geeigneter Wärmebehandlung Werte der Anfangspermeabilität über $\mu_a = 100000$ erreicht worden, für die Maximalpermeabilität über $\mu_{max} = 10^6$; Koerzitivkraft etwa $H_c = 0,003$ Oe.

Boothby, O. L., u. *R. M. Bozorth:* J. appl. Phys. **18**, 173 (1937).

Supernovae. Von den gewöhnlichen →Novae sind zu unterscheiden die Supernovae, schon wegen ihres viel stärkeren (10^4- bis 10^5mal so starken) Energieausbruches (Abb. 1 u. 2). Sie sind auch sehr viel seltener als die gewöhnlichen Novae. Im Milchstraßensystem sind aus historischen Zeiten nur drei Supernovae bekannt: die Nova von 1054

n. Chr., über die wir Kenntnis aus chinesischen und japanischen Annalen haben, dann Tycho de Brahes Nova von 1572 und Keplers Nova von 1604. Die durch die Nova von 1054 bei ihrem explosiven Ausbruch ausgestoßene Materie ist heute noch als „Crab-Nebel" deutlich zu erkennen. Eine größere Zahl von Supernovae (ungefähr 50) kennt man aus außergalaktischen Nebeln, insbesondere Spiralnebeln. Sie sind verhältnismäßig gut zu

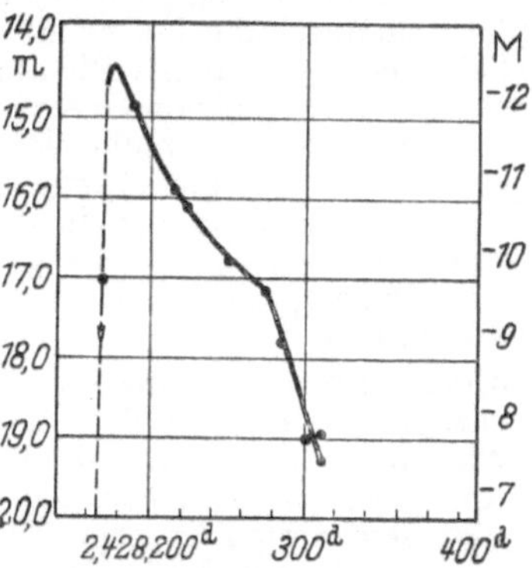
Abb. 2. Lichtkurve der Supernova, die 1936 in dem Spiralnebel NGC 4273 aufleuchtete. Abszissen sind Julianische Tage; Ordinaten scheinbare photographische Helligkeiten (Skala links) bzw. absolute photographische Helligkeiten (Skala rechts). Nach *W. Baade.*

beobachten, weil ihre Helligkeit im Maximum vergleichbar ist der des ganzen übrigen Nebels, in dem sie aufleuchten. Nach *Zwicky* leuchtet etwa alle 600 Jahre eine Supernova in einem Spiralnebel auf. Dabei bevorzugen anscheinend die Supernovae die dünn besiedelten äußeren Zonen der Nebel und meiden den Kern, ein Verhalten, das nach direkten Beobachtungen an aufgelösten Spiralnebeln auch die blauen Sterne großer absoluter Helligkeit zeigen.

Über die Ursache der Supernovaausbrüche weiß man noch nichts Sicheres. Sie dürfte aber jedenfalls eine andere sein als bei den Ausbrüchen der gewöhnlichen Novae. *Unsöld* hält einen genetischen Zusammenhang zwischen den Supernovae und den O- und B-Sternen der Hauptreihe für wahrscheinlich, und es ist nach seiner Ansicht möglich, daß ein Supernovaausbruch mit der tatsächlichen Entstehung eines neuen Sternes durch rasches Zusammenstürzen interstellarer Materie zusammenhängt. Nach *Jordan* handelt es sich bei einem Supernovaausbruch um die spontane Entstehung eines neuen Sternes durch Eingliederung in unseren Kosmos (→Herkunft der Sterne). *Baade* und *Zwicky* vermuten, daß eine Supernova ein Stern ist, der seine normalen Energiequellen verbraucht hat und nun zu einem →Neutronenstern zusammenstürzt. *Weizsäcker* faßt die Supernovae als Bildungsprozeß von Doppelsternen aus den wegen ihrer Jugend rasch rotierenden O- und B-Sternen auf. Die frei werdende Energie soll vorzugsweise thermische Energie des beim Zerreißen bloßgelegten tiefen Inneren der Sterne sein.

Becker, W.: Sterne u Sternsysteme. Dresden u. Leipzig 1950. — *Jordan, P.:* Die Herkunft d. Sterne. Stuttgart 1947. — *Unsöld, A.:* Z. Astrophys. **24**, 278 (1948). — v. *Weizsäcker, C. F.:* Z. Astrophys. **24**, 181 (1947).

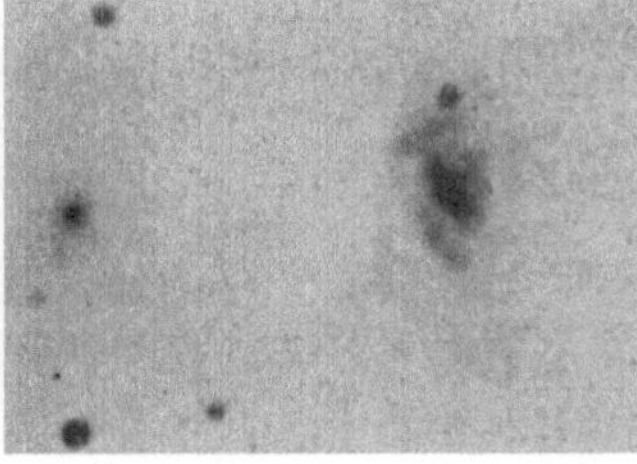
Abb. 1. Supernova in NGC 4273. Links Aufnahme des Nebels vom 10. Mai 1931 (*Mayall*); rechts Aufnahme des Nebels vom 16. Februar 1936 (*van Maanen*). Die letztere zeigt die Supernova oberhalb des Nebelkernes.

Superposition von Schwingungen, Überlagerung von Schwingungsvorgängen, welche gleichzeitig am selben System wirksam sind, ohne sich gegenseitig zu stören. Falls es sich um gerichtete Größen handelt, addieren sich dabei die Ausschläge einfach vektoriell. Die Superposition ist die Grundlage der →Interferenzerscheinungen.

Die ungestörte Superponierbarkeit ist wesentlich an die Linearität der zugrunde liegenden Gleichungen (z. B. der →Wellengleichung) geknüpft. In der *Optik* ist sie durch die Linearität der Maxwellschen Gleichungen garantiert. Die akustischen Gleichungen dagegen sind nur im Grenzfall kleiner Amplituden linear; große Amplituden (Knallwellen) superponieren sich nicht ungestört. Man spricht daher auch von dem Prinzip der Superposition kleiner Schwingungen. Das gleiche gilt allgemein bei Schallempfängern mit nichtlinearer Charakteristik, z. B. dem Ohr.

Superposition, ungestörte, eine Überlagerung zweier gleichzeitiger Ursachen derart, daß ihre vereinigte Wirkung identisch ist mit der Summe der Wirkungen der Einzelursachen. Auf der Voraussetzung der ungestörten Superposition beruht u. a. das übliche Verfahren der →Vektoraddition, z. B. das Parallelogramm der Kräfte (→Unabhängigkeitsprinzip).

Superpositionsprinzip →Unabhängigkeitsprinzip.

Superpositionsprinzip im Hilbert-Raum. Die Vektoren des Hilbert-Raumes haben die physikalische Bedeutung, daß sie die Zustände eines physikalischen Systems charakterisieren. Da mit φ_1 und φ_2 auch $\alpha_1 \varphi_1 + \alpha_2 \varphi_2$ (α_1, α_2 komplexe Zahlen) ein Vektor des Hilbert-Raumes ist, so bedeutet das auch einen Zustand, der durch Überlagerung (Superposition) von φ_1 und φ_2 entstanden ist. Das Grundaxiom des Hilbert-Raumes, daß er ein linearer Vektorraum ist, wird daher unter dem physikalischen Aspekt als Superpositionsprinzip bezeichnet.

Supraflüssigkeit →Helium flüssig und fest.

Supraimpulsvektor, ein Begriff der →Laueschen Theorie der Supraleitung. Dieser Vektor $\mathfrak{G}$ hängt mit der elektrischen Feldstärke $\mathfrak{E}$ wie folgt zusammen: $\mathfrak{E} = \partial \mathfrak{G} / \partial t$. In der linearen Theorie ist $\mathfrak{G} = \lambda \, \mathfrak{J}^{(1)}$ ($\mathfrak{J}^{(1)}$ Stromdichte des →Suprastromes, λ eine Materialkonstante). In nichtkubischen Kristallen ist λ ein Tensor 2. Stufe, so daß $\mathfrak{G}$ und $\mathfrak{J}^{(1)}$ allgemein nicht mehr parallel sind. Im nichtlinearen Falle sind die Komponenten von $\mathfrak{G}$ nichtlineare Funktionen der Komponenten von $\mathfrak{J}^{(1)}$.

Supraleitung. Im Jahre 1911 machte *Kamerlingh Onnes* die Entdeckung, daß der elektrische Widerstand von reinstem Hg bei Abkühlung zwar bis etwa 4,23 °K eine völlig regelmäßige Abnahme mit der Temperatur zeigt, wie man es bei anderen reinen Metallen auch gewohnt war. Bei weiterer Senkung der Temperatur um nur wenige $^1/_{100}°$ nimmt aber der elektrische Widerstand fast unstetig auf einen unmeßbar kleinen Betrag ab. Dieses so gut wie völlige Verschwinden des elektrischen Widerstandes unterhalb einer bestimmten Temperatur, der Sprungtemperatur (Sprungpunkt), bezeichnet man als Supraleitfähigkeit. Später wurden viele weitere Supraleiter entdeckt. Die Tabelle gibt die zur Zeit als supraleitend erkannten Elemente nebst den Sprungtemperaturen in °K:

Metall	Nb	Pb	La	Ta	V
Sprungtemperatur	9,22	7,26	4,71	4,38	4,3

Metall	Hg	Sn	In	Tl	Th
Sprungtemperatur	4,17	3,69	3,37	2,38	1,32

Metall	U	Al	Ga	Re	Zn
Sprungtemperatur	1,25	1,14	1,07	0,95	0,79

Metall	Os	Zr	Cd	Ti	Ru	Hf
Sprungtemperatur	0,71	0,70	0,54	0,53	0,47	0,35

Außer den metallischen Elementen dieser Tabelle werden aber auch Legierungen und Verbindungen zwischen Metallen und völligen Nichtleitern, wie Sulfide, Nitride, Oxyde, Boride usw. (*W. Meissner*), supraleitend. Einfache innere Zusammenhänge der Supraleitung mit anderen Eigenschaften der Leiter sind bisher nicht bekannt. Den höchsten Sprungpunkt besitzt der von *Aschermann*, *Friedrich*, *Justi* und *Kramer* aufgefundene Supraleiter NbN, bei dem der Übergang vom normalleitenden Zustand in den supraleitenden zwischen 15 und 16 °K erfolgt, während der Übergang Supraleitung-Normalleitung erst bei wesentlich höheren Temperaturen bis zu 23 °K geschieht.

1914 machte *Kamerlingh Onnes* die weitere Entdeckung, daß der Eintritt der Supraleitung durch ein äußeres Magnetfeld nach tieferen Temperaturen verschoben werden kann. Bei einer bestimmten Temperatur unterhalb des normalen Sprungpunktes (ohne äußeres Magnetfeld) tritt oberhalb einer bestimmten Feldstärke (magnetischer →Schwellenwert) der normalleitende Zustand wieder auf. Weiter entdeckte derselbe Forscher 1914 die →Dauerströme. Induziert man in einem Supraleiter von Ringform einen Strom, so muß dieser infolge des Energieprinzips immer weiter fließen, da seine Energie nicht durch Ohmsche Reibungswiderstände in Joulesche Wärme umgesetzt wird.

Zwischen Supraleitern existiert nach *W. Meissner* keine Thermokraft, ebenso verschwindet nach *Daunt* und *v. Mendelsohn* der Thomson-Effekt, nach *Kamerlingh Onnes* und *Hof* auch der Hall-Effekt.

Eine grundlegende Entdeckung stellt der →Meissner-Effekt dar, wonach sich der einfach zusammenhängende Supraleiter so verhält, als ob beim Übergang Normalleitung-Supraleitung die magnetische Permeabilität μ verschwindet, und zwar wird der ideale Meissner-Effekt um so vollständiger erreicht, je reiner und einkristalliner die Probe ist. Der Meissner-Effekt bildet die Grundlage der Thermodynamik der Supraleitung, wobei der supra- und normalleitende Zustand als verschiedene Phasen desselben Stoffes betrachtet werden. Unter der Annahme der Umkehrbarkeit des Überganges Normalleitung-Supraleitung im thermodynamischen Sinne läßt sich auf Grund der Hauptsätze der Thermodynamik die experimentell gut bestätigte Formel von *Rutgers* für die Änderung ΔC [erg·g-atom^{-1}·grad^{-1}] der Atomwärme am Sprungpunkt ableiten:

$$\Delta C = - V T \left[\left(\frac{d H_k}{d T} \right)^2 + H_k \left(\frac{d^2 H_k}{d T^2} \right) \right],$$

wo V das Atomvolumen und H_k [Oe] der magnetische Schwellenwert in Abhängigkeit von der Temperatur T ist.

Nach den neueren elektronentheoretischen Ansätzen von *W. Heisenberg* wird der höhere Ordnungszustand im Supraleiter gegenüber dem Normalleiter dadurch hervorgerufen, daß ein Teil der Valenzelektronen infolge der elektrostatischen Wechselwirkung der Elektronen in einer geordneten Phase sitzt. Dieser Supraleitungskristall wird mit steigender Temperatur abgebaut und verschwindet bei der Sprungtemperatur. Danach sollte der supraleitende Zustand eine allgemeine Eigenschaft aller Metalle sein. Die bekannten Supraleiter sind nur durch besonders hohe Sprungtemperaturen ausgezeichnet. Den entgegengesetzten Standpunkt nimmt eine Theorie von *M. Born* ein, wonach die Supraleitung ein Bindungseffekt der Elektronen an das Kristallgitter ist. Sein Auftreten ist daher an die Mehrwertigkeit eines Leiters geknüpft, was auch der derzeitigen Erfahrung entspricht. →Supraleitungselektronen.

Eine phänomenologische Elektrodynamik der Supraleiter wurde von *F. London* und *M. v. Laue* entwickelt. Sie liefert z. B. den Meissner-Effekt, die Theorie des Dauerstromes und das Verhalten der Supraleiter gegenüber hochfrequentem Wechselstrom. →Lauesche Theorie der Supraleitung.

Handb. d. Experimentalphysik XI/2. Leipzig 1935. — *Justi, E.:* Elektr. Leitfähigkeit u. Leitungsmechanismus fester Körper. Göttingen 1948. — *v. Laue, M.:* Theorie d. Supraleitung. Göttingen 1947.

Supraleitungselektronen. Es liegt nahe, die →Supraleitung auf die Existenz besonderer Elektronenzustände zurückzuführen (Supraleitungselektronen). Die Vorstellung eines doppelten Leitungsmechanismus liegt der →Laueschen Theorie der Supraleitung zugrunde. Außer dem normalen Ohmschen Strom, der dem →Ohmschen Gesetz gehorcht, gibt es im Supraleiter einen →Suprastrom, der im stationären Zustande den Ohmschen Strom kurzschließt. Dieser Suprastrom soll von Supraleitungselektronen getragen werden. In der Heisenbergschen Theorie ist die Zahl der Supraleitungselektronen am Sprungpunkt von der Größenordnung der Anzahl der Leitungselektronen, die für das Zustandekommen der spezifischen Wärme des Elektronengases (nach *Sommerfeld*) verantwortlich ist. Bei Temperaturen von 1 °K ist diese Anzahl etwa der 10000. Teil aller Leitungselektronen. Es ist bisher nicht gelungen, eine allgemein anerkannte quantitative Berechnung der Zahl der Supraleitungselektronen in Abhängigkeit von der Temperatur durchzuführen.

Suprastrom, ein Begriff der →Laueschen Theorie der Supraleitung. In dieser Theorie setzt sich die gesamte Stromdichte j in einem Supraleiter additiv zusammen aus der dem →Ohmschen Gesetz gehorchenden Stromdichte $j^{(0)}$ und der Dichte $j^{(1)}$ des Suprastromes: $j = j^{(0)} + j^{(1)}$.

Suprawärmeleitung, die Erscheinung, daß die Wärmeleitfähigkeit des He II, also des flüssigen He unterhalb 2,19 °K, etwa 10^7mal größer ist als die des He I und damit sogar die des metallischen Kupfers etwa um den Faktor 800 übertrifft. →Helium, flüssig und fest.

Keesom, W. H.: Helium. Amsterdam, London, New York 1942. — *Mendelsohn, K.:* Nature, Lond. 160, 385 (1947).

Suspension, ein grob →disperses System, bei dem feste Stoffe in einer Flüssigkeit zerteilt sind, z. B. Sandaufschlämmung in Wasser. Je nach Größe und Gestalt der suspendierten Teilchen und der Viskosität des Dispersionsmittels erfolgt mehr oder weniger rasch Sedimentation. Aus ihrer Geschwindigkeit kann die Teilchengröße bestimmt werden (Schlämmanalyse).

Suspensoide oder *Suspensionskolloide* sind kolloidale Lösungen, in denen der disperse Anteil aus einem festen Stoff besteht, z. B. Goldhydrosol. →Emulsoide.

Suszeptanz = Blindleitwert $|\mathfrak{G}|\sin\varphi$. →Wechselstromwiderstand.

Suszeptibilität, elektrische. Die (relative) elektrische Suszeptibilität ξ ist definiert als das Verhältnis der elektrischen Polarisation oder →Elektrisierung $\mathfrak{P}$ zu dem Produkt aus →Feldkonstante ε_0 und elektrischer →Feldstärke $\mathfrak{E}_{LK}$ im Innern des Dielektrikums (Feldstärke im Längskanal): $\mathfrak{P} = \xi\,\varepsilon_0\,\mathfrak{E}_{LK}$. Sie hängt mit der →Dielektrizitätskonstanten ε durch die Beziehung $\xi = \varepsilon - 1$ zusammen. Das Produkt $\xi\varepsilon_0$ wird — entsprechend der absoluten Dielektrizitätskonstanten $\varepsilon_{abs} = \varepsilon\varepsilon_0$ — gelegentlich als absolute elektrische Suszeptibilität bezeichnet.

Suszeptibilität, magnetische, eines Stoffes ist der Quotient $\chi = J/B_0 = J/(\mu_0 H)$ aus seiner Magnetisierung J und der im Vakuum bei der gleichen Feldstärke H herrschenden Induktion B_0. In magnetostatischen Einheiten entfällt μ_0, so daß $\chi = J/H$. In jedem Fall ist χ eine dimensionslose Materialkonstante; doch ist ihr Betrag in nichtrationaler Schreibweise um den Faktor $1/4\pi$ kleiner als in rationaler. Der Zusammenhang mit der (relativen) →Permeabilität μ lautet im ersten Fall $\chi = \mu - 1$, im zweiten Fall $\chi = (\mu - 1)/4\pi$. Bei diamagnetischen Stoffen ist $\chi < 0$, bei paramagnetischen Stoffen > 0; bei diesen Stoffen ist stets $|\chi| \ll 1$. Bei den ferromagnetischen Stoffen ist χ sehr viel größer und von der Feldstärke und der magnetischen Vorbehandlung abhängig (→Hysteresisschleife). Bei ihnen hat man, wie bei der Permeabilität zwischen Anfangssuszeptibilität, Maximalsuszeptibilität, reversibler, irreversibler und differentieller Suszeptibilität zu unterscheiden.

Sutherland-Formel, beschreibt die Temperaturabhängigkeit der →Gasreibungskonstanten. Sie lautet:

$$\eta = \frac{5}{16\sigma^2}\sqrt{\frac{m\,k\,T}{\pi}}\;\frac{1}{1 + C/T}.$$

Darin ist σ der Stoßdurchmesser der Gasmoleküle, C die *Sutherland-Konstante,* die eng mit dem Anziehungsgesetz zweier Moleküle zusammenhängt. Die Konstante C hat die Dimension einer Temperatur, und ihr empirischer Wert ist im allgemeinen von der Größenordnung der kritischen Temperatur. Die Sutherland-Formel beschreibt die T-Abhängigkeit der Reibungskonstanten einer Reihe von Gasen in einem ziemlich weiten T-Bereich in guter Näherung. Der Formel liegt das →*Sutherland*-Modell zugrunde. Sie läßt sich streng nur für den Grenzfall ableiten, wo die abs. Temperatur T groß gegen die kritische Temperatur ist. Praktisch wird sie aber meist gerade auch bei tieferen Temperaturen benutzt. In diesen Fällen hat sie grundsätzlich nur die Bedeutung einer Interpolationsformel.

Sutherland-Konstante →kinetische Gastheorie, →Sutherland-Formel.

Sutherland-Modell, ein gaskinetisches Molekülmodell. Es betrachtet die Moleküle als starre Kugeln, die sich gegenseitig anziehen. Eine allerdings nur bei höheren Temperaturen streng gerechtfertigte gaskinetische Behandlung dieses Modells führt zur →Sutherland-Formel.

Svedberg, Einheit der Sedimentationskonstante (→Ultrazentrifuge); 1 Svedberg $= 10^{-13}$ s.

Swan-Banden, Triplett-Bandensystem des Moleküls C_2 zwischen 6700 und 4370 Å, Kombination mit dem Molekül-Grundzustand.

Symbole der Kristallflächen, -kanten und Gitterpunkte. *Punktsymbole* bestehen aus den Koordinaten $m = x/a$, $n = y/b$, $p = z/c$ der Punkte, ausgedrückt in den Gitterkonstanten a, b, c als Einheiten (x, y, z werden im gleichen Längenmaß gemessen wie a, b, c). Um die Koordinaten eines Punktes zu erhalten, legt man durch den Punkt die drei Ebenen, welche je zwei Koordinatenachsen parallel sind. Dann sind die Strecken, welche jede dieser Ebenen auf der ihr nichtparallelen Achse abschneidet, die Koordinaten m, n, p oder x, y, z des Punktes. Punktsymbole werden nach *P. Niggli* in doppelten eckigen Klammern $[\![m, n, p]\!]$, meist jedoch in einfachen $[m, n, p]$ geschrieben.

Legt man eine beliebige Kanten- oder Gittergeradenrichtung durch den Ursprung [000], so geht sie durch eine Reihe von Gitterpunkten $[mnp]$, von denen der dem Ursprung nächste durch drei teilerfremde ganze Zahlen $[u, v, w]$ gekennzeichnet ist. Diese Zahlen wählt man nach *W. H. Miller* (1839) zu Indizes der durch [000] und den Punkt $[uvw]$ gehenden Kante; das Symbol der Kante wird ebenfalls in eckige Klammern gesetzt: $[uvw]$.

Zur Bezeichnung von *Kristallflächen* durch eine kurze Zahlenformel haben sich nur die Symbole durchgesetzt, die auf den zuerst von *Chr. S. Weiß* benutzten, von *W. H. Miller* 1839 systematisch begründeten Indizes beruhen. Ihre Bedeutung ist folgende. Schneidet die Einheitsfläche auf den drei zu Koordinatenachsen gewählten Kristallkanten die Strecken a, b, c und eine beliebige andere Fläche die Strecken a', b', c' ab, so verhalten sich die Quotienten a/a', b/b', c/c' nach dem Rationalitätsgesetz (→Grundgesetz der Kristallographie) wie drei ganze, teilerfremde Zahlen h, k, l, die *Millerschen Indizes*. Sie sind den Abschnitten, die sie auf den Koordinatenachsen bilden, umgekehrt proportional. Direkt erhält man sie als Koeffizienten der Netzebenengleichungen $Am + Bn + Cp = D$ eines einfachen Translationsgitters. Die Koordinaten m, n, p aller Punkte, die einer Netzebene angehören, sind ganzzahlig. Löst man ein System von Netzebenengleichungen für drei nicht auf einer Geraden liegende Punkte nach A/D, B/D, C/D auf, so folgt, daß diese Quotienten Brüche mit ganzzahligen Zählern und Nennern sein müssen. Die A, B, C, D können daher durch vier ganze, teilerfremde Zahlen h, k, l, g ersetzt werden, und die Gleichung der Netzebenen geht über in $hm + kn + lp = g$, wobei g die Ordnungszahl aller parallelen, identischen Netzebenen ist und für $g = 0$ die Netzebene durch den Koordinatenursprung geht. Die Netzebene, für die $g = 1$ ist, schneidet die drei Koordinatenachsen in den Entfernungen $m = 1/h$, $n = 1/k$, $p = 1/l$, deren reziproke Größen h, k, l die Millerschen Indizes sind. Sie haben die gleichen Werte für alle identischen Netzebenen und für die dazu parallelen Kristallflächen. Das Symbol einer Fläche wird in runde Klammern gesetzt: (hkl). Die Indizes können positiv oder negativ sein, je nachdem, ob die positive oder negative Richtung der entsprechenden Koordinatenachse von der Kristallfläche geschnitten wird.

Die Reihenfolge der Indizes ist bei allen dreigliedrigen Symbolen die gleiche: der erste Index bezieht sich auf die X-, der zweite auf die Y-, der dritte auf die Z-Achse. Das Minuszeichen negativer Indizes wird über diese geschrieben, z. B. $(hk\bar{l})$.

Als Symbol der *Flächenform* führte *Miller* dasjenige einer ihrer Flächen ein, und zwar einer Fläche mit möglichst wenig negativen Indizes. Das Symbol der Form wird zur Unterscheidung vom Flächensymbol zwischen geschweiften oder, nach *P. Niggli*, zwischen gebrochenen Klammern geschrieben, z. B. $\{hkl\}$ oder $\langle hkl\rangle$. Bei Flächenformsymbolen mit lauter negativen Indizes zieht man mitunter das gemeinsame Minuszeichen vor die Klammer: $\{\bar{h}\bar{k}\bar{l}\} = -\{hkl\}$.

In allen Kristallsystemen einschließlich des rhomboedrischen, aber mit Ausnahme des hexagonalen, unterscheiden sich die Symbole aller Flächen einer Form nur durch die Vorzeichen und die Reihenfolge ihrer gemeinsamen drei Indizes h, k, l. Bei den hexagonalen Kristallen ist es nicht möglich, alle Flächen einer Form durch drei Indexwerte zu charakterisieren; es ist noch ein vierter Wert i erforderlich. Für das übliche hexagonale Achsenkreuz (→Kristallklassen) wird $i = -(h + k)$, und die Symbole der Flächen, die durch Drehung um eine dreizählige Achse $\| Z$ zur Deckung gelangen, sind (hkl), (kil) und (ihl) mit einer zyklischen Vertauschung von h, k, i in den beiden ersten Stellen der Symbole. Dabei ist i der reziproke Wert der Strecke, welche die Fläche (hkl) auf einer Geraden abschneidet, die senkrecht zur Z-Achse steht und mit den beiden anderen Achsen Winkel von 120° einschließt (Abb.).

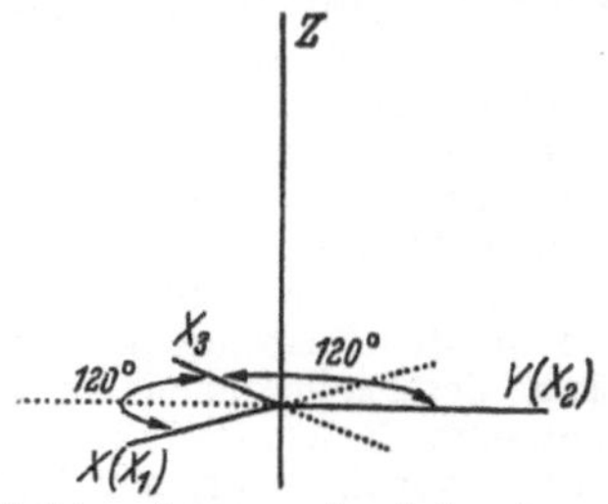

Viergliedriges hexagonales Achsenkreuz.

A. Bravais führte diese Richtung als *vierte* Koordinatenachse und mit ihr i als Index viergliedriger Symbole ein. Die *Bravaisschen Symbole* der drei Flächen (hkl), (kil), (ihl) lauten $(hkil)$, $(kihl)$, $(ihkl)$, und das Bravaissche Formsymbol ist $\{hkil\}$. Die überflüssige vierte Koordinatenachse und der ihr entsprechende 3. Index haben sich in der Kristallmorphologie ausnahmslos eingebürgert; nur in der Gittergeometrie und der Strukturkunde werden sie nicht benutzt. Ähnliche Schwierigkeiten bestehen bei den Kantensymbolen. Eine Kante $[uvw]$ geht durch Drehung um je 120° um die Z-Achse in die Kanten $[\bar{v}\, u - v\, w]$ und $[v - u\, \bar{u}\, w]$ über. Die Indizes der viergliedrigen Kantensymbole $[uvtw]$ der kristallographischen und mineralogischen Literatur beziehen sich auf ein Koordinatensystem X', Y', Z, in dem die X'- und die Y'-Achse senkrecht auf der YZ- bzw. XZ-Ebene stehen; dann gilt $t = -(u + v)$ und die zyklische Vertauschung der Indizes u, v, t in den Symbolen $[uvtw]$, $[vtuw]$, $[tuvw]$ für die drei durch Drehung um 120° zur Deckung gelangenden Kanten.

Über die Änderung der Symbole beim Übergang von einem Koordinatensystem zu einem anderen →Transformation kristallographischer Symbole.

Symbolische Darstellung →komplexe Darstellung von Wechselstromgrößen.

Symmetrie →Symmetriegruppe, →symmetrische Zustände.

Symmetrieachse, der übergeordnete Begriff für alle Symmetrieelemente, die eine Drehung bewirken: die Drehungs-, Drehspiegelungs-, Inversions- und Schraubungsachsen.

Symmetriecharakter. Die Eigenfunktionen eines Energieeigenwertes gehören zu bestimmten irreduziblen Darstellungen der Symmetriegruppe eines physikalischen Systems. Da jede irreduzible Darstellung durch den →Charakter eindeutig bestimmt ist, so kann man den Eigenwert statt durch die Darstellung auch durch ihren Charakter, den Symmetriecharakter, kennzeichnen.

Symmetrieebene. Der Begriff umfaßt Spiegel- und Gleitspiegelebenen.

Symmetrieeigenschaften von Eigenfunktionen. Eigenfunktionen, die bei einer Vertauschung zweier gleichartiger Teilchen eines Systems ihr Vorzeichen nicht ändern, heißen *symmetrisch*; ändern sie ihr Vorzeichen, so heißen sie *antisymmetrisch*. Nach dem →Pauli-Prinzip ist die wellenmechanische Eigenfunktion der Elementarteilchen (Elektron, Proton, Neutron) antisymmetrisch. Daher ist es nicht möglich, zwei solche Teilchen in den gleichen Zustand zu bringen; sie gehorchen der Fermi-Statistik. Ein System, das aus einer ungeraden Anzahl von Elementarteilchen besteht, hat eine antisymmetrische Eigenfunktion; besteht es aus einer geraden Zahl von Elementarteilchen, so ist seine Eigenfunktion symmetrisch; beliebig viele solcher Teilchen können im gleichen Zustand sein (Bose-Statistik). Zweiatomige Moleküle mit gleichen Kernen haben in Rotationszuständen mit ungerader Rotationsquantenzahl eine antisymmetrische Rotationseigenfunktion. Die Eigenfunktion der beiden Kernspins ist antisymmetrisch für die Werte $S = 2i - 1, 2i - 3, \ldots$ (i Kernspin). Die Schwingungseigenfunktion ist symmetrisch; die Elektroneneigenfunktion kann symmetrisch oder antisymmetrisch sein. Die Gesamteigenfunktion ist das Produkt aus den vier genannten Eigenfunktionen. Durch die Symmetrieeigenschaften der Eigenfunktionen ist der Ausfall jeder zweiten Rotationslinie einer Bande bei symmetrischen Molekülen mit dem Kernspin $i = 0$ und der Intensitätswechsel benachbarter Rotationslinien bei $i \neq 0$ bedingt.

Handb. d. Physik XXIV/1. Berlin 1933.

Symmetrieelemente. Läßt sich eine Kristallform oder ein Raumgitter durch Abbildung an einem Raumelement (Ebene, Gerade, Punkt) mit sich selbst zur Deckung bringen, wobei Teile der Kristallform oder des Raumgitters entweder in sich selbst übergehen oder ihre Plätze tauschen, so ist das Raumelement ein *einfaches Symmetrieelement* der Kristallform oder des Raumgitters. Einfache Symmetrieelemente sind: die *Spiegelebene*, 2-, 3-, 4- und 6zählige *Drehungsachsen* und das *Symmetrie-* oder *Inversionszentrum*.

In manchen Fällen läßt sich die Deckung nicht durch ein einfaches Symmetrieelement erreichen, sondern nur mit Hilfe von zwei Symmetrieelementen, wobei jedes für sich keine Deckung bewirkt. Dann verbindet man beide zu *Elementen zusammengesetzter Symmetrie*. Das sind 2-, 4- und 6zählige *Drehspiegelungsachsen* und *Inversionsachsen*.

Die Drehungsachsen werden auch als *Symmetrieelemente erster Art*, alle übrigen Symmetrieelemente als solche *zweiter Art* bezeichnet.

Kristallgitter können außerdem durch eine *einfache Translation* zur Deckung gebracht werden. Ihr wird kein Symmetrieelement zugeordnet, wohl aber ihrer Verbindung mit Drehung oder Spiegelung. Diese Elemente, die *Schraubungsachsen* und die *Gleitspiegelungsebenen*, sind daher Elemente zusammengesetzter Symmetrie.

Symmetriegruppe. Für ein physikalisches System ist die Energie und damit der →Hamilton-Operator H invariant gegenüber bestimmten Transformationen, z. B. bei einem Atom gegenüber Drehungen des ganzen Systems um den Atomkern. Diese H invariant lassenden Transformationen bilden die *Symmetriegruppe* des Systems. Ist T eine Transformation der Symmetriegruppe, so führt sie einen Zustand φ in einen Zustand $T\varphi$ über, der der neuen Lage des Systems entspricht. Es ist dann $HT = TH$ für die Transformationen T der Symmetriegruppe. Auf dieser Vertauschbarkeit beruht die große praktische Bedeutung der Symmetriegruppe. Sie wird ausgenutzt mit Hilfe der →Darstellungstheorie.

Symmetrieoperation (*Deckbewegung, Deckoperation*) ist jede Bewegung, die einen Kristall oder ein unendlich ausgedehntes Raumgitter mit sich selbst zur Deckung bringt, d. h. an alle Orte, an denen sich vor der Bewegung Kristallflächen oder Gitterpunkte befanden, und nur an solche Orte wieder Kristallflächen oder Gitterpunkte gelangen läßt. Einfache Deckbewegungen sind die →Translation, die →Drehung, die →Spiegelung und die →Inversion. Operationen *zusammengesetzter Symmetrie* ergeben sich durch gleichzeitige Ausführung von zwei einfachen Operationen; es sind die →Drehspiegelung, die →Drehinversion, die →Schraubung (Translation und Drehung) und die →Gleitspiegelung (Translation und Spiegelung). Von den beiden Deckoperationen: Spiegelung und Inversion kann nur die eine als einfach angenommen werden. Die andere ergibt sich aus ihr durch Zusammensetzung mit der Drehung. Jeder Symmetrieoperation entspricht ein →*Symmetrieelement*, das während der Operation seinen Ort nicht ändert; es kann eine Ebene, eine Gerade oder ein Punkt sein.

Symmetriezahl, meist s oder σ genannt, eine wichtige, die Symmetrieeigenschaften eines Moleküls charakterisierende Zahl. Sie geht in den Ausdruck für die →chemische Konstante eines Gases ein und hat daher praktische Bedeutung für die Berechnung von chemischen Gleichgewichten.

Symmetriezentrum →Inversion.

Symmetrische Grundfunktionen →elementarsymmetrische Funktionen.

Symmetrische Gruppe $\mathfrak{S}_n$, die Gruppe aller $n!$ Permutationen von n Dingen. Die Permutationen treten in der Quantenmechanik als Operatoren, angewandt auf die Schrödinger-Funktionen (oder im allgemeinen auf die Zustände) auf, wobei sie die Vertauschung von Teilchenkoordinaten bedeuten. Hier liegt dann der Angriffspunkt für die →Darstellungstheorie der Gruppen.

Symmetrischer Kreisel, ein Kreisel mit rotationssymmetrischem Trägheitsellipsoid. Es ist nicht notwendig, daß seine *Gestalt* symmetrisch ist. →Kreisel, →Poinsot-Bewegung, →Präzession des Kreisels.

Symmetrischer Kreisel als Molekülmodell →Rotationsenergie von Molekülen.

Symmetrischer Operator. Ein →Operator A heißt symmetrisch, wenn A dicht definiert und linear ist und wenn $(Af, g) = (f, Ag)$ für jedes f und g aus dem Definitionsbereich $\mathfrak{D}_A$ von A gilt. Diese Forderung ist geringer als die für einen →selbstadjungierten Operator.

Symmetrische Theorie der →Kernkräfte, gibt einen Ansatz für die →Austauschkraft zwischen Nukleonen, nach dem der Austausch der Ladung so erfolgt, daß die Nukleonen im Falle verschiedenartiger Wechselwirkungspartner mit gleicher Wahrscheinlichkeit Protonen oder Neutronen sind. Es ist eine Möglichkeit, die experimentell bestimmte Gleichheit der Kräfte zwischen Nukleonen zu beschreiben (→Neutraltheorie, →Paartheorie). Seien τ_x, τ_y, τ_z die Pauli-Matrizen des →Ladungsspins, so ist die symmetrische Theorie durch den Operator $\vec{\tau}_1 \vec{\tau}_2$, also durch das skalare Produkt der auf die Teilchen 1 und 2 bezogenen Matrizen des Ladungsspins, gegeben. Die Eigenfunktionen des Operators sind

$$\psi_p(1)\,\psi_p(2),\quad \frac{1}{\sqrt{2}}\,(\psi_p(1)\,\psi_n(2) + \psi_n(1)\,\psi_p(2)),$$

und
$$\psi_n(1)\,\psi_n(2)$$

$$\frac{1}{\sqrt{2}}\,\psi\,(1)\,\psi_n(2) - \psi_n(2)\,\psi_p(1)),$$

die Eigenwerte $+1$ für die drei symmetrischen Funktionen und -3 für die antisymmetrische. Im Falle der symmetrischen Theorie ist der Ansatz für die Wechselwirkungsenergie zwischen Nukleonen

$$W = \vec{\tau}_1 \vec{\tau}_2\, U(r).$$

Darin kann $U(r)$ noch vom Spin abhängen. Wenn wir alle vier Typen der →Austauschkraft heranziehen, so erhalten wir mit den Spinmatrizen $\vec{\sigma}$

$$W = \vec{\tau}_1 \vec{\tau}_2 \{V_1(r) + \vec{\sigma}_1 \vec{\sigma}_2\, V_2(r)\},$$

also eine bestimmte Kombination der Kräfte von →*Majorana*, →*Heisenberg*, →*Bartlett* und →*Wigner*, nämlich

$$W = (2H - 1)\{V_1(r) + (2B - 1)\, V_2(r)\}.$$

In der →Mesonentheorie der Kernkräfte werden gelegentlich auch noch richtungsabhängige Ansätze der Spinenergie diskutiert, z. B.

$$W = \vec{\tau}_1 \vec{\tau}_2 \times$$
$$\times \left\{ V_1(r) + \vec{\sigma}_1 \vec{\sigma}_2\, V_2(r) + \left(\vec{\sigma}_1 \frac{r}{r}\right)\left(\vec{\sigma}_2 \frac{r}{r}\right) V_3(r)\right\}.$$

Der letzte Term rührt von der Wechselwirkung zwischen den Dipolen her und heißt →Tensorkraft. Über die Brauchbarkeit dieses Ansatzes der symmetrischen Theorie ist noch nicht endgültig entschieden. Die →Paartheorie und vielleicht sogar die →Neutraltheorie konkurrieren noch. Doch wird die symmetrische Theorie bevorzugt diskutiert.

Rosenfeld, L.: Nuclear Forces. Amsterdam 1948.

Symmetrische Zustände. Ein Zustand ψ heißt symmetrisch, wenn er bei Vertauschung gleicher Teilchen des physikalischen Systems in sich übergeht. Beispiel:

$$\psi(x_1, y_1, z_1;\ x_2, y_2, z_2) = \psi(x_2, y_2, z_2;\ x_1, y_1, z_1),$$

wobei x_1, y_1, z_1 die Koordinaten des ersten Teilchens, x_2, y_2, z_2 die des zweiten Teilchens sind.

Die Zustände eines Systems aus mehreren Teilchen mit ganzzahligem Spin sind immer symmetrisch. Man sagt dann auch, daß die Teilchen der →Bose-Einstein-Statistik genügen, weil in der statistischen Mechanik diese Statistik eine Folge der Symmetrie der Zustände ist.

Sympathisches Pendel →Doppelpendel.

Synärese →Gele.

Synchron heißen zwei Schwingungen oder Rotationen, wenn sie mit gleicher Frequenz bzw. Drehzahl erfolgen.

Synchronisierung →Mitnahmeerscheinungen, →Unterschwingungen.

Synchrotron und *Synchro-* oder *frequenzmoduliertes Zyklotron* sind Beschleuniger, die aus dem →Zyklotron entwickelt wurden.

1. *Das Prinzip (E. M. McMillan, V. Veksler, 1945).* Im Zyklotron hat die Winkelgeschwindigkeit eines Teilchens (abgesehen von fokussierungsbedingten Abweichungen) einen konstanten Wert, während seine Energie $E = mc^2$ zunimmt. Für das Synchrotronprinzip wesentlich ist, daß infolge der relativistischen Massenzunahme die Winkelgeschwindigkeit ω des Teilchens gemäß

$$\omega = \frac{e}{m}\,B = \mu_0\,\frac{e}{m}\,H = \mu_0\,\frac{c^2 e H}{E} \tag{1}$$

gegen die Frequenz des zwischen den Beschleunigungselektroden liegenden elektrischen Feldes bei hohen Energien merklich zurückbleibt. Das Teilchen passiert also den Spalt zwischen den $D's$ nicht mehr jeweils zu den Zeitpunkten, in denen dort der Spannungsscheitelwert herrschte, sondern immer später und später. Seine Energie wächst zwar immer noch, aber schwächer als linear mit der Zeit (Abb. 1). Schließlich kommt es so ver-

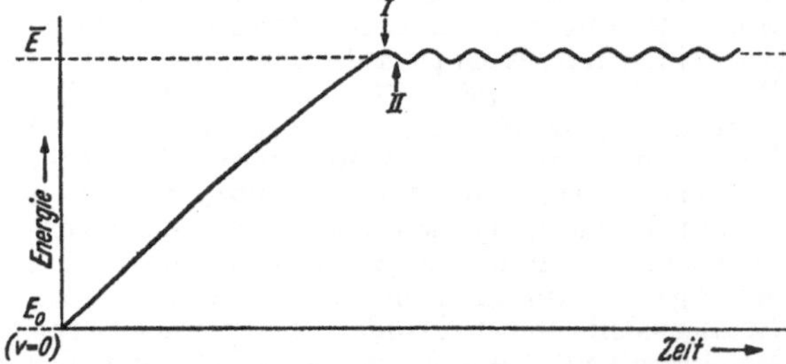

Abb. 1. Energiezunahme eines Teilchens im Zyklotron, Oszillation übertrieben gezeichnet.

spätet in den Spalt, daß dort gerade die Feldstärke gleich Null ist (Punkt I der Abb. 1), bei den folgenden Passagen ist die Feldstärke sogar entgegengesetzt gerichtet: Die Energie des Teilchens nimmt ab. Im Augenblick II liegt an den Elektroden wieder die Scheitelspannung, aber in umgekehrter Richtung; verfolgt man das Teilchen in dieser Weise weiter, so sieht man, daß seine Energie um einen bestimmten Mittelwert

$$\bar{E} = \mu_0\,\frac{c^2 e H}{2\pi f} \tag{2a}$$

oszilliert, dem die Masse

$$m_{\bar{E}} = \frac{\mu_0 e}{2\pi}\,\frac{H}{f} \tag{2b}$$

entspricht (f Frequenz des elektrischen Feldes). Jetzt ist wesentlich, daß der Energiewert $\bar{E}$ gemäß (2a) erhöht werden kann, indem die Frequenz des elektrischen Feldes erniedrigt oder die magnetische Feldstärke erhöht wird. Diese Größen dürfen aber nur adiabatisch, d. h. langsam gegen eine Umlaufszeit geändert werden. Die Teilchen fallen sonst außer Tritt, ähnlich wie ein Synchronmotor nur bei langsamer Änderung der Antriebsfrequenz nicht stehenbleibt. Dem Umlauf auf der „synchronen" Bahn entspricht die Energie $\bar{E}$. Die Oszillation der Energie um $\bar{E}$ (Abb. 1) hat ebenfalls eine gegen ω kleine Frequenz.

Die Variationen $\varDelta H$ und $\varDelta f$ können praktisch nur periodisch erfolgen. Es kann also ein magnetisches Wechselfeld verwandt oder die an die Beschleunigungselektroden gelegte Hochfrequenz niederfrequent moduliert werden. Bei Geräten für besonders hohe Energie werden beide, H und f, variiert. Eine Übersicht über die gegenwärtigen Beschleunigertypen nach dem Synchronprinzip und über ihre Benennung gibt folgende Tabelle:

Synchron-Beschleuniger (nach *MacMillan*).

Gerät	für	H	f	r
Synchrotron	Elektronen	veränd.	konst.	fast konst.
Synchrozyklotron	p, d, α	konst.	veränd.	veränd.
Protonen-Synchrotron (Bevatron, Cosmotron)	p und schwerer	· veränderlich		konst.

2. *Das Synchrozyklotron* oder *FM*-Zyklotron arbeitet mit Frequenzmodulation und wird ausschließlich für Ionen benutzt. Der Massenzuwachs z. B. eines Deuterons von 200 MeV beträgt nur 10% seiner Ruhmasse, es ist daher nach Gl. (1) nur ein kleines $\varDelta f$ oder $\varDelta H$ nötig. Durch einen in den Oszillatorkreis des HF-Generators geschalteten, in der Modulationsfrequenz rotierenden kleinen Drehkondensator ist die erforderliche geringe Frequenzmodulation bequem zu erhalten. Weil nämlich bei schweren Teilchen der Bahnradius annähernd $\sqrt{E_{\mathrm{kin}}}$ ist, muß das Magnetfeld bis zur Mitte reichen, ein $\varDelta H$ würde daher eine kostspielige Lamellierung des großen Elektromagneten erfordern. Die Ionen werden von der Mitte aus beschleunigt, so daß das Gerät einem Zyklotron weitgehend ähnlich ist. Soll ein Ion stetig an Energie zunehmen und mit der angelegten Hochfrequenz niemals außer Phase fallen, dann muß es von der Quelle starten, wenn seine Umlaufsfrequenz in der Mitte des Geräts gerade der HF gleich ist und wenn die Phase der HF beim Durchgang des Teilchens durch den Spalt gerade derart ist, daß die Energiezu(ab)nahme des Teilchens je Umlauf seine Umlaufs-

frequenz genau in dem Maße ab(zu)nehmen läßt, das der zeitlichen Ab(Zu)nahme des HF entspricht. In diesem richtigen Augenblick starten tatsächlich nur wenige Ionen. Daß das Synchrozyklotron trotzdem eine Ausbeute liefert, beruht darauf, daß Ionen in solchen Bahnen, deren Frequenz und Phase nur wenig von denen der richtigen abweicht, stabile Phasen- und Frequenzoszillationen um diese Bahn ausführen. Die Intensität hängt demnach von der Modulationsfrequenz ab und beträgt etwa höchstens ein Hundertstel eines entsprechenden Zyklotrons. Größenordnungsmäßig betragen die Frequenzmodulation 10^3 bis 10^3 Hz, die HF 10^7 Hz, die Scheitelspannung an den $D's$ 10^4 V und die Zahl der Umläufe ist insgesamt 10^4. Das ursprünglich als Zyklotron geplante Gerät in Berkeley mit einem Polschuhdurchmesser von 4,67 m ($H = 15000$ Oersted) wurde als FM-Zyklotron vollendet; es liefert Deuteronen von 200 und α-Teilchen von 400 MeV. Der Auffänger ist im Innern angeordnet.

3. *Das Synchrotron.* Elektronen haben schon bei Energien von wenigen MeV sehr beträchtlich an Masse zugenommen (ihre Ruhenergie ist ja nur 0,512 MeV), und es ist jetzt technisch einfacher, die nach Gl. (2 b) nötige Vergrößerung von B/f allein durch das Magnetfeld zu bewirken. Ein großer Magnet kann hier erspart werden, wenn die Elektronen bereits mit einer erheblichen Geschwindigkeit (schon bei wenigen MeV ist die Geschwindigkeit eines Elektrons nahe an c) auf die synchrone Bahn gebracht werden. Der Bahnradius bleibt dann während der ganzen Beschleunigungsdauer annähernd konstant, da er proportional zur Geschwindigkeit ist. Deshalb genügt ein ringförmiges Magnetfeld, ähnlich wie beim Betatron. Die hierfür nötige Anfangsenergie wird dem Elektron durch Induktionsbeschleunigung erteilt, eine Methode also, die ebenfalls ein magnetisches Wechselfeld benutzt (→Elektronenschleuder). Zur mehrfachen Ausnutzung der Scheitelspannung ist nicht, wie beim Zyklotron, nur ein Paar, sondern sind mehrere Paare von Beschleunigungselektroden angeordnet. Die Wirkungsweise des Synchrotrons deutet Abb. 2 an: Anfangs reine Induktionsbeschleunigung, später Anlegen des HF-Feldes an die Elektroden. Bevor die Elektronen in den Synchronismus „einstimmen", wächst ihre Energie immer noch durch Induktionsbeschleunigung. Von den Elektroden beginnt das Elektron erst beschleunigt zu werden, wenn die Umlaufsfrequenz gleich der HF wird. Wenn die Sättigung eines in die Mitte der Bahn (wie beim Betatron) eingefügten Kerns aus besonderem Material einsetzt, beginnt eine beträchtliche Beschleunigung des Elektrons durch das HF-Feld. Ist die Sättigung beendet, dann bewirkt die nur noch am Ort der Bahn anhaltende Magnetfeldänderung die weitere Beschleunigung nach dem

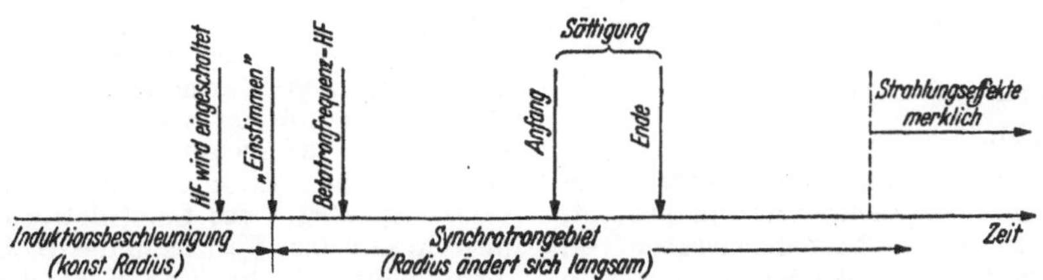

Abb. 2. Zeitliche Aufeinanderfolge der Vorgänge im Synchrotron, schematisch [s. *N. H. Frank*, Phys. Rev. 70, 177 (1946)].

vorhin erläuterten Prinzip, wobei dann später die Strahlungsreaktionen der kreisenden Elektronen ihre Bewegung modifizieren. Aus ähnlichen Gründen wie beim Synchrozyklotron wird nur ein Teil der an die synchrone Bahn gebrachten Elektronen weiter beschleunigt, die Intensität ist daher geringer als beim Betatron. Dagegen ist es im Prinzip möglich, sehr viel höhere Energien zu erreichen, weil größere Strahlungsverluste durch größere *HF*-Amplituden an den Elektroden wettgemacht werden können. Derartige Geräte gibt es zur Zeit bei einem Bahnradius von 1 m bis 300 MeV. — Ein Protonensynchrotron von 50 m Bahndurchmesser für Protonen von 10 000 MeV ist im Bau: Protonen von 4 MeV (die von einem elektrostatischen Generator beschleunigt wurden) werden eingeschossen und ebenfalls durch Induktionsbeschleunigung zunächst auf $^1/_3$ Lichtgeschwindigkeit gebracht, ehe die Synchrotronwirkung einsetzt. Damit werden Energien der kosmischen Strahlung im Laboratorium verfügbar sein.

4. *Einige Anwendungen des Synchrozyklotrons.*

a) Mesonen wurden mit den 380-MeV-α-Teilchen des Berkeley-Synchrozyklotrons an einem Kohlenstoffauffänger hergestellt (1948) und an ihren Spuren in photographischen Platten nachgewiesen. Vorgang: Ein Nukleon des α-Teilchens hat $380/4 = 95$ MeV; infolge der thermischen Bewegung im He-Kern hat es — ebenso wie ein Nukleon des Kohlenstoffes — außerdem noch im Mittel etwa 25 MeV. Die damit im ganzen verfügbare kinetische Energie von $\frac{1}{2}\left(\sqrt{95} + 2\sqrt{25}\right)^2 = 195$ MeV entspricht aber etwa der Ruheenergie eines →Mesons (π- oder σ-Meson) von 313 ± 16 Elektronenmassen.

b) Eine Quelle äußerst energiereicher Neutronen wird aus Deuteronen erhalten, denen in einem Auffänger Gelegenheit geboten ist, ihr Proton „abstreifen" zu können: Wenn ein Deuteron in die Nähe eines Kerns kommt, kann nämlich mit gleicher Wahrscheinlichkeit entweder das Proton oder das Neutron weggefangen werden. Während die frei gemachten Protonen vom Magnetfeld des Synchrozyklotrons abgelenkt werden, treten die Neutronen als ziemlich scharfer Strahl mit 90 MeV Maximalenergie aus; 1 μA Deuteronen erzeugen etwa $2 \cdot 10^{11}$ Neutronen je s. Diese Neutronen können Atomkerne in →Spallationprozessen zertrümmern. Schwere Elemente (vom Bi aufwärts) werden von ihnen gespalten, wobei aber zuvor der Zwischenkern einige Neutronen verdampft. Spallationen sind auch mit geladenen Teilchen, nämlich den vom Gerät gelieferten energiereichen α-Teilchen und Deuteronen selbst, zu erhalten. — Für die in den Kernen wirksamen Austauschkräfte $p - n$ scheint die Streuung der schnellen Neutronen an Wasserstoff aufschlußreich zu sein.

Elder, F. R., u. a.: 70-MeV-Synchrotron. J. appl. Phys. **18**, 810 (1947). — *Sewell, D. C.,* u. a.: Betrieb des 184-inch-Zyklotrons. Phys. Rev. **71**, 449 (1947). — *Bohm, D.,* u. *L. Foldy:* Theorie. Phys. Rev. **70**, 249 (1946); **72**, 649 (1947). — *Livingston Blewett, Green* u. *Haworth:* Entwurf eines 3000 MeV-Protonen-Synchrotrons, Rev. Sci. Instr. **21**, 7—22 (1950).

Synchrozyklotron →Synchrotron.

Syngonie →Kristallklassen.

Synthetische Sprache wird auf elektrischem Wege mittels eines →Sprachgenerators erzeugt, wobei die Steuerung des Sprachgenerators im Rhythmus der hervorzubringenden Sprachlaute manuell (→Voder), typographisch (→Playback-Gerät) oder akustisch (→Vocoder, →Analysis-Synthesis-Telephonie) vorgenommen wird.

Meyer-Eppler, W.: Elektr. Klangerzeugung; elektr. Musik u. synthet. Sprache. Bonn 1949; Die Sprache als Gegenstand physikal. Forschung. Phys. Bl. **5**, 538 (1949).

Systemfremde (systemfreie) Einheiten →Einheitensysteme.

Systemfunktion →Apparatefunktion.

Szilard-Chalmers-Verfahren, ein Isotopen-Trennverfahren, wichtig für die Isolierung von künstlich radioaktiven Atomarten. *Szilard* und *Chalmers* bestrahlten eine organische Verbindung eines Elementes (Jod als Äthyljodid) und konnten durch Ausschütteln mit einem wäßrigen Reduktionsmittel das radioaktive Jod von der organischen Verbindung abtrennen. Der bei der Kernreaktion auftretende γ-Rückstoß hat das Jod aus seiner Molekülverbindung gerissen. Die γ-Rückstoßenergie ε folgt aus dem Impulssatz zu $\varepsilon = (h\nu)^2/(2\,m\,c^2)$ und liegt bei einem mittelschweren Kern und einer γ-Energie von 4 bis 5 MeV in der Größenordnung von 100 eV. — Die Methode war wichtig zur Aufklärung der →Kernisomerie. Hier ließ sich zeigen, daß das isomere Atom durch die Zustandsänderung, die bei der Emission eines K-Elektrons (innere Umwandlung) auftritt, aus dem Molekülverband befreit wird.

Szintillation, von scintilla (lat.) = Funke, heißt die funkelnde Lichterscheinung, die beim Auftreffen einzelner α-Teilchen auf besonders geeignete Substanzen (→Leuchtstoffe) auftritt. Durch die Szintillation ist die Zählung einzelner α-Teilchen möglich, weshalb die Erscheinung vor der Einführung des Zählrohrs bei radioaktiven Prozessen eine wichtige Beobachtungsmethode war. Die berühmten Versuche Rutherfords über die Reichweite und Streuung von α-Teilchen in Materie wurden mit ihr gemacht. Die sehr eindrucksvolle Erscheinung der Szintillation ist leicht zu beobachten. Wichtig ist nur, daß das Auge sich längere Zeit der Dunkelheit angepaßt hat. Am einfachsten betrachtet man nachts das mit radioaktivem Präparat versehene Leuchtzifferblatt einer Uhr mit der Lupe.

Die α-Teilchen dringen nur sehr wenig in den Leuchtstoff ein, erregen aber immerhin je $\sim 10^6$ Atome auf ihrer Bahn im Leuchtstoff. Kanalstrahlen zeigen die Erscheinung der Szintillation nicht, da ihre Energie nicht ausreicht, um sichtbare Lichtblitze zu erzeugen. Sie rufen nur ein homogenes Leuchten hervor, wie Kathodenstrahlen oder ultraviolettes Licht.

Das Leuchten einer einzelnen Szintillation klingt wegen der hohen eingestrahlten Energiedichte in sehr kurzer Zeit ab, ähnlich wie ein Leuchtstoff bei hoher Temperatur sehr kurzes Nachleuchten zeigt.

Für Szintillationen eignen sich verschiedene Leuchtstoffe, weitaus am besten aber Zinksulfid, das mit Kupfer aktiviert ist. Abgesehen vom guten Wirkungsgrad dieses Leuchtstoffes, fällt dessen grüne Emissionsbande nahezu mit dem Empfindlichkeitsmaximum des Auges für kleine Beleuchtungsstärken zusammen. Erdalkalisulfide und organische Leuchtstoffe zeigen bei Bestrahlung mit α-Teilchen keine Szintillationen.

Das Spektrum des Szintillationslichtes stimmt überein mit dem Spektrum des Lichtes, das durch ultraviolettes Licht oder Kathodenstrahlen hervorgerufen wird. Bestrahlt man einen Leuchtstoff intensiv mit α-Teilchen, so überlagert sich den Szintillationen ein gleichmäßiges Leuchten, das auch ein Nachleuchten zeigt. Intensive α-Strahlung vermindert allmählich die Leuchtfähigkeit des ZnSCu-Leuchtstoffes. Früher wurde nach *Rutherford* angenommen, daß ein Leuchtzentrum zerstört wird, wenn es durch ein α-Teilchen zur Lichtemission kommt. Neuere Untersuchungen haben aber bewiesen, daß ein Leuchtzentrum etwa 1000- bis 2000mal Licht aussenden kann, bevor es zerstört wird.

Szintillation der Sterne, das *Funkeln* der Sterne und entfernter irdischer Lichtquellen, entsteht durch die mit der turbulenten Luftströmung bewegten Luftschlieren, Gebiete, deren Brechzahl durch kleine Temperatur- und Dichteunterschiede von der der Umgebung abweicht. Die Durchmesser der wirksamen Schlieren betragen etwa 10 cm. Die lokalen Brechzahlschwankungen bewirken ständige Richtungsschwankungen um $0{,}''5$ bis $5''$ und eine Intensitätsmodulation von Lichtstrahlen, welche die Atmosphäre durchsetzen. Die auftretenden Frequenzen liegen zwischen 0,5 und 50 Hz, die größten Amplituden finden sich bei 5 bis 10 Hz. Die stärksten Szintillationen treten bei Hochdruckwetter in den Mittagsstunden auf, die kleinsten in der Zeit um Sonnenaufgang und Sonnenuntergang, ein sekundäres Maximum 2 bis 3 Stunden nach Sonnenuntergang. Farbige Szintillation, die man bei Sternen in Zenitdistanzen über 60° beobachtet, entsteht dadurch, daß infolge der Dispersion in der Luft die Bahn der kurzwelligen Strahlen in der Atmosphäre von der Bahn der langwelligen um mehr als einen Schlierendurchmesser abweicht.

Die Szintillation der Planeten erscheint dem unbewaffneten Auge wesentlich geringer als die der Fixsterne, da die Durchmesser der Planetenscheibchen größer sind als die Szintillations-

amplituden. Sie zeigen aber, ebenso wie Sonne und Mond, wellenförmige Deformationen ihrer Umrisse und bei Benutzung eines stärkeren Okulars wechselnde Unschärfe des Bildes.

Fliegende Schatten, die bei totalen Sonnenfinsternissen kurz vor oder nach der Totalität sichtbar sind und die auch im extrafokalen Sternbild in größeren Fernrohren auftreten, sind die Projektionen der bewegten Luftschlieren. Die Szintillation begrenzt das Auflösungsvermögen bei der Beobachtung von Himmelskörpern und entfernten irdischen Objekten, so daß keine feineren Einzelheiten als etwa $0{,}''5$ bis $1''$ wahrgenommen werden können.

Handb. d. Experimentalphysik XXV/1. Leipzig 1928. — *Perntner, J. M.*, u. *F. Exner:* Meteorol. Optik. Wien 1922.

Szintillationszähler →Kristallzähler, → Spinthariskop.

Szyskowski-Formel. Die Erniedrigung der Oberflächenspannung →kapillaraktiver Lösungen in Abhängigkeit von der Konzentration (c) wird sehr gut durch folgende empirische Beziehung wiedergegeben:

$$\sigma_0 - \sigma_L = a \log_{10}(1 + bc),$$

σ_0 Oberflächenspannung des reinen Lösungsmittels, σ_L die der Lösung, a und b individuelle Konstanten, von denen letztere sich beträchtlich von Substanz zu Substanz ändert und die daher als „spezifische Kapillaraktivität" bezeichnet wird (→Traubesche Regel). Durch Kombination dieser Gleichung mit dem →Gibbsschen Satz erhält man einen Ausdruck für die an Flüssigkeitsoberflächen adsorbierten Substanzmengen, welcher durchaus der Langmuirschen →Adsorptionsisotherme entspricht.

Eucken, A.: Lehrb. d. Chem. Physik. Leipzig 1944.

σ-Meson →Meson.

T

t, Symbol für die Masseneinheit →Tonne.

T-, Symbol für die →Vorsatzsilbe Tera-.

Tachometer →Drehzahlmesser.

Tachymetrie, ein geodätisches Verfahren für schnelle Entfernungsmessungen. →anallaktischer Punkt, →anallaktisches Fernrohr (beide im *Nachtrag*).

Tafelkalorie, Internationale, abgek. cal$_{IT}$, →Kalorie.

Tafelsche Gleichung, bezieht sich auf die →Polarisation eines elektrochemischen Zweiphasensystems, einer →Elektrode. Sie geht aus der allgemeinen Gleichung für die Strom-Spannungs-Kurve der →*Aktivierungspolarisation*

$$i = |i_{GI}|\left[\exp\!\left(\frac{z\beta F\,\Delta g}{RT}\right) - \exp\left(-\frac{z\gamma F\,\Delta g}{RT}\right)\right]$$

hervor, wenn man nur eine der beiden e-Funktionen berücksichtigt, d. h. *einen der Teilströme vernachlässigt*. Die Berechtigung für eine solche Vernachlässigung ist für Werte von $|\Delta g| \geqq |50|$ mV gegeben. Man erhält dann z. B. bei *kathodischer* Belastung:

$$i = |i_{GI}|\exp(-z\gamma F\,\Delta g/RT);$$
$$\ln|i| = \ln|i_{GI}| - \Delta g\, z\gamma F/RT.$$

In der Literatur wird oft die gleichwertige Form $\Delta g = a - b \log|i|$ angegeben. Wenn die bei der Ableitung der Formeln für die Aktivierungspolarisation gemachten Voraussetzungen erfüllt sind, muß sich also beim Auftragen der Polarisation als Funktion von $\log|i|$ eine Gerade ergeben, deren Neigung durch den Faktor $b = 0{,}058/(z\gamma)$ gegeben ist. Bei einwertigen potentialbestimmenden Ionen und mit $\gamma = \frac{1}{2}$ ist $b = 0{,}116$.

Tafel, J.: Z. physik. Chem. 50, 641 (1905).

Tag, abgek. d, →Zeitmaße, →Tageslänge.

Tagesgang der kosmischen Strahlung. Die kosmische Strahlung zeigt einen Tagesgang der harten Komponente mit einer Amplitude von 2 bis $3^0/_{00}$ und einem Maximum um 12 Uhr Ortszeit, Minimum um 22 bis 24 Uhr Ortszeit. Diese periodische Schwankung rührt sekundär von Sonneneinflüssen auf die Atmosphäre her.

Literatur →kosmische Strahlung.

Tageslänge. Die Rotationsperiode der Erde ist nicht konstant. Physikalische Ursache einer Bremsung ist die Reibung der Meeresgezeiten in flachen Meeren (Irische See, Beringmeer usw.), wodurch nach *Jeffreys* insgesamt durchschnittlich 10^{12} W von der kinetischen Energie der rotierenden Erde (jetzt $2{,}16 \cdot 10^{29}$ Ws) verbraucht werden. Dadurch wird die Rotation verlangsamt, der Tag verlängert. Vor 1600 Millionen Jahren war nach *Jeffreys* die Rotationsdauer etwa 20 Stunden; um 1900 war ein Tag, infolge der Flutreibung, rund 0,001 s länger als um 1800. Eine Uhr, die Anfang 1900 genau auf mittlere Sonnenzeit einreguliert worden wäre und ihren Gang (nach Inertialzeit) beibehielte, würde immer mehr gegen die (jeweils astronomisch beobachtete) mittlere Sonnenzeit t vorgehen. Die Astronomen drücken dies als Korrektion Δt aus, die der beobachteten mittleren Sonnenzeit t nach T Jahrhunderten (gerechnet von Anfang 1900 an) hinzuzufügen ist, um sie in Newtonsche oder Inertialzeit überzuführen. *H. S. Jones* findet (in Zeitsekunden) $\Delta t = +24{,}35 + 72{,}32\,T + 29{,}95\,T^2 + B$. Der unregelmäßige Anteil B ist seit etwa 1700 aus astronomischen Beobachtungen (namentlich Sternbedeckungen durch den Mond) genauer anzugeben; B war 1785 $+27$ s, 1864 0 s, 1898 -29 s, 1921 -19 s, 1936 -30 s.

Unregelmäßige Veränderungen der Erdrotation können durch Veränderungen des axialen Trägheitsmomentes der Erde entstehen, z. B. durch Verlagerungen der Luft oder des Wassers. Damit kann man Änderungen der Tageslänge der Größenordnung 0,001 s erklären. Wenn die gesamte jetzige Eisdecke von Grönland schmelzen und das Wasser sich in den Ozeanen verteilen würde, nähme die Tageslänge um 0,05 s zu.

Mit Hilfe von Quarzuhren (neuerdings Atomuhren) hofft man die Schwankungen der Erdrotation genauer verfolgen zu können.

Jeffreys, H.: The Earth. Cambridge 1929. — *Jones, H. S.:* Month. Not. R. astron. Soc., Lond. **99**, 541 (1939). — *Larink, J.:* in Landolt-Börnstein, Band III, Astronomie u. Geophysik, Berlin (6. Aufl. in Vorbereitung). — *Scheibe, A.,* u. *U. Adelsberger:* Z. Phys. **127**, 416 (1950); **129**, 233 (1951).

Tageslichtlampe →Moore-Licht.

Tagessehen, die durch Leuchtdichten $> 0{,}25$ asb erzeugten Lichtempfindungen, die sich von denen des →Dämmerungssehens durch ihre Farbigkeit, eine andere Verteilung der relativen Helligkeiten (*Tageswerte*, mit Maximum bei 5550 Å; Abb. →Hellempfindlichkeit) und einen spezifischen Verlauf der Leuchtdichte-Abhängigkeiten (→ Sehschärfe, →Flimmerfrequenz, →Unterschiedsschwelle) auszeichnen (→ Duplizitätstheorie). →Hellempfindlichkeit, relative spektrale.

v. Studnitz, G.: Physiologie des Sehens — Retinale Sehprozesse. Le pz g 1951.

Tageswertkurve →Hellempfindlichkeit, relative spektrale.

Tageszählung, bürgerliche, julianische, in Sternzeit →Zeitmaße.

Tageszeitliche Veränderungen der Ionosphäre sind verursacht durch die Intensitätsänderung der ionisierenden Strahlung mit dem Sonnenstand. Der Momentanwert der Ladungsträgerdichte, der sich jeweils einstellt, ist bedingt durch 1. die Elektronenproduktion (→Ionisierung in der Ionosphäre), 2. das Verschwinden der Elektronen durch →Rekombination und →Anlagerung, 3. sekundäre Effekte, z. B. thermische Expansion, welche die Gasdichte verändern. Vorgänge in den einzelnen Schichten →E-Schicht, →F-Schicht.

Taifun →Zyklone, tropische.

Talbotsches Gesetz: Bei einem →rotierenden Sektor oder einem →Farbkreisel u. dgl. ist die bei genügend schnellem Reizwechsel resultierende stetige Lichtempfindung (→Reizwerte) die gleiche,

wie sie entstehen würde, wenn das in das Auge gelangende intermittierende Licht gleichmäßig über die ganze Dauer einer Umdrehung verteilt wäre. Demnach kommt es bei einem rotierenden Sektor nur auf das Verhältnis der Öffnung zum bedeckten Rest an; die Öffnung kann beliebig unterteilt sein. Ebenso kommt es beim Farbkreis nur auf das Verhältnis der einzelnen Farbsektorflächen an.

Talbot-Streifen, dunkle Streifen, welche im →Spektrum auftreten, wenn man bei visueller Beobachtung vor die Hälfte der Augenpupille von der violetten Seite her ein dünnes Glasplättchen schiebt (*Talbot* 1837). Sie erklären sich durch den →Gangunterschied zwischen den Strahlen, welche durch die beiden Pupillenhälften gehen (das eingeschobene Plättchen verlängert den →optischen Weg). Diejenigen Wellen, für welche der Gangunterschied ein halbzahliges Vielfaches der Wellenlänge ist, werden durch →Interferenz ausgelöscht; an ihrer Stelle erscheint im Spektrum eine dunkle Linie. Schiebt man das Plättchen von der roten Seite ein, dann treten keine Talbot-Streifen auf, da die Wirkungen benachbarter Wellenlängen sich gegenseitig verwischen.

Handb. d. Experimentalphysik XVIII. Leipzig 1928.

Talwind →thermische Winde.

Tamper (*Reflektor*), Hülle um ein spaltbares Material, die einmal als →Moderator dient, dann aber auch den Zweck hat, die Ausdehnung des Materials um ein Geringes zu verzögern, damit die für eine explosive →Kettenreaktion nötige Größe und Dichte der Substanz möglichst lange erhalten bleibt. Dabei wirkt lediglich die Trägheit dieses Mantels gegenüber der durch die Ausdehnung einsetzenden Beschleunigung zusammenhaltend auf das energieliefernde Material. Die auftretenden Temperaturen und Drucke sind so ungeheuer, daß ihnen gegenüber die Festigkeit jeglichen Materials zu vernachlässigen ist.

Tangentenbussole →Bussolen.

Tangentenvektor →begleitendes Dreibein.

Tangential →meridional.

Tangentialbeschleunigung →Beschleunigung.

Tangentialebene →Flächennormale.

Tapetum →Augenleuchten.

Target, auch *Auffänger*, derjenige Teil eines Zyklotrons, Kaskadengenerators, Bandgenerators, Rheotrons oder Synchrotrons, auf den der Ionenstrahl auffällt, um dort Kernprozesse auszulösen. Das Material eines solchen Auffängers muß gut gekühlt werden, da er die gesamte kinetische Energie der auf viele MeV beschleunigten Teilchen aufnehmen muß. In den modernen Beschleunigungsanlagen werden Ionenströme bis über 1 mA erzielt. Die Auffängersubstanz ist durch den gewünschten Kernprozeß gegeben. Für Neutronenerzeugung mit Deuteronen wird z. B. schweres Eis, Lithiummetall oder Beryllium verwendet.

Tatsachenwahrheit →Wahrheit.

Tau →Hydrometeore.

Tauchbahnen, Ausdruck aus der älteren (Bohrschen) Quantentheorie des Atoms, bezeichnet diejenigen „Bahnen der Elektronen", die eine sehr große Exzentrizität haben und daher teilweise dem Kern sehr nahe kommen. Für die fast kreisförmigen Bahnen des Leuchtelektrons, die zu größeren Quantenzahlen l gehören, wird die Kernladung durch die restlichen, in tieferen Schalen sitzenden Elektronen bis auf eine Elementarladung abgeschirmt. Die Tauchbahnen aber tauchen in diese Abschirmungshülle ein, sind also fester gebunden, als es dem Coulomb-Feld der einen Elementarladung entspräche. Nach der Wellenmechanik entspricht dieser Tatsache die stärkere Ausdehnung der Elektroneneigenfunktionen mit kleinerem l in Kernnähe, was ebenfalls die Eigenfunktion in die Hülle der abschirmenden Elektronen eindringen läßt und eine stärkere Bindung des Elektrons bedingt.

Tauchfaktor, wenig gebräuchliche Bezeichnung für das Verhältnis des eingetauchten Volumenteils zum Gesamtvolumen eines schwimmenden Körpers.

Tauchspul-Seismograph, verwendet die elektrischen Ströme, die bei der Bewegung einer Spule (die mit der beweglichen Masse des Seismographen verbunden ist) relativ zu einem starken Magnetfeld induziert werden. Diese von *Galitzin* eingeführte *galvanometrische Methode* hat sich, in verschiedenen Konstruktionen, sowohl im Observatorium wie bei den Feldmessungen der angewandten Geophysik bewährt.

Taupunkt, die Temperatur, bei der bei fortschreitender Abkühlung eines Gasgemisches die erste Flüssigkeitsabscheidung erfolgt, besonders bei feuchter Luft die Abscheidung von Wasser oder Eis (Reif). Dabei ist vorausgesetzt, daß keine Übersättigungserscheinung eintritt. Seine Bestimmung dient vornehmlich zur Messung des Feuchtigkeitsgehaltes der Luft (→Hygrometrie).

Täuschungen, optische, neben →Farbtäuschungen und →Scheinbewegungen speziell geometrisch-optische Täuschungen, die auf Grund gegenseitiger, zum Teil kontrastartiger Beeinflussung verschiedener Bildteile Täuschungen über Streckenlängen oder Flächen- und Winkelgrößen verursachen. Die Abschwächung der Täuschungen durch visuelle Isolierung (Herauslösung) der Bildeinzelheiten erweist ihre vorwiegend psychologische Grundlage.

Tausendstelmasseneinheit, Zeichen TME, $^1/_{1000}$ der kernphysikalischen →Masseneinheit; dient in der Kernphysik auch als Energiemaß zur energetischen Angabe von →Massendefekten. Die TME entspricht dem Energieäquivalent der Masse eines hypothetischen Atoms vom physikalischen →Atomgewicht $(M)_{Ph. sk.} = 10^{-3}$. Nach dem →Äquivalenzprinzip entspricht einer ruhenden Masse m_0 eine Energie $m_0 c_0^2$. In die Relation der TME zum J_{abs} geht also der Wert der →Vakuumlichtgeschwindigkeit c_0 ein: $1\,\mathrm{TME} \frown 1{,}4917 \cdot 10^{-13}$ J_{abs} (→ Tabelle 3, Anhang III).

Tautochrone, die Kurve, längs derer ein Massenpunkt mit der Anfangsgeschwindigkeit $v = 0$ unter der Wirkung einer Kraft stets in der gleichen Zeit in ihrem tiefsten Punkt anlangt, gleichgültig von welchem Kurvenpunkt er startet. Im Schwerefeld ist die →Zykloide die einzige Kurve dieser Art.

Tautomerie, ein Spezialfall der →Isomerie. Stellt sich zwischen isomeren Formen in Lösung oder in der Schmelze das Gleichgewicht sehr rasch ein, so wird bei einer chemischen Umsetzung der einen Form diese aus der zweiten nachgeliefert, so daß die gesamte Stoffmenge in der ersten Form reagiert, selbst wenn sie im Gleichgewicht mit der zweiten nur in sehr geringer Konzentration vorliegt. Ist die Umwandlungsgeschwindigkeit so groß, daß sich aus einem solchen Gleichgewicht immer nur die eine Form durch Auskristallisieren oder Erstarren isolieren läßt, so spricht man von tautome-

ren Formen und von tautomerem Gleichgewicht. Ein Beispiel ist die bekannte Keto-Enoltautomerie des Acetons:

$$\underset{\text{Ketoform}}{H_3C-\overset{\displaystyle\|}{\underset{\displaystyle O}{C}}-CH_3} \quad \longleftrightarrow \quad \underset{\text{Enolform}}{H_3C-\overset{\displaystyle\mid}{\underset{\displaystyle OH}{C}}=CH_2}$$

Tautozonal, der gleichen Zone angehörig, sind Kristallflächen oder Netzebenen, die sich in zueinander parallelen Kristallkanten oder Gittergeraden oder in einer gemeinsamen Gittergeraden schneiden.

Taylor-Reihe. Ist $y = f(x)$ eine in dem Intervall $x_1 \leqq x \leqq x_2$ mindestens $(n + 1)$-mal differenzierbare Funktion, so gilt, wenn $x = x_0$ und $x = x_0 + h$ zwei innerhalb $[x_1\,x_2]$ liegende Punkte sind, für $f(x)$ die als Taylorsche Reihe bezeichnete Potenzreihenentwicklung

$$f(x_0 + h) = f(x_0) + \frac{f'(x_0)}{1!}\,h +$$
$$+ \frac{f''(x_0)}{2!}\,h^2 + \cdots + \frac{f^n(x_0)}{n!}\,h^n + R_{n+1}.$$

Das „*Restglied*" R_{n+1} hat dabei die Form

$$R_{n+1} = \frac{h^{n+1}}{(n+1)!}\,f^{(n+1)}(x_0 + \vartheta h),$$

wobei $\vartheta = \vartheta(x_0, n, h)$ eine zwischen 0 und 1 liegende Zahl ist: $0 < \vartheta < 1$. Während alle $f^{(\nu)}(x)$ $(\nu = 0, 1, \ldots, n)$ an der Stelle $x = x_0$ (Entwicklung um $x = x_0$) zu nehmen sind, ist das Argument der im Restglied R_{n+1} auftretenden $(n + 1)$-ten Ableitung eine zwischen x_0 und $x_0 + h$ liegende Stelle $x_0 + \vartheta h$. Sie hängt von der Entwicklungsstelle x_0, von h und dem Grad n der Entwicklung ab. R_{n+1} strebt, wenn $f(x)$ Ableitungen beliebig hoher Ordnung besitzt, bei festem x_0 und h mit wachsendem n gegen Null. Die sich dann ergebende unendliche Reihe ist konvergent und hat $f(x_0 + h)$ zur Summe.

Oft benutzt man die Taylor-Reihe in einer anderen Form, die sich aus der obigen Formel durch die Transformation $x_0 + h = x$ und $x_0 = a$ ergibt. Dann wird

$$f(x) = f(a) + \frac{f'(a)}{1!}\,(x - a) + \frac{f''(a)}{2!}\,(x - a)^2 +$$
$$\cdots + \frac{f^{(n)}(a)}{n!}\,(x - a)^n + R_{n+1},$$

wobei das Restglied

$$R_{n+1} = \frac{f^{n+1}(\xi)}{(n+1)!}\,(x - a)^{n+1}$$

mit $\xi = a + \vartheta(x - a)$ und $0 < \vartheta < 1$ ist. Man nennt diese Darstellung auch die Entwicklung von $f(x)$ um die Stelle $x = a$. Setzt man insbesondere $a = 0$, so erhält man die als Maclaurin-Reihe bezeichnete „*Entwicklung um den Nullpunkt*"

$$f(x) = f^t(0) + \frac{f'(0)}{1!}\,x + \frac{f''(0)}{2!}\,x^2 + \cdots$$

Hat eine Funktion $y = f(x)$ die Eigenschaft, daß man sie um eine Stelle $x = a$ nach Potenzen von $x - a$ entwickeln kann, so nennt man $f(x)$ im Punkte $x = a$ *analytisch*.

Ist die Funktion nicht, wie bisher angenommen, nur von einer, sondern von mehreren Variablen abhängig, so gilt ebenfalls eine Taylorsche Formel, die entsprechend zu erweitern ist. So lautet im

Fall, daß f von zwei Veränderlichen abhängt: $z = f(x, y)$, und vorausgesetzt, daß diese Funktion für die in Betracht kommenden Werte des Argumentes $(n+1)$-mal stetig differenzierbar ist, die Taylorsche Formel $f(x+h, y+k)$

$$= f(x, y) + \frac{1}{1!}\left(h\frac{\partial}{\partial x} + k\frac{\partial}{\partial y}\right) f(x, y) +$$

$$+ \frac{1}{2!}\left(h\frac{\partial}{\partial x} + k\frac{\partial}{\partial y}\right)^2 f(x, y) + \cdots +$$

$$+ \frac{1}{n!}\left(h\frac{\partial}{\partial x} + k\frac{\partial}{\partial y}\right)^n f(x, y) + R_{n+1},$$

wobei das Restglied die Form

$$R_{n+1} = \frac{1}{(n+1)!}\left(h\frac{\partial}{\partial x} + k\frac{\partial}{\partial y}\right)^{n+1} f(x+\vartheta h, y+\vartheta k)$$

hat. Die in der Entwicklung auftretenden „Potenzen" $\left(h\frac{\partial}{\partial x} + k\frac{\partial}{\partial y}\right)^\nu$ $(\nu = 1, 2, \ldots, n)$ sind symbolisch, d. h. als Operatoren aufzufassen, die nach formaler Entwicklung nach dem binomischen Lehrsatz auf $f(x, y)$ einwirken sollen. So bedeutet etwa

$$\left(h\frac{\partial}{\partial x} + k\frac{\partial}{\partial y}\right)^2 f(x, y)$$

$$= \left(h^2\frac{\partial^2}{\partial x^2} + 2hk\frac{\partial^2}{\partial x\,\partial y} + k^2\frac{\partial^2}{\partial y^2}\right) f(x, y)$$

$$= \left(h^2\frac{\partial^2 f}{\partial x^2} + 2hk\frac{\partial^2 f}{\partial x\,\partial y} + k^2\frac{\partial^2 f}{\partial y^2}\right)_{x,\,y}.$$

Rothe, R.: Höhere Mathematik. Leipzig 1948. — *Courant, R.*: Vorl. über Differential- u. Integralrechnung. Berlin 1948. — *v. Mangold-Knopp*: Höhere Mathematik. Leipzig 1948.

Technetium, Tc, in der Natur nicht vorkommendes Element mit der Kernladungszahl 43, früher *Masurium* genannt. Auf Grund der →Mattauchschen Regel gibt es kein stabiles Isotop des Technetiums; instabile mit Halbwertszeiten in der Größenordnung des Erdalters sind unbekannt. Chemisch gehört es als Homologes des Mangans in die 7. Nebengruppe des Periodischen Systems; jedoch ist es in seinen Verbindungen und Reaktionen seinem höheren Homologen, dem Rhenium, ähnlicher als dem Mangan. 1937 entdeckten *C. Perrier* und *E. Segré* als erste ein künstlich erzeugtes aktives Technetiumisotop. Neuerdings kann man das langlebige $^{99}_{43}$Tc (Halbwertszeit etwa 10^6 Jahre) in wägbaren Mengen bei der Spaltung von Uran durch thermische Neutronen in den →Piles erhalten. Metallisches Technetium und viele seiner Verbindungen sind inzwischen dargestellt worden. Vermutlich sind bereits einige Kilogramm Technetium als Spaltprodukt des Urans erzeugt worden. Die Isolierung aus der Menge der Spaltprodukte ist allerdings wegen der außerordentlichen Aktivität schwierig. Bis Februar 1949 waren die in der untenstehenden Tabelle aufgeführten Isotope bekannt (nach *Mattauch* und *Flammersfeld*).

Hahn, O.: Künstliche neue Elemente. Weinheim/Bergstr. u. Berlin 1948. — *Mattauch, J.*, u. *A. Flammersfeld*: Isotopenbericht, Sonderheft d. Z. Naturf. 1949.

Technisches Maßsystem →Maßsysteme, mechanische.

Teilchen →Korpuskeln.

Teilchenbeschleuniger. Die folgende Tabelle gibt die heute fertigen bzw. in Bau begriffenen Teilchenbeschleuniger für Energien > 100 MeV. (p Protonen, d Deuteronen, α He-Ionen, e Elektronen).

1. Fertiggestellt:

Univ. of California   Synchro-Zyklotron d 190 MeV
   Synchro-Zyklotron α 380
   Synchro-Zyklotron p 345
   Synchrotron e 330

Entstehung bzw. Herstellungsprozesse und radioaktive Konstanten der Technetiumisotope

Z	N	Symbol	A	Halbwertszeit	Strahlenart	Zerfallsenergie [MeV] α bzw. β	Zerfallsenergie [MeV] γ	Entstehung und Herstellungsprozesse
43	49, 50	Tc	92, 93	$4,5 \pm 0,5$ m	$\beta+$	$4,3 \pm 0,5$	$1,3 \pm 0,3$	^{92}**Mo** $(d, 2 \cdot 1\,n$;
	49, 50		92, 93	$2,7 \pm 0,1$ h	$\beta+$	$1,2 \pm 0,2$	$2,4 \pm 0,5$	^{92}Mo $(d \cdot 2\,n)$; ^{92}Mo (p, n)?; ^{93}Nb (α, n)?
	51		94	< 50 m	$\beta+$, K	$2,45 \pm 0,03$	versch. γ von 0,380 bis 2,74	^{94}Tc* — I. Ü. →
	51		94*	50 ± 2 m	I. Ü.		$0,0334 \pm 0,0004$	^{94}Mo (p, n); ^{94}**Mo** $(d, 2n)$
	52		95	$20,0 \pm 0,5$ h	K		$1,071 \pm 0,002$; $0,932 \pm 0,002$; $0,762 \pm 0,002$	^{92}Mo (α, p); ^{95}Mo (p, n); ^{95}Ru — $\beta+$, K →; ^{95}Mo $(d, 2\,n)$
	52		95	62 d	K 99,2 %; $\beta+$ 0,8 %;		versch. γ von 0,201 bis 1,017	^{94}Mo (d, n); ^{95}Mo (p, n); ^{92}Mo (α, p); ^{95}Mo $(d, 2\,n)$
	53		96	$4,2 \pm 0,1$ d	K, keine β^- u. $\beta+$		versch. γ von 0,312 bis 1,119	^{95}Mo (d, n); ^{96}Mo (p, n); ^{93}Nb (α, n); ^{96}Mo $(d, 2n)$
	54		97*	91 ± 2 d	I. Ü.		$0,097 \pm 0,001$	^{97}Ru — β^- →; ^{96}Mo (d, n); ^{97}Mo (p, n)
	55		98	40 ± 5 m	β?	$2,0 \pm 0,5$		^{97}**Mo** (d, n); ^{98}Mo $(d, 2n)$
	55		98	$2,8 \pm 0,1$ d	β?	$1,3 \pm 0,2$	$0,9 \pm 0,1$	^{98}**Mo** $(d, 2n)$
	56		99	$0,94 \cdot 10^6$ a	β^-	0,32	keine	U $(n,$ Sp.$)$; ^{99}Tc* — I. Ü. →; ^{99}Mo — β^- →
	56		99*	$6,6 \pm 0,4$ h	I. Ü.		0,136	U $(n,$ Sp.$)$; Th $(n,$ Sp.$)$; ^{99}Mo — β^- →
	57, 58		100, 101	$1,33 \pm 0,17$ m	β?	$2,3 \pm 0,5$	$0,6 \pm 0,1$	^{100}Mo $(d, 2 \cdot 1\,n)$
	58		101	$16,5 \pm 0,5$ m	β^-	1,3	0,30	U $(n,$ Sp.$)$; ^{101}Mo — β^- →; ^{100}**Mo** (d, n); ^{102}Ru (γ, p)
	(59)		(102)	sehr kurz?	β^-			U $(n,$ Sp.$)$; ^{102}Mo — β^- →
	62		105	≈ 15 m	β^-			U $(n,$ Sp.$)$; ^{105}Mo — β^- →

Fettes Kernsymbol: Die Reaktion wurde mit angereichertem Isostop durchgeführt.   * bedeutet: angeregter Zustand.

Mass.Inst.Technology	Synchrotron	$e\ 300\,\mathrm{MeV}$
Cornell Univ.	Synchrotron	$e\ 300$
Univ. of Rochester	Synchro-Zyklotron	$p\ 250$
Columbia Univ.	Synchro-Zyklotron	$p\ 400$
Harvard Univ.	Synchro-Zyklotron	$p\ 140$
	Betatron	$e\ 450$
General Electr. Co.	Betatron	$e\ 100$
Harwell (England)	Synchro-Zyklotron	$p\ 170$

2. Im Bau:

Univ. of California	Synchrotron	$p\ 6000$
Brookhaven Nat.Lab.	Synchrotron	$p\ 3000$
Stanford Univ.	Linearbeschleunig.	$e\ 1000$
Univ. of Michigan	Synchrotron	$e\ 300$
Purdue Univ.	Synchrotron	$e\ 300$
General Electric Co.	Synchrotron	$e\ 300$
Univ. of Chicago	Synchro-Zyklotron	$p\ 450$
Carnegie Inst.Technol.	Synchro-Zyklotron	$p\ 300$
Bureau of Standards	Synchro-Zyklotron	$e\ 100$

Maier-Leibnitz, H.: Naturwiss. 38. 6 (1951).

Teilchengestalt. Zur Ermittlung der Gestalt von →Kolloidteilchen dienen folgende Methoden: 1. elektronenmikroskopische Abbildung, 2. Polarisationszustand des Tyndall-Lichtes, 3. Funkel-Effekt im Ultramikroskop, 4. Strömungs-, magnetische und elektrische Doppelbrechung, 5. verschiedene Verbreiterung einzelner Röntgen- und Elektroneninterferenzen, 6. Intensitätsverteilung der Kleinwinkel-Röntgenstreuung, 7. Strukturviskosität.

Die Gestalt der Teilchen ist für viele technische Eigenschaften der aus ihnen aufgebauten Stoffe maßgebend (z. B. Deckkraft von Farben, Füllmaterialien für Kunststoffe, mechanische Festigkeit von Werkstoffen usw.).

Teilchengröße. Man hat zu unterscheiden zwischen der Größe von Primärteilchen (massiv erfüllt) und von Sekundäraggregaten. Im allgemeinen wird man es nicht mit Teilchen von gleicher Größe zu tun haben (isodispers), sondern es wird eine Teilchen*größenverteilung* vorliegen. Die Angabe einer mittleren Teilchengröße reicht daher zur vollständigen Kennzeichnung eines →dispersen Systems nicht aus. Meßmethoden: 1. direkte Ausmessung an licht- oder elektronenmikroskopischen Abbildungen, 2. Siebverfahren: Draht, Gazesiebe, →Ultrafiltration, 3. Sedimentationsverfahren (Sedimentationsgeschwindigkeit und -gleichgewicht): Schlämmanalyse, Windsichtung →Ultrazentrifuge. 4. Viskosimetrie, 5. photographische Registrierung und Vermessung der →Brownschen Bewegung, 6. Intensitätsmessung des →Tyndall-Lichtes, 7. →ultramikroskopische Auszählung, 8. →Verbreiterung der Röntgen- und Elektroneninterferenzen (Primärkristallite), 9. Intensitätsverteilung der →Kleinwinkel-Röntgenstreuung (→Teilchengestalt).

v. Hahn, Fr.-V.: Dispersoid-Analyse. Dresden u. Leipzig 1928.

Teilchengewicht. In der organischen Chemie soll als →Molekulargewicht einer Verbindung die Summe der Atomgewichte der Atome angesehen werden, die im kleinsten Teilchen durch *Haupt*valenzen verbunden sind. Sind solche Einheiten durch Nebenvalenzen zu größeren Komplexen verbunden, so spricht man von deren *Teilchengewicht.* Beispiel: Die Stearinsäure $C_{18}H_{36}O_2$ hat das Molekulargewicht 284, ihre Teilchen in Benzolalösung aber haben das doppelte Teilchengewicht, also 568.

Staudinger, H.: Organische Kolloidchemie, Braunschweig 1950.

Teildispersion →Dispersion.

Teildurchlässige Spiegel →halbdurchlässige Spiegel.

Teilfunken = →Partialfunken.

Teilgeometrie (*Teiltheorie*), Versuch zur Lösung des Singularitätenproblems der →Selbstenergie der Elementarteilchen (nach *March* und *Foradori*). Gewöhnlich erfolgt die Definition eines Punktes in der Geometrie so, daß stets eine der beiden Relationen $A \equiv B$ oder $A \not\equiv B$ erfüllt ist. A und B fallen zusammen oder sie fallen nicht zusammen. In der Teilgeometrie wird statt der Deckung eine andere Grundrelation zwischen zwei Punkten untersucht: die Ununterscheidbarkeit. Der Unterschied gegenüber der Deckoperation besteht in folgendem. Auch wenn AB und BC nicht unterscheidbare Punktpaare sind, können A und C sehr wohl unterscheidbar sein. Die Kontinuität wird dadurch nicht gestört. Gleichwohl kann man Punkte in endlicher Entfernung durch eine Punktkette verbinden derart, daß stets zwei benachbarte Punkte nicht unterscheidbar sind. Die verbindende Kette kleinster Punktzahl gibt ein Abstandsmaß. Jeder Punkt trägt einen Maßstab mit sich als →kleinste Länge. Anschauliche Beispiele für die Teilgeometrie liefern Kontinua mit Schwellen, etwa Schrödingers höhere Farbenmetrik, in der der Abstand zweier Farben längs einer Linie im →Farbdreieck durch die Anzahl der Schwellen kleinster beobachtbarer Farbschritte gemessen wird.

Foradori, E.: Grundgedanken der Teiltheorie. Leipzig 1937.

Teilkapazität. Die Kapazität eines mehrteiligen Leitersystems setzt sich aus einzelnen Anteilen zusammen, die von den Kapazitätsbeiträgen der verschiedenen Leiterteile untereinander und gegenüber der Umhüllung der ganzen Anordnung herrühren. Eine potentialtheoretische Behandlung dieses Problems bildet die Benutzung der bereits von *Maxwell* eingeführten →Potentialkoeffizienten K_{ik} oder der Influenzierungs- und →Kapazitätskoeffizienten α_{ik}. Die die α_{ik} enthaltenden

Gleichungen für die Ladungen $Q_i = \sum\limits_{k=1}^{n} \alpha_{ik}\varphi_k$ der n einzelnen Leiter des Systems sind Linearkombinationen der Potentiale φ_k der Leiter, d. h. ihrer Potentialdifferenzen gegen Erde ($\varphi = 0$). Für praktische Anwendungen ist es vielfach zweckmäßiger, Beziehungen zu benutzen, in denen die Spannungen zweier Leiter gegeneinander auftreten:

$Q_i = \sum\limits_{k=0 \neq i}^{n} \gamma_{ik}(\varphi_i - \varphi_k)$. Die in diesen n-gliedrigen Linearkombinationen der Potentialdifferenzen $\varphi_i - \varphi_k$ enthaltenen Koeffizienten γ_{ik} (i läuft von 1 bis n, k von 0 bis n; $\gamma_{ii} \equiv 0$) heißen Teilkapazitäten; sie geben an, wie die Ladungen Q_i durch die Spannungen des i- Leiters gegen die anderen Leiter bestimmt werden. Die γ_{ik} sind

mit den α_{ik} durch die Relationen $\gamma_{i0} = \sum\limits_{k=1}^{n} \alpha_{ik}$, $\gamma_{ik} = -\alpha_{ik}$ ($k \neq i$, $k \neq 0$; $\gamma_{ik} = \gamma_{ik}$) und $\alpha_{ii} = \sum\limits_{k=0 \neq i}^{n} \gamma_{ik}$ verknüpft. Die γ_{i0} sind die sog. →Erdkapazitäten, d. h. die Kapazitäten der einzelnen Leiter gegenüber Erde; die γ_{ii} verschwinden, die γ_{ik} ($k \neq i$, $k \neq 0$) sind gleich den negativen Influenzierungskoeffizienten, während die Kapazitätskoeffizienten als n-gliedrige Linearkombinationen der γ_{ik} erscheinen.

Teilmaschine →Längenmessung.

Teilraum $\Re$ des →*Hilbert-Raumes* $\mathfrak{H}$ ist eine Teilmenge von $\mathfrak{H}$, die denselben Forderungen genügt wie $\mathfrak{H}$. Die Dimension $\Re$ ist dann endlich oder abzählbar unendlich.

Teilschwingung. Eine periodische oder fastperiodische Schwingung läßt sich in eindeutiger Weise mit Hilfe mathematischer Methoden in eine endliche oder unendliche Summe von sinusförmigen *Teilschwingungen* (Partialschwingungen) verschiedener Frequenz zerlegen. In der Akustik entsprechen den Teilschwingungen *Teiltöne* (*Partialtöne*).

Teiltheorie = →Teilgeometrie.

Teiltöne →Teilschwingung.

Teilungsfehler. Eine Teilung wird infolge der Unvollkommenheit der benutzten Hilfsmittel in der Regel nicht fehlerfrei hergestellt sein. Um sie für genaue Messungen benutzbar zu machen, ist es deshalb nötig, ihre Fehler zu ermitteln. Diese sind von zweierlei Art. Der *Gesamtfehler* ist der Fehler der ganzen Teilung; er läßt sich wie der Fehler eines Maßstabes komparatorisch ermitteln und durch die *Gleichung des Maßstabes* ausdrücken (→Längenmessungen).

Die zweite Art der Fehler bilden die *inneren Teilungsfehler*. Denken wir uns eine Teilung etwa nur aus drei Strichen oder zwei Intervallen bestehend, so kann die Gesamtlänge, d. h. die Entfernung der beiden äußeren Striche voneinander, sehr wohl eine gewollte Länge, etwa 2 mm, praktisch fehlerfrei darstellen. Liegt aber der Zwischenstrich nicht genau in der Mitte zwischen den beiden äußeren, so sind *beide Intervalle* mit Fehlern behaftet, die im gewählten Beispiel einander dem Betrage nach gleich, aber von entgegengesetztem Vorzeichen sind. Ähnliches gilt für Teilungen, die aus mehr als zwei Intervallen bestehen. Die algebraische Summe aller Intervallfehler gibt den Gesamtfehler der Skala oder bei fehlerfreier Gesamtlänge den Wert Null.

Um die inneren Teilungsfehler einer Skala zu ermitteln, benutzt man ein Hilfsintervall, das dem Sollwert des kleinsten Skalenintervalls möglichst gleich ist. Mit einer geeigneten Vorrichtung, etwa dem Longitudinalkomparator (→Längenmessungen), vergleicht man das Hilfsintervall mit jedem Intervall der Skala, d. h. man ermittelt die Beträge, um die jedes Skalenintervall größer oder kleiner ist als das Hilfsintervall. Durch Subtraktion der so gefundenen Gleichungen eliminiert man alsdann das Hilfsintervall und erhält schließlich Beziehungen zwischen den Intervallen der Skala und damit die inneren Teilungsfehler. Um zufällige Beobachtungsfehler auszuscheiden und das Resultat sicherer zu stellen, kann man das geschilderte Verfahren mit mehreren Hilfsintervallen wiederholen und die jedesmal gefundenen Fehler der Skala zu einem Mittel vereinigen.

Ein weiterer Ausbau des Verfahrens führt zu der sehr eleganten Methode des *Durchschiebens*. Sie erfordert zwei gleichartige Teilungen, die nicht gleich lang zu sein brauchen. Die Beobachtungen werden auf dem Longitudinalkomparator ausgeführt und ergeben gleichzeitig die inneren Teilungsfehler *beider* Skalen. Ist eine der beiden Teilungen auf Glas ausgeführt, so legt man sie zweckmäßigerweise so auf die andere, daß beide Teilungen einander zugewandt sind, also nahezu in derselben Ebene liegen. In diesem Falle genügt für die Beobachtung *ein* Okularmikrometer. Man beginnt die Beobachtungen, nachdem man die obere Teilung so auf die untere gelegt hat, daß sich nur *ein* Intervall überdeckt, etwa so, daß das äußerste rechte Intervall der oberen Teilung auf dem äußersten linken Intervall der unteren Teilung liegt. Mit dem Okularmikrometer werden jetzt die kleinen Lagendifferenzen der sich überdeckenden beiden Strichpaare gemessen und hieraus die Differenz beider Intervalle berechnet. Nun schiebt man die Intervalle um ein Teilintervall weiter übereinander, so daß sich je zwei Intervalle decken, mißt wieder die Lagendifferenzen der jetzt drei Strichpaare durch und berechnet die Intervallunterschiede wie vorher. In dieser Weise fährt man fort, bis sich die Teilungen symmetrisch — bei gleich langen Skalen vollständig — decken und bis weiter die obere Teilung über die untere nach der anderen Seite, nach rechts, hinauswandert. Die letzte Intervallvergleichung findet also in der Lage statt, in der das äußerste linke Intervall der oberen Teilung das äußerste rechte der unteren Teilung deckt. In ihrer Gesamtheit geben dann die Beobachtungen eine Vergleichung *aller* Intervalle der einen Teilung mit *allen* Intervallen der anderen Teilung. Die Berechnung der Teilungsfehler selbst wird für beide Skalen sehr einfach.

Scheel, K.: Prakt. Metronomie. Braunschweig 1911. Handb. d. Physik II. Berlin 1926.

Telegraphengleichung. An der Oberfläche eines Drahtes von beliebigem Querschnitt können sich elektrische Wellen ausbilden, deren elektrische Feldlinien senkrecht auf der Leiteroberfläche stehen (→elektromagnetische Wellen) und sich radial bis ins Unendliche erstrecken. Fügt man einen zu diesem Draht parallelen Leiter hinzu, der vom gleichen, aber entgegengesetzt gerichteten Wechselstrom durchflossen wird wie der Draht, so enden die Feldlinien alle auf dem anderen Leiter, der auch den ersten Leiter umschließen kann. Man spricht von einer →Lecher-Leitung bzw. von einem Kabel. Die Hinzufügung des zweiten Leiters bewirkt, daß elektromagnetische Energie praktisch nur in der näheren Umgebung der Leiter vorhanden ist. Ist deren Abstand klein gegen die Wellenlänge, so herrschen in der Querschnittsebene dieselben Feldverhältnisse wie im elektrostatischen Fall. Man bezeichnet dann das Linienintegral zwischen den beiden Leitern als Spannung U. Die Leiter haben Kapazität und infolge der Feldenergie auch Selbstinduktion, die man je Längeneinheit mit C bzw. L bezeichnet.

Dann gilt für Strom und Spannung die sog. Leitungs- oder Telegraphengleichung

$$L\,\frac{\partial^2 u}{\partial t^2} + R\,\frac{\partial u}{\partial t} = \frac{1}{C}\,\frac{\partial^2 u}{\partial x^2},$$

deren Lösung infolge des Widerstandes R der Leiter den Charakter einer in der Drahtrichtung fortschreitenden, gedämpften Welle hat. Sie gibt Rechenschaft von der Verzerrung elektrischer Signale (Telegraphiezeichen) über große Entfernungen. Im dämpfungsfreien Fall ist die Fortpflanzungsgeschwindigkeit gegeben durch $1/\sqrt{LC}$ und für parallele Leiter in Luft gleich der Lichtgeschwindigkeit.

Sommerfeld, A.: Vorl. über theoret. Physik III. Leipzig 1949. — *Mie, G.:* Lehrb. d. Elektrizität u. d. Magnetismus. Stuttgart 1949.

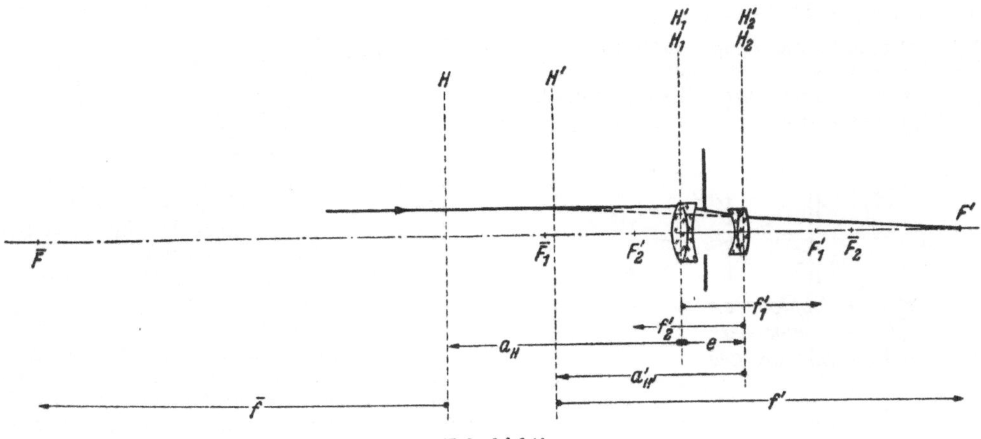

Teleobjektiv.

Teleobjektiv. Die Brennweite eines optischen Systems ist die Entfernung vom entsprechenden Hauptpunkt bis zum Brennpunkt. Bei einem Teleobjektiv, das aus einer lichtsammelnden vorderen Linse oder Linsengruppe und einer lichtzerstreuenden hinteren Linse oder Linsengruppe besteht, liegen die Hauptebenen bzw. Hauptpunkte vor dem vorderen Glied. Hierdurch kann bei kleiner Schnittweite und Baulänge des optischen Instruments eine relativ große Brennweite erzielt werden.

Betrachtet man beide Linsengruppen als dünne Linsen (Abb.), und ist f_1' die Bildbrennweite der vorderen und f_2' die der hinteren Linse, so ist bei einem Abstand e der Linsen die Gesamtbildbrennweite f' durch die Duplettformel

$$f' = (f_1' f_2')/(f_1' + f_2' - e)$$

gegeben.

Wird der Abstand des Vordergliedes von der objektseitigen Hauptebene H mit a_H bezeichnet, so ist

$$a_H = (e f')/f_2'.$$

Wird der Abstand des Hintergliedes von der bildseitigen Hauptebene H' mit a_H' bezeichnet, so ist

$$a_{H'}' = (-e f')/f_1',$$

wobei das →Vorzeichensystem zu beachten ist.

Bei passender Wahl der Brennweiten des Vorder- und Hintergliedes nehmen a_H und a_H' negative Werte an, so daß die Hauptebenen dann also vor dem Gesamtsystem liegen können.

Bei photographischen Aufnahmen naher Objekte mit Teleobjektiven ergibt sich, gleichen Abbildungsmaßstab vorausgesetzt, eine größere Gegenstandsentfernung als bei einem Objektiv üblicher Art, wodurch bei Teleobjektiven eine günstiger wirkende Perspektive erzielt wird.

Bei den für photographische Zwecke praktisch ausgeführten Teleobjektiven sind zur Hebung der Abbildungsfehler häufig beide Glieder aus mehreren Einzellinsen aufgebaut. Mittels Veränderlichkeit des Abstandes zwischen Vorder- und Hinterlinsen werden auch Teleobjektive mit stetig veränderlicher Brennweite gebaut. Die Lichtstärken der Teleobjektive gehen bis etwa 1:3 oder 1:4. Bekannte Teleobjektive sind u. a. das Bis-Telar, das Tele-Xenar, das Telyt, das Tele-Tessar, die Dallon-Telephoto Lens, das Telephoto Ektra, das Teleros.

Physikalisches Wörterbuch II.

Telephon, Kopf- oder Fernhörer, bestehend aus einer oder zwei Hörmuscheln mit Kopfbügel. Jede Hörmuschel enthält als schallgebendes Element eine ebene oder konische Membran, die das mechanische Organ eines elektroakustischen Wandlers darstellt. Zur Umwandlung der elektrischen in mechanische Energie finden das elektromagnetische, das elektrodynamische, das elektrostatische (Kondensator-) und das piezoelektrische Prinzip Anwendung. Beim piezoelektrischen „Kristall"-kopfhörer z. B. ist die bewegliche Seite eines aus Seignettesalz oder einem sonstigen Piezokristall hergestellten Biegungsschwingers mit der Membran verbunden; bei der ältesten und gebräuchlichsten Ausführungsform des Kopfhörers, der magnetischen, schwingt die nur am Rande eingespannte Eisenmembran frei vor den Polschuhen eines kleinen, vormagnetisierten Elektromagneten.

Teleskop →Erdfernrohr, →Refraktor, →Spiegelteleskop, →Turmteleskop.

Teleskopisches System oder *brennpunktloses* (→*afokales*) System, ein optisches System, das als Ganzes betrachtet im Sinne der Theorie der optischen Abbildung keine Unstetigkeitsstellen, d. h. keine Brennpunkte hat. Man kann mit gleichem Recht auch sagen, daß diese im Unendlichen liegen. Solche optischen Folgen sind z. B. ebene Spiegel, Prismen, Planparallelplatten und Fernrohre.

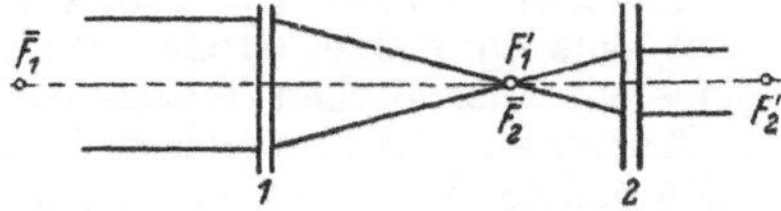

Abb. 1. Teleskopisches System; *1* und *2* Sammellinsen.

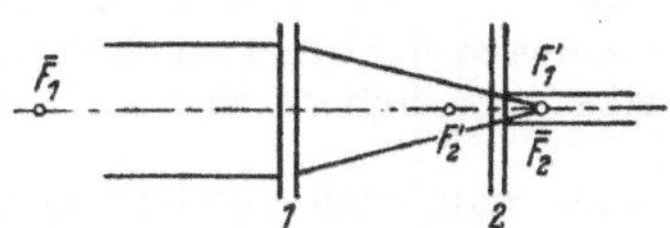

Abb. 2. Teleskopisches System; *1* Sammellinse, *2* Zerstreuungslinse.

Bei einem aus zwei Teilsystemen (Einzellinsen oder Linsensystemen) zusammengesetzten teleskopischen System fällt der Brennpunkt F_1' des ersten Teilsystems mit dem Brennpunkt $\bar{F}_2$ des zweiten zusammen (Abb. 1 u. 2).

Telestereoskop →Stereoskop.

Telezentrischer Strahlengang durch ein optisches System liegt vor, wenn entweder die →Eintrittspupille oder die →Austrittspupille im Unendlichen liegt (Abb.). Im ersten Fall ist die Bildgröße in

EP∞
AP
O'
H H' F'
H,H' → Hauptebenen
F,F' → Brennpunkte
O,O' = Ding und Bild
EP
AP∞
O
F
H H'

Telezentrischer Strahlengang.

einer gegebenen Auffangebene unabhängig von der genauen Scharfeinstellung des Gegenstandes, im zweiten Fall ist sie es für einen festen Gegenstand bei ungenauer Scharfeinstellung der Auffangebene. Daher ist telezentrischer Strahlengang (→Hauptstrahl) notwendig bei der optischen Größenbestimmung von Objekten durch Ausmessen der optischen Bilder (Meßmikroskop, →Profilprojektion).

Temperatur. Der Begriff der Temperatur verdankt seine Entstehung der Existenz des menschlichen Wärmesinns, der der Haut und einigen, aber nicht allen inneren Organen zukommt, und muß im physikalischen Sprachgebrauch von dem mit ihm in der Alltagssprache weitgehend identischen Begriff der Wärme (Wärmemenge) streng unterschieden werden. Auch besteht physikalisch zwischen warm und kalt nicht, wie im Alltagsbewußtsein, ein polarer Unterschied (im Sinne eines echten + und −), sondern nur ein Unterschied des Grades der (ihrem Wesen nach unbedingt positiven) Temperatur. Seit *Julius Robert Mayer* weiß man, daß die Wärme eine Energieform, also eine extensive Größe ist. Die Temperatur dagegen ist eine intensive Größe, welche allen Teilen eines im thermischen Gleichgewicht befindlichen Körpersystems in gleichem Betrage zukommt. Die gleiche Wärmemenge kann sich auf eine größere oder kleinere Menge des gleichen Stoffes verteilen, und dieser hat dann im ersten Fall eine geringere Temperatur als im zweiten. In diesem Sinne spricht man auch davon, daß die Wärme selbst eine höhere oder tiefere Temperatur hat.

Zu einer anschaulichen Vorstellung vom Wesen der Temperatur gelangt man auf dem Boden der mechanischen Wärmetheorie. Nach *Boltzmann* entfällt unter gewöhnlichen Bedingungen auf jeden →Freiheitsgrad der ungeordneten Bewegung der Moleküle eines auf der Temperatur T (in °K) befindlichen Stoffes im zeitlichen und räumlichen Durchschnitt die kinetische Energie

$$E = \tfrac{1}{2} k T.$$

$k = 1,3803 \cdot 10^{-16}$ erg grad^{-1} ist die →Boltzmann-Konstante. Hiernach ist die Temperatur ein Maß für die durchschnittliche kinetische Energie je Freiheitsgrad der ungeordneten Molekularbewegung. Da sie sich auf das räumliche und zeitliche Mittel derselben bezieht, so hat die Anwendung des Temperaturbegriffs nur einen Sinn bei Körpern, die aus einer großen Zahl von Molekülen bestehen. Bei hinreichend tiefen Temperaturen gilt dieser einfache Zusammenhang nicht mehr (→Nullpunktsenergie).

In der Wärmelehre tritt die Temperatur als 4. Grundgröße neben die drei Grundgrößen des Physikalischen Maßsystems. →Temperaturskala.

Die Temperatur ist eine sog. Ausgleichsgröße. Das bedeutet: Die einem thermisch abgeschlossenen, also mit seiner Umgebung nicht in irgendeiner Art von Wärmeaustausch stehenden System angehörenden Körper nehmen im Laufe der Zeit durch Wärmeaustausch unter sich und innerhalb ihrer selbst stets die gleiche Temperatur an. Darauf beruht z. B. die Möglichkeit, die Temperatur von Körpern mit Thermometern zu messen.

Der Begriff der Temperatur ist aber nicht auf Körper beschränkt. In einem Hohlraum, der von gleich temperierten Wänden eingeschlossen und vor jedem Wärmeaustausch mit der Umgebung geschützt ist, bildet sich eine Strahlung zwischen den Wänden aus, deren Energiedichte und spektrale Energieverteilung eindeutig durch die Temperatur der Wandung gegeben ist, und der man die gleiche Temperatur zuschreibt wie den Wänden (→Hohlraumstrahlung).

Die tiefste bisher experimentell verwirklichte Temperatur ist zu 0,0019 °K berechnet worden (→Temperaturen, tiefste). Die höchste bisher im Laboratorium (im →Gerdien-Bogen) erzeugte Temperatur beträgt rund 50 000°. Die höchsten im Weltall vorkommenden Temperaturen herrschen in den Kernen der Fixsterne und liegen meist zwischen 10 und 20 Millionen Grad. Auch bei angeregten Atomkernen, die aus einer nicht allzu kleinen Zahl von Nukleonen bestehen, kann man von einer durch deren Energie bedingten Temperatur sprechen. Bei einem durch Beschuß mit einem Teilchen angeregten Kern erreicht sie Werte von der Größenordnung von 1000 Millionen Grad. →Thermodynamik im Atomkern.

→die folgenden Artikel. Ferner →absolute Temperatur; äquivalente Temperatur →Äquivalenttemperatur; äquivalentpotentielle →pseudopotentielle Temperatur; charakteristische →spezifische Wärme; →Farbtemperatur; →Temperatur, effektive, →Sterntemperaturen; potentielle →Adiabate; reduzierte →Zustandsgrößen; schwarze →Strahlungstemperatur; →virtuelle Temperatur; →Temperaturskala.

Temperatur, effektive, eines nicht schwarzen Körpers ist diejenige Temperatur, die ein schwarzer Körper von gleicher Gesamtstrahlungsleistung hat. Effektive Temperatur der *Sterne* →Sterntemperaturen.

Temperaturen, höchste irdische. Der derzeitige Rekord in der laboratoriumsmäßigen Erzeugung hoher Temperaturen wird derzeit (Juli 1951) von *Maecker* gehalten der im →Gerdien-Bogen bis zu einer Temperatur von etwa 50 000 °K gelangt ist.

Temperatur, musikalische →Tonskalen.

Temperaturen, tiefste. Die wesentlichsten Meilensteine auf dem Annäherungswege zum absoluten Nullpunkt sind (Abb.):

			°K
Faraday	1845	Trockeneis und Äther abgepumpt	163
Cailletet u. *Piclet*	1877	O_2-Verflüssigung	90
v. Linde	1895	Luftverflüssigung	83
Olszewski	1895	Bildung von H_2-Nebel	20,54
Dewar	1898	20 cm³ flüssiges H_2	20,54
Kamerlingh Onnes	10.7.1908	He-Verflüssigung	4,211
	10.7.1908	He abgepumpt	1,7
	1909	He abgepumpt	1,38
Keesom	18.2.1932	He abgepumpt	0,71
Giauque u. *McDongall*	19.3.1933	adiabatische Entmagnetisierung	0,53
de Haas u. *Wiersma*	7.3.1935	adiabatische Entmagnetisierung	0,0044
D. de Clerk, M. J. Steenland u. *C. J. Corter*	1950	adiabatische Entmagnetisierung	0,0014

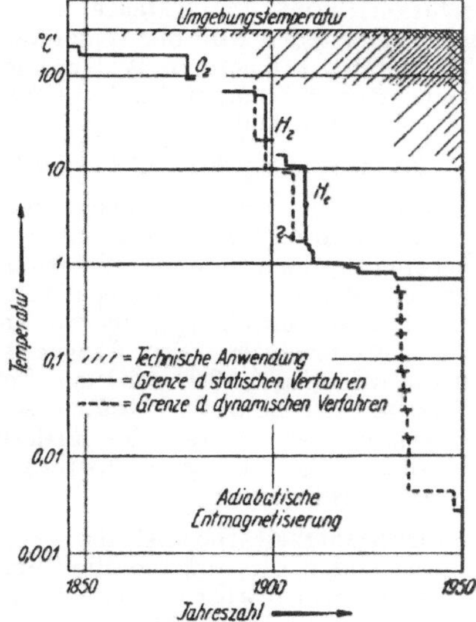

Der Weg zum absoluten Nullpunkt.

→Temperaturmessung, magnetische, →Kernentmagnetisierung.

Grassmann, P.: Phys. Bl. 245 (1951). Handb. d. Kältetechnik I. Berlin, in Vorber.

Temperaturen im Weltraum. Der Raum zwischen den Sternen ist mit „verdünnter" Sternstrahlung erfüllt, d. h. einer Strahlung, deren Energiedichte weit geringer ist, als der spektralen Intensitätsverteilung entspricht. Ein schwarzes Probekörperchen würde sich auf die der Energiedichte entsprechende Temperatur von etwa 3 °K einstellen, während die Intensitätsverteilung der mittleren Sternstrahlung im sichtbaren Spektralbereich einer Temperatur von etwa 10000° entspricht. Im UV ist wahrscheinlich ein starker Überschuß an Strahlung vorhanden. Auch der Ionisationsgrad der diffusen Materie entspricht diesem hohen Temperaturwert, zumindest in der Nachbarschaft von Sternen hoher Oberflächentemperatur.

Im Raum zwischen den Spiralnebeln ist die Energiedichte der Strahlung im 0,5 bis 10 eV-Gebiet noch geringer als im Innern des Milchstraßensystems, sie beträgt etwa 10^{-14} erg cm^{-3}; dem entspricht die Temperatur eines schwarzen Probekörpers von 1,1 °K. Die Energiedichte der kosmischen Ultrastrahlung im Energiebereich 10^9 bis 10^{16} eV ist um 2 bis 3 Zehnerpotenzen größer, wenn man annimmt, daß ihre in Erdnähe gefundene Dichte im ganzen Weltall vorhanden ist.

Temperaturabhängigkeit des lichtelektrischen Effekts. Beim äußeren →lichtelektrischen Effekt kann hiervon nur dann gesprochen werden, wenn streng umkehrbare Abhängigkeiten bestehen, die nicht durch Änderungen der Struktur, der Modifikation oder des Aggregatzustandes oder von adsorbierten Gashäuten vorgetäuscht werden. Da eine Kontrolle der Oberfläche in dieser Richtung nicht in befriedigender Weise möglich ist, bleibt eine echte Temperaturabhängigkeit vorläufig umstritten. Die bisher aufgefundenen Änderungen des Photoeffektes durch die Temperatur sind in jedem Fall praktisch belanglos. Wesentlich übersichtlicher liegen die Verhältnisse bei der →lichtelektrischen Leitung. So rückt z. B. bei den verfärbten Alkalihalogeniden die spektrale Verteilungskurve des →lichtelektrischen Primärstromes zugleich mit der der Lichtabsorption nach längeren Wellen. Die Ablösung eines Elektrons von einem im Kristallinnern eingebauten Alkaliatom erfordert demgemäß bei Temperaturerhöhung im Mittel eine kleinere Energie. Auf absorbierte Energie bezogen ist der →Einsatzwert des lichtelektrischen Primärstromes unabhängig von der Temperatur.

Gudden, B., u. *R. Pohl:* Z. Physik **34**, 249 (1925).– *Mollwo, E.:* Z. Physik **85**, 62 (1933).

Temperaturanregung. Atome im Grundzustand können nicht strahlen. Um sie anzuregen, muß mindestens die Energiedifferenz ΔE zwischen dem ersten Energiewert oberhalb des Grundzustandes und dem des Grundzustandes zur Verfügung stehen. Die Temperaturanregung erfolgt über die Temperaturbewegung, z. B. durch Stöße. Sie ist also erst bei einer Temperatur T merklich vorhanden, wenn $kT \gtrsim \Delta E$ ist (k Boltzmannsche Konstante).

Temperaturbäder →Bäder konstanter Temperatur.

Temperaturbestimmung aus Bandenspektren. Die Intensität eines spektralen Überganges ist proportional der Zahl der im Ausgangszustand befindlichen Teilchen; bei thermischer Anregung ist diese gegeben durch das Boltzmannsche Energieverteilungsgesetz, nach dem die Zahl der Teilchen der Anregungsenergie E proportional $\exp[-E/(kT)]$ ist. Für die Intensitätsverteilung innerhalb einer Einzelbande folgt daraus: Die Summe der Intensitäten aller Linien mit gleicher Rotationsquantenzahl J ist $I = C(2J + 1)\exp(-BJ(J + 1)/(kT))$. B ist die Rotationskonstante. Für die Intensitätsverteilung auf die verschiedenen Schwingungszustände eines Bandensystems ist die Anregungsenergie $E = E(osc)$, die Schwingungsenergie der Moleküle, einzusetzen. Daher läßt sich die Temperatur des Trägers des Bandenspektrums durch Intensitätsmessung ermitteln, am genauesten,

33*

wenn man die Intensitäten aller Rotationslinien ausmißt und die Neigung der Geraden bestimmt, die man beim Auftragen von $\log[I/(J' + J'' + 1)]$ gegen $J'(J' + 1)$ erhält. J' und J'' sind die Rotationsquantenzahlen des höher und des tiefer

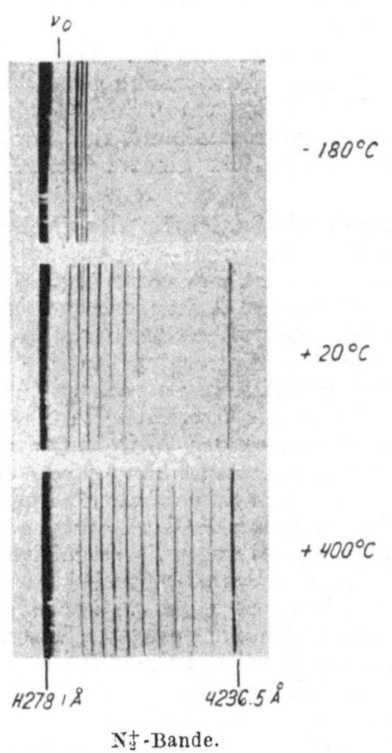

N_2^+-Bande.

angeregten Molekülzustandes. Schwingungs- und Rotationstemperaturen stimmen nicht immer überein (Abb.).

Temperatureffekt bei der kosmischen Strahlung, die Änderung der Intensität mit der Temperatur der durchsetzten Luftschicht. Er ergibt sich bei Messungen mit gepanzerten Ionisationskammern zu etwa 0,09 bis 0,2% je °C, bei Messungen mit Zählrohrkoinzidenzen dagegen zu etwa 0,35% je °C. Er ist (zumindest zum größten Teil) durch die Verschiebung des Entstehungsortes der Mesonen und die dadurch bedingte mehr oder weniger starke Verminderung ihrer Zahl durch Zerfall bedingt.

Literatur →kosmische Strahlung.

Temperaturfaktor →Debyescher Wärmefaktor.

Temperaturgrad. 1. Symbol: grad, *Einheit der Temperatur*, dient sowohl zur Angabe von Temperaturen selbst als auch von Temperaturdifferenzen und -intervallen. Die englische und die französische Bezeichnung lautet degree bzw. degré, abgek. deg (die Abkürzung deg soll eigentlich nur der Kennzeichnung von Temperatur*differenzen* oder *-intervallen* vorbehalten bleiben; für diesen Zweck ist in Deutschland die Kürzung grd vorgesehen). Speziell wird in thermodynamischen Formeln unter grad die Einheit Grad Kelvin (°K) verstanden (→Temperaturskalen). Bei der Angabe von Temperaturdifferenzen wird vielfach das Zeichen ° benutzt, welches genügt, wenn feststeht, in welcher Temperaturskala das Temperaturintervall 1° gemessen werden soll (zwischen der Kelvin- und der Celsius-Skala wird also dabei nicht unterschieden). Das Zeichen ° ist ferner das gesetzlich festgelegte Symbol zur Bezeichnung der Tempera-

tur in der gesetzlichen Skala (→Temperaturskalen).

2. In der Gasentladungs- und Astrophysik dient 1 °K auch als *Energiemaß*. Der °K entspricht der kinetischen Energie eines Moleküls, Atoms oder Ions, welches die wahrscheinlichste Geschwindigkeit in der einem Gase bei 1 °K zukommenden Geschwindigkeitsverteilung besitzt; bei der Temperatur T wird diese kinetische Energie durch das Produkt kT gegeben. Die Relation des °K zum J_{abs} hängt also von der →Boltzmannschen Konstanten k ab: 1 °K $\triangleq$ 1,3803 · 10^{-13} J_{abs} (→Tabelle 3 am Schluß des Buches).

Temperaturionisation →thermische Ionisierung.

Temperaturkoeffizient, die Konstante α, wenn die Temperaturabhängigkeit einer Größe C durch die Gleichung $C = C_0(1 + \alpha t)$ dargestellt werden kann, wenn also C eine lineare Funktion der Temperatur t ist. C_0 ist ihr Betrag bei 0 °C. Eine solche lineare Beziehung besteht aber meist nur in nicht zu großen Temperaturbereichen mit praktisch genügender Genauigkeit. Andernfalls kommen Glieder mit höheren Potenzen der Temperatur und weiteren Koeffizienten hinzu. Die Einheit des Temperaturkoeffizienten ist 1 grad^{-1} — Temperaturkoeffizient des *Widerstandes* →Widerstand, elektrischer.

Temperaturkoeffizient von Meßgeräten. Bei →Präzisionswiderständen wird der Widerstand R_t bei der Temperatur t aus dem Widerstand R_{20} bei der Temperatur 20 °C meist durch die quadratische Interpolationsformel

$$R_t = R_{20}\left[1 + \alpha(t - 20) + \beta(t - 20)^2\right]$$

berechnet, wobei für die Bestimmung von R_{20} und der Temperaturkoeffizienten α und β drei Messungen genügen, die auf das Temperaturgebiet verteilt werden, das für die Messungen in Frage kommt. Die Temperaturabhängigkeit von Zeigermeßgeräten (Strommessern, Spannungsmessern, Leistungsmessern) wird außer von dem Temperaturkoeffizienten der Leiterwerkstoffe besonders von dem Temperaturverhalten des Federwerkstoffes beeinflußt. Über zulässige Temperaturfehler →Meßgeräte, Klassifizierung.

Temperaturleitfähigkeit. Die analytische Theorie der Wärme behandelt die Aufgabe, die Temperaturverteilung in einem Körper für beliebige Zeiten aus den Anfangs- und Grenzbedingungen zu berechnen. Ist der Körper homogen, isotrop und frei von Wärmequellen, so gilt die Differentialgleichung

$$\frac{d\vartheta}{dt} = a\,\Delta\,\vartheta$$

(ϑ Temperatur, t Zeit, Δ →Laplacescher Operator, a Temperaturleitfähigkeit).

Die Temperaturleitfähigkeit ist daher maßgebend für den zeitlichen und örtlichen Ablauf von Temperaturänderungen. Sie ist eine Materialkonstante, die selbst von der Temperatur- und auch vom Druck - abhängig ist. Vernachlässigt man diese Abhängigkeit, so sind die Probleme für einfache Anfangs- und Grenzbedingungen durch Fouriersche Reihen od. dgl. exakt lösbar.

Mit der Wärmeleitfähigkeit λ steht die Temperaturleitfähigkeit in der Beziehung $a = \lambda/(c_p \varrho)$ (c_p spez. Wärme bei konstantem Druck, ϱ Dichte des Stoffes). Die Tabelle gibt einige Zahlenwerte.

Temperaturleitfähigkeiten.

Stoff	a
Kupfer	0,383 $\mathrm{m^2\,h^{-1}}$
Eisen	051
Sandstein	0012
Kork	0015
Luft 0 °C	0688
„ 300 °C	242
Wasser 0 °C	00048
„ 100 °C	00061

Für die praktisch wichtigen Ausgleichsvorgänge, z. B. Anheizen, Abkühlen, ist oft die Differenzenrechnung nach *E. Schmidt* zweckmäßig, wobei die Temperaturänderungen schrittweise berechnet werden.

Für periodische Temperaturänderungen (→Wärmewellen) ist die Fortpflanzungsgeschwindigkeit w von der Frequenz bzw. Periode τ abhängig:

$$w = 2\sqrt{\pi\,a/\tau}.$$

Die Dämpfung ist sehr stark; in einer Eindringtiefe, die der Wellenlänge gleich ist, beträgt die Amplitude der Temperaturänderungen nur noch wenige $^0/_{00}$ der Oberflächenamplitude.

Gröber-Erk: Grundgesetze der Wärmeübertragung. Berlin 1935.

Temperaturleitzahl, unsachgemäße Bezeichnung der (nicht dimensionslosen) →Temperaturleitfähigkeit.

Temperaturmessung. Die Messung der Temperatur eines Körpers kann mehr oder weniger unmittelbar mit Hilfe von →Thermometern verschiedener Art erfolgen, welche mit dem zu untersuchenden Körper derart in Wärmeaustausch stehen, daß sie zuverlässig die gleiche Temperatur annehmen wie dieser. Bei Körpern, bei denen ein solcher unmittelbarer Kontakt nicht möglich ist, wie z. B. bei Glühlampenfäden, der Sonne usw., wird ihre Temperatur auf Grund ihrer Strahlungsleistung unter Zugrundelegung der →Strahlungsgesetze mittels verschiedener Arten von Strahlungsthermometern (→Bolometer, →Thermosäule, →Pyrometer, →Strahlungsmessungen) ermittelt. Zur ungefähren Messung der Temperatur dienen in der keramischen Technik Seger-Kegel mit Schmelzpunkten zwischen 600 und 1900 °C. Über Messung sehr tiefer Temperaturen →Temperaturmessung, magnetische.

Temperaturmessung, magnetische, ein Verfahren zur Messung von Temperaturen unterhalb 1 °K, bei dem aus der →Suszeptibilität einer der →adiabatischen Entmagnetisierung unterworfenen Probe eines paramagnetischen Salzes auf die erreichte Temperatur geschlossen wird. Kann z. B. das →Curie-Weißsche Gesetz für die betreffende Substanz als gültig angesehen werden [vgl. dazu jedoch *D. de Klerk* u. a., Nature (Lond.) **161,** 678 (1948)], so sind die darin auftretenden Konstanten durch Messung der Suszeptibilität in einem Temperaturgebiet zu bestimmen, in dem auch noch mittels He-Dampfdruck oder Gasthermometer die Temperatur gemessen werden kann. Unter der Annahme, daß dieses Gesetz auch für noch tiefere Temperaturen gültig ist — was in jedem Fall einer sorgfältigen Überprüfung der magnetischen und elektrischen Wechselwirkungskräfte in dem betreffenden Salz bedarf —, so kann aus der bei noch tieferen Temperaturen gemessenen Suszeptibilität die Temperatur berechnet werden. Zuverlässiger als diese auf der Gültigkeit des Curie-Weißschen Gesetzes aufbauende Messung sind gewisse Verfahren, bei denen die Temperatur T aus der Gleichung $\Delta S = \Delta Q/T$ bestimmt wird. Dazu werden, von zwei verschiedenen Anfangszuständen ausgehend, zwei Entmagnetisierungsvorgänge an der gleichen Substanz bis zur gleichen Endfeldstärke durchgeführt. Da für jeden von ihnen $S = $ const, ist die Entropiedifferenz ΔS der beiden Endzustände gleich der unmittelbar meßbaren Entropiedifferenz der Anfangszustände. Der tiefer gekühlten Probe wird dann die Wärmemenge ΔQ, z. B. in Form radioaktiver Strahlung, zugeführt, bis ihre Suszeptibilität und damit auch ihre Temperatur derjenigen der wärmeren Probe entspricht. Die Messung erfolgt z. B. aus der Kraftwirkung im inhomogenen Feld oder durch Messung der Gegeninduktivität zweier Spulen. Sn, Pb und andere Supraleiter sind beim Bau der Apparatur zu vermeiden, damit die Messungen nicht durch in ihnen induzierte →Dauerströme gefälscht werden.

van Lammeren, J. A.: Technik d. tiefen Temperaturen. Berlin 1941. Amer. Inst. of Physics, Temperature, its Measurement and Control in Science and Industry. New York 1941. – *Gorter, C. J.:* Experientia 4, 453 (1948).

Temperaturrauschen →Rauschen.

Temperaturskala. Man unterscheidet empirische Temperaturskalen und die thermodynamische oder absolute Temperaturskala.

Die *empirischen Temperaturskalen* gründen sich auf eine von der Temperatur abhängige Stoffeigenschaft, vor allem die Wärmeausdehnung von *Flüssigkeiten* (→Flüssigkeitsthermometer) oder *Gasen* (→Gasthermometer). Sie werden dadurch festgelegt, daß man zwei möglichst gut reproduzierbare Temperaturen, *Fixpunkte* oder *Fundamentalpunkte* genannt, auswählt und diesen je einen Zahlenwert in der zu definierenden Skala zuordnet; dadurch ist das Skalenmaß, d. h. die Größe eines →Temperaturgrades, bestimmt, welche sich dadurch ergibt, daß man das Temperaturintervall zwischen den beiden Fixpunkten in so viele gleiche Teile aufteilt, wie die zahlenmäßige Differenz zwischen den den beiden Fixpunkten zugeordneten Zahlenwerten angibt. Der Temperaturunterschied zwischen den beiden Fixpunkten wird als *Fundamentalabstand* der Skala bezeichnet. Soweit es das der betreffenden empirischen Skala zugrunde liegende Thermometer und Temperaturmeßverfahren zuläßt, wird die Skala beiderseits der Fixpunkte nach oben und unten in dem gleichen Gradmaß extrapoliert. Damit sind die Absolutzahlenwerte der betreffenden Skala festgelegt.

Fahrenheit (1714) benutzte zunächst Weingeist als Thermometerflüssigkeit und ging später zu Quecksilber über. Beim Weingeistthermometer wählte er als Fixpunkte eine Kältemischung aus Salmiak und Eis, deren Temperatur er mit 0° bezifferte, und die normale Körpertemperatur des Menschen, die er mit 100° bezeichnete. In einer durch das Quecksilberthermometer realisierten Skala legte er den Schmelzpunkt des Eises und den Siedepunkt des Wassers als Fixpunkte fest, denen er, um mit seiner ursprünglichen Weingeistskala in Übereinstimmung zu bleiben, die Werte +32° und +212° zuordnete. Der Fundamentalabstand der Fahrenheit-Skala beträgt also 180°.

Die Fahrenheit-Skala gilt in Großbritannien heute noch als gesetzliche Temperaturskala.

Réaumur (1730) benutzte ein Thermometer mit einer Füllung von Alkohol-Wasser-Gemisch; bei der Festlegung seiner Skala ging er von der Temperaturerhöhung aus, die eine Ausdehnung seiner Thermometerflüssigkeit um $1^0/_{00}$ ihres Volumens bewirkte und die er gleich 1° setzte, und ordnete hierzu passend dem von ihm gleichfalls als Fixpunkt gewählten Eisschmelzpunkt und Wassersiedepunkt die Werte 0° bzw. 80° zu. Die Réaumur-Skala hat demnach einen Fundamentalabstand von 80°.

Celsius ging wieder zum Quecksilberthermometer über und legte eine Skala dadurch fest, daß er den Wassersiedepunkt mit 0° und den Eisschmelzpunkt mit 100° bezeichnete (1742); später kehrte *Strömer* die Bezifferung der Celsius-Skala in die noch heute gebräuchliche Form um, mit den Fixpunktwerten 0° für den Eisschmelzpunkt und 100° für den Wassersiedepunkt. Der Fundamentalabstand der Celsius-Skala beträgt also 100°: *centesimale Skala*. Später präzisierte man noch die Definitionen des Eisschmelzpunktes und Wassersiedepunktes: beide sollten bei physikalischem →Normdruck, d. h. bei 760 Torr (→Torr, →Atmosphäre, physikalische), realisiert werden, wobei beim Eisschmelzpunkt das Wasser luftgesättigt sein soll (→Dampfpunkt, →Eispunkt).

Zur genaueren Festlegung und Realisierung einer Temperaturskala werden als Füllsubstanz für Thermometer Gase verwendet. Dabei kann man bei konstantem Volumen oder konstantem Druck arbeiten, d. h. entweder den →Druckkoeffizienten oder den →Ausdehnungskoeffizienten des Gases der Skala zugrunde legen. Die gasthermometrischen Skalen beruhen auf der Anwendung des idealen →Gasgesetzes und der experimentellen Bestimmung der Abweichungen der realen Gase vom idealen Zustand. Sorgfältige Untersuchungen haben ergeben, daß Ausdehnungs- und Druckkoeffizient für dasselbe Gas ein wenig voneinander verschieden sind. Beide Koeffizienten hängen außerdem vom Druck des Gases ab und variieren von einem realen Gas zum anderen. Die Verfeinerung der Temperaturmessung verlangt deshalb genauere Festsetzungen über Art und Zustand des als thermometrische Normalsubstanz verwendeten Gases. Das Internationale Komitee für Maß und Gewicht legte 1887 für die Arbeiten des Internationalen Bureaus für Maß und Gewicht die Spannungsskala des Wasserstoffs, d. h. das Wasserstoffthermometer bei konstantem Volumen, fest, da Wasserstoff nach den damaligen Kenntnissen bei Zimmertemperatur am weitesten von seinem Kondensationspunkt entfernt war. Als Fixpunkte wurden Eisschmelzpunkt und Wassersiedepunkt festgesetzt und entsprechend der Celsius-Skala mit 0° und 100° beziffert; der Druck des zur Messung dienenden Wasserstoffs sollte bei 0° 1000 Torr betragen. Diese Internationale Wasserstoffskala bildete in der folgenden Zeit bis 1927 die Grundlage aller Präzisionsmessungen für die Temperatur. Bei höheren Temperaturen, bei denen der Wasserstoff durch die Wandungen der Thermometergefäße diffundiert, werden Stickstoff und Helium als Füllgase in der Gasthermometrie benutzt.

Die theoretische Temperaturskala der Physik ist die *thermodynamische* oder *absolute Skala*. Sie beruht auf der Anwendung des 2. →Hauptsatzes der Thermodynamik und beginnt mit dem Wert 0° am →*absoluten Nullpunkt*. Dieser wird durch einen →Carnot-Prozeß bestimmt: Arbeitet eine Carnot-Maschine zwischen zwei Temperaturen mit dem Wirkungsgrad 1, so ist die tiefere Temperatur der absolute Nullpunkt. Das Skalenmaß der thermodynamischen Temperaturskala kann auf zweierlei Weise vereinbart werden: Entweder legt man, wie es ursprünglich *Kelvin* in Anlehnung an die empirische Celsius-Skala tat, den Temperatur-*abstand* zwischen zwei Fixpunkten (z. B. Wassersiedepunkt minus Eisschmelzpunkt gleich 100°) fest, oder man ordnet, wie es schon *Amontons* (1703) oder *J. H. Lambert* (der Oberbaurat Friedrichs des Großen) und später (1939) wieder *Giauque* vorschlug, *einem* Fixpunkt einen bestimmten Zahlenwert zu. Die 9. Generalkonferenz für Maß und Gewicht hat sich 1948 für die zweite Art der Festsetzung entschieden und als definierenden Fixpunkt den →Tripelpunkt des Wassers gewählt. In der Ausdrucksweise des Comité Consultatif de Thermométrie et Calorimétrie wird diese thermodynamische Temperaturskala als *absolute* thermodynamische Skala bezeichnet zum Unterschied von der *centesimalen* thermodynamischen Skala, wie sie der früheren Kelvinschen Definition entspricht. Der Zahlenwert für den Tripelpunkt wird so gewählt, daß die Temperaturdifferenz →Dampfpunkt minus →Eispunkt den Wert 100° des Fundamentalabstandes in der Celsius-Skala und der Internationalen Temperaturskala innerhalb der erzielbaren Meßgenauigkeit behält. Für die thermodynamische Temperatur dient als Formelzeichen der Buchstabe T, als Einheit der Grad Kelvin (°K). In den USA und im Britischen Empire wird neben der Kelvin-Skala als thermodynamische Temperaturskala noch die →Rankine-Skala benutzt, deren Grad mit dem Fahrenheit-Grad übereinstimmt.

Der Carnot-Prozeß ist als idealer Vorgang nur mit gewisser Annäherung in die Wirklichkeit umzusetzen. Das ideale Gasgesetz enthält gleichfalls die thermodynamisch definierte Temperatur. Die realen Gase Wasserstoff, Stickstoff und Helium kommen in ihrem Verhalten weitgehend dem idealen Gase nahe, ihre Abweichungen vom idealen Gaszustand sind experimentell sehr genau bestimmbar. Somit gibt heute das Gasthermometer die beste Möglichkeit zur experimentellen Realisierung der thermodynamischen Temperaturskala. Die 7. Generalkonferenz für Maß und Gewicht hatte 1927 eine *Internationale Temperaturskala* (→Temperaturskala, Internationale) aufgestellt, die innerhalb der erzielbaren Meßgenauigkeit mit der thermodynamischen übereinstimmen soll. Die Internationale Skala wird durch die Zahlenwerte für sechs primäre Fixpunkte (von denen zwei die eigentlichen Fundamentalpunkte sind) und die Festlegung von drei Temperaturmeßverfahren, welche die verschiedenen Bereiche der Skala überdecken, definiert. Insofern bildet die Internationale Temperaturskala ein Bindeglied zwischen den empirischen und der thermodynamischen Skala, da sie einerseits abschnittsweise durch →Widerstandsthermometer, thermoelektrisches →Thermometer und Strahlungsthermometer (→Pyrometer) definiert wird und andererseits die definierenden Festlegungen in möglichst genauer Übereinstimmung mit der thermodynamischen

Temperaturskala getroffen sind. Die Fixpunktswerte sind gasthermometrischen Messungen entnommen worden; dabei bleibt, wie in der Celsius-Skala, der Fundamentalabstand Eispunkt-Dampfpunkt von 100° gewahrt (*centesimale Skala*). 1948 wurden entsprechend den inzwischen erreichten experimentellen Fortschritten und neuen Meßergebnissen einzelne Bestimmungsdaten der Internationalen Skala abgeändert. Die durch die Internationale Temperaturskala von 1948 definierte Temperatur soll durch das Formelzeichen t gekennzeichnet werden, ihre Einheit heißt „Grad Celsius" [°C oder „°C (Int. 1948)"] (→Temperaturskala, Internationale). Der Zusammenhang zwischen Internationaler und absoluter Temperaturskala wird über den Zahlenwert des →Wasser-Tripelpunktes $\{T_{tr}\}_{°K}$ oder des →Eispunktes $\{T_0\}_{°K} = 273{,}16$ in der thermodynamischen Skala vermittelt: $\{T\}_{°K} = 273{,}16 + \{t\}_{°C}$.

Die in Deutschland durch Reichsgesetz vom 7. 8. 1924 festgelegte *gesetzliche Temperaturskala* ist die thermodynamische, die allerdings durch die Internationale Temperaturskala für alle praktischen Messungen realisiert werden soll. Die jeweils gültigen Definitionsdaten werden vom zuständigen deutschen Staatsinstitut veröffentlicht. Entsprechend dem Beschluß der 9. Generalkonferenz für Maß und Gewicht lösten im Jahre 1950 auch in Deutschland die Festlegungen der Internationalen Temperaturskala von 1948 die der Internationalen Temperaturskala von 1927 als Grundlage der gesetzlichen Bestimmungen ab (veröffentlicht z. B. im Amtsblatt der Physikalisch-Technischen Anstalt 1950, Nr. 1, S. 3).

Comité International des Poids et Mesures. Procès-Verbaux des Séances (2) Bd. 21 (1948) S. 69 ff.; 101 ff.; Teil T. Comptes Rendus de la Neuvième Conférence Générale des Poids et Mesures, Paris 1949, S. 55 ff.; 89 ff.

Temperaturskala, Internationale, von der 7. bzw. 9. Generalkonferenz für Maß und Gewicht festgelegte Temperaturskala, welche innerhalb der heute erreichbaren Meßgenauigkeit mit der thermodynamischen Skala übereinstimmt und für alle praktischen Messungen benutzt wird (→Temperaturskala). Der Grad der Internationalen Temperaturskala wird als °C oder als °C (Int. 1948) abgekürzt. Die durch die Internationale Skala bestimmte Temperatur t wird durch die Zahlenwerte für sechs Fixpunkte bei physikalischem →Normdruck von 1 013 250 dyn/cm² definiert:

	°C (Int. 1948)
Sauerstoffsiedepunkt (→Sauerstoffpunkt) t_{O_2}	−182,970
Eisschmelzpunkt (→Eispunkt) t_0	0
Wassersiedepunkt (→Dampfpunkt) t_D	100
Schwefelsiedepunkt (→Schwefelpunkt) t_S	444,600
Silbererstarrungspunkt (→Silberpunkt) t_{Ag}	960,8
Golderstarrungspunkt (→Goldpunkt) t_{Au}	1063,0

Hierbei sind t_0 und t_D als die beiden eigentlichen Fundamentalpunkte der Skala zu betrachten; die Festlegung der übrigen vier primären Fixpunkte ist durch die die Internationale Skala erst definierenden Temperaturmeßverfahren bedingt.

Der Bereich der Internationalen Temperaturskala wird durch verschiedene fest vereinbarte Meßverfahren überdeckt:

a) Von t_0 bis t_{Sb} (→Antimonerstarrungspunkt) durch ein Platin-→Widerstandsthermometer, dessen Widerstand R_t als Funktion der Temperatur t durch die Zahlenwertgleichung $R_t = R_0(1 + A\,t + B\,t^2)$ dargestellt wird. R_0 ist der Widerstandswert beim Eispunkt t_0; die Konstanten A und B müssen aus den Widerstandswerten R_t beim Dampfpunkt t_0 und Schwefelpunkt t_S bestimmt werden. Der Reinheitsgrad des für das Widerstandsthermometer verwendeten Platins muß so hoch sein, daß $R_{t_D}/R_0 > 1{,}3910$ ist.

b) Von t_{O_2} bis t_0 durch ein gleiches Platin-Widerstandsthermometer, wobei der Widerstand R_t als Funktion der Temperatur durch die Zahlenwertgleichung $R_t = R_0[1 + A\,t + B\,t^2 + C\,(t - 100)\,t^3]$ dargestellt wird. R_0, A und B werden genau wie unter a) bestimmt. Die Konstante C ergibt sich aus dem Widerstandswert $R_{t_{O_2}}$ beim Sauerstoffpunkt t_{O_2}.

c) Von t_{Sb} bis t_{Au} durch ein Thermoelement aus Platin und einer Legierung aus 90% Platin und 10% Rhodium, dessen eine Lötstelle auf 0 °C gehalten wird, während sich die andere Lötstelle auf der zu messenden Temperatur t befindet. Diese wird durch die Zahlenwertgleichung für die Thermospannung E (in μV_{abs} zu messen) $E = a + b\,t + c\,t^2$ festgelegt. Die Konstanten a, b und c sind aus den beim Antimonpunkt t_{Sb}, beim Silberpunkt t_{Ag} und beim Goldpunkt t_{Au} gemessenen Thermospannungen E_{Sb}, E_{Ag} und E_{Au} zu bestimmen. Das zur Eichung benutzte Antimon soll so rein sein, daß seine mit dem Widerstandsthermometer [s. unter a)] gemessene Erstarrungstemperatur sich nicht kleiner als 630,3 °C ergibt. Für den Platinschenkel des Thermoelements gilt wieder die unter a) angegebene Reinheitsbedingung. Das Thermoelement soll bei t_{Au}, t_{Ag} und t_{Sb} Thermospannungen E ergeben, deren Zahlenwerte, gemessen in μV_{abs}, innerhalb folgender Grenzen liegen: $E_{Au} = 10300 \pm 50$; $E_{Au} - E_{Ag} = 1185 + 0{,}158 \cdot (E_{Au} - 10310) \pm 3$; $E_{Au} - E_{Sb} = 4776 + 0{,}631 \cdot (E_{Au} - 10310) \pm 5$.

d) Oberhalb t_{Au} durch Messung des monochromatischen Strahlungsdichte-Verhältnisses $B_{\lambda,\,t}/B_{\lambda,\,t_{Au}}$; dabei bedeuten $B_{\lambda,\,t}$ und $B_{\lambda,\,t_{Au}}$ die im Wellenlängenintervall $\lambda \ldots \lambda + \Delta\lambda$ gemessenen Strahlungsdichten, die ein schwarzer Körper bei der Temperatur t bzw. t_{Au} von der Flächeneinheit abstrahlt. Die Auswertung der Messungen soll nach dem Planckschen Strahlungsgesetz entsprechend der Zahlenwertgleichung $B_{\lambda,\,t}/B_{\lambda,\,t_{Au}} = \{\exp[c_2/\lambda\,(t_{Au} + T_0)] - 1\}/\{\exp[c_2/\lambda\,(t + T_0)] - 1\}$ erfolgen; hierin bedeutet c_2 den Zahlenwert 1,438 der zweiten →Strahlungskonstanten, gemessen in cm grad, T_0 den Zahlenwert des →Eispunktes, gemessen in °K, λ den Zahlenwert der benutzten Wellenlänge, gemessen in cm, und exp die Exponentialfunktion (für T_0 empfiehlt das Comité Consultatif de Thermométrie et Calorimétrie 1948 hier den Wert 273,15 °K). →Temperaturskala, optische.

Die physikalische Normalatmosphäre (→Atmosphäre) wird durch die Gleichung 1 atm$_n$ ≡ 760 Torr ≡ 1 013 250 dyn/cm² definiert. Als sekundäre oder Hilfsfixpunkte hat die Generalkonferenz folgende festgelegt:

	°C (Int. 1948
Sublimationspunkt der Kohlensäure bei $p_0 = 760$ Torr; $t_p = -78{,}5 + 12{,}12 \times \left(\dfrac{p}{p_0} - 1\right) - 6{,}4\left(\dfrac{p}{p_0} - 1\right)^2$	−78,5
Erstarrungspunkt des Quecksilbers	−38,87
Tripelpunkt des Wassers	0,0100

°C (Int. 1948)

Umwandlungspunkt des Natriumsulfats   32,38

Tripelpunkt der Benzoesäure   122,36

Siedepunkt des Naphthalins bei p_0 = 760 Torr: $t_p = 218,0 + 44,4 \times$

$$\times \left(\frac{p}{p_0} - 1 \right) - 19 \left(\frac{p}{p_0} - 1 \right)^2 \quad \ldots \quad 218,0$$

Erstarrungspunkt des Zinns   231,9

Siedepunkt des Benzophenons bei p_0 = 760 Torr: $t_p = 305,9 + 48,8 \times$

$$\times \left(\frac{p}{p_0} - 1 \right) - 21 \left(\frac{p}{p_0} - 1 \right)^2 \quad \ldots \quad 305,9$$

Erstarrungspunkt des Cadmiums . . .   320,9

Erstarrungspunkt des Bleis   327,3

Siedepunkt des Quecksilbers bei p_0 = 760 Torr: $t_p = 356,58 + 55,552 \times$

$$\times \left(\frac{p}{p_0} - 1 \right) - 23,03 \left(\frac{p}{p_0} - 1 \right)^2 +$$

$$+ 14,0 \left(\frac{p}{p_0} - 1 \right)^3 \quad \ldots \ldots \ldots \quad 356,58$$

Erstarrungspunkt

des Zinks 419,5

„   Antimons 630,5

„   Aluminiums 660,1

„   Kupfers (in reduziert. Atmosphäre) . 1083

„   Nickels 1453

„   Kobalts 1492

„   Palladiums 1552

„   Platins 1769

„   Rhodiums 1960

„   Iridiums 2443

„   Wolframs 3380

Die Internationale Temperaturskala wurde auf Temperaturen oberhalb des Sauerstoffpunktes t_{o_2} beschränkt. Zwischen t_{o_2} und t_0 bleiben die Abweichungen zwischen Internationaler und thermodynamischer Skala unter 0,05°. Zwischen t_0 und t_s werden diese Abweichungen nach neueren Messungen des Massachusetts Institute of Technology durch die Zahlenwertgleichung t(thermodynamisch) $- t$(International) $= \dfrac{t(\mathrm{Int})}{100} \left[\dfrac{t(\mathrm{Int})}{100} - 1 \right] \times$

$$\times \, [0{,}04217 - 7{,}481 \cdot 10^{-5} \, t(\mathrm{Int})] \text{ dargestellt.}$$

Temperaturskala, logarithmische. Für einen umkehrbaren Carnotschen Kreisprozeß, bei dem aus einem wärmeren Behälter die Wärmemenge Q_2 entnommen, einem kälteren Behälter die Wärmemenge Q_1 zugeführt wird, gilt $(Q_2 - Q_1)/Q_2 = f(t_1, t_2)$, wo t_1, t_2 die Temperaturen der Behälter in einer beliebigen Skala bedeuten. Die Art der Funktion hängt von der angenommenen Skala ab. In einer Reihe von Kreisprozessen sei nun $(Q_1 - Q_0)/Q_1 = (Q_2 - Q_1)/Q_2 = (Q_n - Q_{n-1})/Q_n = (q - 1)/q$, wo q eine zunächst willkürliche Konstante ist und die Indizes die Zahl der Temperaturgrade oberhalb einer beliebig gewählten Anfangstemperatur ϑ_0 angeben. Weiter folgt $Q_n/(Q_{n-1}) = q$ und $Q_n/Q_0 = q^n$ oder $n = (\log Q_n - \log Q_0)/\log q$ und die Temperatur $\vartheta = \vartheta_0 + n = \vartheta_0 + (\log Q_n - \log Q_0)/\log q$. Eine Skala dieses Aufbaus wird als logarithmische bezeichnet. Das Verhältnis Q_n/Q_0 ist dasselbe für alle Stoffe und kann experimentell gefunden werden. Da ϑ_0 und q willkürlich festzusetzen sind, kann ϑ ausgewertet werden. Wählt man den Eispunkt als Ausgangstemperatur ϑ_0 und gibt ϑ_0 den Zahlenwert 0, setzt man ferner fest, daß das Temperaturintervall zwischen dem Eispunkt und dem Wasserdampf-

punkt 100° umfassen soll, so muß q so gewählt werden, daß $q^{100} = Q_{\mathrm{Dampf}}/Q_{\mathrm{Eis}}$.

Da $Q_{\mathrm{Dampf}}/Q_{\mathrm{Eis}} = T_{\mathrm{Dampf}}/T_{\mathrm{Eis}}$, wenn T die Temperatur in der Kelvin-Skala ist, so besteht zwischen der Temperatur ϑ und der Temperatur T dann die Beziehung

$$\vartheta = 100 \, (\log T - \log 273{,}16)/(373{,}16 - \log 273{,}16).$$

Die Verwendung logarithmischer Skalen hat sich nicht eingebürgert, da keine Ähnlichkeit zwischen den Temperaturangaben in solchen Skalen und den gebräuchlichen Centigradskalen besteht. Sie sind jedoch geeignet, anschaulich zu machen, daß man sich, wenn z. B. die Temperatur 0,001° oberhalb des absoluten Nullpunktes der Kelvin-Skala erreicht ist, noch weit von der tiefst vorstellbaren Temperatur befindet.

Die folgende Tabelle gibt einen Vergleich der oben beschriebenen logarithmischen Skala mit der Kelvin-Skala.

Logarithmische Skala	Kelvin-Skala	Logarithmische Skala	Kelvin-Skala
$+\infty$	∞	-322	100
$+2630$	10^6	-1060	10
$+1892$	10^5	-1336	4,22
$+1154$	10^4	-1798	1
$+833$	3673	-2536	0,1
$+509$	1336	-3274	0,01
$+416$	1000	-3497	0,005
$+100$	373,16	-4012	0,001
0	273.16	$-\infty$	0

Temperaturskala, optische. Oberhalb des Goldschmelzpunktes $(t_{\mathrm{Au}} = 1063 \,°\mathrm{C})$ wird die in Deutschland seit 1924 gesetzlich eingeführte thermodynamische Skala durch Strahlungsmessungen auf Grund der für den →schwarzen Körper abgeleiteten →Strahlungsgesetze verwirklicht. Unter den verschiedenen möglichen Methoden wird eine ausgewählt, die sich durch Einfachheit und Verläßlichkeit auszeichnet, um die Temperatur in diesem Bereich zu definieren. In Übereinstimmung mit den Beschlüssen der Generalkonferenz für Maß und Gewicht vom Jahre 1927 wird die Temperatur t durch die Bezugstemperatur t_{Au} des schwarzen Körpers beim Goldschmelzpunkt aus dem gemessenen Verhältnis $B_t/B_{t_{\mathrm{Au}}}$ der Strahlungsdichten des schwarzen Körpers bei diesen Temperaturen für eine im sichtbaren Bereich gelegene Wellenlänge λ ermittelt. Wegen der Beschränkung auf den sichtbaren Bereich wird, solange $\lambda(t + 273) \lesssim 0{,}3$ cm grad ist, an Stelle der Planckschen Strahlungsgleichung die einfachere Wiensche Formel benutzt, welche für die Temperatur t die Beziehung $\ln(B_t/B_{t_{\mathrm{Au}}})$

$$= \frac{c_2}{\lambda} \left(\frac{1}{t_{\mathrm{Au}} + 273} - \frac{1}{t + 273} \right) \text{ liefert. Um die Tem-}$$

peratur eindeutig festzulegen, wurden für die Konstanten c_2 und t_{Au} die Werte $c_2 = 1{,}432$ cm grad, $t_{\mathrm{Au}} = 1063 \,°\mathrm{C}$ angenommen.

Nach den Beschlüssen der Generalkonferenz für Maß und Gewicht vom Jahre 1948 werden folgende Änderungen festgesetzt: An Stelle der Wienschen Formel tritt die Plancksche Strahlungsgleichung, so daß die Bestimmungsgleichung für t lautet:

$$\frac{B_t}{B_{t_{\mathrm{Au}}}} = \frac{e^{\frac{c_2/\lambda}{t_{\mathrm{Au}} + T_0}} - 1}{e^{\frac{c_2/\lambda}{t + T_0}} - 1} \, .$$

Die Konstante c_2 erhält den Wert 1,438 cm grad. T_0 ist die Temperatur des Eisschmelzpunktes in °K. Es bleibt $t_{Au} = 1063,0$ °C. Über die Unterschiede in den Zahlenwerten zusammengehöriger Temperaturen nach den Internationalen Skalen von 1927 und 1948 gibt die folgende Tabelle Auskunft, die unter Annahme der Werte $\lambda = 0,65 \cdot 10^{-4}$ cm, $T_0 = 273,16$ °K berechnet ist. Unter t_w werden die Temperaturen angegeben, die ebenso wie bei der Internationalen Skala 1927 nach der Wienschen Formel, aber unter Benutzung des Wertes $c_2 = 1,438$ cm grad erhalten werden.

t [°C (Int. 1948)]	t_w [°C]	t [°C (Int. 1927)]
1063,0	1063,0	1063,0
1500,0	1499,9	1502,3
2000,0	1999,7	2006,4
2500,0	2499,6	2512,1
3000,0	2999,8	3019,8
4000,0	4003,2	4043,0
5000,0	5016,8	—

Durch den schwarzen Körper und die Meßmethode ist die optische Temperaturskala bis zu beliebiger Höhe jederzeit reproduzierbar bestimmt. Um die Übereinstimmung der Skalen in den verschiedenen Laboratorien noch weitgehend zu sichern, hat man oberhalb des Goldpunktes eine Reihe von Schmelzpunkten als sekundäre Fixpunkte festgelegt. Ihre Temperaturen in der Internationalen Skala von 1948 (→Temperaturskala, Internationale) sowie die beobachteten Werte für die Verhältnisse der Strahlungsdichten bei der Wellenlänge λ sind:

	λ [10^{-4} cm]	$B_t / B_{t_{Au}}$	t [°C (Int. 1948)]
Kupfer . . .	0,6535	1,276	1083
Nickel . . .	0,6533	41,40	1453
Kobalt . . .	0,6532	54,99	1492
Palladium .	0,6530	82,81	1552
Platin . . .	0,6528	299,0	1769
Rhodium . .	0,6527	751	1960
Iridium . . .	0,6525	4380	2443
Wolfram . .	—	—	3380

Comité International des Poids et Mesures, Procès-Verbaux **21**, T 30 (Paris 1948).

Temperatursprung an Grenzflächen. In einem sehr verdünnten, von einem Wärmestrom durchflossenen Gase tritt an der Berührungsfläche mit festen Wänden ein Temperatursprung ΔT auf, der sich so auswirkt, als ob der von dem Wärmestrom innerhalb des Gases zurückgelegte Weg um eine gewisse Strecke

$$\frac{2 - \alpha}{\alpha} \, \bar{\Lambda}$$

zu vergrößern sei, wo $\bar{\Lambda}$ die mittlere freie Weglänge und α der Knudsensche →Akkommodationskoeffizient ist. Dieser Effekt wurde sowohl theoretisch als auch experimentell erstmalig von *M. von Smoluchowski* behandelt.

Auch beim Wärmeübergang durch die Berührungsfläche zweier fester Körper tritt im allgemeinen zwischen den Grenzflächen der beiden Körper ein Temperatursprung auf, der proportional zur Wärmestromdichte ist, im übrigen aber stark von der Beschaffenheit der Berührungsfläche abhängt.

Temperaturstrahler →Temperaturstrahlung.

Temperaturstrahlung, jede auf rein →thermaktinen Vorgängen beruhende Wärmestrahlung. Über die Gesetze der Temperaturstrahlung →Strahlungsgesetze.

Der ideale *Temperaturstrahler* ist der →schwarze Körper, der experimentell mit beliebiger Genauigkeit realisiert werden kann und als Strahlungsnormal eine sehr große Bedeutung hat. Andere praktisch wichtige, jedoch nichtschwarze Temperaturstrahler sind vor allem: die Metallfadenglühlampe, die Wolframband- und Wolframbogenlampe, der Kohlebogen, der Nernst- und der Auerbrenner.

Kohlrausch, F.: Prakt. Physik I. Leipzig 1950. Handb. d. Physik XIX, XX, XXI. Berlin 1928/29.

Temperaturwellen, räumlich ungedämpfte Schallwellen in flüssigem Helium II bei Temperaturen unterhalb des Sprungpunkts (2,19 °K). Sie haben ihre Ursache in der außerordentlich hohen Wärmeleitfähigkeit des superfluiden He II und unterscheiden sich von normalen Schallwellen dadurch, daß bei ihnen große Temperaturschwankungen von nur kleinen Druckschwankungen begleitet sind. Diese Temperaturwellen (second sound, →Helium flüssig und fest) bestehen gleichzeitig neben den gewöhnlichen Schallwellen und haben eine Ausbreitungsgeschwindigkeit zwischen 3 und 20 m s^{-1}.

Temperierte Stimmung →Tonskalen.

Tempern →Verfestigung.

Tempern im Magnetfeld. An allen kubisch-flächenzentrierten Fe-Ni-Co-Legierungen, deren Curie-Punkt oberhalb 500 °C liegt, bewirkt eine längere Erwärmung (Tempern) in einem magnetischen Feld bei Temperaturen über 400 °C, aber unterhalb des Curie-Punktes, daß nach Abkühlung auf Zimmertemperatur die beim Tempern angewandte Feldrichtung eine Vorzugsrichtung der Magnetisierung geworden ist. Bei Magnetisierung in dieser Richtung und der Gegenrichtung ist die →Hystereseschleife nahezu rechteckig (→Rechteckschleife). Bei Magnetisierung in Richtung senkrecht dazu tritt eine flache, bis zur Sättigung fast geradlinige Magnetisierungskurve auf mit einer viel geringeren Permeabilität als in der Vorzugsrichtung und einer kleinen relativen Remanenz. Die physikalische Ursache dieser magnetischen →Anisotropie als Folge eines Tempern im magnetischen Feld ist bisher nicht völlig geklärt.

Becker, R., u. *W. Döring:* Ferromagnetismus. Berlin 1939.

Tension, in der physikalischen Chemie und Thermodynamik oft benutztes Gleichwort für Druck, insbesondere für Dampfdruck.

Tensionsthermometer = →Dampfdruckthermometer.

Tensor. Besteht zwischen den Komponenten a_x, a_y, a_z und b_x, b_y, b_z der beiden →Vektoren $\mathfrak{a}$ und $\mathfrak{b}$ die lineare homogene Beziehung:

$$a_x = \tau_{xx} b_x + \tau_{xy} b_y + \tau_{xz} b_z,$$
$$a_y = \tau_{yx} b_x + \tau_{yy} b_y + \tau_{yz} b_z,$$
$$a_z = \tau_{zx} b_x + \tau_{zy} b_y + \tau_{zz} b_z,$$

so wird durch diese Abhängigkeit dem Vektor $\mathfrak{b}$ in jedem Raumpunkt der Vektor $\mathfrak{a}$ zugeordnet. Die in dieser *linearen Vektorfunktion* auftretenden neun Koeffizienten τ_{ik} bezeichnet man als die Komponenten eines Tensors (2. Grades) T und symbolisiert diesen durch die Matrix

$$T = \begin{pmatrix} \tau_{xx} & \tau_{xy} & \tau_{xz} \\ \tau_{yx} & \tau_{yy} & \tau_{.z} \\ \tau_{zx} & \tau_{zy} & \tau_{zz} \end{pmatrix},$$

während die Zuordnung durch $\mathfrak{a} = T\mathfrak{b}$ abgekürzt wird. In der älteren Literatur sind für T auch die Bezeichnungen *Affinor* und *Dyade* zu finden. Solche, zwei Vektoren linear miteinander verknüpfende tensorielle Größen treten in der Physik vielfach auf. Beispiele hierfür sind z. B. das →Trägheitsmoment Θ, das den Vektor der Winkelgeschwindigkeit $\mathfrak{w}$ mit dem Drehimpulsvektor $\mathfrak{N}$ verknüpft: $\mathfrak{N} = \Theta\mathfrak{w}$, weiter die →Dehnung eines elastischen Körpers, die durch einen Tensor $E(\varepsilon_{ik})$ beschrieben wird, der eine Beziehung zwischen dem Ortsvektor $\mathfrak{r}$ und dem dieser Stelle zugehörigen Verschiebungsvektor $\mathfrak{z}$ vermittelt, ferner die elastischen Spannungen u. a. m.

Ebenso wie drei beliebige Funktionen nicht immer die Komponenten eines Vektors sein können, sondern ein bestimmtes Transformationsgesetz (→Vektor) erfüllen müssen, bilden auch beliebige neun Größen nicht immer die Komponenten eines Tensors. Auch diese müssen ein gewisses Verhalten bei einer Koordinatentransformation aufweisen, und zwar ergibt sich aus der Definition des Koeffizienten einer linearen Vektorfunktion, daß sich Tensorkomponenten bei einer Koordinatentransformation wie die paarweise gebildeten Produkte der Komponenten zweier Vektoren ändern müssen. Die Gesamtheit von neun Größen, die dieses Gesetz befolgen, nennt man genauer einen *Tensor 2. Grades*. Transformiert sich ein System von Zahlen wie die dreifachen Produkte von Vektorkomponenten, so nennt man deren Gesamtheit einen *Tensor 3. Grades*. Demnach kann man einen *Vektor* als einen *Tensor 1. Grades* und einen *Skalar* als einen *Tensor 0. Grades* definieren. Tensoren sind also „höhere" Größen, und es verhält sich ein Tensor (2. Grades) zu einem Vektor, wie dieser zu einem Skalar.

Um das Transformationsgesetz für Tensorkomponenten quantitativ anzugeben, werde ein rechtwinkliges kartesisches Koordinatensystem K im dreidimensionalen Raum angenommen. Statt der üblichen Koordinatenbezeichnung x, y, z werde die folgende verwendet: $x = x_1, y = x_2, z = x_3$. Von K werde auf ein diesem gegenüber gedrehtes System $\overline{K}$ übergegangen, so daß die Transformationsgleichungen $\overline{x}_i = \sum\limits_{k=1}^{3} a_{ik} x_k$ bestehen, worin a_{ik} den cos des Winkels darstellt, den die $\overline{x}_i$-Achse mit x_k-Achse bildet. Sollen neun Größen τ_{pq} die Komponenten eines Tensors (2. Grades) sein, so müssen sie bei einer derartigen Transformation die Gleichung $\overline{\tau}_{lm} = \sum\limits_{p}\sum\limits_{q} a_{lp} a_{mq} \tau_{pq}$ erfüllen, während die Komponenten A_i eines Vektors $\mathfrak{A}$ (Tensor 1. Grades) sich nach dem Gesetz $\overline{A}_i = \sum\limits_{k} a_{ik} A_k$ ändern. Im Falle, daß man Tensoren in einem nichteuklidischen Raum betrachtet, sind diese Transformationsgleichungen zu verallgemeinern (→Vektor, kontravarianter). Es läßt sich beweisen, daß es mit oben gegebener Definition gleichwertig ist, Tensorkomponenten als die Koeffizienten invarianter Formen zu deuten, und zwar sind die Vektorkomponenten die Koeffizienten von Linearformen, die Komponenten eines Tensors 2. Grades die Koeffizienten von Bilinearformen, die Komponenten eines Tensors 3. Grades die Koeffizienten von Trilinearformen usw. Im dreidimensionalen Raum sind daher die τ_{ik} die Koeffizienten der Form $F = \tau_{xx} x^2 + 2\tau_{xy} xy +$

$+ \tau_{yy} y^2 + \cdots = $ const (wenn wieder x, y, z statt $x_1 x_2 x_3$ geschrieben wird). F stellt eine Fläche 2. Grades dar, die man als das *Tensorellipsoid* bezeichnet, obwohl keineswegs durch F immer ein Ellipsoid definiert wird. Als Bilinearform läßt sich F auf „*Hauptachsen*" transformieren, d. h. in die Form $F = \tau_1 \xi^2 + \tau_2 \eta^2 + \tau_3 \zeta^2$ überführen, in der ξ, η, ζ die Koordinaten eines rechtwinkligen, gegen das Koordinatensystem K (x, y, z) gedrehten Koordinatensystems sind, in dem die gemischten Glieder verschwinden, also die Komponenten τ_{ik} mit $i \neq k$ gleich Null werden. Die Richtungen der ξ, η, ζ-Achse heißen die Hauptachsen des Tensors, der nun nur noch die drei nichtverschwindenden Komponenten τ_1, τ_2, τ_3 hat, die *Tensorhauptkomponenten* heißen. Sie besitzen die Eigenschaft, daß ihre Summe gegenüber jeder Koordinatentransformation invariant ist: $\tau_1 + \tau_2 + \tau_3 = \tau_{xx} + \tau_{yy} + \tau_{zz}$. Dieser Ausdruck [= Summe der Diagonalglieder der Matrix $T(\tau_{ik})$] heißt die *Spur* des Tensors und stellt die lineare →Tensorinvariante dar.

Im allgemeinen werden die neun Tensorkomponenten voneinander unabhängig sein. Bei den in der Physik auftretenden Tensorgrößen bestehen aber für jene vielfach die Symmetriebeziehungen $\tau_{ik} = \tau_{ki}$ oder $\tau_{ik} = -\tau_{ki}$. Im ersten Fall ist die aus den gleiche Indizes tragenden Gliedern gebildete Diagonale „Symmetrieachse" der Matrix (τ_{ik}), weshalb man von einem *symmetrischen Tensor* spricht. Ein solcher hat nur sechs voneinander unabhängige Komponenten. Im Fall, daß $\tau_{ik} = -\tau_{ki}$ gilt, müssen die Diagonalglieder verschwinden, und von den verbleibenden sechs Komponenten sind je zwei bis auf das Vorzeichen einander gleich. Es verbleiben also nur drei voneinander unabhängige Komponenten, und die Matrix nimmt die Form

$$T = \begin{pmatrix} 0 & \tau_{xy} & \tau_{xz} \\ -\tau_{xy} & 0 & \tau_{yz} \\ -\tau_{xz} & -\tau_{y} & 0 \end{pmatrix}$$

an, weswegen man auch von einem *schiefsymmetrischen Tensor* spricht.

Die Tatsache, daß im dreidimensionalen Raum ein schiefsymmetrischer Tensor (2. Grades) zufällig schon durch drei Komponenten bestimmt ist, führte dazu, ihn durch einen Vektor zu ersetzen, dessen Komponenten mit den drei unabhängigen Tensorkomponenten übereinstimmen. Heißt der Vektor etwa $\mathfrak{T}$, so setzt man $T_x = \tau_{yz}$, $T_y = \tau_{xz}$, $T_z = \tau_{xy}$. Durch die Darstellung einer schiefsymmetrischen Tensorgröße durch einen Vektor geht indessen der Tensorcharakter verloren, und so kommt es, daß vielfach physikalische Größen als Vektoren bezeichnet werden, die tatsächlich schiefsymmetrische Tensoren sind. Als Beispiel hierfür seien genannt das →Vektorprodukt $\mathfrak{C} = [\mathfrak{A}\mathfrak{B}]$ zweier Vektoren $\mathfrak{A}$ und $\mathfrak{B}$, das nicht, wie fast durchweg in der Literatur angegeben, ein Vektor, sondern der schiefsymmetrische Tensor

$$\mathfrak{C} = \begin{pmatrix} 0 & A_x B_y - A_y B_x & A_x B_z - A_z B_x \\ A_y B_x - A_x B_y & 0 & A_y B_z - A_z B_y \\ A_z B_x - A_x B_z & A_z B_y - B_z A_y & 0 \end{pmatrix}$$

ist. Seine drei unabhängigen Komponenten $C_x = A_y B_z - A_z B_y$, $C_y = A_z B_x - A_x B_z$, $C_z = A_x B_y - A_y B_x$ werden als die Komponenten des „Vektors" $\mathfrak{C} = [\mathfrak{A}\mathfrak{B}]$ angesehen. Die allgemeine Form der Komponenten des schiefsymmetrischen Tensors ist $C_{ik} = A_i B_k - A_k B_i$. Ein anderes Beispiel stellt die →Rotation eines Vektors dar, die ebenfalls ein schiefsymmetrischer Tensor 2. Grades mit den drei Komponenten

$$R_{ik} = \frac{\partial A_i}{\partial x_k} - \frac{\partial A_k}{\partial x_i}$$ ist. Hier gilt das gleiche wie beim Vektorprodukt.

Die Zufälligkeit, daß ein schiefsymmetrischer Tensor 2. Grades gerade drei unabhängige Komponenten besitzt, ist nur auf den dreidimensionalen Raum beschränkt. Im n-dimensionalen Raum besitzt ein Tensor 2. Grades n^2 Komponenten. Ist er schiefsymmetrisch, so sind nur $\frac{1}{2}(n^2 - n)$ $= \frac{n(n-1)}{2}$ von ihnen unabhängig, und diese Anzahl stimmt mit der Dimensionszahl n des Raumes nur für $n = 3$ überein.

Die symmetrischen und schiefsymmetrischen Tensoren sind nicht, wie es vielleicht auf den ersten Blick scheinen könnte, spezielle Tensoren, vielmehr läßt sich jeder beliebige Tensor stets als Summe aus diesen beiden darstellen, wie sofort aus der Aufspaltung einer beliebigen Tensorkomponente τ_{ik} in $\tau_{ik} = \frac{\tau_{ik} + \tau_{ki}}{2} + \frac{\tau_{ik} - \tau_{ki}}{2}$ hervorgeht. Dieser Satz, daß ein beliebiger Tensor $T = T_s + T_u$ immer als Summe aus einem symmetrischen Tensor T_s und einem unsymmetrischen Tensor T_u darstellbar ist, verlangt, daß man die Verknüpfung zweier Tensoren durch Addition einen Tensor nennt, dessen Komponenten gleich der Summe der entsprechenden Komponenten der beiden Summanden ist. Daß dies tatsächlich zu einem neuen Tensor führt, folgt unmittelbar aus dem Transformationsgesetz.

Die Regeln, nach denen das Rechnen mit Tensoren zu geschehen hat, legt der *Tensorkalkül* fest. Die elementaren Verknüpfungen (Addition, Subtraktion und Multiplikation) behandelt die *Tensoralgebra*, während die *Tensoranalysis* die „Differentialrechnung der Tensoren" ist. →Vektor, kontravarianter, →Verjüngung.

Lagally, M.: Vektorrechnung. Leipzig 1945. – *Lohr, E.:* Vektor- u. Dyadenrechnung. Berlin 1939. – *Valentiner, S.:* Vektoranalysis. Samml. Göschen 354. Berlin 1938. – *Rothe, R.:* Tensorrechnung. Wien 1924. – *Sommerfeld, A.:* Vorl. über theoret. Physik II. Leipzig 1949. – *Weyl, H.:* Raum, Zeit u. Materie. Berlin 1918. – *Eddington, A.S.:* Relativitätstheorie. Berlin 1925. – *Schouten, J.A.:* Der Ricci-Kalkül. Berlin 1924. – *Levi-Civita:* Der abs. Differentialkalkül. Berlin 1928.

Tensordichte →Dichte (math.).

Tensorinvarianten. Ein →Tensor (2. Grades) wird als der Inbegriff von neun Größen (= Tensorkomponenten) bezeichnet, die sich bei einer Koordinatentransformation wie die paarweisen Produkte der Komponenten zweier Vektoren verhalten. Diese Forderung, die die Tensorkomponenten erfüllen müssen, läßt nicht nur nicht zu, daß beliebige Systeme von neun Zahlengrößen einen Tensor bilden, sondern verknüpft gewisse Komponenten desselben zu Invarianten. Man kann zeigen, daß ein Tensor

$$T = \begin{pmatrix} \tau_{xx} & \tau_{xy} & \tau_{xz} \\ \tau_{yx} & \tau_{yy} & \tau_{yz} \\ \tau_{zx} & \tau_{zy} & \tau_{zz} \end{pmatrix}$$

drei derartige Invarianten hat, und zwar ist es seine „*Spur*" (→Tensor), d. i. die Summe der drei Diagonalglieder $J_1 = \tau_{xx} + \tau_{yy} + \tau_{zz}$, die lineare Tensorinvariante heißt. Die zweite Tensorinvariante J_2 ist der quadratische Ausdruck $J_2 = \tau_{xx}\tau_{yy} + \tau_{yy}\tau_{zz} + \tau_{zz}\tau_{xx} - \tau_{xy}\tau_{yx} - \tau_{xz}\tau_{zx} - \tau_{yz}\tau_{zy}$, des-

sen drei letztere Glieder bei einem symmetrischen Tensor, definiert durch $\tau_{ik} = \tau_{ki}$, in die Quadrate der „gemischten" Komponenten übergeht. Weiterhin läßt sich zeigen, daß auch die Determinante $\|\tau_{ik}\|$ der Matrix (τ_{ik}) einen vom Koordinatensystem unabhängigen Wert besitzt. Jene bildet die dritte Tensorinvariante

$$J_3 = \|\tau_{ik}\| = \tau_{xx}\tau_{yy}\tau_{zz} + \tau_{xy}\tau_{yz}\tau_{zx} + \tau_{xz}\tau_{yx}\tau_{zy} - \tau_{zx}\tau_{yy}\tau_{zz} - \tau_{xy}\tau_{yz}\tau_{zx} - \tau_{zz}\tau_{yx}\tau_{xy}.$$

Alle drei Invarianten lassen sich geometrisch deuten.

Sommerfeld, A.: Vorl. über theoret. Physik II. Leipzig 1949.

Tensorkraft, spinabhängiger Anteil der Wechselwirkungsenergie zwischen zwei Nukleonen vom Typ

$$S(12) = \frac{3\,(\vec{\sigma}_1\,\mathfrak{r})\,(\vec{\sigma}_2\,\mathfrak{r})}{r^2} - (\vec{\sigma}_1\,\vec{\sigma}_2)\,,$$

$\vec{\sigma}$ = Spinvektor $\mathfrak{r} = \mathfrak{r}_1 - \mathfrak{r}_2$ = gegenseitiger Abstand. →Kernkräfte, →symmetrische Theorie der Elementarteilchen.

Rosenfeld, L.: Nuclear Forces. Amsterdam 1948.

Tephigramm →Adiabatenpapier.

Tera- abgek. T-; →Vorsatzsilben.

Term, Bezeichnung der Eigenwerte des →Energieoperators (*Energieeigenwerte*) eines Atoms. Sie geben also die quantenmechanisch möglichen Energiestufen des Atoms an. Die Spektrallinien ergeben sich aus ihnen mit Hilfe der Bohrschen →Frequenzbedingung und der →Auswahlregeln.

Termbezeichnungen →Termsymbole.

Termindizes. Gehört zu der Symmetriegruppe eines quantenmechanischen Systems die →Inversion (die Atome gestatten z. B. die Inversion am Atomkern), so gehört zu den Termen eine Darstellung der Inversionsgruppe, d. h. die Eigenfunktionen multiplizieren sich +1 oder −1 bei Anwendung des Operators der Inversion. Im ersten Falle nennt man die Terme *gerade*, im zweiten *ungerade*. Man bringt an den Termsymbolen die Indizes g bzw. u an. →Auswahlregeln.

Termkombinationen, die Differenz zweier →Terme, also zweier Energieeigenwerte eines Atoms oder Moleküls.

Termrasse. Zu jedem →Term als Energieeigenwert gehört ein →Eigenraum, in dem die →Symmetriegruppe eine irreduzible →Darstellung erfährt. Die Rasse eines Termes ist durch diese Darstellung gegeben. Die →Termsymbole sind also die Kennzeichen seiner Rasse. →Aufbauprinzip.

Termschema (*Energie-, Niveauschema*) eines Atoms, eine graphische Darstellung der →Energieeigenwerte, d. h. der möglichen Energiewerte eines Atoms. Aus dem Termschema und der →Bohrschen Frequenzbedingung unter Benutzung der →Auswahlregeln ergeben sich die Spektrallinien. Man ordnet in dem Termschema der Übersichtlichkeit halber die Terme nach ihren Symmetrieeigenschaften, d. h. nach ihrer →Multiplizität und ihrem Drehimpuls. Die Terme gleicher Multiplizität faßt man zu Termsystemen zusammen, z. B. →Zweielektronensystem, →Heliumspektrum. Die Terme gleicher Drehimpulsquantenzahl und verschiedener Hauptquantenzahl des Leuchtelektrons werden meist untereinander aufgetragen; →Alkalispektren. Die Abb. 1 bis 4 zeigen eine Reihe von Termschemata, die ohne weitere Erklärung ver-

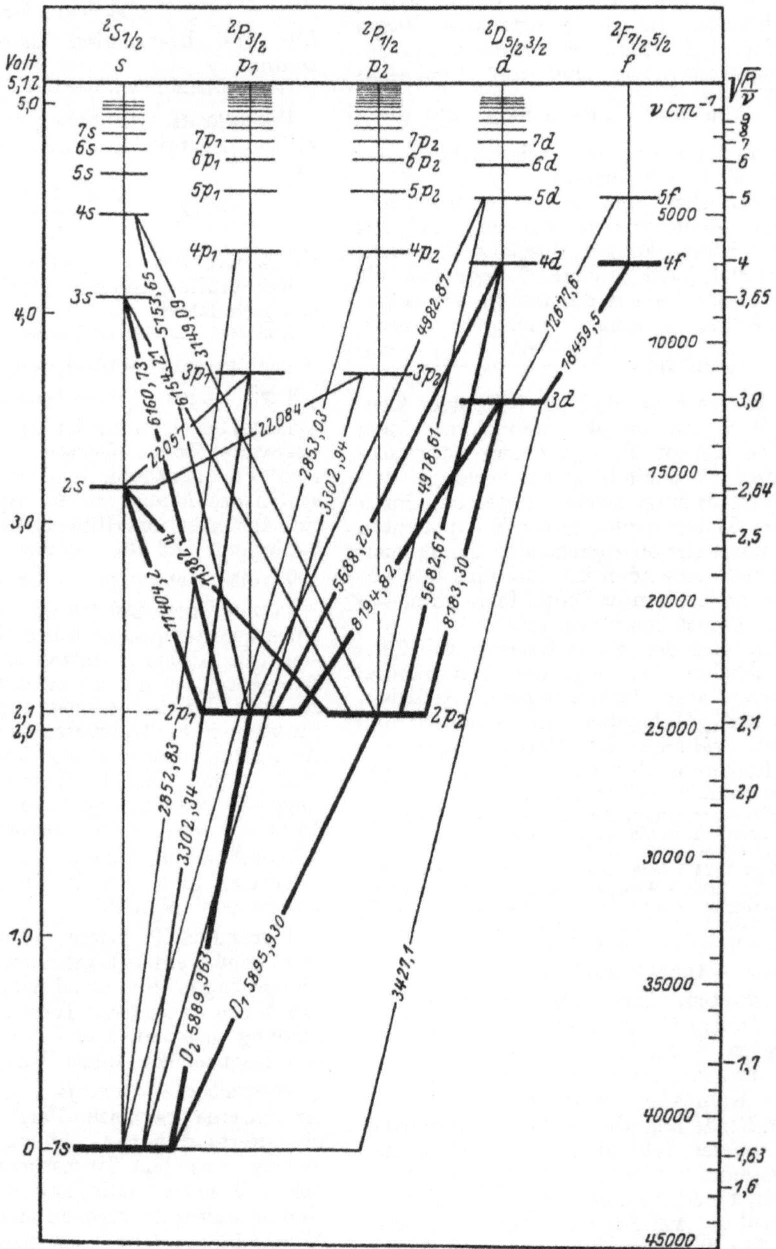

Abb. 1. Termschema des Natriums. Nach *Grotrian*.

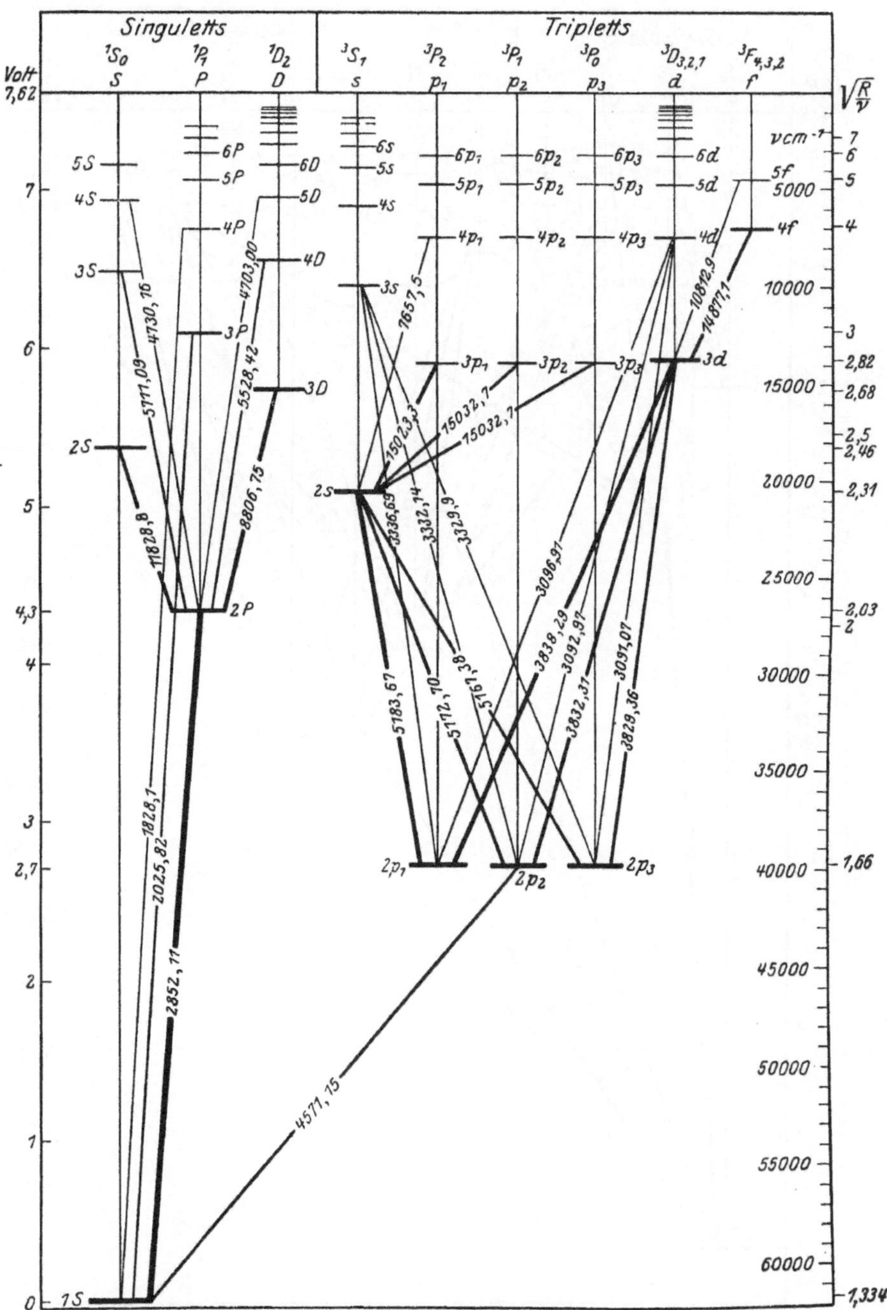

Abb. 2. Termschema des Magnesiums. Nach *Grotrian*.

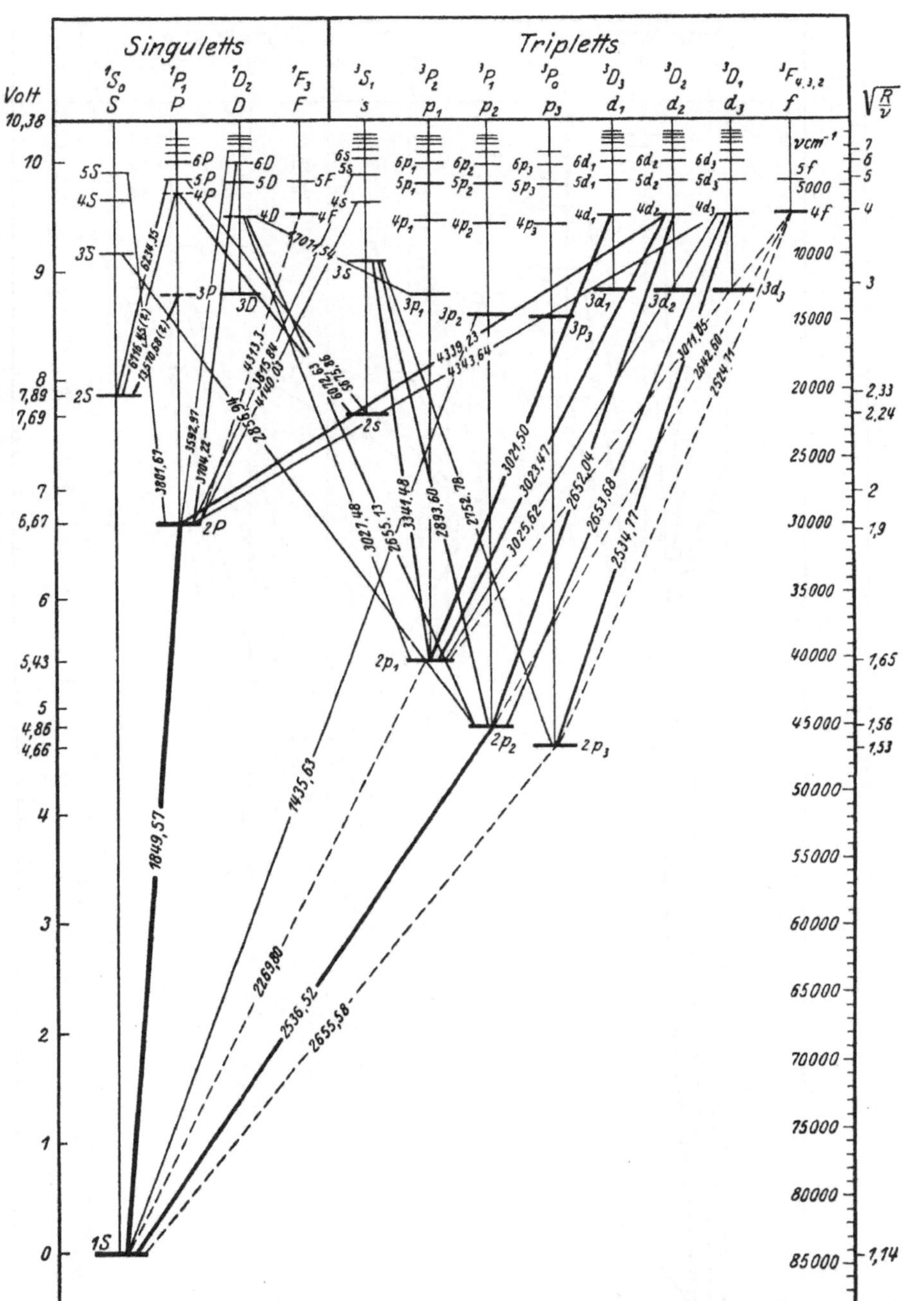

Abb. 3. Termschema des Quecksilbers. Nach *Grotrian*.

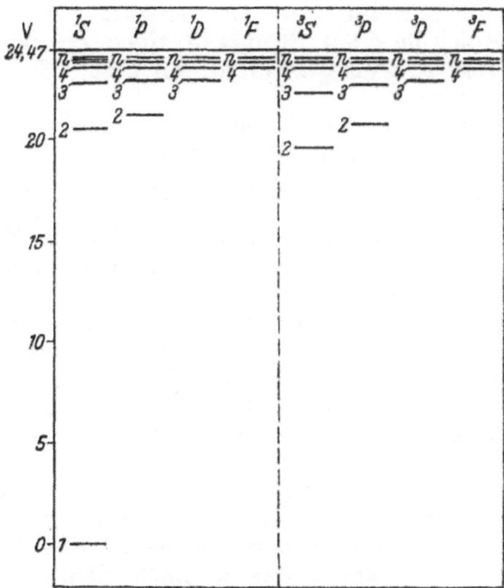

Abb. 4. Termschema des Heliums.

ständlich sind, wenn man die Bedeutung der Termsymbole und →Elektronenkonfigurationen beachtet. →Termschema der Röntgenspektren.

Grotrian, W.: Graphische Darstellung d. Spektren. Berlin 1928.

Termschema der Röntgenspektren. Die Gesetzmäßigkeiten der Röntgenspektren (→*charakteristische Röntgenstrahlung*) lassen sich in ähnlich einfacher Weise wie diejenigen des Wasserstoffspektrums mit Hilfe der *Bohrschen Theorie* des Atombaues verstehen. Die Frequenz ν einer Spektrallinie oder die Wellenzahl $\tilde{\nu} = 1/\lambda$ läßt sich als Differenz zweier Terme darstellen. So gilt z. B. für die Linien der K-Serie des Elementes von der Ordnungszahl Z die einfache Beziehung

$$\tilde{\nu} = R(Z - B)^2 \left(\frac{1}{1^2} - \frac{1}{n^2} \right)$$

mit $n = 2, 3, 4$ usw. Bis auf die →*Abschirmungszahl B* ist diese Beziehung ebenso gebaut wie diejenige, welche die Wellenzahlen der →*Lyman-Serie* des Wasserstoffspektrums darstellt. Für die Wellenzahlen der L-Serie der Röntgenspektren, dem Analogon zur →*Balmer-Serie* des Wasserstoffes, gilt die Beziehung

$$\tilde{\nu} = R(Z - B)^2 \left(\frac{1}{2^2} - \frac{1}{n^2} \right)$$

mit $n = 3, 4, 5, 6$ usw. In der Theorie der Spektren ist n die *Hauptquantenzahl*. Für die K-Serie ist die Abschirmungszahl $B = 1$, und zwar für alle Elemente. Für die L-Serie einer großen Anzahl von Elementen ist mit guter Näherung $B = 3,5$. R ist die →*Rydberg-Konstante*. Diese Gleichungen lassen sich durch Umformen aus dem →*Moseleyschen Gesetz* ableiten.

Die Darstellung einer Wellenzahl durch die Differenz zweier Terme legt eine graphische Veranschaulichung durch ein *Niveauschema* nahe. Abb. 1 gibt ein vereinfachtes Niveauschema für die Röntgenspektren aller Elemente wieder, wobei der besseren Übersichtlichkeit halber die Abstände maßstäblich nicht ganz richtig gezeichnet sind.

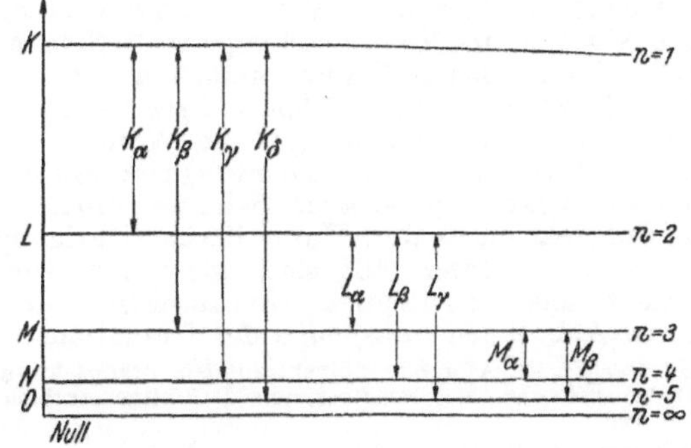

Abb. 1. Vereinfachtes Niveauschema der Röntgenspektren.

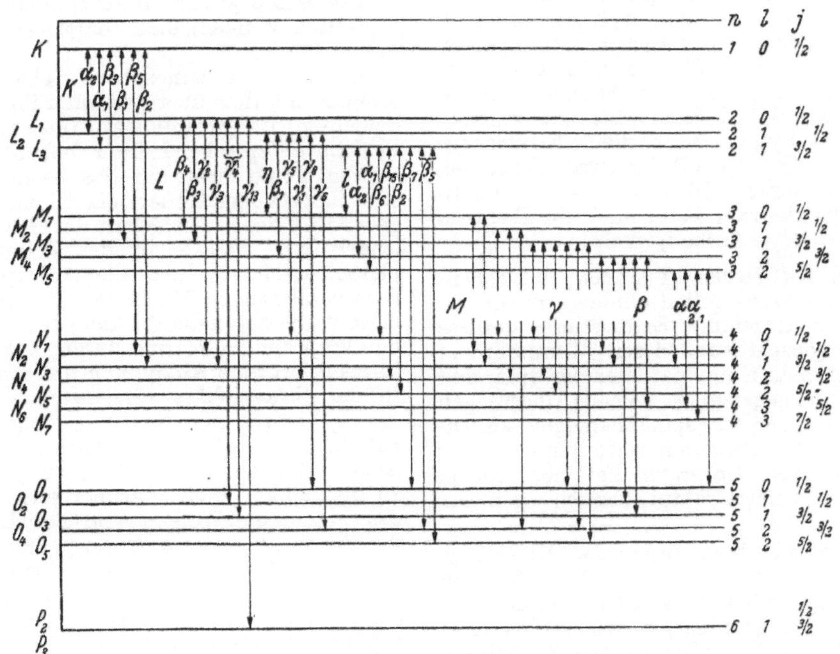

Abb. 2. Vollständiges Niveauschema von Uran.

Aus diesem Schema lassen sich unmittelbar die folgenden Kombinationsregeln ablesen, wenn unter K_α die Frequenz für die K_α-Linie, unter K_β die Frequenz für die K_β-Linie usw. verstanden wird:

$$K_\beta = K_\alpha + L_\alpha,$$
$$K_\gamma = K_\alpha + L_\beta = K_\beta + M_\alpha,$$
$$L_\beta = L_\alpha + M_\alpha,$$
$$K_\gamma = K_\alpha + L_\alpha + M_\alpha \text{ usw.}$$

Bei genauer Untersuchung der Röntgenspektren zeigt es sich, daß sich nicht alle im Spektrum beobachteten Linien durch Gleichungen von der Art der oben für die Wellenzahl $\tilde\nu$ angegebenen darstellen lassen. Die Energieniveaus (Abb. 1) müssen vielmehr, vom K-Niveau abgesehen, unterteilt werden. Zu der Hauptquantenzahl n müssen weitere Quantenzahlen hinzukommen. So trägt z. B. die Quantenzahl l der Annahme Rechnung, daß im (Bohrschen) Atommodell neben den Kreisbahnen der Elektronen, die durch die Hauptquantenzahl n voneinander unterschieden werden, noch Ellipsenbahnen bestimmter Exzentrizität möglich sind. Die Anzahl der Ellipsenbahnen folgt aus der Forderung, daß $l = 0$ für $n = 1$, $l = 0$ oder 1 für $n = 2$ usw. sein muß. Die Quantenzahl l bewirkt also eine Verdoppelung des L-Niveaus, eine Verdreifachung des M-Niveaus usw., während das K-Niveau einfach bleibt.

Die Quantenzahl s trägt dem →Spin des Elektrons Rechnung. Sie kann nur die Werte $+1/2$ und $-1/2$ annehmen. Die innere Quantenzahl j stellt die Vektorsumme aller Bahndrehimpulse l und Spinvektoren s dar. Unter Berücksichtigung der →Auswahlregeln läßt sich damit für jedes Element das vollständige Niveauschema darstellen. Abb. 2 zeigt dasjenige des Uranatoms.

Sommerfeld, A.: Atombau u. Spektrallinien. Braunschweig 1944. — *Siegbahn, M.:* Spektroskopie d. Röntgenstrahlen. Berlin 1931.

Termsymbole. Die →Terme eines Atoms werden durch Symbole $^{2S+1}X_J$ charakterisiert. Dabei bedeutet $2S + 1$ die →Multiplizität mit S als Quantenzahl des gesamten Spindrehimpulses. J ist die Quantenzahl des Gesamtdrehimpulses, j für denjenigen *eines* Elektrons. Für X tritt auf $S, P, D, F, \ldots$, falls die Bahndrehimpuls-Quantenzahl $L = 0, 1, 2, 3, \ldots$ ist. Oft schreibt man vor dieses Symbol noch die →Elektronenkonfiguration, z. B. $(2p^2\,3d)$ für zwei Elektronen mit der Hauptquantenzahl $n = 2$ und der Bahndrehimpuls-Quantenzahl $l = 1$ und ein Elektron mit $n = 3$, $l = 2$. →Aufbauprinzip.

Termsystem der Kerne. Für das Nukleonensystem des Atomkerns gelten ähnliche Bedingungen wie für die Atomhülle. Es existieren gewisse diskrete Energiezustände, deren Termordnung durch die möglichen Kombinationen der Spin- und Bahndrehimpulse gegeben ist. Je nach Überwiegen der spinunabhängigen oder spinabhängigen →Kernkräfte liegt →Russel-Saunders-Kopplung oder →jj-Kopplung vor. Im ersten Fall herrscht im Kern eine →Multiplettstruktur, ähnlich wie in der Atomhülle.

Termsysteme, nichtkombinierende. Übergänge zwischen Termen verschiedener Multiplizität sind (näherungsweise) verboten, so daß die Terme, nach ihrer Multiplizität geordnet, nichtkombinierende Systeme bilden, z. B. →Ortho- und Parhelium. →Auswahlregeln.

Termtemperatur, die Temperatur, die Atome oder Moleküle eines Stoffes in einen bestimmten mittleren Anregungszustand versetzt oder versetzen würde.

Terrella →Nordlichttheorie.

Terrestrisches Fernrohr →Erdfernrohr.

Terrestrische Strahlung. Im Wellenlängenbereich von 3 bis $>100\,\mu$ sendet die Erdoberfläche unabhängig von der Bedeckungsart schwarze Strahlung aus. Die Atmosphäre liefert von oben die *Gegenstrahlung G* in den Wellenlängen, wo absorbierende Medien emittieren (Abb.). Das sind insbesondere: →Wasserdampf von 4 bis $8,5\,\mu$ und von 13 bis $150\,\mu$, CO_2 von 13 bis $16\,\mu$, O_3 von 9,3 bis $10\,\mu$ und schließlich, sofern vorhanden, Wolken als schwarze Strahler. Die fast im ganzen Bereich nahezu schwarze Gegenstrahlung von H_2O und CO_2 bewirkt, daß die Erdoberfläche bei wolkenlosem Himmel eine *effektive Ausstrahlung* $B = \sigma T^4 - G$ nur in dem „Fenster" von 8,5 bis $13\,\mu$ abgeben kann, das je nach dem Dampfgehalt der Atmosphäre breiter oder enger ist.

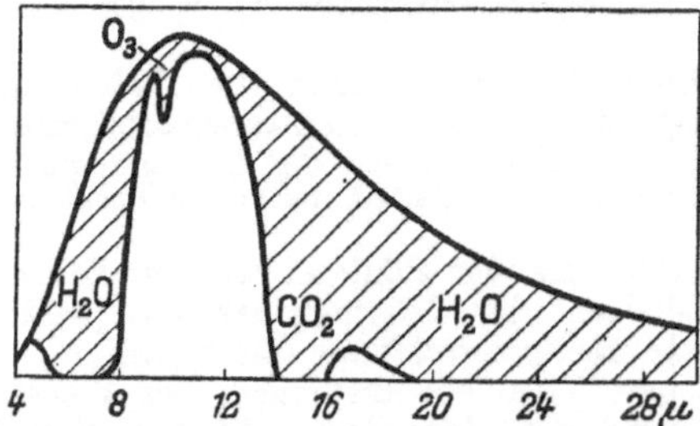

Wellenlängenabhängigkeit der Gegenstrahlung (schraffiert) und effektiven Ausstrahlung (weiße Fläche) bei einer Erdbodentemperatur von 280 °K.

Hierfür gelten die empirischen Formeln von $\mathring{A}ng$-ström $B = \sigma T^4 (0,21 + 0,174 \cdot 10^{-0,055\,\varepsilon})$ oder Brunt $B = \sigma T^4 (0,52 - 0,069\,\sqrt{\varepsilon})$, wo ε der Dampfdruck am Boden, gemessen in Torr, ist. Wolkendecken setzen je nach ihrer Höhenlage B auf das 0,14- (tiefe Wolken), 0,23- (mittlere) oder 0,80fache (hohe) herab.

In der freien Atmosphäre steht jedes Volumelement mit allen über und unter ihm befindlichen Schichten im Strahlungsaustausch, wobei jede Schicht entsprechend ihrer höheren oder niedrigeren Temperatur auf das betrachtete Volum strahlungspendend oder -entziehend wirkt; maßgebend ist dabei der Gehalt der Schicht an strahlender bzw. der Gehalt des Volums an absorbierender Materie und die Absorption des dazwischenliegenden Mediums. Insgesamt gibt auf diese Weise durch die Wirkung des Wasserdampfes die Troposphäre Wärme durch Ausstrahlung ab; es resultiert eine Abkühlung um etwa 1° je Tag; in der Stratosphäre verschwindet die Wirkung des H_2O wegen zu geringen Dampfgehaltes. Dafür hat die Kohlensäure wahrscheinlich eine kräftige Ausstrahlungswirkung von 1 bis 2° je Tag zwischen 15 und 30 km Höhe, darüber setzt die Wirkung des →Ozons ein. Wolken vergrößern im allgemeinen die Wärmeabgabe der Atmosphäre, können aber an ihrer Unterseite durch Aufnahme der wärmeren Erdbodenstrahlung auch erwärmend wirken. Messungen aller dieser Effekte in der freien Atmosphäre liegen fast nicht vor.

Linke, F., u. *F. Möller:* Handb. d. Geophysik VIII. Berlin 1943.

Terzsieb →Oktavsieb.

Terzverwandtschaft besteht zwischen zwei Tonarten, die in ihrem Grunddreiklang zwei gemeinsame Töne besitzen: z. B. C-dur zu a-moll einerseits (Moll-Parallele) und zu e-moll andererseits (Mediante). Auch E-dur wird (als Dominante zur Moll-Parallele) im weiteren Sinne als terzverwandt zu C-dur bezeichnet. Quintverwandtschaft (ein gemeinsamer Ton) besteht von C-dur zu G-dur (Dominante) und zu F-dur (Subdominante).

Tesla-Lumineszenz. Legt man an eine auf etwa 10^{-2} Torr evakuierte Glasröhre die hochfrequente Spannung eines Tesla-Transformators, so erhält man eine elektrodenlose Ringentladung. Diese vermag →Leuchtstoffe, welche sich innerhalb der Glasröhre befinden, zu einer sehr intensiven Leuchterscheinung, der Tesla-Lumineszenz, anzuregen. Die Ursache für die große Intensität ist wohl die verschiedenartige Zusammensetzung der erregenden Strahlung. Neben Elektronen verschiedener Geschwindigkeiten ist auch violette und ultraviolette Lichtstrahlung vorhanden. →Lumineszenz.

Tesla-Ströme, hochfrequente Ströme hoher Spannung. Ihre Erzeugung erfolgt mittels Hochfrequenzschwingkreisen und Transformation (→Tesla-Transformator). Bei hohen Spannungen kann man Sprüherscheinungen von beträchtlichen Abmessungen erzielen. Die Tesla-Ströme sind für den menschlichen Körper trotz der hohen Spannung ungefährlich. Nach *Nernst* beruht das darauf, daß die erzwungenen Schwingungsamplituden der Ionen in den Zellen wegen der hohen Frequenz so klein sind, daß die Ionen ihren Ort in der Zelle nur sehr wenig ändern, also keine Zellschädigungen eintreten.

Müller-Pouillet: Lehrb. d. Physik IV/1. Braunschweig 1932.

Tesla-Transformator dient zur Erzeugung sehr hochgespannter, hochfrequenter Wechselströme (→Tesla-Ströme). Die Sekundärklemmen eines Induktoriums I werden von einer aus wenigen Windungen bestehenden Spule A überbrückt, in deren Inneren sich eine lange, aus sehr vielen Windungen bestehende Spule B befindet (Abb.).

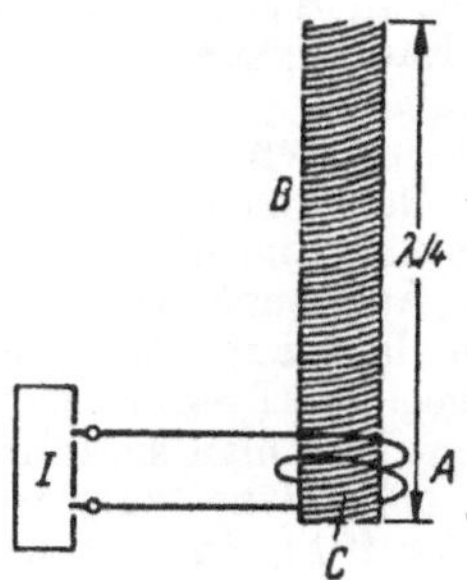

Tesla-Transformator.

Durch die Transformatorwirkung treten an der Spule B sehr hohe Spannungen auf, so daß die Spule (*Tesla-Spule*) anfängt, Funken zu sprühen, die zwischen den Windungen und zur Erde überspringen. Wesentlich ist, daß sich eine stehende elektrische Spulenwelle ausbildet, bei der die Maximalspannung in der Entfernung $\lambda/4$ von der Erregungsstelle C auftritt (λ Wellenlänge).

Handb. d. Experimentalphysik X. Leipzig 1930.

Physikalisches Wörterbuch II.

Tesserales Kristallsystem = kubisches Kristallsystem, →Kristallklassen.

Testplatten →Objektivprüfverfahren.

Tetartoedrie →Meroedrie.

Tetraeder, Vierflächner aus vier gleichen gleichseitigen Dreiecken, die spezielle Form {111} der Kristallklassen 23 und 23n (Abb.). Es sind zwei

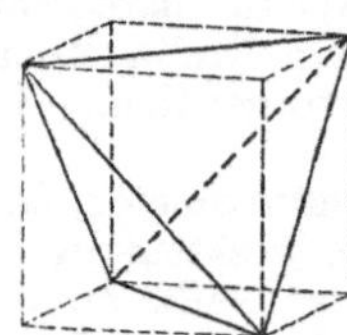

Tetraeder in seiner kristallographischen Lage gegenüber dem Würfel.

Stellungen möglich, das *rechte* Tetraeder {111} und das dazu inverse *linke* {1̄1̄1̄} oder {11̄1̄}. Sog. rhombische und tetragonale Tetraeder sind →Bisphenoide.

Tetraedervalenz des Kohlenstoffs →Valenzzustände.

Tetragyre = vierzählige →Drehungsachse.

Tetrakishexaeder = →Pyramidenwürfel.

Textur, der Inbegriff der Orientierung der Körner in vielkristallinen Stoffen oder der höheren Struktureinheiten (→Mizellen) in hochpolymeren Stoffen, insbesondere Faserstoffen. Wechselt die Orientierung regellos von Einheit zu Einheit, so spricht man von regelloser Orientierung, sind dagegen bestimmte Orientierungen bevorzugt vertreten, so spricht man von Textur im eigentlichen Sinne. In kristallinen Stoffen treten Texturen auf nach plastischer Verformung (→Plastizität) (*Verformungstexturen: Walztextur, Ziehtextur* usw.) und nach → Rekristallisation (*Rekristallisationstexturen*). Im allgemeinen sind mehrere Orientierungen bevorzugt vorhanden (*Mischtexturen*) und auch benachbarte Orientierungen noch mit merklicher Häufigkeit vertreten. Die Häufigkeitsverteilung der einzelnen Orientierungen wird meist in stereographischer Projektion durch sog. *Poldiagramme* dargestellt. Unter geeigneten Bedingungen kann die Orientierung in allen Einheiten dieselbe sein; ein kristalliner Stoff ist dann geometrisch ein Einkristall, physikalisch jedoch nicht, da immer noch die Korngrenzen mit ihren besonderen Eigenschaften vorhanden sind. Besteht Symmetrie bezüglich einer Achse, so spricht man von *Fasertexturen*, da diese Texturen an Faserstoffen zuerst beobachtet und untersucht wurden (*M. Polanyi*). Varianten der Fasertexturen sind die *Kegeltexturen* und die *Spiralfasertexturen*. Parallele Anordnung blättchen- oder tafelförmiger Kristallite ergibt *blättrige* Textur. Von der Bildung von Texturen rührt auch die Bezeichnung *Wachstumstextur* her.

Die Bestimmung der Texturen erfolgt mit Hilfe der Röntgeninterferenzen, welche sie durch ihre Intensitätsverteilung unmittelbar widerspiegeln. Art und Vollkommenheit einer Textur lassen sich durch die Art der Verformung und Wärmebehandlung weitgehend beeinflussen, wodurch die physikalischen, insbesondere die mechanischen und magnetischen Eigenschaften der Werkstoffe in weitem Umfange verändert werden können.

Häufig wird für Textur auch die Bezeichnung *Struktur* gebraucht, das aber der Anordnung *atomarer Teilchen* im Kristallgitter vorbehalten bleiben sollte.

Glocker, R.: Materialprüfung mit Röntgenstrahlen. Berlin-Göttingen-Heidelberg 1950.

34

T³-Gesetz, Debyesches, →Zustandsgleichung, kalorische, II.

T⁴-Gesetz = Stefan-Boltzmannsches Gesetz, →Strahlungsgesetze.

th, Symbol für das kalorische Energiemaß thermie. →Kalorie.

Thallofidzelle, ein →Halbleiterphotowiderstand. Als Halbleiter dient Tl_2S; die photoelektrische Wirksamkeit wird durch den Einbau von Sauerstoff in das Tl_2S-Gitter hervorgerufen. →Ultrarotphotozelle.

Thalpothasimeter sind Thermometer, deren Anzeige auf dem Druck des gesättigten Dampfes einer Flüssigkeit beruht. Das Gefäß eines solchen Thermometers ist je nach der zu messenden Temperatur mit einer leichter oder schwerer siedenden Flüssigkeit teilweise gefüllt. Die Flüssigkeit steht unter ihrem eigenen Sättigungsdruck, der durch ein Verbindungsrohr auf ein Manometerzeigerwerk übertragen wird. Die Übertragung wird dadurch möglich, daß ein Teil der Flüssigkeit des Tauchkörpers in die niedriger temperierte Leitung hinüberdestilliert und diese und auch die Manometerfeder anfüllt. Man hat es also mit einer rein hydrostatischen Übertragung des Drucks vom Tauchkörper auf das Zeigerwerk zu tun, die von der Art und von der Temperatur der Übertragungsflüssigkeit vollkommen unabhängig ist. Man verwendet für Temperaturen von $+35$ bis $+180°C$ Äther, oberhalb 360 bis $+750°C$ Quecksilber als Füllflüssigkeit.

Theorem der übereinstimmenden Zustände →korrespondierende Zustände.

Theorema egregium →Gaußsche Krümmung.

therm →British thermal unit.

Thermaktin heißen Strahlungsvorgänge, wenn die ausgestrahlte Energie lediglich aus der Wärmeenergie des strahlenden Körpers stammt und die durch Absorption aufgenommene Energie lediglich in Wärme umgewandelt wird. Die auf thermaktinen Vorgängen beruhende Strahlung heißt Temperaturstrahlung. Im Gegensatz dazu stehen die als →Lumineszenz bezeichneten Arten der Lichtemission.

thermie, abgek. th, →Kalorie.

Thermikschlauch →Konvektion in der Atmosphäre.

Thermionen, aus glühenden, besonders mit Spuren von Alkalielementen verunreinigten Metallen austretende Ionen. Die Emission eigener Ionen ist beobachtet z. B. an Cr, Mo, W, Rh, Ta; sie tritt nicht auf an Fe, Ni, Cu, Ag, Au, Pt, Zr, Pd, Sb und den Alkalien und Erdalkalien. Die Verdampfung von Metall*atomen* überwiegt die der Ionen; bei W kommt *ein* Ion auf etwa 2000 bis 4000 verdampfende Metallatome. →Kunsman-Anode, →Ionisation an glühenden Metallen.

Thermische Analyse →Analyse, thermische.

Thermische Bewegung, die statistisch ungeordnete, lediglich auf der Temperatur der Körper beruhende Bewegung ihrer Moleküle, im Gegensatz zu der Bewegung, die diese nur auf Grund einer Bewegung des Körpers als Ganzes ausführen.

Thermische Eigenschaften eines Körpers oder eines Systems nennt man die →Temperaturkoeffizienten ihrer Zustandsgrößen, z. B. für ein homogenes System: der thermische Ausdehnungskoeffizient als Maß der Veränderlichkeit des Volumens mit der Temperatur bei gegebenem Druck; der Spannungskoeffizient als Maß der Veränderlichkeit des Drucks mit der Temperatur bei gegebenem Volumen; die spezifische Wärme als Maß der Veränderlichkeit des Energieinhalts oder Wärmeinhalts mit der Temperatur; für ein Zweiphasensystem z. B. der Temperaturkoeffizient des Sättigungsdrucks.

Thermische Ionisierung oder *Temperaturionisation* eines Gases erfolgt, wenn bei hoher Temperatur die Atome oder Moleküle genügend kinetische Energie besitzen, um ionisierende Zusammenstöße auszuüben. Die so entstehenden Ionen und Elektronen setzen sich in thermisches Gleichgewicht mit dem Gas und ionisieren ihrerseits nunmehr mit größerer Ausbeute. Der Ionisierung wirkt die mit steigender Trägerkonzentration anwachsende Rekombination entgegen, so daß sich ein bestimmter Ionisierungsgrad (Verhältnis der ionisierten zur Gesamtzahl der Atome) einstellt. Nach den Gesetzen der chemischen Kinetik läßt sich aus der Reaktion

$$A + eU_i \rightleftarrows A^+ + e^-,$$

wobei die Ionisierungsarbeit eU_i die Rolle der Wärmetönung übernimmt, der Zusammenhang von Ionisationsgrad x, Gasdruck p und Temperatur T berechnen:

$$\frac{x^2}{1-x^2}\, p = \frac{(2\pi m)^{3/2}}{h^3}(kT)^{5/2}\, e^{-\frac{eU_i}{kT}}$$

(*Eggert-Saha-Formel*). In molekularen Gasen ergeben sich durch die thermische Dissoziation rechnerisch erfaßbare Komplikationen, ebenso in Gasgemischen. Bei Berücksichtigung der thermischen Anregung tritt in der Eggert-Saha-Formel im Nenner der rechten Seite die →Plancksche Zustandssumme hinzu, wodurch der Ionisationsgrad kleiner wird. Erst bei Temperaturen von einigen 1000 °C vermag die thermische Ionisation nennenswerte Ionendichten zu liefern. Sie spielt daher nur bei der Flammenleitung, der Hochdruckentladung und vor allem in der Sonne und den Fixsternen eine bedeutende Rolle. Im Inneren der letzteren sind die Atome ihrer Elektronenhüllen ganz oder teilweise beraubt. Ferner →Plasma.

Thermische Leitfähigkeit →Wärmeleitung, →Temperaturleitfähigkeit, →Halbleiter.

Thermische Nachwirkung bei Thermometern →Thermometerglas.

Thermische Neutronen. Die bei Kernprozessen frei werdenden Neutronen haben meist eine beträchtliche Geschwindigkeit und sind daher zunächst für die Auslösung solcher Kernprozesse, die nur durch langsame Neutronen ausgelöst werden, nicht geeignet (→Kernspaltung). Um sie zu verlangsamen, läßt man sie durch einen Stoff laufen, der lose gebundene Wasserstoffatome enthält (Wasser, Paraffin), da sie durch die Zusammenstöße mit den fast genau gleich schweren Protonen am schnellsten Energie und Impuls austauschen und auf thermische Geschwindigkeit (d. h. die mittlere Geschwindigkeit der Moleküle bei Zimmertemperatur) abgebremst werden (→Neutronenbremsung). Man nennt sie dann thermische Neutronen. Ferner →Moderator.

Thermische Winde. Unter dem Einfluß der Untergrundbeschaffenheit und Geländegestaltung wird tagsüber die Luft über manchen Stellen der Erdoberfläche mehr erwärmt als in der Nachbarschaft, z. B. über Land mehr als über See, in Taleinschnitten mehr als über dem vorgelagerten freien Gelände, die Luft an Berghängen mehr als die benachbarte hangferne Luft. Die dabei auf den Flächen gleichen Luftdruckes entstehenden Dichtegradienten bewirken (nicht→geostrophische) Luftbewegungen vom Kalten zum Warmen, d. h. bei Tage von See her, vom Tal zum Berg oder hangaufwärts, während in der Höhe darüber die entgegengerichtete Kompensationsströmung herrscht. Bei Nacht wehen als Folge der entgegengesetzten Temperaturverteilung die (meist nur schwachen und flachen) entgegengesetzten Stromsysteme des Landwindes, Bergwindes und Hangabwindes, wieder mit ihren Kompensationsströmungen in der Höhe.

Hann, J., u. *R. Süring:* Lehrb. d. Meteorologie, 6. Teil. Leipzig 1939. — *Koschmieder, H.:* Kleinräumige Luftbewegungen. Leipzig 1944.

Thermitreaktion →Aluminothermie.

Thermobatterie, eine →Thermosäule, die praktisch als Spannungsquelle in Frage kommt. Die Thermobatterie von *Gülcher* (Abb.) besteht aus

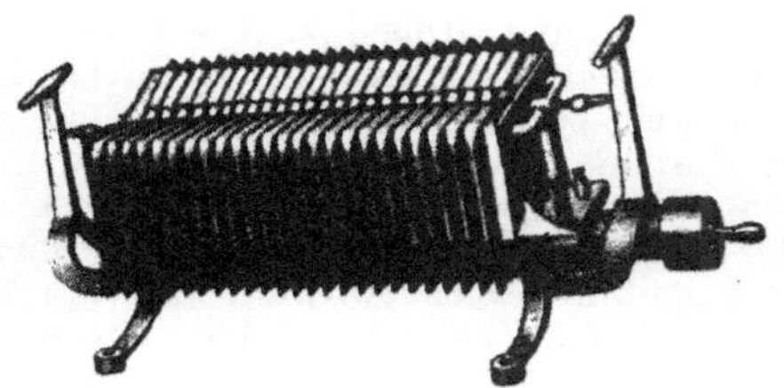

Thermobatterie nach *Gülcher.*

64 hintereinander geschalteten Elementen aus Ni und einer antimonhaltigen Legierung, wird mit Gas geheizt und liefert eine Spannung von 4 V bei einem inneren Widerstand von 0,65 Ω.

Thermochemie, die Lehre 1. von den Wärmewirkungen der chemischen Vorgänge, 2. von den chemischen Wirkungen der Wärme.

Der erste Teil behandelt die *Wärmemengen,* die bei chemischen Vorgängen aus der gebundenen chemischen Energie frei werden oder aufgenommen werden, um die gebundene chemische Energie zu erhöhen. Das beherrschende Prinzip ist hier der 1. →Hauptsatz der Thermodynamik. Seine speziellen thermochemischen Folgerungen sind das Gesetz der konstanten Wärmesummen (→ Heßsches Gesetz) und die Definition der →Wärmetönung.

Der zweite Teil enthält eine *thermodynamische* und eine *kinetische* Aufgabe. Erstere besteht im Studium der →chemischen Gleichgewichte. Das Grundprinzip ist zunächst, soweit es sich um die Temperaturabhängigkeit des Gleichgewichts handelt, der 2. →Hauptsatz der Thermodynamik. Die Berechnung der absoluten Lage des Gleichgewichts führt einen Schritt weiter; sie wird durch den 3. →Hauptsatz der Thermodynamik ermöglicht. Damit ist die thermodynamische Aufgabe im Prinzip gelöst.

Die *kinetische* Aufgabe der Thermochemie, die Beherrschung der →Reaktionsgeschwindigkeiten auf Grund der kinetischen Wärmetheorie, ist bisher erst recht unvollkommen gelöst.

Eucken, A.: Grundriß d. Physikal. Chemie. Leipzig 1948.

Thermochemische Kalorie, abgek. cal_{thermochem}, →Kalorie.

Thermodiffusion, Entmischungseffekt zweier Gase oder Flüssigkeiten in einem Temperaturgefälle, in Flüssigkeitsgemischen unter dem Namen *Soret-Phänomen* bekannt. In Gasen wurde er von *Chapman* und *Enskog* theoretisch vorhergesagt (1917) und experimentell von *Chapman* und *Dootson* (1917) nachgewiesen.

In Maxwells strenger Theorie, in der sich die Moleküle mit Kräften umgekehrt proportional zur 5. Potenz ihrer Entfernung abstoßen, verschwindet der Thermodiffusionseffekt in Strenge. Erst bei Annahme allgemeinerer Kraftgesetze tritt er in Erscheinung. Die aus der kinetischen Gastheorie zu gewinnenden allgemeinen Ergebnisse sind recht kompliziert. Nimmt man speziell an, daß die Moleküle starre Kugeln sind, so lassen sich in binären Mischungen folgende einfache Zusammenhänge formulieren: 1. Wenn die Massen der beiden Molekülarten sehr verschieden sind, so wandert das schwerere Molekül nach den Stellen tieferer Temperatur; 2. wenn die Molekülmassen nahezu gleich sind, so streben die Moleküle mit dem größeren Stoßdurchmesser nach den Stellen tieferer Temperatur. Sind die Moleküle „weich", d. h. ist der Stoßquerschnitt zweier stoßender Moleküle eine Funktion ihrer Relativgeschwindigkeit, so gelten diese Regeln noch näherungsweise, der Entmischungseffekt wird aber allgemein kleiner als für starre Moleküle.

Der Entmischungseffekt infolge Thermodiffusion ist verhältnismäßig klein. Quantitativ beschreibt man den Thermodiffusionsvorgang vermittels des *Thermodiffusionsverhältnisses* α. Für den totalen Diffusionsstrom in der x-Richtung (mol cm^{-2} s^{-1}) der einen Komponente eines binären Gemisches gilt:

$$j_x = -n\,D\left[\frac{d\gamma}{dx} + \alpha\,\gamma\,(1-\gamma)\,\frac{1}{T}\,\frac{dT}{dx}\right].$$

Dabei bedeuten n die Gesamtkonzentration (mol cm^{-3}), D den Diffusionskoeffizienten (cm^2 s^{-1}), γ den einen Molenbruch und T die abs. Temperatur. Aus $j_x = 0$ ergibt sich die Entmischung im stationären Zustand. Für starre Kugelmoleküle liefert die Gastheorie im Falle sehr kleiner Durchmesser- und Massenverschiedenheit (Masse M mit dem Molenbruch γ und Masse m mit dem Molenbruch $1-\gamma$ und den Stoßdurchmessern S bzw. s) folgende Beziehung:

$$\alpha = 0{,}89\,\frac{M-m}{M+m} + 0{,}34\,\frac{S-s}{S+s}\;.$$

Experimentell findet man $\alpha(H_2/N_2) \approx 0{,}3$, $\alpha(N_2/O_2) \approx 0{,}02$, $\alpha(^{84}Kr/^{86}Kr) \approx 0{,}005$. Für das Flüssigkeitsgemisch n-Hexan/n-Oktan ist $\alpha \approx 0{,}6$, für C_6H_6/C_6D_6 $\alpha \approx 0{,}2$. In allen Fällen reichert sich in Übereinstimmung mit der Theorie die zweitgenannte (schwerere) Komponente an der kalten Seite an.

Praktisch ist die Thermodiffusion wichtig für die Stoff-, insbesondere die →Isotopentrennung. Dazu muß die kleine elementare Entmischung durch das Gegenstromverfahren vervielfältigt werden. Dies geschieht im *Trennrohr* (*Clusius-Dickel* 1938), einem vertikalen, außen gekühlten Rohr mit axialem Heizdraht: Das radiale Temperaturgefälle bewirkt Thermodiffusion und sorgt zugleich für das Entstehen des Gegenstromes (Abb.). Der optimale Trennrohrradius beträgt theoretisch: $r = \sqrt[3]{610\,TD\eta/(g\varrho\varDelta T)}$, wo η die Viskosität, ϱ die Gasdichte, g die Fallbeschleunigung und $\varDelta T$ die Temperaturdifferenz bedeuten. Praktisch hat man $r^* \approx 0{,}5$ cm. Der →Trennfaktor eines Rohres der Länge H beträgt $\gamma_u(1 - \gamma_0)/\gamma_0(1 - \gamma_u) = \exp(H/H^*)$. Darin bezeichnet γ_u bzw. γ_ι den Molenbruch am unteren bzw. oberen Ende, und die optimale „Trennlänge" H^* beträgt: $H^* \approx 2{,}1\ r^*T/(\varDelta T\,\alpha)$. Ungefähr in der Zeit $\tau = H^2/(\pi^2\,D)$ stellt sich der Endzustand ein. Mit einem 36 m langen Rohr konnten die Chlorisotopen ^{35}Cl/^{37}Cl in Form von HCl innerhalb von 30 Tagen weitgehend getrennt werden.

Trennrohr (schematisch).

Chapman, S., u. *T. G. Cowling:* The Mathem. Theory of Nonuniform Gases. Cambridge 1939. — *Fleischmann, R.*, u. *H. Jensen:* Das Trennrohr. Erg. exakt. Naturwiss. **20** (1942).

Thermodiffusionskoeffizient, eine den Thermodiffusionseffekt in Gasmischungen charakterisierende Größe. In einer Mischung zweier Gase 1 und 2 lautet die Formel für den totalen Diffusionsstrom (mol cm^{-2} s^{-1}) der Komponente 1 im Temperaturgefälle: $-nD_T$ grad ln T, wo n die Gesamtmoldichte (mol cm^{-3}), T die abs. Temperatur und D_T der Koeffizient der Thermodiffusion ist. D_T hat dieselbe Dimension wie der gewöhnliche Diffusionskoeffizient D, kann aber sowohl positives wie negatives Vorzeichen haben, während D stets positiv ist. Meist rechnet man mit dem Thermodiffusionsverhältnis α, das in folgender Beziehung zu D_T steht:

$$\alpha\,\gamma(1 - \gamma) = D_T/D,$$

wo γ einer der Molenbrüche ist.

Thermodiffusionspotential →thermoelektrischer Homogeneffekt.

Thermodiffusionsverhältnis →Thermodiffusion.

Thermodynamik, hat ihren Ausgang von der physikalischen Untersuchung der Umwandlungsmöglichkeit von Wärme in Arbeit in Wärmekraftmaschinen genommen. Dieser Zweig der Forschung ist heute zur *technischen Thermodynamik* weiterentwickelt. Darüber hinaus ist aber im Laufe der letzten 100 Jahre aus der Thermodynamik eine Disziplin geworden, die große Teile der physikalischen Erscheinungen und das Gebiet der chemischen und elektrochemischen Gleichgewichte beherrscht, nämlich alle diejenigen Gebiete, in denen Arbeits- und Wärmewirkungen die ausschlaggebende Rolle spielen.

Drei Wege stehen der Forschung offen: Man kann von den Bewegungen der kleinsten Teilchen der Materie (seien sie kräftefrei, seien sie von Kraftfeldern bestimmt) ausgehen, also die Wärmeerscheinungen auf mechanische und elektrische Vorgänge an einer großen Anzahl kleinster Teilchen zurückführen unter Anwendung der Methoden der Statistik. Dies ist der Weg der *kinetischen Theorie der Wärme.* Diese ist, wenn sie von speziellen Annahmen über das Verhalten der klein-sten Teilchen ausgeht, imstande, das thermodynamische Verhalten einzelner Systeme, z. B. die Zustandsgleichung und Gesetzmäßigkeiten der spezifischen Wärme eines Stoffes, zu deuten, soweit nicht mathematische Schwierigkeiten dem entgegenstehen. Sie ist dagegen nicht in der Lage, die für alle Körper geltenden thermodynamischen Gesetze abzuleiten. Sieht man, um zu diesen Gesetzen zu gelangen, von den speziellen Eigenschaften der Körper ab und beschränkt sich auf die *eine* wichtigste Voraussetzung, daß Wärme auf Bewegung beruht, so beschreitet man den Weg der *statistischen Theorie der Wärme.*

Die *allgemeine Thermodynamik* schließlich verzichtet völlig auf bestimmte Annahmen über das Wesen der Wärme und damit auf eine *Deutung* des Verhaltens der Körper. Sie leitet aus zwei sehr allgemeinen Erfahrungstatsachen, dem *1. und 2. Hauptsatz der Thermodynamik,* auch *Energiesatz* und *Entropiesatz* genannt, allgemeine Sätze der Physik und Chemie ab und gelangt daraus unter Zuhilfenahme von der Erfahrung entnommenen Gesetzmäßigkeiten (z. B. Zustandsgleichung, Abhängigkeit der spezifischen Wärme von den Zustandsvariablen) und Größen (z. B. Wärmetönung einer chemischen Reaktion) zu Aussagen über das Verhalten spezieller physikalischer und chemischer Systeme.

Sowohl die statistische Behandlung wie der Weg der allgemeinen Thermodynamik vermögen nur die Lage von Gleichgewichten und ihre Verschiebung mit den Zustandsvariablen anzugeben. Befindet sich ein System nicht im Gleichgewicht, so können diese Methoden nur etwas über die Richtung des Vorganges aussagen, der zum Gleichgewicht führt (→irreversibler Vorgang). Die kinetische Theorie dagegen kann auch Aussagen über die Geschwindigkeit machen, mit der solche Vorgänge verlaufen (→Reaktionsgeschwindigkeit).

Planck schreibt, diese Methoden gegeneinander abwägend: „Die erste (die kinetische Theorie der Wärme) greift am tiefsten hinein in das Wesen der betrachteten Vorgänge, sie wäre daher, wenn sie sich exakt durchführen ließe, jedenfalls als die vollkommenste zu bezeichnen... Am fruchtbarsten hat sich bisher eine dritte Behandlung der Thermodynamik (die allgemeine Thermodynamik) erwiesen."

Ferner →Relativitätsthermodynamik.

Literatur: Die Lehrbücher der theoretischen Physik.

Thermodynamik im Atomkern. Ein angeregter schwerer Atomkern läßt sich in seinem Verhalten quantitativ verstehen als erhitztes Neutronengas, welches auf den Raum $V = \dfrac{4\pi}{3}\,R^3$ mit $R = R_0 A^{1/3}$ und $R_0 = 6{,}7\,\hbar/(Mc) = 1{,}4 \cdot 10^{-13}$ cm eines Potentialtopfs von der Tiefe $V_0 \approx 33$ TME beschränkt ist und demzufolge als stark entartetes Fermigas zu behandeln ist (A Massenzahl). Bei einer Anregungsenergie E_A wird angenommen, daß diese Energie statistisch über alle Freiheitsgrade verteilt ist, woraus eine Anregungstemperatur T resultiert, auf die der Kern erhitzt ist.

Bei der Temperatur $T = 0$ befindet sich der Kern im Grundzustand und alle Teilchen füllen die niedrigsten Teilchenzustände mit Impulsen $|\mathfrak{p}| \leq P$ auf. Da jede Phasenzelle h^3 mit je einem Proton und einem Neutron beider Spinrichtungen, also insgesamt mit vier Teilchen besetzt werden kann, beträgt ihre Verteilung im Impulsraum

$$\int_0^P dn = \int_0^P \frac{4V}{h^3}\, d\mathfrak{p}, \qquad d\mathfrak{p} = 4\pi\, \mathfrak{p}^2\, d\mathfrak{p}.$$

Teilchenzahl ($=$ Massenzahl) A und kinetische Energie E_k resultieren hieraus zu

$$\frac{A}{V} = \frac{16\pi}{3}\left(\frac{P}{h}\right)^3, \qquad E_k = \int dn\, \frac{\mathfrak{p}^2}{2M} = \frac{3}{5}A\zeta,$$

$$\zeta = \frac{P^2}{2M}.$$

P ist der Maximalimpuls, also der Radius der Fermi-Impulskugel, und ersichtlich durch die Teilchendichte A/V bestimmt. Der Faktor 3/5 entsteht durch die Mittelung über $\mathfrak{p}^2$, und $\zeta - v_0$ ist die Maximalenergie eines Teilchens. Für einen Kern von $A = 100$ Teilchen wird

$$\zeta - V_0 = 25 - 33 = -8 \text{ TME}.$$

Die Erwärmung eines solchen Fermigases auf die Temperatur T wirkt sich in der Weise aus, daß in einem Energiebereich der Größenordnung kT um ζ herum die Teilchen um einen Energiebetrag kT angeregt werden, so daß die Gesamtenergie $E = A(\frac{3}{5}\zeta - V_0)$ zu ergänzen ist um ein Glied, das quadratisch von kT abhängt. Der genaue Wert entspricht nach der Fermistatistik

$$E_{\text{ges}} = A\left\{-V_0 + \frac{3}{5}\zeta\left[1 + \frac{5\pi^2}{12}\left(\frac{kT}{\zeta}\right)^2\right]\right\},$$

woraus für den Zusammenhang zwischen Anregungsenergie und Temperatur folgt:

$$E_A = \frac{\pi^2}{4}\frac{(kT)^2}{\zeta}.$$

Bei $A = 100$ und $E_A = 8$ TME ist $kT \approx 1$ MeV, also $T \approx 10^{10}$ Grad. Die thermodynamischen Größen wie spezifische Wärme und Entropie berechnen sich hieraus einfach zu

$$C = \frac{dE}{dT} = kA\,\frac{\pi^2}{2}\,\frac{kT}{\zeta}, \qquad S = \int_0^T C\,\frac{dT}{T} = C,$$

in unserem Zahlenbeispiel zu $S \approx 20\,k$. Hieraus läßt sich nach der Boltzmannschen Beziehung $S = k \ln W$ die Zahl der Realisierungsmöglichkeiten eines thermodynamischen Zustandes mit $W = e^{S/k} \approx 0.5 \cdot 10^9$ abschätzen.

Diese thermodynamischen Entwicklungen lassen sich auf verschiedene Fragestellungen anwenden: Die Wahrscheinlichkeit je s für die elastische Streuung eines Neutrons berechnet sich naiv aus der reziproken Zeit, die das Neutron zum Durchqueren des Kerns braucht, also $\gamma = 3\,v/R$ mit v als der Neutronengeschwindigkeit im Kern. Nimmt man jedoch an, daß das einfallende Neutron zunächst seine Energie in die Erwärmung des Kerns umsetzt, so stellt die elastische Streuung, bei der sich die ursprüngliche Energie wieder auf ein Neutron konzentriert, nur einen der insgesamt W möglichen Zustände dar und reduziert γ somit auf $\gamma = 3\,v/(RW)$. Allerdings ist W im allgemeinen um etwa einen Faktor 1500 kleiner, da infolge der gültigen Auswahlregeln für Drehimpuls, Spin und Ladung nicht alle dieser 10^9 Zustände wirklich erreichbar sind. Mit $W = 0.3 \cdot 10^6$ beträgt die Austrittswahrscheinlichkeit für ein langsames Neutron ($E_A = 8$ TME) im Kern somit

$$\gamma = 3\sqrt{\frac{2E}{M}}\Big/(RW)$$

$$= 3\sqrt{\frac{16}{1000}}\,\frac{E}{W}\,\frac{1}{1.4 \cdot 10^{-13}} \approx \frac{2 \cdot 10^{20}}{W} \approx 10^{15}\ \text{s}^{-1}.$$

Weiter berechnet sich die Anzahl der Kernzustände in einem Energieintervall dE_A zu

$$dW = de^{S/k} = e^{S/k}\,\frac{dS/k}{dE_A}\,dE_A,$$

und umgekehrt beträgt also der mittlere Abstand zwischen zwei Energieniveaus

$$\bar{\varepsilon} = \frac{dE_A}{dW} = \frac{kT}{W} \approx \frac{1\ \text{MeV}}{0.3 \cdot 10^6} \approx 3\ \text{eV}.$$

Schließlich läßt sich die Neutronenverdampfung eines Kerns bei gegebener Anregungsenergie E_A bzw. Temperatur T berechnen, indem man sich den erhitzten Kern im Temperaturgleichgewicht von einem Neutronengas umgeben vorstellt, dessen Dichte dadurch gegeben ist, daß gleich viele Neutronen in den Kern gleichzeitig ein- und austreten. Die Bedingung hierfür lautet, daß die freien Enthalpien je Neutron vom Neutronengas und vom Kern gleich groß sind, also

$$f_{\text{Gas}} = -kT \ln\left[\frac{2V}{N}\left(\frac{2\pi\,M\,kT}{h^2}\right)^{3/2}\right],$$

$$f_{\text{Kern}} = E_B - \frac{\pi^2}{4}\frac{(kT)^2}{\zeta}, \qquad E_B = \frac{3}{5}\zeta - V_0.$$

Aus dieser Bedingung folgt schließlich für die Verdampfungswahrscheinlichkeit je s eines Neutrons in das Energieintervall dE bei einer Anregungstemperatur T

$$N(E)\,dE = \frac{8\pi^2 R^2}{h^3}\,M E\,dE\; e^{-\frac{E}{kT}-\frac{|E_B|}{kT}-\frac{\pi_2}{4}\frac{kT}{\zeta_0}}$$

und die zugehörige Gesamtwahrscheinlichkeit für Neutronenemission, also unelastische Streuung:

$$\gamma_{\text{unel}} = \frac{8\pi^2 R^2\,M(kT)^2}{h^3}\,e^{-\frac{|E_B|}{kT}} \qquad \text{wegen} \qquad \frac{\pi^2}{4}\frac{kT}{\zeta} \ll 1.$$

Diese Ableitungen verlaufen durchaus im gleichen Sinne wie diejenigen der Richardson-Gleichung für Emission von Elektronen aus Metallen.

Heisenberg, W., u. *W. Macke*: Theorie des Atomkerns. Göttingen 1951.

Thermodynamische Funktionen. Der 1. und 2. Hauptsatz der Thermodynamik liefern eine Reihe von Differentialbeziehungen zwischen den Zustandsvariablen und -funktionen, die auf *Helmholtz*, *Maxwell* und *Gibbs* zurückgehen. Ist T die abs. Temperatur, p der Druck und v das Volumen des Systems, seien mit U seine innere Energie, mit I seine Enthalpie, mit S seine Entropie, mit F seine freie Energie und mit G sein thermodynamisches Potential bezeichnet, und bedeute n_i die Anzahl Mole des i-ten Stoffes im System, so gilt:

$$\left(\frac{\partial U}{\partial S}\right)_{v,\,n_i} = T, \quad \left(\frac{\partial U}{\partial v}\right)_{S,\,n_i} = -p, \quad \left(\frac{\partial U}{\partial n_i}\right)_{S,\,v,\,n_j} = \mu_i,$$

$I = U + pv:$

$$\left(\frac{\partial I}{\partial S}\right)_{v,\,n_i} = T, \quad \left(\frac{\partial I}{\partial p}\right)_{S,\,n_i} = v, \quad \left(\frac{\partial I}{\partial n_i}\right)_{S,\,p,\,n_j} = \mu_i,$$

$F = U - TS:$

$$\left(\frac{\partial F}{\partial T}\right)_{v,\,n_i} = -S, \quad \left(\frac{\partial F}{\partial v}\right)_{T,\,n_i} = -p, \quad \left(\frac{\partial F}{\partial n_i}\right)_{T,\,p,\,n_j} = \mu_i,$$

$G = I - TS:$

$$\left(\frac{\partial G}{\partial T}\right)_{p,\,n_i} = -S, \quad \left(\frac{\partial G}{\partial p}\right)_{T,\,n_i} = v, \quad \left(\frac{\partial G}{\partial n_i}\right)_{T,\,p,\,n_j} = \mu_i.$$

μ_i wird das *chemische* $\rightarrow$*Potential* des Stoffes i im System genannt. Für weitere Differentialbeziehungen vgl. die Gibbs-Helmholtz-Gleichung (→Reaktionsisochore). Die Bezeichnungen für die verschiedenen Funktionen wechseln.

Ulich, H.: Kurzes Lehrb. d. phys. Chemie. Dresden 1948.

Thermodynamisches Gleichgewicht herrscht dann, wenn bei allen mit den vorgegebenen Versuchsbedingungen verträglichen Zustandsänderungen eines thermodynamischen Systems die Entropie S des abgeschlossenen Systems sich nicht ändert: $\delta S = 0$. Da die Entropie nur wachsen kann, hat S im Gleichgewicht ein Maximum. Für die Berechnung von Gleichgewichtsbedingungen nichtabgeschlossener Systeme für die verschiedenen Fälle der vorgegebenen Bedingungen werden an Stelle der Entropie zweckmäßig andere ihr verwandte Zustandsgrößen variiert (→charakteristische thermodynamische Funktionen, →thermodynamische Funktionen). So liefert die freie Energie F für den Fall konstanter Temperatur und konstanten Volumens die Gleichgewichtsbedingung $\delta F = 0$ und das thermodynamische Potential G für den Fall konstanter Temperatur und konstanten Druckes die Gleichgewichtsbedingung $\delta G = 0$. Beide Funktionen haben im Gleichgewicht ein Minimum.

Thermodynamisches Potential →Potential, thermodynamisches, →charakteristische Funktionen.

Thermodynamische Prozesse → thermodynamische Systeme.

Thermodynamische Systeme und Prozesse. Die thermodynamische Betrachtungsweise umfaßt alle die Veränderungen von Systemen (d. h. Körpern oder Zusammenstellungen von Körpern), bei denen das Augenmerk auf den Arbeits- und Wärmeaustausch innerhalb des Systems und mit der Umgebung gerichtet ist. Ein *abgeschlossenes System* insbesondere tauscht weder Wärme noch Arbeit mit seiner Umgebung aus. Man kann diesem Idealfall durch geeignete Wahl der Systemgrenzen praktisch beliebig nahekommen. Besteht das System aus einem Körper, der an allen Stellen gleiche Zusammensetzung hat, so nennt man es *homogen*. Ein *heterogenes System* bildende, aneinander grenzende, in sich homogene Körper werden als →*Phasen* bezeichnet. Diese ihrerseits können aus verschiedenen Bestandteilen zusammengesetzt sein (chemische Zusammensetzung einer Verbindung, Zusammensetzung eines Gemisches, Konzentration einer Lösung, Dissoziationsgleichgewicht eines Gases usw.).

Unter der Vielfalt der Veränderungen, die mit einem solchen System unter Wärme- und Arbeitsaustausch vor sich gehen, heben sich einige durch ihre theoretische oder praktische Bedeutung hervor:

Vorgänge, die *ohne Wärmeaustausch* mit der Umgebung verlaufen; sie heißen *adiabatische Vorgänge*;

Vorgänge, die *ohne Arbeitsleistung* verlaufen. In der chemischen Thermodynamik interessieren hier besonders die bei konstantem Volumen verlaufenden Vorgänge: *isochore Vorgänge*;

Vorgänge, die bei *konstanter Temperatur* verlaufen: *isotherme Vorgänge*.

Vorgänge, die bei *konstantem Druck* verlaufen: *isobare Vorgänge*; sie sind in der Praxis der chemischen Thermodynamik besonders wichtig.

Für die thermodynamische Betrachtungsweise ist der *Kreisprozeß* von besonderer Bedeutung, d. h. eine Folge von Zustandsänderungen eines Systems unter Arbeits- und Wärmeaustausch mit der Umgebung, die schließlich in den Ausgangszustand zurückführt. Mit Hilfe solcher Kreisprozesse, insbesondere durch die Berechnung möglicher Vorgänge — sog. Gedankenexperimente —, die zum Ausgangszustand zurückführen, ist der größte Teil der thermodynamischen Formeln und Beziehungen zuerst abgeleitet worden.

Literatur →Thermodynamik.

Thermodynamische Wahrscheinlichkeit, nach *Planck* identisch mit der Anzahl der zu einem gegebenen Makrozustand möglichen verschiedenen Mikrozuständen. Sie ist keine Wahrscheinlichkeit im Sinne der Wahrscheinlichkeitsrechnung, da ihr Zahlwert meist $\gg 1$ ist.

Thermoelastische Erscheinungen, die thermischen Effekte, welche mit elastischen Deformationen eines Körpers in einem beliebigen Aggregatzustand verbunden sind. Sie sind nach den beiden Hauptsätzen der Thermodynamik eine Folge der Tatsache, daß ein Körper bei konstant gehaltenen äußeren Kräften σ durch eine Temperaturänderung δT Änderungen seiner Abmessungen erfährt. Die angegebenen Bezeichnungen bedeuten in den beiden wichtigsten Fällen einer einachsigen Zugbeanspruchung eines festen Körpers: σ = Zugspannung, $\delta \varepsilon$ = →Dehnung = relative Verlängerung $\delta l/l$, und bei einer allseitigen (hydrostatischen) Druckbeanspruchung: σ = negativer Druck $-p$, $\delta \varepsilon$ = relative Volumzunahme $\delta V/V$. l und V können feste Bezugswerte oder die jeweiligen Werte bedeuten; entsprechend sind dann σ und p sowie α und c_p zu beziehen. Von den mannigfaltigen thermoelastischen Erscheinungen sind die beiden folgenden besonders kennzeichnend und einfach zu übersehen.

Temperaturänderung bei adiabatischer Beanspruchung. Wir wählen σ und T als unabhängige Variable und das Gibbsche Potential (je Volumeinheit) $G = U - TS - \sigma \varepsilon$ als Zustandsfunktion. In $dG = dU - \sigma d\varepsilon - T\,dS - S\,dT - \varepsilon\,d\sigma$ ist dann wegen der adiabatischen Zustandsänderung und nach dem 1. Hauptsatz $dU - \sigma d\varepsilon = 0$ und $dS = 0$, also

$$dG = -S\,dT - \varepsilon\,d\sigma, \qquad (1)$$

woraus folgt

$$\left(\frac{\partial S}{\partial \sigma}\right)_T = \left(\frac{\partial \varepsilon}{\partial T}\right)_\sigma = \alpha, \qquad (2)$$

wo α den thermischen Ausdehnungskoeffizienten (den linearen im Falle einer einachsigen Zugbeanspruchung und den kubischen im Falle einer allseitigen Druckbeanspruchung) bezeichnet. Da ferner

$$\left(\frac{\partial S}{\partial T}\right)_\sigma = \frac{c_\sigma}{T} \qquad (3)$$

ist (c_σ spezifische Wärme je Volumeinheit bei konstantem σ), so ergibt sich nach Gl. (2) und (3) aus

$$dS = \left(\frac{\partial S}{\partial \sigma}\right)_T d\sigma + \left(\frac{\partial S}{\partial T}\right)_\sigma dT = \alpha\,d\sigma + \frac{c_\sigma}{T}\,dT:$$

$$\delta T = \frac{-\alpha\,T}{c_\sigma}\,\delta\sigma \quad \text{bzw.} \quad \delta T = \frac{\alpha\,T}{c_p}\,\delta p. \qquad (4)$$

Bei adiabatischer Ausdehnung ($\delta\sigma > 0$ bzw. $\delta p < 0$) erfährt also ein Körper eine Temperaturerniedrigung ($\delta T < 0$), wenn sein thermischer Ausdehnungskoeffizient α positiv ist, und umgekehrt.

Normalerweise ist α positiv und zahlenmäßig bei Gasen so groß, daß die Temperaturänderungen leicht unmittelbar nachweisbar sind (vgl. die Verfahren zur Bestimmung von c_p/c_v), bei festen Körpern jedoch so klein, daß ihr unmittelbarer Nachweis schwierig ist, jedoch mittelbar einfach über die elastischen →Nachwirkungserscheinungen erfolgen kann. Bei kautschukartigen Stoffen dagegen ist α negativ und so groß, daß die (in umgekehrter Weise wie in den obigen Beispielen erfolgenden) Temperaturänderungen leicht gemessen werden können.

Isotherme und isobare Längenänderungen. Als unabhängige Variable wählen wir ε und T und als Zustandsfunktion die freie Energie $F = U - TS$. Mit den bekannten Beziehungen

$$\left(\frac{\partial F}{\partial T}\right)_\varepsilon = -S, \quad \left(\frac{\partial F}{\partial \varepsilon}\right)_T = \sigma$$

wird $dF = \sigma d\varepsilon - S dT$, woraus folgt

$$\left(\frac{\partial \sigma}{\partial T}\right)_\varepsilon = -\left(\frac{\partial S}{\partial \varepsilon}\right)_T = -\frac{1}{T}\left(\frac{\partial Q}{\partial \varepsilon}\right)_T. \quad (5\,\mathrm{a,\,b})$$

Der 1. Hauptsatz besagt mit (5a)

$$\left(\frac{\partial U}{\partial \varepsilon}\right)_T = \sigma - T\left(\frac{\partial \sigma}{\partial T}\right)_\varepsilon.$$

Daraus ergibt sich mit Gl. (5b) bei konstanter Temperatur

$$\delta Q = -T\left(\frac{\partial \sigma}{\partial T}\right)_\varepsilon \delta\varepsilon = \left(\left(\frac{\partial U}{\partial \varepsilon}\right)_T - \sigma\right)\delta\varepsilon. \quad (6\,\mathrm{a,\,b})$$

Im allgemeinen ist $(\partial\sigma/\partial T)_\varepsilon < 0$ bzw. $(\partial p/\partial T)_V > 0$, so daß eine isotherme Wärmezufuhr $(dQ > 0)$ eine Verlängerung bzw. Volumvergrößerung bewirkt. Bei kautschukartigen Stoffen dagegen ist $(\partial\sigma/\partial T)_\varepsilon > 0$ (d. h. in einem auf konstanter Länge gehaltenen Stab ruft eine Wärmezufuhr Zugspannungen hervor) und dementsprechend tritt bei isothermer Wärmezufuhr eine Verkürzung des Stabes auf (*Joule-Effekt*). Sie ist weitgehend reversibel und unterscheidet sich dadurch von der bei hochpolymeren Stoffen häufig zu beobachtenden →Thermorückfederung, welche eine ausgesprochen irreversible Nachwirkungserscheinung darstellt.

Sehr bemerkenswert ist bei Kautschuk folgender Umstand: Bis zu Dehnungen von etwa 300% ist nach Untersuchungen von *W. B. Wiegand* und *J. W. Snyder* sowie *K. H. Meyer* und *C. Ferri*

$$\left(\frac{\partial \sigma}{\partial T}\right)_\varepsilon = \beta = \mathrm{const} > 0, \text{ d.h. } \sigma = \beta T \text{ bei } \varepsilon = \mathrm{const.} \quad (7)$$

Damit ergibt (6a)

$$\delta Q = -\sigma \delta\varepsilon, \quad (8\,\mathrm{a})$$

und durch Vergleich mit Gl. (6b) folgt daraus

$$\left(\frac{\partial U}{\partial \varepsilon}\right)_T = 0. \quad (8\,\mathrm{b})$$

Das besagt, daß in diesem Bereich die innere Energie von der Dehnung unabhängig ist, der Kautschuk sich also wie ein ideales Gas verhält. Bei höheren Dehnungen bis zu etwa 700% nimmt, wahrscheinlich zum größten Teil als Folge der auftretenden Kristallisationsvorgänge, die innere Energie mit zunehmender Dehnung ab ($(\partial U/\partial\varepsilon)_T < 0$). Der Joule-Effekt wird dann nach Gl. (6b) wesentlich ausgeprägter und kann in einfachen Demonstrationsversuchen nachgewiesen werden. Bei Dehnungen oberhalb 700% treten reversible Effekte dieser Art nicht mehr auf.

Benutzt man σ und T als unabhängige Variable und die Enthalpie als Zustandsfunktion, so findet man in entsprechender Weise, daß eine Wärmezufuhr unter konstanter Spannung im allgemeinen zu einer Verlängerung, bei kautschukartigen Stoffen jedoch zu einer Verkürzung der Probe führt.

Die strukturelle Deutung dieser Erscheinungen erfolgte insbesondere durch *W. Kuhn*.

Houwink, R.: Elastizität, Plastizität u. Struktur d. Materie. Dresden u. Leipzig 1938. — *Schottky, W.:* Thermodynamik. Berlin 1929. — Taschenb. d. Kolloidchemie. Berlin-Göttingen-Heidelberg 1950.

Thermoelektrischer Homogeneffekt. Ein Temperaturgefälle bewirkt in einem Stoffgemisch im stationären Zustand allgemein eine partielle Entmischung der Komponenten (→Thermodiffusion). Bei Elektrolyten entsteht aber schon durch eine äußerst kleine Entmischung der Ionen ein elektrisches Feld, welches die weitere Trennung verhindert; die Thermodiffusion führt also in diesem Fall zu Potentialdifferenzen (Thermodiffusionspotential) in der (fast) homogenen Substanz.

Reinhold, H.: Z. Elektrochemie **39**, 555 (1933).

Thermoelektrisches Vakuummeter, arbeitet nach dem Prinzip der →Wärmeleitungsmanometer. Bei der gebräuchlichsten Form befindet sich im Gasraum ein Thermoelement aus dünnen Drähten, das durch einen Wechselstrom beheizt wird und dessen Temperatur durch Messung der Thermogleichspannung an seinen Enden mit einem Millivoltmeter festgestellt werden kann.

Moll, W. H. W. I., u. *H. C. Burger:* Z. techn. Physik **21**, 199 (1940).

Thermoelektrizität, die Gesamtheit der Erscheinungen, die mit der →Thermokraft (Seebeck-Effekt), dem →Peltier-Effekt, dem →Thomson-Effekt und den →Benedicks-Effekten zusammenhängen.

Handb. d. Experimentalphysik XI/2. Leipzig 1935. — Handb. d. Metallphysik I/1, Teil II. Leipzig 1935.

Thermoelement, zwei miteinander verbundene Metalle, deren beide Verbindungsstellen auf verschiedenen Temperaturen gehalten werden. Thermoelemente finden ausgedehnte praktische Verwendung, um sehr hohe und sehr tiefe Temperaturen zu messen. Sie sind einfach zu handhaben und in einem Temperaturbereich von wenigen °K bis ~3300 °K verwendbar. Zur Anzeige kleinster Temperaturdifferenzen ist das Thermoelement in Verbindung mit höchstempfindlichen Galvanometern bis an die Grenze des physikalisch Möglichen entwickelt, d. h. bis zu derjenigen Empfindlichkeit, bei der bereits die statistischen Schwankungserscheinungen bemerkbar werden. Besonders in der Ultrarotspektroskopie ist es unentbehrlich geworden. Unter den Thermoelementen aus unedlen Metallen ist das Leiterpaar Konstantan-Cu zwischen —250 und 500 °C verbreitet (außerdem Konstantan-Eisen und Konstantan-Chromnickel). Unter den Elementen aus edlen Metallen ist dasjenige mit Platin und Platin-Rhodium klassisch; es ist brauchbar bis etwa 1600 °C. Die höchsten Temperaturen bis 3300 °C lassen sich mit Wolfram-Wolframmolybdän (75% W und 25% Mo) und ähnlichen Systemen messen.

Bei den tiefsten Temperaturen verschwinden nach dem Nernstschen Wärmetheorem die differentiellen Thermokräfte. Die Auswahl geeigneter Metalle zur thermoelektrischen Temperaturmessung ist deshalb hier besonders schwierig. Im Temperaturbereich des siedenden Wasserstoffs (14 bis 20 °K) beträgt die differentielle Thermospannung von Konstantan-Manganin nach *Grüneisen* noch einige μV grad^{-1}; bei 4 °K ist sie aber schon auf etwa 1 μV grad^{-1} abgesunken. Für den Bereich des flüssigen Heliums (4 bis ~1 °K) haben *Borelius*, *Keesom*, *Johansson* und *Linde* gezeigt, daß die „Normalsilberlegierung" (Ag mit 0,37 Atom-% Au) gegen Cu mit etwas Fe immer noch eine differentielle Thermokraft von einigen μV grad^{-1} aufweist. Ferner →Strahlungsthermoelement.

Thermokräfte gebräuchlicher Thermoelemente in mV. Nebenlötstelle auf 0°C. Das Vorzeichen + bedeutet, daß an der Hauptlötstelle das erstgenannte Metall das höhere Potential hat.

Temperatur [° C]	Konstantan-Kupfer	Nickel-Chromnickel	Platin-Platinrhodium
− 200	− 5,70	—	—
0	0	0	0
+ 200	+ 9,20	+ 8,14	+ 1,44
+ 400	+20,99	+16,38	+ 3,26
+ 600	+34,3	+24,84	+ 5,24
+ 800	—	+33,27	+ 7,36
+1000	—	+41,32	+ 9,61
+1200	—	+49,02	+11,96
+1400	—	—	+14,36
+1600	—	—	+16,73

Konstantan: 45% Ni + 55% Cu.
Chromnickel: 85% Ni + 12% Cr + Desoxydations- und andere Zusätze.
Platinrhodium: 90% Pt + 10% Rh.
Knoblauch, O., u. *K. Hencky:* Anl. zu genauen techn. Temperaturmessungen. München u. Berlin 1926.

Thermoelement für Ultrarotspektrometrie. Zur Messung der Intensität ultraroter Strahlung verwendet man Thermoelemente, welche aus sehr dünnen und sehr schmalen Streifen zweier aneinandergelöteter Metalle, z. B. Bi-Sb, Bi-Ag, bestehen. Infolge ihrer geringen Masse zeigen solche Thermostreifen eine nur geringe thermische Trägheit gegen Änderungen der Strahlungsintensität, welche die Lötstelle erwärmt und den Thermostrom hervorruft. Die Thermospannung ist proportional der auffallenden Strahlungsintensität. Eines der empfindlichsten Thermoelemente für die Messung von Strahlungsintensitäten ist das von *Moll*. Es besteht aus Konstantan und Manganin. Der Thermostreifen wird erhalten, indem ein dickeres Konstantanblech an ein ebensolches Manganinblech hart gelötet wird. Die verlöteten Bleche werden dann längs der Lötnaht auf die gewünschte, geringe Dicke ausgewalzt. Aus diesem dünnen Blech werden die Thermostreifen herausgeschnitten. Das Thermoelement wird im Vakuum untergebracht, wodurch eine beträchtliche Steigerung der Empfindlichkeit erzielt wird.
Handb. d. Physik XIX. Berlin 1929.

Thermogalvanometer für Wechselstrom, enthält eine Lötstelle Wismut/Antimon, welche ein Stück der einzigen Windung eines Drehspulinstrumentes mit Spitzenlagerung bildet, in das sie V-förmig eingesetzt ist. Die Lötstelle wird von einem feststehenden Heizer durch Bestrahlung erwärmt, der aus einer induktionsfrei gewickelten Spirale aus Platindraht oder aus einem mit einer Platinschicht überzogenen Glimmerplättchen besteht. Der Heizer wird mit Wechselstrom beschickt. Ausführung von 5 bis 100 mA.

Thermograph →Metallthermometer.

Thermokolore, wachsartige Farbstoffe, die beim Erreichen . und Überschreiten einer bestimmten und für den Farbstoff charakteristischen Temperatur ihre Farbe wechseln. Es handelt sich um komplexe, zum Teil sehr verwickelt aufgebaute Salze der verschiedensten Metalle, wie Cu, Co, Ni, Cr, Mo, U usw., die bei bestimmten Temperaturen durch Oxydation oder durch Abspalten von Wasser, Kohlensäure oder Ammoniak sich von Orthosalzen in Pyrosalze wandeln. Als Bindemittel ist ein in Alkohol lösliches synthetisches Harz beigemischt. Die Farbstoffe können auf ruhende und auf sich bewegende Maschinenteile aufgetragen werden, und ihre Verfärbung dient zur Warnung, wenn gefährliche Temperaturgrenzen überschritten werden.

Thermokraft, auch *Seebeck-Effekt* (*T. J. Seebeck* 1822). Es werde ein aus zwei isotropen, homogenen Leitern a und b zusammengesetzter Stromkreis betrachtet. In den Leiter a sei ein Strommesser G (Abb.) eingeschaltet, dessen Wicklung aus dem

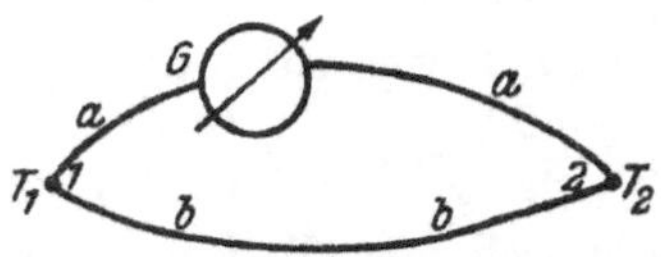

Zur Thermokraft.

Material a bestehe. Die Verbindungsstelle (Lötstelle) *2* der Leiter habe die Temperatur T_2 und die andere Verbindungsstelle *1* die niedrigere Temperatur T_1. Nach *Seebeck* tritt in dem Leiterkreis ein Strom (*Thermostrom*) auf. Die ihn erzeugende elektromotorische Kraft nennt man die (*integrale*) *Thermokraft* E_{ba} des Leiters b gegen Leiter a. Ihr Vorzeichen setzt man dann als positiv an, wenn der entstehende Strom in dem als Index von E_{ba} an zweiter Stelle genannten Leiter a (der Bezugssubstanz) von der kälteren zur wärmeren Lötstelle fließt. Die Größe der Thermokraft hängt von der Natur der beiden Metalle a und b und von der Temperaturdifferenz zwischen den beiden Lötstellen ab.

Die Thermokraft eines Leiterpaares ist stark abhängig von der mittleren Temperatur der beiden Lötstellen und außerdem vom Reinheitsgrad der Metalle besonders bei tiefen Temperaturen. Sie wird daher in den →Thermoelementen zur Temperaturmessung benutzt.

Als *differentielle Thermokraft* bezeichnet man die Thermokraft zweier Leiter bei 1° Temperaturdifferenz zwischen den beiden Lötstellen. Ist E_{ba} die integrale Thermokraft des Leiters b, bezogen auf Leiter a, so ist die differentielle Thermokraft e_{ba} des Leiters b gegen a definiert durch: $e_{ba} = dE_{ba}/dT$. Nach dem →Nernstschen Wärmetheorem verschwindet e_{ba} am absoluten Nullpunkt. Bei höheren Temperaturen (oberhalb Zimmertemperatur) ist sie für Metalle näherungsweise proportional zu T. Mit dem Thomson-Koeffizienten (→Thomson-Effekt) steht sie in der Beziehung: $de_{ab}/dT = \sigma_b - \sigma_a/T$, wo σ_b bzw. σ_a die Thomson-Koeffizienten der Leiter b und a sind.

Von grundsätzlicher Bedeutung ist die *absolute Thermokraft*. Während die obige Definition der Thermokraft sich immer auf zwei Leiter bezieht (davon der eine als Bezugssubstanz), ist für die Theorie eine Thermokraftdefinition vorzuziehen, die nur auf *einen* Leiter Bezug nimmt, wodurch die Thermokraft eine Größe des Einzelleiters wird. Eine solche Definition haben 1932 *G. Borelius*, *W. H. Keesom*, *Ch. Johansson* und *J. O. Linde* gegeben. Diese absolute Thermokraft ist gegeben durch die Formel:

$$e_{abs}^{(b)} = \int_0^T \frac{\sigma_b}{T}\, dT,$$

wo σ_b den Thomson-Koeffizienten des betrachteten Leiters b bedeutet. Bei bekannter Temperaturabhängigkeit des Thomson-Koeffizienten läßt sich damit die absolute Thermokraft $e_{abs}^{(b)}$ des Leiters b berechnen. Mit ihrer Hilfe konnten obige Forscher die Thermokräfte aller Metalle in der absoluten Skala darstellen.

Eine *transversale Thermokraft* tritt in nichtkubischen Leiterkristallen auf. Legt man an einen Kristallstab eines solchen Leiters eine zum Stab senkrechte (transversale) Temperaturdifferenz, so tritt eine Spannung zwischen den Enden des Kristallstabes auf. Dieser Effekt wurde 1857 bereits von *W. Thomson* vorausgesagt und bildet die Grundlage zur Deutung des →Lenard-Effektes.

Die genaueste Ermittlung der Thermospannung eines Thermoelementes wird mit einem thermokraftfreien →Kompensator nach *Diesselhorst* oder *v. Steinwehr* vorgenommen. Ein vereinfachter Kompensator für die Messung von Thermospannungen beruht auf der Lindeck-Rothe-Schaltung, bei der die Thermospannung gegen den Spannungsabfall an einem Präzisionswiderstand mit Hilfe eines Nullinstrumentes kompensiert wird. Der durch den Präzisionswiderstand fließende Hilfsstrom wird über einen Drehspul-Präzisionsstrommesser abgeglichen; das Produkt des Widerstandswertes des Präzisionswiderstandes und des durch den Strommesser angezeigten Stromes ist dann gleich der EMK des Thermoelementes. Für Ausschlagsmessungen verwendet man empfindliche Drehspulmeßgeräte. Sie besitzen meist Spitzenlagerung, zuweilen auch Bandaufhängung und werden auch als Schreib- und Regelgeräte gebaut. Der Widerstand des Thermoelementes und seiner Zuleitungen muß bei der Einmessung des Meßgerätes berücksichtigt werden.

Justi, E.: Elektrizitätsleitung u. Leitungsmechanismus in festen Körpern. Göttingen 1948. — Handb. d. Metallphysik I/1. Leipzig 1935.

Thermokreuz, ein empfindlicher Wechselstrommesser, bei dem die Erwärmung des Drahtes eines Hitzdrahtinstrumentes nicht auf einen drehbaren Zeiger übertragen, sondern vermittels eines Thermoelementes und eines empfindlichen Drehspulenvoltmeters gemessen wird. Zur praktischen Durchführung hängt man zwei feine Drähte aus verschiedenen Metallen *1* und *2* schleifenförmig ineinander, wobei die Berührungsstelle verschweißt

Thermokreuz.

wird (Abb.). Die linken Drahthälften *1* und *2* bilden zusammen einen „Hitzdraht", die rechten das Thermoelement mit der Schweißstelle *S*.

Thermolumineszenz. Die Ausstrahlung der aufgespeicherten →Lichtsumme findet bei den meisten Phosphoren bereits bei Zimmertemperatur statt. Es gibt aber auch Stoffe, bei denen sie erst bei höherer Temperatur erfolgt, z. B. bei Kalkspat, Rubin, Corund und einigen Spinellen. Diese Erscheinung, also das Aufleuchten in einer für den Stoff charakteristischen Farbe bei Erwärmung auf etwa 100 °C, wird als Thermolumineszenz bezeichnet.

Es gibt aber auch Stoffe, z. B. Flußspat, welche ohne vorhergehende Belichtung mit kurzwelligem Licht bei Erwärmung leuchten. In solchen Fällen könnte man von einer *wahren* Thermolumineszenz sprechen. Hierbei ist die Frage nach der Herkunft der Energie interessant. Es wurden Flußspatproben aus dem Bergwerk, die noch niemals an Licht gekommen waren, in ein Paraffinbad geworfen (150 °C), wobei sie hell aufleuchteten. Ohne diese Erwärmung zeigten sie auch bei Anwendung empfindlichster Meßmethoden keine Strahlung. Es ist anzunehmen, daß die Speicherung der Energie durch jahrelange radioaktive Strahlung erfolgt ist, zumal der Flußspat sich sehr leicht durch Radium erregen läßt und dann viele Stunden nachleuchtet, nach dem Abklingen der Phosphoreszenz aber nochmals aufleuchtet, wenn er erwärmt wird, und abermals aufleuchtet, wenn er wiederum mit Radium bestrahlt wird. Diese wahre Thermolumineszenz ist noch nicht völlig geklärt.

Thermomagnetische Erscheinungen, zusammenfassende Bezeichnung aller thermischen Effekte, welche in Elektronenleitern durch Einwirkung eines konstanten magnetischen Feldes bei Vorhandensein einer Wärmeströmung auftreten: 1. →Leduc-Righi-Effekt, 2. →Ettingshausen-Nernst-Effekt, 3. Änderung des Wärmewiderstandes im magnetischen Feld. Ferner gehört hierher 4. die Thermokraft zwischen magnetisierten und nichtmagnetisierten Teilen des gleichen Stoffes (2. →Ettingshausen-Nernst-Effekt).

Handb. d. Physik XIII. Berlin 1928. — Handb. d. Experimentalphysik XI/2. Leipzig 1935.

Thermomechanischer Druckeffekt →Helium flüssig und fest.

Thermometer sind Temperaturmeßgeräte, welche nach erfolgter Eichung die Temperatur, auf der sie sich befinden, mehr oder minder unmittelbar anzeigen. Sie beruhen auf der Tatsache, daß zwei Körper, die ohne ins Gewicht fallenden Wärmeaustausch mit der Umgebung miteinander durch Wärmeleitung oder Strahlung in Wärmeaustausch stehen, nach Erreichung eines stationären Zustandes die gleiche Temperatur haben, so daß diese für beide Körper bekannt ist, wenn der eine ein Thermometer ist. Zur Kenntlichmachung der Temperatur des Thermometers kann grundsätzlich jede eindeutig temperaturabhängige Eigenschaft eines Stoffes ausgenutzt werden. Praktisch benutzt werden ganz überwiegend temperaturbedingte Änderungen der Länge (→Metallthermometer), des Volumens (→Flüssigkeits- und →Gasthermometer), des elektrischen Widerstandes (→Widerstandsthermometer) und der Thermospannung (→Thermoelemente).

Temperaturmeßgeräte, welche zur Messung der Temperatur nicht unmittelbar zugänglicher Körper (z. B. von Glühlampenfäden, der Sonne) auf Grund ihrer Strahlung dienen, werden meist nicht als Thermometer, sondern als →Pyrometer bezeichnet.

Thermometerglas. Bei Thermometergläsern muß die Erweichungstemperatur so hoch liegen, daß in dem in der Laboratoriumspraxis üblichen Temperaturmeßbereich eine Erweichung des Thermometerglases und eine dadurch veranlaßte Änderung der Angaben des Thermometers nicht zu erwarten ist. Ferner muß ein Thermometerglas möglichst frei von thermischer Nachwirkung sein. Darunter ist die Erscheinung zu verstehen, daß ein Glas, nach vorübergehender Erwärmung abgekühlt, auch wenn die Endtemperatur unverändert bleibt, nicht ohne Verzug ein unveränderlich bleibendes Endvolumen einnimmt, sondern erst asymptotisch mit der Zeit. Es ist gelungen, Gläser herzustellen, bei denen die thermische Nachwirkung so gering ist, daß sie im allgemeinen unberücksichtigt bleiben darf. Reine Kali- und reine Natrongläser sind nahezu nachwirkungsfrei. Typische Thermometergläser sind die Jenaer Gläser 16^{III} (brauchbar bis etwa 460°C, gekennzeichnet durch einen violetten Längsstreifen), 2954^{III} (brauchbar bis etwa 520°C, gekennzeichnet durch einen schwarzen Streifen) und Supremaxglas (brauchbar bis etwa 660°C, kenntlich an einem auffallenden grünen Farbton). Die guten Eigenschaften dieser Gläser treten nur dann voll in Erscheinung, wenn die Thermometerkörper nach Beendigung der Verarbeitung in der Gebläseflamme, bevor die Teilung angebracht wird, einer thermischen Behandlung unterzogen werden, die als *Alterung* bezeichnet wird, richtiger wohl *Entspannung* genannt würde. Diese Behandlung besteht in einer über 24 Stunden ausgedehnten gleichmäßigen Abkühlung von der Erweichungstemperatur bis zur Zimmertemperatur.

Thermomolekulare Druckdifferenz, auch *Knudsen-Effekt,* bezeichnet die Ausbildung eines Druckgefälles in einem mit Gas gefüllten Rohre, wenn dessen Enden auf verschiedenen Temperaturen gehalten werden, wobei sich am warmen Ende ein höherer Druck einstellt als am kalten. Ist die freie Weglänge des Gases groß gegenüber dem Rohrdurchmesser, so gilt die einfache Beziehung: $p_1/p_2 = \sqrt{T_1/T_2}$. Die für höhere Drucke geltenden komplizierteren Gleichungen ergeben eine Abnahme der Druckdifferenz mit wachsendem Produkt von Rohrdurchmesser und Gasdruck. Dieser Effekt kann jede Messung verhältnismäßig kleiner Drucke bei sehr hohen oder sehr tiefen Temperaturen empfindlich stören, besonders Temperaturmessungen auf Grund der Anzeige eines Gas- oder Dampfdruckthermometers.

Wie von *Maxwell* schon 1879 theoretisch gezeigt, tritt nahe der Rohrwand immer eine Strömung des Gases von kalt nach warm ein. Bei engen, beiderseits offenen Röhren oder auch porösen Platten führt dies zu einer resultierenden Strömung (*thermische →Effusion*), bei weiten, beiderseits geschlossenen Rohren bildet sich in der Rohrmitte eine entgegengesetzte Rohrströmung aus. Auch der inverse Effekt, d. h. die Erzeugung einer Temperaturdifferenz bei Strömung durch diffuse Platten, ist bekannt (→Helium flüssig und fest, Abschn. 4e).

Keesom, W. H.: Helium. Amsterdam, London u. New York 1942.

Thermoosmose, spezielle Bezeichnung für die →Thermodiffusion, welche innerhalb der Poren einer Membran stattfindet, auf deren beiden Seiten verschiedene Temperaturen herrschen, aber der gleiche einfache Stoff sich befindet. Im stationären Zustand führt die Thermoosmose zu einer statischen →thermomolekularen Druckdifferenz.

Wirtz, K.: Z. Naturf. 3a, 380 (1948).

Thermophon, dient als Normalschallquelle (z. B. zur Eichung von Mikrophonen), da sich die von ihm abgestrahlte Schalleistung aus seinen mechanischen, elektrischen und thermischen Daten berechnen läßt. Es besteht aus einem nur wenige μ starken Wollaston-Draht oder Goldfolienstreifen, der von einem Gleichstrom i_g und gleichzeitig von dem den Schall erzeugenden Wechselstrom i_w durchflossen wird. Die mit der Frequenz dieses Wechselstroms vor sich gehenden Temperaturschwankungen führen zu entsprechenden Dichteschwankungen der umgebenden Luft und bei bekanntem Volumen V der Druckkammer zu einem Schalldruck $p \sim R i_g \, i_w \, p V^{-1} \omega^{-3/2}$ (R Widerstand des Thermophons, p Atmosphärendruck, ω Kreisfrequenz des Wechselstroms).

Thermophor →Kalorifer.

Thermorelais (*Moll* u. *Burger*), besteht aus einem feinen, im Vakuum untergebrachten Thermoblech (Abb.). Der Teil BC besteht aus Manganin, AB und CD aus Konstantan. Der Lichtzeiger eines

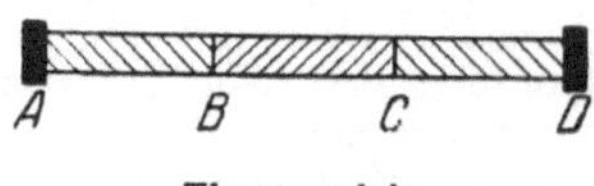

Thermorelais.

Galvanometers wird mittels einer Sammellinse genau auf die Mitte von BC konzentriert. Bei einem kleinen Galvanometerausschlag verschiebt er sich je nachdem in Richtung auf die Lötstelle B oder C. Auf diese Weise entstehen Thermospannungen, deren Betrag und Richtung von Betrag und Richtung des Ausschlages abhängen, und die mit einem zweiten Galvanometer gemessen werden können, dessen Ausschlag viel größer ist als der des ersten.

Moll-Burger: Z. Physik 34, 109 (1925).

Thermorückfederung. Zusammengedrückter Kautschuk zeigt eine elastische Nachwirkung, indem sich eine Deformation nicht sofort vollständig zurückbildet, sondern erst innerhalb einer längeren Zeit. Die Rückbildung kann aber durch Erwärmung beschleunigt werden (Thermorückfederung, Abb.). Im Kautschuk kann also mechanische

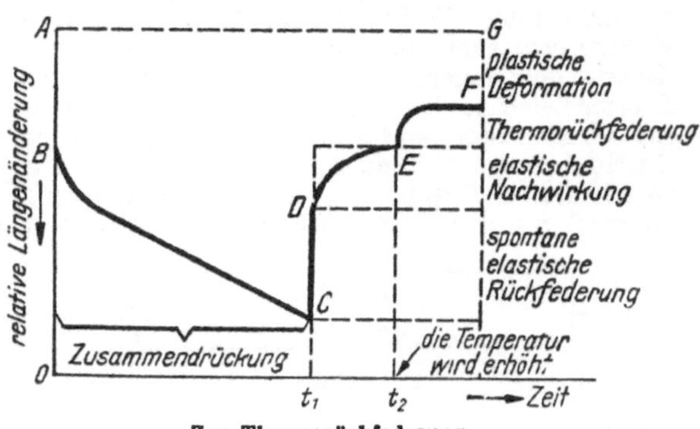

Zur Thermorückfederung.

Energie eine Zeitlang gespeichert und durch einen thermischen Aktivierungsvorgang wieder frei gemacht werden.

Verwandt hiermit ist das „Erinnerungsvermögen" des Kautschuks, die Fähigkeit, zwei sehr verschiedene Verformungsvorgänge nach geraumer Zeit wenigstens teilweise zu reproduzieren. Wickelt man ein Kautschukband für etwa 36 Stunden auf einen Zylinder, dann für etwa 10 Minuten im umgekehrten Sinne, so wiederholt es, abgewickelt, ausgebreitet und freigelassen, beide Bewegungen, eine langsame Verformung im einen und eine kurzzeitige Verformung in der entgegengesetzten Richtung. →thermoelastische Erscheinungen.

Houwink, R.: Grundriß d. Kunststofftechnologie. Leipzig 1944.

Thermosäule. Um mittels der →Thermokraft einigermaßen große elektromotorische Kräfte zu erhalten, schaltet man, wie bei Stromquellen, mehrere →Thermoelemente hintereinander und erwärmt nur jede zweite ihrer Lötstellen. Die Abb. zeigt eine solche Thermosäule aus Sb- und Bi-Stäbchen. →Thermobatterie.

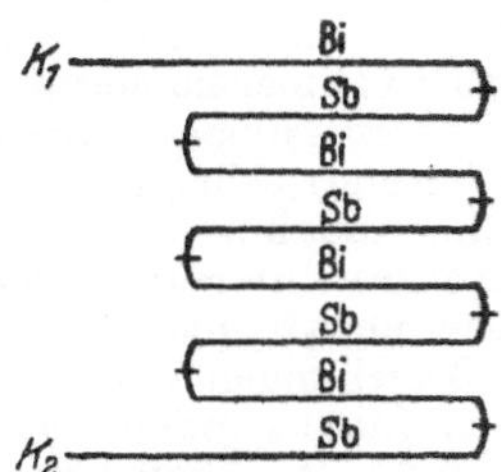

Thermosäule aus Sb und Bi.

Auch für die Zwecke der Ultrarotspektrometrie verwendet man entsprechend gebaute Thermosäulen aus einer größeren Zahl von hintereinander geschalteten Thermoelementen. →Thermoelement für Ultrarotspektrometrie.

Handb. d. Physik XIX. Berlin 1928.

Thermospannung = →Thermokraft.

Thermostat →Bäder konstanter Temperatur.

Thixotropie, die Erscheinung, daß →Suspensionen oder Suspensoide (Zerteilungen fester, mikroskopischer oder kolloider Teilchen in einer Flüssigkeit) in Ruhe zu →Gelen erstarren, die bei mechanischer Erschütterung wieder dünnflüssig werden. Diese Sol-Gel-Umwandlung verläuft ohne merkbare Wärmetönung und ist vollkommen reversibel. Besonders ausgeprägt zeigen dies disperse Systeme mit anisodimensionalen (blättchen- oder stäbchenförmigen) Teilchen, z. B. Tonsuspensionen (Bentonit, Montmorrilonit), kolloides Eisen (III)-oxydhydrat, Vanadinpentoxyd, organische Farbstoffe u. a. Als Maß für die Thixotropie dient die Erstarrungszeit, in der das verflüssigte Gel wieder so weit verfestigt ist, daß es beim Umkehren eines Reagenzglases nicht ausfließt (→Thixotropometer). Im Gelzustand sind die Teilchen voneinander durch Flüssigkeitsschichten getrennt (Abstand der Teilchen in der Größenordnung $1\,\mu$). Außer von der Art, Größe und Gestalt der festen Teilchen hängt die Thixotropie von dem polaren Charakter des Dispersionsmittels ab. Die Erscheinung ist sowohl technisch wichtig (in der keramischen Industrie), als auch theoretisch vom molekular-physikalischen Standpunkt aus interessant.

Freundlich, H.: Thixotropy. Paris 1935. — *v. Engelhard, W.:* Kolloid-Z. 102, 217 (1943).

Thixotropometer, dient zur Messung der →Thixotropie und beruht darauf, daß der an einem Torsionsdraht hängende Innenzylinder des Couette-Apparates um einen bestimmten Winkel gedreht wird. Der Verlauf der Rückdrehung wird optisch registriert und weist bei thixotropen Systemen charakteristische Merkmale auf.

Philipoff, W.: Viskosität d. Kolloide. Dresden u. Leipzig 1942.

Thomas-Faktor. Ist $\mathfrak{S}$ der Vektor eines Spinmomentes (etwa der des Elektronenspins), und ist mit diesem das magnetische Moment $\alpha\mathfrak{S}$ verknüpft [$\alpha = -e/(mc)$ für Elektronen], so gilt für die zeitliche Änderung des Spins in einem elektromagnetischen Feld (in Gaußschen Einheiten):

$$\dot{\mathfrak{S}} = \alpha\left[\mathfrak{S}, \mathfrak{H} + \frac{1}{2c}[\mathfrak{E}, \mathfrak{v}]\right],$$

wobei $\mathfrak{v}$ die Geschwindigkeit des Teilchens ist. Da in dem Ruhesystem des Teilchens die Felder $\mathfrak{H}$ und $\mathfrak{E}$ (in 1. Ordnung in v/c) ein Magnetfeld

$$\mathfrak{H}' = \mathfrak{H} + \frac{1}{c}[\mathfrak{E}, \mathfrak{v}]$$ ergeben, würde man

$$\dot{\mathfrak{S}} = \alpha[\mathfrak{S}, \mathfrak{H}'] = \alpha\left[\mathfrak{S}, \mathfrak{H} + \frac{1}{c}[\mathfrak{E}, \mathfrak{v}]\right]$$

erwarten. Der Faktor 1/2, der in der exakten Beziehung auftritt, wird Thomas-Faktor genannt.

Kramers, H. A.: Quantentheorie d. Elektrons u. d. Strahlung. Leipzig 1938.

Thomas-Fermi-Methode, eine näherungsweise Behandlung eines Systems aus vielen Elektronen (oder anderen Teilchen, die dem Pauli-Prinzip genügen). Ist n die Zahl der Elektronen je Volumeinheit, so gilt für das elektrostatische Potential U: $\Delta U = 4\pi n e$ (e Elementarladung, Δ Laplace-Operator). Jede Phasenraumzelle der Größe h^3 kann nach dem Pauli-Prinzip nur mit zwei Elektronen besetzt werden. In einem bestimmten Raumvolumen τ haben also $n\tau$ Elektronen mit einer Energie $< -eU_0$ Platz, wobei

$$n = \frac{2}{h^3}\frac{4\pi}{3}[2me(U - U_0)]^{3/2}$$

ist. Für U folgt aus beiden Gleichungen: $\Delta U = \alpha(U - U_0)^{3/2}$ mit

$$\alpha = \frac{2^{13/2}\,\pi^2\,m^{3/2}\,e^{5/2}}{2h^3}$$

für die Gebiete, wo sich Elektronen befinden ($n \neq 0$), und sonst $\Delta U = 0$. Für ein Atom ist U allein von r abhängig, und für $r = 0$ wird $Ur = Ze$ (Z Kernladungszahl). Die Stelle $U = U_0$ gibt den Rand r_0 des Atoms. Mit $U_0 = 0$ folgt

$$\frac{d^2U}{dr^2} + \frac{2}{r}\frac{dU}{dr} = \alpha U^{3/2}.$$

Der Rand r_0 ist bestimmt durch die Zahl Z der Elektronen: $Z = \displaystyle\int_0^{r_0} \frac{\alpha}{e}\,U^{3/2}\,r^2\,dr$. Mit Hilfe dieser Methode kann man die Wahrscheinlichkeitsverteilung n der Elektronen näherungsweise bestimmen, d. h. $n(x, y, z)$ muß eine (grobe) Näherung für

$$\sum_i \int |\psi(x_1, y_1, \ldots, z_n)|^2\, dx_1\,dy_1 \ldots dz_{i-1}\,dx_{i+1} \ldots dz_n$$

sein, wobei $\psi(x_1, \ldots, z_n)$ die exakte Lösung der Schrödinger-Gleichung des Atoms ist.

Hellmann, H.: Einf. in d. Quantenchemie. Wien 1937.

Thomaskraft →Kernkräfte.

Thompson-Prisma →Nicol.

Thomson-Brücke, eine Abwandlung der Wheatstone-Brücke (→Widerstandsmessung) zur Eliminierung des Widerstandes der Zuleitungen bei der Messung sehr kleiner Widerstände.

Kohlrausch, F.: Prakt. Physik II. Berlin u. Leipzig 1950.

Thomson-Effekt, von *W. Thomson* 1856 vorausgesagt: Ein elektrischer Strom liefert in einem Temperaturgefälle $-\partial T/\partial x$ eine der Stromdichte j und dem Temperaturgefälle proportionale Wärmeentwicklung je cm^3 und s (*Thomson-Wärme*), die gleich $-\sigma j\,\partial T/\partial x$ gesetzt werden kann, wo σ der *Thomson-Koeffizient* ist. Er kann beiderlei Vorzeichen haben. Mißt man die Stromdichte in $A\,cm^{-2}$ und die Wärmeentwicklung in $W\,cm^{-3}$, so erhält man den Thomson-Koeffizienten in der Einheit $1\,V\,grad^{-1}$. Die Konstante σ ist stark temperaturabhängig und in nichtkubischen Einkristallen von der kristallographischen Orientierung des Stromes abhängig. Sie hängt eng mit der absoluten differentiellen →Thermokraft e_{abs} zusammen gemäß $\sigma = T\,de_{abs}/dT$.

Handb. d. Metallphysik I/1, Teil II. Leipzig 1935.

Thomson-Joule-Effekt →Joule-Thomson-Effekt

Thomson-Koeffizient →Thomson-Effekt.

Thomson-Kreis = →Schwingungskreis.

Thomsonsche Beziehung (Dampfdruck). Der *Dampfdruck* kleiner Flüssigkeitströpfchen (konvexe Oberfläche) ist größer als der Sättigungsdruck über einer ausgedehnten, ebenen Flüssigkeitsoberfläche. Allerdings wird diese Dampfdruckerhöhung erst im Bereich kolloider Abmessungen nennenswert. Bei einem Tröpfchenradius von 10^{-6} cm beträgt sie $\sim 10\%$. Daher wachsen in Nebeln die größeren Teilchen auf Kosten der kleineren (isotherme Destillation). Der Zusammenhang zwischen Dampfdruck und Krümmung der Flüssigkeitsoberfläche wurde thermodynamisch von *W. Thomson* (1871) abgeleitet:

$$R\,T\ln\frac{p_r}{p_\infty} = \frac{2\,\sigma}{r}\,V_m.$$

p_r Dampfdruck der Teilchen vom Radius r; p_∞ Sättigungsdruck, V_m Molvolumen, σ Oberflächenspannung. Hiernach kann zu jeder Übersättigung p_r/p_∞ die zugehörige Größe der durch Kondensation entstandenen Nebelteilchen ermittelt werden. Allerdings handelt es sich nicht um ein stabiles Gleichgewicht; denn entweder wachsen die Teilchen zu größeren heran, oder sie verschwinden ganz.

Der Dampfdruck von Flüssigkeiten in benetzbaren Kapillaren (konkave Oberfläche) ist geringer als der Sättigungsdruck, so daß Kondensation des Dampfes in einem porösen Stoff erfolgt (→Kapillarkondensation).

Frey, F.: Z. phys. Chem. Abt. B **49**, 83 (1941). — *Volmer, M.:* Kinetik d. Phasenbildung. Dresden u. Leipzig 1939. — *Shereshofsky, J. L.,* u. *Cl. P. Carter:* I. Am. Chem. Soc. **72**, 3682 (1950).

Thomsonsche Beziehungen (Thermoelektrizität), 1857 von *W. Thomson* thermodynamisch unter der Annahme der Reversibilität der thermoelektrischen Erscheinungen abgeleitet. Ist e_{ba} die differentielle →Thermokraft des Leiters b gegen den Leiter a und P_{ba} der Koeffizient des →Peltier-Effektes des Leiters b gegen das Metall a, und sind σ_a bzw. σ_b die →Thomson-Koeffizienten der

Leiter a und b, so liefert die Anwendung des Energiesatzes in einem isotropen Leiterpaar die 1. Thomsonsche Beziehung:

$$\frac{dP_{ba}}{dT} + \sigma_a - \sigma_b = e_{ba}. \tag{1}$$

Die 2. Thomsonsche Beziehung folgt aus der Annahme der Umkehrbarkeit der thermoelektrischen Effekte. Sie lautet:

$$d\left(\frac{P_{ba}}{T}\right)\Big/ dT = (\sigma_b - \sigma_a)/T. \tag{2}$$

Aus Gl. (1) und (2) folgen die weiteren Beziehungen:

$$e_{ba} = P_{ba}/T, \tag{3}$$

$$de_{ba}/dT = (\sigma_b - \sigma_a)/T. \tag{4}$$

Thomson gab auch die Verallgemeinerung dieser Beziehungen auf anisotrope Leiter.

Boltzmann machte 1887 Einwendungen gegen die thermodynamische Ableitung obiger Beziehungen, indem er zeigte, daß es grundsätzlich unmöglich ist, durch Dimensionierung und sonstige Kunstgriffe die irreversiblen Effekte (Joulesche Wärme, Wärmeleitung) beliebig klein zu machen. Dadurch wird die Annahme der Reversibilität in Frage gestellt. Neuere Untersuchungen zeigten den nur teilweise thermodynamischen Charakter der Thomsonschen Beziehungen auf. Sie haben auch einen kinetischen Inhalt, indem sie, wie *Onsager* (1931) zeigte, auf der →mikroskopischen Reversibilität des atomaren Geschehens beruhen. Experimentell sind die Gl. (3) und (4) innerhalb der oft nicht unbeträchtlichen Meßfehler bestätigt. Die Gl. (4) bildet die Grundlage der Definition der absoluten →Thermokraft.

Handb. d. Experimentalphysik XI/2. Leipzig 1935.

Thomsonsche Gleichung: Die Eigenkreisfrequenz eines ungedämpften elektrischen →Schwingungskreises beträgt $\omega_0 = 1/\sqrt{LC}$ (C Kapazität, L Induktivität).

Thomson-Voigtsche Formel. In Metallkristallen nichtkubischer Kristallform hängt der spezifische elektrische Widerstand von der kristallographischen Orientierung der Kristallstäbe (der Stromrichtung) ab. Ist ϑ der Winkel des Kristallstabes gegen die kristallographische Hauptachse, so ist dessen spezifischer Widerstand ϱ_ϑ gegeben durch

$$\varrho_\vartheta = \varrho_{\parallel}\cos^2\vartheta + \varrho_{\perp}\sin^2\vartheta,$$

wo $\varrho_{\parallel}$ und $\varrho_{\perp}$ die spezifischen Widerstände von Kristallstäben parallel bzw. senkrecht zur kristallographischen Hauptachse sind. Eine analoge Formel gilt für den spezifischen Wärmewiderstand und die Thermokraft in Abhängigkeit von der kristallographischen Orientierung.

Handb. d. Experimentalphysik XI/2. Leipzig 1935.

Thomson-Wärme, die beim →Thomson-Effekt entstehende Wärmetönung.

Thorium, Th, radioaktives Element mit der Kernladungszahl 90. Das längstlebige Isotop ist das in der Natur vorkommende $^{232}_{90}$Th (Häufigkeit 100%), welches als Thorium schlechthin bezeichnet wird. Es zeigt α-Zerfall und geht mit einer Halbwertszeit von $1,39 \cdot 10^{10}$ Jahren in Mesothor 1 über. Es ist die natürliche Muttersubstanz der →Thorium-Reihe. Seine α-Strahlen haben eine Energie von 4,2 MeV. Die Radioaktivität des Thoriums wurde kurz nach der Entdeckung der radioaktiven Eigenschaften des Urans aufgefunden (1898).

Chemisch gehört Thorium zwar in die Gruppe der →Actiniden; jedoch gleicht es in seinen chemischen Eigenschaften den Elementen der 4. Gruppe des Periodischen Systems. Seine Verbindungen sind denen des Zirkons bzw. Hafniums so ähnlich, daß es bisher allgemein als deren Homologes betrachtet wurde.

Thorium wird durch Neutronen gespalten, aber nicht durch thermische. Im →Pile kann aus Thorium der →,,Atombrennstoff" Uran 233 in wägbaren Mengen nach der Gleichung

$$\ce{^{232}_{90}Th}(n,\gamma) = \ce{^{233}_{90}Th} \xrightarrow[\beta]{23^m} \ce{^{233}_{91}Pa} \xrightarrow[\beta]{27,4^d} \ce{^{233}_{92}U} \xrightarrow[\alpha]{1,6 \cdot 10^5\,a}$$

hergestellt werden.

Alle bis März 1949 bekannten Thoriumisotope sind in dem Diagramm unter →radioaktive Zerfallsreihen aufgeführt.

Die folgenden, ebenfalls mit ,,Thorium" bezeichneten (weil *sämtlich der* →*Thorium-Reihe angehörigen*) Atomarten sind *keine Isotope* des Elements Thorium.

Thorium A, Th A, Isotop $\ce{^{216}_{84}Po}$ des *Poloniums*, Muttersubstanz →Thoron; 1910 von *Geiger* und *Marsden* beobachtet, 1911 von *Geiger* und *Rutherford* bestätigt und genauer untersucht. Es zeigt →dualen Zerfall. In der Hauptsache verwandelt es sich unter α-Strahlung von 6,77 MeV in Th B, nur zu etwa 0,1% unter β-Strahlung in $\ce{^{216}_{85}At}$, Halbwertzeit 0,158 s.

Thorium B, Th B, Isotop $\ce{^{212}_{82}Pb}$ des *Bleis*, Muttersubstanz Th A; 1904 von *Rutherford* entdeckt. Es zerfällt unter β- und γ-Strahlung verschiedener Energie in Th C; Halbwertzeit 10,6 Stunden.

Thorium C, Th C, Isotop $\ce{^{212}_{83}Bi}$ des *Wismuts*, Muttersubstanz Th B; 1904 von *Rutherford* entdeckt. Es zerfällt dual unter α-, β- und γ-Strahlung verschiedener Energie in Th C′ bzw. Th C″; Halbwertzeit 1,01 Stunden.

Thorium C′, Th C′, Isotop $\ce{^{212}_{82}Po}$ des *Poloniums*, Muttersubstanz Th C. Es zerfällt unter α-Strahlung von 8,77 MeV in Th D; Halbwertzeit 0,3 μs.

Thorium C″, Th C″, Isotop $\ce{^{208}_{82}Tl}$ des *Thalliums*, Muttersubstanz Th C; 1909 von *Meitner* und *Hahn* aufgefunden. Es zerfällt unter β-Strahlung mit einer Maximalenergie von 1,79 MeV und γ-Strahlen verschiedener Energie in Th D; Halbwertzeit 3,1 min.

Thorium D, Th D, Isotop $\ce{^{208}_{82}Pb}$ des *Bleis*, Muttersubstanzen Th C′ und Th C″. Stabiles Endprodukt der Thorium-Reihe. Alle schwereren Atomarten, deren Massenzahlen der Bedingung $4n$ entsprechen, verwandeln sich schließlich in Th D.

Thorium X, Th X, Isotop $\ce{^{224}_{88}Ra}$ des *Radiums*, Muttersubstanz Radiothor; 1902 von *Rutherford* und *Soddy* entdeckt. Es zerfällt unter α-Strahlung von 5,681 MeV in Thoron; Halbwertzeit 3,64 Tage.

Meyer-Schweidler: Radioaktivität. Berlin u. Leipzig 1927. — *Przibram, K.:* Radioaktivität. Samml. Göschen 317. Berlin u. Leipzig 1932.

Thorium-Blei = Thorium D, →Thorium.

Thorium-Emanation = →Thoron.

Thorium-Reihe radioaktive Zerfallsreihe, deren längstlebiges Glied und natürliche Muttersubstanz das Thorium 232 ist. In neuerer Zeit wurden weitere radioaktive Atomarten aufgefunden, welche direkt oder über mehrere Zwischenglieder in die schon lange bekannten Glieder der Thorium-Reihe übergehen. Alle Glieder der Thorium-Reihe, ob sie aus natürlichem Thorium nachgebildet oder künstlich hergestellt wurden, gehen schließlich in stabiles Thorium-Blei, das Pb 208 oder Thorium D, über. Alle Atomarten, welche dieser Reihe angehören, haben Massenzahlen, welche dem Ausdruck $4n$ entsprechen. n kann die Werte der ganzen Zahlen zwischen 52 und 60 annehmen. →radioaktive Zerfallsreihen.

Wegen der Konstanten der Glieder der Thorium-Reihe s. die Tabelle S. 542 (nach *Mattauch* und *Flammersfeld*).

Literatur →Thorium; ferner *J. Mattauch* u. *A. Flammersfeld:* Isotopenbericht, Sonderheft d. Z. Naturf. 1949.

Thoron, Tn, Glied der →Thorium-Reihe, Isotop $\ce{^{220}_{86}Em}$ der *Emanation*, radioaktives Edelgas, Muttersubstanz Thorium X; 1899/1900 von *Owens* und *Rutherford* aufgefunden. Es zerfällt unter α-Strahlung mit einer Energie von 6,28 MeV und einer Halbwertzeit von 54,5 s in Thorium A.

Literatur →Thorium.

Thyratron →Gasentladungsröhren für Meß- und Regelzwecke.

Tiden →Gezeitenkräfte.

Tiefdruckgebiet →Zyklone.

Tiefeneffekt bei der kosmischen Strahlung →Höheneffekt.

Tiefenschärfe. Die der Auffang- oder Mattscheibenebene konjugierte Ebene im Objektraum heißt Einstellebene (→Strahlenbegrenzung). Unter der Voraussetzung fehlerfreier Abbildung kann ein räumlicher Gegenstand durch sein Abbild auf der Einstellebene ersetzt werden, das sich aus den Durchstoßungspunkten der →Hauptstrahlen mit der Einstellebene ergibt. Betrachtet man nicht nur die Hauptstrahlen, sondern die durch die Eintrittspupille begrenzten räumlichen Bündel, so treten an die Stelle der Durchstoßungspunkte für vor oder hinter der Einstellebene gelegene Punkte des räumlichen Gegenstandes Zerstreuungskreise. Von der Eintrittspupille aus betrachtet ist δ der scheinbare Durchmesser dieser Zerstreuungskreise. Ist δ gleich oder kleiner als der physiologische Grenzwinkel des Auges, so erscheinen sie dem Auge als scharfe Punkte. Es gibt also im Objektraum zwei Ebenen, von denen eine in Lichtrichtung vor und eine hinter der Einstellebene liegt, deren Punkte auf der Einstellebene gerade Zerstreuungskreise vom Durchmesser δ ergeben. Der Abstand dieser Ebenen von der Einstellebene wird Tiefe nach vorwärts t_v und Tiefe nach hinten oder nach rückwärts t_r genannt. Der Gesamtabstand $t_v + t_r$ der beiden Begrenzungsebenen des scharf gesehenen Objektraumes heißt Gesamttiefe, Gesamtabbildungstiefe, Tiefenschärfe oder Schärfentiefe. Da die Einstellebene zur Anfangebene konjugiert ist, kann für einen vorgegebenen Durchmesser d' des Zerstreuungskreises auf der Mattscheibe die Tiefenschärfe berechnet werden. Sie hängt außer von d' vom Öffnungsverhältnis des Objektivs, von seiner Brennweite und von der Entfernung der Einstellebene vom Objektiv ab. Diese Werte werden unter der Annahme idealer Abbildung ohne Berücksichtigung einer bestimmten Korrektion des Objektivs berechnet.

Tiefenverkehrung →Pseudoskopie, →Stereoskop.

Stellung der Isotope mit den Massenzahlen $4n$ ($52 \leq n \leq 60$) im Periodischen System. Entstehung bzw. Herstellungsprozesse und radioaktive Konstanten der Glieder der Thorium-Reihe.

Z	N	Symbol	A	Halbwertzeit	Strahlenart	Zerfallsenergie in MeV α bzw. β	γ	Entstehung und Herstellungsprozesse
96	144	Cm	240	30 d	α	α: 6,3		^{239}Pu (α, 3*n*)
95	145	Am	240	2,1 d	K		1,3	^{239}Pu (*d*, *n*); ^{237}Np (α, *n*)
94	146	Pu	240	≈6·10^{3} a	α	α: 5,1		^{238}U (α, 2*n*)
94	142	Pu	236	2,7 a	α	α: 5,7		^{236}Np—β^{-}→; ^{240}Cm—α→; ^{233}U (α, *n*); ^{235}U (α, 3*n*) ^{238}U (α, 6*n*)
93	143	Np	236	20 h	β^{-}			^{237}Np (*d*, ^{3}H); ^{235}U (*d*, *n*); ^{238}U (*d*, 4*n*); ^{235}U (α, *p* 2*n*) ^{233}U (α, *p*); ^{237}Np (*n*, 2*n*); ^{237}Np (α, α*n*)
94	138	Pu	232	22 m	α	α: 6,6		^{235}U (α, 7*n*)
94	140	U	232	70 a	α	α: 5,31		^{232}Pa—β^{-}→; ^{236}Pu—α→; ^{232}Th (α, 4*n*) ^{231}Pa (*d*, *n*); ^{231}Pa (α, *p* 2*n*)
91	141	Pa	232	1,33 d	β^{-}	1,0; 0,4; 0,14		^{232}Th (*d*, 2*n*); ^{232}Th (α, *p* 3*n*) ^{231}Pa (*d*, *p*)
90	142	Th	232	1,39·10^{10}a	α	α: 4,20		natürliche Strahlung
92	136	U	228	7 m	α 80 %; K 20 %	α: 6,7		^{232}Th (α, 8*n*); ^{232}Pu—α→
91	137	Pa	228	22 h	K 98 %; α 2 %	α: 6,09		^{232}Th (*d*, 6*n*)
90	138	RdTh	228	1,90 a	α	α: 5,418 [5]; 5,335 [1]	0,0881; 0,0848	^{228}Ac—β^{-}→; ^{228}Pa—*K*→
89	139	MsTh I	228	6,13 h	β^{-}	1,55 ± 0,07	versch. γ von 0,0581 bis 0,970	^{228}Ra—β^{-}→
89	140	MsTh II	228	6,7 a	β^{-}	0,053 ± 0,004		^{232}Th—α→
90	134	Th	224	kurz	α	α: 7,2		^{228}U—α→
89	135	Ac	224	2,5 h	K ≈91 %; α 9 %	α: 6,17		^{228}Pa—α→
88	136	Th X	224	3,64 d	α	α: 5,681		^{228}Th—α→; ^{238}U (α, 6*p* 12*n*) ^{224}Ac—*K*→
88	132	Ra	220	kurz	α	α: 7,5		^{224}Th—α→
87	133	Fr	220	≈30 s	α	α: 6,69		^{224}Ac—α→
86	134	Tn	220	54,5 s	α	α: 6,2818		^{224}Ra—α→
86	130	Em	216	sehr kurz	α	α: 8,0		^{220}Ra—α→
85	131	At	216	≈1 ms	α	α: 7,79		^{216}Po—β^{-}→; ^{220}Fr—α→
84	132	Th A	216	0,158 ± 0,008 s	α 100 % β 1,3·10^{-2} %	α: 6,774		^{220}Em—α→
85	127	At	212	0,25 s	α			^{209}Bi (α, *n*)
84	128	Th C′	212	0,30 ± 0,015 μs	α	α: 8,776		^{212}Bi—β^{-}→; ^{216}Rn—α→
83	129	Th C	212	1,01 h	β^{-} 66,3 %; α 33,7 %	β^{-}: 2,256 α: 6,093$_{0}$ [27,2]; 6,053$_{7}$ [69.8] 5,770$_{9}$ [1,8]; 5,628$_{8}$ [0,16]; 5,609$_{5}$ [1,1]	versch. γ von 0,0398 bis 1,797	^{212}Pb—β^{-}→; ^{216}At—α→
82	130	Th B	212	10,6 h	β^{-}	0,598 [schw.]; 0,355 [st.]	versch. γ von 0,1130 bis 0,300	^{216}Po—α→
83	125	Bi	208	lang	?			^{209}Bi (*n*, 2*n*); ^{209}Bi (γ, *n*)
82	126	Th D	208	stab.				^{208}Tl—β^{-}→
81	127	Th C″	208	3,1 m	β^{-}	1,792 ± 0,007	3,24 8 %; 2,624 92 %; 2,160; 0,8118; 0,5832; 0,5110; 0,3300; 0,3012; 0,2767; 0,2518; 0,2227; 0,2109; 0,0405	^{212}Bi—α→

Zahlen in [ ] geben die relative Intensität an.

Fettes Elementsymbol: Durchführung der Reaktion mit angereichertem, sehr reinem Isotop.

Tiefenwahrnehmung, die Wahrnehmung absoluter und relativer Entfernungen der gesehenen Dinge vom Betrachter und voneinander. Der Wahrnehmung absoluter Entfernungen liegt neben der scheinbaren Größe der Netzhautbilder und der atmosphärischen Verschleierung insbesondere das Ausmaß der Konvergenz der Augenachsen bei beidäugiger Fixierung, der Wahrnehmung relativer Entfernungen neben der perspektivischen Verkürzung, der Verteilung von Licht und Schatten und der Überschneidung von Bildlinien wesentlich die beidäugige Bildverschiedenheit zugrunde (→Stereoskopie). Sie beruht auf der — durch den seitlichen Augenabstand bedingten — Verschiedenheit des Standortes der beiden Augen gegenüber dem betrachteten Objekt, die zu einer Lage der beiden einem Objektpunkt zugeordneten Bildpunkte auf nicht genau korrespondierenden Stellen der beiden Netzhäute führt (→Binokularsehen). Der Grad dieser Lageverschiedenheit (Querdisparation oder Netzhautparallaxe), der sich mit zunehmender Absolutentfernung verringert, bestimmt das Ausmaß der Tiefenschärfe. Als Grenzwerte werden Parallaxen von 1 bis 0,5 μ, einem Grenzwinkel der Unterscheidbarkeit von 10 — 5″ entsprechend, genannt. Die Querdisparation als Ursache der Tiefenschärfe bedingt deren Zusammenspiel mit dem Doppeltsehen (→Binokularsehen), das bei kleinen Parallaxen durch Blickschwankungen, der alternierenden Prävalenz jedes Einzelbildes („Wettstreit" der Einzelbilder) und die Sehschärfegrenzen kompensiert werden kann (→auch Raumsehen). →Stereoskop.

Trendelenburg, W.: Der Gesichtssinn. Berlin 1943.

Tiefenwirkung, gesamte, optischer Geräte, nach *v. Rohr* die Fähigkeit zur räumlichen Tiefenunterscheidung bei Benutzung dieser Geräte (→Plastik).

Tiefpaß →Drosselkette.

Tieftemperaturforschung. Die zunächst vor allem durch die Frage der Verflüssigung der →permanenten Gase vorangetriebene Tieftemperaturforschung beschäftigt sich heute unter Verwendung der →Luft-, →Wasserstoff- und →Heliumverflüssigung, sowie der →adiabatischen Entmagnetisierung außer mit allgemeinen Untersuchungen über die Eigenschaften der Körper bei tiefen Temperaturen vorwiegend mit folgenden Problemen:

1. →Supraleitung.
2. Eigenschaften von He II (→Helium, flüssig und fest).
3. Absolute Festlegung der thermodynamischen Konstanten auf Grund des →3. Hauptsatzes.
4. Untersuchungen, bei denen die bei höheren Temperaturen vorhandene thermische Molekularbewegung oder der →Rauschpegel von Meßinstrumenten hinderlich ist, z. B. Ausmessung von Absorptionsspektren, Röntgenstrukturuntersuchungen usw.
5. Untersuchungen über den →Paramagnetismus.

Wegen der für Untersuchungen im Temperaturgebiet des flüssigen He und darunter benötigten umfangreichen Spezialapparaturen werden sie meist in besonderen Kältelaboratorien durchgeführt.

Jackson, L. C.: Low Temperature Physics. London 1948. — *van Lammeren, J.:* Technik d. tiefen Temperaturen. Berlin 1941.

Tierkreislicht = →Zodiakallicht.

Tilgung, ein bei der →Phosphoreszenz gebräuchlicher Ausdruck, die Umwandlung der in einem Kristallphosphor gespeicherten Energie in Wärme. Die Tilgung bedeutet also den Energieanteil, welcher für die Aussendung sichtbaren Lichtes verlorengeht. — Bei der →Auslöschung eines Phosphors durch Wärme oder Ultrarot wird die gesamte gespeicherte Energiemenge in Licht (→Ausleuchtung) oder in Wärme (Tilgung) umgewandelt.

Titius-Bodesche Regel, besagt, daß die Verhältnisse der Bahnradien der Planeten (einschließlich des mittleren Bahnradius der Planetoiden) sich wenigstens näherungsweise durch die Zahlenfolge

$$4 + 0, 4 + 3, 4 + 6, 4 + 12, 4 + 24, \ldots$$

darstellen lassen. Gegen die Auffassung dieser Beziehung als ein Gesetz ist zweierlei einzuwenden: 1. Die Beziehung versagt völlig bei den äußersten Planeten Neptun und Pluto. 2. Die Zahlenfolge läßt sich zwar vom 2. Gliede ab durch den allgemeinen Ausdruck $4 + 3 \cdot 2^{k-1}$ darstellen ($k = 1$, $2, 3, \ldots$, Venus $k = 1$); aber dem Merkur würde nicht etwa $k = 0$, sondern $k = -\infty$ entsprechen, und es müßten zwischen Venus und Merkur bei sinngemäßer Fortsetzung der Folge noch unendlich viele Planeten stehen. Da auch jede physikalische Begründung der Zahlenfolge fehlt, so kann sie schwerlich als mehr denn ein Zufall angesprochen werden.

Titration Verfahren der →Maßanalyse. Ferner →Leitfähigkeitstitration, →potentiometrische Titration.

TME, Symbol der kernphysikalischen →Tausendstelmasseneinheit (heute im wesentlichen Energiemaß).

tn, Symbol für die Masseneinheit →ton. — tn.l. (oder l tn), Symbol für die Masseneinheit →long ton. — tn.sh. (oder sh tn), Symbol für die Masseneinheit →short ton. — tn.wt. oder T, Symbol für die Krafteinheit →ton weight.

Tochtersubstanzen →Muttersubstanzen, →Zerfallsprodukte.

Toleranzdosis. Aus der frühen Erkenntnis, daß Röntgen- und Radiumstrahlen, schon in kleinen Mengen verabreicht, im menschlichen Körper Schädigungen hervorrufen können, entstand zunächst das Problem, diejenige noch zulässige Strahlenmenge zu ermitteln, die mit Sicherheit noch keinen nachweisbaren Schaden des Körpers bewirkt (Höchstdosis). Es ist im Laufe der Zeit evident geworden, daß diese „Strahlendosis" von vielen Faktoren abhängig ist (→*Strahlenschutz*). Vor allem ergab sich, daß Strahlendosen, die, auf einmal verabreicht, bestimmte biologische Effekte hervorrufen, in kleine Teildosen zerlegt, die in gewissen Zeitabständen gegeben oder auf längere Zeit erstreckt werden, weniger wirksam sind (*Zeitfaktor*). So mußte die Fragestellung notwendigerweise dahin erweitert werden, welche Verdünnung der Bestrahlung notwendig sei, um eine erfolgte Einstrahlung in den Körper vollkommen unschädlich zu machen (Höchstdosisleistung).

Die ersten diesbezüglichen Ermittlungen unternahm *Mutscheller* 1925. Er untersuchte einerseits die unter den üblichen Arbeitsbedingungen das Personal laufend treffende Streustrahlung; andererseits wurde versucht, die an den so überwachten Personen festzustellenden Schädigungserscheinungen durch eine entsprechende Befragung der betreffenden Institute und Krankenhäuser hinsichtlich der dort bekanntgewordenen Schädigungen zu erfassen. Er kam auf diesem statistischen Weg zur Feststellung einer biologischen „Toleranzdosis" (TD) als derjenigen Strahlenmenge, die bei laufender Einstrahlung in 20 000 Stunden den Betrag von 1 „HED" (Haut-Erythem-Dosis) ergibt.

Diese ließ sich nach der Einführung der Maßeinheit →Röntgen (r) für die Strahlendosis (Internationaler Radiologenkongreß, Stockholm 1928) oder r/s bzw. r/min für die Strahlendosisleistung unter Annahme 7stündiger Arbeitszeit täglich und 24 Arbeitstagen monatlich auf 6 r/Monat gleich 0,25 r/Tag oder 10^{-5} r/s umrechnen (1 HED zu 600 r angesetzt).

In dieser Höhe ist sie dann als Norm in den Strahlenschutz-Vorschriften der verschiedenen Länder (→Strahlenschutz) festgelegt worden, wobei für ungleichmäßige Strahlenbelastung ein Ausgleich bis zum Höchstbetrag von 1,25 r/Woche gestattet wurde.

Inzwischen war aber aus strahlengenetischen Versuchen, speziell aus den Erfahrungen mit durch Strahlen erzeugten Mutationen an der Obstfliege Drosophila, die Erkenntnis gewonnen, daß die Mutationsrate dosisproportional ansteigt, also völlige Summation der Dosis erfolgt (kein Zeitfaktor!). Auf Grund der Feststellungen der spontanen Mutationsrate und der Annahme, daß eine Verdoppelung dieser Rate noch keine bedenklichen Schädigungen des Erbgutes einer Bevölkerung bedeuten würde, ist daher in den deutschen Vorschriften für eine „Erbschädigungs-Toleranzdosis" (ED) der TD, also ein Betrag von 0,025 r/Tag bzw. 0,125 r/Woche oder 10^{-6} r/s festgelegt worden. Hieraus ergibt sich als Gesamtdosis, welche den Generationsorganen in der ganzen Zeit ihrer Funktionsdauer (etwa 25 Jahre) eingestrahlt werden darf, der Betrag von etwa 150 r, welcher vermutlich eine so unbedeutende Erhöhung der menschlichen Mutationsrate bewirkt, daß eine Gefährdung des Erbgutes nicht zu erwarten ist.

Wie aus dem vorhergehenden ersichtlich ist, beruhte die Mutschellersche „Toleranzdosis" nicht auf speziellen experimentellen Untersuchungen, sondern vielmehr auf statistischen Erhebungen in röntgendiagnostischen und -therapeutischen Betrieben. Es entstanden deshalb im Laufe der Zeit Zweifel an der Richtigkeit der so festgelegten Norm (sowohl nach oben, wie nach unten). Die Forderung nach einer eingehenden experimentellen Überprüfung dieser Frage wurde erstmalig von *Rajewsky* (1932) erhoben, der auf Grund eigener Untersuchungen und der Meßergebnisse anderer Autoren (hauptsächlich in USA) an radiumvergifteten Personen zu nicht unerheblich kleineren „höchstzulässigen Dosen" (wenigstens für α-Teilchen) kam. Diese Feststellungen wurden durch die Erforschung der Ursachen der sog. Schneeberger Krankheit [Lungenkrebs der Bergarbeiter in den radioaktiven Gruben von Schneeberg und Jachymov (St. Joachimsthal)] durch *Rajewsky* und seine Mitarbeiter bekräftigt und in der Folgezeit insbesondere durch verschiedene Untersuchungen im Ausland bestätigt. So entstanden in den letzten Jahren vor allem im Ausland Bedenken gegen die obengenannten Werte, indem die TD als unzureichend (zu hoch), die ED aber als zu vorsichtig (zu niedrig) angesetzt bezeichnet wurde. Die Entwicklung dieser Frage befindet sich noch im Flusse.

Die bisher vorliegenden Ergebnisse der diesbezüglichen Untersuchungen geben jedoch Veranlassung zu weitestgehender Vorsicht.

Auf dem Internationalen Radiologenkongreß in London 1950 wurden deshalb folgende Normen für die „Toleranzdosis" neu festgelegt:

A. Äußere Strahlung.

I. Gefährdung von Personen durch Röntgen-, β- und γ-Strahlung.

a) Vollbestrahlung des Körpers.

1. Soweit der ganze Körper während beliebiger Zeit einer Röntgen- oder γ-Strahlung mit einer Quantenenergie von weniger als 3 MeV ausgesetzt ist, soll die höchstzulässige Dosis, die von der Oberfläche des Körpers empfangen wird, *0,5 r/Woche* betragen. Diese Dosis entspricht *0,3 r/Woche* in freier Luft gemessen.

2. Im Falle sehr energiereicher β-Strahlung soll die höchstzulässige Strahlenbelastung der Körperoberfläche je Woche derjenige Energiefluß von β-Strahlen sein, welcher der Energieabsorption je Gramm oberflächlich gelegenen Gewebes von 1,5 r harter γ-Strahlung äquivalent ist.

b) Teilbestrahlung des Körpers. Im Falle der Gefährdung von Händen und Unterarmen durch Röntgen-, γ- und β-Strahlen soll die höchstzulässige Dosis *1,5 r* (oder deren Energieäquivalent) je *Woche* im oberflächlich gelegenen Gewebe betragen.

Anmerkung zu a) und b): Unter „oberflächlich gelegenem Gewebe" soll die Basalschicht der Epidermis verstanden werden, die unter einer Gewebeschicht von etwa 7 mg/cm² liegt.

II. Gefährdung von Personen durch Neutronenstrahlung (Vollbestrahlung).

Bis auf weiteres wird angenommen, daß die höchstzulässige Energieabsorption je Gramm Gewebe bei Bestrahlung mit schnellen Neutronen nicht größer sein darf als 1 *Zehntel* derjenigen, welche bei Bestrahlung mit energiereichen Quanten erlaubt ist.

B. Innere Strahlung.

Vorerst können nur für einige wichtige radioaktive Stoffe die Höchstmengen angegeben werden, durch deren Einverleibung vermutlich 0,3 r/Woche in keinem Organ überschritten wird.

Literatur →Strahlenschutz. Ferner *L. Meyer-Schützmeister:* Naturwiss. 37, 501 (1950).

Tolman-Versuch, Nachweis der Trägheit der Elektronen: Ein Leiter wird plötzlich beschleunigt. Die Trägheit der Elektronen bewirkt eine Relativbewegung, die sich in einem Stromfluß ausdrückt, der mit empfindlichen Instrumenten meßbar ist. Für jedes Elektron der Ladung e und Masse m resultiert in jedem Augenblick eine Quasi-Feldstärke $\mathfrak{E}$ derart, daß

$$\mathfrak{E}\, e = -m\mathfrak{b}, \quad \mathfrak{b} = \text{Beschleunigung}$$

ist.

Tolman ließ einen ringförmigen Leiter vom Radius a um eine Achse senkrecht zur Ringebene oszillieren. Die elektrische Randspannung im Ring ist dann

$$\oint \mathfrak{E}\, d\mathfrak{s} = \frac{2\pi a}{e}\, m\,|\mathfrak{b}|.$$

Sie ist einer Änderung des Kraftflusses $\dfrac{d\Phi}{dt}$ äquivalent, welche ihrerseits nunmehr in einer um den Ring gelegten Spule meßbare Ströme erzeugt. Das gefundene Verhältnis e/m stimmt innerhalb

der Fehlergrenzen mit dem für freie Elektronen gefundenen überein und beweist, daß der Strom in den Metallen von Elektronen getragen wird.
Joos, G.: Lehrb. d. theoret. Physik. Leipzig 1950.

Toluolthermometer →Flüssigkeitsthermometer.

Tombakschläuche sind biegsame Wellrohre aus besonders duktiler Bronze und dienen als biegsame Vakuumleitungen.

Tomographie →Röntgenmedizin.

ton →long ton, →short ton, →ton weight.

Ton, im *physikalischen* Sprachgebrauch ein sinusförmig verlaufender Schall; der *musikalische* Ton ist aus einer Reihe harmonischer Töne zusammengesetzt und muß physikalisch als →*Klang* bezeichnet werden.

Tonalität, Erweiterung des Begriffes: Tonart. Tonal sind solche Musikwerke, die auf einer bestimmten Grundtonart aufgebaut sind bzw. bei denen zumindest noch bestimmte, auf eine bevorzugte Grundtonart hindeutende Schwerpunkte innerhalb des Tonartengewebes erkennbar bleiben. Auch wenn das nur abschnittsweise der Fall ist, spricht man noch von Tonalität. Erst wenn keinerlei Tonartenschwerpunkte mehr zu finden sind, nennt man das betreffende Stück „atonal" (z. B. 12-Ton-Musik).

Tonartencharakteristik, Zuordnung bestimmter, allgemein anerkannter Empfindungen zu den verschiedenen Tonarten. Herrührend von den griechischen Tonarten: durartige (ionisch, lydisch, mixolydisch) = heiter, mollartige (dorisch, äolisch) = traurig, mit feinen Modifizierungen. Nach Überführung der griechischen in die modernen Tonarten (ionisch →C-dur, lydisch →F-dur, mixolydisch →G-dur, dorisch →d-moll, äolisch →a-moll, phrygisch →e-moll) blieben die überkommenen Empfindungswerte vermutlich daran haften.

Zweifelsfrei werden bestimmte Tonarten zur Darstellung bestimmter Empfindungen bevorzugt, doch lassen sich allgemeingültige und statistisch zuverlässig belegte Feststellungen nur im Zusammenhang mit dem von den Komponisten gewählten Zeitmaß (schnell, langsam), dem Rhythmus, der Taktart ($^4/_4$, $^3/_4$ usw.) und der verwendeten Thematik und Harmonik treffen. Zum Beispiel ist C-dur bei weitem am häufigsten von allen Tonarten mit gerader Taktart, G-dur mit ungerader Taktart verbunden; D-dur hat fast ausschließlich schnelles Zeitmaß mit Neigung zur Virtuosität, As-dur dagegen überwiegend langsames Zeitmaß mit kantabel fließenden Melodien u. a. m.

Warum ein allgemeingültiges Empfinden für die Tonartencharaktere trotz der physikalischen Gleichheit aller Tonarten (temperierte Stimmung) überhaupt bestehen kann und warum ferner die Beurteilung der Tonartencharaktere in gewissen Grenzen sogar über die Jahrhunderte gleichgeblieben ist (obwohl die absolute Tonhöhe sich inzwischen um mehr als 1 Halbton geändert hat!), ist ein ungeklärtes Phänomen.
Mies, Paul: Der Charakter d. Tonarten. Köln 1948.

Tonaufzeichnung, Tonfilm →Schallaufzeichnung.

Tonfrequenz, Frequenzen innerhalb des →Hörbereichs, also etwa 16 bis 16000 Hz. Dieser Bereich entspricht elektrisch etwa dem Niederfrequenzbereich; daher gelten bei der Verstärkung

die gleichen Gesichtspunkte wie beim →Niederfrequenzverstärker.

Tonfrequenz-Spektrometer, dient zur Analyse von tonfrequenten Schwingungen. Es enthält eine Reihe von Bandfiltern, die den zu analysierenden Frequenzbereich lückenlos überdecken. Das Schwingungsgemisch durchläuft alle Filter gleichzeitig, wobei die auf die einzelnen Filterbereiche entfallenden Spektralintensitäten als helle Linien verschiedener Länge auf dem Schirm einer Braunschen Röhre sichtbar werden.
Freystedt, E., u. *F. Bath:* ATM V 3622-1.

Tonfunkensender →Funkensender.

Tongeschlecht. *Dur* (hart, strahlend, freudig) und *Moll* (weich, elegisch, ernst), gekennzeichnet durch die 3. Stufe (Terz) im Tonika-Dreiklang eines Stückes: große Terz ∼Dur (c e g), kleine Terz ∼Moll (c es g). →Tonskalen.

Tonhöhenschreiber, zur fortlaufenden Registrierung der Frequenz des Grundtones von Sprache und Musik verwendete schreibende Frequenzmesser oder Analysatoren, die entweder simultane Resonanzsysteme oder elektrische Impulsintegratoren enthalten. Meist wird der Grundton durch vorherige nichtlineare Verzerrung der Schallschwingung besonders verstärkt und durch einen →Tiefpaß von den übrigen Teiltönen befreit.
Meyer-Eppler, W.: Z. Phonetik 2, 16 (1948).

Tonika, Grundtonart eines Stückes, die auch den Schluß bildet, gekennzeichnet im allgemeinen durch die Vorzeichen, z. B. C-dur: keine Vorzeichen. 1 Quinte höher liegt die Dominante G-dur: 1 Kreuz (♯), 1 Quinte tiefer die Subdominante F-dur: 1 Be (♭).

Tonleiter →Tonskalen.

Tonne, abgek. t, der 1000fache Betrag des →Kilogramms; die Tonne ist die Grundeinheit für die Masse im →MTS-System. Die in der Technik gebräuchliche Bezeichnung auch des Gewichts von 1000 kg als 1 t (= 1000 kp = 1 Mp) führt zu den gleichen Schwierigkeiten und Mißverständnissen wie der Doppelsinn der Bezeichnung Kilogramm (→Kilopond) und sollte beseitigt werden.

Tonpilz, ein aus zwei elastisch miteinander verbundenen Massen m_1 und m_2 bestehendes Gebilde; stellt die Grundform der mechanisch-akustischen Schwingungskörper dar. Das zum Tonpilz widerstandsreziproke Gebilde, nämlich zwei durch einen Öffnungskanal miteinander verbundene starrwandige Gasvolumina, die klein zur Schallwellenlänge sind, wird *Tonraum* genannt.

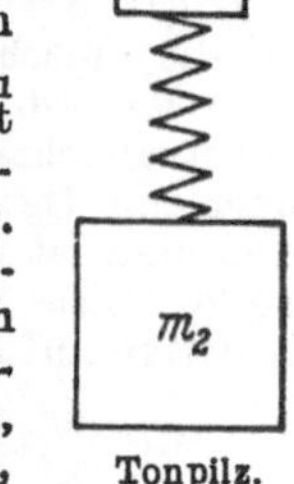

Tonpilz.

Hahnemann, W., u. *H. Hecht:* Phys. Z. 21, 187 (1920). — *Fischer, F. A.:* Grundzüge d. Elektroakustik, Berlin 1950.

Tonsender, elektrische Schwingungserzeuger, deren Frequenzen im →Hörbereich liegen. Zur Erzeugung einzelner Frequenzen und schmaler Frequenzbereiche bedient man sich im allgemeinen einer →Rückkopplungsanordnung mit Schwingkreisen oder R-C-Gliedern. Die Erzeugung kontinuierlich veränderlicher Frequenzen über den ganzen Tonfrequenzbereich erfolgt meist durch Überlagerung einer festen mit einer kontinuierlich veränderlichen Hochfrequenz (Schwebungssummer), wobei man den Vorteil einer weitgehend konstanten Ausgangsamplitude hat.

Tonskalen. Die musikalischen Tonskalen sind entsprechend dem musikalischen Empfinden des Menschen nach bestimmten Frequenzverhältnissen der Töne aufgebaut. Die wichtigsten Tonintervalle sind mit den Verhältniswerten f_ν/f_0 der Frequenzen f_ν zu der Frequenz f_0 eines Grundtones, unterteilt nach →konsonanten und dissonanten Intervallen, in der Tabelle 1 wiedergegeben; in der 3. Spalte sind die Intervalle im →Centmaß i eingetragen.

Tabelle 1.
Schwingungsverhältnis und Intervallmaß von Tonintervallen.

Tonintervall	Schwingungszahlverhältnis f_ν/f_0	Intervallmaß i [cent]
a) Konsonanz		
Duodezime	3 : 1	1902,0
Oktave	2 : 1	1200,0
große Sexte	5 : 3	884,4
Quinte	3 : 2	702,0
Quarte	4 : 3	498,0
große Terz	5 : 4	386,3
kleine Terz	6 : 5	315,6
Unisono	1 : 1	0
b) Dissonanz		
große Septime	15 : 8	1088,3
kleine Septime	9 : 5	1017,6
kleine Sexte	8 : 5	813,7
großer Ganzton . . .	9 : 8	203,9
kleiner Ganzton . . .	10 : 9	182,2
großer Halbton	16 : 15	111,7
kleiner Halbton . . .	25 : 24	70,7
Pythagoräisches Komma	≈74 : 73 [1]	23,$\bar{\bar{5}}$
syntonisches Komma .	81 : 80	21,5

[1] genauer: 531 441 : 524 288.

getragen. Die Grenze zwischen Konsonanz und Dissonanz ist jedoch fließend und hat die Neigung, sich mit der Zeit zugunsten der Konsonanz auch solcher Intervalle zu verschieben, die früher als dissonant empfunden wurden, z. B. die kl. Sexte und sogar die kl. Septime. Im Aufbau der Tonskalen sind grundsätzlich zwei Arten zu unterscheiden: die diatonische und die chromatische Skala.

In den →*diatonischen Tonskalen* sind sieben Töne mit ungleichartigen Differenzen im Intervallmaß i über eine Oktave verteilt. Die älteste diatonische Tonskala ist die *Pythagoräische diatonische Tonskala*. Diese baut sich aus direkten Quintenschritten auf und enthält daher in ihrer ursprünglichen Form auch nicht die Oktave. Die Pythagoräische Skala bleibt in ihrer Anwendung im wesentlichen auf die melodische Musik beschränkt. Unsere heutige kanonische Musik beruht auf den Tonsystemen der *diatonischen Durskala* und der *diatonischen Mollskala*, welche untereinander und von der Pythagoräischen in den drei Tönen e (es), a (as) und h (b) abweichen. Tonintervall, Tonsymbol, Schwingungszahlverhältnis f_ν/f_0 und Intervallmaß i dieser drei diatonischen Skalen sind in der Tabelle 2 zusammengestellt worden.

Die Dur- und Mollskala erforderten später eine erhebliche Erweiterung in der Anzahl der Töne innerhalb eines Oktavenbereiches (enharmonisch erhöhte und vertiefte Töne), um jeden der sieben ursprünglichen Töne dieser beiden diatonischen Skalen als Grundton für eine eigene Tonleiter verwenden zu können: *erweiterte diatonische Tonskala*. Die Schwingungszahlverhältnisse f_ν/f_0 dieser enharmonischen Töne sind als Produkte einzelner Faktoren darstellbar; diese Faktoren sind die in der Tabelle 2 bereits enthaltenen Verhältnisse f_ν/f_0 und zusätzlich die Faktoren 25/24 (kleiner Halbton; $\Delta i = 70{,}7$ cent) und 81/80 (syntonisches Komma; $\Delta i = 21{,}5$ cent). In der Tabelle 3 sind die nur um das syntonische Komma $\Delta i = 21{,}5$ cent von ihren Nachbarn verschiedenen Töne fortgelassen worden, so daß 21 Töne im Oktavenbereich übrigbleiben. Da auf zahlreichen Musikinstrumenten (z. B. Orgel, Klavier, Blasinstrumente, Gitarre usw.) nur eine beschränkte Anzahl von Tönen bautechnisch unterzubringen ist, wurde eine weitere Reduktion der erweiterten diatonischen Tonskala erforderlich: je zwei benachbarte vertiefte bzw. erhöhte enharmonische Tonpaare wurden zu einem Ton zusammengefaßt, wodurch man zu einem Oktavenbereich mit 12 Tönen gelangte (Spalte 4 der Tab. 3).

Durch die zunächst vorgenommene Erweiterung und anschließende Reduzierung der diatonischen Dur- und Mollskala ging die ursprüngliche musikalische Stimmung der diatonischen Skala, die als *reine Stimmung* bezeichnet wird, verloren. Die so entstandenen Unsicherheiten in der reinen Stimmung wurden durch geeignete Festlegung der bei der Reduzierung der erweiterten diatonischen Skala auf 12 Töne im Oktavenbereich geschaffenen 9 Mittelwerte aus je zwei enharmonischen Tönen abgeschwächt oder „temperiert"; die so entstandene und heute noch gebräuchliche musikalische Stimmung heißt *12 stufig-gleichteilig temperierte Stimmung*. In ihr ist das Oktavenintervall in zwölf gleich große Halbtonschritte eingeteilt,

Tabelle 2. Die diatonischen Tonskalen in reiner Stimmung.

Pythagoräische Tonskala				Durskala				Mollskala			
Tonintervall	Tonsymbol	f_ν/f_0	Intervallmaß i [cent]	Tonintervall	Tonsymbol	f_ν/f_0	Intervallmaß i [cent]	Tonintervall	Tonsymbol	f_ν/f_0	Intervallmaß i [cent]
Prime .	c	1	0	Prime	c	1	0	Prime	c	1	0
Sekunde	d	9/8	203,9	Sekunde . . .	d	10/9	182,4	Sekunde . . .	d	10/9	182,4
Terz . .	e	81/64	407,8	große Terz .	e	5/4	386,3	kleine Terz .	es	6/4	315,6
Quarte .	f	4/3	498,0	Quarte . . .	f	4/3	498,0	Quarte . . .	f	4/3	498,0
Quinte .	g	3/2	702,0	Quinte . . .	g	3/2	702,0	Quinte . . .	g	3/2	702,0
Sexte .	a	27/16	905,9	große Sexte .	a	5/3	884,4	kleine Sexte .	as	8/5	813,7
Septime	h	243/128	1109,8	große Septime	h	15/8	1088,3	kleine Septime	b	9/5	1017,6
Oktave .	c′	2	1200,0	Oktave . . .	c′	2	1200,0	Oktave . . .	c′	2	1200,0

Tabelle 3. Erweiterte diatonische Tonskala.

Bei reiner Stimmung			Bei nichtkorrigierter Reduzierung	Bei gleichteilig temperierter Stimmung		
Tonsymbol	f_v/f_0	Intervallmaß i [cent]	Intervallmaß i [cent]	Tonsymbol	f_v/f_0	Intervallmaß i [cent]
c	1	0	0	c	1	0
cis	25/24	70,7		cis = des	$2^{1/12}$	100
des	16/15	111,7	91,2			
d	10/9	182,4	182,4	d	$2^{2/12}$	200
dis	75/64	274,6		dis = es	$2^{3/12}$	300
es	6/5	315,6	295,1			
e	5/4	386,3		e = fes	$2^{4/12}$	400
fes	32/25	427,4	406,8			
eis	125/96	457,0		f = eis	$2^{5/12}$	500
f	4/3	498,0	477,5			
fis	25/18	568,7		fis = ges	$2^{6/12}$	600
ges	36/25	631,3	600,0			
g	3/2	702,0	702,0	g	$2^{7/12}$	700
gis	25/16	772,6		as = gis	$2^{8/12}$	800
as	8/5	813,7	793,4			
a	5/3	884,4	884,4	a	$2^{9/12}$	900
ais	125/72	955,0		b = ais	$2^{10/12}$	1000
b (= hes)	9/5	1017,6	986,3			
h	15/8	1088,3		h = ces'	$2^{11/12}$	1100
ces'	48/25	1129,3	1108,8			
his	125/64	1158,9		c' = his	$2^{12/12}$	1200
c'	2	1200,0	1174,5			

Tabelle 4. Frequenzen der c-Töne als Oktavenbegrenzung.

Bezeichnung des c-Tones	Tonsymbol	Frequenz f nach der	
		physikalischen Stimmung $f_{c'} = 256$ Hz [Hz]	gleichteilig temperierten Stimmung $f_{a'} = 440$ Hz [Hz]
Subkontra	$C_2 = c^{-3}$	16	16,35
Kontra	$C_1 = c^{-2}$	32	32,70
großes	$C = c^{-1}$	64	65,41
kleines	$c = c^{0}$	128	130,81
1fach gestrichenes	$c' = c^{1}$	256	261,63
2fach gestrichenes	$c'' = c^{2}$	512	523,25
3fach gestrichenes	$c''' = c^{3}$	1024	1046,5
4fach gestrichenes	$c'''' = c^{4}$	2048	2093,0
5fach gestrichenes	$c''''' = c^{5}$	4096	4186,0

A. Kalähne in Müller-Pouillets Lehrb. d. Physik I/3. Braunschweig 1929.

deren Differenzen, ausgedrückt in dem speziell auf sie zugeschnittenen Intervallmaß i, $\varDelta i = 1200 \lg \sqrt[12]{2}/\log 2 = 100$ cent betragen. Die aus 12 Halbtonschritten zusammengesetzte Tonskala wird *chromatische Tonskala* genannt (Spalten 5 bis 7 der Tab. 3).

Die bislang genannten Einteilungen von Tonskalen gelten für jeden beliebigen Oktavenbereich und sind von dem Absolutwert der Schwingungszahl f_0 des Grundtones unabhängig. Bezüglich der Absoluthöhe in der Skalierung unterscheidet man zwei Reihen musikalischer Töne: die physikalische und die gleichteilig temperierte Stimmung. Die *physikalische Stimmung* wird durch den Frequenzwert des 1fach gestrichenen c (c') definiert, die zu $f_{c'} = 2^4 \cdot 16$ Hz $= 256$ Hz festgelegt wurde; in ihr ergibt sich für die Schwingungszahl des 1fach gestrichenen a (a'): $f_{a'} = \frac{5}{3} \cdot 256$ Hz $= 426\,{}^2/_3$ Hz. Die Frequenzskala der *12stufig-gleichteilig temperierten Stimmung* wird stets von a' aus bestimmt. Von 1859 bis 1939 galt als Normal

der französische *Kammerton*, dessen Schwingungszahl zu $f_{a'} = 435$ Hz international von der Wiener Stimmton-Konferenz 1885 festgesetzt wurde. 1939 definierte der zwischenstaatliche akustische Ausschuß der ISA in London den →Normstimmton durch die Frequenz $f_{a'} = 440$ Hz. Damit ist man international zu der 1834 auf der deutschen Naturforschertagung in Stuttgart angenommenen *deutschen Stimmung* zurückgekehrt. Tabelle 4 enthält die Frequenzen der c-Töne in physikalischer ($f_{c'} = 256$ Hz) und heutiger 12 stufig-gleichteiliger temperierter ($f_{a'} = 440$ Hz) Stimmung.

Ferner →Tonsysteme.

Tonsysteme, Schemata zur stufenartigen Unterteilung der Oktave, die eine bestimmte, auf die Gewinnung musikalisch brauchbarer Intervalle gerichtete Gesetzmäßigkeit befolgen.

Die Problematik der Tonsysteme tritt besonders auffällig bei den Tasteninstrumenten mit ihrer beschränkten Anzahl fester Stufen in Erscheinung. Sie beruht auf der einfachen mathematischen

Tatsache, daß durch Potenzieren einer gebrochenen Zahl niemals eine ganze Zahl *genau* erreicht werden kann. Durch Aneinanderreihen von gleich großen reinen Intervallen (ausgenommen die Oktave selber) läßt sich also eine höhere Oktavlage des Ausgangstones grundsätzlich nicht exakt, sondern höchstens mit einer mehr oder weniger guten Annäherung erreichen. Bei der Aufstellung eines Tonsystems muß man also entweder auf einen genauen Zirkelschluß der Intervallschritte (bis zum Ausgangston zurück) verzichten, wie es bei allen aus reinen Intervallen gebildeten Tonsystemen der Fall ist. Oder man muß den zwischen dem Ausgangston (bzw. seiner höheren Oktave) und dem gefundenen Näherungswert verbleibenden Fehler auf mehrere Intervalle verteilen, wie es die temperierten Tonsysteme tun (→Tonskalen, →Komma).

Bei der sog. *reinen Stimmung* werden alle Stufen vom Ausgangston (z. B. c) aus durch reine Intervalle (möglichst einfache Zahlenverhältnisse, →Konsonanz) gebildet. Auch innerhalb der einzelnen Stufen treten einige reine Quinten und Terzen auf, doch sind Modulationen nur in sehr beschränktem Umfang in der Umgebung der Ausgangstonart möglich. In Tabelle 1 ist das a ($\frac{5}{3}$) zwar eine reine Quinte von d ($\frac{10}{9}$) und zugleich die reine große Terz von f ($\frac{4}{3}$); dagegen bildet g ($\frac{3}{2}$) mit d ($\frac{10}{9}$) das Intervall $\frac{27}{20}$. Als reine Quarte ($\frac{4}{3} = \frac{28}{21}$) von g müßte d aber den Wert $\frac{8}{9}$ haben. Das heißt, schon die einfachsten Modulationen verlangen bei der Reinstimmung mehrdeutige Stufen. Die cent-Werte (→Tonskalen, →cent) der reinen Stimmung sind der Tabelle 2 beigegeben.

Das *pythagoräische Tonsystem* (Tab. 1 u. 2) besteht aus einer Aneinanderreihung von reinen Quinten (bzw. Quarten). Die Abweichung der 12. Quinte von der 7. Oktave, $= (3/2)^{12}/2^{7}$, ist das *pythagoräische* Komma (= 23,5 cent). Die 4. Quinte abzüglich zwei Oktaven, d. h. die pythagoräische große Terz $= \frac{81}{64}$, weicht von der reinen großen Terz ($\frac{80}{64} = \frac{5}{4}$) um das *syntonische* Komma $= \frac{81}{80}$ ab (= 21,5 cent). Der gleiche Unterschied besteht zwischen dem pythagoräischen oder großen Ganzton $\frac{9}{8}$ und dem kleinen Ganzton $\frac{10}{9}$ der reinen Stimmung. Das pythagoräische und das syntonische Komma unterscheiden sich um ein *Schisma* (= 1,95 cent). Musikalisch ist die pythagoräische Stimmung wegen des großen Terzenfehlers nicht brauchbar, auch sind Modulationen durch den ganzen Quintenzirkel nicht durchführbar.

Bei dem *mitteltönig temperierten Tonsystem* (*Arnold Schlick* 1511, Tab. 2) wird ein syntonisches Komma auf vier Quinten verteilt, so daß die mitteltönige Quinte $701{,}95 - \dfrac{21{,}5}{4} = 696{,}6$ cent hat. Dadurch ergeben sich reine große Terzen (386,3 cent). Eine fortlaufende Modulation durch den Quintenzirkel ist jedoch nicht möglich, da an irgendeiner Stelle des Systems eine zu große Quinte verbleibt (= 737 cent), die *Wolfsquinte*, z. B. zwischen gis¹ und es². Von den durch die Wolfsquinte bedingten Einschränkungen abgesehen, ist die mitteltönige Stimmung aber dank der reinen großen Terzen und des annehmbaren Quintenfehlers (5 cent Abweichung gegen die reine Quinte) musikalisch allen anderen Stimmungen überlegen. Sie ist über 200 Jahre lang, vorwiegend

Tabelle 1. Reine und pythagoräische Stimmung.

Schwingungszahlverhältnisse der Intervalle, bezogen auf den Ausgangston c, und Stufenquotienten.

	0	1	2	3	4	5	6	6	7	8	9	10	11	12
Stufe	0	1	2	3	4	5	6		7	8	9	10	11	12
Ton	c	d♭	d	e♭	e	f	f♯	g♭	g	a♭	a	h♭	h[4]	c
Reine Stimmung – Ganzton-Stufenquotient		$\frac{10}{9}$	$\frac{9}{8}$	$\frac{9}{8}$	$\frac{10}{9}$	$\frac{10}{9}$	$\frac{9}{8}$		$\frac{10}{9}$	$\frac{10}{9}$	$\frac{9}{8}$	$\frac{9}{8}$	$\frac{10}{9}$	
Reine Stimmung – Intervallverhältnis	1	$\frac{16}{15}$[1]	$\frac{10}{9}$	$\frac{6}{5}$	$\frac{5}{4}$	$\frac{4}{3}$	$\frac{25}{18}$	$\frac{36}{25}$	$\frac{3}{2}$	$\frac{8}{5}$	$\frac{5}{3}$	$\frac{9}{5}$	$\frac{15}{8}$	2
Reine Stimmung – Stufenquotient	$\frac{16}{15}$	$\frac{25}{24}$	$\frac{27}{25}$	$\frac{25}{24}$	$\frac{16}{15}$	$\frac{25}{24}$	$\frac{648}{625}$	$\frac{25}{24}$	$\frac{16}{15}$	$\frac{25}{24}$	$\frac{27}{25}$	$\frac{25}{24}$	$\frac{16}{15}$	
Pythagoräische Stimmung – Ganzton-Stufenquotient		$\frac{9}{8}$	$\frac{9}{8}$	$\frac{9}{8}$	$\frac{9}{8}$	$\frac{9}{8}$	$\frac{9}{8}$ g♭[3]	f♯	$\frac{9}{8}$	$\frac{9}{8}$	$\frac{9}{8}$	$\frac{9}{8}$	$\frac{9}{8}$	
Pythagoräische Stimmung – Intervallverhältnis	1	$\frac{256}{243}$[2]	$\frac{9}{8}$	$\frac{32}{27}$	$\frac{81}{64}$	$\frac{4}{3}$	$\frac{1024}{729}$	$\frac{729}{512}$	$\frac{3}{2}$	$\frac{128}{81}$	$\frac{27}{16}$	$\frac{16}{9}$	$\frac{243}{128}$	2
Pythagoräische Stimmung – Stufenquotient	L	A	L	A	L	L	$\frac{531441}{524288}$	L	L	A	L	A	L	

$$\frac{531441}{524288} = \text{pythag. Komma}$$

[1] c♯: $\frac{25}{24}$.   [2] c♯: $\frac{2187}{2048}$,   L = Limma, $\frac{256}{243}$,   A = Apotome $\frac{2187}{2048}$.

[3] Bei der pythagoräischen Stimmung liegt g♭ tiefer als f♯.

[4] Im englischen Sprachbereich wird — tatsächlich konsequenter — b statt h geschrieben.

Tabelle 2. Vergleich verschiedener Tonsysteme. Intervalle in cent, bezogen auf c als Ausgangston.

Stufe . . .	0	1	2	3	4	—	5	6	7	8	9	10	11	—	12
Ton	c	c# db	d	d# eb	e	e# fb	f	f# gb	g	g# ab	a	a# hb	h	h# cb	c
Reine Stimmung	0	— 112	182	— 316	386	— —	498	569 631	702	— 814	884	— 1018	1088	— —	1200
Pythagoräische Stimmung	0	114 90	204	318 294	408	522 384	498	612 588	702	816 792	906	1020 996	1110	1224 1086	1200
Mitteltönige Stimmung	0	76 —	193	269 310	386	503 386	503	579 —	696½	773 814	890	— 1007	1083	1200 1083	1200
12stufig temperierte Stimmung	0	100	200	300	400	500 400	500	600	700	800	900	1000	1100	1200 1100	1200
19stufig temperierte Stimmung	0	63 126	190	253 316	379	442[1]	505	568 632	695	758 821	884	947 1010	1074	1137[1]	1200

[1] gilt für beide Töne.

bei der Orgel, in Gebrauch gewesen. Der Name „mitteltönig" entstammt der Tatsache, daß der mitteltönige Ganzton mit 193 cent genau in der Mitte zwischen dem großen und dem kleinen Ganzton liegt (204 bzw. 182 cent).

Bei der heute herrschenden *12 stufig-gleichteiligen Temperierung* (*A: Werckmeister* 1691) wird das pythagoräische Komma auf 12 Quinten verteilt, so daß sich die temperierte Quinte zu

$$701,95 - \frac{23,5}{12} = 700,00 \text{ cent} = 7 \text{ temperierte}$$

Halbtöne ergibt, gemäß Definition des cent-Maßstabes. (Die allgemein gebräuchliche Bezeichnung „gleichschwebend" ist nicht glücklich gewählt, da die Schwebungsfrequenz der temperierten Intervalle naturgemäß mit der absoluten Tonhöhe steigt, also *nicht* gleichbleibt.) Die Abweichung der 12stufig temperierten von der reinen Quinte beträgt rd. 2 cent (2% eines temperierten Halbtones, etwa 1 Schisma), die der temperierten großen Terz (= 400 cent) von der reinen großen Terz 13,7 cent, d. h. nahezu ⅟₇ Halbton. Seine überragende Bedeutung hat das 12stufig temperierte Tonsystem wegen des besonders kleinen Quintenfehlers erlangt, wohingegen der Terzenfehler eigentlich schon jenseits der Grenze des Erträglichen liegt.

Weitere gleichteilige Temperierungen, die die wichtigsten Grundintervalle (Quinten, Quarten, große und kleine Terzen) mit guter Annäherung an die reinen Werte wiedergeben, sind die 19stufige (*W. S. B. Woolhouse* 1835), die 31stufige (*Nic. Vincentino* 1555), die 50stufige (*Heufling* 1710) und die 53stufige (*Nic. Mercator* 1675). Tabelle 3 gibt eine Übersicht über die Stufengröße und die

Fehler der Quinte und großen Terz bei den wichtigsten Tonsystemen.

Tabelle 3. Stufengröße und Fehler der Quinte und gr. Terz bei verschiedenen Tonsystemen, in cent.

		Stufengröße	Quintenfehler	Terzenfehler
pythagoräisch		—	0	+21,5
mitteltönig		—	−5,5	0
gleichteilige Temperierungen	12 Stufen	100	−2	+14
	19 ,,	63,2	−7	− 7
	31 ,,	38,7	−5	+ 1
	50 ,,	24,0	−6	− 2
	53 ,,	22,6	0	÷ 1

Ein ungleichteilig temperiertes Tonsystem mit 31 Stufen ist das „goldene Tonsystem" (*Th. Kornerup* 1935); es ist aus zwei Elementarstufen ($v = 28,1$ cent und $t = 45,4$ cent) aufgebaut, die der Proportion des goldenen Schnittes folgen: $t : v = v : (t - v)$. Insgesamt besteht dieses Tonsystem aus 12 Stufen der Größe v und 19 Stufen der Größe t: $12 \cdot 28,1 + 19 \cdot 45,4 = 1200$ cent; Tabelle 4 zeigt die Stufenfolge.

Alles Nähere über die Tonsysteme und die Entstehung der verschiedenen Intervalle ist aus den Tabellen 1 bis 5 ersichtlich. In Tabelle 5 bedeuten: Okt = Oktave $\frac{2}{1}$, Q = Quinte $\frac{3}{2}$, q = Quarte $\frac{4}{3}$, T = große Terz $\frac{5}{4}$, t = kleine Terz $\frac{6}{5}$ und r = verminderte Terz $\frac{7}{6}$. Die gleich weit von der strichpunktierten Symmetrieachse entfernten Intervalle ergänzen einander zu 1 Oktave. Auch die wichtigsten der mit der Zahl 7 zusammenhängenden Intervalle sind in der Tabelle

Tabelle 4. Stufenfolge des ungleichteiligen 31stufigen Tonsystems nach *Th. Kornerup.*

... c   dbb   c#   db   c##   d   ebb   d#   eb   d##   e   fb   e#   f ...

t   t   v   t   v   t   t   v   t   v   t   t   v   t   t   usw.

v = 28,1 cent,   t = 45,4 cent,   t/v = 1,618.

Tabelle 5. Zusammenstellung nichttemperierter Intervalle.

	Bezeichnung	Schwingungszahlverhältnis		cent	Herleitung
Kommata	Schisma	$\frac{32805}{32768}$	$(\tfrac{3}{2})^8 \cdot \tfrac{5}{4} \cdot (\tfrac{1}{2})^5 = 1{,}0011$	1,954	8 Q + T − 5 Okt
	Kleisma	$\frac{15625}{15552}$	$(\tfrac{5}{4})^6 \cdot 2 \cdot (\tfrac{2}{3})^5 = 1{,}0047$	8,10	6 T + Okt − 5 Q
	Diaschisma	$\frac{2048}{2025}$	$2^3 \cdot (\tfrac{2}{3})^4 \cdot (\tfrac{4}{5})^2 = 1{,}0114$	19,55	3 Okt − (4 Q + 2 T)
	Syntonisches Komma	$\frac{81}{80}$	$(\tfrac{3}{2})^4 \cdot (\tfrac{4}{5}) \cdot (\tfrac{1}{2})^2 = 1{,}0125$	21,51	4 Q − (T + 2 Okt)
	Pythagoräisches Komma	$\frac{531441}{524288}$	$(\tfrac{3}{2})^{12} \cdot (\tfrac{1}{2})^7 = 1{,}0136$	23,46	12 Q − 7 Okt
	Kleine Diesis	$\frac{128}{125}$	$2 \cdot (\tfrac{4}{5})^3 = 1{,}0240$	41,06	Okt − 3 T
	Große Diesis	$\frac{648}{625}$	$(\tfrac{6}{5})^4 \cdot \tfrac{1}{2} = 1{,}0368$	62,56	4 t − Okt
	Prime	$\frac{1}{1}$	$1{,}0000$	0	—
Halbtöne	Kl. Chroma	$\frac{25}{24}$	$\tfrac{5}{4} \cdot \tfrac{5}{6} = 1{,}0417$	70,7	T − t
	Pythag. Limma	$\frac{256}{243}$	$2^3 \cdot (\tfrac{2}{3})^5 = 1{,}0535$	90,2	3 Okt − 5 Q
	Gr. Chroma	$\frac{135}{128}$	$\tfrac{3}{2} \cdot \tfrac{5}{4} \cdot (\tfrac{3}{4})^2 = 1{,}0547$	92,2	Q + T − 2 q
	Harmon. Leitton	$\frac{16}{15}$	$\tfrac{4}{3} \cdot \tfrac{4}{5} = 1{,}0667$	111,7	q − T
	Pythag. Apotome	$\frac{2187}{2048}$	$(\tfrac{3}{2})^7 \cdot (\tfrac{1}{2})^4 = 1{,}0679$	113,7	7 Q − 4 Okt
		$\frac{27}{25}$	$(\tfrac{6}{5})^2 \cdot \tfrac{3}{4} = 1{,}0800$	133,2	2 t − q
	Kl. Ganzton	$\frac{10}{9}$	$\tfrac{4}{3} \cdot \tfrac{5}{6} = 1{,}1111$	182,4	q − t
	Gr. (pythag.) Ganzton	$\frac{9}{8}$	$\tfrac{3}{2} \cdot \tfrac{3}{4} = 1{,}1250$	203,9	Q − q
	Verminderte Terz	$\frac{256}{225}$	$(\tfrac{4}{3})^2 \cdot (\tfrac{4}{5})^2 = 1{,}1378$	223,5	2 q − 2 T
	Übermäßige Sekunde	$\frac{8}{7}$	$\tfrac{4}{3} \cdot \tfrac{6}{7} = 1{,}1429$	231,2	q − τ
	Verm. Terz	$\frac{144}{125}$	$(\tfrac{6}{5})^2 \cdot (\tfrac{4}{5}) = 1{,}1520$	245,0	2 t − T
	Überm. Sekunde	$\frac{125}{108}$	$2 \cdot (\tfrac{5}{6})^3 = 1{,}1574$	253,1	Okt − 3 t
	Verm. Terz	$\frac{7}{6}$	$1{,}1667$	266,9	τ
	Überm. Sekunde	$\frac{75}{64}$	$(\tfrac{5}{4})^2 \cdot \tfrac{3}{4} = 1{,}1719$	274,6	2 T − q
	Pythag. kl. Terz	$\frac{32}{27}$	$(\tfrac{4}{3})^2 \cdot \tfrac{2}{3} = 1{,}1852$	294,13	2 q − Q
	Reine kleine Terz	$\frac{6}{5}$	$1{,}2000$	315,64	t
	Reine große Terz	$\frac{5}{4}$	$\tfrac{80}{64} = 1{,}2500$	386,31	T
	Pythag. gr. Terz	$\frac{81}{64}$	$(\tfrac{3}{2})^2 \cdot (\tfrac{3}{4})^2 = 1{,}2656$	407,82	2 Q − 2 q
	Verm. Quarte	$\frac{32}{25}$	$2 \cdot (\tfrac{4}{5})^2 = 1{,}2800$	427,4	Okt − 2 T
	Überm. Terzen	$\frac{9}{7}$	$\tfrac{3}{2} \cdot \tfrac{6}{7} = 1{,}2857$	435,0	Q − τ
		$\frac{125}{96}$	$(\tfrac{5}{4})^2 \cdot \tfrac{5}{6} = 1{,}3021$	457,0	2 T − t
	Verm. Quarte	$\frac{21}{16}$	$(\tfrac{3}{2})^2 \cdot \tfrac{7}{6} \cdot \tfrac{1}{2} = 1{,}3125$	470,8	2 Q + τ − Okt
	Reine Quarte	$\frac{4}{3}$	$1{,}3333$	498,05	q
		$\frac{27}{20}$	$(\tfrac{3}{2})^2 \cdot (\tfrac{6}{5}) \cdot \tfrac{1}{2} = 1{,}3500$	519,5	2 Q + t − Okt
	Kl. überm. Quarte	$\frac{25}{18}$	$2 \cdot (\tfrac{5}{6})^2 = 1{,}3889$	568,7	Okt − 2 t
	Verm. Quinte	$\frac{7}{5}$	$\tfrac{7}{6} \cdot \tfrac{6}{5} = 1{,}4000$	582,5	t + τ
	Pythag. verm. Quinte	$\frac{1024}{729}$	$(\tfrac{4}{3})^4 \cdot (\tfrac{2}{3})^2 = 2 \cdot (\tfrac{8}{9})^3 = 1{,}4047$	588,3	4 q − 2 Q
	Gr. überm. Quarte	$\frac{45}{32}$	$\tfrac{3}{2} \cdot \tfrac{5}{4} \cdot \tfrac{3}{4} = 1{,}4063$	590,3	Q + T − q
	Kl. verm. Quinte	$\frac{64}{45}$	$(\tfrac{4}{3})^2 \cdot \tfrac{4}{5} = 1{,}4222$	609,7	2 q − T
	Pythag. überm. Quarte	$\frac{729}{512}$	$(\tfrac{3}{2})^3 \cdot (\tfrac{3}{4})^3 = (\tfrac{9}{8})^3 = 1{,}4238$	611,7	3 Q − 3 q
	Überm. Quarte	$\frac{10}{7}$	$\tfrac{4}{3} \cdot \tfrac{5}{4} \cdot \tfrac{6}{7} = 1{,}4286$	617,5	q + T − τ
	Gr. verm. Quinte	$\frac{36}{25}$	$(\tfrac{6}{5})^2 = 1{,}4400$	631,3	2 t
		$\frac{40}{27}$	$(\tfrac{4}{3})^2 \cdot \tfrac{5}{6} = 1{,}4815$	680,5	2 q − t
	Reine Quinte	$\frac{3}{2}$	$1{,}5000$	701,95	Q
	Überm. Quinte	$\frac{32}{21}$	$(\tfrac{4}{3})^2 \cdot \tfrac{6}{7} = 1{,}5238$	729,2	2 q − τ
	Verm. Sexten	$\frac{192}{125}$	$2 \cdot \tfrac{6}{5} \cdot (\tfrac{4}{5})^2 = 1{,}5360$	743,0	Okt + t − 2 T
		$\frac{14}{9}$	$\tfrac{4}{3} \cdot \tfrac{7}{6} = 1{,}5556$	765,0	q + τ
	Überm. Quinte	$\frac{25}{16}$	$(\tfrac{5}{4})^2 = 1{,}5625$	772,6	2 T
	Pythag. kl. Sexte	$\frac{128}{81}$	$(\tfrac{4}{3})^3 \cdot \tfrac{2}{3} = 2 \cdot (\tfrac{8}{9})^2 = 1{,}5802$	792,2	3 q − Q

Tabelle 5. Zusammenstellung nichttemperierter Intervalle. (Fortsetzung.)

Bezeichnung	Schwingungszahlverhältnis		cent	Herleitung
Reine kleine Sexte	$\frac{8}{5}$	$2\cdot\frac{4}{5}=1{,}6000$	813,7	Okt − T
Reine große Sexte	$\frac{5}{3}$	$2\cdot\frac{5}{6}=1{,}6667$	884,4	Okt − t
Pythag. gr. Sexte	$\frac{27}{16}$	$(\frac{3}{2})^2\cdot\frac{3}{4}=1{,}6875$	905,9	2 Q − q
Verm. Septime	$\frac{128}{75}$	$2\cdot\frac{4}{5}\cdot(\frac{4}{5})^2=1{,}7067$	925,4	Okt + q − 2 T
Überm. Sexte	$\frac{12}{7}$	$2\cdot\frac{6}{7}=1{,}7143$	933,1	Okt − τ
Verm. Septime	$\frac{216}{125}$	$(\frac{6}{5})^3=1{,}7280$	946,9	3 t
Überm. Sexte	$\frac{125}{72}$	$2\cdot\frac{5}{4}\cdot(\frac{5}{6})^2=1{,}7361$	955,0	Okt + T − 2 t
(Verm.) Septime	$\frac{7}{4}$	$\frac{3}{2}\cdot\frac{7}{6}=1{,}7500$	968,8	Q + τ
Überm. Sexte	$\frac{225}{128}$	$(\frac{5}{4})^2\cdot\frac{3}{2}\cdot\frac{3}{4}=1{,}7578$	976,5	2 T + Q − q
Pythag. kl. Septime	$\frac{16}{9}$	$(\frac{4}{3})^2=2\cdot\frac{8}{9}=1{,}7778$	996,1	2 q
Reine kl. Septime[1]	$\frac{9}{5}$	$\frac{3}{2}\cdot\frac{6}{5}=1{,}8000$	1017,6	Q + t
Große Septimen {	$\frac{50}{27}$	$2\cdot\frac{4}{5}\cdot(\frac{5}{6})^2=1{,}8519$	1066,8	Okt + q − 2 t
	$\frac{4096}{2187}$	$2^5\cdot(\frac{2}{3})^7=1{,}8729$	1086,3	5 Qkt − 7 Q
	$\frac{15}{8}$	$\frac{3}{2}\cdot\frac{5}{4}=1{,}8750$	1088,3	Q + T
Verm. Oktave	$\frac{256}{135}$	$(\frac{4}{3})^3\cdot\frac{4}{5}=1{,}8963$	1107,8	3 q − T
Pythag. gr. Septime	$\frac{243}{128}$	$(\frac{3}{2})^5\cdot(\frac{1}{2})^2=1{,}8984$	1109,8	5 Q − 2 Okt
Verm. Oktave	$\frac{48}{25}$	$2\cdot\frac{6}{5}\cdot\frac{4}{5}=1{,}9200$	1129,3	Okt + t − T
Oktave	$\frac{2}{1}$	$2{,}0000$	1200,0	Okt
Ergänzungsintervalle zur gr. und kl. Diesis. {	$\frac{625}{324}$	$2^2\cdot(\frac{5}{6})^4=1{,}9290$	1137,4	2 Okt − 4 t
	$\frac{125}{64}$	$(\frac{5}{4})^3=1{,}9531$	1158,9	3 T

[1] Nach der Konsonanzbetrachtung würde die Bezeichnung „reine Septime" besser dem Intervall $\frac{7}{4}$ zukommen.

Tabelle 6. Schwingungszahlen des 12stufigen gleichteilig temperierten Tonsystems, bezogen auf $a^1 = 440{,}0$ Hz, nebst Quotienten.

	C_2	C_1	C	c^0	c^1	c^2	c^3	c^4	Quotienten
c	16,35	32,70	65,41	130,81	261,63	523,25	1046,50	2093,00	$1{,}00000$
c♯ d♭	17,32	34,64	69,29	138,59	277,18	554,37	1108,73	2217,46	$\sqrt[12]{2}=1{,}05946$
d	18,35	36,71	73,42	146,84	293,67	587,33	1174,66	2349,31	$\sqrt[12]{2^2}=1{,}12246$
d♯ e♭	19,45	38,89	77,78	155,56	311,13	622,25	1244,51	2489,01	$\sqrt[12]{2^3}=1{,}18921$
e	20,60	41,41	82,40	164,81	329,63	659,25	1318,51	2637,02	$\sqrt[12]{2^4}=1{,}25992$
f	21,83	43,65	87,31	174,61	349,23	698,46	1396,91	2793,82	$\sqrt[12]{2^5}=1{,}33484$
f♯ g♭	23,13	46,25	92,50	185,00	369,99	739,98	1479,98	2959,95	$\sqrt[12]{2^6}=1{,}41421$
g	24,50	49,00	98,00	196,00	392,00	783,99	1567,98	3135,95	$\sqrt[12]{2^7}=1{,}49831$
g♯ a♭	25,96	51,92	103,83	207,65	415,30	830,61	1661,22	3322,43	$\sqrt[12]{2^8}=1{,}58740$
a	27,50	55,00	110,00	220,00	440,00	880,00	1760,00	3520,00	$\sqrt[12]{2^9}=1{,}68179$
a♯ h♭	29,14	58,27	116,54	233,08	466,16	932,33	1864,65	3729,30	$\sqrt[12]{2^{10}}=1{,}78180$
h	30,86	61,73	123,47	246,94	493,88	987,77	1975,53	3951,06	$\sqrt[12]{2^{11}}=1{,}88775$

C_2 = Subkontra-Oktave, C_1 = Kontra-O., C = große O., c^0 = kleine O., c^1 = eingestrichene O.... usw.

$$^{10}\log \sqrt[12]{2} = 0{,}0250\ 8583\ 2972$$

berücksichtigt. Die verschiedenen Kommata sind vorangestellt. Tabelle 6 enthält die Schwingungszahlen des 12stufigen gleichteilig temperierten Tonsystems, bezogen auf den Stimmton $a^1 = 440$ Hz.

Riemann, H.: Handb. d. Akustik (Musikwissenschaft). Leipzig 1891. Handb. d. Physik VIII. Berlin 1927 (dort auch Angaben über oriental. u. exot. Tonsysteme). — *Dupont, W.*: Geschichte d. musikal. Temeratur. Kassel 1935.

ton weight →long ton weight, →short ton weight.

ton weight/square foot, ton weight/square inch, →Druckeinheiten in den englisch sprechenden Ländern.

Topfkreis. Denkt man sich einen mit einer einzelnen Drahtschleife geschlossenen Zweiplatten-kondensator um seine Mittelachse rotierend, so entsteht ein geschlossener Topf, der nach außen vollständig abgeschirmt (Abb.) ist und daher nicht strahlt. Derartige Anordnungen, die im Innern einer praktisch geschlossenen Abschirmung eine

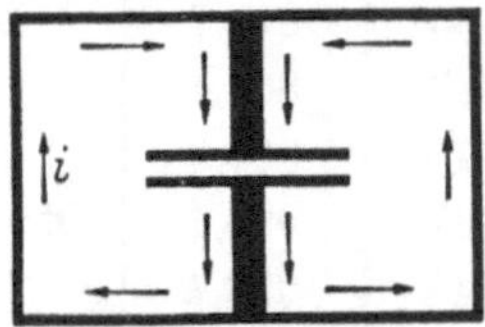

Topfkreis

konzentrierte Kapazität enthalten, während der übrige Raum die Induktivität darstellt, heißen Topfkreise. Ihre Eigenfrequenz berechnet sich in erster Näherung aus der statischen Kapazität des Kondensators einschließlich Streukapazität und der Induktivität der Kondensatorzuführungen. Sie kann durch Änderung der Kapazität oder gleichzeitige Änderung von Kapazität und Induktivität kontinuierlich geändert werden. Infolge Fehlens der Strahlungsverluste und der Kleinheit der Leitungsverluste durch die große Leiteroberfläche ist ein Topfkreis für ultrakurze Wellen ein Resonanzkreis hoher Güte.

Zinke, O.: Hochfrequenzmeßtechnik. Leipzig 1947.

Topfmagnet, Spezialausführung eines →Elektromagneten.

Torische Flächen, lichtbrechende oder spiegelnde Flächen, die durch Drehung eines Kreises um eine stets in seiner Ebene liegende, aber nicht durch den Kreismittelpunkt gehende Achse entstehen (→Torus). Eine solche Fläche ist durch einen Rotationsradius r_B und einen Meridianradius r_M gekennzeichnet. Bei $r_B > r_M$ spricht man von wurstförmigen, bei $r_B < r_M$ von tonnenförmigen torischen Flächen. Solche Flächen werden bei →punktuell abbildenden Brillengläsern für astigmatische Augen verwendet. →Torus.

Czapski-Eppenstein: Grundzüge d. Theorie d. opt. Instrumente. Leipzig 1924.

Tornado →Trombe.

Torr, physikalische Druckeinheit, definiert als der 760. Teil der physikalischen →Atmosphäre (atm), früher auch →Millimeter Quecksilbersäule (mm Hg) genannt: 1 Torr ≡ 1/760 atm = 133,3224 N/m² (Tab. 2 am Schluß des Buches).

Torricelli-Theorem. Wenn eine Flüssigkeit von der Dichte ϱ aus einem Gefäß, in dem der Druck p_0 und außerhalb dessen der Druck p herrscht, ausströmt, so ist unter Vernachlässigung des Einflusses äußerer Kräfte nach der →Bernoullischen Gleichung die Austrittsgeschwindigkeit $c = \sqrt{\dfrac{2}{\varrho}\,(p_0 - p)}$. Tritt hingegen eine „schwere" Flüssigkeit aus einem Gefäß durch eine Öffnung, die um die →Ortshöhe h unter der Oberfläche liegt, so folgt nach der gleichen Betrachtung für $p_0 = p$: $c = \sqrt{2gh}$. Die Geschwindigkeit eines Flüssigkeitsteilchens am Ausfluß ist demnach ebenso groß, wie wenn es die Strecke h frei durchfallen hätte. Der Mechanismus der Flüssigkeit bewirkt, daß die Arbeit beim Absinken der Teilchen im Behälter in dem Maße übertragen wird, als ob diese die ganze Höhe h durchfallen hätten (*Torricelli* 1643). Das Torricellische Theorem geht von einer gleichmäßig über den Strahlquerschnitt verteilten Geschwindigkeit aus, die jedoch erst·in einiger Entfernung von der Öffnung erreicht wird. Ferner vernachlässigt es den Druckabfall in der Nähe der Austrittsöffnung. →Borda-Mündung.

Torsen →Abwickelbarkeit.

Torsion oder *Drillung,* eine besondere Form der →Scherung. Sie tritt z. B. bei einem an seinem einen Ende festgehaltenen Stab oder Draht dann ein, wenn man an seinem freien Ende ein in Richtung seiner Achse gerichtetes Drehmoment M angreifen läßt, das seine einzelnen Querschnitte um einen um so größeren Winkel verdreht, je weiter sie vom festen Ende entfernt sind. Dabei erfahren die einzelnen achsenparallelen Volumelemente eines Stabes oder Drahtes von kreisförmigem Querschnitt (Radius r, Länge l) bei einer Drehung des freien Endes um den Winkel φ eine Scherung um den Winkel $\alpha = \varphi r/l$, und es ist

$$M = \frac{\pi r^4 G}{2l}\,\varphi = \frac{\Theta_p G}{l}\,\varphi, \qquad (1)$$

wobei $\Theta_p = \pi r^4/2$ das polare Flächenträgheitsmoment des Querschnitts und G der Scherungsmodul (→Elastizitätskonstanten) des Materials ist, der wegen seines Auftretens bei der Torsion auch *Torsionsmodul* genannt wird. Innerhalb der Gültigkeitsgrenzen des →Hookeschen Gesetzes ruft die Torsion ein dem tordierenden Drehmoment gleiches, rücktreibendes Drehmoment

$$M_r = -M = -\frac{\pi r^4 G}{2l}\,\varphi = -D\varphi \qquad (2)$$

hervor, wobei $D = \pi G r^4/2l$ das →Richtmoment des Stabes oder Drahtes ist.

Unter der Wirkung dieses Richtmoments kann ein tordierter und dann losgelassener Draht →Drehschwingungen (*Torsionsschwingungen*) um seine Achse ausführen, und diese liefern ein besonders bequemes Mittel zur Messung des Scherungsmoduls G. Man befestigt zu diesem Zweck am freien Ende eines hängenden Drahtes einen Körper von bekanntem Trägheitsmoment Θ, z. B. eine kreisförmige Metallscheibe, und mißt die Schwingungsdauer $T = 2\pi\sqrt{\Theta/D}$ der Torsionsschwingung. Auf diese Weise kann das Richtmoment D ermittelt und aus ihm und den Drahtabmessungen der Scherungsmodul G berechnet werden.

Handb. d. Physik VI. Berlin 1926.

Torsion von Raumkurven →Krümmung (II).

Torsionsmagnetometer. Bei einem empfindlichen astatischen Magnetometer hängt man die beiden entgegengesetzt gleichen permanenten Magnete des Ablenksystems meist an einem Torsionsfaden auf. Das Drehmoment, welches ein in die Nähe gebrachter magnetisierter Körper auf die beiden Magnete ausübt, kann man bei einem solchen Torsionsmagnetometer entweder aus dem Ausschlag messen, oder man verdreht die Aufhängung des Torsionsfadens so lange, bis beide Magnete senkrecht zum Feld stehen, und mißt den dazu nötigen Verdrillungswinkel.

Kohlrausch, F.: Prakt. Physik II. Leipzig u. Berlin 1950.

Torsionsmodul →Elastizitätskonstanten, →Torsion.

Torsionsschwingungen und -wellen (→Torsion) können nur in festen Körpern, aber (wegen des Fehlens einer Scherelastizität) nicht in Flüssigkeiten und Gasen auftreten. Die Fortpflanzungsgeschwindigkeit c der Torsionswellen, die zur Gruppe der elastischen Transversalwellen gehören, läßt sich aus der →Newtonschen Gleichung berechnen; es ist $c = \sqrt{G/\varrho}$ (G Torsionsmodul, ϱ Dichte des Materials). Ferner →Drehschwingungen.

Handb. d. Physik VI. Berlin 1928. — *Sommerfeld, A.*: Vorl. über theoret. Physik II. Leipzig 1945.

Torsionswaage →Mikrowaage.

Torus, die Drehfläche, die durch Rotation eines Kreises um eine in seiner Ebene liegende Gerade entsteht. Wählt man diese als x-Achse, so sind drei Fälle möglich, je nachdem, ob der Mittelpunkt des Kreises von der x-Achse einen Abstand $d \lessgtr R$ besitzt, wenn R der Kreisradius ist. Für $d < R$ entsteht der Torus mit *Innenkern*, für $d = R$ ein Torus mit *innerer Selbstberührung*, für $d > R$ der „*eigentliche*" Torus, der *Kreisring*. Für den Sonderfall $d = 0$ degeneriert der Torus in eine Kugel.

Totales Differential →Differential, exaktes.

Totale Ionisierung eines Korpuskelstrahls ist die von einem Strahlteilchen längs seiner gesamten Reichweite in einem Gase durch Stoßionisation erzeugte Anzahl N von Trägerpaaren. Sie läßt sich durch Integration über die Reichweite aus der →differentiellen Ionisierung berechnen. Da oberhalb einer gewissen Strahlenergie E die totale Ionisierung N der Strahlenergie proportional ist, gibt man statt ihrer den „Energieverbrauch zur Bildung eines Ionenpaares" $\varepsilon = E/N$ an. ε ist eine Konstante des Gases und für die verschiedenen Korpuskelstrahlen nur wenig verschieden. Sie liegt über der Ionisierungsarbeit des Gases, da die Strahlenergie außer zur Ionisation noch zur Anregung und Dissoziation verbraucht wird. Für Elektronen mit $E = eU > 4$ keV ist der Energieverbrauch in der Tabelle zusammengestellt.

	Ne	Ar	Kr	Luft	N_2	O_2
$\varepsilon =$	43	29	32	32,2	36	31 eV

Für α-Strahlen und Protonen ist ε in Luft 32,4 bzw. 36 eV.

Totaler Wirkungsquerschnitt →Wirkungsquerschnitt.

Totalisator →Niederschlagsmesser.

Totalreflexion elastischer Wellen. Tritt eine ebene elastische Welle aus einem Medium I mit niedriger Ausbreitungsgeschwindigkeit c_I durch eine Grenzfläche in ein Medium II mit höherer Ausbreitungsgeschwindigkeit c_{II}, so wird die Welle im zweiten Medium vom Lot weg gebrochen. Sobald der Einfallswinkel α jedoch eine bestimmte, vom Verhältnis der Ausbreitungsgeschwindigkeiten abhängige Größe überschreitet, die aus der Relation $\sin \alpha_G = c_I/c_{II}$ abzuleiten ist, existiert kein reeller gebrochener Strahl mehr; die gesamte Wellenenergie tritt infolge von Totalreflexion in das Medium I zurück. Der genannte Winkel α_G heißt „Grenzwinkel der Totalreflexion". Einfallender und reflektierter Strahl liegen auch bei der Totalreflexion symmetrisch zu dem auf der Grenzfläche errichteten Lot. Das Medium II ist jedoch nicht wellenfrei; es bildet sich in ihm vielmehr eine an der Grenzfläche entlang laufende und quer zu ihrer Laufrichtung gedämpfte Welle aus, deren Front senkrecht auf der Grenzfläche steht (Abb. 1). Diese Welle und auch die totalreflektierte ist gegenüber der einfallenden Welle phasenverschoben. Die Eindringtiefe der Grenz-

flächenwelle wird um so geringer, je größer der Einfallswinkel ist; sie liegt im Mittel in der Größenordnung einer Wellenlänge. Wenn die Schichtdicke des Mediums II diese Größenordnung unter-

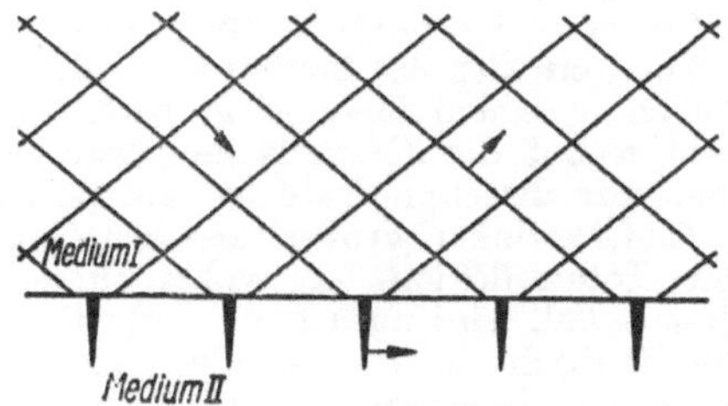

Abb. 1. Totalreflexion. (Nach *F. Hund.*)

schreitet, wird die einfallende Welle nicht mehr vollständig reflektiert, sondern ein Teil von ihr durchdringt die vom Medium II gebildete Schicht.

Bei der Ausbreitung von Stoßwellen in geschichteten Medien spielt die Grenzflächenwelle eine besondere Rolle. In Abb. 2 sind verschiedene Stadien (1, 2, 3, ..., 6) einer vom Punkte Q im Medium I ausgehenden Kugelwelle schematisch aufgezeichnet für den Fall, daß die Welle zu Beginn der Beobachtung soeben die Grenzfläche eines Mediums II mit höherer Ausbreitungsgeschwindigkeit erreicht hat. Nach diesem Zeitpunkt sind drei verschiedene Wellen vorhanden:

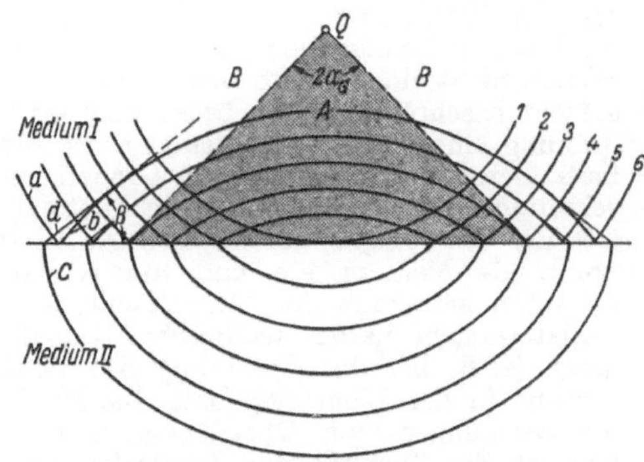

Abb. 2. Ausbildung einer Kopfwelle im Gebiet der Totalreflexion.
A Gebiet der regulären Reflexion, *B* Gebiet der Totalreflexion

die einfallende Welle a, die reflektierte Welle b und die durchgelassene Welle c. Sobald der Einfallswinkel jedoch den Grenzwinkel α_G der Totalreflexion überschreitet, tritt eine vierte Welle d auf, die →„Kopfwelle". Sie hat die Form eines Kegelmantels, der die reflektierte Kugelwelle berührt. Hervorgerufen wird sie durch die grenzschichtnahen Teile der durchgelassenen Welle, die sich mit wachsendem Einfallswinkel immer mehr von der zugehörigen einfallenden Welle entfernen. Der Winkel β, den sie mit der Grenzfläche bildet, ist gleich dem Grenzwinkel α_G der Totalreflexion und stellt den →Machschen Winkel eines durch das Medium I mit der Geschwindigkeit c_{II} hindurchbewegten Körpers dar. Kopfwellen dieser Art sind für die Seismik von Bedeutung (Theorie von *O. v. Schmidt*).

Dringt ein Schallstrahl aus einer Flüssigkeit in ein festes Medium ein, so gibt es einen Bereich, innerhalb dessen die Longitudinalwellen bereits totalreflektiert werden, während die Transversalwellen, deren Ausbreitungsgeschwindigkeit geringer ist, noch hindurchgelassen werden; so ist eine Trennung beider Wellenarten in Festkörpern möglich.

Schoch, A.: Erg. d. ex. Naturwiss. **23**, 127 (1950).

Totalreflexion des Lichtes tritt auf, wenn Lichtwellen in einem Medium größerer →Brechungszahl n auf die Grenzfläche gegen ein Medium kleinerer Brechungszahl n' auftreffen und der →Einfallswinkel größer als der *Grenzwinkel* ε_T der Totalreflexion ist, wobei $\sin \varepsilon_T = n'/n$. In diesem Fall wird alles Licht verlustlos reflektiert. Physikalisch ist die Totalreflexion durch drei Tatsachen gekennzeichnet:

1. Die reflektierten Amplituden parallel und senkrecht zur Einfallsebene sind gleich den einfallenden Amplituden.

2. Linear polarisiertes einfallendes Licht ist nach der Totalreflexion elliptisch polarisiert, abgesehen von den Grenzfällen, daß die Schwingungsebene parallel oder senkrecht zur Einfallsebene und der Einfallswinkel gleich dem Grenzwinkel oder 90° ist.

3. Die Phasendifferenz hängt vom Einfallswinkel ab; ist letzterer gleich 90° oder gleich dem Grenzwinkel, so beträgt sie 180°, dazwischen hat sie ein Minimum. Die elementare Feststellung, daß bei der Totalreflexion alles Licht reflektiert wird, verleitet zu der oberflächlichen Behauptung, daß kein Licht in das weniger brechende Medium tritt. In Wahrheit finden auch in diesem Medium merkliche Schwingungen statt, jedoch dringen die Wellen nicht ein, sondern bleiben auf eine Grenzschicht beschränkt, deren Dicke von der Größenordnung einer einzigen Wellenlänge ist und innerhalb derer sie parallel zur Grenzfläche fortschreiten. Je größer der Einfallswinkel der Wellen ist, um so weniger tief dringen sie in das angrenzende Medium ein und um so langsamer schreiten sie längs der Grenzfläche fort. Diese Feststellungen haben technische Bedeutung erlangt (z. B. bei der Steuerung der Strahlungsleistung in der Lichttelephonie, bei Rauhigkeitsuntersuchungen von Oberflächen usw.). Ferner benutzt die Technik die Totalreflexion in den →Refraktometern oder an Stelle von Metallspiegeln (→Reflexionsprismen) und vielerorts.

In der Theorie der Atomkerne spielt die Totalreflexion von *Materiewellen* an der Potentialschwelle der Atomkerne eine wichtige Rolle.

Pohl, R. W.: Einf. in d. Optik. Berlin 1948.

Totalreflexion der Röntgenstrahlen →Brechung der Röntgenstrahlen.

Totalreflexionslamelle →Ultrarotmonochromator.

Toter Gang zeigt sich bei Schrauben, weil Schraube und Mutter sich nie mathematisch genau auf ihrer ganzen Länge berühren, sondern unvermeidlich stets einen kleinen Spielraum lassen. Er äußert sich darin, daß nach einer Drehung in einem Sinne die Schraube die Mutter bei einer Drehung im entgegengesetzten Sinne erst nach Vollzug einer kleinen Drehung wieder „faßt". Um Fehler infolge toten Ganges zu vermeiden, soll man sich daher bei der Benutzung von Meßschrauben aller Art der endgültigen Einstellung stets von der gleichen Seite her nähern.

Toter Gang bei Thermometern, die Erscheinung, daß bei einer und derselben Temperatur der Meniskus höher oder tiefer steht, je nachdem diese Temperatur von einer höheren oder von einer tieferen Temperatur aus erreicht wird. Sie wird dadurch veranlaßt, daß sich bei steigender Temperatur, also sich hebendem Meniskus, dieser mit stärkerer Wölbung ausbildet als bei fallender Temperatur, d. h. sinkendem Meniskus, dementsprechend auch die auf die Innenwände des Thermometergefäßes wirkenden Kapillardrucke verschieden sind. Dadurch wird wiederum das Volumen des Thermometergefäßes und der Stand des Meniskus beeinflußt. Dieser Einfluß ist um so größer, je enger die Thermometerkapillare und je größer das Thermometergefäß ist. Es ist zweckmäßig, den Durchmesser der Kapillare nicht kleiner als 0,1 mm zu wählen. Die Ausbildung zu stark oder zu wenig gewölbter Menisken wird durch sanftes Klopfen der Thermometer verhindert.

Tote Vergrößerung. Wird beim Mikroskop oder Fernrohr die Vergrößerung über die förderliche →Vergrößerung hinaus gesteigert, so werden weitere Objekteinzelheiten nicht mehr sichtbar, und man spricht von toter oder leerer Vergrößerung. Für bequemes Ablesen von Teilungen oder für leichteres Auszählen von Teilchen wird jedoch oft die förderliche Vergrößerung überschritten.

Tote Zone →Sprungentfernung.

Tourenzähler →Drehzahlmesser.

Townsend-Entladung, -Strom = →Dunkelentladung.

Townsendsche Stoßzahlen →Ionisierungszahlen.

township, amerikanisches Flächenmaß: 1 township = 36 →square statute mile (USA) = 93,2399 km².

Tracer-Methode (trace = Spur, Fährte), Verfahren zur Verfolgung von chemischen Elementen in biologischen, chemischen und physiologischen Reaktionsabläufen mit Hilfe von zugesetzten radioaktiven Isotopen, →Indikatormethode.

Tracht →Kristalltracht.

Träge Masse →Masse.

Träger, 1. = →Ladungsträger, 2. = →Trägerschwingung, 3. →Radiochemie.

Trägerbeweglichkeit →Beweglichkeit von Ladungsträgern in der Gasentladung, →Beweglichkeit der Luftionen, →Ionenbeweglichkeit, →Strom, elektrischer.

Trägerfrequenz, die Frequenz einer →Trägerschwingung. →Modulation.

Trägermetall →Photokathoden I.

Trägerschwingung, -welle. Meßwerte, Nachrichten, allg. Signale, die hoch verstärkt oder über große Entfernungen übertragen werden sollen, werden einer Trägerschwingung bzw. Trägerwelle aufmoduliert (→Modulation), die günstige Verstärkungs- oder Übertragungseigenschaften aufweist. So kann man kleine Gleichspannungen, deren unmittelbare Messung schwierig wäre, mit einer Wechselspannung modulieren und dann verstärken (Trägerstromverstärker) oder tonfrequente Schwingungen mit Hilfe von hochfrequenten Trägern (elektrischen Wellen, Licht) übertragen, wovon die Nachrichtentechnik in größtem Umfang Gebrauch macht. Die spektrale Zerlegung einer modulierten Trägerschwingung zeigt, daß ober- und unterhalb der Trägerfrequenz ein Band von →*Seitenfrequenzen* entsteht; die ihnen zugeordneten *Seitenschwingungen* stellen den eigentlichen Nachrichteninhalt dar.

Trägerstromverstärker →Trägerschwingung.

Tragflügeltheorie. Die Theorie des Tragflügels geht von einer →Zirkulationsströmung aus, wobei der Flügel durch einen einzelnen oder durch flächenhaft verteilte „gebundene" Wirbel ersetzt wird. Für zweidimensionale Strömungen werden vielfach die Methoden der konformen Abbildungen angewendet. Die ebene Zirkulationsströmung ergibt jedoch nur eine grobe Annäherung an die wirkliche Strömung. Die endliche Spannweite bedingt einen Druckausgleich zwischen der Oberseite und der Unterseite und dementsprechend eine ungleichmäßige Verteilung des Auftriebs in Richtung der Flügelspannweite. Die somit vom Flügel, insbesondere an seinen Enden abgehenden freien Wirbel erzeugen (induzieren) am Ort des Tragflügels eine Abwärtsgeschwindigkeit w. Bei elliptischer Verteilung des Auftriebs A ist sie längs der Spannweite b konstant und ergibt am Flügel eine mittlere Ablenkung der Strömung

$$\operatorname{tg}\varphi = \frac{w}{v} = \frac{A}{\pi b^2 \varrho v^2/2}.$$

Da die resultierende Luftkraft senkrecht zu dieser Richtung wirkt, folgt daraus auch in der reibungsfreien Flüssigkeit eine Kraftkomponente in Richtung der Strömung, die als „induzierter" Widerstand bezeichnet wird und die für eine gegebene Spannweite b bei elliptischer Verteilung des Auftriebs A einen Minimalwert im Betrage von

$$Wi_{\min} = A\,\frac{w}{v} = \frac{A^2}{\pi b^2 \varrho v^2/2}$$

hat.

Trägheit oder *Beharrungsvermögen*, die im →Trägheitssatz ausgesprochene Eigenschaft der Körper, im kräftefreien Zustand ihren Bewegungszustand beizubehalten bzw. Beschleunigungen nur zu erfahren, wenn eine Kraft auf sie wirkt. Als Maß der Trägheit dient die →Masse der Körper. Nach dem Satz von der →Äquivalenz von Energie und Masse, der durch die →Einsteinsche Gleichung $E = mc^2$ ausgedrückt wird, kommt aber auch jeder Energie eine Trägheit zu. — Im allgemeinen Sinne versteht man unter Trägheit auch die Eigenschaft, auf eine äußere Einwirkung nur zögernd zu reagieren.

Trägheit des lichtelektrischen Effekts. Bis zu $1{,}5 \cdot 10^{-7}$ s sind beim äußeren →lichtelektrischen Effekt keine Anzeichen von Elektronenträgheit gefunden worden. Die Laufzeit der Photoelektronen von der Kathode zur Anode beträgt bei Vakuum-Photozellen der üblichen Bauart etwa 10^{-9} s. Diese Zeit ist also mindestens erforderlich zur Bildung des Photostromes. Beim Elektronenvervielfacher liegt sie in derselben Größenordnung. Es treten noch die Laufzeiten der einzelnen Stufen hinzu. Bei gasgefüllten Zellen ist die Strombildungszeit größer, bedingt durch die Anwesenheit der trägen positiven Gasionen mit ihrer entsprechend größeren Laufzeit. Die Trägheit der Photozellen spiegelt sich in deren →Frequenzgang wider. Als Maß der Trägheit einer Zelle pflegt man die relative Abnahme der in ihrem Stromkreis erzeugten Wechselstromamplitude zu benutzen, welche man erhält, wenn man die Zelle mit wachsender Frequenz einer periodischen Beleuchtungsänderung unterwirft. Ist die mit der Frequenz 100 Hz erzeugte Amplitude A_{100}, und die mit der Frequenz x erzeugte Amplitude A,

so erhält man für die Frequenz x eine Amplitudenabnahme, d. h. Trägheit, $T_x = 100 \cdot (1 - A_x/A_{100})\%$. Bei der inneren lichtelektrischen Wirkung an den isolierenden Kristallen läuft der primäre →Photoeffekt trägheitslos ab. Die →Selenzellen und sonstigen technischen →lichtelektrischen Halbleiterzellen zeigen ein stark träges Verhalten, weil bei diesen der primäre Photoeffekt mit trägen Sekundärerscheinungen untrennbar verknüpft ist.

Gudden, B.. u, *R. W. Pohl;* Z. Physik **16**, 170 (1923).

Trägheit des Sehorgans, die durch den Ablauf der den Sehvorgang einleitenden retinal-photochemischen Prozesse (→minimale Expositionszeit, →Nutzzeit, →Sehstoffe) und die Bildung und Leitung der →Erregung bedingte Verzögerung im Auftreten einer Lichtempfindung (→Empfindungszeit). Oberhalb einer bestimmten Frequenz intermittierend gebotener Lichter führt sie zu deren Verschmelzung (→Flimmerfrequenz) oder zu sonstigen optischen Täuschungen.

v. Studnitz, G.; Physiologie d. Sehens — Retinale Primärprozesse. Leipzig 1951.

Trägheitsarm →Trägheitsradius.

Trägheitsellipsoid →Trägheitsmoment, →Kreisel, →Poinsot-Bewegung.

Trägheitskraft. Von zwei ursprünglich zusammenfallenden Koordinatensystemen S und S' sei S ein „raumfestes", während sich S' relativ zu S etwa in positiver Richtung der gemeinsamen x-Achse beschleunigt bewege. Die Beschleunigung sei b. Ferner sei K ein Körper von der Masse m, der sich relativ zu S in Ruhe befinde. Für einen im System S' befindlichen Beobachter wird m eine beschleunigte Bewegung ausführen, die mit gleicher Beschleunigung b; jedoch in Richtung der *negativen* x-Achse verläuft. Der mit S' verbundene Beobachter wird also aus dem 1. Newtonschen Axiom: Kraft $=$ Masse $\cdot$ Beschleunigung schließen, daß auf m eine Kraft $K_t = -mb$ wirkt. Solche Kräfte, die infolge einer Beobachtung von einem beschleunigten Bezugssystem aus auftreten, heißen Trägheitskräfte. Ihnen kommen im beschleunigten System dieselbe Bedeutung wie jeder „wirklichen" Kraft zu, wie leicht daran zu erkennen ist, daß der beschleunigte Beobachter eine K_t gleiche, jedoch ihr entgegengesetzt gerichtete Kraft $K = -K_t$ aufwenden muß, um, etwa durch Festhalten, zu erzielen, daß m relativ zu S' ruht. Den Trägheitskräften (die auch vielfach zu Unrecht „Scheinkräfte" genannt werden) kommt also durchaus reale Existenz zu, und man hat sie daher in die Kräftebilanz einzubeziehen, wenn man zu richtigen Bewegungsgleichungen in beschleunigten Systemen gelangen will (→Relativbewegung).

An speziellen Trägheitskräften sei die bei Rotationsbewegungen auftretende →Zentrifugalkraft genannt, ferner die Coriolis-Kraft (→Relativbewegung). Andere aus der Erfahrung bekannte Erscheinungen, die auf die Wirkung von Trägheitskräften zurückgehen, sind das Rückwärtsbzw. Vorkippen bei anfahrenden bzw. bremsenden Fahrzeugen, das auf die Wirkung der Zentrifugalkraft zurückgehende „Schleudern" beim Durchfahren einer Kurve, die scheinbare Gewichtserhöhung bzw. -verkleinerung in einem Fahrstuhl beim Anfahren bzw. Stoppen bei der Fahrt aufwärts und umgekehrt bei der Fahrt abwärts u. a. m.

Pohl, R. W.; Mechanik, Akustik, Wärmelehre. Berlin 1947. — *Westphal, W.;* Physik. Berlin 1950.

Trägheitskreis. Die Beschleunigung, der ein bewegtes Teilchen infolge der Erddrehung unterliegt (Coriolis-Kraft, →Relativbewegung), ist gegeben durch das Vektorprodukt aus dem Bewegungsvektor und dem Vektor der Erddrehung. Ein sich kräftefrei bewegendes Teilchen, das lediglich an die Erdoberfläche gebunden sein soll, wird ständig quer zu seiner Bewegung abgelenkt und beschreibt also unter dem Einfluß der Erddrehung eine bestimmte Bahn, die im Falle sehr kleiner Geschwindigkeit und deshalb geringer Veränderung der geographischen Breite zu einem Kreis wird, den man Trägheitskreis nennt. Die Umlaufszeit T ist ein halber →Pendeltag, d. h. $T = \pi/(\omega \sin \varphi)$ $= T_0/2 \sin \varphi$ (T_0 Sterntag, φ geogr. Breite). Diese Periode findet sich auch bei *Trägheitsschwingungen* wieder, die im horizontal homogenen Strömungsfeld der Atmosphäre und des Meeres nachweisbar sind.

Trägheitsmittelpunkt, Angriffspunkt der Resultierenden der an einem Körper angreifenden →Trägheitskräfte. Da diese massenproportional sind, so kann man sich also die ganze Masse des Körpers bei der vorliegenden Trägheitskraft in diesen Punkt vereinigt denken. Bei reiner →Translation sind die an den einzelnen Massenelementen des Körpers angreifenden Trägheitskräfte einander parallel, genau wie die entsprechenden Schwerkräfte, und daher ist in *diesem* Fall der Trägheitsmittelpunkt mit dem →Schwerpunkt (Massenmittelpunkt) des Körpers identisch, sonst aber nicht. So ist z. B. bei einem um eine Schwerpunktachse rotierenden Körper der Trägheitsmittelpunkt um den →Trägheitsradius von der Achse entfernt. Bei einem →Pendel wird der Trägheitsmittelpunkt meist als *Schwingungsmittelpunkt* bezeichnet. Er liegt bei einem an einem Faden schwingenden Körper tiefer als dessen Schwerpunkt.

Trägheitsmodul →Trägheitsmoment.

Trägheitsmoment. 1. *Definition.* Unter Trägheitsmoment im allgemeinen Sinne versteht man die Größe

$$\Theta = \sum_{i=1}^{i=n} m_i \, r_i^2. \qquad (1)$$

Die Summe ist über alle n Massenpunkte m_i, die der Berechnung zugrunde gelegt sind, zu erstrecken. r_i ist der senkrechte Abstand des Massenpunktes m_i von der Achse, für welche die Berechnung des Trägheitsmoments durchgeführt wird.

Haben wir nicht einzelne Massenpunkte, sondern einen Körper mit einem Massenkontinuum, so hat man statt der Summe das Integral zu setzen:

$$\Theta = \int r^2 \, dm. \qquad (1a)$$

Das Trägheitsmoment ist stets eine positive Größe. Es läßt sich darstellen:

$$\Theta = M \, k^2; \quad M = \int dm; \quad k^2 = \frac{1}{M} \int r^2 \, dm. \qquad (2)$$

M ist die gesamte Masse des Körpers. k ist der Abstand von der Achse, auf dem man die als Massenpunkt idealisierte Masse M anbringen muß, um dasselbe Trägheitsmoment zu erhalten. k heißt →*Trägheitsradius* oder *Trägheitshalbmesser*.

Führt man statt k den reziproken Wert $\varrho = 1/k$ ein, so erhält man:

$$\Theta = M \frac{1}{\varrho^2}. \qquad (3)$$

ϱ heißt *Trägheitsmodul*.

In der Technik spricht man auch von Trägheitsmomenten der Linien und Flächen. Das →*Flächenträgheitsmoment* wird hauptsächlich in der Festigkeitslehre gebraucht.

Bei einem starren Körper ist das Trägheitsmoment für eine gegebene Achse eine bestimmte Größe, die nur von der Gestalt und Massenverteilung des Körpers und von der Lage und Richtung der Achse im Körper abhängt. Die Sätze über das Trägheitsmoment eines starren Körpers sind vor allem wichtig für die Kreiseltheorie.

2. *Steinerscher Satz.* Haben wir zwei parallele Achsen I und II, die den senkrechten Abstandsvektor $\mathfrak{a}$ von II nach I haben, so gilt (Abb. 1):

$$\Theta_{II} = \Theta_I + M \mathfrak{a}^2 + 2(\mathfrak{a} \cdot \textstyle\int \mathfrak{r}_I \, dm). \qquad (4)$$

M ist wieder die gesamte Masse, für welche die Berechnung des Trägheitsmoments durchgeführt wird. Da nun $\int \mathfrak{r}_I \, dm = 0$ ist, wenn die Achse I durch den Schwerpunkt S läuft, so gilt dann

$$\Theta_{II} = \Theta_S + M a^2 \qquad (4a)$$

(Θ_S Trägheitsmoment für die parallele Achse durch den Schwerpunkt, a Abstand der Achse II vom Schwerpunkt). Das kleinste Trägheitsmoment bezüglich aller parallelen Achsen entspricht also der Achse, die durch den Schwerpunkt geht (*Schwerpunktachse*).

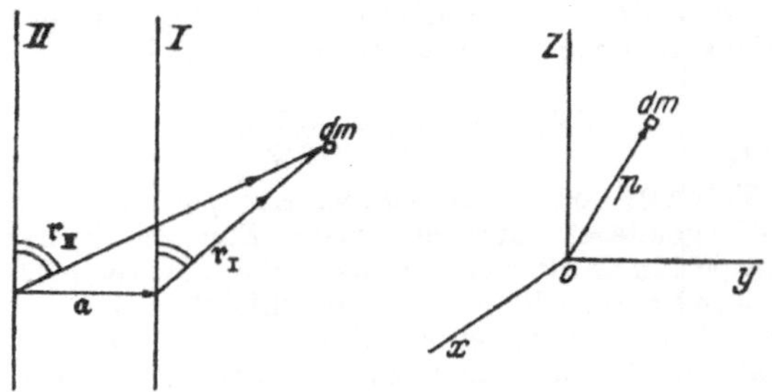

Abb. 1.　　　　　　　　Abb. 2.
Zum Steinerschen Satz.　　Zum polaren Moment.

3. *Trägheitsmoment abhängig von der Achsenrichtung.* Für einen Bezugspunkt O im Körper können wir die Größe bilden (Abb. 2):

$$\Pi = \int \mathfrak{r}^2 \, dm. \qquad (5)$$

Man nennt Π das *polare Moment* (oder *Binetsche* Trägheitsmoment). Es ist bei einem starren Körper nur von der Lage des Bezugspunktes O im Körper abhängig. Für drei senkrechte Achsen x, y, z durch den Punkt O gilt dann der Satz:

$$\Theta_x + \Theta_y + \Theta_z = 2 \, \Pi. \qquad (6)$$

Da Trägheitsmomente stets positiv sind, so können Θ_x, Θ_y und Θ_z sich nur der Größe nach unterscheiden. Es muß eine x-Richtung geben, in der Θ_x ein Maximum wird. Es muß auch eine z-Richtung geben, in der Θ_z ein Minimum wird. Da die Summe der drei Trägheitsmomente konstant bleibt, so müssen die Maxima und Minima der Trägheitsmomente senkrecht aufeinander stehen. Man nennt diese Achsen *Hauptachsen* oder *Hauptträgheitsachsen* und bezeichnet sie mit A, B, C (Abb. 3). Ist Θ_A das Maximum und Θ_C das Minimum, so gilt nach Abb. 3:

Θ_A ist ein Maximum in Ebene I,
Θ_A ist ein Maximum in Ebene III,

Θ_A ist absolutes Maximum.

Θ_B ist ein Minimum in Ebene I,
Θ_B ist ein Maximum in Ebene II,

$\qquad\Theta_B$ ist ein Sattelwert.

Θ_C ist ein Minimum in Ebene II,
Θ_C ist ein Minimum in Ebene III,

$\qquad\Theta_C$ ist absolutes Minimum.

Θ_A, Θ_B und Θ_C nennt man *Hauptträgheitsmomente*. Diese sind zahlenmäßig am einfachsten zu berechnen.

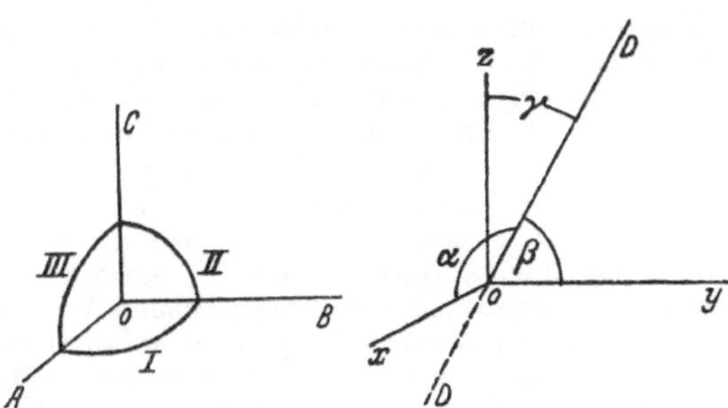

Abb. 3.
Hauptträgheitsachsen.

Abb. 4. Das Trägheitsmoment für eine zum Koordinatensystem schräge Achse.

Haben wir einen Festpunkt O mit dem rechtwinkligen Koordinatensystem x, y, z, und legen wir eine Achse D schräg zu x, y, z durch O, so bildet D die Winkel α, β, γ zu den Koordinatenachsen (Abb. 4).

Setzt man $\cos\alpha = a$, $\cos\beta = b$ und $\cos\gamma = c$, so wird:

$$\Theta_D = \Theta_x a^2 + \Theta_y b^2 + \Theta_z c^2$$
$$- 2\Phi_x bc - 2\Phi_y ca - 2\Phi_z ab. \qquad (7)$$

Dabei ist gesetzt:

$$\Phi_x = \int yz\, dm; \quad \Phi_y = \int zx\, dm; \quad \Phi_z = \int xy\, dm. \quad (8)$$

Θ_D ist ein quadratischer Ausdruck in x, y und z. Φ_x, Φ_y und Φ_z sind die gemischtquadratischen Glieder. Man bezeichnet sie als *Zentrifugalmomente* (Deviationsmomente, Trägheitsprodukte). Man kann sie auch als Momente der Zentrifugalkräfte messen. Zur Berechnung des Trägheitsmoments eines Körpers um jede Achse durch den festgehaltenen Bezugspunkt O benötigt man also sechs Zahlenangaben:

$$\Theta_x; \Theta_y; \Theta_z; \quad \Phi_x; \Phi_y; \Phi_z.$$

Man kann sie wie folgt anordnen und nennt diesen Ausdruck *Trägheitstensor*:

$$\begin{pmatrix} \Theta_x & \Phi_z & \Phi_y \\ \Phi_z & \Theta_y & \Phi_x \\ \Phi_y & \Phi_x & \Theta_z \end{pmatrix}.$$

Dies ist ein symmetrischer →Tensor, da die Werte symmetrisch zur Diagonale angeordnet sind. Jedem symmetrischen Tensor kann eine Fläche zweiten Grades zugeordnet werden. Es gibt stets ein Achsenkreuz, für das die gemischtquadratischen Glieder verschwinden. In unserem Falle sind es die Hauptachsen A, B und C. Es gilt demnach:

$$\Phi_A = 0; \quad \Phi_B = 0; \quad \Phi_C = 0. \qquad (9)$$

Wir können also schreiben:

$$\Theta = \Theta_A a^2 + \Theta_B b^2 + \Theta_C c^2. \qquad (10)$$

4. *Darstellung von Poinsot*. Besser sieht man den Zusammenhang, wenn man die Darstellung von *Poinsot* wählt. Man führt den Trägheitsmodul ein und definiert

$$\Theta_D = \frac{M}{\varrho^2}; \quad \Theta_A = \frac{M}{\varrho_A^2}; \quad \Theta_B = \frac{M}{\varrho_B^2}; \quad \Theta_C = \frac{M}{\varrho_C^2}. (11)$$

Trägt man vom Punkte O die Strecke ϱ in Richtung der Achse D ab, so gilt für den Endpunkt in rechtwinkligen Koordinaten nach Abb. 5

$$\xi = \varrho\, a; \quad \eta = \varrho\, b; \quad \zeta = \varrho\, c.$$

Dann ergibt sich aus Gl. (10):

$$1 = \frac{\xi^2}{\varrho_A^2} + \frac{\eta^2}{\varrho_B^2} + \frac{\zeta^2}{\varrho_C^2}. \qquad (12)$$

Dabei ist nach Abb. 5:

$$\varrho^2 = \xi^2 + \eta^2 + \zeta^2. \qquad (12a)$$

Gl. (12) ist die Gleichung eines Ellipsoides mit den Hauptachsen $\varrho_A, \varrho_B, \varrho_C$. Es wird *Trägheitsellipsoid* oder *Poinsot-Ellipsoid* genannt. Für eine

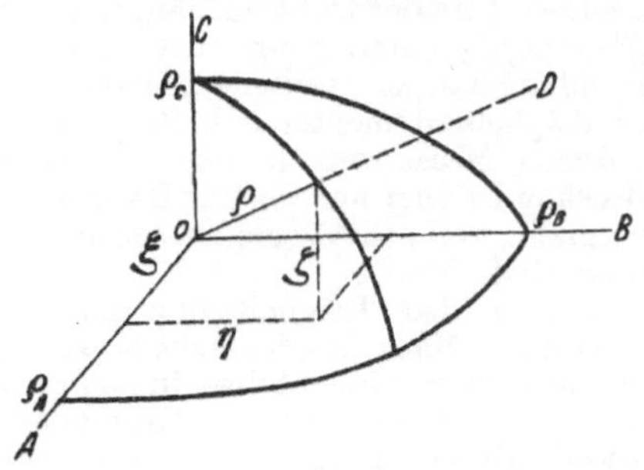

Abb. 5. Das Trägheitsellipsoid nach *Poinsot*.

beliebige Richtung der Achse ist der Trägheitsmodul ϱ gleich dem Fahrstrahl von der Mitte bis zum Rande des Ellipsoides. Wir können drei verschiedene Trägheitsellipsoide unterscheiden:

1. Das dreiachsige Ellipsoid oder unsymmetrische Trägheitsellipsoid.
2. Das Rotationsellipsoid oder symmetrische Trägheitsellipsoid.
3. Das kugelförmige Ellipsoid.

Diese drei Arten von Trägheitsellipsoiden muß man hauptsächlich in der Kreisellehre streng auseinanderhalten.

Aber nicht alle Ellipsoide können Trägheitsellipsoide sein. Es gilt nämlich der einschränkende Satz, daß bei drei rechtwinkligen Koordinaten die Summe von zwei Trägheitsmomenten stets größer sein muß als das dritte Trägheitsmoment. Schreibt man dieses Gesetz für die Hauptachsen A, B, C an, so ergibt sich:

$$\Theta_A + \Theta_B > \Theta_C, \quad \Theta_B + \Theta_C > \Theta_A, \quad \Theta_C + \Theta_A > \Theta_B. \quad (13)$$

Es sind also nur Trägheitsmomente Θ_A, Θ_B, Θ_C möglich, aus denen man ein Dreieck konstruieren kann, wenn man sie als Strecken aufträgt (Abb. 6).

Weiteres →*Kreisel*.

Die Berechnung von Trägheitsmomenten läßt sich meistens nur bei homogenen und einigermaßen einfach geformten Körpern auf einfache Weise durchführen.

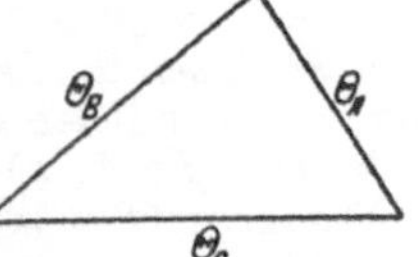

Abb. 6. Das Dreieck der Hauptträgheitsmomente.

5. *Experimentelle Bestimmungen von Trägheitsmomenten.*

a) Bei einem →Pendel mit raumfester Drehachse ist die Schwingungszeit für kleine Amplituden: $T = 2\pi\sqrt{\Theta/D}$. Dabei ist D das Richtmoment durch die Schwere. Es kann durch Wägung oder Rechnung bestimmt werden, so daß man durch Messung von T das Trägheitsmoment Θ erhält. Geht die Drehachse durch den Schwerpunkt (z. B. bei einem Schwungrad), so macht man durch Hinzufügen einer exzentrischen Masse den Körper zu einem Pendel. Dann muß man von dem gemessenen Trägheitsmoment dasjenige der hinzugefügten Masse abziehen.

b) Das Trägheitsmoment um eine Hauptträgheitsachse durch den Schwerpunkt kann man durch Drehschwingungen an einem Torsionsdraht bestimmen. Ist die elastische Richtkraft des Drahtes $D\alpha$, so gilt ebenfalls: $T = 2\pi\sqrt{\Theta/D}$. Das Richtmoment D bestimmt man, indem man einen Körper von bekanntem Trägheitsmoment an demselben Torsionsdraht aufhängt. Dann gilt: $(T_1/T_2)^2 = \Theta_1/\Theta_2$. Man kann aber auch an dem schwingenden Körper weitere Massen mit bekannten Trägheitsmomenten anheften und aus den verschiedenen Messungen D und Θ bestimmen. Diese Messung ist aber nur für eine Haupträgheitsachse möglich, weil sonst reine Drehschwingungen unmöglich sind.

c) Will man das Trägheitsmoment für eine Achse, die nicht Haupträgheitsachse ist, bestimmen, so muß man diese Achse in einem festen Rahmen lagern und dann durch Federn oder durch die Schwerkraft ein Richtmoment erzeugen, das man durch Rechnung oder durch Eichung bestimmt.

d) Schließlich kann man über die Kreiselgesetze Trägheitsmomente eines symmetrischen Körpers bestimmen. Es gilt für die Nutationsgeschwindigkeit n bei einer Drehgeschwindigkeit u des Kreisels und kleinen Nutationswinkeln: $n = u(\Theta_C/\Theta_A)$. Mißt man n und u, so hat man das Verhältnis Θ_C/Θ_A. Ferner gilt für die reguläre Präzession eines Kreisels mit horizontaler Achse unter einem Schweremoment Gs: $p = Gs/(u_C\,\Theta_C)$. Wenn man die Präzessionsgeschwindigkeit p und die Drehgeschwindigkeit u_C des Kreisels mißt und das Schweremoment Gs durch Auswägen bestimmt, so erhält man aus obiger Gleichung Θ_C. Der Vorteil dieser beiden letzten Verfahren besteht darin, daß man den Kreisel nur optisch zu beobachten braucht.

Beispiele von Trägheitsmomenten homogener Körper bezüglich Schwerpunktachsen (m-Masse):

Kugel für sämtliche Achsenrichtungen:
$\Theta = 2mr^2/5$;

Kreiszylinder, Kreisscheibe für die Symmetrieachse: $\Theta = mr^2/2$;

Hohlzylinder, Kreisring bezüglich seiner Symmetrieachse (äußerer und innerer Radius r_a, r_i):
$\Theta = m(r_a^2 + r_i^2)/2$;

Ellipsoid (Achsen a, b, c) bezüglich der Achse a:
$\Theta = m(b^2 + c^2)/5$;

rechteckiger Quader (Kanten a, b, c) bezüglich der zu a parallelen Achse: $\Theta = m(b^2 + c^2)/12$;

Würfel (Kante a) bezüglich sämtlicher Achsenrichtungen: $\Theta = ma^2/6$.

v. Helmholtz, H.: Vorl. über theoret. Physik I. Leipzig 1898. — *Routh, J.:* Die Dynamik d. Systeme starrer Körper I. Leipzig 1898. — *Hamel, G.:* Elementare Mechanik. Leipzig 1912. — *Schaefer, Cl.:* Einf. in d. theoret. Physik I. Berlin 1944.

Trägheitsmomente der Erde. Die Haupträgheitsmomente sind

$C = (8{,}077 \pm 0{,}02) \cdot 10^{44}$ g cm² bezogen auf die Erdachse,

$A = (8{,}050 \pm 0{,}02) \cdot 10^{44}$ g cm² bezogen auf einen Äquatordurchmesser.

Die relative Differenz, die in der Himmelsmechanik auftritt, ist $(C - A)/C = 1/305$.

Berroth, A.: Z. Geophys. 18, 42 (1943).

Trägheitsmoment von Molekülen →Rotationsenergie von Molekülen.

Trägheitsradius oder *Trägheitsarm.* Gegeben sei ein Körper von der Masse m, und er habe bezüglich einer vorgegebenen Achse das →Trägheitsmoment Θ. Definiert man durch die Gleichung $\Theta = mr_i^2$ eine Länge $r_i = \sqrt{\Theta/m}$, so heißt diese der Trägheitsradius des Körpers bezüglich jener Achse. Man kann also den Körper bezüglich seines Trägheitsmoments durch einen im Abstande r_i von der vorgegebenen Achse befindlichen Massenpunkt idealisiert denken. Beispiel: Eine homogene Kugel vom Radius r und der Masse m hat bezüglich eines beliebigen Durchmessers das Trägheitsmoment $\Theta = 2mr^2/5$. Ihr Trägheitsradius beträgt also $r_i = r\sqrt{2/5}$.

Trägheitstensor →Trägheitsmoment.

Trägheitssatz, *Beharrungssatz,* das 1. →Newtonsche Axiom (1670): Ein Körper verharrt in Ruhe oder in gleichförmiger, geradliniger Bewegung, sofern er nicht durch eine Kraft gezwungen wird, seinen Bewegungszustand zu ändern; oder mit anderen Worten: Die Ursache jeder Bewegungsänderung (Beschleunigung) ist eine Kraft. Der Trägheitssatz ist also eine zunächst nur qualitative Definition des Kraftbegriffs, der im 2. Newtonschen Axiom die quantitative Definition folgt. Er ist vor *Newton* bereits von *Kepler* und von *Galilei* ausgesprochen worden, welch letzterer auf ihn durch seine Fallversuche auf der schiefen Ebene geführt wurde.

Mach, E.: Die Mechanik in ihrer histor. Entwicklung. Leipzig 1921.

Trägheitsschwingungen →Trägheitskreis.
Trägheitswiderstand →Trägheitskräfte.
Trajektorien →isogonale Trajektorien.
Traktrix heißt *Schleppkurve* und ist die Bahn eines Massenpunktes m, der am einen Ende eines Fadens von der Länge L befestigt ist, während das andere Ende längs einer Geraden gezogen wird. Wählt man diese als x-Achse eines rechtwinkligen Koordinatensystems (Abb.), und nennt man den

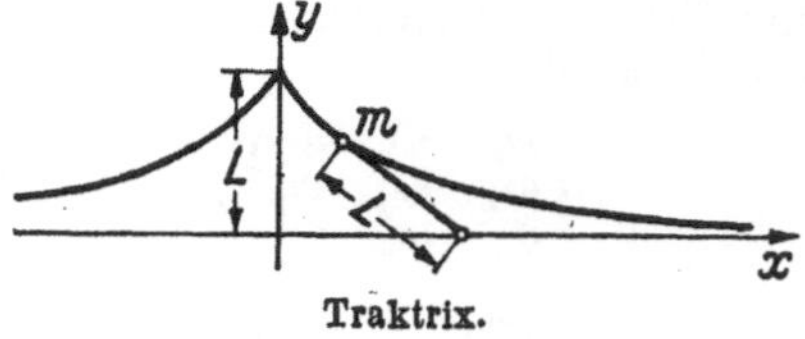

Traktrix.

Winkel zwischen Faden und x-Achse α, so lautet die Parameterdarstellung der Traktrix:
$x = L\left(\ln \operatorname{tg} \frac{\alpha}{2} - \cos\alpha\right)$, $y = L\sin\alpha$ oder nach Elimination von α:

$$x = L\operatorname{Ar\,Cof} \frac{L}{y} - \sqrt{L^2 - y^2}$$

$$= L\ln \frac{L + \sqrt{L^2 - y^2}}{y} - \sqrt{L^2 - y^2}.$$

Eigenschaften der Traktrix: Gemäß ihrer Definition ist sie eine Kurve, deren Tangentenlänge konstant (= der Fadenlänge L) ist. Aus dem Ausdruck für die Bogenlänge $s = x + L \ln L - L \ln\left(L + \sqrt{L^2 - y^2}\right) + \sqrt{L^2 + y^2}$ folgt $\lim\limits_{y \to 0} (s - x) = L(1 - \ln 2) \sim 0{,}3\,L$, d. h. die Differenz der von den beiden Enden des Fadens zurückgelegten Wege strebt mit wachsendem Weg dem Betrag $L/3$ zu, wird also ungefähr $^1/_3$ der Fadenlänge.

Trans-Form →Isomerie.

Transformation →Abbildung (mathem.); infinitesimale →kontinuierliche Gruppe. Ferner →die folgenden Artikel.

Transformation kristallographischer Symbole. Es ist nicht selten notwendig, die Koordinatenachsen eines Kristalls oder Kristallgitters zu wechseln und die Symbole von Flächen, Kanten und Punkten auf drei neue Gittergeraden als Koordinatenachsen zu beziehen.

Die allgemeine Lösung dieser Aufgabe für Punkte und Kanten bringen die sechs Gleichungen

$$\sum_{i=1,2,3} m_i a_i \cos(X_j X_i) = \sum_{i=1,2,3} m'_i a'_i \cos(X_j X'_i),$$

von denen für jede Transformation nur drei gebraucht werden. Für jede der Gleichungen nimmt X_j einen der sechs Werte X_i, X'_i an. Dabei sind m_i die Koordinaten des Punktes oder die Indizes der Kante, a_i die Gitterkonstanten und X_i die Koordinatenachsen des einen, die gestrichenen m'_i, a'_i, X'_i die entsprechenden Größen des anderen Systems.

Auch die Symbole von Kristallflächen lassen sich mit Hilfe derselben Gleichungen transformieren, wenn man sie als Punkte des reziproken Gitters darstellt, dessen Koordinaten h_i, h'_i, Gitterkonstanten $a_i^*, a_i^{*'}$ und Koordinatenachsen $X_i^*, X_i^{*'}$ an Stelle der $m_i, m'_i, a_i, a'_i, X_i, X'_i$ treten.

Eine der wichtigsten Transformationen ist die vom hexagonalen zum rhomboedrischen Koordinatensystem und umgekehrt. Sind m, n, p die Koordinaten im hexagonalen und m', n', p' diejenigen im rhomboedrischen System, so gelten unter der Voraussetzung, daß die X'-Achse des rhomboedrischen Systems durch den Punkt

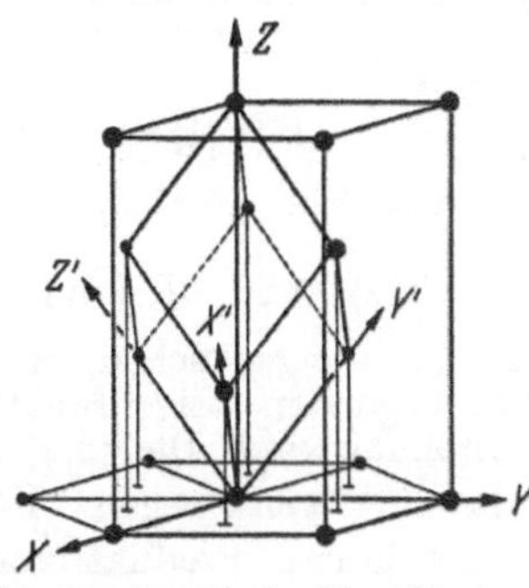

Transformation rhomboedrischer Koordinaten in hexagonale.

$[\frac{2}{3}\,\frac{1}{3}\,\frac{1}{3}]$ des hexagonalen geht (Abb.), die Gleichungen

$$m = m' - p, \quad n = p - p', \quad p = \tfrac{1}{3}(m' + n' + p'),$$
$$m' = m + p, \quad n' = -m + n + p, \quad p' = -n + p$$

für Punkte und Kanten und die Gleichungen

$$h = h' - k', \quad k = k' - l', \quad l = h' + k' + l',$$
$$h' = \tfrac{1}{3}(2h + k + l), \quad k' = \tfrac{1}{3}(-h + k + l),$$
$$l' = \tfrac{1}{3}(-h - 2k + l)$$

für Punkte des reziproken Gitters und Kristallflächen.

Die Transformation hexagonaler Punktkoordinaten in orthohexagonale und umgekehrt →orthohexagonales Achsenkreuz.

Werden die vier Flächen $(h_i k_i l_i)$, $i = 1, 2, 3, 0$, zu neuen Fundamentalflächen (100), (010), (001) und (111) gewählt, so erhält eine beliebige Fläche $(h k l)$ das neue Symbol $(h' k' l')$ nach dem Verhältnis $h' : k' : l'$

$$= \frac{\begin{vmatrix} h & h_2 & h_3 \\ k & k_2 & k_3 \\ l & l_2 & l_3 \end{vmatrix}}{\begin{vmatrix} h_0 & h_2 & h_3 \\ k_0 & k_2 & k_3 \\ l_0 & l_2 & l_3 \end{vmatrix}} : \frac{\begin{vmatrix} h_1 & h & h_3 \\ k_1 & k & k_3 \\ l_1 & l & l_3 \end{vmatrix}}{\begin{vmatrix} h_1 & h_0 & h_3 \\ k_1 & k_0 & k_3 \\ l_1 & l_0 & l_3 \end{vmatrix}} : \frac{\begin{vmatrix} h_1 & h_2 & h \\ k_1 & k_2 & k \\ l_1 & l_2 & l \end{vmatrix}}{\begin{vmatrix} h_1 & h_2 & h_0 \\ k_1 & k_2 & k_0 \\ l_1 & l_2 & l_0 \end{vmatrix}}.$$

Transformation von Operatoren und Matrizen. Die →Operatoren im →Hilbert-Raum erfahren eine verschiedene Beschreibung je nach der →Darstellung des Hilbert-Raumes. So folgt z. B. aus der Vertauschungsrelation für Orts- und Impulsoperator $pq - qp = \frac{\hbar}{i}\,1$, daß es bis auf Isomorphie nur eine irreduzible Darstellung gibt, z. B. die durch $p^{(1)} = \frac{\hbar}{i}\,\frac{\partial}{\partial x}$; $q^{(1)} = x$, anzuwenden auf Funktionen $\varphi(x)$ mit $(\varphi, \psi) = \int\limits_{-\infty}^{+\infty} \overline{\varphi}\,\psi\,dx$. Jede andere Darstellung ist isomorph zu dieser, d. h. man kann eineindeutig den Darstellungsraum der $\varphi(x)$ mit den Operatoren auf einen anderen Darstellungsraum abbilden. Zum Beispiel ist $p^{(2)} = y$, $q^{(2)} = -\frac{\hbar}{i}\,\frac{\partial}{\partial y}$, anzuwenden auf Funktionen $\psi(y)$, eine zweite Darstellung. Die *Transformation*, d. h. die isomorphe Abbildung, ist gegeben durch

$$\psi(y) = \frac{1}{h^{1/2}} \int\limits_{-\infty}^{+\infty} e^{-\frac{i y x}{\hbar}}\, \varphi(x)\,dx$$

mit

$$p^{(2)}\psi(y) = \frac{1}{h^{1/2}} \int e^{-\frac{i}{\hbar} y x}\, p^{(1)} \varphi(x)\,dx$$
$$= \frac{1}{h} \int e^{-\frac{i}{\hbar} y x}\, dx\, p^{(1)} \int e^{\frac{i}{\hbar} x y'}\, \psi(y')\,dy'.$$

Da in der letzten Beziehung wieder nur $\psi(y)$ auftritt, gibt sie die Transformation von $p^{(1)}$ auf $p^{(2)}$. Statt p hätte man *irgendeinen anderen* Hermiteschen Operator nehmen und seine Transformation von der Darstellung (1) in die Darstellung (2) berechnen können. Andererseits kann man die Operatoren p, q durch die Matrizen (p_{nm}), (q_{nm}) darstellen, wobei $p_{n,n+1} = \sqrt{n+1}\,\frac{\hbar}{2i}$ $= -p_{n+1,n}$ (alle anderen p_{nm} gleich Null) und $q_{n,n+1} = \sqrt{n+1} = q_{n+1,n}$ (alle anderen $q_{nm} = 0$) ist. Die Vektoren des Hilbert-Raumes sind hierbei die Zahlenfolgen $(c_1, c_2, \ldots)$, kurz c_n. Die isomorphe Abbildung von der Darstellung (1) der $\varphi(x)$ auf die c_n ist gegeben durch

$$c_n = \int (n\,|\,x)\,\varphi(x)\,dx,$$

wobei $(n\,|\,x) = (x\,|\,n)$ und

$$(n\,|\,x) = \frac{1}{\sqrt{n!}\sqrt{2\pi}}\, e^{-\frac{x^2}{4}}\, \eta_n(x)$$

ist und $\eta_n(x)$ die durch

$$\frac{d^n}{dx^n}\left(e^{-\frac{x^2}{2}}\right) = (-1)^n\, e^{-\frac{x^2}{2}}\,\eta_n(x)$$

gegebenen Hermiteschen Polynome sind. Wie aus $\varphi(x)$ die c_n folgen, so durch $\varphi(x) = \sum_n (x\,|\,n)\,c_n$ aus den c_n das $\varphi(x)$. Es gilt weiter für einen Operator R (etwa $R = p$ oder q):

$$R_{nm} \equiv \int (n\,|\,x)\,R^{(1)}(x\,|\,m)\,dx,$$

wobei $R^{(1)}$ der Operator in der Darstellung (1) ist, also angewandt auf die $\varphi(x)$. Ebenso ist

$$R^{(1)}\psi(x) = \sum_{n,\,m} (x\,|\,n)\,R_{nm} \int (m\,|\,x')\varphi(x')\,\varphi(x')dx'.$$

Die $(x\,|\,n)$ bestimmen also die Abbildung der einen Darstellung auf die andere.

Die Theorie, die sich in allen Einzelheiten mit der Transformation der einen Darstellung in die andere beschäftigt, ist die →Transformationstheorie.

Transformationsgruppe. Alle Koordinatentransformationen einer bestimmten Art, die eine Gruppe bilden (im streng mathematischen Sinne der Gruppentheorie), bezeichnet man als Transformationsgruppe. Spezielle Beispiele sind: die Drehungen des dreidimensionalen Raumes, die →Lorentz-Transformationen der vierdimensionalen Raum-Zeit-Mannigfaltigkeit (*Lorentz-Gruppe*).

Transformationstheorie der Quantenmechanik, beschäftigt sich mit der Aufgabe, den Übergang von einer →Darstellung des Hilbert-Raumes zu einer anderen zu beschreiben. Da zwei Darstellungen zwei isomorphe Abbildungen desselben Hibert-Raumes sind, so sind die Darstellungen auch isomorph aufeinander abgebildet. Die Transformationstheorie untersucht die Transformation, d. h. die isomorphe Abbildung, einer Darstellung in eine andere.

Sind S und R zwei Hermitesche Operatoren, so wird speziell der Übergang von der S-Darstellung zur R-Darstellung untersucht.

1. S und R haben nur diskretes, nicht entartetes Spektrum. Die S-Darstellung ist durch Funktionen $(s\,|\,\varphi)$, die R-Darstellung durch die $(r\,|\,\varphi)$ gegeben. Wegen der Isomorphie beider Darstellungen ist:

$$(s\,|\,\varphi_{s'}) = \delta_{s\,s'} \to (r\,|\,\varphi_{s'}) = (r\,|\,s'),$$

wodurch die Matrix $(r\,|\,s)$ definiert ist. Und damit:

$$(s\,|\,\varphi) = \sum_{s'} (s\,|\,\varphi_{s'})\,(s'\,|\,\varphi) \to (r\,|\,\varphi) = \sum_{s'} (r\,|\,s')\,(s'\,|\,\varphi).$$

Da das innere Produkt $\sum_s \overline{(s\,|\,\varphi_{s'})}\,(s\,|\,\varphi_{s''}) = \delta_{s'\,s''}$ ist, muß auch $\sum_r \overline{(r\,|\,\varphi_{s'})}\,(r\,|\,\varphi_{s''}) = \delta_{s'\,s''}$ sein, d. h. $\sum_r \overline{(r\,|\,s')}\,(r\,|\,s'') = \delta_{s'\,s''}$. Schreiben wir jetzt $\overline{(r\,|\,s')} = (s'\,|\,r)$, so ist $(s'\,|\,r)$ die zu $(r\,|\,s)$ reziproke Matrix. Daher gilt:

$$(r\,|\,\varphi) = \sum_s (r\,|\,s)\,(s\,|\,\varphi),$$

$$(s\,|\,\varphi) = \sum_s (s\,|\,r)\,(r\,|\,\varphi).$$

Die isomorphe Abbildung der einen Darstellung auf die andere ist also durch eine Matrix $(r\,|\,s)$ gegeben mit $\sum_s (r\,|\,s)\,(s\,|\,r') = \delta_{rr'}$ und $\sum_r (s\,|\,r)\,(r\,|\,s')$
$= \delta_{s\,s'}$. Da die $(s\,|\,\varphi_{s'})$ die Eigenfunktionen von S in der S-Darstellung zum Eigenwert s' sind, so sind die $(r\,|\,s)$ die Eigenfunktionen von S in der

R-Darstellung: $S_R(r\,|\,s) = s(r\,|\,s)$, wobei S_R die Darstellung des Operators S in der R-Darstellung ist. Umgekehrt sind die $(s\,|\,r)$ die Eigenfunktionen von R zum Eigenwert r in der S-Darstellung. Ist T irgendein Operator und $(s'\,|\,T\,|\,s'')$ seine Matrix in der S-Darstellung, $(r'\,|\,T\,|\,r'')$ seine Matrix in der R-Darstellung, so gilt die Transformationsformel:

$$(s'\,|\,T\,|\,s'') = \sum_{r',\,r''} (s'\,|\,r')\,(r'\,|\,T\,|\,r'')\,(r''\,|\,s''),$$

$$(r'\,|\,T\,|\,r'') = \sum_{s',\,s''} (r'\,|\,s')\,(s'\,|\,T\,|\,s'')\,(s''\,|\,r'').$$

Für den Operator S ist $(s'\,|\,T\,|\,s'') = s'\delta_{s'\,s''}$ und damit
$$(r'\,|\,S\,|\,r'') = \sum_{s'} (r'\,|\,s')\,s'(s'\,|\,r'').$$

Ähnliches gilt für R.

2. S und R haben beide kontinuierliches, nicht entartetes Spektrum. Dann sind $(s\,|\,\varphi)$ und $(r\,|\,\varphi)$ Funktionen der kontinuierlichen Variablen s bzw. r. Es ist dann, wenn U der Operator der isomorphen Abbildung ist:

$$(s\,|\,\varphi) = U(r\,|\,\varphi).$$

Sehr häufig ist der Fall, wo sich U als Integraltransformation schreiben läßt:

$$(s\,|\,\varphi) = \int (s\,|\,r)\,dr(r\,|\,\varphi).$$

Hierbei kann also U durch die kontinuierliche Matrix $(s\,|\,r)$ beschrieben werden. Ist dies der Fall, so gilt mit $(r\,|\,s) = \overline{(s\,|\,r)}$:

$$(r\,|\,\varphi) = \int (r\,|\,s)\,ds(s\,|\,\varphi);$$

$$(s\,|\,\varphi) = \int (s\,|\,r)\,dr \int (r\,|\,s')\,ds'(s'\,|\,\varphi).$$

Man schreibt dieser Gleichung wegen oft

$$\int (s\,|\,r)\,dr(r\,|\,s') = \delta(s - s'),$$

wobei $\delta(s - s')$ die →δ-Funktion ist.

Ist T ein Operator und T_S seine Darstellung im Raum der $(s\,|\,\varphi)$ und T_R diejenige im Raum der $(r\,|\,\varphi)$, so folgt:

$$T_R(r\,|\,\varphi) = \int (r\,|\,s)\,ds\,T_S(s\,|\,\varphi)$$
$$= \int (r\,|\,s)\,ds\,T_S \int (s\,|\,r')\,dr'(r'\,|\,\varphi),$$

d. h. der Operator T_R kann durch die kontinuierliche Matrix (wenn sie existiert, d. h. das folgende Integral existiert)

$$(r'\,|\,T\,|\,r'') = \int (r'\,|\,s)\,ds\,T_S(s\,|\,r'')$$

dargestellt werden. Für die Operatoren S und R gilt:

$$S_R(r\,|\,s) = s(r\,|\,s) \quad \text{und} \quad R_S(s\,|\,r) = r(s\,|\,r),$$

so daß $(r\,|\,s)$ die uneigentlichen, weil nicht im Hilbert-Raum liegenden, Eigenfunktionen zu S in der R-Darstellung sind. Die $(r\,|\,s)$ liegen nicht im Hilbert-Raum, weil wegen $\int (s\,|\,r)\,dr(r\,|\,s')$ $= \delta(s - s')$ das innere Produkt von $(r\,|\,s)$ mit sich selber $\int |(r\,|\,s)|^2\,dr$ nicht existiert.

Ist z. B. speziell $s = P$ der →Impulsoperator und $R = Q$ der →Ortsoperator, so ist $P_Q = \dfrac{\hbar}{i}\dfrac{\partial}{\partial q}$

und $Q_P = -\dfrac{\hbar}{i}\dfrac{\partial}{\partial p}$ und $(q\,|\,p) = \dfrac{1}{\sqrt{h}}\,e^{\frac{i}{\hbar}qp}$

Alles läßt sich auch auf den Fall übertragen, daß die Spektren von R und S sowohl einen diskreten wie kontinuierlichen Teil haben. Wenn die

Spektren entartet sind, muß man zur Bestimmung einer Darstellung ein solches System von vertauschbaren Operatoren benutzen, so daß ihr gemeinsames System von Spektren nicht mehr entartet ist.

Dirac, P.: Quantum Mechanics. Oxford 1947.

Transformator dient zur Umformung einer Leistung hoher Spannung in eine solche niedrigerer Spannung oder umgekehrt. Die einfachste Form besteht aus zwei miteinander elektromagnetisch gekoppelten Spulen (→Lufttransformator). Um eine enge magnetische Kopplung zu erreichen, werden die primäre und die sekundäre Spule auf einen gemeinsamen Eisenkörper aufgebracht, der entweder einen einfach geschlossenen Kern mit zwei Schenkeln hat (*Kerntransformator*) oder einen zweifach geschlossenen Kern mit drei Schenkeln besitzt, auf dessen mittlerem die Spulen liegen (*Manteltransformator*). Für Dreiphasenspannungen (*Drehstromtransformator*) können die drei Einphasenkerne zu einem Drehstromkern mit nur drei Schenkeln zusammengezogen werden.

Die Eisenkörper der Transformatoren sind, um die Wirbelstromverluste zu verringern, aus lamelliertem Eisenblech aufgebaut. Durch Verwendung von mit Silicium legiertem Blech kann man die Wirbelstromverluste sehr niedrig halten. Nickeleisenlegierungen erhöhen die Magnetisierbarkeit des Blechs, insbesondere im Gebiet kleiner Induktionen, und setzen die Anfangspermeabilität herauf. Solche Bleche werden daher vor allem bei Transformatoren für Meßzwecke (→Stromwandler) verwendet. Transformatoren für höhere Frequenzen (Rundfunktechnik) werden vielfach mit Pulverkernen gebaut, um die Wirbelstromverluste auch bei diesen Frequenzen niedrig zu halten.

Transistor, amerikanische Bezeichnung für einen im **Jahre 1948** erfundenen Kristallverstärker [*W. H. Brattain, I. Bardeen*, Phys. Rev. **74**, 230 (1948)]. Seit der ersten Mitteilung sind in vielen Laboratorien Arbeiten auf diesem Gebiet begonnen worden, da man sich mit Recht eine umfangreiche technische Anwendung des Transistors verspricht (z. B. als Telephonverstärker).

Der Transistor besteht aus einem Störstellenhalbleiter (Germaniumkristall oder Siliciumkristall mit sehr geringer Verunreinigung durch andere Elemente, z. B. Arsen oder Gallium), dessen elektrische Leitfähigkeit mit Hilfe einer auf den Kristall gesetzten Metallspitze verändert werden kann. Diese Metallspitze erhält die zu verstärkenden Spannungen, wodurch an der Grenzschicht des Metallhalbleiters je nach der Richtung des Stromes eine Verarmung oder eine Überschwemmung an Ladungsträgern der sog. Inversionsschicht (*Schottky*) eintritt. Die wechselnden Spannungen an dieser Spitze, dem Emittor, können also die Leitfähigkeit des Kristalls wesentlich beeinflussen. Der Emittor entspricht dem Gitter, der Kollektor, eine dicht neben dem Emittor aufgesetzte Metallspitze der Anode einer Verstärkerröhre; der Kristall selbst wird an irgendeiner Stelle mit der „Kathode“ verbunden. Es ist eine technische Schwierigkeit, Emittor und Kollektor sehr dicht nebeneinander (Abstand 0,2 mm) auf den Kristall aufzusetzen. Dies ist aber notwendig, weil die Beeinflussung der Leitfähigkeit mit der Entfernung vom Emittor bei einem großen Kristall stark abnimmt.

Um diese Schwierigkeit zu umgehen, sind auch andere Formen des Transistors entwickelt worden. So wird ein dünnes, keilförmiges Kristallplättchen verwendet, welches auf der einen Seite den Emittor und auf der anderen Seite den Kollektor hat. Die dritte Elektrode wird meist dadurch mit dem Kristall in Verbindung gebracht, daß dieser an einer Seite in ein leicht schmelzbares Metall eingebettet ist. Eine weitere Anordnung des Transistors ist ein fadenförmiger (Ein-) Kristall. Hierbei brauchen Emittor und Kollektor nicht sehr dicht zu stehen.

Die Spannungsverstärkung eines Transistors ist etwa 40fach, die Ausgangsleistung bei besonderer Anordnung bis zu 200 mW, meist jedoch bis 50 mW. Leider ist der Rauschpegel sehr hoch, was auf die vielen inneren Grenzflächen eines Polykristalls zurückzuführen ist. Daher kann der Rauschpegel durch Verwendung eines Einkristalls erheblich herabgesetzt werden. — Die obere Frequenzgrenze wird durch die Anordnung stark beeinflußt; in einer Versuchsanordnung ist bei 23 MHz noch eine 8fache Verstärkung erzielt worden.

Als *Phototransistor* werden Photoleiter bezeichnet, bei welchen die Ladungsträger durch Licht anstatt durch die Emittorelektrode erzeugt werden.

Bardeen, I., u. *W. H. Brattain:* Phys. Rev. 75, April 1949. — *Hungermann, E. H.:* Elektron 4, 356 (1950). — *Mataré, H. F.:* ebda 368 (1950).

Translation, 1. die Bewegungsart eines Körpers, bei der seine sämtlichen Punkte zu jeder Zeit gleich große und gleichgerichtete Geschwindigkeiten haben, bei der also der Körper seine Orientierung im Raum beibehält, d. h. nicht gleichzeitig auch rotiert. Der allgemeine Fall einer Bewegung setzt sich aus einer reinen Translation und einer reinen →Rotation zusammen.

Da ein Massenpunkt per definitionem nicht rotieren kann, weil es nämlich sinnlos ist, von seiner Orientierung im Raum zu reden, so ist jede Bewegung eines Massenpunktes eine reine Translation. Es ist also streng genommen nicht richtig, die Kreisbewegung eines Massenpunktes als eine Rotation zu bezeichnen, wie es in der Regel geschieht. Sie ist eine reine Translation auf einer Kreisbahn.

2. = →Gleiten. 3. →Translation, kristallographische.

Translation, kristallographische, Parallelverschiebung eines Teils eines Kristalls oder Kristallgitters gegenüber dem Rest, dasselbe wie →Gleitung.

Einfache Translation ist eine Deckbewegung des Raumgitters, die in einer Parallelverschiebung (ohne Drehung) in Richtung einer Gittergeraden (*Translationsrichtung*) um deren Identitätsperiode oder um ein Vielfaches davon besteht.

Translationsebene = →Gleitebene.

Translationsgitter, auch *einfache* Translationsgitter, Bravaissche (Translations-) Gitter oder *Raumgittertypen* genannt, sind dreifachperiodische Punktanordnungen, in denen jeder Punkt durch eine einfache Translation an den Ort eines jeden anderen gebracht werden kann (Abb. 1). Ein Translationsgitter läßt sich auch definieren als die Gesamtheit aller Schnittpunkte dreier im allgemeinen ungleichwertiger Scharen paralleler, äquidistanter Ebenen. Wählt man drei Gittergeraden, die sich in einem Gitterpunkt schneiden, zu Koordinatenachsen und die drei entsprechenden Identitätsperioden a, b, c zu Längeneinheiten, so sind die Koordinaten eines einfachen Translationsgitters ganze Zahlen, und umgekehrt entspricht jedem ganzzahligen Koordinatentripel ein Gitterpunkt.

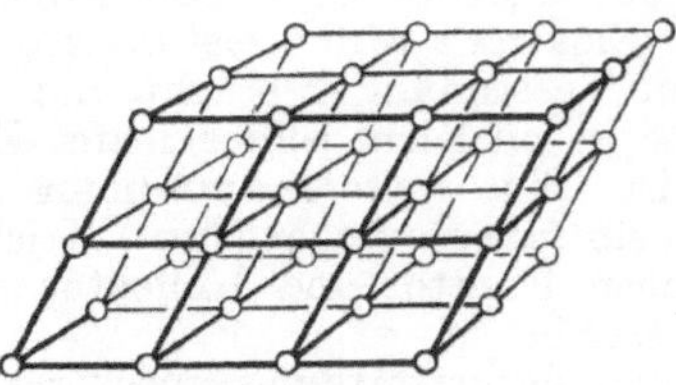

Abb. 1. Translationsgitter.

Der Raum, der von je zwei benachbarten Ebenen der drei Ebenenscharen eingeschlossen wird, ist die →*Elementarzelle* des Gitters.

A. Bravais bewies 1848, daß es 14 in ihrer Symmetrie verschiedene einfache Translationsgitter gibt (Tabelle). Das sind zunächst die 7 *primitiven* Translationsgitter (Abb. 2, alle Gitter mit ungestrichenem Γ), die den 7 Kristallsystemen entsprechen (→Kristallklassen, Tab. 1). Bei den meisten dieser Gitter können jedoch die Flächenmitten oder der Mittelpunkt jeder Elementarzelle durch weitere Punkte besetzt werden ohne Verringerung der Gittersymmetrie, aber so, daß man sie als neue einfache Translationsgitter mit kleineren Elementarzellen und anderen Koordinatenachsen und Identitätsperioden auffassen kann. Auf ihnen lassen sich 7 weitere Translationsgitter aufbauen (Abb. 2):

1 bis 2. Die *flächenzentrierten* Gitter, bei denen nur eine Begrenzungsfläche (100), (010) oder (001) der Zelle (und die ihr identische Gegenfläche) von einem Gitterpunkt besetzt oder *zentriert* wird. Flächenzentrierte Gitter sind möglich im monoklinen und rhombischen System (Γ'_m, Γ'_o). Sie werden als *basiszentrierte* Gitter bezeichnet, wenn die (001)-Fläche zentriert ist.

3 bis 5. Die *raum-* oder *innenzentrierten* Gitter mit einem zusätzlichen Gitterpunkt im Mittelpunkt der Zelle. Möglich im rhombischen, tetragonalen und kubischen System (Γ'''_o, Γ'_t, Γ''_o).

6 bis 7. Die *allseitig-flächenzentrierten* Gitter, deren sämtliche Zellenflächen zentriert sind. Im rhombischen und kubischen System (Γ''_o, Γ'_c).

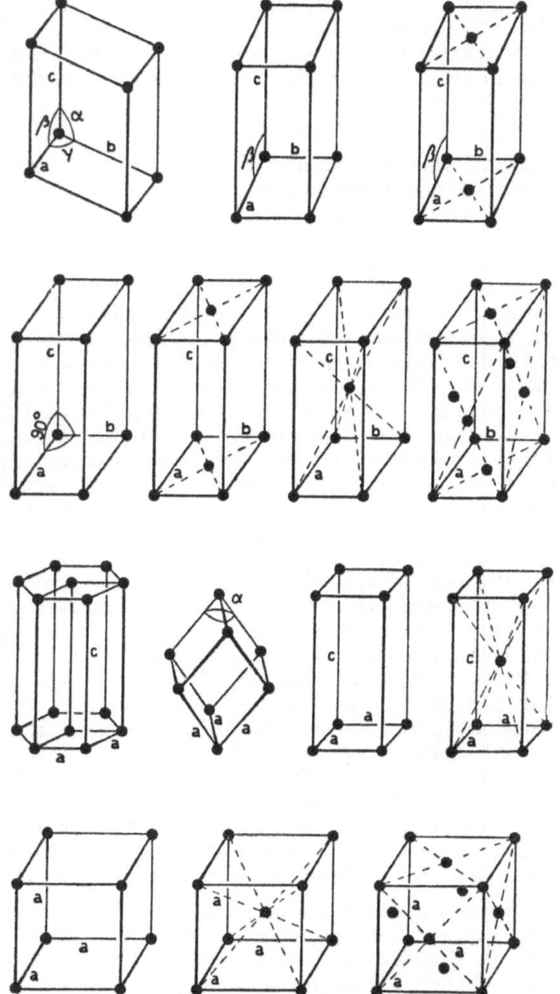

Abb. 2. Die 14 einfachen Translationsgitter; von links oben:
1. Reihe: Γ_τ, Γ_m, Γ'_m;   2. Reihe: Γ_0, Γ'_0, Γ'''_0, Γ''_0;
3. Reihe: Γ_h, Γ_{rh}, Γ_t, Γ'_t;   4. Reihe: Γ_c, Γ''_c, Γ'_c.

Das rhomboedrische Gitter (das nach Tab. 2 der →Kristallklassen nicht in Erscheinung tritt) läßt

Bravaissche Translationsgitter.

	Symbol nach A. *Schoenflies*	Kristallsystem	Elementarzelle	Gitterpunkte der Elementarzelle
1	Γ_τ, Γ_{tr}	triklin	einfach[1]	000
2	Γ_m	monoklin	,,	000
3	Γ'_m	,,	basiszentriert	$000, \frac{1}{2}\frac{1}{2}0$
4	Γ_0	rhombisch	einfach[1]	000
5	Γ'_0	,,	flächenzentriert	000 und $\frac{1}{2}\frac{1}{2}0$ oder $\frac{1}{2}0\frac{1}{2}$ oder $0\frac{1}{2}\frac{1}{2}$
6	Γ''_0	,,	allseitig-flächenzentriert	$000, \frac{1}{2}\frac{1}{2}0, \frac{1}{2}0\frac{1}{2}, 0\frac{1}{2}\frac{1}{2}$
7	Γ'''_0	,,	raumzentriert	$000, \frac{1}{2}\frac{1}{2}\frac{1}{2}$
8	Γ_t	tetragonal	einfach[1]	000
9	Γ'_t	,,	raumzentriert	$000, \frac{1}{2}\frac{1}{2}\frac{1}{2}$
10	Γ_{rh}	rhomboedrisch	einfach[1]	000
11	Γ_h	hexagonal	,,	000
12	Γ_c	kubisch	,,	000
13	Γ'_c	,,	allseitig-flächenzentriert	wie bei Γ''_0
14	Γ''_c	,,	raumzentriert	$000, \frac{1}{2}\frac{1}{2}\frac{1}{2}$

[1] oder primitiv.

sich auf eine der Zentrierung ähnliche Weise aus dem hexagonalen ableiten. Es entsteht, wenn man in diesem die Punkte $[\tfrac{2}{3}\tfrac{1}{3}\tfrac{1}{3}]$ und $[\tfrac{1}{3}\tfrac{2}{3}\tfrac{2}{3}]$ oder $[\tfrac{1}{3}\tfrac{2}{3}\tfrac{1}{3}]$ und $[\tfrac{2}{3}\tfrac{1}{3}\tfrac{2}{3}]$ und die dazu identischen besetzt. ($\to$Transformation kristallographischer Symbole, Abb.)

Die 14 Translationsgitter sind von großer Bedeutung bei der Bestimmung von Kristallstrukturen. Diejenigen Raumgruppen, in denen parallele Drehungs- und Schraubungsachsen oder parallele Spiegel- und Gleitspiegelebenen auftreten, bedingen Raumgitter, die aus flächen- oder raumzentrierten Translationsgittern, einschließlich des rhomboedrischen, aufgebaut sind. Solche Gitter haben integrale $\to$Auslöschungen der Röntgenstrahlen zur Folge. Deshalb kann auf Grund von Auslöschungen eine engere Auswahl unter den für ein Kristallgitter möglichen Raumgruppen getroffen werden.

Translationsgruppe, die Gruppe unabhängiger einfacher Translationen, die aus einem Punkt die Basis eines der 14 Translationsgitter erzeugt.

Translationsrichtung $=$ $\to$Gleitrichtung. Ferner $\to$Translation.

Transmissionsgitter sind $\to$Beugungsgitter, bei welchen im durchgehenden Licht beobachtet wird. Sie bestehen entweder aus einer Glasplatte, auf welche parallele Striche eingeritzt sind, oder Kollodiumabdrucken solcher, oder aus parallel gespannten Drähten. Die letzteren haben den Vorteil, daß sie auch für Wellenlängen brauchbar sind, welche durch eine Glasplatte absorbiert werden; daher ihre Bedeutung für die $\to$Ultrarot-Spektroskopie.

Transmissionsgrad $\to$Durchlaßgrad.

Transmutation, die Umwandlung eines Elementes in ein anderes durch Kernprozesse oder radioaktive Umwandlung.

Transparenz $\to$Durchlaßgrad.

Transpirationsdruck $\to$Hagen-Poiseuille-Gesetz.

Transponierte Matrix. Zu der Matrix $A = (a_{\mu\nu})$ wird die transponierte $A' = (a'_{\mu\nu})$ dadurch definiert, daß man Zeilen und Spalten vertauscht, d. h. $a'_{\mu\nu} = a_{\nu\mu}$.

Transporterscheinungen, Bezeichnung einer großen Gruppe von irreversiblen Erscheinungen verschiedenster Art, deren molekulare Deutung eine Angelegenheit der kinetischen Theorie der Materie ist. Dazu gehören: $\to$*Viskosität (einschließlich Volumviskosität)* von Gasen, Flüssigkeiten und Festkörpern; $\to$*Wärmeleitung* von Gasen, Flüssigkeiten, Metallen und Isolatoren; $\to$*Diffusion* (einschließlich Thermo- und Druckdiffusion, Diffusionsthermoeffekt, Knudsen-Effekt, thermische Effusion, Ludwig-Soret-Effekt); *elektrische* $\to$*Leitfähigkeit* in ionisierten Gasen, Flüssigkeiten und Festkörpern sowie die $\to$*galvanomagnetischen und* $\to$*thermomagnetischen Effekte* in ionisierten Gasen, Flüssigkeiten und Festkörpern und die *thermoelektrischen Erscheinungen* in Leitern ($\to$Thermokraft, $\to$Peltier-, $\to$Thomson-, $\to$Benedicks-, $\to$Bridgman-Effekt).

Transurane, Sammelbezeichnung für alle Elemente mit Kernladungszahlen >92. In der Natur kommen sie praktisch nicht vor ($\to$Plutonium), da sie, falls ursprünglich einmal vorhanden gewesen, wegen ihrer Kurzlebigkeit längst zerfallen sein müßten. Künstlich hergestellt, und zwar zum Teil in wägbaren Mengen, sind die Elemente $\to$*Neptunium* (93), $\to$*Plutonium* (94), $\to$*Americium* (95) und $\to$*Curium* (96), sämtlich in Gestalt mehrerer Isotope, und neuerdings die Elemente $\to$*Berkelium* (97) und $\to$*Californium* (98). Ob noch weitere Transurane in nachweisbaren Mengen hergestellt werden können, ist zumindest fraglich, da die Halbwertzeiten der schweren Elemente in diesem Bereich mit wachsender Kernladungszahl im großen und ganzen äußerst schnell abnehmen.

Alle Isotope der Transurane lassen sich spalten, einige sogar durch thermische Neutronen ($\to$Kernspaltung). Manche von ihnen zeigen spontanen Zerfall ($\to$Spontanspaltung). Chemisch gehören sie in die Gruppe der $\to$Actiniden. Alle bis Februar 1949 bekannten Isotope der Transurane sind in dem Diagramm bei dem Stichwort $\to$radioaktive Zerfallsreihen aufgeführt. Aus ihm ist auch ihre Zugehörigkeit zu einer der vier Zerfallsreihen zu ersehen. Die Kernprozesse, mit denen sie erzeugt worden sind, und die radioaktiven Konstanten sind bei der Zerfallsreihe, zu der die entsprechenden Transuran-Isotope gehören, angegeben.

Hahn, O.: Künstl. neue Elemente. Weinheim/Bergstr. u. Berlin 1948. – *Flügge, S.:* Erg. exakt. Naturwiss. 22. Berlin 1949.

Transversalschwingungen treten in Körpern und Medien auf, in denen eine Ausbreitung von $\to$Transversalwellen möglich ist, z. B. bei Saiten, Stäben, Membranen und Platten (Saitenschwingungen, Membranschwingungen, Stabschwingungen, Plattenschwingungen, Torsionsschwingungen). Man kann sie sich durch Überlagerung einer hin- und einer zurücklaufenden fortschreitenden Welle gleicher Amplitude ($\to$stehende Welle) entstanden denken. Jeder Punkt einer stehenden Transversalwelle, der nicht Knotenpunkt ist, führt Transversalschwingungen aus. Genau wie Transversalwellen können auch Transversalschwingungen polarisiert sein. So sind z. B. die Schwingungen einer radial angeschlagenen Saite in der Anschlagsrichtung polarisiert, d. h. die Saite schwingt in der durch die Anschlagsrichtung und ihre eigene Längsrichtung ausgespannten Ebene. Ist beim Anschlag auch eine tangentiale Komponente vorhanden, dann entsteht eine elliptisch polarisierte Schwingung.

Transversalwellen sind Wellen, bei denen die Verrückungen $\mathfrak{u}$ in einer zur Fortpflanzungsrichtung x senkrechten yz-Ebene vor sich gehen ($\to$elastische Wellen): $\mathfrak{u}(x, t) = \mathfrak{j}u_y(x, t) + \mathfrak{k}u_z(x, t)$ ($\mathfrak{j}, \mathfrak{k}$ Einheitsvektoren in Richtung y, z). Die Ebene, die den Vektor $\mathfrak{u}$ und die Fortpflanzungsrichtung x enthält, heißt „Polarisationsebene". Besonders übersichtlich werden die Verhältnisse bei sinusförmigen Komponenten

$$u_y = A_y \sin 2\pi(\nu t - x/\lambda),$$
$$u_z = A_z \sin 2\pi(\nu t - x/\lambda - \varphi)$$

(A_y, A_z Amplituden, ν Frequenz, λ Wellenlänge, φ Phasenverschiebung).

Im allgemeinen beschreibt dann der Endpunkt des Vektors $\mathfrak{u}$ in der xy-Ebene eine Ellipse; die Welle ist *elliptisch* polarisiert. Sonderfälle sind die *zirkulare* Polarisation ($A_y = A_z$, $\varphi = \pi/2$) und die *lineare* Polarisation ($\varphi = 0$ bzw. A_y oder $A_z = 0$).

Ein stetiger, periodischer Wechsel zwischen elliptischer und linearer Polarisation tritt in anisotropen Medien ein, bei denen die Ausbreitungsgeschwindigkeit (und mithin die Wellenlänge) der y-Komponente von derjenigen der z-Komponente verschieden ist (→Doppelbrechung):

$$u_y = A_y \sin 2\pi(\nu t - x/\lambda_y),$$
$$u_z = A_z \sin 2\pi(\nu t - x/\lambda_z).$$

Stellen des gleichen Polarisationszustandes haben dann einen Abstand $L = 1/(1/\lambda_y - 1/\lambda_z)$ voneinander (s. Abb.). Nach Durchlaufen des halben Abstandes ($L/2$) hat ein linear polarisierter Zustand sich wieder in einen ebensolchen, jedoch mit einer Richtungsänderung von 90°, verwandelt.

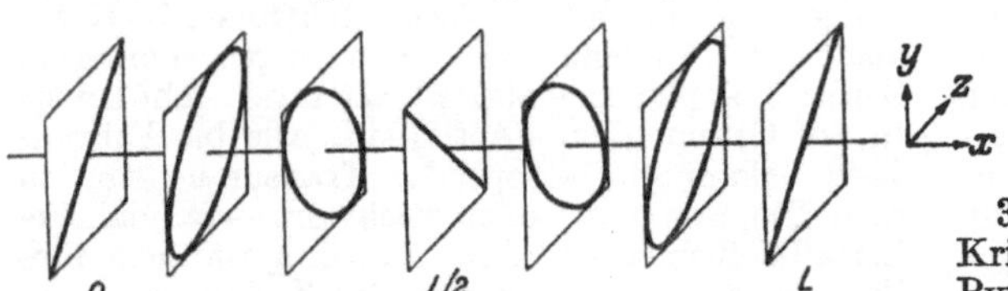

Transversalwellen in anisotropen Medien.

Zwei entgegengesetzt zirkular polarisierte Wellen setzen sich zu einer linear polarisierten Welle zusammen. Die Polarisationsebene dieser Welle dreht sich allmählich längs der Fortpflanzungsrichtung, wenn die Ausbreitungsgeschwindigkeit der beiden Wellen verschieden ist. →optische Drehung.

In Festkörpern treten Transversalwellen in Gestalt von Scherungs- oder Schubwellen (Torsionswellen) auf. In Flüssigkeiten und Gasen führt die innere Reibung innerhalb der Grenzschicht, die einen schwingenden Festkörper umgibt, zu Transversalwellen von sehr geringer Reichweite (→Schallgeschwindigkeit, →elastische Wellen).
Handb. d. Physik VI. Berlin 1928.

Transzendente Zahl, eine Zahl, die nicht Wurzel einer →algebraischen Gleichung mit ganzzahligen Koeffizienten sein kann. Die bekanntesten Beispiele sind die (Ludolphsche) Zahl π und die Basis e der natürlichen Logarithmen. Trägt man die Funktion $y = e^x$ in einem Koordinatensystem auf, so hat mit Ausnahme des Punktes (0,1) jeder Punkt der e-Kurve transzendente Koordinaten. Gleiches gilt von den Punkten der Kurve $y = \sin x$, die ebenfalls, abgesehen vom Ursprung (0,0), keinen „algebraischen Punkt" der xy-Ebene berührt, da den nichttranszendenten x-Werten transzendente y-Werte entsprechen und umgekehrt.

Trapezoeder. 1. *Hexagonales*, allgemeine Flächenform $\{hkil\}$ der Kristallklasse 62, besteht aus zwei hexagonalen Pyramiden 3. Stellung mit gemeinsamer Achse und entgegengesetzten Spitzen (Abb. 1). Die Pyramiden können durch Drehung um

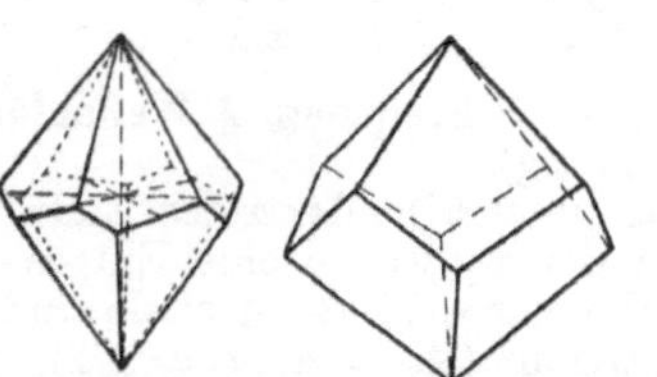

Abb. 1. Hexago-nales Trapezoeder.

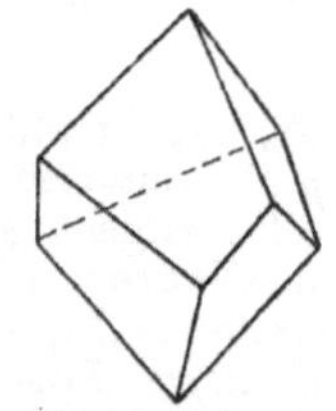

Abb. 2. Tetragonales Trapezoeder.

Abb. 3. Trigona-les Trapezoeder.

eine der zweizähligen Nebenachsen zur Deckung gebracht werden und grenzen aneinander längs einer auf- und absteigenden Kantenfolge. Die auf-

steigenden Kanten sind jedoch im Gegensatz zu denen des Skalenoeders nicht von der gleichen Länge wie die absteigenden. Deshalb haben die Flächen eine trapezähnliche Form. Sie sind alle zwölf untereinander gleich. Das Trapezoeder $\{hkil\}$ mit $h > k > 0$ wird als *rechtes*, das dazu inverse $\{khil\}$ als *linkes* bezeichnet. Die beiden Formen sind →enantiomorph.

2. *Tetragonales*, die allgemeine Form $\{hkl\}$ der Kristallklasse 42 (Abb. 2). Es unterscheidet sich vom hexagonalen nur dadurch, daß es aus zwei tetragonalen Pyramiden zusammengesetzt ist und acht gleiche Flächen besitzt. $\{hkl\}$ mit $h > k > 0$ ist das *rechte*, $\{khl\}$ das dazu inverse und enantiomorphe *linke* Trapezoeder.

3. *Trigonales*, die allgemeine Form $\{hkil\}$ der Kristallklasse 32, setzt sich aus zwei trigonalen Pyramiden 3. Stellung auf die gleiche Weise zusammen wie das hexagonale Trapezoeder aus zwei hexagonalen (Abb. 3). Sechs trapezähnliche Flächen. Es sind vier Stellungen möglich; zwei *rechte*: das *positive* $\{hkil\}$, $h > k > 0$, und das *negative* $\{\bar{h}\bar{k}i\bar{l}\}$ und zwei *linke*: das *positive* $-\{hkil\}$ und das *negative* $\{hki\bar{l}\} = \{khil\}$. Die nach den hexagonalen Symbolen unverständlichen Bezeichnungen der linken Formen rühren von der Aufstellung im rhomboedrischen Koordinatensystem her. Die rechten und die linken Trapezoeder sind enantiomorph zueinander.

Traubesche Regel, besagt, daß die →Kapillaraktivität in einer homologen Reihe organischer Verbindungen, wie Alkohole, Fettsäuren, Ester u. a., regelmäßig zunimmt. Zur Erniedrigung der Oberflächenspannung des Wassers um den gleichen Betrag ist jeweils nur etwa ein Drittel der Menge des um eine CH_2-Gruppe ärmeren Stoffes erforderlich. Molekularphysikalisch hat *Langmuir* (1917) die Regel so erklärt, daß die organischen Molekeln in verdünnten Lösungen vorzugsweise flach in der Wasseroberfläche liegen, so daß jede neu hinzukommende CH_2-Gruppe im gleichen Maße wirkt. Daher wächst die Arbeit, die erforderlich ist, um eine Substanz aus der Oberfläche in die Lösung zu bringen, in einer homologen Reihe je Mol um einen konstanten *additiven* Betrag an (etwa 700 cal mol⁻¹). Mit diesen Energiebeträgen sind die Oberflächenkonzentrationen der betreffenden Substanzen entsprechend der allgemeinen Boltzmann-Beziehung durch eine e-Potenz verbunden. Somit ergibt sich die Traubesche Regel, nach der das *Verhältnis* der spezifischen Kapillaraktivitäten aufeinanderfolgender homologer Stoffe konstant ist (etwa 3).

Travelling wave-Röhre →Wanderfeldröhre; vgl. ferner →Elektronenwellenröhre.

Treffbereich. Das Raumgebiet in einem biologischen Individuum, in welchem ein oder wenige Elementarakte (z. B. Anregungen, Ionisationen) eine Wirkungskette auslösen können, die zur makrodimensionalen Veränderung des Organismus führt (→Verstärkertheorie), heißt in der →Treffertheorie der *Treffbereich* für die fragliche Veränderung. Die Wahrscheinlichkeit p, die *Wirkungswahrscheinlichkeit* (= „Ionenausbeute" bei ionisierenden Strahlen), daß ein in diesem Bereich stattfindender Mikroakt (z. B. Ionisation) zur Auslösung der Reaktionskette beiträgt, also ein „Treffer" ist, braucht a priori nicht gleich 1 oder auch nur im gesamten Volum V des Treffbereichs konstant zu sein; auch kann dieses Volumen in mehrere Teile aufgeteilt sein. Das formale Wirkungsvolum (analog dem Wirkungsquerschnitt bei Stoßvorgängen) für die Auslösung eines Treffers im Individuum ist dann allgemein $v = \int\limits_V p(x, y, z)\, dV$.

Aus der treffertheoretischen Analyse einer experimentellen Dosiseffektkurve erhält man die *Treffwahrscheinlichkeit w*, das ist die Wahrscheinlichkeit, durch die Dosis 1 ein Individuum im Treffbereich wirksam zu treffen. Sie hängt von der Größe des *Wirkungsvolumen V* ab und kann nach $w = Jv$ berechnet werden, wenn die Mikroakte gleichmäßig-statistisch in der Substanz des Individuums verteilt sind und die Anzahl J in 1 cm³ Substanz bei der Dosis 1 stattfinden. Ein so berechnetes Wirkvolum v gibt immer nur die minimal mögliche Größe des realen Treffbereichs an; will man diese kennen, so muß $p(x, y, z)$ bekannt sein. Eine gewisse Annäherung an die Realität wird erhalten, wenn man $p(x, y, z) = \text{const} = \bar{p}$ setzt, wodurch $v = \bar{p}V$ wird und bei statistischer Verteilung der Akte also $w = \bar{p}JV$. Bei manchen Strahlenreaktionen (z. B. den →Genmutationen) erlaubt der →Sättigungseffekt bis zu einem gewissen Grade eine „Abtastung" des wahren Durchmessers des Treffbereichs, woraus sich auch unter Umständen die Ionenausbeute $\bar{p}$ ergibt. Allerdings muß dann bekannt sein, ob der Gesamtbereich nicht in eine Anzahl mehr oder weniger getrennter Teilbereiche unterteilt ist, von denen ein beliebiger getroffen werden muß; denn die Sättigung liefert nur das Produkt von $\bar{p}$ mit dem mittleren Durchmesser a eines zusammenhängenden Treffbereichs. Die Anzahl Teilbereiche in einem Individuum, die unbedingt getroffen werden müssen, kann bei anderen Reaktionen (z. B. der Tötung von Drosophila-Eiern durch Röntgenstrahlen) aus dem →Konzentrationseffekt geschlossen werden, wobei sich unter gewissen Bedingungen auch Aussagen über $\bar{p}$ machen lassen. Hierbei ist aber wiederum zu bedenken, daß $\bar{p}$ von der Art der Elementarakte (z. B. der Teilchenenergie) abhängen kann, wodurch die Schätzung der Treffbereichsgröße beeinflußt werden würde. Auf jeden Fall reicht die einfache Auswertung einer einzigen Dosiseffektkurve für die Beurteilung auch nur der Größenordnung des zugehörigen, wahren Treffbereichs nicht aus. Durch Einbeziehung der erwähnten →Ionisationsdichteeffekte und anderer experimenteller Gesichtspunkte ist es aber bei einigen trefferbiologischen Reaktionen (z. B. den →Gen- und →Chromosomenmutationen, der Tötung von Drosophila-Eiern) gelungen, Näheres über die wahre Größe des Treffbereichs und die Wirkungswahrscheinlichkeit zu erfahren.

Timofeeff-Ressovsky, N. W., u. *K. G. Zimmer:* Das Trefferprinzip in d. Biologie. Leipzig 1947. - *Rajewsky, B.*, u. *M. Schön:* Biophysik I. Naturwiss. u. Med. usw. Wiesbaden 1949.

Treffereignis in der Quantenbiologie. Wenn in einem biologischen Individuum (Zelle, mehrzelliger Organismus) ein mikrophysikalischer Elementarakt eine Wirkung auslöst, die ins Makrodimensionale verstärkt wird und so eine bemerkbare Veränderung herbeiführt, so nennt man diesen Akt einen *Treffer* (→Quantenbiologie, →Verstärkertheorie, →Treffertheorie). Er muß in einem bestimmten, meist submikroskopischen, sensiblen

Bereich des Individuums stattfinden und dort eine Mindestenergie, vergleichbar der →Aktivierungsenergie einer chemischen Reaktion, abgeben, um die Reaktion auszulösen. In manchen Fällen sind aber selbst die treffenden und genügend energiereichen Akte nicht alle wirksam, also Treffer, sondern nur ein Bruchteil p (*Wirkungswahrscheinlichkeit*) von ihnen. Bei Ionisationen als Akte scheint p von der Energie des auslösenden schnellen Elektrons abzuhängen. Viele mikrophysikalisch ausgelösten Bioreaktionen erfordern mehrere Treffer, und zwar innerhalb eines Treffbereiches oder auch auf mehrere solche verteilt. Hierbei kann unter Umständen die Wirkung von Treffern innerhalb eines Bereichs summiert werden bis zur Überschreitung der Mindestenergie und Auslösung der Reaktion. Eingehende Analysen verschiedener Treffergeschehnisse haben die folgenden Elementarakte als Treffer ergeben, womit zugleich eine Abschätzung der Mindestenergie verbunden sein kann: 1. *Anregung* eines Atoms bzw. einer Atomgruppe im Treffbereich durch ein absorbiertes Lichtquant oder eine überschwellige Wärmeschwingung (z. B. bei der Auslösung von →Gen- und Bakterienmutationen durch ultraviolettes Licht bzw. bei der spontanen Genmutabilität). 2. *Ionisation* eines Atoms (bei →Genmutationen, Bakterienmutationen, Bakterientötung durch ionisierende Strahlen. Da hier immer auch zugleich Anregungen geschehen, kann zwischen 1. und 2. vorerst nicht unterschieden werden). 3. *Durchgang eines Teilchens* (Elektrons, α-Partikels, Rückstoßprotons) durch den Treffbereich, der dort einen größeren *Haufen von Ionisationen* erzeugt (bei Chromosomenbrüchen durch ionisierende Strahlen, →Chromosomenmutation). Da eine Ionisation etwa 32 eV Energie und schon 10^{-4} eV einer Erwärmung um etwa 1 °C entsprechen, so könnte trotz der großen Zerstreuung der Ionisationswärme ein größeres Ionisationspaket als „*Punktwärme*" wirken, die z. B. eine Hitzekoagulation des im Treffbereich befindlichen Eiweißes und so eine Inaktivierung des Steuerungszentrums herbeiführt. 4. *Chemische Reaktion* mit einem zum Treffbereich gelangenden Einzelmolekül, z. B. eines Giftstoffes (Treffergiftwirkung des Phenols, $HgCl_2$ u. a. bei Bakterien). — Möglichkeiten zur experimentellen Aufklärung der Art von Treffereignissen bieten sich z. B. in den →Ionisationsdichteeffekten, der Temperaturabhängigkeit spontaner Treffereignisse (z. B. Genmutation, Bakterienmutation) und der minimalen Energie der auslösenden Lichtquanten.

Literatur →Treffbereich; ferner *P. Jordan:* Naturwiss. **26**, 693 (1938).

Trefferfunktion →Treffertheorie.

Treffergift →Treffereignis.

Treffertheorie. Eine große Anzahl von Erscheinungen an Lebewesen läßt sich durch die Annahme verstehen, daß sie durch mikrophysikalische Einzelakte (z. B. Absorption eines Lichtquants, Ionisation, überschwellige Wärmeschwingung, Reaktion mit einem spezifischen Einzelmolekül), die in sehr kleinen sensiblen Gebieten der Zelle stattfinden, ausgelöst werden (→Quantenbiologie, →Verstärkertheorie). Diese atomaren Einzelakte werden als „*Treffer*" bezeichnet, da die interessierenden biologischen Vorgänge (z. B. →Mutation, Wuchsschädigung, Tötung) vor allem als Wirkungen durchdringender Strahlen bekannt wurden, deren Wirkungsweise mit derjenigen von statistisch-ungerichteten Schüssen vergleichbar ist, durch welche zufällig ein sensibler „*Treffbereich*" getroffen wird. Da die statistisch kausale Gesetzlichkeit der mikrophysikalischen Trefferereignisse sich natürlich in · den biologischen Trefferreaktionen widerspiegelt, ist es primäre Aufgabe der *Treffertheorie*, eine passende mathematische Statistik aufzustellen. Die *Trefferfunktion* bringt das Verhältnis y der Anzahl N „getroffener" Individuen (d. h. solcher mit den Merkmalen der Reaktion) zur Gesamtzahl untersuchter Individuen N_0 in funktionelle Verbindung mit der Wahrscheinlichkeit w für einen Treffer durch eine Dosiseinheit, und zwar unter Berücksichtigung der Anzahl n der für die Auslösung der Reaktion in einem Treffbereich notwendigen Treffer sowie gegebenenfalls der Anzahl der Treffbereiche je Individuum. Wird die Dosis D in Dosiseinheiten des auslösenden Agens (z. B. Strahlung) gemessen, für welche bekannt ist, wieviel Elementarakte J (z. B. Ionisationen, →Ionisation in biologischer Substanz) in 1 cm³ biologischen Materials vorkommen, und sind diese Akte im Material gleichmäßigstatistisch verteilt (was insbesondere für die Ionisation durch Röntgenstrahlen zutrifft), so kann in jedem Individuum ein *Wirkungsvolum* $v = w/J$ (analog einem Wirkungsquerschnitt) in cm³ berechnet werden. Dieser gibt die untere Grenze der wahren Größe des →Treffbereichs oder der Summe aller sensiblen Bereiche an. Die tatsächliche, räumliche Größe und Form des Treffbereichs bzw. der Treffbereiche wird vor allem von der räumlichen Verteilung der *Wirkungswahrscheinlichkeit* p (→Treffbereich) eines in den sensiblen Bereich fallenden Primäraktes (z. B. Ionisation) bestimmt. Ist in erster Näherung p im Treffbereich vom Volumen V konstant, außerhalb dieses gleich Null, so gilt $w = pVJ$. Aus der experimentellen Dosisfunktion der Getroffenenrate y kann so unter Umständen auf die wirkliche Größe des Treffbereichs für die Auslösung der biologischen Reaktion geschlossen werden. Die *Trefferfunktion* für den Fall, daß *ein* Treffer für die Reaktionsauslösung genügt ($n = 1$) und nur *ein* Treffbereich im Individuum vorhanden ist ($m = 1$), ist einfach $y = N/N_0 = 1 - \exp(-wD)$ (Eintrefferfunktion). Denn die Abnahme der Zahl $N_+ = N_0 - N$ noch nicht getroffener Individuen je Dosiseinheit ist proportional der Anzahl der noch vorhandenen nichtgetroffenen sowie der scheinbaren Größe der „Schießscheibe" w, also $dN_+/dD = -wN_+$. Für $n > 1$ wird auf Grund der Poisson-Verteilung für seltene Ereignisse

$$y = 1 - \exp(-wD) \sum_{k=0}^{n-1} [(wD)^k/k!] = 1 - B \ (\text{Mehrtrefferfunktion}).$$

Sind mehrere ($m > 1$) Treffbereiche im Individuum und genügen n Treffer in irgendeinem *beliebigen* von ihnen, so ist $y = 1 - B^m$, für $n = 1$ also $y = 1 - \exp(-mwD)$; dabei stellt jeweils w die Treffwahrscheinlichkeit für den Einzelbereich dar. Muß jedoch *jeder* von M Teilbereichen n Treffer erhalten, so gilt $y = (1 - B)^M$. Die erste trefferanalytische Aufgabe besteht meist darin, die Dosiseffektkurve $y = N/N_0 = f(D)$ der zu untersuchenden Bioreaktion aufzunehmen. Dabei ist beim Getroffenenbruchteil y natürlich immer der statistische Fehler durch die endliche Stichprobengröße N_0 zu berücksichtigen. Aus dem Kurvenverlauf können dann die Parameter w, n und m bzw. M bestimmt werden (→Trefferzahl). Am einfachsten und eindeutigsten ist diese Analyse bei Eintrefferprozessen ($n = 1$), da für sie bei kleinen Getroffenenraten $y \approx mwD$ wird; für hohe Raten gilt $-\ln(1 - y) = mwD$, d. h. der Nichtgetroffenenlogarithmus fällt linear mit der Dosis D, und mw ist leicht aus der Neigung der Geraden zu erhalten. Mehrtrefferfunktionen ergeben S-förmige Kurven verschiedener Krümmung; sie lassen aber leider allein keine eindeutige Bestimmung von n und M zu, da sich potenzierte Mehrtrefferfunktionen ($M = 1$) mit einfachen ($m = 1$) von höherer Trefferzahl mit hoher Näherung decken. Man versucht daher meist, zunächst mit der Annahme $M = 1$ auszukommen und erst nach deren Versagen (z. B. auf Grund der →Ionisationsdichteeffekte) die Möglichkeit mehrerer unbedingt zu treffender Bereiche zu berücksichtigen.

Bei Reaktionen durch ionisierende Strahlen kann die Unterteilung des Gesamtwirkungsvolums in m beliebig zu treffende Einzelvolumina (sowie unter Umständen auch die Wirkungswahrscheinlichkeit p einer treffenden Ionisation) erschlossen werden, falls ein Sättigungseffekt (→Ionisationsdichteeffekte) zu beobachten ist. Die Bestimmung der Trefferzahl n geschieht durch Auswertung der Kurvenkrümmung (→Trefferzahl). Schwierig kann die Beurteilung werden, wenn die Trefferzahl oder Treffwahrscheinlichkeit stark individuell schwankt, da schon durch stark individuelle Variabilität allein S-förmige Dosiseffektkurven entstehen. Es kann dann zweifelhaft sein, ob dem biologischen Effekt überhaupt ein mikrophysikalisches Treffergeschehen zugrunde liegt. Falls die individuell unterschiedliche Strahlenempfindlichkeit sich in diesen Fällen nicht ausschalten (z. B. durch entsprechende Objektauswahl) oder wenigstens abschätzen läßt (Methoden in der Literatur), ist eine treffertheoretische Interpretation nur mit Vorbehalt möglich. Die Hauptstützen der Treffertheorie sind daher auch nicht die Mehrtrefferprozesse, sondern die eindeutigen und durch individuelle Variabilität kaum verzerrbaren Eintreffererscheinungen (z. B. Bakterientötung, Mutationen durch Strahlen). Bisher ist die Treffertheorie vorwiegend auf biologische →Strahlenschädigungen sowie die Mutationsvorgänge (→Mutation) intensiv angewandt worden. Jedoch hat sie auch bei der Aufklärung anderer Lebenserscheinungen, z. B. spontane Mutabilität, Reizphysiologie, Infektion mit Viren, serologische Antikörperbildung, Giftwirkung u. a., fruchtbare Ergebnisse geliefert.

Literatur →Treffbereich; ferner *K. C. Atwood*, u. *A. Norman:* Proc. Nat. Ac. Sci. USA **35**, 696 (1949).

Trefferwahrscheinlichkeit →Treffertheorie.

Trefferzahl in der biologischen →Treffertheorie die Anzahl wirksamer mikrophysikalischer Elementarereignisse (z. B. Anregungen, Ionisationen, Ionisationshaufen, Reaktionen mit Treffergiftmolekülen), die im sensiblen →*Treffbereich* stattfinden müssen, damit eine Reaktionskette ausgelöst wird, welche zu einer bestimmten erkennbaren Veränderung, der *Trefferreaktion*, des Organismus (z. B. Schädigung wichtiger Lebensfunktionen, Tötung, Mutation, Bewegung) führt (→Verstärkertheorie). Bei einer Wirkungswahrscheinlichkeit p (→Treffbereich) eines treffenden Elementaraktes, die < 1 ist, ist immer nur der Bruchteil p aller in das sensible Volum treffenden Akte wirksam, trägt also zur Reaktionsauslösung bei und zählt so als Treffer. Die Bestimmung der Trefferzahl n erfolgt aus der Krümmung der Dosiseffektkurve. Ist die Abhängigkeit des Bruchteils y der getroffenen Individuen von der Dosis D im Anfangsteil bis etwa $y \approx 0{,}10$ oder der Nichtgetroffenenlogarithmus $\ln(1 - y)$ in allen Dosisgebieten linear, so liegt ein *Eintrefferprozeß* vor ($n = 1$). Bei S-förmig gekrümmten *Mehrtreffer*kurven wird zunächst die →Halbwertsdosis $D_{1/2}$ bestimmt und die Dosiseffektkurve im Maßstab $D/D_{1/2}$ umgezeichnet. Dann läßt sich n durch Darüberlegen einer Schar von Trefferkurven mit variierendem n (Abb.) fest-

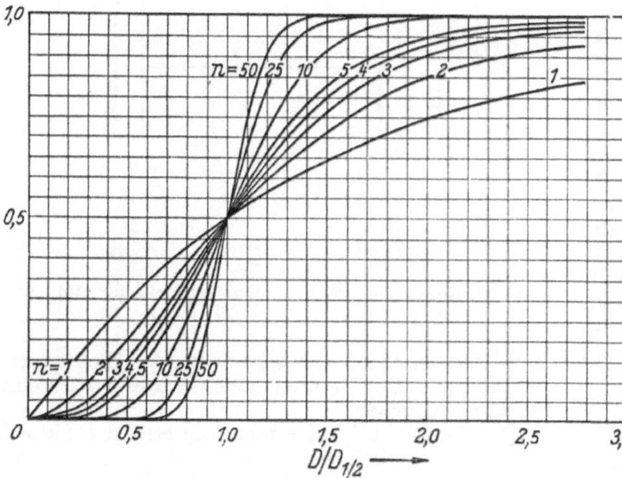

Trefferkurven mit verschiedener Trefferzahl n.

stellen. Einfacher ist die Methode von *Jordan*, nach der zunächst die Tangente $f(n)$ der Kurve bei der Halbwertsdosis bestimmt wird. Aus

$$f(n) = D_{1/2}(dy/dD)_{D_{1/2}}$$
$$= -(n-1/3)^n \exp[-(n-1/3)/(n-1)]$$

ist n zu berechnen (Tab.).

$f(n)$	0,53	0,66	0,76	0,89	0,97	$\sqrt{n/2\pi}$
n	2	3	4	5	6	$\geqq 7$

Das aus der Krümmung der Dosiseffektkurve gewonnene n liefert aber nur eine formale Trefferzahl, welche mit der wahren nur identisch ist, falls nicht mehrere (M) Trefferbereiche im Individuum getroffen werden müssen (→Treffertheorie). Echte Mehrtrefferreaktionen sind also solche, bei denen ein (bzw. jeder) Treffbereich *mehrere* Treffer erhalten muß, was eine *Trefferspeicherung* irgendwelcher Art voraussetzt und meist mit →Zeitfaktorwirkung verbunden ist. Die Bestimmung der Trefferbereichanzahl M und damit auch der wahren Trefferzahl je Einzelbereich kann in günstigen Fällen mit Hilfe des →Konzentrationseffektes erfolgen. Ferner muß für die Beurteilung der Trefferzahl die Größe der individuellen Variabilität geschätzt werden, da durch große Variabilität kleinere n vorgetäuscht werden können.

Literatur →Treffbereich.

Treibhauseffekt = →Glashauswirkung.

Tremolo, ein musikalischer Effekt, der durch rasche Amplitudenschwankungen des Schalldrucks

hervorgerufen wird. Bei der Pfeifenorgel erzeugt man ihn durch rhythmische Modulation des die Pfeifen anblasenden Luftgleichstroms oder durch zwei ein wenig gegeneinander verstimmte Pfeifenreihen, deren resultierender Klang durch die auftretende Schwebung amplitudenmoduliert ist.

Trennfaktor bei der Isotopentrennung. Haben zwei Isotope in einem Gemisch vor einem Isotopentrennvorgang das Mischungsverhältnis V_1, nach dem Trennvorgang das Mischungsverhältnis V_2, so bezeichnet man als Trennfaktor das Verhältnis $q = V_2/V_1$. In natürlichem Wasserstoff haben die zwei Isotope das Mischungsverhältnis $V_1 = 1/6000$. (Auf ein schweres Wasserstoffatom kommen 6000 leichte Wasserstoffatome.) In 90 proz. schwerem Wasserstoff ist das Mischungsverhältnis 9/1. Damit eine Trennanlage aus normalem Wasserstoff 90 proz. schweren Wasserstoff erzeugt, muß sie einen Trennfaktor

$$q = \frac{9/1}{1/6000} = 54000$$

haben. Besteht eine Isotopentrennanordnung aus z hintereinander geschalteten Gliedern, die alle den gleichen Trennfaktor q haben, so ist der Trennfaktor der gesamten Anordnung $Q = q^z$.

Walcher, W.: Erg. exakt. Naturwiss. 18, 155 (1939).

Trennflächen, elektrostatische →Feldstärke, elektrische, →dielektrische Verschiebungsdichte, →Brechung von Feldlinien.

Trennrohr →Thermodiffusion.

Trennung der Variablen →Separation der Variablen, →integrable Typen usw.

Trennungsarbeit bei der Gaszerlegung, die für die Zerlegung eines Gasgemischs in seine Komponenten erforderliche Arbeit (→Gaszerlegung). Sie ist theoretisch — bei Vernachlässigung der Wechselwirkung zwischen den verschiedenartigen Molekülen — durch die Summe der Arbeiten gegeben, die notwendig ist, um die n Komponenten i vom Partialdruck p_i isotherm auf den Gesamtdruck $P = \sum p_i$ zu komprimieren. Bei Gültigkeit der idealen Gasgesetze gilt also für die Trennungsarbeit:

$$A = RT \sum_{i=1}^{i=n} N_i \ln \frac{P}{p_i}$$

(N_i = Molzahl der Komponente i). Ferner →Luftzerlegung.

Trennungsfläche →Diskontinuitätsfläche.

Trennungsleuchten oder →*Tribolumineszenz,* das Aufleuchten eines Kristalls infolge Zerbrechens.

Triakisoktaeder, die spezielle Form $\{hhl\}$, $h > l$, der kubischen Kristallklassen 23i, 43 und 43i. Sie

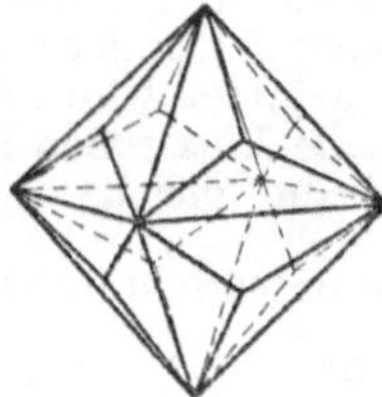

Triakisoktaeder.

besteht aus 24 gleichschenkeligen Dreiecken, die zu dreien flache, auf der Oktaederfläche aufsitzende dreiseitige Pyramiden bilden (Abb.).

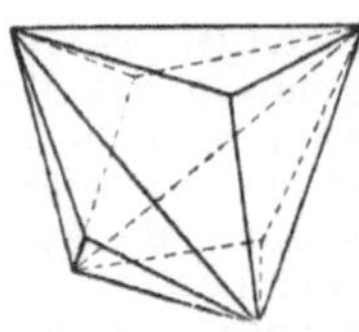

Triakistetraeder.

Triakistetraeder, die spezielle Form $\{hkk\}$, $h > k$, der kubischen Kristallklassen 23 und 23n, besteht aus 12 gleichschenkeligen Dreiecken, die flache dreiseitige Pyramiden über Tetraederflächen bilden (Abb.). Wie beim Tetraeder gibt es eine *positive* Form $\{hkk\}$ und eine dazu inverse *negative* $\{\bar{h}kk\}$.

Triboelektrizität = →Reibungselektrizität.

Tribolumineszenz. Sehr viel Stoffe zeigen die eigentümliche Erscheinung, beim Zerbrechen aufzuleuchten. Zerbricht man ein Stück Würfelzucker, oder reibt oder stößt man es im Mörser, so kann man mit völlig dunkeladaptiertem Auge die Erscheinung deutlich wahrnehmen. Noch deutlicher ist sie, wenn man Leuchtstoffe (Phosphore) im Mörser zerreibt. Auch komplizierte organische Stoffe zeigen den Effekt. Man nimmt an, daß er die Folge einer elektrischen Entladung ist, die durch das Trennen der Teile des Kristalls entsteht (*Trennungsleuchten*). Der Grund für die Annahme ist das Auftreten der Stickstofflinien der Luft. Neben diesen tritt jedoch auch die für den Leuchtstoff charakteristische Farbe der Lumineszenz auf.

Auch die →Kristallolumineszenz (das Leuchten, welches beim Kristallisieren auftritt) ist nichts anderes als Trennungsleuchten. Sie tritt nur dann auf, wenn die Übersättigung der Lösung oder Schmelze so groß ist, daß Bewegung von Kristallen vorkommt. Beim Kristallisieren von Natriumhydroxyd aus der Schmelze zeigen sich manchmal sehr helle Blitze von Kristallolumineszenz.

Trichromaten →Dreifarbentheorien, →Farbenblindheit. — *Trichromatische* Maßzahlen →Farbmessung.

Trichromatisches Verfahren. Bei diesem photometrischen Verfahren wird das Licht der Vergleichslampe nach dem Prinzip des →Dreifarbenmeßgerätes dem zu messenden Licht gleichfarbig gemacht und aus den geometrischen Daten des Aufbaus und den Einstellungen am Dreifarbenmeßgerät die Lichtstärke der Vergleichslampe bzw. der zu messenden Lichtquelle nach erfolgter Gleichheitseinstellung rechnerisch ermittelt.

Triftröhren, geschwindigkeitsgesteuerte →Laufzeitröhren zur Verstärkung und Schwingungserzeugung im dm- und cm-Wellenbereich. Der primäre Elektronenstrahl wird durch eine Anodenspannung U_a beschleunigt, durchsetzt das ultrahochfrequente Längsfeld $|\mathfrak{E}| = \dfrac{U_0}{d} \sin \omega t$ zwischen den beiden Gittern GG', deren Abstand d klein ist, und tritt dann in den feldfreien Lauf- oder Kompressionsraum T ein, der durch einen metallischen Zylinder gebildet wird (Abb.).

Haben sämtliche Elektronen bei Eintritt in das Steuerfeld GG' die gleiche Geschwindigkeit v_0 $= \sqrt{2\dfrac{e}{m}U_a}$, so entspricht ihre Austrittsgeschwindigkeit für kleine Werte U_0/U_a dem Zeitgesetz

$$v = v_0 \left(1 + \frac{1}{2}\,\frac{U_0}{U_a}\, \sin \omega t \right).$$

Der monochromatische Elektronenstrahl der Geschwindigkeit v_0 verwandelt sich in ein Spektrum beiderseits v_0. Dadurch ändert sich im Laufraum T die räumliche und zeitliche Verteilung der ursprünglich in gleichen Zeitabständen aufeinanderfolgenden Elektronen, weil die schnellen Elektronen die langsamen einholen oder verzögerte Elektronen ihre zeitlichen Abstände vergrößern. Die Geschwindigkeitsunterschiede werden im Laufraum in Elektronendichteunterschiede umgewandelt. In einem gleichen System $G_1 G_1'$ kann

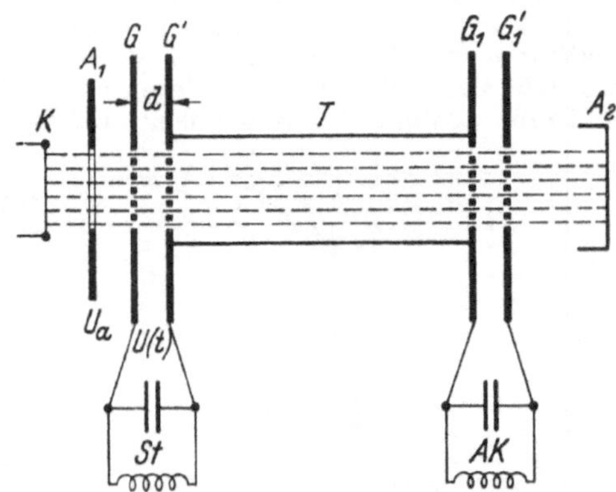

Prinzipanordnung geschwindigkeitsgesteuerter Röhren.

der in seiner Dichte schwankende Elektronenstrahl seine Hochfrequenzenergie durch Influenzwirkung abgeben.

Die Geschwindigkeitssteuerung erfolgt praktisch leistungslos. Die Röhre wirkt als ultrahochfrequenter Verstärker. Durch eine positive Rückkopplung zwischen Auskoppelorgan AK und Steuerkreis St kann die Anordnung zum Selbstschwingen angeregt werden.

Vilbig, F., u. *J. Zenneck:* Fortschr. d. Hochfrequenztechnik I. Leipzig 1941. — *Gundlach,* F. W.: Grundl. d. Höchstfrequenztechnik, Berlin 1950.

Trigonales Kristallsystem, umfaßt alle Kristallklassen mit einer einzigen 3zähligen Drehungsachse und ohne Inversionszentrum, nämlich 3, 3m = $\dot{6}$, 32, 3n und 32m = $\dot{6}2$. Bisweilen werden dazu auch die Kristallklassen 3i = $\bar{6}$ und 32i $= \bar{6}2$ gezählt; sie gehören jedoch entweder ins rhomboedrische (→Kristallklassen, Tab. 1) oder ins hexagonale System (Tab. 2).

Trigyre = dreizählige →Drehungsachse.

Trimer →Polymer.

Triode, aufbaumäßig die einfachste Elektronensteuerröhre, besitzt zwischen Glühkathode und Anode nur *eine* gitterförmige Elektrode, das *Steuergitter,* das für Verstärkerzwecke im allgemeinen auf negativem Potential liegt. Wegen ihres kleinen Verstärkungsfaktors ($\mu < 50$) und Innenwiderstandes ($R_i < 50\,\mathrm{k\Omega}$), aber ihrer relativ großen Gitteranodenkapazität (1 bis 10 pF) wird sie heute im wesentlichen als Oszillatorröhre und Vorverstärkerröhre für Endstufen verwendet. Als End- und Steuerröhre für große Leistungen hat sie in Gegentaktschaltungen wegen des Fortfalls der geradzahligen Oberwellen den Vorteil eines geringeren Klirrfaktors, aber den Nachteil eines großen Gitterspannungsbedarfes. Für Trioden charakteristisch ist der gleichmäßige Anstieg der

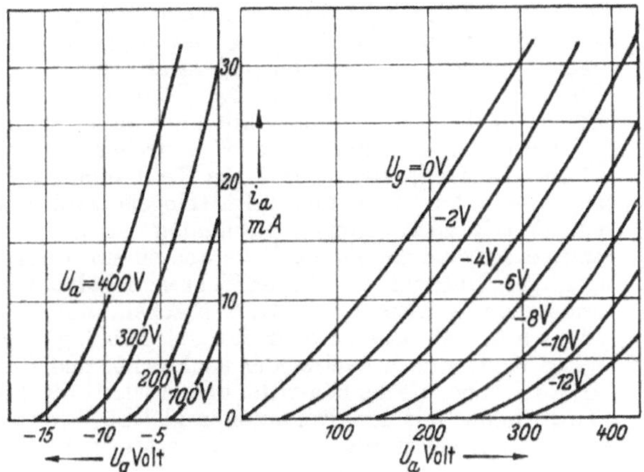

Kennlinienbild einer Triode (AC 2).

Anodenstrom-Anodenspannungs-Kennlinie, die gegeben ist durch die Langmuirsche Beziehung

$$i_a = K\,\sigma^{3/2}\,(U_g + D_{ag}\,U_a)^{3/2},$$

wo K, σ, D_{ag} vom Systemaufbau abhängige Konstanten sind:

Für das Höchstfrequenzgebiet (>300 MHz) entwickelte Trioden neuester Bauart sind infolge weitestgehender Verringerung der Systemabmessungen bis zu $\lambda = 6$ cm herab brauchbar.

Rothe, H., u.*W. Kleen:* Grundl. u. Kennlinien d. Elektronenröhren. Leipzig 1948.

Tripelpunkt. Chemisch einheitliche Stoffe können meist in drei Aggregatzuständen vorkommen. Die Existenzbereiche der einzelnen Aggregatzustände werden durch die Grenzkurven getrennt: Dampfdruckkurve zwischen Gas und Flüssigkeit, Schmelzkurve zwischen festem und flüssigem Zustand und Sublimationskurve zwischen festem und gasförmigem Zustand. Die Grenzkurven sind Beziehungen zwischen Druck und Temperatur, die im (p, T)-Diagramm des Stoffes dargestellt werden (Abb. 1 u. 2). Sie schneiden sich im allgemeinen in *einem* Punkt, dem *Tripelpunkt.* Dieser

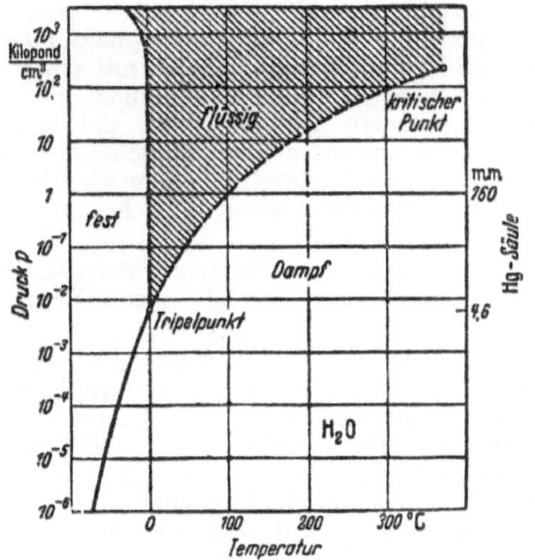

Abb. 1. p-T-Diagramm, Grenzkurven von Wasser.

ist daher ein Fundamentalpunkt des Stoffes (ähnlich dem kritischen Punkt), für den Druck und Temperatur eindeutig und sehr exakt meßbar sind. →Phasenregel.

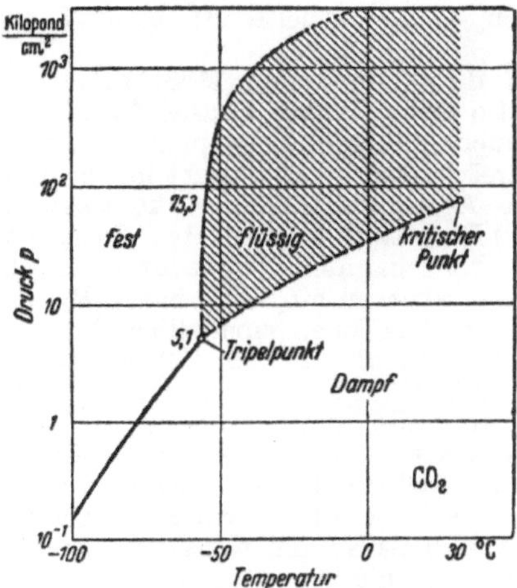

Abb. 2. p-T-Diagramm, Grenzkurven von CO$_2$.

Am Tripelpunkt sind die drei Aggregatzustände (verallgemeinert: drei Phasen) koexistent, d. h. sie können am Tripelpunkt — und nur an diesem — im stationären Gleichgewicht nebeneinander bestehen. Der Tripelpunkt ist stabil, d. h. ein System, in dem die drei Phasen nebeneinander bestehen, behält den Druck und die Temperatur des Tripelpunktes, solange nicht eine Phase völlig aufgebraucht ist (z. B. durch Wärmezufuhr, Kompression usw.). Das durchschnittliche spezifische Volumen des Stoffes ist natürlich je nach dem Anteil der einzelnen Phasen an der Gesamtmenge verschieden, ebenso die innere Energie, Entropie,

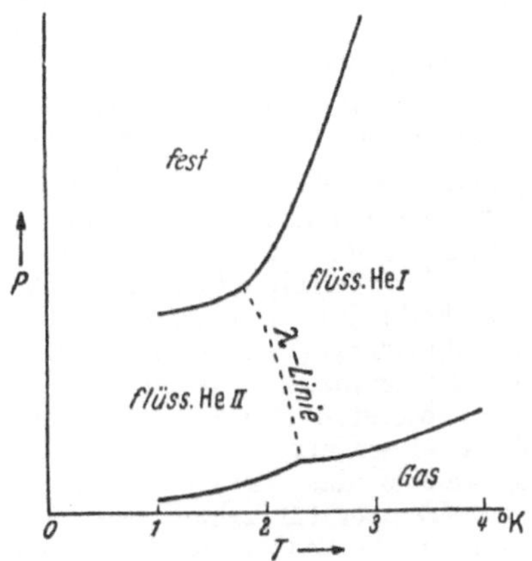

Abb. 3. p-T-Diagramm, Grenzkurven von Helium.

Enthalpie usw. Daher sind in Zustandsdiagrammen, die eine oder zwei der genannten Zustandsgrößen als Koordinaten benutzen, die Koexistenzgebiete auseinandergezogen: Die Grenzkurven stellen sich als Flächen der zweiphasigen Gebiete und der Tripelpunkt als Linie dar.

Der Tripelpunkt reiner Stoffe ist wichtig als genau und verhältnismäßig leicht reproduzierbarer thermometrischer Fixpunkt, der vor den „normalen" Schmelz- und Siedepunkten den Vorteil der Eindeutigkeit hat (→Temperaturskalen, →Tripelpunkt des Wassers). Für die technische Thermodynamik ist die Temperatur des Tripelpunktes die untere Grenze, bis zu der der betreffende Stoff in Maschinen — z. B. Kältemaschinen — als Arbeitsstoff benutzt werden kann.

Stoffe, die in mehreren Modifikationen auftreten, also mehr als drei Phasen bilden können, haben auch mehrere Tripelpunkte, an denen jeweils drei Phasen — aber nicht immer drei verschiedene Aggregatzustände — koexistent sind. Im (p, T)-Diagramm kommen bei diesen Stoffen zu den obengenannten Grenzkurven noch die Umwandlungskurven hinzu. So hat z. B. Schwefel zwei feste Modifikationen (monoklin und rhombisch) und drei Tripelpunkte bei 95, 120 und 153 °C.

Ganz anders liegt es beim Helium, dessen Schmelzkurve die Dampfdruckkurve überhaupt nicht schneidet (Abb. 3; Dampfdruckkurve zur besseren Darstellung stark überhöht). Jene — bei Temperaturen oberhalb der kritischen Temperatur (5,20 °K) auch als Sublimationskurve zu bezeichnen — läßt sich hier bis über 40 °K hinaus verfolgen. Das flüssige He tritt in den beiden Modifikationen He I und He II auf, die längs der γ-Linie über eine Phasenumwandlung höherer Ordnung ineinander überzugehen vermögen. →Helium flüssig und fest.

Tripelpunktsdaten.

Stoff	Temperatur	Druck
Wasserstoff	14,0 °K	54 Torr
Neon	24,4	323
Sauerstoff	54,7	2
Stickstoff	63,2	96
Argon	83,9	512
Methan	90	70
Kohlensäure . . .	−56,6 °C	3880
Wasser[1]	+ 0,01 °C	4,58

[1] →Tripelpunkt des Wassers.

Pohl, R. W.: Mechanik, Akustik u. Wärmelehre. Berlin u. Göttingen 1947. Handb. d. Physik X. Berlin 1926.

Tripelpunkt des Wassers, Gleichgewichtstemperatur zwischen reinem Eis, Wasser und Wasserdampf (Dampfdruck beim Tripelpunkt: p_{tr} = 4,58 Torr). Der Tripelpunkt t_{tr} dient als sekundärer Fixpunkt der Internationalen →Temperaturskala: t_{tr} = 0,0100 °C (Int. 1948). In der von der 9. →Generalkonferenz für Maß und Gewicht 1948 festgelegten absoluten thermodynamischen Temperaturskala ist der Fixpunkt T_{tr} der Fundamentalpunkt, welcher das Skalenmaß dieser Skala definiert (→Temperaturskalen); als Wert des Tripelpunktes in dieser thermodynamischen Skala ist $T_{tr} = T_0 + 0,0100$ °K festgesetzt worden, während die Festlegung des →Eispunktes T_0 noch aufgeschoben wurde. t_{tr} ist auf ±0,0001° reproduzierbar. Der Tripelpunkt ist während mehrerer Stunden auf mindestens ±0,0001° konstant zu halten. Die Gleichgewichtstemperatur in der Höhe H, gemessen in mm, unter der Trennfläche Wasser-Wasserdampf berechnet sich nach der Zahlenwertgleichung $t = 0,0100 - 0,7 \cdot 10^{-6} H$.

Tripelspiegel, eine aus drei nach innen spiegelnden Flächen aufgebaute räumliche Ecke (Hohlpyramide). In engerem Sinn versteht man darunter die Fälle, daß die spiegelnden Flächen genau oder nahezu genau senkrecht aufeinander stehen. Ein solcher Spiegel heißt auch *Zentralspiegel.* Jeder einfallende Lichtstrahl wird nach je einer Spiegelung an jeder der drei Flächen parallel versetzt

in seine Einfallsrichtung zurückgeworfen, unabhängig davon, welche Lage der Tripelspiegel gegenüber dem einfallenden Lichtstrahl einnimmt. Weichen ein, zwei oder drei der Winkel, die die Spiegelflächen miteinander bilden, von 90° ab, so wird ein einfallendes telezentrisches Lichtbündel in zwei, vier oder sechs Teilbündel aufgespalten. An Stelle des Tripelspiegels wird oft ein *Tripelprisma* benutzt, das analog dem Tripelspiegel als eine räumliche Ecke aus einem durchsichtigen Material mit ebenen Begrenzungsflächen angesehen werden kann. Drei Flächen, die das Licht total reflektieren oder mit Spiegelbelag versehen sind, stehen zueinander senkrecht, und die vierte Fläche, die als Eintritts- und Austrittsfläche wirkt, bildet mit den drei anderen gleiche Winkel.

Tripelspiegel werden als Signalgeräte z. B. für Rückstrahler verwendet.

Triplett. Übergänge zwischen Triplett-Termen ergeben als Spektrallinien die Tripletts. Der Triplett-Term gehört zur Spinquantenzahl $S = 1$ und spaltet durch den energetischen Einfluß des Spins für die Bahndrehimpulsquantenzahl L für $L \geq 1$ in die drei Komponenten mit der Gesamtdrehimpulsquantenzahl $J = L + 1, L, L - 1$ auf, während er für $L = 0$ mit $J = 1$ aus einer einzigen Komponente besteht. Mit Hilfe der →Auswahlregeln erhält man die Struktur einer Triplettspektrallinie.

Als *anomal* bezeichnet man Tripletts (z. B. bei den Erdalkalien), die durch Kombination eines →anomalen Terms mit einem normalen entstehen. Die Auswahlregel $\Delta L = \pm 1$ wegen $\Delta l = \pm 1$ für normale Terme braucht dann nicht erfüllt zu sein, da bei den anomalen Termen zwei Elektronen angeregt sind, so daß außer $\Delta L = \pm 1$ auch $\Delta L = 0$ erlaubt ist.

Tritanomalie →Anomalien des Farbensinns.

Tritanopie →Farbenblindheit.

Triterium = →Tritium.

Tritium oder *Triterium,* radioaktives Wasserstoffisotop ${}_1^3$H oder ${}_1^3$T. Sein Kern heißt *Triton* und besteht aus 1 Proton und 2 Neutronen. Triterium ist ein β-Strahler (Maximalenergie 0,017 MeV) und verwandelt sich mit einer Halbwertzeit von 12,1 a in das Heliumisotop ${}_2^3$He. In der gesamten Erdatmosphäre sind nur rund 3 g Tritium enthalten, die wahrscheinlich in den höchsten Schichten durch die kosmische Strahlung ständig nachgebildet werden. — Ferner →Atomenergie im *Nachtrag.*

Triton, Kern des →Tritiums, Zeichen in Reaktionsgleichungen t; besteht aus 1 Proton und 2 Neutronen.

Trockeneis, die *feste Kohlensäure,* die unter einem Druck von 760 Torr bei −78,5 °C, ohne vorher zu schmelzen — daher der Name —, sublimiert (Tripelpunkt bei −56,6 °C und 5,3 kp cm^{-2}). Es wird meist durch Teilverdampfung von flüssiger Kohlensäure (→Kälteerzeugung, Abschn. 3, und →Gasverflüssigung) hergestellt, wobei der bei den meisten Verfahren zunächst gewonnene Kohlensäureschnee durch Pressen zu einem mehr oder minder kompakten Block vereinigt wird, dessen Dichte jedoch immer unter dem theoretischen Wert von 1,564 g cm^{-3} bei −78,5 °C bleibt. Da es, lose verpackt und nur mit etwas Wellpappe isoliert, leicht auf Entfernungen von mehreren 100 km verschickt werden kann, ist es ein ideales Kältemittel für die verschiedensten Zwecke.

Kuprianoff, J.: Die feste Kohlensäure. Stuttgart 1939.

Trockenelemente, galvanische →Elemente, insbesondere →Leclanché-Elemente, deren *Elektrolyt* durch Zusatz von Weizenmehl oder ähnlichen Quellungsmitteln *verdickt* worden ist. Die Elemente können dann, z. B. in Form der aus drei Leclanché-Zellen bestehenden Taschenlampenbatterien, in jeder Lage benutzt werden.

Drotschmann, C.: Trockenbatterien. Leipzig 1944.

Trockengefäß = →Exsikkator.

Trockensysteme →Mikroskopobjektive.

Trog, elektrolytischer, →elektrolytischer Trog.

Troland →Photon (Einheit).

Tromalit, Firmenbezeichnung für ein Material für permanente Magnete, welches durch Pulverisieren von →Oerstit und Zusammenpressen des Pulvers mit einem Bindemittel in der technisch gewünschten Form hergestellt wird. Durch dieses Verfahren können auch komplizierte Magnetformen gewonnen werden, welche sich unmittelbar aus Oerstit nicht herstellen lassen. Die magnetische Leistung sinkt etwa auf die Hälfte, weil die pauschale Remanenz abnimmt. Dieser Mangel wird teilweise ausgeglichen, weil der verfügbare Raum besser ausgenutzt werden kann und sich unter Umständen besondere Polschuhe erübrigen.

Neumann, H.: ATM Z 912-1 (1937).

Tromben sind mit großen Geschwindigkeiten rotierende Luftmassen von schlauchförmiger Gestalt, die etwa senkrecht zur Erdoberfläche stehen und im Vergleich zu den großen Umlaufgeschwindigkeiten sich horizontal nur langsam fortbewegen. Nach ihrer Größe sind zu unterscheiden 1. Kleintromben, Staubtromben oder Sandhosen, 2. eigentliche Tromben, 3. Tornados. *Kleintromben* entstehen durch Überhitzung und Hochstrudeln der Luft bei Sonneneinstrahlung, wobei durch die seitliche Konvergenz der Luft zufällige Rotationen verstärkt werden. Sie sind in Wüsten eine regelmäßige Erscheinung der vormittägigen Erwärmung. Sie werden sichtbar durch den mitgeführten Sand und Staub und erreichen Höhen bis zu einigen hundert Metern. Die eigentlichen *Tromben* oder *Windhosen* sind als Wolken zu bezeichnen, denn die Druckerniedrigung in ihrem Inneren führt zu Kondensation; die Tröpfchen werden durch die Zentrifugalwirkung in eine Randzone abgedrängt, so daß der Eindruck eines Schlauches erweckt wird. Die Entstehung erfolgt wahrscheinlich durch plötzliches labiles Hochsteigen eines größeren Luftpaketes innerhalb einer Gewitterwolke und dadurch hervorgerufene Druckerniedrigung in der Luftsäule darunter; die Trombe „hängt" immer aus einer Gewitterwolke heraus. Tromben über Gewässern saugen Wasser hoch und werden *Wasserhosen* genannt. Die *Tornados* Nordamerikas unterscheiden sich von Tromben nur durch die größeren Durchmesser und Geschwindigkeiten und dementsprechend stärkere Zerstörungswirkungen. Die Voraussetzung für die Entstehung an den scharfen Temperatur- und Windsprüngen der →Gewitterfronten in den Südoststaaten der USA sind nur graduell gegenüber denjenigen bei Tromben gesteigert.

Wegener, A.: Wind- u. Wasserhosen in Europa. Braunschweig 1917. — *Koschmieder, H.:* Abh. d. Reichsamts f. Wetterdienst VI, H. 3 (1940).

Trommelfell →Ohr.

Tröpfchenmodell des Atomkerns. Da bei Atomkernen →Bindungsenergie und →Kerngröße proportional mit der Gesamtzahl A der im Kern befindlichen Protonen und Neutronen anwachsen, lassen sich viele experimentelle Erfahrungen über Kerneigenschaften durch das →Kernmodell eines Flüssigkeitströpfchens in den großen Zügen richtig wiedergeben, da auch beim Flüssigkeitströpfchen ein hinzutretendes Teilchen mit einer Energie gebunden wird, deren Betrag unabhängig ist von der Anzahl der bereits gebundenen Teilchen.

Wegen der kurzen Reichweite der Kernkräfte steht jedes Teilchen nur mit einer beschränkten Anzahl anderer Teilchen in Wechselwirkung. Am Rande ist diese Zahl geringer, wodurch die einzelnen Kraftkomponenten eine Resultierende haben, deren Richtung ins Kerninnere zeigt, was wiederum eine Oberflächenspannung zur Folge hat, die eine kugelförmige Gestalt des Kerns anstrebt.

Die *Kernflüssigkeit* hat eine Dichte von $\sim 10^{14}$ g cm^{-3}. Im übrigen hat sie bei Kernen, die sich im →Grundzustand befinden, mehr die Eigenschaften eines entarteten Fermi-Gases, da für ihre Teilchen das Pauli-Prinzip gilt, wonach jeder diskrete Quantenzustand im Kern nur durch je ein Proton und ein Neutron besetzt werden darf. Diese „Kernflüssigkeit" ist in ihren Eigenschaften daher eher mit einer superfluiden Flüssigkeit, wie He II, zu vergleichen, als mit einer gewöhnlichen Flüssigkeit. Außerdem ist im Gegensatz zu einer gewöhnlichen Flüssigkeit der Kern durch die Protonen elektrisch geladen. Die elektrostatischen Abstoßungskräfte wirken dabei der Oberflächenspannung entgegen, wachsen mit A an und kompensieren die letztere bei schweren Kernen völlig, wodurch diese instabil gegen Kernspaltung werden. Als kritischen Wert liefert das Tröpfchenmodell hierfür $Z^2/A \geq 47,8$. Das entspricht einer Massenzahl $A = 300$, die natürlich weit oberhalb derjenigen von allen bekannten stabilen Kernen liegt. Denn auch bei Kernen, die noch erheblich unter dieser Stabilitätsgrenze liegen, findet bereits eine Kernspaltung statt, bei der sich die beiden Kernhälften nämlich im →Tunneleffekt voneinander lösen können. Erst beim Uran (z. B. $^{238}_{92}$U) mit $Z^2/A = 35,6$ überschreitet die Halbwertzeit dieses Prozesses erheblich das Weltalter $(3 \cdot 10^9$ a), so daß hier wie auch bei leichteren Kernen kein merklicher Zerfall durch Kernspaltung mehr auftritt, obwohl noch bis etwa $A = 150$ herunter die beiden einzelnen Kernhälften zusammengenommen noch eine größere Bindungsenergie (fester!) besitzen als in ihrer Vereinigung zum Kern von $A > 150$. Nur ist die Wahrscheinlichkeit für einen solchen Spaltprozeß infolge des Tunneleffekts ungeheuer gering.

Die →angeregten Kernzustände, welche bei →Kernreaktionen als Zwischenzustände auftreten, lassen sich ebenfalls durch das Tröpfchenmodell behandeln. Die Verteilung der Anregungsenergie über die vielen Freiheitsgrade schwerer Kerne gibt Anlaß zu thermodynamischen Betrachtungen (→Thermodynamik im Atomkern).

Dänzer, H.: Einf. in die theoret. Kernphysik. Karlsruhe 1948.

Tropfelektrizität = →Wasserfallelektrizität.

Tropfelektrode →Polarographie.

Tropfen, eine kleine Flüssigkeitsmenge, die unter dem Einfluß der →Oberflächenspannung bestrebt ist, kugelförmige Gestalt anzunehmen, z. B. Öltropfen in einem Wasser-Alkohol-Gemisch gleicher Dichte. Frei fallende Tropfen weichen infolge der Schwerkraft von der Kugelgestalt ab und schwingen während des Fallens um diese Gleichgewichtsgestalt (→schwingende Strahlen). Hieraus kann man ebenso wie aus der Masse der Tropfen (→Tropfengewichtsmethode) die Oberflächenspannungen von Flüssigkeiten ermitteln. Auf Oberflächen von Festkörpern breitet sich ein Tropfen bei vollkommener →Benetzung in einer zusammenhängenden Flüssigkeitsschicht aus, oder er bleibt bei unvollkommener Benetzung mehr oder weniger abgeplattet unter Ausbildung eines charakteristischen →Randwinkels darauf liegen. Aus diesem kann wieder die Oberflächenspannung bestimmt werden. Auf Flüssigkeitsoberflächen gleiten Tropfen häufig eine Zeitlang, bevor sie von der Flüssigkeit aufgenommen werden. Dies beruht wie das →Leidenfrost-Phänomen auf dem Vorhandensein einer dünnen Dampf- oder Luftschicht.

Beim Zerteilen einer Flüssigkeit in feine Tröpfchen laden sich diese elektrisch auf, z. B. beim Wasser positiv gegenüber der Umgebung (→Wasserfallelektrizität). Aus einer Kapillare tropfendes Quecksilber wird als Tropfelektrode in der →Polarographie verwendet.

Der Dampfdruck kleiner Flüssigkeitströpfchen ist größer als der Sättigungsdruck über einer ausgedehnten Flüssigkeitsoberfläche (→Thomsonsche Beziehung). Bei einem Tropfenradius von 10^{-6} cm beträgt die Dampfdruckerhöhung 10%. Daher findet in Nebeln (→Aerosole) durch isotherme Destillation ein Tropfenwachstum statt.

Die Bildung von Tröpfchen (*Nebelbildung*) in übersättigten Dämpfen wird im allgemeinen durch stofffremde →Kondensationskerne (Staubteilchen, Gasionen u. a.) oder bei deren Abwesenheit auch durch stoffeigene Keime ausgelöst, wobei letztere durch statistisch erfolgende Molekelanhäufungen gebildet werden. Die Sichtbarmachung der Bahnen von Gasionen durch Nebelteilchen spielt in der →Nebelkammer eine Rolle.

Nach dem →Tröpfchenmodell (*Gamow*) stellt man sich den Aufbau eines Atomkerns analog dem eines Flüssigkeitstropfens vor.

Tropfengewichtsmethode, dient zur Bestimmung der →Oberflächenspannung (σ) von Flüssigkeiten, indem man diese aus einer vertikal angeordneten, unten eben geschliffenen und gut benetzbaren Kapillare langsam austropfen läßt und die Masse einer bestimmten Anzahl von Tropfen ermittelt. Das Gewicht des einzelnen Tropfens ist maximal $G = 2\pi r\sigma$. Tatsächlich ist es jedoch kleiner, $G = \Phi r\sigma$, wobei der Proportionalitätsfaktor Φ von dem Radius der Kapillare sowie der Dichte und Oberflächenspannung der Flüssigkeit abhängt und zwischen 3,8 und 4,5 liegt. Für Relativmessungen nach diesem Prinzip dient das →Stalagmometer.

Kohlrausch, F.: Prakt. Physik. Leipzig 1943.

Tropfkollektor →Potentialsonde, luftelektrische.

Tropopause, Troposphäre →Atmosphäre, Aufbau.

Trouton-Noble-Versuch. Der Gegenstand dieses Versuches (1903) ist die Frage, ob ein drehbar aufgehängter geladener Plattenkondensator infolge seiner Bewegung mit der Erde ein Drehmoment erfährt. Die Relativitätstheorie verneint diese Frage, während die früheren Theorien sie bejahten. Das Experiment entscheidet eindeutig zugunsten der Relativitätstheorie. Die Genauigkeit des Experiments wurde durch *R. Tomaschek* erheblich gesteigert.

v. Laue, M.: Die Relativitätstheorie I. Braunschweig 1951.

Troutonsche Regel. Bezeichnet L_0 die Verdampfungswärme in kcal/kg und T_0 die absolute Siedetemperatur bei normalem Luftdruck, so besagt die Troutonsche Regel:

$$L_0/T_0 = \text{const} = 21 \text{ kcal kg}^{-1} \text{ grad}^{-1}.$$

Nach *Nernst* ist besser zu setzen die **Zahlenwertgleichung:**

$$L_0/T_0 = 9{,}5 \log T_0 - 0{,}007\, T_0.$$

Die Regel erlaubt in Verbindung mit dem Näherungsansatz aus der →Clapeyron-Clausius-Gleichung die Berechnung der Dampfdruckkurve allein aus der normalen Siedetemperatur.

Trübe Medien, durchsichtige Substanzen, in welchen →Zerstreuung des Lichtes eintritt, wodurch sie ein trübes Aussehen erhalten und in dickerer Schicht praktisch undurchsichtig werden (→Tyndall-Phänomen). Der Grad der Trübung, für den die Schwächung des durchgehenden Lichtes ein Maß ist, wird mit Hilfe von →Trübungsmessern festgestellt.

Die Ursache der Trübung sind entweder mehr oder weniger grobe Einlagerungen (suspendierte Teilchen, Bläschen, kolloidal gelöste Stoffe) oder auch die Moleküle selbst (molekulare Lichtstreuung), welche besonders infolge statistischer Schwankungen ihrer Ordnung zu einem Streueffekt führen. In Flüssigkeiten sind diese Schwankungen in der Nähe des →kritischen Zustandes besonders groß; daher trüben sich die Flüssigkeiten im kritischen Zustand (kritische Opaleszenz).

Trübgläser →Zerstreuungsgläser.

Trübungsfaktor →Extinktion in der Atmosphäre.

Trübungsmesser, Gerät zur Messung der Trübung eines Mediums (→trübe Medien). Man mißt dabei gewöhnlich den Intensitätsverlust des durchgehenden Lichtes entweder direkt durch photometrischen Vergleich der Helligkeit des Streulichtes an zwei Stellen des Tyndall-Kegels (→Tyndall-Phänomen) oder durch Vergleich mit →Zerstreuungsgläsern oder Flüssigkeiten bekannter Trübung. Störend macht sich bei allen Trübungsmessungen die im allgemeinen verschiedene Färbung der photometrisch zu vergleichenden Helligkeiten bemerkbar.

Trudeln →Autorotation.

Trümpler-Sterne, einige Sterne in offenen Sternhaufen, für die *Trümpler* außergewöhnlich große Massen gefunden hat, und zwar auf der Grundlage der Relativitätstheorie aus der durch das Gravitationsfeld der Sterne verursachten →Rotverschiebung der Spektrallinien. So ergab sich z. B. für einen Stern im Sternhaufen NGC 6871 die Masse gleich der 400fachen Sonnenmasse.

Tscherenkow-Strahlung. *P. A. Tscherenkow* fand 1934, daß Flüssigkeiten bei der Bestrahlung mit schnellen Elektronen sichtbares Licht aussenden, wenn die Geschwindigkeit der Elektronen größer ist als die Phasengeschwindigkeit $c = c_0/n$ des Lichts in der Flüssigkeit. Die Erscheinung wird als das Auftreten von Kopfwellen ähnlicher Art wie die Kopfwelle, die von einem mit Überschallgeschwindigkeit sich bewegenden Geschoß ausgeht, gedeutet. Sie wird auch in festen Körpern beobachtet. Die Lichtaussendung erfolgt nur unter einem bestimmten Winkel, der merklich von der Geschwindigkeit des Teilchens abhängt.

Frerichs, R., in *C. Ramsauer:* Das freie Elektron in Physik und Technik. Berlin 1940. – *Dicke, R. H.:* Phys. Rev. 71, 747 (1947).

Tscherenkow-Zähler. Mittels einer Photozelle mit Vervielfacher kann die →Tscherenkow-Strahlung zur Zählung von α-Teilchen, schnellen Protonen, Elektronen und Mesonen benutzt werden.

T-Schutz →reflexvermindernde Schichten.

Tubandt-Fäden →Ionenleiter, fester, →Tubandt-Methode.

Tubandt-Methode. Zur exakten Bestimmung der Leitungsart — Ionenleitung (→Ionenleiter, fester) bzw. Elektronenleitung — in nichtmetallischen Festkörpern ist die Messung des Stoffumsatzes an den Elektroden oder des Materietransportes während des Stromdurchganges erforderlich. Sie kommt auf die Prüfung des →Faraday-Gesetzes hinaus, ergibt aber wegen der sekundären Reaktionen der abgeschiedenen Stoffe mit dem Elektroden- und dem Kristallmaterial im allgemeinen keine zuverlässigen Ergebnisse. Eindeutige Ergebnisse liefert nur die Messung der durch den Kristall hindurchgewanderten Stoffmengen, also Überführungsmessungen. Zweckmäßig kombiniert man die Messung des Stoffumsatzes mit der des Materietransportes.

Die Methodik derartiger Messungen ist von *C. Tubandt* entwickelt worden. Die Stromüberführung in Lösungen wird bekanntlich aus den Konzentrationsänderungen dreier Flüssigkeitsschichten ermittelt, nämlich zweier, die Elektroden enthaltender Schichten und einer Mittelschicht. Die letztere dient als Kontrollschicht zur Prüfung des ungestörten Verlaufs der Elektrolyse. Dieser ist dann gewährleistet, wenn die Konzentration der Mittelschicht unverändert bleibt. In völliger Analogie hierzu verfährt *Tubandt* bei Überführungsmessungen an festen Ionenleitern: Er benutzt drei mit geschliffenen Stirnflächen aneinandergepreßte Kristallzylinder oder zylindrische, aus Kristallpulver gepreßte Pastillen. Die beiden äußeren Zylinder werden mit Elektroden aus geeigneten Metallen versehen, der mittlere Zylinder dient als Kontrollschicht. Die Stromüberführung ergibt sich aus den Gewichtsänderungen der äußeren Zylinder, welche Gewichtsänderungen unmittelbar die Anteile der beiden Ionenarten — Anion und Kation — an der Stromleitung (Überführungszahlen) liefern. Da Wägungen sehr genau ausgeführt werden können, sind Überführungsmessungen mit weniger als 0,1% Fehler möglich. Um die Ausbildung Tubandtscher Fäden aus der Kathode heraus zu verhindern, schaltet man zwischen die Kathode und den ihr zugewandten Kristallzylinder einen oder mehrere zylindrische Schutzelektrolyte (→Ionenleiter, fester). Diese bestehen aus festen Ionenleitern, in denen die kathodischen Abscheidungsprodukte nicht in Form von zur Anode herüberwachsender Metallfäden, sondern in dichter, zusammenhängender Form abgelagert werden. Der geeignetste Schutzelektrolyt ist das α-AgJ; auch die Cuprohalogenide und $BaCl_2$ werden benutzt. Ferner können störende Einflüsse der anodischen Abscheidungsprodukte ebenfalls durch Einschalten eines oder mehrerer Schutzelektrolyte zwischen Anode und dem ihr benachbarten Kristallzylinder ausgeschaltet werden.

Nach dieser Methode hat *C. Tubandt* die Leitungsart zahlreicher nichtmetallischer Festkörper, speziell die der festen Ionenleiter sehr genau ermittelt (→Ionenleiter, fester).

Wien-Harms: Handb. d. Experimentalphysik XII, 1. Teil, Leipzig 1932.

Tubuslänge. Bei einem aus zwei Linsen bestehenden optischen System wird der Abstand vom Bildbrennpunkt $\bar{F}'_1$ der ersten Linse bis zum Objektbrennpunkt $\bar{F}_2$ der zweiten Linse als *optische Tubuslänge* bezeichnet. *Mechanische Tubuslänge* →Mikroskop.

Tubusphotometer, tragbares Photometer (*Weber* und *Bechstein*, Abb.). Es besitzt eingebaute Schwächungsvorrichtungen in Form von festen oder beweglichen Opalscheiben sowie Siebblenden, mit deren Hilfe ein fester Vergleichslichtstrom an den zu messenden Lichtstrom angeglichen wird. Dabei wird nach der →Substitutionsmethode gearbeitet. Auch die →Sektorenphotometer nach *Brodhun* und *Bechstein* arbeiten nach diesem Verfahren. Zur Lichtschwächung dient bei ihnen ein →rotierender Sektor im Strahlengang der eingebauten Vergleichslampe.

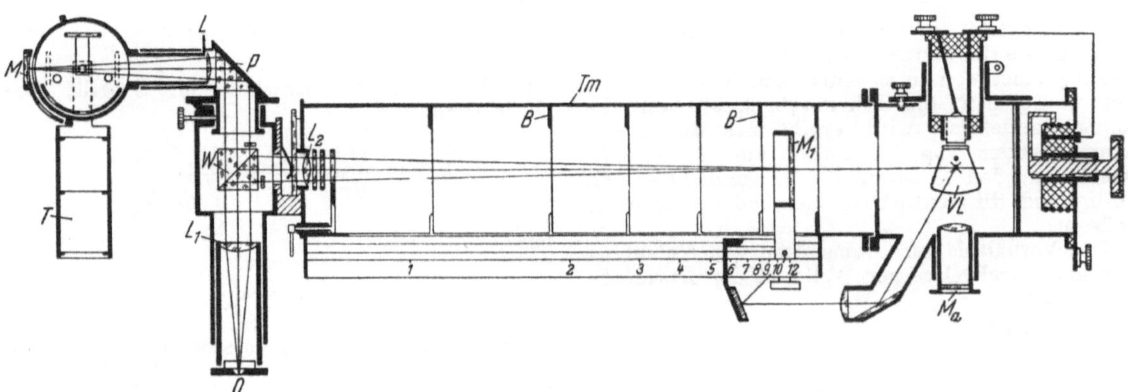

Tubusphotometer.

VL Vergleichslampe, M_a Justierfernrohr mit Maske für die Vergleichslampe, *M* Trübglasplatten, *B* Blenden, *L* Linsen, *W* Photometerwürfel, *P* Umlenkprisma, *T* Abblendtubus, *Tm* Meßtubus, *O* Okular.

Tungsten, englische Bezeichnung des Wolframs.

Tunneleffekt. Nach der Quantenmechanik ist ein Teilchen imstande, einen Potentialwall (Abb. 1 u. 2), den es klassisch nicht überwinden könnte, auf Grund seiner Welleneigenschaft zu durchdringen.

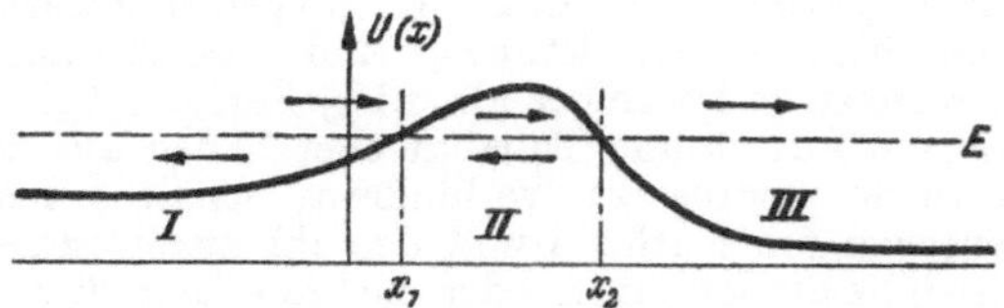

Abb. 1. Eindimensionale Darstellung einer von links einfallenden Materiewelle der Energie E, die den Potentialwall $U(x)$ durchdringt und dabei teilweise reflektiert wird.

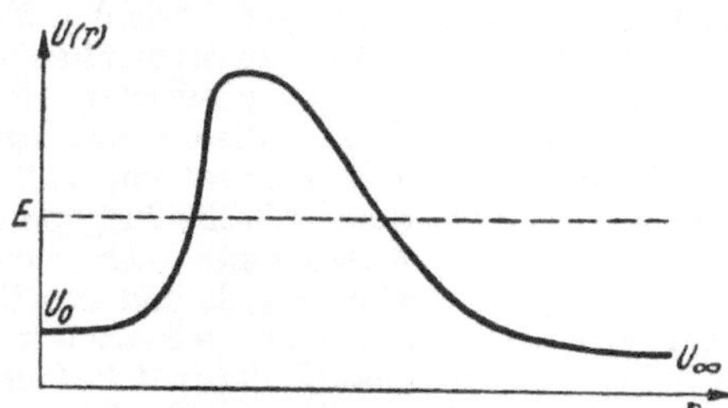

Abb. 2. Potentialtopf, kugelsymmetrisch.

Im *eindimensionalen Fall* gehorcht die Materiewelle des Teilchens der Schrödinger-Gleichung

$$-\frac{\hbar^2}{2m}\frac{d^2}{dx^2}\varphi + U\varphi = E\varphi(x), \qquad (1)$$

welche nach der → W.B.K.- (Wentzel-Brillouin-Kramers-) Methode mit dem Ansatz $\psi = C e^{\frac{i}{\hbar}s(x)}$ überführt wird in die Gleichung

$$\left(\frac{ds}{dx}\right)^2 = 2m(E - U) + i\hbar\frac{d^2s}{dx^2}, \qquad (2)$$

in der das letzte Glied als klein angesehen und in erster Näherung vernachlässigt wird. In zweiter Näherung sind die Lösungen dann

$$s = \pm\int^x \sqrt{2m(E-U)}\,dx + \frac{i\hbar}{2}\ln\sqrt{2m(E-U)}, \qquad (3)$$

$$\varphi = \frac{c}{\sqrt[4]{2m(E-U)}}\,e^{\pm\frac{i}{\hbar}\int^x \sqrt{2m(E-U)}\,dx} \qquad (4)$$

nach links (−) und rechts (+) laufende Wellen, deren Intensität in Gebieten $E < U$ exponentiell abklingt, da die Wurzel negativ wird. Die spezielle Lösung einer von links einlaufenden Welle, von der im Gebiet *II* ein Teil durchgelassen und ein anderer reflektiert wird, ergibt sich durch Zusammensetzen von Lösungen aus *I, II, III*, welche an den Grenzen *I — II* und *II — III* stetig und differentiierbar ineinander übergehen müssen.

Das Verhältnis der Intensitäten von einlaufender und durchgelassener Welle ist der *Durchlaßkoeffizient*:

$$D = \left|\frac{\varphi(+\infty)}{\psi(-\infty)}\right|^2$$

$$= 4\sqrt{\frac{E - U_{-\infty}}{E - U_{+\infty}}}\,e^{-\frac{2}{\hbar}\int_{x_1}^{x_2}\sqrt{2m(U-E)}\,\lambda x}, \qquad (5)$$

während $1 - D$ den *Reflexionskoeffizienten* darstellt.

Das entsprechende *dreidimensionale Problem* beschreibt Teilchen, die von einem kugelsymmetrischen Potentialwall $V(r)$ umgeben sind (Abb. 2) und nach einer mittleren Zerfallszeit $1/\lambda$ den Potentialwall durchdringen (→α-Zerfall). Von N solchen Teilchen verläßt jeweils ein N proportionaler Teil seine Potentialhülle, so daß die Gleichungen gelten

$$\frac{dN}{dt} = -\lambda N, \quad N = N_0\,e^{-\lambda t}. \qquad (6)$$

In der quantentheoretischen Beschreibung wird $N = \int d\tau\,\psi^*\psi$ mit der Aufenthaltswahrscheinlichkeit eines einzelnen Teilchens im Kern identifiziert, dessen Wellenfunktion daher vom Typ

$$\psi = u(\mathfrak{r})\,e^{-\frac{i}{\hbar}E_0 t}\,e^{-\frac{\lambda}{2}t} \qquad (7)$$

sein muß, um ein Teilchen der Energie E_0 zu beschreiben und die Zerfallskonstante λ in der geforderten Zeitabhängigkeit zu erhalten. Mit $E = E_0 - \frac{i\hbar}{2}\lambda$ genügt U der Schrödinger-Gleichung

$$\left(-\frac{\hbar^2}{2m}\Delta + V\right)u = Eu. \qquad (8)$$

$\hbar\lambda/2$ ist dabei klein gegen E_0, bedeutet anschaulich die Intervallbreite von E_0 (infolge der Ungenauigkeitsrelation) und kann bei der weiteren Betrachtung vernachlässigt werden.

Mit dem Ansatz $u = \frac{\varphi(r)}{r}\,P_e^m(\vartheta)\,e^{im\varphi}$ läßt sich der Winkelanteil durch Kugelfunktionen abseparieren, und es gilt für φ Gl. (1) mit der Variablen r statt x und $U = V(r) - \frac{\hbar^2}{2m}\frac{l(l+1)}{r^2}$. Das zweite Glied von U gibt die Zentrifugalkraft wieder, welche bei drehimpulsfreien Zuständen ($l = 0$) verschwindet. Die Gleichung hat wiederum die allgemeinen Lösungen Gl. (3), (4), hier als ein- und auslaufende Kugelwellen in der Variablen r.

Die *Zerfallskonstante* λ ergibt sich nun, wenn man berücksichtigt, daß die Abnahme von N in Gl. (5) gleich dem Massenstrom durch eine Kugelfläche ist, also der Massenerhaltungssatz in der Form

$$\frac{dN}{dt} + \oint df\,v\,\psi^*\psi = 0 \qquad (9)$$

mit der Austrittsgeschwindigkeit v gilt, aus Gl. (6) und (9):

$$\lambda = \frac{\oint df\,v\,\psi^*\psi}{\int dr\,\psi^*\psi} = \frac{[v\varphi^*\varphi]_R}{\int_0^R dr\,\varphi^*\varphi},$$

mit

$$v = \sqrt{\frac{2}{m}(E - U_\infty)}. \qquad (10)$$

Um Gl. (10) numerisch auszuwerten, setzt man im Zähler $R \gg R_2$ und $\varphi_{III} = A\,e^{i\frac{R}{\hbar}\sqrt{2m(E-U_\infty)}}$, im Nenner dagegen in guter Näherung $R = R_1$, da die Aufenthaltswahrscheinlichkeit eines Teilchens im „Tunnel" sehr gering ist, und φ_I $= B \sin\left(\frac{r}{\hbar}\sqrt{2m(E-U_0)}\right)$. Dann ist $\int dr\,\varphi^*\varphi = \frac{1}{2}B^2 R_1$, wegen Gl. (5) ist $(A/B)^2 = D$ und weiter $\lambda = \frac{2v}{R_1}D$

$$= \frac{3}{R_1}\sqrt{\frac{2}{m}(E-U_0)}\,\exp\left\{-\frac{2}{\hbar}\int_{R_1}^{R_2}\sqrt{2m(U-E)}\,dr\right\}.$$

Berücksichtigt man die Quantenbedingung

$$\frac{R}{\hbar}\sqrt{2m(E-U_0)} = \pi n,\quad n = 1,\,2,\,\ldots,$$

so folgt schließlich für die Zerfallskonstante

$$\lambda = \frac{8\pi n\hbar}{mR_1^2}\,e^{-\frac{2}{\hbar}\int_{R_1}^{R_2}\sqrt{2m(E-U_\infty)}\,dR}.$$

Tunnelwiderstand →Kontaktwiderstand.

Turbulenz. In vielen Fällen der Bewegung zäher Flüssigkeiten und Gase tritt an Stelle der einfachen stationären Strömung mit Gleichgewicht zwischen den Reibungs- und Trägheitskräften ein verwickelter, zeitlich veränderlicher Bewegungszustand, die Turbulenz. (Die Bezeichnung „Flechtströmung" ist nicht zutreffend, da der Vorgang des Flechtens im allgemeinen regelmäßig ist, während die Turbulenz sich durch unregelmäßige Schwankungen auszeichnet.) Ändert man bei gegebener Anordnung die Strömungsgeschwindigkeit, so kann man bei Strömungen in Rohren und bei Strahlen beide Strömungsformen nacheinander herstellen und den Umschlag an dem Aussehen des Strahles oder an der Verwirbelung eines Farbfadens erkennen, wie er auch durch die Änderung des Druckabfalles und des Geschwindigkeitsprofiles meßbar ist. *Reynolds* (1883) hat diese Erscheinung an Hand von Ähnlichkeitsbetrachtungen untersucht und bei der Strömung in glatten Rohren eine untere Grenze des Zahlenwertes $Re = \frac{vd}{v} \sim 2800$ (v mittlere Geschwindigkeit im Rohrquerschnitt, v kinematische Zähigkeit) gefunden. Das Entstehen der Turbulenz ist noch nicht in allen Einzelheiten klargestellt. Durch Störungen ergeben sich in der Laminarströmung Geschwindigkeitsverteilungen, z. B. von S-förmigem Profil, die instabil sind und viele kleine Wirbel erzeugen. Derartige Störungen breiten sich auch schnell stromaufwärts fort.

Bezeichnet man in einer ausgebildeten turbulenten, zweidimensionalen Strömung die Mittelwerte der Geschwindigkeitskomponenten mit $\bar{u}$ und $\bar{v}$ und ihre zeitlichen Schwankungen mit u' und v', so daß $u = \bar{u} + u'$ und $v = \bar{v} + v'$, so ergibt der durch die Schwankungen bedingte zusätzliche Impulstransport durch eine Kontrollfläche, die auf der Y-Achse senkrecht steht, eine scheinbare Schubspannung $\tau' = -\varrho\,\overline{u'v'}$. Da die beiden Größen u' und v' der Messung schwer zugänglich sind, ist die Theorie der Turbulenz bemüht, sie durch meßbare Werte der stationären Strömung zu umschreiben. In erster Näherung werden beide dem Geschwindigkeitsgefälle $\partial\bar{u}/\partial y$ und einer Länge l proportional angenommen, so daß $\tau' = \varrho\,l^2\left|\frac{\partial\bar{u}}{\partial y}\right|\frac{\partial\bar{u}}{\partial y}$ wird, wobei l als →Mischungsweg der groben (molaren) Schwankungen in Anlehnung an die freie Weglänge des molekularen Impulsaustausches

bezeichnet wird. Analog der Bedeutung der Zähigkeit für die Schubspannung $\tau = \eta\,\partial u/\partial y$ hat die Größe $\varrho\,l^2\left|\frac{\partial\bar{u}}{\partial y}\right|$ für die turbulente Bewegung die Bedeutung einer „scheinbaren" Zähigkeit und wird *Austausch* genannt. Er ist für alle turbulenten Vermischungsvorgänge, z. B. auch für die Wärmeübertragung und die Diffusion, maßgebend. Im Gegensatz zur Viskosität η ist er zumeist von Ort zu Ort stark veränderlich und an der Wand gleich Null, da dort $l = 0$ wird. Der Wert $\sqrt{\tau/\varrho} = v^*$ hat die Dimension einer Geschwindigkeit und heißt „Schubspannungs-Geschwindigkeit". Nimmt man an, daß die Zähigkeit keinen Einfluß auf die Größe des Mischungsweges hat, so muß dieser proportional einer Länge sein. Bei der Strömung entlang einer glatten Wand wird er dem Abstand y senkrecht zur Wand proportional gesetzt, $l = \varkappa y$ ($\varkappa$ universelle Konstante des Turbulenzproblems $\sim 0{,}4$). Aus $du = \frac{v^*}{\varkappa}\frac{dy}{y}$ folgt die logarithmische Verteilung der Geschwindigkeit

$$\frac{u}{v^*} = \frac{1}{\varkappa}\ln y + C.$$

Als brauchbare Näherung für den über den Querschnitt der Strömung veränderlichen Wert $\sqrt{\tau'/\varrho}$ wird dabei $v^* = \sqrt{\tau_0/\varrho}$ mit der aus dem Druckabfall zu bestimmenden Schubspannung an der Wand τ_0 gebildet. Für die sog. *freie* Turbulenz, die z. B. beim Energieaustausch eines Luftstrahles mit der Luft der Umgebung auftritt, wird als einfache Näherung der Mischungsweg über den Querschnitt als konstant und proportional der Strahlbreite b angenommen $l = \alpha b$.

Im Luftstrom der Windkanäle ist ebenfalls ein turbulenter Austausch festzustellen, der die Kraftwirkungen gegenüber denjenigen an Körpern, die durch ein ruhendes Medium bewegt werden, beeinflussen kann. Diese Turbulenz ist in hinreichendem Abstand von dem Gleichrichter angenähert isotrop, d. h. die Schwankungen der Geschwindigkeit sind nach allen Richtungen gleich groß. Sie kann daher mit statistischen Methoden mit Hilfe der Korrelationsgrößen aufgefaßt werden. Ähnlich verhalten sich auch die Schwankungen in hinreichendem Abstand von einem Turbulenz erzeugenden Gitter.

Prandtl, L.: Bemerkungen z. Theorie d. freien Turbulenz. Z. angew. Math. Mech. **22**, 241 (1942). — *Heisenberg, W.:* On the Theory of Statistical and Isotropic Turbulence. Proc. Roy. Soc., Lond. (A) **195**, Nr. 1042, 22. Dec. 1948.

Turbulenz in der Atmosphäre entsteht einesteils aus der Strömungslabilität der Luft analog den Vorgängen beim Umschlagen laminarer in turbulente Strömungen in Rohren, andernteils wird sie durch die Erwärmung des Erdbodens bei Tage und das thermische Aufsteigen der überhitzten Bodenluft in einzelnen Turbulenzquanten hervorgerufen. Regulierend wirkt dabei die Gleichgewichtsschichtung der Luft (→Gleichgewicht, atmosphärisches), deren ausgesprochener Tagesgang mit überadiabatischen Gradienten bei Tage, Bodeninversionen bei Nacht einen starken täglichen Gang der Turbulenz hervorruft. Auch die meteorologisch als laminar angesprochene Strömung bei Nacht ist noch turbulent, allerdings mit →Mischungswegen von $\frac{1}{10}$ bis $\frac{1}{100}$ derjenigen bei Tage. Die Turbulenz nimmt mit dem Abstand vom Erdboden nach oben zu; die Größe der einzelnen Turbulenzquanten wächst bis zu ihrem Übergang in die Vertikalbewegungen der →Konvektion. Sie äußert sich in unregelmäßigen stoßartigen Vertikalbewegungen sowie in Geschwindigkeits- und Richtungsschwankungen des horizontalen Windes. Letztere allein werden bei Bodenbeobachtungen des Windes als *Böigkeit* bezeichnet, während die Böigkeit in der freien Atmosphäre durch die kurz dauernden Schwankungen des Auftriebs im Flugzeug beurteilt wird; diese können aber sowohl auf Schwankungen des horizontalen Windes (Anblasgeschwindigkeit des Tragflügels) wie auf zusätzliche Vertikalbewegungen zurückgehen.

Lettau, H.: Atmosphär. Turbulenz. Leipzig 1939.

Turmalinplatte →Polarisation, optische.

Turmalinzange, besteht aus zwei in parallelen, federnd miteinander verbundenen Ringen gefaßten Turmalinplatten. Da die Platten praktisch nur die außerordentliche Welle durchlassen, wirken sie wie gekreuzte Nicols, wenn man sie gegeneinander so dreht, daß die Richtungen ihrer optischen Achsen senkrecht aufeinander stehen. Die Turmalinzange wird hauptsächlich zur Beobachtung von optischen Achsenbildern im konvergenten Licht benutzt. Die Kristallplatte, deren optischer Charakter untersucht werden soll, wird zwischen die beiden Turmalinplatten geklemmt und die Zange unmittelbar ans Auge und gegen eine ausgedehnte diffuse helle Lichtquelle gehalten.

Turmteleskop, ein mit vertikaler Achse in einem Turm fest aufgestelltes Fernrohr für Sonnenbeobachtungen. Die Sonnenstrahlung wird von

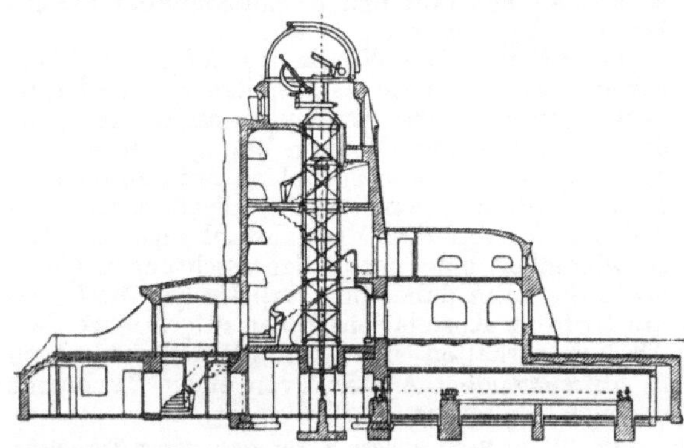

Querschnitt durch das Turmteleskop des Astrophysikalischen Observatoriums Potsdam (Einstein-Turm).

einem →Coelostaten mit Hilfsspiegel, der sich oben auf dem Turm befindet, vertikal nach unten gelenkt. Die Abbildung der Sonne erfolgt meist mit Linsensystemen, doch werden auch Spiegel

in Cassegrain-Anordnung (→Spiegelteleskop) benutzt. Turmteleskope werden außer für direkte Aufnahmen oder Beobachtungen der Sonnenscheibe hauptsächlich in Verbindung mit Prismen- oder Gitterspektrographen höchster Dispersion benutzt, die in thermokonstanten Räumen (oft unterirdisch) aufgestellt sind und zu spektroskopischen und spektralphotometrischen Arbeiten (Wellenlängen, Doppler-Effekt, Linienintensitäten und -konturen, Zeeman-Effekt), für →spektroheliographische Aufnahmen und →spektrohelioskopische Beobachtungen dienen.

Tyndall-Effekt, Erscheinungen, welche durch →Zerstreuung des Lichtes in trüben Medien hervorgerufen werden und von *Tyndall* (1868) zuerst studiert wurden. Sendet man durch ein trübes Medium (etwa einen Glastrog, welcher mit einer trüben Flüssigkeit gefüllt ist) einen Lichtkegel, dann kann man ihn infolge des zerstreuten Lichtes von der Seite sehen (Tyndall-Kegel). Sind die trübenden Teilchen nichtmetallisch und nicht zu groß, so erscheint das Tyndall-Licht blau, wenn man weißes Licht einstrahlt, wegen der bevorzugten Zerstreuung des kurzwelligen Lichtes (daher die blaue Himmelsfarbe). Sind die streuenden Teilchen kleine dielektrische Kugeln (Radius r, Volumen V), deren Dielektrizitätskonstante ε sich nur wenig von der Umgebung unterscheidet, dann ist nach der →Rayleighschen Streuformel die je Volumelement $d\tau$ gestreute Intensität gegeben durch

$$dJ = \frac{\pi^2 \sin^2 \vartheta}{r^2}(\varepsilon - 1)^2 \frac{N V^2}{\lambda^4} J_0 \, d\tau.$$

N ist darin die Anzahl Teilchen in der Volumeinheit. Ist die Teilchengröße bekannt, dann läßt sich ihre Anzahl N aus der Tyndall-Intensität bestimmen. — Der Faktor $1/\lambda^4$ der Rayleigh-Formel bedingt die erwähnte Bevorzugung der kurzen Wellen im Streulicht. Das durchgehende Licht erleidet aus demselben Grunde eine zunehmende Verfärbung nach Gelb bis Rot, →komplementär zur Farbe des zerstreuten Lichtes. Kolloidale Metallösungen verleihen dem Tyndall-Kegel ganz andere Färbung, welche von der Natur des Metalls und der Teilchengröße abhängt. Wegen der Absorption durch die suspendierten Teilchen sind dabei gestreutes und durchgehendes Licht nicht komplementär. Feine kolloidale Goldteilchen z. B. ergeben rubinrote Lösungen, deren Streulicht gelb bis rot ist. Alle Erscheinungen werden durch die Miesche Theorie der →Beugung des Lichts an Kugeln gut erklärt, mit Ausnahme von Verfärbungen, welche auf Abweichung der Teilchen von der Kugelgestalt zurückzuführen sind (*Gans*). Intensität und Polarisationszustand (→Zerstreuung) des Tyndall-Lichtes lassen Größe, Anzahl und Gestalt der streuenden Teilchen erschließen (→Trübungsmessung, →Depolarisationsgrad).

U

Überblasen. Schwingende Luftsäulen neigen bei besonders enger Mensur oder energiereicher Anregung (überstarkes Anblasen) dazu, anstatt im Grundton ($\sim\lambda/2$ bei beiderseitig offenem Rohr) in einem höheren Teilton zu schwingen (Oktave $\sim\lambda/4$, Duodezime $\sim\lambda/6$ usw.). Durch Anbringung

eines Überblaseloches läßt sich die Ausbildung zusätzlicher Schwingungsbäuche begünstigen (Abb.).

Auf halber Länge (1): 1 fach überblasen $\sim$1. Oberton (Oktave), auf $^1/_3$ (oder $^2/_3$) der Länge (2): 2 fach überblasen $\sim$2. Oberton (Duodezime).

Zylindrische gedackte Pfeifen überblasen gleich in die Duodezime (3).

Bei den Blasinstrumenten, besonders den Blechblasinstrumenten, muß vom Überblasen ausgiebig Gebrauch gemacht werden, um die ganze Tonskala zu überbrücken. Waldhorn und Trompete

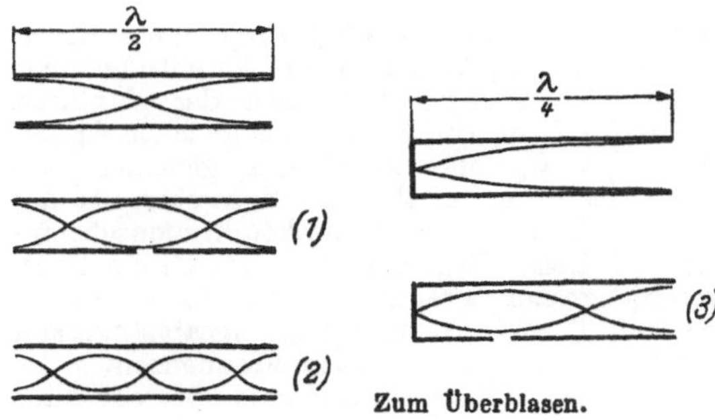

Zum Überblasen.

müssen zeitweilig bis zum 16. Teilton überblasen, was ohne besondere Überblaslöcher lediglich durch die Art des Anblasens erreicht wird. Die Holzbläser brauchen im allgemeinen nicht höher als bis zum 3. Teilton zu überblasen.

Übereinstimmende Zustände →korrespondierende Zustände.

Überführung →Ionenleiter, fester, →Tubandt-Methode, →Überführungszahl.

Überführungswärme →Diffusionswärme.

Überführungszahl eines am Aufbau eines →Elektrolyten beteiligten Ions, Maß für den *Anteil* dieses Ions *am Stromtransport*. Sie kann aus dem Phasenendumsatz in einem elektrochemischen Zweiphasensystem bestimmt werden (→Strom-Stoff-Umsatz).

Für einen binären Elektrolyten, dessen Kationen und Anionen die Beweglichkeiten u_+ bzw. u_- haben, sind die Überführungszahlen des Kations

$$n_+ = \frac{u_+}{u_+ + u_-} \quad \text{und des Anions } n_- = \frac{u_-}{u_+ + u_-},$$

$n_+ + n_- = 1$.

Beispiel: Silber-Silbernitrat-Lösung. Der Phasenendumsatz τ in Äquivalenten je Faraday ist gegeben durch $\tau = 1 - n_{Ag^+} = n_{NO_3}$. Auch aus der EMK geeigneter →Konzentrationsketten lassen sich Überführungszahlen berechnen.

Bringt man noch eine Korrektur an, welche die mitgeführte Solvathülle berücksichtigt, so erhält man die *wahren* Überführungszahlen.

Kationen-Überführungszahlen
wäßriger Lösungen.

	n_+	$t\,[°C]$	$c\,[\text{mol/Liter}]$
NaCl	0,390	18	0,1
KCl	0,490	25	0,1
NaOH	0,183	25	0,1
HCl	0,835	18	0,1
AgNO₃	0,479	18	0,05

Handb. d. Physik XIII. Berlin 1928. Handb. d. Experimentalphysik XII/1. Leipzig 1932.

Übergänge →Übergänge, verbotene, →Übergangswahrscheinlichkeit, →Auswahlregeln, →verbotene Linien.

Übergänge, verbotene. Durch die →Auswahlregeln werden sehr viele Übergänge zwischen verschiedenen Termen ausgeschlossen. Gelten die Aus-

wahlregeln nicht streng, so kann die betreffende Linie, wenn auch unter Laboratoriumsbedingungen meist nur sehr schwach, vorkommen (→*verbotene Linien*). Dagegen spielen diese Linien in den Spektra der Sonnenkorona, der interstellaren Materie und des Nordlichts eine sehr große Rolle.

Übergangseffekt bei der kosmischen Strahlung, die Tatsache, daß die Absorption der Strahlung bei Variation des Absorptionsmaterials trotz Umrechnung auf äquivalente Schichtdicken nicht so verläuft, wie sie bei gleichbleibendem Material vor sich gehen würde. Als Beispiel zeigt die Abbildung solche mit Ionisationskammern aufgenommenen Effekte beim Übergang von Luft in Blei, Luft in Eisen, Blei in Eisen und Eisen in Blei (*Steinke* und *Schindler* 1931). Die erst später aufgeklärte Ursache hierfür liegt darin, daß die verschiedenen Materialien unterschiedliche Bedingungen für die Quantität und Qualität der erzeugten Sekundärstrahlung bieten und daß infolgedessen der Begriff „äquivalente Schichtdicken" nicht mehr

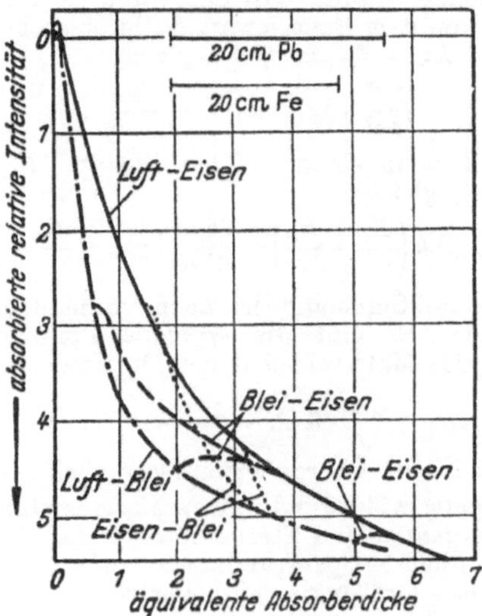

Übergangseffekte beim Übergang kosmischer Strahlung von einem Material in ein anderes (*Steinke* und *Schindler*).

einfach zu definieren ist. Dies zeigt sich besonders bei energiereichen Strahlen (>1 MeV), wo durch die Unterschiede in der Erzeugung von Elektronenpaaren und ihrer Absorption das Auftreten solcher Effekte stark begünstigt wird (→Rossi-Kurve).

Literatur →kosmische Strahlung.

Übergangselemente nennt man diejenigen Elemente, bei deren Atomen nach Vorwegnahme eines teilweisen Aufbaus ihrer äußersten Schale vor deren weiterer Vollendung zunächst der Aufbau einer noch fehlenden inneren Schale fortgesetzt bzw. vollendet wird. Diese Elemente sind sich wegen der gleichen Besetzungszahl ihrer äußeren Schale chemisch weitgehend ähnlich. Es handelt sich dabei erstens um die Elemente 21 bis 30, 39 bis 48, 57 und 72 bis 80 und 89 (die sog. Nebengruppen des Periodischen Systems), bei denen der Aufbau der 3. Untergruppe der 3., 4., 5. und 6. Schale (bei 57 und 89 nur mit *einem* Elektron) nachgeholt wird, zweitens um die Elemente 58 bis 71 (→Lanthaniden oder Seltene Erden) und 90 bis 98 (→Actiniden, theoretisch bis 103), bei denen der Aufbau der 4. Untergruppe der 4. und 5. Schale ganz bzw. teilweise nachgeholt wird (→Periodisches System, Abb. 6). Da sich die Auffüllung im zweiten Fall tief im Innern der Atomhülle vollzieht, sind die Lanthaniden und bis zu einem gewissen Grade auch die Actiniden unter sich chemisch besonders ähnlich.

Übergangsfunktion = →Sprungkennlinie.

Übergangskoeffizient →Diracsche Strahlungstheorie.

Übergangsvorgang = Ausgleichsvorgang, zusammenfassende Bezeichnung für →Einschwing- (→Einschalt-) und Ausschwing- (Ausschalt-) Vorgang.

Übergangswahrscheinlichkeit. Die Wahrscheinlichkeiten für den Übergang eines Atoms von dem Energiewert E_n in den Energiewert E_m unter Emission oder Absorption eines Lichtquantes $h\nu = E_m - E_n$ berechnet sich nach der →Diracschen Strahlungstheorie. Ist ein Strahlungsfeld der Energiedichte $u(\nu)$ vorhanden, so ist die Wahrscheinlichkeit dafür, daß das Atom in der Zeiteinheit von dem Energiewert E_m in einen höheren Zustand $E_n > E_m$ übergeht, gleich

$$\frac{8\pi^3}{3h^2}\,|\mathfrak{p}_{mn}|^2\,u\left(\frac{E_n - E_m}{h}\right),$$

die, daß es in einen tieferen Zustand $E_n < E_m$ übergeht, gleich

$$\frac{8\pi^3}{3h^2}|\mathfrak{p}_{mn}|^2\,u\left(\frac{E_m - E_n}{h}\right) + \frac{64\pi^4}{3hc^3}|\mathfrak{p}_{mn}|^2\left(\frac{E_m - E_n}{h}\right)^3.$$

Der zweite Summand ist auch vorhanden, falls $u(\nu) = 0$. Er gibt die *spontane* Emission an. $\mathfrak{p}_{mn}$ ist das Matrixelement des Dipolmomentes:

$$\mathfrak{p}_{mn} = e\int \varphi_m^* \sum_{i=1}^{f} \mathfrak{r}_i\,\varphi_n\,d\mathfrak{r}_1,\ldots,d\mathfrak{r}_f.$$

→Einsteinsche Übergangswahrscheinlichkeit.

Übergangswiderstand →Kontaktwiderstand.

Übergiganten sind Sterne höchster Leuchtkraft, die bei allen →Spektralklassen vorkommen und um 3 bis 4 Größenklassen heller sind als die normalen →Riesensterne. Kosmogonisch gesehen handelt es sich vermutlich um relativ junge Sterne. →Hertzsprung-Russell-Diagramm.

Übergitter →Atomverteilung.

Überhitzter Dampf, aus siedendem Wasser erzeugter, anfänglich gesättigter Dampf, der dann ohne Berührung mit Wasser weiter erhitzt worden und daher nicht mehr gesättigt ist.

Überkorrektion, in der technischen Optik derjenige Zustand unvollkommener Korrektion von →Abbildungsfehlern, bei denen die Vorzeichen des Fehlers das umgekehrte ist wie bei einer einfachen Sammellinse. Über die Berechtigung dieser Ausdrucksweise →Unterkorrektion.

Überlagerer, eine Anordnung zur Erzeugung ungedämpfter elektrischer Schwingungen ω_a meist kleiner Leistung (Oszillator), die dazu dient, durch Überlagerung mit Schwingungen einer Frequenz ω_e Kombinationsfrequenzen $m\omega_e \pm n\omega_a$ zu erzeugen, von denen im allgemeinen das erste Seitenband ausgenutzt wird.

Überlagerung. Wirken auf einen Stromkreis mit konstanten Wechselstromwiderständen zwei Spannungen $U_1 \sin\omega_1 t$ und $U_2 \sin\omega_2 t$ verschiedener Frequenzen ein, so entsprechen die in jedem Zeitpunkt und an jeder Stelle des Stromkreises vorhandenen Spannungen bzw. Ströme der Summe der beiden Teilspannungen bzw. -ströme. Für die resultierende Spannung ergibt sich $U = U_1 \sin\omega_1 t + U_2 \sin\omega_2 t$ bzw. nach Umformung

$$U = 2\,U_1 \cos\frac{\omega_1 - \omega_2}{2}\,t \sin\frac{\omega_1 + \omega_2}{2}\,t + (U_2 - U_1)\sin\omega_2 t.$$

Das erste Glied stellt eine Schwingung der Kreisfrequenz $(\omega_1 + \omega_2)/2$ dar, deren Amplitude nicht konstant ist, sondern sich nach der Funktion $2\,U_1 \cos[(\omega_1 - \omega_2)t/2]$ ändert. Bei gleichen Amplituden $U_1 = U_2$ und annähernd gleichen Frequenzen $\omega_1 \approx \omega_2$ erhält man Schwebungen der Kreisfrequenz $(\omega_1 - \omega_2)/2$ mit Amplitudenschwankungen zwischen Null und $2\,U_1$. Durch die Überlagerung zweier Frequenzen in einem Stromkreis mit linearer Strom-Spannungsabhängigkeit entstehen jedoch keine neuen Frequenzen.

Führt man in diesen Stromkreis aber ein Glied mit nichtlinearer Stromspannungsabhängigkeit ein, z. B. $i = k_0 + k_1 U + k_2 U^2 + k_3 U^3 \cdots + k_n U^n$, so treten außer den vorgegebenen Frequenzen noch deren Oberwellen und Kombinationsfrequenzen auf. Da die Überlagerung im allgemeinen in Stromkreisen mit nichtlinearen Schaltelementen erfolgt, so entsteht dabei immer eine große Anzahl neuer Frequenzen $n\omega_1 \pm m\omega_2$ (n und m ganze Zahlen), deren Amplituden durch die Kennlinie des nichtlinearen Schaltelementes bedingt sind. Durch Siebmittel wird die gewünschte Kombinationsfrequenz ausgesiebt. Unter diesen Bedingungen ist der Begriff „Überlagerung" physikalisch identisch mit den Begriffen „Mischung" und „Amplitudenmodulation".

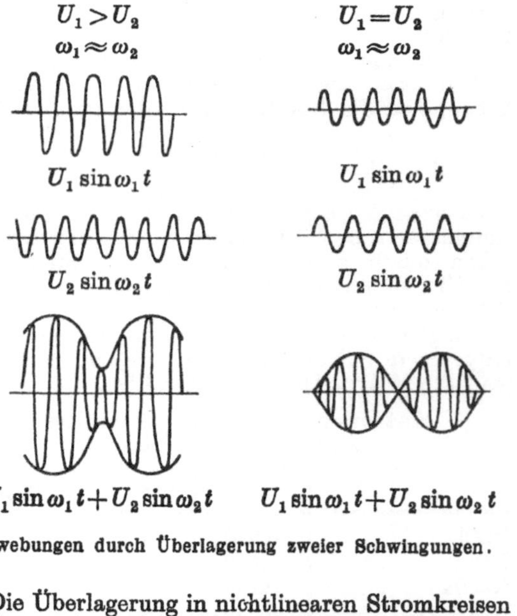

$U_1 > U_2$, $\omega_1 \approx \omega_2$; $U_1 = U_2$, $\omega_1 \approx \omega_2$

$U_1 \sin\omega_1 t$; $U_1 \sin\omega_1 t$

$U_2 \sin\omega_2 t$; $U_2 \sin\omega_2 t$

$U_1 \sin\omega_1 t + U_2 \sin\omega_2 t$; $U_1 \sin\omega_1 t + U_2 \sin\omega_2 t$

Schwebungen durch Überlagerung zweier Schwingungen.

Die Überlagerung in nichtlinearen Stromkreisen findet weitgehende Anwendung zur Erzeugung kontinuierlich veränderlicher Frequenzen über große Frequenzbereiche (→Schwebungssummer), in der Trägerfrequenztelephonie und -telegraphie zwecks Ausnutzung des gesamten zur Verfügung stehenden Übertragungsbereiches der Leitungen und beim Überlagerungsempfang in der drahtlosen Telegraphie und Telephonie (*Superheterodynempfänger*).

Vilbig, F.: Lehrb. d. Hochfrequenztechnik. Leipzig 1944.

Überlagerung von Zuständen →Linearkombinationen.

Überlagerungsempfang →Geradeausempfang.

Überlagerungsgruppe. Wenn der Parameterraum einer →kontinuierlichen Gruppe mehrfach zusammenhängend ist, so kann man die Überlagerungsgruppe bilden durch die Elemente $[a, C]$, wobei a ein Element der Gruppe und C ein stetiger Weg vom Einselement zu a ist. Zwei Elemente $[a, C]$ und $[b, C']$ heißen gleich, falls $a = b$ und C sich stetig in C' deformieren läßt. Das Produkt ist definiert durch $[a, C] [b, C'] = [c, C + aC']$ mit $ab = c$, und $C + aC'$ ist folgender Weg: Auf C' läuft ein Element b' vom Einselement nach b, dann durchläuft ab' den Weg aC', der sich mit C zu dem Wege $C + aC'$ vom Einselement nach c vereinigt. Die Überlagerungsgruppe ist dann einfach zusammenhängend.

Überlagerungsstreifen →Brewstersche Streifen.

Überlappungsfaktor (quantenbiol.) →Sättigungseffekt.

Überlastbarkeit von elektrischen Meßgeräten ist einerseits hinsichtlich der thermischen, andererseits hinsichtlich der mechanischen Beanspruchung zu fordern. Die Regeln für Meßgeräte des Verbandes Deutscher Elektrotechniker schreiben eine fünfmalige Stoßüberlastungsprüfung mit der doppelten Nennspannung bzw. für Präzisionsmeßgeräte mit dem doppelten, für Betriebsmeßgeräte mit dem zehnfachen Nennstrom als Typenprüfung vor. Im Vergleich zu andern Geräten ist die Überlastbarkeit von Dreheisenmeßgeräten sehr hoch, von Hitzdrahtmeßgeräten sehr klein. Für Stromwandler wird wegen der Gefahr von Netzkurzschlüssen eine hohe thermische und dynamische Überlastbarkeit gefordert (kurzschlußfeste Stromwandler).

Überlichtgeschwindigkeit. Nach den Grundsätzen der speziellen →Relativitätstheorie erscheint die Vakuumlichtgeschwindigkeit c als Grenzgeschwindigkeit, die von Korpuskeln (darunter fallen auch die Lichtquanten) nicht überschritten werden kann. Die →Phasengeschwindigkeit $v = c/n$ (n Brechungszahl) des Lichtes wird für gewisse Wellenlängen (z. B. im Röntgengebiet) größer als c, da $n < 1$ sein kann. Dies ist kein Widerspruch zu obiger Aussage, denn die Phasengeschwindigkeit des Lichtes ist nicht für den Energietransport maßgebend. Das gleiche gilt für die Geschwindigkeit der →Materiewellen, welche stets $> c$ ist.

Übermikroskop, ein Mikroskop, dessen Auflösungsvermögen das des Lichtmikroskops übertrifft; im →Elektronen-Übermikroskop verwirklicht.

Übersättigung →Dampf, →Unterkühlung.

Überschallgeschwindigkeit, eine die Schallgeschwindigkeit überschreitende Geschwindigkeit. Die akustischen und aerodynamischen Phänomene bei Körpern, die sich mit Überschallgeschwindigkeit bewegen, unterscheiden sich wesentlich von den Erscheinungen, die bei einer Bewegung mit Unterschallgeschwindigkeit auftreten. Während bei Unterschallgeschwindigkeit die von dem bewegten Körper ausgehenden akustischen Signale (z. B. →Hiebtöne) den ganzen Raum um den Körper herum erfüllen, zieht sich beim Überschreiten der Schallgeschwindigkeit der Bereich der von dem Körper erzeugten Schall- und Druck-

wellen auf einen kegelförmigen Raum seitlich und hinter dem Körper zusammen (→Machscher Winkel). Die Mantelfläche des Kegels stellt einen Verdichtungsstoß dar, der mit der gleichen Geschwindigkeit wie der Körper fortschreitet. Ein Beobachter hört den Verdichtungsstoß als scharfen Knall, jedoch erst dann, wenn der Körper sich bereits wieder von ihm entfernt (Abb. 1).

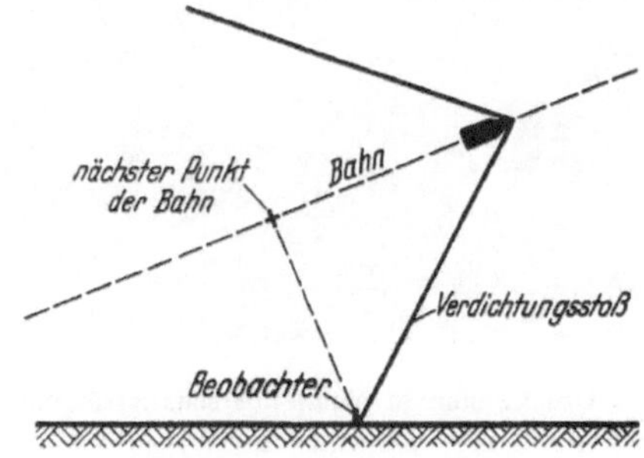

Abb. 1. Zur Überschallgeschwindigkeit.

Die für den Körperwiderstand W gültige Formel

$$W = c_w \frac{F \varrho v^2}{2}$$

(F Körperquerschnitt, ϱ Luftdichte) verliert ihre Gültigkeit, wenn die Geschwindigkeit v sich der Schallgeschwindigkeit c nähert. Der im Unterschallgebiet konstante Widerstandsbeiwert c_w nimmt nämlich beim Überschreiten der Schallgeschwindigkeit fast sprunghaft einen Wert an, der ein Vielfaches dieses Wertes beträgt. Man pflegt den Widerstandsbeiwert c_w als Funktion der →Machschen Zahl $Ma = v/c$ aufzutragen; Abb. 2 gibt ein Beispiel.

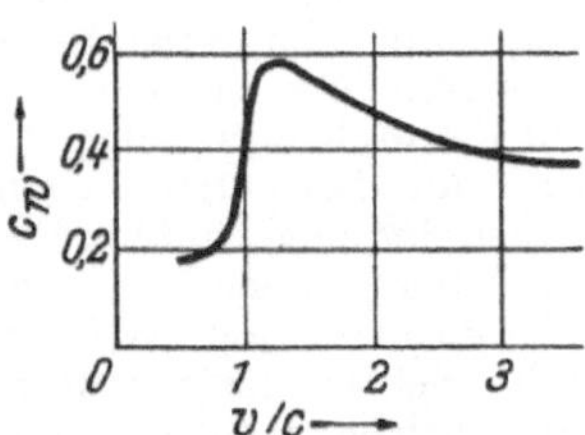

Abb. 2. Verlauf des Widerstandsbeiwertes beim Übergang von Unter- zu Überschallgeschwindigkeit.

Die Zunahme des Widerstandes rührt daher, daß bei $Ma > 1$ zu dem gewöhnlichen, durch Wirbelbildung hervorgerufenen Widerstand ein Wellenwiderstand hinzutritt, der der erzeugten Schallenergie entspricht. Mit dem Überschreiten der Schallgeschwindigkeit ändert sich ferner die Form des günstigsten Strömungsprofils; bei Unterschallgeschwindigkeit sind tropfenförmige Profile, bei Überschallgeschwindigkeit ein vorn und hinten zugespitztes Profil am günstigsten.

Mit der Erhöhung der Geschwindigkeit v ist eine Erhöhung der Temperatur des bewegten Körpers vom Betrage

$$\varDelta T = \frac{v^2}{2 c_p}$$

(c_p spez. Wärme in erg g^{-1} grad^{-1} bei konst. Druck) verbunden, die z. B. bei $v = 1000$ m s^{-1} bei 500 °C, bei einem Meteor ($v \approx 20$ km s^{-1}) dagegen bei 200 000 °C liegt.

Auch das Verhalten von Überschallströmungen (z. B. von einem Gasstrahl, der mit Überschallgeschwindigkeit aus einer Düse austritt) unterscheidet sich stark von dem Gewohnten. Längs des Gasstrahles entstehen periodische Druck- und Querschnittsveränderungen, die mit Hilfe eines

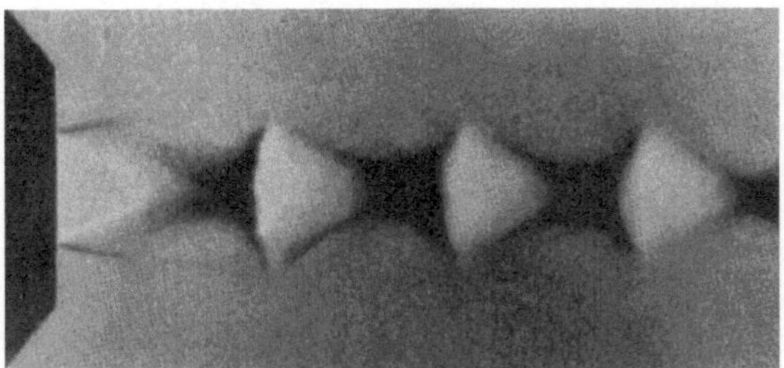

Abb. 3. Druckwellen in einer Überschallströmung.

→Schlierenverfahrens sichtbar gemacht werden können (Abb. 3) (Hartmannscher →Gasstromgenerator).

Prandtl, L.: Führer durch d. Strömungslehre. Braunschweig 1949.

Überschneidung von Termen. Bei der Veränderung von Parametern (z. B. von äußeren Feldern) in dem Energieoperator eines Atoms verschieben sich die Terme. Hierbei kann es vorkommen, daß zwei Terme a und b, von denen ursprünglich a höher als b lag, sich bei der Veränderung der Parameter „überschneiden", so daß nachher b höher als a liegt. Eine Überschneidung von Termen gleicher →Termrasse ist aber nicht möglich. →Zuordnung von Termen.

Überschußhalbleitung. Bei einigen →Halbleitern (im engeren Sinne) liegt ein stöchiometrischer Überschuß von Metall im Kristallgitter vor. Er ist meist in atomarer Form in das Gitter eingebaut und verursacht dadurch Störstellen. Diese Gitterstörung bewirkt die Leitfähigkeit, und zwar ist diese von der Zahl der eingebauten, überschüssigen Metallatome abhängig. Sehr übersichtlich lassen sich diese Verhältnisse am KBr zeigen. Ein stöchiometrisch richtig aufgebauter KBr-Einkristall ist durchsichtig, farblos und bei nicht zu hohen Temperaturen ein guter Isolator. Erzeugt man aber einen stöchiometrischen Überschuß von

KBr-Kristall mit K-Überschuß.
Überschußhalbleitung.

Kaliummetall im Kristallgitter (z. B. durch Erhitzen in Kaliumdampf), so verfärbt sich der Kristall blau. Die in das Kristallgitter eingebauten Kaliumatome verursachen eine charakteristische Lichtabsorption, welche die Blaufärbung bedingt

(→Farbzentren). Eine schematische, ebene Darstellung eines mit Kaliumüberschuß versehenen KBr-Einkristalles zeigt die Abb. Beim Einbau eines neutralen K-Atoms in das K^+-Ionen-Teilgitter entsteht aus Gründen der elektrischen Neutralität eine entsprechende Leerstelle im Br^--Ionen-Teilgitter. Ein solcher Kristall hat ferner einen Überschuß an Elektronen, verglichen mit einem stöchiometrisch richtig gebauten Kristall.

Das Valenzelektron des K-Atoms (Störatom) kann leicht abgegeben werden (→Halbleitung). Bei Anwesenheit eines äußeren elektrischen Feldes wandert das Elektron ein Stück in Richtung auf die Anode zu und wird dann von einem K^+-Ion des Kationen-Teilgitters eingefangen. Dadurch wird dieses K^+-Ion zum K-Überschußatom. Nach einiger Zeit gibt dieses das Elektron ab, und der Vorgang wiederholt sich, bis das Elektron an der Anode (+) angelangt ist und hier neutralisiert wird. Dafür liefert die Kathode ein Elektron, so daß der beschriebene Leitungsprozeß aufrechterhalten bleibt, solange das äußere Feld wirkt. Die Größe der Leitfähigkeit hängt einmal von der Zahl der überschüssigen Metallatome und damit der Elektronen ab. Ferner ist sie stark temperaturabhängig (→Halbleitung).

Überschußhalbleiter sind u. a. ZnO, TiO_2, Fe_2O_3, Ta_2O_5, WO_3. Bei genauer stöchiometrischer Zusammensetzung sind diese Stoffe Isolatoren. Bei Metallüberschuß schwankt, je nach dessen Größe, die Leitfähigkeit um viele Zehnerpotenzen.

Justi, E.: Leitfähigkeit u. Leitungsmechanismus fester Stoffe. Göttingen 1948.

Übersetzungsverhältnis, Übersetzung, bei Meßwandlern das Verhältnis der primären Nennwerte zu den sekundären.

Überspannung →Meßfunkenstrecken.

Überspannung, elektrochemische. Ein merklicher Ionenübergang erfolgt an einer →Elektrode nicht bei der Gleichgewichts- →Galvani-Spannung. Es ist vielmehr eine durch *Hemmungen* bedingte mehr oder weniger große *Überspannung* notwendig, um eine gewisse Übergangsgeschwindigkeit zu erzielen. An einer einfachen Elektrode, z. B. der →Wasserstoffelektrode, kann man die Überspannung des potentialbestimmenden Ionenüberganges durch die im Stromfluß auftretende →Polarisation, insbesondere durch die →Aktivierungspolarisation der Elektrode, messen. Sie ist, wie die Polarisation, eine Funktion der Übergangsgeschwindigkeit, also der Stromstärke. Besonders gut untersucht wurde die Überspannung des Elektronenüberganges im Sinne der Wasserstoffelektrode, die *Wasserstoffüberspannung*. Um die ersten Gasblasen zu entwickeln, ist eine gewisse „*Mindestüberspannung*" notwendig. Sehr große Hemmungen und damit Überspannungen treten an der →Sauerstoffelektrode auf. Auch bei der Abscheidung und Auflösung von Metallen, bei Redoxelektroden (→Oxydations-Reduktions-Potential) usw., werden Überspannungen beobachtet.

Handb. d. Physik XIII. Berlin 1928. — Handb. d. Experimentalphysik XII/2. Leipzig 1933.

Überstruktur →Atomgitter.

Übertragungsfunktion-, -maß. In jedem linearen akustischen oder elektrischen Übertragungssystem (z. B. einem Verstärker oder Filter) besteht zwischen der als sinusförmig angenommenen eingangsseitigen Systemgröße S_1 (z. B. der Eingangsspannung) und der ausgangsseitigen Systemgröße S_2 (z. B. der Ausgangsspannung) ein Zusammenhang von der Form $S_2 = \mathfrak{G} S_1$. Die im allgemeinen komplexe Größe $\mathfrak{G}$, die Übertragungsfunktion des Systems, die z. B. einen Verstärkungsfaktor oder einen Scheinwiderstand darstellt, hängt von der Frequenz der eingangsseitigen Systemgröße ab. Ihr natürlicher Logarithmus heißt *Übertragungsmaß*.

Feldtkeller, R.: Einf. in d. Vierpoltheorie d. elektr. Nachrichtentechnik. Leipzig 1944.

Übertragungskurve, -sporn →Maximal brauchbare Frequenz.

Übertragungsverhältnis →Kopplung.

Uhren sind die Meßinstrumente der Zeit. Man unterscheidet Pendeluhren, Unruhuhren und Quarzuhren. Für besondere Zeitmessungen hat man auch Spezialuhren konstruiert.

1. *Pendeluhren.* Ein mathematisches →Pendel ist gegeben durch einen Massenpunkt, der an einem gewichtlosen Faden von der Länge l aufgehängt ist. Schwingt dieses Pendel in einer Ebene im Schwerefeld der Erde g, so ist seine Schwingungszeit:

$$T = 2\pi \sqrt{\frac{l}{g}}. \qquad (1)$$

Man nennt l die *mathematische Pendellänge*.

Hat man kein mathematisches, sondern ein physikalisches Pendel mit der Masse m, dem Abstand a des Schwerpunktes vom Aufhängepunkt und dem Trägheitsmoment Θ um den Aufhängepunkt, dann gilt für die Schwingungszeit:

$$T = 2\pi \sqrt{\frac{\Theta}{mga}}. \qquad (2)$$

$\Theta = m(\varrho^2 + a^2)$, wenn ϱ den Trägheitsradius des Pendelkörpers um seinen Schwerpunkt bedeutet. Man definiert als *reduzierte Pendellänge*

$$l = \frac{\Theta}{ma} = \frac{\varrho^2}{a} + a, \quad \text{mit} \quad \varrho = \sqrt{\frac{\Theta}{m}}. \qquad (3)$$

Für $\varrho = a$ wird $T = 2\pi \sqrt{\dfrac{2\varrho}{g}}$ und $\dfrac{\partial l}{\partial a} = 0$. Das heißt, für ein so abgestimmtes Pendel kann sich der Aufhängepunkt etwas verschieben, ohne daß sich l und damit die Schwingungszeit merklich ändert. Die Schwingungszeit hängt dann außer von der Fallbeschleunigung g nur vom Trägheitsradius des aufgehängten Pendelkörpers ab (*Ausgleichspendel* oder *Minimumpendel*).

Da sich jeder Körper mit der Temperatur ausdehnt, so wächst l mit steigender Temperatur, und die Uhr geht nach (*Temperaturfehler*). Um bei Präzisionsuhren diesen Fehler zu verringern, verwendet man Pendel aus Invarstahl. Der Rest des Fehlers kann weiter verringert werden, indem man ein zweckmäßig geschnittenes Messinggewicht (großer Ausdehnungskoeffizient) an einer Stange aus Invarstahl (kleiner Ausdehnungskoeffizient) befestigt (*Kompensationspendel*, Abb. 1).

Die Gl. (1) und (2) gelten nur für sehr kleine Amplituden. Bei endlichem Amplitudenwinkel α erhält man für die Schwingungszeit:

$$T = 4\sqrt{\frac{l}{g}}\, K(k) = T_{\alpha=0}\left[1 + \frac{\alpha^2}{16} + \frac{9}{64}\frac{\alpha^4}{16} + \cdots\right]. \qquad (4)$$

K ist das vollständige elliptische Integral 1. Gattung modulo k. Dabei ist $k = \sin(\alpha/2)$. Man sieht aus (4), daß die Schwingungszeit eines Pendels

von der Amplitude abhängt (*Amplitudenfehler* der Penduluhr). Bei einer genauen Uhr muß die Amplitude konstant gehalten werden. Deshalb muß ein entsprechender Antrieb des Pendels geschaffen werden.

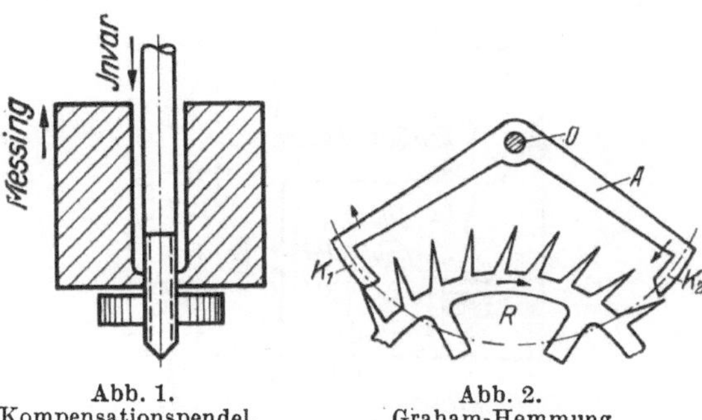

Abb. 1.   Abb. 2.
Kompensationspendel.   Graham-Hemmung.

Durch den Antrieb entstehen aber weitere Fehler, die nur verschwinden, wenn der Antriebstoß genau mit dem Durchgang des Pendels durch die Nullage zusammenfällt. Je nach dem Antrieb unterscheidet man verschiedene Uhren.

a) Uhren mit Graham-Hemmung (Abb. 2). Der Anker A ist starr mit dem Pendel verbunden und wird um den Drehpunkt O von ihm hin und her gelegt. Er greift mit den Zähnen K_1 und K_2 in das Hemmungsrad oder Steigrad R ein. Durch den Aufzug der Uhr wird dieses in dem Pfeilsinne gedreht. Bei jeder Halbschwingung läßt der Anker das Hemmungsrad um einen Zahn weitergleiten. Der Antrieb des Pendels erfolgt durch das Abgleiten des Zahnes an den abgeschrägten Enden des Ankers (Abb. 2). Die Graham-Hemmung ist sehr robust und deshalb für Gebrauchsuhren am günstigsten. Die Ganggenauigkeit beträgt bei bester Ausführung etwa 0,1 s/d.

b) Uhren mit Riefler-Hemmung. Hier wird der Anker A von einer Wippe W umgelegt, an der das Pendel mit der Feder F aufgehängt ist (Abb. 3).

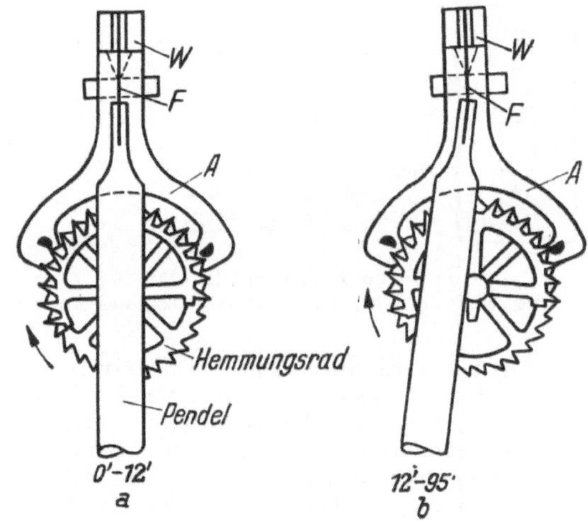

Abb. 3. Riefler-Hemmung.

Das Pendel ist nur im mittleren Schwingungsbogen mit dem Gangwerk gekoppelt (linkes Bild), während es sonst frei schwingt (rechtes Bild). Dadurch wird eine größere Genauigkeit erzielt. Gangfehler 0,01 s/d.

c) Shortt-Uhr. Shortt hat in neuerer Zeit eine Uhr gebaut, bei der Meßpendel und Arbeitsuhr getrennt sind (Abb. 4). Das Meßpendel synchronisiert elektrisch eine Arbeitsuhr, die das Zeigerwerk betreibt und den Antrieb des Meßpendels auslöst.

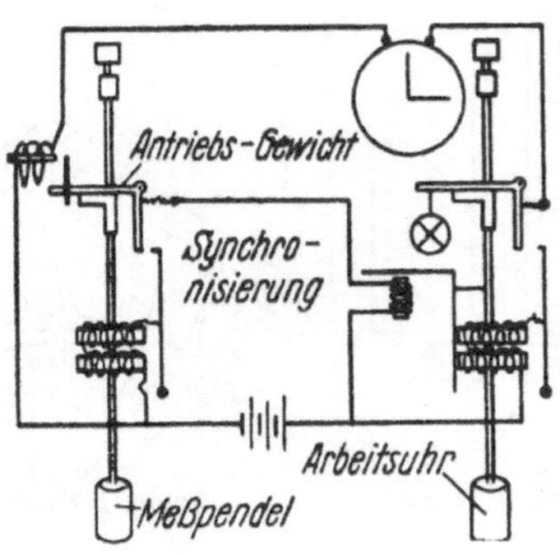

Abb. 4. Shortt-Uhr.

Der Antrieb erfolgt durch ein fallendes Gewicht. Die Genauigkeit dieser Uhren ist sehr groß. Gangfehler 0,004 s/d.

d) Schuler-Uhr. In letzter Zeit wurde von *Schuler* in Göttingen eine Pendeluhr gebaut, deren Antrieb elektromagnetisch erfolgt (Abb. 5). Das Pendel ist als Ausgleichspendel gebaut (an jedem Stangenende ein Gewicht!). Es ruht auf Schneiden S.

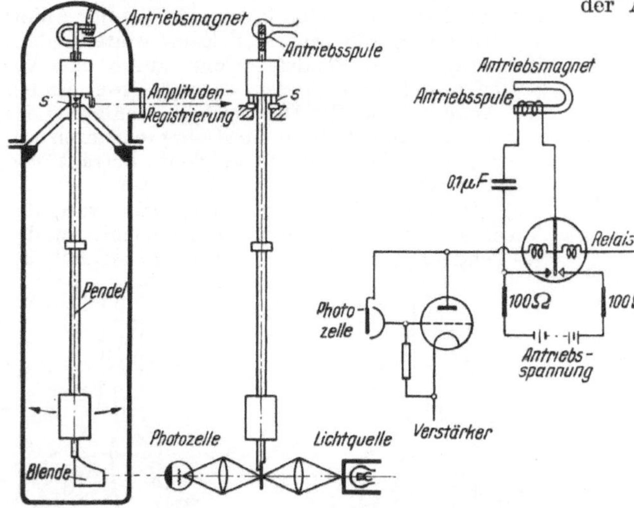

Abb. 5. Schuler-Uhr.
Links: Aufbau der Uhr, rechts: Schaltskizze des Antriebs.

Der Antrieb wird durch einen Lichtstrahl über eine Photozelle gesteuert. Das Pendel schwingt also vollkommen frei. Die Amplitude wird photographisch registriert, so daß man Amplitudenfehler rechnerisch berücksichtigen kann. Zudem ist die Uhr in einem thermostatischen Raum eingebaut. So ist es möglich, Ganggenauigkeiten bis zu 0,001 s/d zu erreichen.

Natürlich benötigt sowohl die Shortt-Uhr als auch die Schuler-Uhr eine entsprechend gute Wartung, so daß beide Uhren nur für Sternwarten und Zeitzentralen in Betracht kommen.

2. *Unruhuhren.* Die Unruhuhren werden gesteuert durch einen Drehschwinger (*Unruhe*). Hat

dieser das Trägheitsmoment Θ und die Federkonstante (Richtmoment) c, so ist

$$T = 2\pi \sqrt{\frac{\Theta}{c}}. \qquad (5)$$

Die Schwingungszeit ist hier unabhängig von der örtlichen Schwerkraft und von der Amplitude. Dagegen ist die Temperaturabhängigkeit recht erheblich, denn bei höherer Temperatur vergrößert sich Θ, und die Federkonstante c sinkt. Um diesen Fehler zu verkleinern, baut man bei besonders guten Uhren Kompensationsunruhen nach Abb. 6.

Die Träger a der Gewichte b sind aus Bimetall so hergestellt, daß die Gewichte bei höheren Temperaturen nach innen wandern. Da die Gewichte auf dem Träger verschiebbar sind, kann der Temperaturkoeffizient des Trägheitsmomentes auf den Temperaturkoeffizienten der Feder so einreguliert werden, daß in erster Näherung die Schwingungszeit konstant bleibt.

Je nach dem Antrieb unterscheidet man auch hier verschiedene Uhren.

a) Die Ankerhemmung entspricht in der Konstruktion der Graham-Hemmung. Von einem exzentrischen Zapfen an der Unruhe wird der Anker umgelegt, und beim Abgleiten des Ankerzahnes am Steigrad wird über den Anker ein Antriebstoß auf die Unruhe gegeben. Die Unruhe ist aber nicht starr mit dem Anker verbunden, sondern legt ihn nur bei ihrer Mittellage um. Im übrigen schwingt die Unruhe frei. Dadurch wird der Antriebsfehler verringert. Die größte Gang-

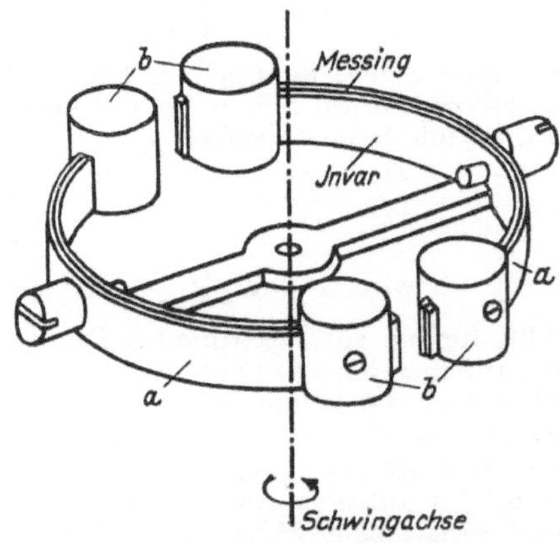

Abb. 6. Kompensationsunruhe.

genauigkeit, die man bei Ankeruhren mit Kompensationsunruhe erreicht, ist etwa 4 s/d. Ohne Kompensationsunruhe muß man dagegen mit Fehlern von 60 s/d rechnen.

b) Die Chronometerhemmung ist so gebaut, daß der Antriebstoß genau mit dem Durchgang des Schwingers durch die Nullage zusammenfällt (Abb. 7). Das Hemmungsrad R liegt mit einem seiner Zähne gegen den Ruhestein S, der von einer Feder gehalten wird. Die Platte E ist mit der Unruhe verbunden. Sie trägt den Auslösezapfen Z, der den Ruhestein beim Schwingen in der Pfeilrichtung wegschiebt. Das frei werdende Hemmungsrad schlägt mit einem seiner Zähne gegen den Antriebszahn a. Inzwischen hat der Auslösezapfen die Feder mit dem Ruhestein freigegeben, so daß der Ruhestein schon vor dem nächsten Zahn des Hemmungsrades steht. Beim Rückschwingen der Unruhe wird durch den Auslöszapfen nur die kleine Goldfeder G abgehoben, so daß keine Auslösung des Hemmungsrades erfolgt. Die Ganggenauigkeit von guten Schiffs-

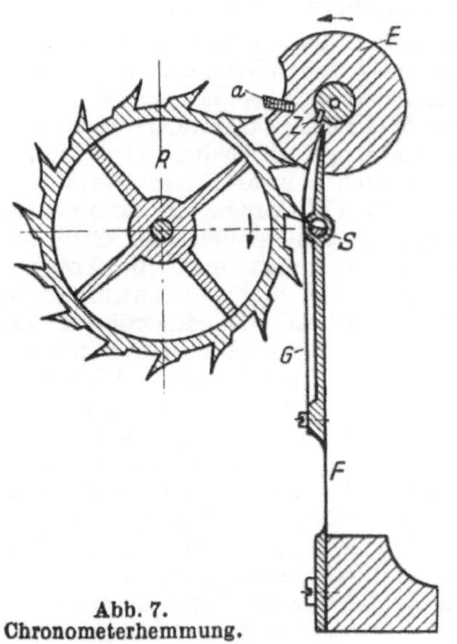

Abb. 7.
Chronometerhemmung.

chronometern ist etwa 0,1 s/d. Da die Chronometerhemmung gegen Erschütterungen empfindlich ist, so ist sie für Taschenuhren unbrauchbar.

3. *Die Quarzuhr* beruht auf der Schwingung eines Quarzstabes (→Schwingquarz), dessen Schwingungen piezoelektrisch erregt werden (Abb. 8). Ein Quarzstab Q von etwa 100 mm Länge wird durch Wechselspannungen, die auf Ring *1* aufgeprägt werden, zu Längsschwingungen angeregt. Man wählt die erste Oberschwingung des Kristalles.

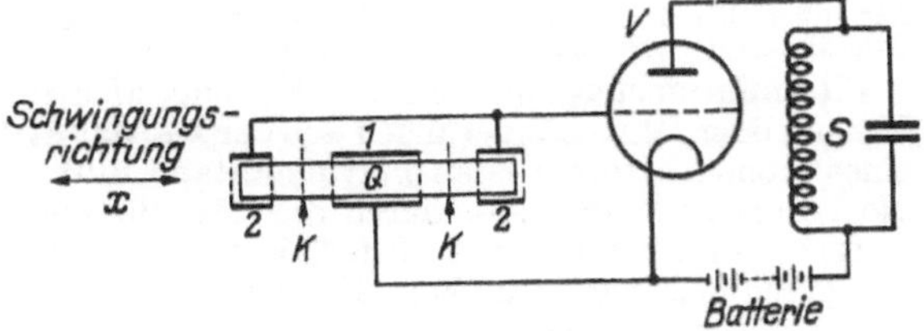

Abb. 8. Prinzip der Quarzuhr.

Dann entstehen in der Mitte und an den Enden Schwingungsbäuche und an den Stellen K Schwingungsknoten. In diesen Knotenpunkten wird der Kristall aufgehängt. Die Frequenz der Schwingungen hängt vom Elastizitätsmodul des Quarzes ab. Der schwingende Quarz erzeugt an den Elektroden *2* eine Spannung, die dem Gitter einer Verstärkerröhre V zugeleitet wird. Diese ist mit dem abgestimmten Schwingungskreis S verbunden, der seinerseits wieder an den Ring *1* angeschlossen ist. Man erhält so einen Schwinger, der sich selbst in Gang hält. Die schwingende Röhre erregt Quarzschwingungen, und die Quarzschwingungen steuern die Röhre. Die Ringe *1* und *2* haben etwa 1 mm Abstand vom Quarzstab, so daß sie dessen Schwingungen nicht stören. Bei einem Quarzstab von 100 mm Länge erhält man etwa 100000 Hz.

Diese Schwingungen müssen mehrfach verstärkt und dann in Frequenzteilern bis auf 1000 Hz erniedrigt werden. Hiermit kann man einen Synchronmotor betreiben, der mit Untersetzungen das Zeigerwerk einer Uhr treibt. Damit hat man eine Uhr gewonnen, die nur von den Eigenschaften des Quarzkristalles abhängt und nicht, wie alle Pendeluhren, von der Schwerkraft. Da aber die Eigenfrequenz des Quarzes von der Temperatur abhängt, so muß der Quarzschwinger in einem feinregulierten Thermostaten untergebracht werden.

Die Genauigkeit von Quarzuhren ist heute für kurze Zeiten (10 Tage) bedeutend größer als die jeder anderen Uhr. Die Ganggenauigkeit beträgt 0,001 bis 0,0005 s/d. Aber der Gang ändert sich langsam durch Alterungserscheinungen des Quarzes. Natürlich müssen Präzisions-Quarzuhren sorgfältig gewartet werden, so daß sie vorderhand nur für große Zeitinstitute in Frage kommen. Doch ist ihre technische Ausbildung jetzt so weit fortgeschritten, daß man in kurzer Zeit mit ihrer weitgehenden Verwendung bei der Zeitmessung rechnen kann.

4. *Atomuhr* →Zeitmaße.

5. *Spezialuhren.* a) *Stoppuhren* gestatten das Messen des Zeitintervalls zwischen zwei Ereignissen. Die Uhr ist eine Ankeruhr. Bei dem ersten Ereignis wird durch Druck auf einen Knopf die Unruhe freigegeben, und die Uhr fängt an zu laufen. Bei dem zweiten Ereignis wird durch Druck auf denselben Knopf die Unruhe angehalten. Man kann die verstrichene Zeit an dem Zifferblatt ablesen. Durch einen dritten Druck auf den Knopf springt das Zeigerwerk wieder auf Null, und die Uhr ist zu einer weiteren Messung bereit. Es gibt auch Uhren, bei denen der dritte Druck auf den Knopf den Zeiger wieder weiterlaufen läßt. Man kann dann die Summe mehrerer Zeitintervalle messen. Durch Druck auf einen besonderen Knopf wird hier das Zeigerwerk auf Null gebracht. Ist die Halbschwingungszeit der Unruhe $^1/_5$ s, so gestattet diese Uhr, Zeitintervalle mit $^1/_5$ s Genauigkeit zu messen. Ist die Halbschwingungszeit $^1/_{10}$ s, so erhält man bis $^1/_{10}$ s Genauigkeit. Bei feineren Messungen darf man nicht versäumen, den Gang der verwendeten Stoppuhr vorher an einer Normaluhr zu prüfen.

b) *Kurzzeitmesser.* Um kurze Zeitintervalle zu messen, genügt die sprungweise fortlaufende Stoppuhr nicht. Hierfür hat *Behm* eine einfache Konstruktion geliefert. Durch einen elektrischen Kontakt wird ein kleines Schwungrad freigegeben, das durch einen Federstoß in Drehung versetzt wird. Durch einen zweiten elektrischen Kontakt wird ein Bremshebel ausgelöst, der das Schwungrad anhält. Aus dem Winkel, um den sich das Schwungrad gedreht hat, kann man auf das Zeitintervall zwischen den beiden Kontakten schließen, wenn man das Instrument einmal geeicht hat. Man kann so leicht noch Messungen von 0,01 s Genauigkeit ausführen. Läßt man die Kontakte unmittelbar von den zu messenden Ereignissen auslösen, so ist auch jeder persönliche Fehler ausgeschaltet.

Handb. d. Physik II. Berlin 1926.—*Müller-Pouillet:* Lehrb. d. Physik I/1. Braunschweig 1929. — *Gockel, H.,* u. *M. Schuler:* Über eine neue Schuler-Uhr mit Selbstantrieb usw. Z. Physik **109**, 433 (1938). — *Scheibe, A.:* Genaue Zeitmessung. Erg. exakt. Naturwiss. **15**, 262 (1936). — *Schuler, M.:* Ein neues Pendel mit unveränderl. Schwingungszeit. Z. Physik **42**, 547 (1927).

Uhrenparadoxon. Die →Zeitdilatation der speziellen Relativitätstheorie gibt Anlaß zu einer scheinbar paradoxen Folgerung, die von *Einstein* genauer diskutiert wurde. Im Punkte P sollen sich zwei synchron gehende Uhren U_1 und U_2 befinden. Bewegt man dann eine von ihnen (U_2) mit der konstanten Geschwindigkeit v (zur Zeit $t = 0$ beginnend) während der Zeit t auf irgendeinem Weg nach dem Punkt P', so geht sie, nachdem U_2 in P' zur Ruhe gebracht ist, nicht mehr synchron mit U_1 in P. Sie zeigt bei ihrer Ankunft in P' die Zeit $t\sqrt{1 - v^2/c^2}$ (c Vakuumlichtgeschwindigkeit) statt t an. Dies gilt auch noch, wenn P mit P' zusammenfällt. Die Auflösung des Paradoxons besteht in der Bemerkung, daß der Einfluß der Beschleunigung auf die Uhr U_2, die ja nach dem →Äquivalenzprinzip einem Schwerefeld gleichwertig ist, nicht vernachlässigt werden darf. Die volle Aufklärung des Problems kann daher nur die allgemeine →Relativitätstheorie geben.

Ulbricht-Kugel (Abb.) erlaubt, den →Lichtstrom einfach und schnell zu ermitteln. Sie besteht aus einer lichtundurchlässigen, mit hellem Innenanstrich versehenen Hohlkugel, in die die zu messenden Lichtquellen eingebracht werden. Der in der Hohlkugel eingefangene Lichtstrom erzeugt an der Wand eine Beleuchtungsstärke, die an einer gegen direkte Bestrahlung durch die eingebrachte Lichtquelle abgeschirmten Stelle von deren Lichtverteilung unabhängig ist, wenn gewisse Meßvorschriften (DIN 5032) eingehalten werden. Die

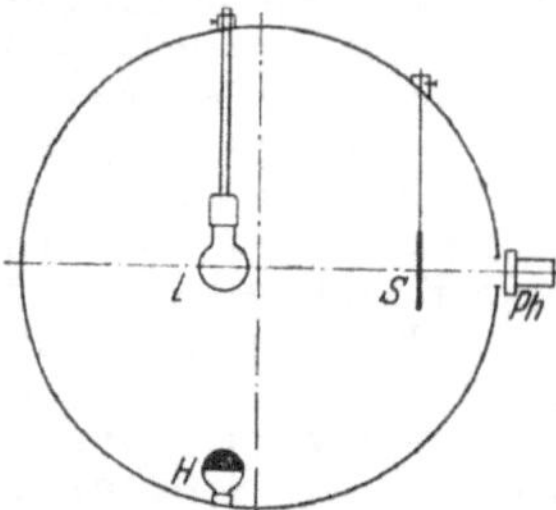

Ulbricht-Kugel.
L Lichtquelle, *S* Schatter, *Ph* Photometer, *H* Hilfslampe.

„indirekte" Beleuchtungsstärke wird mit normalen subjektiven oder objektiven Photometern gemessen, für die in der abgeschirmten Stelle der Kugelwand eine Meßöffnung vorgesehen ist. Zur Beseitigung des durch die eingebrachten Lichtquellen hervorgerufenen Störeinflusses dient die →Hilfslampe nach *Helwig*. Die Ulbricht-Kugel kann auch für Bestimmungen des →Reflexionsgrades, →Absorptionsgrades und des →Transmissionsgrades verwendet werden. In vielen Fällen genügt es, einen billigen kubischen Hohlraum an Stelle einer Kugel zu verwenden.

Ultrafiltration, dient zur Abtrennung kolloider Substanzen, indem man die betreffenden kolloiden Lösungen unter Druck durch geeignete Membranen filtriert. Hierfür kommen tierische, vegetabilische und vor allem künstliche Membranen in Frage, wie Kollodium- (Cellulosenitrat) oder Cellophan- (Cellulosehydrat-) Membranen. Diese wirken im wesentlichen als „kolloide Siebe"; allerdings spielen auch Adsorptionserscheinungen und die elektrische Aufladung der Membrane eine Rolle. Die Porenweite der Ultrafilter kann durch die Herstellungsart

variiert und durch elektronenmikroskopische Ausmessung unmittelbar (Porenstatistik) oder durch indirekte Methoden (z. B. Durchflußgeschwindigkeit) bestimmt werden. Durch Ultrafilter können z. B. Bakterien oder Viren zurückgehalten werden.

Ultragroßionen →Luftionen.

Ultrakurzwellen, bisher Bezeichnung des gesamten elektrischen Wellenbereiches < 10 m. Sie unterscheiden sich — besonders bei $\lambda < 1$ m — von den Wellen der langwelligeren Bereiche bezüglich Erzeugung und Ausbreitung ganz wesentlich. Mit den üblichen Röhren und Anordnungen lassen sich mit gutem Wirkungsgrad nur noch Meterwellen erzeugen. Im dm-Bereich und darunter (*Höchstfrequenzbereich*) nutzt man die Trägheitserscheinungen der Elektronen zur Schwingungserzeugung aus. Mit diesen als →Laufzeitröhren bezeichneten Anordnungen ist man bis zu wenigen mm Wellenlänge gekommen; noch kürzere Wellen (~0,1 mm) kann man bisher nur mit Funkensendern erzeugen. Als Schwingkreise verwendet man in diesem Gebiet wegen ihres hohen →Resonanzwiderstandes im allgemeinen Hohlraumresonatoren.

Ultrakurzwellen werden an der Ionosphäre nicht reflektiert. Die Ausbreitung erfolgt im wesentlichen durch direkte Strahlung; die Reichweite entspricht daher etwa der Sichtreichweite, zu der infolge Beugung und Brechung innerhalb der Troposphäre noch ein gewisser Schattenbereich kommt. Der Einfluß der Ionosphäre auf die Ausbreitungsvorgänge ist gering.

Der Meterbereich hat Bedeutung für Rundfunk- und Fernsehübertragungen. Die dm- und cm-Wellen haben wegen ihrer guten Bündelungsfähigkeit im Nachrichten- und Flugfunkverkehr, zur Ortung und Peilung (Radar) und Aufnahme von Geländestreifen Verwendung gefunden. Stärkere Absorption durch Regen und die Atmosphäre tritt erst bei Wellen unter 2 cm auf.

Vilbig, F., u. *J. Zenneck:* Fortschr. d. Hochfrequenztechnik. Leipzig 1941/43. — *Hollmann, H. E.:* Physik u. Technik d. Ultrakurzwellen. Berlin 1936. — *Gundlach, F. W.:* Grundlagen der Höchstfrequenztechnik. Berlin 1950.

Ultramikrometer, ein Gerät zur Messung kleiner Längen oder Längenänderungen aus der Kapazität eines Kondensators, dessen Plattenabstand durch die Länge bestimmt oder durch die Längenänderung beeinflußt wird, mit Hilfe hörbarer Schwebungsfrequenzen oder anderer Mittel der modernen Hochfrequenztechnik.

Kohlrausch, F.: Prakt. Physik II. Leipzig u. Berlin 1950.

Ultramikrometrie, statistische, →Sättigungseffekt.

Ultramikroskop. Im Mikroskop findet eine Abbildung nur für solche Teilchen statt, deren Größe über der Grenze des Auflösungsvermögens liegt (→Mikroskop). Es ist aber möglich, kleinere Teilchen (ultramikroskopische Teilchen) dadurch sichtbar zu machen, daß sie durch das an ihnen abgebeugte Licht einer intensiven Lichtquelle zu Selbstleuchtern werden. Hierfür geeignete mikroskopische Einrichtungen heißen Ultramikroskope. Die Teilchen werden hierbei jedoch nicht eigentlich abgebildet, sondern sind nur durch die entstehenden hellen Beugungsscheibchen nachweisbar. Bei ultramikroskopischer Beobachtung muß vermieden werden, daß direktes Licht ins Auge gelangt. Eine passende Beleuchtungseinrichtung ist die →Dunkelfeldbeleuchtung. Das Mikroskop ist nur nötig, um die einzelnen nebeneinanderliegenden Beugungsscheibchen getrennt sichtbar zu machen. Ihre Entfernung voneinander, nicht aber die Größe der Teilchen muß oberhalb des Auflösungsvermögens des Mikroskops liegen.

Die Erkennbarkeit der Teilchen ist um so besser, je mehr sich ihre Brechzahl von der des umgebenden Dispersionsmittel unterscheidet. In Metallsolen sind daher Teilchen von etwa 0,01 mμ Größe noch wahrnehmbar, während die Verhältnisse in lyophilen Solen, z. B. Eiweißkörpern, viel ungünstiger liegen. Teilchen unter etwa 0,005 mμ sind auch im Ultramikroskop nicht mehr sichtbar (amikroskopisch).

Durch passende Beleuchtungsanordnungen und durch Beobachtung von Helligkeit und Farbe des abgebeugten Lichtes sind mittelbare Schlüsse auf Gestalt und Größe ultramikroskopischer Teilchen möglich. Anisodimensionale Teilchen zeigen im Ultramikroskop ein deutliches Funkeln (Funkeleffekt).

Das ultramikroskopische Verfahren ist das klassische Verfahren zur Untersuchung von Kolloiden. So kann aus der Anzahl der beugenden Teilchen n, die in einem abgegrenzten Zählraum vorhanden sind, und aus der Menge m des dispersen Stoffes in dem abgegrenzten Volumen, die z. B. aus einer chemisch-analytischen Konzentrationsbestimmung bekannt ist, die Masse m/n des Einzelteilchens und unter Zuhilfenahme der Dichte ϱ auch dessen Größe $\sqrt[3]{m/(n\varrho)}$ berechnet werden.

Ultrarotes Spektrum, derjenige Teil des Spektrums der elektromagnetischen Wellen, der langwelliger ist als die rote Empfindlichkeitsgrenze des menschlichen Auges (8000 Å). Seine langwellige Grenze wird bei etwa 1 mm angesetzt, jenseits derer das Gebiet der elektrischen Wellen beginnt. Das Spektrum der Sonne läßt sich bis etwa 14 μ verfolgen; das langwellige Ultrarot scheint wegen der intensiven Absorption durch Wasserdampf und Kohlensäure zu fehlen. Nach dem Planckschen →Strahlungsgesetz fällt bei Körpern mit Temperaturen unterhalb etwa 3000 °K der größte Teil der Temperaturstrahlung in das ultrarote Gebiet, daher die (nicht empfehlenswerte) Bezeichnung „Wärmestrahlung".

In das ultrarote Gebiet fallen außer einer Reihe von Atomlinien die →Rotationsspektren (fernes Ultrarot) und die →Rotationsschwingungsspektren der Moleküle. Da sich die meisten mehratomigen Moleküle nur schwer oder gar nicht zur Anregung von →Elektronenbanden eignen, ist die Ultrarotspektroskopie (ergänzt durch den →Smekal-Raman-Effekt) das eigentliche Gebiet zur Untersuchung des Baues solcher Moleküle. Der Strahlungsnachweis erfolgt am kurzwelligen Ende des Ultrarot (bis etwa 1,3 μ) durch geeignet sensibilisierte Photoplatten; →Ultrarotphotozellen sind etwa bis 1,4 μ, →Halbleiterphotoelemente bis etwa 6 μ verwendbar; bis 10 μ reicht die →Evaporographie. Im übrigen muß mit thermischen Strahlungsempfängern (→Thermoelement, →Radiometer und →Bolometer) gearbeitet werden. Zur spektralen Zerlegung dienen Filter; →Quarzlinsen, die in einem solchen Abstand im Strahlengang stehen, daß die aus-

zusondernde Strahlung gerade die erforderliche Brennweite ergibt, während alle anderen Wellenlängen diese Bedingung nicht erfüllen (Abb. 1); die

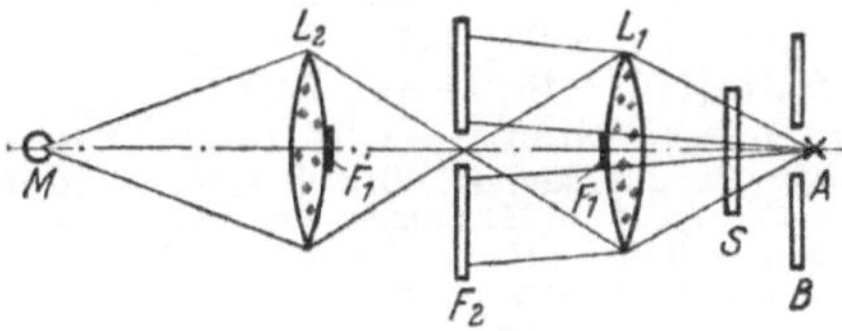

Abb. 1. Quarzlinsenmethode.

Methode der →Reststrahlen, bei der durch mehrfache Reflexion der Strahlung an Stoffen mit selektiven Reflexionsmaxima ein enger Spektralbereich ausgesondert wird (Abb. 2); Gitterspektrometer, und zwar vor allem folgende Typen: Drahtgitter als Transmissionsgitter, bei denen der freie Zwischenraum gleich der Drahtdicke ist und bei denen jede zweite Ordnung ausfällt; Laminargitter (Reflexionsgitter, bei denen an den Stellen der undurchsichtigen Gitterstriche ebenfalls reflektierende Streifen

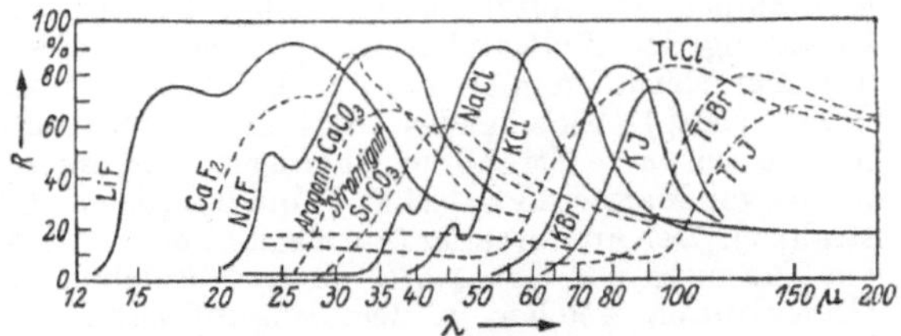

Abb. 2. Reststrahlenmaxima.

gleicher Breite sitzen, die gegen die ursprüngliche Gitterfläche um $\lambda/4$ erhöht liegen). Die Echelettegitter (→Ultrarotspektrometer, Abb. 3) haben etwas schräg gegen die Gitterfläche geneigte Reflexionsstreifen, die die Strahlung geometrisch in die gewünschte Ordnung reflektieren. Wo es auf größere Intensität, aber kleineres Auflösungsvermögen ankommt, benutzt man Prismenspektrometer. Für jedes Spektralgebiet ist die geeignete Prismensubstanz zu wählen (→Ultrarotspektrometer). Die Abbildung erfolgt im Ultrarot meist durch Hohlspiegel, möglichst unter Vermeidung außeraxialer Strahlengänge; Abbildungsfehler lassen sich durch geeignete Spiegelkombinationen weitgehend kompensieren.

Zur spektralreinen Aussonderung monochromatischer Strahlung braucht man Doppelmonochromatoren, eine Kombination zweier Prismenspektrometer, bei der der Austrittsspalt des ersten Eintrittsspalt des zweiten Spektrometers ist (Abb. 3). Neuerdings baut man zum Schutz gegen Störungen und zur Ausschaltung der Absorption durch Kohlensäure und Wasserdampf die Ultrarotspektrometer ganz in ein Vakuumgefäß ein.

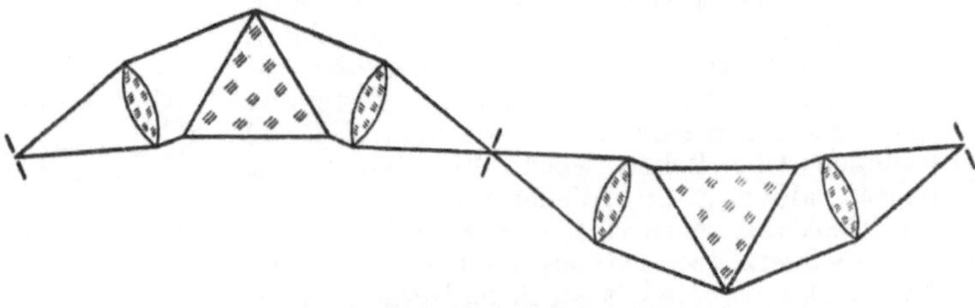

Abb. 3. Doppelmonochromator.

Die Bewegung der Prismen und Registrierung der Anzeigeströme erfolgt vielfach vollautomatisch. Als Wellenlängennormalen dienen außer starken Atomlinien Absorptionsbanden von CO_2 (vor allem bei 3,28; 4,88; 4,25; 9,43; 10,4 und 14,9 μ) und von H_2O (bei 1,46; 1,87; 2,03; 2,66; 3,15 und 6,26 μ) u. a. Weiteres →Ultrarotspektrometer.

Schäfer, Cl., u. *F. Matossi:* Das ultrarote Spektrum. Berlin 1930. — *Czerny, H.,* u. *H. Roeder:* Erg. exakt. Naturwiss. **17**, 70 (1930). — *Kayser, H.,* u. *Ritschl, R.:* Tabelle d. Hauptlinien d. Linienspektren. Berlin 1939.

Ultrarotfilter →Ultrarotmonochromator.

Ultrarotlichtquellen, Strahlungsquellen mit intensivem ultrarotem Anteil ihres Spektrums. Starke, im nahen Ultrarot liegende Linien emittieren Entladungen in Alkali- und Erdalkalidämpfen. Die Quarz-Quecksilber-Lampe hat im langwelligen Ultrarot zwei intensive Strahlungsmaxima bei 218 und 343 μ (*H. Rubens* und *O. von Baeyer*), welche metastabilen Hg_2-Molekülen zugeordnet werden.

Kontinuierliche Ultrarotstrahlung liefern die →Temperaturstrahler, also der Hohlraumstrahler, die →Wolframbandlampe und die Metallfadenglühlampen. Die nutzbare langwellige Grenze der Strahlung der Wolframbandlampe liegt bei etwa 4 μ. Der Nernstbrenner, ein aus ZrO_2 (85%) und Y_2O_3 (15%) bestehendes Stäbchen, emittiert nahezu schwarze Strahlung, überlagert von einem intensiven Maximum zwischen 1 und 2 μ (Selektivstrahler). Der Auerbrenner (→Gasglühlicht) ist ein aus Thoroxyd mit 1 bis 2,5% Ceroxyd bestehender Glühstrumpf, welcher in der Bunsenflamme erhitzt wird. Er sendet sehr langwellige Strahlung aus, der sich zwei selektive Maxima bei 2,8 und 4,4 μ überlagern, die von der Strahlung der Bunsenflamme herrühren.

Handb. d. Physik XIX. Berlin 1929.

Ultrarotmikroskopie. Wird bei mikroskopischen Untersuchungen nicht höchstes Auflösungsvermögen gefordert, so ist oftmals die Verwendung ultraroten Lichtes nützlich. Viele Stoffe zeigen für ultrarotes Licht ein gegenüber sichtbarem Licht verändertes Absorptionsvermögen.

Während z. B. manchmal der Chitinpanzer der Insekten für sichtbares Licht dunkel gefärbt ist, ist er für Licht der Wellenlänge 810 mμ gut durchlässig, wodurch man das für die Präparate etwas gewaltsame chemische Bleichen ersparen kann. Als Objektive für mikroskopische Ultrarotaufnahmen dienen Apochromate.

Ultrarotmonochromator →Monochromator. Für das kurzwellige Ultrarot verwendet man Prismenmonochromatoren und -doppelmonochromatoren (→ ultrarotes Spektrum, Abb. 3). Gebräuchliche Prismensubstanzen sind Steinsalz (bis 16 μ), Sylvin (bis 21 μ) und Kaliumbromid (bis 28 μ). Statt der Linsen verwendet man meist Hohlspiegel aus Metall wegen der Achromasie der letzteren. Die Wellenlänge der ausgesonderten Strahlung wird aus der Dispersionskurve der Prismen berechnet. Auch Gitterspektrometer sind als Monochromatoren geeignet, doch sind sie wegen der Verteilung der eintretenden Strahlung auf die verschiedenen Ordnungen sehr lichtschwach. Für langwellige Ultrarotstrahlung (> 20 μ) dienen zur Aussonderung enger Spektralbezirke die →Reststrahlmethode und die →Quarzlinsenmethode (→ultrarotes Spektrum). Auch geeignete Ultrarotfilter werden oft zur Aussonderung mehr oder weniger enger Spektral-

bereiche verwendet (→Farbfilter). Für das nahe Ultrarot sind Jenaer Glasfilter bis 2,8 μ brauchbar, für das Gebiet zwischen 20 und 40 μ dünne Paraffinschichten. Zur Aussonderung von Strahlung über 80 μ ist die Totalreflexionslamelle, eine Luftlamelle zwischen Quarz- oder Steinsalzflächen, geeignet: kurzwellige Strahlung wird durch Totalreflexion seitlich abgelenkt. Hintereinanderschalten mehrerer solcher Lamellen von verschiedenen Dicken gestattet die Herstellung fast monochromatischer, langwelliger Strahlung.

Literatur → Ultrarotlichtquellen.

Ultrarotphotozellen, lichtelektrische Zellen, deren Wirkung merklich über die Sichtbarkeitsgrenze hinaus ins Ultrarot reicht. Von den Photozellen fallen hierunter solche mit zusammengesetzten →Photokathoden des Strukturschemas $[Ag]—Cs_2O$, Cs, Ag—Cs. Die langwellige Grenze dieser Zellen liegt im günstigsten Falle bei etwa 1,4 μ. Bei den →Halbleiterphotoelementen reicht die Ultrarotwirkung der Thalliumsulfidzellen bis etwa 1,4 μ, die der Bleisulfidzellen bis etwa 4 μ, die der Bleiselenid- und Bleitelluridzellen bis etwa 6 μ. Die älteren →Selenzellen haben demgegenüber ziemlich an Bedeutung verloren.

Ultrarotspektrometer. Für spektrometrische Untersuchungen im ultraroten Spektralgebiet speziell geeigneter Spektralapparat. Man verwendet →Prismenspektrometer und →Gitterspektralapparate.

Prismenspektrometer. Da Glas schon im nahen Ultrarot merkliche Absorption zeigt, werden Prismen aus Quarz (bis 3,5 μ brauchbar), Flußspat (3 bis 9 μ), Steinsalz (8 bis 16 μ), Sylvin (15 bis 21 μ), Kaliumbromid (19 bis 28 μ) und Thalliumbromidjodid (24 bis 37 μ, bei Prismenwinkeln 26° bis 40 μ) verwendet. An Stelle von Linsen nimmt man Metallhohlspiegel (wegen ihrer Achromasie) mit Öffnungsverhältnissen von 1:3 bis 1:4. Größere Öffnungsverhältnisse werden wegen der damit verbundenen Verschlechterung der Abbildung im allgemeinen nicht angestrebt. Nur bei speziellen Spektrometerkonstruktionen geht man bis zu einem Öffnungsverhältnis von 1:2.

Viel verwendet wird die Spektrometerkonstruktion mit dem *Wadsworth-Spiegelprisma* (Abb. 1).

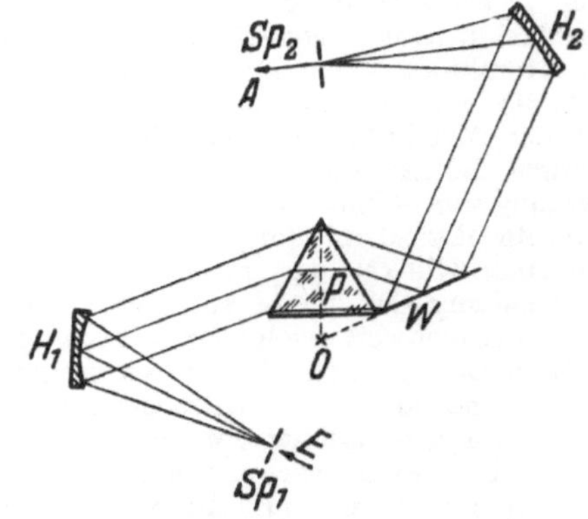

Abb. 1. Ultrarotspektrometer mit Wadsworth-Spiegelprisma. Sp_1, Sp_2 Eintritts- bzw. Austrittsspalt, P Prisma, W Wadsworth-Spiegel, H_1, H_2 Hohlspiegel, O Drehpunkt des Spiegelprismas, E, A Eintritts- bzw. Austrittsrichtung der Strahlung.

Es hat konstante Ablenkung. Die verschiedenen Spektralbereiche gelangen durch Drehung des Spiegelprismas um die Drehachse O nacheinander durch den Austrittsspalt Sp_2.

Gitterspektrometer. Es werden ebene und Konkavgitter benutzt. Bei ebenen Gittern werden Reflexionsgitter bevorzugt. Die Gitterkonstante muß das 5- bis 10fache der zu untersuchenden Wellenlänge betragen. Abb. 2 zeigt das Schema eines Spektrometers mit ebenem Reflexionsgitter.

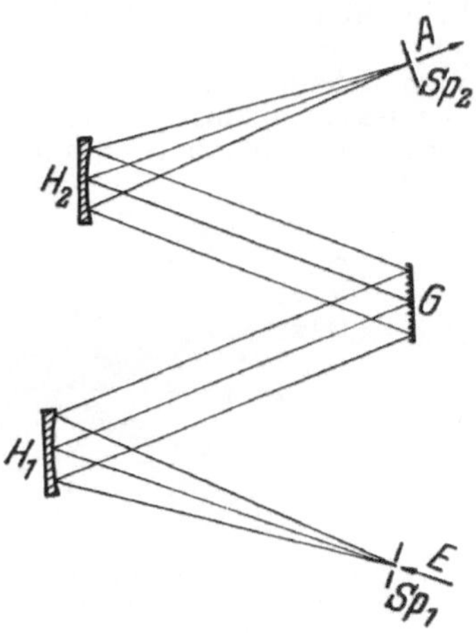

Abb. 2. Ultrarotspektrometer mit ebenem Reflexionsgitter. Sp_1, Sp_2 Eintritts- bzw. Austrittsspalt, G ebenes Reflexionsgitter, H_1, H_2 Hohlspiegel, E, A Eintritts- bzw. Austrittsrichtung der Strahlung.

Die verschiedenen Wellenlängen werden durch Drehung des Gitters G auf den Austrittsspalt gelenkt. Auch das Rowland-Konkavgitter wird für die Ultrarotspektrometrie viel benutzt.

Für Untersuchungen im Spektralbereich oberhalb $15\,\mu$ werden die normalen Reflexionsgitter wegen ihrer geringen Lichtstärke (Aufteilung der einfallenden Intensität auf die verschiedenen Ordnungen!) und wegen der an sich geringen Intensität langwelliger Strahlung unbrauchbar. Man verwendet dann *Drahtgitter.* Sie bestehen aus parallel ausgespannten Kupferdrähten. Wird die Drahtdicke gleich der Breite des Zwischenraumes zwischen zwei benachbarten Drähten gewählt, so ergeben die Gitter nur die Spektren ungerader Ordnung mit entsprechend größerer Intensität.

Besonders geeignet für die Untersuchung langwelliger ultraroter Strahlung sind das von *Wood* angegebene Echelettegitter und das Laminargitter von *Hellwege.* Das *Echelettegitter* (Abb. 3)

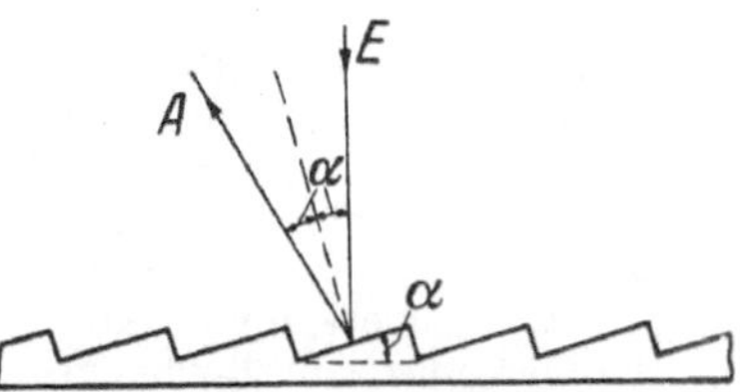

Abb. 3. Echelettegitter nach *Wood.* α Neigungswinkel der Gitterstufen, zugleich Einfalls- und Reflexionswinkel, E, A Eintritts- bzw. Austrittsrichtung der Strahlung.

ist ein →Stufengitter mit geringer Stufenhöhe, aber mit großer Stufenzahl. Deshalb ist sein →Auflösungsvermögen groß. Die besondere Form der Furchen bewirkt, daß fast die gesamte einfallende Intensität in eine einzige Ordnung fällt, für welche die Lichtstärke mithin sehr groß wird.

Beim *Laminargitter* befinden sich zwischen den undurchsichtigen Gitterstrichen reflektierende Streifen, welche um eine Viertelwellenlänge höher liegen als die eigentliche Gitteroberfläche.

Infolge der Überlagerung der Spektren verschiedener Ordnung muß, besonders bei Verwendung gewöhnlicher Gitter, meist eine Vorzerlegung vorgenommen werden, um ein reines Spektrum zu erhalten. Als Vorzerleger werden häufig Prismenspektrometer vor den Spalt des Gitterspektrometers gesetzt. Oft genügen auch vor den Eintrittsspalt des Spektrometers gesetzte →Farbfilter. Jenaer Glasfilter lassen die kurzwellige ultrarote Strahlung bis etwa $2{,}8\,\mu$ hindurch. Eine 1 mm dicke Paraffinplatte ist zwischen 20 und $40\,\mu$ durchlässig.

Störend bei allen Arbeiten mit Ultrarotspektrometern ist die stets vorhandene, kurzwellige Strahlung, welche durch diffuse Reflexion und Streuung an Spalten, Spiegeln usw. durch den Austrittsspalt gelangt. Den Einfluß dieser Störstrahlung eliminiert man mit Hilfe der „durchlässigen Klappe". Man bringt in den Strahlengang des Spektrometers einen wegklappbaren Schirm aus einer Substanz, welche die zu untersuchende Strahlung völlig absorbiert, die kurzwellige Störstrahlung aber ungehindert hindurchläßt. Wird dieser Schirm aus dem Strahlengang herausgeklappt, so rührt der entstehende Ausschlag des Anzeigeinstrumentes hinter dem Austrittsspalt allein von der zu untersuchenden Ultrarotstrahlung her. Geeignete Substanzen für die durchlässige Klappe sind z. B. Glas, Flußspat und Steinsalz.

Der Nachweis der ultraroten Strahlung und ihrer Intensität erfolgt durch Strahlungsempfänger, welche hinter den Austrittsspalt gesetzt werden oder auf welche der Austrittsspalt mit einem Hohlspiegel abgebildet wird. Gebräuchliche Strahlungsempfänger für die Ultrarotspektrometrie sind →Thermoelemente, →Thermosäulen, →Radiometer, →Mikroradiometer, →Bolometer. Für den Nachweis des kurzwelligen Ultrarot speziell geeignet sind auch die →Ultrarotphotozellen und →Halbleiterphotoelemente. Die Strahlungsempfänger müssen gegen Streustrahlung sehr gut geschützt werden; man umgibt sie mit undurchlässigen, oft doppelwandigen Hüllen. Ferner dienen die →Phosphorographie und die →Evaporographie zum Nachweis kurzwelliger Ultrarotstrahlung. Die photographische Platte ist zum Nachweis nur bis $1{,}5\,\mu$ brauchbar.

Handb. d. Physik XIX. Leipzig 1929. — *Schaefer*, C., u. F. *Matossi:* Das ultrarote Spektrum. Berlin 1930.

Ultraschall. An das Gebiet des hörbaren Schalles, der seine Grenze bei etwa 20000 Hz hat, schließt sich nach oben hin der Ultraschall an, der seinerseits bei 10^9 bis 10^{10} Hz in den →Hyperschall übergeht. Unbeabsichtigte Ultraschallwellen von verhältnismäßig niedriger Frequenz finden sich bei schnell bewegten Körpern (Luftschrauben), Gasströmungen aus Düsen (Dampfventilen) und bei Reibungsschwingungen, meist zugleich mit hörbaren Schallwellen. Der Frequenzbereich vieler Tiere geht über den des Menschen weit hinaus. Fledermäuse vermögen sich durch ultraakustische Schreie (30 bis 80 kHz), die an Hindernissen reflektiert werden, vor dem Zusammenprall mit diesen zu schützen. Der Grashüpfer Conocephalus erzeugt durch Reiben einer Flügeldecke an einer Zahnleiste der anderen Flügeldecke Ultraschallschwingungen von 40 kHz. Hunde hören Töne der →Galton-Pfeife, die für Menschen unhörbar sind. Auch bei Walen ist eine Ultraschallerzeugung nachgewiesen. Ultraschallschwingungen von sehr hoher Frequenz entstehen bei Bruchvorgängen in Gläsern.

Zur Erzeugung kräftiger Ultraschallwellen verwendet man →Schwingquarze, →magnetostriktive Schwinger und neuerdings die →Flüssigkeitspfeife, in Luft außerdem den Hartmannschen →Gasstromgenerator und die →Sirene.

Von den Hörschallwellen unterscheiden sich die Ultraschallwellen durch ihre wesentlich kürzere Wellenlänge, die es ermöglicht, die durch sie hervorgerufenen periodischen Dichteschwankungen durch optische Beugungserscheinungen sichtbar zu machen (Debye-Sears-Effekt; →Lichtbeugung an Ultraschallwellen) und scharf begrenzte Schallwellenbündel (Schallstrahlen) zu erzeugen, die ähnlich wie Lichtbündel mit Hilfe von akustischen Spiegeln, Linsen und Zonenplatten zur Abbildung verwendet werden können (→Abbildung durch Ultraschall). Man kann so Werkstücke akustisch „durchleuchten" und Inhomogenitäten (z. B. Lufteinschlüsse und Risse) sichtbar machen, die der Röntgendurchleuchtung entgehen würden (→Werkstoffprüfung mit Ultraschall, →Sonogramm).

Die Schallstärke von Ultraschallwellen kann mit $10\,\mathrm{W\,cm^{-2}}$ das 10000fache der Stärke eines Kanonenschusses erreichen. Dabei treten in Flüssigkeiten Schallwechseldrucke von über 5 atm auf, d. h. der Druck in der fortschreitenden Schallwelle schwankt periodisch zwischen 5 atm Überdruck und 5 atm Zugspannung. Es kommt dabei zu Zerreißungen der Flüssigkeit und Hohlraumbildung (→Kavitation durch Schallwellen), vornehmlich dann, wenn in der Flüssigkeit Gase gelöst sind. Diese strömen in die Hohlräume ein und vereinigen sich zu größeren Blasen, die dann aufsteigen (→Entgasung durch Ultraschall). Auch gewisse physikochemische (→Abbau hochpolymerer Stoffe, →Emulgierung durch Ultraschall, →Verflüssigung durch Ultraschall) und biologische Wirkungen beruhen auf derartigen Zerreißungen. Dazu

Abb. 1. Durch Ultraschall hervorgerufener Flüssigkeitssprudel.

kommt die unter Umständen beträchtliche Erwärmung als Folge der Schallabsorption.

Der →Schallstrahlungsdruck erreicht bei Flüssigkeiten im Ultraschallgebiet Werte von mehr als

$1\,\mathrm{p\,cm^{-2}}$ und läßt dezimeterhohe Sprudel aus der Flüssigkeitsoberfläche austreten (Abb. 1). Im Schallfeld befindliche frei schwebende Teilchen können durch die zwischen ihnen auftretenden hydrodynamischen Anziehungskräfte (→Bjerknes-Kräfte) zusammengeklumpt werden; so läßt sich z. B. Nebel in wenigen Sekunden als Regen niederschlagen.

Die mit dem Schalldruck einhergehenden erheblichen Dichteschwankungen werden durch →Schlierenverfahren (Abb. 2) oder durch Kom-

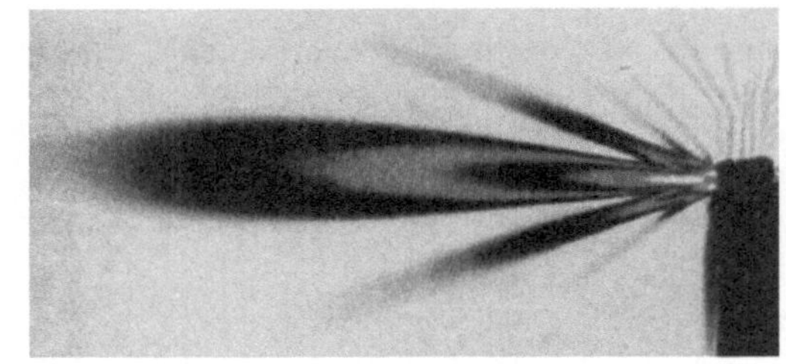

Abb. 2. Nach dem Schlierenverfahren sichtbar gemachtes Amplitudenfeld eines schwingenden Quarzes.

bination eines Schlierenverfahrens mit der stroboskopischen Beobachtung periodischer Vorgänge (Abb. 3) sichtbar gemacht. Bei stehenden Wellen

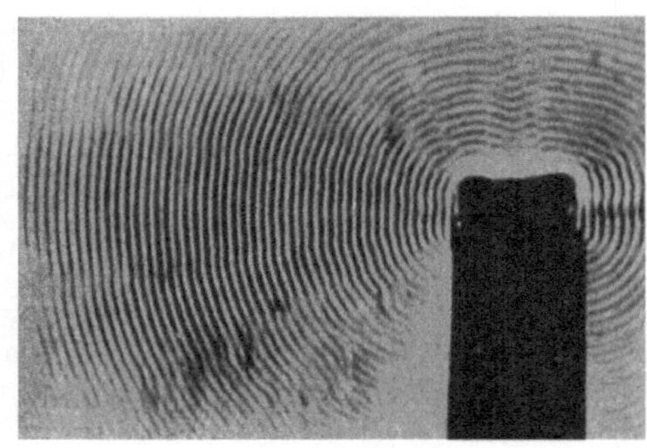

Abb. 3. Durch intermittierende Beleuchtung sichtbar gemachtes Wellenfeld um einen schwingenden Quarz.

erübrigt sich die stroboskopische Beleuchtung; bereits die einfache, in Abb. 4 gezeigte Anordnung, die eine punktförmige Lichtquelle benutzt, läßt das Schallwellengitter deutlich werden. Ähnliche Bilder erhält man nach dem Verfahren der sekundären Interferenzen, wenn man die von parallelem Licht senkrecht zur Schallausbreitung durchsetzte Flüssigkeitsschicht optisch abbildet (Abb. 5).

Die Schwingungsform von Glaskörpern ist an der räumlichen Struktur der Spannungsdoppelbrechung sehr schön zu erkennen (Abb. 6).

Die zur stroboskopischen Beobachtung fortschreitender Ultraschallwellen notwendige hochfrequente Lichtmodulation kann mit der in Abb. 7 skizzierten Anordnung (Ultraschallstroboskop) durch die Schallwelle selbst vorgenommen werden. Das die Schallwelle durchsetzende schwach divergente Lichtbündel wird mit der Schallfrequenz moduliert und beleuchtet nach der Reflexion an einem Spiegel die Schallwelle ein zweites Mal, nun jedoch intermittierend. Das scheinbar stillstehende Bild der Welle wird auf einer photographischen Platte aufgefangen (→Lichtmodulation durch Ultraschall). Auch in der Fluorometrie bedient man sich mit Vorteil der ultraakustischen Lichtmodulation (Abb. 8).

Von den zahlreichen weiteren physikalischen und physikochemischen Anwendungsmöglichkeiten des Ultraschalls seien genannt: die Bestimmung

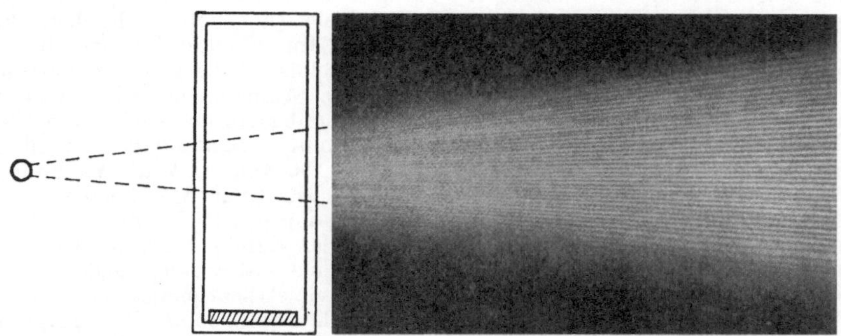

Abb. 4. Durchgang eines divergenten Lichtbündels durch eine stehende Ultraschallwelle.

Zum Nachweis und zur Messung von Ultraschallwellen dienen piezoelektrische Mikrophone, Kondensatormikrophone, →Rayleigh-Scheiben

der elastischen Konstanten von Festkörpern aus der Lichtbeugung, die Aufhebung labiler Gleichgewichtszustände (Unterkühlung, Siedeverzug),

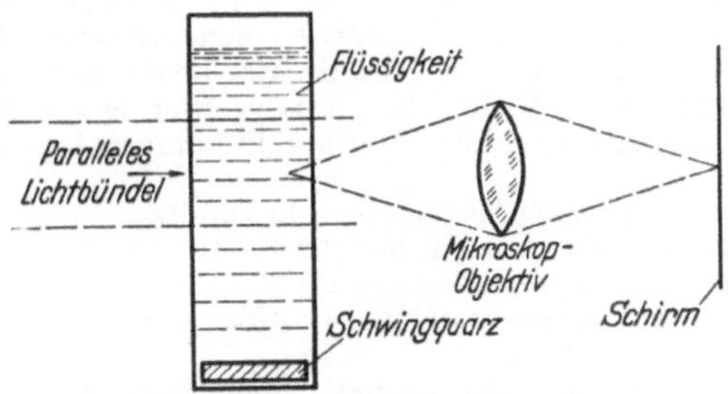

Abb. 5. Verfahren der sekundären Interferenzen.

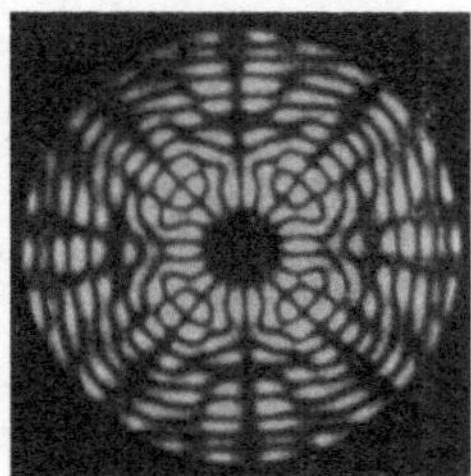

Abb. 6. Aufnahme eines in hohen Oberschwingungen schwingenden Glaszylinders zwischen gekreuzten Nikols.

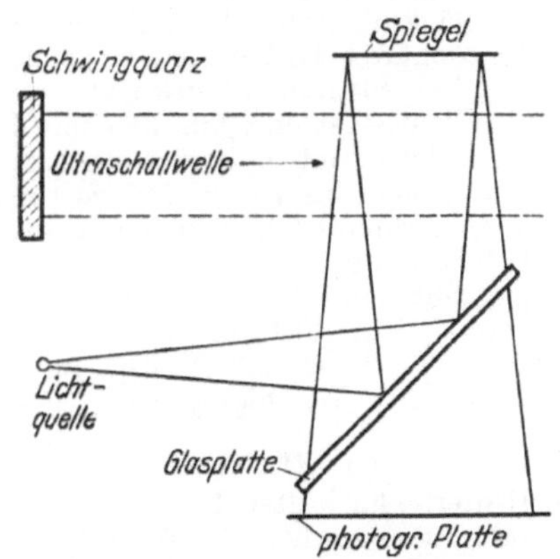

Abb. 7. Ultraschallstroboskop.

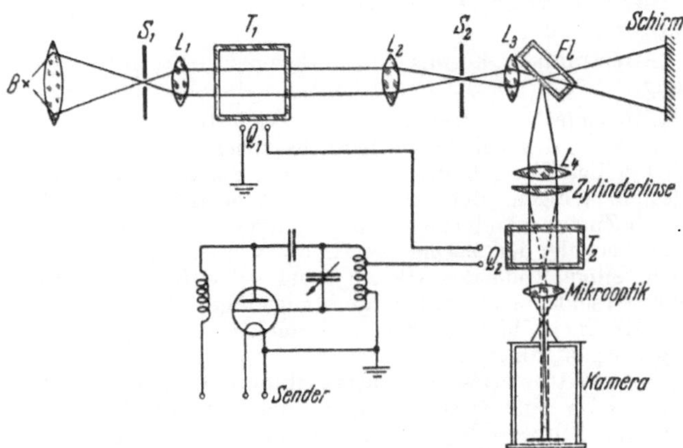

Abb. 8. Ultraschall-Fluorometer.
B Lichtquelle, S_1 und S_2 Spalte, T_1 und T_2 flüssigkeitsgefüllte Tröge, L_1, L_2, L_3, L_4 Linsen, Q_1 und Q_2 Schwingquarze gleicher Frequenz. Fl die zu untersuchende Flüssigkeit.

oder →Schallradiometer. Wellenlänge und Schallgeschwindigkeit werden auf optischem Wege (mittels des Debye-Sears-Effekts, durch sekundäre Interferenzen oder nach einer →Schlierenmethode) oder mit dem →Schallinterferometer bestimmt. Aus der bei mehratomigen Gasen im Ultraschallbereich beobachteten Frequenzabhängigkeit der Schallgeschwindigkeit (→Dispersion elastischer Wellen) läßt sich die mittlere Lebensdauer der Energiequanten (Relaxationszeit) berechnen. Zur Spektralanalyse von Ultraschallwellen verwendet man ein akustisches Plattenspektroskop oder ein akustisches Beugungsgitter (→Gitter, akustisches).

die Beeinflussung der Deckschichtpassivität von Metallen, die Vergütung von Werkstoffen, die Kornverfeinerung photographischer Emulsionen, die Zerreißung von Keimen (Dendriten), die Enttrübung von Glas, die Beschleunigung chemischer Reaktionen, ferner die Unterwasser-Signaltechnik, die sich der Wellen im unteren Ultraschallbereich zur →Echolotung, zur Anzeige von unterseeischen Hindernissen (Sonar-Verfahren) und zur Auffindung von Fischschwärmen bedient. Die ultraakustische Impulstechnik findet ferner Anwendung in der →Werkstoffprüfung, zur Messung von Schallgeschwindigkeit und -absorption in Flüssigkeiten und bei der Konstruktion von Blindenleitgeräten. In der Nachrichtentechnik und bei elektrischen Rechengeräten verwendet man quecksilbergefüllte Röhren als Ultraschall-Verzögerungsstrecken und Impulsspeicher.

Die Anwendbarkeit des Ultraschalls bei medizinischen und biologischen Problemen ist noch nicht abzusehen. Die Möglichkeit, tiefliegende schallabsorbierende Gewebeschichten ohne Schädigung der Haut zu erwärmen, ist von Bedeutung für die Therapie und Chirurgie. Eindeutige Heilerfolge wurden u. a. erzielt bei Neuralgien, Neuritiden, rheumatischen Erkrankungen, Entzündungen, Verdickungen und Verhärtungen der Haut, Gelenkerkrankungen, Abszessen, Geschwüren, Bronchialasthma und Krampfzuständen. Jedoch ist nach neueren Erfahrungen Vorsicht geboten wegen der Gefahr von Gewebeschädigungen (Karzinomen u. dgl.). Bakterien (z. B. Brucellakeime) können so weit geschädigt werden, daß sie ihre Virulenz verlieren und als Impfstoff verwendbar sind. Die bakterizide Wirkung intensiver Ultraschallwellen wird zur Sterilisierung von Milch und anderen Nahrungsmitteln ausgenutzt. Pflanzen, die aus beschallten Samen gezogen wurden, wachsen rascher und liefern einen größeren Ertrag. Nach neuesten Untersuchungen ruft auch Ultraschall noch eine Hörempfindung hervor, wenn man ihn durch Knochenleitung auf das Innenohr überträgt. Die empfundene Tonhöhe ist unabhängig von der Frequenz des Ultraschalls und stimmt mit der oberen Hörgrenze überein.

Bergmann, L.: Der Ultraschall u. seine Anwendungen in Wissenschaft u. Technik. Stuttgart 1949. — *Hiedemann, E.:* Grundl. u. Ergebn. d. Ultraschallforschung. Berlin 1939.

Ultraschallstroboskop →Lichtmodulation durch →Ultraschall.

Ultrastrahlung, kosmische = →kosmische Strahlung.

Ultraviolett (UV), der an das violette Ende (~3900 Å) des sichtbaren Bereichs anschließende kurzwellige Bereich des „optischen" Spektrums, also desjenigen Bereichs, dessen Wellenlängen durch Zustandsänderungen in der äußersten Elektronenschale der Atome bestimmt werden. Das kurzwellige Ende des UV liegt bei ~100 Å und überschneidet sich mit dem langwelligen Ende des Röntgengebiets (~600 Å). →elektromagnetisches Spektrum.

Die spektrometrischen Untersuchungsmethoden für das UV sind verschieden, je nachdem es sich um langwellige oder um kurzwellige Strahlung handelt. Der Physiker unterscheidet aus rein experimentellen Gründen das *Quarz-UV* (3900 bis 1800 Å) und das *Vakuum-UV* (1800 bis 100 Å). Die spektrometrische Untersuchung des Quarz-UV erfolgt fast ausschließlich mit Hilfe von Quarzspektrographen (→Ultraviolettspektrograph). Sämtliche Wellenlängen unterhalb 1800 Å werden jedoch von Quarz, ferner vom Sauerstoff der Luft stark absorbiert. Für Untersuchungen in diesem kurzwelligen UV dürfen die Spektrographen also keinen Quarz verwenden und müssen in evakuierten Behältern untergebracht werden (→Vakuumspektrograph). Vakuum-Prismen-Spektrographen mit Flußspatoptik sind bis 1250 Å herunter brauchbar; unterhalb 1250 Å wird die

UV-Strahlung mit Hilfe von im Vakuum aufgestellten Reflexionsgittern analysiert.

Die Registrierung der spektral zerlegten Strahlung des Quarz-UV erfolgt auf gewöhnlichen, sensibilisierten photographischen Platten oder Filmen. Im Vakuum-UV ist die gelatinearme photographische Platte (→Schumann-Platte) das geeignete Aufnahmematerial. Das Vakuum-UV wird deshalb auch als →*Schumann-UV* bezeichnet. Zur absoluten Messung der Strahlungsintensität wird für das ganze UV die Vakuum-Thermosäule benutzt. Im Quarz-UV können absolute Intensitätsmessungen auch mit geeichten Vakuumphotozellen durchgeführt werden.

Intensive Strahlungsquellen für das UV (→Ultraviolettlichtquelle) sind der in einem Quarzrohr brennende Hg-Dampfbogen, ferner Eisen-, Kohle- und Wolframlichtbögen. Diese Lichtquellen liefern vorwiegend eine diskontinuierliche UV-Strahlung (Linien- und Bandenspektren). Eine kontinuierliche, bis in das Vakuum-UV reichende Strahlung sehr gleichmäßiger Intensität emittieren unter geeigneten Drucken und mit hohen Spannungen betriebene Wasserstoff- bzw. Heliumgasentladungen. Auch der →Unterwasserfunke sendet ein bis 2000 Å sich erstreckendes Kontinuum aus. Als Quelle für kontinuierliche, langwellige UV-Strahlung sind ferner mit Überspannung brennende Wolframglühlampen brauchbar.

Um das UV aus einem sehr breiten Spektralbereich auszusondern, benutzt man →Ultraviolettfilter. Speziell langwellige UV-Strahlung läßt sich mit dem Quarzvorzerleger (→Monochromator) bequem ausfiltern.

Das Sonnenlicht enthält einen beträchtlichen Anteil an UV-Strahlung. Dieser gelangt aber nur zu einem kleinen Teil an die Erdoberfläche. Die in etwa 25 km Höhe befindliche Ozonschicht der Ionosphäre absorbiert sämtliche unterhalb 2900 Å liegende Strahlung. Dieser kurzwellige Teil des Sonnenlichtes ist erst kürzlich mit Hilfe von Raketen, welche, mit Quarzspektrographen ausgerüstet, in Höhen bis zu 100 km geschossen worden sind, spektrometrisch untersucht worden (Abb. →Raketensonden).

Die Biologie teilt das UV-Gebiet in drei Spektralbereiche ein: UVa: 4000 bis 3150 Å, UVb: 3150 bis 2800 Å, UVc: < 2800 Å. Die im UVb enthaltene Strahlung ist biologisch besonders wirksam.

Handb. d. Physik XIII u. XIX. Berlin 1929.

Ultraviolettfilter →Farbfilter. Ein Filter, welches nur für Strahlung zwischen 3900 und 3000 Å durchlässig ist, ist das Jenaer Glasfilter UG 1 von 2 mm Dicke. Zwischen 3700 und 2000 Å ist eine Lösung von p-Nitrosodimethylanilin in Glyzerin durchlässig und zur Ausfilterung dieses Spektralbereiches geeignet. Die Lösung muß in Quarzküvetten verwendet werden. Unterhalb 2650 Å ist Chlordampf von hohem Druck durchlässig. Chlorfilter werden besonders zur Ausfilterung der Hg-Resonanzlinie 2537 Å aus dem Quecksilberbogenspektrum benutzt.

Handb. d. Physik XIX. Berlin 1929.

Ultraviolettkatastrophe, schlagwortartige Kennzeichnung der Tatsache, daß bei Gültigkeit des Rayleigh-Jeansschen →Strahlungsgesetzes die Strahlungsenergie im kurzwelligen Bereich unendlich groß werden müßte.

Ultraviolettlichtquellen sind Strahlungsquellen, welche eine intensive, im ultravioletten Spektralgebiet liegende, kontinuierliche oder diskontinuierliche Strahlung emittieren. Aus zahlreichen, im Ultraviolett liegenden Linien bestehen die Spektren der Entladungen in Edelgasen, ferner die Entladungen in Quecksilberdampf (→ Quecksilberdampflampe). Letzterer emittiert die intensiven Hg-Resonanzlinien bei 1850 und 2537 Å. Die Entladungsgefäße müssen aus Quarz oder Uviolglas (Uviolglaslampe) hergestellt werden, weil gewöhnliches Glas die gesamte Strahlung unterhalb 3600 Å vollständig absorbiert. Uviolglas ist bis 3200 Å durchlässig. Ein an ultravioletten Linien besonders reiches Spektrum liefern der Eisenlichtbogen (→Pfundbogen), ferner die Funkenentladungen zwischen Metallelektroden (→Funkenspektrum). Ein kontinuierliches Spektrum im nahen Ultraviolett emittieren die →Wolframbandlampe und die →Wolframbogenlampe. Vom Sichtbaren bis in das Vakuumultraviolett erstreckt sich das Kontinuum der →Wasserstofflampe. Noch weiter in das kurzwellige Gebiet reicht das Kontinuum einer Entladung in Helium.

Handb. d. Physik XIX. Berlin 1929.

Ultraviolettmikroskopie. Durch Anwendung kurzer Lichtwellen (ultraviolettes Licht) kann das Auflösungsvermögen mikroskopischer Einrichtungen (→Mikroskop) gesteigert werden; z. B. ist es bei 275 mμ doppelt so groß wie bei 550 mμ. Hierzu kommt als weiterer Vorteil, daß viele Substanzen (z. B. Chromosomen) eine vom Sichtbaren abweichende Ultraviolettabsorption zeigen, wodurch oft, sofern die Ultraviolettstrahlung dem Präparat nicht schädlich ist, Untersuchungen am lebenden Objekt ohne Färbung und Fixierung durchgeführt werden können. Als Lichtquelle dienen Funkenentladungen zwischen Elektroden aus Magnesium, Cadmium od. dgl., und es werden hauptsächlich bei Magnesium die Linien bei 280 mμ und bei Cadmium die bei 275 mμ benutzt, die durch Monochromatoren ausgesondert werden. Als Material für die Linsen der Beleuchtungseinrichtung des Kondensors, Objektträgers und Deckglases dient Quarz. Als Objektive werden →Monochromate gebraucht. Zur visuellen Einstellung dient das Fluoreszenzbild, das auf einer Uranglasscheibe entsteht. Gegebenenfalls werden auch Quarzokulare zur Mikrophotographie benutzt. Gelegentlich wird auch längerwelliges ultraviolettes Licht (∼360 mμ) einer Quecksilber- oder Bogenlampe benutzt, wenn es nicht auf höchstes Auflösungsvermögen ankommt.

Eine „*farbige*" *Ultraviolettmikroskopie* erzielt man auf folgende Weise: Es werden von dem Objekt drei Aufnahmen gemacht, eine mit kurzwelligem, eine zweite mit mittelwelligem und eine dritte mit langwelligem Ultraviolett. Werden diese Aufnahmen unter Einschaltung eines blauen, eines grünen und eines roten Farbfilters übereinander projiziert, so erhält man ein in die Farben des sichtbaren Spektrums übertragenes Ultraviolettbild des Objekts.

Ultraviolettphotozelle → Quarzphotozelle, →Kadmiumzelle.

Ultraviolettprozeß, eine ältere Bezeichnung (*Lenard*) für das →Spontanleuchten von →Kristallphosphoren, sofern die Erregung dieses Leuchtens durch Absorption im Grundgitter, also im kurzwelligen Ultraviolett, erfolgt. Der andere Teil des Spontanleuchtens ist in der Lenardschen Bezeichnungsweise das *Momentanleuchten*, welches durch Absorption am Störterm erregt wird (→Leuchtmechanismus).

Ultraviolettspektrograph, Spektralapparat für photographische Untersuchungen des ultravioletten Spektralgebietes. Für das *nahe* ultraviolette Gebiet (3600 bis 2000 Å) werden Spektrographen mit Prismen und mit Reflexionsgittern benutzt, deren Konstruktion grundsätzlich die gleiche ist wie die der Spektrographen für das sichtbare Gebiet (→Glasspektrograph, →Gitterspektralapparat). Auch das →Konkavgitter ist für das ultraviolette Gebiet sehr geeignet.

Bei den Prismenspektrographen muß die Glasoptik durch eine solche aus Quarz oder Steinsalz ausgewechselt werden, da Glas die gesamte Strahlung unterhalb 3500 Å vollständig absorbiert. Mit Steinsalzlinsen und -prismen sind spektrographische Untersuchungen bis zu 1800 Å möglich, Quarzoptik ist bis 2000 Å brauchbar. Da Quarz Rotationsdoppelbrechung zeigt, werden 60°-Quarzprismen zweiteilig aus je einem links- und einem rechtsdrehenden Halbprisma hergestellt (*Cornu-Prisma*, Abb.). Die optische Achse

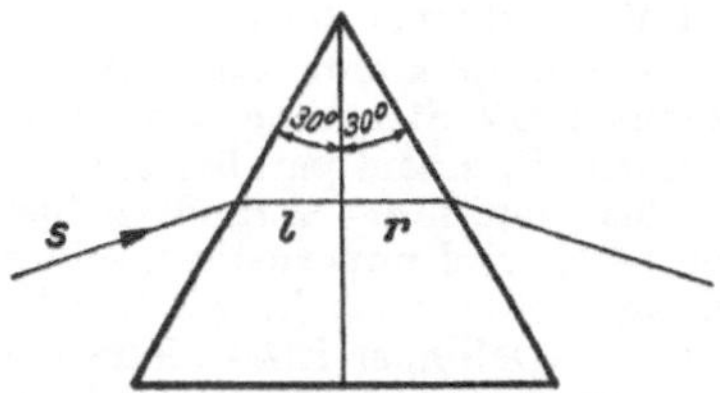

Quarzprisma nach *Cornu*.

l Halbprisma aus Linksquarz, *r* Halbprisma aus Rechtsquarz, *s* Lichtweg eines einfarbigen Parallellichtbündels.

des Quarzes steht senkrecht auf der Mittelebene des 60°-Prismas. Die beiden Hälften werden aufeinandergekittet oder aufeinandergesprengt. Dadurch wird die Rotationsdoppelbrechung der beiden Prismenhälften aufgehoben. In letzter Zeit werden sehr gute Prismen aus geschmolzenem Quarz (Homosil), der keine Doppelbrechung zeigt, hergestellt. An Stelle einfacher Linsen werden häufig zusammengesetzte Objektive, bestehend aus Quarz- und Steinsalzlinsen oder aus Quarz- und Flußspatlinsen, verwendet.

In Gitterspektrographen für das ultraviolette Gebiet muß die Gitteroberfläche aus einem Metall bestehen, welches in dem ganzen in Frage stehenden Spektralgebiet möglichst gut und gleichmäßig reflektiert. Derartige Metalle sind die Hochheimsche Legierung und Aluminium.

Die normale photographische Platte muß zum Gebrauch in Spektrographen für das nahe Ultraviolett besonders sensibilisiert werden, weil die Gelatine der Emulsion ultraviolette Strahlung stark absorbiert und damit eine Schwärzung der Platte verhindert. Die Sensibilisierung geschieht durch Überziehen der lichtempfindlichen Schicht mit fluoreszierenden Substanzen, z. B. Kohlenwasserstoffen. Gute Ultraviolett-Spektralplatten sind auch im Handel erhältlich.

Über Spektrographen für das ferne Ultraviolett (*Schumann-Gebiet*) →Vakuumspektrograph.

Handb. d. Physik XVIII. Berlin 1929.

Ultraviolettstrahlung der Sonne. Die von der Sonnenoberfläche ausgehende Strahlung mit Wellenlängen zwischen etwa 1200 Å und dem Röntgengebiet hat eine weit höhere Intensität, als einem schwarzen Strahler von 5713 °K, der effektiven Temperatur der Sonne, entsprechen würde. Da die ionosphärischen Schichten der Erde im wesentlichen durch die UV-Strahlung der Sonne erzeugt werden, verdanken wir · der Erforschung der →Ionosphäre den Hauptteil unserer Kenntnisse über die solare UV-Strahlung. Daneben spielt die UV-Strahlung der Sonne bei der Anregung der Leuchterscheinungen von →Kometen eine Rolle, die ebenfalls einen erheblichen UV-Überschuß erfordert. Die Absolutintensitäten der solaren UV-Strahlung sind bisher erst ziemlich ungenau bekannt, da der Aufbau und die chemische Zusammensetzung der höchsten Schichten der Erdatmosphäre und die bei der Ionisation und Rekombination sich abspielenden Elementarprozesse noch nicht völlig geklärt sind. Im allgemeinen werden im Bereich 500 bis 1000 Å 10^3- bis 10^4 mal größere Intensitäten angenommen, als sie von der annähernd „schwarz" strahlenden Photosphäre emittiert werden können. Wesentliche neue Aufschlüsse sind in naher Zukunft durch Verwendung von →Raketensonden (dort eine Abb. des UV-Spektrums der Sonne) zu erwarten.

Nach den Ionosphärenbeobachtungen besteht die ionisierende UV-Strahlung aus einem zeitlich konstanten Anteil, einem parallel zum 11 jährigen Fleckenzyklus langsam veränderlichen Anteil und einem rasch und unperiodisch schwankenden Anteil. Dazu treten noch kurzzeitige Störungen, die den →Mögel-Dellinger-Effekt hervorrufen. Als Herkunftsstelle des konstanten Anteils kommt in erster Linie die →Sonnenkorona in Betracht, die bei einer Temperatur von rund 10^6 Grad trotz ihrer äußerst geringen optischen Dicke eine ausreichende Zahl von UV-Quanten emittiert. Die variablen Anteile entstammen wahrscheinlich den →Sonnenfackeln, die mit lokalen Temperaturerhöhungen in der obersten Photosphäre und Chromosphäre um einige tausend Grad verbunden sind, und den Störgebieten der inneren Korona in der Nähe von Fleckengruppen. Der Mögel-Dellinger-Effekt, der in der Ausbildung einer ionisierten Schicht in 60 bis 80 km Höhe über dem Erdboden besteht, wird vermutlich durch eine von den →Eruptionen ausgehende Röntgenstrahlung von 1 bis 2 Å bewirkt. Für die Entstehung der →E-Schicht der Ionosphäre in 100 km Höhe ist neben einer UV-Strahlung bei 700 Å auch eine weiche Röntgenstrahlung bei 20 bis 30 Å diskutiert worden.

Kiepenheuer, K. O.: Solar-terrestr. Erscheinungen. Naturwiss. u. Medizin in Deutschland 1939/46 20, Astronomie, Astrophysik u. Kosmogenie. Wiesbaden 1948.

Ultrazentrifuge. Das erste brauchbare Gerät, mit dem die Sedimentation gelöster Teilchen im Zentrifugalfeld quantitativ bestimmt werden konnte, wurde von *T. Svedberg* entwickelt und hierfür der Name Ultrazentrifuge in Vorschlag gebracht. Später wurde diese Bezeichnung auch fälschlich für schnellaufende Zentrifugen verwendet, die nicht für quantitative Messungen eingerichtet sind.

Eine Ultrazentrifuge muß eine konvektionsfreie Sedimentation erlauben, d. h. sie darf während des Laufes nicht vibrieren und keinen schroffen Temperaturanstieg ergeben. Für die Leistungsfähigkeit ist nach *Svedberg* maßgebend die Trennschärfe $T = h \, \omega^2 \, x$ (h Länge der Zelle in radialer Richtung, ω Winkelgeschwindigkeit, x Entfernung der Zelle vom Rotationszentrum). Die höchste erreichbare Drehzahl wird jeweils bestimmt durch das Verhältnis der Zugfestigkeit zur Dichte des verwendeten Rotormaterials. Das günstigste Verhältnis findet sich mit $1,79 \cdot 10^2$ [cm] bei Stahl, um ein geringes niedriger liegt der Wert bei bestimmten Aluminiumlegierungen. Die erreichbaren Zentrifugalkraftfelder sind um so höher, je kleiner der Durchmesser des Rotors gewählt wird. Da aber bei kleineren Rotoren das künstliche Schwere-(Trägheits-) Feld zu inhomogen wird, haben sich für Meßzwecke nur Rotoren bewährt, die einen wirksamen Radius von etwa 65 mm besitzen.

Die Ölturbinenzentrifuge von Svedberg. Svedberg und seinen Mitarbeitern gelang es, die bisher leistungsfähigsten Zentrifugen zu schaffen. Bei einem wirksamen Radius von 32 mm wurden Beschleunigungen von fast $10^6 \, g$ (g Fallbeschleunigung) erreicht. Bei einem Radius von 65 mm gelang es, regelmäßige Messungen bei einer Beschleunigung von 400 000 g (75 000 U/min) durchzuführen. Die Gesamtanordnung der Svedbergschen Zentrifuge ist aus Abb. 1 ersichtlich. Die

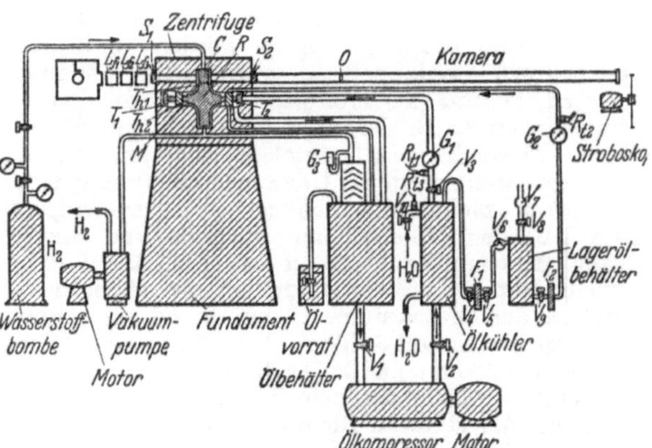

Abb. 1. Schema der Gesamtanlage der Ölturbinenzentrifuge von *Svedberg.*

Maschine besitzt einen in zwei festen Lagern laufenden, horizontal liegenden, stählernen Rotor R, der durch Ölturbinen angetrieben wird. Er hat zwei Bohrungen, in die eine mit Bergkristallfenstern versehene Meßzelle für die zu untersuchende Lösung und ein gleich schweres Gegengewicht eingesetzt werden. Um die Reibung zu vermindern und einen guten Temperaturausgleich zu erzielen, läuft der Rotor in einer Wasserstoffatmosphäre von etwa 10 Torr. Die Temperatur in der Zentrifuge wird durch Thermoelemente Th überwacht. Während des Betriebes wird die Zelle mit der Lampe L beleuchtet und die Sedimentation mit einer Kamera großer Brennweite photographisch verfolgt. Durch die Verwendung von Stahlrotoren wird die gesamte Ausführung sehr schwer und stellt große Ansprüche an die Fundamente und das Schutzgehäuse des Rotors. Die Gesamtanlage ist daher recht kostspielig.

Ultrazentrifugen mit Luftantrieb. 1925 beschrieben *Henriot* und *Huguenard* eine Methode zur Erzielung hoher Umlaufgeschwindigkeiten mit Hilfe eines kleinen kegelförmigen Rotors, der nicht auf einem mechanischen Lager, sondern auf einem Luftstrom rotiert. Dieses Antriebsprinzip wurde besonders durch *Beams* und *Pickels* weiterentwickelt und zum Bau von Meßzentrifugen verwendet. Als Rotormaterial diente Aluminium. Es lassen sich hiermit Drehzahlen bis zu 60000 U/min (260000 g) erreichen.

In Abb. 2 ist als Beispiel einer luftgetriebenen Ultrazentrifuge ein in Deutschland entwickelter Typ wiedergegeben. Die Turbinenscheibe *1* wird durch einen Luftstrom, der aus Bohrungen des Hubluftkanals *2* austritt, im Schweben gehalten.

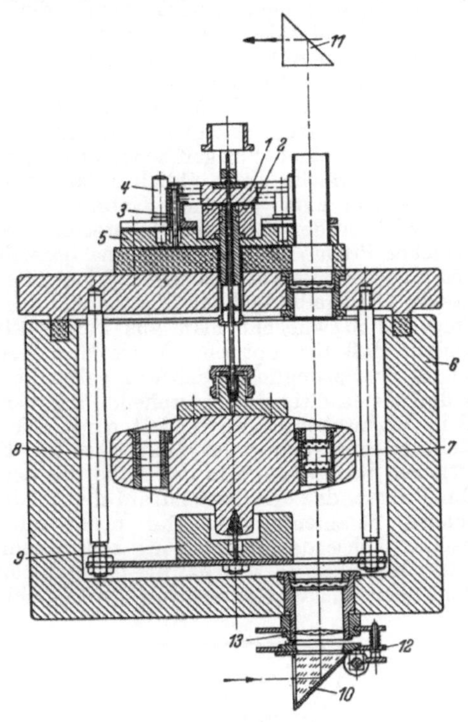

Abb. 2. Schematischer Querschnitt der Ultrazentrifuge der Physikalischen Werkstätten Göttingen.

1 Turbinenscheibe, *2* Hubluftkanal, *3* Treibdüse, *4* Bremsdüse, *5* Gummieinlage, *6* Vakuumkammer, *7* Meßzelle, *8* Ausgleichzelle, *9* Dämpfungsscheibe, *10* und *11* unteres und oberes Prisma. *12* Justiereinrichtung für das Prisma, *13* Schlierenlinse.

Durch seitliche Düsen wird die Turbine in Umdrehung versetzt. Ein entgegengesetzt gerichteter Düsensatz dient zum Abbremsen. An der Turbinenscheibe ist mit Hilfe einer biegsamen Stahlachse der Rotor befestigt, der in einer Vakuumkammer (*6*) rotiert. Der Lichtstrahl wird mit Hilfe der Prismen *10* und *11* durch die Meßzelle in die Kamera gelenkt.

Zentrifugen mit elektrischem Antrieb. Beams und Mitarbeitern gelang es auch, Ultrazentrifugen mit elektrischem Antrieb zu bauen. Er erfolgt mit Hilfe eines variablen, hochfrequenten Wechselstromes, der durch einen Sender von 1 kW Leistung erzeugt wird. Das Anheben des Zentrifugenrotors wird durch eine magnetische Vorrichtung bewirkt, so daß diese Maschinen voll elektrisch arbeiten.

Optische Methoden zur Beobachtung der Sedimentation. Zur Verfolgung des Sedimentationsvorganges in der Zelle werden angewendet: 1. die

Lichtabsorptionsmethode, 2. refraktrometrische Verfahren. Die erstere bietet gewisse Vorteile bei der Untersuchung spezifisch absorbierender Substanzen. Im allgemeinen sind die refraktrometrischen Verfahren überlegen. Von diesen zeichnet sich die Skalenmethode von *O. Lamm* durch große Genauigkeit aus. Es wird eine durchsichtige Skala durch die Zentrifugenzelle hindurch photographiert. Hierbei wird das Licht an der optisch inhomogenen Grenzschicht des sedimentierenden Stoffes abgekrümmt, wodurch die in der Grenzschicht liegenden Skalenstriche um den Betrag Z verschoben werden. Die Verschiebung ist dem Konzentrationsgradienten in der Zelle proportional. Durch Integration der Gradientenkurve kann also die Konzentration des sedimentierenden Stoffes bestimmt werden. Die Auswertung der Skalenaufnahmen ist zeitraubend. Schnellere Ergebnisse werden mit der Toeplerschen Schlierenmethode erzielt, bei der die Grenzschicht als dunkler Streifen auf hellem Hintergrunde erscheint. Bei dieser einfachen Anordnung ist allerdings eine Konzentrationsbestimmung des sedimentierenden Stoffes nicht möglich. Um diese durchführen zu können, wurde die Schlierenmethode noch weiter verfeinert. Nach der Methode der gekreuzten Spalte (*Philpot, Svensson*) erhält man die Konzentrationsgradientenkurve entweder als dunklen Schatten oder als helle Linie auf dunklem Grunde unmittelbar auf der photographischen Platte.

Bestimmung des Molekulargewichtes mit der Ultrazentrifuge. Die auf die Einheit der Beschleunigung bezogene Sedimentationsgeschwindigkeit in Wasser von 20 °C wird als Sedimentationskonstante s_{20} bezeichnet. Ihre Einheit ist 1 *Svedberg* $= 10^{-13}$ cm s^{-1} dyn^{-1} (g^{-1} s). Aus s_{20}, der Diffusionskonstante D_{20} und dem partiellen spezifischen Volumen V_0 läßt sich dann das Molekulargewicht unabhängig von der Gestalt und Solvatation des Teilchens nach einer von *Svedberg* gegebenen Formel berechnen:

$$M = \frac{RT}{D_{20}(1 - V_0 \varrho)} s_{20}.$$

Hierbei ist R die Gaskonstante (in erg/(mol · grad)), T die absolute Temperatur und ϱ die Dichte des Lösungsmittels.

Das Molekulargewicht kann aber auch nach der Methode des Sedimentationsgleichgewichtes bestimmt werden. Hierbei wird das Zentrifugalkraftfeld so niedrig gewählt, daß die Sedimentation und der entgegengesetzt gerichtete Diffusionsvorgang des gelösten Stoffes sich die Waage halten. Es ergibt sich dann eine stationäre Konzentrationsverteilung in der Zelle, aus der das Molgewicht nach der Formel

$$M = \frac{2RT \ln \frac{c_2}{c_1}}{(1 - V_0 \varrho) \, \omega^2 (x_2^2 - x_1^2)}$$

berechnet werden kann. Hierbei ist c_1 bzw. c_2 die Konzentration des Stoffes an zwei Punkten der Meßzelle in den Entfernungen x_1 bzw. x_2 vom Rotationszentrum. Mit diesem Verfahren können auch die Molgewichte niedermolekularer Stoffe bestimmt werden.

Ist das Molekulargewicht und s_{20} bekannt, so kann hieraus das Reibungsverhältnis f/f_0 berechnet werden (f Reibung des gelösten Stoffes, f_0 Reibung einer kompakten Kugel vom gleichen Molekulargewicht). Abweichungen der Moleküle von der sphärischen Gestalt äußern sich somit durch einen über 1 liegenden Wert des Reibungsverhältnisses, das zugleich ein direktes Maß für diese Abweichung darstellt.

Die Bedeutung der Ultrazentrifuge liegt vor allem darin, daß nicht nur Teilchengrößen bestimmt werden können, sondern auch Aussagen über die Einheitlichkeit bzw. bei pauzidispersen Systemen auch über die Zahl und Sedimentationsgeschwindigkeit der einzelnen Komponenten des Gemisches gemacht werden können. Weiterhin liefert sie Aussagen, inwieweit die untersuchten Teilchen von der kompakten Kugelform abweichen.

Svedberg, T., u. *K. O. Petersen:* Die Ultrazentrifuge. Dresden 1940. — *Bomke, H.:* Die Ultrazentrifuge u. ihre Anwendungen. Naturwiss. 32, 185, 250 (1944). — *Schramm, G.:* Die luftgetriebene Ultrazentrifuge. Kolloid-Z. 97, 106 (1941).

·Umbra →Sonnenflecken.

Umfeldbeleuchtung. Da bei den üblicherweise vorkommenden Leuchtdichten die Unterschiedsempfindlichkeit des Auges am größten ist, wenn Infeld und Umfeld die gleiche Leuchtdichte besitzen, kann man z. B. die Einstellgenauigkeit bei subjektiven Photometern dadurch um einen gewissen Betrag erhöhen, daß man das eigentliche Photometergesichtsfeld mit einem Umfeld gleicher Leuchtdichte umgibt.

Umformer. 1. = →Transformator, 2. Einrichtungen, die eine elektrische Größe in eine andere elektrische Größe umwandeln. Man versteht darunter in der Meßtechnik alle →Gleichrichter sowie vor allem die →Thermoumformer, bei denen mit Hilfe eines von Wechselstrom durchflossenen Heizdrahtes die Lötstelle eines Thermoelementes erwärmt wird.

U/min, Symbol für die Einheit Umdrehung/Minute für die Winkelgeschwindigkeit.

Umkehrbar, in der Thermodynamik meist synonym mit →reversibel.

Umkehreinwand (*Loschmidt*), richtete sich gegen das Boltzmannsche →*H*-Theorem und ging davon aus, daß jeder mechanische Vorgang auch in umgekehrter Richtung verlaufen kann. Beide Fälle unterscheiden sich nur durch die Richtung aller am Vorgang beteiligten Geschwindigkeiten. Zu jedem Vorgang im Gas, bei welchem *H* abnimmt, kann man einen möglichen Vorgang angeben, der in der umgekehrten Richtung abläuft und daher *H* größer macht. Dieser Einwand richtet sich besonders gegen den →Stoßzahlansatz der Gastheorie. Er wird dadurch widerlegt, daß der Stoßzahlansatz die Hypothese der molekularen →Unordnung enthält, die als Wahrscheinlichkeitsaussage eingeführt ist, so daß das *H*-Theorem und auch der 2. Hauptsatz der Wärmelehre Wahrscheinlichkeitsgesetze werden.

Umkehrende Schicht, der äußere Teil der →Photosphäre, in dem die Fraunhofer-Linien des →Sonnenspektrums entstehen.

Umkehrlinse, -prismen, -systeme. Optische Geräte oder Systeme ergeben oft gegenüber der Objektlage umgekehrte Bildlagen, z. B. das →astronomische Fernrohr. Zur besseren Beobachtung ist es jedoch vielfach erwünscht, daß die Bilder die gleiche Orientierung haben wie das Objekt, d. h. die Bilder dürfen weder seiten- noch höhenverkehrt sein. Diese Bildaufrichtung kann durch Linsen- oder Prismenanordnungen erfolgen.

Bei der Bildaufrichtung durch Linsen wird zwischen Objektiv und Okular eine Zwischenabbildung eingefügt, und die hierfür benutzte Linse wird als *Umkehrlinse* bezeichnet. Besteht diese aus mehreren Einzellinsen, so spricht man von *Umkehrsystemen*. →Erdfernrohr.

Weitere Umkehrsysteme sind *Prismensysteme*, und man spricht bei der Bildaufrichtung durch Prismen von *Umkehr-* oder *Aufrichteprismen* bzw. *-systemen*. Allgemein gilt, daß bei einer ungeraden Anzahl von Spiegelungen eine einseitige Bildumkehr eintritt, also links mit rechts oder oben mit unten vertauscht ist. Bei einer geraden Anzahl von Spiegelungen findet keine oder eine vollständige Bildumkehr statt, wobei links mit rechts und oben mit unten vertauscht wird. Es tritt dann eine Bilddrehung um die optische Achse um ein ganzzahliges Vielfaches von 180° auf. Einseitige Bildumkehr erfolgt z. B. durch einfache Spiegelung an einer Spiegelfläche, etwa an der Hypothenusenfläche eines üblichen 90°-Prismas. Im Gegensatz zum sonstigen Gebrauch in der Optik wird in der Reproduktionstechnik schon ein solches Prisma als Umkehrprisma bezeichnet, da es die bei Reproduktionsverfahren oft entstehende „Spiegelbildlichkeit" aufhebt.

Gelegentlich wünscht man aus konstruktiven Gründen, daß die optische Achse des Gerätes gegen ihre ursprüngliche Richtung geknickt wird und daß gleichzeitig das entstehende umgekehrte Bild in ein aufrechtes verwandelt wird (z. B. zur Erzielung eines bequemen Einblicks bei Fernrohren zur Beobachtung in der Nähe des Zenits).

Ein Prisma, das den Mittelstrahl des hindurchgehenden Strahlenbündels, der meist mit der optischen Achse des Instruments zusammenfällt, um 90° ablenkt, ist das häufig benutzte *Dachprisma* oder *Dachkantprisma* von *Amici* (Abb. 1).

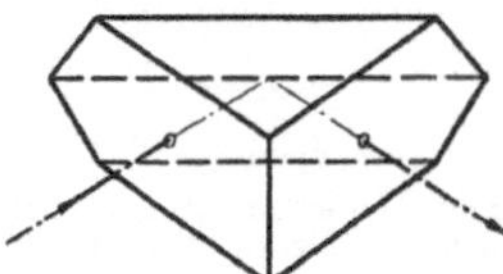

Abb. 1. Rechtwinklig gleichschenkliges Dachkantprisma nach *Amici*.

Es besteht aus einem üblichen gleichschenkligen 90°-Prisma, dessen Hypothenusenfläche durch zwei Dachflächen ersetzt ist, die einen Winkel von 90° einschließen und deren Firstkante im Hauptschnitt des Prismas liegt und in der Hypothenusenfläche verlaufen würde. Damit die durch die beiden Hälften des Bündels entstehenden Bilder zusammenfallen und evtl. entstehende Doppelbilder vermieden werden, muß der Dachkantwinkel möglichst genau 90° betragen (Genauigkeit bei einem Fernrohr mittlerer Vergrößerung ±2″).

Weitere auch auf zweimaliger Spiegelung beruhende, um 90° ablenkende Prismen sind das →*Pentaprisma* und das *Wollastonsche* Reflexionsprisma (Abb. 2).

Von besonderer Bedeutung sind die *geradsichtigen Umkehrprismensysteme*, von denen nachfolgend einige genannt werden:

1. *Prisma nach Dove oder Amici,* auch *Wende-* oder *Reversionsprisma* genannt (Abb. 3). Der

Mittelstrahl trifft parallel zur Reflexionsfläche auf die Eintrittsfläche auf, wo er gebrochen wird. Nach Totalreflexion an der Spiegelfläche tritt er nach nochmaliger Brechung aus der Austrittsfläche aus.

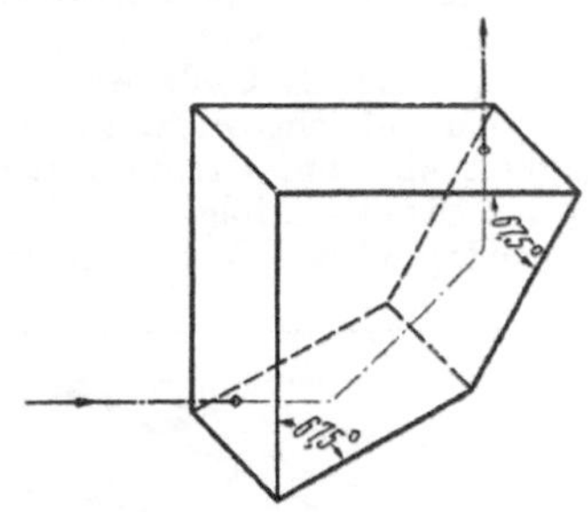

Abb. 2. Wollastonsches Reflexionsprisma.

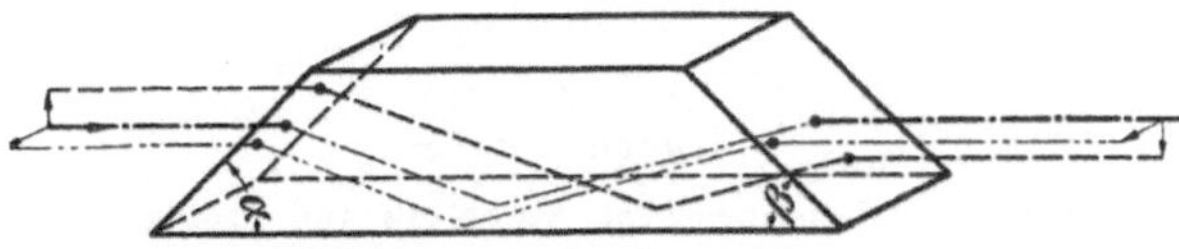

Abb. 3. Prisma nach *Dove.*

Üblicherweise ist $\alpha = \beta = 45°$. Dann und bei passender Wahl des Einfallspunktes des Mittelstrahls tritt keine Seiten- oder Höhenversetzung oder Ablenkung des Strahlenbündels auf. Bei Drehung des Prismas um die optische Achse dreht sich das Bild doppelt so schnell wie dieses. Infolge nur einmaliger Spiegelung findet eine Seiten- oder Höhenvertauschung je nach Lage der Spiegelungsfläche zwischen Bild und Objekt statt. Stellt man zwei Prismen nach *Dove* so hintereinander, daß die parallel zur optischen Achse gelegenen Reflexionsflächen zueinander senkrecht stehen, so erhält man die *Doppelprismenanordnung nach Delaborne,* die eine vollständige Bildumkehr bewirkt. Wird beim Prisma nach *Dove* die Reflexionsfläche durch ein Giebeldach von 90° zwischen den Dachflächen ersetzt, so entsteht ein Dachkantprisma nach *Amici* wie in Abb. 1, durch das das Strahlenbündel jedoch analog, wie in Abb. 3 dargestellt, verläuft. In dieser Form findet eine vollständige Bildaufrichtung statt. Diese Prismen dürfen nur im telezentrischen Strahlengang benutzt werden, da infolge Brechung an den schiefen Ein- und Austrittsflächen Astigmatismus auftritt.

2. *Prismensätze nach Porro* →Porrosches Prisma.

3. *Umkehrprisma nach Abbe* bzw. *König* (Abb. 4). Das hindurchtretende Strahlenbündel wird viermal gespiegelt. Die zweite und dritte Spiegelung

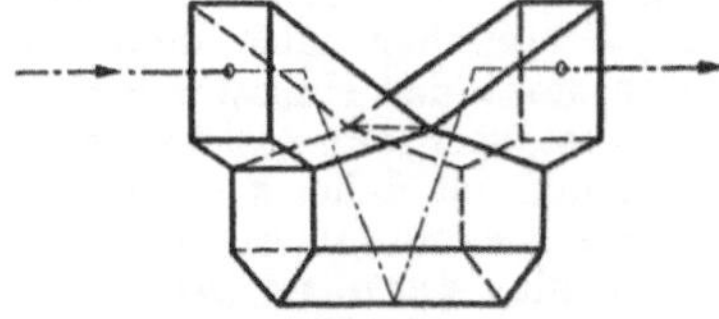

Abb. 4. Umkehrprisma nach *Abbe.*

erfolgt an den beiden Dachflächen, deren Firstkante parallel zum Mittelstrahl des eintretenden Strahlenbündels verläuft. Das Prisma nach *Abbe* ist aus Herstellungsgründen meist aus mehreren Teilen verkittet. Von *König* wurde es so ab-

gewandelt, daß es eine kleinere Baulänge als die von *Abbe* angegebene Form erhält.

4. *Umkehrprisma nach Leman oder Sprenger.* Während beim Umkehrprisma nach *Abbe* eintretender und austretender Strahl keine Versetzung erfahren, sind beim Lemanschen Prisma (Abb. 5) die Verlängerungen des ein- und austretenden Mittelstrahls gegeneinander versetzt, was bei manchen optischen Konstruktionen, z. B. bei Prismenzielfernrohren oder bei binokularen Prismenfernrohren flacher Form, erwünscht ist.

5. Die *Umkehrprismensysteme nach Huet* entstehen entweder durch Verbindung eines um 90° ablenkenden →Pentaprismas mit einem ebenfalls um 90° ablenkenden Amicischen Dachkantprisma oder durch Verbindung eines üblichen 90° ablenkenden Prismas mit einem Pentaprisma, bei dem jedoch eine Reflexionsfläche durch zwei Dachflächen ersetzt ist derart, daß die Dachkante im Hauptschnitt des Pentaprismas liegt. Bei

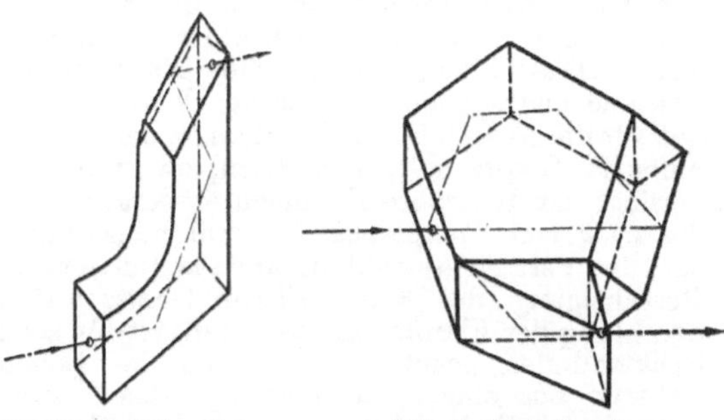

Abb. 5. Umkehrprisma   Abb. 6. Umkehrprisma
nach *Leman.*   nach *Möller.*

beiden Kombinationen wird der austretende Mittelstrahl des Bündels gegenüber dem eintretenden versetzt.

6. Bei dem Umkehrprisma nach *Möller* (Abb. 6) treten sechs Reflexionen auf, von denen zwei an Dachflächen und die restlichen vier als Totalreflexionen im Gegensatz zur Prismenkombination nach 5. erfolgen.

Hinsichtlich einer Anzahl weiterer Umkehrprismensysteme und insbesondere hinsichtlich der Prismensysteme, die den Mittelstrahl des eintretenden Strahlenbündels, der meist die optische Achse des Instruments ist, um bestimmte vorgegebene Winkel ablenken, wird auf die Literatur verwiesen, die auch Angaben über die notwendigen Abmessungen und zu fordernden Herstellungsgenauigkeiten enthält.

Handb. d. Physik XVIII. Berlin 1927. — *Naumann, H.:* Optik f. Konstrukteure. Halle 1949. — *Czapski-Eppenstein:* Grundzüge d. Theorie d. opt. Instrumente. Leipzig 1924. — *König, A.:* Die Fernrohre u. Entfernungsmesser. Berlin 1937.

Umkehrstelle von Banden →Fortrat-Diagramm.

Umkehrung von Spektrallinien. Spektrallinien von Atomen, die der Grundserie des Atoms angehören, bei deren Emission es also in seinen unangeregten Grundzustand zurückkehrt, wie z.B. die *D*-Linien des Na-Dampfes, treten nicht nur im Emissionsspektrum, sondern auch im Absorptionsspektrum des betreffenden Stoffes auf. Das zeigt ein berühmter Versuch (*Foucault* 1849, *Kirchhoff* 1859). Das Spektrum einer Bogenlampe wird auf einen Schirm projiziert. Direkt vor dem Spalt des Spektralapparates ist eine durch Na-Dampf gefärbte Bunsenflamme angeordnet, welche von der in den Spalt eintretenden Strahlung der Bogenlampe durchsetzt werden muß. Im Spektrum beobachtet man am Ort der D-Linien einen, bei größerer Auflösung zwei dunkle Streifen. Schaltet man die Bogenlampe ab, so erscheinen an derselben Stelle die gelben Na-Linien. Die Erklärung liegt darin, daß der Na-Dampf bei der Wellenlänge der D-Linien aus dem Spektrum der Bogenlampe mehr absorbiert, als der Dampf selbst in der Beobachtungsrichtung emittiert. Dadurch erscheint die Stelle der D-Linie gegenüber der helleren Umgebung dunkel.

Féry hat den Versuch über die Umkehrung der Spektrallinien zu einem Verfahren zur Bestimmung der Temperaturen nichtleuchtender Flammen ausgearbeitet. Die kontinuierliche Strahlung der Vergleichslichtquelle, welche die durch ein Metallsalz gefärbte Flamme durchsetzt, wird so einreguliert, daß die beobachtete Spektrallinie auf dem Umkehrpunkt zwischen Hell und Dunkel verschwindet. Dann wird der von der Flamme im Bereich der Spektrallinie absorbierte Anteil der Vergleichsstrahlung durch die Emission der Flamme ausgeglichen. Unter der Voraussetzung, daß für die Ausstrahlung der Flamme das →Kirchhoffsche Gesetz gilt, also Temperaturstrahlung vorliegt, ist die wahre Flammentemperatur gleich der schwarzen Temperatur (→Strahlungstemperatur) der Vergleichsstrahlung am Flammenort. Die Berechtigung, das Kirchhoffsche Gesetz auf die Strahlung der Flamme anzuwenden, ist für solche Spektrallinien gegeben, bei denen das Leuchtelektron aus einem angeregten Zustand direkt, also ohne Zwischenstufen, in den Grundzustand übergeht, d. h. für →Resonanzlinien.

In gleicher Weise wie bei dem Kirchhoffschen Versuch läßt sich die *Selbstabsorption* oder *Selbstumkehr* von Spektrallinien erklären, die darauf beruht, daß ein Atom viele von ihm emittierte Linien auch absorbieren kann. Die Erscheinung kann beispielsweise an den von einem Cu-Funken ausgestrahlten Cu-Linien beobachtet werden, die eine größere Breite haben als die von dem kühleren Cu-Dampf in der äußeren Hülle absorbierten Linien. Die Atome der Funkenhülle können aus der verbreiterten Emissionslinie die Mitte absorbieren, so daß die Emissionslinie in der Mitte einen dunklen Streifen zeigt.

Umklappprozeß, magnetischer →Barkhausen-Sprung.

Umladung von Ionen, wurde zuerst an →Kanalstrahlen von *W. Wien* und *Thomson* untersucht. Geladene Kanalstrahlteilchen verlieren beim Durchfliegen eines gashaltigen Raums ihre Ladung ($A^+ \to A$), und ungeladene Teilchen werden wieder geladen ($A \to A^+$). Bei massenspektrographischen Parabelaufnahmen machen sich die Umladungserscheinungen, wenn der Ablenkungsraum nicht völlig evakuiert ist, als sog. Umladestreifen neben den Masseparabeln bemerkbar. In einem Ionen- oder Kanalstrahl im gashaltigen Raum stellt sich zwischen den Prozessen $A^+ \to A$ und $A \to A^+$ nach Durchlaufen einer gewissen Wegstrecke ein Gleichgewichtszustand ein (*Umladegleichgewicht*), so daß zwischen Ionen und Neutralen ein konstantes Verhältnis $n_+/n_0 = w$ besteht. Bei mehrfach geladenen Ionen, z. B. He^{++}, sind Umladungsvorgänge der Art He$^{++} \rightleftarrows$ He$^+$ und He$^+ \rightleftarrows$ He beobachtet.

Die *mittleren Umladewege* L_+ und L_0 sind die mittleren Weglängen, die ein Ion bzw. ein neutrales Teilchen bis zur nächsten Umladung zurücklegt. Die *Umladequerschnitte* sind den Kehrwerten der mittleren Umladewege proportional. Im Umladegleichgewicht ergibt sich für das Teilchenverhältnis $n_+/n_0 = L_+/L_0$. Umladequerschnitt und somit auch Umladegleichgewicht hängen von der Geschwindigkeit ab, und darum verschiebt sich auch längs des Strahls infolge der abnehmenden Strahlgeschwindigkeit das Verhältnis der Ionen zu

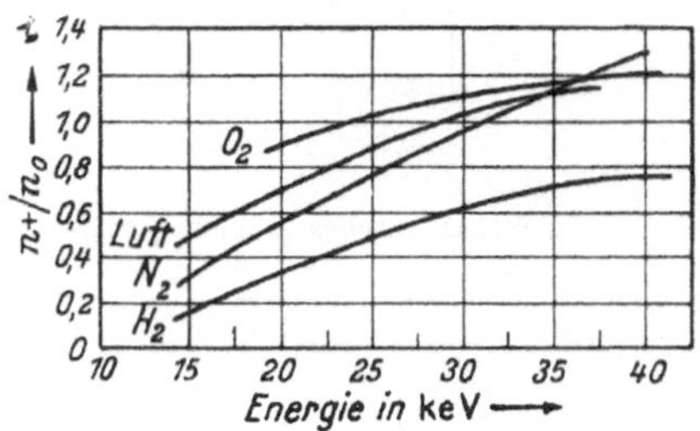

Abb. 1. Umladegleichgewicht. Verhältnis von Protonen zu neutralen Wasserstoffatomen n_+/n_0 von Wasserstoffkanalstrahlen in verschiedenen Gasen. Nach *Rüchardt* und *Bartels*.

den Neutralen (Abb. 1). Die mittleren Umladewege, reduziert auf ein Torr, für H-Strahlen von 20 keV, sind in der Tabelle enthalten. In Helium ist der Umladeweg etwa 50mal größer. Die Umladewege sind von der Größenordnung der gaskinetischen freien Weglänge. Den Gang der Umladequerschnitte mit der Strahlenergie zeigt Abb. 2.

	H$_2$	O$_2$	
L_+	4	3	10^{-2} cm
L_0	19	7,3	10^{-2} cm

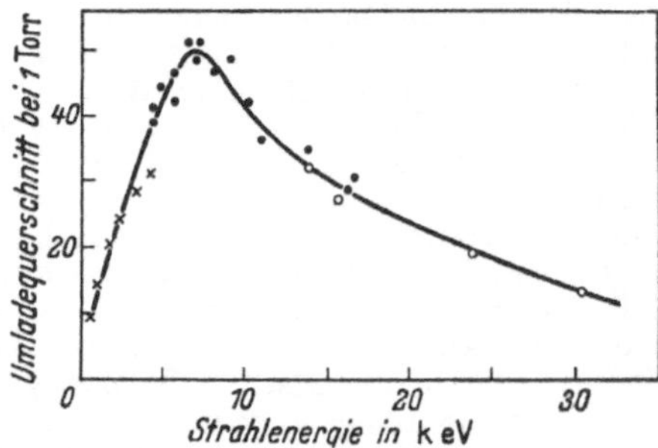

Abb. 2. Umladequerschnitt bei 1 Torr in cm²/cm³ von H$_2$ gegenüber Wasserstoffkanalstrahlen. Nach *Goldmann* und *Bartels*.

Der Prozeß $A \to A^+$ ist lediglich eine Ionisation von A infolge des Zusammenstoßes mit einem ruhenden Gasteilchen, also eine Stoßionisation. Dagegen besteht der Umladungsprozeß $A^+ \to A$ in einem Austausch eines Elektrons zwischen Ion und Atom und ist daher von der Ionisation, bei der ein freies Elektron in Erscheinung tritt, atomtheoretisch als *Austauschreaktion* des Schemas $A^+ + (B^+ + e) = (A^+ + e) + B^+$ wohl zu unterscheiden und von besonderem Interesse. *Kallman* und *Rosen* [Z. Phys. **61**, 61 (1930)] stellten fest, daß der Wirkungsquerschnitt für die Umladung im eigentlichen Sinn von der *Resonanzunschärfe*, d. h. hier von der Differenz der Neutralisationsenergie von A^+ und der Ionisierungsenergie von B, nach Art einer typischen Resonanzkurve abhängt.

Der Umladequerschnitt ist daher besonders groß, wenn beide Ionisierungsenergien gleich oder nahezu gleich sind, was z. B. erklärt, daß N_2^+-Ionen in Stickstoff und Argon stärker umladen als N^+-Ionen.

Da Umladung des stoßenden Ions und Ionisierung des Stoßpartners ohne Umladung des Ions nebeneinander vorkommen können, interessiert der Zusammenhang der Ausbeute beider Prozesse. Während Umladung bereits bei sehr kleinen

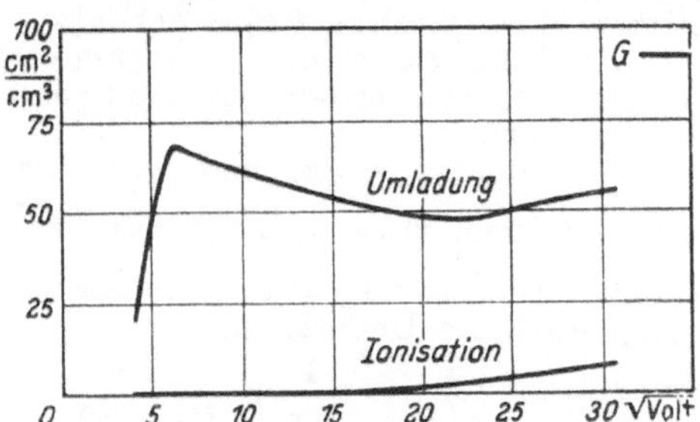

Abb. 3. Ionisations- und Umladequerschnitt für Argonionen in Argon. Nach *Wolf*.

Ionengeschwindigkeiten einsetzt, erfolgt Ionisation erst bei wesentlich höheren Geschwindigkeiten. Abb. 3 zeigt dies für Argonionen in Argon. Handb. d. Physik XXII/2. Berlin 1933.

Umlaufsinn. Ist $\mathfrak{C}$ eine etwa ebene geschlossene Kurve, die in der xy-Ebene eines rechtshändigen Koordinatensystems $K(x, y, z)$ liege, so kann man das durch $\mathfrak{C}$ umrandete Flächenstück, von einem gewissen Punkt ausgehend, in zweierlei Richtung umfahren. Es ist in der Mathematik üblich, einen *„positiven"* Umlaufsinn durch die Festlegung zu definieren, daß man den Rand $\mathfrak{C}$ entgegengesetzt der Uhrzeigerdrehung durchläuft, d. h. sich im Sinne einer Rechtsschraubung bewegt, oder gleichwertig damit, daß beim Durchwandern der Kurve das von ihr abgegrenzte Flächenstück stets zur „Linken" liegt. Der entgegengesetzte Umlaufsinn wird als *„negativ"* bezeichnet. Bei Rechnungen, in denen der Umlaufsinn eingeht, hat eine Vertauschung desselben einen Vorzeichenwechsel des Ergebnisses zur Folge.

Beispiel: Der Inhalt eines Dreiecks ist mittels der Koordinaten seiner drei Eckpunkte $A\,(x_1 y_1)$ $B(x_2 y_2)\ C(x_2 y_3)$ durch die Determinante

$$F = \tfrac{1}{2} \begin{vmatrix} x_1 y_1 & 1 \\ x_2 y_2 & 1 \\ x_3 y_3 & 1 \end{vmatrix}$$

gegeben. F muß natürlich von der (willkürlich zu wählenden) Bezeichnung der Eckpunkte unabhängig sein. Jedoch wird der Flächeninhalt positiv oder negativ, je nachdem wie der Umlaufsinn von ABC gewählt wird. Liegt beim Umlauf $ABCA$ das Dreieck zur Linken, so wird die Determinante positiv, andernfalls negativ. Ein anderes Beispiel, wo der Umlaufsinn zu beachten ist, sind Linienintegrale über geschlossene Kurven.

Umrechnungsfaktor. Der Umrechnungsfaktor g zwischen zwei Einheiten für eine Größe ist das Verhältnis, in dem die Beträge der beiden Einheiten zueinander stehen; Umrechnungsfaktoren zwischen Einheiten lassen sich als reine Verhältniszahlen nur zwischen Einheiten gleicher Art oder Dimension angeben. Der Umrechnungsfaktor f zwischen zwei Zahlenwerten einer Größe stellt

das Verhältnis dar, in dem die beiden Zahlenwerte für dieselbe Größe, gemessen in zwei verschiedenen Einheiten, zueinander stehen. Der Umrechnungsfaktor zwischen zwei Einheiten ist zu dem Umrechnungsfaktor zwischen den zugehörigen Zahlenwerten stets reziprok (→Zahlenwert):

$$g = \frac{[a]_x}{[a]_y}, \quad f = \frac{\{a\}_x}{\{a\}_y}, \quad f g = \frac{\{a\}_x [a]_x}{\{a\}_y [a]_y} = 1.$$

Umspanner = →Transformator.

Umstimmung des Auges, mit dem Übergang vom →Tages- zum →Dämmerungssehen (und umgekehrt) und der →Ermüdung des Auges einhergehende Veränderungen seiner Empfindlichkeit, insbesondere für Farblichter.

Umstimmung, musikalische, →Verstimmung.

Umwandlung, innere, von Atomkernen →innere Umwandlung.

Umwandlungselektronen, die unmittelbar aus dem Atomkern stammenden (früher sog. primären) β-Strahlen. →β-Spektren, →sekundäre β-Strahlen.

Umwandlungspunkte. Viele Stoffe kommen innerhalb des festen Aggregatzustandes in verschiedenen →Modifikationen (Kristallsystemen, auch amorph) vor. Ein Zustandspunkt, definiert durch Druck und Temperatur, bei dem der Stoff aus der einen in die andere Modifikation übergeht, heißt Umwandlungspunkt. Ein solcher ist z. B. auch der →Curie-Punkt. In allgemeinerem Sinne sind auch der Schmelzpunkt und der Siedepunkt Umwandlungspunkte. Die Stabilitätsbereiche der verschiedenen Modifikationen grenzen im Zustandsdiagramm längs der Umwandlungskurve aneinander. Umwandlungen sind insofern den Phasenänderungen (Verdampfen, Sublimieren, Schmelzen) völlig analog; die zur Umwandlung von 1 g bzw. 1 kg oder 1 Mol erforderliche latente Wärme wird *Umwandlungswärme* genannt. Ihre Einheit ist also 1 cal g^{-1} = 1 kcal kg^{-1} bzw. 1 cal mol^{-1} = 1 kcal $kmol^{-1}$. Umwandlungspunkte sind auch bisweilen als thermometrische Fixpunkte geeignet, z. B. Natriumsulfat 32,38 °C.

Bei Umwandlungen von Modifikationen spielen infolge des festen Aggregatzustandes beider Phasen die instabilen Überschneidungen der Bereiche, die z. B. den Zuständen des unterkühlten Dampfes und dem Siedeverzug der Flüssigkeit entsprechen, eine vielfach entscheidende Rolle. Meßtechnisch lassen sich die Umwandlungspunkte dann nicht so exakt bestimmen; die Werte bei Erwärmung und Abkühlung stimmen scheinbar nicht überein. Technisch gelingt es, z. B. durch Abschrecken von Stahl, einen bei Zimmertemperatur instabilen Zustand größerer Härte „einzufrieren"; d. h. der instabile Zustand bleibt beliebig lange erhalten, die Umwandlungsgeschwindigkeit ist verschwindend klein. Bei Diamant ist es bisher nicht gelungen, den Stabilitätsbereich aufzufinden; in den experimentell zugänglichen Druck- und Temperaturbereichen scheint immer Graphit die stabile Modifikation des Kohlenstoffes zu sein. Handb. d. Physik X. Berlin 1926.— *Müller-Pouillet:* Lehrb. d. Physik III/1. Braunschweig 1926.

Umwandlungspunkt, magnetischer, = →Curie-Punkt.

Umwandlungsquerschnitt →Wirkungsquerschnitt für das Auftreten einer Kernreaktion.

Umwandlungstemperatur = →Umwandlungspunkt.

Umwandlungswahrscheinlichkeit, Wahrscheinlichkeit einer Kernumwandlung. →Kernreaktionen.

Umwandlungswärme, auch *latente Wärme,* eine einem Stoff zugeführte Wärmemenge, welche keine Änderung seiner Temperatur bewirkt, sondern zur Leistung innerer Arbeit in einem →Umwandlungspunkt verbraucht wird (Schmelz-, Verdampfungs-, Sublimationswärme, magnetische Umwandlungswärme usw.). Bei der Umkehrung der Umwandlungen wird die Umwandlungswärme auf Kosten innerer Energie wieder frei, und sie wird dann oft auch als Erstarrungs-, Kondensationswärme usw. bezeichnet. Zu den Umwandlungswärmen im weiteren Sinne gehören u. a. auch die Lösungs-, Verdünnungs-, Absorptionswärme usw., die sich in einer (negativen oder positiven) Temperaturänderung (Wärmetönung) bei dem betreffenden Vorgang äußern.

Umweganregung →Mehrfachinterferenzen.

Umwegröhre →behinderte Entladung.

Unabhängigkeit, lineare. Die Vektoren $f_1, f_2, \cdots$ des →Hilbert-Raumes heißen linear unabhängig, wenn aus $\sum_\nu a_\nu f_\nu = 0$ folgt, daß alle $a_\nu = 0$ sind.

Sind die f_ν Funktionen des Ortes, so heißen die Funktionen ebenfalls linear unabhängig.

Unabhängigkeitsprinzip, Newtons „Lex quarta", die *Erfahrungstatsache,* daß die Wirkungen mehrerer an einem Körper angreifenden Kräfte sich ungestört überlagern (superponieren, daher auch *Superpositionsprinzip*), die Kräfte sich also nicht gegenseitig beeinflussen. Als nachprüfbare Erfahrungstatsache ist diese Aussage also ein *Naturgesetz.* Es bildet eine der fundamentalen Grundlagen der klassischen Mechanik, weil es die Möglichkeit gibt, Kräfte auf die einfachste Weise wie Vektoren zu addieren (→Kräfteaddition) bzw. in Komponenten zu zerlegen (→Kräftezerlegung). In der Relativitätsmechanik verliert das Unabhängigkeitsprinzip seine Geltung.

Unbestimmte Formen. Ist $y = f(x)$ eine Funktion der Variablen x, die sich in einem gewissen Intervall $a \leq x \leq b$ bewegen kann, und nimmt y für einen in $[\overline{ab}]$ liegenden Wert $x = x_0$ die Form $0/0, \infty/\infty, 0 \cdot \infty, \infty - \infty, 0^0, \infty^0$ oder 1^∞ an, so sagt man, $f(x_0)$ sei ein unbestimmter Ausdruck. Solche treten dann auf, wenn $f(x)$ gleich dem Quotienten zweier Funktionen ist, die beide für $x = x_0$ verschwinden oder unendlich groß werden, oder wenn $f(x)$ gleich dem Produkt aus zwei Funktionen ist, von denen für $x = x_0$ die eine verschwindet, während die andere unendlich groß wird usw. Den unbestimmten Ausdrücken $0/0, \infty/\infty$ usw. ordnet man einen „*wahren*" Wert zu, indem man als diesen den Grenzwert $\lim\limits_{x \to x_0} f(x)$ definiert, wobei natürlich vorausgesetzt ist, daß letzterer existiert. Zur Berechnung dieses Grenzwertes für die Unstetigkeitsstelle $x = x_0$ dient die Regel von *Bernoulli-l'Hospital.* Für die einzelnen möglichen unbestimmten Formen besagt sie:

1. Ist $f(x) = g(x)/h(x)$ und $f(x_0) = g(x_0)/h(x_0) = 0/0$ (bzw. ∞/∞), so ist der „wahre" Wert $f(x_0) = \lim\limits_{x \to x_0} \dfrac{g(x)}{h(x)} = \lim\limits_{x \to x_0} \dfrac{g'(x)}{h'(x)}$, sofern der Grenzwert existiert und g und h in der Umgebung von $x = x_0$ differenzierbar sind. Ist $\lim\limits_{x \to x_0} \dfrac{g'(x)}{h'(x)}$ wieder

eine unbestimmte Form, so ist auf sie die Regel erneut anzuwenden. Beispiel:

$$y = \frac{x^2 + 2x - 15}{4x - 12}, \quad y(3) = \frac{0}{0},$$

$$\lim_{x \to 3} \frac{f'(x)}{g'(x)} = \lim_{\to 3} \frac{2x + 2}{4} = 2.$$

2. Ist $f(x) = g(x) h(x)$ und $g(x_0) = 0$, während $\lim\limits_{x \to x_0} h(x) = \infty$ ist, so gelangt man durch die Substitution $h(x) = 1/k(x)$ zu $f(x) = g(x)/k(x)$, welcher Ausdruck für $x = x_0$ die unbestimmte Form $0/0$ annimmt, so daß vorstehende Regel angewendet werden kann.

3. Ist $f(x) = g(x) - h(x)$ und wird $\lim\limits_{x \to x_0} g(x) = \infty$ sowie $\lim\limits_{x \to x_0} h(x) = \infty$, liegt also der unbestimmte Ausdruck $f(x_0) = \infty - \infty$ vor, so läßt sich $f(x)$ durch die Umformung

$$f(x) = \left(\frac{1}{h(x)} - \frac{1}{g(x)} \right) : \frac{1}{f(x)\, g(x)}$$

auf die Form $0/0$ bringen.

4. Ist $f(x) = g(x)^{h(x)}$, so können die unbestimmten Ausdrücke $0^0, \infty^0, 1^\infty$ auftreten, wenn $g(x_0) = 0, \infty, 1$ und $h(x_0) = 0, 0, \infty$ wird. Für diese Fälle hat man $\ln f(x) = h(x) \ln g(x)$ zu bilden, was auf die unbestimmte Form $0 \cdot \infty$ führt.

Rothe, R.: Höhere Mathematik I. Leipzig 1948. – *Courant, R.:* Vorl. über Differentialrechnung I. Berlin 1948. – *v. Mangold-Knopp:* Höhere Mathematik II. Leipzig 1948.

Unbestimmtes Integral einer Funktion $f(x)$ nennt man jede Funktion $F(x)$, die die Eigenschaft hat, daß ihre Ableitung $dF/dx = f(x)$ ist. Man schreibt dafür $F(x) = \int f(x)\, dx$ und nennt das Aufsuchen von $F(x)$ bei vorgegebenen $f(x)$ *Integration,* die also die dem Differenzieren entgegengesetzte (inverse) Rechenoperation ist. Der Kalkül, der sich mit den Verfahren beschäftigt, zu vorgegebenen Funktionen $f(x)$ die unbestimmten Integrale aufzusuchen und deren Eigenschaften zu ermitteln, heißt *Integralrechnung.* Durch Umkehrung der Hauptformeln der Differentialrechnung liefert sie die sog. *Grundintegrale*

$$\int x^n\, dx = \frac{x^{n+1}}{n+1} + C\, (n \neq 1), \quad \int \frac{dx}{x} = \ln x + C,$$

$$\int e^x\, dx = e^x + C, \quad \int a^x\, dx = \frac{a^x}{\ln a} + C,$$

$$\int \sin x\, dx = -\cos x + C, \quad \int \mathfrak{Sin}\, x\, dx = \mathfrak{Cos}\, x + C,$$

$$\int \frac{dx}{\sqrt{1 - x^2}} = \arcsin x + C, \quad \int \frac{dx}{1 + x^2} = \arctan x + C,$$

$$\int \frac{dx}{\sqrt{1 + x^2}} = \mathfrak{Ar}\, \mathfrak{Sin}\, x + C = \ln\left(x + \sqrt{1 + x^2}\right) + C \text{ usw.}$$

Die in den angeführten Integralformeln stets auftretende Größe C ist eine als *Integrationskonstante* bezeichnete willkürliche konstante Größe, in der sich die zu einem gegebenen $f(x)$ gehörigen unbestimmten Integrale unterscheiden. Denn ist $F(x)$ ein solches, so ist auch $F(x) + \text{const}$ eins, da $d\, \text{const}/dx = 0$ ist. Die Integrationskonstante läßt sich bei physikalischen Problemen aus gewissen „Anfangs"- oder anderen Bedingungen bestimmen. Zur Ermittlung unbestimmter Integrale, die nicht auf die Grundintegrale zurückführbar sind, gibt es eine Reihe von Integrationsmethoden, etwa die →partielle Integration, die sich der Formel $\int u(x)\,dx = u(x)v(x) - \int v(x)\,du(x)$ bedient, die Methode der Substitution, die durch Einführung einer neuen Variablen: $x = x(t)$ ein Integral in ein anderes überführt, die Partialbruchzerlegung u. a. (→Integrationsmethoden).

Literatur →unbestimmte Formen; ferner *F. Tölke:* Tafeln elementarer Funktionen. Berlin 1943.

Unbestimmtheitsrelation. Für zwei →Observable A, B (→Hermitesche Operatoren) gelte die Vertauschungsrelation $AB - BA = V/i$. V ist dann hermitesch. Hieraus folgt für die durch (Erw = →Erwartungswert) $(\Delta a)^2 = \mathrm{Erw}[(A - \mathrm{Erw}(A))^2]$ definierten Ungenauigkeiten Δa und Δb: $\Delta a\,\Delta b \geqq \frac{1}{2}\lfloor(\varphi, V\varphi)\rfloor$, wobei φ der Zustand ist, in dem die Erwartungswerte nach $\mathrm{Erw}(A) = (\varphi, A\varphi)$ gebildet werden. Für zwei kanonisch konjugierte Variablen wie Ort Q und Impuls P gilt wegen

$$PQ - QP = \frac{\hbar}{i}\,1, \quad \text{daß } \Delta p\,\Delta q \geqq \frac{\hbar}{2} \text{ ist. Dies ist}$$

die *Heisenbergsche Unbestimmtheitsrelation*, die ein Maß für die Grenze der Anwendbarkeit der klassischen Mechanik gibt. →Komplementarität, →Beobachtung.

Unbunt, die Farben Weiß, Grau, Schwarz. →Farbe.

Undoren. Der Begriff ist in Anlehnung an den des →Spinors geprägt und speziell auf die →Diracsche und daraus abgeleitete Wellengleichungen zugeschnitten. Ein Undor erster Stufe ist ein Gebilde von vier Komponenten, das sich bei Koordinatenänderungen wie eine Diracsche Wellenfunktion transformiert. Ein Undor höherer Stufe transformiert sich entsprechend wie die Produkte der Komponenten von einfachen Undoren. Solange man nur Lorentz-Transformationen untersucht, ist ein Undor eine spezielle Spinorkombination, nämlich $(\varphi_1, \varphi_2, \chi_1, \chi_2)$. Die Struktur der Diracschen Wellengleichung und der daraus abgeleiteten Wellengleichungen für Teilchen mit höherem Spin ist jedoch erst vollständig zu übersehen, wenn man beliebige lineare Transformationen der Undoren zuläßt, welche bis auf eine gemeinsame Transformation der Phasen der Undorkomponenten mit der 15parametrigen Gruppe der Kugelverwandtschaften isomorph ist (→Partikelfeld). Die physikalische Bedeutung einer so allgemeinen Transformation ist nicht bekannt.

Belinfante, F. J.: Physica, Haag 6, 849 (1939).

Undulationstheorie, die →Wellentheorie des Lichtes.

Unechtgrau →Grau.

Uneigentlich divergente Reihe →Konvergenz.

Uneigentlicher Grenzwert →Grenzwert.

Uneigentliche Integrale nennt man Integrale $J = \int_a^b f(x)\,dx$, in denen eine oder beide Grenzen unendlich groß werden oder in denen der Integrand innerhalb des Intervalls $a \ldots b$ unbeschränkt, d. h. unendlich groß ist. Beispiele:

$$J_1 = \int_1^\infty \frac{dx}{1 + x^2}, \quad J_2 = \int_{-\infty}^{+\infty} \frac{dx}{1 + x^2},$$

$$J_3 = \int_0^\pi \ln \sin x\,dx, \quad J_4 = \int_{-a}^b \frac{1}{x^{2/3}}\,dx$$

sind uneigentliche Integrale, weil bei J_1 die obere Grenze, bei J_2 beide Grenzen, bei J_3 der Integrand an den Intervallgrenzen und bei J_4 an der Stelle $x = 0$ unendlich wird. Die Berechnung von uneigentlichen Integralen geschieht durch eine Grenzwertbestimmung, und zwar erklärt man mit einer bzw. zwei unendlichen Grenzen

$$\int_a^\infty f(x)\,dx = \lim_{b \to \infty} \int_a^b f(x)\,dx,$$

$$\int_{-\infty}^{+\infty} f(x)\,dx = \lim_{a,\,b \to \pm\infty} \int_a^b f(x)\,dx,$$

ferner, wenn der Integrand an den Intervallgrenzen unbeschränkt ist (wie z. B. bei J_3):

$$\int_a^b f(x)\,dx = \lim_{\varepsilon,\,\delta \to 0} \int_{a-\varepsilon}^{b-\delta} f(x)\,dx,$$

oder wenn (wie bei J_3) der Integrand an einer Stelle $x = x_0$ unendlich wird,

$$\int_a^b f(x)\,dx = \lim_{\varepsilon \to 0} \int_a^{x-\varepsilon} f(x)\,dx + \lim_{\delta \to 0} \int_{x+\delta}^b f(x)\,dx.$$

Die Beachtung dieser Vorschrift über die Grenzwertbestimmung zeigt, daß die oben angeführten uneigentlichen Integrale konvergieren, und führt zu folgenden Werten: $J_1 = \frac{\pi}{4}$, $J_2 = \pi$, $J_3 = -\pi \ln 2$, $J_4 = 3\left(\sqrt[3]{a} + \sqrt[3]{b}\right)$.

Bei mehrfachen Integralen gilt Entsprechendes. So ist etwa das uneigentliche dreifache Integral

$$\iiint_{a\,c\,e}^{b\,\infty\,f} g(x, y, z)\,dx\,dy\,dz$$

als

$$\lim_{d \to \infty} \iiint_{a\,c\,e}^{b\,d\,f} g(x, y, z)\,dx\,dy\,dz$$

zu verstehen. Allgemeine Aussagen über die Konvergenz eines vorgegebenen uneigentlichen Integrals kann man nicht machen.

Rothe, R.: Höhere Mathematik. Leipzig 1948. — *Courant, R.:* Vorl. über Differential- u. Integralrechnung. Berlin 1948.

Unendliche Folge nennt man eine abzählbare Menge von Gliedern $a_1, a_2, a_3 \ldots$ Die Abzählung, d. h. die Zuordnung der $a_\nu\,(\nu = 1, 2, 3 \ldots)$, erfolgt meistens durch Vorgabe einer bestimmten Gesetzmäßigkeit $a_\nu = f(\nu)$. Sind die a_ν, die *Glieder* der Folge, reelle oder komplexe Zahlen, so heißen die Folgen *reelle* oder *komplexe Zahlenfolgen.* Beispiel: Das Gesetz $a_\nu = 1/\nu$ liefert die Zahlenfolge $1, 1/2, 1/3 \ldots$ Eine andere Folge stellt die Gesamtheit aller Primzahlen dar, die durch keinen formelmäßigen Ausdruck bisher nicht darstellbar sind. Besitzt eine Folge einen →Grenzwert a, d. h. ist $\lim_{\nu \to \infty} a_\nu = a$, so heißt die Folge *konvergent.* Ist insbesondere $a = 0$, so spricht man von einer *Nullfolge.* Eine nichtkonvergente Folge wird *divergent* genannt. Eine solche besitzt entweder den Grenzwert ∞, oder die unendliche Menge der Glieder der Folge hat mehrere →Häufungspunkte.

Falkenberg, H.: Elementare Reihenlehre. Samml. Göschen 943/1027. Berlin 1944/45.—*Knopp, K.:* Theorie u. Anwendung d. unendl. Reihen. Berlin 1948. — *Knopp, K.:* Elemente d. Funktionentheorie. Samml. Göschen 1109. Berlin 1944.

Unendliche Gruppe. Die Anzahl der Elemente einer Gruppe heißt deren *Ordnung*. Die Gruppe heißt unendlich, wenn ihre Ordnung unendlich ist.

Unendliche Menge →Menge.

Unendliches Produkt, der Ausdruck $\prod\limits_{\nu=1}^{\infty} a_\nu$ $= a_1\,a_2\,a_3 \ldots$, dessen Faktoren $a_1,\,a_2,\,a_3 \ldots$ eine Folge beliebiger reeller oder komplexer Zahlen oder eine Folge von Funktionen darstellen. Man nennt das unendliche Produkt *konvergent*, wenn der Grenzwert $\lim\limits_{n\to\infty} P_n = P \neq 0$ existiert, wobei unter P_n das Produkt der n ersten Glieder der Folge zu verstehen ist: $P_n = a_1\,a_2\,a_3 \ldots a_n$. P selbst wird als der „*wahre*“ Wert des unendlichen Produktes angesehen: $\prod\limits_{\nu=1}^{\infty} a_\nu = P$. Dieses kann nur dann verschwinden, wenn einer der Faktoren gleich Null ist. Eine notwendige und hinreichende Bedingung dafür, daß ein unendliches Produkt konvergiert, ist, daß von einem gewissen n ab $|a_n\,a_{n+1} \ldots a_{n+m} - 1| < \varepsilon$ wird, wenn $\varepsilon > 0$ eine beliebig kleine und m eine natürliche Zahl ist.

Die unendlichen Produkte haben insofern große Bedeutung, als nach einem zuerst von *Weierstrass* bewiesenen Satz jede ganze Funktion als unendliches Produkt dargestellt werden kann.

Beispiel: Für die trigonometrischen Funktionen ergeben sich die für alle Werte von x konvergenten Produktdarstellungen: $\sin\pi\,x = \pi\,x \prod\limits_{\nu=1}^{\infty} \left(1 - \dfrac{x^2}{\nu^2}\right),$ $\cos\pi\,x = \prod\limits_{\nu=1}^{\infty} \left[1 - \dfrac{x^2}{\left(\nu - \dfrac{1}{2}\right)^2}\right].$ Aus ihnen kann man leicht für π eine unendliche Produktdarstellung angeben. So folgt aus der $\sin\pi\,x$-Formel für $x = \dfrac{1}{2}$ die Beziehung $\dfrac{1}{\pi} = \dfrac{1}{2}\prod\limits_{\nu=1}^{\infty}\left[1 - \dfrac{1}{(2\nu)^2}\right]$ oder $\dfrac{\pi}{2} = \dfrac{2}{1}\cdot\dfrac{2}{3}\cdot\dfrac{4}{3}\cdot\dfrac{4}{5}\cdot\dfrac{6}{5},\;\ldots$ (→Wallissches Produkt).

Knopp, K.: Theorie u. Anwendung d. unendl. Reihen. Berlin 1948. — *v. Mangold-Knopp:* Höhere Mathematik. Leipzig 1948. — *Knopp, K.:* Funktionentheorie. Samml. Göschen 703. Berlin 1944.

Unendliche Reihe, eine formale unendliche Summe $\sum\limits_{\nu=1}^{\infty} a_\nu = a_1 + a_2 + a_3 + \cdots$ Als „*Wert*“ oder „*Summe*“ der Reihe definiert man den Grenzwert, dem die Folge der Teilsummen (Partialsummen) $s_n = \sum\limits_{\nu=1}^{n} a_\nu$ mit unbegrenzt wachsendem n zustrebt. Ist $\lim\limits_{n\to\infty} s_n = s$, so nennt man $\sum a_\nu$ eine *konvergente* Reihe mit der Summe s (→Grenzwert). Die Glieder a_ν der Reihe können konstante (reelle oder komplexe) Zahlen oder Funktionen $a(x)$ (von einer reellen oder komplexen Veränderlichen x) sein. Im letzteren Fall spielt die Frage nach dem Konvergenzbereich von $\sum a_\nu(x)$ eine ausschlaggebende Rolle (→Konvergenz). Einen Sonderfall der unendlichen Reihen stellen die → *Potenzreihen* $\mathfrak{P}(x)$ $= \sum\limits_{\nu=0}^{\infty} c_\nu(x - x_0)^\nu$ dar, denen (sofern sie konvergent sind) in den Anwendungen besondere Wichtigkeit zukommt, da jede Potenzreihe $\mathfrak{P}(x)$ im Innern ihres Konvergenzbereiches eine differenzierbare Funktion $\mathfrak{P}(x)$ darstellt. Von gleicher Bedeutung ist der sog. *Entwicklungssatz,* nach dem eine reguläre Funktion innerhalb eines gewissen Gebietes als Potenzreihe dargestellt werden kann (→Taylorsche Reihe). Andere wichtige Reihen, durch die man vorgegebene Funktionen (bei Erfüllung der jeweils erforderlichen Voraussetzungen) darstellen kann, sind die →Fourier-Reihen, die →Kugelfunktionsreihen, die →Zylinderfunktionsreihen u.a.

Knopp, K.: Theorie u. Anwendung unendl. Reihen. Berlin 1948. — *Lense, J.:* Reihenentwicklung in d. math. Physik. Berlin 1947. — *Webster-Szegö:* Partielle Differentialgleichungen d. math. Physik. Leipzig 1930. — *Sommerfeld, A.:* Vorl. über theoret. Physik VI. Leipzig 1947.

Unerreichbarkeit des abs. Nullpunktes →3.Hauptsatz der Thermodynamik.

Unfreie Koordinaten →freie Koordinaten.

Ungedämpfte Schwingung (*stationäre Schwingung*) nennt man einen zeitlich periodischen Verlauf irgendeiner Größe, deren Amplitude *zeitunabhängig* ist. Im einfachsten Fall wird eine ungedämpfte Schwingung also dargestellt durch den Ausdruck $q(t) = A_0 \sin(\omega_0 t + \varphi)$, wenn q die mit der Kreisfrequenz ω_0 schwingende Größe ist (→Schwingung). $q(t)$ ist das allgemeine Integral der Bewegungsgleichung des Vorganges $\ddot{q}(t) + \omega_0^2 q(t) = 0$ (*Schwingungsgleichung*). Bewegungen, die durch eine derartige Gleichung beschrieben werden, treten immer dann auf, wenn Massenpunkte, die sich im Gleichgewichtszustand befinden, bei einer Auslenkung aus diesem rücktreibende Kräfte erfahren, die der Entfernung von der Gleichgewichtslage proportional sind (→elastische Kräfte), und wenn auf ihn keine dämpfenden Kräfte wirken (→gedämpfte Schwingung). Ist die rücktreibende Kraft, die bei einer Auslenkung um die Längeneinheit auftritt, gleich c (Rückstellkraft), so wird bei einer Auslenkung $\mathfrak{r}$ die rücktreibende Kraft $\mathfrak{R} = -c\mathfrak{r}$, und es gilt dann für den Massenpunkt m, sofern keine anderen Kräfte wirksam sind, die Bewegungsgleichung $m\ddot{\mathfrak{r}} + c\mathfrak{r} = 0$. Es folgt daraus (→Schwingung), daß eine elastisch gebundene, ungedämpfte Masse Schwingungen mit der Frequenz

$$\nu = \frac{\omega}{2\pi} = \frac{1}{2\pi}\sqrt{\frac{c}{m}}$$

ausführt. Die Schwingungsdauer beträgt also $T = \dfrac{1}{\nu} = 2\pi\sqrt{\dfrac{m}{c}}$, ist also um so größer, je größer die Masse und je kleiner die Rückstellkraft ist.

Westphal, W. H.: Physikal. Praktikum, Anh. I. Braunschweig 1947. — *Sommerfeld, A.:* Vorl. über theoret. Physik I. Leipzig 1943.

Ungenauigkeitsrelation = →Unbestimmtheitsrelation.

Ungerade Darstellungen der unitären Gruppe. Sind $U_{+\frac{1}{2}}$, $U_{-\frac{1}{2}}$ die Basisvektoren der unitären Gruppe $\mathfrak{u}_2$ in zwei Dimensionen, so werden die irreduziblen Darstellungen D_j $(j = 0, \frac{1}{2}, 1, \frac{3}{2} \ldots)$ von $\mathfrak{u}_2$ durch die $v_m = \dfrac{u_{+\frac{1}{2}}^{j+m}\, u_{-\frac{1}{2}}^{j-m}}{\sqrt{(j+m)!\,(j-m)!}}$ $(m = j, j-1, \ldots, -j)$ erzeugt. Für ganzzahliges j wird $\begin{pmatrix} -1 & 0 \\ 0 & -1 \end{pmatrix}$ aus $\mathfrak{u}_2$ durch die Einheit im Raum der v_m dargestellt, für halbzahliges durch (-1)mal der Einheit. Daher nennt man die Darstellungen $D_{\frac{1}{2}}, D_{\frac{3}{2}} \ldots$ ungerade, die anderen gerade. →Drehgruppe.

Ungerade Permutationen. Eine →Permutation P heißt ungerade, wenn sie auf $\prod\limits_{i<k}(u_i - u_k)$ als Vertauschung der u_i angewandt, diese Funktion in $-\prod\limits_{i<k}(u_i - u_k)$ überführt.

Ungestrichene Terme →gestrichene Terme.

Unimodular heißt eine lineare Transformation, wenn die Determinante der zugehörigen Matrix gleich 1 ist.

Unipolarinduktion. Ändert man die Versuchsanordnung beim →Barlowschen Rad in der Art ab, daß man die Spannungsquelle durch ein Galvanometer ersetzt und die Scheibe rotieren läßt, so zeigt das Galvanometer einen Ausschlag, da wiederum eine radial gerichtete Lorentz-Kraft an den bewegten Elektronen des Metalls angreift. Da es genügt, nur einen Pol eines Magneten zu verwenden, in dessen Polfeld sich die Scheibe bewegt, während der andere Pol beliebig weit entfernt sein kann, so nennt man diese Art der Induktion „Unipolarinduktion". Die gewinnbare Spannung ist selbst bei sehr großer Umlaufsgeschwindigkeit sehr klein.

Es gibt jedoch technisch brauchbare, auf dem gleichen Prinzip beruhende Unipolarmaschinen, die aber nur in sehr seltenen Fällen benutzt werden, bei denen es auf sehr große Stromstärke bei niedriger Spannung ankommt.
Mie, G.: Lehrb. d. Elektrizität u. d. Magnetismus. Stuttgart 1948. *Pohl, R.W.:* Elektrizitätslehre. Berlin 1949.

Unitäre →**Darstellung** ist eine solche, bei der die Operatoren (Matrizen) unitär sind. →unitärer Operator.

Unitäre Gruppe, die Gruppe u_n aller unitären Transformationen (→unitären Operatoren) in einem Raum von n Dimensionen, deren Determinante der zugehörigen →unitären Matrizen gleich 1 ist. In zwei Dimensionen ist u_2 eine →Darstellung der räumlichen →Drehgruppe. Die Vektoren dieses zweidimensionalen Raumes heißen →Spinoren.

Unitäre Matrix. Ein →unitärer Operator U ist in einer orthogonalen und normierten Basis φ_v gegeben durch eine Matrix $(u_{\varphi\mu})$ nach $U\varphi_v = \sum \varphi_\mu u_{\mu v}$. Aus $U^*U = UU^* = 1$ folgt

$$\sum_\mu u_{\mu v}\,\bar{u}_{\mu\varrho} = \delta_{v\varrho}; \quad \sum_v u_{\mu v}\,\bar{u}_{\varrho v} = \delta_{\mu\varrho}.$$

Unitärer Operator. Ein linearer →Operator U heißt *isometrisch*, wenn $\|Uf\| = \|f\|$ für jedes f aus dem Definitionsbereich $\mathfrak{D}_U$ von U. Ist $\mathfrak{D}_U = \mathfrak{H}$, dem ganzen →Hilbert-Raum, so ist $U^*U = E$ (E = →Einheitsoperator). Ist auch der Wertevorrat $\mathfrak{W}_U$ von U gleich $\mathfrak{H}$, so gilt auch $UU^* = E$. Ein solcher Operator heißt *unitär*.

Universaldrehtisch (*Fedorow-Tisch*), eine Vorrichtung zum Drehen und Kippen von Kristall- und Gesteinsdünnschliffen unter dem Mikroskop (Abb.). Der Apparat besteht in seiner normalen Ausführung aus zwei konzentrischen Teilkreisen A_1 und A_3 (in der Bezeichnung nach *M. Berek*), die um die in ihren Ebenen liegenden Achsen A_2 bzw. A_4 gekippt werden können. Auch die beiden Kippungen lassen sich an einem Teilkreis (A_4) oder an zwei um die Richtung SS aufklappbaren Teilkreissegmenten (A_2) ablesen. Durch Drehen und Kippen der Achsen A_1 und A_2 wird eine charakteristische Ebene des Kristalls, z. B. eine Spaltfläche oder ein Hauptschnitt seiner optischen

Indikatrix, in die Lage senkrecht zur Kontrollachse A_4 gebracht. Dann läßt sich jede Richtung in dieser Ebene durch Drehung um A_4 in die Richtung der Mikroskopachse bringen und untersuchen. A_3 dient hauptsächlich zur Justierung des Apparats und für Spezialzwecke. Der ganze Apparat wird auf

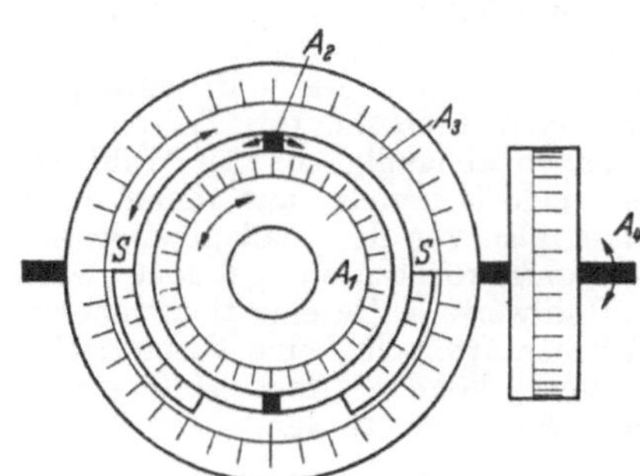

Universaldrehtisch, in Richtung der Mikroskoptubusachse A_5 gesehen.

den drehbaren Tisch (A_5) eines Polarisationsmikroskops geschraubt, so daß die Achse A_4 parallel zur Tischebene und gewöhnlich parallel oder senkrecht oder unter 45° zu den Schwingungsrichtungen der Polarisatoren verläuft.

Um die Ablenkung der Lichtstrahlen durch Brechung beim Eintritt in den Schliff und beim Wiederaustritt zu verringern, wird der Schliff zwischen zwei Glashalbkugeln (*Segmente*) von einer ähnlichen Lichtbrechung wie der Schliffkristall gebracht und zur Vermeidung von Totalreflexion durch dünne Ölschichten mit der Glasfläche verbunden.
Berek, M.: Mikroskop. Mineralbestimmung mit Hilfe der Universaldrehtisch-Methoden. Berlin 1924.

Universalphotometer, 1. eine Spezialausführung des →Tubusphotometers, 2. ein für dosimetrische Messungen bestimmtes lichtelektrisches Gerät (Elster u. Geitel, Dorno).

Universelle Konstanten. Als solche bezeichnet man (soweit bis heute bekannt) die folgenden Konstanten:

die Massen des →Elektrons m_e, des →Protons m_p und der verschiedenen →Mesonen m_m;

die →Elementarladung e;

die →Vakuumlichtgeschwindigkeit c_0;

die elektrische →Feldkonstante ε_0 (bzw. die mit ihr durch die Gleichung $\varepsilon_0\mu_0 = 1/c_0^2$ verknüpfte magnetische Feldkonstante μ_0);

das →Wirkungsquantum h;

die →Gravitationskonstante f;

die →Elementarlänge l_0;

die →Boltzmannsche Konstante k;

die →Expansionskonstante α bzw. ihren Kehrwert, das Weltalter $1/\alpha = \tau$.

Nach *Dirac* ist die Gravitationskonstante f wahrscheinlich keine wirkliche Konstante, sondern eine Funktion des Weltalters. Auch das Weltalter und daher auch die Expansionskonstante sind natürlich keine Konstanten im eigentlichen Wortsinn.

Es ist ein wesentliches Ziel der physikalischen Forschung, alle übrigen physikalischen Konstanten, insbesondere die verschiedenen Stoffkonstanten, auf die universellen Konstanten zurückzuführen. Doch sind auf diesem Wege erst die allerersten Anfänge gemacht worden, und ob das Ziel je auch nur annähernd erreicht werden wird, muß angesichts der dabei auftretenden mathematischen Schwierigkeiten bezweifelt werden.

→Atomkonstanten, →universelle Zahlenkonstanten.

Universelle Zahlenkonstanten. Die Erforschung der Materie hat uns mit einer Reihe von Naturkonstanten bekannt gemacht (→universelle Konstanten), welche universelle Bedeutung für die gesamte Physik besitzen. Ihre Zahlenwerte sind im allgemeinen abhängig von der Wahl der Maßeinheiten; jedoch können aus ihnen einige *dimensionslose*, also von den Maßeinheiten *unabhängige* reine Zahlenkonstanten gebildet werden. Für deren Zahlwerte sollte eine tiefergehende Theorie der Elementarteilchen eine theoretische Begründung geben können. Aber neute sind wir noch völlig außerstande, zu verstehen, warum die reziproke Sommerfeldsche Feinstrukturkonstante $\dfrac{h\,e}{2\pi e^2}$

bzw. $\dfrac{2\varepsilon_0 c_0 h}{e^2}$ ihren fast 137 erreichenden Zahlenwert hat oder weshalb das Massenverhältnis Proton : Elektron gerade den Wert 1835,3 besitzt. Diese Zahlenwerte gehen vielmehr in die jetzige Atomtheorie als empirische Daten ein, von denen wir bislang nicht verstehen, warum sie gerade diese Werte und nicht irgendwelche andere haben. Die Tatsache, daß die fraglichen Zahlwerte wesentlich größer als 1 sind, läßt aber bereits schließen, daß die hier künftig zu gewinnende theoretische Aufklärung recht kompliziert sein muß — andernfalls wären eher Zahlenkonstanten der Größenordnung 1 (wie π oder $\sqrt{2}$) zu erwarten. In der Tat zeigt ja andererseits die Entdeckung verschiedener Arten von →Mesonen, daß die künftige Theorie der Elementarteilchen eine sehr umfangreiche, sehr vielseitige Erscheinungen in sich einschließende Theorie werden muß. Der vor einigen Jahrzehnten stark vorhanden gewesene Eindruck, daß mit Proton und Elektron und ihren Reaktionsgesetzen im wesentlichsten die letzten Geheimnisse der Materie entdeckt seien, war sicherlich ganz irrig. Das einzige Beispiel eines beginnenden Verständnisses der bei den Elementarteilchen auftretenden universellen Zahlenkonstanten ist dieses: Die mittlere Lebensdauer des freien Neutrons ist um viele Zehnerpotenzen (etwa 10) größer als die des freien Mesons. Man kann theoretisch verstehen, daß die erstere Zahl größenordnungsmäßig gleich der 5. Potenz des (seinerseits nur empirisch bekannten, theoretisch ungedeuteten) Massenverhältnisses Meson : Elektron sein muß. Jedoch sind ja die wirklichen Verhältnisse dadurch komplizierter, daß es verschiedene Arten von Mesonen gibt, welche verschiedene Massen und Lebensdauern und verschiedene Bedeutung in bezug auf den β-Zerfall und in bezug auf die Kernbindungskräfte besitzen.

Eine noch viel höhere Größenordnung einer universellen Zahlenkonstanten finden wir, wenn wir im H-Atom die elektrische Anziehung der beiden Teilchen vergleichen mit ihrer *Gravitations*anziehung. Dieser Zahlenwert ist ungefähr gleich 10^{39}. Hierauf beruht es, daß diejenigen Individuen, mit welchen es die Astronomie zu tun hat, die *Sterne*, so sehr viel massereicher sind als die Elementarteilchen. Die Theorie des Sternaufbaus läßt nämlich erkennen, daß die Größenordnung für die

Masse eines Fixsterns (Größenordnung der Sonnenmasse; diese beträgt $\sim 2 \cdot 10^{33}$ g) umgekehrt proportional ist mit der 3/2ten Potenz der Gravitationskonstanten. Deshalb enthält ein Stern größenordnungsmäßig ungefähr 10^{60} Elementarteilchen.

Man ist seit längerer Zeit darauf aufmerksam geworden, daß Zahlenkonstanten der Größenordnung 10^{40} auch im *Kosmos* eine gewisse Rolle spielen. So ergibt die Division des Krümmungsradius der Welt (so gut wir ihn heute empirisch ermitteln können) durch die Elementarlänge $l \approx 10^{-13}$ cm und ebenso die Division des Weltalters von ungefähr 4 Milliarden Jahren durch die der Elementarlänge entsprechende Elementarzeit l/c_0 diese Größenordnung 10^{40}. Ebenso finden wir ungefähr diese Größenordnung bei Division der Massendichte in den Atomkernen durch die mittlere Massendichte des Kosmos ($\approx 10^{-28}$g cm^{-3}). Es hat deshalb die *Masse des Kosmos*, ausgedrückt als Vielfaches der Protonenmasse, ungefähr die Größenordnung 10^{80}.

Theoretische Deutungsversuche zu diesen empirischen Beziehungen zwischen den Größenordnungen verschiedener universeller Zahlkonstanten haben bestimmte kosmologische Folgerungen ergeben (*Jordan*), ausgehend von der Idee (*Dirac*), daß es sich vielleicht in allen mit der Größenordnung 10^{40} zusammenhängenden Fällen *nicht* um *wirkliche Konstanten* handelt, sondern um Funktionen des Weltalters, die im Laufe der kosmologischen Entwicklung einer (relativ) langsamen Veränderung unterliegen.

Jordan, P.: Die Herkunft d. Sterne. Stuttgart 1947.

Universum, das →Weltall.

Unmöglichkeit →Wahrscheinlichkeit.

Unordnung im Kristallgitter eines Mischkristalls →Atomverteilung.

Unordnung, molekulare. Die Hypothese der molekularen Unordnung besagt, daß zwischen den Geschwindigkeitskomponenten benachbarter Moleküle keine Korrelation besteht, sofern der Abstand der Moleküle groß gegenüber der mittleren freien Weglänge ist. Sie ist berechtigt für nicht zu dichte Gase, wo die mittlere freie Weglänge groß gegenüber den Moleküldimensionen ist. Sie bildet eine der wichtigsten Voraussetzungen des klassischen →Stoßzahlansatzes von *Boltzmann*.

Unpolarisierbare Elektrode. Ein elektrochemisches Zweiphasensystem, eine →Elektrode, bezeichnet man als unpolarisierbar, wenn sich die →Galvani-Spannung bei Belastung der Elektrode mit nicht zu hohen Stromdichten praktisch nicht verschiebt, d. h. wenn *praktisch keine elektrochemische* →*Polarisation* auftritt. *Voraussetzung* ist ein entsprechend gut definierter potentialbestimmender Ionenübergang. (Hohe Konzentration der →potentialbestimmenden und mitpotentialbestimmenden Ionen oder Moleküle, keine wesentlichen Hemmungen beim Ionenübergang.)

Unruhe →Uhren.

Unschärfe, optische →Abbildungsfehler.

Unschärferelation = →Unbestimmtheitsrelation.

Unschärferelation, akustische. Ein sinusförmiger Schwingungszug der Dauer Δt besitzt ein mit Hilfe des Fourier-Integrals zu berechnendes kontinuierliches Spektrum, dessen frequenzmäßige Breite $\Delta \nu$ — dem Ähnlichkeitssatz der Fourier-Transformation zufolge — der Unschärferelation

$\Delta t \Delta \nu \approx 1$ gehorcht. Das bedeutet, daß die Frequenz einer Teilschwingung innerhalb eines Frequenzgemischs um so genauer bestimmt werden kann, je mehr Zeit für die Messung zur Verfügung steht. Es bedeutet ferner, daß nur eine unendlich lang andauernde Schwingung absolut monochromatisch sein kann ($\Delta t \to \infty, \Delta \nu \to 0$), während Schwingungszüge von endlicher Länge stets eine endliche „*natürliche*" *Linienbreite* ihres Spektrums haben.

Unstetigkeitsfläche →Diskontinuitätsfläche.

Unsymmetrischer Kreisel, ein Kreisel mit drei verschiedenen Hauptträgheitsmomenten, dessen *Gestalt* unter Umständen auch symmetrisch sein kann. →Kreisel, →Poinsot-Bewegung, →Präzession des Kreisels, →Trägheitsmoment.

Unterbrecher, öffnet und schließt periodisch einen Stromkreis und dient zur Erzeugung von Wechselstrom aus Gleichstrom. Rotierende Unterbrecher werden besonders für die absolute Messung von Kapazitäten nach der Maxwellschen Methode verwendet. Ein mit Hilfe eines Zentrifugalreglers mit auf 10^{-5} konstanter Unterbrechungsfrequenz arbeitender rotierender Unterbrecher für Tonfrequenz ist von *Giebe* konstruiert worden. Ältere Typen, vor allem für Induktoren: Wagnerscher Hammer, Quecksilberunterbrecher, →Wehnelt-Unterbrecher. Ferner →Pendelunterbrecher.

Unterdeterminante. Es sei $D = \| c_{ij} \|$ ($i, j = 1, 2, \ldots, n$) eine →Determinante von n^2 Elementen. Streicht man in D alle in der i-ten Zeile und j-ten Spalte stehenden Elemente, so entsteht eine nur $(n-1)^2$ Elemente enthaltende Determinante, die man nach Multiplikation mit $(-1)^{i+j}$ die zu dem Element c_{ij} gehörige Unterdeterminante (auch *Adjunkte* oder *Minor*) C_{ij} nennt. Beispiel: Bei der Determinante 3. Grades

$$D = \begin{vmatrix} c_{11} & c_{12} & c_{13} \\ c_{21} & c_{22} & c_{23} \\ c_{31} & c_{32} & c_{33} \end{vmatrix}$$

lautet die Unterdeterminante zum Element c_{23}:

$$C_{23} = - \begin{vmatrix} c_{11} & c_{12} \\ c_{31} & c_{32} \end{vmatrix}.$$

Ersichtlich besitzt eine Determinante n-ten Grades n^2 Minoren. Der Begriff der Unterdeterminante läßt sich insofern erweitern, als nicht nur die Elemente *einer* Zeile und Spalte, sondern diejenigen von k Zeilen und Spalten gestrichen werden können. Es verbleibt dann eine Unterdeterminante von $(n-k)$-tem Rang, deren es $\binom{n}{k}^2$ gibt.

Die Unterdeterminanten spielen eine wesentliche Rolle bei der „Entwicklung" einer Determinante nach den Elementen einer Zeile (oder Spalte), denn es gilt hierfür der Laplacesche Zerlegungssatz: Eine Determinante läßt sich als Summe aus den Produkten der Elemente einer Zeile (oder Spalte) mit ihren zugehörigen Unterdeterminanten darstellen. Es gilt also

$$D = \| c_{ij} \| = c_{i1} C_{i1} + c_{i2} C_{i2} + \cdots c_{in} C_{in}$$
$$= c_{1k} C_{1k} + c_{2k} C_{2k} + \cdots + c_{nk} C_{nk}$$

($i, k = 1, 2, \ldots, n$). Beispiel: Für die dreireihige Determinante $D = \| c_{ij} \|$ ($i, j = 1, 2, 3$) gilt

$$D = c_{11} \begin{vmatrix} c_{22} & c_{23} \\ c_{32} & c_{33} \end{vmatrix} - c_{12} \begin{vmatrix} c_{21} & c_{23} \\ c_{31} & c_{33} \end{vmatrix} + c_{13} \begin{vmatrix} c_{21} & c_{22} \\ c_{31} & c_{32} \end{vmatrix}$$
$$= - c_{12} \begin{vmatrix} c_{21} & c_{23} \\ c_{31} & c_{33} \end{vmatrix} + c_{22} \begin{vmatrix} c_{11} & c_{13} \\ c_{31} & c_{33} \end{vmatrix} - c_{32} \begin{vmatrix} c_{11} & c_{13} \\ c_{21} & c_{23} \end{vmatrix}.$$

Aus dem Laplaceschen Entwicklungssatz ergibt sich für den Sonderfall, in dem die Elemente einer Zeile (Spalte) bis auf eines verschwinden, daß die Determinante gleich dem Produkt dieses Elementes mit seiner Unterdeterminante ist.

Fischer, P.: Determinanten. Samml. Göschen 402. Berlin 1944. — *Bieberbach, L.:* Analyt. Geometrie. Leipzig 1944. — *Neiss, F.:* Matrizen u. Determinanten. Berlin 1948.

Unterdrückter Nullpunkt wird bei Meßgeräten angewendet, die nur in einem bestimmten Anzeigebereich verwendet werden sollen, um die Anzeigeempfindlichkeit des Meßgerätes zu erhöhen.

Untere Grenze →Schranke.

Unterfunktion →Laplace-Transformation.

Untergruppe, eine Teilmenge einer →Gruppe, die mit derselben Verknüpfungsoperation ab wieder eine Gruppe bildet. Dies ist der Fall, wenn sie mit a und b auch ab und mit a auch a^{-1} enthält.

Untergruppen, kristallographische. Raumgruppen, die nur einen Teil der Symmetrieelemente einer gegebenen Raumgruppe und keine, die dieser fehlen, besitzen, sind deren Untergruppen.

Unterkorrektion, in der technischen Optik derjenige Zustand unvollkommener Korrektion von →Abbildungsfehlern, bei dem das Vorzeichen des Fehlers der gleiche ist wie bei einer einfachen dünnen Sammellinse. So sinnvoll diese Bezeichnung für sammelnde optische Systeme im allgemeinen ist, so unlogisch ist sie für zerstreuende optische Systeme. Nach der obigen Definition ist die einfache zerstreuende Linse nicht unterkorrigiert, sondern überkorrigiert (→Überkorrektion) — weil mit der Brennweite auch die Abbildungsfehler im Vorzeichen umgekehrt sind —, obwohl nicht einmal von einer eingeleiteten Korrektion bei der einfachen Zerstreuungslinse die Rede ist. Die eingebürgerte Ausdrucksweise will offenbar andeuten, daß man die Unterkorrektion einer einfachen Sammellinse durch Hinzufügen einer „überkorrigierenden" Zerstreuungslinse vermindern kann.

Ist ein sammelndes optisches System genau korrigiert, so streng genommen nur für *eine* Zone. Im allgemeinen sind achsennähere Zonen noch ein wenig unterkorrigiert, achsenfernere Zonen bereits überkorrigiert.

Unterkühlung. Ein Stoff ist unterkühlt, wenn er bei gegebenem Druck eine tiefere Temperatur hat, als dem Stabilitätsbereich des Aggregatzustandes entspricht, in dem er sich befindet. Eine Flüssigkeit unterhalb der Schmelztemperatur nennt man unterkühlte →Schmelze, ein unterkühlter Dampf wird als übersättigt bezeichnet. Die unterkühlten Zustände sind instabil bzw. oft metastabil, d. h. es ist eine relativ starke Störung erforderlich, um den Übergang in den stabilen Zustand einzuleiten. →Kondensationskeime.

Wasser kann bis auf $-72\,°\mathrm{C}$ unterkühlt werden, wenn es durch häufiges Schmelzen und Wiedergefrieren weitestgehend von Kristallisationskernen befreit ist (*W. Rau*). Auch Metallschmelzen lassen sich — allerdings nur bei ziemlich kleinen Mengen — unterkühlen (*D. Turnbull, R. E. Cech*), z. B. Silber um $219\,°\mathrm{C}$, Kupfer um $236\,°\mathrm{C}$, Eisen um $295\,°\mathrm{C}$, Palladium um $332\,°\mathrm{C}$.

Abweichend von der obigen Definition wird insbesondere in der Kältetechnik von einer unterkühlten Flüssigkeit gesprochen, wenn diese unter die Temperatur ihres Siedepunktes bei dem auf ihr lastenden Druck abgekühlt ist, wobei es sich also um einen thermodynamisch durchaus stabilen Zustand handelt.

König, H.: Umschau 51, 275 (1951).

Unterriesen, Sterne der →Spektralklassen F bis M, deren absolute Größe um 2^m bis 3^m kleiner ist als die der normalen Riesensterne im →Hertzsprung-Russell-Diagramm.

Unterscheidbarkeit →Nichtunterscheidbarkeit.

Unterschiedsschwelle, die zur Empfindung eines Helligkeitsunterschiedes mindestens erforderliche Erhöhung (oder Verminderung) — ΔJ — einer Ausgangs- (Adaptations-) Leuchtdichte (J). Für mittlere Werte von J wurde eine Konstanz des Quotienten $\Delta J/J$ festgestellt (→*Weber-Fechnersches Gesetz*), der unterhalb (evtl. auch oberhalb) dieser Bereiche, eine Verringerung der Unterschiedsempfindlichkeit anzeigend, ansteigt. Wird die Unterschiedsschwelle durch den Ausdruck $\Delta J/J + b$ dargestellt (b eine für jeden Sinneszelltyp charakteristische und eigens zu ermittelnde Konstante), so ergibt sich dessen Konstanz für praktisch alle Bereiche von J. Weitere Abhängigkeiten weist die Unterschiedsschwelle von der Größe des gereizten Netzhautareals auf, mit dessen Ausdehnung sie sich bis zu einer bestimmten oberen Grenze verringert (→Riccoscher Satz, →Schwellen).

v. Studnitz, G.: Physiologie d. Sehens· — Retinale Sehprozesse. Leipzig 1951.

Unterschwingungen, Untertöne. Nichtlineare mechanische oder elektrische Schwingungssysteme können auch dann in Resonanz geraten, wenn die Frequenz der erregenden harmonischen Kraft nicht mit der freien Eigenfrequenz des Systems, sondern mit einem ganzzahligen Vielfachen davon übereinstimmt. Die äußere Kraft arbeitet in diesem Fall nicht auf die Grundfrequenz, sondern auf eine der höheren Harmonischen der Eigenschwingung des Systems (*subharmonische Resonanz*). Von den so entstehenden *Unterschwingungen* (oder *Untertönen* bei akustischen Schwingungssystemen) macht man Gebrauch, wenn eine gegebene Schwingungsfrequenz geteilt werden soll, etwa bei der genauen Zeitmessung mit Hilfe von Quarzuhren. Auch die mit einer höheren Frequenz synchronisierte Kippspannung in der Kathodenstrahloszillographie und bei Fernsehgeräten ist eine Unterschwingung. Unerwünschte Unterschwingungen treten bei kegelförmigen Lautsprechermembranen auf; man unterdrückt sie durch Anwendung von nicht in eine Ebene abwickelbaren Membranformen.

Den Hartog, J. P., u. *G. Mesmer:* Mechan. Schwingungen. Berlin 1936. — *Wagner, K. W.:* Einf. in d. Lehre v. d. Schwingungen u. Wellen. Wiesbaden 1947.

Untersetzer. Bei der Zählung der von einem Geiger-Müller-Zählrohr gelieferten Stöße tritt bei großen Stoßzahlen die Schwierigkeit auf, daß einzelne Impulse voneinander einen kleineren zeitlichen Abstand haben, als das →Auflösungsvermögen des mechanischen Zählwerkes beträgt. In einem solchen Falle werden mehrere aufeinanderfolgende Stöße als ein einziger Stoß registriert. Da die mechanischen Zählwerke nicht für beliebig hohe Zählgeschwindigkeiten gebaut werden können, sind für quantitative Zählung schneller Stoßfolgen Untersetzer im Gebrauch. Durch eine geeignete Röhrenkombination wird erreicht,

daß nur jeder zweite oder in einigen Schaltungen auch nur jeder dritte Stoß dem Zählwerk zugeführt wird. Werden n solcher Stufen hintereinander geschaltet, so wird nur jeder 2^n- bzw. 3^n-te Stoß gezählt, wodurch auch sehr schnelle Stoßfolgen der Messung zugänglich werden.

Untersonne →Halo.

Unterwasserfunke, kondensierte Funkenentladung zwischen Wolfram- oder Aluminiumelektroden in Wasser. Die Elektroden sind mit isolierenden Hüllen umgeben, so daß nur ihre Spitzen mit dem Wasser in Berührung stehen. Die Länge der Entladungsbahn beträgt etwa 1 mm. Die Funkenstrecke wird mit Spannungen von über 20 000 V betrieben. Um zerstäubtes Elektrodenmaterial zu beseitigen, geht die Entladung in strömendem Wasser vor sich. Das Spektrum des Unterwasserfunkens ist ein sehr intensives Kontinuum, das sich bis 2000 Å erstreckt.

Handb. d. Physik XIX. Berlin 1929.

Unterzwerge sind Sterne der →Spektralklassen G bis M, die um 2 bis 5 Größenklassen tiefer als die normalen →Zwergsterne unterhalb der Hauptreihe des →Hertzsprung-Russell-Diagramms stehen.

Unzugängliches Bild →virtuelles Bild.

Uran, U, schwerstes in der Natur vorkommendes Element, radioaktiv, Kernladungszahl 92. Es besteht aus den Isotopen →Uran I, 99,274%, →Actino-Uran, 0,72%, und →Uran II, 0,006%. Direkt oder indirekt konnten aus Uran durch verschiedenartige Kernprozesse die →Transurane künstlich hergestellt werden.

Am Uran entdeckte 1896 *H. Becquerel* die →Radioaktivität. Alle bis März 1949 bekannten Uranisotope sind aus dem Diagramm unter →radioaktive Zerfallsreihen zu ersehen.

Das Uran gehört zwar in die Gruppe der →Actiniden; es verhält sich chemisch jedoch noch so wie ein Homologe der 6. Gruppe des Periodischen Systems.

Die folgenden, als ,,Uran" bezeichneten (*außer Uran Y sämtlich der →Uran-Radium-Reihe angehörenden*) Atomarten sind *nur teilweise* Isotope des Urans.

Uran I, UI, Isotop $^{238}_{92}$U des *Urans*, Muttersubstanz der Uran-Radium-Reihe. Es zerfällt unter α-Strahlung von 4,18 MeV in Uran X I; Halbwertzeit $4{,}51 \cdot 10^9$ Jahre. UI ist ein Ausgangsprodukt für die Herstellung der →Transurane. Es wird durch energiereiche (aber nicht durch thermische) Neutronen gespalten (→Kernspaltung). Im →Pile wird aus ihm durch Neutroneneinfang das Plutoniumisotop $^{239}_{94}$Pu gewonnen. Das Uran der →Uranmineralien besteht zu 99,274% aus UI.

Uran II, UII, Isotop $^{234}_{92}$U des *Urans*, Muttersubstanz Uran Z bzw. Uran X_2. In Uranerzen steht es in radioaktivem Gleichgewicht mit Uran I, so daß es im natürlichen Uran zu 0,006% enthalten ist. Es zerfällt unter α-Strahlung von 4,78 MeV in →Ionium; Halbwertzeit $233 \cdot 10^3$ Jahre.

Uran X_1, UX_1, Isotop $^{234}_{90}$Th des *Thoriums*, Muttersubstanz UI; 1913 von *Russel, Fajans* und *Göhring* aufgefunden. Es zerfällt unter β-Strahlung von maximal 0,205 MeV in Uran X_2; Halbwertzeit 24,1 Tage.

Uran X_2, UX_2, Isotop $^{234}_{91}$Pa des *Protactiniums*, Muttersubstanz UX_1; 1913 von *Russel, Fajans* und *Göhring* aufgefunden. Es ist isomer mit dem

Uran Z und stellt einen angeregten Zustand desselben dar. Es zerfällt in der Hauptsache aus diesem Zustand heraus unter β-Strahlung von maximal 2,32 MeV in Uran II; Halbwertzeit 1,14 min. Zu einem kleinen Bruchteil geht es unter γ-Strahlung von 0,394 MeV in das isomere UZ über.

Uran Y, UY, Isotop $^{231}_{90}$Th des *Thoriums*, Glied der →Actinium-Reihe, Muttersubstanz →Actino-Uran; vermutlich schon 1904 von *Meyer* und *Schweidler* aufgefunden, aber erst 1911 von *Antonoff* bestätigt und richtig eingereiht. Es zerfällt unter β-Strahlung von maximal etwa 0,2 MeV in das Protactiniumisotop $^{231}_{91}$Pa; Halbwertzeit 24,6 Stunden.

Uran Z, UZ, Isotop $^{234}_{91}$ des *Protactiniums*, entsteht aus seinem Isomer UX_2 (s. oben); 1921 von *O. Hahn* aufgefunden als erster Fall von Kernisomerie. Es zerfällt unter β-Strahlung von maximal 1,2 MeV in Uran II.

Meyer-Schweidler: Radioaktivität. Berlin u. Leipzig 1927. — Przibram, K.: Radioaktivität. Samml. Göschen 317. Berlin u. Leipzig 1932.

Uranbatterie, -brenner →Pile.

Uranglas ist von den zahlreichen fluoreszierenden Gläsern am meisten bekannt. Es gibt bei Bestrahlung mit ultraviolettem Licht eine prächtige, grüne Fluoreszenz und ist daher vorzüglich geeignet, auch noch schwache ultraviolette Linien beim Spektroskopieren sichtbar zu machen. Für das Leuchten ist allein die Gruppe UO_2 verantwortlich. →Uranylverbindungen.

Uranhexafluorid, UF_6, gasförmige Uranverbindung, welche die Anwendung von Diffusionsverfahren zur Anreicherung des seltenen Isotops $^{235}_{92}$U möglich macht.

Uranin 1. →Fluoreszein. 2. →Uranmineralien.

Uranmineralien. Uran ist ein weitverbreitetes *radioaktives* Element und kommt in der Natur in einer ganzen Anzahl von Mineralien vor. Die älteste Fundstelle liegt in und bei Jachymow (Joachimsthal) im Erzgebirge. Umfangreiche Vorkommen befinden sich in Belgisch-Kongo und in Canada nördlich des großen Bärensees. Seitdem die Atomenergie durch die Uranspaltung technisch nutzbar gemacht werden kann, ist auf der ganzen Erde eine fieberhafte Suche nach neuen Uranerzvorkommen im Gange. Es sind daher neue Fundstätten zu erwarten und auch von Geologen vorausgesagt worden. Jedoch wird nicht viel darüber bekannt.

Das wichtigste Uranerz ist das Uranpecherz, auch Pecherz, Pechblende, Uranin oder Uranit genannt. Pechblende besteht zu 50 bis 80% aus Uran, das als U_3O_8 vorliegt, aus 0 bis 10% Th, daneben Fe, Ca, Mg, Sb, As, V, Cu, Tl, Pb, Bi, SiO_2 und Seltenen Erden. Cleveit und Brögerit sind in Norwegen vorkommende, der Pechblende verwandte Uranmineralien mit hohem Gehalt an Th und Seltenen Erden. Ebenfalls verwandt mit der Pechblende ist das in Belgisch-Kongo in kristallisierter Form auftretende Morogoroerz. Als weiteres wichtiges Uranerz findet sich der Carnotit $K_2O\, 2\,U_2O_3\,V_2O_5\,3\,H_2O$ in Nordamerika. Von den Mineralien existiert eine Reihe von hydratischen Zersetzungsprodukten. Sodann gibt es Sulfate, Phosphate, Arsenate, Vanadate, Niobate, Carbonate und Silicate sowie Kohle, die Uran in mehr oder weniger großen Mengen enthalten. Die meisten Thoriummineralien sind ebenfalls uranhaltig.

Meyer, St., u. E. Schweidler: Radioaktivität. Leipzig 1927.

Uranofen = →Pile.

Uranostat →Coelostat.

Uran-Radium-Reihe, radioaktive Zerfallsreihe, deren natürliche Muttersubstanz das $^{238}_{92}$Uran ist. In letzter Zeit wurden noch weitere radioaktive Atomarten aufgefunden, welche direkt oder über aktive Zwischenglieder in bereits lange bekannte Glieder der Uran-Radium-Reihe übergehen. Alle Glieder dieser Reihe, ob aus natürlichem Uran nachgebildet oder aber künstlich hergestellt, gehen schließlich in stabiles Radiumblei, $^{206}_{82}$Pb, über. Die Massenzahlen aller Glieder der Uran-Radium-Reihe entsprechen dem Ausdruck $4n + 2$, wobei n die Werte der ganzen Zahlen zwischen 51 und 60 annehmen kann. →radioaktive Zerfallsreihen.

Konstanten der Glieder der Uran-Radium-Reihe s. die Tabelle (nach *Mattauch* u. *Flammersfeld*).

Literatur →Uran, ferner *J. Mattauch* u. *A. Flammersfeld*: Isotopenbericht, Sonderheft d. Z. Naturf. 1949.

Entstehung bzw. Herstellungsprozesse und radioaktive Konstanten der Glieder der U-Ra-Reihe.

Z	N	Symbol	A	Halbwertzeit	Strahlenart	Zerfallsenergie in MeV α bzw. β	γ	Entstehung und Herstellungsprozesse
96	146	Cm	242	150 d	α	α: 6,1		^{242}Am $-\beta\rightarrow$; ^{239}Pu (α, n); ^{242}Am* $-\beta^-\rightarrow$
95	147	Am	242	≈400 a	β^- 100%; α ≈0,2%	β^-: ≈0,5		^{241}Am (n, γ)
95	147	Am	242	18 h	β^-	1,0		^{241}Am (n, γ)
95	(143)	Am	(238)	1,5 h	K?			^{239}Pu $(d, 3n)$?
94	144	Pu	238	≈50 a	α	α: 5,493 $\pm$ 0,005		^{238}Np $-\beta\rightarrow$; ^{242}Cm $-\alpha\rightarrow$; ^{237}Np (d, n) ^{238}U $(\alpha, 4n)$; ^{235}U (α, n)
93	145	Np	238	2,0 d	β^-	1	1,1	^{237}Np (n, γ); ^{238}U $(d, 2n)$; ^{238}U $(\alpha, p\,3n)$; ^{235}U (α, p); ^{242}Am $-\alpha\rightarrow$; ^{237}Np (d, p)
92	146	UI	238	$4{,}51\cdot10^9$ a	α	α: 4,18 $\pm$ 0,03		natürliche Strahlung
94	140	Pu	234	8,5 h	K 99%; α ≈1%	α: 6,2		^{238}U $(\alpha, 3n)$ ^{235}U $(d, 3n)$; ^{235}U $(\alpha, p\,4r)$

Fettdruck bedeutet Verwendung angereicherten Isotops.

Entstehung bzw. Herstellungsprozesse und radioaktive Konstanten der Glieder der U-Ra-Reihe. (Fortsetzung.)

Z	N	Symbol	A	Halbwertzeit	Strahlenart	Zerfallsenergie in MeV α bzw. β	γ	Entstehung und Herstellungsprozesse
93	141	Np	234	4,4 d	K		1,9	^{231}Pa (α, n); ^{234}Pu $- K \to$; ^{233}U (d, n); ^{233}U $(\alpha, p\,2n)$; ^{235}U $(p, 2n)$
92	142	UII	234	$233 \pm 10 \cdot 10^3$ a	α	α: $4,78 \pm 0,03$		^{234}Pa $- \beta^- \to$; ^{234}Pa* $- \beta^- \to$
91	143	UX$_2$	234*	1,14 m	β^- 99,85 %; I. Ü. 0,15 %	2,32 [19]; 1,54 [1]	0,394 $\pm 0,005$ (I. Ü.); 0,822; 0,782	^{234}Th $- \beta^- \to$
91	143	UZ	234	6,7 h	β^-	$\approx$1,2 [1]; 0,45[10]$\pm$003	0,85	^{234}Pa* $-$ I.Ü. $\to$
90	144	UX$_1$	234	24,101 $\pm 0,025$ d	β^-	0,205 [80] $\pm 0,01$; 0,112 [20]	0,0958; 0,093	^{238}U $- \alpha \to$
92	138	U	230	20,8 d	α	α: $5,85 \pm 0,01$		^{232}Th $(\alpha, 6n)$; ^{230}Pa $- \beta^- \to$; ^{231}Pa $(d, 3n)$; ^{231}Pa $(p, 2n)$
91	139	Pa	230	$17 \pm 0,5$ d	β^-	$\approx$1,1	0,94	^{232}Th $(d, 4n)$; ^{232}Th $(\alpha, p\,5n)$
90	140	Jo	230	$8,3 \cdot 10^4$ a	α	α: $4,682 \pm 0,01$ 4,612; 4,509	0,190; 0,068	^{234}U $- \alpha \to$
91	135	Pa	226	1,5 m	α	α: 6,5		^{232}Th $(d, 8n)$
90	136	Th	226	30,9 m	α	α: $6,30 \pm 0,025$		^{230}U $- \alpha \to$
88	138	Ra	226	1590 a	α	α: 4,791; 4,610	0,188	^{230}Th $- \alpha \to$
89	133	Ac	222	kurz	α	α: 6,9		^{226}Pa $- \alpha \to$
88	134	Ra	222	38,0 s	α	α: $6,51 \pm 0,03$		^{226}Th $- \alpha \to$
86	136	Rn	222	3,825 d	α	α: 5,486		^{226}Ra $- \alpha \to$
87	131	Fr	218	sehr kurz	α	α: 7,8		^{222}Ac $- \alpha \to$
86	132	Em	218	19 ms	α	α: $7,12 \pm 0,025$		^{222}Ra $- \alpha \to$; ^{218}At $- \beta^- \to$
85	133	At	218	einige s	α 100 %; β^- 0,1 %	α: 6,57		^{218}Po $- \beta^- \to$
84	134	RaA	218	3,05 m	α 100 %; 0,0031 %	α: 5,9981		^{222}Rn $- \alpha \to$
85	129	At	214	sehr kurz	α	α: 8,7		^{218}Fr $- \alpha \to$
84	130	RaC'	214	145 ± 5 ms	α	α: 7,6802		^{214}Bi $- \beta^- \to$; ^{218}Em $- \alpha \to$
83	131	RaC	214	19,7 m	β^- 99,96 %; α 0,04 %	β^-: 3,15; α: 5,502 [94]; 5,441 [113]	versch. γ von 0,0589 bis 2,42	^{214}Pb $- \beta^- \to$
82	132	RaB	214	26,8 m	β^-	0,65	versch. γ von 0,0529 bis 0,471	^{218}Po $- \alpha \to$
85	125	At	210	8,3 h	K		1,0	^{209}Bi $(\alpha, 3n)$
84	126	RaF	210	140 d	α	α: 5,298	0,773 [15]; $0,105 \pm 0,015$ [4]; $0,084 \pm 0,004$[15] $<0,035$ [6]	^{210}Bi $- \beta^- \to$; ^{210}At $- K \to$; ^{209}Bi (d, n); ^{208}Pb $(\alpha, 2n)$
83	127	RaE	210	50, d	β^-; α 0,00005 % keine β^+	1,170		^{209}Bi (n, γ); ^{209}Bi (d, p); ^{210}Pb $- \beta^- \to$; ^{208}Pb (α, pn)
82	128	RaD	210	22 a	β^-	$0,0255 \pm 0\,001$	versch. γ von 0,0073 [$\approx$10] bis 0,065 [$<$0,2]	^{210}Tl $- \beta^- \to$
81	129	RaC''	210	1,32 m	β^-	1,8	4,90; 4,00; 3,10	^{214}Bi $- \alpha \to$
84	122	Po	206	9 d	$K \approx$90 %; $\alpha \approx$10 %	α: 5,2	0,8	^{204}Pb $(\alpha, 2n)$
83	123	Bi	206	$6,4 \pm 0,1$ d	K		$1,1 \pm 0,1$ stark; $\approx$0,4	^{206}Po $- K \to$; ^{206}Pb $(d, 2n)$; ^{205}Tl $(\alpha, 3n)$ od. ^{203}Tl (α, n) ^{210}Po $- \alpha \to$
82	124	RaG	206	stab.	β^-	1,65	keine	^{205}Tl (n, γ); ^{205}Tl (d, p);
81	125	Tl	206	$4,23 \pm 0,03$ m				^{210}Bi $- \alpha \to$; ^{208}Pb (γ, pn)

Fettdruck bedeutet Verwendung angereicherten Isotops.   Zahlen in [ ] bedeuten die Intensitätsverhältnisse.

Uranspaltung, spezieller Fall der →Kernspaltung, an dem diese 1939 von *O. Hahn* und *F. Strassmann* entdeckt wurde. Das zu 0,7% im natürlichen →Uran vorkommende Uranisotop 235 wird durch langsame Neutronen gespalten, das 140mal häufigere Isotop 238 nur durch Neutronen von mindestens 1,5 MeV. Die Uranspaltung bildet den Ausgangspunkt für die Ausnutzung der →Atomenergie.

Uranus, mittlere Entfernung von der Sonne $2873 \cdot 10^6$ km, Umlaufszeit 84,02 Jahre, Äquatordurchmesser 50000 km, Masse 14,7 Erdmassen, mittlere Dichte 1,27 g cm^{-3}. Der scheinbare Durchmesser ist in der mittleren Oppositionsentfernung 3″,7, die scheinbare Helligkeit 6. Größe. Die Albedo berechnet sich hieraus zu 0,6, d. h. zu ungefähr dem gleichen Wert wie für Jupiter und Saturn, was eine ähnliche physikalische Beschaffenheit des Uranus wie die der beiden genannten Planeten wahrscheinlich macht. Auch das starke Hervortreten der Methanbanden weist auf eine nahe Verwandtschaft mit Jupiter und Saturn hin, ebenso die starke Abplattung und die kurze Rotationsperiode von nur etwa $10^3/_4$ Stunden.

Uranus hat fünf Satelliten. Für die Kosmogonie ist es von Wichtigkeit, daß der Äquator des Planeten fast senkrecht auf der Ekliptik steht und daß sich die Satelliten in der Ebene des Äquators bewegen.

Newcomb-Engelmann: Populäre Astronomie. Leipzig 1949.

Uranylverbindungen zeigen durchweg Fluoreszenzfähigkeit. Sie ist an das Uranylradikal $UO_2=$ gebunden, in dem das Uran 6wertig ist. Verbindungen mit 4wertigem Uran fluoreszieren im allgemeinen nicht. Wo aber $UO_2=$ auftritt, ist auch mit Fluoreszenzfähigkeit zu rechnen.

Die *Uranylsalze* gehören zu den wenigen anorganischen Verbindungen, welche im reinen Zustand, also ohne Einlagerung von Fremdatomen in das Kristallgitter, fluoreszenzfähig sind.

Die Absorptions- und Fluoreszenzspektren der festen und auch der flüssigen Uranylverbindungen bestehen aus ziemlich schmalen Banden, die in den verschiedenen Verbindungen nur wenig verschoben sind. In Flüssigkeiten und in den →*Urangläsern* sind die Banden etwas verwaschener und bleiben es auch bei Temperaturerniedrigung. Bei den festen Salzen dagegen werden die Spektren bei Temperaturerniedrigung ziemlich scharf und erinnern sehr an die der aromatischen Verbindungen vom Benzoltyp. Die Nachleuchtdauer ist etwa 10^{-4} s; sie wird durch Temperaturerniedrigung kaum vergrößert. Wegen dieser bei Fluoreszenz großen Nachleuchtdauer befindet sich ein Teil der UO_2-Moleküle ziemlich lange im erregten Zustand; sie sind deshalb empfindlich gegen Störungen oder Stöße von außen. Spuren von organischen Verunreinigungen (Alkohol) oder HCl drücken daher die Nachleuchtdauer und die Lichtausbeute stark herab.

Urca-Prozeß. Ein Elektron hoher Energie dringt in einen Kern ein und bildet den Kern nächsttieferer Ladungszahl unter Aussendung eines Neutrinos. Der neugebildete Kern zerfällt wieder in den ursprünglichen und ein Elektron unter Aussendung eines Antineutrinos. Beispiel:

$$^3He + e^- \rightarrow {}^3H + \text{Neutrino},$$
$$^3H \rightarrow {}^3He + e^- + \text{Antineutrino}.$$

Diese Prozesse können eine wichtige Rolle in der Physik des Sterninneren spielen, da bei Temperaturen oberhalb 10^9 Grad für ihr Eintreten eine große Reaktionswahrscheinlichkeit besteht. Sie lassen sich auch verstehen als unelastische Streuung von Elektronen an Atomkernen, bei denen ein Energiebeitrag verschwindet, der für die Bildung von Neutrino und Antineutrino aufgewandt wird. Ist der Wasserstoffgehalt eines Sterns (→Kernreaktionen in Sternen) zum überwiegenden Teil zu Helium „verbrannt", so zieht der Stern sich unter Temperaturerhöhung zusammen, bis er Grenztemperaturen erreicht, bei denen diese unelastische Streuung der Elektronen beträchtliche Teile der Gesamtenergie zum Verschwinden bringt. Es muß dabei dann zu Explosionen kommen, die im Zusammenhang mit dem Auftreten der →Supernovae stehen mögen. Der Energieverlust durch verschiedene Urca-Prozesse in Abhängigkeit von der Temperatur ist in der Abbildung

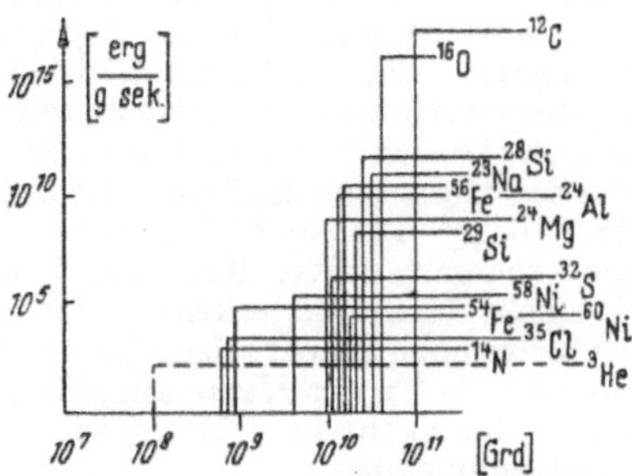

Energieverlust beim Urca-Prozeß verschiedener Kerne. Vorausgesetzt ist ein Stern von 5facher Sonnenmasse, jeweils so stark komprimiert, daß die Abszissentemperaturen erreicht werden.

wiedergegeben. Jeder Atomkern hat dabei eine für ihn charakteristische „Zündtemperatur".

Die Berechnung ergibt für den Prozeß eine Energietönung von der Größenordnung 10^{12} erg g^{-1}s^{-1} (gegen rund 10^2 erg g^{-1}s^{-1} beim Bethe-Weizsäcker-Zyklus).

Gamow, G.: Phys. Bl. 5, 113 (1949); Geburt u. Tod d. Sonne. Basel 1947. (Statt Neutron lies hier: Neutrino.)

Urdoxwiderstand →Heißleiter.

Urfarben, diejenigen vier →Farbtöne, die sich vor den übrigen durch besondere psychologische Einfachheit auszeichnen (Rot, Gelb, Grün, Blau, die jeweils keinen „Stich" nach der einen oder anderen Nachbarfarbe zeigen). Die Urfarben (auch *Kardinalpunkte* genannt) sollen ferner dadurch ausgezeichnet sein, daß sie 1. bei Intensitätsänderung, 2. bei Ermüdung, 3. bei Wirkung außerhalb des zentralen Netzhautbezirkes keine Farbtonverschiebung erfahren, daß sie 4. paarweise →Gegenfarben sind und auch 5. paarweise in Simultan- und Sukzessivkontrast zusammengehören. Es ist freilich umstritten, ob diese Eigenschaften wirklich alle für diese Urfarben zutreffen. Als urfarbige Spektrallichter werden von *v. Tschermak* ungefähr angegeben: Urgelb etwa 573 mμ, Urgrün 502,5 mμ, Urblau 469 mμ, Urrot kompensativ zu Urgrün.

Handb. d. norm. u. pathol. Physiologie XII/1. Berlin 1929.— *v. Studnitz, G.:* Zur Physiologie d. Farbensehens. Naturwiss. 29, 377 (1941).

Urkilogramm, Bezeichnung für das →kilogramme des archives, wie auch für die bei den einzelnen Mitgliedstaaten der →Meterkonvention deponierten →Kilogrammprototype, die als „Urmaß" der Masse in diesen Staaten gelten.

Urmeter, Bezeichnung für das →mètre des archives, wie auch für die bei den einzelnen Mitgliedstaaten der →Meterkonvention deponierten →Meterprototype, die als Urmaß der Länge in diesen Staaten gelten.

Ursache und Wirkung. Eine der modernen Auffassungsweise entsprechende Präzisierung des Ursache-Wirkung-Begriffs hat bereits *Hume* (1711 bis 1776) gegeben, indem er erläuterte, daß die einzige Möglichkeit, mit diesem Begriff etwas der wissenschaftlichen Erfassung und Erforschung Greifbares zu verbinden, darin liegt, die erfahrungsgemäß sich immer wiederholende zeitliche Aufeinanderfolge eines Ereignisses *A* („Ursache") und eines anderen *B* („Wirkung") hervorzuheben. Diese Deutung des Begriffes hat viele philosophische Einwendungen hervorgerufen, die sich in der Richtung bewegen, daß man eine *einsehbare, verstehbare* „Notwendigkeit" in der Aufeinanderfolge von Ursache und Wirkung fordern müsse. Jedoch konnte sich aus solchen Überlegungen heraus naturgemäß keinerlei naturwissenschaftlich verwendbarer Gesichtspunkt ergeben. Andererseits ist gegen die Humesche Auffassungsweise niemals ein stichhaltiger Einwand vorgebracht worden, abgesehen von ganz naiven Kritiken, deren Gegenstandslosigkeit leicht zu erkennen ist, wenn sie auch bis heute noch immer wiederholt werden, wie der Einwand, daß nach *Hume* angeblich der Tag als Ursache der Nacht zu erklären sei. →Kausalität, →Determinismus.

Urspannung →Stromquellen.

Ursprung des Weltalls. Während ältere Vorstellungen das Weltall als wesentlich stationär annahmen — derart, daß es schon seit unbegrenzter Zeit im wesentlichen den gleichen Zustand darbiete wie heute —, haben neuere Entwicklungen im Forschungsgebiete der Kosmologie statt dessen den Gedanken in den Vordergrund gerückt, daß der Kosmos in einer ständigen Veränderung und einseitigen Fortentwicklung begriffen sei und daß die Geschichte des Weltalls erst vor endlicher Zeit begonnen habe. Hierfür sprechen empirische Tatsachen, welche zeigen, daß alle uns bekannten kosmischen Objekte (Erde, Sonne, Sterne, Meteoriten) nur begrenztes Alter haben, höchstens etwa 4 Milliarden Jahre. Die Fortschritte der Kernphysik haben es dabei ermöglicht, auch für die Materie chemischer Elemente (z. B. Uran) festzustellen, daß sie noch nicht länger existiert haben kann. Auch die in allen Sternen einseitig vor sich gehende Umwandlung von Wasserstoff in Helium (die jedoch bislang nur einen kleinen Bruchteil des gesamten Wasserstoffs betroffen hat, →Energiehaushalt der Sterne) kann als Einwand gegen alle solche kosmologischen Modelle (statische oder pulsierende) geltend gemacht werden (*Hoyle*), welche annehmen, daß das Weltall schon seit unbegrenzter Zeit vorhanden sei. Die durch den *Hubble*-Effekt (→Rotverschiebung) wahrscheinlich gemachte (wenn auch nicht unbezweifelt gebliebene) →*Expansion* des (als geschlossener *Riemann*scher Raum gedachten) Weltalls deutet ebenfalls auf einen bestimmten Weltanfang hin, da sie ein Anwachsen des Weltradius mit Lichtgeschwindigkeit zeigt, welches noch nicht länger als einige Milliarden Jahre im Gange sein könnte.

Die verschiedenen neuerdings zur Diskussion gestellten kosmologischen Theorien rechnen deshalb zum Teil mit der radikalen Vorstellung, daß das Weltall vor etwa 4 Milliarden Jahren *entstanden* sei, entweder mit einem wirklichen *Beginn* der Weltentwicklung, der geradezu als *Beginn der Zeit* bezeichnet werden dürfte, oder aber (weniger radikal) in solcher Weise, daß nach einer gewissen „Vorgeschichte" erst damals das Weltall begann, seinem heutigen Zustand ähnlich zu werden. Verschiedene Verfasser haben Gründe für die Vorstellung entwickelt, daß auch die *Masse* des Weltalls im Zuge seiner Entwicklung ständig wachse; ein besonders einfaches kosmologisches Bild (*Jordan*), nach welchem die Masse mit dem Quadrat des „Weltalters" zunimmt, erlaubt eine Ausführung der Vorstellung vom Ursprung des Weltalls in der Weise, daß der den Kosmos darstellende Riemannsche Raum damals aus einem punktförmigen Beginn, mit Rauminhalt und Masseninhalt Null, seine Expansion startete. In Verbindung mit einer bestimmten Stellungnahme zur Theorie der kosmologischen →universellen Zahlkonstanten ergibt sich die Möglichkeit, dieses kosmologische Bild unter voller Wahrung des Energiesatzes durchzuführen.

Diese Theorien mögen im einzelnen dem Stand der gesicherten Erfahrung noch weit vorauseilen; aber es bedeutet doch immerhin einen großen Fortschritt, daß man sich an Hand der Erkenntnisse der modernen Physik bereits an die Lösung von Problemen heranwagt, die man bisher immer als zu den „letzten Fragen" gehörig anzusehen pflegte. Und *ein* Ergebnis liegt ja auch zum mindesten bereits vor, dem schon ein hoher Grad von Sicherheit zukommt und das von großer Bedeutung ist, daß nämlich die Ansicht von einem ewigen kosmischen Kreislauf, nach der alles kosmische Geschehen im ewigen Wechsel kreisen und der durchschnittliche Zustand unseres Weltalls ein ewiger Dauerzustand sein soll, anscheinend nicht aufrechtzuerhalten ist, sondern daß es einen Zeitpunkt gibt — er liegt wahrscheinlich nur wenige Milliarden Jahre zurück —, wo jede Frage nach dem „Vorher" unserer Welt physikalisch inhaltslos wird. →Alter des Weltalls, →Expansion des Universums, →Herkunft der Sterne.

Eine ausführliche Darstellung aller Vorstellungen über den Ursprung der Welt seit dem Altertum s. bei *Bavink*.

Hoyle, F.: Nature, Lond. 163, 196 (1949). — *Ludwig, G.,* u. *Cl. Müller:* Ann. d. Phys. 2, 76 (1948). — *Jordan, P.:* Die Herkunft d. Sterne. Stuttgart 1947; Astron. Nachr. 275, 193 (1949). — *Bavink, B.:* Weltschöpfung. München u. Basel 1950. — *Vogt, H.:* Kosmos u. Gott. Heidelberg 1951.

Urzeugung, die hypothetische spontane Entstehung einfachster Lebewesen (vielleicht überhaupt nur eines einzigen als Stammvater aller übrigen) aus unbelebter Materie in der Frühzeit der Erdgeschichte. Von den bisher gemachten Versuchen zur physikalischen Begründung der Möglichkeit einer solchen Urzeugung kann noch kein einziger als einigermaßen überzeugend angesehen werden. Die gelegentlich gemachte Annahme einer Zuwanderung einfachster Organismen aus dem Weltraum ist ebensowenig befriedigend, da sie das Problem der Entstehung des Lebens nur verschiebt.

Bavink, B.: Ergebn. u. Probleme d. Naturwiss. Zürich 1949.

US-pound, -standard candle, -yard →pound, →standard candle, →yard.

UV Abk. für Ultraviolett.

Uviolglas, im Ultraviolett bis 3200 Å durchlässige Glassorte; Uviolglaslampe →Ultraviolettlichtquellen.

UV-Normal, Quecksilberhochdrucklampe bestimmter Dimensionierung, welche von *Krefft, Rößler* und *Rüttenauer* (1937) für Zwecke der UV-Dosimetrie entwickelt wurde. Das Normal emittiert sehr konstante Strahlungsleistung, deren Verteilung auf Kontinuum und Linien für fünf Wellenlängengebiete im Bereich von 200 bis 2000 mμ bei 130 V Gleichstrombrennspannung, 250 W Leistungsaufnahme und 1,5 at Quecksilberdruck angegeben wurde.

V

V, Symbol für die Spannungseinheit →Volt. — V_{eff} Abk. für Volt-effektiv; →Sondereinheitszeichen.

Vakuskop →Kompressionsmanometer.

Vakuum, allgemein ein Bereich, in dem ein Gasdruck herrscht, der kleiner als der Atmosphärendruck (760 Torr) ist. Je nach dem Druck unterscheidet man zwischen *Grobvakuum* (760 bis 1 Torr), *Feinvakuum* (1 bis 10^{-3} Torr) und *Hochvakuum* (unter 10^{-3} Torr). Die Grenze zum Hochvakuum ist gegeben, wenn mit abnehmendem Druck schließlich die mittlere freie Weglänge der Gasmoleküle größer wird als der Abstand zwischen den Wänden des Behälters und sich mehr Gasmoleküle in adsorbiertem Zustand auf den Wänden des Vakuumbehälters befinden, als sich frei im Raum zwischen seinen Wänden bewegen. In der *Vakuum*technik hat man es also vorwiegend mit den Vorgängen im Gasraum zu tun, in der *Hochvakuum*technik mit den Vorgängen an den Wänden (Stöße und Gasabgabe).

Vakuumbogen →Bogenentladung.

Vakuumdichte Drehdurchführung →Bunamanschetten.

Vakuumfette, Stoffe von vaselineartiger Konsistenz zur Abdichtung von →Schliffverbindungen in lösbaren Vakuumleitungen und in Vakuumhähnen. An die Konsistenz dieser Fette muß die Forderung gestellt werden, daß ihre Viskosität einerseits nicht zu groß ist, so daß sich Hähne und Schliffe noch leicht drehen lassen, und daß sie andererseits nicht zu klein ist, so daß sie nicht durch den Atmosphärendruck zwischen den Schliffflächen herausgedrückt werden. Die Konsistenz darf sich auch nach vielen Drehungen nicht durch Trennung der Bestandteile des Vakuumfettes ändern. Der Dampfdruck der Vakuumfette soll möglichst niedrig sein.

Bekannte Vakuumfette sind →Ramsay-Fett, →Apiezonfett und →Silikone-Fett.

Vakuumfunke →Funkenspektrum.

Vakuumhähne →Hochvakuumhähne.

Vakuumkitte. Zur Abdichtung von nichtgeschliffenen Vakuumverbindungen dienen Vakuumkitte und Vakuumwachse, insbesondere →weißer Siegellack, →Pizein, hartes und weiches →Apiezon-Wachs.

Vakuumlichtgeschwindigkeit c_0, tritt auf als Ausbreitungsgeschwindigkeit elektromagnetischer Wellen im leeren Raum sowie als obere Grenzgeschwindigkeit in der Relativitätstheorie. Der Wert von c_0 ist in zahlreichen Präzisionsuntersuchungen nach verschiedenen optischen und elektrischen Methoden bestimmt worden (→Lichtgeschwindigkeit). Als Mittelwert resultiert derzeit $c_0 = (2,99790 \pm 0,00006) \cdot 10^8$ m/s.

Stille, U.: Phys. Bl. 7, 260 (1951).

Physikalisches Wörterbuch II.

Vakuummantelheber dienen zum Überhebern verflüssigter Gase, besonders von flüssigem Wasserstoff und flüssigem Helium. Sie bestehen aus einem gebogenem Glasrohr, das konzentrisch von einem weiteren Glasrohr umgeben ist. Um Wärmezufuhr zum Innenrohr zu vermeiden, ist der Raum zwischen beiden hoch evakuiert. Zur Vermeidung thermischer Spannungen muß das Innenrohr gebogen oder gewinkelt sein.

Vakuummeter, Meßgerät zur Messung von Drucken unter 760 Torr (= 1 atm). Gemessen wird der Druck gegenüber der (gedachten, praktisch nicht erreichbaren) absoluten Gasleere. Zur Messung werden je nach dem Bereich des Druckes die verschiedensten druckabhängigen Vorgänge herangezogen. →Membranmanometer, →Flüssigkeits- oder U-Rohr-Manometer, →Kompressionsmanometer, →Alphatron, →Wärmeleitungsmanometer, →Reibungsmanometer, →Radiometer-Vakuummeter, →Ionisationsmanometer, →thermoelektrisches Vakuummeter.

Da der Meßbereich von Atmosphärendruck bis zu den tiefsten heute praktisch erreichbaren Drucken (10^{-7} Torr) nicht weniger als 10 Zehnerpotenzen umfaßt, ist man bestrebt, mit jeder einzelnen Vakuummeterart möglichst viele Zehnerpotenzen zu erfassen. Durch den weiten Meßbereich bedingt ist ein Verzicht auf Meßgenauigkeit derart, daß diese innerhalb einer Zehnerpotenz nur verhältnismäßig klein ist, wenn man nicht Geräte mit Meßbereichschaltung verwendet.

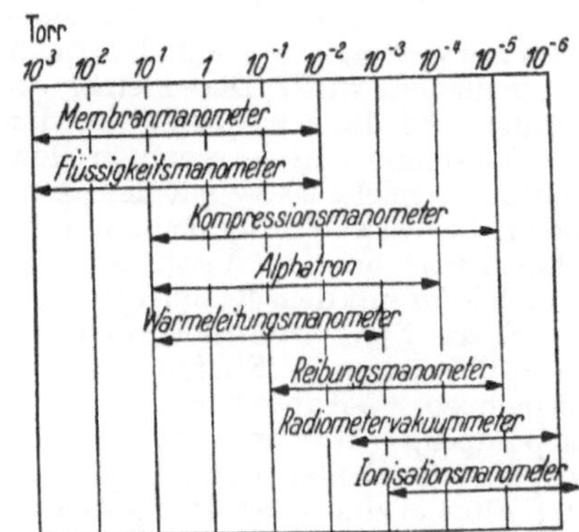

Übersicht über die Meßbereiche der verschiedenen Vakuummeterarten.

Charakteristisch für alle Vakuummessungen bei sehr niedrigen Drucken ist die außerordentliche Kleinheit der für die Messung zur Verfügung stehenden Kräfte. So wirkt bei einem Druck von 10^{-6} Torr auf 1 cm² der Wandung eine Kraft von $1,33 \cdot 10^{-3}$ dyn. Die direkte Messung derartig

39

kleiner Kräfte bietet erhebliche Schwierigkeiten.
Um trotzdem kleine Drucke messen zu können,
ist es nach einem von *Gaede* ausgesprochenen Gedanken notwendig, für die Messung zusätzlich
Energie zuzuführen. Diese Energie besteht bei den
Kompressionsmanometern in der Kompressions-
arbeit, bei den Wärmeleitungsmanometern oder
den Vakuummetern nach dem Radiometerprinzip
in der zugeführten Wärmemenge, bei den Ioni-
sationsmanometern in der zugeführten elektrischen
Energie.

Bei den Vakuummetern sind zu unterscheiden
solche, die den Druck mehr oder weniger unmittelbar anzeigen (Membranmanometer, Flüssigkeits-
manometer und Kompressionsmanometer), und
solche, bei denen aus der Änderung einer physikalischen Größe auf die Druckänderung geschlossen
wird (Alphatron, Wärmeleitungsmanometer, Reibungsmanometer, Radiometer-Vakuummeter,
Ionisationsmanometer). Bei den zuletzt genannten
Vakuummeterarten ist, abgesehen von dem
Radiometer-Vakuummeter, die Eichung des Gerätes abhängig von der vorliegenden Gasart. Im
Gegensatz zu allen übrigen Vakuummetern, die den
Totaldruck der vorhandenen Gase und Dämpfe
anzeigen, mißt das Kompressionsmanometer nur
den Partialdruck der vorhandenen nichtkonden-
sierbaren Gase richtig, nicht aber den Partialdruck
der kondensierbaren Dämpfe. Bei allen mit Meß-
flüssigkeiten arbeitenden Vakuummetern ist darauf zu achten, daß diese Dampf in den Gasraum
abgeben.

Penning, F. M.: Philips techn. Rdsch. 2, 201 (1937). —
Jaeckel, R.: Kleinste Drucke, ihre Messung u. Erzeugung.
Berlin 1950.

Vakuumpolarisation →Polarisation des Vakuums.

Vakuumprüfer →Lecksucher, →Hochfrequenz-
Vakuumprüfer.

Vakuumpumpen dienen zur Verminderung von
Gasdrucken (Evakuierung). Man unterscheidet:
1. *Mechanische Pumpen,* bei denen die Gasförde-
rung aus den Räumen niedrigen Druckes zu
höheren Drucken dadurch zustande kommt, daß
sich ein →Schöpfraum periodisch vergrößert und
verkleinert und dieser im Zeitpunkt seines größten
Volumens mit dem zu evakuierenden Raum (Rezipient) verbunden wird. Der kleiner werdende
Schöpfraum wird dann zunächst von dem Rezipienten abgetrennt und — wenn in ihm Atmosphärendruck erreicht ist — mit dem Außenraum
verbunden, bei weiterer Verkleinerung in diesen
entleert und nach erneuter Vergrößerung auf sein
Maximum wieder mit dem Rezipienten verbunden,
worauf sich das Spiel wiederholt. Solche Pumpen
sind: →Kolbenpumpen (Stiefelpumpen), →Viel-
schieberpumpen, →Kapselpumpen, →rotierende
→Ölluftpumpen, →Wasserringpumpen. 2. *Andere
Vakuumpumpen* arbeiten derart, daß ein schnell
bewegter Flüssigkeits- oder Dampfstrahl das zu
fördernde Gas bei niedrigem Druck aufnimmt und
bei höheren Drucken wieder abgibt. Hierzu gehören: →Wasserstrahlpumpen, →Dampfstrahl-
pumpen, →Diffusionspumpen. Zu den Vakuumpumpen gehören auch die →Molekularluft-
pumpen.

Alle Vakuumpumpen werden durch zwei Größen
charakterisiert: ihr →*Endvakuum* und ihre →*Sauggeschwindigkeit* (oder *Förderleistung*). Die Abbildung gibt einen Überblick über die verschiedenen

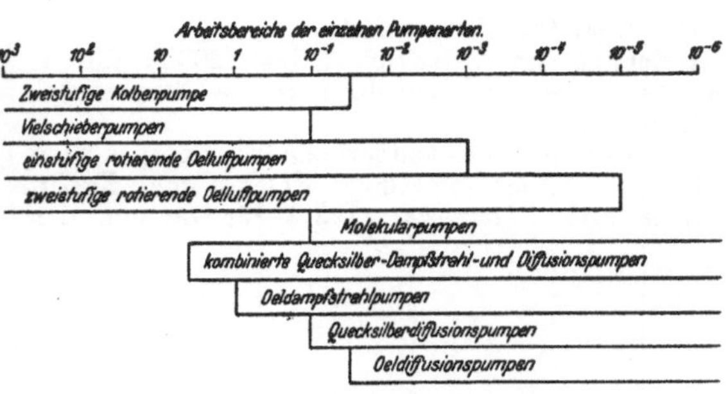

Arbeitsbereiche von Vakuumpumpen.

Arten von Vakuumpumpen und das mit diesen
erreichbare Endvakuum.

Sullivan, H. M.: Rev. Sci. Instrum. **19**, 1 (1948). — *Jaeckel,
R.:* Kleinste Drucke, ihre Messung u. Erzeugung. Berlin 1950.

Vakuumspektrograph. Für spektrographische
Untersuchungen im fernen Ultraviolett (*Schumann-UV*) muß der ganze Spektrograph evakuiert
werden, weil der Sauerstoff der Luft die Strahlung
unterhalb 1800 Å absorbiert. Ferner muß der Lichtweg von der Strahlungsquelle bis zum Spektrographenspalt im Vakuum verlaufen.

Für das Spektralgebiet von 2000 bis 1250 Å sind
→Prismenspektrographen mit Flußspatoptik ge-
eignet, bis 1150 Å solche mit Linsen und Prismen
aus Lithiumfluorid. Unterhalb 1150 Å gibt es keine
durchlässigen Linsen- und Prismensubstanzen.
Hier ist man auf Gitterspektrographen angewiesen.
Es werden Reflexionsgitter aus Metall, besser aus
Glas verwendet. Glas reflektiert bei sehr kleinen
Wellenlängen besser als Metall. Konkavgitter aus
Metall und Glas mit senkrechter Inzidenz eignen
sich für Untersuchungen oberhalb 500 Å (Abb. 1).
In dem evakuierten Behälter B stehen der Spalt Sp,
das Konkavgitter G und die photographische
Platte Pl auf dem →Rowland-Kreis R.

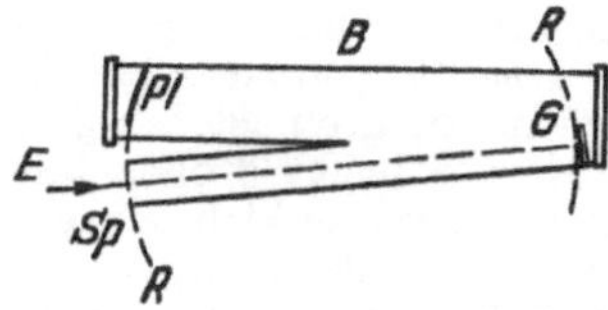

Abb. 1. Vakuum-Gitterspektrograph mit senkrechter Inzidenz.
B Vakuumbehälter, G Reflexionsgitter, Pl photographische
Platte, Sp Spalt, R Rowlandscher Kreis, E Einfallsrichtung
der Strahlung.

Bei kleineren Wellenlängen als 500 Å ist die
Reflexion bei senkrechter und schräger Inzidenz
sehr gering. Die im kurzwelligsten Ultraviolett
einzig geeignete Methode ist das Gitter mit streifendem Einfall. Sie beruht darauf, daß unterhalb
500 Å die Brechzahl des Glases kleiner als 1 ist.
Für streifend auf Glas auftreffende, sehr kurzwellige Strahlung tritt Totalreflexion ein. Dies
ermöglicht eine sehr einfache und lichtstarke
Spektrographenkonstruktion (Abb. 2). In dem
luftleeren Behälter B stehen das Glaskonkav-
gitter G, der Spalt Sp und die photographische
Platte Pl unmittelbar nebeneinander auf dem
Rowland-Kreis R. Die zu untersuchende Strahlung fällt unter 4 bis 10°, also fast streifend, auf
das Gitter G auf. Deshalb sind die Querschnitte
der auffallenden und der abgebeugten Parallellichtbündel sehr gering. Letztere ergeben somit

ohne Zuhilfenahme eines besonderen Abbildungssystems scharfe Spektrallinien auf der Platte *Pl*. Mit dieser Methode sind Wellenlängen bis zu 40 Å gemessen worden. Die →Dispersion ist wesentlich größer als bei senkrechter Inzidenz.

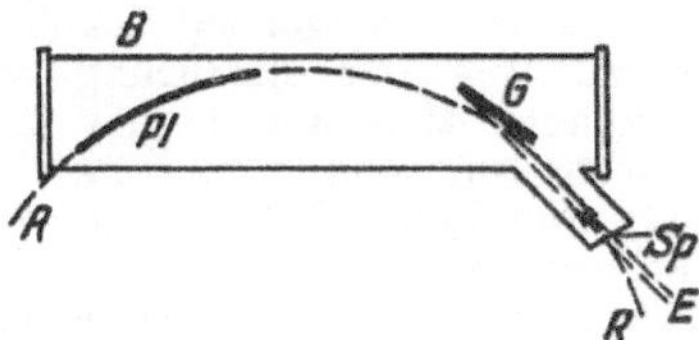

Abb. 2. Vakuum-Gitterspektrograph mit streifender Inzidenz. *B* Vakuumbehälter, *G* Reflexionsgitter, *Pl* photographische Platte, *Sp* Spalt, *R* Rowlandscher Kreis, *E* Einfallsrichtung der Strahlung.

Für spektrographische Untersuchungen im Vakuumultraviolett müssen besondere, gelatinearme photographische Platten verwendet werden (→Schumann-Platten). Unterhalb 500 Å sind auch Röntgenplatten und -filme geeignet.

Handb. d. Physik XVIII. Berlin 1929. — *Bomke, H.:* Vakuumspektroskopie. Leipzig 1937.

Vakuumtechnik, hat die Aufgabe, Räume zu erzeugen, in denen der Luft- bzw. Restgasdruck möglichst weit herabgesetzt ist. Dies ist wesentlich für folgende Zwecke:

1. um in diesen Räumen möglichst lange Bahnen von Teilchen zu erzielen, ohne daß diese Bahnen durch Zusammenstöße mit den Restgasmolekülen gestört werden,

2. zur Herabsetzung der Wärmeleitung im Gasraum,

3. zur Herabsetzung der Geschwindigkeit von chemischen Reaktionen.

Die Vakuumtechnik findet Anwendung u. a. in der Röhrentechnik (Verstärkerröhren, Kathodenstrahloszillographen, Röntgenröhren, Gleichrichter, Gasentladungsröhren, Photozellen), bei den Glühlampen, Hochspannungsanlagen für Kernumwandlungen, Cyclotrons und anderen Beschleunigungsgeräten, Massenspektrographen, Vakuumspektrographen, Zählrohren, bei Vakuumdestillationen, Vakuumtrocknungen, Vakuumimprägnierungen von Transformatoren und Kondensatoren u. ä., bei der Gefriertrocknung, bei der Molekulardestillation, bei der Vakuumaufdampfung und -verdampfung von Stoffen (Erzeugung von Metallspiegeln, Entspiegelung von Optiken), bei der Herstellung und Entgasung von Metallen im Vakuum usw.

Jaeckel, R.: Kleinste Drucke, ihre Messung u. Erzeugung. Berlin 1950.

Vakuumwellenlänge. In der →Spektrometrie werden die Wellenlängen λ zumeist für trockene Luft von 15 °C und 760 Torr angegeben. Für das Vakuum ist die Wellenlänge dann $\lambda_0 = \lambda n$ (n Brechzahl der Luft). Zur Berechnung von λ_0 muß n als Funktion der Lufttemperatur, des Luftdrucks und der Luftfeuchtigkeit bekannt sein. Mit Vakuumspektrographen, speziell mit im Vakuum befindlichen →Interferenzspektralapparaten, werden direkt Vakuumwellenlängen gemessen.

val, Symbol für die individuelle elektrochemische Masseneinheit →Äquivalent.

Valenz →chemische Bindung, →kovalente Bindung; gerichtete Valenz →Valenzwinkel.

Valenzelektron →Valenzzustände.

Valenzgitter →Bindung der Materieteilchen.

Valenzhalbleiter, eine besondere Klasse von →Halbleitern: kristallisierende Metallverbindungen, meist Oxyde, in denen das Metallion mit verschiedenen Wertigkeiten auftreten kann. Ein einfaches Beispiel ist NiO. Bei stöchiometrisch richtiger Zusammensetzung ist es ein Isolator. Wird nun in das Ni^{++}-Ionenteilgitter ein Li^{+}-Ion eingebaut, so muß — wegen der elektrischen Neutralität — außerdem noch ein Ni^{++}-Ion durch ein Ni^{+++}-Ion ersetzt werden. In diesem NiO-Li_2O-Mischkristall sind also neben zweiwertigen auch dreiwertige Ni-Ionen vorhanden. Ein solcher Kristall ist ein guter Halbleiter. Seine spezifische Leitfähigkeit hängt in eindeutiger Weise vom Li-Gehalt und damit von der Konzentration der Ni^{+++}-Ionen ab. Der Leitungsmechanismus besteht darin, daß bei Anlegen eines elektrischen Feldes an den Kristall benachbarte Ni^{++}- und Ni^{+++}-Ionen ihre Valenzen vertauschen, d. h. ein Ni^{+++} gibt ein Defektelektron an ein benachbartes, der Kathode nähergelegenes Ni^{++}-Ion ab.

Gelegentlich werden als Valenzhalbleiter auch solche elektronenleitenden Metallverbindungen bezeichnet, bei welchen nur ein Teil der Valenzelektronen des Metallions durch Bindungen im Kristallgitterverband beansprucht wird. Die nicht beanspruchten, freien Valenzelektronen des Kations bewirken eine oft erhebliche Elektronenleitung des Kristalles. Derartige Stoffe sind z. B. Nb_2O_3 und TiO. Sie werden nicht zu den Halbleitern im eigentlichen Sinne gerechnet (→Halbleiter).

Stöckmann, F.: Naturwiss. 38, 151 (1951).

Valenzkräfte →chemische Bindung.

Valenzschwingung, Schwingung eines mehratomigen linearen Moleküls, bei dem die einzelnen Atome in Richtung der Kernverbindungslinie schwingen. Die Feinstruktur der Rotationsschwingungsbanden besteht aus einem P- und einem R-Zweig, die durch eine Nullücke getrennt sind (Parallelbande).

Valenzstrich →kovalente Bindung, →chemische Bindung.

Valenzwinkel (*gerichtete Valenz*). Die Tatsache, daß bei vielen Atomen die Valenzbindungen zu den Substituenten bestimmte, von den Substituenten oft wenig abhängige Winkel bilden, läßt sich in vielen Fällen zwanglos auf Symmetrieeigenschaften der →Valenzzustände des Atoms zurückführen. So bilden bei den 2wertigen Atomen O, S, Se, Te die Bindungen Winkel von etwa 100 bis 105° (H_2O, SCl_2 usw.). Die Valenzfunktionen dieser Atome sind zwei orthogonale p-Zustände; man erwartet also einen Winkel von 90°. Der teilweise Ionencharakter der →kovalenten Bindungen verursacht Aufweitung des Winkels infolge der elektrostatischen Abstoßung der Substituenten. Die Bindung im H_2S hat geringeren Ionencharakter, der Winkel ist ~92°. Im vierfach substituierten C-Atom haben die Valenzzustände Tetraedersymmetrie. Über diese und andere Valenzsymmetrien →Valenzzustände.

Valenzzustände (engl. *atomic orbits*). Unter diesem Stichwort werden folgende im Zusammenhang mit der Valenztheorie (→chemische Bindung) wichtige Begriffe behandelt: Valenzfunktion, Valenzwinkel, Mischung von Valenzzuständen (engl. Hybridization), Tetraedervalenz = q-Va-

3

lenz, Bindungsstärke, Valenzelektron, Elektronenkonfiguration. Ferner →einsames Elektronenpaar, →Oktett.

Die Befähigung eines Atoms zu Valenzbindungen hängt von der „Struktur" seiner äußeren Elektronenhülle ab. Die äußeren Elektronen gehören, beginnend mit der K-Schale bei Wasserstoff, mit wachsender Ordnungszahl des Atoms verschiedenen Schalen an: K-, L-, M-, N-, O-, P-, Q-Schale, die sich durch verschiedene Hauptquantenzahlen $n = 1, 2, 3, 4, 5, 6, 7$ unterscheiden. Abgeschlossene Schalen beteiligen sich nicht an Valenzbindungen. Jede Schale enthält verschiedene *Elektronenzustände* (= Bahnen = orbits), denen die Valenzzustände entsprechen. Man unterscheidet s-, p-, d-, f-Zustände, die sich in jeder Schale durch die Azimutalquantenzahlen $l = 0, 1, 2, 3, \ldots, \leqq n - 1$ unterscheiden. Je nach dem Zustand, dem ein bindendes Elektron angehört, kann man s-, p-, d-, ...-Valenzen unterscheiden. Jede Schale enthält n^2 Zustände und $2n^2$-Elektronen, und zwar die K-Schale *einen* $1s$-Zustand (die Zahl 1 bedeutet $n = 1$), die L-Schale einen $2s$-Zustand und drei $2p$-Zustände ($2p_x$, $2p_y$, $2p_z$), die M-Schale einen $3s$-, drei $3p$- und fünf $3d$-Zustände, die N-Schale einen $4s$-, drei $4p$-, fünf $4d$- und sieben $4f$-Zustände usw., die je mit zwei Elektronen mit antiparallelem →Spin besetzt sind. s-Zustände sind stabiler als die zugehörigen p-, diese als die d-Zustände usw. Außerdem gilt, daß ein $(n + 1)s$- niedriger als ein nd-Zustand liegt. Wenn deshalb in einer Schale alle s- und p-Zustände besetzt sind (= acht Elektronen = Achterschale = Edelgaskonfiguration), beginnt die nächste Schale, und erst später (→Übergangselemente) werden die unbesetzten d-Zustände der früheren Schalen aufgefüllt (→Aufbauprinzip, →Periodisches System der Elemente; ausführlich bei *A. Sommerfeld*, Atombau und Spektrallinien). Infolgedessen besteht auch die äußere Schale vieler stabiler einatomiger Ionen aus einem *Oktett von acht Elektronen in s- und p-Zuständen.* Jedem s-, p-, d-, ...-Zustand entspricht in der Quantenmechanik eine →*Eigenfunktion* oder Valenzfunktion, die etwas über den Charakter oder die „Struktur" des Zustandes angibt (Kreisbahn, Ellipsenbahn usw. in der Bohrschen Theorie). s-Funktionen bedeuten keine Richtungsauszeichnung der zugehörigen Valenz. Die drei p-Eigenfunktionen stehen senkrecht aufeinander, was als Ursache der angenäherten gegenseitigen *Rechtwinkligkeit der p-Valenzen* gilt (z. B. am O-Atom) usw. Ein Atom kann mit jedem stabilen äußeren Zustand eine *Elektronenpaarbindung* vom London-Heitler-Typ (→kovalente Bindung) bilden. Die beteiligten äußeren Elektronen nennt man *Valenzelektronen.* So kann das H-Atom (stabiler Zustand $1s$) *eine* Bindung eingehen, Elemente der 2. Periode können maximal vier Bindungen eingehen usw.

Bei vielen Elementen treten *Mischungen von Valenzzuständen (Hybridization)* auf. Am bekanntesten ist die s-p-Mischung, am C-Atom, die zur Tetraedervalenz (q-Valenz von *Hund*) Anlaß gibt. C besitzt in der L-Schale zwei $2s$- und zwei $2p$-Elektronen. Das Atom bindet nicht mit seinen s- oder p-Zuständen, sondern mit Mischungen entweder von *einer* $2s$- und *drei* $2p$-Zuständen, die tetraedrische Valenzen (CH_4) ergeben (Symbol sp^3), oder von *einem* $2s$- und zwei $2p$-Zuständen

(sp^2), die trigonale Valenzen in einer Ebene $\rangle C{=}C\langle$ ergeben. (Die dritte p-Funktion mit Knoten in der Molekülebene wird im Äthylen zur Doppelbindung verwandt.) Die Valenzwinkel am C sind hiernach eine Folge der Mischung atomarer Eigenfunktionen und weitgehend unabhängig vom Substituenten, was der Erfahrung entspricht. Andere bekannte Mischungen, die in höheren Perioden auftreten, sind z. B. eine Tetraedergruppierung vom Typ sp^3d^3, bei der von sieben Eigenfunktionen nur vier starke Valenzen gebildet werden, oder eine Oktaedereigenfunktion vom Typ sp^3d^2 oder eine quadratische Struktur vom Typ sp^2d, bei der vier Valenzen in einer Ebene betätigt werden. Alle diese Mischungen spielen bei der Bildung *komplexer Ionen* eine große Rolle.

Die verschiedenen Valenzfunktionen haben verschiedene „*Bindungsstärken*", die ein Maß für die „Überlappungsfähigkeit" mit der Valenzfunktion des gebundenen Partners darstellt. Nach *Pauling* ist die Bindungsstärke, wenn die einer s-Funktion gleich 1 gesetzt wird, bei einer p-Funktion gleich $\sqrt{3}$, bei einer q-Valenz gleich 2, bei einer trigonalen gleich 1,99, bei einer d-Funktion gleich 2,44, bei einer tetragonalen gleich 2,69, bei einer Oktaederfunktion gleich 2,92.

Pauling, L.: Nature of chemical bond. Ithaca, N.Y. 1941.

van't Hoff-Gleichung →Reaktionsisochore.

Var, Abk. für Voltampere réactif, →Sondereinheitszeichen.

Variable →Funktion.

Variationen von n Individuen (Elementen) zur p-ten Klasse nennt man die durch →Permutation der →Kombinationen der n Elemente zur p-ten Klasse entstehenden Anordnungen. Je nachdem, ob Kombinationen mit oder ohne Wiederholung vorliegen, handelt es sich auch um Variationen mit oder ohne Wiederholung. Ihre Anzahl ist $V_p^W(n) = n^p$ bzw. $V_p^{OW}(n) = \binom{n}{p}p!$ Beispiel: Es liegen $n = 4$ Elemente $(1, 2, 3, 4)$ vor. Dann heißen die $V_2^W(4) = 4^2 = 16$ Variationen mit Wiederholung zur $p = 2$. Klasse: 11, 12, 13, 14, 21, 22, 23, 24, 31, 32, 33, 34, 41, 42, 43, 44. Variationen ohne Wiederholung gibt es $V_2^{OW}(4) = \binom{4}{2} \cdot 2!$ $= 12$. Es sind dies die Anordnungen 12, 13, 14, 21, 23, 24, 31, 32, 34, 41, 42, 43.

Variation der Konstanten →lineare (gewöhnliche) Differentialgleichung.

Variationsverfahren →Ritzsches Variationsverfahren.

Variationsprinzipe der Mechanik →Prinzipe der Mechanik.

Variationsrechnung. Neben den gewöhnlichen Extremalaufgaben, bei denen es sich darum handelt, diejenigen Argumente zu ermitteln, für die eine von diesen abhängige Funktion einen größten oder kleinsten Wert annimmt (→Extremum), stößt man auch häufig auf die Frage, eine *Funktion* zu ermitteln, die ein von ihr und ihren Ableitungen abhängiges bestimmtes Integral zu einem Extremum macht. Beispiel: In einer Ebene seien zwei Punkte P_1 und P_2 gegeben, die in bezug auf ein rechtwinkliges Koordinatensystem die Koordinaten $P_1(x_1 y_1)$ und $P_2(x_2 y_2)$ haben. Gefragt wird nach einer durch P_1 und P_2 gehenden Kurve $y = y(x)$, die die Minimaleigenschaft besitzt, bei Rotation um die x-Achse eine Drehfläche kleinster Oberfläche zu liefern. Da die Oberfläche durch das Integral

$$J(y) = 2\pi \int_{x_1}^{x_2} y \sqrt{1 + y'^2}\, dx$$ gegeben ist, liegt hier

eine wie oben charakterisierte Aufgabe vor, durch passende Wahl von $y = y(x)$ das Integral $J(y)$ zu einem Minimum zu machen. Ein anderes Beispiel ist das der Brachistochrone, das ist eine Kurve kürzester Fallzeit. Im Schwerefeld seien in einer senkrechten Ebene zwei Punkte $P_1(x_1 y_1)$ und $P_2(x_2 y_2)$ gegeben. Gesucht ist diejenige P_1 mit P_2 verbindende Kurve, die die Eigenschaft besitzt, daß ein Massenpunkt m vom Punkte P_1 mit der Anfangsgeschwindigkeit v allein unter Einfluß der Fallbeschleunigung in kürzester Zeit nach P_2 gelangt. Es zeigt sich, daß die fragliche Kurve $y = y(x)$, die Brachistochrone, diejenige ist, die das bestimmte Integral

$$J(y) = \int_{x_1}^{x_2} 2g \sqrt{(1 + y'^2)/[2g(y - y_1) - v^2]}\, dx$$

zu einem Minimum macht. Denjenigen Zweig der Mathematik, der sich mit solchen Extremalproblemen bestimmter Integrale befaßt, hierfür Lösungsmethoden ermittelt, Eindeutigkeits- und Existenzfragen untersucht usw., nennt man Variationsrechnung. Einen wesentlichen Antrieb zur Entwicklung dieser Disziplin gab das genannte, 1696 von *Johann Bernoulli* aufgeworfene Problem der Brachistochrone. An der Begründung der Variationsrechnung hatten insbesondere neben *Johann Bernoulli* sein Bruder *Jacob Bernoulli* und *Euler* Anteil.

Die Forderung, ein bestimmtes Integral, das im einfachsten Fall von einer Funktion $y = y(x)$, deren Ableitung y' und gegebenenfalls der unabhängigen Variablen x abhängt, durch geeignete Wahl von $y = y(x)$ zu einem Extremwert zu machen, nennt man ein *Variationsproblem*. Es verlangt

$$\int_{x_1}^{x_2} F(y, y', x)\, dx = \text{Extremum, wofür man auch}$$

schreibt: $\delta \int_{x_1}^{x_2} F(x, y, y')\, dx = 0$, wobei das Zeichen δ das „Gegenstück" zum d der Differentialrechnung ist. Die Funktion $y = y(x)$, die obiges Variationsproblem löst, findet man aus der von *Euler* angegebenen und nach ihm genannten Differentialgleichung: $\dfrac{\partial F}{\partial y} - \dfrac{d}{dx}\left(\dfrac{\partial F}{\partial y'}\right) = 0$. Für gewisse Sonderfälle lassen sich für die Eulersche Gleichung sofort Integrale angeben. So folgt, wenn im Integranden etwa y nicht explizit auftritt, sofort $\partial F/\partial y' = C = $ const. Tritt x nicht auf, so stellt $F - y' \dfrac{\partial F}{\partial y'} = $ const ein intermediäres Integral dar. Beispiel: Bei der Frage nach der Drehfläche kleinster Oberfläche war $F = 2\pi y \sqrt{1 + y'^2}$, also $\partial F/\partial x = 0$; daher wird nach der letzten Gleichung: $2\pi y \sqrt{1 + y'^2} - 2\pi y y' : \sqrt{1 + y'} = $ const, daraus $\dfrac{y}{\sqrt{1 + y'^2}} = $ const, welche Gleichung integriert zur Lösung $y = C_1 \mathfrak{Cof}\, \dfrac{x - C_2}{C_1}$ führt, die eine →Kettenlinie darstellt. Für den Fall, daß der Integrand komplizierter gebaut ist, daß etwa mehrere Variablen höherer Ableitungen usw. auftreten, daß

gewisse Rand- oder Nebenbedingungen zu erfüllen sind, wird die Lösung des Variationsproblems durch andere Methoden gefunden.

Baule, B.: Die Mathematik d. Naturf. u. Ingenieurs V (Variationsrechnung). Leipzig 1945.—*Schwank, F.*, u. *G. Bliss*: Variationsrechnung. Leipzig 1932.—*Courant, R.*, u. *D. Hilbert*: Methoden d. math. Physik I. Berlin 1931.

Variometer, Variatoren sind veränderbare →Selbstinduktionsspulen.

Variometer, erdmagnetische →erdmagnetische Messungen.

Varitron (= Barytron), russische Bezeichnung für schwere →Mesonen.

Vegard-Kaplan-Banden, Triplett-Singulett-Bandensystem des Moleküls N_2 zwischen 2300 und 3400 Å, Interkombination mit dem Molekül-Grundzustand.

Vektor. Während eine Anzahl physikalischer Größen bereits durch die Angabe einer *einzigen* Zahl eindeutig charakterisiert ist, wie es z. B. bei der Zeit, Temperatur, Energie, Dichte usw. der Fall ist, gibt es auch eine Reihe von Größen, zu deren Festlegung mehrere Zahlenangaben erforderlich sind. Ein Beispiel hierfür stellt etwa die Geschwindigkeit eines sich bewegenden Körpers dar, die durch die Angabe von etwa 1 m s^{-1} keineswegs eindeutig bestimmt ist. Vielmehr muß dazu noch die *Richtung* vorgegeben werden, in der die Bewegung mit der Geschwindigkeit vom „*Betrag*" 1 m s^{-1} verlaufen soll. Zur eindeutigen Festlegung der Geschwindigkeit sind also drei Zahlenangaben (*Betrag* und zwei die Richtung im Raume festlegende *Winkel*) notwendig. Während die bereits durch *eine* Zahl definierten Größen *Skalare* heißen, nennt man solche Größen, die (wie die Geschwindigkeit) zu ihrer eindeutigen Kennzeichnung die Angabe *dreier* Zahlen benötigen, *Vektoren*. Beispiele hierfür stellen die Beschleunigung, die Kraft, das Moment, die elektrische Feldstärke u. a. dar. Man stellt derartige Vektorgrößen anschaulich durch eine gerichtete Strecke dar, die die Richtung der Größe besitzt und deren Länge mit dem Betrag der fraglichen Größe übereinstimmt oder ihr proportional ist. Um äußerlich den vektoriellen Charakter einer physikalischen Größe zum Ausdruck zu bringen, ist es in Deutschland im allgemeinen üblich, für sie einen deutschen Buchstaben (Fraktur) zu benutzen ($\mathfrak{A}, \mathfrak{B}, \ldots, \mathfrak{a}, \mathfrak{b}, \ldots$), während man Skalare durch lateinische ($A, B, \ldots, a, b, \ldots$) oder kleine griechische Buchstaben ($\alpha, \beta, \ldots$) kennzeichnet. Daneben und insbesondere in der ausländischen Literatur werden die Symbole $\vec{A}, \vec{a}$ usw. benutzt. Den Betrag eines Vektors $\mathfrak{a}$ bezeichnet man mit $|\mathfrak{a}| = a$.

Im allgemeinen sind sowohl die skalaren als auch vektoriellen Größen Funktionen des Ortes, ändern sich also von Ort zu Ort im Raum. Ist s ein Skalar und $\mathfrak{a}$ eine vektorielle Größe, die für jeden Raumpunkt (festgelegt etwa durch seine kartesischen Koordinaten x, y, z in bezug auf ein Koordinatensystem K) definiert sind, so sagt man, durch $s(x, y, z)$ sei ein *skalares Feld* bzw. durch $\mathfrak{a}(x, y, z)$ sei ein *Vektorfeld* gegeben. Es bedeutet dies, daß jedem Punkt $P(x, y, z)$ im Raum durch $s = s(x, y, z)$ *ein* Zahlenwert, durch $\mathfrak{a} = \mathfrak{a}(x, y, z)$ *drei* Zahlenwerte zugeordnet werden. Indessen bilden nicht drei beliebige Tripel von sich mit dem Ort ändernde Zahlen, also drei beliebige Ortsfunktionen immer die Bestimmungsstücke eines Vektors. Vielmehr verlangt man von ihnen, daß sie sich beim Übergang von $K(x, y, z)$ zu einem neuen Koordinatensystem $\bar{K}(\bar{x}, \bar{y}, \bar{z})$ in gewisser Weise transformieren, und definiert: „Ein Vektor (im dreidimensionalen euklidischen Raum) ist die Gesamtheit von drei Größen, die sich beim Übergang von einem Koordinatensystem zu einem anderen wie die Koordinaten*differenzen* verhalten." Daß diese (etwas abstrakte) Definition mit der anschaulichen Erklärung eines Vektors als einer im Raum gerichteten Strecke übereinstimmt, ist leicht nachzuweisen.

Legt man ein rechtwinkliges Koordinatensystem zugrunde, so kann man in bezug auf dieses einen Vektor durch seine Projektionen auf die drei Koordinatenachsen charakterisieren, die als *Komponenten* des Vektors bezeichnet werden. Heißt der Vektor $\mathfrak{A}$, so bezeichnet man seine Komponenten nach den drei Achsen mit A_x, A_y, A_z und schreibt dann $\mathfrak{A}\{A_x, A_y, A_z\}$.

Die Verknüpfung zweier oder mehrerer Vektoren mittels mathematischer Operationen zu einem neuen Vektor geschieht nach gewissen Regeln und bildet den Inhalt der *Vektorrechnung*. Insbesondere heißt deren Teil, der sich mit der Addition, Subtraktion und Multiplikation von vektoriellen Größen beschäftigt, die *Vektoralgebra*, während in der *Vektoranalysis* die Prozesse des Differenzierens und Integrierens auf Vektoren übertragen werden. Von den wichtigsten Rechenregeln seien folgende erwähnt: Sind $\mathfrak{A}\{A_x, A_y, A_z\}$ und $\mathfrak{B}\{B_x, B_y, B_z\}$ zwei Vektoren, so definiert man als Summe (Differenz) $\mathfrak{A} + \mathfrak{B} = \mathfrak{C}$ ($\mathfrak{A} - \mathfrak{B} = \mathfrak{C}$) einen Vektor $\mathfrak{C}\{C_x, C_y, C_z\}$, dessen Komponenten gleich der Summe (Differenz) der Komponenten von $\mathfrak{A}$ und $\mathfrak{B}$ sind: $C_x = A_x + B_x$, $C_y = A_y + B_y$, ... ($C_x = A_x - B_y$, ...). In koordinatenfreier Darstellung findet man den Summen- (Differenzen-) Vektor $\mathfrak{C}$ als die Diagonale des aus $\mathfrak{A}$ und $\mathfrak{B}$ „aufgespannten" Parallelogramms, sog. *geometrische Addition* (Abb.).

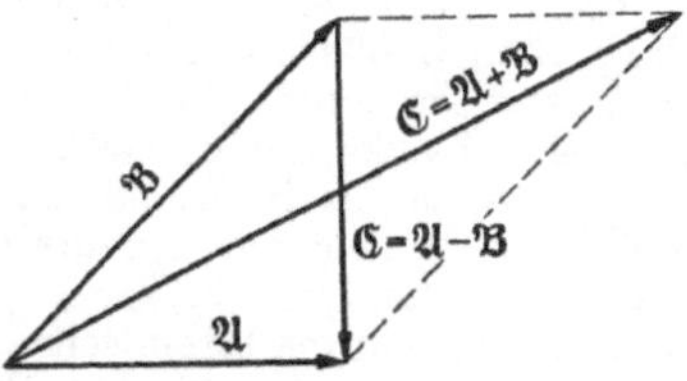

Vektoraddition und -subtraktion.

Führt man drei →Einheitsvektoren $\mathfrak{i}$, $\mathfrak{j}$, $\mathfrak{k}$ ein, das sind solche vom Betrag 1 in Richtung der drei Koordinatenachsen x, y, z, so gestattet das Additionsgesetz die Darstellung eines Vektor $\mathfrak{A}$ durch seine Komponenten wie folgt: $\mathfrak{A} = A_x\mathfrak{i} + A_y\mathfrak{j} + A_z\mathfrak{k}$.

Die Vektoraddition befolgt das kommutative Gesetz ($\mathfrak{A} + \mathfrak{B} = \mathfrak{B} + \mathfrak{A}$) sowie das assoziative Gesetz ($\mathfrak{A} + \mathfrak{B}) + \mathfrak{C} = \mathfrak{A} + (\mathfrak{B} + \mathfrak{C})$. Die Multiplikation eines Vektors $\mathfrak{A}$ mit einer Zahl m bedeutet einen Vektor $\mathfrak{B} = m\mathfrak{A}$, der dieselbe Richtung wie $\mathfrak{A}$, jedoch den m-fachen Betrag hat. Die Multiplikation eines Vektors $\mathfrak{A}$ mit einem Vektor $\mathfrak{B}$ führt zu den beiden Begriffen des →skalaren und des →Vektorproduktes. Ist ein Vektor $\mathfrak{A}$ Funktion einer skalaren Größe t (die etwa die Zeit bedeuten kann), so definiert man als den Differentialquotienten des Vektors $\mathfrak{A}(t)$ nach dem Skalar t den

durch den Grenzwert $\dfrac{d\mathfrak{A}}{dt} = \lim\limits_{\Delta t \to 0} \dfrac{\mathfrak{A}(t + \Delta t) - \mathfrak{A}(t)}{\Delta t}$

gegebenen Vektor $\mathfrak{A} = \dfrac{d\mathfrak{A}}{dt}$. Für die Differentiation von Produkten gilt: $\dfrac{d}{dt}(\mathfrak{A}\mathfrak{B}) = \mathfrak{A}\dfrac{d\mathfrak{B}}{dt} + \mathfrak{B}\dfrac{d\mathfrak{A}}{dt}$,

$\dfrac{d}{dt}[\mathfrak{A}\mathfrak{B}] = \left[\dfrac{d\mathfrak{A}}{dt}\mathfrak{B}\right] + \left[\mathfrak{A}\dfrac{d\mathfrak{B}}{dt}\right]$. (Vertauschung der Reihenfolge der Faktoren bringt hier einen Vorzeichenwechsel mit sich.)

Ist $\varphi = \varphi(x, y, z)$ eine skalare Ortsfunktion, so kann aus ihr durch Differentiation ein als →*Gradient* bezeichneter Vektor hergeleitet werden. Zwei weitere durch Differentiation aus einem Vektor herzuleitende Größen sind die →*Divergenz* und die →*Rotation* eines Vektors. Sie spielen eine grundlegende Rolle in der Theorie der Vektorfelder.

Lagally, M.: Vektorrechnung. Leipzig 1934. — *Valentiner*, S.: Vektorrechnung. Samml. Göschen 354. Berlin 1944. — *Gans*, R.: Vektoranalysis. Leipzig 1924. — *Athen*, H.: Vektorrechnung. Wolfenbüttel 1948. — v. *Ignatowsky*, W.: Vektoranalysis. Leipzig 1926. — *Schouten*, J. A.: Der Ricci-Kalkül. Berlin 1924. — *Levi-Cività*: Der abs. Differentialkalkül. Berlin 1928. Handb. d. Physik II. Berlin 1928.

Vektor, axialer, polarer. Ein →Vektor $\mathfrak{A}\{A_x A_y A_z\}$ habe die auf ein rechtwinkliges kartesisches Koordinatensystem K_r bezogenen Komponenten A_x, A_y, A_z. Das System K_r sei etwa ein Rechtssystem. Vertauscht man die Richtungen seiner Achsen, d. h. geht man zu einem Linkssystem K_l über, und ändern sich bei diesem Übergang gleichzeitig die Vorzeichen der Vektorkomponenten, so nennt man $\mathfrak{A}$ einen *polaren* Vektor. Ein Beispiel dafür stellt eine Translation dar, die durch eine Strecke mit Fortschreitungsrichtung im Raum veranschaulicht werden kann. Den polaren Vektoren gegenüber steht die Gruppe der *axialen* Vektoren, das sind solche, bei denen ein Übergang von K_r zu K_l *keine* Vorzeichenwechsel der Vektorkomponenten zur Folge hat. Beispiele von axialen Vektoren stellen etwa diejenigen „Vektoren" dar, mit deren Hilfe man schiefsymmetrische →Tensoren 2. Grades im dreidimensionalen Raum darzustellen pflegt, wie etwa das →Vektorprodukt zweier Vektoren und die →Rotation eines Vektors. Diese Größen sind in Strenge nicht durch gerichtete Strecken, sondern durch ebene Flächenstücke mit einem gewissen Umlaufsinn darzustellen.

Für die durch Multiplikation von polaren und axialen Vektoren entstehenden Produktvektoren gelten folgende Regeln: Das vektorielle Produkt zweier polarer oder zweier axialer Vektoren führt stets zu einem axialen Vektor, während das Vektorprodukt aus einem axialen und einem polaren Vektor einen polaren Vektor ergibt. Ferner geht der polare Charakter eines Vektors in den axialen über und umgekehrt, wenn man ihn mit einem →Pseudoskalar multipliziert. Durch Addition bzw. Subtraktion können offenbar nur gleichartige Vektoren miteinander verknüpft werden. Indessen ist es für das Rechnen mit Vektoren im allgemeinen nicht notwendig, den polaren bzw. axialen Charakter eines Vektors zu kennen, insbesondere dann nicht, wenn während der ganzen Rechnung die Orientierung des ursprünglich zugrunde gelegten Koordinatensystems erhalten bleibt.

Abraham-Föppl: Theorie d. Elektrizität I. Leipzig 1921. — *Sommerfeld*, A.: Vorl. über theoret. Physik I u. II. Leipzig 1945. — *Valentiner*, S.: Vektoranalysis. Samml. Göschen 254. Berlin 1938.

Vektor, kontravarianter, kovarianter. Es sei $\mathfrak{A}$ ein Vektor im n-dimensionalen Raum, dessen Komponenten A_i $(i = 1, 2, \ldots, n)$ Funktionen der Ortskoordinaten x_i $(i = 1, 2, \ldots, n)$ seien. Geht man vermöge der Transformationsgleichungen $\bar{x}_j = \bar{x}_j(x_1, x_2, \ldots, x_n) = \bar{x}_j(x_i)$ $(j = 1, 2, \ldots, n)$ von den x_i zu neuen Koordinaten $\bar{x}_j$ über, so gilt für die Differentiale das Transformationsgesetz $d x^j = \sum_{i=1}^{n} \frac{\partial \bar{x}_j}{d x_i} d x^i$. Stehen die Komponenten $\bar{A}^j$ des Vektors $\mathfrak{A}$ im neuen Koordinatensystem mit den ursprünglichen Komponenten A^j in derselben Beziehung, wie es die letzte Gleichung ausdrückt, ist also $\bar{A}^j = \sum_{i=1}^{n} \frac{\partial \bar{x}^j}{d x^i} A^i$, so nennt man die Gesamtheit der n Größen A^i die Komponenten eines *kontravarianten* Vektors und kennzeichnet sie äußerlich durch einen hochgestellten Index (der nicht mit einem Exponenten zu verwechseln ist). Man kann also einen kontravarianten Vektor dadurch definieren, daß sich seine Komponenten wie die Differentiale von Koordinaten transformieren. Ein Beispiel eines kontravarianten Vektors ist der infinitesimale Vektor $d\mathfrak{s}$ eines Linienelementes, dessen Komponenten dx^1, dx^2, dx^3, $\ldots$, dx^n sich als Koordinatendifferentiale definitionsgemäß wie gefordert transformieren.

Ist $\mathfrak{A}$ ein kontravarianter Vektor mit den Komponenten A^i $(i = 1, 2, \ldots, n)$ und $\mathfrak{B}$ ein Vektor mit den Komponenten B_j $(j = 1, 2, \ldots, n)$ derart, daß der Ausdruck $\sum_{i=1}^{n} A^i B_i = J$ eine Invariante (Skalar) ist, d. h. nach Übergang von den Koordinaten x_i zu den $\bar{x}_i$ sich nicht ändert: $\sum_{i=1}^{n} A^i B_i = \sum_{i=1}^{n} \bar{A}^i \bar{B}_i$, so wird durch die Invarianzforderung das Transformationsgesetz für die Komponenten des Vektors $\mathfrak{B}$ festgelegt, und zwar ergibt sich $\bar{B}_j = \sum_{i=1}^{n} \frac{\partial x^i}{\partial \bar{x}^j} B_i$. Vektoren, deren Komponenten sich bei einer Koordinatentransformation nach dieser Vorschrift ändern, nennt man *kovariante* Vektoren und kennzeichnet sie äußerlich durch tiefgesetzte Indizes. Ein Beispiel für einen kovarianten Vektor ist der Gradient einer skalaren Ortsfunktion $\varphi(x_1, x_2, \ldots, x_n)$, dessen Komponenten $\operatorname{grad}_i \varphi = \partial\varphi/\partial x^i$ sind. Beim Übergang zu neuen Koordinaten gilt $\overline{\operatorname{grad}_j \varphi} = \frac{\partial \varphi}{\partial \bar{x}^j} = \sum_{i=1}^{n} \frac{\partial \varphi}{\partial x^i} \frac{\partial x^i}{\partial \bar{x}^j} = \sum_{i=1}^{n} \frac{\partial x^i}{\partial \bar{x}^j} \operatorname{grad}_i \varphi$, also das Transformationsgesetz kovarianter Vektorkomponenten. (Die Umkehrung, daß ein kovarianter Vektor immer der Gradient einer skalaren Funktion ist, gilt indessen *nicht*.)

Ist $\mathfrak{A}(A^i)$ ein kontravarianter und $\mathfrak{B}(B_i)$ ein kovarianter Vektor, so sagt man, das Größensystem (A^i) sei zu den Koordinaten *kogredient*, während es sich gegenüber den (B_i) *kontragredient* verhält.

Die Begriffe Kontravarianz und Kovarianz gelten nicht nur für Vektoren, sondern ebenfalls für Tensoren. So heißt etwa ein Tensor zweiten Ranges $\mathfrak{T}$ kontravariant, wenn seine Komponenten T^{ik} folgendes Transformationsgesetz erfüllen: $\bar{T}^{lm} = \sum_i \sum_j \frac{\partial \bar{x}^l}{\partial x^i} \frac{\partial \bar{x}^m}{\partial x^j} T^{ij}$. Die Komponenten eines kovarianten Tensors zweiten Ranges ge-

nügen der Bedingung $\bar{T}_{pq} = \sum_r \sum_s \frac{\partial x^r}{\partial \bar{x}^p} \frac{\partial x^s}{\partial \bar{x}^q} T_{rs}$. Ferner gibt es auch *gemischte* Tensoren, etwa in einem der Indizes kontravariant, in dem anderen kovariant, wenn gilt $\bar{T}_p^q = \sum_r \sum_s \frac{\partial x^s}{\partial \bar{x}^p} \frac{\partial \bar{x}^q}{\partial x^r} T_s^r$.

Während in der *metrischen Geometrie* (wo die Länge von Vektoren definierbar ist) ein Vektor kovariante oder kontravariante *Komponenten* hat, gibt es in der *vektoriellen Geometrie* (wo die Länge von Vektoren nicht mehr definierbar ist) kovariante und kontravariante *Vektoren*. In diesem Fall *gibt es* kontravariante Vektoren, die nur kontravariante Komponenten haben, während kovariante Vektoren *nur* kovariante Komponenten haben.

Eddington, A. S.: Relativitätstheorie. Berlin 1925. — *Lagally, M.:* Vektorrechnung. Leipzig 1935. — *Schouten, J.:* Der Ricci-Kalkül. Berlin 1924. — *Levi-Cività:* Der abs. Differentialkalkül. Berlin 1928. — *Rothe, R.:* Tensorrechnung. Wien 1924.

Vektoren, raumartige, zeitartige. Alle vom Nullpunkt der vierdimensionalen Raum-Zeit-Mannigfaltigkeit ausgehenden →Vierervektoren, die im Äußeren des →Lichtkegels liegen, heißen raumartig,

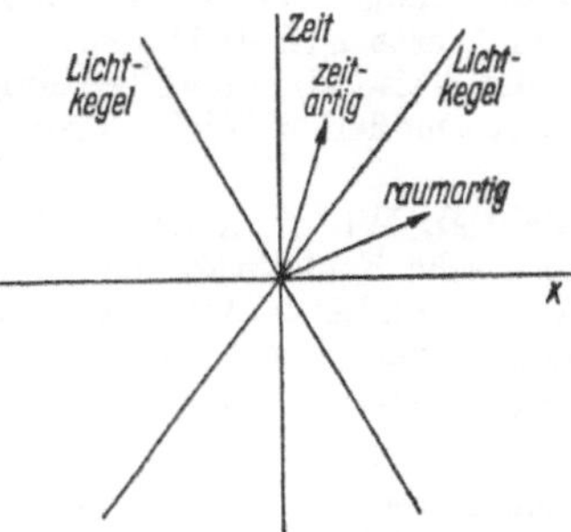

Raumartige und zeitartige Vektoren.

diejenigen, welche im Innern des Lichtkegels verlaufen, zeitartig. Zeitartig sind z. B. alle vom Nullpunkt ausgehenden zulässigen Geschwindigkeitsvektoren (Abb.).

Vektordiagramm →Zeigerdiagramm.

Vektorgerüst →Vektormodell.

Vektormesser →Gleichrichter.

Vektormodell. Die im Aufbauprinzip exakt quantenmechanisch abgeleiteten Gesetzmäßigkeiten der Atomspektren lassen sich anschaulich mit Hilfe des Vektormodells darstellen. Dies sei am Beispiel der Feinstrukturaufspaltung und des anomalen Zeeman-Effektes erklärt. Ein Grobstrukturterm ist durch die Bahndrehimpulsquantenzahl L und eine zugehörige Spindrehimpulsquantenzahl S charakterisiert. Die Feinstrukturkomponenten entstehen durch die verschiedenen möglichen Werte des Gesamtdrehimpulses. Zeichnet man zwei Vektoren $\mathfrak{L}$ und $\mathfrak{S}$ (Abb.) mit den Längen L und S so auf, daß der resultierende Vektor die Länge $L + S - \nu$ $(\nu = 0, 1, 2, \ldots, L + S - |L - S|)$ hat, so hat man sich vorzustellen, daß durch die Kopplung zwischen Bahn und Spin nicht mehr die Vektoren $\mathfrak{L}$ und $\mathfrak{S}$ zeitlich konstant bleiben, sondern nur noch der Vektor

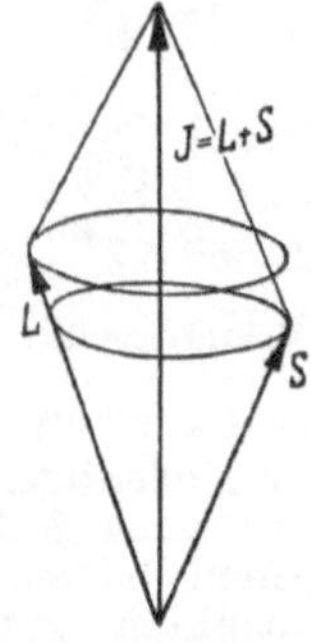

Zum Vektormodell.

$\mathfrak{L} + \mathfrak{S}$. Ist die Kopplung nicht zu stark, so werden die beiden Vektoren $\mathfrak{L}$ und $\mathfrak{S}$ um die Resultierende $\mathfrak{L} + \mathfrak{S} = \mathfrak{J}$ langsam herumpräzedieren. Schaltet man nun ein Magnetfeld H ein, das klein genug ist, um nicht die Kopplung von $\mathfrak{L}$ und $\mathfrak{S}$ zu zerstören, so wird diese ganze Figur um die Feldrichtung herum präzedieren (→Larmor-Präzession, →Zeeman-Effekt). Das magnetische Moment des Bahndrehimpulses ist $\mu_B \mathfrak{L}$, des Spindrehimpulses $2\mu_B \mathfrak{S}$, wobei μ_B das Bohrsche Magneton ist. Da $\mathfrak{L}$ und $\mathfrak{S}$ um $\mathfrak{L} + \mathfrak{S}$ präzedieren, ist im Mittel das gesamte magnetische Moment proportional $\mathfrak{L} + \mathfrak{S} = \mathfrak{J}$, und zwar $g\,\mu_B\,\mathfrak{J}$, wobei g der →Landésche g-Faktor heißt. Das magnetische Moment ist genau $\mu_B(\mathfrak{L} + 2\,\mathfrak{S}) = \mu_B\,\mathfrak{J} + \mu_B\,\mathfrak{S}$, also ist $g = 1 + (\mathfrak{S}, \mathfrak{J})/\mathfrak{J}^2$. Nun ist

$$\mathfrak{L}^2 = (\mathfrak{J} - \mathfrak{S})^2 = \mathfrak{J}^2 + \mathfrak{S}^2 - 2(\mathfrak{J}, \mathfrak{S}),$$

also

$$\frac{(\mathfrak{S}, \mathfrak{J})}{\mathfrak{J}^2} = \frac{1}{2}\,\frac{1}{\mathfrak{J}^2}\,(\mathfrak{J}^2 + \mathfrak{S}^2 - \mathfrak{L}^2)$$

und damit

$$g = 1 + \frac{\mathfrak{J}(\mathfrak{J} + 1) + S(S + 1) - L(L + 1)}{2\,\mathfrak{J}(\mathfrak{J} + 1)},$$

wenn man als Länge von $\mathfrak{S}$ usw. die quantenmechanischen Werte $S(S + 1)$ usw. einsetzt.

Auf ähnliche Weise kann man bei einiger Übung mit dem Vektormodell ähnliche Probleme leicht lösen.

Vektorpotential. Wie man im elektrostatischen Fall die elektrische Feldstärke aus einem skalaren Potential durch Gradientenbildung erhält, so läßt sich die magnetische Feldstärke als Wirbelstärke eines Vektorpotentials $\mathfrak{A}$ darstellen:

$$\mathfrak{H} = \text{rot}\,\mathfrak{A}.$$

Das Vektorpotential ist durch diese Forderung nicht eindeutig bestimmt (→Potential, elektrodynamisches).

Wie man aus der räumlichen Verteilung von Quellen, z. B. von Ladungen, das Potential angeben kann und hieraus durch Differentiation (Gradientenbildung) die wirkenden Kräfte bestimmt, so läßt sich aus der Verteilung von Strömen das Vektorpotential angeben:

$$\mathfrak{A} = \frac{1}{4\pi} \int \frac{\mathfrak{J}\,dV}{r}\,;$$

dieses stellt die Lösung der vektoriellen Poissonschen Gleichung

$$\Delta\,\mathfrak{A} = -\mathfrak{J}$$

dar (dV Volumelement, $\mathfrak{J}$ Stromdichte).

Sommerfeld, A.: Vorl. über theoret. Physik III. Leipzig 1949.

Vektorprodukt, *vektorielles* oder auch *äußeres Produkt* zweier Vektoren $\mathfrak{A}$ und $\mathfrak{B}$ nennt man einen Vektor $\mathfrak{C}$, der auf $\mathfrak{A}$ und $\mathfrak{B}$ senkrecht steht und dessen Betrag gleich dem Produkt der absoluten Beträge von $\mathfrak{A}$ und $\mathfrak{B}$ und dem sin des von ihren Richtungen eingeschlossenen Winkels ist (Abb.). Man kürzt das vektorielle Produkt mit $[\mathfrak{A}\mathfrak{B}]$, auch mit $\mathfrak{A} \times \mathfrak{B}$, ab, und es ist daher $\mathfrak{C} = [\mathfrak{A}\mathfrak{B}] = |\mathfrak{A}|\,|\mathfrak{B}|\sin(\mathfrak{A}, \mathfrak{B})$, $\mathfrak{C} \perp \mathfrak{A}$, $\mathfrak{C} \perp \mathfrak{B}$. Zur eindeutigen Bestimmung der Richtung von $\mathfrak{C}$ wird noch festgelegt, daß $\mathfrak{A}$, $\mathfrak{B}$, $\mathfrak{C}$ ein Rechtssystem bilden. Für das Rechnen mit Vektorprodukten gilt wohl das distributive Gesetz $[\mathfrak{A}, \mathfrak{B} + \mathfrak{C}] = [\mathfrak{A}\mathfrak{B}] + [\mathfrak{A}\mathfrak{C}]$, *nicht* aber die kommutative Regel, denn es ist wegen $\sin(\mathfrak{A}, \mathfrak{B}) = -\sin(\mathfrak{B}, \mathfrak{A})$ ersichtlich $[\mathfrak{A}\mathfrak{B}] = -[\mathfrak{B}\mathfrak{A}]$. Bei der Bildung des äußeren Produktes ist also auf die Reihenfolge der Faktoren zu achten. Ferner darf aus $[\mathfrak{A}\mathfrak{B}] = 0$ nicht geschlossen werden, daß unbedingt einer der Faktoren gleich Null ist, da das vektorielle Produkt mit von Null verschiedenen $|\mathfrak{A}|$ und $|\mathfrak{B}|$ auch dann verschwindet, wenn $\mathfrak{A} \parallel \mathfrak{B}$ ist. $[\mathfrak{A}\mathfrak{B}] = 0$ ist, wenn $|\mathfrak{A}| \neq 0$ und $|\mathfrak{B}| \neq 0$ sind, notwendige und hinreichende Bedingung dafür, daß die Vektoren $\mathfrak{A}$ und $\mathfrak{B}$ gleiche $[\sphericalangle(\mathfrak{A}\mathfrak{B}) = 0]$ oder entgegengesetzte $(\sphericalangle\,\mathfrak{A}\mathfrak{B} = \pi)$ Richtung besitzen. Haben $\mathfrak{A}$ bzw. $\mathfrak{B}$ in bezug auf ein rechtwinkliges Koordinatensystem die Komponenten A_x, A_y, A_z bzw. B_x, B_y, B_z, so sind die Komponenten C_x, C_y, C_z des Vektorproduktes $\mathfrak{C} = [\mathfrak{A}\mathfrak{B}]$ gegeben durch: $C_x = A_y B_z - A_z B_y$, $C_y = A_z B_x - A_x B_z$, $C_z = A_x B_y - A_y B_x$ oder in Determinantenschreibweise:

$$C_x = \begin{vmatrix} A_y & A_z \\ B_y & B_z \end{vmatrix}, \quad C_y = \begin{vmatrix} A_z & A_x \\ B_z & B_x \end{vmatrix}, \quad C_z = \begin{vmatrix} A_x & A_y \\ B_x & B_y \end{vmatrix}.$$

$\mathfrak{C}$ läßt sich daher formal ebenfalls als Determinante

$$\mathfrak{C} = \begin{vmatrix} \mathfrak{i} & \mathfrak{j} & \mathfrak{k} \\ A_x & A_y & A_z \\ B_x & B_y & B_z \end{vmatrix}$$

schreiben, wenn $\mathfrak{i}, \mathfrak{j}, \mathfrak{k}$ die Einheitsvektoren parallel zur x, y, z-Achse des verwendeten Bezugssystems sind. Für diese Einheitsvektoren gilt $[\mathfrak{i}\,\mathfrak{j}] = [-\mathfrak{j}\,\mathfrak{i}] = \mathfrak{k}$, $[\mathfrak{j}\,\mathfrak{k}] = -[\mathfrak{k}\,\mathfrak{j}] = \mathfrak{i}$, $[\mathfrak{k}\,\mathfrak{i}] = -[\mathfrak{i}\,\mathfrak{k}] = \mathfrak{j}$, $[\mathfrak{i}\,\mathfrak{i}] = [\mathfrak{j}\,\mathfrak{j}] = [\mathfrak{k}\,\mathfrak{k}] = 0$.

Lagally, M.: Vektorrechnung. Leipzig 1934. — *Valentiner, S.:* Vektoranalysis. Samml. Göschen 354. Berlin 1944.— *Bieberbach, L.:* Analyt. Geometrie. Leipzig 1944.

Velocitron = →Laufzeitspektrograph.

Ventile, elektrische, sind den elektrischen Strom leitende Anordnungen, deren Charakteristik von der Stromrichtung abhängig ist. Man unterscheidet selbsttätige Ventile, die in beiden Stromrichtungen einen verschiedenen Durchlaßwiderstand haben, und unselbständige Ventile, die in beiden Stromrichtungen gleiche, aber gekrümmte Stromspannungscharakteristiken aufweisen. Bei den unselbständigen Ventilen muß durch einen Hilfsstrom die Charakteristik aus ihrer zum Nullpunkt symmetrischen Lage verschoben werden. Das Kennzeichen des selbständigen Ventils ist, daß es aus zwei verschiedenen Körpern besteht, an deren Grenzfläche sich die Elektronen oder Ionen in verschiedener Weise bewegen. Die Grenzflächenwirkung zweier verschiedener Metalle wird z. B. von den Kristalldetektoren und den Trockenplattengleichrichtern ausgenützt; die wichtigsten Vertreter der Grenzflächenventilwirkung Metall-Gas bzw. Metall-Vakuum sind die Gasentladungsröhren (Thyratronröhren, Glimmentladungsröhren, Lichtbogengleichrichter) bzw. die Elektronenröhren.

Ventil-Druckpresse →Druckerzeuger.

Venturi-Rohr (→Düse), besteht aus einer trichterförmigen Einschnürung des Strömungsquerschnittes mit einem anschließenden, sich allmählich erweiternden →Diffusor. Der Druckabfall in der Verjüngung dient zur Messung der Durchflußmenge in Rohrleitungen. Die *Kontraktionszahl* ist $\pi \sim 1$; die *Geschwindigkeitsziffer* φ kann infolge der Verluste in der Einschnürung von dem Wert 1 abweichen, so daß eine Eichung zweckmäßig ist. Das Venturi-Rohr wird gegenüber der Meßdüse

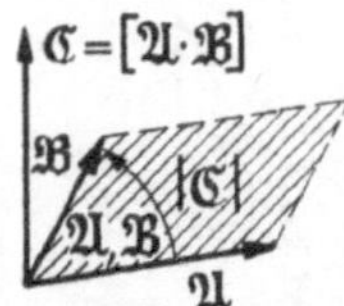

Vektorprodukt.

und der Meßblende bevorzugt, wenn die Baulänge nicht beschränkt ist und die Druckverluste in der Leitung möglichst klein gehalten werden sollen. Der Druckanstieg im Diffusor des Venturi-Rohres beträgt etwa 80 bis 85% der dem Querschnittsverhältnis entsprechenden theoretischen Druckerhöhung. Der für die Druckanzeige notwendige Meßdruck kann verstärkt werden, indem man mehrere Düsen ineinander anordnet, so daß die Enden der Erweiterung der inneren Düsen jeweils im engsten Querschnitt der nächstgrößeren Düse angebracht sind (*Multiplikator*).

Ventzke-Skala, früher in Deutschland benutzte Skala zur Angabe des Zuckergehalts einer Lösung auf Grund ihres optischen Drehvermögens. Nach der Skala entspricht der Hundertpunkt der Teilung eines Quarzkeilkompensators (→Kompensatoren) der Drehung einer 20 cm dicken Schicht der Normallösung (26,000 g reiner Zucker in 100 cm³ Lösung); alles bei 20 °C gemessen. 100 °Ventzke entspricht einer Drehung der Polarisationsebene durch Quarz um 34,66° bei 20 °C für Na-Licht, also der Drehung durch eine senkrecht zur optischen Achse geschnittene Quarzplatte von 1,5965 mm Dicke. — Internationale Einheit heute 1 →Grad Sugar.

Venus, der Abend- und Morgenstern, ist der hellste unter allen Planeten. Ihre scheinbare Helligkeit übertrifft die des hellsten Fixsterns Sirius unter den günstigsten Lichtverhältnissen um zwei Größenklassen. Mittlere Entfernung von der Sonne 108 · 10⁶ km, Umlaufzeit 225 Tage, Masse 0,81 Erdmassen, Äquatordurchmesser 12 420 km, mittlere Dichte 4,86 g cm⁻³. Sie verhüllt ihre Oberfläche durch eine äußerst undurchsichtige Atmosphäre. Da Einzelheiten von Dauer auf der Venusoberfläche nicht zu erkennen sind und auch die Anwendung des Doppler-Effekts zur Messung der Rotationsgeschwindigkeit der Venus bisher zu widersprechenden Ergebnissen geführt hat, ist die Frage nach der Rotationszeit des Planeten noch nicht geklärt. Die Temperatur an der Venusoberfläche dürfte 20 bis 30° höher sein als an der Erdoberfläche. Ein wesentlicher Bestandteil der Venusatmosphäre ist die Kohlensäure. Wenn auch dadurch bereits die geringe Durchsichtigkeit der Atmosphäre der Venus erklärt werden kann, so sind doch vielleicht auch Wolken aus Formaldehyd, wie sie *R. Wildt* vermutet, weitere Ursachen der Trübung. Wasserdampf wie überhaupt Wasser sind auf der Venus nicht feststellbar. Auch Sauerstoff ist spektroskopisch nicht nachweisbar. Von dem Vorhandensein von Lebewesen irdischer Art auf der Venus dürfte deshalb kaum die Rede sein können. Die Venus hat keinen Satelliten.

Newcomb-Engelmann: Populäre Astronomie. Leipzig 1949.

Veränderliche Sterne nennt man die Fixsterne, deren Helligkeit eine mehr oder weniger große und schnelle zeitliche Veränderlichkeit zeigt. Die Erscheinungen, die die Veränderlichen darbieten, sind sehr mannigfaltig. Wenn man von den →Bedeckungsveränderlichen absieht, so kann man die überwiegende Mehrzahl der Veränderlichen in zwei Hauptgruppen zusammenfassen, deren eine aus Riesensternen und die andere aus Zwerg- und Unterzwergsternen besteht. Die erste Hauptgruppe mit über 6000 bekannten Veränderlichen umfaßt die Gruppen der RR Lyrae-, δ Cephei-, o Ceti-, RV Tauri-, S Vulpeculae- und μ Cephei-Sterne. Sie sind wahrscheinlich →pul-

sierende Sterne. Zur zweiten Hauptgruppe mit nur ungefähr 200 bekannten Veränderlichen gehören die Novae und die wiederkehrenden Novae sowie die U Geminorum- und RW Aurigae-Sterne. Die Ursache ihres intermittierenden Lichtwechsels dürften spontane Expansionen der Sternphotosphären sein.

Außerhalb der beiden Hauptgruppen stehen die auf dem Hauptast liegenden Veränderlichen mit einem Be-Spektrum vom Typ γ Cassiopeiae, die mit den Nova-artigen Sternen verwandt sind, und die R Coronae Borealis-Sterne, die Riesensterne sind, deren Lichtwechsel nicht geklärt ist, aber jedenfalls nicht durch Pulsationen verursacht wird.

Die 12 genannten Veränderlichengruppen lassen sich nach *Schneller* kurz folgendermaßen charakterisieren:

RR Lyrae-Sterne: kontinuierlicher Lichtwechsel, Perioden kürzer als ein Tag. Der Lichtwechsel wird streng eingehalten.

δ Cephei-Sterne: kontinuierlicher Lichtwechsel, Perioden länger als ein Tag, obere Grenze etwa 50 Tage. Praktisch streng eingehaltener Lichtwechsel.

S Vulpeculae-Sterne: kontinuierlicher Lichtwechsel ähnlich δ Cephei, aber mit geringen oder jedenfalls nicht sehr großen Unregelmäßigkeiten. Perioden 50 bis 120 Tage.

RV Tauri-Sterne: kontinuierlicher Lichtwechsel in Form einer Doppelwelle, größere Unregelmäßigkeiten. Perioden ungefähr 50 bis 160 Tage.

o Ceti-Sterne: kontinuierlicher Lichtwechsel mit mäßigen bis starken Abweichungen vom Mittel. Perioden 100 bis 600 Tage.

μ Cephei-Sterne: kontinuierlicher Lichtwechsel in langen, unregelmäßigen Wellen, in denen zeitweise eine Periode angedeutet sein kann.

Novae: diskontinuierlicher Lichtwechsel, da die Helligkeit aus einer über Jahrhunderte hin konstanten Normalhelligkeit plötzlich auf einen vieltausendfachen Betrag ansteigt.

Wiederkehrende Novae: Lichtwechsel ähnlich wie bei den Novae, jedoch ist ein wiederholtes Aufleuchten in wechselnden Zeitabständen beobachtet worden.

U Geminorum-Sterne: diskontinuierlicher Lichtwechsel, der in Aufhellungen in Zeitabständen von rund 1000 bis 10 Tagen besteht.

RW Aurigae-Sterne: völlig regelloser, schneller Lichtwechsel, bei einigen durch Stillstände unterbrochen.

γ Cassiopeiae-Sterne: weiße, unregelmäßige Veränderliche mit meist kleiner Amplitude und mit Emissionslinien.

R Coronae Borealis-Sterne: diskontinuierlicher Lichtwechsel; eine oft jahrelang eingehaltene Normalhelligkeit wird durch völlig regellose Minima von monatelanger bis jahrelanger Dauer und sehr verschiedener, oft beträchtlicher Tiefe unterbrochen.

Bei den →Bedeckungsveränderlichen, die man nach ihrem bekanntesten Vertreter auch Algol-Veränderliche nennt, wird der Lichtwechsel nicht durch wirkliche Änderungen der Leuchtkräfte der Sterne hervorgerufen. Es handelt sich bei ihnen vielmehr um →Doppelsternsysteme, deren Bahnebene mit der Gesichtslinie nur einen sehr kleinen Winkel bildet und deren Komponenten sich deshalb bei jedem Umlauf wechselweise ganz oder teilweise verdecken und so für den irdischen Beobachter eine periodische Änderung der Gesamthelligkeit des als Einzelstern gesehenen Systems verursachen.

Becker, W.: Sterne u. Sternsysteme. Dresden u. Leipzig 1950. – *Schneller, H.:* Über verwandtschaftl. Beziehungen zw. d. versch. Klassen d. veränderl. Sterne. Astron. Nachr. 276, 87 (1948).

Verbesserung, *Korrektion, Berichtigung.* In der Meßkunde ist eine scharfe, eindeutige und daher auch sprachlich einwandfreie Festlegung der Begriffe: Fehler, Verbesserung, Korrektion, Berichtigung von entscheidender Bedeutung, weil hier Irrtümer im Vorzeichen wegen der quantitativen Erfassung der Gegenstände besonders verwirrend sind. Da das Hauptwort „Fehler" in seiner Sinngebung mit dem Zeitwort „fehlen" zusammenhängt, dieses aber zwei verschiedene Bedeutungen hat, die zu entgegengesetzten Vorzeichendeutungen führen können, so wäre es am zweckmäßigsten, nach dem Vorschlag von *K. Scheel* in der Meßkunde „den Begriff Fehler ganz fallen zu lassen". Dies ist aber für (Fehler-) Durchschnittswerte (→Beobachtungsfehler) im besonderen für den mittleren Fehler (m. F.) $m = \pm\sqrt{\dfrac{[\varepsilon\varepsilon]}{n}}$, wo ε die wahren Einzelfehler sind, *nicht* möglich, da der m. F. niemals als eine Korrektion, Verbesserung oder Berichtigung gedeutet werden kann. Es bleibt nur übrig, den Begriff „Verbesserung" in den Vordergrund zu stellen, indem man erklärt, eine Beobachtung l_i ist wegen der ihr anhaftenden unvermeidlichen Ungenauigkeiten *verbesserungs*bedürftig. Man erhält also durch Anbringen der Verbesserung v_i den besseren Wert x, d. h. $l_i + v_i = x$, der sich bei direkten, gleich genauen Beobachtungen (→Ausgleichungsrechnung) als →arithmetisches Mittel und damit gleichzeitig als wahrscheinlichster Wert ergibt. Es hat sich seit Jahrzehnten in der Ausgleichungsrechnung bewährt, nach *F. R. Helmert* die „Verbesserung im weiteren Sinne als Fehler aufzufassen" und entgegen dem allgemeinen Sprachgebrauch zwischen beiden keinen Unterschied im Vorzeichen zu machen. Doch siehe hierzu die Schlußbemerkung in DIN 1319 „Grundbegriffe der Meßtechnik".

Verbesserungsgleichung →Ausgleichungsrechnung.

Verbindungsgewicht = →Äquivalentgewicht.

Verbotene Linien. Viele →Auswahlregeln gelten nicht streng, sondern nur näherungsweise, teilweise nur für Dipolstrahlung. Es kommt daher vor, daß Linien auftreten, die nach bestimmten Auswahlregeln in erster Näherung oder als Dipolstrahlung „verboten" sind. Oft sind solche verbotenen Linien nur bei sehr großer Verdünnung beobachtbar, wie sie z. B. in den Höhen der Atmosphäre vorhanden ist, wo das Nordlicht entsteht, ferner vor allem in der extrem verdünnten →interstellaren Materie, der Sonnenkorona (→Koronalinien) usw. →Stickstofflinien, verbotene.

Verbotener Übergang →Übergang, verbotener.

Verbotene Übergänge bei Atomkernen. Ähnlich wie in der Atomhülle ist der durch Emission eines passenden Quants erfolgende Übergang zwischen zwei Niveaus eines Atomkerns um so weniger wahrscheinlich, je größer der Drehimpulsunterschied zwischen Ausgangs- und Endkern ist. Dadurch entstehen verhältnismäßig langlebige, ja

sogar metastabile angeregte Kerne. Ein Niveau, das nur in einem verbotenen Übergang verlassen werden kann, hat eine verhältnismäßig geringe Breite ΔE, weil nach der Unschärferelation $\Delta E \Delta t \sim h$ durch eine längere Lebensdauer Δt eine Energie E schärfer definiert wird. Der Grad der Verbotenheit wird durch Auswahlregeln für die Änderung des Kernspins und der →Parität angegeben; →isomere Kerne.

Für β-Übergänge gelten anscheinend ähnliche Auswahlregeln. Zuerst sind derartige Regeln von *Fermi* (1934) und später von *Gamow* und *Teller* angegeben worden.

Verbreiterung von Interferenzlinien *gebeugter Röntgenstrahlen.* Den Grundgleichungen der Röntgenstrahlinterferenzen (→Lauesche Gleichungen, →Braggsche Gleichung) liegt die Voraussetzung zugrunde, daß die Interferenzen unendlich scharf sind, d. h. die Gitter unendliche Ausdehnung haben. Für das entgegengesetzte Extrem, ein einzelnes beugendes Atom, wird der Strahl nach allen Richtungen gleichmäßig gestreut; es gibt überhaupt kein Interferenzmaximum, was bei einatomigen Gasen tatsächlich der Fall ist. Die Dimensionen der Kristallgitter liegen zwischen beiden Extremen. *M. v. Laue* hat daher (1926) für die Abhängigkeit der Interferenzstrahlbreite von der Kristallgröße exakte Gleichungen aufgestellt. In erster Näherung führen sie zu einer schon früher von *P. Scherrer* aufgestellten Zahlenwertgleichung, wonach die Halbwertsbreite einer Debye-Scherrer-Kurve $B = K \lambda/(L \cos \vartheta/2)$ ist, worin L die mittlere Kristallitgröße und λ die Wellenlänge, alle Längen in Å gemessen, ϑ den Beugungswinkel bedeuten. Man mißt B im Bogenmaß. K ist eine Konstante, die nach verschiedenen Berechnungen ein wenig um 0,9 schwankt. Unter Halbwertsbreite wird die „Breite" desjenigen Mittelstreifens der Kurve verstanden, dessen Ränder die Hälfte der maximalen Kurvenintensität aufweisen.

Die Kurvenbreite hängt jedoch auch von der Breite der Primärstrahlblende und dem Durchmesser und der Absorption des Pulverstäbchens ab. Diese Einflüsse sind in *v. Laues* Untersuchung berücksichtigt, jedoch nicht in der vereinfachten Formel. Sie bilden die Hauptschwierigkeit bei der Bestimmung der Kristallitgröße (s. bei *A. Kochendörfer*) und beschränken die Anwendbarkeit der Formeln auf Kristallite, die kleiner als 100 Å sind, d. h. auf kolloidale Teilchen und auf Aggregate mit starken Gitterverzerrungen (Mosaikkristalle, stark deformierte Metalle), deren kohärente Bereiche sich wie freie Teilchen verhalten.

v. Laue, M.: Z. Kristallogr. 64, 115 (1926). – *Warren, B. E.:* ebd. 99, 448 (1938). – *Kochendörfer, A.:* ebd. 105, 393 (1944).

Verbreiterung von Spektrallinien →Linienverbreiterung.

Verbrennung →die folgenden Artikel.

Verbrennungsgeschwindigkeit ist die Geschwindigkeit, mit der sich die Grenzfläche zwischen verbranntem und unverbranntem Gas bewegt, bezogen auf das unverbrannte, in Ruhe befindliche Gas in unmittelbarer Nähe der Grenzfläche. In der Abb. 1 ist der schraffierte Teil das zur Zeit t verbrannte Gas, das durch die im Schnitt gezeichnete Grenzfläche F von dem rechts befindlichen Frischgas getrennt ist. In einem beim Punkte P an die Grenzfläche F angrenzenden Volumelement des Frischgases denken wir uns ein dort ruhendes Koordinatensystem, dessen

x-Achse etwa mit der Normalen zur Grenzfläche in P zusammenfalle. Zur Zeit $t + \varDelta t$ sei die Fläche F' die Grenzfläche zwischen verbranntem Gas und Frischgas. Diese schneide die x-Achse in P'. Dann ist die *normale* Verbrennungsgeschwindigkeit in P gegeben durch: $v_n = \lim \dfrac{PP'}{\varDelta t}$. Die einfachste experimentelle Methode zur Bestimmung von v_n liefert der Bunsenbrenner (*Gouy,*

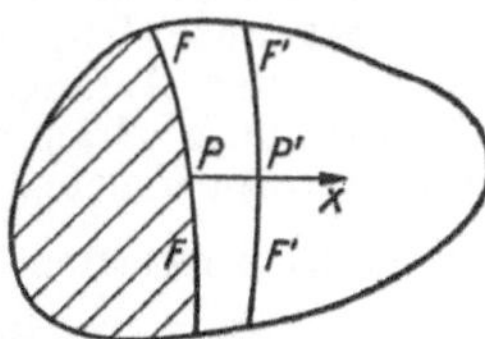

Abb. 1. Zur Erklärung der Verbrennungsgeschwindigkeit.

Michelson). Die normale Verbrennungsgeschwindigkeit v_n ist eine für ein brennbares Gemisch charakteristische Konstante. Die experimentell ermittelten Werte dieser Geschwindigkeit liegen zwischen einigen dm s^{-1} und etwa 10 m s^{-1}.

Die reine Wärmetheorie der Verbrennung geht auf *Mallard* und *Le Chatelier* (1883) zurück. Dabei betrachtet man einen nur von der x-Richtung abhängigen Verbrennungsvorgang von einem Bezugssystem aus, in dem der Vorgang stationär ist. In diesem Bezugssystem hat das Frischgas in der Abb. 2 eine Geschwindigkeit gleich der normalen Verbrennungsgeschwindigkeit v_n in der Richtung der positiven x-Achse. Das Frischgas befindet sich links, die Rauchgase rechts. Die

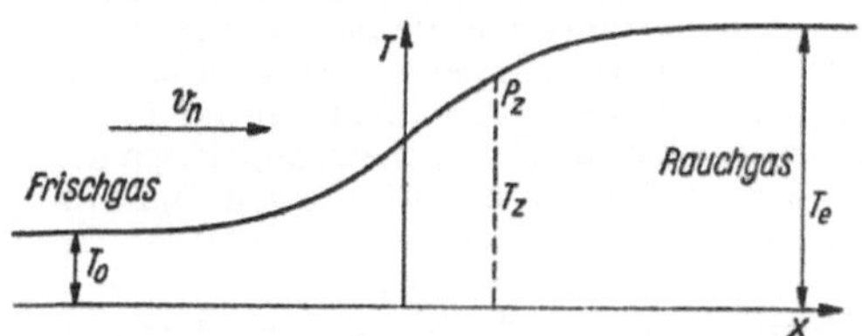

Abb. 2. Schematische Temperaturverteilung in der Brennzone.

Abb. 2 zeigt den Temperaturverlauf in der Brennzone. Die Ausgangstemperatur des Frischgases ist T_0, die Endtemperatur der Rauchgase T_e. In der Wärmetheorie operiert man meist mit einer Zündtemperatur T_z, indem die chemische Reaktion merklich erst oberhalb T_z einsetzen soll. Dieser Begriff ist eine sehr rohe Näherung und grundsätzlich auch zu vermeiden. Nur mathematische Schwierigkeiten in der strengen Durchführung der Theorie sind der Grund für diese vereinfachte Behandlung.

In der Abb. 2 werde die Temperatur T_z im Punkte P_z erreicht. Das links von P_z liegende Frischgas wird durch Wärmeleitung von rechts her erwärmt, während das rechts befindliche Gas durch die chemische Reaktion spontan erhitzt und zur Wärmeabgabe durch Leitung an das Frischgas befähigt wird. Es ist nun die Bilanz für die Wärmeenergie aufzustellen (Wärmeleitungsgleichung) und eine Lösung dieser Differentialgleichung 2. Ordnung für $T(x)$ zu suchen, die nicht nur stetig ist, sondern auch für $x = \pm\infty$ konstante Werte ($T = T_0$ bzw. $T = T_e$) an-

nimmt. Diese Forderungen reichen aus, um die Verbrennungsgeschwindigkeit v_n, die als Parameter in diese Gleichung eingeht, eindeutig festzulegen. Es folgt:

$$v_n^2 = \beta \, \frac{\lambda}{\bar{c}_p} \, \exp\left[- \frac{A}{R T_e} \right] \frac{T_0^2}{T_e^2} \, \frac{T_e - T_0}{T_z - T_0},$$

wo λ die Wärmeleitfähigkeit, $\bar{c}_p$ eine mittlere spez. Wärme, β ein dimensionsbehafteter Faktor, der mit der Reaktionsordnung der Reaktion zusammenhängt, und A die Aktivierungsenergie der chemischen Bruttoreaktion ist. Dies ist die verallgemeinerte *Nusseltsche Brennformel*. In Flammen kann man oft näherungsweise $T_z \approx T_e$ setzen, wodurch der letzte Faktor nahezu 1 wird und weggelassen werden kann. In Flammen mäßig hoher Verbrennungstemperatur T_e liefert diese Theorie die richtige Größenordnung. In anderen Flammen sehr hoher Endtemperatur (*Radikalflammen*), wo die Dissoziation der Rauchgase (insbesondere des H_2 in H-Atome) schon beachtlich ist (z. B. ist in der H_2-O_2-Verbrennung $T_e = 3089\ °K$), liegen die Werte von v_n wesentlich höher, und die normale Wärmeleitung kann für diese hohen Werte nicht verantwortlich sein. Es existiert aber ein direkter Zusammenhang zwischen der H-Atomkonzentration in dem Rauchgas und v_n. Wahrscheinlich sind in diesen Fällen die H-Atome für die hohen Verbrennungsgeschwindigkeiten verantwortlich.

Jost, W.: Verbrennungs- u. Explosionsvorgänge in Gasen. Berlin 1939. – *Bartholomé, E.:* Naturwiss. **36**, 171, 206 (1949).

Verbrennungstemperatur, die theoretische Grenztemperatur, die bei der Verbrennung eines Brennstoffes erreicht werden kann, wenn diese ohne jede Wärmeabgabe an die Umgebung (adiabatisch) verläuft. Die Verbrennungstemperatur läßt sich aus dem Heizwert des Brennstoffes und den spezifischen Wärmen der Abgase berechnen. Zuweilen wird allgemeiner als Verbrennungstemperatur auch die Temperatur bezeichnet, die eine Flamme unter nichtadiabatischen Versuchsbedingungen erreicht.

Verbrennungswärme, die Wärmemenge, die bei der Reaktion eines Stoffes mit Sauerstoff, d. h. bei seiner Verbrennung, entwickelt wird. Reaktionsprodukte sind die stabilen Oxyde der einzelnen im Stoff vorhandenen Atomarten. Die gefundenen Werte für die Verbrennungswärme unterscheiden sich je nachdem, ob sie bei konstantem Volumen oder konstantem Druck gemessen werden und in welchem Aggregatzustand die Endprodukte vorliegen. Die Verbrennungswärmen fester und flüssiger Stoffe werden im allgemeinen in der →kalorimetrischen Bombe gemessen, d. h. bei konstantem Volumen. Aus ihnen berechnen sich die Verbrennungswärmen bei konstantem Druck durch Abziehen des Arbeitsbetrages, der durch das Produkt von Druck und Volumenvermehrung gegeben ist. Nur die an der Reaktion beteiligten Gase liefern wesentliche Beiträge zur Volumenänderung; für jedes Mol neu entstandenen Gases ist der Unterschied zwischen beiden Verbrennungswärmen gleich $1{,}986\ T$ [cal] (T abs. Temperatur). Die Verbrennungswärmen von Gasen lassen sich bequem bei konstantem Druck bestimmen.

Man kann die mit einer chemischen Reaktion verbundene Wärmetönung dadurch berechnen, daß man die Verbrennungswärmen sämtlicher Reaktionsteilnehmer mißt. Dann ist nach dem Satz von den konstanten Wärmesummen die Wärmetönung der Reaktion gleich der Summe der Verbrennungswärmen der Ausgangsstoffe, vermindert um die Summe der Verbrennungswärmen der Reaktionsprodukte.

In der Technik, die an den durch Verbrennung der Brennstoffe erzielbaren Wärmemengen interessiert ist, spricht man meist vom *Heizwert*. Man unterscheidet *oberen* und *unteren* Heizwert je nachdem, ob das gebildete Wasser flüssig oder dampfförmig vorliegt.

Deutsches Normblatt DIN 1872. — *Kohlrausch, F.:* Prakt. Physik I. Leipzig 1950.

Verdampfung, Verdampfungsgeschwindigkeit, -gleichgewicht, -wärme →Dampf; →Sublimation.

Verdampfungskältemaschine →Kälteerzeugung.

Verdeckungseffekt. Treffen zwei Töne verschiedener Höhe und Stärke gleichzeitig auf das Ohr, so wird bei genügendem Lautstärkeunterschied nur der laute Ton gehört, während der leise *verdeckt* wird. Die Verdeckung ist stärker, wenn der verdeckende Ton tiefer als der verdeckte liegt. Ein Geräusch verdeckt größere Frequenzgebiete derart, daß die →Hörschwelle je nach der spektralen Zusammensetzung des Geräuschs mehr oder weniger erscheint.

Trendelenburg, F.: Klänge u. Geräusche. Berlin 1935. — *Fletcher, H.:* J. acoust. Soc. Amer. 9, 275 (1938).

Verdet-Konstante →Drehung, magnetische, der Polarisationsebene.

Verdichtungsstoß (→Druckwelle, →Stoßwelle). Beim unstetigen Verdichtungsstoß werden die Gase unter Entropievermehrung auf einer kurzen Übergangsstrecke von etwa 10^{-3} mm verdichtet, wobei $\varrho_2 > \varrho_1$; $p_2 > p_1$; $T_2 > T_1$ und $w_2 < w_1$ sind (w_1, w_2 Geschwindigkeiten). Der Vorgang läßt sich aus der Kontinuitätsgleichung, der Impuls- und der Energiegleichung berechnen. Bei gleicher Drucksteigerung ist die Verdichtung geringer als bei einer adiabatischen Verdichtung. Im Gegensatz zu dieser kann sie auch bei den höchsten Drucksteigerungen einen Höchstwert $\left(\dfrac{\varrho_2}{\varrho_1}\right)_{max} = \dfrac{\varkappa + 1}{\varkappa - 1}$ nicht überschreiten ($\varkappa = c_p/c_v$). Der senkrechte (gerade) Verdichtungsstoß führt nach der Beziehung $a_{kr}^2 = w_1 w_2$, wobei a_{kr} die kritische Schallgeschwindigkeit ist, stets auf Unterschallgeschwindigkeit. Der Stoß kann je nach den besonderen Verhältnissen auch in einer Stoßebene erfolgen, die schräg zur Hauptströmungsrichtung liegt. Dabei wird die Strömung so weit aus ihrer ursprünglichen Richtung abgelenkt, daß die Geschwindigkeitskomponente in Richtung der Stoßebene durch den Stoß nicht beeinträchtigt wird. Gerade und schiefe Stöße treten u. a. in Laval-Düsen auf. Ändert man das Bezugssystem, so sind die Beziehungen für den stationären, geraden Verdichtungsstoß auch auf →Stoßwellen anwendbar, die über eine ruhende Gasmasse hinwegschreiten (→Knallwellen). Bei starken Verdichtungswellen ist infolge der sehr hohen Temperatursteigerung die Änderung der Zusammensetzung von Gasgemischen (Luft) bzw. der Werte $\varkappa$ zu berücksichtigen. Explosionswellen sind Verdichtungswellen, die von einer Verbrennung oder einer Detonation ausgehen. (→Hugoniot-Kurve).

Verdichtungswellen →Druckwelle, →elastische Wellen, →Stoßwelle, →Verdichtungsstoß.

Verdünnte Lösung →Lösung, verdünnte.

Verdünnungsanalyse, analytische Methode, die darauf beruht, daß sich die verschiedenen Isotope eines Elements chemisch gleich verhalten. Wird zu einer bekannten Menge eines Elements eines seiner Isotope in ebenfalls bekannter Menge zugesetzt, so entsteht eine Isotopenmischung bekannter Zusammensetzung. Wird zu diesem Gemisch eine unbekannte Menge desselben Isotops zugegeben, so ändert sich das Verhältnis der Isotopenzusammensetzung. Das zugegebene Isotop wird durch die unbekannte Menge des zugesetzten Elements gegenüber der Anfangsmischung verdünnt. Beträgt die zu a Gramm Element zugesetzte bekannte Isotopenmenge y Gramm, so ist $y_1 = \dfrac{y}{a + y}$ die Konzentration der zugesetzten Menge des Isotops im Gemisch. Wird diesem bekannten Gemisch von Isotop und Element nunmehr eine unbekannte Menge x des Elements zugefügt, so beträgt der Anteil des zugegebenen Isotops an der Gesamtmischung nunmehr y_2 $= \dfrac{y}{a + y + x}$. Gelingt es, aus der Mischung eine definierte Menge abzuscheiden und den Gehalt an y zu bestimmen, so läßt sich x ermitteln. Es ist:

$$\frac{y_1}{y_2} = \frac{a + y + x}{a + y}.$$

Daraus folgt

$$x = (a + y)\,(y_1/y_2 - 1).$$

Dies gilt aber so einfach nur, wenn $y \gg$ ist gegenüber der im Mischelement bereits anfänglich vorhandenen Menge des Isotops.

Die Isotopenverdünnungsanalyse läßt sich sowohl mit stabilen wie mit instabilen Isotopen durchführen. Werden stabile Isotope verwendet, so muß die Konzentration des zugesetzten Isotops mit Hilfe des Massenspektrometers bestimmt werden und ergibt sich aus den gemessenen Intensitäten.

Bei Verwendung von radioaktiven Indikatoren werden die Konzentrationen der aktiven Atomarten durch ihre Strahlungsintensitäten gemessen. In diesem Fall ist die Menge des zugegebenen Isotops zu vernachlässigen, so daß die Formel, wenn man als Maß für die Menge des Radioisotops die Aktivität setzt, sich folgendermaßen vereinfacht: $x = a\,(A_1/A_2 - 1)$.

Das Prinzip der Methode erstreckt sich nicht nur auf die Bestimmung von Elementen, sondern entsprechend auch auf Verbindungen, in denen radioaktive oder inaktive Isotope enthalten sind. So ist es z. B. möglich, die verschiedenen Aminosäuren der Eiweißhydrolyse, die sich nur sehr schwierig quantitativ aus ihrem Gemenge abscheiden lassen, auf diesem Wege zu bestimmen. Es wird zu einem solchen Aminosäuregemisch, in dem beispielsweise das Alanin bestimmt werden soll, eine bekannte Menge dieses Stoffes zugesetzt, der an Stelle von ^{14}N das Isotop ^{15}N enthält. Es genügt dann, eine bestimmte kleine Menge des Gesamtalanins in reinster Form abzuscheiden, um aus dem Gehalt an ^{15}N den Schluß auf die Gesamtmenge zu ziehen.

Der Vorzug der Isotopenverdünnungsanalyse liegt darin, daß lediglich ein geringer Teil der Gesamtmenge quantitativ und in reinster Form erfaßt werden braucht.

Verdünnungseffekt →Rotverschiebung in den Nebelspektren.

Verdünnungsgesetz, Ostwaldsches →Leitfähigkeit, molare.

Verdünnungswärme →Lösungswärme.

Verdunstung →Dampf, →Wasserhaushalt der Atmosphäre. Verdunstungswärme →Dampf.

Vereins-Paraffinkerze, abgek. V.K., Einheit für die →Lichtstärke, welche seit 1868 vom Deutschen Verein von Gas- und Wasserfachmännern hergestellt und kontrolliert wurde (→photometrische Einheiten). Die V.K. war definiert als die Lichtstärke einer Flammeneinheitslichtquelle aus Paraffin von 50 mm Flammenhöhe und einer Farbtemperatur $T_f \approx 1925\ °K$. Ihr Verhältnis zur →Hefner-Kerze (HK) wurde 1890 von der Physikalisch-Technischen Reichsanstalt mit dem Ergebnis 1 V.K. = 1,20 HK bestimmt. 1896 wurde die V.K. vom Deutschen Verein von Gas- und Wasserfachmännern durch die HK ersetzt.

Vereisung von Flugkörpern wird durch die Anlagerung unterkühlter Wassertröpfchen in den Wolken hervorgerufen. Anlagerung von Reif oder Schnee spielt daneben keine Rolle. Der Gehalt der Wolken an flüssigem Wasser nimmt mit der Temperatur ab, daher liegt ein Maximum der Vereisungswahrscheinlichkeit bei 0 °C. Die Gefahr der Vereisung besteht vor allem in der Veränderung des Profiles durch das an den Stirnkanten der Tragflügel und Luftschrauben angelagerte Eis. Mit zunehmender Fluggeschwindigkeit wird mehr Wasser aus den Wolken abgefangen. Da mit zunehmender Relativgeschwindigkeit der Luft auch kleinere Tröpfchen die um das Profil abgelenkte Strömung durchschlagen, wächst die Vereisung rascher als proportional der Fluggeschwindigkeit. In anderen Fällen nimmt jedoch die Vereisung mit der Geschwindigkeit ab, weil die stärkere Kompressionserwärmung beim Stau an der Vorderkante mehr Tröpfchen zum Verdampfen bringt; dicht unter 0 °C kann die Vereisung hierdurch ganz unterbunden und die stärkste Vereisungswahrscheinlichkeit nach tieferen Temperaturen verschoben werden.

Verfärbung von Kristallen →Farbzentren.

Verfärbung durch radioaktive Substanzen. Sehr viele Mineralien, Salze, erstarrte Schmelzen usw. werden bei längerer Einwirkung durch radioaktive Substanzen verfärbt. Die Verfärbung ist durch Erwärmen, meist unter Lumineszenzerscheinungen, wieder rückgängig zu machen. Manche verfärbte Mineralien lassen sich schon durch sichtbares oder ultraviolettes Licht entfärben. Im allgemeinen tritt während der radioaktiven Bestrahlung eine schwache Fluoreszenz auf, die mit zunehmender Verfärbung schwächer wird. Am bekanntesten ist die Verfärbung von Gläsern durch radioaktive Substanzen. Sie geht vom schwachen Gelb bis zum dunklen Violett und Braun. →pleochroitische Höfe.

Verfestigte Gase →Gasverflüssigung, →Helium flüssig und fest.

Verfestigung. Der Begriff wird in drei verschiedenen Bedeutungen gebraucht: 1. *Erhöhung des Verformungswiderstands* im Laufe der plastischen Verformung von kristallinen und vielen kolloiddispersen Stoffen. Sie bedingt eine fortlaufende Erhöhung der äußeren Spannung. Sie kann auch so beschrieben werden, daß die →Streckgrenze im verformten Zustand größer ist als die ursprüngliche Streckgrenze im unverformten Zustand (jedoch →Bauschinger-Effekt), und zwar um so mehr, je größer die Verformung ist.

Sie hat ihre Ursache in bestimmten bleibenden Zustandsänderungen im Gefüge des verformten Stoffes (→Plastizität). Über ihre Temperaturabhängigkeit und ihre Verminderung im Laufe der Zeit →Plastizität, →Erholung, →Rekristallisation.

Bei *Einkristallen* ist ein von der Orientierung und der Art der Beanspruchung unabhängiges Maß für die Verfestigung die Zunahme der Schubspannung (→Verfestigungskurve) über die kritische →Schubspannung. Die *Theorie der Verfestigung* ist erst in neuerer Zeit über qualitative, den Begriff im wesentlichen umschreibende Vorstellungen (Blockierung der Gleitebenen) zu definierten Vorstellungen gelangt. Es hat sich ergeben, daß es bei Einkristallen zwei Arten von Verfestigung gibt, von denen die eine auf die Wechselwirkung von →Versetzungen unter sich (*A. Kochendörfer*), die andere auf die Wechselwirkung von Versetzungen mit inneren Spannungen (*W.G. Burgers, N.F. Mott*) zurückzuführen ist. Bei allgemeinen Verformungen sind beide Arten gleichzeitig vorhanden, bei der reinen Schubverformung tritt nur die erste Art auf und ist somit mit dem Gleiten als solchem verbunden. Die zweite Art ist vorwiegend bei Mischkristallen, besonders im ausgehärteten Zustand (→Aushärtung) wirksam. Bei den *vielkristallinen Stoffen* kommt noch die *Korngrenzenverfestigung* (bisher als Spannungsverfestigung bezeichnet) hinzu (*A. Kochendörfer*). Sie beruht darauf, daß die Gleitverschiebungen in verschieden orientierten benachbarten Körnern längs ihrer Korngrenzen nicht zwanglos zusammenpassen, wodurch bedeutende elastische Verzerrungen in der Umgebung dieser Grenzen entstehen, deren Energie von den äußeren Kräften mit aufgebracht werden muß. Diese Verfestigung bedingt den großen Unterschied im Verformungswiderstand der Vielkristalle gegenüber dem der Einkristalle.

Bei den *nichtkristallinen Stoffen* sind die theoretischen Vorstellungen noch nicht so weit in Einzelheiten entwickelt wie bei den kristallinen Stoffen. Die Verfestigung wird hier Umlagerungen der höheren Struktureinheiten (→Mizellen) zugeschrieben, die zum Teil genauer beschrieben werden können, z. B. bei den Faserstoffen. Bei diesen Stoffen spielen auch äußere, in ihrer Wirkung nur schwer übersehbare Faktoren, wie z. B. der Feuchtigkeitsgehalt, eine bedeutende Rolle.

2. Von *Fließverfestigung* (*Rheopexie*) spricht man bei viskosen Stoffen, wenn die zum →Fließen erforderliche Schubspannung stärker als linear mit der Fließgeschwindigkeit ansteigt, also die →Viskosität mit der Schubgeschwindigkeit zunimmt (Gegenteil →Strukturviskosität). Die Fließverfestigung beruht nicht wie die unter 1. behandelte Verfestigung auf einer bleibenden Zustandsänderung des Stoffes als Folge der Verformung, sondern auf einer während des Fließens als Folge der Schubgeschwindigkeit als solcher auftretenden Zustandsänderung im Vergleich zu den Zuständen in einem Newtonschen Körper, bei welchem die Schubspannung linear mit der Schubgeschwindigkeit ansteigt (→Viskosität).

3. →*Wirkhärtung*.

Kochendörfer, A.: Z. Physik **126**, 548 (1949); Report of the Bristol Conference on Strength of Solids. London 1948. — *Houwink, R.:* Elastizität, Plastizität u. Struktur d. Materie. Dresden u. Leipzig 1938.

Verfestigungskurve. Rechnet man bei der plastischen Verformung von →Einkristallen die

Koordinaten →Nennspannung und →Dehnung in die Schubspannungskomponente in der →Gleitebene und Gleitrichtung, meist kurz als *Schubspannung* bezeichnet, und die →*Abgleitung* um, so geht die Mannigfaltigkeit der von der →Orientierung abhängigen →Dehnungskurven in eine einzige Kurve, die *Verfestigungskurve*, über (Abb.,

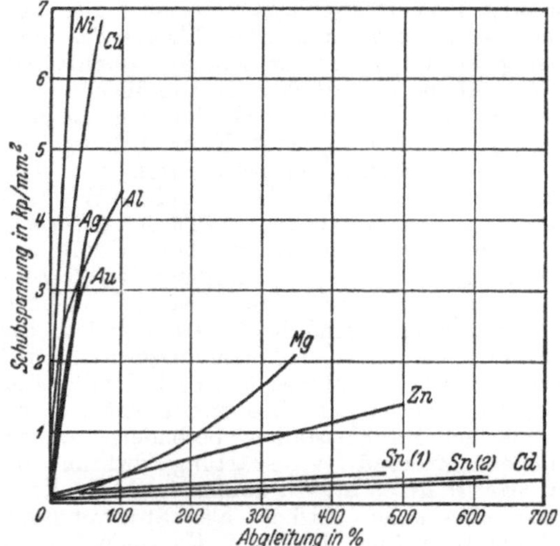

Verfestigungskurven von Metallkristallen.
Die kritische Schubspannung ist in allen Fällen von der Größenordnung 100 p/mm².

→ferner die Abb. bei Dehnungskurve) (→Schubspannungsgesetz). Ihre Kenngrößen sind die kritische →Schubspannung und die →Verfestigung.

Verflochtener Strahlengang. Bei vielen optischen Geräten, z. B. →Mikroskop, →Projektionsapparat usw., wird zwischen dem Strahlengang der Abbildungsstrahlen und dem der zur Beleuchtung des Objektes dienenden Strahlen unterschieden. Jeder Strahlengang setzt sich aus einzelnen →Lichtröhren zusammen. Anfang und Ende jeder Lichtröhre sind die →Pupillen und →Luken. Abbildungs- und Beleuchtungsstrahlengang müssen so verknüpft werden, daß entweder die Luken mit den Luken und die Pupillen mit den Pupillen des Abbildungs- und Beleuchtungsstrahlengangs zusammenfallen oder daß die Luken des einen mit den Pupillen des anderen Strahlengangs zusammenfallen und umgekehrt. Der erste Fall wird als *einfacher* Strahlengang bezeichnet und erfordert ein gleichmäßiges Leuchtfeld der Lichtquelle. Der zweite Fall heißt *verflochtener* Strahlengang, und es werden keine Anforderungen an die Homogenität der Lichtquelle gestellt, da die Lichtquelle dann in der Pupille des abbildenden Strahlengangs abgebildet wird, ihre Struktur also in der Luke oder in einem Lukenbild nicht sichtbar ist. Teilweise Ausleuchtung der Pupille macht sich nur als geringere Helligkeit, nicht aber als Ungleichmäßigkeit in der Ausleuchtung der Bildfeldebene (Luke) bemerkbar.

Verflüssigung der Gase →Gasverflüssigung.

Verflüssigung durch Ultraschall erfolgt bei →tixotropen Gelen.

Verformung = →Deformation.

Vergleichselektrode →Bezugselektrode.

Vergrößerung optischer Geräte: *Fernrohrvergrößerung* nennt man das →Winkelverhältnis für die Abbildung der →Eintrittspupille in die →Austrittspupille; *Lupenvergrößerung* gleich 250 mm durch Brennweite in mm; →*Ablesevergrößerung* (im *Nachtrag*) gleich →scheinbare Größe des Bildes durch scheinbare Größe des ohne optische Vorrichtung vom Ort der Austrittspupille aus gesehenen Objekts. Für das Verhältnis →konjugierter Größen in Ding- und Bildraum soll statt Vergrößerung →Abbildungsmaßstab bzw. →Winkelverhältnis gesagt werden. *Mikroskopvergrößerung* →Mikroskop.

Vergrößerung, förderliche. Wie unter →Mikroskop erläutert, ist es zwecklos, die Vergrößerung eines Mikroskops über das 500- bis 1000fache der numerischen Apertur des Objektivs zu steigern, da damit keine Verbesserung des Auflösungsvermögens mehr zu erzielen ist (*förderliche Vergrößerung*). Darüber hinausgehende Vergrößerungen werden als *tote* oder *leere* bezeichnet. Beim Lichtmikroskop kommt man über eine förderliche Vergrößerung von etwa dem 1600fachen nicht hinaus. Dagegen kann sie beim →Elektronenmikroskop bis zum 100 000fachen und noch darüber betragen.

Vergrößerung beim Prisma. Sind die brechenden Flächen 1, 2, 3, . . . , k eines Prismas oder Prismensystems eben, so ist die Abbildung sowohl in der Tangentialebene als auch in der Sagittalebene →teleskopisch (→Hauptschnitte). Das Winkelverhältnis (Konvergenzverhältnis) im Sagittalschnitt γ_s und das Winkelverhältnis im Tangentialschnitt γ_t sind:

$$\gamma_s = \frac{n_1}{n_k'}\,; \quad \gamma_t = \frac{\delta \varepsilon_k'}{\delta \varepsilon_1} = \frac{(n_1 \cos \xi_1 \cos \xi_2 \ldots \cos \xi_k)}{(n_k' \cos \xi_1 \cos \xi_2' \ldots \cos \xi_k')}.$$

Hierbei ist n_1 die Brechzahl des Mediums vor der ersten und n_k' die des Mediums nach der letzten (k-ten) Fläche. ε_1 bzw. ε_k' sind der Einfallswinkel eines Strahls an der ersten bzw. der Brechungswinkel (Ausfallswinkel an der k-ten Fläche), und $\delta \varepsilon_1$ bzw. $\delta \varepsilon_k'$ sind die Änderungen der Winkel ε_1 bzw. ε_k' bei einer Drehung des Prismas oder bei Übergang zu einem benachbarten Strahl. Die Winkel $\xi_1, \xi_2, \ldots, \xi_k$ sind die Einfallswinkel bzw. $\xi_1', \xi_2', \ldots, \xi_k'$ die Brechungs- (Ausfalls-) Winkel eines Hauptstrahls an der ersten, zweiten bzw. k-ten brechenden Fläche des Prismas. Da im allgemeinen Prismen beiderseits an das gleiche Medium grenzen, ist $n_1 = n_k'$ und dann $\gamma_s = 1$. Ist in diesem Falle ein Spalt senkrecht zum Hauptschnitt des Prismas orientiert, so wird seine scheinbare Länge bei Abbildung durch das Prisma (ohne Berücksichtigung einer evtl. Fernrohrvergrößerung) nicht verändert. Seine scheinbare Breite wird durch das Winkelverhältnis γ_t im Tangentialschnitt bestimmt. Im Falle des Minimums der Ablenkung und bei $n_1 = n_k'$ ist $\gamma_t = 1$, die scheinbare Spaltbreite ist nicht verändert. Durch Veränderung des Einfalls- oder Brechungswinkels kann aber γ_t Werte von Null bis Unendlich annehmen. Wird daher ein Prisma nicht im Minimum der Ablenkung benutzt, so tritt im Tangentialschnitt eine Vergrößerung auf, wobei jedoch weiterhin eine Ablenkung und gegebenenfalls Farbenzerlegung auftritt. Durch Hintereinandersetzen eines gleichen Prismas mit entgegengerichteter Ablenkung werden jedoch Ablenkung und Farbenzerstreuung aufgehoben, und durch Hinzufügen einer gleichen Kombination, deren Hauptschnitte gegen das erste Paar um 90° verdreht wird, erhält man ein nur aus vier Prismen und ebenen Flächen bestehendes Fernrohr mit der Fernrohrvergrößerung $\Gamma = \gamma_i^2$.

Verjüngung, Begriff aus der Tensorrechnung, eine Operation, vermöge der aus einem beliebigen gemischten Tensor T vom Range r ein neuer Tensor vom Range $r' = r - 2$ hergeleitet werden kann. Die Verjüngung besteht darin, daß man je einen von den kontravarianten und den kovarianten Indizes in T gleichsetzt und über diesen Index summiert. Die Richtigkeit der Behauptung ergibt sich aus der Definition des →Tensors, der bekanntlich durch sein Verhalten bei einer Koordinatentransformation erklärt wird. Sei etwa T ein Tensor 4. Ranges, der in *einem* Index kontravariant, in den restlichen drei kovariant sei: $T = A_{\mu\nu\sigma}{}^\tau$, so besteht beim Übergang zu einem neuen Koordinatensystem, wenn statt der ursprünglichen Koordinaten x_i andere $\bar{x}_i = \bar{x}_i(x_1, x_2, \ldots)$ eingeführt werden, zwischen T und $\bar{T}$ die Beziehung

$$\bar{A}_{\mu\nu\sigma}{}^{\cdots\tau} = \frac{\partial x_\alpha}{\partial \bar{x}_\mu} \frac{\partial x_\beta}{\partial \bar{x}_\nu} \frac{\partial x_\gamma}{\partial \bar{x}_\sigma} \frac{\partial \bar{x}_\tau}{\partial x_\delta} A_{\alpha\beta\gamma}{}^{\cdots\delta} . \tag{1}$$

In dieser (Definitionsgleichung für einen 3fach kovariant und 1fach kontravarianten Tensor!) ist gemäß einer allgemein üblichen Summationsvereinbarung (*Einstein*) über alle doppelt auftretenden Indizes von 1 bis n zu summieren, wobei n die Dimensionszahl des zugrunde liegenden Raumes ist (im gewöhnlichen dreidimensionalen Raum also von 1 bis 3, in der allgemeinen Relativitätstheorie von 1 bis 4). Setzt man nun gemäß der Festlegung der Verjüngung in Gl. (1) einen kovarianten Index, etwa σ, gleich dem (hier der Einfachheit halber nur einmal auftretenden) kontravarianten Index τ, also $\sigma = \tau$, so wird

$$\bar{A}_{\mu\nu\sigma}{}^\sigma = \frac{\partial x_\alpha}{\partial \bar{x}_\mu} \frac{\partial x_\beta}{\partial \bar{x}_\nu} \frac{\partial x_\gamma}{\partial \bar{x}_\sigma} \frac{\partial \bar{x}_\sigma}{\partial x_\delta} A_{\alpha\beta\gamma}{}^\delta \tag{2}$$

$$= \frac{\partial x_\alpha}{\partial \bar{x}_\mu} \frac{\partial x_\beta}{\partial \bar{x}_\nu} A_{\alpha\beta\gamma}{}^\gamma . \tag{3}$$

Das bedeutet, daß nach dem Gleichsetzen eines oberen und unteren Index und einer Summation nach ihm nur noch eine Größe verbleibt, die ein kovarianter Tensor 2. Ranges ist. Die Verjüngung hat also eine Verringerung des Ranges um 2 zur Folge. Es ist unmittelbar einzusehen, daß die an dem Spezialfall des Tensors $A_{\mu\nu\sigma}{}^\tau$ vom 4. Range durchgeführten Überlegungen sich unverändert auf einen gemischten Tensor vom beliebigen Range r übertragen. War dieser ursprünglich in p Indizes kontravariant und in q ($= r - p$) kovariant, so hat der nach der Verjüngung entstehende Tensor den Rang $r' = r - 2$ und ist $(p - 1)$-fach kontravariant und $(q - 1)$-fach kovariant.

Als die bekanntesten Beispiele einer Verjüngung seien genannt: 1. das skalare Produkt zweier Vektoren und 2. die Divergenz eines Vektors.

Zu 1: Es sei A_i ein kovarianter und B^k ein kontravarianter Vektor. Bildet man das Produkt

$$C_i^k = A_i B^k \tag{4}$$

der beiden Vektoren, so entsteht ein gemischter Tensor zweiten Grades. Setzt man nun den (hier nur jeweils einfach auftretenden) kovarianten und kontravarianten Index gleich und summiert über ihn:

$$C_i^i = \sum_i A_i B^i , \tag{5}$$

so entsteht ein Tensor $2 - 2 = 0$. Ranges, also ein Skalar, der, wenn der gewöhnliche dreidimensionale euklidische Raum ($n = 3$) zugrunde liegt und die A_i, B^k die Komponenten der beiden Vektoren in einem kartesischen Koordinatensystem sind, in der Tat das bekannte skalare Produkt

$$C_i^i = A_1 B^1 + A_2 B^2 + A_3 B^3 \tag{6}$$

$$= A_x B^x + A_y B^y + A_z B^z \tag{7}$$

darstellt.

Zu 2: Die Tensorrechnung beweist, daß durch einmalige Differentiation der Rang eines Tensors um 1 erhöht wird. So entsteht durch partielle Differentiation aus einer skalaren Funktion $f = f(x_1 \ldots x_n)$ nach den einzelnen Koordinaten ein kovarianter Tensor 1. Grades mit den Komponenten $A_i = \partial f / \partial x_i$ (ein Vektor, der in der elementaren Vektorrechnung als Gradient bekannt ist). Führt man die Differentiation an einem Vektor oder Tensor aus, so kann dies formal als eine Multiplikation mit dem symbolischen Vektor $\partial / \partial x_i$ (→Nabla-Vektor ∇ der gewöhnlichen Vektorrechnung) gedeutet werden, woraus die Erhöhung des Ranges in den kovarianten Indizes ohne weiteres ersichtlich ist. Es sei nun A^k ein kontravarianter Tensor 1. Grades (also ein Vektor), dessen Komponenten nach den Koordinaten differenziert werde. Es entsteht dann der einfach kontravariante und einfach kovariante Tensor 2. Grades

$$E_i^k = \frac{\partial A^k}{\partial x_i} . \tag{8}$$

Verjüngt man, so wird daraus

$$B_i^i = \sum_{i=1}^n \frac{\partial A^i}{\partial x_i} , \tag{9}$$

also ein Tensor $2 - 2 = 0$. Ranges, das ist ein Skalar, für den sich im gewöhnlichen dreidimensionalen Raum bei Verwendung kartesischer Koordinaten

$$\operatorname{div} \mathfrak{A} = \frac{\partial A^1}{\partial x_1} + \frac{\partial A^2}{\partial x_2} + \frac{\partial A^3}{\partial x_3} \tag{10}$$

$$= \frac{\partial A^x}{\partial x} + \frac{\partial A^y}{\partial y} + \frac{\partial A^z}{\partial z} , \tag{11}$$

also die bekannte →Divergenz eines Vektors, ergibt.

Literatur: →Tensor, ferner *H. Weyl:* Raum, Zeit u. Materie. Berlin 1918. — *Eddington, A. S.:* Relativitätstheorie. Berlin 1925.

Verkehrtes Multiplett. Die Termkomponenten eines →Multipletts werden durch die Quantenzahl J charakterisiert. Liegen die Komponenten energetisch in derselben Reihenfolge wie die J-Werte, so spricht man von →*regelrechten* oder *normalen* Multipletts, im umgekehrten Fall von *verkehrten* Multipletts. Die verkehrten Multipletts treten meist auf, wenn eine Schale des Atoms mehr als halb gefüllt ist.

Verkettung. In einem →Mehrphasen-Wechselstromsystem stellt jede Phase für sich ein selbständiges Wechselstromsystem dar. Somit würde die Zahl der für eine Kraftübertragung notwendigen Leitungen dem Doppelten der Phasenzahl entsprechen. Durch eine zweckentsprechende Verbindung der Phasen, ihre *Verkettung*, läßt sich die Zahl der Leitungen annähernd halbieren. Verbindet man bei einem N-Phasensystem jeweils die Anfänge der N Phasenwicklungen miteinander, so erhält man N Außenleiter und einen gemeinsamen Nulleiter. Die Spannung zwischen einem Außenleiter und dem Nulleiter nennt man *Phasenspannung*, die Spannung zwischen den Außenleitern *verkettete Spannung*. Beim Dreiphasenwechselstrom nennt man diese Art der Verkettung →*Sternschaltung*.

Vidmar, M.: Vorl. über d. wiss. Grundl. d. Elektrotechnik. Berlin 1928. — *Oberdorfer, G.:* Lehrb. d. Elektrotechn. I. München 1948.

Verkettung, elektromagnetische →Größen, elektrische und magnetische, Abschn. II, 2 b.

Verkettungsgesetz →Ampèresches Verkettungsgesetz.

Verkittung von Linsen. Um Reflexionsverluste beim Lichtübergang zwischen zwei aufeinanderfolgenden Flächen zu vermeiden oder um optische Einzelteile zu einem Ganzen zu verbinden, werden diese verkittet. Die miteinander zu verbindenden Flächen müssen gleiche Krümmung haben, und die Kittschicht soll überall gleichmäßig dick sein, damit sie keine optische Wirkung erzeugt. Als Kitte werden in wenig Xylol gelöster →Kanadabalsam, Lärchenharz (Lärchenfeinterpentin) oder synthetische Kunstharze verwendet. Bei der Verkittung werden die optischen Teile erwärmt (40 bis 80 °C). Kitte, die bei hoher Temperatur flüssig werden, werden als harte Kitte, die bei niedriger Temperatur flüssig werden, als weiche Kitte bezeichnet. Empfindliche optische Systeme größeren Durchmessers (80 bis 100 mm) sind nur schwer spannungsfrei und mit gleichmäßiger Schichtdicke zu verkitten.

Verlorene Kräfte →d'Alembert-Prinzip.

Verluste, dielektrische. In einem elektrischen Wechselfeld erfährt ein Dielektrikum durch die dauernde Feldänderung eine Erwärmung (→Nachwirkung, dielektrische), deren Größe durch den *Verlustfaktor* bzw. →*Verlustwinkel δ* angegeben wird. Dieser zeigt eine Frequenzabhängigkeit, die dem in der Abbildung angegebenen Kurvenverlauf mehr oder weniger entspricht. Parallel dazu erfolgt eine Änderung der Dielektrizitätskonstanten ε.

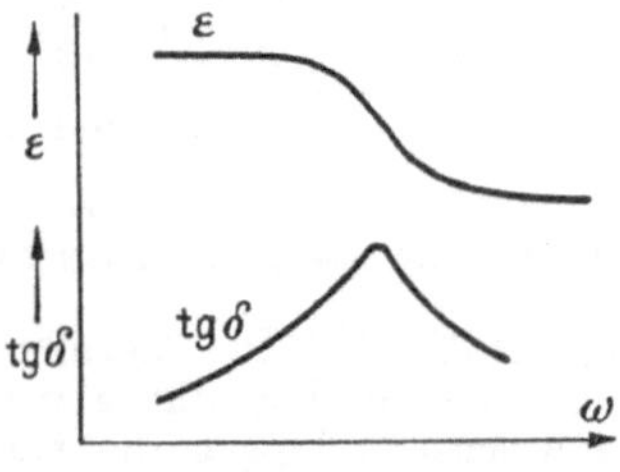

Dielektrische Verluste.

Für diese Abhängigkeit liefert die Reihenschaltung zweier Dielektrika mit verschiedenen Dielektrizitätskonstanten und Leitfähigkeiten eine modellmäßige Erklärung (Zweischichtenkondensator). Wie *K. W. Wagner* zeigte, gilt dieses Bild auch, wenn man sich ein Medium im anderen dispergiert denkt. Für das Verhalten mancher Isolatoren (Keramik, Gläser) liefert diese Vorstellung eine einleuchtende Erklärung.

Eine andere Deutung für die dielektrischen Verluste gibt die *Debyesche Dipol-Theorie*, die ein homogenes Dielektrikum annimmt, in dem die einzelnen Moleküle ein elektrisches Moment haben. Im elektrischen Feld richten sich die Moleküle aus; diese Drehbewegung bedingt eine Erwärmung. In einem Wechselfeld folgen die Dipole den Feldänderungen und führen dabei Schwingungen um die Gleichgewichtslage aus. Bei bestimmten Frequenzen, die durch die Masse und die quasielastischen Kräfte gegeben sind, tritt Resonanz auf. Die Verluste haben hier ein Maximum, und die Dielektrizitätskonstante zeigt eine rasche Änderung von einem größeren zu einem kleineren Wert.

Vilbig, F., u. *J. Zenneck:* Fortschr. d. Hochfrequenztechnik I. Leipzig 1941. — *Gemant, A.:* Elektrophysik d. Isolierstoffe. Berlin 1930.

Verlustanteil. Die Ummagnetisierungsverluste einer Spule mit Eisenkern teilt man in der Schwachstromtechnik in drei Teile: die *Hysteresis-*, *Wirbelstrom-* und *Nachwirkungsverluste*. Die Hysteresisverluste sind gleich $N_\nu = K_1 f H_m^3 = i^2 R_h$, der Hysteresiswiderstand also $R_h = K_1 f i$, wo f die Frequenz und K_1 für die betreffende Spule eine dimensionsbehaftete Konstante ist. Die Wirbelstromverluste sind $N_w = i^2 R_w = K_2 f^2 i^2$, der Wirbelstromwiderstand $R_w = K_2 f^2$. Die Gesamtverluste enthalten noch einen Rest, der proportional der Frequenz und dem Quadrat der Stromstärke ist. Diesem entspricht der Nachwirkungswiderstand $R_n = K_3 f$. Der Gesamtverlustwiderstand hat also die Größe $R_v = K_1 i f + K_2 f^2 + K_3 f$ und ist die Differenz aus dem Wirkwiderstand der Spule R und dem Gleichstromwiderstand R_0, $R_v = R - R_0$. Die einzelnen Verlustanteile von R_v erhält man, indem man Messungen von R_v bei verschiedenen Stromstärken und Frequenzen durchführt. Trägt man R_v/f für bestimmte Stromstärken als Funktion der Frequenz auf, so ergeben die Schnittpunkte dieser Geraden mit der Ordinate die Abschnitte $r_1, r_2, \ldots$ (Abb.). Letztere als Funktion

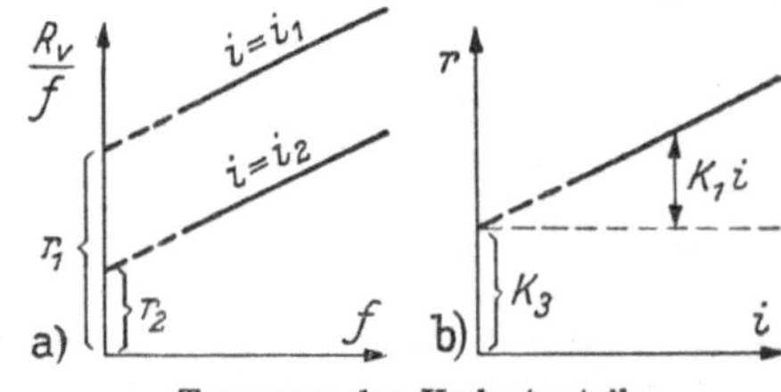

Trennung der Verlustanteile.

der Stromstärke aufgetragen, geben eine Gerade, deren Schnitt mit der r-Achse den Wert K_3 ergibt. Ferner ist $K_1 = (r - K_3)/i$ und

$$K_2 = (R_v - K_1 i f - K_3 f)/f^2.$$

Eine nur vom Material abhängige →Verlustziffer erhält man, wenn man sie für jede Frequenz und Feldstärke auf die Masseneinheit bezieht.

Küpfmüller, K.: Einf. in d. theoret. Elektrotechnik. Berlin 1941.

Verlustfaktor, dielektrischer →Verlustwinkel.

Verlustwinkel. Bei verlustfreien Induktivitäten und Kapazitäten haben Strom und Spannung eine Phasenverschiebung von $\varphi = 90°$ gegeneinander; in ersterem Fall ist der Strom gegenüber der Spannung nacheilend, bei der Kapazität voreilend. In der Praxis treten bei Spulen durch Ohmsche Widerstände, bei solchen mit Eisenkernen auch durch Hysterese usw. (→Verlustanteil), bei Kondensatoren durch das feste oder flüssige Dielektrikum stets Energieverluste auf. Diese bedingen eine Abweichung der Phasenverschiebung von 90°, die gleichzeitig ein Maß für die Größe der Verluste ist. Den Winkel $\delta = \pi/2 - \varphi$ bezeichnet man daher als Verlustwinkel (Abb.).

Meist wird nicht δ, sondern tg δ, die *Verlustzahl* oder der *Verlustfaktor* zur Kennzeichnung des Dielektrikums benutzt. Da für die meist verwendeten Dielektrika der Verlustwinkel klein ist, so daß tg $\delta \approx \delta$ ist, so wird in der Literatur auch der tg δ vielfach als Verlustwinkel bezeichnet. Für neuere Hochfrequenzisolierstoffe ist tg $\delta \approx \delta = 10^{-3}$ bis 10^{-4}.

Stellt man den unvollkommenen Kondensator als Parallelschaltung eines verlustfreien Kondensators und eines Widerstandes R_p bzw. der →Ableitung G dar, so ist der Verlustwinkel tg $\delta_C \approx \delta_C = G/(\omega C) = 1/(R_p \omega C)$. Der Verlustwinkel bzw. Verlustfaktor einer Induktivität ist analog tg $\delta_L \approx \delta_L = R_r/(\omega L)$.

Zinke, O.: Hochfrequenzmeßtechnik. Leipzig 1947.

Verlustzahl →Verlustwinkel, →Verlustziffer.

Verlustziffer, in der Starkstromtechnik Kennzeichnung für die Verluste infolge von Hysterese und Wirbelströmen in den ferromagnetischen Kernen der Transformatoren; gibt den Verlust im Kern an in Watt je kg des Kernmaterials für 50 periodigen Wechselstrom. Die als Index angefügte Zahl ist die Amplitude der Induktion im Mittel über den Querschnitt in der Einheit 1000 G. Die Verlustziffer hängt nicht nur von den magnetischen Eigenschaften und vom spezifischen elektrischen Widerstand ab, sondern auch von der Dicke der verwendeten Bleche. An Eisen-Silizium-Blechen liegt V_{10} für handelsübliche Qualität unter $1\,\mathrm{W\,kg^{-1}}$. Etwa die Hälfte der Verluste entfällt auf die Hysterese, die Hälfte auf Wirbelströme. →Eisenverluste.

ETZ **35**, 512 (1914). Normblatt DIN VDE 6400. — *Keinath, G.:* ATM Z 911-1.

Vermessungskreisel →Meridianweiser.

Vernichtungsstrahlung →Zerstrahlung.

Vernier = →Nonius.

Vernünftige Funktion. Es ist bekannt, daß bereits im Bereich der reellen Zahlen die elementaren Rechenoperationen des Dividierens und Radizierens nicht beliebig ausgeführt werden können. So verlangt z. B. die Division durch eine Zahl a, daß diese $\neq 0$ ist, das Ziehen einer geradzahligen Wurzel, daß der Radikand > 0 ist. Auch das Rechnen mit Funktionen, insbesondere die Ausübung der „höheren" Operationen (Differenzieren, Integrieren) setzt, soll sie ausführbar sein, gewisse Eigenschaften der Funktionen voraus. Ist dies der Fall, so belegt man sie mit einem entsprechenden Eigenschaftswort. So spricht man von einer n-fach differenzierbaren Funktion, wenn sie alle Eigenschaften besitzt, die es ermöglichen, mindestens ihre n-te Ableitung zu bilden. Andere Zusammenfassungen gewisser Eigenschaften sind etwa die Begriffe der integrierbaren, quadratisch integrierbaren, im Unendlichen hinreichend stark verschwindenden Funktionen usw. Bei längeren Rechnungen genügt es nicht, bei einer Funktion nur die etwa in *einen* der obigen Begriffe zusammengefaßten Bedingungen vorauszusetzen, sondern eine größere Anzahl davon. Es hat sich nun

eingebürgert, Funktionen, die alle von ihnen verlangten Eigenschaften besitzen, die zur Durchführung einer Rechnung erforderlich sind, kurz als „vernünftige" Funktion zu bezeichnen. Insbesondere will man damit zum Ausdruck bringen, daß die in Betracht kommende Funktion keine „extremen Singularitäten" besitzt, wie etwa Pole höherer Ordnung, Unstetigkeitsstellen, unendlich hohe Spitzen usw. Bei den in der theoretischen Physik vorkommenden Größen handelt es sich im allgemeinen um „vernünftige" Funktionen. Indessen *braucht* dies durchaus nicht der Fall zu sein. Dann spricht man gelegentlich von „pathologischen" Funktionen. Beispiel: →δ-Funktion.

Vernunftwahrheit →Wahrheit.

Verrückung = →Verschiebung.

Verschiebung (oder *Verrückung*) nennt man schlechthin jede Ortsveränderung eines Körpers, ohne Rücksicht auf den Weg, längs dessen sie erfolgt. Sie ist also von der *Bahn* des Körpers zu unterscheiden. Durch eine Verschiebung werden (nicht notwendig alle) seine Punkte aus einer gewissen Lage 1 in eine neue Lage 2 gebracht. Sie wird für jeden Punkt P durch den von P_1 nach P_2 weisenden Verschiebungsvektor $\overrightarrow{P_1 P_2} = \mathfrak{s}$ charakterisiert. Ist der Körper als starr anzusehen, so ist $\mathfrak{s}$ für alle Körperpunkte gleich und läßt sich stets in zwei Anteile aufspalten, von denen einer auf eine reine Translation und einer auf eine reine Rotation zurückzuführen ist. Ist der Körper jedoch als elastisch anzusehen, so gilt das Helmholtzsche Theorem: Jede Verschiebung eines elastischen Körpers ist (innerhalb eines genügend kleinen Raumbereiches) in *drei* Anteile aufspaltbar, von denen einer eine reine Translation, einer eine Rotation und einer eine elastische Deformation (Dehnung oder Kontraktion) darstellt. Bezeichnet man die drei Anteile mit $\mathfrak{s}_1$, $\mathfrak{s}_2$, $\mathfrak{s}_3$, so gilt also für den Verschiebungsvektor $\mathfrak{s} = \mathfrak{s}_1 + \mathfrak{s}_2 + \mathfrak{s}_3$. Um die drei Vektoren $\mathfrak{s}_i (i = 1, 2, 3)$ zu bestimmen, werde ein in der Nähe des Ursprunges $O(0, 0, 0)$ eines Koordinatensystems gelegener Punkt $P(x, y, z)$ betrachtet. Der zu O gehörige Verschiebungsvektor sei $\mathfrak{s}_0(u_0, v_0, w_0)$, der zu P gehörige $\mathfrak{s}(u, v, w)$. Es kann dann $\mathfrak{s}$, wenn P in genügender Nähe von O liegt, um diesen Punkt entwickelt werden, was bei Beschränkung auf lineare Glieder und mit der vorübergehend benutzten Bezeichnungsänderung $u = \xi_1, v = \xi_2,$ $w = \xi_3, x = x_1, y = x_2, z = x_3$ zu $\xi_i = \xi_i^{(0)} + \sum\limits_{k=1}^{3} \dfrac{\partial \xi_i}{\partial x_k} x_k$ führt. Die letzte Summe läßt sich wie folgt zerlegen:

$$\sum_k \frac{\partial \xi_i}{\partial x_k} x_k = \sum_k \frac{1}{2}\left(\frac{\partial \xi_i}{\partial x_k} - \frac{\partial \xi_k}{\partial x_i}\right) x_k +$$
$$+ \sum_k \frac{1}{2}\left(\frac{\partial \xi_i}{\partial x_k} + \frac{\partial \xi_k}{\partial x_i}\right) x_k.$$

Der erste, unsymmetrische Teil läßt sich als Vektorprodukt $\xi_i^{(1)} = [\varphi \mathfrak{r}]$ darstellen, wenn $\varphi_i = \dfrac{1}{2}\left(\dfrac{\partial \xi_k}{\partial x_j} - \dfrac{\partial \xi_j}{\partial x_k}\right)$ $(i, j, k = 1, 2, 3 \sim x, y, z)$ und $\mathfrak{r}_i = \mathfrak{r}_i(x_i, y_i, z_i)$ gesetzt wird. Für den zweiten symmetrischen Teil verbleibt dann $\xi_i^{(2)} = \sum\limits_k \varepsilon_{ik} x_k$ mit $\varepsilon_{ik} = \dfrac{1}{2}\left(\dfrac{\partial x_i}{\partial x_k} + \dfrac{\partial \xi_k}{\partial x_i}\right)$. Der Vektor $\mathfrak{s}_0(\xi^{(0)})$ $= \mathfrak{s}_0(u_0, v_0, w_0)$ stellt die allen in hinreichender

40

Nähe von O liegenden Punkten P gemeinsame Translation dar, während $\mathfrak{z}_1 (\xi_i^{(1)}) = [\varphi \mathfrak{r}]$ eine Rotation ist. Der letzte Teil $\mathfrak{z}_2$ schließlich erweist sich als lineare Vektorfunktion des Ortsvektors $\mathfrak{r}$. $\mathfrak{z}_2$ ist die „eigentliche" Deformation, d. h. die durch die elastischen Eigenschaften des Mediums bedingte Verrückung. Sie wird durch die in der linearen Vektorfunktion auftretenden Koeffizienten $\varepsilon_{ik} = \dfrac{1}{2}\left(\dfrac{\partial \xi_i}{\partial x_k} + \dfrac{\partial \xi_k}{\partial x_i}\right)$ beschrieben. Durch die Komponenten des Verschiebungsvektors $\mathfrak{z}$ drücken sie sich wie folgt aus: $\varepsilon_{xx} = \dfrac{\partial u}{\partial x}$,

$$\varepsilon_{yy} = \dfrac{\partial v}{\partial y}, \quad \varepsilon_{zz} = \dfrac{\partial w}{\partial z}, \quad \varepsilon_{xy} = \dfrac{1}{2}\left(\dfrac{\partial u}{\partial y} + \dfrac{\partial v}{\partial x}\right) \ldots$$

und zwei analoge. Sie bilden die Komponenten des symmetrischen Verzerrungstensors. →virtuelle Verschiebung, →Deformation.

Sommerfeld, A.: Vorl. über theoret. Physik II. Leipzig 1945. — *Schaefer, Cl.:* Einf. in d. theoret. Physik I. Berlin 1944. — *Timpe-Love:* Elastizitätstheorie. Leipzig 1907. Handb. d. Physik VI. Berlin 1928.

Verschiebung, dielektrische →dielektrische Verschiebung.

Verschiebung, magnetische, die Flächendichte einer gedachten magnetischen Belegung.

Verschiebung, virtuelle. Die Lagekoordinaten von n ein Punktsystem bildenden Massen m_i ($i = 1, 2, \ldots, n$) seien x_i, y_i, z_i. Durch einen äußeren Eingriff werde das System in eine gegenüber der ursprünglichen Lage infinitesimal variierte übergeführt, so daß m_i an die Stelle $x_i + \delta x_i$, $y_i + \delta y_i$, $z_i + \delta z_i$ gelange. Ist das System der Massenpunkte völlig frei, so können die δx_i, δy_i, δz_i *beliebige* Werte annehmen. Liegen indessen $m < 3n$ Bedingungsgleichungen vor, die von den Lagekoordinaten x_i, y_i, z_i erfüllt sein sollen, auch dann, wenn man das System variiert, so können die δx_i, δy_i, δz_i *nicht mehr willkürlich* gewählt werden; denn es muß, wenn $\varphi_j (x_i, y_i, z_i) = 0$ ($j = 1, 2, \ldots, m$) die m Nebenbedingungen sind, nach der Lageänderung des Systems gelten: $\varphi_j (x_i + \delta x_i, y_i + \delta y_i, z_i + \delta z_i) = 0$. Solche infinitesimale Verrückungen δx_i, δy_i, δz_i, die mit bestehenden Nebenbedingungen verträglich sind, heißen *virtuelle* Verschiebungen des Systems. Setzt man die Veränderungen δx_i, δy_i, δz_i als infinitesimal an, so müssen sie, wie durch Entwicklung der letzten Gleichung folgt, der linearen Bedingung $\sum_i \left(\dfrac{\partial \varphi_j}{\partial x_i}\delta x_i + \dfrac{\partial \varphi_j}{\partial y_i}\delta y_i + \dfrac{\partial \varphi_j}{\partial z_i}\delta z_i\right) = 0$ genügen. Die Linearität ist ausschließlich eine Folge davon, daß nur infinitesimale Veränderungen der Koordinaten zugelassen wurden. Liegt die die Bewegung des Systems einschränkende Bindung nicht, wie oben, in Form holonomer skleronomer →Bedingungsgleichungen vor, sondern sind diese rheonom, etwa $\psi_k(x_i, y_i, z_i, t) = 0$ ($k = 1, 2, \ldots, m < n$), so nennt man virtuelle Verschiebungen *solche* infinitesimale Änderungen δx_i, δy_i, δz_i, die formal der gleichen Beziehung wie vorhin, also $\sum_i \left(\dfrac{\partial \psi_k}{\partial x_i}\delta x_i + \dfrac{\partial \psi_k}{\partial y_i}\delta y_i + \dfrac{\partial \psi_k}{\partial z_i}\delta z_i\right) = 0$ genügen, die also durch Variation der rheonomen Bindung $\psi_k(x_i, y_i, z_i, t) = 0$ entsteht, wobei t *konstant* bleibt. →Prinzip der virtuellen Verschiebungen.

Handb. d. Physik V. Berlin 1927. — *Schaefer, Cl.:* Die Prinzipe d. Dynamik. Berlin 1919.

Verschiebungsdichte →dielektrische Verschiebungsdichte.

Verschiebungsgesetz, 1. Wiensches →Strahlungsgesetz, 2. →Verschiebungssatz, radioaktiver, 3. →Verschiebungssatz, spektroskopischer.

Verschiebungskonstante = →Feldkonstante, elektrische.

Verschiebungssatz, radioaktiver. Bei der Aussendung eines α-Teilchens sinkt die Ordnungszahl des Atoms um zwei Einheiten, die Massenzahl um vier Einheiten. Bei der Aussendung eines Elektrons β^- steigt die Ordnungszahl des Atoms um eine Einheit; die Massenzahl bleibt erhalten. →Radioaktivität.

Verschiebungssatz, spektroskopischer. Das Bogenspektrum eines Elementes, das erste Funkenspektrum des im periodischen System folgenden Elementes, das zweite Funkenspektrum des übernächsten Elementes usw. besitzen gleiche Struktur, verschieben sich jedoch in der genannten Reihenfolge immer mehr nach kurzen Wellen. Das bedeutet: Atome bzw. Ionen gleicher Elektronenzahl haben analoge Spektren. →isoelektronisch.

Verschiebungsstrom. Vor *Maxwell* kannte man in der Elektrodynamik nur den Begriff des gewöhnlichen Leitungsstromes, der von einem Magnetfeld umgeben ist. Dieses bestimmt sich in feldtheoretischer Darstellung (→Größen, elektrische und magnetische) aus der Bedingung, daß die magnetische →Randspannung V oder das Linienintegral über die magnetische Feldstärke $\mathfrak{H}$ längs einer geschlossenen, eine Fläche F umrandenden Kurve gleich ist der diese Fläche durchsetzenden elektrischen Strömung (Stromdichte $\mathfrak{G}$) oder *elektrischen Durchflutung* Θ

$$V = \oint \mathfrak{H} \cdot d\mathfrak{s} = \int_F \mathfrak{G} \cdot d\mathfrak{f} = \Theta. \tag{1}$$

Zu diesem Leitungsstrom fügte *Maxwell* in seiner 1. Grundgleichung ein Stromglied, welches er in Analogie zum Faradayschen Induktionsgesetz einführte. Das Induktionsgesetz gibt, in der Form der 2. →Maxwellschen Gleichung geschrieben, den Zusammenhang zwischen der induzierten elektrischen Randspannung U_{ind} oder dem Linienintegral über die elektrische Feldstärke $\mathfrak{E}$ längs einer geschlossenen, eine Fläche F umrandenden Kurve und der zeitlichen Änderung des diese Fläche durchsetzenden magnetischen →Induktionsflusses Φ ($\mathfrak{B}$ magnetische Flußdichte oder Induktion)

$$U_{ind} = \oint \mathfrak{E} \cdot d\mathfrak{s} = -\frac{d}{dt}\int_F \mathfrak{B} \cdot d\mathfrak{f} = -\frac{d\Phi}{dt}. \tag{2}$$

Entsprechend dieser Gleichung machte *Maxwell* den Ansatz, daß die magnetische Randspannung oder das geschlossene Linienintegral über die magnetische Feldstärke, vom Leitungsstrome [Gl. (1)] abgesehen, mit dem Auftreten einer zeitlichen Änderung des dielektrischen →Flusses Ψ verknüpft ist ($\mathfrak{D}$ →dielektrische Verschiebungsdichte) (Abb. 1)

$$\oint \mathfrak{H} \cdot d\mathfrak{s} = \frac{d}{dt}\int_F \mathfrak{D} \cdot d\mathfrak{f} = \frac{d\Psi}{dt}. \tag{3}$$

Die Größe $d\Psi/dt$ wird zur Unterscheidung von der Größe Θ *dielektrische Durchflutung* genannt.

Zusammenfassung von Gl. (1) und (2) führt zur 1. Maxwellschen Gleichung

$$\oint \mathfrak{H} \cdot d\mathfrak{s} = \int \mathfrak{G} \cdot d\mathfrak{f} + \frac{d}{dt} \int \mathfrak{D} \cdot d\mathfrak{f}. \qquad (4)$$

Von dem damals allgemein und auch heute noch weitgehend für $\mathfrak{D}$ üblichen Namen „Verschiebung" ausgehend, nannte *Maxwell* das in Gl. (4) hinzugekommene Glied von der Dimension

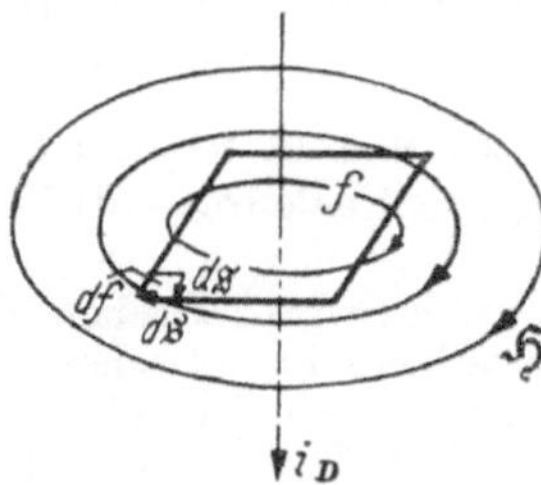

Abb. 1. Zur Verknüpfung eines Verschiebungsstromes i_D (im Vakuum) mit seinem Magnetfeld $\mathfrak{H}$ (1. Maxwellsche Gleichung).

einer Stromstärke „Verschiebungsstrom" und die Summe von Leitungsstrom und Verschiebungsstrom den „Gesamtstrom", dessen Dichte $\mathfrak{C}$ sich also aus Leitungsstromdichte $\mathfrak{G}$ und „Verschiebungsstromdichte" $\dot{\mathfrak{D}}$ zusammensetzt

$$\mathfrak{C} = \mathfrak{G} + \dot{\mathfrak{D}}. \qquad (5)$$

Erstreckt man die Flächenintegrale auf der rechten Seite von Gl. (4) über eine geschlossene Oberfläche, so verschwindet das Linienintegral, und es resultiert die Kontinuitätsgleichung; erst der Maxwellsche Gesamtstrom ist quellenfrei

$$\operatorname{div} \mathfrak{C} = \operatorname{div} (\mathfrak{G} + \dot{\mathfrak{D}}) = 0. \qquad (6)$$

Die Einführung des Verschiebungsstromes wird also durch die Kontinuitätsgleichung bereits gefordert. Der Verschiebungsstrom setzt den Leitungsstrom im Dielektrikum quellenfrei fort; so wird beispielsweise ein Kondensator vom Verschiebungsstrom durchflossen (Abb. 2).

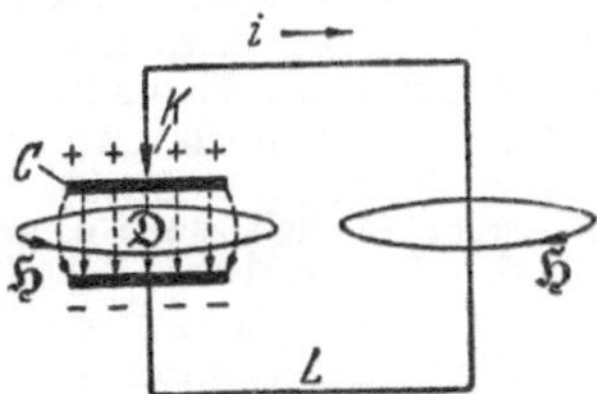

Abb. 2. Zum Verschiebungsstrom. Erläuterung des Begriffes „Verschiebungsstrom" am Vorgang der Entladung eines Plattenkondensators C durch einen Leiter L. K Kontakt zur Herstellung der leitenden Verbindung.

Da die dielektrische Verschiebungsdichte $\mathfrak{D}$ im materieerfüllten elektrischen Feld in einen Vakuumanteil $\varepsilon_0 \mathfrak{E}$ und einen vom Dielektrikum herrührenden Anteil $\rightarrow$ Elektrisierung $\mathfrak{P}$ zu zerlegen ist, wird auch der Verschiebungsstrom als Summe aus zwei analogen Anteilen darstellbar

$$\frac{d}{dt} \int \mathfrak{D} \cdot d\mathfrak{f} = \varepsilon_0 \frac{d}{dt} \int \mathfrak{E} \cdot d\mathfrak{f} + \frac{d}{dt} \int \mathfrak{P} \cdot d\mathfrak{f}. \qquad (7)$$

Das zweite Glied der rechten Seite heißt „Polarisationsstrom" und entspricht einer tatsächlichen Verschiebung der Ladungsanordnungen in den Molekülen des Dielektrikums ($\rightarrow$ Polarisation, dielektrische), während das erste Glied den Vakuumanteil des Verschiebungsstromes darstellt und ein Ausdruck für die von *Maxwell* neu aufgestellte Auffassung vom Wesen des elektromagnetischen Feldes ist.

Für verschiedene Feldzustände fallen die beiden Glieder der rechten Seite von Gl. (4) unterschiedlich ins Gewicht. Bei niederfrequenten Vorgängen, dem Fall des sog. quasistationären Feldes, ist der Verschiebungsstrom zu vernachlässigen. Umgekehrt ist bei der Ausbreitung elektromagnetischer Wellen im Nichtleiter der Leitungsstrom praktisch gleich Null; die Gesamtheit der elektromagnetischen Wellenerscheinungen kann erst durch Einführung des Verschiebungsstromes beschrieben werden.

Pohl, R. W.: Elektrizitätslehre. Berlin 1949. — *Sommerfeld, A.:* Vorl. über theoret. Physik III. Leipzig u. Wiesbaden 1948. — *Fischer, J.:* Einf. in d. klass. Elektrodynamik. Berlin 1936.

Verschlüsse, photographische, dienen in Lichtbildgeräten zur Erzeugung einer bestimmten Belichtungszeit. Diese soll über das gesamte Bildfeld gleichmäßig sein. Es gibt zwei grundsätzlich verschiedene Arten von Verschlüssen: Zentral- und Schlitzverschlüsse.

Zentralverschlüsse bestehen aus Lamellen, die in oder in der Nähe einer $\rightarrow$ Pupille des optischen Gerätes angebracht werden und deren Bewegung pneumatisch, durch Pendelschwingungen oder durch einstellbare Federkräfte usw. gesteuert wird. Infolge der endlichen Öffnungs- und Schließungszeit ist die volle Öffnung nicht während der gesamten Belichtungszeit (totale Belichtungszeit) wirksam. Bei Anbringung des Verschlusses außerhalb der Pupille ist die Belichtungszeit für die Randteile des Bildfeldes anders als für die Mitte. Die angegebenen Belichtungszeiten (meist von etwa 1 bis $^1/_{500}$ s) sind äquivalente Belichtungszeiten. Darunter wird die Zeit verstanden, innerhalb derer der Verschluß bei voller Öffnung die gleiche Belichtung (Beleuchtungsstärke auf der lichtempfindlichen Schicht $\times$ Zeit) erzeugt, die auch bei seinem tatsächlichen Ablauf wirksam ist.

Schlitzverschlüsse bestehen aus einem lichtundurchlässigen Vorhang, der dicht vor der Bildebene abläuft und in dem sich ein Schlitz verstellbarer Breite befindet. Die Belichtung der verschiedenen Bildfeldteile erfolgt nacheinander, so daß bei bewegten Objekten Verzerrungen der Abbildung auftreten. Die Belichtungszeit ergibt sich aus Schlitzbreite und Ablaufgeschwindigkeit des Vorhangs.

Moderne Verschlüsse sind mit elektrischen Kontakten ausgerüstet (Synchronverschlüsse), um zu passenden Zeiten Beleuchtungsgeräte, wie Blitzlichtlampen od. dgl., zu zünden.

Hay, A.: Handb. d. wiss. u. angew. Photogr. Bd. 2, Wien 1932.

Verschmelzung von Wellengleichungen. Die $\rightarrow$ Wellengleichungen der Elementarteilchen sind durch einen Satz von fünf Matrizen $\beta_\mu (\mu = 1 \ldots 5)$ bestimmt, der folgenden Vertauschungsrelationen genügt:

$$[\beta_\mu, \beta_\nu] = i \beta_{\mu\nu}, \quad [\beta_{\mu\nu}, \beta_\lambda] = i(\beta_\mu \delta_{\nu\lambda} - \beta_\nu \delta_{\mu\lambda}).$$

Jeder Matrizensatz, der die Vertauschungsrelationen erfüllt, liefert eine Lorentz-invariante Wellengleichung. Die Diracschen Matrizen $\gamma_1 \ldots \gamma_4$, $\gamma_5 = \gamma_1 \gamma_2 \gamma_3 \gamma_4$ geben ein einfaches Beispiel, wenn wir $\beta_\mu = \frac{1}{2}\,\gamma_\mu$ setzen. Alle andern Matrizen kann man durch Verschmelzung, d. h. durch den folgenden mathematischen Prozeß, gewinnen, den vor allen *de Broglie* (→méthode de fusion) diskutiert hat. Seien $A = (A_{\mu\nu})$ und $B = (B_{\varrho\sigma})$ m- bzw. n-reihige Matrizen, die die Vektoren x_ν bzw. y_σ eines m- oder n-dimensionalen Raumes transformieren, so versteht man unter dem *Kronecker-Produkt* $A \times B$ der Matrizen A und B eine neue Matrix, die einen mn-dimensionalen Vektor $z_{\nu\sigma}$ bezüglich des ersten Index mit A, bezüglich des zweiten mit B transformiert. Bildet man folgende Summe von Kronecker-Produkten aus n Faktoren

$$\beta_\mu = \tfrac{1}{2}\{(\gamma_\mu \times 1 \times 1 \times \cdots \times 1) \pm$$
$$\pm (1 \times \gamma_\mu \times 1 \times \cdots \times 1) \pm \cdots \pm (1 \times 1 \times 1 \times \cdots \times \gamma_\mu)\},$$

so ergeben sich die Verschmelzungsprodukte, welche eine 4^n-reihige Darstellung der obigen Vertauschungsrelationen bilden. Sie ist nicht irreduzibel. Bei geeigneter Transformation der Matrizen gemäß $\beta_\mu \to \beta'_\mu = T\,\beta_\mu\,T^{-1}$ zerfallen die zugehörigen Wellengleichungen in unabhängige Systeme. Die zweite Verschmelzungsstufe liefert z. B. die →Kemmerschen Wellengleichungen. Einen allgemeinen Überblick über die Gesamtheit der unabhängigen Darstellungen der β-Matrizen liefert die →Darstellungstheorie der Drehgruppe.

de Broglie, L.: Théorie des particules élémentaires à spin. Paris 1943.

Verschmelzungsfrequenz →Flimmerfrequenz.

Verschobene Terme →anomale Terme.

Verseifung →Esterverseifung, →Hydrolyse.

Versetzung, Atomanordnung in einem Kristallgitter, bei welcher in einer Gleitebene auf einer bestimmten Länge einer Gleitrichtung sich ein Atom mehr oder ein Atom weniger befindet als in der benachbarten Gleitebene, während außerhalb dieses Bereichs in den Gleitebenen die ungestörte Atomanordnung besteht (Abb.). Die

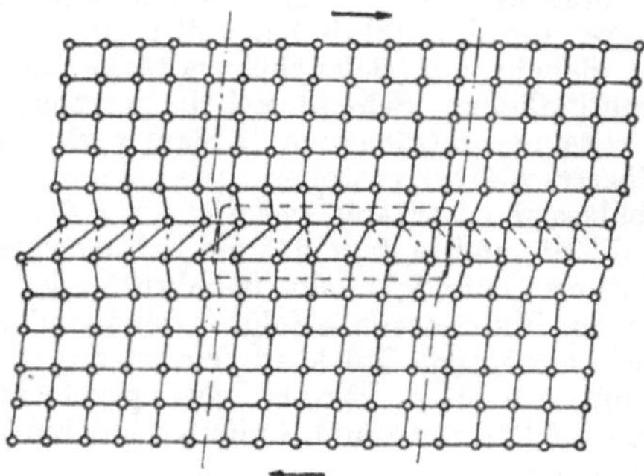

Versetzung (umrandet) in einem kubischen Gitter. Die Abb. zeigt einen Schnitt senkrecht zur Gleitebene parallel zur Gleitrichtung. Die Versetzung vermittelt stetig zwischen der linken Kristallhälfte, in welcher die Atome in den beiden Gitterebenen mit der Versetzung um einen Atomabstand gegeneinander verschoben sind, und der rechten Kristallhälfte, in welcher sie noch ihre ursprüngliche Lage besitzen. Die Verschiebung der oberen gegen die untere Kristallhälfte beträgt einen halben Atomabstand, da sich die Versetzung in der Mitte des Kristalls befindet.

Versetzungen werden heute allgemein als Träger der plastischen Verformung von Kristallen angesehen (→Plastizität). Wie die Abbildung veranschaulicht, vermittelt eine Versetzung stetig zwischen den geglittenen und den nichtgeglittenen Teilen zweier Gleitebenen und bewirkt eine zu ihrer Entfernung von der Oberfläche (Wande-

rungsstrecke) proportionale Verschiebung der oberen gegenüber der unteren Kristallhälfte. Neben diesen Stufen- oder Längsversetzungen (*G. I. Taylor*) gibt es noch Schrauben- oder Querversetzungen (*I. M. Burgers*), die zwischen geglittenen und nichtgeglittenen Kristallteilen vor und hinter der Zeichenebene in der Abbildung vermitteln. Die Versetzungen bewirken einen Spannungszustand im Gitter, demzufolge sie untereinander und mit andern inneren Spannungen in Wechselwirkung treten und so die →Verfestigung bedingen. →Plastizität.

Kochendörfer, A.: Phys. Bl. 7, 151, 252 (1951).

Verseuchung, radioaktive →Infektion, radioaktive.

Verspiegelung. Es wird zwischen Vollverspiegelung (→Lichtverluste in optischen Geräten) und Teilverspiegelung (→halbdurchlässige Spiegel) unterschieden. Die Vollverspiegelung kann als Oberflächenspiegel oder als Rückflächenspiegel ausgeführt werden. Die Spiegelung erfolgt meist durch eine dünne Metallschicht, die auf einem polierten Träger aus Glas, Metall, Metallegierung od. dgl. heute meist auf chemischem Wege, durch Aufdampfen im Vakuum oder durch Kathodenzerstäubung aufgebracht wird. Am meisten in Benutzung ist Silber, das zwar im sichtbaren Wellenlängengebiet höchstes Reflexionsvermögen ($\varrho \approx 91$ bis 96%) besitzt, bei etwa 400 mμ aber stark abfällt, bei 316 mμ ein Reflexionsminimum von $\varrho \approx 4\%$ hat und im noch kürzeren ultravioletten Gebiet nur mäßig reflektiert (bei 260 mμ $\varrho = 23\%$). Oberflächenspiegel aus Silber sind weich, daher empfindlich gegen mechanische Beanspruchungen, und werden durch die in der freien Luft fast immer vorhandenen geringen Mengen von Schwefelverbindungen schnell geschwärzt. Als Rückflächenspiegel sind sie viel in Benutzung, wobei sie durch galvanische Verkupferung und durch Lack geschützt werden. Für viele Zwecke geeigneter ist aufgedampftes Reinstaluminium, das sich nach einiger Zeit in freier Luft von selbst mit einer dünnen, sehr widerstandsfähigen Schicht aus Aluminiumoxyd überzieht. Das Reflexionsvermögen erreicht im sichtbaren Gebiet nur etwa 85 bis 89%, hat aber im ultravioletten Gebiet noch gute Reflexionseigenschaften (bei 260 mμ $\varrho = 80\%$).

Kohlrausch, F.: Prakt. Physik. Leipzig u. Berlin 1950. — *Naumann, H.:* Optik f. Konstrukteure. Halle (Saale) 1949.

Versprödung. Die Festigkeitseigenschaften der metallischen → Einkristalle ändern sich nur mäßig mit der Temperatur, so daß ein bei Zimmertemperatur plastisch gut verformbarer Kristall diese Eigenschaft bis zu den tiefsten Temperaturen beibehält (→Plastizität). Bei den kubisch flächenzentrierten Metallen gilt dies auch für technische →Vielkristalle. Bei den vielkristallinen hexagonalen und kubisch raumzentrierten Metallen, insbesondere den technischen Stählen, fällt dagegen die Formänderungsfähigkeit in einem engen Temperaturintervall sehr rasch ab, so daß sie bei tieferen Temperaturen nahezu spröde brechen. Dies ist die eine Erscheinung, die als Versprödung bezeichnet wird. Sie ist besonders in der Kältetechnik von praktischer Bedeutung, da die sonst üblichen Werkstoffe bei den dort auftretenden Temperaturen bereits versprödet sind. Vielfach, z. B. bei den Baustählen, liegt die Temperatur beginnender Versprödung etwa bei 0 °C, so daß diese Werkstoffe im Winter nicht mehr im Freien bearbeitet (z. B. gebogen oder gerade gerichtet) werden können.

Diese Versprödung ist eine Folge davon, daß die Streckgrenze mit abnehmender Temperatur rascher ansteigt als die (nahezu temperaturunabhängige) Bruchfestigkeit (→Sprödigkeit), was sich heute auch theoretisch begründen läßt (*A. Kochendörfer*).

Ebenfalls von Versprödung spricht man, wenn durch eine bestimmte mechanische und thermische Vorbehandlung eines Werkstoffs seine Temperatur beginnender Versprödung so stark erhöht wird, daß sie in das Temperaturgebiet fällt (meist Umgebung der Zimmertemperatur), in dem die weitere mechanische Bearbeitung vorgenommen wird und in dem der Werkstoff ohne diese Vorbehandlung bearbeitungsfähig (formänderungsfähig) ist. Die Vorgänge, welche zu dieser Art der Versprödung führen können, sind sehr mannigfaltig und stellen ernste, vielfach noch ungelöste Probleme der technischen Metallverarbeitung dar. Normale Kohlenstoffstähle verspröden z. B. gegenüber einer Weiterverarbeitung in der Umgebung der Zimmertemperatur, wenn sie bei dieser Temperatur vorverformt und dann gelagert werden (*Altern*) oder wenn sie bei etwa 250 °C (Blauwärmegebiet) vorverformt werden (*Blaubrüchigkeit*). Gegenüber einer Verarbeitung bei einer Temperatur um 300 °C herum verhalten sie sich überhaupt spröde (*Warmbrüchigkeit*). Bestimmte legierte Stähle verspröden beim Anlassen nach dem Härten (*Anlaßsprödigkeit*) und wieder andere (z. B. V2A) durch →Ausscheidung von Carbiden. Auch durch chemische Einwirkungen kann Versprödung hervorgerufen werden (z. B. *Laugensprödigkeit* des technischen Eisens).

In den ersten drei genannten Fällen wird die Versprödung auf eine Hemmung der Wanderung der →Versetzungen durch die gelösten Kohlenstoffatome, die sich in Atmosphären um die Versetzungen ansammeln, zurückgeführt (*H. A. Cottrell*).

Kochendörfer, A.: Z. Metallkde. **39**, 376 (1948) u. **41**, 322 (1950). Report Bristol Conference Phys. Soc. (Strength of Solids). London 1948. — *Masing, G.:* Lehrb. d. Metallkde. Berlin-Göttingen-Heidelberg 1951.

Verstärker, Geräte zur Umwandlung elektrischer Vorgänge kleiner Leistung in solche höherer Leistung mit möglichst genauer Wiedergabe der Kurvenform. Dies geschieht fast ausschließlich mit Elektronenröhren. Als Verstärkung (*Verstärkungsgrad*) einer derartigen Anordnung gilt das Verhältnis von Ausgangsspannung zu Eingangsspannung bzw. Ausgangsleistung zu Eingangsleistung.

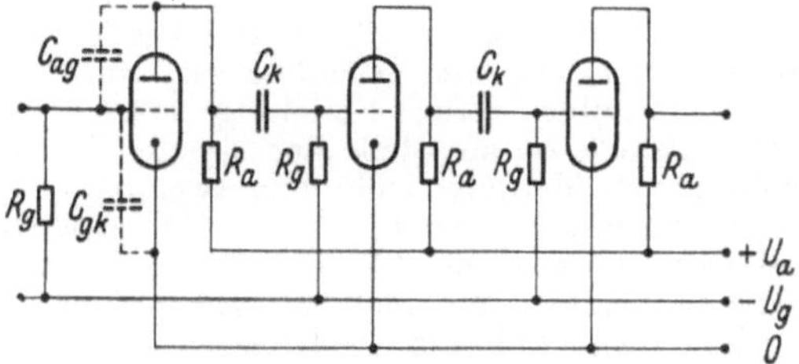

Abb. 1. Grundsätzliches Schaltbild eines Widerstandsverstärkers.

Das grundsätzliche Schaltbild eines Wechselstromverstärkers mit R-C-Kopplung zwischen den einzelnen Verstärkerstufen (Widerstandsverstärker) zeigt die Abbildung 1. Im Anodenkreis jeder Röhre liegt der Ohmsche Widerstand R_a. Die Wechselspannung $\mathfrak{U}_a$, die an ihm durch den Anodenwechselstrom i_a entsteht, wird über den Koppelkondensator C_K dem Gitter der nachfolgenden Röhre zugeführt. Die Gittergleichspannung erhält jede Röhre über den Ohmschen Gitterableitwiderstand R_g. Parallel zu R_a und R_g liegen die Kapazitäten C_{gk} und C_{ag} der Röhren und die durch die Schaltung bedingten Kapazitäten. Diese bestimmen im wesentlichen den Frequenzgang der Verstärkung bei hohen Frequenzen.

Der Verstärkungsgrad

$$\mathfrak{V} = \frac{\mathfrak{U}_a}{\mathfrak{U}_g} = S\,\frac{R_i\,R_a}{R_i + R_a} = \mu\,\frac{R_a}{R_i + R_a}$$

nimmt für konstante Steilheit S mit steigendem R_a und R_i zu. Der Widerstandsverstärker ist der typische Vertreter des reinen Spannungsverstärkers, bei dem die Verstärkung dann ihr Maximum hat, wenn die an R_a abgegebene Leistung Null ist.

Bei Verwendung einer Triode als Verstärkerröhre ändert sich infolge des Gleichspannungsabfalls am Anodenwiderstand gleichzeitig mit R_a der statische Arbeitspunkt und damit bei konstanter Anoden- und Gitterbatteriespannung auch Steilheit und Innenwiderstand. Da bei allen gebräuchlichen Röhren der Verstärkungsfaktor μ im Kennlinienfeld nicht konstant ist, hat die Verstärkung $\mathfrak{V}$ bei einem bestimmten Außenwiderstand R_a ihr Maximum. Es liegt für Trioden im allgemeinen zwischen 30 bis 50.

Bei der Widerstandsverstärkung mit Pentoden muß zur Erzielung maximaler Verstärkung bei gegebenem Außenwiderstand R_a der Anodenstrom so eingestellt werden, daß etwa $^3/_4$ der Gesamtspannung am Außenwiderstand, $^1/_4$ derselben zwischen Kathode und Anode der Röhre liegt, $i_a R_a \approx 0{,}7\ U_b$ (U_b Batteriespannung), eine Beziehung, die nicht im Anlaufstromgebiet gilt. Die Einstellung des optimalen Arbeitspunktes bei der Pentode kann durch die Gitter- oder die Schirmgitterspannung erfolgen. Bei einem R_a von mehreren MΩ, $U_b \approx 300$ V und $i_a \approx$ einigen 10^{-2} mA lassen sich mit Pentoden Verstärkungsgrade von 400 bis 800 erreichen.

Für kleine Außenwiderstände ($R_a \approx 10$ kΩ), wie sie zur Verstärkung sehr breiter Frequenzbänder notwendig sind, wird der Anodenstrom nicht gemäß obiger Beziehung, sondern unter Verzicht auf Verstärkung kleiner eingestellt, womit die an der Röhre liegende Anodenspannung steigt und der Arbeitspunkt in ein Kennliniengebiet mit geringerer Krümmung gelangt.

Erfolgt die Kopplung zwischen je zwei Röhren durch Übertrager, so spricht man von Transformatorkopplung, die für →Niederfrequenzverstärker häufig angewandt wird. Für →Hochfrequenzverstärker werden meist abgestimmte Kreise als Koppelglieder benutzt.

Entscheidend für die Wahl der äußeren Schaltelemente ist der vom Verstärker verlangte Frequenzgang. Bei Niederfrequenzverstärkern wird im allgemeinen über einen Bereich von 8 bis 10 Oktaven eine konstante Verstärkung verlangt, während Hochfrequenzverstärker mit Ausnahme von Meß- und Breitbandverstärkern meist nur ein schmales Frequenzband verstärken sollen.

Dem Verstärkungsgrad ist eine Grenze gesetzt durch die in Röhren und Schaltungen auftretenden Störungen (→Rauschen); wenn diese größer werden als der Nutzpegel, so ist eine weitere Verstärkung wertlos.

Nach genügend großer Spannungsverstärkung durch die Vorverstärkerstufen (Anfangsstufenverstärker) hat die End- oder Leistungsstufe bzw. der Leistungs- oder →Kraftverstärker die Aufgabe, die verstärkte Spannung in Wechselstromleistung umzuformen und diese mit optimalem Wirkungsgrad an den Verbraucher abzugeben. Je nach der Lage des Arbeitspunktes auf der Anodenstrom-Gitterspannungskennlinie kennzeichnet man sie als A-, A/B- und B-Verstärker.

Beim A-Betrieb liegt der Arbeitspunkt im mittleren Teil der Arbeitskennlinie. Die Aussteuerung erfolgt symmetrisch zum Arbeitspunkt, d. h. die Wechselstromspitzen haben in beiden Phasen angenähert den gleichen Wert. Beim B-Betrieb liegt der Arbeitspunkt im Fußpunkt der Arbeitskennlinie; die Röhre führt also nur während angenähert einer Halbwelle der Gitterwechselspannung Strom. Als A/B-Betrieb wird eine mit festem Arbeitspunkt zwischen A- und B-Betrieb liegende Betriebsart bezeichnet, bei der für kleine Amplituden A-Betrieb, d. h. symmetrische Aussteuerung, für große Amplituden dagegen unsymmetrische Aussteuerung der Röhre besteht (Abb. 2).

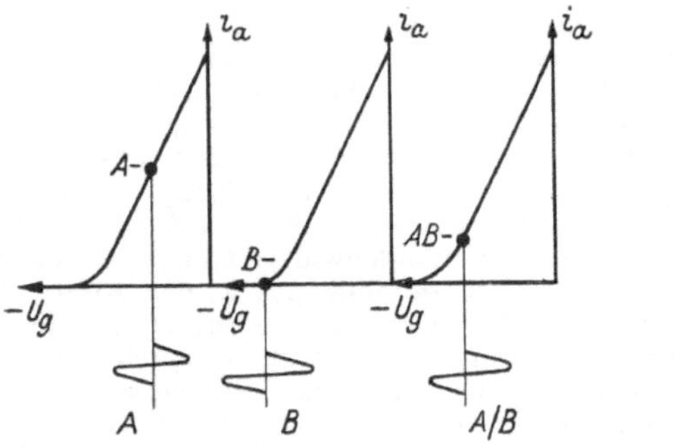

Abb. 2. Lage der Arbeitspunkte bei A-, B- und A/B-Betrieb.

In elektroakustischen Übertragungsanlagen mit vorgegebenem Höchstwert für →Klirrfaktor und →Verzerrungsfaktor kann der A/B- und B-Betrieb nur in →Gegentaktschaltungen angewandt werden. Im Gegensatz dazu wird bei Senderverstärkern mit abgestimmten Kreisen zur Vergrößerung des Wirkungsgrades die Röhre praktisch nur in B- oder C-Betrieb benutzt (Arbeitspunkt weit im Negativen, so daß nur in den positiven Spannungsspitzen ein Anodenstrom fließt).

Die für Gitter und Anode der Röhren benötigten Gleichspannungen werden im allgemeinen durch Gleichrichtung der Netzwechselspannung gewonnen und durch Siebglieder von Wechselstromkomponenten befreit. Um Rückkopplungen der einzelnen Verstärkerstufen über den Netzteil zu vermeiden, werden zwischen sie und den Netzteil zur Entkopplung Siebglieder (meist R-C-Glieder) geschaltet.

Rothe, H., u. *W. Kleen:* Elektronenröhren als Anfangsstufenverstärker. Leipzig 1948; Elektronenröhren als End- u. Senderverstärker. Leipzig 1945. — *Barkhausen, H.:* Elektronenröhren II. Leipzig 1938.

Verstärkerfolien für Röntgenphotographie bestehen aus fluoreszierendem Calcium-Wolframat und dienen zur Verstärkung der Wirkung von Röntgenstrahlen auf photographische Emulsionen. Indem sie einen Teil der Strahlung in sichtbares und insbesondere in ultraviolettes Licht verwandeln, bewirken sie eine sehr erhebliche zusätzliche Schwärzung der Emulsion. Die Folien werden unmittelbar vor und hinter den Film gelegt.

Eggert, I., u. *H. Gajewski:* Einf. in die techn. Röntgen-Photographie. Leipzig 1942. — *Riehl, N.:* Physik u. Anwendungen d. Lumineszenz. Berlin 1941.

Verstärkerlamelle →Lichtverluste in optischen Geräten.

Verstärkerröhren sind Elektronensteuerröhren, die im einfachsten Fall, der Triode, zwischen Glühkathode und Anode eine gitterförmige Elektrode, das Steuergitter, besitzen und dadurch die Verstärkung elektrischer Vorgänge ermöglichen. Das Steuergitter liegt im allgemeinen auf negativer, die Anode auf positiver Spannung gegenüber der Kathode. Für eine ideale Triode ist die Anodenstromabhängigkeit gegeben durch $i_a = k\,\sigma^{3/2}\,(U_g + D_{ag}\,U_a)^{3/2}$. k, σ und D_{ag} sind Faktoren (Raumladungskonstante, Steuerschärfe und Durchgriff Anode-Gitter), die nur von dem Systemaufbau abhängen, U_g und U_a die Gitter- und Anodengleichspannung. Die Gleichung zeigt, daß der Anodengleichstrom durch die Gitterspannung gesteuert werden kann. Da vom Gitter selbst wegen seiner negativen Vorspannung keine Elektronen aufgenommen werden, erfolgt die Steuerung im Prinzip leistungslos. Die Verstärkerwirkung der Elektronenröhren beruht auf diesem Prinzip der Steuerung eines zu einer positiven Elektrode fließenden Stromes durch eine negativ vorgespannte Hilfselektrode. Die Abhängigkeit des Anodengleichstromes von Gitter- und Anodenspannung wird in Kennlinienfeldern dargestellt, und zwar $i_a = f(U_g)$ mit U_a als Parameter und $i_a = f(U_a)$ mit U_g als Parameter. Ihr Verlauf ist charakteristisch für die Art der Verstärkerröhre, ob →Triode oder Mehrgitterröhre. Aus den Kennlinienfeldern lassen sich die für die Steuerwirkung des Gitters maßgebenden Größen: Steilheit S, innerer Widerstand R_i und Verstärkungsfaktor μ für den jeweiligen Arbeitspunkt ablesen. Diese drei Kennwerte sind nicht unabhängig voneinander, da $\mu = R_i S$ ist.

Beim Anlegen einer Wechselspannung an das negative Steuergitter ist das Verhalten einer Verstärkerröhre durch die Beziehung gegeben $i_a = S(\mathfrak{U}_g + \mathfrak{U}_a/\mu)$. Die Größe des Anodenwechselstromes i_a entspricht nicht der angelegten Gitterwechselspannung, sondern der Differenz von Gitterwechselspannung $\mathfrak{U}_g$ und Anodenrückwirkung $\mathfrak{U}_a/\mu$; $\mathfrak{U}_a$ ist gegenüber $\mathfrak{U}_g$ um 180° phasenverschoben. Zur Erzielung hoher Verstärkungsgrade ist an Stelle der Triode die Verwendung von Mehrgitterröhren notwendig.

Verstärkerröhren sind meist für Anodenbelastungen von 1 bis 2 W gebaut. Sie können statt zur Verstärkung auch zur Erzeugung von Schwingungen und als Endröhren für kleine Ausgangsleistungen benutzt werden.

Rothe, H., u. *W. Kleen:* Grundl. u. Kennlinien d. Elektronenröhren. Leipzig 1948. — *Barkhausen, H.:* Elektronenröhren I. Leipzig 1950.

Verstärkertheorie der Organismen, erklärt eine Anzahl wichtiger Lebensvorgänge (z. B. Mutationen, Tötung von Einzellern durch Strahlen, gewisse Reizreaktionen) durch die Annahme, daß die Organismen u. a. Systeme sind, welche Reaktionen einzelner atomarer Teilchen, Moleküle und anderer Gebilde der Mikrophysik ähnlich den atomphysikalischen Verstärkergeräten (Geigersches Zählrohr, Nebelkammer usw.) in makroskopisch wahrnehmbare Vorgänge transformieren. Der steuernde mikrophysikalische Prozeß (z. B. Absorption eines Lichtquants, überschwellige Wärmeschwingung, Reaktion eines Einzelmoleküls) findet in Steuerungszentren der Zelle von atomarer Feinheit statt und löst dadurch einen Verstärkermechanismus speziell organismischer Eigenart aus, der eine grobsinnlich wahrnehmbare Veränderung des Organismus bewirkt. Ein solches Steuerungs- bzw. Verstärkungssystem liegt offenbar in den Vererbungssubstanzen (z. B. den →Genen) vor, deren Veränderungen durch Mikroprozesse sich nicht nur als →Mutationen äußern, sondern auch einen großen Teil der sonstigen →Strahlenschädigungen ausmachen. Die Verstärkung geschieht hier wahrscheinlich durch katalytische Bildung von Substanzen, die wiederum katalytisch in bestimmte Reaktionskettenglieder des komplizierten und vielstufigen Lebensgeschehens eingreifen und so die mutative Änderung in der makrodimensionalen Beschaffenheit (Phänotyp) des Individuums manifestieren. Das Steuerungszentrum löst also eine Art komplizierter Enzymlawine aus, innerhalb welcher sich unter Umständen gewisse leichter erkennbare Einzelreaktionen in sog. „genabhängigen Wirkstoffen" bzw. „Gen-Enzymen" bemerkbar machen können. Wegen der Fähigkeit der Erbsubstanzen zur →Autosynthese repräsentieren sie noch eine andere Art der Verstärkung: die Vervielfachung eines geänderten Einzelmoleküls und damit die Übertragung der neuen, mikrophysikalisch ausgelösten Erbeigenart auf viele Individuengenerationen und damit auf die Stammesgeschichte. Außer den autosynthetisch-genetischen Systemen der Zelle, von denen die chromosomalen Gene offenbar nur ein einzelner, relativ gut faßbarer Typ sind, ist der Reizmechanismus, insbesondere das höhere Nervensystem, ein weiteres, in dieser Hinsicht bisher kaum näher analysiertes Feld von Verstärkervorgängen. Im Organismenreich sind also nach den bisherigen Erkenntnissen der →Quantenbiologie zwei Hauptgruppen von Lebenserscheinungen (Veränderungen des Erbsystems und — wenigstens gewisse — nervöse Reaktionen) durch die Mitwirkung von verstärkten mikrophysikalischen Einzelereignissen gekennzeichnet. Sie offenbaren daher die Eigenart (Variabilität, nur statistische Voraussagbarkeit, Einmaligkeit, „Geschichtlichkeit") der statistischen Kausalität.

Jordan, P.: Das Bild d. modernen Physik. Hamburg 1947; Die Verstärkertheorie d. Organismen in ihrem gegenwärt. Stand. Naturwiss. **26**, 537 (1938).

Verstärkung, lichtelektrische →lichtelektrische Verstärkung.

Verstärkung, photographische. Weist die photographische Schicht nach erfolgter Entwicklung und Fixierung nur eine geringe Schwärzung auf, z. B. wegen zu geringer Belichtung der Schicht, so läßt sich durch geeignete Behandlung der Schicht ihre Schwärzung verstärken. Dies erfolgt mit Hilfe des Quecksilberverstärkers und des Uranverstärkers. Der erstere erzeugt eine sehr lichtundurchlässige Quecksilber-Silber-Verbindung in der Schicht, der letztere stark absorbierendes Ferrocyanuran.

Verstärkungsfaktor. Der Verstärkungsfaktor einer Elektronensteuerröhre ist definiert durch die Beziehung

$$\mu = + \frac{(\partial i_a/\partial U_g)_{U_a=\text{const}}}{(\partial i_a/\partial U_a)_{U_g=\text{const}}} = - \left(\frac{\partial U_a}{\partial U_g}\right)_{i_a=\text{const}}$$

Er gibt an, um wieviel die Anodenspannung bei einer Änderung der Gitterspannung um die Einheit geändert werden muß, damit der Anodenstrom konstant bleibt. Da für $i_a=$ const die Spannungsänderungen einander entgegengesetzt sind, μ aber positiv sein soll, tritt das negative Vorzeichen auf. Der Verstärkungsfaktor gibt an, welche Verstärkung im Grenzfall, d. h. für $\mathfrak{R}_a/R_i \to \infty$ ($\mathfrak{R}_a$ Außenwiderstand, R_i Innenwiderstand), maximal mit einer Röhre zu erzielen ist. Mit den beiden anderen Kennwerten der Röhre, der Steilheit und dem inneren Widerstand, besteht die Beziehung $\mu = SR_i$, die für sämtliche stetig steuerbaren Entladungsröhren gilt. Die drei Röhrenkennwerte sind also nicht unabhängig voneinander.

Rothe, H., u. *W. Kleen:* Grundl. u. Kennlinien d. Elektronenröhren. Leipzig 1948.

Verstärkungsgrad →Spannungsverstärkung, →Verstärker.

Verstimmung. 1. Abweichung der Resonanzfrequenz eines *Schwingungskreises* von der Sollfrequenz.

2. Bei *Musikinstrumenten* spricht man von Verstimmung, wenn die Tonhöhe der Tonerzeuger nicht mit der Normalstimmung ($a^1 = 440\,\text{Hz}$) übereinstimmt bzw. wenn die verschiedenen Stufen des Instrumentes in sich von der gewünschten Skala (z. B. von der 12stufig temperierten Skala) abweichen. Wenn ein ganzes Musikinstrument absichtlich nach einem anderen Normalton gestimmt ist (z. B. $^1/_2$ Ton zu hoch), so liegt *Umstimmung* vor.

3. Verstimmung des *Auges* →Umstimmung des Auges.

Vertauschbarkeit von Operatoren →Operatoren, vertauschbare.

Vertauschungsrelation. Für zwei nicht miteinander vertauschbare Operatoren A und B ist $AB - BA = \frac{1}{i} V \neq 0$. Aus dieser „Vertauschungsrelation" folgen, wenn man V kennt, die →Unbestimmtheitsrelationen. Am bekanntesten ist die Vertauschungsrelation zwischen zwei kanonisch konjugierten Variablen P, Q: $PQ - QP = \frac{\hbar}{i} 1$ (1 Einheitsoperator).

Verteilung, arithmetische, diskontinuierliche, geometrische, kontinuierliche, →Wahrscheinlichkeitsrechnung.

Verteilungsfunktion →Maxwellsches Geschwindigkeitsverteilungsgesetz; Fermische →Fermi-Dirac-Statistik.

Verteilungssatz →Nernstscher Verteilungssatz.

Vertex von Sternströmen, Fluchtpunkt der Raumbewegungen von →Sternhaufen und Sternströmen (→Stellarstatistik) an der Sphäre. Die Vertices von Sternströmen zeigen eine ausgesprochene Bevorzugung der galaktischen Ebene und geben dadurch Aufschluß über die Kinematik des →Milchstraßensystems. Als Vertex der Sonnenbewegung bezeichnet man den Vertex des Sternstromes, dem die Sonne angehört.

Vertikalantenne →Kapazitätsformeln.

Vertikalilluminator. Bei der mikroskopischen Betrachtung undurchsichtiger (opaker) Gegenstände müssen diese von der Seite des Mikroobjektivs beleuchtet werden. Man spricht dann von Auflichtbeleuchtung. Verlaufen die beleuchtenden Strahlen innerhalb des Strahlenkegels des Mikroobjektivs, so spricht man von Auflicht-Hellfeldbeleuchtung; verlaufen sie außerhalb der Apertur des Mikroobjektivs, so spricht man von Auflicht-Dunkelfeldbeleuchtung, da bei einer fehlerfreien spiegelnden Fläche als Objekt das Gesichtsfeld in diesem Falle dunkel bleibt.

Damit eine gleichmäßige Objektbeleuchtung erzielt werden kann, wird der Beleuchtungsstrahlengang nach dem Köhlerschen Prinzip aufgebaut (Abb. 1, →Köhlersche Beleuchtungseinrichtung). Die Lichtquelle L wird durch die Kollektorlinse Ko auf die Aperturblende A abgebildet. Diese wird ihrerseits zusammen mit dem Lichtquellenbild L' im wesentlichen durch die Linse Li_1 und nach Spiegelung am Planglas in die Öffnung des Mikroobjektivs nach L'' abgebildet. Weiterhin bildet die Linse Li_1 zusammen mit dem als

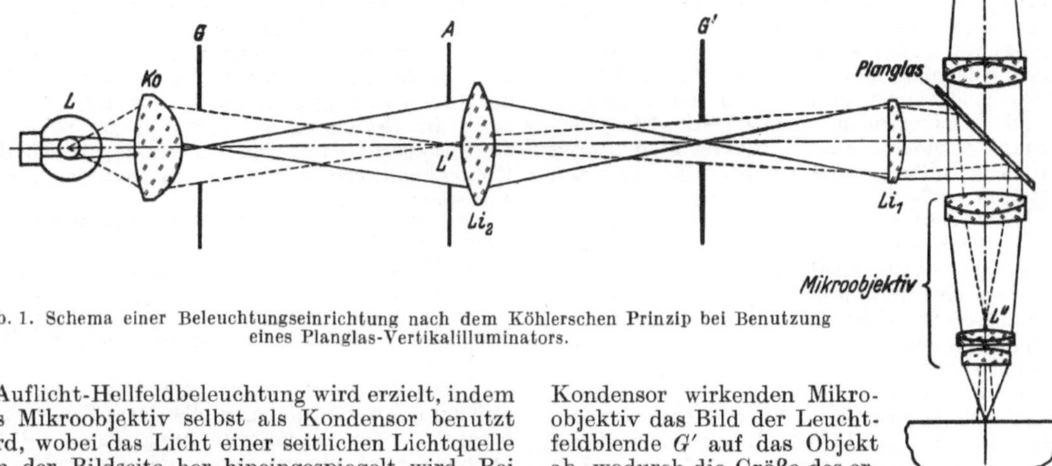

Abb. 1. Schema einer Beleuchtungseinrichtung nach dem Köhlerschen Prinzip bei Benutzung eines Planglas-Vertikalilluminators.

Auflicht-Hellfeldbeleuchtung wird erzielt, indem das Mikroobjektiv selbst als Kondensor benutzt wird, wobei das Licht einer seitlichen Lichtquelle von der Bildseite her hineingespiegelt wird. Bei der Anordnung nach *Beck* erfolgt die Einspiegelung durch ein Planglas, bei der nach *Nachet* durch ein die freie Objektivöffnung etwa halbierendes Reflexionsprisma. Die hierfür geeigneten Mikroobjektive sind für einen unendlich großen Abstand der Bildebene, d. h. Tubuslänge ∞, berechnet, und es befindet sich daher im abbildenden Strahlengang des Mikroskops oberhalb des Planglases bzw. Prismas eine Hilfslinse (sog. Fernrohrlinse), die die parallel durch das Planglas bzw. parallel neben dem Prisma verlaufenden Strahlen in der Nähe des oberen Tubusrandes des Mikroskops zur Vereinigung bringt (→Mikroskop). Mikroskopische Auflicht-Hellfeldbeleuchtungseinrichtungen werden Vertikalilluminatoren oder Opakilluminatoren genannt. Auf dem Planglas werden zur Steigerung der Beleuchtungsstärke reflexerhöhende Schichten angebracht (→halbdurchlässige Spiegel). Eine derartige Einrichtung ist auch für hohe Vergrößerungen brauchbar, und das Auflösungsvermögen der Objektive kann voll ausgenutzt werden, da die Apertur voll beansprucht werden kann. Beim Prismen-Vertikalilluminator ist jedoch das Auflösungsvermögen in der Richtung senkrecht zur Prismenkante auf die Hälfte herabgesetzt, während sie in der anderen Richtung erhalten bleibt. Mit dem Planglas-Vertikalilluminator kann streng gerade, bei Bedarf aber auch schiefe Beleuchtung erzielt werden, während der Prismen-Vertikalilluminator nur schiefe Beleuchtung liefert. Damit keine Aufhellung durch Reflexe an den Linsen des Mikroobjektivs auftreten kann, sollten diese mit →reflexvermindernden Schichten versehen sein. Die für Auflichtbeleuchtung geeigneten Mikroobjektive sind meist für Benutzung ohne Deckglas korrigiert.

Kondensor wirkenden Mikroobjektiv das Bild der Leuchtfeldblende G' auf das Objekt ab, wodurch die Größe des erleuchtenden Gesichtsfeldes geregelt werden kann. G' ist aber das durch Li_2 entworfene Bild der vor der Kollektorlinse befindlichen Öffnung G (Leuchtfeldblende), die gleichmäßig von L ausgeleuchtet ist. Durch Betätigung der Aperturblende ist Regelung der Beleuchtungsapertur ohne

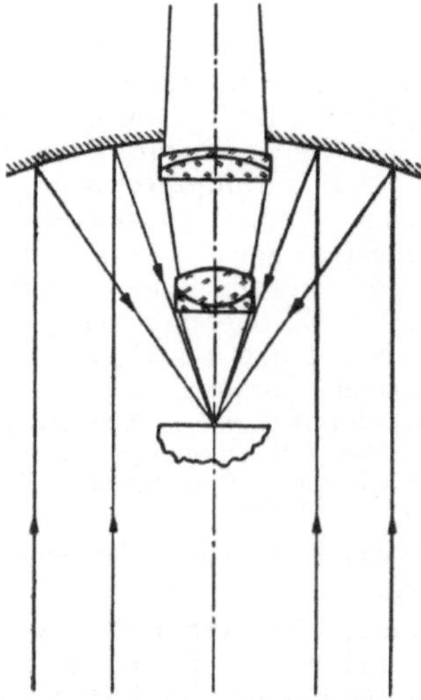

Abb. 2. Beleuchtungsspiegel für Auflicht-Dunkelfeldbeleuchtung nach *Lieberkühn*.

Beeinträchtigung der Beobachtungsapertur, d. h. ohne Beeinflussung des Auflösungsvermögens des Mikroobjektivs, möglich.

Geräte für Auflicht-Dunkelfeldbeleuchtung sind der Beleuchtungsspiegel nach *Lieberkühn* (Abb. 2), der jedoch nur für schwache Mikroskopvergrößerungen benutzt werden kann. Besser ist eine in Abb. 3 schematisch dargestellte Einrichtung. Das durch eine ringförmige Blende RB begrenzte Beleuchtungsstrahlenbündel wird nach Reflexion an einem unter 45° stehenden, für den Abbildungsstrahlengang durchbohrten Spiegel S und nach

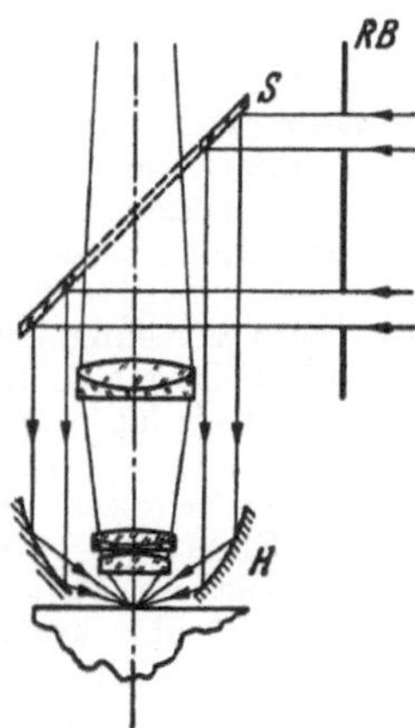

Abb. 3. Auflicht-Dunkelfeldbeleuchtung.

Reflexion an einem ringförmigen Hohlspiegel H auf das Objekt konzentriert. Der Hohlspiegel wird auch durch ringförmige Linsen ersetzt. Vertikalilluminatoren und die obengenannte Einrichtung für Auflicht-Dunkelfeldbeleuchtung werden zwecks schnellen Wechsels der Beleuchtungsart auch vereinigt (z. B. Ultropak von Leitz; Epi-Kondensor W oder Auflichtkondensor WK von Zeiss).

Vertikalintensität, erdmagnetische →erdmagnetische Messungen.

Vertikalstrom, luftelektrischer, Bezeichnung für vertikale Elektrizitätsbewegungen in der Atmosphäre. Im stationären Zustand gelten gemäß dem Ohmschen Gesetz die Beziehungen

$$E = j\,\lambda \quad \text{und} \quad U = j\,R$$

(E Feldstärke; j Stromdichte; λ Leitfähigkeit am Meßort; U Potentialdifferenz zwischen Ionosphäre und Erdoberfläche; R Widerstand einer Luftsäule von 1 cm² Querschnitt zwischen Ionosphäre und Erde).

Längere direkte Meßserien dieses Elementes sind noch sehr spärlich; meist geschieht seine Ermittlung aus gleichzeitig bestimmten Feld- und Leitfähigkeitswerten. Die Stromdichte des Vertikalstromes beträgt über Land etwa $1{,}7 \cdot 10^{-16}\,\mathrm{A/cm^2}$; über den Ozeanen ist sie etwa doppelt so hoch.

Ein Jahresgang mit Maximum während des Nordwinters scheint reell zu sein. Ein Tagesgang einheitlichen Typs an Landstationen ist bisher nicht erkennbar; über See ist ein solcher mit einer — im Laufe des Jahres variierenden — Amplitude von etwa 40% nach Weltzeit wahrscheinlich mit einem Minimum zwischen 2 und 4 Uhr und einem Maximum zwischen 19 und 20 Uhr Greenwichzeit.

Die erwartete Höhenkonstanz des Vertikalstromes bei stationärem Gleichgewicht ist nach Ballonfahrten befriedigend bestätigt (*H. Gerdien, A. Wigand, F. Rossmann*).

Über die Variationen des Vertikalstromes durch konvektiven Elektrizitätstransport (Austauschbewegungen; Teilnahme der Niederschlagselemente

am Ladungstransport, insbesondere in Wolken) liegt noch wenig Meßmaterial vor.

Unter Gewitter- (und Böen-) Wolken steigt der Vertikalstrom im allgemeinen sprunghaft auf den 10^4- bis 10^5-fachen Wert an. Die Stromrichtung ist dabei wechselnd, doch überwiegt negativer Ladungszufluß zur Erde.

Literatur →luftelektrisches Feld.

Verträgliche Beobachtungen heißen solche, die man gleichzeitig ausführen kann. Notwendig und hinreichend dafür ist, daß die den beiden →Observablen entsprechenden Operatoren →vertauschbar sind. →Beobachtung.

Vertretbarkeit der Phasen →Phasenregel, →koexistierende Phasen.

Vervielfacher →Photoelektronen-Vervielfacher.

Vervielfachungsschaltungen, Anordnungen zur Vervielfachung einer vorgegebenen elektrischen Spannung. →Kaskadenschaltung, →Röntgenapparate.

Verwachsungen, regelmäßige oder *gesetzliche*. Auf Kristallflächen einer Kristallart können Kristalle einer anderen Art so aufwachsen, daß bestimmte Flächen und Kanten der einen Kristallart parallel bestimmten Flächen und Kanten der anderen liegen. Solche regelmäßigen Verwachsungen sind meist dann möglich, wenn beide Kristallarten mindestens je eine Schar ähnlich gebauter →Netzebenen besitzen. Zum ähnlichen Bau gehört in erster Linie, daß die →Elementarmaschen oder je eine Fläche aus mehreren Elementarmaschen solcher Netzebenen von ähnlicher Form sind und in ihren Identitätsperioden um höchstens einige Prozent abweichen. Als zweite Bedingung wird wohl auch eine ähnliche Besetzung der Netzebenen und ihrer nächsten Umgebung durch Atome oder Ionen verlangt.

Zur Charakterisierung einer regelmäßigen Verwachsung müssen die parallel liegenden Netzebenen (*Verwachsungsebenen*) beider Kristalle und je eine der in ihnen liegenden, gleichorientierten Gittergeraden durch ihre Symbole angegeben werden. Zum Beispiel wächst der tetragonale Rutil TiO_2 mit einer (100)-Fläche auf die Basis (0001) des rhomboedrischen Eisenglanzes Fe_2O_3 auf, wobei die [001]-Richtung des Rutils den Winkel zwischen zwei 2zähligen Achsen des Eisenglanzes halbiert.

Die vollkommenste Art regelmäßiger Verwachsungen sind diejenigen zwischen →isomorphen Kristallen. Meist kristallisieren diese dabei allerdings in einheitlichen *Mischkristallen* aus. Dagegen sind die Aufwachsungen in Form kleiner diskreter Kriställchen der einen Art auf eine Fläche der anderen bei der Verwachsung →isotyper Kristalle oft zu beobachten (z. B. $NaNO_3$ auf $CaCO_3$).

Auch die regelmäßigen Verwachsungen zweier Kristallarten, die nur je eine Schar ähnlicher Netzebenen besitzen, können, wenn die Individuen der einen Art submikroskopisch klein bleiben, Mischkristalle zur Folge haben, die man als *anomale Mischkristalle* bezeichnet.

Gelegentlich werden regelmäßige Verwachsungen auch zwischen Kristallen, die eine einzige ähnliche Gittergerade aufweisen, beobachtet.

Verwachsungsfläche →Verwachsungen, regelmäßige, →Zwillinge.

Verwärmgrad, das Verhältnis der in einer schallabsorbierenden Wand durch Umwandlung in Wärme verlorengehenden Schallstärke zur auftreffenden Schallstärke.

Verzeichnungsfehler →Abbildungsfehler.

Verzerrungen in Übertragungssystemen →lineare, →nichtlineare Verzerrungen.

Verzerrungsfaktor. Bei elektrischen Anordnungen (Vierpolen) mit nichtlinearer Stromspannungsabhängigkeit dient der →Klirrfaktor als Verzerrungsmaß für eine einzige sinusförmige Wechselspannung am Eingang. Er gibt das Verhältnis der Oberwellen zum gesamten Ausgangswechselstrom wieder. Bei gleichzeitigem Vorhandensein von mehreren Frequenzen am Eingang der Anordnung treten außer deren Oberwellen auch noch ihre Kombinationsfrequenzen auf. Um beide, Oberwellen und Kombinationsfrequenzen, durch eine einzige Zahl, den *Verzerrungsfaktor*, zu erfassen, benutzt man als Verzerrungsmaß das Verhältnis aller neu entstehenden Frequenzen zum gesamten Ausgangswechselstrom

$$V = \sqrt{\frac{\Sigma \,(\text{Amplit. d. Oberwell.})^2 + \Sigma \,(\text{Amplit. d. Kombin. Frequ.})^2}{\Sigma \,(\text{Amplituden aller Frequenzen})^2}}\,.$$

Rothe, J., u. *W. Kleen:* Elektronenröhren als Anfangsstufenverstärker. Leipzig 1948.

Verzerrungstensor →Deformation.

Verzögerte Neutronen →Neutronenemission, verzögerte.

Verzweigung, hydrodynamisch →Abzweigung; von Strömen →Stromverzweigung; in radioaktiven Zerfallsreihen →dualer Zerfall.

Vibrationsgalvanometer sind Meßgeräte für Wechselstrom, deren Eigenfrequenz auf die Frequenz des zu messenden Wechselstroms abgestimmt ist. Die Stromempfindlichkeit bei Wechselstrom S_w verhält sich zur Stromempfindlichkeit bei Gleichstrom S_g wie $\sqrt{2}/\alpha$, wobei α der Dämpfungsgrad ist. Eine kleine Dämpfung ergibt also eine hohe Wechselstromempfindlichkeit. Die Empfindlichkeit für Oberwellen der Ordnungszahl n ist im Verhältnis zur Empfindlichkeit für die Grundwelle gleich $2\alpha/(n^2 - 1)$; die selektive Empfindlichkeit für die Grundwelle ist also um so größer, je kleiner der Dämpfungsgrad ist. Andererseits ist die Abklingzeit, definiert als die Zeit, in der die Amplitude auf $^1/_{10}$ ihres Wertes sinkt, $\vartheta_{0,1} = 2{,}3/(\alpha\,\omega_0)$, und die Kreisfrequenz ω', bei der die Empfindlichkeit auf die Hälfte ihres Resonanzwertes ω_0 sinkt, $\omega' = (1 \pm \alpha\sqrt{3})\,\omega_0$; d. h. die „Resonanzbreite" ist $a = 100\,\alpha\sqrt{3}\,\%$. Mit Rücksicht hierauf darf also α auch nicht zu klein gewählt werden. Für $\alpha = 0{,}005$ ergibt sich bei 50 Hz eine Abklingzeit $\vartheta_{0,1} = 1{,}5\,\text{s}$, eine Resonanzbreite $a = 0{,}9\%$. Die Wechselstromempfindlichkeit ist dabei das 280fache der Gleichstromempfindlichkeit und das 800fache der Empfindlichkeit gegen die 3. Oberwelle.

Vibrationsgalvanometer werden als empfindlichste Brücken-Nullinstrumente für Wechselstrommessungen vielfach verwendet und auch in handlicher, tragbarer Form hergestellt.

Vibrationsmikroskop. Um den Schwingungsverlauf einzelner Stellen einer schwingenden Saite sichtbar zu machen, ändert man nach *Helmholtz* ein normales Mikroskop so ab, daß das Okular frei beweglich an der Zinke einer elektromagnetisch erregten Stimmgabel befestigt ist (Vibrationsmikroskop). Als Wegkurve eines hell beleuchteten

Punktes der schwingenden Saite ergibt sich dann eine →Lissajous-Figur, aus der sich der Schwingungsverlauf des Saitenpunktes ableiten läßt.

Vibrato, eine für gute Singstimmen charakteristische Amplituden- und Frequenzmodulation des Stimmtones mit einer Modulationsfrequenz von 5 bis 10 Hz. Bei Streichinstrumenten wird es zur Erzielung besonderer musikalischer Effekte angewendet.

Vicalloy, Legierung aus Eisen, Kobalt und Vanadium für permanente Magnete, welche zum Unterschied von anderen Magnetwerkstoffen mit günstigen magnetischen Eigenschaften den Vorteil verbindet, kaltverformbar zu sein.

Nesbitt, E. A.: Metals Techn. **13**, 1973 (1946).

Vidon-Element, ein vor einiger Zeit in England entwickeltes Element. Negative Elektrode: Zinkbecher mit Polyvinyl-Umhüllung; positive Elektrode: Kohle- oder Zinkstab, umgeben mit einer Mischung aus Quecksilberoxyd und Kohlepulver als Depolarisator; Elektrolyt: Kalilauge in mit Zinkteilchen durchsetztem Papier; Urspannung $\approx 1{,}25\,\text{V}$. Soll durch sehr konstanten inneren Widerstand ausgezeichnet sein.

Vieldeutige Funktion →Funktion.

Vielfachbeschleuniger →Mehrfachbeschleuniger.

Vielfachheit von Termen →Multiplizität.

Vielfachmeßgeräte sind Meßgeräte mit mehreren Meßbereichen, die durch eingebaute Vor- und Nebenwiderstände gewonnen werden. Bei Präzisionsmeßgeräten erfolgt die Umschaltung meist mit einpoligen Wandersteckern, bei den handlichen Kleingeräten durch Meßbereichwählschalter oder auswechselbare angeschobene Vor- und Nebenwiderstände. Das Drehspulmeßgerät eignet sich dank seines geringen Eigenverbrauches und seiner hohen Empfindlichkeit ausgezeichnet als Vielfachmeßgerät. Zum Universalgerät als Strom- und Spannungsmesser für Gleich- und Wechselstrom wurde es erst durch die Einführung des Trockengleichrichters in die Meßtechnik.

Vielfachprozesse (*multiple Prozesse*) →Austauschkraft zwischen Elementarteilchen.

Vielkristall (*Kristallhaufwerk*), im Gegensatz zu einem →Einkristall ein Körper, der mehrere, im allgemeinen sehr viele, verschieden orientierte

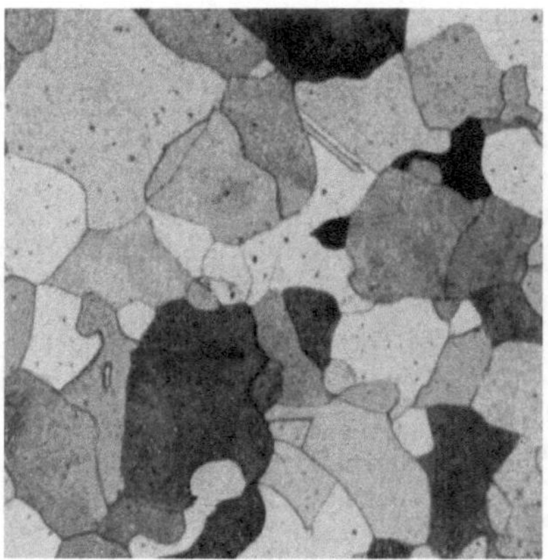

Durch Ätzen sichtbar gemachte Körner und Korngrenzen eines Vielkristalls.

Bereiche besitzt. Ein Bereich mit einheitlicher Orientierung wird als *Korn* oder als *Kristallit* bezeichnet, jedoch wird die zweite Bezeichnung auch für kleinere Einheiten, z. B. für die aus der Verbreiterung der Röntgenlinien ermittelten Bereiche (Teilchen), benutzt. Die Grenzschicht zwischen den Körnern, in denen das Gitter gestört ist, heißen *Korngrenzen*. Sie können durch geeignete Ätzverfahren sichtbar gemacht werden (Abb.). Häufig wird ihnen nach *Beilby* ein amorpher Charakter zugeschrieben (→*Beilby-Schicht*); doch dürfte diese Kennzeichnung zu speziell sein, wenn auch bei hohen Temperaturen an Metallen ein amorphes Korngrenzenfließen nachgewiesen konnte. Längs der Korngrenzen scheiden sich bevorzugt unlösliche Beimengungen ab, die zum Teil durch Weglösen der Grundsubstanz isoliert werden können [Korngrenzengerüst, *G. Tammann* (Kadmium), *F. Körber* (Kohlenstoffstähle)]. Auch die Diffusion findet bevorzugt längs der Korngrenzen statt (Korngrenzendiffusion).

Viellinge →Zwillinge.

Viellinienspektren sind Molekülspektren, bei denen man keine ausgeprägten Banden, sondern eine sehr große Zahl von Rotationslinien beobachtet (Abb.). Viellinienspektren zeigen z. B. das

wo $d\tau$ die zu dt gehörige →Eigenzeit, i die imaginäre Einheit und c die Vakuumlichtgeschwindigkeit sind. Die Komponente V_4 bezieht sich auf die imaginäre Zeitkoordinate $x_4 = ict$. Das Quadrat des Vektors der Vierergeschwindigkeit ist $V^2 = -c^2$, also für alle Geschwindigkeitsvektoren gleich groß.

Viererpotential, ein Begriff der Relativitätstheorie. Es stellt einen →Vierervektor der vierdimensionalen Raum-Zeit-Welt mit den vier Komponenten $\Phi_1 = A_x$, $\Phi_2 = A_y$, $\Phi_3 = A_z$ und $\Phi_4 = i\varphi/c$, wo A_x, A_y, A_z die drei räumlichen Komponenten des →Vektorpotentiales und φ das skalare elektrische Potential sind (i die imaginäre Einheit, c Vakuumlichtgeschwindigkeit). Die Komponente Φ_4 ist auf die imaginäre Zeitkoordinate $x_4 = ict$ und auf das praktische Maßsystem bezogen.

Viererstromdichte, ein Begriff der Relativitätstheorie. Sie stellt einen →Vierervektor der vierdimensionalen Raum-Zeit-Welt mit den vier Komponenten: $\Gamma_1 = J_x$, $\Gamma_2 = J_y$, $\Gamma_3 = J_z$, $\Gamma_4 = ic\varrho$, wo J_x, J_y, J_z die räumlichen Kompo-

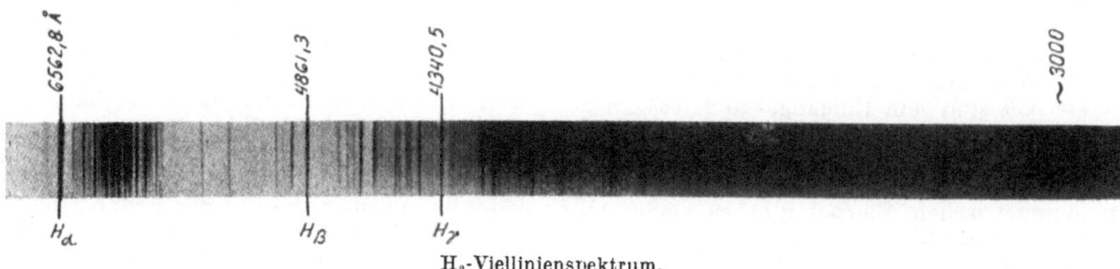

H₂-Viellinienspektrum.

Molekül H_2 sowie die Alkalihydride. Zum Viellinienspektrum des Wasserstoffs gehören die →Richardson-Banden und die →Fulcher-Banden. Die Viellinienspektren sind als Überlagerung von normal gebauten Banden zu betrachten, bei denen infolge des kleinen Trägheitsmomentes (Hydride!) der Linienabstand so groß ist, daß die Banden sich gegenseitig stark vermengen; die Kantenstruktur wird dadurch weitgehend verdeckt.

Vielortstheorie →Hörtheorien.

Vielschieberpumpen, Pumpen nach Art der Drehschieberpumpen (→rotierende Ölluftpumpen), nur daß der Rotor an Stelle zweier Schieber eine Vielzahl von Schiebern enthält. Die Vielschieberpumpen arbeiten ohne Ölüberlagerung und werden vor allen Dingen hochtourig gebaut.

Vierbein →Dreibein.

Viererbeschleunigung, ein Begriff der Relativitätstheorie. Er bedeutet einen →Vierervektor in der vierdimensionalen Raum-Zeit-Welt, der definiert ist durch $\mathfrak{W} = d\mathfrak{V}/d\tau$ ($\mathfrak{V}$ Vektor der →Vierergeschwindigkeit, $d\tau$ die dem Zeitelement dt entsprechende →Eigenzeit). Der Vektor $\mathfrak{W}$ steht im vierdimensionalen Sinne senkrecht auf dem Vektor der *Vierergeschwindigkeit*, d. h. es ist das vierdimensionale skalare Produkt $(\mathfrak{W}, \mathfrak{V})$ $= V_1 W_1 + V_2 W_2 + V_3 W_3 + V_4 W_4 = 0$.

Vierergeschwindigkeit, ein Begriff der Relativitätstheorie. Man versteht darunter längs der →Weltlinie eines materiellen Punktes einen zeitartigen →Vierervektor mit den vier Komponenten: V_1, V_2, V_3, V_4, die gegeben sind durch $V_1 = dx/d\tau$, $V_2 = dy/d\tau$, $V_3 = dz/d\tau$, $V_4 = ic\,dt/d\tau$,

nenten der gewöhnlichen elektrischen Stromdichte und ϱ die elektrische Ladungsdichte bedeuten (i die imaginäre Einheit, c Vakuumlichtgeschwindigkeit). Die Komponente Γ_4 bezieht sich auf die imaginäre Zeitkoordinate $x_4 = ict$.

Vierervektoren sind geometrische Gebilde in der vierdimensionalen Raum-Zeit-Mannigfaltigkeit mit vier Komponenten, welche analoge Transformationseigenschaften bei Änderung des Koordinatensystems haben wie die Vektoren des dreidimensionalen Raumes. Sie können durch gerichtete Strecken im Vierdimensionalen dargestellt werden.

Vierfachpunkt (*Quadrupelpunkt*) →koexistierende Phasen, →Phasenregel.

Vierfarbentheorie, diejenige Theorie des →Farbensehens, die auf der Tatsache aufgebaut ist, daß vier Buntfarben einen psychologisch einfachen Eindruck machen (sog. →Urfarben). Die wichtigste Theorie dieser Art ist die von *E. Hering*, die auch als Theorie der →Gegenfarben bezeichnet wird. Die Ergebnisse der →Spektralwertbestimmung, die gewöhnlich als Stütze für die →Dreifarbentheorie angesehen werden, lassen sich auch im Sinne der Vierfarbentheorie deuten. Die →Zonentheorien versuchen, die Vierfarbentheorie mit der Dreifarbentheorie zu vereinigen. Die Vierfarbentheorie ist mit den beobachteten Formen der Farbenfehlsichtigkeiten nur schwer in Einklang zu bringen, ermöglicht aber eine relativ einfache Erklärung der Kontrasterscheinungen.

Hering, E.: Zur Lehre vom Lichtsinn. VI. Wiener Akad. Wiss. 111 70, 169 (1875). — *Müller, G. E.:* Die Theorie d. Gegenfarben u. d. Farbenblindheit. Ber. 1. Kongr. f. Psychol. 1904. — Handb. d. norm. u. pathol. Physiologie XII/1. Berlin 1929.

Vierpol, ein →Netzwerk, das zwei Eingangs- und zwei Ausgangsklemmen besitzt und der Übertragung elektrischer Energie dient (Leitungen, Übertrager, Verstärker usw.). Je nachdem, ob der Vierpol eine Energiequelle enthält oder nicht, spricht man von einem *aktiven* oder *passiven* Vierpol. Ein passiver linearer Vierpol besteht nur aus strom- und spannungsunabhängigen reellen oder komplexen Widerständen. Sind die Übertragungseigenschaften für beide Richtungen die gleichen, so nennt man den Vierpol *symmetrisch.*

Die allgemeinsten Schaltbilder eines Vierpols sind die T-Schaltung (Vierpol 2. Art, Abb. 1) und die π-Schaltung (Vierpol 1. Art, Abb. 2). Jeder beliebige Vierpol kann durch eine T-Schaltung aus

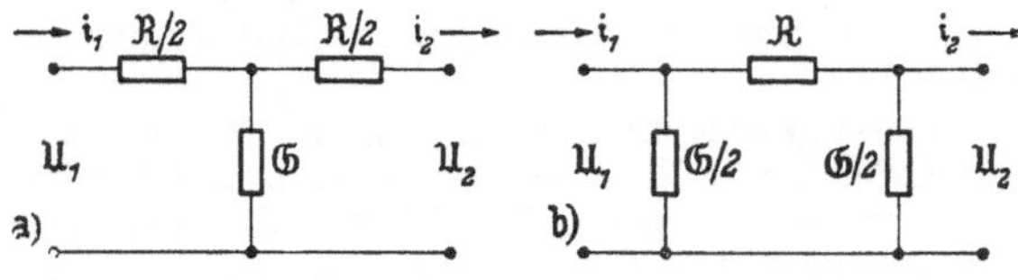

Abb. 1.	Abb. 2.
Vierpol 2. Art. T-Schaltung.	Vierpol 1. Art. π-Schaltung.

drei reellen oder komplexen Widerständen ersetzt werden. Die für den Betrieb wichtigen Kennwerte eines Vierpols sind sein Eingangs- und Ausgangswiderstand $\mathfrak{W}_1$ und $\mathfrak{W}_2$, die außer von den Vierpolwerten von den Abschlußwiderständen $\mathfrak{R}_a$ und $\mathfrak{R}_e$ am Ausgang und Eingang abhängig sind. Beim symmetrischen Vierpol gibt es einen Abschlußwiderstand $\mathfrak{R}_a = \mathfrak{R}_e = \mathfrak{Z}$, bei dem $\mathfrak{W}_1 = \mathfrak{W}_2 = \mathfrak{Z}$ wird. Dieser Wert $\mathfrak{Z}$ ist der *Kenn-* oder *Wellenwiderstand* des Vierpols. Beim *unsymmetrischen* Vierpol erhält man für Eingang und Ausgang verschiedene →Wellenwiderstände $\mathfrak{Z}_1$ und $\mathfrak{Z}_2$.

Die Ersatzschaltungen und Wellenwiderstände können aus den Leerlauf- und Kurzschlußwiderständen $\mathfrak{W}_l$ und $\mathfrak{W}_k$ auf beiden Seiten des Vierpols ermittelt werden

$$\mathfrak{Z}_1 = \sqrt{\mathfrak{W}_{l_1}\mathfrak{W}_{k_1}} \; ; \quad \mathfrak{Z}_2 = \sqrt{\mathfrak{W}_{l_2}\mathfrak{W}_{k_2}} .$$

Wenn einer der vier Widerstände nicht zugänglich ist, kann er aus der Beziehung $\dfrac{\mathfrak{W}_{k_1}}{\mathfrak{W}_{k_2}} = \dfrac{\mathfrak{W}_{l_1}}{\mathfrak{W}_{l_2}}$ ermittelt werden, da ein Vierpol nur drei voneinander unabhängige Bestimmungsstücke besitzt.

Für einen symmetrischen Vierpol lassen sich die Stromspannungsabhängigkeiten in der Form schreiben

$$\mathfrak{U}_1 = \mathfrak{U}_2 \mathfrak{Cos}\, \mathfrak{g} + \mathfrak{i}_2 \mathfrak{Z} \mathfrak{Sin}\, \mathfrak{g} ,$$

$$\mathfrak{i}_1 = \mathfrak{i}_2 \mathfrak{Cos}\, \mathfrak{g} + \frac{\mathfrak{U}_2}{\mathfrak{Z}} \mathfrak{Sin}\, \mathfrak{g} ,$$

oder

$$\mathfrak{U}_1 = \frac{\mathfrak{U}_2 + \mathfrak{Z}\,\mathfrak{i}_2}{2}\, e^{\mathfrak{g}} + \frac{\mathfrak{U}_2 - \mathfrak{Z}\,\mathfrak{i}_2}{2}\, e^{-\mathfrak{g}}$$

$$\mathfrak{i}_1 = \frac{\mathfrak{U}_2 + \mathfrak{Z}\,\mathfrak{i}_2}{2\,\mathfrak{Z}}\, e^{\mathfrak{g}} - \frac{\mathfrak{U}_2 - \mathfrak{Z}\,\mathfrak{i}_2}{2\,\mathfrak{Z}}\, e^{-\mathfrak{g}} .$$

$\mathfrak{g}$ wird das *Übertragungsmaß* des Vierpols genannt, das im allgemeinen komplex ist, $\mathfrak{g} = \beta + j\alpha$; β wird als *Dämpfungskonstante*, α als *Winkelmaß* des Vierpols bezeichnet. α gibt also den Winkel (im Bogenmaß) an, um den sich die Phase der Spannung (des Stromes) am Ausgang gegenüber

derjenigen am Eingang gedreht hat. Mit den in den Schaltbildern angegebenen Werten ist

$$\mathfrak{Cos}\, \mathfrak{g} = 1 + \frac{\mathfrak{R}\,\mathfrak{G}}{2}, \quad \mathfrak{Sin}\, \mathfrak{g} = \sqrt{\mathfrak{R}\,\mathfrak{G}\left(1 + \frac{\mathfrak{R}\,\mathfrak{G}}{4}\right)},$$

$$\mathfrak{Z}_{\text{T-Glied}} \quad \sqrt{\frac{\mathfrak{R}}{\mathfrak{G}}}\,\sqrt{1 + \frac{\mathfrak{R}\,\mathfrak{G}}{4}},$$

$$\mathfrak{Z}_{\pi\text{-Glied}} = \sqrt{\frac{\mathfrak{R}}{\mathfrak{G}}}\,\frac{1}{\sqrt{1 + \frac{\mathfrak{R}\,\mathfrak{G}}{4}}} .$$

Vilbig, F.: Lehrb. d. Hochfrequenztechnik. Leipzig 1945. — *Feldtkeller, R.:* Einf. in d. Vierpoltheorie. Leipzig 1938.

Viertelundulationsblättchen (*Viertelwellenlängenblättchen*) →Glimmerblättchen.

Vierundachtzig-Minuten-Pendel. Man bezeichnet die Senkrechte zur Äquipotentialfläche der Erde als *wahres* Lot. In diese Richtung stellt sich ein Pendel bei ruhendem Aufhängepunkt ein. Da die Erde nahezu eine Kugel ist, fällt das wahre Lot näherungsweise in die Richtung zum Erdmittelpunkt. Bei bewegtem Aufhängepunkt, z. B. bei einem kurvenden Flugzeug, wird das Pendel durch die Zentrifugalkräfte ausgelenkt. Nach einem Satz von *M. Schuler* zeigt aber ein Pendel von der mathematischen Pendellänge des Erdradius unbeeinflußt von der Bewegung des Aufhängepunktes stets zum Erdmittelpunkt (bei kugelförmig gedachter Erde).

Zu diesem Ergebnis führt folgende Überlegung: Jeder Beschleunigung auf der Erdoberfläche entspricht eine bestimmte Drehbeschleunigung des wahren Lotes. Soll das Pendel stets in die wahre Lotlinie zeigen, so muß das Moment der Zentrifugalkräfte gleich dem geforderten Moment der Drehbeschleunigung sein. Rechnet man diese Bedingung aus, so erhält man für die mathematische Länge des Pendels den Erdradius R. Ein solches Pendel hat in einem homogenen parallelen Schwerefeld g die Schwingungszeit:

$$2\pi\,\sqrt{R/g} = 84{,}3 \text{ Minuten.}$$

Eine so lange Schwingungszeit kann man nur durch Einbau von Kreiseln in das Pendel erreichen. Beim Kreiselpendel ist dies allerdings bisher noch nicht gelungen. Aber den →Kreiselkompaß kann man auf 84 Minuten abstimmen und dadurch seine Weisung weitgehend störungsfrei von Schiffsbeschleunigungen machen.

Die Zeit von 84 Minuten ist auch sonst auf der Erde ausgezeichnet. Sie ist die Umlaufzeit eines Erdtrabanten auf einer Kreisbahn vom Erdradius, aber auch die Schwingungszeit eines Körpers, der in einem geraden Rohre zwischen zwei Antipoden pendeln kann, wenn man homogene Massenverteilung in der Erde annimmt. Sie ist ferner die Schwingungszeit eines Körpers auf einer Tangentialebene an die Erdkugel im konzentrischen Schwerefeld der Erde.

Schuler, M.: Phys. Z. **24**, 344 (1923).

Vignettierung →Strahlenbegrenzung, →Abschattung.

Villard-Schaltung →Röntgenapparate.

Villari-Umkehr. *Villari* entdeckte 1865, daß ein longitudinaler Zug bei Eisen die Magnetisierung in schwachen Feldern erhöht, in starken dagegen vermindert. Die Erscheinung hängt eng damit zusammen, daß sich Eisen beim Magnetisieren in schwachen Feldern in Magnetisierungsrichtung verlängert, in starken wieder verkürzt. Die Ursache ist, daß ein Eiseneinkristall in der →leichten Richtung der →Kristallenergie, der tetragonalen Richtung, eine positive →Magnetostriktion besitzt, in Richtung der Raumdiagonalen aber eine größere negative Magnetostriktion, so daß sie im Mittel über alle Kristallrichtungen noch negativ ist.

Becker, R., u. *W. Döring:* Ferromagnetismus. Berlin 1939.

Violle-Einheit, Einheit für die →Lichtstärke, welche in Frankreich von 1884 bis 1909 die primäre Lichteinheit repräsentierte (→photometrische Einheiten). Sie wurde von *Violle* 1879 entwickelt und ist definiert als die Lichtstärke, die eine 1 cm² große glühende Platinoberfläche bei der Erstarrungstemperatur des Platins ($T_n = 2043\,°K$) besitzt. *Violle* bestimmte 1884 das Verhältnis seiner Einheit zur →Carcel-Einheit mit dem Ergebnis: 1 Violle-Einheit = 2,08 Carcel-Einheiten. Die Umrechnungsbeziehung zur →Hefner-Kerze (HK) lautet 1 Violle-Einheit = 22,4 HK und zur →bougie décimale per definitionem 1 Violle-Einheit = 20 bougie décimale.

Violettverschiebung, die Verschiebung von Spektrallinien nach kürzeren Wellen, also nach Violett, durch →Doppler-Effekt.

Virial. Es liege ein System von n Massenteilchen vor, deren i-tes die Masse m_i habe. $\mathfrak{r}_i(x_i, y_i, z_i)$ sei dessen auf den *Schwerpunkt* des Systems bezogener Ortsvektor, v_i die Geschwindigkeit von m_i und $\mathfrak{R}_i(X_i, Y_i, Z_i)$ eine auf m_i wirkende äußere Kraft. Dann läßt sich aus den Bewegungsgleichungen $m_i\ddot{\mathfrak{r}}_i = \mathfrak{R}_i$ die Beziehung $\sum \overline{\frac{m_i}{2} v_i^2}^t +$

$+ \frac{1}{2} \overline{\sum(\mathfrak{R}_i \mathfrak{r}_i)}^t = 0$ herleiten, in der der Querstrich eine Mittelwertbildung über eine (durch t angedeutete) Zeit bedeutet. Diese Gleichung sagt aus, daß das *Zeitmittel der kinetischen Energie* des aus den m_i bestehenden Systems

$$\overline{T}^t = -\tfrac{1}{2}\overline{\sum(\mathfrak{R}_i \mathfrak{r}_i)} = -\tfrac{1}{2}\overline{\sum(X_i x_i + Y_i y_i + Z_i z_i)}$$

ist. Diese ist nach *Clausius* das *Virial* des Systems.

Virialkoeffizient →Gas, reales, →Zustandsgleichung.

Im Falle geringer Dichte läßt sich die Zustandsgleichung →realer Gase stets auf die Form bringen: $pV = RT + Bp$ (V Molvolumen). Die Größe B nennt man den 2. Virialkoeffizienten. Er läßt sich aus dem molekularen Wechselwirkungsgesetz zwischen zwei Gasmolekülen berechnen. Die allgemeine Formel der klassischen Statistik lautet:

$$B/N_L = 2\pi \int\limits_0^\infty \{1 - \exp[-U(r)/(kT)]\}\, r^2\, dr,$$

wo $U(r)$ das Potential der Wechselwirkungskraft zweier Moleküle im gegenseitigen Abstand r ist. Die Quantentheorie liefert für die leichtesten Gase H_2 und He bei tiefsten Temperaturen Korrektionen an der obigen Formel. Der Virialkoeffizient ist temperaturabhängig. Aus dieser Temperaturabhängigkeit kann man grundsätzlich Schlüsse auf das zwischenmolekulare Kraftgesetz $U(r)$ ziehen.

Virtuelles Bild →Bildpunkt.

Virtueller Gegenstand. Dieser Begriff läßt sich für den Fall definieren, daß ein an sich zu einem reellen Bilde führender Strahlengang durch eine eingeschaltete Linse vorzeitig unterbrochen wird, so daß statt dieses reellen Bildes ein reelles oder virtuelles Bild an anderer Stelle erscheint. Dieses Bild kann als das durch die Linse erzeugte Bild jenes nicht zustande kommenden Bildes als eines virtuellen Gegenstandes betrachtet und nach dem auch sonst für die Konstruktion von Bildern angewendeten Verfahren gezeichnet werden. Auch für diese Abbildungsart gelten die bekannten Linsenformeln.

Virtuelle Gegenstände treten insbesondere bei Okularen (Wirkung der Feldlinse, auch dem des Galilei-Fernrohrs) auf.

Westphal, W. H.: Physik. Berlin-Göttingen-Heidelberg 1950.

Virtuelle Prozesse, eine für die ganze Quantenmechanik charakteristische Art von Vorgängen, bei denen sich die Teilchen vorübergehend in Zuständen befinden, die nicht unmittelbar beobachtbar sind, weil sie, wellenmechanisch gesprochen, mit den Zuständen vorher und nachher in enger Phasenbeziehung stehen, welche durch die Beobachtung zerstört würde. Der Einfluß virtueller Zustände ist notwendig indirekt, ihre Annahme aber unentbehrlich. So ist z. B. bei der Berechnung der Streuung von Licht an Diracschen Elektronen die Berücksichtigung von Zwischenzuständen mit negativer Energie nötig. In der Theorie der Elementarteilchen bestehen Zwischenzustände häufig in der vorübergehenden Erzeugung nicht vorhandener oder in der vorübergehenden Vernichtung vorhandener Quanten. Sie sind für die →Austauschkraft zwischen Elementarteilchen verantwortlich und geben infolge ständig wechselnder Impulsrückwirkungen Anlaß zur spinbestimmenden →Zitterbewegung.

Sommerfeld, A.: Atombau u. Spektrallinien II. Braunschweig 1944.— *Wentzel, G.:* Quantentheorie d. Wellenfelder. Wien 1943.

Virtuelle Temperatur. Denkt man sich in einem Luft-Wasserdampf-Gemisch den Wasserdampf durch Luft ersetzt, so muß die Luft eine etwas höhere Temperatur T_v besitzen, wenn ihre Dichte gleich sein soll der Dichte des ursprünglichen Gemisches mit gegebener spezifischer Feuchtigkeit s, $\qquad T_v = T(1 + s(M_L - M_W)/M_W)$

(M_L, M_W Molekulargewichte von Luft und Wasserdampf). Die virtuelle Temperatur T_v verwendet man vorteilhaft bei der Druckhöhenberechnung nach der →statischen Grundgleichung, um eine Änderung der Gaskonstanten oder umständliche Korrekturen zu vermeiden.

Virtuelle Verschiebung →Verschiebung, virtuelle.

Virus. Unter der Bezeichnung Virus (lat. virus = das Giftige) wird eine Reihe von Krankheitserregern zusammengefaßt, die sich nur in lebenden Zellen, nicht aber auf künstlichen Nährböden vermehren und infolge ihrer geringen Größe — ihr Durchmesser liegt unter 300 mμ — bakteriendichte Filter zu durchdringen vermögen.

Biologische Eigenschaften. In ihrer Fähigkeit zur Selbstvermehrung und zur Mutation gleichen die Viren den Lebewesen, doch fehlt ihnen ein eigener Stoffwechsel, wie er vollständigen Organismen zukommt. Hierin ist wohl der Grund für ihren strengen Parasitismus zu suchen, da die für die Vermehrung notwendigen Energien und Stoffe aus der Wirtszelle bezogen werden müssen. Die entwicklungsgeschichtliche Herkunft der Viren ist noch ungeklärt. Da zu ihrer Vermehrung das Vorhandensein eines Organismus Voraussetzung ist, können sie kaum als Vorstufen der Lebewesen angesehen werden. Man nimmt vielmehr an, daß die Viren entweder Organismen sind, die durch den Parasitismus eine Vereinfachung ihrer Struktur erfahren haben, oder daß sie aus vermehrungsfähigen Einheiten der Zelle, etwa den Plasmagenen, dadurch entstanden sind, daß sie eine gewisse Selbständigkeit erlangt haben.

Biologisch werden drei Gruppen von Virusarten unterschieden: 1. die *tierpathogenen* Virusarten, 2. die *pflanzenpathogenen* Virusarten und 3. die *Bakterienviren* oder *Bakteriophagen*. Man kennt etwa 100 verschiedene tierische Virusarten, die zum Teil wieder aus einer Reihe miteinander verwandter Stämme bestehen. Von diesen machen die Viren der Warmblütler den größten Teil aus. Aber auch bei Fischen, Reptilien und Insekten sind Viruskrankheiten bekannt. Die Zahl der pflanzlichen Virusarten ist etwa 2- bis 3mal so groß. Von den Bakteriophagen sind am besten die Viren der Colibakterien untersucht (*M. Delbrück*). Jedoch sind auch bei zahlreichen anderen Bakterien Phagen aufgefunden worden.

Chemische und physikalische Eigenschaften. Alle bisher bekanntgewordenen Virusarten enthalten Protein und Nukleinsäure, und zwar findet sich in den pflanzlichen Viren Ribonukleinsäure, in den tierischen meistens Desoxyribonukleinsäure. Die einfachsten Viren, zu denen vor allem die pflanzenpathogenen Viren gehören, sind reine Nukleoproteide. Sie lassen sich in völlig kristallisiertem Zustand gewinnen, der sich durch ein scharfes Röntgendiagramm auszeichnet. In Lösung verhalten sie sich hinsichtlich ihrer Einheitlichkeit in der Ultrazentrifuge und bei der Elektrophorese wie Eiweißmoleküle definierter Zusammensetzung. Ihre Größe entspricht der von größeren Proteinen. Ihre Gestalt ist annähernd kugelförmig. Beispiele dieser Art sind das Bushy Stunt Virus der Tomate (Durchmesser $\sim$27,4 mμ, Molekulargewicht 9 · 10⁶), das Tabaknekrosevirus (Durchmesser $\sim$25 mμ, Molekulargewicht 7,4 · 10⁶) usw. Daneben gibt es auch Pflanzenviren mit stäbchenförmiger Gestalt, wie z. B. das Tabakmosaikvirus (Molekulargewicht 40 · 10⁶) mit einer Länge von etwa 280 und einer Dicke von 15 mμ. Die Viren dieser Gruppe sind ebenfalls als einheitliche Proteine anzusprechen. Sie lassen sich in parakristalliner Form gewinnen (*Stanley*). Auch einige der kleineren tierischen Virusarten, wie z. B. das Papillomvirus des Kaninchens (Durchmesser $\sim$50 mμ, Molekulargewicht 50 · 10⁶) und das Virus der Pferdeenzephalitis (Durchmesser $\sim$50 mμ), können als einheitliche Eiweißstoffe angesehen werden, wenn auch die Kristallisation bisher nicht gelungen ist. Die größeren tierischen Virusarten enthalten außer Nukleinsäure noch andere Bestandteile, wie z. B. Lipoide und Kohlehydrate, weisen in ihrer Größe eine erhebliche Variabilität auf und scheinen auch gewisse enzymatische Fähigkeiten zu besitzen, die den kleineren Viren fehlen. Sie können daher nicht mehr als einfache Moleküle angesprochen werden. Die Gestalt dieser größeren Viren ist unterschiedlich. Neben annähernd kugelförmigen Gebilden (Influenza-, Mumps-, klassisches Geflügelpestvirus) kennt man auch quaderförmige Viren (Pocken, Ektromelie), stäbchenförmige (Polyederviren der Insekten) oder spermienförmige Gebilde (Coliphagen). Die größten der bisher bekanntgeworde-

nen tierischen Virusarten werden wegen ihrer bläschenförmigen Gestalt als Cystizéten bezeichnet (*H. Ruska*). In diese Gruppe eingeordnet werden auch kleinere Mikroorganismen, die einen eigenen Stoffwechsel besitzen und sich auf künstlichen Nährböden vermehren, also keine Viren sind. Strukturell sind demnach bei den Viren alle Übergänge zwischen einfachen Proteinmolekülen und komplizierten Organismen bekannt.

Delbrück, M.: Naturwiss. **34**, 301 (1947). — *Doerr, R.:* Handb. d. Virusforschung. Wien 1939. — *Schramm, G.:* Die Biochemie d. Virusarten. Fortschr. chem.-organ. Naturstoffe 4. Wien 1945.

Visionsradius = →Sichtlinie.

Viskosimeter, Geräte zur Messung der →Viskosität. Am wichtigsten sind die *Rotationsviskosimeter* und die *Kapillarviskosimeter*. Das meist benutzte Rotationsviskosimeter ist der *Couette-Apparat* (Abb. 1). Er besteht aus einem über das Getriebe F angetriebenen äußeren Hohlzylinder H, in dem konzentrisch ein innerer Zylinder A an einem Torsionsfaden B am Gestell C aufgehängt ist. Der zwischen ihnen liegende Raum D wird mit der zu untersuchenden Flüssigkeit gefüllt. Wird

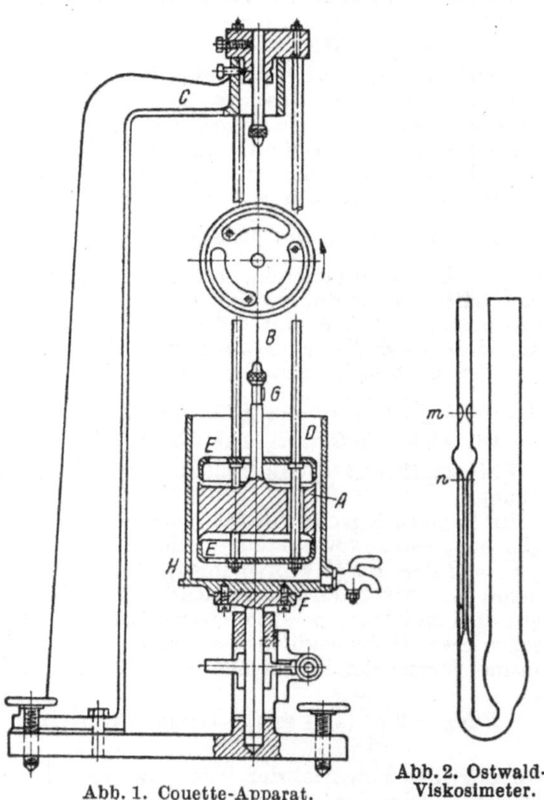

Abb. 1. Couette-Apparat.   Abb. 2. Ostwald-Viskosimeter.

der äußere Zylinder in Drehung versetzt, so lenkt das durch die innere Reibung der Flüssigkeit übertragene Drehmoment den inneren Zylinder um einen der dynamischen Viskosität proportionalen Winkel ab, der mittels des Spiegels G gemessen wird. (Der feste innere Zylinder E dient nur zur Abschirmung der streuenden Stromlinien.) Für die Reibungskraft k gilt

$$k = \eta \, \frac{u}{\ln (r/R)} \, F$$

(η dynamische Viskosität, u Winkelgeschwindigkeit, r, R Radien des äußeren und des inneren

Zylinders, F Fläche des inneren Zylinders). Dieses Viskosimeter ist ein direkt anzeigendes Gerät und dient zur Messung der Augenblickswerte zeitlich veränderlicher Viskositäten (→Thixotropie). Geräte dieser Art heißen auch *Thixotropometer*.

Für zeitlich konstante Viskositäten wird vorwiegend das *Kapillarviskosimeter* (*Wi. Ostwald*) benutzt (Abb. 2). Es ist ein U-Rohr, dessen einer Schenkel aus einer Kapillare besteht, die oben in eine Kugel erweitert ist und zwei Strichmarken m, n trägt. Man füllt eine bestimmte Menge Flüssigkeit in den weiten Schenkel, drückt sie in dem engen Schenkel empor bis über die Marke m und mißt die Zeit, in der der Meniskus beim Herabsinken von m bis n wandert. Diese Zeit ist der dynamischen Viskosität der Flüssigkeit proportional, welche aus ihr nach dem →Hagen-Poiseuilleschen Gesetz berechnet werden kann. Dabei ist folgendes zu beachten:

1. die Flüssigkeit muß luftfrei sein,
2. sie darf nicht turbulent fließen,
3. sie darf nur eine sehr kleine kinetische Energie haben,
4. die Temperatur muß auf mindestens $0{,}05°$ konstant sein,
5. die hydrostatische Niveaudifferenz muß groß gegen die kapillare Steighöhe sein.

Ist die Bedingung 3 nicht erfüllt, so ist nach *Hagenbach* von der nach dem Hagen-Poiseuilleschen Gesetz berechneten Viskosität der Betrag $1{,}12\,\varrho\,V/(8\pi\,lt)$ abzuziehen (V ausgeflossenes Volumen, ϱ Dichte der Flüssigkeit, l Länge der Kapillaren, t Ausflußzeit). Ist die Viskosität zeitabhängig, so ergeben Kapillarviskosimeter unreproduzierbare Viskositätsmessungen (→Sigma-Phänomen).

Bei bekannten Apparatdimensionen und sonstigen Versuchsbedingungen können mit den genannten und anderen Viskosimetern absolute Viskositätswerte ermittelt werden. Doch wird insbesondere das Kapillarviskosimeter meist zu relativen Messungen benutzt, indem es mit einer Flüssigkeit von bekannter Viskosität geeicht wird. Ein einfaches absolutes Viskosimeter für relativ große Zähigkeiten ist das *Kugelfall-Viskosimeter*, mittels dessen die Viskosität aus der Fallgeschwindigkeit kleiner Stahlkugeln in der zu untersuchenden Flüssigkeit berechnet werden kann (→Stokessches Reibungsgesetz).

Hatschek, E.: Viskosität d. Flüssigkeiten. Dresden u. Leipzig 1929.

Viskosität (*Zähigkeit, innere Reibung*), Kehrwert der →Fluidität. Der Umfang des Begriffs ist nicht genau abgegrenzt. Im allgemeinen wendet man ihn an auf Stoffe, bei denen im stationären Zustand eine konstante Kraft eine konstante Verformungsgeschwindigkeit zur Folge hat (im folgenden als *viskoses Verhalten* bezeichnet), bei denen also keine →Verfestigung auftritt, welche bei konstanter Kraft eine stetige Abnahme der Verformungsgeschwindigkeit bedingt. Im letzteren Falle spricht man bei kristallinen Stoffen von →Plastizität, doch wird diese Bezeichnung auch bei Stoffen mit →Fließgrenze angewendet, welche sich oberhalb derselben viskos verhalten.

Das stationäre viskose Verhalten eines Stoffes wird wegen des Charakters des →Fließens als einer Gleitbewegung sinngemäß durch den Verlauf der Schubspannung τ als Funktion der →Gleitgeschwindigkeit c dargestellt, das plastische Verhalten eines Stoffes mit Verfestigung dagegen (von dem Einfluß anderer Variabeln abgesehen) durch den Verlauf der Schubspannung als Funktion der Abgleitung (→Verfestigungskurve). Die Aufstellung der (τ, c)-Funktion ist, besonders bei hochviskosen Stoffen, experimentell nicht ganz einfach, da sich infolge der Überlagerung der elastischen und der plastischen Formänderungen erst nach einiger, u. U. sehr langer Zeit der stationäre Zustand einstellt (→Relaxationstheorem), in dem die (τ, c)-Beziehung unverfälscht zum Ausdruck kommt. Die unmittelbaren Meßdaten (τ und c als Funktionen der Zeit) können im nichtstationären Gebiet eine zeitlich veränderliche Viskosität vortäuschen, die in Wirklichkeit nicht vorhanden ist (→Fließgesetze). Die wesentlichen Grundformen der (τ, c)-Kurven sind unter →Fließgesetze beschrieben.

Als Maßzahl für die Viskosität, ebenfalls als Viskosität (oder Viskositätskoeffizient, Viskositätskonstante, Zähigkeit, Konstante der inneren Reibung), genauer als *dynamische Viskosität* bezeichnet, wird im allgemeinen die Neigung der Sekante der (τ, c)-Kurve benutzt:

$$\eta = \frac{\tau}{c}. \qquad (1)$$

Vielfach verwendet man auch die Neigung $d\tau/dc$ der Tangente (*differentielle Viskosität*). Ihre übliche Einheit ist 1 Poise (P) $= 1\,\mathrm{dyn\ s/cm^2}$. Ein Stoff besitzt diese Einheit, wenn die Schubspannung $1\,\mathrm{dyn/cm^2}$ die Gleitgeschwindigkeit Abgleitung $1\,\mathrm{s^{-1}}$ bewirkt. Für Wasser ist $\eta \approx 10^{-2}$ P ($= 1$ Centipoise), für Gläser bei etwa 500 °C größenordnungsmäßig $\eta \approx 10^{13}$ P.

Das sehr oft auftretende Verhältnis $v = \eta/\varrho$ von dynamischer Viskosität zu Dichte ϱ heißt *kinematische Viskosität* und wird in der Einheit 1 Stokes (St) $= 1\,\mathrm{cm^2/s}$ gemessen. Die gleiche Einheit hat das Verhältnis der dynamischen Viskosität einer Lösung zur Konzentration, wenn man letztere durch die Dichte mißt, die der gelöste Stoff in der Lösung besitzt.

Das Verhältnis der dynamischen Viskosität einer Lösung zu derjenigen des reinen Lösungsmittels, die *relative Viskosität* η_r der Lösung, ist eine reine Zahl. Das Verhältnis der durch den gelösten Stoff bewirkten Viskositätsänderung zur Viskosität des reinen Lösungsmittels, also $\eta_r - 1$, heißt die *spezifische Viskosität* der Lösung. Auf unendliche Verdünnung bezogen wird sie als *Grundviskosität* (*intrinsic viscosity*) bezeichnet; sie ist eine für den gelösten Stoff charakteristische Größe.

Für die relative Viskosität hat *Einstein* unter der Voraussetzung kugelförmiger gelöster Teilchen das Gesetz

$$\eta_r = 1 + 2{,}5\,V \qquad (2)$$

abgeleitet, wobei V das Verhältnis des Eigenvolumens des gelösten Stoffes zum Volumen der Lösung bedeutet. Es ist an Mastixkugeln bestätigt worden, gilt aber nicht allgemein.

Zur Messung der Viskosität dienen →*Viskosimeter* verschiedener Bauart, die im allgemeinen zunächst die kinematische Viskosität ergeben. Neben der wissenschaftlichen Einheit Stokes werden in der Technik vielfach konventionelle Einheiten benutzt (Engler-Grade, Redwood- und Saybold-Zahlen), deren Wert als zuverlässige Maßgrößen aber oft fragwürdig ist.

Für *Gase* ergibt sich nach *Maxwell* aus der kinetischen Gastheorie für die dynamische Viskosität

$$\eta = \frac{1}{3}\,\varrho\,\bar{v}\,\lambda = \frac{2}{3\sqrt{\pi}}\,\frac{\sqrt{MRT}}{q}\,. \qquad \text{(3a, b)}$$

Dabei bezeichnen: ϱ die Dichte, M die Molmasse des Gases, $\bar{v}$ die mittlere Geschwindigkeit, λ die mittlere freie Weglänge der Moleküle, R die Gaskonstante, T die absolute Temperatur und q den molaren Stoßquerschnitt. Nach der Beziehung (3b) ist η unabhängig vom Gasdruck und nimmt proportional zur Wurzel aus der absoluten Temperatur zu. Beide theoretischen Voraussagen wurden durch die Erfahrung bestätigt. Nur bei sehr kleinen Drucken, bei denen die freie Weglänge von der Größenordnung der Gefäßabmessungen wird, bzw. bei tiefen Temperaturen treten merkliche Abweichungen auf. Im letzteren Falle ist nach *Sutherland* Gl. (3b) zu ersetzen durch

$$\eta = \frac{A\sqrt{T}}{1 + C/T}\,. \qquad (4)$$

(A und C Stoffkonstanten). Obige Gesetzmäßigkeiten sind typisch für die Gase und eine Folge davon, daß ihre Moleküle außer bei den kurzzeitigen Zusammenstößen keine Kräfte aufeinander ausüben. Die eigentliche Ursache der inneren Reibung liegt darin, daß die Moleküle in einem strömenden Gas in verschiedenen Schichten verschiedene Impulse besitzen, die infolge der thermischen Bewegung zwischen den Schichten, die je etwa um die freie Weglänge voneinander entfernt sind, übertragen werden, wobei gleichzeitig die mitgeführte Energie unregelmäßig zerstreut wird (Dissipation) und als Wärme in Erscheinung tritt. Eine anschauliche Vorstellung vermitteln zwei mit verschiedenen Geschwindigkeiten nebeneinander fahrende Eisenbahnzüge, zwischen denen Personen mit einer bestimmten Häufigkeit hin und her springen. Die Aufrechterhaltung des Geschwindigkeitsunterschieds erfordert dann eine Kraft, die im Verhältnis zu demselben durch eine der Gl. (3a) entsprechende Beziehung gegeben ist.

Bei den *flüssigen und festen viskosen Stoffen* dagegen bestehen für die Viskosität ganz andere Gesetzmäßigkeiten. Bei ihnen sind die Moleküle bzw. die höheren kinetischen Einheiten ($\rightarrow$Mizellen) durch Kräfte aneinandergebunden, und es muß eine *Aktivierungsenergie* aufgebracht werden, damit ein Platzwechsel stattfinden kann. Auf Grund dieser Vorstellung haben zuerst *H. Eyring* und *E. N. da C. Andrade* halbempirisch für die *Temperaturabhängigkeit* der dynamischen Viskosität, bis auf einen im allgemeinen Zusammenhang unwesentlichen Faktor der Form T^n, die Beziehung

$$\eta \sim e^{Q/(RT)} \qquad (5)$$

abgeleitet (Q Aktivierungsenergie je Mol, R Gaskonstante, T absolute Temperatur), welche durch die Erfahrung weitgehend bestätigt wird. η nimmt also hier mit zunehmender Temperatur exponentiell ab, so daß ein viskoser Körper unterhalb eines schmalen Temperaturintervalls (*Erweichungsintervall*) bei Spannungen unterhalb der Bruchspannung nur so geringe Fließgeschwindigkeiten annehmen kann, daß er sich praktisch spröde verhält ($\rightarrow$Sprödigkeit), oberhalb desselben aber rasch im eigentlichen Sinne fließfähig und schließlich leichtflüssig wird. Die Aktivierungsenergie

wurde experimentell zu 10^3 bis 10^5 cal/mol bestimmt. Eine quantitative Theorie, welche von der Theorie der Selbstdiffusion ausgeht und die Verbindung zum viskosen Fließen vermittels der Stokesschen Formel herstellt, wurde von *A. Eucken* und *K. Schäfer* entwickelt. *A. Kochendörfer* konnte, ausgehend von der Theorie der Kristallplastizität, eine Beziehung für die Viskosität ableiten, in welcher die Aktivierungsenergie auf einfache Stoffkonstanten (Schubmodul, Molvolumen) zurückgeführt wird. Demnach muß die Aktivierungsenergie im wesentlichen thermisch aufgebracht werden, während die Wirkung der äußeren Schubspannung darin besteht, daß sie diese Energie für die Platzwechsel in ihrer Richtung etwas vermindert, wodurch diese vor denen in andern Richtungen bevorzugt werden. Die ganz andere Temperaturabhängigkeit der Plastizität von Kristallen gegenüber der Viskosität der nichtkristallinen Stoffe beruht auf dem besonderen Mechanismus der Bildung und Wanderung von $\rightarrow$Versetzungen, der nur in Kristallgittern möglich ist ($\rightarrow$Plastizität).

Die *Druckabhängigkeit* der Viskosität ist vor allem von *P. W. Bridgman* bis zu sehr hohen Drucken untersucht worden. Im allgemeinen nimmt η um so mehr mit zunehmendem Druck zu, je verwickelter der Bau der Moleküle ist. Dagegen zeigt Wasser unterhalb 25 °C eine Abnahme, die wahrscheinlich mit der Assoziation zusammenhängt.

Eine bemerkenswerte phänomenologische Deutung der Viskosität ergibt sich aus dem Maxwellschen $\rightarrow$Relaxationstheorem, nach dem η gleich dem Produkt aus Schubmodul G und Relaxationszeit t_r ist:

$$\eta = G\,t_r\,. \qquad (6)$$

Diese Beziehung bringt zum Ausdruck, daß bei der Beanspruchung eines viskosen Körpers zunächst eine zu G umgekehrt proportionale elastische Schiebung eintritt, die aber nicht unbegrenzt fortschreitet, da mit immer größerer Häufigkeit Platzwechsel der Moleküle stattfinden, denen zufolge die Spannung im Inneren des Körpers zusammenbricht und stets neu aufgebaut werden muß. Die Relaxationszeit ist ein Maß für die Geschwindigkeit der Platzwechsel bzw. des Spannungszusammenbruchs. Im stationären Zustand halten sich Zusammenbruch und Neuaufbau der inneren Spannung gerade das Gleichgewicht. Wenn so auch der Schubmodul für die Viskosität mitbestimmend ist, so kann man doch nicht sagen, die elastischen und viskosen Eigenschaften eines Stoffes seien unmittelbar miteinander verknüpft. Erst die Verbindung mit der Relaxationszeit stellt den vollständigen Zusammenhang her. So ist z. B. die Änderung der Viskosität eines Stoffes mit der Temperatur fast ausschließlich auf eine entsprechende Änderung in der Relaxationszeit zurückzuführen. Im ganzen weist die Relaxationszeit Unterschiede im Verhältnis von etwa $1:10^{16}$, der Schubmodul im Verhältnis von etwa $1:10^6$ auf.

Ein Körper, bei welchem η eine Konstante ist, bei dem also die Schubspannung τ genau proportional zur Gleitgeschwindigkeit c zunimmt, wird als *Newtonscher Körper* bezeichnet oder (in allgemeinem Sinne) als *reine Flüssigkeit*, sein Fließen als *rein viskoses* oder *reines* oder *einfaches Fließen*. Die Beziehung $\tau = \eta\,c$ heißt dann *Newtonsches Reibungsgesetz*, sie ist im Gegensatz zur

Gl. (1) nicht als Definitionsgleichung für η aufzufassen. Diese Bedingung erfüllen genau oder näherungsweise die reinen Flüssigkeiten und die Stoffe mit flüssigkeitsähnlicher Struktur, die amorphen Stoffe (Gläser in allgemeinem Sinne, →Glas). Bei hochpolymeren Stoffen dagegen weicht die (τ, c)-Kurve im allgemeinen von einer Geraden beträchtlich ab (→Rheopexie, →Strukturviskosität). Sie läßt sich dann häufig in der Form

$$\tau = \eta^* c^n \tag{7}$$

darstellen. Dabei ist die Konstante η^* von der Viskosität η wohl zu unterscheiden, schon weil sie eine andere Dimension besitzt. Sie wird meist als *scheinbare Viskosität* bezeichnet. Der Wert von n ist >1 für rheopexe, <1 für strukturviskose und $=1$ für Newtonsche Stoffe. — Ferner →Gasreibung, →Volumviskosität.

Die Untersuchung der Viskosität von Lösungen makromolekularer Stoffe bildet eines der wichtigsten Mittel zur Erforschung der Größe und der Gestalt von Makromolekülen (*Staudinger*).

Hatschek, E.: Die Viskosität d. Flüssigkeiten. Dresden u. Leipzig 1929. — *Houwink, R.:* Elastizität, Plastizität u. Struktur d. Materie. Dresden u. Leipzig 1938. — *Philipoff, W.:* Viskosität d. Kolloide. Dresden 1942. — *Staudinger, H.:* Organ. Kolloidchemie. Braunschweig 1950.

Viskosität, magnetische = magnetische →Nachwirkung.

Viskositätsanomalien, in der →Rheologie alle Abweichungen vom Newtonschen Reibungsgesetz (→Viskosität).

Viskositätsgesetz, Einsteinsches, Newtonsches →Viskosität.

Viskositätsmaxime, -minima können bei der →Aggregation oder →Disgregation von Flüssigkeiten und bei der Mischung verschiedener Flüssigkeiten oder Gase auftreten.

Visueller Wirkungsgrad →Wirkungsgrad, optischer und visueller.

Visus →Sehschärfe.

Vizinalflächen sind Wachstumsflächen von Kristallen, die in ihrer Lage sehr wenig von einfach indizierbaren Flächen abweichen und deren Indizes keine kleinen ganzen Zahlen sind und daher dem →Rationalitätsgesetz widersprechen. Sie werden häufig durch sehr große Indizes bezeichnet, z. B. {64 · 63 · 1} bei einem Granat ($Ca_3Fe_2Si_3O_{12}$) (Abb.), sind jedoch vermutlich überhaupt nicht rational, d. h. keine Netzebenen. Die wahrscheinlichste Erklärung für ihr Auftreten ist die Annahme, daß sich auf eine Netzebene, bevor sie bis an die begrenzenden Kanten ausgewachsen ist, eine zweite, dritte usw. Netzebene legt, von denen jede folgende im Wachstum hinter der vorausgehenden etwas zurückbleibt.

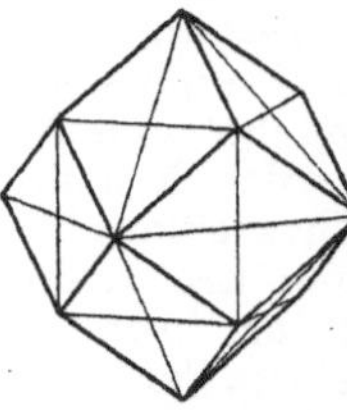
Vizinalflächen.

Eine solche Folge von Netzebenen oder Netzebenenpaketen führt zu der gegenüber einer Netzebene wenig geneigten Vizinalfläche, die daher meist nicht einmal eine Ebene zu sein braucht. Beginnt das Netzebenenwachstum in der Mitte der rationalen Kristallfläche, so entstehen auf ihr die charakteristischen flachen Pyramiden von Vizinalflächen.

V. K., Symbol für die Lichtstärkeeinheit →Vereins-Paraffinkerze.

Vocoder, Gerät zur Erzeugung sprachgesteuerter synthetischer Sprache. Die ursprüngliche Sprache wird durch Filter spektral zerlegt und die Energie in den einzelnen Spektralkanälen dazu benutzt, einen →Sprachgenerator zu steuern. Die von dem Sprachgenerator wiedergegebene synthetische Sprache kann — wie bei der →Analysis-Synthesis-Telephonie — der ursprünglichen Sprache weitgehend angeglichen werden, sie kann aber auch in ihrer Höhe, ihrem melodischen Verlauf oder ihrem Klangcharakter nahezu beliebig verändert werden. In physikalischer Hinsicht stellt der Vocoder ein Gerät zur multiplikativen Mischung von Klangspektren dar, das für die Klangforschung von grundlegender Bedeutung ist.

Meyer-Eppler, W.: Elektr. Klangerzeugung; elektron. Musik u. synthet. Sprache. Bonn 1949.

Voder (= *Voice Operation Demonstrator*), Gerät zur Erzeugung synthetischer Sprache auf elektrischem Wege. Ein Impulsgenerator dient zur Hervorbringung der stimmhaften und ein Rauschgenerator zur Hervorbringung der stimmlosen Laute, deren spektrale Energieverteilung durch wahlweise einschaltbare Filter passend eingestellt wird. Die Generatoren und Filter werden mit Hilfe eines Tastenmanuals bedient, das es ermöglicht, mit normaler Geschwindigkeit manuell zu „sprechen". Die im Voder vorliegende Anordnung von Generatoren und Filtern ist als →„Sprachgenerator" in zwei weiteren Geräten zur synthetischen Herstellung von Sprache, dem →Vocoder und dem →Playback-Gerät enthalten.

Literatur →Vocoder.

Vogt-Russellsches Theorem →Sternaufbau und Sternentwicklung.

Voigt-Effekt. Nach der Elektronentheorie wird die Bewegung der Elektronen im Atom sowohl durch ein elektrisches als auch durch ein magnetisches Feld beeinflußt. Bei longitudinalem Durchgang des Lichtes durch ein magnetisches Feld beobachtet man eine →Drehung der Polarisationsebene, bei transversalem Durchgang eine anomale magnetische →Doppelbrechung, zusätzlich zu derjenigen infolge der Molekülorientierung. Der letztere Effekt ist allerdings so klein, daß er nur in der Nähe einer Absorptionslinie meßbar ist. Er wird nach seinem Entdecker, der ihn auch theoretisch vorausberechnet hat, als *Voigt-Effekt* bezeichnet.

Müller-Pouillet: Lehrb. d. Physik II/2. Braunschweig 1929.

Voigtsche Theorie des elektrischen Kerr-Effekts. Nimmt man die Elektronen als anharmonisch gebunden an, so verhalten sie sich im elektrischen Felde wie anisotrop gebundene Oszillatoren, so daß die →Polarisierbarkeit des Moleküls parallel und senkrecht zum Felde verschieden ist. Der daraus entstehende Beitrag zur elektrischen →Doppelbrechung ist allerdings so klein, daß er bisher mit Sicherheit nur in der Nähe einer starken Absorptionslinie beobachtet ist, z. B. in Natriumdampf.

Als Folge der anisotropen Bindung tritt eine Verschiebung und Aufspaltung der Eigenfrequenzen der Elektronen auf, was als *quadratischer* →*Stark-Effekt* unmittelbar zu beobachten ist.

Müller-Pouillet: Lehrb. d. Physik II/2. Braunschweig 1929.

Vokale. Eine eindeutige *physikalische* Unterscheidung zwischen Vokalen und Konsonanten ist nicht möglich (→Sprache). Immerhin kann man alle Vokale in die Gruppe der Laute mit festen

41

Formantgebieten zwischen 200 und 3000 Hz einordnen, wobei zur Festlegung nichtnasalierter Vokale zwei bis drei Formanten ausreichen.

Vollfarbe, eine →Optimalfarbe, in deren spektraler Remissionskurve die Sprungstellen bei kompensativen Wellenlängen (→Gegenfarben) liegen. Die zugehörigen Farbvalenzen zeichnen sich u. a. durch maximales Buntmoment (→Farbmessung) bei jedem →Farbton aus.

Wi. Ostwald sagte die bevorzugte Stellung dieser Farbvalenzen zuerst voraus und benutzte sie bei seiner Maßzahlengruppe (→Farbmessung) als Bezugsgröße für die Farbigkeit.

Ostwald, W.: Physikal. Farbenlehre. Leipzig 1919. — *Luther, R.:* Aus d. Gebiete d. Farbreizmetrik. Z. techn. Physik 8, 540 (1927).

Vollständiges Differential →exaktes Differential.

Vollständige Induktion oder Schluß von n auf $n + 1$ nennt man folgendes Schlußverfahren: Eine mathematische Beziehung (Formel), in der eine ganze Zahl $n > 0$ vorkommt, sei richtig für einen gewissen Wert $n = m$. Ferner sei sie auch richtig für $n = m + 1$. Dann ist sie auch für *alle* $n > m$ richtig. Beispiel: Es soll die Richtigkeit der Formel $\sum_{\nu=1}^{n} \frac{\nu}{2^\nu} = 2 - \frac{n+2}{2^n}$ bewiesen werden.

Fügt man beiderseits $\frac{n+1}{2^{n+1}}$ hinzu, so heißt die Beziehung $\sum_{\nu=1}^{n} \frac{\nu}{2^\nu} + \frac{n+1}{2^{n+1}} = \sum_{\nu=1}^{n+1} \frac{\nu}{2^\nu} = 2 - \frac{n+2}{2^n} + \frac{n+1}{2^{n+1}} = 2 - \frac{(n+1)+2}{2^{n+1}}$, d. h. sie gilt auch für $n + 1$. Da sie ersichtlich für $n = 1$ richtig ist, ist sie es auch für $n = 2$, daraus folgt, daß sie auch für $n = 3$ usw. richtig ist.

Neiss, F.: Determinanten u. Matrizen. Berlin 1948.

Vollständiges Integral →gewöhnliche Differentialgleichung.

Vollständigkeitsrelation. Dafür, daß ein System orthogonaler normierter Vektoren φ_ν (→Orthogonalsystem) vollständig ist, ist notwendig und hinreichend, daß die Vollständigkeitsrelation

$$\| f \|^2 = \sum_\nu |(f_1 \varphi_\nu)|^2$$

für alle f erfüllt ist.

Volt, abgek. V, Einheit der elektrischen Spannung. Das V wurde ursprünglich vom 1. Internationalen Elektrizitätskongreß 1881 in Paris als das 10^8fache der elektromagnetischen Einheit für die nichtrational in einem Gleichungssystem mit drei Grundgrößen (→Größen, elektrische und magnetische) definierte Spannung festgelegt und dient heute als abgestimmte Spannungseinheit in den elektrischen Vier-Grundeinheiten-Systemen bei rationaler Gleichungenschreibung (→Einheitensysteme, elektrische). Das V wird entsprechend dem →Ohmschen Gesetz durch das Produkt Ohm × Ampere (Ω A; →Ampere, →Ohm) definiert und existiert in zwei verschiedenen Fassungen: als internationales Volt (V_{int}) und als absolutes Volt (V_{abs}).

Das V_{int} wird durch den Spannungsabfall gegeben, den ein Strom von 1 A_{int} an den Enden eines Widerstandes von 1 Ω_{int} hervorruft, und durch das Westonsche →Normalelement als Subnormal, dessen Spannung 1,01830 V_{int} beträgt, in den Staatsinstituten aufbewahrt. Die von den Elementenstämmen der einzelnen Staatsinstitute dargestellten Volt-Einheiten weisen örtlich und zeitlich gegeneinander geringe Schwankungen auf, die in der Größenordnung von wenigen 10^{-5} V liegen. Im Jahre 1933 wurde daher vom →Internationalen Komitee für Maß und Gewicht das „mittlere internationale Volt" (V_M) angenommen, das den Mittelwert der von den Staatsinstituten Deutschlands, Frankreichs, Großbritanniens, Japans, der Sowjetunion und der USA durch ihre Elementenstämme repräsentierten Volt-Einheiten darstellt. Regelmäßige Vergleichungen dieser nationalen Volt-Einheiten werden vom →Internationalen Bureau für Maß und Gewicht durchgeführt, durch welche die jeweiligen Abweichungen dieser Volt-Einheiten vom V_M festgestellt und in Tabellenform veröffentlicht werden (wie beim Ω_M; →Ohm).

Das V_{abs} ist theoretisch als der Quotient W_{abs}/A_{abs} (→Ampere, →Watt) definiert (Comité Consultatif d'Electricité, 1935; Internationales Komitee für Maß und Gewicht, 1946). Praktisch ist es entweder aus der Kombination einer absoluten Ohm und Amperebestimmung (→Ampere, →Ohm) zu realisieren oder über das Weston-Normalelement mit der vom Internationalen Komitee 1946 festgelegten Relation 1 $V_M = pq\ V_{abs} = 1,00034\ V_{abs}$ darzustellen; dieser Umrechnungsfaktor basiert auf dem von den großen Staatsinstituten in den vergangenen Jahrzehnten durchgeführten Präzisionsmessungen (Tabelle 8 im Anhang III). Die Urspannung des Normalelementes beträgt, gemessen in absoluten Einheiten, 1,01865 V_{abs}. Seit dem 1. 1. 1948 ist das V_{abs} die international gültige Spannungseinheit.

Voltameter = →Coulometer.

Voltampere, abgek. VA, →Watt. Bei Angabe von →Wechselstromgrößen wird oft zwischen VA und W unterschieden: Zahlenwerte in VA geben das Produkt aus Spannungs- und Stromzahlenwerten, Zahlenwerte in W enthalten außerdem den in die Wechselstromleistung eingehenden Phasenfaktor $\cos \varphi$. — Voltampere réactif, abgek. Var, →Sondereinheitszeichen.

Voltamperesekunde, abgek. VAs, →Joule.

Volta-Säule, heute nur noch historisch interessant, baut sich aus zwei verschiedenen Metallen, z. B. Kupfer und Zink, auf, die als Platten übereinander geschichtet und jeweils durch elektrolytgetränkte Pappscheiben getrennt werden. Man kann sie also als eine entsprechende Anzahl *hintereinander geschalteter →Daniell-Elemente* auffassen. Dank der höheren Spannung gestattete die VoltaSäule Versuche, die mit einzelnen galvanischen Elementen nicht durchgeführt werden konnten. Sie war deshalb einst für die Entwicklung der Elektrochemie, insbesondere für die Erforschung der Elektrolyse, von großer Bedeutung. In moderner Form findet sich das Aufbauprinzip der VoltaSäule bei den bipolaren Plattenbatterien wieder.

Volta-Spannung v ist die Differenz der äußeren elektrischen Potentiale ψ (→Potentiale einer elektrochemischen Einzelphase) eines elektrochemischen Zweiphasensystems I/II:

$$\mathrm{I, II}\,v = \mathrm{I}\psi - \mathrm{II}\psi.$$

Im elektrochemischen Gleichgewicht ist sie gegeben durch die Differenz der realen Potentiale α_i der potentialbestimmenden z_i-wertigen Ionen i:

$$\mathrm{I, II}\,v = -\frac{1}{z_i F}\,(\mathrm{I}\alpha_i - \mathrm{II}\alpha_i) \quad F\text{: Umrechnungsfaktor.}$$

Beispiel: Zweiphasensystem Metall I/Metall II mit den Elektronen als potentialbestimmenden „Ionen":

$$_{\text{I,II}}v = +\frac{1}{F}\,(_{\text{I}}\alpha_\ominus - {_{\text{II}}\alpha_\ominus}) = {_{\text{II}}A_\ominus} - {_{\text{I}}A_\ominus}\,.$$

A: Austrittsarbeit.

Zweiphasensystem Metall I/Metallsalzlösung II mit einwertigen Metallionen als potentialbestimmenden Ionen:

$$_{\text{I,II}}v = -\frac{1}{F}\,(_{\text{I}}\alpha_{\text{Me}^+} - {_{\text{II}}\alpha_{\text{Me}^+}})\,.$$

Wie das reale Potential α wird die Volta-Spannung im Gegensatz zur →Galvani-Spannung g von der Oberflächenbeschaffenheit stark beeinflußt. v hat jedoch den Vorzug, meßbar zu sein, während Absolutwerte von g bis heute nicht bekannt sind.

Messung der Volta-Spannungen: 1. *Ionisationsmethode:* Mittels radioaktiver Sonde wird die Luft zwischen der zu untersuchenden Phase I und einer Bezugsphase II leitend gemacht. Die Volta-Spannung $_{\text{I,II}}v$ kann dann an einem Elektrometer unmittelbar abgelesen oder durch Kompensation bestimmt werden.

2. *Kondensatormethode:* Die Phasen I und II bilden die Platten eines Kondensators. Eine Platte ist als Schwingplatte ausgebildet, so daß man periodische Änderungen der Kapazität erzeugen kann. Am eingeschalteten Elektrometer treten entsprechende Spannungsschwankungen auf. Durch Kompensation auf Verschwinden der Ausschläge und damit auf Verschwinden der Spannung U zwischen den beiden Kondensatorplatten läßt sich am Kompensator die Volta-Spannung $_{\text{I,II}}v$ ablesen.

Ist die Volta-Spannung zwischen zwei Phasen I und II und eine der Austrittsarbeiten $_{\text{II}}A_i$ bekannt, so läßt sich die andere Austrittsarbeit $_{\text{I}}A_i$ berechnen. Zum Beispiel kann man die *Elektronenaustrittsarbeit* des Zinks aus der des Kupfers berechnen nach: $_{\text{Zn}}A_\ominus = {_{\text{Cu}}A_\ominus} + {_{\text{Cu/Zn}}v}$.

Mißt man die Volta-Spannungen an den einzelnen Zweiphasengrenzen einer *Kette*, z. B. der Kette $\text{Ag}\,|\,\text{AgCl}_{\text{fest}}\,|\,\text{PbCl}_{2\,\text{fest}}\,|\,\text{Pb}\,|\,\text{Ag}$, so kann man veranschaulichen, daß die sonst allein bekannte EMK einer Kette sich aus einzelnen Potentialsprüngen v an den Phasengrenzen zusammensetzt. Insbesondere geht daraus hervor, daß man den Potentialsprung an der Phasengrenze Pb/Ag nicht vernachlässigen darf.

Lange, E.: Messung der die EMK aufbauenden Voltapotentiale einer festen elektrochem. Kette. Phys. Z. **44**, 249 (1943). Handb. d. Experimentalphysik XII/2. Leipzig 1933.

Volt-effektiv, abgek. V_{eff}, →Sondereinheitszeichen.

Volterrasche Integralgleichung, eine Integralgleichung von der Form $F(x) = G(x) +$

$$+ \int_0^x F(\xi)\,K(x - \xi)\,d\xi,$$

aus der die Funktion $F(x)$ zu bestimmen ist, während $G(x)$ und der „Kern" $K(x - \xi)$ gegeben sind. Kennzeichnend für sie ist die variable obere Grenze bzw. das →„Faltungsintegral".

Hamel, G.: Integralgleichungen. Berlin 1937. — *Wagner, K. W.:* Operatorenrechnung. Leipzig 1950. — *Schmeidler, W.:* Integralgleichungen. Leipzig 1950.

Voltgeschwindigkeit. Die kinetische Energie eines Elektrons, das eine Spannung U frei durchlaufen hat, beträgt $m_e v^2/2 = eU$, also seine Geschwindigkeit $v = \sqrt{2\,U\,e/m_e}$. Früher wurde diese Spannung U oft als Maß der Geschwindigkeit benutzt, und man sagte, daß ein Elektron eine „Geschwindigkeit von U Volt" hat (Voltgeschwindigkeit), obgleich v nicht U, sondern $\sqrt{U}$ proportional ist. Mit $e/m_e = 1{,}7591_3 \cdot 10^{11}$ C_{abs}/kg ergibt sich $1\,\text{V} \triangleq 5{,}931_5 \cdot 10^5$ m s^{-1} bzw. $UV \triangleq \sqrt{U} \times 5{,}931_5 \cdot 10^5$ m s^{-1} (U Zahlenwert in V). Bei Geschwindigkeiten, die mit der Lichtgeschwindigkeit vergleichbar sind, ist die relativistische Veränderlichkeit der Masse zu berücksichtigen.

Voltmeter →Spannungsmessung, elektrische.

Voltsekunde, abgek. Vs, →Weber.

Volumbeständig oder *inkompressibel* heißt in der Hydrodynamik eine Flüssigkeit, wenn man bei ihr die Abhängigkeit der Dichte vom Druck vernachlässigen kann. →Kontinuitätsgleichung.

Volumdiffusion →Nachwirkungserscheinungen, elastische.

Volumdilatation →Deformation.

Volumeinheiten →Raumeinheiten.

Volumelastizität →Zusammendrückbarkeit.

Volumenometer, dient zur Messung des Volumens von Körpern, die nicht mit einer Flüssigkeit in Berührung kommen dürfen. Eine Ausführungsform zeigt die Abb. Es besteht aus einem zylindrischen, kalibrierten, genau 1 cm weiten Glasrohr, das sich oben erweitert, durch einen Schliff mit Hahn verschlossen ist und das in ein zylindrisches, mit Quecksilber gefülltes Gefäß taucht. Zunächst wird es bei offenem Hahn so tief eingetaucht, daß der Meniskus auf den Nullpunkt am oberen Ende der Teilung einsteht. Der Luftdruck ist dann gleich dem äußeren Druck p. Das (unbekannte) Volumen über der Teilung sei V. Dann wird der Hahn geschlossen und die Röhre so weit aus dem Quecksilber herausgezogen, daß der Meniskus nahe ihrem unteren Ende einsteht. Das Volumen hat sich dann um das an der Teilung ablesbare Volumen ΔV vergrößert, der Druck um Δp (ebenfalls an der Teilung ablesbar, da 1 cm³ Volumen auch 1 cm Länge entspricht) verkleinert. Es ist also

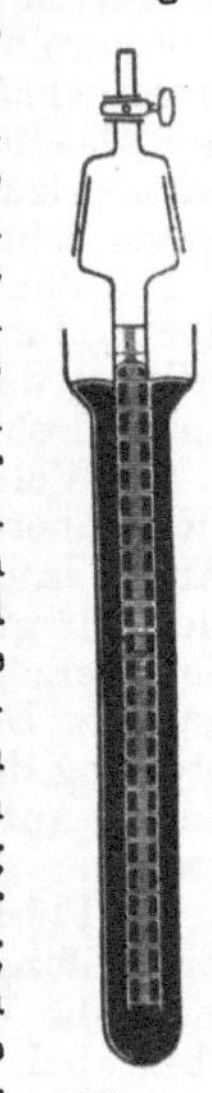

Volumenometer.

$$pV = (p - \Delta p)\,(V + \Delta V)$$ und daher $$V = \Delta V(p - \Delta p)/\Delta p.$$ Jetzt wird die Messung nach Einbringung des zu untersuchenden Körpers genau ebenso wiederholt. Das Volumen des Körpers sei v, also das unbekannte Volumen jetzt $V - v$. Die Druckänderung ist jetzt $\Delta p' > \Delta p$. Es ergibt sich $$V - v = \Delta V(p - \Delta p')/\Delta p'.$$ Aus V und $V - v$ kann v berechnet werden.

Nach einem analogen Prinzip können auch Volumina ermittelt werden, die nicht ausgewogen werden können, z. B. der schädliche Raum von Vakuumpumpen.

Westphal, W. H.: Physikal. Praktikum. Braunschweig 1948.

Volumionisation, die Erzeugung einer →Ionisation eines Gases durch Abspaltung von Elektronen von seinen Atomen, also im Gegensatz zur →Oberflächenionisation ein Volumeffekt.

Volumkorrektur, die an der Zustandsgleichung der idealen Gase anzubringende Korrektur infolge der endlichen Ausdehnung der Moleküle. An

Stelle des Volumens V ist das Volumen $V - b$ zu setzen, wo b gleich dem 4 fachen Eigenvolumen aller im Volumen enthaltener Moleküle ist.

Volumkraft, eine dem Volumen eines Körpers proportionale Kraft. →Massenkraft.

Volummagnetostriktion →Magnetostriktion.

Volummessung →Raummessung.

Volumviskosität, auch *Volumreibung* oder *Kompressionsreibung* genannt. Die Mechanik deformierbarer Körper liefert für eine isotrope Flüssigkeit oder ein Gas zwei Reibungskonstanten. Die eine dieser Konstanten ist die der gewöhnlichen Reibung (auch Scherungsreibung genannt, →Viskosität); die andere ist der Koeffizient μ der Volumreibung. Wird ein Gas oder eine Flüssigkeit einer volumändernden Strömung unterworfen, so tritt ein Reibungsdruck (oder -zug) auf:

$$p = -\mu \operatorname{div} \mathfrak{v},$$

wo $\mathfrak{v}$ der Geschwindigkeitsvektor des Strömungsfeldes ist. Im Falle einer Kompression mit endlicher Geschwindigkeit ($\operatorname{div} < 0$) wird $p > 0$ und im Falle der Dilatation ($\operatorname{div} > 0$) ist $p < 0$.

Die Volumreibung ist in Gasen bedingt durch die endliche Einstellzeit der Energie der inneren Freiheitsgrade und äußert sich in einer vergrößerten Schallabsorption. Der Koeffizient μ der Volumreibung ist in Gasen in Analogie zum gewöhnlichen Reibungskoeffizienten unabhängig von der Gasdichte, dagegen von der Temperatur und selbst kleinen Beimengungen von gewissen Fremdgasen sehr stark abhängig.

Bei den gewöhnlichen Versuchen zur Messung der Reibungskonstanten entzieht sich die Volumreibung der Beobachtung, da dabei das Volumen zumindest näherungsweise konstant bleibt.

Der Volumreibungskoeffizient μ [g cm s^{-1}] setzt sich näherungsweise additiv zusammen aus einem Anteil infolge der endlichen Einstellzeit der Rotationsenergie der Moleküle und einem Anteil infolge der verzögerten Einstellung der Schwingungsenergie. Der 1. Anteil ist meist von der Größenordnung der gewöhnlichen Reibungskoeffizienten, der 2. Anteil dagegen oft um Größenordnungen größer.

In Flüssigkeiten ist ebenfalls die verzögerte Einstellung der Energie innerer Freiheitsgrade eine mögliche Ursache der Volumreibung. Es können aber auch kompliziertere Vorgänge, wie z. B. die endliche Einstellzeit von strukturellen Gleichgewichten, Beiträge zur Volumreibung liefern (wie es z. B. in Wasser der Fall zu sein scheint). →Relaxation.

Kohler, M.: Z. Physik **124**, 759 (1947).

Vorgeschichte eines Körpers oder Systems nennt man alles, was vor einer Messung einer ihrer Eigenschaften mit ihnen vorgegangen ist. Sie ist wichtig, wenn sie eine →*Nachwirkung* ausübt, also einen Einfluß auf das Ergebnis der Messung hat, wie bei manchen mechanischen, thermischen, elektrischen und magnetischen Vorbehandlungen. →Alterung, →Hysterese, →Relaxation.

Vorhersage des Ionosphärenzustandes, beruht auf der ausgeprägten Periodizität im Verhalten der Ionosphäre an ungestörten Tagen. Die Analyse der teilweise bereits 20 Jahre überdeckenden Beobachtungsreihen hat drei Perioden ergeben: 1. die *tageszeitliche,* 2. die *jahreszeitliche* Periode, 3. die *11jährige Sonnenfleckenperiode.* Die Extrapolation auf den künftigen Verlauf bereitet aller-

dings bei der letzten gewisse Schwierigkeiten, da jede Fleckenperiode einen individuellen Verlauf hat. Die Genauigkeit der Vorhersage hängt daher von der richtigen Abschätzung der zukünftigen Sonnenaktivität ab. Die Vorhersage von Ionosphärenstörungen ist zur Zeit noch wesentlich unsicherer. Eine Kurzfristprognose für einige Stunden bei Ionosphärenstürmen beruht auf einer Voreilung der magnetischen Störung gegenüber der Ionosphärenstörung. Vorhersagen auf längere Zeit auf Grund der 27 tägigen Wiederholungstendenz ($= 1$ Sonnenumdrehung) haben bisher nur geringe Zuverlässigkeit. Die Vorhersage ist für die Anwendung der Radiowellen von großer Bedeutung. In der praktischen Durchführung beruht sie im wesentlichen auf der Anwendung von Nomogrammen, die den Zusammenhang zwischen dem Ionosphärenzustand und der Sonnenfleckenrelativzahl für verschiedene Tages- und Jahreszeiten sowie für verschiedene geographische Positionen wiedergeben.

Vorkegel →Lichtkegel.

Vorsatzsilben. Zur abkürzenden Kennzeichnung von dezimalen Teilen und Vielfachen von Einheiten ist international eine Reihe von Vorsatzsilben vereinbart worden, welche die Tabelle enthält.

Dezimale Teile und Vielfache von Einheiten.

Vorsatz-silbe	Ab-kür-zung	für Zehner-potenz	Vorsatz-silbe	Ab-kür-zung	für Zehner-potenz
Pico-	p	10^{-12}	Deka-	D	10
Nano-	n	10^{-9}	Hekto-	h	10^2
Mikro-	μ	10^{-6}	Kilo-	k	10^3
Milli-	m	10^{-3}	Mega-	M	10^6
Centi-	c	10^{-2}	Giga-	G	10^9
Dezi-	d	10^{-1}	Tera-	T	10^{12}

Die Abkürzungen Pico-, Nano-, Giga- und Tera- für 10^{-12}, 10^{-9}, 10^9 und 10^{12} sind bislang von der Generalkonferenz für Maß und Gewicht (→Meterkonvention) noch nicht anerkannt oder angenommen worden.

Vorstrom, dunkler →Dunkelentladung.

Vorvakuum. →Diffusionspumpen und →Molekularluftpumpen können nicht unmittelbar gegen den Atmosphärendruck arbeiten. Sie benötigen zu ihrem Betrieb eine *Vorpumpe* (oder *Vorvakuumpumpe*). Als Vorvakuum bezeichnet man den Druck, gegen den die Diffusionspumpen oder Molekularluftpumpen arbeiten, d. h. den Druck an ihrer Auspuffseite zwischen Vorpumpe und Diffusionspumpe bzw. Molekularluftpumpe.

Vorwiderstand, dient bei Spannungsmessern und Leistungsmessern zur Vergrößerung des Meßbereiches. Über Fehlergrenzen →Meßgeräte, Klassifizierung.

Vorzeichensystem, optisches. In der geometrischen und technischen Optik ist im allgemeinen nachstehendes Vorzeichensystem üblich (vgl. Normblatt DIN 1335 über Bezeichnungen der technischen Optik): In allen Formeln wird mit gerichteten Strecken gearbeitet, und einander entsprechende Größen werden im Objekt- und Bildraum mit den gleichen Buchstaben bezeichnet, im Bildraum jedoch zusätzlich mit einem Strich (Apostroph) versehen und im gleichen Sinne gezählt. Entstehen die einander entsprechenden Größen durch optische Abbildung, so spricht man von *konjugierten Größen.* Nicht konjugierte, aber entsprechende Größen können zur Kennzeichnung mit einem Querstrich versehen werden (z. B. die Brennpunkte F' und $\bar{F}$). Positive Richtung der Rotationsachse (optische Achse) ist die jeweilige Lichtrichtung, die auf Zeichnungen von links nach rechts verlaufend angenommen wird. Bei reflektierenden Systemen ist dann also von der spiegelnden Fläche ab die positive Achsenrichtung umzukehren. Für viele Zwecke ist es aber zweckmäßiger (z. B. bei Berechnung der Lage ·von Reflexbildern in Linsensystemen), auf die ursprünglich einfallende Lichtrichtung zu beziehen. Strecken senkrecht zur optischen Achse werden nach oben positiv, nach unten negativ gezählt. Die Winkel werden von 0 bis $\pm\pi/2$ gezählt. Ihr Vorzeichen ist durch Zählung der Strecken festgelegt.

Bei einer einzelnen brechenden Fläche (Abb. 1) wird für die Zählung der Schnittweiten s und s' und des Radius r als Anfangspunkt der Scheitelpunkt S gewählt. In Abb. 1 sind r, s, s', h und die Winkel φ, σ, σ', ε und ε' positiv (für φ z. B., weil bei kleinem h: $\varphi = h/r$ ist).

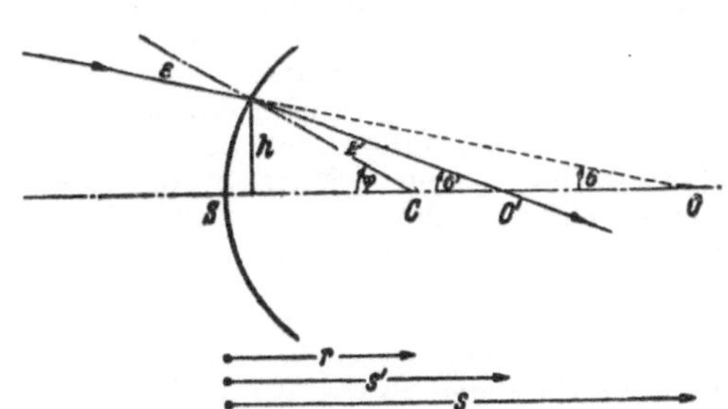

Abb. 1. Bezeichnung bei einer brechenden Fläche.

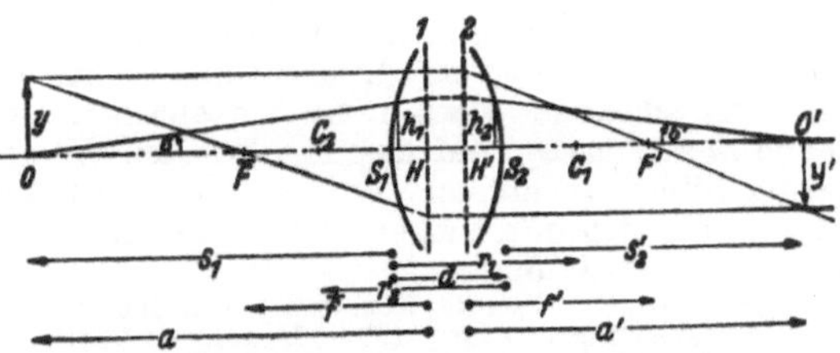

Abb. 2. Bezeichnungen bei einer dicken Linse.

Bei Linsen oder Linsensystemen werden die Radien r und Schnittweiten s, s' von dem zugehörigen Scheitel S_ν, die Brennweiten $\bar{f}$ und f'

und die Gegenstands- und Bildweiten a und a' von den zugehörigen Hauptpunkten H und H' aus gezählt. Ist in Abb. 2 y die Größe eines achsensenkrechten Gegenstandes und y' die Größe eines Bildes, so sind z. B. y, r_1, s'_2, f', a', h_1, h_2, σ' positiv und y', r_2, s_1, $\bar{f}$, a und σ negativ zu zählen.

Normblatt DIN 1335. — *Czapski-Eppenstein:* Grundzüge d. Theorie d. opt. Instrumente. Leipzig 1924.

Vorzerleger, ein Spektralapparat, mit dem aus einer Strahlung ein enger Spektralbereich ausgeblendet wird, der dann einem →Monochromator zugeführt wird.

Vorzugslagen, -richtungen, magnetische, eines ferromagnetischen Körpers, diejenigen Richtungen, in denen die Magnetisierungsarbeit bis zur Erreichung der Sättigung ein Minimum ist. Bei einem spannungsfreien undeformierten Einkristall sind das gewisse kristallographische Richtungen, denen Minima der →Kristallenergie entsprechen (→leichte Richtungen). Beim Vorliegen einer starken homogenen Zugspannung ist, je nach dem Vorzeichen der →Magnetostriktion, die Richtung parallel oder senkrecht zur Zugspannung eine Vorzugsrichtung (→Spannungsenergie). Im allgemeinen werden die Vorzugsrichtungen durch das Zusammenwirken von Kristallenergie und Spannungsenergie bestimmt und sind nicht in allgemeiner Form angebbar. Bei Abwesenheit eines Magnetfeldes liegt die spontane Magnetisierung stets in einer der Vorzugsrichtungen, welche man deshalb auch als *Vorzugslagen* der spontanen Magnetisierung bezeichnet. Beim Magnetisieren wird die spontane Magnetisierung aus diesen Vorzugslagen in die Feldrichtung gedreht. An Fe-Ni- und Fe-Ni-Cu-Blechen kann man durch Kaltwalzen gewisse Vorzugsrichtungen erzeugen, die weder kristallographisch bedingt sind, noch von Spannungen herrühren (→Walzanisotropie, →Isoperme).

Becker, R., u. *W. Döring:* Ferromagnetismus. Berlin 1939. — *Bitter, F.:* Introduction to Ferromagnetism. New York u. London 1937.

V-Teilchen. Gabel- bzw. V-förmige Spuren in Nebelkammern und auf Photoplatten, deren einer Zweig von einem Proton und deren anderer von einem μ- oder π-Meson (→Mesonen) herrührt, lassen ein auslösendes neutrales Teilchen (V-Teilchen) von der Masse $(2370 \pm 60)\ m_e$ vermuten, die also rund 25 % größer als die des Neutrons ist. (m_e Elektronenmasse).

Hopper, V. D., u. *S. Biswas:* Phys. Rev. 80, 1099 (1950).

W

W, Symbol für die Leistungseinheit →Watt.

Waage, gleicharmige, Gerät zur *Massenmessung* durch Vergleich mit Massennormalen (→Massensätze). Die auch für physikalische Zwecke meistverwendete *chemische* oder *Analysenwaage* (Abb.) besteht aus einem Waagebalken, der mit einer stählernen Mittelschneide drehbar auf einer meist ebenen Unterlage (Pfanne) ruht, die aus Stahl, bei besseren Waagen meist aus Achat besteht. Der Waagebalken trägt zu beiden Seiten, möglichst

genau gleich weit entfernt von der Mittelschneide und in gleicher Ebene mit ihr, nach oben gerichtete Endschneiden, auf denen in Pfannen die Gehänge mit den Waagschalen zur Aufnahme der zu vergleichenden Massen ruhen. Vor der Mittelschneide ist — meist senkrecht nach unten — ein auf einer Skala spielender Zeiger (Zunge) angebracht, mittels dessen die Stellung des Waagebalkens abgelesen werden kann. Der Waagebalken und die Gehänge können zwecks Schonung der

Schneiden bei Nichtbenutzung mittels einer Arretiervorrichtung angehoben werden.

Die Waage ist ein *dreiarmiger Hebel*. Zwei ihrer Arme werden durch die beiden Balkenarme (Abstand Mittelschneide—Endschneide) gebildet. An ihnen wirken die Gehänge mit ihren Belastungen.

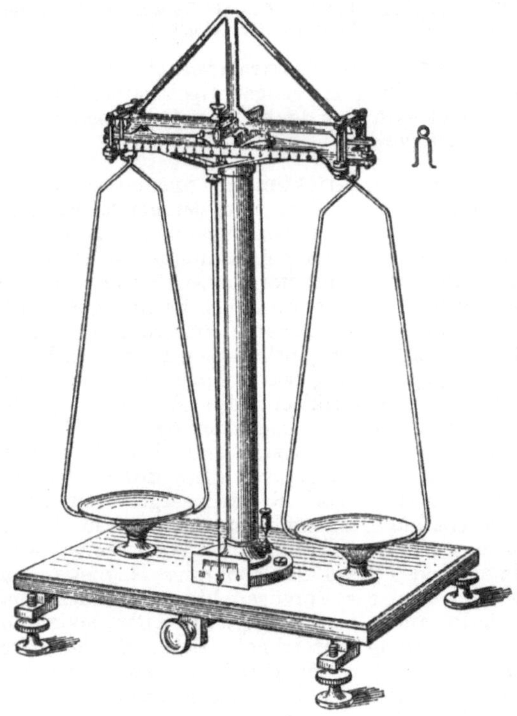

Analysenwaage.

Der dritte Arm entsteht dadurch, daß der Schwerpunkt von Waagebalken + Zeiger etwas unterhalb der Mittelschneide liegt. Das hier angreifend gedachte Gewicht des Waagebalkens (nebst Zeiger, aber ohne Gehänge) erzeugt bei einer Drehung des Waagebalkens aus der horizontalen Lage ein rücktreibendes Drehmoment, das stets genügend genau proportional der Auslenkung des Waagebalkens ist. Bei einer Gewichtsdifferenz der Gehänge infolge Mehrbelastung des einen von ihnen stellt sich daher der Waagebalken in eine neue Gleichgewichtslage ein, bei der das vom Balkengewicht erzeugte Drehmoment entgegengesetzt gleich dem durch das Übergewicht erzeugten Drehmoment ist. Die Waage schlägt also um so stärker aus, je größer das Übergewicht auf einer Seite ist.

Die *Empfindlichkeit* einer Analysenwaage wird üblicherweise durch den in Skalenteilen (Sk) gemessenen Ausschlag gekennzeichnet, den ein einseitiges Übergewicht von 1 mg hervorruft (Sk mg^{-1}). Häufig wird auch der Kehrwert der Empfindlichkeit, der *Reduktionsfaktor*, der Waage angegeben, das zur Erzeugung eines Ausschlags von 1 Sk nötige Übergewicht in mg (mg Sk^{-1}). Doch sind diese Angaben nicht eindeutig, da die meisten Herstellerfirmen die Skala nicht in mm, sondern in andere, von Fall zu Fall verschiedene Intervalle einzuteilen pflegen. Die Empfindlichkeit ist um so größer 1. je länger die Waagarme sind, 2. je leichter der Waagebalken ist, 3. je näher der Balkenschwerpunkt der Mittelschneide liegt. Letzteres ermöglicht die Regelung der Empfind-

lichkeit mittels eines hinten am Waagebalken befindlichen, vertikal verstellbaren Schräubchens. Um das Gewicht des Waagebalkens möglichst klein zu halten, wird er oft aus Leichtmetall hergestellt und stets durchbrochen gestaltet, soweit das die Forderung tunlichster Starrheit erlaubt. Einer Steigerung der Empfindlichkeit durch Wahl langer Waagarme ist dadurch eine Grenze gesetzt, daß schließlich die Schwingungsdauer und die Störungsempfindlichkeit allzu groß werden, so daß keine Vorteile mehr erzielt werden. Neuere Waagen haben meist ziemlich kurze Waagarme. Die Empfindlichkeit einer idealen Waage sollte unabhängig von ihrer Belastung sein. Tatsächlich ist sie aber immer von dieser mehr oder weniger abhängig. Das rührt ganz überwiegend davon her, daß es unmöglich ist, die drei Schneiden völlig genau in die gleiche Ebene zu legen. (Näheres → die Literatur.) Die Empfindlichkeit muß deshalb für jede Belastung besonders bestimmt werden. — Die Genauigkeit der Ablesung kann vergrößert werden, indem man die Drehungen des Waagebalkens mit Spiegel und Skala abliest. Die höchste Empfindlichkeit erreicht heute wohl eine Waage des NPL mit $\pm 10^{-9}$ kg bei einer Belastung von 1 kg.

Da die üblichen Massensätze keine kleineren Massen als 0,01 g enthalten, aber eine gute Waage weit kleinere Massendifferenzen anzeigt, ist jede Analysenwaage mit einer Vorrichtung versehen, um ohne Öffnung des Kastens auf einen der Waagearme rechts oder links einen sog. *Reiter* — ein geeignet gebogenes Drähtchen, meist von der Masse 0,01 g — zu setzen, und zwar auf die einzelnen Teilstriche einer auf dem Balken angebrachten 10teiligen Skala, wo es dann je nach seiner Lage eine Masse von 1 bis 10 mg auf der Waagschale ersetzt.

Bessere Waagen für spezielle, insbesondere metronomische Zwecke sind sehr verwickelte Geräte. Vielfach haben sie Einrichtungen, um die zu vergleichenden Massen zu vertauschen und kleine Zusatzmassen aufzulegen, ohne den Waagekasten öffnen zu müssen. Es gibt auch *Vakuumwaagen*, die sich unter einer evakuierbaren Glocke befinden. → Wägung.

Felgentraeger, W.: Theorie, Konstruktion u. Gebrauch der feineren Hebelwaage. Leipzig 1907. Handb. d. Physik II. Berlin 1926. — *Westphal, W. H.*: Physikal. Praktikum. Braunschweig 1947. — *Kohlrausch, F.*: Prakt. Physik I. Leipzig 1943. — *Gould, F. A.*: Proc. Phys. Soc. **B 62**, 817 (1949).

Waagebarograph → Barometer.

van der Waals-Kräfte, allgemeine Bezeichnung der *zwischenmolekularen Kräfte*.

Man unterscheidet vor allem drei Typen, die im allgemeinen zusammen wirken können. Die *Orientierungskräfte* permanenter Dipolmomente μ, deren Energiemittel gegeben wird (r Abstand der Dipole) durch das Potential

$$U = -\frac{2}{3}\,\frac{\mu^4}{r^6\,kT}.$$

Dipole können bei (dipollosen) Molekülen Momente induzieren, die der *Polarisierbarkeit* α proportional sind. Die zugehörige Wechselwirkung ist

$$U = -2\alpha\,\frac{\mu^2}{r^6}.$$

Schließlich gibt es *Dispersionskräfte*, die davon herrühren, daß die Ladungsverteilung auch dipolloser Moleküle momentane Schwankungen mit der Frequenz ν ausführt, der momentane Dipole entsprechen, die im Nachbarn der Polarisierbarkeit α

ebenfalls Momente induzieren. ν ist für das Teilchen charakteristisch und kann aus der Dispersionskurve der Substanz abgeleitet werden. Die zugehörige mittlere Wechselwirkungsenergie ist

$$U = -\frac{3}{4}\frac{h\nu\alpha^2}{r^6}.$$

Der Hauptanteil normaler van der Waals-Kräfte rührt vom Dispersionsanteil her. Eine spezielle zwischenmolekulare Bindung ist die →Wasserstoffbindung.

London, F.: Trans. Faraday Soc. **33**, 8 (1937).

van der Waals-Kristalle sind Kristalle, bei denen →van der Waals-Kräfte die Kohäsion verursachen. In diesen Fällen kann man die interatomaren Kräfte näherungsweise als Zentralkräfte ansehen. Es kommen hauptsächlich das kubisch-flächenzentrierte Gitter und die hexagonale dichteste Kugelpackung als Kristallstrukturen in Frage. Beispiele hierfür liefern die Gitter der Edelgasatome (etwa Argon).

van der Waalssche Zustandsgleichung, eine sowohl den gasförmigen als auch den flüssigen Zustand eines Stoffes umfassende Zustandsgleichung, die in der Geschichte der Physik eine große Rolle spielte, da sie in gewissem Umfange einer theoretischen Begründung fähig ist. Sie lautet (bezogen auf 1 Mol):

$$(p + a/V^2)(V - b) = RT.$$

Darin sind a und b zwei individuelle (d. h. für das Gas charakteristische) Konstanten. Man erhält die van der Waalssche Gleichung aus der Zustandsgleichung der idealen Gase, wenn man zu dem Druck p des Gases noch den →Kohäsionsdruck $p_{Koh} = a/V^2$ hinzuzählt, der durch die zwischenmolekularen Anziehungskräfte bedingt ist, und außerdem das Volumen V des Gases um eine Größe b verringert, die mit dem →Kovolumen der Moleküle zusammenhängt. Die statistische Theorie liefert im Falle kleiner Abweichungen vom idealen Gaszustand für a und b die Werte (unter der Vorstellung starrer, sich anziehender Kugelmoleküle):

$$a = \frac{2\pi}{3}L^2\int_0^\infty r^3 F(r)\,dr$$

($b = 4$faches Eigenvolumen der Moleküle), wo L die Loschmidtsche Zahl und $F(r)$ die Anziehungskraft zweier Moleküle im Abstand r sind.

Die van der Waalssche Zustandsgleichung ist in bezug auf V vom 3. Grade. Deshalb gehören im allgemeinen Falle bei einer gegebenen Temperatur zu jedem Druck drei Werte von V, von denen allerdings zwei komplex werden können und damit physikalisch bedeutungslos werden. Mathematisch ausgezeichnet ist die *kritische Isotherme*, die zur *kritischen Temperatur* T_k gehört. Oberhalb T_k entspricht jedem Werte von p nur ein Wert von V, unterhalb von T_k gibt es einen p-Bereich, in dem zu jedem p-Wert drei Werte von V gehören. Der kleinste dieser V-Werte entspricht der flüssigen Phase, der größte der Gasphase. Auf der kritischen Isotherme liegt der *kritische Punkt*, in dem die drei V-Werte zusammenfallen. Oberhalb der kritischen Temperatur existiert der flüssige Zustand nicht mehr, im kritischen Punkt gehen der flüssige und gasförmige Zustand stetig ineinander über. Der Druck p kann auch negative Werte annehmen. Dem entspricht die Kohäsion der Flüssigkeit. Die

van der Waalssche Gleichung liefert auch das Gesetz der →übereinstimmenden Zustände. Ausgedrückt in den reduzierten Größen $\mathfrak{p} = p/p_{krit}$, $\mathfrak{t} = T/T_{krit}$ und $\mathfrak{v} = v/v_{krit}$ (p_{krit}, V_{krit} sind Druck und Volumen im kritischen Punkt) lautet die van der Waalssche Gleichung:

$$\left(\mathfrak{p} + \frac{3}{\mathfrak{v}^2}\right)\left(\mathfrak{v} - \frac{1}{3}\right) = \frac{8}{3}\mathfrak{t}.$$

Die kritischen Größen selbst sind gegeben durch: $V_{krit} = 3b$, $p_{krit} = a/(27b^2)$, $T_{krit} = 8a/(27Rb)$. Danach sollte die Größe $RT_{krit}/(p_{krit}V_{krit})$ den universellen Wert 8/3 haben, während experimentell diese Größe meist größer als 3 gefunden wird. In Anbetracht der rohen Vorstellungen über die Molekülstruktur (starre Kugelmoleküle mit Anziehungskräften) kann man kaum mehr als qualitative Übereinstimmung mit dem Experiment erwarten. In qualitativer Hinsicht stellt sie aber in recht befriedigender Weise die beiden isotropen Zustände der Materie, den flüssigen und gasförmigen dar.

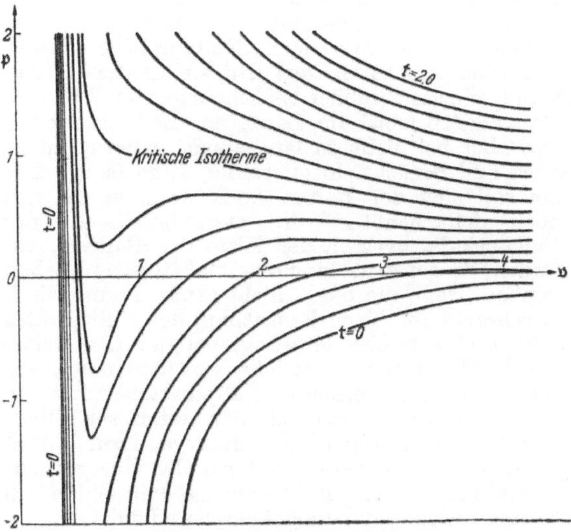

Isothermen nach *van der Waals*.

Die Abb. zeigt die Isothermen (die Linien $\mathfrak{t} = $ const) als Funktion der reduzierten Volumen- und Druckeinheiten $\mathfrak{v}$ bzw. $\mathfrak{p}$, und zwar von $\mathfrak{t} = 0$ bis $\mathfrak{t} = 2,0$. Der Temperaturunterschied beträgt von Kurve zu Kurve jeweils 1/8 in der reduzierten Temperatur.

Wachstum der Kristalle →Kossel-Stranskysche Wachstumstheorie.

Wachstumsflächen →Kristallflächen.

Wachstumsformen von Kristallen →Kristallwachstum.

Wadsworth-Spiegelprisma →Prisma mit fester Ablenkung, →Ultrarotspektrometer.

Wägefläschchen = Pyknometer →Dichte.

Wägung. Eine gute →Waage hat nur eine sehr geringe Dämpfung. Nach ihrer Entarretierung gerät sie stets unvermeidlich in Schwingungen, und es wäre viel zu zeitraubend, wenn man mit der Ablesung jedesmal warten wollte, bis sie zur Ruhe gekommen ist. Überdies ist sie so empfindlich, daß bereits ein Stäubchen zwischen Mittelschneide und Pfanne ihre Ruhelage meßbar beeinflussen kann. Messungen werden daher stets nur bei *schwingender Waage* ausgeführt, und man schließt aus den Umkehrpunkten des Zeigers auf die Stellung, die er bei zur Ruhe gekommener Waage einnehmen würde. Zu diesem Zweck liest man eine *ungerade* Zahl aufeinanderfolgender Umkehrpunkte ab — also mindestens 3, besser 5 —, mittelt auf jeder Seite und erhält dann mit stets ausreichender Genauigkeit die Ruhelage durch Mittelung der Mittelwerte beider Seiten.

Beispiel:

	rechts	links
	13,7	
		7,6
	13,5	
		7,3
	13,2	
Mittel	13,47	7,45
„		10,46

Man mißt die *Empfindlichkeit* der Waage (→Waage), indem man zunächst — bei unbelasteter bzw. beiderseits gleich belasteter Waage — ihren derzeitigen „Nullpunkt" ermittelt, d. h. den Skalenteil, auf den sie in diesem Zustande einsteht (immer bei schwingender Waage!). Er wandert meist im Laufe der Zeit ein wenig, was aber bei nicht zu langsamem Arbeiten nicht stört und berücksichtigt werden kann (s. u.). Dabei soll sich der Reiter, auch wenn er an sich noch nicht benötigt wird, stets bereits auf der Balkenskala, evtl. in der Mitte des Balkens, befinden, da sonst in der Folge Meßfehler entstehen können, wenn die Skala nicht genau symmetrisch angebracht ist. Nach Ermittlung des Nullpunktes erfolgt eine zweite Messung, bei der der Reiter um 1 oder mehr Teilstriche verschoben ist, anschließend eine erneute Nullpunktsbestimmung und Mittelwertbildung mit der ersten zur Eliminierung der etwaigen Nullpunktswanderung. Man kann auch so verfahren, daß man das Übergewicht einmal rechts, dann links anbringt und schließlich wieder rechts (oder umgekehrt) und mittelt.

Beispiel:

1 mg	rechts	1 mg	links	1 mg	rechts
2,2		20,4		2,7	
	8,6		7,8		8,2
2,6		19,8		3,0	
	8,2		8,4		7,9
2,8		19,3		3,3	
2,53	8,40	19,83	8,10	3,00	8,05
Mittel	5,47		13,97		5,53

Das Mittel rechts beträgt 5,50 Sk, die Belastungsdifferenz rechts-links 2 mg, der durch sie im Mittel erzeugte Ausschlag 8,47 Sk. Demnach beträgt die Empfindlichkeit 4,42 Sk mg^{-1}, ihr Kehrwert, der Reduktionsfaktor, 0,260 mg Sk^{-1}. — Über die Abhängigkeit von der Belastung →Waage.

Eine gute Waage ist so empfindlich, daß auch noch Belastungsdifferenzen von ihr angezeigt werden, die unterhalb von 1 mg liegen, also durch Aufsetzen des Reiters auf einen der 10 Teilstriche der Balkenskala nicht mehr abgeglichen werden können. (Das Aufsetzen auf Bruchteile derselben empfiehlt sich nicht.) Deshalb ermittelt man die

bei einer Wägung auftretenden mg-Bruchteile, indem man die Masse des zu wägenden Körpers zwischen zwei um 1 mg verschiedene, in den mg runde Werte einschließt und die Bruchteile durch lineare Interpolation zwischen den Einstellungen bei diesen beiden Werten berechnet. Das erfordert fünf Messungen: die beiden Messungen mit den um 1 mg verschiedenen Vergleichsmassen und vor, zwischen und nach jenen Messungen je eine Nullpunktsbestimmung, von denen je zwei aufeinanderfolgende gemittelt werden. Wie leicht ersichtlich, enthält dieses Verfahren zugleich eine Empfindlichkeitsmessung bei der vorliegenden Belastung.

Dieses *Tarierverfahren* setzt aber genaue Gleicharmigkeit der Waage voraus, die nie streng verwirklicht ist. Ihre — natürlich stets sehr kleine — Ungleicharmigkeit wird eliminiert durch *Doppelwägung* (*Vertauschungsverfahren, Gauß*), bei der zwei vollständige Wägungen mit vertauschten Lagen der zu messenden Masse und der Vergleichsmassen ausgeführt werden und das Mittel genommen wird. Eine einfache Rechnung (bei der das geometrische Mittel der beiden Ergebnisse stets genügend genau durch ihr arithmetisches Mittel ersetzt werden kann) zeigt, daß dadurch eine etwa vorhandene Ungleicharmigkeit eliminiert ist. Das gleiche leistet (sogar bei beliebig großer Ungleicharmigkeit) das *Substitutionsverfahren* (*Borda*). Der zu untersuchende Körper wird zunächst durch auf die andere Waagschale gelegte Massen (evtl. Schrotkörner) einigermaßen genau austariert und die Anzeige der Waage ermittelt. Dann wird der Körper durch Massen eines Massensatzes (einschließlich Reiter) ersetzt, bis eine möglichst genau gleiche Einstellung erreicht ist. Durch Einschließen zwischen zwei um 1 mg verschiedene Werte und lineare Interpolation erhält man wieder das richtige Ergebnis.

Doch enthalten die auf diese Weisen gewonnenen Ergebnisse in der Regel noch einen systematischen Fehler, der davon herrührt, daß der zu wägende Körper und die Vergleichsmasse fast immer ein verschiedenes Volumen haben und deshalb einen verschieden großen Auftrieb in der Luft erfahren. Ist m die wahre Masse des Körpers, V sein Volumen, m_0 die Vergleichsmasse (also das vorläufige Wägungsergebnis), V_0 ihr Volumen, ϱ ($\approx 0{,}00120$ g cm^{-3}) die Luftdichte, so steht, wie leicht ersichtlich, die Waage dann im Nullpunkt ein, wenn $m - \varrho_l V = m_0 - \varrho_l V_0$ ist. Setzt man $V_0 = m_0/\varrho_0$ ($\varrho_0 \approx 8{,}4$ g cm^{-3} für Messing), so ergibt sich die wahre Masse des Körpers zu $m = m_0(1 - \varrho_l/\varrho_0) + \varrho_0 V$ (Reduktion auf den luftleeren Raum). Ist die Dichte ϱ des Körpers bekannt, so ist $V = m/\varrho$, und es ergibt sich $m = m_0(1 - \varrho_l/\varrho_0)/(1 - \varrho_l/\varrho) \approx m_0(1 - \varrho_l/\varrho_0 + \varrho_l/\varrho)$. Andernfalls muß V besonders ermittelt werden.

Scheel, K.: Prakt. Metronomie. Braunschweig 1911. Handb. d. Physik II. Berlin 1926. — *Kohlrausch, F.:* Prakt. Physik I. Leipzig u. Berlin 1950. — *Westphal, W. H.:* Physikal. Praktikum. Braunschweig 1948.

Wahre Hauptquantenzahl eines Terms, ergibt sich aus dem →Aufbauprinzip. Die wahren Hauptquantenzahlen bei den Grundtermen von Na, K Rb und Cs sind z. B. $n = 3, 4, 5$ und 6. Diese wahre Hauptquantenzahl braucht nicht immer die der „effektiven" Hauptquantenzahl am nächsten benachbarte ganze Zahl zu sein.

Wahre Höhe der Ionosphäre →Reflexionshöhe.

Wahre Spannung, bei plastischen Verformungen die auf die Einheit des jeweiligen Querschnitts bezogene Kraft. Sie gibt, im Gegensatz zur →Nennspannung, die wirklich im Körper vorhandene Spannung an. →Dehnungskurve.

Wahrer Wert →Beobachtungsfehler, →arithmetisches Mittel.

Wahrheit. Um den Begriff der Wahrheit im Sinne der (Pilatus-) Frage: „Was ist Wahrheit?“ zu erklären, muß die Bedeutung der Kopula „ist“ innerhalb der Sprachbeziehung eines Satzgefüges berücksichtigt werden. Sie reicht von der Herstellung einer einfachen Verbindung zwischen verschiedenen Vorstellungen, Begriffen, Merkmalsträgern, Einzelmerkmalen bis zur völligen Übertragung der ganzen Seinsfülle des Subjektes auf das Prädikat, wie z. B. in: Gott ist Geist. Um nun auf mathematisch-naturwissenschaftlichem Gebiet die größtmögliche Schlußsicherheit zu erreichen, muß die Stärke der Beziehung der Kopula ein Maximum werden, was besonders durch eine exakte Bezeichnung der miteinander verbundenen Satzteile gefördert wird.

Zur Charakterisierung dieses Problems sei auf die klassische Unterscheidung von *Leibniz* zwischen Tatsachenwahrheit (vérité de fait) und Vernunftwahrheit (vérité de raison) hingewiesen. Alles Wissen um Erscheinungen, also alle Erfahrung, gibt uns zwar *Wahrheit,* jedoch nur Tatsachenwahrheit und nicht Vernunftwahrheit, wie die formale Logik und die gesamte Mathematik, die sich für *Leibniz* — im Gegensatz zu *Kant* — ausschließlich aus analytischen Urteilen zusammensetzt (*H. Driesch*). Wegen des neuerdings erkannten Zusammenhanges zwischen Wahrheit und Wahrscheinlichkeit →Wahrscheinlichkeit.

Wahrscheinlichkeit. Der Begriff der Wahrscheinlichkeit (Wsch.) läßt sich allein schon aus *sprachlichen* Gründen nicht von dem der →Wahrheit (W.) trennen. Der Zusammenhang, den die bisherigen Wahrheitstheorien nach *H. Reichenbach* als wesentliches Moment stets übersehen haben, ergäbe sich rein sprachlich etwa durch den Satz: „Wahrscheinlichkeit ist das Scheinen der Wahrheit (Ganzheit am Teile)“ (*E. Brunner*). Dieser geschriebene Satz bezieht sich aber zunächst nur auf die beiden Be*zeich*nungen Wsch. und W. als sprachliche Ausdrucksform für die erhaltenen Eindrücke (Vorstellungen) von diesen beiden abstrakten Begriffen und läßt ohne weiteres noch keinen Schluß auf ihren dinglichen Zusammenhang und weiter auf ihr Wesen zu.

Das im kindlichen Geiste (bis etwa zum 8. Jahre) durch die physiologisch-psychologische Struktur bedingte Unvermögen, zwischen dem Wortzeichen und dem dadurch bezeichneten Gegenstand zu unterscheiden, wird später vielfach aus Zweckmäßigkeitsgründen zur „Verkürzung des Denkens“, wie schon *G. W. Leibniz* erwähnt hat, in dem Bestreben beibehalten, „nicht nur in äußerlichen Reden, sondern auch in Gedanken und innerlichen Selbstgesprächen das Wort an die Stelle der Sache zu setzen“. Aus den Beziehungen zwischen dem Wort — als Laut-, Schrift- oder Bildzeichen — und den im allgemeinen Sprachgebrauch liegenden weitreichenden inneren Anschauungen müssen daher die zur exakten Erfassung führenden Vorstellungen von Wsch. und W. und ihre Eigenschaften durch Präzisierungen gewonnen werden im Sinne von G. C. Lichtenbergs Aus-

spruch: „Unsere ganze Philosophie ist Berichtigung des Sprachgebrauchs.“ Nur dadurch kann Irrtümern und Mißverständnissen vorgebeugt werden.

Im mathematisch-naturwissenschaftlich-meßtechnischen Bereich kann die *Entwicklung* des Erkennens von der gegenseitigen Durchdringung von Quantität und Qualität her verständlich werden. Ordnet man unter diesem Gesichtspunkt die Begriffe „Unmöglichkeit, Möglichkeit, Wahrscheinlichkeit, Gewißheit, Wahrheit“ in eine quantifizieren wollende Reihe, so wird lediglich eine Stufenfolge ohne zahlenmäßige Zuordnung möglich sein. Deshalb müssen zunächst die qualitativen Unterschiede aufgezeigt werden. Hierzu muß von anerkannten Definitionen ausgegangen werden, die dann entsprechend dem gesteckten Ziel zu modifizieren sind. Dabei kann die Sprache als gesellschaftliche Erkenntnisform die verschiedenen wissenschaftlichen Strukturen sowohl in ihrem Nebeneinander wie in ihrem Hintereinander verbinden.

Unmöglich ist, „was in sich selbst widersprechend ist“. „Diese *Unmöglichkeit* beruht lediglich auf logischen Beziehungen von einem Denklichen zum anderen, da eins nur nicht ein Merkmal des anderen sein kann“ (Kant-Lexikon von *R. Eisler*), „*Möglichkeit* (M.) ist der begriffliche Ausdruck dafür, daß der Setzung oder Annahme eines Etwas als gültig oder als seiend nichts im Wege steht, daß diese Setzung den Denkgesetzen (logische M.) oder den Bedingungen denkender Verarbeitung des Erfahrungsinhaltes (reale M.) entspricht oder nicht widerspricht. Logisch möglich ist alles widerspruchsfrei, logisch-richtig Gedachte; aber nur ein Teil des logisch Möglichen ist zugleich real möglich, nämlich dann, wenn die Bedingungen und Gesetze des wirklichen Geschehens zur Annahme einer Sache, eines Tatbestandes berechtigen oder sie nicht ausschließen“ (*R. Eisler*).

Unter *philosophischer Wahrscheinlichkeit* versteht man den problematischen Charakter der Induktionsschlüsse (*E. Brunner*). „Ein Schluß heißt ein ‚Induktionsschluß‘, durch den man schließt, daß das, was in einzelnen Fällen als gültig erkannt ist, in jedem Falle gültig sein wird, welcher jenen in irgendeiner nachweisbaren Beziehung ähnlich ist, wobei Gleichförmigkeit des Naturgeschehens vorausgesetzt wird“ (*J. St. Mill*). Die philosophische Wsch. hat daher qualitativen Charakter. Der mathematischen Denkweise gelingt es aber durch den Schluß der →vollständigen (besser vervollständigten) Induktion oder „den Schluß von n auf $n+1$“ innerhalb der Reihe der ganzen Zahlen — von einigen Festsetzungen ausgehend — mit allgemeiner Gültigkeit an jeder Stelle *völlig* zutreffende Schlüsse zu ziehen. Wie hier durch Einschränkung eine völlige Quantifizierung gewonnen werden kann, so versucht die *mathematische* Wsch. durch entsprechende Einschränkungen zu quantitativen Voraussagen zu gelangen. Man versteht unter der mathematischen Wsch. eines Ereignisses im allgemeinen das Verhältnis der ihm günstigen Fälle zu der Anzahl aller gleich möglichen Fälle. Sie ist Gegenstand der →Wahrscheinlichkeitsrechnung (WschR.), wobei ihre einwandfreie Anwendung die Verbindung mit der →Kollektivmaßlehre (mit ihren Beobachtungsfeldern) und der Mengenlehre (mit ihren Wahrscheinlichkeitsfeldern) erfordert. Eine wèsentliche Rolle spielt sie bei der mathematischen Behandlung der Glücksspiele, bei der Theorie der →Beobachtungsfehler, bei der zur Kollektivmaßlehre noch hinzutretenden →Korrelationsrechnung, sowie bei der physikalischen und sozialen →Statistik. Über die notwendigen einschränkenden Voraussetzungen →Wahrscheinlichkeitsrechnung.

Beruht die philosophische Wsch. darauf, daß aus einer Reihe von Fällen nach allgemeinen Grundsätzen auf eine Regelmäßigkeit, einen Zusammenhang geschlossen werden kann, so besteht die psychologische, subjektive „moralische" Wsch. darin, daß ein individuelles Persönlichkeitsbewußtsein die auf ihn einwirkenden Erscheinungen in seiner ihm eigentümlichen seelischen Art verarbeitet und sich veranlaßt sieht, entsprechende Schlüsse daraus zu ziehen.

Demgegenüber wollen die exakten Wissenschaften, zu denen die Physik an ausgezeichneter Stelle gehört, ihre Gegenstände nicht nur durch betrachtende Beobachtung und Überlegung dem Verständnis näherbringen, sondern durch messende Beobachtung und Rechnung so erfassen, daß sie zu allgemeinen und absolut gültigen Schlußfolgerungen oder — wie *J. Cl. Maxwell* betont — zu möglichst zutreffenden Voraussagen führen. Zur Beurteilung ihrer Sicherheit muß aber noch kurz auf die Begriffe „Gewißheit" und „Wahrheit" aus dem allgemeinen (philosophischen) Sprachgebrauch hingewiesen werden. Durch den Wortstamm „wiss..." ist „Gewißheit" mit „Wissenschaft" verbunden, die nach *Kant* ein Ganzes der Erkenntnis als System und nicht bloß als Aggregat (Gesamtheit, Anhäufung) ist. Sie fordert eine systematische, mithin nach überlegten Regeln abgefaßte Erkenntnis. In diesem Aufbau stellt „Gewißheit" einen subjektiven Pol der Erkenntnis dar — vergleichbar dem Pol auf der Erdkugel mit den ihn umgebenden Breitenkreisen und den auf ihn zustrebenden Meridianen —, von dem aus die Richtung zur objektiven W. gewiesen wird. Ohne Zweifel ist die Art, in der dies geschieht, von der soziologischen „Seinslage" abhängig, und damit ist der Weg beim Suchen nach der W. topographisch bestimmt. Umstritten bleibt jedoch die hieraus gebildete Auffassung der Wissenssoziologie: „So ist also der Wahrheits*begriff* nicht eindeutig für alle Zeiten festgelegt, sondern auch in den historischen Wandel eingezogen" (*K. Mannheim*). Nach *R. Eisler* ist „W. nicht mit bloßer Richtigkeit zu verwechseln; Schlüsse, die richtig, d. h. den logischen Gesetzen gemäß sind, können material doch falsch sein. Doch wird diese Richtigkeit oft auch als *formale* (formallogische) W. im Unterschiede von der materialen W. bezeichnet. Formale W. ist Übereinstimmung der Gedanken miteinander und mit den logischen Denkgesetzen, Widerspruchslosigkeit derselben". Bei einer solchen wissenschaftlichen Erforschung des Wahrscheinlichkeitsbegriffes besteht aber die große Gefahr, daß er seines Hauptmerkmals, der „Transzendenz", entkleidet wird, der sich im alltäglichen Leben in völlig eindeutiger Weise kundgibt. Ferner kann ein „Verfall des Apriori" (*E. May*) eintreten, wie er schon drohend über dem gegenwärtigen physikalischen und naturwissenschaftlichen Denken steht, womit die Gefahr einer skeptischen Selbstauflösung der Wissenschaft heraufbeschworen würde. Gegenüber einer

solchen Auffassung der W. wird hier mit *B. Bavink* („Ergebnisse und Probleme der Naturwissenschaften") die Überzeugung vertreten: „Die W. wird (wenigstens in der Physik und in der Realwissenschaft) überhaupt nicht vom Geist *erzeugt*, sondern nur *erfaßt*, freilich nur in einem Prozeß unendlicher Annäherung. *Lichtenberg* behält unseres Erachtens recht mit seinem Wort: ‚Die W. ist die Asymptote der Forschung.' Unsere Wirklichkeitserkenntnis ist kein ewig über den Dingen schwebendes, allein auf Konventionen und Definitionen beruhendes Begriffsgerüst zwecks denkökonomischer Orientierung, sondern sie bietet ein der Wirklichkeit, d. h. einem vor aller Erkenntnis bereits bestehenden objektiven Sachverhalt, immer adäquater werdendes Bild."

Das schon erwähnte Ziel der exakten Wissenschaften, die Erscheinungen quantitativ zu erfassen und möglichst zutreffende Voraussagen zu machen, erfährt in diesem Streben nach Erkenntnis und Wahrheit mit Rücksicht auf das Erreichbare die einschränkende Formulierung, daß schließlich immer nur tiefere Einblicke in das „quale" der Weltstruktur möglich sind, dem auch Voraussagen der meßtechnischen Wissenschaften lediglich dienen können.

Unter diesem Gesichtspunkt kann die Wsch. in der oben angegebenen Reihenfolge entweder nur als ein „Gegenüber" oder als ein „Gegensatz" zur Gewißheit aufgefaßt werden. In beiden Fällen gelangt man nur dann zu einer eindeutigen Sinnerfassung, wenn über diese beiden Begriffe Klarheit und genügend scharfe Umrissenheit im allgemeinen oder mindestens im (allgemein)wissenschaftlichen Sprachgebrauch herrscht. Der (qualitativ bleibende) „Gegensatz" deutet aber nach dem üblichen Sprachgebrauch (*Duden*, „Stilwörterbuch") bereits auf ein stärkeres quantitatives Moment hin.

Während die psychologische, subjektive, „moralische" Wsch., wie oben bereits erwähnt, keine allgemeinen und absolut gültigen Schlüsse zu ziehen gestattet, gelangt man mittels der Anwendung mathematischer Sätze der WschR. bei Massenerscheinungen, insbesondere auf dem Gebiet der physikalischen Statistik und der Korrelationsrechnung zu *Naturgesetzen* „statistischen Charakters", deren Gültigkeit gegenüber dem *Kausalgesetz* allerdings noch umstritten ist. Während nämlich die Kausalität jedes Geschehens durch ein vorhergehendes als bedingt annimmt, geht die WschR. mit ihrer mathematischen Wsch. gerade von der Unabhängigkeit des einzelnen Geschehens aus und betrachtet sein Eintreffen als zufällig. Die Größe dieses gegenwärtigen naturwissenschaftlichen *Geistes*kampfes von weltanschaulichem Charakter folgt aus dem Gegenüber zwischen *Galileis* Auffassung des Naturgeschehens, wonach die Natur in mathematischer Sprache geschrieben ist, und der erkenntnistheoretischen Situation der Gegenwart, die durch den Ausspruch *Einsteins* charakterisiert wird: „Die Entwicklung hat gezeigt, daß von den denkbaren theoretischen Konstruktionen eine einzige sich als unbedingt überlegen über alle anderen erweist. Keiner, der sich wirklich in den Gegenstand vertieft hat, wird leugnen, daß die Welt der Wahrnehmungen das theoretische System praktisch eindeutig bestimmt, obgleich kein logischer Weg zu den Grundsätzen der Theorie führt." Die Natur gibt sich demnach dem Menschen nur in ihrer Beziehung zum (Sprach-) Geist zu erkennen, und damit entsteht im Hinblick auf den Begriff der Monaden im Sinne von *Giordano Bruno* und *Leibniz'* Monadologie als letzte Elemente, als psychische und zugleich physische Wirklichkeitsfaktoren die Frage, ob schließlich zwischen Natur und Geist nicht eine Untrennbarkeit besteht. In diesem Fall bleibt es der Vernunft des Menschen oder vielmehr seinem Herzen vorbehalten, ob er als „Denkökonom in der wissenschaftlichen Wirtschaft" nur herrschen will oder ob für ihn das Wort Goethes gilt: „Das schönste Glück des denkenden Menschen ist, das Erforschliche erforscht zu haben und das Unerforschliche ruhig zu verehren."

Wahrscheinlichkeit, thermodynamische, →thermodynamische Wahrscheinlichkeit.

Wahrscheinlichkeitsdichte. Nach der →statistischen Deutung der Quantenmechanik ist bei Beschreibung eines Zustandes durch die Schrödinger-Funktion $\psi(x, y, z)$ die Wahrscheinlichkeit (→Aufenthaltswahrscheinlichkeit), das Teilchen in dem Volumen V zu finden, gleich

$$\int_V |\psi|^2 \, dx\, dy\, dz .$$

Daher nennt man $|\psi|^2$ die Wahrscheinlichkeitsdichte im Ortsraum. Über weitere Wahrscheinlichkeitsdichten →statistische Deutung.

Wahrscheinlichkeitsfunktion →Beobachtungsfehler.

Wahrscheinlichkeitsnachwirkung. Das eigentliche metaphysische Problem der →Wahrscheinlichkeitsrechnung ist das der mehr oder weniger großen Abhängigkeiten der Ereignisse voneinander. Vom kosmisch-physikalischen Standpunkt aus bestehen im „Kontinuum" zwischen den materiellen Dingen völlige und bestimmte Abhängigkeiten, die aber bei übergroßer Verwickeltheit im Experiment und in der Messung nicht erkennbar sind, da die Beobachtungswerte in ihren letzten Feinheiten entsprechend den →Zufallskriterien (ZK.) als zufällig erscheinen. Bei weniger verwickelter Struktur treten dagegen Abhängigkeiten dadurch in Erscheinung, daß die ZK. nicht mehr hinreichend erfüllt sind; jedoch läßt sich eine Verknüpfung nicht streng angeben. Man spricht dann von einer *Wahrscheinlichkeitsnachwirkung*, wie z.B. beim Würfelspiel, wenn sehr wenig geschüttelt wird. In der Physik wird sie z. B. bei der →Brownschen Bewegung wichtig. Beim Auszählen der im Mikroskop sichtbaren n Teilchen in konstanten Zeitintervallen werden einige der zuerst in der Mitte des Gesichtsfeldes befindlichen Teilchen beim nächsten Mal noch am Rande sein, so daß die jeweilige Anzahl von der vorangegangenen beeinflußt wird. Die gewonnenen Zahlen zeigen wegen dieser nachbarlichen Abhängigkeit keine rein zufällige Verteilung. Der Mittelwert wird aber davon nicht beeinflußt.

Fürth, R.: Schwankungserscheinungen in d. Physik. Braunschweig 1920.

Wahrscheinlichkeitsrechnung. Muß auch in der Wahrscheinlichkeitsrechnung (WschR.) die begriffliche Erfassung der mathematischen (quantitativen) Wahrscheinlichkeit (m.Wsch.) im Vordergrunde stehen, so darf die philosophische (qualitative) Wsch. nicht unbeachtet bleiben; denn „tritt die Rechnung aus sich heraus, um sich den Anwendungen zuzuwenden, so sind dafür bessere Voraussetzungen vorhanden als bei ausschließlicher Betonung des Mathematischen" (*E. Czuber*). Die moderne Begründung der WschR. stützt sich einmal auf die Mengenlehre mit ihrer Axiomatisierung und Konstruktion von Wahrscheinlichkeitsfeldern (*A. Kolmogoroff*), dann auf die →Kollektivmaßlehre mit ihren Beziehungen zu zählenden und messenden Beobachtungen. Allgemein müssen aber zwei Voraussetzungen für das Begriffsfeld der m.Wsch. gelten.

1. Durch Anwendung der wissenschaftlich geläuterten (mathematischen) Begriffe muß man zur Erkenntnis der →Wahrheit gelangen können. Es müssen mathematische Ausdrucksformen existieren, die als Grenzprozesse die Sicherheit des Nichteintreffens und die des Eintreffens durch die Zahlen 0 bis 1 symbolisieren, ohne daß allgemein eineindeutige Umkehrbarkeit zu bestehen braucht.

2. Das Ganze muß — wie in jedem quantitativen Bereich — *genau* gleich der Summe seiner Teile sein, wobei kein Teil das Ganze in irgendeiner besonderen Weise beeinflussen darf.

Diese Voraussetzungen werden aber nur im rein mathematischen Bereich streng erfüllt. Im physikalisch-meßtechnischen Bereich ist dies schon nicht mehr ganz der Fall, wie die Theorie der →Beobachtungsfehler lehrt, und auf dem Gebiete der Biologie gilt besonders für die Entwicklung und Vererbung der Grundsatz: „Der Einfluß des Ganzen auf die einzelnen Teile oder vielmehr die Abhängigkeit der einzelnen Teile vom Ganzen ist besonders zu Anfang der Entwicklung in die Augen springend!" (*H. Muckermann*). Diese einleitenden Bemerkungen müssen bei der Anwendung durchaus beachtet werden, damit die WschR. nicht zu einem „Narrenspiegel der Statistik" (*E. Wagemann*) wird.

Versteht man unter einem Kollektiv eine unbegrenzt fortsetzbare (unendliche) Folge oder Menge gleichartiger abzählender oder messender Beobachtungen (Zählzeichen n), und hat man unter diesen eine Teilmenge A (Zählzeichen n_A) mit einem bestimmten Merkmal festgestellt, dann gilt nach *R. v. Mises:* „Den Grenzwert der relativen Häufigkeiten $\lim\limits_{n\to\infty} \dfrac{n_A}{n} = W_A$, der in der Gesamtfolge oder einer durch Stellenauswahl aus ihr gebildeten Teilfolge der Teilmenge A zukommt, nennen wir die Wahrscheinlichkeit für das Auftreten der zu A gehörigen Merkmale innerhalb des betrachteten Kollektivs."

Aus der Definition folgt ohne weiteres die „Additionseigenschaft" der Wschen: $W_A + W_B = W_{A+B}$ als Ausdruck der Wsch. dafür, daß von zwei sich ausschließenden Ereignissen A und B *entweder A oder B* eintrifft. Diesem *Additionssatz* der WschR. folgt in den älteren Darstellungen sogleich der *Multiplikationssatz* der WschR. — auch Wsch. des „*sowohl — als auch*" genannt — $W_{AB} = W_A W_B$. Er kann — jedoch nach von *v. Mises* nicht ganz präzise — so formuliert werden: Die Wsch. des Zusammentreffens von zwei unabhängigen Ereignissen A und B ergibt sich als Produkt aus den Wsch. des Eintreffens eines jeden der beiden Ereignisse. Ist das zweite Ereignis B vom ersten abhängig, so ist als zweiter Faktor die Wsch. dafür zu nehmen, daß das Ereignis B erst eingetroffen ist, nachdem A schon vorlag. In der Kollektiv-WschR. wird aber der Begriff des Kollektivs vorangestellt, die Wsch. als Grenzwert einer relativen Häufigkeit erklärt und die Regellosigkeit der Zuordnung mit *dem* Ziel besonders gefordert, aus den Wschen. in gewissen Ausgangskollektiven Wsch. in daraus abgeleiteten Kollektiven herzuleiten. Daher müssen hier zunächst eingehende Untersuchungen über die Verteilung in den sog. Merkmalsräumen angestellt werden. Dabei werden diskontinuierliche (arithmetische) und kontinuierliche (geometrische) Verteilungen unterschieden. Als einfachstes Kollektiv (Alternative) mit diskontinuierlicher Verteilung ist dasjenige anzusehen, dessen Elemente nur zwei Merkmale aufweisen, z. B. „Kopf oder Wappen" (beim Werfen einer Münze), gerade oder ungerade! Jedes der üblichen Glücksspiele liefert hierfür ein solches Beispiel. Kontinuierliche Verteilungen treten z. B. beim Beschießen einer Schützenscheibe ein; denn hierbei kann man nicht mehr einzelnen diskreten Punkten Wschen zuschreiben.

Auf die bei diesen Verteilungen auftretenden Begriffe, wie Mittelwert und Streuung einer Verteilung, Erwartung und Streuung einer Funktion, (mehrdimensionale) Gaußsche Verteilung, die beim →Fehlergesetz eine entscheidende Rolle spielt, und auf die weiteren der Grundlegung der WschR. als einer mathematischen Disziplin dienenden Ausführungen sei hier nur hingewiesen. Bemerkenswert bleibt, daß in dieser Kollektiv-WschR. kein Unterschied besteht zwischen der besonders bei Glücksspielen auftretenden „apriori"-Wsch., deren Größe man angeblich a priori kennt, und der „aposteriori"- (Lebens- und Sterbens-) Wsch., die *nur* durch Beobachtung feststellbar ist.

Nach dem Urteil von *E. Czuber*, einem der bedeutendsten Vertreter der WschR., wird der scharfe Strich wohl nicht beibehalten werden können, den *v. Mises* unter die im Verlauf von mehr als zwei Jahrhunderten entwickelte WschR. setzen zu dürfen glaubt. Denn die WschR. läßt sich als eine rein mathematische Disziplin nicht erschöpfend darstellen. Es muß auch das philosophische Moment dabei berücksichtigt werden. Aber auch aus didaktischen Gründen kann nicht gleich mit einer Axiomatik — etwa nach der Art der Hilbertschen Geometriegrundlagen — begonnen werden. Ferner muß die sprachliche Verbundenheit mit den früheren und angrenzenden Gebieten erhalten bleiben. Aus diesen Gründen ist auch hier die klassische Darstellungsweise im großen und ganzen beibehalten worden.

Danach läßt sich die mathematische (apriori-) Wsch. folgendermaßen definieren: Unter der m.Wsch. eines Ereignisses wird der Quotient g/m aus der Anzahl g der ihm günstigen Fälle und der Anzahl m aller gleich möglichen Fälle verstanden. Die Fälle können dabei als gleichberechtigt angesehen werden, wenn kein Grund *dagegen* spricht (Prinzip des mangelnden Grundes); sie dürfen aber nur dann als gleichberechtigt betrachtet werden, wenn alle Gründe *dafür* sprechen (Prinzip des zwingenden Grundes). Genügende kritische Klärung und Aufgliederung der Möglichkeiten in eine abzählbare Menge muß jedem Wahrscheinlichkeitsansatz vorangegangen sin.

Im Gegensatz hierzu bezeichnet man die relative Häufigkeit, also den Quotienten aus der Anzahl der *eingetretenen* Fälle und der Anzahl der *beobachteten* Fälle, auch als (statistische) „*empirische*" oder „*Erfahrungswahrscheinlichkeit*". Soll hieraus

die aposteriorische Wsch. eines zu erwartenden Ereignisses gewonnen werden, so muß man unterscheiden, ob man nach der einen „wahrscheinlichsten unter den Hypothesen sucht", oder ob man *jede* der Hypothesen, die mit dem beobachteten Ereignis vereinbar sind, je nach dem Grade ihrer eigenen Wsch. mitwirken lassen will. In diesem Falle spricht man im besonderen von einer „Wahrscheinlichkeit a posteriori", während man die Wsch. im ersteren Falle die „nach der wahrscheinlichsten Ursache bestimmte" nennt. Zu ihrer Berechnung ist die Anwendung des Theorems von *Bayes* erforderlich. Es lautet allgemein: Kann ein beobachtetes Ereignis E mehreren a priori gleichmöglichen Ursachen $U_1, U_2, \ldots, U_n$ zugeschrieben werden, wobei jedoch nur eine notwendig wirksam war, so ist die Wsch. dafür, daß die Ursache U_i diese eine war, gleich der Wsch., mit der E aus U_i zu erwarten war, geteilt durch die Summe der auf alle Ursachen $U_1, U_2, \ldots, U_n$ bezogenen Wsch. für E. Die Ausdehnung des Bayesschen Theorems auf unendlich viele Fälle führt zu folgendem Ergebnis: Tritt ein Ereignis E, dessen Wsch. a priori nicht bekannt ist, bei s Versuchen n mal ein, dann wird die Wsch. dafür, daß die Wsch. a priori für E zwischen ξ und ξ' liegt, durch den Ausdruck

$$P(\xi, \xi') = \frac{(s+1)!}{n!(s-n)!} \int_\xi^{\xi'} x^n (1-n)^{s-n}\, dx$$

gegeben.

Das eigentliche Kernproblem der WschR. ist das *Bernoullische Theorem*. Es liege eine Versuchsanordnung so vor, daß entweder nur das Ereignis E oder das Ereignis Nicht-E eintreten kann. Sind p und q zunächst die dazugehörigen mathematischen Wsch. und bleiben die Ereignisse voneinander unabhängig, so daß $p + q = 1$ ist, dann besagt das Bernoullische Theorem in einfachster Form: Bei s angestellten Versuchen, bei denen E n mal und NE ν mal eingetreten sind, also $n + \nu = s$, ist unter der Voraussetzung, daß n und ν große Zahlen, also auch ps und qs große Zahlen sind, ps der wahrscheinlichste Wert für n und qs der für ν. Der Sinn des Bernoullischen Theorems liegt nach *Czuber* darin, daß mit wachsender Versuchszahl s die absolute Differenz zwischen der relativen Häufigkeit $p' = n/s$ und der m.Wsch. p eines Ereignisses im allgemeinen abnimmt. Das Bernoullische Theorem läßt sich auch noch in besonderer Weise erweitern und umkehren, worauf aber hier nicht näher eingegangen werden soll. In sämtlichen Fällen, in denen eine Prüfung der Wirklichkeit auf Grund dieses Theorems stattgefunden hat, wird es in einem solchen Grade bestätigt, wie man es bei Anwendung der Ergebnisse reinen Denkens auf die komplizierten Vorgänge des wirklichen Geschehens nicht besser erwarten kann.

Czuber, E.: Die Wahrscheinlichkeitsrechnung I. Berlin u. Leipzig 1941.

Wahrscheinlichkeitsstrom. Der →Wahrscheinlichkeitsdichte $|\psi|^2$ entspricht ein Wahrscheinlichkeitsstrom $j = \dfrac{\hbar}{2mi}(\overline{\psi}\operatorname{grad}\psi - \psi\operatorname{grad}\overline{\psi})$, mit dem die Kontinuitätsgleichung $\dfrac{d}{dt}|\psi|^2 + \operatorname{div} j = 0$ gilt.

Handb. d. Physik XXIV/1. Berlin 1933.

Wahrscheinlichster Wert einer Beobachtung →Ausgleichungsrechnung, →arithmetisches Mittel in der Kollektivmaßlehre, →Zentralwert.

Waldensche Regel für die Änderung der →Äquivalentleitfähigkeit einer Lösung beim Wechsel des Lösungsmittels, bei Temperatur- oder bei Druckänderungen: *Empirisch* läßt sich feststellen, daß in vielen Fällen gilt:

$$\varLambda_\infty\, \eta = const$$

($\varLambda_\infty$ Äquivalentleitfähigkeit bei unendlicher Verdünnung, η Viskosität).

Theoretisch ist eine solche Beziehung zu erwarten, wenn zwischen Ionenwanderungsgeschwindigkeit und innerer Reibung eine Abhängigkeit im Sinne des Stokesschen Reibungsgesetzes besteht.

Waldensche Umkehrung. Ersetzt man in einer chemischen Verbindung einen Substituenten eines asymmetrischen Kohlenstoffatoms (→Isomerie) durch einen anderen, so kommt es vor, daß der neue Substituent räumlich nicht die gleiche Stelle einnimmt wie der ursprüngliche. Man kann daher in vielen Fällen durch Benutzung verschiedener Reagenzien zu optischen Antipoden gelangen. *Walden* schloß aus dieser Entdeckung, die von *Fischer* als Waldensche Umkehrung bezeichnet worden ist, daß man durch einfache chemische Substitutionsreaktionen mittels anorganischer Reagenzien und bei gewöhnlicher Temperatur einen optisch aktiven Körper direkt in seinen optischen Antipoden umzuwandeln vermag.

Wallis-Produkt, die Darstellung der Zahl π in Form eines unendlichen Punktes. Es gilt die Beziehung

$$\pi = \lim_{n\to\infty} \left\{ 2 \cdot \frac{2\cdot 2\cdot 4\cdot 4\cdot 6\cdots(2n-2)\cdot 2n}{1\cdot 3\cdot 3\cdot 5\cdot 5\cdots(2n-1)(2n-1)} \right\}.$$

Gleichwertig damit ist die Produktdarstellung durch

$$\sqrt{\pi} = \lim_{n\to\infty} \frac{2\cdot 4\cdot 6\cdots 2n}{1\cdot 3\cdot 5\cdots(2n-1)}\frac{1}{\sqrt{n}} = \lim_{n\to\infty}\frac{2^{2n}(n!)^2}{(2n)!\sqrt{n}}.$$

Knopp, K.: Funktionentheorie II. Samml. Göschen 703. Berlin 1944. — *Knopp, K.:* Theorie u. Anwendung d. unendl. Reihen. Berlin 1948.

Waltenhofen-Pendel. Eine Kupferplatte ist an einem Gestell aufgehängt, so daß sie in der Scheibenebene hin- und herpendeln kann. Sie befinde sich in der Ruhelage zwischen den Polen eines Elektromagneten (Abb.). Während bei ausgeschaltetem Magneterregerstrom die Platte lange Zeit pendelt, wird sie bei eingeschaltetem Felde sehr schnell abgebremst und bleibt zwischen den Polen wie in einer zähen Flüssigkeit stecken, da ihre Schwingungsenergie sich in Joulesche Wärme der im magnetischen Felde induzierten Wirbelströme verwandelt. Bewegt man die Scheibe gewaltsam zwischen den Polen hin und her, so erwärmt sie sich beträchtlich. Auf dem geschilderten Prinzip beruht u. a. die Wirbelstrombremse.

Waltenhofen-Pendel.

Mie, G.: Lehrb. d. Elektrizität u. d. Magnetismus. Stuttgart 1948.

Walzanisotropie. An Fe-Ni-Blechen mit 40 bis 80% Ni kann man durch Kaltwalzen eine magnetische →Anisotropie herstellen, aber nur an solchen Blechen, in denen die Kristallite mit einer (100)-Ebene des kubischen Gitters nahezu parallel zur Blechebene liegen. Nach Kaltwalzen auf etwa die halbe Dicke parallel zur tetragonalen Achse beobachtet man parallel zur Walzrichtung eine flache →Magnetisierungskurve mit einer bis zur Sättigung fast konstanten Permeabilität und geringer Remanenz. Senkrecht zur Walzrichtung, aber parallel zur Blechebene, ist dagegen die Magnetisierungskurve steil, die Permeabilität viel größer. Diese Richtung ist also eine magnetische Vorzugsrichtung geworden. Man verwendet diese Bleche in Pupinspulen und ähnlichen Geräten der Fernmeldetechnik. Technisch erzeugt man die notwendige Kristallorientierung durch Kaltwalzen polykristalliner Bleche und Rekristallisation (Rekristallisationstextur). Die atomare Ursache des Effektes ist bisher nicht völlig geklärt.

Becker, R., u. *W. Döring:* Ferromagnetismus. Berlin 1939. — *Rathmann, G. W.,* u. *J. L. Snoek:* Physica, Haag 8, 555 (1941).

Wälzen →Rollbewegung.

Wandenergie der Wände zwischen →Weißschen Bezirken. Der Ablauf der Magnetisierungsprozesse in ferromagnetischen Materialien hängt wesentlich von dem Energieinhalt der Wände zwischen den Weißschen Bezirken ab. Die Magnetisierungsverteilung in ihnen stellt ein Gleichgewicht zwischen zwei Kräften dar. Die →Austauschkräfte zwischen den Elektronenspins, welche zum Ferromagnetismus beitragen, sind bestrebt, benachbarte Spins möglichst parallel zu stellen, den Übergang der Spinrichtung in der Wand also möglichst stetig und deshalb die Wand möglichst dick zu machen. Die Kräfte, welche die Magnetisierungsvektoren in die Vorzugslagen der beiden angrenzenden Weißschen Bezirken zu drehen suchen, sind dagegen bestrebt, die Wand dünn zu machen; denn in der Wand stehen die Spins ja nicht in der Vorzugsrichtung, sondern in Zwischenrichtungen. In einfachen Fällen kann man die Gleichgewichtsverteilung berechnen und den Energieinhalt der Flächeneinheit der Wand theoretisch ermitteln. Bei überwiegendem Einfluß der Spannungen auf die Magnetisierungsrichtungen ist sie proportional zur Wurzel aus der Spannung, bei großer →Kristallenergie proportional der Wurzel aus der →Anisotropiekonstanten. Man erhält Werte in der Größenordnung von 1 erg/cm². Durch Messungen über das Einsetzen der großen →Barkhausen-Sprünge hat man die theoretischen Werte experimentell prüfen und bestätigen können.

Becker, R., u. *W. Döring:* Ferromagnetismus. Berlin 1939. — *Néel, L.:* Cah. de physique 25, 1 (1944).

Wanderfeldröhre. Die Wanderfeldröhre (Travelling wave tube, Idee von *R. Kompfner,* Abb.) ist eine →Laufzeitröhre, deren Wirkungsweise auf

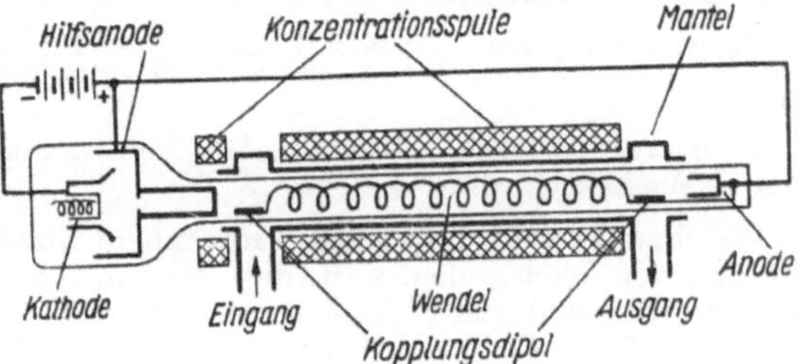

Wanderfeldröhre, Schema.

der Wechselwirkung und dem Energieaustausch zwischen einem Elektronenstrahl und einer fortschreitenden elektrischen Welle beruht, wofür gleiche Geschwindigkeit beider Voraussetzung ist. Da der Elektronenstrahl bei einigen kV Spannung nur etwa $^1/_{10}$ der Wellengeschwindigkeit hat, muß die Geschwindigkeit der Welle durch eine Verzögerungsleitung auf diese vermindert werden. Das geschieht mittels einer Wendel, an der die Welle entlangläuft. Die Wechselwirkung ist durch den axialen elektrischen Feldvektor der Welle gegeben. Dadurch werden die Elektronen beschleunigt und gebremst, in ihrer Geschwindigkeit also moduliert (Dichtemodulation). Bei richtiger Geschwindigkeitswahl wird von den Elektronen laufend Energie an die Welle abgegeben, die Welle wird verstärkt. Da eine Verzögerungsleitung in Form einer Wendel ein Element mit sehr weitgehend aperiodischen Eigenschaften ist, zeichnet sich die Röhre im Gegensatz zur Triode und zum Klystron durch große Bandbreite aus (einige 10^8 Hz) und eignet sich vorzüglich zur Breitbandverstärkung. Der Wirkungsgrad und die maximale Leistung der Röhre sind vorerst allerdings gering.

Döring, H.: Phys. Bl. 4, 197 (1948). — *Kleen, W.:* Phys. Bl. 5, 197 (1949).

Wanderungsgeschwindigkeit der Luftionen →Luftionen.

Wanderwellen, Bezeichnung für elektrische Ausgleichsvorgänge (→Einschaltvorgang) auf Leitungen, die für die Hochspannungstechnik von großer Bedeutung sind. Sind z.B. durch Potentialdifferenzen zwischen einer Gewitterwolke und der Erde auf einem bestimmten Leitungsstück einer Hochspannungsfreileitung Influenzladungen fest gebunden — die entgegengesetzten Ladungen fließen wegen der endlichen Übergangswiderstände zur Erde ab —, so werden diese bei einem Ladungsausgleich durch einen Blitz nach der Erde frei und können nach beiden Leitungsseiten abfließen. Es ergeben sich Wanderwellen längs der Leitung. Für Strom und Spannung gelten die Beziehungen

$$U = \frac{1}{2} f(x - vt) + \frac{1}{2} f(x + vt),$$

$$i = \frac{1}{2Z} f(x - vt) - \frac{1}{2Z} f(x + vt).$$

$v = 1/\sqrt{L'C'}$ ist die Ausbreitungsgeschwindigkeit und $Z = \sqrt{L'/C'}$ der Wellenwiderstand der verlustlosen Leitung, wenn L' und C' der Induktivitäts- bzw. Kapazitätsbelag der Leitung ist. Wanderwellen entstehen nicht nur durch frei werdende Ladungen bei Gewittern, sondern werden durch eden Schaltvorgang im Leitungssystem ausgelöst.

Küpfmüller, K.: Einf. i. d. theor. Elektrotechnik. Berlin 1941. — *Oberdorfer, G.:* Lehrb. d. Elektrotechnik. München 1948.

Wanderwellenröhre, unsachgemäße Benennung der →Wanderfeldröhre.

Wandladung von Photozellen. Freie innere Glasflächen von Photozellen, z. B. die Lichteintrittsfenster, können durch Elektronen aufgeladen werden und dann als „wilde" Steuergitter auf die Photoelektronenbewegung von der Kathode zur Anode einwirken. Dieser Vorgang ist von außen völlig unkontrollierbar. Er kann die Proportionalität zwischen Photostrom und auffallender Lichtintensität stark beeinträchtigen. Abhilfe schaffen Verkleinerung der freien inneren Glas-

flächen oder Photozellen mit durchsichtigen Photokathoden, welche die gesamte innere Glaswand auskleiden.

Kluge, W.: Z. techn. Phys. 16, 184 (1935).

Wandler = →Transformator; elektroakustischer →Elektroakustik.

Wandlerprüfeinrichtungen. Für die absolute Prüfung von Stromwandlern werden Kompensationsverfahren verwendet, bei denen als Normale auf der primären und auf der sekundären Seite praktisch winkelfreie Widerstände dienen. Für höhere Spannungen und Stromstärken sind dazu Normale mit künstlicher Kühlung notwendig, um die Stromwärme abzuführen.

Durch die Verwendung hochwertigen Eisens ist man heute in der Lage, Meßwandler mit sehr kleinen Fehlern als Normalwandler zu bauen. Diese werden absolut von den zuständigen Staatsinstituten gemessen und stehen dann den Prüfstellen als Normale bei der Verwendung im Differentialverfahren zur Verfügung. Als Beispiel des Differentialverfahrens ist in der Abb. die von *Hohle* angegebene Schleifdrahtmeßbrücke für die Stromwandlerprüfung in ihrer Grundschaltung dargestellt. Über den Diagonalwiderstand r fließt

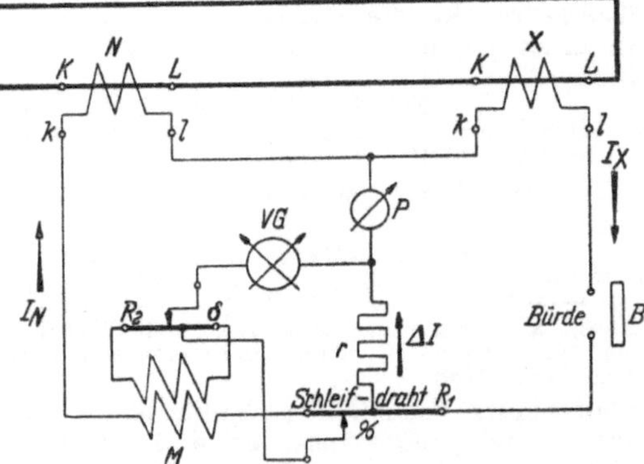

Grundschaltung der Stromwandlerprüfeinrichtung nach *Hohle.*

als Fehlerstrom der Differenzstrom ΔJ der sekundären Ströme J_N des Normalwandlers und J_X des Prüflings. Mit dem Schleifdraht R_1 wird der Übersetzungsfehler in %, mit dem Schleifdraht R_2, der über die Gegeninduktivität M um 90° phasenverschoben gegen R_1 erregt ist, der Fehlwinkel δ gemessen. Durch zusätzliche, in der Abb. nicht gezeichnete Einrichtungen kann die Meßbrücke auch für Spannungswandlermessungen verwendet werden. Das Prüfverfahren ist sehr bequem und hat sich, auch in abgewandelter Form mit Differentialring im Diagonalzweig bzw. mit zwei vom Fehlerstrom erregten Zeigermeßgeräten, weitgehend eingeführt. Es setzt stets voraus, daß Normalwandler und Prüfling dieselbe Übersetzung haben, was beim absoluten Verfahren nicht erforderlich ist.

Wandrauhigkeit →Rauhigkeit.

Wandreibung, die unmittelbare Reibung zwischen einem strömenden Stoff und einer begrenzenden festen Wand. Sicher nachgewiesen ist eine Wandreibung nur in hochverdünnten Gasen, also bei sehr großer mittlerer freier Weglänge. Flüssigkeiten — auch nicht benetzende — scheinen dagegen stets an festen Wänden zu haften. Nach *Petroff* ist bei ihnen eine Wandreibung nur dann zu erwarten, wenn die Dicke der Wandschicht mit der Schwingungsweite der Strukturelemente vergleichbar ist.

Wandschichten, im Gegensatz zu den →Kernschichten die einer Wand nahe benachbarten Schichten einer strömenden Flüssigkeit. Wenn in ihnen ein sehr hohes Geschwindigkeitsgefälle herrscht, wie bei den kolloiddispersen Flüssigkeiten, so kann es scheinen, als gleite die übrige Flüssigkeit als Ganzes an den Wandschichten entlang.

Wandstabilisierung →Bogenentladung.

Wandverschiebungen. In einem ferromagnetischen Material besteht der Magnetisierungsvorgang in einer Ausrichtung der →spontanen Magnetisierung in die Feldrichtung ohne Änderung ihres Betrages. Man kann dabei zwei Prozesse unterscheiden. Entweder kann sich bei einer Felderhöhung die Magnetisierungsrichtung überall in einem Weißschen Bezirk um einen kleinen Winkel drehen (→Drehprozeß), oder es wächst das Volumen des Bezirks mit einem kleinen Winkel zwischen Magnetisierung und Feld auf Kosten der benachbarten, ungünstiger orientierten Bezirke durch eine Verschiebung der Wand zwischen den Bezirken. Im allgemeinen überwiegen längs der Magnetisierungskurve bei kleinen Feldstärken die Wandverschiebungen, bei großen die Drehprozesse. An →Permalloy kann man durch Zugspannungen erreichen, daß die Magnetisierung überall in der Zugrichtung liegt. In einem Feld in der gleichen Richtung klappt die Magnetisierung durch Wandverschiebung von der einen Richtung in die Gegenrichtung um. Dabei konnte man experimentell beweisen, daß der Vorgang in einer Wandverschiebung besteht. Die Geschwindigkeit der Verschiebung hängt von der Feldstärke ab. Man hat Werte bis 250 m s^{-1} gemessen (→Barkhausen-Sprünge).
Becker, R., u. *W. Döring:* Ferromagnetismus. Berlin 1939.

Warburgsches Gesetz →Hystereseverluste.

Wärme. Der Begriff der Wärme geht auf die Empfindungen warm und kalt zurück. Erst verhältnismäßig spät hat man zwischen Temperatur und Wärmemenge unterscheiden gelernt und eingesehen (*Robert Mayer* 1842), daß die Wärme nicht eine Art von Stoff (Phlogiston, Kalorikum), sondern eine Energieform, nämlich kinetische Molekularenergie, ist.
Mach, E.: Prinzipien d. Wärmelehre. Leipzig 1923.

Wärmeäquivalent. Das Wärmeäquivalent J ist definiert als das Verhältnis derjenigen (in mechanischem oder elektrischem Maß zu messenden) mechanischen oder elektrischen Energie, welche gleich der kalorischen Wärmemengeneinheit (Kalorie oder thermal unit) ist, zu dieser Wärmemengeneinheit. Das Wärmeäquivalent ist also der Quotient zweier gleicher Größen und demnach selbst eine dimensionslose Größe vom Betrage Eins. Da das Produkt aus dem Betragsverhältnis zweier Energieeinheiten und dem Reziprokwert dieser Verhältniszahl stets gleich Eins ist, gibt J, als Produkt zweier solcher Faktoren geschrieben, zahlenmäßig die jeweils gewünschten Betragsverhältnisse zwischen zwei Energieeinheiten an, wobei diese Zahlenwerte experimentell ermittelt werden müssen. Die derzeitigen Werte für einige „kalorische" Maße gegenüber dem (absoluten) Joule lauten

$$1 \equiv J = 4{,}1855 \ J_{abs}/cal_{15°} \qquad (15°\text{-Kalorie})$$
$$= 4{,}1855 \cdot 10^6 \ J_{abs}/th_{15°} \qquad (15°\text{-thermie})$$
$$= 1{,}8985 \cdot 10^3 \ J_{abs}/CTU_{15°} \qquad (15°\text{-Centigrade thermal unit})$$
$$= 1{,}0545 \cdot 10^3 \ J_{abs}/BTU_{60°F} \qquad (60 \ °F\text{-British thermal unit})$$
$$= 1{,}0594 \cdot 10^3 \ J_{abs}/BTU_{39°F} \qquad (39 \ °F\text{-British thermal unit})$$
$$= 4{,}1897 \ J_{abs}/\overline{cal} \qquad (\text{mittlere Kalorie})$$
$$= 1{,}0558 \cdot 10^3 \ J_{abs}/BTU_{mean} \qquad (\text{mittlere BTU})$$

zwischen 0 °C und 100 °C

$$= 4{,}18684 \ J_{abs}/cal_{IT} \qquad (\text{Internationale Tafel-Kalorie})$$
$$= 1{,}05507 \cdot 10^3 \ J_{abs}/BTU_{IT} \qquad (\text{Internationale Tafel-BTU})$$
$$= 4{,}18399 \ J_{abs}/cal_{thermochem} \qquad (\text{Thermochemische Kalorie nach } Rossini)$$

Das Wärmeäquivalent spielte im vorigen Jahrhundert eine sehr große Rolle als quantitative Unterlage für den Satz von der Erhaltung der Energie (→Energieprinzip). Es wurde zuerst von *J. R. Mayer* (1842) aus der Differenz der spezifischen Wärmen eines Gases bei konstantem Druck und bei konstantem Volumen zahlenwertmäßig berechnet. Die erste unmittelbar experimentelle Bestimmung des Wärmeäquivalents führte *J. Pr. Joule* (1843) über die Bewegung eines elektrischen Leiters in einem Magnetfeld durch.

Durch die Beschlüsse der Internationalen Union für Chemie (1947), der Internationalen Union für reine und angewandte Physik (1948) und der 9. Generalkonferenz für Maß und Gewicht (1948), in Zukunft Wärmemengen grundsätzlich in Joule (J_{abs}) zu messen und anzugeben, behält das Wärmeäquivalent, von besonderen Fällen abgesehen, im wesentlichen nur noch historische Bedeutung.

Wärmeausdehnung →Ausdehnung durch die Wärme.

Wärmeaustauscher dienen zur Übertragung von Wärme durch eine trennende Wand hindurch von einem wärmeren auf einen kälteren Stoff. In der Technik werden sie sehr häufig verwandt, um eine bessere Ausnützung der Wärme oder Kälte und damit eine bessere Rentabilität eines Verfahrens zu erreichen, jedoch gibt es auch zahlreiche Verfahren, bei denen ihre Anwendung unbedingt erforderlich ist, z. B. bei der →Luft- und →Gasverflüssigung, →Luftzerlegung usw.

Die von dem Stoff 1 an die Wand (Wärmeübertragungsfläche) in der Zeiteinheit abgegebene Wärme (Wärmestrom) $q = dQ/dt$ ist proportional der Temperaturdifferenz $\Delta\vartheta_1$ zwischen Stoff 1 und Wand und der Größe der Wärmeübertragungsfläche F. Die Proportionalitätskonstante heißt →*Wärmeübertragungszahl* α_1. Entsprechendes gilt auch für den zweiten Stoff, der — bis auf die meist geringfügigen Wärme- oder Kälteverluste an die Umgebung — die Wärmemenge dQ aufnimmt. Da die Wandtemperatur jedoch schwer zu messen und auch meist uninteressant ist, wird eine →*Wärmedurchgangszahl* k definiert als Proportionalitätskonstante in der Gleichung $q = kF\Delta\vartheta$, wobei $\varDelta\vartheta = \varDelta\vartheta_1 + \varDelta\vartheta_2$ die Temperaturdifferenz zwischen den beiden Stoffen ist, denn die Temperaturdifferenz zwischen den Oberflächen der Trennwand kann bei metallischen Stoffen meist vernachlässigt werden ($\to$Wärmedurchgang). Es gilt dann für ebene Wände $1/k = 1/\alpha_1 + 1/\alpha_2$.

Dient die übertragene Wärme zur Verdampfung einer Flüssigkeit, so spricht man von einem *Verdampfer*, wobei als Wärmequelle häufig kondensierender Heizdampf verwandt wird. Vorrichtungen zur Verflüssigung eines Dampfes werden meist als Kondensatoren bezeichnet ($\to$Kälteerzeugung Abschn. 3, 4 und 6, $\to$Luftzerlegung). Bei sauberen metallischen Übertragungsflächen lassen sich bei kondensierendem Dampf unter mittleren Verhältnissen α-Werte von 5000 bis 16000 kcal $h^{-1} m^{-2} grad^{-1}$, bei siedendem Wasser solche von 2500 bis 15000 erreichen.

Tritt keine Phasenänderung ein, so sinkt die Temperatur des wärmeabgebenden Stoffes, während die des anderen Stoffes ansteigt (Abb.). Auf den Wärmeaustausch ist dann die relative Strömungsrichtung der beiden Stoffe von großem Einfluß, da bei *Gegenstrom (Gegenströmer)* der warme Stoff fast bis auf die Eintrittstemperatur des kalten Stoffes gekühlt (Abb. a), während bei

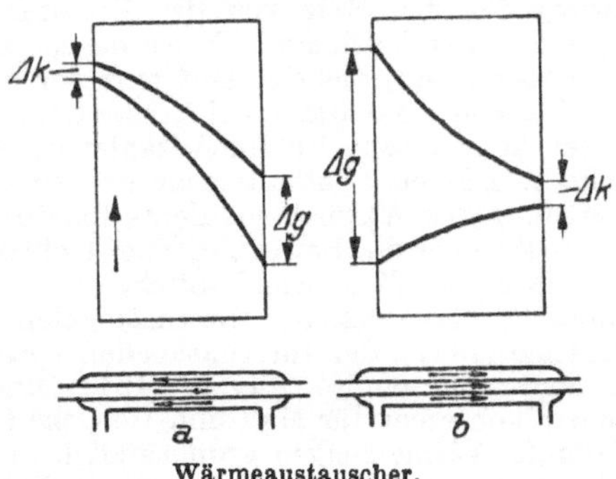

Wärmeaustauscher.

Gleichstrom (Abb. b) nur eine mittlere Temperatur erreicht werden kann.

Bei *Kreuzstrom*, bei dem die beiden Stoffe senkrecht zueinander strömen, wie etwa beim üblichen Kühler von Kraftfahrzeugen, läßt sich die Temperaturverteilung nur durch ein räumliches Bild darstellen.

Der Wärmestrom ist gegeben durch $q = kF\varDelta m$, wobei $\varDelta m$ die „mittlere Temperaturdifferenz" darstellt, die sich aus den beiden Temperaturdifferenzen $\varDelta g$ und $\varDelta k$ für Gegen- und Gleichstrom berechnet zu

$$\varDelta m = (\varDelta g - \varDelta k)/\ln(\varDelta g/\varDelta k).$$

Die α-Werte hängen von den Konstanten der strömenden Stoffe, der Strömungsgeschwindigkeit und der Strömungsform (laminar oder turbulent), sowie auch von den geometrischen Abmessungen des Austauschers ab. Als Anhaltspunkt kann gelten, daß man bei erzwungener Konvektion bei Gasen etwa mit $\alpha = 10$ bis 100, bei Wasser mit $\alpha = 500$ bis 5000 kcal $m^{-2} h^{-1} grad^{-1}$ rechnen kann.

Um die erforderliche Fläche bei nicht zu großem Druckabfall der strömenden Stoffe unterzubringen, wird der eine Stoff meist durch mehrere parallel geschaltete Rohre (Rohrbündel) geleitet, während die Strömungsgeschwindigkeit und Turbulenz des die Rohre außen bespülenden Stoffes entweder durch zweckentsprechende Anordnung der Rohre

oder durch besondere Schikanebleche erhöht wird. Zum Wärmeaustausch können auch $\to$Regeneratoren verwandt werden.

Hausen, H.: Wärmeübertragung im Gegenstrom, Gleichstrom u. Kreuzstrom. Berlin-Göttingen-Heidelberg 1950. — *Kühne, H.:* Die Grundlagen d. Berechnung von Oberflächenwärmeaustauschern. Göttingen 1949. — *Eckert, E.:* Wärme- und Stoffaustausch. Berlin-Göttingen-Heidelberg 1949.

Wärmediagramme. Durch die thermische Zustandsgleichung eines reinen Stoffes sind die drei Zustandsvariablen Druck, Volumen und Temperatur miteinander verknüpft. Jede eindeutige Funktion eines Zustandes, z. B. der Energieinhalt, ist also durch zwei dieser Zustandsvariablen eindeutig gegeben, so daß sie sich als Fläche im Raum oder als Kurvenschar in der Ebene darstellen läßt. Derartige graphische Darstellungen sind besonders wichtig, wenn es nicht möglich ist, einen geschlossenen mathematischen Ausdruck für die Abhängigkeit der Zustandsgröße von den Zustandsvariablen anzugeben. In der Thermodynamik werden besondere Diagramme verwendet, in denen eine der Koordinaten die Enthalpie J oder die Entropie S ist (J, T-, J, p-, S, T- und das insbesondere für die technische Thermodynamik wichtige J, S-Diagramm). Diagramme, die die Entropie als Koordinate enthalten, werden als $\to$Mollier-Diagramme bezeichnet. $\to$Arbeitsdiagramm.

Müller-Pouillet: Lehrb. d. Physik II/1. Braunschweig 1926.

Wärmediffusion $\to$Nachwirkungserscheinungen, elastische.

Wärmedurchgang. Eine Wand von der Fläche F und der Dicke d trenne zwei Flüssigkeiten oder Gase mit den Temperaturen ϑ_1 und ϑ_2. Der durch die Wand hindurchtretende Wärmestrom ist dann

$$q = k(\vartheta_2 - \vartheta_1)F,$$

worin die Größe k als *Wärmedurchgangszahl* bezeichnet wird ($\to$Wärmeaustauscher). Der Ausdruck $1/(kF)$ stellt den Wärmedurchgangswiderstand der Wand dar. Er setzt sich additiv aus den Widerständen des Wärmeüberganges zwischen den Oberflächen der Wand und den angrenzenden Flüssigkeiten bzw. Gasen und aus dem Widerstand, der durch die Wärmeleitzahl des Wandmaterials λ bestimmt ist, zusammen:

$$\frac{1}{k} = \frac{1}{\alpha_1} + \frac{d}{\lambda} + \frac{1}{\alpha_2},$$

worin α_1, α_2 die $\to$Wärmeübergangszahlen bedeuten.

Wärmeexplosion. In einem Behälter sei ein explosives Gasgemisch eingeschlossen, in dem eine homogene chemische Gasreaktion (exotherm) abläuft. Die Gefäßwand soll nur insofern eine Rolle spielen, als durch sie einerseits die Anfangstemperatur des Gemisches festliegt, andererseits an sie Wärme abgegeben wird, wenn infolge der Reaktion die Temperatur der Gasmasse über die der Gefäßwand steigt (die letztere sei konstant auf T_0 festgehalten). Die von der Wand je s aufgenommene Wärme sei: $dQ_1/dt = A(T - T_0)$, wo A eine von den Dimensionen des Gefäßes abhängige Konstante und T die absolute Temperatur des Gases ist. In der Abb. ist T als Abszisse und die je s entwickelte oder abgegebene Wärme als Ordinate abgetragen. Die ausgezogene Kurve gibt die durch die chemische Reaktion entwickelte Wärmemenge dQ_2/dt (die stark temperaturabhängig ist). Die an die Wand abgegebene Wärme ist eine Gerade durch den Punkt T_0 der Abszissenachse. Verläuft nun diese Gerade wie ausgezogen, so würde bei höheren Temperaturen die an die Wand abgegebene Wärme größer sein als die durch die chemische Reaktion entwickelte Wärme. Es würde also keine Explosion auftreten. Hat die Gerade

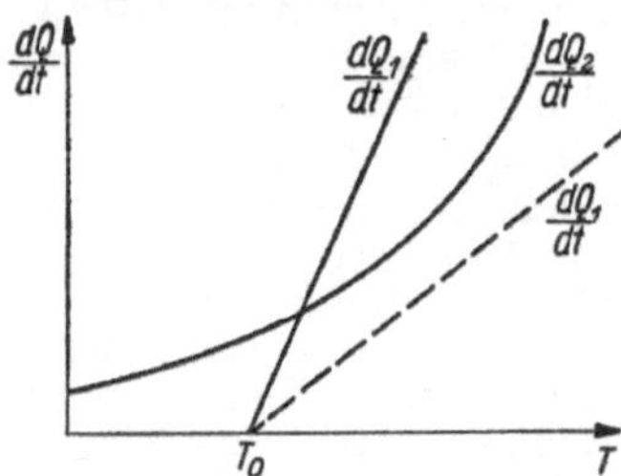

Abgegebene (dQ_1/dt) und erzeugte (dQ_2/dt) Wärme bei exothermer Reaktion.

aber die gestrichelte Lage, so ist für alle Temperaturen das Umgekehrte der Fall, und die Temperatur im Reaktionsgefäß müßte ständig wachsen und damit Explosion eintreten. Die Explosionsbedingung wurde von *Semenoff* (1928) genauer formuliert. Der kritische Explosionsdruck p_k sei derjenige Druck, oberhalb dessen bei konstanter Temperatur Explosion erfolgt. Nach *Semenoff* ergibt $\log(p_k/T_0)$ gegen $1/T_0$ aufgetragen eine Gerade.

Die Wärmeexplosion ist nicht der einzige Weg, auf dem sich eine Explosion entwickeln kann. Ein anderer Grenzfall ist die →Kettenexplosion.

Jost, W.: Explosions- u. Verbrennungserscheinungen in Gasen. Berlin 1939.

Wärmefaktor →Debyescher Wärmefaktor.

Wärmeflußmesser. Zur Messung eines homogenen Wärmestromes q bringt man einen absolut gemessenen Wärmewiderstand W in den Weg des Wärmestromes. Es entsteht dann zwischen den Grenzen des Wärmewiderstandes eine Temperaturdifferenz $\Delta\vartheta$, die dem durchfließenden Wärmestrom proportional ist. Zur Messung der Temperaturdifferenz benutzt man meist Thermoelemente. Wenn diese die Spannungsdifferenz ΔU anzeigen, so gilt

$$q = \frac{\Delta\vartheta}{W} = K\,\Delta U.$$

Die Konstante K ist durch absolute Messungen zu bestimmen, sie ist im allgemeinen von der Versuchstemperatur abhängig.

Zur Messung der Wärmeverluste von Rohrisolierungen usw. haben sich Wärmeflußmesser aus Gummibandagen mit einvulkanisierten Thermosäulen bewährt.

Wärmefunktion →Enthalpie.

Wärmehaushalt der Erde. Hauptwärmezufluß von der Sonne, bei senkrechtem Sonnenstand außerhalb der Erdatmosphäre in mittlerem Erdabstand (→Solarkonstante) etwa 1,90 cal/(cm² min) = 1,33 kWm⁻², Anfang Juli (bei Sonnenferne, Aphel) rund $^1/_{15}$ des Betrages geringer als Anfang Januar (bei Sonnennähe, Perihel). Bis zum Meeresniveau gelangt nur ein Bruchteil, bei sehr klarer Luft bis zu 75%; der Rest wird zerstreut (Himmelsstrahlung) und diffus reflektiert. Im langjährigen Durchschnitt besteht Gleichgewicht zwischen Wärmegewinn und -verlust. An einem heiteren Sommertag strahlt die Sonne im ganzen bei uns rund 500 cal/(cm² Tag) oder 6 kWh/(m² Tag) entsprechend dem Heizwert von 0,6 kg Kohle je m² und Tag. Bodentemperaturzunahme nach unten um rund 30°/km und eine Wärmeleitfähigkeit des

Bodens von rund $6 \cdot 10^{-3}$ cal/(grad cm s) liefert für den aus dem Erdinnern kommenden Wärmestrom nur 0,16 cal/(cm² Tag). In England ist dieser Wärmefluß kleiner, weil die Auskühlung des Untergrundes während der Eiszeit in großen Tiefen noch nicht abgeklungen ist. Die Wärme aus dem Erdinnern stammt vor allem von der Erwärmung beim Zerfall radioaktiver Elemente. *Bullard* findet für Südafrika, daß eine Schicht von der Radioaktivität des Granits (Wärmeproduktion $5 \cdot 10^{-13}$ cal/s je Gramm Gestein) nur höchstens 12 km dick sein kann, um nicht mehr als den beobachteten Wärmefluß zu liefern.

Sonstige Energiequellen: Sternstrahlung und kosmische Ultrastrahlung je etwa $1/10^8$ der Sonnenstrahlung; vom Mond reflektierte Sonnenstrahlung bei Vollmond rund 1/500000, dazu kommt die langwellige Strahlung der von der Sonne aufgeheizten Mondoberfläche, so daß zusammen vom Vollmond rund $2 \cdot 10^{-5}$ cal/(cm² min) geliefert werden.

Die Strahlungsbilanz der Erdatmosphäre wird in der Meteorologie eingehend untersucht.

Ferner →Energiequellen der Erde.

Hann-Süring: Lehrb. d. Meteorologie. Leipzig 1938.

Wärmeinhalt →Enthalpie.

Wärmeisolation, verhindert die drei Möglichkeiten der Wärmeübertragung durch →Wärmeleitung, →Konvektion und →Wärmestrahlung. Die Wärmeleitzahlen der Stoffe umfassen etwa 4 bis 5 Zehnerpotenzen. Am besten isolieren Gase mit hohem Molekulargewicht; praktisch wird vor allem Luftisolation angewandt. Für eine Luftschicht zwischen schwarzen Flächen sind bei einer Schichtdicke von 1 cm die durch Wärmeleitung, Konvektion und Strahlung übertragenen Wärmemengen bei gewöhnlichen Temperaturen annähernd gleich. Der Wärmeleitwert ist der Schichtdicke umgekehrt proportional und vom Temperaturgradienten unabhängig. Die Konvektion steigt mit dem Temperaturgradienten und der Schichtdicke (Porengröße). Die Strahlung steigt sehr stark mit der Temperatur, ist bei nicht allzu großer Temperaturdifferenz dieser annähernd proportional und von der Schichtdicke unabhängig. Sie wird wesentlich herabgesetzt zwischen spiegelnden Flächen; vor allem ist Aluminium vorteilhaft, das sein kleines Emissionsvermögen nicht wie die meisten anderen Metalle durch Oberflächenoxydation einbüßt. Beste Isolation gibt, vor allem bei tiefen Temperaturen, ein Vakuummantel zwischen spiegelnden Metallflächen.

Die Wirkung der üblichen Isolierstoffe beruht darauf, daß sie kleine, luftgefüllte Hohlräume enthalten, die keine Konvektion entstehen lassen: Ziegelstein, Kork, Glaswolle, Schaumstoffe, Alfol. Letzteres ist eine Isolation durch dünne Luftschichten, die durch *Aluminium-Folien* getrennt sind. Sie zeichnet sich durch geringe Wärmekapazität aus, ist daher vor allem für kurzfristigen Betrieb zu empfehlen. Die Isolation durch poröse Stoffe leidet sehr durch Feuchtigkeit; die Wärmeleitfähigkeit kann auf das Doppelte ansteigen.

Im Laboratorium erhält man vollkommene Wärmeisolation durch Schutzheizungen: Der isolierte Körper wird allseitig von Flächen umgeben, die jeweils dieselbe Temperatur wie die gegenüberliegende Fläche des Körpers haben und einer Temperaturänderung — meist automatisch — folgen.

Handb. d. Physik XI. Berlin 1926.

Wärmekapazität $K = mc$ eines Körpers ist die zu seiner Erwärmung um 1° erforderliche Wärmemenge (m Masse, c spezifische Wärme des Körpers). Zu seiner Erwärmung um die Temperatur ϑ ist also die Wärmemenge $Q = K\vartheta = mc\vartheta$ erforderlich. Ihre Einheit ist 1 cal grad^{-1} bzw. 1 kcal grad^{-1}. Wenn eine Temperaturabhängigkeit der Wärmekapazität berücksichtigt werden muß, so ist sie für die einzelnen Temperaturen durch die Gleichung $K = dQ/d\vartheta$ zu definieren. — *Spezifische* Wärmekapazität →spezifische Wärme.

Wärmelehre →Thermodynamik.

Wärmeleitfähigkeit, -leitvermögen (*Wärmeleitzahl*) ist die durch die Differentialgleichung der →Wärmeleitung definierte Stoffkonstante λ. Ihre Einheit ist 1 cal cm^{-1} s^{-1}grad^{-1} bzw. 1 W cm^{-1} grad^{-1} oder W m^{-1} grad^{-1}, in der Technik meist 1 kcal m^{-1} h^{-1}grad^{-1}.

Für die Metalle stellen das →Wiedemann-Franzsche und das →Lorenzsche Gesetz die Beziehung zwischen der elektrischen und der Wärmeleitfähigkeit her.

Zahlenwerte z. B. bei *Kohlrausch* und *Landolt-Börnstein*.

Wegen der Gase →Wärmeleitung in Gasen.

Wärmeleitung, der Energietransport, der durch die ungeordneten Molekülbewegungen in Richtung abnehmender Temperatur erfolgt. In Flüssigkeiten und Gasen ist davon der →Wärmeübergang zu unterscheiden, der auch den Energietransport durch Konvektion umfaßt. Daneben tritt in durchlässigen Stoffen noch Energietransport durch Strahlung auf.

Für die Wärmeleitung gilt allgemein der Ansatz

$$dQ = -\lambda dF (\mathrm{grad}_n \vartheta)\, dt,$$

wobei dQ die Wärmemenge ist, die in der Zeit dt die Fläche dF durchströmt. ϑ ist die Temperatur, $\mathrm{grad}_n \vartheta$ das Temperaturgefälle in Richtung der Flächennormalen. λ ist nach diesem Ansatz eine Proportionalitätskonstante, die →*Wärmeleitfähigkeit*, die als Materialeigenschaft von den Zustandsgrößen, vor allem der Temperatur, abhängt, von den Versuchsbedingungen — Größe des Prüfkörpers und Temperaturgefälle — jedoch unabhängig ist.

Über nichtstationäre Vorgänge →Temperaturleitfähigkeit. Im stationären Zustand ist der →*Wärmestrom* $q = dQ/dt$ konstant, und der Ansatz vereinfacht sich zu

$$q = -\lambda \int \frac{\partial \vartheta}{\partial n}\, dF.$$

In der Meßtechnik werden vorzugsweise Anordnungen benutzt, in denen das Temperaturfeld nur von einer Koordinate abhängt. Die Flächen des Prüfkörpers laufen dann parallel oder orthogonal (Isothermenflächen) zu dieser Koordinate (homogene ebene, zylindrische und kugelsymmetrische Temperaturfelder). Das Integral $\int \partial \vartheta / \partial n\, dF$ hat dann einfache Lösungen. Für Platten gilt $q = -\lambda F \Delta \vartheta / \Delta x$; für Hohlzylinder der Länge l und mit den Radien r_1 bzw. r_2 gilt $q = -\lambda \cdot 2\pi l \Delta \vartheta / \ln(r_1/r_2)$. Randwirkungen werden durch Schutzheizungen vermieden.

Für einen Körper von der Länge l und dem überall gleichen Querschnitt F, zwischen dessen Enden eine Temperaturdifferenz $\Delta \vartheta$ besteht, ist $dQ/dt = -\lambda (F/l) \Delta \vartheta = -\Delta \vartheta / R$. Diese Gleichung hat die Form des elektrischen Ohmschen Gesetzes $i = U/R$, und der hier definierte *Wärmewiderstand* $R = l/(F\lambda)$ ist ebenso wie der elektrische Widerstand aus einem Formfaktor (l/F) und einer Leitfähigkeit (λ) zusammengesetzt. Man nennt daher die vorstehende Beziehung das *thermische Ohmsche Gesetz* und die Größe R den *Wärmewiderstand*. Seine Einheit ist 1 s grad cal^{-1} (bzw. kcal^{-1}), in der Technik 1 h grad kcal^{-1} (→ *Wärmeohm*). →Gitterleitfähigkeit, →Wärmeleitung in Gasen.

Wärmeleitung in Gasen. Analog der →Gasreibung verhält sich die Wärmeleitung in Gasen. Während im Falle der Gasreibung die transportierte Größe ein Impuls ist, ist es hier die thermische Energie der Moleküle. Die strenge *Chapman-Enskogsche Theorie* liefert für die Wärmeleitfähigkeit oder das Wärmeleitvermögen λ [cal cm^{-1} s^{-1} grad^{-1}] im Falle starrer Kugelmoleküle die Zahlenwertgleichung

$$\lambda = 1{,}0251\, \frac{75\,k}{64\,\sigma^2} \sqrt{\frac{kT}{\pi\, m}},$$

wo σ [cm] den Moleküldurchmesser bedeutet. Danach ist λ proportional zu $\sqrt{T}$, was erfahrungsgemäß auch für einatomige Gase nicht genau stimmt, da λ mit wachsendem T rascher zunimmt. Dies erklärt sich durch eine scheinbare T-Abhängigkeit des Moleküldurchmessers σ, der mit wachsendem T kleiner zu werden scheint. Diese „Weichheit" der Moleküle ist auf die Unzulänglichkeit der Vorstellung des starren Kugelmoleküls zurückzuführen. Durch Einführen von Anziehungskräften versuchte *Sutherland* die Vorstellung des starren Kugelmoleküls zu retten. Man erhält analog zur →Sutherland-Formel der inneren Reibung eine solche für das Wärmeleitvermögen. Es folgt näherungsweise die Zahlenwertgleichung

$$\lambda = \frac{75\,k}{64\,\sigma^2} \sqrt{\frac{kT}{\pi m}}\, \frac{1}{1 + C/T},$$

wo C die Sutherland-Konstante ist.

Streng genommen gibt es für das Wärmeleitvermögen einatomiger Gase genau so wenig wie für den Reibungskoeffizienten eine einfache Formel für die T-Abhängigkeit. Eine genaue Berechnung dieser Abhängigkeit ist auf Grund der Chapman-Enskogschen Theorie erst möglich bei bekanntem Kraftgesetz zwischen zwei Molekülen beim Zusammenstoß.

Der Quotient $\lambda/(\eta c_v)$ (c_v spezifische Wärme bei konstantem Volumen, η Viskosität) sollte für einatomige Gase etwa gleich der reinen Zahl 2,50 sein, für mehratomige kleiner. In der folgenden Tabelle sind einige experimentelle Werte dieser Zahl bei 0 °C angegeben:

He	Ne	Ar	Kr	X	H_2	N_2	O_2	CO_2
2,50	2,50	2,50	2,50	2,50	1,92	1,91	1,89	1,68

Das →Sutherland-Modell ergibt in höheren Näherungen für das Verhältnis $\lambda/(\eta c_v)$ einatomiger Gase eine leichte Temperaturabhängigkeit. Sie lautet nach *Enskog*

$$\frac{\lambda}{\eta c_v} = \frac{2{,}522}{1 + 0{,}03\, C/T}.$$

Einen Versuch zur Erklärung der kleineren Werte von $\lambda/(\eta c_v)$ für mehratomige Moleküle gab *Eucken*. Für Moleküle mit alleiniger Rotationsbewegung als innerer Bewegung berechnete *Pidduck* unter der Annahme des Molekülmodells der ideal rauhen Kugel Werte zwischen 1,71 und 1,87.

Ist λ' der Anteil der Translationsenergie am Wärmeleitvermögen und λ'' derjenige der Energie der inneren Freiheitsgrade, so besteht nach *Chapman* die Beziehung

$$\lambda'' = \varrho\, D_{11}\, c_v'',$$

wo D_{11} der Koeffizient der →Selbstdiffusion des Gases und c_v'' der Anteil der Energie der inneren Freiheitsgrade an der spezifischen Wärme des Gases und ϱ die Gasdichte sind.

Das Wärmeleitvermögen ist unabhängig vom Druck, solange die mittlere freie Weglänge klein ist gegenüber den Apparatdimensionen, andernfalls tritt die Wirkung der Zusammenstöße der Moleküle immer mehr zurück gegenüber dem Einfluß der Stöße der Moleküle gegen die Gefäßwände. Es tritt die Erscheinung des →Temperatursprunges an den Gefäßwänden auf.

Wärmeleitungsmanometer, Vakuummeter für den Druckbereich zwischen einigen Torr und 10^{-3} Torr, die darauf beruhen, daß die Wärmeleitung von Gasen zwar bei hohen Drucken druckunabhängig ist, aber bei niedrigem Druck von diesem abhängig wird, und zwar dann, wenn im Fall zweier Flächen auf verschiedener Temperatur die freie Weglänge der Gasmoleküle vergleichbar mit dem Abstand der Flächen oder größer wird, im Falle eines heißen Drahtes innerhalb eines kälteren Rohres, wenn die freie Weglänge vergleichbar wird mit dem Drahtdurchmesser. Die einfachste Form besteht darin, daß ein von einem Strom durchflossener Draht je nach dem im Vakuumrohr vorhandenen Druck mehr oder weniger abgekühlt wird, so daß die Temperatur des Drahtes ein Maß für den Druck ist. Die Grenze des Meßbereiches dieser Vakuummeter nach niedrigen Drucken zu ist dadurch gegeben, daß die Wärmeableitung durch den Gasraum klein wird gegenüber der Wärmeableitung durch die metallischen Zuführungen und der Wärmeabstrahlung. Die Eichkurve dieser Vakuummeter ist bei Veränderung der Oberflächeneigenschaften der warmen Drähte infolge der Veränderung der Strahlungseigenschaften stark veränderlich. Die bekanntesten Formen sind das →Widerstandsmanometer (→Pirani-Manometer) und das →thermoelektrische Vakuummeter.

Wärmeleitvermögen, -leitzahl →Wärmeleitfähigkeit.

Wärmeleitwert, der Kehrwert des Wärmewiderstandes (→Wärmeleitung).

Wärmemenge bedeutet Energie in Form von Wärme, also Energie der ungeordneten Molekularbewegung. Die Äquivalenz von Wärmemenge und mechanischer Arbeit wurde zuerst (1842) von *Robert Mayer* erkannt, der auch als erster den Umrechnungsfaktor vom kalorischen auf das mechanische Maß berechnete. →Wärmeäquivalent.

Wärmeohm, zusammenfassende Bezeichnung für die Einheit des Wärmewiderstandes R, welcher mit dem →Wärmestrom $q = dQ/dt$ und der diesen veranlassenden Temperaturdifferenz Δt durch die dem Ohmschen Gesetz der Elektrizität nachgebildete Relation $\Delta t = Rq$ zusammenhängt. In der Wärmetechnik gilt die Einheitenbezeichnung: 1 Wärmeohm = 1 h · grad/kcal. →Wärmeleitung.

Wärmepumpe →Carnotscher Kreisprozeß.

Wärmeschutzgläser →Glas, optisches.

Wärmestrahlung. Jede aus elektromagnetischen Wellen bestehende Strahlung ist von einem Energietransport begleitet, durch deren Wirkung sie nachgewiesen werden kann. Wenn diese Energie als Wärme in Erscheinung tritt, spricht man von Wärmestrahlung. Die auf →thermaktinen Vorgängen beruhende Wärmestrahlung heißt Temperaturstrahlung. Die früher vielfach übliche Bezeichnung der ultraroten Strahlung als Wärmestrahlung schlechthin ist zu verwerfen. Über die Gesetze der Temperaturstrahlung →Strahlungsgesetze.

Wärmestreustrahlung von Röntgenstrahlen. Eine wesentliche und unvermeidliche Störung der idealen Ordnung eines Kristallgitters verursacht die Wärmebewegung. Senkung der Temperatur setzt sie zwar herab, beseitigt sie aber nicht, da selbst am absoluten Nullpunkt eine Nullpunktsunruhe (→Nullpunktsenergie des Gitters) übrigbleibt. Die erste Theorie des Einflusses der Wärmebewegung auf die Röntgeninterferenzen an Kristallen stammt von *P. Debye* (1913). Nach ihr liefert die Temperaturbewegung, neben einer Schwächung der Interferenzmaxima, einen Untergrund von diffuser Streustrahlung, welche mit steigender Temperatur stärker wird. Die genauere Theorie (*Faxen* 1918, *Waller* 1923) ergab eine Anhäufung der Streustrahlung in den Interferenzrichtungen und führt zu den →sekundären Interferenzmaxima. In Kristallen nichtkubischer Symmetrie ist die Streustrahlung infolge der Anisotropie der Wärmebewegung anisotrop (*Brindley* 1936).

v. Laue, M.: Röntgenstrahlinterferenzen. Leipzig 1948. — *Waller, I.:* Dissert. Uppsala 1925.

Wärmestrom (*Wärmefluß*) $q = dQ/dt$ ist die in der Zeiteinheit durch einen Querschnitt eines Körpers fließende Wärmemenge. Übliche Einheiten sind 1 W, 1 cal s^{-1} und 1 kcal h^{-1}. *Wärmestromdichte* ist der Wärmestrom je Querschnittseinheit. Für den Wärmestrom in Abhängigkeit von der verursachenden Temperaturdifferenz gilt eine dem elektrischen Ohmschen Gesetz analoge Beziehung. →Wärmeleitung.

Wärmesummen, Konstanz der, →Hessscher Satz.

Wärmetod. Jedes sich selbst überlassene thermodynamische System strebt einem Gleichgewichtszustand zu, in dem es u. a. keinerlei Temperaturdifferenzen mehr gibt. Aus dem 2. Hauptsatz der Thermodynamik folgt nun, daß in einem solchen abgeschlossenen, ins Gleichgewicht gelangten System die vorhandene Wärme nicht mehr in mechanische Arbeit umgesetzt werden kann, da für eine solche Umwandlung eine Temperaturdifferenz vorhanden sein muß. Läßt sich das Universum als endliches, abgeschlossenes, thermodynamisches System auffassen, so würde hieraus folgen, daß in der Welt schließlich alle Temperaturdifferenzen verschwinden und keinerlei Energieumwandlungen mehr stattfinden würden. Dieser hypothetische Zustand, der bei einer endlichen Temperatur erreicht würde, wird als Wärmetod der Welt bezeichnet. Die modernen kosmologischen Theorien scheinen darauf hinzudeuten, daß die Anwendung des 2. Hauptsatzes auf das Universum als thermodynamisches System zumindest nicht ohne weiteres zulässig ist.

Wärmetönung, die bei einer chemischen Reaktion bei konstanter Temperatur abgegebene Wärmemenge. Sie wird meist auf molaren Umsatz bezogen. Je nach den äußeren Versuchsbedingungen muß man die Wärmetönung bei konstantem

42*

Volumen W_v und die Wärmetönung bei konstantem Druck W_p unterscheiden. Nach dem 1. Hauptsatz der Thermodynamik ist W_v gleich der Abnahme der inneren Energie des Systems bei der Reaktion, während W_p gleich der Abnahme der Enthalpie ist. Diese Größen unterscheiden sich durch die im zweiten Fall nach außen geleistete Arbeit, die gegenüber der Energieänderung klein und meist nur dann zu berücksichtigen ist, wenn mit der Reaktion eine Änderung der Molzahl der vorhandenen Gase verbunden ist.

Die Temperaturabhängigkeit der Wärmetönung ist ebenfalls durch den 1. Hauptsatz als Differenz der Wärmekapazitäten des Systems vor und nach der Reaktion gegeben. Geht die Reaktion nach der Gleichung

$$n_1 A_1 + n_2 A_2 \ldots = n_1' A_1' + n_2' A_2' \ldots$$

(wo die n-Größen Molzahlen und die A-Größen Stoffe bedeuten) vor sich und ist die Wärmekapazität des Systems $(n_1 A_1 + n_2 A_2 \ldots)$ gleich $n_1 C_1 + n_2 C_2 \ldots$ (wo die C-Größen Molwärmen bedeuten), so ist

$$dW/dT = (n_1 C_1 + n_2 C_2 \ldots - n_1' C_1' - n_2' C_2' \ldots).$$

Diese Gleichung ist als *Kirchhoffscher Satz* von der Temperaturabhängigkeit der Wärmetönungen bekannt. Je nach den Versuchsbedingungen ist in der Gleichung W durch W_v oder W_p und entsprechend C durch C_v oder C_p zu ersetzen.

Eucken, A.: Grundriß d. Physikal. Chemie. Leipzig 1948.

Wärmeübergang, die Wärmeübertragung zwischen einer festen Wand von der Temperatur ϑ_w und einer Flüssigkeit oder einem Gas von der Temperatur ϑ, gemessen in großer Entfernung von der Wand. Dabei sind die Erscheinungen der Wärmeleitung und der Konvektion beteiligt, evtl. auch Strahlung. Da Konvektion ohne Wärmeleitung nicht auftreten kann (wohl aber umgekehrt Wärmeleitung ohne Konvektion), hat sich als zweckmäßig der einfache Newtonsche Ansatz bewährt, der beide Erscheinungen zusammenfaßt:

$$dQ = \alpha F(\vartheta_w - \vartheta)\, dt,$$

worin dQ die in der Zeit dt übertragene Wärmemenge bedeutet. F ist die Fläche der Wand und α die → *Wärmeübergangszahl.*

Die Wärmeübergangszahl ist keine Materialkonstante, sondern eine komplizierte Funktion der Materialkonstanten (Wärmeleitfähigkeit λ, spezifische Wärme c_p, kinematische Viskosität ν, Ausdehnungskoeffizient β) und der Versuchsbedingungen (Fallbeschleunigung g, Temperaturdifferenz $\vartheta_w - \vartheta$, Strömungsgeschwindigkeit w und kennzeichnende Länge l der Apparatur, z. B. Durchmesser von Rohren).

Die Differentialgleichungen der Strömungsvorgänge führen nicht zu brauchbaren Lösungen, d.h. man kann daraus nicht α als explizite Funktion der maßgebenden Größen berechnen. Zur Berechnung der praktisch erforderlichen Wärmeübergangszahlen bedient man sich daher des Ähnlichkeitsprinzips: Man mißt die Wärmeübergangszahl an einem geometrisch ähnlichen Modell und überträgt die Ergebnisse unter Zugrundelegung der dimensionslosen Kennzahlen (→Ähnlichkeitsgesetze) auf die Apparatur. In dieser treten dann ähnliche Erscheinungen auf, wenn die jeweils maßgebenden Kennzahlen dieselbe Größe haben wie im Modell. Die →Nusseltsche Kennzahl Nu enthält die Wärmeübergangszahl; wenn daher Nu am Modell be-

stimmt ist, kann $\alpha = Nu\,\lambda/l$ für die Apparatur berechnet werden.

Im allgemeinen Falle ist $Nu = F(Re, Pr, Gr)$ (→Reynoldssche, →Prandtlsche und →Grashofsche Kennzahl). Als Interpolationsformel für ein begrenztes Versuchsgebiet hat sich die Nusseltsche Formel

$$Nu = C Re^n\, Pr^m Gr^r$$

bewährt, worin C und die Exponenten n, m und r aus den Modellversuchen zu bestimmen sind.

Besonders einfach, nur von je einer Kennzahl abhängig, sind die Fälle: freie Strömung unter Vernachlässigung der Eigengeschwindigkeit (schleichende Bewegung) $Nu = F(Gr, Pr)$ und erzwungene Strömung unter Vernachlässigung der Schwerkraft (turbulente Strömung) in Gasen $Nu = F(Re)$. In Flüssigkeiten gilt in diesem Fall $Nu = F(Re, Pr)$.

ten Bosch, M.: Die Wärmeübertragung. Berlin 1936.

Wärmeübertragungszahl, -übergangszahl α, definiert durch die Newtonsche Gleichung des Wärmeüberganges (→ Wärmeaustauscher), wird meist im technischen Maßsystem gemessen, also in $kcal\ m^{-2} h^{-1} grad^{-1}$. Sie ist keine Materialkonstante, sondern von den Versuchsbedingungen abhängig. Für gebräuchliche Stoffe (Luft, Wasser, Wasserdampf, Rauchgase) und Versuchsbedingungen (Strömung in oder um Rohre) sind einfache Formeln mit begrenztem Gültigkeitsbereich aufgestellt.

Wärmewellen treten als Folge periodischer Temperaturschwankungen auf, z. B. in der Erdkruste infolge der tages- und jahreszeitlich schwankenden Temperatur der Erdoberfläche. Bei einer Schwankungsfrequenz ν ergeben sich Orts- und Zeitverlauf der Temperatur im Erdinnern zu

$$T(x, t) = A\, e^{-\sqrt{\frac{\pi \nu}{a}}\, x}\, e^{2\pi i \nu \left(t - \frac{x}{\sqrt{4 a \pi \nu}}\right)}$$

(A Integrationskonstante, a Temperaturleitzahl). Die Wärmewelle ist räumlich gedämpft und breitet sich mit der frequenzabhängigen Phasengeschwindigkeit $v = \sqrt{4 a \pi \nu}$ aus. Wärmewellen sind nicht zu verwechseln mit →*Temperaturwellen*, wie sie z.B. in flüssigem Helium II auftreten (second sound).

Wärmewiderstand →Wärmeleitung, →Wärmeohm. Der *spezifische* Wärmewiderstand eines Stoffes ist der Kehrwert $1/\lambda$ seiner Wärmeleitfähigkeit.

Wasser →Wasserstruktur.

Wasser, schweres. Das Wassermolekül besteht aus einem Sauerstoffatom und zwei Wasserstoffatomen. Wasserstoff hat zwei →Isotope, das sehr häufig vorkommende leichte Isotop ($H = {}_1^1 H$) mit der Massenzahl 1 und das schwere Isotop, auch →Deuterium ($D = {}_1^2 H$) genannt, mit der Massenzahl 2, das nur mit einer Häufigkeit von $0,015\%$ in normalem Wasserstoff enthalten ist. Wenn die Wasserstoffatome des Wassermoleküls aus schwerem Wasserstoff bestehen, so spricht man von schwerem Wasser. Man benutzt dafür die Bezeichnung D_2O im Gegensatz zur Bezeichnung H_2O für leichtes Wasser. In der Tabelle sind einige Eigenschaften von schwerem und leichtem Wasser angeführt. Außerdem gibt es noch das Mischmolekül HDO.

Normales Wasser ist ein Gemisch aus leichtem und schwerem Wasser. Bei der Elektrolyse reichert sich das schwere Wasser im Rückstand an. Wenn man mehrere 100 Liter gewöhnlichen Wassers bis

Tabelle.

Eigenschaft	H_2O	D_2O
Molekulargewicht	18	20
Größte Dichte [g cm^{-3}] .	1,0000	1,1071
Temperatur der größten Dichte [°C]	4,0	11,6
Gefrierpunkt [°C]	0	3,82
Siedepunkt [°C]	100,00	101,42
Oberflächenspannung [dyn cm^{-1}]	72,75	67,8
Viskosität bei der größten Dichte [10^3 g cm^{-1} s^{-1}].	10,09	12,60

auf einen Rest von einigen cm^3 elektrolysiert, so besteht dieser Rest aus nahezu reinem D_2O. Schweres Wasser wird auf diese Weise hergestellt und ist im Handel käuflich. Auf lebende Organismen hat schweres Wasser einen ganz anderen Einfluß als gewöhnliches Wasser. Samen, Algen, Kaulquappen usw. gehen in 100%igem schwerem Wasser in kurzer Zeit zugrunde. Schweres Wasser findet hauptsächlich bei kernphysikalischen Untersuchungen Anwendung.

Frerichs, R.: Ergebn. exakt. Naturw. **13**, 257 (1934).

Wasserdampf der Atmosphäre. Seiner Menge ist durch die maximale Dampfspannung (Sättigungsdruck) eine obere Grenze gesetzt. Das hat zur Folge, daß er nicht, wie die permanenten Gase, in höhenkonstantem Mischungsverhältnis zur Luft steht, sondern etwa in $^1/_3$ der Höhe wie Luft (d. h. 5 bis 6 km) auf $^1/_{10}$ absinkt. Die Gesamtmenge ist in den Tropen 3 bis 4 g cm^{-3}, in mittleren Breiten 0,5 bis 1,0 g cm^{-3}. Die Bedeutung des Wasserdampfes liegt 1. in seiner starken Absorption →terrestrischer Wärmestrahlung. Dadurch verhindert er die Ausstrahlung der Erdoberfläche und bewirkt die Ausstrahlung der oberen Troposphäre gegen den Weltraum, wodurch gleichzeitig eine höhere Temperatur der bodennahen Luftschicht und die Temperaturabnahme mit der Höhe bewirkt werden (→ Glashauswirkung). 2. Er vermittelt durch Verdampfung am Boden und Kondensation in der Höhe den Ausgleich der →Strahlungsbilanz und bringt dabei Bewölkung und Niederschlag hervor.

Wasserdampfdruck →Dampf.

Wasserdichte, maximale. Das Dichtemaximum des reinen Wassers ist eine physikalische Hilfskonstante, die für das →Skalenäquivalent zwischen →Liter und Kubikdezimeter und die Definition der bei Dichtepräzisionsmessungen an Flüssigkeiten im allgemeinen bestimmten relativen Dichte oder Dichtezahl δ von Bedeutung ist. Die maximale Wasserdichte $\varrho_m(H_2O)$ liegt für den physikalischen →Normdruck $p_0 = 1$ atm bei 3,98 °C: $\varrho_m(H_2O) \equiv \varrho_4^{p_0}(H_2O)$. Die Dichtezahl des Wassers bei seinem Dichtemaximum ist per definitionem gleich Eins: $\varrho_4^{p_0}(H_2O) \equiv 1$; die maximale Wasserdichte ergibt sich aus den vorliegenden Präzisionsbestimmungen zu $\varrho_m(H_2O) = 0,999972 \pm 0,000003$ g cm^{-3}. Aus diesem Meßresultat folgt mit der Definitionsgleichung $\varrho_m(H_2O) \equiv 1$ kg/l für die Volumeneinheit →Liter die Umrechnungsbeziehung $1\,l = (1,000028 \pm 0,000003) \cdot 10^{-3}$ m^3.

Wasserenthärtung →Austauschadsorption, →Ionenaustausch.

Wasserfallelektrizität, *Balloelektrizität,* auch *Lenard-Effekt,* Elektrizitätsbildung beim Aufprallen von Wasser auf ein Hindernis und beim Fallen von Wassertropfen (oder anderer Flüssigkeitstropfen) durch Luft (oder andere Gase), wobei eine positive Aufladung der Wassertropfen und eine entsprechende negative der Luft auftritt; auch beim Sprudeln von Luftblasen durch Wasser zu beobachten. Nach *Lenard* beruht die Elektrisierung auf dem Abreißen kleinster negativ geladener Flüssigkeitsteilchen aus der bei Substanzen mit hohem Assoziationsvermögen und hoher Dielektrizitätskonstanten sich stets ausbildenden elektrischen Doppelschicht an der freien Flüssigkeitsoberfläche. Die Ladung des Gases besteht aus kleinsten Flüssigkeitsteilchen. Mit zunehmender Konzentration elektrolytischer Zusätze im Wasser nimmt die Aufladung ab und wechselt schließlich das Vorzeichen. Mit Reibungselektrizität hat der Vorgang nichts zu tun.

Es ist wahrscheinlich, aber nicht unbestritten, daß die Wasserfallelektrizität an der zu →Gewitter führenden Ladungstrennung in der Atmosphäre mehr oder weniger wesentlich beteiligt ist.

Handb. d. Physik XIII. Berlin 1928.

Wasserhaushalt der Atmosphäre, setzt sich zusammen aus der Verdunstung vom Erdboden, horizontalem Zu- und Abtransport durch Luftströmungen und Abgabe an den Erdboden durch →Niederschlagsbildung. Während sich die Transportgrößen der Beobachtung entziehen, ist die Bilanz Niederschlag minus Verdunstung gleichzusetzen der hydrographisch ermittelten Differenz Abfluß minus Vorratsaufbrauch und daher — mindestens in der Jahressumme — bestimmbar. Der hohe Wärmebedarf der Verdunstung und die frei werdende Kondensationswärme in der Atmosphäre kompensieren den →Strahlungshaushalt, der für sich allein einen Überschuß von Wärmezufuhr an der Erdoberfläche und ein Defizit in der Atmosphäre ergäbe.

Wasserhose →Trombe.

Wasser-Kalorie →Kalorie.

Wasserringpumpe. Das Prinzip dieser Pumpen ist das eines umgekehrt laufenden Gasmessers. Als Sperrflüssigkeit zwischen den einzelnen Kammern wird Wasser verwendet, das sich infolge der Zentrifugalkraft in Form eines Ringes an die Außenwand des Gehäuses legt und damit die einzelnen Kammern des exzentrisch gelagerten, mit Flügeln versehenen Rotors gegeneinander und zwischen den Flügeln je nach der augenblicklichen Lage verschieden große Räume absperrt.

Wasserschall. Die Schallgeschwindigkeit in Wasser nimmt mit der Temperatur, dem Druck und dem Salzgehalt zu. In destilliertem, luftfreiem Wasser beträgt sie bei 13 °C 1441 m s^{-1}. Nach *Wood* nimmt sie zwischen 6 und 17 °C um 3,3 m s^{-1} je 1° zu. Die Schallausbreitung unterscheidet sich von derjenigen in Luft hauptsächlich durch die wesentlich geringere Absorption, die zu einer beträchtlichen Vergrößerung der → Reichweite von Schallsignalen führt. Während bei einem Bündel paralleler Strahlen von einer Frequenz von 10000 Hz die Schallintensität in Luft nach Durchlaufen einer Strecke von 220 m auf die Hälfte gefallen ist, beträgt die entsprechende Strecke in Wasser 400 km. Die geringe Schallabsorption des Wassers ermöglicht die Verwendung von Ultraschallwellen zur Nachrichtenübermittlung und zur akustischen Ortung (→Echolot, Sonargerät). Der hohe →Schallwellenwiderstand des

Wassers erfordert besonders angepaßte Unter-wasser-Schallsender (→Drucktransformatoren).

Aigner, F.: Unterwasserschalltechnik. Berlin 1922. — Müller-Pouillet: Lehrb. d. Physik I/3. Braunschweig 1929.

Wasserschlag. In einer geschlossenen Leitung werden durch Drosseln und Absperren der stationären Strömung Druckänderungen hervorgerufen, die je nach den besonderen Voraussetzungen der Anordnung und des Drosselvorganges beträchtliche Drucksteigerungen zur Folge haben können. Wenn in einer Leitung von der Länge l der Durchfluß vom Betrage $v = v_{max}$ bis zum Wert $v = 0$ in der Zeit t_s linear abgesperrt wird, so wird in einer volumenbeständigen Flüssigkeit die Druckhöhe um den Betrag $\Delta h = \dfrac{l v_{max}}{g t_s}$ vergrößert. Die Geschwindigkeit der Ausbreitung von Druckänderungen in elastischen Flüssigkeiten, die Schallgeschwindigkeit $a = \sqrt{M/\varrho}$ (für Wasser $a \cong 1440$ m/s, M Kompressionsmodul) ergibt bei einer Geschwindigkeitsänderung Δv eine Druckerhöhung $\Delta p = \varrho a \Delta v$. Befindet sich das Absperrorgan in größerer Entfernung von dem Ende der Leitung, so entsteht infolge der Trägheit der Flüssigkeitsmasse an der Absperrstelle ein Hohlraum mit einer starken Druckerniedrigung. Der Druckunterschied gegenüber dem Außendruck läßt die Flüssigkeit mit annähernd gleicher Endgeschwindigkeit wie bei der stationären Strömung zurückströmen und auf das Absperrorgan aufprallen. Auch beim Öffnen können infolge des Abreißens der Strömung harte Schläge entstehen. Treffen die beiden Flüssigkeitssäulen beim Zurückströmen in den Hohlraum mit der Relativgeschwindigkeit w zusammen, so ist die Druckerhöhung beim Durchgang der Stoßwelle $\Delta p = \varrho a w/2$. Bei Berechnungen der Ausbreitung der Druckstöße sind jedoch auch die elastischen Verhältnisse der Leitung zu berücksichtigen.

Wassersiedeapparat →Bäder konstanter Temperatur.

Wassersprung (→Schießen und Strömen). Während der Übergang vom Strömen zum Schießen ohne größeren Energieverlust vor sich geht, vollzieht sich der Übergang vom Schießen zum Strömen in einem Wassersprung unter beträchtlichen Verlusten. Sieht man für den Verlauf des Sprunges die hydrostatischen Drucke in seinen Anfangs- und Endquerschnitten als maßgebend an, so ergibt sich bei gleichbleibender Breite b mit der Kontinuitätsbedingung (Q Durchfluß in m³/s) $v_1 y_1 = v_2 y_2 = Q/b$ für die jeweilige Wassertiefe y aus dem Impulssatz

$$\frac{\varrho g}{2}(y_2^2 - y_1^2) = \varrho q(v_1 - v_2),$$

während die Kontinuitätsbedingung für die jeweilige Wassertiefe y bei gleichbleibender Breite des Querschnittes $v_1 y_1 = v_2 y_2 = q$ lautet (ϱ Dichte). Daraus folgt das Verhältnis der Wassertiefen zu

$$\frac{y_2}{y_1} = \frac{1}{2}\left(\sqrt{1 + 8\frac{v_1^2}{g y_1}} - 1\right) = f(Fr).$$

Diese dimensionslose Darstellung zeigt für diesen durch die Schwerkraft bedingten Strömungsvorgang die Abhängigkeit von der →Froudeschen Zahl $Fr = \dfrac{v_1}{\sqrt{g y_1}}$. Die Länge des Wassersprunges beträgt etwa $L \cong 5 y_2$, der Energieverlust beträgt bei höheren Fr-Zahlen mehr als 50% der vorher verfügbaren Energie. Daher dient der Wasser-sprung bei Dämmen und Überfällen zur Verhütung von Kolken an den Sturzbetten.

Wasserstoff, schwerer →Deuterium.

Wasserstoffatom, das einfachste Atom, das aus einem Kern der Ladungszahl 1, dem Proton, und einem Elektron besteht. Über die Energiezustände des Wasserstoffatoms →Wasserstoffspektrum. Ferner →Deuterium, →Triterium.

Wasserstoffbindung (*Wasserstoffbrückenbindung, H-Brücke*). Zwischen vielen Molekülen bilden sich zwischenmolekulare „Brücken" (Symbol ·····), d. h. Bindungen vom Typ:

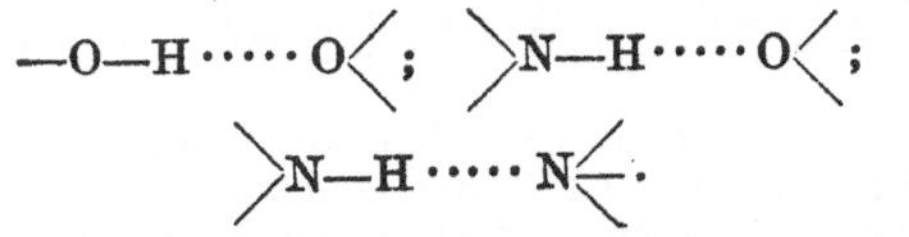

$$-\mathrm{O}-\mathrm{H}\cdots\cdots\mathrm{O}{<}\;;\quad {>}\mathrm{N}-\mathrm{H}\cdots\cdots\mathrm{O}{<}\;;$$
$$>\mathrm{N}-\mathrm{H}\cdots\cdots\mathrm{N}{<}\cdot$$

Diese Beispiele lassen sich vermehren. Andere Gruppen, wie S—H, C—H, bilden keine Brücken. Voraussetzung der H-Brücke ist großes Dipolmoment der Gruppe $\overset{-}{\mathrm{X}}{-}\overset{+}{\mathrm{H}}$; diese polare Gruppe zieht elektronegative Atome (O, N, F usw.) an. Die X—H-Gruppe nennt man *Donator-*, die andere *Akzeptorgruppe.* Stets wird das positive Ende des Donators durch Wasserstoff gebildet. Die H-Brücke ist eine elektrostatische zwischenmolekulare Wechselwirkung, die sich vor anderen zwischenmolekularen Dipolwechselwirkungen dadurch auszeichnet, daß dank der geringen Ausdehnung des H und des großen Dipolmoments diese Wechselwirkung groß gegen kT ist. Dieser quantitative Unterschied zeichnet die H-Brücke in verschiedener Hinsicht so sehr vor normalen →zwischenmolekularen Kräften aus, daß es gerechtfertigt ist, von einer besonderen Bindung zu sprechen. Die durch die Brücke X—H·····Y verbundenen Atome X und Y nähern sich einander oft bis auf ihre empirischen Ionenradien. Zum Beispiel ist im Falle von O—H·····O der O—O-Abstand oft 2,7 bis 2,8 Å (O^{--}-Radien nach *Pauling* 1,40 Å). Die Brückenenergie beträgt 5 bis 8 kcal/mol. Bekannte Beispiele sind die niedrigen Carbonsäuren, die mittels H-Brücken Doppelmoleküle von folgendem Typ bilden:

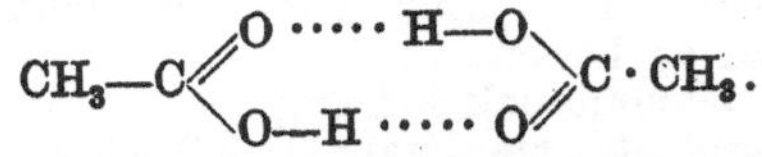

$$\mathrm{CH_3}-\mathrm{C}\!\!\begin{matrix}{\diagup}\mathrm{O}\cdots\cdots\mathrm{H}-\mathrm{O}{\diagdown}\\[2pt]{\diagdown}\mathrm{O}-\mathrm{H}\cdots\cdots\mathrm{O}{\diagup}\end{matrix}\!\!\mathrm{C}\cdot\mathrm{CH_3}.$$

In Eis und Wasser sind die H_2O-Molekeln ebenfalls z. T. durch H-Brücken verknüpft (→Wasserstruktur). Zeitweise vermutete man, das H-Atom liege genau in der Mitte zwischen Akzeptor- und Donatoratom. Dies ist jedoch nur in Ausnahmefällen so. Meist liegt das H-Atom näher bei seinem Donatoratom. Eine Folge der Brücke ist die Verschiebung der ultraroten X—H-Schwingungen nach kleineren Frequenzen. Beispiel $\tilde{\nu}_{OH}$ im einzelnen H_2O: 3756 cm^{-1}, im Eis 3376 cm^{-1}.

Bisher ist nicht entschieden, ob die Brücke auch einen merklichen kovalenten Anteil hat. Dagegen können Protonen beim Carbonsäuremolekül und in verwandten Fällen über die Brücken verschoben werden:

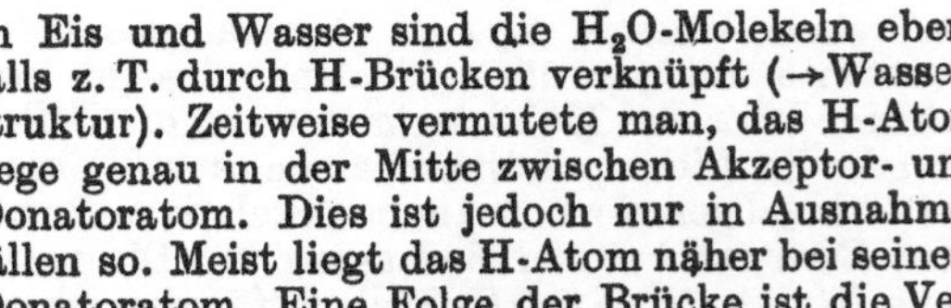

$$\mathrm{R}\cdot\mathrm{C}\!\!\begin{matrix}{\diagup}\mathrm{O}\cdots\cdots\mathrm{H}-\mathrm{O}{\diagdown}\\[2pt]{\diagdown}\mathrm{O}-\mathrm{H}\cdots\cdots\mathrm{O}{\diagup}\end{matrix}\!\!\mathrm{C}\cdot\mathrm{R}\;\longleftrightarrow$$
$$\longleftrightarrow\;\mathrm{R}\cdot\mathrm{C}\!\!\begin{matrix}{\diagup}\mathrm{O}-\mathrm{H}\cdots\cdots\mathrm{O}{\diagdown}\\[2pt]{\diagdown}\mathrm{O}\cdots\cdots\mathrm{H}-\mathrm{O}{\diagup}\end{matrix}\!\!\mathrm{C}\cdot\mathrm{R}.$$

Die Verbindung zweier Atomgruppen innerhalb eines Moleküls durch eine H-Brücke nennt man gelegentlich *Chelation* (Verkrallung, vom griech. χηλή = Kralle, Klaue). Beispiel:

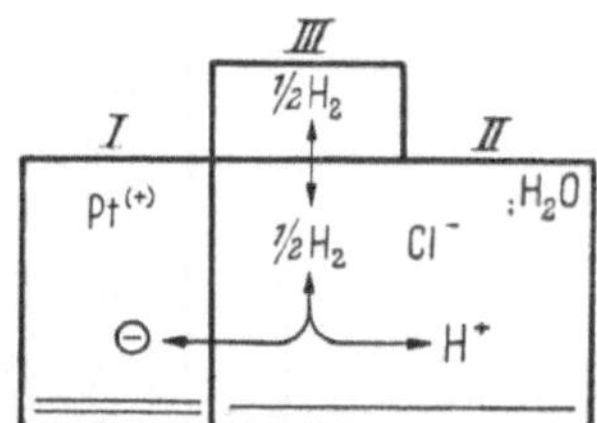

Über spezielle zwischenmolekulare Effekte, besonders über Leitungsprozesse, die durch „kooperierende" Systeme von H-Brücken vermittelt werden und die möglicherweise in Proteinen und anderen Molekularverbänden von Bedeutung sind, vgl. *K. Wirtz*, Z. Elektrochem. **54**, 47 (1950).

Pauling, L.: Nature of Chemical Bond. Ithaca, N.Y., 1941.
— *Briegleb, G.:* Z. Elektrochem. 50, 35 (1944). — *Hoyer, H.:* ebda 49, 97 (1943). — *Mecke, R.:* ebda 52, 269 (1948).

Wasserstoffbrücke →Wasserstoffbindung.

Wasserstoffelektrode. *Stofflicher Aufbau: Phasenschema* (die feste Phase ist durch zweimaliges, die Lösungsphase durch einmaliges Unterstreichen gekennzeichnet):

Zur Wasserstoffelektrode.

Platin oder ein anderes „unangreifbares" Metall, von Wasserstoff umspült, taucht in eine H+-Ionen enthaltende, wäßrige Lösung ein, z. B. in Salzsäure.

Potentialbestimmende Reaktion (→einfache Elektrode):

$$\ominus + H^+ \to \tfrac{1}{2} H_2.$$

Die →*Galvani-Spannung* hängt von der Aktivität der H+-Ionen und dem Druck des Wasserstoffs ab:

$$g = g + \frac{RT}{F} \ln \frac{a_{H^+}}{p_{H_2}^{1/2}}$$

Verwendung zur p_H-Messung. g: Grundwert für

$$a_{H^+} = 1 \text{ und } p_{H_2} = 1 \text{ at.}$$

Gibt man $a_{H^+} = 1$ und $p_{H_2} = 1$ atm vor, so erhält man die als →Bezugselektrode oft Verwendung findende *Normal-Wasserstoffelektrode*. Die EMK-Werte der mit dieser Elektrode aufgebauten Bezugsketten werden als E_A-Werte bezeichnet (→Spannungsreihe).

Im Stromfluß tritt eine →Überspannung auf (→Polarisation, →Tafelsche Gleichung).

Gmelins Handb. d. anorgan. Chemie, Teil Platin (Syst. Nr. 68) B. 181, 1939.

Wasserstoffexponent →Wasserstoffionen-Konzentration.

Wasserstoff-Flocculi →Flocculi.

Wasserstoffion, negatives. Das Wasserstoffatom hat, obwohl es als Ganzes ungeladen ist, eine Neigung, noch ein weiteres Elektron anzulagern, so daß ein negatives Ion entsteht. Die Bindungsenergie dieses zweiten Elektrons beträgt etwa 0,71 eV. Daß eine solche Elektronenaffinität besteht, beruht darauf, daß beim Wasserstoffatom noch ein weiteres Elektron in dem tiefsten Quantenzustand eingebaut werden kann und dieses sich somit im Mittel in einem ähnlichen Abstand vom Kern wie das erste Elektron bewegt, so daß es unter dem Einfluß eines nur teilweise abgeschirmten Coulomb-Feldes steht. Die entsprechende Bindung eines dritten Elektrons beim Helium ist wegen des Pauli-Prinzips nicht möglich, da dieses dritte sich weit von den beiden anderen bewegen müßte und somit keine Anziehung vom Kern mehr erfährt, da dessen Ladung durch die beiden anderen vollkommen abgeschirmt ist.

Negative Wasserstoffionen sind in großer Menge in der →Photosphäre der Sonne enthalten und liefern dort den Hauptanteil des kontinuierlichen Absorptionskoeffizienten.

Wasserstoffionen-Konzentration. Wasser ist in sehr geringem Maße in Ionen dissoziiert. Das Dissoziationsgleichgewicht ist nach dem Massenwirkungsgesetz durch $\dfrac{c_{H^+}\, c_{OH^-}}{c_{H_2O}} = K'$ gegeben. Hier bedeutet c_{OH^-} die Konzentration der OH-Ionen, c_{H^+} die Konzentration von Ionen, die im wesentlichen als H_3O^+ (Anlagerung von H+ an H_2O, Hydratation) beschrieben werden können. Da die Hydratation des Wasserstoffions aber für die Gleichgewichtsbetrachtungen unwesentlich ist, pflegt man von Wasserstoffionen und deren Konzentration zu sprechen. Die Konzentration des undissoziierten Wassers ist wegen der Geringfügigkeit der Dissoziation durch die Konzentration des Wassers gegeben und kann in die Gleichgewichtskonstante einbezogen werden. Man hat daher die Beziehung $c_{H^+}\, c_{OH^-} = K$, in der K nur von der Temperatur abhängt und als *Ionenprodukt* des Wassers bezeichnet wird. Sein Wert bei 20 °C ist 10^{-14} (mol/l)², so daß für reines Wasser $c_{H^+} = 10^{-7}$ mol/l ist. Durch Hinzufügen von Säure wird c_{H^+} vermehrt, c_{OH^-} in entsprechendem Maße vermindert. So ist in einer $^1/_{100}$ normalen Salzsäurelösung $c_{H^+} = 10^{-2}$ mol/l und $c_{OH^-} = 10^{-12}$ mol/l. Man pflegt die *Azidität* einer Lösung meist nicht durch c_{H^+}, sondern durch den negativen dekadischen Logarithmus dieses Wertes, den *Wasserstoffexponenten* oder p_H-*Wert* anzugeben: $p_H = -\log c_{H^+}$. Diese Azidität ist wohl von dem Bruttogehalt der Lösung an Säure, wie er durch Titration (→Maßanalyse) bestimmt wird, zu unterscheiden.

Eggert, J.: Physikal. Chemie. Leipzig 1948.

Wasserstoffkontinuum, das kontinuierliche Spektrum, das sich in Richtung auf kürzere Wellen an die Seriengrenze der →Balmer-Serie anschließt. →Wasserstofflampe.

Wasserstofflampe, Glimmentladungsröhre, deren Entladungsbahn aus einer langen, innen versilberten Kapillaren von 5 bis 10 mm Durchmesser besteht. An den Kapillarenenden befinden sich Erweiterungen, welche die Elektroden enthalten. Diese liegen dicht an der Gefäßwandung an, um die Wiedervereinigung von Wasserstoffatomen zu Molekülen zu begünstigen. Das Entladungsrohr enthält trockenen Wasserstoff von 1 bis 10 Torr. Das Spektrum der Entladung zeigt ein intensives Kontinuum, das von 1600 Å bis in das sichtbare Spektralgebiet reicht und ein Intensitätsmaximum bei 2500 Å aufweist. Die Beobachtung der Strahlung erfolgt längs der Entladungsbahn („end on").

Wasserstoffradius, Bohrscher, a_0, definiert als der nach der nicht-relativistischen klassischen Quantentheorie zu berechnende Radius der einquantigen Elektronen*kreis*bahn für das Wasserstoffatom, wird in der Atomphysik als Längen-

Wasserstoffskala, Internationale →Temperaturskalen.

Wasserstoffspektrum (Abb. 1), zeigt eine einfache Gesetzmäßigkeit, die *Balmer* empirisch durch die →Balmer-Formel darstellen konnte. Fünf

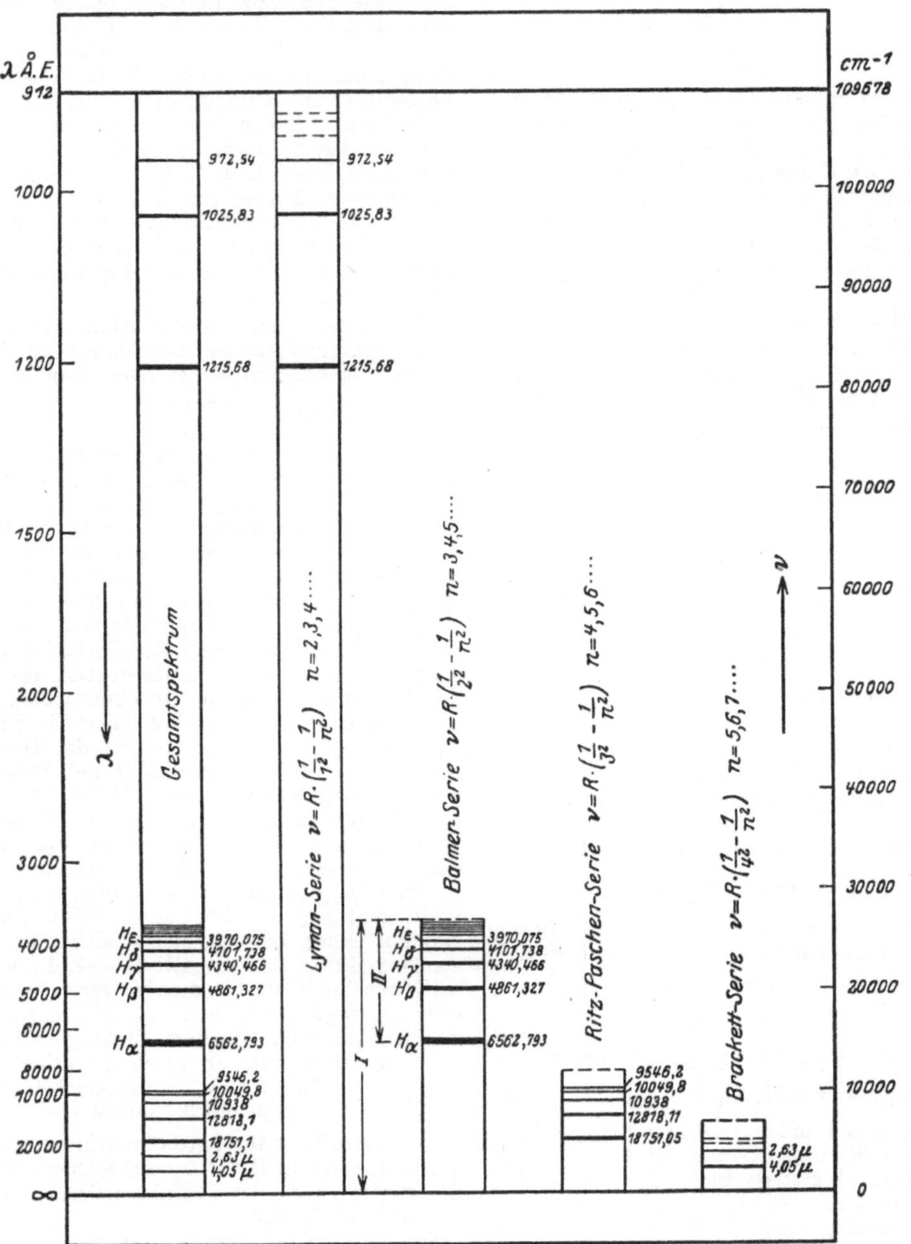

Abb. 1. Spektrum des Wasserstoffs. Nach Grotrian.

einheit benutzt. a_0 ist durch die Relation $a_0 = \varepsilon_0 h^2/(\pi m_0 e^2)$ gegeben und über die Sommerfeldsche →Feinstrukturkonstante α mit dem →Elektronenradius r_0 verknüpft: $a_0 = r_0/\alpha^2$. Aus dem Satz der hier zugrunde gelegten atomaren Ausgangskonstanten (→Atomkonstanten) berechnet sich

$$a_0 = \frac{1}{4\pi}\left(\mu_0 F(e/m_0)/N_L R_\infty^2\right)^{1/3}$$

$(=(5{,}291_g \pm 0{,}001)\cdot 10^{-11}\,\mathrm{m} = 0{,}5291_g \pm 0{,}0001$ I.A. Ångström-Einheit, internationale).

Serien des Spektrums treten deutlich hervor: die *Lyman-Serie*, die im Ultravioletten liegt, die im Sichtbaren liegende *Balmer-Serie*, die *Ritz-Paschen-Serie*, die *Brackett-Serie* und die *Pfund-Serie*. Alle Serien lassen sich aus den →Balmer-Termen R/n^2 $(n = 1, 2, \ldots)$ nach der Formel

$$\tilde{\nu} = R\left(\frac{1}{n'^2} - \frac{1}{n^2}\right)$$

herleiten, wobei $\tilde{\nu}$ die Wellenzahl und R die →Rydberg-Konstante sind. Für die Lyman-Serie ist

$n' = 1$ und $n = 2, 3, \ldots$; für die Balmer-Serie
$n' = 2$ und $n = 3, 4, \ldots$; für die Paschen-Serie
$n' = 3$ und $n = 4, 5, \ldots$ usw.

Die theoretische Herleitung der Balmer-Terme gelang zuerst der älteren Bohrschen Quanten-

mit r, ϑ, φ als Polarkoordinaten, wobei E_n nicht von l, m abhängt. Die $Y'_{l,m}$ sind die →Kugelfunktionen und

$$R_{nl} = e^{-\frac{r}{n}} r^l L_{n+l}^{2l+1}\left(\frac{2r}{n}\right),$$

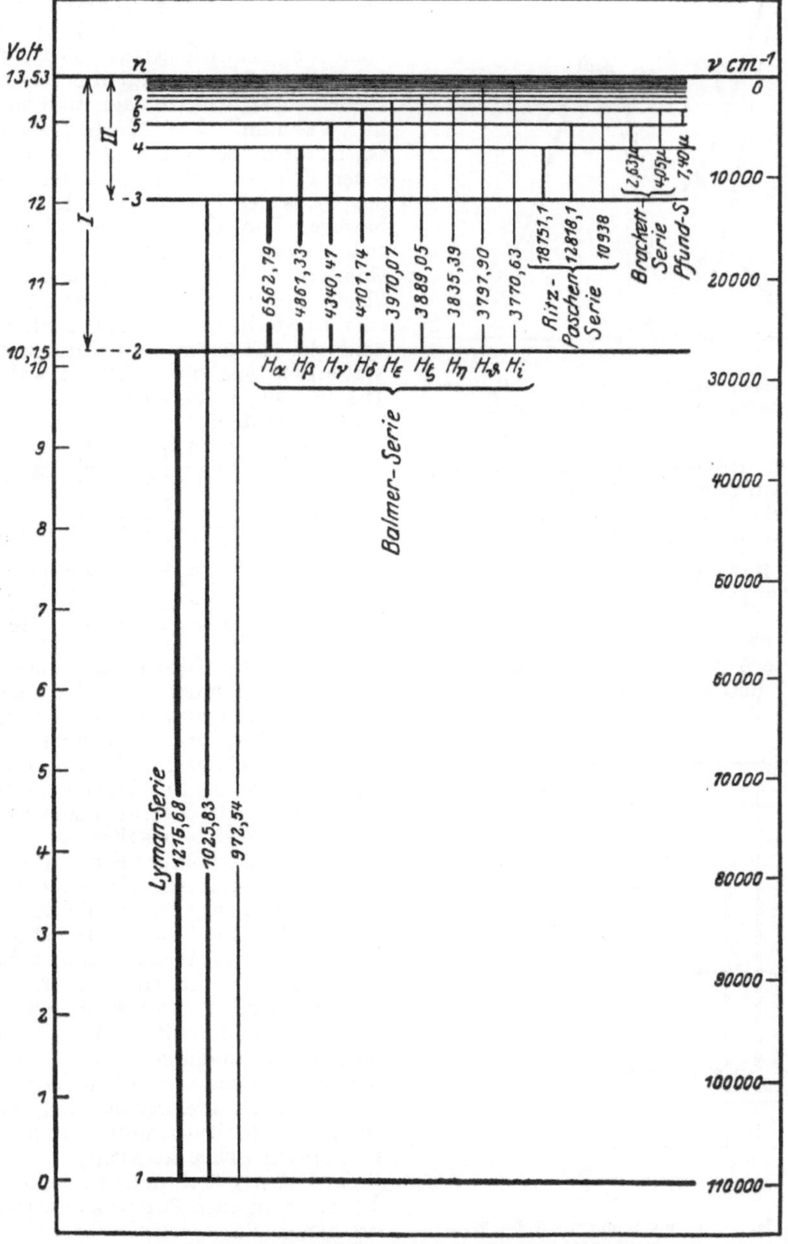

Abb. 2. Termschema des Wasserstoffs. Nach *Grotrian*.

theorie. Nach der Quantenmechanik sind die Energieeigenwerte E_n des →Energieoperators $\left(-\dfrac{\Delta}{2} - \dfrac{1}{r}\right)$ zu suchen, wobei atomare Einheiten (→Maßeinheiten, natürliche) benutzt wurden. Δ ist der →Laplacesche Operator. Die Lösungen von

$$\Delta U_n + 2\left(E_n + \frac{1}{r}\right) U_n = 0$$

sind

$$U_{nlm} = R_{nl}(r)\, Y_{lm}(\vartheta, \varphi)$$

wobei $L_\lambda^\mu(\varrho)$ die zugeordneten Laguerreschen Funktionen sind mit

$$L_\lambda^\mu = \frac{d^\mu}{d\varrho^\mu} L_\lambda(\varrho); \quad L_\lambda(\varrho) = e^\varrho \frac{d^\lambda}{d\varrho^\lambda}(e^{-\varrho}\varrho^\lambda).$$

Die zugehörigen Energieeigenwerte E_n sind eben die Balmer-Terme mit (in atomaren Einheiten!) $E_n = -\dfrac{1}{2}\dfrac{1}{n^2}$. Das Termschema ist in Abb. 2 wiedergegeben mit den Übergängen, die zu den einzelnen Serien gehören.

Bei starker Auflösung erkennt man, daß die Linien des Wasserstoffs eine *Feinstruktur* zeigen, wie sie bei der Linie H_α die Abb. 3 als Photometerkurve zeigt. Die Erklärung hierfür gibt die

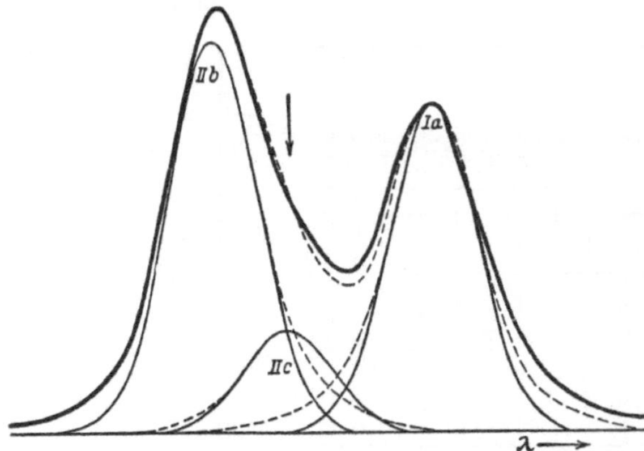

Abb. 3. Photometerkurve der Wasserstofflinie H_α (nach *Hansen*) und Zerlegung in drei Komponenten.

→Dirac-Gleichung des Elektrons, die zeigt, daß die Aufspaltung auf dem Spin des Elektrons und einer Relativitätskorrektur beruht. Die Energieterme lauten dann in erster Näherung:

$$E_{n,k} = -\frac{R}{n^2} - \frac{R\alpha^2}{n^3}\left(\frac{1}{k} - \frac{3}{4n}\right)\ (k = 0, 1, \cdots n),$$

wobei $\alpha = e^2/(\hbar c)$ die →Feinstrukturkonstante ist. Als Beispiel ist die Abb. 4 in Aufspaltung der beiden Terme $n = 2$ und $n = 3$ gezeichnet. Die ein-

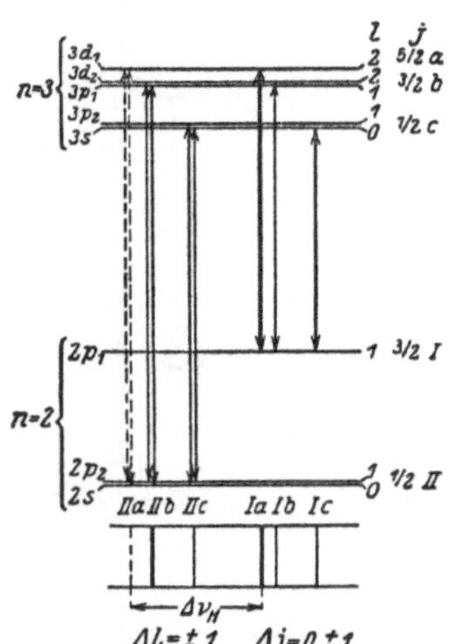

Abb. 4. Aufspaltung der Terme $n = 2$ und $n = 3$ des Wasserstoffatoms mit Übergängen.

gezeichneten Übergänge unter Benutzung der Auswahlregeln ergeben das darunter stehende Aufspaltungsbild der Linie H_α, das in Abb. 3 experimentell gezeigt ist. Die Terme mit der gleichen →Gesamtdrehimpulsquantenzahl j sind also entartet, wobei die in der obigen Formel auftretende Zahl $k = j + \frac{1}{2}$ ist. Die Terme $l = k - 1$ und $l = k$ (l = Bahndrehimpulsquantenzahl) fallen also zusammen.

Neuere Experimente (Feinstrukturuntersuchungen an H und He+, →Mikrofeinstruktur), besonders durch direkte Beobachtung der Termabstände innerhalb des $n = 2$-Niveaus mit Hilfe von Ultrakurzwellen (→Mikrowellenspektrum) zeigten, daß die Entartung des Termes $j = \frac{1}{2}$ aufgehoben ist, und zwar ist der s-Term verschoben. Eine theoretische Erklärung für diese Verschiebung des s-Termes $l = 0$), den sog. „Lambshift" oder „Bethe-Effekt", gegenüber dem Wert aus der Dirac-Gleichung kann die Quantenelektrodynamik geben. Sie beruht darauf, daß die nach der Quantentheorie des elektromagnetischen Feldes auch im „Vakuum" (keine Lichtquellen) vorhandenen statistischen Schwankungen des elektromagnetischen Feldes auch zu statistischen Schwankungen des Ortes des Elektrons, d. h. zu einer →Zitterbewegung des Elektrons Anlaß geben, so daß es sich energetisch im Felde des Kernes nicht wie eine exakte Punktladung, sondern etwa wie eine kleine geladene Kugel verhält. Das bedeutet eine Abweichung von der Coulomb-Energie, sobald das Elektron den Kern überstreicht, was statistisch nur bei s-Termen wahrscheinlich ist. Die Formel für die energetische Verschiebung der s-Terme lautet:

$$\Delta E = \frac{8}{3\pi}\left(\frac{e^2}{\hbar c}\right)^3 \frac{E_J}{n^3} \log \frac{mc^2}{17{,}8 \cdot E_J}$$

$$\text{mit } E_J = \frac{me^4}{2\hbar^2} = \text{Ionisierungsenergie.}$$

Lamb jr., W. E., u. *R. C. Retherford:* Phys. Rev. 72, 241 (1947); 75, 1325 (1949); 79, 549 (1950); 81, 222 (1950). — *Kopfermann, H.,* u. *W. Paul:* Nature, Sond. 163, 83 (1949). — *Lamb jr., W. E.,* u. *M. Skinner:* Phys. Rev. 78, 539 (1950). — *Bethe, H. A.:* Phys. Rev. 72, 339 (1947).

Wasserstoffverflüssigung →flüssiger Wasserstoff.

Wasserstoffvoltameter →Knallgasvoltameter.

Wasserstrahlpumpen bestehen aus einer verengten Strahldüse, in der ein Wasserstrahl auf Grund der hydrodynamischen Kontinuitätsgleichung beschleunigt wird. Der beschleunigte Wasserstrahl mischt sich mit dem angesaugten Gas und wird dann in der sich erweiternden Staudüse wieder verzögert und komprimiert. Wasserstrahlpumpen für Laboratoriumszwecke werden aus Glas und Metall gebaut und haben Förderleistungen bis zu etwa 1 m³/h. Ihr Endvakuum ist gleich dem Sättigungsdruck des Wasserdampfes bei der Wassertemperatur. Sie haben einen Wasserverbrauch bis zu etwa 2 m³ Wasser je Stunde. Für einwandfreies Arbeiten muß in der Treibdüse nicht nur eine Beschleunigung, sondern auch eine Durchwirbelung erzeugt werden. Wesentlich ist noch ihre Rückschlagfestigkeit, d. h. der minimal zulässige Wasserdruck, unterhalb dessen die Wasserstrahlpumpe zurückschlägt.

Die Wasserstrahlpumpen sind, verglichen mit den mechanischen Pumpen, unwirtschaftlich wegen des hohen Wasserverbrauchs, haben aber den Vorzug geringer Verschmutzungsgefahr.

Wasserstruktur. Die physikalischen Anomalien des Wassers — Dichtezunahme um etwa 10% beim Schmelzen, Dichtemaximum bei 4°C, anomal hohe spez. Wärme, entsprechende Anomalien von D_2O, jedoch unerwartete Zunahme des Molvolumens von H_2O zu D_2O — hängen mit seiner quasikristallinen molekularen Struktur zusammen (Tab. 1). Diese Struktur wurde von *Tammann, Eucken* u. a. durch die Annahme von Vielfachmolekülen, „polymorphen Assoziaten", von *Bernal* u. *Fowler* als quasikristalline Vernetzung ohne Fernordnung theoretisch zu behandeln versucht. Diese Auf-

Tabelle 1. Eigenschaften des Wassers.

	H_2O	D_2O
Schmelzpunkt	0 °C	3,8 °C
Dichtemaximum	4 °C	11,2 °C
Siedepunkt	100 °C	101,42 °C
Schmelzwärme	1,435 kcal/mol	1,522 kcal/mol
Verdampfungs-wärme	9,72 kcal/mol	9,98 kcal/mol
Dampfdruck bei 100 °C	760 Torr	722,2 Torr

fassungen haben viel Gemeinsames trotz der verschiedenen Ausgangspunkte. Beide gehen von der Annahme aus, daß im Wasser drei verschiedene Nahordnungsformen in Gleichgewicht koexistieren [bei *Eucken* zyklische Systeme (voluminös, eisartig), lineare Systeme und Einzelmoleküle, bei *Bernal-Fowler* Tridymitstruktur (voluminös, eisartig), Quarzstruktur, dichteste Packung]. Diese Nahordnungsformen beruhen auf der gewinkelten Struktur des H_2O-Moleküls, die eine besondere (Vierer-) Koordination ermöglicht, sowie auf dem OH-Dipolmoment, durch das starke gerichtete Nebenvalenzen, H-Brücken (→Wasserstoffbindung), gebildet werden können. Die Entassoziation der H-Brücken bei steigender Temperatur ist für die thermischen, das Gleichgewicht zwischen den verschiedenen Assoziationsformen für die Volumenanomalien verantwortlich. Die Konzentration dieser koexistierenden Nahordnungsformen in Abhängigkeit von der Temperatur läßt sich verhältnismäßig allgemein, ohne zu enge Verknüpfung mit den speziellen Assoziatmodellen, charakterisieren durch die Zahl der geschlossenen H-Brücken, die in ihnen im Mittel enthalten sind. Diese Zahlen lassen sich aus Euckens Theorie auf Grund der thermischen und der Volumenanomalien quantitativ ableiten und sind in der Tabelle 2 zusammengestellt.

Wasservoltameter →Knallgasvoltameter.

Wasserwaage →Libelle.

Wasserwellen →Oberflächenwellen.

Wasserwert, die Summe der Wärmekapazitäten der Apparaturteile, die bei einer kalorimetrischen Messung zugleich mit dem zu untersuchenden Stoff eine Temperaturänderung erfahren (Kalorimetergefäß, Rührer, Thermometer). Er muß bei der Auswertung berücksichtigt werden. →Mischungsmethode.

Watt, abgek. W, elektrisches →Leistungsmaß. Das W ist eine abkürzende Bezeichnung für Voltampere (VA). In dem ab 1. 1. 1948 gültigen System der absoluten elektrischen Einheiten (→Einheitensysteme, elektrische) gilt

$$1\ W_{abs} = 1\ V_{abs}\ A_{abs} = 1\ m^2\ kg\ s^{-2} = 1\ J_{abs}\ s^{-1}.$$

Im System der früheren Internationalen elektrischen Einheiten (→Einheitensysteme, elektrische) gilt

$$1\ W_{int} = 1\ V_{int}\ A_{int} = 1\ J_{int}\ s^{-1} = 1,00019\ W_{abs}.$$

Neben dem W wird in der Technik das Kilowatt (kW) viel benutzt.

Wattloser Strom, sprachlich sehr anfechtbare Bezeichnung für einen reinen Blindstrom, bei dem das über eine volle Periode des Wechselstroms genommene zeitliche Integral über die Stromleistung verschwindet.

Wattmeter →Leistungsmesser.

Wattsekunde, abgek. Ws, →Joule.

Wb, Symbol für die Einheit →Weber des magnetischen Flusses.

We, Symbol der →Weberschen Zahl.

Weber, abgek. Wb, als Einheit für den magnetischen Fluß von der Internationalen Elektrotechnischen Kommission 1935 in Scheveningen festgelegt. Im Vierersystem (ms VA-System) ist das Wb eine abkürzende Bezeichnung für die Voltsekunde (Vs); es ist zwischen absolutem (Wb_{abs}) und internationalem Weber (Wb_{int}) zu unter-

Tabelle 2. Zahl der geschlossenen und gebrochenen H-Brücken je Molekül im leichten und im schweren Wasser.

t [°C]	Geschlossene Brücken je Molekül (maximal 2)		Davon befinden sich in				Gebrochene Brücken je Molekül (maximal 2)		Mittlere Koordination durch Brücken je Molekül (maximal 4)	
			eisartigen Assoziaten (maximal 2)		linearen Assoziaten (maximal 2)					
	H_2O	D_2O	H_2O	D_2O	H_2O	D_2O	H_2O	D_2O	H_2O	D_2O
0	0,750	0,782	0,360	0,416	0,390	0,366	1,250	1,217	1,500	1,564
20	0,661	0,685	0,218	0,250	0,443	0,435	1,339	1,315	1,322	1,370
40	0,586	0,599	0,121	0,140	0,465	0,459	1,414	1,401	1,172	1,198
60	0,525	0,534	0,062	0,066	0,463	0,468	1,475	1,466	1,050	1,068
80	0,477	0,481	0,035	0,030	0,442	0,451	1,523	1,519	0,954	0,962
100	0,434	0,434	0,016	0,014	0,418	0,420	1,566	1,567	0,868	0,868

Wie man sieht, gibt es beim D_2O etwas mehr eisartige Assoziate. Sie sind für die Volumenvergrößerung gegenüber H_2O verantwortlich. Eine unabhängige Bestätigung dieser H-Brückenkonzentrationen erhält man aus der Tatsache, daß die anomale Protonenbeweglichkeit im Wasser, die über H-Brücken vor sich geht, durch die Parameter für die linearen Brückensysteme quantitativ beschrieben werden kann.

Eucken, A.: Nachr. Ges. Wiss. Göttingen, math.-phys. Kl. 1946, 38; 1949, 1; Z. Elektrochem. angew. phys. Chem. 52, 255 (1948). — *Bernal, J D.,* u. *R. H. Fowler:* J. chem. Phys. 1, 515 (1933). — *Wirtz, K.:* Z. angew. Chem. 59, 138 (1947). — *Gierer, A.,* u. *K. Wirtz:* Z. Naturf. 5 a, 577 (1950).

scheiden (→Volt), zwischen denen die Relation $1\ Wb_{int} = pq\ Wb_{abs} = 1,00034\ Wb_{abs}$ besteht (→Tabelle 8 im Anhang III). Seit dem 1. 1. 1948 ist das Wb_{abs} die international gültige Einheit für den magnetischen Fluß.

Weber-Fechnersches Gesetz (*psychophysisches Grundgesetz*), von *Weber* für sehr schwache Reize aufgestellt, von *Fechner* auch auf stärkere Reize ausgedehnt. Es besagt: Die Stärke der Empfindung E ist proportional dem Logarithmus des Reizes R: $E = \text{const} \log R$. Bei einer Änderung ΔR des Reizes tritt also eine Änderung $\Delta E = \text{const}\,\Delta R/R$ ein; d. h. die absolute Änderung der Empfindung ist proportional der relativen Änderung des Reizes. Eine absolute Reizänderung ΔR führt also zu einer um so kleineren absoluten Änderung ΔE der Empfindung, je größer der Reiz R selbst bereits ist. Das Gesetz spielt eine wichtige Rolle beim Vergleich von Laut- oder Lichtstärken und veranlaßt u. U. zur Anwendung logarithmischer Skalen. Eine *strenge* Gültigkeit kommt dem von naturwissenschaftlicher und erkenntnistheoretischer Seite viel umstrittenen Gesetz jedoch nicht zu. →Unterschiedsschwelle.

Fechner, G. T.: Elemente d. Psychophysik. Leipzig 1907. — Handb. d. Physik VIII. Berlin 1927. — *Müller-Pouillet:* Lehrb. d. Physik I/3. Braunschweig 1929.

Webersche Zahl (→Ähnlichkeitsgesetze). Finden Strömungserscheinungen unter dem Einfluß von Oberflächenkräften an der freien Oberfläche von Flüssigkeiten statt, so bedingt die dynamische Ähnlichkeit ein gleiches Verhältnis der Trägheitskräfte $\varrho v^2/l$ zu den Oberflächenkräften σ/l^2 (σ Kapillarkonstante, für Wasser gegen Luft $\sigma = 72,5$ dyn cm^{-1}). Die dimensionslose Größe $We = \dfrac{v}{\sqrt{\sigma/(\varrho l)}}$ heißt die Webersche Zahl. Sie gibt z. B. mit $l = \lambda$ = Wellenlänge der Oberflächenwelle das Verhältnis der Strömungsgeschwindigkeit v zur Ausbreitungsgeschwindigkeit von Kapillarwellen $c = \sqrt{\dfrac{2\pi\,\sigma}{\lambda\varrho}}$ an.

Wechselfestigkeit, die Spannung, welche ein Körper unter der dauernden Einwirkung einer dem Betrag nach konstanten, der Richtung nach wechselnden Kraft eben noch ertragen kann, ohne daß er bricht. Ihre praktische Ermittlung erfolgt meist durch Aufstellung der *Wöhler-Kurve*, welche den Verlauf der Spannung als Funktion der Wechselzahl, bei welcher der Bruch eintritt, angibt. Diese Kurve verläuft von einer bestimmten Wechselzahl (Größenordnung 10^6) an genau oder nahezu horizontal; der dann vorhandene Wert der Spannung ist die Wechselfestigkeit. Ihre Existenz und ihre Gesetzmäßigkeiten sind für die theoretische Erforschung der Kristallplastizität (→Plastizität) wichtig geworden. Für die Maschinentechnik ist sie von großer Bedeutung, da fast alle Maschinenteile dynamisch beansprucht werden und die zum Teil wesentlich höhere →Streckgrenze kein Maß für ihre zulässige Beanspruchung mehr darstellt. Beim Bau von Kurbelwellen z. B. verwendet man vielfach nicht die härtesten hochlegierten Stähle, da deren Wechselfestigkeit im Vergleich zu der von weicheren Stählen unverhältnismäßig tief liegt. →Dauerstandfestigkeit.

Kochendörfer, A.: Plastische Eigenschaften von Kristallen u. metall. Werkstoffen. Berlin 1942.

Wechsellichtmethode →lichtelektrische Meßmethoden.

Wechselpolarisation. → Abscheidungspolarisation.

Wechselsatz der Multiplizitäten. Ist n die Anzahl der Elektronen eines Systems, so kann für gerades n das System nur Singulett-, Triplett-, Quintett-, ... Terme, für ungerades n nur Dublett-, Quartett- ... Terme haben. Dies bezeichnet man als den Wechselsatz der Multiplizitäten, da bei Hinzutritt eines Elektrons, also beim Fortschreiten im Periodischen System von einer Ordnungszahl

zur nächsten, die Multiplizität immer zwischen diesen beiden Fällen wechselt.

Wechselstrom, ein elektrischer Strom, der seine Größe und Richtung periodisch ändert (Abb.). Der Zeitabschnitt T, nach dessen Ablauf sich der gleiche Vorgang wiederholt, heißt die *Periode*. Die *Frequenz* $n = 1/T$ ist die Periodenzahl je Sekunde, ihre Einheit ist $1\ \text{s}^{-1} = 1$ Hertz (Hz). Die zeitliche

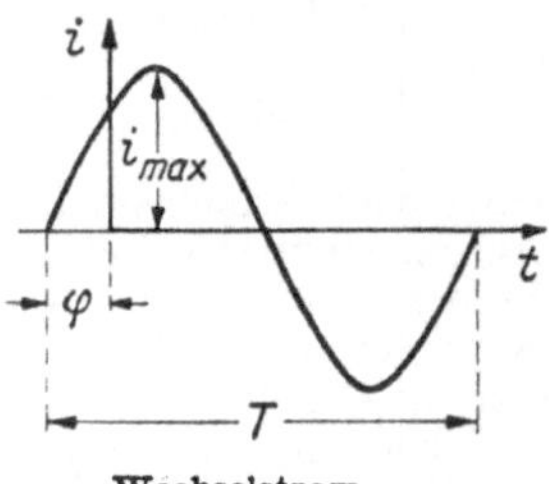

Wechselstrom.

Änderung des Stromes folgt im einfachsten Falle einer Sinusfunktion; ein derartiger Strom wird dargestellt durch die Gleichung $i = i_{max}\sin(\omega t + \varphi)$. Darin ist i der *Momentanwert*, i_{max} der *Scheitelwert* oder die *Amplitude*, $\omega = 2\pi n$ die *Kreisfrequenz* und φ der *Phasen(verschiebungs)winkel*. Für eine einzige Wechselstromgröße kann $\varphi = 0$ gesetzt werden, da die Zeitzählung beliebig gewählt werden kann. Sind aber mehrere Wechselstromgrößen vorhanden, so ist die Konstante φ unentbehrlich, um ihre Phasenbeziehungen zu fixieren.

Die üblichen technischen Wechselstromfrequenzen liegen zwischen 40 bis 60 Hz. Für die Festsetzung dieser Frequenz war maßgebend, daß bei Glühlampen kein Flimmern in Erscheinung treten darf ($n > 30$ Hz). Bei reinen Kraftanlagen, z. B. Bahnnetzen, sind die normalen Frequenzen 15, $16^2/_3$ und 25 Hz.

Wechselstrombogen, über Ohmschen Widerstand oder Drossel mit Wechselspannung betrieben, erlischt vor dem Nulldurchgang der Spannung (*Löschspannung*) und zündet mit umgekehrter Stromrichtung nach einer stromlosen Pause wieder, deren Dauer von der *Wiederzündspannung* abhängt. Aus dem zeitlichen Verlauf von Strom und Spannung läßt sich die dynamische →Charakteristik (Hystereseschleife) (Abb.) entnehmen. Die

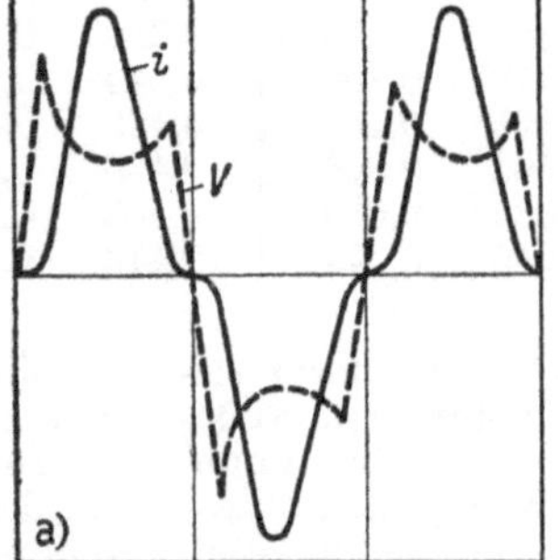
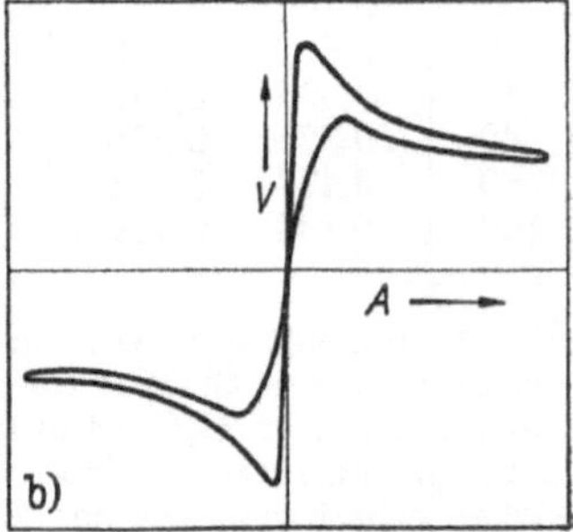

Wechselstrombogen. *a* zeitlicher Verlauf von Strom und Spannung, *b* dynamische Charakteristik.

Größe der Hysterese und eventuelle Unsymmetrien hängen von der Beschaffenheit der Bogenstrecke (Abkühlungsgeschwindigkeit der Elektroden, Entionisierung der Entladungsbahn), der Periodendauer und dem äußeren Entladungskreis ab.

Wechselstrombrücken. Legt man bei einer Brückenschaltung, deren vier Zweige in beliebiger Weise aus Widerständen, Kondensatoren und Induktivitäten zusammengesetzt seien, Wechselspannung an zwei einander gegenüberliegende Eckpunkte, so müssen die Spannungen an den beiden anderen Eckpunkten nicht nur der Größe, sondern auch der Phasenlage nach einander gleich sein, wenn in einem im Nullzweig angeschlossenen Instrument (z. B. Vibrationsgalvanometer oder Telefon) kein Strom fließen, d. h. die Brücke abgeglichen sein soll. Daraus folgt, daß zur Herstellung des Brückengleichgewichtes bei Wechselstrom nicht wie bei Gleichstrom nur eine, sondern stets zwei Nullbedingungen erfüllt sein müssen. Man findet die Nullbedingungen daraus, daß das Produkt der komplexen Widerstandsoperatoren zweier einander gegenüberliegender Brückenzweige gleich demjenigen der beiden anderen Zweige sein muß.

Für die Messung von Kapazitäten verwendet man neben der absoluten Methode nach *Maxwell* Brückenanordnungen, bei denen zwei Kondensatoren mit zwei Widerständen verglichen werden (Brücke nach *Giebe* und *Zickner*, Hochspannungsbrücke nach *Schering*). Näheres →Kapazitätsmessung.

Für die Messung von Induktivitäten kann man entweder den Vergleich mit einer bekannten Kapazität oder mit einer bekannten anderen Induktivität benutzen. Bei der Wechselstrombrücke nach *Maxwell* (Abb. 1) liegen in einander gegenüberliegenden Brückenzweigen die zu messende Induktivität und ein Normalkondensator mit parallel geschaltetem Widerstand R_2 zum Phasenausgleich; die beiden anderen Zweige bestehen aus Ohmschen Widerständen. Die Resonanzbrücke

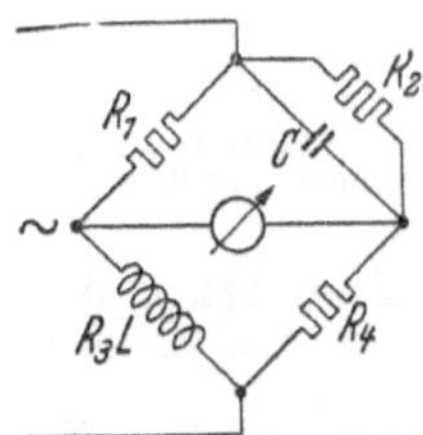

Abb. 1. Brücke nach *Maxwell*.

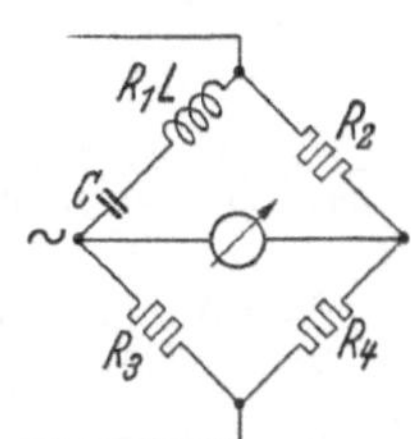

Abb. 2. Resonanzbrücke nach *Grüneisen* und *Giebe*.

nach *Grüneisen* und *Giebe* (Abb. 2) ergibt Nullabgleichung für die Resonanzbedingung $\omega^2 LC = 1$ (Resonanzmethode). Die Sechszweigbrücke von *Anderson* (Abb. 3) hat im Kondensatorzweig eine Parallelverzweigung des Widerstandes R_3 und des Kondensators C mit dem ihm vorgeschalteten

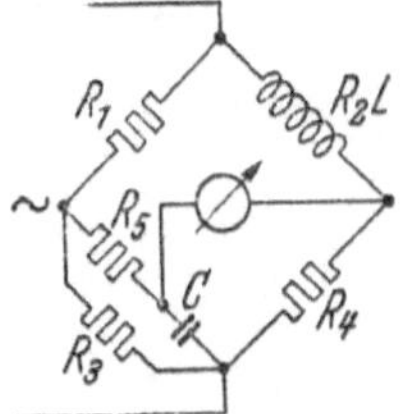

Abb. 3. Brücke nach *Anderson*.

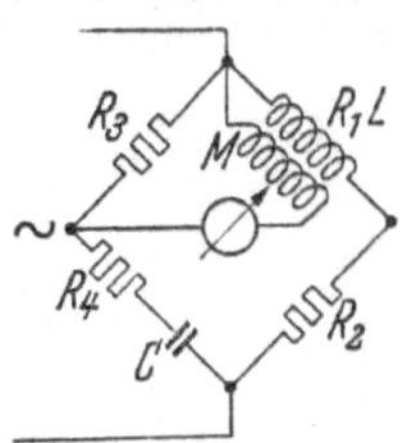

Abb. 4. Brücke nach *Carey Foster*.

Widerstand R_5. Sie hat den Vorteil, daß auch bei nicht regelbarer Induktivität und Kapazität beide Nullbedingungen unabhängig voneinander zu erfüllen sind.

Auch für die Messung der Gegeninduktivität M kann man sowohl auf den Vergleich mit einer Kapazität wie mit einer Selbstinduktivität oder einer anderen Gegeninduktivität zurückgehen. Als Beispiele sind in Abb. 4 die Brücke nach *Carey Foster* (Vergleich mit Kapazität C), in Abb. 5 die Brücke nach *Campbell* (Vergleich mit Selbstinduktivität L) und schließlich in Abb. 6 die Verglei-

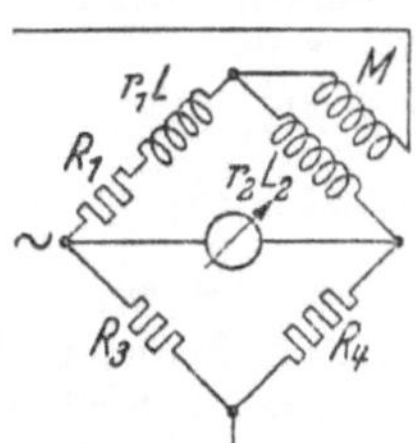

Abb. 5. Brücke nach *Campbell*.

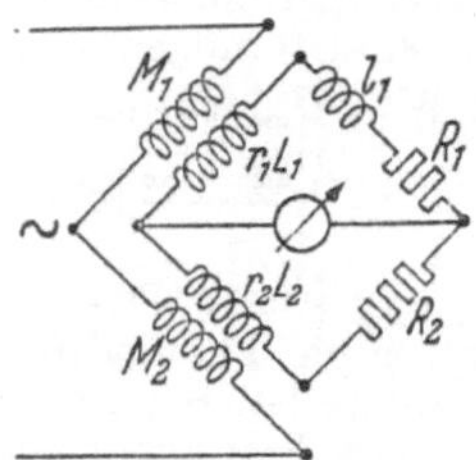

Abb. 6. Brücke zur Vergleichung zweier Gegeninduktivitäten.

chung zweier Gegeninduktivitäten angegeben, bei der der Abgleich durch den Selbstinduktionsvariator l_1 erfolgt.

Wechselstrombrücken finden auch weitgehende Verwendung bei der Fehlerbestimmung von Meßwandlern (→Wandlerprüfeinrichtungen) und bei Leistungsmessungen mit kleinem Leistungsfaktor (Verluste von Zählerspulen oder Eisenverlustmessungen).

Bei allen Wechselstrombrückenmessungen ist die Abschätzung der Brücke gegen elektrische und magnetische Störungen und die Erdung an geeigneter Stelle besonders zu beachten. →Hilfszweig.

Handb. d. Physik XVI. Berlin 1927. — *Kohlrausch, F.*: Prakt. Physik II. Berlin u. Leipzig 1950.

Wechselstrom-Gleichstrom-Effekt in Metallen →Lenard-Effekt 3.

Wechselstromgrößen. Die Gültigkeit formal gleicher Grundgesetze in der Elektrotechnik für Gleich- und Wechselstrom bedingt entsprechende Definitionen für die Wechselstromgrößen. Einem Gleichstrom (Gleichspannung) bezüglich seiner Wirkung auf einen Ohmschen Widerstand gleichwertig ist beim Wechselstrom (Wechselspannung) der quadratische Mittelwert, der →*Effektivwert*, der bei sinusförmigem Verlauf dem $1/\sqrt{2}$-fachen des Scheitelwertes entspricht. Nur in Ausnahmefällen wird beim Wechselstrom der arithmetische →Mittelwert benutzt.

Wechselstrom und Wechselspannung haben in einem Stromkreis im allgemeinen eine *Phasenverschiebung* φ gegeneinander, da der →*Wechselstromwiderstand* meist komplex ist. Er stellt die „vektorielle" Summe aller Ohmschen, induktiven und kapazitiven Widerstandskomponenten dar (→ Zeigerdiagramm). Sein Absolutbetrag heißt *Scheinwiderstand* (*Impedanz*), die Ohmsche Komponente, die maßgebend für die Nutzleistung ist, *Wirkwiderstand*, die Summe der induktiven und kapazitiven Komponenten *Blindwiderstand* (*Reaktanz*). (Die Ohmsche Komponente ist wegen des →Hauteffekts für Wechselstrom größer als für Gleichstrom.) Für die *Nutzleistung* des Wechselstromes maßgebend ist die in Richtung des Stromzeigers fallende Spannungskomponente, die *Wirkspannung*. Das Produkt beider, $i_{eff} U_{eff} \cos \varphi$, ergibt die *Wirkleistung*; $\cos \varphi$ heißt *Wirk-* oder *Leistungs-*

faktor. Entsprechend wird die senkrecht zum S.romzeiger liegende Spannungskomponente *Blindspannung* genannt, das Produkt $i_{eff} U_{eff} \sin \varphi$ gibt die Größe der *Blindleistung*, $\sin \varphi$ heißt der *Blindfaktor*. Die →Wechselstromleistung setzt sich also vektoriell aus diesen beiden Leistungskomponenten zusammen, deren Absolutbetrag die *Scheinleistung* ist.

Wechselstromleistung. Die Momentanleistung eines sinusförmigen Wechselstromes ist

$$N = U_{max} \sin \omega t \, i_{max} \sin(\omega t + \varphi)$$

$$= \frac{U_{max} \, i_{max}}{2} [\cos \varphi - \cos(2 \omega t + \varphi)]$$

$$= U_{eff} \, i_{eff} \cos \varphi - U_{eff} \, i_{eff} \cos(2 \omega t + \varphi),$$

wenn φ die Phasendifferenz zwischen Strom und Spannung ist. Sie pendelt also mit der doppelten Frequenz 2ω um einen Mittelwert $U_{eff} \, i_{eff} \cos \varphi$ (Abb. 1). Die Leistungskurve verläuft dabei teils im positiven, teils im negativen Bereich. Für den Phasenwinkel $\varphi = 0$ ist die Leistung dauernd positiv. Sie wird im Stromkreis völlig in Wärme umgesetzt. Der Stromkreis besteht dann aus einem reinen Ohmschen Widerstand.

Für den Phasenwinkel $\varphi = 90°$ sind der negative und der positive Leistungsanteil einander gleich; die in den Stromkreis hineinfließende Energie wird in der nächsten Halbperiode völlig wieder zurückgewonnen. Der Stromkreis enthält dann nur eine Induktivität oder Kapazität, und die zurückgewonnene Leistung entstammt dem magnetischen Feld der Induktivität bzw. dem elektrischen Feld der Kapazität. Es wird im Mittel keine Leistung verbraucht.

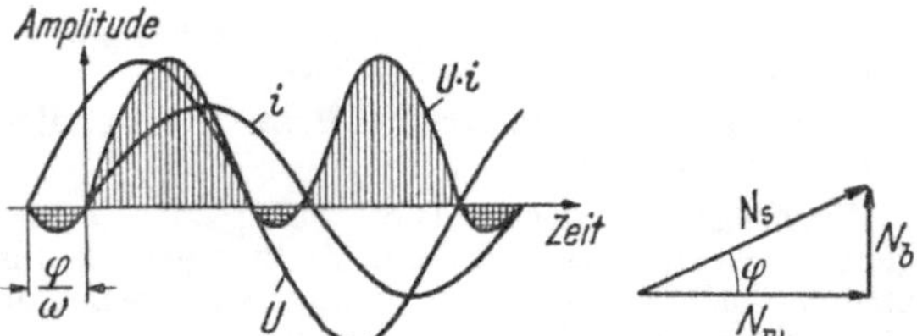

Abb. 1. Strom-, Spannungs- und Leistungskurve.   Abb. 2. Leistungsdiagramm.

Die vom Stromkreis tatsächlich verbrauchte Leistung, die *Wirkleistung*, ist $N_w = U_{eff} \, i_{eff} \cos \varphi$, während die Leistung, die zum Aufbau magnetischer oder elektrischer Felder verbraucht, aber zurückgewonnen wird, als *Blindleistung* bezeichnet wird, $N_b = U_{eff} \, i_{eff} \sin \varphi$. Die Blindleistung gibt die im Stromkreis pulsierende Leistung an, die dadurch von großer Bedeutung ist, daß ein Stromkreis nicht für die tatsächlich verbrauchte Wirkleistung, sondern die sich aus Wirkleistung und Blindleistung zusammensetzende *Scheinleistung* N_s dimensioniert sein muß: $N_s = U_{eff} \, i_{eff} = \sqrt{N_w^2 + N_b^2}$. (Abb. 2.)

Handb. d. Physik XV. Berlin 1927. *Kohlrausch, F.*: Prakt. Physik II. Leipzig 1950. — *Vidmar, M.*: Transformation u. Energieübertragung. Laibach 1945.

Wechselstromverstärkung. Eine Verstärkung von Wechselstromvorgängen wird in vollkommener Weise mit →Elektronenröhren erzielt, die wegen der geringen Trägheit der Elektronen weitgehend von der Frequenz der Schwingungen unabhängig ist, solange die →Laufzeit der Elektronen von der Kathode zur Anode klein gegenüber der Zeitdauer

einer Schwingung ist. Zwischen →Hoch- und →Niederfrequenzverstärkung besteht daher kein grundsätzlicher Unterschied; unterschiedlich sind nur Schaltungsaufbau und Schaltelemente.

Die Wechselstromverstärkung mit Elektronenröhren beruht auf der Steuerung des Elektronenstromes durch eine Wechselspannung $\mathfrak{u}_g$ an ihrem Steuergitter (Abb. 1). Diese meist einer festen

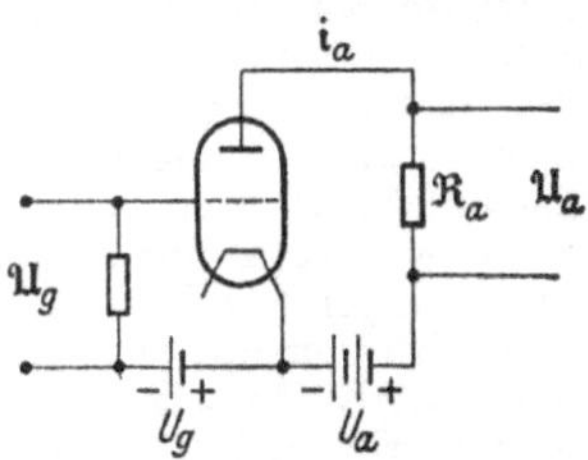

Abb. 1. Verstärkerschaltung.

negativen Gittervorspannung $-U_g$ überlagerte Wechselspannung ruft eine Anodenstromänderung hervor (Abb. 2), deren Größe $i_a = S \mathfrak{u}_g$ ist, wenn

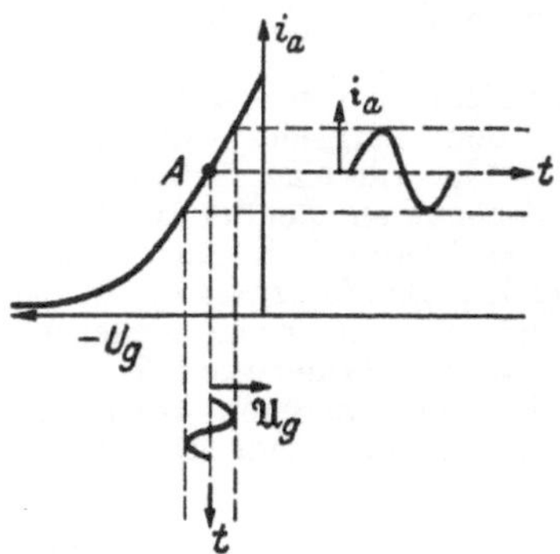

Abb. 2. Graphische Darstellung der Anodenstromänderung aus den Gitterspannungsänderungen für $\mathfrak{R}_a = 0$.

der äußere Anodenwechselwiderstand $\mathfrak{R}_a \sim 0$ bzw. $\mathfrak{R}_a \ll R_i$ ist. Für endliche Werte von $\mathfrak{R}_a$ ist

$$i_a = S \mathfrak{U}_{st} = S(\mathfrak{U}_g + \mathfrak{U}_a/\mu) = \frac{S}{1 + \mathfrak{R}_a/R_i} \mathfrak{U}_g = S_d \mathfrak{U}_g$$

und die am Wechselwiderstand $\mathfrak{R}_a$ liegende Anodenwechselspannung

$$\mathfrak{U}_a = i_a \mathfrak{R}_a = \mathfrak{U}_g \mu \frac{\mathfrak{R}_a}{R_i + \mathfrak{R}_a}.$$

(S →Steilheit, S_d Arbeitssteilheit, $\mathfrak{U}_{st}$ →Steuerspannung, μ →Verstärkungsfaktor.) Diese Verhältnisse werden übersichtlicher an Hand von Ersatzschaltbildern (Abb. 3): Eine Verstärkerröhre,

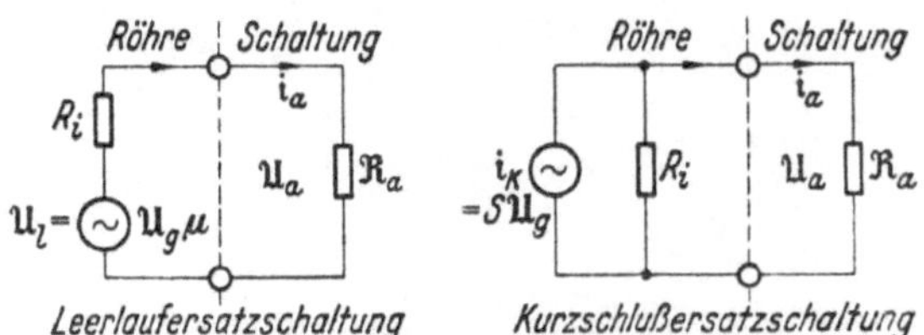

Abb. 3. Ersatzschaltbild einer Verstärkerröhre.

an deren Gitter eine Wechselspannung $\mathfrak{u}_g$ liegt, ist bezüglich der Wechselstromvorgänge im Anodenkreise zu ersetzen durch eine Stromquelle mit der

EMK $\mathfrak{U}_l = \mathfrak{U}_g\,\mu$ und einem in Reihe geschalteten Widerstand R_i oder durch eine Stromquelle mit der Stromergiebigkeit $i_k = S\,\mathfrak{U}_g$ und einem parallel geschalteten Widerstand R_i. Der Kurzschlußstrom i_k ist bei gleicher Gitterwechselspannung um so größer, je größer die Steilheit der Röhre ist; die Leerlaufspannung $\mathfrak{U}_l = \mathfrak{U}_g\,\mu$ nimmt unter den gleichen Bedingungen mit steigendem Verstärkungsfaktor zu.

Solange die Gitterwechselspannung $\mathfrak{U}_g$ sich im geradlinigen Teil der Röhrenkennlinie bewegt, ist der Anodenwechselstrom ein getreues Abbild der Gitterwechselspannung. Besteht aber keine lineare Beziehung zwischen Anodenstrom und Gitterspannung, so wird der Anodenstrom verzerrt (Abb. 4), außer der Grundfrequenz tritt eine

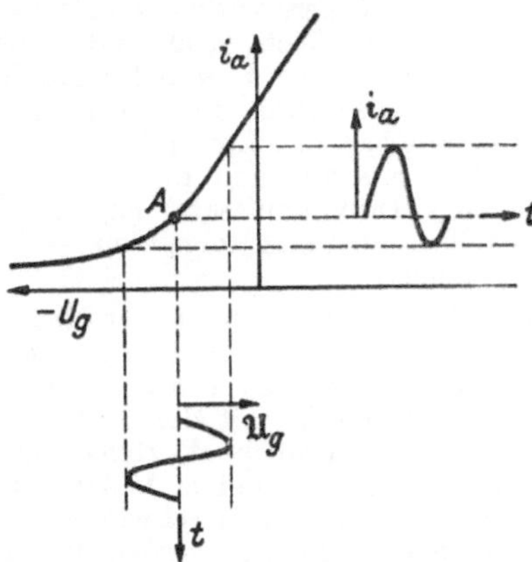

Abb. 4. Verzerrung der Anodenstromkurve bei Lage des Arbeitspunktes im gekrümmten Teil der Kennlinie ($\mathfrak{R}_a = 0$).

Reihe von Harmonischen auf (→Klirrfaktor). Verläuft die Gitterwechselspannung nur im negativen Bereich der Gitterspannung, so fließt kein Gitterstrom, die Steuerung erfolgt praktisch leistungslos. Fließt dagegen ein Gitterwechselstrom, so sinkt nicht nur die wirksame Gitterwechselspannung, sondern es treten auch Verzerrungen auf.

Bei kleinen Steuerwechselspannungen, wie sie in Vorverstärkerstufen auftreten, lassen sich beide Bedingungen, geradliniger Kennlinienverlauf und Arbeiten im negativen Bereich, immer erfüllen. Um hier eine möglichst hohe →Spannungsverstärkung $\mathfrak{B} = \mathfrak{U}_a/\mathfrak{U}_g$ zu erzielen, muß $\mathfrak{R}_a$ möglichst groß sein. Der Betrag von $\mathfrak{U}_a$ nähert sich dann asymptotisch dem Wert $\mu\,\mathfrak{U}_g$. Für Pentoden liegen die erzielbaren Spannungsverstärkungen zwischen 400 bis 800. Schwieriger liegen die Verhältnisse bei Endstufen- und →Kraftverstärkern, da hier die Gitterwechselspannungen meist schon beträchtliche Werte erreichen. Zur Vermeidung von Gitterströmen muß daher der Arbeitspunkt entsprechend weit in den negativen Bereich verschoben werden. Die infolge der Krümmung der Röhrenkennlinie auftretenden Verzerrungen lassen sich durch →Gegentaktschaltungen in zulässigen Grenzen halten. Bei Senderverstärkern dagegen mit Ausgangsleistungen bis zu mehreren hundert kW, wo in erster Linie der Wirkungsgrad eine Rolle spielt, wird auf eine leistungslose, verzerrungsfreie Steuerung verzichtet, die man durch ein dauernd negatives Gitter erhält. Man steuert vielmehr in den Bereich positiver Gitterspannungen hinein. Da es sich hierbei aber um abgestimmte

Verstärker handelt, werden die durch die Verzerrungen entstehenden Oberwellen durch die abgestimmten Kreise unterdrückt. Im Gebiet der cm- bis mm-Wellen ist für Verstärkungszwecke die Verwendung von →Laufzeitröhren notwendig.

Barkhausen, H.: Elektronenröhren II. Le'pz g 1938. — *Rothe, H.*, u. *W. Kleen*: Elektronenröhren als Anfangsstufenverstärker. Lei zig 1948.

Wechselstromwiderstand. Ein Wechselstromkreis enthält im allgemeinen Ohmsche Widerstände, Induktivitäten und Kapazitäten. Letztere stellen für Wechselstrom einen Widerstand dar, dessen Größe in komplexer Schreibweise $j\omega L$ bzw. $1/(j\omega C)$ ist, wobei zwischen Strom und Spannung eine Phasenverschiebung von 90° auftritt. Für eine Reihenschaltung dieser Größen ist der Wechselstromwiderstand $\mathfrak{R} = R + j\omega L + 1/j\omega C$, und zwischen Strom und Spannung besteht die Beziehung $\mathfrak{U} = i\,\mathfrak{R}$.

Aus der graphischen Darstellung (Abb.) ist die vektorielle Zusammensetzung des Wechselstromwiderstandes $\mathfrak{R}$ aus den Einzelkomponenten R, $j\omega L$, $-j/\omega C$ ersichtlich. Der Absolutbetrag ist

$$|\mathfrak{R}| = \sqrt{R^2 + \left(\omega L - \frac{1}{\omega C}\right)^2} = \sqrt{x^2 + y^2}$$

und heißt *Scheinwiderstand (Impedanz)*. Seine Größe hängt von der Kreisfrequenz ω des Wechselstromes ab. Die reelle Komponente des Wechselstromwiderstandes $x = |\mathfrak{R}|\cos\varphi$ wird als *Wirk-*

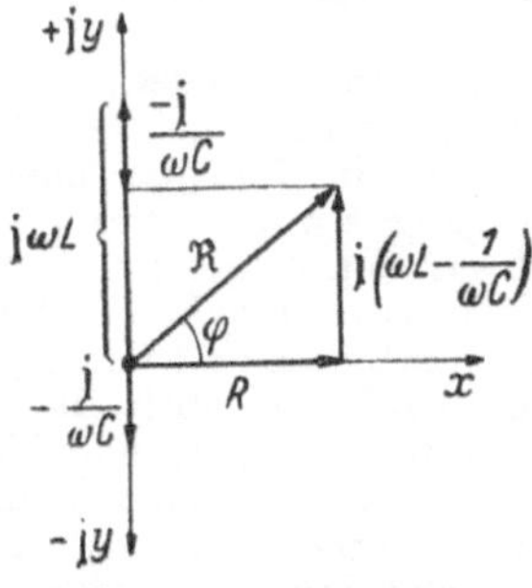

Wechselstromwiderstand.

widerstand bezeichnet. Sie entspricht dem *Ohmschen Widerstand* des Kreises. Die imaginäre Komponente $y = |\mathfrak{R}|\sin\varphi$ heißt *Blindwiderstand (Reaktanz)*. Den Phasenwinkel φ erhält man aus der Beziehung

$$\operatorname{tg}\varphi = \frac{|\mathfrak{R}|\sin\varphi}{|\mathfrak{R}|\cos\varphi} = \frac{y}{x} = \frac{\omega L - \dfrac{1}{\omega C}}{R}.$$

Der Wirkwiderstand ist maßgebend für die im →Netzwerk umgesetzte Leistung. Der Blindwiderstand bildet ein Maß für die in den Induktivitäten und Kapazitäten gespeicherte Energie.

Wechselwirkung von Bewegungen im Molekül →Kopplung von Bewegungen.

Wechselwirkung zwischen Elementarteilchen. →Partikelfeld, →Wellengleichungen der Elementarteilchen, →Quantentheorie der Wellenfelder.

Wechselwirkungen von Elementarteilchen untereinander oder mit Teilchen einer anderen Sorte äußern sich in Termen, die zur Energie oder der Lagrange-Funktion von Partikelfeldern freier Teilchen hinzutreten. In jedem Wechselwirkungsterm stehen die Wellenfunktionen der aufeinander wirkenden Teilchen als Faktoren. Sie beschreiben

Entstehen und Vergehen jener Teilchen, deren Wellenfunktion sie sind. Von komplexen Wellenfunktionen bezieht sich die eine auf die *Erzeugung*, die konjugiert komplexe auf die *Vernichtung* von Teilchen. Bei reellen Wellenfunktionen sind Erzeugung und Vernichtung von Quanten in charakteristischer Weise verkoppelt. Es gibt verschiedene häufig vorkommende Wechselwirkungstypen.

1. *Ablenkung im Kraftfeld*. Bei der Ablenkung eines durch die Wellenfunktion ψ zu beschreibenden Teilchens im Kraftfeld φ bleibt das Teilchen erhalten. Der Wechselwirkungsterm muß also gleichzeitig ψ und ψ^* als Faktoren enthalten. Im einfachsten Fall lautet er also $\psi^*\varphi\psi$. Die Ablenkung ist danach, wenn wir φ reell annehmen, mit der Emission oder Absorption eines φ-Quants verknüpft. Ein typisches Beispiel gibt die Ablenkung von (Diracschen) Elektronen im elektromagnetischen Feld mit dem Wechselwirkungsterm $i\psi^*\gamma_4\gamma_\alpha\psi A_\alpha$, in dem $s_\alpha = i\psi^*\gamma_4\gamma_\alpha\psi$ die Viererstromdichte und A_α das Viererpotential ist.

2. *Quellen eines Feldes*. Quellen (und Senken) eines Feldes emittieren und absorbieren Quanten, bleiben aber bei dem Wechselwirkungsvorgang selbst erhalten. Wenn ψ die Wellenfunktion der Quellen und Senken bedeutet, so müssen wiederum ψ und ψ^* nebeneinander vorkommen, so daß obiges Beispiel aus der Elektrodynamik zugleich das Quellen-Feld-Verhältnis erläutert. Die Wechselwirkung zwischen Nukleonen und Yukonen ist von der gleichen Art.

3. *Zweiquantenprozesse*. In der Fermischen Theorie des β-Zerfalls werden bei der Umwandlung eines Protons in ein Neutron oder beim umgekehrten Vorgang ein positives oder negatives Elektron und ein Neutrino erzeugt. Es entstehen also zwei Quanten. Der Wechselwirkungsterm muß neben Produkten aus ψ^* und ψ, die sich auf die Nukleonen beziehen, noch die Wellenfunktionen φ und χ für Elektron und Neutrino enthalten. Sie haben also folgende Form: $\varphi\chi\psi^*\psi$.

4. *Streuung gleicher Teilchen untereinander*. Direkte Wechselwirkungen zwischen Teilchen gleicher Sorte werden durch Wechselwirkungsterme erfaßt, die höhere Potenzen der Wellenfunktion enthalten. Sie liefern Streuung der Teilchen aneinander bei gleichzeitiger einfacher oder mehrfacher Emission oder Absorption von Quanten gleicher Art. Man erwartet von solchen Prozessen die Beseitigung der Konvergenzschwierigkeiten der →Selbstenergie in der →Quantentheorie der Wellenfelder. Doch kennt man bisher experimentell keine direkten Wechselwirkungen zwischen Elementarteilchen gleicher Art. Alle bekannten Wechselwirkungen werden durch Quantenaustausch (→Austauschkraft) vermittelt. Glieder höheren Grades würden nur bei großer Intensität bzw. bei extremer Annäherung zweier Quanten merklich. Nach einem Vorschlag von *Heisenberg* wird angenommen, daß bei der Erzeugung von Mesonenschauern im Kern höhere Wechselwirkungsglieder merklichen Einfluß haben. Dafür spricht wahrscheinlich die Erfahrung, daß nukleare Protonen ein anderes magnetisches Moment zu haben scheinen als freie.

5. *Bilineare Wechselwirkungsterme*. Wechselwirkungsterme, die die Wellenfunktionen zweier Teilchensorten bilinear enthalten, führen zu linearen Wellengleichungen, die sich von ungestörten Wellenfeldern nur durch Vermehrung der Zahl der Wellenfunktionskomponenten unterscheiden. Das Störungsglied bewirkt in diesem Fall eine Verwandlung der Quanten beider Arten ineinander. Jede Wellengleichung mit mehrkomponentigen Wellenfunktionen gibt hierfür Beispiele.

Wentzel, G.: Quantentheorie d. Wellenfelder. Wien 1943.

Wechselwirkungsenergie. Der Einfluß zweier physikalischer Systeme aufeinander ist bestimmt durch den Teil der Energie, der nicht allein von den Koordinaten nur des einen oder nur des anderen Teiles abhängt, sondern von den Koordinaten beider Teile. →Stöße.

Wechselwirkungsgesetz (3. →*Newtonsches Axiom*), das Gesetz von der *Gleichheit der Wirkung und Gegenwirkung* (*actio und reactio*). Es besagt, daß die zwischen zwei Körpern wirkenden Kräfte bzw. Drehmomente stets gleich groß und entgegengesetzt gerichtet sind. Der Beweis für die Gültigkeit des Gesetzes wird durch die erfahrungsgemäß gültigen, unmittelbar aus ihm folgenden Erhaltungssätze des Impulses und des Drehimpulses (→Impulssatz, →Drehimpulssatz) und den ebenfalls unmittelbar aus ihm folgenden →Schwerpunktsatz geliefert.

Weglänge, freie, ein anschaulicher und qualitativ weitreichender Begriff der elementaren kinetischen Gastheorie, der den Einfluß der Zusammenstöße eines Moleküls mit den übrigen Molekülen eines Gases kennzeichnet. Denkt man sich einen Strahl von Molekülen einer 1. Art mit nahezu parallelen und gleichen Geschwindigkeiten in ein Gas 2 hineingeschossen, so werden immer mehr Moleküle des Strahles mit Molekülen des Gases 2 zusammenstoßen und abgelenkt und gehen für den Strahl verloren. Für die Zahl von Molekülen, die nach Durchlaufen der Strecke z im Strahl noch vorhanden sind, gilt: $N = N_0\exp(-z/\Lambda)$, wo Λ die freie Weglänge des Moleküls 1 gegebener Geschwindigkeit im Gas 2 bedeutet. Diese Formel gestattet eine experimentelle Bestimmung von Λ.

Gaskinetisch bedeutet die freie Weglänge den statistischen Mittelwert des von den Molekülen 1 zurückgelegten Weges zwischen zwei Zusammenstößen mit Molekülen 2. Formelmäßig ist die freie Weglänge für Moleküle 1 der Geschwindigkeit v_1 unter der Voraussetzung starrer Kugelmoleküle gegeben durch

$$\Lambda(v_1) = x^2/[\sqrt{\pi}\, n_2\sigma_{12}^2\, E(x)],$$

wo

$$E(x) = x\exp(-x^2) + (2x^2 + 1)\,\Phi(x)$$

mit

$$\Phi(x) = \int_0^x \exp(-y^2)\,dy, \quad x = v_1\sqrt{M_2/(2RT)}.$$

Darin ist n_2 die Molekülzahl je cm³ des Gases 2, M_2 dessen Molmasse und σ_{12} der arithmetische Mittelwert der Durchmesser der beiden Molekülarten.

Ein besonders wichtiger Begriff der elementaren kinetischen Gastheorie ist die *mittlere* freie Weglänge. Man erhält diese Größe $\bar{\Lambda}$, indem man in obiger Formel die Gasmoleküle 1 und 2 als gleichartig betrachtet und außerdem über alle Geschwindigkeiten des stoßenden Moleküls mittelt. Man erhält dann: $\bar{\Lambda} = 1/(n\pi\sigma^2\sqrt{2})$, wo jetzt n die Zahl von Molekülen je cm³ des betrachteten Gases und σ der Durchmesser der Moleküle ist. Diese

Formel gilt für starre Kugelmoleküle ohne Anziehungskräfte. In Wirklichkeit üben die Moleküle aber stets auch solche Kräfte aus (→Sutherland-Modell). Unter ihrer Berücksichtigung wird die mittlere freie Weglänge $\bar{\Lambda} = \bar{\Lambda}_\infty/(1 + C/T)$, wo $\bar{\Lambda}_\infty$ die obenerwähnte mittlere freie Weglänge bei Vernachlässigung der Anziehungskräfte und C die Sutherland-Konstante ist. Die Weglänge wird also durch die Anziehungskräfte verkleinert und außerdem temperaturabhängig. Am einfachsten berechnet man die mittlere freie Weglänge $\bar{\Lambda}_T$ aus Messungen des Koeffizienten der inneren Reibung η gemäß der Formel: $\eta = 0,499\,\varrho\,\bar{v}\,\bar{\Lambda}_T$, wo ϱ die Gasdichte und $\bar{v} = \sqrt{8\,RT/(\pi\,M)}$ die mittlere Molekülgeschwindigkeit (d. h. der Mittelwert der Geschwindigkeitsbeträge) ist (M Masse von 1 Mol). In der folgenden Tabelle sind einige so berechnete mittlere freie Weglängen für verschiedene Gase bei 760 Torr und 0 °C eingetragen.

Gas ...	H_2	N_2	O_2	CO	CO_2	Kr	X
$\bar{\Lambda}_T$ in 10^{-5} cm	1,116	0,592	0,634	0,590	0,389	0,478	0,345

Weglänge, optische = →Lichtweg.

Wehnelt-Kathode = →Glühkathode mit Oxydbelag.

Wehnelt-Unterbrecher, dient zum Betriebe von Funkeninduktoren; eine elektrolytische Zelle, deren Kathode eine Bleiplatte und deren Anode ein verstellbarer dünner, aus einem Porzellanrohr herausragender Platindraht ist (Abb.). Als Elektrolyt dient meist verdünnte Schwefelsäure. Bei Stromschluß bildet sich infolge der hohen Stromdichte an der Anode durch starke Erhitzung des Elektrolyten eine Blase aus einem Gemisch von Wasserdampf und Knallgas, welche den Strom momentan unterbricht. Die bei der Unterbrechung induzierte Spannung erzeugt einen Funken, der die Blase zur Explosion bringt, worauf sich das Spiel, und zwar in sehr schneller Folge, bis zu einigen 1000 mal je s, je nach der Länge des herausragenden Drahtendes, wiederholt. Ein Löschkondensator ist nicht erforderlich. Wegen der sehr plötzlichen und häufigen Unterbrechungen ist der Wehnelt-Unterbrecher anderen Typen stark überlegen. Eine Abart ist der *Lochunterbrecher* (*Simon*), bei dem sich die Anode innerhalb eines mit einem engen Loch versehenen Porzellanzylinders befindet. Handb. d. Physik XVI. Berlin 1927.

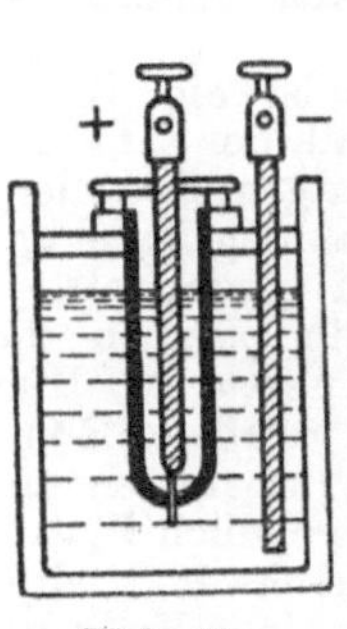
Wehnelt-Unterbrecher.

Wehnelt-Zylinder, zur Elektronenstrahl-Fokussierung dienende negativ aufgeladene Elektrode, die eine Glühkathode umgibt oder als Lochblende unmittelbar davor angeordnet ist; bildet zusammen mit der Kathode und Anode im elektronenoptischen Sinne eine →Immersionslinse, deren Brennweite durch Variation des Potentials der Wehnelt-Elektrode verändert werden kann. Sie wird bei →Braunschen Röhren und →Elektronenmikroskopen zur Vorkonzentration der aus haarnadelförmigen Wolframdraht-Kathoden oder kleinflächigen Oxydkathoden ausgelösten Elektronen benutzt.

Weicheisengeräte →Dreheisengeräte.

Physikalisches Wörterbuch II.

Weichmacher sind Stoffe, deren Zusatz die →Viskosität der Lösungen hochpolymerer Stoffe vermindert.

Weigert-Effekt, eine seit 1919 bekannte Wirkung des Lichtes, die möglicherweise lichtelektrische Grundlage hat und deswegen bemerkenswert ist, weil der seltene Fall einer besonderen Wirkung linear polarisierten Lichtes vorliegt. Belichtet man z. B. eine blaurote Schicht (sog. „Photochlorid", d. h. eine Adsorptionsverbindung von Chlorsilber mit metallischem Silber), wie sie entsteht, wenn Chlorsilbergelatine einige Zeit am Licht liegt, mit linear polarisiertem intensivem Licht, so werden die blauroten Schichten unter Aufhellung dichroitisch, und die ausgezeichnete Richtung in der Schicht fällt mit der Schwingungsrichtung des elektrischen Vektors zusammen. Es ist derart möglich, die Polarisationsebene des Lichtes photographisch festzulegen.

Weinholdsche Gefäße (*Dewar-Gefäße*), doppelwandige wärmeisolierende Gefäße. Der Zwischenraum zwischen den Wandungen ist zur Unterdrückung der Wärmeleitung evakuiert und zwecks Verminderung der Wärmestrahlung oft verspiegelt. Hierher gehören auch die bekannten *Thermosflaschen.*

Weiß, das Maximum der unbunten Empfindungsqualität.

Weiß höherer Ordnung →Interferenzfarben.

Weiße Zwerge. Diese Sterne befinden sich im →Hertzsprung-Russell-Diagramm in ziemlich großem Abstand unterhalb der Hauptreihe. Sie sind einige tausendmal lichtschwächer als die Hauptreihensterne gleicher Farbe. Soweit man ihre Massen kennt, sind sie von derselben Größenordnung wie die der Hauptreihensterne. Daraus kann man schließen, daß es Sterne von ungewöhnlich kleiner Oberfläche und sehr großer mittlerer Dichte sind. Sie sind an Volumen nicht mit der Sonne, sondern vielmehr mit Planeten zu vergleichen. Ihre mittlere Dichte ist von der Größenordnung 10^5 g cm^{-3}. Bei derartig hohen Dichten muß die Materie im Inneren der weißen Zwerge entartet sein. Sie heißen „weiße" Zwerge, weil die zuerst entdeckten Objekte dieser Art den Spektraltypen B bis F angehören, also weiße Farbe haben. Heute weiß man, daß es auch gelbe und rote „weiße Zwerge" gibt. Man hat deshalb auch schon andere Bezeichnungen vorgeschlagen, „Liliputaner" oder „degenerierte (entartete) Sterne".

Der bekannteste Vertreter ist der Siriusbegleiter Sirius B. Seine Masse beträgt 0,96 Sonnenmassen, sein Durchmesser $^1/_{50}$ Sonnendurchmesser, und seine Leuchtkraft ist gleich $^1/_{300}$ derjenigen der Sonne. Hieraus ergibt sich die mittlere Dichte $1,7 \cdot 10^5$ g cm^{-3}, die rund gleich der 120 000 fachen mittleren Dichte der Sonne ist.

Aus der Theorie der Energieerzeugung im Sterninneren folgt, daß die weißen Zwerge im Gegensatz zu den Hauptreihensternen nicht viel Wasserstoff enthalten können. Denn sonst müßten in ihrem Inneren dieselben Kernprozesse ablaufen wie in den Hauptreihensternen, und zwar wegen ihrer hohen Dichte und Temperatur mit solcher Heftigkeit, daß diese Sterne heller strahlen müßten als die Hauptreihensterne. Die weißen Sterne sind vermutlich Sterne, die ihren Wasserstoffgehalt schon aufgebraucht haben und nun ihre Ausstrahlung aus Kontraktionsenergie bestreiten.

43

Man kennt bis jetzt ungefähr 75 weiße Zwerge. Es ist dies eine verhältnismäßig kleine Anzahl. Aber dabei ist zu berücksichtigen, daß wegen ihrer geringen absoluten Helligkeit nur diejenigen weißen Zwerge unserer Beobachtung zugänglich sind, die sich in der nächsten Umgebung der Sonne befinden. Könnte man die weißen Zwerge bis in ebenso große Entfernungen hinein erfassen wie die Riesensterne, so würde ihre Zahl sicherlich gewaltig anschwellen.

Becker,W.: Sterne u. Sternsysteme. Dresden u.Leipzig 1950.

Weißanteil →Farbmessung, →Farbenlehre, Ostwaldsche.

Weißenberg-Methode →Röntgengoniometer.

Weißlichkeit, die zur →Sättigung komplementäre Eigenschaft einer bunten Farbe. Weißlichkeit und Sättigung sind von der →Helligkeit unabhängig und nur insofern mit ihr verknüpft, als eine Körperfarbe um so heller sein kann, je weißlicher sie ist. Allerdings zeigen bunte Farben, die in überdurchschnittlicher Leuchtdichte dargeboten werden, in diesem Gebiet mit zunehmender Leuchtdichte eine deutliche Verweißlichung, um schließlich an der Blendungsgrenze in fast völliges Weiß überzugehen.

Weißsche Bezirke. In einem ferromagnetischen Material entsteht nach *Weiß* infolge der Wechselwirkung zwischen den Elementarmagneten eine *spontane* →*Magnetisierung,* welche mit der Sättigungsmagnetisierung übereinstimmt. Der pauschal unmagnetische Zustand, welcher beim Abkühlen einer ferromagnetischen Substanz im feldfreien Raum normalerweise entsteht, kommt nur dadurch zustande, daß die Richtungen der spontanen Magnetisierung von Ort zu Ort wechseln und statistisch verteilt sind. *Weiß* nahm im Material viele kleine Bezirke an, von denen jeder bis zur Sättigung spontan magnetisiert ist, nur bei verschiedenen Bezirken in verschiedener Richtung. Der Magnetisierungsprozeß besteht in einem Ausrichten der Magnetisierung der einzelnen Bezirke in die Feldrichtung. Nach unsern heutigen Kenntnissen trifft diese Vorstellung tatsächlich weitgehend zu. In Materialien, in denen die →Kristallenergie gegen den Einfluß der inneren Spannungen (→Spannungsenergie) überwiegt, liegt bei Abwesenheit eines Magnetfeldes die Magnetisierung überall nahezu in einer der →leichten Richtungen der Kristallenergie. Die Zonen, in denen die Magnetisierung von der einen Vorzugsrichtung in die andere übergeht, die *Wände,* haben eine Dicke von nur etwa 100 Å, während die lineare Ausdehnung der Weißschen Bezirke in den üblichen Materialien in der Größenordnung von 10^{-4} bis 10^{-3} cm liegt. Sie sind also meist kleiner als die Kristallite des Metallgefüges. Durch die →Pulverfiguren kann man die Weißschen Bezirke an der Oberfläche eines Ferromagnetikums sichtbar machen. In einem Material, bei dem die inneren Spannungen überwiegen, ändert sich dagegen die Richtung der spontanen Magnetisierung wahrscheinlich stetig von Ort zu Ort, so daß man Gebiete mit einheitlicher Richtung der Magnetisierung nicht ohne Willkür abgrenzen kann.

Becker, R., u. *W. Döring:* Ferromagnetismus. Berlin 1939.

Weißsches inneres Feld. *P. Weiß* führte 1907 zur Deutung des magnetischen Verhaltens der Ferromagnetika die Hypothese ein, daß bei ihnen zwischen den Elementarmagneten eine starke Wechselwirkung bestünde, die einem zur Magnetisierung proportionalen Magnetfeld gleichwertig sei. Fügt man in der →Langevin-Funktion für die Magnetisierung der paramagnetischen Substanzen zum äußeren Feld dieses Weißsche innere Feld hinzu, so ergibt sich bei hohen Temperaturen für die Suszeptibilität das →Curie-Weißsche Gesetz, welches bei ferromagnetischen Stoffen oberhalb des Curie-Punktes tatsächlich angenähert gilt. Unterhalb des Curie-Punktes erhält man eine →spontane Magnetisierung, deren Temperaturabhängigkeit qualitativ mit dem gemessenen Verlauf der Sättigungsmagnetisierung übereinstimmt. Aus der Curie-Temperatur ergibt sich der Proportionalitätsfaktor des inneren Feldes. Die Stärke des inneren Feldes beträgt bei den ferromagnetischen Elementen Fe, Co und Ni am absoluten Nullpunkt größenordnungsmäßig 10^7 Oersted, also eine Feldstärke, welche unmöglich zwischen den Atomen herrschen kann. *Heisenberg* hat 1928 gezeigt, daß der quantenmechanische Austauscheffekt zu einer Wechselwirkung Anlaß geben kann, welche in erster Näherung durch ein Weißsches inneres Feld beschrieben werden kann.

Becker, R., u.*W. Döring:* Ferromagnetismus. Berlin 1939.— *Weiß, P.,* u. *G. Foex:* Le magnétisme. Paris 1926.

Weißsches Magneton →Magneton.

Weitdurchschlag →Zündung von Gasentladungen.

Weitsichtigkeit →Hypermetropie.

Weitwinkelaufnahmen sind kristallographische Röntgenaufnahmen mit einem Vollkegel divergenter Strahlen, dessen Spitze im oder unmittelbar am durchstrahlten Kristall liegt.

I. Bei den Kossel-Aufnahmen ist die Spitze die Röntgenstrahlquelle im Kristall, der entweder zugleich als Antikathode der Röntgenröhre dient oder auf ihn fallende Röntgenstrahlung in sekundäre Fluoreszenz-Röntgenstrahlen verwandelt.

II. Auf einem anderen Prinzip beruhen die Weitwinkelaufnahmen nach *H. Šeemann.* Hier fällt ein feines Bündel annähernd paralleler Röntgenstrahlen auf den Kristall, der zusammen mit der photographischen Schicht (gewöhnlich Platte) nach zwei Kugelkoordinaten so geschwenkt wird, daß jede beliebige Kristallrichtung einen Vollkegel beschreibt und ebenso lange wie jede andere mit der Primärstrahlrichtung zusammenfällt. Die Aufnahmen sind ähnlich denen des →Kossel-Effekts. Meist wird jedoch der Primärstrahl nach dem Durchgang durch den Kristall vor der photographischen Platte abgeblendet, um die Untergrundschwärzung zu vermeiden. Damit entfallen auch die hellen Kegelschnitte der durch Beugung geschwächten Primärstrahlen, die für die Kossel-Aufnahmen charakteristisch sind.

Weitwinkelobjektive sind →photographische Objektive, deren Aufbau und Korrektion so ausgeführt sind, daß sie einen Bildwinkel auszeichnen, der größer ist als der normaler Photoobjektive von $2\sigma \approx 45$ bis $60°$. Ist das Objektiv aus zwei gleichen oder ähnlichen Hälften aufgebaut (symmetrisches Objektiv, →photographisches Objektiv), von denen jede für sich sphärisch und in bezug auf Farbenlängsabweichung korrigiert ist und die auch in bezug auf die Blende symmetrisch stehen, so sind hierdurch schon Koma, Verzeichnung und Farbenvergrößerungsfehler beseitigt, während noch Astigmatismus und Bildfeldwölbung behoben werden müssen. Eines der bekanntesten Weitwinkelobjektive ist das Hypergon, das bei 1:22 verzeichnungsfrei einen Bildwinkel bis $2\,\sigma = 140°$ auszeichnet. Benutzt man unsymmetrische Formen und läßt man Verzeichnung zu, so erreicht man Bildwinkel bis $2\,\sigma = 220°$, was gelegentlich für wissenschaftliche Zwecke, z. B. photographische Abbildung des gesamten Himmelsgewölbes, von Wichtigkeit ist. Abb. zeigt den Achsenschnitt des Spezial-Weitwinkelobjektivs 8/10 von Zeiss mit 165° objektseitigem Bildfeld und einem Öffnungsverhältnis von

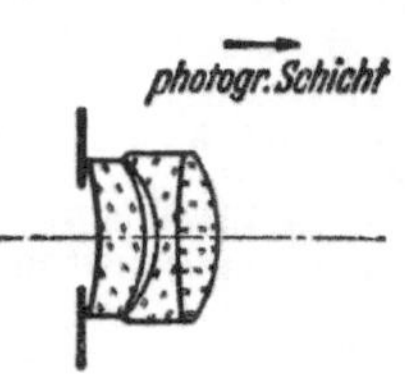

Spezial-Weitwinkelobjektiv 8/10
von Zeiss mit 165° objektseitigem Bildfeld
nach DRP. 672393/1935.

1:8, bei dem trotz des ausgedehnten Bildfeldes noch relativ gute astigmatische Bildfeldebnung erzielt wurde. Zur Vermeidung des Farbenvergrößerungsfehlers muß die Benutzung mit einem strengen Farbfilter geschehen, oder die vordere Negativlinse muß aus mehreren Linsen zusammengesetzt sein.

Michel, K.: Handb. d. wiss. u. angew. Photographie, Ergänzungswerk, 1. Band. Wien 1943. — *Harting, H.:* Photograph. Optik. Pößneck/Thür. 1948.

Weitwinkelokular →Okular.

Welle, ein zeitlich und örtlich veränderlicher Vorgang, der einer linearen partiellen Differentialgleichung 2. Ordnung vom hyperbolischen Typ gehorcht. Man pflegt für die *Wellengleichung* bei absorptionsfreier Ausbreitung die Darstellung

$$\Delta u = \frac{1}{c^2}\,\frac{\partial^2 u}{\partial t^2}$$

zu wählen. Hierin ist Δ der auf die Ortskoordinaten x, y und z bezogene Laplacesche Operator ($\Delta = \partial^2/\partial x^2 + \partial^2/\partial y^2 + \partial^2/\partial z^2$), u die Größe, um deren Ausbreitung es sich handelt (Ausbreitungsgröße, z. B. ein Geschwindigkeitspotential, eine elektrische Feldstärke usw.), und c die Fortpflanzungsgeschwindigkeit (→Phasengeschwindigkeit) der Welle. Bei absorbierenden Medien tritt zur rechten Seite ein Dämpfungsglied der Form $b\,du/dt$ hinzu, bei dispergierenden Medien (s. u.) außerdem ein Glied $a u$. Die um diese beiden Glieder ergänzte Wellengleichung heißt, speziell bei Beschränkung auf *eine* Ortskoordinate, →*Telegraphengleichung.* Durch Einführung einer 4. Dimension $l = ict$ ($i = \sqrt{-1}$) und des hiermit gebildeten vierdimensionalen Wellenoperators $\square = \partial^2/\partial x^2 + \partial^2/\partial y^2 + \partial^2/\partial z^2 + \partial^2/\partial l^2$ läßt sich die dämpfungs- und dispersionsfreie Wellengleichung auf die einfache Form $\square u = 0$ bringen. Diese Wellengleichung beschreibt die makrophysikalischen Ausbreitungsvorgänge kleiner Störungen und beherrscht die ganze lineare Mechanik. Wegen des linearen Charakters der Wellengleichung gilt das

Gesetz der →*Superposition,* das besagt, daß Wellen verschiedener Art und Herkunft sich unabhängig voneinander ausbreiten und überlagern. Bei starken Störungen (z. B. Explosionswellen) gilt das Superpositionsprinzip jedoch nicht mehr; die dann maßgebende Wellengleichung ist nichtlinear (→Knallwelle).

Die allgemeine Lösung der Wellengleichung hat die komplexe Form $u(x, y, z, t) = A(x, y, z, t) \times \exp i\varphi(x, y, z, t)$; A ist die *Amplitudenfunktion,* φ die *Phasenfunktion.* Die Bedingung $\varphi = $ const liefert die Flächen gleicher Phase (→Wellenflächen, Isophasen). Die →*Frequenz* ν der Welle ergibt sich durch Differentiation der Phasenfunktion nach der Zeit

$$\nu = -\frac{1}{2\pi}\,\frac{\partial \varphi}{\partial t},$$

der *Wellenzahlvektor* α durch Differentiation nach der jeweiligen Koordinate

$$\alpha_x = \frac{1}{2\pi}\,\frac{\partial \varphi}{\partial x}.$$

Spezielle Lösungen der Wellengleichung sind die →ebenen und die →Kugelwellen. Eine ebene Welle in der x-Richtung wird beschrieben durch

$$u = f\left(t - \frac{x}{c}\right) + g\left(t + \frac{x}{c}\right),$$

wo f und g beliebige Funktionen bedeuten; für eine in radialer Richtung r sich ausbreitende Welle erhält man entsprechend

$$u = \frac{1}{r}\left[f\left(t - \frac{r}{c}\right) + g\left(t + \frac{r}{c}\right)\right].$$

Der erste Term stellt jeweils eine von einem Punkt weglaufende, der zweite eine zu ihm hinlaufende Welle dar. Die Form der „Profile" f und g ist aus den Anfangs- und Randbedingungen zu bestimmen. In genügender Entfernung vom Erregungszentrum kann jeder Ausschnitt aus einer Kugelwelle als eben angesehen werden.

Einen wichtigen Sonderfall stellen die *periodischen* Wellen dar. Man pflegt sie in komplexer Form durch den monochromatischen Ansatz $u = A(x, y, z) \exp(i\omega t)$ einzuführen, wobei ω das 2π-fache der Frequenz ν, die *Kreisfrequenz,* ist. Dieser Lösungsansatz führt auf die *zeitfreie Wellengleichung*

$$\Delta A + k^2 A = 0$$

mit $k^2 = \omega^2/c^2 + ib\omega$. Die Wellenamplitude $A(x, y, z)$ einer ebenen Welle ergibt sich hieraus zu

$$A(x, y, z) = A_0 \exp\left[ik(\mu_1 x + \mu_2 y + \mu_3 z)\right]$$

mit $\mu_1^2 + \mu_2^2 + \mu_3^2 = 1$. Diese Welle pflanzt sich in einer Richtung fort, deren Richtungscosinus gegeben sind durch $\cos\alpha = \mu_1$, $\cos\beta = \mu_2$, $\cos\gamma = \mu_3$. Die →*Wellenlänge* ist $2\pi/k$. Wenn k komplex ist, so ist die Welle in ihrer Fortpflanzungsrichtung *gedämpft (längsgedämpft)*; sind auch die μ komplex, dann erfolgt die Dämpfung der Wellen senkrecht zur Fortpflanzungsrichtung (*Querdämpfung*) (→Dämpfung von Schwingungen und Wellen).

Ist k reell und sind die auf den Wellenflächen zweier ebener Wellen errichteten Lote, die *Wellennormalen,* parallel und einander entgegengesetzt, dann liefert die Superposition der beiden Wellen $A_0 \exp(ikp)\exp(i\omega t)$ und $A_0 \exp(-ikp)\exp(i\omega t)$ (p die Koordinate in Richtung der Wellennormalen) eine →*stehende Welle* $2A_0 \cos kp \exp(i\omega t)$, die dadurch charakterisiert ist, daß an den Stellen $kp = n\pi/2$ ($n = 1, 3, 5, \ldots$) die Wellenamplitude für alle Zeiten Null bleibt; man nennt diese Stellen

→*Knoten.* Zwischen je zwei Knoten liegt eine Stelle maximaler Amplitude, ein →*Bauch.*

Stehende Wellen sind ein Sonderfall der →*Interferenz.* Allgemein treten Interferenzerscheinungen bei mechanischen Wellen auf, wenn zwei Wellen, die ein gemeinsames Spektralgebiet haben und deshalb →kohärent sind, einander bei beliebiger Richtung der Wellennormalen überlagern. Charakteristisch für interferierende Wellenzüge ist eine räumlich feststehende periodische Struktur (z. B. in Form von Interferenzstreifen).

Interferenzerscheinungen und stehende Wellen kommen häufig dadurch zustande, daß eine Welle an einem Hindernis reflektiert wird und die reflektierte Welle sich stellenweise der ursprünglichen Welle überlagert (→Reflexion von Wellen). Andersartige Interferenzerscheinungen treten auf, wenn Wellen von Strahlern endlicher Ausdehnung ausgehen oder auf Hindernisse von endlicher Ausdehnung treffen; diese mit Hilfe der →Kirchhoffschen Formel zu berechnenden Erscheinungen werden als →*Beugung* bezeichnet. Die Unmöglichkeit, Wellenstrahlen (Wellenbündel) mit ideal scharfer Begrenzung herzustellen, beruht auf der Wirkung der Beugung. — Eine weitere Art von Interferenzerscheinungen sind die →*Schwebungen,* welche beim Zusammenwirken zweier Wellen mit etwas verschiedenen Frequenzen auftreten.

Wiederum anders sind die Erscheinungen in inhomogenen Medien. Hier erfährt die Wellennormale beim Fortschreiten der Welle eine Richtungsänderung, die als→*Brechung (Refraktion)* bezeichnet wird.

Je nachdem die Schwingung der Elemente des Mediums *in* Richtung der Wellennormale oder *senkrecht* dazu erfolgt, unterscheidet man →*Longitudinalwellen (Längswellen)* und *Transversalwellen (Querwellen).* Bei letzteren kann ein Punkt des Mediums eine zweidimensionale Bahn durchlaufen; Bedingung ist nur, daß er auf einer Wellenfläche bleibt. Die transversale Welle heißt *linear polarisiert* (→Polarisation), wenn der Schwingungsvektor seine räumliche Lage nicht ändert, und *elliptisch polarisiert,* wenn seine Spitze sich auf einer Ellipse bewegt; *zirkulare* Polarisation ist ein Sonderfall der elliptischen. In anisotropen Medien ist die Fortpflanzungsgeschwindigkeit für die verschiedenen Polarisationsrichtungen in der Regel verschieden; jedes Wellenbündel wird infolgedessen beim Eintritt in zwei Bündel mit verschiedener Ausbreitungsrichtung aufgespalten. Die Erscheinung heißt deshalb →*Doppelbrechung.* Zwei senkrecht zueinander linear polarisierte Wellen sind nicht interferenzfähig.

Die →*Dispersion,* d. h. die Abhängigkeit der Phasengeschwindigkeit der Welle von der Wellenlänge oder Wellenfrequenz, fordert eine Unterscheidung zwischen der →*Phasengeschwindigkeit,* d. h. der Geschwindigkeit, mit der sich ein bestimmter Wellenzustand (z. B. ein Wellenberg oder ein Wellental) fortpflanzt, und der →*Gruppengeschwindigkeit,* mit der sich ein Signal von endlicher Länge (Wellengruppe, Wellenpaket) bewegt.

Gleichzeitig mit der Dispersion tritt stets eine →*Absorption* der Wellenenergie auf, die mit einer Energieumwandlung, vorzugsweise in Wärmeenergie, verknüpft ist.

Courant, R., u. *D. Hilbert:* Methoden d. math. Physik II. Berlin 1937. Handb. d. Experimentalphysik XVII/1. Leipzig 1934. — *Sommerfeld, A.:* Vorl. über theoret. Physik II. Leipzig 1945. — *Wagner, K. W.:* Einf. in d. Lehre v. d. Schwingungen u. Wellen. Wiesbaden 1947.

Wellen, elektrische, →elektrische Wellen.

Wellenberg, ursprünglich der Gipfel einer Wasserwelle, allgemein der in der graphischen Darstellung des Wellenverlaufs positive Teil einer Wellenperiode. Der negative Teil heißt *Wellental.*

Wellenfelder →Elektronenwellenfeld, →Mesonenfelder, →Wellengleichung der Elementarteilchen, →Quantentheorie der Wellenfelder.

Wellenfläche →Normalenfläche.

Wellenfront. Als Lösungen einer Wellengleichung sind Unstetigkeitsflächen möglich, die einer partiellen Differentialgleichung 1. Ordnung gehorchen und *charakteristische Mannigfaltigkeiten* oder *Wellenfronten* genannt werden. Die mit der Zeit fortschreitende Unstetigkeitsfläche entspricht dem Kopf einer sich ausbreitenden Welle. Ferner →Kristalloptik, →Kopfwelle.

Courant, R., u. *D. Hilbert:* Methoden d. math. Physik II. Berlin 1937.

Wellenfunktion →Schrödinger-Funktion.

Wellengeschwindigkeit →Gruppengeschwindigkeit, →Phasengeschwindigkeit.

Wellengeschwindigkeit in Kristallen (Wellennormalengeschwindigkeit), der Quotient aus der Lichtgeschwindigkeit c_0 im Vakuum und der Brechungszahl des Kristalls für die entsprechende Wellenrichtung, also die →Phasengeschwindigkeit

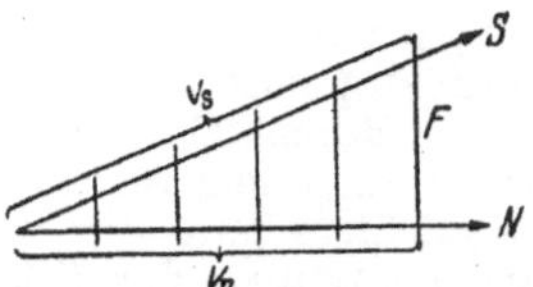

S Strahl, N Wellennormale, v_s Strahlen-, v_n Wellennormalengeschwindigkeit, F Wellenfront.

des Lichtes im Kristall. Sie kann auch als Projektion der Strahlengeschwindigkeit auf die Wellennormalenrichtung aufgefaßt werden (Abb.).

Wellengeschwindigkeitsfläche →Normalenfläche.

Wellengleichung →Welle. Quantenmechanische Wellengleichung →Schrödinger-Gleichung, →Dirac-Gleichung.

Wellengleichungen der Elementarteilchen. Solange man von Kopplungen zwischen den verschiedenen Elementarteilchen absieht, kann man die Wellengleichungen der verschiedenen Elementarteilchen beliebigen Spins folgendermaßen zusammenfassen:

$$\left\{\left(\beta_\mu, \frac{\hbar}{i}\frac{\partial}{\partial x_\mu} + \frac{e}{c}A_\mu\right) + im_0 c\right\}\psi = 0.$$

Darin bedeuten die β_μ Matrixoperatoren, welche folgenden Vertauschungsrelationen genügen:

$$[\beta_\mu, \beta_\nu] = -i\beta_{\mu\nu}, \quad [\beta_{\mu\nu}, \beta_\lambda] = -i(\beta_\mu\delta_{\nu\lambda} - \beta_\nu\delta_{\mu\lambda}).$$

Speziell ordnen sich →Dirac-Gleichung und →Kemmer-Gleichung unter. Diese sind durch die charakteristischen Gleichungen

$$\beta_\mu^2 = 1 \quad \text{bzw.} \quad \beta_\mu^3 = \beta_\mu$$

gekennzeichnet. Allgemein gilt für Teilchen mit dem maximalen Spin j die charakteristische Gleichung

$$(\beta_\mu^2 - j^2)(\beta_\mu^2 + (j-1)^2 \cdots$$

$$\begin{cases} \beta_\mu & = 0, \text{ falls } j \text{ ganzzahlig,} \\ (\beta_\mu^2 - \tfrac{1}{4}) & = 0, \text{ falls } j \text{ halbzahlig.} \end{cases}$$

Obige Gleichung wurde zunächst auf verschiedene Weisen gewonnen. Sie folgt durch →Verschmelzung von Dirac-Gleichungen (→méthode de fusion) oder aus der Forderung, daß $\beta_{\mu\nu}$ das Spinmoment der Teilchen beschreibt. Die formale Erweiterung der Dirac-Gleichung läßt noch alternative Formulierungen offen, die durch die Theorie des →Spins der Elementarteilchen ausgeschlossen werden. Außer für die Dirac-Gleichung und die Kemmer-Gleichungen ist die Zuordnung von Wellengleichungen zu den beobachteten Elementarteilchen noch nicht vollzogen.

Wentzel, G.: Quellentheorie d. Wellenfelder. Wien 1943. — *Kramers, H. A., F. J. Belinfante* u. *J. K. Lubanski:* Physica, Haag 8, 597 (1941).

Wellengruppe, auch *Wellenpaket,* ein durch Überlagerung mehrerer gleichgerichteter, sinusförmiger Teilwellen von sehr wenig verschiedenen Wellenlängen entstehender Wellenzug von endlicher Länge. Ihre Ausbreitung erfolgt mit der →*Gruppengeschwindigkeit,* die nur in dispersionsfreien Medien mit der als Fortpflanzungsgeschwindigkeit schlechthin bezeichneten →Phasengeschwindigkeit identisch ist. Auch die Gestalt (das Profil) der Wellengruppe bleibt im Verlauf der Ausbreitung nur in dispersionsfreien Medien erhalten; andernfalls „zerfließt" sie. Gemäß ihrer obigen Definition liefert eine Wellengruppe bei spektraler Zerlegung eine „Spektrallinie" von endlicher Breite (→Unschärferelation, akustische).

Der Begriff der Wellengruppe spielt auch in der *Quantenmechanik* eine sehr wichtige Rolle. Der in der →Ortsdarstellung gegebene Zustand

$$\psi(x_i, t)$$

$$= \frac{1}{\sqrt{(2\pi\hbar)^3}} \int \varphi(p_j, t)\, e^{\frac{i}{\hbar}(p_1 x_1 + p_2 x_2 + p_3 x_3)}\, dp_1\, dp_2\, dp_3$$

erscheint in dieser Form nach den (irregulären) Eigenfunktionen des Impulses (→Entwicklungssatz) entwickelt. Da $e^{\frac{i}{\hbar}(p_1 x_1 + p_2 x_2 + p_3 x_3)}$ eine ebene Welle darstellt, nennt man $\psi(x_i, t)$ eine Wellengruppe. Ihr Schwerpunkt ist identisch mit dem Erwartungswert des Ortes. Da für diesen Erwartungswert die klassische Beziehung

$$\frac{d}{dt}\, \text{Erw}\,(x_i) = \text{Erw}\left(\frac{\partial H}{\partial p_i}\right);$$

$$\frac{d}{dt}\, \text{Erw}\,(p_i) = -\,\text{Erw}\left(\frac{\partial H}{\partial x_i}\right)$$

gilt, wobei H der →Hamilton-Operator ist, fällt die →Gruppengeschwindigkeit mit der klassischen Geschwindigkeit zusammen.

Wellenlänge einer fortschreitenden Welle ist der räumliche Abstand zweier benachbarter Wellenorte gleicher Phase, z. B. zweier Maxima oder Minima in Richtung der Wellennormalen (Abb.).

Zur Wellenlänge.

Zwischen der Wellenlänge λ, der Frequenz ν und der Phasengeschwindigkeit c der Welle besteht die Beziehung $\lambda\nu = c$.

Elastische Wellen haben Wellenlängen von etwa $0,6\ \mu$ (→Ultraschall) bis zu mehreren 100 km (→Erdbebenwellen).

Wellenlänge des Lichtes. Seit *Newton* weiß man, daß das weiße Licht ein Gemenge von Lichtsorten verschiedener Farben ist, welches sich durch ein Prisma in seine Bestandteile auflösen läßt (→Spektroskopie). Die einzelnen Lichtsorten, welche man *einfarbiges* oder *monochromatisches* Licht nennt, sind elektromagnetische Wellen einer bestimmten Wellenlänge (→Wellentheorie des Lichtes) und an ihrer Farbe voneinander zu unterscheiden. Für das menschliche Auge sichtbar sind Wellenlängen von $3,65 - 7,5 \cdot 10^{-5}$ cm. Farbig werden Wellen über $4,0 \cdot 10^{-5}$ cm empfunden, und zwar bis $4,2 \cdot 10^{-5}$ cm als Violett, von hier bis $4,6 \cdot 10^{-5}$ cm als Indigo, bis $4,9 \cdot 10^{-5}$ cm als Blau, bis $5,75 \cdot 10^{-5}$ cm als Grün, bis $5,85 \cdot 10^{-5}$ cm als Gelb, bis $6,5 \cdot 10^{-5}$ cm als Orange und bis $7,5 \cdot 10^{-5}$ cm als Rot (→Farbenlehre). — Lichtwellenlängen werden mit einem →Beugungsgitter oder genauer mit →Interferometern gemessen.

Die charakteristische (und auch für den Farbeindruck maßgebende) Größe einer monochromatischen Lichtstrahlung ist ihre Frequenz ν, während ihre Wellenlänge $\lambda = c/\nu$ von ihrer Phasengeschwindigkeit $c = c_0/n$ (c_0 Vakuumlichtgeschwindigkeit, n Brechungszahl des Mediums) abhängt. Es ist also $\lambda = \lambda_0/n$. Unter der Wellenlänge von Licht schlechthin versteht man ihren hiernach auf das Vakuum reduzierten Betrag λ_0 (*Vakuumwellenlänge*).

Wellenlänge der Materiewellen. Für kräftefreie Teilchen vom Impuls p besteht die Lösung der Schrödinger-Gleichung in ebenen Wellen in Richtung des Impulses und von der Wellenlänge $\lambda = h/p$.

Wellenlänge, kritische →Oberflächenwellen.

Wellenlängeneffekt (quantenbiol.) →Ionisationsdichteeffekt.

Wellenlängenmessung, optische →Interferenzspektralapparat, der Röntgenstrahlen →Bragg-Methode, der γ-Strahlen →Spektrometrie von γ-Strahlen, der elektrischen Wellen →Wellenmesser.

Wellenlängennormale. Die Bemühungen der Staatsinstitute und anderer Laboratorien gehen seit Jahrzehnten dahin, ein Wellenlängennormal zu entwickeln, welches dem →Meterprototyp zur Reproduktion der internationalen Längeneinheit an die Seite zu stellen ist. Dabei steht die Frage nach der zweckdienlichen Anregung einer geeigneten atomaren Emissionslinie im Vordergrund der Untersuchungen. Das Wellenlängennormal soll zeitlich konstant und jederzeit eindeutig und störungsfrei reproduzierbar sein. Dementsprechend muß die Linie eine einfache und symmetrische Linienform haben (Isotope oder „Monobare" gerader Kernladungszahl), eine kleine Linienbreite besitzen (hohes Atomgewicht, tiefe Emissionstemperatur) und darf bei ihrer Anregung nicht durch →Stoßdämpfung, →Stark-Effekt oder sonstige Einflüsse verbreitert, verschoben oder unsymmetrisch werden (niedriger Gasdruck, Anregung durch schwache elektrische Felder oder im Atomstrahl). Zunächst wurde mit der roten Cadmiumlinie bei 6438 I.Å. gearbeitet, welche auch die 7. Generalkonferenz für Maß und Gewicht (→Meterkonvention) im Jahre 1927 als Grundmaß für die Länge mit dem Wert $\lambda_{Cd} = 6,4384696 \cdot 10^{-7}$ m (1 m = $1553164{,}13\ \lambda_{Cd}$) in trockner Luft bei 15° der Wasserstoffskala (→Temperaturskalen) und einer physikalischen →Atmosphäre nebst Anweisungen für die zweckentsprechende Anregung in der Lichtquelle empfohlen hat. Aus den derzeit vorliegenden Beobachtungen ergibt sich als Mittelwert für die rote Cadmiumlinie in normaler Luft (→Normalluft) $\lambda_{n_{Cd}} = (6{,}438\,469_6 \pm 0{,}000\,003) \cdot 10^{-7}$ m [1 m $= (1\,553\,164{,}1_3 \pm 0{,}8)\,\lambda_{n_{Cd}}$] und im Vakuum $\lambda_{o_{Cd}} = (6{,}440\,249 \pm 0{,}000\,004) \cdot 10^{-7}$ m [1 m $= (1\,552\,735{,}0 \pm 0{,}9)\,\lambda_{o_{Cd}}]$. In neuerer Zeit sind Krypton- (^{84}Kr und ^{86}Kr) und Quecksilberisotope (^{198}Hg) in den Vordergrund getreten. Als Vakuumwert für die gelbgrüne Kryptonlinie ergaben die Messungen $\lambda_{o_{Kr}} = (5{,}651\,128_9 \pm 0{,}000\,004) \cdot 10^{-7}$ m (bezogen auf λ_{nCd} und den deutschen →Meterprototyp Pr 18 im Jahre 1937). Endgültige Beschlüsse der Generalkonferenz werden von dem Ausfall der weiterlaufenden Untersuchungen in den Staatsinstituten abhängen, zu denen die 9. Generalkonferenz 1948 erneut aufforderte.

Die Internationale Vereinigung für Sonnenforschung schuf ein auf *einer* Normalwellenlänge aufgebautes Wellenlängensystem, in dem die Wellenlängen in Internationalen →Ångström gemessen werden. Als Normalwellenlänge wurde die rote Cadmiumlinie in trockener Luft bei 15° der Wasserstoffskala (→Temperaturskalen) und einer physikalischen Atmosphäre gewählt und das I.Å. 1907 durch die Relation $\lambda_{Cd} \equiv 6438{,}4696$ I.Å. definiert. Die rote Cadmiumlinie ist in diesem System die „Normallinie 1. Ordnung", an die durch Interferenzmessungen eine Reihe von Emissionslinien des Eisens, Neons und Kryptons als „Normallinien 2. Ordnung" und eine weitere Anzahl von Eisenlinien über Beugungsgitter als „Normallinien 3. Ordnung" angeschlossen wurden. Die Wellenlängen dieser Normallinien 2. und 3. Ordnung im I.A.-System sowie die Brenndaten des zu ihrer Reproduktion zu benutzenden Eisenbogens wurden in den Jahren 1910 bis 1932 auf Konferenzen der Internationalen Astronomischen Vereinigung festgelegt.

Wellenleiter →Rohrwellen.

Wellenmaschine →Schwingungssynthese.

Wellenmechanik. In der →Ortsdarstellung hat die →Bewegungsgleichung der Quantenmechanik die Form der →Schrödinger-Gleichung

$$-\frac{\hbar}{i}\,\dot{\psi} = H(p_k, q_k)\,\psi,$$

deren Lösungen Wellencharakter haben. Man spricht deshalb auch von Wellenmechanik statt →Quantenmechanik. Wie man in der Wellenoptik zur geometrischen Optik übergehen kann, so auch hier von der Wellenmechanik zur klassischen Mechanik. Setzt man $\psi = e^{\frac{i}{\hbar}S}$ und entwickelt nach Potenzen von $\hbar$, so erhält man in erster Näherung:

$$-\frac{\partial S}{\partial t} = H\left(\frac{\partial S}{\partial q_k},\, q_k\right),$$

was mit der →Hamilton-Jacobischen partiellen Differentialgleichung identisch ist.

Wellenmesser, ein elektrischer Schwingungskreis möglichst geringer Dämpfung, bestehend aus mehreren wahlweise benutzbaren Spulen und einem in Wellenlängen geeichten Drehkondensator. Die Resonanz wird mittels eines Indikator-

kreises [Gleichrichter oder Detektor mit empfindlichem Meßinstrument (30 μA)] angezeigt. Ein Wellenmesser ist also eigentlich ein Frequenzmesser, der mittels der Beziehung $\lambda = c/\nu$ in Wellenlängen geeicht ist (c Lichtgeschwindigkeit). Technische Wellenmesser enthalten vielfach einen kleinen Summer und können auch als Sender benutzt werden (→Frequenzmesser).

Wellennormalen, die zu den einzelnen Punkten einer Wellenfläche senkrechten Richtungen; sie fallen in isotropen Medien mit der Fortpflanzungsrichtung der Energie zusammen. →Strahlen, →Kristalloptik.

Wellenoptik, Teilgebiet der →Optik; behandelt die Phänomene der →Interferenz, der →Beugung, der →Polarisation und wendet sie auch auf die →Abbildung in optischen Instrumenten an, indem sie die Bildentstehung vom Standpunkt der →Wellentheorie des Lichts studiert.

Wellenpaket →Gruppengeschwindigkeit, →Wellengruppe.

Wellensieb →Siebkette.

Wellental →Wellenberg.

Wellentheorie des Lichtes, mathematische Behandlung der Optik auf Grund der Wellenvorstellung; älteste Gestalt das →Huygenssche Prinzip. Nachdem durch die →Interferenzen, vor allem im Fresnelschen →Spiegelversuch, die Wellennatur und durch die Entdeckung der →Polarisation die Transversalität des Lichtes nachgewiesen war, deutete man zunächst das Licht als Wellen eines transversal schwingenden elastischen Mediums, welches man →Äther nannte. Die Maxwellsche Theorie der Elektrodynamik zeigte dann, daß elektromagnetische Wellen möglich sind, welche in jeder Hinsicht den Lichtwellen gleichen. Seit der Entdeckung der langwelligen elektromagnetischen Wellen (→Hertzsche Wellen) hat sich diese Ansicht allgemein durchgesetzt, so daß heute die Wellentheorie des Lichtes ein Teilgebiet der Elektrodynamik ist und durch die Maxwellschen Gleichungen beherrscht wird. Das Licht besteht danach aus einer elektrischen und einer magnetischen Schwingung, welche aufeinander sowie auf der Fortschreitungsrichtung senkrecht stehen. Die Richtung der magnetischen Schwingung bestimmt die Polarisationsebene (→Polarisation, →Wienersche Interferenzen). Zur Erklärung der optischen Eigenschaften der Materie muß die →Elektronentheorie von *H. A. Lorentz* herangezogen werden.

Die praktische Lösung optischer Aufgaben auf Grund der Wellentheorie des Lichtes ist der Inhalt der →Beugungstheorie.

Flügge, S.: Theoret. Optik. Wolfenbüttel 1948.

Wellenwiderstand, akustischer →Schallwellenwiderstand.

Wellenwiderstand, elektrischer. Für elektrische Leitungen mit großer räumlicher Ausdehnung ist bei höheren Wechselfrequenzen der Augenblickswert von Strom und Spannung nicht nur eine Funktion der Zeit, sondern auch des Ortes. Da die Ausbreitungsgeschwindigkeit nicht als unendlich angenommen werden kann, ist die Stärke des Stromes und der Spannung an einer bestimmten Stelle der Leitung abhängig von den Leitungsgrößen: →Widerstandsbelag R', Induktivitätsbelag L', Ableitungsbelag G' und Kapazitätsbelag C'. Aus der als →Telegraphengleichung bekannten Differentialgleichung, die den eingeschwungenen Zustand einer Leitung darstellt,

$$\frac{d^2\mathfrak{U}}{dx^2} = \mathfrak{R}\,\mathfrak{G}\,\mathfrak{U} = (R' + j\omega L')\,(G' + j\omega C')\,\mathfrak{U} = \gamma^2\,\mathfrak{U}$$
$$= (\beta + j\alpha)\,\mathfrak{U},$$

ergeben sich für Spannung und Strom im Punkte x die Beziehungen

$$\mathfrak{U}_x = U_a\,e^{-\gamma x} + U'_a\,e^{+\gamma x};$$

$$\mathfrak{i}_x = \frac{\gamma}{\mathfrak{R}}\,U_a\,e^{-\gamma x} - \frac{\gamma}{\mathfrak{R}}\,U'_a\,e^{+\gamma x},$$

γ ist die *Fortpflanzungskonstante*, die sich zusammensetzt aus der Dämpfungskonstanten β und dem Winkelmaß α, das die Phasendrehung gegenüber dem Anfangszustand angibt. Die Größe

$$\frac{\mathfrak{R}}{\gamma} = \mathfrak{Z} = \sqrt{\frac{L' + j\omega R'}{G' + j\omega C'}}$$

wird als *Wellenwiderstand* der Leitung bezeichnet, da sie die Dimension eines Widerstandes besitzt. Sie gibt in jedem Punkt einer reflexfreien Leitung das Verhältnis zwischen Strom und Spannung an. Der Wellenwiderstand ist frequenzabhängig und durch die Art der Leitung, ob Freileitung oder Kabel, und ihren Aufbau bedingt.

Vilbig, F.: Lehrb. d. Hochfrequenztechnik. Leipzig 1945.- *Küpfmüller, K.:* Einf. in die theoret. Elektrotechnik. Berlin 1941.

Wellenwiderstand, mechanischer. 1. Der Wellenwiderstand eines an einer Flüssigkeitsoberfläche bewegten Körpers ist durch die Schwerkraft bedingt und unterliegt daher dem →Froudeschen Modellgesetz. Er äußert sich durch eine Art von Druckwiderstand am Körper infolge des bei der Bewegung erzeugten Wellensystems und ist stark von der Körperform und der Geschwindigkeit abhängig. Die vom Bug und Heck ausgehenden Wellensysteme interferieren, so daß eine Verlängerung des Körpers auch einen geringeren Wellenwiderstand zur Folge haben kann. In Kanälen und Flüssen ist auch der Einfluß der Wassertiefe zu berücksichtigen. Wenn die Geschwindigkeit gleich der Grundwellengeschwindigkeit ist, erreicht der Wellenwiderstand einen Höchstwert.

2. Bei Überschallströmungen ergibt die Druckverteilung am Tragflügelprofil auch bei Abwesenheit von Reibungseinflüssen einen Widerstand, der nur bei der ebenen Platte beim Anstellwinkel 0 verschwindet. An den Krümmungen und Unstetigkeitsstellen der Körperoberfläche entstehen Verdichtungs- und Verdünnungswellen, bei stärkeren Störungen Verdichtungsstöße, welche die Druckverteilung auch an der Körperoberfläche bestimmen. Diesem Wellenwiderstand entspricht eine Nachlaufströmung auf beiden Seiten des umströmten Körpers, der sich, wenn auch Oberflächenreibung vorhanden ist, ein weiterer Reibungsnachlauf überlagert.

Wellenwiderstand des Vakuums Γ_0, definiert als das Verhältnis von elektrischer und magnetischer Feldstärke einer sich im Vakuum ausbreitenden ebenen elektromagnetischen Welle. Mit den beiden charakteristischen Konstanten ε_0 und μ_0 (elektrische bzw. magnetische →Feldkonstante) des elektromagnetischen Feldes ist Γ_0 durch die Relation $\Gamma_0 = \sqrt{\mu_0/\varepsilon_0}$ verknüpft und berechnet sich aus den magnetischen Feldkonstanten μ_0 und der →Vakuumlichtgeschwindigkeit c_0 nach der Gleichung $\Gamma_0 = \mu_0 c_0$ zu $\Gamma_0 = 376{,}727 \pm 0{,}007\ \Omega_{\text{abs}}$.

Wellenzahl, in der Spektroskopie der Kehrwert $\tilde{\nu} = 1/\lambda_0$ der Wellenlänge λ_0 von Licht im Vakuum, also die Zahl der auf die Längeneinheit entfallenden Wellenlängen; Einheit 1 cm^{-1}. Da $\lambda_0 = c_0/\nu$ (c_0 Vakuumlichtgeschwindigkeit, ν Frequenz), so ist $\tilde{\nu} = \nu/c_0$, also der Frequenz ν proportional. In der theoretischen Physik wird meist die Größe $k = 2\pi/\lambda_0 = \omega/c_0 = 2\pi\tilde{\nu}$ als Wellenzahl definiert ($\omega = 2\pi\nu$ Kreisfrequenz). In Luft gemessene Wellenzahlen müssen durch Division mit der Brechzahl $n = c_0/c$ auf das Vakuum reduziert werden. →Wellenzahlvektor.

Wellenzahlvektor $\mathfrak{k}$ einer fortschreitenden Welle ist die räumliche Abnahme der →Phase φ, also der negative Phasengradient $\mathfrak{k} = -\operatorname{grad}\varphi$. Da die Phase in Richtung der Wellenfortpflanzung abnimmt, weist $\mathfrak{k}$ in die Richtung der Fortschreitung. Dem Betrage nach ist der Wellenzahlvektor gleich $k = 2\pi/\lambda$, was man in der theoretischen Physik als →Wellenzahl bezeichnet.

Wellikel, Verdeutschung von *wavicle*, einer von *Eddington* mehrfach scherzhaft benutzten Sammelbezeichnung für Welle und Partikel zur Kennzeichnung ihres →Dualismus.

Wellrad →einfache Maschinen.

Welt, Einsteinsche, de Sittersche →Relativitätstheorie, allgemeine; Minkowskische = →Raum-Zeit-Welt.

Weltall, im physikalischen Sinne definiert als der Inbegriff alles dessen, was der exakten naturwissenschaftlichen Forschung grundsätzlich zugänglich ist oder sein kann. Es darf heute als ziemlich gesichert gelten, daß das Weltall eine endliche Ausdehnung hat. Die gelegentlich aufgeworfene Frage, ob es außer unserem Weltall noch andere Weltalle gibt, gehört gemäß obiger Definition nicht zur Zuständigkeit der Physik.

→Alter des Weltalls, →Dichte des Weltalls, →geschlossene Welt, →sphärische Welt, →Radius des Weltalls, →λ-Glied, →Expansion des Weltalls, →Kosmogonie, →Kosmologie, →Weltmodelle, →Ursprung der Welt.

Weltalter →Alter der Welt.

Weltäther →Ätherhypothese.

Weltinseln, die →außergalaktischen Nebel.

Weltkoordinaten. Sind x_1, x_2, x_3 die drei rechtwinkligen räumlichen Koordinaten und $x_4 = ict$ (c Vakuumlichtgeschwindigkeit, t Zeit, i die imaginäre Einheit) die Zeitkoordinate, so nennt man diese vier Koordinaten x_i ($i = 1, 2, 3, 4$) in der speziellen Relativitätstheorie die Weltkoordinaten der →Raum-Zeit-Welt.

Weltlinie eines materiellen Punktes, wird gebildet von der Aufeinanderfolge aller vierdimensionalen Raum-Zeit-Positionen des Massenpunktes. Sie ist also eine Kurve in der vierdimensionalen Raum-Zeit-Mannigfaltigkeit.

Weltmodelle →Kosmologie, →Expansion des Weltalls.

Weltpunkt, ein durch die drei räumlichen Koordinaten und die Zeit gekennzeichneter Punkt in der vierdimensionalen Raum-Zeit-Mannigfaltigkeit der allgemeinen →Relativitätstheorie.

Weltradius, der Krümmungsradius R der nichteuklidischen sphärischen Welt (→Weltmodelle). Aus ihm berechnet sich der *Rauminhalt des Weltalls* zu $V = 2\pi^2 R^3$. Im expandierenden Weltall (→Expansion des Weltalls) beträgt die →Rotverschiebung im Spektrum eines in der Entfernung r mit der Geschwindigkeit v wegfliegenden

Nebels auf Grund des Doppler-Effekts $\Delta\lambda/\lambda = v/c$ und empirisch $\Delta\lambda/\lambda = \alpha\, r/c$, so daß $v = \alpha r$ ist. $\alpha \approx 2 \cdot 10^{-17}$ s^{-1} ist die Expansionskonstante. Macht man die wahrscheinliche Annahme, daß das Weltall *mit Lichtgeschwindigkeit* expandiert, so ist, bis auf einen Zahlfaktor der Größenordnung 1, $c \approx \alpha R$, also der heutige Weltradius $R \approx c/\alpha \approx 10^{27}$ cm $\approx 10^9$ Lichtjahre und das heutige Weltvolumen von der Größenordnung 10^{82} cm^3. (Man beachte, daß der Mittelpunkt des sphärischen Weltalls diesem ebensowenig angehört wie der Mittelpunkt einer Kugel der Kugeloberfläche.) →Weltalter.

Hubble, E.: The Observational Approach to Cosmology. Oxford 1937. — *Heckmann, O.:* Theorien d. Kosmologie. Berlin 1942. — *Jordan, P.:* Die Herkunft d. Sterne. Stuttgart 1947.

Weltraumforschung. Die Fortschritte der Raketentechnik lassen es als möglich erscheinen, daß in absehbarer Zeit unbemannte oder bemannte →Raketen konstruiert werden, die das Schwerefeld der Erde verlassen können, um im Raum des Planetensystems Forschungsfahrten zu unternehmen. Die zum Entkommen aus dem Erdfeld erforderliche Mindestgeschwindigkeit (→Entweichgeschwindigkeit) beträgt 11,2 km/s; sie könnte von einer 3stufigen Rakete erreicht werden, wenn es gelingt, die Ausströmungsgeschwindigkeiten der Verbrennungsgase aus der Düse, die bei den gegenwärtigen Raketen etwa 2 km/s beträgt, auf 4 km/s zu steigern. Eine wesentliche Starterleichterung würde eine die Erde in mäßigem Abstand umkreisende Raumstation bieten, weshalb die Schaffung eines solchen künstlichen Satelliten als Vorstufe zur eigentlichen Raumfahrt angestrebt wird. Aufgaben für die Raumfahrtforschung sind neben der direkten Untersuchung der Oberflächen des Mondes und der benachbarten Planeten die Erfassung der unsichtbaren Strahlungen der Sonne sowie alle astronomischen Beobachtungen, die durch die störenden Einflüsse der Erdatmosphäre behindert werden. Als Vorstufe der Weltraumforschung können die Registrierraketen (→Raketensonden) gelten, mit denen man 1949 bereits Höhen über 400 km erreicht hat.

Weltzeit →Zeitmaße.

Weltzeitgang luftelektrischer Größen →luftelektrisches Feld, →Gewitter.

Wendeprisma. Fällt auf eine Schenkelfläche eines Prismas, dessen Querschnitt ein gleichschenkliges Dreieck ist, ein zur Basisfläche paralleles Lichtbündel, so wird die zweimalige Brechung und Farbenzerstreuung nach Reflexion an der Basisfläche gerade aufgehoben. Es bleibt daher nur die Wirkung einer einzelnen spiegelnden Fläche, und das Prisma ist für die genannte Einfallsrichtung geradsichtig. Die für die optische Wirkung nicht benötigten Glasteile können wegfallen, und man erhält das in der Abb. gezeigte Prisma,

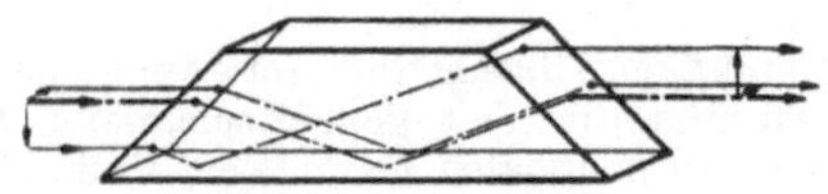

Wendeprisma nach *Dove*.

das nach *Dove*, nach *Delaborne* oder nach *Amici* benannt wird. Dieses Prisma, das in bezug auf die optische Korrektion wie eine schräggestellte planparallele Glasplatte angesehen werden kann, darf, um Störungen durch Astigmatismus und Dispersion zu vermeiden, nur in →tele-

zentrischem Strahlengang benutzt werden. Dreht man ein solches Prisma um eine Achse, die parallel zur Basisfläche durch das Prisma geht (Visierlinie), so kann das hindurchtretende Strahlenbündel um die Visierlinie gedreht werden. Die Drehung des durch das Strahlenbündel erzeugten Bildes erfolgt doppelt so schnell wie die Drehung des Prismas.

Das Dove-Prisma und anders aufgebaute, aber in gleicher Weise wirkende Prismen werden als Wende- oder Reversionsprismen bezeichnet.

Wendepunkt, ein Punkt einer Kurve, in dem die in ihm gelegte Tangente die Kurve schneidet (Abb. Punkt P). In einem Wendepunkt verschwindet die →Krümmung der Kurve und wechselt ihr Vorzeichen. Behält die Krümmung jedoch das Vorzeichen bei, d. h. bleibt die Kurve in beiderseitiger Umgebung derjenigen Stelle, wo ihre Krümmung $k = 0$ ist, gleichsinnig, so spricht man statt von einem Wendepunkt von einem *Flachpunkt* (Abb. Punkt Q). Die Abszissen von

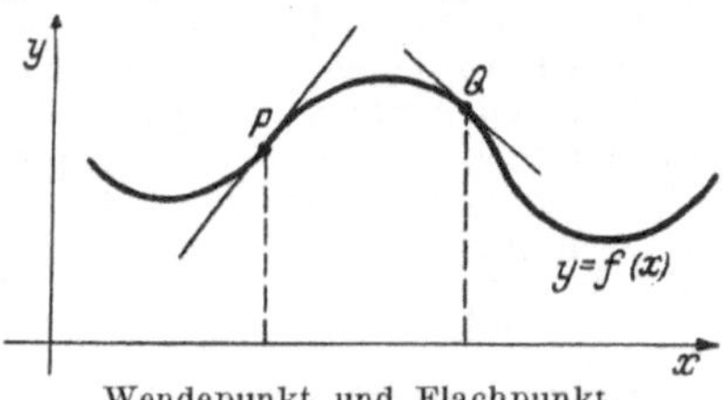

Wendepunkt und Flachpunkt.

Wendepunkten einer durch $y = f(x)$ gegebenen Kurve werden durch die Wurzeln x_i der Gleichung $f''(x) = 0$ geliefert, die der Bedingung $f'''(x_i) \neq 0$ genügen. Wird auch $f''' = 0$ für die Wurzelwerte x_i, so ist entscheidend dafür, daß die x_i Wendepunktabszissen darstellen, ob die niedrigste Ableitung $f^{(n)}(x_i)$ $(n \geq 3)$, die für $x = x_i$ nicht verschwindet, ungerade oder gerade ist. Liegt ein Wendepunkt vor, so muß n ungerade sein.

Wendezeiger (*Drehgeschwindigkeitszeiger*) ein Kreiselgerät zur Messung der Drehgeschwindigkeit im Raum (Abb.). Die Drehgeschwindigkeit $\mathfrak{D}$

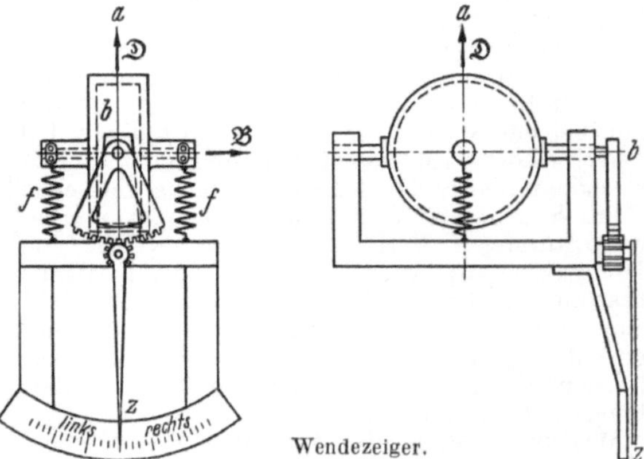

Wendezeiger.

um die Achse a soll gemessen werden. Man stellt die Kreiselachse senkrecht zur a-Achse und gibt dem Kreiselgehäuse eine Drehachse b, die senkrecht zur a-Achse und der Kreiselachse steht. Die Kreiselachse wird durch Federn f in ihrer Lage senkrecht zur a-Achse gehalten. Beim Drehen um die a-Achse entsteht ein Kreiselmoment um die b-Achse. Ist B der Kreiselimpuls, so hat das Moment die Größe BD. Dieses Moment wird durch die Federn ausgewogen und der Federausschlag vergrößert auf einen Zeiger z übertragen. Für bekannten konstanten Kreiselimpuls B kann die Skala, über die der Zeiger fährt, in Drehgeschwindigkeit $\mathfrak{D}$ geeicht werden. Man erhält so ein Meßgerät der Drehgeschwindigkeit im Raume ohne jeden Bezugspunkt. Baut man das Instrument so in ein Flugzeug ein, daß sich die a-Achse mit der Hochachse des Flugzeuges deckt, so kann der Flieger Drehrichtung und Drehgeschwindigkeit des Flugzeuges um dessen Hochachse an dem Zeiger ablesen. Das Instrument ist bei Wolkenflügen sehr wichtig.

Müller-Pouillet: Lehrb. d. Physik I/1. Braunschweig 1929. — *Grammel, R.:* Der Kreisel, seine Theorie u. seine Anwendungen. Berlin 1950.

Wenner-Verfahren, ein Gleichstromverfahren zur Bestimmung der elektrischen Leitfähigkeit des Erdbodens: Vier Elektroden werden in gleichen Abständen a längs einer Geraden in den Erdboden geschlagen. Durch die zwei äußeren wird Gleichstrom der Stromstärke i geschickt. Der Spannungsabfall U zwischen den beiden inneren Elektroden wird mit einem Kompensator gemessen. Polarisation und störende Gleichströme werden durch Kommutieren eliminiert. Für homogenen Untergrund ist der spezifische Widerstand $\varrho = 2\pi\, aU/i$. Bei nichthomogenem, horizontal geschichtetem Untergrund gibt diese Formel einen scheinbaren Widerstand als Funktion des Elektrodenabstandes a, aus deren Verlauf der tatsächliche Widerstand als Funktion der Tiefe berechnet werden kann.

Wentzel-Kramers-Brillouin-Verfahren (W.K.B.-Verfahren). Dieses Verfahren der näherungsweisen Lösung der →Schrödinger-Gleichung besteht in folgendem: Ist

$$-\frac{\hbar^2}{2\,m}\frac{d^2\varphi(x)}{d\,x^2} + V(x)\,\varphi(x) = E\,\varphi(x)$$

die Schrödinger-Gleichung, und macht man den Ansatz $\varphi = a\,e^{\frac{i}{\hbar}S}$, so folgt, wenn man nach Potenzen von $\hbar$ entwickelt:

$$\frac{1}{2m}\left(\frac{d\varphi}{d\,x}\right)^2 + V(x) = E; \qquad 0 = \frac{d}{d\,x}\left(a^2\frac{d\,S}{d\,x}\right).$$

Die Lösung ist

$$\varphi = \frac{C}{\sqrt{p(x)}}\,e^{\frac{i}{\hbar}\int_{a_1}^{x} p(x)\,d\,x} + \frac{C_2}{\sqrt{p(x)}}\,e^{-\frac{i}{\hbar}\int_{a_2}^{x} p(x)\,d\,x}$$

mit $p(x) = \sqrt{2m(E - V(x))}$. Sie ist also verwendbar, solange nicht $p(x)$ nahe bei Null liegt. Anwendung vor allem beim →Tunneleffekt.

Handb. d. Physik XXIV/1. Berlin 1933.

Werkstoffe, magnetische →magnetische Werkstoffe.

Werkstoffe, optische. Die in der praktischen Optik benutzten Werkstoffe lassen sich in solche einteilen, die für das Licht hauptsächlich durchlässig, hauptsächlich reflektierend oder hauptsächlich absorbierend sind, wobei zu beachten ist, daß eine scharfe Trennung der Eigenschaften nicht möglich ist und daß zwischen den verschiedenen Klassen Übergänge bestehen.

Die hauptsächlich *lichtdurchlässigen* Werkstoffe kann man weiterhin einteilen in solche, deren Lichtdurchlässigkeit ein möglichst weites Spektralgebiet umfaßt, und solche, deren Lichtdurchlässigkeit sich auf ein begrenztes Spektralgebiet erstreckt. Zu den erstgenannten Werkstoffen gehören das optische →Glas, Quarzglas, Steinsalz, Sylvin, Lithiumfluorid und gewisse organische Kunststoffe, wie Plexiglas usw. Auch sind die sog. farblosen organischen und anorganischen Flüssigkeiten oft als optische Werkstoffe in Benutzung, z. B. Wasser für Kühlzwecke oder Schwefelkohlenstoff zur Füllung von Hohlprismen. Werkstoffe, deren Lichtdurchlässigkeit sich auf ein eng begrenztes Spektralgebiet beschränkt, sind →Farbgläser, gefärbte Lösungen und gefärbte organische Substanzen, wie z. B. gefärbte Gelatineschichten, gefärbte Kunststoffe. Weiterhin kann man zu der Gruppe der hauptsächlich lichtdurchlässigen Werkstoffe auch die optischen Werkstoffe zählen, die optisch doppelbrechend sind, wie kristalliner Quarz, Kalkspat, Flußspat, Gips, Glimmer, die für Polarisationsoptik benutzt werden.

Die hauptsächlich *reflektierenden* optischen Werkstoffe sind in erster Linie Spiegelwerkstoffe. Hierzu dienen insbesondere die Metalle Aluminium, Silber, Rhodium, Platin, Gold, Nickel, Chrom, Quecksilber, Stahl. Sie reflektieren in glatter (ebener) Form das Licht nach dem Reflexionsgesetz. Zu den reflektierenden Werkstoffen kann man weiter auch die weitgehend das Lambertsche Gesetz befolgenden Reflexionsmittel, wie Gips, Magnesiumoxyd usw., zählen. Zwischen den reflektierenden und lichtdurchlässigen Werkstoffen stehen Milchgläser und die für halbdurchlässige Spiegel benutzten dünnen Metallschichten und Schichten von Metalloxyden.

Zu den hauptsächlich *absorbierenden* Werkstoffen kann man Schwärzungsmittel, wie Mattlacke, Ruß, Platinschwärze usw., rechnen.

Es ist möglich, durch passende geometrische Anordnungen oder Abmessungen mit Werkstoffen der einen Gruppe die Eigenschaften einer anderen Gruppe zu erzielen, z. B. spiegelnde Schichten durch Interferenzen dünner lichtdurchlässiger Schichten passender Brechzahl.

Werkstoffprüfung mit γ-Strahlen. Da der →Werkstoffprüfung mit Röntgenstrahlen in der noch ungenügenden Durchdringungsfähigkeit dicker (über 200 mm bei Stahl) Schwermetallkörper eine Grenze gesetzt ist, hat man alsbald, zuerst in USA (*Mahl* und Mitarbeiter 1929), radioaktive Präparate von Ra oder MsTh an Stelle einer Röntgenanlage verwendet. Der Hauptvorteil ist die bequeme Handhabung dieser winzigen, d. h. also leichten und praktisch punktförmigen Strahlenquelle, der Hauptnachteil die geringe Intensität einer auch schon sehr teuren Menge von nur 50 oder 100 Millicurie.

Diesem Mangel konnte in neuester Zeit durch die von *Stintzing* bereits 1938 vorgeschlagene Verwendung künstlich radioaktiver γ-Strahler abgeholfen werden. In den USA und in England sind heute bereits listenmäßig derartige Präparate mit Energien der γ-Strahlen von 0,01 bis zu mehreren MeV und mit Intensitäten von mehreren 1000 an Stelle einiger 100 Millicurie käuflich zu haben.

Als praktisches Beispiel sei das Isotop $^{60}_{27}\mathrm{Co}$ genannt, dessen γ-Strahlung bei einer Halbwertszeit von 5,3 a eine Energie von 1,3 MeV besitzt und mit einer Leistung von etwa 2500 Millicurie Verwendung findet. Den Hauptanreiz zur Herstellung solcher Präparate bildet, wie bei den Röntgenstrahlen, die medizinische, insbesondere therapeutische Verwendbarkeit. Das obige Präparat erfordert in diesem Falle Schutzanlagen von einem Gewicht von über 50 Zentner.

Luft, F.: Radiographie mit Gamma-Strahlen. Erg. d. Techn. Röntgenkde III, Leipzig 1933.

Werkstoffprüfung mit Röntgenstrahlen. Als *Grobstrukturuntersuchung* von Werkstücken bezeichnet man die Abbildung der inneren Makrostruktur von Körpern mit Röntgenstrahlen mittels Schattenprojektion. Dabei erzeugen verschiedene Dicke oder Dichte fehlerfreier Werkstücke normale, Fehlstellen anomale Helligkeitsunterschiede. Der außerordentliche Vorzug dieses Verfahrens liegt darin, daß es sich dabei um eine *zerstörungsfreie Werkstoffprüfung* handelt.

Voraussetzung für eine scharfe Abbildung ist ein möglichst kleiner Brennfleck, dessen Größe aber durch die notwendige Belastung nach unten begrenzt ist. Man arbeitet bei Spannungen von 100 bis 1000 kV und sucht ein Kompromiß zwischen Brennfleckgröße und Brennfleck-Film-Abstand. Kleiner Brennfleck und großer Abstand verbessern die Bildschärfe; doch nimmt die Intensität mit dem Quadrat der Entfernung ab. Normalabstand: 0,5 m.

Ferner hängt aber die Abbildungsgüte von der Korngröße des Leuchtschirms bzw. der Emulsion und der Verstärkerfolie ab. Sie bestimmen die *Fehlererkennbarkeit* bei photographischer Aufnahme, d. h. die kleinsten eben noch nachweisbaren Schwärzungsunterschiede und damit die untere Grenze des eben noch erkennbaren Dicken- oder Dichteunterschieds. Nachteilig ist ferner die unvermeidliche Streustrahlung in der Probe, dem Film bzw. Leuchtschirm und der Verstärkerfolie, der man durch starke Abblendung (kleines Feld) oder Streustrahl-Rasterblenden (*Bucky*) möglichst zu begegnen sucht. Diese Fehlerquelle wächst sowohl mit der Dicke der Probe als auch mit der Spannung, die wegen der Durchdringung um so höher sein muß, je dicker die Probe ist. Der Streubereich wächst z. B. von 0,3 mm bei 20 mm dickem Aluminium und 120 kV auf 8 mm bei 200 mm dickem Aluminium und 200 kV. Bei Eisen beträgt die äußerste wirtschaftlich tragbare Schichtdicke bei 1000 kV etwa 100 mm.

Wesentlich dickere Stücke kann man mit γ-Strahlen erfassen. →Werkstoffprüfung mit γ-Strahlen.

Eine wirtschaftliche Grenze ist dem Verfahren durch die erforderliche Belichtungsdauer gesetzt. Bei der durchschnittlichen normalen Röhrenbelastung von 0,5 kW erfordert dickes Material bereits Belichtungszeiten von mehr als 1 Stunde.

Unter der *Belichtungsgröße* versteht man das jeweils zur Erzielung der erforderlichen Schwärzung nötige Produkt Strom × Zeit. Als praktische Richtlinien dienen graphische Tabellen für verschiedene Spannungen mit der Belichtungsgröße als Ordinate und der Schichtdicke als Abszisse.

Neuerdings hat das Zählrohr, das wegen seiner hohen Empfindlichkeit von $\sim 10^{-6}$ r s^{-1} der photographischen Platte weit überlegen ist, auch bei der Materialuntersuchung steigende Anwendung gefunden.

Schon *Röntgen* hat mit der von ihm sorgfältig beschrifteten Photographie seines Jagdgewehrs (Abb.) alle wesentlichen Grundlagen für eine Grobstrukturanalyse gegeben.

Anwendungen findet die Grobstrukturprüfung vor allem in der Schweißtechnik. Teste für das Verfahren, als Draht- oder Lochteste von verschiedenen Durchmessern ausgebildet, sind aus

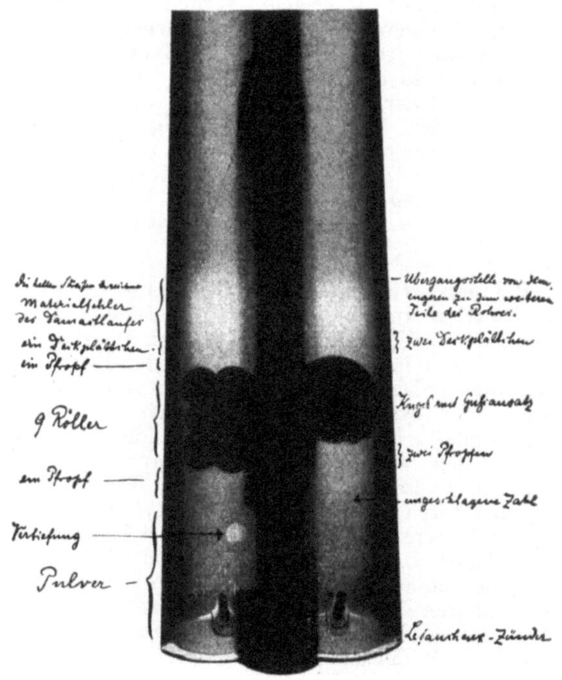

Röntgens Jagdgewehr.

gleichem oder gleich schwächendem Material hergestellt wie die Probe und werden bei der Aufnahme auf die Kassette gelegt. Das Erscheinen oder Nichterscheinen von Testen bekannter Durchmesser auf der Aufnahme läßt auf die Grenze der bei der Aufnahme erzielten Fehlererkennbarkeit schließen.

Die medizinische →Röntgendiagnostik ist im Grundsatz nichts anderes als eine Grobstrukturuntersuchung des menschlichen Körpers.

Glocker, R.: Materialprüfung mit Röntgenstrahlen. Berlin 1949. — *Widemann, Max:* Röntgen-Werkstoffprüfung. Berlin 1944.

Werkstoffprüfung mit Ultraschall. Schalldurchlässige Werkstücke lassen sich mit ebenen oder divergenten →Ultraschallwellen „durchleuchten", wobei schallabsorbierende und -reflektierende Stellen, wie eingeschlossene Hohlräume und Risse, sichtbar werden. Zur groben Sichtbarmachung des Schallfeldes nach Durchgang durch das Werkstück dienen mikrophonische Abtastvorrichtungen oder dünne Flüssigkeitsschichten (→Sonogramm), während zur genauen Formbestimmung von Inhomogenitäten akustische Abbildungsverfahren Anwendung finden (→Abbildung durch Ultraschall).

Bergmann, L.: Der Ultraschall. Stuttgart 1949.

Werner-Banden, Singulettbandensystem des Moleküls H$_2$ bei 1009 Å, Kombination mit dem Molekülgrundzustand.

Wert, wahrer →Beobachtungsfehler; wahrscheinlichster →Ausgleichungsrechnung, →arithmetisches Mittel; in der Kollektivmaßlehre →Zentralwert.

Wertevorrat →Operatoren im Hilbert-Raum.

Wertigkeit, ursprünglich auf rein stöchiometrischer Grundlage von der Chemie gebildeter Begriff, der angibt, mit wie vielen Valenzen ein Atom mit anderen Atomen chemische Bindungen eingehen kann. Heute am besten durch die Zahl der Elektronen definiert, die die Valenzelektronen eines Atomes zu acht bzw. zu einer Edelgasschale ergänzen. Ein Atom kann verschiedene Wertigkeitsstufen besitzen bis zur *maximalen Wertigkeit,* die durch die Zahl seiner stabilen →Valenzzustände (= 4 in der ersten Reihe des periodischen Systems) bestimmt ist (→ auch Bindigkeit).

Wertsumme →Farbmessung.

Weston-Element →Cadmium-Element, →Normalelement.

West-Ost-Überschuß der kosmischen Strahlung →Ost-West-Effekt.

Westphalsche Waage, Firmenbezeichnung der →Mohrschen Waage.

Wetter →Meteorologie, synoptische.

Wetterkunde →Meteorologie.

Wetterleuchten →Gewitter.

Wettervorhersage. 1. Die *Kurzfristvorhersage* (bis 48 Stunden) ist eine zeitliche Extrapolation der Wetterentwicklung, wie sie durch Betrachtung von Wetterkarten eines größeren Ausschnittes der Erdoberfläche erkennbar wird. Besonders wertvoll für die Diagnose der Wetterlage ist das Aufsuchen der von norwegischen Forschern (*Bjerknes*) in die Meteorologie eingeführten →Fronten als der Gebiete intensivsten Wettergeschehens und als Grenzlinien zwischen den →Luftmassen. Für die Prognose ist vor allem die mitteleuropäische Methode nützlich, Gebiete der 3 stündigen und 24 stündigen Luftdruckänderungen zu verfolgen, deren Fortbewegung durch die →Steuerung der Strömungsverhältnisse der oberen Troposphäre geregelt wird (*Stüve, Mügge*). Für die Erkennung von Neuentwicklungen sind halbempirische Methoden (*Scherhags* Divergenz-Theorie) entwickelt, die besonders mit den Druck- und Druckänderungskarten höherer Niveaus arbeiten und somit auf einem Netz von →aerologischen Beobachtungsstationen (meist mit →Radiosonden ausgerüstet) beruhen.
2. Die *Mittelfristvorhersage* (3 bis 5, bisweilen auch 10 Tage) ist ebenso wie die unter 3. erwähnte Langfristvorhersage vor allem durch die Arbeiten von *F. Baur* entwickelt worden. Sie arbeitet teilweise mit den nur wenig modifizierten Verfahren der Kurzfristvorhersage, insbesondere aber mit statistischen Verfahren:
a) *Korrelationsrechnung,* besonders in der Form der Mehrfachkorrelation zwischen ungleichzeitigen Erscheinungen, b) *Extrapolation* von Rhythmen und Wellen im Luftdruck, c) *Extrapolation* vermittels Symmetriepunkten (das sind Tage, vor und nach denen der Ablauf eines meteorologischen Elementes annähernd spiegelbildlichen Verlauf zeigt), d) *Analogieschlüsse* auf Grund ähnlicher Wetterlagen und ähnlicher Wetterlagenentwicklungen, die man in einem Atlas der vergangenen Wetterabläufe sammelt.
3. Die *Langfristvorhersage* (Monate und Jahreszeiten) ist noch sehr wenig entwickelt. Man kennt bisher nur Korrelationsverfahren wie 2a.

Chromow, S. P.: Einf. in d. synopt. Wetteranalyse. Wien 1940. – *Scherhag, R.:* Wetteranalyse u. Wetterprognose. Berlin 1948. – *Baur, F.:* Einf. in d. Großwetterkunde. Wiesbaden 1948.

Wever-Bray-Effekt. Legt man eine Elektrode an den Hörnerv oder das runde Fenster der Schnecke eines Versuchstieres und eine zweite Elektrode an eine neutrale Stelle des Tierkörpers, so kann man nach genügender elektrischer Verstärkung die Schallvorgänge abhören, die auf das Ohr des Tieres fallen. Das Ohr wirkt also wie ein Mikrophon, das die Schallschwingungen in gleichartige Nervenaktionsströme umwandelt. Welche Bedeutung diese Tatsache für den Hörvorgang hat, ist nicht bekannt.

Wever, E. G.: Theory of Hearing. New York u. London 1949.

Wheatstone-Brücke →Widerstandsmessung.

Wichte = →spezifisches Gewicht. *Wichtezahl,* das Verhältnis des spezifischen Gewichtes eines Stoffes zu dem eines Vergleichsstoffes, in der Regel Wasser von 4 °C.

Widderpunkt = →Frühlingspunkt.

Widerstand. 1. allgemeine Bezeichnung für *hemmende Kräfte* aller Art (Reibungswiderstand, Trägheitswiderstand usw.) im Sinne des täglichen Sprachgebrauchs. 2. Bezeichnung verschiedener Größen, welche *analog zum elektrischen Widerstand* $R = \sigma\, l/q = l/(q\,\lambda)$ (σ spezifischer Widerstand, $\lambda = 1/\sigma$ Leitfähigkeit, l Länge, q Querschnitt eines Leiters; →Widerstand, elektrischer) aus einer Stoffkonstante (analog λ bzw. σ) und dem Formfaktor l/q zusammengesetzt sind. →Ohmsches Gesetz, akustisches, elektrisches, magnetisches, thermisches. Ferner →Wellenwiderstand.

Widerstand, akustischer →Schallwellenwiderstand.

Widerstand, atomarer, eine zuerst von *F. Simon* eingeführte Größe, definiert durch $\sigma_\Theta V^{-1/3}$ (σ_Θ spezifischer elektrischer Widerstand bei der →charakteristischen Temperatur Θ, V Atomvolumen). Diese Größe zeigt für die metallischen Elemente gewisse Regelmäßigkeiten im periodischen System der Elemente.

Widerstand, differentieller, der Differentialquotient dU/di, also die *Steilheit* der →Charakteristik, wenn die Spannung U als Funktion der Stromstärke i aufgetragen wird. Nur bei Gültigkeit des Ohmschen Gesetzes ($R = $ const) ist $dU/di = U/i = R$ mit dem Widerstand R selbst identisch.
Der differentielle Widerstand spielt vor allem eine Rolle bei Elektronenröhren (→Steilheit) und →Gasentladungen. Bei letzteren ist der Begriff Ohmscher Widerstand oder Leitwert nur in Sonderfällen anwendbar (→Anfangsleitfähigkeit, →Plasma). Durch Überlagerung eines hochfrequenten Wechselstroms kann man jedoch bei Bogenentladungen einen „Widerstand" messen, der die Neigung der zu einer Geraden entarteten dynamischen Charakteristik angibt.

Widerstand, elektrischer, →Strom, elektrischer. Wird zwischen die Enden eines Leiters eine Spannung U angelegt, so fließt ein elektrischer Strom der Stärke i durch den Leiter.
Der Quotient

$$R = U/i$$

wird als der elektrische Widerstand des Leiters bezeichnet. Seine internationale Einheit ist 1 →Ohm (Ω).
Für viele Leiter ist bei Einhaltung bestimmter Bedingungen (z. B. Temperaturkonstanz) der

Strom i streng proportional zur Spannung U zwischen den Leiterenden, d. h. es ist

$$R = \frac{U}{i} = \text{const}$$

(*Ohmsches Gesetz*). Die Metalle und die Elektrolyte befolgen bei nicht zu hoher Strombelastung das Ohmsche Gesetz streng.

Der Kehrwert $1/R$ des Widerstandes heißt *Leitwert*; Einheit $1\,\Omega^{-1} = 1 \rightarrow$ Siemens.

Der Widerstand eines Leiters ist, außer vom Leitermaterial, von den geometrischen Daten des Leiters abhängig. Ist l die Länge, q der Querschnitt des Leiters, so gilt

$$R = \frac{l}{q}\,\sigma.$$

σ heißt der *spezifische Widerstand* des Leitermaterials. σ ist für reine Metalle sehr schwierig zu bestimmen. Bereits geringfügige Verunreinigungen, ferner Störungen des Kristallgefüges im Metall verursachen erhebliche Änderungen des Wertes von σ. In nicht regulär kristallisierenden Metallen hängt σ stark von der Richtung im Kristall ab.

Werte der spezifischen Widerstände $\sigma\,[\Omega\,\text{m}]$ bei 18 °C für einige polykristalline Metalle:

Ag	Cu	Al	Fe	Pb	Hg
0,016	0,017	0,028	0,098	0,21	$0,96 \cdot 10^{-6}$

Temperaturabhängigkeit des Widerstandes. a) *Elektrolyte.* Der elektrische Widerstand eines Elektrolyten (wäßrige Lösung von Salzen, Säuren oder Basen) nimmt mit steigender Temperatur ab, d. h. die Leitfähigkeit wächst. Dieser Befund wird durch die Abnahme der inneren Reibung zwischen den bewegten Ladungsträgern und der Elektrolytflüssigkeit bei Temperaturerhöhung erklärt: Mit Abnahme der inneren Reibung nimmt die Trägerbeweglichkeit zu ($\rightarrow$Strom, elektrischer), also auch die Leitfähigkeit. $\rightarrow$Widerstand von Elektrolyten.

b) *Metalle.* In reinen Metallen nimmt der elektrische Widerstand mit steigender Temperatur zu. Für nicht zu niedrige Temperaturen findet man experimentell einen Anstieg des spezifischen Widerstandes σ proportional der absoluten Temperatur T des Metalles. Für eine Temperatur $t\,[°\text{C}]$ gilt recht genau

$$\sigma_t = \sigma_0(1 + \beta\,t).$$

β heißt der *Temperaturkoeffizient des Widerstandes.* Dann ist $\bar{\beta} = (\sigma_{100} - \sigma_0)/(100\,\sigma_0)$ der mittlere Temperaturkoeffizient von σ im Temperaturbereich 0 bis 100 °C. $\bar{\beta}$ liegt für reine Metalle zwischen $3,5 \cdot 10^{-3}$ und $6,8 \cdot 10^{-3}\,[\text{grad}^{-1}]$.

Bei sehr niedrigen Temperaturen (<10 °K) ist der spezifische Widerstand reiner Metalle proportional einer höheren Potenz (4. bis 5.) von T, bei Annäherung an den absoluten Nullpunkt wird er verschwindend klein. Dies ist nicht identisch mit der bei einigen Metallen und Halbleitern beobachteten $\rightarrow$Supraleitung. Diese ist vielmehr dadurch gekennzeichnet, daß bei einer bestimmten, oberhalb des absoluten Nullpunktes liegenden Temperatur (Sprungtemperatur) der Widerstand *sprunghaft* auf einen unmeßbar kleinen Wert absinkt.

Zwischen der Temperaturabhängigkeit des Widerstandes reiner Metalle und der Temperatur-

abhängigkeit ihrer $\rightarrow$Atomwärmen ist experimentell ein enger Zusammenhang gefunden worden. Daraus ist zu schließen, daß der metallische Widerstand lediglich durch die Gitterschwingungen des Metallionengitters bedingt ist. Führt man nach *Grüneisen* die *charakteristische Temperatur* $\Theta = h\,v_{\text{max}}/k$ ein (h Plancksches Wirkungsquantum, k Boltzmann-Konstante, v_{max} maximale Schwingungsfrequenz der Gitterschwingungen) und trägt das reduzierte Widerstandsverhältnis R_T/R_Θ als Funktion der reduzierten Temperatur T/Θ auf, so erhält man für alle reinen Metalle — mit Ausnahme der ferromagnetischen — eine einzige Kurve (Abb. 1, R_T, R_Θ Widerstände bei $T\,[°\text{K}]$ bzw. bei $\Theta\,[°\text{K}]$). Für nicht zu kleine Werte von T/Θ ergibt sich eine Gerade. $\rightarrow$Grüneisen-Blochsche Widerstandsformel.

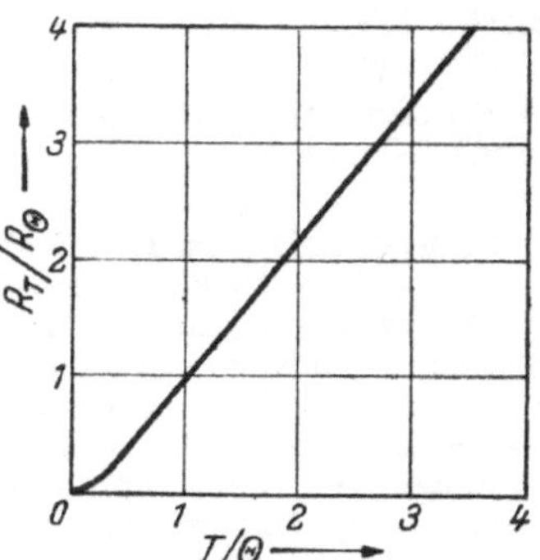

Abb. 1. Reduziertes Widerstandsverhältnis reiner Metalle als Funktion der reduzierten Temperatur. (Nach *E. Grüneisen*.)

Die Temperaturabhängigkeit des Widerstandes der reinen Metalle, auch bei sehr tiefen Temperaturen, ist wellenmechanisch durch die Theorie der metallischen Leitung von *Sommerfeld*, *Bloch*, *Grüneisen* u. a. unter Heranziehung des Ausschließungsprinzips von *Pauli* gedeutet worden. $\rightarrow$Widerstandsgesetz, $\rightarrow$Elektronentheorie der Metalle.

c) *Metallegierungen.* Bestimmte Metallegierungen haben einen sehr kleinen Temperaturkoeffizienten; ihr Widerstand ist in einem weiten Temperaturbereich praktisch temperaturunabhängig. Die wichtigste $\rightarrow$Widerstandslegierung ist das Manganin (86% Cu, 12% Mn, 2% Ni). Weitere Legierungen mit sehr kleinen Temperaturkoeffizienten sind Konstantan, Isabellin und Novokonstant. Sie alle haben für die Herstellung konstanter Widerstandswerte eine große praktische Bedeutung. Der mittlere Temperaturkoeffizient $\bar{\beta}$ des Widerstandes zwischen 0 und 100 °C beträgt für Manganin $2 \cdot 10^{-5}$, für Konstantan $5 \cdot 10^{-5}$ grad^{-1}.

Widerstandscharakteristik. Wichtig für die praktische Anwendung ist die Widerstandscharakteristik eines Leiters. Man versteht darunter die Abhängigkeit der Stromstärke i im Leiter von der Spannung U zwischen seinen Enden, also die *Stromspannungskennlinie*. Man unterscheidet die folgenden drei Typen:

Abb. 2a. Die Kennlinie ist eine Gerade. Sie ist typisch für rein Ohmsche Widerstände (Metalle und Elektrolyte bei konstanter Temperatur). R ist also eine Konstante.

Abb. 2b. Bei manchen Leitern erreicht der Strom i von einer gewissen Spannung ab einen

Sättigungswert. Das Ohmsche Gesetz ist nicht erfüllt, R ist also nicht konstant. Einen derartigen Kennlinienverlauf findet man gelegentlich bei Halbleitern (→Heißleiter), ferner bei Elektronenströmen im Hochvakuum.

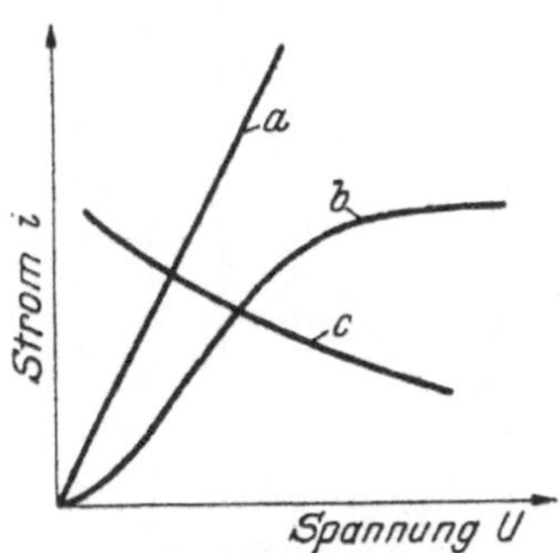

Abb. 2. Widerstandskennlinien.
a) Ohmscher Widerstand, *b*) Sättigungskennlinie, *c*) fallende Charakteristik.

Abb. 2 c. Mit steigender Spannung nimmt die Stromstärke ab. Diese *fallende Charakteristik* zeigen Gasentladungsstrecken (Glimmentladung, Bogenentladung), feste Ionenleiter und einige Halbleiter (→Heißleiter).

Pohl, R. W.: Elektrizitätslehre. Berlin-Göttingen-Heidelberg 1949. — *Justi, E.:* Leitfähigkeit u. Leitungsmechanismus fester Stoffe. Göttingen 1948. Handb. d. Physik XIII. Berlin 1928.

Widerstand, elektrolytischer. Der Widerstand eines Elektrolyten kann wegen der bei Stromdurchgang auftretenden Polarisation nicht mit Gleichstrom gemessen werden. Daher wird er in der Regel mit Wechselstrom von Hörfrequenz in einer Brückenschaltung gemessen. Als Nullinstrument in der Brücke genügt dann ein Telephon. Zur Erhöhung der Genauigkeit kann der Brückenstrom dem Telephon über einen Verstärker zugeführt werden. →Widerstandskapazität.

Handb. d. Physik XVI. Berlin 1927. — *Westphal, W. H.:* Physikal. Praktikum. Braunschweig 1948. — *Kohlrausch, F.:* Prakt. Physik II. Leipzig 1950.

Widerstand, lichtelektrischer →lichtelektrischer Widerstand.

Widerstand, magnetischer →Ohmsches Gesetz, magnetisches.

Widerstand, mechanischer, eines Schwingers. Das Verhalten mechanischer Schwinger bei Einwirkung äußerer Kräfte läßt sich durch das (komplexe) Verhältnis der antreibenden Kraft zu der erzielten →Schnelle, seinen mechanischen Widerstand, beschreiben.

Widerstand, spezifischer →Strom, elektrischer, →Widerstand, elektrischer.

Widerstand, temperaturunabhängiger. Die Metalle haben einen erheblichen positiven Temperaturkoeffizienten $\frac{1}{\varrho}\frac{d\varrho}{dT}$ des spezifischen Widerstandes ϱ. Er ist von der Größenordnung $4\cdot10^{-3}$ grad^{-1}. Der Widerstand der Metalle nimmt also mit steigender Temperatur zu. Zur Herstellung temperaturunabhängiger Widerstände, z. B. für Präzisions-Normalwiderstände, werden →Widerstandslegierungen mit einem im Bereich der gewöhnlichen Temperaturen praktisch verschwindenden Temperaturkoeffizienten verwendet. Die bekannteste dieser Legierungen ist das Manganin.

Ferner lassen sich durch Kombination eines Widerstandes mit positivem Temperaturkoeffizienten und eines solchen mit negativem Koeffizienten von geeigneter Größe ebenfalls temperaturunabhängige Widerstandselemente herstellen. Durch Hintereinanderschalten eines Metalles (positiver Koeffizient) und eines Halbleiters mit negativem Koeffizienten gelingt es, einen innerhalb eines begrenzten Temperaturbereichs konstanten Widerstand zu erhalten.

Auch aus Magnesiumoxyd und Titandioxyd hergestellte Widerstände haben nach geeigneter Behandlung (Reduktion) einen sehr kleinen Temperaturkoeffizienten ihres Widerstandes.

Widerstand, thermischer = Wärmewiderstand; →Wärmeleitung, →Wärmeohm.

Widerstandsänderung, magnetische, die Änderung des elektrischen Widerstandes eines Leiters im homogenen magnetischen Quer- oder Längsfeld. Dieser Effekt, für Bi schon lange bekannt, wurde erstmalig 1928 von *P. Kapitza* für fast alle reinen Metalle in extrem starken Magnetfeldern gemessen. In neuerer Zeit wurde der Effekt durch Verwendung reinster Metallproben und sehr tiefer Temperaturen insbesondere von *Justi* und *Scheffers* systematisch untersucht. Bemerkenswert an den Ergebnissen dieser Arbeiten ist z. B. die Größe der relativen Widerstandsvermehrung im magnetischen Querfeld bei tiefen Temperaturen. Nach Messungen von *de Haas* und *Blom* wird z. B. der Widerstand von reinsten Bi-Kristallen bei Heliumtemperaturen (etwa 4 °K) im magnetischen Querfeld von 22000 Oersted $3\cdot10^6$ mal so groß wie der feldfreie Widerstand und derjenige von reinen W-Kristallen nach *Justi* und *Scheffers* bei etwa

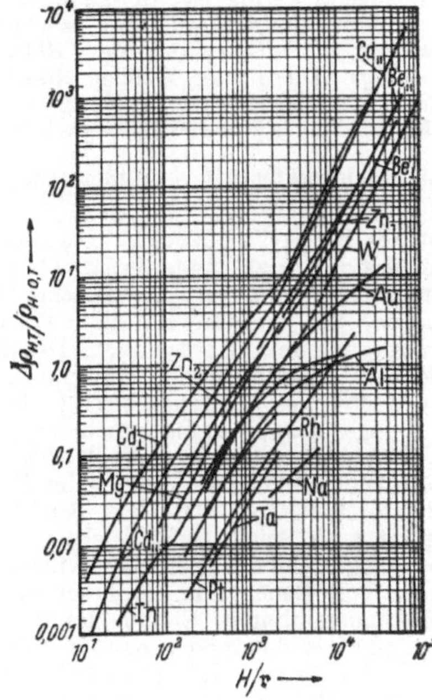

Reduziertes Kohlersches Diagramm der relativen Widerstandszunahme lg $\Delta\varrho_{H,T}/\varrho_{H=0,T}$ als Funktion von log H/τ für verschiedene Metalle.

40000 Oersted rund 10^5 mal so groß. Außerdem wiesen sie die Anisotropie des elektrischen Widerstandes von Einkristallen selbst kubisch kristallisierender Metalle im Magnetfeld nach, die ohne

Feld elektrisch isotrop sind. Eine systematische Übersicht über das Verhalten der reinen Metalle im magnetischen Querfeld kann man erhalten durch eine Darstellung im reduzierten Diagramm der magnetischen Widerstandsänderung (*Justi-Kohler*). Als Ordinate trägt man auf log-log-Papier die relative Widerstandszunahme $\Delta\varrho/\varrho_0$ und als Abszisse $H/\mathfrak{r}$ auf, wo H die magnetische Feldstärke und $\mathfrak{r} = \varrho_0/\varrho_\Theta$ das Verhältnis des feldfreien elektrischen Widerstandes zum elektrischen Widerstand bei der →Debyeschen charakteristischen Temperatur Θ ist (Abb.). Man erkennt hinsichtlich des Verhaltens im starken Magnetfeld zwei Leitfähigkeitstypen. Zu dem einen Typ gehören Metalle, die mit großen Werten der Widerstandsvermehrung (Bi, Sb, As, Ga, Cd, Zn, Mg, W u. a.) und außerdem mit einem beschleunigten Ansteigen des Widerstandes mit dem Magnetfeld. Zum anderen Leitfähigkeitstyp gehören z. B. die einwertigen Metalle sowie Al, In, Rh u. a., die im Bereich großer Feldstärken ein verzögertes Ansteigen des Widerstandes mit dem Magnetfeld und außerdem verhältnismäßig niedrige Werte der relativen Widerstandszunahme zeigen. Die →Elektronentheorie der Metalle erklärt diese Erscheinung als Bindungseffekt der Elektronen an das Kristallgitter (*Peierls, Nordheim-Blochinzew, Kohler*).

Justi, E.: Elektrizitätsleitung u. Leitungsmechanismus in festen Körpern. Göttingen 1948.

Widerstandsbelag. Hat der Leitungsabschnitt s einer homogenen Wechselstromleitung den Ohmschen Widerstand R_s, so definiert man als *Widerstandsbelag R′* (Widerstand je Längeneinheit) der Leitung die Größe $R' = R_s/s$. Er ist gleich dem Gleichstromwiderstandsbelag, wenn die →Hautwirkung genügend gering ist. In analoger Weise definiert sind der *Induktionsbelag* $L' = L_s/s$, der *Kapazitätsbelag* $C' = C_s/s$ und der *Ableitungsbelag* $G' = G_s/s$. Diese vier Größen bestimmen das elektrische Verhalten einer Leitung.

Küpfmüller, K.: Einf. in d. theoret. Elektrotechnik. Berlin 1941.

Widerstandscharakteristik →Widerstand, elektrischer.

Widerstands-Druck-Zug-Effekt. *Chwolson* hat zuerst festgestellt, daß metallische Leiter bei allseitiger Druckerhöhung ihren elektrischen Widerstand ändern. Die meisten Metalle zeigen eine Widerstandsabnahme mit steigendem Druck. Die umfassendsten experimentellen Untersuchungen wurden von *Bridgman* durchgeführt (→Höchstdrucke). Einige der Bridgmanschen Ergebnisse sind in den Abb. 1 und 2 dargestellt. Sie zeigen das Verhältnis des Widerstandes R_p beim Druck p zum Widerstand R_0 beim Druck 0 bei 30 °C in Abhängigkeit vom Druck (in kp/cm²).

Es gibt verschiedene Typen der Widerstandsabhängigkeit vom Druck. Die Alkalimetalle haben ein Widerstandsminimum. Einige Metalle zeigen durchweg eine Widerstandszunahme mit dem Druck (z. B. Ca, Sr und Li). Ein abnormes Verhalten zeigt der Halbleiter Te, dessen Widerstand bei einem Druck von 30000 kp/cm² auf weniger als $^1/_{100}$ des Ausgangswertes absinkt. Ähnlich verhält sich auch schwarzer Phosphor. Die Widerstandsänderung durch Druck ist bei tiefen Temperaturen in hohem Maße von der Reinheit der Metallproben abhängig (*Bridgman*).

Durch Kompression werden die Metallatome einander genähert. Dadurch wachsen ihre Bin-

dungskräfte an die Ruhelagen; also nehmen bei gleicher Schwingungsenergie (gleicher Temperatur) die Schwingungsamplituden ab. Da der elektrische

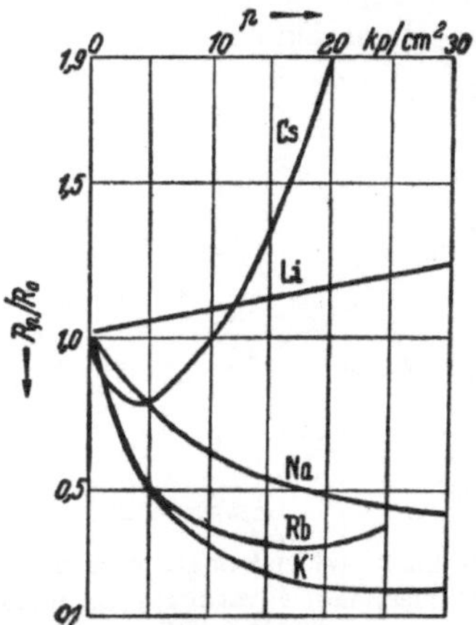

Abb. 1. Druckabhängigkeit des Widerstandes der Alkalimetalle.

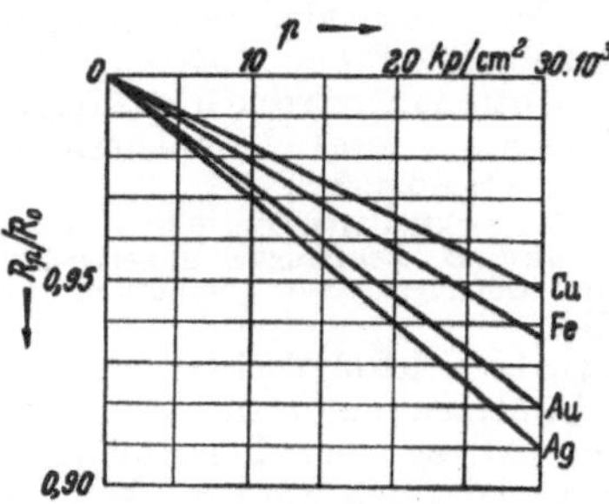

Abb. 2. Druckabhängigkeit des Widerstandes einiger Metalle.

Widerstand bei höheren Temperaturen durch die Wärmeschwingungen der Metallatome hervorgerufen wird (→Elektronentheorie der Metalle), so führt diese Vorstellung zu einer qualitativen Deutung (*Grüneisen*) der Abnahme des Widerstandes mit wachsendem Druck.

Auch eine einseitige Dehnung eines Leiters verändert dessen Widerstand. Für vielkristalline Metallproben kam *Bridgman* zu dem Ergebnis, daß bei den meisten Metallen eine Vergrößerung des Atomabstandes den spezifischen Widerstand stets vergrößert, mag die Vergrößerung parallel oder senkrecht zur Stromrichtung erfolgen.

Handb. d. Experimentalphysik XI/2. Leipzig 1935. — *Grüneisen, E.:* Erg. d. exakt. Naturwiss. **21** (1945).

Widerstandsgefäße, elektrolytische Zellen zur Messung der →Leitfähigkeit von Elektrolyten. →Widerstandskapazität.

Widerstandsgerade →Stabilität von Gasentladungen.

Widerstandsgesetz, elektrisches, gibt eine formelmäßige Darstellung der Temperaturabhängigkeit des elektrischen Widerstandes ideal reiner Metalle. *Clausius* hat 1858 die Vermutung ausgesprochen, daß dieser proportional zur absoluten Temperatur sei. Die neuere Tieftemperaturforschung hat gezeigt, daß dies nur bei höheren Temperaturen näherungsweise richtig ist. Den ersten Erfolg in der formelmäßigen Erfassung hatte E. *Grüneisen* 1918, indem er auf den engen Zusammenhang zwischen der Temperaturabhängigkeit der spezifischen Wärme der Festkörper und dem Verhalten des elektrischen Widerstandes aufmerksam machte und insbesondere nachwies, daß man die Widerstände verschiedener Metalle nur bei gleicher reduzierter Temperatur T/Θ vergleichen soll, wo Θ die →Debyesche charakteristische Temperatur des Metalles ist. Die Abb. zeigt das Verhältnis ϱ/ϱ_Θ

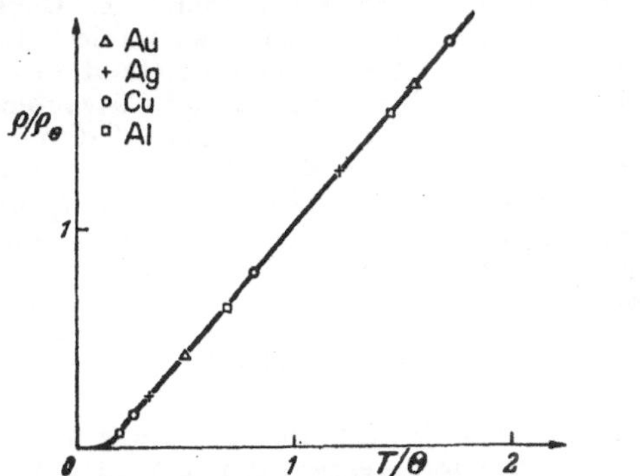

Abhängigkeit des Widerstandsverhältnisses ϱ/ϱ_Θ von T/Θ für eine Reihe von Metallen.

als Funktion des Verhältnisses T/Θ für eine Reihe von Metallen; man erkennt, daß alle Punkte näherungsweise auf einer glatten Kurve liegen. Dabei ist ϱ der spezifische elektrische Widerstand bei der Temperatur T und ϱ_Θ derjenige bei der Temperatur Θ. Nach *Grüneisen* sollte gelten: $\varrho \sim T\,C_p$, wo C_p die Molwärme des Metalls nach Debyes Theorie bei konstantem Druck ist. Dies liefert bei tiefen Temperaturen eine Proportionalität des elektrischen Widerstandes zu T^4. Die moderne →Elektronentheorie der Metalle liefert die →Grüneisen-Blochsche Widerstandsformel, die sich in einigen Fällen experimentell ganz gut bestätigte. Die neueren Experimente an reinsten Metallproben zeigen eindeutig, daß es ein universelles elektrisches Widerstandsgesetz gar nicht gibt, sondern daß es bei feinerer Betrachtung verschiedene Leitfähigkeitstypen gibt. So zeigen z. B. die Metalle Pt, In, Al bei tiefen Temperaturen eine Proportionalität zu T^2 bis T^3, während Au, Na, K und Cu näherungsweise einem T^5-Gesetz gehorchen.

Handb. d. Experimentalphysik XI/2. Leipzig 1935. — *Justi, E.*: Leitfähigkeit u. Leitungsmechanismus fester Stoffe. Göttingen 1948.

Widerstandsgröße, der Quotient aus einer →Intensitäts- und einer Quantitätsgröße.

Widerstandskapazität. Der Widerstand einer elektrolytischen Zelle beliebiger Form läßt sich in der Form $R = U/i = C_w/\varkappa$ schreiben, da er der Leitfähigkeit $\varkappa$ umgekehrt proportional ist. Bei zwei gleich großen, parallelen Elektroden vom Abstande l und von der Fläche q ist $R = l/(\varkappa q)$, also $C_w = l/q$. C_w heißt die Widerstandskapazität der Zelle und ist ein rein geometrisch bestimmter Formfaktor der Strombahn. Im allgemeinen muß C_w durch Eichung mit einem Elektrolyten mit bekanntem $\varkappa$ bestimmt werden. Vielfach benutzt man zur Messung der Leitfähigkeit U-Rohrförmige *Widerstandsgefäße* mit meßbar verschieblichen Elektroden, die auf ihren Schenkeln eine in der Einheit 1 cm^{-1} geeichte Skala der l/q-Werte tragen (Abb.).

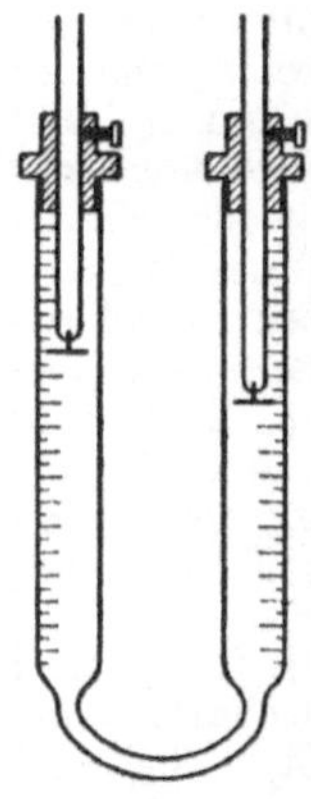

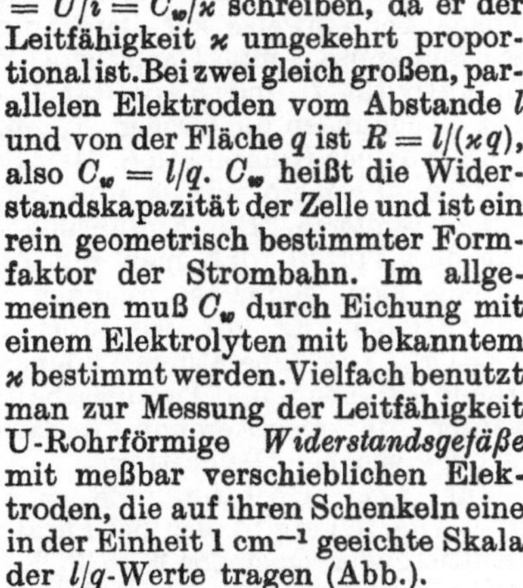
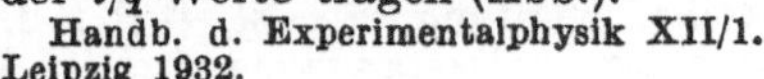

Widerstandsgefäß.

Handb. d. Experimentalphysik XII/1. Leipzig 1932.

Widerstandslegierungen. Metallegierungen für elektrische Widerstandsdrähte. Diese Legierungen sollen folgende Eigenschaften haben: 1. einen möglichst hohen spezifischen Widerstand, 2. einen möglichst verschwindenden Temperaturkoeffizienten $\dfrac{1}{\varrho}\dfrac{d\varrho}{dT}$ des spezifischen Widerstandes ϱ, 3. eine sehr kleine Thermokraft gegen Kupfer (zur Vermeidung von Thermospannungen in den Kontakten mit Kupferleitungsdrähten). Die heute vollkommenste Widerstandslegierung ist das Manganin. Sein spezifischer Widerstand ist im Temperaturgebiet zwischen —250 bis +400 °C praktisch völlig konstant. Es wird deshalb zur Herstellung von Präzisions-Widerstandsnormalen benutzt. Nachstehend einige wichtige Widerstandslegierungen:

Manganin (86% Cu, 12% Mn, 2% Ni),
Konstantan (54% Cu, 46% Ni),
Isabellin (84% Cu, 13% Mn, 3% Al),
Novokonstant (82,5% Cu, 12% Mn, 1,5% Fe, 4% Al),
Cekas (27% Fe, 60% Ni, 2% Mn, 11% Cr).

Die spezifischen Widerstände dieser Legierungen liegen zwischen $0{,}43 \cdot 10^{-4}$ (Manganin) und $1{,}4 \cdot 10^{-4}$ (Cekas) Ω cm, ihre Temperaturkoeffizienten sind kleiner als $2 \cdot 10^{-5}$ grad^{-1}. Die entsprechenden Werte für Kupfer sind $0{,}017 \cdot 10^{-4}\,\Omega$ cm bzw. $4{,}3 \cdot 10^{-4}$ grad^{-1}. Widerstandsdrähte aus den vorstehend aufgeführten Legierungen müssen vor der Verwendung gealtert werden, damit sie im Laufe der Zeit ihre Eigenschaften nicht verändern. Dazu werden die Drähte längere Zeit bei Temperaturen zwischen 100 und 400 °C getempert.

Widerstandsmanometer, Vakuummeter nach dem Prinzip des →Wärmeleitungsmanometers, bei dem die Temperatur eines stromdurchflossenen Drahtes, der sich im Gasraum befindet, aus seinem Widerstand ermittelt wird. Der Draht bildet den einen Zweig einer Brückenschaltung und wird durch deren Betriebsstrom geheizt. Der Ausschlag des Galvanometers in der Brücke ist ein Maß für den Widerstand, also auch für die Temperatur des Drahtes und damit für den Gasdruck.

v. Pirani, M.: Verh. D. Phys. Ges. 4, 686 (1906).

Widerstandsmesser →Ohmmeter.

Widerstandsmessung. Das unmittelbare Verfahren zur Messung des Widerstandes R eines Leiters ergibt sich aus der Definition $R = U/i$. Man legt an den Leiter eine mit dem Spannungsmesser V zu messende Spannung U an und mißt mit dem Strommesser A den Strom i im Leiter

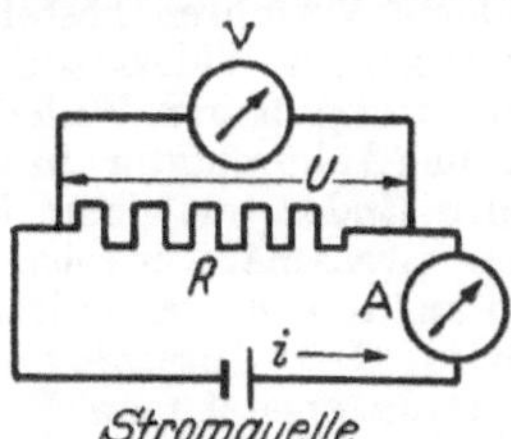

Abb. 1. Widerstandsmessung mit Strom- und Spannungsmesser.
A Strommesser, V Spannungsmesser.

(Abb. 1). R ist dann der Quotient von U und i. Bei derartigen Messungen ist zu berücksichtigen, daß A den Gesamtstrom der aus R und V bestehenden Stromverzweigung mißt.

Für genauere, relative Widerstandsmessungen verwendet man die Wheatstonesche *Brückenschaltung* (Abb. 2). Der zu messende Widerstand R und drei bekannte Widerstände a, b, c liegen in Viereckschaltung. Zwischen den Punkten *1* und *2* wird eine elektrische Spannung angelegt. Zwischen

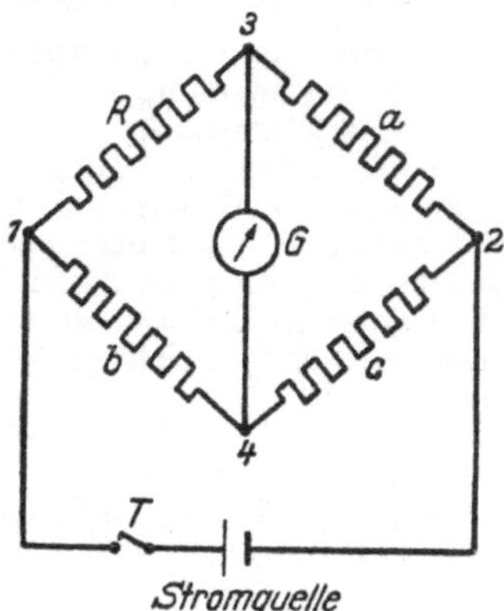

Abb. 2. Wheatstonesche Brückenschaltung.
G Galvanometer (Nullinstrument), *T* Stromschlüssel oder Taster.

den Punkten *3* und *4* liegt ein empfindlicher Spannungsmesser (Galvanometer) G. Dann wird z. B. der Widerstandswert von a in meßbarer Weise derartig verändert, daß durch G kein Strom fließt. Dies bedeutet, daß die Spannung zwischen den Punkten *3* und *4* gleich Null ist. Für diesen Fall gilt die einfache Proportion: $R/a = b/c$, aus welcher R berechnet werden kann, da a, b, c bekannt sind. Die größte Meßgenauigkeit erreicht man, wenn $R = a$ und damit auch $b = c$ gewählt werden. Für technische Zwecke genügt es, die Widerstände b und c durch einen einzigen Widerstandsdraht von überall gleichem Querschnitt zu ersetzen. In diesem Fall wird der Verzweigungspunkt *4* als Schleifkontakt des Widerstandsdrahtes ausgebildet (*Schleifdrahtbrücke*). Statt der Widerstandswerte b und c brauchen dann lediglich die Längen der Schleifdrahtabschnitte *1* bis *4* und *2* bis *4* in die obige Proportion eingesetzt zu werden.

Zur Messung *sehr kleiner Widerstandswerte* ist die einfache Wheatstonesche Brücke ungeeignet, weil die Widerstände der Zuleitungen zu den Brückenwiderständen nicht mehr vernachlässigbar klein sind. Hier verwendet man eine von *Thomson* angegebene modifizierte Brückenschaltung. Ein anderes Verfahren besteht darin, daß man den zu messenden Widerstand R mit einem bekannten, sehr viel größeren Widerstand R_0 und einer Stromquelle (Akkumulator) in Reihe schaltet und seine beiden Enden mit einem Galvanometer verbindet, das zweckmäßigerweise durch einen Vorwiderstand auf seinen aperiodischen Grenzfall abgeglichen wird. Der Ausschlag des Galvanometers sei α_1. Dann ersetzt man R_0 und R durch zwei Widerstände R_1 (Größenordnung 1000 Ω) und R_2 (etwa 0,1 Ω) und regelt R_1 so, daß das Galvanometer einen Ausschlag α_2 zeigt, der einigermaßen gleich α_1 ist. Berücksichtigt man, daß R bzw. R_2 sehr klein gegen den Widerstand des Galvanometerkreises sind, so ergibt eine einfache Rechnung

$$R = \frac{\alpha_1}{\alpha_2} R_0 \frac{R_2}{R_1}.$$

Zur Messung *sehr großer Widerstände* kann man sich eines ähnlichen Verfahrens bedienen. Man schaltet den zu messenden Widerstand R in Reihe mit einem viel kleineren bekannten Widerstand R' und einer Stromquelle und legt an die Enden von R' ein Galvanometer ohne Vorwiderstand. Dabei ist es günstig, die Verhältnisse so zu wählen, daß R' ungefähr gleich dem Grenzwiderstand des Galvanometers ist. Der Ausschlag des Galvanometers sei α_1. Dann ersetzt man R und R' durch zwei bekannte Widerstände R_1 und R_2 und schaltet R' als Vorwiderstand des Galvanometers. R_1 und R_2 werden so gewählt, daß der Ausschlag α_2 nunmehr von α_1 nicht allzu verschieden ist. Dann ergibt eine einfache Rechnung

$$R = \frac{\alpha_2}{\alpha_1} R' \frac{R_1}{R_2}.$$

Widerstände in der Größenordnung von 1 MΩ können gemessen werden, indem man mit ihnen einen geladenen Kondensator der Kapazität C schließt und den Verlauf des Abfalls der Spannung U mit einem Elektrometer mißt. Es ist dann

$$R = \frac{U}{C \, dU/dt}.$$

Pohl, R. W.: Elektrizitätslehre. Berlin-Göttingen-Heidelberg 1949. — *Kohlrausch, F.*: Prakt. Physik II. Berlin u. Leipzig 1950. — *Westphal, W. H.*: Physikal. Praktikum. Braunschweig 1948.

Widerstandsnormale, Normale, durch die wissenschaftliche oder gesetzliche Widerstandseinheiten reproduziert und aufbewahrt werden. Praktische Bedeutung erhielten das Siemenssche Widerstandsnormal aus dem Jahre 1860 (Widerstand: 1/1,036 Ω), welches das Vorbild des internationalen Quecksilber-Ohmnormals (→Ohm) wurde, die Drahtwiderstandsbüchsen zur Darstellung der Widerstandseinheit der British Association for the Advancement of Science (B. A. U. oder Ohmad vom Jahre 1865; Widerstand: 0,988 Ohm), die Quecksilbersäule des internationalen Ohm (Widerstand: 1 int. Ohm), welche vom 4. Internationalen Elektrizitätskongreß 1893 empfohlen und von der Londoner Konferenz für elektrische Einheiten und Normale 1908 international vereinbart wurde, und die Drahtnormale (Ohmkästen, →Normalwiderstände), welche ursprünglich an das Quecksilbernormal angeschlossen und zur Realisierung des int. →Ohm benutzt wurden und heute zur Darstellung des abs. →Ohm dienen.

Widerstandsoperator. Bei Anwendung der komplexen Schreibweise zur Berechnung von Wechselstromkreisen mit Ohmschem Widerstand R, Induktivität L und Kapazität C erhält man in den Gleichungen die Größen R, $j\omega L$ und $1/(j\omega C)$ in irgendeiner Kombination. Man bezeichnet diese Größen allgemein mit $\Re$ und nennt sie *Widerstandsoperatoren*. Die Einführung dieses Begriffs hat den Vorteil, daß man mit diesen Wechselstromgrößen genau so rechnen kann wie bei Gleichstrom. Es gilt wie dort die Beziehung $\mathfrak{U} = \mathfrak{i} \, \Re$. Die Operatoren können wie Widerstände in Reihen- und Parallelschaltung verbunden werden, der resultierende Operator $\Re$ wird berechnet wie bei Gleichstrom.

Für zwei Operatoren $\Re_1 = R + j\omega L$ und $\Re_2 = 1/(j\omega C)$ ergibt sich bei Parallelschaltung als resultierender Operator $\Re = \Re_1 \Re_2/(\Re_1 + \Re_2)$, bei Reihenschaltung $\Re = \Re_1 + \Re_2$. Der zusammengesetzte Widerstandsoperator ist im allgemeinen komplex von der Form $\Re = x + jy$. Durch Übersetzen des Schlußresultates ins Reelle können Betrag und Phase des resultierenden Ersatzwiderstandes bestimmt werden.

Jäger, W.: Elektr. Meßtechnik. Leipzig 1922.

Widerstandspolarisation, eine besondere Art der elektrochemischen →Polarisation einer →Elektrode. Sie liegt dann vor, wenn die im Stromfluß i auftretende Verschiebung der →Galvani-Spannung auf einen *Ohmschen Spannungsabfall* in einer Lösungsschicht zwischen Ableitung zur →Bezugselektrode und Phasengrenze oder in einer auf dem Metall befindlichen Deckschicht zurückgeht. Ist R der Widerstand der hemmenden Schicht, so ist die Widerstandspolarisation gegeben durch $\Delta g = iR$.

Agar, J. N., u. *F. P. Bowden:* Proc. Roy. Soc., Lond. **169**, 206 (1938). — *Falk, G.,* u. *E. Lange:* Z. Elektrochem. **54**, 132 (1950).

Widerstandsrauschen →Rauschwiderstand von Röhren.

Widerstandsthermometer. Die Verwendbarkeit von Widerstandsthermometern beruht auf der Erscheinung, daß der elektrische Widerstand der festen Metalle mit steigender Temperatur je °C um etwa 0,4% des Widerstandes wächst, den der Versuchskörper bei 0 °C hat. Für thermometrische Zwecke ist Platin am besten geeignet, da es sich an der Luft nicht verändert und einen sehr hohen Schmelzpunkt hat. Außerdem hat es einen hohen spezifischen Widerstand, so daß man bei gut verwendbaren Drahtdimensionen (Durchmesser etwa 0,1 mm, Länge etwa 500 mm) nicht zu kleine Widerstände (etwa 5 Ω bei 0 °C) erhält. Der Widerstand eines Platinwiderstandsthermometers ändert sich zwischen 0 und 660 °C nach einer zuerst von *Callendar* vorgeschlagenen quadratischen Gleichung, deren Konstanten durch die Messung des Widerstandes bei 0 °C, 100 °C und dem Siedepunkt des Schwefels 444,6 °C bestimmt werden. Unterhalb 0 bis −183 °C und oberhalb 660 bis etwa 1000 °C gelten Interpolationsformeln höherer Ordnung. Bei hohen Anforderungen an die Sicherheit der Messungen verwendet man den Platindraht nackt und möglichst spannungsfrei von einem hartgebrannten, gut isolierenden Gerüst getragen.

Bei geringeren Anforderungen an die Sicherheit können in Hartglas eingeschmolzene Platinbänder verwandt werden. Derartige Geräte haben in technischen Betrieben als Hilfsmittel der Kontrolle und Registrierung vielfach Eingang gefunden.

Bei mäßigen Ansprüchen an die Sicherheit kann Platin durch Nickel ersetzt werden.

Handb. d. Physik IX. Berlin 1926. — *Kohlrausch, F.:* Prakt. Physik I. Leipzig 1950.

Widerstandsverstärker →Verstärker.

Widerstandszahl, elastische, →Elastizitätskonstanten.

Widerstandszellen = photoelektrische →Halbleiterzellen.

Wiechert-Pendel, ein mechanisch registrierender Seismograph (*Emil Wiechert* 1903). Die Masse (etwa 1000 kg) steht auf einem Kreuzfedergelenk, sozusagen als invertiertes Pendel. Dieses wird stabilisiert durch zwei Federn, deren Richtkraft gerade noch das Umkippen verhindert (Abb.). Das aus Schwerkraft und Federwirkung resultierende Richtmoment bleibt dadurch klein, so daß das Wiechert-Pendel die große Schwingungsdauer (10 bis 20 s) bekommt, die es zur Aufzeichnung langsamer Bodenbewegungen (Fernbeben) besonders geeignet macht. Es ist nach allen

Richtungen der Horizontalen frei beweglich. Die Bewegung wird durch Hebelgestänge in die Nordsüd- und Ostwestkomponente zerlegt und etwa 100- bis 200-fach vergrößert auf berußtem Papier registriert; die große Masse ist zur Überwindung der Reibung der Schreibfeder nötig.

Ein wesentliches Element ist die Luftdämpfung, meist so eingestellt, daß bei abklingender

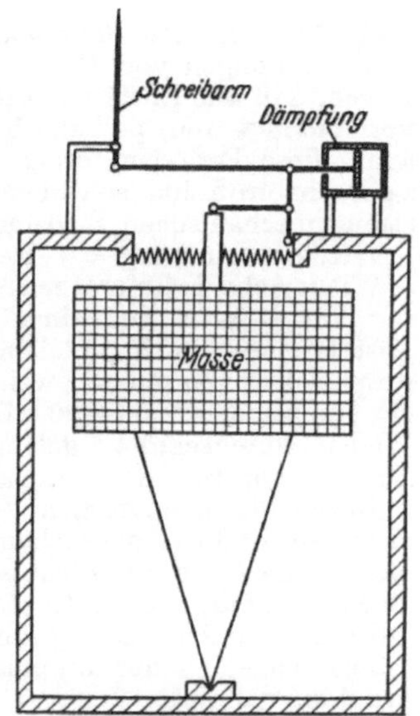

Wiechert-Pendel, schematisch.

Schwingung jeder Ausschlag $^1/_5$ des vorangehenden (nach der anderen Seite) beträgt.

Handb. d. Experimentalphysik XXV/2. Leipzig 1931.

Wiedemann-Effekt. Bringt man einen ferromagnetischen Draht in ein longitudinales Magnetfeld und schickt zugleich einen Strom hindurch, welcher in ihm ein zirkulares Magnetfeld erzeugt, so entsteht eine schraubenförmig verteilte Magnetisierung. *Wiedemann* entdeckte 1858, daß sich der Draht dabei als Folge der →Magnetostriktion tordiert.

Müller-Pouillet: Lehrb. d. Physik IV/4. Braunschweig 1934.

Wiedemann-Franz-(Lorenz-)sches Gesetz, besagte in seiner ursprünglichen Formulierung (1853), daß das Verhältnis λ/σ von Wärmeleitfähigkeit λ zur elektrischen Leitfähigkeit σ für alle Metalle ungefähr denselben Wert hat. Die genauere Formulierung: Konstanz des Verhältnisses $L = \lambda/(\sigma T)$ stellte *L. Lorenz* (1872) fest. Daher nennt man dieses Verhältnis auch Wiedemann-Franz-Lorenzsche Zahl. Messungen bei tiefen Temperaturen (*W. Meissner*) zeigten, daß sie erheblich temperaturabhängig ist, indem sie in reinen Metallen mit abnehmender Temperatur kleiner wird. Nach der →Elektronentheorie der Metalle (*Sommerfeld* 1928) sollte sie bei höheren Temperaturen den universellen Wert $2,44 \cdot 10^{-8}$ (V grad^{-1})^2 haben, was gut zu den Meßergebnissen von *Jäger* und *Dießelhorst* paßt. Wie schon erwähnt, geht die universelle Bedeutung des Verhältnisses für alle Metalle verloren, indem es temperaturabhängig wird, um wahrscheinlich im ideal reinen Metall für $T \to 0$ °K gegen Null zu gehen. In Supraleitern erfolgt dies schon bei der Sprungtemperatur. Für die wirklich herstellbaren Metallproben der Normalleiter, die einen endlichen →Restwiderstand besitzen, nimmt L mit abnehmender Temperatur zunächst auch ab, um dann aber bei tiefsten Temperaturen, wo der elektrische Widerstand im wesentlichen gleich dem Restwiderstand ist, wieder zuzunehmen. Der Grenzwert von L für $T = 0$ °K stimmt in diesem Fall etwa mit dem Wert von L bei höheren Temperaturen überein.

Handb. d Experimentalphysik XI/2. Leipzig 1935. Handb. d. Physik XIII. Berlin 1928.

Wiederkehreinwand (*Zermelo*), richtete sich gegen die rein mechanische Begründung des

44

→H-Theorem von *Boltzmann*. Im Anschluß an Untersuchungen von *H. Poincaré* konnte *Zermelo* zeigen, daß alle Zustände, die in einem Gas einmal vorhanden waren, periodisch wiederkehren. Wenn auch diese Perioden infolge der großen Molekülzahl sehr groß sind, so widerspricht dies doch einer streng mechanischen Begründung des H-Theorem.

Wiedervereinigung = →Rekombination.

Wienersche Interferenzen, Erzeugung →stehender Lichtwellen vor einer spiegelnden Fläche. Mittels eines nur $1/_{30}$ Wellenlänge dicken, photographischen Häutchens, welches, nahezu parallel zur spiegelnden Fläche, das System der stehenden Wellen durchschnitt, gelang es *O. Wiener*, die Knoten und Bäuche photographisch festzuhalten.

Durch die Wienerschen Versuche wurde nachgewiesen, daß der photochemisch allein wirksame elektrische Vektor des Lichtes (→Wellentheorie des Lichtes) auf der Polarisationsebene senkrecht steht.

Praktische Anwendung fanden die Wienerschen Interferenzen in der Lippmannschen Farbphotographie.
Handb. d. Physik XX. Berlin 1928.

Wiensches Geschwindigkeitsfilter →Geschwindigkeitsfilter.

Wiensches Strahlungsgesetz →Strahlungsgesetze.

Wiensches Verschiebungsgesetz →Strahlungsgesetze; Konstante des Gesetzes →Strahlungskonstanten.

Wigner-Kraft →Austauschkraft zwischen Nukleonen, die, ähnlich wie beim →Quantenaustausch im Coulomb-Feld, nicht mit einer Änderung des Spins und der Ladung der beteiligten Nukleonen verknüpft ist. Wir haben also ein gewöhnliches Wechselwirkungspotential

$$W = V(r).$$

Rosenfeld, L.: Nuclear Forces. Amsterdam 1948.

Willemit, Zink-Orthosilikat ($2\,ZnO \cdot SiO_2$), mit geringen Beimengungen von Mangan, ist physikalisch besonders interessant wegen seiner Lumineszenzfähigkeit. Diese ist besonders gut bei dem aus New Jersey stammenden Willemit. Das Mineral leuchtet grün bei Anregung mit kurzwelligem Ultraviolett wie auch bei Anregung durch Elektronenstrahlen. Die Nachleuchtdauer ist kurz und beträgt nur etwa 0,1 s. Im Jahre 1911 gelang *Rupprecht* die synthetische Herstellung von Willemit durch Zusammenschmelzen von ZnO und SiO_2 mit Spuren von Mangan im Knallgasgebläse. Das heute technisch als Leuchtstoff verwendete Zinkorthosilikat, mit Mangan aktiviert, wird durch bloßes Sintern hergestellt (→Zinksilikat).

Wilson-Kammer = →Nebelkammer.

Wilson-Versuch, die Umkehrung des →Röntgen-Eichenwald-Versuchs. Ein ungeladener Zylinderkondensator mit einer dielektrischen Zwischenschicht befindet sich in einem homogenen Magnetfeld, das in Richtung der Zylinderachse verläuft. Läßt man das Dielektrikum allein rotieren, so werden darin die Ladungen unter dem Einfluß der →Lorentz-Kraft getrennt, es ergibt sich eine Aufladung des Kondensators.
Handb. d. Physik XII. Berlin 1927.

Wind. Die Beobachtung des Windes erfolgt durch Schätzung nach der →Beaufort-Skala oder durch Messung mit →Anemometern, die des Höhenwindes durch Visierung oder elektrische Peilung von →Pilotballonen. Die Entstehung und Beschleunigung des Windes erfolgt entsprechend der Änderung des horizontalen Druckgefälles, der ein Luftquantum unterliegt; jedoch hat der Wind nur im Zeitpunkt seiner Entstehung die Richtung zum sich entwickelnden Druckgefälle; die Einwirkung der ablenkenden Kraft der Erddrehung (Coriolis-Kraft) hat zur Folge, daß der nicht mehr beschleunigte Wind sich senkrecht zum jeweils vorhandenen Druckgefälle stellt, wobei der tiefe Druck links (auf der Südhalbkugel rechts) liegt. Die horizontalen Komponenten der ablenkenden Kraft und des Druckgradienten halten sich dann das Gleichgewicht. Dieser Gleichgewichtswind wird *geostrophischer Wind* genannt, seine Geschwindigkeit ist $v_g = (\partial p/\partial n)/(\varrho\,2\,\omega\,\sin\varphi)$ (n horizontal senkrecht zu v, ω Winkelgeschwindigkeit der Erddrehung, φ Breite). Der geostrophische Wind ist oberhalb der bodennahen →Reibungsschicht von etwa $1/_2$ km Dicke als gute Annäherung an den wirklichen Wind der freien Atmosphäre praktisch verwendbar, aber er ist dynamisch bedeutungslos, weil er divergenzfrei ist und weil Änderungen und Beschleunigungen des Windes nur unter Abweichungen vom Gleichgewicht erfolgen. Die Meßgenauigkeit gestattet meist nicht, diese Abweichungen festzustellen.

Ein Sonderfall des nichtgeostrophischen Windes ist der *zyklostrophische* oder *Gradientwind* bei kreisförmig konzentrischen Isobaren und Stromlinien, bei dem Druckgefälle, ablenkende Kraft und Zentrifugalkraft sich die Waage halten. In Bodennähe bewirkt die →Reibung eine Ablenkung des Windes zum tiefen Druck hin und geringere Geschwindigkeit (Seewinde, Berg- und Talwinde →thermische Winde; geographische Verteilung →Zirkulation, allgemeine).
Hann, J., u. *R. Süring:* Lehrb. d. Meteorologie, 6. Teil. Leipzig 1939.

Wind, elektrischer →elektrischer Wind.

Windkanal. Das im Schiffbau für Modellversuche übliche Verfahren, Modellkörper durch das ruhende Medium zu schleppen, ist für die Messung von Luftkräften nicht geeignet, da diese gegenüber den bei unbeabsichtigten Störungen auftretenden Massenkräften zu gering sind. Vielmehr wird das Modell in einen von Luftschrauben getriebenen Luftstrom (Windkanal, Abb.) fest eingebracht. So-

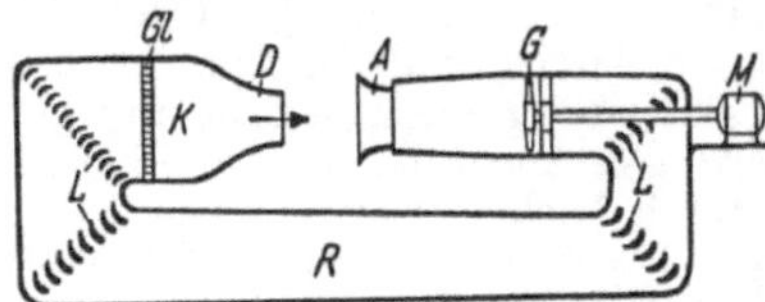

Windkanal mit Rückführung und offener Meßstrecke.

fern der Luftstrom gleichförmig und nicht turbulent ist, stimmen die Luftkräfte mit denen überein, die an einem durch ruhende Luft bewegten Körper auftreten. Zu diesem Zwecke wird in der Meßdüse D unmittelbar vor der Meßstrecke ein →Gleichrichter Gl eingebaut. Der Versuchsluftstrom kann das Modell in einer von Wänden umschlossenen Meßstrecke oder in einem freien Strahl umströmen. Da für den Antrieb des Luftstrahles eines Windkanales mittlerer oder größerer Abmessungen oder Geschwindigkeiten beträchtliche Leistungen — bis zu 100 000 PS — erforderlich sind, wird die hinter der Meßstrecke noch verfügbare Geschwindigkeitsenergie in einem allmählich erweiterten Diffusor in Druckenergie umgesetzt. Zumeist wird der Luftstrahl in einer Ringleitung der Luftschraube wieder zugeführt (Windkanal mit Rückführung). Messungen im Bereich der Schallgeschwindigkeit und der Überschallgeschwindigkeit werden, um an Energie für den Antrieb zu sparen, vielfach kurzzeitig vorgenommen. Ein Schnellschlußventil läßt jeweils für die Meßdauer von wenigen Sekunden die Luft durch die Meßstrecke in einen Unterdruckbehälter einströmen.

Prandl, L.: Führer durch die Strömungslehre. Braunschweig 1948. — *Durand, W. F.:* Aerodynamic Theory III. Berlin 1934 bis 1937.

Windmesser, *Anemometer.* 1. Die Windrichtung wird nach der 32teiligen Windrose oder nach 10°-Intervallen von 1 bis 36 angegeben. Zur Bestimmung wird fast durchweg die Windfahne verwendet, seltener der Windsack, der weniger empfindlich für die Richtungsböigkeit ist. 2. Für die Geschwindigkeitsmessung am Boden verwendet man Geräte, die auf verschiedenen Meßprinzipien beruhen: a) mechanische Wirkung des dynamischen Druckes; hierzu gehören die rotierenden Systeme: Schalenkreuz und Flügelrad, bei denen entweder eine Zählung der Umdrehungen durchgeführt wird oder eine tachometrische Geschwindigkeitsangabe erfolgt, sowie die Winddruckplatten und das gehemmte Schalenkreuz, bei denen die Schwere der Platte oder eine elastische Federspannung die Einstellung auf einen von der Windgeschwindigkeit abhängigen Ausschlag bewirkt; b) manometrische Wirkung des dynamischen Druckes in Staurohrgeräten; c) die Abkühlungswirkung des Windes auf elektrisch geheizte Systeme, Hitzdrahtanemometer. Gemessen wird der Widerstand bei konstant gehaltener Heizleistung. 3. Zur Messung der vertikalen Komponente des Windes dienen Spezialgeräte. 4. Messung des Windes in der freien Atmosphäre →Pilotballone oder →Nephoskop.

Während früher die Windstärke in der →Beaufort-Skala angegeben wurde, wird heute in Deutschland die Windgeschwindigkeit in km/h oder in →Knoten gemessen. Ihre Darstellung durch gefiederte Pfeile ist in den täglichen Wetterkarten der Tagespresse erläutert.

Handb. d. meteorol. Instrumente. Berlin 1935.

Windrohr, Bezeichnung für die unterhalb der Stimmlippen (subglottal) gelegenen Teile der Atemwege.

Windstärke →Windmesser.

Windung einer Raumkurve →Krümmung (II).

Windungsfläche einer Spule, das Produkt $F = nF_0$ aus Windungszahl n und Querschnitt F_0 der Spule.

Winkelbeschleunigung → Winkelgeschwindigkeit.

Winkeldispersion →Dispersion eines Spektralapparates.

Winkeleinheiten beruhen auf dem *Bogenmaß* oder *Gradmaß.* Die Einheit des Bogens heißt Radiant oder radian (rad) und ist identisch mit der Zahl Eins (→Zählungseinheiten, arithmetische). Der Winkel 1 rad wird aus einem Kreis geschnitten, wenn das Verhältnis des Bogens b zum Radius r gleich Eins ist: $b/r = 1$. Der Rechte (∟), welcher die Grundlage für das Gradmaß bildet, schneidet aus dem Kreis einen Winkel vom Verhältnis $b/r = \pi/2$ aus. Der Altgrad (°; englisch degree, französisch degré) ist der 90. Teil des ∟, der Neugrad (ᵍ; englisch und französisch grade)

der 100. Teil des ∟. Der ° wird sexagesimal unterteilt in 60 Minuten (′) zu je 60 Sekunden (″), der ᵍ dezimal in 100 Neuminuten (ᶜ) zu je 100 Neusekunden (ᶜᶜ); für den ° werden Teile eines Grades auch als Dezimalbruch hinter dem Komma geschrieben. Die Umrechnungsbeziehungen lauten: 1 rad = 0,6366198∟ = 57,29578° = 63,66198ᵍ. Der Altgrad, im allgemeinen kurz als „Grad" bezeichnet, wird in der Astronomie und höheren Geodäsie wegen seiner zahlenmäßig einfachen Beziehung zum Zeitmaß, welches an die Drehung der nach Altgrad geteilten Erdoberfläche anschließt, wohl weiter seine dominierende Stellung behalten, während sich in der niederen Geodäsie und in Teilen der Technik, vor allem bei optischen Teilkreisen, die Neugradteilungen einführen.

Winkelgeschwindigkeit. Es sei m ein auf einem Kreise vom Radius r mit gleichförmiger Translationsgeschwindigkeit $v = \mathrm{const}$ umlaufender Massenpunkt (Abb. 1). Legt er in der Zeit dt die Strecke $ds = v\,dt$ zurück, so dreht sich dabei der vom Kreismittelpunkt nach dem Massenpunkt hin weisende Ortsvektor $\mathfrak{r}$ (Fahrstrahl) $\mathfrak{r}$ um den Winkel $d\varphi$, und es ist $ds = r\,d\varphi = v\,dt$. Setzt man $v = ur$, so ergibt sich $u = d\varphi/dt = \dot\varphi$. Die Größe u ist also die Geschwindigkeit, mit der sich das Azimut φ des Massenpunktes ändert.

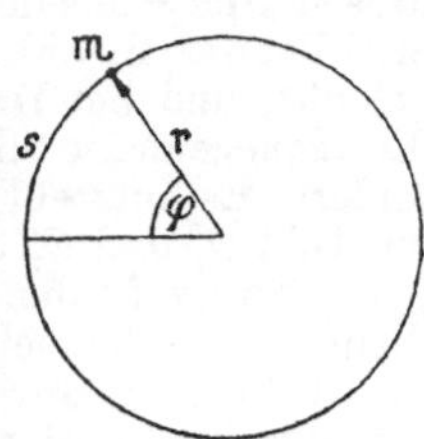

Abb. 1. Zur Winkelgeschwindigkeit.

Sie heißt daher die *Winkelgeschwindigkeit* des Massenpunktes und wird in der Einheit 1 s⁻¹ gemessen.

Ist $v \neq \mathrm{const}$, also auch $u \neq \mathrm{const}$, so heißt $\dot u = d^2\varphi/dt^2 = \ddot\varphi$ die *Winkelbeschleunigung*; Einheit 1 s⁻².

Bei einer gleichförmigen Kreisbewegung überstreicht der Fahrstrahl $\mathfrak{r}$ bei einem vollen Umlauf den Winkel 2π. Demnach beträgt die *Umlaufzeit* des Massenpunktes $T = 2\pi/u$ [s]. Er vollführt also in 1 s $n = 1/T = u/2\pi$ [s⁻¹] Umläufe (*Drehzahl*).

Die Winkelgeschwindigkeit kann als ein Vektor $\mathfrak{u}$ dargestellt werden, der auf der Bahnebene des Massenpunktes senkrecht steht und dessen Richtung dem Umlauf sinngemäß der →Schraubenregel zugeordnet ist (Abb. 2). Er weist also in der Abb. 1 bei Drehung im Uhrzeigersinn senkrecht nach hinten. Die Geschwindigkeit wird dann

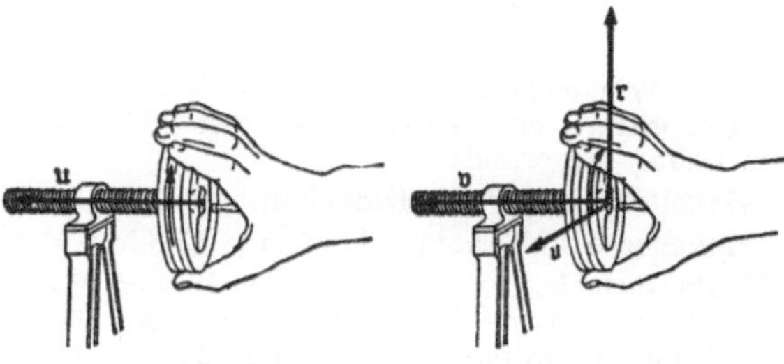

Abb. 2. Der Winkelgeschwindigkeitsvektor.

Abb. 3. Der Geschwindigkeitsvektor $\mathfrak{v} = [\mathfrak{u}\mathfrak{r}]$.

durch das Vektorprodukt $\mathfrak{v} = [\mathfrak{u}\mathfrak{r}]$ dargestellt, und ihre Richtung ergibt sich wiederum aus der Schraubenregel (Abb. 3).

Faßt man die Kreisbewegung des Massenpunkts als eine zirkulare Schwingung auf, so entspricht u

44*

der Kreisfrequenz ω, n der Frequenz ν, T der Schwingungsdauer des Massenpunktes.

Die Einführung des Begriffs der Winkelgeschwindigkeit und -beschleunigung ist deshalb geboten, weil bei der Rotation eines starren Körpers seine sämtlichen Massenpunkte zwar verschiedene Geschwindigkeiten, aber alle die gleiche Winkelgeschwindigkeit und -beschleunigung haben.

Winkelhebel →einfache Maschinen.

Winkelkonstanz bei Kristallen →Stenosche Regel.

Winkelmessung an *Kristallen* →Anlege-, →Reflexionsgoniometer. *Sehr kleine Winkel* (Sternparallaxen) →Interferometrie.

Winkelspiegel. Zwei ebene Spiegel, die den Winkel α einschließen, bilden einen Winkelspiegel. Die Schnittgerade der beiden Spiegelebenen heißt die Spiegelachse. Ein in einen Winkelspiegel, dessen Spiegelebenen den Winkel α einschließen, einfallender Strahl wird um den Betrag 2α abgelenkt, und bei Drehung des Winkelspiegels um die Spiegelachse bleibt die Ablenkung unverändert. Es entsteht von einem Objektpunkt O je ein Bild O_1' und O_2' durch einmalige Spiegelung in jeder Spiegelfläche. Jedes Spiegelbild O_1' und O_2' dient aber seinerseits wieder als Gegenstand für die Abbildung durch den anderen Spiegel, und es entstehen zwei zweimal gespiegelte Bilder O_1'' und O_2''. Ist $\alpha = 90°$, so fallen O_1'' und O_2'' zusammen, und man erhält nur *ein* doppelt gespiegeltes Bild.

Winkelspiegel von 45° werden für geodätische Zwecke viel zum Abstecken rechter Winkel benutzt. Man visiert einmal unmittelbar einen Richtpunkt an und richtet gleichzeitig einen zweiten durch zweifache Spiegelung so ein, bis er mit dem ersten Richtpunkt zusammenfällt. Die Visierlinien schneiden sich dann unter 90°. An Stelle

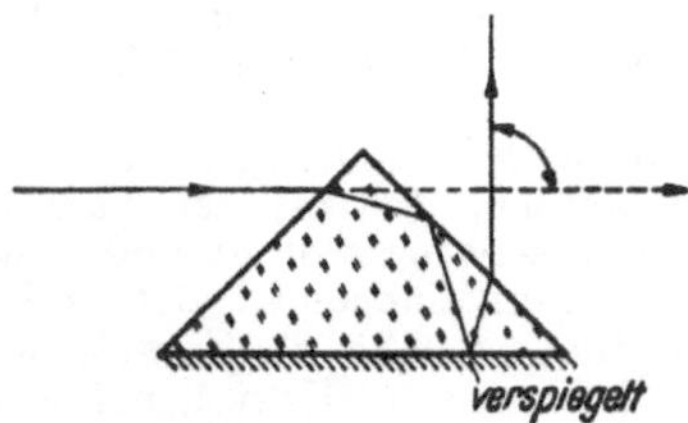

90°-Prisma bei Benutzung als Winkelprisma zum Abstecke rechter Winkel.

solcher Winkelspiegel werden vielfach auch →Pentaprismen oder passend benutzte 90°-Prismen (Abb.) angewandt.

Winkelteilung →Winkeleinheiten.

Winkeltreue Abbildung →konforme Abbildung.

Winkelvariable. Ist bei einer periodischen Bewegung mit einem Freiheitsgrad die ihn beschreibende Koordinate q Funktion einer →zyklischen Koordinate φ, so ist, wenn ω die Periode ist, $q(\varphi + \omega) = q(\varphi)$. Ersetzt man nun φ durch $\varphi/\omega = w$, so daß die Periode gleich 1 wird, so nennt man diese neue zyklische Koordinate w Winkelvariable. Mit ihr wird also $q(w + 1) = q(w)$. bei Systemen mit n Freiheitsgraden wird entsprechend definiert: $q_k(w_1 + 1, w_2 + 1, \ldots) = q_k(w_1, w_2, \ldots); \quad k = 1, 2, \ldots, n$.

Winkelverhältnis γ', bei der optischen →Abbildung das Verhältnis der →Öffnungswinkel konjugierter Strahlenbündel im Bildraum und Dingraum:

$$\gamma' = \frac{\sigma'}{\sigma} = \frac{n}{n'} \frac{1}{\beta'} (-1)^p,$$

wo $\beta' = y'/y$ der lineare →Abbildungsmaßstab und p die Anzahl etwa vorkommender Spiegelungen ist.

Wirbel →Rotation, →Wirbelbewegung, →Wirbelfeld.

Wirbelbeschleuniger = →Elektronenschleuder.

Wirbelbewegung. Neben den Flüssigkeitsbewegungen, die durch ein →Geschwindigkeitspotential als wirbelfreie →Potentialströmungen dargestellt werden können, bestehen Strömungsvorgänge allgemeinerer Art, bei denen Rotationen der kleinsten (elementaren) Flüssigkeitsteilchen vorhanden sind. Die Entstehung dieser Rotationen (Wirbel) hängt mit der inneren Reibung zusammen. In der →idealen Flüssigkeit können Wirbel nicht entstehen; enthält sie jedoch Wirbel, so können diese nicht vergehen. Anderseits zeigen Beobachtungen der wirklichen Strömungen, daß in natürlichen Flüssigkeiten (und auch in Gasen) infolge der Reibung Wirbel erzeugt, in ihrer Stärke verändert und auch wieder beseitigt werden. Sie beeinflussen maßgebend die →Turbulenz sowie die Bildung von →Strahlen, die Bewegung fester Körper in Flüssigkeiten und die Wellenbewegungen.

Betrachtet man zwei benachbarte Punkte des Strömungsfeldes mit den Koordinaten (x, y, z) und $(x + dx, y + dy, z + dz)$ und den Geschwindigkeiten $\mathfrak{v} = \mathfrak{i}u + \mathfrak{j}v + \mathfrak{k}w$ und $\mathfrak{v} + d\mathfrak{v}$, so bewirkt die Differenz $d\mathfrak{v}$ in der Zeiteinheit in der Umgebung des ersten Punktes eine Verzerrung des von Flüssigkeit erfüllten Gebietes und ist zugleich ein Maß hierfür. Die gesamte Verzerrung kann in eine reine Dehnung und eine Drehung unterteilt werden. Mit $du = d_1 u + d_2 u$; $dv = d_1 v + d_2 v$; $dw = d_1 w + d_2 w$ folgen die Bestimmungsgleichungen des zweiten Teiles mit antisymmetrischer Determinante

$$d_2 u = -\frac{1}{2}\left(\frac{\partial v}{\partial x} - \frac{\partial u}{\partial y}\right) dy + \frac{1}{2}\left(\frac{\partial u}{\partial z} - \frac{\partial w}{\partial x}\right) dz$$
$$= -\zeta \, dy + \eta \, dz,$$

$$d_2 v = \frac{1}{2}\left(\frac{\partial v}{\partial x} - \frac{\partial u}{\partial y}\right) dx - \frac{1}{2}\left(\frac{\partial w}{\partial y} - \frac{\partial v}{\partial z}\right) dz$$
$$= \zeta \, dx - \xi \, dz,$$

$$d_2 w = -\frac{1}{2}\left(\frac{\partial u}{\partial z} - \frac{\partial w}{\partial x}\right) dx + \frac{1}{2}\left(\frac{\partial w}{\partial y} - \frac{\partial v}{\partial z}\right) dy$$
$$= -\eta \, dx + \xi \, dy.$$

Zu Winkelverhältnis.

Die Größen

$$\xi = \frac{1}{2}\left(\frac{\partial w}{\partial y} - \frac{\partial v}{\partial z}\right); \quad \eta = \frac{1}{2}\left(\frac{\partial u}{\partial z} - \frac{\partial w}{\partial x}\right);$$

$$\zeta = \frac{1}{2}\left(\frac{\partial v}{\partial x} - \frac{\partial u}{\partial y}\right)$$

heißen Wirbelkomponenten, der Vektor

$$\mathfrak{u} = \mathfrak{i}\,\xi + \mathfrak{j}\,\eta + \mathfrak{k}\,\zeta = \frac{1}{2}\begin{vmatrix} \mathfrak{i} & \mathfrak{j} & \mathfrak{k} \\ \frac{\partial}{\partial x} & \frac{\partial}{\partial y} & \frac{\partial}{\partial z} \\ u & v & w \end{vmatrix} = \frac{1}{2}\,\mathrm{rot}\,\mathfrak{v}$$

heißt Wirbelvektor. Sein Betrag $\omega = \sqrt{\xi^2 + \eta^2 + \zeta^2}$ gibt die Winkelgeschwindigkeit der Drehung eines Flüssigkeitsteilchens an. Sie ist proportional der Dichte und dem Abstand zweier auf der Wirbellinie benachbarter Teilchen, $\omega \sim \varrho \sqrt{dx^2 + dy^2 + dz^2}$. Der Wirbelvektor verschwindet, wenn die Geschwindigkeit ein vollständiges Differential hat ($\to$Geschwindigkeitspotential). Im allgemeineren Falle einer Flüssigkeitsbewegung ist dem Strömungsfeld auch ein Wirbelfeld zugeordnet. Es enthält als Feldlinien die Wirbellinien, deren Richtung in jedem Punkt des Feldes in die Drehachse des jeweiligen Flüssigkeitsteilchens fällt. Die Differentialgleichung der Wirbellinien lautet $dx:dy:dz = \xi:\eta:\zeta$. Die Wirbelkomponenten lauten in dem $\to$Lagrangeschen Gleichungssystem

$$\xi = \varrho\left(A\,\frac{\partial x}{\partial a} + B\,\frac{\partial x}{\partial b} + C\,\frac{\partial x}{\partial c}\right);$$

$$\eta = \varrho\left(A\,\frac{\partial y}{\partial a} + B\,\frac{\partial y}{\partial b} + C\,\frac{\partial y}{\partial c}\right);$$

$$\zeta = \varrho\left(A\,\frac{\partial z}{\partial a} + B\,\frac{\partial z}{\partial b} + C\,\frac{\partial z}{\partial c}\right),$$

wobei ϱA, ϱB, ϱC die Werte von ξ, η, ϱ für $t = 0$ sind. Ein Vergleich der vorstehenden Gleichungen zeigt, daß Teilchen, die zu irgendeiner Zeit auf einer Drehachse liegen, stets auf einer solchen liegen. Analog den Stromlinien bzw. den Stromröhren bilden die *Wirbellinien*, die durch Punkte einer geschlossenen Kurve gehen, eine *Wirbelröhre*. Die in der Wirbelröhre enthaltene Flüssigkeit heißt ein *Wirbelfaden*. Er besteht demnach stets aus denselben Teilchen. Die geometrische Anordnung der Wirbelfäden bestimmt das Geschwindigkeitsfeld in gleicher Weise wie die Anordnung stromdurchflossener Leiter das sie umgebende magnetische Feld nach dem Biot-Savartschen Gesetz. Es entsprechen sich Stromstärke und Zirkulation, Stromdichte und Drehungsintensität. Impuls und Energie eines Wirbelfadens sind klein gegenüber den Werten der Potentialströmung, so daß die Bewegung des Fadens im wesentlichen durch die Potentialströmung bedingt ist. Kinematisch kann man jedoch auch die Potentialbewegung auf die Zirkulation um den Wirbelfaden zurückführen ($\to$Wirbelsätze). Aus Wirbellinien gebildete Flächen heißen *Wirbelschichten*.

Die Theorie der Wirbelbewegung findet praktische Anwendung

1. bei räumlichen und ebenen Wirbelgebieten: Die Poiseuillesche Rohrströmung ist ein Beispiel für eine räumliche Wirbelverteilung mit endlichen Drehgeschwindigkeiten der Flüssigkeitsteilchen;

2. bei Wirbelschichten: Feste Oberflächen werden z. B. in der Theorie der Tragflächen durch Schichten von Wirbelfäden ($\to$Diskontinuitätsflächen) ersetzt, die in Richtung der Flügelspannweite verlaufen;

3. beim Potentialwirbel: In diesem Falle ist die Drehung auf einen einzelnen dünnen Kernfaden beschränkt, während die übrige Strömung drehungsfrei ist. Die Zirkulation Γ, für welche das Geschwindigkeitspotential $\varphi = c\,\vartheta$ (ϑ Zentriwinkel, c Konstante) gilt, ist für jede geschlossene Kurve, die diesen Kern umgibt, gleich groß $\Gamma = 2\,\pi\,c$.

Wirbelbewegungen sind auch die $\to$Turbulenz und der $\to$Strudel.

Wirbelfaden $\to$Wirbelbewegung.

Wirbelfeld. Ein Feld, dessen $\to$Rotation (Wirbelstärke) nicht überall verschwindet, in dem es also nichtverschwindende Linienintegrale ($\to$Liniensumme) gibt, heißt dort Wirbelfeld. Ist es in diesem Raumgebiet auch noch quellenfrei, so hat es geschlossene Feldlinien. Ein anschauliches Beispiel dafür ist das magnetische Feld eines geraden stromdurchflossenen Leiters, dessen Feldlinien konzentrische Kreise sind. Auch das induzierte elektrische Feld ist ein Wirbelfeld ($\to$Elektronenschleuder). Ferner $\to$Wirbelbewegung.

Mie, G.: Lehrb. d. Elektrizität u. d. Magnetismus. Stuttgart 1948. Handb. d. Physik XV. Berlin 1927. — *Emde, F.:* Quirlende elektrische Felder. Braunschweig 1949.

Wirbelpaar. Wenn mehrere Wirbelfäden vorhanden sind, so addieren sich die Geschwindigkeitsfelder. Zwei entgegengesetzt drehende, gleich starke Wirbel bilden ein Wirbelpaar, das mit der Geschwindigkeit $\Gamma/2\pi d$ (Γ Zirkulation eines Wirbels, d Abstand der Wirbelachsen) geradlinig und senkrecht zu ihrer Verbindungslinie fortwandert, während gleichsinnig drehende Wirbel umeinander kreisen.

Wirbelrohr. Das 1933 von *G. J. Ranque* angegebene und 1946 von *R. Hilsch* näher untersuchte Wirbelrohr besteht aus einem Rohr von einigen mm lichter Weite, in das Luft oder ein anderes Gas mit einem Druck von einigen Atmosphären durch eine Düse tangential eingeblasen wird. Dadurch wird ein der Rohrachse koaxialer Gaswirbel entfacht, dessen Mantel warm und dessen Kern kalt ist (*Ranque-Effekt*). Durch eine unmittelbar neben der Düse angebrachte, senkrecht zum Rohr stehende Blende mit einer zentralen Bohrung kann das Gas aus dem kalten Kern abgezogen werden, während das warme Gas des Mantels auf der anderen Seite des Rohres — die Entfernung bis zur Düse darf nicht zu kurz sein — über ein entsprechend geregeltes Ventil abströmt. Durch diese einfache Vorrichtung gelingt es, einen Luftstrom von Raumtemperatur in einen warmen (bis 200 °C) und einen kalten (bis −50 °C) Teilstrom zu zerlegen.

Wegen der hohen Gasgeschwindigkeit baut sich im Rohr ein starkes Zentrifugalfeld auf. Ein Gasvolumen, das auf Grund der Turbulenz z. B. vom Wirbelmantel zum Wirbelkern getragen wird, dehnt sich also aus, wodurch die Temperaturdifferenz zwischen Wirbelmantel und Wirbelkern erklärt scheint. Diese einfachste Theorie, durch die die Temperaturverteilung im Zentrifugalfeld des Wirbelrohres mit der Temperaturverteilung der Atmosphäre im Schwerefeld verglichen wird, ist jedoch umstritten und vermag auch noch nicht alle Einzelheiten zu deuten.

Von *Elser* und *Hoch* wurde ferner gefunden, daß bei Gasmischungen die Konzentrationen im warmen und im kalten Teilstrom etwas verschieden sind. Der schwerere Bestandteil reichert sich im kalten Wirbelkern an, was vielleicht die Isotopentrennung mittels des Wirbelrohrs ermöglicht.

Elser, *K.*, u. *M. Hoch: Z.* Naturf. 6 a, 25 (1951); Bibliographie bei *W. Curley* u. *R. MacGee jr.:* Refrig. Engng 59, 166 (1951).

Wirbelsätze (→Wirbelbewegung). Aus der Betrachtung analoger elektrodynamischer Vorgänge hat *Helmholtz* (1858) Aussagen über die Bewegung von Wirbeln in strömenden Flüssigkeiten abgeleitet. Wenn die Wirbel fadenförmige Gestalt haben (Wirbelfäden) und die übrige Strömung als Potentialströmung drehungsfrei ist, so gewinnt man ein anschauliches Bild dieser wichtigen Form der Flüssigkeitsbewegung. An Hand des Begriffes der →Zirkulation folgt, daß ein Wirbelfaden nicht im Innern einer Flüssigkeit, sondern nur an ihren Grenzen enden kann und daß er überall dieselbe Zirkulation hat. Aus dem Thomsonschen Satz ergibt sich somit, daß die Zirkulation um den Wirbelfaden sich zeitlich nicht ändert. Er besteht dauernd aus den gleichen Flüssigkeitsteilchen. Aus der Analogie zwischen der Dichte des elektrischen Stromes und der Drehungsintensität des Wirbelfadens ergibt sich, daß die Winkelgeschwindigkeit des Fadens umgekehrt proportional seinem jeweiligen Querschnitt und, da das Volumen eines Wirbelabschnittes gleichbleibt, der Länge dieses Abschnittes proportional ist. Das Geschwindigkeitsfeld um einen Wirbelfaden folgt analog dem magnetischen Feld um einen stromdurchflossenen elektrischen Leiter dem Biot-Savart-Gesetz.

Wirbelstraße →Karmansche Wirbelstraße.

Wirbelstrom. Befinden sich in einem magnetischen Wechselfeld elektrisch leitende Stoffe, so entstehen in diesen nach dem Induktionsgesetz Wirbelströme. In stromführenden Leitern überlagern diese sich dem Leiterstrom. Auch durch das magnetische Feld des Leiterstromes selbst werden Wirbelströme im Leiter hervorgerufen. Dadurch ergibt sich eine ungleichmäßige Verteilung des Stromes über den Leiterquerschnitt (*Stromverdrängung*, →Hauteffekt).

Die durch Wirbelströme in Form von Wärme verbrauchte Leistung wird dem magnetischen Feld entzogen. Um diese *Wirbelstromverluste* möglichst klein zu machen, unterteilt man die leitenden Körper möglichst weitgehend; so verwendet man im Elektromaschinenbau statt massiver Eisenkörper dünne Bleche, deren Leitfähigkeit durch Zusätze noch verringert wird, und unterteilt starke Leiter besonders bei höheren Frequenzen in eine größere Anzahl dünner gegeneinander isolierter Drähte, die verdrillt werden (→Litzendraht).

Küpfmüller, *K.:* Einf. in d. theoret. Elektrotechnik. Berlin 1941.

Wirbelstromdämpfung. Bewegt sich ein Leiter senkrecht zum Felde eines Magneten, so wird in ihm senkrecht zu seiner Bewegungsrichtung ein Strom induziert, auf den das Feld des Magneten eine Kraft entgegen der Bewegungsrichtung ausübt (→Waltenhofen-Pendel). Man benutzt diese Wirbelstromdämpfung bei Meßgeräten, um Schwingungen zu dämpfen oder, wie z. B. bei Elektrizitätszählern, um das für das Bewegungsgleichgewicht notwendige Gegendrehmoment zu erzeugen. Meist

wird eine Metallscheibe oder ein Metallzylinder verwendet, die mit dem beweglichen System fest verbunden sind und sich im Felde eines permanenten Magneten befinden. Beim →Induktionsmeßgerät wird einerseits durch das Drehfeld die Wirbelstrominduktion zur Bildung des Meßgeräteausschlags herangezogen, andererseits wird durch einen permanenten Magneten eine zusätzliche Dämpfung in der Meßwerkscheibe erzeugt.

Wirbeltheorie des Hörens →Hörtheorien.

Wirkerweichung →Wirkhärtung.

Wirkfaktor →Leistungsfaktor.

Wirkhärtung tritt bei einem Stoff ein, wenn bei konstanter verformender Kraft die Fließgeschwindigkeit dauernd abnimmt (→Verfestigung), *Wirkerweichung*, wenn sie dauernd zunimmt.

Wirkleistung →Wechselstromleistung.

Wirklichkeit →objektive Wirklichkeit.

Wirksame Höhe der Ionosphäre→Reflexionshöhe.

Wirksame Wellenlänge →effektive Wellenlänge.

Wirkspannung, Wirkstrom. In Wechselstromkreisen haben Strom und Spannung im allgemeinen eine Phasenverschiebung φ gegeneinander. Man kann dann den Stromzeiger in zwei Komponenten zerlegen, $i \cos \varphi$ in Richtung des Spannungszeigers und $i \sin \varphi$ senkrecht dazu. $i \cos \varphi$ nennt man den *Wirkstrom*, $i \sin \varphi$ heißt der *Blindstrom*. Analog erhält man für den Spannungszeiger zwei Komponenten. $U \cos \varphi = i R$ in Phase mit dem Stromzeiger heißt *Wirkspannung*, $U \sin \varphi$ senkrecht dazu wird *Blindspannung* genannt.

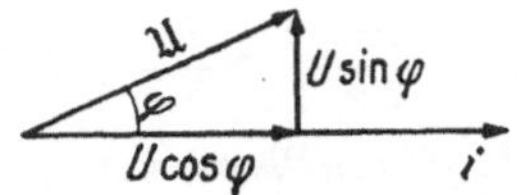

Wirkspannung, Blindspannung.

Diese Benennung kennzeichnet die Tatsache, daß nur die in Richtung des Stromzeigers (bzw. Spannungszeigers) liegende Spannungskomponente (bzw. Stromkomponente) für die im Stromkreis erzielte Wirk- oder Nutzleistung maßgebend ist. Die senkrecht zum Stromzeiger (bzw. Spannungszeiger) liegende Spannungskomponente (bzw. Stromkomponente) ist maßgebend für die Blindleistung, die zum Aufbau der magnetischen und elektrischen Felder benötigt wird.

Wirkung, eine physikalische Größe von der Dimension Energie × Zeit = Bewegungsgröße × Länge. Ihre CGS-Einheit ist also 1 erg s, ihre MKS-Einheit 1 J s. Größen von der Dimension einer Wirkung spielen in den →Integralprinzipien der Mechanik eine höchst wichtige, in der →Quantenmechanik sogar eine beherrschende Rolle, da das →Wirkungsquantum h eine solche Größe ist.

Wirkung und Gegenwirkung →Wechselwirkungsgesetz.

Wirkungsfunktion →Hamilton-Prinzip.

Wirkungsgrad (auch *Ausbeute*, früher auch *Effekt*, *Nutzeffekt*), das Verhältnis der bei einer Energieumwandlung gewonnenen Energie (bzw. Leistung) einer gewünschten Art zur aufgewendeten Energie (bzw. Leistung), z. B. der Wirkungsgrad einer Maschine, der →Wirkungsgrad einer

Lichtquelle; aber z. B. auch der Stromwirkungsgrad eines Akkumulators ($\int i\, dt$ bei vollständiger Entladung/$\int i\, dt$ bei der Ladung, →Ladungskapazität).

Wirkungsgrad im Sinne der *Thermodynamik* ist das Verhältnis zwischen der in nutzbare Arbeit verwandelten zur aufgewendeten Energie. Leistet eine periodisch arbeitende thermodynamische Maschine (z. B. Dampfmaschine), welche zwischen den absoluten Temperaturen T_1 (Dampfkessel) und T_2 (Kondensator) arbeitet, die mechanische Arbeit A, und entnimmt sie gleichzeitig dem Wärmebehälter der Temperatur T_1 die Wärmemenge Q_1, so heißt der Quotient $\eta = A/Q_1$ der Wirkungsgrad des Prozesses. Erfolgt der Prozeß unter den theoretisch günstigsten Bedingungen, wie sie im →Carnotschen Kreisprozeß vorausgesetzt werden, so erreicht A den Maximalwert, nämlich $A = \dfrac{T_1 - T_2}{T_1} Q_1$, und der *maximale Wirkungsgrad* ergibt sich zu $\eta = \dfrac{T_1 - T_2}{T_1} = 1 - \dfrac{T_2}{T_1}$. Dieser ist also um so größer, je größer bei gegebenem T_1 die Temperaturdifferenz $T_1 - T_2$ bzw. je kleiner das Verhältnis T_2/T_1 ist. Der Wirkungsgrad $\eta = 1$ könnte also nur im Grenzfall $T_2 = 0$ °K erzielt werden. Ist z. B. die Temperatur des Dampfes 200 °C oder $T_1 = 473$ °K und die Temperatur des Kühlers 0 °C oder $T_2 = 273$ °K, so ist, ganz unabhängig von der Substanz, mit der die Maschine arbeitet, ihr maximaler Wirkungsgrad $\eta = 200/473 = 0{,}423$. Der wirkliche Wirkungsgrad einer periodisch arbeitenden Maschine ist wegen der stets vorhandenen Verluste an nutzbarer Arbeit meist sehr erheblich kleiner als der maximale, zumal bei Maschinen, in denen sich Kondensationen abspielen (Dampfmaschine), nicht der Carnotsche, sondern der →Clausius-Rankine-Prozeß der zutreffende Vergleichsprozeß ist, der aber einen kleineren theoretischen Wirkungsgrad hat.

Von dem maximalen Wirkungsgrad unterscheidet man den thermodynamischen Wirkungsgrad. Dieser ist das Verhältnis der von einer Maschine wirklich geleisteten Arbeit zu derjenigen Arbeit, die im idealen Grenzfall unter den gleichen Bedingungen bei Ausschluß von Wärmeleitung und Reibung geleistet werden könnte. →die folgenden Artikel.

Schmidt, E.: Einf. in d. techn. Thermodynamik. Berlin 1945.

Wirkungsgrad der Atmosphäre. Betrachtet man die gesamte Atmosphäre als eine Maschine, der durch die Sonne ständig eine gewisse Energie zugeführt wird, so gibt der Wirkungsgrad η an, welcher Bruchteil davon in mechanische Arbeit umgesetzt wird. Im Integral über die gesamte Lufthülle kommt nur die Reibungsarbeit des Windes an der Erdoberfläche in Betracht. Daraus ergibt sich $\eta < 1\%$.

Defant, A., u. *H. Ertel:* Ann. Hydrogr., Berlin 70, 161 (1942).

Wirkungsgrad von Kreisprozessen →Carnotscher, →Clapeyronscher Kreisprozeß.

Wirkungsgrad einer Lichtquelle. 1. Der *optische* Wirkungsgrad einer Lichtquelle ist das Verhältnis ihrer in das sichtbare Gebiet fallenden Strahlungsenergie zu der insgesamt über alle Wellenlängen erzeugten Strahlungsenergie. Für den auf 3000 °K geheizten schwarzen Körper beträgt er etwa 0,1.

Sein Wert hängt von der etwas willkürlichen Festlegung der Grenzen des sichtbaren Gebietes ab.

2. Der *visuelle* Wirkungsgrad berücksichtigt gegenüber dem optischen zusätzlich die *spektrale Selektivität* des menschlichen Auges. Bei ihm wird also die mit der Funktion der →spektralen Hellempfindlichkeit bewertete sichtbare Strahlung auf die insgesamt ausgesandte Strahlung bezogen. Bei 3000 °K ist der visuelle Wirkungsgrad des schwarzen Körpers etwa 0,03. Im Gegensatz zum optischen Wirkungsgrad ist der visuelle Wirkungsgrad infolge des definierten Verlaufs der spektralen Hellempfindlichkeit eindeutig.

Wirkungsgrad von Röntgenröhren, das Verhältnis der Energie der aus der Anode in das Vakuum austretenden Röntgenstrahlen zur Energie der Kathodenstrahlen (Elektronen):

$$\eta = \eta_0\, i\, Z\, U^2/(i\, U) = \eta_0\, Z\, U$$

(Z Ordnungszahl des Anodenmaterials).

Aus den nach verschiedenen Methoden gemessenen, stark abweichenden Werten ergibt sich $\eta_0 = (10 \pm 3) \cdot 10^{-10}\ \mathrm{V}^{-1}$. Für eine Wolframanode bei 100 kV ist dann $\eta = 0{,}74\%$. Über 99% der Elektronenenergie werden also in kinetische Energie der Anodenatome, d. h. nutzlos in Wärme verwandelt. Die Röntgenstrahlenerzeugung ist also ein sehr unökonomischer Vorgang, und alle Versuche zu einer Verbesserung der Ausbeute sind bei dem bisherigen Erzeugungsprinzip grundsätzlich zum Scheitern verurteilt. Andere Erzeugungsarten aber, z. B. mit Kanalstrahlen, sind ohne Bedeutung geblieben. Zu den inneren Verlusten des Verfahrens kommen noch die äußeren durch Absorption im Röhrenfenster, Strahlenbegrenzung, Abstände, Luftabsorption u. a.

Wirkungslinie einer Kraft, die durch den Angriffspunkt der Kraft in Richtung der Kraft gehende Gerade. Bei einem starren Körper kann der Angriffspunkt längs der Wirkungslinie beliebig verschoben gedacht werden, ohne daß dadurch die Wirkung der Kraft geändert wird.

Wirkungsquantum h, Plancksches. Seit Aufstellung der Quantenhypothese durch *Planck* (1900) ist zur experimentellen Bestimmung der für die gesamte Atomphysik und Quantenmechanik charakteristischen Naturkonstanten h eine ganze Reihe von Gesetzmäßigkeiten herangezogen worden — die Einsteinsche lichtelektrische Gleichung im weitesten Sinne (lichtelektrischer Effekt, Ionisationsgrenzen, Anregungsspannungen im Ultraviolett und Röntgenwellenlängengebiet, kurzwellige Grenze des Röntgenkontinuums), die de Brogliesche Wellenlängenbeziehung, das Stefan-Boltzmannsche Strahlungsgesetz, die Plancksche Strahlungsformel, das Wiensche Verschiebungsgesetz u. a. Alle Messungen, die zur Bestimmung des Wirkungsquantums durchgeführt worden sind, haben eines gemeinsam: sie liefern die Größe h immer nur — direkt oder indirekt — in Verbindung mit der →Elementarladung e. Die Potenz x, mit der e in der jeweils gemessenen Größe const $\cdot\, e^x$ auftritt, hängt von der angewandten Methode ab. Die zuverlässigsten experimentellen Ergebnisse wurden aus der h/e-Bestimmung an der kurzwelligen Grenze des Röntgenkontinuums und aus der Messung der Anregungsspannung des $^1P_1$-Terms des He mit magnetischer Elektronenaussiebung (*Hemenway-Dunnington*, 1950) (→h/e)

gewonnen. Die Verknüpfung dieses h/e-Wertes mit dem aus der →Faraday-Konstanten und der →Loschmidt-Konstanten folgenden Wert für die Elementarladung e ergibt

$$h = (6{,}624 \pm 0{,}007) \cdot 10^{-34}\ J_{abs}\, s.$$

Über die →Rydberg-Formel folgt aus dem Satz der hier zugrunde gelegten atomaren Ausgangskonstanten (→Atomkonstanten) nach der Beziehung $h = [c_0'\, \mu_0^2\, F^5/(8\, N_L^5/m_0)\, R_\infty)]^{1/3}$ der Wert

$$h = (6{,}624_6 \pm 0{,}005) \cdot 10^{-34}\ J_{abs}\, s.$$

Wirkungsquerschnitt. Der Wirkungsquerschnitt wird für die verschiedensten Reaktionen definiert, bei denen Teilchen der Sorte A auf irgendein Teilchen der Sorte B geschossen werden.

Der Wirkungsquerschnitt Q_α für den Eintritt einer Reaktion oder eines Vorganges α an den Teilchen A und B auf Grund der Wechselwirkung von A mit B ist definiert durch die Zahl der Reaktionen α, dividiert durch die Zahl der je Flächeneinheit einfallenden Teilchen A.

Anschaulich bildet also das Teilchen B hinsichtlich der Reaktion α ein Hindernis des Querschnitts Q_α für die Teilchen A; denn jedes Teilchen A, das statistisch auf die Fläche Q_α treffen würde, löst die Reaktion α aus, die anderen nicht.

Besteht die Reaktion α darin, daß die Teilchen in das Raumwinkelelement $d\Omega$ gestreut werden, so gehört dazu der *differentielle Wirkungsquerschnitt* dQ; Integration über $d\Omega$ ergibt den *totalen Streuquerschnitt*. Der *totale Wirkungsquerschnitt* dagegen mißt die Häufigkeit aller Reaktionen α, d. h. er ist $\sum_\alpha Q_\alpha$.

Der Wirkungsquerschnitt ändert sich im allgemeinen mit der Energie der einfallenden Strahlung, nämlich wenn Resonanzen vorkommen. Das ist z. B. der Fall bei der Streuung von Licht an kleinen Teilchen. Er kann vom geometrischen Querschnitt mitunter um viele Größenordnungen verschieden sein.

Der Wirkungsquerschnitt von Atomkernen gegen ankommende geladene Teilchen entspricht höchstens den bekannten Kernradien, ist also von der Größenordnung 10^{-24} cm². Um viele Größenordnungen höher jedoch kann der Wirkungsquerschnitt für Neutronen sein, da hier die meist bei geringeren Energien der Teilchen eintretende Resonanz der Materiewellen mit dem Kern sich infolge fehlender elektrostatischer Abstoßung auswirken kann. Zum Beispiel ist der Wirkungsquerschnitt des Gadoliniums für sehr langsame Neutronen von einigen tausendstel eV etwa 10^5 mal größer, als nach dem Kernradius zu erwarten ist; weniger groß ist der Wirkungsquerschnitt des zur Abfangung thermischer Neutronen häufig verwendeten Cadmiums, nämlich etwa $2500 \cdot 10^{-24}$ cm² bei 1/30 eV Energie. Sehr klein dagegen, nämlich 10^{-27} bis 10^{-28} cm², sind die Wirkungsquerschnitte für Kernphotoeffekte. Die gemessenen Wirkungsquerschnitte von Kernen sind meist totale Wirkungsquerschnitte, d. h. sie geben einfach die (einem Exponentialgesetz folgende) Absorption der auftreffenden Teilchen an.

Die Einheit 10^{-24} cm² heißt im englischen Schrifttum 1 *barn*.

Wirkungssphäre der Moleküle, der Abstand zweier Moleküle, in dem die Wechselwirkungskräfte der Moleküle wesentlich werden. Bei neutralen Molekülen ist der Durchmesser der Wirkungssphäre näherungsweise gleich dem →Moleküldurchmesser. →Wirkungsquerschnitt.

Wirkungsvolumen, -wahrscheinlichkeit (quantenbiol.) →Treffbereich.

Wirkwiderstand →Wechselstromwiderstand.

Wirtelige Kristallsysteme, die Kristallsysteme, die eine einzige 3-, 4- oder 6 zählige Symmetrieachse aufweisen: das trigonale oder rhomboedrische, das tetragonale und das hexagonale System.

Wismutspirale (*Lenard*), eine flache, bifilar gewickelte Spule aus dünnem Wismutdraht, dient zur Ausmessung magnetischer Felder auf Grund der Widerstandsänderung des Wismuts in diesen (→Hall-Effekt). Die relative Widerstandsänderung beträgt bei einer Feldstärke von 15000 Oe und Zimmertemperatur größenordnungsmäßig 80%, ist aber stark vom Material abhängig, so daß Eichung in bekannten Feldern nötig ist. Mit fallender Temperatur nimmt sie sehr stark zu.

Handb. d. Physik XIII u. XVI. Berlin 1928 u. 1927.

Witka-Schaltung →Röntgenapparate.

W.-K.-B.-Verfahren = →Wentzel-Kramers-Brillouin-Verfahren.

Wobbeln →im *Nachtrag*.

Wobbler, Fokussierungshilfe für Elektronenmikroskope, die darin besteht, daß das Objekt mit einem hin und her pendelnden Strahl „beleuchtet" wird. Ist das Elektronenmikroskop nicht gut fokussiert, so bewirkt diese Schwingungsbewegung des Elektronenstrahls ein stark verwischtes Bild, da das Objekt einseitig mit einer sehr viel größeren Apertur als normal beleuchtet wird. Das Schärfemaximum, bei dem das Bild unverwischt erscheint, kann auch bei relativ dunklen Bildern noch deutlich erkannt werden. Zum Photographieren des Elektronenbildes wird der Wobbler, der im Philips-Elektronenmikroskop eingebaut ist, ausgeschaltet.

Wofatite →Ionenaustausch.

Wöhler-Kurve →Wechselfestigkeit.

Wohlpassende Einheiten →Einheitensysteme.

Wohlsche Zustandsgleichung. Sie lautet:

$$p = \frac{RT}{V-b} - \frac{a}{TV(V-b)} + \frac{c}{T^{4/3}V^3},$$

wo a, b, c Konstanten sind. Für V erhält man eine Gleichung 4. Grades. Es wird die Bedingung gestellt, daß im kritischen Punkt die vier Wurzeln für V zusammenfallen. Durch diese Forderung fügt sich diese Gleichung dem Theorem der →übereinstimmenden Zustände. Der kritische Koeffizient $s = RT_k/(p_k V_k)$ wird gleich 3,75, dem für Normalstoffe etwa richtigen Wert. Quantitativ stimmen die berechneten Druckwerte mit den gemessenen Werten bei Normalstoffen unterhalb T_k und auf der kritischen Isotherme bis V_k auf etwa 1% überein. Auch oberhalb T_k bleiben die Abweichungen gering. Die Leistungsfähigkeit der Wohlschen Gleichung kann kaum durch eine andere dem Theorem der übereinstimmenden Zustände gehorchende Zustandsgleichung überboten werden.

Wölbspiegel = →Zerstreuungsspiegel.

Wolframate. Einige Erdalkaliwolframate und auch -molybdate spielen in der Physik wegen ihrer Lumineszenzfähigkeit eine große Rolle. Das gleiche gilt auch von den Zink- und Cadmiumwolframaten. Das in der Natur vorkommende, manchmal leuchtfähige Wolframat ist das Scheelit (Calciumwolframat). Heute spielen in der Technik eine besondere Rolle das Calciumwolframat (violett leuchtend) für →Verstärkerfolien bei Röntgenaufnahmen, ferner das Cadmiumwolframat (blau leuchtend) für →Leuchtschirme von Braunschen Röhren.

Physikalisch von besonderem Interesse ist die Frage, ob die Wolframate eines →Aktivators bedürfen, um Leuchtfähigkeit zu erhalten. Wenn ein solcher auch noch nicht gefunden ist, so sprechen doch gewisse Versuche dafür. Es ist gefunden worden, daß äußerst geringe Spuren von Chrom oder Mangan die Leuchtfähigkeit von Calciumwolframat vollkommen auslöschen. Würde jedes Wolframatmolekül leuchtfähig sein, dann könnte eine so geringe Menge, deren Atomzahl wesentlich kleiner ist als die Zahl der Wolframatmoleküle, nicht in der Lage sein, die Lumineszenzfähigkeit vollkommen auszulöschen.

Wolframlampen. 1. *Wolframbandlampe,* gasgefüllte elektrische Glühlampe, deren Glühkörper aus einem dünngewalzten Wolframband besteht. Sie emittiert ein kontinuierliches Spektrum von 2500 bis etwa 40000 Å (4 μ) und wird als Strahlungsquelle für Untersuchungen im ultraroten Spektralgebiet sowie als Strahlungsnormal für spektrophotometrische Arbeiten verwendet. Für Untersuchungen im nahen Ultraviolett wird der Glaskolben der Lampe mit einem eingekitteten Quarzfenster versehen.

2. *Wolframbogenlampe* (*Punktlichtlampe*), im Vakuum brennender Lichtbogen zwischen einer kleinen, plattenförmigen und einer kleinen kugelförmigen Wolframelektrode. Wegen der hohen Schmelztemperatur des Wolframs kann die Bogenstrecke hoch belastet werden. Die Lampe emittiert dann ein intensives Kontinuum, das sich vom nahen Ultrarot über das ganze sichtbare bis weit in das ultraviolette Spektralgebiet erstreckt. Bei 7,5 A beträgt die Lichtstärke etwa 1000 cd, die Leuchtdichte 2100 sb.

Handb. d. Physik XIX. Berlin 1929.

Wolf-Rayet-Sterne, Sterne hoher Oberflächentemperatur ($\sim$70000°), deren kontinuierlichem Spektrum stark verbreiterte Emissionslinien von H, HeI, HeII sowie von höheren Ionisierungsstufen der Elemente C, O und N überlagert sind, während Absorptionslinien fast ganz fehlen. Die Emissionslinien entstehen in einer weit ausgedehnten, expandierenden Gashülle des Sterns, ähnlich wie bei →Planetarischen Nebeln.

Wolfston, 1. bei Streichinstrumenten (auch *Bullerton*), rauher, schnarrender Klang, kann bei einer besonders schwach gedämpften Resonanzfrequenz des Instrumentkörpers durch instabiles Verhalten entstehen. Fällt der Grundton des betreffenden Klanges genau mit der Resonanzfrequenz zusammen, so wird der Grundton besonders stark abgestrahlt und damit der Saitenschwingung viel Energie entzogen. Dann genügt der Bogendruck zur Aufrechterhaltung der Schwingung 1. Ordnung (normaler Typ, mit Grundton) nicht mehr, und die Schwingung schlägt um in den Typ 2. Ordnung (ohne Grundton). Damit fällt der vergrößerte Energieverbrauch fort, der Bogendruck reicht wieder aus, und es bildet sich erneut die Schwingung 1. Ordnung. Dieser Wechsel erfolgt mehrmals je Sekunde. →Musikinstrumente.

2. *Wolfsquinte*: Stark von der reinen bzw. temperierten Quinte abweichendes Zirkelschluß-Quintintervall bei ungleichteiligen Temperaturen. Bei der mitteltönigen Temperatur z. B. liegt die

Wolfsquinte mit 737 cent bei cis-as oder gis-es (reine Quinte 702 cent), sie ist also um über $^1/_3$ Halbton zu groß (→ Tonsysteme).

Vollmer, W.: Diss. Techn. Hochsch. Karlsruhe 1936.

Wolken entstehen im aufsteigenden Luftstrom, wenn die durch die Druckerniedrigung hervorgerufene →adiabatische Abkühlung ausreicht, um die relative Feuchte über 100% steigen zu lassen. Die Höhe H des Kondensationsniveaus kann aus Temperatur t und Taupunkt τ nach der Zahlenwertgleichung $H = 122 (t-\tau)$ [m] berechnet werden. Erfolgt die Vertikalbewegung im wesentlichen bei der horizontalen Heranführung (Advektion) warmer und feuchter Luft gegen eine davor lagernde kältere, so entstehen im Grenzgebiet (→Front) die horizontal weit ausgedehnten Aufgleitwolken: *altostratus* (*as*), eine in 4 bis 7 km gelegene Eiskristallwolke, und *nimbostratus* (*ns*), eine mächtige, von wenigen hundert Metern über dem Boden bis zu 7 km reichende Wolke, die eigentliche Regenwolke. Sie besteht in den höheren Teilen aus →Eiskristallen, unten aus Tropfen; in dem dazwischenliegenden Mischgebiet erfolgt die eigentliche →Niederschlagsentstehung. In räumlich enger begrenzten Vertikalströmen von am Boden erwärmter Luft bilden sich die Quellwolken (→Konvektion): *cumulus* (*cu*), die Schönwetterwolke, in 1 bis 2 km Höhe gelegen und nur von geringer Mächtigkeit; sie kann bei stärkerer Entwicklung in die 6 bis 10 km hoch aufgetürmte Schauer- oder Gewitterwolke *cumulonimbus* (*cb*) übergehen. Die Vertikalbewegungen, im *cu* wenige m s^{-1}, erreichen im *cb* 30 m s^{-1} und mehr.

Einfache Schichtwolken, die ohne ausgeprägte Vertikalbewegungen entstehen, vielmehr im vertikalen Wasserdampfstrom des →Austausches, wenn er unter einer Sperrschicht (→Inversion) gestaut wird, sind *stratus* (*st*) in geringen Höhen, gewisse *Altostratus*formen in mittleren Höhen und nach Auflösung der geschlossenen Schichten durch Zellenkonvektion (→Konvektion) der *stratocumulus* (*sc*) und *altocumulus* (*ac*). Dünne, nur aus Eis bestehende Wolken in hohen Schichten sind die *Cirrus*formen, die faserig (*ci*), schichtförmig als *cirrostratus* (*cs*) oder in Flocken und Ballen als *cirrocumulus* (*cc*) vorkommen.

Weitere wichtige Wolkenformen sind 1. *lenticularis*, die in flachen linsenförmigen Bänken mit dünnen Rändern auftritt und, unter einer Inversion gelegen, die Stelle flachen wellenförmigen Empordrängens der unteren feuchten Schicht gegen die trockene obere kennzeichnet; 2. *castellatus*, die Wolke der durch Hebung ausgelösten inneren Instabilität (→Gleichgewicht, atmosphärisches), die meist von Bänken in der mittleren Atmosphäre hochschießende schlanke Quellköpfe zeigt.

Der Gehalt der Wolken an flüssigem Wasser liegt zwischen 0,1 und 1,0 g m^{-3}, in *ci* weniger, in schweren *cb* auch mehr. Die häufigsten Tropfendurchmesser liegen zwischen 5 und 15 μ.

Hann, J., u. *R. Süring:* Lehrb. d. Meteorologie, 5. Teil. Leipzig 1939. — *Chromow, S. P.:* Einf. in d. synopt. Wetteranalyse. Wien 1940.

Wolkenadiabate →Feuchtadiabate.

Wolkenrechen, -spiegel →Nephoskop.

Wollaston-Prisma →Polarisationsprismen.

Woodsches Metall, eine Legierung aus 50% Wismut, 25% Blei, je 12,5% Zinn und Cadmium, Schmelzpunkt 60 °C. Zwischen 70 und 96 °C schmelzende, ähnlich zusammengesetzte Legierungen werden als leicht schmelzendes Lot (Schnellot) verwendet.

Wronski-Determinante →Fundamentalsystem.

Ws, Wsec, Symbol für die Energieeinheit →Wattsekunde.

Wucht, fast nur in der Technik benutztes Gleichwort für →kinetische Energie.

Wulffsches Netz, die stereographische Projektion eines Systems von Meridianen und Breitenkreisen einer Kugel auf die Ebene eines Meridians

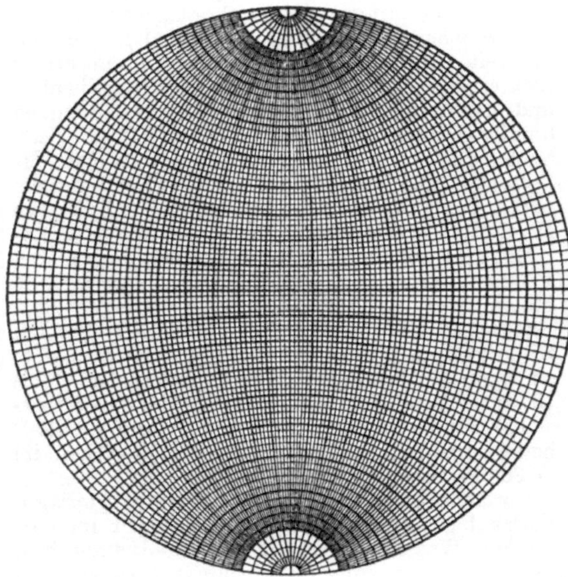

Wulffsches Netz.

(Abb.). Es ist 1901 von *G. Wulff* für die stereographische Projektion eingeführt worden und hat sich als ein dafür unentbehrliches Hilfsmittel erwiesen. Die Projektion wird auf einem durchscheinenden Papier ausgeführt, das um den Netzmittelpunkt gedreht werden kann. Die üblichen Durchmesser der Netze sind 20 und 12 cm.

Wurf. Der Wurf im als homogen und zur Erdoberfläche senkrecht angenommenen irdischen Schwerefeld ist, wie ohne weiteres ersichtlich, eine ebene Bewegung, die in einem ebenen Koordinatensystem x, y (x horizontal, y vertikal nach oben) dargestellt werden kann. Ein Körper werde mit der Anfangsgeschwindigkeit v_0 im Punkt $x = 0$, $y = y_0$ unter einem Anstellwinkel $\varphi \leqq 90°$ gegen die positive x-Achse in der (x, y)-Ebene gestartet, so daß die Komponenten seiner Anfangsgeschwindigkeit $v_x^0 = v_0 \cos \varphi$ und $v_y^0 = v_0 \sin \varphi$ sind. Die Schwerkraft erteilt ihm entgegen der positiven y-Richtung die Beschleunigung $b = -g$ (g Fallbeschleunigung); in Richtung der x-Achse bewegt er sich geradlinig und gleichförmig mit der Geschwindigkeit $v_x^0 = v_0 \cos \varphi$. Dann ist seine Geschwindigkeit in Richtung der beiden Achsen nach der Zeit t (unter Vernachlässigung der Luftreibung)

$$v_x = v_0 \cos \varphi, \quad v_y = v_0 \sin \varphi - g t \qquad (1)$$

und seine Koordinaten

$$x = v_0 \sin \varphi \, t, \quad y = y_0 + v_0 \sin \varphi \, t - \tfrac{1}{2} g t^2. \qquad (2)$$

Durch *Eliminieren* von t erhält man die Bahnkurve des Körpers

$$y = y_0 + x \, \mathrm{tg} \, \varphi - \frac{g \, x^2}{2 \, v_0^2 \cos^2 \varphi}, \qquad (3)$$

also eine Parabel (*Wurfparabel*).

Der Körper erreicht das Ausgangsniveau $y = y_0$ nach Gl. (3) wieder im Punkt

$$x_m = \frac{v_0^2}{g} \, 2 \sin \varphi \cos \varphi = \frac{v_0^2}{g} \sin 2\varphi \qquad (4)$$

(*Wurfweite*). Er erreicht also die gleiche Wurfweite bei den Anstellwinkeln φ und $90° - \varphi$ (*Steilschuß*

Zum schrägen Wurf.

und *Flachschuß*, Abb.), und er benötigt dazu nach Gl. (2) und (4) die Zeit

$$t_m = \frac{2 \, v_0}{g} \cos \varphi. \qquad (5)$$

Die größte Höhe (*Steighöhe*) $h = y - y_0$ über dem Ausgangsniveau y_0 ist durch die Bedingung $v_y = 0$, also durch

$$t_h = \frac{v_0}{g} \sin \varphi = \frac{t_m}{2} \qquad (6)$$

gegeben. Daraus ergibt sich, daß Fallzeit und Steigzeit gleich groß sind, daß also die Bewegung aufwärts und abwärts zeitlich und räumlich symmetrisch zu dem vom Bahnscheitel auf die x-Achse gefällten Lot verläuft.

Aus den Gl. (3) und (6) folgt für die Steighöhe (über y_0)

$$h = \frac{v_0^2 \sin^2 \varphi}{2 g}. \qquad (7)$$

Nach der Gl. (4) wird die *größte Wurfweite* für $\sin 2\varphi = 1$, also $\varphi = 45°$, erreicht und beträgt $x_m = 2 v_0^2 / g$. Die Steighöhe beträgt dann $v_0^2 / 2 g$, also $^1/_4$ der maximalen Wurfweite.

Als Sonderfälle ergeben sich aus den Gl. (1) und (2)

1. der *freie Fall*. Dann ist $\varphi = -90°$, $v_0 = 0$, und es ergibt sich

$$y = y_0 - \tfrac{1}{2} g t^2. \qquad (8)$$

Die Fallzeit längs der Strecke $s = y_0 - y$ beträgt $t = \sqrt{2s/g}$, die Geschwindigkeit nach Durchfallen der Strecke s ist

$$v = \sqrt{2 s g}. \qquad (9)$$

2. der *Wurf senkrecht aufwärts*. Dann ist $\varphi = +90°$, und es ergibt sich

$$y = y_0 + v_0 t - \tfrac{1}{2} g t^2 \qquad (10)$$

und $v = v_0 - g t$. Daraus ergibt sich als Steighöhe mit $v = 0$, $t = v_0/g$,

$$h = \frac{v_0^2}{2 g}. \qquad (11)$$

Aus den Gl. (9) und (11) folgt ohne weiteres, daß der Körper sein Ausgangsniveau wieder mit der Anfangsgeschwindigkeit v_0 erreicht.

Bei Berücksichtigung des Luftwiderstandes ergibt sich statt einer Parabelbahn die →ballistische Kurve.

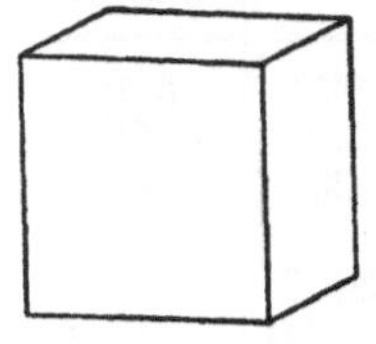

Würfel.

Würfel, die spezielle Form {1 0 0} aller kubischen Kristallklassen (Abb.).

Wurzel →algebraische Gleichungen, →Wurzelfaktor.

Wurzelfaktor. Ist $f(x) = \sum\limits_{i=0}^{n} a_i x^i$

$= 0$ eine algebraische Gleichung n-ten Grades und $x = x_1$ eine der n vorhandenen Wurzeln, so ist $f(x)$ durch $(x - x_1)$ ohne Rest teilbar, d. h. $f(x)/(x - x_1)$ $= g(x)$ ist ein Polynom $(n - 1)$-ten Grades. $g(x) = 0$ besitzt $n - 1$ Wurzeln, von denen eine $x = x_2$ sei. Dann ist wiederum $g(x)$ durch $x - x_2$ teilbar usw., d. h. es gilt für $f(x)$, sofern alle $x_i (i = 1, 2, \ldots, n)$ voneinander verschieden sind,

die Produktdarstellung $f(x) = (x - x_1)(x - x_2)$, $\ldots, (x - x_n)$. Die Größen $(x - x_i)$ nennt man Wurzelfaktoren. Sind mehrere Wurzeln einander gleich, etwa $x_1 = x_2 = \cdots = x_k = x_a, x_{k+1}$ $= x_l = x_b$ usw., so gilt die Darstellung $f(x)$ $= (x - x_a)^k (x - x_b)^l \ldots$ Man kann umgekehrt als Wurzeln der Gleichung $f(x) = 0$ auch diejenigen Zahlen $x = x_1, x = x_2, \ldots, x = x_n$ definieren, für die $f(x)$ durch $(x - x_i) (i = 1, 2, \ldots, n)$ ohne Rest teilbar ist. Eine solche Wurzel heißt *einfach*. Ist dagegen $f(x)$ durch $(x - x_i)^m$ ohne Rest teilbar, dagegen nicht mehr durch $(x - x_i)^{m+1}$, so heißt x_i eine m-fache Wurzel der Gleichung $f(x) = 0$ oder m-fache Nullstelle der Funktion $y = f(x)$. Vgl. auch →Laurent-Reihe.

Perron, O.: Algebra. Berlin 1932/33. Handb. d. Physik II. Berlin 1928.

Wurzelkriterium →Cauchysches Wurzelkriterium.

X

X.E., Symbol für die ursprüngliche →X-Einheit.

X-Einheit. Die Röntgenwellenlängen werden in der Röntgenspektroskopie in ihrem Skalenmaß auf die Gitterkonstante eines Standardkristalls bezogen. *Ursprünglich* wurde der Steinsalzkristall als Normalkristall benutzt. Unter Annahme der von *Moseley* aus anderen Daten berechneten physikalischen (in der 1. Ordnung der Röntgenbeugungsspektren wirksamen) Gitterkonstanten bei 18 °C definierte man zunächst eine X-Einheit durch die Relation $d_1^{18°} (\text{NaCl}) \equiv 2814,00$ X.E. Als sich später der Steinsalzkristall als nicht hinreichend geeignet erwies, um als Normalkristall zu dienen, ging *Siegbahn* im Jahre 1918 zum Kalkspatkristall als Standardkristall über; dabei schloß er seine Messungen an den Steinsalzkristall an und bestimmte die bezüglich der Brechung korrigierte Kalkspatgitterkonstante bei 18 °C in den alten X.E. Diesen Zahlenwert legte *Siegbahn* der Definition seiner X-Einheitenskala zugrunde, welche durch die Relation $d_\infty^{18°} (\text{CaCO}_3) \equiv 3029,45$ Siegb.-X.E. gegeben wird. Als Umrechnungsbeziehung zur mechanischen Längeneinheit wurde 1947 auf Grund der vorliegenden Röntgenwellenlängen-Absolutbestimmungen an Gittern von den zuständigen Fachorganisationen international die Relation 1 Siegb.-X.E. $= (1,00202 \pm 0,00003) \cdot 10^{-13}$ m vereinbart.

Xenonlampen (*Edelgashochdrucklampen*), mit Xenon hohen Drucks gefüllte, im äußeren Aufbau den Quecksilberhochdrucklampen (→Quecksilberdampflampe) ähnliche Lampen aus Quarz mit Wolframelektroden; entsprechend auch *Kryptonlampen*. Wegen des auch im kalten Zustand hohen Drucks erfolgt die Zündung z. B. bei kugelförmigem Entladungsgefäß (Abb. 1) durch einen Hochfrequenzimpuls, der auf eine bis etwa in die Mitte des Bogenpfades reichende Zündelektrode gegeben wird. Bei Kapillarlampen, die meistens wassergekühlt werden, legt man zur Zündung kurzzeitig Hochspannung an.

Infolge der besonderen Struktur der Elektronenhülle der Edelgase liegen die Anregungsstufen der

Ionisierungsgrenze relativ wesentlich näher als beim Quecksilber. Die im Hochdruckplasma (→Plasma, →positive Säule) auftretenden spezifischen Erscheinungen wie Stoßverbreiterung der Terme, Herabsetzung der Ionisierungsspannung,

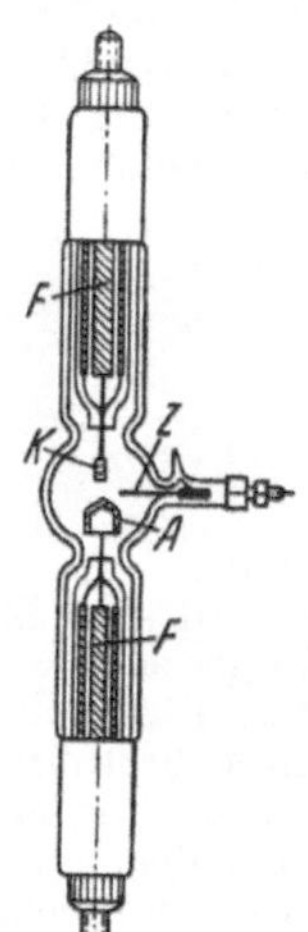

Abb. 1. Kugelförmige Xenonhochdrucklampe für 900 W. *A* Anode, massive Wolframelektrode, *K* Kathode, Wendelelektrode, *F* Fuß mit 4 Molybdänbanddurchführungen, *Z* Zündelektrode (Nach *P. Schulz.*)

Rekombinations- und Bremsspektren, Bildung instabiler (Stoß-) Moleküle spielen hier eine noch größere Rolle als in der Hg-Hochdruckentladung, so daß in der Strahlung des Hochdruckedelgasplasmas die kontinuierliche Strahlung bereits bei relativ niedrigen Drucken und Stromdichten die linienhafte Ausstrahlung überwiegt. Nach *P. Schulz* nimmt die Intensität des Kontinuums $\sim i^{3/2}$, die der Linienstrahlung $\sim i$ zu. Die Intensität des Kontinuums sowie die Lichtausbeute nehmen in der Reihenfolge der Atomgewichte zu (Abb. 2), während sich die linienhafte Ausstrahlung, die bei Neon noch im sichtbaren Rot liegt, nach längeren Wellen ins Infrarote verschiebt. Daher geben die mit Krypton und Xenon gefüllten Lampen im Sichtbaren eine rein weiße Strahlung entsprechend einer Farbtemperatur von etwa 5200 °K. Die Farbwiedergabe

entspricht praktisch völlig dem Tageslicht, so daß
sie den höchsten Ansprüchen (z. B. Farbfilm-
aufnahmen im Atelier) genügen.

Wegen des intensiven und gleichmäßigen Kon-
tiuums in Ultraviolett, das sich bis an die Grenze

Bauart	Kugel-form [1]	Kugel-form [1]	Kapillare, wasser-gekühlt [2]
Leistung [W]	250	900	5000
Lampenspannung [V] .	30	30	65
Lampenstrom [A] . . .	8	30	80
Lichtstärke			
$\perp$ Bogenachse [cd] . .	750	3000	—
Lichtstrom [lm] . . .	6000	24 000	~140 000
Leuchtdichte [sb] . .	12 000	23 000	$\lesssim$ 20 000
Lichtausbeute [lm W^{-1}]	24	27	25 . . . 30
Bogenlänge [mm] . .	3	4	65
Betriebsdruck [atm] .	~40	~40	~5
Äußerer Durchm. [mm]	23	35	22
Gesamtlänge [mm] . .	110	240	250

[1] Nach *P. Schulz.*   [2] Nach *J. N. Aldington.*

Schulz, P.: Z. Naturf. 2a, 583 (1947); Lichttechnik 3, 118
(1951). — *Aldington, J. N.:* Trans. Ill. Eng. Soz. 14, 19 (1949).

Xerogele, feste Stoffe, die durch mehr oder
weniger zusammenhängende Kapillarräume feinst
zerteilt sind. Hierzu gehören die technisch wichtigen →Adsorbentien, wie →Aktivkohle und
→Silikagel. Als Xerogel (vom griech. ξερός
= trocken) bezeichnet man auch eingetrocknete
→Gele (z. B. Gelatine), die durch Quellung in
Flüssigkeiten wieder in den Gelzustand übergehen.

Xerographie, ein auf lichtelektrischer Leitfähigkeit beruhendes trockenes photographisches
Schnellverfahren.

Eggert, J.: Aus Forschung u. Technik d. neuzeitl. Photographie. Phys. Bl. 6, 56 (1950).

X-Strahlen, der ursprünglich von *Röntgen* ge-
wählte Name für die von ihm entdeckten Strahlen.
In der nichtdeutschen Literatur hat sich diese
Bezeichnung erhalten.

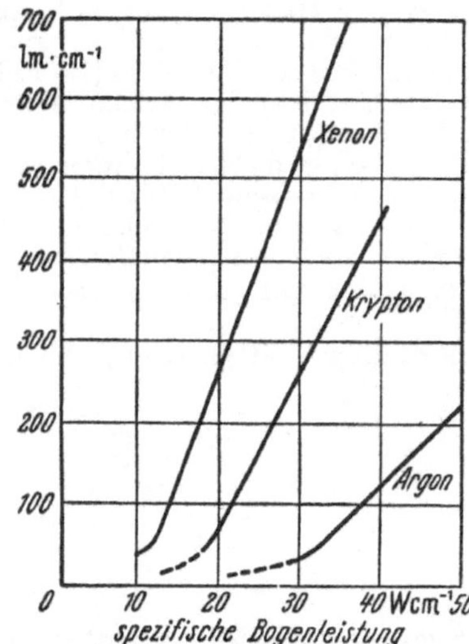

Abb. 2. Lichtstrom der Edelgashochdruckentladung als Funktion der spezifischen Bogenleistung. Nach *W. Elenbaas,* Philips
Res. Rep. 4, 221 (1949).

der Quarzabsorption erstreckt, ist die Xenonlampe
als UV-Strahler dem bisher benutzten Ultraviolett-
kontinuum der Wasserstoffentladung weit überlegen. Angaben über technische Xenonlampen enthält die Tabelle.

Y

Yale-Katalog →Sternkataloge.

yard, abgek. yd, Grundeinheit der Länge, in
Großbritannien und den USA gesetzliche Längeneinheit. Das yard-Normal von 1824 sollte durch
die Länge eines Pendels unter bestimmten Bedingungen reproduzierbar sein (Weights and
Measures Act von 1824). Nach dem Verlust des
„Bird-Yard", welches 1834 in London beim Brand
des Parlamentsgebäudes verlorenging, wurden
1845 neue Yard-Normalstäbe aus Baily-Bronze
(16 Teile Kupfer, 2,5 Teile Zinn und 1 Teil Zink)
gegossen. Diese sind 38 inch lang mit einem Querschnitt von 1 square inch; in 1 inch Abstand von
jedem Stabende befindet sich je eine runde Vertiefung von 0,5 inch Durchmesser und 0,5 inch
Tiefe. In jede dieser Vertiefungen ist (in Höhe
der neutralen Faser des Stabes) ein poliertes Gold-
plättchen mit je drei Strichmarken eingelassen.
Einer dieser Baily-Stäbe wurde durch Weights
and Measures Act von 1856 als „Imperial Standard
Yard" zum gesetzlichen Längennormal erklärt.
Das yard ist definiert als Abstand zwischen den
beiden mittleren Strichen auf dem Imperial
Standard Yard bei der Temperatur von 60 °F
(Weights and Measures Act von 1878). Die der-
zeitig gültige *gesetzliche* Umrechnung zum Meter
lautet (auf Grund der Vergleichsmessungen

zwischen Imperial Standard Yard und Meter-
prototyp aus dem Jahre 1895): 1 m = 39,370113
imper. in. (→inch) bzw. 1 imper. yard = 0,9143992 m.
An dieser Einheitenrelation soll festgehalten werden, solange nicht neue Vergleichsmessungen Abweichungen von mehr als 4 μ auf das yard ergeben.
Für wissenschaftliche Zwecke wird derzeit als Umrechnungsbeziehung die Relation 1 m = 39,370147
imper. in. bzw. 1 imper. yard = 0,9143984 m (Ergebnis der Vergleichsmessungen von 1928) benutzt.
Aus der Bestimmung des Imperial Standard Yard
und des Meterprototyps in Wellenlängen der
roten Cadmiumlinie (→Wellenlängennormal) ergab
sich indirekt 1934: 1 m = 39,370138 imper. in.
bzw. 1 imper. yd = 0,9143986 m.

In den USA wurde durch Cong. Metric Act von
1866 und die Mendenhall Order von 1893 das
US-Yard über eine zahlenmäßige Relation zum
Meter definiert: 1 m = 39,370000 in (USA) bzw.
1 yd (USA) = 36/39,37 = 0,9144018 m.

yd, Symbol für die Längeneinheit →yard.

Young-Dupré-Beziehung, bildet die Grundlage
für eine theoretische Erörterung der →Benet-
zungserscheinungen. Die aus einem mechanischen
Kräftegleichgewicht abgeleitete Youngsche Gleichung (1805) ermöglicht die Ermittlung der

→Haftspannung aus der Oberflächenspannung (σ) der Flüssigkeit und dem →Randwinkel (ϑ)

$$\sigma_{fest,\ gasf.} - \sigma_{fest,\ flüss.} = \sigma_{Haft} = \sigma_{flüss.,\ gasf.} \cos\vartheta.$$

Aus thermodynamischen Überlegungen schloß Dupré (1869), daß die Energie, die beim Benetzen einer Festfläche je cm² frei wird (→Adhäsionsenergie A_σ), gleich der Differenz zwischen den verschwindenden Oberflächenenergien fest/gasf. und flüss./gasf. und der entstandenen →Grenzflächenenergie fest/flüss. ist.

$$A_\sigma = \sigma_{fest/gasf.} + \sigma_{flüss./gasf.} - \sigma_{fest/flüss.}$$

Dabei sind $\sigma_{fest/gasf.}$ und $\sigma_{fest/flüss.}$ einzeln nicht meßbar. Die Kombination beider Gleichungen ermöglicht jedoch die experimentelle Ermittlung der Adhäsionsarbeit:

$$A_\sigma = \sigma_{flüss./gasf.}(1 + \cos\vartheta).$$

v. *Eichhorn, L.:* Kolloid-Z. **107**, 107 (1944).

Young-Helmholtzsche Theorie →Dreifarbentheorie.

Young-Konstante (*kritischer Koeffizient*). Nach *S. Young* soll die beim kritischen Punkt gemessene dimensionslose Zahl $RT_k/(p_k v_k)$ den für alle Stoffe gleichen Wert 3,77 haben; doch gilt dies nur angenähert. Aus der →van der Waalsschen Zustandsgleichung ergibt sich statt dessen 8/3 = 2,67.

Young-Modul, hauptsächlich im englischen Schrifttum verwendete Bezeichnung für den Elastizitätsmodul.

Young-Prisma →Glasprismenspektrograph.

Yukawa-Potential e^{-kr}/r, ein Potential von der Reichweite $1/k$. Das zwischen Nukleonen herrschende Anziehungspotential ist qualitativ von diesem Typus. Die spezielle Form ergibt sich theoretisch in der →Mesonentheorie der Kernkräfte unter der Voraussetzung, daß die Wechselwirkung der Nukleonen hervorgerufen wird durch den Austausch von Mesonen mit der Compton-Wellenlänge $1/k$. Exakt richtig ist dieser Ausdruck für die →Kernkraft sicherlich nicht, da sich in diesem Falle höchstwahrscheinlich der Einfluß mehrerer Teilchenfelder überlagert, von denen die Mesonen die leichtesten sind und somit die größte Reichweite haben. Der exponentielle Abfall für große r stimmt daher mit der wahren Kernkraft überein.

Yukawa-Quant, -Teilchen = →Yukon.

Yukon, ein →Meson. Das Yukon oder Yukawa-Teilchen oder -Quant ist ein hypothetisches instabiles Teilchen (Lebensdauer $\tau \approx 10^{-8}$ s) mit dem Spin 0 oder 1 und einer Masse 200 bis 300 m_e, welches bei starker Wechselwirkung mit Nukleonen die →Austauschkraft zwischen den Nukleonen liefert. Yukonen genügen den →Kemmerschen Wellengleichungen. Wahrscheinlich sind die π-Mesonen mit den Yukonen identisch. Es ist zu beachten, daß die Aussagen über das Yukon an die Voraussetzung gebunden sind, daß die Austauschkraft zwischen Nukleonen durch Einquantenaustausch bestimmt ist. Im Falle der →Paartheorie kann man von vornherein nichts über den Spin der auszutauschenden Teilchen sagen. Es ist wahrscheinlich, daß die Yukonen der pseudoskalaren Wellengleichung genügen.

Z

Zackenfunktion →δ-Funktion.

Zähigkeit = →Viskosität.

Zähigkeitsströmung →Fließen.

Zahlenfolge →unendliche Folge.

Zahlenwert oder *Maßzahl* $\{a\}$ einer Größe a, stellt das Ergebnis einer Messung der Größe dar und gibt an, wie oft die Einheit $[a]$ als vereinbarte Vergleichsgröße gleicher Art in der betreffenden Größe enthalten ist. Der Zahlenwert einer Größe ist somit von der jeweils benutzten Einheit abhängig und ändert sich bei einem Wechsel der Einheit reziprok zur Änderung des Einheitenbetrages entsprechend der allgemeinen Relation

$$\frac{\{a\}_i}{\{a\}_k} = \frac{[a]_k}{[a]_i}.$$

Zahlenwertgleichung. In Zahlenwertgleichungen symbolisieren die Formelzeichen die Zahlenwerte der Größen. Sie sind in ihrer Schreibung von den jeweils benutzten Einheiten abhängig, welche daher stets mit angegeben werden sollten. Zu *einer* →Größengleichung lassen sich verschiedene Zahlenwertgleichungen aufstellen, die sich entsprechend den zugrunde gelegten Einheiten unterscheiden. Beispiel der Geschwindigkeit:

Größengleichung: $v = s/t$.

Zahlenwertgleichungen:

$v = s/t$ (Z.W. v in m/s, s in m, t in s)
$v = 3{,}60\ s/t$ (Z.W. v in km/h, s in m, t in s)
$v = 2{,}05\ s/t$ (Z.W. v in mi/hr, s in yd, t in s)

Zahlenwertsymbole →Zahlenwert.

Zähler sind Geräte zur Zählung von Korpuskeln oder Quanten. Die älteste und einfachste Form ist das →*Spinthariskop*, das auf der durch einzelne Teilchen hervorgerufenen →Szintillation beruht, und dessen Prinzip heute im →*Leuchtmassen*- und →*Kristallzähler* wieder sehr wichtig geworden ist. Dagegen beruhen die →Ionisationskammer, der Geigersche →*Spitzenzähler* und das bis heute überwiegend benutzte →*Zählrohr* von *Geiger* und *Müller* auf der Zählung der von ionisierenden Teilchen oder Quanten unmittelbar oder mittelbar in einem Gase erzeugten Ionisation und einem dadurch unter der Wirkung einer geeigneten Spannung ausgelösten Entladungsstoß, der mit einem Elektrometer oder über einen Verstärker mit einem mechanischen Zählwerk nachgewiesen und registriert werden kann. Ferner →*Lichtzähler*.

Handb. d. Physik XXII/2. Berlin 1933. — *Kohlrausch, F.:* Prakt. Physik II. Leipzig u. Berlin 1950.

Zähligkeit →Drehungsachse, →Gitterkomplex, →Punktlage.

Zählrohr von *Geiger* und *Müller*, dient in Verbindung mit einem Elektrometer oder mit einem Röhrenverstärker und mechanischem Zählwerk zur Zählung einzelner, das Rohr durchsetzender ionisierender Teilchen oder Quanten und ist heute neben der →Nebelkammer das wichtigste Hilfsmittel der Kernphysik einschließlich der Erforschung der kosmischen Strahlung. Im Prinzip besteht es aus einem einige cm weiten und einige dm langen Metallrohr oder innen versilberten Glasrohr, in dem axial und isoliert ein dünner Draht ausgespannt ist (Abb.). Es ist meist mit

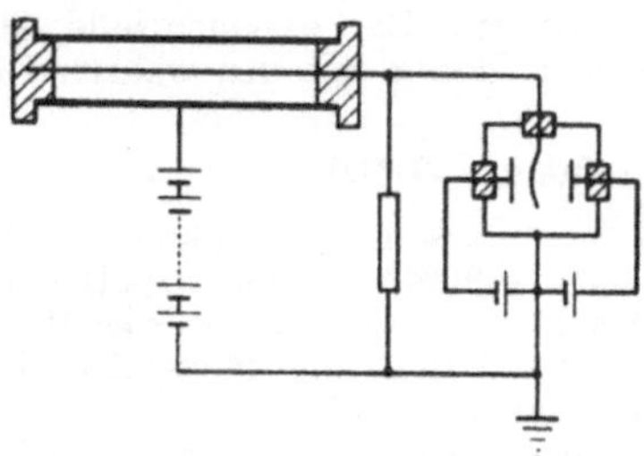

Zählrohr mit Elektrometer und parallel geschaltetem Hochohm-Widerstand.

Argon von etwa 100 Torr und einem Zusatz von Alkohol- oder Xyloldampf gefüllt (*Trost*). Die Wand ist gegenüber dem über einen Hochohmwiderstand oder eine Elektronenröhre geerdeten Draht auf eine negative Spannung von 1000 bis 2000 V geladen, die an sich noch keine Gasentladung auslöst.

Jedes in das Zählrohr eintretende ionisierende Teilchen erzeugt in der Gasfüllung eine Ionisation. Die frei gemachten Elektronen wandern, ihrerseits ständig weiter ionisierend, auf den Draht hin und lösen so eine Elektronenlawine und außerdem Lichtquanten aus. Der Dampfzusatz bewirkt durch Absorption von Quanten die Abspaltung weiterer Elektronen und verhindert dadurch gleichzeitig die unerwünschte Auslösung von Photoelektronen aus der Wandung. Die so entstehende Ladungswolke wandert mit einer Geschwindigkeit von etwa $5 \cdot 10^6$ cm s^{-1} im Gebiet der hohen Feldstärke in der Nähe des Drahtes, bis sie diesen schlauchartig umhüllt und die positive Raumladung dort die Feldstärke so stark vermindert, daß die Entladung erlischt. Dann entlädt sich der Draht über die Erdung, und das Rohr ist wieder zählbereit (→Auflösungsvermögen einer Zählanordnung).

Zählrohre geeigneter Bauart sind für die Zählung aller Arten von geladenen, also ionisierenden Teilchen, aber auch für Lichtquanten, welche an der Wand Elektronen auszulösen vermögen, sowie für Neutronen verwendbar.

Unterhalb einer bestimmten Spannung ist der durch ein Teilchen oder Quant hervorgerufene Spannungsstoß der Zahl der primär erzeugten Ionen proportional; das Zählrohr arbeitet im *Proportionalitätsbereich* (*Proportionalzähler*). Der — mit der Spannung schnell ansteigende — Multiplikationsfaktor beträgt 10^3 bis 10^4. In diesem Bereich sind nur stark ionisierende Teilchen nachweisbar. Bei höherer Spannung, im *Auslösebereich* (*Auslösezähler*), der sich über einige 100 V erstrecken kann, ist der Spannungsstoß von der Primärionisation unabhängig; einige wenige Ioni-

sationen genügen bereits zur Auslösung einer nachweisbaren Entladung. In diesem Bereich sind auch schwach ionisierende Teilchen nachweisbar.

Besonders wichtig ist die Möglichkeit, mehrere Zählrohre zu →Koinzidenzschaltungen zusammenzubauen. Die Zahl der zufälligen Koinzidenzen wird dabei durch hohes Auflösungsvermögen tunlichst erniedrigt. Das schlechte mechanische Auflösungsvermögen des Zählwerks kann dadurch in seiner Wirkung weitgehend kompensiert werden, daß man mit Hilfe von →Untersetzern nur einen bestimmten Bruchteil der Impulse zur Zählung gelangen läßt.

Die von *A. Trost* für Röntgenzwecke entwickelten dampfgefüllten Zählrohre sind an Stelle von Zählwerken mit einer direkt anzeigenden Meßapparatur (und Verstärker) verbunden, die eine Meßdauer von nur etwa $^1/_{10}$ s zuläßt. Auf diese Weise können ganze Behälter auf Fehler untersucht werden.

Handb. d. Physik XXII/2. Berlin 1933. — *Trost, A.:* Z. Phys. **105**, 339 (1937). — *Maier-Leibnitz, H.:* Phys. Z. **43**, 333 (1942) (Zusammenfassung). — *Kohlrausch, F.:* Prakt. Physik II. Leipzig u. Berlin 1950. — *Riedhammer, J.:* Das Geiger-Zählrohr. Phys. Bl. **7**, 302 (1950).

Zählrohrteleskop →Koinzidenzschaltung.

Zählungseinheiten, arithmetische. Unter diesem Namen werden die Einheiten zusammengefaßt, die zur Messung oder Zählung dimensionsloser Größen dienen.

Die am häufigsten vorkommende Zählungseinheit ist die Einheit Eins der normalen Zahlenreihe. Soll der Zahlenwert einer dimensionslosen Größe, gemessen in dieser Zählungseinheit Eins, als ein Zahlenwert dieser betreffenden Größe hervorgehoben werden, so wird an ihn ein kennzeichnendes Wort angefügt, wie „Radiant" (rad), „Phon" (phon), „Grad DIN" (°DIN) an die Zahlenwerte des Winkels, der Lautstärke, der Empfindlichkeit von Negativmaterial. Diese Bezeichnungen stellen lediglich praktisch zweckmäßige Hinweise auf die besondere Art der betreffenden dimensionslosen Größe dar, sind selbst identisch gleich Eins und können ohne Beeinträchtigung der Eindeutigkeit der Zahlenwertangabe fortgelassen werden. Beispiel: Winkel $\varphi = \pi/2$ rad oder $\varphi = \pi/2$.

Benutzt man Zählungseinheiten, welche von Eins verschieden sind, wie beispielsweise Dutzend $= 12$, Prozent (%) $= 1/100$, Altgrad (°) $= \pi/180$, so stellen diese einen wesentlichen Teil der Zahlenwertangabe für die betreffende dimensionslose Größe dar und dürfen keinesfalls unterdrückt werden. Beispiel: Winkel $\varphi = 90° = 90 \cdot \pi/180 = \pi/2$.

Zählwerke, elektromagnetische, zur Zählung elektrischer Impulse, insbesondere von Geiger-Müller-→Zählrohren.

Man unterscheidet zwei Arten:

1. Zählwerke, bei denen durch den Stromstoß ein Addierwerk bewegt wird (*Rollenzähler*): Der Stromstoß erregt einen Elektromagneten, dessen Anker als Stoßklinke ausgebildet ist und in ein Steigrad eingreift. Mit diesem ist der Einerzahlenring eines Addierwerkes gekuppelt. Das Prinzip wird bei den Telephongesprächszählern angewendet (Abb. 1), die bei gleichmäßiger Folge bis zu etwa 1000 Impulse je Minute zählen. Diese Zahl läßt sich durch Konstruktionsänderungen gegen-

über der normalen Bauart (Verringerung des Hubes des Ankers, Vergrößerung der Zahl der Zähne des Steigrades und spezielle Schaltungen) etwa auf das Dreifache erhöhen.

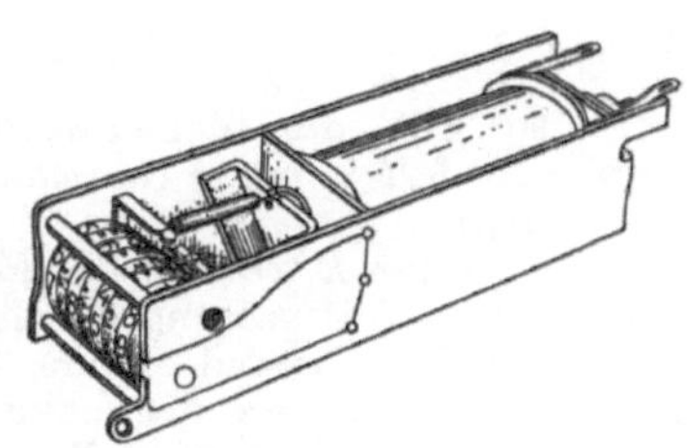

Abb. 1. Telephongesprächszähler (Bauart *Lorenz*). (Aus ATM I 076—3.)

2. Schnellere Impulsfolgen können mit Zählwerken gezählt werden, bei denen die Impulse lediglich die Steuerung des Ablaufs eines durch eine Feder oder ein Gewicht angetriebenen Uhrwerks bewirken (*Zeigerzählwerke*). Als Beispiel hierfür zeigt Abb. 2 das Uhrzählwerk nach *Löhle*:

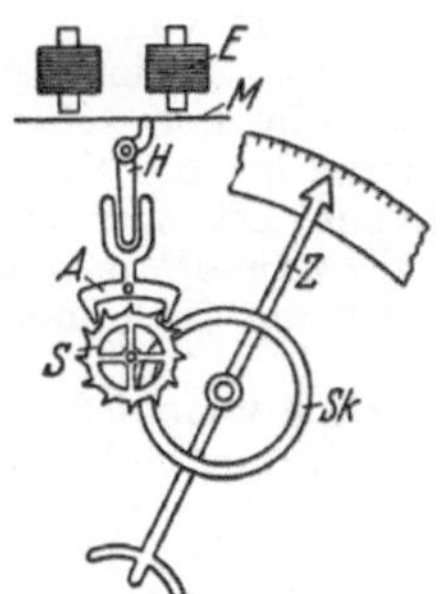

Abb. 2 (schematisch). Uhrzählwerk nach *Löhle*. *E* Elektromagnet, *M* Membran, *H* Hebel, *A* Anker, *S* Steigrad, *Sk* Sekundenrad, *Z* Sekundenzeiger. (Aus ATM I 076—3.)

Durch jeden Stromstoß in der Magnetwicklung *E* wird unter Vermittlung der Telephonmembran *M*, des Hebels *H* und des Ankers *A* das Steigrad *S* einer Stoppuhr um einen Zahn freigegeben. Unter Benutzung des gleichen Prinzips lassen sich durch Verwendung von kleinen Blattfedern ($11 \times 4 \times 0{,}15$ mm³) hoher Eigenfrequenz als Sperrorgan und eines kleinen Steigrades (Durchmesser 6 mm) bei gleichmäßiger Folge bis zu 12000 Impulse in der Minute zählen.

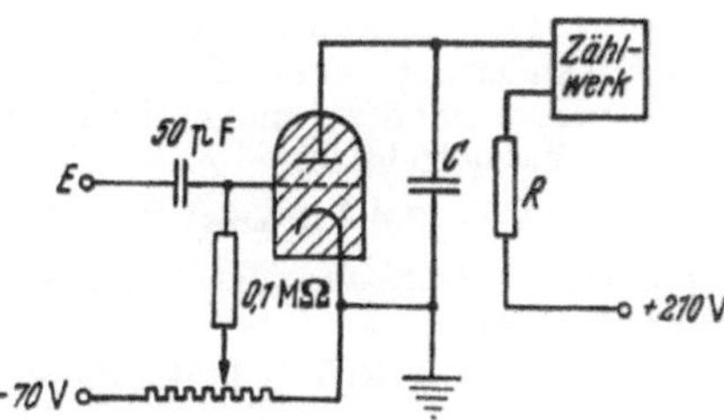

Abb. 3. Thyratron mit Zählwerk als Endstufe. $R \sim 10\,000\,\Omega$. $C \sim 0{,}1\,\mu\mathrm{F}$ (hängt von der Bauart des Zählwerks ab). (Aus *W. Riezler*, Kernphysik 1944.)

Zählwerke werden, wenn sie zur Zählung von Zählrohrimpulsen verwendet werden, meist in einer Thyratronschaltung benutzt: Das →Thy-

ratron wird durch den verstärkten Zählrohrstoß gezündet und betätigt das im Anodenkreis liegende Zählwerk (Abb. 3).

Der Ablauf eines Zählvorganges erfordert aus mechanischen und elektrischen Gründen eine gewisse Zeit, die *Auflösungs-*, *Trenn-* oder *Sperrzeit*. Während dieser Zeit ist die Zählanordnung für weitere ankommende Impulse gesperrt. Nur ein Impuls, der nach Ablauf der vom vorhergehenden Impuls in Gang gesetzten Sperrzeit eintrifft, wird gezählt. Man kann daher die Sperrzeit *T* und damit das durch die reziproke Sperrzeit definierte →*Auflösungsvermögen A* experimentell dadurch bestimmen, daß man der Zählanordnung eine gleichmäßige Impulsfolge steigender Frequenz zuführt und feststellt, welche Maximalfrequenz N_{max} noch richtig gezählt wird. Es ist dann

$$A = 1/T = N_{max}.$$

Bei schnelleren Impulsfolgen sind zwei Fälle zu unterscheiden: 1. der innerhalb einer Sperrzeit ankommende Impuls setzt den Lauf einer neuen Sperrzeit in Gang; 2. er bleibt ohne Einfluß auf den Zählvorgang. Bei wesentlicher Überschreitung der durch das Auflösungsvermögen gegebenen Maximalfrequenz setzt dann im ersten Falle die Zählung ganz aus, während im zweiten Falle t/T höchstens Impulse in der Zeit *t* gezählt werden. Der erste Fall liegt vor, wenn das Auflösungsvermögen der Zählanordnung durch das Zählwerk, der zweite, wenn es durch die Zeitdauer einer Zählrohr- oder einer Thyratronentladung bestimmt wird.

Da bei statistischer Verteilung immer einige Impulse innerhalb der Sperrzeit aufeinanderfolgen, sind hier die Angaben des Zählwerks zu gering und bedürfen einer Korrektur. Bei der theoretischen Ableitung ihrer Größe kommt man zu unterschiedlichen Werten, je nachdem man Fall 1 oder 2 annimmt. Es ergeben sich die in Abb. 4 dargestellten Kurven, aus denen die für

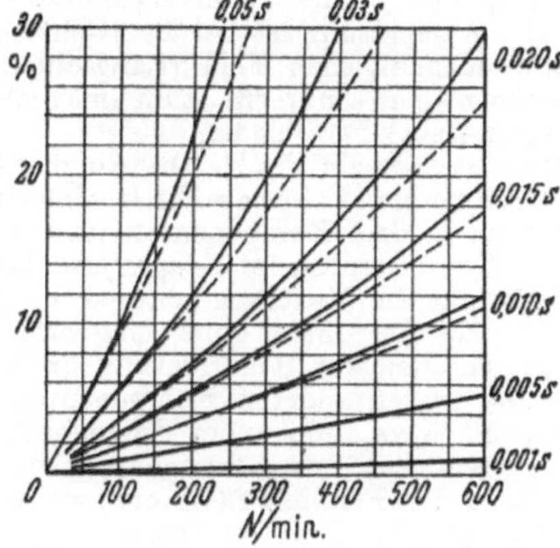

Abb. 4. Korrektionen an Zählungen bei ungenügendem Auflösungsvermögen. (Aus *F. Kohlrausch*, Prakt. Physik II, 1950.)

verschiedene Auflösungsvermögen und Impulszahlen erforderlichen Korrektionen entnommen werden können. Dabei betreffen die ausgezogenen Kurven den ersten, die punktierten den zweiten Fall. Da für die meisten Zählanordnungen weder die eine noch die andere theoretische Voraussetzung genau zutrifft, ist eine experimentelle Eichung durch mehrere in ihrem Gehalt bekannte Radiumpräparate oder durch ein radioaktives Präparat mit gut bekannter Halbwertzeit der Benutzung der obigen Korrektionskurven vorzuziehen.

Eine wesentliche Erhöhung des Auflösungsvermögens einer Zählanordnung wird dadurch erreicht, daß mit Hilfe von zwischen Zählrohr und mechanischem Zählwerk liegenden →Untersetzerschaltungen nur ein bestimmter Bruchteil der Impulse, z. B. nur jeder $2n$-te Stoß, dem Zählwerk zugeführt wird.

ATM I 076—3 (1943). — *Kohlrausch, F.*: Prakt. Physik II. Leipzig u. Berlin 1950. — *Riezler, W.*: Kernphysik. Berlin u. Buxtehude 1950.

Zapfen, der nach der →Duplizitätstheorie dem (farbigen) →Tagessehen zugrunde liegende Sehzellentyp des Wirbeltierauges (→Farbsubstanzen). Die selbständige nervöse Ableitung insbesondere der im Netzhautzentrum stehenden Zapfen macht jeden einzelnen zu einer Seheinheit und bedingt das maximale →Auflösungsvermögen insbesondere der zum Fixieren dienenden, nur zapfenführenden →Area centralis. Abnahme der Zapfen nach der Netzhautperipherie zugunsten der →Stäbchen unter gleichzeitigem Steigen der →Farbenfeldschwelle. Dementsprechend ist das farbige Gesichtsfeld zentralwärts eingeschränkter als das farblose (Abb. →Gesichtsfeld). In der Netzhautperipherie resultieren bei Reizung selbst mit oberhalb der Schwelle des Tagessehens (*Zapfenschwelle*) gelegenen Intensitäten nur farblose Lichtempfindungen (→Peripheriewerte).

Zeeman-Effekt, die Aufspaltung von Spektrallinien im magnetischen Feld (1896 entdeckt). Zum Beispiel spalten die gelben D-Linien von Natrium in einem Feld von 10000 Oe in 6 bzw. 4 Komponenten im Abstand von 0,109 Å auf. Um zwei Linien in diesem geringen Abstand trennen zu können, muß die Mindestauflösung der Apparatur 55000 betragen. Für die Beobachtung des Zeeman-Effektes sind also starke magnetische Felder und Apparate von hohem Auflösungsvermögen, Beugungsgitter, Stufengitter, Interferometer nach *Perrot* und *Fabry* oder Lummer-Gehrke-Platten nötig. Die Aufspaltung ist bei Beobachtung parallel zum magnetischen Feld (Längseffekt) und bei Beobachtung senkrecht zum magnetischen Feld (Quereffekt) verschieden.

I. Normaler Zeeman-Effekt. Die Singulettlinien zeigen einen *normalen Zeeman-Effekt*, eine einfache Aufspaltung in drei Komponenten im *Quereffekt* und zwei Komponenten im *Längseffekt*. Bei dem Quereffekt hat die Mittelkomponente die gleiche Frequenz wie die Linie ohne Magnetfeld und schwingt parallel zur Feldrichtung (π-Komponente). Die beiden anderen Komponenten liegen symmetrisch dazu, um eine Frequenzdifferenz Δv_{norm} verschoben; ihre Schwingungsebene liegt senkrecht zu den Feldlinien (σ-Komponente). Die Mittellinie hat die doppelte Intensität wie jede Seitenlinie. Im Längseffekt fällt die Mittelkomponente aus, und die beiden Außenkomponenten sind links und rechts zirkular polarisiert. Die Frequenzaufspaltung beträgt

$$\Delta v_{\text{norm}} = \pm \frac{e}{m_e} \frac{1}{4\pi c} H.$$

Hierin ist e das elektrische Elementarquantum ($4,8 \cdot 10^{-10}$ esE), m_e die Elektronenmasse ($9,11 \cdot 10^{-28}$ g), c die Lichtgeschwindigkeit ($3 \cdot 10^{-10}$ cm s^{-1}) und H die Feldstärke (in Oe). Führt man statt der Frequenz v die Wellenzahl ein $\tilde{v} = \dfrac{v}{c} = \dfrac{1}{\lambda}$ und setzt die Konstanten ein, so gilt die Zahlenwertgleichung $\Delta \tilde{v}_{\text{norm}} = 4,67 \cdot 10^{-8} H$ in cm^{-1} (*normale Zeeman-Effekt-Aufspaltung*).

II. Anomaler Zeeman-Effekt. Bei den Multiplettlinien ist die Zeeman-Aufspaltung im allgemeinen komplizierter und der Abstand anders. Zum Beispiel spaltet die schwächere der beiden gelben Natriumlinien (D-Linien) in vier Komponenten auf, deren Abstand vom Ort der feldfreien Linie $\pm 2/3 \, \Delta v_{\text{norm}}$ und $\pm 4/3 \, \Delta v_{\text{norm}}$ beträgt, die stärkere D_2-Linie in sechs Komponenten mit den Abständen $1/3 \, \Delta v_{\text{norm}}$, Δv_{norm} und $5/3 \, \Delta v_{\text{norm}}$ vom Orte der feldfreien Linie. Abb. 1 zeigt die wichtigsten Zeeman-Typen von Multiplettlinien. Alle Glieder einer Serie haben denselben Zeeman-Typus (→Prestonsche Regel). Der Zeeman-Effekt einer Spektrallinie hängt also nur von der Art der kombinierenden Terme, d. h. von der Nebenquantenzahl, ab, nicht von der Laufzahl. Zum Beispiel zeigen die Linien der Hauptserie ($1\,S - m\,P$) und die der scharfen Nebenserie ($2\,P - m\,S$) innerhalb jedes Spektrums den gleichen Zeeman-Typus. Die Zeeman-Verschiebungen beim *anomalen Zeeman-Effekt* sind rationale Vielfache der Aufspaltung beim normalen Zeeman-Effekt.

Quantentheoretisch kommt die Aufspaltung der Spektrallinien im Magnetfeld dadurch zustande, daß sich die Atome im magnetischen Feld einstellen. Ohne äußeres Feld ist der Gesamtdrehimpuls ($J\hbar$) eines Atoms, der sich aus dem Elektronenbahnendrehimpuls ($L\hbar$) und dem Eigendrehimpuls der Elektronen (Spin) ($S\hbar$) zusammensetzt, der Größe und Richtung nach konstant (J, L, S sind die inneren, Bahn- oder Neben- und Spinquantenzahlen). Im Magnetfeld beschreibt der Gesamtdrehimpuls eine Präzessionsbewegung um die Feldrichtung. Konstant bleibt nur seine Projektion auf die Feldrichtung. Diese Komponente des Drehimpulses kann nur ganzzahlige oder halbzahlige Vielfache von $\hbar$ betragen (Richtungsquantelung). Hierdurch ist eine neue *magnetische Quantenzahl m* definiert, die Projektion von J auf die Feldrichtung ($m = J \cos(\mathfrak{H}, \vec{J})$). Die magnetische Quantenzahl kann $2J + 1$ Werte: $J, J - 1, \ldots$ bis $-(J - 1), -J$, annehmen.

Die Energieänderung eines Terms bei einer Einstellung entsprechend der magnetischen Quantenzahl m im Magnetfeld ist

$$\Delta E = m \, g \, h \, \Delta v_{\text{norm}}.$$

g, der *Landésche Aufspaltungsfaktor*, läßt sich aus der Quantenmechanik zu

$$g = 1 + \frac{J(J + 1) + S(S + 1) + L(L + 1)}{2J(J + 1)} \cdot$$

berechnen. Sein Wert für die einzelnen Terme beträgt

Term	$^1S_0$	$^1P_1$	$^1D_2$	$^3S_1$	$^3P_0$	$^3P_1$	$^3P_2$	$^3D_1$	$^3D_2$	$^3D_3$	$^2S_{1/2}$	$^2P_{1/2}$	$^2P_{3/2}$	$^2D_{3/2}$	$^2D_{5/2}$
Aufspaltungsfaktor g . . .	0	1	1	2	0	$3/2$	$3/2$	$1/2$	$7/6$	$4/3$	2	$2/3$	$4/3$	$4/5$	$6/5$

Die Zeeman-Aufspaltung der Spektrallinien ergibt sich aus der Differenz der Zeeman-Aufspaltungen der Terme $\varDelta = \varDelta E/h$ unter Berücksichtigung der Auswahlregeln:

$\varDelta m = 0$ gibt π-Komponenten,
$\varDelta m = \pm 1$ gibt links- und rechtszirkular polarisierte σ-Komponenten.

Für die Singulettlinien ($S = 0$) ergibt sich der normale Zeeman-Effekt, eine Aufspaltung in drei Komponenten (Abb. 1). Die anomale Zeeman-Aufspaltung, z. B. der D-Linien von Natrium, erhält man am besten aus dem Pfeilschema (Abb. 2). → auch Dreheffekt, magnetischer.

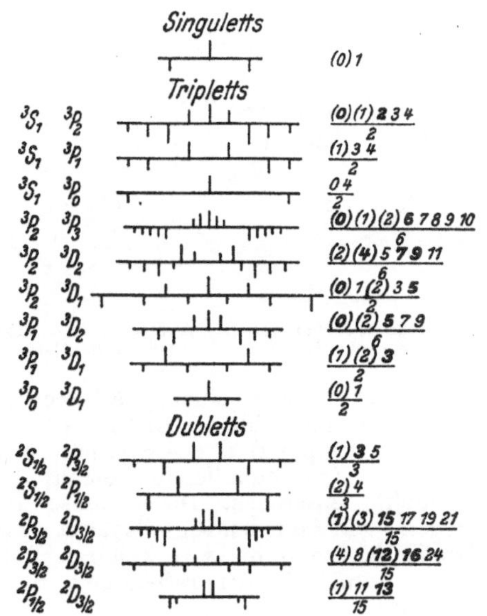

Abb. 1. Zeeman-Typen.

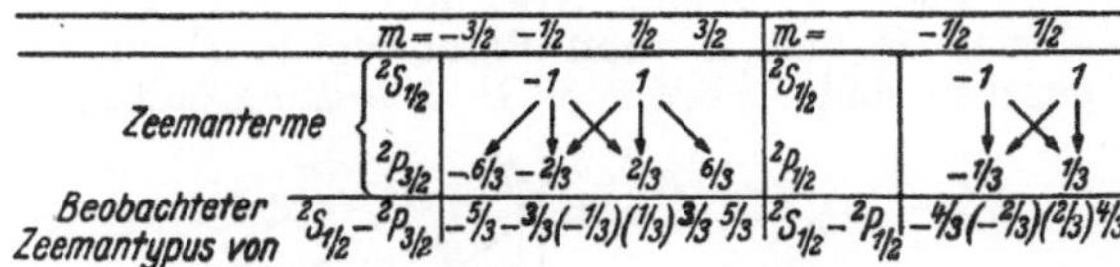

Abb. 2. Pfeilschema für den Zeeman-Typ der beiden D-Linien.

III. Die magnetische Aufspaltung der Hyperfeinstruktur entspricht durchaus derjenigen der Multiplett-Feinstrukturkomponenten. Ebenso wie bei diesen der aus Bahndrehimpuls und Spindrehimpuls zusammengesetzte Gesamtdrehimpuls hinsichtlich des Magnetfeldes zu quanteln ist, so ist es jetzt der Gesamtdrehimpuls $F\hbar$, der sich aus dem Gesamtdrehimpuls der Elektronenhülle und dem Kerndrehimpuls zusammensetzt. Dadurch erhält man eine magnetische Hyperfeinstruktur-

quantenzahl $m_F = F \cos(H, \vec{F})$ als Komponente der Gesamtdrehimpulsquantenzahl in bezug auf die Feldrichtung, welche nur $2F + 1$ Werte

$$F, F - 1, \ldots \text{bis} -(F - 1), -F$$

annehmen kann. Bei hoher magnetischer Feldstärke wird der Kerndrehimpuls entkoppelt. Kernspin- und Elektronenhüllendrehimpuls stellen sich dann unabhängig im magnetischen Feld ein (→Paschen-Back-Effekt der Hyperfeinstrukturaufspaltung).

IV. Inverser Zeeman-Effekt. Wenn sich ein *absorbierendes* Medium im Magnetfeld befindet, zeigen die Absorptionslinien einen Zeeman-Effekt, der nach Art und Größe demjenigen der Emissionslinie entspricht. Ist der Zeeman-Effekt normal, so spaltet die Absorptionslinie im Magnetfeld bei Querbeobachtung in drei Komponenten, von denen die stärkere mittlere parallel zum Feld und die äußeren senkrecht zum Feld polarisiert sind. Bei Längsbeobachtung verschwindet die mittlere Komponente, und die äußeren sind rechts- bzw. linkszirkular polarisiert. Im Falle anomaler Aufspaltung liegen die Verhältnisse ganz entsprechend. Als Folgeerscheinung dieses *inversen Zeeman-Effektes* tritt eine anomal große magnetische Drehung oder Doppelbrechung in der Nähe der Absorptionslinien auf (→Faraday-Effekt).

Inverse Zeeman-Effekte sind vor allem an den Absorptionslinien der Kristalle seltener Erden, wie Erbium, Cer, Lanthan, Neodym und Praseodym, sowie an Kristallen des Rubins und einiger Uranylverbindungen beobachtet worden. Manche Linien dieser Kristalle werden bei tiefen Temperaturen beinahe so schmal wie die Linien verdünnter Gase. Der inverse Zeeman-Effekt ist bei diesen Linien durchweg anomal. Die komplizierten Aufspaltungen sind meist sehr viel größer als bei den Spektrallinien der Gase. An vielen Linien des Xenotims (YPO_4) tritt umgekehrter Rotationssinn der zirkularen Komponenten bei Längsbeobachtung auf. Infolge der Anisotropie der Kristalle sind die Verhältnisse sehr kompliziert.

V. Zeeman-Effekt bei Banden. Während alle Atomlinien im magnetischen Feld größenordnungsmäßig gleiche Aufspaltung zeigen, liegen die Verhältnisse bei *Bandenlinien* viel komplizierter. Ein Teil der Banden spaltet im Magnetfeld überhaupt nicht auf. Andere zeigen im Vergleich zum normalen Effekt kleine Aufspaltungen, zum Teil mit verkehrtem Polarisationssinn. Nur selten ist die Größe der Aufspaltung mit dem normalen Effekt zu vergleichen. Die Untersuchung des Zeeman-Effektes der Bandenspektren ist experimentell überaus schwierig, da die Linien in einer Bande auch ohne Magnetfeld schon sehr dicht liegen. Diese Kompliziertheit ist durch den Aufbau der Moleküle bedingt. Für einfache Fälle (zweiatomige Moleküle, etwa als starre, um die zur Kernverbindungslinie senkrechte Achse rotierende Hantel gedacht) läßt sich die Zeeman-Aufspaltung berechnen. Ein solches Modell besitzt im allgemeinen zwei Drehimpulse, den der Elektronenhülle und den durch die Rotationen der Kerne bedingten Drehimpuls. Verschwindet für einen Zustand der Elektronenrotationsimpuls, so bleibt nur der Kernrotationsimpuls übrig. Sein magnetisches Moment ist aber infolge der großen Masse des rotierenden Gebildes mehrere tausendmal kleiner als das magnetische Moment kreisender Elektronen; um so viel kleiner wird die magnetische Aufspaltung, und sie ist daher nicht mehr nachweisbar. Bandenlinien, bei denen sowohl im Anfangs- wie im Endzustand die Elektronenhülle keinen Drehimpuls besitzt, werden praktisch vom Magnetfeld überhaupt nicht beeinflußt. Derartige Banden sind sofort daran zu erkennen, daß der Nullzweig (Q-Zweig) fehlt.

Verschwindet dagegen der Elektronenimpuls nicht, so erhält das Molekül im Magnetfeld eine Zusatzenergie, welche umgekehrt proportional J ist (J Gesamtdrehimpuls). Da die ersten Glieder einer Bande eine geringe Intensität besitzen und für höhere Glieder die Zusatzenergie abnimmt, so ist bei Molekülen, die etwa dem angenommenen Modell entsprechen, die Aufspaltung im allgemeinen gering, wie Abb. 3 zeigt.

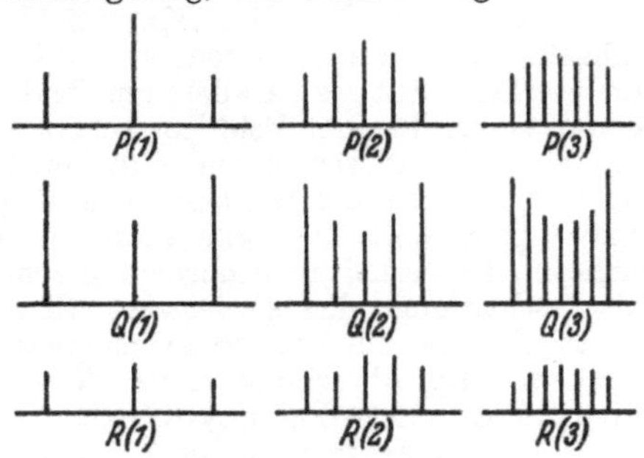

Abb. 3. Aufspaltung der ersten Linien einer $^1\Sigma—^1\Pi$-Bande im Magnetfeld.

Ist hingegen beim Molekül der Bahndrehimpuls an die Kernverbindungslinie gekoppelt und der Spin an die Rotationsachse, so ergibt sich wiederum eine Aufspaltung in $2J+1$ äquidistante Komponenten, wobei aber jetzt die Gesamtaufspaltung nahezu unabhängig vom Gesamtdrehimpuls J und von der Größenordnung der normalen Zeeman-Aufspaltung ist. Häufig ist dabei allerdings die Kopplung von Bahn- und Spindrehimpuls so gering, daß schon ein schwaches magnetisches Feld diese beiden Drehimpulse entkoppelt und das molekulare Analogon zum →Paschen-Back-Effekt eintritt, was z. B. an den Cyanbanden beobachtet wird.

Neuerdings wurde die magnetische Beeinflussung der Absorption von Mikrowellen (Wellenlänge einige mm bis dm) in Gasen untersucht (→Mikrowellenspektrum). Bei 3000 Oe ergab sich eine normale Zeeman-Aufspaltung bei den Inversionslinien von NH_3, und zwar sowohl bei den Hauptlinien als auch bei den Hyperfeinstruktur-Aufspaltungskomponenten.

VI. Zeeman-Effekt auf der Sonne und auf Fixsternen →magnetische Felder von Himmelskörpern.

Handb. d. Physik XXI u. XXII/1. Berlin 1929 u. 1933. — *Sommerfeld, A.:* Atombau u. Spektrallinien. Leipzig 1922.

Zeichenverfahren der geometrischen Optik.

1. Konstruktion des gebrochenen und des reflektierten Strahls (Abb. 1): AB ist die Tangentialebene der brechenden Fläche im Strahleneinfallspunkt. Die Einfallsebene fällt in die Zeichenebene.

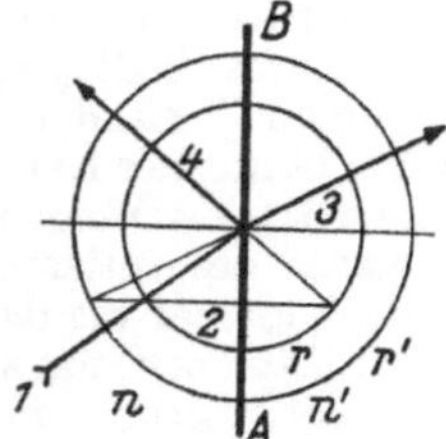

Abb. 1. Konstruktion des gebrochenen und reflektierten Strahles.

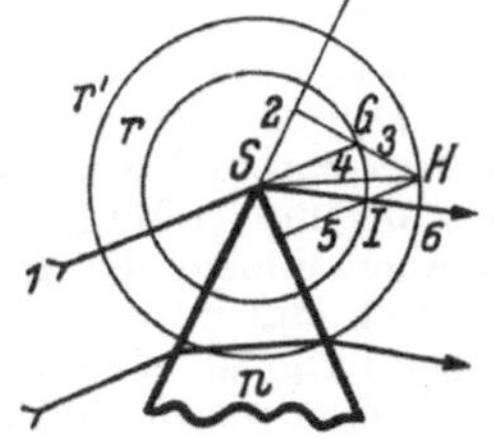

Abb. 2. Der von einem Prisma zweimal gebrochene Strahl.

Um den Einfallspunkt werden zwei Hilfskreise im Radienverhältnis $r : r' = n : n'$ gezeichnet (n, n' Brechungszahlen). Einfallender Strahl ist mit 1 beziffert. In der Reihenfolge der Bezifferung werden Hilfslinien gezogen, aus denen der gebrochene Strahl 3 und der reflektierte Strahl 4 hervorgehen.

2. Konstruktion des von einem Prisma gebrochenen Strahls (Abb. 2): Hilfskreise $r : r' = 1 : n$. Durch S Parallele zum einfallenden Strahl; Schnitt G mit Kreis r. Von G Lot auf Einfallsfläche, dessen rückwärtige Verlängerung den Kreis r' in H schneidet. Von H Lot auf Austrittsfläche, das Kreis r in I schneidet. SH Richtung des gebrochenen Strahls im Prisma, SI Richtung des austretenden Strahls.

3. Konstruktion des an einer sphärischen Fläche gebrochenen Strahls nach *Thomas Young* (Abb. 3): Hilfskreise $r_1 = (n'/n)r$, $r_2 = (n/n')r$. Konstruktion in der Reihenfolge der Bezifferung.

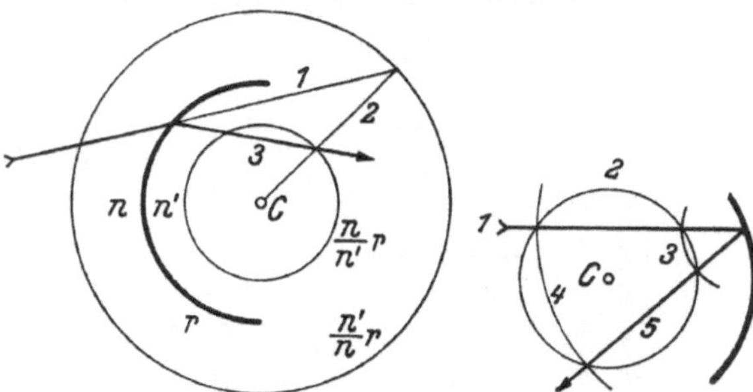

Abb. 3. Youngsche Konstruktion des gebrochenen Strahls.

Abb. 4. Der an einem Kugelspiegel reflektierte Strahl.

4. Konstruktion des an einer sphärischen Fläche gespiegelten Strahls (Abb. 4): Hilfskreis 2 um den Krümmungsmittelpunkt C des Spiegels so zeichnen, daß auf dem einfallenden Strahl 1 zwei Schnittpunkte entstehen. Durch diese Punkte Kreisbögen 3 und 4 um den Einfallspunkt schlagen, die den Hilfskreis 2 in zwei weiteren Punkten schneiden, durch die der reflektierte Strahl 5 gezogen wird.

5. Zeichnerische Bildfindung im fadenförmigen Raum:

a) eines optischen Systems, dessen Hauptebenen H und H' und Brennpunkte F und F' gegeben sind (Abb. 5 u. 6): $O, O' =$ Ding und Bild;

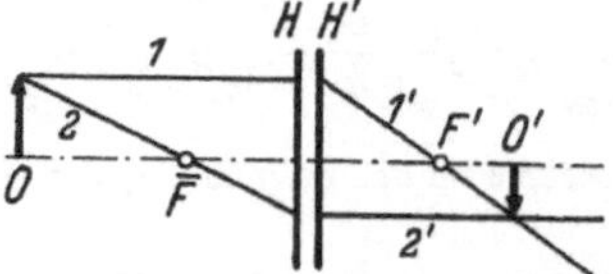

Abb. 5. Bildkonstruktion an einem sammelnden System.

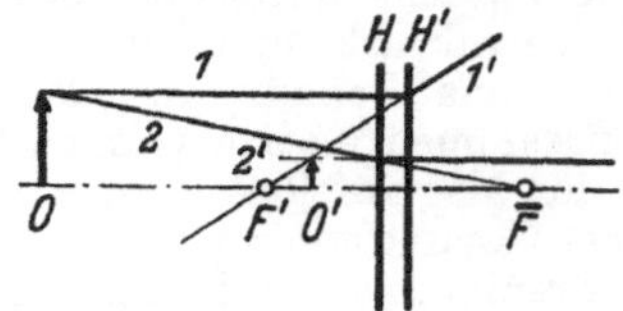

Abb. 6. Bildkonstruktion an einem zerstreuenden System.

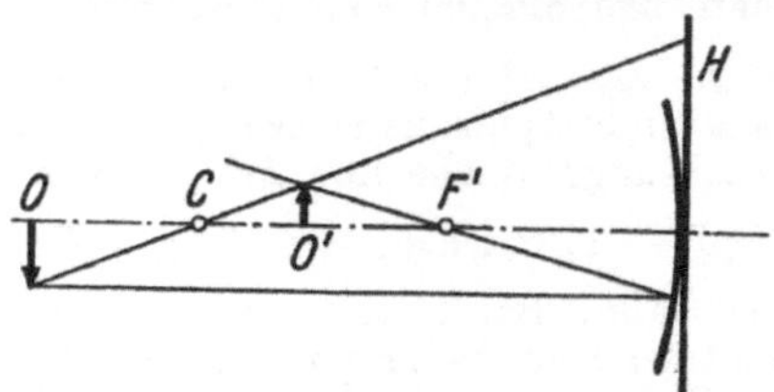

Abb. 7. Bildkonstruktion an einem Hohlspiegel.

b) eines Hohlspiegels (Abb. 7): $C =$ Krümmungsmittelpunkt, $F' =$ Brennpunkt.

6. **Graphische Darstellung der Linsenformel**

$$\frac{1}{a'} - \frac{1}{a} = \frac{1}{f}$$ bzw. der Newtonschen Formel

$z\,z' = -f^2$ (Abb. 8 u. 9).

7. **Bildfindung auf dem schrägen Strahl (Hauptstrahl) (Abb. 10):** Nachdem der einfallende und der

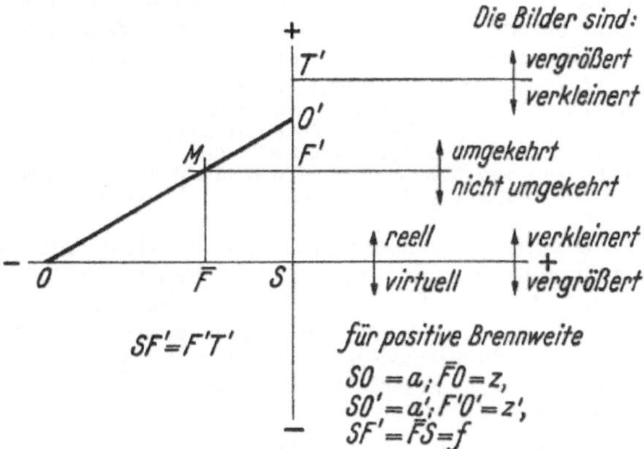

Abb. 8. Darstellung der Linsenformel für positive Brennweite.

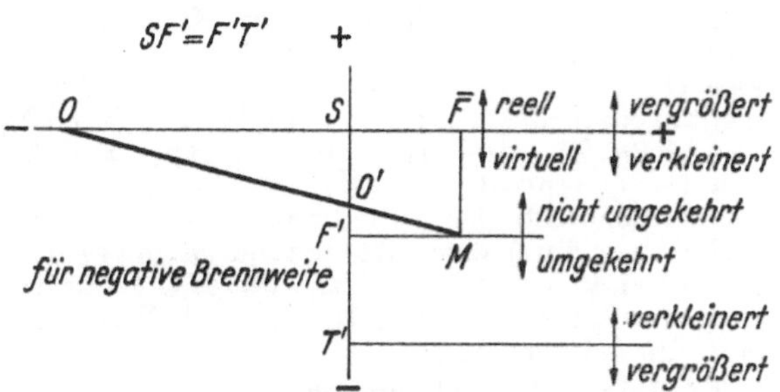

Abb. 9. Darstellung der Linsenformel für negative Brennweite.

gebrochene Hauptstrahl gezeichnet sind (z. B. nach Abb. 3), sollen zu dem Dingpunkt O auf dem einfallenden Strahl der sagittale Bildpunkt O'_s und der meridionale Bildpunkt O'_m auf dem gebrochenen Strahl zeichnerisch gefunden werden. O'_s ist der Schnittpunkt der Geraden CO mit dem gebrochenen Hauptstrahl. C Krümmungsmittelpunkt der Fläche. O'_m ergibt sich nach Konstruktion eines Zentrums K als Schnittpunkt der Geraden KO mit dem gebrochenen Hauptstrahl. Das Zentrum K wird folgendermaßen gefunden: von C Lote 1 und 2

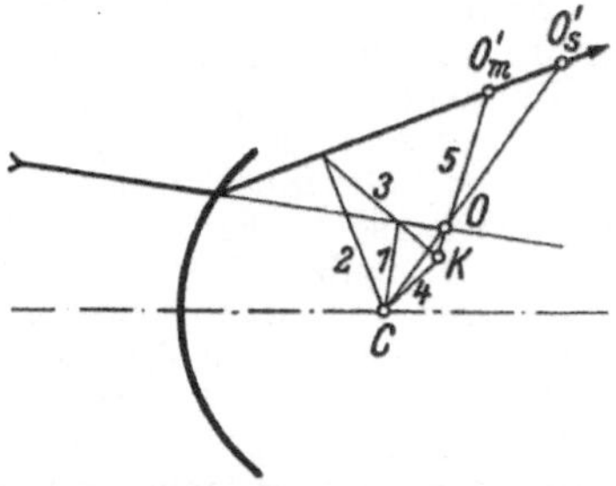

Abb. 10. Konstruktion des meridionalen und sagittalen Bildorts.

auf den einfallenden und gebrochenen Hauptstrahl fällen; Fußpunkte durch Linie 3 verbinden; von C Lot 4 auf Linie 3 fällen, dessen Fußpunkt K ist.

Zeiger, oft fälschlich Vektor genannt (Vektordiagramm von Wechselstromgrößen statt →Zeigerdiagramm), eine Größe, die durch Angabe von Betrag, Einheit und Phasenwinkel (nicht Richtung wie bei einem Vektor) eindeutig gegeben ist.

Zeigerdiagramm von Wechselströmen. Zur Veranschaulichung von Vorgängen in Wechselstromkreisen hat sich die Darstellung sinusförmiger Wechselstromgrößen im Zeigerdiagramm (fälschlich oft Vektordiagramm) als zweckmäßig erwiesen. Die Zeigerlänge entspricht in willkürlichem Maßstab dem →Effektivwert der Wechselstromgröße. Die Projektion dieses Zeigers auf eine im Uhrzeigersinn mit der Winkelgeschwindigkeit ω rotierende *Zeitlinie* ergibt, mit $\sqrt{2}$ multipliziert, den Augenblickswert der betreffenden Größe. Die Zeitlinie wird mit einem Pfeil versehen und dadurch in eine positive und negative Hälfte geteilt. Die Augenblickswerte gelten als positiv, wenn die Projektionen auf der positiven Hälfte der Zeitlinie liegen, sonst als negativ. Der Winkel φ zwischen zwei Zeigern gibt die in Graden ausgedrückte zeitliche Verschiebung an, wobei einer Voreilung eine Drehung entgegengesetzt dem Uhrzeiger entspricht. Für die Wechselstromzeiger gelten die geometrischen Additionsgesetze der Vektoren. Ihre Projektionen auf die Zeitlinie ergeben entsprechend der Abb. $OA = OB + OC$.

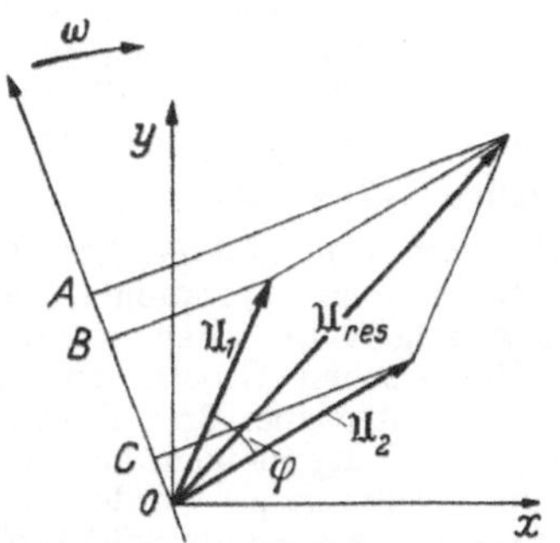

Zeigerdiagramm von Wechselstromgrößen.

Statt die Zeitlinie mit der Winkelgeschwindigkeit ω rotieren zu lassen, läßt man vielfach die y-Achse die Stelle der Zeitlinie übernehmen und die Zeiger selbst entgegengesetzt dem Uhrzeigersinn mit der Winkelgeschwindigkeit ω rotieren.

Die Zeigerdarstellung ist nur für reine Sinusform zulässig. Müssen geringere oder größere Abweichungen von der Sinusform berücksichtigt werden, so hilft man sich dadurch, daß man an Stelle der mehrwelligen Ströme und Spannungen die äquivalenten Sinusströme und -spannungen einführt, d. h. Ströme und Spannungen von reiner Sinusform, deren Effektivwerte die gleichen Beträge haben wie die mehrwelligen Ströme und Spannungen.

Küpfmüller, K.: Einf. in d. theoret. Elektrotechnik. Berlin 1941.

Zeit. Im Sprachgebrauch hat das Wort Zeit zwei verschiedene Bedeutungen. Einerseits bedeutet es den *Zeitpunkt* eines Ereignisses, andererseits den *Zeitraum* (*Zeitspanne*) zwischen zwei Ereignissen. Bei der *Zeitrechnung* legt man ein Ereignis (z. B. Christi Geburt) als Nullpunkt fest und gibt die von hier bis zu dem betrachteten Ereignis verflossene Zeit in irgendeinem Maßstab an.

In der Physik bedeutet die Zeit die *4. Dimension der Welt*. Sie tritt zu den drei Raumkoordinaten hinzu, denn es muß bei jedem Ereignis neben dem Ort auch die Zeit angegeben werden, um dieses eindeutig festzulegen. In der *klassischen Mechanik* ist die Zeit die unabhängige Variable in den Bewegungsgleichungen. In der →*Relativitätstheorie* wird die mit ic multiplizierte Zeit zweckmäßig als imaginäre Koordinate der Welt aufgefaßt, die dann formal gleichwertig neben die Raumkoordinaten tritt (c Vakuumlichtgeschwindigkeit). →Zeitmaße, →Relativitätstheorie.

Zeitartige Vektoren →Vektoren, raum- und zeitartige.

Zeitdilatation. Nach Einsteins spezieller →Relativitätstheorie geht eine mit der Geschwindigkeit v bewegte Uhr für einen ruhenden Beobachter langsamer als für einen mitbewegten Beobachter. Ist t ein Zeitintervall einer ruhenden Uhr und t' dasselbe Intervall, mit der bewegten Uhr gemessen, so gilt: $t' = t\sqrt{1 - v^2/c^2}$ (c Vakuumlichtgeschwindigkeit). Eine bewegte Uhr wird z. B. realisiert durch ein bewegtes Atom, das eine monochromatische Spektrallinie aussendet, etwa einen Wasserstoffkanalstrahl. *Einstein* sprach vom →transversalen Doppler-Effekt, indem er Beobachtung des Kanalstrahllichtes unter 90° gegen das bewegte Atom ins Auge faßte. Am eindruckvollsten äußert sich die Zeitdilatation im Mesonenzerfall der kosmischen Strahlung, wo infolge extrem hoher Geschwindigkeit die Zeitdilatation enorme Werte annimmt ($\sqrt{1 - v^2/c^2} \approx 1/50$).

Zeiteinheiten →Zeitmaße.

Zeitfaktor bei den biologischen Strahlenwirkungen. Biologische Wirkungen ionisierender Strahlungen folgen im allgemeinen nicht dem →Bunsen-Roscoeschen Gesetz. Die biologischen Effekte, die als Folge einer Bestrahlung feststellbar sind, hängen im allgemeinen davon ab, welche Dosisleistung angewendet wurde. Ein und dieselbe Dosis, kurzzeitig verabreicht (größere Dosisleistung), bewirkt einen größeren Effekt, als dieselbe Dosis auf längere Zeit erstreckt (kleinere Dosisleistung). Auch eine Zerlegung der Dosis (Fraktionierung) in einzelne Teildosen, die voneinander durch mehr oder weniger große Zeitabstände getrennt sind, hat einen kleineren Effekt zur Folge, als die Gesamtdosis auf einmal verabreicht. Nur wenige „biologische Strahlenwirkungen" weisen diese Erscheinung nicht auf. Man faßt in der Strahlenbiologie diesen Sachverhalt unter dem Begriff des *Zeitfaktors der biologischen Strahlenwirkung* zusammen. Die Anwendung des Schwarzschild-Exponenten in der Formel des Bunsen-Roscoeschen Gesetzes führt im allgemeinen nicht zur befriedigenden Deutung der Beobachtungen. Dies liegt an der Kompliziertheit des Verlaufes biologischer Reaktionen auf Bestrahlung. Soweit das heutige Beobachtungsmaterial es zuläßt, lassen sich folgende Komponenten des Zeitfaktors unterscheiden: 1. die *physikalische* Komponente, das ist bei den Mehrtreffer-Vorgängen der zeitliche Abstand zwischen den Einzeltreffern, der unter Umständen ein Abklingen der Wirkung eines Treffers verursacht, bevor der nachfolgende Treffer stattfindet; 2. die *physikalisch-chemische* Komponente, bei der wahrscheinlich die Diffusionsvorgänge eine wesentliche Rolle spielen; 3. die *biologische* Komponente,

die z. Zt. als Ausdruck der Erholungsfähigkeit des lebenden Gewebes hinsichtlich der durch Bestrahlung gesetzten Schädigung aufgefaßt wird. Die volle Klärung des Zeitfaktors biologischer Strahlenwirkungen erfordert noch weitgehende Untersuchungen. Bei der Auswertung des strahlenbiologischen Beobachtungsmaterials muß auf die Berücksichtigung des Zeitfaktors geachtet werden. Eine besondere Wichtigkeit kommt dem Zeitfaktor bei den Problemen des →Strahlenschutzes zu.

Holthusen, H.: Der Zeitfaktor bei Röntgenbestrahlung. Strahlenther. 21,'275 (1926). — *Jüngling, O.:* Allg. Strahlentherapie. Stuttgart 1949. — *Timoféeff-Ressovsky, N. K.,* u. *K. G. Zimmer:* Das Trefferprinzip in der Biologie. Leipzig 1947. Naturforschung u. Medizin in Deutschland 1939—1946, Bd. 21, Biophysik, Teil I, herausg. v. *B. Rajewsky* und *M. Schön.* Wiesbaden 1948.

Zeit-Frequenz-Spektrum. Die Analyse nichtstationärer Schwingungsvorgänge liefert ein Spektrum, das durch die drei Größen Frequenz, Zeit und (komplexe) Amplitude charakterisiert ist und als Zeit-Frequenz-Spektrum des Vorgangs bezeichnet wird. Beispiele →Imahori-Gerät, →sichtbare Sprache.

Zeitgleichung →Zeitmaße.

Zeitkonstante →exponentieller Abfall. — Ein Stromkreis bestehe aus einem durch einen Widerstand R geschlossenen Kondensator (Kapazität C). Seine momentane Spannung sei U, seine Ladung also $Q = CU$. Dann fließt im Widerstand R momentan ein Strom $i = U/R = -dQ/dt = -C\,dU/dt = -CR\,di/dt$. Hieraus folgt $i = i_0\exp(-t/(RC))$ bzw. $Q = Q_0\exp(-t/(RC))$. Demnach ist $1/(RC) = \lambda$ die Zeitkonstante des Stromkreises. Entsprechend ist bei einer durch einen Widerstand geschlossenen Induktivität L: $U = -L\,di/dt = Ri$. Daraus folgt $i = i_0\exp(-Rt/L)$. In diesem Fall ist also R/L die Zeitkonstante.

Zeitlinie →Vektordiagramm.

Zeitmarken →Zeitregistrierung.

Zeitmaße. Die Einheiten für die Zeitmessung werden aus der *Erdrotation* abgeleitet, welche nur relativ zu einer außerhalb der Erde in der Himmelssphäre befindlichen Beobachtungsmarke bestimmt und gemessen werden kann. Als solche Zeitmarke dient im bürgerlichen Leben ausschließlich die Sonne: *Sonnenzeit*. Für astronomische Zwecke wird der Fixsternhimmel und speziell der Widderpunkt oder →Frühlingspunkt als Zeitmarke gewählt: *Sternzeit*.

Die Elliptizität der Erdbahn und die Schiefe der →Ekliptik bewirken eine Bewegung der „wahren Sonne" in Rektaszension, welche mit ungleichförmiger Geschwindigkeit erfolgt und daher als Grundlage einer gleichförmigen Zeitmessung wenig geeignet ist; diese *wahre Sonnenzeit* wird durch den Zeitwinkel der wahren Sonne für den Beobachtungsort gegeben. Zu einem sich gleichförmig ändernden Zeitwinkel gelangt man, wenn man sich die wahre Sonne durch eine „mittlere Sonne" ersetzt denkt. Dieser mittleren Sonne wird als Definitions- und Berechnungsgrundlage die Bedingung auferlegt, daß sie ihre scheinbare Bahn im Himmelsäquator während eines Jahres mit (hinsichtlich ihrer Rektaszension) gleichförmiger Geschwindigkeit durchläuft, sich dabei von der wahren Sonne möglichst wenig entfernt und gleichzeitig mit einer gleichförmig in der Ekliptik bewegten Sonne durch den Widderpunkt geht. Der Zeitwinkel dieser gedachten Sonne gibt dann die *mittlere Sonnenzeit* an. Die Rektaszension der mittleren Sonne wird nach *Newcomb* auf den jedesmaligen mittleren Widderpunkt bezogen, dessen säkulare Bewegung nur sehr geringfügige Veränderungen aufweist, so daß die mittlere Sonnenzeit ein Zeitmaß von praktisch ausreichender Genauigkeit und Konstanz darstellt. Die Festlegung der mittleren Sonnenzeit und damit des mittleren Sonnentages ist also an laufende astronomische Beobachtungen der Erddrehung und der Bewegung des Sonnensystems gegen den Fixsternhimmel sowie die numerische Auswertung dieser Beobachtungen, die in den astronomischen Recheninstituten der zentralen Sternwarten durchgeführt wird, geknüpft.

Der *wahre Sonnentag* ist als die Zeitdifferenz zwischen zwei aufeinanderfolgenden Durchgängen der wahren Sonne durch den Meridian des Beobachters definiert, der *mittlere Sonnentag* (d) wird durch die berechneten Meridiandurchgänge der mittleren Sonne bestimmt. Der Tag wird jeweils in 24 Stunden (h oder ^{h}) zu 60 Minuten (min oder ^{m}) mit je 60 Sekunden (sec, s oder ^{s}) eingeteilt. Hieraus resultiert die Definition der international benutzten Zeiteinheit Sekunde: die Sekunde ist der 86400. Teil des mittleren Sonnentages. Die Differenz mittlere Sonnenzeit minus wahre Sonnenzeit oder Rektaszension der wahren Sonne minus Rektaszension der mittleren Sonne heißt *Zeitgleichung* und ist in allen astronomischen und nautischen Jahrbüchern tabelliert.

Der Zeitwinkel des „wahren Widderpunktes" gibt die *wahre Sternzeit*, welche in ihren Schwankungen die kurz- und langperiodischen Nutationsbewegungen der Erdachse widerspiegelt. Eine Elimination der Nutationsglieder bei der Berechnung der Sternzeit, d. h. die Festlegung eines „mittleren Widderpunktes", führt zur Definition einer *mittleren Sternzeit*. Der *Sterntag* (d*) wird durch die Zeitspanne gegeben, welche zwischen zwei aufeinanderfolgenden Durchgängen des Widderpunktes durch den Meridian des Beobachters vergeht: 1 d* = 24 h* = 1440 min* = 86400 s* = 86164,09 s ($\rightarrow$Erddrehung).

Die Dauer des *Bahnumlaufes der Erde um die Sonne* definiert die Zeiteinheit des Jahres (a). Für die Festlegung eines Erdumlaufes oder des scheinbaren Durchlaufes der Sonne durch die Ekliptik sind in der Astronomie drei verschiedene Bezugssysteme üblich, welche zu drei verschiedenen Jahresdefinitionen führen. Das *siderische Jahr* (a_{sid}) bezieht sich auf das Fixsternsystem und wird durch die Zeit gegeben, während der die Sonne auf ihrer scheinbaren Himmelsbahn von einem betrachteten Fixstern wieder bis zu diesem zurückgekehrt ist (unter der Annahme, daß der Fixstern inzwischen seinen Ort am Himmel nicht verändert hat). Die Zeit, welche von einem Durchgang der Sonne durch den Widderpunkt bis zur nächsten Passage des Widderpunktes verstreicht, definiert das *tropische Jahr* (a_{trop}); dabei bezieht sich das tropische Jahr auf die Zunahme der Länge der *wahren* Sonne ohne periodische Störungen um 360°, während die Jahreseinheit, bei der die Rektaszension der *mittleren* Sonne um 360° zunimmt, *annus fictus* oder *astronomisches Jahr* (a_{astr}) heißt; a_{trop} und a_{astr} unterscheiden sich nur ganz geringfügig. Infolge der von *Hipparch* entdeckten allgemeinen Präzessionsbewegung rückt der Widderpunkt jährlich um etwa 50,2″

nach Westen vor ($\rightarrow$Erddrehung), so daß das tropische oder astronomische Jahr etwas kleiner als das siderische ist. Das *anomalistische Jahr* (a_{anom}) wird durch die Elliptizität der Erdbahn bestimmt und stellt die Zeitspanne zwischen zwei aufeinanderfolgenden $\rightarrow$Periheldurchgängen dar. Da die $\rightarrow$Apsidenlinie der Erdbahn eine ostwärtige Präzession von jährlich etwa 11,8″ vollführt, ist das anomalistische Jahr etwas länger als das siderische. Die Umrechnungsbeziehungen zum mittleren Sonnentag (d) lauten:

$$1\ a_{sid}\ = 365^d\ 6^h\ \ 9^m\ \ 9,5^s = 365,25636\ d$$
$$= 3,1558150 \cdot 10^7\ s,$$
$$1\ a_{astr}\ = 365^d\ 5^h\ 48^m\ 46,0^s = 365,24220\ d$$
$$= 3,1556928 \cdot 10^7\ s,$$
$$1\ a_{anom} = 365^d\ 6^h\ 13^m\ 53,0^s = 365,25964\ d$$
$$= 3,1558433 \cdot 10^7\ s.$$

Neben diesen durch den astronomischen Bezugspunkt unterschiedenen Jahren sind noch die auf der Entwicklung der *Kalender* beruhenden Unterscheidungen in der Jahresfestlegung zu nennen. Das *julianische Jahr* (a_{jul}) ist die Jahreseinheit des Julianischen Kalenders, welcher nach den Vorschlägen von *Sosigenes* durch Julius Caesar im Jahre 45 v. Chr. eingeführt wurde und bis zum Jahre 1581 in Benutzung blieb:

$$1\ a_{jul} = 365^d\ 6^h = 365,25\ d = 3,1557600 \cdot 10^7\ s.$$

Entsprechend den Beschlüssen des Tridentiner Konzils führte Papst Gregor XIII. mit der Bulle vom 24. 2. 1582 eine Kalenderreform durch, welche von *Luigi Lilio* entworfen war. Die Jahreseinheit dieses Gregorianischen Kalenders ist das *gregorianische* oder *bürgerliche Jahr*, welches mit dem tropischen oder astronomischen Jahr praktisch übereinstimmt und seit 1583 im katholischen Europa, im evangelischen Deutschland seit 1700, in der UdSSR seit dem 1. Weltkrieg die Grundlage der bürgerlichen Zeitrechnung bildet. Das Jahr 1582 diente mit nur 355 Tagen der Korrektion des Kalenders.

Die Sonne wandert scheinbar ostwärts entlang der Ekliptik, einer geschlossenen Bahn, die sie in einem Jahr einmal durchläuft. So muß der Sonnentag länger währen als der Sterntag. Die Differenz zwischen diesen beiden Zeitrechnungen beträgt nach einmaligem Umlauf der Erde um die Sonne gerade einen Tag in der Skala der Sonnenzeit: 1 Sternzeiteinheit gleich $a_{astr}/(a_{astr} + d)$ mittlere Sonnenzeiteinheiten, d. h.

$$1\ d^* = 0,99726957\ d \text{ und } 1\ d = 1,00273791\ d^*.$$

Für das bürgerliche Leben ist heute das gregorianische Jahr maßgeblich, während das astronomische Jahr die Grundlage für die astronomische Jahresrechnung bildet. Der Beginn des astronomischen Jahres fällt nach *Bessel* mit dem Zeitpunkt zusammen, in dem die Rektaszension der mittleren Sonne gerade 280° oder im Zeitmaß 18^h 40^m beträgt. Die Differenz im Jahresbeginn des astronomischen und bürgerlichen Jahres ist äußerst gering. Zum wechselseitigen Bezug dieser beiden Jahresanfänge dient der *dies reductus*; dieser bezeichnet den Erdmeridian für die Kulmination der mittleren Sonne beim Beginn des annus fictus.

Seit 1925,0 wird in der bürgerlichen oder astronomischen Skala der mittleren Sonnenzeit die *Zählung eines Tages* um Mitternacht begonnen.

Die Tageszählung der Sternzeit fängt jeweils mit dem Durchgang des wahren Widderpunktes durch den Meridian des Beobachtungsortes an.

Sonnenzeit und Sternzeit sind zunächst ihrer Definition nach an den Meridian des Beobachtungsortes gebunden und somit als *Ortszeiten* (O.Z.) zu werten. Für eine allgemeine Zeitfestlegung muß man sich auf einen bestimmten Erdmeridian als Bezugsmeridian einigen. Als solcher wurde für astronomische Beobachtungen der Meridian von Greenwich bestimmt, auf dessen Ortzeit als mittlere Sonnenzeit der Astronomie jede andere Ortszeit über den Unterschied in der geographischen Länge umgerechnet werden kann. Für die auf den Greenwicher Meridian bezogene mittlere Sonnenzeit sind die Bezeichnungen *Weltzeit* (W.Z.), Universal Time (U.T.) und Temps Universal (T.U.) festgelegt worden. Für das bürgerliche Leben wurden in Europa drei verschiedene europäische Zeiten vereinbart, die in den einzelnen Ländern je nach ihrer geographischen Lage als verbindliches Zeitmaß dienen: die *westeuropäische Zeit* (W.E.Z. = W.Z.), die *mitteleuropäische Zeit* (M.E.Z. = W.Z. + 1^h) und die osteuropäische Zeit (O.E.Z. = W.Z. + 2^h); in Deutschland gilt die M.E.Z. Während der Sommermonate wird in zahlreichen Ländern die Sommerzeit (S.Z.) eingeführt, bei der die Uhren gegenüber der normal geltenden Zeit um eine Stunde vorgerückt sind.

Für astronomische Berechnungen über lange Zeiträume ist eine durchlaufende Zählung nach mittleren Sonnentagen zweckmäßig und üblich. Hierfür wurde von *Scaliger* im Jahre 1629 die *Julianische Periode* vorgeschlagen. Diese mißt die Zeit in *Julianischen Tagen*, d. h. in der Anzahl mittlerer Sonnentage, welche seit Beginn der Julianischen Periode am 1. Januar des Jahres 4713 v. Chr. verstrichen sind. Dabei hat man sich international geeinigt, den Julianischen Tag jeweils im mittleren Greenwicher Mittag beginnen zu lassen, auch nachdem 1925,0 der Beginn des astronomischen Tages auf Mitternacht verlegt worden ist.

Das Zeitmaß wird praktisch durch Pendeluhren oder die Quarzuhr (→Uhren) realisiert und aufrechterhalten, bei der man von den piezoelektrischen Eigenschaften des Quarzes Gebrauch macht und den Gang der Uhr über eine Eigenschwingung des Quarzkristalls steuert. Die relative Gangunsicherheit einer Pendeluhr läßt sich innerhalb eines Tages unter $2 \cdot 10^{-8}$ halten, die einer Quarzuhr unter $0,5 \cdot 10^{-8}$. In allen Fällen müssen solche Uhren an die durch die Erdrotation und -bewegung bestimmte mittlere Sonnenzeit angeschlossen werden.

In jüngster Zeit hat man ein neues Verfahren zur Erzielung eines gleichförmigen Uhrengangs entwickelt (*Hershberger* u. *Norton*, *Lyons* u. Mitarbeiter). Dabei dient als Steuerfrequenz nicht mehr die an die stofflichen Eigenschaften des Quarzes gebundene mechanische Eigenschwingung eines Quarzkristalls, sondern der quantenmechanische Effekt der Resonanzabsorption eines Moleküls oder Atoms im →Mikrowellen-Bereich. Man erzeugt diese Resonanzfrequenz über einen Quarzkristall unter geeigneter Frequenzvervielfachung und läßt diese in einem mit der betreffenden Molekül- oder Atomsorte gefüllten →Hohlleiter absorbieren. Weicht die Frequenz des Quarzsenders von ihrem Sollwert ab, d. h. stimmt die von der Anordnung erzeugte Frequenz nicht mehr mit der Resonanzfrequenz des Gases im Hohlleiter überein, so nimmt die Absorption der erzeugten Frequenz im Hohlleiter ab. Diese Absorptionsänderungen werden zur Steuerung des Quarzsenders benutzt, der auf diese Weise stets auf die ihm vorgeschriebene Frequenz gezwungen wird. Eine solche „*Atomuhr*" wurde im National Bureau of Standards in Washington gebaut. Als Steuerfrequenz dient in der ursprünglichen Konstruktion die Resonanzfrequenz von 23 870,4 MHz des Ammoniakmoleküls. Die Genauigkeit, mit welcher der gleichmäßige Gang einer solchen Atomuhr einzuhalten ist, hängt im wesentlichen von der Breite der Absorptionslinie des absorbierenden Gases im Hohlleiter ab, die durch Doppler-Effekt, Eigen- und Fremdstoßdämpfung bedingt wird. Bis Ende des Jahres 1948 konnte im NBS im Anfangsstadium des Versuchsaufbaus die relative Unsicherheit der Ammoniakuhr bereits auf $5 \cdot 10^{-8}$ herabgedrückt werden. [*L. Meyding*, Phys. Bl. **6**, 561 (1950)].

Der Übergang von der Pendel- oder Quarzuhr zur Atomuhr, welche weiterentwickelt und auch mit anderen Steuerorganen und Gasfüllungen (Chaesiumuhr) im Hohlleiter ausgeführt wird, ist in Parallele zu setzen zu der Entwicklung in der Darstellung der Längeneinheit vom stofflich verkörpert vorliegenden Platin-Iridium-Stab der Meterkonvention zum →Wellenlängennormal. Es ist zu erwarten, daß die Atomuhr in absehbarer Zeit gestatten wird, die mittlere Sonnensekunde bezüglich ihrer Gleichmäßigkeit zu kontrollieren, die Probleme der zeitlichen Abnahme bzw. der periodischen Schwankungen der Winkelgeschwindigkeit der Erdrotation aufzuklären (→Tageslänge) und so ein von makroskopisch-stofflichen Eigenschaften unabhängiges Zeitmaß zu schaffen.

Zeitmeßgeräte →Uhren.

Zeitregistrierung, Verfahren zur Aufzeichnung des Zeitpunkts eines Ereignisses.

1. *Chronograph*. Dies ist das älteste Registrierinstrument. Heute sind alle Sternwarten und Zeitinstitute mit Chronographen ausgestattet. Ein solcher besteht aus einem mit konstanter Geschwindigkeit fortlaufenden Papierstreifen, auf dem Schreibfedern mit Registriertinte schreiben. Die Federn werden beim Eintreffen eines elektrischen Stromstoßes durch einen Elektromagneten seitlich ausgelenkt, so daß in dem Strich, den sie auf das Papier schreiben, eine kleine Nase (*Zeitmarke*) entsteht. Die eine Schreibfeder ist an die Normaluhr des Instituts (oder der Sternwarte) angeschlossen, die jede Sekunde einen elektrischen Kontakt gibt. Die zweite Schreibfeder kann z. B. an das Aufnahmegerät des Zeitzeichenempfängers angeschlossen werden. Dann kann man aus der Lage der Nase des Zeitzeichens gegenüber den Sekundenmarken der Normaluhr den Zeitpunkt des Zeitzeichens ausmessen. Man kann auch eine Schreibfeder an die Schraubspindel des Meridianinstruments anschließen. Durch Drehen dieser Spindel kann man einen Meßfaden im Fernrohr mit dem Stern, den man beobachtet, zur Deckung bringen. Nach jeder vollen Umdrehung der Spindel erhält man einen kurzen Kontakt und damit einen Stromstoß, der auf die Chronographenfeder geleitet wird. So kann man auf dem Chronographenstreifen das Wandern des Sternes durch das Fernrohr ausmessen und

den Zeitpunkt bestimmen, in dem der Stern die Mittellinie des Fernrohres, die sich mit dem Meridian deckt, passiert. Die Genauigkeit des Chronographen wird durch die Massenträgheit der Schreibfedern begrenzt. Sie beträgt etwa $^1/_{100}$ s.

2. *Oszillograph.* Will man noch größere Genauigkeiten erreichen oder noch kürzere Zeiten messen, so muß man den *Schleifen-→Oszillographen* mit photographischer Registrierung verwenden. Man kann hiermit Genauigkeiten bis $^1/_{10\,000}$ s erreichen. Allerdings kann man sich bei solchen Genauigkeitsforderungen nicht mehr darauf verlassen, daß der Filmstreifen mit konstanter Geschwindigkeit durchgezogen wird. Deshalb muß man eine Stimmgabel anfügen, welche die Sekunde mit Lichtzeichen in gleiche Teile unterteilt.

Will man noch kürzere Zeiten messen, so muß man zu dem *Kathodenstrahl-→Oszillographen* greifen. Da man bei solchen Feinmessungen doch eine Quarzuhr benötigt, so läßt man den Lichtstrahl von den 1000 Hz der Quarzuhr steuern, so daß er tausendmal in der Sekunde über die Bildfläche fährt. In der dazu senkrechten Richtung wird die Ablenkung durch das aufzunehmende Signal gesteuert. So kann man aus der Lage des Signalpunktes auf der Bildfläche den Zeitpunkt auf $^1/_{100\,000}$ s genau bestimmen. Allerdings muß man die Lage des Zeitpunktes schon auf $^1/_{1000}$ s kennen, da sich dann auf der Bildfläche alles wiederholt.

Einthoven, W.: Eine Vorrichtung z. photogr. Zeitregistrierung.. Z. biol. Techn. u. Methodik 8 (1913). — *Jaquet, J.:* Studien über graph. Zeitregistrierung. Z. Biol. 28 (1891). — *Pelier, P. M.:* Elektr. Messung mech. Größen. Berlin 1940.

Zeitschwelle →Farbenzeitschwelle, →minimale Expositionszeit, →Minimalzeithelligkeiten, →Nutzzeit.

Zeitzeichen. Die großen Sternwarten senden zu bestimmten Zeiten auf einer festgelegten Welle über Radiosender Zeitzeichen aus. Da diese stets kleine Fehler enthalten, so werden nachträglich Verbesserungen herausgegeben. Die Zeitzeichen sind für die Schiffahrt, die Vermessung der Erde und alle physikalischen Messungen, bei denen es auf genaue Zeitbestimmung ankommt, von größter Wichtigkeit. →Uhren und →Zeitregistrierung.

Zelle, elektrolytische, eine elektrochemische →Kette, in der bei Stromfluß Elektrolyse, gekennzeichnet durch bestimmte →Strom-Stoff-Umsätze, stattfindet.

Zelle, lichtelektrische = →Photozelle.

Zementit →Eisen.

Zementphosphore. Bettet man fluoreszierende organische Substanzen in Mörtel aus MgO, ZnO oder BeO unter Wasserzusatz ein und läßt zu „Zement" erhärten, so zeigt sich eine Fähigkeit des Nachleuchtens, wie sie bei den reinen organischen Substanzen nicht zu beobachten ist. *Travnicek* hat diese Beobachtung zuerst gemacht und eine Reihe anderer „Zementphosphore" präpariert und untersucht.

Zenker-Schichten, photographische Schichten, welche die natürlichen Farben des Lichtes festhalten, weil durch Reflexion an der Schichtunterlage →stehende Lichtwellen entstehen; in den Bäuchen wird die Schicht geschwärzt. Bei Betrachtung der Schicht im reflektierten Licht erscheint dann Licht derselben Wellenlängen, welche die Schwärzung hervorgerufen haben, weil diese durch →Interferenz der an den einzelnen Bäuchen zurückgestreuten Strahlung verstärkt werden.

Die Zenker-Schichten wurden durch *Bequerel* 1848 entdeckt, durch *Zenker* 1868 gedeutet, doch ließen sich diese Schichten nicht fixieren. Haltbare Zenker-Schichten stellte 1891 *Lippmann* her (Lippmannsche Farbphotographie).

Zenti- →Vorsatzsilben.

Zentimeter, abgek. cm, der 100. Teil des →Meters, Grundeinheit der Länge im →CGS-System.

Zentimeter^{-1}, abgek. cm^{-1}, in der Spektroskopie gebräuchliche Einheit der Wellenzahl; dient zugleich als Energiemaß. Das cm^{-1} entspricht der Energie eines Lichtquants der →Wellenzahl $\tilde{\nu} = 1$ cm^{-1}. Die Energie eines Lichtquants der Wellenzahl $\tilde{\nu}$ wird durch das Produkt $h c_0 \tilde{\nu}$ gegeben (h Wirkungsquantum, c_0 →Vakuumlichtgeschwindigkeit). Die Relation des cm^{-1} zum J_{abs} wird also durch das Produkt $h c_0$ bedingt: 1 cm$^{-1} \triangleq 1{,}986 \cdot 10^{-23}$ J_{abs} (→Umrechnungstafel für energetische Einheiten).

Zentner, abgek. Ztr., Masseneinheit des täglichen Lebens; in Deutschland gilt 1 Zentner gleich 100 Pfund = 50 kg, in Österreich 1 Ztr. = 100 kg.

Zentralbewegung, die Bewegung eines Massenpunktes m unter dem Einfluß einer *Zentralkraft,* also einer Kraft, welche an jeder Stelle der Bahn nach dem gleichen festen Raumpunkt P_0 (Zentrum) gerichtet ist. Ein Beispiel ist die Bewegung der Planeten um die Sonne als Zentrum. Die analytische Behandlung einer Zentralbewegung geschieht am besten durch Polarkoordinaten r (bezogen auf P_0) und φ (Abb.). Daß man mit nur zwei Koordinaten auskommt, liegt daran, daß jede Zentralbewegung in der durch den Anfangsgeschwindigkeitsvektor t_0 von m und das Bewegungszentrum definierten Ebene verläuft. Dann

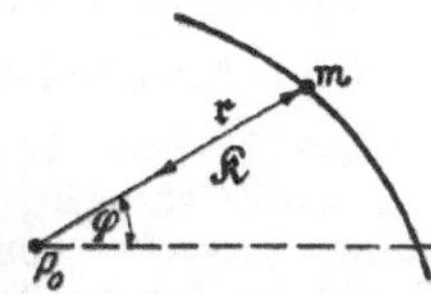

Zur Zentralbewegung.

gilt für die kinetische Energie $T = \dfrac{m}{2}(\dot{r}^2 + r^2 \dot{\varphi}^2)$, und die →Lagrangeschen Gleichungen 2. Art liefern als Bewegungsgleichungen: $m(\ddot{r} - r\dot{\varphi}^2)$ $= -|\Re|, \dfrac{d}{dt}(m r^2 \dot{\varphi}) = 0.$ Letztere läßt sich sofort integrieren und führt zu

$$r^2 \dot{\varphi} = 2f = \text{const.} \qquad (1)$$

Dies ist der →*Flächensatz:* Die von dem Fahrstrahl $\mathfrak{r}$ in der Zeiteinheit überstrichene Fläche, die *Flächengeschwindigkeit* $f = dF/dt$ (Abb.), ist bei einer Zentralbewegung konstant (2. *Keplersches Gesetz*). Es ist sehr wichtig, daß der Flächensatz unabhängig von $\Re$, also von der speziellen Art des Kraftgesetzes, ist.

Geht man mit $r^2 \dot{\varphi} = 2f$ in die radiale Bewegungsgleichung ein, so findet man

$$\frac{4f^2 m}{r^5}\left[r \frac{d^2 r}{d\varphi^2} - 2\left(\frac{dr}{d\varphi}\right)^2 - r^2 \right] = -|\Re|. \qquad (2)$$

Hieraus kann entweder bei bekannter Bahn $r = r(\varphi)$ die Kraft $\Re$ berechnet werden (dies tat *Newton* für den Fall der Planetenbewegung, indem er das empirisch gefundene →1. Kepler-Gesetz heranzog, und gelangte dabei zu seinem →Gravitationsgesetz), oder man kann bei bekanntem $\Re$ die Bahn berechnen. Dies gelingt allgemein, wenn

$\Re$ eine Funktion nur des Abstandes, also $\Re = \Re(\mathfrak{r})$ ist. Man spricht dann von einer Zentralkraft schlechthin, obwohl dieser Begriff auch für ein anders gestaltetes $\Re = \Re(\mathfrak{r}, \ldots)$ verwendet wird, sofern nur $\Re \parallel \mathfrak{r}$ ist. Für eine Zentralkraft im engeren Sinne, $\Re = \Re(\mathfrak{r})$, findet man aus der letzten Gleichung als Bahngleichung

$$\varphi - \varphi_0 = \int \left(dr \Big/ r^2 \sqrt{C - \frac{1}{r^2} - \frac{1}{2 f^2 m} \int K(\varrho)\, d\varrho} \right), \quad (3)$$

in der φ_0 und C zwei willkürliche Integrationskonstanten und durch Anfangslage und -geschwindigkeit gegeben sind. Die zu Gl. (3) inverse Funktion $r = r(\varphi)$ stellt die Bahngleichung in Polarkoordinaten dar. Die Gestalt der Bahn hängt wesentlich von $\Re(\mathfrak{r})$ ab. Wie das Kraftgesetz auch gestaltet sei, immer gilt, daß die Bahn symmetrisch zu den extremalen Werten des Ortsvektors $\mathfrak{r}_{min}$ und $\mathfrak{r}_{max}$ ist und der Betrag des Geschwindigkeitsvektors nur Funktion von $\mathfrak{r}$, also unabhängig vom Azimut φ ist. Das entspricht dem Energiesatz bei Bewegungen unter dem Einfluß einer Zentralkraft $\Re(\mathfrak{r})$. Besonders wichtige Fälle sind Zentralbewegungen in einem Kraftfeld $\Re(\mathfrak{r}) \sim \dfrac{1}{r^n}$, insbesondere $|\Re| \sim \dfrac{1}{r^2}$ ($\to$ Gravitationsgesetz, $\to$ Coulombsches Gesetz, Newtonsches Kraftfeld).

Geschlossene Bahnen ergeben sich nur in den beiden Sonderfällen $\Re(\mathfrak{r}) \sim \dfrac{1}{r^2}$ (Newtonsches Kraftfeld) und $\Re(\mathfrak{r}) \sim r$ (quasielastische Kraft).

Zentraldistanzen, die Abstände aller Flächen eines Kristalls von einem beliebig gewählten Punkt im Innern des Kristalls. Wenn es möglich ist, den *Keim-* oder *Urpunkt* des Kristalls anzugeben, in dem dessen Wachstum begann, so werden die Zentraldistanzen, vom Urpunkt aus gemessen, als *Urdistanzen* bezeichnet.

Zentralfeld, das Feld einer $\to$ Zentralkraft.

Zentralflächen $\to$ Mittelpunktsflächen.

Zentralkraft, eine Kraft, die in jedem Punkt ihres Feldes auf einen festen Punkt hin oder von ihm weg, also überall radial gerichtet ist, im übrigen aber einem beliebigen Kraftgesetz gehorcht. Beispiele: das Gravitationsfeld eines Massenpunktes, das elektrische Feld einer Punktladung ($\to$ Gravitationsgesetz, $\to$ Coulombsches Gesetz). $\to$ Zentralbewegung.

Zentralprojektion $\to$ Abbildung (opt.).

Zentralspiegel $\to$ Tripelspiegel.

Zentralsymmetrisches System, ein physikalisches System, das als Symmetriegruppe alle Drehungen um ein Zentrum zuläßt. Die Atome mit dem Atomkern als Zentrum sind ein typisches Beispiel. Die Zentralsymmetrie wird in der Quantenmechanik durch die gruppentheoretische Methode in Verbindung mit der $\to$ Darstellungstheorie ausgenutzt. $\to$ Gruppentheorie und Quantenmechanik, $\to$ Aufbauprinzip.

Zentralwert (*Medianwert*), einer der gebräuchlichen $\to$ Mittelwerte in der $\to$ Kollektivmaßlehre, halbiert als in der Mitte liegender $\to$ Argumentwert den Umfang des geordneten $\to$ Kollektivs. Er läßt sich auch als Grenze dafür definieren, daß eine Beobachtung mit der $\to$ Wahrscheinlichkeit 1/2 zwischen ihm und den äußeren Grenzen liegt, und wird daher auch als *wahrscheinlichster*

Wert bezeichnet. Man kann ihn leicht aus dem Häufigkeitspolygon ($\to$ dichtester Wert) oder auch aus der $\to$ Summenkurve entnehmen.

Hugershoff, R.: Ausgleichsrechnung, Kollektivmaßlehre u. Korrelationsrechnung im Dienste von Technik, Wissenschaft u. Wirtschaft. Samml. Wichmann 10. Berlin 1948.

Zentren, lichtelektrische $\to$ lichtelektrische Zentren, $\to$ Farbzentren.

Zentren der Lumineszenz $\to$ Leuchtzentren.

Zentrierfehler einer Linse, die mittlere lineare Abweichung z der mechanischen Achse des Rand-

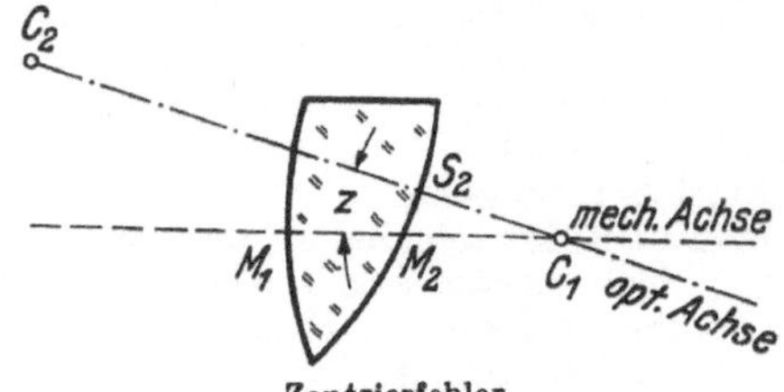

Zentrierfehler.

zylinders von der $\to$ optischen Achse durch die Krümmungsmittelpunkte C_1 und C_2 (Abb.).

Zentriert heißt ein symmetrischer Körper, dessen mechanische Achse mit seiner Symmetrieachse zusammenfällt. Eine Folge von lichtbrechenden und spiegelnden rotationssymmetrischen Flächen heißt zentriert, wenn die Krümmungsmittelpunkte ihrer Scheitelkugeln auf einer Geraden, der optischen Achse, liegen.

Zentrierung. Optische Linsensysteme sind fast ausschließlich so berechnet, daß die Krümmungsmittelpunkte aller vorkommenden Kugelabschnitte auf einer Geraden, der optischen Achse, liegen (Systeme zentrierter Kugelflächen). Prüfung dieser Zentrierung oder Ausrichtung erfolgt in der praktischen Optik so, daß man das optische System um die optische Achse rotieren läßt und die durch die Linsenoberflächen entstehenden Spiegelbilder eines beliebigen Gegenstandes beobachtet, die bei gut zentrierten Systemen keine Bewegungen erkennen lassen (nicht schlagen) dürfen.

Zentrifugalbeschleunigung, -kraft $\to$ Kreisbewegung, $\to$ Relativbewegung, $\to$ Trägheitskräfte.

Zentrifugalmoment (*Schleudermoment*) ($\to$ Trägheitsmoment). Soll ein Körper mit konstanter Drehgeschwindigkeit um eine körperfeste Achse rotieren, so muß dazu ein äußeres Moment $\mathfrak{M}$, das diese Bewegung erzwingt, aufgebracht werden. Das Negative dieses äußeren Momentes nennt man Zentrifugalmoment $\mathfrak{Z}$. Seine Komponenten ergeben sich aus den Eulerschen $\to$ Kreiselgleichungen, in denen man $du_A/dt = du_B/dt = du_O/dt = 0$ zu setzen hat, also:

$$\left. \begin{aligned} Z_A &= (\Theta_B - \Theta_O)\, u_B\, u_O, \\ Z_B &= (\Theta_O - \Theta_A)\, u_O\, u_A, \\ Z_O &= (\Theta_A - \Theta_B)\, u_A\, u_B. \end{aligned} \right\} \quad (1)$$

$\Theta_A, \Theta_B, \Theta_O$ sind die Trägheitsmomente um die Hauptträgheitsachsen A, B, C. u_A, u_B, u_O sind die Komponenten der Drehgeschwindigkeit $\mathfrak{u}$ um die Hauptträgheitsachsen.

Ein Körper rotiert nur dann kräftefrei in seinen Lagern, wenn sowohl die Zentrifugal*kraft* als auch das Zentrifugal*moment* verschwindet.

Für die erste Bedingung ist notwendig und hinreichend, daß der Schwerpunkt auf der Drehachse liegt. Dies kann auch statisch festgestellt werden. Für die zweite Bedingung muß die

Drehachse eine Hauptträgheitsachse sein. Da die Zentrifugalmomente nur beim laufenden Kreisel auftreten, können sie beim stehenden Kreisel in keiner Weise ausgewuchtet werden, wie man die Beseitigung von Zentrifugalkräften und Zentrifugalmomenten nennt. Das Zentrifugalmoment läuft, wie das Achsensystem A, B, C, mit dem Kreisel um und rüttelt an den Lagern.

Müller-Pouillet: Lehrb. d. Physik I/1. Braunschweig 1929.

Zentrifuge →Ultrazentrifuge.

Zentripetalbeschleunigung, -kraft →Kreisbewegung.

Zentrosymmetrisch sind Kristalle mit einem Inversionszentrum.

Zentrum einer Gruppe, diejenige Untergruppe, deren Elemente mit allen Elementen der Gruppe vertauschbar sind.

Zeolithe, wasserhaltige Alumosilikate der Alkali- und Erdalkalimetalle, z. B. der Analcim $NaAlSi_2O_6 \cdot H_2O$. In ihnen befindet sich das Wasser in Hohlkanälen des Kristallgitters. Es kann ohne Änderung des Gitters dieses bei Erwärmung oder im Vakuum kontinuierlich verlassen, so daß der stöchiometrische Wassergehalt der chemischen Formel nur eine obere Grenze ist. Künstliche zeolithähnliche Verbindungen, die nicht nur das Wasser abgeben, sondern auch ihr Alkalimetall durch andere Metallionen austauschen lassen, sind die Permutite. →Ionenaustauscher.

Zerfall, radioaktiver. Es ist eine Grundtatsache des radioaktiven Zerfalls, daß für ein radioaktives Atom von seiner Entstehung bis zu seiner Umwandlung in *gleichen Zeiten* stets die *gleiche Wahrscheinlichkeit* besteht, zu zerfallen. Demnach ist die Wahrscheinlichkeit, daß es innerhalb der Zeitspanne zwischen t und $t + dt$ zerfällt, unabhängig von t gleich $dw = \lambda\, dt$. Die Größe λ, die *Zerfallswahrscheinlichkeit* (je s) oder *Zerfallskonstante*, ist eine für jede radioaktive Atomart charakteristische Größe und das wichtigste Mittel zu ihrer Unterscheidung.

Sind zu irgendeiner Zeit t noch N unzerfallene Atome einer einheitlichen radioaktiven Atomart vorhanden, so nimmt ihre Anzahl in der Zeit zwischen t und $t + dt$ nach der Gleichung $dN = -N dw = -N \lambda\, dt$ ab. Die Lösung dieser Gleichung lautet

$$N = N_0\, e^{-\lambda t} = N_0\, e^{-t/\tau}$$

(N_0 Anzahl zur Zeit $t = 0$). Die Zeit $\tau = 1/\lambda$, in der die Anzahl der noch unzerfallenen Atome auf $1/e$ ihres Anfangswertes N_0 sinkt, ist der Mittelwert der Zeit, während derer ein zu beliebiger Zeit noch unzerfallen vorhandenes Atom noch unzerfallen weiterbesteht, die *mittlere Lebensdauer* der Atomart. Praktisch verwendet man aber meist die *Halbwertzeit* T, innerhalb deren N auf $N_0/2$ absinkt. Es ist

$$T = \tau \ln 2 = 0{,}69315\,\tau.$$

Da $\ln N = \ln N_0 - \lambda t$ ist, so erhält man bei logarithmischer Auftragung der in irgendeinem Maße gemessenen Aktivität (also irgendeiner zu N proportionalen Größe) gegen die Zeit t eine gegen die t-Achse geneigte Gerade, aus deren Neigung λ, τ oder T leicht abgelesen werden können.

Für ein *einzelnes Atom* kann also dessen Schicksal nicht vorausberechnet, sondern nur eine Wahrscheinlichkeitsaussage gemacht werden. Die kausalen Gesetze der Makrophysik verlieren im mikrophysikalischen Geschehen ihre Gültigkeit und weichen statistischen Gesetzen. Der einzelne Zerfallsvorgang ist *nicht determiniert.* Dagegen können für eine genügend große Gesamtheit von N Atomen (wie sie in praktischen Fällen immer vorliegen) quantitativ exakte Voraussagen gemacht werden.

Handb. d. Physik XXII/1. Berlin 1933. — *Mattauch-Flügge:* Kernphysikal. Tabellen. Berlin 1942.

Zerfallsenergie nennt man die Wärmetönung eines von selbst verlaufenden Kernprozesses, d. h. eines radioaktiven Zerfalls.

Für einen α-Strahler ist die Zerfallsenergie Q um die Energie, die der Kern durch den Rückstoß bei der Emission erhält, größer als die Energie E der emittierten α-Teilchen. Nach der Beziehung $Q = E\,A/(A - 4)$ ist der Unterschied zwischen Q und E aber gering; A bedeutet die Massenzahl des Ausgangskerns. Die →Geiger-Nuttallsche Beziehung

$$\log \lambda = a + b \log E,$$

in der a und b jeweils innerhalb einer radioaktiven Familie konstant sind, wird durch die Gamowsche Theorie erklärt.

Die Zerfallsenergie eines β-Strahlers ist gleich der Summe von Maximalenergie E_{max} der β-Strahlen und Ruhenergie von Elektron und Neutrino, die ja beim Zerfall entstehen (→β-Spektrum). Die Theorie des β-Zerfalls hängt davon ab, was für ein Bild man sich von den Kernkräften macht. Eine auf Paulis Neutrinohypothese fußende Theorie von *Fermi* liefert die Beziehung

$$\lambda = \text{const}\, E_{max}^5.$$

Ein rein empirischer Versuch, einen Zusammenhang zwischen λ und E_{max} zu finden, war schon das der Geiger-Nuttal-Beziehung analoge →Sargent-Diagramm der β-Strahler, in welchem $\log \lambda$ gegen $\log E_{max}$ aufgetragen ist. Nach der Fermi-Relation müßten sich hierbei Geraden ergeben. Die gemessenen Werte stimmen trotz beträchtlicher Streuung besser mit der Theorie von *Fermi* überein als mit der nach einer Theorie von *Konopinski* und *Uhlenbeck* errechneten Beziehung zwischen λ und E_{max}.

Beim γ-Zerfall setzt sich die Zerfallsenergie zusammen aus der Energie $h\nu$ des emittierten Quants und der Rückstoßenergie, welche der Kern erhält. Der Rückstoß auf den Kern ermöglicht das →Szilard-Chalmers-Verfahren. — Eine dem Sargent-Diagramm ähnliche Systematik der γ-Zerfallsenergien liegt für →isomere Kerne vor.

Zerfallsgesetz, radioaktives →Zerfall, radioaktiver, →Radioaktivität.

Zerfallskonstante →Zerfall, radioaktiver.

Zerfallsleuchten → kontinuierliche Molekülspektren.

Zerfallsprodukte. Isoliert man eine radioaktive Substanz (Tochtersubstanz) von ihrem Erzeuger (Muttersubstanz), so wird sie, da die Nachlieferung fehlt, allmählich in einem für sie charakteristischen Tempo abfallen. Nach genau dem gleichen Gesetz wird sie aber auch in der vom Zerfallsprodukt befreiten Muttersubstanz regeneriert. Die mathematische Fassung dieses Zeitgesetzes ist im ersten Fall: $N_t = N_0\, e^{-\lambda t}$, im zweiten Fall: $N_t = N_\infty (1 - e^{-\lambda t})$, wo λ die →Zerfallskonstante ist.

Zerfallsreihen, radioaktive →radioaktive Zerfallsreihen, →Actinium-, →Neptunium-, →Thorium-, →Uran-Radium-Reihe.

Zerfallswahrscheinlichkeit →α-Zerfall, →Zerfall, radioaktiver, →Tunneleffekt.

Zerhacker, Gerät zur Erzeugung einer Wechselspannung aus Gleichspannung mittels eines mechanischen Unterbrechers. Durch einen auf ihr angebrachten Treibkontakt und eine fest angeordnete Erregerspule nach Art eines Wagnerschen Hammers wird eine Stahlzunge mit Eisenanker, die auf ihren beiden Seiten je einen Kontakt trägt, zu Resonanzschwingungen der gewünschten Arbeitsfrequenz erregt. Den Kontakten gegenüber sind feststehende Gegenkontakte angebracht. Bei einem Hin- und Hergang der Stahlzunge bekommt erst der eine schwingende Kontakt mit dem zugehörigen festen Kontakt Verbindung, während das andere Kontaktpaar unterbrochen ist; sodann wird beim Durchgang der Stahlzunge durch die Mittellage die Verbindung unterbrochen, und die Kontakte des anderen Kontaktpaares werden miteinander verbunden. Der eine Pol der Gleichspannungsquelle ist an die beweglichen Kontakte der schwingenden Stahlzunge, der andere Pol an die Mittenanzapfung der Primärspule eines Transformators angeschlossen, an deren beiden Enden je einer der beiden feststehenden Kontakte liegt. Bei einem Hin- und Hergang der Zunge wird daher der Transformator abwechselnd in entgegengesetzter Richtung erregt, so daß an seiner Sekundärwicklung eine Wechselspannung entsteht, deren Größe durch die Übersetzung des Transformators bedingt ist. Mittels Drosseln und Kondensatoren, deren Resonanzfrequenz auf die Arbeitsfrequenz abgestimmt ist, wird die Wechselspannung geglättet; man kann einen praktisch sinusförmigen Spannungsverlauf erzielen. Durch Federung der Kontakte wird erreicht, daß fast während der ganzen Dauer einer Halbschwingung der Stromschluß hergestellt ist und der Wirkungsgrad hoch wird. Wegen der damit verbundenen dauernd reibenden Bewegung der Kontakte gegeneinander muß ein Kontaktwerkstoff großer Härte und Abriebfestigkeit gewählt werden. Die Kontakte bestehen daher meist aus Wolfram, das auch ziemlich großen elektrischen Schaltbeanspruchungen standhalten kann.

Häufig werden Zerhacker auch mit einem zweiten gleichartig aufgebauten Kontaktsystem zum Wiedergleichrichten der Wechselspannung gebaut. Man hat dadurch die Möglichkeit, aus einer Akkumulatorenbatterie von wenigen Volt durch Zerhackung, Transformation und Wiedergleichrichtung höhere Gleichspannungen, z. B. Anodenspannungen für den Betrieb von Röhrenschaltungen, herzustellen.

Zerlegungssatz, Laplacescher, →Unterdeterminante.

Zersetzungsdruck. Vermag ein fester Stoff unter Bildung eines Gases zu zerfallen, so gilt für das chemische Gleichgewicht mit der Gasphase das Massenwirkungsgesetz (→chemisches Gleichgewicht). Geht man vom reinen festen Stoff aus, so wird also die Zersetzung so lange fortschreiten, bis ein der Massenwirkungskonstanten entsprechender Druck der Zersetzungsprodukte, der Zersetzungsdruck des Stoffes, erreicht ist. So zerfällt bei hohen Temperaturen $CaCO_3$ nach der Gleichung $CaCO_3 \rightleftharpoons CaO + CO_2$. Solange noch festes Calciumcarbonat vorhanden ist, gehorcht das Gleichgewicht der Gleichung $p_{CO_2} = K$; p_{CO_2} ist der Zersetzungsdruck des Calciumcarbonats.

Zersetzungsspannung einer elektrolytischen Lösung, die Spannung, die man an zwei Platinelektroden anlegen muß, um eine Zersetzung, d. h. merkliche →Strom-Stoff-Umsetzungen, an den Elektroden hervorzurufen. Es muß mindestens die *Spannung einer →Kette* erreicht werden, in der die betr. Reaktion reversibel abläuft. Darüber hinaus erfordert die auftretende →*Polarisation* einen gewissen Spannungsaufwand.

Beispiel: Zersetzung einer angesäuerten wäßrigen Lösung unter Wasserstoff- und Sauerstoffentwicklung. Ausbildung einer →Knallgas-Kette. Auch bei schmelzflüssigen Elektrolyten läßt sich eine Zersetzungsspannung messen (→Schmelz-Elektrolyse).

Handb. d. Experimentalphysik XII/2. Leipzig 1933. Handb. d. Physik XIII. Berlin 1928.

Zerstäubung, elektrische →Kathodenzerstäubung.

Zerstrahlung, die Vernichtung eines Elektronenpaares unter Quantenemission (*Vernichtungsstrahlung*). Der häufigste Zerstrahlungsprozeß ist die Vernichtung eines freien positiven Elektrons in einem Zusammenstoß mit einem freien oder schwach gebundenen negativen. Die Erhaltungssätze verlangen jedoch dann die Emission von zwei Lichtquanten. Ist die Energie des Positrons klein gegen $m_e c^2$, so haben die beiden Quanten je die Energie $h\nu = m_e c^2$ und werden in entgegengesetzte Richtungen emittiert. Die bei der Absorption härterer γ-Strahlung durch Materialisation entstehenden Positronen verursachen auf diese Weise eine sekundäre γ-Strahlung. *Du Mond* und Mitarbeiter haben 1949 die Wellenlänge der Vernichtungsstrahlung in ausgezeichneter Übereinstimmung mit dem theoretischen Wert $\lambda = c/\nu = h/(m_e c)$ (→Compton-Wellenlänge) kristallspektrometrisch gemessen (→Spektrometrie von γ-Strahlen).

Auch unter Emission eines einzigen γ-Quants können Positronen vernichtet werden, wenn das negative Elektron stark an einen Kern gebunden ist; dieser Prozeß ist jedoch selten. Noch seltener ist die Vernichtung ohne γ-Emission, wenn nämlich ein Elektron vernichtet und die Energie $2 m_0 c^2 = 1,02$ MeV auf ein zweites Elektron übertragen wird. Dazu muß jedoch das Positron mit zwei Elektronen gleichzeitig zusammenstoßen, z. B. mit der K-Schale. Nach *Diracs* →Löchertheorie geht in allen diesen Fällen ein gewöhnliches Elektron aus einem positiven Energiezustand in einen negativen über. Dabei soll die Paarvernichtung hauptsächlich in der Weise erfolgen, daß das $e^+ \cdot e^-$-Paar relativ zueinander den Drall Null hat. Das Prinzip der Drallerhaltung fordert dann, daß die beiden Vernichtungsquanten zueinander senkrecht polarisiert sind. Diese Behauptung ist experimentell nachgeprüft worden.

Der zur Zerstrahlung inverse Effekt ist die →*Paarbildung*.

Heitler, W.: Quantum Theory of Radiation, Oxford 1947. Betr. Polarisation z. B. *C. S. Wu* u. *J. Shaknov:* Phys. Rev. 77, 136 (1950).

Zerstreuend nennt man lichtbrechende oder spiegelnde Flächen und Linsen, die konvergente →Strahlenbündel weniger konvergent und divergente Strahlenbündel stärker divergent abbilden. Es ist nicht allgemein zutreffend, daß z. B. →konkave Linsenflächen gegen Luft stets zerstreuend wirken, ebensowenig wie konvexe Flächen unbedingt →sammelnd wirken müssen.

Zerstreuung des Lichtes tritt in →trüben Medien auf und wird verursacht durch →Streuung an kleinen suspendierten Teilchen. Dabei tritt in stark zerstreuenden Substanzen neben der Einfachstreuung auch Mehrfachstreuung in Erscheinung. Die Wellenlänge wird bei der Zerstreuung nicht geändert (im Gegensatz zur →Fluoreszenz; durch Anwendung von Farbfiltern kann man daher zerstreutes Licht von Fluoreszenzlicht unterscheiden); doch tritt, wenn die streuenden Teilchen sehr klein sind, im Streulicht eine Bevorzugung der kurzen Wellen auf (→Rayleigh-Streuung). Dadurch erklärt sich die blaue →Himmelsfarbe und der Hauptteil der →Farbe der Gewässer. Das zerstreute Licht ist im allgemeinen polarisiert. (Ferner →Tyndall-Effekt.) Das Streulicht findet in der →Dunkelfeldbeleuchtung Anwendung, auf welcher die →Ultramikroskopie beruht.

Zerstreuungsgläser sind Gläser, in welchen Licht zerstreut wird (→Zerstreuung des Lichtes). Bei den *Mattgläsern* ist die Oberfläche durch chemische oder mechanische Behandlung aufgerauht (→Mattscheiben); die *Trübgläser* (Milchgläser, Opalgläser) enthalten in ihrem Inneren ultramikroskopische streuende Teilchen, und zwar entweder Gasblasen oder feste Stoffe, welche undurchsichtig oder auch durchsichtig mit einer vom Glas abweichenden Brechungszahl sein können. Trübgläser sind durchsichtig, Mattgläser dagegen nur durchscheinend. Da die Zerstreuung bei den Mattgläsern durch diffuse Reflexion an den Rauhigkeiten der Oberfläche stattfindet, wird dabei die Farbe des Lichtes nicht geändert, während das durch Trübgläser tretende Licht zumeist rötlich gefärbt ist (→Tyndall-Effekt).

Zerstreuungskreis. Bei der Abbildung eines punktförmigen Objektes durch ein optisches System entsteht kein idealer Bildpunkt, sondern ein Lichtfleck, der als Zerstreuungsfigur bzw. in erster Näherung als Zerstreuungskreis bezeichnet wird. Hervorgerufen wird er durch die optischen →Abbildungsfehler und durch die Beugung des Lichtes (→Beugungsscheibchen). Befindet sich das punktförmige Objekt nicht genau in der Einstellebene (→Strahlenbegrenzung), so liegt sein Bild nicht in der Mattscheibenebene, und es entsteht selbst bei einem ideal abbildenden optischen System in dieser durch die endliche Bündelöffnung ein Zerstreuungskreis. Er kann als scharfer Bildpunkt angesehen werden, wenn seine scheinbare Größe kleiner ist als der physiologische Grenzwinkel des Auges.

Zerstreuungslinse, eine Linse, die auf ein einfallendes paralleles Lichtbündel zerstreuend wirkt. Sie ist in der Mitte dünner als am Rande. →zerstreuend.

Zerstreuungsscheibchen → Zerstreuungskreis, →Abbildung (opt.).

Zerstreuungsspiegel, *Konvex-* oder *Wölbspiegel,* ein Spiegel, der dem einfallenden Licht seine erhabene (gewölbte) Fläche zukehrt. Er hat eine negative Brennweite, und parallel auffallende Lichtbündel werden so zurückgeworfen, daß sie von dem im Sinne der Lichtrichtung hinter der Spiegelfläche liegenden virtuellen Brennpunkt herzukommen scheinen. →Spiegel, gewölbte.

Zertrümmerungssterne. Unter einem *Stern* versteht man bei der kosmischen Strahlung den Vorgang einer Kernzertrümmerung, bei welchem die Bahnspuren der nach allen Seiten auseinanderfliegenden Kerntrümmer in der Emulsion einer Photoplatte (oder neuerdings auch in einer Nebelkammer) ein sternförmiges Bild ergeben. Der Nachweis von Bahnen ionisierender Teilchen in der Emulsion photographischer Platten beruht auf der Tatsache, daß die von solchen ionisierenden Korpuskeln getroffenen Bromsilberkörner nach der Entwicklung als gradlinige Ketten geschwärzter Punkte sichtbar werden. Nachdem dieses bereits 1909 für α-Teilchen (*Mügge*) und 1934 auch für Protonen gelang (*Blau* und *Wambacher*), wurde die photographische Platte als wichtiges Hilfsmittel und gewissermaßen als ständig bereite Nebelspurkammer in die Kernphysik und auch in die Erforschung der kosmischen Strahlung eingeführt. So gelang 1937 *Blau* und *Wambacher* der Nachweis der Zertrümmerungssterne. Die Bahnen werden im wesentlichen durch Protonen gebildet, doch werden auch schwerere Bestandteile gefunden. Ein Teil der Trümmer wird durch den Stoß herausgeschleudert, ein anderer Teil verdampft hinterher aus dem Kern. Die mittlere Energie je Teilchen steigt linear mit zunehmender Teilchenzahl an (von etwa 5 MeV/Teilchen beim Zweierstern bis auf etwa 15 MeV/Teilchen bei einem Stern mit acht Teilchen). Sterne mit größerer Teilchenzahl sind seltener als solche mit kleinerer; die Häufigkeit sinkt bei der Zunahme um ein Teilchen auf etwa die Hälfte. Andererseits nimmt die Häufigkeit der Sterne mit der Höhe über dem Erdboden etwa ähnlich zu wie die der weichen Komponente der kosmischen Strahlung. Einen ähnlichen Anstieg mit der Höhe zeigen auch die Protoneneinzelbahnen und die von Neutronen in mit Paraffin bedeckten Photoplatten ausgelösten Protonenbahnen. Diese beiden Anteile lassen sich also auf die Kernzertrümmerungseffekte zurückführen. Die beobachtete Häufigkeit der Sterne hängt noch sehr von der Meßanordnung ab, d. h. in diesem Falle von Art und Dicke der Photoplattenemulsion.

Absolutangaben sind deshalb schwierig. Als Anhalt sei angegeben, daß in 3500 m Höhe in einer 100 μ dicken Schicht 0,03 Kernprozesse je cm² und Tag beobachtet worden sind. Durch ständige Weiterentwicklung der Schichten und der Sensibilisierungsmethoden konnten die Platten auch in der Mesonenforschung Verwendung finden und führten dort zu wesentlichen Fortschritten (*Lattes, Occhialini, Powell* und Mitarbeiter 1947/48). Die Auffindung der verschiedenen Mesonenarten ist ihnen zu verdanken. Bei diesen Kernreaktionen treten ebenfalls sternförmige Bilder auf (Abb.).

Zur Auswertung solcher Platten muß unter dem Mikroskop die Länge der Bahn, d. h. die Reichweite und die Zahl der geschwärzten Silberkörner, bestimmt werden, wobei die Neigung der Bahn mitgemessen werden muß. Bei langsamen Teilchen kann die Bestimmung der Masse direkt durch Auszählen der Silberkörner erfolgen. Aus Eichungen durch Beschießen mit Teilchen bekannter Masse und Energie wird eine Eichkurve für die betreffende Plattensorte aufgestellt, aus welcher der Zusammenhang zwischen Reichweite und Energie der Teilchen und Bremsvermögen der Emulsion bestimmt werden kann. Da aber bei

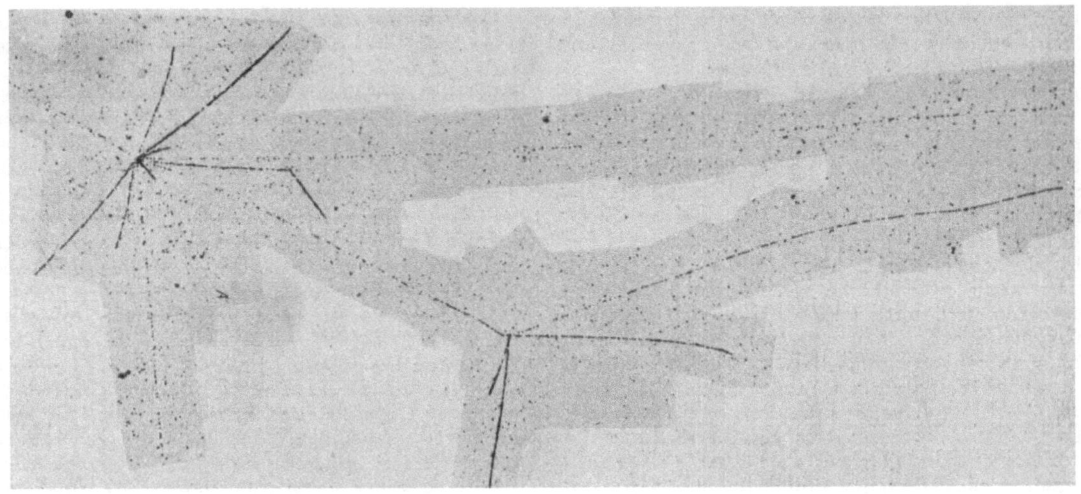

Zertrümmerungssterne.
Durch ein schweres Meson wird aus einem Atomkern etwa ein Dutzend Teilchen herausgeschlagen, unter denen zwei leichte Mesonen sind, von denen eines einen weiteren Stern erzeugt.

längerem Lagern der Platten bis zur Entwicklung das latente Bild der Bahn leicht verblaßt, müßte man solche Eichungen in dem gleichen Zeitpunkt vornehmen, wo auch die zu untersuchenden Teilchen eindringen, was leider bei der kosmischen Strahlung wegen der langen Expositionsdauer nicht immer durchführbar ist. Infolgedessen sind manche Energieberechnungen aus solchen Aufnahmen noch mit relativ großen Fehlern behaftet. Dagegen lassen sich zwei gleichzeitige Ereignisse, wie z. B. die Spuren eines schweren Mesons und die des daraus entstandenen leichten Mesons, mit großer Sicherheit relativ zueinander vergleichen.

Janossy, L.: Cosmic Rays. Oxford 1938. — *Occhialini, G. P. S., C. F. Powell* u. Mitarb.*:* Nature, Lond. **159**, 93, 186, 694 (1947); **160**, 453, 486 (1947). — *Powell, C. F.,* u. *G. P. S. Occhialini:* Nuclear Physics in Photographs. Oxford 1947. — *Landolt-Börnstein:* Physikal., chem. u. techn. Zahlenwerte. Berlin 1950.

Zetafunktion →Riemannsche Zetafunktion.

Zickzackreflexion →Ausbreitung elektrischer Wellen.

Ziehen. Ist mit dem Anodenschwingkreis eines Röhrensenders ein zweiter Schwingungskreis gekoppelt (Abb. 1), so durchläuft der Strom i_2 bei

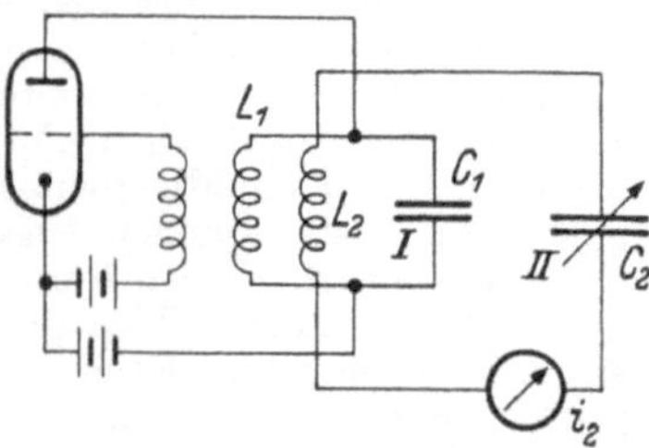

Abb. 1. Ankopplung eines variablen Schwingkreises an einen abgestimmten Anodenkreis.

Änderung der Abstimmung des Kreises II nur bei loser Kopplung die normale Resonanzkurve mit einem Strommaximum bei Übereinstimmung der Eigenfrequenz der beiden Kreise. Bei festerer Kopplung zeigt der Strom i_2 Sprungstellen, deren Lage davon abhängt, in welcher Richtung die Abstimmung des Kreises II erfolgt, ob von nied-

rigen nach hohen Frequenzen oder umgekehrt (Abb. 2). Gleichzeitig mit dem Umspringen des Stromes i_2 tritt ein Umspringen der Senderfrequenz auf. Diese Erscheinung bezeichnet man als „Ziehen".

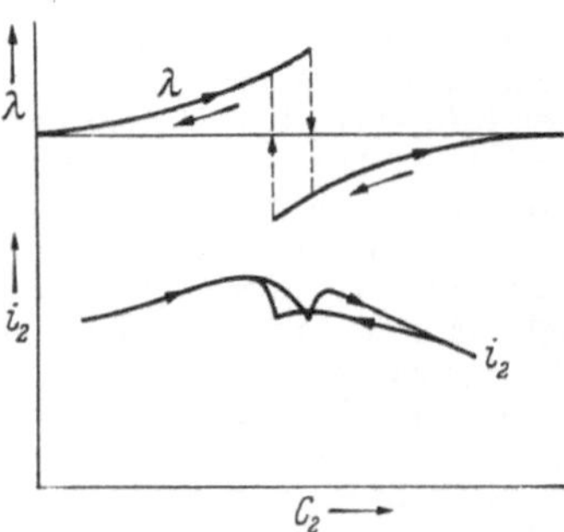

Abb. 2. i_2 und $\lambda = f(C_2)$ bei fester Ankopplung eines Schwingkreises $(L_2 C_2)$ an den Anodenschwingkreis eines Röhrensenders.

Von den bei gekoppelten Kreisen möglichen zwei Koppelwellen erregt sich im Röhrensender immer diejenige, für die die Rückkopplungsbedingungen günstiger sind. Hat sich aber eine der Frequenzen bereits erregt, so bleibt dieser Zustand auch bei ungünstigeren Rückkopplungsbedingungen bis zu einem gewissen Wert der Verstimmung aufrechterhalten und springt dann auf die Frequenz mit günstigeren Rückkopplungsbedingungen um.

Vilbig, F.: Lehrb. d. Hochfrequenztechnik. Leipzig 1944. — *Zenneck, J.,* u. *H. Rukop:* Drahtl. Telegraphie. Stuttgart 1925.

Zielfernrohr. Bringt man in der Bildebene eines Erd- oder Prismenfernrohrs eine Zielmarke (Abkommen) an, so kann man das Fernrohr als Zielfernrohr bezeichnen. Die Ziellinie ist dabei durch die Verbindungslinie des bildseitigen Knotenpunktes des Objektivs mit der Zielmarke festgelegt. Das mit dem Zielfernrohr starr verbundene Gerät wird so gerichtet, daß der angezielte Objektpunkt mit der Zielmarke ohne Parallaxe scheinbar zusammenfällt. Besitzt das Fernrohr mehrere Bildebenen, wie z. B. Erdfernrohre mit Linsenumkehrsystemen, so wird die Zielmarke fast immer in der Bildebene des eigentlichen Objektivs angebracht, da dann bei mechanischen Verlagerungen der dahinterliegenden optischen Einzelteile keine Veränderung der Ziellinie erfolgt. Der Vorteil des Zielfernrohrs gegenüber dem Zielen mit Hilfe eines Diopters oder mit Kimme und Korn besteht außer in der Fernrohrvergrößerung darin, daß das Bild in der Ebene der Zielmarke entsteht, so daß das Auge des Beobachters nicht nacheinander auf drei in verschiedenen Entfernungen liegende Gegenstände (Kimme, Korn, Ziel) zu akkommodieren hat und bei Beobachtung des einen die anderen unscharf sieht.

Zielfernrohre, die an anderen optischen Geräten (z. B. Refraktoren oder Himmelsfernrohren mit wesentlich kleinerem Gesichtsfeld) angebracht sind, werden auch Richtfernrohre oder Sucherfernrohre genannt.

König, A.: Die Fernrohre u. Entfernungsmesser. Berlin 1937.

Zimmermann-Schaltung →Röntgen-Apparate.

Zink-Cadmiumsulfid →Zinksulfid.

Zinkoxyd, besonders in reduzierender Atmosphäre geglüht, leuchtet grün bei Bestrahlung mit ultraviolettem Licht oder bei Erregung mit Elektronen. Dieser Leuchtstoff zeichnet sich vor allen anderen dadurch aus, daß die Zeit seiner →Anklingung und →Abklingung außerordentlich kurz ist. Er findet daher bei solchen Braunschen Röhren Verwendung, die zur Abtastung von Filmen für Fernsehzwecke verwendet werden.

Zinksilikat, besonders bekannt wegen seiner Lumineszenzfähigkeit, welche es allerdings erst durch geringe Beimengungen von Mangan erhält. Zuerst wurde der natürliche Willemit (Zinkorthosilikat $2\,ZnO \cdot SiO_2$) als Luminophor verwendet, später (1911) wurde der Willemit synthetisch hergestellt. Seit 1924 wird das Zinksilikat, mit Mangan aktiviert, durch bloßes Sintern hergestellt. Es wird technisch verwendet in Leuchtstoffröhren (Anregung durch Ultraviolett) und in Kathodenstrahlröhren (Anregung durch Elektronen). Das Zinksilikat ist besonders stabil und läßt sich in Glas einsintern. Die Lumineszenzfarbe ist grün. Ein physikalisch ähnlicher Leuchtstoff ist das ebenfalls mit Mangan aktivierte Cadmiumsilikat (rot leuchtend) und das Zinkberylliumsilikat (gelb bis rot leuchtend, je nach dem Mangangehalt).

Kröger, F. A.: Physica 6, 764 (1939).

Zinksulfid ist ein wichtiger Grundstoff für Leuchtstoffe. Mit Spuren von Kupfer verunreinigt oder „aktiviert" und geglüht, läßt sich mit ihm leicht ein intensiv grün leuchtender Kristallphosphor mit langem Nachleuchtvermögen präparieren. — Auch das vollkommen reine, zusatzfreie Zinksulfid hat eine beträchtliche Leuchtfähigkeit in blauem Licht, nachdem es einer entsprechenden thermischen Behandlung (Glühen) ausgesetzt war. Größte Bedeutung haben die mit Silber aktivierten Zinkcadmiumsulfide erlangt, da sich bei ihnen durch Veränderung des Cadmiumgehaltes die Farbe der Lichtemission von Blau (ohne Cd) bis Dunkelrot (90% Cd) verschieben läßt. Sie werden heute in großen Mengen für die →Leuchtschirme der Fernsehröhren verwendet, deren weiße Farbe durch Mischung zweier Komponenten blau und gelborange hergestellt wird. Auch für die Leucht-

schirme für Röntgenstrahlen werden diese Zinkcadmiumsulfide verwendet.

Zirkularbeschleunigung →Beschleunigung.

Zirkulare Schwingung →elliptische Schwingung.

Zirkularpolarisation →Polarisation, optische.

Zirkulation →Geschwindigkeits-Potential.

Zirkulation, allgemeine, in der Atmosphäre, die mittlere Windverteilung, wie sie sich als Folge des →Wärmehaushaltes und seiner geographischen Verteilung ergibt. Sie wird gegliedert in 1. die *Passatzirkulation* zwischen 30° N und S, deren Ostwinde in 3 bis 5 km Höhe in West übergehen, 2. die *Westdrift* zwischen 30 und 70°, mit der Höhe zunehmend bis zur →Tropopause, darüber abnehmend, 3. der *polare Ostwind,* schon in geringer Höhe in West übergehend, der bis zur Tropopause zunimmt, darüber im Sommer abnimmt, im Winter weiter zunimmt. Neuerdings ist die exzentrische Lage des Zirkulationspoles (über der Hudsonbay) nachgewiesen und das Vorhandensein einer schmalen Zone äquatorialer Westwinde innerhalb der Ostströmung der Passate wahrscheinlich geworden. Rein zonale Strömungen stehen aber mit der vom Äquator zum Pol abnehmenden Wärmebilanz der Atmosphäre nicht im Einklang, vielmehr müssen meridionale Ausgleichströmungen, unten äquatorwärts, oben polwärts, existieren. Diese finden sich im Passat- und im polaren Kreislauf vertikal übereinander angeordnet, ebenso in den gut entwickelten Monsunzirkulationen, stationären Störungsgebieten der normalen Passatzirkulation der Tropen, die sich aus unteren Strömungen vom Kalten zum Warmen und oberen Kompensationsströmungen zusammensetzen. In der Westwindzone sind die arbeitleistenden Kreisläufe an die warmen und kalten Luftströme der jungen →Zyklonen gebunden und daher nicht ortsfest und im wesentlichen nebeneinander angeordnet.

Hann, J., u. *R. Süring:* Lehrb. d. Meteorologie, 6. Teil. Leipzig 1939. — *Bjerknes, V.,* u. a.: Physikal. Hydrodynamik. Berlin 1933.

Zischbogen →Kohlelichtbogen.

Zitterbewegung. Nach der Diracschen →Wellengleichung ist die Geschwindigkeit selbst des kräftefreien Elektrons im Gegensatz zum Impuls kein Integral der Bewegung mehr. Das Elektron macht um die durch den Impuls bestimmte mittlere Bewegung Oszillationen von der Größenordnung der →Compton-Wellenlänge. Diese von *Schrödinger* bemerkte Zitterbewegung erscheint nach neueren Untersuchungen der →Feldmechanik als eine Folge virtueller→Emissions-Reabsorptionsprozesse.

Schrödinger, E.: Sitzungsber. Preuß. Akad. Berlin 1930.

Z-Komponente elektrischer Wellen →Aufspaltung elektrischer Wellen.

Zodiakallicht oder *Tierkreislicht,* ein über den Tierkreis verteilter zarter Lichtschimmer, dessen Helligkeit mit der Entfernung von der durch die Sonne eingenommenen Stelle der Ekliptik langsam abnimmt, an der der Sonne gegenüberliegenden Stelle aber noch ein zweites Maximum hat (Gegenschein). Der hellste Teil ist ein Lichtkegel, der bei anbrechender Nacht im Westen und vor Eintritt der Morgendämmerung im Osten vom Horizont aus schräg emporsteigt und an Glanz nur wenig schwächer als die hellsten Stellen der nördlichen Milchstraße ist. In den Tropen ist das Zodiakallicht bei schönem Wetter das ganze Jahr hindurch fast gleich gut sichtbar, in unseren Breiten am besten am Abendhimmel im Februar und März und am Morgenhimmel im Oktober, wenn nämlich der Winkel zwischen Ekliptik und Horizont am größten ist und deshalb das Zodiakallicht am weitesten vom Horizont aufsteigt. Man nimmt an, daß das Zodiakallicht seine Ursache in einer mit allmählich abnehmender Dichte bis über die Erdbahn hinausreichenden Wolke kosmischen Staubes hat, welche die Gestalt einer flachen Linse besitzt und in deren Mittelpunkt die Sonne steht. Diese Wolke leuchtet, wie ihr im wesentlichen kontinuierliches Spektrum zu bestätigen scheint, im reflektierten Sonnenlicht.

Newcomb-Engelmann: Populäre Astronomie. Leipzig 1949.

Zoll, von der Daumenbreite abgeleitetes Längenmaß, das in den einzelnen Ländern verschieden ausfiel und festgelegt wurde. Als gesetzliches Längenmaß hat das Zoll heute noch in Großbritannien und den USA große Bedeutung (→inch, →yard).

In der Industrie sind die Zollmaße genormt worden. In Großbritannien und den USA ist für industrielle Messungen, Werkstücke und Meßgeräte die Umrechnungsbeziehung 1 inch = 25,400000 mm durch Norm festgelegt worden; mit dem gleichen Wert wird auch in Deutschland und anderen Ländern, deren nationale Normenausschüsse der International Organization for Standardization (ISO) [früher International Federation of the National Standardizing Associations (ISA)] angeschlossen sind, gerechnet. Dieses international vereinheitlichte Zoll wird in der Technik auch als *Stahlmaß* bezeichnet. Bei der Eichung und dem Anschluß von Meßwerkzeugen wird die Internationale →Bezugstemperatur von 20 °C benutzt; d. h. die Meßwerkzeuge sollen bei 20 °C den für sie angegebenen Längenwert besitzen. Daher wird oft in nicht immer einwandfreier Formulierung vom „Zoll bei 20°" gesprochen.

Zonarbau (*Zonarstruktur*). Änderte sich während des Wachstums eines Kristalls die chemische Zusammensetzung des Mediums, aus dem er sich bildet, so erscheint er aufgebaut aus aufeinanderfolgenden schalenartigen Schichten (Zonen), die sich bei gefärbten Kristallen meist scharf voneinander abheben. Ganz allgemein unterscheiden sie sich durch die Lichtbrechung, die Lage und Form der optischen Indikatrix u. ä.

Zonen. Die Eintrittsfläche einer Linse oder eines Linsensystems kann man sich aus Kreisringen (Zonen) um den Durchstoßungspunkt der optischen Achse aufgebaut vorstellen. Mitunter wird als Zone auch der →Zonenfehler, insbesondere der Zwischenfehler der sphärischen Aberration, bezeichnet.

Zone, kristallographische (*Kristallzone*), die Gesamtheit aller derjenigen Flächen eines Kristalls, die sich in parallelen Kanten schneiden. *Zonenachse* ist die Richtung der Schnittkanten aller Flächen einer Zone. Als *Zonensymbol* dient das Symbol [uvw] der Zonenachse.

Zone des Schweigens →Reichweite von Schallsignalen.

Zonenachse →Zone, kristallographische.

Zonenfehler. Ist bei einem Linsensystem die sphärische Aberration für Strahlen mit der größten Einfallshöhe h behoben, so bleiben für Strahlen mit kleinerer Einfallshöhe als h noch Restbeträge der sphärischen Aberration bestehen. Diese Zwischenfehler werden auch als Zonenfehler, sphärische Zonen oder Zonen der sphärischen Aberration bezeichnet. Mitunter wird auch nur der Extremwert dieser Schnittweitendifferenz als Zone oder Zonenfehler bezeichnet (→Unterkorrektion). Gelegentlich wird auch die sphärische Aberration selbst als Zonenfehler schlechthin bezeichnet. Man spricht auch von Zonen des Astigmatismus und der Bildkrümmung und meint damit die betreffenden Zwischenfehler.

Zonengesetz. Sind vier rationale Flächen eines Kristalls gegeben, von denen nur je zwei einer Zone angehören, so lassen sich daraus alle möglichen rationalen Flächen des Kristalls ableiten. Dies beruht darauf, daß die vier Kristallflächen sich in sechs rationalen Kanten schneiden, durch die man außer der ursprünglichen vier noch weitere Flächen legen kann. Die neuen Flächen schneiden sich mit den ursprünglichen und untereinander wiederum in neuen Kanten usw. Wenn die Millerschen Symbole der vier Kristallflächen bekannt sind, so lassen sich mit Hilfe der →Zonengleichung alle daraus folgenden Flächen und Kanten berechnen.

Zonengleichung. Die Indizes u, v, w einer durch den Koordinatenursprung gelegten Kristallkante sind auch die Koordinaten eines auf ihr liegenden Punktes. Daher bedeutet die Netzebenengleichung (→Symbole der Kristallflächen usw.) $hu + kv + lw = 0$, daß die Kante [uvw] in der Netzebene (hkl) liegt oder die Netzebene (hkl) durch die Zonenachse [uvw] geht. Die Gleichung wird deshalb als *Zonengleichung* bezeichnet. Zwei Netzebenen ($h_1 k_1 l_1$) und ($h_2 k_2 l_2$) schneiden sich in der Kante [uvw], deren Indizes sich aus den zwei Zonengleichungen $h_1 u + k_1 v + l_1 w = 0$ und $h_2 u + k_2 v + l_2 w = 0$ bestimmen lassen. Es ist

$$u : v : w = \begin{vmatrix} k_1 & l_1 \\ k_2 & l_2 \end{vmatrix} : \begin{vmatrix} l_1 & h_1 \\ l_2 & h_2 \end{vmatrix} : \begin{vmatrix} h_1 & k_1 \\ h_2 & k_2 \end{vmatrix},$$

woraus die Indizes u, v, w nötigenfalls nach Division der drei Determinanten durch deren gemeinsamen größten Teiler folgen.

Umgekehrt läßt sich mit Hilfe zweier Zonengleichungen die Fläche (hkl) bestimmen, die durch zwei Kanten [$u_1 v_1 w_1$] und [$u_2 v_2 w_2$] verläuft:

$$h : k : l = \begin{vmatrix} v_1 & w_1 \\ v_2 & w_2 \end{vmatrix} : \begin{vmatrix} w_1 & u_1 \\ w_2 & u_2 \end{vmatrix} : \begin{vmatrix} u_1 & v_1 \\ u_2 & v_2 \end{vmatrix}.$$

Zonenkreis. In der stereographischen Projektion liegen die Flächen einer Kristallzone auf einem Großkreis, dem *Zonenkreis*, dessen Ebene senkrecht auf der Zonenachse [uvw] steht.

Zonenkristalle →Zustandsdiagramm.

Zonenplatten (Zonenlinsen), durchsichtige Kreisplatten, bei welchen jede zweite →Fresnelsche Zone (bezogen auf einen bestimmten Licht- und Beobachtungspunkt) abgedeckt ist. Dadurch wird erreicht, daß sich die Beiträge aller freigelassenen Zonen durch →Interferenz verstärken. Die Zonenplatten wirken wie Linsen; denn für diametral gegenüberliegende Lichtpunkte L und Bildpunkte P, deren Abstände von der Platte a und b sind, bestimmt sich die Grenze h_n der n-ten Fresnelschen Zone aus

$$n \frac{\lambda}{2} = \frac{h_n^2}{2} \left(\frac{1}{a} + \frac{1}{b} \right),$$

sofern die Wellenlänge viel kleiner ist als die Abstände a und b. Man sieht also, daß für alle

Punkte, für welche $1/a + 1/b$ denselben Wert $1/f = \lambda/h_1^2$ hat, die Fresnelschen Zonen übereinstimmen. Für alle Lichtquellen L wird daher in einem gegenüberliegenden Punkte, dessen Abstand sich aus der Linsenformel

$$\frac{1}{a} + \frac{1}{b} = \frac{1}{f}$$

bestimmt, Verstärkung durch Interferenz, also eine Abbildung wie bei einer Linse, eintreten. Daneben besitzt freilich die Zonenplatte noch die Brennweiten $f/3$, $f/5$, $f/7$ usw., da für die zu diesen geteilten Brennweiten gehörigen Bildpunkte jeweils 3, 5, 7 usw. Zonen auf einen freien Ring treffen, von denen je eine wirksam ist (die anderen wirken paarweise entgegengesetzt), welche mit den wirksamen Zonen der anderen Ringe phasengleich zusammenwirkt; doch ist die Intensität dieser Bildpunkte höherer Ordnung erheblich geringer (1/9, 1/25, 1/49 usw.).

Zonenplatten von größerer Lichtstärke erhält man dadurch, daß man die Hälfte der Fresnelschen Zonen nicht abdeckt, sondern in ihnen durch eine vorgesetzte Gelatineschicht eine zusätzliche Gangdifferenz $\lambda/2$ hervorruft, so daß auch sie mit den anderen Zonen im Bildpunkt phasengleich wirken.

Glaslinsen kann man als Zonenplatten der letzten Art mit kontinuierlich wachsender Schichtdicke auffassen; in jeder Fresnelschen Zone wird der optische Weg gegenüber der vorhergehenden um $\lambda/2$ verlängert. Durch das kontinuierliche Anwachsen werden dabei, im Gegensatz zur eigentlichen Zonenplatte, die höheren Ordnungen ausgeschaltet.

Da die Brennweite proportional zum Quadrat der Zonendurchmesser ist, nimmt bei Verkleinerung einer Zonenlinse das Öffnungsverhältnis zu. v. *Fragstein* und *Weber* stellten daher 1950 durch starke photographische Verkleinerung auf die praktisch kornlose Goldbergsche Emulsion Zonenplatten von extrem kurzer Brennweite her (bis herunter zu 1 mm) und erreichten so ein Öffnungsverhältnis bis zu 1:1,7 und damit ein beträchtliches Auflösungsvermögen.

Handb. d. Physik XX. Berlin 1928.

Zonensymbol →Zone, kristallographische.

Zonentheorien, diejenigen Theorien des →Farbensehens, die eine Vereinigung der →Dreifarbentheorien und der →Vierfarbentheorien dadurch herbeizuführen suchen, daß für den peripheren (retinalen) Rezeptionsorganismus eine Dreigliederung, für den zentralen Wahrnehmungsvorgang aber eine Vierteilung angenommen wird.

v. *Helmholtz, H.:* Handb. d. physiol. Optik II. Leipzig 1911. — *Müller, G. E.:* Über die Farbenempfindungen. Erg.-Bd. 17/18 d. Z. Psychol., Leipzig 1930. — *Jaensch, E. R.:* Die Synthese d. Heringschen u. Young-Helmholtzschen Farbenlehre u. ihre allg. Bedeutung. Z. Psychol. **132**, 202 (1934).

Zonenverband →Zonengesetz.

Zufall. In der Physik als exakter Wissenschaft, die nach Kant „ein System, d. h. ein nach Prinzipien geordnetes Ganzes der Erkenntnis, sein soll", handelt es sich um eine *solche* Erfassung bestimmter Gesetzmäßigkeiten nach Maß und Zahl, daß entsprechende Voraussagen möglich werden. Diesem Wesen der mathematischen Physik gegenüber muß die Bezeichnung „Theorie des Zufalls" zunächst als ein Widerspruch in sich erscheinen, denn nach allgemeiner Ansicht gilt der *blinde* Zufall als schärfster Gegensatz zu *jedem*

Gesetz. Die Auflösung dieses logischen Widerspruchs beginnt mit der Einsicht, daß zufällige physikalische Ereignisse ebenso wie die erkennbaren gesetzmäßigen einem Messungsprozeß oder einem reinen Zählprozeß unterworfen werden können und daß zwischen den erhaltenen Ergebnissen mathematische Beziehungen denkbar sind, die — wie jahrhundertelange Erfahrung zeigt — nicht nur ein müßiges Spiel des Verstandes darstellen, sondern Wirklichkeitsbeziehung haben. Wie eigenartig der Zusammenhang zwischen Zufälligkeit und (verwickelter) Gesetzmäßigkeit sein kann, zeigt sich z. B. beim Auszählen der Endnullen in den Spalten einer vielstelligen Logarithmentafel; trotz des völlig ursächlichen Zusammenhanges, der durch die arithmetische Beziehung zwischen Numerus und Logarithmus gegeben ist, erscheint diese Verteilung als rein zufällig und entspricht den →Zufallskriterien.

Über die Rolle des Zufalls in der Quantenmechanik →Kausalität.

Timerding, H. E.: Die Analyse des Zufalls. Braunschweig 1915. — *Bruns, H.:* Wahrscheinlichkeitsrechnung u. Kollektivmaßlehre. Leipzig u. Berlin 1906.

Zufällige Entartung. Ist ein Operator, etwa der Energieoperator, invariant gegenüber einer Gruppe von Transformationen, der →Symmetriegruppe, so findet in jedem →Eigenraum des Operators eine Darstellung der Symmetriegruppe statt. Ein Eigenwert, dessen Eigenraum eine *irreduzible* Darstellung erzeugt, heißt „durch Symmetrie entartet". Im Gegensatz hierzu heißt ein Eigenwert mit *reduzibler* Darstellung der Symmetriegruppe „zufällig entartet". So ist z. B. jeder Term eines Atoms zur Drehimpulsquantenzahl J durch Symmetrie $(2J + 1)$-fach entartet. Beim Wasserstoffatom (Coulomb-Feld des Kerns) ist jeder Term zur Hauptquantenzahl n noch zufällig entartet, da der zugehörige Eigenraum die Darstellungen $D_0, D_1, \ldots, D_{n-1}$ der Drehgruppe enthält. Ein zufällig entarteter Term spaltet im allgemeinen auch bei einer die Symmetrie *nicht* aufhebenden Störung auf, während dies für einen durch Symmetrie entarteten Term unmöglich ist.

Zufallskriterien. Die meß- und fehlertheoretische Analyse eines jeden Beobachtungsprozesses zeigt, daß sich die regelmäßigen, systematischen Fehler von den zufälligen unvermeidlichen (→Beobachtungsfehler) quantitativ nicht völlig trennen lassen. Vielmehr läßt sich ihr Betrag im allgemeinen nur so weit herabdrücken, daß sie auf einer größenordnungsmäßig niedrigeren Stufe stehen und so einen erheblich geringeren Einfluß auf das Ergebnis haben als die zufälligen Fehler. Die Prüfung dieser Voraussetzung und die Feststellung, inwieweit die Zufälligkeit der unvermeidlichen Fehler wirklich eingetreten ist, geschieht an Hand von Zufallskriterien (ZK.). Diese geben eine Reihe von Anhaltspunkten für das Verhalten zufälliger Fehler hinsichtlich ihrer Vorzeichen, ihrer Größe und ihrer Verteilung und sind mehr oder weniger scharf. Sie können aber schon aus begrifflichen Gründen niemals die reine Zufälligkeit garantieren, da „reine" Zufälligkeit nur aus einer völlig erfüllbaren „Regel" erkennbar wäre, was sich offensichtlich widerspricht. Die ZK. beziehen sich an sich nur auf die wahren Fehler (→Beobachtungsfehler), die aber meistens unbekannt sind. Sie lassen sich jedoch mit entsprechendem Erfolg auch auf die plausiblen (scheinbaren) →Verbesserungen der Beobachtungen ausdehnen. Die Prüfung erfolgt 1. nach den Vorzeichen, 2. durch mittlere Fehlergrößen, 3. auf Grund der Verteilung der Fehler nach bekannten Fehlergesetzen. In diesen drei Stufen zur Kontrolle der Zufälligkeit muß erfüllt sein:

zu 1. a) Vorzeichensumme $= 0 \pm \sqrt{n}$, wobei $\pm \sqrt{n}$ der noch zulässige mittlere Fehler (Abweichung von Null) für dieses Kriterium ist.

b) Anzahl der Zeichenfolgen minus Anzahl der Zeichenwechsel $= 0 \pm \sqrt{n-1}$.

zu 2. a) $[\varepsilon] = 0 \pm \sqrt{[\varepsilon\varepsilon]}$.

b) Quadratsumme der positiven ε gleich Quadratsumme der negativen ε mit dem mittleren Fehler $\pm \sqrt{[\varepsilon^4]}$.

c) Das Abbe-Helmertsche (modifizierte Abbesche) Kriterium.

Hierzu und zu 3. →die Literatur.

Helmert, F. R.: Die Ausgleichsrechnung n. d. Methode d. kleinsten Quadrate. Berlin u. Leipzig 1924.

Zug, die auf die Flächeneinheit einfallende →Zugkraft, also ein negativer →Druck. Elektrostatischer Zug →Druck, elektrostatischer.

Zugeffekt, magnetischer →Remanenzverschiebung durch Zug.

Zugfestigkeit →Dehnungskurve.

Zugkraft, eine gleichmäßig über eine Fläche verteilte, von ihr weg gerichtete Kraft, also eine negative →Druckkraft.

Zündgrenzen sind diejenigen Grenzen in der Zusammensetzung eines Gasgemisches (auch als Funktion der Temperatur und des Druckes), unterhalb und oberhalb derer durch äußere Eingriffe keine von selbst fortschreitende Explosion hervorgerufen werden kann (*untere* bzw. *obere* Zündgrenze).

Zündspannung einer Entladungsform ist die kleinste Spannung, bei der sich die Entladung, evtl. aus einer niederen Form, entwickeln kann. Eine Entladungsstrecke kann je nach der sich ausbildenden Entladungsform mehrere Zündspannungen haben, z. B. Glimmzündspannung, Funken(zünd)spannung. →Anfangsspannung.

Zündung einer Gasentladung erfolgt bei allmählicher Steigerung der Spannung unter Zunahme des unselbständigen Vorstroms (→Dunkelentladung) im *Zündpunkt* (→Anfangsspannung) der Kennlinie durch spontane Entwicklung einer selbständigen Entladung bis zu dem durch Vorwider-

Vorwiderstand, Gasdruck usw. führt die Zündung zu verschiedenen stationären oder vorübergehenden Entladungsformen. Die Anfangsspannung braucht nicht mit der Zündspannung einer bestimmten Form zusammenzufallen; höhere Formen zünden erst, wenn in der Gesamtcharakteristik die die einzelnen Formen voneinander trennenden Maxima (Grenzspannungen, z. B. Glimm-, Büschelgrenzspannung nach *Toepler*) überschritten werden. Ein anderes Zündverfahren ist die →Abreißzündung. Das Stehenbleiben der Entwicklung bei niederen Formen (Glimmen, Büschel) wird oft als unvollständiger Durchbruch dem zum Funken oder Bogen führenden vollständigen Durchbruch gegenübergestellt.

Vom Augenblick des Anlegens einer die Zündspannung übersteigenden Spannung bis zur vollständigen Ausbildung der Entladung verfließt eine im allgemeinen kleine Zeitspanne. Der erste Abschnitt, der *Entladeverzug,* auch *Zündverzug* (*Verzögerungszeit*), umfaßt das Warten auf den ersten die Entladung einleitenden Träger. Er kann bei Abschirmung der Entladungsstrecke gegen die für den unselbständigen Vorstrom verantwortliche ionisierende Umgebungsstrahlung auf mehrere Stunden erhöht werden und ist statistisch durch die Wahrscheinlichkeit $w_t = \exp(-t/\tau)$ bestimmt ($\tau =$ mittlerer Zündverzug). In der zweiten Phase, der eigentlichen →*Aufbauzeit,* spielt sich der Zünd- oder Durchbruchsvorgang ab.

Die *Anfangsspannung* (auch Durchbruchsspannung) bzw. die zugehörige Anfangs- (Durchbruchs-) Feldstärke läßt sich aus der Townsendschen Zünd- oder Durchbruchsbedingung (identisch mit der Stationaritätsbedingung) berechnen. Danach übt die von einem an der Kathode startenden Elektron auf dem Wege zur Anode durch Stoßionisation erzeugte Trägerlawine eine solche energetische Rückwirkung (→Rückführung) Γ auf die Kathode aus, daß ein Nachfolgeelektron ausgelöst wird, wenn für ein homogenes Zündfeld (ebene Elektroden) $\Gamma (\exp(\alpha S) - 1) = 1$. ($S$ Elektrodenabstand.) Mit Hilfe des Townsendschen Ansatzes der →Ionisierungszahl $\alpha/p = A \exp(-B p/E)$ ergibt sich für die Anfangsspannung $U_z = ES$ als Funktion von $p S$

$$U_z = \frac{B\,p\,S}{\ln(pS) + \ln A - \ln\ln\left(1 + \dfrac{1}{\Gamma}\right)},$$

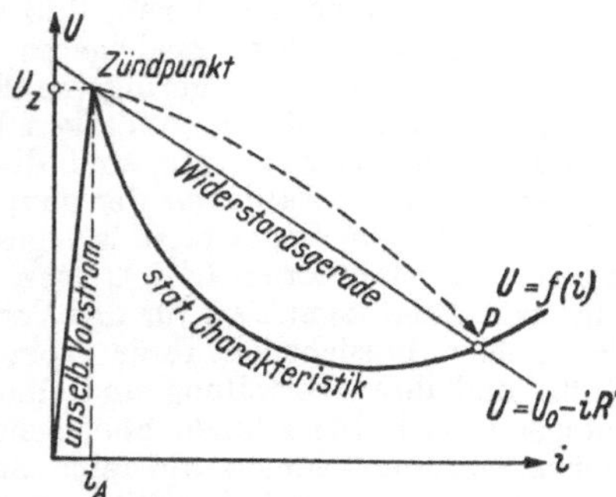

Abb. 1. Zündung einer Entladungsstrecke.
U_z Zünd- oder Anfangsspannung, i_A Anfangsstrom.

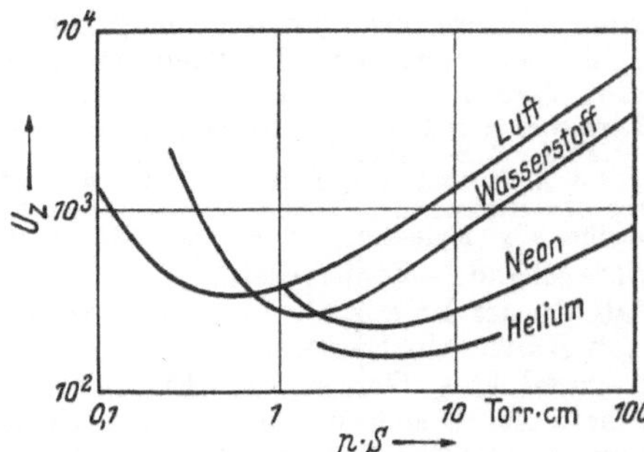

Abb. 2. Anfangs- (Zünd-) Spannung U_z [V] verschiedener Gase für ebene Elektroden.

stand R, Treibspannung U_0 und statischer Kennlinie bestimmten stabilen Arbeitspunkt P (Abb. 1). Je nach Elektrodenkonfiguration und -kapazität,

eine Formel, die die Beobachtungen gut darstellt und das →Paschensche Gesetz mit enthält. Nach Abb. 2 gibt es für jede Spannung oberhalb der

→Minimumspannung bei konstantem Druck einen kleinen und einen großen Elektrodenabstand, für den bei vorgegebener Spannung die Entladungsstrecke zündet (*Nah-* und *Weitdurchschlag*). Bei inhomogenen Feldern entstehen im wesentlichen nur rechnerische Komplikationen (*W. O. Schuman*, Durchbruchsfeldstärke in Gasen. Berlin 1923). Der Einfluß des Kathodenmaterials ist in Γ enthalten.

Durch Fremdionisation und Bestrahlung mit ultraviolettem Licht (Vorerregung) wird nicht nur der Zündverzug herabgesetzt, sondern auch die Zündspannung proportional zur Wurzel aus dem primär ausgelösten Elektronenstrom gesenkt (→Dunkelentladung).

Die spontane Weiterentwicklung in stromstarke Entladungen ist daran gebunden, daß das Wechselspiel von ablaufender Trägerlawine und Auslösung von Nachfolgeelektronen durch Rückwirkung (Ionisierungsspiel Rogowskis) zu einem Anschwellen der Lawinenbildung führt. Hierbei ist die Verzerrung des ursprünglichen Zündfeldes durch die während der Laufzeit der Elektronen praktisch stehenbleibende Ionenraumladung unter allmählicher Ausbildung des Kathodenfalls für die Begünstigung der Ionisierung durch die Elektronen wesentlich. Bei inhomogenen Feldern (z. B. Spitze gegen Platte, Koronazündung) kann die entstehende Raumladung dem weiteren Aufbau entgegenwirken und Polaritätsunterschiede in den entstehenden Entladungsformen verursachen. Näheres z. B. bei *v. Hippel*, Der elektrische Durchschlag in Gasen und festen Körpern. Erg. exakt. Naturwiss. 14, 79 (1935).

Der Zündmechanismus des Lawinenaufbaus wird jedoch bei großen Schlagweiten ($pS >1000$ Torr cm) abgelöst vom *Kanalaufbau*, wie aus Nebelkammeruntersuchungen (*H. Raether*, Entwicklung d. Elektronenlawine in d. Funkenkanal. Erg. d. exakt. Naturwiss. **22**, Berlin 1949) und Aufnahmen der zeitlichen Entwicklung des Durchbruchs auf bewegter Kamera (*Schonland, Meek*) hervorgeht. Erreicht nämlich die erste Lawine auf dem Wege zur Anode die kritische Verstärkung $e^{20} \approx 5 \cdot 10^8$, so schießt aus ihrem Kopf anodenseitig und ein wenig später auch kathodenseitig ein Plasmaschlauch hoher Leitfähigkeit (Kanal) mit einer die Elektronengeschwindigkeit weit übertreffenden Geschwindigkeit heraus, der in außerordentlich kurzer Zeit eine leitende Verbindung von Anode und Kathode herstellt und so den Durchbruch vollendet. Der Umschlag von dem normalen Vorwachsen der Lawine in den Entladungskanal ist zurückzuführen auf die bei der kritischen Verstärkung entstehende Felderhöhung durch die negative Raumladung der voreilenden Elektronen vor dem Lawinenkopf bzw. durch die dahinter stehengebliebene positive Raumladung der Ionen. Die in der Zone der Felderhöhung von der Lawinenstrahlung ausgelösten Photoelektronen können daher jetzt, da das Feld hoch genug geworden ist, rasch zu neuen, sich zusammenschließenden Lawinen anwachsen, wodurch die Zone der Felderhöhung vorgeschoben wird. Der Kanal kann mit Hilfe der voraneilenden Strahlungsquanten wesentlich höhere Vorwachsgeschwindigkeit erhalten als die Lawine. Dadurch lassen sich die kurzen Durchbruchszeiten langer Funkenstrecken verstehen. Bei der Zündung langer Funken in Luft und Blitzentladungen ergeben sich in dem skizzierten einfachen Mechanismus Komplika-

tionen durch ruckweises Vorwachsen der Entladungskanäle (*Ruckstufen*) und das Auftreten von Vorentladungen.

Zündverzug →Zündung.

Zungenfrequenzmesser, dient zur Messung der Frequenz von Wechselströmen. Er enthält eine Reihe von Stahlzungen, die am einen Ende fest eingeklemmt sind und am anderen Ende frei schwingen können und die auf eine ziemlich dichte Folge von Frequenzen abgestimmt sind. Sie werden mittels eines vom Wechselstrom durchflossenen Elektromagneten erregt, dessen Frequenz daran erkannt wird, daß eine bestimmte Zunge maximal schwingt.

Zungenpfeifen →Musikinstrumente.

Zuordnung von Termen. Hat man etwa die Energieeigenwerte eines Systems berechnet, dessen Energieoperator von *einem* Parameter abhängt, so entsteht die Frage, wie sich die Terme verschieben, wenn sich der Parameter stetig ändert. Hat man insbesondere die Terme nur für zwei weit auseinanderliegende Werte des Parameters berechnet, so will man feststellen können, welche Terme in welche übergehen, und zwar ohne daß man die Terme für die Zwischenwerte berechnet. Dies tritt z. B. auf, wenn man für den Zeeman-Effekt bei sehr kleinem Magnetfeld (das Magnetfeld ist der obenerwähnte Parameter) und bei sehr großem Magnetfeld die Terme berechnet hat und wissen will, welche Terme einander zuzuordnen sind (→Paschen-Back-Effekt). Eine eindeutige Methode, um die Zuordnung zu finden, ergibt sich daraus, daß sich der Charakter eines Termes niemals ändern kann und daß sich Terme gleichen Symmetriecharakters niemals überschneiden dürfen. So hat man also die tiefsten Terme der beiden Seiten vom selben Symmetriecharakter zu verbinden. Ebenso die zweittiefsten desselben Symmetriecharakters usw.

Zusammendrückbarkeit, *Volumelastizität* oder *Kompressibilität*, die Eigenschaft der Stoffe, unter Einwirkung eines allseitigen Druckes ihr Volumen zu ändern. Die hierfür maßgebende Materialkonstante ist die *Kompressibilität* $\varkappa$ (→Elastizitätskonstanten), die allgemein durch die Gleichung

$$\varkappa = -\frac{1}{V_0}\frac{dV}{dp} \qquad (1)$$

definiert ist. Sie hat also die Dimension des Kehrwerts eines Druckes. Speziell gilt:

Isotherme Kompression (Temperatur $T =$ const):

$$\varkappa_T = -\frac{1}{V_0}\left(\frac{dV}{dp}\right)_T. \qquad (2)$$

Adiabatische Kompression (Entropie $S =$ const):

$$\varkappa_a = -\frac{1}{V_0}\left(\frac{dV}{dp}\right)_S = \varkappa_T \frac{T\gamma^2}{\varrho c_p} \qquad (3)$$

(γ kubischer Ausdehnungskoeffizient, ϱ Dichte, c_p spezifische Wärme bei konstantem Druck in mechanischem Maß). $1/\varkappa_T = M$ heißt der *Kompressionsmodul* (→Elastizitätskonstanten). $\varkappa_T$ nimmt im allgemeinen mit wachsendem Druck ab, mit steigender Temperatur zu. Die Kompressibilität des Wassers nimmt mit steigender Temperatur bis zu einem Minimum bei etwa 55 °C ab, dann wieder zu; diejenige wäßriger Lösungen ist kleiner als die des reinen Wassers und sinkt mit wachsender Konzentration. — *P. W. Bridgman* hat Kompressibilitäten bis zu Drucken von der Größenordnung 10^5 at gemessen.

Kompressibilitäten.

Stoff	$\varkappa_{20\,°C}$
Blei	$2{,}2 \cdot 10^{-6}\ \text{at}^{-1}$
Aluminium	1,35
Stahl	0,6
Platin	0,4
Messing (62 Cu + 38 Zn) . .	0,1
Quarzglas	2,7
Gläser	1,3 bis 1,9

Handb. d. Physik VI. Berlin 1928. — *Bridgman, P. W.:* Proc. Amer. Acad. 74 (1940/42).

Zusammengesetzte Multipletts, das Liniensystem, das durch einen Übergang zwischen zwei Multiplettermen entsteht. Man erhält die möglichen Einzellinien mit Hilfe der Auswahlregeln für J.

Zusammenhängender Bereich →Intervall.

Zusammensetzung von Transformationen. Sind $x, y, z, r, \ldots$ die Gegenstände, die den Transformationen $T, S, R, \ldots$ unterworfen werden, d. h. ist $Tx = y$, so kann man auf y die Transformation S anwenden: $Sy = z$. Es ist dann $z = Rx$ ebenfalls eine Transformation, die *Zusammensetzung* von S und T:

$$z = Sy = S(Tx) = (ST)x,$$

wobei diese Gleichung die Definition von $ST = R$ ist.

Zusammensetzung von Teilsystemen zu einem Ganzen. Es seien (1) und (2) zwei physikalische Systeme, die man erst getrennt beobachtet. Zu (1) gehört ein →Hilbert-Raum $\mathfrak{H}_1$ mit den Hermiteschen Operatoren $A_1, B_1, C_1, \ldots$, die die Observablen von (1) repräsentieren. Zu (2) gehöre entsprechend $\mathfrak{H}_2$ mit $A_2, B_2, C_2, \ldots$ Setzt man nun (1) und (2) zu einem neuen System (1) $\times$ (2) zusammen (z. B. zwei Atome zu einem Molekül), das man nun als Ganzes den Beobachtungen unterwirft, so ist der Hilbert-Raum von (1) $\times$ (2) gleich $\mathfrak{H} = \mathfrak{H}_1 \times \mathfrak{H}_2$, dem *Produktraum* von $\mathfrak{H}_1$ und $\mathfrak{H}_2$, der nach Definition von den Paaren $\varphi_1 \varphi_2$ (wobei φ_1 beliebig aus $\mathfrak{H}_1$ und φ_2 beliebig aus $\mathfrak{H}_2$) aufgespannt wird, wobei $(\varphi_1 \varphi_2, \psi_1 \psi_2) = (\varphi_1, \psi_1)(\varphi_2, \psi_2)$ definiert ist. Ist z. B. $\varphi_1^{(\nu)}$ ($\nu = 1, 2, \ldots \infty$) ein vollständiges Orthogonalsystem in $\mathfrak{H}_1$ und $\varphi_2^{(\mu)}$ ein entsprechendes in $\mathfrak{H}_2$, so bilden die Paare $\varphi_1^{(\nu)} \varphi_2^{(\mu)}$ ein vollständiges Orthogonalsystem in $\mathfrak{H}_1 \times \mathfrak{H}_2$. Die Observablen des Systems (1) $\times$ (2) sind die Hermiteschen Operatoren des Raumes $\mathfrak{H}_1 \times \mathfrak{H}_2$. Ist A_1 eine Observable von (1) allein, so hat es einen Sinn, dieselbe Größe, die sich nur auf (1) bezieht, am System (1) $\times$ (2) zu messen. Für das System (1) $\times$ (2) wird sie dargestellt durch den Operator $A_1 \times 1_2$, wobei allgemein $A_1 \times B_2$ definiert ist durch $(A_1 \times B_2)\,\varphi_1^{(\nu)}\,\varphi_2^{(\mu)} = (A_1 \varphi_1^{(\nu)})\,(B_2 \varphi_2^{(\mu)})$. 1_2 ist der Einheitsvektor in $\mathfrak{H}_2$.

Besteht keine energetische Wechselwirkung zwischen (1) und (2) im System (1) $\times$ (2), so ist der Energieoperator $H = H_1 \times 1_2 + 1_1 \times H_2$, wobei H_1 und H_2 die Energieoperatoren von (1) und (2) sind. Im allgemeinen kommt zu diesem Wert von H noch eine *Kopplungsenergie* H_{12} hinzu.

Liegt in (1) $\times$ (2) nach einer Messung ein quantenmechanischer →Zustand vor, d. h. ist in bezug auf (1) $\times$ (2) die Kenntnis des Beobachters so gut wie möglich, so liegt in bezug auf das Teil-

system (1) noch nicht notwendig ein Zustand vor, d. h. wenn man (1) allein betrachtet, so läßt sich die Beschreibung von (1) durch weitere Messungen noch verfeinern.

Weiterhin gibt es in dem zusammengesetzten System Observablen, die nicht die Form $A_1 \times B_2$ haben. Diese Observablen ($\neq A_1 \times B_2$) sind ganz neue Eigenschaften des Systems (1) $\times$ (2), die sich nicht aus Eigenschaften des Systems (1) und (2) herleiten lassen, sondern erst dem „Ganzen" (1) $\times$ (2) zukommen. Zum Beispiel ist die Energie eines *Atoms* eine solche erst dem ganzen Atom zukommende Größe, denn die Meßwerte der Energie (da die Einzelteile des Atoms in Wechselwirkung stehen) lassen sich auf *keine* Art so gewinnen, daß man an den einzelnen Teilen (den Elektronen) des Atoms irgendwelche Messungen ausführt und durch irgendeine funktionelle Beziehung aus den Ergebnissen der Einzelmessungen die Energie berechnet. So könnte man mit vollem Recht die Energie eine „ganzheitliche" Größe des Atoms nennen. Die Energie des ganzen Atoms und die Beobachtung der Teile des Atoms sind →komplementär zueinander. Ebenso wie das Elektron nach gemessenem Impuls keine Korpuskel ist, d. h. keinen Ort hat (sondern diesen erst wieder nach einer Ortsmessung erhält), genau so hat das Atom nach gemessener Energie keine Teile (ist also ein Ganzes), sondern zerfällt in seine Teilsysteme erst nach einer *Beobachtung* der Teilsysteme. Danach aber kommt dem Atom wieder keine Energie mehr zu.

Die Verallgemeinerung der Überlegungen von zwei auf n Teilsysteme, die zu einem Ganzen vereint werden, braucht nicht gesondert beschrieben zu werden. Der Hilbert-Raum ist $\mathfrak{H} = \mathfrak{H}_1 \times \mathfrak{H}_2 \times \cdots \times \mathfrak{H}_n$.

Eine Besonderheit tritt auf, wenn die n Teilsysteme gleich sind, d. h. $\mathfrak{H}_1 = \mathfrak{H}_2 = \cdots = \mathfrak{H}_n$. $\mathfrak{H} = \mathfrak{H}_1 \times \mathfrak{H}_2 \times \cdots \times \mathfrak{H}_n$ wird dann aufgespannt durch das Orthogonalsystem $\varphi_1^{(\nu_1)} \varphi_2^{(\nu_2)} \ldots \varphi_n^{(\nu_n)}$, wobei die $\varphi^{(\nu)}$ ein vollständiges Orthogonalsystem in $\mathfrak{H}_1$ und auch in $\mathfrak{H}_2, \mathfrak{H}_3 \ldots$ usw. bilden. In $\mathfrak{H}$ kann man den Operator P einer Permutation von n Dingen definieren, angewandt auf die Elemente von $\mathfrak{H}$. Ist $P = \binom{1\ 2 \ldots n}{i_1\ i_2 \ldots i_n}$, so sei $P\varphi_1^{(\nu_1)} \ldots \varphi_n^{(\nu_n)} = \varphi_1^{(\nu_{i_1})} \ldots \varphi_n^{(\nu_{i_n})}$. Auf diese Art ist in $\mathfrak{H}$ eine →unitäre Darstellung der symmetrischen Gruppe $\mathfrak{S}_n$ gegeben, die man vollständig ausreduzieren kann. Die Teilräume, die alle zur symmetrischen (bzw. antisymmetrischen) Darstellung gehören, spannen zusammen einen Teilraum $\mathfrak{h}_s$ (bzw. $\mathfrak{h}_a$) von $\mathfrak{H}$ auf. Jeder Operator in $\mathfrak{H}$, der mit den Permutationen vertauschbar ist, läßt $\mathfrak{h}_s$ und $\mathfrak{h}_a$ invariant, d. h. er führt nicht aus diesen Teilräumen heraus. Da aber jede Observable die n Teilchen in gleicher Weise enthalten muß, denn die Teilchen sind identisch, ist der zugehörige Operator von der angegebenen Art. Daher ist jede Observable schon in $\mathfrak{h}_s$ und $\mathfrak{h}_a$ allein definiert. $\mathfrak{H} = \mathfrak{H}_1 \times \cdots \times \mathfrak{H}_n$ kann also dann nicht der Hilbert-Raum des Systems (1) $\times$ (2) $\times \cdots \times$ (n) sein, da nicht *alle* Hermiteschen Operatoren aus $\mathfrak{H}$ Observable sein können wegen der Gleichheit der Teilchen. Für Elektronen und alle Teilchen mit halbzahligem →Spin ist $\mathfrak{h}_a$ der Hilbert-Raum, der das System (1) $\times$ (2) $\times \cdots \times$ (n) beschreibt; für Teilchen mit ganzzahligem Drehimpuls, wie z. B. α-Teilchen, ist $\mathfrak{h}_s$ der zu dem System $(1) \times (2) \times \cdots \times (n)$ zugehörige Hilbert-Raum. $\mathfrak{h}_a$ entspricht dem →Pauli-Prinzip und der →Fermi-Statistik, $\mathfrak{h}_a$ der →Bose-Einstein-Statistik.

Zusammenstoß von Molekülen, liegt dann vor, wenn n Moleküle in Wechselwirkung treten. Je nachdem, ob $n = 2, 3, \ldots$ usw., spricht man von Zweier-, Dreier- usw. Stößen. Die Bedingungen, unter welchen man von einem Stoß zweier Moleküle sprechen kann, lassen sich im Rahmen der klassischen Theorie nur für starre Kugelmoleküle streng angeben. Beschreibt man die Moleküle durch Punktzentren, deren Kraftfelder sich streng genommen bis ins Unendliche erstrecken, so ist die Stoßdefinition weitgehend willkürlich. In quantenmechanischer Behandlung läßt sich auch in diesen Fällen eine mittlere freie Weglänge berechnen, die eng mit der Zahl der Zusammenstöße eines Moleküls je s zusammenhängt.

Die Zahl von Zweierstößen N_{12} je cm³ einer Gasmischung von n_1 Molekülen der Sorte 1 und n_2 Molekülen der Sorte 2 je Volumeinheit zwischen Molekülen 1 und 2 ist gegeben durch:

$$N_{12} = 2\, n_1\, n_2\, \sigma_{12}^2\, \sqrt{\frac{2\,\pi\,k\,T\,(m_1 + m_2)}{m_1\, m_2}},$$

wo σ_{12} der Stoßdurchmesser eines Moleküls 1 mit einem Molekül 2 ist und m_1, m_2 die Molekülmassen sind. Die Zahl der Zusammenstöße (Zweierstöße), die jedes einzelne Molekül in der Zeiteinheit erfährt, wird als *Stoßfrequenz* bezeichnet. Sie ist gegeben durch $(N_{11} + N_{12})/n_1$ für ein Molekül der Art 1, wenn N_{11} die Anzahl von Zusammenstößen der Moleküle 1 je s und cm³ bedeutet. Die mittlere Stoßzeit $\bar{\tau}$ ist die mittlere Zeit zwischen zwei aufeinanderfolgenden Zusammenstößen eines Moleküls. Für die Moleküle der Art 1 ist sie: $\bar{\tau}_1 = n_1/(N_{11} + N_{12})$. Die mittlere Strecke $\bar{\Lambda}_1$ eines Moleküls 1 zwischen zwei aufeinanderfolgenden Zusammenstößen ist:

$$\bar{\Lambda}_1 = \bar{c}_1\, \bar{\tau}_1 = 1/\pi\,[\,n_1\,\sigma_1^2\,\sqrt{2} + n_2\,\sigma_{12}^2\,\sqrt{1 + m_1/m_2}\,],$$

wo $\bar{c}_1$ der Mittelwert des Absolutwertes der Molekülgeschwindigkeit der Molekülsorte 1 ist. Im Spezialfall eines einfachen Gases wird:

$$\bar{\Lambda}_1 = 1/(\pi\, n_1\, \sigma_1^2\, \sqrt{2}).$$

Die Strecke $\bar{\Lambda}_1$ ist die mittlere freie →Weglänge eines Moleküls der Sorte 1.

Bei Problemen der Aktivierung von Gasreaktionen tritt die Frage auf, wie groß die Anzahl der Zusammenstöße von solchen Molekülen 1 mit Molekülen der Art 2 in der Volumeinheit und der Zeiteinheit ist, deren kinetische Energie, bezogen auf den gemeinsamen Schwerpunkt, eine gegebene Energie E_0 übersteigt. Diese Anzahl ist gegeben durch:

$$2\, n_1 n_2\, \sigma_{12}^2 \times$$
$$\times \sqrt{\frac{2\,\pi\,k\,T\,(m_1 + m_2)}{m_1\, m_2}} \left[1 + \left(\frac{E_0}{(kT)}\right)^2\right] \exp\left[-\frac{E_0}{(kT)}\right].$$

Zusatzwiderstand, elektrischer. Verunreinigte oder mechanisch bearbeitete Metallproben haben gegenüber dem reinen und idealen Metallkristall einen um den Zusatzwiderstand erhöhten elektrischen Widerstand. →Restwiderstand, →Mathiessensche Regel.

Zustand. Die Bezeichnung ist dem naiven Sprachgebrauch entnommen und faßt jeweils eine Gruppe variabler Eigenschaften bzw. Koordinaten eines Stoffes oder Systems zusammen, die bei einem bestimmten Zustand bestimmte, einander zugeordnete Werte haben. Neben dem thermodynamischen Zustand spricht man vom Bewegungszustand, Spannungszustand usw. und unterscheidet stationäre Gleichgewichtszustände von nichtstationären, zeitlich veränderlichen Zuständen. In der Thermodynamik beschränkt man sich meist auf die Behandlung stationärer und quasistationärer (langsam veränderlicher) Zustände.

Während zur Charakterisierung der nichtstationären Zustände eine erhebliche Anzahl von Angaben erforderlich ist, sind die stationären Gleichgewichtszustände durch wenige Angaben eindeutig definiert. Der thermodynamische Zustand erfordert die Angabe zweier →Zustandsgrößen; alle möglichen Zustände bilden also eine zweidimensionale Zustandsfläche im n-dimensionalen Zustandsraum. Kenntnis der Zustandsfläche bedeutet für jede über 2 hinausgehende Dimension: Kenntnis einer →Zustandsgleichung. Man benutzt meist eine (→thermische) oder zwei (thermische und →kalorische) Zustandsgleichungen, arbeitet also mit drei bzw. vier Zustandsgrößen, deren Kombinationen natürlich ebenfalls Zustandsgrößen sind (Änderung des Koordinatensystems im Zustandsraum).

→ die folgenden Artikel.

Zustände, korrespondierende →korrespondierende Zustände.

Zustand, quantenmechanischer. Nach der Quantenmechanik geht in *jede* physikalische Aussage ein: 1. die *Observable*, die gemessen werden soll, 2. die *Kenntnis des Beobachters* über das System, an dem die Messung stattfinden soll. Die Kenntnis des Beobachters wird beschrieben durch einen positiv semidefiniten Hermiteschen Operator W (→statistische Deutung). Die Kenntnis ist optimal, wenn $W = P_\varphi$, gleich dem Projektionsoperator auf den von φ aufgespannten eindimensionalen Teilraum des Hilbert-Raumes ist. Man sagt dann, daß sich das physikalische System im *Zustand* φ befindet. Ein Zustand wird z. B. hergestellt durch die Messung einer Observablen mit nichtentarteten Eigenwerten. Ist a ein Meßwert dieser Observablen A, so gibt es ein (bis auf einen Zahlenfaktor) eindeutig bestimmtes φ_a mit $A\varphi_a = a\varphi_a$. Nach der Messung von A mit dem Ergebnis a ist dann der Zustand φ_a hergestellt. φ und $e^{i\alpha}\varphi$ beschreiben also denselben Zustand, wobei man immer $\|\varphi\|$ gleich 1 wählt. φ ist entweder ein Vektor aus dem (abstrakten) Hilbert-Raum oder in der Ortsdarstellung eine Schrödinger-Funktion oder in einer anderen Darstellung vielleicht eine Zahlenreihe. Der Erwartungswert einer Observablen R im Zustand φ ist gleich $(\varphi, R\varphi)$.

Zustandsänderung, der Übergang eines Stoffes von einem Zustand in einem anderen. Man beschränkt die Betrachtung meist auf *umkehrbare* Zustandsänderungen, d. h. solche, bei denen nur quasistationäre Zustände durchlaufen werden. Bei Systemen mehrerer Stoffe, Gefäße usw. unterscheidet man *reversible* und *irreversible* Zustandsänderungen, wobei die Gesamtentropie des Systems konstant bleibt bzw. zunimmt (Abnahme der Entropie ist nach dem zweiten Hauptsatz unmöglich, daher irreversible Prozesse).

Die wichtigsten Zustandsänderungen werden nach der Zustandsgröße benannt, die während der Zustandsänderung konstant bleibt, z. B.

Isotherme, Isobare usw. Bei Änderungen des Aggregatzustandes können zwei Zustandsgrößen konstant bleiben.

Zustandsänderungen aus kernmagnetischen Resonanzen. Die Form der in den →kernmagnetischen elektrodynamischen Resonanzeffekten erhaltenen Resonanzkurve wird beeinflußt durch die Umgebung der betreffenden Kerne; sie hängt also vom Zustand der Substanz ab. Am Ort des Kerns besteht nämlich infolge der magnetischen Momente der umgebenden Kerne ein örtliches Magnetfeld H_{loc}, das sich dem starken äußeren Gleichfeld H überlagert. Nach der Unschärferelation bedingt dieses örtliche Feld eine Breite $\Delta E = \hbar\gamma\,H_{loc}$ der Resonanzlinie (γ →gyromagnetisches Verhältnis). Die Größe von H_{loc} und damit die Linienbreite ändern sich mit dem Zustand des Körpers. H_{loc} beträgt einige Oe bei den meisten Festkörpern, nämlich denen mit Gitterstruktur. Sehr viel geringer ist es aber bei den meisten Gasen und Flüssigkeiten. So sollte etwa die Protonenresonanz in Wasser eine Linienbreite von etwa 10^{-4} Oe haben; tatsächlich kann jedoch infolge der unvermeidlichen Magnetfeldinhomogenitäten diese große Schärfe nicht gemessen werden. Zustandsänderungen verraten sich daher nur dann in der Linienbreite, wenn die Inhomogenitäten des äußeren Magnetfeldes kleiner sind als H_{loc}. Wird z. B. in einem kernmagnetischen Absorptionsversuch die Breite ΔE der Protonenresonanz in Schwefelwasserstoff in Abhängigkeit von der Temperatur verfolgt, so zeigen sich Umwandlungen durch Sprünge von ΔE bei gewissen Temperaturen an. In flüssigem →Helium läßt sich der λ-Punkt feststellen, d. i. die Temperatur, bei der der superfluide Zustand He II erreicht wird.

Zustandsdiagramm, gibt an Hand einer graphischen Darstellung das Verhalten eines Stoffes oder eines Systems aus mehreren Stoffen bei Änderung einer oder mehrerer Zustandsvariablen wieder. Bei der Darstellung von Zweistoffsystemen aus Metallen pflegt man die Zusammensetzung auf der Abszissenachse, die Temperatur auf der Ordinatenachse aufzutragen.

Je nach der Art des Erstarrungsvorgangs und je nach der Zusammensetzung der sich ausscheidenden Kristallphasen werden folgende streng ableitbare Diagrammtypen unterschieden. Wir beschränken uns dabei auf die Betrachtung der Fälle, in denen die Metalle in der Schmelze in allen Verhältnissen mischbar sind.

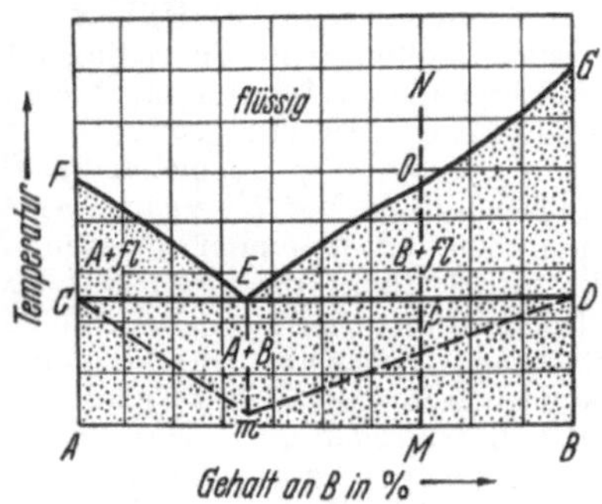

Abb. 1. Zustandsdiagramm eines in der Schmelze mischbaren mechanischen Gemenges. Nach *Gehlhoff*.

A. Binäre Systeme.

1. *Mechanisches Gemenge mit einem Eutektikum* (Abb. 1). Alle Legierungen sind Gemenge von A-

und B-Kristallen. Links von E scheidet sich primär der A-Kristall bei Temperaturen auf der Kurve FE, rechts von E der B-Kristall auf der Kurve GE ab. Die Restschmelze hat bei allen Legierungen die Zusammensetzung von E und erstarrt bei derselben Temperatur; hierbei scheiden sich gleichzeitig A- und B-Kristalle in feiner Verteilung aus (*Eutektikum*, Abb. 2). E heißt der *eutektische*

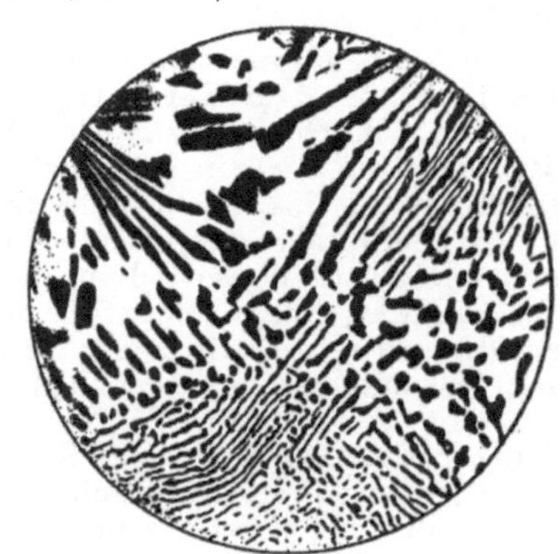

Abb. 2. 72% Silber, 28% Kupfer. Nach *Ledebur*.

Punkt. Das Gefüge der Legierungen, deren Zusammensetzung von E abweicht, besteht aus primär ausgeschiedenen größeren Kristallen von A oder B und einem feineren Eutektikum (Abb. 3).

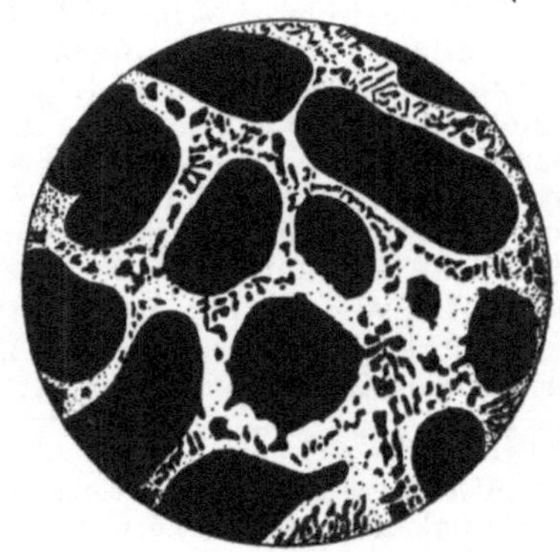

Abb. 3. 35% Silber, 65% Kupfer. Nach *Ledebur*.

2. *Eine ununterbrochene Reihe von Mischkristallen* (Abb. 4). Alle Legierungen sind im Gleichgewichtszustande homogen, und ihre Struktur

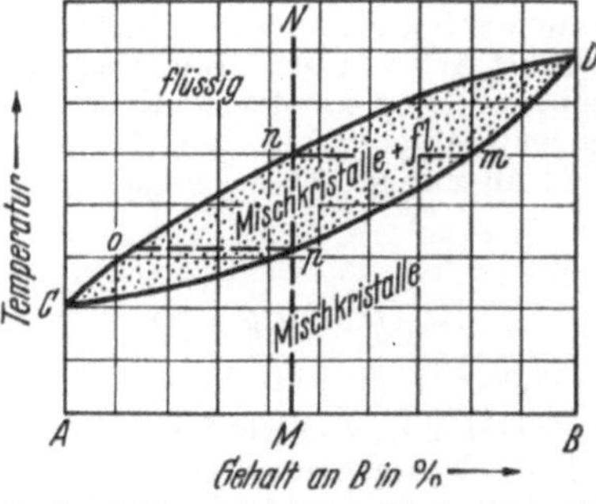

Abb. 4. Zustandsdiagramm einer lückenlosen Reihe von Mischkristallen. Nach *Gehlhoff*.

unterscheidet sich nicht von der der reinen Metalle. Im einfachsten Fall liegen der Beginn und das Ende der Erstarrung aller Legierungen zwischen den Erstarrungspunkten der Komponenten.

Die Erstarrung einer Schmelze N beginnt bei Erreichung des Punktes der *Liquidus*-Linie n, und die Zusammensetzung der sich zuerst ausscheidenden Kristalle wird durch den Schnittpunkt der Horizontalen nm mit der *Solidus*-Linie $CpmD$ angegeben. Im Verlaufe der Erstarrung, die in einem Temperaturintervall np erfolgt, verschiebt sich die Zusammensetzung der Schmelze längs no und die der Kristalle längs mp, wobei in beiden ein Konzentrationsausgleich durch Diffusion stattfindet. Die Erstarrung findet ihr Ende, sobald die Schmelze die Zusammensetzung o erreicht. Die Zusammensetzung der Kristalle p ist die der Gesamtlegierung.

Außer diesem einfachsten Falle kann die Erstarrungskurve einer ununterbrochenen Mischkristallreihe ein Maximum oder ein Minimum haben (Abb. 5, 6). Die Legierung der Zusammen-

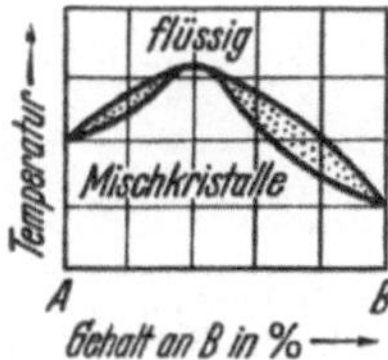

Abb. 5. Zustandsdiagramm einer lückenlosen Reihe von Mischkristallen mit einem Maximum. Nach *Gehlhoff*.

Abb. 6. Zustandsdiagramm einer lückenlosen Reihe von Mischkristallen mit einem Minimum. Nach *Gehlhoff*.

setzung des Maximums bzw. des Minimums erstarrt wie ein reines Metall bei konstanter Temperatur ohne Änderung der Zusammensetzung. Das Zustandsdiagramm spaltet sich formal in zwei Zustandsdiagramme links und rechts von dieser Zusammensetzung, und in beiden erfolgt die Erstarrung, wie soeben besprochen.

3. *Begrenzte Mischkristallbildung mit Eutektikum* (Abb. 7). Mischkristallbildung findet nur in begrenzten Bereichen FC und DG statt, die durch

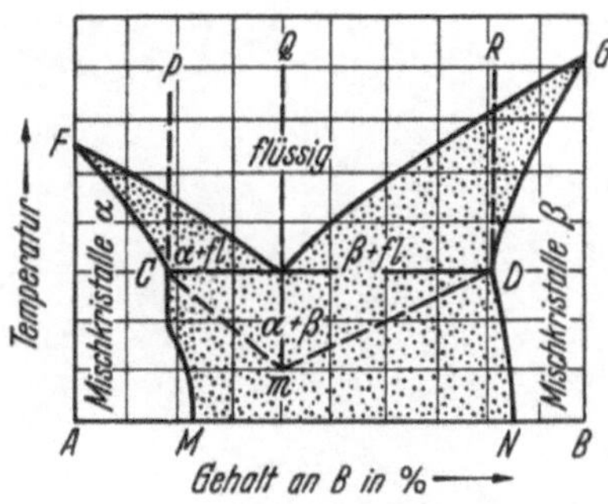

Abb. 7. Zustandsdiagramm einer begrenzten Mischkristallbildung mit Eutektikum. Nach *Gehlhoff*.

die punktierte Mischungslücke getrennt sind. Die Kristallisation der Legierungen, deren Zusammensetzung zwischen C und F einerseits und D und G andererseits liegt, erfolgt wie bei Typus 2. Die Legierungen dieser Konzentrationen bestehen aus homogenen Mischkristallen. Bei Legierungen der Zusammensetzungen zwischen C und D findet zuerst gleichfalls eine Ausscheidung homogener Mischkristalle nach 2 statt, sobald die Zusammensetzung der Kristalle jedoch C oder D erreicht hat, findet bei der Temperatur der Horizontalen CD

eine eutektische Kristallisation der Restschmelze statt. Die Bestandteile des Eutektikums sind die gesättigten Mischkristalle C und D. Das Erstarrungsgefüge unterscheidet sich in diesem Konzentrationsgebiet nicht wesentlich von dem des Typus 1.

Bei sinkender Temperatur verschieben sich im allgemeinen die Konzentrationen der gesättigten Mischkristalle, etwa längs der Linien CM und DN. Aus dem Mischkristall D wird hierbei der Überschuß an A als *Segregat* ausgeschieden (Abb. 8).

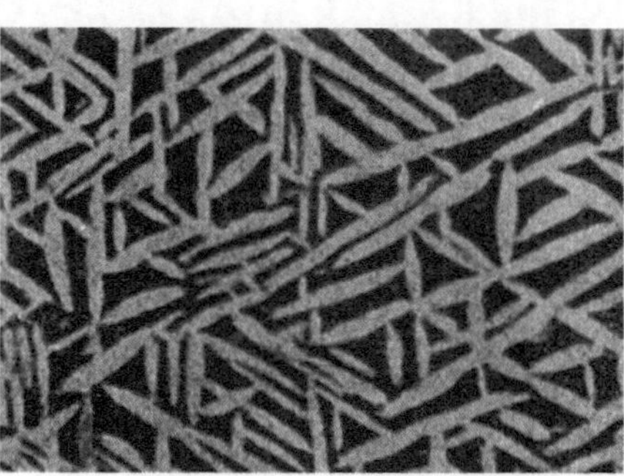

Abb. 8. Segregatbildung. Nach *Guertler*.

Dieses scheidet sich meist gesetzmäßig längs kristallographischer Flächen aus. C vermag bei sinkender Temperatur weitere Mengen von B aus dem angrenzenden Eutektikum aufzunehmen.

4. *Begrenzte Mischkristallbildung mit Peritektikum* (Abb. 9). Die Legierungen der Konzentrations-

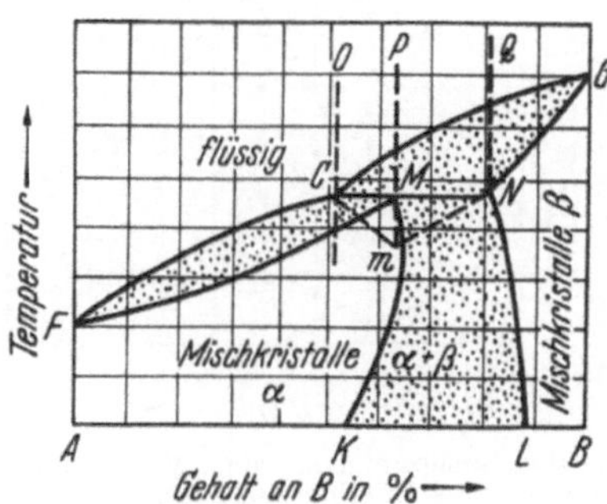

Abb. 9. Zustandsdiagramm bei begrenzter Mischkristallbildung mit Peritektikum. Nach *Gehlhoff*.

gebiete FC und NG erstarren nach Typus 2. Im Gebiete OQ findet zuerst die Ausscheidung von B-reichen Mischkristallen $β$ statt, bis diese Mischkristalle die Zusammensetzung von N und die Schmelze diejenige von C erreicht haben. Bei der konstanten Temperatur der Horizontalen CN findet eine Reaktion zwischen der Schmelze C und dem Mischkristall N unter Bildung eines neuen Mischkristalls M statt, der von N durch eine Mischungslücke getrennt ist:

$$C + N \rightarrow M$$

Dieser Vorgang wird *peritektische* Kristallisation und die entstehende Struktur *Peritektikum* genannt. Wenn die Gesamtzusammensetzung der Legierung rechts von PM liegt, wird zuerst die Schmelze aufgezehrt, und die Legierung besteht nach vollendeter Kristallisation aus einem Gemenge von N- und M-Kristallen, wobei die letzteren die N-Kristalle *peritektisch* umhüllen (Abb. 10). Liegt die Zusammensetzung der Legierung links von PM, so wird im Idealfall (vgl. weiter unten) N aufgezehrt, und die Legierung besteht aus homogenen a-Kristallen.

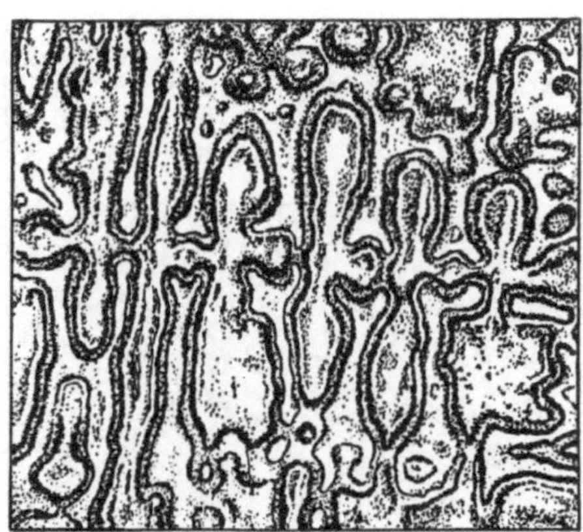

Abb. 10. Typisches Peritektikum. Kupfer mit 4,9% Silizium. Normal abgekühlt. 68fache Vergrößerung. Nach *Rudolfi*.

5. *Verbindung mit einem offenen Maximum* (Abb. 11). Bei der Zusammensetzung der Verbindung A_mB_n findet sich auf der Liquidus-Kurve ein Maximum M. Die gesamte Schmelze kristallisiert hierbei zu einer einheitlichen Kristallart A_mB_n.

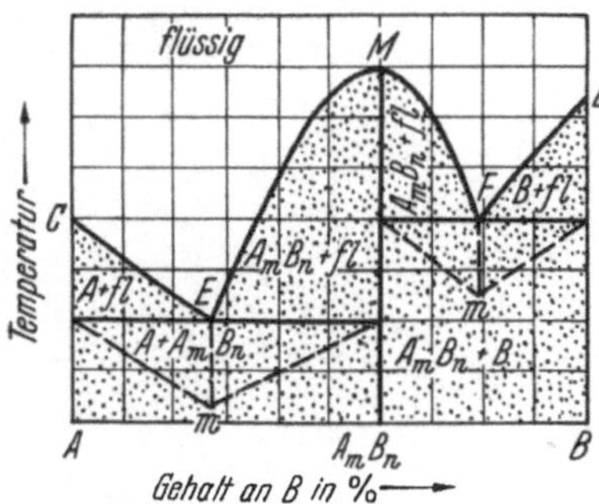

Abb. 11. Zustandsdiagramm bei einer Verbindung mit offenem Maximum ohne Mischkristallbildung. Nach *Gehlhoff*.

Rechts und links von A_mB_n vollzieht sich die Kristallisation nach Typus 1, und das gesamte Zustandsdiagramm besteht aus zwei Teildiagrammen. Die Struktur der Verbindung unterscheidet sich nicht von der der reinen Metalle, und die Strukturen der in den Teildiagrammen liegenden Legierungen entsprechen dem Typus 1.

6. *Verbindung mit einem verdeckten Maximum* (Abb. 12). In dem Konzentrationsgebiet OG findet primär die Kristallisation von B statt. Nachdem die Schmelze die Temperatur und Zusammensetzung des Punktes O erreicht hat, reagiert sie peritektisch mit der Kristallart B unter Bildung der Verbindung $M (A_mB_n)$:

Schmelze $O +$ Kristalle $B \rightarrow$ Kristalle A_mB_n.

Bei Zusammensetzungen zwischen A_mB_n und B endet die Kristallisation im Idealfall mit der Aufzehrung der Schmelze O. Die Legierung besteht dann aus B-Kristallen, die von *peritektischen* Säumen der A_mB_n-Kristalle umgeben sind. Liegt die Zusammensetzung zwischen O und M, so wird

im Idealfall B aufgezehrt, und die weitere Kristallisation von A_mB_n aus der Schmelze erfolgt nach Typus 1. Nach diesem Typus kristallisieren von Anfang an die Legierungen der Zusammensetzungen O bis F.

Infolge von Trägheitserscheinungen findet der Erstarrungsvorgang oft abweichend vom Gleichgewichtsdiagramm statt, und die entstehenden Strukturen entsprechen nicht Gleichgewichtszuständen in den Legierungen.

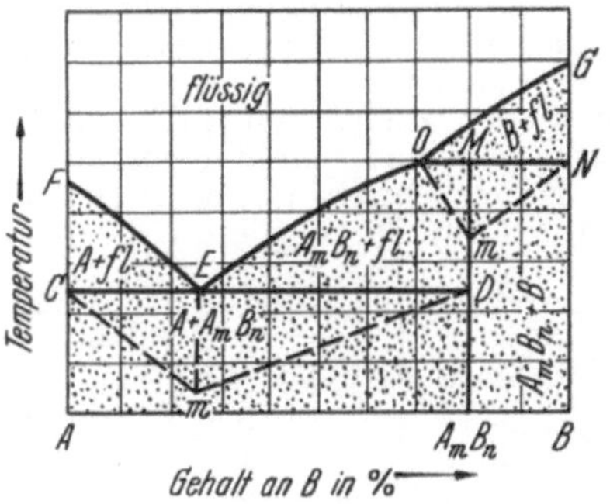

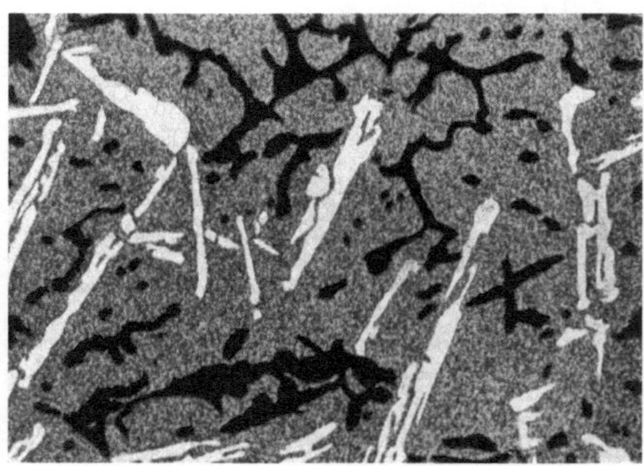

Abb. 12. Zustandsdiagramm bei einer Verbindung mit verdecktem Maximum ohne Mischkristallbildung. Nach *Gehlhoff*.

Die peritektischen Reaktionen verlaufen mit großen Störungen, die insbesondere beim Typus 6 sehr stark sind. Die peritektischen Säume umhüllen die primären Kristalle und unterbinden ihren Kontakt mit der Schmelze. Infolgedessen wird die peritektische Reaktion vorzeitig unterbrochen, und am weiteren Kristallisationsvorgang beteiligen sich nur die Schmelze und M (Abb. 9 oder 12), die peritektisch ausgeschiedene Kristallart. Bei peritektischen Reaktionen findet man deshalb in der Regel drei Strukturelemente, die primäre Kristallart, die umhüllende peritektische Kristallart und ein Eutektikum (Abb. 13). Diese

Abb. 13. Strukturen mit drei Kristallarten. Weiß: primäre Kristallart, grau: Peritektikum, schwarz: Restkristallisation. Die Gesamtzusammensetzung deckt sich mit der der grauen Massen, welche die Reaktion der weißen mit den schwarzen hemmen. Die Kristallarten sind der Reihe nach hier: Ni_2Mg, $NiMg_2$ und ein (als solches nicht kenntliches) Eutektikum. 70fach vergrößert. Nach *G. Voss*.

Strukturen stehen in Widerspruch mit der Phasenregel und sind keine Gleichgewichtsstrukturen.

Wenn M (Abb. 12) nicht einer singulären Kristallart A_mB_n entspricht, sondern sich zu einem

Mischkristallbereich erweitert, so werden die peritektischen Strukturstörungen durch Diffusion gemildert. Dasselbe gilt für den Typus 4.

Die Diffusion in den Mischkristallen bei ihrer Erstarrung nach Typus 2 bleibt meistens hinter dem Erstarrungsvorgang zurück. Infolge des unvollkommenen Konzentrationsausgleichs durch Diffusion entstehen *Zonenkristalle* (Abb. 14). Diese

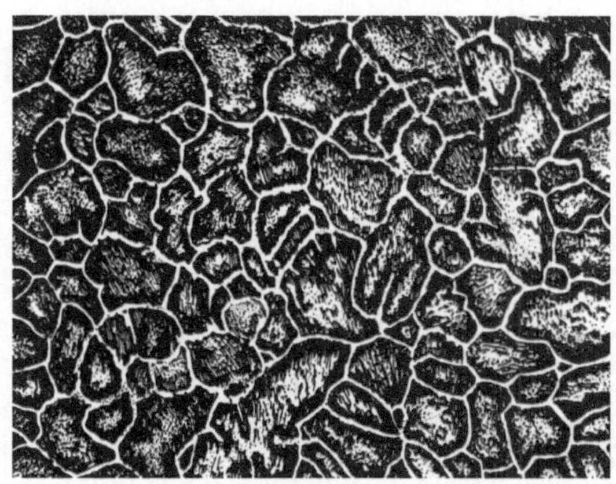

Abb. 14. Polygone mit zoniger Struktur. Nickel-Eisen-Legierung mit 70% Ni. 30 fache Vergrößerung. Nach *Guertler* und *Tammann*.

Konzentrationsunterschiede gleichen sich durch Erhitzung auf hohe Temperaturen in der Regel schnell aus (Homogenisieren).

B. Systeme mit 3 und mehr Komponenten

kristallisieren in denselben Formen von Gemengen verschiedener Kristallarten (Komponenten, Verbindungen, Mischkristalle) oder von einheitlichen Mischkristallen. Die Mannigfaltigkeit im Verlauf der Erstarrung ist größer als bei binären Systemen, und die Übersicht ist dadurch erschwert, daß man, entsprechend einer größeren Zahl von Variabeln, nicht mehr mit ebenen Diagrammen auskommt, sondern bei ternären Systemen zu Raumdiagrammen greifen muß. Die quaternären und höheren Systeme entziehen sich einer erschöpfenden anschaulichen Darstellung in einem Diagramm.

Zustandsdiagramm der Sterne →Hertzsprung-Russell-Diagramm.

Zustandsenergie, gelegentlich benutzte Bezeichnung der →potentiellen Energie.

Zustandsgleichung der Festkörper, die Abhängigkeit ihres Volumens von Druck und Temperatur. Ist $E_0(V)$ die →Nullpunktsenergie des Festkörpers je Grammatom in Abhängigkeit vom Molvolumen V und Θ die →charakteristische Temperatur von *Debye*, so erhält man nach *Grüneisen* als Zustandsgleichung:

$$p = -\frac{dE_0}{dV} - 3\,RT\,\frac{d\ln\Theta}{dV}\,D\!\left(\frac{\Theta}{T}\right),$$

wo

$$D(x) = \frac{3}{x^3}\int_0^x \frac{\xi^3\,d\xi}{\exp(\xi)-1}.$$

Daraus findet man:

$$\alpha = \frac{\chi}{V}\,\gamma\,C_v.$$

wo χ die Kompressibilität, $\alpha = \dfrac{1}{V}\left(\dfrac{\partial V}{\partial T}\right)$ der thermische Ausdehnungskoeffizient und $\gamma = -\,d\ln\Theta/d\ln V$ eine reine Zahl ist, die für die meisten Stoffe nahezu temperaturunabhängig ist und etwa den Wert 2 hat. Dieser Zusammenhang zwischen der thermischen Ausdehnung und der Atomwärme C_v bei konstantem Volumen wird als *Grüneisensche Beziehung* bezeichnet.

Die Abhängigkeit der charakteristischen Temperatur Θ vom Volumen V ist in der Anharmonizität der Gitterschwingungen begründet (*Debye*). Obige Beziehungen können nur angenäherte Gültigkeit haben, da die zugrunde liegende Debyesche Theorie der →spezifischen Wärme der Festkörper nur angenähert gültig ist. Man kann die Zustandsgleichung auch auf die Form bringen:

$$p = -\frac{dE_0}{dV} + \frac{E(T,V) - E_0(V)}{V}\,\gamma,$$

wo $E(T,V)$ die von Temperatur und Volumen abhängige innere Energie des Körpers ist. In dieser Form läßt das 2. Glied dieser Gleichung, das einem temperaturabhängigen Druckanteil entspricht, die Deutung eines Strahlungsdruckes der thermischen Gitterwellen des Festkörpers zu (*L. Brillouin*), ähnlich dem →Strahlungsdruck $U/3$ der elektromagnetischen Wellen eines Hohlraumes (U Energiedichte der isotropen Strahlung).

Bezeichnet man den temperaturabhängigen Druckanteil (den thermischen Druck) mit p_T, so besteht bei höheren Temperaturen ($T > \Theta$, wo $C_v = 3\,R$, also $E - E_0 = 3\,RT$) die Beziehung: $p_T\,V = 3\,\gamma\,RT$. Im idealen Gase tritt der Koeffizient 1 an die Stelle von $3\,\gamma$. Die folgende Tabelle gibt für einige Festkörper die experimentell ermittelten Werte:

Stoff:	Na	K	Cu	Ag	Pt	NaCl
3γ:	3,75	4,02	5,88	7,20	7,62	4,83

Im Falle nichtmetallischer Festkörper ist es sinnvoll, die Funktion $E_0(V)$ auf Zentralkräfte zwischen den Atomen zurückzuführen. Man kann der Einfachheit halber mit Potenzgesetzen der Entfernung sowohl für die Anziehungs- als auch die Abstoßungskräfte rechnen. Man findet so: $E_0(V) = -A/V^{n/3} + B/V^{m/3}$, wo n der Exponent der anziehenden und m derjenige der abstoßenden Kräfte im Ansatz für die potentielle Energie zwischen zwei Atomen als Funktion ihrer Entfernung ist. Für den temperaturunabhängigen Druckanteil p_0 ergibt sich so:

$$p_0 = -\frac{n}{3}\,\frac{A}{V^{3+n/3}} + \frac{m}{3}\,\frac{B}{V^{(m+3)/3}}.$$

Derartige Ausdrücke wurden zuerst von *Mie* (1903) und *Grüneisen* (1912) betrachtet. Ferner →Zustandsgleichung, kalorische, II.

Handb. d. Physik XXIV/2. Berlin 1936.

Zustandsgleichung, Euckensche, für Flüssigkeiten, eine halbempirische Zustandsgleichung. Sie lautet $p + A/V^3 = BT/V^3 + C/V^6$, wo p, V der Druck und das Molvolumen, A, B, C empirisch zu bestimmende Konstanten sind. Bei ihrer Begründung übernimmt man die für feste Körper gültige allgemeine Form der Zustandsgleichung: $p + A/V^n = p_T + B/V^m$, wo p_T der thermische Druck, das zu A proportionale Glied der →Kohäsionsdruck und das letzte Glied der rechten Seite auf die abstoßenden Kräfte zwischen den Molekülen zurückzuführen ist. Die Zustandsgleichung hat sich bei einer Reihe von Flüssigkeiten bis zu Drucken von etwa 10000 atm gut bewährt. Ferner →Zustandsgleichung, kalorische, III.

Eucken, A.: Gött. Nachr., Fachgr. III, 340 (1933).

Zustandsgleichung, kalorische. Durch die kalorische Zustandsgleichung ist die Abhängigkeit der →inneren Energie U und des →Wärmeinhalts J vor allem von der Temperatur, dann aber auch von Druck und Volumen und etwaigen weiteren Variabeln gegeben. Sie muß also einerseits unterschieden werden von der thermischen →Zustandsgleichung, durch die eine Beziehung zwischen Volumen, Druck und Temperatur hergestellt wird, andrerseits von den kanonischen →Zustandsgleichungen, durch die die →charakteristischen thermodynamischen Funktionen, wie z. B. →Entropie und →freie Energie, als Funktionen der Zustandsvariablen V, p, T usw. gegeben sind.

Da (je Mol) $(\partial U/\partial T)_v = C_v$ und $(\partial J/\partial T) = C_p$ ist, kommt die experimentelle Ermittlung der kalorischen Zustandsgleichung im wesentlichen der Messung der Molwärmen C_p und C_v über ein möglichst weites Temperaturgebiet gleich.

Nach der →kinetischen Theorie ist die innere Energie eines Körpers gegeben durch die kinetische und evtl. auch potentielle Energie seiner Atome, deren Bewegungen wiederum durch die zwischen den Atomen wirkenden Kräfte bestimmt sind. So ergeben sich naturgemäß für die verschiedenen Aggregatzustände und Stoffklassen verschiedene kalorische Zustandsgleichungen.

I. Gase. Nach dem klassischen →Gleichverteilungssatz der Energie beträgt die mittlere kinetische Energie je Freiheitsgrad $kT/2$. Da dem einzelnen Massenpunkt drei Freiheitsgrade zuzuordnen sind, folgt für das einatomige Gas

$$U_1 = \tfrac{3}{2} N_L k T = \tfrac{3}{2} R T \tag{1}$$

(N_L Loschmidt-Konstante), und damit: $C_v = 3 R/2$. Beim zweiatomigen Gas tritt hierzu noch die Rotationsenergie um zwei, beim drei- und mehratomigen Gas um drei zueinander senkrechte Achsen, so daß folgt:

$$U_2 = \tfrac{5}{2} N_L k T = \tfrac{5}{2} R T; \qquad C_v = \tfrac{5}{2} R \tag{2}$$
(zweiatomiges Gas)

$$U_3 = 3 N_L k T = 3 R T; \qquad C_v = 3 R \tag{3}$$
(drei- und mehratomige Gase).

Auf Grund der Quantentheorie sind folgende Abweichungen von diesen klassischen Ansätzen zu erwarten:

1. An Stelle der Boltzmannschen Statistik ist je nach der Symmetrie der Teilchen die →Bose-Einstein- oder die →Fermi-Dirac-Statistik anzuwenden. Die Abweichungen der auf Grund dieser Statistiken abgeleiteten Formeln von den klassischen sind jedoch so klein, daß sie höchstens bei ganz tiefen Temperaturen in Erscheinung treten können, wo sie jedoch bei Gasen von den sonstigen Abweichungen vom idealen Gasgesetz vollständig überdeckt sind (vgl. dazu jedoch Abs. 3 und 4).

2. Besonders bei höheren Temperaturen und vielatomigen Molekülen kann das einzelne Molekül nicht mehr als starr angesehen werden. Der mittlere Energieinhalt jeder einzelnen intramolekularen Schwingung ist dann durch eine Einsteinsche Funktion [Gl. (5)] darzustellen, und die Summe dieser Energiebeträge ist zu der inneren Energie, durch die Translation und Rotation des Gesamtmoleküls berücksichtigt sind, hinzuzufügen. Die Frequenzen der Eigenschwingungen werden dabei vorteilhaft dem Ultrarot-, Raman- oder Bandenspektrum entnommen. Bei hohen Temperaturen bedingt die für Dissoziation und Ionisation erforderliche Energie eine sehr erhebliche Zunahme von C_v. Nach den Rechnungen von *G. Burkhardt* [Z. Naturforsch **3a**, 603—607 (1948)] beträgt z. B. für Luft bei 6500 °K $C_v = 23\,R$, bei 10000 °K $C_v = 7\,R$ und bei 24000 °K $C_v = 26\,R$.

Bei tiefen Temperaturen sind auch die Freiheitsgrade der Rotation nicht mehr angeregt, was besonders beim Wasserstoff nachgewiesen werden konnte, bei dem C_v von $\sim 5\,R/2$ bei 300 °K auf $\sim 3\,R/2$ bei 60 °K abfällt.

Dazu kommen dann bei realen Gasen noch die Abweichungen auf Grund einer endlichen Dichte bzw. eines endlichen Druckes. Sie können experimentell z. B. durch Messungen des →Joule-Thomson-Effektes bestimmt oder auf Grund von Ansätzen für die zwischen den Molekülen wirkenden Kräfte berechnet werden.

Eucken, A.: Naturwiss. **31**, 314 (1943). — *Zeise, H.:* Thermodynamik. Leipzig 1944. — *Justi, E.:* Spez. Wärme, Enthalpie, Entropie u. Dissoziation techn. Gase. Berlin 1938. — *Dickel, G.*, in *K. Clusius:* Physikal. Chemie, Naturwiss. u. Med. i. Deutschland **30**, 1939/46. Wiesbaden 1948.

II. Feste Körper. Zu der bei idealen Gasen allein vorhandenen kinetischen Energie tritt hier noch die potentielle Energie im Potentialfeld der Nachbaratome. Für die harmonische Schwingung sind potentielle und kinetische Energie im Mittel einander gleich, so daß hier, falls jede Schwingung voll angeregt wäre,

$$U = n\,3\,N_L\,k\,T = 3\,n\,R\,T \tag{4}$$

($C_v = 3\,R$, n Zahl der Atome je Molekül) zu erwarten wäre, ein Wert, der entsprechend der →Dulong-Petitschen Regel auch bei zahlreichen festen Elementen und nach der →Koppschen Regel auch bei festen Verbindungen mit Ausnahme der leichteren Metalloide bei Raumtemperatur und mäßig hohen Temperaturen ungefähr erreicht wird.

Auf Grund der Quantentheorie sind folgende Grenzfälle des festen Körpers einer verhältnismäßig elementaren mathematischen Bearbeitung zugänglich:

1. Der feste Körper mit der Atomzahl N wird aufgebaut aus N Oszillatoren, deren jeder die Frequenz ν besitzt. Es gilt dann

$$U = 3\,N\,\frac{h\,\nu}{e^{\frac{h\,\nu}{k\,T}} - 1}\,, \tag{5}$$

$$C_v = 3\,R \left(\frac{h\,\nu}{k\,T}\right)^2 \frac{e^{\frac{h\,\nu}{k\,T}}}{\left(e^{\frac{h\,\nu}{k\,T}} - 1\right)^2} = 3\,R\,F_E\left(\frac{h\,\nu}{k\,T}\right). \tag{6}$$

Dabei ist $F_E\left(\dfrac{h\,\nu}{k\,T}\right)$ die Einsteinsche Funktion der spezifischen Wärme (*Einstein* 1906).

2. Der feste Körper wird als Kontinuum aufgefaßt und seine thermische Bewegung dargestellt als Überlagerung seiner sämtlichen akustischen Eigenschwingungen. Da deren Zahl jedoch nicht größer sein kann als $3\,N$, wird die Reihe der Oberschwingungen bei einer gewissen Grenz-

frequenz v_m abgebrochen. Damit folgt (*Debye* 1912)

$$U = \frac{9\,N\,h}{v_m^3} \int_0^{v_m} \frac{v^3\,dv}{e^{\frac{hv}{kT}} - 1} \,. \tag{6}$$

Führen wir durch die Definitionsgleichung

$$\Theta = k\,v_m/h$$

die *charakteristische Temperatur* Θ ein, so folgt:

$$C_v = 3\,R\,F_D\left(\frac{\Theta}{T}\right) \tag{7}$$

mit

$$F_D\left(\frac{\Theta}{T}\right) = 3\left(\frac{T}{\Theta}\right)^3 \int_0^{\Theta/T} \frac{e^{\frac{hv}{kT}}\left(\frac{hv}{kT}\right)^4}{\left(e^{\frac{hv}{kT}} - 1\right)^2}\, d\left(\frac{hv}{kT}\right).$$

Für die meisten Körper kann der experimentell gefundene Verlauf von C_v durch Θ-Werte wiedergegeben werden, die zwischen etwa 88 (Pb) und etwa 400 °K liegen, für einige Körper, z. B. Be (1000°) und Diamant ($\sim$1800°), jedoch wesentlich höher. Die durch sie bestimmten Frequenzen v stimmen weitgehend mit den aus anderen Daten, z. B. Kompressibilität (*Madelung* 1910), Schmelzpunkt (*Lindemann* 1910), Reststrahlen usw., gefundenen Werten überein. Wie verständlich, ergeben sich um so höhere Frequenzen v, je leichter die einzelnen Atome und je fester die Bindungskräfte sind. Für hohe Temperaturen $T \gg \Theta$ folgt sowohl nach Gl. (5) wie (6) wieder der Wert der klassischen Theorie nach Gl. (4); für tiefe Temperaturen ergeben beide einen monotonen Abfall von C_v auf den Wert Null für $T = 0$, jedoch folgt für $T \gg \Theta$ nach der Einsteinschen Formel (5):

$$C_v = 3\,R\left(\frac{hv}{kT}\right)^2 e^{-\frac{hv}{kT}}, \tag{9}$$

jedoch nach der Debyeschen Formel (6):

$$C_v = 3\,R\,\frac{12\,\pi^4}{15}\left(\frac{T}{\Theta}\right)^3 = 464{,}4\left(\frac{T}{\Theta}\right)^3 \text{[cal/mol]} \tag{10}$$

(*Debyesches T^3-Gesetz der spezifischen Wärmen*).

Wenn auch die Debyesche Funktion die spezifische Wärme nicht nur der festen Elemente, sondern auch zahlreicher Verbindungen recht befriedigend wiedergibt, so muß doch, besonders bei Kristallen, bei denen die Bindungen innerhalb der Moleküle fester sind als diejenige zwischen den Molekülen, ebenso bei Ionenkristallen, mit einer Überlagerung von Einstein- und Debye-Funktionen gerechnet werden, um die experimentellen Ergebnisse wiederzugeben.

Eine allgemeine Theorie der Schwingungen in Kristallgittern, die die beiden eben besprochenen Theorien als Spezialfälle enthält, wurde von *Born* und *Karman* (*M. Born*, Dynamik der Kristallgitter. Leipzig: Teubner 1915) entwickelt und später vor allem von *Blackman* [Proc. Roy. Soc. **148**, 384 (1935); **159**, 416 (1937)] weiter ausgebaut, dessen Ansätze durch Messungen von *Clusius* [Z. Naturforschg **1**, 79 (1946)] offenbar qualitativ bestätigt werden.

Seitz, F.: The Modern Theory of Solids. New York u. London 1941. — *Clusius, K.:* Physikal. Chemie. Naturwiss. u. Med. i. Deutschland **30**, 1939/46. Wiesbaden 1948. — *Eucken, A.:* Lehrb. d. chem. Physik. Leipzig 1944. — *Houston, W. V.:* Z. Naturf. **3 a**, 607 (1948).

III. Flüssigkeiten. Die spezifische Wärme der Flüssigkeiten ist sowohl vom theoretischen als auch vom experimentellen Standpunkt aus noch weniger genau untersucht als die der Gase und Kristalle. Zahlreiche Stoffe haben im festen Zustand und als Flüssigkeit etwa die gleiche spezifische Wärme, so daß also für sie auch die Dulong-Petitsche Regel erfüllt ist.

Die spezifische Wärme von flüssigem Helium II kann gut durch eine Debyesche Funktion dargestellt werden. →Helium, flüssig und fest.

Eucken, A.: Lehrb. d. chem. Physik. Leipzig 1944.

IV. Elektronenwärme. Die Mehrzahl der Elektronen ist fest an die Atomkerne gebunden, so daß die thermische Energie noch nicht genügt, sie anzuregen. Dagegen können die Leitungselektronen mit häufig ausreichender Annäherung als „frei" beweglich betrachtet werden, was zur Konzeption des →Elektronengases führt. Es ist nach der Fermi-Dirac-Statistik zu behandeln und in dem zugänglichen Temperaturgebiet fast vollständig entartet. Seine nach *Sommerfeld* mit T proportionale spezifische Wärme ist so klein, daß sie neben der mit T^3 gegen Null gehenden spezifischen Wärme des Metalls nur bei sehr tiefen Temperaturen nachgewiesen werden kann [vgl. z. B. *K. Clusius*, Z. Naturforschg **2 a**, 90 (1947)].

Eucken, A.: Lehrb. d. chem. Physik. Leipzig 1944. — *Zeise, H.:* Thermodynamik. Leipzig 1944. — *Seitz, F.:* The Modern Theory of Solids. New York u. London 1940.

Zustandsgleichung, kanonische, nach *M. Planck*, eine Gleichung, durch die die Entropie S als Funktion des Volumens V und der inneren Energie U ausgedrückt wird. Da $\partial S/\partial V = p/T$ und $\partial S/\partial U = 1/T$ ist, lassen sich mit ihrer Hilfe p und T als Funktion von U und V darstellen. Im Gegensatz zur →thermischen und →kalorischen Zustandsgleichung können mithin durch die kanonische Zustandsgleichung *alle* thermodynamischen Größen miteinander in Beziehung gebracht werden.

Planck, M.: Berl. Akad. Ber. **1908**, 633.

Zustandsgleichungen, thermische, der funktionelle Zusammenhang zwischen den drei einfachsten thermodynamischen Zustandsgrößen eines homogenen Körpers. Dies sind für isotrope Körper die abs. Temperatur T, der Druck p und das Molvolumen V. Die Zustandsgleichung lautet dann: $G(T, p, V) = 0$. Die Zustandsgleichung gestattet, eine der drei Zustandsgrößen durch die beiden anderen auszudrücken. Präzisionsmessungen lehren, daß die Meßwerte der Zustandsgrößen sich nicht durch eine einigermaßen einfache und physikalisch durchsichtige Formel analytisch darstellen lassen; insbesondere gibt es keine für alle Gase und Flüssigkeiten gültige Zustandsgleichung. Nur durch Verzicht auf höchste Genauigkeit kann man einfache Zustandsgleichungen benutzen, die um so einfacher ausfallen, je kleiner die Ansprüche an die genaue quantitative Wiedergabe der Meßwerte sind. Von besonderer Bedeutung sind jene Zustandsgleichungen, die physikalisch begründbar sind. Es gibt daneben aber noch eine Reihe von halbempirischen Zustandsgleichungen. Besonders wichtig sind folgende Zustandsgleichungen (V Molvolumen):

1. Die ideale Zustandsgleichung für Gase von →*Boyle-Mariotte-Gay Lussac*:

$$p\,V = R\,T.$$

2. Die Zustandsgleichung realer Gase im Grenzfall geringer Dichte:

$$pV = RT + Bp \quad (B\ 2. \to\text{Virialkoeffizient}).$$

3. $\to$*van der Waalssche* Zustandsgleichung

$$(p + a/V^2)\,(V - b) = RT.$$

4. $\to$*Berthelot*-Gleichung:

$$[p + a'/T(V^2)]\,(V - b) = RT.$$

5. $\to$*Callendar*-Gleichung für kleine Drucke:

$$pV = RT + Bp, \quad \text{wo } B = b - a'/T.$$

6. Zustandsgleichung von $\to$*Beattie* und *Bridgman*:

$$pV^2 = RT\,(1 - \varepsilon)\,(V + B - A/V^2),$$

wo $\quad A = A_0(1 - a/V); \qquad B = B_0(1 - b/V);$
$\varepsilon = c/(VT^n).$

7. $\to$*Beckersche* Zustandsgleichung für große Dichten:

$$pV = RT(1 + k/V \cdot \exp(k/V)) - a/V + b/V^{\beta+1}.$$

8. $\to$*Clausiussche* Gleichung, eine Modifikation der van der Waalsschen Gleichung, in der a nicht als Konstante, sondern als Funktion von V betrachtet wird:

$$a = a_0/(1 + c/V)^2.$$

9. $\to$*Euckensche* Zustandsgleichung für Flüssigkeiten:

$$p + A/V^3 = BT/V^3 + C/V^6.$$

10. $\to$*Tammannsche* Zustandsgleichung für Flüssigkeiten:

$$(p + \pi)\,(V - V_\infty) = CT.$$

11. $\to$*Wohlsche* Zustandsgleichung:

$$p = \frac{RT}{V - b} - \frac{a}{TV(V - b)} + \frac{C}{T^{4/3}\,V^3}.$$

Handb. d. Physik X. Berlin 1926.

Zustandsgleichung, thermische, von Flüssigkeiten. Von den älteren Zustandsgleichungen für Flüssigkeiten war die $\to$van der Waalssche Zustandsgleichung die grundsätzlich bedeutungsvollste. Eine quantitative Übereinstimmung mit der Erfahrung ist jedoch nicht zu erreichen. Eine universelle Zustandsgleichung scheint es für Flüssigkeiten nicht zu geben, da bei der dichten Packung der Moleküle individuelle Feinheiten des Molekülbaus wirksam werden. Dies zeigen die Abweichungen vom Theorem der korrespondierenden Zustände. Auf einige einfache Stoffe ist die halbempirische Euckensche $\to$Zustandsgleichung in einem begrenzten Druck- und Temperaturbereich anwendbar. Der Zusammenhang zwischen dem molekularen Wechselwirkungsgesetz und der Zustandsgleichung ist in Flüssigkeiten äußerst kompliziert und theoretisch noch nicht vollständig geklärt.

Eucken, A.: Lehrb. d. chem. Physik II/2. Leipzig 1944.

Zustandsgrößen. Es besteht allgemein zwischen den Zustandsgrößen eines Stoffes oder Systems — von singulären Unstetigkeiten und Mehrdeutigkeiten abgesehen — eine eindeutige gegenseitige Zuordnung, die auch nach Durchlaufen beliebiger Zustandsänderungen ($\to$Kreisprozesse) erhalten bleibt. Meist versteht man unter Zustand und Zustandsgrößen nur die thermodynamischen Begriffe und unterscheidet die *einfachen* (unmittelbar meßbaren) Zustandsgrößen: Druck p, Volumen V und absolute Temperatur T von den *abgeleiteten* Zustandsgrößen, die sich durch Berechnung aus der spezifischen Wärme ergeben: Entropie S, Enthalpie I, innere Energie U usw.

Darüber hinaus sind im Gaszustand der Materie die meisten Eigenschaften Zustandsgrößen, d. h. dem System zugeordnet und durch Angabe zweier einfacher Zustandsgrößen eindeutig festgelegt. Dagegen sind im festen Aggregatzustand oft Volumen (Dichte) und Druck (innere Spannungen) von der Vorgeschichte (Härten, Altern) abhängig. Man spricht dann von metastabilem Gleichgewicht usw., d. h. es läßt sich mit den üblichen Zustandsgrößen keine Zustandsgleichung des festen Körpers aufstellen, da die Zustandsfläche viel- bzw. unendlichblättrig wird.

Als *reduzierte* Zustandsgrößen bezeichnet man die dimensionslosen Quotienten der einfachen Zustandsgrößen mit deren Werten am kritischen Punkt: $p/p_\text{krit} = \pi$, $V/V_\text{krit} = v$, $T/T_\text{krit} = \Theta$.

Nach dem Gesetz der $\to$korrespondierenden Zustände sind die thermischen Zustandsgleichungen aller Stoffe bei Benutzung der reduzierten Zustandsgrößen angenähert identisch.

Für die spezifische Wärme der verschiedenen Stoffe hat die $\to$charakteristische Temperatur eine ähnliche Bedeutung wie oben die kritische Temperatur.

Handb. d. Physik X. Berlin 1926.

Zustandsgrößen der Sterne. Der physikalische Zustand der Sterne wird durch verschiedene, der Beobachtung zugängliche Werte festgelegt, die man als Zustandsgrößen bezeichnet. Es sind dies: 1. die Masse $\mathfrak{M}$ des Sternes, 2. die Leuchtkraft L, d. h. die je Zeiteinheit ausgestrahlte Energie, 3. der Radius R des Sternes, 4. die effektive Temperatur T_e, d. h. die Temperatur des schwarzen Strahlers, der je cm² Oberfläche die gleiche Gesamtemission hat wie der Stern, 5. der Spektraltyp, der das Absorptionslinienspektrum charakterisiert, 6. die Rotationsperiode bzw. Rotationsgeschwindigkeit v_R am Äquator, 7. das Magnetfeld, 8. die chemische Zusammensetzung der Sternatmosphäre, 9. die mittlere Dichte $\bar\varrho$, 10. die mittlere Energieerzeugung je Massen- und Zeiteinheit $\bar\varepsilon$. Zwischen den genannten Werten bestehen definitionsgemäß die Beziehungen

a) $L = 4\,\pi\,\sigma\,T_e^4\,R^2$ (σ Stefan-Boltzmann-Konstante),

$$\text{b) } \bar\varrho = \frac{3\,\mathfrak{M}}{4\,\pi\,R^3}, \quad \text{c) } \bar\varepsilon = \frac{L}{\mathfrak{M}}.$$

Empirisch bestehen bei den meisten Sternen zwischen den verschiedenen Zustandsgrößen enge Korrelationen ($\to$Masse-Leuchtkraft-Beziehung und $\to$Hertzsprung-Russell-Diagramm). Die folgende Tabelle gibt eine Übersicht über den ungefähren Bereich der vorkommenden Zustandsgröße und die Werte für die Sonne.

Zustandsgrößen der Sterne und der Sonne:

$\mathfrak{M}$: $1/50$ bis 50 Sonnenmassen . . $2 \cdot 10^{33}$ g
L: 10^{-4} bis 10^4 des Sonnenwertes $4 \cdot 10^{33}$ erg s^{-1}
R: $1/100$ bis 300 Sonnenradien . $7 \cdot 10^{10}$ cm
T_e: 2000 bis 70000° . . . . . 5713 °K
v_r: bis 250 km s^{-1} . . . . . . 2,0 km s^{-1}
ϱ: 10^{-7} g cm³ bis 10^5 g cm³ . . 1,4 g cm^{-3}
$\bar\varepsilon$: $1/100$ bis 10^4 des Sonnenwertes 2 erg g^{-1} s^{-1}

Die Verteilung der Beobachtungen auf die einzelnen Zustandsgrößen ist sehr ungleichmäßig, die Spektraltypen sind für mehrere hunderttausend, die Leuchtkräfte für viele tausend

Sterne bekannt, die Massen dagegen nur für relativ wenige Doppelsternkomponenten. Es gibt erst etwa 80 Sterne, für die $\mathfrak{M}$, L und R gleichzeitig mit einer Genauigkeit von ± 10 bis 20% gemessen sind.

Becker, W.: Sterne u. Sternsysteme. Dresden u. Leipzig 1950. — *Siedentopf, H.*: Grundriß d. Astrophysik. Stuttgart 1950.

Zustandsintegral. Von einem Zustandsintegral statt von der (→Planckschen) Zustandssumme spricht man, wenn die Energieeigenwerte der Systeme ein kontinuierliches oder nahezu kontinuierliches Spektrum bilden, wenn also z. B. alle Energiewerte von 0 bis ∞ zulässig sind.

Zustandskurve der Atmosphäre, die Abhängigkeit der Temperatur (und Feuchtigkeit) vom Luftdruck, wie sie durch einen Flugzeug- oder Ballonaufstieg als Augenblickszustand gemessen wird. Durch Berechnung nach der barometrischen Höhenformel (→statische Grundgleichung) wird daraus das →Geopotential oder die Höhe der einzelnen Meßpunkte gewonnen.

Zustandssumme →Plancksche Zustandssumme.

Zwang heißt nach *Gauß* der Ausdruck

$$Z = \frac{1}{2} \sum_{i=1}^{n} m_i \left(\ddot{\mathfrak{r}}_i - \frac{\mathfrak{R}_i}{m_i} \right)^2, \qquad (1)$$

wobei die m_i $(i = 1, 2, \ldots, n)$ die n punktförmig angenommenen Massen eines mechanischen Systems, $\mathfrak{R}_i$ die auf die m_i einwirkenden Kräfte und $\mathfrak{r}_i$ die die Lagen der einzelnen Massenpunkte festlegenden Ortsvektoren sind. Ist das Punktsystem frei, haben also die Koordinaten der m_i keine →Bedingungsgleichungen zu erfüllen, so ist $Z = 0$, d. h. es gilt die Newtonsche Bewegungsgleichung $m_i \ddot{\mathfrak{r}}_i = \mathfrak{R}_i$. Die durch die auf m_i wirkende Kraft $\mathfrak{R}_i$ verursachte Beschleunigung ist $\ddot{\mathfrak{r}}_i = \mathfrak{R}_i / m_i$. Unterliegt das System aber gewissen Bedingungsgleichungen, so wird eine andere Beschleunigung hervorgerufen, so daß $Z \neq 0$ wird. Es ist die Aussage des von *Gauß* aufgestellten →Prinzips des kleinsten Zwanges, daß die Bewegung dann so verläuft, daß sie Z, als Funktion der Beschleunigung angesehen, zu einem Minimum macht.

Pöschl, Th.: Analyt. Mechanik. Karlsruhe 1949. Handb. d. Physik V. Berlin 1927.

Zwangskräfte. Es liege ein System von n Massenpunkten m_i $(i = 1, 2, \ldots, n)$ vor. Die Lage jedes einzelnen sei durch den Ortsvektor $\mathfrak{r}_i$ mit den rechtwinkligen Komponenten x_i, y_i, z_i gegeben. Auf jeden Massenpunkt m_i mögen ν Kräfte $\mathfrak{R}_k^{(i)}$ $(k = 1, 2, \ldots, \nu)$ wirken, deren Resultante $\sum_k \mathfrak{R}_k^{(i)} = \mathfrak{R}_i$ sei, welche die (rechtwinkligen) Komponenten X_i, Y_i, Z_i besitze. Ist das System vollkommen frei, so ist es im Gleichgewicht, wenn $X_i = Y_i = Z_i = 0$ ist, d. h. $\mathfrak{R}_i = 0$ ist. Auch wenn das System *nicht* frei ist, also etwa $m < 3n$ Nebenbedingungen von der Form $\varphi_j(\mathfrak{r}_1, \mathfrak{r}_2, \ldots, \mathfrak{r}_n) = 0$, $(j = 1, 2, \ldots, m)$ vorliegen, so gilt nach dem →Prinzip der virtuellen Verschiebung formal dieselbe Gleichgewichtsbedingung: $\mathfrak{R}_i^* = 0$, wo nun $\mathfrak{R}_i^* = \mathfrak{R}_i + \sum \lambda_j \dfrac{\partial \varphi_j}{\partial \mathfrak{r}_i}$ zu setzen ist (λ_j Lagrangesche Multiplikatoren). Die Forderung, daß die $3n$ Lagekoordinaten $\mathfrak{r}_i$ mit den m Bedingungen $\varphi_j = 0$ verträglich sein müssen, äußert sich also in dem Auftreten von $3n$ Zusatzgliedern Z_i

$$= \sum \lambda_j \frac{\partial \varphi_j}{\partial \mathfrak{r}_i} = \sum \lambda_j \operatorname{grad}_i \varphi_j,$$

die aus m Summanden bestehen, von denen jeder (gemäß der Gleichgewichtsbedingung) den Charakter einer Kraft haben muß. Dies erlaubt folgende Deutung: Die Existenz einer der Bedingungsgleichungen, etwa der p-ten: $\varphi_p = 0$, ist gleichwertig mit dem Wirken einer Kraft $\mathfrak{Z}_i^{(p)} = \lambda_p \operatorname{grad}_i \varphi_p$. Es kann also die p-te Bedingung $\varphi_p = 0$ fortgelassen werden, sofern nur zu den ursprünglichen äußeren auf m_i wirkende Resultante $\mathfrak{R}_i$ noch die neue Kraft $Z_i^{(p)} = \lambda_p \operatorname{grad}_i \varphi_p$ (in Komponenten $X_i^{(p)} = \lambda_p \dfrac{\partial \varphi_p}{\partial x_i}$, $Y_i^{(p)} = \lambda_p \dfrac{\partial \varphi_p}{\partial y}$, $Z_i^{(p)} = \lambda_p \dfrac{\partial \varphi_p}{\partial z}$) hinzugefügt wird. Diese zusätzlichen Kräfte nennt man Zwangskräfte (manchmal auch Führungskräfte, s. dazu weiter unten), weil sie nämlich die Bewegung des Systems so beeinflussen, daß Verträglichkeit mit der Nebenbedingung $\varphi_p = 0$ erzwungen wird. Was von dem Ersatz der p-ten Bedingung $\varphi_p = 0$ durch eine Zwangskraft $\mathfrak{Z}_i^{(p)}$ gesagt wurde, gilt entsprechend auch für die restlichen $m - 1$ Bedingungen $\varphi_j = 0$ $(j = 1, 2, \ldots, p - 1, p + 1, \ldots, m)$. Es kann also *jede* Bindung durch eine geeignet zu wählende Zwangskraft ersetzt werden. Nun entspricht jede Bindung, etwa wieder die p-te, $\varphi_p = 0$, einem gewissen Mechanismus (z. B. einer Stange, die einen festen Abstand zweier Systempunkte bedingt, ein mechanisches Lager, eine Kurbelwelle u. a.) oder, wie man auch sagt, einer mechanischen „Führung". Man kann daher auch umgekehrt sagen, daß die durch die Bedingung $\varphi_p = 0$ in dem fraglichen System vorhandene Führung die Zwangskraft $\mathfrak{Z}_i^{(p)} = \lambda_j \operatorname{grad}_i \varphi_p$ erzeugt. Aus diesem Grunde wird auch oft statt Zwangskraft die Bezeichnung Führungskraft verwendet, welcher Begriff indessen auch noch für eine andere Art von Kräften verwendet wird. Außer über die Wirkung läßt sich noch über die Richtung der Zwangskräfte eine Aussage machen. Da ihre Komponenten dem Vektor $\operatorname{grad} \varphi_j$ proportional sind, müssen die Zwangskräfte senkrecht auf den Flächen stehen. Sie leisten also bei einer virtuellen Verschiebung keine Arbeit. Dies gilt allgemein. Der Betrag von $\mathfrak{Z}_i^{(j)}$ ist $|\mathfrak{Z}_i^{(j)}|$

$$= \lambda_j \sqrt{\left(\frac{\partial \varphi_j}{\partial x_i}\right)^2 + \left(\frac{\partial \varphi_j}{\partial y_i}\right)^2 + \left(\frac{\partial \varphi_i}{\partial z_i}\right)^2}, \text{ d. h. } |\mathfrak{Z}_i^{(j)}| \text{ ist dem}$$

Lagrangeschen Multiplikator λ_j proportional. Die Berechnung der m Größen λ_j ist aus der $3n$ Gleichung $\mathfrak{R}_i^* = 0$ in Verbindung mit den m Bedingungsgleichungen $\varphi_j = 0$ immer möglich, jedoch ist die Kenntnis der λ_j zur Bestimmung der Bewegung des Systems nicht erforderlich. Jene benötigt man nur zur Ermittlung der Zwangskräfte. Diese haben nun eine wesentliche (technische) Bedeutung insofern, als nach dem Prinzip von →Aktion und Reaktion die Zwangskräfte entgegengesetzt gleich den auf die mechanischen Führungen ausgeübten Kräfte sein müssen. Man nennt letztere daher auch Reaktionskräfte. Ein Beispiel solcher stellt etwa die Beanspruchung von Lagern dar, in denen rotierende Achsen gelagert sind.

Müller-Pouillet: Lehrb. d. Physik I/1. Braunschweig 1929.

Zweielektronenproblem. Das Heliumatom und das Wasserstoffmolekül sind die beiden wichtigsten Zweielektronenprobleme, von denen hier kurz das erste näher skizziert sei. Über das Wasserstoffmolekül →Heitler-London-Verfahren.

In atomaren Einheiten lautet die Energieeigenwertgleichung eines Atoms der Kernladungszahl Z (He mit $Z = 2$) und mit zwei Elektronen:

$$\Delta_1 \psi + \Delta_2 \psi + 2\left[E + \frac{Z}{r_1} + \frac{Z}{r_2} - \frac{1}{r_{12}}\right]\psi = 0,$$

wobei $\psi = \psi(\mathfrak{r}_1 \mathfrak{r}_2)$ eine Funktion der beiden Elektronenorte ist. Wie man vom →Aufbauprinzip her weiß, zerfallen die Terme in das Singulettsystem (Parhelium) und das Triplettsystem (Orthohelium). Zu den Singulettermen müssen symmetrische $\psi_s(\mathfrak{r}_1, \mathfrak{r}_2) = \psi_s(\mathfrak{r}_2, \mathfrak{r}_1)$- und zu den Triplettermen antisymmetrische $\psi_a(\mathfrak{r}_1, \mathfrak{r}_2) = -\psi_a(\mathfrak{r}_2, \mathfrak{r}_1)$-Funktionen gehören. Der Grundzustand muß ein Singulettzustand sein.

Die Lösung der Energieeigenwertgleichung ist nicht exakt möglich, da sie eine Separation der Variablen nicht gestattet. Es ist daher notwendig, Näherungsverfahren zu benutzen:

1. Das Potential $\left(-\dfrac{1}{r_{12}}\right)$ wird als Störung angesehen und die übliche →*Störungsrechnung* angewandt, indem man von den Eigenfunktionen nullter Näherung

$$\psi_a(\mathfrak{r}_1, \mathfrak{r}_2) = \frac{1}{\sqrt{2}}\left[\varphi_0(\mathfrak{r}_1)\,\varphi_n(\mathfrak{r}_2) - \varphi_0(\mathfrak{r}_2)\,\varphi_n(\mathfrak{r}_1)\right];$$

$$\psi_s(\mathfrak{r}_1, \mathfrak{r}_2) = \frac{1}{\sqrt{2}}\left[\varphi_0(\mathfrak{r}_1)\,\varphi_n(\mathfrak{r}_2) + \varphi_0(\mathfrak{r}_2)\,\varphi_n(\mathfrak{r}_1)\right]$$

ausgeht, wobei $\varphi_n(\mathfrak{r})$ die Wasserstoffeigenfunktionen sind. Das Verfahren konvergiert recht schlecht.

2. *Abschirmungsverfahren.* Man fügt in der „ungestörten" Gleichung statt $-\dfrac{1}{r_{12}}$ ein „Abschirmungspotential" $V_1(\mathfrak{r}_1) + V_2(\mathfrak{r}_2)$ ein, was möglichst gut den Einfluß von $-\dfrac{1}{r_{12}}$ wiedergeben soll. Erst dann wendet man die Störungsrechnung wie unter 1., aber mit dem Störpotential $\left(-\dfrac{1}{r_{12}} - V_1(\mathfrak{r}_1) - V_2(\mathfrak{r}_2)\right)$ an. Das Abschirmungspotential kann man z. B. nach dem →Hartreeschen oder →Fockschen Verfahren bestimmen. Wegen seiner Einfachheit führt der Ansatz $V(\mathfrak{r}) = -\dfrac{s}{r}$ zu schnellen und trotzdem guten Ergebnissen, wenn man z. B. s so bestimmt, daß

$$\int\left(\frac{s}{r_1} + \frac{s}{r_2}\right)\psi_0^2\,d\tau = \int \frac{1}{r_{12}}\,\psi_0^2\,d\tau$$

wird mit ψ_0 als Eigenfunktion nullter Näherung. →Austauscheffekt.

3. Für die Berechnung des Grundterms ist die →Ritzsche *Variationsmethode* sehr geeignet. Wegen des Heliums →Termschema (Abb. 4). Handb. d. Physik XXIV/1. Berlin 1933.

Zweierlogarithmus. Die wachsende Bedeutung des Dualsystems auch in der Technik (insbesondere bei den elektronisch gesteuerten Rechenmaschinen u. dgl.) macht die Einführung eines besonderen Formelzeichens für den Logarithmus zur Basis 2 notwendig. Gemäß einem Beschluß des AEF soll geschrieben werden $ld\,x = \overset{2}{\log}x$.

Zweige von Einzelbanden →Feinstruktur von Banden.

Zweikörperproblem, die Lösung der Bewegungsgleichung für zwei sich mit einer Kraft $k \sim 1/r^2$ anziehende Körper. →Mehrkörperproblem.

Zweiohriges Hören. Die *doppelohrige* (diplotische) Darbietung akustischer Reize ruft Schallempfindungen hervor, die sich von denjenigen bei *einohriger* (monotischer) oder *beidohriger* (amphotischer) Darbietung wesentlich unterscheiden. Als diplotisch werden die Reize bezeichnet, wenn ihr Spektrum oder ihre Ankunftszeit bzw. Phase bei beiden Ohren objektiv verschieden ist, als amphotisch dagegen, wenn der Schalldruckverlauf bei beiden Ohren derselbe ist. Die bekannteste Erscheinung bei diplotischer Darbietung ist der *Binauraleffekt*, der darin besteht, daß ein Schallsignal, welches das eine der beiden Ohren mit einer zeitlichen Verzögerung gegenüber dem anderen von mehr als 30 Mikrosekunden trifft, von einem seitlich der Medianebene liegenden Ort herzukommen scheint, z. B. bei 630 Mikrosekunden aus der Richtung 90°. Werden beide Ohren mit Sinusschwingungen von nur wenig verschiedener Frequenz beschallt, so treten nicht etwa, wie bei amphotischer Darbietung, die auf nichtlinearer Verzerrung beruhenden Schwebungs- und Differenztonerscheinungen auf, sondern die Schallquelle scheint sich mit einer der Frequenzdifferenz entsprechenden Winkelgeschwindigkeit um den Kopf des Beobachters herumzudrehen (*Drehton*). Diese Erscheinungen beruhen auf einer falschen Deutung von Empfindungen, die aus entsprechenden physikalischen Gründen beim normalen →Richtunghören vorliegen (→Richtwirkung, akustische, →stereoakustisches Hören). Bei größeren Frequenzdifferenzen werden die beiden Töne von den Ohren einzeln wahrgenommen, ohne daß die von der monotischen oder amphotischen Darbietungsweise her gewohnten Intervallempfindungen (Konsonanz und Dissonanz) aufträten.
v. Hornbostel, E. M.: Psychol. Forschg. 5, 64 (1923).

Zweischalenfehler →Abbildungsfehler.

Zweistromtheorie →Stellarstatistik.

Zweitleuchter →Nichtselbstleuchter.

Zwei-Wellenlängen-Mikroskopie, die Erzeugung des nach der Wellentheorie des Mikroskops entstehenden primären Interferenzbildes mit Hilfe einer anderen Strahlungsart als der des sekundären Interferenzbildes, das dem Mikroskop-Endbild entspricht. Führt man den ersten Schritt, die Erzeugung des primären Interferenzbildes, mit Hilfe von Röntgen- oder Elektronenstrahlen (Laue-Diagramm) und den zweiten, die Erzeugung des sekundären Interferenzbildes vom primären Interferenzbild, mit Licht durch, so ist es möglich, vorausgesetzt, daß die Phasenverhältnisse richtig erfaßt werden, Bilder von atomaren Dimensionen, wie von Kristallgittern, zu erhalten, da das Verhältnis der Wellenlängen der beiden Strahlenarten als echter Vergrößerungsfaktor erscheint. Das Prinzip der Gesamtanordnung ist folgendes: Von einer sehr kleinen punktförmigen monochromatischen Lichtquelle wird das Positivbild des Laue-Diagramms beleuchtet. Eine sehr langbrennweitige ($f = 2\,$m), gut korrigierte Linse, in deren objektseitigem Brennpunkt das beleuchtete Beugungsdiagramm steht, entwirft dann etwa in seiner bildseitigen Brennebene dessen Beugungsbild, das, wenn die Phasen der verschiedenen Beugungsreflexe richtig eingestellt sind, ein Bild des ursprünglichen Objekts, also des Kristallgitters, das das Beugungsdiagramm entworfen hat, darstellt. Dieses Bild, das noch sehr klein ist, wird durch ein Mikroskop beobachtet oder photographiert. Zur Einstellung der Lichtphasen ist hinter dem beleuchteten Laue-Diagramm eine aus kleinen Glimmerplättchen bestehende Phasenschieber-Einrichtung angebracht, mit der die Phasenlagen der von den einzelnen Reflexen ausgehenden Lichtwellen unabhängig voneinander eingestellt werden können. Da die Phasenlagen der einzelnen Beugungsreflexe nur für sehr einfach aufgebaute Kristalle, wie zentrosymmetrische Kristallgitter, bei denen nur Phasenlagen von 0 oder π vorkommen, bekannt sind, läßt sich das Verfahren bisher nur bei diesen Kristallen anwenden. Bei dem in der Abbildung wiedergegebenen, mit dem

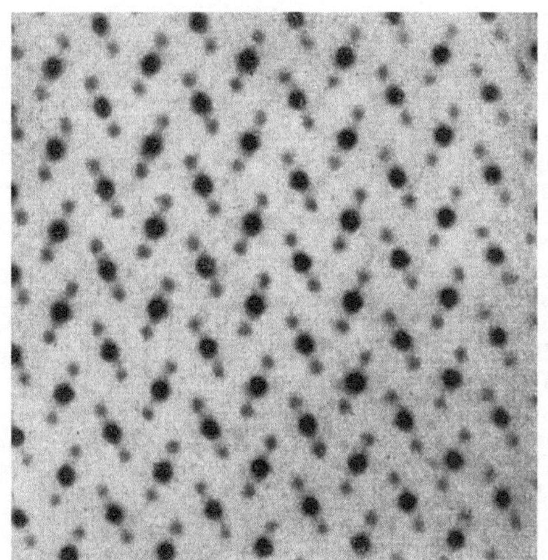

Atomanordnung im Markasit-Kristallgitter (FeS$_2$), aufgenommen im Zwei-Wellenlängen-Mikroskop.

Zwei-Wellenlängen-Mikroskop von *J. M. Buerger* erhaltenem Bild der Atomanordnung des Kristallgitters von Markasit (FeS$_2$) entsprechen die dicken schwarzen Punkte den Eisenatomen, während die dazu paarig angeordneten helleren Punkte die Schwefelatome darstellen. Das Bild entspricht dem gemittelten Bild des Kristallgitters. — Ferner →Mikroskopie mittels rekonstruierter Wellenfronten im *Nachtrag*.

Buerger, M. J.: J. Appl. Phys. **21**, 923 (1950).

Zwergsterne sind Sterne der →Spektralklassen F bis M mit relativ kleinen Radien und geringer Leuchtkraft, die zur Hauptreihe des →Hertzsprung-Russell-Diagramms gehören.

Zwielichtsehen, bei einzelnen Autoren (z. B. *Trendelenburg*) verwendete spezielle Bezeichnung für den zwischen dem →Tages- und →Dämmerungssehen gelegenen visuellen Bereich, der der →Duplizitätstheorie zufolge durch das Überschneidungsgebiet der Schwellen von →Stäbchen und →Zapfen bestimmt wird; populär oft als *Stäbchenkampf* bezeichnet.

Zwillinge, regelmäßige Verwachsungen zweier oder mehrerer Individuen der gleichen Kristallart. Die Verwachsungen von mehr als zwei Individuen werden auch als *Viellinge* (Drillinge usw.) bezeichnet. Die bisher bekannten und geklärten Fälle von Zwillingsbildung können auf zwei Arten der Verwachsung oder *Zwillingsgesetze* zurückgeführt werden:

1. Das *Zwillingsebenengesetz*. Die zwei aneinandergrenzenden Individuen eines Zwillings oder Viellings lassen sich durch Spiegelung an einer rationalen Fläche oder Netzebene, der *Zwillingsebene*, zur Deckung bringen. Das Zwillingsgesetz einer Kristallart wird nach dem Symbol der Zwillingsebene benannt; der Kalkspat CaCO$_3$ bildet z. B. *Zwillinge* nach (111) (Abb. 1) oder (110) (Abb. 2) in rhomboedrischer Aufstellung. Zu den

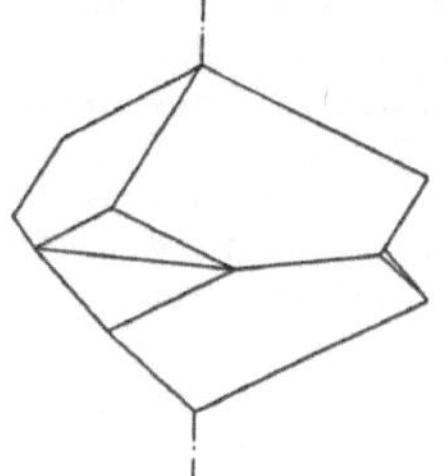

Abb. 1. Kalkspatzwilling nach der Basis (111).

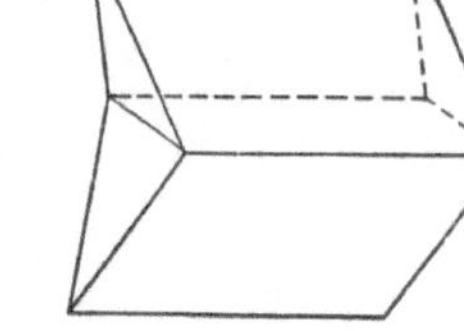

Abb. 2. Kalkspatzwilling nach (110).

häufigsten Gesetzen dieser Art gehören das Zwillingsgesetz nach (111) (*Spinellgesetz*, Abb. 3) beim Spinell MgAl$_2$O$_4$, Magnetit Fe$_3$O$_4$ und vielen anderen kubischen Kristallarten und das Gesetz nach (100) oder (001) vieler monokliner Kristallarten, z. B. des Gipses CaSO$_4 \cdot$ 2 H$_2$O (Schwalbenschwanzzwilling, Abb. 4).

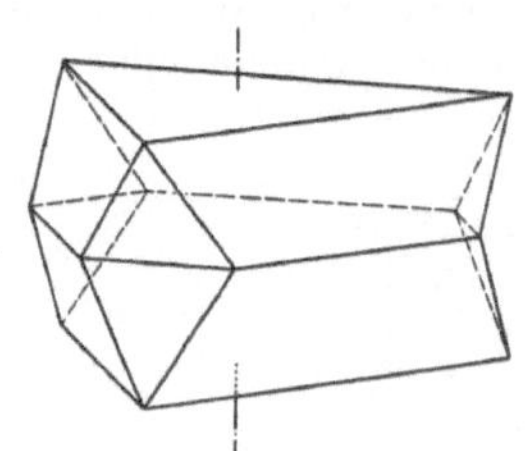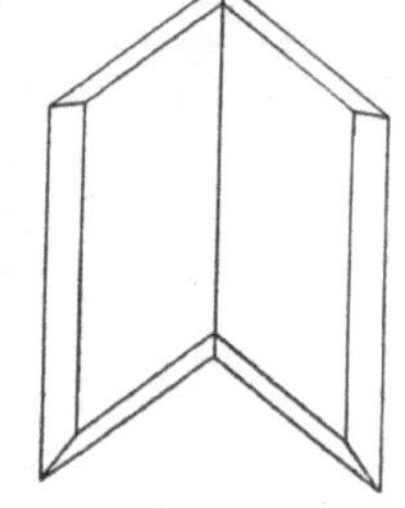

Abb. 3. Spinellgesetz.   Abb. 4. Schwalbenschwanzzwilling des Gipses.

2. Das *Zwillingsachsen-* oder *Zonenachsengesetz*. Die Zwillingsindividuen gehen durch Drehung um 180° um eine rationale Kante $[uvw]$, die *Zwillingsachse*, ineinander über. Man spricht von einem *Gesetz nach* $[uvw]$. Bei zentrosymmetrischen Kristallen lassen sich manche Zwillinge nach beiden Gesetzen deuten. Zu den Zwillingsachsengesetzen wird das *Periklin-Gesetz* (Abb. 5) der triklinen Feldspäte, z. B. CaAl$_2$Si$_2$O$_8$, gezählt; Zwillingsachse ist [010].

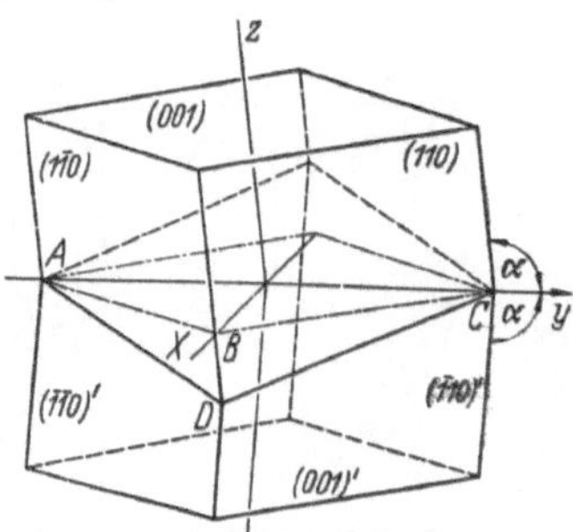

Abb. 5. Periklin-Gesetz trikliner Feldspäte. Stark schematisiert.

Alle übrigen aufgestellten Gesetze können entweder, wie z. B. das *Kantennormalengesetz*, bei dem die meist irrationale „Zwillingsachse" senkrecht auf einer rationalen Kante steht, durch zweifache

Verzwilligung nach einem der beiden ersten Gesetze erklärt werden, oder sie werden angezweifelt (z. B. das *Mediangesetz* mit der irrationalen Winkelhalbierenden zwischen zwei verschiedenwertigen Kanten als „Zwillingsachse").

Zwei Zwillingsindividuen grenzen entweder in einer rationalen, ebenen oder stufenförmig abgesetzten Fläche (*Verwachsungsebene* oder -*fläche*) oder in einer ganz unregelmäßigen Verwachsungsfläche aneinander. In den Fällen der Abb. 1 bis 4 sind die Zwillingsebenen zugleich Verwachsungsebenen. Viele Durchwachsungszwillinge weisen unregelmäßige Verwachsungsflächen (s. unten, z. B. Abb. 7, 8) auf, auch dann, wenn sie auf einem Zwillingsebenengesetz beruhen. Die Verwachsungsebene der Periklin-Zwillinge ist entweder die Basis (001) oder eine andere durch [010] verlaufende und dann gewöhnlich irrationale Ebene, welche die beiden Pinakoide {110} und {1$\bar{1}$0} in einem Rhombus schneidet (*rhombischer Schnitt*).

Zwillinge, deren Einzelindividuen längs einer einzigen Verwachsungsebene aneinanderstoßen, nennt man *Berührungs*- oder *Kontaktzwillinge* (Abb. 1 bis 5). Sind mehrere nichtparallele Verwachsungsflächen vorhanden, so spricht man von *Durchwachsungs*- oder *Penetrationszwillingen*. Dazu gehören z. B. die Zwillinge nach (111) oder [111] beim Flußspat CaF$_2$, bei dem zwei Würfel, um 180° um eine Raumdiagonale gegeneinander gedreht, sich durchdringen (Abb. 6), oder die Zwillinge von Quarz SiO$_2$ nach [0001] (Abb. 7, *Dauphinéer Gesetz*, Zwilling aus zwei Rechts- oder zwei Linksquarzen mit vollkommen unregelmäßiger

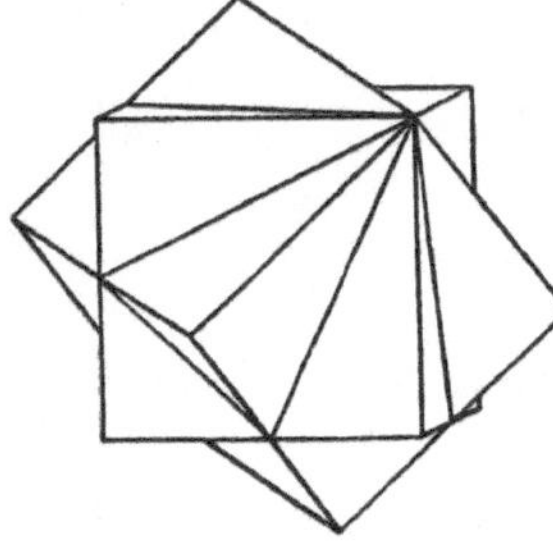

Abb. 6. Durchwachsungszwilling von Flußspat.

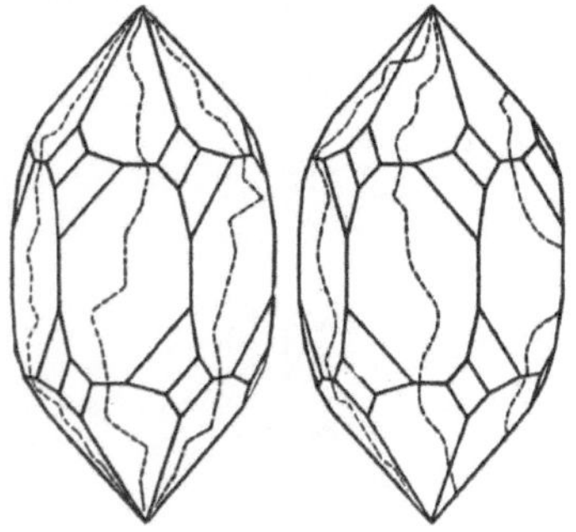

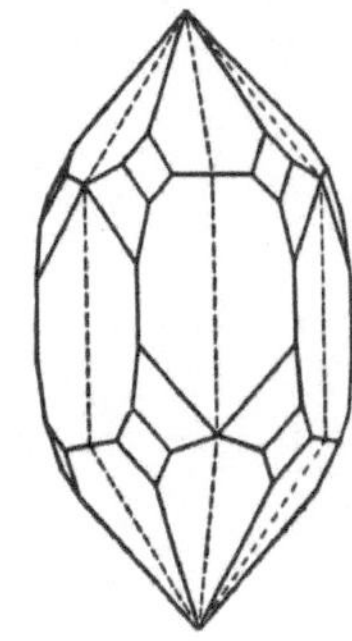

Abb. 7. Quarz, linker und rechter Dauphinéer Zwilling.   Abb. 8. Quarz, Brasilianer Zwilling.

Verwachsungsfläche) oder nach (11$\bar{2}$0) (Abb. 8, *Brasilianer Gesetz*, Zwillinge aus je einem Rechts- und Linksquarz mit ebenfalls unregelmäßiger Verwachsungsfläche). Ein Durchwachsungszwilling wird als *Ergänzungszwilling* bezeichnet, wenn

er eine höhere Symmetrie vortäuscht als die des unverzwillingten Kristalls, z. B. die Quarzzwillinge, die den Klassen 62 (Abb. 7) oder 32i (Abb. 8) anzugehören scheinen, während die Symmetrie der Individuen 32 ist.

Bei Viellingen können die Einzelindividuen entweder nach parallelen Flächen verzwillingt oder verwachsen sein, so daß sich zwei Lagen A und B in Form von *Zwillingslamellen* regelmäßig abwechseln (*polysynthetische Zwillinge*), oder die Verzwilligung und Verwachsung erfolgt nach zwar gleichartigen, aber nichtparallelen *Zwillingselementen* (Zwillingsachsen, -ebenen und Verwachsungsebenen): auf die Lagen A und B folgt eine dritte Lage C und in manchen Fällen noch weitere (*Wendezwillinge* oder -*viellinge*). Wendeviellinge sind häufig *Ergänzungszwillinge*, z. B. die Drillinge der rhombischen Mineralien Aragonit CaCO$_3$ oder Chrysoberyll BeAl$_2$O$_4$ (Abb. 9), die den Eindruck hexagonaler Kristalle erwecken.

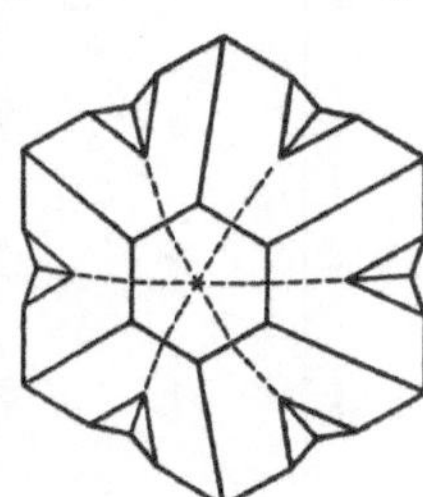

Abb. 9. Ergänzungszwilling des Chrysoberylls.

Polysynthetische Zwillinge entstehen in der Natur nicht selten durch Druck (*Druckzwillinge*), z. B. bei den Kalkspatkörnern des Marmors, aber auch bei härtesten Mineralarten, z. B. beim Korund Al$_2$O$_3$ (Rubin, Saphir). Auch im Laboratorium lassen sie sich ebenso wie einfache Verwachsungszwillinge (→Zwillingsbildung, mechanische) durch einseitigen Druck erzeugen.

Charakteristisch für alle Zwillinge, mit Ausnahme der Ergänzungszwillinge, sind die einspringenden Winkel zwischen den Flächen je zweier Individuen. Bei sehr dünnen Zwillingslamellen täuschen die in abwechselnd ein- und ausspringenden Winkeln aneinanderstoßenden Flächen eine sie abstumpfende geriefte oder gestreifte Fläche vor (*Zwillingsriefung* oder -*streifung*).

Die Theorie der Zwillingsbildung hat von der Aufeinanderfolge von Netzebenen in einem Kristallgitter auszugehen. In einer solchen Folge können Unregelmäßigkeiten oder Störungen auftreten, die dem Zwillingsebenen- oder -achsengesetz entsprechen; es ist aber auch ein *Inversionszwillingsgesetz* möglich, in dem das eine Individuum invers zum anderen ist. Derartige Zwillinge wurden noch nicht beobachtet, vielleicht deshalb, weil sie nur in den Klassen 1 und 3 vorkommen können. Typisch für einen Zwilling ist es, daß die Netzebenen, in deren Folge die Störung auftritt, nicht nur als Ebenen, sondern auch mit allen ihren analogen Gittergeraden parallel bleiben. Liegen die Gittergeraden einer Netzebenenschar in beiden Individuen nicht exakt parallel, so kann man nicht von einem Zwilling sprechen, sondern nur von einer *regelmäßigen Verwachsung* zweier Individuen der gleichen Kristallart. Hierher gehören nicht nur die Zwillinge von der Art des Mediangesetzes, sondern wohl auch viele Zwillinge nach Zwillingsachsengesetzen, auf jeden Fall des Periklin-Gesetzes. Nach der Gittergeometrie könnte es für jedes Kristallgitter zahlreiche Zwillingsgesetze geben. Die Kräfte zwischen den Materieteilchen oder, grob gesagt, die Packungen der Ionen- und Atomsphären sorgen für Einschränkung. Bei vielen

Kristallarten wurden keine Zwillinge gefunden, und bei den übrigen gibt es meist nur ein oder zwei Zwillingsgesetze. Die Ursache der Zwillingsbildung ist unbekannt, wenn man von den Druckzwillingen absieht. →Zwillingsbildung, mechanische.

Zwillingsachse, -ebene, -lamelle, -streifung →Zwilling.

Zwillingsbildung, mechanische, bleibende Formänderung von Kristallen durch Gleiten nach bestimmten Gleitebenen und Gleitrichtungen unter der Wirkung äußerer Kräfte. Im Gegensatz zum →Gleiten bei der normalen plastischen Verformung, bei welcher die Abgleitung stetig im Laufe der Zeit von beliebig kleinen Werten an zunimmt, erfolgt das Gleiten bei der Zwillingsbildung unstetig um einen festen Betrag, wobei das Gitter in eine bezüglich der Gleitebene (Schiebung 1. Art) oder Gleitrichtung (Schiebung 2. Art) symmetrische Lage zur Ausgangslage umklappt. Im ersten Fall ist die Gleitebene, im zweiten Fall die Gleitrichtung kristallographisch bestimmt (→Zwillinge). Das klassische Beispiel der mechanischen Zwillingsbildung bietet der Kalkspat (→Baumhauerscher Versuch).

Im allgemeinen umfaßt die Zwillingsbildung nur kleine Kristallbereiche und ist daher bezüglich ihres Beitrags zur plastischen Verformung unbedeutend. Von großer Bedeutung wird sie jedoch dadurch, daß in den Zwillingslamellen die normalen Gleitelemente in günstige Lagen kommen und so eine weitgehende Verformbarkeit ermöglichen können, die ohne die Gitterumorientierung durch die Zwillingsbildung nicht möglich gewesen wäre. Ein technisch wichtiges Beispiel hierfür bietet das Zink.

Schmid, E., u. W. Boas: Kristallplastizität. Berlin 1925.

Zwischenachsen →Nebensymmetrieachsen.

Zwischenbild in einem optischen oder elektronenoptischen Gerät ist jedes reelle Bild des eingestellten Gegenstandes, das durch nachfolgende Systemteile weiter abgebildet wird. So entwirft das Objektiv beim Mikroskop ein vergrößertes, beim Fernrohr ein verkleinertes Zwischenbild, das durch das Okular wie durch eine Lupe weiter ins Auge abgebildet wird.

Beim Elektronenmikroskop kann das Zwischenbild meist auf einem in der Zwischenbildebene angebrachten Leuchtschirm beobachtet werden, durch dessen zentrale Bohrung der vom Projektiv weiter vergrößerte Bildteil fällt. Hierdurch wird erstens die Strahljustierung wesentlich erleichtert, zweitens ein mäßig vergrößertes Übersichtsbild des Objekts geliefert.

Zwischenelektrolyt →Diffusionspotential.

Zwischenfrequenzen, die bei Überlagerung zweier Frequenzen ω_1 und ω_2 in einem nichtlinearen Schaltelement entstehenden Kombinationsfrequenzen $\omega_1 \pm \omega_2$. Sie sind also nichts anderes als die →Seitenfrequenzen eines Modulationsproduktes.

Rothe, H., u. W. Kleen: Elektronenröhren als Anfangsstufenverstärker. Leipzig 1944.

Zwischengitterplätze, in einem Kristallgitter die Orte zwischen den normalen Gitterplätzen, d. h. zwischen den Orten aller Punkte eines oder mehrerer Gitterkomplexe. Meist werden darunter die Mittelpunkte kleiner Kugeln verstanden, die sich in die Lücken von Kugelpackungen einfügen lassen und die umgebenden Kugeln der Packungen berühren, z. B. die Schwerpunkte der Lücken in einer dichtesten Kugelpackung zwischen je vier

Kugeln, die sich in den Ecken von Tetraedern befinden, oder zwischen je sechs Kugeln in den Ecken von Oktaedern. Bilden die Zwischengitterplätze selbst einen oder mehrere Gitterkomplexe, die ganz oder zum überwiegenden Teil von Atomen oder Ionen besetzt sind, so spricht man von *Einlagerungsgittern*. Zu den Einlagerungsgittern kann man die Gitter der Molekül- oder →Clathratverbindungen (im *Nachtrag*), bei denen ganze Moleküle sich in Zwischengitterplätzen befinden, zählen.

Zwischenintegral →Integrale der Bewegungsgleichungen.

Zwischenkern. Nach *Bohr* verläuft eine →Kernreaktion $A(x, y)R$ in zwei Schritten: 1. Das Geschoß x wird in den Kern A eingebaut; es entsteht dadurch ein neuer Kern, der „Zwischenkern" (compound nucleus), welcher sich in einem wohldefinierten Anregungszustand befindet. Angeregt ist das System deshalb, weil es unter Energiegewinn wieder in die Bestandteile A und x zerfallen könnte. 2. Der Zwischenkern wandelt sich nach unmeßbar kurzer Zeit in den Restkern R um und emittiert y. Die Umwandlung wird als unabhängig von der Entstehungsgeschichte des Zwischenkerns angesehen.

Grundlage dieser Annahme ist die klassische Auffassung des Kernes als eines Systems von Teilchen mit starken, aber nicht weitreichenden Wechselwirkungskräften. Sobald das ankommende Teilchen in den Bereich dieser Kräfte gelangt ist, wird seine Energie sehr schnell auf alle Nukleonen verteilt, noch bevor es wieder entweichen kann. Solch schneller Austausch ist nur dadurch möglich, daß die mittlere freie Weglänge der Nukleonen in der Kernmaterie klein ist gegen den Kernradius. Der Zustand des Zwischenkerns und seine anschließende Umwandlung sind nicht abhängig vom Wege, auf dem der Zustand, der auch aus einem andern Kern A bei passender Energie eines entsprechenden Teilchens oder Quants x hätte entstehen können, erreicht wurde.

Oberhalb des Resonanzgebietes (→Kernniveaus) hat der Zwischenkern mehrere Möglichkeiten der Umwandlung. Seine Lebensdauer ist jetzt zu gering, als daß alle energetisch möglichen Nukleonenanordnungen genügend oft durchlaufen werden könnten. Hier spielt dann die Art der Entstehung des Zwischenkerns eine Rolle. Überhaupt nicht mehr brauchbar dürfte die Zwischenkernhypothese sein für Geschoßenergien $\gtrsim 50$ MeV.

Bethe, H. A.: Rev. Mod. Phys. 9, 71 (1937). — Weißkopf, V. F.: Zwischenkern u. Kernresonanzen. Helv. phys. Acta 23, 187 (1950).

Zwischenmolekulare Kräfte →van der Waals-Kräfte.

Zwischenschichten von Photokathoden →Photokathoden.

Zwischensymmetrieachsen, -ebenen →Nebensymmetrieachsen und -ebenen.

Zwischenzustand von Kernen →Zwischenkern, →Kernreaktionen.

Zwischenzustand im Supraleiter. Die Hypothese des Zwischenzustandes oder der Schwammstruktur der Supraleiter wurde 1936 von *de Haas* und *Guineau* begründet. Danach sind die elektrischen, magnetischen und energetischen Eigenschaften der Supraleiter im Zwischenzustand zu erklären durch ihren Aufbau aus normal- und supraleitenden Mikrobereichen besonderer Struktur. *Justi* ist es 1942 geglückt, die Existenz solcher Mikrobereiche durch eine oszillographische Untersuchung des Überganges normalleitend-supraleitend im zeitlich veränderlichen Magnetfeld experimentell sicherzustellen. Mit wachsendem äußerem Magnetfeld geht der Supraleiter oberhalb des magnetischen →Schwellenwertes niemals sogleich und vollständig in den normalleitenden Zustand über. Der Übergang vollzieht sich vielmehr in einzelnen Sprüngen.

Zyklische Gruppe. Eine zyklische Gruppe ist eine →Abelsche Gruppe, deren Elemente Potenzen a^n (n ganz) eines einzigen Elementes a sind.

Zyklische Koordinaten (oder Variablen) nennt man (nach *Helmholtz*) solche zur Beschreibung eines Bewegungszustandes erforderliche Koordinaten, die in der zugehörigen →Hamiltonschen Funktion $H(p, q)$ *nicht* auftreten. Ein Beispiel hierfür ist etwa das Azimut φ im Fall der ebenen Kepler-Bewegung. Der Energieausdruck lautet hier, wenn T die kinetische und $U(\mathfrak{r})$ die nur vom Ortsvektor $\mathfrak{r}$ abhängige potentielle Energie ist,

$$E = T + U = \frac{m}{2}\,\dot{r}^2 + \frac{m}{2}\,r^2\,\dot{\varphi}^2 + U(\mathfrak{r}).$$

Daraus ergeben sich als Impulse:

$$p_r = \frac{\partial T}{\partial \dot{r}} = m\dot{r}, \quad p_\varphi = \frac{\partial T}{\partial \dot{\varphi}} = mr^2\dot{\varphi}.$$

Damit wird die Hamiltonsche Funktion:

$$H(p, q) = H(p_r, p_\varphi, r) = \frac{p_r^2}{2m} + \frac{p_\varphi^2}{2mr} + U(\mathfrak{r}).$$

Sie enthält φ nicht explizit. Das Azimut ist in diesem Falle zyklische Variable. Über die Bedeutung des Auftretens zyklischer Koordinaten für die Integration der Bewegungsgleichung →kanonisch Gleichungen.

Zykloide →Rollkurven.

Zykloidenpendel →Pendel.

Zyklometrische Funktionen (*Kreisbogenfunktionen*), die Umkehrfunktionen der trigonometrischen Funktionen: $y = \text{arc sin}\,x$, $y = \text{arc cos}\,x$, $y = \text{arc tg}\,x$, $y = \text{arc ctg}\,x$. Ihr Verlauf ergibt sich durch Spiegelung der sin- bzw. cos-, tg-, ctg-Kurven an der Geraden $y = x$ (Abb. →Arcusfunktionen). Es bedeutet $y = \text{arc sin}\,x$ soviel wie $x = \sin y$. Die zyklometrischen Funktionen sind ebenso wie die trigonometrischen unendlich vieldeutig. Es gelten folgende oft gebrauchte Formeln:

$$\text{arc sin}\,x + \text{arc cos}\,x = \frac{\pi}{2}, \quad \text{arc tg}\,x + \text{arc ctg}\,x = \frac{\pi}{2},$$

$$\text{arc tg}\,x = \text{arc ctg}\,\frac{1}{x}.$$

Die Additionstheoreme der zyklometrischen Funktionen lauten:

$$\text{arc sin}\,x + \text{arc sin}\,y = \text{arc sin}\left(x\sqrt{1 - y^2} + y\sqrt{1 - x^2}\right),$$

$$\text{arc cos}\,x + \text{arc cos}\,y = \text{arc cos}\left(xy - \sqrt{1 - x^2}\sqrt{1 - y^2}\right),$$

$$\text{arc tg}\,x + \text{arc tg}\,y = \text{arc tg}\,\frac{x + y}{1 - xy},$$

$$\text{arc ctg}\,x + \text{arc ctg}\,y = \text{arc ctg}\,\frac{xy - 1}{x + y}.$$

Zyklone (*Tiefdruckgebiet*). *I. Außertropische Zyklone*. Die junge Zyklone entwickelt sich als instabile Welle in einer schnellen Horizontalströmung, wobei das Vorhandensein eines starken horizontalen Temperaturgradienten senkrecht zur Strömungsrichtung Voraussetzung ist. Die labili-

sierende Wirkung geht von Trägheitskräften, insbesondere der ablenkenden Kraft der Erdrotation (→Coriolis-Kraft) aus (→Labilität, dynamische), wobei Wellen von 1000 bis 3000 km Wellenlänge instabil werden. Das Strömungsfeld der Welle drängt die verschieden temperierten →Luftmassen noch enger zusammen; dadurch entwickeln sich aus dem großen vorgegebenen Temperaturgefälle der *Frontalzone* oder *Polarfront* im Zyklonenbereich die stark wetterwirksamen →Fronten, an denen durch das Auf- und Abgleiten der Luftmassen Bewölkung, Niederschläge und Aufheiterungen entstehen. Die Entwicklung führt von der Welle zur regulären Zyklone mit geschlossenen Isobaren, aber thermischer Asymmetrie, und schließlich zur Verwirbelung der Temperaturunterschiede, wobei entweder die Zyklone verschwindet oder sich zum kreissymmetrischen stationären Zentraltief umwandelt. Dieses ist dann in der Troposphäre einheitlich kalt und hat eine sehr tiefliegende warme →Tropopause (6 bis 8 km, −35 bis −40 °C, →Atmosphäre, Aufbau). Die arbeitleistenden Zirkulationen sitzen nicht in diesen, sondern in den jungen asymmetrischen Zyklonen (→Zirkulation), die unter dem Einfluß der →Steuerung die Zentralzyklonen contra solem, die stationären →Hochdruckgebiete cum sole umkreisen.

II. Tropische Zyklone. Die Hauptmerkmale dieser außerordentlich kräftigen Tiefdruckgebiete sind: kleiner Durchmesser (etwa 500 km), fast ideal kreisförmige Anordnung der Isobaren, Druckerniedrigung von 30 bis 60 Torr im Zentrum und orkanstarke Winde. Besonders auffallend ist das „Auge des Sturmes", ein windstilles wolkenloses Gebiet mit absteigender Luftbewegung im Zentrum der Zyklone mit etwa 25 km Durchmesser, scharf abgegrenzt gegen die allseitig umgebenden dichten Wolkenmassen und Regenfälle tropischer Intensität. Die tropischen Zyklonen entwickeln sich nur zwischen 5 und 20° Breite, driften mit der Passatströmung westwärts, lenken bei Annäherung an einen Kontinent polwärts um und füllen sich, wenn sie auf Land geraten, binnen wenigen Stunden auf. Dort bringen sie durch Sturm und Meeresüberschwemmung schwerste Verwüstungen. Die Entstehung erfolgt nur in Gebieten etwas abseits des Äquators, wo die ablenkende Kraft der Erddrehung (→Coriolis-Kraft) zwar klein, aber vorhanden ist, und hat offenbar ein Übergreifen eines Passates über den Äquator und Auftreffen auf den Passat der anderen Halbkugel zur Voraussetzung, evtl. unter Beteiligung einer dritten Luftmasse. Bei der Entstehung sind also →Luftmassengegensätze vorhanden; sie verschwinden jedoch rasch infolge der starken Verwirbelung. Als Hauptquelle der Energie muß die frei werdende Kondensationswärme angesehen werden, so daß eine tropische Zyklone in dieser Hinsicht einem →Gewitter riesigen Ausmaßes vergleichbar ist. Sie beendet ihren Lauf entweder durch Auffüllung oder sie wandelt sich in eine gewöhnliche Zyklone mittlerer Breite um. Die tropischen Zyklonen werden in Nordamerika als Hurrikan, in Ostasien als Taifun bezeichnet.

Hann, J., u. *R. Süring:* Lehrb. d. Meteorologie, 7. Teil. Leipzig 1939. − *Chromow, S. P.:* Einf. in d. synopt. Wetteranalyse. Wien 1940. − *Scherhag, R.:* Wetteranalyse u. Wetterprognose. Berlin 1948. − *Bjerknes, V.*, u. a.: Physikal. Hydrodynamik. Berlin 1933. − *Rodewald, M.:* Naturwiss. **37**, 518 (1950).

Zyklostrophischer Wind →Wind.

Zyklotron. Das von *Lawrence* und *Livingston* erfundene Zyklotron ist zu einem der wichtigsten Hilfsmittel der Kernphysik geworden. Es ist ein →Mehrfachbeschleuniger zur Erzeugung von Ionenstrahlen sehr hoher Voltgeschwindigkeiten. Dazu befindet sich zwischen den Polen eines starken Magneten eine große dosenförmige Vakuumkammer (Abb.). In dieser wiederum sind die zwei Hälften einer kleineren Dose, die in einer durch die Dosenachse gehenden Ebene aufgeschnitten erscheint, jede für sich isoliert aufgestellt. Diese Halbdosen werden nach ihrer Form D's genannt. Zwischen den D's ist im Zentrum der ganzen Anordnung die Ionenquelle angeordnet. Mittels eines leistungsfähigen Kurzwellensenders wird zwischen den D's ein hochfrequentes Wechselfeld erzeugt. In einer Halbphase der Wechselspannung werden Ionen aus der Ionenquelle in

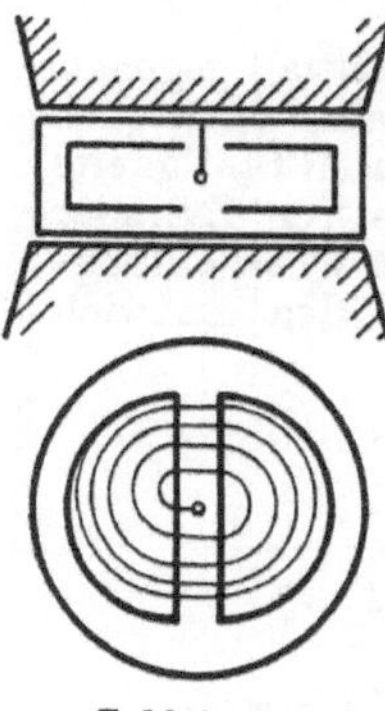

Zyklotron.

die eine Halbdose hineingezogen und beschreiben darin unter der Einwirkung des annähernd homogenen Magnetfeldes einen Halbkreis, um dann wieder in den Raum zwischen beiden Dosen zu gelangen. Wenn sich inzwischen die Wechselspannung, infolge geeigneter Einstellung der Senderfrequenz, in der nächsten Halbphase befindet, erfahren sie dort eine weitere Beschleunigung in die andere Halbdose hinein. In dieser beschreiben sie wieder einen Halbkreis von allerdings größerem Radius, entsprechend ihrer gestiegenen Geschwindigkeit. So können Teilchen bei fortgesetzter Beschleunigung nach jedem halben Umlauf auf immer größeren Halbkreisen im Magnetfeld umlaufen, bis sie gegen die äußere Dosenwandung stoßen oder durch einen passend angebrachten Schlitz zur Seite austreten. Dort treffen sie auf die zu bestrahlende Substanz (Auffänger) oder gelangen auch durch eine Metallfolie ins Freie. Diese vielfache Beschleunigung mit Hilfe der Hochfrequenzspannung konstanter Schwingungszahl wird ermöglicht durch die Tatsache, daß die Umlaufszeit von elektrisch geladenen Teilchen im Magnetfeld bei nichtrelativistischen Geschwindigkeiten unabhängig von der Geschwindigkeit ist. Aus dem Gleichgewicht von Zentrifugalkraft und Lorentzkraft ergibt sich die „Resonanzfrequenz" in Abhängigkeit von der Stärke H [Oe] des Magnetfeldes und der Masse m und der Ladung e (in es E) der Teilchen zu

$$\nu = \frac{e\,H}{2\,\pi\,mc}.$$

Die Stromausbeute von hochbeschleunigten Teilchen am Austritt wird begünstigt durch fokussierende Eigenschaften der Geometrie des Hochfrequenzfeldes und des nach außen hin infolge des Streufeldes ein wenig schwächer werdenden Magnetfeldes. Hierdurch werden die Ionen zum großen Teil etwa in der Mittelebene der Apparatur zusammengehalten. Die Teilchen machen größenordnungsmäßig etwa 100 Umläufe; maximal sind dabei Teilchenenergien von 30 MeV erreicht worden.

Für Teilchen relativistischer Geschwindigkeiten sinkt die Umlaufsfrequenz mit zunehmender Geschwindigkeit infolge der Massenzunahme; der Gleichlauf zwischen Umlaufsfrequenz und Senderfrequenz ist nicht mehr gewahrt. Die Teilchen geraten außer Phase und sind über eine bestimmte Maximalenergie nicht ohne weiteres hinauszubringen, auch wenn die Größe und Stärke des Magnetfeldes dies gestatten würden. In einmaligem Vorgang kann man Ionen, die mit der Grenzenergie umlaufen, zu höheren Energien „hochschleppen", indem man die Senderfrequenz zeitlich absinken läßt. Im Dauerbetrieb geschieht das im *Synchro-Zyklotron* (→Synchrotron) durch eine etwa 10%ige Frequenzmodulation des Senders. Man bekommt damit je s eine der Modulationsfrequenz entsprechende Anzahl von Ionenstößen sehr hoher Energie, also keinen Dauerstrom mehr. Damit wurden Alphateilchen von 400 MeV erhalten. Ein erstes Ergebnis dieses Fortschrittes ist die künstliche Erzeugung von →Mesonen.

Ockelmann, H.: Phys. Bl. 4, 286 (1948).

Zylinderfunktionen nennt man jede Lösung $y = Z_\nu(x)$ der →Besselschen Differentialgleichung

$$\frac{d^2 y}{d x^2} + \frac{1}{x}\frac{d y}{d x} + \left(1 - \frac{x^2}{\nu^2}\right) y = 0.$$

In dieser ist x die unabhängige Veränderliche und ν (beliebig reell) ein Parameter, der die *Ordnung* der Zylinderfunktion angibt. Spezielle Zylinderfunktionen sind die *Zylinderfunktionen 1. Art* oder →*Bessel-Funktionen* $J_\nu(x)$, die für $x = 0$ endlich bleiben, und welche, wenn $\nu > 0$, gegeben sind durch $J_\nu(x)$

$$= \sum_{i=0}^{\infty} \frac{(-1)^i}{\Gamma(i+1)\,\Gamma(i+1+\nu)}\left(\frac{x}{2}\right)^{\nu+2i},$$ dagegen für

$$\nu < 0 \text{ durch } J_{-\nu}(x) = \sum_{i=0}^{\infty} \frac{(-1)^i}{\Gamma(i+1)\Gamma(i+1-\nu)}\left(\frac{x}{2}\right)^{-\nu+2i}.$$

Ist ν nicht ganzzahlig, so sind $J_\nu(x)$ und $J_{-\nu}(x)$ voneinander linear unabhängig, und $y = A J_\nu(x) + B J_{-\nu}(x)$ (A, B Konstanten) stellen das allgemeine Integral der Besselschen Differentialgleichung dar. Ist dagegen $\nu = n$ eine ganze Zahl, so besteht zwischen $J_n(x)$ und $J_{-n}(x)$ die Beziehung $J_n(x) = (-1)^n J_{-n}(x)$, so daß zur vollständigen Lösung der Besselschen Differentialgleichung ein zweites partikuläres Integral zu suchen ist. Ein solches wird gegeben durch den Grenzwert

$$N_n(x) = \frac{(-1)^n}{\pi}\lim_{\nu \to n}\left[(-1)^n\frac{\partial J_\nu(x)}{\partial \nu} - \frac{\partial J_{-\nu}(x)}{\partial \nu}\right],$$

worin ν eine von der ganzen Ordnungszahl n wenig abweichende Zahl ist. Führt man die Differentiation und den Grenzübergang $\nu \to n$ aus, so gelangt man zu der den (nunmehr ganzzahligen) Parameter n enthaltenden, von x abhängigen Funktion

$$N_n(x) = \frac{1}{\pi}\left[2 J_n(x)\ln\left(\frac{x}{2}\right) - \right.$$

$$- \sum_{i=0}^{\infty}(-1)^i\frac{\Psi(i) + \Psi(n+i)}{\Gamma(i+1)\,\Gamma(i+1+n)}\left(\frac{x}{2}\right)^{n+2i} -$$

$$\left. - \sum_{i=0}^{n-1}\frac{\Gamma(n-i)}{\Gamma(i+1)}\left(\frac{x}{2}\right)^{-n+2i}\right],$$

die *Zylinderfunktion 2. Art* oder *Neumann-Funktion*. [Ψ = log. Ableitung der Π-Funktion $\Pi(x) = \Gamma(x+1)$]. Sie wird im Nullpunkt, d.h. für $x = 0$, unendlich. Für ganzzahlige $\nu = n$ ist also das allgemeine Integral der Besselschen Differentialgleichung durch $y = A J_n(x) + B N_n(x)$ gegeben.

Aus den Zylinderfunktionen 1. und 2. Art, d. h. aus den Bessel- und Neumann-Funktionen, hat man eine weitere *Zylinderfunktion 3. Art* konstruiert, die auch *Hankel-Funktion* heißt. Man definiert $H_\nu^{(1)}(x) = J_\nu(x) + iN_\nu(x)$ und $H_\nu^{(2)}(x) = J_\nu(x) - iH_\nu(x)$. Sie sind in der Theorie der Zylinderfunktionen das „Gegenstück" zu der Eulerschen Formel $e^{\pm ix} = \cos x \pm i\sin x$.

Die Bessel-, Neumann- und Hankel-Funktionen lassen sich außer in der hier angegebenen Reihenform auch in geschlossener Form durch bestimmte Integrale darstellen. So gelten u. a. die Darstellungen

$$J_\nu(x) = \frac{1}{\pi}\int_0^\pi \cos(\nu\alpha - x\sin\alpha)\,d\alpha\,,$$

$$N_\nu(x) = \frac{(-2x)}{\pi}\frac{d\,x^\nu}{d\nu}\int_0^\pi \cos(x\sin\alpha)\ln(4x^2\cos^2\alpha)\,d\alpha\,,$$

während sich die $H_\nu^{1,2}(x)$ durch komplexe Linienintegrale ausdrücken lassen.

Zwischen den Zylinderfunktionen verschiedener Ordnung und auch ihren Ableitungen existiert eine Fülle von Rekursionsformeln und Relationen, von denen nur genannt seien: $Z_{\nu-1} + Z_{\nu+1} = \frac{2\nu}{x}Z_\nu$, woraus sich für ganzzahliges $\nu = n$ die Formel $Z_{-n} = (-1)^n Z_n$ herleiten läßt. Ferner gilt $Z_\nu' = -\frac{\nu}{x}Z_\nu + Z_{\nu-1}$, also speziell $Z_0' = -Z$. Für den Fall, daß ν eine halbgebrochene Zahl ist, gelangt man zu den trigonometrischen Funktionen

$$J_{1/2}(x) = \sqrt{\frac{2}{\pi}}\,\frac{\sin x}{\sqrt{x}}\,,$$

$$J_{3/2}(x) = \sqrt{\frac{2}{\pi}}\,\frac{1}{\sqrt{x}}\left(\frac{\sin x}{x} - \cos x\right),$$

$$J_{-1/2}(x) = \sqrt{\frac{2}{\pi}}\,\frac{\cos x}{\sqrt{x}}\,,$$

$$H_{3/2}^{(1,2)}(x) = \pm i\sqrt{\frac{2}{\pi}}\,\frac{e^{\pm ix}}{x}\,,$$

$$H_{1/2}^{(1)}(x) = \sqrt{\frac{2}{\pi}}\,\frac{(-i)}{x}e^{ix}\,, \quad H_{1/2}^{(2)} = \sqrt{\frac{2}{\pi}}\,(ie^{ix}),$$

$$N_{1/2}(x) = -\sqrt{\frac{2}{\pi}}\,\frac{\cos x}{\sqrt{x}}\,,$$

$$N_{-1/2}(x) = \sqrt{\frac{2}{\pi}}\,\frac{\sin x}{\sqrt{x}}\,.$$

Für sehr große Werte des Argumentes $x\,(x \to \infty, x \gg \nu)$ gelten u. a. folgende asymptotische Näherungen: $J_n(x) \approx \sqrt{\frac{2}{\pi x}}\cos\left(x - \frac{\pi}{n}\right)$, wenn n gerade, $J_n(x) \approx \sqrt{\frac{2}{\pi x}}\sin\left(x - \frac{\pi}{n}\right)$, wenn n ungerade, $H_n^{(1)}(x) \sim \sqrt{\frac{2}{\pi x}}\,e^{ix}\,i^{-(n+1/2)}$.

Ähnlich wie man eine in einem Intervall gegebene Funktion $f(x)$ in eine Fourier-Reihe entwickeln kann, kann man auch (unter gewissen Stetigkeitsvoraussetzungen) $f(x)$ als Summe von Zylinderfunktionen darstellen. Es gilt der Entwicklungssatz: $f(x) = c_0 + \sum_j c_j J_0(jx)$ mit den Entwicklungskoeffizienten $c_0 = \int_0^1 f(\xi)\,d\xi$ und

$$c_j = \frac{2}{J_0^2(j)}\int_0^1 \xi\,f(\xi)\,J_0(j\xi)\,d\xi\,.$$

Weyrich, R.: Zylinderfunktionen. Leipzig 1937. — *Lense, J.:* Reihenentwicklung in d. math. Physik. Berlin 1947. — *Sommerfeld, A.:* Vorl. über theoret. Physik. VI. Leipzig 1947. — *Webster-Szegö:* Partielle Differentialgleichungen d. math. Physik. Leipzig 1930. — *Magnus-Oberhettinger:* Formeln u. Sätze d. spez. Funktionen d. math. Physik. Berlin 1948. — *Emde, F.:* Tafeln höherer Funktionen. Leipzig 1948. — *Hayashi, K.:* Tafel d. Besselschen usw. Funktionen. Berlin 1930.

Zylinderkondensator →Kondensator, →Kapazitätsformeln.

Zylinderkoordinaten →krummlinige Koordinaten.

Zylinderlinsen sind Linsen, deren brechende Flächen Teile von Zylinderflächen sind. Eine solche Fläche hat nur in einer Ebene eine Brechkraft. In der dazu senkrechten Ebene ist die Brechkraft Null. In dieser liegt die Achse der Zylinderfläche. Zylinderlinsen dienen in der praktischen Optik zur Einführung von Astigmatismus längs der optischen Achse, z. B. bei photographischen Registriergeräten. In der Ophthalmologie dienen Zylinderlinsen im allgemeinen in Verbindung mit sphärischen Flächen zur Behebung des Achsenastigmatismus des Auges. Doch ist diese Kombination heute meist durch torische Meniskengläser ersetzt. →torische Flächen.

Zylinderwellen. Eine mit →Kugelstrahlern dicht besetzte gerade Strecke erzeugt ein Feld von rotationssymmetrischen Zylinderwellen, deren radialer Amplitudenverlauf durch Zylinderfunktionen beschrieben wird. →Kugelwelle.

Weyrich, R.: Die Zylinderfunktionen u. ihre Anwendungen. Leipzig u. Berlin 1937.

Zylinderwelt, Einsteinsche, →Relativitätstheorie, allgemeine.

ζ-Funktion →Riemannsche Zetafunktion.

ANHANG I.

Geschichte der Physik.

Die nachstehende Darstellung bemüht sich, in einer gedrängten Darstellung die Entwicklung der Physik von den ersten erkennbaren Anfängen bis zur Gegenwart in ihren Hauptzügen darzustellen. Dabei konnten die Grenzgebiete nur gestreift werden. Eine gewisse Willkür in der Auswahl der verzeichneten Ereignisse und Persönlichkeiten ist bei einer solchen kurzen Übersicht nicht zu vermeiden. Die *Lebensdaten von Physikern* finden sich im Anhang II.

Das Altertum bis zum Erlöschen der Schule von Alexandria.

Wie für jede Wissenschaft, so gibt es auch für die Physik ein vorwissenschaftliches Stadium, innerhalb dessen alle die Kenntnisse und Erfahrungen aus dem Bereiche des Alltagserlebens und der handwerklichen Praxis angesammelt werden, die später den Gegenstand theoretischer Erwägungen bilden. Den Ausdruck einer besonders hohen Entwicklung in Richtung auf eine Rationalisierung des Gemeinschaftslebens, aus der dann später eine physikalische Wissenschaft erwächst, stellen Erfindungen dar wie die der gleicharmigen Hebelwaage, die noch vor der Mitte des 4. vorchristlichen Jahrtausends erfolgte, oder die Schaffung des altbabylonischen Maß- und Gewichtssystems, dessen Nachwirkungen in Gestalt der 60°-Teilung unseres Stunden- und Winkelmaßes sich bis in die Gegenwart erstrecken.

Trotz derartiger Rationalisierungen sind weder die *Sumerer* noch die *Babylonier* bis zur Ausbildung einer eigentlichen Wissenschaft von der Natur vorgedrungen. Sie waren ähnlich wie die *Ägypter* in ihrer Denk- und Fühlensweise dem Jenseitigen stärker zugewandt als dem Diesseitigen. Die Auffassung des Naturgeschehens als eines zwar von übermenschlicher, göttlicher Vernunft Gesetzten, aber für den Menschen verstandesmäßig Erfaßbaren blieb den *griechischen* Kolonisten an der Küste Kleinasiens vorbehalten.

Als Begründer der Wissenschaft überhaupt und damit auch der Physik gilt *Thales von Milet* (um 580 v. Chr.), dem die Anziehungskraft des natürlichen Magnetsteins und vielleicht auch die des geriebenen Bernsteins bekannt war. Ihm und seinen Nachfolgern, den milesischen Naturphilosophen, verdanken wir die Vorstellung, daß allem Physischen eine gemeinsame Urstoffheit, die próte hýle, zugrunde liegt, die dann in den stoicheía, den Elementen, zu Grundbausteinen der konkreten physischen Körper wird. Die schon bei *Homer* und *Hesiod* in mythisierender Form auftretende Vier-Elemente-Lehre fand ihre volle Ausbildung bei *Empedokles* von Akrágas (dem heutigen Girgenti, um 480 v. Chr.) und wurde von *Aristoteles* (384—322 v. Chr.) übernommen und abgewandelt. Die Pythagoräer — von *Pythagoras*, dem Gründer der Sekte (um 530), ist so gut wie nichts bekannt — übertrugen den Gedanken einer zahlenmäßig erfaßbaren Gesetzlichkeit vom Astronomischen aufs Musikalische und legten damit den Keim zu einer Mathematisierung der Naturerkenntnis. Das Monochord ist neben der Waage das älteste physikalische Meßgerät.

Leukipp (um 500 v. Chr.) und sein Schüler *Demokrit* von Abdera, der beste Vertreter empirischer Naturforschung in der klassischen Zeit, führten die Atomhypothese in die Wissenschaft ein. Die átomoi, die Unzerschneidbaren, sind absolut dicht und unterscheiden sich voneinander nur durch Größe und Gestalt. Sie werden durch das Leere voneinander getrennt, das ebenso real ist wie das Volle. Daß die Atome sich auch durch ihr Gewicht voneinander unterscheiden, gilt als eine spätere Zutat des *Epikur*, dessen Lehren ausführlich in dem lateinischen Gedicht „Von der Natur der Dinge" des *Titus Lucretius Carus* dargestellt werden.

Der erste wirklich große Systematiker der Naturwissenschaft ist *Aristoteles*, auf dessen physiké akróasis (Vortrag über die Natur) vermutlich der Name unserer Wissenschaft zurückzuführen ist. Physik hat bei ihm und von nun an bis zum Ende des 18. Jahrhunderts die Bedeutung von Naturwissenschaft, von philosophia naturalis, schlechthin und umfaßt Naturlehre und Naturgeschichte einschließlich der Psychologie. Im Rahmen der Physikgeschichte ist vor allem die Bewegungslehre des *Aristoteles* von Bedeutung, die bis ins 17. Jahrhundert hinein maßgebend blieb. Sie unterscheidet zwischen zwei Arten von Bewegung, der natürlichen und der gewaltsamen. Eine gewaltsame Bewegung hält nur so lange an, wie eine treibende Kraft vorhanden ist, die in unmittelbarer Berührung auf den getriebenen Körper einwirkt. Die natürliche Bewegung kann entweder eine rein kreisförmige sein, wie sie nur den Himmelskörpern zukommt, oder eine gradlinig aufwärts oder abwärts gerichtete. Sie ist in dieser Form die Folge eines Triebes, der den schweren bzw. den leichten Körpern von Natur innewohnt und sie ihrem „natürlichen" Orte entgegentreibt. Der Trieb ist um so stärker, je mehr sie sich diesem ihnen zukommenden Orte nähern, der für alles Schwere der mit dem Weltmittelpunkt zusammenfallende Mittelpunkt der Erde, für alles Leichte die innere Wölbung der Mondsphäre ist. Absolut schwer ist das Element Erde, absolut leicht das Element Feuer. Zwischen beide ordnen sich als zwei mittlere Proportionale, als „media", die Elemente Wasser und Luft ein, die je nach Umständen relativ leicht oder schwer sind. In dieser aristotelischen Dynamik gibt es also keine Gravitationswirkung im Sinne der klassischen Physik, und daher besteht auch keine Notwendigkeit, die Fallgeschwindigkeit anders zu erklären als durch die mit Annäherung an den natürlichen Ort wachsende Stärke des Triebes. Bei jeder Bewegung ist zudem nach aristotelischer Lehre die jeweilige Geschwindigkeit des bewegten Körpers sowohl von der Stärke der treibenden Kraft wie vom Widerstand des Mittels abhängig. Bei fehlendem Widerstand müßten sich alle Körper gleich schnell und mit unendlich großer Geschwindigkeit bewegen. Da letzteres nicht wohl denkbar ist, kann es kein Vakuum geben.

Im Gegensatz zu dieser von *Athen* ausgehenden naturphilosophischen Richtung der Naturwissenschaft kam es im Laufe des 3. vorchristlichen Jahrhunderts in *Alexandria* zur Ausbildung von eigentlichen Fachwissenschaften und insbesondere zur Mathematisierung der Optik und Mechanik. Vorbildlich dafür wurden die „Elemente" des *Eukleides* (um 300 v. Chr.), in denen das gesamte mathematische Wissen der damaligen Zeit systematisch zusammengefaßt war. Ob *Euklid* als der Begründer der mathematischen Katoptrik, der Lehre von den Spiegelungen anzusehen ist, muß als fraglich gelten, da das unter seinem Namen gehende Werk darüber anscheinend von *Theon* (um 350 n. Chr.) stammt. Im Gegensatz zum jetzigen Sprachgebrauch bezeichnete man übrigens im Altertum als Optik lediglich die Lehre vom Sehen.

Ähnlich wie *Euklid* stellte *Archimedes* (287—212 v. Chr.) in seinen Schriften zur theoretischen Mechanik Definitionen, Postulate und Axiome an den Anfang seiner Darlegungen. Aus dem Postulat, daß gleich schwere Körper, die in gleicher Entfernung vom Drehpunkt auf einen zweiarmigen Hebel wirken, miteinander im Gleichgewicht sind, leitete er deduktiv die Gleichgewichtsbedingung für den ungleicharmigen Hebel und Sätze über den Schwerpunkt von Flächen und Körpern her. In der Schrift über die schwimmenden Körper gibt er außer dem nach ihm benannten Prinzip auch den Satz an, daß alle Körper, die von einer Flüssigkeit in die Höhe getrieben werden, in Richtung der durch ihren Schwerpunkt gehenden Senkrechten aufsteigen.

Inwieweit die dem *Archimedes* zugeschriebenen Erfindungen des Potentialflaschenzuges, der Wasserschnecke und der Schraube ohne Ende ihm wirklich zugehören, ist nicht mehr entscheidbar. Sein Zeitgenosse *Ktesibios* gilt als Erfinder der Wasserorgel, der Feuerspritze (ohne Windkessel) und der zu hoher Präzision entwickelten Torsionsgeschütze. Auch ein Luftdruckgeschütz ist unter seinem Namen überliefert. Mit hydraulisch-pneumatischen Anordnungen beschäftigte sich zur selben Zeit außer *Ktesibios* auch *Philon von Byzanz*, von dessen Schriften gleichfalls nur Bruchstücke erhalten sind.

Umstritten ist die Frage, ob *Heron von Alexandria* in das 2. vorchristliche oder in das 2. nachchristliche Jahrhundert gehört. In seinen teils im griechischen Urtext, teils in arabischer Übersetzung auf uns gekommenen Schriften finden wir neben zahlreichen hydraulisch-pneumatischen Spielwerken auch durch Heißluft oder Dampf angetriebene Reaktionsräder, sowie eine einfache, auf *Philon von Byzanz* zurückgehende Vorrichtung zum Nachweis der Wärmeausdehnung der Luft, die im Zeitalter *Galileis* zum Thermoskop umgestaltet wurde. Klar ausgesprochen wird von *Heron* die sog. goldene Regel der Mechanik, und auch der Begriff des virtuellen Hebelarmes ist ihm — zumindest für den nichtgeknickten Hebel — völlig geläufig. Als Urzelle des Prinzips der kleinsten Wirkung kann man den von *Heron* ausgesprochenen Satz betrachten, daß bei der Spiegelung ein Lichtstrahl stets den kürzesten von allen möglichen Wegen wählt, einen Satz, den im 17. Jahrhundert *Pierre Fermat* (1601—1665) auf die Lichtbrechung übertrug.

Im Zusammenhang mit dem Problem der atmosphärischen Strahlenbrechung wurde die Dioptrik durch *Klaudios Ptolemaios* (um 150 n. Chr.) gefördert, den großen Systematiker der theoretischen Astronomie. Er suchte die Abhängigkeit des Brechungswinkels vom Einfallswinkel quantitativ zu bestimmen und wurde so bei der Verfolgung des Strahlenüberganges von einem optisch dichteren in ein optisch dünneres Medium auch auf die Erscheinung der Totalreflexion aufmerksam.

Pappos, der letzte große Geometer der Griechen, der wohl um 300 n. Chr. seine Kommentare schrieb, hat die zumeist nach *Paul Guldin* benannte Regel für den Rauminhalt von Rotationskörpern aufgestellt und ist wahrscheinlich auch der Erfinder des Aräometers. Aus dem 6. nachchristlichen Jahrhundert ist schließlich noch *Johannes Philoponos* oder *Grammatikos* anzuführen, ein christlicher Kommentator des *Aristoteles*, der die bis auf *Galilei* in Geltung stehende impetus-Theorie der Wurfbewegung aufstellte. Diese Lehre besagt, daß beim Wurf dem geworfenen Körper eine Kraft eingeprägt wird, die dýnamis endotheísa bzw. die vis impressa der Scholastiker, die in dem Körper eine Zeitlang verbleibt und seine Bewegung auch nach Loslösung von der werfenden Hand oder der schnellenden Sehne aufrechterhält.

II. Die Übernahme der antiken Überlieferung im Orient und Okzident und ihre Weiterbildung bis zum Ausgang des 16. Jahrhunderts.

Auf dem Umwege über syrische und persische Übersetzungen wurde das philosophische und fachwissenschaftliche Schrifttum des Altertums den *Arabern* und durch diese dem *christlichen Abendlande* vermittelt. Insbesondere unter Harun ar Raschids Nachfolger, dem Abbasidenkalifen *al Mamun*, wurden zahlreiche Schriften griechischer Philosophen, Ärzte und Mathematiker ins Arabische übersetzt und erläutert. Darüber hinaus übermittelten die Islamen auch *indisches* Wissensgut an den Westen. Die kulturell bedeutsamste Leistung dieser Art ist die Übernahme der indischen Ziffern einschließlich der Null und des indischen Stellenwertsystems in das Rechenbuch des *Muhamed ibn Musa al Huwarizmi* (um 825). Ebenso wie aus seinem Namen die Bezeichnung „Algorithmus" wurde, leitet sich von dem Titel seines Lehrbuches der Gleichungen, dem al gabr wal muquabala, der Ausdruck „Algebra" her.

Besonders angesehen als Übersetzer und Bearbeiter mathematisch-naturwissenschaftlicher Schriften der Antike war *Tabit ibn Qurra* aus Harran. In seiner Schrift über den Qarastun behandelt er die Gleichgewichtsbedingung für den gewichtslosen, zweiarmig-ungleicharmigen Hebel, für den gewichtslosen Hebel, an dessen einem Arm ein zylindrischer Stab von wägbarer Masse befestigt ist, und für den ungleicharmigen physischen Hebel. Zur Ableitung dieser Gleichgewichtsbedingungen bedient er sich aber nicht, wie *Archimedes*, statischer Betrachtungen, sondern geht im Anschluß an *Aristoteles* von einem dynamischen Prinzip, dem der virtuellen Verrückungen aus. Er spricht es in der Form aus, „daß allemal die Strecken, die zwei bewegte Körper in derselben Zeit zurücklegen, sich zueinander umgekehrt wie die Kräfte der Bewegung (virtutes motus) dieser beiden Körper verhalten".

Ausgezeichnetes leistete auf dem Gebiete der physiologischen wie der geometrischen Optik *ibn al Haitham (Alhazen)*. Nach seiner Auffassung vermitteln uns nicht die vom Auge ausgehenden „Sehstrahlen", sondern die vom Objekt kommenden Lichtstrahlen das Bild eines Gegenstandes. Erst *Alhazen* machte einen Unterschied zwischen Kern- und Halbschatten und erwähnt ausdrücklich, daß bei Spiegelung und Brechung der zurückgeworfene bzw. der gebrochene Strahl mit dem einfallenden Strahl in derselben Ebene liegen. Er erkannte, daß das Verhältnis von Einfalls- und Brechungswinkel kein konstantes ist, und gibt in seiner Abhandlung „über die Brennkugel" an, daß die Vereinigung der gebrochenen Strahlen in einem Punkt stattfindet, der um weniger als ein Viertel des Durchmessers der Kugel von ihr entfernt liegt. Ferner war ihm bekannt, daß auch beim sphärischen Hohlspiegel nur die achsennahen Strahlen im Brennpunkt gesammelt werden. Zur Beobachtung von Sonnenfinsternissen bediente sich *Alhazen* der Lochkamera, deren Theorie sein Kommentator und Bearbeiter *Kamal al Din* (gest. 1320) aufstellte.

Während Alhazens Zeitgenosse *ibn Sina (Avicenna)* ein entschiedener Verfechter aristotelischer Anschauungen war, schloß sich sein als Arzt und Chemiker gleichbedeutender Vorgänger *Muhamed ibn Zakarija ar Razi (Rhases)* der Leukipp-Demokritischen Atomenlehre an. *Al Biruni*, unseres Wissens der Erfinder des Pyknometers, *al Chazini* und andere bauten empfindliche und recht komplizierte Waagen, mit denen sie das spezifische Gewicht fester und flüssiger Körper bestimmten. Der Zweck dieser Messungen war ein vorwiegend praktischer. Sie sollten zur Unterscheidung der Edelsteine voneinander und von ihren Nachahmungen, sowie zur Ermittlung des Mischungsverhältnisses von Legierungen dienen. Was den Ausdruck spezifisches Gewicht anbelangt, so tritt er in der Form: spezifisch gleich schwere Körper (corpora aeque gravia in specie) erst im Abendland in einer vermutlich dem 13. Jahrhundert angehörenden Abhandlung auf.

Während in *Ostrom*, in *Byzanz*, die Physik keine irgendwie nennenswerten Fortschritte machte, war dies im *westlichen Europa* seit dem Zeitalter der Kreuzzüge in immer stärkerem Maße der Fall. Nach der Bekanntschaft mit den Schriften des *Aristoteles* wurden die darin enthaltenen Lehren mit den Glaubenslehren des Christentums verglichen, entsprechend umgebildet und weiterentwickelt und auch an neugewonnenen praktischen Erfahrungen überprüft. Auf diese Art tritt neben die naturphilosophische Physik im Geiste des *Aristoteles* und die geometrische Mechanik und Optik seit dem 13. Jahrhundert eine neue Experimentalwissenschaft, deren begeisterter Lobredner *Roger Bacon* ist. Als Forscher ist er unselbständig. Seine optischen Kenntnisse gehen nicht über die des *Alhazen, Witelo* oder *Robert Grosseteste* hinaus.

Dagegen ist der Pikarde *Pierre de Maricourt (Petrus Peregrinus)*, von dem die erste uns bekannte experimentalphysikalische Abhandlung über den Magneten, die „Epistola de magnete" stammt, wirklich ein „magister experimentorum", ein Meister des Experiments, wie ihn Roger Bacon nennt. Er beschreibt in seinem 1269 geschriebenen Brief, daß gleichnamige Pole einander abstoßen, ungleichnamige sich anziehen und daß jeder in der Mitte seiner magnetischen Achse durchschnittene natürliche Magnetstein zwei vollständige Magnete liefert. Auch einen Trockenkompaß mit Gradeinteilung und Peilvorrichtung finden wir bei ihm. Die schwimmende Magnetnadel als Richtungsweiser für die Schiffahrt war in Europa ungefähr seit 1200 bekannt und wurde hier vermutlich selbständig erfunden. Ob sie auch den Chinesen als selbständige Erfindung zugeschrieben werden darf, ist strittig. Falls man der ältesten verläßlich scheinenden Nachricht aus China Glaubwürdigkeit beimißt, ist man dort mit der Richtstellung einer magnetisierten Eisennadel um 1100 bekannt gewesen.

Gleichfalls noch in das 13. Jahrhundert gehört die Erfindung der Brillen, während die der Räderuhren mit Gewichtszug und Hemmung und der Unterteilung des Tages in gleich lange Stunden in den Anfang des 14. Jahrhunderts zu setzen ist. Auf dem Gebiet der theoretischen Mechanik ist *Jordanus Nemorarius* zu nennen, der auch eine bezüglich der Anwendung der Buchstabenrechnung schon recht fortschrittliche Algebra verfaßte. Wir treffen bei ihm auf eine Ableitung der Gleichgewichtsbedingung für den Winkelhebel und für die schiefe Ebene, die er ähnlich wie Tabit ibn Qurra auf den Satz der virtuellen Verrückungen stützte. Die ersten Erklärungen für die Entstehung des Regenbogens durch zwei Brechungen und eine bzw. zwei Reflexionen gaben *Dietrich von Freiberg* in Sachsen in seiner Schrift vom Regenbogen (1304) und *Mahmud ibn Marud al-Schirazi*.

Auch die atomistischen Lehren hatten während des Zeitalters der Scholastik Anhänger in *Adelhard von Bath* (um 1100), *Wilhelm von Conches* und *Hugo von St. Victor. Nicolaus von Autrecourt*, der erste abendländische Kritiker des Kausal- und des Substanzbegriffes, gründete seine ganze Kosmologie auf atomistische Vorstellungen.

Jean Buridan nahm sich besonders nachdrücklich wieder der impetus-Lehre des Philoponos an und übertrug sie auch auf die Bewegungen der Gestirne. Diese bedürfen nach seiner Ansicht dabei nicht der Mitwirkung besonderer Intelligenzen; vielmehr hat Gott bei Erschaffung der Welt den Himmelskörpern Antriebe eingeprägt, infolge derer sie sich mit gleichförmiger Geschwindigkeit bewegen, ohne daß diese Bewegung beim Fehlen jeglichen Widerstandes sich abschwächt oder erlischt. Solche Vorstellungen übernahm auch *Albert von Sachsen (Albert von Helmstedt)*, der in einem 1360 verfaßten Kommentar zu Aristoteles' Schrift über den Himmel bereits die beiden Möglichkeiten erörtert, daß beim freien Fall die Geschwindigkeit im Verhältnis zum Fallweg bzw. zur Fallzeit wächst, ohne daß er sich aber für die eine oder die andere dieser Möglichkeiten entschied.

Den Anstoß dazu dürfte *Nicole Oresme* gegeben haben, ebenfalls ein Vertreter der impetus-Theorie, in dessen vor 1371 verfaßter Abhandlung „Über die Ungleichförmigkeit der Eigenschaften" (de difformmitate qualitatum) uns die ersten Anfänge einer graphischen Darstellung physikalischer Zusammenhänge vorliegen. *Oresme* erfaßt begrifflich in voller Klarheit erstmals das „Denkmittel der Variabilität" (Laßwitz) und gelangte auf dem Weg solcher zeichnerischen Veranschaulichung unter anderem zu dem Satz, daß jede „gleichförmig ungleichförmige" Eigenschaft ihrem mittleren Grade gleich ist. Er wußte auch, daß im Falle einer so dargestellten, modern ausgedrückt: gleichförmig beschleunigten Bewegung die quantitas totalis, nämlich der Flächeninhalt des Dreiecks bzw. des Trapezes den zurückgelegten Weg wiedergibt. All dies bleibt aber bei ihm und seinen Nachfolgern lediglich Gegenstand rein logischer Erörterung und wurde erst durch *Galilei* einem experimentalphysikalischen Vergleich mit der Wirklichkeit unterzogen. Auch die Lehre von der täglichen Drehung der Erde um ihre Achse hat *Oresme* in einem „Commentaire aux livres du ciel et du monde" ausführlich und überzeugend dargelegt.

Nicolaus von Cues vertritt in seinen „Versuchen mit der Waage" den Standpunkt einer auf das Quantitative gerichteten Erforschung des Naturgeschehens, einen Gedanken, den sich dann vor allem *Leonardo da Vinci* zu eigen machte, ohne indessen Erwähnenswertes auf dem Gebiet der exakten Wissenschaften zu leisten. Von entscheidender Bedeutung für die Entwicklung der Physik wurde erst die Aufstellung des heliozentrischen Weltsystems durch *Nicolaus Kopernikus* aus Thorn. Denn mit der Versetzung der Erde unter die Planeten verliert die aristotelische Lehre vom Leichten und Schweren ihren Sinn, und der freie Fall der Körper wird ebenso wie die Schwere als solche zu einem Problem. *Kopernikus* selbst wich ihm noch dadurch aus, daß er sich die schon früher vertretene Ansicht zu eigen machte, nach der jeder irdische Körper als ein der Erde zugehöriger Teil seinem Ganzen zustrebt, eine Anschauung, die auch *Galilei* noch teilte. Erst durch *Kepler* und *Newton* gewann dann die Frage nach dem Wesen der anziehenden Kraft ein neues Gesicht und Gewicht.

Wenn bei *Nikolaus von Cues* die beiden Partner des Gespräches über die Waage ein philosophus, der Schulgelehrte, und ein mechanicus, der Mann der Praxis, sind, so wird dadurch ausgedrückt, daß die Wissenschaft von der Natur zu einer „Laien"wissenschaft zu werden beginnt. *Leonardo* kann als ein besonders typischer Vertreter dieser sich neu herausbildenden Wissenschaft gelten. Im Zuge dieses Umgestaltungsprozesses wurden nun für die naturwissenschaftliche Literatur des 16. Jahrhunderts Sammelwerke charakteristisch, die sich an den „curiosus", den „Neugierigen", wenden. Schriften wie die 20 Bücher scharfsinniger Untersuchungen (de subtilitate libri XX) des *Geronimo Cardano* oder die „Magia naturalis" des *Giambattista de la Porta* sind die literarischen Parallelen zu den Kunst- und Wunderkammern („Kabinette") der Fürsten, aus denen später sowohl die Bildergalerien wie die naturwissenschaftlich-technischen Museen hervorgingen.

Auf dem Gebiet der Mechanik verdient im 16. Jahrhundert *Giovanni Battista Benedetti* Erwähnung, der in der Dynamik als ein Vorläufer von *Galilei* und *Huygens* gelten kann und auf den auch der mathematische Kunstgriff zurückgeht, eine gradlinige Schwingung mittels Zentralprojektion aus einer gleichförmig kreisenden herzuleiten. Findet sich bei ihm das Neue, Werdende angedeutet, so gibt sein Zeitgenosse, der Holländer *Simon Stevin* aus Brügge, der Statik fester und flüssiger Körper eine abschließende Gestalt. Für die Ableitung der Gleichgewichtsbedingungen bei schiefen Ebenen zerlegte er die wirkenden Kräfte in Komponenten und erläuterte das Parallelogramm der Kräfte in der noch heute im physikalischen Elementarunterricht üblichen Weise. In der Hydrostatik stellte er den als „hydrostatisches Paradoxon" bekannten Satz auf; er bestimmte die Größe des Seitendrucks einer Flüssigkeit und formulierte die Gleichgewichtsbedingung für das stabile Schwimmen eingetauchter Körper.

Wichtige Entdeckungen wurden im Verlauf des 15. und 16. Jahrhunderts auf dem Gebiet des Magnetismus gemacht. Die Mißweisung der Nadel, die bereits vor 1451 den Verfertigern von Reisesonnenuhren in Nürnberg bekannt war, wurde 1492 von *Christoph Columbus* auf seiner ersten Entdeckungsreise gleichfalls wahrgenommen, auf der er auch die geographische Verschiedenheit der Mißweisung feststellte. Den Gesteinsmagnetismus beobachtete in der Nähe von Bombay 1538 der Spanier *Joao de Castro*, während der Nürnberger Mathematiker *Georg Hartmann* im Jahre 1544 auf die Inklination der Kompaßnadel aufmerksam wurde, deren genauen Wert jedoch erst *Robert Norman* 1581 bestimmte. Die Behauptung, daß die Magnetnadel nicht nach dem Himmelspol, sondern nach einem auf der Erde gelegenen Punkt, dem Schnittpunkt magnetischer Meridiane, weist, hatte 1546 bereits der Geograph *Gerhard Kremer* (*Mercator*) aufgestellt. Von zwei magnetischen Polen der Erde sprach zuerst 1588 *Livio Sanuto*. Die Gesamtheit aller dieser Kenntnisse und Erkenntnisse faßte *William Gilbert* zusammen in seiner „Neuen Naturlehre vom Magneten, den magnetischen Körpern und dem großen Magneten Erde, dargelegt an Hand sehr zahlreicher Beweisführungen und Versuche". Außer einer gründlichen Darstellung der Lehre vom Erdmagnetismus finden sich darin auch Untersuchungen über die „vis electrica", die Bernsteinkraft, der *Gilbert* diesen Namen gab. Der Eindruck seines Werkes auf die Zeitgenossen war groß und macht sich in den kosmologischen Spekulationen von *Kepler* und *Descartes* deutlich bemerkbar. Es bildet zusammen mit den Erfindungen des zusammengesetzten Mikroskops, als dessen Erfinder *Zacharias Janssen* wohl zu Unrecht gilt, und des Fernrohrs im Oktober 1608 durch *Hans Lipperhey* den Auftakt zu den großen Leistungen des 17. Jahrhunderts auf fast allen Gebieten der Naturwissenschaft.

III. Das Zeitalter Keplers, Galileis und Newtons.

Das 17. Jahrhundert ist, was die Physik anbelangt, gekennzeichnet durch die Ausbildung des seitdem maßgebenden Forschungsverfahrens, der induktiv-deduktiven Behandlung experimenteller Befunde. Naturvorgänge werden nicht mehr einfach beobachtet, sondern zielbewußt dem Versuch unterworfen. Zu seiner Durchführung finden eigens für diesen Zweck erdachte Geräte Anwendung, so daß man mit gewissem Recht von einer Technisierung der Physik sprechen kann. Die Versuchsergebnisse werden dann verallgemeinert und mit Hilfe mathematischer Formeln wiedergegeben. Eine Verknüpfung der auf solche Weise symbolisierten Vorgänge erfolgt durch zweckmäßig gewählte Hypothesen, für deren Auswahl der Gesichtspunkt rein kausaler Abhängigkeit bestimmend wurde. Dabei gingen, wie schon erwähnt, entscheidende Anstöße zu solcher Umgestaltung des physikalischen Denkens von der Astronomie aus. Alle führenden Physiker dieser Epoche von *Gilbert* und *Kepler* bis zu *Newton* und *Leibniz* sind Kopernikaner. Unter den aufgeworfenen Problemen stehen zwei im Mittelpunkt der Erörterung, das des Raumes und das der Kraft, die eines wie das andere mit der Lehre von der Bewegung eng verknüpft sind.

Johannes Kepler, durch den das heliozentrische Weltbild erst seine überzeugende Einfachheit erlangte, stellte in seiner „Neuen Astronomie" 1609 und in der phantasievollen „Weltenharmonik" 1619 die drei nach ihm benannten Gesetze der Planetenbewegung auf und entwickelte in dem ersten dieser Werke den Gedanken einer wechselseitigen Anziehung zwischen Erde und Mond, den er im „Grundriß der kopernikanischen Astronomie" 1622 auf das ganze Planetensystem übertrug. Seine Bemühungen, ein allgemeingültiges Brechungsgesetz zu finden, führten noch nicht zum Erfolg, ermöglichten ihm aber 1611 den Entwurf zu einem astronomischen Fernrohr mit konvexen Linsen, den der Jesuitenpater *Christoph Scheiner* zur Ausführung brachte. Auch den Ausdruck „Trägheit" für eine den Körpern innewohnende Widerstandskraft führte *Kepler* in die Physik ein.

Sein Zeitgenosse *Galileo Galilei* wurde durch die Frage, was man bei Anerkennung der kopernikanischen Lehre als „natürliche" Bewegung anzusehen habe, auf die Beschäftigung mit dynamischen Problemen geleitet. Er stellte das Schwingungsgesetz für das mathematische Pendel auf und gelangte durch diese Untersuchungen und durch Beobachtungen über das Herabrollen von Kugeln längs schiefer Ebenen zur Erkenntnis der Fall- und Wurfgesetze. Beide leitete er hypothetisch-deduktiv ab und bestätigte sie durch Vergleich der aus seinen Annahmen gezogenen Folgerungen mit der Erfahrung. Für den freien Fall nahm er an, daß die Geschwindigkeit in gleichen Zeiten um gleiche Beträge wächst; die Bahnkurve des horizontalen Wurfes leitete er unter der Voraussetzung ab, daß sich die beim Fehlen von Reibung gleichförmige horizontale Geschwindigkeit des Körpers und seine vertikale Fallgeschwindigkeit ohne gegenseitige Beeinflussung geometrisch addieren. Das allgemeine Beharrungsgesetz erfaßte er noch nicht. Es wurde erst von seinen Schülern *Castelli* und *Baliani* und von *Descartes* aus *Galileis* Äußerungen herausgelesen. Neben Anfängen einer Festigkeitslehre findet sich bei *Galilei* auch schon die Erkenntnis, daß für die Höhe eines Tones seine Schwingungszahl bestimmend ist.

Evangelista Torricelli wendete die von *Galilei* gefundenen Gesetze auf den Ausfluß von Flüssigkeiten aus Gefäßen an und wurde damit 1641 zum Begründer der Hydrodynamik. 1643 veranlaßte er *Vincenzo Viviani* zur Anstellung des Versuchs mit der quecksilbergefüllten Glasröhre und wies so den Luftdruck und dessen Schwankungen nach. Fünf Jahre später erbrachte *Perier* auf Veranlassung seines Schwagers *Blaise Pascal* den Nachweis für die Abnahme des Luftdrucks mit der Höhe. Aber erst die von dem Magdeburger Bürgermeister *Otto von Guericke* erfundene und von *Caspar Schott* so benannte Luftpumpe ermöglichte die Durchführung systematischer Untersuchungen über das Verhalten der Körper im luftleeren Raum und vermittelte so eine genauere Kenntnis vom Wesen der Luft und der luftartigen Stoffe.

In seiner zu einem mechanistischen Weltbild erweiterten Physik, die nunmehr an die Stelle der aristotelischen trat und für rund ein Jahrhundert in Geltung blieb, suchte *René Descartes (Cartesius)* auch einen neuen, dynamisch gefaßten Kraftbegriff aufzustellen. Er setzte Kraft mit Bewegungsmenge gleich und verstand darunter das Produkt aus Volumen und Geschwindigkeit, da nach seiner Auffassung das Wesen des Körpers lediglich in der Ausdehnung besteht. Für diesen, mit dem späteren Impuls nahe verwandten Begriff postulierte er metaphysisch ein Erhaltungsgesetz, das aber erst von *Huygens* richtig als Satz von der Erhaltung der Bewegungsgröße formuliert wurde. Da *Descartes* andererseits die Kraft auch als ein Produkt von Hubhöhe und Hubgewicht auffaßte, erhob *Gottfried Wilhelm Leibniz* gegen die Bewegungsgröße als Kraftmaß Einspruch und ersetzte sie 1686 durch die „lebendige" Kraft, also in heutiger Ausdrucksweise die kinetische Energie, die er — noch nicht genau richtig — als Produkt aus Stoffmenge und Quadrat der Geschwindigkeit definierte. Als äquivalent mit dem Produkt von Masse und Beschleunigung führte die Kraft erst *Newton* ein in Gestalt der Begriffe von beschleunigender Kraft und von bewegender Zentralkraft.

Auf dem Gebiet der Optik hielt *Descartes* an der Annahme einer zeitlos schnellen Fortpflanzung des Lichtes fest, leitete aber bereits 1629 richtig das Brechungsgesetz ab, das er 1637 in seiner „Dioptrique" veröffentlichte. Unabhängig von ihm fand es auf rein experimentellem Wege *Willebrord Snell van Royen* (1591—1626). Hinsichtlich der Farbenzerstreuung beim Durchgang des Lichtes durch ein Prisma, die auch *Descartes* bekannt war, wies *Marcus Marci von Kronland* zu Prag bereits 1648 nach, daß bei nochmaliger Brechung einfarbiges Licht seine Farbe nicht mehr ändert. Die Beugung des Lichtes und ein Beugungsspektrum nahm um 1650 *Francesco Maria Grimaldi* wahr. Die Erscheinung der Phosphoreszenz kannte bereits *Galilei*, wie *Lagalla* 1612 berichtet.

Ungeachtet ihrer ausgezeichneten Leistungen auf dem Gebiet der Mathematik blieben Männer wie *Descartes* oder *Leibniz* doch mehr Naturphilosophen im alten Sinne als Physiker im neueren. Ein solcher Physiker aber war *Christian Huygens*. Die Erfindung der Pendeluhr 1657, der Federuhr mit Unruhe 1675 und die Anbringung des Tellers und der Barometerprobe an der von *Otto von Guericke* erfundenen Luftpumpe bekunden sein experimentelles Geschick. Für sein mathematisch-physikalisches Genie legen seine Untersuchungen über den elastischen Stoß, dessen Gesetze er bereits 1656 kannte, jedoch erst 1669 veröffentlichte, und diejenigen über die Zentralbewegung Zeugnis ab. Die letzteren sind enthalten in dem Buch über die Pendeluhr (Horologium oscillatorium, 1675). Außer der Bestimmung des Schwingungsmittelpunktes eines physischen Pendels bzw. des Trägheitsmomentes eines Körpers findet sich darin auch die Angabe, daß Schwingungsmittelpunkt und Aufhängungspunkt miteinander vertauschbar sind (Reversionspendel). Eine weitere große Leistung von *Huygens* besteht in der Aufstellung der Longitudinalwellentheorie des Lichtes (1690), mittels deren er auch die von *Erasmus Bartholinus* im Jahre 1669 entdeckte Doppelbrechung des isländischen Kalkspats zu erklären vermochte. Im Gegensatz zu der von *Descartes* vertretenen Anschauung legte er dabei seinen Betrachtungen einen Wert der Lichtgeschwindigkeit von rund 40000 Meilen in der Sekunde zugrunde, wie ihn 1676 *Ole Römer* aus den Verfinsterungen der Jupitermonde abgeleitet hatte. *Huygens* war ebenso wie *Guericke, Boyle* und *Newton* und im Gegensatz zu *Leibniz* ein Anhänger der atomistischen Lehre, die durch *Joachim Jungius* in Hamburg und *Pierre Gassendi* erneuert worden war.

Während des ganzen bisher betrachteten Zeitraumes waren es die großen Einzelpersönlichkeiten, die den Fortschritt der Wissenschaften bestimmten. Seit der zweiten Hälfte des 17. Jahrhunderts machte sich daneben mehr und mehr der Einfluß der neugegründeten Akademien und wissenschaftlichen Gesellschaften bemerkbar. Zugleich kamen die ersten wissenschaftlichen Zeitschriften heraus, das Journal des savants 1665, die Transactions der Royal Society 1666 und die Acta Eruditorum Lipsiensia 1682. Sie traten an die Stelle der Sammelwerke eines *Mersenne, Kircher* oder *Schott*, die bis dahin die Funktionen einer Art wissenschaftlichen Referatenorgans erfüllt hatten. Mitglieder der Akademien und Gesellschaften waren damals neben den wirklich Fachkundigen auch hochmögende und wohlhabende Gönner wissenschaftlicher Bestrebungen, die sich als Liebhaber mit der Wissenschaft beschäftigten. Bei ihnen überwucherte die Lust an der bloßen Beobachtung und am reinen Versuch das Verlangen nach der systematischen Einordnung und Verarbeitung des Wahrgenommenen. Das Versuchsmäßige wurde überbewertet, und so zeichnen sich die Arbeiten der Schüler *Galileis* an der Accademia del Cimento wie die ersten Publikationen der Royal Society oder der sich seit 1651 in Schweinfurt zusammenfindenden Mitglieder der Academia Naturae Curiosum, der späteren Leopoldina, mehr durch die Fülle der Einzeltatsachen aus als durch die methodische Auswertung der gewonnenen Ergebnisse.

Selbst bei einem Mann wie *Robert Boyle* ist etwas davon zu spüren. Seine im Anschluß an *Guerickes* Versuche durchgeführten Untersuchungen über die Elastizität der Luft haben ebenso wie seine anderen Arbeiten mehr qualitativen als quantitativen Charakter. In dieser Hinsicht ist es bezeichnend, daß *Robert Townley* aus den Ergebnissen Boylescher Versuche über Druck und Volumen der Luft die dabei obwaltende Gesetzmäßigkeit herauslas und *Boyle* darauf aufmerksam machte. Ob *Edmé Mariotte* das Druck-Volumen-Gesetz der Gase selbständig auffand oder von *Boyle* übernahm, ist nicht zu entscheiden; er hatte aber ohne Zweifel volles Verständnis für die Bedeutung dieses Gesetzes.

Isaac Newton, der Archimedes des 17. Jahrhunderts, hat gleich große Verdienste auf dem Gebiet der experimentellen wie der mathematischen Physik. Während der Jahre 1669—1676 führte er seine grundlegenden Versuche über die prismatische Farbenzerstreuung und die chromatische Aberration bei Linsen aus und wies das weiße Licht als zusammengesetzt aus sämtlichen Spektralfarben nach. Er bestimmte quantitativ die Schichtdicke für die bereits 1663 von *Boyle* und von *Robert Hooke* beobachteten Interferenzfarben dünner Blättchen und entschied sich nach anfänglichem Schwanken für eine Korpuskulartheorie des Lichtes zur Erklärung aller dieser Erscheinungen. Auf theoretischem Gebiet gelang ihm in seinen „Mathematischen Grundlagen der Naturwissenschaft" (Philosophiae naturalis principia mathematica) 1687 die einheitliche Zusammenfassung der Leistungen seiner Vorgänger zu einem in sich abschlossenen System der Mechanik. Er erweiterte den Keplerschen Gedanken einer wechselseitigen Anziehung zwischen den Himmelskörpern, deren Abnahme schon *Hooke* und *Edmund Halley* als proportional zum Quadrat der Entfernung angenommen hatten, zu der Lehre von der allgemeinen Massenanziehung und leitete auf dieser Grundlage die Keplerschen Gesetze ab. Eine von ihm aufgestellte Formel für die Schallgeschwindigkeit wurde durch Einführung des Koeffizienten $\varkappa$, des Verhältnisses der beiden spezifischen Wärmen, die von *Laplace* 1816 vorgenommen wurde, auch auf Gase anwendbar.

Von ähnlich großer Bedeutung für die Entwicklung der theoretischen Physik wie die Newtonsche Lehre von den der Materie innewohnenden Anziehungs- und Abstoßungskräften wurde die Erfindung der Infinitesimalrechnung, die in völliger gegenseitiger Unabhängigkeit durch *Newton* zwischen 1665 und 1670 und durch *Leibniz* 1675 erfolgte. Im Zusammenwirken mit der von *Pierre Fermat* und *René Descartes* 1637 ausgebildeten analytischen Geometrie wurde sie in der Folgezeit für die Form der theoretisch-physikalischen Arbeiten bestimmend. Die Freude am Spielerischen, die dem Zeitalter des Barock eigentümlich ist, äußerte sich in der Anlage von Flüstergalerien und Flüstergewölben, der Freude an Automaten und Springbrunnen und in Erfindungen wie der der Laterna magica durch den Dänen *Thomas Walgensten* (1665).

IV. Von der Ausbildung der Experimentalphysik zu Beginn des 18. Jahrhunderts bis zur Entdeckung der galvanischen Elektrizität.

Newtons „Principia mathematica" können wir als Prototyp eines mathematisch-physikalischen Lehrbuches betrachten. Das schon einige Jahre früher erschienene „Collegium experimentale sive curiosum" (1676/85) des Altdorfer Mathematikprofessors *Johann Christoph Sturm* nimmt eine Art Mittelstellung zwischen den Sammelwerken *Schotts* und den eigentlichen Lehrbüchern der Experimentalphysik ein, die während der ersten Hälfte des 18. Jahrhunderts herauskamen. Das erste derartige Werk sind die „Physices elementa mathematica, experimentis confirmata" (1720/21) des *Wilhelm Jacob s'Gravesande*, die als eine Einführung in die Newtonsche Naturlehre auf experimenteller Grundlage dienen sollten. Ein englisches Seitenstück dazu bildet „A Course of Experimental Philosophy" von *Jean Theophile Desaguliers*. Diesen beiden Werken schließen sich ähnliche des größten Experimentalphysikers der damaligen Zeit, des *Pieter van Musschenbroek* in Leiden, an.

Auch die ersten physikalischen Wörterbücher kamen im Laufe des 18. Jahrhunderts heraus, von denen hier nur erwähnt sein mögen: das Dictionaire universel de mathématique et de physique von *Saverien* (Paris 1755), das Dictionnaire de physique von *Brisson* (Paris 1781) und vor allem das ausgezeichnete Physikalische Wörterbuch von *Johann Samuel Traugott Gehler* (Leipzig 1787/96). Gegen Ende des Jahrhunderts wurden die ersten Fachzeitschriften herausgegeben, die Annales de chimie (et de physique) in Frankreich seit 1789, in Deutschland seit 1790 Grens Journal (später Annalen) der Physik und in England das Philosophical Magazine seit 1798.

An technischen Erfindungen, die in mehr oder weniger engem Zusammenhang mit physikalischen Entdeckungen stehen, ist für diesen Zeitraum vor allem die Dampfmaschine zu nennen, die als atmosphärische Dampfmaschine von *Papin, Newcomen* und *Thomas Savery*, sowie von *Smeaton* entwickelt wurde und aus der dann die Wattsche doppeltwirkende Dampfmaschine mit Expansion hervorging. Der Warmluftballon der Brüder *Montgolfier* vom Jahre 1783 wurde noch im gleichen Jahr durch den Wasserstoffluftballon des Pariser Physikers *Charles* abgelöst.

Die Entwicklung der theoretischen **Mechanik** wurde während des 18. Jahrhunderts weitgehend durch das Vorbild der Newtonschen „Principia" bestimmt. Dies gilt nicht nur für die zahlreichen Einzeluntersuchungen der *Bernoulli*, von *de l'Hospital* und anderen über die Brachystochrone und Tautochrone, sondern auch für die von *Brook Taylor* über die Gestalt und die Schwingungszahl von Saiten

(1715). Er zeigt sich ebenso deutlich in den Darstellungen von *Varignon, Euler, d'Alembert* und *Lagrange*, nur daß bei ihnen an Stelle des geometrischen Beweisverfahrens das algebraisch-analytische trat. In der zweiten Auflage der Nouvelle mécanique des *Pierre Varignon* findet sich das von *Johann Bernoulli* formulierte Prinzip der virtuellen Geschwindigkeiten auseinandergesetzt. Die 1738 erschienene „Hydrodynamica" von *Daniel Bernoulli*, dem Sohn Johanns, enthält unter anderem auch die Ansätze zu einer kinetischen Theorie der Gase. Als eigentlicher Begründer der analytischen Mechanik muß *Leonhard Euler* gelten. Er machte mit Erfolg von dem durch *Colin MacLaurin* eingeführten Verfahren Gebrauch, Kräfte und Bewegungen in Komponenten nach festen Koordinatenachsen zu zerlegen. Erst durch *Euler* gelangte der Begriff der Masse zur Geltung, und erst durch ihn wurde der Begriff des Potentials, aber noch ohne Benutzung dieses Namens, geschaffen. In seiner „Theorie der Bewegung fester Körper" (1765) definierte er den Begriff der freien Drehachse und den der Hauptträgheitsachsen und stellte er sechs Differentialgleichungen der Bewegung auf, von denen die drei auf drehende Bewegung bezüglichen noch jetzt seinen Namen tragen, ebenso wie die Eulerschen hydrodynamischen Gleichungen. Den Nachweis der drei Hauptträgheitsachsen hatte schon 1755 *Andreas Segner* erbracht.

Außer den bereits genannten Prinzipien der Mechanik wurden im Verlauf des 18. Jahrhunderts noch weitere aufgestellt, von denen als zeitlich erstes das Prinzip der kleinsten Wirkung (1740) zu nennen ist, das auf *Pierre Louis Moreau de Maupertuis* zurückgeht. Der 1743 erschienene „Traité de dynamique" von *Jean le Rond d'Alembert* enthält das d'Alembertsche Prinzip, das durch Hinzufügung der Trägheitskräfte zu den auf den Massenpunkt einwirkenden bewegenden Kräften die Dynamik auf die Statik zurückführt. *Joseph Louis Lagrange*, der den Eulerschen Variationskalkül zur Variationsrechnung ausgestaltete, ist der alle anderen weit überragende Analytiker dieser Zeit. In seiner „Mécanique analytique" (1788, 2. Aufl. 1811) faßte er verallgemeinernd die Prinzipien der Mechanik zu Gleichungssystemen zusammen, die als Lagrangesche Gleichungen 1. und 2. Art bekannt sind.

Sieht man von den zahlreichen Demonstrationsversuchen ab, die sich in den bereits erwähnten Lehrbüchern der Experimentalphysik beschrieben und abgebildet finden, so sind neben der in diesem Zusammenhang zu erwähnenden Fallmaschine von *George Atwood*, die aus dem Jahre 1784 stammt, vor allem die geophysikalisch bedeutungsvollen Versuche zur Bestimmung der Erddichte zu nennen. *Charles Hutton* und *Neville Maskelyne* berechneten sie aus der Lotabweichung in der Nähe des Shehallien-Gebirges zu 4,481, während *Henry Cavendish* sie 1798 mittels der von *John Michell* schon 1750 bekanntgemachten Drehwaage zu 5,48 bestimmte. Eine der kulturell weitestreichenden Leistungen dieses Jahrhunderts bildete die Grundlegung des metrischen Maß- und Gewichtssystems durch *Pierre François André Méchain* und *Jean Baptiste Joseph Delambre*, das am 25. Juni 1800 in Frankreich zur Einführung gelangte.

Verhältnismäßig gering war die Bereicherung, die die **Optik** erfuhr. Neben einer neuerlichen Bestimmung der Lichtgeschwindigkeit aus der Aberration des Fixsternlichtes (1725) durch *James Bradley* sind hier die Arbeiten von *Pierre Bouguer* hervorzuheben, der in seinem Essay d'optique sur la gradation de la lumière (1729) sowohl ein Schattenphotometer beschrieb — irrtümlich zumeist nach Rumford benannt — wie auch ein Flächenhelligkeitsphotometer, mit dem er Messungen des Lichtverlustes bei Reflexion und Absorption durch feste und flüssige Körper anstellte. Als der wahre Begründer der Photometrie ist aber *Johann Heinrich Lambert* aus Mühlhausen im Elsaß anzusehen, der in seiner „Photometria" (1760) erstmals zwischen Lichtstärke und Beleuchtungsstärke klar unterschied und die photometrischen Grundgesetze aufstellte.

Dem Gebiet der praktischen Optik gehören der *Hadleysche* Spiegelsextant von 1731 und die Herstellung achromatischer Linsensysteme (1758) durch *John Dollond* an, der dazu durch *Leonhard Euler* angeregt worden war. *Euler* selbst war um die Mitte des 18. Jahrhunderts der einzige namhafte Vertreter der Wellentheorie des Lichtes und sprach unter anderem auch die Vermutung aus, daß die Farbe des einfarbigen spektralen Lichtes durch die Frequenz der Ätherschwingungen bedingt sei.

Wesentliche Fortschritte machte die experimentelle **Akustik**, der 1693 *Samuel Reyher* in Kiel diesen Namen gab. Sie war im vorangehenden Jahrhundert hauptsächlich durch *Marin Mersenne* gefördert worden, der im Anschluß an *Galilei* die Schwingungszahl als maßgebend für die Tonhöhe erkannte, den Zusammenhang zwischen Tonhöhe, Saitenlänge, Spannung und Saitengewicht auffand und die Fortpflanzungsgeschwindigkeit des Schalles aus dem Zeitunterschied zwischen Mündungsblitz und Mündungsknall eines Geschützes bestimmte. Daß die Luft zur Fortpflanzung des Schalls notwendig ist, ging aus Versuchen von *Guericke* und *Boyle* hervor. Den Nachweis dafür, daß bei zwei entsprechend abgestimmten Saiten die tiefer gestimmte in ganzzahligen Teilen ihrer Gesamtlänge mitschwingt, erbrachten durch Aufsetzen von Papierreiterchen *William Noble* und *Thomas Pigott*, zwei Schüler von *John Wallis*, dem Entdecker der Gesetze des unelastischen Stoßes. Eine Zahnradsirene führte 1681 *Robert Hooke* der Royal Society vor.

Gleich zu Beginn des 18. Jahrhunderts, in den Jahren 1700—1703, beschäftigte sich *Joseph Sauveur* mit akustischen Untersuchungen. Ihm gelang, was Mersenne nicht geglückt war, die absolute Bestimmung der Tonhöhe einer Pfeife, indem er sie aus dem Tonhöhenverhältnis zweier Pfeifen und der Zahl der bei ihrem Zusammenklingen auftretenden Schwebungen berechnete. *Vittorio Francesco Stancari* versuchte 1706 die absolute Schwingungszahl mittels einer Radsirene zu bestimmen, ein Verfahren, dessen sich mit ungleich besserem Erfolg 1797 *John Robison* bediente. Die Stimmgabel, die später an die Stelle der bis dahin üblichen Stimmpfeife trat, soll von einem königlichen Trompeter *John Shore* 1711 ersonnen worden sein. Als eigentlicher Begründer der experimentellen Akustik ist aber *Ernst Florens Friedrich Chladni* aus Wittenberg anzusehen. Er behandelte erstmals die Akustik als einen Sonderfall der Schwingungslehre, machte einen Unterschied zwischen longitudinalen und transversalen Schwingungen und erkannte die Drehschwingungen als eine besondere, von den beiden anderen zu unterscheidende Schwingungsart. Die Knotenlinien schwingender Platten wies er durch aufgestreuten Sand nach (Chladnische Klangfiguren, 1787) und bestimmte mit Hilfe der Longitudinaltöne von Stäben die Schallgeschwindigkeit in festen Körpern (1797). Weniger erfolgreich waren seine Bemühungen um eine Messung der Schallgeschwindigkeit in Gasen. Seine 1802 herausgegebene „Akustik" ist das erste selbständige Lehrbuch dieser Teildisziplin der Physik.

Völlig neu erschlossen wurde im 18. Jahrhundert das Gebiet der **Wärmelehre**. *Guillaume Amontons* aus Paris hatte sich durch Untersuchungen über die Seilsteifigkeit und über den Widerstand bei gleitender und rollender Reibung (1699) bereits einen Namen gemacht. Er wandte sich dann thermometrischen Arbeiten zu und konstruierte ein Luftthermometer, mittels dessen er die Zunahme des Drucks für Luft zwischen Eisschmelzpunkt und Siedepunkt des Wassers zu $1/3$ des Anfangsdrucks bestimmte. Die Expansivkraft der Luft betrachtete er als Maß des Wärmezustandes und gelangte so zu der Vorstellung eines absoluten Nullpunkts der Temperatur, eine Ansicht, die in ganz entsprechender Weise rund 80 Jahre später *Lambert* in seiner „Pyrometrie" (1779) entwickelte. *Amontons* folgerte aus seinen Versuchen, daß das Townley-Boyle-Mariottesche Gesetz nur für konstante Temperatur zutreffend ist. Nicht entscheiden läßt sich, ob *Leibniz* diese Untersuchungen kannte, als er in seiner — ungedruckten — „Dynamica de potentia et legibus naturae corporeae" (Dynamik von dem Vermögen und den Gesetzen der körperhaften Natur) das allgemeine Gasgesetz in der Form aussprach: Die Temperaturen stehen zueinander im Verhältnis der Produkte aus den Räumen und den Kräften, die gleiche Stoffmengen in diese Räume gezwängt halten.

Die von dem Paduaner Arzt *Santorio Santorio*, einem Zeitgenossen *Galileis*, und dem Holländer *Cornelis Drebbel* ersonnenen Thermoskope wurden durch die Mitglieder der Florentiner Accademia del Cimento zu den in der Handhabung bequemeren Flüssigkeitsthermometern umgestaltet. Diese Geräte lieferten aber keine untereinander vergleichbaren Angaben. Erst *Daniel Gabriel Fahrenheit* aus Danzig vermochte durch Auskochen und Anschluß an zwei Fixpunkte gut untereinander übereinstimmende Weingeist- und späterhin Quecksilberthermometer herzustellen. Die entscheidenden Anregungen dazu hatte er von *Ole Römer* empfangen. Er konstruierte auch das erste einwandfreie Gewichtsaräometer und benutzte außerdem das Thermometer als Thermobarometer zur Messung des Luftdrucks.

Das von *René Antoine Ferchault, Seigneur de Réaumur* angegebene Weingeistthermometer bedeutet gegenüber der Fahrenheitschen Konstruktion einen Rückschritt. Was wir heute nach ihm nennen, das mit einer 80grädigen Skala versehene Quecksilberthermometer, das wirklich imstande ist, den Siedepunkt des Wassers anzuzeigen, stammt erst von *Jean André de Luc* aus Genf. Das 100teilige kalibrierte Quecksilberthermometer wurde 1742 von dem schwedischen Astronomen *Anders Celsius* angegeben, der den Eispunkt mit 100 und den Wassersiedepunkt mit 0 bezifferte. Die Umkehrung der Skala geht anscheinend auf *Carl von Linné* zurück.

Schon die Mitglieder der Accademia del Cimento hatten Mitte des 17. Jahrhunderts beobachtet, daß verschiedene gleichtemperierte Flüssigkeiten verschiedene Mengen Eis zum Schmelzen bringen, und Versuche über die Mischungstemperatur gleicher Raummengen von Wasser und Quecksilber hatte *Fahrenheit* auf Veranlassung von *Hermann Boerhaave* angestellt. Nachdem es dann 1750 dem Petersburger Physiker *Georg Wilhelm Richmann* gelungen war, eine Regel für die Mischungstemperatur im Wasserkalorimeter aufzustellen, wurden ungefähr gleichzeitig *de Luc* (1754/56) und *Joseph Black* auf den Wärmeverbrauch beim Schmelzen des Eises aufmerksam. Da aber Blacks Versuchsergebnisse erst 1775 veröffentlicht wurden, gelangte *Johann Karl Wilcke* aus Wismar unabhängig von ihm 1772 zu den gleichen Erkenntnissen. An Stelle des von *Black* benutzten Ausdrucks der „Kapazität für die Wärmematerie" führte 1784 *John Gadolin* die Bezeichnung „spezifische Wärme" ein. Man unterschied damals zwischen freier oder fühlbarer und gebundener oder latenter Wärme und erklärte die Vorgänge mit Hilfe einer Wärmestofftheorie unter der Annahme, daß dieser — gewichtslose — Wärmestoff eine chemische Verbindung mit den wägbaren Stoffen eingeht. Neben dieser gegen Ende des 18. Jahrhunderts vorherrschenden Hypothese blieb aber eine kinetische Auffassung der Wärme in Geltung. *Lavoisier* und *Laplace*, die 1778 spezifische Wärmen mittels eines Eiskalorimeters bestimmten, hielten beide Auffassungen für zulässig. Die Versuche von *Benjamin Thompson* (geadelt als *Graf von Rumford*) über „Die Quelle der Reibungswärme", die er 1798 der Royal Society vortrug, und die nach unserer Ansicht eindeutig für eine mechanische Auffassung der Wärme sprachen, überzeugten seine Zeitgenossen ebensowenig wie die ein Jahr später ausgeführten Versuche von *Humphry Davy* über das Schmelzen zweier im Vakuum aneinander geriebener Eisstücke. Von größter Bedeutung für die Wärmelehre wurde die Aufstellung einer neuen Theorie der Verbrennung durch *Antoine Laurent Lavoisier*. Erst dadurch erfolgte eine reinliche Abgrenzung zwischen dem Chemismus der Verbrennungsvorgänge und den wärmephysikalischen Erscheinungen, und erst seitdem sprach man in der Physik von einer Wärmelehre statt von einer Lehre vom Feuer.

Die in dieser Epoche und noch bis in das 19. Jahrhundert hinein vorherrschende Vorstellung vom Wesen der Wärme war die, daß diese ein „Fluidum", ein unwägbarer Stoff, das Phlogiston oder Caloricum, sei.

Auf dem Gebiet des **Magnetismus** hatten ungefähr gleichzeitig 1634 bzw. 1635 *Athanasius Kircher* und *Henry Gellibrand* die säkulare Variation der magnetischen Deklination erkannt. 1701 veröffentlichte *Edmund Halley* die erste Isogonen- und 1768 *Wilcke* die erste Isoklinenkarte. Auch begann man an Stelle der natürlichen Magnete nunmehr Stahlmagnete zu verwenden, deren Herstellung durch das Strichverfahren 1730 *Servington Savery* und 1746 *Godwin Knight* lehrten. Hufeisenmagnete fertigte auf Veranlassung von *Daniel Bernoulli* der Basler Mechaniker *Johann Dietrich* 1743 an. *Anton Brugmans* beobachtete 1778 die erste diamagnetische Erscheinung in der Abstoßung des Wismuts durch einen Magnetpol.

Einen unvergleichlichen Aufschwung erlebte im 18. Jahrhundert die Lehre von der **Elektrizität**. Auf diesem Gebiet lagen aus der vorangehenden Zeit nur vereinzelte Beobachtungen vor. *Gilbert* hatte zwischen durch Reibung elektrisch und nicht elektrisch werdenden Stoffen unterschieden und sich zum Nachweis der Anziehungswirkung eines sehr einfachen Elektroskops bedient. *Guericke* beschrieb die elektrische Abstoßung, Influenzwirkung und Leitung, ohne sich aber der Bedeutung dieser Wahrnehmungen bewußt zu werden. Den ersten Funken sah an einer Guerickeschen Schwefelkugel 1672 *Leibniz*. Von einer eigentlichen Elektrizitätslehre konnte aber erst die Rede sein, als es im Verlauf des 18. Jahrhunderts gelang, die sich immer stärker mehrende Fülle der Einzeltatsachen systematisch zu ordnen und mittels geeigneter Hypothesen theoretisch zu deuten.

Den ersten Anstoß zu dieser Entwicklung gaben die Versuche mit luftleer gemachten geriebenen Glaskugeln, die zu Anfang des 18. Jahrhunderts *Francis Hawksbee* veröffentlichte und mittels derer er das 1675 von *Jean Picard* beobachtete Leuchten des Barometervakuums als einen elektrischen Vorgang nachwies. Es sind dies zugleich die ersten Versuche über die Entladung der Elektrizität durch verdünnte Gase. *Stephan Gray* entdeckte 1729 den Unterschied zwischen Leitern und Nichtleitern, 1733/34 *Charles François de Cisternay du Fay* denjenigen zwischen Glas- und Harzelektrizität. Die Elektrisiermaschine wurde zwischen 1744 und 1746 durch die Anbringung des Reibzeuges (*Johann Heinrich Winkler*), des metallischen Konduktors (*George Matthias Bose*) und des Spitzenkammes (*Benjamin Wilson*) geschaffen. Einen Bandgenerator von *Walkiers de St. Amand* aus Brüssel machte 1785 *Ludwig Christian Lichtenberg* in Gotha im „Magazin für das Neueste aus der Physik und Naturgeschichte" bekannt, von dem auch die heutige Definition der Ladungsvorzeichen stammt.

Die Erfindung der Verstärkungsflasche durch *Ewald Jürgen von Kleist* im Jahre 1745 führte vier Jahre später *Benjamin Franklin* zur Erkenntnis der elektrischen Natur des Gewitters, die 1752 gleichzeitig er selbst in Philadelphia und *d'Alibard* und *de Lor* in Paris experimentell nachwiesen. Die Form des Plattenkondensators (vor 1748) verdanken wir dem Ingenieur *John Smeaton*. Die Klarstellung der Influenzerscheinungen erfolgte 1758/59 durch die gemeinsamen Bemühungen von *Johann Karl Wilcke* und *Franz Ulrich Theodor Aepinus*, der 1756 auch am Turmalin die Pyroelektrizität entdeckte.

Nur im Vorbeigehen seien *Voltas* „elettroforo perpetuo" (1775), sein daraus hervorgegangener Kondensator (1782), die elektrischen Staubfiguren (1777/78) von *Georg Christoph Lichtenberg* und das Goldblattelektroskop (1787) erwähnt. Sein Erfinder ist *Abraham Bennet*, dessen Duplikator elf Jahre später (1788) durch *William Nicholson* zum revolving doubler, der Urform der Influenzmaschine, umgestaltet wurde.

Die elektrischen Erscheinungen suchte man jetzt nicht mehr durch die Annahme von Ausströmungen, „Effluvien", zu deuten, sondern führte sie auf die Existenz besonderer, unwägbarer Fluida zurück. Nach *Franklins* unitarischer Hypothese sollte nur ein einziges Fluidum vorhanden sein und durch seinen Überschuß oder Unterschuß gegenüber dem neutralen Normalzustand die positive oder negative Ladung der Körper bedingen. Nach der 1759 von *Robert Symmer* vertretenen Anschauung sollte es deren zwei geben, eine Auffassung, der sich bald die Mehrzahl der Physiker anschloß.

Alle Theorien, die auf dem Gebiet der Elektrizität und des Magnetismus während des 18. Jahrhunderts aufgestellt wurden, waren rein qualitativer Art, und qualitativen Charakters waren im allgemeinen auch die Versuche. Seit der Jahrhundertmitte machte sich aber in dieser Hinsicht ein Wandel bemerkbar. Schon *John Michell*, der Erfinder der Drehwaage, hatte aus älteren Messungen auf eine Abnahme der magnetischen Anziehungswirkung mit dem Quadrat der Entfernung geschlossen, und zu derselben Ansicht waren 1760 *Tobias Mayer* der Ältere und 1766 *Johann Heinrich Lambert* gelangt. Für elektrostatische Kräfte hatte ein entsprechendes Gesetz bereits *Daniel Bernoulli* für wahrscheinlich gehalten; *Henry Cavendish* wies 1771 nach, daß der Exponent dieses Gesetzes zwischen 1 und 3 liegen muß, mit größter Wahrscheinlichkeit aber 2 ist. Den exakten experimentellen Nachweis dafür lieferte während der Jahre 1785 bis 1789 durch seine Versuche mit der Drehwaage *Charles Augustin Coulomb*, der auch den Beweis für den Sitz der statischen Ladungen auf der Leiteroberfläche erbrachte. Eine der Punktmechanik analoge Elektrostatik der Punktladungen entwickelte 1811, also rund ein Vierteljahrhundert später, *Siméon Denis Poisson.*

Mit seinem Froschschenkelversuch und seiner Abhandlung „Über die Kräfte der Elektrizität bei der Muskelbewegung" eröffnete *Aloisio Galvani* im Jahre 1791 den Zugang zu einer neuen Gruppe elektrischer Erscheinungen. Sein Landsmann *Alessandro Volta* wies 1793 nach, daß zum Entstehen dieser galvanischen Elektrizität lediglich der Kontakt zweier Metalle oder Leiter erster Klasse mit einem flüssigen Leiter, einem Leiter zweiter Klasse, erforderlich ist. In seiner Säule bzw. in der sog. „Tassenkrone" schuf er 1800 die ersten galvanischen Stromquellen von höherer Spannung, und er stellte auch eine Spannungsreihe auf. Noch in der ersten Hälfte desselben Jahres bedienten sich *William Nicholson* und *Anthony Carlisle* der Voltaschen Säule zur Wasserzersetzung und eröffneten damit die während der beiden ersten Jahrzehnte des 19. Jahrhunderts vorherrschende Richtung der Elektrizitätslehre, die elektrochemische.

V. Die Physik des 19. Jahrhunderts bis zur Entdeckung des Energieprinzips.

Hatten während des 18. Jahrhunderts die Lehrmeinungen Newtons vorwiegend in die Mechanik, die Optik und die Chemie Eingang gefunden, so dehnte sich während der ersten Hälfte des 19. Jahrhunderts ihr Machtbereich auf die gesamte Physik aus. Auf fernwirkende Anziehungs- und Abstoßungskräfte wurden nicht nur die Erscheinungen der Massenanziehung, der Elektro- und Magnetostatik zurückgeführt, sondern sehr bald auch die der neuentdeckten elektrodynamischen Wirkungen. Als Ideal jeder physikalischen Theorienbildung galt von jetzt an bis gegen Ende des Jahrhunderts die Zurückführung der Naturvorgänge auf mechanische Prinzipien. Daneben ist für die erste Hälfte dieses Zeitraumes die Unterscheidung zwischen wägbaren Stoffen und unwägbaren Fluidis, den sog. Imponderabilien, bezeichnend, zu denen man außer den elektrischen und magnetischen Fluiden den Wärmestoff und den Lichtäther rechnete. Keine dieser Fiktionen hat das 19. Jahrhundert überlebt.

In der allgemeinen **Mechanik** verlief die Entwicklung in den bereits vorgezeichneten Bahnen. Die schon während des 18. Jahrhunderts aufgestellten, umfassenden Formalprinzipien wurden um einige weitere vermehrt, nämlich um das 1829 von *Carl Friedrich Gauß* ausgesprochene „Prinzip des kleinsten Zwanges" und das 1834 von *William Rowan Hamilton* formulierte Prinzip der kleinsten Wirkung (nicht zu verwechseln mit dem gleichnamigen Prinzip von *Maupertuis*), das vor allem *Hermann Helmholtz* auf nichtmechanische Vorgänge übertrug. Die Erscheinungen der Kapillarität fanden ihre theoretische Behandlung durch *Pierre Simon Marquis de Laplace, Poisson* und *Gauß. Louis Poinsot* schuf 1834 den Begriff des Kräftepaares, *Gustave Gaspard Coriolis* und *Jean Victor Poncelet* führten 1829 den der mechanischen Arbeit in die Physik ein.

Im Verlauf des 19. Jahrhunderts fand vor allem auch die für die technische Mechanik bedeutungsvolle Lehre von der Elastizität und Festigkeit ihre Ausbildung. Nachdem bereits 1679 *Robert Hooke* für feste Körper den Satz: „Wie die Spannung, so die Kraft" aufgestellt hatte, behandelte *Euler* 1744 theoretische Fragen der Biegungselastizität und führte 1759 den Begriff der Elastizitätsgrenze ein. 1784 wurden *Coulombs* „Theoretische und experimentelle Untersuchungen über die Torsionskraft und die Elastizität von Metalldrähten" veröffentlicht; 1807 stellte *Thomas Young* den Begriff des Elastizitätsmoduls auf. Die Potentialtheorie fand weitere Ausbildung 1828 durch *George Green*, 1834 durch *W. R. Hamilton* und 1836 durch *Gauß.*

Erwähnung verdienen in experimenteller Hinsicht die 1791 von *Guglielmini* und 1804 von *Johann Friedrich Benzenberg* angestellten Fallversuche, mit deren Hilfe ein experimenteller Beweis für die Achsendrehung der Erde erbracht werden sollte. Dies gelang in überzeugender Weise erst durch den berühmten Pendelversuch, den 1850 *Léon Foucault* in Paris ausführte, nachdem bereits 15 Jahre früher (1835) *Coriolis* ganz allgemein den Einfluß der Erddrehung auf alle irdischen Bewegungen untersucht hatte. Die Erscheinung der Diffusion von Flüssigkeiten durch tierische Membranen, die 1748 von *Jean Antoine Nollet* entdeckt worden war und für die der Arzt *Henry Dutrochet* 1826/28 die Bezeichnung Osmose geprägt hatte, wurde seit 1850 besonders eingehend von *Thomas Graham* untersucht.

Die Mechanik der Gase verdankt den Arbeiten von *John Dalton* die Erkenntnis, daß der Gesamtdruck eines Gasgemisches gleich der Summe der Partialdrucke seiner Komponenten ist und daß die freie Diffusion einer Entmischung entgegenwirkt. Dalton ist auch der Begründer der chemischen Atomistik, indem er nicht mehr die Größe oder Gestalt der Atome, sondern ihr Gewicht oder richtiger ihre Masse als das wesentliche Kennzeichen betrachtete. *Joseph Louis Gay-Lussac* stellte 1802 das nach ihm benannte Gesetz für die Wärmeausdehnung der Gase auf, das — angeblich 1787 — auch sein Landsmann *Alexandre César Charles* gefunden hatte, ohne es zu veröffentlichen. Die für die physikalische Chemie bedeutsame Annahme, daß bei gleichem Druck und gleicher Temperatur in gleichen Raumteilen aller Gase gleichviel Moleküle enthalten sind, sprachen 1811 *Amedeo Avogadro, Conte di Quaregna* und 1814 *André Marie Ampère* aus, doch fand die von ihnen gemachte Unterscheidung zwischen Atomen und Molekülen erst Eingang in die Wissenschaft, nachdem *Stanislao Cannizzaro* in seinem 1858 erschienenen „Abriß eines Lehrgangs der theoretischen Chemie" den Wert einer solchen Unterscheidung klargemacht hatte.

Auf dem Gebiet der **Wärmelehre** verdienen in erster Linie die Untersuchungen Erwähnung, die *Gay Lussac, Pierre Louis Dulong* und *Alexis Thérèse Petit* und andere über die spezifische Wärme der Gase und das Verhältnis ihrer Werte bei konstantem Druck und konstantem Volumen anstellten. Die beiden letztgenannten Forscher stellten 1819 auch die nur bedingt gültige Atomwärmenregel auf, deren Gültigkeitsgrenzen erst fast ein Jahrhundert später durch die Untersuchungen von *Nernst* und seinen Schülern verständlich wurden. Ungleich wichtiger war die von *Joseph Fourier* geschaffene Theorie der Wärmeleitung. Sie ist in seiner 1822 erschienenen „Théorie analytique de la chaleur" dargestellt, in der auch die nach *Fourier* benannten Reihenentwicklungen enthalten sind. Gleichbedeutend für die theoretische Wärmelehre wurden seines Landsmanns *Sadi Carnot* „Réflexions sur la puissance motrice du feu" (1824). Darin wird zum erstenmal von der Vorstellung eines idealen thermischen Kreisprozesses Gebrauch gemacht, der die noch heute übliche Form seiner graphischen Veranschaulichung 1834 durch *Benoît Paul Emile Clapeyron* empfing und mit dessen Hilfe *Carnot* das nach ihm benannte Prinzip ableitete. Er tat dies noch vom Standpunkt der Wärmestofftheorie aus, die er aber später zugunsten einer mechanischen Theorie der Wärme aufgab. Es gelang ihm auch, das mechanische Wärmeäquivalent zu berechnen, doch blieb dieses Ergebnis infolge seines frühen Todes unveröffentlicht.

Auf dem Gebiet der **Akustik** ist die Messung der Schallgeschwindigkeit in Wasser erwähnenswert, die 1827 *Jean Daniel Colladon* und *Jacob Carl Franz Sturm* durchführten. Mit Hilfe der 1819 von *Charles Cagniard-Latour* angegebenen Lochsirene wurden von einer Reihe von Physikern Versuche angestellt, die sich in der Hauptsache auf dem Grenzgebiet zwischen Physik und Physiologie bewegten. *Felix Savart* bestimmte 1830/31 erstmals die Grenzen der Hörbarkeit, die Definition des einfachen Tones als reine Sinusschwingung gab 1843 *Georg Simon Ohm*, während 1831 *Gustav Gabriel Hällström* erstmals die Gesetze für die bereits 1744 von *Georg Andreas Sorge* beschriebenen Kombinationstöne angab. Daß neben dieser ersten Art von Kombinationstönen, den Differenztönen, als zweite auch noch die der Summationstöne möglich ist, erkannte *Hermann Helmholtz* im Verlauf der Untersuchungen, die er seit 1856 über die Theorie der Klänge ausführte. Von besonderer Bedeutung für die weitere Entwicklung der Akustik wie der Optik waren die Ergebnisse vielseitiger und zahlreicher Versuche, die die Brüder *Ernst Heinrich Weber* und *Wilhelm Eduard Weber* in ihrer „Wellenlehre auf Experimente gegründet oder über die Wellen tropfbarer Flüssigkeiten mit Anwendung auf die Schall- und Lichtwellen" 1825 bekanntmachten. Hier wird auch zum erstenmal eine Theorie der Resonanzvorgänge aufgestellt. Im Anschluß an diese Arbeiten beschäftigte sich *Wilhelm Weber* in den folgenden Jahren (1826/29) mit der Theorie der offenen Lippen- und der Zungenpfeifen. Das 1842 von *Christian Doppler* aufgestellte und nach ihm benannte Prinzip fand für die Schallerscheinungen 1845 seine Bestätigung durch *Christoph Heinrich Buys Ballot*. Daß es auch optisch an Spektrallinien beobachtbar sein müsse, behauptete 1848 *Armand Fizeau*; eine Bestätigung erbrachten aber erst astronomische Beobachtungen an Sternspektren und am Sonnenspektrum, die während der Jahre 1868—1871 *William Huggins, Angelo Secchi* und *Hermann Carl Vogel* anstellten.

Die Bedeutung der Wellen- und Schwingungslehre für Akustik und **Optik** hatte *Thomas Young* bereits ein Vierteljahrhundert vor den Brüdern *Weber* erkannt. Ausgehend von dem Gedanken einer Überlagerung zweier Wellen, vermochte er mit Hilfe des daraus von ihm abgeleiteten Interferenzprinzips 1801/02 sowohl die optischen Beugungserscheinungen wie die Interferenzfarben dünner Blättchen zu erklären. Den schwarzen Fleck in der Mitte der Newtonschen Farbenringe deutete er auf Grund der Annahme, daß bei der Reflexion an einem dichteren Medium ein Phasensprung um eine halbe Wellenlänge stattfindet. *Young* ging dabei ebenso wie vor ihm *Huygens* und *Euler* von der als nächstliegende sich darbietenden Annahme longitudinaler Lichtwellen aus. Er war daher außerstande, die 1808 von *Etienne Louis Malus* entdeckte Polarisation des Lichtes sowie die damit in Zusammenhang stehenden chromatischen Erscheinungen zu erklären, die 1811 *Dominique François Jean Arago* aufgefunden hatte. Auch *Augustin Jean Fresnel*, der seit 1815 mit der Entwicklung einer Theorie der Beugungs- und Interferenzerscheinungen beschäftigt war und bei dieser Gelegenheit 1816 den bekannten Spiegelversuch angestellt hat, war dazu nicht in der Lage. Aus dieser Schwierigkeit wies 1817 *Young* den Ausweg durch die kühne Annahme transversaler Lichtwellen. *Fresnel* machte sie sich nach einigem Zögern zu eigen und entwarf nun auf ihrer Grundlage 1821 eine Ätherwellentheorie des Lichtes, deren wesentliche Folgerungen er selbst und andere Forscher experimentell bestätigen konnten. Die Anwendung seiner Wellentheorie auf die Erscheinung der Lichtausbreitung in bewegten Medien, die von *Arago* 1810 experimentell untersucht worden waren, führte dann *Fresnel* 1818 zur Entdeckung des nach ihm benannten Mitführungskoeffizienten.

Eine von der Fresnelschen etwas abweichende Wellentheorie des Lichtes stellte auf Grund der von *Navier, Poisson* und ihm selbst entwickelten Elastizitätstheorie *Augustin Louis Cauchy* auf, und er behandelte dabei 1836 auch die Dispersion vom Standpunkt der Wellentheorie aus. Unabhängig von diesen seit 1828 datierenden Untersuchungen entwickelte 1832 *Franz Neumann* eine „Theorie der doppelten Strahlenbrechung, abgeleitet aus den Gleichungen der Mechanik", indem er im Gegensatz zu *Fresnel* nicht die Dichte, sondern die Elastizität des Äthers in den verschiedenen Medien als verschieden annahm. Die Gegenstandslosigkeit des lange Zeit um diese beiden Hypothesen geführten Streites ließ sich erst mehrere Jahrzehnte später nach Anerkennung der elektromagnetischen Theorie des Lichtes erkennen.

Die von *Cauchy* theoretisch behandelte Farbenzerlegung des Lichtes in unterschiedlichen Stoffen war einer exakten Messung zugänglich geworden, seitdem 1814/15 *Joseph Fraunhofer* die von *William Hyde Wollaston* wahrgenommenen dunklen Linien des Sonnenspektrums für diesen Zweck benutzt hatte. Die gleichen Linien zeigten sich auch in den mit Hilfe feiner Draht- und Ritzgitter hergestellten Gitterspektren, deren sich *Fraunhofer* 1822 zu genauer Messung der Lichtwellenlängen bediente. Konkave statt ebener Gitter benutzte erst 1883 *Henry Augustus Rowland*. Noch vor allen diesen Untersuchungen hatte man aber bereits zu Anfang des 19. Jahrhunderts erkannt, daß sich die Wirkungen der Sonnenstrahlen über den Bereich des sichtbaren Spektrums hinaus erstrecken. Der als Entdecker des Uranus (1781) und Erforscher der Struktur des Milchstraßensystems (1785) berühmte Astronom *Friedrich Wilhelm Herschel* hatte durch thermometrische Messung 1800 die ultraroten, *Johann Wilhelm Ritter* unter Verwendung von Chlorsilberpapier die ultravioletten Strahlen entdeckt. Dadurch gewannen auch die Versuche, die 1790 *Marc Auguste Pictet* angestellt und aus denen 1791 bzw. 1809 *Pierre Prévost* eine erste Theorie der Wärmestrahlung hergeleitet hatte, erneut an Interesse. *John Leslie* suchte sie 1800 bzw. 1804 zu widerlegen, wies aber bei dieser Gelegenheit mit Hilfe des nach ihm benannten Würfels gleichzeitig die Abhängigkeit der Wärmeausstrahlung von der Oberflächenbeschaffenheit des strahlenden Körpers nach. Daß zwischen Licht- und Wärmestrahlung weitgehende Übereinstimmung besteht, konnte 1835 *James David Forbes* durch den Nachweis einer Polarisation der Wärmestrahlen beweisen. Bereits einige Jahre früher hatte *Macedonio Melloni* seine Untersuchungen über die Wärmestrahlung begonnen, die er mit Hilfe des 1830 von *Leopoldo Nobili* bekanntgegebenen elektrischen Thermoskops oder Thermomultiplikators durchführte. Den Vorschlag, Thermoelemente für diesen Zweck zu verwenden, hatten 1822 bzw. 1823 bereits *Antoine César Becquerel* und *Hans Christian Oersted* gemacht. Das später vorwiegend für den gleichen Zweck benutzte Bolometer wurde 1851 von *A. F. Svanberg* erfunden und 1880 in wesentlich verbesserter Form von *Samuel Pierpont Langley* zur Untersuchung der Energieverteilung im Sonnenspektrum benutzt.

Neben der Kristalloptik, die den Anlaß zur Erfindung verschiedenartiger Polarisationsapparate und Saccharimeter gab, fand auch die Phosphoreszenz wieder stärkere Beachtung. Der Stand der jeweiligen Kenntnisse wurde monographisch dargestellt von *Placidus Heinrich* in seinen Abhandlungen „Die Phosphoreszenz der Körper", Nürnberg 1811/20, und rund ein halbes Jahrhundert später von *Alexandre Edmond Becquerel*, der die Ergebnisse seiner seit 1839 darüber angestellten Versuche in den beiden Bänden seines Werkes „La lumière, ses causes et ses effets", Paris 1867/68, zusammenfaßte. Die Erscheinungen der Fluoreszenz — erstmals im 16. Jahrhundert von dem Spanier *Nicolo Monardes* für das Nierenholz (lignum nephriticum) beschrieben — erhielten ihren Namen 1852 von *George Gabriel Stokes*, der sie erstmals in einwandfreier Weise untersuchte und bei dieser Gelegenheit auch die nach ihm benannte Gesetzmäßigkeit erkannte.

Die instrumentelle Optik erfuhr eine Bereicherung unter anderem durch das 1833 von *Charles Wheatstone* angegebene Spiegelstereoskop und zehn Jahre später durch das Linsenstereoskop von *David Brewster*. Aus dem von *Helmholtz* 1857 konstruierten Telestereoskop gingen die modernen Entfernungsmesser hervor. Die Photographie, die binnen kurzem zu einem unentbehrlichen Hilfsmittel wissenschaftlicher Forschung wurde, erfanden 1839 *Louis Daguerre, Joseph Nicéphore Nièpce* und *William Henry Fox Talbot*. Die zu ihrer praktischen Ausübung erforderlichen Kameraobjektive ließen sich trotz der erhöhten Anforderungen, die ihre Berechnung an die Theorie der Linsensysteme stellte, auf Grund der Ergebnisse errechnen, zu denen 1838/41 *Gauß* in seinen dioptrischen Untersuchungen gelangt war. Eine gleich erfolgreiche Vorausbestimmung der optischen Eigenschaften mikroskopischer Objektive wurde erst möglich, nachdem 1874 *Ernst Abbe* eine neue, die Lichtbeugung berücksichtigende Abbildungstheorie entworfen hatte.

In der Lehre von der **Elektrizität** lenkten zunächst die elektrochemischen Vorgänge die Aufmerksamkeit auf sich. *Volta* hatte die Quelle der galvanischen Elektrizität im bloßen Metallkontakt gesehen, und diese Auffassung wurde bis gegen die Mitte des Jahrhunderts von den meisten Physikern geteilt. Im Gegensatz dazu stand eine andere, hauptsächlich von chemisch orientierten Forschern vertretene Anschauung, die die Ursache dieser Erscheinungen in den sie begleitenden chemischen Veränderungen suchte. Sie wurde vor allem von *Johann Wilhelm Ritter* verfochten, der die bei der Wasserzersetzung auftretende Polarisation der Elektroden wahrnahm und auf dieser Grundlage 1802 in der sog. Ladungssäule die Urform des Akkumulators schuf. Eine von ihm nur angedeutete Theorie der elektro-chemischen Stromleitung wurde 1805 von *Theodor* (eigentlich: *Christian*) *Johann Dietrich Freiherrn von Grotthuss* ausgebaut und auch von *Humphrey Davy* übernommen, dem 1807 die Abscheidung der Alkalimetalle durch Schmelzflußelektrolyse gelang. Besondere Erwähnung gebührt in diesem Zusammenhang *Jöns Jacob Berzelius*. Seit 1812 bemühte er sich, durch genaue Atomgewichtsbestimmungen der chemischen Atomistik Daltons eine tragfähige Erfahrungsgrundlage zu schaffen. Indem er, darüber hinausgehend, das Atom als einen elektrischen Dipol von ungleicher Polstärke betrachtete und alle chemischen Bindungen als heteropolar bedingt ansah, führte er die später so fruchtbar gewordene Verknüpfung zwischen Atomvorstellung und Coulombkraft herbei.

In eine völlig neue Richtung wurde die Elektrizitätslehre gelenkt, als 1819/20 *Hans Christian Oersted* die Ablenkung der Magnetnadel durch den elektrischen Strom entdeckte. Diese Entdeckung zog noch im gleichen Jahre diejenige der elektrodynamischen Stromwirkungen durch *André Marie Ampère* nach sich. Im gleichen Jahre erfanden auch — unabhängig voneinander — *Salomo Christoph Schweigger* und *Johann Christian Poggendorff* den Multiplikator, das erste Galvanoskop. Ein Jahr später entdeckte *Thomas Johann Seebeck* den thermoelektrischen Effekt, als dessen Umkehr sich der 1834 von *Jean Charles Athanase Peltier* entdeckte Effekt erwies. Daß eine Stromschleife sich im magnetischen Feld mit ihrer Fläche senkrecht zur Feldrichtung einstellt, hatte bereits 1820 *Oersted* nachgewiesen. *Ampère* zeigte, ebenfalls noch im gleichen Jahr, daß eine Stromwendel, ein Solenoid, sich ebenso verhält wie ein Stabmagnet, und 1825 konstruierte *William Sturgeon* den ersten Elektromagneten mit Eisenkern. Mit dem Nachweis, daß ein stromdurchflossener Leiter um einen Magnetpol und ein Magnetpol um einen Stromleiter rotiert, debütierte 1821 *Michael Faraday* auf dem Gebiet der Elektrizitätslehre.

Die mathematisch-physikalische Erfassung aller dieser Phänomene erfolgte — man möchte beinahe sagen: selbstverständlich — seitens der französischen Physiker und vom Standpunkt Newton-Coulombscher Fernwirkungen aus. Zunächst formulierten 1820 *Jean Baptiste Biot* und *Félix Savart* das nach ihnen benannte Gesetz. *Ampère*, dem wir die Bezeichnung Elektrodynamik, die seinen Namen tragende Schwimmregel, sowie die Unterscheidung von Stromstärke und Spannung verdanken, ging weit darüber hinaus. Er beseitigte die Hypothese besonderer magnetischer Fluida durch die Zurückführung des Magnetismus auf elektrische Kreisströme und stellte in seiner 1823 beendeten „Théorie des phénomènes électrodynamiques" das für alle späteren Ansätze richtungweisende Grundgesetz der Elektrodynamik auf.

Eigene Wege ging *Georg Simon Ohm*, der 1826 experimentell den Zusammenhang zwischen Stromstärke, Spannung und Widerstand fand und im folgenden Jahr eine mathematische Darstellung dafür gab, die sich eng an die Fouriersche Theorie der Wärmeleitung anlehnte. Daß eine solche Analogie ihre Berechtigung hat, zeigte sich, als 1855 *Gustav Wiedemann* und *Rudolph Franz* den Parallelismus von Wärmeleitung und elektrischer Leitung nachwiesen. Ohms Bemühungen, auch die Wärmewirkungen des Stromes quantitativ zu erfassen, führten zu keinem Erfolg. Hier schufen erst die 1841 veröffentlichten Untersuchungen von *James Prescott Joule* Klarheit.

Inzwischen hatten aber die epochemachenden Arbeiten von *Michael Faraday* der ganzen Elektrizitätslehre ein neues Gesicht gegeben. 1831 entdeckte er die Induktionserscheinungen und führte sie theoretisch auf das Schneiden magnetischer Kraftlinien zurück. Diese Entdeckung gab zwei Jahre später den Anstoß zur Erfindung des elektromagnetischen Telegraphen durch *Gauß* und *Weber* und damit zugleich zum Aufkommen einer elektrischen Nachrichtentechnik, bildete aber auch die Grundlage für die sich später entwickelnde Starkstromtechnik, deren Geburtsstunde mit der Erkenntnis des dynamoelektrischen Prinzips (1866) durch *Werner Siemens* zusammenfällt. Das Bemühen, die Identität der induktiv erregten Elektrizität mit der auf die zuvor bekannten Weisen erzeugten nachzuweisen, veranlaßte 1833 *Faraday* zu seinen elektrochemischen Untersuchungen, in deren Verlauf er 1834 zur Aufstellung des elektrochemischen Äquivalentgesetzes und zur Einführung einer neuen Nomenklatur für diese Vorgänge gelangte. Im Anschluß daran erforschte er das Verhalten der Isolatoren. Er führte zu ihrer Kennzeichnung den Begriff der Dielektrizitätskonstante ein und ersetzte in Fortbildung der dadurch angeregten Gedankengänge die Annahme fernwirkender Kräfte, wie sie seitens der französischdeutschen Schule der theoretischen Physik vertreten wurde, durch die für die gesamte weitere Entwicklung der Physik grundlegende Annahme räumlich und zeitlich vermittelter Wirkungen, also die alte Fernwirkungstheorie durch die Nahwirkungs- oder Feldtheorie, nämlich durch die Einführung des Begriffs der Kraftfelder.

Wilhelm Weber, der sich in seinem 1846 aufgestellten Grundgesetz der Elektrodynamik, dem Ausgangspunkt seiner „Elektrodynamischen Maßbestimmungen", bemühte, auch die Induktionserscheinungen mit einzubeziehen, knüpfte bei seinen Überlegungen wieder an *Ampère* an. Er griff auf die Fernwirkungsvorstellung zurück und bildete nun im Anschluß an die von *Gauß* 1832 vorgenommene Zurückführung der erdmagnetischen Intensität auf absolutes Maß seinerseits absolute elektrische Maßsysteme aus. 1856 zeigte er in einer gemeinsam mit *Rudolf Kohlrausch* (1809—1858) durchgeführten Untersuchung, daß das Verhältnis der elektromagnetischen Einheit der Elektrizitätsmenge zur elektrostatischen Einheit gleich der Lichtgeschwindigkeit ist, ein Ergebnis, das dann den Anstoß zu der von *James Clerk Maxwell* entworfenen elektromagnetischen Theorie des Lichtes gab. Eine wesentliche Stütze dieser Theorie bildete u. a. der 1845 von *Faraday* erbrachte Nachweis der magnetischen Drehung der Polarisationsebene des Lichtes.

VI. Vom Energieprinzip zum Planckschen Strahlungsgesetz.

Um die Mitte des 19. Jahrhunderts beginnt ein neuer Abschnitt in der Geschichte der Physik sich abzuzeichnen, der dritte und letzte derjenigen Epoche, die wir als das Zeitalter der *klassischen Physik* zu bezeichnen pflegen. Den ersten dieser Abschnitte, der vom Beginn des 17. bis zur Mitte des 18. Jahrhunderts reicht, bildet die Entwicklung der klassischen, Galilei-Newtonschen Mechanik, den zweiten die Ausbildung der anderen Zweige der Physik im Zeichen der Imponderabilienhypothese. Der uns jetzt beschäftigende dritte endet in den ersten Jahren des 20. Jahrhunderts und ist gekennzeichnet durch die Aufstellung des Satzes von der Erhaltung der Energie und die an ihn anschließende Ausbildung der Thermodynamik und der physikalischen Atomistik und durch die Entwicklung und Anerkennung der Maxwellschen Theorie des elektromagnetischen Feldes. Durch die während der letzten Jahrzehnte des 19. Jahrhunderts einsetzenden Untersuchungen über das Wesen der Kathodenstrahlen und die Aufstellung der Elektronentheorie wurde zwischen Feldtheorie und Atomistik die erste Brücke geschlagen und mit der Entdeckung der Röntgenstrahlen und der radioaktiven Erscheinungen zugleich der Übergang zu den ganz andersartigen Betrachtungsweisen der heutigen Atom-, Quanten- und Kernphysik vorbereitet. In methodischer Hinsicht ist bemerkenswert, daß bei der Behandlung physikalischer Probleme neben der zuvor allein üblichen deterministischen Betrachtungsweise nunmehr auch statistische Methoden Eingang in die theoretische Physik fanden.

In der Organisation der Forschung wird gegen Ende dieses Zeitraumes eine immer deutlichere Trennung zwischen den Arbeitsbereichen des theoretischen und des experimentierenden Physikers sichtbar, die sich vor allem auch in der Errichtung besonderer Lehrstühle für theoretische Physik zeigt. Die wachsenden Anforderungen an die technischen Hilfsmittel ließen neben den Universitätslaboratorien andere Forschungsstätten emporkommen, wie die 1887 gegründete Physikalisch-Technische Reichsanstalt in Berlin, die nach ihrem Vorbild bald darauf in anderen Kulturstaaten geschaffenen Einrichtungen und im 20. Jahrhundert die Forschungsinstitute der Kaiser Wilhelm-Gesellschaft (jetzt Max Planck-Gesellschaft) und der Großindustrie. Eine ähnliche Entwicklung zeichnet sich im Unterrichtsbetrieb durch die immer weiter sich ausdehnende Einführung physikalischer Praktika an den Hochschulen ab.

Von nicht minder einschneidender Bedeutung war der Zusammenschluß der forschend tätigen Physiker zu besonderen Gesellschaften. Die Physikalische Gesellschaft zu Berlin ging 1845 aus dem von *Gustav Magnus* zwei Jahre früher ins Leben gerufenen physikalischen Kolloquium hervor und wurde 1899 zu einer Deutschen Physikalischen Gesellschaft umgewandelt. Ähnliche Gründungen entstanden auch in anderen Ländern. Als ein besonderes Verdienst der Gesellschaft ist die Herausgabe physikalischer Jahresberichte in Gestalt der seit 1847 erscheinenden ,,Fortschritte der Physik'' anzusehen, die in rein fachlicher Richtung fortführten, was schon 1821 *Jöns Jacob Berzelius* mit seinen ,,Jahresberichten über die Fortschritte der physischen Wissenschaften'' in weiterem Rahmen begonnen hatte. Zu den Wörterbüchern der Physik gesellten sich gegen Ende des Jahrhunderts auch die ersten großen Handbücher, das im Laufe des 19. Jahrhunderts immer mehr zu einem solchen entwickelte Lehrbuch der Physik von *Müller-Pouillet* und das in den Jahren 1891—1896 von *Adolf Winkelmann* herausgegebene Handbuch. Nicht minder verdienstvoll war die Zusammenstellung der wichtigsten physikalischen Zahlenwerte in Tabellenform, wie der Chemiker *Hans Landolt* und der Meteorologe *Richard Börnstein* sie 1883 schufen.

In scharfem Gegensatz zur heutigen expansiven Tendenz der Physik machte sich während der zweiten Hälfte des 19. Jahrhunderts ein Bestreben geltend, das eigene Arbeitsfeld gegenüber den Nachbarwissenschaften schärfer abzugrenzen und sich aus der Verbindung mit ihnen weitgehend zu lösen. Die Meteorologie entwickelte sich zu einem selbständigen Forschungsgebiet; die neuen Wissenschaften der physikalischen Chemie, der Astrophysik und der Geophysik wuchsen in den Grenzbereichen zwischen der Physik einerseits, der Chemie, Astronomie und Geologie andererseits empor. Zugleich wurde die Physik zu einer immer weniger entbehrlichen Helferin der Technik und veranlaßte darüber hinaus den Aufbau einer Reihe ganz neuer Industrien wie der elektrotechnischen und kältetechnischen, zu denen sich in jüngster Zeit noch die hochfrequenztechnische und andere Industrien gesellten. Die Zahl der fachwissenschaftlichen Zeitschriften und anderer literarischer Hilfsmittel der Forschung vermehrte sich in ähnlichem Umfang wie die Zahl der an der wissenschaftlichen Arbeit beteiligten Forscher, die sich auch nicht mehr allein aus dem Kreis der europäischen Gelehrtenschaft rekrutierten.

Die Überzeugung, daß die mannigfachen Formen, unter denen die Wirkungen der Naturkräfte sich äußern, äquivalent ineinander überführbar sind, hatte sich schon *Faraday* im Verlauf seiner Untersuchungen immer stärker aufgedrängt. Zur gleichen Überzeugung kamen auf ganz anderen Wegen 1842 der Arzt *Julius Robert Mayer*, im folgenden Jahr der dänische Ingenieur *Ludwig August Colding* und 1845 der englische Physiker *James Prescott Joule*. Unabhängig voneinander gelangten sie zu der Annahme einer Äquivalenz von Wärme und mechanischer Arbeit; sie berechneten auf verschiedene Weisen den zugehörigen Äquivalentwert, der sich angenähert richtig bereits aus den Messungen von *Benjamin Thompson* (später Graf *Rumford*, 1798) hatte berechnen lassen, und schritten darüber hinaus alsbald zur Erfassung des Energieprinzips in seinem vollen Umfang fort. Mayer legte dieses Gesetz in seiner alle Naturvorgänge in sich begreifenden Bedeutung bereits 1845 dar, zwei Jahre früher als *Helmholtz*, der es 1847 mathematisch begründend auf die Gesamtheit der physikalischen und chemischen Erscheinungen anwandte. Unvereinbar mit dieser neuen Erkenntnis waren aber die Folgerungen, die sich aus dem von Sadi Carnot auf Grund der Wärmestoffhypothese aufgestellten Satz ableiteten. Diesen Widerspruch beseitigte 1850 *Rudolf Emanuel Clausius*, der in systematischer Fortführung seiner Überlegungen 1862 den Begriff des ,,Verwandlungswertes'' der Wärme einführte, den er 1865 durch den Ausdruck ,,Entropie'' ersetzte. Nunmehr konnte er die beiden Hauptsätze der **Thermodynamik** aussprechen in der Form: „Es läßt sich Arbeit in Wärme und umgekehrt … verwandeln, wobei stets die Größe der einen der der andern proportional ist" und: „Es kann nie Wärme aus einem kälteren in einen wärmeren Körper übergehen, wenn nicht gleichzeitig eine andere, damit zusammenhängende Änderung eintritt." Zu ähnlichen Auffassungen wie Clausius gelangte 1851 *William Thomson* (später *Lord Kelvin of Larghs*), der sich seit 1848 um die Festlegung einer absoluten thermometrischen Skala bemühte, für die er 1852 bzw. 1855/56 eine absolute thermodynamische Skalenteilung in Vorschlag brachte. Auf Aggregatzustandsänderungen hatte bereits *Clausius* seine mechanische Wärmetheorie angewendet. *Gustav Robert Kirchhoff* dehnte sie 1858 erstmals auf chemische Vorgänge aus, nachdem bereits 1854 *Julius Thomsen* die Wärmetönung einer chemischen Reaktion als Maß der chemischen Verwandtschaft in Betracht gezogen hatte. Den daraus 1867 von *Marcellin Berthelot* gefolgerten Satz, daß jede ohne Zutritt äußerer Energie vollständig ablaufende Reaktion zur Abscheidung derjenigen Stoffe führt, bei deren Bildung ein Maximum von Energie frei wird, stellte 1906 *Walther Hermann Nernst* auf Grund des nach ihm benannten Wärmetheorems richtig, das durch *Max Planck* eine verallgemeinerte Fassung erhielt. Die Anwendung des 2. Hauptsatzes der Thermodynamik auf chemische Prozesse erfolgte 1869 durch *August Horstmann.* *Josiah Willard Gibbs* wies 1875 nach, daß die Entropie eines Gasgemisches gleich der Summe der Entropien der Einzelgase ist, und stellte in der gleichen Arbeit auch seine berühmte Phasenregel auf. 1882/83 erschienen *Helmholtz*' grundlegende Abhandlungen über die Thermodynamik chemischer Vorgänge mit ihrer Unterscheidung zwischen freier und gebundener Energie. Diese Untersuchungen setzte *Jacobus Hendrikus van't Hoff* in seinen „Studien zur chemischen Dynamik" (1884) und der Ableitung der „Gesetze des chemischen Gleichgewichts in Lösungen" (1886) fort.

Die Erkenntnis des Energieprinzips hatte aber auch eine Neubelebung der kinetischen Gastheorie zur Folge. An ältere Ansätze 1821 bei *John Herapath* knüpften 1845 *J. J. Waterston* und 1851 *Joule* an. Näher ausgeführt wurde die Theorie 1856/57 durch *August Karl Krönig*, 1857 durch *Clausius* und 1860 durch *Maxwell. Josef Loschmidt* gab 1865 die erste, größenordnungsmäßig einigermaßen richtige Abschätzung der Durchmesser der Moleküle. Einen der größten Triumphe für die kinetische Theorie der Gase bildete aber der 1877 von *Ludwig Eduard Boltzmann* geführte Nachweis, daß die Entropie dem Logarithmus der Zustandswahrscheinlichkeit proportional ist. Die Frage nach dem Zusammenhang zwischen dem gasförmigen und dem flüssigen Aggregatzustand der Materie, die durch die Gasverflüssigungsversuche von *Faraday* 1823 bzw. 1845, *Thilorier*, der 1834 das Kohlendioxyd verflüssigte, und anderen nahegelegt worden war, wurde nunmehr gleichfalls ihrer Lösung zugeführt. Nachdem 1863 bzw. 1869 *Thomas Andrews* erkannt hatte, daß es zur Verflüssigung der Gase des Unterschreitens einer bestimmten „kritischen" Temperatur bedarf, konnten 1877 *Louis Cailletet* in Paris und *Raoul Pictet* in Genf Sauerstoff, Stickstoff und Wasserstoff verflüssigen. Eine Gleichung, die den Übergang der beiden Aggregatzustände ineinander wiedergibt, hat 1873 *Johannes Diderik van der Waals* aufgestellt. Durch das 1895 von *Carl Linde* erfundene sowie durch andere Verfahren der Luftverflüssigung wurde das Gebiet tiefer Temperaturen bequem zugänglich. Schließlich gelang es 1911 *Heike Kamerlingh Onnes*, auch das letzte der früher als permanent betrachteten Gase, das Helium, zu verflüssigen.

In der **Optik** wandte sich um die Mitte des 19. Jahrhunderts das Interesse der Physiker dem Studium der Spektrallinien zu. Die Übereinstimmung gewisser heller Emissionslinien von Elementen mit dunklen Linien des Sonnenspektrums war mehrfach bemerkt worden, und *Anders Jäns Ångström* behauptete bereits 1855, daß ein glühender Körper gerade diejenigen Lichtarten aussendet, die er bei gewöhnlicher Temperatur absorbiert. Einen bedeutenden Fortschritt für solche Untersuchungen bedeutete die Anwendung elektrischer Entladungen in mit verdünnten Gasen gefüllten Röhren als Lichtquellen, die der Glasbläser *Heinrich Geißler* auf Veranlassung von *Julius Plücker* herstellte. *Plücker* erkannte 1858 bei Durchführung seiner Versuche mit solchen Geißlerschen Röhren, daß man aus den Gasspektren eindeutig auf die chemische Natur der Füllgase schließen kann. Klarheit in viele, wenn auch nicht in alle diese Zusammenhänge brachte aber erst das 1859 von *Kirchhoff* ausgesprochene Strahlungsgesetz.

Dieses Gesetz und die von *Kirchhoff* und *Robert Wilhelm Bunsen* im gleichen Jahr erdachte und 1860 bekanntgemachte Spektralanalyse regten in stärkstem Maße zur Untersuchung dieser Erscheinungen an und eröffneten zugleich die Möglichkeit, über die Astrometrie und Himmelsmechanik hinaus zu einer Astrophysik fortzuschreiten. Im Verlauf solcher Untersuchungen stellten 1865 *Julius Plücker* und *Wilhelm Hittorf* fest, daß es zwei völlig verschiedene Arten von Spektren gibt, die 1866 *Adolf Wüllner* als Linien- und Bandenspektren voneinander unterschied. Eine erste Ordnung in die Wirrnis dieser Vielzahl von Linien brachte 1885 die von *Jacob Balmer* für die Linien des Wasserstoffspektrums aufgestellte Formel. Erst als man auf Grund eines 1883 von *W. N. Hartley* gegebenen Hinweises statt der Wellenlängen die Schwingungszahlen benutzte, gelang es 1888 *Heinrich Kayser* und *Carl Runge*, auch für andere Elemente Seriengesetze aufzustellen. Zu entsprechenden Ergebnissen gelangte 1890 *Johannes Robert Rydberg*, der zudem noch in der seinen Namen tragenden Konstanten einen für alle Serien gültigen konstanten Faktor erkannte.

Eine Erweiterung der Kenntnis der Spektren über die Grenzen des langwelligen Ultraviolett hinaus wurde erst möglich, als man die photographische Platte als Hilfsmittel zu solchen Untersuchungen heranzog. 1842 glückte *Edmond Becquerel* die erste brauchbare Aufnahme des Sonnenspektrums. Nachdem dann *Stokes* 1852 darauf hingewiesen hatte, daß ultraviolettes Licht von Glas nur wenig, gut dagegen von Quarz hindurchgelassen wird, und nachdem 1873 von *Hermann Wilhelm Vogel* die Sensibilisation der photographischen Schicht eingeführt worden war, konnte *Viktor Schumann* unter Verwendung eines Quarzvakuumspektrographen 1892/93 bis zu einer Wellenlänge von 1250 Å vordringen. Noch weiter gelangte 1906 *Theodore Lyman*, der auch die nach ihm benannte ultraviolette Serie des Wasserstoffs entdeckte. Das Gebiet des langwelligen Ultrarot wurde seit 1897 vor allem von *Heinrich Rubens* und seinen Schülern erschlossen.

Wesentlich erfolgreicher als alle Bemühungen, eine physikalisch haltbare Erklärung für den Bau der Spektren zu geben, waren zunächst die Bestrebungen, das allgemeine Gesetz der Temperaturstrahlung aufzufinden. Bereits *Kirchhoff* hatte 1859 festgestellt, daß das Verhältnis des Emissions- zum Absorptionsvermögen für alle Körper nur eine Funktion der Wellenlänge und der Temperatur ist, und er hatte in diesem Zusammenhang 1862 von der Strahlung des absolut schwarzen Körpers als einer Hohlraumstrahlung gesprochen. Er zeigte bei dieser Gelegenheit auch den Weg zu ihrer Verwirklichung auf. Zur erfolgreichen Ausführung gelangten derartige Versuche jedoch erst 1897 durch *Otto Lummer, Ernst Pringsheim* und *Ferdinand Kurlbaum*. Schon vorher — 1879 — hatte *Josef Stefan* aus bereits vorliegenden Messungen das T^4-Gesetz für die Temperaturabhängigkeit der schwarzen Strahlung herausgelesen, das 1884 *Ludwig Boltzmann* auf der Grundlage der Thermodynamik und der Maxwellschen Theorie ableitete. 1893 fand *Wilhelm Wien* das seinen Namen tragende Verschiebungsgesetz. Ein von ihm 1896 aufgestelltes Strahlungsgesetz erwies sich als nur für kurze Wellenlängen und mäßige Temperaturen gültig, während ein anderes, 1900 von *John William Strutt (Lord Rayleigh)* angegebenes Gesetz nur für den anderen Grenzfall der langen Wellen und hohen Temperaturen gilt. Den erfolgreichen Abschluß aller dieser Untersuchungen brachte das im Herbst 1900 von *Max Planck* aufgefundene Strahlungsgesetz. Noch im Dezember des gleichen Jahres gab er dafür eine theoretische Ableitung, wobei er von dem bis dahin festgehaltenen Grundsatz einer Gleichverteilung der Energie auf alle beteiligten Träger abging. Er führte die Hypothese der quantenhaften Emission und Absorption ein und erkannte die Größe der emittierten Energiequanten als das Produkt aus der Schwingungszahl des Lichtes und einer universellen Konstanten, des nach ihm benannten Wirkungsquantums.

Auf dem Gebiet der **Elektrizitätslehre** blieb zunächst die Ampère-Webersche Theorie herrschend; doch traten daneben Versuche auf, die von Faraday eingeführten Vorstellungen elektrischer und magnetischer Kraftlinien und eines besonderen „elektrotonischen" Zustandes durch mechanische Modelle einer Mathematisierung zugänglich zu machen. Hierher sind die Abhandlung von *William Thomson* „Über eine mechanische Darstellung elektrischer, magnetischer und galvanischer Kräfte" vom Jahre 1846/47, die Analogien aus der Elastizitätslehre benutzt, und die 1858 erschienene Arbeit von *Helmholtz* „Über die Integrale der hydrodynamischen Gleichungen, welche den Wirbelbewegungen entsprechen", zu rechnen. In völlig neue Bahnen wurde die Entwicklung aber durch die Veröffentlichungen von *Maxwell* gelenkt, der 1855 mit der Arbeit „Über Faradays Kraftlinien" hervortrat und ihr 1862 diejenige „Über physikalische Kraftlinien" folgen ließ, in der zum erstenmal der Begriff des Verschiebungsstromes verwendet wird. Den Ausbau dieser neuen Anschauungen zu einer umfassenden elektromagnetischen Feld- und Lichttheorie stellte der 1873 erschienene „Treatise on Electricity and Magnetism" dar.

Nachdem schon 1872 *Henry Augustus Rowland* nachgewiesen hatte, daß die Konvektionsströme elektrostatischer Ladungen die gleiche magnetische Wirkung wie galvanische Ströme ausüben, bestätigte im folgenden Jahre *Boltzmann* die Voraussage der Maxwellschen Theorie von der Gleichheit der Dielektrizitätskonstanten eines durchsichtigen Mediums und des Quadrats seiner Brechungszahl. Ungleich eindrucksvoller aber war der 1887/88 von *Heinrich Hertz* geführte Nachweis des Auftretens frei im Raum sich ausbreitender elektrischer Wellen, nachdem bereits 1870 *Wilhelm von Bezold* das Auftreten stehender elektrischer Wellen längs Drähten beschrieben hatte. Eine Weiterbildung erfuhren die Maxwellschen Lehren durch *Helmholtz*, der seit 1870 auch die Erscheinungen der Reflexion und der Brechung des Lichtes in seine Betrachtungen einbezog und 1893 unter der Annahme eines Mitschwingens der Materie der Dispersion Rechnung zu tragen suchte. 1884 kennzeichnete *John Henry Poynting* die Dichte des Energiestromes durch den nach ihm benannten Vektor; 1884 bzw. 1885 gaben *Heinrich Hertz* in Deutschland und *Oliver Heaviside* in England den Maxwellschen Grundgleichungen ihre endgültige Form. Den experimentellen Beweis für das Vorhandensein eines Lichtdruckes, wie die Theorie ihn forderte, führte u. a. 1899 *Petr Nikolajewitsch Lebedew*.

Zeitlich nahezu parallel mit der Entdeckung der Strahlungsgesetze schritt die Einsicht in die Vorgänge bei der Gasentladung vorwärts. Nachdem bereits 1838 *Faraday* zwischen dem die Kathode umgebenden negativen Glimmlicht und der positiven Säule unterschieden hatte, die durch einen dunklen Raum voneinander getrennt sind, zeigte in einer grundlegenden Arbeit 1869 Plückers Schüler *Wilhelm Hittorf*, daß die von der Kathode ausgehenden „Strahlen des Glimmens" sich geradlinig ausbreiten, die Glaswand der Röhre zur Fluoreszenz erregen und auf ihr scharfe Schatten von Gegenständen entwerfen, die sich in ihrer Bahn befinden. Sie sind magnetisch ablenkbar und verhalten sich dabei „wie einfache Ströme, die ... in die Kathode aus der Umgebung fließen".

Hittorf konnte diese Versuche durchführen, weil ihm die dafür erforderlichen instrumentellen Hilfsmittel in der (auf *Emanuel Swedenborg* zurückgehenden) 1857 von dem Glasbläser *Heinrich Geißler* und 1862 von *August Toepler* verbesserten Quecksilberluftpumpe und dem 1850 von *Daniel Rühmkorff* (1803—1877) erfundenen Funkeninduktor als Hochspannungsquelle zur Verfügung standen. Die Bezeichnung „Kathodenstrahlen" führte 1876 *Eugen Goldstein* ein, der in Gestalt der „Deflexion" der Kathodenstrahlen auch die erste Beobachtung einer elektrischen Ablenkbarkeit machte und 1886 in den durch eine durchlöcherte Kathode hindurchfliegenden „Kanalstrahlen" ihr positives Gegenstück auffand. Mit der Mehrzahl der deutschen Physiker hielt er die Kathodenstrahlen zunächst für eine Lichtstrahlung, eine Anschauung, die im Gegensatz zu *Helmholtz* auch *Heinrich Hertz* teilte, der 1891 die Fähigkeit der Strahlen entdeckte, dünne Metallfolien zu durchdringen.

In England betrachtete man gemäß der von *William Crookes* ausgesprochenen Vermutung die Kathodenstrahlen als elektrisch geladene Atome. *Crookes*, der 1875 auch das Radiometer, die auf thermisch-molekularen Wirkungen beruhende Lichtmühle, erfand, beschäftigte sich seit 1873 mit Versuchen über Kathodenstrahlen und faßte seine Ergebnisse in einem Vortrag 1879 unter dem Titel „Strahlende Materie oder der vierte Aggregatzustand" zusammen. Sachlich neu war bei ihm nur der Nachweis einer intensiven Wärmewirkung der Strahlen bei Benutzung einer hohlspiegelförmigen Kathode.

Die Frage nach dem Wesen der Kathodenstrahlen fand ihre Klärung in den letzten Jahren des 19. Jahrhunderts, nachdem *Philipp Lenard* auf Anregung seines Lehrers *Hertz* eine „Fensterröhre" konstruiert hatte, mit deren Hilfe er das Verhalten der Kathodenstrahlen außerhalb der Entladungsröhre untersuchen konnte. Nachdem bereits 1871 *Cromwell Fleetwood Varley* und 1895 *Jean Perrin* die negative Ladung der Strahlen nachgewiesen hatten, führten 1897/98 *Joseph John Thomson*, *Wilhelm Wien* und *Philipp Lenard* schlüssig den Beweis, daß es sich bei den Kathodenstrahlen um Korpuskeln handelt, die, wie *Thomson*, *Wien*, *George Francis Fitzgerald* und *Emil Wiechert* zeigten, eine rund 2000mal kleinere Masse als die Wasserstoffatome haben. 1899 wies *Lenard* nach, daß der 1887 von *Hertz* entdeckte und von seinem Schüler *Wilhelm Hallwachs* näher untersuchte lichtelektrische Effekt auf der Auslösung von Elektronen beruht, ein Name, den 1894 *G. Johnstone Stoney* einführte.

Stoney und *Helmholtz* sprachen auch 1881 zuerst von einem „Elementarquantum" der Elektrizität, eine Vorstellung, die durch die Erfahrungen auf dem Gebiet der Elektrolyse nahegelegt worden war. Es handelt sich dabei in erster Linie um Schlüsse aus den Faradayschen Gesetzen der Elektrolyse und den Ergebnissen der Untersuchungen *Hittorfs* über die Überführungszahlen der Ionen (1853) und den an sie anknüpfenden Arbeiten von *Friedrich Kohlrausch* aus dem Jahre 1875. Die von *Svante Arrhenius* aufgestellte Dissoziationstheorie stammt dagegen erst aus dem Jahre 1887. Auf der Grundlage dieser und ähnlicher Vorstellungen und Vermutungen, wie sie uns beispielsweise 1871 bei *Wilhelm Weber* entgegentreten, erwuchs die Elektronentheorie, die 1895 durch *Hendrik Antoon Lorentz*, *Joseph Larmor* und 1896 durch *Emil Wiechert* ihre Ausbildung erfuhr. Sie bewährte sich besonders bei der Erklärung der 1896 von *Pieter Zeeman* entdeckten Aufspaltung der Spektrallinien im magnetischen Feld, bei der Deutung des 1879 von *Edwin Herbert Hall* aufgefundenen Effekts und in Gestalt der von *Eduard Riecke*, *Paul Drude* und *H. A. Lorentz* aufgestellten Elektronentheorie der Metalle. Das elektrische Analogon zum Zeeman-Effekt, die Aufspaltung der Spektrallinien im elektrischen Feld, beobachtete 1913 *Johannes Stark*. Der elektro-optische Kerr-Effekt wurde 1875 von *John Kerr* aufgefunden.

Eine der folgenreichsten Entdeckungen machte 1895 *Wilhelm Conrad Röntgen*, der seine glänzende Experimentierkunst bereits 1888 durch den Nachweis der magnetischen Wirkung bei Bewegung eines elektrisch polarisierten Dielektrikums bewiesen hatte. Daß es sich bei den von ihm entdeckten „X-Strahlen" um extrem kurzwelliges Licht handelt, hatten bereits 1896 *Emil Wiechert*, *Gabriel Stokes* und *Paul Glan* vermutet. Zur Gewißheit erhoben wurde diese Vermutung 1912, als *Max von Laue*, *Walther Friedrich* und *Paul Knipping* die Beugungs- und Interferenzerscheinungen beim Durchgang von Röntgenstrahlen durch Kristalle nachwiesen. Die Röntgensche Veröffentlichung „Über eine neue Art von Strahlen" gab 1896 auch den Anstoß zu der überraschenden Entdeckung der Strahlung des Urans durch *Henri Becquerel*. Sie zog 1898 die Entdeckung der Radioaktivität des Thoriums durch *Gerhard C. Schmidt* und die zweier weiterer radioaktiver Stoffe, des Poloniums und Radiums, durch *Pierre Curie* und Marie Skladowska-Curie und in der Folge zahlreicher weiterer radioaktiver Stoffe nach sich. Die Erfinder der Photozelle, *Julius Elster* und *Hans Geitel*, stellten 1899 das Zerfallsgesetz für die radioaktiven Stoffe auf und gaben zugleich der Vermutung Ausdruck, „daß das Atom eines radioaktiven Elementes nach Art des Moleküls einer instabilen Verbindung unter Energieabgabe in einen stabilen Zustand übergeht ... (und daß) diese Vorstellung zu der Annahme einer allmählichen Umwandlung der aktiven Substanz zu einer inaktiven nötigt, und zwar folgerichtigerweise unter Änderung ihrer elementaren Eigenschaften". Im gleichen Jahr entdeckte *André Debierne* das Actinium, während *Ernest Rutherford* bei Untersuchung der Radioaktivität des Urans in der Emission dieser Substanz zwei Gruppen von Strahlen auf Grund ihrer verschiedenen Absorbierbarkeit unterschied, die er als Alpha- bzw. Betastrahlen bezeichnete. Nachdem man dann erkannt hatte, daß die radioaktiven Stoffe daneben noch eine dritte, sehr durchdringende Strahlung aussenden können, bezeichnete *Rutherford* diese als Gammastrahlung.

VII. Hauptzüge der Entwicklung der Physik während der ersten Hälfte des 20. Jahrhunderts.

Durch die Entdeckung des Energieprinzips, die Entwicklung einer kinetischen Theorie der Materie und die Aufstellung der Maxwellschen Theorie waren die ursprünglich voneinander getrennten Teilbereiche der Physik weitgehend zusammengeschlossen worden. Sie umfaßte als *Physik der Materie* die Mechanik, Akustik und nahezu die ganze Wärmelehre, als *Physik des Äthers* die Erscheinungen der Elektrizität, des Magnetismus und der Licht- und Wärmestrahlung. Die Deutung jeglichen Naturgeschehens im Rahmen eines mechanistisch-energetischen Weltbildes galt als möglich, und man erwartete, daß auch alle künftigen Erfahrungen sich ihm mehr oder weniger mühelos würden einordnen lassen. Zwar gab es noch eine Reihe ungeklärter Fragen, doch glaubte man nicht, daß zu ihrer Beantwortung die Entwicklung grundsätzlich neuer Denkformen erforderlich werden würde. Es zeigte sich indessen sehr bald, daß dieser Glaube irrig war. Die „klassische" Physik war ebensowenig imstande, für die empirisch gefundenen Gesetzmäßigkeiten des Baus der Linien- und Bandenspektren eine physikalisch einleuchtende Erklärung zu geben, wie es ihr glücken wollte, das Wesen der Kohäsionskräfte und das der chemischen Bindung zu enträtseln. Unerklärlich blieb auch die überraschende, von *Albert Abraham Michelson* seit 1881 mehr und mehr gesicherte Feststellung, daß sich das Licht auf der Erde trotz deren Bewegung nach allen Richtungen gleich schnell ausbreitet.

Im Ringen um die Lösung dieser und ähnlicher Probleme wurden die für die Physik der Gegenwart kennzeichnenden neuen Einsichten gewonnen, die Erkenntnis, daß die für den Bereich des makroskopischen Geschehens gültigen Begriffe und Gesetze nicht ohne weiteres auf den atomaren Bereich übertragbar sind und daß die klassische Mechanik nicht mehr für Bewegungen gilt, deren Geschwindigkeit nicht klein gegenüber der Lichtgeschwindigkeit ist. In der Atomphysik begannen wahrscheinlichkeitstheoretische Erwägungen einen immer größeren Raum gegenüber der früher in der Physik üblichen deterministischen Denkweise einzunehmen, und infolgedessen konnte und mußte auch das Kausalprinzip erneuter kritischer Prüfung unterzogen werden.

Hatte während des vorangehenden Jahrhunderts eine Verwischung der formalen Gebietsgrenzen nur innerhalb der Physik selbst stattgefunden, so griff dieser Vorgang nunmehr auf ihre äußeren Grenzen über. Ausgehend von der Physik, wurde der universale Charakter der Naturwissenschaft wie aller Wissenschaft überhaupt den Forschern wieder nachdrücklich zum Bewußtsein gebracht. Daß Chemie und Mineralogie, Astronomie und Technik starke und belebende Impulse von seiten der Physik empfingen und dafür ihrerseits wesentliche Beiträge zur Klärung grundlegender physikalischer Fragen lieferten, kann nicht sonderlich überraschen. Jetzt aber wurden neben den schon angedeuteten erkenntnistheoretischen Problemen auch solche der Biologie von führenden Physikern in Angriff genommen. Umrißlinien einer Biophysik wurden sichtbar, und die in der Physik selbst so fruchtbare „komplementäre" Betrachtungsweise eröffnete die Möglichkeit, neues Licht auf die alte Frage nach dem Wesen der psychophysischen Kohärenz, dem Zusammenhang zwischen Seelischem und Leiblichem, zu werfen.

Auch in bezug auf die experimentellen Hilfsmittel der Forschung vollzog sich ein tiefgreifender Wandel. Sie wurden immer stärker technisiert. An Stelle des Erzeugnisses der feinmechanischen Werkstatt traten mehr und mehr Erzeugnisse serienmäßiger industrieller Fertigung; das physikalische Gerät entwickelte sich vielfach zur Forschungsmaschine, wie etwa eine neuzeitliche Röntgenanlage, Einrichtungen der Hochdruck- oder Tiefsttemperaturphysik oder gar der Kernphysik sie darstellen. Die Technik des Vorlesungsversuchs erfuhr gleichfalls eine Umgestaltung. Sie war bislang vorwiegend seitens der Lehrerschaft gepflegt und gefördert worden, und die Ergebnisse dieser Arbeit hatten vorwiegend in Zeitschriften für den physikalischen und chemischen Unterricht Veröffentlichung gefunden. Im Rahmen des Hochschulunterrichts ging nunmehr *Robert Wichard Pohl* führend voran und arbeitete unter ausgiebiger Verwendung von Schattenwurf und Projektion den Vertikalcharakter derartiger Demonstrationseinrichtungen gegenüber der vorwiegend horizontalen Anordnung laboratoriumsmäßiger Meßanordnungen heraus. Eine immer stärkere Verflechtung der Physik mit der Technik äußerte sich ebenso in der ständig zunehmenden Verwendung neuzeitlicher physikalischer Verfahren im technischen Meß- und Prüfwesen und der chemischen Technik wie in der wachsenden Zahl der Physiker, die in der Technik Beschäftigung fanden. An den Hochschulen kam sie in der Errichtung besonderer Lehrstühle für angewandte Physik, im Schrifttum unter anderem in der Herausgabe von Zeitschriften zum Ausdruck, die über Forschungsergebnisse dieses Grenzgebietes von Physik und Technik berichten.

Die Handbücher der Physik und ihrer Nachbargebiete begannen internationalen Charakter anzunehmen; zu dem Tabellenwerk von *Landolt* und *Börnstein* kamen andere hinzu, wie beispielsweise 1911 die „Physical and Chemical Constants" von *Kaye* und *Laby*, seit 1912 die „Tables annuelles de constantes et données numériques" und die „International Critical Tables of Numerical Data of Physics, Chemistry and Technology". An Stelle der 1918 eingegangenen „Fortschritte der Physik" traten seit 1920 die von *Karl Scheel* redigierten „Physikalischen Berichte". Sammelberichte brachten neben den an das Vorbild der wöchentlich erscheinenden englischen „Nature" und der amerikanischen „Science" anknüpfenden „Naturwissenschaften", herausgegeben von *Arnold Berliner*, das von *Johannes Stark* redigierte „Jahrbuch der Radioaktivität und Elektronik", die „Physikalische Zeitschrift" und vor allem seit 1922 die „Ergebnisse der exakten Naturwissenschaften". Sie nahmen damit einen Gedanken wieder auf, den in Deutschland 90 Jahre zuvor bereits *Gustav Theodor Fechner* in seinem „Repertorium der Experimentalphysik" und von 1837 an *Heinrich Wilhelm Dove* mit dem „Repertorium der Physik" verwirklichte, von dem innerhalb des Jahrzehnts seines Bestehens 8 Bände erschienen. Unter der Ägide der Deutschen Physikalischen Gesellschaft veranstalteten die Physiker, die bisher im Rahmen der Versammlungen deutscher Naturforscher und Ärzte zusammengetroffen waren, jetzt eigene Tagungen. Die in der Industrie tätigen Physiker schlossen sich 1919 unter Führung von *Georg Gehlhoff* zu einer Deutschen Gesellschaft für Technische Physik zusammen.

Die Folgen einer solchen freundnachbarlichen Beziehung, in der Physik und Technik nunmehr standen, ließen nicht lange auf sich warten. Die seit Beginn des 19. Jahrhunderts einsetzende Luftfahrt und insbesondere die Luftfahrttechnik wirkten belebend auf die Strömungslehre ein, der es unter anderem mit Hilfe der 1904 von *Ludwig Prandtl* entworfenen Grenzschichttheorie gelang, das Problem der turbulenten Strömung einer Lösung entgegenzuführen. Die Bedürfnisse der Glühlampen- und Elektronenröhrenindustrie regten zur Erfindung wirksamer Vakuum- und Hochvakuumpumpen an, wie sie von *Wolfgang Gaede* in der rotierenden Kapselpumpe 1907, der rotierenden Molekularluftpumpe 1912 und der Quecksilberdampfstrahlpumpe 1915 geschaffen wurden. *Irving Langmuir* entwickelte im folgenden Jahr die Quecksilberdiffusionspumpe, nachdem er sich schon 1913 durch die Erfindung der gasgefüllten Glühlampe mit Wendeldraht einen Namen gemacht hatte.

Die Grundlage für die Ausbildung eines solchen neuen Pumpentyps bildeten die seit 1907 durchgeführten Forschungen von *Martin Knudsen* über das Verhalten von Gasen bei sehr geringen Drucken. Ähnlich geartete gaskinetische Untersuchungen befaßten sich mit der 1827/28 von dem Botaniker *Robert Brown* entdeckten Bewegung kleiner, in Flüssigkeiten suspendierter Teilchen. Die hier sich zeigenden Schwankungserscheinungen wurden in ihrer statistischen Gesetzmäßigkeit erstmals 1904 von *Marian von Smoluchowski* erfaßt und dann durch *Albert Einstein* einer eindringenden theoretischen, von *The Svedberg* und *Jean Perrin* einer gründlichen experimentellen Nachprüfung unterworfen.

Auf dem Gebiet der Thermodynamik, der Wärme- und Elektrizitätsleitung wurden vor allem die Untersuchungen im Bereich sehr tiefer Temperaturen bedeutungsvoll, die in Leiden durch *Kamerlingh Onnes* und in Berlin von *Nernst* und ihren Mitarbeitern ausgeführt wurden. Sie zeigten — was nach dem Nernstschen Wärmetheorem zu erwarten war — ein starkes Absinken der spezifischen Wärme, der thermischen und elektrischen Leitfähigkeit mit der Temperatur. Ihre Deutung an Hand der Planckschen Energiequantenhypothese fanden sie durch *Albert Einstein, Peter Debye, Max Born* und andere. Die größte Überraschung für die Physiker bildete jedoch die Entdeckung der elektrischen Supraleitfähigkeit durch *Kamerlingh Onnes* im Jahre 1911, für die 1932 *Max von Laue* eine phänomenologische Theorie aufstellte. Nicht minder merkwürdig waren die thermo-mechanischen Druck- und Wärmeeffekte, die *Willem Hendrik Keesom* und seine Mitarbeiter 1936 bei Temperaturen unterhalb von 2 °K am Helium II beobachteten. Zu noch wesentlich tieferen Temperaturen gelangten 1933 *Wander Johannes de Haas, Simon, Giauque* und *MacDougall* mittels des Verfahrens der adiabatischen Entmagnetisierung. Bis zu 0,0014 °K gelangten *de Clerk, Steenland* und *Coster* (1950).

Neue Arbeitsgebiete und Hilfsmittel erschloß der Physik die schnell vorwärtsschreitende Entwicklung der elektrischen Hochfrequenztechnik. Nachdem *Ferdinand Braun* zwecks besserer Energieabstrahlung einen geschlossenen elektrischen Schwingungskreis mit einem offenen Antennenkreis gekoppelt hatte, diente die Elektronenröhre, die sich 1906 *Robert von Lieben* in Deutschland und *Lee de Forest* in Amerika hatten patentieren lassen, zur Verbesserung des Empfangs als Gleichrichter- wie als Verstärkerröhre. Die Erfindung der Rückkopplung durch *Alexander Meißner* machte 1913 die Bahn frei für die Verwendung der Gitterröhre zur Erzeugung ungedämpfter Schwingungen. Unter Verwendung dieses neuen Hilfsmittels konnte *Paul Langevin* die piezoelektrischen Eigenschaften des Quarzes für den Bau von Ultraschallgebern verwerten. Dieselben Schwingquarze, deren sich die Rundfunktechnik einige Jahre später zur Konstanthaltung der Sendefrequenz bediente, wurden dann 1933/34 von *Scheibe* und *Adelsberger* an der Physikalisch-Technischen Reichsanstalt in Berlin zum Bau einer Quarzuhr benutzt, mit der eine neue Epoche der Präzisionsmessung von Zeiten eingeleitet wurde.

Durch *Einstein* wurde die Quantenhypothese schon 1905 zur Deutung der lichtelektrischen Phänomene herangezogen. *Lenard* hatte 1902 gezeigt, daß die kinetische Energie der Photoelektronen ausschließlich von der Schwingungszahl der auslösenden Strahlung, dagegen nicht von deren Intensität abhängig ist. Vom Standpunkt der Wellentheorie des Lichtes ließ sich eine so merkwürdige Tatsache nicht deuten. Sie fand ihre einfache und mit den Meßergebnissen quantitativ übereinstimmende Erklärung erst durch die von *Einstein* 1905 ausgesprochene Annahme der prinzipiellen Quantenhaftigkeit des Lichtes. Auch in der Anwendung auf die Theorie der spezifischen Wärmen hat die Quantenhypothese sich als ebenso fruchtbar bewährt wie bei der Aufstellung des Strahlungsgesetzes.

Die an die Newtonsche Emanationstheorie des Lichts gemahnende Quantenhypothese war zwar offenbar mit den gutgesicherten Ergebnissen der Wellenoptik unverträglich, wurde indessen bald experimentell mehrfach bestätigt. Durch ausgedehnte Versuchsreihen wies bereits 1906 *Emil Warburg* nach, daß der Primärprozeß bei der photochemischen Brom-Wasserstoffreaktion in der Aufnahme *eines* Energiequants durch *ein* Einzelmolekül besteht. Die Versuche von *James Franck* und *Gustav Hertz* vom Jahre 1913 hatten bereits vor der Veröffentlichung der Bohrschen Theorie einen weiteren überzeugenden Beweis für die Quantenhaftigkeit bei der Wechselwirkung von Licht und Atomen geliefert, und 1915 konnten *W. Duane* und *C. F. Hunt* zeigen, daß die obere Frequenzgrenze der Röntgenbremsstrahlung durch die kinetische Energie der sie erzeugenden Elektronen gegeben ist. Einen besonders eindrucksvollen Nachweis für das teilchenartige Wesen des Lichts bildete der 1923 von *Arthur Holly Compton* aufgefundene Effekt, der ohne weiteres unter der Voraussetzung verständlich wird, daß die Lichtquanten, die Photonen, bei ihrem Zusammenstoß mit Elektronen wie materielle Teilchen nicht nur Energie, sondern auch Impuls auf diese übertragen.

Bei den Röntgenstrahlen hatte schon 1905 *Charles Glover Barkla* ihre Polarisierbarkeit entdeckt und weiterhin bei der Mehrzahl der untersuchten Metalle das Auftreten zweier verschieden harter Arten von Strahlen feststellen können, die er als K- und L-Strahlen bezeichnete. Nachdem dann 1912 *Walther Friedrich, Paul Knipping* und *Max von Laue* den Wellencharakter der Röntgenstrahlen durch einen Kristallinterferenzversuch nachgewiesen hatten, konnten *William Henry Bragg* und sein Sohn *William Lawrence Bragg* eine Röntgenspektralanalyse schaffen, die durch *Peter Debye, Paul Scherrer* und *Manne Siegbahn* ihren weiteren Ausbau fand. Die Ergebnisse aller dieser Forschungen bestätigten endgültig die Annahme einer räumlichen Gitterstruktur der Kristalle, wie sie andeutungsweise schon 1611 von *Kepler* und 1690 von *Huygens* aufgestellt und dann von Mineralogen und Mathematikern des 18. und 19. Jahrhunderts weiterentwickelt worden war, vor allem von *Torbern Bergman, René Just Haüy, Christian Samuel Weiß, Friedrich Christian Hessel, Franz Neumann, Auguste Bravais, Jevgraph Stepanowitsch von Fedorow* und *Arthur Schoenflies*. Sie ermöglichten darüber hinaus auch eine Bestimmung der Form und Größe von Molekülen — *Debye* zeigte dies erstmals 1915 — und Aussagen über die Anordnung der einzelnen Atome in den einfachen wie den vielatomigen Molekülen. Welche Bedeutung sie für unsere Erkenntnis vom Wesen der Atome selbst hatten, ist in anderem Zusammenhang darzulegen.

Bevor wir darauf eingehen, müssen wir zuvor unser Augenmerk auf die Entwicklung der relativistischen Mechanik und Elektrodynamik richten. Ihren Ausgangspunkt bildete das Ergebnis des schon erwähnten Versuchs von *Michelson*, der bewiesen hatte, daß eine Bewegung der Erde relativ zum Weltäther optisch nicht festzustellen ist. Um eine theoretische Begründung dafür bemühten sich bereits 1887 *Woldemar Voigt* und 1895 durch Einführung der nach ihnen benannten Kontraktionshypothese *G. F. Fitzgerald* und *H. A. Lorentz*, deren Gedankengängen sich auch *Henri Poincaré* anschloß. Unter einem weit allgemeineren Gesichtspunkt betrachtete *Albert Einstein* das Problem. In einer 1905 erschienenen Abhandlung „Zur Elektrodynamik bewegter Körper" entwickelte er die Grundlagen einer für beschleunigungsfreie Systeme gültigen, der sog. speziellen Relativitätstheorie. Das Relativitätsprinzip, bis dahin nur für mechanische Vorgänge erkannt, wurde, besonders in der mathematischen Form, die *Hermann Minkowski* ihm gab, zum Relativitätspostulat erhoben und auf die Gesamtheit der Naturerscheinungen ausgedehnt. Abhängigkeit der Längen- und Zeitaussagen — einschließlich der Gleichzeitigkeitsaussagen — vom Bewegungszustand des Beobachters wurde gefordert. Mit der Anerkennung einer Unabhängigkeit der Lichtgeschwindigkeit von der Bewegung des Bezugssystems wird aber auch die Annahme eines Lichtäthers als Trägers des elektromagnetischen Feldes hinfällig und damit zugleich jedes Bemühen um eine anschaulich-mechanische Abbildung derartiger Vorgänge. Ein Ergebnis von besonderer Tragweite bildete schließlich die Erkenntnis der Äquivalenz von Masse und Energie.

Nachdem bereits 1904 *Friedrich Hasenöhrl* sowie Plancks Schüler *Curd von Mosengail* auf Grund der elektromagnetischen Lichttheorie die Trägheit der Hohlraumstrahlung gegenüber Beschleunigungen bewiesen hatten, wurde sie in der von *Einstein* aufgestellten Äquivalenzgleichung $E = mc^2$ zu einem für jede Energieform gültigen Gesetz erhoben. Durch den Nachweis der von *Paul Adrien Maurice Dirac* 1930 theoretisch geforderten Zerstrahlung von Materie bzw. des umgekehrten, 1932 von *Carl David Anderson* und 1933 von *Patrick Maynard Stuart Blackett* und *G. Occhialini* beobachteten Phänomens der Bildung von Elektronenzwillingen, der Umwandlung von Strahlung in Materie, fand sie eine ebenso glänzende Bestätigung, wie *Einsteins* Behauptung einer Zeitdehnung in bewegten Systemen sie seit 1938 am quadratischen Dopplereffekt bei Kanalstrahlen und in jüngster Zeit durch Beobachtungen über die Lebensdauer von Mesonen erfahren hat. 1915 erweiterte *Einstein* die auf Inertialsysteme beschränkte spezielle zur allgemeinen Relativitätstheorie, und zwar auf der Grundlage der Äquivalenz von Trägheit und Gravitation. Sie nötigte in der Folge zu dem Schluß, daß die Metrik des Raumes eine Funktion der den Raum erfüllenden Materie ist und daß der Weltraum im Sinne der von *Bernhard Riemann* entwickelten nichteuklidischen Geometrie als sphärisch gekrümmt aufzufassen ist. Das Weltall ist danach zwar unbegrenzt, aber doch nur von endlicher Größe. In der allgemeinen Relativitätstheorie erscheint das Newtonsche Gravitationsgesetz als erste Näherung eines umfassenderen Gesetzes, das unter anderem zur Forderung einer Perihelbewegung des Merkur nötigt, die auch bestätigt werden konnte. Die Theorie führte ferner zu den dann durch die Beobachtung bestätigten Voraussagen einer Lichtablenkung sowie einer Rotverschiebung der Spektrallinien im Gravitationsfelde der Sonne und der Fixsterne. Von sonstigen Auswirkungen der Theorie wird in anderem Zusammenhang noch die Rede sein.

Bei aller Teilnahme, die derartige Untersuchungen fanden, und trotz des großen Aufsehens, das sie weit über den Kreis der Physiker und Astronomen hinaus erregten, wurde jedoch die Frage nach dem Wesen des Atoms und seiner Kräfte zum eigentlichen und zentralen Problem der physikochemischen Forschung dieser Epoche. Die Entdeckungen auf dem Gebiet der Elektronik und der Radioaktivität, der Bau der optischen und der Röntgenspektren, die Gesetzmäßigkeiten und Widersprüche, die sich im Schema des Periodischen Systems der Elemente zeigten, alles dies warf zahllose Fragen auf, an deren Beantwortung die damals junge Generation der Physiker nunmehr heranging. Sie war im Gegensatz zu manchen führenden Forschern der älteren Zeit, wie z. B. *Wilhelm Ostwald* und *Ernst Mach*, von der realen Existenz der Atome und Moleküle überzeugt.

Nachdem 1891 *Heinrich Hertz* gezeigt hatte, daß die Kathodenstrahlen dünne Metallfolien zu durchdringen vermögen, war sein Schüler *Lenard* in systematischer Fortführung dieser Versuche 1903 zu der Erkenntnis gelangt, daß der Raum des Atoms keineswegs gleichmäßig von Materie erfüllt ist, sondern daß das in ihm nachweisbare Kraftfeld von einem sehr kleinen zentralen Bezirk, einer „Dynamide", ausgeht. Den gleichen Gedanken entwickelte 1911 *Ernest Rutherford* auf Grund von Versuchen, die zwei Jahre zuvor seine Schüler *Hans Geiger* und *Ernest Marsden* über die Streuung von Alphastrahlen beim Durchgang durch Materie angestellt hatten. *Rutherford* hatte 1902 gemeinsam mit *Frederick Soddy* die Atomzerfallstheorie der radioaktiven Erscheinungen endgültig formuliert und 1909 zusammen mit *T. Royds* den Nachweis dafür erbracht, daß die Alphateilchen zweifach positiv geladene Heliumionen sind. Jetzt stellte er die Hypothese auf, daß jedes Atom aus einem positiv geladenen Kern sehr kleinen Durchmessers besteht, um den in einer dem Atomradius entsprechenden Entfernung Elektronen kreisen. Hieran anknüpfend äußerte 1913 *A. van den Broek* die Vermutung, daß die Zahl dieser Elektronen mit der Ordnungszahl der Elemente im Periodischen System identisch ist. Dieses hatten nach ersten tastenden Versuchen von *Béguyer de Chaucourtois* während der Jahre 1863—1869 *John A. R. Newlands*, *Lothar Meyer* und *Dimitri Iwanowitsch Mendelejew* aufgestellt. Bestätigt wurde diese Vermutung u. a. 1913 durch die von *Henry Gwyn Jeffreys Moseley* experimentell gefundene Gesetzmäßigkeit des Baus der Röntgenspektren, die wesentlich einfacher als die der optischen Spektren ist.

Theoretisch durchsichtig wurden alle diese Verhältnisse indessen erst, als 1913 *Niels Bohr* durch Einführung von zunächst zwei Quantenbedingungen aus der Vielzahl der nach der klassischen Mechanik möglichen Keplerbahnen der Elektronen die allein stabilen auswählen lehrte. Unter der Voraussetzung, daß nur beim Übergang zwischen solchen erlaubten Bahnen Lichtemission erfolgt, deren Frequenz durch den Quotienten aus Energiedifferenz und Wirkungsquantum bestimmt ist, vermochte er nicht nur die Balmerserie, sondern auch die Rydbergkonstante aus universellen Naturkonstanten richtig zu berechnen. *Arnold Sommerfeld*, der neben Einstein als erster den Begriff des Planckschen Wirkungsquantums in seiner vollen Bedeutung erfaßt hat, verfeinerte 1915 die Bohrsche Theorie durch Anwendung der relativistischen Gesetze auf die Bewegung der Elektronen, *Walther Kossel* deutete auf dieser Grundlage 1916 das Wesen der heteropolaren chemischen Bindung und die Periodizität der chemischen Eigenschaften der Elemente. Im gleichen Jahre bahnte *Gilbert Newton Lewis* das Verständnis für das Wesen der unpolaren Molekülbindung durch die Annahme der mehreren Kernen zugehörigen Austauschelektronen an. Einem vertieften Verständnis wurden diese und ähnliche Erscheinungen durch das 1925 von *Wolfgang Pauli* aufgestellte Ausschließungsprinzip zugeführt.

Eine eindrucksvolle Bestätigung fand die Bohrsche Theorie unter anderem durch die Messungen, die 1916 *Friedrich Paschen* über die Feinstruktur der Linien des ionisierten Heliums anstellte, und durch die Triumphe, die sie bei der Deutung des Zeeman- und Stark-Effektes feierte. Auch die Bandenspektren wurden, u. a. durch *James Franck*, einer quantentheoretischen Berechnung zugänglich, und die 1923 von *Adolf Smekal* vorausgesagte, 1928 von *Chandrasekhara Vankata Raman* aufgefundene Kombinationsstreuung gewährte näheren Einblick in die Bindungsenergien der Atome im Molekülverband. Der bereits von *Bohr* gezogene Schluß, daß dem Wasserstoffatom ein ganz bestimmtes magnetisches Moment zukommen muß, und daß magnetische Momente anderer Atome ganzzahlige Vielfache dieser Einheit, des Magnetons, sind, wurde 1921 durch *Walther Gerlach* und *Otto Stern* bestätigt. 1925 entdeckten *S. Goudsmit* und *G. E. Uhlenbeck* das magnetische Moment des Elektrons, deuteten es durch seinen „Spin" und ermöglichten dadurch eine endgültige Klärung der Periodizitätseigenschaften der Linienspektren und der chemischen Wertigkeiten der Elemente.

Eine Wendung von entscheidender Bedeutung führte in der Quantenphysik 1923 *Louis Victor, Prince de Broglie* herbei, indem er den beim Licht entdeckten Dualismus Welle—Teilchen auf die Materie übertrug und voraussagte, daß auch Atome und Elektronen sich, je nach der Art des mit ihnen angestellten Versuches, nicht nur in gewohnter Weise als körperliche Teilchen, sondern auch als „Materiewellen" erweisen würden. Die hieraus von *W. Elsasser* bereits 1925 gezogene Folgerung, daß dann auch Teilchenstrahlen Beugungs- und Interferenzerscheinungen zeigen müssen, wurde 1927 für Elektronen durch *Clinton J. Davisson* und *Lester H. Germer* und für Atomstrahlen 1939 durch *Otto Stern* bestätigt.

Diese Erkenntnisse sind auch von größter Bedeutung für die auf einen Gedanken von *Hans Busch* zurückgehende **Elektronenoptik**. Sie führte zur Konstruktion von elektrischen und magnetischen Elektronenmikroskopen, vor allem durch *Knoll, Houtermans* und *Ruska, von Borries, Brüche* und *Mahl,* deren Auflösungsvermögen die des Lichtmikroskops um mehr als das 100fache übertrifft. Die letzte Krönung fand diese Entwicklung — wenn auch auf weitgehend anderer Grundlage — durch das Feldelektronenmikroskop (1949) und das Feldionenmikroskop (1951) von *Erwin Müller*, mit denen einzelne gewöhnliche Moleküle und sogar Atome sichtbar gemacht werden können.

Die von *de Broglie* gegebenen Anregungen wurden alsbald von *Erwin Schrödinger* aufgegriffen, der 1926 eine Wellenmechanik entwickelte, deren Ergebnisse sich als übereinstimmend mit denen der Quantenmechanik erwiesen, die 1925 von *Werner Heisenberg*, *Max Born* und *Pascual Jordan* entwickelt wurde. Eine weitere Verallgemeinerung der wellenmechanischen Betrachtungsweise stellt die 1928 von *Paul Adrien Maurice Dirac* aufgestellte Theorie dar, auf Grund derer er auch die Existenz eines positiven Elektrons voraussagte, das dann von *C. D. Anderson* 1932 experimentell nachgewiesen wurde. Ebenfalls 1928 stellte *Heisenberg* seine Unbestimmtheitsrelation auf, die es als grundsätzlich unmöglich erklärt, zwei zueinander komplementäre Größen, etwa Ort *und* Impuls eines atomaren Gebildes, gleichzeitig genau zu messen. Sie legt die Grenze fest, bis zu der hin die Anwendung unserer dem Erfahrungsbereich der makroskopischen Welt entnommenen Vorstellungen zulässig ist, und leistet damit erkenntnistheoretisch Ähnliches wie in anderer Richtung das Bohrsche Korrespondenzprinzip, das die Brücke zwischen Quantentheorie und klassischer Physik schlägt, indem es diese als Grenzfall jener für hohe Quantenzahlen und eine statistisch große Zahl von Elementarteilchen erscheinen läßt.

Während im Rahmen der Quantenphysik die Fragen des Atombaus eine weitgehende theoretische Klärung erfuhren, vermittelten die Erscheinungen der Radioaktivität den Physikern immer wieder neue und unerwartete Einblicke in das atomare Geschehen. Nachdem das Wesen der von den radioaktiven Stoffen ausgesandten Strahlen klargestellt worden war und die 1902 durch *Rutherford* und *Frederick Soddy* schärfer formulierte Atomzerfallshypothese allgemeine Anerkennung gefunden hatte, konnte 1905 *Egon von Schweidler* das dafür gültige, empirisch gefundene Zerfallsgesetz statistisch deuten. Die Entdeckung des Ioniums als Muttersubstanz des Radiums im Jahre 1907 durch *Bertram Borden Boltwood* erlaubte im Verein mit einer Reihe anderer Entdeckungen, alle radioaktiven Stoffe auf drei Zerfallsreihen, die Uran-Radium-Reihe, die Actiniumreihe und die Thoriumreihe zu verteilen. Die zwischen 1911 und 1913 von *A. S. Russel*, *Fr. Soddy* und *Kasimir Fajans* aufgestellten Verschiebungssätze ermöglichten die richtige Einordnung auch kurzlebiger radioaktiver Stoffe in das Periodische System. 1911/12 entdeckten *Hans Geiger* und *J. M. Nuttal* den Zusammenhang zwischen der Halbwertzeit der Alphastrahler und der Reichweite ihrer Strahlen, für die 1928 *G. Gamow* eine wellenmechanische Deutung gab. Ein wesentliches Hilfsmittel zur Durchführung dieser und ähnlicher Untersuchungen bildeten die 1912 von *Charles Thomson Rees Wilson* angegebene Nebelkammer und der von *Geiger* im gleichen Jahre erfundene Spitzenzähler, den er in Gemeinschaft mit *W. Müller* 1928 zum Zählrohr umgestaltete.

Durch die Aufstellung der Verschiebungssätze gewann auch eine Tatsache erheblich an Gewicht, auf die bereits 1907 *H. McCoy* und *W. Roß* gestoßen waren, als es ihnen nicht gelang, Radiothorium und Thorium chemisch voneinander zu trennen. Die 1910 von *Soddy* klar erkannte und als Isotopie bezeichnete Existenz chemisch identischer, aber an Masse verschiedener Atomarten, die zunächst nur bei radioaktiven Stoffen bekannt war, wurde durch *J. J. Thomson* 1913 auch am Neon nachgewiesen. Seit 1919 wurde sie von *Francis William Aston* mittels seines Massenspektrographen als eine fast allen chemischen Elementen zukommende Eigenschaft erkannt. Verfeinert und zu einer Präzisionsmethode ausgebildet wurde die Massenspektrographie vor allem durch *J. A. Dempster* und *Josef Mattauch*. Durch die auf Grund solcher Messungen gewonnene Erkenntnis der fast genauen Ganzzahligkeit der Massenwerte der Atome fand eine 1815 von *William Prout* aufgestellte Hypothese in bedingtem Sinne ihre Bestätigung, nämlich daß alle Atome aus Wasserstoffatomen aufgebaut sind.

Damit war nun die Frage nach dem Aufbau des Atomkerns brennend geworden. Man wußte bisher nur, daß die Atome der schwersten, von Natur radioaktiven Elemente instabil sind und daß Strahlen verschiedener Art ihre Kerne mit beträchtlicher Energie verlassen, wobei eine Atomumwandlung stattfindet. Die erste künstliche Atomumwandlung gelang 1919 *Rutherford*, nämlich die Verwandlung von Stickstoffatomen in Sauerstoffatome durch Beschuß mit Alphateilchen. Weitere Umwandlungen anderer Atomarten, auch mit schnellen Protonen, folgten. Die dadurch angebahnte Entwicklung beschleunigte sich, nachdem 1932 *James Chadwick* im Anschluß an Arbeiten von *Walter Bothe* und *H. Becker* das bereits 1920 von *William Harkins* als Kernbestandteil vorausgesagte Neutron entdeckt hatte. Mit Hilfe von Neutronen gelang es 1934 *Frédéric Joliot* und *Irène Joliot-Curie*, vor allem aber *Ernesto Fermi*, der sich bereits 1926 durch die Aufstellung einer neuen Quantenstatistik einen Namen gemacht hatte, Kernumwandlungen bei allen Elementen hervorzurufen. In der Folgezeit wurden immer zahlreichere Kernumwandlungen bekannt, außer mit Protonen, Neutronen und Alphateilchen auch mit den 1932 von *Harold C. Urey* entdeckten Deuteronen, sowie mit Gammastrahlen. In großem Maßstabe konnten derartige Untersuchungen mit Hilfe von Vielfachbeschleunigern durchgeführt werden, wie dem 1932 von *Ernest Orlando Lawrence* erfundenen Zyklotron und anderen Geräten, und dem zuerst von *R. Wideröe* 1927, sowie *M. Steenbeck* angegebenen und später von *W. D. Kerst* ausgeführten Betatron (Elektronenschleuder).

Unabhängig von *Harkins* und voneinander bauten *Werner Heisenberg*, sowie *Igor Tamm* und *D. Ivanenko* die Theorie des Kernaufbaus aus Protonen und Neutronen aus, und *Heisenberg* suchte in seinem Tröpfchenmodell des Kerns an Hand der massenspektroskopischen Ergebnisse über die Massendefekte eine Deutung des Wesens der Kernbindungskräfte zu geben. Die Annahme der Existenz eines weiteren Elementarteilchens wurde erforderlich, wenn bei Beta-Umwandlungen den Sätzen der Erhaltung der Energie und des Impulses Rechnung getragen werden sollte. Postuliert hatte ein solches Teilchen, dem 1934 *Fermi* den Namen Neutrino gab, bereits *W. Pauli*. Ein von *H. Yukawa* in seiner Theorie der Kernkräfte 1935 vorausgesagtes, später als Meson bezeichnetes Elementarteilchen konnte 1937 durch *Anderson* und *Neddermeyer* in der kosmischen Strahlung nachgewiesen werden, die 1910 von *Viktor Franz Heß* entdeckt wurde und die vor allem *Werner Kolhörster, Erich Regener* und *Robert Andrews Millikan* näher untersucht haben. Inzwischen sind mehrere Mesonenarten mit verschiedenen Massen entdeckt worden. Ein Ereignis von größter Tragweite bedeutete die Auffindung der Uranspaltung mittels Neutronen durch *Otto Hahn* und *Fritz Straßmann* im Jahre 1938, deren Wesen zuerst *Lise Meitner* und *O. R. Frisch* klar erkannten. Da bei der Spaltung mehrere Neutronen abgespalten werden, so ergab sich die Möglichkeit einer mit ungeheurer Energieentwicklung ablaufenden Kettenreaktion, wie sie dann seit 1942 auch technisch verwirklicht wurde.

Hand in Hand mit den Fortschritten der Physik in engerem Sinn und in hohem Grad durch sie bedingt vollzog sich die Weiterentwicklung der Astrophysik. *Arthur Stanley Eddington* schuf, an ältere Vorarbeiten von *Lane* und *Emden* anknüpfend, eine den aus der Beobachtung gezogenen Schlüssen ausgezeichnet entsprechende Theorie des inneren Aufbaus der Sonne und der Fixsterne. Die Quantentheorie ermöglichte ferner ein bis ins einzelne reichendes Verständnis des Zustandes der Sternmaterie. Das 1913 von *Eynar Hertzsprung* und *Henry Norris Russell* aufgestellte Hertzsprung-Russell-Diagramm lieferte eine physikalische Systematik der Sterntypen. Die Frage des Energiehaushalts der Fixsterne wurde durch den von *H. Bethe* und *Carl Friedrich von Weizsäcker* berechneten Kohlenstoff-Stickstoff-Zyklus geklärt. Das Vorkommen quantenmechanisch entarteter Zustände der Materie von außerordentlich großer Dichte konnte in den weißen Zwergsternen wahrscheinlich gemacht werden. Besondere Aufmerksamkeit wurde der Erforschung der Novae, der veränderlichen Sterne, der interstellaren Materie und vor allem der Supernovae und der außergalaktischen Nebel zugewandt. Die Dynamik der Milchstraße erfuhr durch *Oort* weitgehende Klärung, und um die Fragen der Kosmologie und Kosmogonie waren und sind zahlreiche Forscher bemüht.

Angeregt durch die allgemeine Relativitätstheorie, stieß die Forschung während des letzten Vierteljahrhunderts in das Reich der außergalaktischen Nebel vor und bestätigte ihre schon 1755 von *Immanuel Kant* in seiner „Allgemeinen Naturgeschichte und Theorie des Himmels" vermutete Natur als ferne Geschwister unserer Milchstraße. Es fehlt auch nicht an Ansätzen zu einer physikalischen Theorie des Weltalls auf relativistischer Grundlage. Das 1917 von *Einstein* aufgestellte Modell eines statischen endlichen Weltalls erwies sich aber bei genauerer Durchrechnung als instabil. *W. de Sitter* schloß aus seinen Untersuchungen, daß das Weltall sich entweder ständig zusammenziehen oder ausdehnen muß, eine Theorie, die *Friedmann, Lemaitre* und *Eddington* weiter ausbauten. Bei der Nachprüfung dieser Voraussagen entdeckten *Milton L. Humason* und *Edwin Powell Hubble* die allgemeine, der Entfernung proportionale Rotverschiebung in den Spektren außergalaktischer Nebel, die auf eine Expansion des Weltalls hinweist, sofern man sie als einen Dopplereffekt deutet. Aus der Expansionsgeschwindigkeit ergibt sich, daß das Alter des Weltalls in seinem heutigen Entwicklungszustande größenordnungsmäßig etwa $3 \cdot 10^9$ Jahre beträgt, eine Zahl, die gut mit dem auf ganz anderen Grundlagen berechneten Alter der Erde, der Fixsterne und der Sonne übereinstimmt. Gleichzeitig wurden auch die Nebel selbst eingehend erforscht, für deren systematische Einordnung *Hubble* ein Schema entwarf. Mit Hilfe des 2,5 Meter-Spiegels auf dem Mount Wilson gelang es, bis zu einer Entfernung von rund 500 Millionen Lichtjahren vorzudringen; mit dem neuen 5 Meter-Spiegel auf dem Mount Palomar wird sich die erforschbare Entfernung etwa verdoppeln.

Im Anschluß an seine Entdeckung recht junger Sterne sprach 1944 *Albrecht Unsöld* die Vermutung aus, daß noch ständig neue Sterne entstehen und daß die Geburt eines solchen Sternes durch das Aufleuchten einer Supernova angezeigt wird. Hieran und an Betrachtungen, die *P. A. M. Dirac* über einige sehr große, aus universellen Konstanten zu bildende reine Zahlenwerte angestellt hatte (s. u.), knüpfte *Pascual Jordan* an und entwarf eine Kosmologie, derzufolge das Weltall vor einigen 10^9 Jahren mit der spontanen Bildung zweier Neutronen als erster Weltkörper seinen Anfang genommen hat, um sich seitdem unter ständiger Bildung neuer und immer massigerer Gestirne zu seiner gegenwärtigen Größe fortzuentwickeln. Diese Fragen befinden sich zwar noch in vollem Fluß. Mit Sicherheit kann man aber sagen, daß jenen Zahlenkonstanten eine grundlegende physikalische Bedeutung innewohnt. *Dirac* brachte die außerordentliche und anderweitig schwer erklärbare Größe einiger dieser Konstanten in Zusammenhang mit dem Weltalter, mit dem sie sich stetig ändern sollten. Insbesondere schloß er, daß die Gravitationskonstante eine Funktion des Weltalters und in ganz langsamem Abnehmen begriffen sei.

In der Theorie der Atomkerne ist als eine neue universelle Naturkonstante die Elementarlänge von der Größenordnung 10^{-13} cm in Erscheinung getreten, die für die weitere Entwicklung der Physik ebenso bedeutungsvoll zu werden verspricht, wie vor einem halben Jahrhundert das Plancksche Wirkungsquantum.

Fassen wir nach diesen vorausschauenden Betrachtungen den gegenwärtigen Stand der physikalischen Grundlagenforschung kurz noch einmal zusammen, so ergibt sich etwa folgendes Bild: Die Quantenmechanik bildet seit 1925 ein weitgehend in sich abgeschlossenes System, das nur noch einer endgültigen relativistischen Erweiterung bedarf. Sie vermag auf alle das Verhalten der Atomhülle betreffenden Fragen schlüssige Antwort zu geben. Ebenso abgeschlossen ist die spezielle Relativitätstheorie. Dagegen hat die allgemeine Relativitätstheorie ihre endgültige Gestalt noch nicht gefunden, noch weniger ihr Ausbau zu einer allgemeinen Feldtheorie, um die *Einstein* und andere seit mehr als 30 Jahren bemüht sind. Die Kernphysik und insbesondere das Problem der Kernkräfte sind noch mitten in der Entwicklung begriffen, wobei augenblicklich die Fragen des Zusammenhangs von Punktphysik und Feldphysik und die einer einheitlichen Theorie der Elementarteilchen im Vordergrund stehen. Hierher gehört auch das Problem der Mesonen und der kosmischen Strahlung. Auch im Bereich der tiefsten Temperaturen warten viele wichtige Fragen noch auf eine Beantwortung. Erste erfolgreiche Vorstöße vermochte die Quantenphysik in das Gebiet der Biologie zu machen; stärkste Impulse von seiten der Physik hat die Astrophysik empfangen. Durch Inbetriebnahme wirkungsvollerer Hilfsmittel (u. a. des Schmidt-Spiegels und des 5 m-Spiegels auf dem Mt. Palomar) werden voraussichtlich neue und überraschende Ergebnisse erlangt und zahlreiche kosmogonische Fragen einer Lösung näher geführt werden können.

Der deutschen Physik haben die Jahre 1933 bis 1945 personell und materiell tiefe Wunden geschlagen. Zahlreiche Forscher von Weltruf sind emigriert, viele Forschungsstätten und Bibliotheken wurden ganz oder teilweise zerstört. Aber trotz aller noch bestehenden Schwierigkeiten regt sich überall wieder neues frisches Leben. An die Stelle der alten Deutschen Physikalischen Gesellschaft und der Gesellschaft für Technische Physik ist als Zusammenschluß von fünf regionalen Physikalischen Gesellschaften der Verband Deutscher Physikalischer Gesellschaften getreten, der die alte Tradition fortsetzt. Die Aufgaben der ehemaligen Physikalisch-Technischen Reichsanstalt hat für die Deutsche Bundesrepublik die Physikalisch-Technische Bundesanstalt in Braunschweig, für die Deutsche Demokratische Republik das Deutsche Amt für Maß und Gewicht in Berlin und Weida übernommen.

Das Bild einer scheinbar in sich abgeschlossenen Wissenschaft, das die Physik um die Jahrhundertwende den Blicken der Forscher darbot, existiert zur Zeit nicht mehr. Sie ist vielmehr seit nunmehr fast 50 Jahren aus dem Zustande dieser Geruhsamkeit in eine geradezu stürmische Entwicklung eingetreten, deren Ende sich noch nicht absehen läßt. Alle Gebiete unseres geistigen und kulturellen Lebens werden davon auf das tiefste betroffen, und die Ergebnisse der Physik scheinen bestimmt, gleichermaßen eine Revolutionierung unserer materiellen wie unserer geistigen Welt herbeizuführen.

A. Zusammenfassende Darstellungen.

Johann Carl Fischer, Geschichte der Naturlehre. 8 Bde. Göttingen 1801/08.
J. C. Poggendorff, Geschichte der Physik. Leipzig 1879.
August Heller, Geschichte der Physik. 2 Bde. Stuttgart 1882/84.
Ferd. Rosenberger, Geschichte der Physik. 3 Bde. Braunschweig 1882/90.
Ernst Gerland u. *H. von Steinwehr*, Geschichte der Physik. München u. Berlin 1913.
A. Kistner, Geschichte der Physik. 2 Bde. Berlin 1919 (Sammlung Göschen).
Edmund Hoppe, Geschichte der Physik. Berlin 1926 (in: *Geiger-Scheel*, Handbuch d. Physik, Bd. I).
Ed. Hoppe, Geschichte der Physik. Braunschweig 1926.
Max von Laue, Geschichte der Physik. Bonn 1950.
Ludwig Darmstaedter, Handbuch zur Geschichte der Naturwissenschaften und der Technik in chronologischer Darstellung. Berlin 1908.

B. Teildarstellungen.

Philipp Lenard, Große Naturforscher. München 1929.
E. Gerland u. *F. Traumüller*, Geschichte der physikalischen Experimentierkunst. Leipzig 1899.
Felix Auerbach, Entwicklungsgeschichte der modernen Physik. Berlin 1923.
Eugen Dühring, Kritische Geschichte der allgemeinen Prinzipien der Mechanik. Leipzig 1877.
Ernst Mach, Die Mechanik in ihrer Entwicklung. Leipzig 1908.
—, Die Prinzipien der Wärmelehre. Leipzig 1896.
—, Die Prinzipien der physikalischen Optik. Leipzig 1921.
Annelise Maier, Die Vorläufer Galileis im 14. Jahrhundert. Rom 1949.
Ed. Hoppe, Geschichte der Optik. Leipzig o. J. (1927).
—, Geschichte der Elektrizität. Leipzig 1884.
Gustav Albrecht, Geschichte der Elektrizität. Wien, Pest u. Leipzig 1885.
Ferd. Rosenberger, Die moderne Entwicklung der elektrischen Prinzipien. Leipzig 1898.
Georg Helm, Die Theorien der Elektrodynamik nach ihrer geschichtlichen Entwicklung. Leipzig 1904.
Kurt Laßwitz, Geschichte der Atomistik vom Mittelalter bis Newton. 2 Bde. Hamburg u. Leipzig 1890.

Die physikgeschichtliche Einzelliteratur findet man aufgeführt in den „Mitteilungen zur Geschichte der Medizin, der Naturwissenschaften und der Technik", Bd. 1—40, 1902—1942.

ANHANG II.

Physiker. Lebensdaten[1].

Außer den bekanntesten Namen aus allen Zeiten enthält diese Liste zahlreiche weitere Namen lebender Physiker des deutschen Sprachgebietes, soweit ihre Daten insbesondere aus Kürschners Gelehrtenkalender 1950 (dort weitere Angaben) zu ermitteln waren. Genauere Angaben über die Nobelpreisträger finden sich in den Physikalischen Blättern 7, 1951.

Abbe, Ernst 1840—1905
Abbot, Charles Greely, * 1872
Abraham, Max, 1875—1922
Adelard von Bath, um 1100
Airy, Sir George Bidell, 1801—1892
Albert von Bollstädt (Albert der Große, Albertus Magnus), 1193 oder 1206/07—1280
Albert von Helmstädt (Albert von Sachsen, Albertus Parvus, Albertutius), † 1390
Albertus Magnus →Albert von Bollstädt
d'Alembert, Jean le Rond, 1717—1783
Alhazen →Ibn al Haitham
d'Alibard, Thomas François, 1703—1779
Amagat, Emile Hilaire 1841—1915
Amici, Giovanni Battista 1786—1863
Amontons Guillaume, 1663—1705
Ampère, André Marie, 1775—1836
Anaxagoras von Klazomenai, um 500—nach 432 v. Chr.
Anderson, Carl David, * 1905, NPP 36
Andrews, Thomas, 1813—1885
Ångström, Anders Jens1814—1874
Äpinus, Franz Ulrich Theodor, 1724—1802
Appleton, Edward Victor, * 1892, NPP 47
Arago, Dominique François, 1786—1853
Archimedes, 287(?)—212 v. Chr.
Aristarch von Samos, um 250 v.Chr.
Aristoteles aus Stageira, 384/83—322 v. Chr.
Arrhenius, Svante, 1859—1927, NPC 03
d'Arsonval, Arsène, 1851—1940
Aston, Francis William, 1877—1945, NPC 22
Atwood, George, 1745/46—1807
Auer von Welsbach, Carl, 1858—1929
von Auwers, Otto, 1895—1950
Avicenna →Ibn Sina
Avogadro, Amedeo, Conte de Quaregna, 1776—1856

Baade, Walther, * 1893.
Babinet, Jacques, 1794—1872
Back, Ernst, *1881
Backhaus, Hermann, *1885
Bacon, Francis, 1561—1626
Bacon Roger, 1214—1294 (?)
Bagge, Erich, * 1912
Baliani, Giovanni Battista, 1582—1666
Barkhausen, Heinrich, * 1881
Barkla, Charles Glover, 1877—1944 NPP 17
Bartels, Julius, * 1899
Bartholinus, Erasmus, 1625—1698
Beccaria, Giacomo Battista, 1716—1781
Bechert, Karl, *1901
Becker, August, * 1879
Becker, Friedrich, * 1900
Becker, Richard, *1887
Becker, Wilhelm, * 1907
Becquerel, Alexandre Edmond, 1820—1891
Becquerel, Antoine César, 1788—1878
Becquerel, Henri, 1852—1908, NPP 03
Bell, Alexander Graham, 1847—1922
Benedetti, Giovanni Battista, 1530—1590
Bennet, Abraham, 1750—1799
Benzenberg, Johann Friedrich, 1777—1846
Bergman, Torbern, 1735—1784
Bergmann, Ludwig, * 1898
Berliner, Arnold, 1862—1942
Bernoulli, Daniel, 1700—1782
Bernoulli, Jakob, 1654—1705
Bernoulli, Johann, 1667—1748
Berthelot, Marcellin, 1827—1907
Berthelsen →Bartholinus
Berzelius, Jöns Jacob, 1779—1848
Bessel, Friedrich Wilhelm, 1784—1846
Bestelmeyer, Adolf, * 1875
Bethe, Hans, * 1906
Bezold, Wilhelm von, 1837—1907
Biot, Jean Baptiste, 1774—1862
al Biruni, 973—1048
Bjerknes, Carl Anton, 1825—1903

Bjerrum, Niels, * 1879
Black, Joseph, 1728—1799
Blackett, Patrick Maynard Stuart, * 1897, NPP 48
Blagden, (Sir) Charles, 1748—1820
Bodenstein, Max, 1871—1942
Boerhave Hermann, 1668—1738
Boersch, Hans, * 1909
Bohnenberger, Johann Gottlieb Friedrich von, 1765—1831
Bohr, Niels, * 1885
Boltwood, Bertram Borden, 1870—1927
Boltzmann, Ludwig Eduard, 1844—1906
Bonhoeffer, Karl Friedrich, *1899
Bopp, Fritz, * 1909
Born, Max, * 1882
Börnstein, Richard, 1852—1913
Borries, Bodo von, *1905
Boscovich, Roger Joseph, 1711—1787
Bose, George Matthias, 1710—1761
Bothe, Walter, * 1891
Bouguer, Pierre, 1698—1758
Boyle, Robert, 1627—1691
Bradley, James, 1692—1762
Bragg, William Henry, 1862—1942 NPP 15
Bragg, William Lawrence, * 1890, NPP 15
Brahe, Tycho, 1546—1601
Braun, Ferdinand, 1850—1918, NPP 09
Braunbek, Werner, * 1901
Bravais, Auguste, 1811—1863
Brewster, David, 1781—1868
Bridgman, Percy Williams, *1882, NPP 46
Brillouin, Léon, * 1889
Brisson, Mathurin Jacques, 1723—1806
van den Broek, Antonius Johannes, 1870—1926
Broglie, Maurice, Duc de, *1875
Broglie, Louis Victor, Prince de, * 1892, NPP 29
Brown, Robert, 1773—1858
Brüche, Ernst, * 1900
ten Bruggencate, Paul, * 1901
Brugmans, Anton, 1732—1789

Bruno Giordano, 1548—1600
Buchwald, Eberhard, * 1884
Bunsen, Robert Wilhelm, 1811—1899
Buridan, Jean, um 1300—nach 1358
Busch, Hans, * 1884
Buys-Ballot, Christoph Heinrich, 1817—1890

Cagniard de la Tour, Charles, 1777—1859
Cailletet, Louis, 1832—1913
Cannizzaro, Stanislao, 1826—1910
Canton, John, 1718—1772
Carathéodory, Constantin, 1873—1950
Cardano, Girolamo, 1501—1576
Cario, Günther, * 1897
Carlisle, Anthony, 1768—1840
Carnot, Lazare Nicolas, 1753—1823
Carnot, Sadi, 1796—1832
Cartesius →Descartes
Castelli, Benedetto, 1577—1644
Castro, Joao de, erste Hälfte des 16. Jahrhunderts
Cauchy, Augustin Louis, 1789—1857
Cavalieri, Bonaventura, 1598 (?)—1647
Cavallo, Tiberio, 1749—1809
Cavendish, Henry, 1731—1810
Celsius, Anders, 1701—1744
Cermak, Paul, * 1883
Chadwick, James, * 1891, NPP 35
Charles, Alexander César, 1746—1823
Le Chatelier, Henri Louis, 1850—1936
Chaucourtois, Béguyer de, 1819—1886
al Chazini, * zwischen 1160 u. 1170
Chladni, Ernst Florens Friedrich, 1756—1827
al Chwarizm →Muhamed ibn Musa al Chwarizm
Clairault, Alexis Claude, 1713—1765
Clapeyron, Emile, 1799—1864
Clark, Josiah Latimer, 1822—1898
Clausius, Rudolf Emanuel, 1822—1888
Clement (Desormes), Nicolas, 1770 (nach anderen Angaben 1779)—1841 bzw. 1842
Clusius, Klaus, * 1903
Cockkroft, Sir John Douglas, * 1897, NPP 1951
Colding, Ludwig August, 1815—1888
Colladon, Jean Daniel, 1802—1893
Compton, Arthur Holly, * 1892, NPP 27
Condon, Edward Uhler David, * 1902
Coolidge, William, * 1873
Coriolis, Gustave Gaspard, 1792—1843
Coulomb, Charles Augustin de, 1736—1806
Cranz, Carl, * 1858
Crawford, Adair, 1748—1795

Crookes, (Sir) William, 1832—1919
Curie, Irène, →Joliot-Curie
Curie, Marie, geb. Skladowska, 1867—1934, NPP 03; NPC 11
Curie, Pierre, 1859—1906, NPP 03
Cusanus →Nikolaus von Kues
Czapski, Siegfried, 1861—1907
Czerny, Marianus, * 1896

Daguerre, Louis Mandeville, 1789—1851
Dalén, Nils Gustaf, 1869—1937, NPP 1912
Dalton, John, 1766—1844
Daniell, John Frederic, 1790—1845
Dänzer, Hermann, * 1904
Davisson, Clinton Joseph, * 1881, NPP 37
Davy, Humphrey, 1778—1829
Debye, Peter, * 1884, NPC 36
Dehlinger, Ulrich, * 1901
Delambre, Joseph, 1749—1822
De l'Isle →Romé de l'Isle
Deluc →de Luc
Dember, Harry, * 1882
Demokritos aus Abdera, etwa 460—370 v. Chr.
Déprez, Marcel, 1843—1918
Desaguliers, Jean Théophile, 1683—1744
Descartes, René (Cartesius), 1596—1650
Desormes, Charles Bernard, 1777—1862
Despretz, Cesar Mansuete, 1792—1863
Dessauer, Friedrich, * 1881
Dewar, (Sir) James, 1842—1923
Dießelhorst, Hermann, * 1870
Dietrich von Freiberg, um 1250—nach 1311
al Din →al Farizi
Dirac, Paul Adrien Maurice, * 1902, NPP 33
Dollond, John, 1706—1761
Doppler, Christian, 1803—1853
Döring, Werner, * 1901
Dove, Heinrich Wilhelm, 1803—1879
Draper, John William, 1811—1882
Drebbel, Cornelis, 1572—1633
Drude, Paul, 1863—1906
Duane, William, 1872—1935
Dufay →du Fay
Dulong, Pierre Louis, 1785—1838
Dumas, Jean Baptiste André, 1800—1884
Dutrochet, Henri, 1776—1847

Ebert, Hermann, * 1896
Eddington, (Sir) Arthur Stanley, 1882—1944
Edison, Thomas Alva, 1847—1931
Eggert, John, * 1891
Ehrenfest, Paul, 1880—1933
Ehrenhaft, Felix, * 1879
Eichenwald, Alexander, * 1863
Einstein, Albert, * 1879, NPP 21
Elster, Julius, 1854—1920

Emden, Robert, 1862—1940
Empedokles von Akragas (Girgenti), um 480 v. Chr.
Epikuros aus Samos, 341—271/70 v. Chr.
Eötvös, Roland von, 1848—1919
Erman, Paul, 1764—1851
Eucken, Arnold, 1884—1950
Eukleides (Euklid), um 300 v. Chr.
Euler, Leonhard, 1707—1783

Fahrenheit, Daniel Gabriel, 1686—1736
Fajans, Kasimir, * 1887
Falkenhagen, Hans, * 1895
al Farizi, Kamal al Din al Farizi † 1320
Faraday, Michael, 1791—1867
Faessler, Alfred, * 1904
du Fay, Charles François de Cisternay, 1698—1739
Fechner, Gustav Theodor, 1801—1887
Feddersen, Berend Wilhelm, 1832—1918
Fedorow, Jevgraph Stepanowitsch von, 1853—1919
Felici, Riccardo, 1819—1902
Fermat, Pierre, 1601—1665
Fermi, Enrico, * 1901, NPP 38
Ferraris, Galileo, 1847—1897
Finkelnburg, Wolfgang, * 1905
Fitz Gerald, George Francis, 1851—1901
Fizeau, Armand Hippolyte, 1819—1896
Flamm, Ludwig, * 1885
Fleischmann, Rudolf, * 1903
Fleming, John Ambrose, * 1877
Flügge, Siegfried, * 1912
Föppl, August, 1854—1924
Forbes, James David, 1809—1868
de Forest, Lee, * 1873
Förster, Theodor, * 1910
Försterling, Karl, * 1885
Foucault, Léon, 1819—1868
Fourier, Joseph, 1768—1830
Franck, James, * 1882, NPP 25
Frank, Joseph, * 1881
Franklin, Benjamin, 1706—1790
Franz, Rudolph, 1827—1902
Franz, Walter, * 1911
Fraunhofer, Joseph von, 1787—1826
Fresnel, Jean Augustin, 1788—1827
Friedrich, Walther, * 1883
Frisch, Otto Rudolph, * 1904
Füchtbauer, Christian, * 1877
Fucks, Wilhelm, * 1902
Fues, Erwin, * 1893

Gaede, Wolfgang, 1878—1945
Galilei, Galileo, 1564—1642
Galvani, Aloisio Luigi, 1737—1798
Gamow, George, * 1904
Gans, Richard, * 1880
Gassendi, Pierre, 1592—1655
Gauss, Carl Friedrich, 1777—1855
Gay-Lussac, Joseph, 1778—1850
Gehler, Johann Samuel Traugott, 1751—1795

Pascal, Blaise, 1623—1662
Paschen, Friedrich, 1865—1947
Päsler, Max, *1911
Pauli, Wolfgang, *1900, NPP 45
Peckham, Johannes, um 1240—1292
Peltier, Jean Charles Athanase, 1785—1845
Peregrinus →Maricourt
Perrin, Jean, 1870—1942, NPP 26
Petit, Alexis Thérèse, 1791—1820
Petzval, Joseph, 1807—1891
Pfaff, Christian Heinrich, 1773—1891
Philon von Byzanz, um 250 v.Chr.
Philoponos →Johannes
Picard, Jean, 1620—1682
Picht, Johannes, *1897
Pictet, Marc Auguste, 1752—1825
Pictet, Raoul, 1846—1904
Pigott, Thomas, †1686
Pirani, Marcello, *1880
Pistor, Hermann, *1875
Planck, Max Hermann, 1858—1947, NPP 18
Planté, Gaston Raymond, 1834—1889
Platon, 427—347 v. Chr.
Plinius Secundus, Cajus, 23—79 n. Chr.
Plücker, Julius, 1801—1868
Podszus, Emil, *1881
Poggendorff, Christian, 1796—1877
Pohl, Robert Wichard, *1884
Poincaré, Henri, 1854—1912
Poinsot, Louis, 1777—1859
Poiseuille, Léon, 1799—1869
Poisson, Siméon Denis, 1781—1840
Poncelet, Jean Victor, 1788—1867
Porta, Giambattista della, 1535—1615
Poseidonios aus Apameia, etwa 135—51 v. Chr.
Pouillet, Claude Servais Mathias, 1791—1868
Powell, Cecil Frank, *1902, NPP 1950
Poynting, John Henry, 1852—1914
Prandtl, Ludwig, *1875
Prévost, Pierre 1751—1839
Pringsheim, Ernst, 1859—1917
Pringsheim, Peter, *1881
Prony, Marie Riche de, 1755—1839
Prout, William, 1785—1850
Ptolemaios, Klaudios, um 150 n. Chr.
Pulfrich, Carl, 1858—1927
Puluj, Johann, 1845—1918
Pupin, Michael, 1858—1935
Purkinje, Johann Evangelista von, 1787—1869
Pythagoras aus Samos, um 550 v. Chr.

Quincke, Georg Hermann, 1834—1924

Rabi, Isaac Isidor, *1898, NPP 44
Rajewsky, Boris, *1893

Raman, Chandrasekhara Vankata *1888, NPP 30
Ramsauer, Carl, *1879
Ramsay, (Sir) William, 1852—1916 NPC 04
Rankine, William John Macquorne, 1820—1872
Raoult, François Marie, 1830—1901
Rau, Hans, *1881
Rausch von Traubenberg, Heinrich, 1880—1944
Rayleigh →Strutt
Réaumur, René Antoine Ferchault Seigneur de, 1683—1757
Recknagel, Alfred, *1910
Regener, Erich, *1881
Regler, Fritz, *1901
Regnault, Henri Victor, 1810—1878
Reis, Philipp, 1834—1874
Reyher, Samuel, 1635—1714
Reynolds, Osborne, 1842—1912
Rhases →Muhamed ibn Zakarija
Richardson, Owen William, *1879, NPP 28
Richmann, Georg Wilhelm, 1711—1753
Richter, Jeremias Benjamin, 1762—1807
Riecke, Eduard, 1845—1915
Riemann, Bernhard, 1826—1866
Riezler, Wolfgang, *1903
Righi, Augusto, 1850—1920
Ritschl, Rudolf, *1902
Ritter, Johann Wilhelm, 1776—1810
Ritz, Walter, 1878—1909
de la Rive, Auguste Arthur, 1801—1873
Roberval, Giles Personnier de, 1602—1675
Robison, John, 1739—1805
Romé de l'Isle, Jean Louis Baptiste, 1736—1790
Römer, Ole, 1644—1710
Rompe, Robert, *1903
Röntgen, Wilhelm Conrad, 1845—1923, NPP 01
Rowland, Henry Augustus, 1848—1901
Royds, T. D., *1884
Rubens, Heinrich, 1865—1922
Rüchardt, Eduard, *1888
Rudberg, Fredrik, 1800—1839
Ruhmer, Ernst, 1878—1913
Rühmkorff, Daniel, 1803—1877
Rumford →Thompson, Benjamin
Runge, Carl, 1856—1927
Ruska, Ernst, *1906
Russell, Alexander Smith, *1888
Russell, Bertrand, *1872
Russell, Henry Norris, *1877
Rutherford, (Lord) Ernest, 1871—1937, NPC 08
Rydberg, Johannes Robert, 1854—1919

Santorio, Santorio, 1561—1636
Sanuto, Livio, Ausgang des 16. Jahrhunderts

Saussure, Horace Bénedict de, 1740—1799
Sauter, Fritz, *1906
Sauveur, Joseph, 1653—1716
Savart, Felix, 1791—1841
Savérien, Alexandre, 1720—1805
Savery, Servington, 1. Hälfte des 18. Jahrhunderts
Savery, Thomas, um 1650—1715
Schaefer, Clemens, *1878
Schallreuter, Walter, *1895
Schardin, Hubert, *1902
Scheel, Karl, 1866—1936
Scheele, Carl Wilhelm, 1742—1786
Scheibe, Adolf, *1903
Scheibler, Johann Heinrich, 1777—1838
Scheiner, Christoph, 1573—1650
Scherrer, Paul Hermann, *1890
Scherzer, Otto, *1909
Schimank, Hans, *1888
al Schirazi →Ibn Marud al Schirazi
Schleiermacher, August, *1857
Schlomka, Theodor, *1901
Schmidt, Bernhard, 1876—1935
Schmidt, Ferdinand, *1889
Schmidt, Gerhard Carl, 1865—1949
Schoenfliess, Arthur, 1853—1928
Schott, Kaspar, 1608—1666
Schottky, Walter, *1886
Schrödinger, Erwin, *1887, NPP 33
Schüler, Hermann, *1894
Schuler, Max, *1882
Schulz, Paul, *1911
Schulze, Johann Heinrich, 1687—1744
Schumann, Viktor, 1841—1913
Schuster, Arthur, 1851—1934
Schütz, Wilhelm, *1900
Schwarzschild, Karl, 1873—1916
Schweidler, Egon Ritter von, 1873—1948
Schweigger, Salomo Christoph, 1779—1857
Schwerd, Friedrich Magnus, 1792—1871
Seaborg, Glen Theodore, *1912, NPC 1951
Secchi, Angelo, 1818—1878
Seddig, Max, *1877
Seebeck, August, 1805—1849
Seebeck, Thomas Johann, 1770—1831
Seeliger, Rudolf, *1886
Seelmann-Eggebert, Walter, *1905
Seemann, Hugo, *1889
Segner, Johann Andreas von, 1704—1777
Sennert, Daniel, 1572—1637
Siedentopf, Heinrich, *1906
Siedentopf, Henry, 1872—1942
Siegbahn, Manne, *1886, NPP 24
Simon, Franz, *1893
Simon, Hermann Theodor, 1870—1918
Simon, Paul Louis, 1767—1815
Sinsteden, Wilhelm Josef, 1803—1891
Sirk, Hugo, *1881

de Sitter, Willem, 1878—1934
Six, James, † 1793
Skaupy, Franz, * 1882
Smakula, Alexander * 1900
Smeaton, John, 1724—1792
Smekal, Adolf, * 1895
Smoluchowski, Marian von, 1872—1917
Snell van Rojen, Willebrord (Snellius), 1581—1626
Soddy, Frederick, * 1877, NPC 21
Sohncke, Leonhard, 1842—1897
Soleil, Jean Baptiste François, 1798—1878
Sömmering, Samuel Thomas von, 1755—1830
Sommerfeld, Arnold, 1868—1951
Sommermeyer, Kurt, * 1906
Sorge, Georg Andreas, 1703—1778
Sperry, Elmer Ambrose, 1860—1930
Sprengel, Hermann Johann, 1834—1906
Stahl, Georg Ernst, 1660—1734
Stampfer, Simon, 1792—1864
Stancari, Vittorio Francesco, 1678—1709
Stark, Johannes, * 1874, NPP 19
Starke, Hermann, * 1874
Stasiw, Ossip, * 1903
Stefan, Josef, 1835—1893
Steinheil, Hugo Adolf, 1832—1893
Steinheil, Karl August, 1801—1870
Steinke, Eduard, * 1899
Steinmaurer, Rudolf, * 1903
Steno →Stensen
Stensen, Niels (Nicolaus Steno), 1638—1687 (nach anderen Angaben 1631—1686)
Stern, Otto, * 1888, NPP 43
Stetter, Georg, * 1905
Steubing, Walter, * 1885
Stevin, Simon, 1548—1620
Stille, Ulrich, * 1910
Stoney, G. Johnstone, 1826—1911
Stokes, (Sir) George Gabriel, 1819—1903
Stranski, Iwan, * 1897
Straton von Lampsakos, um 275 v. Chr.
Strutt, John William (Lord Rayleigh), 1842—1919, NPP 04
Stuart, Herbert, * 1899
Sturgeon, William, 1783—1850
Sturm, Jacob Carl Franz, 1803—1855
Sturm, Johann Christoph, 1635—1703
Suhrmann, Rudolf, * 1895
Svanberg, Adolph Ferdinand, 1806—1857
Svedberg, The, * 1884, NPC 26
Symmer, Robert, † 1763

Tait, Peter Guthrie, 1831—1901
Talbot, William Henry Fox, 1800—1877
Tartaglia, Niccolo, 1499(?)—1557
Taylor, Brook, 1685—1731

Tesla, Nikola, 1856—1943
Thabit ibn Qurra, 834/35—901
Thales von Milet, um 580 v. Chr.
Thirring, Hans, * 1888
Thompson, Benjamin, Graf von Rumford, 1753—1814
Thompson, Silvanus Philipps, 1851—1916
Thomsen, Julius, 1826—1909
Thomson, George Paget, * 1892, NPP 37
Thomson, Joseph John, 1857—1939
Thomson, William (Lord Kelvin), 1824—1907
Tomaschek, Rudolf, * 1895
Toepler, August, 1836—1912
Toepler, Maximilian, * 1870
Torricelli, Evangelista, 1608—1647
Townley, Richard, 2. Hälfte des 17. Jahrhunderts
Townsend, John Sealy Edward, * 1868
Trendelenburg, Ferdinand, * 1896
Tschirnhaus, Ehrenfried Walter, Freiherr von, 1651—1708
Tyndall, John, 1820—1893

Uhlenbeck, George Eugene, * 1900
Unsöld, Albrecht, * 1905
Urban, Paul, * 1905
Urey, Harold Clayton, * 1893, NPC 34

Valentiner, Siegfried, * 1876
Varignon, Pierre, 1654—1722
Varley, Cromwell Fleetwood, 1828—1883
Verdet, Marcel Emile, 1824—1866
Vieweg, Richard, * 1896
Vitellio →Witelo
Vitruvius Pollio, Marcus, um 25 v. Chr.
Viviani, Vincenzo, 1622—1703
Vogel, Hermann Carl, 1841—1907
Vogel, Hermann Wilhelm, 1834—1898
Vogt, Heinrich, * 1890
Voigt, Woldemar, 1850—1919
Voigtländer, Johann Friedrich, 1779—1859
Volmer, Max, * 1883
Volta, (Graf) Alessandro, 1745—1827
Volz, Helmut, * 1911

Waage, Peter, 1833—1900
van der Waals, Johannes Diderik, 1837—1923, NPP 10
Wagner, Karl Willy, * 1883
Walcher, Wilhelm, * 1910
Walgensteen, Thomas, 2. Hälfte des 17. Jahrhunderts
Wallis, John, 1616—1703
Wallot, Julius, * 1876
Walton, Ernest Thomas Finton, * 1903, NPP 1951
Warburg, Emil, 1846—1931
Waterston, J. J., Mitte des 19. Jahrhunderts

Watt, James, 1736—1819
Waetzmann, Erich, 1882—1938
Weber, Wilhelm Eduard, 1804—1891
Wehnelt, Arthur, 1871—1944
Weber, Ernst Heinrich, 1795—1878
Weidert, Franz, * 1878
Weise, Arthur, * 1904
Weiss, Christian Samuel, 1780—1856
Weiss, Pierre, 1865—1940
Weizel, Walter, * 1901
Weizsäcker, Carl Friedrich von, * 1912
Wertheim, Wilhelm, 1815—1861
Wessel, Walter, * 1900
Weston, Edward, 1850—1936
Westphal, Wilhelm Heinrich, * 1882
Wever, Franz, * 1892
Weyl, Hermann, * 1885
Wheatstone, Charles, 1802—1875
Wiechert, Emil, 1861—1928
Wiedemann, Eilhard, 1852—1928
Wiedemann, Gustav, 1826—1899
Wien, Max, 1866—1938
Wien, Wilhelm, 1864—1928, NPP 11
Wiener, Ludwig Christian, 1826—1896
Wiener, Otto Heinrich, 1867—1927
Wilcke, Johann Carl, 1732—1796
Wilhelm von Conches, 1080—1145
Wilson, Benjamin, 1708—1788
Wilson, Charles Thomson Rees, * 1869, NPP 27
Wimshurst, James, 1833—1903
Winkelmann, Adolf, 1848—1910
Winkler, Johann Heinrich, 1703—1770
Witelo (Vitellion, Vitello), etwa 1225—um 1270
Withehead, Alfred North, 1861—1947
Wolf, Franz, * 1898
Wollaston, William Hyde, 1766—1828
Wood, Robert William, 1868
Wren, Christopher, 1632—1723
Wroblewski, Zygmund Florenty von, 1845—1888
Wulf, Theodor, 1868—1946
Wüllner, Adolf, 1835—1908
Würschmidt, Joseph, 1886—1950

Young, Thomas, 1773—1829
Yukawa, Hideki * 1902, NPP 49

Zahn, Hermann, * 1877
Zeeman, Pieter, 1865—1943, NPP 02
Zenneck, Jonathan, * 1871
Zeuner, Gustav Anton, 1828—1907
Ziegler, Johann Heinrich, 1738—1818
Zsigmondy, Richard, 1865—1929, NPC 25
Zucchi, Niccolo, 1586—1670
Zworykin, Vladimir Kosma, * 1888

ANHANG III: TABELLEN

Tabelle 1. Umrechnungstafel für →Krafteinheiten[1].

	N	dyn	kp	poundal	lb. wt.	tn. sh. wt.
1 N	1	10^5	$1,019716 \cdot 10^{-1}$	$0,723301 \cdot 10$	$2,248090 \cdot 10^{-1}$	$1,12404\overline{5} \cdot 10^{-4}$
1 dyn	10^{-5}	1	$1,019716 \cdot 10^{-6}$	$0,723301 \cdot 10^{-4}$	$2,248090 \cdot 10^{-6}$	$1,12404\overline{5} \cdot 10^{-9}$
1 kp	$0,980665 \cdot 10$	$0,980665 \cdot 10^6$	1	$0,709316 \cdot 10^2$	$2,204623$	$1,102311 \cdot 10^{-3}$
1 poundal . .	$1,382549 \cdot 10^{-1}$	$1,382549 \cdot 10^4$	$1,409808 \cdot 10^{-2}$	1	$3,108095 \cdot 10^{-2}$	$1,554048 \cdot 10^{-5}$
1 lb. wt. . . .	$4,448221$	$4,448221 \cdot 10^5$	$4,535923 \cdot 10^{-1}$	$3,21740\overline{5} \cdot 10$	1	$5,000000 \cdot 10^{-4}$
1 tn. sh. wt. .	$0,889644 \cdot 10^4$	$0,889644 \cdot 10^9$	$0,90718\overline{5} \cdot 10^3$	$0,643481 \cdot 10^5$	$2,000000 \cdot 10^3$	1

Tabelle 2. Umrechnungstafel für →Druckeinheiten[1].

	N/m² ≡ 10 dyn/cm²	bar ≡ kpz ≡ 10^6 dyn/cm²	at ≡ 10^4 kp/m²	mm W.S.	atm	Torr	lb. wt./ft²	lb.wt./in.²	tn. sh. wt./in.²
1 N/m² = 10 dyn/cm² . .	1	10^{-5}	$1,019716 \cdot 10^{-5}$	$1,01974\overline{5} \cdot 10^{-1}$	$0,986923 \cdot 10^{-5}$	$0,750062 \cdot 10^{-2}$	$2,088544 \cdot 10^{-2}$	$1,450378 \cdot 10^{-4}$	$0,725189 \cdot 10^{-7}$
1 bar ≡ kpz ≡ 10^6 dyn/cm² .	10^5	1	$1,019716$	$1,01974\overline{5} \cdot 10^4$	$0,986923$	$0,750062 \cdot 10^3$	$2,088544 \cdot 10^3$	$1,450378 \cdot 10$	$0,725189 \cdot 10^{-2}$
1 at ≡ 10^4 kp/m² .	$0,980665 \cdot 10^5$	$0,980665$	1	$1,000028 \cdot 10^4$	$0,967841$	$0,735559 \cdot 10^3$	$2,048162 \cdot 10^3$	$1,42233\overline{5} \cdot 10$	$0,711167 \cdot 10^{-2}$
1 mm W.S.	$0,980638 \cdot 10$	$0,980638 \cdot 10^{-4}$	$0,999972 \cdot 10^{-4}$	1	$0,967814 \cdot 10^{-4}$	$0,735539 \cdot 10^{-1}$	$2,048104 \cdot 10^{-1}$	$1,42229\overline{5} \cdot 10^{-3}$	$0,711147 \cdot 10^{-6}$
1 atm	$1,013250 \cdot 10^5$	$1,013250$	$1,033227$	$1,033256 \cdot 10^4$	1	$0,760000 \cdot 10^3$	$2,116217 \cdot 10^3$	$1,469595 \cdot 10$	$0,734798 \cdot 10^{-2}$
1 Torr	$1,333224 \cdot 10^2$	$1,333224 \cdot 10^{-3}$	$1,359510 \cdot 10^{-3}$	$1,359548 \cdot 10$	$1,315789 \cdot 10^{-3}$	1	$2,784496$	$1,933678 \cdot 10^{-2}$	$0,966839 \cdot 10^{-5}$
1 lb. wt./ft²	$4,788025 \cdot 10$	$4,788025 \cdot 10^{-4}$	$4,882427 \cdot 10^{-4}$	$4,882564$	$4,725413 \cdot 10^{-4}$	$3,591314 \cdot 10^{-1}$	1	$0,694444 \cdot 10^{-2}$	$3,472222 \cdot 10^{-6}$
1 lb. wt./in.² . . .	$0,689476 \cdot 10^4$	$0,689476 \cdot 10^{-1}$	$0,703069 \cdot 10^{-1}$	$0,703089 \cdot 10^3$	$0,680460 \cdot 10^{-1}$	$0,517149 \cdot 10^2$	$1,440000 \cdot 10^2$	1	$0,500000 \cdot 10^{-3}$
1 tn. sh. wt./in.² . .	$1,378951 \cdot 10^7$	$1,378951 \cdot 10^2$	$1,406139 \cdot 10^2$	$1,406178 \cdot 10^6$	$1,360919 \cdot 10^2$	$1,034298 \cdot 10^5$	$2,880000 \cdot 10^5$	$2,000000 \cdot 10^3$	1

[1] In den Tabellen 1 bis 4 sind für →inch und →pound einheitlich die Werte 1 in. = 25,400000 mm und 1 lb. av. = 453,5923 g benutzt worden, die als Basiswerte eines aus dem amerikanischen und dem britischen yd-lb-s-System vereinigten Maßsystems in Aussicht genommen werden.

Tabelle 3. Umrechnungstafel für energetische Maße (→Energieeinheiten).

Die Einheit	$J_{abs} \equiv N \cdot m$	erg	$kW_{abs}\,h$	mkp	$PSh \equiv ch.\,h.$	$HP \cdot hr$	lat	cm³ atm
				ist gleich bzw. entspricht				
$1\ J_{abs} \equiv N \cdot m$	1	10^7	$2,777778 \cdot 10^{-7}$	$1,019716 \cdot 10^{-1}$	$3,776727 \cdot 10^{-7}$	$3,725062 \cdot 10^{-7}$	$1,019688 \cdot 10^{-2}$	$0,986923 \cdot 10$
1 erg	10^{-7}	1	$2,777778 \cdot 10^{-14}$	$1,019716 \cdot 10^{-8}$	$3,776727 \cdot 10^{-14}$	$3,725062 \cdot 10^{-14}$	$1,019688 \cdot 10^{-9}$	$0,986923 \cdot 10^{-6}$
$1\ kW_{abs}\,h$	$3,600000 \cdot 10^6$	$3,600000 \cdot 10^{13}$	1	$3,670978 \cdot 10^5$	$1,359622$	$1,341022$	$3,670876 \cdot 10^4$	$3,552924 \cdot 10^7$
1 mkp	$0,980665 \cdot 10$	$0,980665 \cdot 10^8$	$2,724069 \cdot 10^{-6}$	1	$3,703704 \cdot 10^{-6}$	$3,653038 \cdot 10^{-6}$	$0,999972 \cdot 10^{-1}$	$0,967841 \cdot 10^2$
$1\ PSh \equiv ch.\,h.$	$2,647796 \cdot 10^6$	$2,647796 \cdot 10^{13}$	$0,735499$	$2,700000 \cdot 10^5$	1	$0,986320$	$2,699924 \cdot 10^4$	$2,613171 \cdot 10^7$
$1\ HP \cdot hr$	$2,684519 \cdot 10^6$	$2,684519 \cdot 10^{13}$	$0,745700$	$2,737448 \cdot 10^5$	$1,013870$	1	$2,737371 \cdot 10^4$	$2,649414 \cdot 10^7$
1 lat	$0,980692 \cdot 10^2$	$0,980692 \cdot 10^9$	$2,724146 \cdot 10^{-5}$	$1,000028 \cdot 10$	$3,703807 \cdot 10^{-5}$	$3,653140 \cdot 10^{-5}$	1	$0,967868 \cdot 10^3$
1 cm³ atm	$1,013250 \cdot 10^{-1}$	$1,013250 \cdot 10^6$	$2,814583 \cdot 10^{-8}$	$1,033227 \cdot 10^{-2}$	$3,826768 \cdot 10^{-8}$	$3,774419 \cdot 10^{-8}$	$1,033199 \cdot 10^{-3}$	1
$1\ cal_{5^\circ}$	$4,1855$	$4,1855 \cdot 10^7$	$1,1626 \cdot 10^{-6}$	$4,2680 \cdot 10^{-1}$	$1,5807 \cdot 10^{-6}$	$1,5591 \cdot 10^{-6}$	$4,2679 \cdot 10^{-2}$	$4,1308 \cdot 10$
$1\ kcal_{IT}$	$4,18684 \cdot 10^3$	$4,18684 \cdot 10^{10}$	$1,16301 \cdot 10^{-3}$	$4,26939 \cdot 10^2$	$1,58126 \cdot 10^{-3}$	$1,55962 \cdot 10^{-3}$	$4,26927 \cdot 10$	$4,13209 \cdot 10^4$
$1\ BTU_{IT}$	$1,05507 \cdot 10^3$	$1,05507 \cdot 10^{10}$	$2,93074 \cdot 10^{-4}$	$1,07587 \cdot 10^2$	$3,98470 \cdot 10^{-4}$	$3,93019 \cdot 10^{-4}$	$1,07584 \cdot 10$	$1,04127 \cdot 10^4$
$1\ ft \cdot lb.\,wt.$	$1,355818$	$1,355818 \cdot 10^7$	$3,766160 \cdot 10^{-7}$	$1,382549 \cdot 10^{-1}$	$0,512055 \cdot 10^{-6}$	$0,505051 \cdot 10^{-6}$	$1,382511 \cdot 10^{-2}$	$1,338088 \cdot 10$
$1\ eV_{abs}$	$1,602 \cdot 10^{-19}$	$1,602 \cdot 10^{-12}$	$4,450 \cdot 10^{-26}$	$1,634 \cdot 10^{-20}$	$0,6050 \cdot 10^{-25}$	$0,5968 \cdot 10^{-25}$	$1,634 \cdot 10^{-21}$	$1,581 \cdot 10^{-18}$
$1\ cm^-$	$1,986 \cdot 10^{-23}$	$1,986 \cdot 10^{-16}$	$0,5517 \cdot 10^{-29}$	$2,025 \cdot 10^{-24}$	$0,7501 \cdot 10^{-29}$	$0,7398 \cdot 10^{-29}$	$2,025 \cdot 10^{-25}$	$1,960 \cdot 10^{-22}$
$1\,^\circ K$	$1,380 \cdot 10^{-23}$	$1,380 \cdot 10^{-16}$	$3,834 \cdot 10^{-30}$	$1,408 \cdot 10^{-24}$	$0,5213 \cdot 10^{-29}$	$0,5142 \cdot 10^{-29}$	$1,408 \cdot 10^{-25}$	$1,362 \cdot 10^{-22}$
1 TME	$1,492 \cdot 10^{-13}$	$1,492 \cdot 10^{-6}$	$4,143 \cdot 10^{-20}$	$1,521 \cdot 10^{-14}$	$0,5634 \cdot 10^{-19}$	$0,5556 \cdot 10^{-19}$	$1,521 \cdot 10^{-15}$	$1,472 \cdot 10^{-12}$

Die Einheit	cal_{15°	$kcal_{IT}$	BTU_{IT}	$ft \cdot lb.\,wt.$	eV_{abs}	cm^{-1}	$^\circ K$	TME
				ist gleich bzw. entspricht				
$1\ J_{abs} \equiv N \cdot m$	$2,3892 \cdot 10^{-1}$	$2,38844 \cdot 10^{-4}$	$0,94781 \cdot 10^{-3}$	$0,737562$	$0,6242 \cdot 10^{19}$	$0,5035 \cdot 10^{23}$	$0,7245 \cdot 10^{23}$	$0,6704 \cdot 10^{13}$
1 erg	$2,3892 \cdot 10^{-8}$	$2,38844 \cdot 10^{-11}$	$0,94781 \cdot 10^{-10}$	$0,737562 \cdot 10^{-7}$	$0,6242 \cdot 10^{12}$	$0,5035 \cdot 10^{16}$	$0,7245 \cdot 10^{16}$	$0,6704 \cdot 10^6$
$1\ kW_{abs}\,h$	$0,8601 \cdot 10^6$	$0,85984 \cdot 10^3$	$3,41211 \cdot 10^3$	$2,655224 \cdot 10^6$	$2,247 \cdot 10^{25}$	$1,813 \cdot 10^{29}$	$2,608 \cdot 10^{29}$	$2,413 \cdot 10^{19}$
1 mkp	$2,3430$	$2,34225 \cdot 10^{-3}$	$0,92948 \cdot 10^{-2}$	$0,723301 \cdot 10$	$0,6121 \cdot 10^{20}$	$4,938 \cdot 10^{23}$	$0,7105 \cdot 10^{24}$	$0,6574 \cdot 10^{14}$
$1\ PSh \equiv ch.\,h.$	$0,6326 \cdot 10^6$	$0,63241 \cdot 10^3$	$2,50960 \cdot 10^3$	$1,952914 \cdot 10^6$	$1,653 \cdot 10^{25}$	$1,333 \cdot 10^{29}$	$1,918 \cdot 10^{29}$	$1,775 \cdot 10^{19}$
$1\ HP \cdot hr$	$0,6414 \cdot 10^6$	$0,64118 \cdot 10^3$	$2,54441 \cdot 10^3$	$1,980000 \cdot 10^6$	$1,676 \cdot 10^{25}$	$1,352 \cdot 10^{29}$	$1,945 \cdot 10^{29}$	$1,800 \cdot 10^{19}$
1 lat	$2,3431 \cdot 10$	$2,34232 \cdot 10^{-2}$	$0,92951 \cdot 10^{-1}$	$0,723322 \cdot 10^2$	$0,6122 \cdot 10^{21}$	$4,938 \cdot 10^{24}$	$0,7105 \cdot 10^{25}$	$0,6575 \cdot 10^{15}$
1 cm³ atm	$2,4209 \cdot 10^{-2}$	$2,42008 \cdot 10^{-5}$	$0,96037 \cdot 10^{-4}$	$0,747335 \cdot 10^{-1}$	$0,6325 \cdot 10^{18}$	$0,5102 \cdot 10^{22}$	$0,7341 \cdot 10^{22}$	$0,6793 \cdot 10^{12}$
$1\ cal_{15^\circ}$	1	$0,9997 \cdot 10^{-3}$	$3,9670 \cdot 10^{-3}$	$3,0871$	$2,613 \cdot 10^{19}$	$2,108 \cdot 10^{23}$	$3,032 \cdot 10^{23}$	$2,806 \cdot 10^{13}$
$1\ kcal_{IT}$	$1,0003 \cdot 10^3$	1	$3,968321$	$3,08806 \cdot 10^3$	$2,613 \cdot 10^{22}$	$2,108 \cdot 10^{26}$	$3,033 \cdot 10^{26}$	$2,807 \cdot 10^{16}$
$1\ BTU_{IT}$	$2,5208 \cdot 10^2$	$2,519957 \cdot 10^{-1}$	1	$0,77818 \cdot 10^3$	$0,6586 \cdot 10^{22}$	$0,5313 \cdot 10^{26}$	$0,7644 \cdot 10^{26}$	$0,7073 \cdot 10^{16}$
$1\ ft \cdot lb.\,wt.$	$3,2393 \cdot 10^{-1}$	$3,23828 \cdot 10^{-4}$	$1,28505 \cdot 10^{-3}$	1	$0,8463 \cdot 10^{19}$	$0,6827 \cdot 10^{23}$	$0,9822 \cdot 10^{23}$	$0,9089 \cdot 10^{13}$
$1\ eV_{abs}$	$3,828 \cdot 10^{-20}$	$3,826 \cdot 10^{-23}$	$1,518 \cdot 10^{-22}$	$1,182 \cdot 10^{-19}$	1	$0,8067 \cdot 10^4$	$1,161 \cdot 10^4$	$1,0740 \cdot 10^{-6}$
$1\ cm^{-1}$	$4,745 \cdot 10^{-24}$	$4,743 \cdot 10^{-27}$	$1,882 \cdot 10^{-26}$	$1,465 \cdot 10^{-23}$	$1,240 \cdot 10^{-4}$	1	$1,439$	$1,331 \cdot 10^{-10}$
$1\,^\circ K$	$3,298 \cdot 10^{-24}$	$3,297 \cdot 10^{-27}$	$1,308 \cdot 10^{-26}$	$1,0181 \cdot 10^{-23}$	$0,8616 \cdot 10^{-4}$	$0,6950$	1	$0,9254 \cdot 10^{-10}$
1 TME	$3,564 \cdot 10^{-14}$	$3,563 \cdot 10^{-17}$	$1,414 \cdot 10^{-16}$	$1,1002 \cdot 10^{-13}$	$0,9311 \cdot 10^6$	$0,7511 \cdot 10^{10}$	$1,081 \cdot 10^{10}$	1

Tabelle 4. Umrechnungstafel für →Leistungseinheiten.

	W_{abs}	erg/s	mkp/s	PS ≡ C.V.
1 W_{abs} =	1	10^7	$1{,}019716 \cdot 10^{-1}$	$1{,}359622 \cdot 10^{-3}$
1 erg/s =	10^{-7}	1	$1{,}019716 \cdot 10^{-8}$	$1{,}359622 \cdot 10^{-10}$
1 mkp/s =	$0{,}980665 \cdot 10$	$0{,}980665 \cdot 10^8$	1	$1{,}333333 \cdot 10^{-2}$
1 PS ≡ C.V. =	$0{,}735499 \cdot 10^3$	$0{,}735499 \cdot 10^{10}$	$0{,}750000 \cdot 10^2$	1
1 HP =	$0{,}745700 \cdot 10^3$	$0{,}745700 \cdot 10^{10}$	$0{,}760402 \cdot 10^2$	$1{,}013870$
1 $\mathrm{cal}_{15°}$/s =	$4{,}1855$	$4{,}1855 \cdot 10^7$	$4{,}2680 \cdot 10^{-1}$	$0{,}5691 \cdot 10^{-2}$
1 kcal_{IT}/h =	$1{,}16301$	$1{,}16301 \cdot 10^7$	$1{,}18594 \cdot 10^{-1}$	$1{,}58126 \cdot 10^{-3}$
1 BTU_{IT}/min =	$1{,}75844 \cdot 10$	$1{,}75844 \cdot 10^8$	$1{,}79311$	$2{,}39082 \cdot 10^{-2}$
1 ft·lb.wt./s =	$1{,}355818$	$1{,}355818 \cdot 10^7$	$1{,}382549 \cdot 10^{-1}$	$1{,}843399 \cdot 10^{-3}$

	HP	$\mathrm{cal}_{15°}$/s	kcal_{IT}/h	BTU_{IT}/min	ft·lb.wt./s
1 W_{abs} =	$1{,}341022 \cdot 10^{-3}$	$2{,}3892 \cdot 10^{-1}$	$0{,}85984$	$0{,}56868 \cdot 10^{-1}$	$0{,}737562$
1 erg/s =	$1{,}341022 \cdot 10^{-10}$	$2{,}3892 \cdot 10^{-8}$	$0{,}85984 \cdot 10^{-7}$	$0{,}56868 \cdot 10^{-8}$	$0{,}737562 \cdot 10^{-7}$
1 mkp/s =	$1{,}315094 \cdot 10^{-2}$	$2{,}3430$	$0{,}84321 \cdot 10$	$0{,}55769$	$0{,}723301 \cdot 10$
1 PS ≡ C.V. =	$0{,}986320$	$1{,}7573 \cdot 10^2$	$0{,}63241 \cdot 10^3$	$4{,}18267 \cdot 10$	$0{,}542476 \cdot 10^4$
1 HP =	1	$1{,}7816 \cdot 10^2$	$0{,}64118 \cdot 10^3$	$4{,}24068 \cdot 10$	$0{,}550000 \cdot 10^4$
1 $\mathrm{cal}_{15°}$/s =	$0{,}5613 \cdot 10^{-2}$	1	$3{,}5988$	$2{,}3802 \cdot 10^{-1}$	$3{,}0871$
1 kcal_{IT}/h =	$1{,}55962 \cdot 10^{-3}$	$2{,}7787 \cdot 10^{-1}$	1	$0{,}66139 \cdot 10^{-1}$	$0{,}85779$
1 BTU_{IT}/min =	$2{,}35811 \cdot 10^{-2}$	$4{,}2013$	$1{,}51197 \cdot 10$	1	$1{,}29696 \cdot 10$
1 ft·lb.wt/s =	$1{,}818182 \cdot 10^{-3}$	$3{,}2393 \cdot 10^{-1}$	$1{,}16578$	$0{,}77103 \cdot 10^{-1}$	1

Tabelle 5. Verknüpfungsrelationen zwischen feldtheoretisch und fernwirkungstheoretisch bzw. rational und nicht-rational definierten elektrischen und magnetischen Größen (→Größen, elektrische und magnetische).

Feldtheoretisch und rational definierte Größe	Verknüpfungsrelation zu der rational oder nicht-rational fernwirkungstheoretisch definierten Größe in		
	elektrostatischer Größendefinition	elektromagnetischer Größendefinition	symmetrischer Größendefinition
El. Spannung U	$U = U'/\sqrt{\chi\,\varepsilon_0}$	$U = U''/\sqrt{\chi/\mu_0}$	$U = U'''/\sqrt{\chi\,\varepsilon_0}$
El. Stromstärke I	$I = I'\sqrt{\chi\,\varepsilon_0}$	$I = I''\sqrt{\chi/\mu_0}$	$I = I'''\sqrt{\chi\,\varepsilon_0}$
El. Stromdichte $\mathfrak{G}$	$\mathfrak{G} = \mathfrak{G}'\sqrt{\chi\,\varepsilon_0}$	$\mathfrak{G} = \mathfrak{G}''\sqrt{\chi/\mu_0}$	$\mathfrak{G} = \mathfrak{G}'''\sqrt{\chi\,\varepsilon_0}$
El. Feldstärke $\mathfrak{E}$	$\mathfrak{E} = \mathfrak{E}'/\sqrt{\chi\,\varepsilon_0}$	$\mathfrak{E} = \mathfrak{E}''/\sqrt{\chi/\mu_0}$	$\mathfrak{E} = \mathfrak{E}'''/\sqrt{\chi\,\varepsilon_0}$
Diel. Verschiebungsdichte $\mathfrak{D}$	$\mathfrak{D} = \mathfrak{D}'\sqrt{\chi\,\varepsilon_0}/\nu_e$	$\mathfrak{D} = \mathfrak{D}''\sqrt{\chi/\mu_0}/\nu_e$	$\mathfrak{D} = \mathfrak{D}'''\sqrt{\chi\,\varepsilon_0}/\nu_e$
El. Polarisation $\mathfrak{P}$	$\mathfrak{P} = \mathfrak{P}'\sqrt{\chi\,\varepsilon_0}/\lambda$	$\mathfrak{P} = \mathfrak{P}''\sqrt{\chi/\mu_0}/\lambda$	$\mathfrak{P} = \mathfrak{P}'''\sqrt{\chi\,\varepsilon_0}/\lambda$
El. Ladung Q	$Q = Q'\sqrt{\chi\,\varepsilon_0}$	$Q = Q''\sqrt{\chi/\mu_0}$	$Q = Q'''\sqrt{\chi\,\varepsilon_0}$
Kapazität C	$C = C'\,\chi\,\varepsilon_0$	$C = C''\,\chi/\mu_0$	$C = C'''\,\chi\,\varepsilon_0$
El. Widerstand R	$R = R'/\chi\,\varepsilon_0$	$R = R''\,\mu_0/\chi$	$R = R'''/\chi\,\varepsilon_0$
Magn. Spannung V	$V = V'/\sqrt{\chi/\varepsilon_0}$	$V = V''/\sqrt{\chi\,\mu_0}$	$V = V'''/\sqrt{\chi\,\mu_0}$
Magn. Feldstärke $\mathfrak{H}$	$\mathfrak{H} = \mathfrak{H}'/\sqrt{\chi/\varepsilon_0}$	$\mathfrak{H} = \mathfrak{H}''/\sqrt{\chi\,\mu_0}$	$\mathfrak{H} = \mathfrak{H}'''/\sqrt{\chi\,\mu_0}$
Magn. Induktion $\mathfrak{B}$	$\mathfrak{B} = \mathfrak{B}'\sqrt{\chi/\varepsilon_0}/\nu_m$	$\mathfrak{B} = \mathfrak{B}''\sqrt{\chi\,\mu_0}/\nu_m$	$\mathfrak{B} = \mathfrak{B}''\sqrt{\chi\,\mu_0}/\nu_m$
Magn. Polarisation $\mathfrak{M}$	$\mathfrak{M} = \mathfrak{M}'\sqrt{\chi/\varepsilon_0}/\lambda$	$\mathfrak{M} = \mathfrak{M}''\sqrt{\chi\,\mu_0}/\lambda$	$\mathfrak{M} = \mathfrak{M}'''\sqrt{\chi\,\mu_0}/\lambda$
Magn. Polstärke p	$p = p'\sqrt{\chi/\varepsilon_0}$	$p = p''\sqrt{\chi\,\mu_0}$	$p = p'''\sqrt{\chi\,\mu_0}$
Magnetisierung $\mathfrak{J}$	$\mathfrak{J} = \mathfrak{J}'\sqrt{\chi\,\varepsilon_0}/\lambda$	$\mathfrak{J} = \mathfrak{J}''\sqrt{\chi/\mu_0}/\lambda$	$\mathfrak{J} = \mathfrak{J}'''\sqrt{\chi/\mu_0}/\lambda$
Magn. Fluß Φ	$\Phi = \Phi'\sqrt{\chi/\varepsilon_0}/\nu_m$	$\Phi = \Phi''\sqrt{\chi\,\mu_0}/\nu_m$	$\Phi = \Phi'''\sqrt{\chi\,\mu_0}/\nu_m$
Induktivität L	$L = L'/\nu_m\,\varepsilon_0$	$L = L''\,\mu_0/\nu_m$	$L = L'''\,\mu_0/\nu_m$

Tabelle 6. Dimensionen einiger feldtheoretisch definierter elektrischer und magnetischer Größen in den Dimensionssystemen LMTQ, LTUI, LMTR, LMTε_0, LMTμ_0[1].

Größe	Dimensionen im Dimensionssystem				
	LMTQ	LTUI	LMTR	LMT ε_0	LMT μ_0
1	2	3	4	5	6
U	$L^2MT^{-2}Q^{-1}$	U	$LM^{1/2}T^{-3/2}R^{1/2}$	$L^{1/2}M^{1/2}T^{-1}\varepsilon_0^{-1/2}$	$L^{3/2}M^{1/2}T^{-2}\mu_0^{1/2}$
I	$T^{-1}Q$	I	$LM^{1/2}T^{-3/2}R^{-1/2}$	$L^{3/2}M^{1/2}T^{-2}\varepsilon_0^{1/2}$	$L^{1/2}M^{1/2}T^{-1}\mu_0^{-1/2}$
$\mathfrak{G}$	$L^{-2}T^{-1}Q$	$L^{-2}I$	$L^{-1}M^{1/2}T^{-3/2}R^{-1/2}$	$L^{-1/2}M^{1/2}T^{-2}\varepsilon_0^{1/2}$	$L^{-3/2}M^{1/2}T^{-1}\mu_0^{-1/2}$
$\mathfrak{E}$	$LMT^{-2}Q^{-1}$	$L^{-1}U$	$M^{1/2}T^{-3/2}R^{1/2}$	$L^{-1/2}M^{1/2}T^{-1}\varepsilon_0^{-1/2}$	$L^{1/2}M^{1/2}T^{-2}\mu_0^{-1/2}$
$\mathfrak{D}$	$L^{-2}Q$	$L^{-2}TI$	$L^{-1}M^{1/2}T^{-3/2}R^{-1/2}$	$L^{-1/2}M^{1/2}T^{-1}\varepsilon_0^{1/2}$	$L^{-3/2}M^{1/2}\mu_0^{-1/2}$
$\mathfrak{P}$	$L^{-2}Q$	$L^{-2}TI$	$L^{-1}M^{1/2}T^{-3/2}R^{-1/2}$	$L^{-1/2}M^{1/2}T^{-1}\varepsilon_0^{1/2}$	$L^{-3/2}M^{1/2}\mu_0^{-1/2}$
Q	Q	TI	$LM^{1/2}T^{-1/2}R^{-1/2}$	$L^{3/2}M^{1/2}T^{-1}\varepsilon_0^{1/2}$	$L^{1/2}M^{1/2}\mu_0^{-1/2}$
C	$L^{-2}M^{-1}T^2Q^2$	$TU^{-1}I$	TR^{-1}	$L\varepsilon_0$	$L^{-1}T^2\mu_0^{-1}$
R	$L^2MT^{-1}Q^{-2}$	UI^{-1}	R	$L^{-1}T\varepsilon_0^{-1}$	$LT^{-1}\mu_0$
ε_{abs}	$L^{-3}M^{-1}T^2Q^2$	$L^{-1}TU^{-1}I$	$L^{-1}TR^{-1}$	ε_0	$L^{-2}T^2\mu_0^{-1}$
V	$T^{-1}Q$	I	$LM^{1/2}T^{-3/2}R^{-1/2}$	$L^{3/2}M^{1/2}T^{-2}\varepsilon_0^{1/2}$	$L^{1/2}M^{1/2}T^{-1}\mu_0^{-1/2}$
$\mathfrak{H}$	$L^{-1}T^{-1}Q$	$L^{-1}I$	$M^{1/2}T^{-3/2}R^{-1/2}$	$L^{1/2}M^{1/2}T^{-2}\varepsilon_0^{1/2}$	$L^{-1/2}M^{1/2}T^{-1}\mu_0^{-1/2}$
$\mathfrak{B}$	$MT^{-1}Q^{-1}$	$L^{-2}TU$	$L^{-1}M^{1/2}T^{-1/2}R^{1/2}$	$L^{-3/2}M^{1/2}\varepsilon_0^{-1/2}$	$L^{-1/2}M^{1/2}T^{-1}\mu_0^{1/2}$
$\mathfrak{M}$	$MT^{-1}Q^{-1}$	$L^{-2}TU$	$L^{-1}M^{1/2}T^{-1/2}R^{1/2}$	$L^{-3/2}M^{1/2}\varepsilon_0^{-1/2}$	$L^{-1/2}M^{1/2}T^{-1}\mu_0^{1/2}$
$p,\ \Phi$	$L^2MT^{-1}Q^{-1}$	TU	$LM^{1/2}T^{-1/2}R^{1/2}$	$L^{1/2}M^{1/2}\varepsilon_0^{-1/2}$	$L^{3/2}M^{1/2}T^{-1}\mu_0^{1/2}$
$\mathfrak{J}$	$L^{-1}T^{-1}Q$	$L^{-1}I$	$M^{1/2}T^{-3/2}R^{-1/2}$	$L^{1/2}M^{1/2}T^{-2}\varepsilon_0^{1/2}$	$L^{-1/2}M^{1/2}T^{-1}\mu_0^{-1/2}$
L	L^2MQ^{-2}	TUI^{-1}	TR	$L^{-1}T^2\varepsilon_0^{-1}$	$L\mu_0$
μ_{abs}	LMQ^{-2}	$L^{-1}TUI^{-1}$	$L^{-1}TR$	$L^{-2}T^2\varepsilon_0^{-1}$	μ_0
W	L^2MT^{-2}	TUI	L^2MT^{-2}	L^2MT^{-2}	L^2MT^{-2}

Tabelle 7. Abgestimmte elektrostatische, elektromagnetische und Gaußsche CGS-Einheiten und nicht-abgestimmte rationale Lorentzsche CGS-Einheiten[1].

Nicht-rationale elektrostatische Größe	Abgestimmte elektrostatische CGS-Einheit (esE) (für nicht-rationale Größengleichungen)	Nicht-rationale elektromagnetische Größe	Abgestimmte elektromagnetische CGS-Einheit (emE) (für nicht-rationale Größengleichungen)	Nicht-rationale symmetrische Größe	Abgestimmte Gaußsche CGS-Einheit (für nicht-rationale Größengleichungen)	Nicht-abgestimmte rationale Lorentzsche Einheit (für rationale Zahlenwertgleichungen)
1	2	3	4	5	6	7
U'	$cm^{1/2}g^{1/2}s^{-1}$	U''	$cm^{3/2}g^{1/2}s^{-2}$	U'''	$cm^{1/2}g^{1/2}s^{-1}$	$\chi^{1/2}\,cm^{1/2}g^{1/2}s^{-1}$
I'	$cm^{3/2}g^{1/2}s^{-2}$	I''	$cm^{1/2}g^{1/2}s^{-1}$	I'''	$cm^{3/2}g^{1/2}s^{-2}$	$\chi^{-1/2}\,cm^{3/2}g^{1/2}s^{-2}$
$\mathfrak{G}'$	$cm^{-1/2}g^{1/2}s^{-2}$	$\mathfrak{G}''$	$cm^{-3/2}g^{1/2}s^{-1}$	$\mathfrak{G}'''$	$cm^{-1/2}g^{1/2}s^{-2}$	$\chi^{-1/2}\,cm^{-1/2}g^{1/2}s^{-2}$
$\mathfrak{E}'$	$cm^{-1/2}g^{1/2}s^{-1}$	$\mathfrak{E}''$	$cm^{1/2}g^{1/2}s^{-2}$	$\mathfrak{E}'''$	$cm^{-1/2}g^{1/2}s^{-1}$	$\chi^{1/2}\,cm^{-1/2}g^{1/2}s^{-1}$
$\mathfrak{D}'$	$cm^{-1/2}g^{1/2}s^{-1}$	$\mathfrak{D}''$	$cm^{-3/2}g^{1/2}$	$\mathfrak{D}'''$	$cm^{-1/2}g^{1/2}s^{-1}$	$\nu_e\,\chi^{-1/2}\,cm^{-1/2}g^{1/2}s^{-1}$
$\mathfrak{P}'$	$cm^{-1/2}g^{1/2}s^{-1}$	$\mathfrak{P}''$	$cm^{-3/2}g^{1/2}$	$\mathfrak{P}'''$	$cm^{-1/2}g^{1/2}s^{-1}$	$\lambda\,\chi^{-1/2}\,cm^{-1/2}g^{1/2}s^{-1}$
Q'	$cm^{3/2}g^{1/2}s^{-1}$	Q''	$cm^{1/2}g^{1/2}$	Q'''	$cm^{3/2}g^{1/2}s^{-1}$	$\chi^{-1/2}\,cm^{3/2}g^{1/2}s^{-1}$
C'	cm	C''	$cm^{-1}s^2$	C'''	cm	$\chi^{-1}\,cm$
R'	$cm^{-1}s$	R''	$cm\,s^{-1}$	R'''	$cm^{-1}s$	$\chi\,cm^{-1}s$
V'	$cm^{3/2}g^{1/2}s^{-2}$	V''	$cm^{1/2}g^{1/2}s^{-1} = Gb$	V'''	$cm^{1/2}g^{1/2}s^{-1}$	$\chi^{1/2}\,cm^{1/2}g^{1/2}s^{-1}$
$\mathfrak{H}'$	$cm^{1/2}g^{1/2}s^{-2}$	$\mathfrak{H}''$	$cm^{-1/2}g^{1/2}s^{-1} = Oe$	$\mathfrak{H}'''$	$cm^{-1/2}g^{1/2}s^{-1}$	$\chi^{1/2}\,cm^{-1/2}g^{1/2}s^{-1}$
$\mathfrak{B}'$	$cm^{-3/2}g^{1/2}$	$\mathfrak{B}''$	$cm^{-1/2}g^{1/2}s^{-1} = G$	$\mathfrak{B}'''$	$cm^{-1/2}g^{1/2}s^{-1}$	$\nu_m\,\chi^{-1/2}\,cm^{-1/2}g^{1/2}s^{-1}$
$\mathfrak{M}'$	$cm^{-3/2}g^{1/2}$	$\mathfrak{M}''$	$cm^{-1/2}g^{1/2}s^{-1}$	$\mathfrak{M}'''$	$cm^{-1/2}g^{1/2}s^{-1}$	$\lambda\,\chi^{-1/2}\,cm^{-1/2}g^{1/2}s^{-1}$
p'	$cm^{1/2}g^{1/2}$	p''	$cm^{3/2}g^{1/2}s^{-1}$	p'''	$cm^{3/2}g^{1/2}s^{-1}$	$\chi^{-1/2}\,cm^{3/2}g^{1/2}s^{-1}$
$\mathfrak{J}'$	$cm^{1/2}g^{1/2}s^{-2}$	$\mathfrak{J}''$	$cm^{-1/2}g^{1/2}s^{-1}$	$\mathfrak{J}'''$	$cm^{-1/2}g^{1/2}s^{-1}$	$\lambda\,\chi^{-1/2}\,cm^{-1/2}g^{1/2}s^{-1}$
Φ'	$cm^{1/2}g^{1/2}$	Φ''	$cm^{3/2}g^{1/2}s^{-1} = M$	Φ'''	$cm^{3/2}g^{1/2}s^{-1}$	$\nu_m\,\chi^{-1/2}\,cm^{3/2}g^{1/2}s^{-1}$
L'	$cm^{-1}s^2$	L''	cm	L'''	cm	$\nu_m\,cm$
W	$cm^2g\,s^{-2} = erg$	W	$cm^2g\,s^{-2} = erg$	W	$cm^2g\,s^{-2} = erg$	$cm^2g\,s^{-2}=erg$

[1] →Einheiten, elektrische.

Tabelle 8. Umrechnungstafel für die Zahlenwerte elektrischer

Der Zahlenwert der Größenart	Formelzeichen	bezogen auf die nicht-rationale elektromagnetische Zahlenwertgleichung	gemessen in der ursprünglich technischen Einheit [1]	ist zu multiplizieren mit
1	2	3	4	5
Elektr. Spannung	U	$U'' = \int \mathfrak{E}'' \cdot d\mathfrak{z}$	$V'' = 10^8$ emE	1
Elektr. Stromstärke	I	$I'' = -\dfrac{dQ''}{dt}$	$A'' = 10^{-1}$ emE	1
Elektr. Stromdichte	$\mathfrak{G}$	$\int \mathfrak{G}'' \cdot d\mathfrak{f} = I''$	$A''/cm^2 = 10^{-1}$ emE	10^4
Elektr. Feldstärke	$\mathfrak{E}$	$\mathfrak{K} = Q'' \mathfrak{E}''$	$V''/cm = 10^8$ emE	10^2
Dielelektr. Verschiebungsdichte	$\mathfrak{D}$	$\mathfrak{D}'' = 10^9 \, \varepsilon \, \mathfrak{E}''/4\pi \, c_0^2; \quad \oint \mathfrak{D}'' \cdot d\mathfrak{f} = \Sigma Q''$	$C''/cm^2 = 10^{-1}$ emE	10^4
Elektr. Polarisation	$\mathfrak{P}$	$\mathfrak{D}'' = 10^9 \, \mathfrak{E}''/4\pi \, c_0^2 + \mathfrak{P}''$	$C''/cm^2 = 10^{-1}$ emE	10^4
Elektr. Ladung	Q	$\mathfrak{K} = c_0^2 \, Q_1'' \, Q_2'' \, \mathfrak{r}/10^9 \, \varepsilon \, r^3$	$C'' = 10^{-1}$ emE	1
Kapazität	C	$C'' = Q''/U''$	$F'' = 10^{-9}$ emE	1
Elektr. Widerstand	R	$R'' = U''/I''$	$\Omega'' = 10^9$ emE	1
Magnet. Spannung	V	$V'' = \int \mathfrak{H}'' \cdot d\mathfrak{z}$	$Gb = 1$ emE	$10/4\pi$
Magnet. Feldstärke	$\mathfrak{H}$	$\mathfrak{K} = 10^{-7} \, p'' \, \mathfrak{H}''; \quad \oint \mathfrak{H}'' \cdot d\mathfrak{z} = \dfrac{4\pi}{10} \Sigma I''$	$Oe = 1$ emE	$10^3/4\pi$
Magnet. Induktion	$\mathfrak{B}$	$\mathfrak{B}'' = \mu \, \mathfrak{H}''$	$G = 1$ emE	10^{-4}
Magnet. Polarisation	$\mathfrak{M}$	$\mathfrak{B}'' = \mathfrak{H}'' + 4\pi \, \mathfrak{M}''$	$G = 1$ emE	$4\pi \cdot 10$
Magnet. Polstärke	p	$\mathfrak{K} = p_1'' \, p_2'' \, \mathfrak{r}/10^7 \, \mu \, r^3$	$G\,cm^3 = 1$ emE	$4\pi \cdot 10^-$
Magnetisierung	$\mathfrak{J}$	$\mathfrak{B}'' = \mathfrak{H}'' + 4\pi \, \mathfrak{J}''$	$Oe = 1$ emE	10^8
Magnet. Fluß	Φ	$\Phi'' = \int \mathfrak{B}'' \cdot d\mathfrak{f}$	$M = 1$ emE	10^{-8}
Induktivität	L	$L'' = 10^{-8} \, \Phi''/J''$	$H'' = 10^9$ emE	1
Elektr. oder magnet. Energie	W	$W = \dfrac{1}{2} \int \mathfrak{E}'' \cdot \mathfrak{D}'' \, d\tau = \dfrac{10^{-7}}{8\pi} \int \mathfrak{H}'' \cdot \mathfrak{B}'' \, d\tau$	$J'' = 10^7$ emE $= J_{abs}$	1

[1] Längen in cm, Flächen in cm², Volumen in cm³, Kräfte in J_{abs}/cm gemessen!

und magnetischer Größen (→Einheiten, elektrische).

bezogen auf nicht-rationale symmetrische 3-Grundgrößen-Gleichungen		bezogen auf rationale 4-Grundgrößen-Gleichungen		um ihren Zahlenwert zu erhalten, bezogen auf rationale 4-Grundgrößen-Gleichungen (Sp. 8) und gemessen in der Einheit des am 1. 1. 1948 eingeführten m s V_{abs} A_{abs}-Maßsystems	Formelzeichen
definiert durch die Beziehung	gemessen in der auf diese abgestimmten Einheit des Gaußschen (CGS-) Maßsystems, ist zu multiplizieren mit	definiert durch die Beziehung	gemessen in der auf diese abgestimmten Einheit des m s V_{int} A_{int}-Maßsystems, ist zu multiplizieren mit		
6	7	8	9	10	2a
$U''' = \int \mathfrak{E}''' \cdot d\mathfrak{s}$	$\{c_0\} \cdot 10^{-8} = 2{,}9979 \cdot 10^2$ [2]	Elektr. Grundgröße	$pq = 1{,}00034$	V_{abs}	U
$I''' = -\dfrac{dQ'''}{dt}$	$10/\{c_0\} = 3{,}3357 \cdot 10^{-10}$	Elektr. Grundgröße	$q = 0{,}99985$	A_{abs}	I
$\int \mathfrak{G}''' \cdot d\mathfrak{f} = I'''$	$10^5/\{c_0\} = 3{,}3357 \cdot 10^{-6}$	$\int \mathfrak{G} \cdot d\mathfrak{f} = I$	$q = 0{,}99985$	A_{abs}/m^2	$\mathfrak{G}$
$\mathfrak{R} = Q''' \mathfrak{E}'''$	$\{c_0\} \cdot 10^{-6} = 2{,}9979 \cdot 10^4$	$\int \mathfrak{E} \cdot d\mathfrak{s} = U$	$pq = 1{,}00034$	V_{abs}/m	$\mathfrak{E}$
$\mathfrak{D}''' = \varepsilon \mathfrak{E}'''$; $\oint \mathfrak{D}''' \cdot d\mathfrak{f} = 4\pi \Sigma Q'''$	$10^5/4\pi\{c_0\} = 2{,}6544 \cdot 10^{-7}$	$\mathfrak{D} = \varepsilon \varepsilon_0 \mathfrak{E}$; $\oint \mathfrak{D} \cdot d\mathfrak{f} = \Sigma Q$	$q = 0{,}99985$	C_{abs}/m^2	$\mathfrak{D}$
$\mathfrak{D}''' = \mathfrak{E}''' + 4\pi \mathfrak{P}'''$	$10^5/\{c_0\} = 3{,}3357 \cdot 10^{-6}$	$\mathfrak{D} = \varepsilon_0 \mathfrak{E} + \mathfrak{P}$	$q = 0{,}99985$	C_{abs}/m^2	$\mathfrak{P}$
$\mathfrak{R} = Q_1''' Q_2''' \mathfrak{r}/\varepsilon r^3$	$10\{c_0\} = 3{,}3357 \cdot 10^{-10}$	$-\dfrac{dQ}{dt} = I$	$q = 0{,}99985$	C_{abs}	Q
$C''' = Q'''/U'''$	$10^9/\{c_0\}^2 = 1{,}1127 \cdot 10^{-12}$	$C = Q/U$	$1/p = 0{,}99951$	F_{abs}	C
$R''' = U'''/I'''$	$\{c_0\}^2 \cdot 10^{-9} = 0{,}8987 \cdot 10^{12}$	$R = U/I$	$p = 1{,}00049$	Ω_{abs}	R
$V''' = \int \mathfrak{H}''' \cdot d\mathfrak{s}$	$10/4\pi = 0{,}7958$	$V = \int \mathfrak{H} \cdot d\mathfrak{s}$	$q = 0{,}99985$	A_{abs}	V
$\mathfrak{R} = p''' \mathfrak{H}'''$; $c_0 \oint \mathfrak{H}''' d\mathfrak{s} = 4\pi \Sigma I'''$	$10^3/4\pi = 0{,}7958 \cdot 10^2$	$\oint \mathfrak{H} \cdot d\mathfrak{s} = \Sigma I$	$= 0{,}99985$	A_{abs}/m	$\mathfrak{H}$
$\mathfrak{B}''' = \mu \mathfrak{H}'''$	10^{-4}	$\mathfrak{B} = \mu \mu_0 \mathfrak{H}$; $\int \mathfrak{B} \cdot d\mathfrak{f} = \Phi$	$pq = 1{,}00034$	Wb_{abs}/m^2	$\mathfrak{B}$
$\mathfrak{B}''' = \mathfrak{H}''' + 4\pi \mathfrak{M}'''$	$4\pi \cdot 10^{-4} = 1{,}2566 \cdot 10^{-3}$	$\mathfrak{B} = \mu_0 \mathfrak{H} + \mathfrak{M}$	$pq = 1{,}00034$	Wb_{abs}/m^2	$\mathfrak{M}$
$\mathfrak{R} = p_1''' p_2''' \mathfrak{r}/\mu r^3$	$4\pi \cdot 10^{-8} = 1{,}2566 \cdot 10^{-7}$	$\int \mathfrak{M} d\tau = p d\mathfrak{s}$	$pq = 1{,}00034$	Wb_{abs}	p
$\mathfrak{B}''' = \mathfrak{H}''' + 4\pi \mathfrak{J}'''$	10^3	$\mathfrak{B} = \mu_0(\mathfrak{H} + \mathfrak{J})$	$q = 0{,}99985$	A_{abs}/m	$\mathfrak{J}$
$\Phi''' = \int \mathfrak{B}''' \cdot d\mathfrak{f}$	10^{-8}	$-\dfrac{d\Phi}{dt} = U_{ind}$	$pq = 1{,}00034$	Wb_{abs}	Φ
$L''' = c_0 \Phi'''/I'''$	10^{-9}	$L = \Phi/I$	$p = 1{,}00049$	H_{abs}	L
$W = \dfrac{1}{8\pi}\int \mathfrak{E}''' \cdot \mathfrak{D}''' d\tau = \dfrac{1}{8\pi}\int \mathfrak{H}''' \cdot \mathfrak{B}'' d\tau$	10^{-7}	$W = \dfrac{1}{2}\int \mathfrak{E} \cdot \mathfrak{D} d\tau = \dfrac{1}{2}\int \mathfrak{H} \cdot \mathfrak{B} d\tau$	$pq^2 = 1{,}00019$	J_{abs}	W

[2] $\{c_0\}$: Zahlenwert der Vakuumlichtgeschwindigkeit c_0, gemessen in der CGS-Einheit cm/s.

Tabelle 9. Chemische Atomgewichte 1949.

Element	Symbol	Kernladungszahl	Atomgewicht $(A)_{\mathrm{Ch.\,Sk.}}$	Element	Symbol	Kernladungszahl	Atomgewicht $(A)_{\mathrm{Ch.\,Sk.}}$
Actinium	Ac	89	227	Neon	Ne	10	20,183
Aluminium	Al	13	26,97	Neptunium	Np	93	[237]
Americium	Am	95	[241]	Nickel	Ni	28	58,69
Antimon	Sb	51	121,76	Niob	Nb	41	92,91
Argon	Ar	18	39,944	Osmium	Os	76	190,2
Arsen	As	33	74,91	Palladium	Pd	46	106,7
Astatin	At	85	[210]	Phosphor	P	15	30,98
Barium	Ba	56	137,36	Platin	Pt	78	195,23
Beryllium	Be	4	9,013	Plutonium	Pu	94	[239]
Blei	Pb	82	207,21	Polonium	Po	84	210
Bor	B	5	10,82	Praseodym	Pr	59	140,92
Brom	Br	35	79,916	Promethium	Pm	61	[147]
Cadmium	Cd	48	112,41	Protactinium	Pa	91	231
Caesium	Cs	55	132,91	Quecksilber	Hg	80	200,61
Calcium	Ca	20	40,08	Radium	Ra	88	226,05
Cer	Ce	58	140,13	Radon	Rn	86	222
Chlor	Cl	17	35,457	Rhenium	Re	75	186,31
Chrom	Cr	24	52,01	Rhodium	Rh	45	102,91
Curium	Cm	96	[242]	Rubidium	Rb	37	85,48
Dysprosium	Dy	66	162,46	Ruthenium	Ru	44	101,7
Eisen	Fe	26	55,85	Samarium	Sm	62	150,43
Erbium	Er	68	167,2	Sauerstoff	O	8	16,0000
Europium	Eu	63	152,0	Scandium	Sc	21	45,10
Fluor	F	9	19,00	Schwefel	S	16	32,066
Francium	Fr	87	[223]	Selen	Se	34	78,96
Gadolinium	Gd	64	156,9	Silber	Ag	47	107,880
Gallium	Ga	31	69,72	Silicium	Si	14	28,06
Germanium	Ge	32	72,60	Stickstoff	N	7	14,008
Gold	Au	79	197,2	Strontium	Sr	38	87,63
Hafnium	Hf	72	178,6	Tantal	Ta	73	180,88
Helium	He	2	4,003	Technetium	Tc	43	[99]
Holmium	Ho	67	164,94	Tellur	Te	52	127,61
Indium	In	49	114,76	Terbium	Tb	65	159,2
Iridium	Ir	77	193,1	Thallium	Tl	81	204,39
Jod	J	53	126,92	Thorium	Th	90	232,12
Kalium	K	19	39,096	Thulium	Tm	69	169,4
Kobalt	Co	27	58,94	Titan	Ti	22	47,90
Kohlenstoff	C	6	12,010	Uran	U	92	238,07
Krypton	Kr	36	83,7	Vanadium	V	23	50,95
Kupfer	Cu	29	63,54	Wasserstoff	H	1	1,0080
Lanthan	La	57	138,92	Wismut	Bi	83	209,00
Lithium	Li	3	6,940	Wolfram	W	74	183,92
Lutetium	Lu	71	174,99	Xenon	X	54	131,3
Magnesium	Mg	12	24,32	Ytterbium	Yb	70	173,04
Mangan	Mn	25	54,93	Yttrium	Y	39	88,92
Molybdän	Mo	42	95,95	Zink	Zn	30	65,38
Natrium	Na	11	22,997	Zinn	Sn	50	118,70
Neodym	Nd	60	144,27	Zirkonium	Zr	40	91,22

Die Elemente *Berkelium* (Bk, 97) und *Californium* (Cf, 98) waren 1949 noch nicht entdeckt.

Tabelle 10. Das periodische System der Elemente. (Chemische Atomgewichtsskala).

Gruppe	Ia	Ib	IIa	IIb	IIIa	IIIb	IVa	IVb	Va	Vb	VIa	VIb	VIIa	VIIb	VIIIa	VIIIb	Anzahl der Elemente
1	1 H 1,0080														2 He 4,003		2
2	3 Li 6,940		4 Be 9,013		5 B 10,82		6 C 12,010		7 N 14,008		8 O 16,000		9 F 19,00		10 Ne 20,183		8
3	11 Na 22,997		12 Mg 24,32		13 A 26,97		14 Si 28,06		15 P 30,98		16 S 32,066		17 Cl 35.457		18 Ar 39,944		8
4	19 Ka 39,096	29 *Cu* 63,54	20 Ca 40,08	30 *Zn* 65,38	31 Ga 69,72	21 *Sc* 45,10	32 Ge 72,60	22 *Ti* 47,90	33 As 74,91	23 *V* 50,95	34 Se 78,96	24 *Cr* 52,01	35 Br 79,916	25 *Mn* 54,93	36 Kr 83,7	26 *Fe* 55,85; 27 *Co* 58,94; 28 *Ni* 58,69	18
5	37 Rb 85,48	47 *Ag* 107,880	38 Sr 87,63	48 *Cd* 112,41	49 In 114,76	39 *Y* 88,92	50 Sn 118,70	40 *Zr* 91,22	51 Sb 121,76	41 *Nb* 92,91	52 Te 127,61	42 *Mo* 95,95	53 J 126,92	43 *Tc* [99]	54 X 131,3	44 *Ru* 101,7; 45 *Rh* 102,91; 46 *Pd* 106,7	18
6	55 Cs 132,91	79 *Au* 197,2	56 Ba 137,36	80 *Hg* 200,61	81 Tl 204,39	57 *La* 138,92	58—71 s. u. 82 Pb 207,21	72 *Hf* 178,6	83 Bi 209,00	73 *Ta* 180,88	84 Po 210	74 *W* 183,92	85 At [210]	75 *Re* 186,31	86 Em 222	76 *Os* 190,2; 77 *Ir* 193,1; 78 *Pt* 195,23	32
7	87 Fr [223]		88 Ra 226,05			89 *Ac* [227]	90—98 s. u.										

Lanthaniden (Seltene Erden)

58 *Ce* 140,13	59 *Pr* 140,92	60 *Nd* 144,27	61 *Pm* [147]	62 *Sm* 150,43	63 *Eu* 152,0	64 *Gd* 156,9	65 *Tb* 159,2	66 *Dy* 162,46	67 *Ho* 164,94	68 *Er* 167,2	69 *Tu* 169,4	70 *Yb* 173,04	71 *Lu* 174,99

Actiniden.

90 *Th* 232,12	51 *Pa* 231	92 *U* 238,07	93 *Np* [237]	94 *Pu* [239]	95 *Am* [241]	96 *Cm* [242]	97 *Bk* —	98 *Cf* —	99 —	100 —	101 —	102 —	103 —

Elemente, bei denen der Aufbau innerer Untergruppen nachgeholt wird (→Übergangselemente) sind *kursiv* gesetzt und stehen unter I b, II b usw. bzw. die Lanthaniden und Actiniden besonders.

Tabelle 11. Schalenaufbau der Elemente.

	K 1s	L 2s 2p	M 3s 3p 3d	N 4s 4p 4d 4f	O 5s 5p 5d 5f 5g	Grundterm
1. H	1					$^2S_{1/2}$
2. He	2					$^1S_0$
3. Li	2	1				$^2S_{1/2}$
4. Be	2	2				$^1S_0$
5. B	2	2 1				$^2P_{1/2}$
6. C	2	2 2				$^3P_0$
7. N	2	2 3				$^4S_{3/2}$
8. O	2	2 4				$^3P_2$
9. F	2	2 5				$^2P_{3/2}$
10. Ne	2	2 6				$^1S_0$
11. Na	2	2 6	1			$^2S_{1/2}$
12. Mg	2	2 6	2			$^1S_0$
13. Al	2	2 6	2 1			$^2P_{1/2}$
14. Si	2	2 6	2 2			$^3P_0$
15. P	2	2 6	2 3			$^4S_{3/2}$
16. S	2	2 6	2 4			$^3P_2$
17. Cl	2	2 6	2 5			$^2P_{3/2}$
18. Ar	2	2 6	2 6			$^1S_0$
19. K	2	2 6	2 6	1		$^2S_{1/2}$
20. Ca	2	2 6	2 6	2		$^1S_0$
21. Sc	2	2 6	2 6 1	2		$^2D_{3/2}$
22. Ti	2	2 6	2 6 2	2		$^3F_2$
23. Va	2	2 6	2 6 3	2		$^4F_{3/2}$
24. Cr	2	2 6	2 6 5	1		$^7S_3$
25. Mn	2	2 6	2 6 5	2		$^6S_{5/2}$
26. Fe	2	2 6	2 6 6	2		$^5D_4$
27. Co	2	2 6	2 6 7	2		$^4F_{9/2}$
28. Ni	2	2 6	2 6 8	2		$^3F_4$
29. Cu	2	2 6	2 6 10	1		$^2S_{1/2}$
30. Zn	2	2 6	2 6 10	2		$^1S_0$
31. Ga	2	2 6	2 6 10	2 1		$^2P_{1/2}$
32. Ge	2	2 6	2 6 10	2 2		$^3P_0$
33. As	2	2 6	2 6 10	2 3		$^4S_{3/2}$
34. Se	2	2 6	2 6 10	2 4		$^3P_2$
35. Br	2	2 6	2 6 10	2 5		$^2P_{3/2}$
36. Kr	2	2 6	2 6 10	2 6		$^1S_0$
	2	8	18			

Schalenaufbau der Elemente.

	K	L	M	N 4s	4p	4d	4f	O 5s	5p	5d	5f	5g	P 6s	6p	6d ...	Grundterm
37. Rb	2	8	18	2	6			1								$^2S_{1/2}$
38. Sr	2	8	18	2	6			2								$^1S_0$
39. Y	2	8	18	2	6	1		2								$^2D_{3/2}$
40. Zr	2	8	18	2	6	2		2								$^3F_2$
41. Nb	2	8	18	2	6	4		1								$^6D_{1/2}$
42. Mo	2	8	18	2	6	5		1								$^7S_3$
43. Tc	2	8	18	2	6	(5)		(2)								$(^6S_{5/2})$
44. Ru	2	8	18	2	6	7		1								$^5F_5$
45. Rh	2	8	18	2	6	8		1								$^4F_{9/2}$
46. Pd	2	8	18	2	6	10										$^1S_0$
47. Ag	2	8	18	2	6	10		1								$^2S_{1/2}$
48. Cd	2	8	18	2	6	10		2								$^1S_0$
49. In	2	8	18	2	6	10		2	1							$^2P_{1/2}$
50. Sn	2	8	18	2	6	10		2	2							$^3P_0$
51. Sb	2	8	18	2	6	10		2	3							$^4S_{3/2}$
52. Te	2	8	18	2	6	10		2	4							$^3P_2$
53. J	2	8	18	2	6	10		2	5							$^2P_{3/2}$
54. X	2	8	18	2	6	10		2	6							$^1S_0$
55. Cs	2	8	18	2	6	10		2	6				1			$^2S_{1/2}$
56. Ba	2	8	18	2	6	10		2	6				2			$^1S_0$
57. La	2	8	18	2	6	10		2	6	1			2			$^2D_{3/2}$
58. Ce	2	8	18	2	6	10	(1)	2	6	(1)			(2)			$(^3H_4)$
59. Pr	2	8	18	2	6	10	(2)	2	6	(1)			(2)			—
60. Nd	2	8	18	2	6	10	(3)	2	6	(1)			(2)			—
61. Pm	2	8	18	2	6	10	(4)	2	6	(1)			(2)			—
62. Sm	2	8	18	2	6	10	6	2	6				2			$^7F_0$
63. Eu	2	8	18	2	6	10	7	2	6				2			$^8S_{7/2}$
64. Gd	2	8	18	2	6	10	7	2	6	1			2			^9D
65. Tb	2	8	18	2	6	10	(8)	2	6	(1)			(2)			—
66. Dy	2	8	18	2	6	10	(9)	2	6	(1)			(2)			—
67. Ho	2	8	18	2	6	10	(10)	2	6	(1)			(2)			—
68. Er	2	8	18	2	6	10	(11)	2	6	(1)			(2)			—
69. Tu	2	8	18	2	6	10	13	2	6				2			$^2F_{7/2}$
70. Yb	2	8	18	2	6	10	14	2	6				2			$^1S_0$

32

	K	L	M	N	O 5s	5p	5d	5f	5g	P 6s	6p	6d	6f	6g	6h	Q 7s	7p ...	Grundterm
71. Lu	2	8	18	32	2	6	1			2								$^2D_{3/2}$
72. Hf	2	8	18	32	2	6	2			2								$^3F_2$
73. Ta	2	8	18	32	2	6	3			2								$^4F_{3/2}$
74. W	2	8	18	32	2	6	4			2								$^5D_0$
75. Re	2	8	18	32	2	6	5			2								$^6S_{5/2}$
76. Os	2	8	18	32	2	6	6			2								$^5D_4$
77. Ir	2	8	18	32	2	6	7			2								^4F
78. Pt	2	8	18	32	2	6	9			1								$^3D_3$
79. Au	2	8	18	32	2	6	10			1								$^2S_{1/2}$
80. Hg	2	8	18	32	2	6	10			2								$^1S_0$
81. Tl	2	8	18	32	2	6	10			2	1							$^2P_{1/2}$
82. Pb	2	8	18	32	2	6	10			2	2							$^3P_0$
83. Bi	2	8	18	32	2	6	10			2	3							$^4S_{3/2}$
84. Po	2	8	18	32	2	6	10			2	4							$^3P_2$
85. At	2	8	18	32	2	6	10			2	5							$^2P_{3/2}$
86. Em	2	8	18	32	2	6	10			2	6							$^1S_0$
87. Fr	2	8	18	32	2	6	10			2	6					1		$^2S_{1/2}$
88. Ra	2	8	18	32	2	6	10			2	6					2		$^1S_0$
89. Ac	2	8	18	32	2	6	10			2	6	(1)				(2)		$(^2D_{3/2})$
90. Th	2	8	18	32	2	6	10			2	6	(2)				(2)		$(^3F_2)$
91. Pa	2	8	18	32	2	6	10			2	6	(3)				(2)		$(^4F_{3/2})$
92. U	2	8	18	32	2	6	10			2	6	(4)				(2)		$(^5D_0)$

Eingeklammerte Größen unsicher.

Tabelle 12. Wichtige Konstanten[1].

I. Allgemeine physikalische Konstanten

Gravitationskonstante . . . . $f = 6{,}670 \cdot 10^{-11}\ \mathrm{m^3\ kg^{-1}\ s^{-2}}$

Kosmologische Gravitationskonstante . . . . $\varkappa = 1{,}865 \cdot 10^{-26}\ \mathrm{m\ kg^{-1}\ s}$

Normfallbeschleunigung . . . . $g_n = 9{,}80665\ \mathrm{m\ s^{-2}}$

Molnormvolumen idealer Gase . . . . $v_0 = 22{,}414\ \mathrm{m^3\ kmol^{-1}_{Ch.\,Sk.}}$
$$= 22{,}421\ \mathrm{m^3\ kmol^{-1}_{Ph.\,Sk.}}$$

Eispunkt . . . . $T_0 = 273{,}16\ \mathrm{^\circ K}$

Gaskonstante, universelle . . . . $R_0 = 8{,}3144 \cdot 10^3\ \mathrm{J_{abs}\ kmol^{-1}_{Ch.\,Sk.}}$
$$= 8{,}3167 \cdot 10^3\ \mathrm{J_{abs}\ kmol^{-1}_{Ph.\,Sk.}}$$

Loschmidt-Konstante . . . . $N_L = 6{,}023 \cdot 10^{26}\ \mathrm{kmol^{-1}_{Ch.\,Sk.}}$
$$= 6{,}025 \cdot 10^{26}\ \mathrm{kmol^{-1}_{Ph.\,Sk.}}$$

Avogadrosche Zahl. . . . . $n = 2{,}687 \cdot 10^{19}$

Faraday-Konstante . . . . $F = 9{,}6498 \cdot 10^7\ \mathrm{C_{abs}\ kval^{-1}_{Ch.\,Sk.}}$
$$= 9{,}652\bar{5} \cdot 10^7\ \mathrm{C_{abs}\ kval^{-1}_{Ph.\,Sk.}}$$

Vakuumlichtgeschwindigkeit . . . . $c_0 = 2{,}99790 \cdot 10^8\ \mathrm{m\ s^{-1}}$
$$c_0^2 = 8{,}9874 \cdot 10^{16}\ \mathrm{m^2\ s^{-2}}$$

Elektrische Feldkonstante . . . . $\varepsilon_0 = 8{,}8543 \cdot 10^{-12}\ \mathrm{F_{abs}\ m^{-1}}$

Magnetische Feldkonstante . . . . $\mu_0 = 4\,\pi \cdot 10^{-7}\ \mathrm{H_{abs}\ m^{-1}}$
$$= 1{,}256637 \cdot 10^{-6}\ \mathrm{H_{abs}\ m^{-1}}$$

Wellenwiderstand des Vakuums . . . . $\varGamma_0 = 376{,}727\ \Omega_{abs}$

II. Atomare Konstanten

Smythe-Faktor . . . . $k_A = 1{,}000279$

Physikalische Atomgewichte[2] (Massenwerte):

    Elektron . . . . $(M_e)_{Ph.\,Sk.} = 5{,}487 \cdot 10^{-4}$

    Neutron . . . . $(M_n)_{Ph.\,Sk.} = 1{,}008981$

    Leichtes Wasserstoffatom . . . . $(M_H)_{Ph.\,Sk.} = 1{,}008141$

    Proton . . . . $(M_p)_{Ph.\,Sk.} = 1{,}007592$

    Schweres Wasserstoffatom . . . . $(M_D)_{Ph.\,Sk.} = 2{,}014732$

    Deuteron . . . . $(M_d)_{Ph.\,Sk.} = 2{,}014183$

    Helium . . . . $(M_{He})_{Ph.\,Sk.} = 4{,}00386_0$

    α-Teilchen . . . . $(M_\alpha)_{Ph.\,Sk.} = 4{,}00276_3$

    Masse eines hypothetischen Teilchens vom

        Atomgewicht . . . . $(M_1)_{Ph.\,Sk.} = 1{,}000000;\ m_1 = 1{,}6597 \cdot 10^{-27}\,\mathrm{kg};$
$$m_1/m_0 = 1822{,}\bar{5}$$

    Elektronenmasse . . . . $m_0 = 9{,}107 \cdot 10^{-31}\ \mathrm{kg}$

    Neutronenmasse . . . . $m_n = 1{,}67\bar{5} \cdot 10^{-27}\ \mathrm{kg};\ m_n/m_0 = 1838{,}8$

    Leichte Wasserstoffmasse . . . . $m_H = 1{,}673 \cdot 10^{-27}\ \mathrm{kg};\ m_H/m_0 = 1837{,}3$

    Protonenmasse . . . . $m_p = 1{,}672 \cdot 10^{-27}\ \mathrm{kg};\ m_p/m_0 = 1836{,}3$

    Schwere Wasserstoffmasse . . . . $m_D = 3{,}344 \cdot 10^{-27}\ \mathrm{kg};\ m_D/m_0 = 3671{,}8$

    Deuteronenmasse . . . . $m_d = 3{,}343 \cdot 10^{-27}\ \mathrm{kg};\ m_d/m_0 = 3670{,}8$

    Heliummasse . . . . $m_{He} = 6{,}645 \cdot 10^{-27}\ \mathrm{kg};\ m_{He}/m_0 = 7296{,}9$

    α-Teilchen-Masse . . . . $m_\alpha = 6{,}643 \cdot 10^{-27}\ \mathrm{kg};\ m_\alpha/m_0 = 7294{,}9$

Energieäquivalente der Masse:

    hypothetisches Teilchen des Atomgewichts . . . $(M_1)_{Ph.\,Sk.} = 1{,}000000$
$$m_1 c_0^2 = 1{,}4917 \cdot 10^{-10}\ \mathrm{J_{abs}} = 0{,}9311 \cdot 10^3\ \mathrm{(MeV)_{abs}}$$
$$\triangleq 10^3\ \mathrm{TME}$$

    Elektron . . . . $m_0 c_0^2 = 0{,}818_{\bar{5}} \cdot 10^{-13}\ \mathrm{J_{abs}} = 0{,}510_9\ \mathrm{(MeV)_{abs}}$
$$\triangleq (M_e)_{Ph.\,Sk.} \cdot 10^3\ \mathrm{TME}$$

    Neutron . . . . $m_n c_0^2 = 1{,}5050 \cdot 10^{-10}\ \mathrm{J_{abs}} = 0{,}939 \cdot 10^3\ \mathrm{(MeV)_{abs}}$
$$\triangleq (M_n)_{Ph.\,Sk.} \cdot 10^3\ \mathrm{TME}$$

---

[1] Wegen der Berechnung der Konstanten →die einzelnen Stichwörter.
[2] Bei den hier für die Atomgewichte aufgeführten Werten wurden gegenüber den entsprechenden Zahlenangaben im Text z. T. neuere experimentelle Ergebnisse berücksichtigt.

$$\text{Proton}\ldots\ldots\ldots\ldots\quad m_p c_0^2 = 1{,}5030\cdot 10^{-10}\ \mathrm{J_{abs}} = 0{,}938\cdot 10^3\ \mathrm{(MeV)_{abs}}$$
$$\triangleq (M_p)_{Ph.\,Sk.}\cdot 10^3\ \mathrm{TME}$$

$$\text{Deuteron}\ \ldots\ldots\ldots\quad m_d c_0^2 = 3{,}0044\cdot 10^{-10}\ \mathrm{J_{abs}} = 1{,}875\cdot 10^3\ \mathrm{(MeV)_{abs}}$$
$$\triangleq (M_d)_{Ph.\,Sk.}\cdot 10^3\ \mathrm{TME}$$

$$\alpha\text{-Teilchen}\ \ldots\ldots\ldots\quad m_\alpha c_0^2 = 5{,}9707\cdot 10^{-10}\ \mathrm{J_{abs}} = 3{,}727\cdot 10^3\ \mathrm{(MeV)_{abs}}$$
$$\triangleq (M_\alpha)_{Ph.\,Sk.}\cdot 10^3\ \mathrm{TME}$$

Spezifische Elektronenladung . . . . $e/m_0 = 1{,}759\cdot 10^{11}\ \mathrm{C_{abs}\ kg^{-1}}$

Spezifische Protonenladung . . . . $e/m_p = 9{,}5797\cdot 10^{7}\ \mathrm{C_{abs}\ kg^{-1}}$

Spezifische Deuteronenladung . . . . $e/m_d = 4{,}7922\cdot 10^{7}\ \mathrm{C_{abs}\ kg^{-1}}$

Spezifische α-Teilchen-Ladung. . . . . $2e/m_\alpha = 4{,}8229\cdot 10^{7}\ \mathrm{C_{abs}\ kg^{-1}}$

Elementarlänge (nach Finkelnburg) . . . . $l' = 1{,}321\cdot 10^{-15}\ \mathrm{m}$

Elementarzeit . . . . $\tau = l'/c_0 = 4{,}408\cdot 10^{-24}\ \mathrm{s}$

Elementarladung. . . . . $e = 1{,}602\cdot 10^{-19}\ \mathrm{C_{abs}}$

Plancksches Wirkungsquantum . . . . $h = 6{,}62\bar{5}\cdot 10^{-34}\ \mathrm{J_{abs}\ s}$
$$h/e = 4{,}135\cdot 10^{-15}\ \mathrm{Wb_{abs}}$$

Boltzmannsche Konstante . . . . $k = 1{,}380\cdot 10^{-23}\ \mathrm{J_{abs}\ grad^{-1}}$

Einheit des quantenmechanischen Drehimpulses . . $\hbar = 1{,}054\cdot 10^{-34}\ \mathrm{J_{abs}\ s}$
$$\hbar/4\pi = 8{,}390\cdot 10^{-36}\ \mathrm{J_{abs}\ s}$$
$$\hbar^2/2 = 5{,}558\cdot 10^{-69}\ \mathrm{J^2_{abs}\ s^2}$$
$$\hbar/4\pi c_0 = 2{,}799\cdot 10^{-44}\ \mathrm{J_{abs}\ s^2\ m^{-1}}$$

Bohrsches Magneton . . . . $\mu_B = 1{,}165\cdot 10^{-29}\ \mathrm{Wb_{abs}\ m}$

Kernmagneton. . . . . $\mu_K = 6{,}346\cdot 10^{-33}\ \mathrm{Wb_{abs}\ m}$

Bohrscher Wasserstoffradius . . . . $a_0 = 5{,}292\cdot 10^{-11}\ \mathrm{m}$

Elektronenradius. . . . . $r_0 = 2{,}818\cdot 10^{-15}\ \mathrm{m}$

Compton-Wellenlänge des Elektrons . . . . $\Delta\lambda_C = 2{,}426\cdot 10^{-12}\ \mathrm{m}$

Rydberg-Konstante . . . . $R_\infty = 10973731\ \mathrm{m^{-1}}$

Sommerfeldsche Feinstrukturkonstante . . . . . . $1/\alpha = 137{,}03$

Erste Strahlungskonstante . . . . $c_1 = 5{,}954\cdot 10^{-17}\ \mathrm{W_{abs}\ m^2}$

Zweite Strahlungskonstante. . . . . $c_2 = 1{,}438_8\cdot 10^{-2}\ \mathrm{m\ grad}$

Konstante des Wienschen Verschiebungsgesetzes . . . $A = 2{,}898\cdot 10^{-3}\ \mathrm{m\ grad}$

Stefan-Boltzmann-Konstante . . . . $\sigma = 5{,}662\cdot 10^{-8}\ \mathrm{W_{abs}\ m^{-2}\ grad^{-4}}$

Curie-Konstante . . . . $C = 1{,}975\cdot 10^{-12}\ g^2\ J\,(J+1)\ \mathrm{H_{abs}\ m^2\ grad}$

Dispersionskonstante . . . . $D = 26{,}87\ \mathrm{m^3\ s^{-2}}$

Konstanten der Röntgenstreuung:

Streuquerschnitt des Elektrons . . . . $\sigma_{str} = 6{,}65\cdot 10^{-29}\ \mathrm{m^2}$

Konstante des Massenabsorptionskoeffizienten . . . $K = 4{,}01\cdot 10^{-2}\ \mathrm{m^2\ kg^{-1}}$

III. Kosmische Konstanten

A. Sonnensystem

1. Sonne

Mittlere Entfernung von der Erde . . . . $149{,}5\cdot 10^{13}\ \mathrm{cm} = 498{,}7$ Lichtsekunden

Radius . . . . $6{,}96\cdot 10^{10}\ \mathrm{cm} = 109{,}05$ Erdradien

Masse . . . . $1{,}993\cdot 10^{33}\ \mathrm{g} = 331940$ Erdmassen

Mittlere Dichte . . . . $1{,}41\ \mathrm{g\ cm^{-3}}$

Schwerebeschleunigung an der Oberfläche . . . . $2{,}74\cdot 10^{4}\ \mathrm{cm\ s^{-2}}$

Gesamtstrahlung. . . . . $3{,}72\cdot 10^{33}\ \mathrm{erg\ s^{-1}}$

Nettostrom an der Oberfläche . . . . $6{,}13\cdot 10^{10}\ \mathrm{erg\ cm^{-2}\ s^{-1}}$

Effektive Temperatur . . . . $5714\ \mathrm{^\circ K}$

Solarkonstante . . . . $1{,}90\ \mathrm{cal\ cm^{-2}\ min^{-1}} = 1{,}33\cdot 10^{6}\ \mathrm{erg\ cm^{-2}\ s^{-1}}$

Lichtstärke der Sonne . . . . $3{,}1\cdot 10^{27}\ \mathrm{HK} = 2{,}8\cdot 10^{27}\ \mathrm{cd}$

scheinbare visuelle Größenklasse . . . . $-26^m 84$

absolute bolometrische Größenklasse. . . . . $+4^m 62$

Sonnenparallaxe $\pi_\odot$ . . . . $8{,}790''$

2. Erde

Äquator-Radius . . . . $6{,}378\cdot 10^{3}\ \mathrm{km}$

Polarer Radius . . . . $6{,}356\cdot 10^{3}\ \mathrm{km}$

Abplattung . . . . $1/297{,}3 = 0{,}003364$
Äquatorquadrant . . . . $10{,}01913 \cdot 10^3$ km
Meridianquadrant . . . . $10{,}00229 \cdot 10^8$ km
Masse . . . . $5{,}977 \cdot 10^{27}$ g
Mittlere Dichte . . . . $5{,}517$ g cm^{-3}
Oberflächendichte . . . . $2{,}60$ g cm^{-3}
Tropisches Jahr . . . . $365^{\mathrm{d}}24219879 - 0^{\mathrm{d}}0000000614$ (t — 1900)
Siderisches Jahr . . . . $365^{\mathrm{d}}25636042 - 0^{\mathrm{d}}0000000011$ (t — 1900)
Allgemeine Präzession . . . . $50''2564 + 0''000222$ (t — 1900)
Aberrationskonstante . . . . $20''47$
Nutationskonstante . . . . $9''21$
Siderischer Tag . . . . $23^{\mathrm{h}}56^{\mathrm{m}}4^{\mathrm{s}}091$ mittlere Sonnenzeit
Mittlerer Sonnentag . . . . $24^{\mathrm{h}}3^{\mathrm{m}}56^{\mathrm{s}}555$ Sternzeit

3. Erdmond

Mittlerer Abstand von der Erde . . . . $3{,}844 \cdot 10^{10}$ cm $= 60{,}27$ Erdradien
Radius . . . . $1{,}738 \cdot 10^8$ cm $= 0{,}272$ Erdradien
Masse . . . . $7{,}35 \cdot 10^{25}$ g $\quad = 0{,}0123$ Erdmassen
Mittlere Dichte . . . . $3{,}342$ g cm^{-3}
Siderische Umlaufszeit . . . . $27^{\mathrm{d}}321661$
Synodische Umlaufszeit . . . . $29^{\mathrm{d}}530588$
Umlaufszeit des Knotens . . . . $6793^{\mathrm{d}}5 = 18^{\mathrm{a}}60$
Neigung der Bahn . . . . $5°8'43''$
Exzentrizität der Bahn . . . . $0{,}054901$
Albedo . . . . $0{,}04$ bis $0{,}14$

4. Die Planeten

	Siderische Umlaufszeit	Mittl. Enfernung von der Sonne	Durchmesser km	Masse Erde=1	Mittl. Dichte g cm^{-3}	Rotationsdauer	Albedo
Merkur . . .	0^{a} $87^{\mathrm{d}}97$	0,387099	4800	0,055	5,72	88^{d} (?)	0,07
Venus . . .	0 224,70	0,723332	12200	0,814	5,12	225^{d} (?)	0,59
Erde	1 0,01	1,000000	12757	1,000	5,51	$23^{\mathrm{h}}56^{\mathrm{m}}4^{\mathrm{s}}$	0,43
Mars	1 321,74	1,523688	6800	0,107	3,90	$24^{\mathrm{h}}37^{\mathrm{m}}23^{\mathrm{s}}$	0,15
Jupiter . . .	11 314,92	5,202561	142700	316,9	1,25	$9^{\mathrm{h}}50^{\mathrm{m}}$	0,44
Saturn . . .	29 167,21	9,554747	120800	94,8	0,61	$10^{\mathrm{h}}14^{\mathrm{m}}$	0,45
Uranus . . .	84 8,11	19,218 14	49700	14,51	1,35	11^{h}	0,45
Neptun . . .	164 281,6	30,109 57	53000	17,19	1,32	?	0,52
Pluto	248 157	39,517 74	~10000	~0,9	~1	?	0,06

B. Milchstraßensystem

1 Lichtjahr (Lj.) . . . . $= 9{,}460\overline{5} \; 10^{17}$ cm
1 Parsec (pc) . . . . $= 3{,}087 \cdot 10^{18}$ cm $= 3{,}263$ Lj.
Durchmesser in der Milchstraßenebene . . . . . ≈ 30000 pc
Durchmesser senkrecht zur Milchstraßenebene . ≈ 5000 pc
Durchmesser der äußeren Hülle
  (Kugelhaufen, Lyrae-Sterne) . . . . ≈ 50000 pc
Abstand der Sonne vom Zentrum . . . . ≈ 10000 pc
Richtung zum Zentrum . . . . $325°$ galaktische Länge
Abstand der Sonne von der Milchstraßenebene . ≈ 15 pc nördlich
Rotationsperiode am Ort der Sonne . . . . . $\approx 2 \cdot 10^8$ Jahre
Rotationsgeschwindigkeit am Ort der Sonne . . ≈ 275 km s^{-1} in Richtung $67°$ galaktische Länge
Geschwindigkeit der Sonne relativ zu den Sternen
  ihrer näheren Umgebung . . . . $19{,}5$ km s^{-1}
Koordinaten des Apex dieser Bewegung . . . . Rektaszension $\alpha = 270°$
  Deklination $\quad \delta = +30°$
Gesamtmasse des Systems . . . . $\approx 5 \cdot 10^{44}$ g
Mittlere Dichte im Milchstraßensystem . . . . $\approx 10^{-23}$ g cm^{-3} oder 0,1 Sonnenmasse je pc^3

C. System der Spiralnebel

1 Megaparsec (Mpc) . . . . $= 3{,}087 \cdot 10^{24}$ cm $= 3{,}263 \cdot 10^6$ Lj.
Zunahme der Rotverschiebung mit dem Abstand . ≈ 580 km s^{-1} je Mpc
Hubble-Konstante . . . . $\approx 1{,}9 \cdot 10^{-17}$ s^{-1}
Mittlere Masse der Spiralnebel . . . . $\approx 2 \cdot 10^{44}$ g
Mittlerer Abstand zwischen 2 Spiralnebeln . . . $\approx 0{,}36$ Mpc
Mittlere Materiedichte im Raum der Spiralnebel . $\approx 10^{-28}$ g cm^{-3}

NACHTRÄGE

Ablesevergrößerung. Wird ein Fernrohr nicht zur Beobachtung eines in großer Entfernung befindlichen Objektes benutzt, sondern beobachtet man Gegenstände in Entfernungen, die mit der Fernrohrlänge vergleichbar sind, z. B. in Geräten eingebaute Teilungen usw. ($\rightarrow$Ablesefernrohr), so ist die Ablesevergrößerung $\bar{\Gamma}'$ das die Vergrößerung kennzeichnende Maß ($\rightarrow$Fernrohr). Ist $2\,\sigma'$ der Winkel, unter dem bei Betrachtung durch das Ablesefernrohr das Bild erscheint, und $2\,\bar{\sigma}$ der Winkel, unter dem das Objekt bei Betrachtung von der Austrittspupille des Ablesefernrohrs aus erscheinen würde, so gilt definitionsgemäß $\bar{\Gamma}' = \mathrm{tg}\,\sigma'/\mathrm{tg}\,\bar{\sigma}$ bzw. bei kleinen Winkeln $\bar{\Gamma}' = \sigma'/\bar{\sigma}$. Ist l die Entfernung des Objektes der Größe y von der Austrittspupille des Ablesefernrohrs, so ist $\mathrm{tg}\,\bar{\sigma} = y/l$, also $\bar{\Gamma}' = \mathrm{tg}\,\sigma'\,l/y$ bzw. $\bar{\Gamma}' = \sigma'\,l/y$. Ist Γ die Fernrohrvergrößerung bei einem im Unendlichen befindlichen Objekt, so ist angenähert $\bar{\Gamma}' \approx \Gamma\,(1 + L_F/l)$, wobei L_F der Abstand der Eintrittspupille von der Austrittspupille, also angenähert die Baulänge des Fernrohrs ist.

Abtastmikroskop $\rightarrow$Mikroskopie nach dem Fernsehprinzip im *Nachtrag*.

Akustochemie, zusammenfassende Bezeichnung für die Erzeugung von Schall durch chemische Energie ($\rightarrow$Explosions-Schallsender) und umgekehrt die Beeinflussung chemischer Reaktionen durch akustische Schwingungen ($\rightarrow$Abbau hochpolymerer Stoffe, $\rightarrow$Emulgierung durch Ultraschall).

Auerbach, R.: Chemie-Ingenieur-Technik 23, 1 (1951).

Anallaktisches Fernrohr, ein in der Geodäsie (Tachymetrie) benutztes Fernrohr, bei dem nach dem Vorschlag von *Porro* das Objektiv aus zwei starr miteinander verbundenen, in großem Abstand voneinander befindlichen Einzellinsen aufgebaut ist. Hierdurch fällt der $\rightarrow$ anallaktische Punkt (s. u.) der Objektivteile, von dem aus die Entfernung gezählt wird, ungefähr in die Mitte des Fernrohrs und mit der Stehachse des Instrumentes zusammen, wodurch sich für die Messung der Entfernung leicht auswertbare Formeln ergeben.

Bei neueren anallaktischen Fernrohren sind die beiden Objektivteile nicht mehr starr verbunden, sondern man benutzt das im Inneren des Fernrohrs bewegliche Hinterglied des Objektivs zur Scharfstellung (*Innenfokussierung*). Auch bei solchen Fernrohren liegt der anallaktische Punkt bei fast allen eingestellten Entfernungen ungefähr in der Fernrohrmitte und in der Nähe der Stehachse des Instrumentes.

Jordan-Eggert: Hdb. d. Vermessungskde. Stuttgart 1933. — *Jensen, H.:* Optik 7, 16 (1950).

Anallaktischer Punkt. 1. Mit Hilfe der Definition der Brennweite f kann bei bekannter Objektgröße y und bekannter Bildgröße y' eine schnelle Entfernungsmessung durchgeführt werden. Dieses Verfahren wird in der Geodäsie als *Tachymetrie* bezeichnet. Ist a die Entfernung, so ist $f/y' = a/y$. Wenn a groß gegen f ist und zur Scharfstellung das ganze Objektiv oder Okular und Strichplatte verschoben werden, so wird a vom vorderen Brennpunkt des Objektivs gezählt, andernfalls erfolgt Zählung vom sog. anallaktischen Punkt aus, der jedoch nicht bei allen Fernrohrkonstruktionen unveränderlich ist, sondern von a und der Art der Entfernungseinstellung abhängt. Nach *Drodofski* und *Slevogt* kann man ihn als „Gegenpunkt" zur Fadenkreuzmitte bei Einstellung auf Unendlich erhalten, wenn die Fadenkreuzmitte an einer in der Mitte zwischen den Objektivhauptebenen gelegenen Ebene gespiegelt wird.

$\rightarrow$anallaktisches Fernrohr (vorstehend).

Drodofski, M., u. *H. Slevogt:* Optik 7, 23 (1950). — *Schulz, H.:* Optik 8, 162, 164 (1951).

2. Bei der optischen Abbildung wird infolge der $\rightarrow$Tiefenschärfe nicht nur eine Ebene, sondern auch ein gewisser davor oder dahinter liegender Raum abgebildet. Bei Einstellung auf einen bestimmten Objektpunkt erstreckt sich dann der scharf abgebildete Objektraum bis ins Unendliche. Dieser Punkt wird gelegentlich in Abweichung von dem unter 1. Gesagten bei Fernrohren und Entfernungsmessern auch anallaktischer Punkt genannt. Bei Photokameras wird er richtiger als „Nah-Unendlichkeits-Einstellung" bezeichnet.

Naumann, H.: Optik f. Konstrukteure. Halle 1949.

Anamorphotische Abbildungen oder verzerrte Abbildungen entstehen, wenn in zwei zueinander senkrechten Richtungen verschiedene Vergrößerungen vorhanden sind. Die Gesetze der anamorphotischen Abbildung wurden von *E. Abbe* angegeben. Sie lassen sich z. B. durch die Abbildung mit zwei Zylinderlinsen realisieren, deren Zylinderachsen zueinander senkrecht stehen. Eine weitere Art von anamorphotischer Abbildung entsteht durch subjektive Beobachtung durch oder an doppelt gekrümmten Flächen. Solche Abbildungen werden häufig bei Schaustellungen durch Zerrspiegel hervorgebracht. In entgegengesetzter Art und Weise kann man durch Betrachten von anamorphotischen Zeichnungen durch Zylinderlinsenanordnungen, zylindrischen oder kegelförmigen Spiegeln erreichen, daß diese Zeichnungen wieder ein natürliches Aussehen haben.

Czapski-Eppenstein: Grundl. d. Theorie d. opt. Instr. Leipzig 1924.

Anaphorese = $\rightarrow$Elektrophorese.

Angezogene Nukleonen $\rightarrow$nackte und angezogene Nukleonen im *Nachtrag*.

Assimilation der Kohlensäure. Über den neuesten Stand vgl. die angegebene Literatur.

Burk, D., u. *O. Warburg:* Naturwiss. 37, 560 (1950).

Atomenergie (Ergänzung). In jüngster Zeit hat man mit Versuchen begonnen, die bei der Vereinigung von 4 Protonen zu einem He-Kern frei werdende Bindungsenergie von 28,2 MeV je Kern zur Gewinnung von Atomenergie zu benutzen, also in gewissem Sinne den Prozeß zu kopieren, der den →Energiehaushalt der Sterne bestreitet. Der genaue verwendete Reaktionsmechanismus ist nicht bekannt. Jedoch erfolgt der Aufbau der Kerne über einen Zyklus von Kernprozessen. Da die Anregungsenergien nicht zu hoch sein dürfen, so kommen hierfür nur die Elemente H, Li und Be in Frage, und zwar im wesentlichen die folgenden Kernreaktionen der H-Isotope unter sich und mit Li:

1.	$D\,(p,\gamma)\,{}^{3}_{2}He$	5 MeV
2.	$T\,(p,\gamma)\,{}^{4}_{2}He$	20
3.	$D\,(d,n)\,{}^{3}_{2}He$	3,2
4.	$D\,(d,p)\,T$	4
5.	$D\,(n,2\,n)\,H$	$-2,19$
6.	$T\,(t,2n)\,{}^{4}_{2}He$	11
7.	$T\,(d,n)\,{}^{4}_{2}He$	17,5
8.	${}^{6}_{3}Li\,(n,\alpha)\,T$	4,56
9.	${}^{6}_{3}Li\,(d,\alpha)\,{}^{4}_{2}He$	22,1
10.	${}^{7}_{3}Li\,(p,\alpha)\,{}^{4}_{2}He$	17,2
11.	${}^{7}_{3}Li\,(d,n)\,2\,{}^{4}_{2}He$	14,55
12.	${}^{6}_{3}Li\,(d,p)\,{}^{7}_{3}Li$	5,2
13.	${}^{7}_{3}Li\,(p,\gamma)\,2\,{}^{4}_{2}He$	17,2
14.	${}^{7}_{3}Li\,(p,n)\,{}^{7}_{4}Be$	$-1,641$
15.	${}^{7}_{3}Li\,(d,p)\,{}^{8}_{3}Li$	$-0,2$
16.	${}^{7}_{3}Li\,(d,\alpha)\,{}^{5}_{2}He$	14
17.	${}^{9}_{4}Be\,(n,2n)\,2\,{}^{4}_{2}He$	$-7,66$

Alle diese Reaktionen haben verschiedene Wirkungsquerschnitte und Anregungsenergien und können daher in der detonierenden Substanz miteinander konkurrieren. Es ist denkbar, daß die Bedingungen so gehalten werden, daß die Reaktionen 7 (großer Wirkungsquerschnitt) und 8 (kleine Anregungsenergie) bevorzugt ablaufen. Sie ergeben einen Reaktionszyklus, bei dem Tritium und Neutronen den Zusammentritt von ^6Li und ^2H zu 2 He-Kernen „katalysieren", so daß der Prozeß 9, für den Wirkungsquerschnitt und Anregungsbedingungen ungünstiger liegen, auf diese Weise zur Wirkung kommt. In ähnlicher Weise könnte sich ein Kernprozeß zwischen den Reaktionen 6 und 8 abspielen, wobei aus 2 ^6Li 3 He-Kerne entstünden.

Im Gegensatz zum Ablauf der ungesteuerten Kettenreaktion bei der U- und Pu-Spaltung wird hier die Zahl der Neutronen nicht vervielfacht, sondern nur innerhalb des Reaktionszyklus reproduziert. Zum Ausgleich der Neutronenverluste, soweit sie nicht durch Reaktionen wie z. B. 3 oder 5 kompensiert werden, könnte die Neutronenproduktion durch Zugabe von Be vergrößert werden (Reaktion 17).

Das Grundmaterial ist wahrscheinlich Lithiumhydrid, dessen Lithium möglicherweise aus reinem ^3Li und dessen Wasserstoff aus ^2H und ^3H besteht. Da die Komponenten dieser Verbindung erst bei einer Temperatur von 20 bis $60 \cdot 10^6$ Grad mit-einander in Kernreaktion treten, muß die Substanz mittels einer explosiven Kettenreaktion in einem spaltbaren Stoff gezündet werden, der sich inmitten des Lithiumhydrids befindet. Infolge der geringen spezifischen Wärme der Reaktionspartner wird so die nötige Anregungsenergie auf ihre Atomkerne übertragen, so daß die Kernprozesse anlaufen.

Da in der Grundsubstanz keine Kettenreaktion ablaufen kann, so gibt es in diesem Fall keine →kritische Größe. Wenn aber das Tritium einer der wesentlichen Bestandteile ist, so hat die Grundsubstanz eine durch die Halbwertzeit des ^3H von 12 a und seine Umwandlung in ^3_2He beschränkte Lebensdauer.

Die Energieerzeugung, bezogen auf gleiche Masse der umgewandelten Substanz, ist rund 10mal größer als bei der Spaltung von ^{235}U oder ^{239}Pu.

Axel-Dancoff-Diagramm →isomere Kerne.

α-Einfang →Kernreaktionen (Ergänzung) im *Nachtrag.*

Berkelium (Ergänzung). Das $_{97}Bk$ wird wahrscheinlich durch den Prozeß $^{241}_{95}Am\,(\alpha,2\,n)\,^{243}_{97}Bk$ gewonnen, und zwar mit α-Teilchen von 30 bis 35 MeV. Es wandelt sich überwiegend durch K-Einfang mit einer Halbwertzeit von etwa 46 h in $^{243}_{96}Cm$ um, zu etwa 0,1% auch durch α-Strahlung in $^{239}_{95}Am$.

Bethe-Effekt oder *Lambshift* →Wasserstoffspektrum.

Bioptix →Strahlungspyrometer.

Buys-Ballotsches Gesetz, eine Folge der auf den Wind wirkenden, von der Erddrehung herrührenden Coriolis-Kraft (→Relativbewegung). Es besagt: Eine →Zyklone (Tiefdruckgebiet) wird vom Winde auf der Nordhalbkugel entgegen dem Uhrzeigersinn, auf der Südhalbkugel im Uhrzeigersinn umströmt. Das Umgekehrte trifft, wenn auch oft nicht so ausgeprägt, für die Hochdruckgebiete zu.

Caesiumuhr →Zeitmaße.

Clathratverbindungen (clathratus = eingesperrt), nach *H. M. Powell* Molekülverbindungen, in denen ein verhältnismäßig kleines Molekül von einem oder mehreren großen Molekülen eingeschlossen wird. Die umschließenden Moleküle sollen starke — sowohl kovalente als auch heteropolare — Bindungen aufweisen. Bekannt sind Clathratverbindungen von Hydrochinon $C_6H_4(OH)_2$ mit CO_2, SO_2, CH_3OH, den Edelgasen Ar, Kr, Ne usw. sowie von Harnstoff $CO(NH_2)_2$ mit höheren Alkoholen, Fettsäuren usw. Die Struktur der Hydrochinonverbindungen ist diejenige des β-Hydrochinons, wobei je drei Hydrochinonmoleküle ein Fremdmolekül in einem Gitterhohlraum einschließen. Ein Teil der Hohlräume kann frei bleiben: das Verhältnis der Fremdmoleküle zu den Hydrochinonmolekülen ist kein stöchiometrisches, und sein Wert 1:3 stellt ein Maximum dar. An Gasen vermag das Hydrochinon etwa das 70fache seines Volumens aufzunehmen. Die Gitterkonstanten hängen von der Art der Fremdatome und ihrer Menge ab und sind für die verschiedenen Verbindungen recht ähnlich. Die Strukturen kann man als →Einlagerungsgitter bezeichnen.

Powell, H. M.: J. chem. Soc. (London) 1947, 208; 1948, 61; 1950, 298, 300, 468. — *Schlenck:* Z. angew. Chem. 62, 299 (1950). — *Hartmann, H.:* Umschau 51, 475 (1951).

Clayden-Effekt, eine dem →Herschel-Effekt verwandte Erscheinung. Eine photographische Schicht werde einer Kurzzeitbelichtung ausgesetzt, etwa der Strahlung eines intensiven, kurz dauernden (10^{-6} s) elektrischen Funkens. Danach werde ein Teil der Schicht längere Zeit mit normalem, weißem Licht weiter exponiert, während der andere Teil der Schicht gegen diese Nachbelichtung abgedeckt sei. Nach Entwicklung der Schicht ist der mit kurzzeitigem Funkenlicht allein bestrahlte Teil stärker geschwärzt als der zusätzlich mit weißem Licht bestrahlte Teil der Schicht. Es ist also eine →Solarisation eingetreten. In Kernspur-Emulsionen ist der Clayden-Effekt weitgehend unterdrückt.

Crab-Nebel (Ergänzung). Neuere Untersuchungen von *W. Baade* über den →Crab-Nebel haben eine Reihe sehr wichtiger Erkenntnisse geliefert. Aufnahmen in einem Spektralbereich ohne wesentliche linienhafte Absorption zeigen in den inneren Bezirken des Nebels eine weitgehend strukturlose Materieverteilung (Abb. 1), Aufnahmen in einem engen Spektralbereich mit linienhafter Emission dagegen ein sich vor allem in den äußeren Bereichen erstreckendes System von Filamenten, die

Abb. 1. Aufnahme des Crab-Nebels in einem Spektralbereich ohne linienhafte Emission (λ zwischen 7200 und 8400 Å). Nach *W. Baade.*

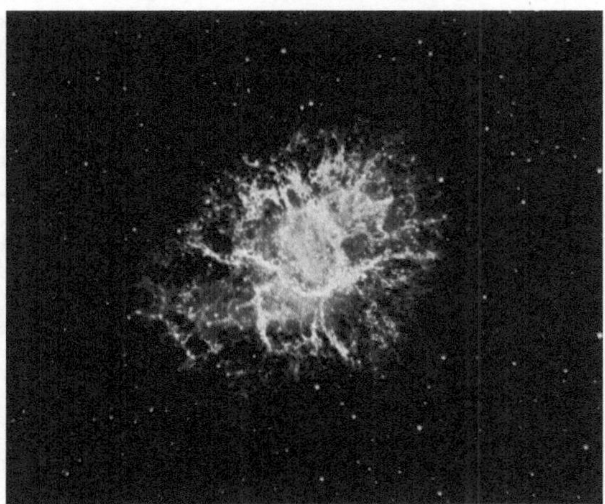

Abb. 2. Aufnahme des Crab-Nebels in einem Spektralbereich mit linienhafter Emission (λ zwischen 6300 und 6700 Å). Nach *W. Baade.*

Physikalisches Wörterbuch II.

denen auf der Sonne weitgehend ähneln. Eine eingehende Diskussion des Crab-Spektrums durch *R. Minkowski* führt zu dem überraschenden Ergebnis, daß der Zentralstern, der das Leuchten des Nebels anregt, eine Oberflächentemperatur von der Größenordnung von 500000 Grad hat, nach *K. Wurm* sogar mindestens so viel, und einen Radius von etwa 0,02 Sonnenradien. Auch für Zentralsterne von →Planetarischen Nebeln werden heute Temperaturen von ähnlicher Größenordnung vermutet. Die erwähnte Temperatur ist natürlich nur das Ergebnis indirekter, aber sehr weitgehend sicherer Schlüsse. Sie bestärkt die Annahme, daß es sich um eine Post-Supernova handelt und der Crab-Nebel die von ihm aus expandierende Hülle ist. Als Objekt ist der Zentralstern noch nicht identifiziert.

Wurm, K.: Die Temperatur des Crab-Nebel-Zentralsterns. Naturw. 38, 496 (1951). Dort weitere Literatur.

Dreifachspaltung des Urans 235, also eine Spaltung in drei Kerne gleicher Größenordnung, hatte *Present* 1941 auf Grund des Tröpfchenmodells theoretisch vermutet, und mehrere Autoren glaubten, solche Effekte auch nachgewiesen zu haben. Neueste genaue Untersuchungen von *Titterton* und Mitarbeitern an mehr als $5 \cdot 10^5$ Spaltungsspuren beweisen aber offenbar, daß diese Art von Spaltung überaus unwahrscheinlich ist.

Titterton, E. W.: Nature, Lond. 168, 590 (1951) — Phys. Bl. 7, 465 (1951).

Elektronenschleuder. Über neueste Fortschritte s. *W. Braunbek,* Umschau 51, 748 (1951).

Elektrophotolumineszenz, die Lumineszenzerregung in Zinksulfidphosphoren und anderen Leuchtstoffen beim Einschalten eines elektrischen Feldes (*G. Destriau*). Mittels kräftiger Wechselfelder kann ein ständiges Leuchten hervorgerufen werden. Auf dieser Basis ist von *Payne* mittels eines in eine durchsichtige, nichtleitende Schicht eingebetteten Spezialphosphors eine neuartige Kaltlichtquelle konstruiert worden in Gestalt von Tafeln, die bei normaler Wechselspannung befriedigend arbeiten und mannigfache Anwendungen versprechen. Die Leuchtkraft wächst, wie zu erwarten, mit der Frequenz und der Spannung.

Exhaustions-Schwingungsanalyse, Verfahren zur Auffindung verborgener periodischer Komponenten in einem Schwingungsvorgang $F(t)$ durch Bildung der Summe

$$E(t, z) = F(t) + F(t + z) + F(t + 2z) + \cdots$$

Wenn die Verschiebungsweite z mit der Länge einer in $F(t)$ verborgenen Periode oder einem ganzzahligen Vielfachen davon übereinstimmt, kommt die Form der periodischen Komponente zum Vorschein, und zwar um so deutlicher, je größer die Gliederzahl der Summe ist. Zur *mittelbaren* Exhaustionsanalyse (→Schwingungsanalyse) geeignet sind fast alle optischen →Periodographen; eine wenigstens teilweise *unmittelbare* Exhaustionsanalyse findet bei einigen Spektralgeräten (Zungenfrequenzmesser, Gitter, Plattenspektroskop) statt.

Meyer-Eppler, W.: Phys. Bl. 7, 355 (1951).

Exo-Elektronen sind solche, die bei exotherm verlaufenden Vorgängen frei werden. Sie haben geringe Energien in der Größenordnung 1 eV und lassen sich im Zählrohr oder mit der Photoplatte nachweisen. Diese Elektronemission wurde zuerst von *Haber* und *Just* (1914) bei der Verbindung von Metallen mit gewissen Stoffen (z. B. Jod) beobachtet. Der Ausdruck ist jedoch von *Kramer* geprägt worden, der zuerst die Elektronenemission geschmirgelter oder frisch aufgedampfter Metallschichten gefunden hat. Wenn auch die Ursache dieser Emission noch nicht völlig geklärt ist, so ist doch mit Sicherheit ein exothermischer Prozeß dafür verantwortlich, da keinerlei äußere Energie zugeführt wird.

Kramer, J.: Der metallische Zustand. Göttingen 1950.

Expansion des Weltalls (Ergänzung). Es liegen jetzt die Ergebnisse der ersten Messungen der Nebelflucht mit dem 5 m-Spiegelteleskop auf dem Mt. Palomar vor. Während die bisherigen Beobachtungen bis in eine Entfernung von etwa $230 \cdot 10^6$ Lj. und zu einer Fluchtgeschwindigkeit von 42 200 km s^{-1} reichten, fand *Humason* bei vier Nebelhaufen nunmehr Geschwindigkeiten bis zu 60 900 km s^{-1}. Die Entfernung beträgt dabei etwa $360 \cdot 10^6$ Lj. Es handelt sich um überaus lichtschwache Gebilde von weniger als 19. Größe. Die Aufsuchung geeigneter Nebelhaufen ist bei solchen Objekten überaus schwierig und kann bei noch entfernteren Objekten nur noch mit den größten Spiegelteleskopen selbst erfolgen. Die Hubble-Konstante ergibt sich in guter Übereinstimmung mit den früheren Messungen.

Facettenauge (Ergänzung). Die einzelnen Retinulazellen jeder Facette wirken in eigenartiger Weise als Analysatoren für die verschiedenen Schwingungsrichtungen des Lichtes. Indem entsprechend gelagerte Retinulazellen benachbarter Zellen gleichartig wirksam sind, ist dem Träger solcher Augen eine Orientierung nach den durch eine unterschiedliche →Polarisation des Himmelslichtes ausgezeichneten Himmelsrichtungen möglich. Ferner →Haidinger-Büschel.

v. Studnitz, G.: Physiologie des Sehens' — Retinale Primärprozesse. Leipzig 1952.

Fallbeschleunigung (Ergänzung). Inzwischen ist die vom Bureau International des Poids et Mesures angestellte neue Absolutbestimmung der Fallbeschleunigung vorläufig abgeschlossen mit dem Ergebnis: g (Sèvres) = 980,916 ± 0,005 Gal (*Volet* 1951). Dieser Wert ist um 24 mGal kleiner als derjenige, der sich nach den bisherigen Vergleichsmessungen im Potsdamer Schweresystem für Sèvres ergeben würde.

Feldionenmikroskop. In dem 1951 von *E. W. Müller* entwickelten Feldionenmikroksop werden die Objekte mittels *Ionenstrahlen* abgebildet. Das Feldionenmikroskop unterscheidet sich von dem →Feldelektronenmikroskop einmal durch Umpolung, d. h. die Einkristallspitze wird als Anode geschaltet. Im Feldionenmikroskop werden auf der anodischen Spitze adsorbierte Atome und auftreffende Teilchen des Restgases ionisiert und gelangen infolge des elektrischen Feldes bilderzeugend auf den Leuchtschirm, und zwar in ähnlichen Bahnen wie die Elektronen beim Feldelektronenmikroskop. Um ein ausreichend helles Bild zu erhalten, müssen ständig genügend Teilchen auf der Spitze ionisiert werden. Hierzu erhält die Ionenmikroskopröhre eine geeignete Gasfüllung mit so geringem Druck, daß eine Glimmentladung nicht mehr auftritt. Die neutralen Teilchen des Gases geben beim Auftreffen auf die Spitze Elektronen ab und erreichen als positive Ionen den Leuchtschirm. Für Kontrollzwecke können Ionenmikroskopröhren auch als Feldelektronenmikroskop geschaltet werden.

Als Gasfüllung ist z. B. Wasserstoff bei einem Druck von 10^{-3} Torr geeignet. Ein derartiges *Protonenmikroskop* erfordert bei einem Spitzenradius von etwa 1000 Å eine Gleichspannung von etwa 15 kV, d. h. eine Feldstärke an der Spitze von rund $2,5 \cdot 10^8$ V/cm, und liefert einen Protonenstrom von etwa $6 \cdot 10^{-8}$ A. Das lichtschwache Leuchtschirmbild der Spitze ist erheblich schärfer als das feldelektronenmikroskopische Bild. Das *Auflösungsvermögen*, das etwa 2—4 Å beträgt, ist das höchste bisher von Mikroskopen erzielte und gibt die Möglichkeit, das atomare Gitter sichtbar zu machen.

Müller, E. W.: Z. Phys. 131, 136 (1951/52).

Ferroelektrika (Ergänzung; → Relaxation, dielektrische). Neuerdings ist auch das Wolframoxyd als Ferroelektrikum nachgewiesen worden.

Gawada, S., R. Ando u. S. Nomma: Phys. Rev. 82, 652 (1951).

Flash tube = → Lichtblitzentladungslampe im *Nachtrag.*

Flying spot-Mikroskop → Mikroskopie nach dem Fernsehprinzip im *Nachtrag.*

Gabor-Verfahren → Mikroskopie mittels rekonstruierter Wellenfronten im *Nachtrag.*

Haas-Effekt. Bietet man Schallvorgänge über zwei Lautsprecher in der Weise dar, daß der von dem zweiten Lautsprecher ausgehende Schall gegenüber dem von dem ersten Lautsprecher ausgehenden Schall zeitlich verzögert wird, so kann die „Echoschallquelle" bei Verzögerungszeiten zwischen 1 und 30 ms akustisch nicht wahrgenommen werden, solange ihre Intensität weniger als 10 db über derjenigen des Primärschalles liegt.

Haas, H.: Acustica 1, 49 (1951).

Haftstellen → Leuchtmechanismus bei der Phosphoreszenz.

Halbleiterphotoelemente (Ergänzung). Die Entstehung der Photo-EMK in den Photoelementen ist von *Schottky, Mott* und in neuester Zeit von *Lehovec* erklärt worden. Sie beruht auf der Ausbildung einer Sperrschicht an der Grenze Metall-Halbleiter. Abb. a zeigt links das →Energiebändermodell des Metalls M, rechts das des Mangelhalbleiters H, z. B. Cu_2O. F ist das Fermi-Niveau im Metall (Nullpunktsenergie der Metallelektronen). Im Halbleiter H sind G das Grundband, L das Leitungsband, A die Verunreinigungsniveaus dicht oberhalb G (Akzeptor-Niveaus; →Halbleitung). Infolge thermischer Anregung besetzen Elektronen aus dem G-Band die A-Niveaus, so daß eine entsprechende Zahl von Löchern im G-Band entsteht. Diese Löcher sind die Träger der Mangelhalbleitung. Abb. b zeigt die Energieverhältnisse nach erfolgtem Kontakt zwischen M und H. Aus dem Metall M treten Elektronen in den Halbleiter H über und besetzen die Löcher im G-Band an der Kontaktgrenze. Dadurch entsteht im Grenzgebiet von H eine negative, räumliche Überschußladung und eine gleich große positive Flächenladung auf dem Metall M infolge der Abwanderung von Elektronen. Das auf die Grenzschicht in H lokalisierte elektrische Feld verursacht eine Verschiebung der Energieniveaus, wie in Abb. b dargestellt ist. Durch die Auffüllung der Löcher im G-Band ist das Gebiet I, II nichtleitend geworden, es ist eine Sperrschicht (→Sperrschichteffekt). Im Gleichgewichtszustand ist die an der Sperrschicht I, II liegende Spannung U so groß, daß keine weiteren Elektronen mehr vom Metall M in den Halbleiter H übertreten können.

Die Absorption eines geeigneten Lichtquants in der Sperrschicht verursacht die Anregung eines Elektrons aus dem G-Band in das Leitungsband L (Pfeil a, Abb. b). Dadurch entsteht in G ein Loch (Defektelektron), welches unter der Wirkung des Sperrschichtfeldes in den Halbleiter hineinläuft, während das in das L-Band angehobene Elektron zum Metall getrieben wird. Es kann nicht in die Akzeptorniveaus A der Sperrschicht fallen, weil diese bereits durch vom Metall übergegangene Elektronen aufgefüllt sind. Wird die Zahl der je Zeiteinheit in der Sperrschicht absorbierten Lichtquanten erhöht, so fließt ein immer stärker werdender Elektronenstrom vom Halbleiter zum Metall. Gleichzeitig wird das lokale Feld in der Sperrschicht abgebaut; die Sperrschicht schrumpft zusammen. Im Grenzfall ist sie völlig beseitigt. Das Metall ist jetzt negativ gegen den Halbleiter aufgeladen. Zwischen beiden besteht eine Spannung von der Größe $-U$, die Leerlaufspannung. Ver-

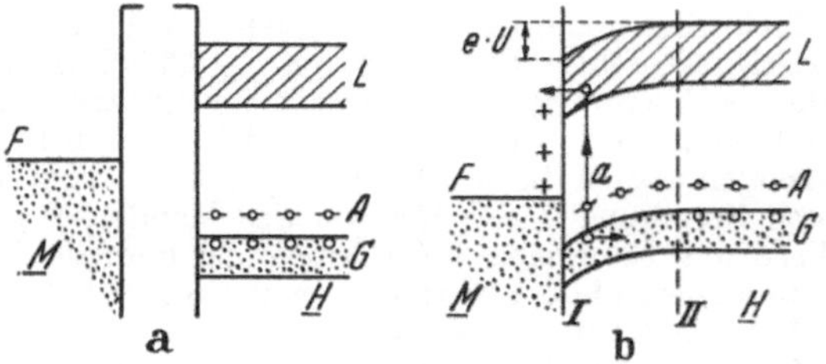

Zum Mechanismus des Halbleiterphotoelements. Energiebändermodelle des Metalles und des Halbleiters (M bzw. H) a) vor dem Kontakt, b) nach erfolgtem Kontakt. ● Elektron, ○ Defektelektron (Loch).

bindet man M und H durch einen äußeren Stromkreis, so fließt bei Lichteinstrahlung in die Sperrschicht ein dauernder Elektronenstrom von H nach M, also ein Strom in der Sperrichtung (→Sperrschichteffekt).

Beim Selen-Photoelement liegt die Sperrschicht zwischen der durchlässigen Deckelektrode und dem Selen. Bei Cu_2O-Photozellen kann die Sperrschicht an der lichtdurchlässigen Deckelektrode oder an der Grundelektrode entstehen. Man unterscheidet dann zwischen Vorderwand- und Hinterwandzellen. Erstere sprechen nur auf kurzwelliges sichtbares Licht an, die letzteren auf langwelliges sichtbares und ultrarotes Licht. Selen-Photoelemente haben eine spektrale Empfindlichkeitsverteilung, welche der des menschlichen Auges nahe kommt.

Zworykin, V. K., u. *E. G. Ramberg:* Photoelectricity and its Application. New York 1949. — *Lehovec, K.:* Phys. Rev. (2) 74, 463 (1948). — *van Geel, W. Ch.:* Verh. Kon. Vlaam. Akad. Weet., Belg. (1947), 172.

Häufigkeit der Elemente (Ergänzung). Neueste Analysen an der Kieler Sternwarte und von *Voigt* und *Traving* der Zusammensetzung der Atmosphären von vier Sternen höchst verschiedenen Typs (Sonne, $d\,G\,3$; τ Scorpii, $d\,BO$; 10 Lacertae, $d\,O\,3,5$; des Übergiganten 55 Cygni, $c\,B\,2$) haben das sehr wichtige Ergebnis gehabt, daß diese innerhalb der Genauigkeitsgrenzen die gleiche ist, obgleich ihr Lebensalter sehr verschieden ist. Die Tabelle gibt die relativen Häufigkeiten einiger Elemente. Die Daten stimmen ausgezeichnet mit denen der Erde (*V. Goldschmidt*) und der Meteoriten überein.

Z	Element	Rel. Atomanzahl	Z	Element	Rel. Atomanzahl
1	H	100000	12	Mg	6,2
2	He	18000	13	Al	0,38
6	C	25	14	Si	5,6
7	N	54	16	S	1,5
8	O	98	20	Ca	0,30
10	Ne	115	26	Fe	9,3
11	Na	0,23			

Ob diese für die Sternatmosphäre ermittelten Daten auch für das Sterninnere allgemein gelten, steht noch nicht fest. Es gibt Gründe für die Annahme, daß das nicht allgemein der Fall ist, d. h. daß nicht bei allen Sternen eine vollständige Durchmischung ihrer Materie durch Konvektionsvorgänge besteht. (Näheres bei *A. Unsöld.*)

Nach neueren Messungen scheint auch die Zusammensetzung der Teilchen in der kosmischen Strahlung derjenigen im übrigen Weltall ungefähr zu entsprechen.

Unsöld, A.: Phys. Bl. 7, 453 (1951).

In allerjüngster Zeit hat *Gamow* eine neue Theorie des Ursprungs des Weltalls entwickelt, die vor allem auf ein Verständnis für die verschiedene relative Häufigkeit der Elemente abzielt. Es ist inzwischen nachgewiesen, daß diese im *ganzen* Weltall, einschließlich der →interstellaren Materie (von erklärbaren Ausnahmen abgesehen) überall ungefähr die gleiche ist. *Gamow* geht aus von einem einige 10^9 Jahre zurückliegenden Start der auf engsten Raum zusammengeballten, aus Nukleonen bestehenden Materie, deren Temperatur in diesem Augenblick größenordnungsmäßig der Bindungsenergie der Nukleonen in den Kernen noch mindestens entsprochen hat, so daß eine Kernbildung erst nach Unterschreitung dieser Temperatur einsetzen konnte. Diese ist von der Größenordnung von einigen 10^3 Millionen Grad. Aus diesem Zustand startet die Materie mit anfänglich praktisch unendlich hoher Dichte und Geschwindigkeit zur →Expansion des Weltalls. Entscheidend für die hohe Geschwindigkeit ist die damals äußerst große Strahlungsdichte. Mit der beginnenden Expansion nimmt die Temperatur ungeheuer schnell ab, etwa nach der Zahlenwertgleichung $T = 1{,}5 \cdot 10^{10}/\sqrt{t}$ (t in s). Die Bildung der Atomkerne beginnt mit ^2_1D, ^3_2He, ^3_1T, ^4_2He. Der nächste Schritt — über die Massenzahl 5 — macht theoretische Schwierigkeiten, weil es keinen entsprechenden stabilen Kern gibt. Doch gibt es einen Vorschlag von *Wigner*, um diese Lücke zu überbrücken. Der weitere Prozeß läßt sich dann unter Berücksichtigung der Wirkungsquerschnitte der verschiedenen Kerne für Einfang von Neutronen in plausibler Weise übersehen. Es kommt dabei wesentlich auf das Produkt aus Neutronendichte und für den Prozeß verfügbarer Zeit an. *Gamow* hat die schließlich verbleibende relative Häufigkeitsverteilung für die Beträge dieses Produkts $1{,}3 \cdot 10^{18}$ (I), $0{,}8 \cdot 10^{18}$ (II) und $0{,}5 \cdot 10^{18}$ (III) berechnet. Die Kurven zeigt die Abbildung, in die außerdem (die kleinen Kreise) die beobachtete Verteilung eingetragen ist. Sie paßt sich am besten der theoretischen Verteilung II an. Dies führt dann dazu, daß der Prozeß nach etwa 30 Minuten abgeschlossen gewesen sein dürfte, da nach dieser Zeit die Temperatur unter den für neue Kernbildungsprozesse erforderlichen Wert abgesunken ist. Bei beliebig langer Dauer der Bildungsprozesse hätte sich die ebenfalls in der Abbildung gezeichnete Gleichgewichtsverteilung eingestellt. Diese Theorie vermag auch noch gewisse feinere Züge in der Häufigkeitsverteilungskurve zu deuten.

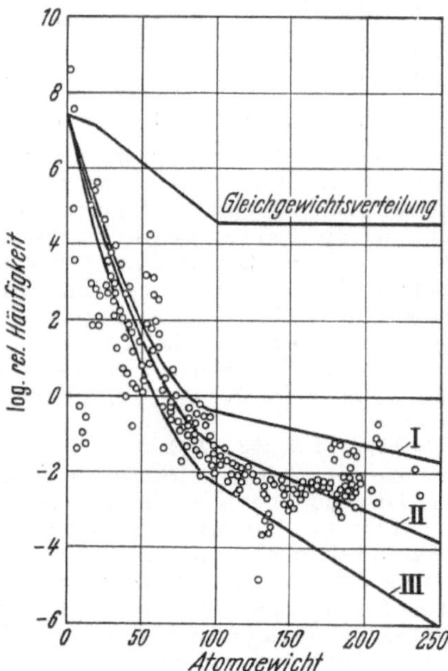

Beobachtete und berechnete relative Häufigkeit der Elemente.

Wenn diese Theorie zutrifft, so ist uns in der heutigen Häufigkeitsverteilung der Elemente ein in der ersten halben Stunde der Geschichte des Weltalls fixiertes Dokument aus der Geburtsstunde unseres heutigen Weltalls erhalten, das durch die seitherige Bildung von Helium aus Protonen nur sehr wenig modifiziert worden ist.

Gamow, W.: Die Umschau 51, 193 (1951). (Übersetzt aus Physics To-day.)

Hillsche Differentialgleichung →rheolineare Systeme.

Hochheimsche Legierung. Nach *Hochheim* können Metallspiegel mit einem hohen und praktisch nicht selektiven Reflexionsvermögen im spektroskopisch interessierenden Wellenlängenbereich dadurch erzeugt werden, daß die reflektierende Schicht aus verschiedenen Metallen oder Metalllegierungen, z. B. Ag und Al, hergestellt wird, die sich in den Bereichen ihrer spezifischen Selektivitäten praktisch kompensieren. Die Schichten, deren genaue Zusammensetzung nicht bekannt ist, werden durch gleichzeitig oder nacheinander erfolgendes Abdampfen der betreffenden Metalle auf eine polierte Glasplatte im Hochvakuum erzeugt. Ihre Beständigkeit gegenüber chemischen Einflüssen ist sehr hoch.

Hologramm →Mikroskopie mittels rekonstruierter Wellenfronten im *Nachtrag.*

Kernreaktionen (Ergänzung). Jüngst haben *Bennett, Roys* und *Toppel* zum erstenmal eine Kernreaktion nachgewiesen, bei der ein α-Teilchen eingefangen und lediglich ein γ-Quant emittiert wird, nämlich den Prozeß $_3^7\mathrm{Li}\,(\alpha,\gamma)\,_5^{11}\mathrm{B}$. Die Reaktion setzt bei einer Energie der α-Teilchen von 0,401 MeV ein, und ihre Intensität steigert sich sprunghaft bei 0,819 und 0,958 MeV. Es liegen also Resonanzstellen vor. Auch bei Be und B wird eine γ-Strahlung beobachtet, aber ohne Resonanzstellen. Hier liegt ein (α, n)- bzw. (α, p)-Prozeß vor.

Bennett, W. E., P. A. Roys u. *B. J. Toppel:* Phys. Rev. (2) 82, 20 (1951).

Kurzwellenstrahlung, kosmische (Ergänzung). Beim Übergang des Elektrons eines Wasserstoffatoms von dem einen Spinzustand in den anderen muß eine Strahlung von der Wellenlänge 25 cm auftreten, die allerdings wegen der Halbwertzeit von $11 \cdot 10^6$ Jahren nur äußerst schwach sein kann. Diese Strahlung ist jetzt sowohl von *H. J. Even* als auch von *C. A. Muller* als Kurzwellenstrahlung des interstellaren Wasserstoffs nachgewiesen worden. Sie liefert ein neues Mittel zur Erforschung der interstellaren Materie in der Milchstraße.

Umschau 42, 55 (1952).

Kurzzeitmessung. Eine Darstellung des neuesten Standes gibt *H. Schardin* [Phys. Bl. **7**, 487 (1951)].

Lichtblitzentladungslampen (flash tubes). Mittels Kondensatorentladungen durch →Quecksilber- oder →Xenonlampen lassen sich Lichtblitze von 10^{-5} bis $2 \cdot 10^{-4}$ s Dauer beträchtlicher Intensität erzeugen, wobei die je Blitz umgesetzte Energie je nach Spannung und Kapazität des Kondensators Werte bis zu einigen 10^4 J annehmen und die jeweils abgestrahlte Lichtmenge von einigen 10^2 bis auf einige 10^6 lm s ansteigen kann.

Wegen der hohen mechanischen Beanspruchung des Entladungsgefäßes durch die beim Durchschlag ausgelöste Druckwelle ist der je Blitz maximal zulässige Energieumsatz begrenzt, und zwar um so mehr, je höher der Fülldruck ist. Technische Blitzlichtlampen, meist aus spiralig gebogenen Quarzrohren, arbeiten daher bei einem Fülldruck von etwa 30 bis einigen 100 Torr Xenon [*Murphy* u. *Edgerton,* Journ. appl. Phys. **12**, 848 (1941)]. Die Zündung erfolgt durch einen Hochspannungsimpuls auf eine äußere Zündelektrode und kann mit dem zu beobachtenden Vorgang gekoppelt bzw. bei stroboskopischer Verwendung synchronisiert werden. Die Blitzfolge ist durch die zulässige Erwärmung der Lampe begrenzt und beträgt bei größeren Typen nur 6 bis 12 je min. Bei Stroboskoplampen muß die Energie des Einzelblitzes entsprechend der Blitzfrequenz stark herabgesetzt werden.

Mit den größten Typen kann in der Nacht vom Flugzeug aus photographiert werden.

Thouret, W.: Lichttechnik 2, 107 (1950).

Lichtgeschwindigkeit (Ergänzung). *Optische* Bestimmungen der Lichtgeschwindigkeit nach der Methode von *Fizeau* (—Lichtgeschwindigkeit, Abschn. I, 3) führten unter Verwendung von Kerr-Zellen als periodisch arbeitendem Verschluß *Mittelstaedt, Anderson* und *Hüttel* durch. *Mittelstaedt* arbeitete mit konstantem Lichtweg zwischen zwei mit bezüglich ihrer Feldrichtungen senkrecht zueinander angeordneten Kerr-Zellen und visueller Beobachtung nach einer Kompensationsmethode. *Anderson* und *Hüttel* modulierten ein Lichtstrahlenbündel mit einer Kerr-Zelle, an der eine Hochfrequenzspannung lag, und variierten den Lichtweg. Dabei teilte *Anderson* das modulierte Licht über einen halbdurchlässigen Spiegel in zwei Lichtstrahlenbündel auf, die dann nach Durchlaufen verschiedener und meßbar veränderlicher Wege auf der Photokathode eines Elektronenvervielfachers wieder vereinigt wurden. Die resultierende Photospannung wurde über Verstärker-, Gleichrichter- und Ausgleichsvorrichtungen registriert, wobei mit diesem Registrierverfahren die Variation und Messung der Wegdifferenzen automatisch gekoppelt war. *Hüttel* ließ den modulierten Lichtstrahl nacheinander zwei verschieden lange Wege durchlaufen und bestimmte die jeweilige Lichtintensität über eine Photozelle mit Verstärker- und Gleichrichteranordnung an einem Strommesser. Die bezüglich des Einflusses von dispergierenden Medien im Strahlengang korrigierten Ergebnisse dieser Messungen waren folgende (mit den in unterschiedlicher Weise von den Autoren ermittelten Originalfehlerangaben):

Mittelstaedt (1928/29):
$$c_0 = (299\,784 \pm 20)\ \text{km s}^{-1}$$
Anderson (1937/41):
$$c_0 = (299\,776 \pm 14)\ \text{km s}^{-1}$$
Hüttel (1940):
$$c_0 = (299\,771 \pm 10)\ \text{km s}^{-1}$$

Unter Verwendung eines Piezoquarzes als periodisch arbeitendem Lichtverschluß ermittelten bei visueller Beobachtung

Houstoun (1949):
$$c_0 = (299\,775 \pm 9)\ \text{km s}^{-1}$$
McKinley (1950):
$$c_0 = (299\,780 \pm 70)\ \text{km s}^{-1}$$

Eine weitere, von *Mercier* angewendete *elektrische* Methode (→Lichtgeschwindigkeit, Abschn. II) zur Bestimmung der Lichtgeschwindigkeit ist die Messung der Ausbreitungsgeschwindigkeit elektrischer Wellen entlang leitender Drähte, aus der durch theoretisch bestimmte Korrekturen die Ausbreitungsgeschwindigkeit im freien Raum zu berechnen ist. Das Ergebnis dieser Bestimmung ist zu schreiben

Mercier (1924):
$$c_0 = (299\,782 \pm 30)\ \text{km s}^{-1}.$$

Ludwig-Soret-Phänomen →Thermolyse (im *Nachtrag*).

Luftschallsender →Sichtbarmachung von Luftschallwellen im *Nachtrag*.

Magnetisierung durch zirkular polarisiertes Licht. *R. M. Beth* und *A. F. Bond* haben darauf hingewiesen, daß zirkular polarisiertes Licht in einem Stoff kreisende Elektronenströme hervorrufen sollte, die eine Magnetisierung bzw. eine magnetische Induktion B in oder entgegen der Fortpflanzungsrichtung des Lichtes erzeugen. Letztere beträgt aber unter experimentell zu verwirklichenden Verhältnissen nur etwa 10^{-13} G und ist daher den heutigen Meßverfahren nicht zugänglich.

v. Harlem, J.: Phys. Bl. 7, 466 (1951).

Magnetophorese, von *Ehrenhaft* entdeckte schraubenförmige Bewegungen kleiner Teilchen im magnetischen Feld. Nach *Tauzin* und *Creusot* [C. R. Acad. Sci. Paris **230**, 493 (1951)] handelt es sich stets um ferromagnetisch verunreinigte Teilchen, welche durch Oxydation usw. an ihrer Oberfläche Gebiete bevorzugter Lichtabsorption haben. Die Bewegung ist wie diejenige bei der →Photophorese auf eine Radiometerwirkung zurückzuführen. *Ehrenhafts* Vermutung, die Teilchen bildeten wahre magnetische Einzelpole, es sei also durch seine Versuche die Existenz wahrer

magnetischer Ladungen nachgewiesen, trifft zweifellos nicht zu.

Ehrenhaft, F.: ETZ **71**, 656 (1950). — *v. Harlem, J.:* Phys. Bl. **7**, 110, 322 (1950).

Murkite, organische plastische Kunststoffe mit elektrischen Leitfähigkeiten, die von derjenigen des Quecksilbers bis zu denen sehr guter Isolatoren reichen. Bei niedrigen bis mittleren Strombelastungen gilt das Ohmsche Gesetz. Ihre Wärmeleitfähigkeit entspricht ihrer jeweiligen elektrischen Leitfähigkeit.

Sittel, K.: Elektrisch leitende Kunststoffe. Elektroingenieur 2. März 1950 — Umschau **51**, 326 (1951).

Mathieusche Differentialgleichung →rheolineare Systeme im *Nachtrag*.

Mikroskop (Ergänzung). Viele neue Mikroskope, besonders Metallmikroskope, sind nach dem Prinzip der Fernrohrlupe, jedoch ohne bildaufrichtendes Prisma, aufgebaut. Die als Fernrohrobjektiv wirkende Zwischen- oder Tubuslinse bewirkt zwischen dem eigentlichen als Lupe wirkenden Mikroobjektiv und der Zwischenlinse telezentrischen Strahlengang. Hierdurch kann zwischen Mikroobjektiv und Zwischenlinse ein langer Zwischenraum vorgesehen werden, in den z. B. Beleuchtungseinrichtungen u. dgl. eingeführt werden können, ohne daß zusätzlich optische Fehler, z. B. Astigmatismus, entstehen. Mikroobjektive für Mikroskope mit Zwischenlinse sind für die Schnittweite ∞ berechnet.

Ist die Brennweite des Mikroobjektivs f_1', die der Hilfslinse f_H' und die des Okulars f_2', so ist die Lupenvergrößerung des Mikroobjektivs $\bar{\Gamma}_1' = \dfrac{250}{f_1'}$ und die Fernrohrvergrößerung $\Gamma' = \dfrac{-f_H'}{f_2'}$. Die Gesamtlupenvergrößerung der Kombination ist dann

$$\bar{\Gamma}' = \bar{\Gamma}_1'\,\Gamma' = \frac{-f_H'}{f_2'}\,\frac{250}{f_1'} = \frac{-f_H'}{f_1'}\,\frac{250}{f_2'}\,;$$

$\dfrac{250}{f_2'}$ ist die Lupenvergrößerung $\bar{\Gamma}_2'$ des Okulars, und $\dfrac{-f_H'}{f_1'}$ ist der Abbildungsmaßstab des reellen Zwischenbildes, das in der Brennebene der Zwischenlinse durch die aus Mikroobjektiv und Zwischenlinse gebildete Linsenkombination entworfen wird. Wenn, wie oftmals, die Brennweite der Zwischenlinse 250 mm beträgt, so ist der Betrag dieses Abbildungsmaßstabes gleich der Lupenvergrößerung des Mikroobjektivs, die auf den für die Schnittweite ∞ berechneten Mikroobjektiven angegeben ist. Die Gesamtlupenvergrößerung ist dann

$$\bar{\Gamma} = \bar{\Gamma}_2'\,\bar{\Gamma}_2'\,.$$

Bei anderen Brennweiten der Hilfslinse müssen entsprechende Korrekturen vorgenommen werden.

Mikroskopie mittels rekonstruierter Wellenfronten. Vom Objekt wird mit einer punktförmigen Licht- oder Elektronenquelle ein Schattenbild erzeugt, das durch Interferenz der unbeeinflußten Primärwelle mit der vom Objekt ausgehenden Sekundärwelle entsteht. Wird bei entferntem Objekt dann das photographische Positivbild — das sog. Hologramm — mit einer punktförmigen Lichtquelle beleuchtet, so kann man sich die hinter dem Hologramm vorhandene Wellenerregung entstanden denken aus der Interferenz der Primärwelle mit der vom Objekt herrührenden und einer konjugiert komplexen Sekundärwelle, die sich nur durch das Vorzeichen der Phasenverschiebung von der Primärwelle unterscheidet. Sie rührt scheinbar von einem Zwillingsobjekt her, das aus dem wirklichen Objekt durch Spiegelung an der Wellenquelle entstehen würde. Ein hinter dem Hologramm angebrachtes Objektiv, das mit den gleichen Linsenfehlern behaftet sein muß wie die Linse, die die punktförmige Beleuchtungsquelle erzeugt hat, erzeugt ein getreues Bild des ursprünglichen Objekts und ein getrennt fokussierbares Bild des nie vorhanden gewesenen Zwillingsobjekts. Das von *Gabor* entwickelte Verfahren läßt sich auch verwirklichen, wenn die Primär-Wellenquelle, die durch eine starke Verkleinerung einer kleinen Licht- oder Elektronenquelle erzeugt wird, mit Aberrationen behaftet ist. Die Bedeutung des Gabor-Verfahrens liegt darin, daß beim Rekonstruktionsprozeß eine veränderte Wellenlänge benutzt werden kann, wenn alle wesentlichen Abmessungen im Verhältnis der Wellenlängen verändert werden. Werden zur Herstellung des Hologramms Elektronen-, zur Rekonstruktion aber Lichtwellen benutzt, so verlagert sich die Beherrschung der Abbildungsfehler von der Elektronenoptik auf die wesentlich leichter beherrschbare Lichtoptik. Das mit dem Verfahren theoretisch erreichbare Auflösungsvermögen liegt bei 6 bis 10 Wellenlängen der zur Erzeugung des Hologramms dienenden Strahlung. Das Verfahren ist auf nicht-periodische Objekte beschränkt, bei dem die in der Hologrammebene erzeugte Erregung der Sekundärwelle klein ist gegen die der Primärwelle. Im Gegensatz dazu ist die auf einem ähnlichen Prinzip beruhende → Zwei-Wellenlängen-Mikroskopie auf periodische Objekte mit bekanntem Aufbau beschränkt.

Gabor, D.: Proc. Roy. Soc. A **197**, 454 (1949).

Mikroskopie nach dem Fernsehprinzip. Das Objekt wird mit einem sehr feinen Lichtpunkt, der durch starke Verkleinerung des Leuchtflecks einer Fernsehröhre mit Hilfe eines Mikroskops in umgekehrter Strahlführung erzeugt wird, abgetastet. Ein hinter dem Objekt angebrachter → Photoelektronen-Vervielfacher setzt die entlang jeder Abtastzeile von Punkt zu Punkt variierende Lichtdurchlässigkeit des Objekts in konforme Spannungsschwankungen um, durch die die Helligkeit des Schreibstrahls einer synchron zur Objektabtastung gesteuerten zweiten Fernsehröhre moduliert wird. Die Vergrößerung des auf diese Weise zeilenweise aufgebauten Bildes, die sich aus dem Verhältnis der Zeilenlänge des Fernsehwiedergaberohres zu der des abtastenden Lichtpunktes ergibt, läßt sich ohne Objektivwechsel durch elektrische Einstellung der Größe des Abtastrasters der ersten Fernsehröhre kontinuierlich verändern. Die Vorteile des *Abtast-Mikroskops (Flying spot-Microscope)* liegen einerseits darin, daß mit Hilfe einer Fernseh-Projektionsröhre ein für ein größeres Auditorium ausreichend helles Mikroskopbild ohne unzulässig hohe Beleuchtungsdichte am Objekt auf einer Projektionswand sichtbar gemacht werden kann. Andererseits läßt sich auf elektrischem Wege eine Kontrastverstärkung durchführen. Es besteht auch die Möglichkeit, durch Messen oder Oszillographieren des Vervielfacherstromes quantitative Analysen am Objekt durchzuführen.

Roberts, F.: Nature, Lond. **167**, 231 (1951).

Eine Art von Umkehrung dieses Verfahrens stammt von *Flory* und *Morgan,* indem sie eine

Fernsehaufnahmekamera auf ein hoch vergrößerndes Lichtmikroskop richten und das Bild auf dem Schirm der Fernsehröhre betrachten. Man erzielt damit einen größeren Kontrast, der im Vergleich mit Auge und Photoschicht chemische Differenzierungen und verschiedene Strukturelemente deutlicher wiedergibt. Die Zellen von Organismen werden nicht abgetötet und eine Färbung ist unnötig. Ferner ist dieses Verfahren besonders geeignet zur Demonstration der Brownschen Bewegung und der Öltröpfchen-Methode von *Millikan.*

Mikrowellenspektren (Ergänzung). Als *Strahlungsquellen* für mikrowellenspektroskopische Untersuchungen werden die in der Hochfrequenztechnik gebräuchlichen Generatoren benutzt. Die kürzesten Wellenlängen, bis etwa 5 mm, liefert das → Klystron, speziell das Reflexklystron, mit dem man die Frequenz in einem engen Bereich variieren kann.

Als *Detektoren* eignen sich Germanium- und Wolfram-Silicium-Detektoren; für die kürzesten Wellenlängen sind thermische Detektoren erforderlich. Die Frequenzen werden gemessen durch Schwebungen mit den Oberschwingungen eines Schwingquarzes. Man erhält so z. B. → Rotations- und → Inversionsspektren in Gasen.

Bei der *Absorptionsmethode* werden die Kurzwellen durch einen Hohlleiter der Absorptionszelle, in der sich der zu untersuchende Stoff befindet, zugeführt. Zur Auflösung der Absorptionsbanden in Einzellinien muß die Stoßvorbereitung durch Druckverminderung möglichst herabgesetzt werden ($p < \frac{1}{10}$ Torr). Dadurch ergibt sich die Notwendigkeit langer Absorptionsstrecken (bis zu 10 m) oder der Anwendung von Vielfachreflexionen in Hohlraumresonatoren. Schwache Absorptionen mißt man in einer Brückenschaltung.

Kernabsorption: Kerne mit einem mechanischen und dementsprechend magnetischen Kernmoment, auch wenn sie in Molekülen gasförmiger oder kondensierter Phase gebunden sind, präzedieren in einem äußeren Magnetfeld H_0 mit der Larmorfrequenz $\nu_L = \gamma \cdot \dfrac{H_0}{2\pi h}$, wo γ das → gyromagnetische Verhältnis ist. Eine Mikrowelle, die mit der Larmorfrequenz der Kerne in Resonanz steht, wird selektiv absorbiert.

Die Methode liefert bei bekanntem H_0 das Kernmoment, mit größerer Genauigkeit bei konstantem H_0 das Verhältnis zweier Kernmomente, wenn die beiden Resonanzfrequenzen gemessen werden.

Kerninduktion: Die gemeinsame Präzession der Kernmagnete in einem konstanten Magnetfeld H_0 läßt sich durch ein auf die Larmorfrequenz abgestimmtes Wechselfeld $H_1 \perp H_0$ zur Kohärenz bringen, so daß eine resultierende, um die Richtung von H_0 umlaufende Magnetisierung entsteht. Diese induziert in einer äußeren Spule eine Wechselspannung von einigen mV. Aus dem Abklingen der Kerninduktion nach Abschaltung des Wechselfeldes bzw. aus der Linienbreite der Resonanz erhält man die Relaxationszeit der Kernpräzession als Maß für die Wechselwirkung mit dem Kristallgitter.

Atom- und Molekülstrahl-Resonanz-Methode: Ein Atom- oder Molekülstrahl durchsetzt zwei gleichgerichtete Magnetfelder mit verschiedener Gradientenrichtung (*A* und *B*, Abb.), durch die er auf den Detektor gelenkt wird. Zwischen beiden Feldern befindet sich das konstante homogene Feld H_0 (*C*-Magnet). Hier werden die Hyperfeinstruktur-niveaus in magnetische Unterniveaus (Zeeman-terme) aufgespalten. Zwischen diesen Termen werden durch ein Wechselfeld geeigneter Frequenz Übergänge erzeugt (Absorption oder induzierte Emission). Diejenigen Atome oder Moleküle, die solche Prozesse durchgemacht haben, erleiden eine Änderung ihres effektiven magnetischen Momentes und werden deshalb vom *B*-Magneten nicht mehr auf den Auffänger gelenkt. Auch bei dieser Methode arbeitet man mit bekanntem H_0 zur Abso-

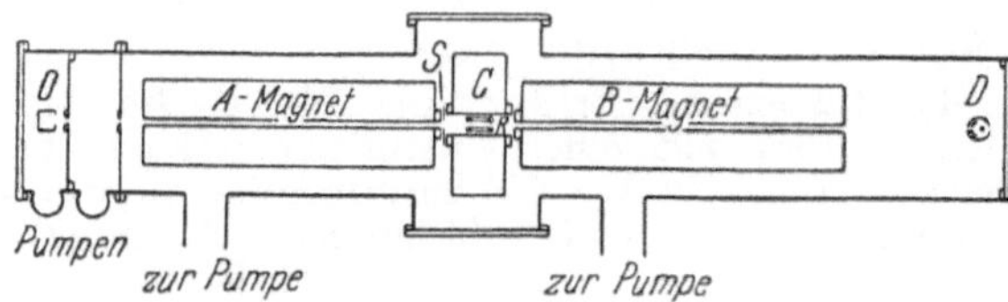

Magnetische Atomstrahl-Resonanzmethode.

lutbestimmung von Momenten oder führt bei konstant gehaltenem H_0 durch Frequenzvergleich Momentenvergleiche durch.

Eine analoge Methode führte zur Bestimmung des magnetischen Neutronen-Momentes; der Nachweis der Umklapp-Prozesse erfolgt hier durch Änderung der Polarisation des Neutronenstrahles, worunter man die vorzugsweise Ausrichtung der Neutronenmagnete beim Durchgang durch magnetisierte Materie (Eisen) versteht. Eine solche Eisenplatte dient als Polarisator, eine zweite, die nach Passieren der Felder H_0, H_1 durchsetzt wird, als Analysator. Die Intensitäten der Neutronen-strahlen werden mit BF_3-Zählrohren gemessen.

Gordy, M.: Microwave Spectra. Rev. Mod. Phys. 20, 668 (1948). — *Kellogg, J. B. M.* u *S. Millman:* Rev. Mod. Phys. 18, 323 (1946). — *Kopfermann, H.:* Magnet. Dipolstrahlung u. Kernmomente. Naturw. 29, 563, 581 (1941). — *Braunbeck, W.:* Hochfrequenzspektroskopie. Naturw. 36, 98 (1949). — *Honerjäger, R.:* Mikrowellenspektroskopie. Naturw. 38, 34 (1951).

Monitor, ein Spür- und Warngerät zur Aufdeckung radioaktiver → Infektionen mit Hilfe eines Zählrohrs.

Nachthimmelleuchten (Ergänzung). Nach *A. B. Meinel* (1950) gehören zahlreiche Linien im Spektrum des Nachthimmels zwischen 6000 bis 9000 Å dem Rotationsschwingungsspektrum des O-H-Radikals an. Aus der Extrapolation dieser O-H-Übergänge ins langwelligere Gebiet und aus der Beobachtung von *Meinel* und *Smith* (1949), daß die starke Emission des Nachthimmellichts bei 10400 Å nicht annähernd monochromatisch ist, schließen *G. Herzberg* und *A. B. Meinel*, daß auch diese intensive Ultrarotstrahlung im wesentlichen auf eine Anhäufung von intensiven O-H-Linien zurückgeführt werden kann.

Nackte und angezogene Nukleonen. Alle Erfahrungen deuten darauf hin, daß das Proton sowie das Neutron keiner einfachen Wellengleichung gehorchen, so wie etwa das Elektron der Dirac-Gleichung. Die Ursache wird darin gesehen, daß die Wellenfelder der Nukleonen in enger Wechselwirkung mit dem → Mesonenfeld stehen. Es liegt daher nahe, sich ein Nukleon etwa vorzustellen als ein „nacktes", exakt punktförmiges Teilchen, das in einem Bereich von etwa 10^{-13} cm von virtuellen Mesonen umgeben, also „angezogen"

ist. Diese Mesonen können die Eigenschaften der Nukleonen, wie etwa ihre Wechselwirkung untereinander oder ihre magnetischen Momente, erheblich modifizieren, verglichen mit den Eigenschaften der nackten Nukleonen.

Neutron (Ergänzung). Die Instabilität des Neutrons wurde erstmalig 1948 von *Snell* und *Miller* nachgewiesen, indem sie die Bildung positiver Teilchen im Neutronenstrom eines Pile beobachteten. *Snell, Pleasanton* und *McCord* stellten die Koinzidenz zwischen diesen und β-Teilchen fest. Der Nachweis, daß es sich um Protonen handelt, wurde von *Robson* geliefert. Als Halbwertzeit des Neutrons ergab sich $(12{,}8 \pm 2{,}5)$ min.

Snell, A. H., u. *L. Miller:* Phys. Rev. 74, 1217 (1948). — *Snell, A. H., F. Pleasanton* u. *R. V. McCord:* Phys. Rev. 78, 310 (1950). — *Robson, J. M.:* Phys. Rev. 78, 311 (1950) — Phys. Bl. 7, 412 (1951).

Optische Tiefe (Dicke) stellarer Materie für Strahlung einer Frequenz ν, das Integral

$$\tau_\nu = \int_0^h k_\nu \, dh$$

(h geometrische Tiefe, k_ν Absorptionskoeffizient), also eine reine Zahl. Demnach schwächt eine Schicht der optischen Tiefe 1 eine senkrecht hindurchtretende Strahlung auf $1/e$.

Papierchromatographie →chromatographische Analyse auf Filtrierpapier, 1881 von *Schoenbein* entdeckt; 1943 aus der Verteilungs-Chromatographie von *Gordon, Martin* und *Synge* in England neu entwickelt. Seither ständig steigende Bedeutung für die gesamte analytische anorganische, organische und vor allem Biochemie. Taucht man einen Filtrierpapierstreifen mit dem Rand in bestimmte Lösungen — im allgemeinen mit Wasser gesättigte organische Lösungsmittel —, so wandert die Flüssigkeit infolge kapillarer Kräfte in gerader Front in den Streifen hinein. Trägt man zuvor nahe dem Streifenrand kleine Mengen von Stoffgemischen (in Form eines Tropfens der Lösung, welche dann angetrocknet wird) auf, so nimmt die nachsteigende Flüssigkeit die einzelnen reinen Komponenten mit verschiedener Geschwindigkeit, also verschieden weit, im Streifen mit („Entwicklung" des Chromatogramms). Mit Hilfe spezifischer Methoden, z. B. Anfärben, durch UV-Absorption u. ä., kann die genaue Lage der einzelnen reinen Komponenten auf dem Papier und ihre Menge (in Größenordnungen von einigen μg!) quantitativ bestimmt werden. Trennung auch chemisch sehr ähnlicher Substanzen. Besondere Bedeutung bei der Trennung von Aminosäuren (Protein-Analyse), allgemein der Analyse von hochmolekularen Naturstoffen (Polysaccharide, Nucleinsäuren u. a.), anorganischen Ionen, technische Farbstoffanalysen. Aufsteigende und absteigende *Pp*-Chromatographie, ein- und zweidimensionale *Pp*-Chromatographie, bereits sehr entwickelt und für zahlreiche analytische Zwecke ausgebaut.

Phanerokristallin → kryptokristallin.

Positronium. Überlegungen von *Pirenne, Ore* und *Powell* haben zu der Vermutung geführt, daß die → Zerstrahlung eines Elektron-Positron-Paares nicht unmittelbar im Augenblick des Zusammentreffens der beiden Partner erfolgt. Vielmehr sollte sich ein sehr kurzlebiger Zwischenzustand bilden, in dem diese eine Art von Molekül bilden, etwa ein Analogon zum Wasserstoffmolekül, bei dem ein

Positron an die Stelle des Protons tritt und das als *Positronium* bezeichnet wird. Dieses kann in zwei verschiedenen Zuständen auftreten, mit parallelem oder antiparallelem Spin der beiden Partner. Ersteres ist ein Triplett-, letzteres ein Singulettzustand. Die Halbwertzeit sollte im Triplettzustand etwa 10^{-7} s betragen, im Singulettzustand aber nur etwa 10^{-10} s ($\rightarrow$ Polyelektronen).

M. Deutsch glaubt, die Existenz des Prositroniums jetzt beim Zerfall des β^+-aktiven ^{22}Na nachgewiesen zu haben. Hierbei entsteht im Moment der Aussendung des Positrons eine γ-Strahlung von 1,3 MeV, die also sehr viel energiereicher ist als die Vernichtungsstrahlung eines Elektron-Positron-Paares mit rund 0,5 MeV, so daß diese beiden Strahlenarten bequem unterschieden werden können. Es gelang *Deutsch,* die Zeitspanne zwischen den Emissionen derselben zu messen, und er fand sie in der für den Triplettzustand erwarteten Größenordnung von 10^{-7} s.

Deutsch, M.: Phys. Rev. (2) 82, 455 (1951).— *Braunbeck, W.:* Phys. Bl. 7, 321 (1951).

Proton, negatives. Nach einer Zeitungsnotiz hat *Leighton* einmal in einer Photoschicht ein negatives Proton mit der Lebensdauer 10^{-9} s beobachtet.

Protonenmikroskop $\rightarrow$ Feldionenmikroskop im *Nachtrag.*

Pulverfiguren (Ergänzung). Die Abb. zeigen neuere Aufnahmen von $\rightarrow$ Pulverfiguren auf einem Einkristall aus Eisen mit 4% Silizium. Die hellen Linien sind die Spuren von Wänden zwischen Weißschen Bezirken. Auf der linken Abbildung wurde der Kristall mechanisch poliert. Infolge der Bearbeitungsspannungen sind die Weißschen Bezirke an der Oberfläche sehr fein. Die rechte Abb.

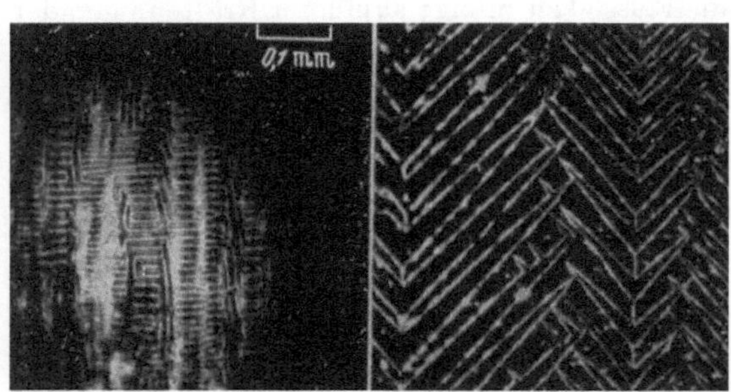

Pulverfiguren auf einem Fe-Si-Einkristall.
Nach *R. M. Bozorth:* Physica 15, 207 (1943).

zeigt denselben Kristall nach elektrolytischem Polieren. Sie zeigt Weißsche Bezirke, die im wesentlichen parallel zur Oberfläche senkrecht von oben nach unten oder von unten nach oben magnetisiert sind. Die Oberfläche stimmt fast mit einer [100] Fläche des Kristalls überein. Infolge des entmagnetisierenden Feldes fasern die Bezirke an der Oberfläche auf in zahlreiche kleinere Bereiche, die horizontal magnetisiert sind. Deren Berandungen erscheinen wie die „Zweige" der „Tannenbaumstruktur".

In allerjüngster Zeit haben *Williams, Foster* und *Wood* [Phys. Rev. (2) 82, 119 (1951)] ein anderes Verfahren entwickelt. Beim Kobalt ist die hexagonale Achse die $\rightarrow$ leichte Richtung, in der also die Weißschen Bezirke spontan magnetisiert sind.

In einer von dieser Achse durchsetzten Schnittfläche liegen also deren positive und negative Pole. Trifft linear polarisiertes Licht auf die Fläche, so wird es, je nach der Art des Pols, durch Kerr-Effekt um $\pm 0,25°$ gedreht. Wenn man die eine oder die andere der beiden Drehungen kompensiert, so erscheinen je nachdem die positiven bzw. negativen Pole hell bzw. dunkel, und man erhält ein Bild der Weißschen Bezirke, das mit den Pulverfiguren recht gut übereinstimmt. Auch die Ummagnetisierungen beim Anlegen eines magnetischen Feldes können beobachtet werden.

Radio-Astronomie, die Erforschung der kosmischen $\rightarrow$ Kurzwellenstrahlung.

Raketensonden (Ergänzung). Die größte bis August 1951 mit einer einstufigen Rakete erreichte Höhe beträgt 216 km; man hofft aber, 375 km zu erreichen. Den bisherigen Rekord hält mit 412 km eine zweistufige Rakete (Februar 1949). In dieser Höhe hat die Rakete die Erdatmosphäre bereits praktisch verlassen.

Rheolineare Systeme sind solche, deren „Bewegungsgleichung" eine lineare Differentialgleichung mit *nicht*konstanten Koeffizienten ist. Da die unabhängige Variable, die in den Koeffizienten auftritt, meistens (aber nicht unbedingt) physikalisch die Zeit darstellt, wurde in Analogie zu dem Begriff der $\rightarrow$ rheonomen Systeme die Bezeichnung *rheolinear* geprägt. Wird das Verhalten eines Systems durch eine nichtlineare Differentialgleichung mit nichtkonstanten Koeffizienten beschrieben, so nennt man jenes auch *rheonichtlinear.* Vertreter rheolinearer bzw. rheonichtlinearer Systeme sind z. B. alle diejenigen Schwinganordnungen, deren Bewegungsgleichungen zeitabhängige Koeffizienten enthalten. Man spricht dann von rheolinearen bzw. rheonichtlinearen Schwingern. Eine zwar spezielle, aber praktisch sehr bedeutungsvolle Gruppe von ihnen sind diejenigen rheolinearen Schwinger, bei denen die in der Bewegungsgleichung auftretenden Koeffizienten *periodische* Funktionen der Zeit sind. Im einfachsten Fall (eindimensionaler Schwinger, keine Reibung) lautet dann die Bewegungsgleichung

$$\frac{d^2 x(t)}{dt^2} + F(t) \cdot x(t) = 0, \qquad (1)$$

wobei F periodisch ist, also

$$F(t + T) = F(t). \qquad (2)$$

Die Bewegungsgleichung (1) in Verbindung mit (2) nennt man eine *Hillsche Differentialgleichung.* Zu einem wichtigen Sonderfall von ihr gelangt man, wenn F harmonisch um einen festen Wert a schwankt, also

$$F(t) = a + b \cos\left(2\pi \frac{t}{T}\right). \qquad (3)$$

Dann lautet gemäß (1) die Bewegungsgleichung

$$\frac{d^2 x}{dt^2} + \left[a + b \cos\left(2\pi \frac{t}{T}\right)\right] \cdot x(t) = 0, \qquad (4)$$

die als *Mathieusche Differentialgleichung* bekannt ist.

Klotter, K.: Techn. Schwingungslehre. Berlin 1951.

Röntgenoptik. Die abbildende Optik mit Linsen und Spiegeln stößt im Wellenlängenbereich der Röntgenstrahlen auf Schwierigkeiten, weil hier die Brechungszahl aller Stoffe nur sehr wenig von 1 verschieden ist ($\rightarrow$ Brechung der Röntgenstrahlen). Erst die Kristallinterferenzen lassen der Lichtoptik ähnliche Verfahren zu. Nach der → Braggschen Gleichung für die Kristallreflexion, $2d \sin \Theta = n\lambda$, ist jeder Wellenlänge λ der Röntgenstrahlung ein Reflexionswinkel Θ (→ Glanzwinkel) zugeordnet. d ist der Abstand der → Netzebenen eines Einkristalles und n die Ordnungszahl

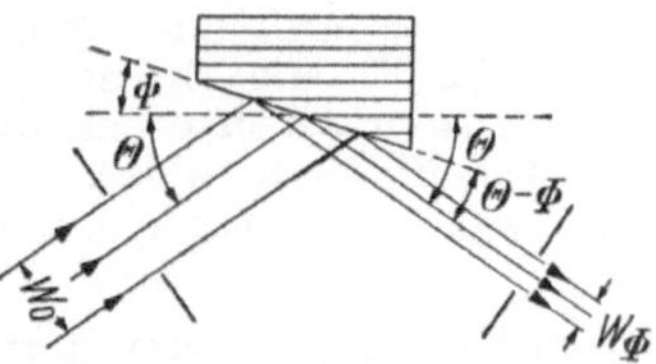

Abb. 1. Konzentrierender Parallelstrahlenmonochromator nach *Fankuchen.* Θ Glanzwinkel, Φ Anschliffwinkel, W_0 Breite des einfallenden, W_Φ des reflektierten Bündels.

der Interferenzen. Diese Beziehung gibt die Möglichkeit, monochromatische Spaltbilder zu erzeugen. Ist die Kristalloberfläche keine natürliche Spaltfläche, sondern unter einem Winkel Φ, für den das Reflexionsvermögen groß ist, angeschliffen, so läßt sich nach *Fankuchen* damit, wie aus Abb. 1 hervorgeht, eine Intensitätssteigerung erzielen. Abb. 2 zeigt eine Anordnung von *Rutherford* und *Andrade* für eine Durchstrahlungsmethode.

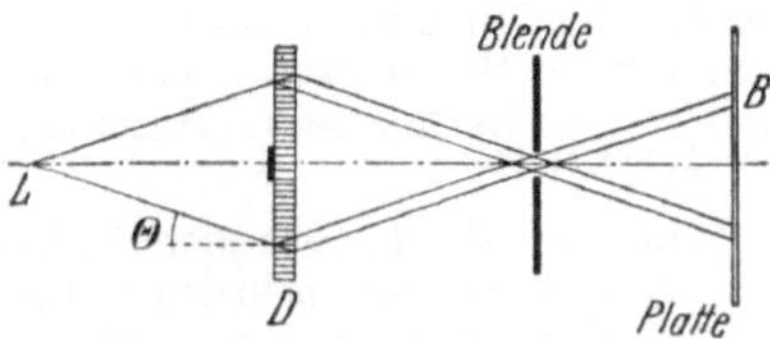

Abb. 2. Transmissionsmethode nach *Rutherford* und *Andrade.*

Die Netzebenen liegen in diesem Falle parallel zur optischen Achse. Die Breite des Spaltbildes ist $\operatorname{tg}\Theta$ und der Kristallplattendicke proportional. Diese Methode eignet sich in erster Linie für kurzwellige Strahlung. *Cork* bestimmte nach ihr mit einer 1,6 mm dicken Kalkspatplatte die Wellenlängen der K-Serien von Elementen mit Ordnungszahlen zwischen 56 und 74.

Eine Abbildung durch Fokussierung erlauben erst die Anordnungen mit gebogenen Kristallen,

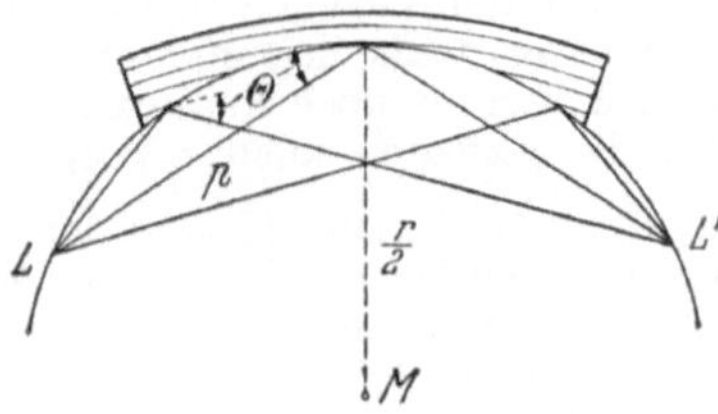

Abb. 3. Genau fokussierender Reflektor mit Einschliff nach *Johansson.* $r/2$ Radius des Rowland-Kreises, r Krümmungsradius des Kristalls.

die auf einen Vorschlag von *Darbord* (1922) zurückgehen. An Stelle eines mechanisch hergestellten Konkavgitters in der Rowlandschen Anordnung (→ Röntgenspektrometrie, Abb. 4, S. II/320) erhält ein gebogener Quarz- oder Steinsalzkristall mit dem Krümmungsradius r (Abb. 3) einen zylinderförmigen Einschliff vom Radius $r/2$, damit

sich die Kristalloberfläche ganz dem → Rowland-Kreis anschmiegt (*Johansson* 1932, *Guinier* 1939). L' ist ein monochromatisches Bild von L im Maßstab 1:1. Mit zylinderförmig gebogenen Kristallen läßt sich nur eine Abbildung in der Biegungsebene erzielen. Für eine punktförmige Abbildung ist ein doppelt gekrümmter Kristall, d. h. eine rotationssymmetrische Anordnung (Abb. 4), erforderlich. Neben den Radien r und $r/2$ ist in Abb. 4 noch der zweite Krümmungsradius (halber größter Durchmesser des toroidartig geformten Kristalles) eingezeichnet. Derartige Anordnungen wurden von *Trurnit* und *Hoppe, Clark* und *Leppla, Wilsdorf* u. a. mit Erfolg angewandt. Sie erlauben eine Ab-

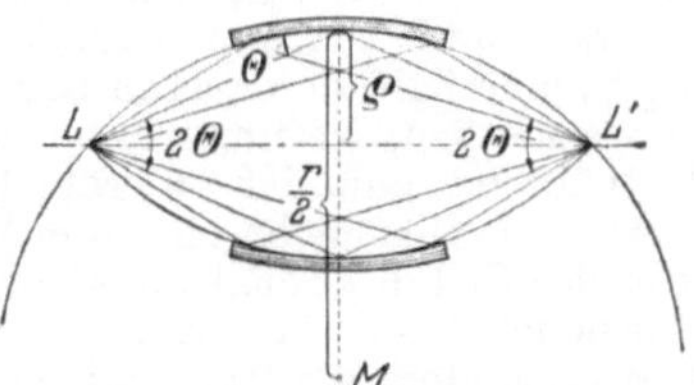

Abb. 4. Rotationssymmetrische Anordnung zur Abbildung von L in L' nach *Trurnit* und *Hoppe.* Krümmungsradien wie in Abb. 3.

bildung sowohl von Achsenpunkten als auch von senkrecht zur Achse ausgedehnten Objekten. Konkave oder konvexe rotationssymmetrische Kristallflächen können, wie Abb. 5 zeigt, als Sammellinsen dienen. Ist der Kristall so gekrümmt, daß ein von A und ein von B ausgehendes, auf einem Kegelmantel mit der Öffnung 2Θ liegendes Bündel Netzebenen vorfindet, von denen es unter dem Winkel Θ

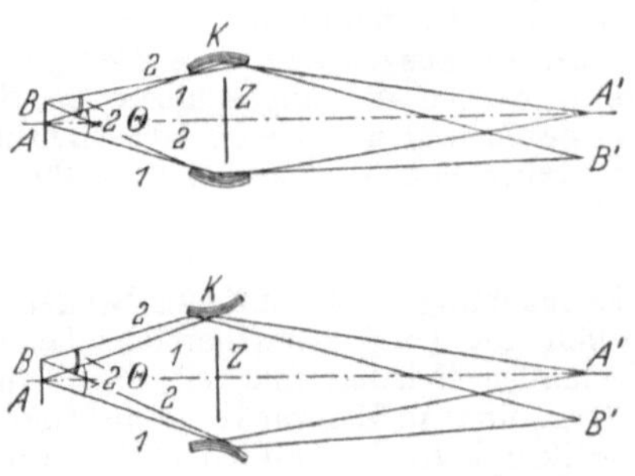

Abb. 5. Abbildung durch doppelt gekrümmte Kristalle mit konkaver und konvexer Krümmung nach *Trurnit* und *Hoppe.* Z Zentralblende.

reflektiert werden kann, so entsteht ein dem Gegenstand AB entsprechendes, umgekehrtes Bild $A'B'$. Die Lichtstärke solcher Anordnungen ist nicht groß, da nur die auf dem Kegelmantel liegende Strahlung ausgenützt werden kann (flächenhafte Apertur) und der Reflexionsverlust groß ist. Kristalle mit kontinuierlich veränderlichem Netzebenenabstand würden eine räumliche Apertur und damit eine Erhöhung der Lichtstärke ermöglichen.

Unter Ausnützung der Totalreflexion der Röntgenstrahlen bei Winkeln der Größenordnung 10^{-3} und darunter konnten *Kirkpatrik* und *Baer* mit einfach gekrümmten, gekreuzten Reflektoren (Glas mit Metallbelegung) eine röntgenoptische Abbildung mit etwa 50facher Vergrößerung erzielen. Die Krümmungsradien der Reflektoren betrugen

10 bis 100 m. (Vgl. hierzu auch → Röntgenmikroskop.)

Wilsdorf, H.: Röntgenoptik mit Kristallreflektoren. Naturw. **38**, 250 (1951).

Röntgenstrahlung von der Sonne konnte jetzt mit in Raketen eingebauten Zählrohren nachgewiesen werden, die auf vier verschiedene Wellenbereiche ansprachen, und zwar von einer Höhe von 85 km ab. Sie wird fast ausschließlich im Bereich der Ionosphäre absorbiert.

Die Umschau **52**, 24 (1952).

Schalenmodell. Da die exakte Berechnung von Atomkernen als Vielkörperproblem auf prinzipielle Schwierigkeiten stößt, bedient man sich zum systematischen Verständnis der Kerneigenschaften vereinfachender und schematisierender Modellvorstellungen, innerhalb derer dann Berechnungen von Bindungsenergien, Kernmomenten usw. möglich sind. Während nun das → Tröpfchenmodell eine erste Allgemeinübersicht über die Atomkerne liefert, ist es das Ziel des Schalenmodells (auch als → Oszillatormodell und Potentialtopfmodell bezeichnet), insbesondere die Tatsache zu erfassen, daß sich im Kern — ähnlich wie in der Atomhülle -- die Neutronen und Protonen (einzeln!) in gewissen „Schalen" besonders fest zusammenschließen. Dieses gelingt nach *Haxel, Jensen* und *Sueß* einfach, wenn man die Wechselwirkung der Kernteilchen untereinander durch ein mittleres Bindungspotential ersetzt, in dem sich die Teilchen einzeln und unabhängig voneinander bewegen, und wenn man darüber hinaus fordert, daß diese Teilchen einer Spinbahn-Kopplung unterworfen sind, d. h. also, daß ihre Bindungsenergie abhängig ist von der gegenseitigen Orientierung von Spin- und Bahndrehimpuls des Teilchens, wie das gelegentlich auch in der Mesonentheorie der Kernkräfte gefordert wird. Als ausgezeichnete Zahlen (→ „magic numbers"), welche die abgeschlossenen Schalen anzeigen, ergeben sich dabei in Übereinstimmung mit dem Experiment die Zahlen 2, 8, 20, 28, 40, 50, 82, 126.

Bauer, F. L.: Phys. Bl. **7**, 205 (1951).

Sichtbarmachung von Luftschallwellen. Luftschallwellen des Tonfrequenzbereichs lassen sich folgendermaßen sichtbar machen. Das Schallfeld wird mittels eines in Zickzacklinie auf und ab bewegten Mikrophons in ähnlicher Weise wie ein Fernsehbild zeilenmäßig abgetastet. Mit dem Mikrophon ist ein Glühlämpchen fest verbunden, dessen Lichtstärke von der Mikrophonspannung gesteuert wird und somit der jeweiligen Schallstärke proportional ist. Bei der Bewegung des Mikrophons durch den Raum zeichnet das Lämpchen auf einer photographischen Platte das Schallfeld in Schwärzungsschrift auf. Führt man dem Lämpchen gleichzeitig die Erregerspannung der Schallquelle zu, so erhält man eine optische Darstellung der Wellenfronten (Abb.).

Kock, W. E., u. *F. K. Harvey:* Bell Syst. techn. J. **30**, 564 (1951).

Synchroton. Über die neuesten Fortschritte berichtet *W. Braunbek* in der Umschau **51**, 748 (1951).

Thermolyse, Konzentrationsverschiebung in Mischkristallen unter dem Einfluß eines Temperaturgradienten, auch *Ludwig-Soret-Phänomen* genannt.

Tscherenkow-Strahlung (Ergänzung). *Mather* hat kürzlich diese Strahlung bei Protonen mit einer Energie von 340 MeV ($v = 0{,}68\,c_0$) in kristallinem Silberchlorid ($N = 2{,}07$) und schwerem Flintglas ($N = 1{,}88$) nachweisen können. Der → *Machsche* Winkel der elektromagnetischen Kopfwelle ist wegen der geringeren Streuung erheblich schärfer als bei Elektronen und erlaubt eine sehr genaue Messung der mittleren Protonenenergie.

Mather, R. L.: Phys. Rev. **84**, 181 (1951). — *v. Harlem, J.:* Phys. Bl. **7**, 566 (1951).

Wobbeln, periodische Frequenzänderungen um eine mittlere Frequenz, prinzipiell identisch mit Frequenzmodulation; speziell für Meßzwecke häufig angewandt (*Wobbel-Generatoren*). — Ferner → Wobbler.

Zeitumkehr. Um Divergenzen in der Quantentheorie der Felder zu vermeiden, wurde öfter vorgeschlagen, der *Ausdehnung* der Teilchen dadurch Rechnung zu tragen, daß man die Wechselwirkung zwischen verschiedenen Feldern nicht nur in ein und demselben Raum-Zeitpunkt stattfinden läßt, sondern auch Fernwirkung in kleinen Bereichen erlaubt. Dann ergibt sich die Möglichkeit, daß innerhalb dieser Raum-Zeitbereiche der normale Ablauf von Ursache und Wirkung gestört bzw. sogar umgekehrt werden kann, so daß kurz gesagt die Wirkung vor der Ursache liegt. Diesen Tatbestand könnte man als Zeitumkehr bezeichnen. Im Augenblick besteht noch kein experimenteller Hinweis für die Existenz solcher Vorgänge.

Zeitwaage, ein Gerät zum Messen der Frequenz von Schwingern. Sie besteht immer aus einem auf Normalfrequenz abgestimmten Schwinger. Mit diesem wird die Frequenz des zu eichenden Schwingers meistens stroboskopisch verglichen. Der stroboskopische Effekt kann z. B. durch Anbringen einer Glimmlampe an dem Normalschwinger erzeugt werden, deren Aufleuchten durch den zu eichenden Schwinger gesteuert wird. Das Wandern des Leuchtpunktes zeigt den relativen Gang der beiden Schwinger. In dieser Konstruktion hat die Zeitwaage eine Ablesegenauigkeit bis $^1/_{1000}$ s und ist frei von allen subjektiven Fehlern. Doch werden heute auch Geräte mit Abhörvorrichtung des Frequenzschlages oder mit angeschlossenem Zeitschreiber (Chronographen) Zeitwaagen ge-

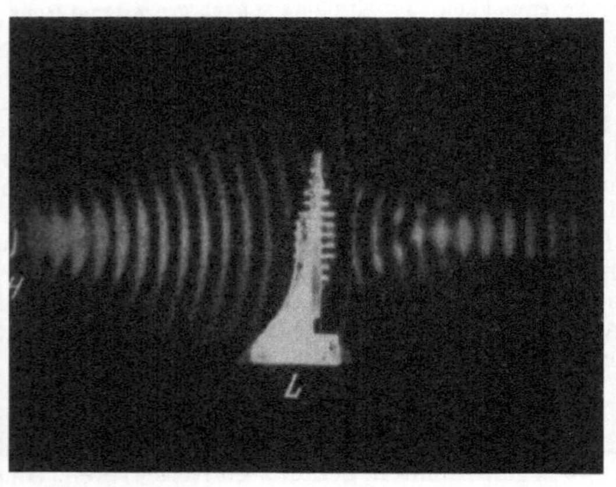

9 kHz-Schallfeld vor einem Horn *H* und nach Durchgang durch eine akustische Sammellinse *L* (nach *Kock* und *Harvey*).

nannt. Die Zeitwaage wird besonders in der Uhrenfabrikation zum Eichen der Uhren gebraucht.

Zenneck-Wellen. Im Zusammenhang mit den Untersuchungen über die Ausbreitungsverhältnisse elektromagnetischer Wellen, die von einem Sender erzeugt werden, der sich über einem leitenden Medium (Erdboden, Wasser) befindet, fand *J. Zenneck* eine Lösung der Maxwellschen Gleichungen, die den Charakter einer → Grenzschichtwelle besitzt. Sie breitet sich längs der Ebene aus, ihre Intensität nimmt aber in Richtung des Luftraumes und im Inneren des Mediums exponentiell ab. Die Energiekonzentration auf eine dünne Schicht in der Nähe der Oberfläche ist um so ausgeprägter, je größer die Leitfähigkeit des Mediums ist. Um so größer ist allerdings dann auch die Intensitätsabnahme längs der Schicht infolge Joulescher Wärme. In Analogie zu den Vorgängen bei Erdbebenwellen nannte man diese Welle eine Oberflächenwelle. Da sich, wenn man von der Dämpfung absieht, hier die Energie nur auf zwei Dimensionen verteilt, während bei den Raumwellen eine Energieverteilung nach drei Dimensionen stattfindet, so schien die Oberflächenwelle für die Überbrückung größerer Entfernungen durch Radiosignale günstiger als die Raumwelle.

Eine reiche Literatur schließt sich an das Studium dieser Oberflächenwelle an, die zu vielen Diskussionen Veranlassung gab, besonders die Frage, ob diese Zenneck-Welle im Strahlungsfeld eines Senders mit enthalten ist (→ Ausbreitung elektrischer Wellen).

Sommerfeld, A.: Ann. d. Physik 28, 665 (1909). — *Bouwkamp, C. J.:* Phys. Rev. 80, 294 (1950). — *Ott, H.:* Archiv d. el. Übertragung 5, 15 (1951).